JN414674

SI
UNITS
Engineering Mechanics
DYNAMICS
동역학

The McGraw-Hill Companies

Engineering Mechanics: Dynamics, 1st Edition.

1 2 3 4 5 6 7 8 9 10 Jiphil 20 12

Original : Engineering Mechanics: Dynamics, 1st Edition.
By Gary L. Gray, Francesco Costanzo, Michael E. Plesha.
ISBN 978-0-07-727554-9

This book is exclusively distributed by Jiphil Media.

When ordering this title, please use ISBN 978-89-97394-09-8

Printed in Korea

동역학 Engineering Mechanics *DYNAMICS* SI UNITS

발 행 일 2012년 8월 31일 초판 인쇄
저 자 GARY L. GRAY | FRANCESCO COSTANZO | MICHAEL E. PLESHA
역 자 백태현 | 송오섭 | 신웅수 | 안형준 | 유성열 | 정재일 | 정해일 | 조병관
발 행 인 고현희

발 행 처 (주)지필미디어
주 소 서울시 서대문구 미근동 72-3호 미근빌딩 101호
전 화 (02) 362-4504
팩 스 (02) 393-4509
이 메 일 book@jiphil.co.kr
홈페이지 www.jiphil.co.kr

등록번호 제 312-1997-000043호 (1997년 7월 16일)
I S B N 978-89-97394-09-8 (93550)
디 자 인 디자인 콤마
인 쇄 성신 프린팅
가 격 35,000원

ABOUT THE TRANSLATORS

역자소개

백태현	군산대학교
송오섭	충남대학교
신응수	충북대학교
안형준	숭실대학교
유성열	숭실대학교
정재일	국민대학교
정해일	한국기술교육대학교
조병관	한국기술교육대학교

역자서문

본 교재는 펜실베니아 주립대의 G. L. Gray 교수와 F. Costanzo 교수, 그리고 위스콘신대의 M. E. Plesha 교수가 새롭게 공동 집필한 공업역학의 동역학(Engineering Mechanics, Dynamics)편을 번역한 책으로서, 원 저자들은 동역학 분야에서 탁월한 연구 및 교육 경력을 보유한 분들로서 현재까지의 동역학 교재가 가지는 문제점들을 고려하여 이 교재를 집필하였다. 본 교재는 아래와 같은 새롭고 독특한 특성을 가지고 있어 독자들의 학습 능력을 향상시키는 데 큰 도움이 될 것이다.

첫째, 본 교재의 예제는 4단계 문제풀이 과정으로 구성되어 있어 체계적인 역학문제의 해결능력을 키워줄 수 있다.

둘째, 다양한 동역학 원리들이 어떻게 공학 현장에서 사용되는지를 보여주기 위하여 예제, 문제, 그리고 설계문제들이 제시되어 있다.

셋째, 본 교재는 현장중심적인 실제 문제에 대한 설계와 모델링의 체계적인 결합을 보여주고 있어 독자들의 현장적응능력을 키울 수 있도록 한다.

넷째, 대부분의 학습주제는 문제-기반 방식으로 소개되므로 현실적 문제에 대한 독자들의 관심과 호기심을 이끌어낼 수 있다.

다섯째, 고도 과학기술사회에서 필수적으로 요구되는 컴퓨터 S/W를 사용하는 문제들을 다수 제시하였다. 컴퓨터를 사용하면 해결할 수 있는 문제의 범위가 넓어지며 문제 풀이의 부담을 크게 줄여준다.

동역학은 정역학과 달리 시간이 개입되므로 정역학에 비하여 어려워 보이지만, 기본원리를 충분히 이해하고 문제기반 방식의 학습을 수행하고 나면 동역학적 설계에 대한 좀 더 넓은 시야를 가지게 되고, 동역학의 현실적인 적용에 대한 자신감과 흥미를 가질 수 있다.

역자들은 어색한 용어나 불분명한 의미를 가지는 부분이 없도록 주의를 기울였으며, 또한 각 장의 내용들이 일관적인 의미를 갖도록 전체 내용을 검토하였다. 이러한 노력에도 불구하고 문제점이 발견되면 지속적으로 보완해 나갈 예정이다.

이 번역작업에 참여하여 많은 수고를 아끼지 않으신 백태현, 송오섭, 신응수, 안형준, 유성열, 정재일, 정해일, 조병관 교수님들의 노고에 감사를 표하며, 본 교재의 출판이 이루어질 수 있도록 적극 협조하여 주신 (주)지필미디어 관계자 여러분들께도 감사의 뜻을 전하고자 한다.

2012년 8월

역자 일동

BRIEF CONTENTS

동역학

TABLE OF CONTENTS

세부 목차

CHAPTER 7 평면 강체운동의 뉴턴–오일러 운동방정식 545

CHAPTER 8 강체의 에너지와 운동량 방법 591

머리말

동역학은 힘과 운동사이의 관계를 연구하는 과학의 한 분야로서, 물체에 가해지는 힘에 의해 발생하는 운동, 그리고 물체의 운동에 의해 발생하는 힘에 대하여 연구하는 학문이다. 따라서 동역학은 운동과 운동제어가 그 작동원리인 기계시스템의 해석과 설계를 다루는 핵심 분야이며 동역학의 공학적 응용은 매우 다양하다. 전통적인 응용 분야는 기구학적 설계, 엔진, 터빈, 그리고 항공기 설계 등이다. 다른 (덜 알려진) 공학적 응용은 신체운동학, 세포운동학, 센서와 액츄에이터를 포함하는 마이크로 및 나노 장치의 설계 등이다. 이러한 공학적 응용은 운동의 기하학적 해석을 담당하는 기구학(kinematics)과 뉴턴의 운동법칙에 기초한 일–에너지 원리나 충격량–운동량 원리를 기초로 하고 있다.

이 책을 통하여 독자에게 학습동기를 부여하고 효과적인 교육 및 학습 경험을 제공하고자 한다. 이 책은 다음과 같은 4개의 주요 목표를 달성할 수 있도록 구성되어 있다. 첫째, 질점과 강체 동역학의 기본 원리에 대하여 정확하게 설명한다. 끊임없이 변하는 기술 환경에서, 기초 원리에 충실하면 우리가 이미 알고 있는 것을 적용하는 새로운 방법을 찾아 낼 수 있다. 둘째, 구체적이고 실제와 관련된 문제–기반 접근 방식에 의해 학습동기를 높인다. 셋째, 최근에 수학, 과학 및 공학교육에 대한 연구에서 밝혀진 학생들의 학습능력을 향상시킬 수 있는 교육학적 원리를 적용한다. 개념을 잘 이해하는 것이 문제를 푸는 능력을 향상시키지만, 개념에 대한 교육과 문제를 푸는 방법에 대한 교육은 그 방법이 달라야 한다. 넷째, 문제 해결을 위한 접근에서 문제에 내재한 기본 원리를 모델링할 수 있도록 한다. 모델링은 합리적인 가정을 통하여 실제의 복잡한 문제를 단순하지만 해결할 수 있는 문제로 변환하는 과정이다. 이러한 모델링에 대한 교육도 기본원리와 함께 교육되어야 한다.

이 책에서는 이러한 4개의 목표가 명확하고 일관성 있게 나타나 있다. 따라서 이 책은 새롭고 독특한 특성을 가지고 있어 교육 및 학습 경험을 향상시키는 데 큰 도움이 될 것이다. 이 책은 정역학 및 동역학 시리즈의 제2판이며 이제 이 책이 다른 책과 다른 점을 자세히 설명하기로 한다.

정역학과 동역학 새 시리즈 출판

이 책은 정역학과 동역학의 고전적인 모든 내용을 담고 있으며 현재 나와 있는 다른 교재들도 이러한 내용을 포함하고 있다. 그러나 이 책은 교육목표와 학습결과를 향상시키기 위한 몇 가지 혁신적인 내용이 포함되어 있다.

Gray/Costanzo/Plesha에 의한 본 교재와 다른 책들의 차이점은 무엇인가?

문제 풀이 방법의 일관성

본 교재의 예제는 4단계 문제풀이 과정으로 구성되어 있으며 이를 통해서 동역학, 정역학뿐만이 아니라 모든 다른 역학문제의 해결능력을 키워줄 수 있다. 이 4단계 문제풀이 방법은 로드맵과 모델링(road map & modeling), 지배방정식(governing equations), 계산(computation), 논의와 검증(discussion & verification)으로 구성되어 있다. 로드맵에서 문제의 일반적인 목적과 해를 구하는 전략이 제시되며, 다음 단계로 모델링에서 실제 문제가 이상적인 모델로 변환된다. 여기에서 자유물체도(free body diagram, FBD)를 그리고 문제를 풀기 위해 필요한 평형원리가 결정된다. 지배방정식은 문제를 풀기 위해 필요한 모든 식이 작성되는 단계이다. 지배방정식은 문제에 따라 다를 수 있지만, 평형방정식(equilibrium equations), 힘의 법칙(force laws), 기구학적 관계식(kinematic equations)을 포함한다. 계산 단계에서 지배방정식의 해를 구한다. 논의와 검증은 구한 해의 의미를 생각해 보고 해가 정확한지를 검증하는 단계이다. 이러한 4단계 문제풀이 방법은 뉴턴의 제2법칙과 일–에너지 원리와 같은 평형 원리를 적용하는 모든 예제에 적용된다.

현실적인 예제와 문제, 현장 적용

다양한 정역학과 동역학 원리들이 어떻게 공학 현장에서 사용되는지를 보여주기 위하여 예제, 문제, 그리고 설계문제들이 주어져있다. 정역학과 동역학은 현대 공학에서 매우 중요한 분야이며 학생들이 이 학문 분야와 이와 관련된 미래의 직업에 대하여 흥미를 가질 수 있도록 하는 것이 본 교재의 목적 중의 하나이다.

설계의 초점

본 교재와 다른 책들 사이에 큰 차이는 현실적 문제에 대한 설계와 모델링의 체계적인 결합에 있다. 정역학 교재는 설계에 대한 중요한 분석, 윤리문제, 직업적인 책임감 등을 포함하고 있다. 동역학 교재는 변수해석(parametric analysis)과 시공간 상에서의 운동에 중심을 두고 있다. 이 책들은 정역학 및 동역학의 기본 원리들로부터 의미 있는 공학적 설계가 이루어진다는 사실을 보여주고 있다. 이 책들을 통하여 만족스러운 설계능력을 기르고, 또한 기본 개념들을 이해하며 이를 적용하는 능력을 기르게 된다. 정역학 및 동역학 교재의 주요 목적은 기본 원리에 대한 확고한 이해와 문제풀이 능력을 기르는데 있다. 따라서 이 책에 많은 설계 문제가 주어져 있지는 않으나 필요한 곳에 설계문제를 제시하였다. 설계에서 중요시되는 안전문제, 하중의 불확실성, 사용상의 문제점, 의사소통 문제, 윤리적 문제, 제작상의 오차 등을 상식이라는 이름으로 가볍게 생각할 수 있다. 설계 및 모델링에서 가장 중요한 요소는 공학적 정신이다. 이 책에서 설계 문제는 다양한 곳에 나타나 있으므로, 필요에 따라 가장 효과적인 설계 문제를 선택하여 다룰 수 있다.

문제를 통한 주제 소개

대부분의 주제는 문제-기반 방식으로 소개되며, 이러한 방법을 통하여 현실적 중요성을 갖는 문제에 대한 독자들의 관심과 호기심을 이끌어낸다. 또한 문제-기반 방식을 통하여 효과적으로 물리적 현상에 대한 통찰력을 가지게 된다. 흥미를 끌 수 있는 문제를 발판으로 하여 문제 해결에 필요한 이론과 도구를 개발한다. 문제-기반 방식은 이해하기 어려운 주제에 대해 특히 효과적이다.

계산 도구

몇 가지 예제와 문제는 컴퓨터 소프트웨어를 사용하여 해결하여야 한다. 컴퓨터를 사용하면 해결할 수 있는 문제의 범위가 넓어지며 문제 풀이의 부담을 크게 줄여준다. 이러한 예제 및 문제를 통하여 컴퓨터가 가진 능력을 알게 될 것이며, 정역학과 동역학의 실제 현장 적용을 경험하게 된다.

현대 교육학

이 책에는 수많은 현대 교육학적 방법이 사용되었다. 이러한 방법들은 기본 개념들을 확실하게 이해할 수 있도록 도와주며, 기본 개념들과 실제 문제를 연결할 수 있는 추가적인 정보를 제공한다. 본문과 별도로 메모(즉, 유용한 정보, 빠지기 쉬운 함정, 흥미로운 사실, 개념정리)를 제공하여 더 큰 관점에서 기본 원리와 아이디어, 예제를 이해 할 수 있도록 도와준다. 메모(유용한 정보, 빠지기 쉬운 함정)는 학습에 도움이 되며, 메모(흥미로운 사실)은 정역학과 동역하의 원리가 어떻게 실제 문제에 적용되는 예를 보여준다. 그리고 (빠지기 쉬운 함정, 개념정리)는 중요한 개념을 이해시키며 잘못된 개념에 대해 설명한다. 간단한 예제(mini example)는 절의 마지막에 있는 문제까지 기다리지 않고, 필요 할 때마다 간단하게 관점 및 개념을 정리하기 위한 문제이다. 동역학에서 높은 수준의 주제 (advanced topic)는 1차 동역학 과정이 아닌 고급 동역학 과정에서 다루도록 넘겨진다.

문제에 대한 해답

대부분의 짝수 문제에 대한 해답은 www.mhhe.com/plesha/em/dynamics 에서 자유롭게 PDF 파일로 다운로드가 가능하다. 좀 더 복잡한 문제에 대해서는 해답뿐만이 아니고 자유물체도(FBD)와 컴퓨터 프로그램도 제공된다. 일부 문제에서 모델의 일부로서 제공된 자유물체도(FBD)는 다른 문제에서 본인 스스로 FBD을 작성할 수 있는 기회를 제공하게 된다. 부록 C는 특정 문제에 대해 제공되는 추가 정보의 예를 보여주고 있다.

Chapter 3

질점의 힘과 가속도 방법

이 장에서는 뉴턴의 제2법칙인 $\vec{F} = m\vec{a}$가 질점으로 간략화된 물체의 운동을 학습하는데 어떻게 적용이 되는지 살펴볼 것이다. 이 장을 통해서 뉴턴의 제2법칙이 공리(다른 정리들로부터 유도하지 않고 진리로 받아들이는 것)로 다루어지기 때문에 법칙 자체에 대해서는 거의 설명하지 않을 것이다. 따라서 이 장에서는 $\vec{F} = m\vec{a}$가 어떻게 적용되고, 이것이 운동학(kinetics: 운동을 일으키거나 운동에 의하여 발생하는 힘을 다루는 학문)과 연결되는지 살펴볼 것이다. 이 장을 학습하면 2장에서 다룬 운동학과 뉴턴의 제 이 법칙을 이용하여 (1) 주어진 힘에 대한 질점계의 운동을 예측할 수 있고 (2) 질점이 주어진 경로로 이동하기 위한 힘을 결정할 수 있게 된다.

3.1 직선운동

벌레를 잡는 카멜레온

그림 3.1과 같이 카멜레온이 벌레를 잡아 먹기 위해 혀를 길게 내민다고 생각해 보자. 카멜레온이 벌레를 잡는 과정이 너무 빠르기 때문에 고속 카메라를 이용해 이 장면을 포착하였다. 카멜레온의 혀에는 끈적끈적한 점액이 묻어 있기 때문에 벌레를 쉽게 잡을 수 있으며 포착된 동영상을 이용하여 벌레를 잡기 위해 필요한 점액의 접착력(즉, 벌레를 당기는 힘)을 추정할 수 있다.

우선 동영상 자료를 통해 벌레의 움직임을 살펴보니 카멜레온이 이 벌레를 완전히 삼키는데 0.15초가 걸렸다. 벌레가 처음에 움직이지 않는다고 가정하면 벌레의 초기 속도는 0이고 카멜레온의 입 속에 들어간 벌레 최종 속도는 반드시 0이어야 한다. 벌레의 운동이 자동차의 운동과 같지 않지만, 2.2절에서 배운 두 개의 정지 신호 사이의 자동차 운동 문제를 기억해 보자. 자동차 문제의 경우 시간에 따른 자동차의 속도 변화를 계산하기 위해서는 3가지의 고려사항이 있었다.

1. 카멜레온이 벌레를 잡는데 걸리는 시간
2. 0인 초기 속도와 최종 속도
3. 벌레가 움직인 거리

그림 3.1 벌레를 잡

심층분석 이 예제는 쿨롱 마찰의 여러 가지 측면을 보여준다. 첫째 식 (9)는 $\cos\theta \le \mu_s \sin\theta$이면 상자는 절대 움직이지 않는다(분모가 음이 되므로). 또한 $\cos\theta$가 $\mu_s \sin\theta$에 가까워질수록 식 (9)의 분모는 0에 가까워지고 상자가 움직이기까지 더 시간이 오래 걸린다. ➡ 식 (9)의 재미있는 표현을 그림 4에 나타내었는데 이는 t_s를 θ와 μ_s의 함수로 표시한 것이다. 빨간 영역의 가장자리에 있는 검은 선은 식 (9)의 분모가 0이 되는 θ와 μ_s의 값을 나타낸다. 상자는 t_s가 양일 때만 움직이기 때문에 아무리 세게 밀어도, 아무리 오래 기다려도 검은 선의 오른쪽이나 그 위의 값에 해당하는 θ와 μ_s에서 상자는 절대 움직이지 않는다. 아래로부터 검은 선에 가까울수록 상자가 움직이는데 걸리는 시간은 점점 길어진다. 예를 들어 θ가 90°에 가까울수록 μ_s가 0이 아닌 아무리 작은 값이라도 상자는 움직일 수 없게 된다. ⬅ 마찰이 문제에서 중요한 요소이기 때문에 시간의 함수로 마찰력 F를 나타내 설명하고자 한다. 상자가 움직이기 시작하면 식 (1)에서부터 F를 아래와 같이 나타낼 수 있다.

$$F = P_0 t \cos\theta, \quad \text{for } t < t_s \tag{11}$$

장의 도입부

각 장은 도입절을 두어, 그 장의 취지와 목표를 설정한다.

컴퓨터 응용 풀이

어떤 문제에 대해서는 컴퓨터를 응용한 해법을 사용하는데, 이것이 언제인지를 독자가 쉽게 인지하는 것이 중요하다. 그러므로 컴퓨터가 문제풀이에 사용될 때는, 기호를 보게 될 것이다. 이 기호가 예제나 설명에 나타나면, 컴퓨터의 사용을 요하는 부분은 다음의 기호 ➡ ⬅ 로 에워싸인다. 만약 어떤 연습문제의 해를 구하기 위해 컴퓨터를 필요로 하면, 컴퓨터 이미지가 문제의 머리부의 양쪽에 나타날 것이다.

간단한 예제

간단한 예제는 요점이나 개념을 제때 빨리 설명하기위해 본문 중간에 도입되므로, 각 장의 끝에 있는 예제풀이를 기다릴 필요가 없다.

■ **간단한 예제** 목성에 작용하는 해왕성의 중력 $\vec{F}_{JN}$은 다음 식 (1.7)과 같다(그림 1.3 참조).

$$\vec{F}_{JN} = \frac{Gm_J m_N}{r^2}\hat{u} \tag{1.7}$$

여기서 r은 두 행성 사이의 거리이며, m_J는 목성의 질량, m_N은 해왕성의 질량, $\hat{u}$는 목성의 중심에서 해왕성의 중심을 향하는 단위 벡터이다. 목성의 질량은 1.9×10^{27} kg이고 해왕성의 질량은 1.02×10^{26} kg이다. 목성과 해왕성의 평균 공전궤도반경은 각각 778,300,000 km, 4,505,000,000 km이므로, 두 행성의 가장 가까운 접근거리는 대략 3,727,000,000 km이다. 두 행성이 가장 가까이 접근했을 때 두 행성 사이에 작용하는 중력은 다음과 같다.

$$|\vec{F}_{JN}| = \left(6.674 \times 10^{-11}\frac{\text{m}^3}{\text{kg}\cdot\text{s}^2}\right)\frac{(1.9 \times 10^{27}\text{ kg})(1.02 \times 10^{26}\text{ kg})}{(3.727 \times 10^{12}\text{m})^2} \tag{1.8}$$
$$= 9.31 \times 10^{17}\text{ N}$$

목성과 해왕성 사이의 중력과 목성과 태양 사이의 중력을 비교해보자. 태양의 질량은 1.989×10^{30} kg이고, 목성의 평균 공전궤도반경은 778,300,000 km이다, 따라서 식 (1.7)을 이용하여 목성과 태양 사이의 중력을 구하면 4.16×10^{23} N이며, 이는 목성과 해왕성 사이의 중력의 약 450,000배에 달하는 큰 값이다. ■

212 | CHAPTER 3 질점의 힘과 가속도 방법

예제 3.4 공기 저항이 있는 발사체 운동

2.3절에 배운 발사체 운동 모델은 발사체 운동이 단지 중력의 지배를 받고 궤적이 포물선 운동이지만, 이는 골프공과 같은 물체의 궤적을 학습하는데 충분하지 않다. 일반적으로 골프공의 궤적은 포물선이 아니고 공의 딤플 형태, 공의 회전, 대기의 상태 습도, 지역 공기 밀도 등 다양한 요인에 의해 크게 영향을 받는다. 이 모든 요인을 고려하는 것은 이 책의 범위를 넘는다. 여기에서는 공의 속도에 비례하고 공의 속도에 반대 방향으로 작용한다고 가정한 공기 동역학적 저항의 영향을 고려하여 2.3절의 모델을 조금 개선한다. 이 모델을 이용하여 골프공의 운동 방정식을 유도한다.

그림 1 아이언 샷을 하는 타이거 우즈.

풀이 SOLUTION

로드맵과 모델링 그림 2에서 골프공을 중력 mg와 저항력 F_d가 작용하는 질점으로 모델링하였다. 중력에 평행한 y 축을 갖는 직교 성분계를 선택하고 이는 현재 모델과 2.3절의 모델을 비교하여 참조하였다. 저항력의 방향은 $\hat{u}_t$의 방향인 공의 속도에 반대 방향이다. 비록 현재 $\hat{u}_t$의 방향은 모르지만 편의를 위해 시간에 따라 변하는 각도 θ를 이용해 나타내었다. 3.1절에서 보았듯이 공의 운동 방정식은 힘의 법칙과 운동학 방정식을 뉴턴의 제2법칙과 결합하여 유도한다.

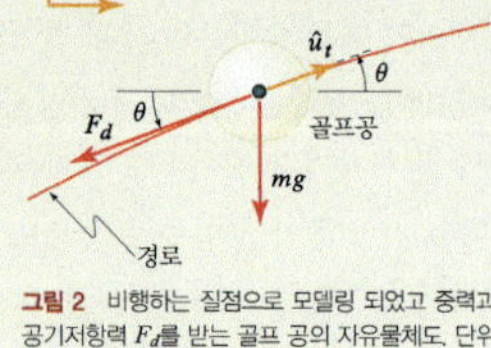

그림 2 비행하는 질점으로 모델링 되었고 중력과 공기저항력 F_d를 받는 골프 공의 자유물체도. 단위 벡터 $\hat{u}_t$는 공의 경로와 접선 방향이고 공의 속도의 방향을 나타낸다.

지배방정식

평형 원리 그림 2의 자유물체도를 이용하여 뉴턴의 제2법칙을 적용하면 아래와 같다.

$$\sum F_x: \quad -F_d\cos\theta = ma_x \tag{1}$$

$$\sum F_y: \quad -F_d\sin\theta - mg = ma_y \tag{2}$$

힘의 법칙 F_d는 속도의 제곱에 비례하므로, 우리는 아래와 같은 식을 얻는다.

$$F_d = C_d v^2 \tag{3}$$

여기서 C_d는 항력계수[6]이고 v는 공의 속도이다.

운동학 방정식 선택된 성분계에서 아래 식이 된다.

$$a_x = \ddot{x}, \quad a_y = \ddot{y} \tag{4}$$

또한 공의 속도를 $\vec{v} = \dot{x}\hat{\imath} + \dot{y}\hat{\jmath}$로 쓸 수 있고 속력은 속도 $\vec{v}$의 크기이므로 우리는 아래의 식을 얻는다.

$$v = \sqrt{\dot{x}^2 + \dot{y}^2} \tag{5}$$

마지막으로 θ가 x 방향에 대해 상대적인 속도 $\vec{v}$의 방향이라고 할 때 우리는 아래 식을 얻는다.

$$\cos\theta = \frac{\dot{x}}{v} = \frac{\dot{x}}{\sqrt{\dot{x}^2 + \dot{y}^2}}, \qquad \sin\theta = \frac{\dot{y}}{v} = \frac{\dot{y}}{\sqrt{\dot{x}^2 + \dot{y}^2}} \tag{6}$$

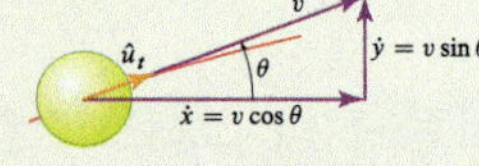

그림 3 골프 공의 속도 벡터 성분.

6) 식 (3)의 계수 C_d는 길이 분에 질량의 차원을 가지며, 공기 동력학에서 일반적으로 사용되는 무차원 항력계수와 혼동해서는 안 된다.

예제

일관성 있는 문제풀이 방법 본문에 있는 모든 예제는 신중하게 정의된 문제풀이 방법을 택하였다. 그러므로 문제의 체계적인 정리를 가능하게 하고, 올바르고 현실감 있는 풀이에 도달하는데 필요한 단계들을 강화시킨다.

각 예제는 다음의 4 단계로 구성된다.

- 로드맵과 모델링
- 지배방정식
- 계산
- 논의 및 검증

어떤 예제는 확대경(기호 🔍로 표시)이 표시되어 있으며 예제에 대한 추가적인 정보를 준다.

개념 정리와 개념 문제

추가된 두 가지 특징은 개념정리와 개념문제이다. 학생들이 과학이나 공학 수업시간에서는 좋은 성적을 받는다 하더라도 개념적인 이해도는 낮을 수 있기 때문에 이 두 가지가 사용된다. **개념 정리**는 여백 주석인데, 본문에 설명된 것과 관련된 중요한 개념을 환기하기 위해 사용된다. **개념 문제**는 각 절의 끝에 나오는 문제와 섞여있다. 이들은 그 절에서 다루어진 개념이나 아이디어의 적용에 대하여 생각해 볼 수 있도록 고안된 질문이다. 이에 대한 계산은 필요가 없으며 단지 몇 줄만의 문장으로 된 대답만을 요구한다.

개념 정리

속도벡터의 방향 운동학에서 가장 중요한 개념중의 하나는 질점의 속도가 항상 질점의 경로에 접한다는 것이다.

문제 3.85

자동차 한 대가 오른쪽의 그림에 보이는 것처럼 두 가지 방법으로 당겨지고 있다. 도르래와 줄의 관성과 도르래의 마찰을 무시할 수 있고 자동차가 자유롭게 구르는 것이 가능할 때, (a) 그림에 나온 차의 가속도가 (b)에 나온 차의 가속도와 비교했을 때 작은지 같은지 혹은 더 큰지 설명하라.

주의 개념 문제는 계산이 아닌 설명이 필요하다.

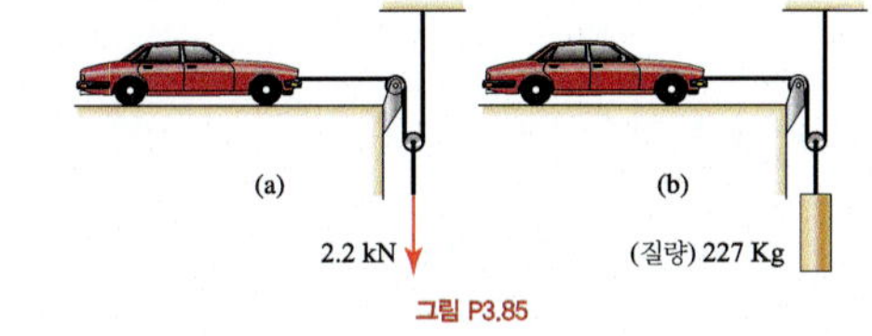

그림 P3.85

고급 주제

이 교재는 동역학 입문과정으로 쓰여 졌다. 그러나 교재 내용은 때때로 좀 더 고급과정에서 다루는 질문과 주제도 포함되어 있다. 난이도가 높은 어떤 문제들에 대한 해답은 이와 같은 입문교재의 범위를 벗어나며, 어떤 경우는 나중 이수 과목에서 심화학습 기회를 놓치지 않고, 좀 더 고급과목을 선택하여 공부할 수 있도록 학생들에게 동기부여를 하여 토론을 미룰 수 있다고 생각한다. 그러므로 목표로 하는 학습자의 수학적 지식수준에 갖추어 질 때 **고급주제**(advanced topic)에서 좀 더 도전적인 내용을 공부하는 간단한 몇몇 출발점으로 선택될 수 있다. 이러한 논의사항은 학생들의 학습의 질을 높일 수 있기 때문에, **사각모**(학사모)로 표시된 제목과 내용은 글자 크기와 색깔을 달리하여 본 내용과는 별도로 분리하여 나타냈다.

고급 주제

힘의 보존성 판별

힘이 보존적인지 아닌지 구별하는 방법이 있는가? 즉 힘에 대한 위치에너지가 존재하는가? 위치에너지가 존재한다면 이를 구할 수 있는가? 위치에너지가 주어지면 이로부터 힘을 유도할 수 있는가?

식 (4.31)은 보존력 $\vec{F}$에 의한 미소일이 다음과 같다는 의미를 가지고 있다.

$$\vec{F}\cdot d\vec{r} = -dV \tag{4.40}$$

여기에서 보존력은 오직 위치의 함수라는 사실을 기억해야 한다. 직각좌표계에서의 미분은 다음과 같다.

$$dV = \frac{\partial V}{\partial x}dx + \frac{\partial V}{\partial y}dy + \frac{\partial V}{\partial z}dz \tag{4.41}$$

그리고 $\vec{F}\cdot d\vec{r}$은 다음과 같다.

$$\vec{F}\cdot d\vec{r} = \left(F_x\,\hat{\imath} + F_y\,\hat{\jmath} + F_z\,\hat{k}\right)\cdot\left(dx\,\hat{\imath} + dy\,\hat{\jmath} + dz\,\hat{k}\right) = F_x\,dx + F_y\,dy + F_z\,dz \tag{4.42}$$

식 (4.41), (4.42)를 식 (4.40)에 대입하면 다음과 같다.

$$F_x\,dx + F_y\,dy + F_z\,dz = -\frac{\partial V}{\partial x}dx - \frac{\partial V}{\partial y}dy - \frac{\partial V}{\partial z}dz \tag{4.43}$$

dx, dy, dz는 상호 독립적이므로 식 (4.43)이 성립하려면 아래 조건이 만족되어야 한다.

$$F_x = -\frac{\partial V}{\partial x},\quad F_y = -\frac{\partial V}{\partial y},\quad F_z = -\frac{\partial V}{\partial z} \tag{4.44}$$

여백 주석

여백의 주석은 토픽, 아이디어, 예제를 일반적인 관점에서 설명하는데 도움을 주기 위해 첨부 되었다. 「유용한 정보, 빠지기 쉬운 함정」은 학생들이 공부하는 데 도움을 주고 「흥미로운 사실」은 정역학의 다양한 부분이 사용되는 실제 문제의 예를 들기도 한다.

빠지기 쉬운 함정

마찰력. 쿨롱 마찰 모델에 관계된 흔한 오해는 물체가 움직이지 않을 때 $F = \mu_s N$이고 물체가 움직이면 $F = \mu_k N$라는 것이다. 바퀴가 미끄러지지 않고 굴러가면 바퀴는 움직이지만 바퀴와 지면 ... 직항력 N은 $|F| \le \mu_s$ ... $F = \mu_s N$이 되는 경... 서 멈춰 있다가 미끄러... 이 다른 속도를 가지는... 에 대해 상대 운동을 하... 지 $|F| \le \mu_s |N|$라고 말... 도 이하도 아니다. 그렇... 하면 마찰력 $|F| = \mu_s$ ...

흥미로운 사실

엔지니어와 투석기. 투석기는 종종 유럽에서 *엔진*이라고 불린다(라틴어인 *Ingenium*, 또는,"독창적인 고안"으로부터). 투석기를 설계하고 제작하고 사용한 사람들을 *ingenia-* ...이로부터 현대에 사용되... *니어링*이 유래되었다. 참... L.Eigenbrod, V.Foley, ... Trebuchet," *Scientific* ...p. 66–71, July 1995, 투... 위해.

유용한 정보

좌표계의 선택계를 선택하는 중요한 기준은 편의성이다. 기준계 그리고(이 장의 나중에 보게 되듯이) 좌표계는 얼마나 간단히 그리고 직접 문제의 해답을 얻을 수 있는지에 대단한 영향을 미친다. 그러므로 해답을 훨씬 용이하게 얻게 해줄 기준계와 좌표계를 설정하는 유용한 기술을 습득해야 한다.

절과 절 요약

각 장은 여러 개의 절로 이루어져 있고. 각 절에는 예제, 연습문제, 여백의 주석, 그 외에 보조 교수법 등을 포함하여 풍부한 정보와 기능들이 있다. 각 절은 그 절을 간단명료하게 요약하는 절 요약부로서 종결된다. 학생들이 예제나 숙제 문제를 하기 전에, 복습이나 보충학습 효과를 위해 상호 참조된 중요한 수식들을 다시 보여주는 경우가 많다.

2.3 발사체 운동

이 절에서는 발사체들의 운동을 공부하기 위해 단순한 모델을 제시한다. 발사체 운동들은 일정 가속도를 가지는 것으로 모델링 한다.

발사체로 사용된 호박의 궤도

그림 2.18은 미국 델라웨어주 밀즈보로시의 연례 세계 "Punkin Chukin" 선수권 대회에서 호박이 투석기(그림 2.18 참조)에서 던져지는 것을 보여주고 있다.[14] 그림 2.19에서 보여준 바와 같이 호박은 초기속도 v_0와 고도각 β를 가지고 O에서부터 던져지는 것으로 가정된다. 호박의 궤적은 투석기를 떠난 후에 어떻게 될까? 이에 답하기 위해 호박이 공중에 있을 때 작용하는 힘들을 생각해 보자. 그림 2.21을 보면 이 힘들은 호박의 무

그림 2.18 작동하는 투석기(트레뷰쉐로 발음한다).

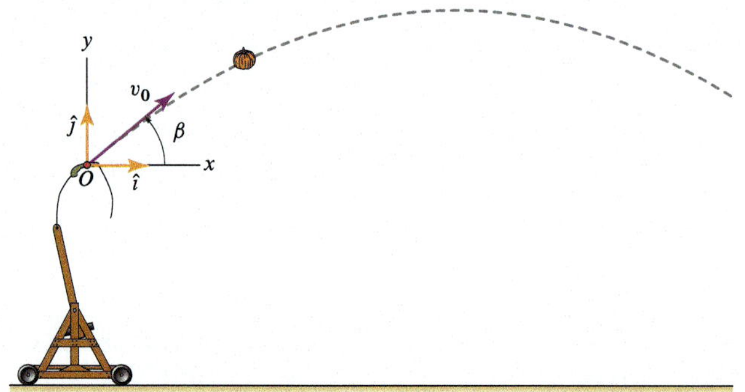

그림 2.19 교재에서 설명된 양들과 투석기에 의해 던져진 호박. 투석기에 대한 자세한 설명은 그림 2.20을 참조.

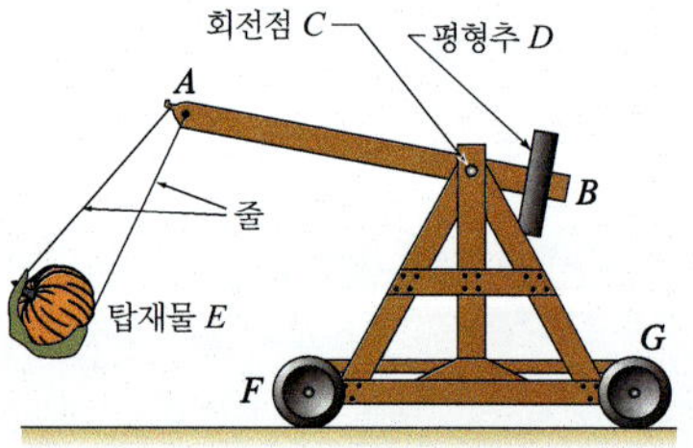

그림 2.20 투석기. 팔 AB는 큰 평형추 D에 의해 C에 대하여 시계방향으로 회전한다. 팔이 수직위치에 도달할 때 하중 E를 오른쪽으로 던진다. F와 G에 있는 바퀴는 선택적이지만 바퀴가 있어 투석기가 구를 수 있게 되면 투석 거리는 증가하는것으로 알려져 있다.

게 mg와 공기저항에 따른 항력 $\vec{F}_d$이다. 첫 근사화로 공기저항을 무시하면 호박에 작용

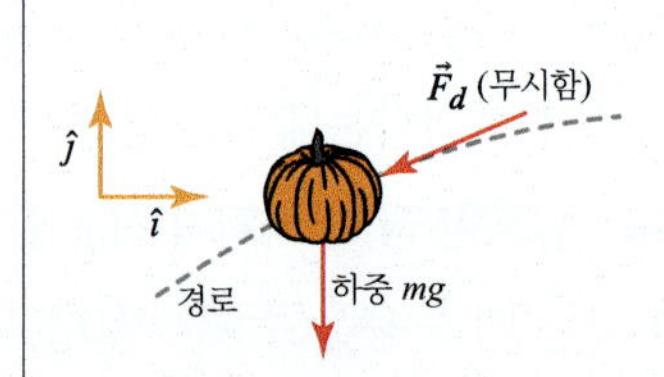

그림 2.21 호박이 공중에 있을 때 호박에 작용하는 모든 힘. 우리의 모델링에서는 공기저항에 의한

절 요약

우리는 **발사체 운동**은 공기저항과 고도에 따른 중력의 변화를 무시할 경우에 자유비행을 하는 질점의 운동으로 정의했다. 이 경우 그림(2.23)을 보면 질점에 작용하는 유일한 힘은 상수인 중력이며 운동방정식들은

식 (2.53) p. 74

$$a_{\text{horiz}} = 0, \qquad a_{\text{vert}} = -g$$

여기서 숫자 0과 중력가속도 g는 상수이므로, 즉 수평과 수직방향에서의 가속도성분이 상수이므로 2.2절에서 유도된 일정가속도식들이 수직과 수평성분 둘 다에 적용될 수 있다.

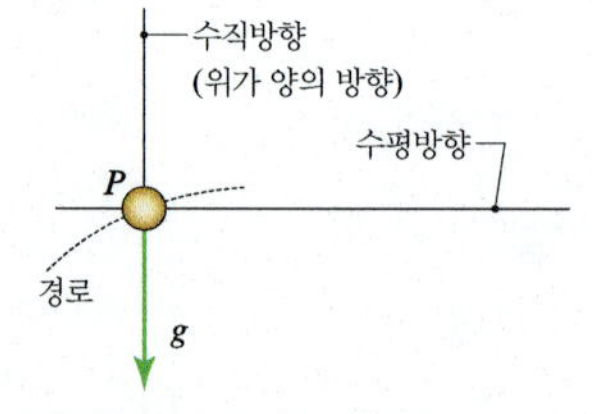

그림 2.23 그림 2.22의 반복. 발사체 운동에서의 점 P의 가속도.

발사체의 운동에서 궤적은 포물선이다 우리는 발사체의 궤도는 **포물선**이라는 것을 보여주었다. 궤적의 수학적 형태는 y축이 중력방향에 평행한 직교좌표계를 이용하여 운동을 기술하면 $y = C_0 + C_1x + C_2x^2$ (C_0, C_1, C_2는 상수)이다.

문제

주의 모든 문제에서, 모든 기준계는 정지상태이다.

문제 2.1

직선인 시내거리 구간에 있는 두 정지신호 사이를 움직이는 차의 위치가 $r = [9t - (45/2)\sin(2t/5)]$m로 주어져 있다. 이때 t는 시간이며 $0 \le t \le 17.7$ s이다. 2.1초와 3.7초 사이 그리고 11.1초와 12.7초 사이의 차의 변위를 구하라. 각 시간 구간에 대해 평균 속도를 구하라.

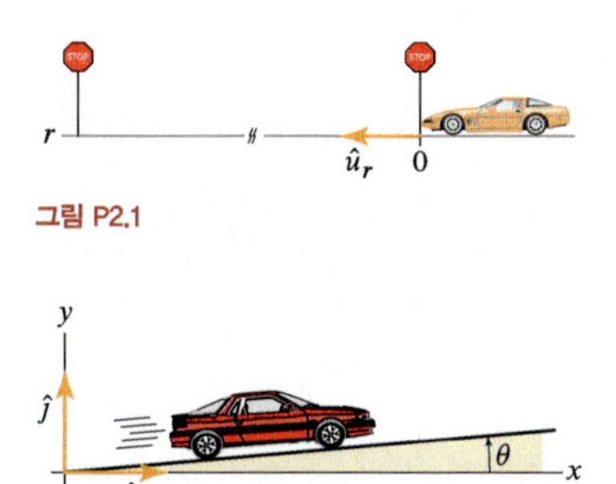

그림 P2.1

그림 P2.2, P2.3

문제 2.2, 2.3

그림의 좌표계에 대한 차의 위치는 다음과 같다.

$$r(t) = 1.82t^2 + 0.042t^3 - 0.0045t^4 - \hat{\imath} + 0.159t^2 + 0.0037t^3 - 0.0004t^4)\hat{\jmath}]\text{m}.$$

문제 2.2 15초일 때의 차의 속도와 가속도를 구하라. 또 이때에 속도와 가속도 사이의 각도 θ및 좌표계에 상대적인 차의 경로의 구배 ϕ를 구하라.

문제 2.3 여기서 $0\text{s} \le t \le 2\text{s}$ 사이에서의 평균 속도와 그 구간의 중간, 즉 $t = 1$ s에서의 실제 속도와의 차이를 구하라. 구간 $8\text{s} \le t \le 10\text{s}$에 대해서도 구하라. 실제 속도를 다
해 결과는 무엇을 뜻

문제 2.4

점 P에 대해 주어진 시간 간격에 대
은 문제의 구간에 대한 P의 평균 속

주의 개념 문제는 계산이 아닌 설

문제 2.117

로봇팔의 끝 B가 일정속력 $v_0 = 2$ m/s로 수직으로 내려오고 있다. $d = 1.5$ m라고 하고 식 (2.62)를 이용하여 $\theta = 37°$에서의 r과 θ의 변화율을 구하라.

문제 2.118

로봇팔의 끝 B가 일정속력 $v_0 = 1.8$ m/s로 수직으로 내려오고 있다. $d = 1.2$ m라고 할 때 식 (2.62), (2.64)를이용하여 $\theta = 0°$에서의 $\dot{r}, \dot{\theta}, \ddot{r}, \ddot{\theta}$의 변화율을 구하라.

문제 2.119

마이크로 나선형 펌프는 정지판에 부착된 나선 홈으로 구성되어 있다. 이 판에는 두 개의 구멍이 있는데 하나는 유체가 들어오는 입구이고 다른 하나는 유체가 나가는 출구로 출구는 입구보다 중심에서 더 떨어져 있다. 이 장치는 상부의 회전판에 의해 덮여있다. 회전판과 정지판 사이에 갇혀있는 유체들은 상부 회전판의 회전에 의해 움직이게 되는데 이로 인해 유체들이 나선형 홈으로 흡입된다. 이를 유념하여 홈의 형상이 식 $r = \eta\theta + r_0$로 주어지고 여기서 $\eta = 12\ \mu$m는 극좌표의 경사도이고, $r_0 = 146\ \mu$m는 입구의 반

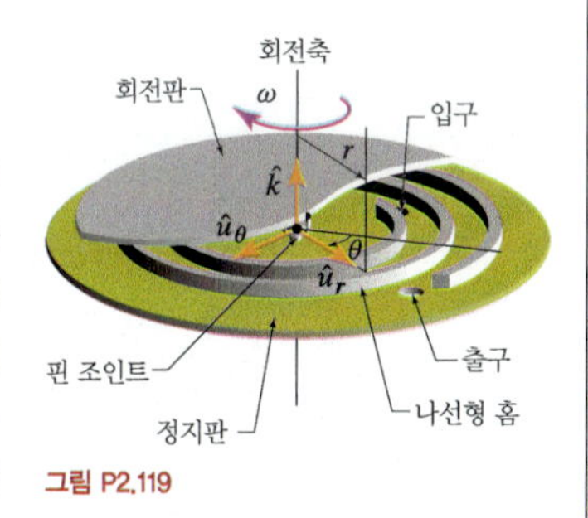

그림 P2.119

최신 문제

각 절의 마지막에는 다양한 난이도의 문제들이 있다. 이 문제들을 통하여 학생들이 스스로 개념을 적용할 수 있는 능력을 키울 수 있도록 한다. 정 · 동역학은 쉬운 과목이 아니므로 학생들의 질문 대부분은 "이 문제 어떻게 시작해요?"이다. 이 질문이 정말로 의미하는 바는 "이 문제에 대한 수학적 모델을 어떻게 만들어요?"이다. 이 능력을 키우는 유일한 방법은 수많은 문제를 연습해 보는 것이다. 짝수 문제 해답의 대부분은 www.mhhe.com/plesha/em에 무료 다운로드 가능한 PDF 파일로 올려져 있다. 해답을 이렇게 제공하면 다른 방법에 비해 더 복잡한 정보제공이 가능하다. 숫자나 기호로 표기된 최종 정답뿐만 아니라, 일부 선별된 문제들은 자유물체도, 전단력과 모멘트 선도등과 같은 더 자세한 자료를 가지고 있다. 이러한 방식은 보다 완벽한 풀이를 제공할 뿐만 아니라, 학생들이 숙제를 시작하는 데 필요한 시동을 거는 역할을 한다. 더구나, 여러 개의 자유물체도를 포함하는 풀이는 학생들이 스스로 FBD를 작성하는 기회를 준다. 이 책의 모든 문제에는 그 난이도를 표시하는 온도계가 있다. "소개" 정도라고 생각되는 문제는 로 표시되고, "대표"적인 문제는 , 그리고 "난제"로 생각되는 문제에는 표시가 되어 있다.

공학설계와 설계문제

이 책 전반에 걸쳐서 적절하다고 판단되는 곳에 설계방법, 직업적 책임과 윤리 등의 주제를 포함하는 공학설계에 대하여 논의하고 있고, 설계문제 또한 제시되어 있다. 이러한 문제는 개방형이어서, 중요하고 현실적인 실제 공학문제를 해결하는데 있어서 학생들의 창의성을 발휘할 수 있도록 한다.

설계 문제

핀볼 기계에서 볼을 밀쳐내는 역할을 하는 플런저(plunger)는 그림과 같이 봉과 봉에 연결된 사각 블록으로 구성되어 있다. 플런저의 질량은 $m_p = 140$ g, 볼의 질량은 $m_b = 80$ g이고, 플런저는 $\theta = 8°$ 만큼 경사져 있다. 플런저를 뒤로 50 mm만큼 잡아당겼을 때 블록은 정지판(stop)과 최소한 12 mm 거리를 유지하여야 한다. 볼의 발사 속도는 $v = 4.6$ m/s이다. 스프링 상수 k_1, k_2와 스프링의 원래 길이 ℓ_1, ℓ_2를 결정하라.

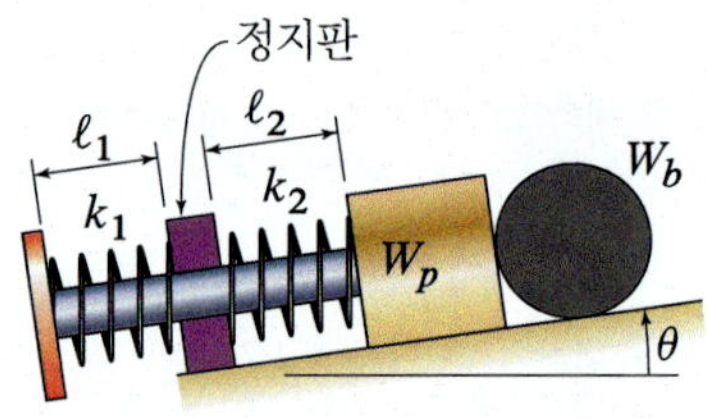

그림 DP4.2

2.9 장 복습

이 장에서는 물체의 운동을 학습하는데 필요한 기본 정의들을 제공하였다. 또한 2차원과 3차원으로 운동을 분석하는 기본적인 도구들에 대해 전개하였다. 이 장에서 다룬 내용의 간략히 요약하면 다음과 같다.

위치, 속도와 가속도

위치 점의 위치는 선택된 기준계의 원점으로부터 문제의 점을 연결하는 벡터이다. 다른 기준계에 의하여 측정된 한 점의 위치벡터는 다른 기준계에 따라 서로 다르다.

궤적 움직이는 점의 궤적은 운동에 따른 점이 공간에 그린 선이다. 이에 대한 다른 이름은 경로이다.

변위 위치 A와 B 사이의 변위는 A로부터 B로 ... 이 변위의 크기는 두 위치 사이 경로를 따라 움직...

속도 속도 벡터는 위치벡터의 시간에 대한 변화... 움직이지 않는 두 기준계에서 같고 항상 경로에 ...

장 복습 및 복습 문제

모든 장의 마지막 부분은 간단명료하고 종합적으로 이해할 수 있는 복습내용과, 그리고 여러 복습문제들이 포함되어 있다.

속력 속력은 속도의 크기이며 양의 스칼라이다.

가속도 가속도 벡터는 속도 벡터의 시간에 대한 변화율이다. 속도와 마찬가지로 서로 상대적으로 움직이지 않는 두 기준계에서 같다. 하지만 속도와는 달리 일반적으로 궤적에 접선이 아니다.

직교좌표계 어떤 경로를 따라 움직이는 질점 P의 직교좌표는 그림 2.63에 보여진다. 위치벡터는 다음으로 주어진다.

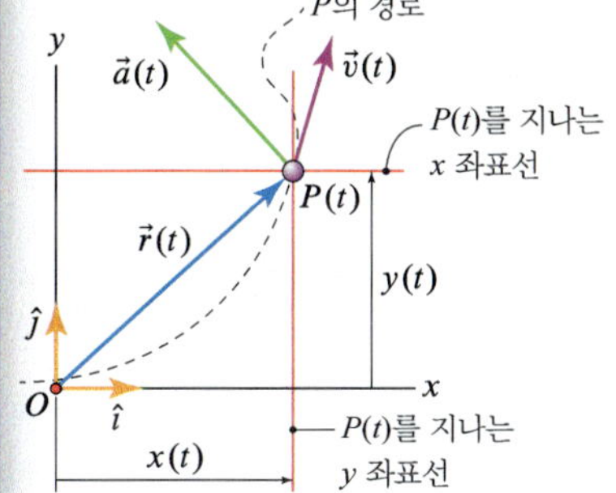

그림 2.63 그림 2.10 반복. 직교좌표계상에서 점 P의 위치벡터 $\vec{r}(t)$.

식 (2.13) p.34

$$\vec{r}(t) = x(t)\,\hat{\imath} + y(t)\,\hat{\jmath}$$

직교성분에서 속도와 가속도는 각기 다음과 같이 주어진다.

식 (2.16), (2.17) p.34

$$\vec{v}(t) = \dot{x}(t)\,\hat{\imath} + \dot{y}(t)\,\hat{\jmath} = v_x(t)\,\hat{\imath} + v_y(t)\,\hat{\jmath},$$
$$\vec{a}(t) = \ddot{x}(t)\,\hat{\imath} + \ddot{y}(t)\,\hat{\jmath} = \dot{v}_x(t)\,\hat{\imath} + \dot{v}_y(t)\,\hat{\jmath} = a_x(t)\,\hat{\imath} + a_y(t)\,\hat{\jmath}$$

기본 운동과 포물선 운동

적용할 때 어떤 점의 가속도는 시간, 위치 그리고 때로는 속도의 함수로 구할 수 있다.

복습 문제

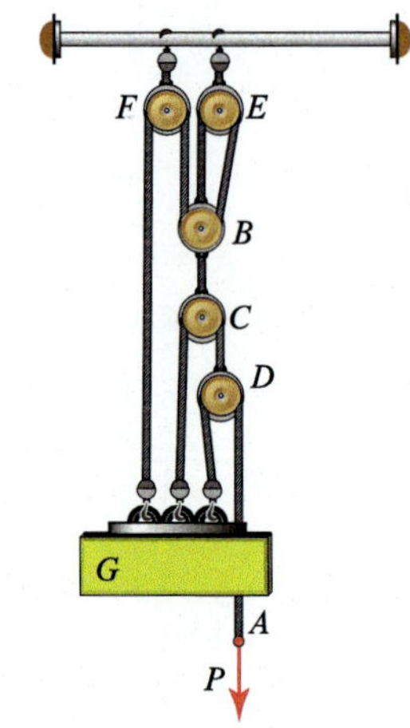

그림 P3.115, P3.116

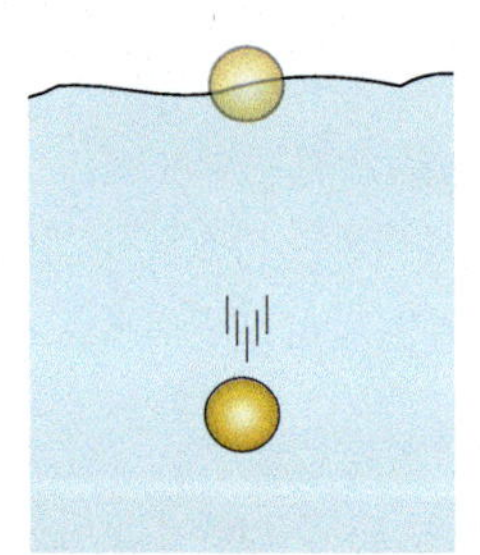
그림 P3.117, P3.118

문제 3.115

질량이 300 kg인 부하 G가 높이를 조절할 수 있는 줄에 연결되어 있고 줄의 한 부분인 A에 일정한 힘 P가 작용한다. 모든 도르래의 관성과 마찰을 무시한다고 가정할 때 G가 윗 방향으로 가속도 1 m/s^{2}로 움직이기 위한 힘 P를 결정하라.

문제 3.116

질량이 450 kg인 부하 G가 높이를 조절할 수 있는 줄에 연결되어 있고 일정한 힘 P = 1300 N이 A에 작용한다. 각 도르래가 3.2 kg의 질량을 가지고 있고 도르래의 회전관성과 마찰을 무시할 때 G의 가속도와 도르래 B와 C를 연결하는 줄의 장력을 결정하라.

문제 3.117

질량이 90 g인 어떤 금속 구가 유체 속의 정지상태에서 낙하한다. 유체의 저항의 크기는 $C_d v$이고 여기서 항력 계수는 C_d = 7.3 N · s/m이고 v는 공의 속도일 때 공의 속도가 0.09 m/s가 되었을 때의 공의 낙하 깊이를 결정하라.

문제 3.118

질량이 90 g인 어떤 금속 구가 유체 속의 정지상태에서 낙하한다. 0.3 m를 낙하한 후에 관측한 공의 속도는 0.7 m/s이다. 저항의 크기가 $C_d v$로 주어지고 C_d는 항력계수, v는 공의 속도일 때 항력계수 C_d의 값을 결정하라.

문제 3.119

두 질점 A와 B는 각각 질량이 m_A, m_B이고 서로 r_0만큼 떨어져 있다. 질점 B는 공간에 고정되어 있고 A는 초기에 정지 상태이다. 식 (1.6)을 사용하고 질량의 직경을 무시한다고 가정할 때 두 질점이 움직여서 접촉하는데 걸리는 시간을 결정하라. m_A = 1 kg, m_B = 2 kg, r_0 = 1 m이고 두 질량은 서로에게 충분히 멀리 떨어져있다.

그림 P3.119

그림 P3.120

문제 3.120

질량이 각각 m_A = 1.36 kg, m_B = 3.2 kg인 구 A와 B가 정지상태에서 움직이게 될 때의 중심거리가 r_0 = 1.5 m이다. 식 (1.6)을 사용하여 두 구가 충돌할 때의 속도를 결정하라. 구의 직경은 각각 d_A = 64 mm, d_B = 100 mm이다.

Chapter 1 서론

동역학은 역학의 한 분야로서 물체에 가해지는 힘과 물체의 운동 사이의 관계, 그리고 물체의 운동에 의해 발생하는 힘에 대하여 연구하는 학문이다. 20세기 중반부터 동역학은 시간에 따라 시스템 특성이 변하는 시변과정(time-varying process)에 대해서도 연구와 해석을 수행하였으며, 이러한 시변과정에 대한 연구는 기계분야 뿐만 아니라 전기, 화공, 생물학 분야 등에도 널리 적용된다. 동역학을 공부하는 목적은 기계시스템의 운동을 예측할 수 있는 역학적 모델을 정립하는 것이며 이에 필요한 과학적 지식과 방법을 습득하는 것이다. 본 절에서는 우선 질점과 강체의 운동과 관련된 동역학의 역사를 고찰하고 1.2절에서는 동역학 학습에 필수적인 물리 기본 지식과 벡터에 대하여 학습한다. 1.3절에서는 공학 설계에서 동역학이 어떤 역할을 하는지에 대하여 고찰한다.

1.1 동역학의 역사[1)]

과거에 사람들은 과학 기술자들을 **철학자**라고 불렀으며 그들의 임무는 자연 현상을 합리적으로 설명하는 것이었다. 그들의 주된 과제는 태양, 지구, 달, 별들의 운동을 이해하고 표현하는 것이었다. 이제 동역학 발달에 큰 영향을 끼친 중요한 역사적 사실들에 대하여 고찰하여 보자.

아리스토텔레스(Aristotle, B.C. 384−322)는 과학, 정치학, 경제학에 관한 많은 저서를 남겼으며 "상식적 물리학"으로 불리는 명제들을 제시하였다. 즉 물체를 가벼운 것과 무거운 것으로 구분하였으며, 가벼운 것이 무거운 것보다 천천히 떨어진다고 믿었다. 또한 물체의 자연스러운 운동 방향은 상하방향이라고 보았으며, 상하방향이 아닌 다른 방향으로 움직이기 위해서는 지속적인 힘이 필요하다고 생각하였다. 그리고 그는 물체의 가장 자연스러운 상태는 물체가 정지해 있는 것이라고 보았다.

1) 동역학의 역사는 다음과 같은 저서들로부터 발췌한 것이다. 1) C. Truesdell, *Essays in the History of Mechanics*, Springer-Verlag, Berlin, 1968; 2) I. Bernard Cohen, *The Birth of a New Physics*, revised and updated edition, W. W. Norton & Company, New York, 1985; 3) James H. Williams, Jr., *Fundamentals of Applied Dynamics*, John Wiley & Sons, New York, 1996.

프톨레마이우스(C. Ptolemaeus, 87−150[2])는 알마게스트(*Almagest*)라는 일련의 저서들에서 태양계 내에서 움직이는 물체들의 운동에 관한 수학적인 이론을 제시하였다. 그는 태양계의 중심이 지구라고 믿었으며(geocentric, earth-centered theory) 이러한 전제 하에서 태양계 물체들의 운동을 설명할 수 있는 복잡한 주전원(epicycle) 시스템을 창안하였다. 이러한 프톨레마이우스의 이론은 약 1400년 동안 진리로 받아들여졌다. 그러나 1543년에 폴란드의 천문학자 코페르니쿠스(N. Copernicus, 1473−1543)는 그의 저서 *De Revolutionibus*에서 태양계의 중심은 태양이라는 이론(heliocentric, sun-centered theory)을 발표하였다.

케플러(J. Kepler, 1571−1630)는 태양 중심 이론이 옳다고 믿었다. 또한 케플러의 스승인 브라헤(T. Brahe, 1546−1601)가 수집한 행성운동에 관한 많은 자료들을 분석한 결과 행성들이 태양을 중심으로 정확하게 원운동을 하지 않는다는 사실을 발견하였다. 케플러는 가장 큰 편심 궤도를 가진 화성에 대하여 집중적으로 분석한 결과, 행성 궤도가 원이 아니고 타원이라는 사실을 발견하였다. 또한 태양이 행성의 타원 궤도의 한 초점에 위치함을 발견하였다. 케플러는 약 20년 동안 관측된 데이터에 기초하여 아래의 행성 운동에 관한 3대 법칙을 제시하였다.

1. 모든 행성의 궤도는 태양을 하나의 초점에 두는 타원 궤도이다.
2. 태양과 행성을 연결하는 직선은 같은 시간 동안 같은 면적을 훑고 지나간다.
3. 두 행성의 공전 주기의 제곱의 비는 두 행성의 궤도 장반경의 세제곱의 비와 같다.

$$\frac{P_1^2}{P_2^2} = \frac{r_1^3}{r_2^3} \tag{1.1}$$

여기에서 P는 주기, r은 타원의 장반경이다. 하첨자 1, 2는 두 행성을 나타낸다.

갈릴레이(Galileo Galilei, 1564−1642년)는 천문학에 깊은 관심이 있었고, 그의 수많은 발견 중에는 목성에도 달이 있다는 것도 포함된다. 동역학적 관점에서 그가 크게 기여한 점은 물체는 자연 상태에서 그 속도가 일정하다는 것을 실험을 통하여 밝혀낸 것이다. 갈릴레이는 또한 자유 낙하하는 물체에 적용되는 중요한 법칙을 발견했다. 즉 물체의 낙하 거리는 시간의 제곱에 비례한다는 것이다. 또한 무게가 다른 2개의 물체가 동일한 속도로 떨어지며, 속도가 달라지는 것은 공기저항 때문이라고 결론지었다.

2) 이 연도는 근사적인 것이며 프톨레마이우스의 출생 및 사망년도는 정확하게 알려져 있지 않다.

아이작 뉴턴(Issac Newton, 1643[3)]-1727년)

광학, 천문학, 수학 및 역학의 발전에 크게 기여한 뉴턴(그림 1.1)은 모든 시대를 통틀어 가장 위대한 과학자로 평가된다. 그는 1687년에 보통 프린키피아(*Principia*)라고 알려진 3권의 책 "*Philosophiae Naturalis Principia Mathematica*"를 출판하였다. 이 책은 그 때까지 발간된 모든 과학책들을 총망라한 위대한 책으로 인정받고 있다.

프린키피아에서 뉴턴은 물체의 운동을 분석하고, 그 연구 결과를 천체의 궤도역학, 발사체 운동, 진자 운동, 지표면 가까이에서 낙하하는 물체의 운동에 적용하였다. 뉴턴은 행성의 운동에 대한 케플러의 제3법칙과 그의 "원심력의 법칙"을 비교함으로써 행성들과 태양의 인력이 거리의 제곱에 반비례한다는 사실을 보였다. 그리고 모든 천체들도 이러한 법칙에 따라 서로 인력이 작용함을 보였다. 프린키피아의 첫 번째 책에서 뉴턴은 운동의 3법칙을 정립하였으며, 두 번째 책에서는 그는 유체역학과 파동, 그리고 다른 물리학에 대한 개념을 제시하였다. 그리고 세 번째 책에서 만유인력의 법칙을 제시하였다. 세 권의 책 중에서 첫째와 세 번째 책이 동역학에 기여한 바가 매우 크다.

뉴턴의 *Principia*는 물체의 운동을 지배하는 법칙의 기초를 놓은 마지막 벽돌과 같은 것이었다. 왜냐하면 그의 운동법칙은 요한 베르누이(Johann Bernoull, 1667–1748년), 다니엘 베르누이(Daniel Bernoulli, 1700–1782년), 달랑베르(Jean le Rond d'Alembert, 1717–1783년), 조셉 루이 라그랑지(Joseph–Louis Lagrange, 1736–1813년) 및 오일러(Leonhard Euler, 1707–1783년)의 연구에 기초를 제공하여 오늘날 우리가 알고 있는 형태의 명확하고 진보된 역학이론의 정립이 가능하게 하였기 때문이다. 특히 오일러는 뉴턴의 업적을 이용하여 강체 동역학 이론을 개발하였다.

실제 현실에서 일어나는 역학적 현상을 탐구하는 뉴턴의 법칙은 다른 어떤 법칙의 도움 없이도 그 자체로 성립하는 법칙이다.[4)] 뉴턴의 업적은 모든 과학의 기초를 확실하게 제공한 것이다. 뉴턴의 법칙은 아주 작은 크기의 물체(예: 원자 크기의 물체)와 광속에 가깝게 움직이는 물체에 대해서는 적용의 한계를 가지고 있다. 원자 크기의 물체에 대해서는 디락(P. A. M Dirac; 1902–1984년) 등에 의해 정립된 양자역학의 영역에서 다루어야 하고, 광속에 가깝게 움직이는 물체는 아인슈타인(Albert Einstein; 1879–1955년)이 제시한 상대성 이론의 영역에 속한다. 또한 뉴턴의 힘에 대한 개념은 다소 모호한 측면이 있으며, 그가 말하는 물체는 우리가 현재 질점(particle) 또는 강체(rigid bodies)라고 부르는 물체를 나타낸다. 뉴턴은 또한 현대 동역학 해석의 기초가 된 "기계시스템을 미분방정식으로 모델링할 수 있다"는 분명한 증거를 제시하지 않았다. 천재적인 과

그림 1.1 Godfrey Kneller가 1689년에 그린 뉴턴의 초상화. 이 초상화는 그가 최고의 과학적 업적을 이루고 있을 때, 왕의 부름을 받고 관직을 수행하기 위하여 런던에 가기 전에 그려진 것이다.

흥미로운 사실

누가 미적분학을 창안했는가? 뉴턴의 여러 업적에 대하여 그의 일생 동안 많은 논쟁이 있었다 (자세한 내용은 2003년 J. Gleick이 발표한 "아이작 뉴턴"이라는 책을 참조할 것). 가장 유명한 논쟁은 뉴턴과 라이프니츠(Gottfried Wilhelm Leibniz, 1646–1716년) 중에서 누가 미적분학을 먼저 창안했는가 하는 것이다. 뉴턴은 미적분학(calculus)을 미분계수법(method of fluxions)이라고 불렀다. 뉴턴이 라이프니츠 보다 약 10년 먼저 미적분학을 창안하였으나 라이프니츠가 뉴턴보다 약 15년 먼저 미적분학을 정리하여 책으로 발간하였다. 우리가 오늘 이용하는 미적분의 표기법은 라이프니츠에 의한 것이다.

3) 이 출생년도는 그레고리력(Gregoriam calendar), 즉 오늘날 널리 쓰이고 있는 현대적인 달력에 의한 것이다. 그 당시 영국에서 사용되던 율리우스력(Julian calendar)에 의하면 뉴턴의 출생년도는 1642년이다. 이 차이는 윤년 때문에 발생한 것이다. 뉴턴의 출생 당시, 그레고리력은 율리우스력보다 10일 앞서 가고 있었다. 뉴턴은 율리우스력으로 1642년 12월 25일 출생하였으며, 이는 그레고리력에 의하면 1643년 1월 4일에 해당한다.

4) 이는 Ernst Mach(1838 – 1916)가 한 말이다(참조: C. Truesdell, Essays in the History of Mechanics, Springer-Verlag, Berlin, 1968).

학자인 오일러(Euler)는 뉴턴의 법칙을 질점에 적용하였으며 뉴턴의 제2법칙 만으로는 모든 기계시스템의 운동을 묘사하기에 충분하지 않다는 것을 보였다. 코시(Augustin Cauchy; 1789–1857년)는 변형체(deformable bodies)에 대한 기본적인 이론을 개발하여 현재 연속체역학으로 알려진 학문 분야의 기초를 제공하였다.

흥미로운 사실

뉴턴의 법칙은 원래 라틴어로 씌어졌으며 코헨(I. Bernard Cohen)과 휘트먼(Anne Whitman)에 의해 영어로 번역된 책 "프린키피아"(Principia, U.C. 버클리대 출판부, 1999)에서 다음과 같이 소개되었다. 운동량(Quantity of motion)의 정의: 물체의 양과 속도에 의해 정의되는 운동의 척도로서 이 개념은 제2법칙을 설명하는데 필요하다.

제1법칙: 모든 물체는 외부에서 힘이 가해져 그 상태가 변하도록 강제하지 않는 한 원래의 정지 상태 또는 일정하게 직선운동하고 있는 상태를 그대로 유지한다.

제2법칙: 운동 상태의 변화는 물체에 가해지는 힘에 비례한다. 또한 힘이 가해지는 직선 방향으로 운동 상태의 변화가 일어난다.

제3법칙: 모든 힘의 작용에 대하여 그 힘과 방향이 반대이나 그 크기가 같은 반작용이 일어난다. 즉 두 물체 사이의 상호 작용은 방향은 반대이고 크기는 같다.

뉴턴의 운동법칙

뉴턴의 운동에 관한 3법칙은 다음과 같다.

제1법칙: 질점에 가해지는 모든 힘의 합이 영이면, 질점은 원래의 정지 상태를 유지하거나 또는 일정한 속도로 직선을 따라 운동한다.

제2법칙: 질점의 운동량의 시간 변화율이 질점에 작용하는 힘의 총합과 같다.

제3법칙: 두 물체 사이에 일어나는 작용, 반작용은 서로 방향은 반대이고 그 크기는 같다.

제2법칙의 수학적 표현은 다음과 같다.

$$\vec{F} = \frac{d\vec{p}}{dt} = \frac{d(m\vec{v})}{dt} \tag{1.2}$$

여기서 $\vec{F}$는 질점에 작용하는 알짜 힘(net force), $\vec{p}$는 질점의 운동량(momentum), m은 질점의 질량, 그리고 $\vec{v}$는 질점의 속도를 나타낸다. 운동량의 정의는 $\vec{p} = m\vec{v}$이다. 본 교재에서 벡터는 항상 화살표(⃗)로 나타낼 것이다.

좀 더 익숙한 식으로 뉴턴의 제2법칙은 다음과 같이 표현된다.

$$\vec{F} = m\vec{a} \tag{1.3}$$

여기에서 일반적으로 질량은 일정하다고 가정한다.[5] 3장에서 제1법칙은 제2법칙의 특별한 경우라는 것을 배울 것이다. 질점과 강체에 대한 다양한 동역학 문제를 해결하기 위해서는 뉴턴의 제2법칙과 제3법칙, 그리고 오일러의 강체 동역학이론이 필요하다.

제3법칙은 수학적으로 다음 식으로 표현된다.

$$\vec{F}_{ij} = -\vec{F}_{ji} \tag{1.4}$$

$$\vec{F}_{ij} \times (\vec{r}_i - \vec{r}_j) = \vec{0} \tag{1.5}$$

여기에서, 그림 1.2에 따라, $\vec{F}_{ij}$는 상호 작용하는 질점 i와 j 사이에서 질점 j에 의해서 질점 i에 작용하는 힘이다. $\vec{r}_i$는 질점 i의 위치벡터이다. 제3법칙은 한 개의 식 (1.4)만에 의하여 표현할 수도 있고, 또는 두 개의 식 (1.4), (1.5)로 표현할 수도 있다. 두 식 (1.4), (1.5)로 표현된 제3법칙을 "제3법칙의 엄밀형(strong form of Newton's third law)"이라고 한다.[6]

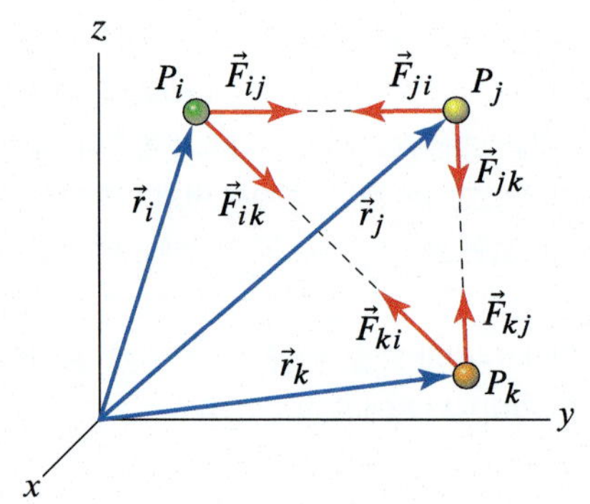

그림 1.2 상호 힘이 작용하는 질점시스템.

5) 본 교재의 5.5절에서 식 (1.2)를 가변질량 시스템에 적용하는 문제를 다루게 된다. 놀랍게도 식 (1.2)는 $\vec{F} = (dm/dt)\vec{v} + m(d\vec{v}/dt)$의 형태가 아니다.

6) 현대역학에서는 뉴턴의 제3법칙 대신 보다 더 넓은 원리인 각충격량–각운동량 원리(angular impulse–momentum principle)를 채택하고 있다. 더욱이 1950년대 이후에는 뉴턴의 제3법칙보다 훨씬 더 넓은 원리인 좌표계 무관의 원리(principle of material frame indifference)가 뉴턴의 제3법칙을 대신할 수 있다는 주장이 제기되어져 왔다. 이 원리는 물질의 특성과 물체의 운동은 관찰자(좌표계)에 따라 달라지지 않는다는 의미를 가지고 있다.

뉴턴의 만유인력법칙

뉴턴은 케플러의 법칙과 동역학 법칙을 이용하여 만유인력의 법칙을 유도하였다. 만유인력의 법칙은 두 물체 사이에 작용하는 인력을 표현한 것이며 수식으로 표현하면 다음과 같다.

$$\vec{F}_{12} = \frac{Gm_1m_2}{r^2}\hat{u} \tag{1.6}$$

여기에서 $\hat{u}$은 m_1에서 m_2로 향하는 단위벡터이며 G는 만유인력상수(*universal gravitational constant*, 중력상수)[7]이다. 이제 만유인력에 대한 예제를 다루어 보자.

■ **간단한 예제** 목성에 작용하는 해왕성의 중력 $\vec{F}_{JN}$은 다음 식 (1.7)과 같다(그림 1.3 참조).

$$\vec{F}_{JN} = \frac{Gm_Jm_N}{r^2}\hat{u} \tag{1.7}$$

여기서 r은 두 행성 사이의 거리이며, m_J는 목성의 질량, m_N은 해왕성의 질량, $\hat{u}$는 목성의 중심에서 해왕성의 중심을 향하는 단위 벡터이다. 목성의 질량은 1.9×10^{27} kg이고 해왕성의 질량은 1.02×10^{26} kg이다. 목성과 해왕성의 평균 공전궤도반경은 각각 778,300,000 km, 4,505,000,000 km이므로, 두 행성의 가장 가까운 접근거리는 대략 3,727,000,000 km이다. 두 행성이 가장 가까이 접근했을 때 두 행성 사이에 작용하는 중력은 다음과 같다.

$$|\vec{F}_{JN}| = \left(6.674 \times 10^{-11}\frac{\text{m}^3}{\text{kg}\cdot\text{s}^2}\right)\frac{(1.9 \times 10^{27}\text{ kg})(1.02 \times 10^{26}\text{ kg})}{(3.727 \times 10^{12}\text{m})^2} \tag{1.8}$$
$$= 9.31 \times 10^{17}\text{ N}$$

목성과 해왕성 사이의 중력과 목성과 태양 사이의 중력을 비교해보자. 태양의 질량은 1.989×10^{30} kg이고, 목성의 평균 공전궤도반경은 778,300,000 km이다, 따라서 식 (1.7)을 이용하여 목성과 태양 사이의 중력을 구하면 4.16×10^{23} N이며, 이는 목성과 해왕성 사이의 중력의 약 450,000배에 달하는 큰 값이다. ■

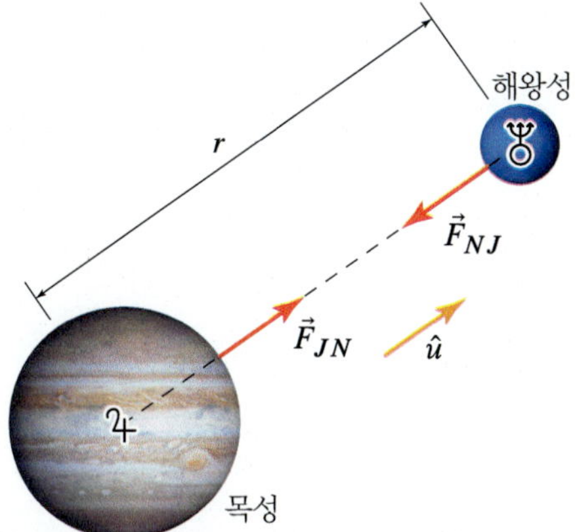

그림 1.3 목성과 해왕성 사이에 작용하는 중력. 그림에서 두 행성의 상대적인 크기는 정확하게 나타나 있으나 둘 사이의 거리는 임의로 그려졌다.

중력에 의해 발생하는 가속도 지구의 반경은 6371.0 km, 지구의 질량은 5.9736×10^{24} kg이므로 식 (1.6)을 이용하여 지표면에 있는 질량 m에 작용하는 지구의 중력을 다음과 같이 계산할 수 있다.

$$F_s = \left(6.674 \times 10^{-11}\frac{\text{m}^3}{\text{kg}\cdot\text{s}^2}\right)\frac{(5.9736 \times 10^{24}\text{ kg})m}{(6371.0 \times 10^3\text{ m})^2} \tag{1.9}$$
$$= (9.8222\text{ m/s}^2)m$$

이 결과[8]를 보면 지표면에 있는 질량 m에 작용하는 지구의 중력(Newton)은 질량(kg)에 약 9.82를 곱한 값이 되는 것을 알 수 있다. 이 값 9.82는 가속도의 단위를 가지고 있

흥미로운 사실

지구는 정확한 구의 형상이 아니므로 지구의 반경 또한 일정하지 않다. 5자리의 유효숫자로 나타낸 체적반경(volumetric radius)은 6371.0 km이다. 체적반경은 지구를 실제 지구 체적과 같은 완벽한 구라고 가정하고 구한 반경이다. 5자리의 유효숫자로 나타낸 다른 형태의 지구반경은 평균제곱근 반경(quadratic mean radius), 면적 반경(authalic mean radius), 자오선 반경(meridional radius) 으로서 각각 6372.8 km, 6371.0 km, 6367.4 km이다.

7) 1798년 Henry Cavendish(1731–1810)가 처음으로 만유인력상수를 측정하였다. 일반적으로 통용되는 만유인력상수 값은 $G = 6.674 \times 10^{-11}\ m^3/(\text{kg}\cdot s^2) = 3.439 \times 10^{-8}\ \text{ft}^3/(\text{slug}\cdot\text{s}^2)$이다.

8) 일반적으로 계산과정에서는 유효숫자를 4자리까지 취하고 마지막에 유효숫자를 3자리까지 취한다. 여기에서 유효숫자 5자리까지 취한 이유는 이 데이터들은 유효숫자 5자리까지 알려져 있기 때문이다.

으며 이는 중력에 의한 가속도임을 알 수 있다. 이 값 9.82는 지표면의 가까이에 있는 물체가 자유 낙하할 때의 가속도 값이다. 국제표준단위로 나타낸 중력가속도 g값은 9.81 m/s^2이다. 그러나 식 (1.9)에서 구한 중력가속도 값은 이 값보다 약간 크다. 이 차이는 지구가 완벽한 구의 형상이 아니고, 질량분포가 균일하지 않으며, 지구가 자전하고 있기 때문에 발생한다. 따라서 적도에서의 중력가속도는 남북위도 45°지역의 해수면에서의 표준 중력가속도 $g = 9.81\ m/s^2$에 비하여 약 0.27% 작고, 극지방에서는 이보다 약 0.26% 크다. 또한 지형에 따른 중력가속도의 근소한 차이가 있지만 본 교재에서는 표준 중력가속도 $g = 9.81\ m/s^2$를 사용한다.

고도에 따른 중력의 변화 고도에 따른 중력의 변화를 계산할 수 있는 식을 구하기 위해 우선 식 (1.3)−(1.6)을 같다고 놓고 지표면으로부터 고도 h에 위치한 물체의 중력가속도 a를 다음과 같이 구한다.

$$a = \frac{Gm_e}{(r_e + h)^2} \tag{1.10}$$

여기서 r_e는 지구반경, m_e는 지구질량이다. 그리고 식 (1.10)의 좌우에 있던 물체의 질량 m은 상쇄되어 소거되었다. 그리고 지표면에서 $a = g$이고 $h = 0$이므로 식 (1.10)은 다음과 같이 변환된다.

$$g = Gm_e/r_e^2 \quad \Rightarrow \quad Gm_e = gr_e^2 \tag{1.11}$$

식 (1.11)을 식 (1.10)에 대입하면 중력가속도 a는 다음과 같다.

$$\boxed{a = g\frac{r_e^2}{(r_e + h)^2}} \tag{1.12}$$

여기서 g는 지표면에서의 중력가속도이다. 식 (1.10)에서는 지구반경과 만유인력상수를 알아야 중력가속도를 구할 수 있으나, 식 (1.12)는 지구반경만 알면 중력가속도를 구할 수 있으므로 매우 편리하다.

오일러(Leonhard Euler, 1707–1783년)

그림 1.4 오일러의 초상화 (1753년).

오일러[9](그림 1.4)는 일생에서 많은 시간을 투자하여 뉴턴의 아이디어를 기초로 자신의 아이디어를 추가하여 실제 문제의 해를 구할 수 있는 모델을 개발하였다. 실제로, 본 교재에서 우리가 다룰 많은 동역학 이론은 오일러에 의해서 유도된 것이다. 오일러는 뉴턴의 법칙들이 질점에 적용될 때만 정확하게 성립한다는 것을 깨달았다. 그리고 그는 처음으로 가속도를 운동학적인 양으로 인식하였다. 또한 힘뿐만이 아니라 속도, 가속도 및 다른 동역학적 값들을 벡터적으로 표현하였다. 1744년에, 오일러는 처음으로 n개의 물체로 이루어진 시스템의 정확한 미분 운동방정식을 유도하였으며 이것이 오늘날 우리가 사용하고 있는 뉴턴 방법(Newtonian method)의 시발점이 되었다. 1752년, 오일러

9) Euler는 "율러"가 아닌 "오일러"로 발음한다.

는 처음으로 이산계(discrete)나 연속체(continuos)를 막론하고 모든 종류의 기계시스템에 적용되는 선형운동량의 원리(뉴턴의 제2법칙)를 유도하였으며, 처음으로 아래의 "뉴턴 방정식(Newtonian equation)"을 발표하였다.

$$F_x = ma_x, \qquad F_y = ma_y, \qquad F_z = ma_z \tag{1.13}$$

여기서 m은 물체의 질량이다. 우리가 잘 아는 바와 같이 식 (1.13)은 모든 기계시스템의 운동을 표현하기에 충분하지 않다. 유한한 부피를 가진 물체의 운동을 기술하기 위해서는 물체의 회전에 관한 운동방정식이 필요하다. 이 운동방정식을 구하기 위하여 오일러는 강체를 구성하고 있는 미소 질량에 식 (1.13)을 적용하였으며 이로써 미소 질량의 가속도를 물체의 각속도 벡터로 표현하였다. 이 식은 식 (1.13)이 발표된 보고서에서 같이 발표되었으며 동역학에서 처음으로 각속도 벡터의 개념이 등장하였다. 물체의 질량 중심에서 모멘트를 구함으로써 그는 강체의 회전 운동방정식을 유도할 수 있었으며 또한 물체의 질량관성모멘트를 정의할 수 있었다. 또한 그는 관성과 질량을 처음으로 구별하여 정의하였다. 오일러의 회전에 대한 운동방정식은 7장에서 다루게 된다.

1.2 기초적인 개념

공간과 시간

공간과 시간의 개념을 정확하게 정의하는 것은 어려운 일이다.[10] 본 교재에서는 공간과 시간에 대한 기본적인 아이디어만을 제시한다.

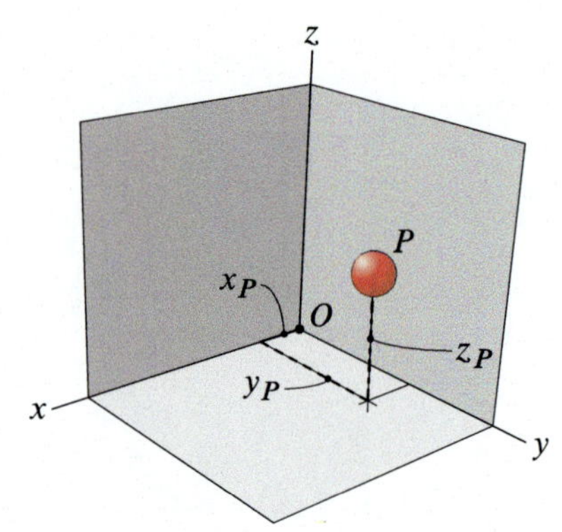

그림 1.5 3차원 공간에서의 한 점.

공간

공간(*space*)은 물체가 움직이는 환경으로 생각할 수 있다. 공간은 위치 또는 점의 집합체로 생각할 수 있으며 공간에 있는 한 점의 위치는 우리가 선택한 좌표계에서의 점의 좌표로 나타난다. 그림 1.5는 원점을 O에 두고 서로 수직인 x, y, z 축으로 이루어진 3차원 직각좌표계를 나타낸다. 점 P의 직각좌표는 x_P, y_P, z_P이며 이는 점 P에서 x, y, z 축에 각각 수선을 내렸을 때 원점 O로부터의 수선의 길이이다. x_P, y_P, z_P는 수선의 길이방향에 따라 양수나 음수 값을 가진다. 2장에서 두 개의 추가적인 좌표계에 대하여 학습할 것이다.

> **유용한 정보**
>
> **플레밍의 오른손 법칙.** 그림과 같이 직각좌표계는 서로 직각인 세 개의 좌표 x, y, z를 사용한다. 벡터 연산에서의 외적(cross
>
> 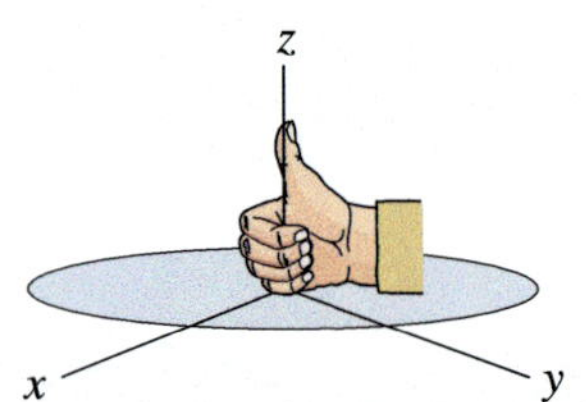
>
>
> product)의 정의와 일치시키려면 x, y, z 축 방향을 일정한 법칙, 즉 오른손 법칙에 따라 결정하여야 한다. 즉 그림과 같이 x 축에서 y 축 방향으로 손가락을 감았을 때 엄지손가락의 방향이 z 축 방향이 되어야 한다. 이를 오른손 좌표계라고 부른다.

시간

시간(*time*)은 사건이 언제 일어나는지를 나타내며 또한 사건의 발생 순서를 나타내는 스칼라 변수이다. 고전역학 및 본 교재에서 시간에 대하여 가장 중요한 가정은 시간이 절대적이라는 것이다. 특히 사건이 지속되는 기간은 관찰자의 운동과 무관하게 일정하며, 모든 관찰자가 동일한 시계를 사용한다고 가정한다. 아인슈타인의 상대성 원리는 이러한 가정과 어긋난다.

힘, 질량 및 관성

힘

물체에 작용하는 힘(*force*)은 그 물체와 물체를 둘러싸고 있는 물체 외부 사이의 상호 작용이다. 이 상호작용이 무엇을 의미하는지 알아보자. 예를 들어 두 개의 물체가 서로 충돌하거나 미끄러지는 경우에, 두 물체는 접촉력에 의하여 상호 작용한다. 힘의 형태와 관계없이 모든 힘은 그 크기와 방향을 가지므로 힘을 수학적으로 힘을 나타내기 위하여 벡터를 사용한다. 동역학은 어떤 형태의 힘이든 힘의 작용으로 움직이는 물체의 운동을 표현하는 데 초점이 맞추어져 있다. 동역학에서 중요한 것은 뉴턴의 운동법칙에 따른 힘과 운동 사이의 관계를 유도하고 이를 수학적으로 표현하는 것이다. 뉴턴의 운동 법칙은 추상적인 용어로 표현되어 있다. 따라서 현실 문제에 구체적으로 이를 적용시켜 수학적인 식으로 나타내야 한다. 이 책에서는 질점(particle)와 강체(rigid bodies)의 두 가지 물체의 형태에 대해서 학습한다.

10) 아이슈타인의 상대성 원리에서 공간과 시간을 측정하는 방법에 대한 면밀한 고찰을 통하여 공간과 시간의 의미를 이해할 수 있다(참조: P. G. Bergmann, *Introduction to the Theory of Relativity*, Dover Publications, Inc., 1976).

질량

물체의 질량(*mass*)은 물체가 가지고 있는 물질의 양의 척도이다. 힘의 개념과 함께, 질량의 개념은 원초적인 개념으로 인식되었다.

뉴턴의 제2법칙은 물체에 작용하는 힘은 물체의 가속도에 비례한다는 것이며 그 비례 상수가 바로 질량이다. 뉴턴의 제2법칙은 힘과 질량 사이의 관계를 나타내므로 반드시 이해해야 할 중요한 법칙이지만, 그 법칙이 힘과 질량이 무엇인지를 정의하지는 않는다.

> **흥미로운 사실**
>
> **질량의 역사.** 질량의 개념은 무게의 개념에서 발전하였다(참조: I.B. Cohen 의 *The Birth of New Physics*, W.W. Norton & Company, 뉴욕 1985년). 무게는 지구가 그 표면에서 물체에 작용하는 힘이다. 상대성이론에서 보면 물체의 질량은 물체의 속도에 따라 달라진다. 그러나 본 교재에서 물체의 질량은 물체의 속도와 관계없이 일정하다고 가정한다.

관성

관성은 물체에 힘이 작용할 때 물체가 그 운동 상태를 바꾸지 않으려는 물체의 저항으로 이해될 수 있다. 이 책에서 관성(*inertia*)은 질량과 분포 질량을 모두 포함하는 개념으로 이해한다.

질점과 강체

질점

고전역학에서 어느 물체의 질량이 한 점에 집중되어 있다고 가정했을 때 그 물체를 질점(*particle*)이라고 부르며 이를 또한 점 질량(point mass)이라고도 부른다. 질점의 관성은 오직 질점의 질량에 의해 결정된다. 일반적으로 질점의 부피는 영(0)이라고 가정한다. 따라서 질점 자체의 회전을 이야기하는 것은 무의미하다. 다만 질점은 어느 한 점을 중심으로 어느 경로를 따라 회전할 수는 있다. 물체가 다른 기준 물체에 대한 방향(자세)을 바꾸는 회전운동을 무시할 때 그 물체의 부피의 크기에 관계없이 그 물체를 질점으로 생각할 수 있다.

강체

물체 내부에 있는 임의의 두 점 사이의 거리가 결코 변화하지 않는다는 가정을 했을 때, 우리는 그 물체를 강체(*rigid body*)로 모델링한 것이다. 강체에서는 (1) 그 질량이 공간적으로 어떤 영역에 분포되어 있으며, (2) 임의의 두 점 사이의 거리가 결코 변화하지 않는다. 강체의 질량은 한 점에 집중되어 있지 않기 때문에, 강체는 회전운동을 할 수 있는 물체의 운동을 표현하는 가장 단순한 모델이다. 그러나 강체에서 물체의 국부적 변형(deformation)은 무시된다. 또한 강체에서 질량의 분포 상태는 변하지 않는다고 가정한다. 이 사실 때문에 물체의 질량과 6개의 질량관성모멘트를 포함한 7개의 정보만 있으면 3차원 강체의 관성을 나타낼 수 있게 된다.[11)]

---

11) 강체의 질량관성모멘트의 정의에 대하여 다음 저서를 참조할 것: Section 10.3 on p. 553 of M. E. Plesha, G. L. Gray, and F. Costanzo, *Engineering Mechanics: Statics*, McGraw-Hill, Dubuque, IA, 2010.

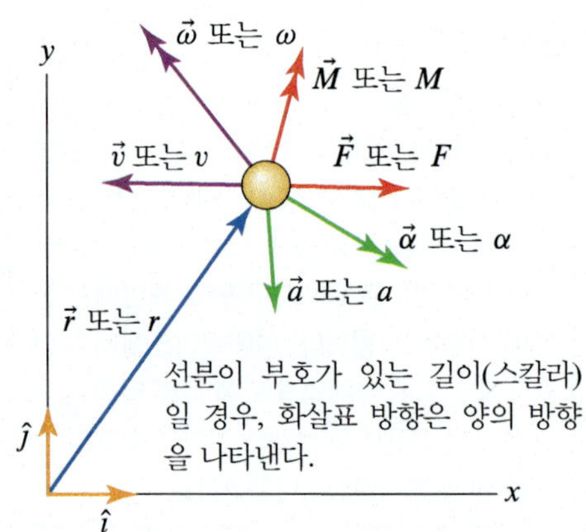

그림 1.6 본 교재에서 일반적으로 통용되는 벡터 표기법과 색깔. 위치 벡터($\vec{r}$)는 항상 ■ 파랑색으로 표기한다. 속도와 각속도 벡터($\vec{v}$, $\vec{\omega}$)는 ■ 자주색으로, 선가속도, 각가속도($\vec{a}$, $\vec{\alpha}$)는 ■ 녹색으로, 힘과 모멘트($\vec{F}$, $\vec{M}$)는 ■ 빨강색, 단위벡터($\hat{\imath}$, $\hat{\jmath}$)는 ■ 오렌지색, 다른 특별한 의미가 없는 벡터는 모두 ■ 검정색, ■ 분홍색, ■ 회색 등으로 표기한다.

벡터의 직각좌표계에서의 표현

표기법

스칼라 스칼라(*scalar*)는 단지 크기만을 가진 실수를 의미한다. 스칼라 양은 로마 문자(예: a, h, W)나 그리스 문자(예: α, ω, δ)로 표시된다.

벡터 벡터는, $\vec{r}$, $\vec{F}$와 같이 문자 위에 화살표로 벡터를 나타낸다.[12] 그림 1.6은 벡터를 나타내기 위한 표기법을 보여주고 있다. 그림에서 우리가 강조하고 싶은 것이 무엇인가에 따라 위에 화살표를 붙이거나(예: $\vec{a}$, $\vec{\omega}$) 또는 화살표를 붙이지 않고 문자만을 표기한다(예: α, ω). 특별히, 벡터는 다음과 같은 표기법을 사용한다.

- 그림에서는, 벡터의 방향을 나타내기 위해(예: 속도 벡터 $\vec{v}$) 또는 벡터적 특성을 나타내기 위해(예: 단위벡터) 글자 위에 화살표를 붙여 벡터를 표기한다.
- 벡터의 직각좌표계에서의 각 방향의 성분은 단위벡터 $\hat{\imath}$, $\hat{\jmath}$, $\hat{k}$를 사용하여 나타낸다. 단위 벡터(unit vector)의 크기는 언제나 1이다. 직각좌표계가 아닌 다른 좌표계에서는 단위벡터를 $\hat{u}_\theta$와 같이 글자 위에 hat(ˆ: 벡터를 나타냄)와 하첨자(방향을 나타냄)로 표현한다.
- 그림에서는, 화살표로 방향을 나타낸 벡터를 표현하는 경우, 글자 위에 따로 화살표를 붙이지 않아도 된다. 또한 화살표의 방향이 그 값의 양의 방향이다.
- 그림에서는, 화살표 두 개로 표기된 벡터는 회전과 관련된 것들 즉 모멘트, 각속도, 각가속도 벡터 등이다.[13]

직각좌표계에서의 벡터 표시

그림 1.7은 직각좌표계에서, 한 점 P의 위치를 원점 O에 대하여 2차원적으로 표시한 것이다.[14] 한 점 P의 위치는 원점 O에서 출발하여 P에서 끝나는 화살표로 표현하며 이를 벡터 $\vec{r}_{P/O}$로 나타낸다. 여기에서 "P/O"는 "O에 상대적인 P", "O 에서 본 P", "O에 관한 P"라는 의미이다. 벡터 $\vec{r}_{P/O}$는 관찰자에게 다음과 같은 정보를 제공한다. (1) P 점과 O 점 사이의 거리, (2) 선분 $\overline{OP}$의 방향.

벡터 $\vec{r}$을 직각좌표계(*cartesian representation*)로 나타내면 다음과 같다.

$$\vec{r} = r_x\,\hat{\imath} + r_y\,\hat{\jmath} \tag{1.14}$$

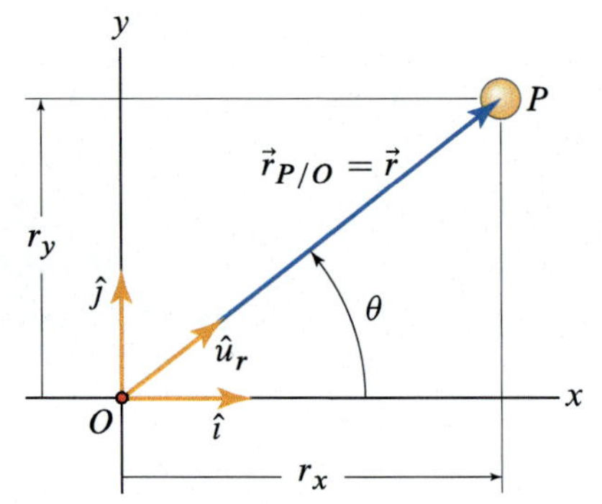

그림 1.7 질점 P의 위치 표시. 원형의 화살표는 각을 나타내고 화살표 방향이 각의 양(+)의 변화 방향이다.

12) 벡터의 표기방법은 학문 별로 매우 다양하다. 벡터는 **v**와 같이 굵은 글씨체로 표기하거나 $\bar{v}$, $\underline{v}$와 같이 위나 아래에 bar를 붙여 표기한다.

13) 각속도와 각가속도는 2장에서 다룬다.

14) 여기에서는 2차원 벡터를 다루지만 3차원 벡터에 대해서도 쉽게 확장하여 생각할 수 있다.

여기에서 $\hat{\imath}, \hat{\jmath}$는 길이가 1인 x, y 방향의 단위벡터이다. r_x, r_y는 벡터 $\vec{r}$의 직각좌표 성분으로서 다음 식과 같이 표현된다.

$$r_x = |\vec{r}|\cos\theta, \quad r_y = |\vec{r}|\sin\theta \tag{1.15}$$

여기에서 θ는 선분 $\overline{OP}$의 x 축에 관한 방향을 나타낸다. $|\vec{r}|$는 벡터 $\vec{r}$의 크기 또는 길이이다. 그림 1.8에서 두 점 $A(x_A, y_A)$, $B(x_B, y_B)$에서 "B에 관한 A의 위치벡터"는 다음 식과 같이 표현된다.

$$\vec{r}_{A/B} = (x_A - x_B)\,\hat{\imath} + (y_A - y_B)\,\hat{\jmath} \tag{1.16}$$

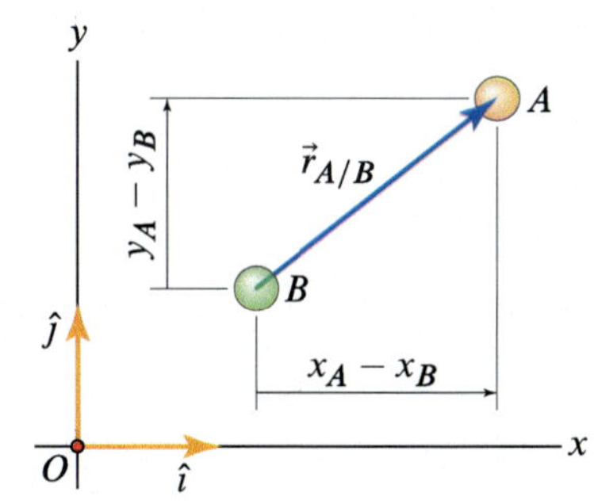

그림 1.8 B에 관한 A의 위치 벡터 표현.

식 (1.14)는 $\vec{r} = \vec{r}_x + \vec{r}_y$와 같이 쓸 수 있다. 여기에서 $\vec{r}_x = r_x\,\hat{\imath}$, $\vec{r}_y = r_y\,\hat{\jmath}$이며 각각 $\vec{r}$의 x, y 벡터 성분이다. 본 교재에서 단순히 "성분"이라고 할 때는 스칼라적인 성분을 뜻하고 "벡터 성분"이라고 말할 때는 벡터적인 성분을 뜻한다.

벡터 연산

1. 벡터에 스칼라 값을 곱하면 다음과 같다.

$$a\vec{r} = ar_x\,\hat{\imath} + ar_y\,\hat{\jmath} \tag{1.17}$$

   이는 벡터 $\vec{r}$을 $|a|$ 배 만큼 늘이거나 줄인 것을 뜻한다. 벡터 $a\vec{r}$은 벡터 $\vec{r}$과 같은 작용선 상에 있으며, $a > 0$이면 벡터 $\vec{r}$과 같은 방향, $a < 0$이면 반대방향을 가진다.

2. 두 벡터의 합은 다음 식과 같이 구하며 이는 벡터 합의 삼각형 법칙을 나타낸다(그림 1.9 참조).

$$\vec{r} + \vec{w} = (r_x + w_x)\,\hat{\imath} + (r_y + w_y)\,\hat{\jmath} \tag{1.18}$$

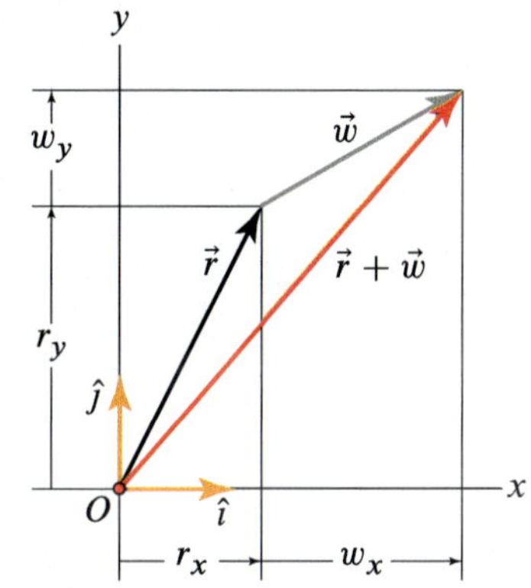

그림 1.9 두 벡터 $\vec{r}$, $\vec{w}$의 합의 도식적 표현(삼각형 법칙).

3. 다른 성질을 가진 스칼라와 벡터를 서로 더할 수 없다. 이는 비행기와 사과를 합하는 것과 같이 무의미하다.

4. 두 벡터 $\vec{r}$, $\vec{w}$의 내적(scalar product)은 다음 식과 같다(그림 1.10 참조).

$$\vec{r}\cdot\vec{w} = |\vec{r}||\vec{w}|\cos\theta \tag{1.19}$$

5. 두 벡터 $\vec{r}$, $\vec{w}$의 외적(cross product)은 다음 식과 같이 정의된다(그림 1.10 참조).

   (a) 크기

$$|\vec{r} \times \vec{w}| = |\vec{r}||\vec{w}|\sin\theta \tag{1.20}$$

   (b) 외적의 방향은 두 벡터 $\vec{r}$, $\vec{w}$가 포함된 평면에 수직한 방향이며 오른나사의 법칙에 따라 그 방향이 결정된다.

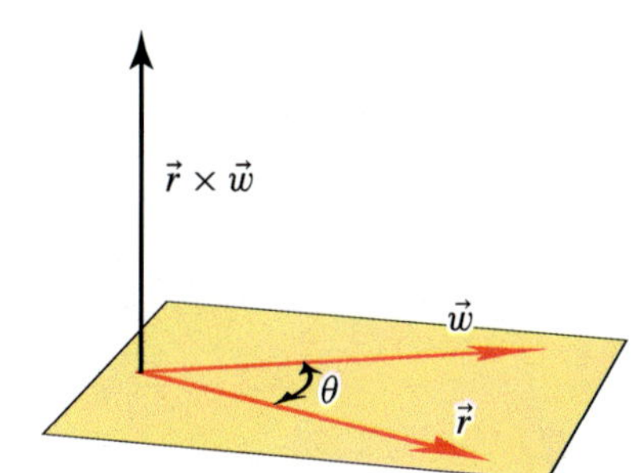

그림 1.10 벡터 $\vec{r}$, $\vec{w}$의 외적의 도식적 표현.

식 (1.19), (1.20)에서 θ는 한 벡터에서 다른 벡터로 향하는 최소각이어야 한다. 이러한 이유로 인해 식 (1.20)의 외적은 영 또는 영보다 큰 값이 된다. 내적에서 $\cos\theta = \cos(2\pi - \theta)$이므로 θ는 $2\pi - \theta$로 치환될 수 있다. 또한 외적의 정의에 따라 다음과 같은 관계가 성립한다.

$$\vec{r} \times \vec{w} = -\vec{w} \times \vec{r} \tag{1.21}$$

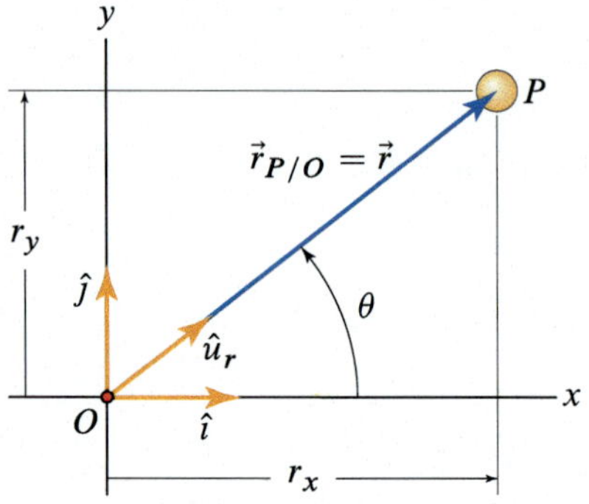

그림 1.11 그림 1.7과 같음. 질점 P의 위치 표시.

그림 1.11에서 벡터 $\vec{r}$은 선분 $\overline{OP}$의 길이와 방향을 나타낸다. 또한 피타고라스 정리로부터 다음과 같은 결과를 얻을 수 있다.

$$\vec{r}\text{의 길이} = |\vec{r}| = \sqrt{r_x^2 + r_y^2} \tag{1.22}$$

$$\vec{r}\text{의 방향} = \theta = \tan^{-1}\left(\frac{r_y}{r_x}\right) \tag{1.23}$$

식 (1.14), (1.15)를 이용하여 벡터 $\vec{r}$을 다음과 같이 다시 쓸 수 있다.

$$\vec{r} = |\vec{r}|\,\hat{u}_r, \quad \text{여기서} \quad \hat{u}_r = \cos\theta\,\hat{\imath} + \sin\theta\,\hat{\jmath} \tag{1.24}$$

$\hat{u}_r$은 벡터 $\vec{r}$ 방향의 단위벡터이므로 식 (1.24)는 다음과 같은 의미를 갖는다.

벡터는 그 크기와 그 방향을 나타내는 단위벡터의 곱으로 표현된다.

벡터에 관한 유용한 조언과 요령(tips and tricks)

벡터의 성분

동역학에서 흔히 다루게 되는 벡터의 성분을 구하는 방법을 알아보자.

그림 1.12에서 서로 수직인 두 선분 l_1, l_2의 방향은[15] 각각 단위벡터 $\hat{u}_1$, $\hat{u}_2$로 표시된다. 그리고 벡터 $\vec{q}$는 l_1, l_2와 임의의 방향을 취하고 있다. 여기에서 벡터 $\vec{q}$의 l_1, l_2 방향의 성분을 구해보자.

식 (1.19)를 그림 1.12에 적용하고 $\vec{r}$을 $\vec{q}$로, $\vec{w}$를 $\hat{u}_1$으로, θ를 θ_1으로 치환하면 아래 식에서 내적 q_1을 구할 수 있다.

$$q_1 = \vec{q}\cdot\hat{u}_1 = |\vec{q}||\hat{u}_1|\cos\theta_1 = |\vec{q}|\cos\theta_1 \tag{1.25}$$

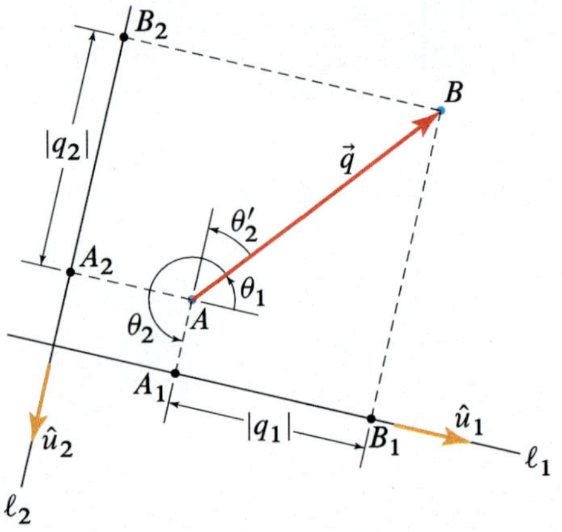

내적의 정의와 그림 1.12로부터 q_1이 바로 우리가 구하고자 하는 벡터 $\vec{q}$의 l_1 방향 성분임을 알 수 있다.

1. $|q_1|$은 A_1, B_1 사이의 거리이다.
2. $\vec{q}\cdot\hat{u}_1$의 부호는 $\cos\theta_1$의 부호에 의해 결정된다. 즉 $0° \le \theta_1 \le 90°$이면 양(+)이고, $90° < \theta_1 \le 180°$이면 음(−)이다(만일 $\theta_1 = 90°$이면 A_1, B_1이 일치하므로 $q_1 = 0$이다).

그림 1.12 벡터 $\vec{q}$의 $\hat{u}_1$, $\hat{u}_2$ 방향 성분 도시.

15) 방향에는 양의 방향과 음의 방향이 있다.

이들을 요약하면 다음 식과 같다.

$$\boxed{\vec{q}\text{의 } \ell_1 \text{ 방향 성분} = q_1 = \vec{q}\cdot\hat{u}_1} \tag{1.26}$$

이제 벡터 $\vec{q}$의 ℓ_2 방향 성분 q_2를 다음과 같이 구할 수 있다.

$$\vec{q}\text{의 } \ell_2 \text{ 방향 성분} = q_2 = \vec{q}\cdot\hat{u}_2 = |\vec{q}|\cos\theta_2 = -|\vec{q}|\cos\theta_2' \tag{1.27}$$

여기에서 $\theta_2 = \theta'_2 + \pi$, 그리고 $\cos(\theta'_2 + \pi) = -\cos\theta'_2$.

우리는 종종 그림 1.13과 같이 서로 직교하는 두 벡터 $\vec{q}, \vec{r}$의 직각좌표 성분을 구하는 문제를 만나게 된다. 벡터 $\vec{q}$의 y 축에 관한 방향각을 θ라 하면 벡터 $\vec{q}, \vec{r}$은 다음 식과 같이 표현된다.

$$\begin{aligned}\vec{q} = (\vec{q}\cdot\hat{\imath})\,\hat{\imath} + (\vec{q}\cdot\hat{\jmath})\,\hat{\jmath} &= |\vec{q}|\cos(\theta + \tfrac{\pi}{2})\,\hat{\imath} + |\vec{q}|\cos\theta\,\hat{\jmath} \\ &= -|\vec{q}|\sin\theta\,\hat{\imath} + |\vec{q}|\cos\theta\,\hat{\jmath} \\ &= |\vec{q}|\underbrace{(-\sin\theta\,\hat{\imath} + \cos\theta\,\hat{\jmath})}_{\text{단위벡터}},\end{aligned} \tag{1.28}$$

따라서 $\vec{r}$은 다음과 같다.

$$\begin{aligned}\vec{r} = (\vec{r}\cdot\hat{\imath})\,\hat{\imath} + (\vec{r}\cdot\hat{\jmath})\,\hat{\jmath} &= |\vec{r}|\cos(\pi - \theta)\,\hat{\imath} + |\vec{r}|\cos(\theta + \tfrac{\pi}{2})\,\hat{\jmath} \\ &= -|\vec{r}|\cos\theta\,\hat{\imath} - |\vec{r}|\sin\theta\,\hat{\jmath} \\ &= |\vec{r}|\underbrace{(-\cos\theta\,\hat{\imath} - \sin\theta\,\hat{\jmath})}_{\text{단위벡터}}.\end{aligned} \tag{1.29}$$

식 (1.28), (1.29)에서 다음과 같이 매우 중요하고 유용한 사실들을 알 수 있다.

- 각 벡터는 그 크기에 사인과 코사인으로 곱해진 단위벡터를 곱한 것이다.
- 사인과 코사인의 각은 벡터 $\vec{q}, \vec{r}$과 x, y 축 사이의 각이다.
- 두 식에서 언제나 3개의 양(+)의 항과 1개의 음(−)의 항이 존재하거나, 또는 3개의 음(−)의 항과 1개의 양(+)의 항이 존재한다. 즉 식 (1.28), (1.29)에서 언제나 4개의 사인, 코사인 항 중에서 3개 항의 부호는 같고 나머지 하나의 부호는 다르다. 이러한 사실과 다른 결과가 나오면 계산과정의 오류가 있었음을 뜻한다.

외적

동역학에서 많은 외적 문제를 다루게 되므로 외적을 구하기 위한 유용한 방법을 소개한다. 그림 1.14에서 화살표방향으로 두 벡터의 외적을 하면 시계방향으로 다음에 있는 벡터가 된다. 즉 $\hat{\imath}\times\hat{\jmath} = \hat{k}, \hat{\jmath}\times\hat{k} = \hat{\imath}, \hat{k}\times\hat{\imath} = \hat{\jmath}$가 되며 화살표와 반대 방향으로 외적을 하면 부호만 바꿔주면 된다. 즉 $\hat{\jmath}\times\hat{\imath} = -\hat{k}, \hat{k}\times\hat{\jmath} = -\hat{\imath}, \hat{\imath}\times\hat{k} = -\hat{\jmath}$이다.

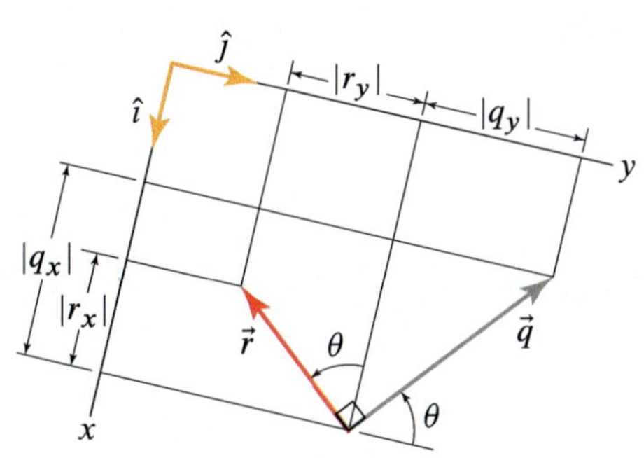

그림 1.13 직교하는 두 벡터 $\vec{q}, \vec{r}$의 직각좌표 성분 도시.

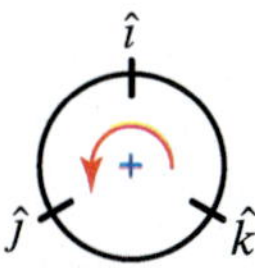

그림 1.14 직각좌표계에서의 외적을 구하는 손쉬운 방법.

유용한 정보

아래 식은 행렬식 (determinants)을 이용하여 외적을 구하는 방법을 나타낸다.

$$\vec{a}\times\vec{b} = \begin{vmatrix}\hat{\imath} & \hat{\jmath} & \hat{k} \\ a_x & a_y & a_z \\ b_x & b_y & b_z\end{vmatrix}$$

3차원 벡터에서 이 방법은 매우 효과적이다. 또는 다음과 같이 각 항들을 일일이 9번 곱하여 외적을 구할 수도 있다. 이때 그림 1.14에 보인 외적(cross product) 방법을 이용하면 빠른 결과를 얻을 수 있다. 2차원 벡터의 외적은 아래와 같은 방법으로 구하는 것이 간편하므로 2차원 벡터를 주로 다루는 본 교재에서는 이 방법을 주로 사용하기로 한다.

$$\begin{aligned}\vec{a}\times\vec{b} &= (a_x\,\hat{\imath} + a_y\,\hat{\jmath} + a_z\,\hat{k}) \\ &\quad\times(b_x\,\hat{\imath} + b_y\,\hat{\jmath} + b_z\,\hat{k})\end{aligned}$$

단위계

표 1.1은 국제표준규격(International System, SI[16])을 나타내고 있으며, SI에는 3개의 기본 단위(질량 kg, 길이 m, 시간 s)와 1개의 유도단위(힘, $F = ma$, kg · m/s^2)가 있다. 힘은 유도단위인 뉴턴(Newton, N)을 사용한다. 때때로 시간의 단위로 초(sec) 대신 분(min)을 쓰기도 하고 질량의 단위로 kg(kilograms) 대신 g(grams)을 사용하기도 한다. SI에서 각도는 유도단위인 라디안(radian)을 사용한다.

빠지기 쉬운 함정

무게와 질량. 불행하게도 무게와 질량을 혼동하여 사용하는 경우가 많다. 내 몸무게가 70 kg이라고 할 때 이는 실제로는 질량이 70 kg이라는 말이다. 과학과 공학 분야에서는 무게와 질량을 분명히 구별해야 한다. 무게와 힘은 힘의 단위를 사용하여 나타내야 하고, 질량은 질량단위를 사용하여야 한다.

표 1.1 국제표준규격

기초차원(Base Dimension)	SI 단위
질량(mass)	kilogram (kg)
길이(length)	meter (m)
시간(time)	second (s)
힘(force)	newton[a] (N) ≡ kg·m/s^2

[a] 유도단위.

차원의 동질성 및 단위변환

우리가 등호(equal sign)를 사용할 때는 등호의 왼쪽과 오른쪽이 같아야 한다. 즉 등호의 왼쪽과 오른쪽의 값이 같을 뿐만이 아니라 그 단위도 같아야 한다.[17] 식을 계산할 때 그 결과의 차원(dimension)이 맞는지 확인하기 위한 가장 좋은 방법은 일관성 있게 단위를 사용하였는지 확인하는 것이다. 식에서 각 항들의 단위가 일치하지 않으면 무엇인가 오류가 있음을 알아야 한다. 1999년 9월 미국 NASA에서 125억 달러의 비용을 들여 발사한 화성 탐사선이 파괴되었다. 그 이유는 로켓의 추력을 계산할 때는 미국 단위계(lb−in 단위계)를 사용한 반면, NASA의 항법장치 팀은 항법장치 설계 시에 국제표준규격(SI)을 사용하였기 때문이었다. 이러한 단위 불일치로 인하여 이 화성탐사선이 화성궤도로 진입할 때 그 고도가 너무 낮아 화성 대기 속에서 이 탐사선은 불에 타서 사라졌다.

16) SI는 프랑스어인 *Le Syst`eme International d'Unit´es*의 약자이다.

17) 이에 대한 간단한 예외는 12 in. = 1 ft이다. 이러한 식은 단위변환에서 중요한 역할을 한다.

접두사

매우 크거나 작은 숫자를 나타낼 때는 표 1.2와 같은 접두사나 심볼을 사용하여 그 크기를 나타낸다.

표 1.2 SI 단위계에서 많이 사용되는 접두사.

곱하기 계수(Multiplication factor)		접두사	심볼0
1 000 000 000 000 000 000 000 000	10^{24}	yotta	Y
1 000 000 000 000 000 000 000	10^{21}	zetta	Z
1 000 000 000 000 000 000	10^{18}	exa	E
1 000 000 000 000 000	10^{15}	peta	P
1 000 000 000 000	10^{12}	tera	T
1 000 000 000	10^{9}	giga	G
1 000 000	10^{6}	mega	M
1 000	10^{3}	kilo	k
100	10^{2}	hecto	h
10	10^{1}	deka	da
0.1	10^{-1}	deci	d
0.01	10^{-2}	centi	c
0.001	10^{-3}	milli	m
0.000 001	10^{-6}	micro	μ
0.000 000 001	10^{-9}	nano	n
0.000 000 000 001	10^{-12}	pico	p
0.000 000 000 000 001	10^{-15}	femto	f
0.000 000 000 000 000 001	10^{-18}	atto	a
0.000 000 000 000 000 000 001	10^{-21}	zepto	z
0.000 000 000 000 000 000 000 001	10^{-24}	yocto	y

유용한 정보

연산 시 숫자의 정확도. 본 교재에서는 3자리 숫자까지 유효하다고 가정한다. 중간 계산 결과는 4자리 유효숫자로 나타내고 최종 계산결과는 3자리 유효숫자로 나타낸다. 따라서 때때로 계산기에 의한 계산 결과와 약간 다르게 나타날 수 있다.

적절한 접두사를 사용하기 위한 규칙은 다음과 같다.

1. 몇 가지 예외를 제외하고는 접두사는 분자에만 사용하고(예: km/s), 분모에는 사용하지 않는다(예: m/ms). 이 원칙에 대한 예외는 kg이다. 즉 W/g와 같이 쓰지 않고 kW/kg과 같이 사용한다.
2. 두 개의 접두사를 덧붙여 쓰지 않는다(예: kMHz로 쓰지 않고 GHz로 쓴다)
3. 단위들 사이의 곱은 dot(·)나 dash(−)를 사용하여 나타낸다(예: N−m, N · m).
4. 지수는 $mm^2 = (mm)^2$와 같이 단위와 접두사에 모두 적용된다.
5. 소수점 아래나 위의 수가 4자리를 넘을 때는 3자리 단위로 묶어 표현한다(예: 12345.0 대신 12,345.0 또는 12 345.0로 표시한다).

절 요약

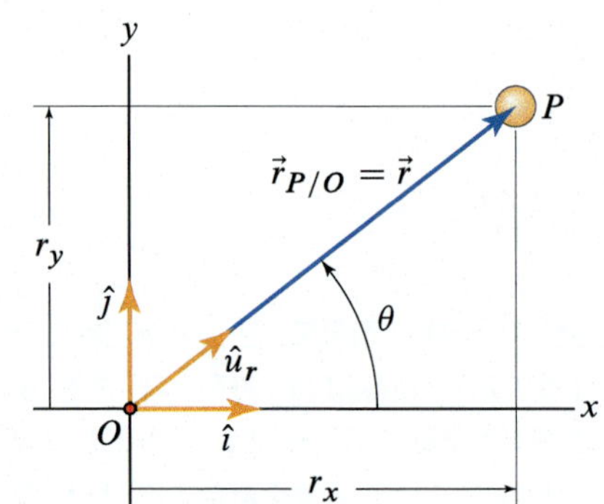

그림 1.15 질점 P의 위치 표시.

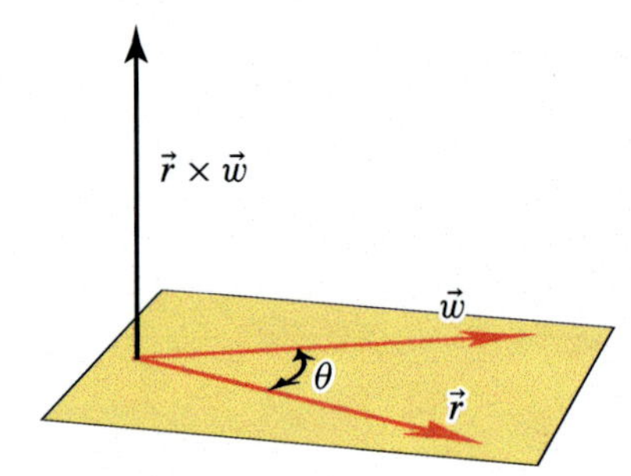

그림 1.16 벡터 $\vec{r}$, $\vec{w}$의 외적의 도식적 표현.

벡터 연산에 대한 복습 그림 1.15와 같이 2차원벡터 $\vec{r}$은 다음과 같이 나타낼 수 있다.

식(1.14) p. 10

$$\vec{r} = r_x \hat{\imath} + r_y \hat{\jmath}$$

여기에서 $\hat{\imath}, \hat{\jmath}$는 양(+)의 x, y 방향의 단위벡터이고, r_x, r_y는 $\vec{r}$의 x, y 방향의 성분이다. 삼각함수에 의해 r_x, r_y는 다음과 같이 나타낼 수 있다.

식(1.15) p. 11

$$r_x = |\vec{r}| \cos\theta, \quad r_y = |\vec{r}| \sin\theta$$

여기에서 θ는 선분 $\overline{OP}$와 x 축 사이의 각을 나타낸다. $|\vec{r}|$는 벡터 $\vec{r}$의 크기 또는 선분 $\overline{OP}$의 길이이다.

두 벡터 $\vec{r}$, $\vec{w}$의 내적(scalar product)은 다음과 같이 스칼라가 된다.

식(1.19) p. 11

$$\vec{r} \cdot \vec{w} = |\vec{r}||\vec{w}| \cos\theta$$

여기에서 θ는 한 벡터에서 다른 벡터를 향한 최소 회전각이다.

그림 1.16과 같이 외적은 $\vec{r} \times \vec{w}$로 나타내며

1. 그 크기는 다음과 같다.

식(1.20) p. 11

$$|\vec{r} \times \vec{w}| = |\vec{r}||\vec{w}| \sin\theta$$

여기에서 θ는 한 벡터에서 다른 벡터를 향한 최소 회전각이다. 따라서 $|\vec{r}||\vec{w}| \sin\theta \geq 0$이 된다.

2. 그 작용선의 방향은 두 벡터 $\vec{r}$, $\vec{w}$를 품는 평면에 수직하며 오른손 법칙에 따라 그 방향이 결정된다.
3. 반교환법칙 $\vec{r} \times \vec{w} = -\vec{w} \times \vec{r}$이 성립한다.

그림 1.15와 같이 r_x, r_y를 알면 벡터 $|\vec{r}|$, θ는 다음과 같이 구할 수 있다.

식(1.22), (1.23) p. 12

$$\vec{r}\text{의 길이} = |\vec{r}| = \sqrt{r_x^2 + r_y^2}$$

$$\vec{r}\text{의 방향} = \theta = \tan^{-1}\left(\frac{r_y}{r_x}\right)$$

벡터 $\vec{r}$을 다음과 같이 표현할 수도 있다.

식(1.24) p. 12

$$\vec{r} = |\vec{r}|\,\hat{u}_r, \quad \text{여기서} \quad \hat{u}_r = \cos\theta\,\hat{\imath} + \sin\theta\,\hat{\jmath}$$

여기에서 $\hat{u}_r$은 벡터 $\vec{r}$ 방향의 단위벡터이다.

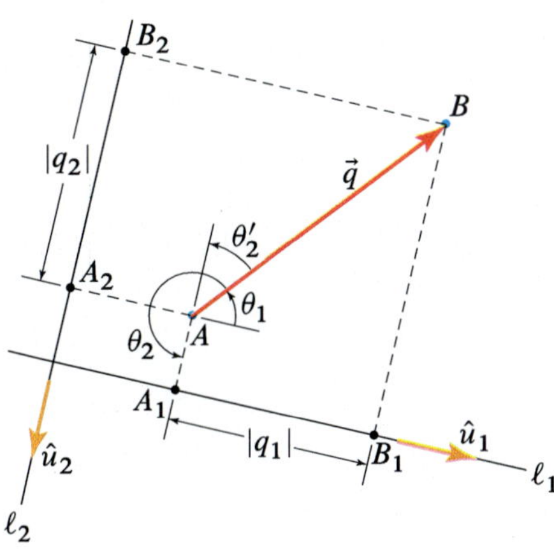

그림 1.17 벡터 $\vec{q}$의 $\hat{u}_1$, $\hat{u}_2$ 방향 성분 도시.

벡터에 관한 유용한 조언과 요령 주어진 방향으로의 벡터의 성분은 다음과 같은 내적을 통하여 구할 수 있다.

식(1.25) p. 12

$$q_1 = \vec{q}\cdot\hat{u}_1 = |\vec{q}||\hat{u}_1|\cos\theta_1 = |\vec{q}|\cos\theta_1$$

즉

식(1.26) p. 13

$$\vec{q}\text{의 } \ell_1 \text{ 방향성분} = q_1 = \vec{q}\cdot\hat{u}_1$$

그림 1.18로부터 서로 수직인 두 벡터 $\vec{q}, \vec{r}$ 사이에는 다음과 같은 관계가 성립한다.

식(1.15) p. 13

$$\begin{aligned}
\vec{q} = (\vec{q}\cdot\hat{\imath})\,\hat{\imath} + (\vec{q}\cdot\hat{\jmath})\,\hat{\jmath} &= |\vec{q}|\cos\left(\theta + \frac{\pi}{2}\right)\hat{\imath} + |\vec{q}|\cos\theta\,\hat{\jmath} \\
&= -|\vec{q}|\sin\theta\,\hat{\imath} + |\vec{q}|\cos\theta\,\hat{\jmath} \\
&= |\vec{q}|\,(-\sin\theta\,\hat{\imath} + \cos\theta\,\hat{\jmath}) \\
\vec{r} = (\vec{r}\cdot\hat{\imath})\,\hat{\imath} + (\vec{r}\cdot\hat{\jmath})\,\hat{\jmath} &= |\vec{r}|\cos(\pi - \theta)\,\hat{\imath} + |\vec{r}|\cos\left(\theta + \frac{\pi}{2}\right)\hat{\jmath} \\
&= -|\vec{r}|\cos\theta\,\hat{\imath} - |\vec{r}|\sin\theta\,\hat{\jmath} \\
&= |\vec{r}|\,(-\cos\theta\,\hat{\imath} - \sin\theta\,\hat{\jmath})
\end{aligned}$$

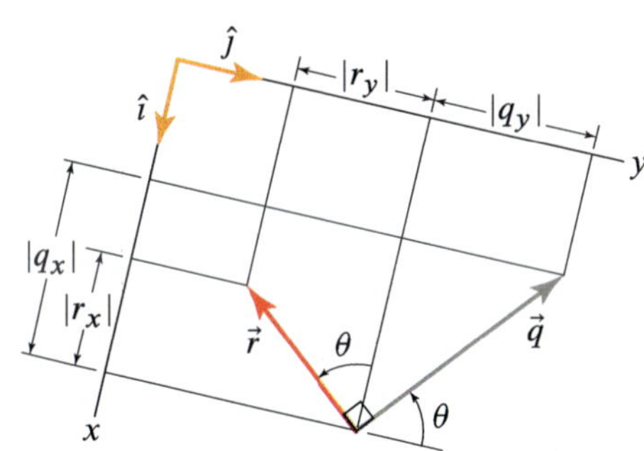

그림 1.18 직교하는 두 벡터 $\vec{q}$, $\vec{r}$의 직각좌표 성분 도시.

예제 1.1 위치벡터, 상대위치벡터와 그 성분

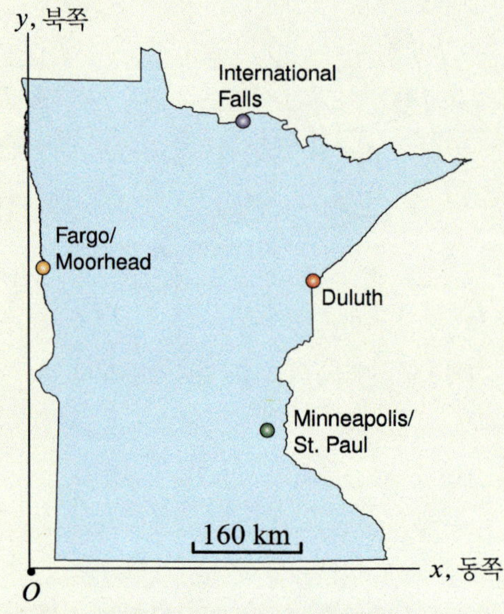

그림 1 미네소타주와 네 도시를 나타낸 지도로서 원점 O와 동북방향으로 각각 xy 좌표가 지정되어 있다.

그림 1은 미네소타주의 4개의 도시를 나타낸 지도로서 원점 O와 좌표계가 지정되어 있다. 원점에 대한 네 도시의 좌표가 표 1.3에 주어져 있다. 지구가 평평하다고 가정하고 x, y 방향이 각각 동쪽, 북쪽 방향일 때, 다음을 계산하라.

(a) Minneapolis/St. Paul (M)에 대한 Duluth (D)의 상대위치 $\vec{r}_{D/M}$

(b) Fargo/Moorhead (F)에 대한 InternatinalFalls (I)의 상대적인 방향

(c) Minneapolis/St. Paul (M)에 대한 Fargo/Moorhead (F)의 상대적인 위치 벡터의 동쪽과 북쪽 방향 성분

(d) Minneapolis/St. Paul (M)과 InternatinalFalls (I)의 중간지점 H의 위치벡터

표 1.3 그림 1에 보인 미네소타주 4개 도시의 원점 O에 관한 위치 좌표

도시M	x, 동쪽(km)	y, 북쪽(km)
Minneapolis/St. Paul (M)	348	209
Duluth (D)	417	430
Fargo/Moorhead (F)	19	447
International Falls (I)	314	665

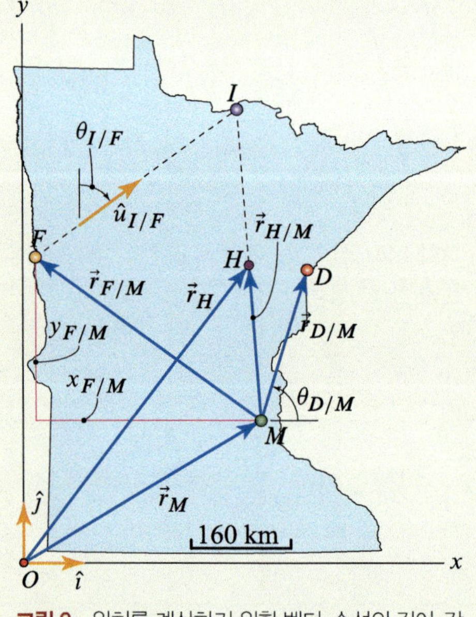

그림 2 위치를 계산하기 위한 벡터, 수선의 길이, 각.

풀이 SOLUTION

(a) 부분

로드맵 D 점과 M 점의 위치좌표를 알고 있으므로 식 (1.16)을 이용하여 D 점과 M 점의 차이를 계산하여 벡터 $\vec{r}_{D/M}$의 성분을 구할 수 있다.

계산 그림 2를 참조하여 $\vec{r}_D$와 $\vec{r}_M$의 차이 $\vec{r}_{D/M}$을 다음과 같이 계산한다.

$$\begin{aligned}\vec{r}_{D/M} &= \vec{r}_D - \vec{r}_M = (x_D - x_M)\,\hat{\imath} + (y_D - y_M)\,\hat{\jmath} \\ &= [(417 - 348)\,\hat{\imath} + (430 - 209)\,\hat{\jmath}]\,\text{km} \\ &= (69\,\hat{\imath} + 221\,\hat{\jmath})\,\text{km} = 231.5\,\text{km} @ 72.6° \measuredangle,\end{aligned} \tag{1}$$

여기에서 $\theta_{D/M} = 72.6°$이다.

논의 및 검증 그림 2의 척도를 참조하여 계산결과가 맞는지 확인할 수 있다. 지도에서 D 점과 M 점의 거리와 각을 실제로 측정하면 식 (1)에서 얻은 결과 231.5 km@72.6°가 맞는지 확인할 수 있다.

(b) 부분

로드맵 F 점에 대한 I 점의 상대적인 방향을 구하려면 $\hat{u}_{I/F}$ 또는 $\theta_{I/F}$를 구하면 된다. $\hat{u}_{I/F}$를 구하려면 먼저 $\vec{r}_{I/F}$를 구한 후에 이를 식 (1.22)으로 구한 크기로 나누어주면 된다.

계산 그림 2와 표 1.3, 그리고 식 (1.16)을 이용하여 벡터 $\hat{u}_{I/F}$를 계산한다.

$$\hat{u}_{I/F} = \frac{\vec{r}_{I/F}}{|\vec{r}_{I/F}|} = \frac{(314-19)\,\hat{\imath} + (665-447)\,\hat{\jmath}}{\sqrt{(314-19)^2 + (665-447)^2}} = 0.805\,\hat{\imath} + 0.594\,\hat{\jmath} \tag{2}$$

그리고 다음과 같이 $\theta_{I/F}$를 구한다.

$$\theta_{I/F} = \tan^{-1}\left(\frac{x_{I/F}}{y_{I/F}}\right) = \tan^{-1}\left(\frac{295}{220}\right) = 53.3^\circ \tag{3}$$

이 방향은 근사적으로 북동 방향이다.

논의 및 검증 (a)와 마찬가지로 방향은 벡터 $\hat{u}_{I/F}$의 두 성분으로 나타내거나 또는 벡터 $\hat{u}_{I/F}$의 크기와 방향으로 나타낼 수 있다. 식 (3)의 결과는 그림에서 실제로 측정하여 확인할 수 있다.

(c) 부분

로드맵 식 (1.26)을 이용하여 $\vec{r}_{F/M}$의 성분을 구한다.

계산 그림 2와 표 1.3, 그리고 식 (1.26)을 이용하여 벡터 $\hat{u}_{I/F}$를 계산한다.

$$x_{F/M} = \vec{r}_{F/M}\cdot\hat{\imath} = [(19-348)\,\hat{\imath} + (447-209)\,\hat{\jmath}]\cdot\hat{\imath}\ \text{km} = -329\ \text{km} \tag{4}$$

$$y_{F/M} = \vec{r}_{F/M}\cdot\hat{\jmath} = [(19-348)\,\hat{\imath} + (447-209)\,\hat{\jmath}]\cdot\hat{\jmath}\ \text{km} = 238\ \text{km} \tag{5}$$

여기에서 식 $\hat{\imath}\cdot\hat{\imath} = \hat{\jmath}\cdot\hat{\jmath} = 1$, $\hat{\imath}\cdot\hat{\jmath} = \hat{\jmath}\cdot\hat{\imath} = 0$이 이용되었다.

논의 및 검증 Fargo/Moorhead (*F*)는 Minneapolis/St. Paul (*M*)보다 북쪽으로 238 km, 서쪽으로 329 km 되는 곳에 위치하고 있음을 알 수 있다. 이 결과는 그림에서 실제로 측정하여 확인할 수 있다.

(d) 부분

로드맵 그림 2에서 Minneapolis/St. Paul (*M*)과 InternatinalFalls (*I*)의 중간지점인 *H*의 위치벡터는 $\vec{r}_H = \vec{r}_M + \vec{r}_{H/M}$ 식으로 구하면 된다.

계산 위치벡터는 $\vec{r}_H$를 다음 식과 같이 두 벡터로 분리한다.

$$\vec{r}_H = \vec{r}_M + \vec{r}_{H/M} \tag{6}$$

여기에서 $\vec{r}_{H/M}$은 다음과 같이 구한다.

$$\vec{r}_{H/M} = \tfrac{1}{2}\vec{r}_{I/M} = \tfrac{1}{2}\,[(314-348)\,\hat{\imath} + (665-209)\,\hat{\jmath}]\,\text{km} = (-17\,\hat{\imath} + 228\,\hat{\jmath})\,\text{km} \tag{7}$$

그리고 이를 식 (6)에 대입하면 다음과 같이 $\vec{r}_H$가 구해진다.

$$\vec{r}_H = [(348\,\hat{\imath} + 209\,\hat{\jmath}) + (-17\,\hat{\imath} + 228\,\hat{\jmath})]\,\text{km} = (331\,\hat{\imath} + 437\,\hat{\jmath})\,\text{km} \tag{8}$$

표 1.3에서 $\vec{r}_M = (348\hat{\imath} + 209\hat{\jmath})$ km이다.

논의 및 검증 그림 2를 참조하여 식 (8)의 결과를 확인할 수 있다. 본 예제를 통하여 벡터연산의 힘을 알 수 있다. 일단 Minneapolis/St. Paul (*M*)에 대한 InternatinalFalls (*I*)의 상대위치를 알면 두 도시 사이에 있는 모든 점의 위치벡터를 구할 수 있다.

예제 1.2 차원해석 및 단위 사용

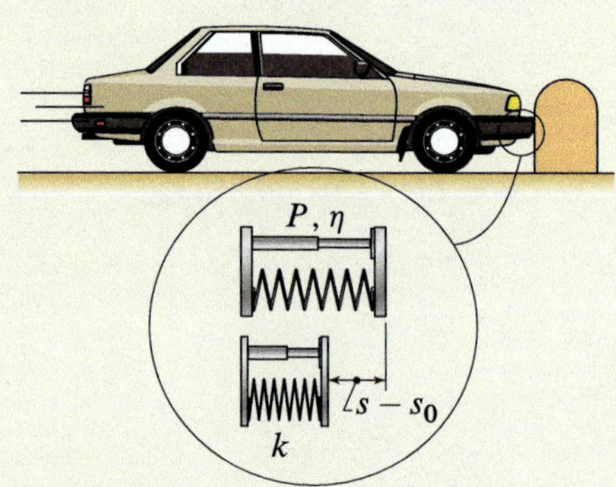

그림 1 콘크리트 블록과 충돌하는 자동차.

자동차 범퍼는 충돌 시에 탄성변형이나 영구변형이 일어날 수 있다. 그림 1에서 범퍼를 통하여 자동차에 전달되는 힘은 $F = P + k\,(s - s_0) + \eta ds/dt$으로 표현할 수 있다. 여기에서 $(s - s_0)$는 범퍼의 변형량으로서 그 차원은 길이이고 s_0는 상수이며 그 차원 역시 길이이다. 또한 ds/dt는 s의 시간 변화율(time rate of change)이며, 그 차원은 길이/시간이다. P는 범퍼에 영구변형을 초래하는 힘의 크기이며 k는 자동차의 강성(스프링상수), η는 힘과 변형속도 사이의 비례상수(감쇠계수)이다. 다음을 구하라.

(a) P, k, η의 차원

(b) P, k, η의 단위(SI 단위계)

풀이 SOLUTION

(a)부분

로드맵 차원해석의 첫 단계는 그 차원을 알고 있는 값들로 구성된 기본 법칙을 적용하는 것이다. 본 문제는 힘에 관한 내용이므로 식 (1.3)의 법칙을 적용하기로 한다. 자동차에 전달되는 힘 $F = P + k\,(s - s_0) + \eta ds/dt$은 세 개의 항으로 구성되어 있으며 각 항의 차원은 모두 힘의 차원이어야 한다. 우리는 이를 "차원의 동질성(dimension homogeneity)"이라고 부른다.

계산 L, M, T는 각각 길이, 질량, 시간의 차원을 나타낸다. $[x]$는 x의 차원을 뜻한다. 식 (1.3)에서 차원은 다음과 같다.

$$[F] = [ma] = [m]\,[a] = M\frac{L}{T^2} \tag{1}$$

자동차에 전달되는 힘은 다음과 같이 나누어 쓸 수 있다.

$$[F] = \left[P + k(s - s_0) + \eta\frac{ds}{dt}\right] = [P] + [k(s - s_0)] + \left[\eta\frac{ds}{dt}\right] \tag{2}$$

식 (1), (2)를 비교해 보면 $[P]$, $[k(s-s_0)]$, $[\eta ds/dt]$의 차원은 ML/T^2이어야 한다. 따라서 P는 힘의 차원을 가져야 한다. $k(s-s_0)$의 차원은 다음과 같다.

$$[k(s - s_0)] = [k]\,[s - s_0] = [k]L = M\frac{L}{T^2} \tag{3}$$

여기에서 s, s_0의 차원은 L이다. 식 (3)의 마지막 두 항으로부터 다음 관계가 성립함을 알 수 있다.

$$[k] = \frac{M}{T^2} \tag{4}$$

다음으로 식 (2)에서 η를 포함한 항의 차원은 다음과 같다.

$$\left[\eta\frac{ds}{dt}\right] = [\eta]\left[\frac{ds}{dt}\right] = [\eta]\frac{L}{T} = M\frac{L}{T^2} \tag{5}$$

여기에서 ds/dt의 차원은 L/T이다. 식 (5)의 마지막 두 항으로부터 다음 관계가 성립함을 알 수 있다.

$$[\eta] = \frac{M}{T} \tag{6}$$

> **개념정리**
> **차원의 동질성(Dimensional homogeneity).** 식 (2)는 "[a + b] = [a] + [b]"인 관계를 나타내고 있다. 이 관계식은 두 개의 물리적 양 a, b가 동일한 차원을 가지고 있을 때에만 성립한다. 다시 말하면 a, b는 차원의 동질성을 가지고 있어야 한다.

논의 및 검증 P의 차원이 힘이므로 본 차원해석 결과가 옳음을 확인할 수 있다. k와 η의 경우에는 원래 식 $F = P + k(s - s_0) + \eta ds/dt$에 k와 η의 차원을 대입하여 검증할 수 있다.

(b)부분

로드맵 (a)부분에서 구한 차원과 대응되도록 표 1.1을 참조하여 SI단위를 결정하여야 한다.

계산 P는 힘의 차원을 가지고 있으므로 그 SI 단위는 N (Newton) 또는 kg · m/s^{2}이다. k의 차원은 M/T^2이므로 kg/s^2 (N/m)의 SI 단위를 가지며, η의 차원은 M/T이므로 그 SI 단위는 kg/s이어야 한다.

표 1.4 P, k, η의 단위 (요약)

항목	SI 단위
P	N or kg · m/s^2
k	kg/s^2 or N/m
η	kg/s

논의 및 검증 p, k, η의 단위를 차원으로 변환시켜서 우리가 구한 결과를 검증할 수 있다. P의 경우에 그 단위 kg · m/s^{2}를 차원으로 변환시키면 ML/T^2이 되므로 (a)부분에서 구한 결과가 맞음을 확인할 수 있다. k와 η의 경우도 마찬가지로 확인할 수 있다.

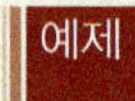

예제 1.3 차원해석 (Dimensional Analysis)

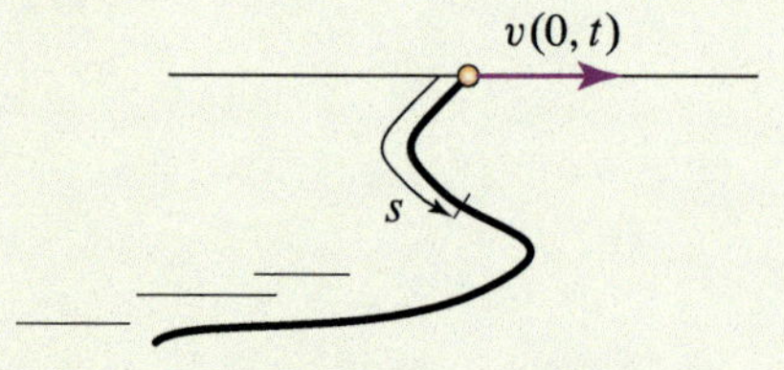

그림 1 한 끝단이 움직이는 줄의 운동.

줄(string)의 운동을 연구하기 위해 필요한 줄의 각 지점의 속도는 다음과 같다.

$$v(s, t) = \alpha + \beta t^2 - \gamma s + \delta \frac{s}{t} \tag{1}$$

여기에서 s는 줄의 길이 방향 좌표이며, t는 시간, α, β, γ, δ는 상수이다. α, β, γ, δ의 차원을 결정하라.

> **흥미로운 사실**
>
> **공학자들은 실제로 줄의 운동에 흥미를 가지고 있는가?** 대답은 "예"이다. 실제 물체를 매우 상세하게 수식으로 표현하는 것(모델링)은 매우 복잡한 과제이며, 수치적인 결과를 얻는 것도 어려운 일이고, 그 결과를 해석하는 것도 쉽지 않다. 따라서 많은 과학자와 공학자들은 복잡한 실제 물체를 줄(string)이나 보(beams)로 단순화시켜 접근한다. 이러한 단순화는 실제 물체의 중요한 물리적 거동을 파악하고 이해하는데 있어서 효과적이다.

풀이 SOLUTION

로드맵 속도의 차원은 L/T(단위는 m/s)이므로 식 (1)의 우변에 있는 항들의 차원은 모두 L/T이어야 한다.

계산 α의 차원은 속도 v의 차원과 같아야 하므로 L/T이다. β의 차원은 다음과 같다.

$$[\beta t^2] = [\beta]T^2 = L/T \quad \Rightarrow \quad [\beta] = L/T^3 \tag{2}$$

식 (2)와 같은 방법으로 γ의 차원을 구하면 다음과 같다.

$$[\gamma s] = [\gamma]L = L/T \quad \Rightarrow \quad [\gamma] = 1/T \tag{3}$$

비슷한 방법으로 구한 δ의 차원은 다음과 같다.

$$\left[\delta \frac{s}{t}\right] = [\delta]L/T = L/T \quad \Rightarrow \quad [\delta]\text{는 무차원} \tag{4}$$

논의 및 검증 α의 차원은 계산 없이도 바로 구할 수 있다. β, γ, δ의 경우에 식 (2), (3), (4)의 결과를 식 (1)에 대입해 보면 결과가 옳음을 확인할 수 있다.

문제

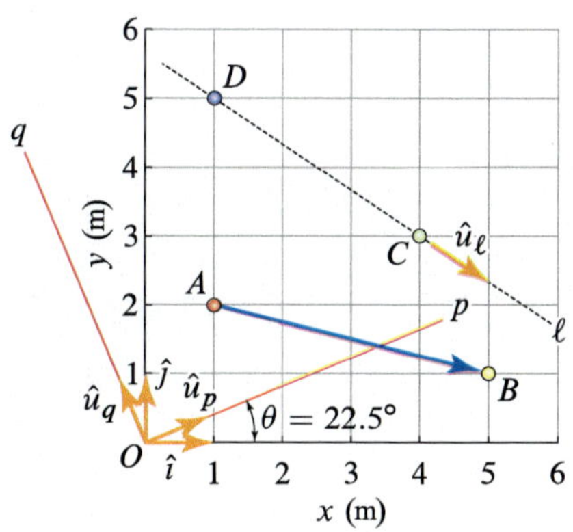

그림 P1.1-P1.5

문제 1.1

벡터 $\vec{r}_{B/A}$는 $\vec{r}_{B/A} = (\vec{r}_{B/A})_x\,\hat{\imath} + (\vec{r}_{B/A})_y\,\hat{\jmath}$으로 표현할 수 있다. x, y 방향의 성분 $(r_{B/A})_x$ $(r_{B/A})_y$을 구하라.

문제 1.2

선분 ℓ의 방향은 D에서 C로 향하는 방향이다. 벡터 $\vec{r}_{B/A}$의 선분 ℓ 방향의 성분을 구하라.

문제 1.3

벡터 $\vec{r}_{B/A}$의 p와 q 방향 성분을 각각 구하라.

문제 1.4

xy 좌표계와 pq 좌표계를 사용하여 벡터 $\vec{r}_{B/A}$를 표현하라. 그리고 xy 좌표계와 pq 좌표계에서의 벡터 $\vec{r}_{B/A}$의 크기 $|\vec{r}_{B/A}|$를 구하여 같은 값을 갖는지 확인하라.

문제 1.5

xy 좌표계와 pq 좌표계에서 구한 $|\vec{r}_{B/A}|_{xy}$와 $|\vec{r}_{B/A}|_{xy}$이 서로 같은지 또는 틀린지 설명하라.

주의 개념 문제는 계산이 아닌 설명이 필요하다.

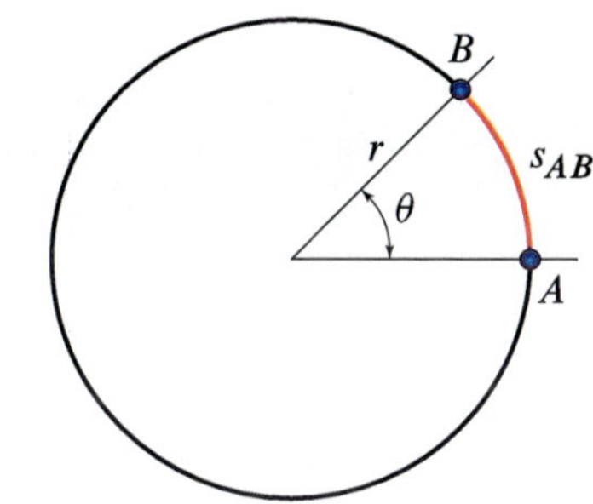

그림 P1.6

문제 1.6

각 θ는 식 $r\theta = s_{AB}$에 의해 정의된다. r, s_{AB}는 각각 원의 반경과 원호의 길이를 나타낸다. 각 θ의 차원을 구하라.

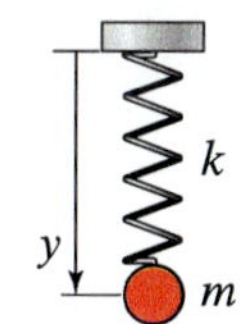

그림 P1.7

문제 1.7

한 끝이 고정된 스프링에 부착된 질량으로 구성된 단순 진동자가 식 $y = Y_0 \sin(2\pi\omega_0 t)$에 따라 상하로 자유롭게 운동하고 있다. 여기에서 y, Y_0, ω_0, t는 각각 질량의 위치(단위: 길이), 진폭(amplitude), 진동주파수, 시간이며 $(2\pi\omega_0 t)$는 각이다. Y_0, ω_0의 차원을 결정하라.

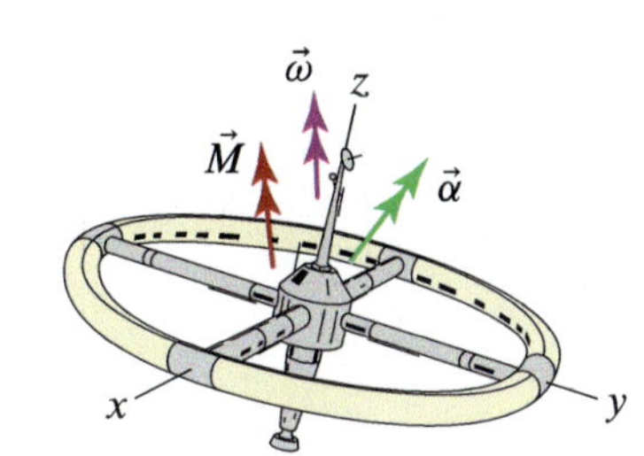

그림 P1.8

문제 1.8

우주정거장을 강체로 가정하여 그 운동을 연구할 때 그 운동방정식은 다음과 같은 오일러 방정식(Euler's equations)으로 표현된다.

$$M_x = I_{xx}\,\alpha_x - \left(I_{yy} - I_{zz}\right)\omega_y\,\omega_z,$$

$$M_y = I_{yy}\,\alpha_y - \left(I_{zz} - I_{xx}\right)\omega_x\,\omega_z,$$

$$M_z = I_{zz}\,\alpha_z - \left(I_{xx} - I_{yy}\right)\omega_x\,\omega_y.$$

여기에서 M_x, M_y, M_z는 각각 물체에 가해진 모멘트의 x, y, z 성분,[18] ω_x, ω_y, ω_z는 각각 물체의 각속도의 x, y, z 성분, α_x, α_y, α_z는 각각 물체의 각가속도의 x, y, z 성분이다. I_{xx}, I_{yy}, I_{zz}는 물체의 주 질량관성모멘트(principal mass moment of inertia)이다. I_{xx}, I_{yy}, I_{zz}의 차원과 단위를 구하라.

문제 1.9

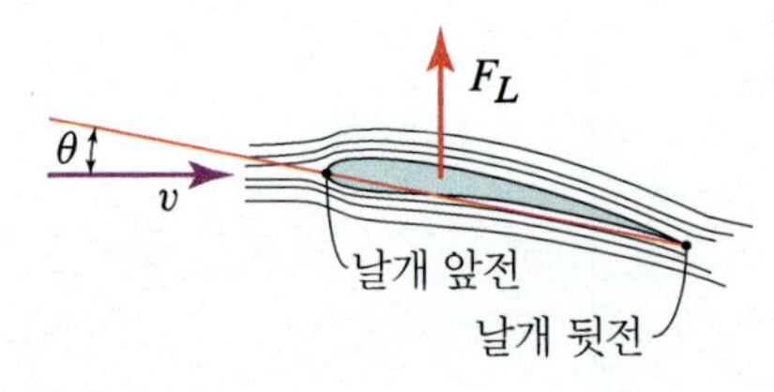

그림 P1.9

양력은 날개 위를 흐르는 유체의 유동에 의해 생성되며, 양력을 구하는 식은

$$F_L = \frac{1}{2}\rho v^2 C_L(\theta) A \tag{1.1}$$

이다. 여기에서 ρ, v, A, θ, C_L은 각각 공기밀도, 공기의 속도(날개에 상대적인), 날개 표면적, 날개의 받음각(angle of attack), 받음각의 함수인 양력계수(lift coefficient)이다. C_L의 차원과 SI 단위를 구하라.

문제 1.10

단위와 차원은 동의어인가?

주의 개념 문제는 계산이 아닌 설명이 필요하다.

18) 오일러 방정식에서 사용된 xyz 좌표계는 물체와 같이 움직이는 특별한 좌표계이다. 그러나 여기에서의 문제풀이를 위해서는 서로 직교하는 좌표계라는 의미만으로 충분하다.

1.3 공학설계에서의 동역학의 역할[19)]

설계는 모든 공학적 활동에서 가장 근본적인 목적이다. 공학설계를 한마디로 정의할 수는 없지만, 공학설계는 시스템의 필요조건과 요구조건을 만족시킬 수 있도록 시스템을 만들어 가는 과정으로 생각할 수 있다. 설계는 나사처럼 단순하기도 하고 아폴로 우주선처럼 복잡할 수도 있다. 나사는 두 개의 철판을 하나로 결합시키는 필요를 충족시키는 것이고, 아폴로 우주선은 인간을 달에 착륙시키기 위한 필요를 충족시키기 위한 것이다. 우리가 설계를 통하여 충족시켜야 하는 필요조건은 기술적, 환경적, 정치적, 경제적인 것 등이다. 공학설계에서 어려운 점은 마지막 설계에 이르기까지의 과정도 아니고, 설계의 독창성도 아니다(이런 면에서 설계는 한 개의 정답만이 있는 숙제나 시험과 다르다). 일반적으로, 설계요구조건을 만족시키는 여러 개의 서로 다른 설계가 있을 수 있다.

그림 1.19 1940년 7월 바람과 구조물(다리)의 상호작용에 의해 발생하는 힘에 의해 타코마 브리지가 붕괴되는 사진.

기계나 구조물에 힘을 가하면 변형, 응력, 변형률, 온도와 같은 다양한 기계적 응답이 발생한다. 기계공학자(mechanician)는[20)] 설계과정에서 이러한 응답을 고려하여 설계를 완성하게 된다. 기계공학자는 또한 이러한 다양한 응답과 피로수명 예측, 내구성, 안전성, 재료와 제작방법 사이의 상관관계를 고려하여 설계를 수행한다. 기계시스템에서 가속도는 힘을 발생시키는 중요한 인자이므로(뉴턴과 오일러의 운동 법칙에 따른), 설계에서 동역학의 역할은 매우 크다.

설계 과정을 완성해 나가는 몇 가지 방법이 있으나 어떤 방법에서든지 다음과 같은 반복적 과정을 통해 설계를 완성한다. 우선 시스템의 필요조건을 확인하고, 우선순위를 결정하고, 가치판단을 하고, 구속조건을 만족시키면서 최적의 목적달성이 가능한 최선의 해를 구할 수 있는 물리법칙을 찾아서 적용하여야 한다. 자신의 전문분야에서의 교육과정을 통하여 설계를 위하여 필요한 과정과 성능기준, 안전기준, 설계코드에 대한 정보를 습득하여야 한다. 이제부터 대수학, 정역학, 동역학 지식을 기초로 한 설계과정을 공부하기로 한다.

설계의 목적

제품 설계는 최소한 다음과 같은 조건을 만족시켜야 한다.

1. 설계목적을 달성하여야 하고
2. 정상적인 사용 중에 파괴되지 않아야 하고
3. 사용 중에 위험성을 최소화하고
4. 다양한 용도를 예측한 설계가 이루어져야 하고
5. 설계 과정에 대한 기록을 남겨야 한다.

추가적으로 제품 설계는 다음과 같은 항목들을 고려하여야 한다.

19) 설계에 대한 상세한 설명은 다음 저서를 참조할 것; D. G. Ullman, *The Mechanical Design Process*, 3rd edition, McGraw-Hill, 2003.

20) 기계공학자(*mechanicians*)는 역학을 연구하는 사람이다. 정비사(*mechanics*)는 자동차나 기계를 수리하는 사람이다.

- 제작비용, 구매, 보유
- 제작 및 유지보수의 용이성
- 제작 및 사용에 따른 에너지 효율
- 제작과 사용, 그리고 폐기 후 환경에 미치는 영향

이 책은 독자에게 공학 설계를 가르치고자 하는 것이 아니라 공학설계의 요소들을 소개하는 것이다. 본 교재에서 중점을 두어 다룰 내용은 시스템 모델링(system modeling)과 변수 해석(parametric studies)이다. 동역학은 기계시스템을 수학적으로 모델링하고 이 시스템 모델을 이용하여 매개변수 변화에 따른 거동의 변화를 연구하는 것이다.

시스템 모델링(System modeling)

동역학에서, 기계시스템을 수식으로 변환시켜 나타내는 작업을 **모델링**이라 한다. 이렇게 얻어진 수학적 모델을 이용하여 기계시스템의 거동을 예측할 수 있다. 장점으로는 일단 기계시스템을 모델링하면 이 모델을 사용하여 많은 결과를 얻을 수 있다는 점이다. 단점으로는 이러한 모델링 과정이 쉽지 않으며 이에는 많은 **연습**이 필요하다는 것이다.

> **유용한 정보**
>
> **모델링과 미분방정식.** 3장에서부터 기계시스템의 모델은 일반적으로 대수방정식이나 상미분방정식(ordinally differential equations)으로 표현된다. 사실상 뉴턴의 제2법칙은 2계(second order) 상미분방정식이다. 따라서 뉴턴의 제2법칙을 적용할 때마다 미분방정식의 해를 구하여야 한다.

시스템 모델이 실제 기계시스템을 100% 정확하게 묘사하지는 못하지만 실제 기계시스템의 거동을 파악할 수 있는 정보를 제공할 수 있다. 예를 들면 여객기에서 특히 날개는 비행 도중 심각한 굽힘과 비틀림 변형이 발생한다. 그러나 비행기 성능에 대한 모델링 과정에서는 비행기를 강체로 가정한다. 비행기를 강체로 가정하면 모델의 수식이 좀 더 간단해지며 비행기의 장거리 비행 시의 거동에 대한 예측이 가능해진다. 이 예측을 기초로 하여 비행기에 국부적 변형을 필수적으로 고려해야 하는 경우에 대한 좀 더 진보된 비행기 모델을 개발할 수 있다. 결국 모델의 가치는 모델로부터 얻고자 하는 정보의 양과 형태에 따라 결정된다.

일반적으로, 일단 모델이 완성되면 모델로부터 구한 결과와 실제 기계로부터 얻은 데이터를 비교하여야 한다. 만일 모델에 의해 예측한 거동과 실제 시스템의 거동이 일치하면(모델링 시에 사용한 가정의 범위 내에서), 모델로부터 예측한 결과를 신뢰할 수 있는 근거를 가지게 된다. 그러나 만일 모델에 의해 예측한 거동과 실제 시스템의 거동이 일치하지 않으면, 모델링 과정으로 돌아가서 모델에서 무엇을 개선해야 할지를 결정하여야 한다.

그러나 실제 실험 결과와 모델의 해석결과를 비교하는 것이 항상 가능한 것은 아니다. 예를 들면 엔지니어가 새로운 항공기를 설계할 때, 재정적 또는 시간적 문제로 인하여, 새로운 설계마다 그 시제품 모형을 제작하여 실험을 하고 이를 모델의 해석결과와 비교할 수는 없다. 따라서 이전의 모델 및 설계결과에서 얻은 경험을 동원하고, 또한 공학적, 물리적 경험과 지식을 사용하여 모델을 추론하고 확장하여야 한다. 실제로 새로운 민간용 또는 군용 항공기를 설계할 때 첫 번째 시제품만 비행시험을 거치고 중간설계 단계의 항공기는 일반적으로 비행시험을 거치지 않는다.

질점과 강체 모델

물체는 수많은 입자(질점)로 구성되어 있다. 예를 들어, 철 1 mol의 질량은 55.844 g이고, 한 변이 2 cm인 육면체와 같은 부피를 가지며 그 안에는 6.022×10^{23}개의 원자를 가지고 있다. 여기에서 6.022×10^{23} atoms/mol이 아보가드로(Avogadro) 수이다. 또한 각각의 원자는 전자, 양성자, 중성자로 구성되어 있으며 이들은 다시 쿼크(quarks) 등으로 이루어져 있다. 여기에서 우리는 다음과 같은 의문을 가지게 된다. 자동차나 머리카락처럼 크기와 관계없이 모든 물체의 운동을 표현하기 위하여 이러한 입자들의 존재를 모델링에 고려하여야 하는가? 이 질문에 대한 대답은 우리가 원하는 해석의 정확도와 구하고자 하는 정보에 따라 다르다. 다행히도 대부분의 공학문제에서 심지어 나노크기의 물체에 대해서도(1 nm는 대략 원자 3개의 사슬 길이이다) 원자물리학의 도움 없이도 정확한 해석이 가능하다. 실제로, 동역학에서는 (1) 질점(1.2절 참조)과 (2) 강체(1.2절 참조)의 단순한 모델을 통해서 상당히 정확한 결과를 얻을 수 있다: 본 교재에서는 기계시스템의 힘, 운동, 그리고 힘과 운동사이의 관계를 예측하기 위하여 기본적인 두 모델(질점과 강체)을 사용할 것이다. 그러나 고체역학에서는 물체는 질점이나 강체가 아닌 변형체(deformable body)로 모델링되어야 한다.

유용한 정보

질점의 크기는 어느 정도까지 허용되는가? 질점은 부피가 없다고 정의되므로 공간상에서 단지 한 점으로 나타난다. 실제로 트럭, 비행기, 행성 등의 회전운동(기준선에 대한 물체의 방향 변화)을 무시할 수 있을 때 이들 물체를 질점으로 이상화시켜 해석하여도 큰 오차가 나지 않는다. 비록 크기가 큰 물체인 경우에도 물체의 회전운동을 무시할 수 있으면 그 물체를 질점으로 모델링하여도 무방하다. 이러한 내용은 2, 3, 7, 10장에서 다시 설명될 것이다.

흥미로운 사실

강체는 실제로 존재하는가? 실제로 모든 물체는 힘을 받아 운동하는 중에 국부적인 변형이 일어난다. 따라서 엄밀한 의미에서 강체는 실제로 존재하지 않는다. 그러나 물체가 충분히 강하여 (剛, stiff) 그 형상의 변화가 거의 없을 때 강체로 이상화하여도 무방하다. 그리고 비행기 날개와 같이 유연한 구조물인 경우에도 날개를 강체로 가정하여 근사적인 하중을 계산하기도 한다.

질점 운동학

운동학은 운동의 원인에 상관없이 운동의 기하학을 공부하는 것이며 이는 벡터의 대수학과 미적분학에 근거하고 있고, 많은 사람들에게 수학같이 느껴지고 보여진다. 운동학은 $\vec{F} = m\vec{a}$에서 $\vec{a}$의 관계를 기술하므로 뉴턴의 제2법칙의 응용에 필수적이다. 그러나 불행히도 $\vec{F} = m\vec{a}$라는 표현은 물체가 어떻게 움직이는지를 알려주지 않으며, 단지 힘과 가속도 사이의 관계식만을 기술한다. 일반적으로 우리는 질점의 운동을 알고 싶고 여기서 운동이란 것은 "임의의 물체의 각 시간에 따른 위치"들을 뜻한다. 운동학은 미적분학을 통해 가속도 $\vec{a}$를 각 점의 운동으로 변환시켜준다. 이것이 이 장에서 위치, 속도 그리고 가속도의 개념을 공부하고 이것들이 서로 어떻게 관련이 되는지에 대해 공부하는 이유이다. 그리고 또 동역학에서 가장 흔히 사용되는 여러 성분계에서 어떻게 위치, 속도, 가속도를 기술하는지를 배울 것이다.

2.1 위치, 속도, 가속도와 직교좌표계

경주용 트랙을 따른 운동의 추적

하키나 축구 공의 운동을 해석하기 위한 TV 네트워크에서 사용되는 것 같은 운동추적 장치는 그림 2.1에서 같은 경주용 차량 트랙에서의 경주용 차의 운동도 해석할 수 있다.

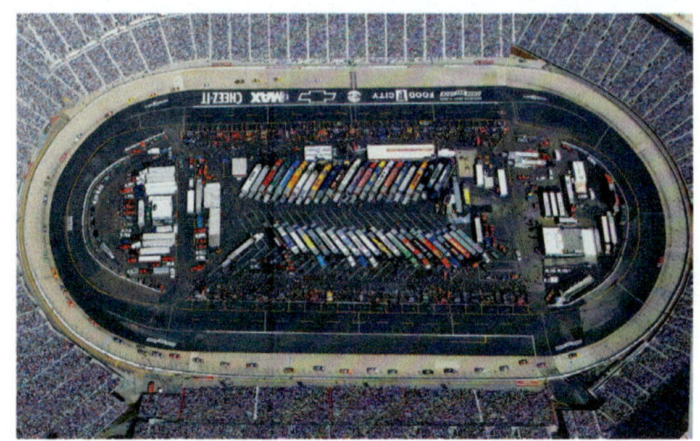

그림 2.1 자동차경기장.

그림 2.2는 추적장치의 일부인 두 개의 카메라 C와 D를 보여주는데 이들은 차를 따라 가며 차까지의 거리를 측정할 수 있다. 그 추적 자료는 운동분석기에 표 2.1에서 보여주는 것 같이 입력된다; 즉, 규칙적인 간격으로 좌표로. 이 좌표들은 그림 2.2에서 보여준 축에 상대적이다. 그러면 이 자료들로부터 얼마나 차가 빠르게 움직이고 어떤 가속도를 받고 있는지를 어떻게 알 수 있을까?

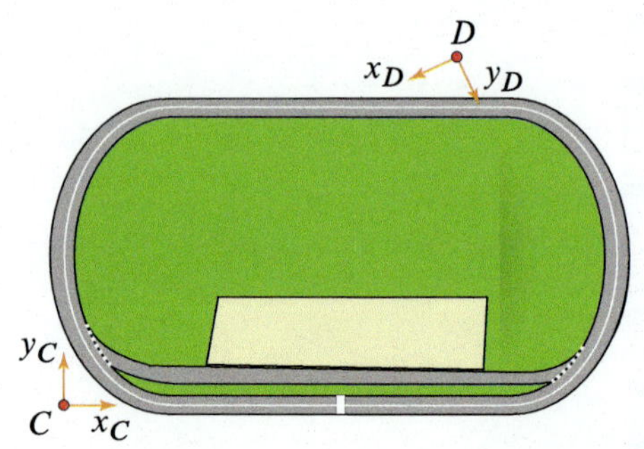

그림 2.2 추적장치카메라 C와 D. 카메라의 화살표는 카메라에 의해 사용되는 직교좌표계의 방향을 가리킨다.

표 2.1 시험주행 시의 차의 직교좌표(단지 카메라 C와 D의 자료만 기록되었다). 장치는 0.01초 시간까지 그리고 30 mm 거리까지를 기록할 수 있다.

Position	Time (s)	(x_C, y_C) (m)	(x_D, y_D) (m)
A	42.53	(339.8, 109.9)	(-43.8, 133.3)
B	45.76	(220.4, 181.1)	(29.6, 20.3)
$P1$	48.87	(59.6, 180.7)	(175.6, -47.2)
$P2$	49.26	(44.4, 176.1)	(191.4, -49.5)
$P3$	49.66	(31.2, 167.3)	(207.0, -47.0)

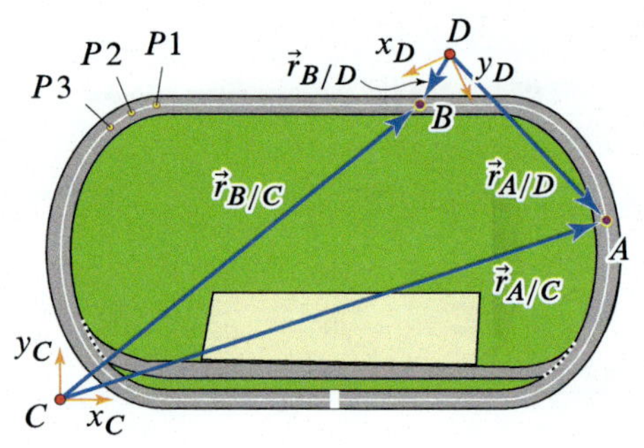

그림 2.3 두 다른 시간에 있는 차의 위치벡터. 벡터 $\vec{r}_{A/C}$와 $\vec{r}_{B/C}$는 각 시간 $t_1 = 42.53$ s와 $t_2 = 45.76$ s에서의 차의 위치를 기술한다(표 2.1 참조). 유사하게 $\vec{r}_{A/D}$와 $\vec{r}_{B/D}$는 카메라에 대한 같은 시간들에서의 같은 차의 위치이다.

차의 위치들은 관심대상의 위치를 기록하는 카메라로부터의 화살표로 나타낼 수 있다는 것을 관찰함으로써 시작한다(그림 2.3 참조). 이들은 점의 위치를 규정하는 벡터임을 알 수가 있다. 즉 그림 2.3에서 보여진 것처럼 이 벡터들의 크기와 방향은 이 벡터들을 정의하는 기준점(즉 카메라)에 달려있다는 것을 알 수가 있다. 속도라는 개념은 위치의 변화와 그 변화에 따른 시간 변화의 비율을 계산하는 것에 기인하므로 차의 속도는 표 2.1에서 보여준 두 개의 연속 열로부터의 좌표 쌍들의 차이를 각 시간의 차이로 나눈 값이 된다. 이 경우 이 계산은 여러 질문을 야기시킨다. 두 위치 사이의 차이를 상응하는 시간의 차이로 나누면 한 점에서의 속도를 계산하고 있는가 아니면 그 위치의 구간에서의 속도를 계산하고 있는가? 과연 "어떤 특정 위치에서의 차의 속도"에 대해 이야기 할 수 있을까? 위치가 벡터로 나타내어지면 속도도 벡터로 기술될 수 있을까? 또 두 카메라에 의해 측정된 속도 벡터는 두 카메라의 상대적인 위치벡터가 다르므로 달라질 수 있을까?

이런 질문들이 운동학의 핵심이며 운동의 기술과 관련된 엔지니어링 응용 문제를 다루는 데 있어서 위치, 속도, 가속도의 엄밀한 정의가 필요하다. 이 절의 나머지 부분에서는 위치, 속도, 가속도를 어떻게 정의하고 그리고 또 여러 다른 다중관측기준으로부터 얻어진 자료를 어떻게 정확히 해석하는지에 있어서 벡터가 기본적인 역할을 할 것이라는 것을 알게 될 것이다. 그리고 정식으로 위치, 속도, 가속도를 정의한 후 우리 정의에 맞는 구체적 적용을 위해 차량추적장치 문제에 돌아올 것이다.

시간 미분(time derivative)의 표기

운동학을 공부할 때 자주 시간에 대한 미분이 나오게 되는데 이때 간단한 속기표기를 사용하면 편리하다. 즉 $f(t)$가 시간의 함수이면, $df(t)/dt$를 뜻하기 위해 함수 위에 점을 표

시하며 점의 수는 미분의 차수를 뜻한다. 즉

$$\dot{f}(t) = \frac{df(t)}{dt}; \quad \ddot{f}(t) = \frac{d^2f(t)}{dt^2}; \quad \dddot{f}(t) = \frac{d^3f(t)}{dt^3}; \text{ 등} \tag{2.1}$$

위치벡터

그림 2.4는 움직이는 점 P와 O에 원점이 있는 좌표계를 보여준다. 시간 t에서 점 P의 (원점 O에 대한) 위치벡터는 시간 t에서 O로부터 P로 가는 벡터 $\vec{r}_P(t)$로 나타내고 2차원(2.8절에서는 3차원을 다룸) 직교좌표계에서 식은

$$\vec{r}_P(t) = x_P(t)\,\hat{\imath} + y_P(t)\,\hat{\jmath} \tag{2.2}$$

여기서, 1.2절에서 논의된 바와 같이, 문자 위의 화살표는 벡터를 뜻하고, 문자 위에 해트'^'는 단위벡터를 표시한다. $\vec{r}_P(t)$의 크기는 PO 사이의 거리이며 다음과 같이 계산된다.

$$|\vec{r}_P(t)| = \sqrt{x_P^2(t) + y_P^2(t)} \tag{2.3}$$

벡터 $\vec{r}_P(t)$의 방향은 O에서 P로 향하는 방향과 같다.

위치의 개념은 위치가 측정되는 기준점의 정의없이는 의미가 없다. 일반적으로 위치는 좌표계의 원점으로부터 측정된다. 기준점이 원점이 아니거나 여러 개의 좌표계가 동시에 쓰이면 점의 서로의 상대적 위치를 고려하기 위해 1.2절(식 (1.16) 참조)에서 설명한 표기를 사용한다. 예를 들면 운동추적 문제로 다시 돌아가서 그림 2.3과 표 2.1를 참조하면 42.53초에서 카메라 C, D에 대한 A점의 상대위치 벡터는 다음 두 식으로 나타내진다.

$$\vec{r}_{A/C}(42.53\text{ s}) = (334.8\,\hat{\imath}_C + 109.9\,\hat{\jmath}_C)\text{ m} \tag{2.4}$$

$$\vec{r}_{A/D}(42.53\text{ s}) = (-43.8\,\hat{\imath}_D + 133.3\,\hat{\jmath}_D)\text{ m} \tag{2.5}$$

한편 두벡터 $\vec{r}_{A/C}$, $\vec{r}_{A/D}$는 서로 다르지만 두 벡터 모두 차가 언제 어디에 있는지를 알려준다.

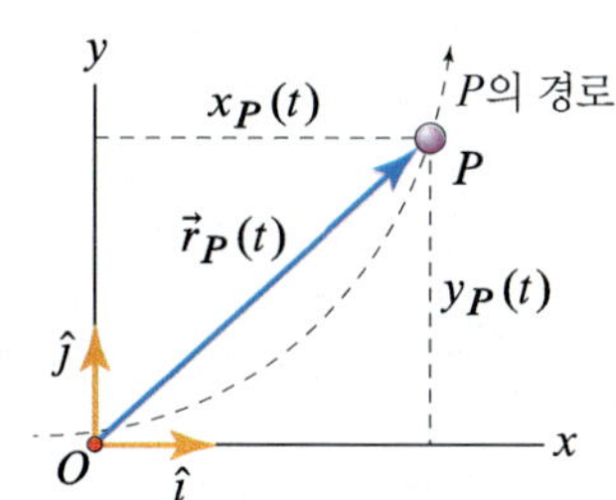

그림 2.4 움직이는 점 P와 이의 궤적(또는 경로).

> **개념 정리**
> **위치는 벡터이다.** 선택한 기준점에 대한 점 P의 위치는 (1) P와 기준점 사이의 거리와 같은 크기와 (2) 기준점에서 점 P까지 가는 선을 향해 정의된 방향을 가지는 벡터로 정의한다.

> **개념 정리**
> **궤적과 시간.** 궤적은 움직이는 점에 의해 그려진 선이지만 궤적을 따라 특정거리를 이동한 시간에 대해 서는 아무런 정보를 제공하지 않는데, 이는 속력에 달려있다.

궤적

움직이는 점의 **궤적(*trajectory*)**은 운동에 따른 점이 공간에 그린 선이며 궤적에 대한 동의어는 **경로(*path*)** 또는 **공간곡선(*space curve*)**이라고 한다.

그림 2.3을 보면 경주로를 도는 차의 궤적은 대충 말하자면 경주로 그 자체이지만 차가 경주로를 각기 다른 시간에 걸쳐 돌 수 있다는 것을 관찰할 수 있다. 이는 물체의 궤적 그 자체만으로는 얼마나 빨리 물체가 움직였는지를 알 수가 없다는 것을 뜻한다.

속도벡터와 속력

변위벡터 그림 2.5에서의 $\vec{r}(t_i)$ 와 $\vec{r}(t_j)$벡터는 $t_j > t_i$일 때 각기 시간 t_i,와 t_j에서의 점 P의

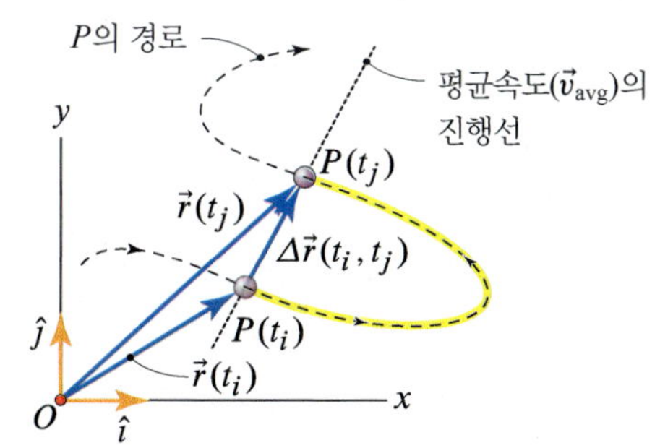

그림 2.5 $t_i > t_j$일 때 t_i과 t_j 사이의 점 P의 변위. 이 거리는 노란색으로 강조되어 있다.

위치이다. 시간 t_i와 t_j 사이의 점 P의 변위(또는 위치변화(*displacement*))는 벡터 $\Delta\vec{r}(t_i, t_j) = \vec{r}(t_j) - \vec{r}(t_i)$이다. 일반적으로 길이 $\Delta\vec{r}(t_i, t_j)$는 t_i와 t_j 사이의 점 P가 이동한 거리(그림 2.5에서 보여진 노란색으로 표시된)가 아니다. 이는 t_i와 t_j 사이에 이동한 거리는 P의 경로의 기하학에 달려 있지만 $\Delta\vec{r}(t_i, t_j)$는 한 점에서 다른 한 점으로 어떻게 이동했는지에 상관없이$\Delta\vec{r}(t_j)$에 대한 $\Delta\vec{r}(t_i)$에 달려 있다.

> **개념 정리**
> **속도벡터.** 속도벡터는 위치벡터의 시간에 대한 변화율이므로 벡터이다.

평균속도벡터 시간간격(t_i, t_j) 사이의 점P의 평균속도벡터(*average velocity vector*)는 다음과 같이 표현된다.

$$\vec{v}_{\text{avg}}(t_i, t_j) = \underbrace{\frac{1}{t_j - t_i}}_{\text{스칼라}} \underbrace{\left[\vec{r}(t_j) - \vec{r}(t_i)\right]}_{\text{벡터}} = \frac{\Delta\vec{r}(t_i, t_j)}{t_j - t_i} \tag{2.6}$$

여기서 $\vec{v}_{avg}(t_i, t_j)$와 $\Delta\vec{r}(t_i, t_j)$는 식 (2.6)에서 $1/(t_j, t_i)$가 양의 스칼라이므로 같은 방향을 갖는다.

속도벡터 시간간격$(t, t + \Delta t)$에서의 평균속도를 생각해보면 시간 t에서의 속도벡터(*velocity vector*)는 다음과 같이 정의된다.

$$\vec{v}(t) = \lim_{\Delta t \to 0} \vec{v}_{\text{avg}}(t, t + \Delta t) = \lim_{\Delta t \to 0} \frac{\Delta r(t, t + \Delta t)}{(t + \Delta t) - t} \tag{2.7}$$

미적분학으로부터 식 (2.7)의 두 번째 식의 극한값은 $\vec{r}(t)$의 시간 미분이 되어서 속도벡터는 일반적으로 다음과 같이 쓰여진다.

$$\boxed{\vec{v}(t) = \frac{d\vec{r}(t)}{dt} = \dot{\vec{r}}(t)} \tag{2.8}$$

즉, 속도벡터는 위치 벡터의 시간에 대한 변화율이다.

속력 한 점에서의 속력(*speed*)은 그 속도의 크기로 정의된다.

$$\boxed{v(t) = |\vec{v}(t)|} \tag{2.9}$$

그러므로 정의에 의해 속도는 항상 양수인 스칼라양이다.

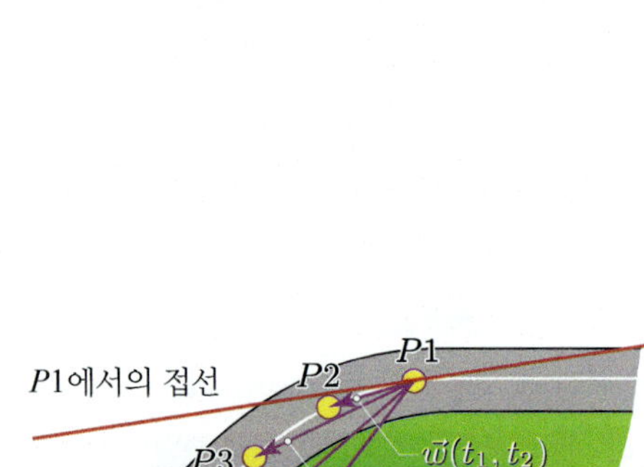

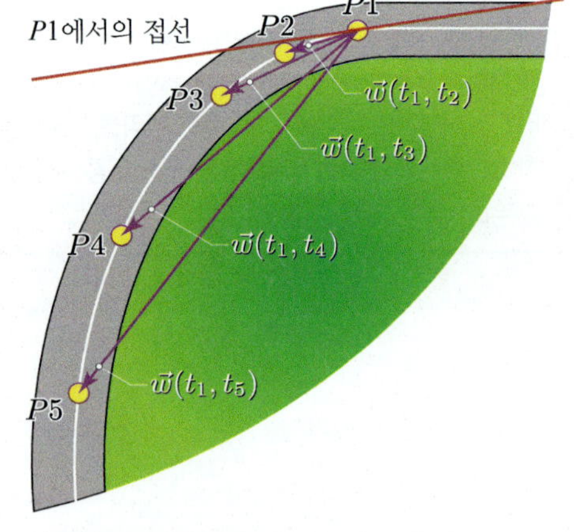

그림 2.6 시간 t_1에서의 위치 P_1과 각 t_i, i = 2, 3, 4, 5에서의 위치 P_i 사이의 변위벡터 $\Delta\vec{r}(t_i, t_j)$.

속도벡터는 항상 경로에 접선방향이다 속도벡터는 하나의 중요한 성질을 갖는다. 궤적을 따라 움직이는 점의 속도벡터는 항상 그 점에서 접선 방향이다! 이를 알기 위해 식 (2.6)로부터 두 시점 t와 $t + \Delta t$ 사이의 평균 속도는 변위 벡터$\Delta\vec{r}(t, t + \Delta t)$와 같은 방향을 갖는다는 것을 상기한다. 그림 2.6는 $\Delta t \to 0$일 때 벡터$\Delta\vec{r}(t, t + \Delta t)$가 궤적에 접하게 되므로 역시 속도벡터 역시 위치 $\Delta\vec{r}(t)$에서 궤적에 접하게 된다는 것을 보여준다.

> **개념 정리**
> **속도벡터의 방향 운동학**에서 가장 중요한 개념중의 하나는 질점의 속도가 항상 질점의 경로에 접한다는 것이다.

속도벡터의 추가적 성질 이제는 차의 추적장치의 문제로 돌아가서 제기된 문제들을 답해보자. 특히 표 2.1을 이용하여, 한 위치변화와 그에 상응하는 시간변화의 비율을 계산한다면, 이 때에 (1) 우리가 실제로 계산한 값은 차의 평균속도이고 (2) 이 속도는 주어진 시간 간격에서의 특정위치에서의 속도에 관련될 수가 없다는 것을 알 수가 있다. 또

두개의 다른 카메라로부터의 자료가 다른 속도 벡터를 주는지에 대한 질문도 답할 수도 있다. 그림 2.7의 두 위치 사이, 즉 시간 $t_A = 42.53$ s와 $t_B = 45.76$ s 사이의 벡터 $\Delta\vec{r}(t_A, t_B)$는 카메라 C에서 측정되나 D에서 측정되나 상관없이 같다. 왜냐하면 카메라 C나 D는 서로에 상대적으로 움직이지 않으므로 차의 속도(평균이던 아니던)는 측정에 사용된 기준계와 무관하다. 한 계에서 다른 계로 변할 때 속도벡터의 성분이 바뀌지 속도벡터 자체는 바뀌지 않는다. 예를 들면 표 2.1과 식 (2.6)을 이용하면 다음과 같이 쓸 수 있다.

$$\vec{v}_{\text{avg}}(t_A, t_B) = \underbrace{(-35.42\ \hat{\imath}_C + 22.04\ \hat{\jmath}_C)\,\text{m/s}}_{\text{카메라 }C} = \underbrace{(22.72\ \hat{\imath}_D - 34.98\ \hat{\jmath}_D)\,\text{m/s}}_{\text{카메라 }D} \tag{2.10}$$

확실히 카메라 C나 D에 상대적인 $\vec{v}_{avg}(t_A, t_B)$의 성분들은 다르나 속도벡터 $\vec{v}_{avg}(t_A, t_B)$는 두 카메라에 대해서 같음에 틀림 없다.

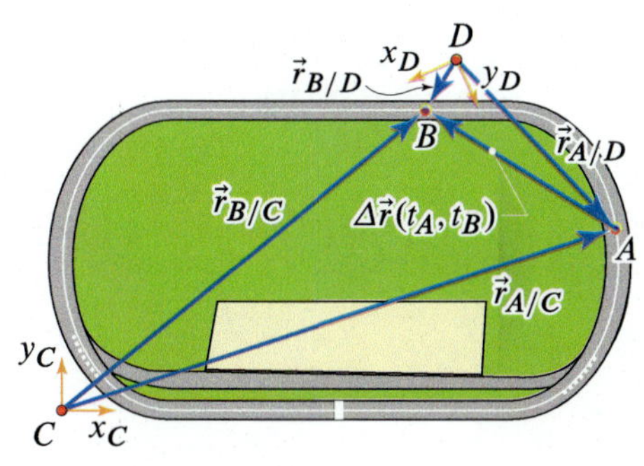

그림 2.7 변위벡터 $\Delta\vec{r}(t_A, t_B)$는 두 카메라에 대해서 동일하다.

가속도벡터

가속도벡터(*acceleration vector*)는 속도벡터의 시간 변화율이다. 즉

$$\vec{a}(t) = \frac{d\vec{v}(t)}{dt} = \frac{d^2\vec{r}(t)}{dt^2} = \dot{\vec{v}}(t) = \ddot{\vec{r}}(t) \tag{2.11}$$

여기의 모든 식은 동등하다.

가속도벡터는 일반적으로 경로에 접하지 않는다 우리가 속도벡터에서 발견한 것과는 달리 가속도벡터는 일반적으로 경로에 접하지 않는다. 이를 알기 위해 그림 2.8에서와 같이 같은 속력으로 움직이는 점 P를 생각해보자. 비록 속력은 일정하지만 속도의 방향과 크기의 변화를 뜻하는 P의 가속도 $\vec{a}(t)$는 $\vec{v}(t)$가 곡선경로에 접하기 위해 방향을 바꿔야 하므로 0이 아니다. 곡률의 변화가점 B와 C 사이에서보다 점 A와 B사이에서 더욱더 두드러지므로 속도의 변화, 즉 $\vec{a}(t)$도 A와 B 사이에서보다 B와 C 사이에서 더 큰 것에 주목한다.[1] 더구나 $v(t)$가 일정하더라도 $v(t)$는 P가 경로를 따라 얼마나 빨리 움직이는지 그리고 $\vec{v}(t)$는 얼마나 빨리 P가 방향을 바꾸는지를 결정하므로 $\vec{a}(t)$는 $\vec{v}(t)$에 달려 있다. 이런 관찰로부터 곡선경로를 따르는 가속도벡터는 속력과 경로의 곡률에 달려있다는 것을 알 수 있다. 마지막으로 가속도 $\vec{a}(t)$의 **방향성**을 알기 위해 그림 2.9에서와 같이 시간 t와 $t + \Delta t$의 사이에서의 속도를 생각해보자. 정의로부터 다음과 같다.

$$\vec{a}(t) = \dot{\vec{v}}(t) = \lim_{\Delta t \to 0} \frac{\vec{v}(t + \Delta t) - \vec{v}(t)}{\Delta t} \tag{2.12}$$

식으로부터 $\vec{a}(t)$의 방향과 같은 $\vec{a}(t)\Delta t$의 방향은 Δt가 작으면 $\vec{v}(t + \Delta t) - \vec{v}(t)$의 방향으로 근사될 수가 있다. 그림 2.9를 보면 벡터 $\vec{v}(t + \Delta t) - \vec{v}(t)$ 즉, $\vec{a}(t)$는 궤적에 접하는 접선 방향 대신 오목한 방향을 향하고 있음을 알 수가 있다! 지금 논의는 정성적이지만 2.5절에서는 곡선경로에 대해 가속도는 속도의 제곱에 비례할 뿐만 아니라 경로의 곡률 반경에 반비례한다는 것을 정량적으로 보여줄 것이다.

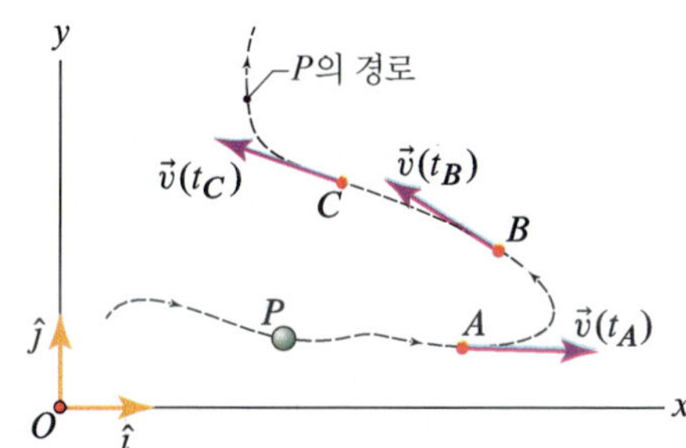

그림 2.8 세 순간 t_A, t_B, t_C에서의 질점의 속도벡터. 질점은 일정속도로 움직이고 있다.

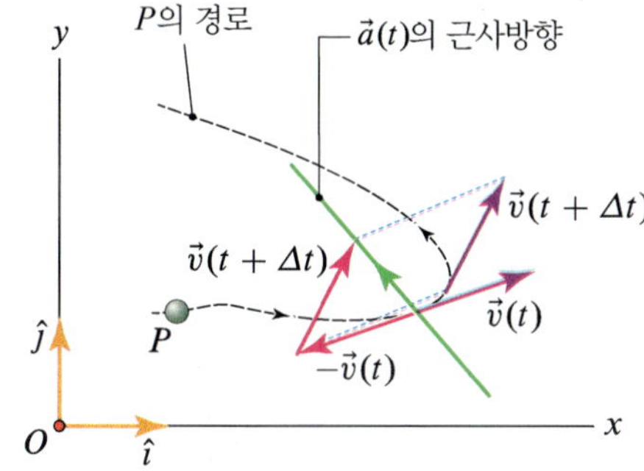

그림 2.9 $\vec{a}(t)$의 근사방향을 보여주는 시간 t와 $t + \Delta t$에서의 P의 속도.

1) 2.5절에서 수학적으로 곡률에 대해 정의할 것이다.

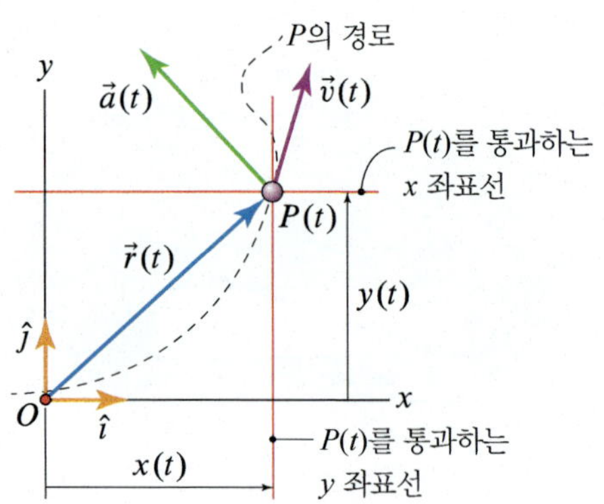

그림 2.10 직교좌표계상에서 움직이는 점 P의 위치, 속도, 가속도.

직교좌표

우리는 지금 직교좌표계에서의 좌표와 위치, 속도, 가속도의 성분과의 관계를 살펴보자. 여기서는 좌표계의 원점에 있는 한 사람에 의해 관찰된 운동에 대해 초점을 맞추기로한다. 서로 상대적으로 움직이는 다수의 관찰자의 경우는 먼저 2.7절에서 그리고 후에 6.4절에서 논의되고 있다.

그림 2.10은 원점이 O이고 축이 x와 y인 직교좌표계에서 좌표 $(x(t), y(t))$ (3차원은 2.8절 참조)를 가지는 움직이는 점 P를 보여준다. 직교좌표계는 한점의 좌표가 계의 원점에 대한 위치벡터의 성분이 되는 특정한 성질을 가지고 있다.[2)] 그러므로 직교좌표계에서의 위치벡터 $\vec{r}(t)$는 다음 형태를 취한다.

$$\boxed{\vec{r}(t) = x(t)\,\hat{\imath} + y(t)\,\hat{\jmath}} \tag{2.13}$$

y가 일정할 때 x가 변하면 $\vec{r}$의 꼭지점은 P를 통과하는 x축에 평행한 선이 된다. x가 일정할 때가 y 변하면 $\vec{r}$의 꼭지점은 P를 통과하는 y축에 평행한 선이 된다. 이러한 선들을 P를 통하는 좌표선(coordinate lines)이라고 부른다. 점 P의 속도 $\vec{v}(t)$와 가속도$\vec{a}(t)$는 그림 2.10에서와 같이 점 $P(t)$에 근거한 벡터이다. 그림 2.11에서 보는 바와 같이 $\vec{v}(t)$와 $\vec{a}(t)$의 성분은 $P(t)$에 근거하고 좌표선에 접하는 벡터 $\hat{\imath}$와 $\hat{\jmath}$와 관련이 있다고 본다. 이 선택은 다음 두 가지 결과를 도출한다. 첫째, 그림 2.11에서와 같이 P가 움직일 때 기저벡터 $\hat{\imath}$와 $\hat{\jmath}$의 다른 쌍들이 이용되며 이 그림은 $P(t_0)$, $P(t_1)$, $P(t_2)$에서 기저벡터들의 쌍들을 나타낸다. 그러므로 P가 공간 상에서 움직일 때 동반기저벡터(base vector)는 시간의 (내재적)함수로 간주한다. 둘째, $P(t_0)$, $P(t_1)$, $P(t_2)$에서의 단위기저벡터는 좌표선들에 접하므로 기저벡터는 P가 움직일 때 직교 좌표상에서 크기나 방향이 변하지 않는다. 첫째 관찰은 $\vec{v}(t)$를 계산하기 위해 식 (2.13)에 대해 시간에 대해 미분할 때 곱의 법칙을 적용해야 한다는 것을 뜻한다.

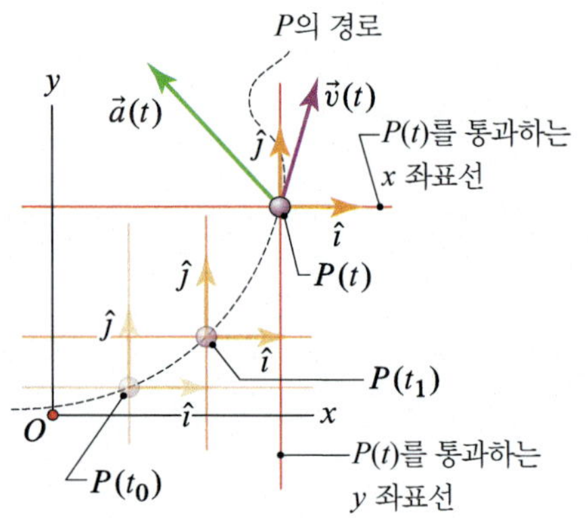

그림 2.11 각 시간에서 움직이는 점 P와 상응하는 동반기저벡터.

$$\vec{v} = \dot{x}(t)\,\hat{\imath} + x(t)\,\frac{d\,\hat{\imath}}{dt} + \dot{y}(t)\,\hat{\jmath} + y(t)\,\frac{d\hat{\jmath}}{dt} \tag{2.14}$$

그러나 둘째 관찰로부터 $\hat{\imath}$와 $\hat{\jmath}$은 일정하므로

$$d\,\hat{\imath}/dt = \vec{0}, \qquad d\hat{\jmath}/dt = \vec{0} \tag{2.15}$$

그리고 직교좌표계에서의 속도벡터 $\vec{v}(t)$는 다음이 되고

$$\boxed{\vec{v} = \dot{x}(t)\,\hat{\imath} + \dot{y}(t)\,\hat{\jmath} = v_x(t)\,\hat{\imath} + v_y(t)\,\hat{\jmath}} \tag{2.16}$$

유사하게, 직교좌표계에서의 가속도벡터 $\vec{a}(t)$은 다음 식이 된다.

$$\boxed{\vec{a} = \ddot{x}(t)\,\hat{\imath} + \ddot{y}(t)\,\hat{\jmath} = \dot{v}_x(t)\,\hat{\imath} + \dot{v}_y(t)\,\hat{\jmath} = a_x(t)\,\hat{\imath} + a_y(t)\,\hat{\jmath}} \tag{2.17}$$

나중의 절에서 다른 성분계에서는 움직이는 점의 속도나 가속도의 성분을 점의 좌표의 직접미분을 통해 얻을 수 없다는 것을 발견할 것이다.

---

2) 곡선 좌표계에서는 좌표를 직접 위치벡터의 성분으로 쓸 수가 없다. 예를 들면 극좌표(2.6절 참조)에서 점 P의 좌표는 (r,θ)이지만 P의 위치벡터는 $r\hat{u}_r$이고 좌표 θ는 성분으로 안 나타난다.

절 요약

위치 점의 위치는 선택된 기준계의 원점으로부터 문제의 점을 연결하는 벡터이다. 다른 기준계에 의하여 측정된 한 점의 위치벡터는 기준계에 따라 서로 다르다.

궤적 움직이는 점의 궤적은 운동에 따른 점이공간에 그린 선이다. 이에 대한 또다른 이름은 **경로**이다.

변위 위치 A와 B 사이의 변위는 A로부터 B로 가는 벡터이다. 일반적으로 두 위치 사이의 변위의 크기는 두 위치 사이의 경로를 따라 움직인 거리가 아니다.

속도 속도벡터는 위치벡터의 시간에 대한 변화율이다. 속도벡터는 서로 상대적으로 움직이지 않는 두 기준계에서 같고 **항상** 경로에 접한다.

속력 속력은 속도의 크기이며 음수가 아닌 스칼라이다.

가속도 가속도벡터는 속도벡터의 시간에 대한 변화율이다. 속도와 마찬가지로 서로 상대적으로 움직이지 않는 두 기준계에서 같다. 하지만 속도와는 달리 일반적으로 궤적에 접하지 않는다.

직교좌표계 어떤 경로를 따라 움직이는 질점 P의 직교좌표는 그림 2.12과 같다. 위치벡터는 다음으로 주어진다.

식 (2.13) p. 34

$$\vec{r}(t) = x(t)\,\hat{\imath} + y(t)\,\hat{\jmath}$$

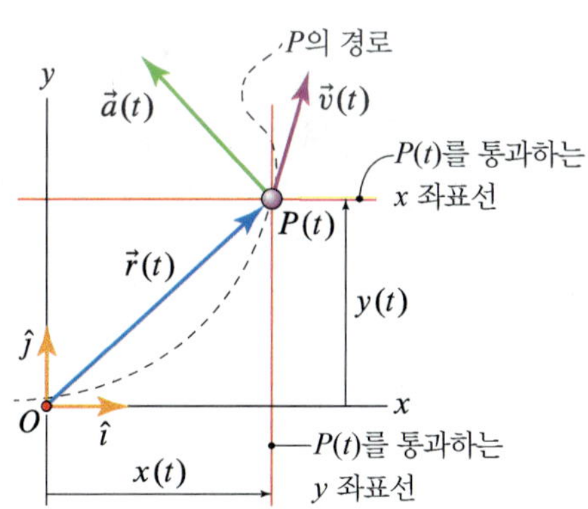

그림 2.12 *그림 2.10 반복.* 직교좌표계상에서 점 P의 위치벡터 $\vec{r}(t)$.

직교성분에서 속도와 가속도는 각기 다음과 같이 주어진다.

식 (2.16), (2.17) p. 34

$$\vec{v}(t) = \dot{x}(t)\,\hat{\imath} + \dot{y}(t)\,\hat{\jmath} = v_x(t)\,\hat{\imath} + v_y(t)\,\hat{\jmath},$$

$$\vec{a}(t) = \ddot{x}(t)\,\hat{\imath} + \ddot{y}(t)\,\hat{\jmath} = \dot{v}_x(t)\,\hat{\imath} + \dot{v}_y(t)\,\hat{\jmath} = a_x(t)\,\hat{\imath} + a_y(t)\,\hat{\jmath}$$

예제 관련 중요점 2장에서의 모든 예제들에 3장에서 정식으로 소개될 문제 해결의 기본틀의 일부를 적용할 것이다. 즉 각 예제문제는 **로드맵, 계산, 논의 및 검증 단계**를 포함한다.[3)] 로드맵은 주어진 정보와 미지수를 식별하고 그리고 문제 해결 방법을 제안함으로써 해답으로 가는 길을 제시하며 계산은 적절한 방정식을 수립하고 이의 해를 구하며 마지막으로 논의 및 검증 단계는 해답이 맞는지를 조사할 것이다.

3) 3장에서 소개되는 문제 해결 방법은 운동학보다 일반적으로 복잡한 동력학에 적용되므로 추가단계를 포함한다.

예제 2.1 카네기 홀에 어떻게 가나? 연습!

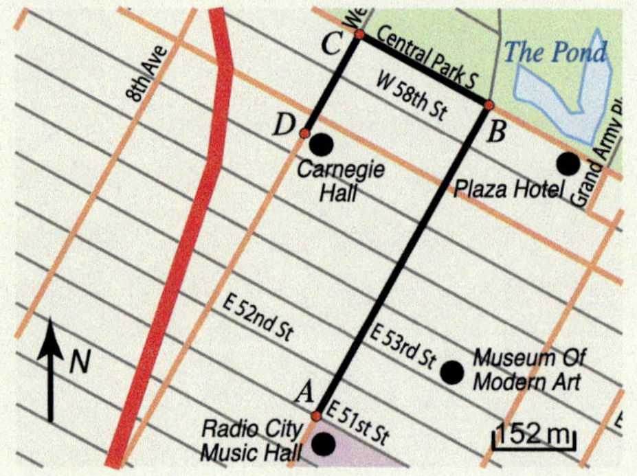

그림 1 택시경로.

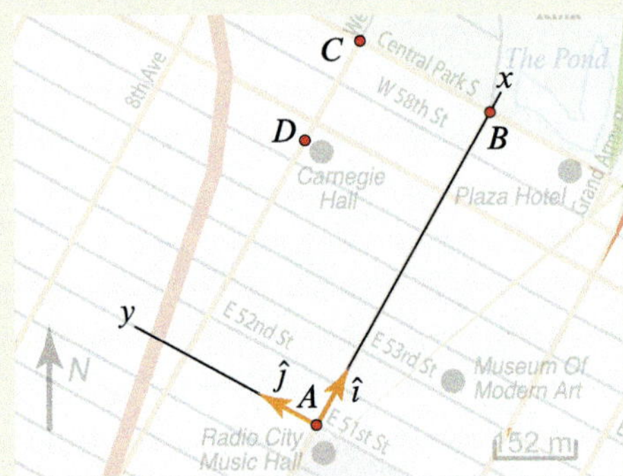

그림 2 탑승점 A를 원점으로 하는 직교좌표계. 시의 구역은 B와 C를 통하는 길은 y축에 평행이고 C와 D를 통하는 길은 x축에 평행이다.

표 1 택시의 경로를 정의하는 점들의 좌표.

Point	x (m)	y (m)
A	0	0
B	670	0
C	670	276
D	457	276

택시가 Americas거리와 동 51가(점 A)에 있는 Radio City Music Hall에서 한 손님을 태우고 그림에 있는 길을 따라 5분 후에 7가(점 D)에있는 카네기홀에 이 여자승객을 내려주었다. 이때에 택시의 변위, 평균속도, 움직인 거리 그리고 평균속력을 구하라. 한편 A부터 B까지의 거리는 670 m, B부터 C는 276 m, C부터 D는 213 m이다 .

풀이 SOLUTION

로드맵 문제해석을 위해 좌표계를 설정하고 택시의 경로를 정의하는 A, B, C, D의 좌표를 결정할 필요가 있다. 그런 후 택시의 변위, 평균속도, 움직인 거리 그리고 평균속력의 정의를 적용함으로써 문제의 답을 구할 수 있다.

계산 그림 2를 볼 때 원점이 A에 있고 격자가 길의 방향과 일치하는 직교좌표계를 설정한다. 주어진 정보로부터 각점 A, B, C, D의 좌표는 표 1과 같이 주어진다. A로부터 D의 변위는 점 A와 D의 위치벡터 사이의 차이이므로 다음이 된다.

$$\Delta\vec{r}(t_A, t_D) = \vec{r}(t_D) - \vec{r}(t_A) = (457\,\hat{\imath} + 276\,\hat{\jmath})\,\text{m} \tag{1}$$

여기서 t_A, t_D는 택시가 각기 A, D에 있을 때의 시간이다. 이 시간 간격 (t_A, t_D)에 대해 식 (2.6)의 평균속도 정의를 이용하여 다음이 되고

$$\vec{v}_{\text{avg}}(t_A, t_D) = \frac{\Delta\vec{r}(t_A, t_D)}{t_D - t_A} = \frac{\vec{r}(t_D) - \vec{r}(t_A)}{t_D - t_A} = (1.52\,\hat{\imath} + 0.92\,\hat{\jmath})\,\text{m/s} \tag{2}$$

여기서 $t_D - t_A = 5\text{ min} = 300\text{ s}$이다. 다음 d로 표시되는 택시가 움직인 거리는 각 $\overline{AB}$, $\overline{BC}$, $\overline{CD}$ 구간의 길이의 합으로 나타난다. 즉

$$d = (x_B - x_A) + (y_C - y_B) + (x_C - x_D) = 1159\,\text{m} \tag{3}$$

속력은 속도의 크기이므로 **평균속력은 속도의 크기의 평균**으로 계산되어야 한다. 즉

$$v_{\text{avg}} = \frac{1}{t_D - t_A}\int_{t_A}^{t_D} |\vec{v}|\,dt = \frac{1}{t_D - t_A}\left(\int_{t_A}^{t_B} v_x\,dt + \int_{t_B}^{t_C} v_y\,dt - \int_{t_C}^{t_D} v_x\,dt\right) \tag{4}$$

이는 v가 각 구간 (t_A, t_B), (t_B, t_C), (t_C, t_D)에서의 속력 v_x, v_y와 $-v_x$이기 때문이다. 지금 식 4에서의 마지막 세 적분은 각 상응하는 시간에서 택시가 움직인 거리를 뜻한다. 즉 구간에서의 적분은 다음과 같이 쓴다.

$$\int_{t_A}^{t_B} v_x\,dt = \int_{t_A}^{t_B} \frac{dx}{dt}\,dt = \int_{x_A}^{x_B} dx = x_B - x_A \tag{5}$$

다른 나머지 두 적분도 유사하게 따라서 적분하면 평균속력은 다음과 같이 된다.

$$v_{\text{avg}} = \frac{(x_B - x_A) + (y_C - y_B) - (x_D - x_C)}{t_D - t_A} = \frac{d}{t_D - t_A} = 3.86\,\text{m} \tag{6}$$

논의 및 검증 여기서 얻어진 결과는 물리적 차원적으로 맞으며 3.86 m/s는 14 kmph 해당하므로 이는 전형적인 Midtown Manhattan에서의 시내교통속도이다.

심층분석 $|\Delta\vec{r}(t_A, t_D)| = 534\text{ m}$와 $|v_{\text{avg}}(t_A, t_D)| = 1.75\text{ m/s}$로 볼 때 이 예제는 변위와 움직인 거리 그리고 평균속도와 평균속력을 혼동하지 말아야 한다는 사실을 재확인시켜준다.

예제 2.2 궤적, 속도 그리고 가속도

정지해 있는 두 배 A와 B가 A로부터 발사되어 낮게 수면과 평행으로 비행하는 목표물 P를 추적한다. 그림 1의 A와 B 두 직교좌표계에 대해 초기 몇초의 비행 동안의 목표물 P의 운동 기록은 다음과 같다.

$$\vec{r}_{P/A}(t) = 2.35t^3\ \hat{\imath}_A\ \text{m} \tag{1}$$

$$\vec{r}_{P/B}(t) = \left[\left(225 + 2.13t^3\right)\ \hat{\imath}_B + \left(225 + 0.993t^3\right)\ \hat{\jmath}_B\right]\text{m} \tag{2}$$

여기서 t는 초를 뜻한다.

(a) A와 B계로부터 보여지는 P의 경로를 결정하라.

(b) $\vec{r}_{P/A}$와 $\vec{r}_{P/B}$ 둘 다 사용하여 P의 속도와 속력을 구하라.

(c) A와 B계에서의 경로에 대한 방향과 가속도를 구하라.

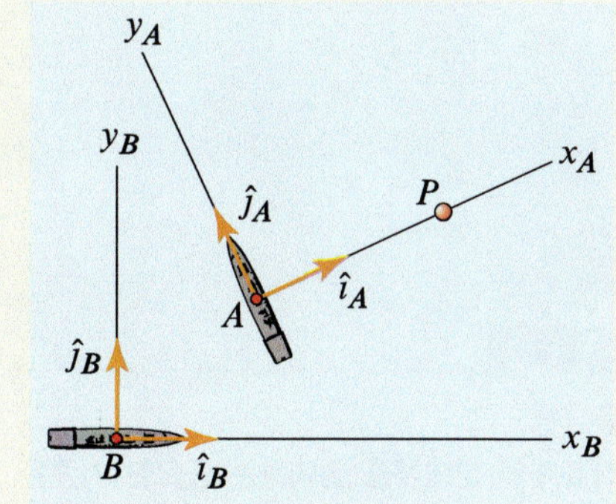

그림 1 두 직교좌표계 A와 B.

풀이 SOLUTION

부분(a): P의 경로

로드맵 P의 운동은 시간의 함수이다. P의 경로는 공간 상에서의 P에 의한 자취이므로 운동으로부터 시간을 소거함으로써 경로를 찾을 수 있다.

계산 B계에서의 성분형태로 된 움직임으로부터 시작하면 다음이 된다.

$$x_{P/B}(t) = \left(225 + 2.13t^3\right)\text{m}, \qquad y_{P/B}(t) = \left(225 + 0.993t^3\right)\text{m} \tag{3}$$

시간 변수를 제거하기 위해 식 (3)의 첫 식을 t^3에 대해 풀고 이 결과를 식 (3)의 두번째 식에 대입하면 다음을 얻는다.

$$y_{P/B} = \left[225 + \frac{0.993}{2.13}\left(x_{P/B} - 225\right)\right]\text{m} = \left(120 + 0.466x_{P/B}\right)\text{m} \tag{4}$$

A계에서 항상 $y_{P/A} = 0$이고 시간 t를 P의 운동의 y성분에서 소거할 필요가 없다. 그러므로 A계에서의 P의 경로는 $y_{P/A} = 0$에 의해 기술되는데 이는 x_A축의 방정식이다.

유용한 정보

궤적과 시간. 궤적(또는 경로)은 운동을 기술하는 시간을 소거할때 나타내는 운동의 형태이다.

논의 및 검증 B계에서의 경로는 식 (4)로 주어지며 이는 직선방정식이다. 이는 경로가 또한 직선인 x축 상에 있다는 A계에서의 계산과 일치한다. 그림 2는 두 계로부터 보여진 궤적을 보여준다. 그림 2는 시간이 $t = 0$일 때의 P의 위치와 운동의 방향을 나타낸다는 것에 주목한다.

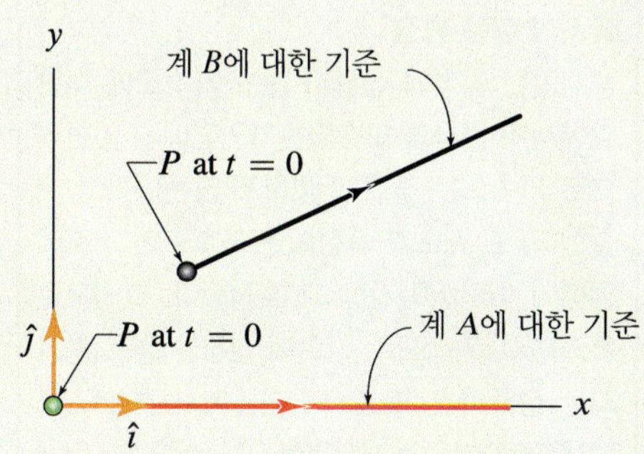

그림 2 좌표계 A와 B에 의해 보여진 점 P의 경로.

부분(b): P의 속도와 속력

로드맵 우리에게 직교좌표계에서의 위치가 주어졌으므로 식 (2.16)을 이용하여 속도 벡터를 구할 수 있다. 속력은 다시 식 (2.9)를 이용하여 얻어진다. 즉 속도의 크기를 계산하므로써.

계산 식 (2.16)을 이용하면 각 계에서의 P의 속도는

$$\vec{v}_{P/A}(t) = \dot{\vec{r}}_{P/A}(t) = 7.05t^2\ \hat{\imath}_A\ \text{m/s} \tag{5}$$

$$\vec{v}_{P/B}(t) = \dot{\vec{r}}_{P/B}(t) = \left(6.39t^2\ \hat{\imath}_B + 2.98t^2\ \hat{\jmath}_B\right)\text{m/s} \tag{6}$$

속력에 관한한 식 (2.9)를 식 (5), (6)에 적용함으로써 얻는다.

$$v_{P/A}(t) = 7.05t^2\ \text{m/s} \tag{7}$$

$$v_{P/B}(t) = \sqrt{\left(6.39t^2\right)^2 + \left(2.98t^2\right)^2}\ \text{m/s} = 7.05t^2\ \text{m/s} \tag{8}$$

유용한 정보

속도의 재조사. 우리가 사용하는 좌표계는 서로 상대적으로 움직이지 않으므로 속도 벡터는 어떤 계가 사용되던지 같다. 이는 식 (5)와 (6)에서 $\dot{\vec{r}}_{P/A} = \dot{\vec{r}}_{P/B}$라고 말하는 것이 옳기 때문이다.

논의 및 검증 A와 B계는 서로 상대적으로 움직이지 않으므로 식 (5), (6)에서의 벡터는 서로 같고 각계에서 같은 속력을 갖는 것으로 기대할 수 있다. 식 (5), (6)이 같은 속도벡터를 기술한다는 것이 즉시 명백하지 않지만 식 (7), (8)은 이런 예상을 확인시켜준다. 예제 2.3에서 $\vec{v}_{P/A} = \vec{v}_{P/B}$임을 보일 것이다.

부분(c): P의 가속도와 향방

로드맵 식 (5), (6)의 속도결과를 이용하고 식 (2.17)를 이용함으로써 가속도를 구할 수 있다. 그러면 궤적의 접선과 x 축과의 각도와 가속도벡터와 x 축 사이의 각도를 비교함으로써 궤적에 상대적인 가속도 벡터의 향방을 알 수가 있다. 속도는 궤적에 접하므로 x 축과 속도 사이의 각도를 앎으로써 x 축과 궤적 사이의 각도를 알 수 있다.

계산 식 (2.17)를 적용하면 P의 가속도는 다음 식과 같게 된다.

$$\vec{a}_{P/A}(t) = \dot{\vec{v}}_{P/A}(t) = 14.1t\ \hat{\imath}_A\ \mathrm{m/s^2} \tag{9}$$

$$\vec{a}_{P/B}(t) = \dot{\vec{v}}_{P/B}(t) = (12.8t\ \hat{\imath}_B + 5.96t\ \hat{\jmath}_B)\ \mathrm{m/s^2} \tag{10}$$

$\vec{a}_{P/A}$, $\vec{v}_{P/A}$는 둘 다 항상 양의 x_A 방향이므로 궤적에 상대적인 $\vec{a}$의 방향을 A계에서 구하는 것은 어렵지 않다. 그러므로 A계에서 $\vec{a}$는 항상 궤적에 접한다. B계에서는 궤적과 x_B사이의 각은 다음과 같다.

$$\theta_v = \tan^{-1}\left(\frac{v_y}{v_x}\right) = \tan^{-1}\left(\frac{2.98t^2}{6.39t^2}\right) = 25.0° \tag{11}$$

가속도와 x_B 사이의 각은

$$\theta_a = \tan^{-1}\left(\frac{a_y}{a_x}\right) = \tan^{-1}\left(\frac{5.96t}{12.8t}\right) = 25.0° \tag{12}$$

식 (11), (12)의 각은 같으므로 B계 데이터를 사용하더라도 가속도는 경로에 접한다고 결론 지을 수 있다.

논의 및 검증 식 (9)와 (10)로부터 A와 B계에서의 가속도를 알았지만 두 벡터가 같은지는 확실치 않다. 속도에서와 마찬가지로 예제 2.3에서 이를 보일 것이다. 궤적에 대한 $\vec{a}$의 향방에 대하여 A계에서는 $\vec{a}$가 항상 궤적에 접하는 것을 보았다. 그런데 B계에서는 식 (11), (12)가 $\vec{a}$와 x_2 사이의 각도가 항상 25°이고 $\vec{v}$와 x_2 사이의 각도 또한 25°임을 보여주고 있다. 그러므로 $\vec{a}$ 또한 B계에서의 궤적에 항상 접하는 것을 알 수가 있다. 두계에서의 가속도가 각 궤적에 접한다는 사실은 우리가 계산한 두 가속도 값이 같고 옳다는 것을 확신시켜준다.

유용한 정보

좌표계의 선택계를 선택하는 중요한 기준은 편의성이다. 기준계 그리고(이 장의 나중에 보게 되듯이) 좌표계는 얼마나 간단히 그리고 직접 문제의 해답을 얻을 수 있는지에 대단한 영향을 미친다. 그러므로 해답을 훨씬 용이하게 얻게 해줄 기준계와 좌표계를 설정하는 유용한 기술을 습득해야 한다.

빠지기 쉬운 함정

식 (12)는 궤적에 접하지 않는 가속도에 대한 앞에서의 언급과 모순되는가? 앞에서 일반적으로 가속도는 경로에 접하지 않는다라고 서술했다. 또 궤도가 곡선이면 가속도가 경로에 평행이 아니어야 한다고 지적했다. 그러므로 우리는 (1) 가속도가 경로에 접하는 경로를 가지는 점들이 있고, (2) 이 점들에서 경로의 곡률은 0이어야 한다고 결론지을 수 있다. 이는 예제에서의 경로가 곡률이 없는 직선이기 때문에 예제에서 발견한 것과 일치한다.

예제 2.3 두 정지하고 있는 관측자로부터 측정된 가속도벡터

예제 2.2에서 계가 서로 상대적으로 움직이지 않는다면 점의 운동을 조사하기 위해 어떤 계를 사용하던지 점 P의 속도나 가속도는 같다고 하였다. 그림 1을 참조하고 1.2절에서 주어진 벡터의 성분을 찾기 위한 관계식을 이용하여 $\vec{v}_{P/A} = \vec{v}_{P/B}$와 $\vec{a}_{P/A} = \vec{a}_{P/B}$임을 보여라.

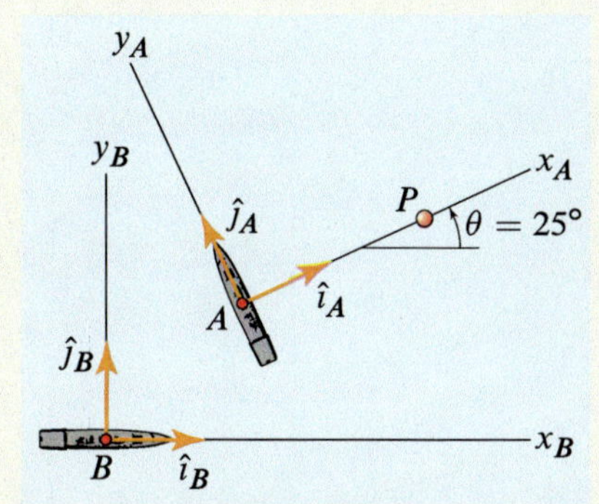

그림 1 상대적인 방향을 정의하는 각 θ와 좌표계 A와 B.

풀이 SOLUTION

로드맵 한 계에서의 속도와 가속도의 성분들을 취하고 이들을 다른 계에서 상응하는 값으로 바꿀 필요가 있다. A계에서의 운동이 특히 단순하므로 이를 B계에서 상응하는 표현으로 나타낼 것이다. 속도에 대해서는 예제 2.2의 식(5)로부터 시작하고 이것이 식(6)으로 될 수 있음을 보여줄 것이다. 가속도에 대해서는 예제 2.2의 식(9)로부터 시작하고 이것 역시 식(10)으로 될 수 있음을 보여줄 것이다.

계산 A계에서의 P의 속도가 속도를 보면 각기 다음이 된다.

$$\vec{v}_{P/A} = 7.05t^2\ \hat{\imath}_A\ \text{m/s}, \qquad \vec{a}_{P/A} = 14.10t\ \hat{\imath}_A\ \text{m/s}^2 \tag{1}$$

다음, 단위벡터 $\hat{\imath}_B$와 $\hat{\jmath}_B$를 이용하여 $\hat{\imath}_A$를 표현한다. 1.2절에서 보여준 방법을 이용하고, 식(1.28)을 적용하면 다음을 얻는다.

$$\begin{aligned}\hat{\imath}_A &= (\hat{\imath}_A \cdot \hat{\imath}_B)\ \hat{\imath}_B + (\hat{\imath}_A \cdot \hat{\jmath}_B)\hat{\jmath}_B \\ &= \cos\theta\ \hat{\imath}_B + \sin\theta\ \hat{\jmath}_B \\ &= 0.906\ \hat{\imath}_B + 0.423\ \hat{\jmath}_B\end{aligned} \tag{2}$$

여기서, 그림 1에서 보여준 바와 같이, θ는 $\hat{\imath}_B$와 $\hat{\jmath}_B$ 사이의 각도이며 식(2)를 $\vec{v}_{P/A}$의 식에 대입하면 다음이 된다.

$$\begin{aligned}\vec{v}_{P/A} &= 7.05t^2\ \hat{\imath}_A\ \text{m/s} \\ &= 7.05t^2(0.906\ \hat{\imath}_B + 0.423\ \hat{\jmath}_B)\ \text{m/s} \\ &= \left(6.39t^2\ \hat{\imath}_B + 2.98t^2\ \hat{\jmath}_B\right)\ \text{m/s}\end{aligned} \tag{3}$$

여기서 마지막 결과는 3 유효 숫자자리로써 표현했다. 가속도에 대해서도 이 과정을 되풀이하면

$$\vec{a}_{P/A} = 14.1t\ \hat{\imath}_A\ \text{m/s}^2 = (12.8t\ \hat{\imath}_B + 5.96t\ \hat{\jmath}_B)\ \text{m/s}^2 \tag{4}$$

논의 및 검증 식(3)을 예제 2.2.의 식(6)과 비교하면 여기에서 $\vec{v}_{P/A}$의 값이 예제 2.2에서의 $\vec{v}_{P/A}$의 값과 같음을 확인할 수 있다. 같은 방법으로 식(4)를 예제 2.2의 식(10)과 비교함으로써 여기서 구해진 $\vec{a}_{P/A}$가 예제 2.2의 $\vec{a}_{P/B}$와 일치함을 확인할 수 있다.

예제 2.4 속도로부터 위치와 가속도의 결정

질점의 속도벡터가 $\vec{v}(t) = (0.075t^2\,\hat{\imath} - 0.1t\,\hat{\jmath})$ m/s이다. $t = 0$에서 질점이 원점에 있다면 $t = 4$ 초(s)일 때 질점의 좌표, 경로 방정식, 가속도 그리고 가속도벡터와 경로의 접선사이의 각도를 구하라.

풀이 SOLUTION

로드맵 질점의 속도벡터가 주어졌으므로 위치성분을 구하기 위해 속도성분을 적분할 필요가 있다. 이때에 위치 성분들로부터 시간을 소거하여 경로 $y(x)$를 구할 수 있다. 가속도는 속도를 시간에 대해 미분함으로써 얻게 된다. 마지막으로 속도는 항상 경로에 접하므로 가속도와 경로의 접선과의 각도는 속도와 가속도 사이의 각도를 구함으로써 얻어질 수 있다. 차례대로 이는 두벡터의 내적을 계산함으로써 구해진다.

계산 식 (2.16)으로부터 $v_x = \dot{x} = d_x/d_t$, $v_y = \dot{y} = d_y/d_t$임을 알 수 있다. 그러므로 위치성분 x와 y는 다음으로부터 얻어진다.

$$dx = v_x\,dt \quad \Rightarrow \quad x(t) = \int v_x\,dt + C_1 = \int 0.075t^2\,dt + C_1 = 0.025t^3 + C_1 \quad (1)$$

$$dy = v_y\,dt \quad \Rightarrow \quad y(t) = \int v_y\,dt + C_2 = \int -0.1t\,dt + C_2 = -0.05t^2 + C_2 \quad (2)$$

여기서 C_1와 C_2는 적분상수들이며, 이 상수들은 $t = 0$s일 때 각 x와 y가 0이라는 것으로부터 정해지며 이들은 각기 0이다. 그러므로 임의의 t와 $t = 4$s에서 직교좌표계에서의 질점의 위치는 각기 다음과 같이 주어진다.

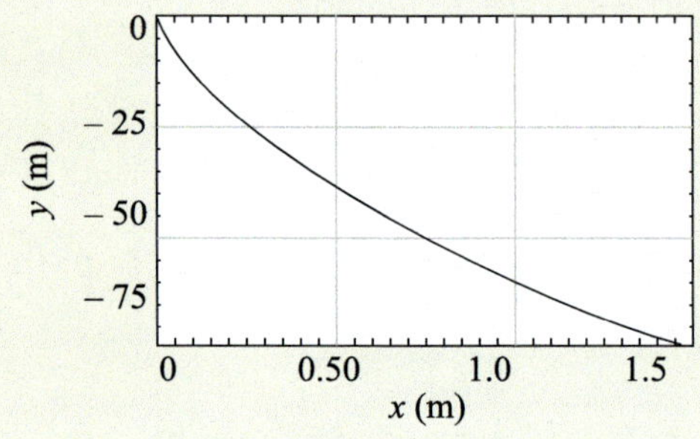

그림 1 $0 \le t \le 4$s에 대한 질점의 경로. 식 (3)은 $t = 4$s 일 때 $x = 1.6$ m임을 말해준다.

$$\vec{r}(t) = (0.025t^3\,\hat{\imath} - 0.05t^2\,\hat{\jmath})\,\text{m}, \qquad \vec{r}(4\,\text{s}) = (1.6\,\hat{\imath} - 0.8\,\hat{\jmath})\,\text{m} \quad (3)$$

질점의 경로를 구하기 위해 $x = 0.0025t^3$와 $y = -0.05t^2$를 취하고 이들로부터 시간 t를 소거한다. x 방정식을 t에 대해 풀고 이를 y 방정식에 대입하면 다음을 얻는다.

$$y = -0.584x^{2/3}\,\text{m} \quad (4)$$

$0\text{s} \le t \le 4\text{s}$ 구간에서의 이 경로는 그림 1에 보여진다. 속도를 시간에 대해 미분함으로써 다음과 같은 가속도를 얻는다.

$$\vec{a}(t) = (0.15t\,\hat{\imath} - 0.1\,\hat{\jmath})\,\text{m/s}^2 \quad (5)$$

마지막으로 식 (1.19)를 적용하면, 임의의 시간 t에서의 속도와 가속도벡터 사이의 각도 θ는 다음과 같다.

$$\cos\theta(t) = \frac{\vec{v}\cdot\vec{a}}{|\vec{v}||\vec{a}|} = \frac{0.01125t^3 + 0.01t}{t\sqrt{(0.1^2 + 0.075t^2)(0.1^2 + 0.15t^2)}} \quad (6)$$

여기서 $t = 4$s일 때의 값은 다음이 된다.

$$\cos\theta(4\,\text{s}) = 0.9878 \quad \Rightarrow \quad \theta(4\,\text{s}) = 8.97° \quad (7)$$

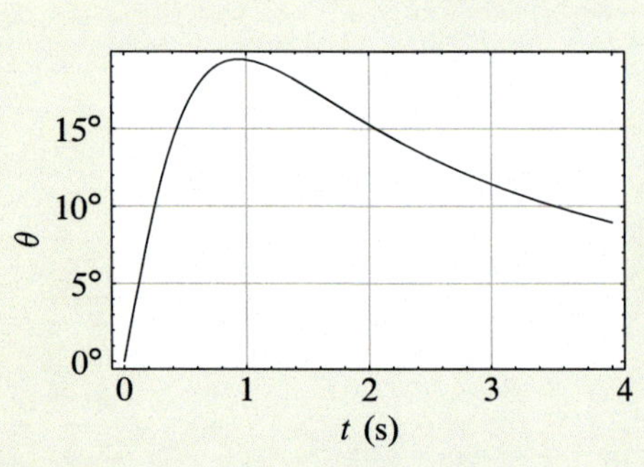

그림 2 $0 \le t \le 4$s일 때 속도벡터와 가속도벡터와의 사이각.

$0\text{s} \le t \le 4\text{s}$구간 사이에서 $\theta(t)$의 값은 그림 2에서 보여진다. 위의 로드맵에서 논의된것처럼 $\vec{v}$와 $\vec{a}$ 사이의 각도 θ는 경로의 접선과 가속도 사이의 각도와 같다.

논의 및 검증 그림 1에서 나타낸 경로는 직선이 아니다. 그러므로 가속도는 경로에 접하지 않는다. 속도는 경로에 접하므로 이는 가속도와 속도가 이루는 각이 0이 아닐 수도 있다는 것을 뜻하며 우리의 결과는 이 예상과 일치한다.

예제 2.5 경로와 속력을 속도와 가속도에 관련시킬 때

질점 P는 $\dot{y} > 0$이며, 포물선 $y^2 = 4ax$를 따라 일정속도 v_0로 움직인다.

(a) 속도 벡터의 직교좌표성분을 y의 함수

(b) 가속도 벡터의 직교좌표성분을 y의 함수

(c) 가속도 벡터와 속도 벡터의 각도를 y의 함수로 구하라.

추가로 $a = 0.2$ m, $v_0 = 3$m/s일 때에 속도와 가속도 벡터의 직교좌표성분을 y의 함수로 그려라.

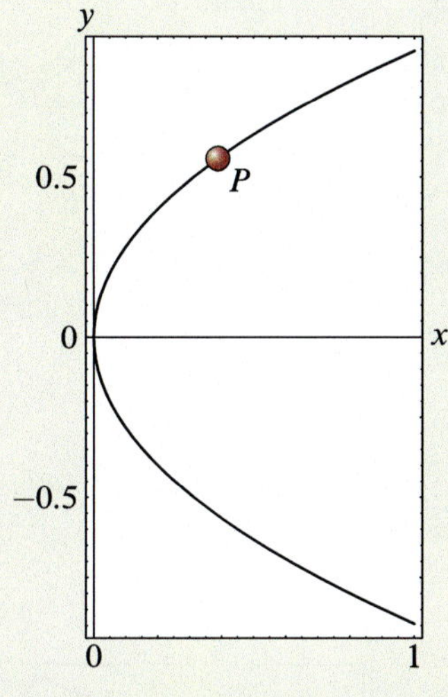

그림 1 $a = 0.2$ m일 때 질점 P의 포물선경로.

풀이 SOLUTION

로드맵 질점의 경로와 이에 따른 속력이 주어졌지만 x와 y는 시간에 대해 어떻게 변하는지 아직 모르므로 식 (2.16), (2.17)을 적용할 수가 없다. 반면에, 곡선방정식을 시간에 대해 미분하고 속력이 $\sqrt{\dot{x}^2 + \dot{y}^2}$로 주어진다는 것은 이용할 수가 있다.

계산 다음을 얻기 위해 질점의 경로를시간에 대해 미분하면

$$\frac{d}{dt}(y^2 = 4ax) \quad \Rightarrow \quad \frac{d(y^2)}{dy}\frac{dy}{dt} = \frac{d(4ax)}{dt} \quad \Rightarrow \quad 2y\dot{y} = 4a\dot{x} \tag{1}$$

여기서 시간에 대한 미분을 하는데 연쇄법칙(chain rule)을 사용했으며 식 (1)을 $\dot{y}$에 대해서 풀면 다음을 얻는다.

$$\dot{y} = \frac{2a\dot{x}}{y} \tag{2}$$

지금 또한 속력은 다음 식을 통해 속도의 성분과 관련이 있다는 것을 알 수가 있다.

$$v_0^2 = \dot{x}^2 + \dot{y}^2 \quad \Rightarrow \quad v_0^2 = \dot{x}^2 + \left(\frac{2a\dot{x}}{y}\right)^2 \tag{3}$$

여기서 식 (2)를 사용해 치환했다. 지금 다음을 얻기 위해 식 (3)을 $\dot{x}$에 대해 풀면

$$\boxed{\dot{x} = \frac{v_0 y}{\sqrt{y^2 + 4a^2}}} \tag{4}$$

여기서 식 (2)와 일치하기 위해 양수의 제곱근을 취했고 이는 $\dot{y} > 0$의 조건에서$y < 0$이면 $\dot{x} < 0$이고 $y > 0$이면 $\dot{x} > 0$이어야 한다는 것을 뜻한다. 지금 다시 식 (4)를 식 (2)에 넣음으로써 $\dot{y}$를 다음과 같이 구하고

$$\boxed{\dot{y} = \frac{2v_0 a}{\sqrt{y^2 + 4a^2}}} \tag{5}$$

여기서 예상한대로 $\dot{y} > 0$이다. 그림 2는 $\dot{x}$와 $\dot{y}$를 y의 함수로 나타낸다.

가속도의 x와 y의 성분을 계산하기 위한 대여섯 가지의 방법이 존재한다. 식 (1)의 마지막 식을 시간에 대해 미분하고 단순화하면 다음을 얻는다.

$$\dot{y}^2 + y\ddot{y} = 2a\ddot{x} \quad \Rightarrow \quad \ddot{x} = \frac{1}{2a}\left(\dot{y}^2 + y\ddot{y}\right) \tag{6}$$

우리는 $\ddot{x}$을 알기 위해 $\ddot{y}$의 값이 필요하다는 것을 안다. 그러므로 식 (5)를 시간에 대

유용한 정보

왜 성분을 x대신에 y의 함수로 구하나? 주어진 임의의 y값에 대해 한개의 x값이 존재하므로 우리는 x대신에 y의 함수로 속도와 가속도 성분을 구하는 것을 선택했다. 반대는 사실이 아니다. 즉 주어진 x에 대해 두 개의 값이 존재하고 이는 해석을 더 복잡하게 만든다.

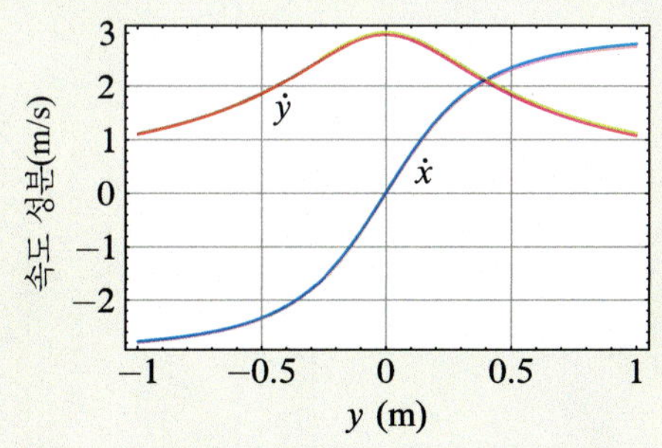

그림 2 y의 함수로써의 속도의 x와 y의 성분.

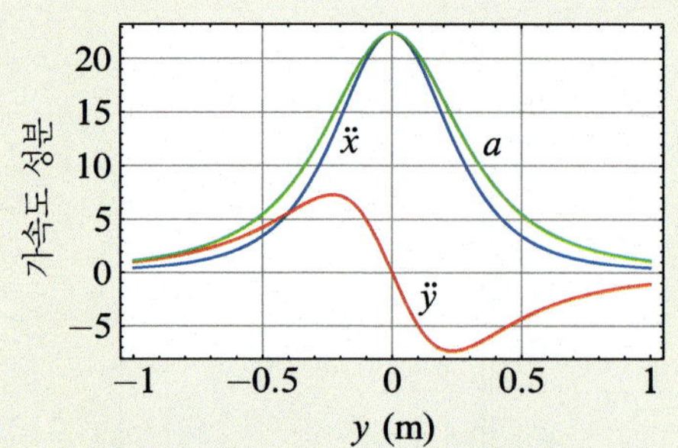

그림 3 y의 함수로써의 질점의 x 성분(파란색), y 성분(붉은색) 그리고 전체가속도(초록색).

해 미분하면 다음이 되고

$$\ddot{y} = 2v_0 a\left[\frac{-y\dot{y}}{(y^2+4a^2)^{3/2}}\right] \tag{7}$$

여기서 식 (5)로부터의 $\dot{y}$를 치환하면 다음이 된다.

$$\boxed{\ddot{y} = \frac{-4v_0^2a^2y}{(y^2+4a^2)^2}} \tag{8}$$

지금 식 (5), (8)을 식 (6)의 둘째 식에 넣으면 $\ddot{x}$의 마지막 표현을 얻게 되는데-이를 수행하면 다음이 된다.

$$\ddot{x} = \frac{1}{2a}\left[\frac{4v_0^2a^2}{y^2+4a^2} - y\,\frac{4v_0^2a^2y}{(y^2+4a^2)^2}\right] \quad\Rightarrow\quad \boxed{\ddot{x} = \frac{8v_0^2a^3}{(y^2+4a^2)^2}} \tag{9}$$

그림 3은 y의 함수로써 $\ddot{x}$, $\ddot{y}$, $a = \sqrt{\ddot{x}^2+\ddot{y}^2}$를 나타낸다.

마지막으로 가속도 벡터와 속도 벡터의 각도를 구하기 위해 먼저 이 벡터들을 다음과같이 표현한다.

$$\vec{v} = \dot{x}\,\hat{\imath} + \dot{y}\,\hat{\jmath}, \qquad \vec{a} = \ddot{x}\,\hat{\imath} + \ddot{y}\,\hat{\jmath} \tag{10}$$

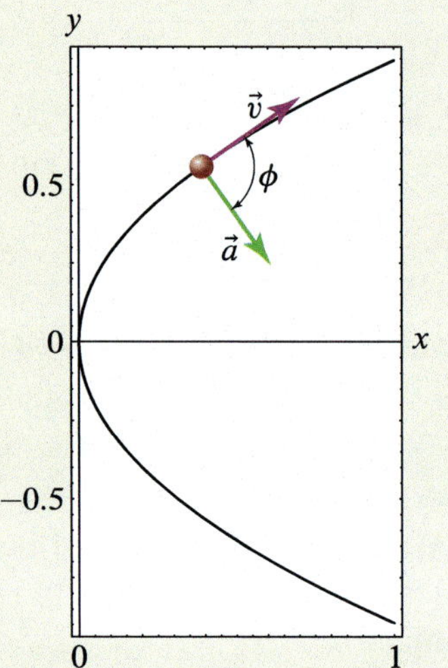

그림 4 포물선을 따라 움직이는 한 위치의 속도, 가속도벡터와 각도 ϕ.

이 때에 식 (1.19)를 사용하면 두 벡터 사이의 각도 ϕ는 다음과 같다.

$$\cos\phi = \frac{\vec{v}\cdot\vec{a}}{|\vec{v}||\vec{a}|} = \frac{(\dot{x}\,\hat{\imath}+\dot{y}\,\hat{\jmath})\cdot(\ddot{x}\,\hat{\imath}+\ddot{y}\,\hat{\jmath})}{\sqrt{\dot{x}^2+\dot{y}^2}\sqrt{\ddot{x}^2+\ddot{y}^2}} = \frac{\dot{x}\ddot{x}+\dot{y}\ddot{y}}{\sqrt{\dot{x}^2+\dot{y}^2}\sqrt{\ddot{x}^2+\ddot{y}^2}} \tag{11}$$

비록 계산에 시간이 걸리지만, 다음을 얻기 위해 식 (4), (5), (8), (9)를 식 (11)의 마지막 표현의 분자에 치환한다.

$$\dot{x}\ddot{x}+\dot{y}\ddot{y} = 0 \quad\Rightarrow\quad \cos\phi = 0 \quad\Rightarrow\quad \boxed{\phi = 90^\circ} \tag{12}$$

즉 모든 y값에 대해 $\phi = 90°$이므로 $\vec{v}$는 항상 $\vec{a}$에 수직이다.

논의 및 검증 $\dot{y} > 0$을 상기한다. 식 (5)를 얻기 위해 양수의 제곱근을 택했으므로, 당연히, 이는 그림 2의 경로와 일치한다. 또한 $\dot{y}$는 $y = 0$에서 가장 큰 데 질점의 속력이 일정하다는 사실 때문에 이치에 맞는다. 속도가 항상 경로에 접선이라는 것을 상기하면 $y = 0$에서 속도는 순전히 y방향이라는 사실도 주목된다. 그러므로 $y = 0$일 때 $\dot{x}$이 0이어야하고 $\dot{y}$는 그림 2에서 보여주듯이 최대치인 $v_0 = 3$ m/s가 된다. x성분 속도에 대해서는 $y < 0$이면 음수이고 $y > 0$이면 양수이다. x가 $y < 0$에 대해 감소하고 $y > 0$에 대해 증가하므로 이는 예상되어야 한다(이런 이유로 식 (4)에서 양수를 택했다). 추가로 그림 1의 포물선으로부터 또한 예상되듯이 $y = 0$에서 $\dot{x} = 0$인 것에 주목한다.

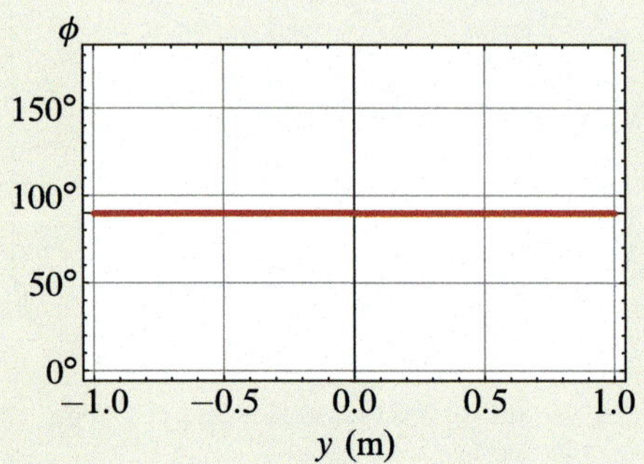

그림 5 굵은 붉은선은 속도벡터와 가속도벡터 사이의 각도 $\phi(y)$를 보여준다.

가속도 결과를 확인하기 위해 질점이 **포물선** 상을 따라 움직인다는 것을 상기한다. 질점의 경로가 곡선이므로 가속도 벡터의 성분이 0이 아니라는 것은 그림 3에서 보듯이 예상할 수 있다. 또 이미 논의된 대로 $y = 0$에서 $\dot{y}$가 최대가 되므로 $y = 0$에서 $\ddot{y} = 0$가 예상된다. 또 $y = 0$에서 $\dot{x} = 0$이지만 $\ddot{x}$는 최대가 됨을 주목한다. 아마 상반되는 논점이지만 이 결과는 가속도의 부분이 질점의 경로의 곡률에 비례한다는 사실과 일치한다. 포물선의 곡률이 $y = 0$에서 가장 크므로 $a = \sqrt{\ddot{x}^2+\ddot{y}^2}$로 주어지는 가속도의 크기는 $y = 0$에서 최대값을 갖는다.[4)]

$\vec{v}$와 $\vec{a}$의 사이 각도 ϕ는 항상 90도라는 것을 알았다. 속력이 일정하므로 $\vec{v}$는 운동선상을 따라서 변할 수 없으며 $\vec{v}$의 어떠한 변화(즉, 어떤 $\vec{a}$)도 $\vec{v}$에 수직되어야 한다. 우리는 이를 2.4, 2.5절에서 논의할 것이다.

4) 이 주제는 2.5절에서 상세히 다룬다.

예제 2.6 위치 자료로부터 가속도

농구공을 공중에 던지는 실험을 하고 있다(그림 1). 일단 공이 공중에 뜨면 공의 움직임이 카메라에 의해 포착된다. 공은 점으로 모델링 된다. 이 농구공의 움직임의 영화는 각 영상화면에 대한 개별 좌표를 이용하여 디지털화 된다. 표 1은 이 자료를 보여준다. 실험은 지구 표면에서 수행되었고 실험에 사용된 y 축은 지구표면에 수직이며 위를 향한다. 공의 궤적, 속도, 가속도를 시간의 함수로 계산함으로써 이 주장을 증명하라.

그림 1 공중으로 농구공을 던지는 사람.

유용한 정보

학생에게의 주석. 이 예제와 다음 예제는 쉽게 접근하기 위해 제시되어있다. 이 예제들은 엔지니어가 되려는 여러분들의 동기부여를 강화시켜 주리라고 기대된다. 이 예제에서 위치, 속도와 가속도의 정식 정의와 이런 정의들이 실험자료들을 다룰 때 어떻게 실질적으로 이용되는지에 집중해야 한다.

표 1 실험을 통해 얻어진 위치와 시간.

Frame	t (s)	x (m)	y (m)
1	0.000	0.000	1.50
2	0.033	0.029	1.66
3	0.067	0.069	1.81
4	0.100	0.105	1.96
5	0.133	0.135	2.08
6	0.167	0.167	2.20
7	0.200	0.197	2.30
8	0.233	0.231	2.40
9	0.267	0.270	2.49
10	0.300	0.305	2.56
11	0.333	0.335	2.62
12	0.367	0.369	2.68
13	0.400	0.401	2.72
14	0.433	0.435	2.74
15	0.467	0.471	2.77
16	0.500	0.502	2.77
17	0.533	0.531	2.77
18	0.567	0.563	2.76
19	0.600	0.596	2.74
20	0.633	0.637	2.70
21	0.667	0.664	2.65
22	0.700	0.704	2.59
23	0.733	0.735	2.53
24	0.767	0.763	2.45
25	0.800	0.795	2.36
26	0.833	0.833	2.26
27	0.867	0.863	2.15
28	0.900	0.903	2.03
29	0.933	0.937	1.89
30	0.967	0.968	1.75
31	1.000	1.000	1.59
32	1.030	1.040	1.43

풀이 SOLUTION

로드맵 지표면에서의 중력가속도는 일정하며 9.81 m/s^{2}이다. 그러므로 가속도를 결정하여 이 값이 예상대로 나오는지 아닌지를 조사함으로써 이 문제를 풀 수가 있다. 공이 움직이는 동안에 단지 중력만이 공에 작용하는 힘이라고 가정하면 가속도의 x 성분은 0이고 y 성분은 약 -9.81 m/s^{2}이다.[5)]

계산 표 1에 있는 자료를 이용하여 점의 y 좌표대 x 좌표를 그림으로써 점의 궤적을 그리는 것으로 시작한다. 그림 2와 같이 공중에 던져진 물체의 움직임은 포물선과 일치하는 것 같아 보인다. 계속 검토해보자.

지금 해석적으로 미분할 수 있게끔 위치가 시간의 함수로 주어져 있지 않으므로 각 시간 증분마다 물체의 평균속도를 구하는 수밖에 없다. 특히 $\vec{r}_i$, $\vec{r}_{i+1}$는 각 프레임(frame)[6)] i와 $i+1$에서의 각 위치 벡터이므로 두 면 사이의 평균속도는 다음과 같다.

$$\vec{v}_{\text{avg}}(t_i, t_{i+1}) = \frac{\vec{r}_{i+1} - \vec{r}_i}{t_{i+1} - t_i} \tag{1}$$

5) 여기서는 공기저항과 다른 요소들을 배제하며 뉴턴의 제2법칙을 함축적으로 사용하였다. 2.3절에서 발사체운동을 다룰 때에도 이를 어떻게 다루는지 볼 것이다.

6) 여기서 프레임은 디지털화된 영화에서의 한 장면을 뜻한다.

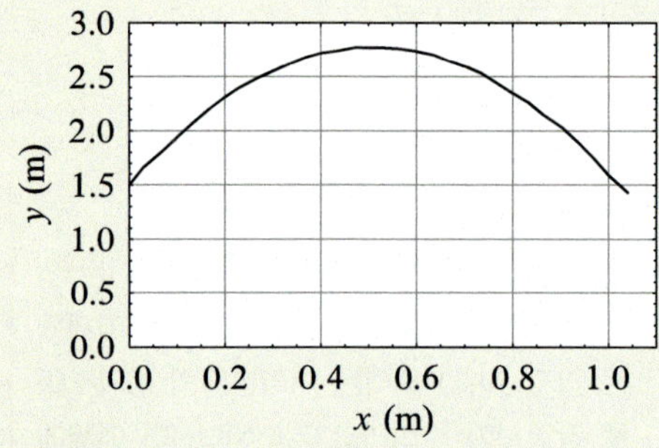

그림 2 제공된 실험자료로부터 생성된 물체의 궤적.

그러나 이 값은 $t = t_i$나 $t = t_{i+1}$에서 정의된 것이 아니다. 이것이 단지 유일한 가능한 방법은 아니지만 우리는 $\vec{v}_{avg}(t_i, t_{i+1})$가 $t = t_i$와 $t = t_{i+1}$의 사이, 즉 $t_{avg}(i, i+1) = (t + t_{i+1})/2$의 중간에 있는 시간에 해당한다고 결정한다. 이 작업으로써 위치의 값들보다 하나 적은 평균속도의 값이 존재하는 것을 주목하면서 그림 3에 그려진 결과를 보자.

가속도를 보면 또한 속도와 마찬가지로 속도에 대한 수학적 식이 없으므로 직접계산할 수가 없다. 이런 어려움을 극복하기 위해, 즉 기록된 시간에서의 **실제** 속도가 있었다면 $t = t_i$, $t = t_{i+1}$의 사이의 **평균** 가속도는 다음과 같이 될 것이라는 점에 주목한다.

$$\vec{a}_{\text{avg}}(t_i, t_{i+1}) = \frac{\vec{v}(t_{i+1}) - \vec{v}(t_i)}{t_{i+1} - t_i} \tag{2}$$

그러나 우리는 $t_{\text{avg}}(i, i+1)$시간 값에 연관된 단지 $\vec{v}_{\text{avg}}(t_i, t_{i+1})$만 가지고 있다. 그러므로 우리가 필요로 하는 **실제**속도와 시간을 우리가 실제로 가지고 있는 **평균**속도와 시간으로 치환함으로써 식 (2)를 이용하여 가속도를 추정하는 수밖에 없다. 이를 수행하면 다음과 같은 식을 얻는다.

$$\vec{a}_{\text{approx}}\big(t_{\text{avg}}(i, i+1), t_{\text{avg}}(i+1, i+2)\big) = \frac{\vec{v}_{\text{avg}}(t_{i+1}, t_{i+2}) - \vec{v}_{\text{avg}}(t_i, t_{i+1})}{t_{\text{avg}}(i+1, i+2) - t_{\text{avg}}(i, i_1)} \tag{3}$$

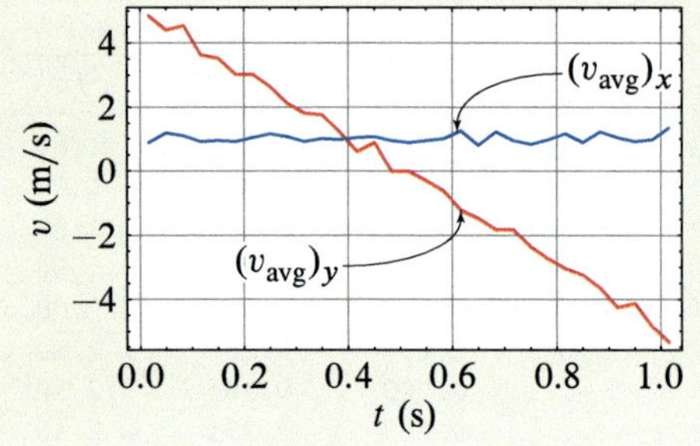

그림 3 평균속도 성분 그림.

추가로 식 (3)은 시간 $t_{avg}(i, i+1)$, $t_{avg}(i+1, i+2)$ 사이의 중간 시간값에서의 근사 가속도를 준다고 말할 것이다. 그림 4는 근사가속도와 시간을 보여준다. 지금 가속도는 원래 위치점의 수보다 2개 적은 값들을 가지고있다.

논의 및 검증 우리의 답을 검증하는데 있어서 모든 실험자료는 이런저런 정도의 측정 오류를 포함할 수 있다는 것을 명심할 필요가 있다. 둘째로 실험 오차에 더하여 근사 가속도를 계산할 때 **평균**속도를 **실제**속도로 사용함에 따른 결과를 주목할 필요가 있다. 지금 이런 점들을 고려해보면 가속도의 x, y의 성분 그림이 근사적으로 각기, 즉 0과 9.81 m/s인지를 판단하여야 한다. 확실히, 그림 4는 일정 함수의 그래프는 아니다. 반면에, 그림 4의 내용이 우리가 기대한 값들로 해석될 수 있을 것인가? x, y의 방향의 가속도의 평균값을 보면 각기 $[(a_{\text{approx}})_x]_{\text{avg}} = 0.472\ \text{m/s}^2$와 $[(a_{\text{approx}})_y]_{\text{avg}} = -10.2\ \text{m/s}^2$이다. 전자는 0에 가깝고 후자는 $-9.81\ \text{m/s}^2$에 가깝다. 그러나 불행히도 이들의$(a_{\text{approx}})_x$의 표준편차는 6.04 m/s²이고, $(a_{\text{approx}})_y$의 표준편차는 8.83 m/s²이다. 그러므로 x, y의 방향의 가속도 성분들의 평균값은 기대치보다 많이 다르지 않지만 이러한 큰 편차는 우리가 어떤 의미를 측정 결과의 탓으로 돌릴 수 없다는 것을 이야기한다. 가속도의 결과가 이렇게 나쁜 이유는 위치로부터 해석적 미분 대신에 **수치적 미분**을 이용하여 속도를 구하고 또 속도로부터 가속도를 구했기 때문이다. 수치미분은 본질적으로 상당한 오류를 일으키기 쉽다. 이런 이유는 두 곡선이 서로 가까이 있지만 그들의 기울기, 기울기의 변화 등은 상당히 다를 수 있기 때문이다. 그림 2에서 4로 가면서 고차미분을 할 때 이 오류가 증가하는 것을 우리는 보고 있다. 다음 예제에서 수치적분, 즉 이산자료의 적분이, 이와 반대 사실이라는 것을 보일 것이다. 즉 **수치적분**은 이 오류를 확대시키지 않고 오히려 오류를 감쇄시킨다.

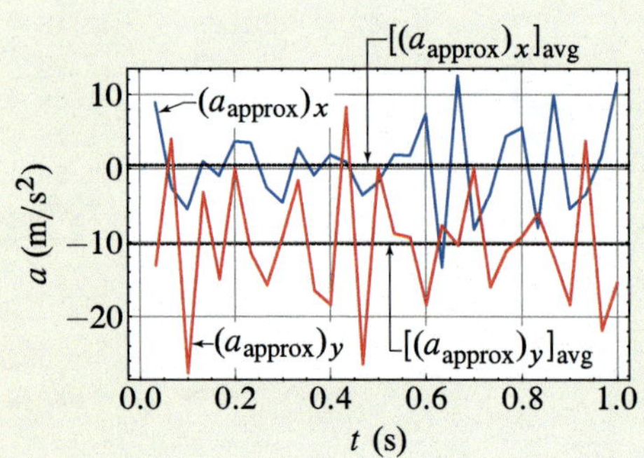

그림 4 근사가속도 성분 그림.

예제 2.7 가속도 자료로부터 위치

가속도 계기가 자전거 경주장 트랙을 따르는 운동을 조사하기 위해 자전거 위에 설치되었다. 이 가속도 계기는 자전거에 부착된 기준계에 대한 가속도를 측정하지만 표 1에서 주어지고 또 그림 2에 그려진 것과 같이 고정된 x, y 계로 변환되었다. 표1의 자료를 사용하고 $t = 0$에서 $x_0 = 63.7$ m, $y_0 = 0.0$ m, $\dot{x}_0 = 0.00$m/s이고 $\dot{y}_0 = 13.41$ m임을 알 때 다음을 구하라.

(a) 시간의 함수로 속도와 속력을 x와 y 성분

(b) 주어진 x, y 계에서의 자전거의 궤적.

그림 1 자전거용 트랙에서의 자전거.

표 1 트랙을 한 바퀴 돌 때 자전거 위에 설치된 감지기로부터의 초보 자료. 가속도 자료는 신호잡음, 설치부정확성, 제작오차로 인한 측정 오류(약 ±2%)를 가지고 있다. 시간은 1 ms 안에서 그리고 가속도는 $a = 10^3$ m/s^2 안에서 측정된다.

Time (s)	a_x (m/s^2)	a_y (m/s^2)
0.000	−2.86	0.04
1.864	−2.62	−1.03
3.728	−1.95	−2.02
5.592	−1.03	−2.58
7.456	0.05	−2.78
9.320	1.05	−2.58
11.184	2.05	−1.98
13.048	2.65	−1.08
14.912	2.77	−0.04
16.776	2.65	1.07
18.640	1.94	2.04
20.504	1.10	2.61
22.368	0.04	2.77
24.232	−1.10	2.62
26.096	−1.94	2.02
27.960	−2.63	1.12

풀이 SOLUTION

로드맵 처음에 트랙의 형태나 자전거의 경로에 대해서는 알려진 것이 없다. 그러나 이 절에서 보여준 개념을 이용하여 매 지점에서의 속도와 위치의 근사치를 구해서 자전거의 궤적을 구할 수 있고 트랙의 형태를 재구성할 수 있다. 가속도자료는 가지고 있는데 속도와 위치의 정보를 원하므로 가속도 자료를 적분할 필요가 있다. 추가로 자료가 이산되어 있으므로 수치적분법에 의지해야 할 것이다. 우리는 **복합 사다리꼴 적분법**[*composite trapezoidal rule*(CTR)]이라고 불리는 직관적인 방법을 사용할 것이다.

이 CTR의 기본 개념은 곡선(즉 이의 적분) 밑의 면적은 곡선을 연결하는 점들로 이루어진 사다리꼴 형태들의 면적들로 근사될 수 있다는 것이다. 이는 그림 3에서 보여지는데 0과 π 사이(푸른 부분)에서의 $\sin x$의 적분을(사선 부분으로 보여진) 4개의 사다리꼴 형태의 면적을 합함으로써 얻을 수가 있다는 것으로 보여질 수 있다. 즉

$$
\begin{aligned}
\int_0^{\pi} \sin x\, dx &\approx \frac{\pi}{4}\left[\frac{\sin(0)+\sin\left(\frac{\pi}{4}\right)}{2}\right] + \frac{\pi}{4}\left[\frac{\sin\left(\frac{\pi}{4}\right)+\sin\left(\frac{\pi}{2}\right)}{2}\right] \\
&\quad + \frac{\pi}{4}\left[\frac{\sin\left(\frac{\pi}{2}\right)+\sin\left(\frac{3\pi}{4}\right)}{2}\right] + \frac{\pi}{4}\left[\frac{\sin\left(\frac{3\pi}{4}\right)+\sin(\pi)}{2}\right] \\
&= \frac{\pi/4}{2}\left[\sin(0) + 2\sin\left(\tfrac{\pi}{4}\right) + 2\sin\left(\tfrac{\pi}{2}\right) + 2\sin\left(\tfrac{3\pi}{4}\right) + \sin(\pi)\right] \\
&= 1.896
\end{aligned} \qquad (1)
$$

이 적분의 정확한 값은 2이다. 이 근사치는 그렇게 나쁜 결과가 아니며, 이 적분의 근사값은 더 많은 사다리꼴(즉 간격을 줄임으로써)을 더함으로써 개선된다. 위의 결과를 일반화하면 CTR을 통한 적분 $\int_a^b f(x)dx$는 구간 $a \le x \le b$를, 각 길이가 $h = (b-a)/n$인 n개의 같은 간격으로 나누어 다음 식을 이용하여 근사화할 수 있다.

$$\int_a^b f(x)\,dx = \frac{h}{2}\left[f(x_0) + 2f(x_1) + \cdots + 2f(x_i) + \cdots + 2f(x_{n-1}) + f(x_n)\right] \quad (2)$$

여기서 $x_0 = a$, $x_n = b$이고 $x_i = x_0 + ih$이다. 마지막으로 속도와 위치를 구하기 위해 CTR을 주어진 가속도 자료에 적용하기 전에 미적분학으로부터 $f(t) = dF(t)/dt$이면 $F(t) = F(t_0) + \int_{t_0}^t f(t)dt$임을 상기한다. 그러므로 $[t_0, t]$구간에서 $f(t)$를 적분하여 $F(t)$를 구하기 위해 $t = t_0$에서의 $F(t)$의 값을 $\int_{t_0}^t f(t)dt$에 더해야 한다(2.2절은 전적으로 이와 같은 내용을 다룬다).

계산 로드맵을 따라서 속도 성분의 초기값을 적분에 포함하는 것에 유념하면서 속도를 구하기 위해 표 1의 가속도 자료에 CTR 방법을 적용한다. 즉

$$v_x(t) = \dot{x}_0 + \int_0^t a_x(t)\,dt\ , \qquad v_y(t) = \dot{y}_0 + \int_0^t a_y(t)\,dt \quad (3)$$

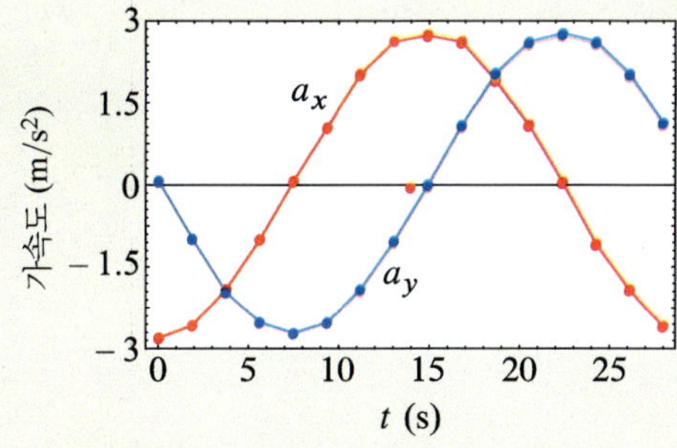

그림 2 표 1로부터의 가속도 자료 그림.

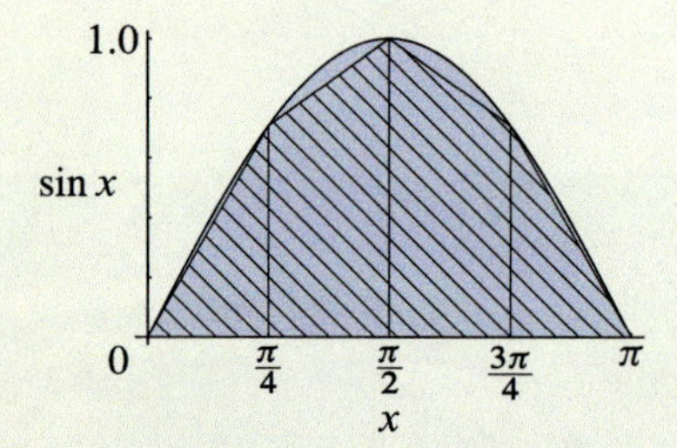

그림 3 0 rad ≤ x ≤ π에 대한 sin x와 CTR 방법을 통한 근사치 그림.

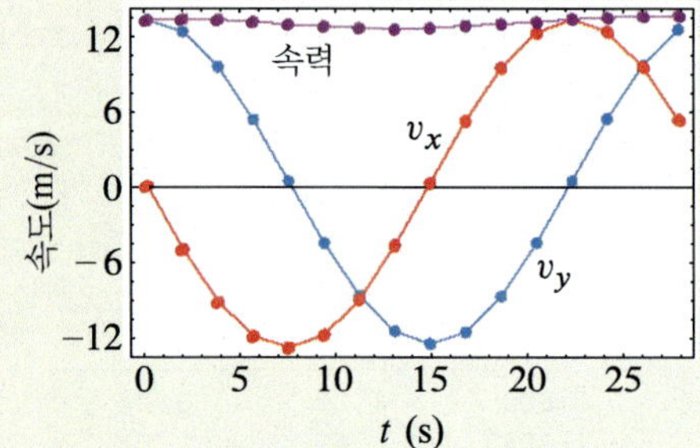

그림 4 CTR 방법(표2)에 의해 계산된 속도의 x와 y의 성분그림. 속력 또한 보여진다.

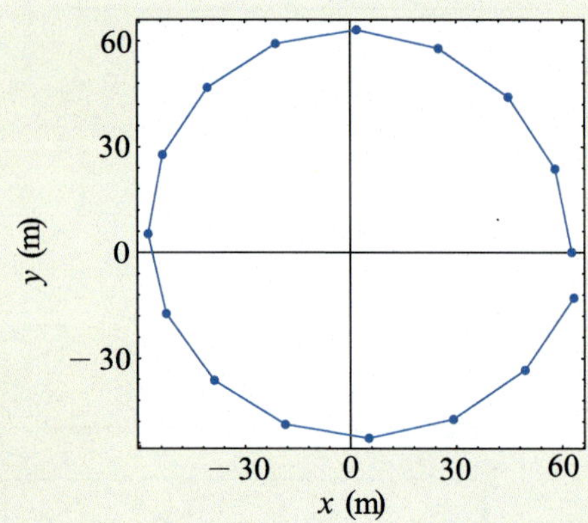

그림 5 CTR 방법(표3)에 의해 계산된 위치의 그림.

식 (3)의 적분값 근사치를 구하기 위해 자료에서 허용된 가장 작은 h값 즉 h = 1.864 s를 사용했다. 이때 상응하는 속도 결과들은 표 2과 같으며 그림 4에 그려져 있다.

표 2 CTR 방법에 의해 계산된 자전거 속도의 x와 y성분. $v_{0x} = \dot{x}_0$ = 0.00 m/s, $v_{0y} = \dot{y}_0$ = 13.41 m/s, h = 1.864 s를 사용하였다.

Time (s)	v_x (m/s)	v_y (m/s)
0.000	0.00	13.41
1.864	-5.11	12.49
3.728	-9.37	9.64
5.592	-12.14	5.36
7.456	-13.06	0.36
9.320	-12.03	-4.63
11.184	-9.14	-8.88
13.048	-4.76	-11.74
14.912	0.29	-12.78
16.776	5.34	-11.82
18.640	9.62	-8.92
20.504	12.45	-4.51
22.368	13.51	0.43
24.232	12.53	5.45
26.096	9.69	9.78
27.960	5.43	12.70

표 3 CTR 방법에 의해 계산된 자전거 위치의 x와 y 속도 성분. x_0 = 63.67 m, y_0 = 0.0 m, h = 1.864 s를 사용하였다.

Time (s)	x (m)	y (m)
0.000	63.67	0.00
1.864	58.90	24.14
3.728	45.41	44.76
5.592	25.36	58.74
7.456	1.88	64.08
9.320	-21.51	60.10
11.184	-41.24	47.50
13.048	-54.19	28.29
14.912	-58.36	5.43
16.776	-53.11	-17.49
18.640	-39.17	-36.82
20.504	-18.60	-49.34
22.368	5.60	-53.14
24.232	29.87	-47.66
26.096	50.58	-33.47
27.960	64.67	-12.52

예를 들면 v_x의 둘째와 셋째 항목들은(초기 항목은 초기 조건이므로) 다음과 같이 계산한다.

$$v_x(1.864\,\text{s}) = \frac{1.864}{2}(-2.86 - 2.62) = -5.107\,\text{m/s} \tag{4}$$

$$v_x(3.728\,\text{s}) = \frac{1.864}{2}[-2.86 - 2(2.62) - 1.95] = -9.37\,\text{m/s} \tag{5}$$

다시 표 2에 있는 속도자료에 CTR 방법을 적용하기 위해 주어진 초기 위치성분을 고려하면

$$x(t) = x_0 + \int_0^t v_x(t)\,dt, \qquad y(t) = y_0 + \int_0^t v_y(t)\,dt \tag{6}$$

CTR을 이용하여 식 (6)의 적분값의 근사치를 구하면 위치 성분은 표 3에서 보여지고 그림 5로 나타나진다. 예를 들면 y에 대한 둘째와 세째 항목들은(첫째항목은 단순히 초기 조건이므로) 다음과 같다.

$$y(1.864\,\text{s}) = \frac{1.864}{2}(13.41 + 12.49) = 24.14\,\text{m} \tag{7}$$

$$y(3.728\,\text{s}) = \frac{1.864}{2}[13.41 + 2(12.49) + 9.64] = 44.76\,\text{m} \tag{8}$$

논의 및 검증 그림 5에서의 궤적그림은 자전거의 경로가 원임을 보여주는데 이는 자전거경주장의 형태와 일치한다. 그림 4에서의 속력그림은 자전거가 거의 일정한 속력으로 움직임을 보여준다. 그러므로 경로와 함께 고려된 이 결과는 자전거가 일정한 원형 움직임을 하고 있다는 것을 뜻하고 이는 또한 가속도성분의 그림과 일치하며 이는 가속도 성분이 주기적임을 보여준다.

심층분석 적분된 자료는 전 예제의 미분된 자료보다 훨씬 부드럽다. 그림 4나 5는 예제 2.6의 그림 3이나 4에서와 같이 아무런 뾰족한 톱니형상도 나타나지 않았다.

문제

주의 모든 문제에서, 모든 기준계는 정지상태이다.

문제 2.1

직선인 시내거리 구간에 있는 두 정지신호 사이를 움직이는 차의 위치가 $r = [9t - (45/2)\sin(2t/5)]$m로 주어져 있다. 이때 t는 시간이며 $0 \le t \le 17.7$ s이다. 2.1초와 3.7초 사이 그리고 11.1초와 12.7초 사이의 차의 변위를 구하라. 각 시간 구간에 대해 평균 속도를 구하라.

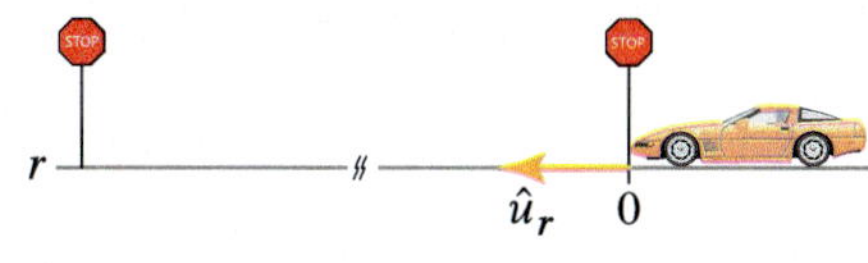

그림 P2.1

문제 2.2, 2.3

그림의 좌표계에 대한 차의 위치는 다음과 같다.

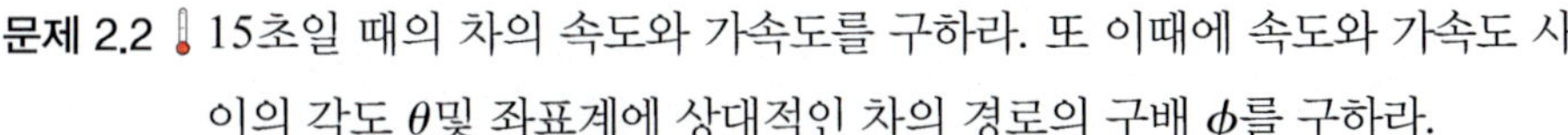

$$r(t) = 1.82t^2 + 0.042t^3 - 0.0045t^4 - \hat{\imath} + 0.159t^2 + 0.0037t^3 - 0.0004t^4)\hat{\jmath}]\text{m}.$$

문제 2.2 15초일 때의 차의 속도와 가속도를 구하라. 또 이때에 속도와 가속도 사이의 각도 θ및 좌표계에 상대적인 차의 경로의 구배 ϕ를 구하라.

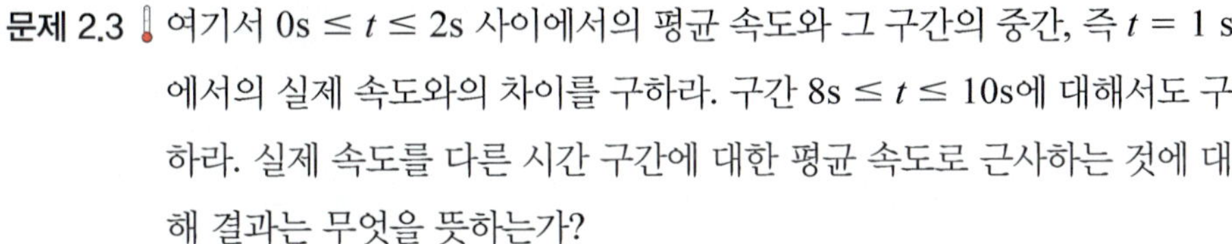

문제 2.3 여기서 $0\text{s} \le t \le 2\text{s}$ 사이에서의 평균 속도와 그 구간의 중간, 즉 $t = 1$ s에서의 실제 속도와의 차이를 구하라. 구간 $8\text{s} \le t \le 10\text{s}$에 대해서도 구하라. 실제 속도를 다른 시간 구간에 대한 평균 속도로 근사하는 것에 대해 결과는 무엇을 뜻하는가?

그림 P2.2, P2.3

문제 2.4

점 P에 대해 주어진 시간 간격에 대한 평균 속도가 $\vec{v}_{avg}$ 라면 평균 속도의 크기인 $|\vec{v}_{avg}|$은 문제의 구간에 대한 P의 평균 속력과 같은가?

주의 개념 문제는 계산이 아닌 설명이 필요하다.

문제 2.5

차가 월요일 아침 8시에 정해진 주차장에 주차해 있고 다음날 같은 시간에도 같은 자리에 주차되어 있는 것이 있었다. 두 관측 사이의 변위는 무엇인가? 그러면 이 시간 사이의 이동거리는 무엇인가?

주의 개념 문제는 계산이 아닌 설명이 필요하다.

그림 P2.5

문제 2.6

$\vec{r} = [t\hat{\imath} + (2 + 3t + 2t^2)\hat{\jmath}]$m이 보여준 직교좌표계에 대한 점 P의 운동을 기술한다. P의 궤적을 $y = y(x)$의 수식으로 나타내라.

문제 2.7

$\vec{r}(t) = [0.3t\hat{\imath} + (0.6 + 0.9t + 0.6t^2)\hat{\jmath}]$m는 그림의 직교좌표계에 대한 점 P의 운동에 관한 식이다. 어떤 두 $\vec{p}$, $\vec{q}$벡터에 대해 $\vec{p} \cdot \vec{q} = |\vec{p}|\ |\vec{q}|\ \cos\beta$ (β는 사이의 각도)이고 속도벡터가 궤적에 항상 접하는 것을 상기할 때, 가속도 벡터와 P의 경로의 접선 사이의 각도를 나타내는 함수 $\phi(x)$를 결정하라.

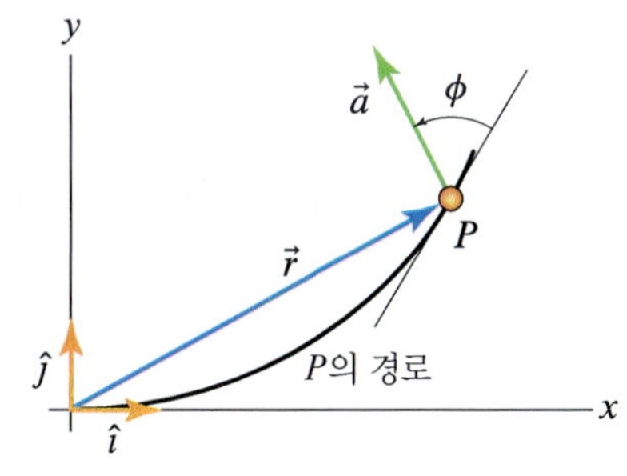

그림 P2.6, P2.7

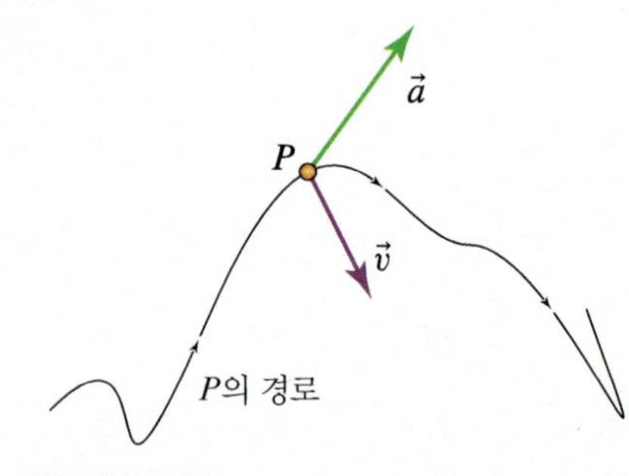

그림 P2.8, P2.9

문제 2.8

그림의 벡터 $\vec{v}$가 점 P의 속도를 표현하는 것이 가능한가?

주의 개념 문제는 계산이 아닌 설명이 필요하다.

문제 2.9

그림의 벡터 $\vec{a}$가 점 P의 가속도를 표현하는 것이 가능한가?

주의 개념 문제는 계산이 아닌 설명이 필요하다.

문제 2.10, 2.11

직교좌표계에서의 점 P의 운동은 $\vec{r} = [0.6\sqrt{t}\,\hat{\imath} + (1.2\ln(t+1) + 0.6t^2)\hat{\jmath}]\text{m}$와 같으며, t는 초를 뜻한다.

문제 2.10 $t_1 = 4\text{s}$와 $t_1 = 6\text{s}$ 사이에서의 변위와 평균 속도를 결정하라.

문제 2.11 $t_1 = 4\text{s}$와 $t_2 = 6\text{s}$ 사이에서의 평균 가속도를 결정하라.

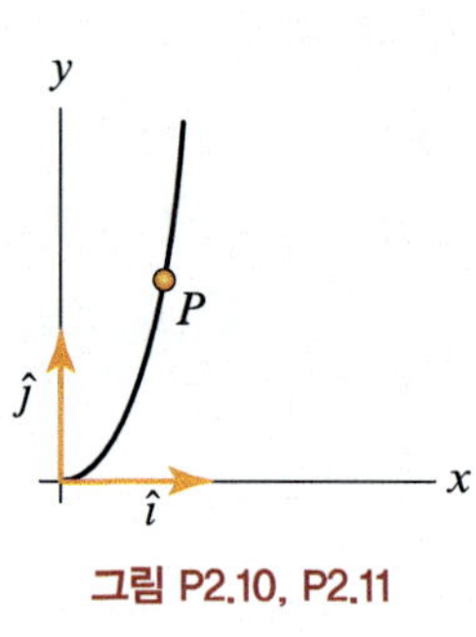

그림 P2.10, P2.11

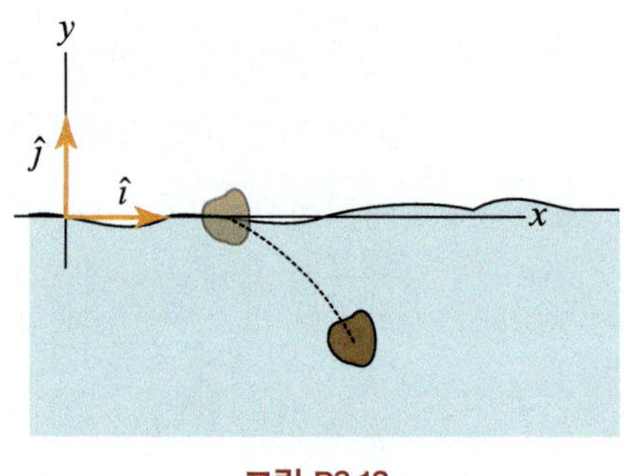

그림 P2.12

문제 2.12

연못에 던져진 돌의 운동이 식

$$\vec{r}(t) = [(1.5 - 0.3e^{-13.6t})\hat{\imath} + 0.094e^{-13.6\text{t}} - 0.094 - 0.72t)\hat{\jmath}]\text{m}$$

과 같으며, t는 초 단위이고 $t = 0\text{s}$는 돌의 연못의 수면에서의 시간이다. 돌의 속도와 가속도를 구하라. 또 수면과 돌의 충격 각도 θ, 즉 돌의 궤적과 $t = 0$ s일 때의 x 축과의 각도를 구하라.

문제 2.13

두점 P와 Q가 공간에서 서로(비록 다른 시간이지만) 우연히 같은 위치를 지나가고 있다.

(a) 문제의 위치에서 P와 Q가 같은 속력을 가진다면 무엇이 P와 Q의 경로의 공통점이어야 하는가?

(b) 또 문제의 위치에서 P와 Q가 같은 속도를 가진다면 무엇이 P와 Q의 경로의 공통점인가?

주의 개념 문제는 계산이 아닌 설명이 필요하다.

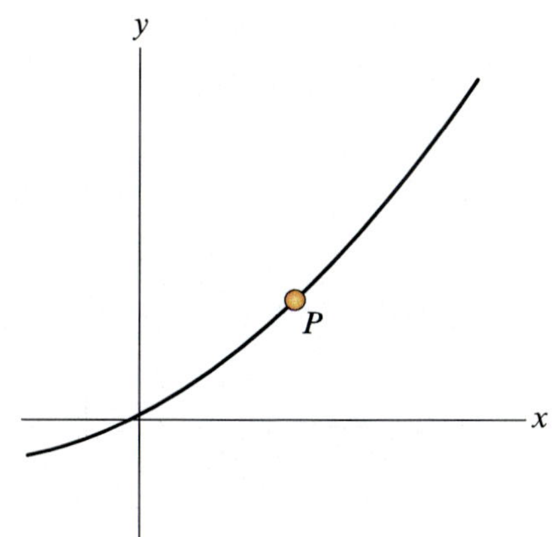

그림 P2.14, P2.15

문제 2.14, 2.15

점 P의 위치가 $t \le 0$, $\omega = 1.3\ \text{s}^{-1}$일 때 $\vec{r}(t) = 2.0[0.5 + \sin(\omega t)]\ \hat{\imath} + [9.5 + 10.5 \sin(\omega t) + 4.0 \sin2(\omega t)]\ \hat{\jmath}$로 주어진다. 그리고 위치는 m 단위로 측정된다.

문제 2.14 직교 성분으로 P의 궤적을 구한 후 $\vec{r}(t)$의 x 성분을 사용하여 P에 의해 도달되는 x의 최대 및 최소값들을 구하라. 궤적은 모든 x 값에 대해 유효하지만 $\vec{r}(t)$의 x 성분으로 주어지는 x의 최대 최소치는 유한하다. 이 차이는 무엇에 기인하는가?

문제 2.15

(a) 각 $0 \le t \le 0.6$ s, $0 \le t \le 1.4$ s, $0 \le t \le 2.3$ s와 $0 \le t \le 5$ s에 대해 P의 궤적을 그려라.

(b) $-10 \le x \le 10$ s에 대해 $y(x)$의 궤적을 그려라.

(c) (a)에서의 궤적은 (b)에서의 궤적과 같지 않음을 알 것이다. P에 의하여 도달된 x의 최소 및 최대값을 해석적으로 구함으로써 이 차이를 설명하라. 그림의 결과를 볼 때 왜 어떤 시간들 사이에서는 궤적이 바뀌고 다른 시간들 사이에서는 안 바뀌는가?

문제 2.16-2.18

자전거가 수평이고 직선인 도로상에서 $v_0 = 32$ kmp/h의 속력으로 움직이고 있다. 자전거바퀴의 반경은 $R = 0.35$ m이다. 점 P는 앞바퀴 상의 한 점이다. P의 x와 y의 좌표는 다음과 같이 시간의 함수로 나타남을 보일 수 있다.

$$x(t) = v_0 t + R \sin(v_0 t/R)\text{과 } y(t) = R[1 + \cos(v_0 t/R)]$$

그림 P2.16-P2.18

문제 2.16 시간의 함수로 P의 속도, 속력, 가속도의 식을 구하라.

문제 2.17 P의 최대와 최소 속력 및 그때의 y 좌표를 구하라. 마지막으로 P가 최대와 최소 속력에 도달할 때의 P의 가속도를 구하라.

문제 2.18

0 s < t < 1 s일 때의 P의 궤적을 구하라. 그리고 같은 구간에서 P의 속도와 가속도성분 및 속력을 시간의 함수로 그려라.

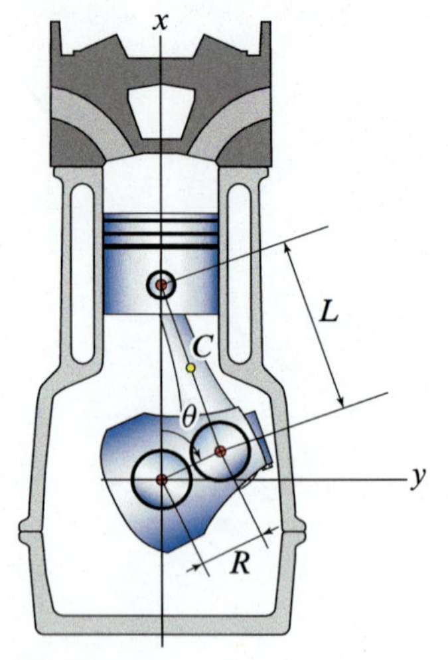

그림 P2.19-P2.21

문제 2.19-2.21

점 C는 슬라이드 크랭크(*slider-crank*)라고 불리는 기구의 연접봉(connecting rod) 상의 점이다. 이때 C의 x와 y의 좌표는 다음과 같이 표현된다: $x_C = R\cos\theta + \frac{1}{2}\sqrt{L^2 - R^2\sin^2\theta}$ 와 $y_C = (R/2)\sin\theta$, 여기서 θ는 크랭크의 위치를 기술한다. 크랭크가 일정속도로 회전할때 θ는 $\theta = \omega t$로 표현되고 t는 시간이고 ω는 크랭크의 각속도이다. $R = 0.1$ m, $L = 0.25$ m과 $\omega = 250$ rad/s이라고 하자.

문제 2.19 C의 속도, 가속도, 속력에 대한 식을 구하라.

문제 2.20 C의 최대와 최소 속력을 구하고 그때의 좌표를 구하라. 또 속력이 최소일 때 C의 가속도를 구하라.

문제 2.21 $0\text{ s} < t < 0.025\text{ s}$에 대해 점 C의 궤적을 그려라. 또 같은 시간 간격에 대해 C의 속도와 가속도 성분 및 속력을 시간의 함수로 그려라.

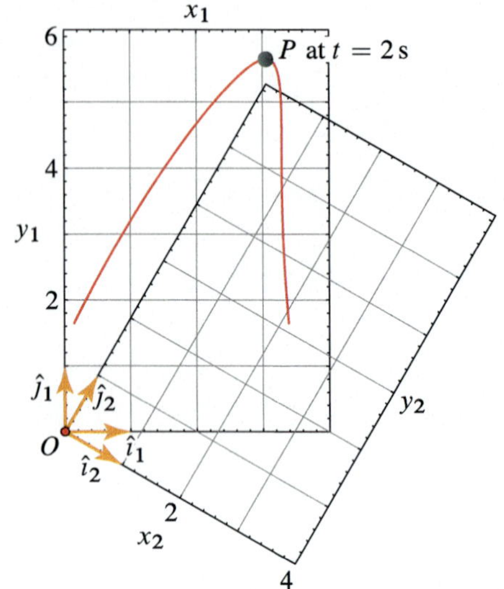

그림 P2.22

문제 2.22

직교좌표계 1과 2에 대한 점 P의 운동은 각기 다음과 같이 기술되고

$$(\vec{r}_{P/O})_1 = \left[(t + \sin t)\,\hat{\imath}_1 + \left(2 + 4t - t^2\right)\hat{\jmath}_1\right]\text{m}$$

와

$$(\vec{r}_{P/O})_2 = \left\{\left[(t + \sin t)\cos\theta + \left(2 + 4t - t^2\right)\sin\theta\right]\hat{\imath}_2 + \left[-(t + \sin t)\sin\theta + \left(2 + 4t - t^2\right)\cos\theta\right]\hat{\jmath}_2\right\}\text{m}$$

시간 t는 초이다. 이 문제에서 두 계는 원점을 공유하므로 $(\vec{r}_{P/O})_1$은 계 1에 대한 표현이고 $(\vec{r}_{P/O})_2$는 계 2에 대한 표현이라는 것을 명시적으로 쓸 수 있다는 점에 주목한다. 이 두계에 대한 P의 속도와 가속도를 구하라. 또 $t = 2$s에서의 P의 속력을 구하고 두 계에서의 속력이 같음을 증명하라.

문제 2.23

$\vec{r}_{P/A}$, $\vec{v}_{P/A}$ 와 $\vec{a}_{P/A}$가 A가 원점인 계에서 P의 위치, 속도, 가속도라고 하자. 그리고 $\vec{r}_{P/B}$, $\vec{v}_{P/B}$와 $\vec{a}_{P/B}$는 B가 원점인 계에서의 같은 P의 위치, 속도, 가속도라고 하자. 이때 B계가 A계에 대해 정지해 있고 두 계가 다르다면 각 다음 관계식들이 맞는지 틀리는지 그리고 그 이유를 말하라.

(a) $\vec{r}_{P/A} - \vec{r}_{P/B} = \vec{0}$

(b) $\vec{v}_{P/A} - \vec{v}_{P/B} = \vec{0}$

(c) $\vec{v}_{P/A} \cdot \vec{a}_{P/B} = \vec{v}_{P/B} \cdot \vec{a}_{P/B}$

주의 개념 문제는 계산이 아닌 설명이 필요하다.

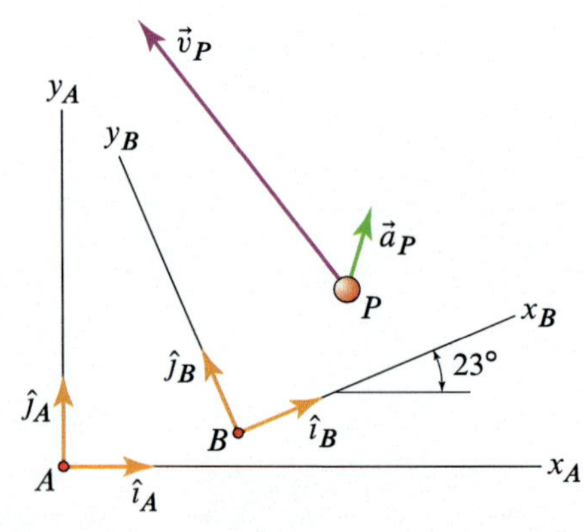

그림 P2.24

문제 2.24

A계에서의 점 P의 속도는 $\vec{v}_{P/A} = (-4.54\,\hat{\imath}_A + 5.9.4\,\hat{\jmath}_A)$ m/s이고 B계에서의 P의 가속도는 $\vec{a}_{P/B} = (1.21\,\hat{\imath}_B + 1.46\,\hat{\jmath}_B)$ m/s^{2}이다. 계 A와 B가 상대적으로 움직이지 않을 때B 계에서의 P의 속도와 A 계에서의 P의 가속도를 구하라. 그리고 P의 속력과 P의 가속도의 크기는 두 계에서 서로 같음을 입증하라.

문제 2.25

그림에 나타낸 순간에서 $(\hat{u}_t, \hat{u}_n)$ 성분계로 표현된 비행기의 속도와 가속도는

$$\vec{v} = 135\hat{u}_t \text{ m/s}와\ \vec{a} = (-7.25\hat{u}_t + 182\hat{u}_m) \text{ m/s}^2$$

이다. $(\hat{u}_t, \hat{u}_n)$와 $(\hat{\imath}, \hat{\jmath})$의 성분계가 상대적으로 정지해 있다고 간주할 때 비행기의 속도와 가속도를 $(\hat{\imath}, \hat{\jmath})$의 성분계로 나타내라. 또 속도와 가속도벡터 사이의 각도 ϕ를 구하고 이 각도는 $(\hat{u}_t, \hat{u}_n)$와 $(\hat{\imath}, \hat{\jmath})$의 성분계에서 같음을 입증하라.

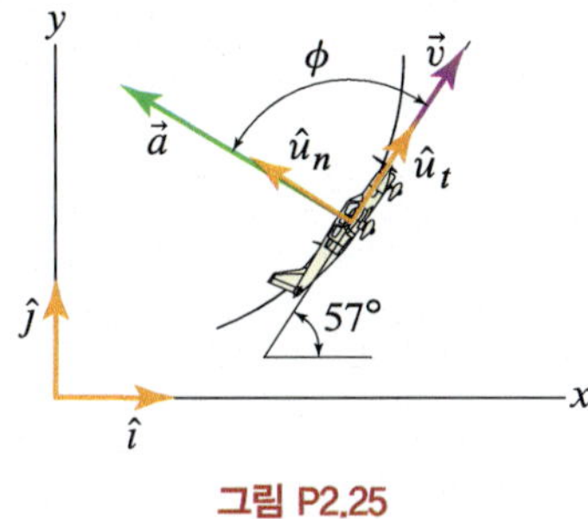

그림 P2.25

문제 2.26

정지해 있는 두 해양경비정 P_1과 P_2가 해상 선박 A의 움직임을 감시하고 있다. 이때 P_1에 대한 A의 속도는

$$\vec{v}_A = (-7\hat{\imath}_1 - 1.8\hat{\jmath}_1) \text{ m/s}$$

이고 반면에 P_2에 대한 A의 가속도는

$$\vec{a}_A = (-0.6\hat{\imath}_2 - 1.2\hat{\jmath}_2) \text{m/s}^2$$

이다. 이때 고정된 지상 성분계 $(\hat{\imath}, \hat{\jmath})$를 이용하여 A의 속도와 가속도를 결정하라.

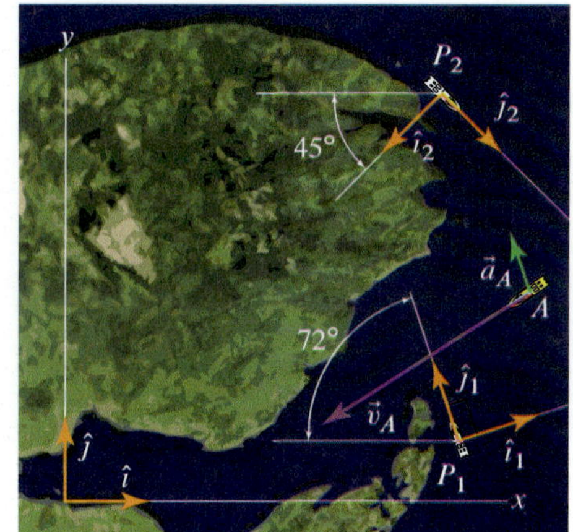

그림 P2.26

문제 2.27

직선상을 움직이고 있는 질점에 대해 표는 질점의 위치 x를 시간의 함수로 보여주고 있다. 식 (2.6)을 이용하여 이 움직임에 대한 연속된 시간 값의 각 쌍으로부터 평균속도를 구하라. 이를 시간의 함수로 그려라.

t (s)	x (m)	t (s)	x (m)	t (s)	x (m)
0.00	0.000	1.00	1.344	2.00	1.193
0.20	0.331	1.20	1.458	2.20	0.963
0.40	0.645	1.40	1.500	2.40	0.686
0.60	0.928	1.60	1.468	2.60	0.375
0.80	1.165	1.80	1.364	2.80	0.046

문제 2.28

상기 문제에서의 평균속도가 마치 실제 속도인 것으로 간주하여 예제 2.6에서와 같이 연속된 시간 값의 각 쌍에 상응하는 평균 가속도를 구하라. 이를 시간의 함수로 그려라.

문제 2.29

표는 x, y 평면에서 흔들리는 진자의 시간에 대한 위치를 보여준다. $t = 0.0$ s와 $t = 0.539$ s 사이, $t = 0.0$ s와 $t = 2.023$ s 사이의 변위를 구하라. 또 주어진 시간 간격 사이에서의 평균속도를 구하라. 또 표에 보여준 자료가 진동하는 진자에 대한 것이라는 것을 알 때 $t = 0.0$ s와 $t = 2.023$ s 사이의 평균속도에 대해 얻은 결과를 설명하라.

Time (s)	x (m)	y (m)
0.000	0.516	0.162
0.135	0.500	0.134
0.270	0.355	0.066
0.405	0.199	0.016
0.539	-0.067	0.001
0.674	-0.293	0.038
0.809	-0.454	0.105
0.944	-0.539	0.157
1.079	-0.512	0.149
1.214	-0.453	0.110
1.348	-0.274	0.039
1.483	-0.067	0.003
1.618	0.179	0.012
1.753	1.350	0.073
1.888	1.470	0.133
2.023	1.551	0.161

그림 P2.29, P2.30

문제 2.30

문제 2.29에서의 표는 x, y 평면에서 흔들리는 진자의 시간에 대한 위치를 보여준다. 각 시간대의 평균속도의 크기와 성분을 구하고 이들을 시간에 따라 그려라. 생성된 평균속도자료를 이용하여 모든 시간에 대해 예제 2.6에서와 같이 근사 가속도의 성분을 구하고 이 결과를 시간의 함수로 그려라. 마지막으로 이 결과를 밑에 보여준 실제 속도와 가속도의 성분그림들과 비교하라. 이 그림들에서 종축은 표제에 있는 각 양들이고, 횡축들은 초 단위의 시간이다.

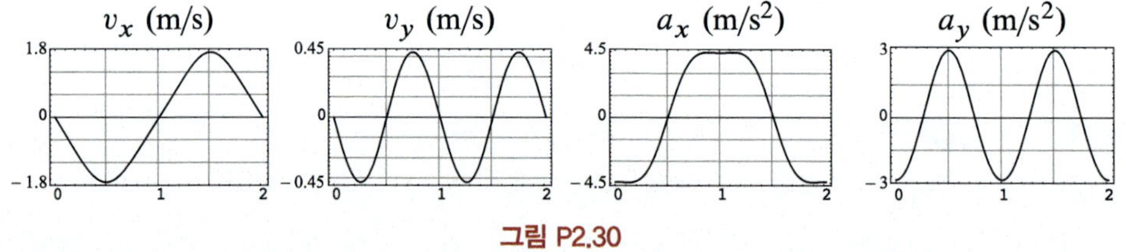

그림 P2.30

문제 2.31

$f(t)$가 시간의 함수이고 이 함수값들은 일련의 등간격시간에 따라 표에 나와 있다. 이때 에$f(t)$의 세 연속된 값들 ,즉 $f(t_i), f(t_{i+1}), f(t_{i+2})$에 대해 다음 식을 이용하여 $t = t_i$에서의 시간에 대한 $f(t)$의 미분값을 구할 수 있고

$$\frac{df}{dt}(t_i) \approx \frac{-f(t_{i+2}) + 4f(t_{i+1}) - 3f(t_i)}{2\,\Delta t} \qquad (1)$$

여기서 $\Delta t = t_{i+1} - t_i = t_{i+2} - t_{i+1}$이다. 미분값을 계산하기 위해 이 공식을 사용하고 속도와 가속도에 대한 새 그림을 얻기 위해 예제 2.6을 다시 풀어라. 위의 식들은 예제 2.6에서 얻어진 값과 비교하여 더 부드러운 속도와 가속도 그림을 나타내는가?

문제 2.32

시간에 대해 단순히 식 (4)와 (5)를 미분함으로써 예제 2.5에서 가속도의 x와 y성분을 구하라(단, 그림 제외). 예제 2.5의 결과를 얻는지 확인하라.

문제 2.33

식 (3)의 첫째 식과 식 (1)의 마지막 식을 시간에 대해 미분하고 생성되는 $\ddot{x}$, $\ddot{y}$ 두 방정식을 풀어서 예제 2.5 (그림을 제외하고)의 가속도의 x와 y 성분을 구하라. 그리고 예제 2.5의 결과를 얻을 수 있는지 확인하라.

문제 2.34

1958년 12월 6일에 미항공우주국과 공동으로 미육군 탄도 미사일 연구소에 의해 발사된 파이오니어 3호는 회전함으로써 안정성을 유지하는 우주선이다. 밑은 250 mm의 직경을 가지고 높이는 580 mm인 원추형의 탐사선이다. 이 우주선은 발사한지 10시간 후에 유압 타이머에 의해 작동되어 풀려날 수 있는 두 개의 150 cm 줄 끝에서 달려있는 두 개의 7 g 질량을 갖는 회전감소장치를 가지고 있다. 이들이 풀려났을 때 이 질량들은 우주선의 회전을 초기 상태로부터 원하는 상태로 감소시켜 준다. 밑에 있는 표는 실험에서 우주선이 수직한 z 축에 유지되고 질량들이 x, y 평면에서 전개될 때의 한 질량에 대한 시간과 가속도에 대한 이산 기록이다. 예제 2.7에서의 단계들을 따르고 시간의 함수로 전개된 질량의 속도와 위치를 재구성하라. 마지막으로 질량의 궤적을 그려라. $x(0) = 0.125$ m, $y(0) = 0$ m, $\dot{x}(0) = 0$ m/s 그리고 $\dot{y}(0) = 1.25$ m/s의 초기조건을 사용하라.

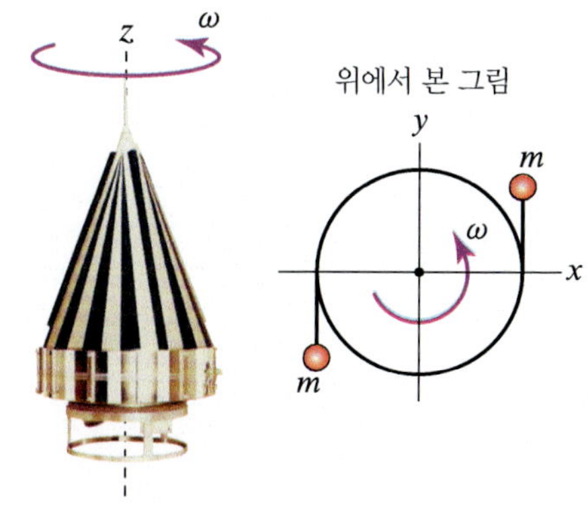

그림 P2.34

Time (s)	a_x (m/s^2)	a_y (m/s^2)
0.00	0.0	0.0
0.02	-3.9	9.2
0.04	-14.3	13.9
0.06	-27.8	10.8
0.08	-39.8	-1.1
0.10	-45.2	-20.6
0.12	-40.3	-43.7
0.14	-23.5	-65.0

Time (s)	a_x (m/s^2)	a_y (m/s^2)
0.16	4.1	-78.7
0.18	38.3	-79.6
0.20	73.1	-64.9
0.22	101.0	-34.7
0.24	116.0	7.5
0.26	112.0	55.5
0.28	88.5	101.0
0.30	46.1	135.0

문제 2.35

미항공 우주국의 에임스(ames)연구소에 있는 중력 생물연구소에서는 20 g(12.5 g가 인간이 인내할 수 있는 최대)의 가속도를 발생시킬 수 있는 대형 원심분리기를 사용하고 있다. 회전축으로부터 A나 B에 있는 조정석까지의 거리는 $R = 7.6$ m이다. A의 궤적은 $y_A \geq 0$에 대해 $y_A = \sqrt{R^2 - x_A^2}$ 이며, $y_A \geq 0$에 대해 $y_A = -\sqrt{R^2 - x_A^2}$ 이다. A가 일정속도 $v_A = 36.5$ m/s로 움직인다면 $x_A = -6$ m/s이고 $y_A < 0$일 때의 A의 속도와 가속도를 결정하라.

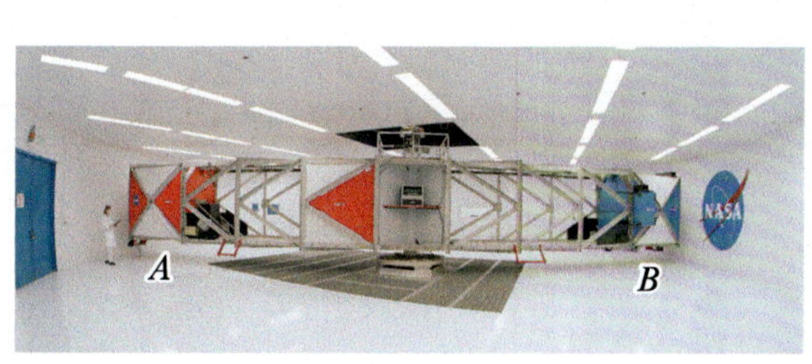

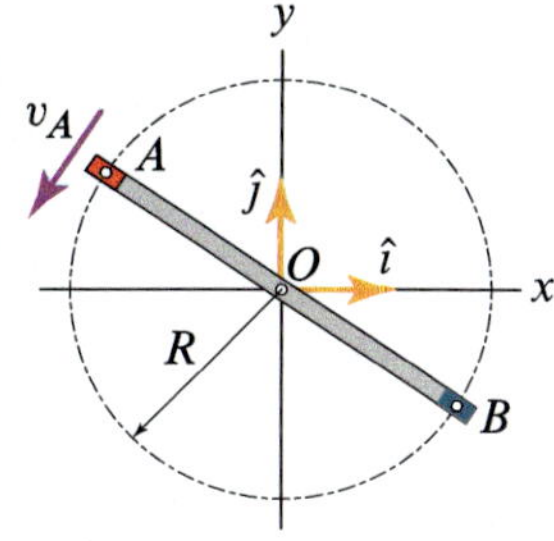

그림 P2.35

문제 2.36

행성 B의 둘레를 도는 위성 A의 궤도는 그림과 같이 타원이고 $(x/a)^2 + (y/b)^2 = 1$로 나타내며, 여기서 a와 b는 각기 타원의 장축과 단축이다. $x = a/2$이고 $y > 0$일 때 위성은 그림과 같이 속력 v_0로 움직이고 있다. $x = a/2$이고 $y > 0$일 때 위성의 속도 $\vec{v}$를 v_0, a, b의 변수들로 나타내라.

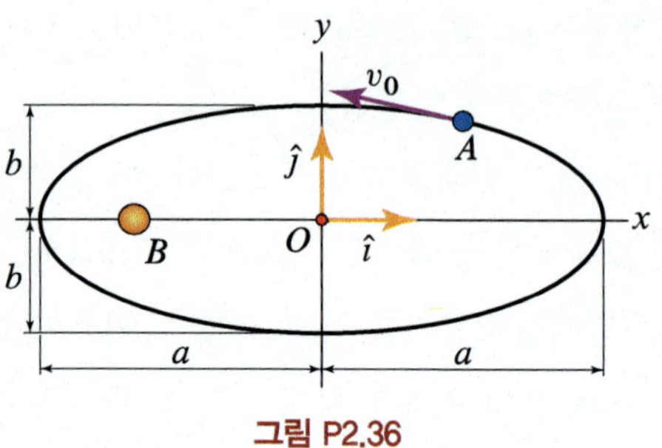

그림 P2.36

2.2 기본운동

이 절은 여러 응용 상황에서의 위치나 속도를 어떻게 가속도에 어떻게 연관시키는지를 자세히 다룬다. 이런 관계가 어떻게 구성되는지에 더 잘 알아보기 위해 여기서는 벡터양들을 다루지 않고 단지 1차원적 운동을 조사한다.

그림 2.13 두 정지 표시 사이를 움직이는 차.

시내에서의 운전

차가 두 정지 신호 사이의 직선 길을 따라서 움직이고 있다(그림 2.13참조). 이때에 속도는 다음과 같이 주어지며

$$v = 9 - 9\cos\left(\tfrac{2}{5}t\right)\ \text{m/s}, \quad 0\,\text{s} \le t \le 5\pi\ \text{s} \tag{2.18}$$

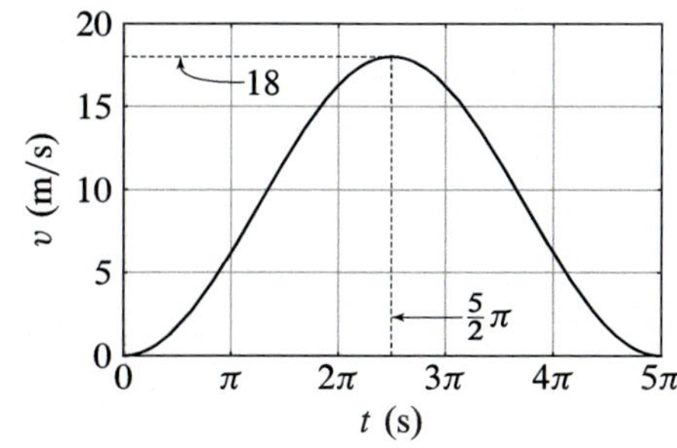

그림 2.14 두 정지 표시 사이를 이동하는 차에 대한 속도 대 시간 곡선.

이는 그림 2.14에서 보여진다. 이 정보가 주어졌을 때 우리는 다음을 결정하기를 원한다.

1. 한 정지 표시에서 다음 정지표시까지 걸린 시간
2. 두 정지 표시 사이의 거리
3. 길을 가는 동안 각 순간에서의 가속도.

그림 2.18에서의 v는 스칼라양이므로 벡터양인 속도가 사용되지 않을지도 모른다는 것에 주목함으로써 시작한다. 그러나 운동은 1차원이므로 운동방향을 v의 부호로부터 추론할 수 있다. 이런 방법을 택하고 차의 위치를 좌표 s로 표시하여 다음과 같이 정하고

$$v = \dot{s} \tag{2.19}$$

그리고 v가 양수 및 음수 둘 다를 가질 수 있다고 함으로써 v를 차의 속도라고 할 수 있다.

질문 1에 답하기 위해 각 정지 표시에서 $v = 0$이므로 식 (2.18)을 0으로 놓고 시간에 대해 풀면, 즉

$$v = 9 - 9\cos\left(\tfrac{2}{5}t\right) = 0 \quad \Rightarrow \quad \cos\left(\tfrac{2}{5}t\right) = 1$$
$$\Rightarrow \quad \tfrac{2}{5}t = 0, 2\pi, 4\pi, \ldots \quad \Rightarrow \quad t = 0, 5\pi, 10\pi\ \text{s}, \ldots \tag{2.20}$$

운동은 $t = 0$에서 시작하므로 우리가 관심이 있는 두 시간은 각기 $t_0 = 0$ s와 $t_1 = 5\pi$ s이다. 그러므로 질문 1의 답은 첫째 정지 표시로부터 둘째 정지 표시까지 가는데 $t_1 - t_0 = 5\pi\ \text{s} = 15.7$ s가 걸린다는 것이다.

질문 2에 답하기 위해 $v = \dot{s} = ds/dt$ 를 상기하면 $ds = v\,dt$라고 쓸 수 있고 그리고 부정적분을 사용하여 다음을 얻는다.

$$\int ds = \int v(t)\,dt = \int \left[9 - 9\cos\left(\tfrac{2}{5}t\right)\right] dt \tag{2.21}$$

달리 쓰면 정적분을 사용하여 다음을 얻을 수 있다.

$$\int_0^{s(t)} ds = \int_0^t v(t)\,dt = \int_0^t \left[9 - 9\cos\left(\tfrac{2}{5}t\right)\right] dt \tag{2.22}$$

여기서 적분의 하한값은 축의 원점을 차가 $t = 0$일 때의 위치와 같게 했다는 것을 가리키고, 그리고 상한값은 s를 시간의 함수로 표시하기를 원한다는 것을 뜻한다.

유용한 정보

식 (2.22)에서 잘못된 것이 있는가? 엄밀하기 위해 식 (2.22)는 다음과 같이 쓰여져야 하고

$$\int_0^{s(t)} d\sigma = \int_0^t v(\tau)\,d\tau$$
$$= \int_0^t \left[9 - 9\cos\left(\tfrac{2}{5}\tau\right)\right] d\tau,$$

여기서 적분변수는 적분 한계에서 사용된 변수와는 다르다. 적분변수로 선택된 기호는 적분 값을 변화시키지 않고 이 때문에 정적분할 때에 적분의 변수는 임시 변수 라고 부른다. 하지만 물리적 의미를 상기시키기 위해 적분변수를 식 (2.22)에서 s와 t로 유지하는 것이 더 의미가 있다고 생각한다. 변수와 적분 한계에 대해 같은 기호의 사용은 문맥으로부터 확실하므로 이 책 전체를 통하여 이렇게 사용할 것이다.

식 (2.22)로부터 다음을 얻는다

$$s\Big|_{s=0}^{s=s(t)} = \left[9t - \tfrac{45}{2}\sin\left(\tfrac{2}{5}t\right)\right]\Big|_{t=0}^{t=t} \quad \Rightarrow$$

$$s(t) = \left[9t - \tfrac{45}{2}\sin\left(\tfrac{2}{5}t\right)\right]\text{m} \quad (2.23)$$

식 (2.23)의 결과는 부정적분으로부터도 얻어질 수 있다. 식 (2.21)로부터 다음을 얻고

$$s(t) = \left[9t - \tfrac{45}{2}\sin\left(\tfrac{2}{5}t\right) + C\right]\text{m} \quad (2.24)$$

여기서 C는 필수적인 적분상수이다. 이를 구하기 위해 $s = 0$일 때 $t = 0$임을 상기한다. 이조건을 실행하면 식 (2.24)는 다음이 된다.

$$0 = 9(0) - \tfrac{45}{2}\sin\left[\tfrac{2}{5}(0)\right] + C \quad \Rightarrow \quad C = 0 \quad (2.25)$$

식 (2.24)에 $C = 0$를 치환함으로써 예상대로 식 (2.23)을 다시 얻는다.

식 (2.23)에서의 공식은 임의의 시간 t에서의 차의 위치를 나타낸다. 이는 우리가 정지 표시 사이의 거리를 $\Delta s = s(t_1) - s(t_0)$로써 계산할 수 있게 해준다. $t_0 = 0$, $t_1 = 5\pi$ s, $s(0) = 0$을 기억함으로써 Δs는 다음 식으로 주어진다.

$$\Delta s = 9(5\pi) - \tfrac{45}{2}\sin\left[\tfrac{2}{5}(5\pi)\right] = 45\pi\ \text{m} = 141\ \text{m} \quad (2.26)$$

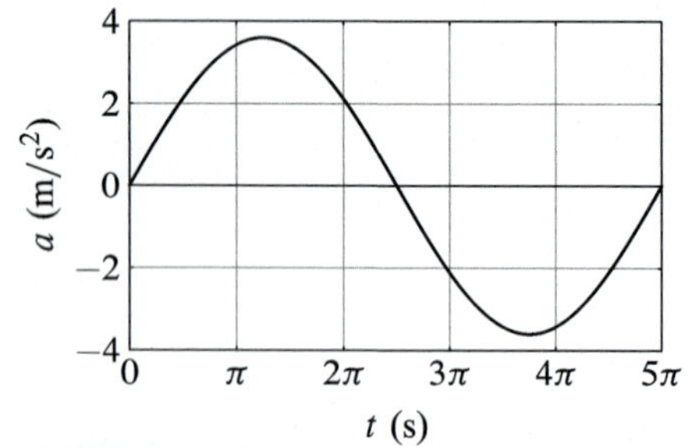

그림 2.15 두 정지표시 사이에 움직이는 차에 대한 가속도 대 시간곡선.

마지막으로 질문 3에 답하기 위해서는 단지 식 (2.18)의 v를 시간에 대해 미분할 필요가 있다.

$$a = \frac{dv}{dt} = \tfrac{18}{5}\sin\left(\tfrac{2}{5}t\right)\ \text{m/s}^2 \quad (2.27)$$

이 식의 그림은 그림 2.15에서 보여지고 있다. 가속도는 처음 $(5\pi/2)$s 동안은 양이고 (즉, 차의 속도가 증가하고) 그리고나서 예상대로 차가 정지할 때까지는 음이다(즉, 차의 속도가 감소)라는 것에 주목한다.

직선운동관계

우리가 지금 막 공부한 운동은 직선 상에서 발생하고 있으므로 직선적(*rectilinear*)이라고 한다. 이를 지배하는 관계들은 비록 궤적이 직선이 아니더라도 다른 형태들의 1차원 운동을 기술하는데 유용하다. 이런 이유로 여러 상황에서의 직선운동의 가속도, 속도, 위치를 어떻게 연관시키는지를 자세히 조사할 것이다.

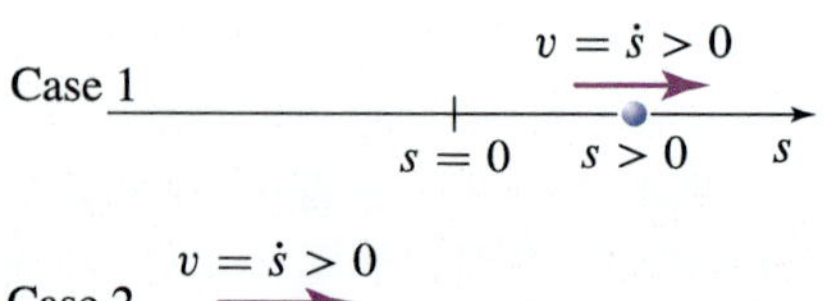

그림 2.16 위치와 속도 사이에 네 개의 가능한 관계를 보여주는 질점의 직선운동.

s, v, a의 부호는 관련이 없다 이 절 앞에서 고려했던 문제에 대한 단순한 관찰로부터 시작한다. 차의 위치 s는 확실히 증가하고 속도 v는 항상 양이지만 가속도는 두 정지표시 중간에서 부호가 바뀐다. 이는 일반적으로 s의 부호는 v와 a의 부호와 아무 관계가 없다는 것을 뜻한다. 이는 위치와 속도의 네 가지의 가능한 관계를 보여주는 그림 2.16에서 더 확실히 확실히 보여줄 수 있다. 경우1에서 위치 $s > 0$를 가지는 질점은 우측으로 움직이므로(즉, s는 증가)는 $\dot{s}$은 양이다. 경우 2에서 $\dot{s}$은 아직 양이지만 지금 질점은 원점의 좌측에 있다. 그래서 $s < 0$이다. 경우 3과 4는 다른 두 가지 가능한 조합들을 보여준다. 경우 3은 $\dot{s} < 0$일 때 $s > 0$이고 경우 4는 $\dot{s} < 0$일 때 $s < 0$임을 보여준다. 똑같은 논리가 가속도의 경우에도 적용되므로 그림 2.16의 네 가지 경우에서 가속도는 양이거나 또는 음일 수가 있다.

동역학에서 전형적으로 나타나는 상황들 두 정지 표시 사이에서 움직이는 차의 예제에서 알려진 정보는 시간의 함수인 속도이다. 그러나 대부분의 응용에서는 $v(t)$로 주어지지 않는다. 물리적 측정[7]과 뉴턴의 제2법칙은 보통 우리에게 $a(t)$, $a(v)$ 또는 $a(s)$를 알려준다. 그러므로 질문은 다음과 같다. 이런 형태의 가속도로부터 어떻게 속도와 위치를 계산할 것인가?

$a(t)$가 알려져 있다면

가속도가 시간의 $a(t)$함수로 알려지면 우리는 시간 적분을 통하여 $v(t)$와 $s(t)$를 결정할 수 있다. $a = dv/dt$를 $dv = a(t)dt$로 다시 쓰고 $t = t_0$에서 $v = v_0$라고 하면 다음과 같이 된다.

$$\int_{v_0}^{v} dv = \int_{t_0}^{t} a(t)\,dt \tag{2.28}$$

또는

$$\boxed{v(t) = v_0 + \int_{t_0}^{t} a(t)\,dt} \tag{2.29}$$

유사하게, $v = ds/dt$를 $ds = v(t)dt$로 다시 쓰고 $t = t_0$에서 $s = s_0$라고 하면 식 (2.29)로부터 $s(t)$는 다음과 같이 결정할 수 있다.

$$\int_{s_0}^{s} ds = \int_{t_0}^{t} v(t)\,dt = \int_{t_0}^{t}\left[v_0 + \int_{t_0}^{t} a(t)\,dt\right]dt \tag{2.30}$$

또는

$$\boxed{s(t) = s_0 + v_0(t - t_0) + \int_{t_0}^{t}\left[\int_{t_0}^{t} a(t)\,dt\right]dt} \tag{2.31}$$

$a(v)$가 알려져 있다면

가속도를 속도의 함수 $a(v)$로 알 경우 시간 적분을 통하여 $v(t)$와 $s(t)$를 구하는 것은 약간 더 복잡하다. 먼저 다음과 같이 쓸 수 있음을 인지한다.

$$a(v) = \frac{dv}{dt} \quad \Rightarrow \quad dt = \frac{dv}{a(v)} \tag{2.32}$$

고려하고 있는 시간 구간에서 $a(v) \neq 0$이라면 시간을 속도의 함수 $t(v)$로 얻기 위해 식 (2.32)의 마지막 식을 적분하면, 즉

$$\boxed{t(v) = t_0 + \int_{v_0}^{v} \frac{1}{a(v)}\,dv} \tag{2.33}$$

여기서 v_0는 $t = t_0$에서 v의 값이다. 식 (2.33)은 $t(v)$에 관한 식을 나타내므로 이상하게 보일지도 모른다. 하지만 고려되고 있는 시간 구간에서 $a(v) \neq 0$라면 근본적으로(실제에서 항상 가능하지는 않지만) $v(t)$를 구할 수 있다.

유용한 정보

적분, 피적분, 적분변수. 다음과 같은 적분을 할때

$$\int_{t_0}^{t} \underbrace{a(t)\,dt}_{\text{모두 } t\text{의 함수}},$$

여기서 피적분인 $a(t)$는 항상 우리가 적분하고 있는 변수(여기서 t)와 상수들만을 포함해야 한다. 예를 들면 $a(t) = 3t^2 + 4$라면 괜찮다. 그러나 예를 들어 $s(t)$가 알려져 있지 않고 가속도가 $a(t) = 3t^2 + 4v(s)$로 주어진다면 이때에 적분 $\int[3t^2 + 4v(s)]dt$은 a가 t와 s 둘 다의 변수이므로 적분될 수가 없다.

유용한 정보

임시변수는 유용할 수 있다. 식 (2.30)에서 많은 t들이 사용되었으므로 임시변수를 이용하는 것이 매우 유용하다. 임시변수를 이용하면 식 (2.30)은 다음이 될 것이다.

$$\int_{s_0}^{s} d\sigma = \int_{t_0}^{t} v(\tau)\,d\tau = \int_{t_0}^{t}\left[v_0 + \int_{t_0}^{\tau} a(\xi)\,d\xi\right]d\tau.$$

7) 가속도를 측정하는 가속도계기가 속도계기보다 더 일반적이다.

유용한 정보

연쇄 법칙. 매우 자주 이용되므로 연쇄 법칙에 대해 자세히 조사해보자. 좀 바꾸어 이야기 하면 연쇄 법칙은 다음과 같이 설명될 수가 있다.

$$\frac{d(\text{Groucho})}{d(\text{Harpo})} = \frac{d(\text{Groucho})}{d(\text{Zeppo})}\frac{d(\text{Zeppo})}{d(\text{Harpo})}$$

비록 Zeppo는 위 식의 좌변에 나타나지 않지만, 오른쪽에 나타나게 할 수가 있다. 연쇄 법칙에 근거한 "트릭(trick)"은 아주 편리하게 사용할 수 있다. 이 예제에서 Marx 형제들을 이용하는 이유는 연쇄 법칙이 모든 항들이 서로에 연결되어 있을 때만 성립하기 때문이다(수학적으로 서로의 함수이어야 한다). 지금 식 (2.34)와의 관계는 비록 처음에는 $a = dv/dt$에 들어있지 않지만, 변수 s를 식 안에서 나타나도록 하는 것이 필요하다는 것이다. 그러므로 v를 우리의 Groucho로 그리고 t를 Harpo라고 놓는다. 이때 s를 Zeppo의 역할을 하게 하면 우리가 원하던 것을 이룰 수 있다.

위치를 계산하기 위해 식 (2.33)으로부터 $t(v)$를 역으로 풀어서[8] $v(t)$ 구하기를 시도할 수 있다. 그런 후 $s(t)$를 구하기 위해 $v(t)$ 의 적분을 시도할 수도 있다. 불행히도 이는 구하기가 가끔 어렵다(또는 불가능). 또 다른 방법은 연쇄법칙(chain rule)을 사용하여 $s(t)$ 대신에 $s(v)$를 구하는 것이다. 즉

$$a = \frac{dv}{dt} = \frac{dv}{ds}\frac{ds}{dt} = v\frac{dv}{ds} \tag{2.34}$$

이를 다시 쓰면

$$ds = \frac{v}{a(v)}\,dv. \tag{2.35}$$

$v = v_0$일 때 $s = s_0$라고 하면 식 (2.35)는 적분하면 다음과 같이 된다.

$$s(v) = s_0 + \int_{v_0}^{v} \frac{v}{a(v)}\,dv \tag{2.36}$$

$a(s)$가 알려져 있다면

가속도가 위치의 함수 $a(s)$로 알려져 있을 때 즉, $a = a(s)$라면 식 (2.34)에서 주어진 $a = v\,dv/ds$로부터 다시 시작할 수가 있다. $s = s_0$일 때 $v = v_0$로 놓으면 위치 $v(s)$의 함수로써 속도를 다음과 같이 얻는다.

$$\int_{v_0}^{v} v\,dv = \int_{s_0}^{s} a(s)\,ds \quad\Rightarrow\quad \tfrac{1}{2}v^2 - \tfrac{1}{2}v_0^2 = \int_{s_0}^{s} a(s)\,ds \tag{2.37}$$

또는

$$v^2(s) = v_0^2 + 2\int_{s_0}^{s} a(s)\,ds \tag{2.38}$$

마지막으로, $v(s)$가 식 (2.38)로부터 알려진다면 $v = ds/dt$로부터 시작해 시간을 위치 $t(s)$의 함수로써 구할 수 있고 다음과 같이 쓴다.

$$dt = \frac{ds}{v(s)} \quad\Rightarrow\quad \int_{t_0}^{t} dt = \int_{s_0}^{s} \frac{ds}{v(s)} \tag{2.39}$$

여기서 또 $t = t_0$일 때 $s = s_0$라고 한다. 좌변을 적분하면 다음과 같이 된다.

$$t(s) = t_0 + \int_{s_0}^{s} \frac{ds}{v(s)} \tag{2.40}$$

a가 상수라면

가속도가 상수라면 우리가 유도한 식들은 상당히 단순화된다. 가속도가 상수로 주어지는 동역학의 많은 문제들이 있으므로 일정 가속도 관계는 중요하다. 예를 들면 발사체의 운동을 살피는데 이의 가속도는 상수로 보통 가정한다.

8) 역으로는 v에 대해 $t(v)$를 풀어서 $v(t)$얻는 것을 뜻한다.

가속도가 한 상수 a_c로 라면 식 (2.29)는 다음이 되고

$$v = v_0 + a_c(t - t_0) \ \text{(일정 가속도)}, \tag{2.41}$$

그리고 식 (2.31)은 다음으로

$$s = s_0 + v_0(t - t_0) + \tfrac{1}{2}a_c(t - t_0)^2 \ \text{(일정 가속도)}, \tag{2.42}$$

그리고 식 (2.38)은 다음이 된다

$$v^2 = v_0^2 + 2a_c(s - s_0) \ \text{(일정 가속도)}. \tag{2.43}$$

원형운동과 각속도

직선운동의 관계는 모든 1차원 운동에도 적용가능하다. 이 개념을 보여주기 위해 이를 일상적인 1차 곡선운동에 적용할 것이다: **원형운동**.

그림 2.17에서 반경이 r이고 원점이 O인 원에서 움직이는 질점 A을 보자. r은 상수이므로 A의 위치는 방향성을 갖는 곡선 길이 s나 각도 θ 같은 한 개의 좌표를 통해 기술할 수 있다. 다시 그림 2.17을 보면 선 OA가 시간 Δt에 따라 각도 $\Delta\theta$만큼 회전하면 각도 θ의 시간에 대한 평균 변화율은 $\omega_{\text{avg}} = \Delta\theta/\Delta t$로써 정의할 수 있다. 그러므로 2.1절의 전개를 따라 $\Delta t \to 0$라고 놓으면 θ의 순간 시간 변화율, 즉 **각속도**라고 불리는 $\dot{\theta}$를 다음과 같이 얻는다.

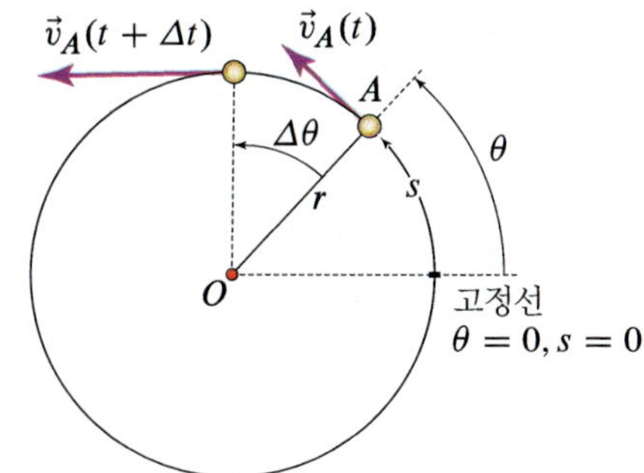

그림 2.17 원점이 O에 있고 반경이 r인 원에서 움직이는 속력 $v_A = |\vec{v}_A|$로 움직이는 질점 A.

$$\omega(t) = \lim_{\Delta t \to 0} \frac{\Delta\theta}{\Delta t} = \frac{d\theta(t)}{dt} = \dot{\theta}(t) \tag{2.44}$$

이다. 여기서 우리는 **각가속도** α를 식 (2.44)를 시간에 대해 미분함으로써 정의할 수 있고, 즉

$$\alpha(t) = \frac{d\omega(t)}{dt} = \dot{\omega}(t) = \ddot{\theta}(t) \tag{2.45}$$

좌표 s를 사용할 때 $s = r\theta$이고 r은 상수이므로 다음과 같이 쓸 수 있다.

$$\dot{s} = r\dot{\theta} = \omega r, \quad \ddot{s} = r\ddot{\theta} = \alpha r \tag{2.46}$$

원형운동관계

직선 운동으로부터 우리가 유도한 모든 관계식은 똑같이 원형 운동에도 적용할 수 있으며, 단 직선 변수를 원형에 상응하는 변수로 대체할 필요가 있다. 예를 들면, 식 (2.29)는 다음이된다.

$$\omega(t) = \omega_0 + \int_{t_0}^{t} \alpha(t)\, dt \tag{2.47}$$

표 2.2는 직선 운동 상에서의 운동학 변수와 상응하는 원형 운동 상에서의 운동학 변수들을 보여 준다. 직선 운동에서의 변수들을 식 (2.29)-(2.43)에 있는 원형운동에 상응하는 변수로 대체함으로써 상응하는 원형 운동식을 얻는다. 마지막으로 각가속도가 일정하면 a_C를 가지는 일정한 가속도 관계식에서 대신 α_C를 사용할 수 있다.

표 2.2 직선과 곡선운동사이의 운동학적 변수의 상관관계.

운동학 변수	직선 운동	곡선운동[a]
시간	t	t
위치	s	θ
속도	v	ω
가속도	a	α

a : 시간을 제외하고 각기 양들은 운동학적 변수 앞에 각이라는 단어를 사용해야 한다.

절 요약

이 절에서는 한 개의 좌표와 이에 대한 시간의 미분을 연결해 주는 관계식을 소개했다. 이 관계식들은 어떻게 기본 정보가 주어지는지에 따라 분류되었다.

1. 가속도가 시간의 함수, 즉 $a = a(t)$로 주어지는 경우 속도와 위치의 식들은 다음과 같다.

식 (2.29), (2.31) p. 57

$$v(t) = v_0 + \int_{t_0}^{t} a(t)\,dt,$$

$$s(t) = s_0 + v_0(t - t_0) + \int_{t_0}^{t}\left[\int_{t_0}^{t} a(t)\,dt\right]dt$$

2. 가속도가 속도의 함수, 즉 $a = a(v)$로 주어지는 경우 시간과 위치의 식들은 다음과 같다.

식 (2.33) p. 57, 식 (2.36) p. 58

$$t(v) = t_0 + \int_{v_0}^{v} \frac{1}{a(v)}\,dv,$$

$$s(v) = s_0 + \int_{v_0}^{v} \frac{v}{a(v)}\,dv$$

3. 가속도가 위치의 함수, 즉 $a = a(s)$로 주어지는 경우 시간과 속도의 식들은 다음과 같다.

식 (2.38) p. 58, 식 (2.40) p. 58

$$v^2(s) = v_0^2 + 2\int_{s_0}^{s} a(s)\,ds,$$

$$t(s) = t_0 + \int_{s_0}^{s} \frac{ds}{v(s)}$$

4. 가속도가 상수 a_C로 주어지는 경우 위치와 속도의 식들은 다음과 같다.

식 (2.41)-(2.43) p. 59

$$v = v_0 + a_c(t - t_0),$$

$$s = s_0 + v_0(t - t_0) + \tfrac{1}{2}a_c(t - t_0)^2,$$

$$v^2 = v_0^2 + 2a_c(s - s_0)$$

원형운동 원형운동에서도 다음 관계식을 사용하면 위의 1-4에서 정리된 식들을 적용할 수가 있다.

$$s \to \theta, \quad v \to \omega, \quad a \to \alpha$$

여기서 $\omega = \dot{\theta}$와 $\alpha = \ddot{\theta}$는 각기 각속도와 각가속도이다.

예제 2.8 우물의 깊이를 시간, 속도와 가속도를 이용하여 측정

우리는 돌이 우물의 꼭대기로부터 밑에있는 물에 떨어지는 시간을 측정함으로써 우물의 깊이를 추정할 수 있다. 단지 중력만이 돌에 작용한다고 힘이라고 가정하고 다음 두 다른 가정에 따라 우물의 깊이를 추정하라. (*a*) 음속이 유한하고 $v_s = 340$ m/s일 때와 (*b*) 무한일 경우. 또한 음속이 무한일 경우의 가정을 사용할 수 있기 위한 지침을 위해 두 예상치를 비교하라.

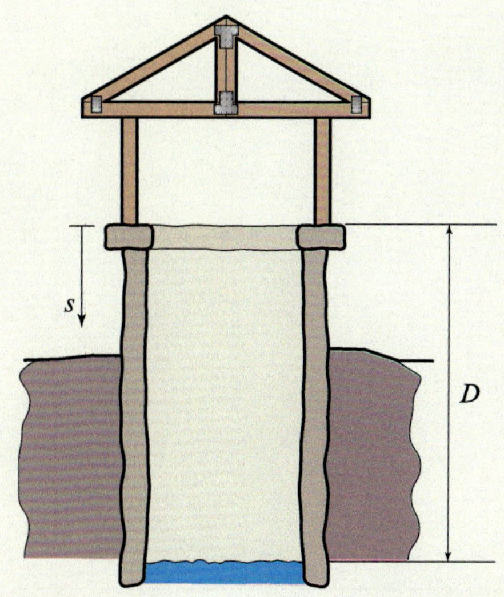

그림 1 좌표 s의 양의 방향을 보여주는 깊이 D의 우물.

풀이 SOLUTION

로드맵 이 문제에서 우리의 시간 측정은 두 부분의 합으로 나타난다: (1) 돌이 위에서부터 바닥까지 도달하는 시간과 (2) 바닥에서 부터 위로 소리가 전달되는 시간. 우물의 깊이는 일정 가속도 $a = 9.81$ m/s^{2}로 돌이 위에서 바닥까지 이동하는 첫째 시간에 연관될 수 있다. 또 둘째 시간도 소리가 바닥에서 위에까지 일정한 속도로, 즉 (*a*) 유한한속도와 (*b*)에서의 무한속도의 경우로 이동한 시간에 의한 깊이에 연관될 수 있다. 두 예상치가 같아야 하므로 깊이와 전반적으로 측정된 시간 사이의 관계를 찾을 수 있다.

(a) 부분: 유한 음속

계산 그림 1은 알려지지 않은 깊이가 D인 우물을 보여준다. t_m, t_i, t_s를 각기(전체) 측정된 시간, 돌이거리 D만큼 낙하하여 물에 떨어지는 시간, 그리고 소리가 다시 되돌아 오는 시간이라고 하면

$$t_m = t_i + t_s \tag{1}$$

돌이 거리 D를 떨어지는 동안의 운동은 일정가속도 $a = 9.81$ m/s^{2}인 직선운동이다. 그러므로 우물의 위에서 바닥까지 향하는 좌표를 설정하고, 돌은 $s_0 = 0$ m에서 낙하를 시작하고, 그리고 돌이 초기속도 v_0가 0이라고 가정하면 식 (2.42)는 다음과 같다.

$$D = \tfrac{1}{2} g t_i^2 \quad \Rightarrow \quad t_i = \sqrt{\frac{2D}{g}} \tag{2}$$

돌이 물에 도달하자마자 일정 속도 $v_s = 340$ m/s를 가지며 일정가속도 $a_s = 0$ m/s^{2}인 음파는 바닥에서부터 $s_0 = 0$ m에 있는 관측자의 귀로 움직인다. 이때 식 (2.42)는 다음과 같다.

$$0 = D - v_s(t_m - t_i) \quad \Rightarrow \quad D = v_s t_s \quad \Rightarrow \quad t_s = \frac{D}{v_s} \tag{3}$$

여기서 우리는 $t_s = t_m - t_i$라고 쓰기 위해 식 (1)을 이용했다. 다음에 식 (2)와 (3)에서 각기 t_i와 t_s의 표현을 사용하면 식 (1)은 다음이 된다.

$$t_m = \sqrt{\frac{2D}{g}} + \frac{D}{v_s} \tag{4}$$

이 식을 D에 대해 다음을 얻기 위해 풀면(상세한 내용은 옆의 여백에 있는 유용한 정보 참조)

$$D = v_s t_m - \frac{v_s^2}{g}\left(\sqrt{1 + \frac{2t_m g}{v_s}} - 1\right) \tag{5}$$

유용한 정보

식 (4)를 D를 위해 풀기. 식 (4)를 D를 위해 풀기 위해 우선 식을 제곱근 항을 한쪽으로 보내기 위해 다시 쓰면, 즉

$$D - v_s t_m = -v_s\sqrt{2D/g}.$$

다음을 얻기 위해 양쪽을 제곱하면

$$D^2 - 2Dv_s t_m + v_s^2 t_m^2 = v_s^2 \frac{2D}{g},$$

여기서 다시 재정리하여 다음과 같이 쓴다.

$$D^2 - 2v_s\left(t_m + \frac{v_s}{g}\right)D + v_s^2 t_m^2 = 0.$$

이 식은 다음 두 근을 가지는 D의 2차 방정식이다.

$$D = v_s t_m + \frac{v_s^2}{g}\left(1 \pm \sqrt{1 + \frac{2t_m g}{v_s}}\right).$$

단지 이 중의 한근만 물리적 의미가 있다. 제곱근 앞에 양의 부호를 가지는 해답은 $t_m = 0$일 때 D의 0이 아닌 값을 준다. 이 결과는 식 (4)와 모순되므로 그러므로 단지 가능한 답은 음의 부호를 가지는 것이다.

(b) 부분: 무한 음속

계산 음속이 무한하면 식 (3)의 마지막은 $t_s = 0$를 뜻한다. 그러므로 식 (1)로부터 $t_m = t_i$가 되고 식 (2)의 첫 식은 다음이 된다.

$$\boxed{D = \frac{1}{2}gt_m^2} \tag{6}$$

논의 및 검증 식 (5)의 결과는 차원적으로 옳다. 주어진 자료 t_m, g와 v는 각기 시간의 차원 T, 시간의 제곱으로 나누어진 거리 L/T^2, 그리고 시간으로 나누어진 거리 L/T를 가지므로 식 (5)에서의 제곱근의 변수(argument)는 무차원이 됨을 주목한다. 즉

$$\left[\frac{2t_m g}{v_s}\right] = [t_m][g]\frac{1}{[v_s]} = T\frac{L}{T^2}\frac{T}{L} = 1 \tag{7}$$

결과적으로 식 (5)에서의 D의 차원은 예상된 대로 다음식과 같다.

$$[D] = \left[v_s t_m + \frac{v_s^2}{g}\right] = [v_s][t_m] + [v_s]^2\frac{1}{[g]} = \frac{L}{T}T + \frac{L^2}{T^2}\frac{T^2}{L} = L \tag{8}$$

식 (6)에서의 결과도 이와 유사하게 차원적으로 옳다는 것을 보여줄 수 있다.

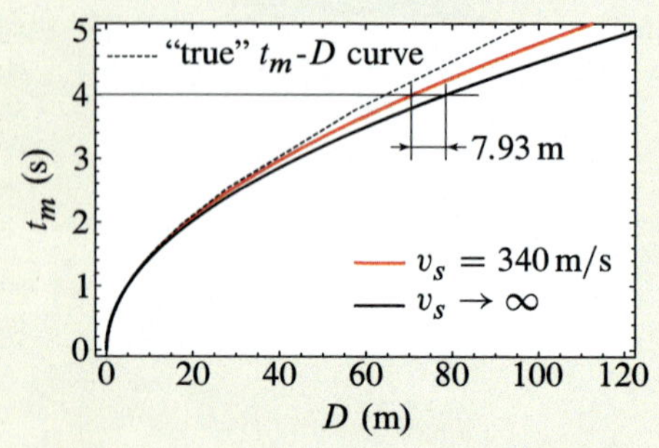

그림 2 여러 가정에 따른 측정시간 대 우물깊이의 곡선.

심층분석 지금 어떤 경우에 소리의 속도의 중요성을 고려하는 것이 필요한지를 알기 위해 유한속도와 무한속도를 가지는 경우의 해석을 비교한다. 그림 2는 세 가지의 다른 가정하에서의 유도된 세 곡선을 보여준다(여기서 곡선들은 횡축에 우물의 깊이 D를 보여주는데 이는 우물의 깊이에 대한 정보에 유용하다). 특히 그림 2는 식 (5), (6)의 함수를 보여줄 뿐만 아니라 유한속도 **뿐만 아니라 공기 저항**까지도 포함할 때 얻을 수 있는 답도 보여준다. 후자의 곡선은 측정에 사용된 돌은 첫째, 반지름 $r = 1$ cm인 구형이고 둘째, 화강암으로 되어 있으며 밀도는 2.75 g/m^{3}이고 공기의 저항력은 $F_D = C_D\rho A v^2/2$이라는 가정 하에 얻어졌다. 여기서 $C_D = 0.3$, r은 지표면 상의 공기의 밀도이고 A는 구형 돌의 앞면적이다.[9] 이 저항모델을 사용하여 얻어진 곡선을 실제 D와 t_m 사이의 관계라고 간주할 때 식 (5)를 나타내는 적색 곡선과 식 (6)에 상응하는 흑색 곡선은 우물의 깊이가 증가함에 따라 실제 값으로부터 차이가 더 증가한다. 하지만 세 곡선 모두 필연적으로 그림의 원점 부근에서는 일치한다. 이로부터 공기저항 및 소리의 속도를 무시하고 우물의 깊이를 예측하는 것은 얕은 우물에 대해서는 별 문제가 안되는 것으로 결론지을 수 있다. 여기서 얕다는 것은 약 30 m보다 작은 깊이로 정의할 수 있다. 두 번째 내릴 수 있는 결론은 돌과 공기의 상호작용에 의한 복잡한 이론에 의지하지 않고도 약 80 m까지는 이 공식으로 계산할 수 있다는 것이다. 마지막으로, 여기서 보여진 곡선으로부터 우리는 사용된 곡선에 따라 우물의 깊이를 측정하는 데 있어서 발생하는 오류의 정량적 평가를 할 수 있다는 것에 주목한다. 예를 들면 $t_m = 4$ s로 측정된 경우를 생각해보자. 우물의 깊이가 얼마인가? 적색 곡선에 의하면 깊이는 대략 70.5 m이고 반면에 흑색 곡선에서는 78.5 m이다. 그러므로 흑색 곡선(계산하기에 쉬우므로)에 의한 값을 기준으로 하면 오류는 약 12.5% 정도의 크기인 것을 알 수가 있다.

9) 공력저항에 관한 이 공식은 흔히 유체역학에서 다룬다.

예제 2.9 속도로 나타난 가속도 함수: 스카이다이버의 하강

그림 1과 2에서 보여준 스카이다이버가 $v_0 = 44.5$ m/s의 속도로 자유 낙하한 후에 낙하산을 펼쳤다. 이러한 계에 대한 지배방정식은 3장에서 배울 것이다. 지금은 다이버에 작용하는 힘은 그의 전체 몸무게(몸과 장비의 무게)와 낙하산에 의한 항력(drag force)이라는것만으로도 충분하다. 이 항력이 다이버의 속도의 제곱에 비례하고, 즉 $F_d = C_d v^2$이고, 여기서 C_d는 항력계수[10]라고 모델링 한다면 뉴턴의 제2법칙으로부터 다이버의 가속도가 $a = g - C_d v^2/m$이다. $C_d = 43.2$ kg/m, $m = 110$ kg, $g = 9.81$ m/s²라고 할 때 다음을 구하라.

(a) 시간의 함수로 다이버의 속도

(b) 다이버가 도달하는 말기 속도

(c) 시간의 함수로서 다이버의 위치.

그림 1 스카이다이버의 낙하.

풀이 SOLUTION

(a) 부분: 가속도로부터 속도

로드맵 가속도가 시간의 함수로 주어지지 않고 속도의 함수로 주어지므로, 즉 $a = a(v)$이므로 a를 시간에 대해 적분함으로써 $v(t)$를 얻을 수 없다. 하지만 $a = dv/dt$는 $dt = dv/a$로 다시 쓸 수 있음을 상기하면 시간을 속도의 함수 즉 $t = t(v)$로 구하고 다시 이 관계식을 $v = v(t)$를 얻기 위해 v를 역으로 풀면 된다. 이것은 $a = a(v)$를 이용하는 경우에대해 식 (2.33)에서 전개된 방법이다.

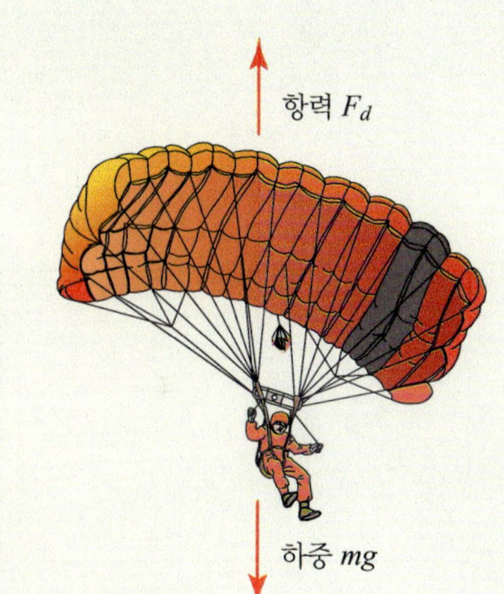

그림 2 스카이다이버에 작용하는 항력과 하중의 표현.

계산 즉 식 (2.33)을 응용함으로써 또는 동등하게 $a = dv/dt$를 $dt = dv/a(v)$로 다시 쓰고 양변을 적분하면 다음을 얻는다.

$$t(v) = \int_{v_0}^{v} \frac{dv}{g - C_d v^2/m}$$

$$= -\tfrac{1}{2}\sqrt{\frac{m}{gC_d}}\ln\left[\left(\frac{v\sqrt{C_d} - \sqrt{mg}}{v\sqrt{C_d} + \sqrt{mg}}\right)\left(\frac{v_0\sqrt{C_d} + \sqrt{mg}}{v_0\sqrt{C_d} - \sqrt{mg}}\right)\right] \tag{1}$$

여기서 $t = 0$에 대해 $v = v_0$로 정했으며 이 적분은 포괄적 적분[11]표나 Mathematica 같은 소프트웨어를 사용하여 구할 수 있다.[12] 지금 우리는 $t(v)$를 구했으나 $v(t)$를 원한다. 그러므로 우선 식 (1)을 v에 대해 바꾸기 위해 양변에 $-2\sqrt{gC_d/m}$를 곱하고 양변에 지수를 취하면 다음이 된다.

$$e^{-2t\sqrt{\frac{gC_d}{m}}} = \left(\frac{v\sqrt{C_d} - \sqrt{mg}}{v\sqrt{C_d} + \sqrt{mg}}\right)\left(\frac{v_0\sqrt{C_d} + \sqrt{mg}}{v_0\sqrt{C_d} - \sqrt{mg}}\right) \tag{2}$$

식 (2)를 다시 v에 대해 풀면 다음을 얻는다.

$$v(t) = \sqrt{\frac{mg}{C_d}}\,\frac{v_0\sqrt{C_d} + \sqrt{mg} + (v_0\sqrt{C_d} - \sqrt{mg})e^{-2t\sqrt{\frac{gC_d}{m}}}}{v_0\sqrt{C_d} + \sqrt{mg} - (v_0\sqrt{C_d} - \sqrt{mg})e^{-2t\sqrt{\frac{gC_d}{m}}}} \tag{3}$$

이 식의 그림은 주어진 변수에 대해 그림 3에 주어져 있다. 다이버는 $t = 0$에서 $v_0 = 44.5$ m/s로 시작하지만 속도는 곧(약 1초 내에) 약 $v_0 = 5$ m/s로 줄어든다.

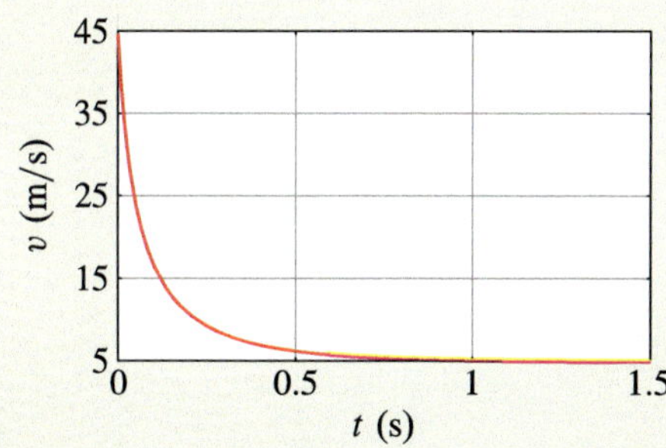

그림 3 낙하산을 펴고 낙하할 때 스카이다이버의 속도.

11) 이 문제에서 사용된 항력계수는 예제 2.8에서 이용된 식의 압축판이고 이들은 $C_d = \frac{1}{2}C_D\rho A$에 따라 연관되어 있다.

12) 예를 들면, A.Jeffrey, *Handbook of Mathematical Formulas and Integrals*, 3rd ed., Academic Press, 2003; 또는 R. J. Tallarida, *Pocket Book of Integrals and Mathematical Formulas*, 3rd ed., CRC Press, Boca raton, FL, 1999. 추가로 여러 가지의 인터넷 자료들로부터 찾아볼 수 있다<http://en.wikipedia.org/wiki/Lists_of_integrals>.

(b) 부분: 말기 속도

로드맵 말기 속도는 시간이 무한대로 갈 때의 속도로 정의된다. 그러므로 (*b*)부분에 대한 질문은 식 (3)에서 $v(t)$를 취하고 $t \to \infty$에서의 극한값을 얻음으로써 답할 수 있다.

계산 위에서 기술된 바와 같이 진행하면 다음 식이 얻어진다.

$$v_{\text{term}} = \lim_{t\to\infty} \sqrt{\frac{mg}{C_d}}\, \frac{v_0\sqrt{C_d} + \sqrt{mg} + \left(v_0\sqrt{C_d} - \sqrt{mg}\right)e^{-2t\sqrt{\frac{gC_d}{m}}}}{v_0\sqrt{C_d} + \sqrt{mg} - \left(v_0\sqrt{C_d} - \sqrt{mg}\right)e^{-2t\sqrt{\frac{gC_d}{m}}}}$$
$$= \sqrt{\frac{mg}{C_d}} = \sqrt{\frac{(9.81)(110)}{43.2}}\ \text{m/s} = 5.00\,\text{m/s} \tag{4}$$

이는 그림 3의 결과와 일치한다.

유용한 정보

또 다른 흔히 인정되고 일치된 말기 속도의 정의. 물체가 공기(또는 물) 같은 매질에서 자유 낙하할 때 물체는 항력이라고 불리는 중력에 반대되며 속도에 따라 증가하게 되는 공기역학적(또는 유체역학적) 저항을 받게 된다. 물체가 충분한 시간 동안 낙하하면 공기역학적 항력은 중력과 균형을 이루고 물체 가속을 멈추게 된다. 이 말기 속도는 가속도가 0이 될 때의 속도의 값으로 정의된다.

(c)부분: 낙하산이 펼쳐진 후의 시간과위치

로드맵 다이버의 위치와 시간을 구하기 위해, $v(t) = ds/dt$이고 이를 $ds = v(t)dt$로 다시 쓸 수 있고 이는 원하는 결과를 얻기 위해 적분될 수 있다는 것을 상기한다.

계산 식 (3)의 $v(t)$ 형태를 보면 적분을 하기에 매우 어려운 것 같이 보일지 모른다. 하지만 이 계산은 적분표나 Mathematica같은 대표적인 소프트웨어를 사용함으로써 쉽게 구해질 수 있다. 적분 방법에 상관없이 $t = 0$에서 $s = 0$라고 정하면 다음을 얻는다.

$$s(t) = \int_0^t v(t)\,dt$$
$$= \sqrt{\frac{mg}{C_d}}\left[t + \sqrt{\frac{m}{gC_d}}\ln\left(1 - \frac{v_0\sqrt{C_d} - \sqrt{mg}}{v_0\sqrt{C_d} + \sqrt{mg}}e^{-2t\sqrt{\frac{gC_d}{m}}}\right)\right]$$
$$- \frac{m}{C_d}\ln\left(1 - \frac{v_0\sqrt{C_d} - \sqrt{mg}}{v_0\sqrt{C_d} + \sqrt{mg}}\right) \tag{5}$$

이 식의 주어진 변수에 대해 그림 4에 보여진다. $s(t)$와 시간에 대한 그림은 빨리 말기 속도에 상응하는 일정 기울기에 도달하는 것에 주목한다.

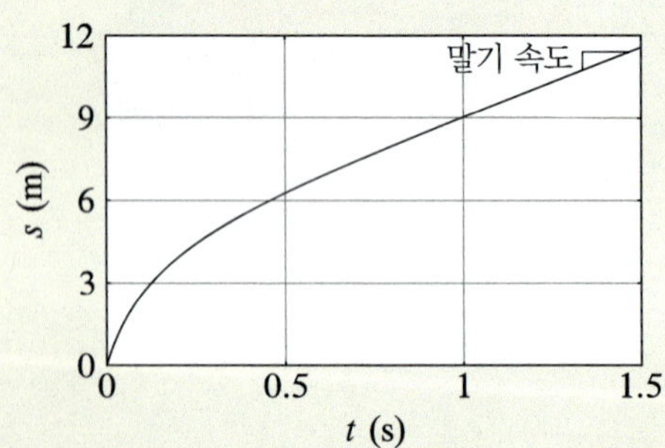

그림 4 낙하산을 펴고 낙하할 때 스카이다이버의 위치 대 시간.

논의 및 검증 이 식들이 맞는 것을 확인하기 위해 이들은 차원적으로 옳다는 것을 확인하는 것으로부터 시작할 수 있다. C_d는 질량을 길이로 나눈 차원에 해당하고 식 (3)과 (5)의 $v\sqrt{C_d}$, $v_0\sqrt{C_d}$, $\sqrt{mg}$ 항들은 차원적으로 균일하고 식 (3)과 (5)에 있는 지수 및 대수 함수들은 무차원이라는 것에 주목한다. 이는 식 (3)에 있는 $v(t)$의 차원이 $\sqrt{mg/C_d}$항의 것과 같으며 이는 예상한 대로 길이를 시간으로 나눈 차이다. 식 (5)에서 $s(t)$의 차원은 예상대로 $t\sqrt{mg/C_d}$와 m/C_d항 둘과 같은 길이의 차원을 가진다.

추가 검증은 식 (3)을 다시 얻는지 확인하기 위해 식 (5)를 시간에 대해 미분하는 것이다. 마지막으로 식 (3)을 가속도로 주어진 표현에 치환하고 식 (3)을 시간에 대해 미분한 것과 같은 표현을 얻는 것을 검증할 수 있다. 이 단계는 독자에게 맡겨둔다.

심층분석 이 예제는 겉으로는 단순한 문제 같지만 엔지니어들은 가끔 상당히 수학적 도전에 직면한다는 것을 보여준다. 그러나 이런 문제들은 다양한 컴퓨터 방법을 이용하여 풀 수가 있다. 이런 방법들 때문에 우리는 지루하고 반복적인 일들을 할 필요가 없고 더 중요한 문제의 핵심에 집중을 할 수가 있다. 이 예제에서 중요한 점들은 $a(v)$로부터 $t(v)$를 구하기 위해 식 (2.33)을 적용하고 $a(v)$로부터 $t(v)$를 얻고, $v(t)$를 결정하기 위해 $t(v)$의 역을 취하여 v_{term}을 결정한다. 그리고 $s(t)$를 얻기 위해 $v(t)$를 적분하는 것들이다.

예제 2.10 일정 각가속도: 프로펠러와 초음속효과

그림 2에서 보여진 프로펠러는 반경 $r_p = 5.8$ m를 가지고 프로펠러 회전면이 정지상태를 유지하면서 그 축에 대해 회전을 한다.[13] 프로펠러는 정지 상태로부터 일정 각가속도 $a = 50$ rad/s^{2}로 출발한다고 가정한다.[14] 이때 표준 조건의 해수면에서의 음향 속도가 $v_s = 345$ m/s^{2}일 때 다음을 구하라.

(a) 프로펠러 면적의 반이 초음속으로 회전할 때 rpm으로 프로펠러의 각속도, ω_s

(b) 각속도 ω_s에 도달하기 위한 시간, t_s

(c) 정지에서 ω_s까지 도달하는데 프로펠러가 회전한 횟수, θ_s

그림 1 V–22 Osprey 항공기.

풀이 SOLUTION

로드맵 프로펠러가 회전하기 시작할 때 프로펠러의 각 블레이드 상의 다른 점에서는 다른 속력을 갖는다. 이는 프로펠러 상의 각 점의 움직임이 원형운동이고 이 점들에 대한 운동의 각속도나 각가속도는 다 같지만 회전축으로부터의 거리가 다르기 때문이다.이러한 전체적인 운동은 일정 각가속도 운동이며 이에 대해 유도된 식들을 사용할 수 있다.

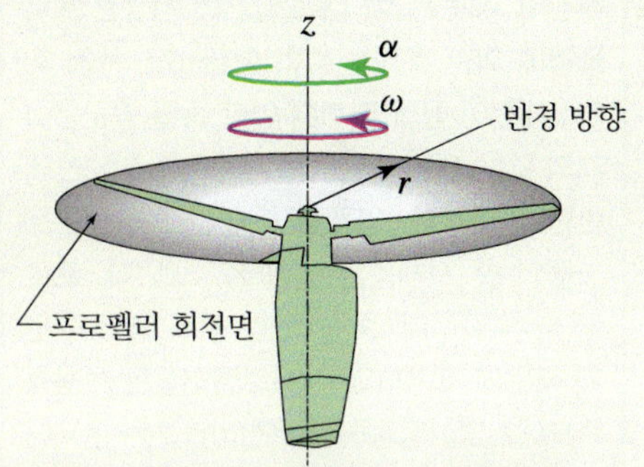

그림 2 V–22 Osprey 항공기의 엔진중의 하나와 이에 달려있는 프로펠러. V–22프로펠러의 반경은 $r_p = 5.8$ m이다.

(a) ω_s 의 계산

계산 각점의 속도를 계산하기 위해 그림 3을 참조하고 원형운동상의 식 (2.46)을 이용하면 다음과 같이 회전축으로부터의 거리 r에 있는 점의 속력 $|\dot{s}|$를 얻는다.

$$|\dot{s}| = r|\omega| \tag{1}$$

이 식은 $|\dot{s}|$가 회전축으로부터의 거리에 비례함을 보여준다. 그러므로 프로펠러 상의 한 점이 초음속으로 움직인다면 프로펠러 상의 이 점의 반경으로부터 바깥에 있는 점들은 다 초음속으로 움직일 것이다. r_i를 프로펠러 전체 회전면의 면적(그림 3 참조)이 반이되는 반경이라고 하면 다음 식이 성립하고

$$\pi r_i^2 = \frac{\pi r_p^2}{2} \quad \Rightarrow \quad r_i = \frac{r_p}{\sqrt{2}} = 4.1\,\text{m} \tag{2}$$

이 때 r_i상에 있는 점들의 속도가 음속이 된다면 식 (1)을 식 (2)의 두 번째 식과 결합하면 다음을 얻는다.

$$v_s = r_i\omega_s \quad \Rightarrow \quad \boxed{\omega_s = \frac{v_s\sqrt{2}}{r_p} = 84.12\,\text{rad/s} = 803\,\text{rpm}} \tag{3}$$

여기서 이는 각속력이므로 $\omega_s > 0$이다.

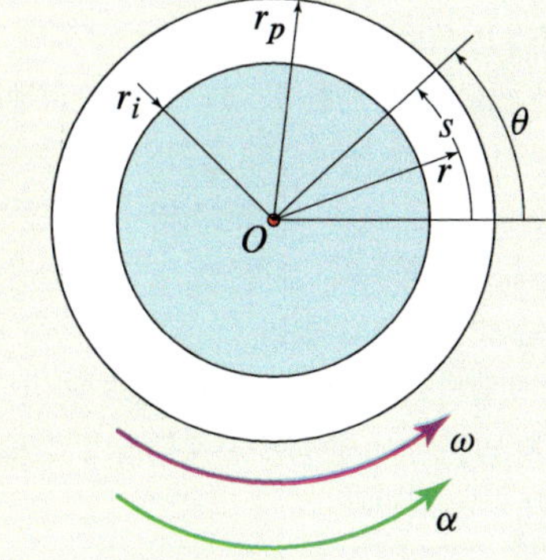

그림 3 회전중심 O로부터 거리 r에 있는 점의 좌표 s의 정의. 각좌표 θ를사용하면 $s = r\theta$를 얻는다. 음영이 있는 원은 프로펠러판의 전체 면적의 50%에 상응하는 면적을 갖는다.

(b) t_s의 계산

계산 ω_s에 도달하기 위해 얼마나 시간이 소요되는지를 결정하기 위해서는 각가속도 a는 각속도 ω의 시간에 대한 미분이라는 것을 상기한다. 즉 $a = \dot{\omega} = d\omega/dt$이므로 $d\omega = \alpha dt$라고 쓸 수 있다. 그러므로 a는 상수이고 ω_0를 초기각속도(프로펠러는 정지 상태로

13) 프로펠러 회전면은 프로펠러가 회전시 형성되는 원판이다.

14) 이는 대략 3초만에 각 속도가 0에서 1430 rpm으로 증가되는 가속도이며 평균 소형차 엔진에 의해 도달될 수 있다.

부터 출발)라고 하면 다음과 같이 되고

$$\int_{\omega_0}^{\omega} d\omega = \int_0^{t_s} \alpha\, dt \quad \Rightarrow \quad \omega_s = \omega_0 + \int_0^{t_s} \alpha\, dt \quad \Rightarrow \quad \omega_s = \alpha t_s \tag{4}$$

식 (3)과 (4)를 결합하면 다음을 얻는다.

$$t_s = \frac{v_s\sqrt{2}}{\alpha r_p} = 1.68\ \text{s} \tag{5}$$

흥미로운 사실

고성능 항공기의 프로펠러. 프로펠러에 의한 추진은 1950년대 초반까지 아주 인기가 있었다. 그러나 특히 군사적 응용에 있어서, 제트 추진이 세계 제2차 대전 말기에 시작된 프로펠러에 의한 추진을 빨리 대체했다. 세계 제2차 대전이 끝날 때까지 이미 독일 공군은 4개의 다른 제트 비행기를 사용하고 있었는데 반면에 미공군, 영국공군, 일본제국 해군은 그들의 첫 시제품을 실험하고 있었다. 프로펠러 추진은 내재하고 있는 공기 역학적 문제 때문에 포기되었다. 프로펠러들은 초음속 속도에서 잘 작동하지 못한다. 같은 문제때문에 헬리콥터는 "저속"비행 체계에 속한다. 이 문제를 이해하기 위해 공기역학적으로 프로펠러의 각 깃은 각 날개라는 것을 이해할 필요가 있다. 날개가 회전할 때 날개는 공기를 프로펠러면의 한쪽에서 다른 쪽으로 밀어낸다. 뉴턴의 제3법칙에 의해 프로펠러에 의한 공기의 후진운동은 이에 상응하는 프로펠러 그리고 프로펠러가 달려있는 비행기의 전진 운동을 발생 시킨다. 그러므로 프로펠러의 날개에 의해 보여지는 공기의 속도는 회전운동에 의한 속도와 비행기의 전진운동에 의한 속도의 합이다. 결과적으로 프로펠러의 날개는 비행기보다 훨씬 더 빨리 초음속 속도에 도달하고 결과 특별한 설계 방안이 수행되지 않는한 이 현상은 프로펠러의 효율을 급격히 감소시킨다.

(c) θ_s의 계산

계산 1회전은 2π rad에 해당하는 각 변위이므로 시간이 $t = 0$에서부터 $t = t_s$까지의 프로펠러의 각 변위의 차이를 계산함으로써 회전 수를 구할 수 있다. 일정 각가속도이므로 표 2.17와 함께 식 (2.41)을 사용하면 ω_s, a, θ_s의 다음 관계식을 얻을 수 있다.

$$\omega_s^2 = \omega_0^2 + 2\alpha(\theta_s - \theta_0) \tag{6}$$

여기서 θ_0는 $t = 0$에서의 프로펠러면 상에 있는 점의 각 변위이다. 프로펠러 회전면 상의 모든 점들은 같은 각 변위를 움직이므로 $\theta_0 = 0$인 한 점을 택하고 $\omega_0 = 0$를 기억하면 식 (2.17)은 다음을 얻기 위해 풀 수 있다.

$$\theta_s = \frac{\omega_s^2}{2\alpha} = 70.7\ \text{rad} = 11.3\ \text{rev} \tag{7}$$

논의 및 검증 L과 T가 각기 길이와 시간의 차원이라고 하자. 그리고나서 식 (3)을보면 ω_s의 차원은 예상한 대로 다음과 같다.

$$[\omega_s] = \left[\frac{v_s}{r_p}\right] = [v_s]\frac{1}{[r_p]} = \frac{L}{T}\frac{1}{L} = \frac{1}{T} \tag{8}$$

게다가 라디안(radian)의 단위가 무차원이라는 것을 상기할 때 ω_s는 옳은 차원을 가지며 적절한 단위들을 통해 표현되었다는 것을 안다. 다음 식 (5)를 볼 때 t_s의 차원은 예상대로 다음으로 주어진다.

$$[t_s] = \left[\frac{v_s}{\alpha r_p}\right] = [v_s]\frac{1}{[\alpha]}\frac{1}{[r_p]} = \frac{L}{T}\frac{1}{T^{-2}}\frac{1}{L} = T \tag{9}$$

식 (5)를 다시 볼 때 t_s도 적절한 단위들을 통해 표현되었다는 것을 안다. 마지막으로, 식 (7)을 참조하면 θ_s의 차원은 예상과 같이 다음과 같이 된다.

$$[\theta_s] = \left[\frac{\omega_s^2}{\alpha}\right] = [\omega_s^2]\frac{1}{[\alpha]} = \frac{1}{T^2}\frac{1}{T^{-2}} = 1 \tag{10}$$

식 (7)을 다시 보고 라디안이 무차원이라는 것을 기억하면 θ_s도 적절한 단위들로 나타나 있다.

이 결과의 수치값에 관한한 프로펠러는 시간 $0 \le t \le t$에서 정지 상태로부터 각속력 ω_s로 가속하므로 우리가 계산한 각 변위 θ_s는 $t_s\omega_s$ 보다 작아야 하는데 이는 프로펠러가 $0 \le t \le t$에 대해 일정 각속력 ω_s로 돌았다면 프로펠러가 변할 θ_s변위이다. $t_s\omega_s =$ 141 rad이므로 우리의 예상에 맞는다.

문제

문제 2.37-2.40

다음 네 문제들은 55쪽에 있는 이 절 첫 부분에 제시된 두 정지표 시간 사이를 움직이는 차에 관한 것이다. 여기서 차의 속도는 $0 \le t \le 5\pi$ s에 대해 $v = [9 - 9\cos(2t/5)]$ m/s로 주어져 있다.

문제 2.37 차가 도달할 수 있는 최대속도 v_{max} 및 그때의 시간 t_{max}과 위치 s_{max}를 구하라.

문제 2.38 브레이크가 작동되어 차가 감속을 시작하는 시간을 구하라.

문제 2.39 두 정지 표시 사이의 차의 평균속도를 구하라.

문제 2.40 차가 도달할 수 있는 최대 가속도의 크기 $|a|_{max}$와 이때의 위치를 구하라.

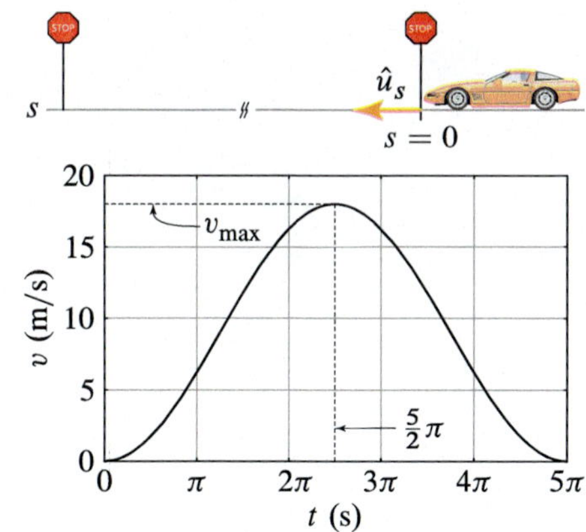

그림 P2.37-P2.40

문제 2.41

반지가 지상 $h = 2.5$ m 높이로부터 초속 $v_0 = 3.45$ m/s를 가지고 수직으로 위로 던져졌다. 중력 $g = 9.81$ m/s^{2}가 일정하게 밑의 수직방향으로 반지에 작용한다. 반지가 도달할 수 있는 최대 높이 h_{max}를 구하라.

문제 2.42

위의 문제에서 옆의 그림을 참조하여 $d = 5.2$ m 높이의 창가에 있는 사람이 반지를 부드럽게 즉 아무런 힘이 미치지 않게 받을 수 있도록 밑의 사람이 반지를 던져져야 할 초기 속도 v_0를 구하라.

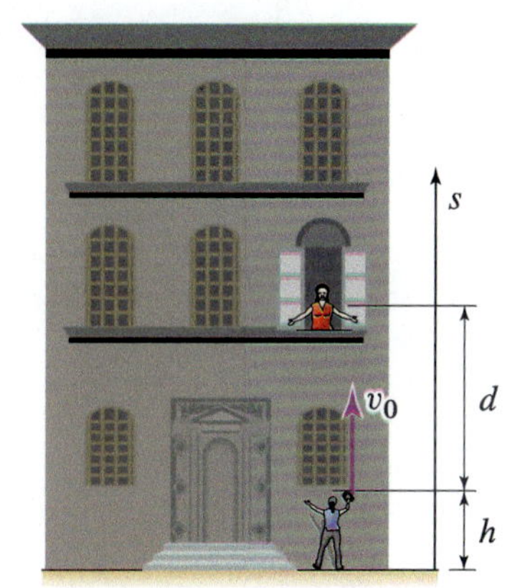

그림 P2.41, P2.42

문제 2.43

차가 브레이크를 작동하고 4초 동안 직선구간 100 m를 간 후에 멈췄다. 일정 가속도 a_c로 움직였다면 차의 초기속도 v_0와 가속도 a_c를 구하라. 속도 v_0는 mph로 그리고 가속도 a_c는 중력가속도 g로 표현하라.

그림 P2.43

문제 2.44, 2.45

직선 가이드 안에서 움직이는 동자의 가속도가 $\ddot{x} = a_0(2\cos 2\omega t - \beta \sin \omega t)$로 되도록 작동기에 의해 조정된다. 여기서 t는 시간이고 각기 $a_0 = 3.5$m/s^2, $\omega = 0.5$rad/s, $\beta = 1.5$이다.

문제 2.44 $\dot{x}(0) = 0$ m/s와 $x(0) = 0$ m일 때 동자의 위치와 속도 의식을 시간의 함수로 구하라.

문제 2.45 $\dot{x}(0) = a_0\beta$ m/s일 때 $0\text{s} \le t \le 5\text{s}$ 사이에 동자가 이동한 거리의 식을 시간의 함수로 구하라.

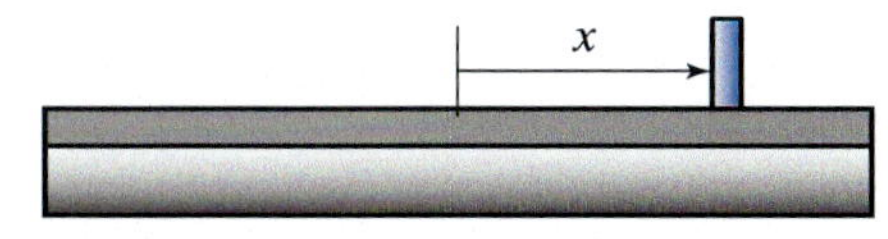

그림 P2.44, P2.45

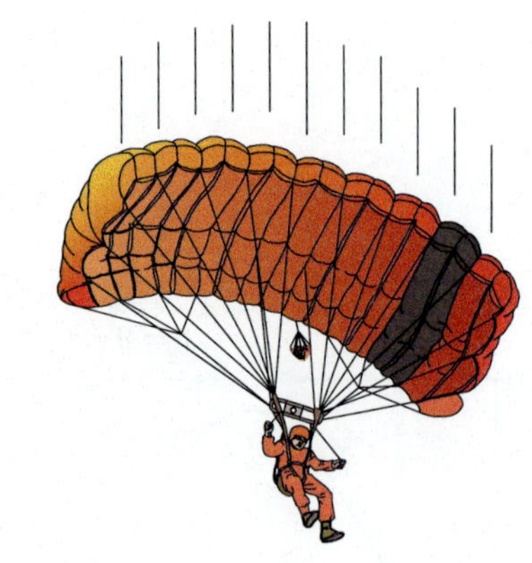
그림 P2.46, P2.47

문제 2.46

예제 2.9를 참조하여 말기 속도를 낙하 물체가 더 이상 가속도를 받지 않을 때의 속도로 정의할 때 적분을 하지 말고 스카이다이버의 말기 속도를 구하라.

문제 2.47

예제 2.9를 참조하여 속도와 말기 속도와의 차이가 말기 속도의 10%될 때까지 낙하산이 펼쳐졌을 때부터 다이버가 이동한 거리 d를 구하라.

문제 2.48과 2.49

선형 점도를 가지는 유체 안에서 수직으로 하강하는 물체의 가속도는 $a = g - C_d v/\mathrm{m}$로 표현된다. 여기서 g는 중력 가속도, C_d는 일정 항력계수, v는 물체의 속도 그리고 m은 물체의 질량이다.

문제 2.48 $t_0 = 0$와 $v_0 = 0$라고 할 때 속도를 시간의 함수로 구하고 말기 속도를 구하라.

문제 2.49 $s_0 = 0$와 $v_0 = 0$라고 할 때 위치를 속도의 함수로 구하라.

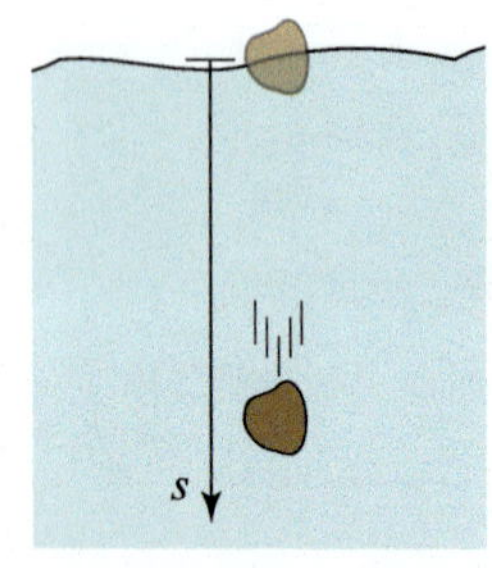

그림 P2.48-P2.52

문제 2.50

1.5 kg의 돌이 고요한 호수의 표면으로부터 낙하한다. 이 때 돌에 대한 물의 저항이 돌의 속도에 직접 비례한다면 돌의 가속도는 $a = g - C_d v/\mathrm{m}$이다. 여기서 g는 중력 가속도, C_d는 일정 항력계수, v는 돌의 속도 그리고 m은 돌의 질량이다. $C_d = 4.1$ kg/s라고 하면 $t = 1.8$ s 후의 돌의 속도를 구하라.

문제 2.51, 2.52

1.5 kg의 돌이 고요한 호수의 표면으로부터 낙하한다. 돌의 가속도는 $a = g - C_d v/\mathrm{m}$이다. 여기서 g는 중력 가속도, $C_d = 3.94$ Ns/m는 일정 항력계수, v는 돌의 속도 그리고 m은 돌의 질량이다.

문제 2.51 돌이 말기 속도의 99%에 도달했을 때의 돌이 가라앉을 깊이를 구하라.

문제 2.52 1.5 m를 낙하했을 때의 돌의 속도를 구하라.

문제 2.53

직선상을 이동하는 질량 m을 가지는 물체의 가속도가 $a = g - C_d v/\mathrm{m}$이며 여기서 상수 g와, C_d가 주어지며 v는 물체의 속도이다. $v(t)$가 미지수이고 $v(0)$가 주어지면 다음 적분을 이용하여 물체의 속도를 결정할 수 있는가?

$$v(t) = v(0) + \int_0^t \left(g - \frac{C_d}{m} v\right) dt$$

주의 개념 문제는 계산이 아닌 설명이 필요하다.

문제 2.54

차가 직선 상의 길을 일정 속도 $v_0 = 105$ km/h로 움직이고 있다. $s = 0$에서 운전자가 차가 미끄러질 만큼 브레이크를 작동시킨다. 차가 정지할 때까지 미끄러지며 이때 가속도가 $\ddot{s} = -\mu_k g$로 주어진다고 가정한다. 여기서 $\mu_k = 0.76$는 운동마찰계수이고 g는 중력가속도이다. 차의 정지거리와 정지시간을 계산하라.

그림 P2.54

문제 2.55

호우로 인해 길의 특정 구간에서의 마찰계수가 위치의 함수로 나타나고 있다. 특히 측정값은 m당 마찰계수가 3%씩 감소하는 것을 보여준다. 이런 조건 하에서 차가 정지하려는 동안 미끄러지는 차의 가속도는 $\ddot{s} = -(\mu_k - cs)g$로 근사되며 μ_k는 노면이 건조 시의 마찰계수, g는 중력가속도, m^{-1}단위를 가지는 c는 마찰의 감소율을 나타낸다. 이때 $\mu_k = 0.5$, $c = 0.015\ \mathrm{m}^{-1}$이고 차의 초기속도가 $v_0 = 45$ km/h라고 하자. 차가 정지할 때까지 이동한 거리와 노면이 건조 상태, 즉 $c = 0$일 때의 정지거리에 대한 정지거리의 증가율을 구하라.

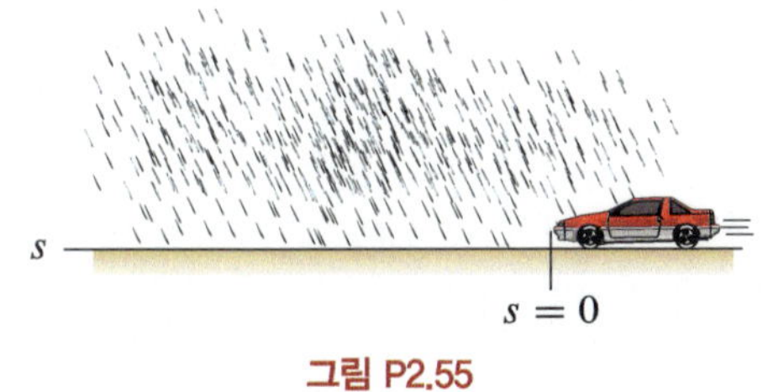

그림 P2.55

문제 2.56–2.59

3장에서 배우겠지만 간단한 진자의 각가속도는 $\ddot{\theta} = -(g/L)$로 주어지며 g는 중력 가속도이고 L은 진자의 줄의 길이이다.

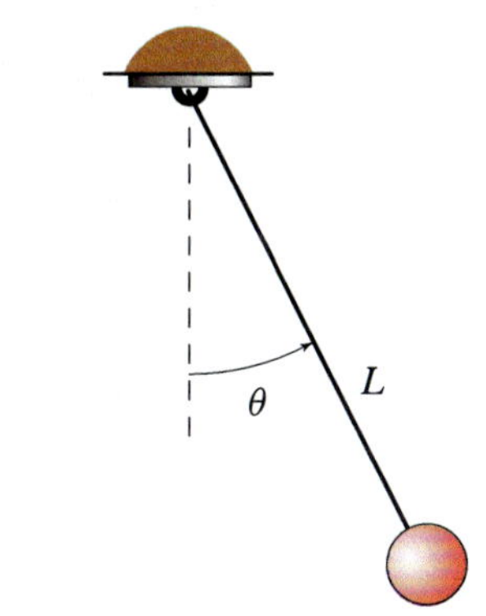

그림 P2.56-P2.59

문제 2.56 초기 조건이 $\theta(0) = \theta_0$이고 $\dot{\theta}(0) = \dot{\theta}_0$일 때 각 좌표 θ의 함수로 각속도 $\dot{\theta}$를 구하라.

문제 2.57 진자의 줄의 길이가 $L = 1.5$ m라고 하자. $\theta = 14°$일 때 $\dot{\theta} = 3.7$ rad/s 이라면 진자가 도달하는 최대 변위 θ를 구하라.

문제 2.58 진자의 줄이 질량이 없는 강체의 봉으로 바뀌어도 주어진 각속도는 유효하다. 이때에 $L = 1.6$ m이고 진자가 $\theta = 0°$에 있다고 가정하자. 진자가 한 바퀴 전체를 돌기 위한 이 위치에서의 최소 각속도는 얼마인가?

문제 2.59 진자의 길이가 $L = 1$ m이고 $t = 0$ s에서 진자의 위치는 $\theta(0) = 32°$이고 각속도는 $\dot{\theta}(0) = 0$ rad/s이라고 가정하자. 이때 진자의 진동주기, 즉 처음 위치에서 다시 원위치로 돌아오는데 소요되는 시간을 구하라.

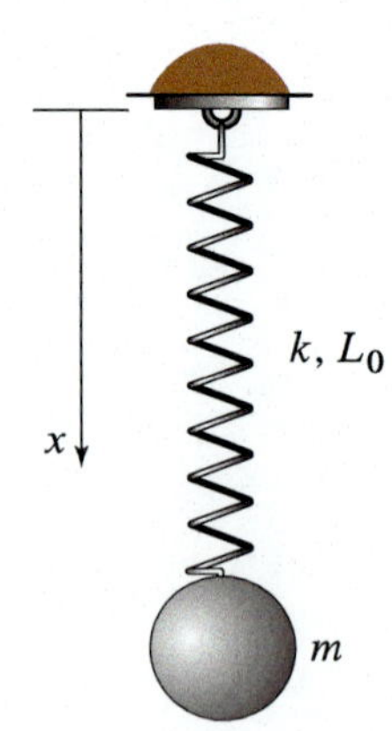

그림 P2.60-P2.62

문제 2.60–2.62

3장에서 보겠지만 스프링 상수 k와 원래의 길이 L_0(스프링의 길이가 L_0일 때 질량 m의 질점에 작용하는 힘이 없다)를 가지는 선형 스프링에 매달린 질량 m의 질점 가속도는 $\ddot{x} = g - (k/m)(x - L_0)$로 주어진다.

문제 2.60 질점의 속도 $\dot{x}$를 위치 x의 함수로 유도하라. $t = 0$일 때 질점의 속도는 v_0이고 위치는 x_0라고 가정하라.

문제 2.61 $k = 100$ N/m, $m = 0.7$ kg이고 $L_0 = 0.75$ m라고 하자. 질점이 $x = 0$ m에서 정지 상태로부터 풀려 날 때 스프링에 의해 도달되는 최대 길이를 구하라.

문제 2.62 위의 경우에 스프링이 최대 길이에 도달하는 시간을 구하라. **힌트:** 좋은 적분표가 도움이 될 것이다.

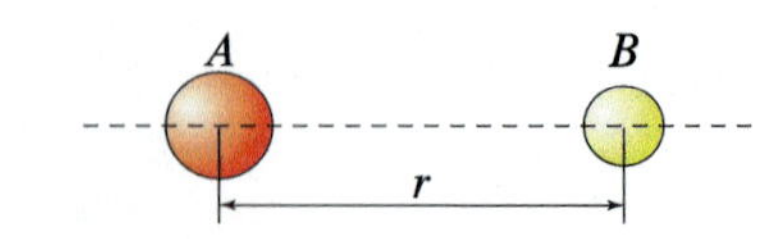

그림 P2.63-P2.64

문제 2.63과 2.64

두 질량 m_A와 m_B가 서로 거리 r_0만큼 떨어져 놓여 있다. 서로의 중력에 의한 인력 때문에 구 A에서 본 구 B의 가속도는

$$\ddot{r} = -G\left(\frac{m_A + m_B}{r^2}\right)$$

로 주어지며 여기서 G는 만유인력상수이다.

문제 2.63 구가 정지 상태로부터 놓아질 때 다음을 구하라.

(a) r의 함수로 B의 속도(A로부터 보여진).

(b) 다음 조건시의 충돌시의 B의 속도(A로부터 보여진). $r_0 = 2$ m, $m_A = 0.95$ kg, $m_B = 0.32$ kg일 때

(i) A와 B의 직경이 $d_A = 0.5$ m와 $d_B = 0.35$ m일 경우

(ii) A와 B의 직경이 무한히 작을 경우.

문제 2.64 두 질점이 정지상태 $r = r_0$에서 풀려난다고 하자.

(a) 그들의 상대위치 r과 시간의 관계식을 구하라. **힌트:**

$$\int \sqrt{x/(1-x)}\,dx = \sin^{-1}\left(\sqrt{x}\right) - \sqrt{x(1-x)}.$$

1. 두 물체가 접촉하는 시간을 다음의 조건에 대해 구하라. $r_0 = 3$ m, $m_A = 1.1$ kg, $m_B = 2.3$ kg이며

(i) A와 B의 직경은 각기 $d_A = 22$ cm와 $d_B = 15$ cm일 경우

(ii) A와 B의 직경이 무한히 작을 경우.

문제 2.65

직선상을 움직이는 물체의 가속도 $\ddot{r}$는 다음 형태를 취한다.

$$\ddot{r} = -G\left(\frac{m_A + m_B}{r^2}\right)$$

여기서 상수 G, m_A와 m_B는 알려져 있다. $\dot{r}(0)$가 주어지면 어떤 조건에서 다음 적분을 통하여 $\dot{r}(t)$를 결정할 수 있는가?

$$\dot{r}(t) = \dot{r}(0) - \int_0^t G\,\frac{m_A + m_B}{r^2}\,dt$$

주의 개념 문제는 계산이 아닌 설명이 필요하다.

문제 2.66과 2.67

트럭이 제동을 걸어 적재물이 트럭에 상대적으로 오른쪽으로 미끄러진다면 화물의 수평 가속도는 $\ddot{s} = -g\mu_k$이며, g는 중력 가속도, μ_k는 운동 마찰계수, 그리고 s는(트럭이 아닌)지상 좌표계에 고정된 적재물의 위치이다.

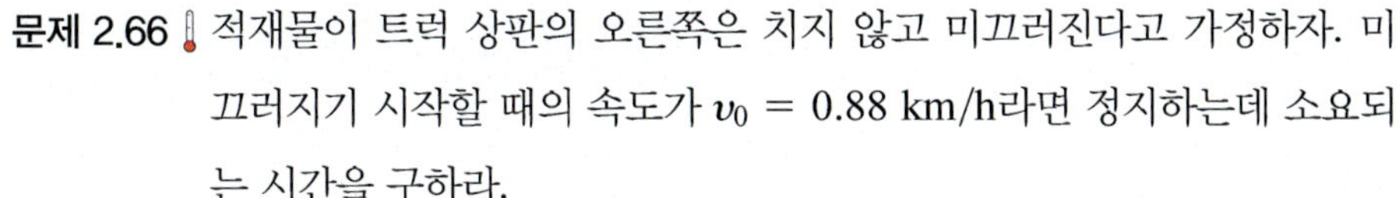

문제 2.66 적재물이 트럭 상판의 오른쪽은 치지 않고 미끄러진다고 가정하자. 미끄러지기 시작할 때의 속도가 $v_0 = 0.88$ km/h라면 정지하는데 소요되는 시간을 구하라.

문제 2.67 위의 문제에서 $v_0 = 75$ km/h일 때 정지하는데 소요되는 시간을 구하라.

그림 P2.66, P2.67

문제 2.68

달리는 트럭이 급격히 제동을 걸어 적재물들이 트럭에 상대적으로 오른쪽으로 이동한다면, 적재물과 트레일러의 앞과의 차이 d는 다음과 같으며

$$\ddot{d} = \begin{cases} \mu_k g + a_T & \text{for } t < t_s \\ \mu_k g & \text{for } t > t_s \end{cases}$$

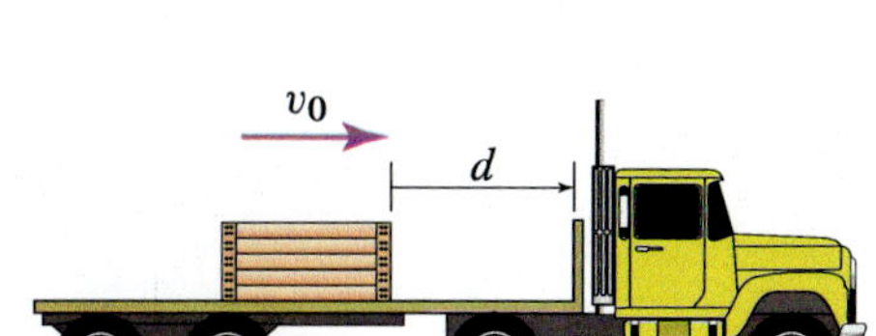

그림 P2.68

여기서 t_s는 트럭이 정지할 때까지의 시간이고, a_T는 트럭의 가속도, g중력 가속도,그리고 μ_k는 트럭과 적재물 사이의 운동 마찰계수이다. 트럭과 적재물이 초기에 오른쪽으로 초속 $v_0 = 96$ km/h로 움직이고 $a_T = -3$ m/s^{2}로 제동이 걸린다고 가정하자. 초기거리 d가 3.6 m라면 화물이 트럭의 오른쪽 차대에 부딪히지 않기 위한 μ_k의 최소값을 결정하라. **힌트**: 트럭은 화물이 정지하기 전에 정지한다.

문제 2.69

차 A와 B가 각기 $v_B = 116$ km/h와 $v_B = 108$ km/h의 속도로 움직이고 있다. 이때 B의 운전자가 갑자기 제동을 걸어 미끄러지며 정지한다. 차 A의 운전자는 상황에 반응하여 1.5초 후에 제동을 걸어 역시 미끄러지며 정지한다. 이때 차 A와 B가 같은 가속도로 미끄러지고, 즉 $\ddot{s}_A = \ddot{s}_B = -\mu_k g$ 이고 여기서 g는 중력 가속도 μ_k는 운동마찰계수라면 충돌을 피하기 위해 B가 미끄러지기 시작하는 시간에 두 차 A와 B간의 최소거리 d를 계산하라.

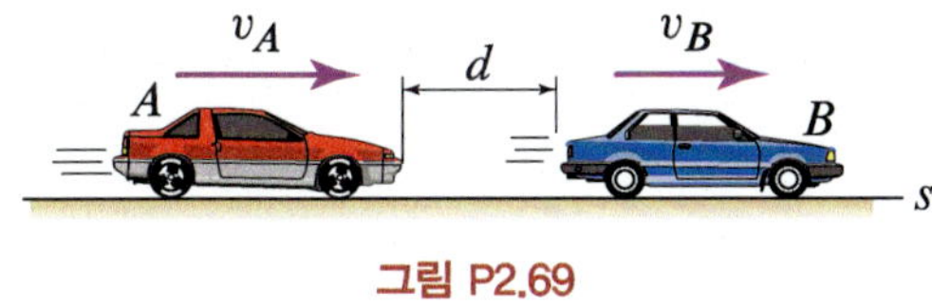

그림 P2.69

문제 2.70

열기구의 모래주머니(안정기로 사용)가 고도 305 m에서 방출되었을 때 속도 7 m/s로 상승하고 있다. 모래주머니에 단지 중력 가속도만 작용해서 이의 가속도가 $\ddot{y} = -g$(g는 중력 가속도)로 주어진다면 모래주머니가 지상에 떨어질 때까지의 시간 및 지상과 충격 시의 속도를 구하라.

그림 P2.70

그림 P2.71

문제 2.71

영화 킹콩(Peter Jackson이 감독한)에서 약 1시간 15분이 지나면 킹콩이 한손에 들고있는 Ann Darrow(여배우 Naomi Watts가 역할)를 흔드는 장면이 나온다. 이 영화를 분석해 보면 한 특정한 순간에 킹콩이 Ann을 4 프레임이 지나갈 때 정지로부터 3 m를 이동시킨다. DVD가 초당 24 프레임을 보여준다는 것을 알고 킹콩이 Ann을 일정 가속도로 흔든다고 가정하면 이 장면에서 Ann이 받는 가속도를 구하라. 답을 중력 g로 표현하라. 사람이 실제로 이 정도로 가속도를 받는다면 어떻게 될지에 대해 설명하라.

문제 2.72

식 (2.33)으로부터 시작하여 식 (2.41)에 있는 일정가속도의 관계식을 유도하라. 이 유도 과정에서 가속도 a를 계산하기 위해 어떤 가정이 필요한지 설명하라. 마지막으로 식 (2.42)를 유도하기 위해 위의 결과와 식 (2.36)을 사용하라. 단 결과를 $v(t)$로 치환하기 전에 식 (2.36)의 적분 시에 유의하라(어떻게 되는지 보기 위해 그냥 해보아라). 문제를 끝낸 후에 식 (2.41)과 (2.42)는 이 문제의 상기 두 부분을 풀기 위한 똑같은 가정을 적용받지 않는다는 것에 주목하라.

문제 2.73 –2.75

그림 P2.73-P2.75

인쇄공정에서 사용되는 종이의 스풀은 속도 v_P와 가속도 α_P로 풀려난다. 종이의 두께는 h이고 임의의 한 순간에서 스풀의 외경은 r이다.

문제 2.73 종이가 풀려나가는 속도가 일정하다면 스풀의 각가속도 α_s를 r, h와 v_P의 함수로 구하라. $h = 0.120$ mm와 $v_P = 5.0$ m/s일 경우 각기 두 외경 $r_1 = 625$ mm와 $r_2 = 250$ mm의 경우에 대해서 답을 구하라.

문제 2.74 종이가 풀려나가는 속도가 **일정하지 않다**면 스풀의 각가속도 α_s를 r, h, v_P와 a_P의 함수로 구하라. 그리고 $h = 0.120$ mm, $v_P = 5$ m/s, $a_P = 1$ m/s^{2}일 때 각기 두 외경 $r_1 = 625$ mm와 $r_2 = 250$ mm의 경우에 대해서 답을 구하라.

문제 2.75 종이가 풀려나가는 속도가 **일정하다**면 스풀의 각가속도 α_s를 r, h, v_P의 함수로 구하라. 그리고 $h = 0.120$ mm와 $v_P = 5$ m/s일 때 결과를 r의 함수로 25 mm $\leq r \leq$ 625 mm의 범위에 대해 그려라. a_s는 어떠한 범위에 있는가?

2.3 발사체 운동

이 절에서는 발사체들의 운동을 공부하기 위해 단순한 모델을 제시한다. 발사체 운동들은 일정 가속도를 가지는 것으로 모델링 한다.

발사체로 사용된 호박의 궤도

그림 2.18은 미국 델라웨어주 밀즈보로시의 연례 세계 "Punkin Chukin" 선수권 대회에서 호박이 투석기(그림 2.18 참조)에서 던져지는 것을 보여주고 있다.[14] 그림 2.19에서 보여준 바와 같이 호박은 초기속도 v_0와 고도각 β를 가지고 O에서부터 던져지는 것으로 가정된다. 호박의 궤적은 투석기를 떠난 후에 어떻게 될까? 이에 답하기 위해 호박이 공중에 있을 때 작용하는 힘들을 생각해 보자. 그림 2.21을 보면 이 힘들은 호박의 무게 mg와 공기저항에 따른 항력 $\vec{F}_d$이다. 첫 근사화로 공기저항을 무시하면 호박에 작용하는 전체 힘은 $\vec{F} = -mg\,\hat{\jmath}$이다. 뉴턴의 제2법칙은 $\vec{F} = m\vec{a}$[15]이므로 그림 2.19의 좌표계를 사용하여,

그림 2.18 작동하는 투석기(트레뷰쉐로 발음한다).

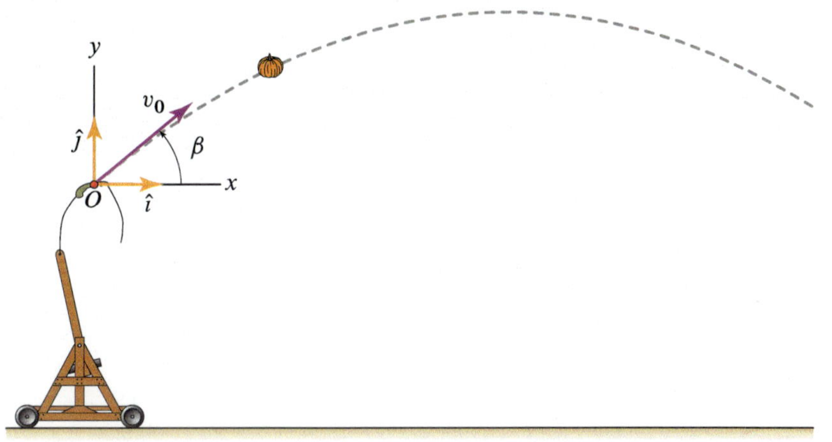

그림 2.19 교재에서 설명된 양들과 투석기에 의해 던져진 호박. 투석기에 대한 자세한 설명은 그림 2.20을 참조.

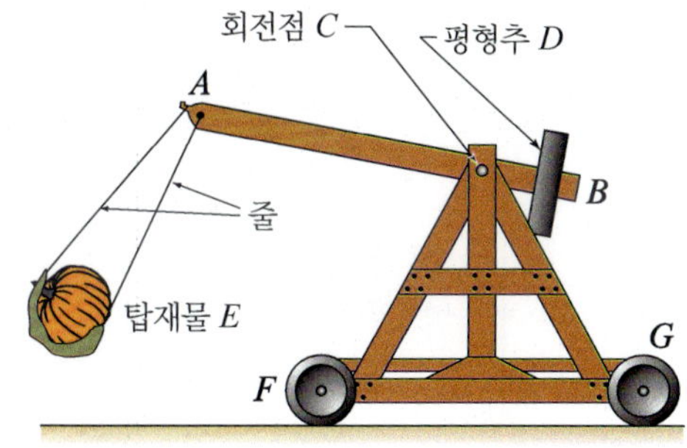

그림 2.20 투석기. 팔 AB는 큰 평형추 D에 의해 C에 대하여 시계방향으로 회전한다. 팔이 수직 위치에 도달할 때 하중 E를 오른쪽으로 던진다. F와 G에 있는 바퀴는 선택적이지만 바퀴가 있어 투석기가 구를 수 있게 되면 투석 거리는 증가하는것으로 알려져 있다.

$$-mg\,\hat{\jmath} = m(a_x\,\hat{\imath} + a_y\,\hat{\jmath}) \quad \Rightarrow \quad -g\,\hat{\jmath} = a_x\,\hat{\imath} + a_y\,\hat{\jmath} \tag{2.48}$$

직교 좌표계에서 $a_x = \ddot{x}$와 $a_y = \ddot{y}$이므로 식 (2.48)은 다음과 같이 다시 쓰여질 수 있다.

$$\ddot{x} = 0, \qquad \ddot{y} = -g \tag{2.49}$$

식 (2.48)은 호박의 운동을 일정가속도운동이라고 모델링 한 사실을 보여준다. 식 (2.49)는 가속도의 각 성분이 일정하다고 말한다.

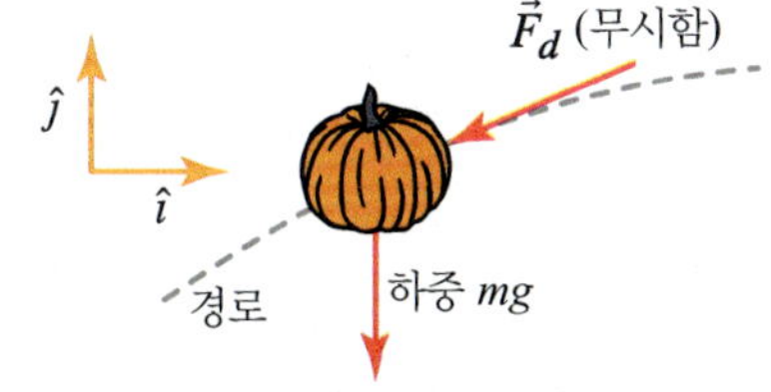

그림 2.21 호박이 공중에 있을 때 호박에 작용하는 모든 힘. 우리의 모델링에서는 공기저항에 의한 항력을 무시한다.

14) 연례 세계 "Punkin Chukin" 선수권 대회에 관한 정보는 웹 http://www.punkinchunkin.com/ 참조.

15) 뉴턴의 제2법칙은 3장에서 자세히 다룬다.

그러므로 성분별로 2.2절에서 전개된 일정가속도식들을 사용할 수 있다. 특히 x 방향으로 식 (2.42)를 적용하면 다음을 얻는다.

$$x(t) = x(0) + \dot{x}(0)(t - t_0) + \tfrac{1}{2}0\,(t - t_0)^2 \quad \Rightarrow \quad x(t) = v_0 \cos\beta\, t \qquad (2.50)$$

여기서 $x(0) = 0$, $\dot{x}(0) = v_0 \cos\beta$와 $t_0 = 0$이다(그림 2.19 참조). 유사하게, y방향에 대해서는 다음이 된다.

$$y(t) = y(0) + \dot{y}(0)(t - t_0) - \tfrac{1}{2}g(t - t_0)^2$$
$$\Rightarrow \quad y(t) = v_0 \sin\beta\, t - \tfrac{1}{2}gt^2 \qquad (2.51)$$

여기서 $y(0) = 0$와 $\dot{y}(t) = v_0 \cos\beta$.지금 식 (2.50)과 (2.51)로부터 시간을 소거함으로써 호박의 궤도를 구할 수 있다. 식 (2.50)에서 t에 대해 풀면 $t = x/(v_0 \cos\beta)$이다. 이 식을 식 (2.51)에 넣고 단순화하면 다음과 같이 된다.

$$y = (\tan\beta)x - \left(\frac{g \sec^2\beta}{2v_0^2}\right)x^2 \qquad (2.52)$$

이식은 호박의 궤도가 포물선임을 보여준다!

이 호박의 운동의 단순성은 공기저항 및 중력의 고도에 따른 변화를 고려하지 않고 발사체의 운동을 검토했기 때문이다. 지금 이러한 운동을 정식으로 정의하고 이의 해석에 대해 몇 가지 주안점을 살펴 보기로 한다.

> **흥미로운 사실**
> **엔지니어와 투석기.** 투석기는 종종 유럽에서 *엔진*이라고 불린다(라틴어인 *Ingenium*, 또는,"독창적인 고안"으로부터). 투석기를 설계하고 제작하고 사용한 사람들을 *ingeniators*라고 불리었고 이로부터 현대에 사용되는 엔지니어와 *엔지니어링*이 유래되었다. 참조. P.E.Chevedden, L.Eigenbrod, V.Foley, and W.Soedel,"The Trebuchet," *Scientific American*, **272**(1), pp. 66–71, July 1995, 투석기에대한 기고문을 위해.

발사체 운동

우리는 발사체 운동(*projectile motion*)을 가속도가 **일정**하며 다음 식으로 주어지는 운동으로 정의한다.

$$a_{\text{horiz}} = 0 \;\; \text{그리고} \;\; a_{\text{vert}} = -g \qquad (2.53)$$

여기서, 그림 (2.22)를 참조하면, a_{horiz}와 a_{vert}는 각각 수평과 수직방향에서의 가속도성분이고 수직성분은 **위로 향하는** 양의 방향으로 정의했다. 발사체 운동에 대한 우리의 정의는 실제 발사체 운동의 매우 단순화된 모델로써 공기저항과 고도에 따른 중력의 변화를 무시하고 있다. 이들의 효과는 각기 3장과 5장에서 다루어질 것이다.

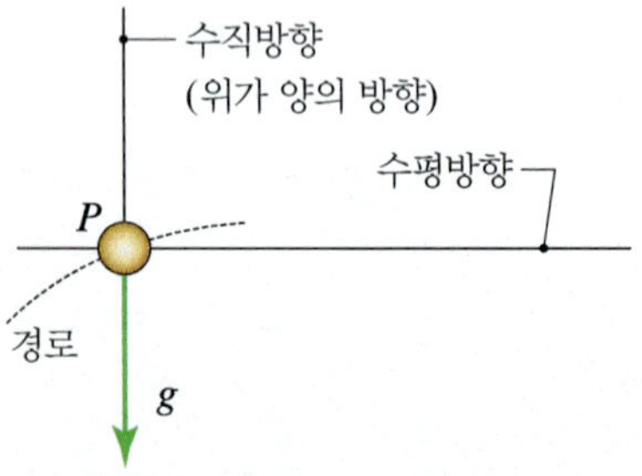

그림 2.22 발사체 운동에서의 점 P의 가속도.

일반적으로 발사체의 속도, 위치 그리고 궤적을 기술하기 위해 호박문제의 해석에서 다루어진 바와 같이 중력 방향에 평행하고 그리고 수직인 축을 가지는 직교좌표계를 이용한다. 그러나 다른 좌표계도가능하고 어떤 경우에는 더 편리하다(일반 직교좌표계를 사용하는 발사체 운동의 기술에 대해서는 예제 2.13을 참조).

식 (2.52)를 유도하는데 있어서 발사체의 궤도는 포물선이라는 것을 보여주었다. 이 결과는 좌표에 무관하다. 그러나 포물선의 식은 사용된 좌표계에 따라 달라진다. 직교좌표계의 y축이 중력방향과 평행하면 궤적은 식 (2.52)에서 유도된 형태, 즉 $y = C_0 + C_1x + C_2x^2$(C_0, C_1, C_3는 상수)의 형태이다[16](y축 축이 중력방향과 평행하지 않는 경

> **유용한 정보**
> **발사체의 궤적.** 발사체의 궤적은 포물선이고 단지 중력방향에 평행한 y축을 사용하는 직교좌표계를 사용할때 수학적 식은 $y = C_0 + C_1x + C_2x^2$형태가 된다.

16) 식 (2.52)에서 $C_0 = 0$, $C_1 = \tan\beta$, 그리고 $C_2 = -(g \sec^2\beta)/(2v_0^2)$이다.

우는 예제 2.13을 참조).

절 요약

우리는 **발사체 운동**은 공기저항과 고도에 따른 중력의 변화를 무시할 경우에 자유비행을 하는 질점의 운동으로 정의했다. 이 경우 그림(2.23)을 보면 질점에 작용하는 유일한 힘은 상수인 중력이며 운동방정식들은

식 (2.53) p. 74

$$a_{\text{horiz}} = 0, \qquad a_{\text{vert}} = -g$$

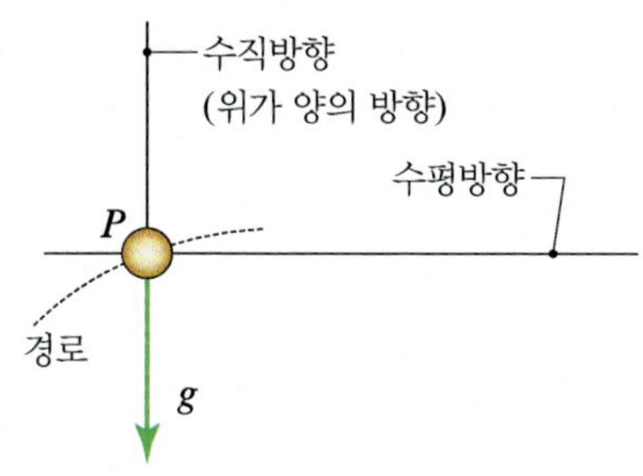

그림 2.23 *그림 2.22의 반복.* 발사체 운동에서의 점 P의 가속도.

여기서 숫자 0과 중력가속도 g는 상수이므로, 즉 수평과 수직방향에서의 가속도성분이 상수이므로 2.2절에서 유도된 일정가속도식들이 수직과 수평성분 둘 다에 적용될 수 있다.

발사체의 운동에서 궤적은 포물선이다 우리는 발사체의 궤도는 **포물선**이라는 것을 보여주었다. 궤적의 수학적 형태는 y축이 중력방향에 평행한 직교좌표계를 이용하여 운동을 기술하면 $y = C_0 + C_1x + C_2x^2$ (C_0, C_1, C_2는 상수)이다.

예제 2.11 발사체의 고도각의 범위

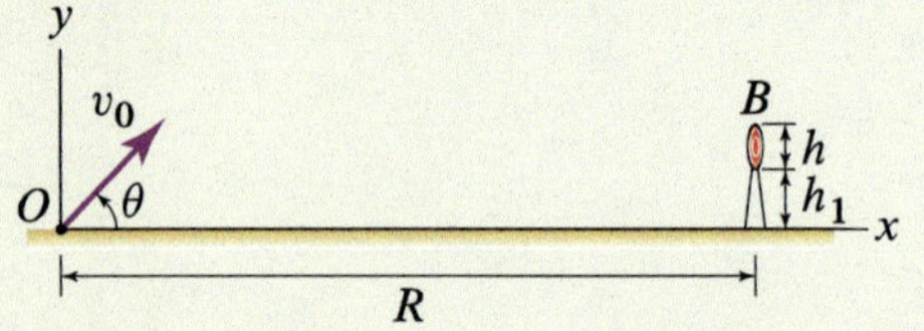

그림 1 발사체가 O에서 B에 있는 목표점을 맞추기 위해 발사되었다. 길이는 비례척이 아님.

발사체가 O에서 $v_0 = 335$ m/s의 속도로 거리 $r = 300$ m가 떨어져 있는 목표점 B를 향해 발사되었다. 목표의 하부는 지상 $h_1 = 1.2$ m에 있고 목표의 높이는 $h = 1$ m이다. 발사체가 목표물을 맞추기 위한 각도의 범위를 구하고 이를 O에서 목표물의 상하부를 연결한 선에 의한 각도와 비교하라.

풀이 SOLUTION

로드맵 이는 처음과 마지막 위치 그리고 초기 속도 v_0가 주어진 발사체 운동이다. 그림 1을 참조하면 발사체의 가속도의 성분들은 $a_x = 0$와 $a_y = -g$이다. 우리는 발사체의 비행시간 t_f를 B의 수직 위치인 y_B에 연관시킬 것이다. 그런 후 이 y_B를 이용하여 발사각을 표현할 수 있고 차례로 목표물을 맞추기 위한 발사각의 범위를 추론할 수 있을 것이다. 거리 R은 h나 h_1보다 상당히 크므로 우리가 찾을 각의 범위가 상당히 작을 것이라는 것을 예측해야 한다(즉, 조준이 상당히 정확해야 할 필요가 있다). 그러므로 우리의 계산을 수행하는데 평소보다 더 많은 유효 숫자를 사용할 것이다. 이 선택에 대한 실제적 영향을 논의 및 검증 부분에서 토의할 것이다.

계산 초기와 마지막 B의 x와 y위치는 식 (2.42)를 x와 y방향에 적용함으로써 발사체의 비행시간 t_f에 연관시킬 수 있다.

$$x_B = x_0 + v_{0x} t_f \ , \qquad y_B = y_0 + v_{0y} t_f - \tfrac{1}{2} g t_f^2 \tag{1}$$

그림 1로부터 $x_0 = y_0 = 0$, $v_{0x} = v_0 \cos\theta$, $v_{0y} = v_0 \sin\theta$와 $x_B = R$이다. $\theta = \theta_{\min}$를 구하기 위해 $y_B = h_1 = 1.2$ m로 놓고, $\theta = \theta_{\max}$를 구하기 위해 $y_B = h_1 + h = 2.2$ m로 놓을 것이다. 그러므로, y_B를 미지수로 생각하면 다음과 같은 식을 얻는다.

$$R = v_0 t_f \cos\theta \ , \qquad y_B = v_0 t_f \sin\theta - \tfrac{1}{2} g t_f^2 \tag{2}$$

식 (2)는 두 미지수 t_f와 θ에 대한 두 식이다. 식 (2)의 첫째 식을 t_f에 대해 풀고 결과를 식 (2)의 둘째 식에 대입하면 다음 식이 된다.

$$y_B = v_0 \left(\frac{R}{v_0 \cos\theta} \right) \sin\theta - \tfrac{1}{2} g \left(\frac{R}{v_0 \cos\theta} \right)^2 \tag{3}$$

$\sin\theta / \cos\theta = \tan\theta$이고 $1/\cos^2\theta = \sec^2\theta$이므로 다음 식이 된다.

$$y_B = R\tan\theta - \left(\frac{gR^2}{2v_0^2} \right) \sec^2\theta \tag{4}$$

마지막으로, $1 + \tan^2\theta = \sec^2\theta$관계에 주목하고 재정리하면 식 (4)는 다음이 된다.

$$\left(\frac{gR^2}{2v_0^2} \right) \tan^2\theta - R\tan\theta + \left(y_B + \frac{gR^2}{2v_0^2} \right) = 0 \tag{5}$$

이는 $\tan\theta$에 대한 2차 방정식이다. 여기서 $\tan^2\theta$항의 계수로 식을 나누면 다음이 된다

$$\tan^2\theta - \left(\frac{2v_0^2}{gR} \right) \tan\theta + \left(\frac{2 y_B v_0^2}{gR^2} + 1 \right) = 0 \tag{6}$$

식 (6)을 $\tan\theta$에 대해 풀면 다음 두 근을 갖는다.

$$\tan\theta = \frac{v_0^2 \pm \sqrt{v_0^4 - g\left(gR^2 + 2 y_B v_0^2\right)}}{gR} \tag{7}$$

이는 각 y_B에 대해 두 개의 가능한 발사각 θ가 존재한다는 것을 뜻한다. θ_1과 θ_2 두 개의 y_B를 포함하여 주어진 상수들을 대입해보면 다음을 얻는다.

$$y_B = 1.2\,\text{m} \quad \Rightarrow \quad \begin{cases} \theta_1 = 0.9805323°, \\ \theta_2 = 89.248609° \end{cases} \tag{8}$$

$$y_B = 2.2\,\text{m} \quad \Rightarrow \quad \begin{cases} \theta_1 = 1.17183995°, \\ \theta_2 = 89.2485263° \end{cases} \tag{9}$$

식 (8)과(9)는 각기 표적의 상하를 맞추기 위해 필요한 θ의 값을 준다. 식 (8)을 볼 때 직관적으로 $\theta_1 < \theta < \theta_2$를 선택하면 목표의 하부를 넘겨 쏠 것이고 $\theta < \theta_1$와 $\theta > \theta_2$라면 하부를 못 미치게 쏘게 될 것이다. 예를 들면 사이각인 $\theta = 45°$를(즉, 식 (8)의 사이에 있는 θ값) 식 (4)에 대입하면 $y_B = 292.1$ m가 되는데 이는 예상대로 1.2 m보다 크다. 또 이 논의를 식 (9)에 대해 연장하면 식 (9)의 $\theta_1 < \theta < \theta_2$를 선택하면 표시의 하부를 넘겨 쏠 것이고 반면에 $\theta < \theta_1$와 $\theta > \theta_2$라면 하부를 못 미치게 쏠 것이라고 말할 수 있다. 그러므로 발사체가 목표물을 맞추기 위한 두 범위의 발사각이 있고 그 범위는 다음으로 주어진다.

$$0.9805323° \le \theta \le 1.17183995° \tag{10}$$

와

$$89.2485763° \le \theta \le 89.248609° \tag{11}$$

논의 및 검증 식 (10)과 (11)의 값의 범위를 얻는데 있어서 $\theta = 45°$에 대해 답을 계산함으로써 단순히 단계를 거쳐 예상대로였다는 것을 보여주었다. 이를 논의를 연장하기 위해 식 (10)과 (11)에서의 범위의 크기를 생각해보자:

$$\Delta\theta_1 = 1.17183995° - 0.9805323° = 0.19130765° \tag{12}$$

$$\Delta\theta_2 = 89.2485763° - 89.248609° = -0.0000327° \tag{13}$$

식 (10)과 (12)는 목표물을 맞추기 위해 발사장치가 0.19°의 정확도를 가지며 각도를 약 1°에 맞출 필요가 있다는 것을 보여준다. 식 (11)과 (13)은 목표물을 맞추기 위해 발사장치 각도를 약 89.2°에 맞추어야 하는데 이번에는 엄청나게 작은 오류범위를 가져야 한다고 말하고 있다. 사실 우리는 0.00003° 안에서의 정확도를 필요로 한다! 게다가 우리는 공기역학적인 면도 고려하지 않았는데 이는 우리의 목적에 추가적인 정확성을 요구하게 한다. 실제로는 더 큰 정밀한 정확도가 요구될 것이다. 이런 고려사항들은 실제 응용에 있어서 발사각의 정밀도보다는 **능동적 유도체제**에 의존하여야 한다는 것을 말하고 있다. 원점과 거리 300 m에 있는 목표물에 대한 각도와 $\Delta\theta_1$를 비교함으로써 이 예제를 마치도록 하자. 그림 2를 보면 목표물에 대한 각도는 다음과 같음을 알 수 있다.

$$\beta = \gamma - \phi \tag{14}$$

여기서

$$\gamma = \tan^{-1}\left(\frac{2.2}{300}\right) = 0.4201615°, \qquad \phi = \tan^{-1}\left(\frac{1.2}{300}\right) = 0.2291819° \tag{15}$$

그러므로 $\beta = 0.1909796°$이다. β는 식 (12)에 있는 $\Delta\theta_1$에 매우 가까우므로 β를 계산하는 것은 $\Delta\theta_1$을 계산하는 것보다 간단하므로 β를 $\Delta\theta_1$를 근사화 하기 위해 계산할 수 있었다고 생각할런지도 모른다. 그러나 일반적으로 고도각의 범위와 목표물에 대한 각도는 상당히 다르다.

유용한 정보

계산시 유효숫자. 이 예제에서 보여준 수치계산에서 어떤 숫자들의 차이는 너무 작아 평상시 보다 더 많은 유효숫자를 유지하고 있다. 그렇지 않으면 차이가 확실치 않게 된다.

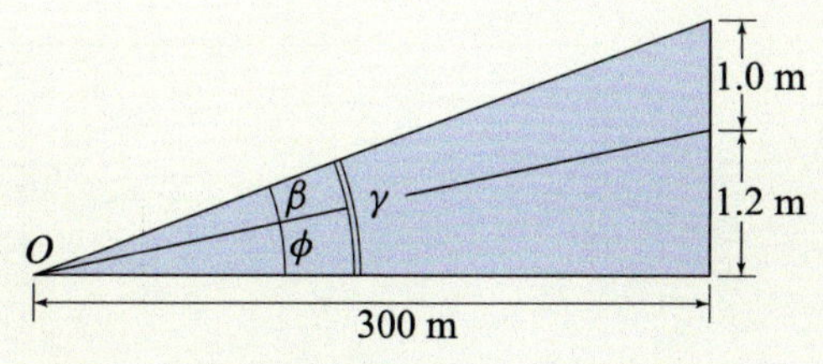

그림 2 길이는 비례척이 아님.—수직 차원은 각도를 쉽게 보여주기 위해 훨씬 더 과장되어 있다.

예제 2.12 초기속력과 발사체의 고도각

야구 타자가 지상1.2 m에서 120 m 떨어진 경기장 가운데 벽의 높이를 가까스로 넘어갈 수 있게 공을 쳤다. 그림 1에서 보여준 바와 같이 공이 가까스로 넘어가기 위해 타격 시 얼마나 공이 빨리 이동해야 하고 어떤 각도에서 타격이 이루어져야 하는가?

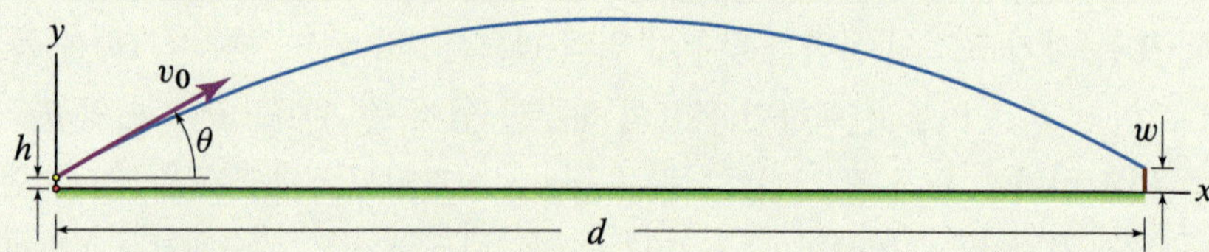

그림 1 길이에 비례하여 그려진 정의된 모든 변수를 가지는 야구장의 측면도. 보여준 궤적에서 야구공은 지상 1.2 m에서 속도 3.8 m/s 및 각도 30°로 타격되어 120 m거리에 있는 높이 3.0 m의 담을 겨우 넘어간다.

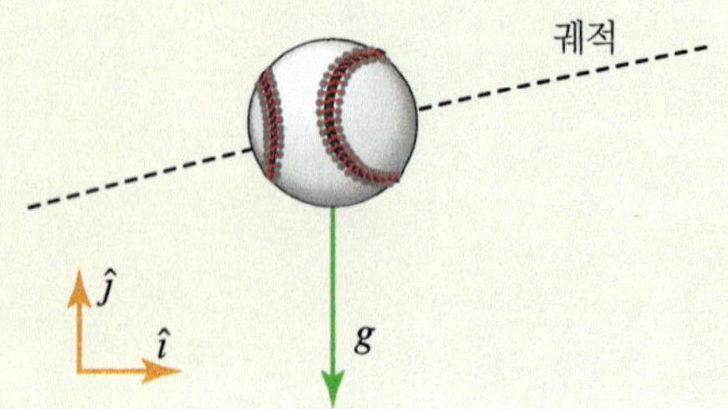

그림 2 공에 작용하는 가속도의 유일한 0이 아닌 성분.

풀이 SOLUTION

로드맵 그림 2를 보면 공을 가속도가 $a_x = 0$와 $a_y = -g$인 발사체로 모델링 할 수 있다. 발사체의 출발시와 도착 시의 위치를 알고 이를 위해 요구되는 v_0와 θ를 구하기를 원한다. 그러므로 예제 2.11에서와 같이, 즉 발사체의 x와 y위치를 시간의 함수로 쓰고 시간을 소거함으로써 θ에 대한 v_0의 식을 얻을 수 있다.

계산 두 가속도의 성분은 일정하므로 x와 y방향으로의 일정가속도 방정식, 식 (2.42)를 적용하면 다음을 얻는다.

$$x = x_0 + v_{0x}t \quad \Rightarrow \quad d = 0 + v_0 t\cos\theta \tag{1}$$

$$y = y_0 + v_{0y}t + \tfrac{1}{2}a_y t^2 \quad \Rightarrow \quad w = h + v_0 t\sin\theta - \tfrac{1}{2}gt^2 \tag{2}$$

식 (1)과 (2)는 세 개의 v_0, θ 와 t의 세 미지수에 대한 두 개의 식이다. 우리는 v_0와 θ에 관심이 있으므로 두 식으로부터 t를 소거하면 θ의 함수로 v_0에 대해 풀면 다음과 같이 얻는다.

$$v_0 = d\sqrt{\frac{g}{2\cos\theta\,[(h-w)\cos\theta + d\sin\theta]}} \tag{3}$$

이 결과는 벽의 높이를 가까스로 넘어갈 수 있게 하는 무한히 많은 v_0와 θ의 조합이 있음을 말하고 있다.

논의 및 검증 이 문제에 대한 해답은 특정한 정량적 답이라기보다 식이다. 즉 식 (3)이 맞다는 것을 확인하기 위해 우선 그 차원이 맞다는 것을 확인한다. L과 T가 길이와 시간의 차원이라면 $[g] = L/T^2$이고 $[h] = [w] = [d] = L$이다. 그러므로 식 (3)의 제곱근 안에 있는 변수의 차원은 T^{-2}이므로 식 (3)의 오른편의 전반적인 차원은 예상대로 L/T이다. 추가검증을 위해서는 다음에서와 같이 식 (3)의 거동을 살펴보는 것이다.

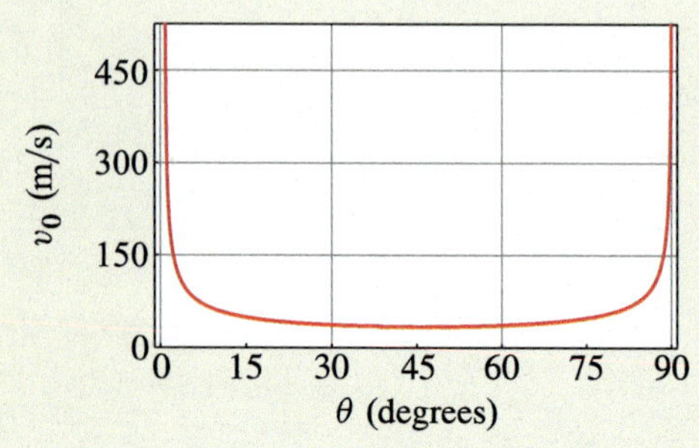

그림 3 식 (3), 즉 θ의 함수로의 v_0의 그림.

심층분석 그림 3에서 $d = 120$ m, $h = 1.2$ m, $w = 3$ m, $g = 9.81\text{m/s}^2$일 때 $0° \le \theta \le 90°$에 대해 필요한 v_0의 그림이 보여지고 있다. 곡선의 왼쪽을 자세히 살펴보면

θ가 0이 아닌 점근 값을 보여준다. 이는 타자가 공을 타격하는 점의 높이가 벽의 높이보다 낮기 때문에 타자가 아무리 세게 공을 쳐도 담을 넘어가지 못하는 각도가 있다(이 각이 0.716°라는 것을 보이는 것은 독자에게 맡긴다). 곡선의 오른쪽에서는 필요한 속도가 무한대로 접근하며 이때의 각도는 90°이다. 마지막으로 공을 타격하는 최적의 각도는 45° 근처라는 것이 분명한데 여기서 최적각이라는 것은 최소의 가능한 속도 v_0에 상응하는 각도이다. 밝혀지겠지만 최적의 각도는 정확히 45°가 아니다. 왜냐하면 이는 최소의 속도로 높이가 다른 두 지점 사이에서 최대거리를 가려고 하기 때문이다. 최적각을 구하기 위해 식 (3)을 θ대해 미분하고 이 때 값을 0으로 하면 최적각을 구할 수 있다. 동등하게 식 (3)의 양변을 제곱하고 미분을 할 수 있다. 이렇게 하며 결과를 0으로 놓으면 다음을 얻고

$$\left.\frac{d(v_0^2)}{d\theta}\right|_{\theta=\theta_0} = \frac{gd^2}{2}\left\{\frac{-d\cos^2\theta_0 + 2(h-w)\cos\theta_0\sin\theta_0 + d\sin^2\theta_0}{\cos^2\theta_0\,[(h-w)\cos\theta_0 + d\sin\theta_0]^2}\right\} = 0 \tag{4}$$

여기서 θ를 θ의 최적각인 θ_0로 치환했다. 분모나 분자는 같은 θ에 대해 0이 되지 않으므로(만약에 그렇다면 l'Hopital's rule사용할 수 있을 것이다), 식 (4)의 중괄호 안의 분자를 0으로 하여 풀 수 있다. 이를 수행하고 삼각 함수 등가식을 이용하면[17] 다음을 얻고

$$-d\cos(2\theta_0) + (h-w)\sin(2\theta_0) = 0 \tag{5}$$

또는

$$\tan(2\theta_0) = \frac{d}{h-w} = -80 \tag{6}$$

식 (6)은 다음과 같이 주어지는 무수한 수의 해답을 가지나

$$2\theta_0 = 90.72° \pm n180°, \qquad n = 0, 1, \ldots, \infty \tag{7}$$

이 문맥에서 단지 의미 있는 답은 $2\theta_0 = 90.72°$ 또는 $\theta_0 = 45.36°$이다. 이는 공의 초기 위치보다 높은 물체 위로 공을 보내려면 최적각도는 45°보다 커야 한다는 것을 뜻한다. 식 (5)로부터 공보다 낮은 곳에 있는 물체로 공으로 보내려면 최적각도는 45°보다 작다는 것을 알 수 있고 단지 $h = w$일 경우, 즉 공의 초기높이와 물체의 높이가 같을 때만 정확히 45°이다.

이 논의로부터 우리가 유도한 해답은 실제로 우리의 예상과 물리적 직관을 만족시키는 거동을 보인다고 결론을 지을 수 있다.

17) $\sin^2 x - \cos^2 x = -\cos(2x)$, $2\sin x\cos x = \sin(2x)$.

예제 2.13 일반 직교좌표계에서의 발사체 운동

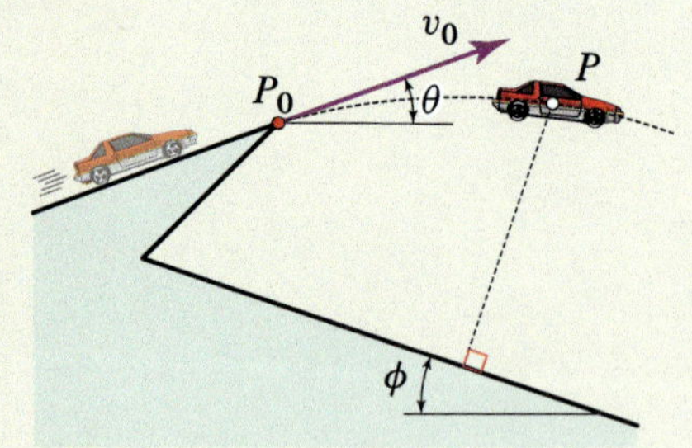

그림 1 벼랑 끝에서 차가 떨어지는 영화 묘기 장면.

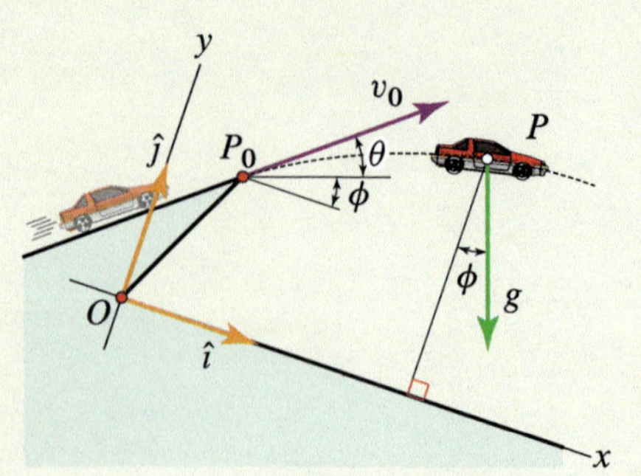

그림 2 주어진 좌표계에 상대적인 가속도.

영화 묘기 장면의 일환으로 차가 속도 v_0를 가지고 점 P_0에 있는 벼랑으로부터 보여준 것과 같이 떨어진다. 이때 차와 하단의 경사면과의 수직거리를 추적하기 쉽게 차의 속도, 위치와 궤도에 대한 식을 유도하라.

풀이 SOLUTION

로드맵 차의 움직임을 발사체의 운동으로 모델링 한다. 그림 2에서 보여준 직교좌표계를 사용하면 차와 경사면의 수직거리는 점 P의 y좌표로 직접 주어진다. 그러므로 보여준 좌표계를 이용하여 문제를 풀 것이다. x와 y방향의 가속도 성분을 결정하는 것으로부터 시작한다. x와 y방향의 가속도 성분은 일정해서 일정가속도방정식을 직접 적용함으로써 속도와 위치를 얻을 수 있다. 마지막으로 궤적은 시간을 위치의 식으로부터 소거함으로써 알 수가 있다.

계산 중력에 상대적인 y축의 방향이 주어질 때 다음을 얻는다.

$$a_x = \ddot{x} = g\sin\phi, \qquad a_y = \ddot{y} = -g\cos\phi \tag{1}$$

a_x와 a_y는 상수이므로 P의 속도성분은 식 (2.41)을 직접 적용하여 시간의 함수로 얻어질 수 있다. 즉

$$v_x(t) = v_0\cos(\theta+\phi) + (g\sin\phi)(t-t_0) \tag{2}$$

$$v_y(t) = v_0\sin(\theta+\phi) - (g\cos\phi)(t-t_0) \tag{3}$$

여기서 t_0는 P가 P_0에 있을 때의 시간이고 $v_0\cos(\theta+\phi)$와 $v_0\sin(\theta+\phi)$는 각기 x와 y의 초기속도 성분이다. 식 (2.42)를 직접 적용함으로써의 P 위치는 다음과 같이 주어진다.

$$x(t) = x_0 + v_0\cos(\theta+\phi)(t-t_0) + \tfrac{1}{2}(g\sin\phi)(t-t_0)^2 \tag{4}$$

$$y(t) = y_0 + v_0\sin(\theta+\phi)(t-t_0) - \tfrac{1}{2}(g\cos\phi)(t-t_0)^2 \tag{5}$$

여기서 x_0와 y_0는 P_0의 좌표이다.

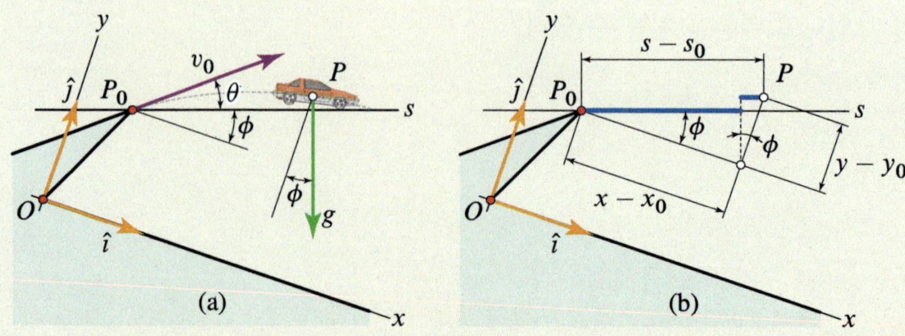

그림 3 (a)수평방향 s와 (b) 수평변위 $s - s_0$에 상응하는 x와 y 방향에서의 변위 $x - x_0$와 $y - y_0$. 점선의 왼쪽에있는 푸른 구간의 길이는 $(x - x_0)\cos\phi$ 이고 오른쪽에 있는 구간의 길이는 $(y - y_0)\sin\phi$이다.

여기서 궤적을 결정하기 위해 식 (4)와 (5)로부터 시간을 소거해야 할 필요가 있다. 이를 위해 x와 y에 대한 시간의 식을 구해야 한다. 그림 3(a)를 참조하여 s를 수평방향을 따른 차의 좌표라고 하자. 수평방향가속도는 0이므로 다음을 얻는다

$$\ddot{s} = 0 \quad \Rightarrow \quad \dot{s} = \text{constant} = v_{0s} \quad \Rightarrow \quad s - s_0 = v_{0s}(t - t_0) \tag{6}$$

여기서 $v_{0s} = \cos\theta$는 $\vec{v}_0$ 수평성분이다. 식 (6)을 $t - t_0$에 대해 풀면 다음을 얻는다.

$$t - t_0 = \frac{s - s_0}{v_{0s}} = \frac{s - s_0}{v_0 \cos\theta} \tag{7}$$

식 (7)을 x와 y의 항들로써 다시 쓰면 유용하다. 그러므로 그림 3(b)를 보고 삼각함수를 이용하여 다음과 같음을 알 수 있다

$$s - s_0 = (x - x_0)\cos\phi + (y - y_0)\sin\phi \tag{8}$$

식 (8)을 식 (7)에 대입하면 다음을 얻는다.

$$t - t_0 = \frac{(x - x_0)\cos\phi + (y - y_0)\sin\phi}{v_0 \cos\theta} \tag{9}$$

마지막으로, 궤적은 식 (9)를 식 (4)나 식 (5)에 치환함으로써 얻어진다. 식 (9)를 식 (5)에 치환하면 다음 형태의 P의 궤적을 얻는다:

$$\begin{aligned} y = y_0 + v_0 \sin(\theta + \phi)\left[\frac{(x - x_0)\cos\phi + (y - y_0)\sin\phi}{v_0 \cos\theta}\right] \\ - \tfrac{1}{2} g \cos\phi \left[\frac{(x - x_0)\cos\phi + (y - y_0)\sin\phi}{v_0 \cos\theta}\right]^2 \end{aligned} \tag{10}$$

논의 및 검증 식 (2)–(5)는 일정가속도 방정식을 직접 적용함으로써 얻어졌으므로 차원적으로 맞다. 식 (10)은 (어떤 추가적인 단순화나 작업 없이) 식 (9)를 식 (5)로 치환하여 얻어졌으므로 식 (10)이 차원적으로 맞는다는 것을 보이기 위해 식 (9)의 $(t - t_0)$항 표현이 차원적으로 맞는다는 것을 단지 보여주면 된다. 정말로 이는 거리를 시간으로 나눈 차원인 분모로 거리의 차원인 분자를 나눈 분수이므로 옳다.

식 (10)이 옳다는 것을 더 나아가 확인하기 위해 이것이 포물선의 방정식이라는 것을 조사할 수 있다. 이 확인을 위한 한 가지 방법은 해석 기하학으로부터의 개념을 응용하는 것이다. 우리의 좌표를 회전시켜서 축이 중력과 평행하게 만들면 어떻게 되는지를 관찰하는데 근거한 다른 방법을 이용할 것이다. 이 경우에 $\phi = 0$, $\cos\phi = 1$와 $\sin\phi = 0$이므로 식 (10)은 다음과 같이 단순화된다.

$$y = y_0 + \tan\theta(x - x_0) - \tfrac{1}{2} g \frac{(x - x_0)^2}{v_0^2 \cos^2\theta} \tag{11}$$

즉, 이는 $y = C_0 + C_1x + C_3x^2$(C_0, C_1와 C_2는 상수)의 형태로 더 단순화 될 수가 있으며 우리는 이 식이 기본해석기하학으로부터 포물선이라는 것을 안다.

심층분석 이 예제는 중력 방향과 일치하지 않은 직교 좌표계를 사용하는 발사체의 운동을 조사하려는 응용들도 포함한다. 이 경우에 발사체의 궤적의 식은 복잡한 형태를 가진다. 단순한 $y = C_0 + C_1x + C_3x^2$형태의 궤적은 단지 발사체의 운동이 중력방향과 일치하는 y축을 가지는 직교좌표계를 사용할 경우에만 얻을 수 있다.

문제

문제 2.76

예제 2.12에서의 토론은 각도 θ는 $\theta_{min} = 0.716°$ 보다 커야 한다는 것을 알았다. θ을 h, w와 d의 항들로써 θ_{min}의 수식을 구하라.

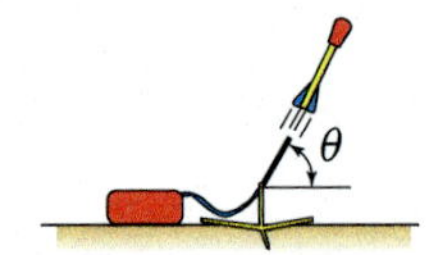

그림 P2.77

문제 2.77

발로켓(stomp rocket)의 한 끝은 "발사판"(즉, 공기주머니)에 연결된 호스이고 다른 끝은 삼각발 위에 설치된 짧은 파이프로 된 장난감이다. 공간이 비어있는 로켓을 파이프 위에 올려놓고 발사판을 세게 밟으면 공기에 의해 로켓이 공중으로 발사된다. 어떤 제작사들은 공중 60 m까지 쏠 수 있다고 주장한다. 공기저항을 무시하고 최대 60 m 높이에 도달하기 위한 초기 속도를 구하라.

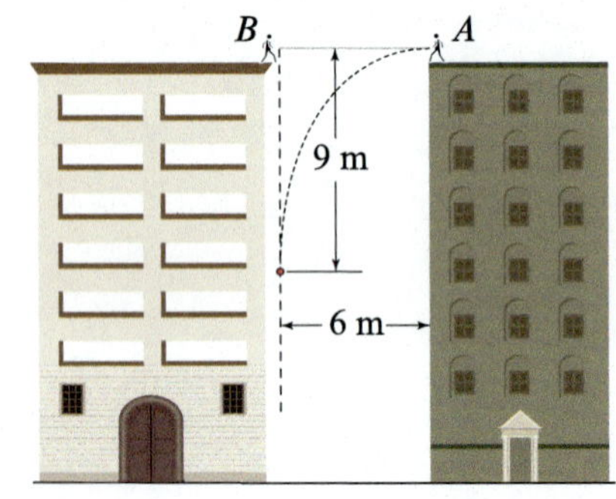

그림 P2.78

문제 2.78

스턴트맨 A와 B는 A가 B에게 총을 건네 주기로 하는 영화장면을 찍고 있다. 스턴트맨 B는 A가 총을 B에게 던지는 순간에 수직으로 떨어지기로 되어있다. 총과 스턴트맨 B를 질점으로 간주하고 B가 9 m 떨어져서 총을 받을 수 있기 위한 A의 손을 떠나는 총의 속도를 구하라.

문제 2.79

O에 있는 재규어 A가 C에 있는 흑표범 B를 잡기 위해 초속 $v_0 = 6$ m/s로 경사면에 대한 각도 $\beta = 35°$로 껑충 뛰었다. 경사면의 각이 $\theta = 35°$로 주어질 때 재규어가 O에서 C로 뛰는 거리 (즉, R은 궤적이 경사면과 만나는 두 점 사이의 거리)를 구하라.

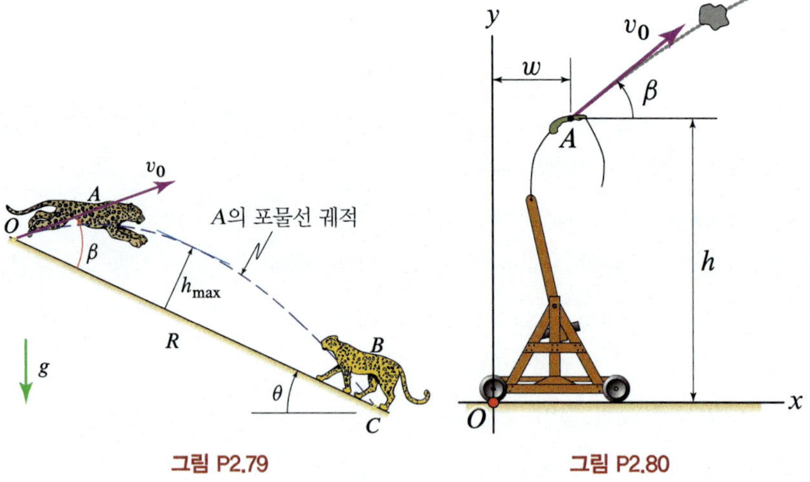

그림 P2.79 그림 P2.80

문제 2.80

발사체가 A에서 초속 v_0와 각도 β로 발사된다면 그림의 좌표계를 이용하여 발사체의 궤적을 구하라. 공기저항을 무시하라.

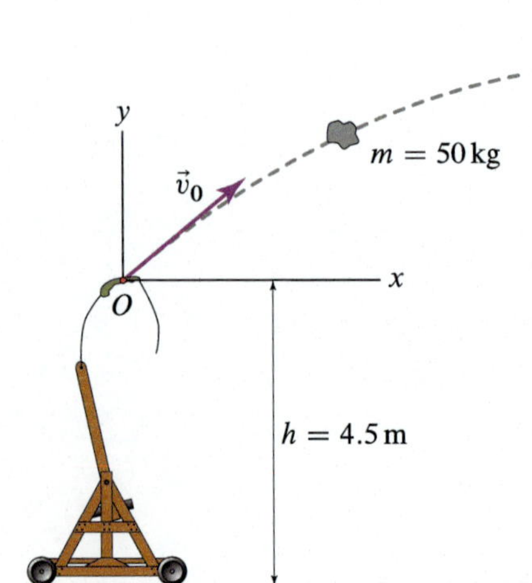

그림 P2.81

문제 2.81

투석기를 이용하여 점 O에서 질량 $m = 50$ kg을 가지는 돌을 던지고 있다. 발사체의 초기속도는 $\vec{v} = (45\hat{\imath} + 30\hat{\jmath})$ m/s이다. 공기저항을 무시하고 돌이 떨어질 거리와 날아간 시간을 구하라.

문제 2.82

골퍼가 즉시 그린 주위의 러프로부터 구멍으로 칩샷을 하고 있다. $\alpha = 4°$와 $\beta = 2.4$ m 라고 하고 공이 러프를 초속 $y_0 = 5.03$ m와 $\beta = 41°$ 각도로 떠나면 구멍으로부터 10 mm 안에 공이 떨어질 것이라는 것을 확인하라.

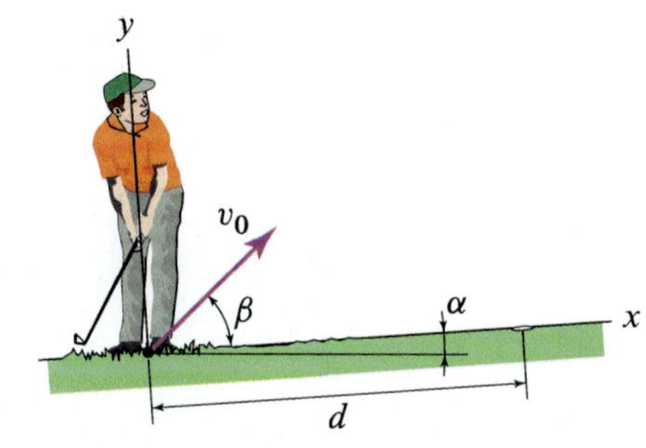

그림 P2.82

문제 2.83과 2.84

차의 추격전이 벌어지는 영화장면에서 차가 비탈길의 A에서 밑의 B로 떨어진다.

문제 2.83 $\alpha = 20°$와 $\beta = 23°$ 라면 A에서 차의 속도가 45 km/h일 때 차가 떨어진 거리 d를 구하라. 공기저항을 무시하라.

문제 2.84 $\alpha = 20°$와 $\beta = 27°$에 대해 차의 떨어진 거리가 $d = 45$ m이기 위한 A에서의 차의 속도를 구하라. 공기저항을 무시하라.

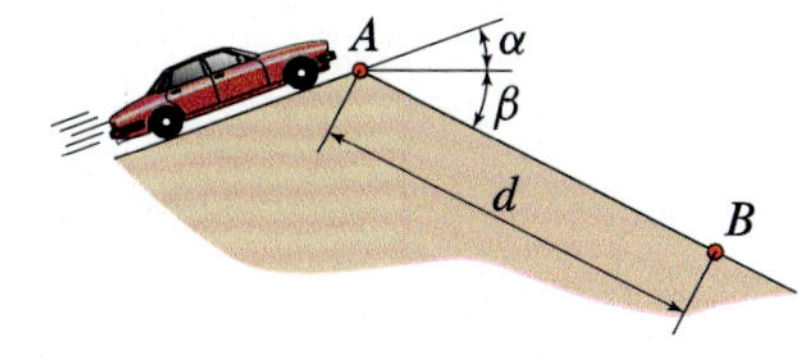

그림 P2.83, P2.84

문제 2.85

M777 155mm 경곡사포는 포탄이 829 m/s 속도로 발사되는 일종의 포병기이다. 포가 평평한 전쟁터에서 발사되고 공기저항이 없을 때 (a) 최대 사거리를 위한 발사각 (b) 최대 사거리 및 (c) 발사체가 최대 사거리에 도달하는 시간을 구하라. 이 사거리의 결과를 실제 이 무기의 '보조탄약이 없을 때' 최대사거리인 30 km의 백분율(%)로 구하라.

그림 P2.85

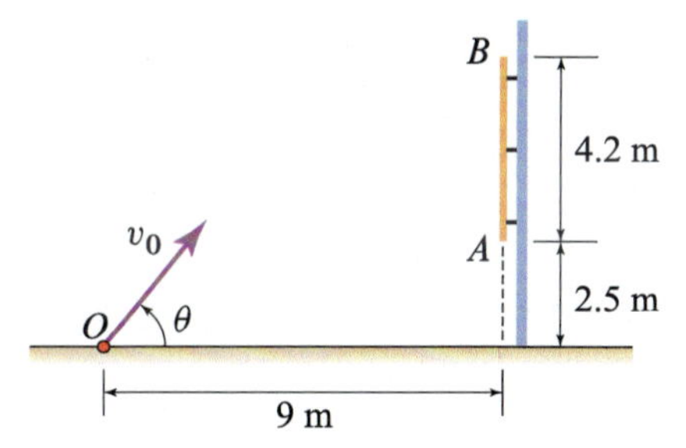

그림 P2.86

문제 2.86

사람이 점 O에서 돌로 $R = 9$ m 떨어져 있는 수직광고판을 맞추려고 한다. 이때 던질 수 있는 돌의 최대속도는 $v_0 = 14$ m/s이다. 판 하부가 지상에서 2.5 m 높이에 있고 표시의 크기는 4.2 m이다. 목표물을 맞추기 위해 발사체가 던져져야 할 각도의 범위를 구하고 이 각도를 점 O와 목표의 상하부를 잇는 선들의 각도와 비교하라. 이 결과를 예제 2.11의 결과와 비교하라.

문제 2.87

사람이 거리 R에있는 목표물을 맞출 수 있을 정도의 속도 v_0로 던질 수 있다고 가정하자. 이때 v_0와 R의 두 값이 주어진다면 D를 맞출 수 있는 두 개의 다른 발사각θ_1과 θ_2의 일반 식을 구하라. $v_0 = 30$ m/s와 $R = 70$ m에 대해 θ_1과 θ_2의 수치값을 구하라.

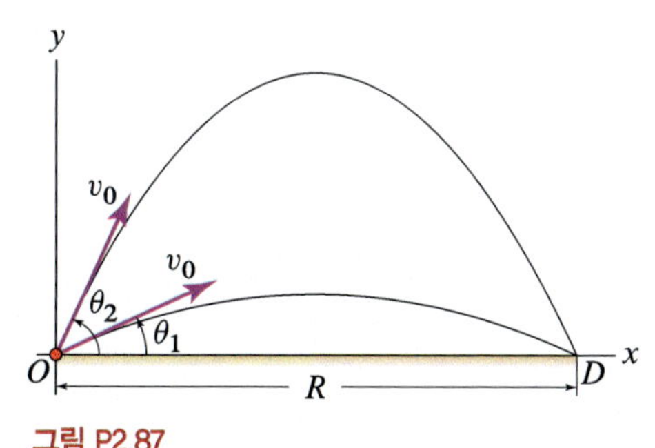

그림 P2.87

문제 2.88

활강 스키점퍼는 몸과 스키를 날개와 같이 사용하여 공력효과를 이용하면 100 m[18]가 넘게도 날아갈 수가 있다. 이런 상황에서 점퍼가 살아남을 수 있다면 공력 효과가 없을 때, 즉 램프를 떠난 후 자유 낙하 시 날을 수 있는 거리를 구하라. 계산을 위해 다음 자료를 이용하라. $\alpha = 11°$(램프의 경사), $\beta = 36°$(언덕의 평균경사)[19], $v_0 = 86$ km/h(A에서의 속도), $h = 3$ m(언덕에 상대적인 출발점의 높이). 마지막으로, 단순화를 위해 점프 거리는 출발점 A와 도착점 B 사이라고 한다.

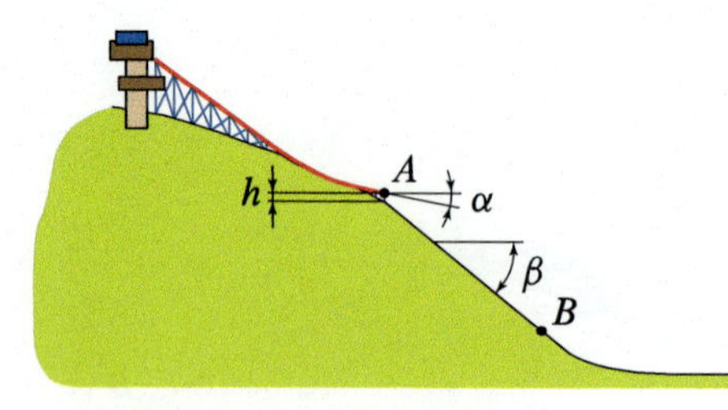

그림 P2.88

문제 2.89과 2.90

축구선수가 A에서 1.8 m 높이의 장벽을 넘어서 공을 직접 골로 들어가게 차는 연습을 하고 있다(즉, 중간에 공이 지면에 튀지 않고).

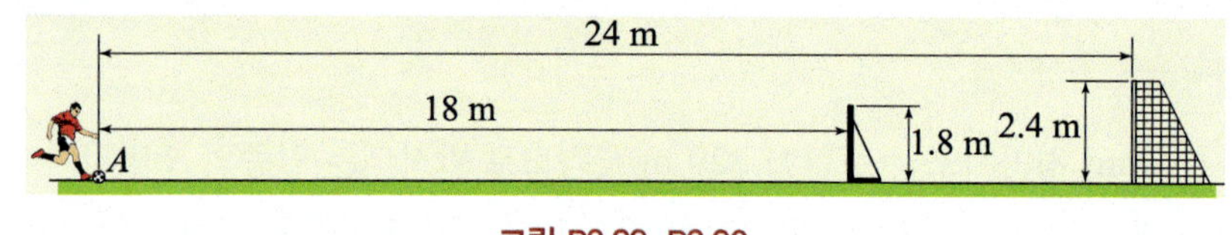

그림 P2.89, P2.90

문제 2.89 선수가 이를 성취하기 위해 차야 할 공의 최소 속력을 구하라. 힌트: 최소속도 $(v_0)_{min}$를 구하기 위해 공이 골의 바닥으로 들어가기 위한 조건에 대한 발사체의 궤적의 방정식(즉, 식 (2.52)참조)을 생각해보라. 그리고 초기각도 θ의 함수로써 초기속도 v_0를 구하고 마지막으로 미적분학에서 배운 방법으로 $(v_0)_{min}$를 구하라. 공이 장벽을 넘어가는지 꼭 확인하라.

문제 2.90 공이 가까스로 장벽을 넘어 골의 밑바닥에 들어가기 위한 초기속도와 각도를 구하라. 힌트: 식 (2.52)에서 보여준 것과 같이 발사체의 궤적은 포물선이 두 주어진 점들을 지나가게 함으로써 결정되는 C_1과 C_2계수를 가지는 $y = C_1x - C_2x^2$의 형태가 된다.

문제 2.91 과2.92

서커스의 장면에서 호랑이가 점 A에서 점 C로 뛰면서 B에 있는 불의 고리를 통과하게 된다. 힌트: 식 (2.52)와 같이 발사체의 궤적은 포물선이 두 주어진 점들을 지나가게 함으로써 결정되는 상수 C_1과 C_2를 가지는 $y = C_1x - C_2x^2$의 형태가 된다.

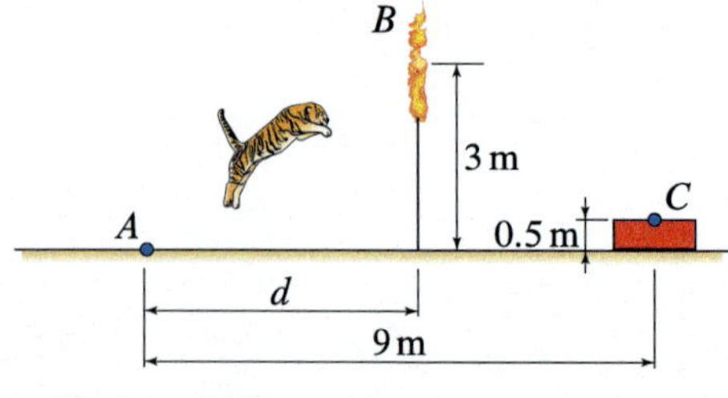

그림 P2.91, P2.92

문제 2.91 불의 고리가 A로부터 $d = 5.5$ m거리에 놓여질 때 호랑이의 초기속도를 구하라. 또 호랑이가 고리에 들어갈 때의 호랑이의 궤적의 각도를 정하라.

문제 2.92 호랑이가 불의 고리를 통과할 때 궤도가 완전히 수평이 되기 위한 거리 d 및 호랑이의 초기속도를 구하라.

---

18) 2005년 3월 20일에 Slovenia의 Planica에서 노르웨이의 Bjørn Einar Romøren(비욘 아이나르로뫼렌)은 상당히 큰 대형의 스키램프를 이용하여 239 m 세계 기록을 세웠다.

19) 주어진 착지 언덕의 평균 경사도는 정확하지만 규칙에 의하면 착륙지의 지형은 곡면 형상을 가져야 한다. 여기서 문제를 간단히 하기 위해 착지 언덕의 경사를 일정한 36°로 정했다.

문제 2.93

O에 있는 재규어 A가 C에 있는 흑표범 B를 공격하기 위해 초속 v_0 그리고 경사면에 대한 각도 β로 껑충 뛰었다. 경사면의 각이 θ로 주어질 때 뛰는 재규어가 경사면에서부터 도달하는 최대 수직 높이 $h_{\max}$의 식을 결정하라.

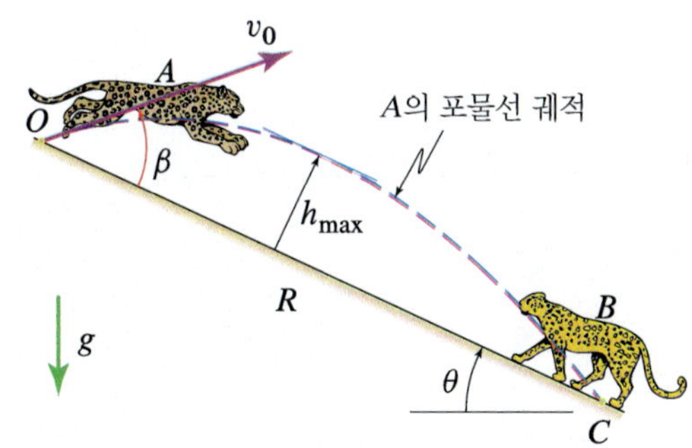

그림 P2.93-P2.95

문제 2.94와2.95

O에 있는 재규어 A가 C에있는 흑표범 B를 공격하기 위해 초속 v_0로 그리고 경사면에 대한 각도 β로 껑충 뛰었다. O에서 C까지 경사면 상의 거리는 R이며 경사면의 각이 θ로 주어졌다.

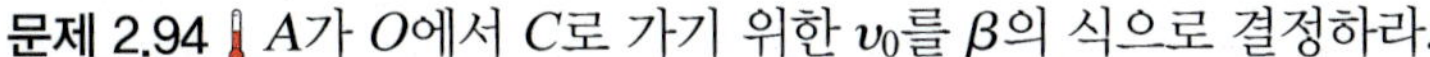

문제 2.94 A가 O에서 C로 가기 위한 v_0를 β의 식으로 결정하라.

문제 2.95 거리 R을 뛰어 넘기 위한 v_0를 최적 발사각도 β의 함수로 유도하라; 즉, 최소 v_0를 가지고 거리 R을 가는데 필요한 β값. 그리고 v_0를 $g = 9.81$ m/s^2, $R = 7$ m와 $\theta = 25°$에 대해 β의 함수로 그리고 또 최적의 β값과 이에 해당하는 v_0값을 주어진 변수들에 대해 수치로 나타내라.

문제 2.96과 2.97

발로켓은 한 끝은 발사판(즉, 공기주머니)에 연결된 호스이고 다른 끝은 삼각발 위에 설치된 작은 파이프로 된 장난감이다. 공간이 비어있는 로켓이 파이프 위에 설치되고 발사패드를 세게 밟으면 공기에 의해 추진된다.

그림 P2.96, P2.97

문제 2.96 로켓이 초기속도 $v_0 = 38$ m/s로 발사되고 착륙지점 B와 발사지점의 고도가 같다면(즉, $h = 0$ m) 공기저항을 무시할 때 로켓의 최대 발사거리를 위한 발사각도 θ를 구하라.또 로켓의 최대거리 R 및 이에 상응하는 비행시간 t_f를 구하라.

문제 2.97 로켓이 초기속도 $v_0 = 38$ m/s로 발사되고 B의 착륙지점이 발사지점의 고도보다 3 m가 높다면(즉, $h = 3$ m) 공기저항을 무시할 때 로켓의 최대 발사거리를 위한 발사각도 θ를 구하라.또 해석의 일환으로 로켓의 최대거리 R 및 이에 상응하는 비행시간 t_f를 구하라. 이를 위해

(a) R을 시간의 함수로 구하라.

(b) (a)에서 구한 R 식을 가지고 제곱하여 시간에 대해 미분함으로써 최대사거리에 상응하는 시간 및 최대거리를 구하라.

(c) (b)에서 구한 시간을 가지고 최대사거리에 도달하기 위한 각도를 구하라.

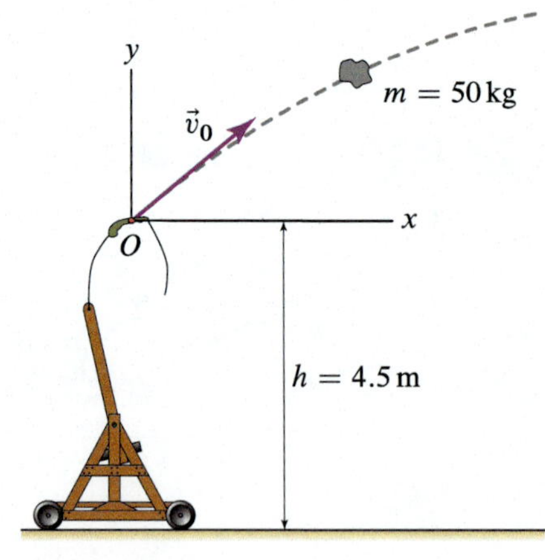

그림 P2.98-P2.101

문제 2.98

투석기를 이용하여 점 O로부터 질량 $m = 50$ kg의 돌을 던지고 있다. 초기속도는 $\vec{v} = (45\hat{\imath} + 30\hat{\jmath})$ m/s이다. 이때 공기저항을 발사체의 속도에 비례하는 항력으로 모델링 할 경우 각 x와 y방향으로의 가속도는 $\ddot{x} = -(\eta/\text{m})\dot{x}$와 $\ddot{y} = -g - (\eta/\text{m})\dot{y}$이며, 여기서 g는 중력가속도이고 $\eta = 0.64$ kg/s는 점성항력계수이다. 발사체의 궤적의 식을 구하라.

문제 2.99

상기 문제 2.98에서 $\eta = 0.64$ kg/s인 경우에 대해 발사체가 도달하는 지상으로부터의 최고 높이 및 그때 소요된 시간을 구하라. 그리고 이 결과를 공기 저항이 없을 때의 결과와 비교하라.

문제 2.100

문제 2.98로부터, $\eta = 0.64$ kg/s인 경우에 대해 발사체가 지상에 떨어질 때의 시간 t_I와 x_I거리를 구하라.

문제 2.101

문제 2.98과 2.100와 관련하여 실험을 했는데 점성항력이 없을 때 예측되는 값보다 x_I의 측정값이 10%정도 작다고 가정하자. 이때 실험과 같은 결과를 얻기 위한 문제 2.98의 이론에서 요구되는 η의 값을 구하라.

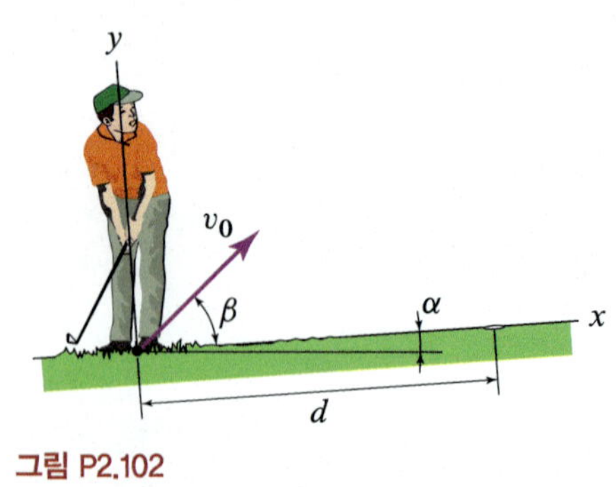

그림 P2.102

문제 2.102

그림의 좌표축을 이용하고 초속 v_0, 초기각도 β ,경사 α및 중력가속도 g를 사용하여 골프 공의 궤적을 구하라.

설계 문제

설계문제 2.1

볼 베어링에 사용되는 강철로 된 구를 제조하는데 재료물성이 충분히 균일해야 한다는 것이 중요하다. 이 재질의 전반적인 차이를 찾아내는 한 방법은 구가 바닥의 단단한 충격 판에 떨어졌을 때 튀어 오르는 것을 관찰하는 것이다. 구의 반발 특성은 **반발계수**(COR)[20)]라고 불리는 양을 통하여 산정될 수 있다. 특히, $(v_n)_{\text{strike}}$가 구가 충격 판에 수직한 구의 충격속도의 성분이라면 이때 반발계수는 다음으로 주어지고

$$\text{COR} = \frac{|(v_n)_{\text{rebound}}|}{|(v_n)_{\text{strike}}|} \qquad \text{(COR 방정식)}$$

여기서 $(v_n)_{\text{rebound}}$는 충격 판에서 튀어 오르는 반발속도의 수직성분이다.

각 구의 반경이 $R = 5$ mm일 때 $0.800 < \text{COR} < 0.825$의 값을 가지는 구들을 분류하는 장치를 설계하라. 장치는 각도 θ와 길이 L를 가지는 경사면으로 이루어져 있다. 충격 판은 깊이 h 이고 폭이 w인 웅덩이의 바닥에 놓여있다. 마지막으로, 경사면으로부터 거리 ℓ에 바닥으로부터 높이 b에 크기 d인 구멍이 있는 얇은 수직 판이 서 있다. 구를 경사면의 꼭대기에서 정지상태로부터 방출하여 구가 미끄러짐이 없이 구른다고 가정하면 구가 바닥을 때릴 때 공의 속도[21)]는

$$v_0 = \sqrt{\tfrac{10}{7} g L \sin\theta}$$

여기서 g는 중력가속도이다. 각 구가 경사면을 굴러 내려온 후에 바닥을 친 후에의 속도의 수평성분은 변하지 않지만, 수직성분은 COR방정식에 의해 주어지는 것 같이 거동하게 된다. 바닥에 부딪힌 후에 분류되어야 할 구들은 수직 구멍 사이로 나가고 나머지들은 구멍을 통과하지 못할 것이다. 설계에서 이 일을 수행하기 위한 L, $\theta < 45°$, h, w, d와 ℓ의 적절한 값들을 선택하고 장치의 전체적인 크기가 수평 그리고 수직방향에서 1.2m를 넘지 않도록 하라.

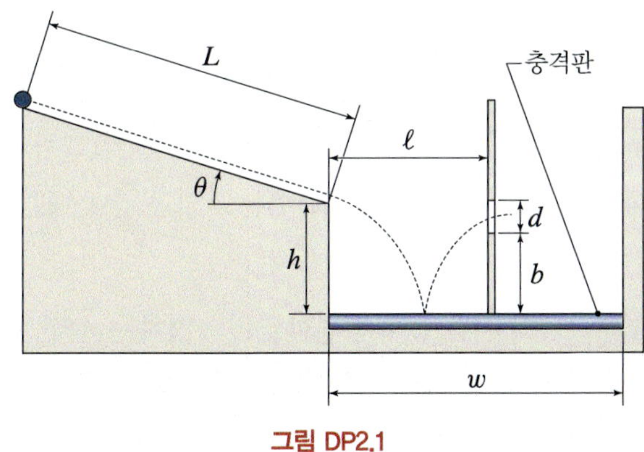

그림 DP2.1

20) 5.2절에서 COR에 대해 자세히 공부할 것이다.

21) 7장과 8장에서 이 식을 어떻게 유도하는지 보여줄 것이다.

2.4 벡터의 시간 미분

벡터량들에 대한 시간 미분은 모든 동역학에 존재한다. 이미 위치와 속도 벡터의 시간미분을 배웠다. 다음 장들에서는 벡터량들인 각속도, 운동량, 각운동량 같은 양들의 시간 미분을 배울 것이다. 그러므로 이 연산의 이해를 돕기 위해 벡터량들에 대한 시간 미분에 약간의 시간을 할애할 가치가 있다.

개념적으로 우리가 같이 지녀야 할 생각은 벡터에 대한 시간 미분은 회전의 개념에 아주 밀접하게 연결되어 있다는 것이다. 우리는 벡터가 시간에 따라 두 가지로 변하는 것을 볼 것이다:

1. 길이가 변하기 때문에
2. 회전에 따라 방향이 변하기 때문에

그림 2.24(a)에서 보여진 것과 같이 지금 시간 t와 $t + \Delta t$에 있는 지면 상의 임의의 벡터를 생각해보자. 벡터 $\vec{A}$는 "꼬리"의 위치 뿐만이 아니라 길이와 방향도 바뀌고 있다.

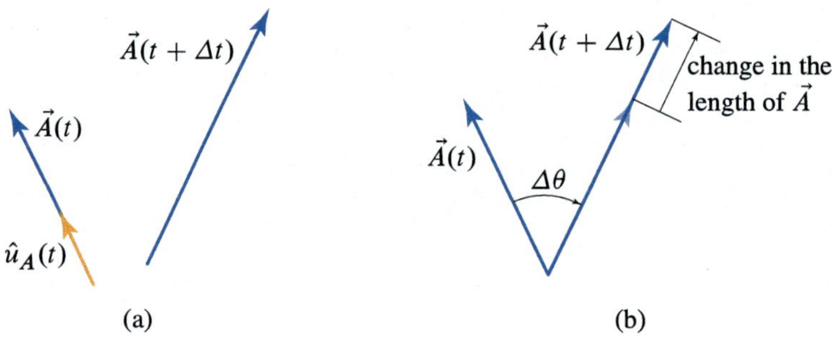

그림 2.24 (a) $\vec{A}(t)$에서 $\vec{A}(t + \Delta t)$로 변하는 벡터 $\vec{A}$, (b) 벡터의 끝이 일치하게 그려진 벡터 $\vec{A}(t)$와$\vec{A}(t + \Delta t)$.

그림 2.24(b)에서 보여진 $\vec{A}$의 변화를 보는데 시간 t와 Δt에서의 꼬리점들이 설명을 위해 같은 점에 위치하도록 되어 있다. $\vec{A}$를 $\vec{A}$의 방향에서의 크기와 단위벡터로 표현할 수 있으므로 이를 시간에 대해 미분하면 다음을 얻는다

$$\dot{\vec{A}}(t) = \frac{d}{dt}\big[A(t)\,\hat{u}_A(t)\big] = \frac{dA}{dt}\,\hat{u}_A + A\frac{d\hat{u}_A}{dt} = \dot{A}\,\hat{u}_A + A\,\dot{\hat{u}}_A \qquad (2.54)$$

여기서는 A는 $\vec{A}$의 크기이고, 즉 $|\vec{A}|$; $\hat{u}_A$는 $\vec{A}$ 방향의 단위벡터(그림 2.24(a) 참조); 그리고 미분의 곱에 대한 법칙을 사용했다. 식 (2.54)는 $\vec{A}$의 시간에 대한 미분이 다음 두 부분으로 이루어진다는 것을 보여준다:

1. 항 $\dot{A}\hat{u}_A$는 $\vec{A}$의 크기의 시간에 대한 변화율을 측정하는 $\vec{A}$의 방향에서의 벡터이고
2. 항 $A\dot{\hat{u}}_A$는 단위 벡터 $\hat{u}_A$의 시간미분을 $\vec{A}$의 크기와 곱한 양이고 $\vec{A}$의 방향의 시간에 대한 변화율을 나타낸다.

벡터 $\dot{\hat{u}}_A$는 특히 일단 회전과 회전율을 어떻게 기술하는지를 이해하면 간단히 쓰여질 수 있다.

회전과 각속도

지금 우리의 목적은 회전을 기술하기 위해 벡터를 사용하는 것이고 그러기 위해 회전과 다른 운동들이 어떻게 다른지 이해할 필요가 있다. 그림 2.25가 보여주는 회전문을 생각함으로써 시작한다. 경첩선 상에 있는 모든 점들은 움직이지 않는다는 것에 주목한다. 이는 회전의 특성이다: 물체가 "경첩선"을 가지고 있다면, 더 정확히 말해서 회전축을 가지고 있다면 물체는 회전하고 있다. 일반적인 3차원운동에서 **회전축**(*axis of rotation*)의 정의는 축이 이동할 수 있고 또 방향을 바꿀 수 있게 해준다는 것이다.

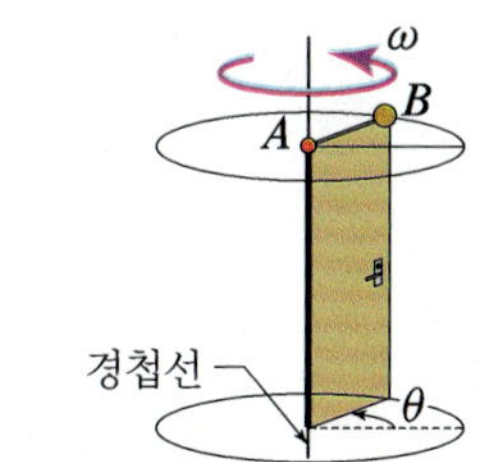

그림 2.25 문의 회전운동 묘사.

지금 회전축의 개념이 생겼으므로 단위벡터의 방향을 가리키는 엄지손가락을 이용하여 오른손법칙을 써서 회전축이 가리키는 방향과 방향성을 기술하는 단위 벡터를 사용할 수 있다는 것에 주목한다. 이 방향을 **회전방향**(*direction of rotation*)이라고 부를 것이다(그림 2.26 참조). 이 개념을 사용하고 그림 2.27을 참조하여 벡터 $\vec{\gamma} = \gamma\hat{u}_\gamma$를 생각해보자. 여기서 γ는 라디안으로 표시된 각도이고 $\hat{u}_\gamma$는 회전축에 평행한 단위 벡터이다. $\hat{u}_\gamma$의 방향을 가지는 각 γ만큼의 회전에 상응하는 각변위를 표시하기 위해 벡터 $\vec{\gamma}$를 사용할 수 있을까? 할 수 있지만 이 방법의 문제점은 실제 벡터같이 거동하지 않은 한 '벡터'가 발생한다는 것이다. 이를 이해하기 위해 그림 2.28을 보면 책이 같은 초기위치로부터 두 개의 다른 순서를 통하여 회전하는 경우를 보여준다. 첫째 순서에서는 책이 양

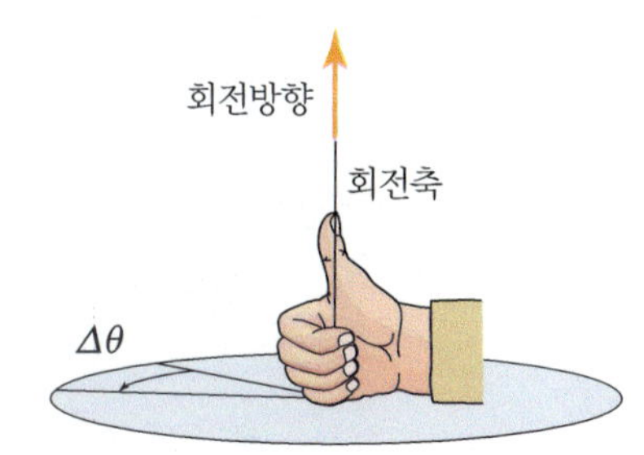

그림 2.26 회전방향을 묘사하기 위해 사용된 오른손 법칙.

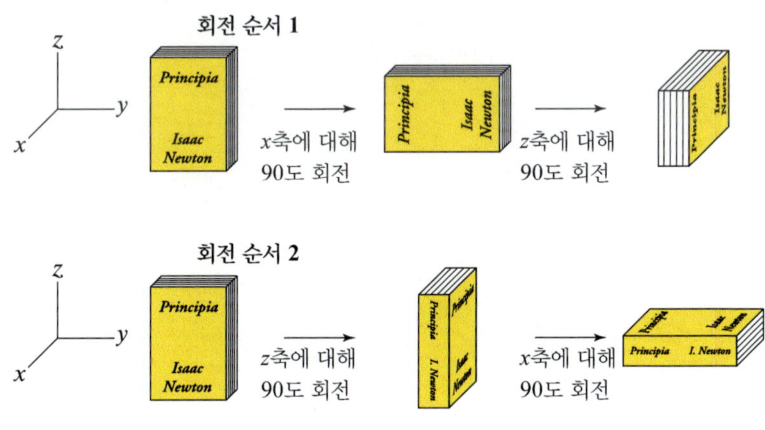

그림 2.28 두 회전 순서

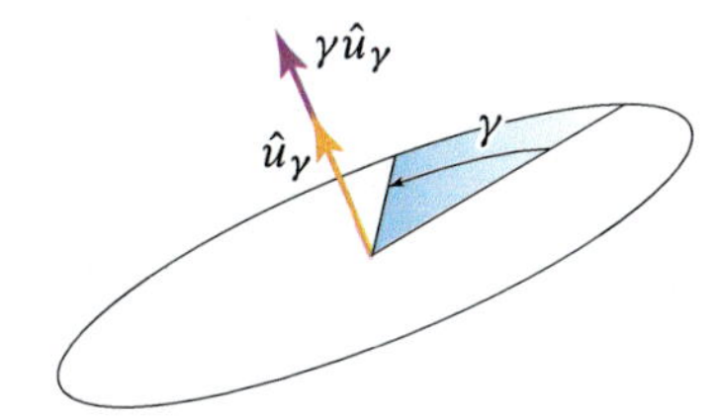

그림 2.27 가능하지만 추천되지 않는 회전을 표현하는 벡터의 사용.

의 x 축에 대해 먼저 90° 회전하고 나중에 양의 z 축으로 90° 회전한다. 두 번째는 먼저 양의 z 축으로 90° 회전한 후 양의 x 축에 대해 90° 회전한다. 두 경우에 있어서 단지 회전의 순서를 바꾸었는데 책은 다른 방향으로 위치해 있다. 지금 양의 x 축에 대한 90° 회전하는 것을 기술하기 위해 $\vec{\rho}_x$를 사용하고 양의 z 축으로의 90° 회전하는 것을 $\vec{\rho}_z$로 기술하자.이 때 첫 번째는 $\vec{\rho}_x + \vec{\rho}_z$가 두 번째는 $\vec{\rho}_z + \vec{\rho}_x$가 되는 것을 예상할 수 있다. 문제는 벡터 대수는 $\vec{\rho}_x + \vec{\rho}_z = \vec{\rho}_z + \vec{\rho}_x$를 요구하는데 지금 두 경우는 확실히 다르다!

회전에 의한 각변위를 표시하기 위해 벡터를 사용하지 않는 또 다른 이유는 회전축

이 시간에 따라 변하는 일반적인 경우를 논할 때 맞지 않는다는 것이다.[20] 이는 각도 γ 만큼을 회전할 때 일정시간이 소요되기 때문이며, 벡터 $\vec{\gamma}$가 의미를 가지기 위해서는 각 γ가 완전히 회전될 때까지 회전축을 고정시켜야 할 필요가 있기 때문에 그렇다. 회전축의 방향은 γ만큼 회전한 후에 다시 일치될 수 있지만 이 때문에 연속적으로 시간에 따라 축을 바꿀 수가 없다.이런 제약은 실제로 문제의 해결책을 가르쳐 주기도 한다. 미분학적 개념을 가지고 접근을 할 때 변하는 축에 대한 회전은 아주 미소한 회전들의 무한한 연속으로 볼 수 있다. 이런 견지에서 보면 순서에 따른 각 회전 동안에 축을 고정시킨 상태에서 어떤 미소한 회전 사이의 회전축의 위치와 방향을 새롭게 하는 것으로 볼 수 있다. 회전을 보여주기 위해 그림 2.27에서의 개념을 이용하고 회전은 무한히 작게 유지한다. 그림 2.29를 참조하여 그림 2.28에서 보여준 바와 같이 회전의 두 경우를 구성한다. 지금 차이점은 회전을 연속적으로, 갈수록 작게 만드는 것이다. 그림 2.28이 보여주는것은 회전이 갈수록 미소하기 때문에 회전의 순서가 마지막 결과에 차이를 미치

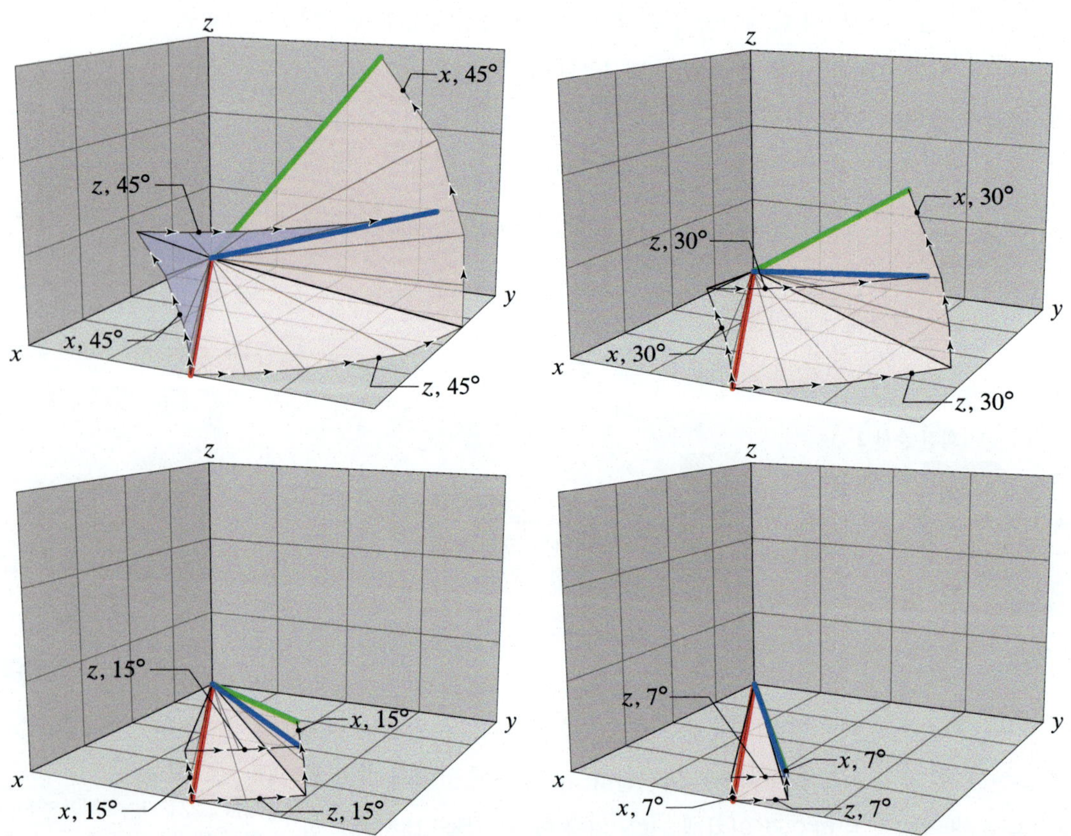

그림 2.29 각 그림은 두 개의 회전순서를 보여준다.첫째 순서에서 붉은 구간(자주색 표면)이 먼저 x 축에 대해 회전한 후 z 축에 대해 회전함으로써 파란색 구간으로 이동한다. 두 번째는 붉은색 구간(분홍색 표면)이 먼저 z 축에 대해 회전한 후 x 축에 대해 회전함으로써 초록색 구간으로 이동한다. 회전은 예를 들면 표시 z, 30°는 z 축에 대해 30° 회전하는 것으로 표시되어 있다. 회전각도가 작아질수록, 즉 그림의 왼쪽 위에서 오른쪽 아래로 움직일 때 파란색과 초록색의 차이를 구별하는 것이 더 힘들어진다. 즉 회전의 마지막 결과는 같아지는 경향이 있다.

20) Quarternions라고 불리는 수학적 물체는 설명하기 힘든 점을 극복하기 위해 만들어졌다.

지 않는다는 것이다.

더욱 중요한것은 이를 그림 2.29로부터 직접적으로 보는 것은 어렵지만 $d\gamma\ \hat{u}_\gamma$와 $d\phi\ \hat{u}_\phi$가 두 개의 미소한 회전이라면, $d\gamma\ \hat{u}_\gamma$ 후에 $d\phi\ \hat{u}_\phi$를 한 마지막 결과는 $d\phi\ \hat{u}_\phi$ 후에 $d\gamma\ \hat{u}_\gamma$를한 결과와 같을 뿐만 아니라 이 결과는 벡터 $d\gamma\ \hat{u}_\gamma + d\phi\ \hat{u}_\phi$이라는 것이다!

우리의 토론에서 마지막 단계는 미소한 각변위를 움직임에 해당하는 미소한 시간으로 나눔으로써 각속도라는 개념을 얻는다는 것을 깨닫는 것이다. 이 때문에 우리는 $d\vec{\gamma}$ 대신에 유한한 양 $\dot{\vec{\gamma}}$를 사용할 수 있고 $d\vec{\gamma} = \dot{\vec{\gamma}}dt$라고 표현함으로써 항상 미소한 각변위를 생각할 수 있다. 결론적으로 유한한 크기의 벡터 $\vec{\omega} = \omega\hat{u}_\omega$가 주어지면 이 벡터가 아주 미소한 회전, 즉 다음 성질을 가지는 미소한 각변위를 기술한다고 볼 수 있다.

1. $\hat{u}_\omega$와 평행한 축을 가지고
2. 각 $|\vec{\omega}|dt$만큼을 포함하고
3. 오른손법칙과 일치하는 방향을 가리킨다.

벡터 $\vec{\omega}$는 각속도(*angular velocity*)를 나타내고 다른 벡터와 마찬가지로 각속도 벡터들은 표준 벡터연산법칙을 따른다. 마지막으로 라디안으로 측정된 각은 무차원이므로 각속도의 차원은 $1/T$이어야 하고 여기서 T는 시간의 차원임을 지적하고자 한다.

단위벡터의 시간미분

단위벡터의 시간미분으로 돌아가서 회전에 대해 배운 것에 근거하여 이에 대한 식을 얻고자 한다.

그림 2.30을 보면 단위벡터 $\hat{u}_A$가 주어질 때 다음과 같이 쓴다.

$$\hat{u}_A = \cos\theta\ \hat{\imath} + \sin\theta\ \hat{\jmath} \tag{2.55}$$

그래서

$$\dot{\hat{u}}_A = \dot{\theta}(-\sin\theta\ \hat{\imath} + \cos\theta\ \hat{\jmath}) \tag{2.56}$$

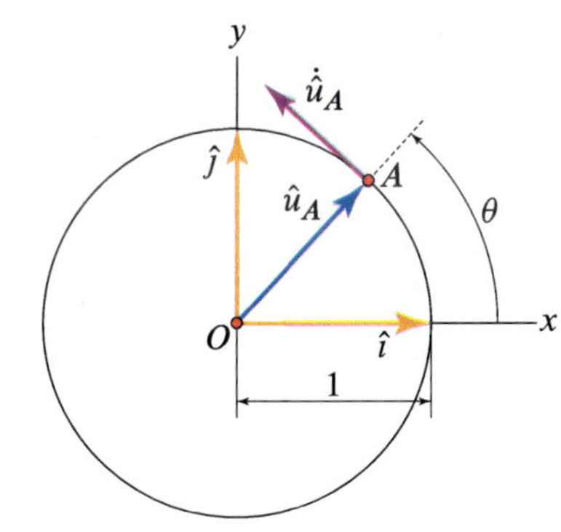

그림 2.30 회전하는 단위벡터 $\hat{u}_A$.

식 (2.56)에 있는 항 $-\sin\theta\ \hat{\imath} + \cos\theta\ \hat{\jmath}$은 $\hat{u}_A$에 수직한 단위벡터라는 것을 알 수가 있다. 그러므로 $\dot{\hat{u}}_A$는 $\hat{u}_A$에 수직이다(이는 그림 2.30과 같다). 식 (2.56)에 있는 항 $\dot{\theta}$는 $\hat{u}_A$의 회전율이다. 미소각도 $d\theta = \dot{\theta}\ dt$는 정확히 미소시간 간격 dt 동안에 단위벡터 $\hat{u}_A$에 의하여 돌아간 각도이다. 그러나 회전에 상응하는 축은 무엇인가? 오른손법칙에 의해 $\hat{u}_A$와 $\dot{\hat{u}}_A$는 같은 평면 상에 있으므로 $\hat{u}_A$의 회전축은 xy 평면에 수직이고 z 방향을 향한다고 결론짓는다. 그러므로 $\vec{\omega}_A$가 $\hat{u}_A$의 각속도 벡터라고 하면

$$\vec{\omega}_A = \dot{\theta}\ \hat{k} \tag{2.57}$$

식 (2.57)은 벡터들 $\hat{u}_A$, $\dot{\hat{u}}_A$, $\vec{\omega}_A$가 서로 직교하고 벡터 $\vec{\omega}_A \times \hat{u}_A$는 $\dot{\hat{u}}_A$에 평행하다는 것을 뜻한다. 그러면 다음을 얻는다.

$$\begin{aligned}\vec{\omega}_A \times \hat{u}_A &= \dot{\theta}\hat{k} \times (\cos\theta\ \hat{\imath} + \sin\theta\ \hat{\jmath}) \\ &= \dot{\theta}(\cos\theta\ \hat{k} \times \hat{\imath} + \sin\theta\ \hat{k} \times \hat{\jmath}) \\ &= \dot{\theta}(\cos\theta\ \hat{\jmath} - \sin\theta\ \hat{\imath})\end{aligned} \tag{2.58}$$

유용한 정보

벡터 $\hat{u}_A$와 $\dot{\hat{u}}_A$는 서로 수직이다. 벡터 $\hat{u}_A$와 $\dot{\hat{u}}_A$가 서로 수직이라는 것을 보여주는 한가지 방법은 다음 $\hat{u}_A \cdot \hat{u}_A = 1 =$ 상수임을 관찰함으로써 시작하고, 우리는

$$\begin{aligned}\frac{d}{dt}(\hat{u}_A \cdot \hat{u}_A) = 0 &= \dot{\hat{u}}_A \cdot \hat{u}_A + \hat{u}_A \cdot \dot{\hat{u}}_A \\ &= 2\hat{u}_A \cdot \dot{\hat{u}}_A\end{aligned}$$

를 얻고 이 식은 벡터 $\hat{u}_A$와 $\dot{\hat{u}}_A$가 항상 서로 수직이라는 것을 뜻한다.

식 (2.58)을 식 (2.56)과 비교할때 $\vec{\omega}_A \times \hat{u}_A$는 $\dot{\hat{u}}_A$에 그냥 평행한 것만이 아니라 바로 $\dot{\hat{u}}_A$ 이라는 것을 뜻하기 때문에 주목할 만한 결과이다! 즉,

$$\dot{\hat{u}}_A = \vec{\omega}_A \times \hat{u}_A \tag{2.59}$$

식 (2.59)는 보편적인 것으로 나타난다: 2차원이나 3차원에 상관이 없고 이 단위벡터의 시간에 대한 변화율은 이 단위벡터와 이 벡터의 각속도의 외적으로나타난다.

그래서 지금 우리는 임의의 단위벡터(*time derivative of any unit vector*) $\vec{u}$의 시간 미분을 일반적이며 물리적으로 접근된 다음과 같이 표현하는 방법을 얻는다

$$\dot{\hat{u}} = \vec{\omega}_u \times \hat{u} \tag{2.60}$$

여기서 $\vec{\omega}_A$는 $\vec{u}$의 각속도이다. 식 (2.60)은 다음과 같이 가장 잘 기억할 수 있다.

단위벡터의 시간미분은 자체벡터와 이 벡터의 각속도벡터의 외적이다.

유용한 정보

우리는 정말로 식 (2.59)를 증명했는가? 식 (2.59)의 유도는 수학적으로 엄밀한 증명이 아니다. 우리가 지금까지 진짜로 보여준 것은 단위벡터의 시간 변화량은 문제의 단위벡터와 이 벡터의 각속도의 벡터외적으로 나타낼 수 있다는 개념을 가리키는 간단하고, 물리학에 근거를 둔 토론이다. 그러나 식 (2.59)는 가장 일반적인 상황에서도 성립하며 엄밀하게 증명될 수 있다.

임의 벡터의 시간미분

식 (2.60)을 볼 때 식 (2.54)의 $A\dot{\hat{u}}_A$항의 의미는 이제 명백하다: $\vec{A}$의 크기와 $\vec{\omega}_A \times \hat{u}_A$의 곱이므로 식 (2.54)는 다음과 같이 된다.

$$\dot{\vec{A}}(t) = \dot{A}\,\hat{u}_A + A\,\vec{\omega}_A \times \hat{u}_A = \dot{A}\,\hat{u}_A + \vec{\omega}_A \times A\,\hat{u}_A \tag{2.61}$$

또는

$$\dot{\vec{A}}(t) = \dot{A}\,\hat{u}_A + \vec{\omega}_A \times \vec{A} \tag{2.62}$$

지금 임의의 벡터의 시간미분은 시간에 대한 그 벡터의 크기의 변화율과 방향의 변화율을 더하는 것으로 해석할 수 있다.

$$\underbrace{\dot{\vec{A}}(t)}_{\vec{A}\text{의 변화율}} = \underbrace{\dot{A}\,\hat{u}_A}_{\text{크기의 변화율}} + \underbrace{\vec{\omega}_A \times \vec{A}}_{\text{방향의 변화율}} \tag{2.63}$$

여기서 방향의 시간에 대한 변화율은 벡터의 각속도와 벡터 자체의 외적으로 주어진다. 이 관계식은 어느 벡터에나 해당하고 이 책의 나머지 부분에서 광범위하게 이용할 것이다. 특히 위치벡터를 미분하여 속도벡터를 구할 때, 그리고 유한한 크기의 강체의 운동학을 해석할 필요가 있을때 아주 편리할 것이다.

개념 정리

$|\dot{\vec{A}}|$와 $\dot{A}$는 같지 않다. 일반적으로 $\dot{A} \neq |\dot{\vec{A}}|$이며 여기서 $|\dot{\vec{A}}|$는 $|d\vec{A}/dt|$를 뜻한다. 이유는 $\dot{\vec{A}}$는 두 벡터–$\dot{A}\,\hat{u}_A$와 $\vec{\omega}_A \times \vec{A}$–로 구성되어 있다. 그러므로 $\dot{\vec{A}}$의 크기는 이 두 벡터의 크기의 결합이다. $\dot{A}\,\hat{u}_A$는 $\vec{\omega}_A \times \vec{A}$에 항상 수직이므로 다음과 같이 말할 수 있다.

$$|\dot{\vec{A}}| = \sqrt{\dot{A}^2 + |\vec{\omega}_A \times \vec{A}|^2}$$

식 (2.62)를 얻기 위해 이용한 같은 개념을 직접 적용함으로써 시간에 대한 임의의 벡터의 2차 미분을 다음과 같이 얻을 수 있다는 것을 언급하고 이 절을 마치기로 한다.

$$\ddot{\vec{A}} = \ddot{A}\,\hat{u}_A + 2\vec{\omega}_A \times \dot{A}\,\hat{u}_A + \dot{\vec{\omega}}_A \times \vec{A} + \vec{\omega}_A \times (\vec{\omega}_A \times \vec{A}) \tag{2.64}$$

식 (2.64)는 $\vec{A}$를 한 점의 위치벡터로 간주하는 것으로 설명될 수 있다. 이런 관점에서 A가 문제의 점이라면 $\vec{A}$ 벡터의 2차 미분은 다음 양들로 구성되어 있다:

$$\ddot{A}\,\hat{u}_A = \vec{A}\text{의 방향이 변하지 않을 때, }\vec{A}\text{방향으로 }A\text{의 가속도성분}$$

$2\vec{\omega}_A \times \dot{A}\,\hat{u}_A$ = 두 개의 같지만 다른 영향에 기인하는 코리올리힘: (1) $\vec{\omega}_A$에 의한 $\vec{A}$ 방향의 변화와 (2) $\vec{A}$ 방향에서 A의 속도성분에 대한 $\vec{\omega}_A$의 영향

$\dot{\vec{\omega}}_A \times \vec{A}$ = $\vec{A}$의 크기가 변하지 않을 때, $\vec{A}$ 방향에 수직한 A의 가속도성분

$\vec{\omega}_A \times (\vec{\omega}_A \times \vec{A})$ = $\vec{A}$의 크기가 변하지 않을 때, $\vec{\omega}_A$ 방향에 수직한 A의 가속도성분

예제 2.14에서 보여진 것 같이 $\ddot{A}\,\hat{u}_A$ 항은 직선운동에서의 점의 가속도로 해석될 수도 있다. 또 예제 2.15에서 보여진 것 같이 항 $\dot{\vec{\omega}}_A \times \vec{A}$와 $\vec{\omega}_A \times (\vec{\omega}_A \times \vec{A})$의 합은 원형운동을 하는 점의 가속도로 해석될 수도 있다.

6장과 10장에서 알게되겠지만 식 (2.64)는 강체의 운동학을 공부하는데 아주 유용할 것이다.

유용한 정보

벡터 외적과 2차원 운동. 이 절에서 우리는 회전과 벡터의 외적은 벡터의 시간 미분을 표현하는 방법을 준다는 것을 알았다. 회전과 벡터외적은 내재적으로 3차원 개념(외적은 순수 2차원적 문맥에서는 정의될 수가 없다)이다. 이는 식 (2.60), (2.62), (2.64)를 평면운동에 적용할 때 3차원 운동의 특별한 경우로 간주된다는 것을 뜻한다.

절 요약

이절은 단위벡터 $\vec{u}$와 임의의 벡터 $\vec{A}$의 시간미분을 다루고 있다. 벡터의 특성은 크기와 방향에 의해 주어지고 벡터의 시간미분은 길이의 변화에 의한 부분과 방향의 변화에 따른 부분으로 구성되는 것을 알았다. 단위벡터는 길이가 변하지 않으므로 시간에 대한 미분은 다음과 같이 단지 방향의 변화만 있다는 것도 알았다:

식 (2.60) p.92

$$\underbrace{\dot{\hat{u}}(t)}_{\vec{u}\text{의 변화율}} = \underbrace{\vec{\omega}_u \times \hat{u}}_{\text{방향의 변화율}}.$$

임의의 벡터 $\vec{A}$에 대해서는 다음 관계식으로 시간미분이 주어진다:

식 (2.62) P. 92

$$\underbrace{\dot{\vec{A}}(t)}_{\vec{A}\text{의 변화율}} = \underbrace{\dot{A}\,\hat{u}_A}_{\text{크기의 변화율}} + \underbrace{\vec{\omega}_A \times \vec{A}}_{\text{방향의 변화율}}$$

여기서 그림 2.31를 참조하면 $\hat{u}_A$는 $\vec{A}$의 방향의 단위벡터이고, $\dot{A} = d\vec{A}/dt$이며 $\vec{\omega}_A$는 벡터 $\vec{A}$의 각속도이다. 같은 벡터 $\vec{A}$에 대해 다음 관계식은 시간에 대한 2차미분을 보여준다:

식 (2.64) p. 92

$$\ddot{\vec{A}} = \ddot{A}\,\hat{u}_A + 2\vec{\omega}_A \times \dot{A}\,\hat{u}_A + \dot{\vec{\omega}}_A \times \vec{A} + \vec{\omega}_A \times (\vec{\omega}_A \times \vec{A})$$

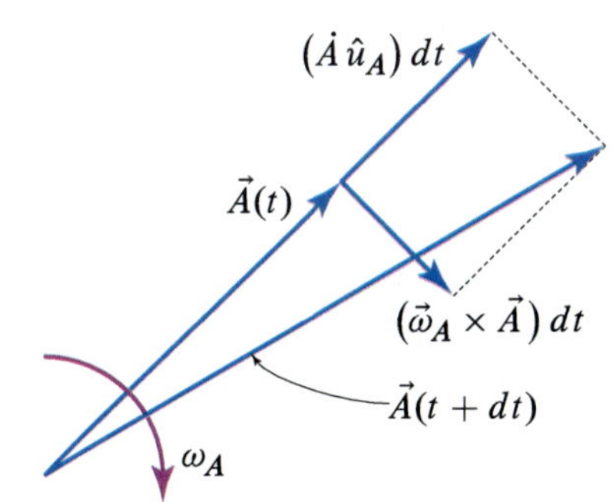

그림 2.31 방향과 크기의 변화를 보여주는 시간 t와 $t + td$에서의 벡터 $\vec{A}$의 묘사.

예제 2.14 벡터의 시간 미분과 직선운동

이 절에서 전개된 벡터의 시간 미분의 개념을 이용하여 직선운동을 생각해보자 [식 (2.13), (2.16), (2.17), 2.2절 참조]. 특히 직선운동을 하고 있는 질점의 속도와 가속도의 식을 구하라.

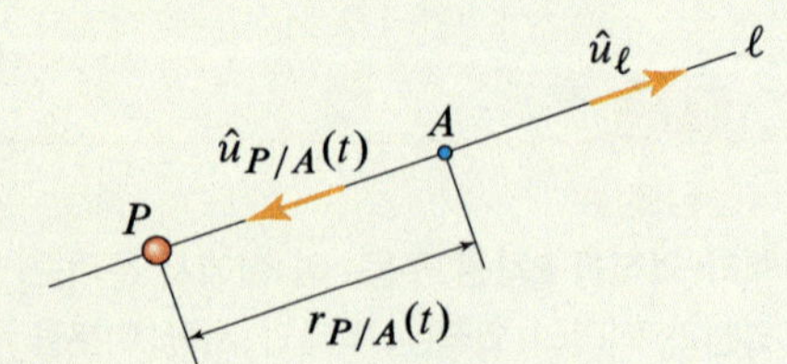

그림 1 선 ℓ을 따라 직선운동을 하고 있는 점 P.

풀이 SOLUTION

로드맵 직선운동을 기술하기 위해 이 절에서 전개된 내용과 일치하는 표현계가 필요하다. 그림 1을 참조하여

1. 궤적을 따르는 점 A를 우리 성분계의 원점으로 택한다.
2. $\hat{u}_{P/A}$를 A에서 P를 가리키는 단위벡터라고 한다(이 설명을 위해 1.2절 참조).

이 표현은 우리가 속도와 가속도를 구하기 위한 위치의 시간에 대한 미분을 쉽게 할 수 있게 해준다.

계산 이 정의들을 이용하여 P의 위치벡터는 다음과 같이 되며

$$\vec{r}_{P/A} = r_{P/A}\,\hat{u}_{P/A} \tag{1}$$

여기서 $r_{P/A}$는 P와 A 사이의 거리이다. 이로부터 식 (2.62)를 이용하여 P의 속도를 구할 수 있다:

$$\vec{v}_P = \dot{r}_{P/A}\,\hat{u}_{P/A} + \vec{\omega}_r \times \vec{r}_{P/A} \tag{2}$$

여기서 $\vec{\omega}_r$는 $\vec{r}_{P/A}$의 각속도벡터이며 단위벡터 $\hat{u}_{P/A}$의 각속도벡터와 같고 식 (2.60)에의해 다음과 같이 쓸 수 있다.

$$\dot{\hat{u}}_{P/A} = \vec{\omega}_r \times \hat{u}_{P/A} \tag{3}$$

P의 운동의 직선성의 본질은 $\hat{u}_{P/A}$를 상수로 만든다는 것임을 상기한다(여백의 주석을 참조). 식 (3)을 보면($\hat{u}_{P/A}$ 는 결코 0이 될 수 없으므로) 이는 직선운동의 경우에 다음을 뜻한다.

$$\vec{\omega}_r = \vec{0} \tag{4}$$

이로부터 P의 속도에 대한 식은 다음 형태를 취한다.

$$\boxed{\vec{v}_P = \dot{r}_{P/A}\,\hat{u}_{P/A}} \tag{5}$$

P의 가속도벡터를 구하기 위해 속도에 대한 것과 같은 방식으로 하면 다음을 얻고

$$\vec{a}_P = \dot{\vec{v}}_P = \ddot{r}_{P/A}\,\hat{u}_{P/A} + \vec{\omega}_v \times \vec{v}_P \tag{6}$$

여기서 $\vec{\omega}_v$는 $\vec{v}_P$ 벡터의 각속도이다. $\vec{r}_{P/A}$에 대해서 $\vec{v}_P$의 각속도는 $\hat{u}_{P/A}$의 각속도와 같은데 식 (4)로부터 0이다. 그러므로 P의 가속도는

$$\boxed{\vec{a}_P = \ddot{r}_{P/A}\,\hat{u}_{P/A}} \tag{7}$$

논의 및 검증 1차원 운동을 기술하는 식 (5), (7)은 식 (2.16), (2.17)의 1차원 형태를 주는데 이는 바로 우리가 예상한 그대로이다.

심층분석 식 (7)은 식 (2.64)의 첫 번째 항에 상응하는 것에 주목한다. 이 때 이 항은 단순히 직선운동에 있는 점의 가속도로 해석할 수 있다.

유용한 정보

어떻게 $\hat{u}_{P/A}$는 상수가 되는가? 그림 1을 참조하여 일정한 단위벡터 $\hat{u}_\ell$이 P가 따라 움직이는 선의 양의 방향을 정의하면 다음과 같다.

$$\hat{u}_{P/A}(t) = \begin{cases} \hat{u}_\ell, & P\text{가 } A\text{를 따르는 경우} \\ -\hat{u}_\ell, & P\text{가 } A\text{를 앞서는 경우} \end{cases}$$

P가 A와 일치하면 이 때 $\hat{u}_{P/A}$는 정의가 안된다. 그러므로 P가 A와 일치할 때를 제외하고 $\hat{u}_{P/A}$는 상수라고 이야기할 수 있다.

예제 2.15 벡터의 시간 미분과 원운동

점 Q가 반경 r의 원호를 따라 움직이고 있고 원의 중심은 고정되어 있는 점 O에 있다(그림 1 참조).이 절에서 전개된 시간 미분의 개념을 이용하여 운동이 원형운동을 하는 질점의 속도와 가속도벡터를 정하라.

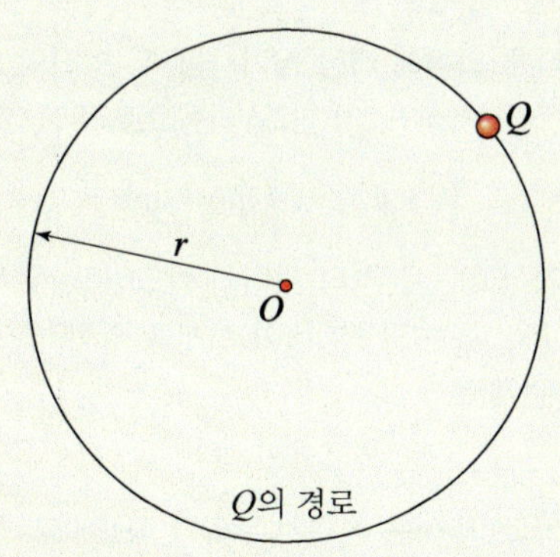

그림 1 점 O에 중심이 있는 원 위에서 움직이는 점 Q.

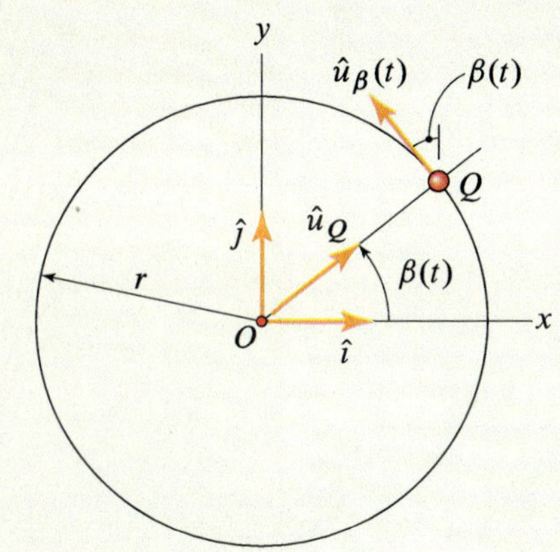

그림 2 점 O에 중심이 있는 원을 따라 움직이는 질점 Q.

풀이 SOLUTION

로드맵 앞의 예제와 같이 시간에 대한 미분을 하기 위해 벡터를 정의하는 것으로부터 시작한다. 이 경우 O에 상대적인 Q의 위치를 정의하는 벡터를 선택한다. 이후에 이 시간 벡터의 미분을 구하고 차례로 원호 상에서 움직이는 점 Q의 속도와 가속도를 구할 것이다.

계산 그림 2를 참조하면 O에 상대적인 Q의 위치는

$$\vec{r}_Q = r\,\hat{u}_Q \tag{1}$$

여기서 r은 원의 반경이고 $\hat{u}_Q$는 O에서 Q를 가리키는 단위벡터이다. 식 (2.62)를 사용하여 Q의 속도를 구하면 다음을 얻고

$$\vec{v}_Q = \dot{\vec{r}}_Q = \dot{r}\,\hat{u}_Q + \vec{\omega}_Q \times \vec{r}_Q = r\,\vec{\omega}_Q \times \hat{u}_Q \tag{2}$$

여기서 r은 상수라는 사실을 이용했고 식의 마지막 등식을 얻기 위해 식 (1)을 사용하였다.

단위벡터 $\hat{u}_Q$의 각 가속도인 $\vec{\omega}_Q$를 결정하기 위해 $\hat{u}_Q$는 항상 xy 평면에 있어서 이 벡터의 회전축은 z 축에 평행해야 한다는 것에 주목한다. 추가로 단위벡터 $\hat{u}_Q$는 $\dot{\beta}$의 비율로 회전하므로 다음과 같아야 한다.

$$\vec{\omega}_Q = \omega_Q\,\hat{k}\,, \quad \omega_Q = \dot{\beta} \tag{3}$$

식 (3)을 식 (2)에 대입하면 다음을 얻고

$$\vec{v}_Q = r\dot{\beta}\,\hat{k} \times \hat{u}_Q \tag{4}$$

여기서 몇 가지 방법으로 이를 조사할 것이다.

첫 번째 방법에서 그림 2를 보면 $\hat{u}_Q$는 다음과 같은 직교성분들로 다음과 같이 표현하고

$$\hat{u}_Q = \cos\beta\;\hat{\imath} + \sin\beta\;\hat{\jmath} \tag{5}$$

이를 식 (4)에 대입하면 다음 식이 된다.

$$\vec{v}_Q = r\dot{\beta}\,\hat{k} \times (\cos\beta\;\hat{\imath} + \sin\beta\;\hat{\jmath}) = r\dot{\beta}(-\sin\beta\;\hat{\imath} + \cos\beta\;\hat{\jmath}) \tag{6}$$

다시 그림 2를 보면 식 (6)에서의 $-\sin\beta\;\hat{\imath} + \cos\beta\;\hat{\jmath}$ 항은 Q에서 원에 접하며 증가하는 β 방향을 가리키는 단위벡터 $\hat{u}_\beta$와 같다는 것에 주목한다. 그러므로 $\vec{v}_Q$는 다음과 같이 간결한 형태가 되고

$$\boxed{\vec{v}_Q = r\dot{\beta}\,\hat{u}_\beta} \tag{7}$$

이는 속도벡터는 항상 경로에 접하고 각속도와 원형경로의 반경 둘 다에 직접 비례한다는 것을 상기시켜준다. 또한 오른손 법칙에 따라 $\hat{k} \times \hat{u}_Q$는 $\hat{k}$와 $\hat{u}_Q$ 둘 모두에 수직해야 하므로 $\hat{u}_\beta$의 방향을 가리킨다는 것에 주목하여 식 (7)을 유도할 수 있다. 더구나 $\hat{k}$와 $\hat{u}_Q$는 서로 수직이므로 이들 사이의 각의 sine 값은 1이므로 다음이 되고

$$\hat{k} \times \hat{u}_Q = \hat{u}_\beta \tag{8}$$

유용한 정보

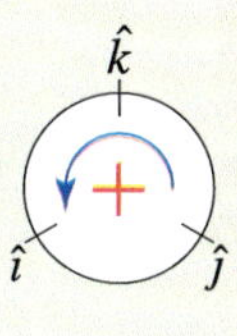

외적. 이 예제는 여러 개의 외적계산을 필요로 하므로 여기에 1장으로부터 외적의 이해를 도와줄 시각적 도우미를 상기한다. 보여준 바와 같이 세 벡터 $\hat{\imath}, \hat{\jmath}, \hat{k}$를 배열하면 이 때에 $\hat{\jmath} \times \hat{k}$를 계산하기 위해 $\hat{\jmath}$로부터 시작해서 $\hat{k}$로 가면서 원을 따라 움직인다. 지금 원호 상의 다음 벡터는 $\hat{\imath}$이고 $\hat{\jmath}$에서 $\hat{k}$로 가는데 화살표의 방향으로 움직였다. 그러므로 $\hat{\jmath} \times \hat{k} = +\hat{\imath}$. 대신 $\hat{\imath} \times \hat{k}$에의 결과를 결정하려면 $\hat{\imath}$로부터 원호를 따라 $\hat{k}$로 갈 때 다음의 벡터는 $\hat{\jmath}$이고 화살표의 반대 방향으로 움직인다는 것에 주목할 필요가 있다. 그러므로 $\hat{\imath} \times \hat{k} = -\hat{\jmath}$를 얻는다.

이는 식 (4)에 대입했을 때 식 (7)이 된다.

다음으로 가속도는 식 (2)에 주어진 것처럼 속도를 시간에 대해 미분을 함으로써 얻을 것이다:

$$\vec{a}_Q = r\left(\dot{\vec{\omega}}_Q \times \hat{u}_Q + \vec{\omega}_Q \times \dot{\hat{u}}_Q\right) \tag{9}$$

식 (2.60)은 $\dot{\hat{u}}_Q = \vec{\omega}_Q \times \hat{u}_Q$를 나타내고 이로부터 식 (9)는

$$\vec{a}_Q = r\left[\dot{\vec{\omega}}_Q \times \hat{u}_Q + \vec{\omega}_Q \times (\vec{\omega}_Q \times \hat{u}_Q)\right] \tag{10}$$

식 (3)을 시간에 대해 미분하면 다음이 얻어지고

$$\dot{\vec{\omega}}_Q = \ddot{\beta}\,\hat{k} + \dot{\beta}\,\dot{\hat{k}} = \ddot{\beta}\,\hat{k} \tag{11}$$

여기서 $\dot{\hat{k}} = \vec{0}$이라는 사실을 이용하였다.

식 (3), (5), (11)을 식 (10)에 대입하고 모든 벡터외적을 실행하면 Q의 가속도에 대해 다음 표현을 얻는다:

$$\vec{a}_Q = -r(\ddot{\beta}\sin\beta - \dot{\beta}^2\cos\beta)\,\hat{\imath} + r(\ddot{\beta}\cos\beta - \dot{\beta}^2\sin\beta)\,\hat{\jmath} \tag{12}$$

이 가속도 항들을 다음과 같이 다시 정리하면

$$\vec{a}_Q = -\dot{\beta}^2 r(\cos\beta\,\hat{\imath} + \sin\beta\,\hat{\jmath}) + \ddot{\beta}\,r(-\sin\beta\,\hat{\imath} + \cos\beta\,\hat{\jmath}) \tag{13}$$

이로부터 $\vec{a}_Q$를 다음과 같이 쓸 수 있다.

$$\boxed{\vec{a}_Q = -r\dot{\beta}^2\,\hat{u}_Q + r\ddot{\beta}\,\hat{u}_\beta} \tag{14}$$

또한 우리는 식 (7)을 시간에 대해 미분하여 다음과 같은 $\vec{a}_Q$를 계산할 수 있다는 것에 주목하고

$$\vec{a}_Q = \dot{r}\dot{\beta}\,\hat{u}_\beta + r\ddot{\beta}\,\hat{u}_\beta + r\dot{\beta}\dot{\hat{u}}_\beta = r\ddot{\beta}\,\hat{u}_\beta + r\dot{\beta}\dot{\hat{u}}_\beta \tag{15}$$

여기서는 r이 상수라는 것을 이용했다.지금 $\dot{\hat{u}}_\beta = \vec{\omega}_\beta \times \hat{u}_\beta$, $\vec{\omega}_\beta = \vec{\omega}_Q = \dot{\beta}\,\hat{k}$와 $\dot{\beta}\,\hat{k} \times \hat{u}_\beta = -\dot{\beta}\,\hat{u}_Q$이므로 식 (15)는 다음과 같이 되고

$$\vec{a}_Q = r\ddot{\beta}\,\hat{u}_\beta + (r\dot{\beta})(-\dot{\beta}\,\hat{u}_Q) = r\ddot{\beta}\,\hat{u}_\beta - r\dot{\beta}^2\,\hat{u}_Q \tag{16}$$

이는 식 (14)와 동일하다.

논의 및 검증 식 (14)는 원운동에서 가속도는 두 성분을 갖는다는 것을 의미한다.

1. 접선성분은 원형경로에 접하며 각가속도 $\ddot{\beta}$에 비례한다.
2. 반경성분은
   (a) 각속도의 제곱에 비례하고
   (b) 항상 원형궤적의 중심으로 향하는 반경방향을 갖는다.

마지막으로 가속도의 접선과 반경방향 두 성분은 원형궤도의 반경에 직접적으로 비례한다는 것을 관찰한다.

심층분석 이 예제는 식 (2.64)의 마지막 두 항에 의한 역할을 더 잘 이해할 수 있도록 도와주는데, 이는 문제의 이 두 항들이 원운동을 하는 점의 가속도를 기술하기 때문이다.

유용한 정보

또다른 외적에 대한 상기사항. 두 벡터의 외적 크기는(식 (1.20) 참조) 다음으로 주어지고

$$|\hat{k} \times \hat{u}_Q| = |\hat{k}||\hat{u}_Q|\sin\theta$$

여기서 θ는 두 벡터 사이의 각도이다. 두 벡터 $\hat{k}$와 $\hat{u}_Q$는 단위벡터이고 서로 수직이므로 이 관계는

$$|\hat{k} \times \hat{u}_Q| = 1$$

이되고 이 식은 정확히 우리가 식 (8)에서 얻은 것이다.

예제 2.16 추적문제에 적용된 벡터의 미분

비행기 B가 일정속도 v_0로 고도 h에서 날고 있다(그림 1 참조). A에 있는 레이더기지가 기지와 비행기사이의 거리 r, r의 변화율, 안테나 방향 θ와 안테나의 각속도를 측정함으로써 비행기를 추적한다. 추적 기지에서 얻어진 이러한 양들과 비행기의 고도와 속도 사이의 관계식을 정하라.

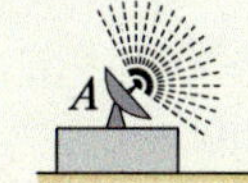

그림 1 비행 중인 비행기를 추적하는 레이더 기지.

풀이 SOLUTION

로드맵 우리는 비행기의 고도를 단순한 기하학적 관계로부터 구할 수 있다는 것을 알 수 있을 것이다. 속력에 대한 관계식을 얻기 위해 많이 이용할 한 가지 개념을 사용할 것이다: 즉, 어떤 것(즉 비행기의 속도는 수평하다)에 대한 **특정**식을 다른 어떤 것(식 (2.62)를 이용한 비행기의 속도)에 대한 일반식에 등가시킬 수 있다는 것이다.

계산 그림 2를 보면 θ와 r를 알고 h_A 또한 알려져 있다고 가정하면 θ와 r의 항들로 비행기의 고도 h_A를 구하는 것은 다음 식과 같으므로 쉬운 일이다.

$$h = r\sin\theta + h_A \tag{1}$$

비행기의 속력 v_0를 구하기 위해 우선 이의 위치를 표현하고 이에 대한 시간 미분을 수행한다. 다시 그림 2를 보면 사용할 자연스러운 위치벡터는 기지에 대한 비행기의 위치이고 이는 $\vec{r}$에 평행하며 A에서 B를 향하는 단위벡터와 그의 크기로 나타낼 수 있고

$$\vec{r} = r\,\hat{u}_r \tag{2}$$

여기서 $r = |\vec{r}|$. $\vec{r}$에 대한 이 표현을 써서 식 (2.62)를 사용하면 비행기의 속도는 다음과 같이 구할 수 있다.

$$\dot{\vec{r}} = \dot{r}\,\hat{u}_r + \vec{\omega}_r \times \vec{r} = \dot{r}\,\hat{u}_r + \vec{\omega}_r \times r\hat{u} \tag{3}$$

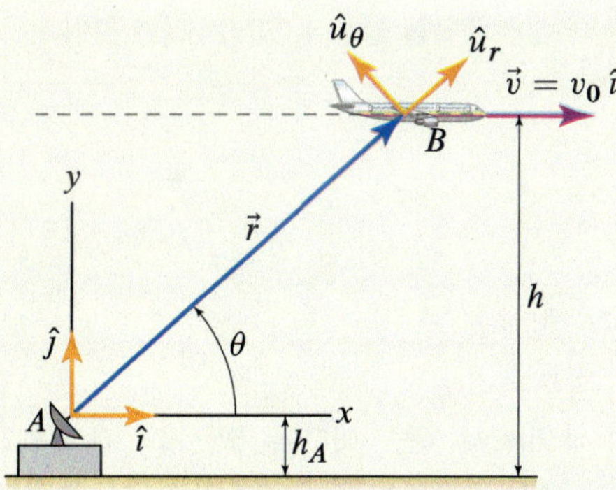

그림 2 주어지고 정의된 치수와 좌표방향.

$\vec{\omega}_r$을 설명하기 위해 위치벡터 $\vec{r}$은 항상 xy 평면에 있고 이의 회전율은 $\dot{\theta}$로 측정된다는 것에 주목한다. 오른손법칙을 사용하면 $\vec{\omega}$는 다음이 되고

$$\vec{\omega} = \dot{\theta}\,\hat{k} = \omega\,\hat{k} \tag{4}$$

여기서 θ가 감소하는 것으로 밝혀지면 $\omega = \dot{\theta}$은 음수가 될 것이다. 식 (4)를 식 (3)에 넣으면 다음 식을 얻고

$$\dot{\vec{r}} = \dot{r}\,\hat{u}_r + \omega\hat{k} \times r\hat{u}_r = \dot{r}\,\hat{u}_r + r\omega\,\hat{u}_\theta \tag{5}$$

여기서 다시 그림 2를 참조하면 $\hat{k} \times \hat{u}_r = \hat{u}_\theta$라는 사실을 이용했고 단순히 $\hat{u}_\theta$은 $\hat{u}_r$에 수직인 θ가 증가하는 방향을 가리키는 단위벡터로 정의하였다.[21)]

지금 여기서 로드맵에서 언급한 것과 같이 특정한 것과 일반적인 것을 등가시킨다. 비행기의 속도는 수평으로 직선으로 이동한다는 것을 알기 때문에 다음과 같이 쓸 수 있고

$$\vec{v} = v_0\,\hat{\imath} \tag{6}$$

21) 2.6절에서 이러한 두 단위벡터들을 더 많이 볼 것이다.

이 속도에 관한 특정 관계식은 식 (5)에서 주어진 일반 관계식과 같아야 한다. 그러므로 다음식은 사실이어야한다.

$$v_0\ \hat{\imath} = \dot{r}\,\hat{u}_r + r\omega\,\hat{u} \tag{7}$$

식 (7)의 문제점은 다른 두 성분계로 쓰여져 있다는 것이다. 식 (7)을 실제적으로 유용하게 하려면 이를 단일 성분계로 표현해야 한다. $\hat{\imath}$를 $\hat{u}_r$와 $\hat{u}_\theta$로 나타내면 다음을 얻는다.

$$v_0(\cos\theta\,\hat{u}_r - \sin\theta\,\hat{u}_\theta) = \dot{r}\,\hat{u}_r + r\omega\,\hat{u}_\theta. \tag{8}$$

지금 다음 두 방정식을 얻기 위해 $\hat{u}_r$와 $\hat{u}_\theta$의 계수를 같게 등가시키면:

$$v_0\cos\theta = \dot{r} \tag{9}$$

$$-v_0\sin\theta = r\omega \tag{10}$$

r, θ, $\dot{r}$, ω를 알기 때문에 식 (9), (10)은 하나의 미지수 v_0에 대한 두 개의 방정식이다. 이 두 방정식을 풀면 다음을 얻는다.

$$v_0 = \frac{\dot{r}}{\cos\theta} = -\frac{r\omega}{\sin\theta} \tag{11}$$

여기서 두 식 모두 레이더 측정치로부터 v_0를 계산한다.

논의 및 검증 r은 길이의 차원, θ는 무차원, ω는 시간의 역차원이라는 것을 기억하면 식 (11)은 길이를 시간으로 나눈 차원이므로 예상대로 차원적으로 맞다. 더구나, 그림 2에 그려진 상황에서 $\omega = \dot{\theta}$가 음수일 것으로 기대되고 이는 식 (11)과 일치한다. ω에 대한 식 (11)을 풀면 다음을 얻고

$$\omega = -\frac{v_0\sin\theta}{r} \tag{12}$$

여기서 θ는 양수, r도 양수, v_0도 양수이므로 $\omega < 0$이라는 것을 뜻하며 이는 비행기가 오른쪽으로 움직이기 때문이다. 이 결과는 또한 오른손법칙과도 일치하는데, 이는 오른쪽으로 움직이는 비행기에 대해 $\vec{r}$은 z 축의 음의 방향으로 회전하기 때문이다.

심층분석 식 (9), (10)은 한 미지수 v_0에 대한 두 개의 방정식을 가지는 계를 형성한다고 이야기했다. 이게 무엇이 잘못됐는가? 답은 그렇지 않다. 이를 이해하기 위해서는 돌아가서 식 (5)를 자세히 관찰할 필요가 있다. 이 식은 비행기가 어떻게 움직이는지에 관계없이(또 "식 (5)에서 θ가 어디에 있는가?" 라는 제목의 여백 주석을 참조) r, θ, $\dot{r}$, ω의 레이더 측정으로부터 비행기의 속도를 결정하게 해준다. 그러나 이 문제를 해석하는데 있어서 비행기가 특정하게 알려진 방향으로 움직인다는 사실을 활용했고 이는 실제로 문제를 풀기 위해 필요한 것보다 더 많은 정보를 가진데 기인한다. 그래서 한 미지수를 얻기 위해 두 방정식을 가지고 있다. 이런 상황은 두 방정식이 서로 모순되지만 않는다면 문제가 없다. 우리의 해답은 비행기가 일정고도에서 비행한다는 것을 뜻할 때 식 (9), (10)이 서로 일치하므로 문제가 되지 않는다.

유용한 정보

일반식을 특정화된 식과 연계시키기. 이는 우리가 앞으로도 사용할 기술이다. 이 경우에 우리는 $\vec{r}$의 어떤 운동에서도 맞는 식 (5)로 주어진 $\dot{\vec{r}}$에 대한 일반식을 가지고 있다. 우리는 또한 $\dot{\vec{r}}$의 또 다른 식, 즉 이 특정한 경우에만 맞는 $\dot{\vec{r}} = v_0\,\hat{\imath}$를 가지고 있다. 비록 $\dot{\vec{r}}$에 대한 두 표현은 다르지만 둘 다 사실이어야 한다. 우리가 지녀야 할 유용한 개념은 두 식을 같게, 즉 강제로 같게 만듦으로써 많은 것들을 얻을 수 있다는 것이다. 더 추상적인 이야기로는 한 주어진 양에 대한 일반적 조건을 그 양에 대한 특정 조건과 일치시킴으로써 많은 것들을 얻을 수 있다는 다는 것이다.

유용한 정보

식 (5)에서 θ는 어디에 있는가? 어떻게 식 (5)에서 θ가 나타나는가? 이를 보기 위해 식 (5)는 단위벡터 $\hat{u}_r$와 $\hat{u}_\theta$를 포함한다는 것에 주목한다. 이 벡터들의 방향은 전적으로 각도 θ에 의해 결정되므로 각도 θ는 내재적으로 이식에 존재한다.

문제

문제 2.103

벡터 $\vec{a} = 2\,\hat{\imath} + 1\,\hat{\jmath} + 7\,\hat{k}$와 $\vec{b} = 1\,\hat{\imath} + 2\,\hat{\jmath} + 3\,\hat{k}$에 대해 다음 양들을 계산하라.

(a) $\vec{a} \times \vec{b}$

(b) $\vec{b} \times \vec{a}$

(c) $\vec{a} \times \vec{b} + \vec{b} \times \vec{a}$

(d) $\vec{a} \times \vec{a}$

(e) $(\vec{a} \times \vec{a}) \times \vec{b}$

(f) $\vec{a} \times (\vec{a} \times \vec{b})$

이 문제들에서 (a)-(d) 부분은 외적이 비가환(anticommutative) 연산임을 상기시키기 위한 것이고 반면에 (e), (f) 부분은 외적이 결합(associative)이 아닌 연산이라는 것을 상기시키기 위해서이다.

문제 2.104

두 벡터 $\vec{a} = 1\,\hat{\imath} + 2\,\hat{\jmath} + 3\,\hat{k}$와 $\vec{b} = -6\,\hat{\imath} + 3\,\hat{\jmath}$를 고려하라.

(a) $\vec{a}$와 $\vec{b}$가 서로 직교함을 증명하라.

(b) 벡터 3중곱 $\vec{a} \times (\vec{a} \times \vec{b})$을 계산하라.

(c) (b)의 결과와 벡터 $-|\vec{a}|^2\,\vec{b}$를 비교하라.

이 연습의 목적은 $\vec{a}$와 $\vec{b}$가 서로 직교하는 한, 항상 $\vec{a} \times (\vec{a} \times \vec{b}) = -|\vec{a}|^2\,\vec{b}$로 쓸 수 있음을 보여준다. 이 항등식은 강체의 평면운동을 공부하는데 있어서 매우 유용한 것으로 드러난다.

문제 2.105

$\vec{r}$이 x, y, z를 축으로 가지는 직교좌표에서의 점 P의 위치벡터라고 하자. P의 운동은 xy 평면 상에 있다고 하면 $\vec{r} = r_x\,\hat{\imath} + r_y\,\hat{\jmath}$(즉, $\vec{r}\cdot\hat{k} = 0$). 또한 $\vec{\omega}_r = \omega_r \cdot \hat{k}$가 벡터 $\vec{r}$의 각속도라고 하자. $\vec{\omega}_r \times (\vec{\omega}_r \times \vec{r})$와 $\vec{\omega}_r \times (\vec{r} \times \vec{\omega}_r)$의 곱의 결과를 비교하라.

문제 2.106

보여준 세 개의 프로펠러가 같은 각속력 1000 rpm으로 다른 좌표축에 대해 회전을 하고 있다.

1. 세 개 프로펠러 각각의 각속도에 대한 적합한 벡터식을 구하라
2. 똑같은 프로펠러가 단위벡터 $\hat{u}_\ell$가 향하는 축 ℓ에 대해 1000 rpm으로 회전한다고 가정하자. 그리고 ℓ 상의 점 P가 $x_P = y_P = z_P$의 좌표를 갖는다고 하자. 이 네 번째 프로펠러의 각속도의 벡터식을 구하라.

답을 rad/s의 단위를 사용하여 표현하라.

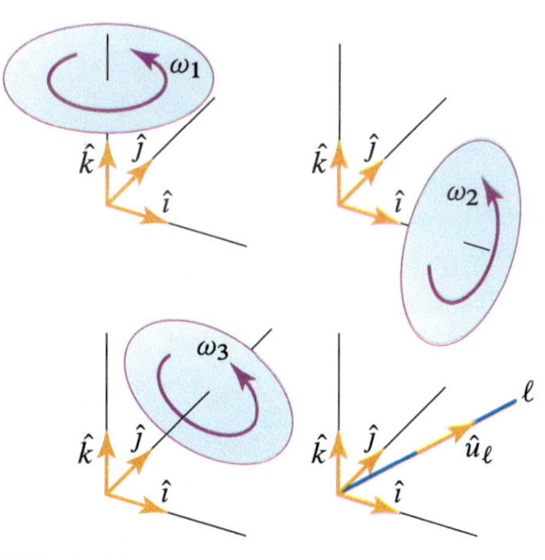

그림 P2.106

문제 2.107

그림의 프로펠러는 직경이 12 m이고 400 rpm의 일정 각속력으로 회전하고 있다. 주어진 순간에 프로펠러 상의 점 P는 $\vec{r}_P = (3.8\,\hat{\imath} + 4.4\,\hat{\imath})$ m에 있다. 점 P의 속도와 가속도를 계산하기 위해 식 (2.62), (2.64)를 사용하라.

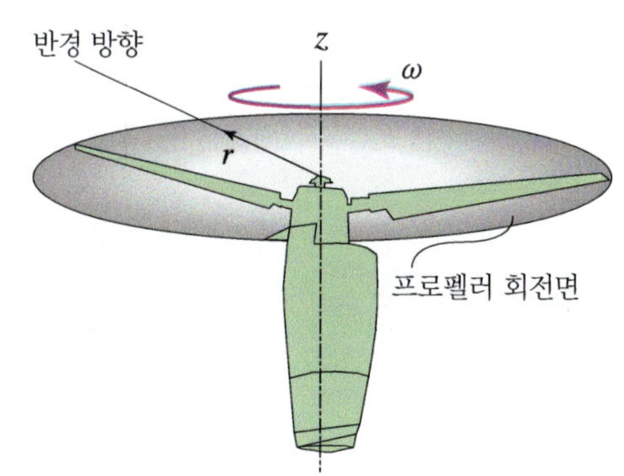

그림 P2.107

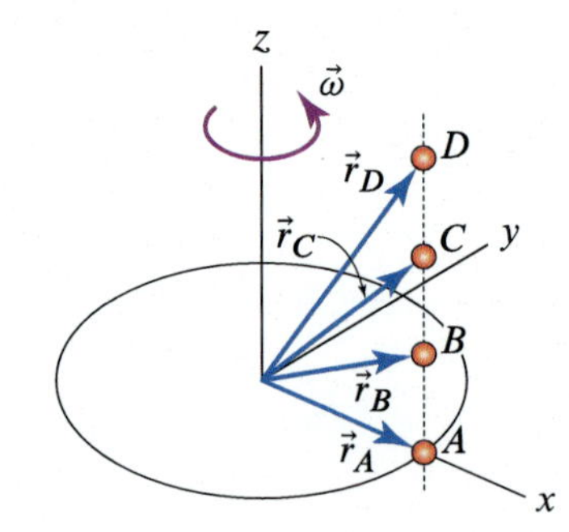

그림 P2.108

문제 2.108

위치 벡터가 $\vec{r}_A = (2\,\hat{\imath} + 0\,\hat{k})$ m, $\vec{r}_B = (2\,\hat{\imath} + 1\,\hat{k})$ m, $\vec{r}_C = (2\,\hat{\imath} + 2\,\hat{k})$ m, $\vec{r}_D = (2\,\hat{\imath} + 3\,\hat{k})$ m인 네 개의 점을 생각해보자.이 벡터들의 크기가 일정하고 주어진 시간에서 각속도가 $\vec{\omega} = 5\,\hat{k}$ rad/s임을 알 때, 식 (2.62)를 적용하여 속도 v_A, v_B, v_C, v_D를 구하라. 위치벡터가 다름에도 불구하고 왜 모든 속도벡터가 같은지 설명하라.

문제 2.109

회전목마 상의 어린이가 12 m/s로 반경외곽으로 일정하게 움직이고 있다. 회전목마가 30 rpm으로 회전하고 있다면 어린이가 회전축으로부터 각 0.7 m와 1.5 m 떨어져 있을 때 어린이가 있는 점 P의 속도와 가속도를 구하라. 그림의 성분계를 사용하여 답하라.

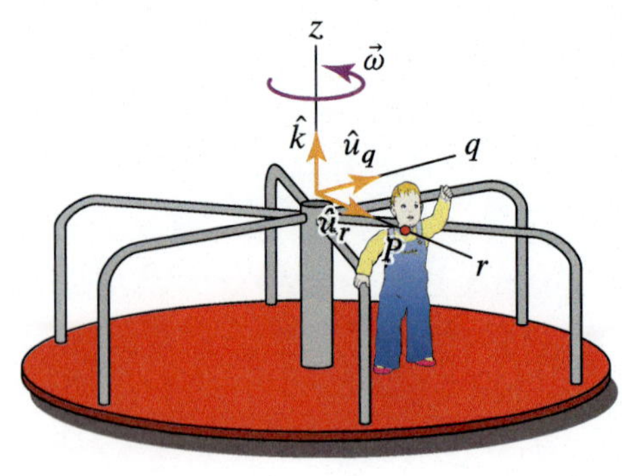

그림 P2.109

문제 2.110

바퀴가 정지되어 있는 표면에서 미끄러지지 않고 구를 때 이 표면과 접촉하는 바퀴 상의 점 P는 속도 0을 가진다. 이를 염두에 두고 변형이 없는 바퀴가 미끄러지지 않고 평평하며 정지해 있는 표면을 구른다고 생각해보자. 바퀴의 중심 P가 일정한 속도 23 m/s로 오른쪽으로 이동하고 있다. $R = 0.35$ m라고 하면 그림에 나타낸 정지성분계를 이용하여 바퀴의 각속도를 구하라.

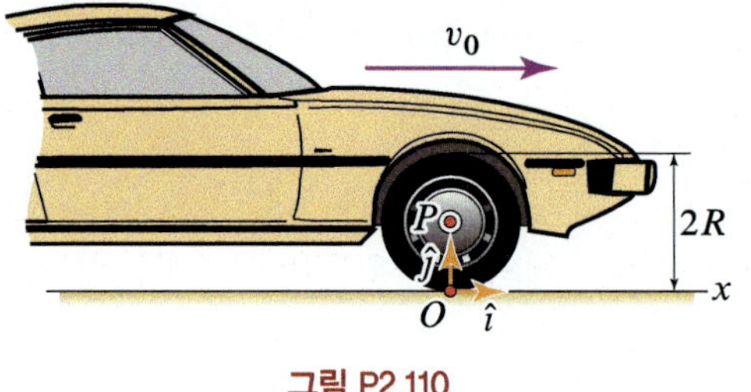

그림 P2.110

문제 2.111

식 (2.62)로부터 시작하여 임의의 벡터 $\vec{A}$의 시간에 대한 2차 미분은 식 (2.64)에 의해 주어진다는 것을 보여라. 답을 순수 벡터형태로 유지하고 임의의 성분계의 성분들을 사용하지 말아라.

문제 2.112

O에 있는 레이더 기지에서 유성 P가 대기를 통과할 때 이를 추적하고 있다. 보여준 순간에 기지에서 다음과 같은 유성의 운동 자료를 측정한다: $r = 6400$ m, $\theta = 40°$, $\dot{r} = -7000$ m/s, $\dot{\theta} = -2.935$ rad/s. 식 (2.62)를 사용하여 이 순간에서의 속도벡터의 크기와 방향(보여준 xy 좌표계에 상대적인)을 결정하라.

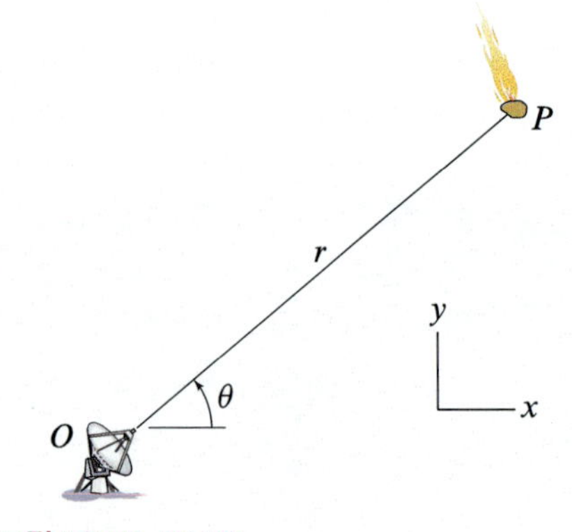

그림 P2.112, P2.113

문제 2.113

O에 있는 레이더 기지에서 유성 P가 대기를 통과할 때 이를 추적하고 있다. 보여준 순간에 기지에서 다음과 같이 유성의 운동자료를 측정했다: $r = 6400$ m, $\theta = 40°$, $\dot{r} = -7000$ m/s, $\dot{\theta} = -2.935$ rad/s, $\ddot{r} = -57{,}150$ m/s^2, $\ddot{\theta} = -5.409$ rad/s^2. 식 (2.64)를 사용하여 이 순간에서의 속도벡터의 크기와 방향(보여준 xy 좌표계에 상대적인)을 결정하라.

문제 2.114

비행기 B가 보여준 궤적을 따라서 활주로에 접근하고 있고, 이때, 레이더 안테나 A는 A와 B 사이의 거리 r, 각도 θ를 관측하고 있다. 비행기가 보여준 것과 같이 일정속력 v_0로 접근한다면 식 (2.62)를 이용하여 $\dot{r}$와 $\dot{\theta}$에 대한 식을 r, θ, v_0, ϕ의 항들로써 구하라.

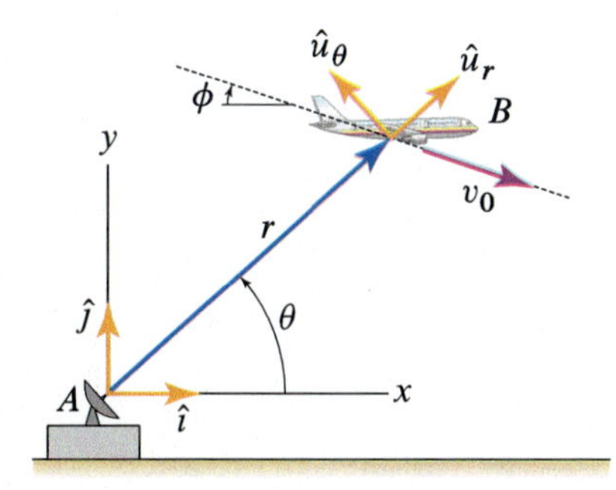

그림 P2.114, P2.115

문제 2.115

비행기 B가 보여준 궤적을 따라 활주로에 $\phi = 15°$로 접근하고 있고, 이때 레이더 안테나 A는 A와 B 사이의 거리 r, 각도 θ를 관측하고 있다. 이 때 비행기가 일정 속력 v_0로 접근하고 있다. 또 $\theta = 20°$일 때 $\dot{r} = 66$ m/s, $\dot{\theta} = -0.022$ rad/s로 알려져 있다. 이때에 식 (2.62)를 이용하여 v_0 및 비행기와 레이더 안테나 사이의 거리의 값을 구하라.

문제 2.116

로봇팔의 끝 B가 일정비율 $\dot{r} = 1.2$ m/s로 늘어나고 있다. 또 $\dot{\theta} = 0.4$ rad/s가 일정하다는 것을 알 때 식 (2.62), (2..64)를 이용하여 $r = 0.6$ m일 때의 B의 속도와 가속도를 구하라. 답을 그림의 성분계로 표현하라.

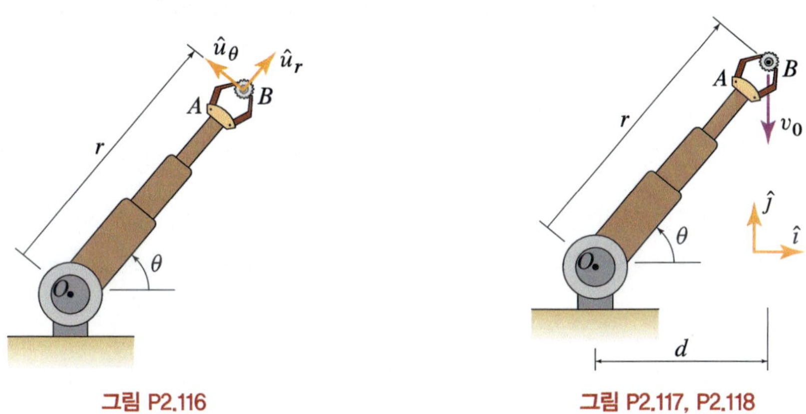

그림 P2.116

그림 P2.117, P2.118

문제 2.117

로봇팔의 끝 B가 일정속력 $v_0 = 2$ m/s로 수직으로 내려오고 있다. $d = 1.5$ m라고 하고 식 (2.62)를 이용하여 $\theta = 37°$에서의 r과 θ의 변화율을 구하라.

문제 2.118

로봇팔의 끝 B가 일정속력 $v_0 = 1.8$ m/s로 수직으로 내려오고 있다. $d = 1.2$ m라고 할 때 식 (2.62), (2.64)를이용하여 $\theta = 0°$에서의 $\dot{r}$, $\dot{\theta}$, $\ddot{r}$, $\ddot{\theta}$의 변화율을 구하라.

문제 2.119

마이크로 나선형 펌프는 정지판에 부착된 나선 홈으로 구성되어 있다. 이 판에는 두 개의 구멍이 있는데 하나는 유체가 들어오는 입구이고 다른 하나는 유체가 나가는 출구로 출구는 입구보다 중심에서 더 떨어져 있다. 이 장치는 상부의 회전판에 의해 덮여있다. 회전판과 정지판 사이에 갇혀있는 유체들은 상부 회전판의 회전에 의해 움직이게 되는데 이로 인해 유체들이 나선형 홈으로 흡입된다. 이를 유념하여 홈의 형상이 식 $r = \eta\theta + r_0$로 주어지고 여기서 $\eta = 12$ μm는 극좌표의 경사도이고, $r_0 = 146$ μm는 입구의 반

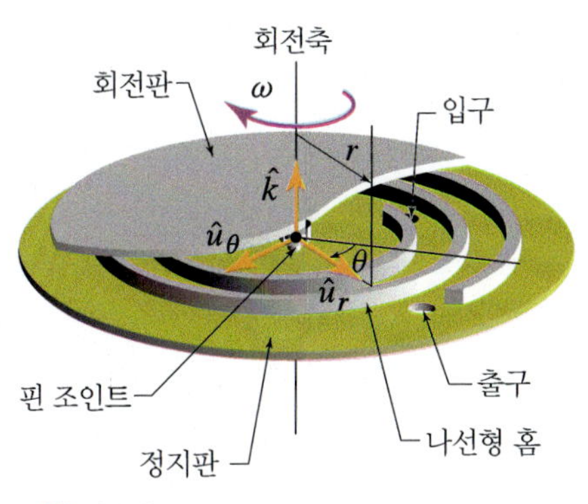

그림 P2.119

경이며, r은 회전축으로부터의 거리이고, θ는 나선홈 상의 점의 각위치인 홈을 고려한다. 상부 회전판이 일정각속력 $\omega = 30{,}000$ rpm로 회전하고 유체 입자들은 회전판과 본질적으로 부착되어 있다고 가정하면 입자가 $r = 170\ \mu$m에 있을 경우의 유체입자의 속도와 가속도를 구하라.[22] 보여준(회전판과 같이 회전하는) 성분계를 사용하여 답을 구하라.

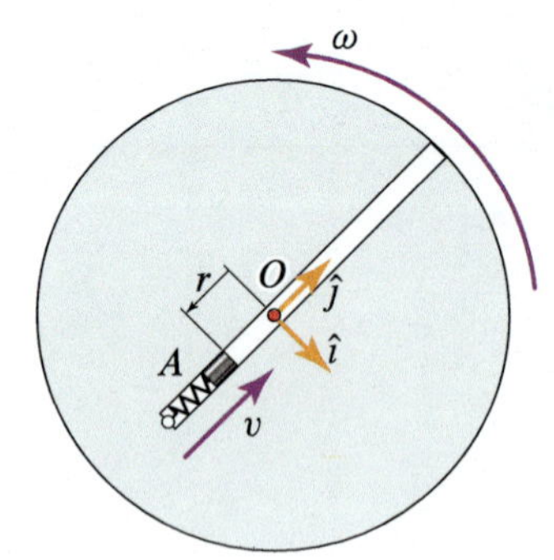

그림 P2.120

문제 2.120

판이 고정되어 있는 점 O에 대해 회전하고 있다. 이 판은 직선 홈을 가지고 있으며 이의 중앙선은 O를 지나고 그 홈안에서 고리가 미끄러지게 되어 있다. A가 O를 지날 때 홈에 대한 A의 상대속도가 $v_0 = 14$ m/s이고 보여준 방향에서 5 m/s^{2}의 비율로 증가한다면 $\omega = 4$ rad/s로 일정할 때 A의 가속도를 구하라.

힌트: 식 (2.64)를 O에 대한 A의 상대위치를 나타내는 벡터에 적용하고 $r = 0$으로 정하라.

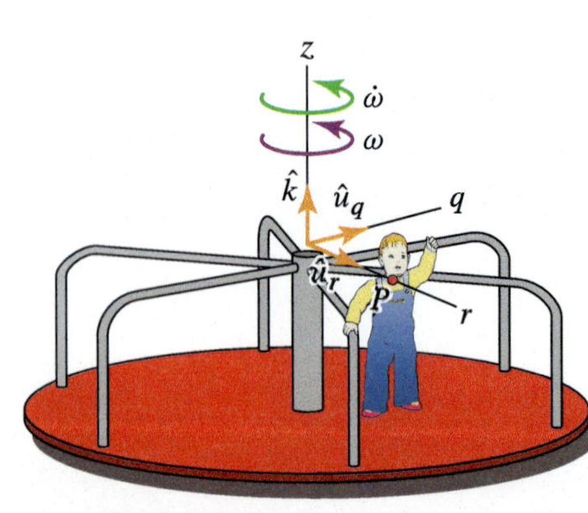

그림 P2.121, P2.122

문제 2.121

보여준 순간에 회전목마의 각속도와 각가속도는 그림에 표시되어 있다. 어린이가 반경 방향을 따라 움직인다면 어린이가 횡방향으로의 가속도를 느끼지 못하려면(즉 $\hat{u}_q$의 방향으로) 안쪽으로 걸어야 하는가 아니면 바깥쪽으로 걸어야 하는가?

주의 개념 문제는 계산이 아닌 설명이 필요하다.

문제 2.122

보여진 어린이가 회전목마에서 반경 방향을 따라 움직이고 있다면 식 (2.64)를 이용하여 어린이가 횡방향으로의 가속도를 느끼지 못하도록 ω, $\dot{\omega}$, r, $\dot{r}$의 관계식을 구하라.

문제 2.123

그림의 장치는 요동 슬라이더 크랭크(*swinging block* slider crank)라고 불린다. 처음에 1800년대에 여러가지의 증기기관차 엔진에 사용되었는데 이 장치는 종종 문을 닫는 장치에서 적용되기도 한다. 원판이 일정각속도 $\dot{\theta} = 60$ rpm, $H = 1.2$ m, $R = 0.45$ m로 회전하고 r이 B와 O 사이의 거리라면 $\theta = 90°$일 때의 $\dot{r}$와 $\dot{\phi}$를 계산하라.

힌트: 식 (2.62)를 O에 대한 B의 상대위치를 나타내는 벡터에 적용하라.

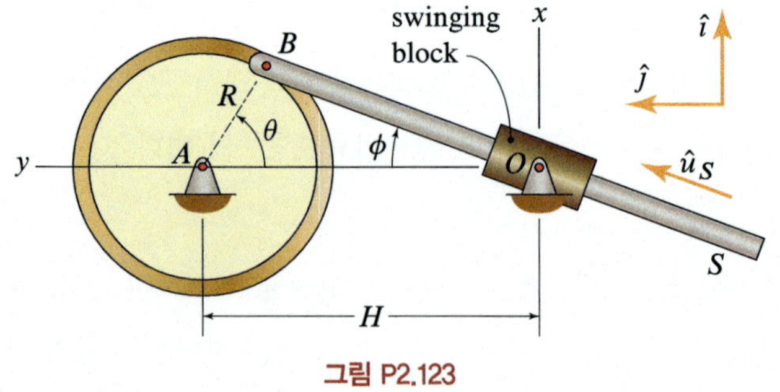

그림 P2.123

22) 나선형 펌프는 1746년에 Swiss의 Zurich의 납땜수공자인 H.A.Wirtz에 의하여 발명되었다. 최근에 이 나선펌프의 개념은 microdevice 제작에 다시 이용되고 있다. 이 예제에 사용된 자료는 M. I. Kilani, P. C. Galambos, Y. S. Haik, and C.-J. Chen, "Design and Analysis of a Surface Micromachined Spiral-Channel Viscous Pump," *Journal of Fluids Engineering*, **125**, pp. 339–344, 2003으로부터 인용되었다.

문제 2.124, 2.125

살포기는 중공축에 설치된 파이프 AB로 되어 있다. 물은 O에 있는 파이프에서 와서 회전하는 파이프의 A와 B에 있는 노즐을 통해 나가는데 이는 파이프를 회전하도록 한다. 물의 입자들은 파이프에 상대적인 일정 속도 1.5 m/s로 파이프를 통해 움직이고 파이프 AB는 일정각속도 250 rpm으로 회전한다고 가정하자. 모든 경우에 대해 보여진 것과 같은 오른손법칙을 따르는 직교단위 성분계를 이용하여 답하라.

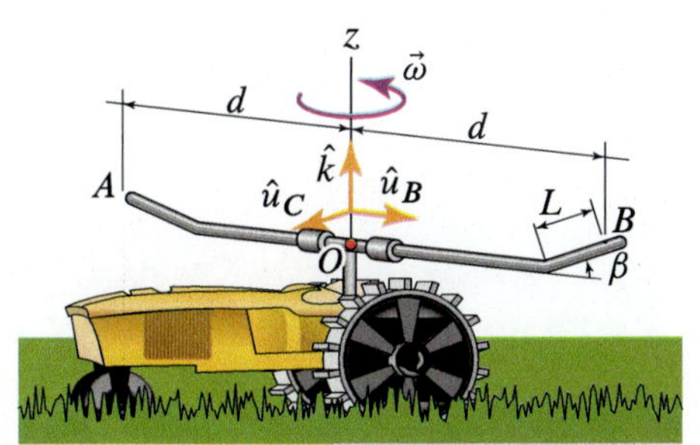

그림 P2.124, P2.125

문제 2.124 물의 입자가 O로부터 $d/2$의 거리에 있을 때(아직 파이프의 수평 부분 안에)입자들의 가속도를 구하라. $d = 180$ mm이다.

문제 2.125 B에서 방출되기 바로 직전의 물 입자들의 가속도를 구하라. $d = 180$ mm, $\beta = 15°$와 $L = 50$ mm이다.

힌트: 이 경우에 B에 있는 물 입자의 위치를 기술하는 벡터는 O에서 B로 향하고 $\vec{r} = r_B \hat{u}_B + r_z \hat{k}$로 잘 나타낼 수 있다.

2.5 평면운동: 법선–접선성분

직교좌표계를 이용하여 운동을 기술하는 것이 항상 편리한 것은 아니다. 이 절과 다음 절에서는 운동을 기술하기 위한 두 가지 추가 방법에 대해 배울 것이다. 여기서는 **전적으로** 질점의 경로에 기반하는 벡터의 속도와 가속도를 기술하는 방법을 소개한다.

자동차경주 및 경주로의 형태

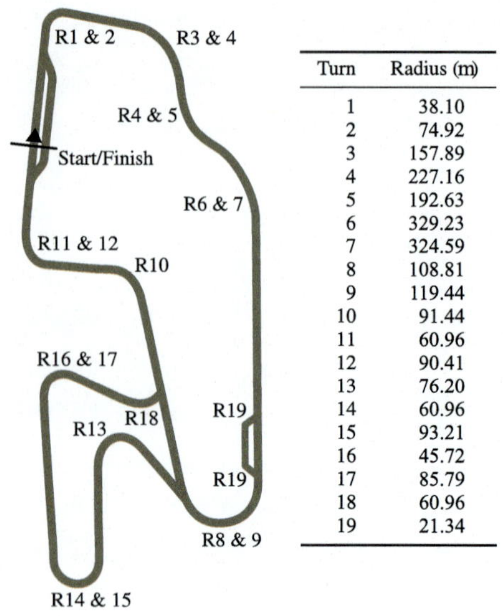

Turn	Radius (m)
1	38.10
2	74.92
3	157.89
4	227.16
5	192.63
6	329.23
7	324.59
8	108.81
9	119.44
10	91.44
11	60.96
12	90.41
13	76.20
14	60.96
15	93.21
16	45.72
17	85.79
18	60.96
19	21.34

그림 2.32 Watkins Glen 국제 경기용 트랙의 커브에서의 곡률반경.

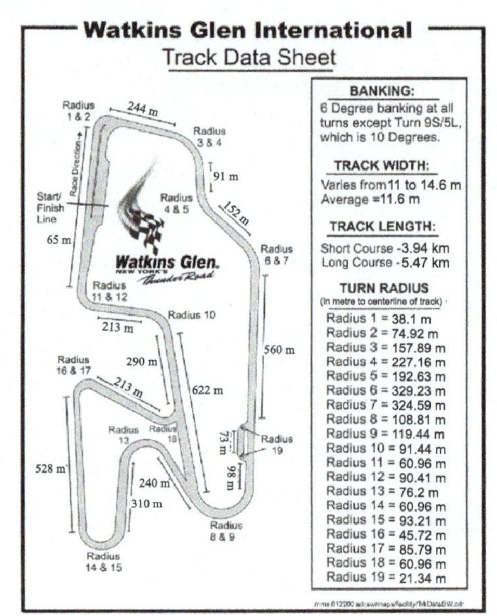

그림 2.33 Watkins Glen 국제 경기용 트랙의 고도지도.

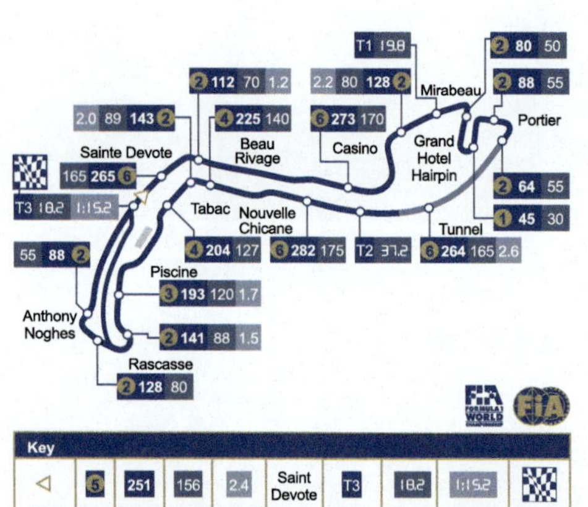

그림 2.34 Monaco Grand Prix Formula 1의 경주로.

그림 2.32와 2.33은 뉴욕주 남부에 위치하며 NASCAR 및 SCCA 대회를 포함하여 많은 다른 종류의 경주를 주최하는 Watkins Glen 국제 경기용 트랙의 형상을 묘사한다. 그림 2.34는 Monte Carlo (Monaco군주국)에서 주최된 Formula 1 자동차 경주 인 Monaco Grand Prix의 경주로를 보여준다. 이 두 개의 트랙은 다른 형상을 가지고 있다. 사실 모든 경주용 자동차트랙들은 본질적으로 다른 형상을 가진다. 그러므로 다음과 같은 질문을 할 수 있다:

운전자의 능력과 자동차의 공학을 시험할 수 있는 특정한 트랙의 형태에는 무엇이 있는가?

이를 답하기 위해 우리는 트랙의 **형태**가 경기에 미칠 수 있는 "동적인 특성"을 분리할 수 있는 방법을 찾을 필요가 있다. **동적특성**이란 차가 주어진 경주로에서 성공적으로 도달할 수 있는 최대 속도 또는 최대 가속도같은 성능변수들을 뜻한다. "운동의 형태"같은 단편 정보가 속도나 가속도 같은 다른 종류의 단편 정보로 쉽게 연관될 수 있게 **운동을 기술하는** 법을 배울 필요가 있다. 이를 위해 곡선의 형상으로부터 기본 개념을 얻고 이를 속도와 가속도에 연관시킬 것이다.

곡선의 기하학

질점의 속도와 가속도를 궤도의 형상에 연관시키기 위해서는 기하학으로부터 몇 가지 개념을 필요로 한다.

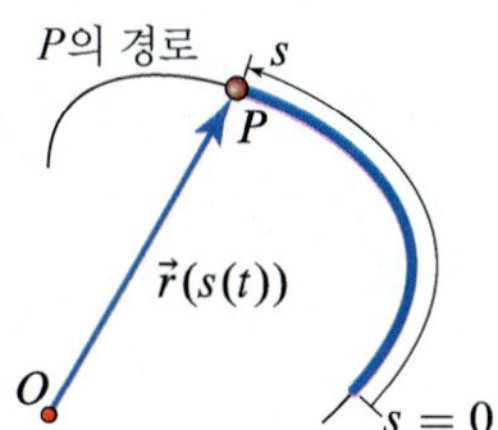

그림 2.35 경로를 따라 움직이는 점 P. 점 O는 고정 기준점이다.

호의 길이 그림 2.35에서 경로를 따라 움직이는 질점 P를 보자. P의 위치 $\vec{r}$를 직접적으로 시간의 함수로 간주하는 대신에 형상으로부터 $\vec{r}$를 다음 식으로 나타내며

$$\vec{r} = \vec{r}(s(t)) \tag{2.65}$$

여기서 $s(t)$는 시간 $t = 0$에서부터 현재시간 t까지 경로를 따라 점 P가 움직인 거리이다. 변수 s는 호의 길이(*arc length*)라고 불린다. s는 이동한 거리이므로 $s \geq 0$이고 P가 경로를 따라 어느 방향으로 움직이거나 s는 계속 증가한다.

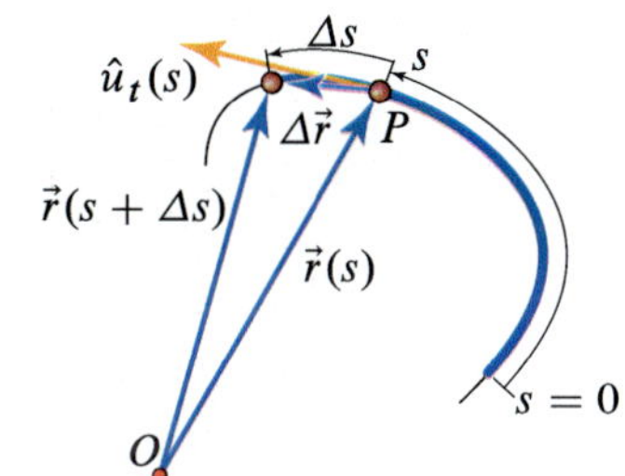

그림 2.36 단위접선벡터의 정의.

경로에의 단위접선벡터 그림 2.36을 참조하면 s는 이동거리이므로 $\Delta s \to 0$일 때 증가하는 s에 대해 벡터 $\Delta\vec{r} = \vec{r}(s + \Delta s) - \vec{r}(s)$는 운동방향을 가리키면서 경로에 접하게 된다. 또 $\Delta s \to 0$일 때 $\Delta s \approx |\Delta\vec{r}|$이고 $|\Delta\vec{r}/\Delta s| \to 1$이다. 이때 기하학으로부터 벡터 $d\vec{r}(s)/ds$가 다음 세 성질을 가지는 것으로 알 수 있다: (1) 경로에 접하고, (2) 운동방향을 가리키고, (3) $|d\vec{r}/ds| = 1$이다.이 성질 때문에 다음과 같이 쓴다.

$$\hat{u}_t(s) = \frac{d\vec{r}(s)}{ds}, \qquad |\hat{u}_t(s)| = 1 \tag{2.66}$$

여기서 아래첨자 t는 접선을 뜻한다. 단위벡터 $\hat{u}_t(s)$는 경로에 대한 단위접선벡터(*unit tangent vector*)라고 불리고 항상 운동방향을 가리킨다.

곡률 경로가 일직선이 아닌 한 단위벡터 $\hat{u}_t(s)$는 경로에 따라 방향이 바뀐다. 형상에서 $\hat{u}_t(s)$의 s에 대한 변화율, 즉 벡터 $d\hat{u}_t(s)/ds$는 경로의 곡률을 표현하는데 이용된다. 경로의 곡률(*curvature*)은 전통적으로 그리스의 자모인 κ(kappa)로 표기되며 다음과 같이 정의된다.

$$\kappa(s) = \left|\frac{d\hat{u}_t(s)}{ds}\right| \tag{2.67}$$

여기서 $\kappa(s)$는 길이의 역차원을 가지는 것에 주목한다. 또한 경로가 직선이라면 $\hat{u}_t(s) =$ constant(상수)이고 $\kappa(s) = 0$이다.

경로에의 주단위법선 $\hat{u}_t(s)$는 어떤 s 값에 대해서도 성립하는 단위벡터이므로 $\hat{u}_t(s) \cdot \hat{u}_t(s) = 1 =$ 상수이고

$$\frac{d}{ds}\left(\hat{u}_t \cdot \hat{u}_t\right) = \frac{d\hat{u}_t}{ds} \cdot \hat{u}_t + \hat{u}_t \cdot \frac{d\hat{u}_t}{ds} = 2\hat{u}_t \cdot \frac{d\hat{u}_t}{ds} = 0 \tag{2.68}$$

즉 여기서 $\hat{u}_t(s)$와 $d\hat{u}_t/ds$는 직교한다. 그러므로 $\kappa \neq 0$일 경우 곡률로 표현된 경로에 단위법선은 다음과 같다:

$$\hat{u}_n(s) = \frac{d\hat{u}_t(s)/ds}{|d\hat{u}_t(s)/ds|} = \frac{1}{\kappa(s)}\frac{d\hat{u}_t(s)}{ds} \tag{2.69}$$

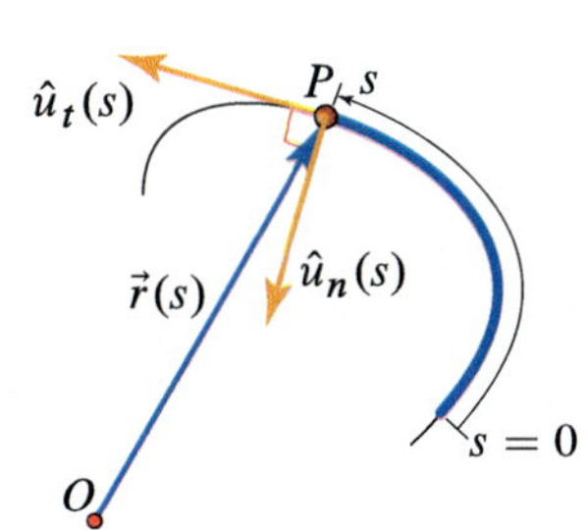

그림 2.37 경로의 주 단위법선.

여기서 아래 첨자 n은 법선을 뜻한다. 그림 2.37을 참조하면 단위벡터 $\hat{u}_t(s)$는 경로의 주단위법선(*principal unit normal*)이라고 불리며 항상 곡선의 오목한 면을 향한다. $\hat{u}_t(s)$는 단지 $\kappa \neq 0$일 경우에만 정의되므로 직선이나 곡선의 변곡점의 경우(즉 선이 국지적으로 직선일 경우)에는 사용할 수가 없다.

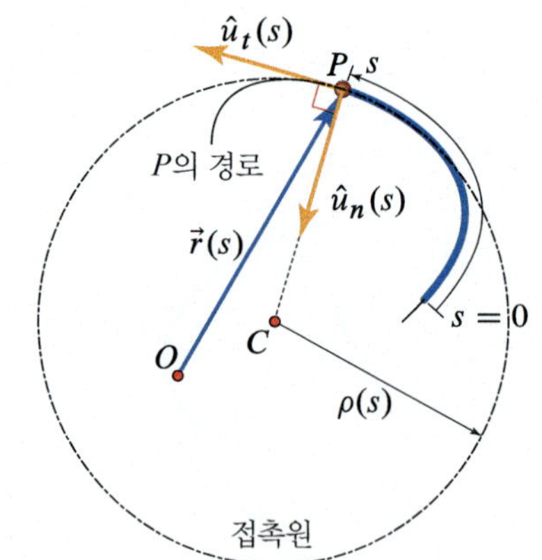

그림 2.38 접촉원과 곡률반경.

접촉원과 곡률반경 단위벡터 $\hat{u}_t(s)$와 $\hat{u}_n(s)$는 접촉면(*osculating plane*)이라고 불리는 경로에 특정하게 접하는 평면을 정의한다.[23] 경로가 평면 상에 있으면 두 벡터는 운동평면에 놓이게 되므로 운동평면은 접촉면과 일치하게 된다. 이 접선평면에 수직한 방향은 다음의 단위벡터를 통해 정의되고

$$\hat{u}_b(s) = \hat{u}_t(s) \times \hat{u}_n(s) \tag{2.70}$$

이는 두 벡터 $\hat{u}_t(s)$와 $\hat{u}_n(s)$에 수직이므로 종법선(*binormal*) 단위벡터라고 불린다. 그림 2.38을 볼 때 $\hat{u}_n(s)$가 점 P에서 정의된다면 형상으로부터 얻을 수 있는 아주 중요한 결과는 접촉면은 다음 세 가지 성질을 가지는 접촉원(*osculating circle*)이라고 불리는 원을 포함한다는 것이다: (1) 원은 P에서의 경로에 접하고, (2) $\hat{u}_n(s)$는 원의중심 C를 향하며, 가장 중요하게, (3)원의 반경 ρ는 다음과 같이 주어진다.

$$\rho(s) = \frac{1}{\kappa(s)} \tag{2.71}$$

반경 $\rho(s)$는 곡률반경(*radius of curvature*)이라고 불린다. 일반적으로 $\rho(s)$는 경로에 따라 변한다. $\rho(s)$가 상수일 때 경로는 원이다.

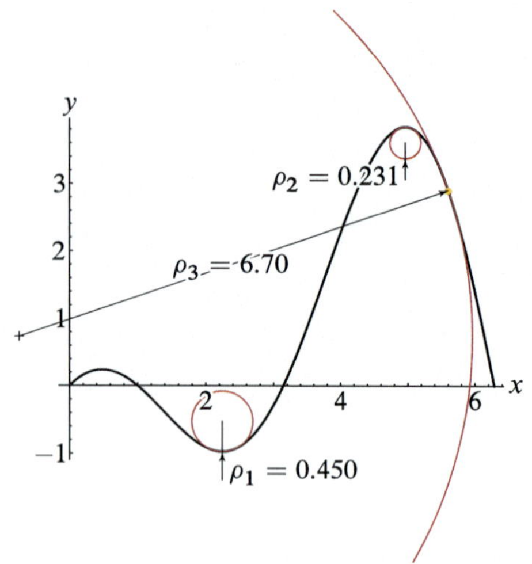

그림 2.39 세 개의 다른 지점에서의 곡률반경 을 보여주는 2차원 경로.

직교좌표계에서의 곡률반경 직교좌표계에서 질점의 평면상의 경로는 보통 $y = y(x)$의 형태로 주어진다. 이 경우에 형상으로부터 임의의 위치 x에서의 곡률반경은 다음과 같이 주어진다.

$$\rho(x) = \frac{\left[1 + (dy/dx)^2\right]^{3/2}}{\left|d^2y/dx^2\right|} \tag{2.72}$$

예를 들면, 그림 2.39는 $0 \le x \le 2\pi$에 대해 경로 $y = (1 - x)\sin x$를 보여준다. 세 다른 지점에서 y(x)의 곡률반경들을 식 (2.72)를 이용하여 계산하였다. $x = 2.24$에서 지역 최소값을 가지는 첫째 지점에서 $\rho_1 = 0.450$이다. 지역 최대값을 가지는 $x = 4.96$에 있는 둘째 지점에서 $\rho_2 = 0.231$이다. 마지막으로, $x = 5.60$에서는 $\rho_3 = 6.70$이다. 그림 2.39로부터 직관적으로 "경로가 심하게 구부러져 있을수록" 곡률반경은 작아지고 "경로가 곧을수록" 곡률반경은 커진다는 것을 알 수 있다.

법선-접선성분

지금 질점의 경로의 형태와 질점의 속도와 가속도의 관계에 대해 이 절 앞 부분에 제기된 질문을 다룰 준비가 되어 있다.

그림 2.40에 따라 질점 P가 경로를 따라 움직인다고 생각하자. 2.4절에서 논의된 개념을 이용하면 P의 속도를 다음으로 표시할 수 있고

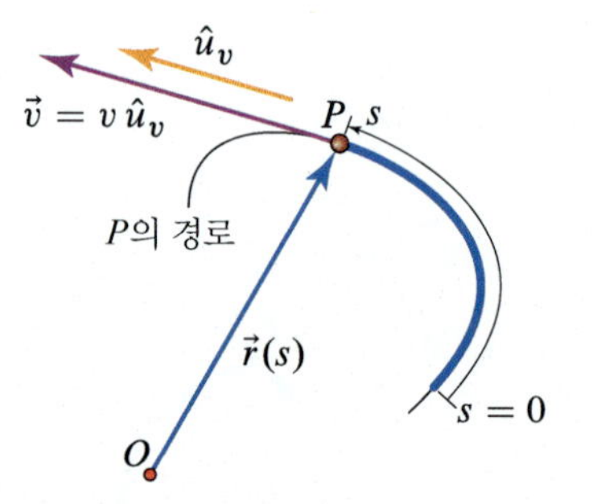

그림 2.40 경로를 따라 움직이는 점 P. 점 O는 고정 기준점이다.

$$\vec{v} = v\,\hat{u}_v \tag{2.73}$$

즉 크기인 속력 v와 $\vec{v}$의 방향에 있는 단위벡터 $\hat{u}_v$의 곱으로. 이 절의 앞에서 소개된 기하학적 개념을 이용하여 다음과 같이 쓸 수 있다.

$$\vec{v} = \frac{d\vec{r}(s(t))}{dt} = \frac{d\vec{r}}{ds}\frac{ds}{dt} = \dot{s}(t)\,\hat{u}_t(s(t)) \tag{2.74}$$

23) 형용사 osculating은 kiss라는 뜻인 라틴어에서 왔다.접촉면은 경로에 접하는 모든 평면 중에서 경로에서 가장 천천히 이탈한다는것을 뜻하는 것으로부터 이름지어졌다.

여기서 마지막 등식은 식 (2.66)을 이용하였다. 속도는 항상 경로에 접하고 정의에 의해 운동방향을 향하므로 단위벡터들 $\hat{u}_v$와 $\hat{u}_t$는 서로 같아야 한다(그림 2.41 참조).

$$\vec{v} = v\,\hat{u}_t, \qquad v = \dot{s} \tag{2.75}$$

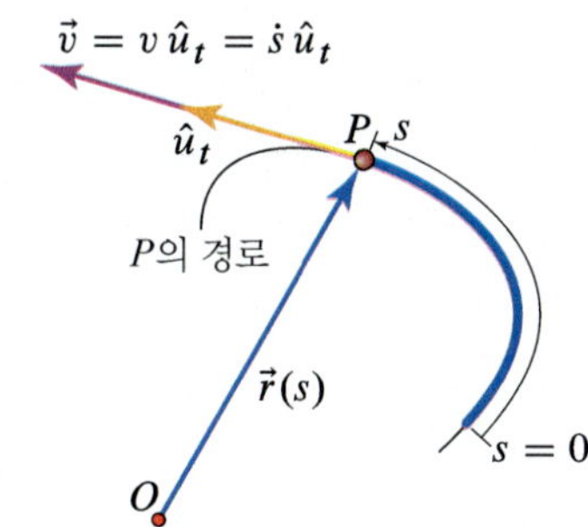

그림 2.41 법선–접선성분의 속도.

P의 가속도를 구하기 위해 식 (2.75)의 첫째 부분을 시간에 대해 미분하면 다음이 되고

$$\vec{a} = \dot{\vec{v}} = \dot{v}\,\hat{u}_t + v\,\dot{\hat{u}}_t = \dot{v}\,\hat{u}_t + v\,\frac{d\hat{u}_t}{ds}\,\frac{ds}{dt} \tag{2.76}$$

여기서 마지막 등식은 호의 길이 s에 대한 $\hat{u}_t$의 종속관계를 설명하기 위해 연쇄법칙(chain rule)을 이용하였다. P에서 $\kappa \neq 0$이라면 식 (2.76)에 있는 벡터 $d\hat{u}_t(s)/ds$는 식 (2.69)와 (2.71)을이용하여 다음과 같이 다시 쓸 수 있다.

$$\frac{d\hat{u}_t}{ds} = \frac{1}{\rho}\,\hat{u}_n \tag{2.77}$$

마지막으로, 식 (2.75)의 두 번째 부분으로부터 $\dot{s} = v$이므로 식 (2.77)을 식 (2.76)에 넣으면 다음이 된다(그림 2.42 참조).

$$\vec{a} = \dot{v}\,\hat{u}_t + \frac{v^2}{\rho}\,\hat{u}_n = a_t\,\hat{u}_t + a_n\,\hat{u}_n \tag{2.78}$$

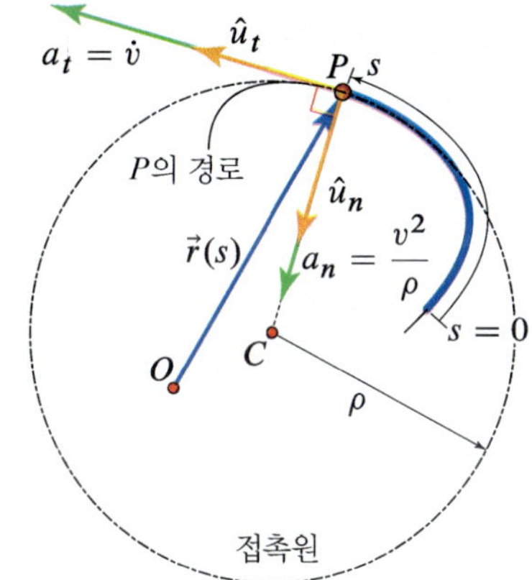

그림 2.42 법선–접선성분의 가속도.

여기서 $a_t = \dot{v}$와 $a_n = v^2/\rho$는 각기 가속도의 접선과 법선성분이다.

식 (2.75)와 (2.78)은 우리가 법선과 접선 성분계(간혹 경로 성분계라고도 불리는), 즉 단위벡터 $\hat{u}_n$와 $\hat{u}_t$로 구성되어 있는 성분계를 이용하여 질점의 속도와 가속도를 표현한다면 (1) 속도는 단지 하나의 성분, 즉 접선방향을 따르는 v를 가지고, (2) 가속도는 단지 두 성분을 가지는데 하나는 접선방향이고 다른 하나는 법선방향이라는 것을 이야기 한다. 가속도의 법선성분은 속력의 제곱에 직접비례하고 경로의 곡률반경에 반비례한다. 이 결과는 이 절의 첫 부분에서 제기된 문제에 대한 답이기 때문에 정확히 우리가 구하고 있는 것이다. 마지막으로 식 (2.75)와 (2.78)의 유도는 운동이 평면 상에 존재한다는 것을 가정하지 않으므로 이 관계들은 심지어 완전히 3차원적인 문맥에서도 유효하다.

벡터의 시간미분과의 연결 2.4절의 개념을 이용하여 $\vec{a}$를 구하기 위해 식 (2.76)으로 돌아가는 것으로 이 토론을 마친다. 이러기 위해, 즉 식 (2.62)를 적용하면 다음이 된다.

$$\vec{a} = \dot{\vec{v}} = \dot{v}\,\hat{u}_t + \vec{\omega}_v \times \vec{v} = \dot{v}\,\hat{u}_t + v\vec{\omega}_v \times \hat{u}_t \tag{2.79}$$

식 (2.79)와 식 (2.78)을 비교하면 다음이 된다.

$$v\vec{\omega}_v \times \hat{u}_t = \frac{v^2}{\rho}\,\hat{u}_n \tag{2.80}$$

v를 서로 상쇄하고 식 (2.70)으로부터 $\hat{u}_n = \hat{u}_b \times \hat{u}_t$라는 것에 주목하면 다음 식을 얻는다(여백의 흥미로운 사실 참조).

$$\vec{\omega}_v \times \hat{u}_t = \frac{v}{\rho}\,\hat{u}_b \times \hat{u}_t \quad \Rightarrow \quad \vec{\omega}_v = \frac{v}{\rho}\,\hat{u}_b \tag{2.81}$$

즉, 속도벡터의 회전율은 질점의 속력 뿐만 아니라 경로의 곡률(즉, $1/\rho$)에 직접 비례한다.

흥미로운 사실

$\vec{v}$의 각속도 식 (2.81)에서 $\vec{\omega}_v$에 대한 우리의 결론이 전적으로 옳지는 않았다. $\vec{\omega}_v = \frac{v}{\rho}\,\hat{u}_b + \beta\,\hat{u}_t$라면 여기서 β는 임의의 스칼라 양인데 식 (2.81)의 첫째항은 $\hat{u}_t \times \hat{u}_t = \vec{0}$이므로 아직 만족되고 있다. 그러나 $\beta\hat{u}_t$ 항은 단순히 벡터 $\vec{v}$가 자체에 대해 회전하게끔 한다. 즉 속도벡터가 자신의 축에 대해 회전하게 되면 벡터로써 변하지 않는다. 즉 방향이나 크기가 변하지 않는다. 그러므로 $\vec{\omega}_v$를 $\frac{v}{\rho}\,\hat{u}_b$로 또는 $\frac{v}{\rho}\,\hat{u}_b + \beta\hat{u}_t$로 쓰던 간에 항상 같은 결과를 얻을 것이다. 우리가 식 (2.81)에서 쓴 것은 실제로 $\vec{a}$에 기여하는 $\vec{\omega}_v$의 식이다.

그림 2.43 그림 2.41 반복. 법선–접선성분계에서의 속도 표현.

절 요약

이 절에서 법선과 접선 성분계를 사용하여 질점의 속도와 가속도에 대한 식을 유도했다. 그림 2.43을 보면 속도벡터는 다음 식과 같으며,

식 (2.75) p. 107

$$\vec{v} = v\,\hat{u}_t = \dot{s}\,\hat{u}_t$$

여기서 v는 속력이고, s는 경로를 따르는 호의 길이이며, $\hat{u}_t$는 점 P에서의 접선 단위벡터이다. 그림 2.44를 보면 법선과 접선 성분계를 이용한 가속도벡터는 다음 식과 같다.

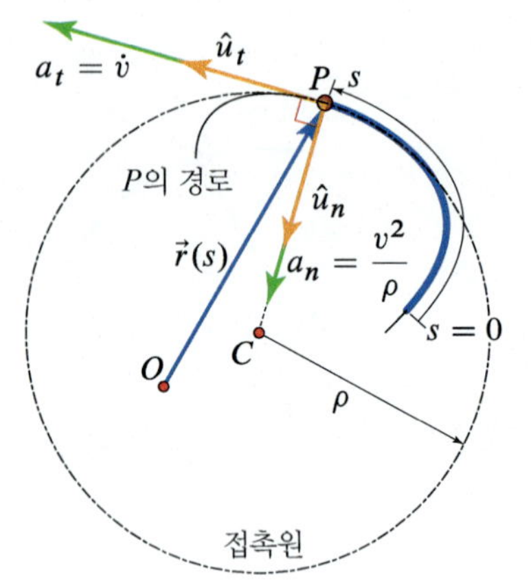

그림 2.44 그림 2.42 반복. 법선–접선성분계에서의 가속도.

식 (2.78) p. 107

$$\vec{a} = \dot{v}\,\hat{u}_t + \frac{v^2}{\rho}\,\hat{u}_n = a_t\,\hat{u}_t + a_n\,\hat{u}_n$$

여기서 $\dot{v} = a_t$는 가속도의 접선성분이며 $v^2/\rho = a_n$는 가속도의 법선성분이다. 직교좌표계를 사용할 때 $y = y(x)$같은 식으로 나타난 경로에 대한 경로의 곡률반경은 ρ로 주어진다:

식 (2.72) p. 106

$$\rho(x) = \frac{\left[1 + (dy/dx)^2\right]^{3/2}}{\left|d^2y/dx^2\right|}$$

예제 2.17 경로의 형태와 가속도와의 관련

그림 1의 지도를 편집한 Federation Internationale de l'Automobile (FiA)에서 "g의 단위"로 표현된 경주용차의 법선방향 가속도의 측정치를 횡방향의 G–힘으로 제공하려 고했다고 가정하자. 여기서 g는 중력 가속도이다. 이 자료를 (1) Rascasse의 직전구간과 (2)Tunnel의 끝구간에서의 Monaco Formula 1 트랙의 곡률반경을 추정하기 위해 기록된 속력과함께 이용하라.

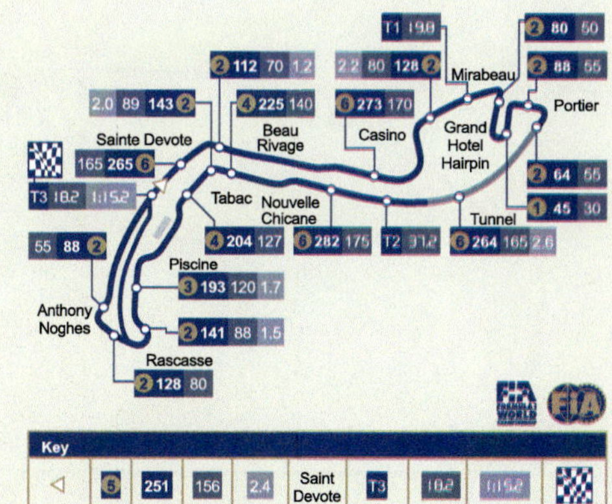

그림 1 Monaco에 있는 Formula 1 트랙. Tunnel과 Rascasse의 위치는 붉은색으로 표시되어 있다. 추가 정보는 트랙을 따른 각 중요한 지점에서의 전형적 속력, 가속도, 기어정보를 포함하여 주어져 있다.

풀이 SOLUTION

로드맵 Formula 1 경주용 차가 질점으로 모델링될 수 있다고 가정하면 이 문제에 대한 해답은 속력을 경로에 수직한 가속도의 성분, 즉 $a_n = v^2/\rho$로 연결하는 관계를 이용함으로써 얻어질 수 있다.

계산 문제의 설명에서 나타난대로 횡방향의 힘이 경로에 수직한 가속도의 성분이라고 가정하면 Rascasse에 도달하기 바로 직전 구간(그림 2 참조) 마지막에서 다음을 얻는다.

$$v = 141\,\text{km/h} = 39.17\,\text{m/s}\ , \qquad a_n = 1.5g = 14.72\,\text{m/s}^2 \tag{1}$$

그래서 아래와 같고

$$\rho = \frac{v^2}{a_n} = 104\,\text{m} \tag{2}$$

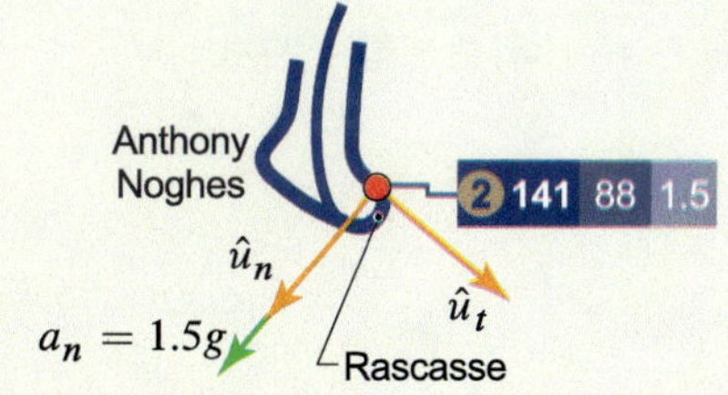

그림 2 Rascasse직전의 법선 접선성분계. 가속도의 법선 성분 또한 보여져 있다. 파란 표시 안에 보여진 숫자의 해석을 위해 그림 1을 참조하라.

Tunnel(그림 3 참조)에 대해 유사하게 구하면

$$v = 264\,\text{km/h} = 73.33\,\text{m/s}\ , \qquad a_n = 2.6g = 25.50\,\text{m/s}^2 \tag{3}$$

그러므로 다음을 얻는다

$$\rho = \frac{v^2}{a_n} = 211\,\text{m} \tag{4}$$

논의 및 검증 해답은 가속도의 법선성분에 대한 식을 직접 적용함으로써 얻어졌으므로 차원적으로 맞고 적절한 단위가 사용되었다는 것을 증명하는 것은 초보적이다.

심층분석 해야 할 기본적 질문은 이 추정이 얼마나 정확한지이다! 약간의 조사 끝에 저자들은 비록 커브를 따라 고도가 변하는 것은 보여주지 않지만, 모든 커브에서의 곡률반경이 직접적으로 측정될 수 있었던 경주로의 지도를 얻을 수 있었다. 이 지도로부터 처음 계산에서의 곡률반경은 약 90 m로 측정되었고 Tunnel 중간정도에서의 곡률은 200 m로 대략 측정되었다. 그러므로 우리가 그림 1의 지도로부터 유도한 개략적인 추정치와 직접(아직 근사적이지만) 측정에 의해 얻어진 추정치의 값은 서로 잘 일치하고 있다고 결론지을 수 있다.

그림 3 Tunnel의 끝에서의 법선 접선성분계. 가속도의 법선 성분 또한 보여져 있다. 파란 칸 안에 보여진 숫자의 풀이를 위해 그림 1을 참조하라.

예제 2.18 곡률과 발사체 운동

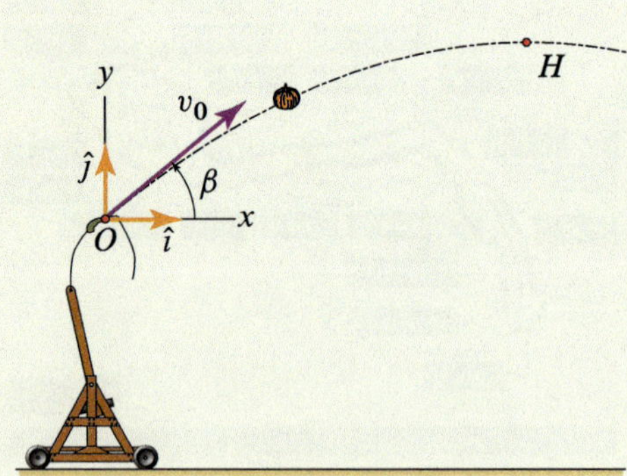

그림 1 투석기에 의해 던져진 호박.

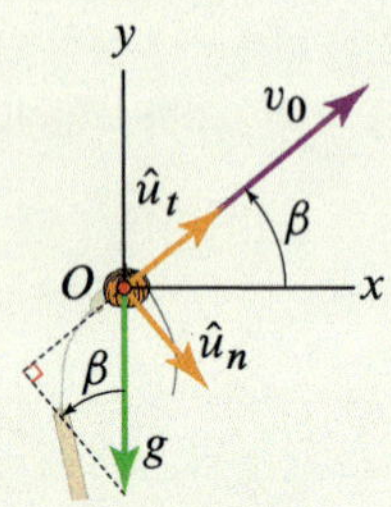

그림 2 O에서의 법선 접선성분계.

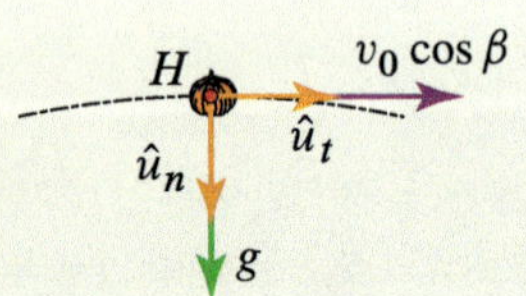

그림 3 H에서의 법선 접선성분계.

호박이 미국 델라웨어주 밀즈보로시의 연례 세계 "Punkin Chukin" 경기에서 투석기에 의해 발사되고 있다. 그림 1에서 보여준 바와 같이 호박은 초기속도 v_0와 고도각 β를가지고 O에서부터 방출되고 있다. 방출 시의 호박의 속력의 변화율과 가장 높은 곳에 있을 때의 호박의 궤적의 곡률반경을 구하라.

풀이 SOLUTION

로드맵 호박의 운동을 발사체 운동으로 모델링할 때 호박의 가속도는 음의 y 방향으로 작용하는 중력가속도이다. 해답의 열쇠는 속력의 변화율이 $\dot{v} = a_t$이고 곡률반경은 $a_n = v^2/\rho$를 만족시키므로 가속도의 법선과 접선성분을 계산하는데 있다.

계산 그림 2를 참조하여 속도는 항상 경로에 접한다는 것을 상기하면 O에서 경로에 접선은 x 축과 각도 β를 가진다. 그러므로 다음이 되고

$$\dot{v}_O = a_{Ot} = -g \sin\beta \tag{1}$$

여기서 v_0와 a_{Ot}는 각기 O에서의 속력과 가속도의 접선성분을 뜻한다. 궤적에서 고도가 최고일 때의 상황을 그림 3에서 참조하면 이 때의 궤적의 접선은 완전히 수평하다. 그러므로 H를 궤적의 최고점이라고 하면 호박의 가속도는 완전히 y 방향에 있으므로 다음을 얻는다.

$$a_{Ht} = 0 \ , \quad a_{Hn} = g \tag{2}$$

게다가 O에서 속도는 완전히 x 방향이다. 발사체 운동으로부터 가속도의 수평선분은 운동 중에 일정하다는 것을 안다. 그러므로 다음이 된다.

$$\vec{v}_O = v_{Ox}\ \hat{\imath} = v_0 \cos\beta\ \hat{\imath} \quad \Rightarrow \quad v_0 = v_0 \cos\beta \tag{3}$$

식 (2.78)의 법선성분을 이용하면 $a_n = v^2/\rho$가 되므로 식 (2)와 (3)을 사용하여 다음을 얻는다.

$$\rho_H = \frac{v_H^2}{a_{Hn}} = \frac{v_0^2 \cos^2\beta}{g} \tag{4}$$

논의 및 검증 식 (1), (4) 두 결과 모두 차원적으로 맞다. 식 (1)을 볼 때 $\sin\beta$는 무차원이므로 $\dot{v}_O$는 g와 같은 차원, 즉 예상대로 중력가속도를 가진다. 식 (4)에 관한 한 v_0의 차원은 길이를 시간으로 나눈 것이며 g의 차원은 길이를 시간의 제곱으로 나눈 것임을 기억한다. 그러므로 예상대로 ρ는 길이의 차원을 갖는다. 식 (3)으로부터는 $\dot{v}_O$가 음수인 것을 인지한다. 발사체가 H에 도달할 때까지 발사체의 속도는 감소하는 것으로 예상되므로 이는 예측되는 것이다. 마지막으로 식 (4)로부터, ρ는 초기속도의 수평성분에 따라 증가하는 것에 주목한다. 이는 전체적인 궤적의 "평탄정도"가 속도의 수평성분에 의해 지배되므로 예상되는 것이다. 그러므로 우리가 얻은 해답은 맞는 것으로 보인다.

예제 2.19 원 운동시의 가속도

미항공우주국의 Ames 연구소에 있는 중력생물연구소에서는 $20g$($12.5g$가 인간이 인내할 수 있는 최대)의 가속도를 실험할 수 있는 대형 원심분리기를 사용한다. 원심분리기의 반경은 9 m이고 회전축으로부터 A나 B에 있는 조정석까지의 거리는 $R = 7.5$ m이다. 이 장치가 마지막 속력에 도달할 때까지 일정하게 가속하며, 이러기 위해 12.5초가 소요된다고 가정할 때 다음을 결정하라.

(a) 조정석 A에서의 마지막 가속도 $20g$를 유지하는데 필요한 장치의 각속도 ω_f

(b) 장치가 시작하는 순간부터 마지막 속력에 도달할 때까지의 시간의 함수로 조정석 A에서의 가속도의 크기.

그림 1 캘리포니아 Moffet Field에 있는 미항공우주국의 Ames연구소의 일부인 중력생물연구소에 있는 $20g$ 원심분리기.

풀이 SOLUTION

로드맵 A의 마지막 가속도의 크기($20g$)를 알고 있으므로 이 장치의 마지막 각속도 값을 구하기 위해 이 절에서 전개된 가속도 관계식을 이용할 수 있다. 원심기는 회전 증가시에 일정하게 가속하므로 마지막 각속도를 회전증가시에 필요한 각가속도와 연관시키기 위해 2.2절에서의 일정 각속도 관계식을 이용한다. 일단 원심기의 가속도가 알려지면 회전 증가시의 시간의 함수로 A의 가속도식을 유도할 수 있다.

계산 이 문제의 해답의 핵심 요소는 A의 운동과 장치 전체의 운동과의 관계에 있다. 이 관계를 성립시키기 위해 그림 2로부터 A의 경로는 장치의 회전축인 C가 중심인 원이라는 것에 주목한다. $\hat{u}_n$은 C를 향하므로 이의 각속도는 장치의 각속도, 즉 $\omega\hat{u}_b$이다. $\hat{u}_t$는 $\hat{u}_n$에 항상 수직이어야 한다는 것을 주목하면 $\hat{u}_t$ 또한 각속도 $\omega\hat{u}_b$를 가지고 회전해야 한다는 것을 안다. 이 각속도는 식 (2.79)-(2.81)에서 보여진 각속도 $\vec{\omega}_v$이다. 결과적으로, 식 (2.81)을 사용하여 회전이 증가하거나 아니거나에 상관없이 장치의 각속도와 A의 운동은 다음 식을 통해 연관되어 진다.

$$\omega = \frac{v}{\rho} \tag{1}$$

여기서 v는 A의 속도이고 ρ는 A의 경로의 반경이다.

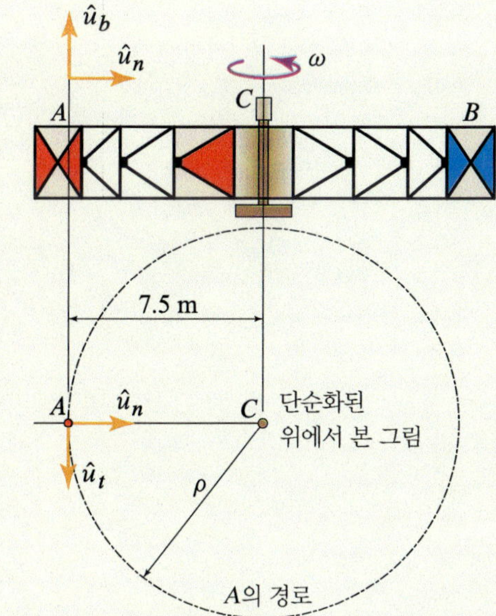

그림 2 회전축, 경로, A에서의 법선 접선성분계를 보여주는 $20g$ 원심분리기.

A의 가속도의 크기가 최대값 $a_f = 20g$에 도달할 때 A의 속력은 상수가 될 것이고, 즉 $\dot{v}_f = 0$이고 a_f는 다음과 같이 식 (2.78)의 법선 성분과 바로 일치하게 될 것이다.

$$a_f = \frac{v_f^2}{\rho} = \rho\omega_f^2 \quad \Rightarrow \quad 20g = 20(9.81\ \mathrm{m/s^2}) = \rho\omega_f^2 \tag{2}$$

여기서 식 (1)을 사용했고, ω_f는 ω의 최종값이고 $g = 9.81$ m/s²를 사용했다. $\rho = 7.5$ m이므로 ω_f에 대해 풀면 다음이 된다.

$$\boxed{\omega_f = 5.114\ \mathrm{rad/s} = 48.84\ \mathrm{rpm}} \tag{3}$$

지금 표 2.2와 함께 식 (2.41)을 사용하여 회전이 증가할 때의 원심분리기의 각가속도를 다음과 같이 얻는다.

$$\omega_f = \omega_0 + \alpha t_f \quad \Rightarrow \quad 5.114\ \mathrm{rad/s} = \alpha(12.5\ \mathrm{s}), \quad \Rightarrow \quad \alpha = 0.409\ \mathrm{rad/s^2} \tag{4}$$

여기서 $\omega_0 = 0$을 사용했다.

α를 A의 가속도에 연관시키기 위해 식 (1)을 $v = \rho\omega$로 다시 쓰고 시간에 대해 미분하면 다음이 되고

$$\dot{v} = \rho\dot{\omega} = \rho\alpha \tag{5}$$

여기서 ρ는 상수라는 사실을 이용했다. $\dot{v}$값은 A의 가속도의 접선성분이다. A의 가속도의 법선성분은 다음으로주어진다.

$$a_n = \frac{v^2}{\rho} = \rho\omega^2 = \rho\alpha^2 t^2 \tag{6}$$

여기서 식 (4)로부터 $v = \alpha t$를 이용했고 이는 회전이 증가할 때의 임의의 시간에서 ω의 값이다. 그러므로 이때의 가속도의 크기는 다음으로 주어진다.

$$a = \sqrt{a_t^2 + a_n^2} = \sqrt{\rho^2\alpha^2 + \rho^2\alpha^4 t^4} = \rho\alpha\sqrt{1 + \alpha^2 t^4} \tag{7}$$

$\rho = 0.75$를 기억하고 식 (4)를 이용하면 다음이 된다.

$$\boxed{a = (3.07\,\mathrm{m/s^2})\sqrt{1 + (0.1673\,\mathrm{s^{-4}})t^4}} \tag{8}$$

논의 및 검증 식 (2)와 (7)은 우리의 결과를 상징적 형태로 표현하며 결과가 차원적으로 옳다는 것을 쉽게 확인해준다. 더욱이, 식 (3)과 (8)에서 나타난 결과의 수치형태는 적절하고 일치하는 단위들로 나타난다. 전반적으로 우리의 해답은 A의 속력이 일정하게 증가하며 이는 장치의 회전증가가 일정한 비율로 발생한다는 주어진 정보와 일치한다. 그러므로 우리의 해답은 맞는 것으로 보인다.

심층분석 식 (8)에서 주어진 것처럼 A의 가속도의 크기는 시간에 따라 증가하는 함수이다. 그러므로 a는 $t = 12.5$ s(회전 끝에)에 최대값이 되고 그 값은 다음으로 주어진다.

$$a_{\max} = 196.23\,\mathrm{m/s^2} = 20.0g \tag{9}$$

이 값은 a_f의 값과 같아 보인다. 식 (9)에서의 결과는 다소 예상치 못한 것인데 이는 a_f의 값은 단지 회전 증가 시의 마지막에서 A의 법선 방향 가속도에만 달려있지만 $a_{\max}$는 A의 가속도의 접선과 법선가속도성분 모두 포함하기 때문이다. 이는 가속도의 접선성분은 전체가속도의 별 영향을 미치지 못한다는 것을 뜻한다. 식 (7)이 회전의 마지막 단계 ($t = 12.5$ s)에서 계산될 때 $a_t = 3.07$ m/s^2(식 (8)의 오른쪽 중요한 항 참조)이고 $a_n = 196$ m/s^{2}이므로 a_n은 a_t보다 63배 이상 크다.

우리의 해석은 각가속도는 $t = 12.5$ s까지 일정하고 이때부터 각속도는 일정하도록 가속도가 0이된다고 가정했다는 것에 주목하며 마친다. 가속도의 이러한 갑작스런 변화는 실제 응용에서는 드문 경우이므로 이 가정이 아주 현실적인 것은 아니다.

문제

문제 2.126

질점 P가 보여준 속도로 경로를 따라 움직이고 있다. P에서의 접선 법선성분계의 묘사가 맞는가?

주의 개념 문제는 계산이 아닌 설명이 필요하다.

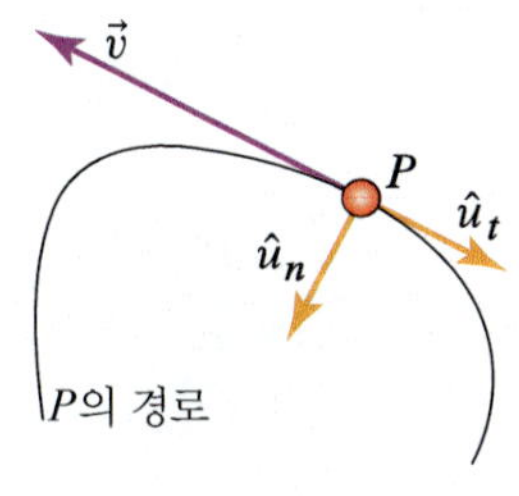

그림 P2.126

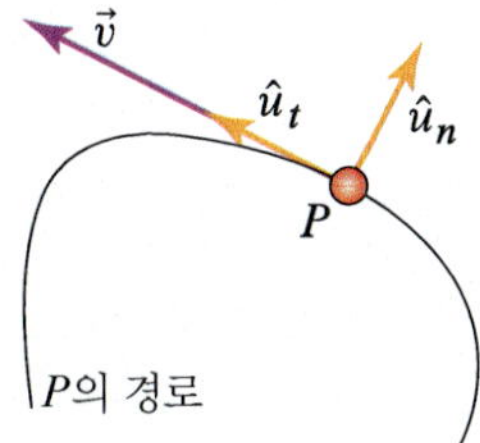

그림 P2.127

문제 2.127

질점 P가 보여준 속도로 경로를 따라 움직이고 있다. P에서의 접선 법선성분계의 묘사가 맞는가?

주의 개념 문제는 계산이 아닌 설명이 필요하다.

문제 2.128

질점 P가 보여준 속도와 가속도로 직선 경로를 따라 움직이고 있다. 그림에서 보여준 단위벡터에서 무엇이 잘못되었는가?

주의 개념 문제는 계산이 아닌 설명이 필요하다.

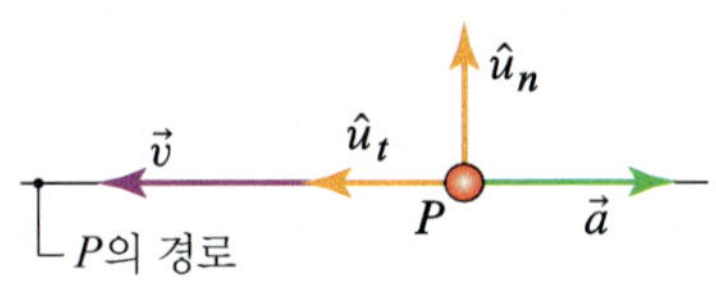

그림 P2.128

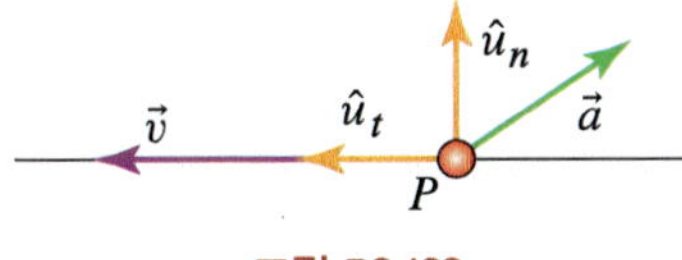

그림 P2.129

문제 2.129

질점 P가 보여준 속도와 가속도로 어떤 경로를 따라 움직이고 있다. P의 경로가 보여준 직선일 수가 있는가?

주의 개념 문제는 계산이 아닌 설명이 필요하다.

문제 2.130

질점 P가 보여준 곡선 C를 따라 **일정**속도 v_C로 움직이며 이의 방정식이 다음과 같다.

$$(y^2 - x^2)(x - 25)(50x - 75) = 100(x^2 + y^2 - 50x)^2$$

곡률반경이 정의될 수 있는(즉, 무한하지 않은) 경로 상의 어떤 위치에 대해 속도벡터 $\vec{v}$와 가속도벡터 $\vec{a}$ 사이의 각도 ϕ는 무엇이어야 하는가?

주의 개념 문제는 계산이 아닌 설명이 필요하다.

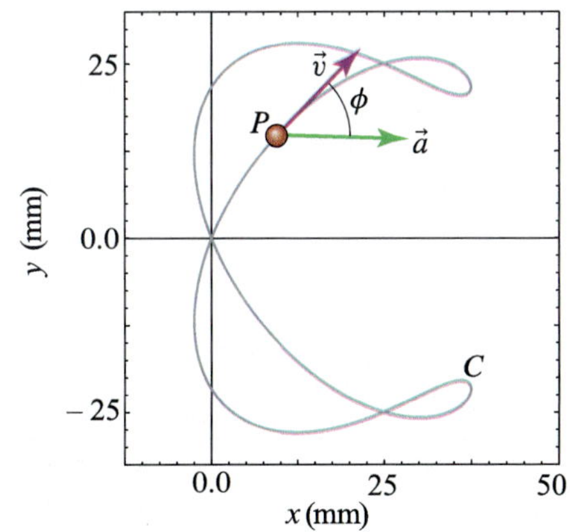

그림 P2.130

문제 2.131

예제 2.17에서와 같은 가정을 하여 독일 Hockenheim에 있는 Formula 1 경주로의 지도를 보고 곡선 구간인 Sudkurve와 Nordkurve(붉은색으로 표시되어 있는 위치)의 곡률반경을 구하라.

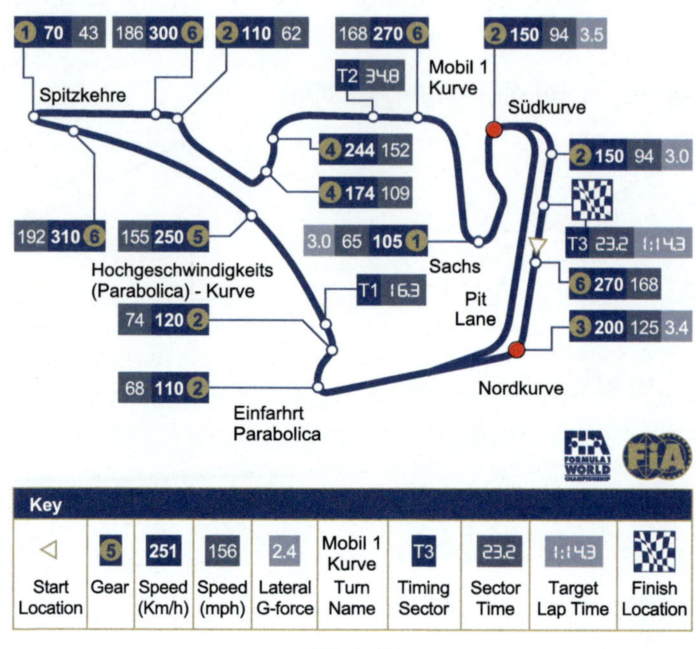

그림 P2.131

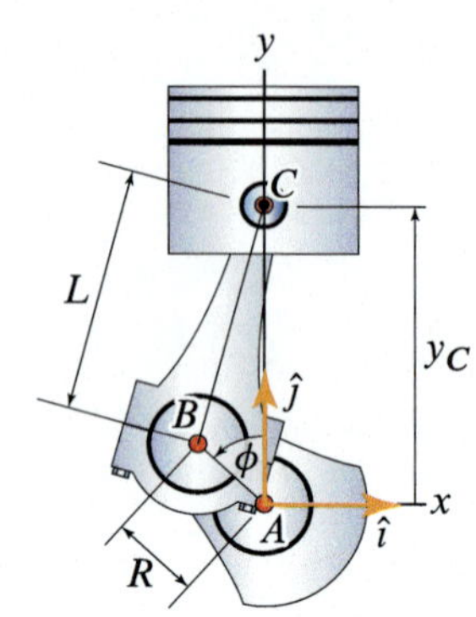

그림 P2.132

문제 2.132

피스톤 C의 운동은 크랭크 각도 ϕ,크랭크의 길이 AB, 연접봉의 길이 BC의 함수로써 $y_C = R\cos\phi + L\sqrt{1-(R\sin\phi/L)^2}$와 $x_C = 0$로 주어진다. 보여준 성분계를 이용하여 $0 \le \phi < 2\pi$ rad에 대해 크랭크 각도 ϕ의 함수로 C의 궤적에 접하는 단위벡터인 $\hat{u}_t$를 표현하라.

주의 개념 문제는 계산이 아닌 설명이 필요하다.

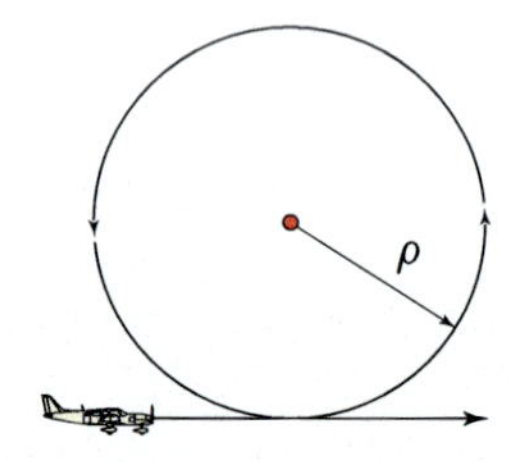

그림 P2.133

문제 2.133

곡예비행기가 기본적인 환형비행을 시작하는데 환형의 하단에서 속도는 225 km/h이고 이 때에 약 $4g$의 가속도를 받는다. 이에 해당하는 환형의 반경을 구하라.

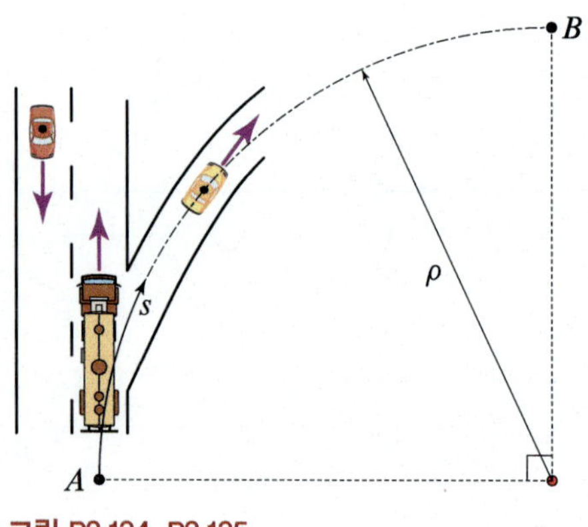

그림 P2.134, P2.135

문제 2.134

고속도로의 출구 경사로가 반경 $\rho = 40$ m인 원형구간으로 설계되어 있다고 가정하자. 차가 105 km/h의 속도로 A에서 고속도로를 나가기 시작하여 B를 지날 때의 속도가 40 km/h이다. A와 B 사이에서 가속도의 접선성분은 일정하다고 가정하여 호의 길이s의 함수로 차의 가속도벡터를 계산하라.

문제 2.135

고속도로의 출구 경사로가 반경 $\rho = 40$ m인 원형구간으로 설계되어 있다. 차가 105 km/h의 속도로 A에서 고속도로를 나가기 시작하여 B를 지날 때의 속도가 40km/h이다.

A와 B 사이에서 dv/ds가 일정하게 유지되도록 속도가 조절되었다고 가정할 때 호의 길이s의 함수로 차의 경로를 따르는 가속도벡터를 구하라.

문제 2.136

입자들 A와 B가 같은 일정 속력 v로 같은 평면에서 움직이며 이들의 경로는 점 P에 접하고 있다. 이 입자들은 P에서 가속도가 0인가? 아니라면 이 입자들은 P에서 가속도가 같은가?

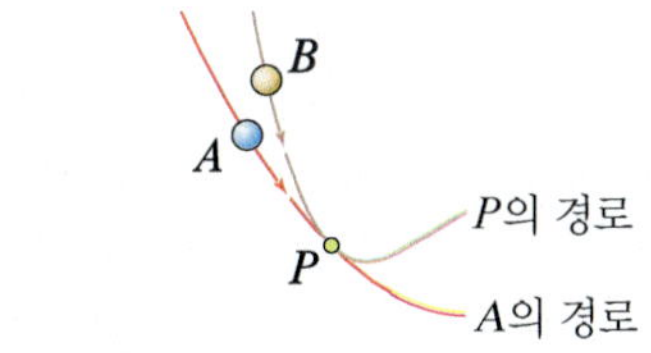

그림 P2.136

주의 개념 문제는 계산이 아닌 설명이 필요하다.

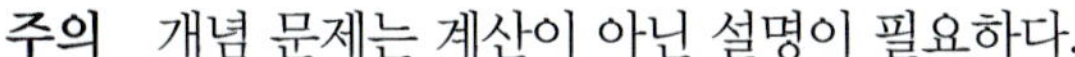

문제 2.137

우라늄은 전기발전을 위해 제어된 핵반응이 일어나는 경수로에서 사용된다. 처음 채굴될 때 0.7%는 U-235 동위원소, 99.3%는 U-238 동위원소로 이루어진 산화우라늄의 형태로 존재한다.[24)] 원자로에 사용되기 위해서 U-235의 농도는 3~5% 범위에 있어야 한다.[25)] U-235의 비율을 증가시키는 과정을 농축이라고 부르며 이에는 여러 가지 방법이 있다. 한 방법은 인위적 중력을 발생시키기 위해 고속으로 회전하는 원심분리기를 사용한다. 이런 원심분리기에서 무거운 U-238는 원통의 바깥쪽(가속도가 가장 큰 곳)에 모이고 가벼운 U-235는 원통의 안쪽 회전축 가까이에 모인다. 원심분리 전에 우라늄은 기체 형태의 우라늄헥사불화물 또는 UF6로 가공된 후에 원심분리기로 주입된다. 분리기의 반경이 200 mm이고 70,000 rpm의 속도로 회전한다면 다음을 결정하라.

1. 분리기의 바깥표면의 속도
2. 분리기의 바깥 벽의 바로 안쪽에 있는 우라늄의 핵들이 받는 g로 나타낸 가속도

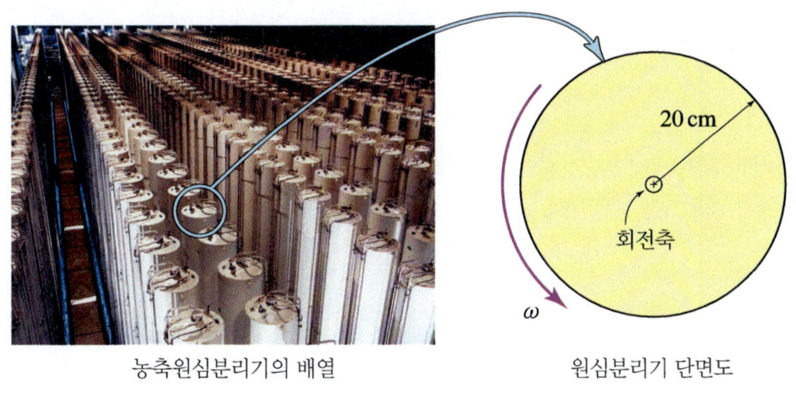

농축원심분리기의 배열 원심분리기 단면도

그림 P2.131

문제 2.138

지구의 중심을 고정된 점으로 놓을 때 보여준 각도 ϕ의 함수로 지표면에서의 가속도의 크기를 결정하라. 지구의 반경으로 $R = 6371$ km를 사용하라.

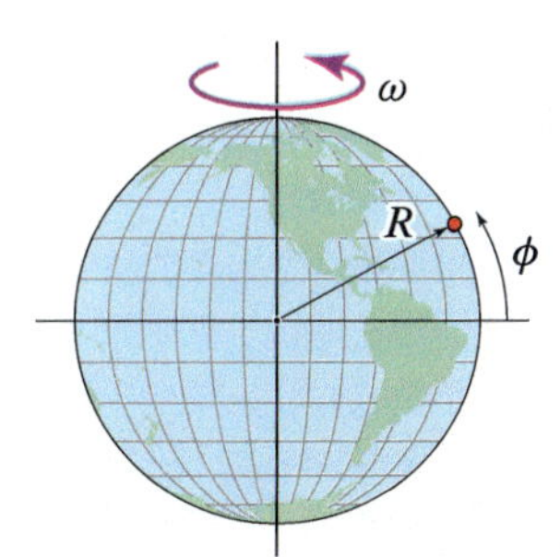

그림 P2.138

24) U-235 핵은 92개의 양자와 143개의 중성자를 가지며 235의 원자질량을 가진다. U-238 핵 또한 92개의 양자를 갖지만 146개의 중성자를 가지며 238의 원자질량을 가진다.

25) 원자무기에서는 U-235의 농도가 90% 이상이어야 한다.

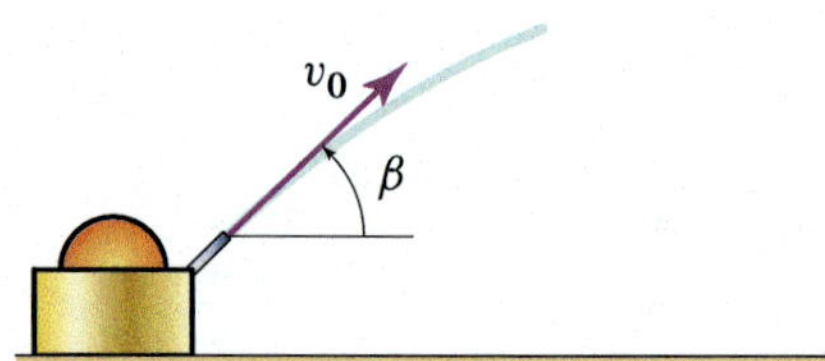

그림 P2.139, P2.140

문제 2.139

물 제트가 분수의 노즐에서 속력 $v_0 = 12\ \mathrm{m/s}$로 나오고 있다. $\beta = 33°$라면 물 입자가 노즐에서 나오는 순간에서의 속력의 변화율과 상응하는 물 궤적의 곡률반경을 구하라.

문제 2.140

물 제트가 분수의 노즐에서 속도 v_0로 나오고 있다. $\beta = 21°$라면 물 아치상의 가장 높은 곳에서 곡률반경이 3 m가 되게 하는 v_0를 구하라.

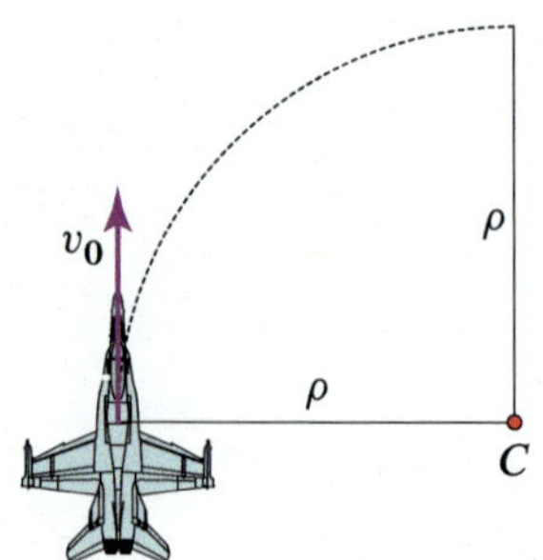

그림 P2.141

문제 2.141

제트비행기가 일정 속력 $v_0 = 1200\ \mathrm{km/h}$로 원형 회전을 하고 있다. 가속도의 크기가 $9g$ (g는 중력가속도)로 일정하게 유지될 필요가 있다면 이때의 회전 곡률반경을 구하라.

문제 2.142

일정 속력 $v_0 = 105\ \mathrm{km/h}$로 움직이고 있는 차가 언덕의 꼭대기에 도달했을 때 거의 지면과의 접촉을 잃었다. 언덕꼭대기에서의 곡률반경을 구하라.

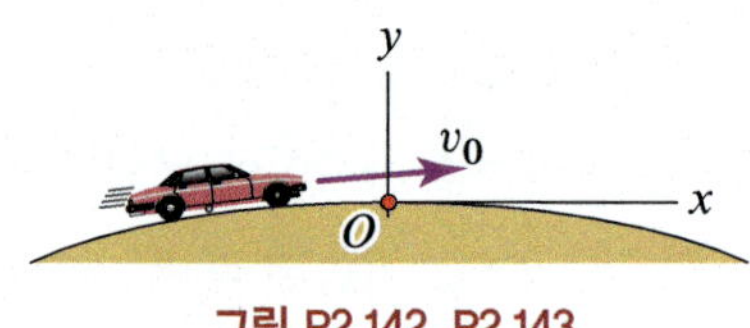

그림 P2.142, P2.143

문제 2.143

차가 언덕 위를 달리고 있다. 언덕 꼭대기에서 원점 O를 가지는 직교좌표계를 사용하여, 언덕 단면도의 식은 함수 $y = -(0.003\ \mathrm{m}^{-1})x^2$로 된다. 여기서 x와 y는 m일 때 차가 언덕의 꼭대기에서 지면을 떠날 수 있는 최소의 속도를 구하라. km/h로 답하라.

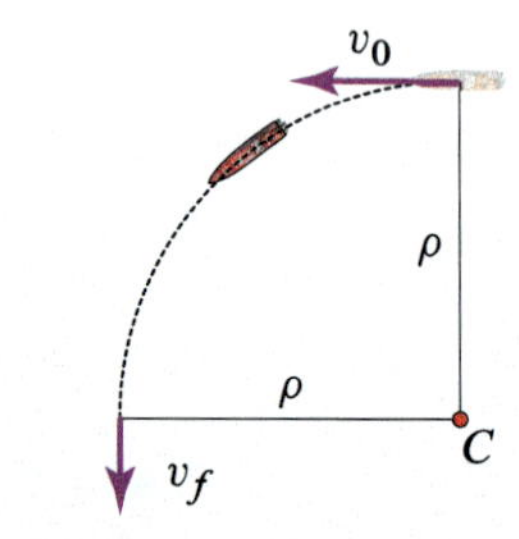

그림 P2.144, P2.145

문제 2.144

경주용 배가 보여준 바와 같이 진로를 90° 바꾸기 위해 일정 반경 ρ를 가지는 원을 그리며 일정 속도 $v_0 = 210\ \mathrm{km/h}$로 달리고 있다. 이 회전의 마지막에서의 속도가 $v_f = 200\ \mathrm{km/h}$가 되도록 속도가 일정하게 감소하면서 회전하고 있다. 최대허용 법선가속도가 $2g$(g는 중력가속도)라면 가능한 최소의 곡률반경과 이 회전에 소요되는 시간을 구하라.

문제 2.145

경주용 배가 보여준 바와 같이 진로를 90° 바꾸기 위해 일정반경 ρ를 가지는 원을 그리며 일정 속도 $v_0 = 210\ \mathrm{km/h}$로 달리고 있다. 이 회전의 마지막에서의 속도가 $v_f = 186\ \mathrm{km/h}$가 되도록 속도가 일정하게 감소하면서 회전하고 있다. 가속도가 2 g(g는 중력가속도)를 넘지 않는다면 가능한 최소의 곡률반경과 이 회전에 소요되는 시간을 구하라.

문제 2.146

트럭이 일정 속력 $v_0 = 88$ km/h로 출구 경사를 나가고 있다. 경사는 반경 $\rho = 46$ m를 가지는 원호이다. 이 때 트럭이 B에서 정지할 수 있도록 하는 트럭의 일정 속도 변화율을 구하라.

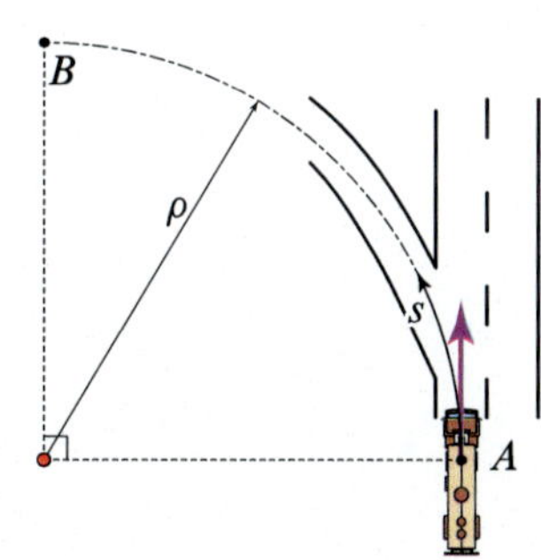

그림 P2.146

문제 2.147

제트비행기가 보여준 것과 같이 항로를 바꾸기 위해 90° 회전을 하려고 할 때 일정 속력 $v_0 = 1100$ km/h로 일정 고도에서 직진을 하고 있다. 점진적으로 작은 회전을 하기 위해 법선가속도의 크기를 $8g$ (g는 중력가속도)로 일정하게 유지하면서 비행기의 속도가 시간에 따라 일정하게 감소하고 있다. 회전 끝에 비행기의 속도는 $v_f = 800$ km/h이다. 이때의 회전 곡률반경 ρ_f와 진로를 완전히 바꾸는데 소요된 시간 t_f를 구하라.

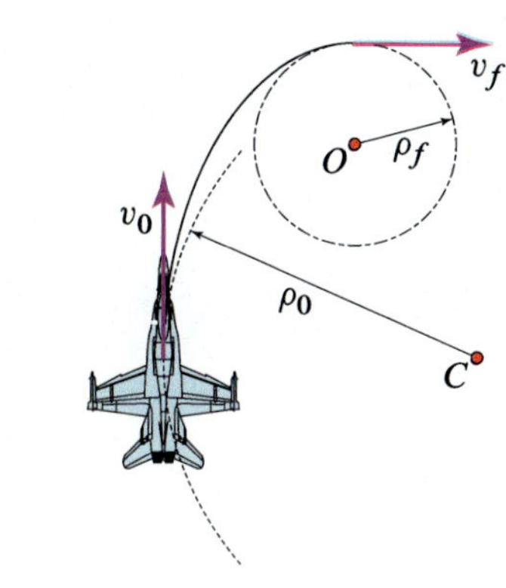

그림 P2.147

문제 2.148

차가 언덕 위를 일정 속력 $v_0 = 112$ km/h로 달리고 있다. 보여준 직교좌표계를 사용할 때 언덕 단면의 식은 함수 $y = -(0.00164\text{m}^{-1})x^2$로 된다. 여기서 x와 y는 m로 측정된다. $x = -90$ m에서 운전자가 일정 속력 변화율 $\dot{v} = -90$ m/s²로 O에 도달할 때까지 제동을 건다. 이동한 거리 및 이 때 소요된 시간을 구하라.

힌트: 차의 경로를 따라 차가 이동한 거리를 계산하기 위해 $ds = \sqrt{dx^2 + dy^2} = \sqrt{1 + (dy/dx)^2}dx$와

$$\int \sqrt{1 + C^2x^2}\,dx = \frac{x}{2}\sqrt{1 + C^2x^2} + \frac{1}{2C}\ln\left(Cx + \sqrt{1 + C^2x^2}\right)$$

라는 것에 주목한다.

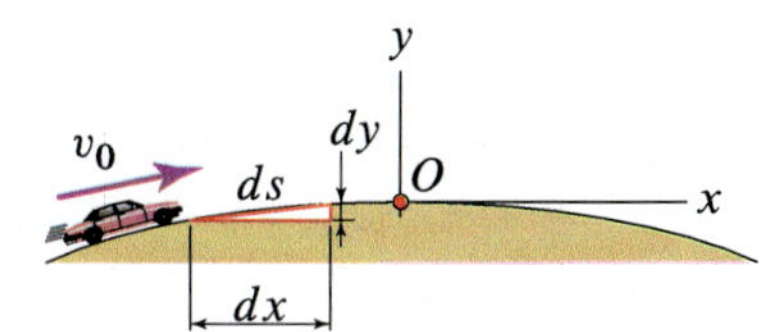

그림 P2.148

문제 2.149

축 x와 y를 가지는 직교좌표계에서 반경이 R이고 원점 O가 중심인 원은 식 $x^2 + y^2 = R^2$을 통하여 나타낼 수 있다는 것을 상기할 때 식 (2.72)를 이용하여 이 원의 곡률반경이 R이라는 것을 검증하라.

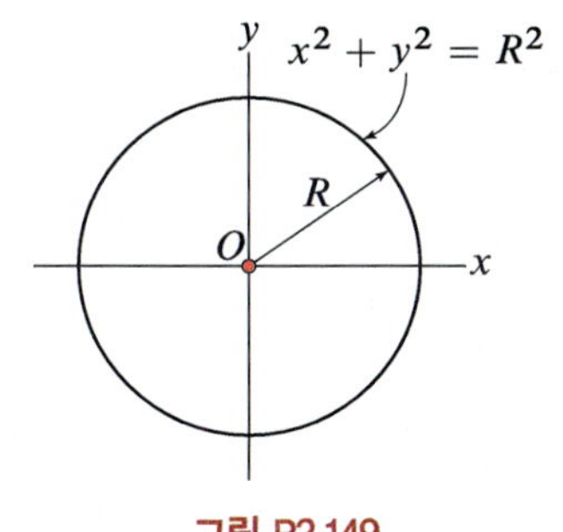

그림 P2.149

2.6 평면운동:극좌표계

이 절에서는 점들의 좌표가 극좌표계를 이용하여 주어졌을 때 평면 상에서 움직이는 점의 위치, 속도, 가속도를 기술한다.

비행기의 추적

직선 경로를 따라 날고 있는 비행기가 그림 2.45에서 보여준 것과 같이 지상 기지 레이더에 의해 추적되고 있다. 기록된 추적 자료들은 레이더와 비행기 사이의 거리 r 뿐만 아니라 안테나 방향 θ로 이루어져 있다. 추적 기지로부터 오는 자료, 즉 r과 θ를 변화시켜 어떻게 물체의 위치, 속도, 가속도로 전환할 수 있을 것인가? 이 추적 문제를 다루는데 벡터를 기술할 수 있는 성분계가 필요하다는 것을 상기한다. 그러므로 이 추적문제의 기본은 다음 질문이다: 어떤 성분계를 측정된 자료와 관련하여 사용할 것인가?

그림 2.45 비행기 B가 A에 있는 지상 기지 레이더에 의해 추적되고 있다.

그림 2.45를 참조하면 비행기의 움직임을 기술하는 좌표계의 명백한 선택은 항로가 직선이고 우리는 성분계를 항로와 일치시킬 수 있으므로 직교좌표계일 것 같다. 반면에 A에 있는 레이더 기지가 비행기를 추적하고 수집된 초보자료는 비행기까지의 거리 r과 각도 θ로 정의된 비행기에의 방향으로 구성되어 있다는 것을 기억해야 한다. 어떻게 비행기에 대해 $r(t)$와 $\theta(t)$를 $\vec{v}(t)$와 $\vec{a}(t)$로 변환할 수 있는지 알아보자.

극좌표와 위치, 속도, 가속도

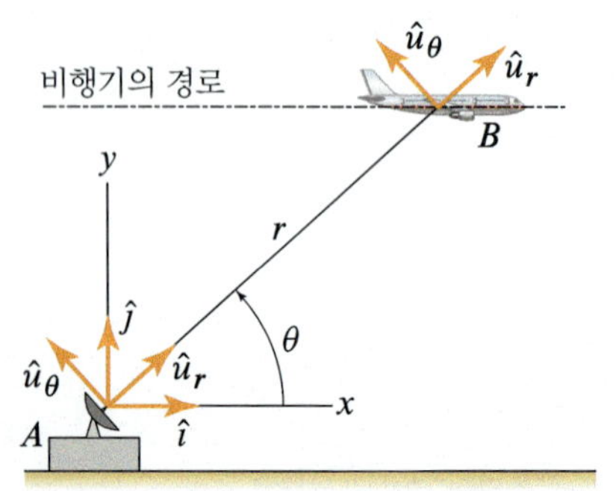

그림 2.46 B에 있는 비행기의 위치를 정의하는 극좌표계.

그림 2.46을 보면 A와 B 사이의 거리 r과 x 축에 기준하여 측정된 각 θ는 확실하게 운동의 평면에서 B의 위치를 확인해준다. r과 θ의 양들은 원점 A와 x 축과 일치하는 기준선에 대한 B의 **극좌표(*polar coordinates*)**[26]이다. 이 때 비행기의 위치벡터는

$$\boxed{\vec{r} = r\,\hat{u}_r} \tag{2.82}$$

여기서 $\vec{u}_r$은 A에서 B를 향하는 단위벡터이다. 비록 θ는 식 (2.82)에 명시적으로 안 나타나지만, θ가 $\vec{u}_r$의 방향을 정의하므로 $\vec{r}$은 θ에 종속되어 있다.

식 (2.82)의 시간에 대한 미분은 곱의 법칙에 따라 다음이 된다.

$$\vec{v} = \dot{r}\,\hat{u}_r + r\,\dot{\hat{u}}_r \tag{2.83}$$

단위벡터 $\vec{u}_r$의 시간 미분은 식 (2.60)을 이용하여 계산될 수 있고, 이는 식 (2.83)을 다음과 같이 다시 쓸 수 있게 한다.

$$\vec{v} = \dot{r}\,\hat{u}_r + r\,\vec{\omega}_r \times \hat{u}_r \tag{2.84}$$

여기서 $\vec{\omega}_r$는 $\vec{u}_r$의 각속도이다. θ는 시계의 반대방향으로 증가하므로 오른손법칙을 사용하면 $\vec{\omega}_r = \dot{\theta}\,\hat{k}$가 되며, 여기서 단위벡터 $\hat{k}$는시계의 반대방향을 가리킨다. θ가 증가하거나 감소하거나 항상 유효한 $\vec{\omega}_r = \dot{\theta}\,\hat{k}$표현을 사용하면 식 (2.84)의 마지막 항은 $r\dot{\theta}\,\hat{k} \times \hat{u}_r = r\dot{\theta}\,\hat{u}_\theta$가 되고, 여기서 단위벡터 $\hat{u}_\theta$는 $\hat{k} \times \hat{u}_r = \hat{u}_\theta$로 주어진다. 이 때에 (2.84)는 다음이 되고,

> **빠지기 쉬운 함정**
> **r은 반경을 뜻하지 않는다!** 가끔 반경좌표 r을 한 점의 경로의 곡률반경 ρ로 오해한다. 곡률반경 ρ는 법선접선성분계와 연관하여 사용되며 일반적으로 극좌표계의 좌표 r과 어떤 직접적인 관계는 없다.

26) 극좌표는 또한 반경-횡축 좌표(*radial-transverse coordinates*)라고 불리며 반경은 r 방향을 뜻하고 횡축은 θ 방향을 뜻한다. 2.8절에서 극좌표계를 3차원으로 일반화시킨 원통좌표계를 배울 것이다.

$$\vec{v} = \dot{r}\,\hat{u}_r + r\dot{\theta}\,\hat{u}_\theta = v_r\,\hat{u}_r + v_\theta\,\hat{u}_\theta \tag{2.85}$$

여기서

$$v_r = \dot{r} \;,\quad v_\theta = r\dot{\theta} \tag{2.86}$$

는 각각 속도의 반경과 횡축성분(*radial* and *transverse components of the velocity*)이다. 식 (2.85)의 시간 미분을 하면 다음 식이 된다.

$$\vec{a} = \ddot{r}\,\hat{u}_r + \dot{r}\,\dot{\hat{u}}_r + \dot{r}\dot{\theta}\,\hat{u}_\theta + r\ddot{\theta}\,\hat{u}_\theta + r\dot{\theta}\,\dot{\hat{u}}_\theta \tag{2.87}$$

$\dot{\hat{u}}_r = \vec{\omega}_r \times \hat{u}_r$, $\dot{\hat{u}}_\theta = \vec{\omega}_\theta \times \hat{u}_\theta$, $\vec{\omega}_r = \vec{\omega}_\theta = \dot{\theta}\,\hat{k}$이므로 식 (2.87)은 다음이 된다.

$$\vec{a} = \ddot{r}\,\hat{u}_r + \dot{r}\dot{\theta}\,\hat{k} \times \hat{u}_r + \dot{r}\dot{\theta}\,\hat{u}_\theta + r\ddot{\theta}\,\hat{u}_\theta + r\dot{\theta}^2\,\hat{k} \times \hat{u}_\theta \tag{2.88}$$

$\hat{k} \times \hat{u}_\theta = -\hat{u}_r$이라는 것에 주목하고 $\hat{u}_r$와 $\hat{u}_\theta$ 의 계수들을 합하면 식 (2.88)은 다음과 같이 다시 쓸 수 있고

$$\vec{a} = \left(\ddot{r} - r\dot{\theta}^2\right)\hat{u}_r + \left(r\ddot{\theta} + 2\dot{r}\dot{\theta}\right)\hat{u}_\theta = a_r\,\hat{u}_r + a_\theta\,\hat{u}_\theta \tag{2.89}$$

여기서

$$a_r = \ddot{r} - r\dot{\theta}^2 \;,\quad a_\theta = r\ddot{\theta} + 2\dot{r}\dot{\theta} \tag{2.90}$$

는 각각 가속도의 반경과 횡축성분(*radial* and *transverse components of the acceleration*)이다.

식 (2.82), (2.85), (2.89)는 비행기의 위치, 속도, 가속도를 계산하기 위해 레이더 기지로부터 얻어진 r과 θ의 자료를 어떻게 사용하는지를 알려주기 때문에 이 절 시작 부분에서 제기된 문제에 답이 된다.

개념 정리

$\hat{u}_r$과 $\hat{u}_\theta$의 방향. 단위벡터 $\hat{u}_r$는 항상 원점에서부터 밖을 향하고 있다. 단위벡터 $\hat{u}_\theta$는 항상 증가하는 θ의 방향을 가리킨다.

고급 주제

극좌표에서의 기저벡터의 기하학적면

식 (2.15)를 토론하는데서 직교좌표계의 좌표축들을 결정했다. 이제 우리는 유사하게 극좌표계의 좌표축들을 결정한다. 그림 2.47을 참조하여, 예를 들면 $\theta = 30°$에서 θ를 고정시키고 좌표 r이 0에서 ∞로 변하게 한다면(r은 거리이므로 음수가 될 수 없다), 원점에서부터 뻗어나가는 직선을 그을 수 있다. 예를 들면 $r = 2$에서 r을 고정시키고 θ를 변화시킨다면 반경 2를 가지고 중심이 원점에 있는 원을 그릴 수 있다. 이 원은 θ가 증가하는 방향과 일치하는 양의 방향을 갖는다. 식 (2.15)를 토론하는데서 알려진 것같이 좌표계의 단위벡터들은 좌표계에 접한다. 다시 그림 2.47을 보면 좌표 (3, 60°)을 가지는 점 Q에서 r 좌표선에 접하며 r의 증가하는 방향을 가리키는 단위벡터는 $\hat{u}_{rQ}$이다. 유사하게 점 Q에서 θ 좌표선에 접하며 θ의 증가하는 방향을 가리키는 단위벡터는 $\hat{u}_{\theta Q}$이다. 직교좌표계의 경우와는 달리 우리가 다른 점들, 즉 P나 S로 이동할 때 우리는 Q에서의 단위벡터와 같은 방향을 가지지 않는 단위벡터의 방향을 얻는다. 한 점에서 다른 점으로 이동할 때 기저벡터는 회전한다고 말할 수 있다. 다른 말로 Q에서의 단위벡터 $\hat{u}_{rQ}$는 P에서의 단위벡터 $\hat{u}_{rP}$를 60°만큼 회전하여 얻어질 수 있다. Q에서의 단위벡터 $\hat{u}_{\theta Q}$를 얻기위해 P에서의 단위벡터 $\hat{u}_{\theta P}$를 똑같이, 즉 60°만큼 회전할 필요가 있다. 이 때문에 극좌표에서 속도와 가속도의 식을 유도하는데 있어서 $\hat{u}_r$와 $\hat{u}_\theta$의 각속도는 같다. 즉 $\vec{\omega}_r = \vec{\omega}_\theta$라고 말했다.

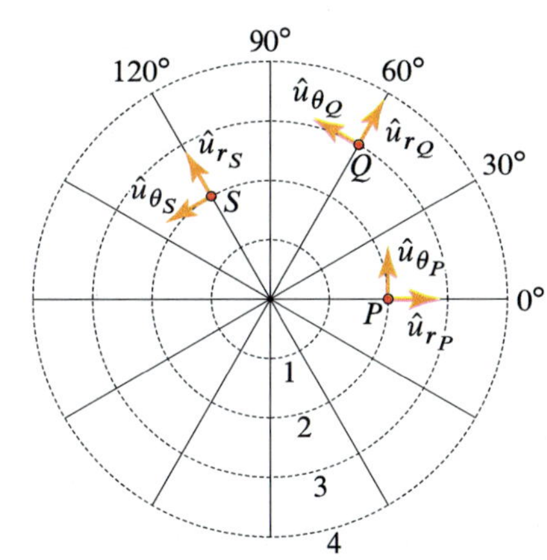

그림 2.47 극좌표계의 좌표선들. 실선은 반경 방향의 선이고 점선은 원주 방향의 선이다.

원운동에서의 경로와 극성분의 관계

원운동 문제에서 사용된 극좌표계의 원점이 경로의 중심에 있을 때 경로와 극좌표의 벡터 사이에는 간단한 관계식이 성립한다.

그림 2.48을 보고 질점의 원운동을 생각해 보자. 또한 경로의 중심 O에 원점이 있는 극좌표를 보자. 마지막으로 질점의 운동에 의해 정의된 경로성분계를 보도록 하자. 이 때에

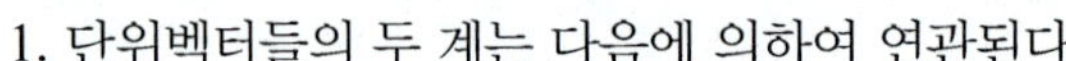
1. 단위벡터들의 두 계는 다음에 의하여 연관된다.

$$\hat{u}_r = -\hat{u}_n \ , \qquad \hat{u}_\theta = \pm\hat{u}_t \tag{2.91}$$

2. 속도의 성분들은 다음에 의해 연관된다.

$$\hat{u}_r = -\hat{u}_n \quad \Rightarrow \quad v_r = 0 \quad \Rightarrow \quad \dot{r} = 0 \tag{2.92}$$

$$\hat{u}_\theta = \pm\hat{u}_t \quad \Rightarrow \quad v_\theta = \pm v \quad \Rightarrow \quad |r\dot{\theta}| = v \tag{2.93}$$

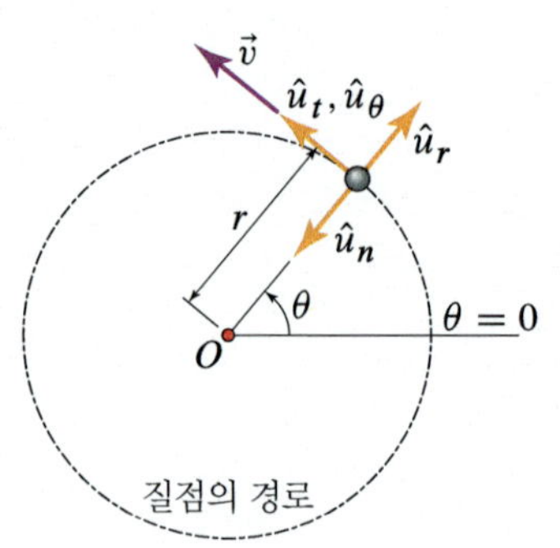

그림 2.48 경로성분계와 극성분계로 보여준 원형 경로를 따라 움직이는 질점.

3. 그리고 가속도의 성분들은 다음에 의하여 연관된다.

$$\hat{u}_r = -\hat{u}_n \quad \Rightarrow \quad a_r = -a_n \quad \Rightarrow \quad \ddot{r} - r\dot{\theta}^2 = -\frac{v^2}{\rho} \tag{2.94}$$

$$\Rightarrow \quad r\dot{\theta}^2 = \frac{v^2}{\rho} \tag{2.95}$$

$$\Rightarrow \quad r^2\dot{\theta}^2 = v^2 \tag{2.96}$$

$$\hat{u}_\theta = \pm\hat{u}_t \quad \Rightarrow \quad a_\theta = \pm a_t \quad \Rightarrow \quad r\ddot{\theta} + 2\dot{r}\dot{\theta} = \pm\dot{v} \tag{2.97}$$

$$\Rightarrow \quad r\ddot{\theta} = \pm\dot{v} \tag{2.98}$$

위의 식들에서 ± 표시는 $\hat{u}_\theta$와 $\hat{u}_t$(그리고 관련 벡터성분들)의 관계는 운동의 방향뿐만 아니라 좌표 θ를 선택하는 약속에 따라 달라진다는 것을 상기시켜준다. 추가로 극좌표계의 원점이 경로의 중심이므로 r은 상수이며 $\dot{r} = \ddot{r} = 0$이다. 마지막으로 원운동의 경우에 반경 r은 또한 경로의 곡률반경 ρ인 것에 주목한다.

요약하면 원운동에서 운동을 기술하기 위해 극성분이나 경로성분을 사용하는 것은 일반적으로 똑같이 용이하다(물론, 사용된 극좌표의 원점이 원형경로의 중심에 있다고 가정하면).

절 요약

그림 2.49를 보면 r과 θ는 점 P의 극좌표이다. θ 좌표는 양의 축에서 내려다봤을 때 반시계방향이 양의 방향으로 선택되었다. 극좌표를사용하여 P의 위치벡터는

그림 2.49 극좌표 r과 θ를 사용하여 정의된 질점의 위치 $\vec{r}$.

식 (2.82) p. 118

$$\vec{r} = r\,\hat{u}_r$$

식 (2.82)를 시간에 대해 미분하면 극좌표에서의 속도벡터에 대해 다음의 결과를 얻는다.

식 (2.85) p. 119

$$\vec{v} = \dot{r}\,\hat{u}_r + r\dot{\theta}\,\hat{u}_\theta = v_r\,\hat{u}_r + v_\theta\,\hat{u}_\theta$$

여기서

식 (2.86) p. 119

$$v_r = \dot{r}, \qquad v_\theta = r\dot{\theta}$$

은 각기 속도의 반경과 횡축방향의 성분이다.

식(2.85)를 시간에 대해 미분하면 극좌표에서의 가속도벡터는 다음 형태를 취한다.

식 (2.89) p. 119

$$\vec{a} = \left(\ddot{r} - r\dot{\theta}^2\right)\hat{u}_r + \left(r\ddot{\theta} + 2\dot{r}\dot{\theta}\right)\hat{u}_\theta = a_r\,\hat{u}_r + a_\theta\,\hat{u}_\theta$$

여기서

식 (2.90) p. 119

$$a_r = \ddot{r} - r\dot{\theta}^2, \qquad a_\theta = r\ddot{\theta} + 2\dot{r}\dot{\theta}$$

는 각각 가속도의 반경과 횡축방향의 성분이다.

예제 2.20 극좌표에서의 일정 속도 운동

그림 1의 B에 있는 비행기가 고도 h에서 일정속도 v_0로 직선으로 비행하고 있다는 것을 결론짓기 위해 기지 A에서 얻어진 레이더 자료는 어떤 관계를 만족시켜야 하는가?

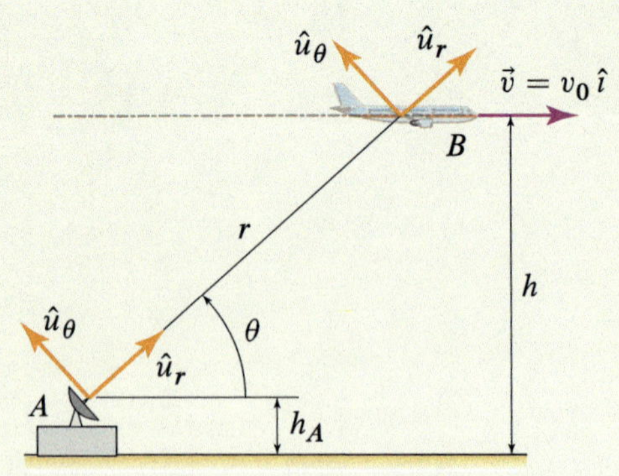

그림 1 B에 있는 비행기를 추적하는 레이더 기지 A.

풀이 SOLUTION

로드맵 A에 있는 것 같은 레이더 기지가 추적하는 어떤 물체에 대한 $r(t)$과 $\theta(t)$의 이산 판독 자료를 기록할 것이라고 생각하는 것은 어렵지 않다. r과 θ가 시간의 함수로 주어진 기록표가 있다면 질문은 다음과 같다. 비행기가 (1) 직선으로 일정 고도를 유지하며 (2) 일정 속도로 비행하는지 아닌지를 결정하기 위해 이런 판독 자료를 어떻게 사용하는가?

이 예제에서 사용된 로드맵은 자주 사용될 것이다. 특정 요구사항(즉 고도가 일정해야한다던지 또는 속도가 유지되어야 한다던지 등)에 맞추기 위해 선택한 좌표계에서의 위치, 속도, 가속도에 대한 식을 사용할 것이다. 일단 이 요구사항이 얻어지면 이의 초기 관계와 일치하는 새로운 관계를 얻기 위해 추가로 조작(즉, 시간에 대해 미분될) 될 수 있다.

계산 비행기의 고도를 산정하는 것에 관한 한, 우선 주어진 자료로 고도를 표현해야 하고 그 후에 고도가 일정하게 유지되어야 한다는 조건을 강제로 적용해야 한다. 그러므로 그림 1을 보면 다음이 된다.

$$h = r\sin\theta + h_A \tag{1}$$

그래서 h는 다음이 만족하는 한 일정하게 유지될 것이다.

$$\boxed{r(t)\sin\theta(t) = \text{상수}} \tag{2}$$

속력은 속도벡터의 크기로 얻어지므로 비행기가 주어진 일정속도를 유지하기 위해 만족되어야 할 관계를 찾기 위해 비행기의 속도에 대한 식을 보자. 극좌표계에서의 속도벡터는 식 (2.85)로부터 주어지고, 즉 $\vec{v} = \dot{r}\,\hat{u}_r + r\dot{\theta}\,\hat{u}_\theta$이고 그래서 이 크기는 각 성분들의 제곱에 대한 합의 제곱근으로 주어진다. 즉

$$|\vec{v}| = v = \sqrt{\dot{r}^2 + r^2\dot{\theta}^2} \tag{3}$$

그러므로 속력이 v_0와 같기 위해 다음과 같아야 한다.

$$\boxed{v_0 = \sqrt{\dot{r}^2 + r^2\dot{\theta}^2} = \text{상수}} \tag{4}$$

논의 및 검증 r은 길이의 차원을 가지고 θ는 무차원이므로 이 때 $\dot{r}$와 $r\dot{\theta}$는 둘 다 길이를 시간으로 나눈, 즉 속도차원을 갖는다. 그러므로 식 (4)는 차원적으로 옳다고 결론지을 수 있다.

심층분석 식 (4)는 우리가 원하는 관계식을 주는데 가능한 한 가장 최소한의 수학적 연산을 필요로하는 관계식을 가지는 것이 바람직하다. 예를 들면 속력이 일정한지 아닌지를 검증하기 위해서는 제곱근을 계산할 필요가 없다는 것으로 밝혀진다– v_0가 상수인 것이 사실이면 필연적으로 v_0^2도 상수이다. 그러므로 다음 식이 성립하는 한

$$\boxed{\dot{r}^2(t) + r^2(t)\dot{\theta}^2(t) = \text{상수}} \tag{5}$$

비행기가 일정속도로 비행하고 있다고 결론 지을 수 있다.

> **흥미로운 사실**
>
> **이산적 판독물.** 현대의 측정기들은 항상 디지털 방식으로 판독자료를 수록하므로 자료들은 이산적이다. 더구나 우리가 각 이산적 t 값에서 계산하는 $\dot{r}$와 $\dot{\theta}$의 값들은 이들을 계산하는데 이용된 식의 정확도만큼만 정확하다. 예를 들면, 이산적 자료에 근거하여 시간 미분을 근사하는 한 식은 $\dot{r} \approx [r(t_2) - r(t_1)]/(t_2 - t_1)$이며, 이에 대한 근사치 오차의 범위는 $(t_2 - t_1)/2$에 비례한다. 더 정확한 근사치는 $\dot{r} \approx [-3r(t_1) + 4r(t_2) - r(t_3)]/(t_3 - t_1)$를 이용하여 얻어질 수 있으며 이때의 오차 범위는 $(t_2 - t_1)^2/3$에 비례한다. 읽는 시간의 차이 $t_2 - t_1$가 작아질수록 근사치는 더 정확해진다. 수많은 근사 방법들이 존재한다. 예를 들면, W.Cheney and D. Kincaid, *Numerical Mathematics and Computing*, 4th ed., Brooks/Cole Publishing, Pacific Grove, California, 1999 참조.

예제 2.21 직선운동과 극좌표계

조립 과정의 일환으로 그림 2에 있는 로봇팔의 A에 있는 단말기는 특정한 방식으로 보여진 수직선을 따라 기어 B를 움직여야 한다. 팔 OA는 내부의 작동기에 의해 길이가 조절될 수 있다. O에 있는 모터는 팔이 수직평면에서 O를 중심으로 회전시킨다. $\theta = 50°$ 일 때 B는 속력 $v_0 = 2.5$ m와 크기 $a_0 = 0.2\ \text{m/s}^2$인 하향 가속도를 가지고 움직이고 있다. 이 순간에서의 팔의 필요한 길이, 팔이 늘어나는 비율, 회전율 $\dot{\theta}$를 결정하라. 추가로 팔의 길이와 각 θ의 2차 시간 미분을구하라.

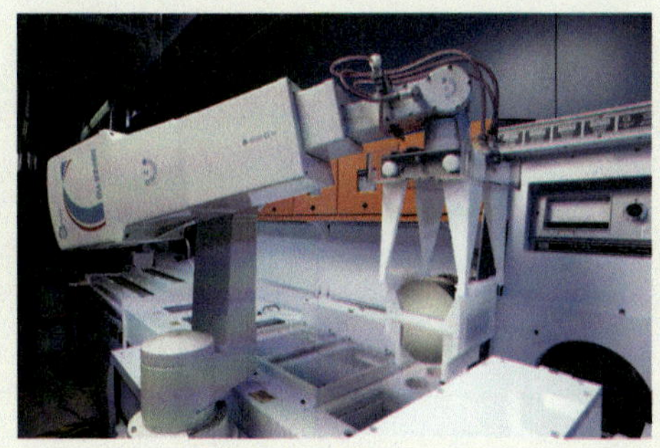

그림 1 로봇팔.

풀이 SOLUTION

로드맵 주어진 순간에 기어의 경로, 속도, 가속도 뿐만 아니라 각 θ도 알고 있다. 그러므로 간단한 삼각함수를 통하여 이 순간에서의 길이 r을 결정할 수 있다. $\dot{r}$과 $\dot{\theta}$를 결정하는데 관한 한, B의 알려진 속도는 그림 3에 나타낸 단위벡터 $\hat{\jmath}$를 이용하여 쉽게 다시 쓸 수 있다는 것을 주목한다. 일단 이것이 되면 삼각함수를 이용하여 B의 속도를 $\hat{u}_r$과 $\hat{u}_\theta$로 다시 표현할 수 있다. 이때 $\dot{r}$과 $\dot{\theta}$는 B의 속도의 특정한 표현을 극좌표계에서의 속도벡터의 일반표현과 등가시키므로써 구할 수 있다. 마지막으로 $\ddot{r}$과 $\ddot{\theta}$는 지금 속도에 대해 기술된 같은 방식을 가속도에 적용함으로써 얻어진다.

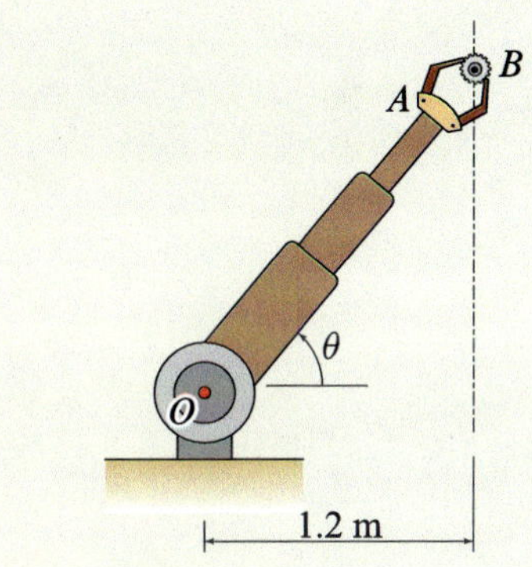

그림 2 그림 1에 나타낸 로봇팔의 개략도.

계산 이 순간에 $\theta = 50°$임을 알므로 그림 3의 형상은 다음을 알려준다.

$$r = \frac{1.2\ \text{m}}{\cos\theta} = 1.87\ \text{m} \tag{1}$$

B는 수직으로 밑으로 움직이므로 단말기의 속도는

$$\vec{v} = -v_0\,\hat{\jmath} = -(2.5\ \text{m})\,\hat{\jmath} \tag{2}$$

식 (2)를 극좌표계의 속도의 식과 등가시키면 다음을 얻는다.

$$-(2.5\ \text{m/s})\,\hat{\jmath} = \dot{r}\,\hat{u}_r + r\dot{\theta}\,\hat{u}_\theta \tag{3}$$

지금 우리는 극좌표 단위벡터의 항으로 $\hat{\jmath}$를 다음과 같이 쓸 수 있다.

$$\hat{\jmath} = \sin\theta\,\hat{u}_r + \cos\theta\,\hat{u}_\theta = \sin 50°\,\hat{u}_r + \cos 50°\,\hat{u}_\theta \tag{4}$$

식 (4)를 식 (3)에 대입하고 성분을 등가시키면 다음이 되고

$$\dot{r} = -2.5\sin 50°\ \text{m/s}\ , \qquad r\dot{\theta} = -2.5\cos 50°\ \text{m/s} \tag{5}$$

이 식은 식 (1)의 결과를 이용함으로써 $\dot{r}$과 $\dot{\theta}$에 대해 다음과 같이 얻어질 수 있다.

$$\dot{r} = -1.92\ \text{m/s}, \qquad \dot{\theta} = -0.859\ \text{rad/s} \tag{6}$$

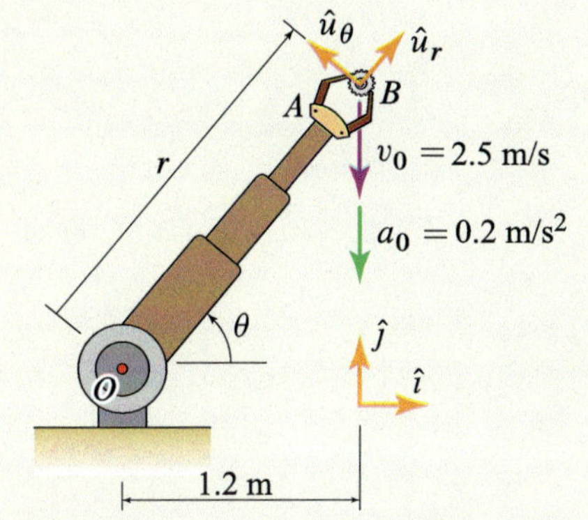

그림 3 우리가 사용할 극좌표 및 직교좌표 뿐만 아니라 단말기의 속도와 가속도도 보여주는 로봇팔.

속도에 대해서 한 것과 같이 B의 가속도에 대해 구하면 다음이 된다.

$$\vec{a} = -a_0\,\hat{\jmath} = -\left(0.2\ \text{m/s}^2\right)\hat{\jmath} \tag{7}$$

식 (7)을 극좌표계의 가속도 식과 등가시키면 다음이 된다.

$$-(0.2\ \text{m/s}^2)\,\hat{\jmath} = (\ddot{r} - r\dot{\theta}^2)\,\hat{u}_r + (r\ddot{\theta} + 2\dot{r}\dot{\theta})\,\hat{u}_\theta \tag{8}$$

다시 식 (4)를 이용하고 성분을 등가시키면 다음을 얻는다.

$$\ddot{r} - r\dot{\theta}^2 = -0.2\sin 50°\ \text{m/s}^2\ , \qquad r\ddot{\theta} + 2\dot{r}\dot{\theta} = -0.2\cos 50°\ \text{m/s}^2 \tag{9}$$

식 (9)를 $\ddot{r}$과 $\ddot{\theta}$에 대해 풀면 다음이 된다.

$$\ddot{r} = -0.2\sin 50°\ \mathrm{m/s^2} + r\dot{\theta}^2, \qquad \ddot{\theta} = -\frac{1}{r}(0.2\cos 50°\ \mathrm{m/s^2} + 2\dot{r}\dot{\theta}) \tag{10}$$

r, $\dot{r}$, $\dot{\theta}$에 대해 이미 얻어진 값들을 식 (10)에 대입하면 다음이 된다.

$$\boxed{\ddot{r} = 1.123\ \mathrm{m/s^2}, \qquad \ddot{\theta} = -1.83\ \mathrm{rad/s^2}} \tag{11}$$

논의 및 검증 우리의 결과는 차원적으로 맞으며 적합한 단위들이 사용되었다. 계산 결과의 기호가 맞는지 아닌지를 이해하기 위해 식 (6)에서 $\dot{r} < 0$과 $\dot{\theta} < 0$이며, 이는 시계방향으로 회전하면서 팔의 길이가 감소하는 것을 뜻하는 것에 주목함으로써 시작한다. 단말기가 곧장 내려가면 팔이 짧아지고 시계방향으로 회전해야 할 필요가 있다는 것을 직관적으로 알 수 있다. 다행히 이러한 관찰들은 식 (6)의 결과에도 일치한다.

식 (11)에 있는 $\ddot{r}$의 부호에 대해 $\ddot{r} > 0$이라는 것은 팔이 짧아지는 동안에(즉 $\dot{r} < 0$) 이 비율이 감소한다는 것을 암시하고 있다. 즉 $\ddot{r}$은 $\dot{r}$와 반대부호를 가지므로 B가 계속 내려갈 때, 팔의 길이가 더이상 감소하지 않을 것이라고 기대해야 한다. 이 결과는 옳다. 그 이유는 팔이 수평이 되었을 때 감소가 정지되고 다시 θ의 음의 값에 대해 증가를 시작할 것이기 때문이다. $\ddot{\theta}$의 부호에 관한 한 우리 결과는 시계방향의 회전율이 증가하고 있다는 것을 뜻한다. 이 결과는 B의 가속도가 0이 되더라도 예상해야 하는 것이다. 이 경우에, 즉 $a_\theta = 0 = r\ddot{\theta} + 2\dot{r}\dot{\theta}$라면 $\ddot{\theta}$의 부호는 곱 $\dot{r}\dot{\theta}$의 반대이다. 이 경우에 이 곱은 양의 값이다. 왜냐하면 $\dot{r}$과 $\dot{\theta}$은 둘 모두 음의 값이라는 것을 알았기 때문이다. 이 경우에 $a_\theta \neq 0$이지만 B는 밑으로 가속하고 있으므로, 반시계방향으로 $\ddot{\theta}$에 기여하지 못한다.

예제 2.22 궤도운동시의 가속도

한 행성을 회전하는 인공위성에 대해 경험적 관찰(1장의 Kepler의 법칙 참조)은 그림 1에서 보여준 극좌표계에서 인공위성이 움직이는 동안 $r^2\dot{\theta}$값은 일정하다고 말하고 있다. 이런 운동에 대해 인공위성의 가속도는 순전히 반경방향이다. 즉 인공위성 가속도의 횡축 성분은 0이라는 것을 보여라.

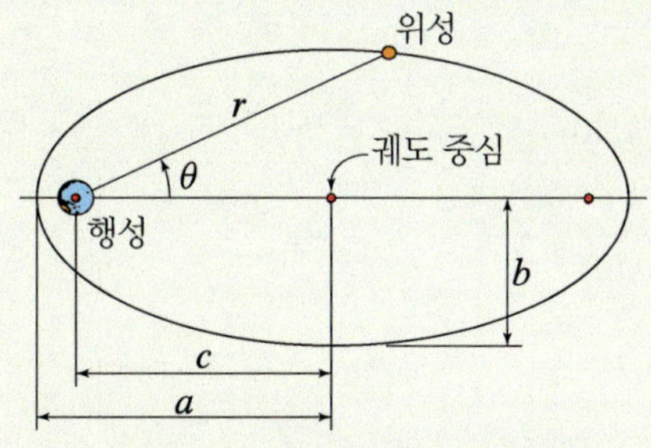

그림 1 행성을 회전하는 인공위성. 궤도는 각기 a와 b에 해당하는 장축과 단축을 가지는 타원이다. 길이 $c = \sqrt{a^2 - b^2}$는 둘 중 하나의 초점(이중의 하나에는 행성이 자리 잡고 있다)과 궤도의 중심 사이의 거리이다.

풀이 SOLUTION

로드맵 우리는 $a_\theta = 0$이라는 것을 보여주어야 한다. 이러기 위해 식 (2.89)로 주어지는 a_θ의 식이 $r^2\dot{\theta}$는 일정하다는 케플러(Kepler)의 법칙에 어떻게 연관이 되는지를 결정할 수 있다.

계산 식 (2.89)로부터 극좌표계에서 인공위성의 가속도의 r과 θ 성분은 다음과 같이 주어진다.

$$a_r = \ddot{r} - r\dot{\theta}^2, \qquad a_\theta = r\ddot{\theta} + 2\dot{r}\theta \tag{1}$$

케플러의 관찰은 다음을 뜻하고

$$r^2\dot{\theta} = K \tag{2}$$

여기서 K는 인공위성이 따르는 특정 궤도에 종속되는 상수이다. 지금 식 (2)를 시간에 대해 미분하면 다음을 얻고,

$$2r\dot{r}\dot{\theta} + r^2\ddot{\theta} = 0 \tag{3}$$

여기서 K는 상수이므로 $\dot{K} = 0$이라는 사실을 이용하였다. 식 (3)은 다음과 같이 되며

$$2r\dot{r}\dot{\theta} + r^2\ddot{\theta} = r\left(r\ddot{\theta} + 2\dot{r}\dot{\theta}\right) = 0 \quad \Rightarrow \quad r\ddot{\theta} + 2\dot{r}\dot{\theta} = 0 \tag{4}$$

여기서 r은 마지막 식을 얻기 위해 절대로 0이 아닌 사실을 이용하였다. 식 (4)를 식 (1)과 비교하면 다음을 알고,

$$a_\theta = 0 \tag{5}$$

이것은 우리가 시작에서 보이려는 것이다.

논의 및 검증 우리 결과의 유도는 아주 초보적이며 식 (2)의 미분을 취하는데 있어서 미적분의 연쇄(chain) 법칙과 곱의 법칙을 바르게 이용했기 때문에 맞다.

심층분석 지금 우리가 얻은 결과는 뉴턴(Newton)의 업적(법칙)에 앞선 천문학적 관찰에 근거하고있다. 역사적인 관점에서 이는 중요하다. 그 이유는 운동의 제2법칙과 만유인력의 법칙을 공식화하는데 뉴턴은 케플러의 관찰과 일치하는 이론을 성립시킬 필요가 있었다. 그러므로 뉴턴의 인력 법칙이 두 질점 사이에 작용하는 중력은 서로를 연결하는 선을 따라 작용해야 한다는 사실을 필요로하는 것은 우연이 아니다. 이런 필요성과 뉴턴의 제2법칙, $\vec{F} = m\vec{a}$때문에 그림 1에서의 행성의 가속도가 행성과 인공위성을 연결하는 반경방향으로 완전히 작용하게 되고(즉, $a_\theta = 0$), 그래서 일반적으로뉴턴의 제2법칙 뿐만 아니라 만유인력의 법칙은 케플러의 관찰과 일치하고 있다.

식 (2)는 행성에 상대적으로 계산된 인공위성의 각운동량은 보존된다는 사실의 수학적표현이므로 5.3절에서 다시 만나게 된다. 더 일반적으로 식 (2)는 중심력이 작용할 때(즉, 사용된 극좌표계의 원점이 힘의 중심이라면) 움직이는 질점의 각운동량의 보존을 뜻한다.

예제 2.23 극좌표계에서의 발사체 운동

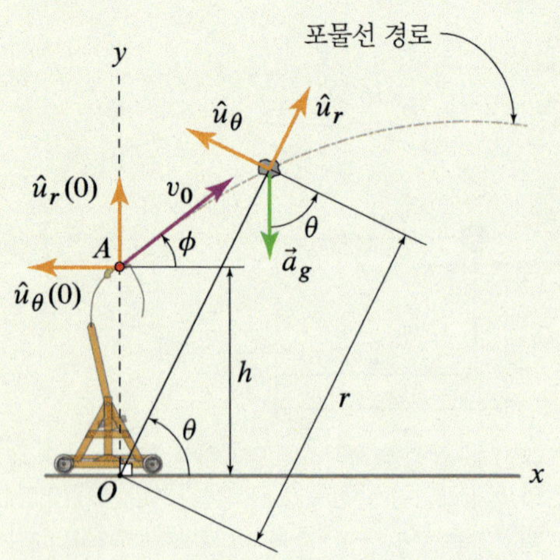

그림 1 극좌표계에서 발사체의 운동. 점 O는 좌표계의 원점이다. 점 A는 물체가 떠나고 발사체의 초기위치로 간주되는 점이다.

2.3절에서 직교좌표계에서 발사체의 운동을 기술하는 방정식은 $\ddot{x} = 0$와 $\ddot{y} = -g$인 단순한 형태를 취한다는 것을 보았다. 그림 1을 참조하여 발사체 운동을 다시 다루고 극좌표를 이용하여 A에서 발사된 발사체의 운동을 기술하는 방정식들을 유도하라. 추가로 발사체가 그림 1에서 보여준 방향으로 속도 v_0를 가지고 A에서 발사된다면 같은 극좌표계를 이용하여 운동의 초기조건에 대한 식을 유도하라.

풀이 SOLUTION

로드맵 우리가 선택하는 임의의 좌표계를 이용하여 임의의 문제를 공식화할 수 있다는 것을 여기서 보여주기를 원한다. 그러나 이 선택의 자유는 우리가 현명하게 선택하지 않는다면 문제가 수학적으로 대단히 복잡해질 수 있는 결과를 초래한다. 경로에 따른 모든 점에서의 발사체의 가속도를 알므로 개념은 알려진 가속도를 모든 점에서의 a_r과 a_θ의 방향에 연관시키는 것이다. 유사한 개념을 초기조건들을 구하는데 적용할 것이다. 즉 점 A에 대한 초기조건을 알고 이를 점 O에 원점이 있는 극좌표계의 초기조건으로 바로 변환시킬 필요가 있다.

계산 우리가 $\vec{a}_g$로 표기하는 중력에 의한 발사체의 가속도의 극좌표성분을 구함으로써 시작한다. 반경과 횡축방향을 따르는 이 벡터의 성분들은

$$a_{gr} = \vec{a}_g \cdot \hat{u}_r = -g \sin\theta \tag{1}$$

$$a_{g\theta} = \vec{a}_g \cdot \hat{u}_\theta = -g \cos\theta \tag{2}$$

여기서 g는 중력가속도이다. 식 (2.90)으로 주어지는 극좌표의 가속도의 성분들에 대한 일반적인 식들을 식 (1), (2)에 있는 상응하는 성분들과 등가시키면 다음이 된다.

$$\ddot{r} - r\dot{\theta}^2 = -g \sin\theta \tag{3}$$

$$r\ddot{\theta} + 2\dot{r}\dot{\theta} = -g \cos\theta \tag{4}$$

식 (3), (4)는 결합된, 비선형 상미분방정식 계를 형성하는데 이는 직교좌표계에서 얻은 방정식보다 훨씬 더 수학적으로 복잡하다.

발사체의 운동을 정하도록 식 (3), (4)를 적분하기 위해 이 미분방정식에 상응하는 초기조건을 보완할 필요가 있다. 이 조건들은 극좌표계에서 표현된 시간 $t = 0$에서 A의 속도와 위치로 구성되어 있다. 그림 1을 보면 $t = 0$에서 발사체는 A에 있으므로 다음과 같이 된다.

$$r(0) = h, \qquad \theta(0) = \frac{\pi}{2} \tag{5}$$

$t = 0$에서 속도에 대해 다음이 얻어진다.

$$\vec{v}(0) = v_0 \sin\phi\, \hat{u}_r(0) - v_0 \cos\phi\, \hat{u}_\theta(0) \tag{6}$$

여기서 양들 v_0와 ϕ는 알려져 있다. 식 (6)을 식 (2.85)에 의해 주어진 극좌표계에서의 속도벡터의 일반식과 같게 놓으면, 다음을 얻고

$$\vec{v}(0) = \dot{r}(0)\, \hat{u}_r(0) + r(0)\dot{\theta}(0)\, \hat{u}_\theta(0) = v_0 \sin\phi\, \hat{u}_r(0) - v_0 \cos\phi\, \hat{u}_\theta(0) \tag{7}$$

> **개념 정리**
>
> **경로나 극좌표계에서의 단위벡터들은 시간의 함수이다.** 법선 접선성분이나 극성분을 사용하여 벡터를 표시할 때 이 단위벡터들 자체가 시간의 함수라는 것에 유념하는 것이 중요하다. 이는 시간 $t = 0$에서 속도를 표현할 때 우리는 시간 $t = 0$에서의 단위벡터 $\hat{u}_r$과 $\hat{u}_\theta$를 사용해야 했기 때문이다.

즉

$$\dot{r}(0) = v_0 \sin\phi, \qquad r(0)\dot{\theta}(0) = -v_0 \cos\phi \tag{8}$$

요약하면 이 문제의 초기조건들은 다음의 형태를 취한다.

$$r(0) = h, \qquad \theta(0) = \frac{\pi}{2} \tag{9}$$

$$\dot{r}(0) = v_0 \sin\phi, \qquad \dot{\theta}(0) = -\frac{v_0}{h}\cos\phi \tag{10}$$

여기서 우리는 식 (5)로부터 $r(0) = h$라는 사실을 이용했다.

논의 및 검증 r이 길이의 차원이고 θ는 무차원이므로 식 (3), (4)의 오른쪽의 차원은 중력가속도 g의 차원으로 나타나므로 예상대로 식의 왼쪽도 길이를 시간의 제곱으로 나눈 차원을 가진다는 것을 확인할 수 있다. 같은 방법으로 식 (9), (10)이 차원적으로 옳음을 증명할 수 있다.

심층분석 식 (3), (4), (9), (10)은 직교좌표계에서 상응하는 방정식들(즉, 초기조건 $x(0) = 0$, $y(0) = h$, $\ddot{x} = 0$, $\ddot{y} = -g$)보다 훨씬 더 복잡하게 보인다. 그러나 식 (3), (4)를 해석해서 얻어진 궤적은 직교좌표로 쓰여진 상응하는 방정식(즉 $\ddot{x} = 0$와 $\ddot{y} = -g$)을 이용해 구한 답과 같다. 즉 어느 경우에나 정확히 똑같은 포물선을 얻을 것이다(물론같은 초기위치와 속도가 사용된다면).

학생들이 종종 제기하는 질문은 '이 또는 저' 좌표계를 이용하여 이 문제를 풀 수 있을까요? 이다. 이에 대한 답변은 일반적으로 '그렇다'이다. 그러나 문제를 해석적으로 또는 수치적으로 풀던지, 선택된 좌표계는 문제의 답이 얼마나 복잡하게 될지의 차이를 **결정한다**. 이 예제에서 발사체의 운동 방정식을 유도했다(풀지 않았지만). 확실히 좌표계의 선택이 문제에 들어있는 물리적학적 본질을 바꾸지는 않았다. 그러나 발생한 방정식의 계는 쉽게 손으로 풀 수가 없었다. 왜냐하면 이들은 비선형이고, 무엇보다도, 서로 결합되어 있다. 즉 $\ddot{r}$을 포함하는 방정식은 또한 θ와 $\dot{\theta}$를 가지고 있고 $\ddot{\theta}$의 방정식 역시 r과 $\dot{r}$을 포함하고 있다. 더욱이 초기 조건은 여러 단계를 거쳐야 유도될 수가 있었다.

배운 또다른 교훈은 특히 극좌표계에 관련되어 있다. 이 문제는 발사체의 초기 위치인 점 A가 점 O, 즉 선택된 좌표계의 원점과 일치하게 선택된다면 **잘못 정의된** 문제가 된다는 것에 유의해야 한다. 이 경우에 아직 식 (3)과 (4)를 쓸 수 있지만 원점에 있는 점의 θ의 값은 임의이고(h가 0이 될 것이므로) $\dot{\theta}$는 정의가 되지 않으므로 더 이상 의미있는 초기 조건들은 쓸 수가 없다. 이는 극좌표계를 사용할 때는 좌표계의 원점은 초기 조건이 지정되어야 하는 점들과 일치하지 않도록 선택해야 한다는 것을 의미한다.

문제

문제 2.150

질점 P가 그림에 표시된 속도로 경로를 따라 움직이고 있다. P에 있는 극성분계의 묘사에서 부정확한 요소들이 있는지 자세히 설명하라.

주의 개념 문제는 계산이 아닌 설명이 필요하다.

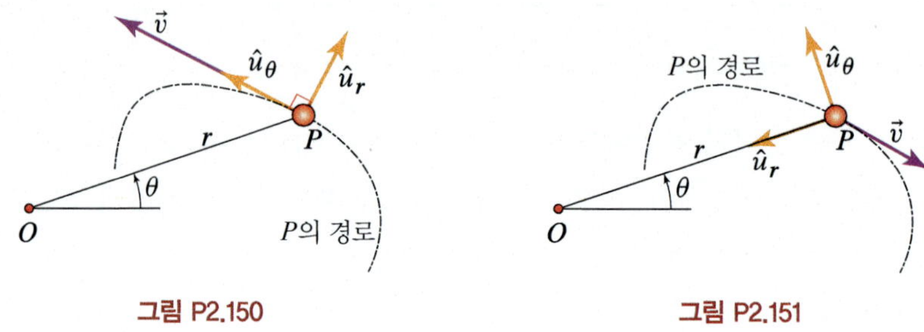

그림 P2.150 그림 P2.151

문제 2.151

질점 P가 그림에 표시된 속도로 경로를 따라 움직이고 있다. P에 있는 극성분계의 묘사에서 부정확한 요소들이 있는지 자세히 설명하라.

주의 개념 문제는 계산이 아닌 설명이 필요하다.

문제 2.152

질점 P가 그림에 표시된 속도로 경로를 따라 움직이고 있다. P에 있는 극성분계의 묘사에서 부정확한 요소들이 있는지 자세히 설명하라.

주의 개념 문제는 계산이 아닌 설명이 필요하다.

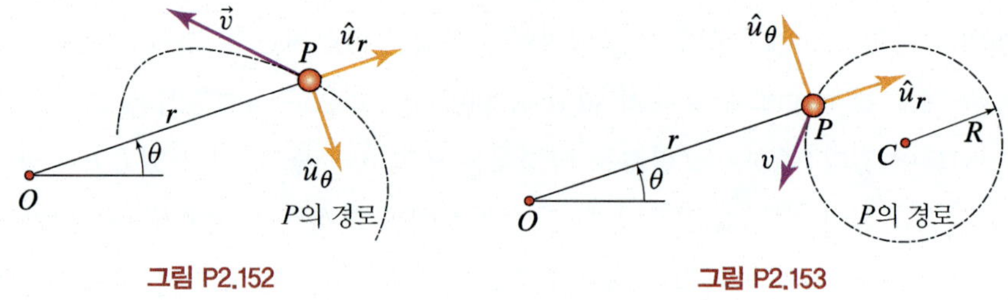

그림 P2.152 그림 P2.153

문제 2.153

질점 P가 중심이 C이고 반경이 R인 원을 따라 그림에 표시된 방향으로 움직이고 있다. O가 보여준 좌표 r과 θ를 가지는 극좌표계의 원점이라고 하면, P에 있는 극성분계의 그림에서 부정확한 요소들이 있는지 자세히 설명하라.

주의 개념 문제는 계산이 아닌 설명이 필요하다.

그림 P2.154

문제 2.154

레이더 기지가 일정 고도에서 속도 $v_0 = 885$ km/h로 날고 있는 비행기를 추적하고 있다. 주어진 순간에 $r = 12$ km와 $\theta = 32°$이라면 이에 상응하는 $\dot{r}, \dot{\theta}, \ddot{r}, \ddot{\theta}$의 값들을 구하라.

문제 2.155

주어진 시간 사이에 비행기를 추적하는 레이더 기지가 다음 값을 기록했다.

$$\dot{r}(t) = [723.7\cos\theta(t) + 18.95\sin\theta(t)]\ \text{km/h}$$

$$r(t)\dot{\theta}(t) = [18.95\cos\theta(t) - 723.7\sin\theta(t)]\ \text{km/h}$$

여기서 t는 시간이다. 비행기의 속도를 결정하라. 추가로, 추적되고 있는 비행기가 상승하는지 또는 하강하는지, 이 때의 상승률(즉, 비행기의 고도의 변화율)을 m/s로 표현하라.

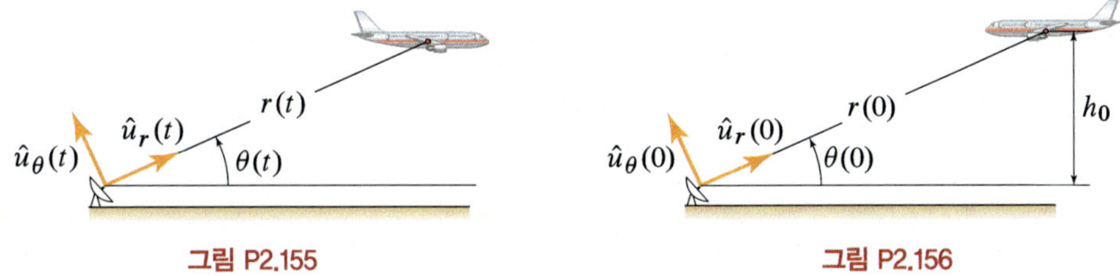

그림 P2.155　　그림 P2.156

문제 2.156

한 주어진 순간에 고도 $h_0 = 3050$ m로 날고 있는 비행기가 목적지 공항에 있는 레이더 기지로부터 거리가 $r(0) = 32$ km일 때 착륙을 위해 하강을 시작한다. 이 때에 비행기의 속력 $v_0 = 480$ km/h, 상승률 -1.5 m/s이며 속도의 수평성분은 4.5 m/s^{2}의 비율로 지속적으로 감소하고 있다. 레이더 기지에서 관측될 $\dot{r}$, $\dot{\theta}$, $\ddot{r}$, $\ddot{\theta}$의 값을 구하라.

문제 2.157

한 주어진 순간에 회전목마가 각속도 $\omega = 20$ rpm로 회전하고 있으며 어린이가 반경 바깥방향으로 0.7 m/s의 일정한 비율로 움직이고 있다. 회전목마의 각속도가 일정하다고 가정하면, 즉 $\alpha = 0$이라면 어린이가 회전 중심에서 0.8 m 거리에 있을 때 어린이의 가속도 크기및 속력의 크기를 구하라.

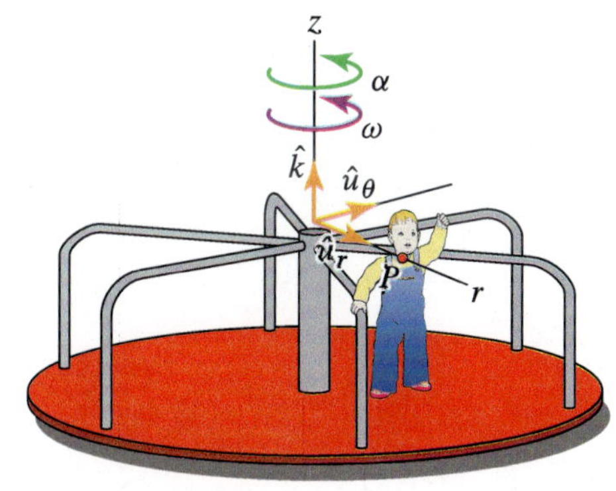

그림 P2.157-P2.159

문제 2.158

한 주어진 순간에 회전목마가 각속도 $\omega = 18$ rpm로 회전하고 있으며 0.4 rad/s^{2}의 비율로 감속하고 있다. 어린이가 회전중심에서 0.75 m 거리에 있을 때 반경 방향으로 걷는 어린이가 측면 방향의 가속도를 받지 않도록 하기 위한 축으로부터 어린이의 거리의 시간에 대한 변화율을 구하라.

문제 2.159

한 주어진 순간에 회전목마가 각속도 $\omega = 18$ rpm로 회전하고 있다. 어린이가 회전중심에서 0.45 m 거리에 있을 때 어린이가 반경 방향의 가속도를 받지 않도록 하기 위한 회전축으로부터 어린이의 거리의 시간에 대한 2차 미분을 구하라.

문제 2.160

포신의 잘려진 부분의 그림은 발사시 포신에 대해 $v_s = 1675$ m/s의 속도로 움직이는 발사체를 보여주고 있다. 포신의 길이는 $L = 4.5$ m이다. 각 θ가 일정비율 0.15 rad/s로 증가한다고 가정할 때 포신을 떠나는 순간에서의 발사체의 속도를 구하라. 추가로 포신

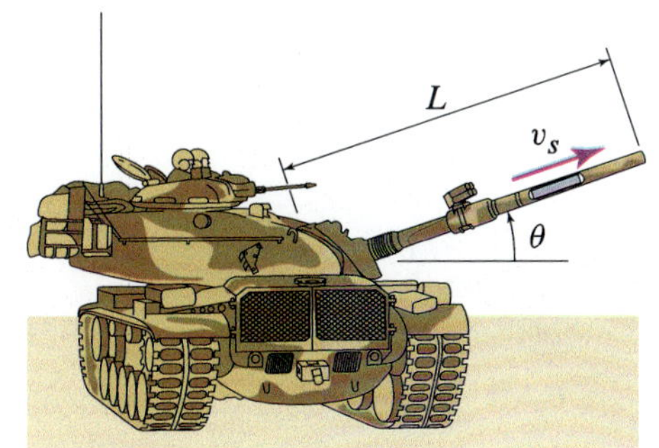

그림 P2.160

안에서의 발사체의 가속도가 일정하고 발사체가 정지로부터 움직이기 시작한다면 포신 출구에서의 가속도의 크기를 구하라.

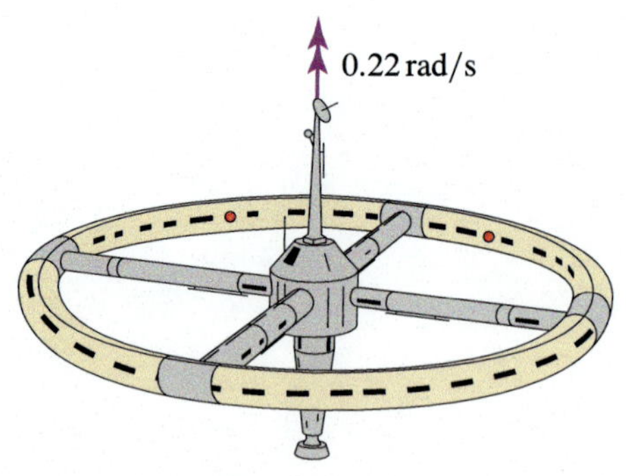

그림 P2.161, P2.162

문제 2.161

우주정류장이 0.22 rad/s의 일정 속도로 그림에 표시된 방향으로 회전하고 있다. 한 우주비행사가 축의 난간을 잡고(축에 상대적인) 1.3 m/s의 일정 속도로 하나의 반경 방향 축을 통하여 주변에서 정류장의 중심으로 이동하고 있다. $t = 0$을 축을 통해 이동을 시작한 순간이라고 하고 정류장의 반경이 200 m라는 것을 알 때 비행사의 가속도와 속도를 시간의 함수로 구하라. 정류장의 중심에 원점을 가지는 극좌표를 이용하여 답하라.

문제 2.162

문제 2.161을 풀고, 우주비행사가 이동한 축을 따르는 위치의 함수로 답을 구하라.

문제 2.163

도로의 직선구간을 운전하는 사람에게 보여준 바와 같이 레이더 총이 향했을 때 120 km/h의 속도를 보였으므로 과속 운전 벌금이 과해졌다. 이에 대해 운전자는 레이더 총이 차의 정면에 있지 않고 길의 측면에 있기 때문에 속도가 과대하게 나왔다고 주장한다. 운전자가 옳은지 옳지 않은지 이유와 함께 설명하라.

주의 개념 문제는 계산이 아닌 설명이 필요하다.

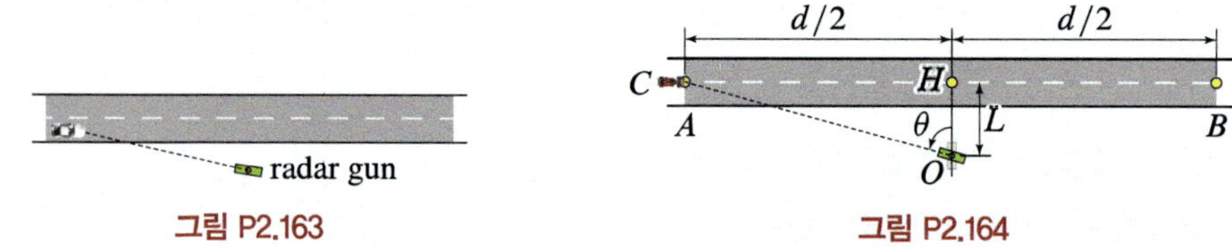

그림 P2.163   그림 P2.164

문제 2.164

운동 추적장치 카메라가 경주장의 직선구간을 따라 설치되어 있다(그림은 비례척이 아님). 차 C가 속도 $v_A = 175$ km/h로 직선구간 A에 진입하여 일정하게 가속해서 B에서 속력 $v_B = 280$ km/h에 도달한다. 여기서 d는 1.6 km이다. 거리 L = 15 m로 하고 카메라가 C의 이동을 추적한다면 차가 A와 H에 있을 때의 카메라의 각속도와 각속도의 시간 변화율을 구하라.

문제 2.165

O에 있는 레이더 기지에서 대기를 통과하는 유성 P를 추적하고 있다. 주어진 순간에 기지에서 다음과 같이 유성의 움직임을 측정했다: $r = 6400$ m, $\theta = 40°$, $\dot{r} = -7000$ m/s, $\dot{\theta} = -2.935$ rad/s, $\ddot{r} = 57,150$ m/s^2, $\ddot{\theta} = -5.409$ rad/s^2

(a) 이 때 속도벡터(보여준 xy 좌표계에 상대적인)의 크기와 방향을 결정하라.

(b) 이 때 가속도벡터(보여준 xy 좌표계에 상대적인)의 크기와 방향을 결정하라.

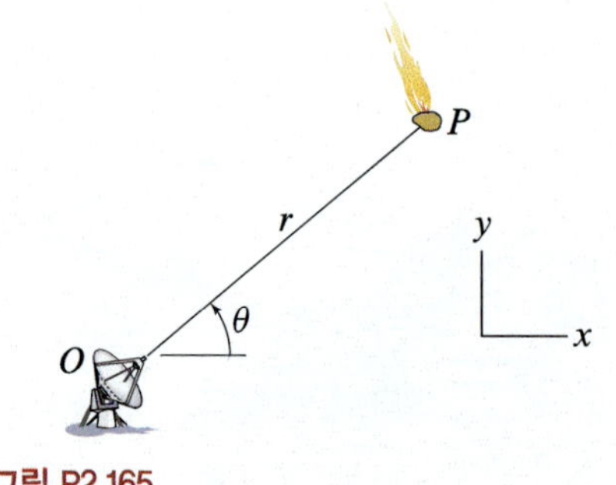

그림 P2.165

문제 2.166, 2.167

조립 과정의 일부로 로봇팔의 A에 있는 단말기는 보여진 수직선을 따라 속도 v_0와 가속도 a_0로 B에 있는 기어를 움직여야 한다. 팔 OA는 내부의 작동기에 의해 길이를 조절할 수 있으며 O에 있는 모터는 팔이 수직평면에서 O를 중심으로 회전하도록 한다.

문제 2.166 $\theta = 50°$일 때 속도 $v_0 = 2.4$ m/s (하향)이고 $a_0 = 0.6$ m/s^{2}로 감속되어야 한다. $h = 1.2$ m를 사용하여 이 때 $\ddot{r}$(길이가 늘어나는 가속도)와 $\ddot{\theta}$ (각가속도)의 값을 구하라.

문제 2.167 기어가 위로 가속하며 움직일 때 a_0와 v_0가 양수라면 임의의 각 θ에 대해 유효한 $r, \dot{r}, \dot{\theta}, \ddot{r}, \ddot{\theta}$의 식을 구하라.

그림 P2.166, P2.167

문제 2.168

가속도의 시간미분, 즉 $\dot{\vec{a}}$은 보통 덜컥거림(*jerk*)이라고 불린다. 왜냐하면 보통 '덜컥거림' 운동은 별안간 바뀌는 가속도와 관련되어 있다.[27] 식 (2.89)에서 시작하여 극좌표로 덜컥거림 값을 구하라.

문제 2.169, 2.170

판재 금속을 자르는데 로봇팔 OA는 C에 있는 절삭공구를 반경 ρ의 원호를 따라 일정한 속도 v_0로 시계반대방향으로 움직여야 한다. 원의 중심은 O에 있는 로봇팔의 기초에 대해 보여진 위치에 있다.

문제 2.169 절삭공구가 $D(\phi = 0)$에 있을 때 주어진 양(즉, d, h, ρ, v_0)들의 함수로 $r, \dot{r}, \dot{\theta}, \ddot{r}, \ddot{\theta}$를 구하라.

문제 2.170 원형절삭에 따르는 모든 위치에 대해(즉, 임의의 ϕ 값에 대해) 주어진 양(즉, d, h, ρ, v_0)들의 함수로 $r, \dot{r}, \dot{\theta}, \ddot{r}, \ddot{\theta}$를 구하라. 이 양들은 "수작업으로" 구할 수 있지만 지루하므로 전형적인 대수학 소프트웨어인 Mathematica나 Maple을 사용하는 것을 생각해 볼 수 있다.

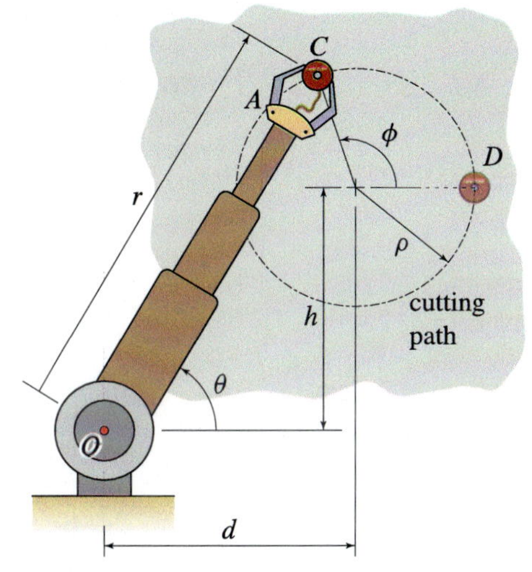

그림 P2.169, P2.170

문제 2.171

예제 2.23에서 해석된 장치에 대해 $h = 4.6$ m, $v_0 = 88$ km/h, $\theta = 25°$라고 하자. 두 가지 다른 방식으로 발사체의 궤적을 그려라: (1) 직교좌표계를 이용하여 발사체의 운동을 해석하고 y를 x 대해 그림으로써, (2) 예제 2.23에 있는 식 (3), (4), (9), (10)을 풀기위해 컴퓨터를 사용하라. 물론 사용된 좌표계에 상관없이 같은 궤적을 얻어야 한다.

문제 2.172

그림의 왕복 직선 운동장치는 A에서 그 중심이 고정되어 있고 일정 각속도 ω_{AB}로 회전하는 원형판과 C에 고정되어 홈이 있는 팔 CD, E와 F 사이에 있는 지지벽 사이에서 흔들리는 봉으로 되어 있다. 판이 회전할 때 B에 있는 말뚝을 홈이 있는 팔 안에서 앞뒤로 움직이게 한다. 이 팔이 흔들릴 때 C와 B사이의 거리의 변화 때문에 왕복 봉이 천천히 전진하고 빨리 후진하게 끔한다. $\theta = 30°$, $\omega_{AB} = 50$ rpm = 상수, $R = 0.1$ m, $h = 0.2$ m라고 할 때 $\dot{\phi}$와 $\ddot{\phi}$, 즉 홈이 있는 팔 CD의 각속도와 각가속도를 구하라.

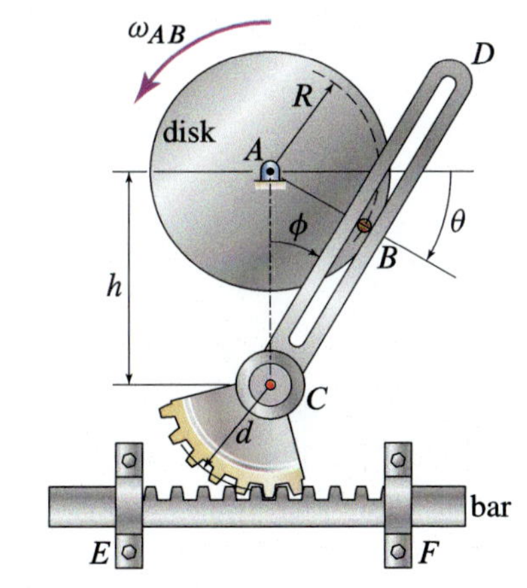

그림 P2.172

27) 차를 타고 있는 승객에 대해 큰 덜컥거림(jerk)의 값은 불편한 승차감을 준다. 승강기 제조사들은 이에 상당히 관심이 있는데 이는 가속도의 큰 변화없이 한 층에서 다른 층으로 승객은 빨리 움직이려 하기 때문이다.

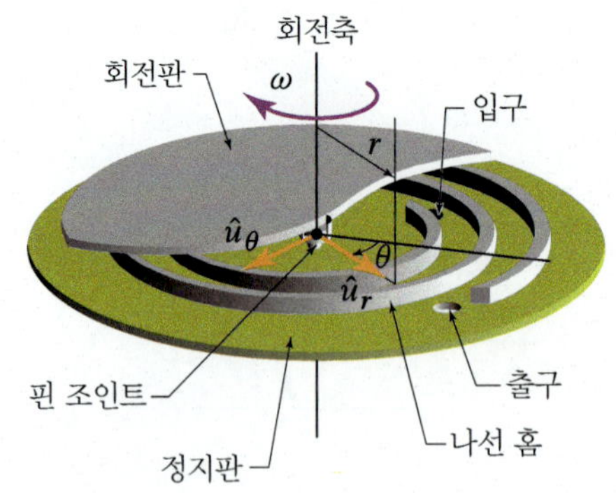

그림 P2.173, P2.174

문제 2.173, 2.174

마이크로 나선형 펌프[28]는 정지판에 부착된 나선 홈으로 되어 있다. 이 판에는 두 개의 구멍이 있는데 하나는 유체가 들어오는 입구이고 다른 하나는 유체가 나가는 출구로 출구는 입구보다 중심에서 더 떨어져 있다. 그리고 이 장치는 상부의 회전판에 의해 닫혀 있다. 회전판과 정지판 사이에 들어 있는 유체들은 상부의 판의 회전에 의해 움직이게 되고 이때 회전판은 유체들을 나선 홈으로 끌어들인다.

문제 2.173 $r = \eta\theta + r_0$로 주어지는 나선 홈의 형상을 보자. 여기서 $r_0 = 146\ \mu\text{m}$는 입구의 반경이고, r은 회전축으로부터의 거리이며, θ는 나선 홈 상의 점의 각 위치를 나타낸다. 이 때 출구의 반경이 $r_{\text{out}} = 190\ \mu\text{m}$이고 상부 회전판이 일정 각속도 ω로 회전하며, 회전판과 접촉하고 있는 유체입자들은 실질적으로 이에 부착되어있다고 가정하자. 상부의 회전판이 1.25 바퀴(rev) 회전한 후에 회전판과 같이 도는 유체 입자들의 출구에서의 속도가 $v = 0.5$ m/s가 되도록 하는 상수 η와 ω (rpm으로)의 값을구하라.

문제 2.174 $r = \eta\theta + r_0$로 주어지는 나선 홈의 형상을 보자. 여기서 $\eta = 12\ \mu\text{m}$ 극경사라고 불리고 $r_0 = 146\ \mu\text{m}$는 시작 반경이며, r은 회전축으로부터의 거리이고, θ는 나선 홈 내의 점의 각 위치이다. 이 때 상부 회전판이 일정 각속도 $\omega = 30{,}000$ rpm로 회전하고 유체 입자들은 회전판과 실질적으로 부착되어 있다고 가정하여 보여준 극좌표를 사용하여, 한 유체 입자가 $r = 170\ \mu\text{m}$에 있을 경우 이 입자의 속도와 가속도를 구하라.

문제 2.175

보여준 장치는 요동 슬라이더 크랭크(swinging block slider crank)라고 불린다. 처음에 1800년대에 여러가지의 증기기관차에 사용되었는데 이 장치는 종종 문을 닫는 장치에 사용된다. 원판이 일정 각속도 $\dot{\theta} = 60$ rpm, $H = 1.2$ m, $R = 0.46$ m로 회전하고 r이 B와 O 사이의 거리를 표시한다면 $\theta = 90°$일 때 $\dot{r}$, $\dot{\phi}$, $\ddot{r}$, $\ddot{\phi}$를 구하라.

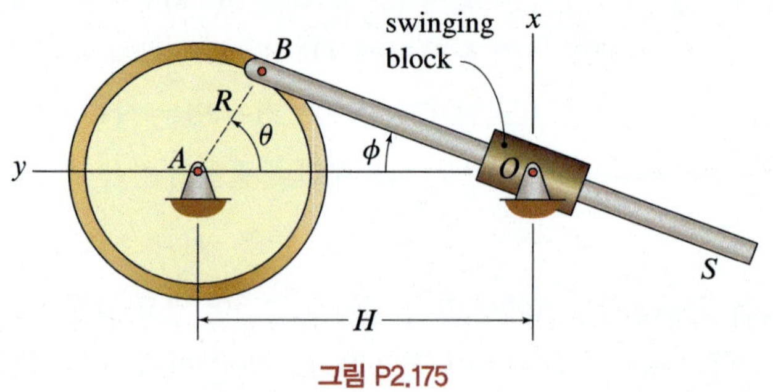

그림 P2.175

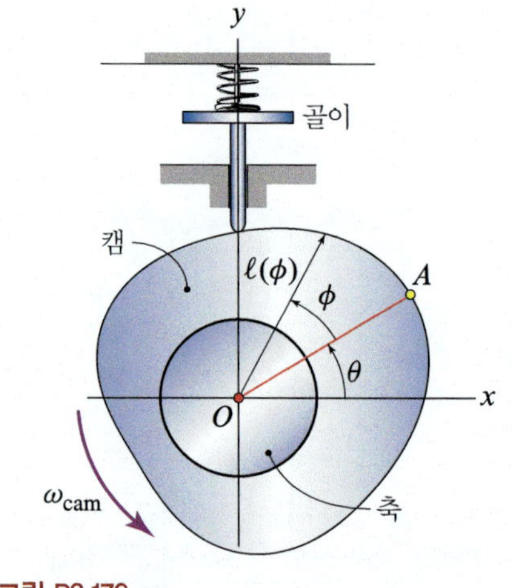

그림 P2.176

문제 2.176

캠이 일정한 각속도 ω_{cam}을 가지고 O에 대해 회전하는 축 위에 올려져 있다. 캠의 옆모

28) 나선형 펌프는 1746년에 Swiss의 Zurich의 납땜수공자인 H.A.Wirtz에 의하여 발명되었다. 최근에 이 개념은 micro-device 제작에 다시 이용되고 있다. 이 예제에 사용된 자료는 M. I. Kilani, P. C. Galambos, Y. S. Haik, and C.-J. Chen, "Design and Analysis of a Surface Micromachined Spiral Channel Viscous Pump," *Journal of Fluids Engineering*, **125**, pp. 339–344, 2003로부터 인용되었다.

습은 함수 $\ell(\phi) = R_0(1 + 0.25\cos^3\phi)$로 기술되는데 여기서 각 ϕ는 캠과 같이 회전하는 OA 부분에 상대적으로 측정되고 있다. $\omega_{\text{cam}} = 3000$ rpm이고 $R_0 = 30$ mm라 할 때 $\theta = 33°$에서 종동자의 속도와 가속도를 정하라. 가속도를 중력가속도 g의 항으로 구하라.

문제 2.177

고리가 그림과 같이 수평한 팔 위에 설치되어 있고 처음부터 각속도 ω_0로 돌고 있다. 줄이 끊어지고 고리 전체의 가속도가 0이 되도록 고리가 팔을 따라 미끄러진다고 가정하자. 고리의 반경 반향 성분의 속도를 회전축으로부터의 거리인 r의 함수로 정하라. **힌트:** 극좌표를 사용하여 $d(r^2\dot{\theta})/dt = ra_\theta$에 주목하라.

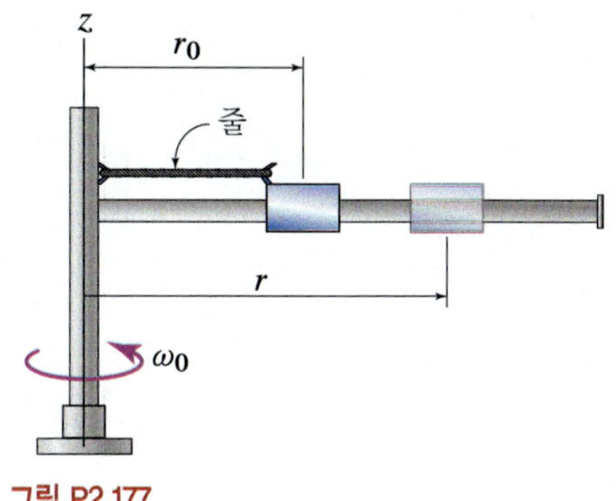

그림 P2.177

문제 2.178

입자 A가 C에 고정되어 있는 팔에 의해 밀리는 동안에 반원통 위에서 미끄러진다. 팔의 운동은 $\theta = 0$일 때 정지로부터 시작하고, ω는 θ의 함수로 일정하게 증가하며 $\theta = 45°$일 때 $\omega = 0.5$ rad/s가 되도록 조절된다. $R = 100$ mm이라고 놓고 $\phi = 32°$일 때 A의 가속도의 크기와 속력을 구하라.

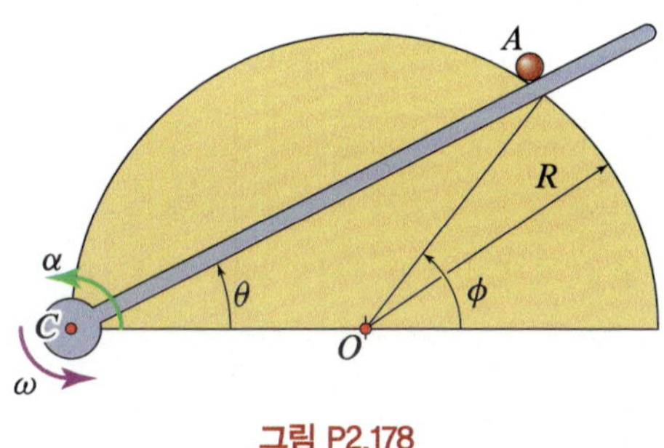

그림 P2.178

문제 2.179

인공위성이 그림과 같이 타원형 궤도를 따라 움직이고 있다. 그림에 있는 극좌표계를 사용할 때 위성의 궤도는 다음 식으로 주어지며

$$r(\theta) = 2b^2 \frac{a + \sqrt{a^2 - b^2}\cos\theta}{a^2 + b^2 - (a^2 - b^2)\cos(2\theta)}$$

이 식은 다음 등가성을 뜻하고

$$\frac{rr'' - 2(r')^2 - r^2}{r^3} = -\frac{a}{b^2}$$

여기서 솟수는 θ에 관한 미분을 가리킨다. 이등가성과 위성이 상수인 $K = r^2\dot{\theta}$ (케플러의 법칙)를 만족시키며 움직인다는 사실을 이용하여 가속도의 반경 성분은 $-1/r^2$에 비례하고 이는 뉴턴의 만유인력법칙과 일치함을 보여라.

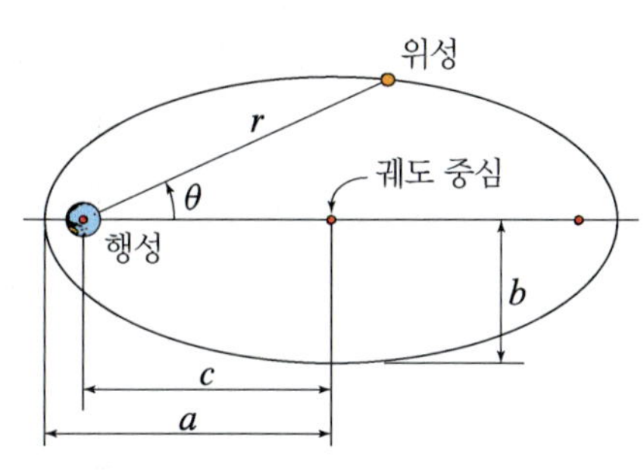

그림 P2.179

설계문제

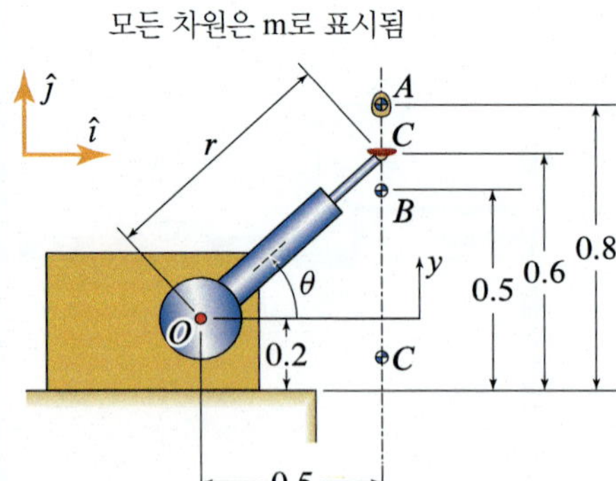

그림 DP2.2, DP2.3

설계문제 2.2

로봇 경기대회의 일환으로 로봇의 팔이 계란을 깨뜨리지 않고 잡을 수 있도록 설계되어야 한다. 계란은 A에서 정지상태로부터 놓아지며 이 때 팔 또한 처음에 정지상태로 보여준 위치에 있다. 팔은 계란이 놓아지는 순간부터 움직이기 시작하고 B에서 계란이 가지는 같은 속도와 가속도로 계란을 잡는다(같은 속도는 충격을 피하고 같은 가속도는 접촉 후에 같은 속도로 움직이게 한다).

팔이 B에서 계란을 잡는 순간부터 감속을 시작해서 C에서 계란을 정지시킨다. 또한 계란에 의해 느껴지는 감속도의 수직변화율(즉 가속도의 시간 미분)은 일정하게 유지되고 계란은 C에서 0의 가속도를 가진다고 가정하자. B와 C 사이의 운동에 대해 다음을 결정하라.

(a) 감속도의 변화율

(b) 수직운동의 함수 $y(t)$

(c) 팔이 계란을 정지시키는데 소요된 시간

(d) 이들이 정지한 수직위치 C

(e) 이 때에 $\dot{\vec{a}} \cdot \hat{\imath} = 0$이고 $\dot{\vec{a}} \cdot \hat{\jmath} = 0$는 수직선을 따른 팔의 운동에 의한 수직가속도의 시간 미분이라는 사실을 이용하여 B에서 C까지 주어진 운동을 하는데 필요한 함수 $r(t)$와 $\theta(t)$를 그려라.

(f) 마지막으로 기하학적 구속조건 $0.5\tan\theta = y$와 $r^2 = y^2 + (0.5)^2$를 이용하여 $r(t)$와 $\theta(t)$에 대한 해석적 표현을 결정하고 이 수학적 식의 그림을 (e)에서 얻은 그림과 비교하라. 물론 이들은 같아야 한다.

설계문제 2.3

로봇 경기대회의 일환으로 로봇의 팔이 계란을 깨뜨리지 않고 잡을 수 있도록 설계되어야 한다. 계란은 A에서 정지상태로부터 놓아지며 이 때 팔 또한 정지상태에서 보여준 위치에 있다. 팔은 계란이 놓아지는 순간부터 움직이기 시작하고 B에서 계란과 로봇팔 사이의 충격을 피하도록 계란을 잡아야 한다. 로봇팔이 계란을 잡기 위해 어떻게 움직일 필요가 있는지 설계문제 2.2를 보라. 이를 염두에 두고 초기위치에서 B까지 움직일 때 이 조건을 만족시키는 팔의 가속도(즉 $\ddot{r}(t)$와 $\ddot{\theta}(t)$) 형태를 구하라.

2.7 상대운동해석과 기하학적 구속 조건의 미분

이 절에서는 상대운동과 구속조건의 미분의 개념에 대해 토론한다. 이러한 개념들은 다중의 움직이는 물체를 가지는 문제들의 해결에 사용되고 강체운동학의 전개에 중요하다. 다른 계에 상대적으로 단지 병진하는 기준계를 이용하는 상대운동을 공부할 것이다. 또한 다른계에 상대적으로 회전하는 일반적인 경우는 6.4절에서 소개된다. 밑에 서술된 움직이는 목표물 문제에 대해 예제 2.26에서 풀이를 설명할 것이다.

움직이는 목표물을 맞추기

그림 2.50을 보고 철도 차량 A와 차 B가 철도 건널목 C에서 막 충돌하는 액션 영화장면을 생각해보자. 철도차량 A는 일정속력 18 m/s로 움직이고 있고 이때 폭발물을 가득실은 B는 일정속력 40 m/s로 건널목에 접근하고 있다. 영화의 주인공이 A에 있고 충돌전에 B를 폭파시키기 위해 B를 향해 총을 겨누고 있다. 총은 탄환 P를 300 m/s의 속력으로 발사할 수 있고 주인공은 4초 동안 총을 발사하기로 되어있다. 당신이 이 영화의 기술감독이라면 B를 맞추기 위해 A의 주인공이 철도차량에 대해 상대적으로 어느 방향으로 총을 겨누라고 말하겠는가?

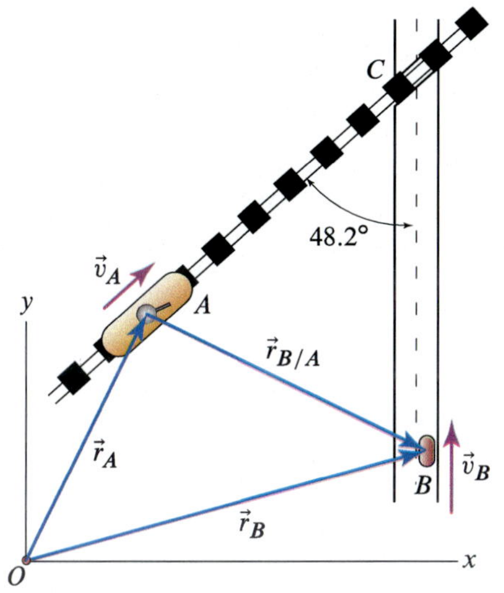

그림 2.50 철도 건널목에 접근하는 철도 차량 A와 B 차. 길이에 비례척이 아니다.

이 문제에 의해 제기된 질문은 B의 운동을 주인공의 견지에서 특정하게 기술하는 것을 요구한다. 즉 탄환의 속력은 **주인공에 의해서 보여진 탄환의 속력**으로 설명되어야 한다. 반면에 A와 B의 속도는 철로나 길에 상대적으로 움직이지 않으며 A와 B 둘 다 움직이는 것을 보는 관측자에 의해 주어지고 있다. 철로나 길에 상대적으로 움직이지 않는 관측자는 **정지**해 있고, A에 있는 주인공은 움직이는 관측자이다. 즉 기준계, 여기서는 철도차량 A의 관측자는 움직이고 있다. 이런 관찰에 근거하여 문제의 해답은 위치, 속도, 가속도의 정보를 정지계에서 이동계로 변환함으로써 찾을 수 있다. 서로에 상대적으로 움직이고 있는 기준계들 사이의 정보를 변환하는 것이 **상대운동**의 해석에 관한 것이다.

상대운동

그림 2.51을 참조하여 평면에서 별도의 경로상에서 움직이는 두 점 A와 B를 생각해보자. 운동평면에 축 X와 Y, 그리고 기저벡터 $\hat{I}$와 $\hat{J}$를 갖는 직교좌표 계를 고정시킨다. 이를 **정지좌표** 계라고 부른다. 질점 A에 축 x와 y, 그리고 $\hat{\imath}$ 기저벡터와 $\hat{\jmath}$를 갖는 직교좌표계를 고정시킨다. 이 두번째 계를 **이동좌표** 계라고 부른다. 식 (1.16)을 사용하여 XY 계에서A에 상대적인 B의 위치는

$$\vec{r}_{B/A} = (X_B - X_A)\,\hat{I} + (Y_B - Y_A)\,\hat{J} \tag{2.99}$$

여기서 (X_A, Y_B)와 (X_B, Y_B)는 각기 XY 계에 상대적인 A와 B의 좌표이고 첨자 B/A는 "A에 상대적인 B"라고 읽는다는 것을 상기한다(식 (1.16) 참조).

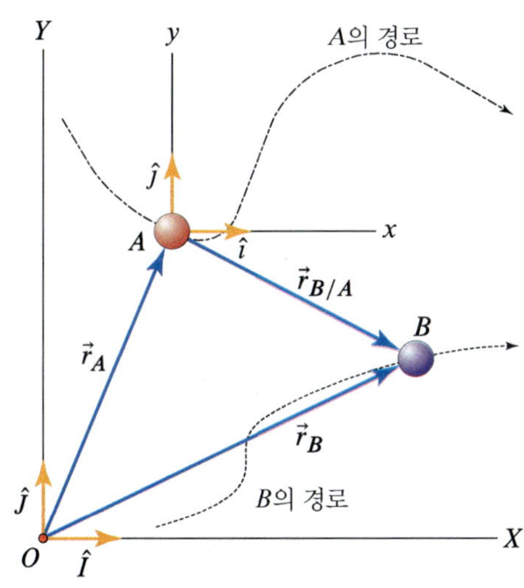

그림 2.51 두 질점 A와 B, 이들의 상대위치벡터 $\vec{r}_{B/A}$의 정의.

xy 계에 의하여 보여진 A에 상대적인 B의 좌표의 위치는

$$\vec{r}_{B/A} = x_B\ \hat{\imath} + y_B\ \hat{\jmath} \tag{2.100}$$

여기서 x_B와 y_B는 xy 계에 상대적인 B의 좌표이다. xy 계는 직교좌표 계이므로 이동하는 관측자가 벡터 $\vec{r}_{B/A}$를 시간에 대해 미분할 때, 이 관측자는 다음 결과를 얻는다.

$$\left(\dot{\vec{r}}_{B/A}\right)_{xy\ \text{frame}} = \dot{x}_B\ \hat{\imath} + \dot{y}_B\ \hat{\jmath} \tag{2.101}$$

대조적으로, 정지하고 있는 관측자가 같은 시간 미분을 계산하면 결과는

$$\begin{aligned}\left(\dot{\vec{r}}_{B/A}\right)_{XY\ \text{frame}} &= \left(\dot{X}_B - \dot{X}_A\right)\hat{I} + \left(\dot{Y}_B - \dot{Y}_A\right)\hat{J} \\ &= \dot{x}_B\ \hat{\imath} + x_B\ \dot{\hat{\imath}} + \dot{y}_B\ \hat{\jmath} + y_B\ \dot{\hat{\jmath}}\end{aligned} \tag{2.102}$$

여기서 식 (2.102)에 있는 마지막 등가식은 정지하고 있는 관측자가 식 (2.100)을 시간에 대해 미분함으로써 얻어진다. 식 (2.60)을 적용하면 $\dot{\hat{\imath}} = \vec{\omega}_{\hat{\imath}} \times \hat{\imath}$와 $\dot{\hat{\jmath}} = \vec{\omega}_{\hat{\jmath}} \times \hat{\jmath}$이고 여기서 $\vec{\omega}_{\hat{\imath}} = \vec{\omega}_{\hat{\jmath}}$는 정지하고 있는 관측자에 의해 측정된 xy 계에서의 각속도이다. 이 절에서는 단지 xy 계와 XY 계가 서로에 상대적으로 회전하지 않는다고 생각하며 그래서 $\vec{\omega}_{\hat{\imath}} = \vec{\omega}_{\hat{\jmath}} = \vec{0}$이고 정지하고 있는 관측자는 다음 결과를 얻는다.

$$\dot{\hat{\imath}} = \vec{0}, \quad \dot{\hat{\jmath}} = \vec{0} \tag{2.103}$$

결론적으로, 식 (2.103)을 식 (2.102)에 치환하고 결과를 식 (2.101)과 비교하면 다음이된다.

$$\left(\dot{\vec{r}}_{B/A}\right)_{xy\ \text{frame}} = \left(\dot{\vec{r}}_{B/A}\right)_{XY\ \text{frame}} \tag{2.104}$$

식 (2.104)는 벡터 $\vec{r}_{B/A}$의 시간에 대한 변화율은 관측자들이 상대적으로 병진운동을 할 때 정지하거나 이동하는 관측자 둘 다에 대해 똑같다는 것을 말하고 있다.

xy와 XY의 기준계 사이에 위치, 속도, 가속도를 연관시키기 위해, 벡터 삼각형 OAB를 보면 다음을 얻고(그림 2.51참조)

$$\boxed{\vec{r}_B = \vec{r}_A + \vec{r}_{B/A}} \tag{2.105}$$

여기서 $\vec{r}_A$와 $\vec{r}_B$는 각기 XY 기준계에 상대적인 A와 B의 위치벡터이다. 식 (2.105)의 시간에 대한 미분은 다음이 되고

$$\boxed{\vec{v}_B = \vec{v}_A + \vec{v}_{B/A}} \tag{2.106}$$

여기서 $\vec{v}_{B/A} = d\vec{r}_{B/A}/dt$는 A에 관한 B의 상대속도이다.식 (2.106)을 시간에 대해 미분하면 다음을 얻고

$$\boxed{\vec{a}_B = \vec{a}_A + \vec{a}_{B/A}} \tag{2.107}$$

여기서 $\vec{a}_{B/A} = d^2\vec{r}_{B/A}/dt^2$는 A에 관한 B의 상대가속도이다. 식 (2.104)때문에 $\vec{v}_{B/A}$나 $\vec{a}_{B/A}$는 xy 계와 XY 계에서 같다. 식 (2.106)은 정지하고 있는 관측자에 의해 보여진 B의 속도는 정지하고 있는 관측자에 의해 보여진 A의 속도에 움직이고 있는 관측자에 의해 보여진 B의 속도인 A에 관한 B의 상대속도를 더한것과 같다는 것을 말하고 있다.속도를 가속도로 치환하면 식 (2.107)은 유사하게 해석될 수 있다.

유용한 정보

$\vec{r}_{B/A}$ 표기. 어떤 교재들에서는 상대 위치 벡터 $\vec{r}_{B/A}$가 가끔 $\vec{r}_{AB}$로 쓰여져 있고 이는 "A에서 B까지의 위치벡터"라고 명기되어 있다. 이 표시는 잠재적으로 우리가 속도와 가속도에 대해 이야기할 때 혼동을 일으킨다. 왜냐하면 벡터 $\vec{v}_{AB}$는 "A에 관한 B의 상대벡터"라고 하기 보다 "A에서 B까지의 위치벡터"라고 읽힐지도 모르기 때문이다. 이때 전자가 문제의 속도를 가리키는 맞는 표현이다.

기하학적 구속조건의 미분

상대운동방정식은 구속계의 해석에 상당히 중요하게 응용될 수 있다. 한 구속계의 예로써 그림 2.52에서 블럭 P의 속도와 가속도가 블럭 Q의 속도와 가속도에 어떻게 연관이 되는지를 결정하기 위해 늘어나지 않는 줄을 가진 도르래 장치를 보자. 이러한 간단한 도르래장치에 대해서는 가끔 직관적으로 이 관계를 알 수 있지만, 어떤 복잡한 계에도 적용할 수있는 체계적인 접근법을 개발하기를 원한다.

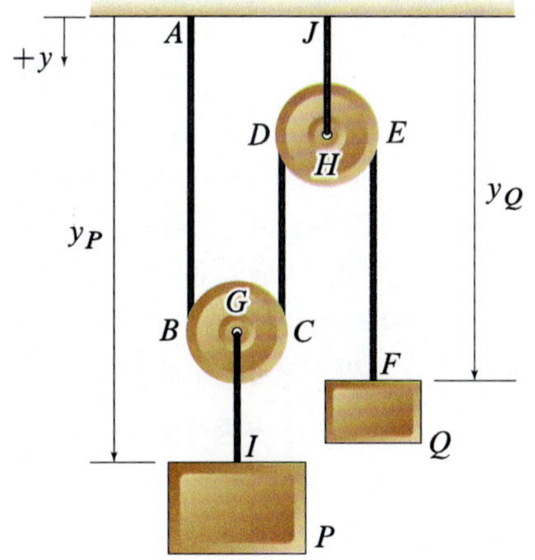

그림 2.52 운동학적 구속조건 속에 있는 원리를 보여주는데 사용된 단순 도르래 계.

임의의 도르래장치의 해석의 요점은 줄(케이블 또는 로프등)의 길이의 개념과 이의 1차 및 2차 미분이다. 그림 2.52에 3개의 줄이 있다. 하지만 줄 GI와 JH는 각기 블럭 P를 도르래 G에 고정시키고 도르래 H를 J에 있는 고정된 천장에 유지시킨다. 그러므로

$$y_{I/G} = \text{상수} \quad \Rightarrow \quad v_{I/G} = 0 \quad \Rightarrow \quad a_{I/G} = 0 \tag{2.108}$$

$$\Rightarrow \quad v_P = v_G \quad \Rightarrow \quad a_P = a_G \tag{2.109}$$

$$y_{H/J} = \text{상수} \quad \Rightarrow \quad v_{H/J} = 0 \quad \Rightarrow \quad a_{H/J} = 0 \tag{2.110}$$

$$\Rightarrow \quad v_H = v_J = 0 \quad \Rightarrow \quad a_H = a_J = 0 \tag{2.111}$$

여기서 식 (2.111)은 J가 고정된 점이므로 유효하다. 이런 관계들을 알고 있으므로 단지 줄 $ABCDEF$만 생각할 필요가 있다.

모든 줄은 늘어나지 않으므로 줄 $ABCDEF$의 길이가 L인 상수라고 하자. 지금 L을 그림 2.52에 보여 준 양들로 표현하면, 즉

$$L = \overline{AB} + \widetilde{BC} + \overline{CD} + \widetilde{DE} + \overline{EF} \tag{2.112}$$

여기서 $\widetilde{BC}$와 $\widetilde{DE}$는 각기 도르래 G와 H 둘레를 감싸고 있는 줄의 곡선 구간의 길이이고, 구간위의 직선 줄은 상응하는 직선 구간의 길이를 뜻한다. 각 줄의 구간의 길이는 일정하거나 블럭 P와 Q의 좌표의 관점에서 쓰여질 수 있다는 점에 주목한다. 이들을 각기 다음과 같이쓰면:

$$\overline{AB} = y_P - \overline{GI}, \quad \overline{CD} = y_P - \overline{GI} - \overline{JH}, \quad \overline{EF} = y_Q - \overline{JH} \tag{2.113}$$

그리고 식 (2.112)는 다음이 된다.

$$L = 2y_P + y_Q - 2\overline{GI} - 2\overline{JH} + \widetilde{BC} + \widetilde{DE} \tag{2.114}$$

이제 식 (2.114)를 시간에 대해 미분하면 다음을 알 수 있다.

- 식 (2.108)에 의하여 $d(\overline{GI})/dt = dy_{I/G}/dt = v_{I/G} = 0$
- 식 (2.110)에 의하여 $d(\overline{JH})/dt = dy_{H/J}/dt = v_{H/J} = 0$
- 임의의 도르래 둘레를 감싸는 줄의 양은 항상 같으므로 $d(\widetilde{BC})/dt$와 $d(\widetilde{DE})/dt$는 0이다. 그러므로 다음을 얻는다.

$$\dot{L} = 2\dot{y}_P + \dot{y}_Q \tag{2.115}$$

L은 늘어나지 않기 때문에 상수라는 것을 기억하면 $\dot{L} = 0$이고, 식 (2.115)는 블럭 P와 Q 사이의 속도 관계를 나타내준다. 즉

$$2\dot{y}_P + \dot{y}_Q = 0 \quad \text{또는} \quad 2v_P + v_Q = 0 \tag{2.116}$$

지금 식 (2.116)에 대해 몇 가지 관찰을 해보겠다.

유용한 정보

도르래에 감겨있는 줄은 어떤가? 도르래에 감겨있는 줄 부분의 시간에 대한 미분이 0이라는 사실은 운동학 방정식의 단순화에 결정적이다. 중요한 것은 줄의 부분이 일정하다는 것이 아니고 줄의 양이라는 것에 주목한다. 이와 같이 각 도르래와 접촉하는 줄의 부분은 변하지만 각 도르래와 접촉하는 줄의 길이는 변하지 않는다. 이 길이는 $\pi \times$ 도르래의 반경과 같고 항상 일정하다.

유용한 정보

도르래의 길이가 일정하지 않다면 어떤가? 어떤 문제들에서 모터나 윈치가 줄을 감거나 풀어놓을 때 줄의 길이는 일정하지 않다. 이런 경우에는 적절한 줄의 길이의 시간 미분을 줄이 길어지거나 짧아지는 길이의 비율에 일치시킴으로써 운동학을 수정한다. 즉

$$\dot{L} = \begin{cases} +\text{증가율} \\ \text{또는} \\ -\text{감소율} \end{cases}$$

- 식 (2.116)은 예를 들어 4 m/s로 P가 밑으로 움직이면 Q는 위로 8 m/s 움직여야한다고 말하고 있다. 이는 $v_Q = -2v_P$이고, y_P와 y_Q 둘 다 위로 향하는 것을 양으로 정의했기 때문이다.
- 블럭 P와 Q 사이의 가속도 관계를 얻기 위해 식 (2.116)을 시간에 대해 한번 미분할 수 있다.

$$2a_P + a_Q = 0 \tag{2.117}$$

- 줄의 길이는 알 필요가 없다. 단지, 각 길이가 일정하다는 것을 알 필요가 있다. 이런 경우는 자주 있을 것이다.

절 요약

상대운동 그림 2.53을 참조하여 점 A와 B의 평면운동을 생각하자. XY 계에 상대적인 A와 B의 위치는 각기 $\vec{r}_A$와 $\vec{r}_B$이다. A에 고정되어 있는 xy 계는 XY 계에 대해 상대적으로 병진하지만 회전하지는 않는다. 어느 계에서든지 A에 상대적인 B의 위치는 $\vec{r}_{B/A}$로 주어진다. 벡터 덧셈을 이용하면 벡터 $\vec{r}_A$, $\vec{r}_B$와 $\vec{r}_{B/A}$는 다음과 같이 연관되어있다:

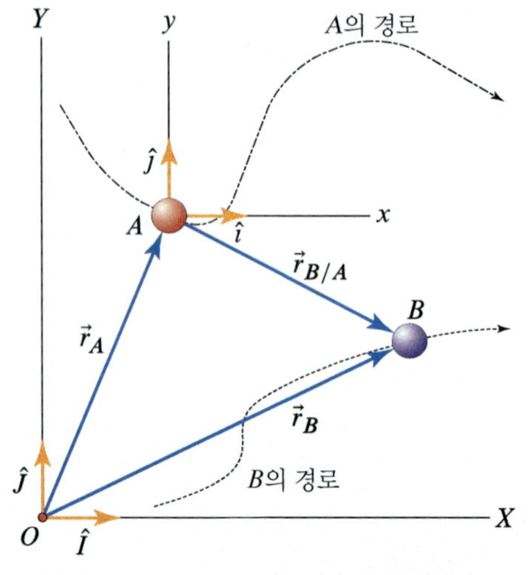

그림 2.53 그림 2.51 반복. 두 질점 A와 B, 이들의 상대위치벡터 $\vec{r}_{B/A}$의 정의.

식 (2.105) p. 136

$$\vec{r}_B = \vec{r}_A + \vec{r}_{B/A}$$

이 식의 시간에 대한 1차 및 2차 미분은 각기 다음과 같고

식 (2.106), (2.107) p. 136

$$\vec{v}_B = \vec{v}_A + \vec{v}_{B/A},$$

$$\vec{a}_B = \vec{a}_A + \vec{a}_{B/A}$$

여기서 $\vec{v}_{B/A} = \dot{\vec{r}}_{B/A}$와 $\vec{a}_{B/A} = \ddot{\vec{r}}_{B/A}$는 각기 A에 대한 B의 상대 속도와 가속도이다. 일반적으로, xy의 관측자에 의해 계산된 $\vec{v}_{B/A}$와 $\vec{a}_{B/A}$는 XY의 관측자에 의해 계산된 $\vec{v}_{B/A}$와 $\vec{a}_{B/A}$와 다르다. 그러나 xy와 XY 계의 관측자들은 서로에 상대적으로 회전하지 않는다면 같은 $\vec{v}_{B/A}$와 $\vec{a}_{B/A}$를 계산한다.

구속운동 운동이 어떤 형식으로든지 구속을 받지않는 동역학 문제들은 거의없다. 어떤 특정한 계에서는 구속조건들은 계안에서의 점들사이의 기하학적 관계로 기술된다.우리는 줄의 길이가 변할 수 없다는 구속조건을 가지는 도르래의 계를 해석했다. 구속조건을 가지는 운동의 해석의 요점은 관심의 대상이 되고 있는 점들의 속도와 가속도를 얻기 위해 기하학적 구속 조건들을 기술하는 방정식을 미분할 수 있다는 것을 인식하는 것이다. 이절에서 공부한 도르래계의 경우에 줄 길이의 시간에 대한 변화율을 사용하였다. 늘어날 수 없는 줄의 경우 줄의 길이가 일정하므로 줄 길이의 시간에 대한 변화율은 0이다.

예제 2.24 상대 속도와 가속도

차 B의 운전자가 경찰차 P를 보고 브레이크를 밟아 차가 $7.6\ \mathrm{m/s^2}$의 일정한 비율로 감속한다. 동시에 경찰차는 일정한 속도 $v_P = 56\ \mathrm{km/h}$로 이동하고 있으며, 레이더(radar) 건을 이용하여 각도(θ) 22°를 가지고 105 km/h로 다가오는 B를 보았다. 레이더 건 측정의 순간에 B의 실제 속도와 P에 대한 B의 상대 가속도를 결정하라.

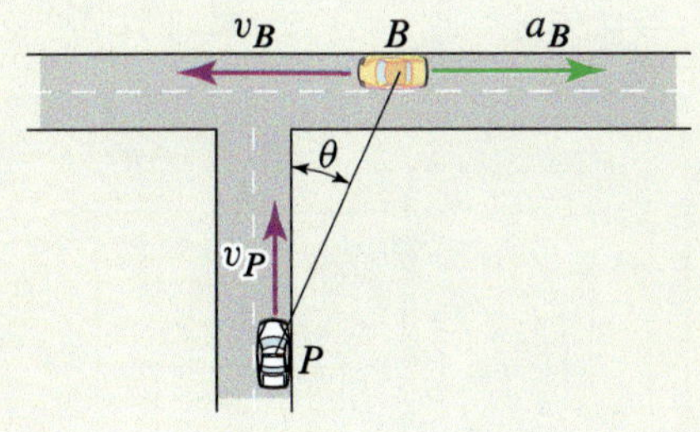

그림 1

풀이 SOLUTION

로드맵 도로에 대한, 즉 정지 좌표계에 대한 B의 속도를 구해야 한다. 레이더 건에 의해 측정된 속도는 움직이는 관찰자 P에 의해 측정된 것이고, 이는 B와 P를 연결하는 선에 있는 P에 대한 B의 상대속도 성분이다. 그러므로 P에 대한 B의 상대 속도를 구하고 PB 선에 있는 그 속도 성분을 고려해야 한다. P에 대한 B의 상대 가속도는 식 (2.107)을 이용하여 직접 구할 수 있다.

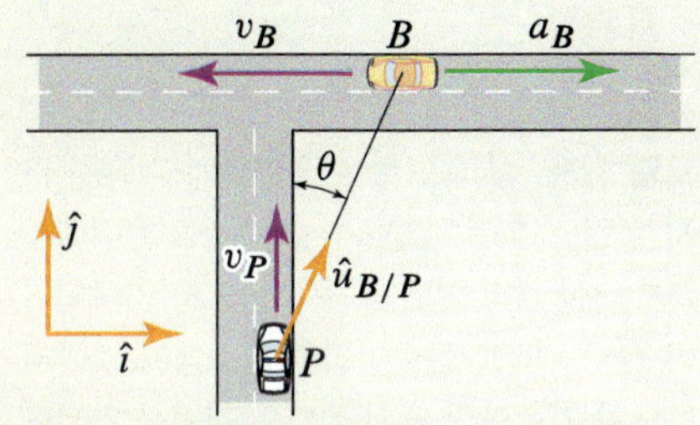

그림 2 정지 성분계.

계산 그림 2를 참조하여 v_B를 B의 속력이라고 하면 P에 대한 B의 상대 속도는 아래와 같다.

$$\vec{v}_{B/P} = \vec{v}_B - \vec{v}_P = -v_B\ \hat{\imath} - v_P\ \hat{\jmath} \tag{1}$$

레이더 건이 읽은 속도를 v_r이라 하면 경찰관이 B가 다가오는 것을 보았기 때문에 v_r은 음이고, $\hat{u}_{B/P} = \sin\theta\ \hat{\imath} + \cos\theta\ \hat{\jmath}$ (P에서 B로의 단위 벡터)인 것을 고려하여 우리는 아래의 식을 갖는다.

$$-v_r = \vec{v}_{B/P} \cdot \hat{u}_{B/P} = -v_B \sin\theta - v_P \cos\theta \tag{2}$$

식 (2)를 v_B에 대해 풀면 아래의 답을 얻는다.

$$\boxed{v_B = \frac{v_r - v_P \cos\theta}{\sin\theta} = 141.7\ \mathrm{km/h}} \tag{3}$$

식 (2.107)을 적용하면 P에 대한 B의 상대 가속도는 아래와 같다.

$$\vec{a}_{B/P} = \vec{a}_B - \vec{a}_P = (7.6\ \mathrm{m/s^2})\ \hat{\imath} \tag{4}$$

경찰차가 일정한 속도록 이동하므로 우리는 아래의 값을 가진다.

$$\boxed{\left|\vec{a}_{B/P}\right| = 7.6\ \mathrm{m/s^2}} \tag{5}$$

논의 및 검증 $\cos\theta$과 $\sin\theta$ 항은 차원이 없으므로 식 (3)의 결과는 차원적으로 맞는다. 차원적으로 올바른 가속도 공식을 직접 적용하여 유도했기 때문에 식 (5)의 결과 역시 차원적으로 맞는다.

예제 2.25 차 충격 완충 장치의 상대 운동

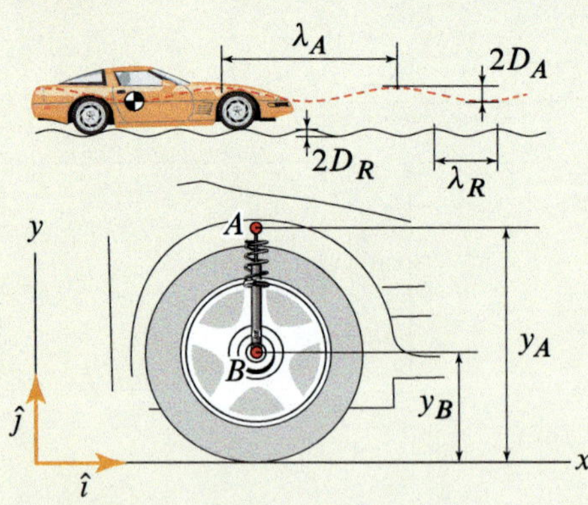

그림 1 차의 충격 완충 장치의 가장 간단한 개략도. 점 A는 차체에 붙어 있다.

점 A 같은 굴곡이 심한 도로(그림 1)를 이동하는 차에서 B는 일정한 수평 속도 v_0를 가진다. 시간의 함수로 B에 대한 A의 상대 위치, 속도, 가속도를 구하라. A와 B가 각각의 $y_A = h_A + D_A\sin(2\pi x_A/\lambda_A)$와 $y_B = R_w + D_R\sin(2\pi x_B/\lambda_R)$의 관계를 가지고 움직인다고 가정한다. h_A와 R_W는 각각 차가 이동하지 않을 때 완충기와 휠의 중심의 높이이다.

풀이 SOLUTION

로드맵 점 A와 B의 위치 차이로 상대위치를 구할 수 있다. 또한 상대 속도와 가속도는 시간에 대해 상대 위치를 미분하여 구할 수 있다.

계산 그림 2의 좌표계를 이용하면 우리는 아래의 식을 갖는다.

$$\vec{r}_A = x_A\,\hat{\imath} + y_A\,\hat{\jmath}, \qquad \vec{r}_B = x_B\,\hat{\imath} + y_B\,\hat{\jmath} \tag{1}$$

식 (2.105)를 이용하면 상대 위치는 아래와 같다.

$$\vec{r}_{A/B} = \vec{r}_A - \vec{r}_B = (x_A - x_B)\,\hat{\imath} + (y_A - y_B)\,\hat{\jmath} = y_{A/B}\,\hat{\jmath} \tag{2}$$

여기서 A와 B가 일정한 수평 속도로 움직이기 때문에 $x_A = x_B$이다. 주어진 A와 B의 궤적을 이용하여 상대 위치 벡터 $\vec{r}_{A/B}$를 구하면 아래와 같다.

$$\vec{r}_{A/B} = y_{A/B}\,\hat{\jmath} = \left[h_A - R_W + D_A\sin\left(\frac{2\pi v_0 t}{\lambda_A}\right) - D_R\sin\left(\frac{2\pi v_0 t}{\lambda_R}\right)\right]\hat{\jmath} \tag{3}$$

여기서 차가 일정한 속력 v_0로 움직이기 때문에 $x_A = x_B = v_0 t$이다. 초기 조건은 $x_A(0) = x_B(0) = 0$로 가정하였다.

상대 속도와 가속도는 식 (3)을 시간에 대해 미분하여 얻을 수 있고 $\dot{x}_A = v_0$와 $\ddot{x}_A = 0$인 것을 고려하면 아래와 같다.

$$\dot{y}_{A/B} = \frac{dy_{A/B}}{dx_A}\frac{dx_A}{dt} = \frac{dy_{A/B}}{dx_A}\dot{x}_A = \frac{dy_{A/B}}{dx_A}v_0 \tag{4}$$

$$\ddot{y}_{A/B} = v_0\frac{d}{dt}\left(\frac{dy_{A/B}}{dx_A}\right) = v_0\frac{d}{dx_A}\left(\frac{dy_{A/B}}{dx_A}\right)\frac{dx_A}{dt} = \frac{d^2y_{A/B}}{dx_A^2}v_0^2 \tag{5}$$

위 식을 정리하면 아래와 같다.

$$\vec{v}_{A/B} = \dot{y}_{A/B}\,\hat{\jmath} = \frac{dy_{A/B}}{dx_A}\,v_0\,\hat{\jmath}, \qquad \vec{a}_{A/B} = \ddot{y}_{A/B}\,\hat{\jmath} = \frac{d^2y_{A/B}}{dx_A^2}\,v_0^2\,\hat{\jmath} \tag{6}$$

식 (3)을 식 (6)에 대입하면 아래의 식을 얻는다.

$$\vec{v}_{A/B} = 2\pi v_0\left[\frac{D_A}{\lambda_A}\cos\left(\frac{2\pi x_A}{\lambda_A}\right) - \frac{D_R}{\lambda_R}\cos\left(\frac{2\pi x_B}{\lambda_R}\right)\right]\hat{\jmath}, \tag{7}$$

$$\vec{a}_{A/B} = -4\pi^2 v_0^2\left[\frac{D_A}{\lambda_A^2}\sin\left(\frac{2\pi x_A}{\lambda_A}\right) - \frac{D_R}{\lambda_R^2}\sin\left(\frac{2\pi x_B}{\lambda_R}\right)\right]\hat{\jmath} \tag{8}$$

논의 및 검증 결과의 차원이 옳은지 검증하는 것은 독자들이 직접 연습하길 바란다.

심층분석 그림 2에 관련 형상 변수의 값을 정하여 시간에 대한 식 (7), (8)을 표시하였다. 수직 속도의 크기는 수평 속도와 비슷한 크기를 가진다. 또한 최대 가속도는 100 g가 넘는다!

유용한 정보

모델 실제. 실제 도로는 정현파의 기복을 가지지 않고 휠은 변형 가능하며 3D 환경에서 B에 대한 A의 상대 운동이 반드시 연구되어야 한다. 이 예제는 이러한 시스템에서 단지 속도와 가속도의 크기 정도의 개념을 가지도록 도와주는데 목적이 있다.

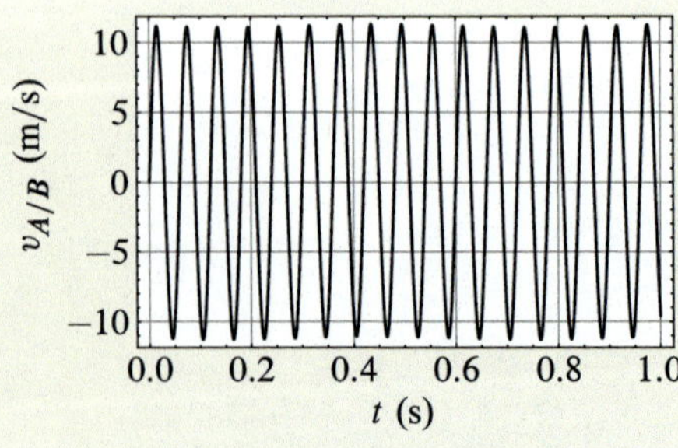

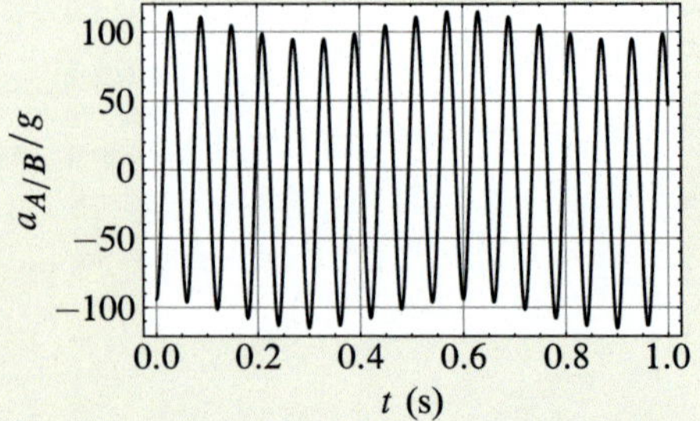

그림 2 상대 속도와 가속도 그래프. 위의 그림은 가속도를 g로 나타내었다. 다음 값을 사용하여 계산하였다: $D_A = D_R = 0.1$ m, $\lambda = 1$ m, $v_0 = 60$ km/h.

예제 2.26 움직이는 대상체의 분석

액션 영화의 한 장면에서 궤도차 A와 차량 B가 지점 C에서 충돌하기(그림 1) 4초 전에 있다. 이때 영화 주인공이 궤도 차에 타고 있고 충돌 전에 B를 파괴하기 위하여 B에 향해 총을 쏘려고 한다. A와 B가 각각 일정한 속력 $v_A = 18$ m/s와 $v_B = 40$ m/s로 움직이고 있고 발사체 P는 300 m/s로 발사된다. A에 탄 주인공은 B를 맞추기 위해서 어떤 방향 θ로 총을 쏘아야 하는가?

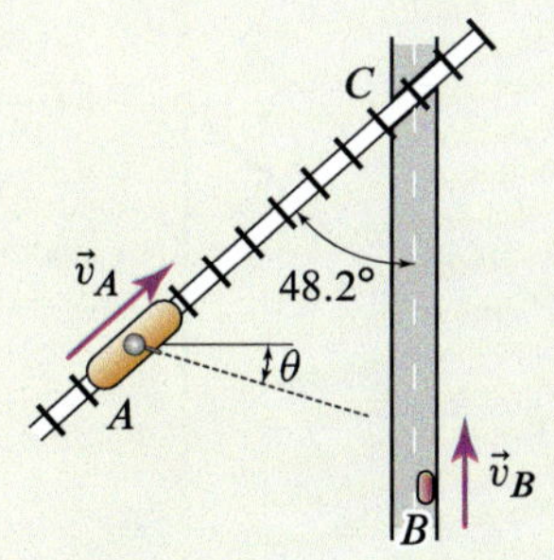

그림 1 궤도차와 로봇이 철도 건널목에 다가가고 있다. 그림은 비례척이 아니다.

풀이 SOLUTION

로드맵 $\vec{v}_{P/A}$를 궤도차 A에 대한 발사체의 상대 속도 벡터라고 하자. $\vec{v}_{P/A}$의 크기는 300 m/s이고 우리는 $\vec{v}_{P/A}$를 풀어 주인공이 건을 발사하는 방향, 즉 그림 1의 θ를 구할 것이다($\vec{v}_{P/A}$를 풀 것이다). θ를 구하기 위해 지면에 대한 상대 속도 $\vec{v}_A$, $\vec{v}_B$와 함께 A에 대해 상대적으로 측정한 상대 속도 $\vec{v}_{P/A}$의 운동학을 사용한다. 만약 $\vec{r}_P(t)$와 $\vec{r}_B(t)$가 각각 시간의 함수로 표시된 발사체 P와 대상 B의 위치라면 "대상체와 충돌한다"는 것은 P와 B가 동일 위치에 있는 시간 t_h가 존재한다는 것을 의미한다.

$$\vec{r}_P(t_h) = \vec{r}_B(t_h) \tag{1}$$

우리의 계획은 P와 B의 속도를 기술하고 이를 시간에 대해 적분하여 식 (1)을 만족시키는 $\vec{r}_P(t)$와 $\vec{r}_B(t)$를 얻는 것이다.

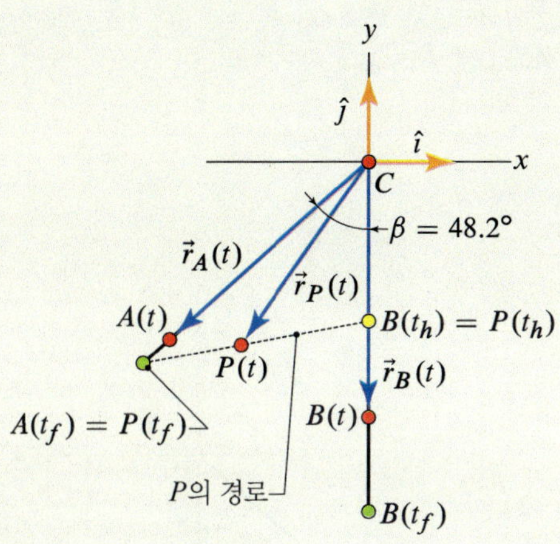

그림 2 시간 t에서 점 A, B, P의 위치 벡터. 이 그림은 비례척이 아니다.

계산 그림 2를 참조하여 C에 원점이 있는 기준 좌표계를 정의하고 B의 경로와 일치하도록 y 축을 잡는다. 이 좌표계가 정지해 있다라고 한다. 발사하게 되면 P는 정지 틀에 대해 일정한 속도 $\vec{v}_P$로 이동한다. 따라서 t_f를 발사 시간이라 하면 P는 t_f에서 A의 위치와 t_h에서 B의 위치를 연결한 선분을 따라 움직인다. $\vec{v}_P$와 $\vec{v}_B$가 정지틀에서 각각 P와 B의 속도라고 하면 아래 식을 얻을 수 있다.

$$\vec{v}_P = v_{Px}\,\hat{\imath} + v_{Py}\,\hat{\jmath}, \quad \vec{v}_B = v_B\,\hat{\jmath} \tag{2}$$

여기서 v_{Px}와 v_{Py}는 미지수이고 $v_B = 40$ m/s이다. $\vec{v}_P$와 $\vec{v}_B$는 상수이므로 등가속도 식을 성분마다 적용하면 식 (2)는 아래와 같이 된다.

$$\vec{r}_P(t) = [r_{Px}(t_f) + v_{Px}(t - t_f)]\,\hat{\imath} + [r_{Py}(t_f) + v_{Py}(t - t_f)]\,\hat{\jmath} \tag{3}$$

$$\vec{r}_B(t) = [r_{By}(t_f) + v_B(t - t_f)]\,\hat{\jmath} \tag{4}$$

여기서 $\vec{r}_P(t_f) = r_{Px}(t_f)\,\hat{\imath} + r_{Py}(t_f)\,\hat{\jmath}$와 $\vec{r}_B(t_f) = r_{By}(t_f)\,\hat{\jmath}$는 각각 발사 시점에서 P와 B의 위치이다.

P는 A로부터 발사되므로 반드시 $t = t_f$에서 $\vec{r}_P(t_f) = \vec{r}_A(t_f)$이다. 또한 $t = t_f$에서 A와 B는 C로부터 4초 전에 있기 때문에 아래 식(그림 3)을 얻는다.

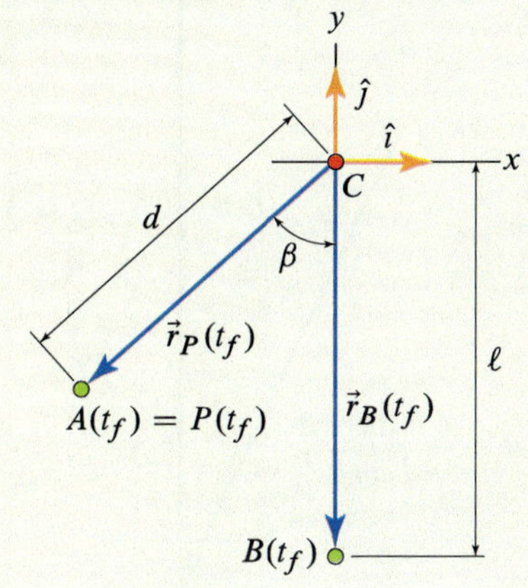

그림 3 발사 시점에서 점 P와 B의 위치 벡터. 이 그림은 비례척이 아니다.

$$\vec{r}_P(t_f) = \vec{r}_A(t_f) = -d\sin\beta\,\hat{\imath} - d\cos\beta\,\hat{\jmath} \quad \text{with} \quad d = v_A(4\,\text{s}) = 72\,\text{m} \tag{5}$$

$$\vec{r}_B(t_f) = -\ell\,\hat{\jmath} \quad \text{with} \quad \ell = v_B(4\,\text{s}) = 160\,\text{m} \tag{6}$$

$\vec{v}_P$는 일정하므로 그 값은 A의 조건(즉, $t = t_f$에서)으로 결정된다. 그림 4를 참조하면 발사 시간에서 상대 운동은 아래의 식을 만족한다.

$$\begin{aligned}\vec{v}_P = \vec{v}_A + \vec{v}_{P/A} &= v_A(\sin\beta\,\hat{\imath} + \cos\beta\,\hat{\jmath}) + v_{P/A}(\cos\theta\,\hat{\imath} - \sin\theta\,\hat{\jmath})\\ &= (v_A\sin\beta + v_{P/A}\cos\theta)\,\hat{\imath} + (v_A\cos\beta - v_{P/A}\sin\theta)\,\hat{\jmath}\end{aligned} \tag{7}$$

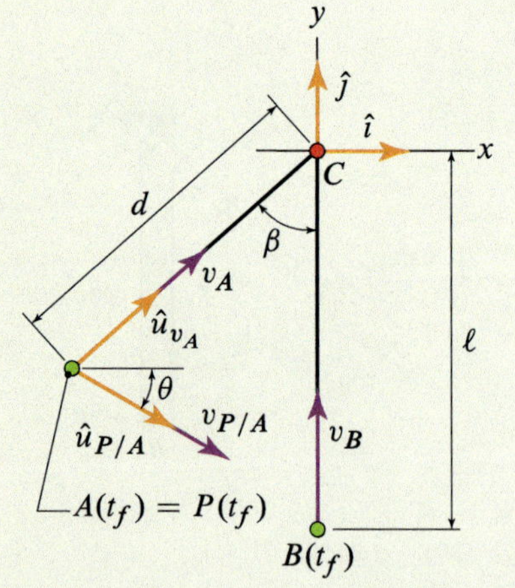

그림 4 발사 시점에서 점 A와 B의 속도 벡터와 A에 대한 P의 상대 속도 벡터. 이 그림은 비례척이 아니다.

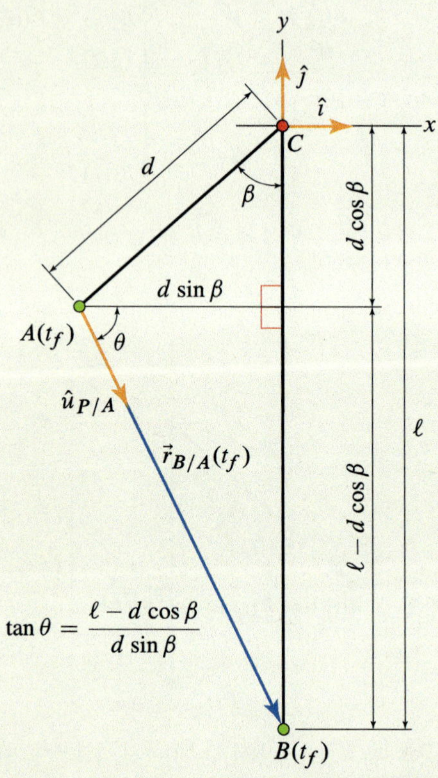

그림 5 발사 시점에서 A에 상대적인 B의 위치. 이 그림은 비례척이 아니다.

식 (5)-(7)을 이용하여 식 (3)과 (4)는 아래와 같이 다시 쓸 수 있다.

$$\begin{aligned}\vec{r}_P(t) &= [-d\sin\beta + (v_A\sin\beta + v_{P/A}\cos\theta)(t - t_f)]\,\hat{\imath} \\ &\quad + [-d\cos\beta + (v_A\cos\beta - v_{P/A}\sin\theta)(t - t_f)]\,\hat{\jmath}\end{aligned} \tag{8}$$

$$\vec{r}_B(t) = [-\ell + v_B(t - t_f)]\,\hat{\jmath} \tag{9}$$

이제 조건 (1), 즉 $\vec{r}_P(t_h) = \vec{r}_B(t_h)$를 적용할 준비가 되었다. 식 (8)과 (9)에서 $t = t_h$라 하고 $\vec{r}_P(t_h) = \vec{r}_B(t_h)$를 성분마다 적용하면 아래의 식을 얻는다.

$$-d\sin\beta + (v_A\sin\beta + v_{P/A}\cos\theta)(t_h - t_f) = 0 \tag{10}$$

$$-d\cos\beta + (v_A\cos\beta - v_{P/A}\sin\theta)(t_h - t_f) = -\ell + v_B(t_h - t_f) \tag{11}$$

$t_h - t_f$에 대해 식 (10)을 풀고 그 결과를 식 (11)에 대입하면 아래의 결과를 얻는다.

$$\begin{aligned}&-d\cos\beta + (v_A\cos\beta - v_{P/A}\sin\theta)\frac{d\sin\beta}{v_A\sin\beta + v_{P/A}\cos\theta} \\ &\qquad = -\ell + v_B\frac{d\sin\beta}{v_A\sin\beta + v_{P/A}\cos\theta}\end{aligned} \tag{12}$$

두 분수의 분모를 곱하고 간략히 하면 아래와 같다.

$$-dv_{P/A}(\cos\theta\cos\beta + \sin\theta\sin\beta) = -\ell(v_A\sin\beta + v_{P/A}\cos\theta) + v_B d\sin\beta \tag{13}$$

이제 θ를 구하기 위해 $\sin\theta$와 $\cos\theta$를 한 변으로 분리시키면 아래와 같다.

$$(\ell - d\cos\beta)\cos\theta - d\sin\beta\sin\theta = \frac{\sin\beta}{v_{P/A}}(v_B d - v_A\ell) \tag{14}$$

이제 $t = t_f$에서 A와 B는 충돌하기 4초 전에 C에 있으므로 아래의 식을 반드시 만족시킨다.

$$4\,\text{s} = d/v_A = \ell/v_B \quad\Rightarrow\quad v_A\ell = v_B d \quad\Rightarrow\quad v_B d - v_A\ell = 0. \tag{15}$$

그러므로 식 (14)는 아래의 식이 된다.

$$(\ell - d\cos\beta)\cos\theta - d\sin\beta\sin\theta = 0 \tag{16}$$

이를 θ에 대해 풀면 아래의 식을 얻는다.

$$\boxed{\theta = \tan^{-1}\left(\frac{\ell - d\cos\beta}{d\sin\beta}\right) = 64.4^\circ} \tag{17}$$

논의 및 검증 식 (17)의 탄젠트의 역함수는 그래야 하듯이 무차원이다.

결과는 $v_{P/A}$에 무관한데 이는 움직이는 대상을 다루는 문제에서 일반적이지 않다. 일반적으로 B는 멈춰있고 P는 발사 시점에서 A와 B를 연결한 직선을 따라 움직이는 것처럼, B에 있는 관찰자가 방향이 변하지 않는 직선을 따라 움직이는 P를 보는 것을 권장한다. 비록 일반적이지는 않지만 A와 B가 충돌 경로에 있고 일정한 속도로 움직이는 이 문제의 경우만 이 결과를 적용할 수 있다. 이는 A나 B가 상대적으로 고정된 방향을 가진 직선을 따라 서로를 바라보며 서로를 향해 움직이는 것을 의미한다. 결국 주인공이 총으로 B를 겨눌 때 주인공은 반드시 B를 향해야 한다는 것을 의미한다. 그림 5에서도 볼 수 있듯이 이는 간단한 삼각 함수를 풀어 식 (17)의 결과를 얻을 수 있다.

예제 2.27 도르래 장치의 분석

그림 1과 같이 도르래와 늘어나지 않는 줄로 연결된 도르래 장치가 있고 블록 Q의 속도와 가속도에 관계된 블록 P의 속도와 가속도를 구하고자 한다. v_P와 v_Q, a_P와 a_Q의 관련 식을 구하라.

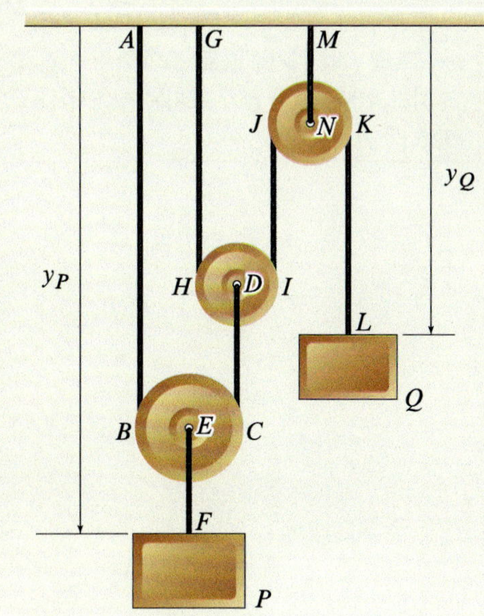

그림 1 블록 P와 블록 B의 운동의 연관성을 알고 싶은 도르래 장치.

개념 정리

줄이 길이가 중요한가? 반복하지만 중요한 것은 줄의 길이가 아니고 줄 길이의 변화율 뿐이다.

풀이 SOLUTION

로드맵 어떤 도르래 시스템을 분석할 때 핵심은 줄(케이블 또는 로프)의 길이와 그것의 첫째나 둘째 미분이다. 그림 1에서는 4개의 줄이 있는데 두 줄, 즉 EF와 MN은 각각 단순히 블록 P를 도르래 E에, 도르래 N을 천정에 연결한 것이다. 따라서 운동학적으로 아래와 같이 쓸 수 있다.

$$y_{F/E} = \text{상수} \quad \Rightarrow \quad v_{F/E} = 0 \quad \Rightarrow \quad a_{F/E} = 0 \tag{1}$$

$$\Rightarrow \quad v_P = v_F = v_E \quad \Rightarrow \quad a_P = a_F = a_E \tag{2}$$

$$y_{N/M} = \text{상수} \quad \Rightarrow \quad v_{N/M} = 0 \quad \Rightarrow \quad a_{N/M} = 0 \tag{3}$$

$$\Rightarrow \quad v_M = v_N = 0 \quad \Rightarrow \quad a_M = a_N = 0 \tag{4}$$

이 관계를 알면 이제 두 줄 $ABCD$와 $GHIJKL$만 고려하면 된다.

계산 줄 $ABCD$의 길이를 L_1, 줄 $GHIJKL$의 길이를 L_2라고 하자. 그림 1의 경우에서 줄은 늘어나지 않는다고 하였으므로 일정한 길이를 가진다. 그림 1에 보이는 길이로 표현하자. 길이 L_1과 L_2는 아래와 같이 쓸 수 있다.

$$L_1 = \overline{AB} + \widetilde{BC} + \overline{CD} \tag{5}$$

$$L_2 = \overline{GH} + \widetilde{HI} + \overline{IJ} + \widetilde{JK} + \overline{KL} \tag{6}$$

여기서 $\widetilde{BC}$, $\widetilde{HI}$, $\widetilde{JK}$는 각각 도르래 E, D, N을 감싸는 줄의 곡선 부분의 길이를 나타내고, 윗 줄을 가지는 문자는 해당 직선 부분의 길이를 나타낸다. 각 줄 부분의 길이는 일정하거나 블록 P와 Q의 위치를 기술하는 좌표로 표현될 수 있다. 따라서 우리는 아래와 같이 쓸 수 있다.

$$\overline{AB} = y_P - \overline{EF}, \qquad \overline{CD} = y_P - \overline{EF} - \overline{GH} \tag{7}$$

$$\overline{IJ} = \overline{GH} - \overline{MN}, \qquad \overline{KL} = y_Q - \overline{MN} \tag{8}$$

그리고 식 (5), (6)은 각각 아래 식이 된다.

$$L_1 = 2y_P - \overline{GH} - 2\overline{EF} + \widetilde{BC} \tag{9}$$

$$L_2 = y_Q + 2\overline{GH} + \widetilde{HI} + \widetilde{JK} - 2\overline{MN} \tag{10}$$

시간에 대해 식 (9), (10)을 미분하면 다음을 알 수 있다.

- 식 (1)에 의해 $d(\overline{EF})/dt = dy_{F/E}/dt = v_{F/E} = 0$
- 식 (3)에 의해 $d(\overline{MN})/dt = dy_{N/M}/dt = v_{N/M} = 0$
- $d(\widetilde{BC})/dt$, $d(\widetilde{HI})/dt$, $d(\widetilde{JK})/dt$는 모두 0이고 어떤 도르래를 감은 줄의 길이는 항상 같다.

유용한 정보

$\dot{\overline{GH}}$의 성질. 식 (11)과 (12)에서 $\dot{\overline{GH}}$의 소거는 항상 가능하다. 그 이유는 도르래 시스템에 실제로 움직이는 주요 물체가 3개 있고 세 번째 것은 도르래 D이다. 그러므로 우리는 도르래 D의 위치를 y_D로 정의할 수 있었고 따라서 불필요한 $\overline{GH}$ 표기는 식에서 사라졌다.

그러면 아래의 식을 얻는다.

$$\dot{L}_1 = 2\dot{y}_P - \frac{d(\overline{GH})}{dt} = 2\dot{y}_P - \dot{\overline{GH}} \tag{11}$$

$$\dot{L}_2 = \dot{y}_Q + 2\frac{d(\overline{GH})}{dt} = \dot{y}_Q + 2\dot{\overline{GH}} \tag{12}$$

이제 우리는 다음의 사항을 주목해 보자.

1. 줄이 늘어나지 않기 때문에 그 길이는 일정해야 하므로 그 길이의 시간 미분도 $\dot{L}_1 = \dot{L}_2 = 0$이 된다.
2. 식 (11)과 (12)에서 $\dot{\overline{GH}}$가 여전히 남는다. 그러나 두 식들은 모두 $\dot{\overline{GH}}$를 갖고 있기 때문에 그들로부터 소거할 수 있다.

이들을 이용하여 식 (11)과 (12)는 블록 P와 블록 Q의 속도 사이의 한 관계가 된다.

$$4\dot{y}_P + \dot{y}_Q = 0, \qquad 4v_P + v_Q = 0 \tag{13}$$

위 식을 미분하면 아래 식과 같이 가속도 관계가 된다.

$$4a_P + a_Q = 0 \tag{14}$$

논의 및 검증 식 (13)과 (14)는 그래야 하듯이 동일한 차원을 가진다. 또한 식 (13)은 P가 4m/s로 아래로 움직이면 Q는 반드시 16m/s로 위로 움직여야 함을 보여준다. 이는 우리가 y_P와 y_Q를 아래 방향이 양으로 정의했고, $v_Q = -4v_P$이기 때문이다. 이 결과는 그림 1의 도르래 시스템의 형태와 부합한다.

예제 2.28 사다리의 구속된 운동

한 정비 요원은 "트럭으로 올라가는 것"이 자신이 직접 올라가는 것보다 쉽겠다고 결정했다. 그는 건물에 사다리를 올리기로 하고 사다리 한 쪽 끝을 A 지점에 세우고 그의 동료가 트럭을 정지에서부터 일정한 가속도 a_T로 뒤로 그림 1과 같은 방향으로 밀었다. 매우 강한 사다리이고 사다리가 올라가는 곳에는 창이 없을 때, A 지점의 작업자는 이로 인해 건물의 벽을 따라 올라갈 수 있다. 사다리의 다른 끝 B가 지면과 거리 h 만큼 떨어져 있고 사다리의 길이가 L이며 θ의 초기값이 θ_0일 때, A 지점의 작업자의 속도와 가속도를 θ의 함수로 결정하고, $\dot{\theta}$와 $\ddot{\theta}$가 a_T와 어떤 관계인지 결정하라.

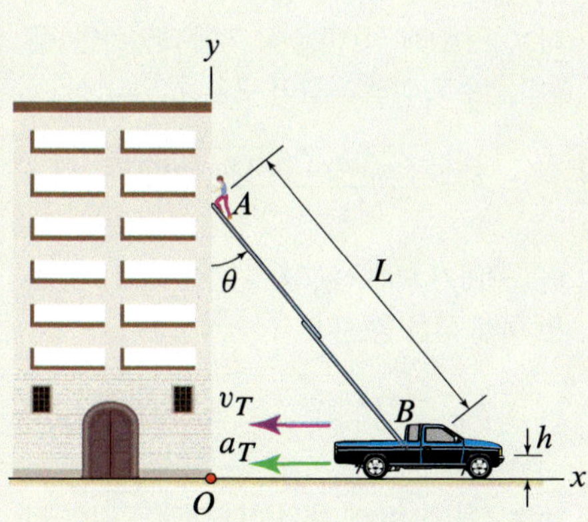

그림 1 v_T와 a_T는 각각 트럭의 그 운동 방향인 왼쪽으로의 속도와 가속도의 성분이다.

풀이 SOLUTION

로드맵 다음의 기하학적 구속조건을 이용하여 필요한 운동 분석을 수행할 수 있다.

1. 사다리의 길이는 일정한 L이다.
2. 사다리 한 쪽 끝 A는 벽을 따라 수직 방향으로만 움직이도록 구속된다.
3. 사다리의 다른 쪽 끝은 트럭의 이동에 따라 수평 방향으로만 움직이도록 구속된다.

위의 사실을 통합하면 점 A, B와 건물의 벽은 항상 직각 삼각형을 이루며 아래의 관계를 가진다.

$$(y_A - h)^2 + x_B^2 = L^2 \tag{1}$$

식 (1)은 우리 분석에서 매우 중요하다.

계산 식 (1)이 y_A와 x_B 어떤 값에 대해서도 참이기 때문에 이것을 시간에 대해 미분하면 아래 식을 얻는다.

$$(y_A - h)\dot{y}_A + x_B\dot{x}_B = 0 \tag{2}$$

여기서 사다리 길이가 상수이고 그것의 시간 미분이 0인 사실을 이용하였다. 식 (2)를 정리하면 아래 식을 얻는다.

$$\dot{y}_A = -\left(\frac{x_B}{y_A - h}\right)\dot{x}_B \tag{3}$$

x_B와 y_A를 여전히 각도 θ로 쓸 수 있기 때문에 위 식은 A의 속도를 우리가 원하는 형태로 제공하지 않는다.

$$x_B = L\sin\theta, \qquad y_A - h = L\cos\theta \tag{4}$$

이고 $\dot{x}_B = -v_T$인 것을 고려하면 식 (3)이 아래 식이 됨을 알 수 있다.

$$\dot{y}_A = v_A = v_T\tan\theta \tag{5}$$

v_T가 아닌 트럭의 일정한 가속도 a_T만 알기 때문에 한 단계 더 나아갈 필요가 있다.

a_T를 구하기 위해 연쇄 법칙을 v_T에 적용하면 아래 식과 같다.

$$a_T = \frac{dv_T}{dt} = \frac{dv_T}{d\theta}\frac{d\theta}{dt} = \dot{\theta}\frac{dv_T}{d\theta} \tag{6}$$

유용한 정보

$\dot{x}_B$와 $\dot{y}_A$의 부호. 양의 x_B는 오른쪽으로 양의 v_T는 왼쪽으로 정의되었기 때문에 $\dot{x}_B = -v_T$와 같이 반드시 음의 부호를 가져야 한다. 또한 양의 y는 위쪽이고 $0° < \theta < 90°$에서 식 (3)과 같이 트럭이 뒤로 갈 때, 즉 $v_T > 0$일 때 A의 작업자는 반드시 위로 올라가야 한다.

> **유용한 정보**
>
> **a_T의 함수인 $\dot{\theta}$와 $\ddot{\theta}$.** 문제에서 $\dot{\theta}$와 $\ddot{\theta}$가 어떻게 a_T와 연관되는지 결정하라고 요구 받았다. 이를 위해 식 (11)을 식 (7)에 대입하면 $\dot{\theta}$을 θ의 함수로 아래와 같이 구할 수 있다.
>
> $$\dot{\theta} = \frac{-\sqrt{2a_T L(\sin\theta_0 - \sin\theta)}}{L\cos\theta}$$
>
> $\ddot{\theta}$을 구하기 의해 식 (7)을 시간에 대해 미분하면 아래 식을 얻는다.
>
> $$\ddot{\theta} = \frac{-a_T L\cos\theta - v_T L\dot{\theta}\sin\theta}{L^2\cos^2\theta}$$
>
> 이것들을 식 (11)에 대입하면 아래와 같이 정리할 수 있다.
>
> $$\ddot{\theta} = -\frac{a_T}{L}\sec\theta + \frac{2a_T\sin\theta}{L\cos^3\theta}(\sin\theta_0 - \sin\theta)$$

여기서 $\dot{\theta}$은 식 (4)의 x_B의 시간 미분을 이용해 구할 수 있고 이것은 아래와 같다.

$$\dot{x}_B = L\dot{\theta}\cos\theta \quad\Rightarrow\quad \dot{\theta} = \frac{\dot{x}_B}{L\cos\theta} = \frac{-v_T}{L\cos\theta} \tag{7}$$

식 (7)로부터 $\dot{\theta}$을 식 (6)에 대입하면 아래의 식을 얻는다.

$$a_T = \frac{-v_T}{L\cos\theta}\frac{dv_T}{d\theta} \quad\Rightarrow\quad a_T L\cos\theta\, d\theta = -v_T\, dv_T \tag{8}$$

이제 a_T가 상수이므로 아래와 같이 적분할 수 있다.

$$a_T L\int_{\theta_0}^{\theta}\cos\theta\, d\theta = -\int_0^{v_T} v_T\, dv_T \tag{9}$$

$$a_T L(\sin\theta - \sin\theta_0) = -\tfrac{1}{2}v_T^2 \tag{10}$$

이는 v_T의 식을 θ의 함수로 아래 식과 같이 제공한다.

$$v_T^2 = 2a_T L(\sin\theta_0 - \sin\theta) \tag{11}$$

마지막으로 식 (11)을 식 (5)에 대입하면 v_A에 대한 최종 결과를 얻을 수 있다.

$$\boxed{v_A = \sqrt{2a_T L(\sin\theta_0 - \sin\theta)}\tan\theta} \tag{12}$$

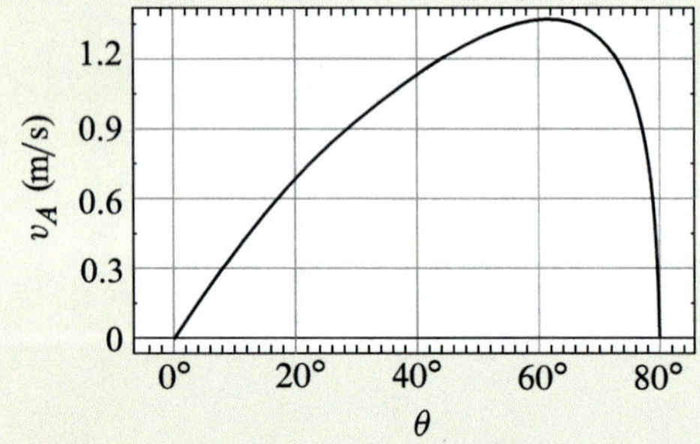

그림 2 $L = 8.5$ m, $a_T = 0.3$ m/s^2, $\theta_0 = 80°$과 일 때 식 (12)로 주어지는 v_A의 그래프.

A에 있는 작업자의 가속도를 얻기 위해 식 (2), (3)이나 (5)를 미분할 수도 있지만, 그 중에서 식 (5)가 가장 간단하므로 식 (5)를 미분하여 아래의 식을 얻을 수 있다.

$$\dot{v}_A = a_A = \dot{v}_T\tan\theta + v_T\dot{\theta}\sec^2\theta \tag{13}$$

$$= a_T\tan\theta + v_T\dot{\theta}\sec^2\theta \tag{14}$$

결국 식 (7)의 $\dot{\theta}$를 대입한 후 식 (14)는 다음과 같이 된다.

$$a_A = a_T\tan\theta - \frac{v_T^2\sec^2\theta}{L\cos\theta} = a_T\tan\theta - \frac{v_T^2}{L}\sec^3\theta \tag{15}$$

식 (11)을 식 (15)에 대입하면 아래의 식을 얻는다.

$$\boxed{a_A = a_T\left[\tan\theta - 2\sec^3\theta(\sin\theta_0 - \sin\theta)\right]} \tag{16}$$

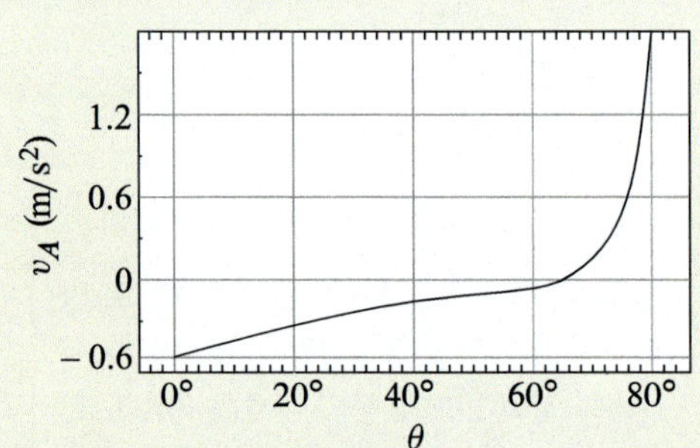

그림 3 $a_T = 0.3$ m/s^2, $\theta_0 = 80°$일 때 식 (16)으로 주어지는 a_A의 그래프.

논의 및 검증 결과를 해석적인 형태로 얻었고 이는 올바른 차원을 가지고 있다. 결과에 대한 논의를 진행하기 위해 변수에 특정한 값을 대입하여 식 (12)와 (16)의 함수를 그림 2와 3에 각각 나타내었다. 트럭이 뒤로 가고 θ가 줄어들기 때문에 그림 2와 3 모두 오른쪽에서 왼쪽으로 읽어야 한다. 사다리가 수직으로 세워지면서 A의 작업자의 속도가 0으로 가는 것을 주목하라. 예상했던 대로 사다리가 일정한 길이를 가지고 사다리가 수직으로 세워지면 세워질수록 가능한 수직 변위가 줄어들게 된다. 트럭이 움직이기 시작할 때, 즉 $\theta = \theta_0 = 80°$일 때 흥미롭게도 A의 작업자의 가속도가 매우 크다. 또한 2.2절의 등가속도 식을 이용하여 식 (12)를 또한 구할 수 있다.

문제

문제 2.180

기준 좌표계 A는 좌표계 B에 대하여 이동하고 있다. 두 좌표계는 질점 C의 움직임을 추적한다. 두 좌표계에서 질점 C의 순간 속도가 같아진다면 그 순간 좌표계 A와 B의 움직임에 관하여 무엇을 유추할 수 있는가?

주의 개념 문제는 계산이 아닌 설명이 필요하다.

문제. 2.181

기준 좌표계 A는 속도 $\vec{v}_{A/B}$, 가속도 $\vec{a}_{A/B}$로 움직이는 좌표계 B에 대하여 이동하고 있다. 질점 C는 좌표계 A에서 봤을 때 정지된 것처럼 보인다. 좌표계 B에서 봤을 때 질점 C의 속도와 가속도에 대하여 어떻게 말할 수 있는가?

주의 개념 문제는 계산이 아닌 설명이 필요하다.

문제 2.182

기준 좌표계 A는 등속 $\vec{v}_{A/B}$를 가지는 기준 좌표계 B에 대하여 이동하고 있다. 질점 C는 좌표계 A에 대하여 균일 직선운동 상태에 있는 것처럼 보인다. 좌표계 B에서 봤을 때 질점 C의 운동에 대하여 어떻게 말할 수 있는가?

주의 개념 문제는 계산이 아닌 설명이 필요하다.

문제 2.183

스키어가 모굴(mogul)이 있는 파도 형상의 경사를 내려가고 있다. 스키가 스키어의 발이 모굴의 형상을 좇아간다고 가정할 만큼 충분히 짧다고 하자. 스키어가 둔부를 직선궤적으로 유지하고 발을 수직으로 정렬할 수 있을 때, 15 km/h의 속도로 가고 있다면 스키어의 발에 대한 둔부의 속도와 가속도를 구하라. 모굴의 형상은 $y(x) = h_1 - 0.15x + 0.125 \sin(\pi x/2)$ m의 식을 사용하여 구하라. 여기서 h_1은 스키어가 내려가기 시작하는 해발 높이를 말한다.

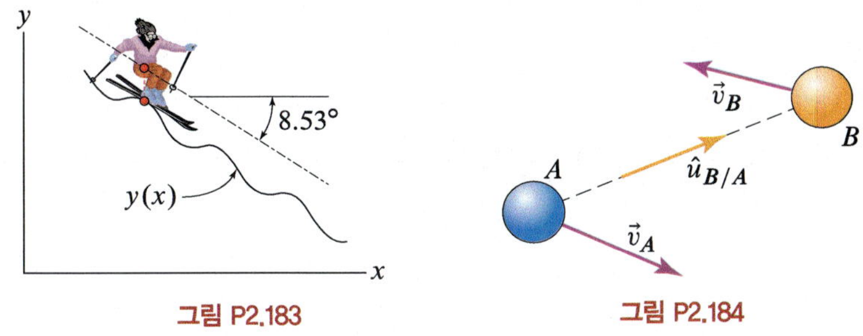

그림 P2.183 그림 P2.184

문제 2.184

두 질점 A와 B가 각각 어떤 임의의 속도벡터 $\vec{v}_A$와 $\vec{v}_B$를 가지고 한 평면에서 움직이고 있다. **분리속도**(rate of separation, ROS)를 질점 A와 B의 연결선을 향하는 상대속도 벡터의 성분으로 정의할 때, 분리속도의 일반식을 구하라. 결과를 $\vec{r}_{B/A} = \vec{r}_B - \vec{r}_A$에 관하여 나타내시오. 여기서 $\vec{r}_A$와 $\vec{r}_B$는 각각 운동 평면에서 선택된 고정점에 대한 A와 B의 위치벡터이다.

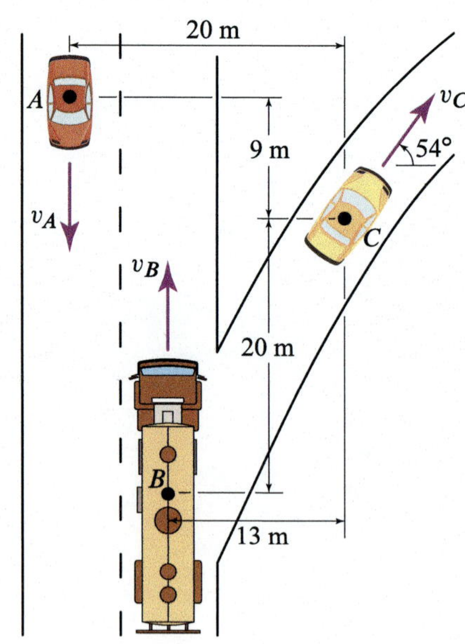

그림 P2.185, P2.186

문제 2.185

3대의 차량 A, B, C가 그림과 같은 위치에 있고 지시된 방향으로 움직이고 있다. 두 질점 P_1과 P_2의 분리속도(ROS)는 P_1에 대한 P_2의 상대 위치벡터의 방향에 있는 P_1에 대한 P_2의 상대 속도의 성분으로 정의한다. 위치벡터는 두 질점의 연결하는 선을 따라 위치한다. 주어진 순간에서 A와 B 사이의 분리속도, C와 B 사이의 분리속도를 구하라. $v_A = 60$ mph, $v_B = 88$ km/h, $v_C = 56$ km/h라고 하자. 또한 차량을 질점으로 가정하고 그림에 주어진 수치를 사용하라.

문제 2.186

A 자동차는 $v_A = 75$ km/h의 등속도로 움직이고 있고, C 자동차는 반경 $\rho = 80$ m의 원형 경사로 출구에서 $v_C = 42$ km/h의 등속도로 움직이고 있다. A에 대한 C의 속도와 가속도를 구하라.

문제 2.187

잔잔한 물에서 최대 3 m/s의 속도로 운행할 수 있는 무선 조종 보트가 있다. 이 보트는 $v_W = 2$ m/s의 속도로 흐르는 폭 $w = 10$ m의 개울을 건널 수 있도록 만들어졌다고 한다. 배가 점 O에서 출발하여 물의 흐름에 수직한 방향을 유지하고 있을 때, 배가 도착하는 A 지점의 위치를 구하라.

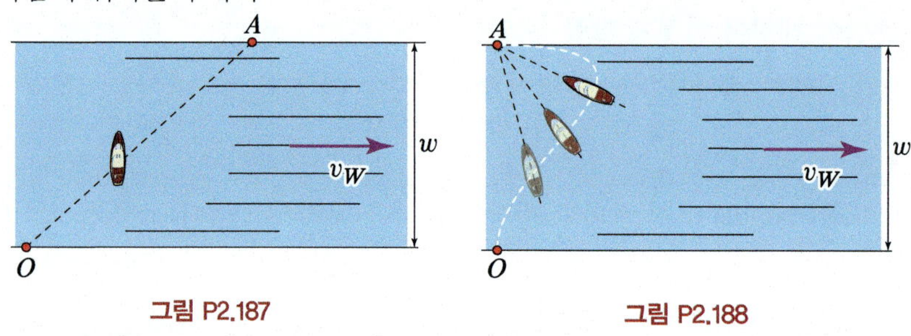

그림 P2.187　　그림 P2.188

문제 2.188

잔잔한 물에서 최대 3 m/s의 속도로 운행할 수 있는 무선 조종 보트가 있다. 이 보트는 $v_W = 2$ m/s의 속도로 흐르는 폭 $w = 10$ m의 개울을 건널 수 있도록 만들어졌다고 한다. 보트가 수면 위의 점 O에 위치해 있을 때, 자동유도장치(보트가 항상 A 지점을 향하도록 만들어주는 장치)를 사용하여 A 지점에 도달하고자 한다. 이때 A 지점에 도착하는 데 걸리는 시간과 경로를 구하라. 또한 보트가 최대속도로 운행하는 경우에 대해서도 생각해보자. 이러한 경우 보트가 A 지점에 도달할 수 있겠는가?

힌트: 문제를 풀기 위해서 $\vec{v}_{B/W} = v_{B/W}\hat{u}_{A/B}$의 식을 사용하라. 여기서 단위벡터 $\hat{u}_{A/B}$는 항상 보트에서 A 지점을 향하고 시간의 함수이다.

문제 2.189

어떤 비행기가 땅에서 볼 때, 북쪽, v_W으로 초기 속도 $v_0 = 690$ km/h로 비행하고 있다. 바람은 $\theta = 23°$ 일정한 속도 v_W로 남북 방향으로 불고 있다. 비행기의 대기속도 계기를 일정하게 유지하는 상태에서 동쪽으로 $\beta = 75°$의 항로수정을 했다고 한다. $\vec{v}_{P/A}$를 대기에 대한 비행기의 상대속도라고 하고 대기속도 계기는 비행기의 운동방향과 일치하는 $\vec{v}_{P/A}$ 성분의 크기를 측정한다고 가정한다. 항로 수정 후, 땅에서 관찰할 때 비행기의 상대속도를 구하라.

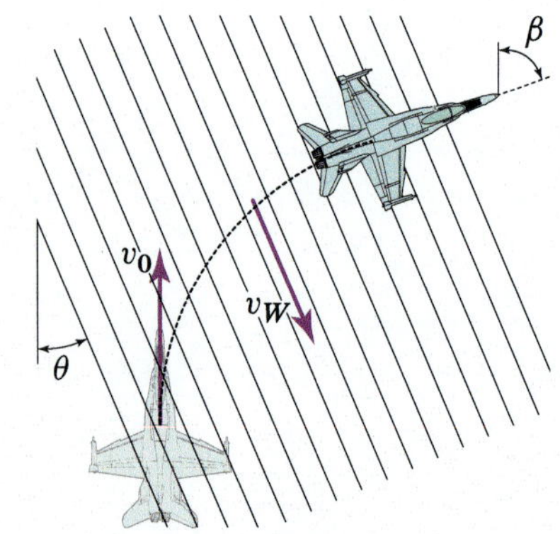

그림 P2.189

문제 2.190

실험을 통하여 떨어지는 빗물의 속도를 구하는 것은 상대 운동 방정식의 흥미로운 응용 중 하나이다. 여러분의 차에서 실험을 해보자. 비가 오는 날, 공원에 정차하고 있는 차 안에서 창 옆에 떨어지는 빗물이 이루는 각도를 측정한다. 이 각도를 θ_{rest}라고 하자. 그런 다음 앞으로 40 km/h로 운전하고 이때 빗물과 수직선이 이루는 각도가 $\theta_{motion} = 70°$라고 한다. 떨어지는 빗물의 속도를 구하라.[29)]

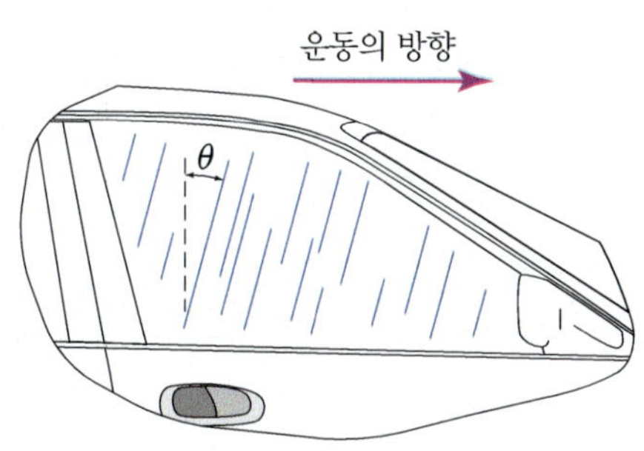

그림 P2.190

문제 2.191

한 여성이 경사면에 대해 $a_0 = 2.3\ \text{m/s}^2$의 일정한 가속도로 내려오고 있다. 동시에 경사로는 지면에서 우측으로 지면에 대해 $1.2\ \text{m/s}^2$의 가속도로 운동하고 있다. $\theta = 34°$이고 $L = 4$ m이고, 여성과 경사로는 정지상태에서 운동을 시작한다고 가정한다. 여성이 경사로의 맨 아래 부분에 도달했을 때, 지면에 대해서 여성이 움직인 수평 거리를 구하라.

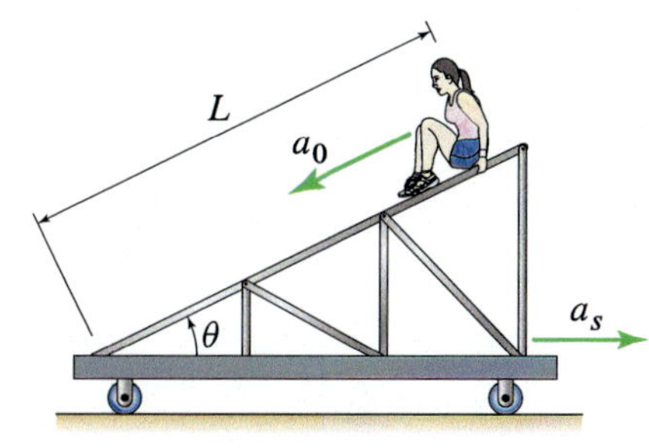

그림 P2.191

문제 2.192

진자 운동을 하는 추 A가 고정된 점 O에 대하여 흔들리고 있고, 추 B는 A에 대하여 흔들리고 있다. 고정된 점 O를 기준으로 한 성분계에 대한 B의 가속도 성분을 L_1, L_2, θ, ϕ으로 표현하고, 필요한 ϕ, θ의 시간 미분을 구하라.

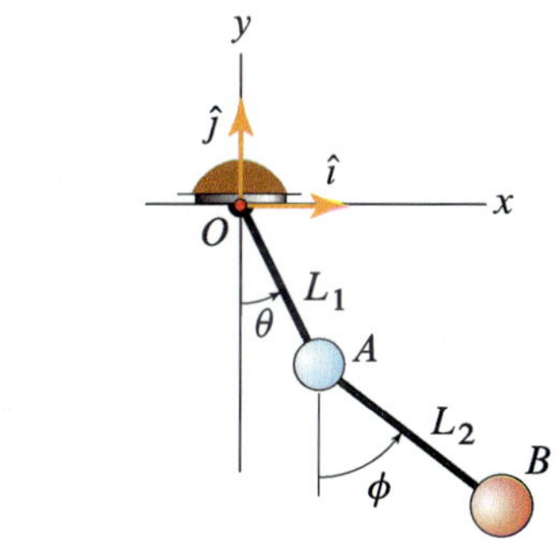

그림 P2.192

문제 2.193

예제 2.26에 대해 다시 논의해 보자. 영화 속의 영웅은 일정한 속도 $v_A = 18$ m/s로 움직이는 열차에 타고 있다. 물체 B는 $v_B = 40$ m/s($a_B = 0$)의 일정한 속도로 움직이고 있다. A와 B 사이의 필연적인 충돌이 일어나기 4초 전에 발사체 P가 A에 대하여 300 m/s의 속도로 B를 향해 발사되었다. 예제 2.26의 풀이를 이용하여 발사체가 B에 도달하는 시간을 구하고 발사체가 이동한 거리를 구하라.

문제 2.194

예제 2.26을 변형한 문제에 대해 생각해보자. 영화 속의 주인공은 이동 로봇 B를 파괴해야 한다. 이번에는 C 지점에서 충돌하지 않는다. 이 주인공이 $v_A = 18$ m/s의 일정한 속도로 이동하는 열차 A에 타고 있고, 동시에 로봇 B는 $v_B = 50$ m/s의 일정한 속도로 이동하고 있다. 시간 $t = 0$일 때 열차 A와 로봇은 C 지점으로부터 각각 72, 160 m 떨어져 있다. B가 목표물에 도달하는 것을 막기 위해서는 시간 $t = 0$일 때 주인공이 B로 발사체 P를 발사해야 한다. P가 총에 대해서 300 m/s의 일정한 상대속도로 이동한다고 하면, B를 타격시키기 위한 총의 방향 θ를 구하라.

힌트: $\sin\beta \pm A\cos\beta = C$의 해법은 $\beta = \mp\gamma + \sin^{-1}(C\cos\gamma)$, if $|C\cos\gamma| \le 1$과 같고 $\gamma = \tan^{-1} A$이다.

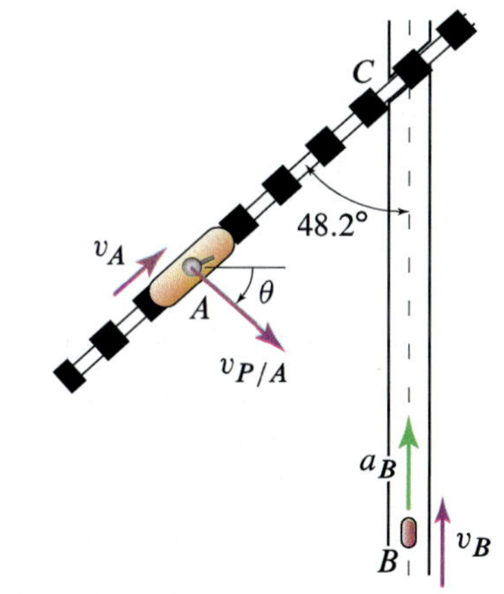

그림 P2.193-P2.195

문제 2.195

예제 2.26을 변형한 문제에 대해서 생각해보자. 영화 속의 주인공은 이동 로봇 B를 파괴해야 한다. 문제에서 행한 것과 같이 영화 속의 주인공은 $v_A = 18$ m/s의 일정한 속도로 이동하는 열차 A를 타고 있고 4초 후에 C 지점에서 충돌할 때, 주인공이 A에 대

29) 약한 비(1.0 mm/h)의 빗방울은 폭이 0.5 mm이고 약 2 m/s로 떨어진다. 중간정도 비(6.5 mm/h)는 2.6 mm의 폭이고 약 7.6 m/s로 떨어진다. 강한 비(폭우 25 mm/h의 빗방울은 4 mm의 폭이고 8.8m/s로 떨어진다.

한 상대속도 300 m/s로 발사체 P를 발사했다고 가정하자. 예제 2.26과 다르게 로봇 B는 등가속도 $a_B = 10 \text{ m/s}^2$, $v_B(0) = 20 \text{ m/s}$로 이동한다고 가정한다. 여기서 $t = 0$은 발사시점이다. 이때 B가 C와 충돌하기 전에 B를 파괴하기 위해 주인공이 발사한 총의 방향을 구하라.

문제 2.196

공원 경비원이 진정제 화살이 장전된 소총으로 곰(그림은 비례척이 아니므로 정확하지 않다)을 향해 조준하고 있다. 곰이 그림과 같이 $v_B = 40 \text{ km/h}$의 일정한 속도로 움직이고 있다. 곰이 경비원과 46 m 떨어진 C 지점에 있을 때 경비원이 소총을 발사했다. $\alpha = 10°$, $\beta = 108°$일 때, 화살은 130 m/s의 일정한 속도로 이동하고 화살과 곰은 수평면에서 이동한다고 한다. 경비원이 곰을 명중시키기 위한 소총의 방향 θ를 구하라.

힌트: $\sin\beta \pm A\cos\beta = C$의 C해법은 $\beta = \mp\gamma + \sin^{-1}(C\cos\gamma)$, if $|C\cos\gamma| \le 1$과 같고 $\gamma = \tan^{-1} A$이다.

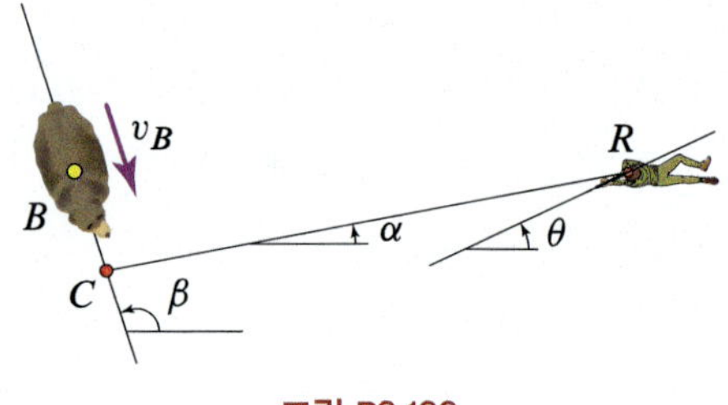

그림 P2.196

문제 2.197

물에 대한 상대속도 $v_p = 110 \text{ km/h}$로 수평방향으로 날아가는 비행기가 있다. 비행기가 선미의 수직 위에 있을 때 나무상자를 떨어뜨리면 상자는 물에 대한 상대 속도 $v_s = 26 \text{ km/h}$로 운동한다고 한다. 비행기가 $h = 20 \text{ m}$만큼 떨어진 높이에서 상자를 떨어뜨린다면 선미와 얼마나 떨어진 거리에서 상자가 배의 갑판과 처음으로 맞닿을 것인가?

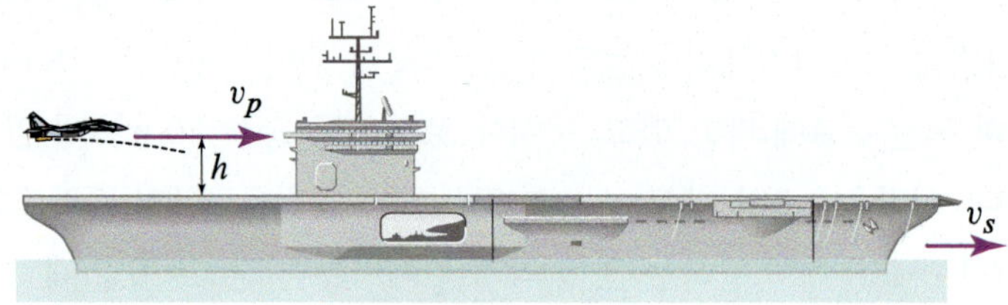

그림 P2.197, P2.198

문제 2.198

물에 대한 상대속도 v_p로 수평방향으로 날아가는 비행기가 있다. 비행기가 선미의 수직 위에 있을 때 나무상자를 떨어뜨리면 상자는 물에 대한 상대 속도 $v_s = 52 \text{ km/h}$로 운동한다고 한다. 항공모함의 갑판 길이 $\ell = 300 \text{ m}$이고 비행기가 $h = 15 \text{ m}$만큼 떨어진 높이에서 상자를 떨어뜨린다. 상자가 갑판의 뒤쪽 중간 안쪽에 떨어지기 위한 최대속도 v_p를 결정하라.

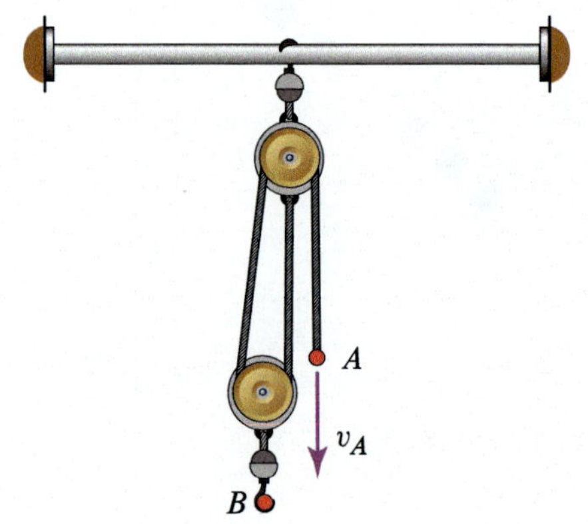

그림 P2.199

문제 2.199

그림의 물체는 활차 장치라고 불리는데 범선이나 요트에서 앞부분의 돛의 조정을 돕는데 흔히 사용된다. 1.5 m/s의 속력으로 끝부분 A를 아래방향으로 잡아당길 때, B의 속도를 구하라. 수직으로 정렬되어 있지 않은 줄의 일부분은 무시하라.

문제 2.200

주어진 그림의 활차 장치는 말의 도움으로 동작한다. B에서 A까지의 수평 거리가 4.5 m이고, 말이 오른쪽으로 2 m/s의 속도로 움직인다면 B의 속도와 가속도는 어떻게 되겠는가? 말에 묶여있는 밧줄은 제외하고, 일부분이 수직으로 정렬되어있지 않다는 사실은 무시하라.

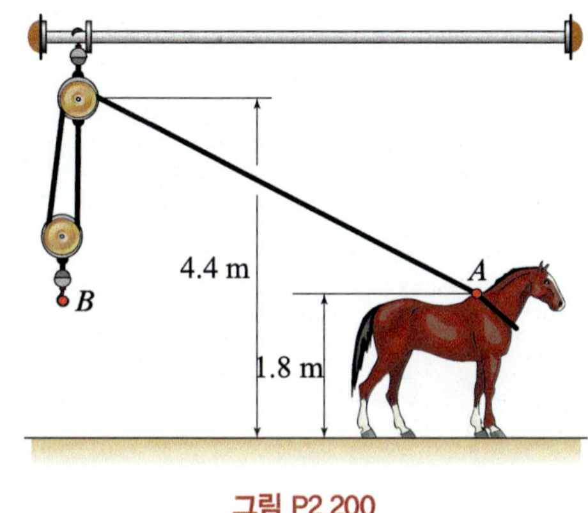

그림 P2.200

문제 2.201

다음 그림은 뒤집어 놓은 개폐 활차를 보여주고 있다. 이 장치는 범선이나 요트에서 흔히 사용된다. A를 1.5 m/s의 속도로 당긴다면 B의 속도는 어떻게 되겠는가? 일부분이 수직으로 정렬되어있지 않다는 사실은 무시하라.

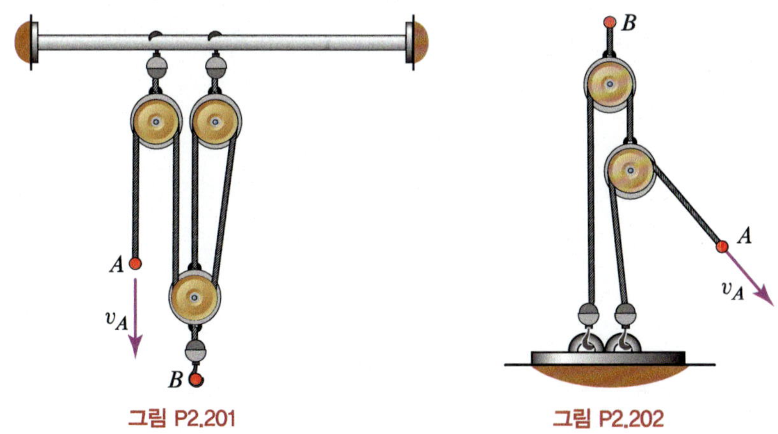

그림 P2.201 그림 P2.202

문제 2.202

그림의 시스템은 소형 쾌속정의 돛을 조정(점 B를 돛에 달아서 돛을 펼치는 용도로)하는데 사용된다. 밧줄의 끝부분인 A를 4 m/s의 속도로 당기면 B의 속도는 어떻게 되겠는가? 일부분이 수직으로 정렬되어있지 않다는 사실은 무시하라.

문제 2.203

그림의 도르래 시스템은 차고에 자전거를 보관할 때 사용된다. 윈치(winch)로 v_0 = 125 mm/s의 속도로 줄을 자전거를 들어올린다면, 자전거의 수직 속력은 얼마인가?

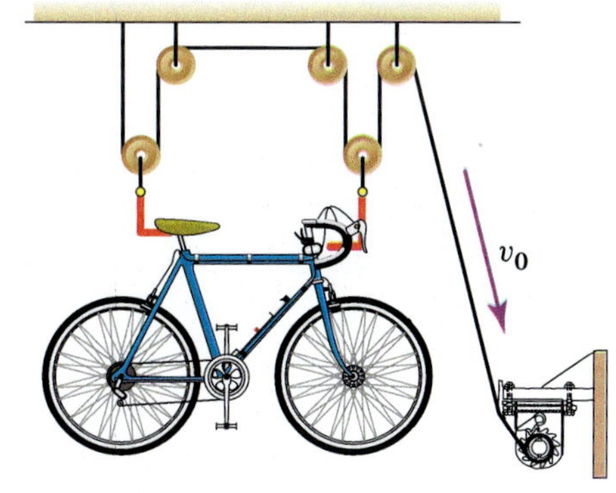

그림 P2.203

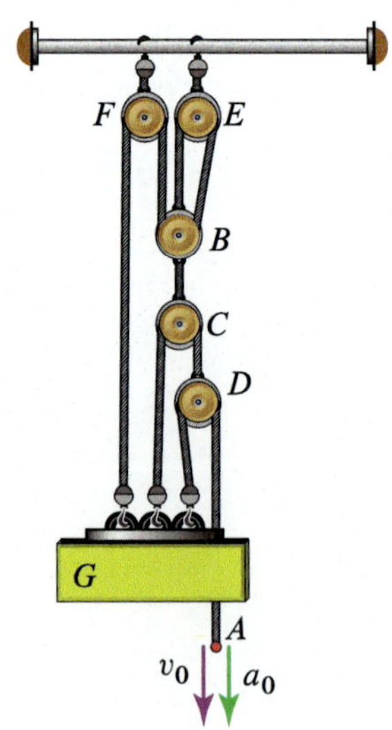

그림 P2.205, P2.206

문제 2.204

블록 A를 정지상태에서 놓으면 경사면 아래로 $a_0 = 3.7\ \mathrm{m/s^2}$의 가속도로 미끄러지기 시작한다. 경사면에 대한 블록 B의 가속도를 구하라. 그리고 블록 A에 대하여 B가 $d = 0.2\ \mathrm{m}$의 거리를 움직이기 위해 필요한 시간을 구하라.

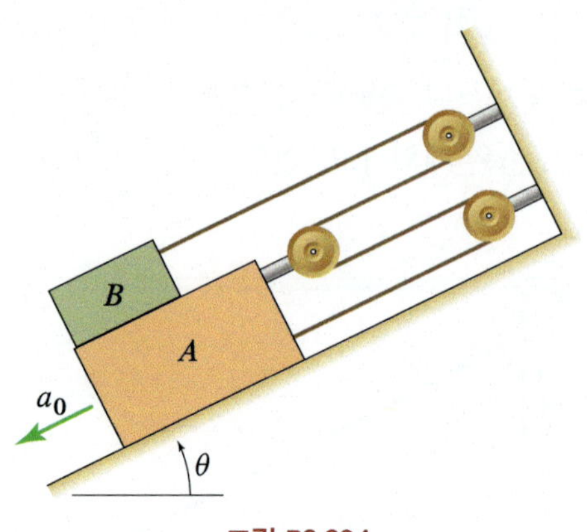

그림 P2.204

문제 2.205

모든 밧줄이 수직으로 정렬되어 있다고 가정하자. $v_0 = 0.9\ \mathrm{m/s}$, $a_0 = 0.3\ \mathrm{m/s^2}$일 때, 적재물 G의 속도와 가속도를 구하라.

문제 2.206

하중 G는 초기에 정지상태에 있었고 밧줄의 말단 A를 일정한 가속도 a_0로 잡아당긴다고 한다. G를 4.3초 안에 0.6 m 들어올리기 위한 a_0를 구하라.

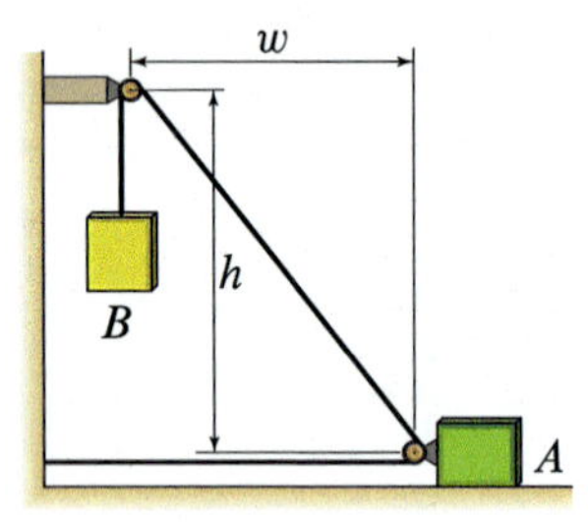

그림 P2.207, P2.208

문제 2.207

그림에 나타낸 순간에 블록 A가 일정한 속도 $v_0 = 3\ \mathrm{m/s}$를 가지고 왼쪽방향으로 움직이고 있고 $w = 2.3\ \mathrm{m}$라고 한다. $h = 2.7\ \mathrm{m}$일 때, 블록 B가 현재 위치에서 0.75 m 내려가는데 필요한 시간을 구하라.

문제 2.208

그림에 나타낸 순간에 $h = 3\ \mathrm{m}$, $w = 2.4\ \mathrm{m}$이고 블록 B의 속도는 $v_0 = 1.5\ \mathrm{m/s}$, 가속도는 $a_0 = 0.3\ \mathrm{m/s^2}$로 움직이고 있다. 속도와 가속도의 방향은 모두 아래쪽이다. 이때 블록 A의 속도와 가속도를 구하라.

모든 단위는 m이다.

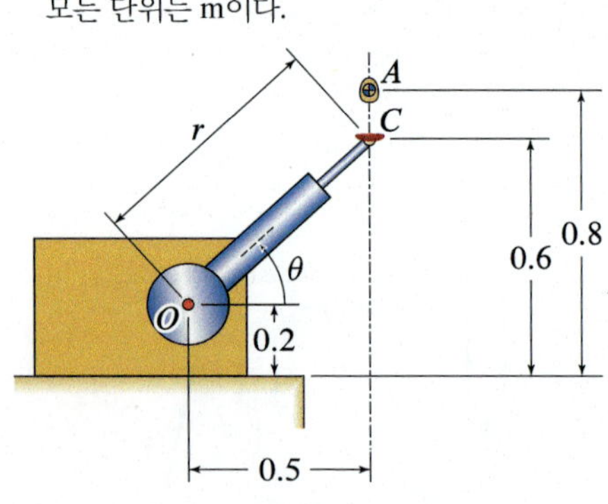

그림 P2.209, P2.210

문제 2.209

로봇경진대회의 한 부분으로 로봇팔이 계란을 깨지지 않게 잡을 수 있도록 설계되어 있다. $t = 0$일 때 A 지점에서 정지상태의 계란을 놓는다. 로봇팔은 그림에서와 같은 초기 위치 C에서 정지상태에 있다. 팔은 계란이 떨어질 때 움직이기 시작한다. 로봇 손과 계란 사이의 충격을 방지하는 방식으로 어떤 지점에서 계란을 잡아야 한다. 팔과 계란이 동시에 동일한 속도를 가지고 같은 위치에 있어야 한다는 것을 명시함으로써 충격없이 계란을 잡는다. 어떤 학생이 일정한 값 $\ddot{\theta}$을 명시하여 이를 수행할 수 있다고 제안했다. 여러 번의 실험을 통하여 로봇팔이 계란을 잡는데 걸리는 시간은 $t = 0.4391\ \mathrm{s}$이고 $\ddot{\theta} = -13.27\ \mathrm{rad/s^2}$이라는 것을 알았다. 이 t와 $\ddot{\theta}$를 이용하여 팔이 계란을 잡을 때의 팔과 계란의 가속도를 구하라. 이를 구하였다면, 학생이 제안한 데로 일정한 $\ddot{\theta}$의 사용이 적절한 전략인가에 대해 설명을 하라.

문제 2.210

계란을 잡는 로봇팔 문제를 참고하라. 팔이 계란을 부드럽게 잡기 위해서 팔과 계란은 동시에 같은 속도와 위치를 가져야 한다는 전략을 소개하였다. 로봇팔과 계란이 같은 지점과 시간에 동일한 속도로 만난 뒤, 성공적으로 계란을 잡기 위한 로봇팔과 계란의 가속도에 대해 무엇이 참이 되어야 하는가? 로봇팔과 계란의 가속도가 일치하지 않을 경우 어떤 일이 일어날지 설명하라.

주의 개념 문제는 계산이 아닌 설명이 필요하다.

문제 2.211

피스톤 헤드의 C 부분은 y 방향으로 움직이도록 구속되어 있다. 크랭크 AB가 반시계 방향으로 일정 각속도 $\dot{\theta} = 2000$ rpm로 회전하고, $R = 90$ mm, $L = 135$ mm이다. $\theta = 35°$일 때, C의 속도를 구하라.

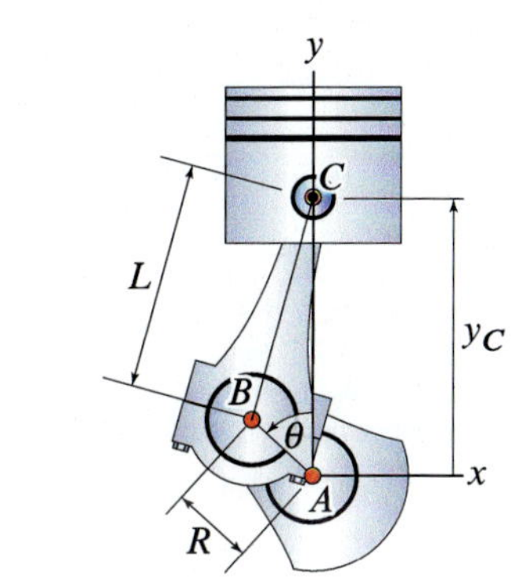

그림 P2.211-P2.213

문제 2.212

피스톤 헤드의 C 부분은 y 방향으로 움직이도록 구속되어 있다. 크랭크 AB가 반시계 방향으로 일정 각속도 $\dot{\theta} = 2000$ rpm로 회전하고, $R = 90$ mm, $L = 135$ mm이다. 주어진 변수들과 θ의 함수로 C의 속도와 가속도를 표현하라.

문제 2.213

$\vec{\omega}_{BC}$를 상대위치 벡터 $\vec{r}_{BC}$의 각속도라고 하자. 또한 $\vec{\omega}_{BC}$는 커넥팅 로드 BC의 각속도이기도 하다. 2.4절에 주어진 벡터의 시간 미분 개념을 사용하여 B에 대한 C의 커넥팅 로드 BC 방향의 상대 속도 성분을 구하라.

문제 2.214, 2.215

금속 박판의 절단에서 로봇팔 OA는 C에 부착되어 있는 절단 공구를 반시계 방향으로 일정한 속도 v_0로 반경 ρ의 원형 경로를 따라서 움직여야 한다. 원의 중심은 로봇팔 점 O에 위치해 있다.

문제 2.214 원형으로 자른 부분을 따라 모든 지점에서(ϕ의 모든 값에서) 주어진 양 (d, h, ρ, v_0)을 이용하여 r, $\dot{r}$, $\dot{\theta}$을 결정하라. 하나 또는 그 이상의 기하학적인 제약 조건과 미분 방정식을 사용하라. 이러한 양들은 손으로 직접 얻을 수 있지만 지루하다. 그래서 Mathematica나 Maple과 같은 기호 대수 소프트웨어의 사용을 고려하는 것도 좋은 방법이다.

문제 2.215 원형으로 자른 부분을 따라 모든 지점에서(ϕ의 모든 값에서) 주어진 양 (d, h, ρ, v_0)을 이용하여 $\ddot{r}$, $\ddot{\theta}$을 결정하라. 이러한 양들은 손으로 직접 얻을 수 있지만 지루하다. 그래서 Mathematica나 Maple과 같은 기호 대수 소프트웨어의 사용을 고려하는 것도 좋은 방법이다.

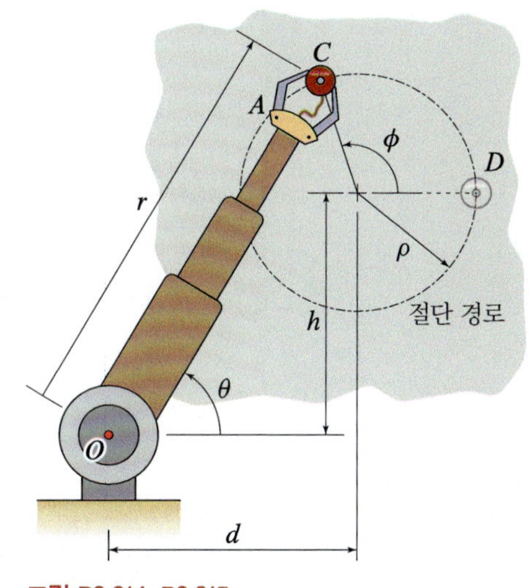

그림 P2.214, P2.215

그림 2.54 거꾸로 회전하는 스카이 서퍼.

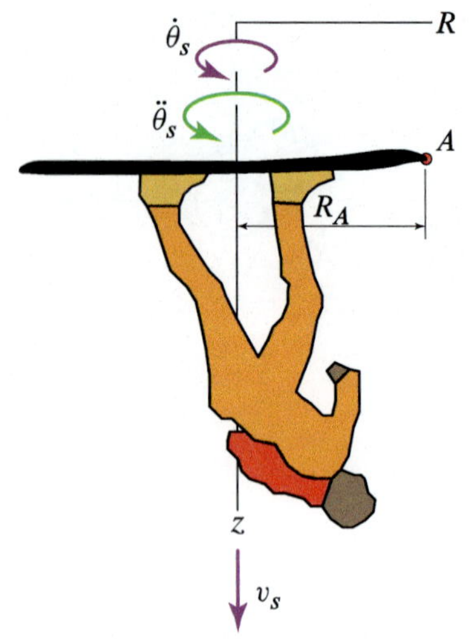

그림 2.55 스카이 보드의 점 A의 운동을 기술하기 위해 선택된 좌표계와 스카이 서퍼.

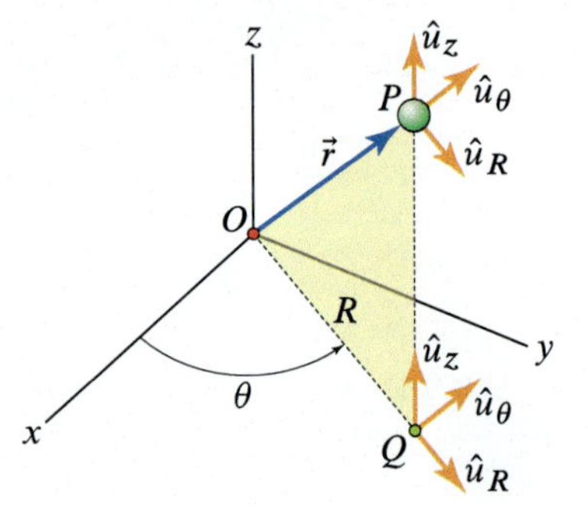

그림 2.56 원통 좌표 계의 좌표 방향. 2.6절에 정의된 극 좌표와 같이 θ 좌표는 암시적으로 $\hat{u}_R$에 포함된다.

2.8 3차원 운동

지금까지 2장에서 비록 3차원 환경에서 발생하지만, 오직 두 좌표로 움직이는 점의 위치를 기술할 수 있는 평면 운동에 초점을 맞추었다. 이 절에서는 평면 운동으로 제한하지 않고 위치를 세 개의 좌표로 기술할 필요가 있는 운동을 다룬다.

스카이다이빙 곡예

그림 2.54에 스카이 서퍼(skysurfer)가 비행기에서 점프해서 자신의 질량 중심을 통과하는 축으로 회전하며 직선으로 떨어지고 있다. 그림 2.55와 같이 점 A에 스카이 보드의 끝에 가속도계를 설치했다고 가정하자. 이 장치는 점 A의 가속도 $\vec{a}_A$를 측정하고, $\vec{a}_A$를 시간에 대해 적분하면 속도 $\vec{v}_A$를 구할 수 있다(초기 A의 속도를 안다고 가정하면). 우리의 목표는 측정된 $\vec{a}_A$, $\vec{v}_A$와 서퍼가 회전하며 떨어지는 비율과의 관계를 구하는 것이다. 회전축, 즉 그림 2.55의 z 축이 서퍼의 질량 중심을 통과하고 질량 중심은 하강 동안에 일정한 경계(terminal) 속도 (v_s = 일정)에 이른다고 가정하자. 각도 θ_s로 스카이 보드의 방향을 나타낼 때 스카이 서퍼의 회전 속도와 θ_s의 시간 미분인 $\dot{\theta}_s$와 $\ddot{\theta}_s$의 특성, 즉 $\vec{v}_A$와 $\vec{a}_A$가 어떻게 v_s, $\dot{\theta}_s$, $\ddot{\theta}_s$에 관계되는지 기술하고자 한다.

이 문제에 들어가기 전에 A의 궤적을 나타내는 곡선이 평면 곡선이 아님을 알 수 있다. 따라서 문제 해결의 첫 단계는 적절한 좌표계를 선택하여 A의 3차원 운동을 기술하는 것이다. 만약 서퍼가 낙하하지 않는다면 그의 회전 운동은 z 축에 원점을 가진 극좌표계로 쉽게 기술할 수 있을 것이다. 직관적으로 서퍼의 운동은 친숙한 극좌표계에 단지 "z 축을 추가"함으로 편리게 기술할 수 있을 것이다. 그런 다음 우리는 서퍼의 운동의 고찰로 돌아가 문제에 답할 것이다. 마지막으로 3차원 운동을 기술하는 다른 일반적인 접근법도 고려할 것이다.

원통좌표계의 위치, 속도와 가속도

극좌표계의 3차원 확장을 **원통 좌표계**라고 한다. 그림 2.56은 O에 원점과 양의 z 축에서 내려다볼 때 시계반대 방향이 양으로 정의된 원통좌표계를 보여준다. 시계 방향을 θ의 양의 방향으로 정의하면 결과는 다르게 될 것이다. 그림 2.56을 참조하여 점 P의 원통 좌표(*cylindrical coordinates*)는 아래와 같이 나타낼 수 있다.

$$R, \theta, z \tag{2.118}$$

여기서 R과 θ는 $R\theta$ 평면으로의 점 P의 투영(projection), 즉 점 Q의 극좌표이고 z 좌표는 점 P와 Q 사이의 거리이다.

벡터로 기술하기 위해 3개의 직교 기본 벡터를 소개한다.

$$\hat{u}_R,\ \hat{u}_\theta,\ \hat{u}_z,\ \text{여기서} \quad \hat{u}_z = \hat{u}_R \times \hat{u}_\theta \tag{2.119}$$

여기서 $\hat{u}_R, \hat{u}_\theta$는 극좌표계에서 결정되어 $R\theta$ 평면에 평행하고 반면에 $\hat{u}_z$는 z 축이 지시하는 방향이 양의 방향이다. 원점 O에 상대적인 P의 위치 벡터는 아래의 식으로 주어진다.

$$\vec{r} = R\,\hat{u}_R + z\,\hat{u}_z \tag{2.120}$$

식 (2.120)은 $R\hat{u}_R$로 주어지는 $R\theta$ 평면의 투영점에 높이 z 만큼을 높여 그 점의 위치를 표현한다. 좌표 θ가 단위 벡터 $\hat{u}_R$에 암시적으로 나타난 반면 식 (2.120)의 위치 벡터에 대한 표현에 명시적으로 좌표 R과 z가 나타난다.

식 (2.120)을 시간에 대해 미분하면 원통좌표에서 속도는 다음 결과로 얻는다.

$$\vec{v} = \dot{R}\,\hat{u}_R + R\dot{\theta}\,\hat{u}_\theta + \dot{z}\,\hat{u}_z = v_R\,\hat{u}_R + v_\theta\,\hat{u}_\theta + v_z\,\hat{u}_z \tag{2.121}$$

여기서

$$v_R = \dot{R}, \quad v_\theta = R\dot{\theta}, \quad v_z = \dot{z} \tag{2.122}$$

는 속도 벡터의 원통 성분이다. 식 (2.121)을 쓸 때 119쪽의 식 (2.85)을 이용하였고 z 축이 고정되어 있기 때문에 $\hat{u}_z$는 상수인 사실을 이용한다. 시간에 대해 식 (2.121)을 미분하여 원통 좌표의 가속도를 다음과 같이 얻는다.

$$\begin{aligned}\vec{a} &= \left(\ddot{R} - R\dot{\theta}^2\right)\hat{u}_R + \left(R\ddot{\theta} + 2\dot{R}\dot{\theta}\right)\hat{u}_\theta + \ddot{z}\,\hat{u}_z \\ &= a_R\,\hat{u}_R + a_\theta\,\hat{u}_\theta + a_z\,\hat{u}_z\end{aligned} \tag{2.123}$$

여기서

$$a_R = \ddot{R} - R\dot{\theta}^2, \quad a_\theta = R\ddot{\theta} + 2\dot{R}\dot{\theta}, \quad a_z = \ddot{z} \tag{2.124}$$

는 가속도 벡터의 원통 성분들이다. 식 (2.123)을 다시 쓸 때 식 (2.89)와 $\hat{u}_z$가 상수인 것을 사용하였다.

스카이다이빙 곡예 재검토

원통 좌표계가 정식으로 소개되었기 때문에 다시 스카이 서퍼 문제로 돌아간다. 각도 θ_s로 스카이 서퍼의 회전 운동을 기술하여 $\dot{\theta}_s$와 $\ddot{\theta}_s$가 각각 스카이 서퍼의 각속도와 가속도를 기술하도록 할 것이다. 원통 좌표계를 사용하여 A 점의 좌표 θ를 θ_s로 표시한다. 그러면 $\vec{v}_A$와 $\vec{a}_A$를 표현하기 위해 식 (2.121)과 (2.123)를 사용하여 아래의 식을 얻는다.

$$\vec{v}_A = R_A\dot{\theta}_s\,\hat{u}_\theta + v_s\,\hat{u}_z \tag{2.125}$$

여기서 $\dot{R}_A$는 상수이므로 $R_A = 0$이다. 가속도는 아래의 식으로 나타난다.

$$\vec{a}_A = -R_A\dot{\theta}_s^2\,\hat{u}_R + R_A\ddot{\theta}_s\,\hat{u}_\theta \tag{2.126}$$

여기서 $\ddot{z} = d\dot{z}/dt = dv_s/dt = 0$이면, 스카이 서퍼가 경계 속도에 도달한다는 것을 이용한다. 다음 단계는 A의 가속도가 제공하는 정보를 세심하게 고려해야 한다. 일반적으로 가속도계는 서로 직교하는 세 개의 축을 따라 가속도 정보를 제공한다. 또한 서로 수직인 직교 축을 따라 속도도 제공하기 위해 가속도계 안에 시간에 따라 가속도 값을 적분할 수 있다. 그림 2.57과 같이 축들을 정렬시키기 위해 세심히 가속도계를 설치하면

흥미로운 사실

어떻게 가속도계는 일정한 속도를 측정하나? 스카이 보드에 장착된 가속도계가 그 방향의 가속도가 없다는 가정에서도 어떻게 $v_z = v_s$로 일정한 속도의 수직 성분을 측정할 수 있는가? 스카이 서퍼가 비행기에서 떨어지기 전부터 자료를 수집하고 있었기 때문에 가속도계는 그것을 측정할 수 있다. 서퍼는 일정한 속력에 도달하기 위해 z 방향으로 가속하고 있고 가속도계는 v_s의 현재 값을 얻기 위해 가속도를 적분하고 있었기 때문이다.

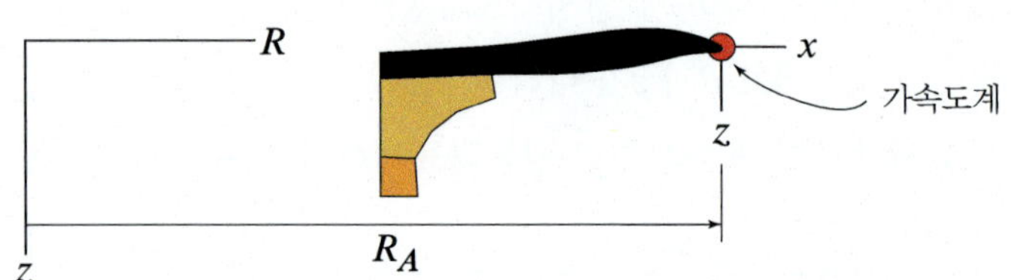

그림 2.57 그림 2.55의 스카이서퍼에서 스카이 보드와 가속도계의 확대 사진.

$v_{Ax}, v_{Ay}, v_{Az}, a_{Ax}, a_{Ay}, a_{Az}$로 표시되는 x, y, z 축 속도와 가속도 자료를 아래 관계를 통해 식 (2.125)와 (2.126)에 연결시킬 수 있다.

$$v_{Ax} = v_R = 0, \qquad a_{Ax} = a_R = -R_A\dot{\theta}_s^2 \tag{2.127}$$

$$v_{Ay} = v_\theta = R_A\dot{\theta}_s, \qquad a_{Ay} = a_\theta = R_A\ddot{\theta}_s \tag{2.128}$$

$$v_{Az} = v_z = v_s, \qquad a_{Az} = a_z = 0 \tag{2.129}$$

위 식들은 식 (2.127)와 식 (2.128)의 둘째 식, 식 (2.129)의 첫 식으로 구성되는 네 식을 풀어 $R_A, v_s, \dot{\theta}_s, \ddot{\theta}_s$를 결정할 수 있고 그 해답은 아래와 같다.

$$\dot{\theta}_s = -\frac{a_{Ax}}{v_{Ay}}, \quad \ddot{\theta}_s = -\frac{a_{Ax}a_{Ay}}{v_{Ay}^2}, \quad R_A = -\frac{v_{Ay}^2}{a_{Ax}}, \quad v_s = v_{Az} \tag{2.130}$$

식 (2.130)은 스카이 보드 끝에 장착된 가속도계로 스카이 서퍼가 얼마나 빨리 회전하고 떨어지는지, 가속도계부터 회전축까지 거리도 결정할 수 있다.

구 좌표의 위치, 속도, 가속도

예를 들어 네비게이션과 지구에 상대적인 운동과 같은 3차원 운동을 연구할 때 자주 사용되는 또 다른 좌표계는 **구 좌표계**이다.

그림 2.58을 참고하면 3차원 공간점 P의 위치를 3개의 값 r, ϕ, θ를 이용해 기술할 수 있다. 이 값들을 P의 구 좌표(*spherical coordinates*): 각도 ϕ, θ는 원점 O에서 P를 연결하는 선의 방향을 나타내고 r은 O와 P 사이의 거리라 한다. 그림 2. 58에서 세 개의 서로 수직인 단위 벡터 $\hat{u}_r, \hat{u}_\phi, \hat{u}_\theta$를 나타냈다. 이 단위 벡터들은 각각 $\hat{u}_r$이 O로부터 P를 향하고 $\hat{u}_\phi$와 $\hat{u}_\theta$는 ϕ와 θ가 증가하고 $\hat{u}_\phi \times \hat{u}_\theta = \hat{u}_r$이 되는 방향을 가진다. 만약 단위 벡터 $\hat{u}_r, \hat{u}_\phi, \hat{u}_\theta$와 함께 ϕ, θ가 주어진 것과 같이 정의되지 않았다면 아래의 결과는 적용할 수 없을 것이다.

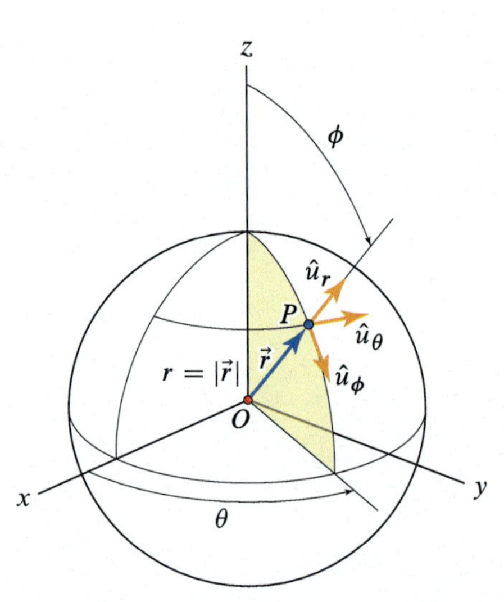

그림 2.58 구좌표의 정의와 해당 직교 기본 벡터.

구 좌표계에서 원점 O에 상대적인 P의 위치 벡터는 아래 식으로 주어진다.

$$\vec{r} = r\,\hat{u}_r \tag{2.131}$$

시간에 대해 $\vec{r}$를 미분하면 아래의 식을 얻는다.

$$\vec{v} = \dot{\vec{r}} = \dot{r}\,\hat{u}_r + r\,\dot{\hat{u}}_r \tag{2.132}$$

위 식은 필요한 속도 벡터를 기술하기 위해 $\dot{\hat{u}}_r$을 기본 벡터 $\hat{u}_r$, $\hat{u}_\phi$, $\hat{u}_\theta$ 항으로 표시해야 함을 의미한다. 단위 벡터의 시간 미분이 식 (2.60)에 보이는 벡터 자체와 외적되는 단위 벡터의 각속도와 같다는 것을 기억하라. 따라서 $\dot{\hat{u}}_r$를 얻으려면 단위 기본 벡터의 각속도를 구할 필요가 있다. 이를 위해 좌표 ϕ와 θ가 미소하게 변하면 이 미소 변화에 해당하는 각속도는 아래와 같이 주어진다(89쪽에 시작되는 토의를 보라).

$$\begin{aligned}\vec{\omega} &= \dot{\phi}\,\hat{u}_\theta + \dot{\theta}\,\hat{u}_z \\ &= \dot{\theta}\cos\phi\,\hat{u}_r - \dot{\theta}\sin\phi\,\hat{u}_\phi + \dot{\phi}\,\hat{u}_\theta\end{aligned} \tag{2.133}$$

여기서 식 (2.133)은 $\hat{u}_z = \cos\phi\hat{u}_r - \sin\phi\hat{u}_\phi$를 이용해 구한다.

식 (2.60)과 함께 식 (2.133)의 결과를 이용해 단위 벡터 $\hat{u}_r$, $\hat{u}_\phi$, $\hat{u}_\theta$ 각각의 시간에 대한 미분을 구하면 아래와 같다.

$$\dot{\hat{u}}_r = \vec{\omega}\times\hat{u}_r = \dot{\phi}\,\hat{u}_\phi + \dot{\theta}\sin\phi\,\hat{u}_\theta \tag{2.134}$$

$$\dot{\hat{u}}_\phi = \vec{\omega}\times\hat{u}_\phi = -\dot{\phi}\,\hat{u}_r + \dot{\theta}\cos\phi\,\hat{u}_\theta \tag{2.135}$$

$$\dot{\hat{u}}_\theta = \vec{\omega}\times\hat{u}_\theta = -\dot{\theta}\sin\phi\,\hat{u}_r - \dot{\theta}\cos\phi\,\hat{u}_\phi \tag{2.136}$$

식 (2.134)를 식 (2.132)에 대입하면 구좌표계에서의 속도는 아래와 같이 구할 수 있다.

$$\vec{v} = \dot{r}\,\hat{u}_r + r\dot{\phi}\,\hat{u}_\phi + r\dot{\theta}\sin\phi\,\hat{u}_\theta = v_r\,\hat{u}_r + v_\phi\,\hat{u}_\phi + v_\theta\,\hat{u}_\theta \tag{2.137}$$

여기서

$$v_r = \dot{r}, \quad v_\phi = r\dot{\phi}, \quad v_\theta = r\dot{\theta}\sin\phi \tag{2.138}$$

는 속도 벡터의 구좌표 성분이다. 식 (2.137)을 시간에 대해 미분하고 식 (2.134)-(2.136)을 이용하면 가속도 식을 아래와 같이 얻을 수 있다.

$$\begin{aligned}\vec{a} &= \left(\ddot{r} - r\dot{\phi}^2 - r\dot{\theta}^2\sin^2\phi\right)\hat{u}_r \\ &\quad + \left(r\ddot{\phi} + 2\dot{r}\dot{\phi} - r\dot{\theta}^2\sin\phi\cos\phi\right)\hat{u}_\phi \\ &\quad + \left(r\ddot{\theta}\sin\phi + 2\dot{r}\dot{\theta}\sin\phi + 2r\dot{\phi}\dot{\theta}\cos\phi\right)\hat{u}_\theta \\ &= a_r\,\hat{u}_r + a_\phi\,\hat{u}_\phi + a_\theta\,\hat{u}_\theta\end{aligned} \tag{2.139}$$

여기서

$$\begin{aligned}a_r &= \ddot{r} - r\dot{\phi}^2 - r\dot{\theta}^2\sin^2\phi, \\ a_\phi &= r\ddot{\phi} + 2\dot{r}\dot{\phi} - r\dot{\theta}^2\sin\phi\cos\phi, \\ a_\theta &= r\ddot{\theta}\sin\phi + 2\dot{r}\dot{\theta}\sin\phi + 2r\dot{\phi}\dot{\theta}\cos\phi\end{aligned} \tag{2.140}$$

은 가속도 벡터의 구좌표 성분이다.

유용한 정보

ϕ와 θ는 어디에 있나? 이전에 검토하였지만 위치 벡터는 "좌표들"의 모두에 종속되지 않는 것처럼 보인다. 비록 구성분계의 경우 위치 벡터 $\vec{r} = r\hat{u}_r$는 ϕ나 θ의 함수가 아닌 것으로 보이나 각도 ϕ와 θ는 암시적으로 $\hat{u}_r$의 정의 안에 포함되어 있다.

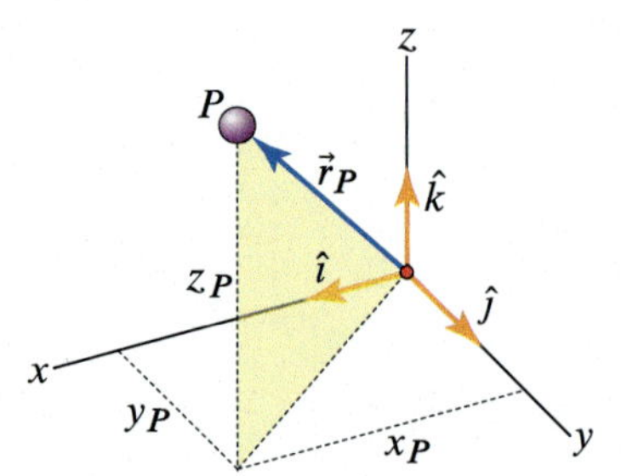

그림 2.59 직교 좌표계와 그의 3차원 단위 벡터.

직교 좌표의 위치 속도 및 가속도

직교좌표계(1.2절에서 상세히 다루었다)와 그의 3차원 단위벡터는 그림 2.59에 정의되어 있다. 단위 벡터의 방향이 변하지 않기 때문에 직교 좌표계에서 위치, 속도, 가속도는 각각 다음의 관계를 가진다.

$$\vec{r}(t) = x(t)\,\hat{\imath} + y(t)\,\hat{\jmath} + z(t)\,\hat{k}, \tag{2.141}$$

$$\vec{v}(t) = \dot{x}\,\hat{\imath} + \dot{y}\,\hat{\jmath} + \dot{z}\,\hat{k} = v_x\,\hat{\imath} + v_y\,\hat{\jmath} + v_z\,\hat{k} \tag{2.142}$$

$$\vec{a}(t) = \ddot{x}\,\hat{\imath} + \ddot{y}\,\hat{\jmath} + \ddot{z}\,\hat{k} = a_x\,\hat{\imath} + a_y\,\hat{\jmath} + a_z\,\hat{k} \tag{2.143}$$

절 요약

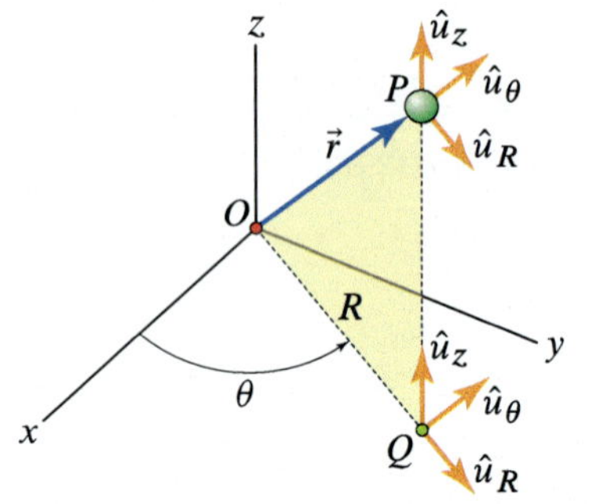

그림 2.60 *그림 2.56의 반복.* 원통 좌표계의 좌표 방향. 2.6절에 정의된 극 좌표와 같이 θ 좌표는 암시적으로 $\hat{u}_R$에 포함된다.

원통 좌표계 그림 2.60을 보면 점 P의 3차원 위치는 점의 원통 좌표인 R, θ, z로 기술된다. 또한 원통 좌표는 3개의 직교 단위 벡터 $\hat{u}_r$, $\hat{u}_\phi$, $\hat{u}_\theta$와 관련이 있다. 이 세 벡터를 이용해 원통 좌표의 위치는 아래 식으로 주어진다.

식 (1.120) p. 155

$$\vec{r} = R\,\hat{u}_R + z\,\hat{u}_z$$

원통 좌표계에서의 속도 벡터는 아래 식으로 주어진다.

식 (1.121) p. 155

$$\vec{v} = \dot{R}\,\hat{u}_R + R\dot{\theta}\hat{u}_\theta + \dot{z}\,\hat{u}_z = v_R\,\hat{u}_R + v_\theta\,\hat{u}_\theta + v_z\,\hat{u}_z$$

여기서

식 (1.122) p. 155

$$v_R = \dot{R}, \quad v_\theta = R\dot{\theta}, \quad v_z = \dot{z}$$

는 각각 $\hat{u}_r$, $\hat{u}_\phi$, $\hat{u}_\theta$ 방향 속도 벡터의 성분이다. 마지막으로 원통 좌표의 가속도 벡터는 아래 식으로 주어진다.

식 (1.123) p. 155

$$\begin{aligned}\vec{a} &= \left(\ddot{R} - R\dot{\theta}^2\right)\hat{u}_R + \left(R\ddot{\theta} + 2\dot{R}\dot{\theta}\right)\hat{u}_\theta + \ddot{z}\,\hat{u}_z \\ &= a_R\,\hat{u}_R + a_\theta\,\hat{u}_\theta + a_z\,\hat{u}_z,\end{aligned}$$

여기서

식 (1.124) p. 155

$$a_R = \ddot{R} - R\dot{\theta}^2, \quad a_\theta = R\ddot{\theta} + 2\dot{R}\dot{\theta}, \quad a_z = \ddot{z}$$

는 각각 $\hat{u}_r$, $\hat{u}_\phi$, $\hat{u}_\theta$ 방향의 가속도 벡터의 성분이다.

구 좌표 그림 2.61을 참조하면 점 P의 3차원 상에서 위치는 점의 구좌표인 세 개 r, ϕ, θ의 로 기술할 수 있다. 또한 구 좌표는 $\hat{u}_\phi \times \hat{u}_\theta = \hat{u}_r$의 관계를 가지는 세 개의 직교 단위 벡터 $\hat{u}_r$, $\hat{u}_\phi$, $\hat{u}_\theta$와 관련 있다. 세 단위 벡터를 이용하여 구 좌표의 위치 벡터는 아래와 같이 주어진다.

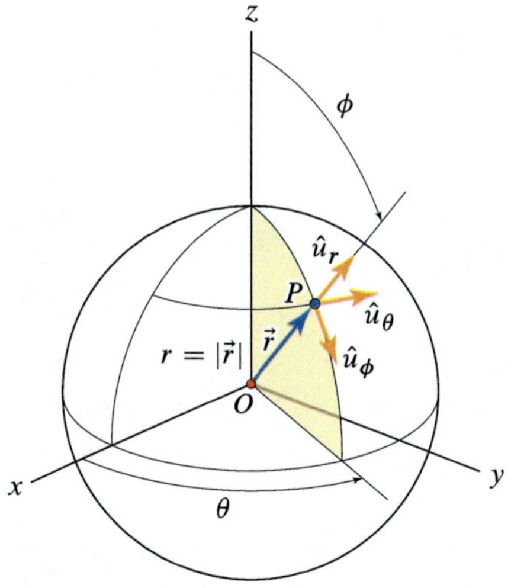

그림 2.61 *그림 2.58의 반복.* 구좌표계의 정의와 해당 직교 기본 벡터.

식 (2.131) p. 157

$$\vec{r} = r\,\hat{u}_r$$

구 좌표의 속도 벡터는 아래 식으로 주어진다.

식 (2.137) p. 157

$$\vec{v} = \dot{r}\,\hat{u}_r + r\dot{\phi}\,\hat{u}_\phi + r\dot{\theta}\sin\phi\,\hat{u}_\theta = v_r\,\hat{u}_r + v_\phi\,\hat{u}_\phi + v_\theta\,\hat{u}_\theta$$

여기서

식 (2.138) p. 157

$$v_r = \dot{r}, \quad v_\phi = r\dot{\phi}, \quad v_\theta = r\dot{\theta}\sin\phi$$

는 각각 $\hat{u}_r$, $\hat{u}_\phi$, $\hat{u}_\theta$ 방향의 속도 벡터의 성분이다. 마지막으로 구좌표계의 가속도 벡터는 아래 식으로 주어진다.

식 (2.139) p. 157

$$\begin{aligned}\vec{a} = {} & \left(\ddot{r} - r\dot{\phi}^2 - r\dot{\theta}^2\sin^2\phi\right)\hat{u}_r \\ & + \left(r\ddot{\phi} + 2\dot{r}\dot{\phi} - r\dot{\theta}^2\sin\phi\cos\phi\right)\hat{u}_\phi \\ & + \left(r\ddot{\theta}\sin\phi + 2\dot{r}\dot{\theta}\sin\phi + 2r\dot{\phi}\dot{\theta}\cos\phi\right)\hat{u}_\theta \\ = {} & a_r\,\hat{u}_r + a_\phi\,\hat{u}_\phi + a_\theta\,\hat{u}_\theta\end{aligned}$$

여기서

식 (2.140) p. 157

$$\begin{aligned}a_r &= \ddot{r} - r\dot{\phi}^2 - r\dot{\theta}^2\sin^2\phi, \\ a_\phi &= r\ddot{\phi} + 2\dot{r}\dot{\phi} - r\dot{\theta}^2\sin\phi\cos\phi, \\ a_\theta &= r\ddot{\theta}\sin\phi + 2\dot{r}\dot{\theta}\sin\phi + 2r\dot{\phi}\dot{\theta}\cos\phi\end{aligned}$$

은 각각 $\hat{u}_r$, $\hat{u}_\phi$, $\hat{u}_\theta$ 방향의 가속도 벡터의 성분이다.

직교 좌표 그림 2.62를 참조하면 3차원 직교 좌표계에서 위치, 속도, 가속도는 각각 아래의 성분 형태로 주어진다.

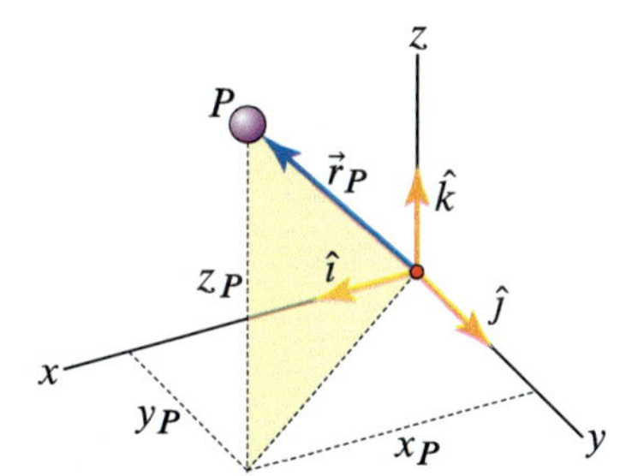

그림 2.62 *그림 2.59의 반복.* 직교 좌표계와 그의 3차원 단위 벡터의 정의.

식 (2.141)-(2.143) p. 158

$$\begin{aligned}\vec{r}(t) &= x(t)\,\hat{\imath} + y(t)\,\hat{\jmath} + z(t)\,\hat{k}, \\ \vec{v}(t) &= \dot{x}\,\hat{\imath} + \dot{y}\,\hat{\jmath} + \dot{z}\,\hat{k} = v_x\,\hat{\imath} + v_y\,\hat{\jmath} + v_z\,\hat{k}, \\ \vec{a}(t) &= \ddot{x}\,\hat{\imath} + \ddot{y}\,\hat{\jmath} + \ddot{z}\,\hat{k} = a_x\,\hat{\imath} + a_y\,\hat{\jmath} + a_z\,\hat{k}\end{aligned}$$

예제 2.29 직교 좌표의 응용

정전 집진기는 화력 발전소로부터 나오는 배기가스를 깨끗이 하고 "불순물을 제거"하기 위해 사용된다(그림 1을 보라). 이들은 미립자를 실은 연도 가스를 큰 구조로 보내 미립자의 진행을 늦추고 결국 효과적으로 수집하는 방식으로 동작한다. 이 가스는 15-18m/s로 들어가 팽창하면서 1-2m/s로 늦춰진다. 주 구조물의 안에는 여러 줄의 수집 방전 전극이 있다. 높은 전압(큰 집진기의 경우 약 45,000-70,000V)을 집진판 사이에 있는 방전 전극에 가해 전하가 가스로 방출되도록 하고 근접한 영역을 이온화시킨다. 연도(flue) 가스가 이 "코로나"를 통과할 때 미립자는 음으로 대전되고 양으로 대전된 집진판에 붙어서 수집되어 제거된다.

그림 1 가공 공장의 정전 집진기 사진. 위의 사진은 중앙에 공기 입구를 가지는 집진기의 외형을 보여 준다. 아래 사진은 집진기 안의 집진 판을 보여준다.

$\theta_1 = 30°, \theta_2 = 55°, d = 0.45$ m, $|\vec{v}_P| = v_P = 1.5$ m/s이고 중력이 $-z$ 방향일 때 그림 2에 정의된 형상을 이용하여 분자 P가 집진판에 어디에 내릴지 결정하라. 집진판이 미립자에 일정한 y 방향 가속도 $a_{ep} = 76$ m/s^{2}을 가한다고 가정한다.

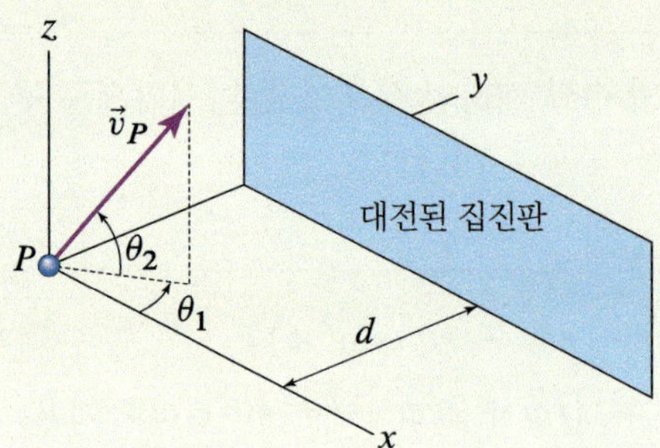

그림 2 정전 집진기 안의 양으로 대전된 집진판 근처를 움직이는 미립자의 개략도. 현대 집진기의 집진 효율은 99.5-99.9%이다.

풀이 SOLUTION

로드맵 해답의 열쇠는 우선 미립자가 판에 닿는 시간을 결정하는 것이다. y 방향의 가속도와 y 방향 초기 속도를 알고 있기 때문에 시간을 구할 수 있다. 시간을 알면 우리는 등가속도 운동학을 이용해 미립자가 판을 때리는 위치를 구할 수 있다.

계산 모든 3차원 직교 좌표 성분 방향으로 P의 초기 속도 성분을 표시하는 것부터 시작한다. 그림 3을 참조하면 xy 평면에서 $\vec{v}_P$의 초기 성분은 $v_P\cos\theta^2$이고 $\vec{v}_P$의 초기 z 성분은 아래 식으로 주어진다.

$$v_{Pz} = v_P \sin\theta_2 \tag{1}$$

이제 xy 평면의 $\vec{v}_P$ 성분을 가졌으므로 초기 xy 성분이 아래와 같이 주어짐을 쉽게 알 수 있다.

$$v_{Px} = (v_P \cos\theta_2)\cos\theta_1 \tag{2}$$

$$v_{Py} = (v_P \cos\theta_2)\sin\theta_1 \tag{3}$$

다음 미립자의 가속도는 아래와 같다.

$$\vec{a}_P = a_{ep}\,\hat{\jmath} - g\,\hat{k} = \left(76\,\hat{\jmath} - 9.81\,\hat{k}\right)\,\text{m/s}^2 \tag{4}$$

이는 모든 성분 방향으로 일정하다.

이제 초기 속도와 모든 가속도를 알기 때문에 y 성분을 이용해 미립자가 판을 때리는 순간을 결정할 수 있다. 식 (2.42)를 이용하면 아래 식을 가진다.

$$d = v_{Py}t_c + \tfrac{1}{2}a_{ep}t_c^2 \tag{5}$$

여기서 t_c는 P가 집진판에 닿는 순간이다. 식 (5)를 t_c에 대해 풀면 아래 식을 얻는다.

$$t_c = -\frac{v_P}{a_{ep}}\cos\theta_2\sin\theta_1 \pm \sqrt{2da_{ep} + v_P^2\cos^2\theta_2\sin^2\theta_1} \tag{6}$$

여기서 식 (3)이 사용되었다. 주어진 변수를 입력하면 t_c가 0.1040 s이거나 -0.1154 s임을 알 수 있고 여기서 물리적으로 의미 있는 것은 아래와 같이 양의 시간뿐이다.

$$t_c = 0.1040\,\text{s} \tag{7}$$

집진판에 닿는 시간을 알았으므로 x와 z 방향으로 이동한 거리를 결정할 수 있다. 다시 식 (2.42)를 적용하면 x와 z 방향에 대해 아래 값을 얻는다.

$$x_c = v_{Px}t_c = 77.5\,\text{m} \tag{8}$$

$$z_c = v_{Pz}t_c - \tfrac{1}{2}gt_c^2 = 74.7\,\text{m} \tag{9}$$

그림 4는 집진판에 의해 유도된 미립자의 궤적을 보여 준다.

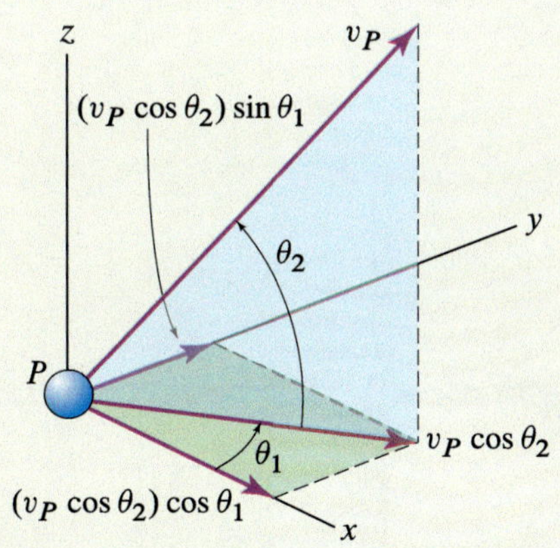

그림 3 집진기 내부의 미립자 초기 속도의 도식적 기술.

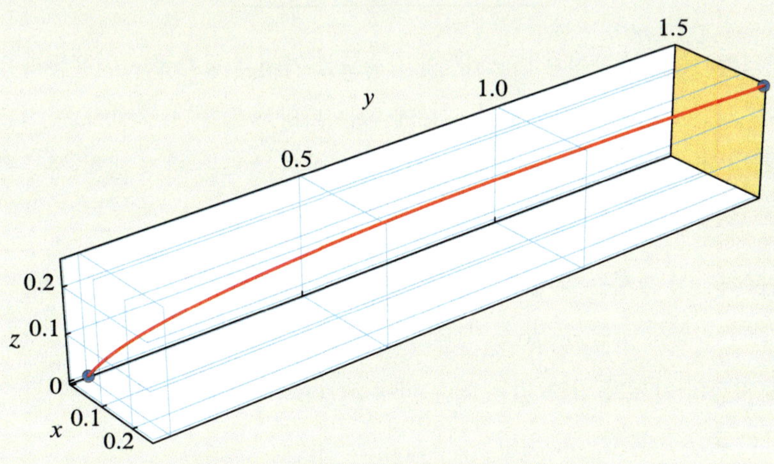

그림 4 미립자의 궤적. 모든 단위는 feet이다.

흥미로운 사실

76 m/s²은 타당한 가속도인가? 문제에서 미립자가 76 m/s²로 집진판을 향해 가속되고 있다. 이 판들에 수집된 미립자가 매우 작음을 고려할 때 이는 타당한 값이다. 어떤 정전 집진기의 경우 미립자가 1μm에서 3μm보다 작은 직경을 가진다. 1μm 나트륨 미립자는 약 10^{-15} kg의 질량을 가지고 76 m/s²의 가속도를 발생하기 위해 약 8×10^{-14} N의 힘이 필요하다.

논의 및 검증 그림 4는 해답의 타당성을 검증하는데 큰 도움이 된다. 주어진 미립자의 초기 속도가 1.5 m/s이고 집진판으로의 가속도가 76 m/s²이므로 집진판을 때리기 전에 집진기 아래로(즉, x 방향으로) 멀리 움직이지 않을 것이라는 것은 타당해 보인다.

예제 2.30 원통 좌표의 응용

타워 크레인이 그림 1과 같이 물체 C를 0.15 rad/s의 일정한 각속도로 회전하며 일정한 속도 1.5 m/s로 들어올리고 있다. 물체와 크레인 붐(boom)의 회전축 사이의 거리가 45 m이고 점 C의 흔들림 운동은 무시할 수 있다고 가정할때 점 C의 속도와 가속도를 구하라.

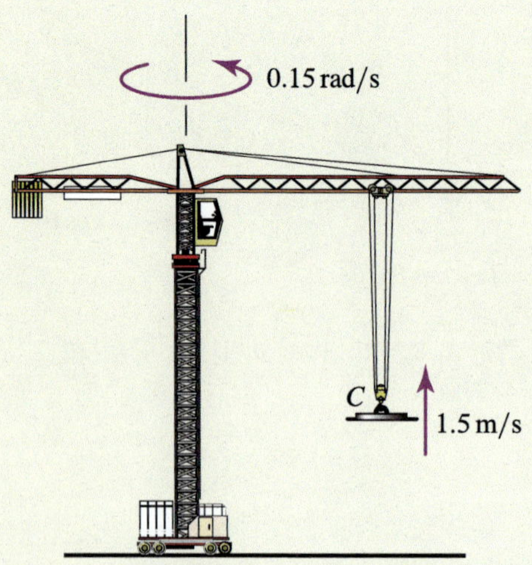

그림 1 타워 크레인. 이런 종류의 크레인은 대형 건설 현장에서 매우 일반적이다.

풀이 SOLUTION

로드맵 크레인 베이스에 $\hat{u}_r$과 $\hat{u}_z$의 교차점에 원점을 가지는 원통 좌표계에서 자연스럽게 정의되기(그림 2를 보라) 때문에 이 문제는 원통 좌표를 이용하면 쉽게 해결할 수 있다.

계산 원통 좌표를 선택함에 따라 C의 속도와 가속도는 식 (2.121)과 (2.123)으로 각각 주어지고 이들은 아래와 같다.

$$\vec{v}_C = \dot{R}\,\hat{u}_R + R\dot{\theta}\,\hat{u}_\theta + \dot{z}\,\hat{u}_z \tag{1}$$

$$\vec{a}_C = \left(\ddot{R} - R\dot{\theta}^2\right)\hat{u}_R + \left(R\ddot{\theta} + 2\dot{R}\dot{\theta}\right)\hat{u}_\theta + \ddot{z}\,\hat{u}_z \tag{2}$$

$R = 45$ m, $\dot{R} = 0$, $\ddot{R} = 0$, $\dot{z} = 1.5$ m/s, $\ddot{z} = 0$, $\dot{\theta} = 0.15$ rad/s, $\ddot{\theta} = 0$인 것을 이용하면 식 (1)과 (2)는 아래와 같이 된다.

$$\vec{v}_C = (6.75\,\hat{u}_\theta + 1.5\,\hat{u}_z)\,\text{m/s} \tag{3}$$

$$\vec{a}_C = -1.01\,\hat{u}_R\,\text{m/s}^2 \tag{4}$$

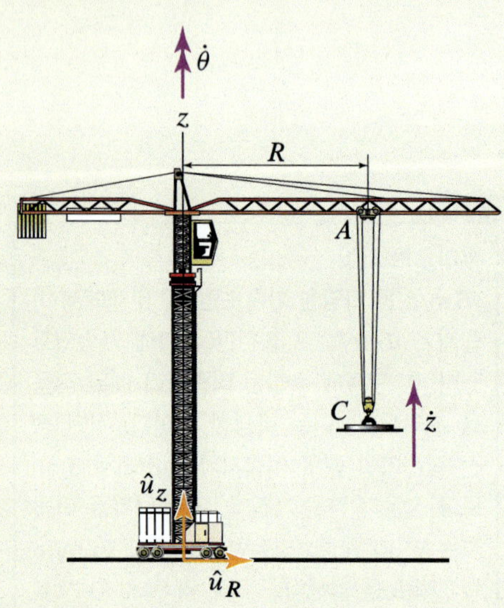

그림 2 정의된 원통좌표계의 타워 크레인.

논의 및 검증 C의 운동이 0.15 rad/s의 각속도를 가지는 등각속도 원운동과 양의 z 방향의 등속 직선 운동으로 구성되기 때문에 해는 타당해 보인다. 가속도는 식 (3)과 (4)를 반영하여 반경 방향 가속도 성분만을 가지는 반면 속도는 반경 방향 성분을 가지지 않을 것으로 예상된다.

심층분석 이 예제는 아래와 같은 경우에서도 적절한 성분계를 사용할 때 속도와 가속도를 얼마나 쉽게 구할 수 있는 지 보여준다.

- A 지점의 카트가 알고 있는 어떤 함수 $R(t)$ (그래서 R, $\dot{R}$, $\ddot{R}$를 안다)로 안쪽이나 바깥 쪽으로 움직이고 있다.
- 적재하중 C는 어떤 알고 있는 함수 $z(t)$로 (그래서 $\dot{z}$, $\ddot{z}$를 안다) 위나 아래로 움직인다.
- 타워 크레인이 어떤 알고 있는 함수 $\theta(t)$ (그래서 $\dot{\theta}$, $\ddot{\theta}$를 안다)로 회전한다.

그래도 여전히 우리는 C의 적재하중의 속도와 가속도를 구하기 위한 식 (1)과 (2)의 모든 값들을 쉽게 결정할 수 있다.

예제 2.31 구 좌표의 응용

예제 2.20로 되돌아가 구좌표를 이용하여 A 관측소에서 측정한 레이더의 값이 그림 1의 지점에서 제트기가 아래의 조건으로 날고 있는 것과 어떻게 관련되는지 결정하라.

(a) 고도

(b) 일정한 속도 v_0의 직선 운동

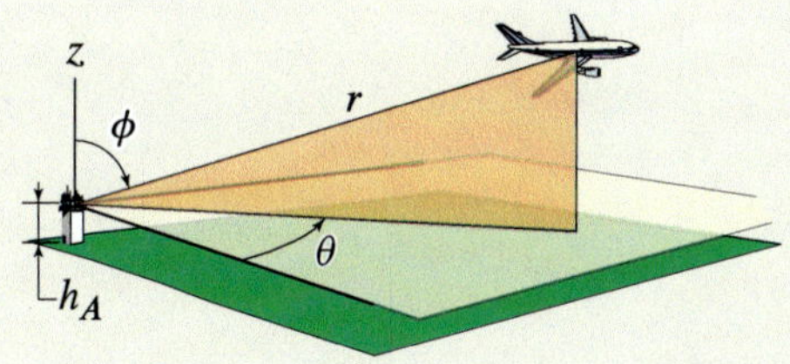

그림 1 고도 h에서 직선으로 날고 있는 정기 여객기.

풀이 SOLUTION

로드맵 예제 2.20과 같이 주어진 제한 조건을 선택된 좌표계로 바꾸면 된다. 이 제한 조건은 고도와 속도 벡터가 일정하다는 것이다.

계산 그림에서 지시하는 좌표계에서 비행기의 고도 h는 아래 식으로 주어진다.

$$h = r\cos\phi + h_A \tag{1}$$

여기서 h_A는 지면 위 레이더 안테나의 고도이다. h_A가 일정하므로 아래의 조건에서 비행기는 일정한 고도로 날고 있다고 할 수 있다.

$$\boxed{r(t)\cos\phi(t) = 상수} \tag{2}$$

그러나 예제 2.20과 달리 이 관계는 식 (2)가 지면보다 h만큼 위에 있는 비행기의 어떠한 궤적도 만족시키기 때문에 비행기의 궤적이 직선이라는 보장을 하는데 충분하지 않다.

비행기가 일정한 속력으로 직선을 따라 움직이면 그 속도 벡터는 일정해야 한다. 일정한 속도는 아래 식을 의미한다고 말하기 쉽지만

$$\dot{r} = 상수 \tag{3}$$

$$r\dot{\phi} = 상수 \tag{4}$$

$$r\dot{\theta}\sin\phi = 상수 \tag{5}$$

즉 속도의 각 성분이 일정해야 하나 이는 비행기가 움직임에 따라 구좌표계의 기본 벡터가 바뀌기 때문에 해당되지 않는다. 그러므로 $\vec{v}$가 일정하기 위해 비행기의 가속도는 반드시 0이어야 하며 이는 아래의 식으로 나타낼 수 있다.

$$\boxed{\begin{aligned} \ddot{r} - r\dot{\phi}^2 - r\dot{\theta}^2\sin^2\phi &= 0, \\ r\ddot{\phi} + 2\dot{r}\dot{\phi} - r\dot{\theta}^2\sin\phi\cos\phi &= 0, \\ r\ddot{\theta}\sin\phi + 2\dot{r}\dot{\theta}\sin\phi + 2r\dot{\phi}\dot{\theta}\cos\phi &= 0 \end{aligned}} \tag{6}$$

마지막으로 비행기의 속도 v_0를 측정하기 위해 $\vec{v}$의 크기를 계산해야 하고 이는 속도 벡터의 성분의 제곱 합의 제곱근으로 구해지고 이는 아래와 같다.

$$\boxed{v_0 = \sqrt{\dot{r}^2 + (r\dot{\phi})^2 + (r\dot{\theta}\sin\phi)^2}} \tag{7}$$

논의 및 검증 오차를 유발할 수 있는 추가적인 조작 없이 각각 식 (2.140)과 (2.138)을 직접 적용하여 기호 형태로 해를 얻었기 때문에 해답은 올바르다.

심층분석 속도가 일정하다는 것은 비행기의 궤적이 직선이거나 수평하다는 것을 의미하지 않는다.

> **유용한 정보**
>
> **일정한 속도의 의미는 무엇인가?** 수학적으로 일정한 속도는 $\dot{\vec{v}} = \vec{0}$을 의미한다. 이것은 속도 벡터의 크기나 방향이 변하지 않는다는 것을 의미한다. 구좌표계에서 이 관계는 아래의 형태를 가진다.
>
> $$\dot{\vec{v}} = \frac{d}{dt}\left(\dot{r}\,\hat{u}_r + r\dot{\phi}\,\hat{u}_\phi + r\dot{\theta}\sin\phi\,\hat{u}_\theta\right)$$
>
> 위 식을 미분을 할 때 단위 벡터와 함께 단위 벡터의 스칼라 계수도 미분해야 한다. 이미 보았지만 어떤 벡터의 일정한 스칼라 성분은 단위 벡터의 방향이 변할 수 있기 때문에 벡터가 일정하다는 것을 의미하지 않는다. 이는 식 (3)-(5)로 $\vec{v}$가 일정하다고 말하기에 충분하지 않기 때문이다. 하지만 직교 좌표 계에서는 스칼라 계수의 일정함이 벡터가 일정하다는 것을 말할 수 있다.

문제

문제 2.216

점 P가 구면 상에서 움직이지만 그림에서와 같이 원통좌표계를 이용하여 운동을 분석한다. 점 P에서 원통 성분 시스템의 스케치 내에 옳지 않은 요소가 있는지에 대해서 논하라.

주의 개념 문제는 계산이 아닌 설명이 필요하다.

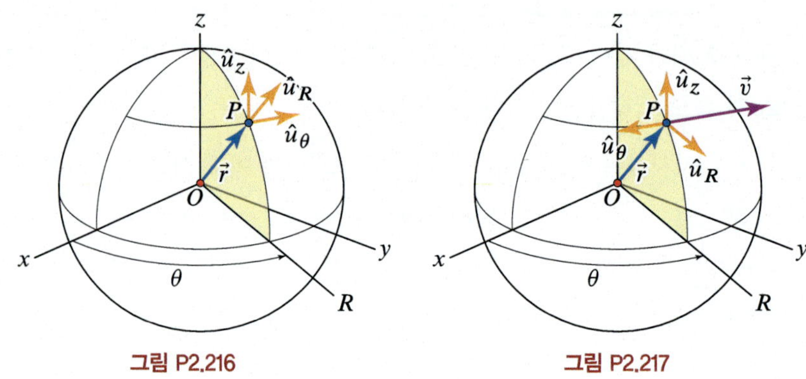

그림 P2.216 그림 P2.217

문제 2.217

점 P가 구면 상에서 움직이지만 그림에서와 같이 원통좌표계를 이용하여 운동을 분석한다. 점 P에서 원통 성분 시스템의 스케치 내에 옳지 않은 요소들이 있는지에 대해서 논하라.

주의 개념 문제는 계산이 아닌 설명이 필요하다.

문제 2.218

(a) 점 P에서 원통 성분 시스템의 스케치에서 잘못된 부분이 있는지, (b) 이번 장에서 유도한 속도와 가속도 성분의 공식이 그림에서 보여주고 있는 원통 시스템에 사용될 수 있는지 알아보라.

주의 개념 문제는 계산이 아닌 설명이 필요하다.

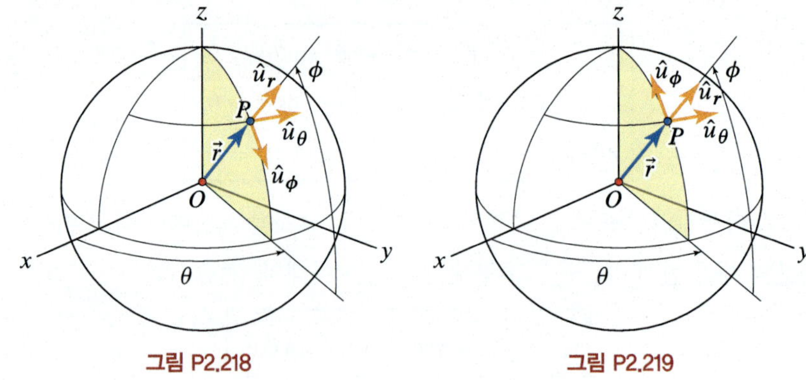

그림 P2.218 그림 P2.219

문제 2.219

(a) 점 P에서 원통 성분 시스템의 스케치에서 잘못된 부분이 있는지 (b) 이번 장에서 유도한 속도와 가속도 성분의 공식이 그림에서 보여주고 있는 원통 시스템에 사용될 수 있는지 알아보라.

주의 개념 문제는 계산이 아닌 설명이 필요하다.

문제 2.220

크레인이 어떤 물체 C를 1.6 m/s의 일정한 속도로 들어올리고, 동시에 수직축을 중심으로 0.12 rad/s의 일정한 각속도로 회전하고 있다. 현재 물체와 크레인 붐의 회전 축 사이의 거리가 14 m이다. 거리가 줄어들어 2 m/s의 일정한 속도가 되었다면 C의 속도와 가속도는 어떻게 되겠는가? 단 C의 흔들리는 움직임은 무시한다.

그림 P2.220

문제 2.221

비행기가 수평방향으로 속도 v_0 = 515 km/h로 날아가고 있다. 비행기의 프로펠러가 ω = 1000 rpm의 각속도로 회전하고 있다. 프로펠러의 지름이 d = 4.3 m일 때, 프로펠러 날개깃의 주변부 지점에서의 가속도의 크기를 구하라.

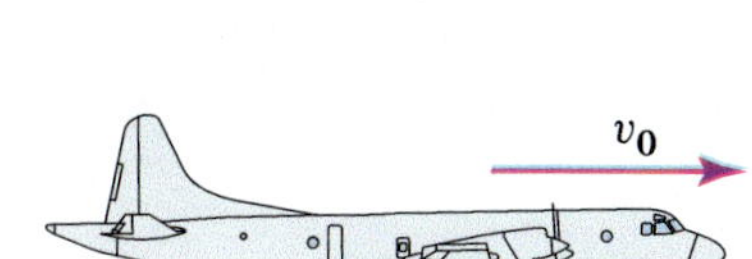

그림 P2.221

문제 2.222

어떤 입자가 각도 β를 이루고 $R^2\dot{\theta} = K$의 제약조건을 가지고 있는 수직 원뿔의 표면 위에서 움직이고 있다. 여기서 K는 상수이다. 원뿔을 표현하는 방정식은 $R = z\tan\beta$이다. K, β, z, $\dot{z}$을 사용하여 입자의 속도와 가속도를 나타내라.

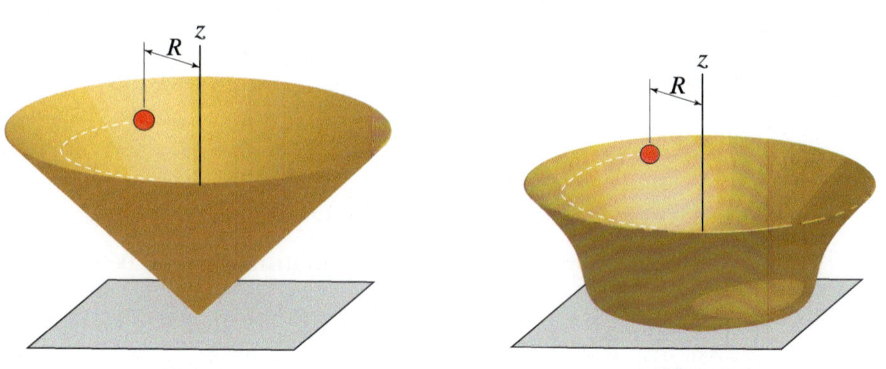

그림 P2.222　　그림 P2.223

문제 2.223

일반적인 면을 회전시킨 경우에 대해서 문제 2.222를 풀어보아라. 즉 R은 $z\tan\beta$와 같지 않다. $R = f(z)$와 같이 z에 대한 임의의 함수이다. 얻고자 하는 식은 K, $f(z)$, z에 대한 $f(z)$의 미분방정식 그리고 시간에 대해서 z의 미분방정식도 포함할 것이다.

문제 2.224

예제 2.31을 다시 살펴보자. 비행기가 가속하고 있다고 가정한다. A 지점에 있는 관제소로부터 얻은 레이더 값으로부터 비행기가 일직선을 따라 일정한 고도로 날아가는지 결론 내기 위해 필요한 관계식을 구하라.

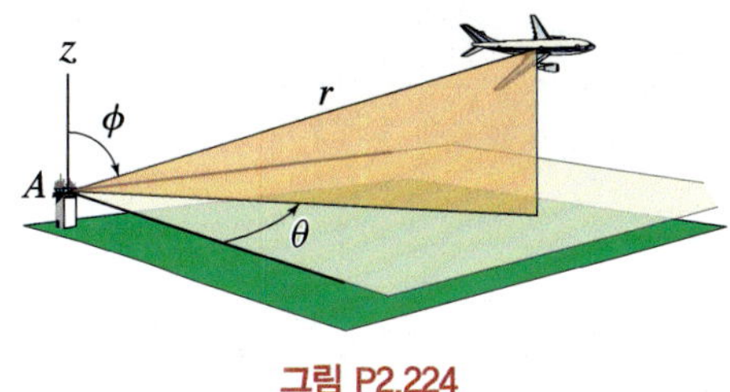

그림 P2.224

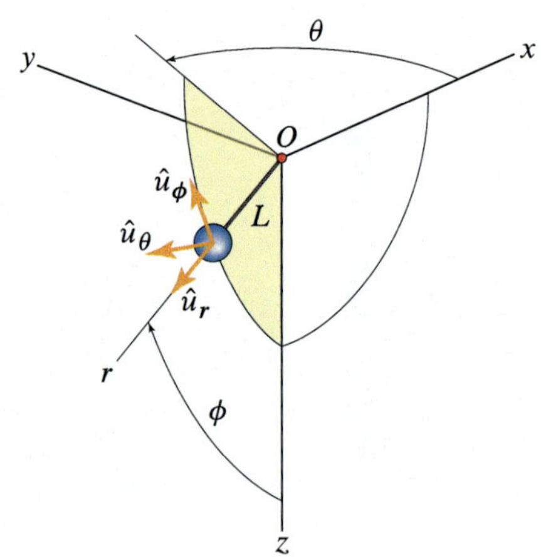

그림 P2.225

문제 2.225

그림이 나타낸 시스템은 구면 진자라고 불린다. 진자의 고정된 말단은 점 O에 있다. 점 O는 구형 조인트의 역할을 한다. 즉 점 O의 위치는 고정되어 있지만 진자에 연결 되어 있는 줄은 3차원 공간에서 어느 방향으로도 움직일 수 있다. 진자에 연결되어 있는 줄의 길이가 L로 일정하다고 가정할 때 그림에서 보인 좌표계를 사용하여 진자의 가속도를 표현하라.

문제 2.226

비행기가 일정한 고도 3,000 m, 일정한 속도 725 km/h로 운행되고 있다. 비행기는 $x + y = 16$ km로 주어진 평면 내에 있고 x가 증가하는 방향에 있다. 비행기가 레이더 관측소에 가까워질 때, 측정된 $\dot{r}, \dot{\theta}, \dot{\phi}, \ddot{r}, \ddot{\theta}, \ddot{\phi}$을 구하라.

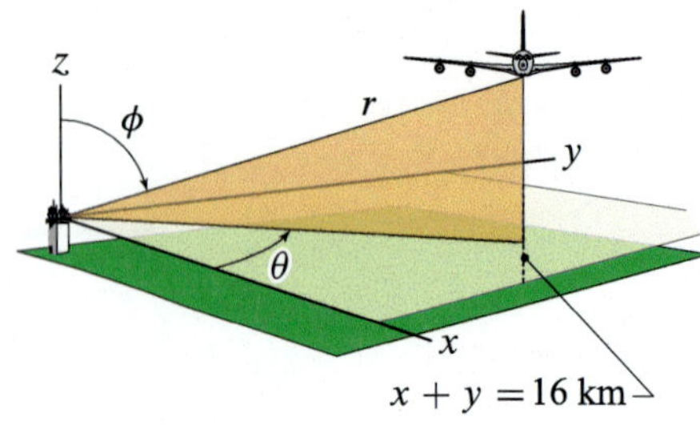

그림 P2.226

문제 2.227

A에 있는 레이더 관측소는 비행기를 추적하고 있다. $t = 0$인 순간에 수집한 정보는 다음과 같다. $r = 15$ km, $\phi = 80°$, $\theta = 15°$, $\dot{r} = 350$ km/h, $\dot{\phi} = -0.002$ rad/s, $\dot{\theta} = 0.003$ rad/s. 비행기가 속도성분을 일정하게 유지하며 비행하고 있다. $t = 30$ s일 때의 비행기의 가속도 성분을 구하라.

문제 2.228

A에 있는 레이더 관측소는 비행기를 추적하고 있다. $t = 0$인 순간에 수집한 정보는 다음과 같다. $r = 15$ km, $\phi = 80°$, $\theta = 15°$, $\dot{r} = 350$ km/h, $\dot{\phi} = -0.002$ rad/s, $\dot{\theta} = 0.003$ rad/s. 비행기가 속도성분을 일정하게 유지하며 비행하고 있다. 시간이 $0 < t < 150$ s인 동안에 비행기의 궤적을 그려라.

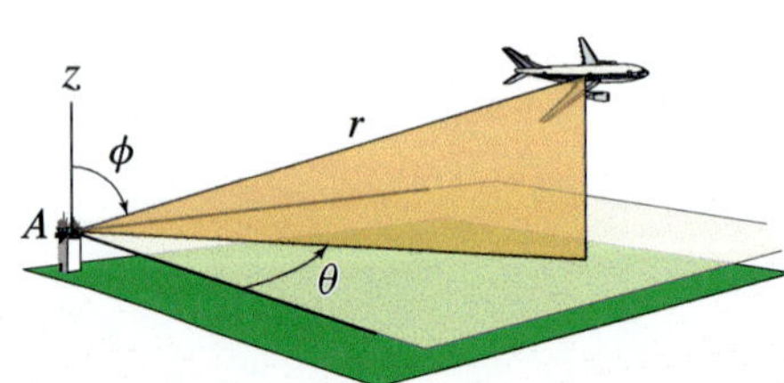

그림 P2.227, P2.228

문제 2.229

옥토퍼스라 불리는 놀이 기구는 z 축을 중심으로 일정한 각속도 $\dot{\theta} = 6$ rpm으로 회전하는 여덟 개의 팔을 가지고 있다. 팔의 길이가 $L = 7$ m이고 z 축과 $\phi = 70.5°$의 각도를 형성하고 있다. ϕ가 시간에 따라 $\phi(t) = \phi_0 + \phi_1 \sin\omega t$와 같이 바뀐다고 가정한다. $\phi_0 = 70.5°$, $\phi_1 = 25.5°$, $\omega = 1$ rad/s라고 한다. ϕ가 최대값을 도달할 때의 바깥쪽 팔 끝 가속도의 크기를 구하라.

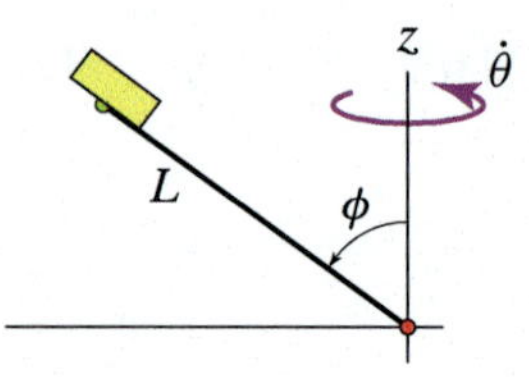

그림 P2.229

문제 2.230

그림과 같이 골퍼가 공을 친다. $\alpha = 23°$, $\beta = 41°$, 초기속도 $v_0 = 6$ m/s일 때, 볼이 착지하는 x, y 좌표를 구하라.

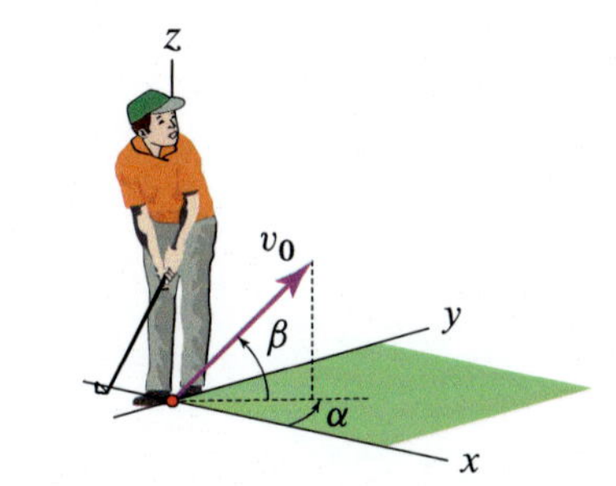

그림 P2.230

문제 2.231

라켓볼 코트에서 P 지점의 좌표는 $x_P = 10$ m, $y_P = 4.8$ m, $z_P = 0.3$ m이다. 공은 $v_0 = 145$ km/h의 속도와 $\theta = 63°$, $\beta = 8°$(β는 초기속도 벡터와 xy 평면이 이루는 각도)의 각도를 이루는 방향으로 운동을 한다. 공은 좌측 수직벽에 튀겨서 정면 수직벽과 부딪힌다. 공이 다시 좌측 수직벽에 맞는다고 가정한다. (1) 공이 좌측 벽을 맞기 전후, 벽면에 수직인 공의 속도 성분은 같다고 한다. (2) 그리고 충돌 직후의 벽에 수평한 공의 속도 성분은 충돌 직전과 크기는 같지만 방향은 반대이다. 중력의 영향을 고려하여 좌측 벽에서 두 번째 튀긴 후 공이 정면에 있는 벽을 맞추는 지점의 좌표를 구하라.

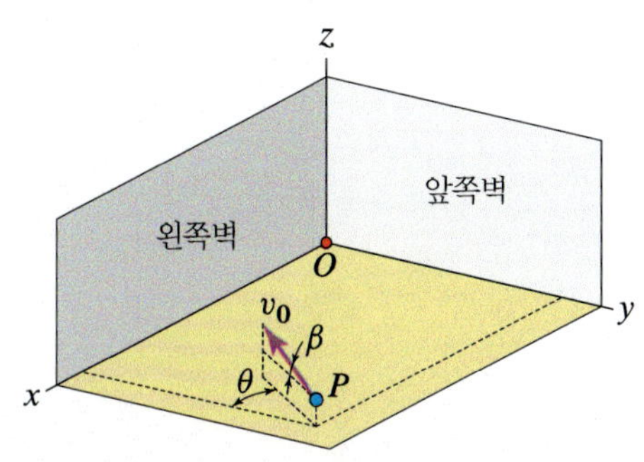

그림 P2.231

2.9 장 복습

이 장에서는 물체의 운동을 학습하는데 필요한 기본 정의들을 제공하였다. 또한 2차원과 3차원으로 운동을 분석하는 기본적인 도구들에 대해 전개하였다. 이 장에서 다룬 내용의 간략히 요약하면 다음과 같다.

위치, 속도와 가속도

위치 점의 위치는 선택된 기준계의 원점으로부터 문제의 점을 연결하는 벡터이다. 다른 기준계에 의하여 측정된 한 점의 위치벡터는 다른 기준계에 따라 서로 다르다.

궤적 움직이는 점의 궤적은 운동에 따른 점이 공간에 그린 선이다. 이에 대한 다른 이름은 경로이다.

변위 위치 A와 B 사이의 변위는 A로부터 B로 가는 벡터이다. 일반적으로 두 위치 사이 변위의 크기는 두 위치 사이 경로를 따라 움직인 거리가 아니다.

속도 속도 벡터는 위치벡터의 시간에 대한 변화율이다. 속도 벡터는 서로 상대적으로 움직이지 않는 두 기준계에서 같고 항상 경로에 접선방향이다.

속력 속력은 속도의 크기이며 양의 스칼라이다.

가속도 가속도 벡터는 속도 벡터의 시간에 대한 변화율이다. 속도와 마찬가지로 서로 상대적으로 움직이지 않는 두 기준계에서 같다. 하지만 속도와는 달리 일반적으로 궤적에 접선이 아니다.

직교좌표계 어떤 경로를 따라 움직이는 질점 P의 직교좌표는 그림 2.63에 보여진다. 위치벡터는 다음으로 주어진다.

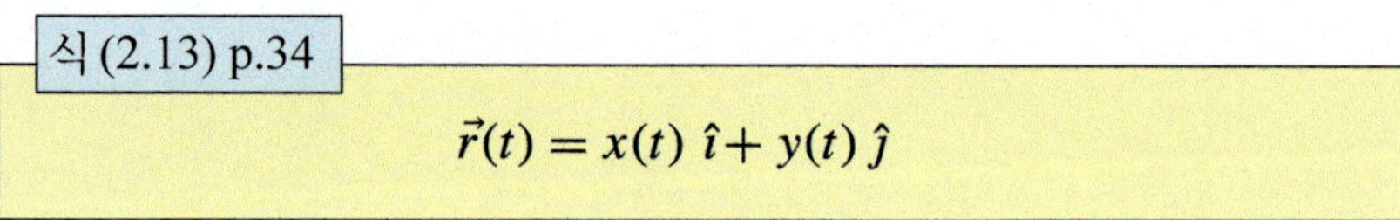

식 (2.13) p.34

$$\vec{r}(t) = x(t)\,\hat{\imath} + y(t)\,\hat{\jmath}$$

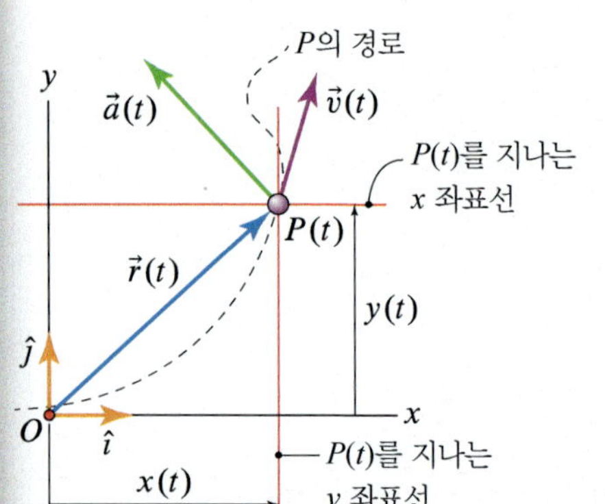

그림 2.63 *그림 2.10 반복.* 직교좌표계상에서 점 P의 위치벡터 $\vec{r}(t)$.

직교성분에서 속도와 가속도는 각기 다음과 같이 주어진다.

식 (2.16), (2.17) p.34

$$\vec{v}(t) = \dot{x}(t)\,\hat{\imath} + \dot{y}(t)\,\hat{\jmath} = v_x(t)\,\hat{\imath} + v_y(t)\,\hat{\jmath},$$
$$\vec{a}(t) = \ddot{x}(t)\,\hat{\imath} + \ddot{y}(t)\,\hat{\jmath} = \dot{v}_x(t)\,\hat{\imath} + \dot{v}_y(t)\,\hat{\jmath} = a_x(t)\,\hat{\imath} + a_y(t)\,\hat{\jmath}$$

기본 운동과 포물선 운동

적용할 때 어떤 점의 가속도는 시간, 위치 그리고 때로는 속도의 함수로 구할 수 있다.

1. 가속도가 시간의 함수, 즉 $a = a(t)$로 주어지는 경우 속도와 위치의 식들은 다음과 같다.

식 (2.29), (2.31) p. 57

$$v(t) = v_0 + \int_{t_0}^{t} a(t)\,dt.$$

$$s(t) = s_0 + v_0(t - t_0) + \int_{t_0}^{t}\left[\int_{t_0}^{t} a(t)\,dt\right]dt$$

2. 가속도가 속도의 함수, 즉 $a = a(v)$로 주어지는 경우 시간과 위치의 식들은 다음과 같다.

식 (2.33) p. 57, 식 (2.36) p. 58

$$t(v) = t_0 + \int_{v_0}^{v} \frac{1}{a(v)}\,dv,$$

$$s(v) = s_0 + \int_{v_0}^{v} \frac{v}{a(v)}\,dv$$

3. 가속도가 위치의 함수, 즉 $a = a(s)$로 주어지는 경우 시간과 속도의 식들은 다음과 같다.

식 (2.38), (2.40) p. 58

$$v^2(s) = v_0^2 + 2\int_{s_0}^{s} a(s)\,ds,$$

$$t(s) = t_0 + \int_{s_0}^{s} \frac{ds}{v(s)}$$

4. 가속도가 상수 a_c로 주어지는 경우 위치와 속도의 식들은 다음과 같다.

식 (2.41)-(2.43) p. 58

$$v = v_0 + a_c(t - t_0),$$

$$s = s_0 + v_0(t - t_0) + \tfrac{1}{2}a_c(t - t_0)^2,$$

$$v^2 = v_0^2 + 2a_c(s - s_0)$$

원운동 원운동에서도 다음 관계식을 사용하면 위의 (1)–(4)에서 정리된 식들을 적용할 수가 있다.

$$s \to \theta, \quad v \to \omega, \quad a \to \alpha \tag{2.1}$$

여기서 $\omega = \dot{\theta}$와 $\omega = \ddot{\theta}$는 각기 각속도와 각가속도이다.

발사체 운동 앞에서 요약한 등가속도 식의 일반적인 적용이 발사체의 운동이다. **발사체 운동**을 공기저항과 고도에 따른 중력의 변화를 무시할 경우에 자유비행을 하는 질점의 운동으로 정의했다. 이 경우 그림(2.64)을 보면 질점에 작용하는 유일한 힘은 **상수인 중력**이며 운동방정식들은 아래와 같다.

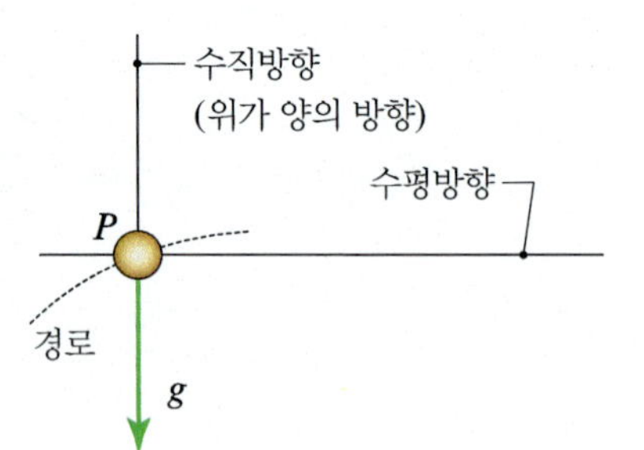

그림 2.64 *그림 2.22의 반복.* 발사체 운동에서의 점 P의 가속도.

식 (2.53) p. 74

$$a_{\text{horiz}} = 0, \qquad a_{\text{vert}} = -g$$

우리는 발사체의 궤도가 **포물선**이라는 것을 알았다. 궤적의 수학적 형태는 y축이 중력방향에 평행한 직교 좌표계를 이용하여 운동을 기술하면 $y = C_0 + C_1 x + C_2 x^2$ (C_0, C_1, C_2는 상수)로 나타낼 수 있다.

벡터의 시간 미분 운동의 학습에서 매우 중요한 기술은 벡터의 시간 미분을 계산할 수 있는 능력이다. 벡터의 특성은 크기와 방향에 의해 주어지고 벡터의 시간 미분은 길이의 변화에 의한 부분과 방향의 변화에 따른 부분으로 구성되는 것을 알았다. 단위벡터는 길이가 변하지 않으므로 이의 시간에 대한 미분은 다음과 같이 단지 방향의 변화만 있다는 것도 알았다:

식 (2.60) p. 92

$$\underbrace{\dot{\hat{u}}(t)}_{\hat{u}\text{의 변화}} = \underbrace{\vec{\omega}_u \times \hat{u}}_{\text{방향의 변화}}$$

임의의 벡터 $\vec{A}$에 대해 다음 관계식으로 시간미분 주어지고:

식 (2.62) p. 92

$$\underbrace{\dot{\vec{A}}(t)}_{\vec{A}\text{의 변화}} = \underbrace{\dot{A}\,\hat{u}_A}_{\text{크기의 변화}} + \underbrace{\vec{\omega}_A \times \vec{A}}_{\text{방향의 변화}}$$

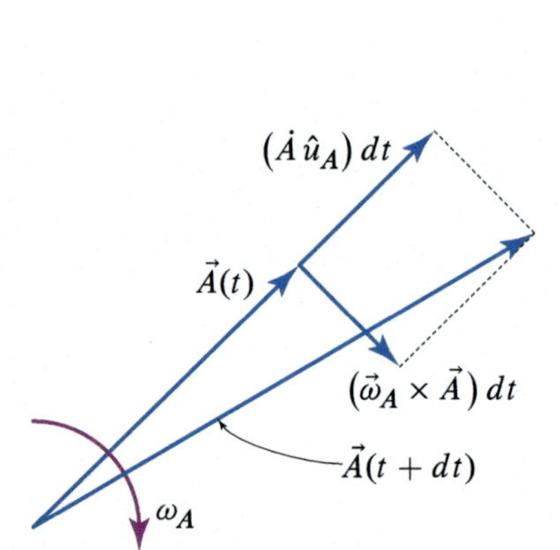

그림 2.65 *그림 2.31의 반복.* 방향과 크기의 변화를 보여주는 시간 t와 $t+dt$에서의 벡터 $\vec{A}$의 묘사.

여기서 그림 2.65를 참조하면 $\hat{u}_A$는 $\vec{A}$의 방향의 단위벡터이고 $\dot{A} = d|\vec{A}|/dt$이며 $\vec{\omega}_A$는 벡터 $\vec{A}$의 각속도이다. 같은 벡터 $\vec{A}$에 대해 다음 관계식은 시간에 대한 2차미분을 나타낸다:

식 (2.64) p. 92

$$\ddot{\vec{A}} = \ddot{A}\,\hat{u}_A + 2\vec{\omega}_A \times \dot{A}\,\hat{u}_A + \dot{\vec{\omega}}_A \times \vec{A} + \vec{\omega}_A \times (\vec{\omega}_A \times \vec{A})$$

법선-접선 성분과 극좌표

법선-접선 성분 그림 2.66을 보면 속도 벡터는 다음 형태를 갖는다.

식 (2.75) p. 107

$$\vec{v} = v\,\hat{u}_t = \dot{s}\,\hat{u}_t$$

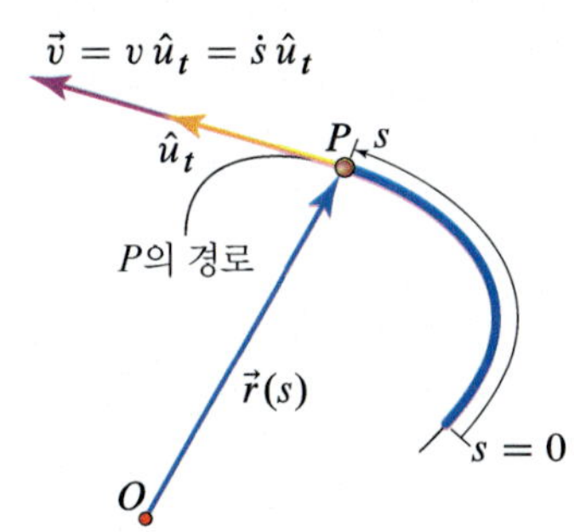

그림 2.66 *그림 2.41의 반복.* 법선–접선성분의 속도.

여기서 v는 속력이고, s는 경로를 따르는 호의 길이이며, $\hat{u}_t$는 점 P에서의 접선 단위벡터이다. 그림 2.67을 보면 법선과 접선 성분계를 이용한 가속도벡터는 다음 형태를 갖는다.

식 (2.78) p. 107

$$\vec{a} = \dot{v}\,\hat{u}_t + \frac{v^2}{\rho}\,\hat{u}_n = a_t\,\hat{u}_t + a_n\,\hat{u}_n$$

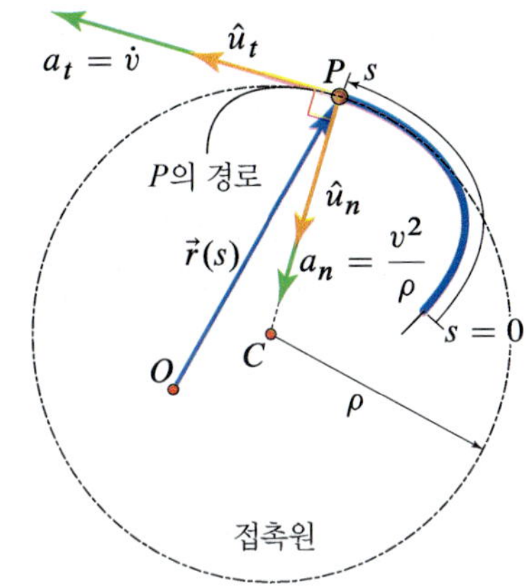

그림 2.67 *그림 2.42의 반복.* 법선–접선성분의 가속도

여기서 $\dot{v} = a_t$는 가속도의 접선성분이며 $v^2/\rho = a_n$는 가속도의 법선 성분이다. 직교좌표계를 사용할 $y = y(x)$ 같은 식으로 나타난 경로에 대해 경로의 곡률반경은 ρ로 주어진다:

식 (2.72) p. 106

$$\rho(x) = \frac{\left[1 + (dy/dx)^2\right]^{3/2}}{\left|d^2y/dx^2\right|}$$

극 좌표 그림 2.68를 보면 r과 θ는 점 P의 극좌표이다. θ좌표는 z 축의 양의 방향에서 내려다 봤을 때 반시계 방향이 양의 방향으로 선택되었다. 극좌표를 사용하여 P의 위치벡터는

식 (2.82) p. 118

$$\vec{r} = r\,\hat{u}_r$$

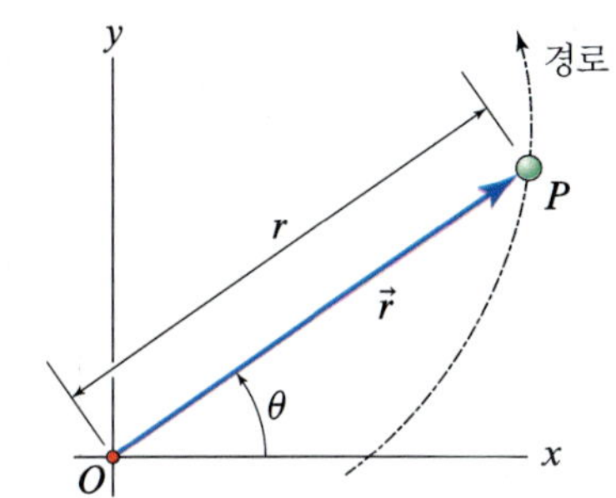

그림 2.68 *그림 2.49의 반복.* 극좌표 r과 θ를 사용하여 정의된 질점의 위치 $\vec{r}$.

식(2.82)를 시간에 대해 미분하면 극좌표에서의 속도 벡터에 대해 다음과 같은 결과를 얻는다.

식 (2.85) p. 119

$$\vec{v} = \dot{r}\,\hat{u}_r + r\dot{\theta}\,\hat{u}_\theta = v_r\,\hat{u}_r + v_\theta\,\hat{u}_\theta$$

여기서 v_r과 v_θ는 각각 속도의 반경방향과 횡축방향 성분이며, 다음과 같다.

식 (2.86) p. 119

$$v_r = \dot{r}, \qquad v_\theta = r\dot{\theta}$$

식(2.85)를 시간에 대해 미분하면 극좌표에서의 가속도 벡터는 다음 형태를 취한다.

식 (2.89) p. 119

$$\vec{a} = (\ddot{r} - r\dot{\theta}^2)\hat{u}_r + (r\ddot{\theta} + 2\dot{r}\dot{\theta})\hat{u}_\theta = a_r\,\hat{u}_r + a_\theta\,\hat{u}_\theta$$

여기서

식 (2.90) p. 119

$$a_r = \ddot{r} - r\dot{\theta}^2, \qquad a_\theta = r\ddot{\theta} + 2\dot{r}\dot{\theta}$$

는 각기 각속도의 반경과 횡축방향의 성분이다.

상대운동

일반적으로 물리계는 여러 개의 움직이는 부분으로 구성된다. 이런 계를 학습할 때 다른 물체에 대한 한 물체의 상대 운동을 기술할 수 있는 것은 매우 중요하다. 그림 2.69을 참조하여 점 A와 B의 평면운동을 생각하자. XY 계에 상대적인 A와 B의 위치는 각기 $\vec{r}_A$와 $\vec{r}_B$이다. A에 고정되어 있는 xy 계는 XY 계에 대해 상대적으로 병진하지만 회전하지는 않는다. 어느 계에서는 A에 대한 상대적인 B의 위치는 $\vec{r}_{B/A}$로 주어진다. 벡터 덧셈을 이용하면 벡터 $\vec{r}_A$, $\vec{r}_B$, $\vec{r}_{B/A}$는 다음과 같이 연관되어 있다:

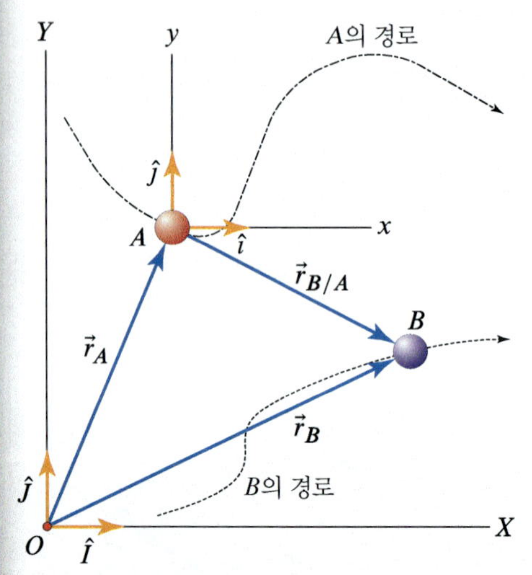

그림 2.69 *그림 2.51의 반복.* 두 질점 A와 B 그리고 이들의 상대 위치 벡터 $\vec{r}_{B/A}$의 정의.

식 (2.105) p. 136

$$\vec{r}_B = \vec{r}_A + \vec{r}_{B/A}$$

이 식의 시간에 대한 1차 및 2차 미분은 각기 다음 식과 같다.

식 (2.106), 식 (2.107) p. 136

$$\vec{v}_B = \vec{v}_A + \vec{v}_{B/A},$$

$$\vec{a}_B = \vec{a}_A + \vec{a}_{B/A}$$

여기서 $\vec{v}_{B/A} = \dot{\vec{r}}_{B/A}$와 $\vec{a}_{B/A} = \ddot{\vec{r}}_{B/A}$는 각기 A에 대한 B의 상대 속도와 가속도이다. 일반적으로, xy의 관측자에 의해 계산된 $\vec{v}_{B/A}$와 $\vec{a}_{B/A}$는 XY의 관측자에 의해 계산된 $\vec{v}_{B/A}$와 $\vec{a}_{B/A}$와 다르다. 그러나 xy와 XY 계의 관측자들은 서로에 상대적으로 회전하지 않는다면 계산된 $\vec{v}_{B/A}$와 $\vec{a}_{B/A}$는 동일하게 된다.

구속운동 운동이 어떤 형식으로든지 구속을 받지 않는 동역학 문제들은 거의 없다. 어떤 특정한 계에서는 구속조건들은 계 안에서의 점들 사이의 기하학적 관계로 기술된다. 우리는 줄의 길이가 변할 수 없다는 구속 조건을 가지는 도르래의 계를 해석했다. 구속조건을 가지는 운동의 해석의 요점은 관심의 대상이 되고 있는 점들의 속도와 가속도를 얻기 위해 기하학적 구속조건들을 기술하는 방정식을 미분할 수 있다는 것을 인식하는 것이다. 이 절에서 공부한 도르래 계의 경우에 줄 길이의 시간에 대한 변화율을 사용하였다. 늘어날 수 없는 줄의 경우 줄의 길이가 일정하므로 줄의 길이의 시간에 대한 변화율은 0이다.

원통 좌표계 그림 2.70을 보면 점 P의 3차원 위치는 점의 원통 좌표인 R, θ와 z로 기술된다. 또한 원통 좌표는 3개의 직교 단위 벡터 $\hat{u}_R$, $\hat{u}_\theta$와 $\hat{u}_z$에 관련이 있다. 이 세 벡터를 이용해 원통 좌표의 위치는 아래 식으로 주어진다.

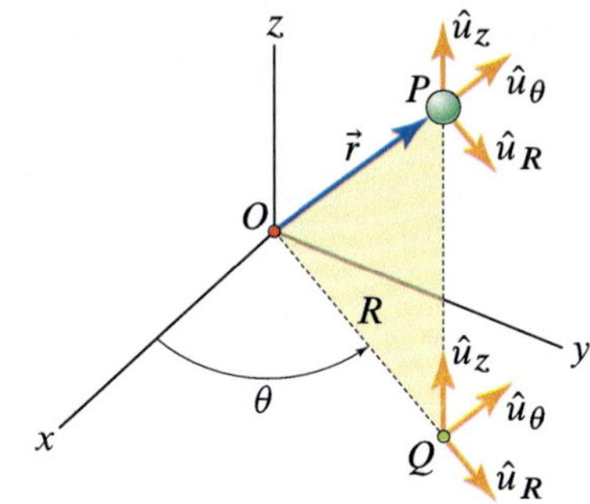

그림 2.70 *그림 2.56의 반복.* 원통 좌표 계의 성분 방향. 2.6절에서 정의된 극좌표와 함께 θ 좌표를 암시적으로 $\hat{u}_r$에 포함하고 있다.

식 (2.120) p. 155

$$\vec{r} = R\,\hat{u}_R + z\,\hat{u}_z$$

원통 좌표의 속도 벡터는 아래 식으로 주어진다.

식 (2.121) p. 155

$$\vec{v} = \dot{R}\,\hat{u}_R + R\dot{\theta}\,\hat{u}_\theta + \dot{z}\,\hat{u}_z = v_R\,\hat{u}_R + v_\theta\,\hat{u}_\theta + v_z\,\hat{u}_z$$

여기서

식 (2.122) p. 155

$$v_R = \dot{R}, \quad v_\theta = R\dot{\theta}, \qquad v_z = \dot{z}$$

는 각각 $\hat{u}_R$, $\hat{u}_\theta$, $\hat{u}_z$ 방향 속도 벡터의 성분이다. 마지막으로 원통 좌표의 가속도 벡터는 아래 식으로 주어진다.

식 (2.123) p. 155

$$\begin{aligned}\vec{a} &= \left(\ddot{R} - R\dot{\theta}^2\right)\hat{u}_R + \left(R\ddot{\theta} + 2\dot{R}\dot{\theta}\right)\hat{u}_\theta + \ddot{z}\,\hat{u}_z \\ &= a_R\,\hat{u}_R + a_\theta\,\hat{u}_\theta + a_z\,\hat{u}_z\end{aligned}$$

여기서

식 (2.124) p. 155

$$a_R = \ddot{R} - R\dot{\theta}^2, \quad a_\theta = R\ddot{\theta} + 2\dot{R}\dot{\theta}, \quad a_z = \ddot{z}$$

는 각각 $\hat{u}_R$, $\hat{u}_\theta$, $\hat{u}_z$ 방향의 가속도 벡터의 성분이다.

구 좌표 그림 2.71을 참조하면 점 P의 3차원 위치는 점의 구좌표인 r, ϕ와 θ로 기술할 수 있다. 또한 구좌표는 $\hat{u}_\phi \times \hat{u}_\theta = \hat{u}_r$의 관계를 가지는 3개의 직교 단위 벡터 $\hat{u}_r$, $\hat{u}_\phi$, $\hat{u}$

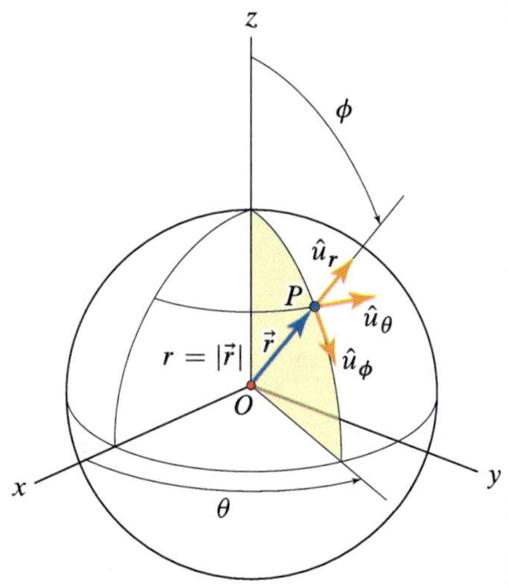

그림 2.71 *그림 2.58의 반복.* 구좌표의 단위 벡터의 정의.

$_\theta$와 관련 있다. 세 단위 벡터를 이용하여 구 좌표의 위치 벡터는 아래와 같이 주어진다.

식 (2.131) p. 157

$$\vec{r} = r\,\hat{u}_r$$

구 좌표의 속도 벡터는 아래 식으로 주어진다.

식 (2.137) p. 157

$$\vec{v} = \dot{r}\,\hat{u}_r + r\dot{\phi}\,\hat{u}_\phi + r\dot{\theta}\sin\phi\,\hat{u}_\theta = v_r\,\hat{u}_r + v_\phi\,\hat{u}_\phi + v_\theta\,\hat{u}_\theta$$

여기서

식 (2.138) p. 157

$$v_r = \dot{r}, \quad v_\phi = r\dot{\phi}, \qquad v_\theta = r\dot{\theta}\sin\phi$$

는 각각 $\hat{u}_r$, $\hat{u}_\phi$, $\hat{u}_\theta$방향의 속도 벡터의 성분이다. 마지막으로 구좌표의 가속도 벡터는 아래 식을 주어진다.

식 (2.139) p. 157

$$\begin{aligned}\vec{a} = &\left(\ddot{r} - r\dot{\phi}^2 - r\dot{\theta}^2\sin^2\phi\right)\hat{u}_r \\ &+ \left(r\ddot{\phi} + 2\dot{r}\dot{\phi} - r\dot{\theta}^2\sin\phi\cos\phi\right)\hat{u}_\phi \\ &+ \left(r\ddot{\theta}\sin\phi + 2\dot{r}\dot{\theta}\sin\phi + 2r\dot{\phi}\dot{\theta}\cos\phi\right)\hat{u}_\theta \\ = &\; a_r\,\hat{u}_r + a_\phi\,\hat{u}_\phi + a_\theta\,\hat{u}_\theta\end{aligned}$$

여기서

식 (2.140) p. 157

$$\begin{aligned}a_r &= \ddot{r} - r\dot{\phi}^2 - r\dot{\theta}^2\sin^2\phi, \\ a_\phi &= r\ddot{\phi} + 2\dot{r}\dot{\phi} - r\dot{\theta}^2\sin\phi\cos\phi, \\ a_\theta &= r\ddot{\theta}\sin\phi + 2\dot{r}\dot{\theta}\sin\phi + 2r\dot{\phi}\dot{\theta}\cos\phi\end{aligned}$$

은 각각 $\hat{u}_r$, $\hat{u}_\phi$, $\hat{u}_\theta$방향의 가속도 벡터의 성분이다.

직교 좌표 그림 2.72를 참조하면 3차원 직교 좌표계에서 위치, 속도, 가속도는 각각 아래의 성분 형태로 주어진다.

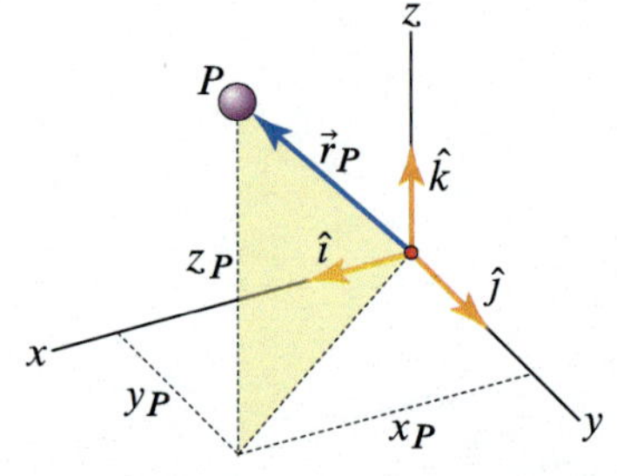

그림 2.72 *그림 2.59의 반복.* 직교 좌표계와 그의 3차원 단위 벡터의 정의.

식 (2.141-2.143) p. 158

$$\begin{aligned}\vec{r}(t) &= x(t)\;\hat{\imath} + y(t)\;\hat{\jmath} + z(t)\,\hat{k}, \\ \vec{v}(t) &= \dot{x}\;\hat{\imath} + \dot{y}\;\hat{\jmath} + \dot{z}\,\hat{k} = v_x\;\hat{\imath} + v_y\;\hat{\jmath} + v_z\,\hat{k}, \\ \vec{a}(t) &= \ddot{x}\;\hat{\imath} + \ddot{y}\;\hat{\jmath} + \ddot{z}\,\hat{k} = a_x\;\hat{\imath} + a_y\;\hat{\jmath} + a_z\,\hat{k}\end{aligned}$$

복습 문제

문제 2.232

다음 그림은 시간 t_1과 t_2 사이의 어떤 점 P의 위치 벡터를 보여주고 있다. $[t_1, t_2]$ 시간 동안에 걸쳐 $\vec{v}_{avg}$를 P의 평균 속도로 나타낼 수 있는가?

주의 개념 문제는 계산이 아닌 설명이 필요하다.

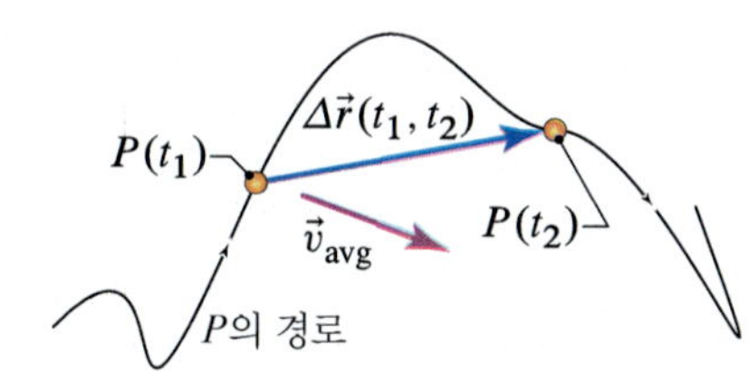

그림 P2.232

문제 2.233

점 P의 움직임은 직교좌표계에서 $\vec{r} = \{0.6\sqrt{t}\ \hat{\imath} + [1.2\ln(t+1) + 0.6t^2]\ \hat{\jmath}\}$ m로 표현된다. 여기서 t는 시간으로 단위는 초이다. $t_1 = 4$ s와 $t_2 = 6$ s 사이의 평균 속도를 구하라. 그리고 P의 속도의 x 성분이 시간 t_1에서 t_2까지의 P의 평균속도의 x 성분과 같아지는 시간을 구하라. P의 속도와 평균 속도가 정확히 일치하는 시간을 구하는 것이 가능한가? 그 이유를 설명하라.

힌트: 속도는 벡터이다.

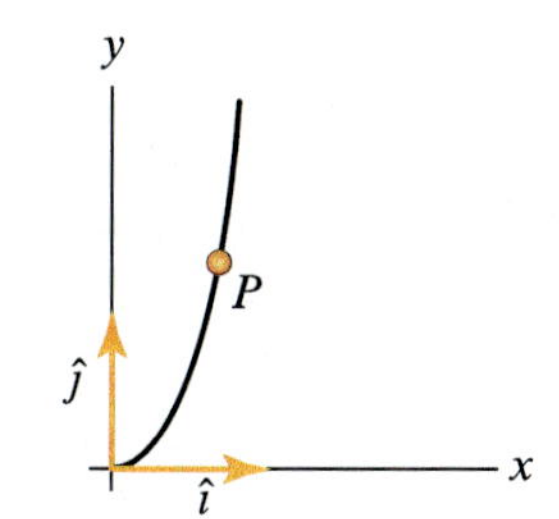

그림 P2.233

문제 2.234

점 P의 속도와 가속도는 시간 t에서 프레임 A에 대하여 다음과 같이 표현된다.

$$\vec{v}_{P/A} = (12.5\ \hat{\imath}_A + 7.34\ \hat{\jmath}_A)\ \text{m/s}, \qquad \vec{a}_{P/A} = (7.23\ \hat{\imath}_A - 3.24\ \hat{\jmath}_A)\ \text{m/s}^2$$

프레임 B는 프레임 A에 대해서 움직이지 않는다고 할 때, 프레임 B에 대한 P의 속도와 가속도를 표현하라. 두 프레임에서 P의 가속도의 크기와 속력이 같은지 검증하라.

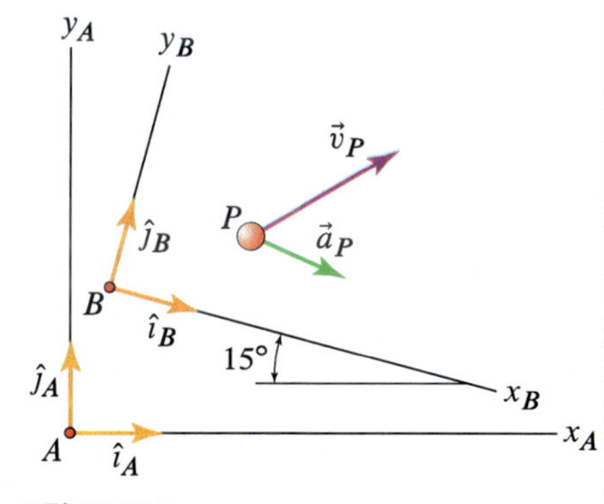

그림 P2.234

문제 2.235와 236

빠른 속도로 진행되는 균열 거동의 설명을 위해 제안된 동역학적 파괴 모델은 물결 모양과 같은 균열 경로를 보여준다.[30] 이러한 모델에서 직선 경로를 따라 움직이는 것 같이 보이는 균열의 끝 부분은 실제로 물결 모양의 경로를 따라서 거의 소리의 속도로 이동한다. 균열 끝단의 물결 모양 경로를 $y = \sin(2\pi x/\lambda)$로 표현한다. 여기서 h는 파괴 끝 부분의 크기이고 λ는 주기에 해당한다. 균열 끝 부분이 일정한 속도 v_s(소리의 속도)로 물결 모양의 경로를 따라 움직인다고 가정한다.

문제 2.235 균열 끝부분 속도의 x 성분을 v_s, λ, h, x의 함수로 나타내어라.

문제 2.236 균열 끝 부분의 속도를 v_a로 표시하고 균열 속도의 x 성분을 평균한 값으로 정의하면 다음 식과 같다.

$$v_a = \frac{1}{\lambda}\int_0^{\lambda} v_x\, dx$$

고분자 물질의 동역학적 균열 실험에서 $v_a = 2v_s/3$이고, v_s는 800 m/s에 가깝고 λ는 100 μm 정도 크기인 것이 밝혀졌다. 물결 모양의 균열 이론이 정확하면, 실험에서 예상되는 h의 값은 무엇인가?

그림 P2.235, P2.236

30) 동적 파괴에서 재료의 구조적 항복은 소리의 속도에 근접한 속도로 물체안에서 발생한다. 이 연구분야는 충격 또는 폭파 저항 구조 설계에서 매우 중요하다. 이 문제에서 언급된 모델은 H. Gao의 "Surface Roughening and Branching Instabilities in Dynamic Fracture," *Journal of the Mechanics and Physics of Solids*, **41**(3), pp. 457 – 486, 1993을 참조하였다.

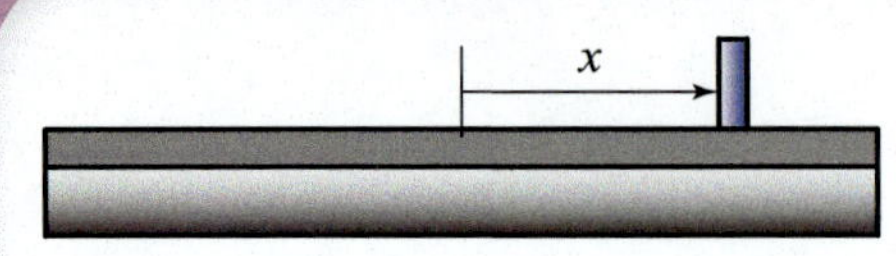

그림 P2.237

문제 2.237

액츄에이터는 직선 가이드 안에서 미끄러지는 못의 움직임을 제어하여 못의 가속도가 $\ddot{x} = a_0(2\cos 2\omega t - \beta \sin \omega t)$의 형태를 가지도록 한다. 여기서 t는 시간, $a_0 = 3.5\ \mathrm{m/s^2}$, $\omega = 0.5\ \mathrm{rad/s}$, $\beta = 1.5$이다. $\dot{x}(0) = a_0\beta/\omega + 0.3\,\mathrm{m/s}$일 때, 시간 간격 $0\mathrm{s} \le t \le 5\mathrm{s}$ 동안에 못이 이동한 전체 거리를 구하라. 문제 5.45와 비교했을 때, 초기 속도에서 0.3 m/s의 추가로 인해서 해를 구할 때 컴퓨터를 사용해야 하는 문제로 바뀌는 이유는 무엇인가?

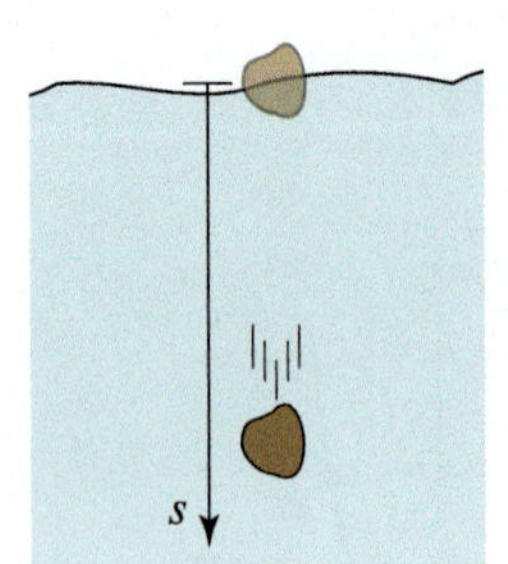

그림 P2.238

문제 2.238

직선 자유낙하운동을 하여 선형 점성 유체 속에 잠길 때, 어떤 물체의 가속도는 $a = g - C_d v$이고 g는 중력 가속도, C_d는 항력 계수, v는 물체의 속도 그리고 m는 물체의 질량이다. 시간이 $t = 0$일 때 $v = 0$, $s = 0$으로 두고 시간의 함수로 위치를 구하라. 여기서, s는 위치, t는 시간이다.

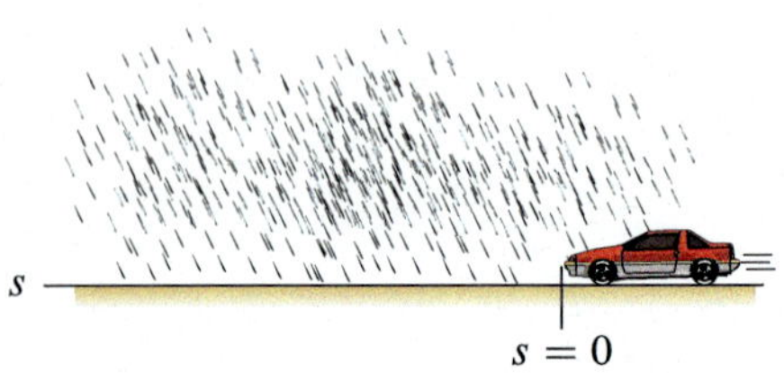

그림 P2.239

문제 2.239

폭우로 인해서 특정 도로 구간의 마찰계수가 거리의 함수로 바뀌게 되었다. 이런 조건에서 정지하려 할 때, 미끄러지는 자동차의 가속도를 $\ddot{s} = -(\mu_k - cs)g$로 근사할 수 있다. 여기서, μ_k는 노면이 건조한 상태에서의 마찰계수이고 g는 중력 가속도, c는 m^{-1}의 단위를 갖을 때, 마찰 감소율을 구하라. $\mu_k = 0.5$, $c = 0.015\ \mathrm{m}^{-1}$, $v_0 = 45\ \mathrm{km/h}$라고 하면 자동차가 정지할 때까지 걸리는 시간과 $c = 0$인 건조상태에서의 정지 시간과 비교하여 증가한 백분율을 구하라. 여기서 v_0는 자동차의 초기속도이다.

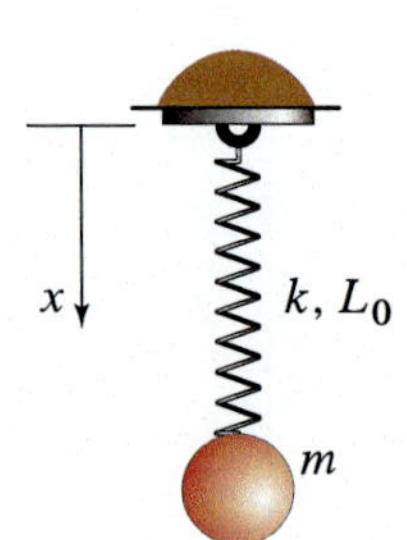

그림 P2.240

문제 2.240

질량 m인 질점은 스프링 상수 k, 늘어나지 않았을 때의 길이가 L_0(스프링의 길이가 L_0일 때 스프링은 질점에 아무런 힘도 가하지 않는다.) 인 선형 스프링에 의해 매달려 있다. 질량 m인 질점의 가속도가 $\ddot{x} = g - (k/m)(x - L_0)$로 주어진다. $t = 0$일 때, 질점은 정지해 있고 위치 $x = 0\ \mathrm{m}$이다. 시간의 함수로 질점 x의 위치를 유도하라.

힌트: 적분 표를 이용하여 계산하라.

문제 2.241

영화 속의 자동차 추격 장면에서 자동차가 경사로의 맨 윗부분에서 A 지점을 넘어 아래 B지점에 정지한다. $\alpha = 18°$, $\beta = 25°$에서 3초 동안 하늘에 떠있었다고 하면 A지점에서 자동차의 속력을 결정하라. 또한 이러한 묘기를 하는 동안에 자동차가 지나간 거리 d와 함께 충돌시 속력과 B에서의 각도를 구하라. 공기 저항에 의한 영향은 무시하라. 미국 관용 단위 체계를 사용하여 답을 나타내라.

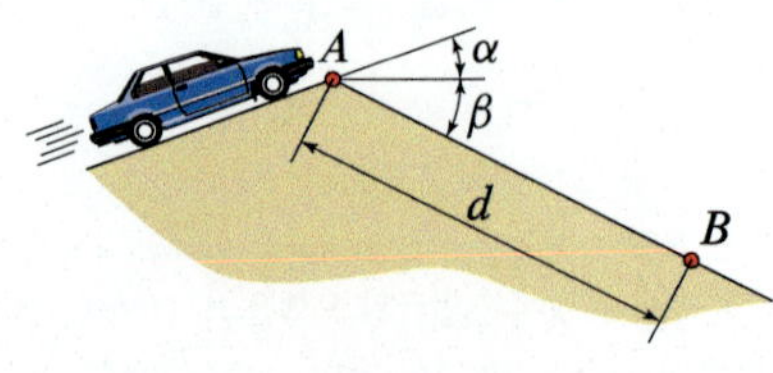

그림 P2.241

문제 2.242

이미 알려진 발사 속도 v_0로 O에서 D까지 거리 R 만큼 발사체를 투사하는 문제를 생각해보자. 발사체가 정확히 거리 R 만큼 떨어진 곳에 도달하기 위해 발사각 θ를 알아야 한다. v_0가 R에 도달하기 위해 충분히 큰지 아닌지를 결정하는 것은 θ와 관련이 있다. v_0에 대한 조건을 결정하라.

힌트: v_0를 R과 θ의 함수로 나타내라. 참고로 사인 함수의 크기는 1을 넘지 않는다.

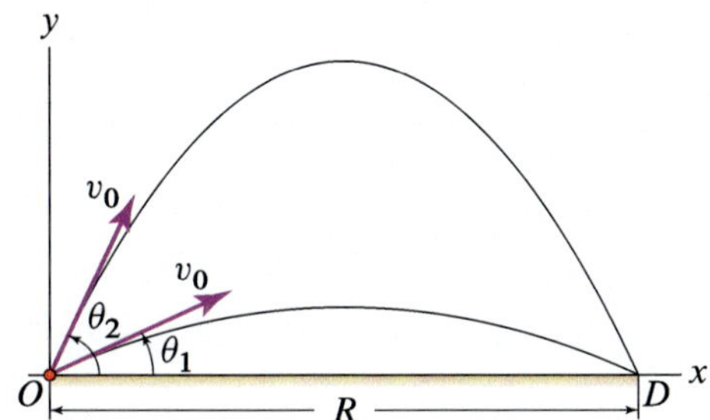

그림 P2.242

문제 2.243

스케이터가 팔을 완전히 편 상태로 $\omega = 60$ rpm의 각속도로 회전하고 있다. $r_b = 160$ mm, $l = 670$ mm라고 하고 스케이터가 팔을 내렸을 경우 ω의 변화는 무시하다. 스케이터가 $\dot{\beta} = 0.2$ rad/s의 일정 비율로 팔을 내려 $\beta = 0$일 때, 손 A의 속도와 가속도를 구하라. 그림에서 주어진 회전하는 스케이터의 성분 계를 사용하여 답하라. 이는 스케이터와 함께 회전하는 단위 벡터 $\hat{\jmath}$는 식 $\hat{\jmath} = \hat{k} \times \hat{\imath}$를 만족한다.

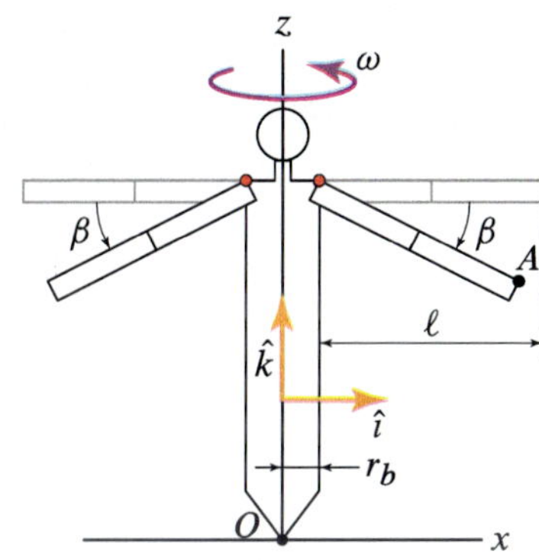

그림 P2.243

문제 2.244

롤러코스터는 그림과 같이 60 mph의 속도로 주어진 트랙 A의 상단지점을 지나간다. 롤러코스터에 탄 승객들이 A지점에서 무중력 상태를 경험하게 되는 최대 곡률반경 ρ를 구하라.

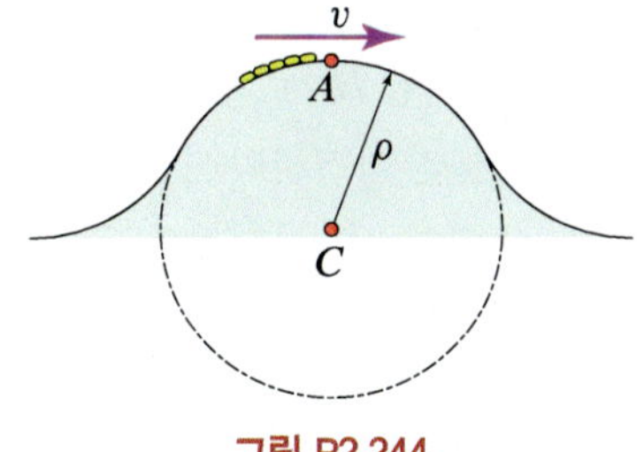

그림 P2.244

문제 2.245

지구가 축을 기준으로 각속도 ω_E로 자전하여 지구의 표면에 생기는 점 P에서의 법선 방향 가속도를 위도 λ의 함수로 나타내라. 또한 태양을 중심으로 공전하여 생기는 지구의 법선 방향 가속도를 구하라. 앞에서 구한 결과를 가지고 지구의 자전에 의한 가속도보다 공전에 기인한 가속도가 더 큰 의미를 지니는 위도를 구하라. 지구의 평균 반지름을 $R_E = 6371$ km이라 하고, 지구를 중심으로 회전하는 지구의 궤적은 반지름이 $R_0 = 1.497 \times 10^8$ km인 원으로 가정한다.

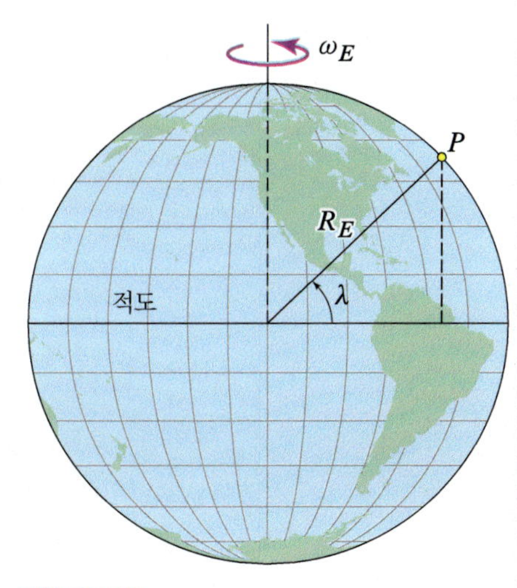

그림 P2.245

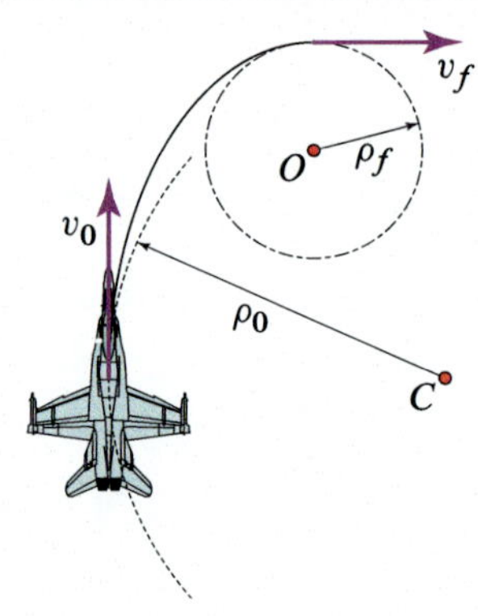

그림 P2.246

문제 2.246

제트기가 일정 속력 $v_0 = 1100$ km/h로 직선 방향으로 비행 중 그림과 같이 항로를 90°로 바꾸었다. 진행 경로의 위치 s의 함수인 회전 반경을 균일하게 감소시키고, 동시에 법선 방향의 가속도를 8 g로 일정하게 유지해야 방향 전환이 가능하다. 여기서 g는 중력 가속도이다. 방향 전환 후 비행기의 속력은 $v_f = 800$ km/h라고 하면, 방향 전환 후의 곡률반경 ρ_f와 비행기가 항로를 완전히 바꾸는데 걸리는 시간 t_f를 구하라.

문제 2.247

자동차가 $v_0 = 160$ km/h의 속력으로 언덕을 올라가고 있다. 그림과 같은 직교좌표계를 사용하여 언덕의 형상을 $y = -(0.003 \text{ m}^{-1})x^2$과 같은 함수로 나타낼 수 있고, x와 y는 미터 단위로 측정되었다. $x = -100$ m일 때, 운전자는 자동차의 속력으로 인해서 언덕 부분의 O지점에 도달하게 되면 지면과의 접촉을 잃게 될 것이라는 것을 알고 있다. 운전자의 직관이 맞는지 확인하고 O지점에서 지면과 접촉을 잃는 최소 속력 변화율을 구하라.
힌트: 자동차의 경로를 따라 이동한 거리를 계산하고
$ds = \sqrt{dx^2 + dy^2} = \sqrt{1 + (dy/dx)^2}\, dx$와

$$\int \sqrt{1 + C^2x^2}\, dx = \frac{x}{2}\sqrt{1 + C^2x^2} + \frac{1}{2C}\ln\left(Cx + \sqrt{1 + C^2x^2}\right)$$

두 식을 자세히 살펴보아라.

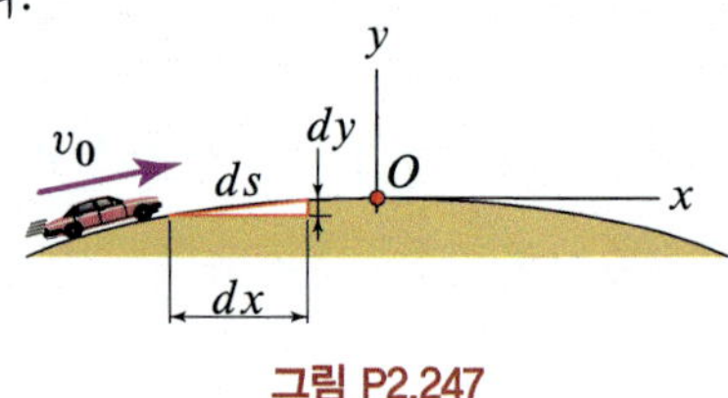

그림 P2.247

문제 2.248

그림과 같은 기계 장치를 **요동** 슬라이더 크랭크(*swinging block* slider crank)라고 부른다. 처음으로 1800년도에 사용되었던 다양한 증기기관차 엔진에서 이러한 기계장치는 종종 문닫이 시스템으로 알려져 있다. $H = 1.25$ m, $R = 0.45$ m, r은 B와 O 사이의 거리라고 한다. B의 속력은 5 m/s로 일정하다고 가정하면 $\theta = 180°$일 때, $\dot{r}$, $\dot{\phi}$, $\ddot{r}$, $\ddot{\phi}$를 구하라.

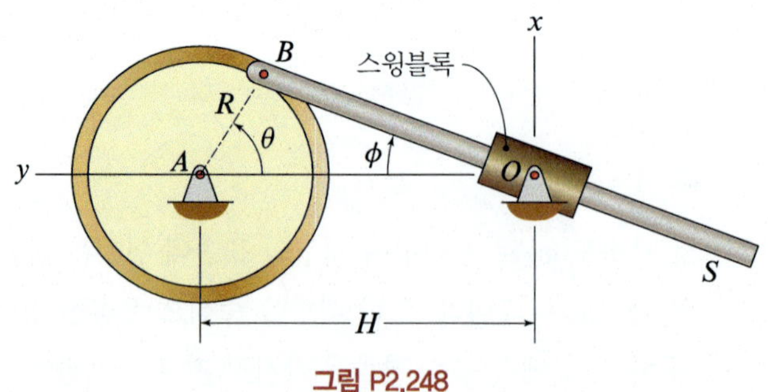

그림 P2.248

문제 2.249

캠(cam)이 O를 중심으로 일정한 각속도 ω_{cam}로 회전하는 축(shaft)에 고정되어 있다. 캠의 운동은 $\ell(\phi) = R_0(1 + 0.25\cos^3\phi)$로 묘사된다. 여기서 ϕ는 캠이 회전할 때, OA

부분을 기준으로 측정된다. $R_0 = 30$ mm일 때, 골이(follower)의 최대 속도가 2 m/s로 제한될 때, 각속도 ω_{cam}의 최대값을 결정하라. 또한 팔로워가 최대 속력에 도달할 때의 최소 각도 $\theta_{\min}$를 구하라.

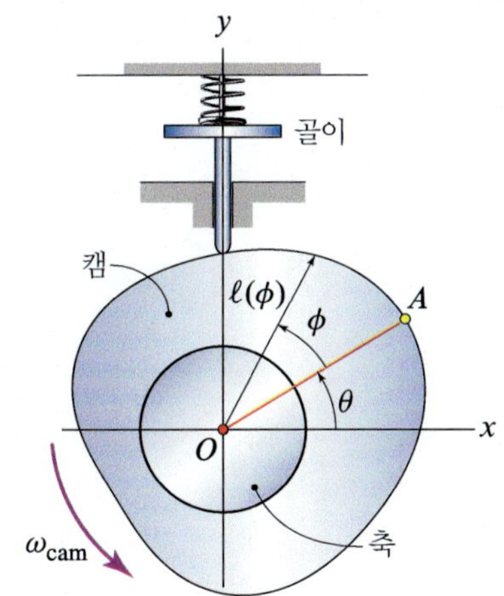

그림 P2.249

문제 2.250

자동차가 일정한 속력 $v_0 = 210$ km/h으로 $R = 137$ m(그림은 비례적이 아니니다)인 원형 도로를 따라 이동하고 있다. O점에 있는 카메라는 자동차의 움직임을 추적하고 있다. $L = 15$ m일때, $\phi = 30°$라면 카메라의 회전율(각속도)와 그 때의 회전율의 시간 변화율(각가속도)를 결정하라.

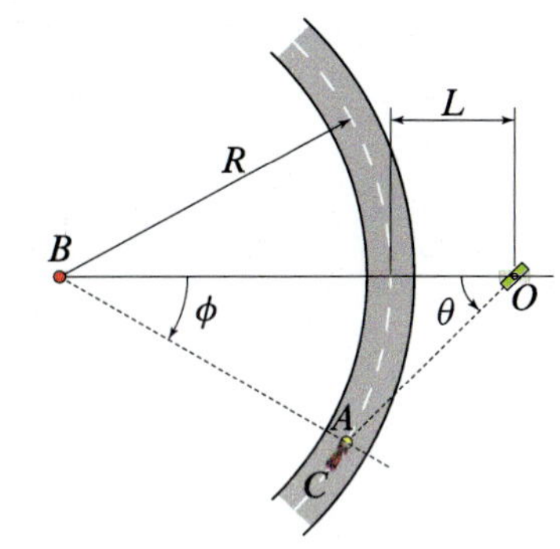

그림 P2.250

문제 2.251–2.253

분수가 O를 중심으로 회전할 수 있고 시간에 따라 분출구의 각도 β를 식 $\beta = \beta_0[1 + \sin^2(\omega_t)]$와 같이 제어한다. $\beta_0 = 15°$, $\omega = 0.4\pi$ rad/s이다. 분출구의 길이는 $L = 45$ m, 분출구를 통과하는 물줄기의 흐름은 일정하고 물은 분출구에 대해 $v_0 = 1.8$ m/s의 속력으로 뿜어진다.

문제 2.251 분출구로부터 분출되는 물 입자의 최대 속력을 구하라.

문제 2.252 $\beta = 15°$일 때, 분출 직전의 가속도의 크기를 구하라.

문제 2.253 발생한 물 포물선이 도달하는 최대 높이를 구하라.

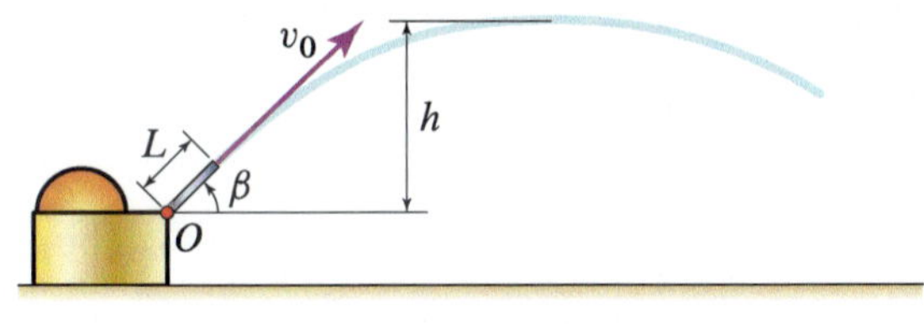

그림 P2.251-P2.253

문제 2.254

비행기가 초기에 지면에 대해 북쪽으로 $v_0 = 690$ km/h의 속도로 비행하고 있다. 이와 동시에 바람이 남북 방향으로 $v_W = 20$ km/h의 일정한 속력으로 불고 있다. 비행기가 반지름 $\rho = 752$ m인 원형으로 방향을 전환한다. 비행기에 장착된 공기속도 표시계는 비행기의 운동방향에서 공기에 대한 상대속도 성분의 절대값을 측정한다. 비행기가 방향을 선회하는 중간 지점에서의 비행기의 접선 방향의 가속도 성분 값을 구하라. 비행기는 공기 속도 표시계를 일정하게 유지한다고 가정한다.

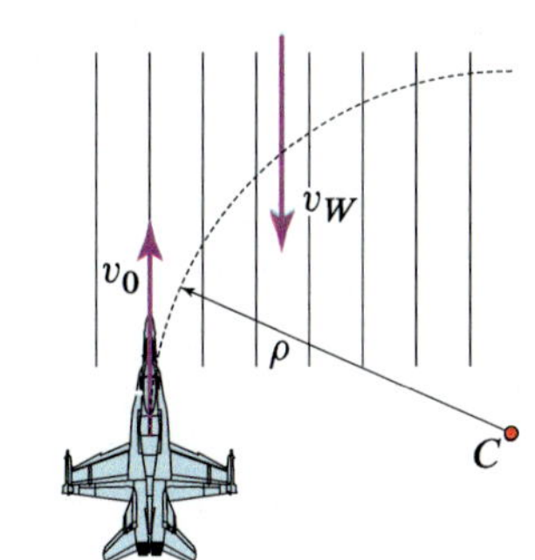

그림 P2.254

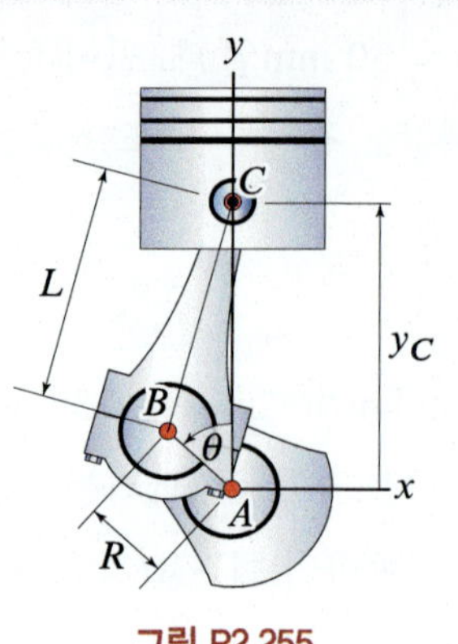

그림 P2.255

문제 2.255

피스톤 헤드의 C 점은 y 축을 따라서 운동하도록 구속되어 있다. 크랭크 AB가 반시계방향으로 일정한 각속도 $\dot{\theta} = 200$ rpm로 회전하고 이때 $R = 90$ mm이고 $L = 135$ mm이다. $\theta = 35°$일 때, B에 대한 C의 상대위치 벡터를 미분하여 커넥팅로드 BC의 각속도를 구하라.

힌트: B의 속도를 구하는 것이 선행되어야 한다. 그리고 C는 y 축을 따라서 움직인다.

문제 2.256

어떤 어린이 A가 그네를 타고 있다. 그네는 고정된 레일을 따라서 자유롭게 움직이는 카트에 부착되어 있다. 어떤 순간에 $a_B = 3.4\ \text{m/s}^2$, $\theta = 23°$, $\dot{\theta} = 0.45$ rad/s, $\ddot{\theta} = -0.2$ rad/s^{2}와 같이 주어질 때, $L = 3.2$ m라 하면 그 순간에 레일에 대한 어린이의 상대 가속도의 크기를 구하라.

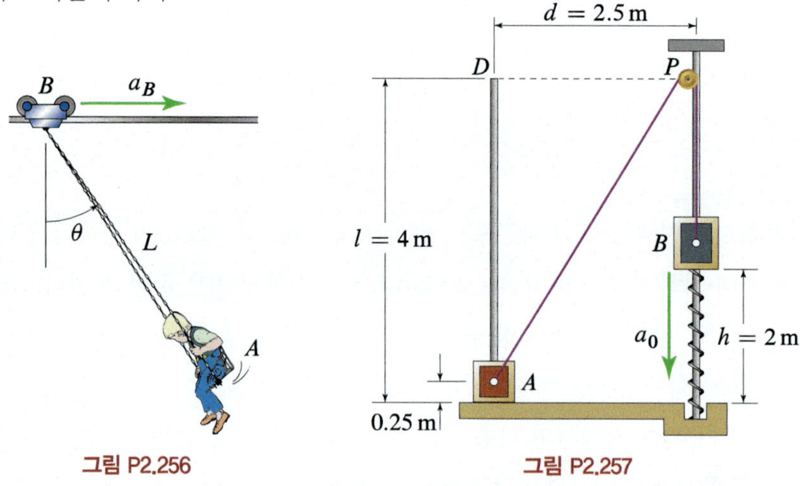

그림 P2.256

그림 P2.257

문제 2.257

블록 B가 그림과 같은 위치에서 정지상태로 놓여져 있다가 아래 방향의 일정한 가속도 $a_0 = 1.8\ \text{m/s}^2$로 움직인다. B가 바닥에 닿는 순간에 블록 A의 속도와 가속도를 구하라.

문제 2.258

주어진 순간에 비행기가 수평방향으로 속도 $v_0 = 470$ km/s, 가속도 $a_0 = 3.6\ \text{m/s}^2$로

비행하고 있다. 이와 동시에 비행기의 프로펠러는 각속도 ω = 1500 rpm, 각가속도 α = 0.3 rad/s^{2}로 회전하고 있다. 프로펠러의 직경 d = 4.3 m일 때, 주어진 순간에 프로펠러 주변부의 가속도 크기를 구하라.

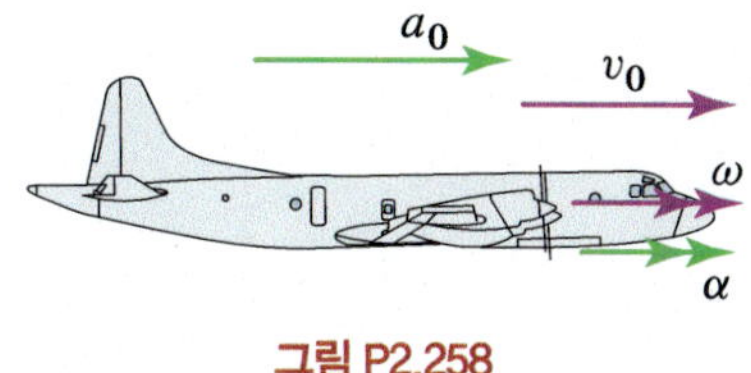

그림 P2.258

문제 2.259

골퍼가 그림과 같이 공을 친다. α, β, 초기속도 v_0가 주어졌다고 하고 공 궤적의 곡률 반경을 시간과 주어진 변수들로 나타내라.

힌트: 그림과 같은 직교좌표계를 사용하여 공의 속도와 가속도를 구하고 법선과 접선 성분을 이용하여 이러한 양들을 다시 표현하라.

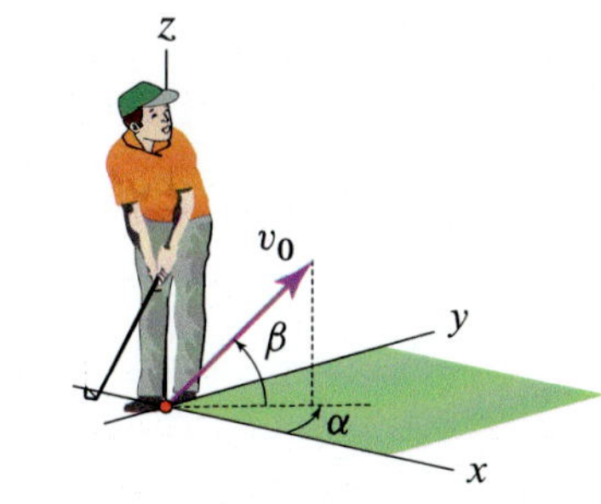

그림 P2.259

문제 2.260

옥토퍼스라 불리는 놀이기구는 z축에 대하여 일정한 각속도 $\dot{\theta}$ = 6 rpm로 회전하는 여덟 개의 팔로 이루어져 있다. 팔은 길이가 L = 8 m이고, z축에 대하여 각도 ϕ를 이루고 있다. ϕ는 시간이 바뀜에 따라 $\phi(t) = \phi_0 + \phi_1 \sin \omega t$와 같이 변하고, ϕ_0 = 70.5°, ϕ_1 = 25.5°, ω = 1 rad/s 이다. ϕ가 최소 값이 될 때, 팔의 바깥쪽 끝부분의 가속도를 구하라.

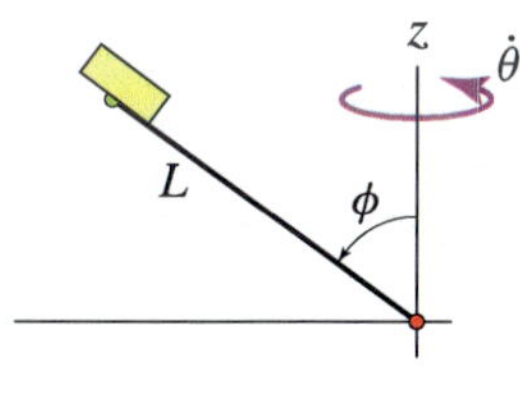

그림 P2.260

3 질점의 힘과 가속도 방법

이 장에서는 뉴턴의 제2법칙인 $\vec{F} = m\vec{a}$가 질점으로 간략화된 물체의 운동을 학습하는데 어떻게 적용이 되는지 살펴볼 것이다. 이 장을 통해서 뉴턴의 제2법칙이 공리(다른 정리들로부터 유도하지 않고 진리로 받아들이는 것)로 다루어지기 때문에 법칙 자체에 대해서는 거의 설명하지 않을 것이다. 따라서 이 장에서는 $\vec{F} = m\vec{a}$가 어떻게 적용되고, 이것이 운동학(kinetics: 운동을 일으키거나 운동에 의하여 발생하는 힘을 다루는 학문)과 연결되는지 살펴볼 것이다. 이 장을 학습하면 2장에서 다룬 운동학과 뉴턴의 제 이 법칙을 이용하여 (1) 주어진 힘에 대한 질점계의 운동을 예측할 수 있고 (2) 질점이 주어진 경로로 이동하기 위한 힘을 결정할 수 있게 된다.

3.1 직선운동

벌레를 잡는 카멜레온

그림 3.1과 같이 카멜레온이 벌레를 잡아 먹기 위해 혀를 길게 내민다고 생각해 보자. 카멜레온이 벌레를 잡는 과정이 너무 빠르기 때문에 고속 카메라를 이용해 이 장면을 포착하였다. 카멜레온의 혀에는 끈적끈적한 점액이 묻어 있기 때문에 벌레를 쉽게 잡을 수 있으며 포착된 동영상을 이용하여 벌레를 잡기 위해 필요한 점액의 접착력(즉, 벌레를 당기는 힘)을 추정할 수 있다.

그림 3.1 벌레를 잡는 카멜레온.

우선 동영상 자료를 통해 벌레의 움직임을 살펴보니 카멜레온이 이 벌레를 완전히 삼키는데 0.15초가 걸렸다. 벌레가 처음에 움직이지 않는다고 가정하면 벌레의 초기 속도는 0이고 카멜레온의 입 속에 들어간 벌레 최종 속도는 반드시 0이어야 한다. 벌레의 운동이 자동차의 운동과 같지 않지만, 2.2절에서 배운 두 개의 정지 신호 사이의 자동차 운동 문제를 기억해 보자. 자동차 문제의 경우 시간에 따른 자동차의 속도 변화를 계산하기 위해서는 3가지의 고려사항이 있었다.

1. 카멜레온이 벌레를 잡는데 걸리는 시간
2. 0인 초기 속도와 최종 속도
3. 벌레가 움직인 거리

벌레가 움직인 거리는 실험적으로 결정해야 하며 약 0.3 m인 것으로 나타났다. 속도의 변화가 연속이라는 것을 고려하여 속도는 삼각함수로 간략화할 것이다. 위의 세가지 고려사항을 이용하여 속도를 아래와 같이 간략화하였고, 시간에 따른 속도변화를 그림 3.2에 나타내었다(옆 여백에 유용한 정보를 참조하라.)

$$v(t) = 2[1 - \cos(41.89\,t)]\ \mathrm{m/s} \tag{3.1}$$

이제 시간에 따른 속도 함수를 이용하여 벌레에 작용하는 힘을 결정할 수 있다. 우선 분석할 대상 시스템을 정하고 그것의 자유물체도(Free body diagram, FBD)를 그린다. 이 문제의 경우 벌레에 작용하는 힘을 결정하는 것이기 때문에 분석할 대상은 벌레이다. 동영상을 보면 벌레는 거의 직선으로 움직이고 카멜레온에 잡힐 때까지 지면과 닿지 않는다. 벌레를 질점으로 모델링하고 벌레가 잡히는 동안의 자유물체도를 그리면 그림 3.3과 같다. 자유물체도에서 벌레는 "투명하게" 나타내었고 "파란점"은 힘이 작용하는 지점이다. 이것은 분석 대상체(벌레)가 질점(파란점)으로 모델링 되었다는 것을 강조하기 위한 것이고 이러한 그림 장치는 이 책 전반에 걸쳐 대상을 질점으로 모델링할 때마다 사용될 것이다.

벌레가 수평 직선으로 움직이는 것을 알고 있으므로 축을 그 직선 방향으로 정한다. 따라서 벌레의 y 방향 가속도는 0이다. 또한 뉴턴의 제2법칙, $\vec{F} = m\vec{a}$를 적용하면 벌레에 작용하는 모든 힘의 합은 벌레의 질량에 가속도를 곱한 것과 같기 때문에 아래 식과 같이 표현할 수 있다.

$$\vec{R} + \vec{W} = m\vec{a} \tag{3.2}$$

여기서 $\vec{R}$은 카멜레온의 혀가 벌레에 가한 힘(접착력)이고 $\vec{W}$는 벌레의 무게로 $\vec{W} = -mg\,\hat{\jmath}$로 나타낼 수 있다. 뉴턴의 제2법칙은 벡터식이므로 그것의 분력을 고려하면 아래 식을 얻을 수 있다.

$$\sum F_x = ma_x \quad \Rightarrow \quad R_x = ma_x \tag{3.3}$$

$$\sum F_y = ma_y \quad \Rightarrow \quad R_y - mg = 0 \tag{3.4}$$

식 (3.4)는 $R_y = mg$, 즉 접착력의 y 방향 분력은 단지 벌레의 무게의 지지를 위해 필요하다. 카멜레온들이 바퀴벌레를 좋아하기 때문에 이 벌레를 바퀴벌레로 가정하면 약 질량 $m = 6$ g이다. 식 (3.1)을 시간에 대해 미분하고 식 (3.3)에 대입하면 아래의 힘이 식을 얻을 수 있다.

$$R_x = m[83.78\sin(41.89\,t)]\ \mathrm{N} \tag{3.5}$$

여기서 $R_y = mg$이므로 필요한 전체 힘은 아래 식과 같다.

$$|\vec{R}| = \sqrt{R_x^2 + R_y^2} = \sqrt{[83.78m\sin(41.89\,t)]^2 + (mg)^2} \tag{3.6}$$

식 (3.6)으로 주어지는 $|\vec{R}|$을 바퀴벌레의 무게로 나눈 값을 그림 3.4에 나타내었다. 그림을 통해 필요한 최대 힘은 약 9 mg고 두 지점에서 최대 힘이 작용하게 된다. 식 (3.5)를 보면 최대 힘이 작용하는 처음 경우는 R_x가 양의 값을 가져 힘이 직접 카멜레온을 향하

유용한 정보

속도 형상의 모델링. 그림 3.2의 속도 형상은 아래 식의 형태로 나타난다.

$$v(t) = A[1 - \cos(Bt)]$$

위의 식은 $t = 0$일 때 $v = 0$을 만족시키기 때문에 나머지 두 고려사항들을 이용해 계수 A, B를 결정할 수 있다. $t = 0.15$ s일 때 $v = 0$을 만족시키려면 $B\,(0.15\ \mathrm{s}) = 2\pi$이므로 $B = 41.89\ \mathrm{s}^{-1}$이다. 벌레의 $v(t)$를 [0, 0.15 s] 구간에 대해 적분하면 벌레의 이동거리가 0.3 m가 되어야 하므로 아래 식으로부터 $A = 2$ m/s가 된다.

$$\int_0^{0.15\,\mathrm{s}} A[1 - \cos(41.89\,t)]\,dt = 0.3\ \mathrm{m}$$

$$\Rightarrow \quad (0.15\ \mathrm{s})A = 0.3\ \mathrm{m}$$

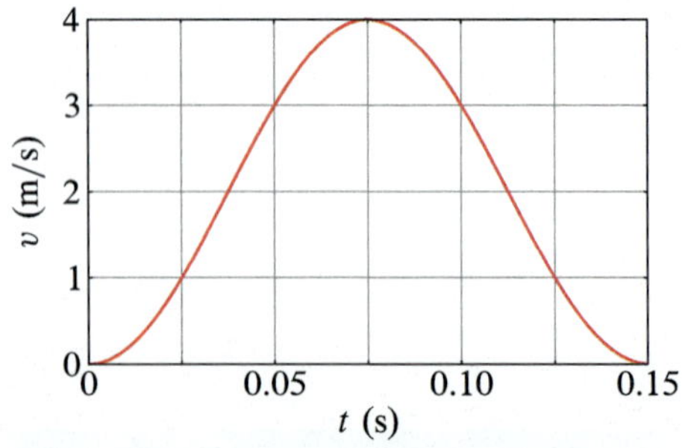

그림 3.2 카멜레온 혀 끝 속도의 시간 그래프.

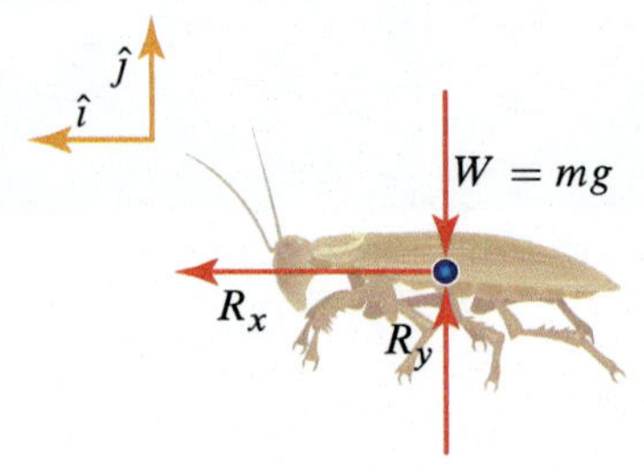

그림 3.3 카멜레온에 잡힌 벌레의 자유물체도. 벌레는 "투명하게" 나타내었고 "파란점"은 힘이 작용하는 지점이다. 이것은 분석 대상체(벌레)가 질점(파란점)으로 모델링 되었다는 것을 강조하기 위한 것이다.

게 된다. 최대 힘을 가지는 두번째 경우는 R_x가 음의 값을 가지고 이는 바퀴벌레가 카멜레온의 입 앞에서 속도를 줄이기 위한 것이다. $|\vec{R}|$의 최대값은 식 (3.6)을 시간에 대해 미분하고 그 값이 0이 되도록 설정하여 계산할 수 있고 그 최대값 $R_{max} = 0.5061$ N이다. 최대 힘은 $t_1 = 0.03750$ s와 $t_2 = 0.1125$ s에 발생한다.

벌레에 발생되는 가속도를 결정함으로서 이번 토의를 마치고자 한다. a_x가 최대일 때 a_{max}가 발생하므로 이 때 $a_y = 0$이고 $a_x = 83.78\sin(41.89\ t)$ m/s²임을 확인하였다.[1] a_x를 미분하고 그 값이 0이 되도록 하면 최대 가속도가 일어나는 시간 t_m을 아래와 같이 결정할 수 있다.

$$\frac{da_x}{dt} = 3509.5\cos(41.89\,t_m)\,\text{m/s}^3 = 0 \tag{3.7}$$

또는 $41.89t_m = (2n + 1)\pi/2(n = 0, 1, 2, \ldots)$를 이용하면 $(t_m)_1 = 0.03750$ s와 $(t_m)_2 = 0.1125$ s(0.15초 이내에는 위의 두 시점만 존재한다). t_m을 a_x에 대입하면 최대 가속도 83.78 m/s²을 얻을 수 있고 벌레는 $83.78/9.81 = 8.54g$의 가속도를 받는다는 것을 확인할 수 있다. 이때 최대 힘은 최대 가속도가 발생하는 동일 시간에서 발생한다. 즉 1차원 문제에서는 최대 가속도와 최대 힘은 항상 동일 시간에서 발생한다.

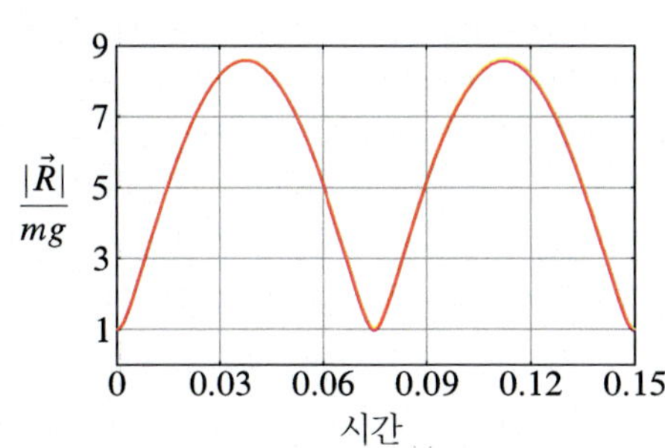

그림 3.4 카멜레온의 입으로 당겨지기 위해 벌레에 작용하는 힘.

카멜레온 문제의 시사점

카멜레온 문제는 뉴턴의 제2법칙을 적용하여 주어진 운동을 하는 물체에 작용하는 힘을 어떻게 계산하는지를 보여주고 있다. 또한 뉴턴의 제2법칙은 이와 반대 문제, 즉 힘이 작용하는 물체의 운동을 결정하는 문제에도 적용할 수 있다. 이러한 이유로 우리가 실생활에서 자주 접하는 다양한 힘을 어떻게 수학적으로 표현하는지를 아는 것은 매우 중요하다. 공학문제에서 자주 접하는 마찰력과 스프링 힘의 복습을 통해 본격적으로 뉴턴의 제2법칙의 학습을 시작할 것이다.

카멜레온 문제의 또 하나의 시사점은 문제의 해가 물체의 운동과 힘을 적절히 표현하기 위한 좌표계의 선정과 자유물체도의 작도를 포함한다는 사실이다. 이러한 요소, 즉 좌표계의 선정, 자유물체도, 힘의 표현과 운동학은 뉴턴의 제2법칙과 관련된 모든 문제의 공통 요소이다. 이후 마찰력과 스프링 힘을 체계적으로 다루면서 이러한 과정들에 대해 토의할 것이다.

마찰력

마찰력은 많은 공학문제에서 매우 중요한 역할을 하고 매우 복잡한 현상이기 때문에 여전히 연구되고 있는 분야이다. 여기서 우리는 1773년경에 처음 Charles Augustic Coulumb (1736–1806)에 의해 발표된 **쿨롱 마찰**이라고 하는 기본적인 마찰 모델[2]만 복습할 것이다. 비록 이 모델이 매우 간단하지만 많은 경우에서 마찰을 정확히 표현할 수 있다.

1) 벌레가 y 방향으로 가속되지 않아도 R_{max}가 R_y의 무게를 포함하기 때문에 $a_{max} \neq R_{max}/m$임을 기억하라.

2) 마찰력의 모델은 M. E. Plesha, G. L. Gray, and F. Costanzo, *Engineering Mechanics: Statics*, McGraw-Hill, Dubuque, 2010의 9장에서 찾을 수 있다.

빠지기 쉬운 함정

마찰력. 쿨롱 마찰 모델에 관계된 흔한 오해는 물체가 움직이지 않을 때 $F = \mu_s N$이고 물체가 움직이면 $F = \mu_k N$라는 것이다. 바퀴가 미끄러지지 않고 굴러가면 바퀴는 움직이지만 바퀴와 지면 사이의 마찰력 F와 수직항력 N은 $|F| \le \mu_s |N|$이 된다. 또한 단지 $F = \mu_s N$이 되는 경우는 물체가 지면 위에서 멈춰 있다가 미끄러질 때, 즉 물체와 지면이 다른 속도를 가지는 때이다. 물체가 지면에 대해 상대 운동을 하지 않을 때 우리는 단지 $|F| \le \mu_s |N|$라고 말할 수 있으며 그 이상도 이하도 아니다. 그렇지 않고 슬립이 발생하면 마찰력 $|F| = \mu_s |N|$이 된다.

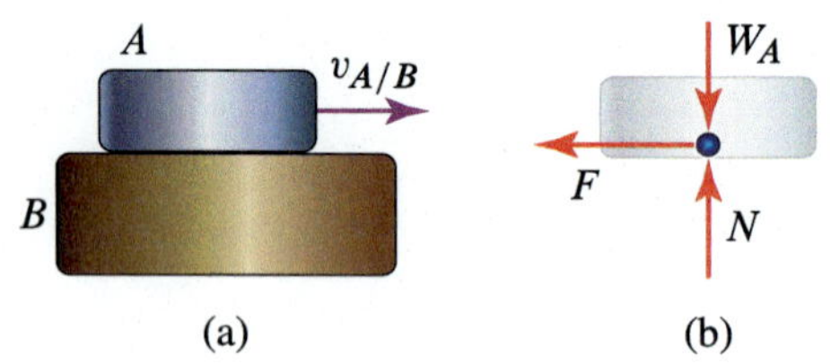

그림 3.5 (a) B 물체 위에서 미끄러지는 물체 A: 상대 속도는 $v_{A/B}$로 주어짐 (b) 동 마찰 방향을 보여주는 물체 A의 자유 물체도: 물체 A는 질점으로 모델링함.

마찰력은 일반적으로 두 물체 사이 접촉하는 면에 접선 방향으로 발생하는 접촉력이라고 정의된다. 쿨롱 마찰 모델은 두 물체가 상대적으로 미끄러질 때 두 물체 사이에 발생하는 마찰력은 두 물체 사이의 수직력과 운동마찰계수(*coefficient of kinetic friction*)라고 불리는 변수의 곱과 같다. 두 물체가 상대적으로 움직이지 않으면 마찰력은 수직력과 정지마찰계수(*coefficient of kinetic static friction*)라는 변수의 곱보다 작거나 같다. 마찰력은 접촉해 있는 물체 사이의 상대 운동을 방해하는 방향으로 작용한다. 쿨롱 마찰 모델은 모든 마찰력은 아래와 같은 세 가지 조건으로 명시한다.

미끄럼이 없는 경우 두 물체가 상대적으로 움직이지 않을(미끄러지지 않을) 때, 마찰력은 아래 부등식을 만족한다.

$$|F| \le \mu_s |N| \tag{3.8}$$

여기서 μ_s는 정지마찰계수고 N은 두 물체 사이의 수직력이다. 한 물체에 작용하는 마찰력의 방향은(뉴턴의 제3법칙에 따라) 다른 물체에 작용하는 마찰력의 방향과 반대이다. 또한 주어진 물체에 작용하는 마찰력의 방향은 마찰력이 없을 경우 예상되는 다른 물체에 대한 그 물체의 상대 속도 벡터의 방향과 반대이다. 주의할 점은 F와 N에 절대값 표시가 있다는 것이다. 마찰력의 방향은 종종 문제에서 주어지지 않으며 $|F|$의 절대값 표기는 마찰력의 올바른 방향을 결정하는데 도움이 된다. N에 관하여서는 일반적으로 "압축"일 때 양의 값이라고 가정하고 적어도 평형 조건에서 N의 부호는 쉽게 결정할 수 있다. 하지만 못이 홈이 파인 안내면을 따라 움직일 때와 같이 N의 방향이 시간에 따라 바뀌는 동역학 예제가 다수 있다. 따라서 N이라고 쓰기보다 $|N|$이라고 표기하여 식 (3.8)이 어느 경우에나 적용될 수 있도록 한다.

미끄러지려는 순간 두 물체 사이의 미끄럼이 임박했을 때, 즉 한 물체가 다른 물체에 대해 상대적으로 미끄러지려는 때, 마찰력과 수직항력은 다음과 같은 관계를 가진다.

$$F = \mu_s N \tag{3.9}$$

여기서 마찰력은 두 물체 A와 B의 상대운동을 방해한다는 사실에 부합되도록 마찰력의 방향이 결정되어야 한다.

미끄러지는 경우 두 물체 A와 B가 상대적으로 미끄러질 때(그림 3.5 참조), 물체 B로 인한 물체 A의 마찰력은

$$\vec{F} = -\mu_k |N| \frac{\vec{v}_{A/B}}{|\vec{v}_{A/B}|} \tag{3.10}$$

이때 μ_s는 운동마찰계수고 $\mu_k \le \mu_s$이다. 여기서 물체 A에 작용하는 F의 방향은 B에 대한 A의 상대 속도 방향과 반대이다. 식 (3.10)은 보통 아래와 같이 표현한다.

$$F = \mu_k N \tag{3.11}$$

여기서 마찰력은 두 물체 A와 B의 상대운동을 방해한다는 사실에 부합되도록 마찰력의 방향이 결정되어야 한다.

스프링

종종 그림 3.6과 같이 코일 형태라고 생각되는 스프링은 무수히 많은 형상, 크기와 재질을 가진다. 이들은 번지점프용 줄, 금속이나 다른 재질의 보(beam), 판과 쉘 그리고 토션바를 포함한다.[3)]

그림 3.6 펜에서 볼 수 있는 단순 코일 스프링.

그림 3.7에서와 같이 형상 관점에서 보면 스프링은 길이로서 설명할 수 있다. 스프링의 늘어나지 않은 길이(*unstretched length of the spring*)는 스프링에 아무런 힘이 작용하지 않을 때의 스프링 길이이다. L과 L_0를 현재의 스프링 길이와 늘어나지 않은 길이라고 하면 그리스 문자로 δ라고 표현되는 늘어난 길이(*stretch*)는 아래와 같다.

$$\delta = L - L_0 \tag{3.12}$$

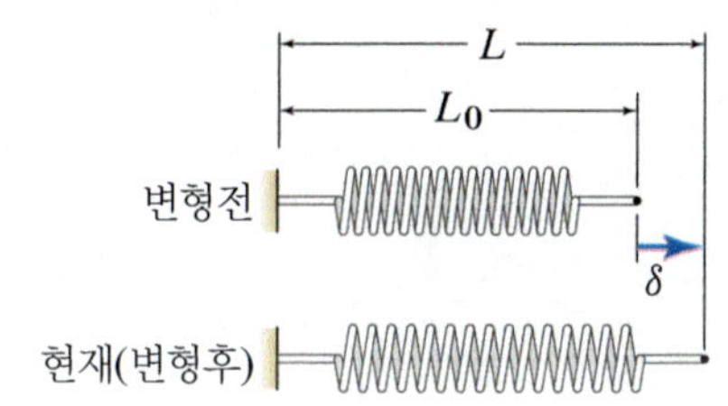

그림 3.7 스프링의 늘어남(신장).

우리는 스프링이 $\delta > 0$이거나 $\delta < 0$일 때 각각 인장되었다 또는 압축되었다고 말한다.

대부분의 응용에서 스프링은 무시할 수 있는 아주 작은 질량을 가진다고 가정한다. 이 가정으로부터 스프링 내부의 힘은 스프링에 작용하는 외력과 같게 된다. 앞으로 특별히 언급하지 않는 이상 스프링은 무게가 없다고 가정할 것이다.

선형 탄성 스프링

스프링 내부력(internal force)이 스프링의 늘어나거나 줄어드는 량에 선형적으로 관계될 때 이러한 스프링을 선형 탄성(*linear elastic*)이라고 한다. 그림 3.8을 참조하면 선형 탄성 스프링을 δ만큼 늘릴 때 필요한 힘 F_s는 아래와 같이 주어진다.

$$F_s = k\delta = k(L - L_0) \tag{3.13}$$

여기서 k는 스프링 상수(*spring costant*)이고 그 단위는 힘/길이이다. 다르게 언급하지 않으면 스프링은 선형 탄성이라고 가정할 것이다.

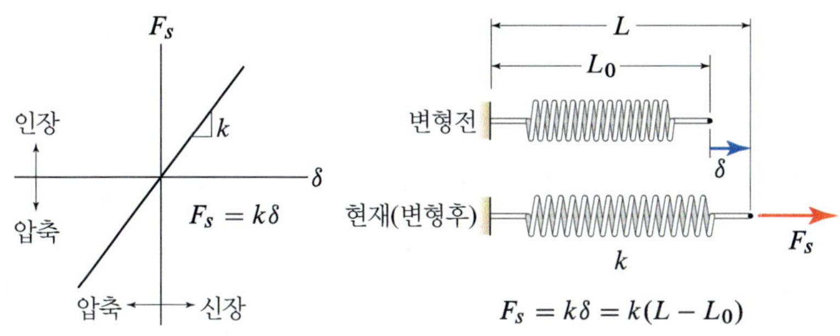

그림 3.8 선형 탄성 스프링을 위한 스프링 법칙.

스프링의 비선형성

비록 우리가 선형 탄성 스프링을 집중적으로 다루지만 탄성 구조(예를 들어 스프링)의 비선형성은 동역학에서 매우 중요하다. 간단한 예로서 탄성 끈(예, 고무줄)은 길게 늘어

3) 예로 Spring Manufacturers Institute, Inc., Rolling Meadows, IL에 의해 1991년에 재발행된 A. M. Wahl, *Mechanical Springs*, 2nd ed. McGraw–Hill, New York, 1963 을 보라.

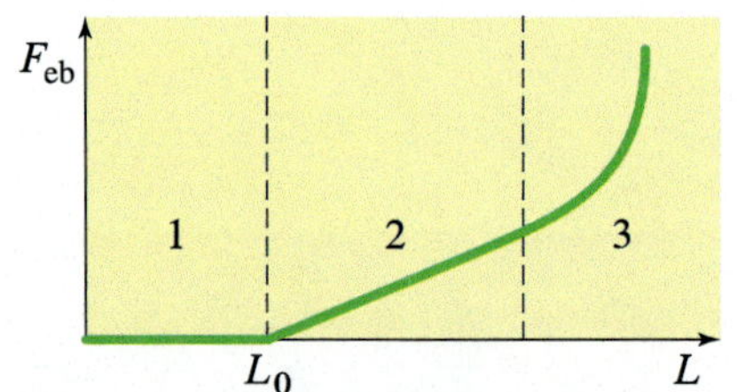

그림 3.9 탄성 끈의 비선형 힘과 변위의 정성적 묘사.

나는 길이 전반에 걸쳐 매우 비선형적이다. 그림 3.9는 그 길이에 따라 탄성 끈의 힘을 나타내었다. 탄성 끈의 길이 L이 늘어나지 않은 원래 길이 L_0보다 작으면 탄성 끈의 힘은 0이다(구간 1). 탄성 끈의 길이가 늘어나지 않은 원래 길이에 도달하면 탄성 끈의 힘이 0에서부터 증가하기 시작하고 힘과 변위 곡선은 선형에 가까워진다(구간 2). 탄성 끈을 계속 늘리면 힘이 급격하게 증가하기 시작하고(구간 3) 끊어질 때까지 더 이상 늘릴 수 없게 된다(곡선의 오른쪽 끝에 있는 수직 부분). 이 책의 예제와 문제들을 통해, 때때로 비선형 스프링을 접하게 될 것이며 시스템의 거동에 영향을 미치는 놀라운 방식을 발견하게 될 것이다.

스프링과 기계시스템 모델링

실제 구조 요소가 될 뿐만 아니라 스프링은 두 지점 간의 거리에만 의존하는 두 지점 간의 힘과 관련된 요소이고 좀더 추상적인 용어로 생각할 수 있다. 예를 들어 많은 경우 두 원자간의 힘은 원자 사이의 거리에만 의존한다는 것을 알고 있다. 이러한 경우 원자는 마치 스프링(비선형)으로 서로 연결되어 있는 것처럼 움직인다고 말하고 분자 동역학에서 원자가 스프링처럼 붙어 있는 것으로 모델링한다. 또 다른 예로 만류인력의 법칙이 있으며 두 물체 사이 중력에 의한 인력은 두 물체 사이의 거리에 반비례한다. 역시 우리는 물체들이 스프링으로 연결되어 있는 것으로 간주할 수 있다. 더욱 일반적으로, 계의 내부력이 계의 지점간의 상대 위치에만 의존하는 탄성계를 모델링할 때 스프링을 사용한다. 거의 대부분의 기계 시스템이 어느 정도의 탄성 특성을 보이기 때문에 우리는 비록 그림 3.6에서와 같은 전통적인 코일 모양의 형태는 아닐지라도 스프링은 어디에나 존재한다고 말할 수 있다.

관성 기준계

뉴턴의 제2법칙을 사용하려면 가속도를 측정하기 위한 관성 기준계(*ineritial refernce frame*)가 필요하다. 관성 기준계는 뉴턴의 제1, 2법칙이 올바르게 적용되는 좌표계이다. 또한 정의(즉, 관성이라는)에 기꺼이 부합되는 계가 있다면 그 계에 상대적으로 가속되지 않는 어떤 좌표계도 또한 관성계이다. 재미있는 것은 몇몇 공학 문제(상대론적인 효과를 고려하지 않거나 궤도 역학에 관심이 없는 한)를 제외한 거의 모든 문제의 계는 지구에 고정되어 있으며 이는 관성 계로 생각할 수 있다. 왜 그런지 살펴 보자.

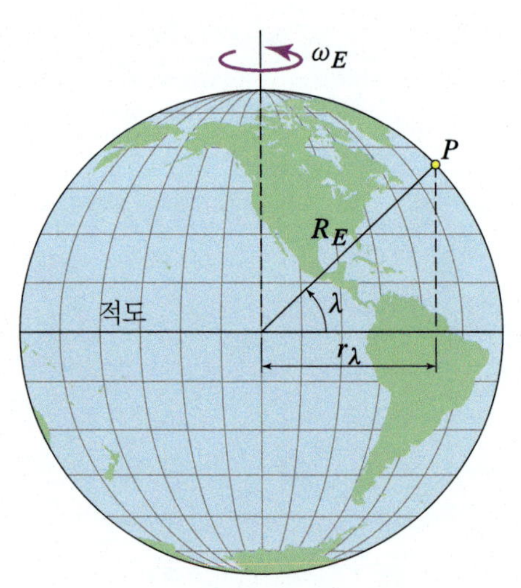

그림 3.10 자전하는 지구 위 한 점의 위도 λ 측정법.

가장 좋은 관성계는 태양계의 무게 중심에 원점(이는 태양에 중심에 매우 가깝다)에 위치한 계이다. 이러한 관성 기준계에 상대적으로 지구의 표면에 기준계가 지구 회전 축을 중심으로 자전하고 태양 주위를 공전하는 운동에 의하여 가속되고 있다. 만약 기준계가 극점에서 충분히 멀리 떨어져 있다면 지구의 자전에 가장 큰 기여를 한다. 그림 3.10에 나타나 있듯이 점 P의 가속도의 크기를 계산하기 위하여 우선 지구의 평균 지름 6371 km를 이용한다. 지구가 하루에 한번 회전하기 때문에 그 각속도는 0.00007272 rad/s이고, 그림 3.10에서와 같이 지구 자전에 의한 법선 가속도는 아래와 같다.

$$a_n = r_\lambda \omega_E^2 = (R_E \cos\lambda)\,\omega_E^2 = (6{,}371{,}000\,\text{m})\left(0.00007272\,\frac{\text{rad}}{\text{s}}\right)^2 \cos\lambda$$
$$= 0.03369\cos\lambda\ \text{m/s}^2. \tag{3.14}$$

위도 북반구 40.8°에 위치한 미국 펜실베니아 주립대와 같이 중간 위도의 경우 식 (3.14)에 주어진 가속도는 약 0.0255 m/s이다(이것은 대부분의 공학문제에서 무시할만한 값이다).

흥미로운 사실

지구의 자전에 의한 가속도와 지구 공전에 의한 가속도. 그림 3.10과 식 (3.14)로부터 지구의 중심이 움직이지 않는다는 가정 아래서 위도 λ에 위치한 점의 법선 가속도는 반드시 아래 식으로 주어진다.

$$a_n = r_\lambda \omega_E^2 = (R_E \cos\lambda)\,\omega_E^2$$

따라서 λ = 0°일 때 a_n이 최대이고 λ = ±90°일 때 최소가 된다. 태양이 관성 좌표계의 원점이라면 궤도 역학에 의해 지구 공전에 의한 법선 가속도는 약 0.005941 m/s²이다. 따라서 위도가 λ = 80° 이상인 위도에서만 지구 공전에 의한 가속도가 지구 자전에 의한 가속도보다 매우 크게 된다.

지배방정식, 운동방정식, 자유도

뉴턴 제2법칙을 이용한 동역학 문제를 풀기 전에 문제의 여러 가지 면을 보여주는 용어를 아는 것은 매우 중요하다. 따라서 이러한 용어 중 실제에서 자주 사용되는 몇몇 용어를 정리하였다.

뉴턴 제2법칙은 평형 원리이다 아래와 같은 뉴턴의 제2법칙은 동역학 문제에서 만나는 첫째 평형 원리이다.

$$\vec{F} = m\vec{a} \tag{3.15}$$

평형 원리(*balnace principle*) 또는 **균형 법칙**은 질량이나 전하와 같은 물리 시스템의 근본적인 성질의 변화와 그 변화의 원인 사이의 관계를 수식화 한 것이다. 뉴턴의 제2법칙의 경우 문제에서 균형은 질량 m인 질점에 작용하는 전체 힘과 $\vec{F} = m\vec{a}$로 나타나는 질점의 운동 변화 사이의 균형이다. 그 물체가 무엇으로 만들어졌든지 물체를 질점으로 모델링하는 한 그 대상체의 운동은 반드시 뉴턴의 제2법칙을 따른다. 그와 같이 뉴턴의 제2법칙은 물체를 모델링하는 과정에 매우 중요하다. 그러나 $\vec{F} = m\vec{a}$라고 쓸 때 뉴턴의 제2법칙은 $\vec{F}$나 $m\vec{a}$를 제공하지 않고 단지 두 양이 서로 균형을 이룬다는 것을 표시한다. 뉴턴의 제2법칙은 단지 문제의 해를 구하는데 필요한 요소 중에 하나이다. 다음에 토의하겠지만 나머지 두 필수 요소는 힘을 자세히 설명하는 힘의 법칙과 가속도를 설명하는 운동학 방정식이다.

힘의 법칙과 운동학 방정식 문제를 풀 때 모든 힘과 모든 가속도에 대한 표현들은 반드시 주어져야 한다. 뉴턴의 제2법칙에 나타나는 힘은 자주 재료(본질) 변수라고 불리는 값과 혼합된 운동학 변수들을 포함한다. 예를 들어 스프링 힘 F_s는 $F_s = kx$라는 친근한 형태로 표현된다. 여기서 F_s는 운동 변수인 x라는 위치와 스프링을 구성하는 재료에 의존하는 요인 k의 함수이다. 또 다른 예는 공기저항을 나타내는 힘이다. 이 힘은 속도 벡터와 항력(drag) 계수에 의존한다. 이 경우 운동 변수는 속도 벡터이고 저항 계수는 재료적 요인이다. 지금부터 우리는 재료적 요인과 운동 변수의 특정한 형태로 주어지는 힘 방정식을 힘의 법칙(*force laws*)이라고 부를 것이다. 특수한 성분 시스템을 사용하여 $\vec{F} = m\vec{a}$의 가속도를 나타내는 방정식을 운동학 방정식(*kinematic equations*)으로 부를 것이다.

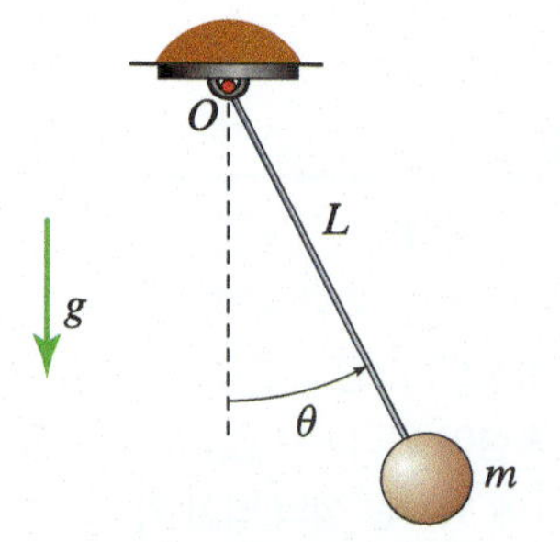

그림 3.11 진자가 흔들릴 때 진자의 줄에 작용하는 장력이 변한다. 장력을 나타내는 방정식(시간 또는 위치의 함수로)이 구속 힘 방정식의 예이다.

지배방정식 주어진 문제를 푸는데 필요한 모든 방정식을 지배방정식(*governing equations*)이라고 부른다. 질점 문제에서 지배방정식은 뉴턴 제2법칙, 힘의 법칙과 운동학 방정식 등이다.

운동 방정식 질점의 운동은 시간의 함수로 표현된 질점의 위치 벡터이다. 강체와 같이 좀 더 복잡한 모델에서 운동은 물체의 위치를 시간에 함수로 유일하게 표현할 수 있는 함수들의 집합이다. 물체의 운동 방정식(*equation of motion*)들은 물체의 운동을 결정할 수 있는 방정식들을 말한다. 본 교재에서 운동방정식은 상미분 방정식의 형태를 가지고 질점의 경우 일반적으로 힘의 법칙과 운동학 방정식을 뉴턴의 제2법칙에 대입하여 유도한다.

구속 힘 방정식 지배방정식은 계에 작용하는 힘과 모멘트를 물체의 함수로 표현하는데 사용할 수 있다. 이러한 방정식의 예로 진자 줄의 장력을 진자 추의 위치 함수로 표현하는 것을 들 수 있다(그림 3.11 참조). 우리는 이러한 방정식들을 구속 힘 방정식(*constraint force equations*)이라고 부른다. 이 장 첫 부분의 카멜레온 문제를 참조하면 앞에서 본 바와 같이 벌레의 운동을 구하기 위해 카멜레온 혀에 의해 벌레에 작용하는 힘을 나타낸 식 (3.5)는 구속 힘 방정식의 또 다른 예이다.

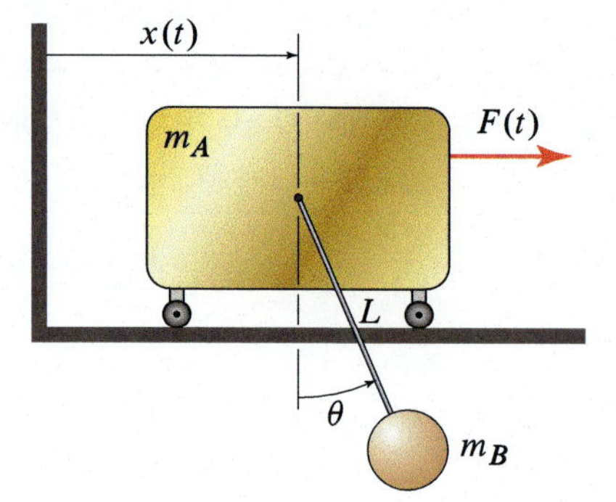

그림 3.12 단진자가 달린 구름 수레를 이용한 자유도의 예.

자유도 수학적으로 계의 자유도(*degrees of freedom*)는 어떤 계의 위치를 유일하게 명시하는데 필요한 독립적인 좌표계들이다. 자유도의 수(*number of degrees of freedom*)를 시스템을 움직이지 못하게 하는데 필요한 다른 좌표계의 수로 생각하면 좀더 물리적이고 직관적으로 이해할 수 있다. 예를 들어 그림 3.11과 같은 단진자는 진자가 움직이지 않도록 하기 위해 단지 좌표 θ만 고정시키면 되기 때문에 1자유도를 가진다. 그림 3.12와 같은 수레(cart)와 단진자는 그 계가 움직이지 않도록 고정하려면 x와 θ 두 좌표계를 고정해야 하기 때문에 2자유도를 가진다. 자유도의 수는 그 시스템의 운동 방정식의 수와 같다는 것도 어떤 계의 자유도를 알아내는데 유용하다.

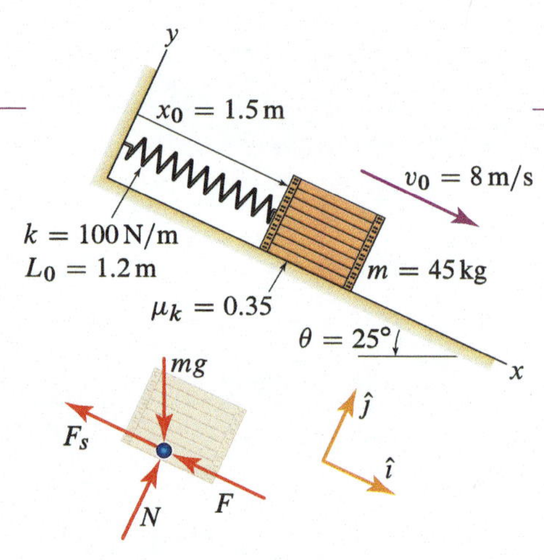

그림 3.13 경사에서 미끄러지는 상자. x_0와 v_0는 각각 상자의 초기 위치와 속도이다. 상자는 질점으로 모델링 되었다.

■ **간단한 예제** 위에서 소개한 용어를 예를 들어 설명하기 위해 그림 3.13에 나타난 상자가 놓여질 때부터 멈출 때까지 운동과 스프링에 작용하는 힘을 시간의 함수로 결정해 보자.

풀이 상자는 직선운동을 하기 때문에 그림 3.13과 같이 직각(Cartesian) 좌표계를 선택한 후 상자의 자유물체도를 이용하여 균형 법칙으로 뉴턴의 제2법칙을 아래 식과 같이 문제에 적용하였다.

$$\sum F_x: \quad mg\sin\theta - F - F_s = ma_x \tag{3.16}$$

$$\sum F_y: \quad N - mg\cos\theta = ma_y \tag{3.17}$$

여기서 F_s와 F는 각각 스프링 힘과 마찰력이다. 여전히 계에 작용하는 힘과 운동 형태를 기술할 필요가 있기 때문에 위의 식으로부터 직접적으로 우리가 알고자 하는 정보를 얻을 수 없다. 소위 힘의 법칙을 이용하여 F_s와 F를 기술하는 것부터 시작한다. 이 힘의 법칙은 아래와 같다.

$$F_s = k(x - L_0)\ , \quad F = \mu_k N \tag{3.18}$$

여기서 k와 L_0는 각각 스프링 상수와 스프링의 늘어나지 않았을 때 길이이고, μ_k는 상자와 경사면 사이의 운동마찰계수이다. 다음, 아래 **운동학 방정식**을 이용하여 가속도를 기술하고자 한다.

$$a_x = \ddot{x}\ , \qquad a_y = \ddot{y} \quad \text{with} \quad y = 0 = \text{const.} \quad \Rightarrow \quad a_y = 0 \tag{3.19}$$

이제 문제를 풀기 위해 필요한 모든 방정식을 얻었다. 식 (3.16)-(3.19)은 계의 움직임을 완전히 기술하는데 필요한 계의 **지배방정식**이다. 다음에 상자의 운동방정식을 유도한다. 상자가 y 방향으로 움직이지 않고 x 축만 고정하면 상자가 움직이지 않기 때문에 상자는 단지 **1자유도계**만을 가진다. 이는 우리가 $x(t)$에 대하여 단지 한 개의 방정식만 유도하면 된다는 것을 의미한다. 이 방정식을 얻으려면 식 (3.19)를 식 (3.17)에 대입하여 N에 대해 풀면 이 계의 구속 힘 방정식인 $N = mg\cos\theta$를 얻게 된다. 마지막으로 이 결과와 함께 식 (3.18), (3.19)로부터 a_x를 식 (3.16)에 대입하면 우리는 아래의 결과를 얻을 수 있다.

$$m\ddot{x}(t) + kx(t) = mg(\sin\theta - \mu_k\cos\theta) + kL_0 \tag{3.20}$$

위의 식에서 $\ddot{x}(t)$는 $x(t)$의 2차 미분이지만 이는 $x(t)$와 **독립적**이지 않다. 식 (3.20)은 $x(t)$와 이의 2차 미분을 모두 포함하고 있기 때문에 이 방정식은 $x(t)$를 미지수로 가지는 **미분 방정식**이다. 식 (3.20)이 이 문제의 운동방정식이다. 식 (3.20)에서 2차 미분항이 가장 높은 차수의 미분항이기 때문에 미분 방정식 이론에 의하여 이 문제를 완전히 풀려면 두 개의 추가 조건이 필요하다. 본 문제에서 이 두 조건은 시간 $t = 0$일 때 상자의 위치와 속도로 주어진다(그림 3.13 참조). 즉 $x(0) = x_0 = 1.5$ m이고 $\dot{x}(0) = v_0 = 8$ m/s이다. 미분 방정식 이론으로부터 아래와 같은 해를 구할 수 있다.

$$x(t) = A\sin\sqrt{\frac{k}{m}}\,t + B\cos\sqrt{\frac{k}{m}}\,t + \frac{mg}{k}(\sin\theta - \mu_k\cos\theta) + L_0 \tag{3.21}$$

여기서 A와 B는 앞에서 언급한 $t = 0$인 조건들로부터 결정할 수 있다. 이 해는 유도한 자유물체도와 부합할 때만 유효하다. 특히 상자가 놓여질 때부터 최하지점까지만 유효하다. 상자가 멈춘 이후로는 마찰력의 방향과 종류가 변하고, 즉 적어도 $\dot{x}(t) = 0$인 순간에는 정지마찰이 되어 상자의 자유물체도가 변한다. 상자가 멈춘 이후로 상자의 운동을 예측하려면 새 자유물체도를 그려 새로운 문제풀이 과정을 시작해야 한다. 마지막으로 스프링 힘 F_s는 식 (3.21)을 스프링 힘을 나타내는 식 (3.18)에 대입하여 얻는다. ■

뉴턴 제2법칙을 적용하기 위한 비법

이제 뉴턴 제2법칙의 응용을 위한 "비법"을 제공하고자 한다. 이 비법은 동역학에서 어떤 운동학 문제에도 적용 가능하고 문제를 해결하기 위한 모든 수준과 영역의 역학에서 사용하는 기본 틀(framework)을 제공한다.

유용한 정보

아직도 거기입니까? 동역학에서 지배방정식은 항상 세 그룹: 평형 원리(질점의 경우 $\vec{F} = m\vec{a}$를 뜻함), 힘의 법칙과 운동학 방정식으로 나눌 수 있다. 이 사실은 언제 방정식을 찾기 위해 잠시 멈춰 무엇을 할지 결정할 때 많은 도움을 준다.

유용한 정보

운동방정식 풀기. 운동방정식을 풀기 위해 미분 방정식과 초기 조건문제에 익숙해질 필요가 있다. 동역학을 처음배우는 학생은 이러한 익숙함이 없을 지도 모른다. 하지만 매스매티카(Mathematica)와 같은 상용프로그램을 이용하면 이러한 문제의 해를 쉽게 구할 수 있다.

재료

동역학문제를 풀 때마다 문제의 지배방정식을 얻는 세가지 그룹의 방정식이 있을 것이다.

1. 평형 원리

카멜레온 예제에서 우리가 적용한 평형 원리는 식 (3.3)과 (3.4)를 통해 표현된 뉴턴의 제2법칙이다. 4, 5장에서 우리는 에너지, 선형운동량과 각 운동량의 균형과 같은 평형 원리들을 사용할 것이다.

2. 힘의 법칙

이들은 계에 작용하는 힘을 기술하는 방정식이다. 이 책에서 가장 많이 만나게 될 힘의 법칙은 (1) 중력, (2) 마찰력, (3) 스프링 힘, (4) 유체 저항의 법칙이다. 힘의 기술이 매우 기초적이기 때문에 때로는 그에 대한 명시적인 기술을 하지 않을 것이다. 예를 들어 그림 3.13에서는 상자와 지구 사이의 만류인력으로 기술되는 힘의 법칙은 자유물체도에서 mg로 직접적으로 표시되었다. 어떤 경우에서는 힘이 문제에서 결정해야 할 미지의 것일 수 있다. 카멜레온 예제가 바로 이런 경우이다. 이러한 경우에서는 자유물체도에서 힘을 미지로 놓고 나머지 지배방정식을 이용해서 그 힘을 결정한다.

3. 운동학 방정식

이들은 운동을 기하학적으로 기술하는 방정식이다. 카멜레온의 예에서 기하학 관계는 그것의 미분을 이용하여 필요한 가속도를 결정하는 속도 식(식 (3.1))이다.

준비

이제 재료가 준비되었으므로 이를 배합할 수 있다. 아래에 요약된 단계를 반드시 꼭 따라야 할 필요는 없다. 이들은 저자들이 문제를 해결하는 중에 발견한 단계들이다. 즉 재료를 배합하는 방법은 문제를 푸는 사람에 따라 다르다.

1단계. 로드맵과 모델링: 주어진 정보를 검토하고 계를 확인하고, 가정을 말하고 자유물체도를 그리고 문제 해결 방법을 확인한다. 카멜레온 예제에서 주어진 정보를 검토하면 "주어진 벌레의 운동에서 벌레에 작용하는 힘을 구하는 문제"임을 깨닫게 해주고 우리가 분석해야 할 대상이 벌레임을 알려준다. 자유물체도를 그릴 때 벌레를 질점으로 모델링하고 또한 어떤 힘을 고려하고 어떤 힘은 무시할 것인지 결정한다. 즉 벌레의 무게와 벌레와 카멜레온 혀 사이에 작용하는 힘을 고려한다. 관련된 힘을 선택하는 것은 문제에서 어떤 물리 현상에 중요한지를 가정한 결과이다. 힘은 벡터이므로 자유물체도와 모델링 과정에서 필수적으로 성분을 선택해야 하고 이는 운동학을 기술하는데 사용하는 것과 동일해야 한다. **자유물체도와 관련된 성분은 모든 계를 시각화 하기 때문에 해의 가장 중요한 요소**이다. 자유물체도는 쉽게 이해되어야 하며 모든 힘(앞으로는 모멘트까지)을 쉽게 구별되도록 분명하게 그려야 하고, 방향도 분명히 표시하여야 한다. 문제

> **유용한 정보**
>
> **무엇이 좋은 모델인가?** 좋은 모델은 최소한의 수학적 복잡성을 가지고 문제와 관련된 모든 물리적 현상을 포함해야 한다. 다음 무엇이 "충분히 좋은 답"인지 결정해야 하는데 이것은 우리가 이 모델을 가지고 무엇을 하려는 지에 달려있다. 모델에 포함되는 힘은 원하는 정확도와 경험의 함수이기 때문에 "모든 것을 포함하는 모델"은 절대 좋은 모델이 아니다. 또한 복잡한 모델일수록 문제를 풀기 위해 많은 계산 과정이 필요하고 따라서 모델링 과정에서 비용적 장점이 있는 접근법이 자주 요구되는 이유이다.

의 분명한 물리적 그림이 그려지면 해결 전략을 결정해야 한다. 카멜레온 문제에서 문제 해결 전략은 뉴턴 제2법칙을 직접 적용하는 것이다.

2단계. 지배방정식: 평형 원리, 힘의 법칙과 운동학 방정식을 작성하라. 자유물체도를 그리고 나면 모델을 수학적으로 표현한 방정식들을 조합한다. 이들은 문제의 **지배방정식**이고 평형 원리, 힘의 법칙과 운동학 방정식으로 구성된다. 이 장에서 항상 뉴턴의 제2법칙으로 주어지는 **평형 원리**는 자유물체도 다음으로 바로 뒤따르는 방정식이다. 이는 카멜레온 문제처럼 성분 방향으로 작용하는 힘들의 합은 그에 해당하는 $m\vec{a}$의 성분과 같음을 나타낸다. 일반적으로 이러한 방정식은 아래와 같은 형태이다.

$$\sum F_a = ma_a, \quad \sum F_b = ma_b, \quad \sum F_c = ma_c \tag{3.22}$$

여기서 a, b, c는 주어진 성분 계에서 서로 직교하고 평면 문제들에서는 단지 두 방향만 필요하다. 다음, 우리는 뉴턴 제2법칙의 좌변을 기술해야 한다. 예를 들어 F_a, F_b, F_c는 중력, 마찰력, 스프링 등에 의한 힘으로 구성될 수 있다. 이러한 현상들을 기술하는 방정식이 **힘의 법칙**이다. 다음 뉴턴 제2법칙의 우변, 즉 가속도 성분을 적절히 기술해야 한다. 이는 **운동학 방정식**에 의해서 기술된다.

3단계. 계산: 모은 계의 방정식들을 풀어라. 우선 우리가 가지고 있는 계의 방정식들이 해결 가능한지 확인해 보아야 한다. 평형 원리, 힘의 법칙, 그리고 운동학 방정식은 항상 독립된 식을 제공한다. 만약 우리가 모은 계의 방정식들이 해결 불가능하다면 우리는 다시 뒤로 돌아가 (1) 모델이 완벽한지, (2) 모든 힘이 적절히 기술되었는지, (3) 모든 운동학 방정식들이 적절히 기술되었는지 확인해야 한다.

4단계. 논의 및 검증: 풀이를 검토하고 타당성을 확인하라. 해를 얻으면 물리적으로 타당한지 확인해야 한다. 이는 해를 표현하는 단위와 결과의 차원을 확인해야 한다는 의미이다. 최종적으로 문제는 물리적인 세상이 어떻게 반응하는지에 대해 현실적 경험을 기반으로 재구성해야만 한다. 다른 경우 우리의 물리적 직감과 맞지 않는다면 이는 우리가 실수를 했거나 우리의 물리적 직감이 맞지 않다는 의미이다. 이 모든 것이 맞을 때까지 문제가 해결되었다고 선언해서는 안 된다.

유용한 정보

자유물체도. 자유물체도는 고려 중인 물체에 작용하는 모든 외력(그리고 이후 장에서는 모멘트)을 보여주는 물체의 그림이다. 자유물체도에 그려진 힘은 벡터이지만 일반적으로 그렇게 표시 되지 않는다. 예를 들어 수직력은 $\vec{N}$이나 $N\hat{\jmath}$로 표시하기보다 N으로 표시한다. 또한 우리는 문제를 풀기 전까지 일반적으로 힘의 상대적인 크기에 따라 힘을 나타내는 화살표의 크기를 조절하는 것을 염두에 두지 않는다. 자유물체도에 힘 벡터를 표시하면(그 크기를 모르더라도) 힘의 부호 있는 방향을 나타내는 표시와 함께 작용선과 방향을 포함하는 것이 중요하다.

절 요약

뉴턴의 제2법칙 적용하기 이 절에서는 뉴턴의 제2법칙을 기계 시스템에 적용하여 문제를 해결하는 4단계를 개발하였다. 이 과정의 중심 요소는 지배방정식을 유도하는 것이고 이것들은 대부분

1. 평형 원리
2. 힘의 법칙

유용한 정보

다음의 네 단계를 이용하여 운동역학문제의 풀이를 구조화 하려고 한다.

1. 로드맵과 모델링: 정보와 미지수 확인, 계의 확인, 가정 기술, 자유물체도 작도와 문제 해결 방법 확인한다.
2. 지배방정식: 평형 원리, 힘의 법칙, 운동학 방정식,
3. 계산: 결합된 방정식을 푼다.
4. 논의 및 검증: 해를 검토하고 "타당성"을 확인한다.

3. 운동학 방정식

이 장에서 평형 원리는 뉴턴의 제2법칙이고 이는 아래와 같다.

식 (3.15) p. 189

$$\vec{F} = m\vec{a}$$

뉴턴의 제2법칙을 성분에 따라 적용하면 아래와 같다.

식 (3.22) p. 193

$$\sum F_a = ma_a, \quad \sum F_b = ma_b, \quad \sum F_c = ma_c$$

여기서 a, b, c는 선택된 성분계의 직교 방향이고 평면 문제의 경우 보통 두 방향이 필요하다. 뉴턴의 제2법칙을 적용하기 위해 개발한 4단계의 비법은 옆의 여백 유용한 정보에 정리되어 있으며, 이는 해야 할 일의 순서에 대한 안내이고 앞으로 주어지는 예제에서 지속적으로 사용될 것이다.

계의 방정식의 해결 가능성 대수 및 미분 방정식의 미지수만큼 방정식을 가지고 있어야 한다. 미분 방적식에 대해서는 함수와 그의 시간 미분, 즉 $x(t)$와 $\dot{x}(t)$가 독립적이지 않기 때문에 $x(t)$와 $\dot{x}(t)$가 서로 다른 두 미지수가 아니라는 것을 염두에 둘 필요가 있다.

관성 기준계 관성 기준계는 뉴턴의 운동 법칙이 실험적으로 검증된 계이다. 대부분의 공학 문제에서 지구 표면에 부착된 계는 관성적이라고 할 수 있다. 주어진 관성계에 대해 상대적으로 가속되지 않는 어떤 계 또한 관성계이다.

지배방정식과 운동 방정식 계의 지배방정식은 (1) 평형 원리, (2) 힘의 법칙, (3) 운동학 방정식으로 구성된다. 운동 방정식은 운동을 결정하기 위해 주어진 지배방정식으로부터 유도된 미분 방정식이다.

자유도 계의 자유도는 계의 위치를 완전히 기술하기 위해 필요한 독립된 좌표계이다. 자유도 수는 계가 움직이지 않도록 고정하기 위해 필요한 계의 서로 다른 좌표계의 수이다. 필요한 운동 방정식의 수도 계의 자유도의 수와 동일하다.

마찰 쿨롱 마찰 모델을 이용해 마찰을 기술한다. 이 모델에 따르면 미끄럼이 없다면 마찰력 F의 크기는 아래의 부등식을 만족해야 한다.

식 (3.8) p. 186

$$|F| \leq \mu_s |N|$$

여기서 μ_s는 **정지마찰계수**이고 N은 접촉면에 수직한 힘이다. 미끄러지기 직전의 경우 마찰력은 아래와 같이 정의된다.

식 (3.9) p. 186

$$F = \mu_s N$$

두 물체 A와 B가 서로 미끄러진다면 B에 의해 A에 작용하는 마찰력의 크기는 아래와 같이 주어진다.

식 (3.11) p. 186

$$F = \mu_k N$$

여기서 μ_k는 **운동마찰계수**이고 마찰력의 방향은 마찰력이 A와 B의 상대 운동을 방해하는 사실과 부합되어야 한다.

스프링 스프링에 작용하는 내력이 스프링이 신장이나 압축되는 량에 선형적으로 관계된다면 이 스프링은 **선형 탄성**이라고 말한다. 이것들이 이 책에서 일반적으로 사용될 스프링들이다. 선형 탄성 스프링을 δ만큼 신장하는데 필요한 힘 F_s는 아래와 같이 주어진다.

식 (3.13) p. 187

$$F_s = k\delta = k(L - L_0)$$

여기서 k는 스프링 상수이고 L과 L_0는 각각 스프링의 현재 길이와 신장되지 않은 본래 길이이다. $\delta > 0$이면 스프링이 신장되었다고, $\delta < 0$이면 압축되었다고 말한다.

예제 3.1 마찰과 임박한 미끄럼

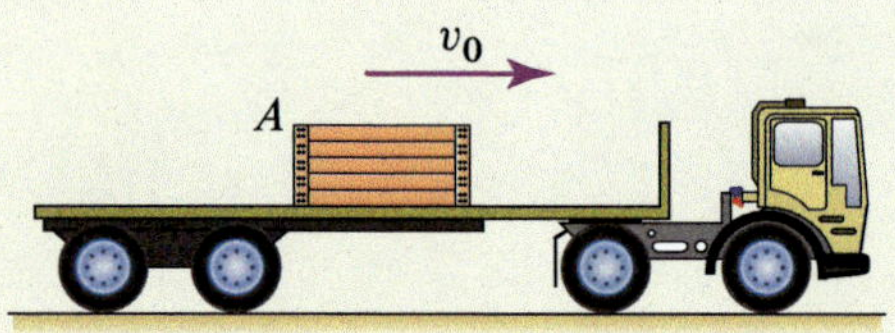

그림 1 큰 상자를 운반하는 트럭.

그림 1에 보이는 트럭이 $v_0 = 100$ km/h로 이동하고 있고 운전자가 브레이크를 갑자기 밟아 되도록 빠르게 멈추고자 한다. 상자와 트럭 바닥 사이의 정지마찰계수가 0.35일 때 상자가 트럭의 앞쪽으로 미끄러지지 않는 트럭의 최소 멈춤 거리 $d_{\min}$과 최소 멈춤 시간 $t_{\min}$를 구하라.

풀이 SOLUTION

로드맵과 모델링 트럭은 **상자**가 미끄러지지 않으면서 최대한 빠르게 멈추어야 한다. 따라서 분석할 대상은 상자이고 이를 질점으로 모델링한다. 그림 2에 보이는 자유물체도에서 우리는 관련 힘들은 상자의 무게 mg, 상자와 트럭 사이 수직력 N과 상자와 트럭 사이 마찰력 F이다. 상자가 트럭에 대해 오른쪽으로 미끄러지려하고 F는 그런 운동을 방해하기 때문에 마찰력 F는 왼쪽 방향이다. 상자는 직선운동을 하기 때문에 운동의 평행한 x 축을 가지는 직교 좌표계를 선택하였다. 미끄럼이 없는 최대 감속도는 상자에 작용하는 최대 마찰력에 대응되며 이는 미끄럼이 임박했을 때에 해당하는 힘이다. 문제 해결 전략은 뉴턴의 제2법칙을 통하여 최대 마찰력을 가속도와 연결하는 것이다. 최대 가속도에 해당하는 표현을 얻으면 운동학 지식을 이용하여 $d_{\min}$과 $t_{\min}$을 계산할 것이다.

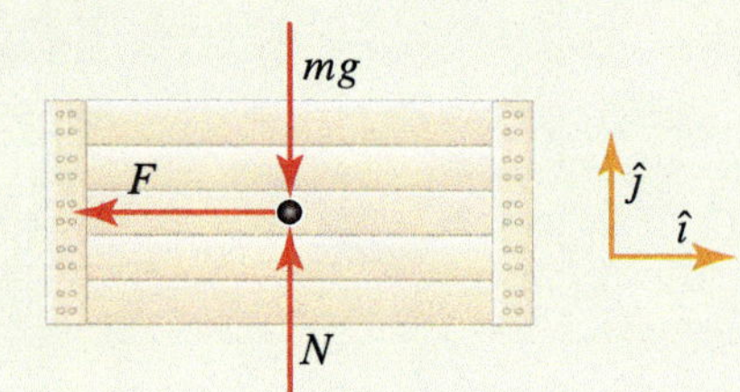

그림 2 상자의 자유물체도.

지배방정식

평형 원리 그림 2를 참조하여 뉴턴의 제2법칙을 적용하면 아래와 같다.

$$\sum F_x: \quad -F = ma_x \tag{1}$$

$$\sum F_y: \quad N - mg = ma_y \tag{2}$$

힘의 법칙 미끄럼이 임박했을 때 마찰력은 아래와 같다.

$$F = \mu_s N \tag{3}$$

운동학 방정식 운동학 방정식은 아래와 같다.

$$a_x = a_{\max}\ , \quad a_y = 0 \tag{4}$$

위 식은 a_x는 미지수이지만 우리는 찾고 있는 최대 가속도를 가지고 상자가 수직 방향으로 움직이지 않는다는 사실을 표현한 것이다..

빠지기 쉬운 함정
뉴턴의 제2법칙과 관성좌표계. 뉴턴의 제2법칙은 기준으로 관성좌표계를 사용할 것을 요구한다. 따라서 그림 2의 자유물체도에 보이는 성분들은 지면에 고정된 x, y 좌표계를 기반으로 표시하고 우리는 이를 관성계라고 가정한다. 하지만 트럭과 함께 움직이는 좌표계를 선정하면 오류가 발생하게 되는데 이는 트럭이 지면에 대해서 감속하고 있고 트럭과 함께 움직이는 좌표계는 관성좌표계가 아니기 때문이다.

계산 식 (1)-(4)는 미지수로 N, a_y, $a_{\max}$, F를 가지는 4개의 방정식이다. 식 (2), (4)의 두번째 방정식은 $N = mg$임을 알려준다. 이 결과를 식 (3)에 대입하고 그것을 다시 식 (1)에 대입하면 아래의 결과를 얻는다.

$$-\mu_s mg = ma_{\max} \quad \Rightarrow \quad a_{\max} = -\mu_s g \tag{5}$$

여기서 음의 부호는 운전자가 브레이크를 밟을 때 상자가 감속되고 있음을 가리킨다.

최대 감속도가 일정하므로(μ_s와 g가 모두 상수이다) 우리는 아래의 식 (2.43)으로부터 멈출 때가지 이동한 거리를 구할 수 있고 그 결과는 식 (7)과 같다.

$$v^2 = v_0^2 + 2a_c(x - x_0) \quad \Rightarrow \quad 0 = v_0^2 - 2\mu_s g d_{\mathrm{m}} \tag{6}$$

$$d_{\min} = \frac{v_0^2}{2\mu_s g} = 112\,\mathrm{m} \tag{7}$$

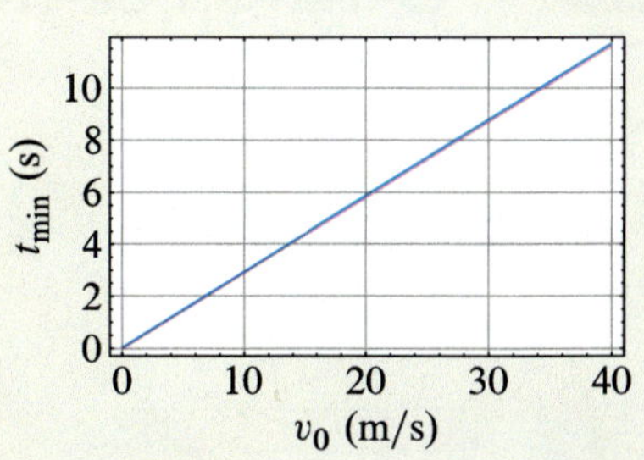

그림 3 트럭의 초기 속도의 함수로 나타낸 상자의 최소 멈춤 시간.

여기서 100 km/h = 27.78 m/s로 단위 변환을 하였다. 멈추는데 걸리는 시간을 구하여 위하여 식 (2.4)를 아래와 같이 적용하면 식 (9)와 같은 답을 얻을 수 있다.

$$v = v_0 + a_c t \quad \Rightarrow \quad 0 = v_0 - \mu_s g t_{\min} \tag{8}$$

$$t_{\min} = \frac{v_0}{\mu_s g} = 8.09\,\mathrm{s} \tag{9}$$

논의 및 검증 식 (7), (9)에 나타난 기호 형태의 결과는 $d_{\min}$과 $t_{\min}$의 올바른 차원를 가진다. 또한 최종 수치도 적절한 단위로 표현되었다. 우리가 얻은 $d_{\min}$과 $t_{\min}$에 대해 언급한 가정 하에서 가능한 최대 감속도의 절대값은 대략 중력 가속도의 1/3이므로 분명히 타당하다고 할 수 있다.

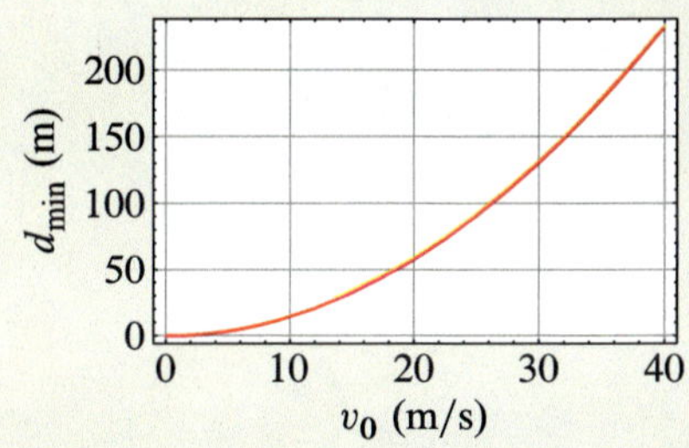

그림 4 트럭의 초기 속도의 함수로 나타낸 상자의 최소 멈춤 거리.

심층분석 여기에 사용된 모델은 쿨롱 마찰 모형에 기반한 것으로 우리가 계산한 감속도는 상자의 질량과 완전히 독립적이다. 따라서 상자가 두 배 무거워 진다 해도 같은 결과를 얻을 것이다. 이것이 쿨롱 마찰 모형의 기본 특성이다. 또 다른 중요한 관찰은 사용된 쿨롱 마찰 모형으로 인해 멈추는데 필요한 최소시간이 초기 속도 v_0에 선형적으로 비례하게 되고 멈추는데 필요한 최소 거리는 초기 속도 v_0^2에 비례하게 된다. 이것은 각각 그림 3과 4에서 확인할 수 있다.

예제 3.2 정마찰에서 동마찰로의 전이

거친 표면 위 물체의 초기 운동은 마찰의 성질을 설명하는 간단하지만 중요하고 실제적인 예제이다. 이러한 예제로 그림 1에 보이듯이 거친 바닥 위에서 질량 m의 상자를 밀 때 어떤 일이 발생하는지 살펴보자. μ_s와 $\mu_k(\mu_k < \mu_s)$를 바닥과 상자 사이의 각각 정지 및 운동마찰계수라 할 때 $P(t) = P_0 t$ 같이 시간에 비례하여 사람이 가하는 힘 $P(t)$이 선형적으로 증가하는 경우를 생각해보자. 이 경우에 대해 움직이기 시작하는 시간과 시간에 따른 마찰력을 결정하라.

그림 1 거친 표면 위의 질량 m인 상자를 시간에 따라 변하는 힘으로 미는 사람.

풀이 SOLUTION

로드맵과 모델링 시간의 함수로 상자에 작용하는 힘이 주어졌다. 상자가 움직이기 시작하는 시간을 결정하기 위해 우리는 정지마찰계수에 의한 최대 마찰력을 이기는 작용력 P의 수평방향 성분을 결정해야 하는데 이것은 뉴턴의 제2법칙을 적용하여 얻을 수 있다. 그림 2를 참조하면 상자를 질점으로 모델링하고 여기에 중력 mg, 마찰력 F, 상자와 바닥 사이의 수직력 N과 사람이 가하는 힘 $P(t)$가 작용한다. 힘 $P(t)$를 시간에 함수로 그림 3에 나타내었다. 일반적으로 말하면 힘 $P(t)$의 방향은 수평 방향과 θ의 각을 가진다.

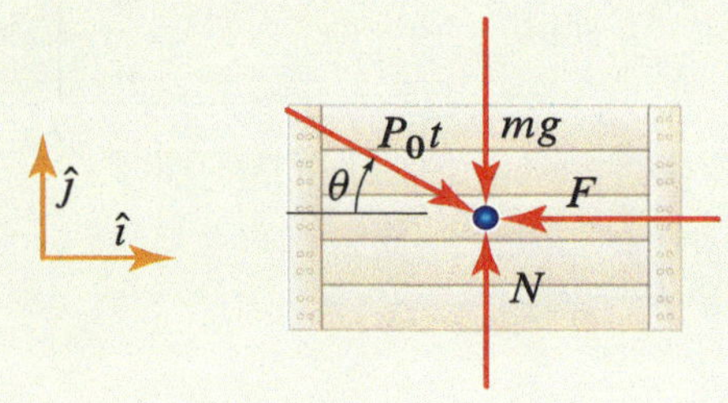

그림 2 상자의 자유물체도.

지배방정식

평형 원리 그림 2의 자유물체도에 기반하여 뉴턴의 제2법칙을 적용하면 아래와 같다.

$$\sum F_x: \quad P_0\, t \cos\theta - F = ma_x \tag{1}$$

$$\sum F_y: \quad N - P_0\, t \sin\theta - mg = ma_y \tag{2}$$

힘의 법칙 마찰에 대한 힘의 법칙은 F 값에 따라 달라진다. 마찰이 없으면 상자는 오른쪽으로 움직일 것이고 따라서 그림 2에 나타난 것 같이 힘은 왼쪽 방향이 된다. 또한 상자가 움직이지 않을 때 $F \le \mu_s N$이고, 움직인 이후는 $F = \mu_s N$이다. 상자를 앞으로 미는 $P(t)$의 성분이 최대 정지마찰력보다 작으면, 즉 $P(t)\cos\theta \le \mu_s N$이면 상자는 움직이지 않을 것이다. $P(t)\cos\theta > \mu_s N$이 되면 상자는 움직이기 시작하며 운동 마찰이 작용하여 마찰력은 즉시 $\mu_k N$으로 감소한다($\mu_k < \mu_s$이므로). 따라서 움직이기 시작하는 시간을 계산하기 위해 사용하는 힘의 법칙은 아래와 같다.

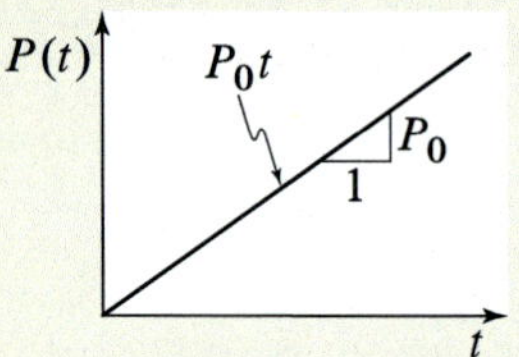

그림 3 시간에 따른 $P(t)$의 그래프.

$$F = \mu_s N \tag{3}$$

상자가 움직이기 시작하면 방정식은 아래의 식으로 바뀌어야 한다.

$$F = \mu_k N \tag{4}$$

상자의 무게를 기술하는 힘의 법칙은 초보적이라 자유물체도에 직접 mg로 표시하였다. 상자가 y 방향으로 움직일 수 없기 때문에 N에 대한 명시적인 힘의 법칙은 없다.

운동학 방정식 방향으로 상자가 움직이지 않기 때문에 y 방향 가속도는 아래와 같이 0이다.

$$a_y = 0 \tag{5}$$

x 방향의 경우 상자가 움직이기 전까지 가속도는 아래와 같이 0이다.

$$a_x = 0 \tag{6}$$

움직이기 시작하면 a_x는 미지수가 된다.

계산 식 (5)를 식 (2)에 대입하고 N에 대해 풀면 아래식을 얻는다.

$$N = P_0 t \sin\theta + mg \tag{7}$$

움직이기 전까지 $a_x = 0$이기 때문에 식 (7)의 N을 이용한 $\mu_s N$으로 F를 구하여 식 (1)을 풀면 아래와 같다.

$$\mu_s(P_0 t_s \sin\theta + mg) = P_0 t_s \cos\theta \tag{8}$$

여기서 t_s는 상자가 움직이기 시작한 시간이고 t_s에 대해 위 식을 풀면 아래와 같다.

$$\boxed{t_s = \frac{mg}{P_0}\left(\frac{\mu_s}{\cos\theta - \mu_s \sin\theta}\right)} \tag{9}$$

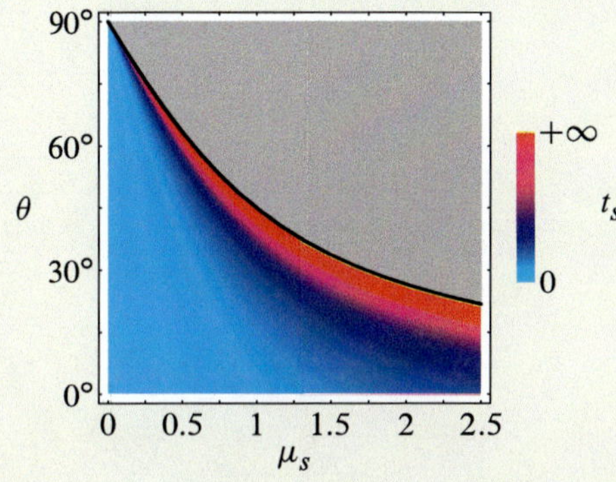

그림 4 식 (9)의 괄호 안에 있는 등시간선도. 시간에 일정 상수를 곱하였고 m과 P_0의 값을 모르기 때문에 mg/P_0의 계수는 무시했다. 검은 선 위의 회색 영역에 있는 θ와 μ_s의 조합은 상자가 절대 움직이지 않는 값에 해당한다.

$t = t_s$일 때 상자가 움직이고 그림 4에 나타난 바와 같이 F는 즉시 $\mu_s N$에서 $\mu_k N$로 감소한다. 또한 $t > t_s$에 대해 a_x는 더 이상 알지 못한다. 그러므로 $t > t_s$에 대해서 우리는 4개의 미지수 a_x, a_y, F, N을 구하기 위한 4개의 방정식(식 (1), (2), (4), (5))을 갖는다. 이를 풀면 아래와 같다.

$$\left.\begin{aligned} a_x &= \frac{P_0 t}{m}(\cos\theta - \mu_k \sin\theta) - \mu_k g, \\ a_y &= 0, \\ F &= \mu_k(mg + P_0 t \sin\theta), \\ N &= mg + P_0 t \sin\theta \end{aligned}\right\} \text{for } t > t_s \tag{10}$$

논의 및 검증 단위 시간에 대한 힘의 단위를 가지는 P_0의 값을 살펴보면 식 (9), (10)의 결과를 쉽게 검증할 수 있다.

심층분석 이 예제는 쿨롱 마찰의 여러 가지 측면을 보여준다. 첫째 식 (9)는 $\cos\theta \le \mu_s \sin\theta$이면 상자는 절대 움직이지 않는다(분모가 음이 되므로). 또한 $\cos\theta$가 $\mu_s \sin\theta$에 가까워질수록 식 (9)의 분모는 0에 가까워지고 상자가 움직이기까지 더 시간이 오래 걸린다. ➡ 식 (9)의 재미있는 표현을 그림 4에 나타내었는데 이는 t_s를 θ와 μ_s의 함수로 표시한 것이다. 빨간 영역의 가장자리에 있는 검은 선은 식 (9)의 분모가 0이 되는 θ와 μ_s의 값을 나타낸다. 상자는 t_s가 양일 때만 움직이기 때문에 아무리 세게 밀어도, 아무리 오래 기다려도 검은 선의 오른쪽이나 그 위의 값에 해당하는 θ와 μ_s에서 상자는 절대 움직이지 않는다. 아래로부터 검은 선에 가까울수록 상자가 움직이는데 걸리는 시간은 점점 길어진다. 예를 들어 θ가 90°에 가까울수록 μ_s가 0이 아닌 아무리 작은 값이라도 상자는 움직일 수 없게 된다. ⬅ 마찰이 문제에서 중요한 요소이기 때문에 시간의 함수로 마찰력 F를 나타내 설명하고자 한다. 상자가 움직이기 시작하면 식 (1)에서부터 F를 아래와 같이 나타낼 수 있다.

$$F = P_0 t \cos\theta, \quad \text{for } t < t_s \tag{11}$$

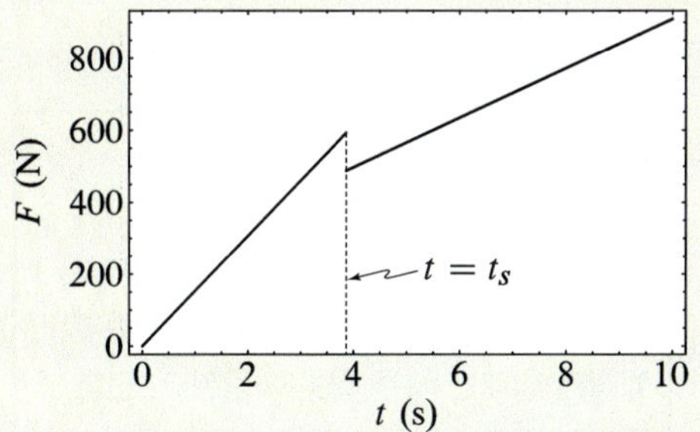

그림 5 마찰 F 대 시간 t. 여기서 사용한 변수 값은 $m = 50$ kg, $g = 9.81$ m/s^2, $P_0 = 200$ N/s, $\theta = 40°$, $\mu_s = 0.6$, $\mu_k = 0.45$이다.

앞에서 본 바와 같이 식 (10)으로부터 $t > t_s$일 때 F를 구할 수 있다. 계의 특별한 변수값에 대해 시간에 대한 F를 나타내면 그림 5와 같다. 상자가 미끄러지기 시작하는 시간 $t = t_s$ 지점에서 마찰력의 불연속성이 있음에 주목하라. 이는 쿨롱 마찰의 일반적인 성질이며 $\mu_s \neq \mu_k$이면 항상 발생한다. 마지막으로 $P(t)$의 수직 방향 성분이 증가하고 이와 균형을 맞추기 위해 N의 값이 증가하기 때문에 F는 상자가 움직이기 시작한 후 시간에 따라 계속 증가한다.

예제 3.3 스프링 힘 작용하는 운동

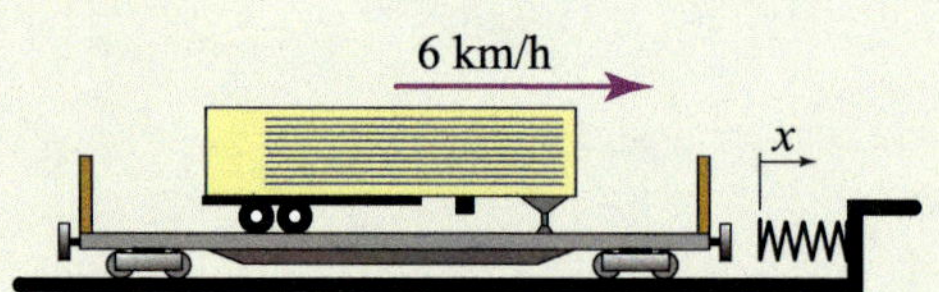

그림 1 큰 스프링을 향해 움직이는 철도 차량.

60,000 kg의 철도 차량와 화물, 27,000 kg의 트레일러가 그림 1과 같이 6 km/h의 속도로 오른쪽으로 움직이다가, 초기에 압축이 없을 때 8 km/h의 속도로 움직이는 60,000 kg의 철도 차량을 1 m의 거리 안에서 정지시키도록 설계된 큰 선형 스프링과 만났다. 철도차량에 대해 트레일러가 상대적으로 움직이지 않고 스프링이 초기에 압축되어 있지 않을 때 (a) 87,000 kg 적재 철도차량을 멈추기 위해 스프링이 얼마나 압축되는지와 (b) 스프링이 철도차량을 멈추게 하는데 걸리는 시간을 결정하라.

풀이 SOLUTION

로드맵과 모델링 주어진 정보는 (1) 철도차량과 화물이 스프링과 부딪히는 조건, (2) 스프링의 설계 조건들이다. 철도차량과 화물이 멈추는 거리와 시간을 계산하는 것이 필요하며 우리가 분석하는 계는 철도차량과 화물이다. 이 계를 질점으로 모델링하고 그 자유물체도는 그림 2에 표시하였다. 연관된 힘들은 중력, 레일의 반력과 스프링 힘들 뿐이다. 스프링의 상수와 늘어나기 전의 길이에 대한 직접적인 정보는 주어지지 않았다. 그러나 뉴턴의 제2법칙과 연관된 설계 기준을 이용하면 스프링 힘을 결정할 수 있고 그 결과를 이용하여 계의 가속도를 계산할 수 있다. 계의 가속도를 계산하면 운동학을 적용하여 관련된 멈춤 시간과 거리 정보를 계산할 수 있다.

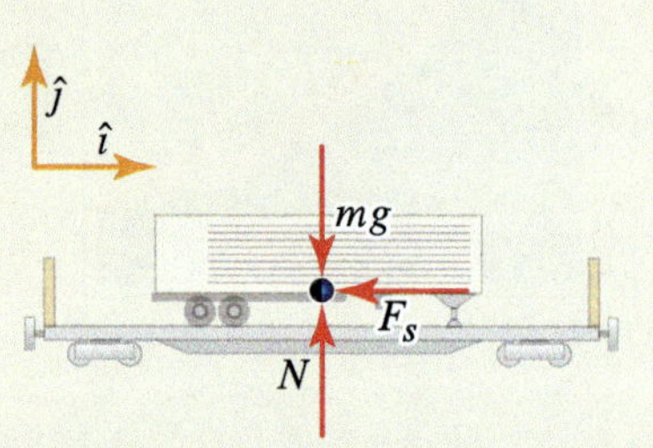

그림 2. 그림 1의 철도 차량의 자유물체도. 여기서 m은 철도 차량이나 철도차량과 트레일러의 질량이다.

지배방정식

평형 원리 그림 2의 자유물체도에 기반하여 뉴턴의 제2법칙을 적용하면 아래 식을 얻는다.

$$\sum F_x: \quad -F_s = ma_x \tag{1}$$

$$\sum F_y: \quad N - mg = ma_y \tag{2}$$

힘의 법칙 스프링의 계수가 미지수이지만 스프링 힘의 법칙은 아래의 형태를 가진다.

$$F_s = kx \tag{3}$$

여기서 x는 스프링의 압축하지 않은 끝 지점에서 측정한 값이다.

운동학 방정식 운동학 방정식은 아래와 같다.

$$a_x = \ddot{x}\,, \quad a_y = 0 \tag{4}$$

여기서 문제가 가속도를 위치와 연결시키도록 요구하기 때문에 a_x를 $\ddot{x}$으로 표시하였고 식 (4)의 두 번째 식은 수직 방향 가속도가 없음을 의미한다.

계산 y 방향으로 운동이 없으므로 수직 방향의 방정식은 무시한다. 다음 식 (4)와 (3)을 식 (1)에 대입하고 정리하면 아래 식을 얻는다.

$$\ddot{x} + \frac{k}{m}x = 0 \tag{5}$$

식 (5)를 다시 정리하고 사슬(chain) 법칙을 적용하면 아래와 같다.

$$\ddot{x} = \dot{x}\frac{d\dot{x}}{dx} = -\frac{k}{m}x \quad \Rightarrow \quad \dot{x}\,d\dot{x} = -\frac{k}{m}x\,dx \tag{6}$$

빠지기 쉬운 함정

스프링 힘. 선형 스프링의 힘은 항상 kx와 같다는 개념은 매우 흔하게 사용되며 여기서 k는 스프링 상수이다. 불행하게도 스프링 힘의 법칙의 형태는 자주 잘못 사용된다. 선형 스프링에 의해 주어지는 힘은 스프링 상수와 스프링의 변형 전 길이로부터 스프링이 신장 또는 압축된 양을 곱한 값으로 주어진다. 따라서 스프링 힘은 $k(L - L_0)$이고 여기서 L은 현재의 스프링 길이이고 L_0는 변형전의 스프링 길이(즉, 스프링에 힘이 가해지지 않을 때)이다. 이 예제에서 계의 좌표계를 $L - L_0 = x$로 선정하였고 이는 식 (3)의 스프링 법칙으로 나타난다.

위 식을 적분하면 아래와 같다.

$$\int_{v_i}^{v} \dot{x}\, d\dot{x} = -\int_{x_i}^{x} \frac{k}{m} x\, dx \quad \Rightarrow \quad v^2 - v_i^2 = -\frac{k}{m}\left(x^2 - x_i^2\right) \tag{7}$$

여기서 v는 x 지점에서 철도차량의 속도이고 첨자 i는 초기 상태를 의미한다. v_f를 최종 위치 x_f에서의 속도라 하고 식 (7)을 풀어 k를 구하고 스프링 설계 기준에 해당하는 수치를 대입하면 아래의 결과를 얻는다.

$$k = \frac{m_r\left(v_f^2 - v_i^2\right)}{x_i^2 - x_f^2} = 296{,}237\ \text{N/m} \tag{8}$$

여기서 8 km/h = 2.222 m/s로 단위를 변환하였으며 m_r은 철도 차량의 질량이고, $v_f = 0$, $x_i = 0$, $x_f = 1$ m이다.

(a) 부분

k를 구했으니 다시 식 (7)을 적용하여 철도차량에 의해 스프링이 얼마나 압축되는지 결정할 수 있다. $x = x_f$일 때 $v = v_f$라 하고 x_f에 대해 식 (7)을 풀어 적재된 철도 차량에 대한 수치를 대입하면 아래의 결과를 얻는다.

$$x_f = \sqrt{x_i^2 - \frac{m_t}{k}\left(v_f^2 - v_i^2\right)} = 0.9033\ \text{m} \tag{9}$$

여기서 6 km/h = 1.667 m/s로 단위 변환하였고 m_t는 철도차량과 트레일러의 전체 질량이다.

(b) 부분

멈춤 시간 t_f를 결정하기 위하여 다시 식 (7)로 돌아가 v에 대해 풀고 시간에 대해 적분하기 위하여 결과를 다시 정리하면 아래와 같다.

$$v = \frac{dx}{dt} = \sqrt{v_i^2 - \frac{k}{m_t}\left(x^2 - x_i^2\right)} \quad \Rightarrow \quad \int_{x_i}^{x_f} \frac{dx}{\sqrt{v_i^2 - \frac{k}{m_t}\left(x^2 - x_i^2\right)}} = \int_{t_i}^{t_f} dt \tag{10}$$

대수학 정리 프로그램이나 적분표를 이용하면 아래의 결과를 얻는다.

$$t_f - t_i = \sqrt{\frac{m_t}{k}}\left[\sin^{-1}\left(\frac{\sqrt{\frac{k}{m_t}}\,x_f}{\sqrt{v_i^2 + \frac{k}{m_t}x_i^2}}\right) - \sin^{-1}\left(\frac{\sqrt{\frac{k}{m_t}}\,x_i}{\sqrt{v_i^2 + \frac{k}{m_t}x_i^2}}\right)\right] \quad \Rightarrow \quad t_f = 0.774\ \text{s} \tag{11}$$

여기서 $x_f = 0.9033$ m, $v_i = 1.667$ m/s, $k = 296{,}237$ N/m, $m_t = (87{,}000$ kg$)$, $t_i = 0$ s이고 $x_i = 0$ m를 대입하였다.

논의 및 검증 식 (9)의 결과는 87,000 kg 적재 철도차량이 6 km/h로 이동하다가 스프링을 1.0 m보다 조금 작게 압축한다는 것을 말해준다. 이 결과는 타당하게 보인다. 적재 차량이 빈 차량에 비해 45% 무겁지만 적재된 차량이 충돌 설계 속도의 80%로 움직이기 때문에 스프링의 압축은 필요만큼 증가하지 않을 것이라 예상된다. 무게의 증가가 분명하게 속도의 증가보다 크다. 하지만 스프링의 압축은 속도의 제곱에 관계되고, 즉 이 문제에서는 속도가 무게보다 더 중요한 요인임을 알 수 있다.

> **유용한 정보**
>
> **식(10)의 적분.** 식 (10)의 적분을 계산할 때 아래의 공식을 알면 도움이 될 것이다.
>
> $$a = \sqrt{v_i^2 + \frac{k}{m_t}x_i^2}\ , \qquad u = \sqrt{\frac{k}{m_t}}\,x$$
>
> 이라면 식 (10)이 0보다 크다는 조건에서 적분 후 결과는 다음과 같다.
>
> $$\int_0^{t_f} dt = \sqrt{\frac{m_t}{k}} \int_0^{\sqrt{\frac{k}{m_t}}\,x_f} \frac{du}{\sqrt{a^2 - u^2}}$$
>
> 또는
>
> $$t_f = \sqrt{\frac{m_t}{k}}\ \sin^{-1}\left(\frac{u}{a}\right)\Bigg|_0^{\sqrt{\frac{k}{m_t}}\,x_f} = \sqrt{\frac{m_t}{k}}\ \sin^{-1}\left(\frac{\sqrt{\frac{k}{m_t}}\,x_f}{\sqrt{v_i^2 + \frac{k}{m_t}x_i^2}}\right)$$

문제

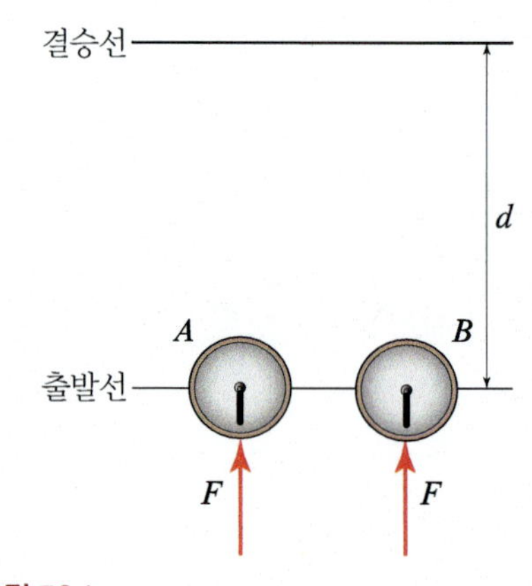

그림 P3.1

문제 3.1

각각의 질량이 m와 4 m인 두 컬링스톤(curling stone) A와 B가 동일한 힘 F에 의해 거리 d 만큼 밀린다. 어느 것이 먼저 결승선에 도착하는가?

주의 개념 문제는 계산이 아닌 설명이 필요하다.

문제 3.2

어떤 물체가 매우 느리게 컨베이어 벨트 위에 놓인다. 물체를 벨트에 올려놓은 순간에 그 물체에 작용하는 마찰력은 어느 방향인가?

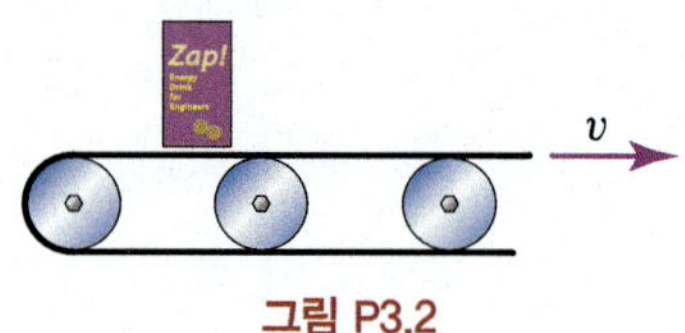

그림 P3.2

주의 개념 문제는 계산이 아닌 설명이 필요하다.

그림 P3.3

문제 3.3

어떤 사람이 무거운 나무상자를 움직이기 위해 밀고 있다. 밀고 있는 동안, 나무상자가 움직이지 않는다면, 나무 상자에 작용하고 있는 전체 힘은 무엇인가?

주의 개념 문제는 계산이 아닌 설명이 필요하다.

문제 3.4

어떤 사람이 도르래에 180 N의 일정한 힘을 가하여 34 kg의 나무상자 A를 들어올리고 있다. 도르래의 마찰과 관성을 무시할 때 나무상자의 가속도를 구하라.

그림 P3.4

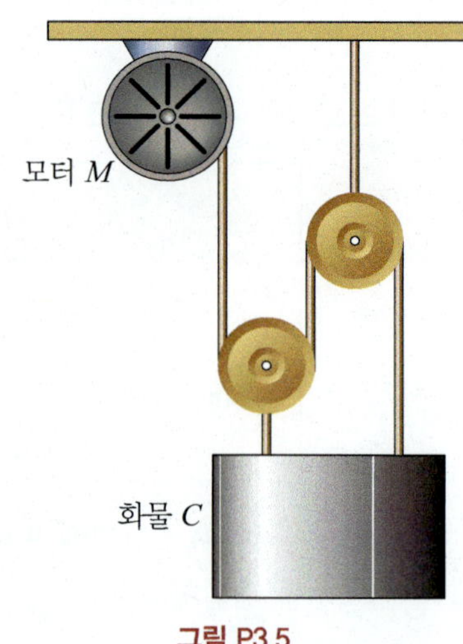

그림 P3.5

문제 3.5

모터 M이 정지해 있다가 누군가 스위치를 누를 때 줄을 당기기 시작한다. 줄의 가속도는 일정하고 1초만에 1.2 m/s의 속도에 도달한다. 1초 후부터 속도는 일정하다. 초기 1초동안과 그 이후 줄의 장력을 구하라. 화물 C의 질량은 60 kg이고, 줄과 도르래의 질량과 도르래의 마찰은 무시할 만하다.

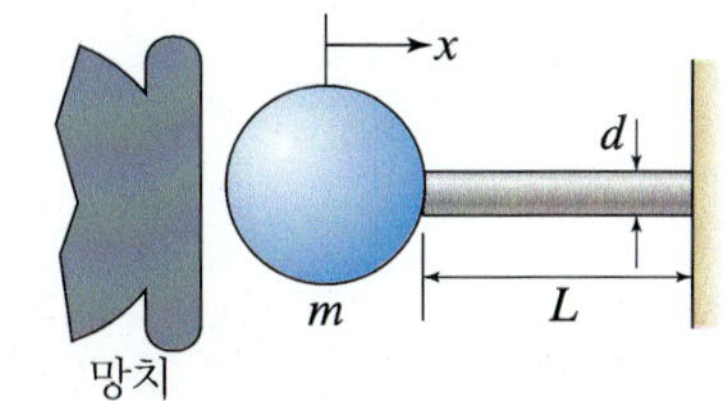

그림 P3.6, P3.7

문제 3.6

망치로 금속 막대 끝에 있는 질량 m을 친다. 이것이 위치 $x = 0$에 있는 질량 m에 순간적으로 초기 속도 v_0를 주는데 이 과정은 5장에서 학습하게 될 것이다. 막대를 질량없는 스프링처럼 생각하고, 질량 m의 운동방정식을 결정하라. 압축되는 막대의 등가스프링 상수는 $k_{eq} = EA/L$로 주어진다. 여기서 E는 막대의 영 탄성 계수(Young's modulus)이고, A는 막대의 단면적이고, L은 막대의 길이이다.[4)]

문제 3.7

문제 3.6에서 기술된 질량에 대해

(a) 운동방정식을 적분하여 질량의 속도 $v(x)$를 x에 관한 함수로 결정하라.

(b) (a)에서 얻은 결과를 적분하여 질량이 처음 멈출 때까지 질량의 위치를 시간에 대한 함수 $x(t)$로 구하라.

문제 3.8

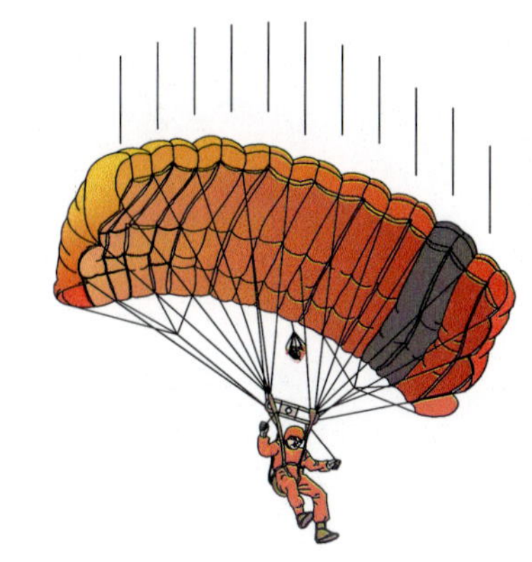
그림 P3.8

스카이 다이버가 속도 v로 낙하산을 타고 내려오고 있다. 스카이다이버의 낙하산의 공기 항력은 그 크기가 $F_d = C_d v^2$이고(C_d는 항력상수), 그 방향은 운동의 방향과 반대이다. 항력상수 C_d, 속도 v, 스카이다이버의 질량 m, 중력가속도로 스카이다이버의 가속도를 결정하라.

문제 3.9-3.11

운전자가 멈추기 위해 브레이크를 작동했을 때 그림의 트럭은 속도 $v_0 = 100$ km/h로 움직이고 있다. 트럭의 감속도는 일정하고, 100 m의 제동 거리를 이동한 후 완전히 정지하였다. 트럭 위의 나무상자는 질점으로 다루고 나무상자의 기울어짐은 무시한다.

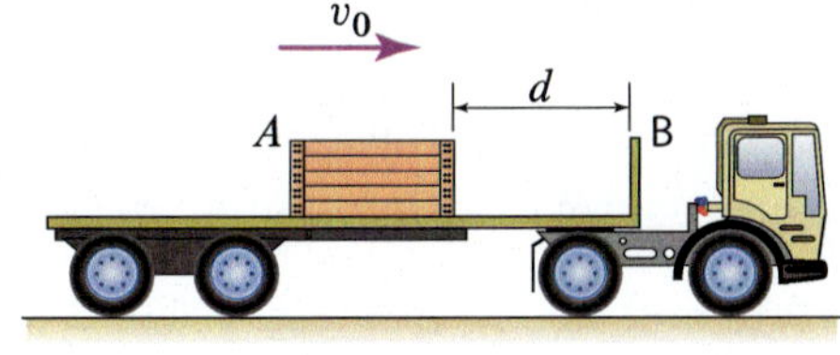

그림 P3.9-P3.11

문제 3.9 트럭 위에서 나무 상자가 미끄러지지 않기 위한 나무상자 A와 트럭 사이의 최소 정지마찰계수를 구하라.

문제 3.10 트럭과 나무 상자 사이의 운동마찰계수가 0.3이고, 정지마찰계수가 충분하지 못하여 미끄럼을 막지 못한다면 나무 상자가 트럭의 B에 충돌하지 않기 위한 트럭 B와 나무상자 d 사이의 거리를 구하라.

문제 3.11 트럭과 나무상자 A 사이의 운동마찰계수가 0.3이며 정지마찰계수가 충분하지 못하여 미끄럼을 막지 못하고 상자 A와 B의 거리가 3 m일 때, 상자가 B의 트럭에 충돌할 때 트럭에 대한 상대 속도를 결정하라.

---

4) 고체 역학을 배운 사람은 $\sigma = F/A = E\epsilon = E\Delta L/L$임을 알 것이다. 따라서 $F = (EA/L)\Delta L = (EA/L)x$이고 이 계에 대해 $F = k_{eq}x$이므로 $k_{eq} = EA/L$임을 알 수 있다.

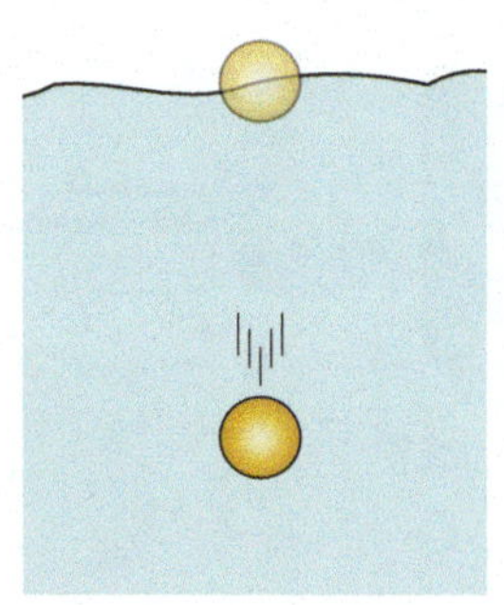
그림 P3.12, P3.13

문제 3.12

질량 $m = 0.15$ kg인 금속 공이 정지상태에서 액체 속으로 떨어진다. 액체의 저항력의 크기는 $C_d v$이고 여기서 C_d는 항력계수, v는 공의 속도이다. 만약 $C_d = 2.1$ kg/s일 때, 떨어진 다음 4초 후 공의 속도를 결정하라.

문제 3.13

질량 $m =0 .16$ kg인 금속 공이 정지상태에서 액체 속으로 떨어지고 있다. 액체의 저항력의 크기는 $C_d v$이고 여기서 C_d는 항력계수, v는 공의 속도이다. 떨어지고 2초 후 공의 속도가 8 m/s일 때, 항력계수 C_d를 결정하라.

문제 3.14

말이 오른쪽으로 일정한 속도 $v_0 = 1$ m/s로 움직여 225 kg의 상자를 들어올리고 있다. B는 고정되어 있고, $h = 2$ m이고, $\ell = 4.5$ m이며 B와 A 사이의 수평 거리 d가 3 m일 때, 줄의 장력을 구하라.

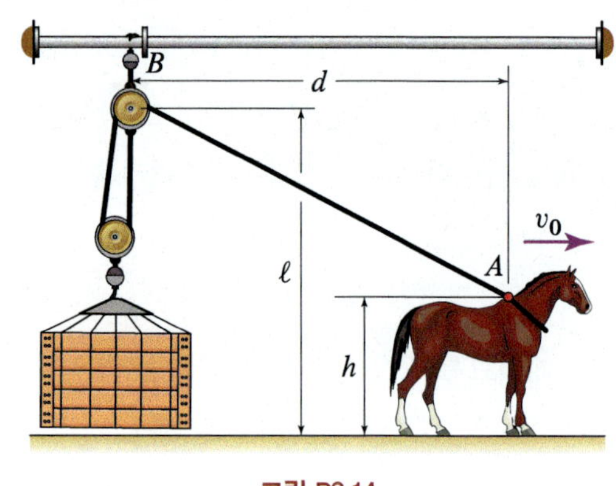

그림 P3.14

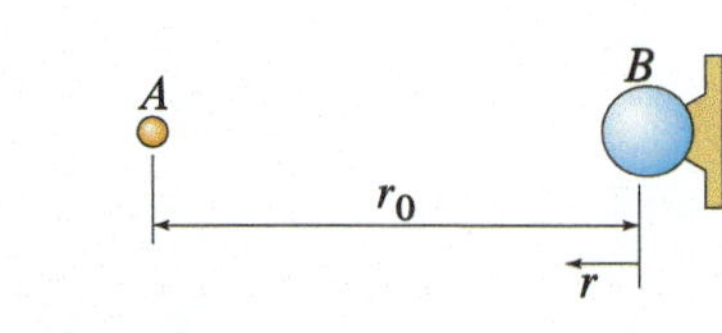

그림 P3.15

문제 3.15

$m_A = 1$ kg인 두개 구의 중심은 거리 $r_0 = 1$ m 만큼 떨어져 있다. B는 공간 상에 고정되어 있고, A는 정지상태에 있다. 뉴턴의 '만유인력의 법칙' 식(1.6)을 이용하여 구의 반지름은 $r_A = 0.05$ m와 $r_B = 0.15$ m일 때, A가 B에 충돌할 때의 속도를 구하라. 두개의 구는 다른 질량들로부터 아주 멀리 떨어져 있어서 오직 둘 사이의 인력만 작용한다고 가정한다.

문제 3.16, 3.17

용수철 저울은 받침대와 측정 대상체 질량 m인 물체를 지지하는 스프링의 변위로 대상체의 무게를 측정한다. 물체가 올려지는 받침대의 질량을 무시하고 받침대 위에 물체가 놓이기 전에 스프링이 압축되지 않았다고 가정한다. 또한. 스프링 상수 k는 선형 탄성을 갖는다고 가정한다.

문제 3.16 만약 질량 m이 스프링 저울에 부드럽게 놓일 때(즉 저울 위 높이 0인 지점에서 떨어뜨린다), 측정되는 최대 무게를 구하라.

문제 3.17 만약 질량 m이 스프링 저울에 부드럽게 놓일 때(즉 저울 위 높이 0인 지점에서 떨어뜨린다), 스프링이 압축하면서 발생하는 질량 m의 최대 속도를 구하라.

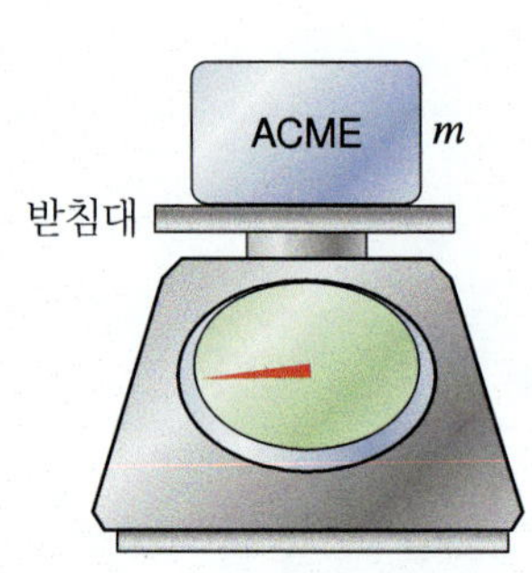

그림 P3.16, P3.17

문제 3.18

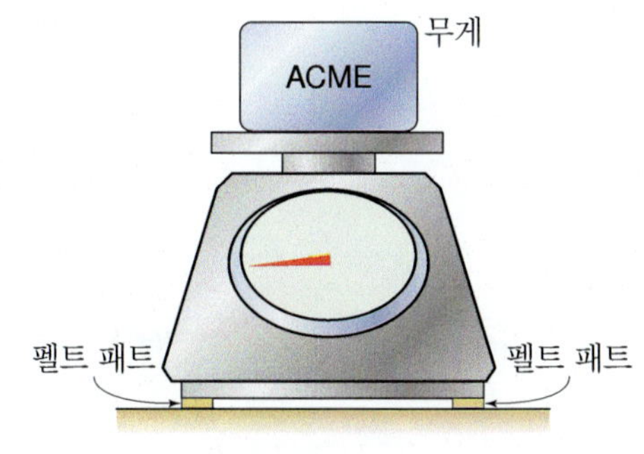

그림 P3.18

고품질의 브라질산 체리나무로 만들어진 목재 가구 위에서 저울을 사용하고 있다. 가구를 보호하기 위해 저울 아래쪽에 펠트 패트(felt pad)를 부착하였다. 펠트 패트를 부착하기 전에 저울은 특정한 값을 측정하였다. 보호대 부착 후, 저울은 무게를 더 크거나, 작게 아니면 동일하게 측정하겠는가? 무게가 저울에 놓여진 직후 발생하는 과도 동적 영향은 무시하라.

주의 개념 문제는 계산이 아닌 설명이 필요하다.

문제 3.19, 3.20

그림 P3.19, P3.20

어떤 차가 질량 195,000 kg인 소형 기차가 120 km/h의 속도로 다가오고 있는 레일 위에 멈춰 있다. 문제를 발견하자마자 소형 기차의 비상브레이크가 작동하였고, 바퀴는 미끄러지며 멈추고 있다.

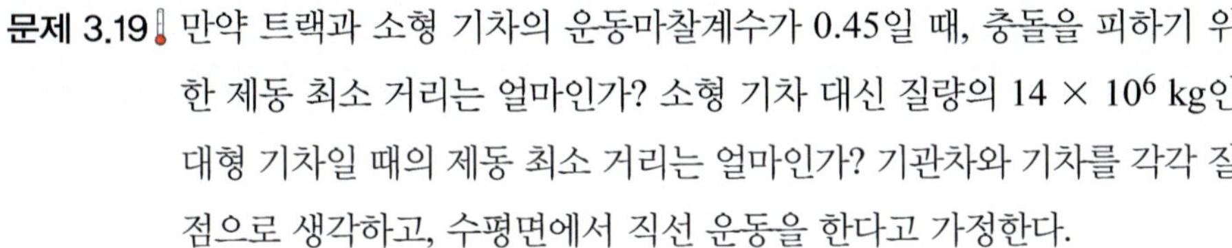

문제 3.19 만약 트랙과 소형 기차의 운동마찰계수가 0.45일 때, 충돌을 피하기 위한 제동 최소 거리는 얼마인가? 소형 기차 대신 질량의 14×10^6 kg인 대형 기차일 때의 제동 최소 거리는 얼마인가? 기관차와 기차를 각각 질점으로 생각하고, 수평면에서 직선 운동을 한다고 가정한다.

문제 3.20 문제 3.19에서 멈추는데 걸리는 시간은 얼마인가?

문제 3.21

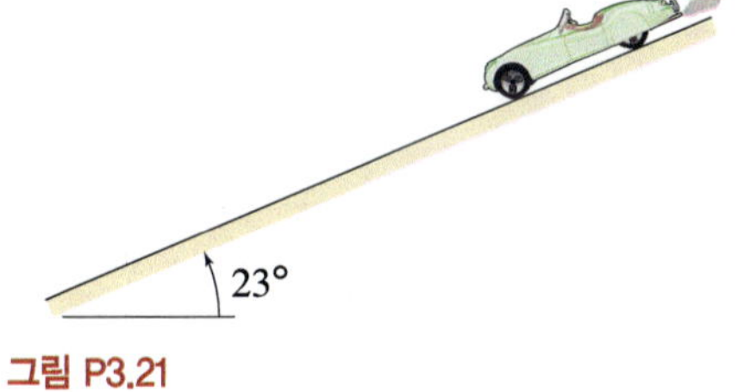

그림 P3.21

어떤 차가 23°의 거친 경사면을 내려가고 있을 때 브레이크를 작동시켰다. 차를 질점으로 여기고 중력과 마찰력 이외의 모든 힘들을 무시할 때 아래 경우의 제동 거리를 결정하라.

(a) 타이어가 미끄러지고 타이어와 노면사이 운동마찰계수는 0.7이다.

(b) 차는 ABS(antilock brak system)가 장착되어있고 타이어는 미끄러지지 않는다. 타이어와 노면사이 정지마찰계수로 0.9를 사용하라.

문제 3.22-3.24

자동차 범퍼는 저속 충돌에서의 피해를 줄이기 위해 만들어진 것이다. 1,500 kg의 승용차가 6.4 km/h의 속도로 이동하다가 콘크리트 벽과 충돌한다고 생각해보자. 승용차를 하나의 질점이라 생각하고 두 종류의 범퍼를 생각해보자.

(1) 스프링 상수 k인 단순 선형 스프링의 경우, (2) 스프링 상수 k인 단순 선형 스프링과 병렬로 76 mm 동안 320 kg의 일정한 힘을 발생하는 충격 흡수 장치도 있는 경우,

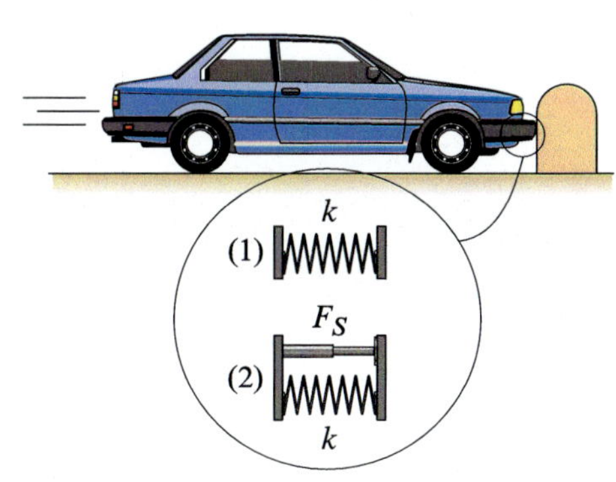

그림 P3.22-P3.24

문제 3.22 만약 범퍼가 (1)의 유형이고, $k = 95{,}000$ N/m일 때, 차가 멈추기 위한 스프링 압축량을 구하라.

문제 3.23 만약 범퍼가 (1)의 유형이고, 스프링 압축길이가 76 mm일 때 차가 멈추기 위한 스프링 상수를 구하라.

문제 3.24 만약 범퍼가 (2)의 유형이고, 스프링 압축길이가 76 mm일 때 차가 멈추기 위한 스프링 상수를 구하라.

문제 3.25

정지마찰 혹은 운동마찰 계수가 음의 값을 가지는 것은 어떤 의미인가? 그것은 가능한가? 각각의 마찰계수는 1보다 커질 수 있는가? 만약 그렇다면 설명해보시오.

주의 개념 문제는 계산이 아닌 설명이 필요하다.

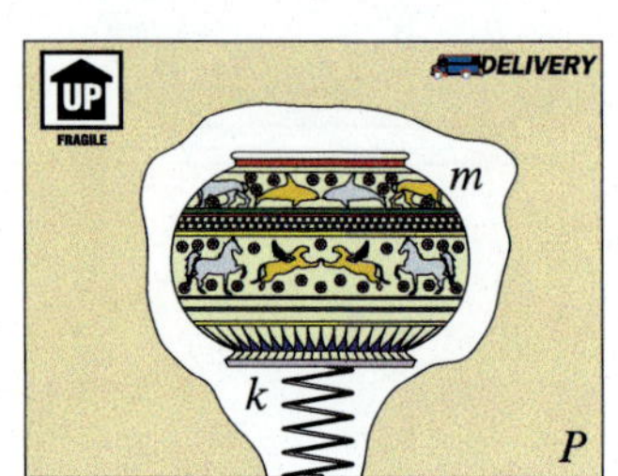

그림 P3.26

문제 3.26

포장 상자는 컴퓨터나 유리컵 같은 세밀한 물품이 운반용으로 내용물을 보호하기 위해 충격 에너지를 흡수하도록 설계되었다. 이러한 에너지 흡수장치는 모델링하기에 아주 복잡하다(예를 들어 스티로폼의 역학은 쉽지 않다). 그러나 내용물(비싼 도자기)인 질량 m과 포장 상자 P 사이에 스프링상수 k인 선형 탄성 스프링으로 모델링하여 그것이 어떻게 동작하는지 이해할 수 있다. $m = 3$ kg이고 1.5 m의 높이에서 박스를 떨어뜨린다고 할 때 $k = 3500$ N/m이면 도자기의 박스에 대한 최대 변위와 도자기에 가해지는 최대 힘을 결정하라. 스프링은 박스가 떨어진 후에 움직이기 시작하였고 진동하지 않는다고 가정한다.

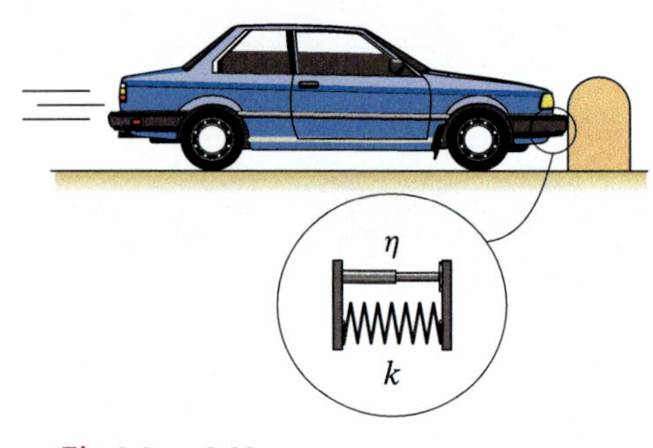

그림 P3.27, P3.28

문제 3.27, 3.28

자동차 범퍼는 충돌에서의 피해를 줄이기 위해 만들어진 것이다. 1,500 kg의 승용차가 6.4 km/h의 속도로 이동하다가 콘크리트 벽과 충돌한다고 생각해 보자. 승용차를 하나의 질점이라 생각하고, 범퍼가 스프링 요소와 충격 흡수기를 병렬로 가지고 있어 충돌하는 동안 범퍼에 의해 작용한 전체 힘은 $F_B = k\delta + \eta\dot{\delta}$이다. 여기서 k, δ, h는 스프링 상수, 스프링 압축길이, 범퍼 감쇠계수이다.

문제 3.27 위의 충돌하는 동안의 움직임을 나타내는 식을 유도하라.

문제 3.28 자동차의 질량을 1500 kg, $k = 95{,}000$ N/m, $\eta = 4500$ N/m, 6.4 km/h의 속도에서 충돌할 때, 차가 멈추기 위한 범퍼의 최대 압축길이를 구하라. 또한 그 때 걸린 시간을 구하라.

그림 P3.29-P3.31

문제 3.29-3.31

전체 질량이 75,000 kg이고, 속도 v_i로 이동하는 철도차량이 비선형 스프링이 있는 범퍼를 장착한 벽에 접근하고 있다. 범퍼의 비선형 스프링의 힘과 압축의 법칙은 $F_s = \beta x^3$로 주어지고 여기서 $\beta = 640 \times 10^6$ N/m^{3}이고 x는 범퍼의 압축길이다.

문제 3.29 계를 질점으로 생각하고 철로와 차량 사이에 마찰이 없다고 가정하고 범퍼의 압축 길이는 200 mm로 제한되어 있을 때, v_i의 최대 값을 결정하라.

문제 3.30 계를 질점으로 생각하고 철로와 차량 사이에 마찰이 없다고 가정하고 v_i = 6 km/h일 때, 레일자동차가 멈추기 위해 필요한 범퍼의 압축길이를 결정하라.

문제 3.31 계를 질점으로 생각하고 철로와 차량 사이에 마찰이 없다고 가정하고 v_i = 6 km/h일 때, 레일자동차가 멈추는데 얼마나 걸리는지 결정하라.

문제 3.32

길이가 1.5 m인 봉을 따라서 마찰 없이 움직이는 2.7 kg의 고리(collar)가 있다. 고리에 두 개의 동일한 스프링이 부착되어 있고, 고리가 B의 위치에 있을 때 스프링은 둘 다 늘어나지 않은 상태이다. 고리를 질점으로 여기고 공기 저항을 무시한다. 고리가 점 A에서 3.5 m/s의 속도로 오른쪽으로 움직이다가, 점 D에서 속도가 0이 될 때 스프링 상수 k를 구하라. 점 E와 F는 고정되어 있다.

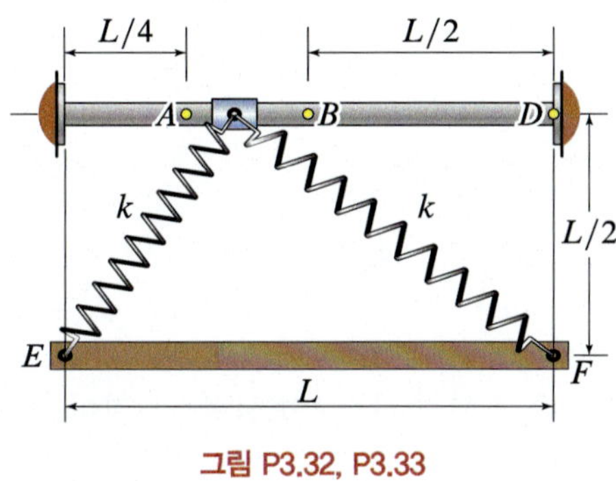

그림 P3.32, P3.33

문제 3.33

길이가 1.5 m인 봉을 따라서 마찰 없이 움직이는 4.5 kg의 고리(collar)가 있다. 고리에 두 개의 동일한 스프링이 부착되어 있고 스프링 상수 $k = 60$ N/m이며 고리가 B의 위치에 있을 때 스프링은 둘 다 늘어나지 않은 상태이다. 고리를 질점으로 여기고 공기 저항을 무시한다. 고리가 점 A에서 4.2 m/s의 속도로 오른쪽으로 움직일 때, 점 D에서의 속도를 구하라. 점 E와 F는 고정되어 있다.

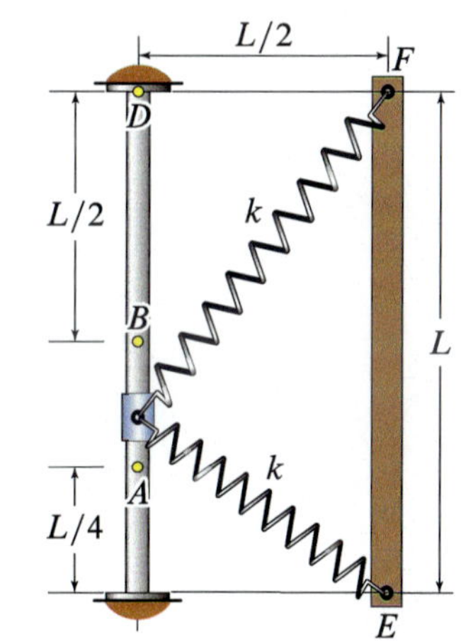

그림 P3.34

문제 3.34

길이 2 m인 봉을 따라서 마찰 없이 움직이는 11 kg의 고리(collar)가 있다. 고리에 두 개의 동일한 스프링이 부착되어 있고, B의 위치에 있을 때 스프링은 둘 다 늘어나지 않은 상태이다. 고리가 점 A에서 위로 23 m/s의 속도로 움직일 때 점에서의 속도가 0이 되는 선형스프링 상수 k를 구하라. 점 E와 F는 고정되어 있다.

문제 3.35

새총(slingshot)으로부터 $x = x_0$에서 정지 상태에서 움직이는 질량 m인 물체의 운동방정식을 유도하라. 질량을 새총과 연결하는 줄은 스프링 상수 k인 선형 스프링이고 늘어나지 않았을 때 초기 길이는 L_0이다. 또한 질량은 두 지지대와 동일한 거리에 있고 질량과 두 스프링은 xy 평면 상에 있다. $L > L_0$이라 가정하고 중력은 무시한다.

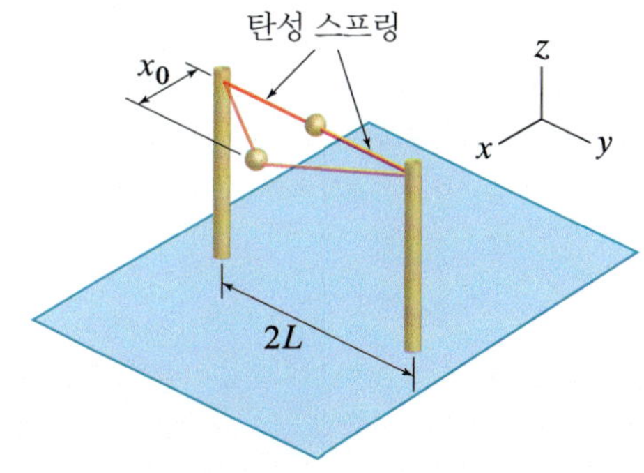

그림 P3.35-P3.38

문제 3.36

만약 $x = x_0$에서 운동이 시작된다면 $x = 0$ 지점에서 질량 m의 속도를 결정하라. 질량을 새총과 연결하는 줄은 스프링 상수 k인 선형스프링이고 늘어나지 않았을 때 초기 길이는 L_0이다. $L > L_0$이라 가정하고 중력은 무시한다.

문제 3.37

주어진 근사식은

$$\frac{1}{\sqrt{(x/L)^2+1}} \approx 1-\frac{(x/L)^2}{2} \tag{1}$$

새총의 $x = x_0$인 지점에서 정지상태로 움직일 때, 질량 m의 운동방정식을 아래와 같이 쓸 수 있다.

$$\ddot{x}+\omega_0^2 x\left(1+\Lambda x^2\right)=0 \tag{2}$$

여기서

$$\omega_0^2=\frac{2k}{m}\left(\frac{L-L_0}{L}\right), \quad \Lambda=\frac{L_0}{2L^2(L-L_0)} \tag{3}$$

질량을 새총과 연결하는 줄은 스프링 상수 k인 선형스프링이고 늘어나지 않았을 때 초기 길이는 L_0이다. $L > L_0$이라 가정하고 중력은 무시한다. 식 (2)는 **더핑**(*duffing*) **방정식**이라고 불리는 유명한 미분 방정식이다.

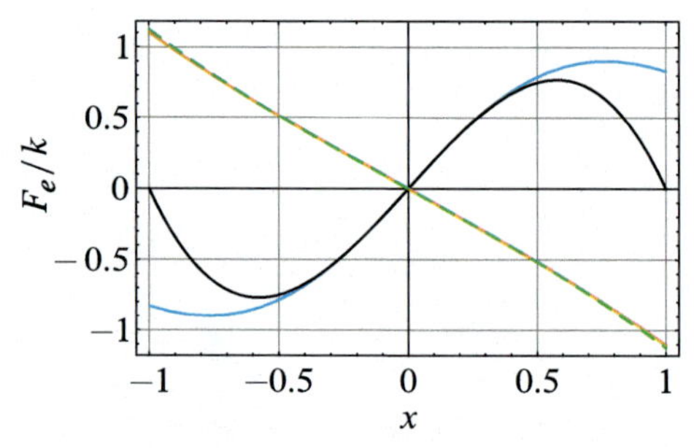

그림 P3.38

문제 3.38

문제 3.35의 새총에서 질량에 작용하는 힘과 식 (2), (3)으로 정의된 새총의 운동 방정식으로부터 얻은 더핑 방정식을 이용하여 질량이 받는 힘을 x의 함수로 그릴 수 있다. 스프링이 성질은 초기 신장($L > L_0$)인지 초기 압축($L < L_0$)인지에 따라 달라진다. 그림은 질량 m의 탄성 복원력이 아래 네 경우에 대해 x의 함수임을 보여준다.

- (주황색) $L = 2$이고 $L_0 = 1$일 때 새총의 힘
- (파란색) $L = 1$이고 $L_0 = 2$일 때 새총의 힘
- (녹색) $L = 2$이고 $L_0 = 1$일 때 더핑 방정식을 통해 구한 힘
- (검은색) $L = 1$이고 $L_0 = 2$일 때 더핑 방정식을 통해 구한 힘

x가 매우 작을 때 더핑 방정식은 실제 새총에 적용되는 힘의 매우 좋은 근사식이다. "강해지는" 스프링(당길수록 강해지는 스프링)과 "약해지는" 스프링(당길수록 약해지는 스프링)에 대해 설명해 보아라. 그리고 물리적으로 왜 그러한지 설명하라.

주의 개념 문제는 계산이 아닌 설명이 필요하다.

3.2 곡선 운동

이 절에서는 새로운 내용을 소개하지 않고, 3.1절에서 배운 내용의 기초 위에 뉴턴의 제2법칙을 곡선운동 문제에 적용하는 방법을 학습한다. 따라서 우리의 모델링과 문제 해결능력을 강화할 수 있을 것이다. 뉴턴의 제2법칙을 곡선 운동에 적용하는 방법이 우리가 3.1절에서 학습했던 것과 동일하다는 것을 강조하고자 한다. 문제의 핵심 요소는 여전히 분석하는 계의 자유물체도이다. 그 다음 편리한 성분계를 정한 후 뉴턴의 제2법칙을 적용하고, 힘의 법칙을 유도하고, 뉴턴의 제2법칙과 힘 법칙에서 위치, 속도, 가속도를 기술하는 운동학 방정식을 적용하는 것으로 문제를 해결한다.

2D와 3D 성분 계에서 뉴턴의 제2법칙

우리가 벡터 식 $\vec{F} = m\vec{a}$를 공학 문제에 적용할 때 편리한 성분계를 정한 후 식 (3.22)의 성분 형태로 그것을 적용한다. 곡선 운동 문제에 대해서도 2장에서 기술했던 것들로부터 성분계를 정할 수 있다[5]. 이 책에서 우리는 순수하게 2차원 성분계로 접근 가능한 평면 문제와 평면에 수직인 힘 분석의 필요로 인해 3차원 성분계가 필요한 평면 문제를 고려한다. 또한 3차원 문제도 고려할 것이다. 그러므로 이제 2장에서 소개했던 2차 또는 3차원 성분를 이용하여 뉴턴의 제2법칙의 성분 형태 표현을 제공한다. 성분계의 사용은 예제와 문제를 통하여 설명할 것이다.

2차원 성분 계

직교 성분 그림 3.14에서 평면 직교 성분에서 뉴턴의 제2법칙은 아래와 같다.

$$\sum F_x = ma_x\,, \quad \sum F_y = ma_y \tag{3.23}$$

이와 연관된 운동학 방정식은 식 (2.17)에 주어졌으며 이는 아래와 같다.

$$a_x = \ddot{x}\,, \quad a_y = \ddot{y} \tag{3.24}$$

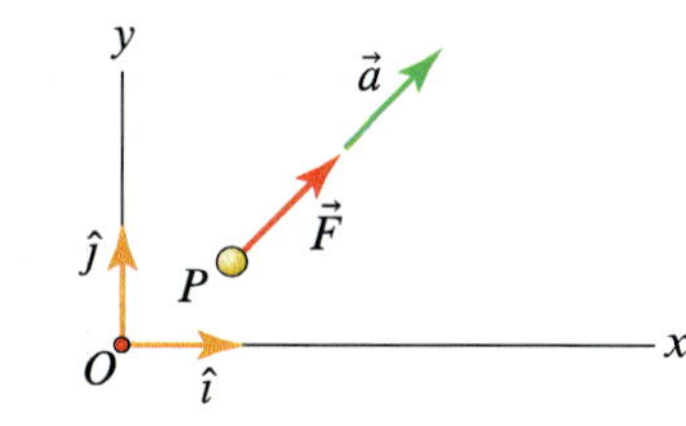

그림 3.14 힘, 가속도, 직교 성분계.

경로 성분 그림 3.15에서 평면 경로 성분에서 뉴턴의 제2법칙은 아래와 같다.

$$\sum F_n = ma_n\,, \quad \sum F_t = ma_t \tag{3.25}$$

이와 연관된 운동학 방정식은 식 (2.78)에 주어지고 아래와 같다.

$$a_n = \frac{v^2}{\rho}\,, \quad a_t = \dot{v} \tag{3.26}$$

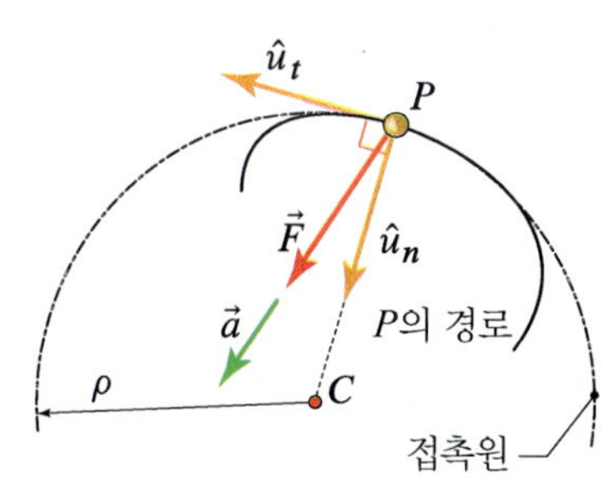

그림 3.15 힘, 가속도, 경로 성분계.

5) 2장은 공학에서 가장 자주 사용하는 좌표와 성분계들을 어느정도 다루었다. 하지만 다른 좌표계도 가능하고 실제로 적용되기도 한다.

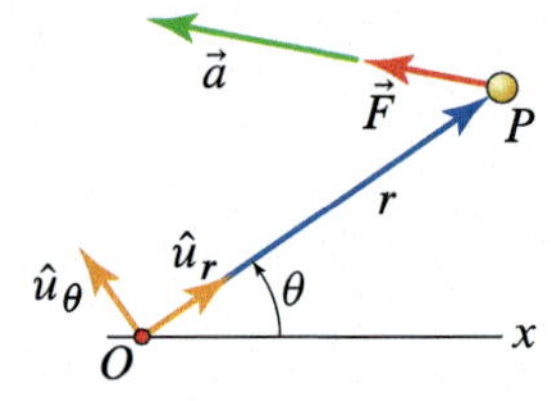

그림 3.16 힘, 가속도, 극 성분계.

극 성분 그림 3.15에서 평면 극 성분에서 뉴턴의 제2법칙은 아래와 같다.

$$\sum F_r = ma_r, \quad \sum F_\theta = ma_\theta \tag{3.27}$$

이와 연관된 운동학 방정식은 식 (2.90)에 주어지고 이는 아래와 같다.

$$a_r = \ddot{r} - r\dot{\theta}^2, \quad a_\theta = r\ddot{\theta} + 2\dot{r}\dot{\theta} \tag{3.28}$$

3차원 성분 계

직교 성분 그림 3.17에서 3차원 직교 성분의 뉴턴 제2법칙은 아래와 같다.

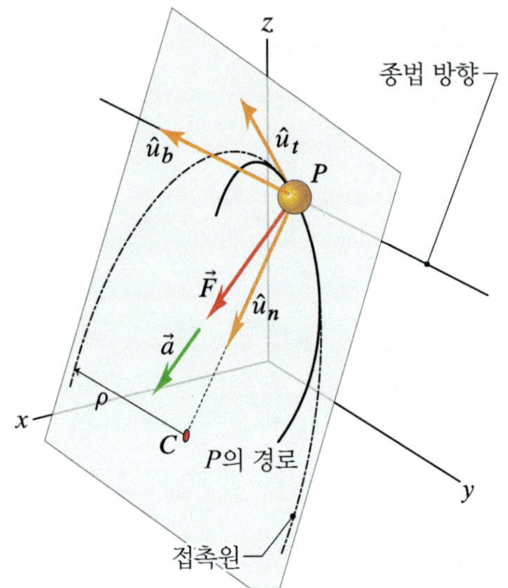

그림 3.18 힘, 가속도, 3D 직교 성분계.

그림 3.17 힘, 가속도와 직교 성분 계.

$$\sum F_x = ma_x, \quad \sum F_y = ma_y, \quad \sum F_z = ma_z \tag{3.29}$$

이와 연관된 운동학 방정식은 식 (2.143)에 주어지고 이는 아래와 같다.

$$a_x = \ddot{x}, \quad a_y = \ddot{y}, \quad a_z = \ddot{z} \tag{3.30}$$

경로 성분 그림 3.18에서 3차원 경로 성분의 뉴턴의 제2법칙은 아래와 같다.

$$\sum F_n = ma_n, \quad \sum F_t = ma_t, \quad \sum F_b = ma_b \tag{3.31}$$

이와 연관된 운동학 방정식은 식 (2.78)에 주어지고 이는 아래와 같다.

$$a_n = \frac{v^2}{\rho}, \quad a_t = \dot{v}, \quad a_b = 0 \tag{3.32}$$

여기서 정의에 의해 $\hat{u}_b$가 속도와 가속도 벡터(2.5절을 보라)를 포함한 평면에 수직이기 때문에 $a_b = 0$이다.

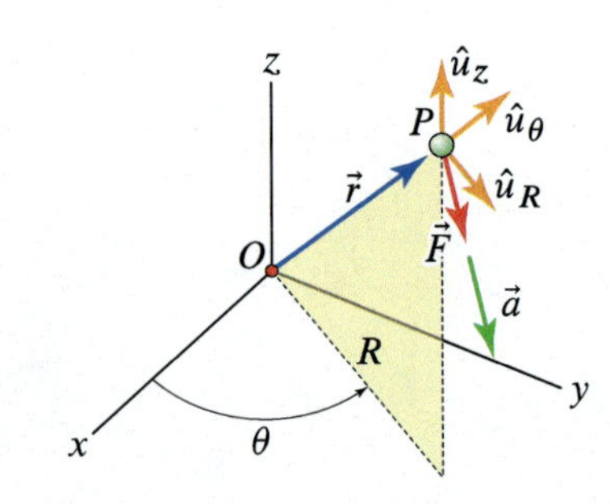

그림 3.19 힘, 가속도, 원통 성분계.

원통 성분 그림 3.19에서 3차원 원통 성분의 뉴턴의 제2법칙은 아래와 같다.

$$\sum F_R = ma_R, \quad \sum F_\theta = ma_\theta, \quad \sum F_z = ma_z \tag{3.33}$$

이와 연관된 운동학 방정식은 식 (2.124)에서 주어지고 이는 아래와 같다.

$$a_R = \ddot{R} - R\dot{\theta}^2, \quad a_\theta = R\ddot{\theta} + 2\dot{R}\dot{\theta}, \quad a_z = \ddot{z} \tag{3.34}$$

구 성분 그림 3.20에서 3차원 구좌표 성분으로 뉴턴의 제2법칙은 아래와 같다.

$$\sum F_r = ma_r, \quad \sum F_\phi = ma_\phi, \quad \sum F_\theta = ma_\theta \tag{3.35}$$

이와 연관된 운동학 방정식은 식 (2.140)에서 주어지고 이는 아래와 같다.

$$\begin{aligned} a_r &= \ddot{r} - r\dot{\phi}^2 - r\dot{\theta}^2 \sin^2\phi, \\ a_\phi &= r\ddot{\phi} + 2\dot{r}\dot{\phi} - r\dot{\theta}^2 \sin\phi\cos\phi, \\ a_\theta &= r\ddot{\theta}\sin\phi + 2\dot{r}\dot{\theta}\sin\phi + 2r\dot{\phi}\dot{\theta}\cos\phi \end{aligned} \tag{3.36}$$

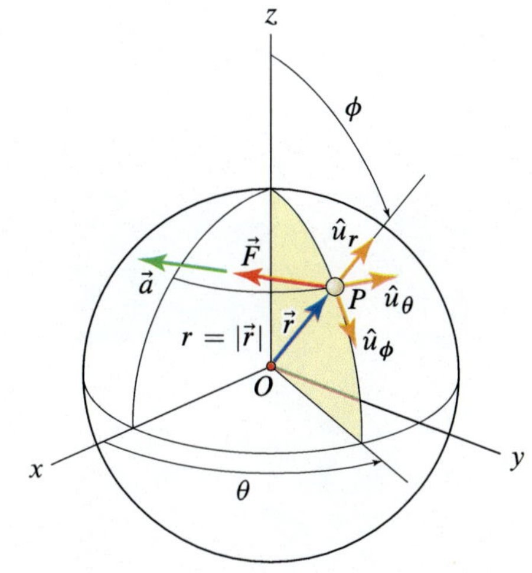

그림 3.20 힘, 가속도, 구좌표 성분계.

예제 3.4 공기 저항이 있는 발사체 운동

2.3절에 배운 발사체 운동 모델은 발사체 운동이 단지 중력의 지배를 받고 궤적이 포물선 운동이지만, 이는 골프공과 같은 물체의 궤적을 학습하는데 충분하지 않다. 일반적으로 골프공의 궤적은 포물선이 아니고 공의 딤플 형태, 공의 회전, 대기의 상태 습도, 지역 공기 밀도 등 다양한 요인에 의해 크게 영향을 받는다. 이 모든 요인을 고려하는 것은 이 책의 범위를 넘는다. 여기에서는 공의 속도에 비례하고 공의 속도에 반대 방향으로 작용한다고 가정한 공기 동역학적 저항의 영향을 고려하여 2.3절의 모델을 조금 개선한다. 이 모델을 이용하여 골프공의 운동 방정식을 유도한다.

그림 1 아이언 샷을 하는 타이거 우즈.

풀이 SOLUTION

로드맵과 모델링 그림 2에서 골프공을 중력 mg와 저항력 F_d가 작용하는 질점으로 모델링하였다. 중력에 평행한 y 축을 갖는 직교 성분계를 선택하고 이는 현재 모델과 2.3절의 모델을 비교하여 참조하였다. 저항력의 방향은 $\hat{u}_t$의 방향인 공의 속도에 반대 방향이다. 비록 현재 $\hat{u}_t$의 방향은 모르지만 편의를 위해 시간에 따라 변하는 각도 θ를 이용해 나타내었다. 3.1절에서 보았듯이 공의 운동 방정식은 힘의 법칙과 운동학 방정식을 뉴턴의 제2법칙과 결합하여 유도한다.

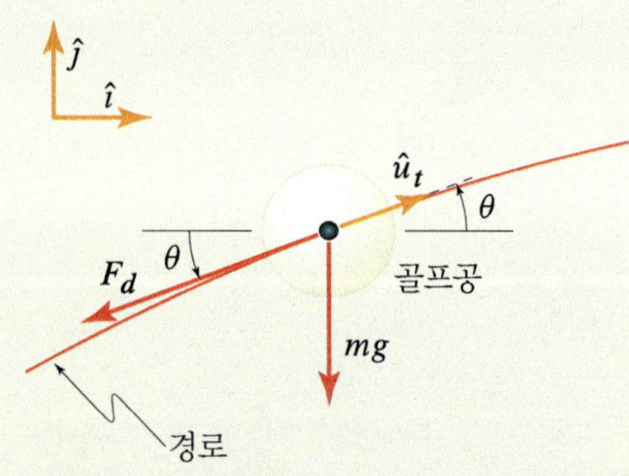

그림 2 비행하는 질점으로 모델링 되었고 중력과 공기저항력 F_d를 받는 골프 공의 자유물체도. 단위 벡터 $\hat{u}_t$는 공의 경로와 접선 방향이고 공의 속도의 방향을 나타낸다.

지배방정식

평형 원리 그림 2의 자유물체도를 이용하여 뉴턴의 제2법칙을 적용하면 아래와 같다.

$$\sum F_x: \quad -F_d \cos\theta = ma_x \tag{1}$$

$$\sum F_y: \quad -F_d \sin\theta - mg = ma_y \tag{2}$$

힘의 법칙 F_d는 속도의 제곱에 비례하므로, 우리는 아래와 같은 식을 얻는다.

$$F_d = C_d v^2 \tag{3}$$

여기서 C_d는 항력계수[6)]이고 v는 공의 속도이다.

운동학 방정식 선택된 성분계에서 아래 식이 된다.

$$a_x = \ddot{x}, \qquad a_y = \ddot{y} \tag{4}$$

또한 공의 속도를 $\vec{v} = \dot{x}\hat{\imath} + \dot{y}\hat{\jmath}$로 쓸 수 있고 속력은 속도 $\vec{v}$의 크기이므로 우리는 아래의 식을 얻는다.

$$v = \sqrt{\dot{x}^2 + \dot{y}^2} \tag{5}$$

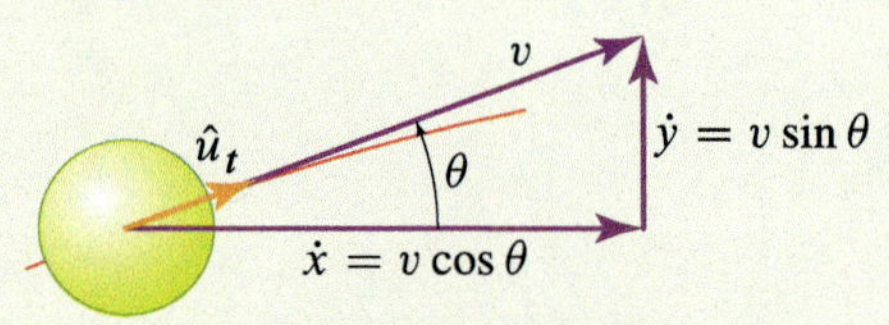

그림 3 골프 공의 속도 벡터 성분.

마지막으로 θ가 x 방향에 대해 상대적인 속도 $\vec{v}$의 방향이라고 할 때 우리는 아래 식을 얻는다.

$$\cos\theta = \frac{\dot{x}}{v} = \frac{\dot{x}}{\sqrt{\dot{x}^2 + \dot{y}^2}}, \qquad \sin\theta = \frac{\dot{y}}{v} = \frac{\dot{y}}{\sqrt{\dot{x}^2 + \dot{y}^2}} \tag{6}$$

6) 식 (3)의 계수 C_d는 길이 분에 질량의 차원을 가지며, 공기 동력학에서 일반적으로 사용되는 무차원 항력계수와 혼동해서는 안 된다.

여기서 $\vec{v}$의 성분은 그림 3에 설명되어 있다.

계산 식 (3)-(6)을 식 (1), (2)에 대입하면 우리는 아래 식을 얻는다.

$$-C_d\dot{x}\sqrt{\dot{x}^2+\dot{y}^2} = m\ddot{x} \tag{7}$$

$$-C_d\dot{y}\sqrt{\dot{x}^2+\dot{y}^2} - mg = m\ddot{y} \tag{8}$$

식 (7), (8)은 이 문제의 운동 방정식이다.

논의 및 검증 C_d의 단위가 길이 분에 질량이므로 식 (7), (8)의 단위는 올바르게 표시되었다. 또한 식 (7)을 참조하면 양의 $\dot{x}$에 대해 왼쪽 방향은 음이므로 항력 효과는 예상대로 질점을 감속한다. 비슷한 방법을 식 (8)에 대해서도 적용 가능하다. 마지막으로 식 (7), (8)에서 $C_d = 0$을 적용하면 2.3절, 즉 $\ddot{x} = 0$이고 $\ddot{y} = -g$인 모델에 따른 포물선 운동방정식을 복원할 수 있다. 따라서 우리는 결국 유도한 운동방정식이 옳다고 결론 내릴 수 있다.

심층분석 $C_d \neq 0$일 때 식 (7), (8)은 해석적으로 풀 수 없다. 그러나 m, g, C_d, 공의 초기 위치와 속도가 주어지면 수학 프로그램을 이용하여 수치적으로 쉽게 문제를 풀 수 있다. 일반적인 골프공의 질량은 45.64 g이다. C_d를 추정하기 위해 드라이버를 사용하여 초속 300 km/h로 수평면과 11.2°의 각도로 공을 쳐서 246 m정도 날리는 타이거 우즈의 스윙을 가정한 실험 결과로부터 현재의 모델을 보정하였다. ➡ 이 자료와 컴퓨터의 도움으로 우리는 $C_d = 2.255 \times 10^{-5}\,\frac{\text{Ns}^2}{\text{m}^2}$로 추정하였다. 그림 4에서 초기 조건(선택한 좌표계의 원점을 볼의 초기 위치로 사용)과 언급한 C_d에 따른 공의 궤적과 같은 초기 조건에서 $C_d = 0$인 경우 공의 궤적을 비교하였다. 항력으로 인하여 공의 비행 거리가 8% 줄어들었다. ⬅

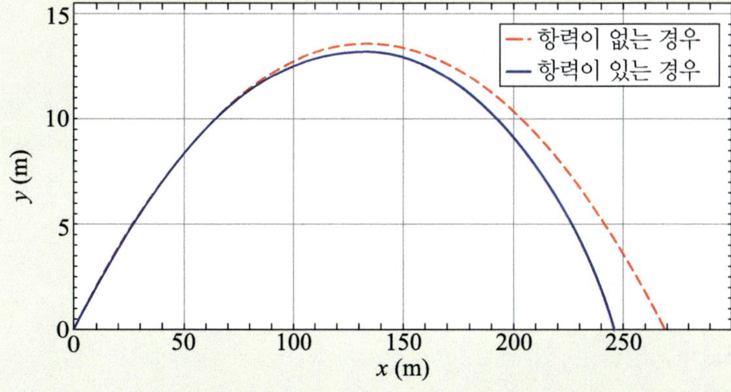

그림 4 항력이 있는 경우와 없는 경우 본문에서 언급한 초기 조건과 변수를 이용해 계산한 골프 공의 궤적. 두 궤적을 쉽게 구분하기 위해 x와 y 축이 다른 척도(scale)을 가지도록 하였다.

예제 3.5 마찰에 의해 허용되는 최대 속도

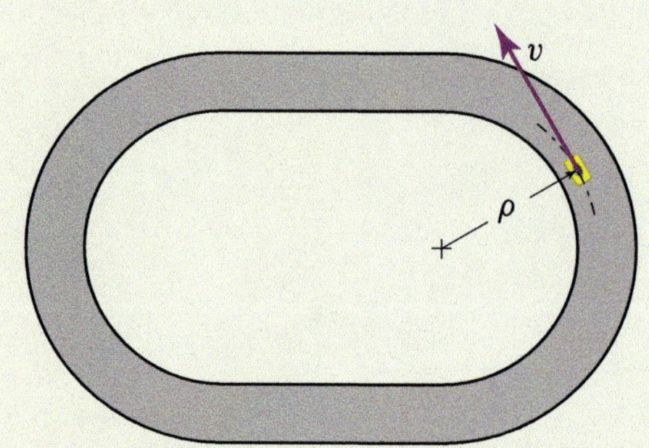

그림 1 경사 회전을 가지는 경주로의 평면도.

경주자동차가 일정한 속도 v로 그림과 같은 트랙의 경사진 회전 코스를 달리고 있다. 경사 각과 회전 코스의 곡률 반경이 알라바마의 이스트 아보가(East Aboga)의 탈라에가(Talladega) 슈퍼스피드웨이(Superspeedway)의 규격, 즉 ρ는 350 m이고 경사각도는 33°이다. 이 회전 운동을 위해서 차가 미끄러지지 않는 최대 값 v를 구하라. 차와 트랙 사이의 최대 정지 마찰계수 $\mu_s = 0.9$이다.

풀이 SOLUTION

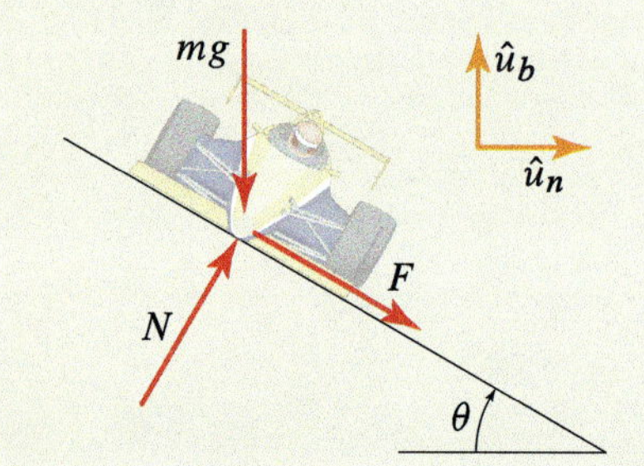

그림 2 경사 회전을 하는 차의 자유물체도. 차의 속도 벡터는 페이지로부터 앞면으로 향한다.

로드맵과 모델링 차가 미끄러지지 않는 v의 최대값을 넘으면 차량이 트랙의 바깥쪽으로 미끄러질 것이다. 따라서 차가 미끄러지지 않도록 하는 마찰력의 성분은 트랙의 안쪽 방향으로 작용한다. 그러므로 차를 질점으로 모델링하고 마찰력과 중력 이외의 모든 힘을 무시하면 차의 자유물체도는 그림 2와 같다. $v_{\max}$를 구하기 위해 차가 미끄러지지 않는다는 조건에서 뉴턴의 제2법칙을 적용한다. 이는 차가 y 방향으로는 움직임이 없이 회전 반경 ρ인 원을 따라 움직인다는 의미이다. 차가 미끄러지지 않는 차의 최대 가능 속력을 구하는 것이므로 미끄럼이 임박했다는 가정하에서 문제를 풀 것이다. 이를 "사용 가정(working assumption)", 즉 해를 구할 수 있도록 하지만 그 해가 물리적으로 반드시 구현 가능하지 않을 것이다. 해를 구한 후 문제의 사용 가정과 부합되는지 확인할 필요가 있다. 마지막으로 차의 경로가 원형이므로 경로 성분계나 원통 성분계를 사용하는 것이 편리할 것이다. 그림 2는 사용한 경로 성분계를 표시하였다(문제 3.55에서 원통 성분 계를 사용할 기회가 있을 것이다).

지배방정식

평형 원리 뉴턴의 제2법칙을 그림 2의 자유물체도에 적용하면 아래의 식을 얻는다.

$$\sum F_n: \quad F\cos\theta + N\sin\theta = ma_n \tag{1}$$

$$\sum F_t: \quad F_t = ma_t \tag{2}$$

$$\sum F_b: \quad -mg + N\cos\theta - F\sin\theta = ma_b \tag{3}$$

여기서 F_t는 차의 바퀴와 트랙 사이의 마찰력으로 인한 접선 방향의 "추진력"이다.

힘의 법칙 앞에서 언급하였듯이 미끄럼이 임박한 조건을 사용하면 마찰력은 아래와 같다.

$$F = \mu_s N \tag{4}$$

운동학 방정식 경로 성분에서 가속도는 nt 평면 성분만을 가진다. 따라서 우리는 아래의 가속도 식을 얻을 수 있다.

$$a_n = v_{\max}^2/\rho, \quad a_t = \dot{v} = 0, \quad a_b = 0 \tag{5}$$

여기서 $a_t = 0$이라고 쓸 때 차가 일정한 속도로 움직인다는 사실을 적용하였다.

계산 식 (1)-(5)는 이 문제의 지배방정식이다. g, θ, ρ의 값은 알고 있으므로 7개의 방정식과 7개의 미지수 F_t, N, F, a_t, a_b, a_n, $v_{\max}$를 가진다. 이 방정식들은 손 계산이나 매스매티카나 메이플 같은 수학 프로그램을 이용해 풀 수 있다.

$$a_t = 0 = a_b \tag{6}$$

$$a_n = \frac{g(\mu_s + \tan\theta)}{1 - \mu_s \tan\theta} = 36.57\,\text{m/s}^2 \tag{7}$$

$$F_t = 0 \tag{8}$$

$$F = \frac{\mu_s mg}{\cos\theta - \mu_s \sin\theta} = (25.33\,\text{m/s}^2)\,m \tag{9}$$

$$N = \frac{mg}{\cos\theta - \mu_s \sin\theta} = (28.15\,\text{m/s}^2)\,m \tag{10}$$

$$v_{\max} = \sqrt{\rho g}\sqrt{\frac{\mu_s + \tan\theta}{1 - \mu_s \tan\theta}} = 113.15\,\text{m/s} = 407\,\text{km/h} \tag{11}$$

논의 및 검증 식 (6)-(11)의 결과는 차원적으로 옳고 적절한 단위로 표현되었다. 그러므로 우리는 문제를 풀 때 적용했던 미끄럼 임박 조건과 일치하는지 확인할 필요가 있다. 확인한 결과 가정한 조건과 일치한다. 특히 구한 F와 N이 양의 값, 즉 F와 N은 자유물체도에서 나타낸 방향을 향한다. 또한 가속도의 법선 성분은 원형 경로의 중심을 향할 수밖에 없기 때문에 반드시 a_n은 양의 값이다. 그러므로 우리는 풀이가 물리적으로 타당하고 사용가정이 옳고 문제가 해결되었다고 결론을 내릴 수 있다.

심층분석 위에 제시된 미끄럼 임박 조건의 검증을 좀 더 잘 이해하기 위해서 μ_s를 0.9 대신 1.6이라고 가정해보자. 그러면 $\mu_s > 1/\tan\theta = 1.54$이고, $v_{\max}$의 식에 있는 $1 - \mu_s \tan\theta$ 항은 음이 될 것이다. 따라서 $v_{\max}$ 식의 제곱근 안에 음의 값을 가지게 된다. 이 결과는 $\mu_s > 1/\tan\theta$이면 원래 미끄럼 임박 조건이 틀리게 된다. 그러면 $\mu_s > 1/\tan\theta$이면 어떻게 문제를 풀어야 하는가? 이것에 답하기 위해 우리는 미끄럼 임박 조건을 좀더 세밀히 분석할 필요가 있다. 식 (11)에 주어진 $v_{\max}$대 μ_s의 그래프를 그림 3에 나타내었다. μ_s가 $1/\tan\theta$로 접근할수록 $v_{\max}$는 무한대가 된다. 이것은 아무리 빠르게 달리길 원하더라도 μ_s는 1.54보다 클 필요가 없다는 것을 의미하고 $\mu_s > 1/\tan\theta$인 경우 사용 조건은 미끄럼 임박에서 미끄럼 없음으로 바뀌어야 한다. 새로운 가정에서 식 (4)는 부등식 $|F| \le \mu_s|N|$으로 바뀌고 식 (1)-(3)과 식 (5)를 풀어 미지수 F_t, N, F, a_t, a_b, a_n을 v의 함수로 나타내면 아래와 같다.

$$a_t = 0 = a_b \tag{12}$$

$$a_n = v^2/\rho \tag{13}$$

$$F_t = 0 \tag{14}$$

$$F = \frac{mv^2}{\rho}\cos\theta - mg\sin\theta \tag{15}$$

$$N = \frac{mv^2}{\rho}\sin\theta + mg\cos\theta \tag{16}$$

식 (15), (16)을 이용하고 이 풀이가 $\mu_s > 1/\tan\theta$의 가정을 사용했음을 기억할 때 어떤 v 값에 대해서도 미끄럼 없는 조건이 만족함을 증명할 수 있다. 즉 $v_{\max}$는 충분치 않은 마찰에 의해 제한되지 않는다. 그림 3으로 돌아가서 μ_s는 양의 값이기 때문에 그림의 노랑 음영 부분은 물리적으로 도달할 수 없는 영역이다. 그러나 그림 3은 마찰이 없다면($\mu_s = 0$) 차는 대략 45 m/s의 속도로 달리고 있는 한 미끄러지지 않음을 보여준다.

유용한 정보

질량은 왜 지배방정식에 여전히 포함되는가? 차의 질량은 여전히 지배방정식에 나타나 있으나 질량에 대해 아무런 언급도 하지 않았다, 즉 질량을 아는지 모르는지 언급하지 않았다. 식 (3), (4)의 해는 단지 F와 N이 질량에 좌우됨을 보여준다. 그러나 우리는 질량을 알 필요 없이 최대 속력 $v_{\max}$를 구할 수 있다. 이는 일부 동역학 문제의 특성이며 질량은 때때로 해의 일부나 전부에서 전혀 역할을 하지 못하기도 한다. 이 문제와 같이 질량을 m이라하고 문제를 푼 뒤 결국 어떤 결과가 나오는지 확인하면 된다.

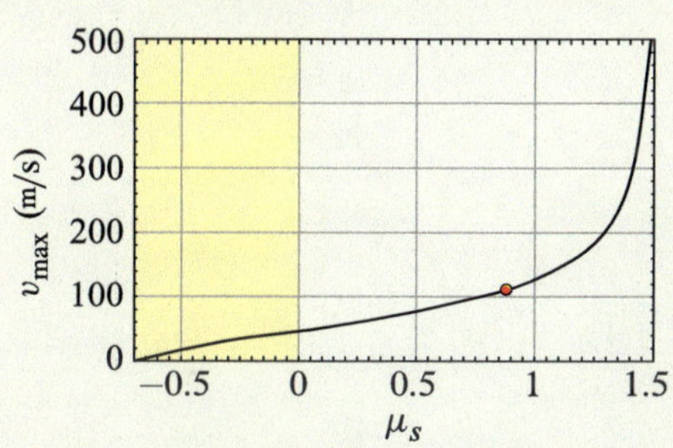

그림 3 식 (11), 즉 미끄럼 임박 조건에서의 $v_{\max}$ 대 μ_s 그래프. 붉은 점은 예제에서 사용한 $\mu_s = 0.9$에 해당한다. 푸른 점은 $\mu_s = 0$에 해당한다.

예제 3.6 원 운동의 분석

작은 구가 마찰이 없는 반 원통 위에 멈춰 있다. 이 구가 표면을 따라 미끄러지면 오른쪽으로 조금 굴렀다. 구가 표면과 분리되는 각 θ를 결정하라.

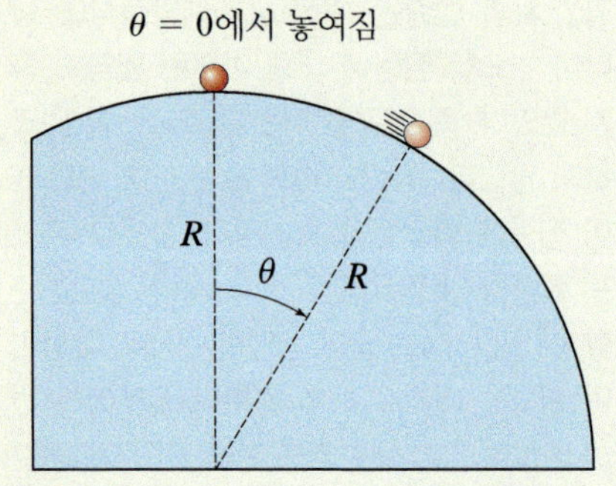

그림 1 매끈한 반원통의 표면을 미끄러지는 작은 구.

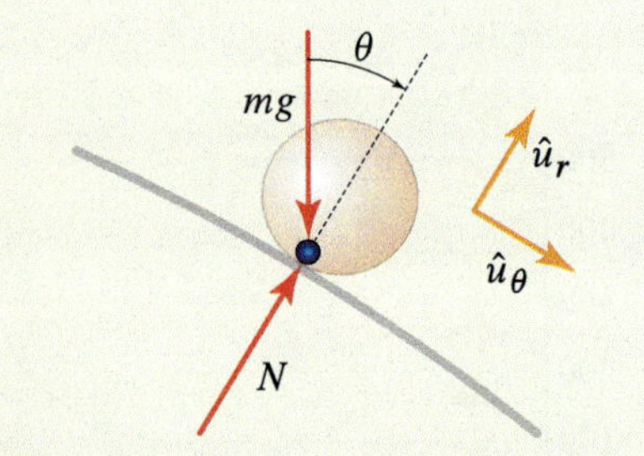

그림 2 반 원통 위 임의의 위치에 있는 질점의 자유물체도.

풀이 SOLUTION

로드맵과 모델링 구가 $\theta = 90°$가 되기 전에 표면에서 떨어질 것이라는 것을 단번에 알지 못할 수도 있다. 그러나 작은 공을 이용하여 시험하면 이를 쉽게 증명할 수 있다. 분리가 일어나는 각도 θ 값을 θ_s라고 하자. 해석적으로 θ를 결정하기 위해 그림 2와 같이 구를 질점으로 모델링하고 θ_s를 모르기 때문에 임의의 θ의 값으로 자유물체도를 그렸다. 단순화하기 위해 구의 무게가 mg이고, 구와 미끄러지는 면 사이 수직력 N만 고려한다. 미끄러지는 면이 마찰이 없다고 주어졌기 때문에 마찰은 무시했다.[7] 구가 분리될 때까지 구의 운동은 원형이고 이를 위해서 극 좌표계를 사용할 것이다. θ를 구하기 위해 분리는 "접촉이 사라지는 것", 즉 $N = 0$인 조건을 의미한다. 따라서 N을 θ의 함수로 구하기 위하여 운동학과 함께 뉴턴의 제2법칙을 적용하여 문제를 풀 것이다. 그 다음 $N = 0$이기 위한 θ 값을 구하여 문제를 풀 것이다.

지배방정식

평형 원리 그림 2의 자유물체도를 이용, 뉴턴의 제2법칙을 적용하면 아래 식과 같다.

$$\sum F_r: \quad N - mg\cos\theta = ma_r \tag{1}$$

$$\sum F_\theta: \quad mg\sin\theta = ma_\theta \tag{2}$$

힘의 법칙 이 문제에서 필요한 힘의 법칙은 오직 중력만 작용하므로 자유물체도에서 이를 고려하였다고 할 수 있다.

운동학 방정식 운동학의 관계는 아래와 같다.

$$a_r = \ddot{r} - r\dot{\theta}^2 = -R\dot{\theta}^2 \tag{3}$$

$$a_\theta = r\ddot{\theta} + 2\dot{r}\dot{\theta} = R\ddot{\theta} \tag{4}$$

여기서 경로가 원형이므로 $r = R =$ 상수이다.

계산 식 (3)과 (4)를 식 (1)과 (2)에 대입하고 간략화하면 아래 식을 얻는다.

$$N - mg\cos\theta = -mR\dot{\theta}^2 \tag{5}$$

$$g\sin\theta = R\ddot{\theta} \tag{6}$$

식 (5)는 N을 θ와 $\dot{\theta}$의 함수로 구한다. 단지 θ의 함수로 N이 필요하기 때문에 $\dot{\theta}$에 대한 θ의 함수 표현을 구해야 한다. 이것은 식 (6)을 고려함으로 구할 수 있고 $\dot{\theta}$을 θ의 함수로 제공한다. 이 관계로부터 θ의 함수로 $\dot{\theta}$를 표현하기 위해 연쇄법칙을 이용하여 $\ddot{\theta}$을 다시 쓰고 식 (6)을 이용하면 아래와 같은 식을 얻는다.

$$\ddot{\theta} = \frac{d\dot{\theta}}{d\theta}\frac{d\theta}{dt} = \dot{\theta}\frac{d\dot{\theta}}{d\theta} \quad \Rightarrow \quad \dot{\theta}\frac{d\dot{\theta}}{d\theta} = \frac{g}{R}\sin\theta \tag{7}$$

7) 7장의 예제 7.5에서 이 문제를 다시 다룰 것이다. 여기서는 구를 강체로 모델링하고 마찰을 고려하는데 이것이 구가 원통의 표면 위에서 구르는 원인이 된다.

식 (7)의 양변에 $d\theta$를 곱하고 원통의 맨 위부터 임의의 위치까지 적분하면 아래의 식을 얻을 수 있다.

$$\int_0^{\dot{\theta}} \dot{\theta}\, d\dot{\theta} = \int_0^{\theta} \frac{g}{R} \sin\theta\, d\theta \tag{8}$$

$$\frac{\dot{\theta}^2}{2} = -\frac{g}{R} \cos\theta \Big|_0^{\theta} = \frac{g}{R}(1 - \cos\theta) \tag{9}$$

$$\dot{\theta}^2 = \frac{2g}{R}(1 - \cos\theta) \tag{10}$$

여기서 적분의 하한값을 얻기 위하여 $\theta = 0$일 때 $\dot{\theta} = 0$인 사실을 이용하였다.

식 (10)을 식 (5)에 대입하면 N을 θ의 함수로 아래와 같이 얻을 수 있고 이는 그림 3에 나타내었다.

$$N = mg(3\cos\theta - 2) \tag{11}$$

아래 식을 만족할 때 힘 N이 0된다.

$$3\cos\theta_s - 2 = 0 \quad \Rightarrow \quad \cos\theta_s = \frac{2}{3} \tag{12}$$

$$\Rightarrow \quad \theta_s = \pm 48.2° \pm n360°,\ n = 0, 1, \ldots, \infty \tag{13}$$

$0° \leq \theta \leq 90°$인 지점의 해만 관심이 있기 때문에, 물리적인 의미가 있는 해는 아래의 값뿐이다.

$$\boxed{\theta_s = 48.2°} \tag{14}$$

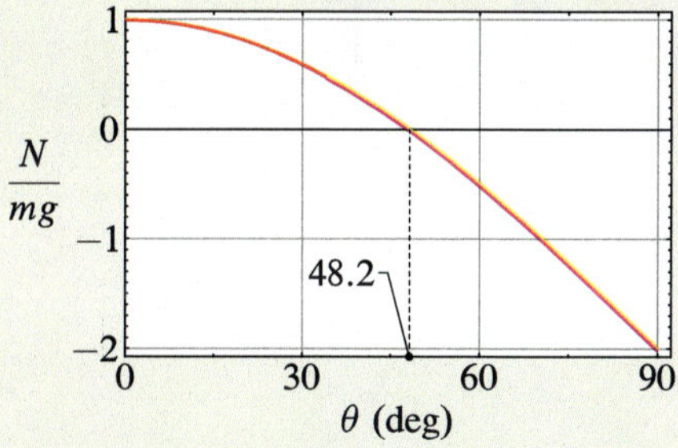

그림 3 질점이 반 원통을 미끄러질 때 θ의 함수로 표시된(질점의 무게 mg로 정규화된) 수직력 N.

논의 및 검증 mg 항이 힘의 차원를 가지고 괄호의 항이 차원이 없으므로 식 (11)의 결과는 차원적으로 바르다. 또한 직관적으로 θ가 0일 때 N은 mg와 같고 θ가 증가할 때 줄어들기 때문에 결과는 타당해 보인다.

심층분석 그림 3은 $\theta > 48.2°$일 때 수직 항력이 음이 됨을 보여준다. 이것은 물리적으로 어떤 의미인가? 구가 반경이 R인 원형 경로를 따라 움직인다는 가정 아래서 지배방정식이 유도되었기 때문에 그 해는 구가 앞서 언급한 운동을 하기 위해 필요한 N의 값만 구해준다. 이것은 $48.2° < \theta \leq 90°$에서 구가 표면과 접촉하기 위해서는 표면이 실제로 **구를 당겨야** 한다는 것을 의미한다. $\theta = 90°$일 때 질량은 구 **무게의 두 배로** 당겨진다. 마지막으로 수직항력이 구의 무게의 함수이지만 구가 표면에서 분리되는 각도는 m과 g에 무관하다.

예제 3.7 중심력 운동

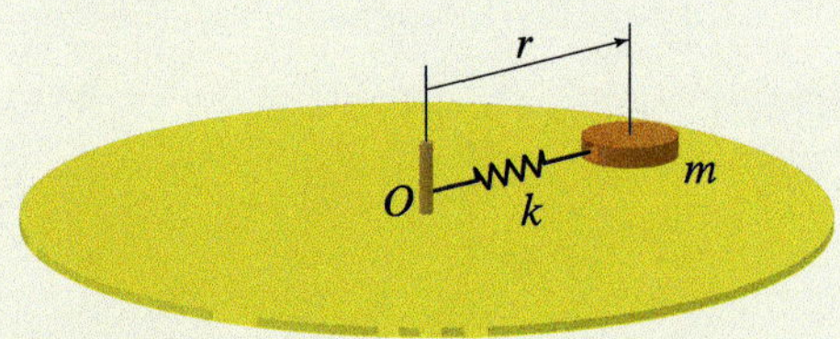

그림 1 매끄러운 수평면을 움직이는 질량이 m인 원판. 원판의 운동은 단지 선형 탄성 스프링에 의해 구속된다.

한쪽 끝이 핀으로 고정된 선형 탄성 스프링의 다른 한 쪽 끝에 매달린 질량이 m인 원판을 생각하자. 이 원판은 매끄러운 평면 위에서 자유롭게 움직인다. 스프링 상수 k, 스프링의 변형 전 길이 r_u, 디스크 질량 m 등의 계의 변수와 함께 초기 위치와 속도의 값에 대해 원판의 운동방정식을 결정하라. $r(0) = 0.35$ m, $\theta(0) = 0$ rad, $\dot{r} = 0$ m/s, $\dot{\theta} = 0.5$ rad/s, $r_u = 0.25$ m, 그리고 4가지 k/m의 다른 값: 5, 20, 100 500 s^{-2}를 이용하여 원판의 궤적을 그려라. $0 \le t \le 10$ s에 대해 4개의 그림을 각각 그려라.

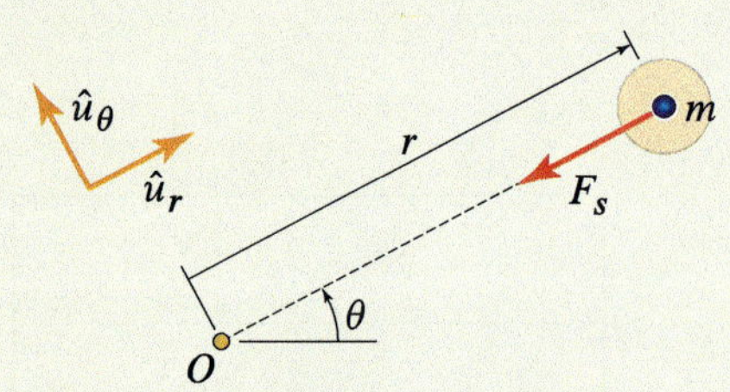

그림 2 위에서 본 계의 자유물체도.

풀이 SOLUTION

로드맵과 모델링 운동방정식을 구하기 위해 뉴턴의 제2법칙을 원판에 적용하고 이를 힘의 법칙과 운동학 방정식과 결합시킬 것이다. 얼마나 많은 운동 방정식을 찾아야 하는가? 자유도 만큼의 운동학 방정식을 찾아야 하고 이 문제의 경우는 원판이 평면 운동을 하므로 2자유도이다. 그림 2를 참조하면 원판의 운동이 매끄러운 수평면 위에서 일어나므로 우리는 원판을 스프링 힘 F_s에만 지배를 받는 질점으로 모델링할 것이다. 평면 운동이고 이 운동을 기술하기 위해 직각 좌표계를 이용할 수 있지만, F_s가 항상 O를 향하기 때문에 원점 O를 가지는 극 좌표계를 사용하는 것이 편리하다.

지배방정식

평형 원리 그림 2의 자유물체도를 참조하여 뉴턴의 제2법칙을 적용하면 아래와 같다.

$$\sum F_r: \quad -F_s = ma_r \tag{1}$$

$$\sum F_\theta: \quad 0 = ma_\theta \tag{2}$$

힘의 법칙 필요한 힘의 법칙은 단지 아래와 같은 스프링 힘이다.

$$F_s = k(r - r_u) \tag{3}$$

운동학 방정식 극 좌표계의 운동학 방정식은 아래와 같다.

$$a_r = \ddot{r} - r\dot{\theta}^2 \tag{4}$$

$$a_\theta = r\ddot{\theta} + 2\dot{r}\dot{\theta} \tag{5}$$

계산 식 (3)-(5)를 식 (1)과 (2)에 대입하여 정리하면 계의 운동방정식을 아래와 같이 얻을 수 있다.[8)]

$$\ddot{r} - r\dot{\theta}^2 + \frac{k}{m}(r - r_u) = 0 \tag{6}$$

$$r\ddot{\theta} + 2\dot{r}\dot{\theta} = 0 \tag{7}$$

여기서 식 (7)로부터 m을 소거하였다. $r(0)$와 $\theta(t)$를 위해 식 (6)과 (7)을 풀면 언제나 스프링 끝 질량의 운동을 구할 수 있다. 불행히도 이 방정식들은 해석적으로 풀 수 없기 때문에 우리는 반드시 수치적으로 풀어야 한다.

유용한 정보

식 (7)의 적분. 이를 이해하기 위해 경험이 좀 필요하지만 식 (7)은 아래와 같이 쓸 수 있다.

$$r\ddot{\theta} + 2\dot{r}\dot{\theta} = \frac{1}{r}\frac{d}{dt}(r^2\dot{\theta}) = 0$$

이 식은 $r^2\dot{\theta}$의 시간 미분이 0과 같음을 말한다. 따라서 $r^2\dot{\theta}$은 상수이다. 변하지 않는 운동과 관련된 양이 있다는 사실은 운동 상수 또는 운동 방정식의 적분으로 불린다. 이 경우 이 상수는 원판에 작용하는 힘이 중심력, 즉 항상 하나의 중심 지점, 점에 있는 핀(그림 1을 보라)을 향하는 것에 기인한다. 5장에서 중심력은 항상 일정한 각운동량을 보장하고 $r^2\dot{\theta}$은 단순히 계의 각운동량(단위 질량당)임을 배울 것이다.

8) 스프링 상수 k와 질량 m만이 식 (6)의 비율로 나타난다. 따라서 k와 m을 개별적으로 정할 필요없이 비율만 정하면 된다.

➡ 컴퓨터에서 식 (6)과 (7)을 풀기 위해 문제에서 주어진 계의 모든 상수 값과 초기 조건을 이용해야 할 것이다. 4개의 다른 해를 계산할 것이고 이들은 모두 동일한 초기 조건, 즉 $r(0) = 0.35$ m, $\theta(0) = 0$ rad, $\dot{r} = 0$ m/s, $\dot{\theta} = 0.5$ rad/s를 가진다. 또한 4개의 모의 시험(simulation)은 변형하지 않았을 때 동일한 스프링 길이, 즉 $r_u = 0.25$ m를 가질 것이다. 문제의 모의 시험들은 단지 우리가 5, 20, 100, 500 s^{-2}로 결정한 k/m의 비의 값에 따라 달라질 것이다. 수학 프로그램을 이용하고 주어진 식을 $0 \le t \le 10$ s 동안 적분하면 그림 3과 같은 궤적을 구할 수 있다. ⬅

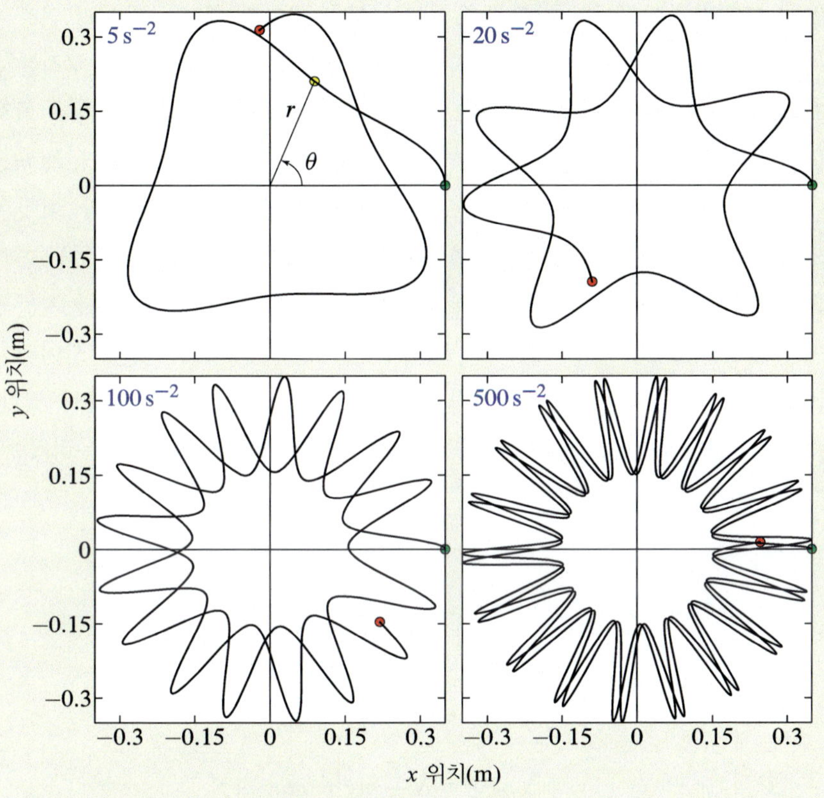

그림 3 그림의 왼쪽 위 모서리의 k/m 값에 따른 원판의 궤적. x와 y의 값을 $r\cos\theta$와 $r\sin\theta$로 각각 계산하였다. 초록 점들은 각 궤적의 시작을 빨간 점들은 10초 후 끝을 표시한다.

논의 및 검증 이 예제의 "해"는 숫자가 아니고 식 (6)과 (7)로 주어지는 한 쌍의 상미분 방정식이다. 원판이 2차원 평면에서 자유롭게 운동하는 2자유도로 운동 방정식의 수와 일치한다. 우리가 얻은 운동 방정식을 해석적으로 풀 수 없기 때문에, 계의 변수에 특정한 값을 대입하고 특정한 시간 구간에 대해 수치 해를 구해야 했다. 여러분 자신의 해를 구해 보길 권한다.

예제 3.8 코리올리(Coriolis) 효과

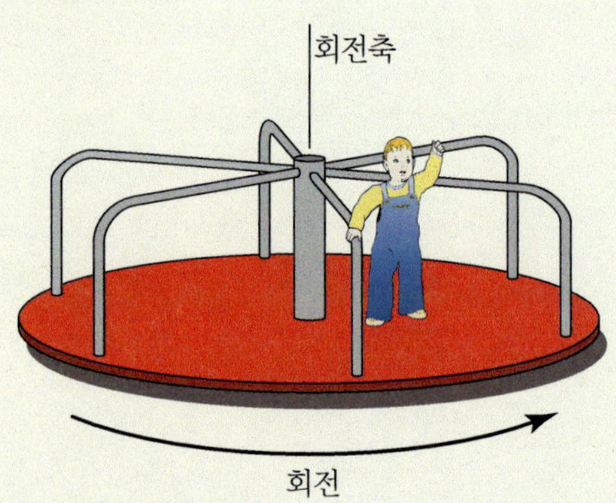

그림 1 회전 원판 위를 반경 방향으로 걸어가는 작은 어린이.

저자 중 하나가 어렸을 때 그와 그의 친구들이 놀이터에 가서 그림 1과 같은 회전 원판(merry-go-round)을 타고 놀았다. 회전하는 동안 원판 위에서 걸을 때 반경 바깥쪽 방향의 힘 뿐만 아니라 옆 방향의 힘도 느꼈다. 이 운동을 학습하고 일정한 각속도 ω_0로 회전하는 반경이 ρ인 원판 위를 일정한 v_0의 속도로 반경 방향으로 걸어갈 때 필요한 힘을 결정하라.

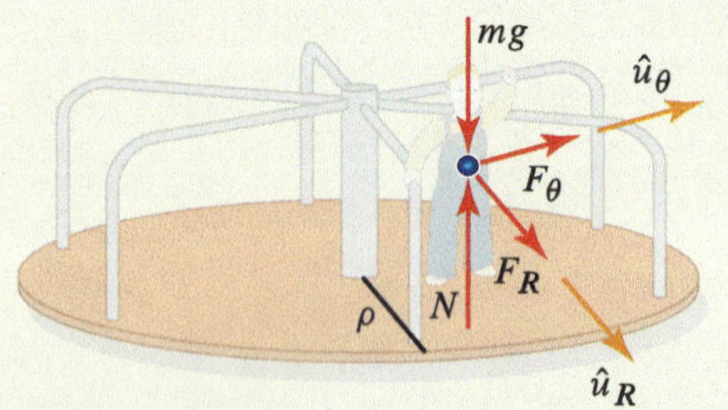

그림 2 외전 원판 위를 반경 방향으로 걸어가는 어린이의 자유물체도.

풀이 SOLUTION

로드맵과 모델링 어린이가 어떻게 움직이는 알고 설명한 대로 움직이기 위해 필요한 힘을 구한다. 이 문제는 뉴턴의 제2법칙 $\vec{F} = m\vec{a}$에서 $\vec{a}$가 주어지고 $\vec{F}$를 구하는 문제이다. 그림 2를 참조하여 어린이를 질점으로 모델링할 것이고, 어린이의 운동을 회전 원판의 회전 축에 원점을 가지는 원통 좌표계로 기술할 것이다. 어린이는 중력, 즉 mg, 바닥의 수직 반력 N, 운동을 기술하는데 필요한 다른 힘을 받는다고 가정한다. 이것은 자유물체도가 각각 반경 방향과 횡 방향의 힘 F_R과 F_θ를 포함하기 때문이다. 이들 힘의 값은 뉴턴의 제2법칙과 운동학에 의해 기술된다. 특정하게 얼마의 힘이 작용하는지는 풀이의 관점에서 볼 때 중요하지 않다. 그러나 F_R과 F_θ는 회전하는 판과 어린이 사이의 마찰력과 어린이가 회전 원판에 설치된 난간을 잡고 있기 때문에 발생한다고 할 수 있다. 풀이의 논의 및 검증을 준비할 때 주어진 운동을 유지하기 위해 필요한 힘이 우리가 "던져진다고" 느끼는 것과 반대 방향을 가지고 있음을 확인할 것이다.[9)]

지배방정식

평형 법칙 뉴턴의 제2법칙은 아래의 식으로 표현된다.

$$\sum F_R: \qquad F_R = ma_R \tag{1}$$

$$\sum F_\theta: \qquad F_\theta = ma_\theta \tag{2}$$

$$\sum F_z: \quad N - mg = ma_z \tag{3}$$

힘의 법칙 자유물체도에서 모든 아는 힘을 고려하였다. 힘 N, F_R, F_θ는 문제에서 모르는 힘이다.

운동학 방정식 원통 성분계와 주어진 운동을 고려하면 아래의 식을 얻는다.

$$a_R = \ddot{R} - R\dot{\theta}^2 = -R\omega_0^2 \tag{4}$$

$$a_\theta = R\ddot{\theta} + 2\dot{R}\dot{\theta} = 2v_0\omega_0 \tag{5}$$

$$a_z = \ddot{z} = 0 \tag{6}$$

계산 식 (3), (6)은 간단히 $N = mg$임을 보여주고 식 (1), (2), (4), (5)는 아래의 식으로 정리된다.

$$\boxed{\begin{aligned} F_R &= -mR\omega_0^2 \\ F_\theta &= 2mv_0\omega_0 \end{aligned}} \qquad \begin{aligned} (7) \\ (8) \end{aligned}$$

9) 예를 들어 차를 타고 회전할 때 받는 힘은 가속도와 동일한 방향, 즉 곡선의 중심을 향할 것이다. 하지만 실제 경험에 의하면 곡선의 중심으로부터 던져지는 힘을 받는 것처럼 느껴진다.

이것은 회전 원판이 일정한 각속도로 회전할 때 일정한 속도로 반경 방향으로 어린이가 움직이기 위해 필요한 힘이다.

논의 및 검증 식 (7)은 F_R이 어린이의 걸음 속도와 상관이 없고 m, r, ω_0^2이 양수이므로 항상 안쪽 방향을 향한다. 직관이 암시하는 것처럼 몸이 바깥 쪽으로 던져진다고 느낀다. 이와 반대로 v_0와 ω_0는 각각 양이거나 음일 수 있기 때문에 식 (8)의 F_θ는 양일 수도 음일 수도 있다.[10] 각각의 경우 어린이가 운동 방향을 바라보고 있다는 가정하에 어린이에 상대적으로 어린이에 대해 오른쪽 또는 왼쪽으로 표시할 것이다.

경우 1 이 경우 $v_0 > 0$이고 $\omega_0 > 0$이므로 어린이는 바깥 쪽으로 걸어가고 회전원판은 그림 1과 같이 위에서 보았을 때 반시계방향(ccw)으로 돌고 있다. 이 경우는 그림 3(a)에 나타냈다. 이 경우 식 (8)은 $F_\theta < 0$이고 바깥 쪽으로 걸어갈 때 어린이에게 작용되는 힘은 어린이의 왼쪽 방향일 것이다. 그러면 어린이는 오른쪽으로 던져지는 느낌을 받을 것이다.

경우 2 이 경우 $v_0 < 0$이고 $\omega_0 > 0$이므로 어린이는 안쪽으로 걸어가고 회전 원판은 반시계방향(ccw)으로 돌고 있다. 이 경우는 그림 3(b)에 나타냈다. 이 경우 식 (8)은 $F_\theta < 0$이고 안쪽으로 걸어갈 때 어린이에게 작용되는 힘은 다시 어린이의 왼쪽 방향일 것이다. 그러면 마찬가지로 어린이는 오른쪽으로 던져지는 느낌을 받을 것이다.

경우 3 이 경우 $v_0 > 0$이고 $\omega_0 < 0$이므로 어린이는 바깥쪽으로 걸어가고 회전 원판은 시계방향(cw)으로 돌고 있다. 이 경우는 그림 3(c)에 나타냈다. 이 경우 식 (8)은 $F_\theta > 0$이고 바깥쪽으로 걸어갈 때 어린이에게 작용되는 힘은 어린이의 오른쪽 방향일 것이다. 이 때 어린이는 왼쪽으로 던져지는 느낌을 받을 것이다.

경우 4 이 경우 $v_0 < 0$이고 $\omega_0 < 0$이므로 어린이는 안쪽으로 걸어가고 회전 원판은 시계방향(cw)으로 돌고 있다. 이 경우는 그림 3(d)에 나타냈다. 이 경우 식 (8)은 $F_\theta > 0$이고 안쪽으로 걸어갈 때 어린이에게 작용되는 힘은 어린이의 오른쪽 방향이고 이 때 어린이는 왼쪽으로 던져지는 느낌을 받을 것이다.

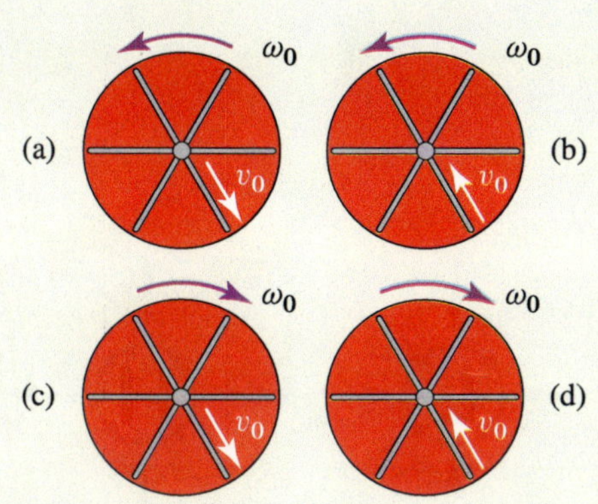

그림 3 (a) 경우 1: $v_0 > 0$, $\omega_0 > 0$ (b) 경우 2: $v_0 < 0$, $\omega_0 > 0$ (c) 경우 3: $v_0 > 0$, $\omega_0 < 0$ (d) 경우 4: $v_0 < 0$, $\omega_0 < 0$.

위의 네 경우의 분석은 어린이가 안쪽이나 바깥쪽으로 걸어가든지 회전 원판이 반시계방향(ccw)으로 돌고 있는 한 어린이는 항상 오른쪽으로 던져지는 느낌을 가진다. 비슷하게 어린이가 안쪽이나 바깥쪽으로 걸어가든지 회전원판이 시계방향(cw)로 돌고 있는 한 어린이는 항상 왼쪽으로 던져지는 느낌을 받는다. 이것은 어린이가 어느 방향으로 걸어가든지 다음과 같은 결과를 도출할 수 있다.

> 회전 기준 좌표틀 위에서 어떤 방향으로 걸어가든지 그 틀이 반시계방향으로 회전하면 사람은 자신의 오른쪽으로 던져지는 느낌을 받고 반대로 시계 방향으로 회전하면 사람은 왼쪽으로 던져지는 느낌을 받는다.

이 결과는 우리가 현재까지 배운 것을 가지고 일반적으로 증명하기는 어렵다. 그러나 회전 기준틀에 상대적으로 운동하는 운동학에 대해 배우면 어렵지 않을 것이고 이는 6.4절에서 다루게 된다.

유용한 정보

코리올리 가속도는 회전 틀 안에서 움직이기 때문에 발생한다. 문제의 F_θ는 a_θ의 $2\dot{R}\dot{\theta}$ 성분에서 기인한다. a_θ의 이 성분이 0이 아니려면 v_0와 ω_0가 모두 0이 아니어야 한다. 물리적으로 $2\dot{R}\dot{\theta}$가 0이 아니려면 우리는 반드시 회전하는 기준 틀($\dot{R} \neq 0$)에서 움직여야($\dot{\theta} \neq 0$)한다.

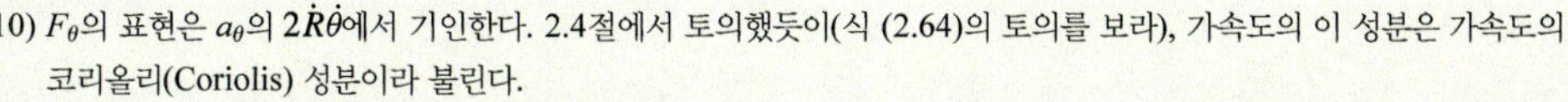
10) F_θ의 표현은 a_θ의 $2\dot{R}\dot{\theta}$에서 기인한다. 2.4절에서 토의했듯이(식 (2.64)의 토의를 보라), 가속도의 이 성분은 가속도의 코리올리(Coriolis) 성분이라 불린다.

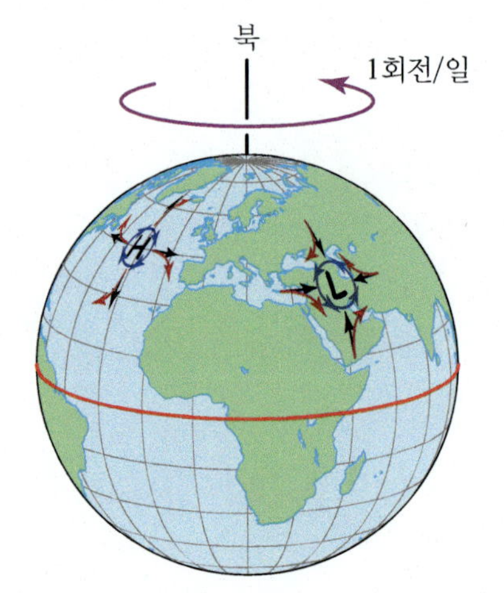

그림 3.21 지구 회전의 방향 (a) 반시계 방향 (b) 시계 방향.

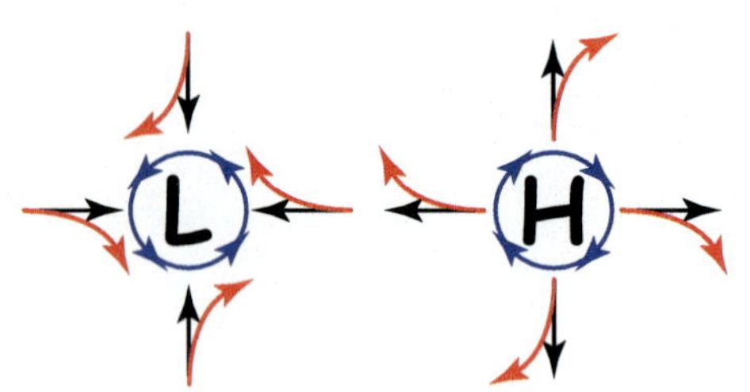

그림 3.22 북반구 (a) 저기압, (b) 고기압 주변의 회전.

가속도의 코리올리 성분

가속도의 $2\dot{r}\dot{\theta}$ 성분은 이 책에서는 가속도의 코리올리 성분으로 부르지만 **코리올리 가속도(*Coriolis acceleration*)**라고 불려진다. 이는 프랑스에서 역학과 후학을 연구했던 가스퍼드 게스타브 코리올리(Gaspard–Gustve Coriolis, 1792–1843)의 이름을 따서 붙여졌다. 그는 일과 운동 에너지의 현재 과학적 의미를 부여했고, 1835년 논문에서 운동 방정식에 "여분"의 가속도를 추가하면 뉴턴의 법칙이 회전 기준 틀에 적용될 수 있음을 보였다. 회전하는 틀에서 움직이는 사람이 옆으로 던져지는 느낌을 받는 현상은 이 가속도의 결과이다. 사실 이 가속도는 북반구에서 저기압 주변에서 반시계 방향 회전을, 고기압 주변에서 시계 방향 회전을 발생시킨다. 예제 3.8의 그림 3에서 회전 원판의 회전에서 이해했던 것처럼 지구의 자전을 보면 고기압과 저기압 주변의 순환을 이해할 수 있다. 이 지구라는 "회전 원판"은 지구가 자전할 때(그림 3.21) 지구의 북극을 내려다 보는 것으로 이해할 수 있다. 북극을 내려다 보면 지구가 반시계 방향으로 회전하는 것을 볼 수 있다. 예제 3.8에서 보았듯이 지구 북반구에서 어떤 것이 움직이면 이는 오른쪽으로 휘어지게 된다(즉, 사실 직선운동을 유지하게 하기 위해 왼쪽 방향의 힘이 필요한 것이다). 이제 그림 3.22는 북반구에서 저기압과 고기압 계를 나타내고 있다. 여기서 저기압 또는 고기압계는 주변의 기압보다 상대적으로 기압에 낮거나 높은 것을 말한다. 고기압으로부터 저기압으로 공기가 흐르기 때문에 공기는 주변에서 저기압으로, 고기압에서 주변으로 흐르려고 한다(그림 3.22의 검은 화살표). 공기가 저기압으로 흐를 때 가속도의 코리올리 성분은 공기 흐름이 오른쪽으로 휘어지게 한다(그림 3.22의 붉은 화살표). 공기의 모든 질점이 오른쪽으로 휘어지므로 전체 운동은 저기압 주변에서 반시계 방향으로 회전하게 된다(그림 3.22 (a)). 이와 마찬가지로 고기압 주변의 회전은 반드시 시계 방향이어야 한다(그림 3.22(b)). 물론 남반구에서 지구를 보면 지구는 시계 방향으로 회전하는 것으로 보이고 따라서 남반구의 물체는 왼쪽으로 휘어지고 저기압과 고기압에서의 회전은 각각 시계와 반시계 방향이 된다.

야구나 농구를 할 때 가속도의 코리올리 성분을 걱정할 필요가 없는지 궁금할 수도 있다. 비록 그 성분이 있지만 지구의 회전 속도 $\dot{\theta}$는 정말 작다. 1일당 1회전(1rev/day)는 0.00007272 rad/s이다. 비록 농구공을 던질 때 그 성분이 있지만 이 가속도가 시각적인 효과를 가지려면 대기에서 움직이는 공기 질점이 느끼는 시간, 즉 며칠 정도의 매우 긴 시간이 필요하다. 그렇다고 가속도의 코리올리 성분을 고려할 필요가 없다는 것은 아니다. 2장에서 배운 것을 이용해 계의 운동학 분석을 하면 가속도의 코리올리 성분은 항상 자동적으로 고려될 것이다.

흥미로운 사실

변기의 물내림. 지구의 북반구나 남반구에서 변기나 주방 싱크대에서 물이 내려갈 때 한 쪽 방향으로 회전하는 것이 코리올리 힘 또는 코리올리 가속도 때문이라고 들었을지도 모른다. 10장에서 보게 되겠지만 세심하게 3차원 분석 할 때 가속도의 코리올리 성분의 영향은 변기 형상, 물 분사의 각도 등과 같은 요인에 비해 매우 작다. 수영장과 같이 매우 큰 곳에서도 그 영향은 무시할만하다.

문제

문제 3.39

어떤 기차가 속도 v_0로 트랙 수평면 OAB를 따라 움직이고 있다. 구간 O와 A는 직선이고, 구간 A와 B는 곡률반경 ρ인 원호이다. 점 O에서 $t = 0$일 때 출발하고, t_A에서 점 A, t_B에는 점 B에 도달한다. 이러한 운동에 대해 시간에 대한 함수로 가속도 크기를 그려보아라. 이러한 모양의 트랙을 설계하기 원하는가?

주의 개념 문제는 계산이 아닌 설명이 필요하다.

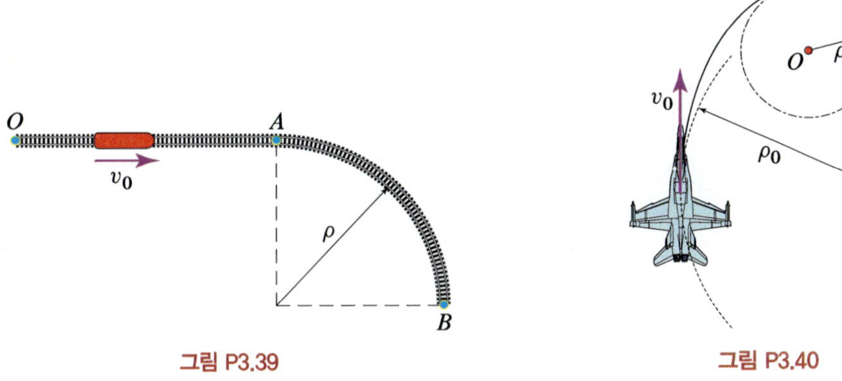

그림 P3.39

그림 P3.40

문제 3.40

비행기가 수평 경로를 따라 일정한 속도로 이동하고 있다. 그림의 경로에서 비행기에 작용하는 전체 힘은 무엇인가?

주의 개념 문제는 계산이 아닌 설명이 필요하다.

문제 3.41

평형상태의 물체 D가 있을 때 줄이 갑자기 끊어졌다. 만약 B가 고정되어 있고, 늘어나지 않는 줄 BC의 장력은 순간적으로 커지겠는가 작아지겠는가?

주의 개념 문제는 계산이 아닌 설명이 필요하다.

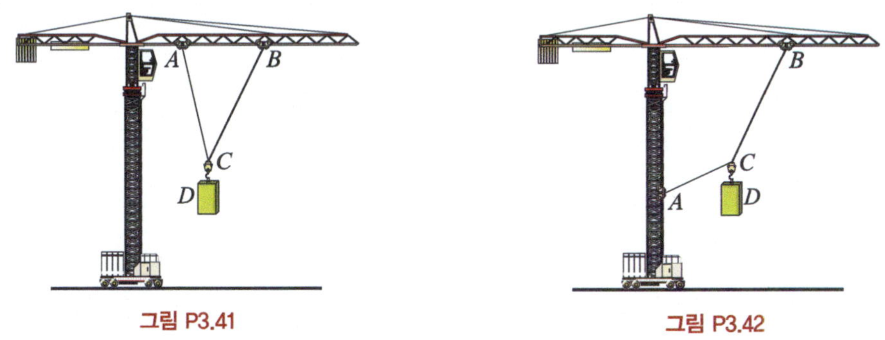

그림 P3.41

그림 P3.42

문제 3.42

평형상태의 물체 D가 있을 때 줄 AC가 갑자기 끊어졌다. 만약 B가 고정되어 있고, 늘어나지 않는 줄 BC의 장력은 순간적으로 커지겠는가 작아지겠는가?

주의 개념 문제는 계산이 아닌 설명이 필요하다.

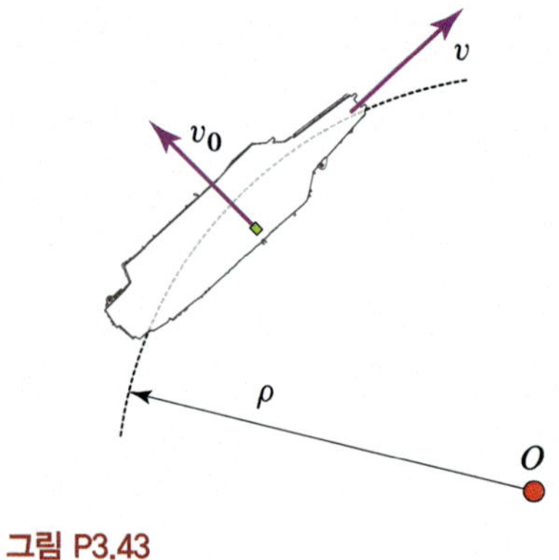

그림 P3.43

문제 3.43

항공모함이 일정한 v_0로 중심 O와 곡률반경 ρ로 원형 경로를 따라 일정한 속도로 회전한다. 회전을 하는 동안 지게차는 배의 갑판에 대하여 갑판에 대한 일정한 상대속도 v_0로 이동한다. 지게차와 갑판 사이의 마찰력은 갑판에 대한 지게차의 상대속도에 수직한 성분 가지고 있는가?

주의 개념 문제는 계산이 아닌 설명이 필요하다.

문제 3.44

제트기가 급하강에서 올라오고 있으며 조종사의 질량은 82 kg이고 제트기의 조종석에서 측정된 힘은 3.5 kN이다. 만약 제트기의 계기판이 비행기가 1350 km/h로 이동하고 있을 경우, 그 순간 제트기 경로의 곡률 반경을 결정하라.

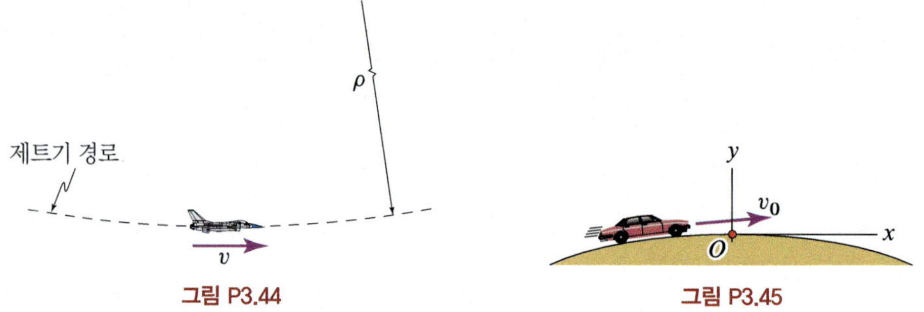

그림 P3.44 그림 P3.45

문제 3.45

언덕 위를 일정한 속도로 움직이는 자동차가 점 O에서는 지면과 접촉을 잃기 시작했다. 만약 언덕의 곡률반경이 85 m일 때, 점 O에서의 속도를 구하라.

문제 3.46

950 kg의 곡예 비행기가 225 km/h의 속력으로 반경 $\rho = 110$ m인 원형 경로의 바닥 부분을 통과한다. 이때 비행기 가속도의 크기를 중력 가속도 g로 표현하고 비행기 날개에 의한 양력을 결정하라.

그림 P3.46

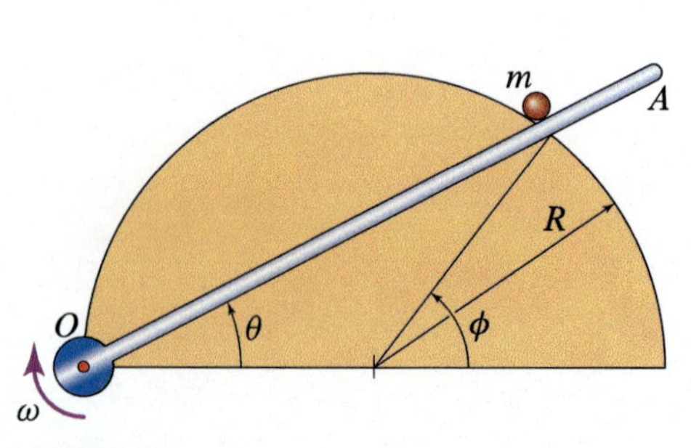

그림 P3.47

문제 3.47

질량 m인 어떤 공이 지름 $R = 1$ m인 암(arm)에 연결된 수직 원형의 길을 따라 이동한다. 만약 암(arm)이 $\phi = 90°$에서 시계방향으로 일정한 각속도 $\omega = 0.87$ rad/s로 이동할 때, 공이 반구 표면을 떠나기 시작하는 각도를 구하라. 공에 작용하는 모든 마찰은 무시하고, 암(arm) OA의 두께는 무시하고, 공은 하나의 질점으로 생각하라.

문제 3.48

예제 3.7의 내용을 참고하여, 극좌표계 대신 원점 O를 갖는 직각 좌표계를 사용하여 문제를 풀고 문제의 운동방정식을 유도하라.

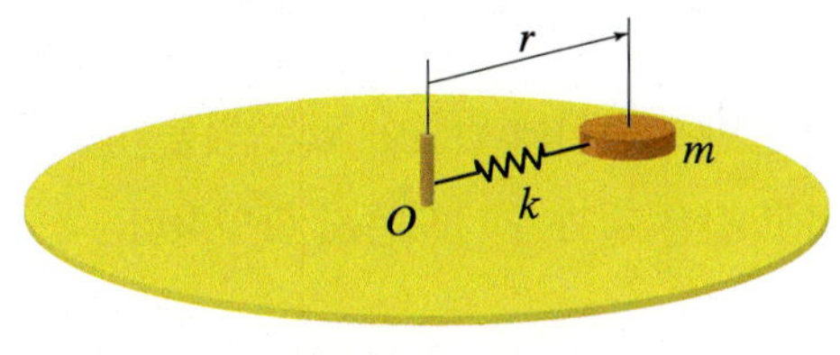

그림 P3.48, P.3.49

문제 3.49

문제 3.48에 대해 수치해석 소프트웨어를 사용하여 운동방정식을 수치적으로 풀어라. 각각의 변수와 초기상태는 예제 3.7을 참고하고 예제의 결과와 비교해 바라.

문제 3.50

상수 k의 선형스프링과 변형전 길이 r_u에 의해 지지되는 단진자의 운동방정식을 유도하라. 피벗 O의 마찰, 스프링 질량, 공기저항은 무시하라. 진자의 추를 질량 m의 질점으로 여기고 극 좌표를 사용하라.

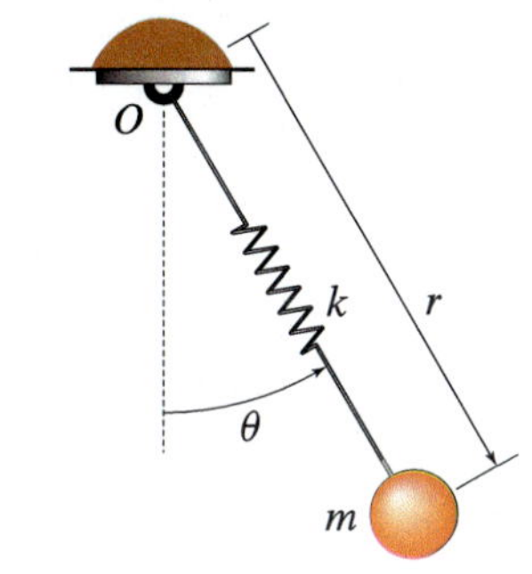

그림 P3.50, P3.51

문제 3.51

수치해석 소프트웨어를 사용하여 선형스프링으로 지지하고 있는 단진자의 운동방정식(문제 3.50에서 유도된)을 풀어라. k/m의 여러 값에 대한 질량 m의 수직평면 궤적을 그려라. 늘어나지 않는 스프링의 길이는 0.25 m이고 질량은 수직에서부터 움직이기 시작한다. 스프링은 0.75 m 늘어나고, 질량은 오른쪽으로 1 m/s 속도로 움직인다.

문제 3.52

다시 예제 3.4에서 x 방향의 항력은 속도의 x 성분의 제곱에 비례한다고 가정한다. 공의 경로가 충분히 낮아서 y 방향으로의 공의 항력은 무시한다. 점 O를 초기 위치로, 초기속도는 v_0이고 방향은 x 축과 θ_0의 각을 가진다고 가정할 때 공의 궤적을 $y = y(x)$ 형태로 표현하라.

문제 3.53

다시 예제3.4에서 공의 경로가 충분히 낮아서 y 방향으로의 공의 항력은 무시하고 x 방향의 항력은 속도의 x 성분의 제곱에 비례한다고 가정한다. 이 가정과 예제에서 논의된 항력계수($C_d = 2.255 \times 10^{-5} \frac{\text{Ns}^2}{\text{m}^2}$)를 사용하여 예제와 같은 초기조건, 즉 초기 속도는 $v_0 = 300$ km/h이고, 초기 위치는 $\theta_0 = 11.2°$일 때 45 g의 골프공이 이동하는 수평거리 R을 계산하라.

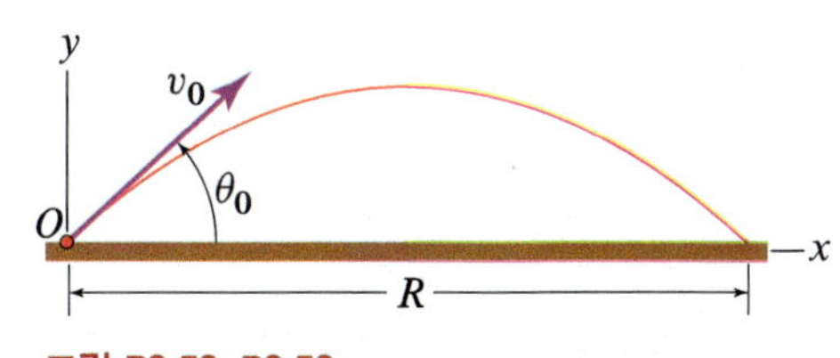

그림 P3.52, P3.53

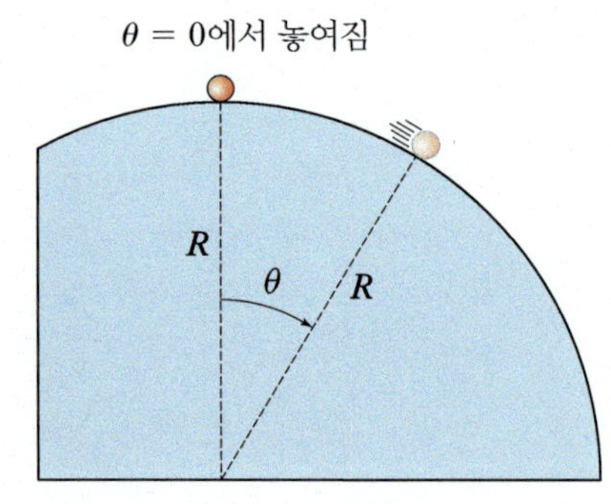

그림 P3.54

문제 3.54

예제 3.6에서, 구는 $\theta = 0$에서 속도 $v_0 = 0.5$ m/s로 움직이기 시작한다. 마찰을 무시하고, 실린더의 $R = 1.35$ m일 때, 실린더로부터 분리되는 각도를 구하라.

문제 3.55

차가 이동하는 구간의 곡률반경 중심에 원점이 있는 원통 성분계을 사용하여 예제3.5에 나타난 방정식을 유도하고 같은 결과가 나오는지 확인하라.

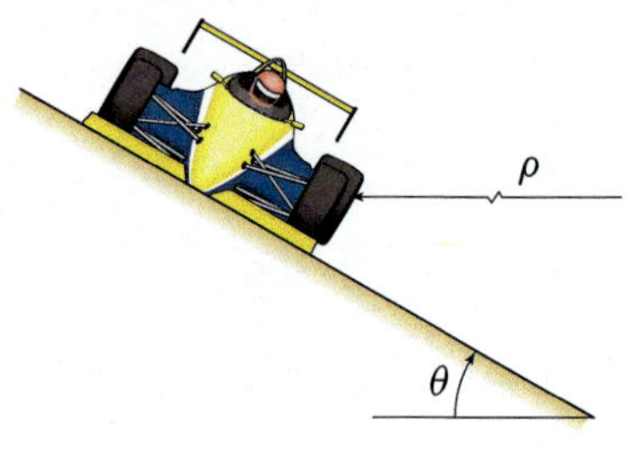

그림 P3.55-P3.57

문제 3.56

경주용 자동차가 일정한 속도로 원형 경사로를 따라 이동하고 있다. 노면의 기름이 노면과 타이어 사이의 정지 마찰계수가 $\mu_s = 0.2$가 되도록 하였다. 자동차의 경로의 반경 $\rho = 320$ m이고 경사각이 $\theta = 33°$일 때, 차가 옆으로 미끄러지지 않는 속도의 범위를 구하라.

문제 3.57

경주용 자동차가 320 m/h의 속도로 원형 경사로에서 이동하고 있다. 차의 질량은 1800 kg이고, 곡률반경 $\rho = 335$ m이고, 각도 $\theta = 33°$이고 노면과 타이어 사이의 정지마찰계수가 $\mu_s = 1.7$이다. 운동 방향에 수직한 마찰력의 성분을 구하라.

문제 3.58

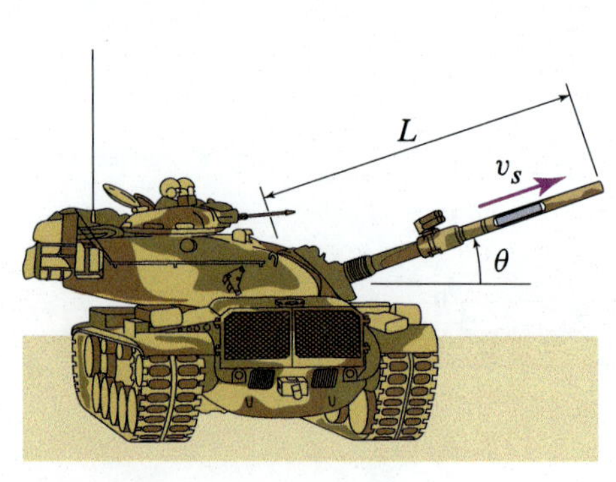

그림 P3.58

포신의 절단면은 발사체가 포신을 통해 이동함을 보여준다. 만약 발사체의 출구 속도 v_s = 1675 m/s (포신에 대한 상대속도)이고, 발사체의 질량은 18.5 kg이고, 발사체의 길이 $L = 4.4$ m이고, 포신 방향의 발사체의 가속도는 일정하고 0.18 rad/s의 일정한 비율로 회전하며 증가한다. 아래를 결정하라.

(a) 발사체의 가속도

(b) 발사체 뒤에 작용한 압력 힘

(c) 발사체에 의해 포신에 작용하는 수직 힘

발사체가 총에서 떠나고, 포신은 그대로 멈춘다. 발사체가 $\theta = 20°$일 때 포신에서 발사된다고 가정한다. 발사체와 포신의 마찰은 무시한다.

문제 3.59, 3.60

투석기는 발사체를 관에 넣고 그것을 회전시킴으로 만들 수 있다. 핀으로 고정되어 있는 관은 수평면에서 일정한 각속도 ω로 회전하는 간단한 모델을 생각하자. 발사체와 관 사이의 마찰이 없고 발사체가 초기에 관 끝의 입구로부터 d만큼 거리로 고정되어 있다고 가정하자.

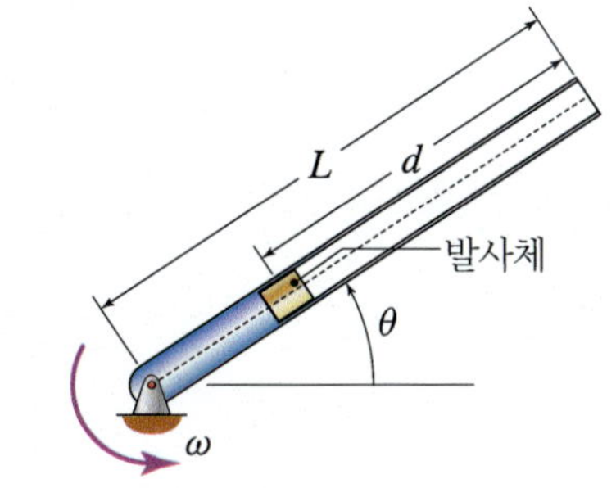

그림 P3.59, P3.60

문제 3.59 발사체가 발사되고 난 후, 관이 발사체에 가한 수직 힘을 관를 따라 움직이는 발사체의 변위에 대한 함수로 계산하라.

문제 3.60 거리 $d = 1$ m이고 길이 $L = 2$ m 일 때 출구에서의 발사체의 속력(전체)이 28 m/s가 되는 관의 각속도(일정한) ω를 구하라.

문제 3.61

어떤 카트 T는 타워크레인의 수평 트러스의 궤도를 따라 이동한다. 카트와 질량 m인 화물은 둘다 초기에 정지해 있다가($\theta = 0$) 카트가 오른쪽으로 일정한 가속도 $a_T = g$로 움직인다. 아래를 결정하라.

(a) 화물 m에 의해 도달할 수 있는 최대 각도 $\theta_{\max}$.

(b) 지지 줄의 장력을 θ에 대한 함수로 결정.

화물 m은 질점이라 생각하고, 지지 줄의 질량은 무시한다.

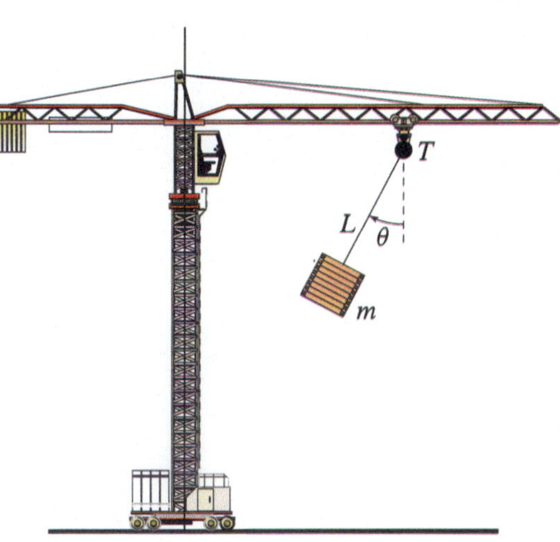

그림 P3.61

문제 3.62

어떤 질점이 그릇 위의 수직단면에서 앞뒤로 움직인다면 얼마나 많은 자유도를 가지는가? 또한 자유도가 질점의 운동방정식의 수에도 관련 있음을 기억하라.

주의 개념 문제는 계산이 아닌 설명이 필요하다.

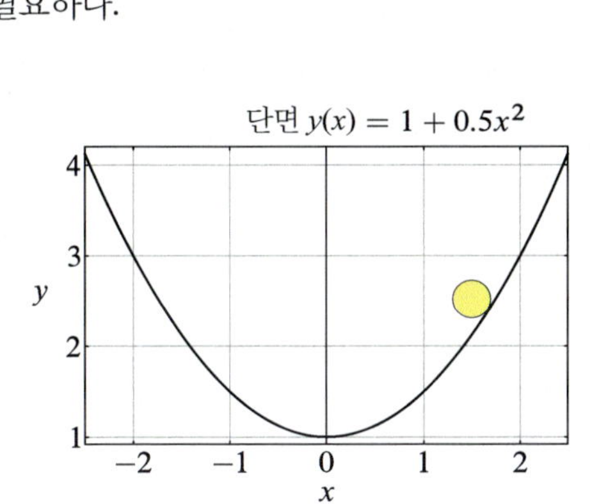

그림 P3.62, P3.63

문제 3.63

그림의 포물선 모양 그릇의 표면 내부에서 움직이는 질점의 운동 방정식을 유도하라. 질점은 그릇의 중심을 통과하는 수직한 xy 평면에서 움직이고, 포물선의 식은 $y(x) = 1 + 0.5x^2$이고, 중력은 $-y$ 방향으로 작용한다고 가정하라. 그릇의 단면은 오른쪽 옆의 그림에 나타내었다.

문제 3.64

어떤 질점이 뒤집힌 원뿔의 내부 표면에서 움직이고 있다. 원뿔의 표면은 마찰이 없다고 가정하고, 원통 좌표계를 사용하여 질점의 운동방정식을 세워라.

$$\ddot{R}(1 + \cot^2\phi) - R\dot{\theta}^2 = -g\cot\phi,$$
$$R\ddot{\theta} + 2\dot{R}\dot{\theta} = 0$$

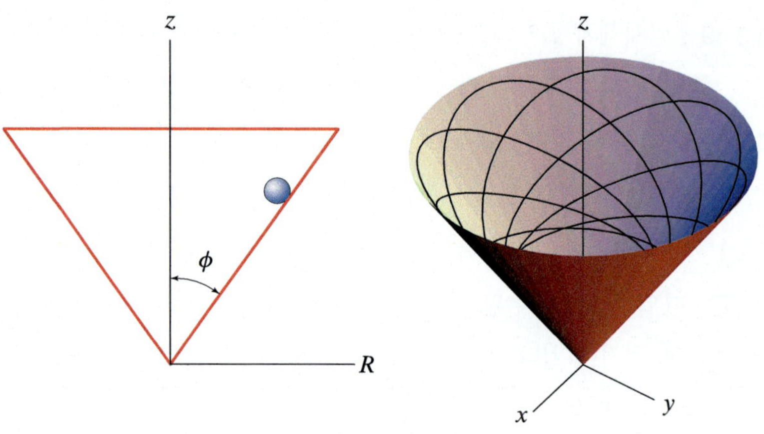

그림 P3.64, P3.65

문제 3.65

문제 3.64에서 구한 질점의 운동방정식을 적분하고 $0 < t \leq 25$ s에서 그 궤적을 그려라. 다음의 변수 값과 초기조건을 이용하라: $g = 9.81$ m/s^2, $\phi = 20°$, $\theta(0) = 1.00$ rad, $R(0) = 5$ m, $\dot{R}(0) = 0$ m/s.

문제 3.66

단진자가 $\theta = 0°$에서 움직이기 시작한다. 장력이 무게의 두 배가 되면 진자를 지탱하고 있는 줄이 끊어진다. 몇 도에서 줄이 끊어지겠는가? 진자를 하나의 질점처럼 생각하고 줄은 늘어나지 않고 질량도 없다고 가정한다.

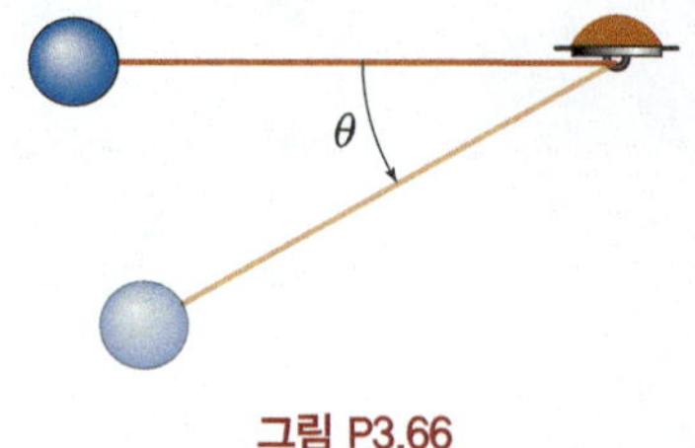

그림 P3.66

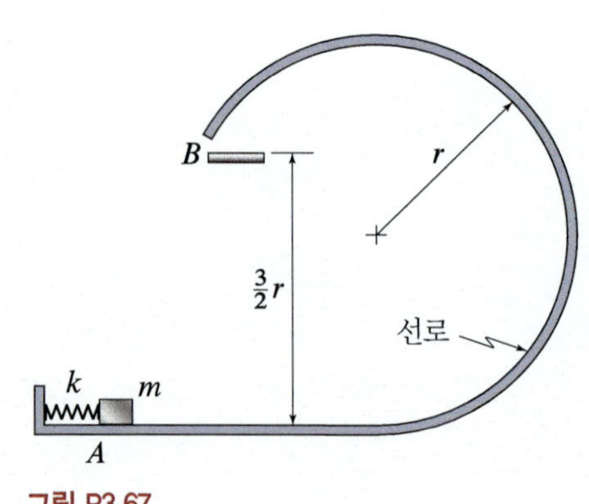

그림 P3.67

문제 3.67

수하물 처리 시스템은 질량 m인 작은 짐을 A로부터 상수 k인 압축된 선형 스프링을 이용하여 적재하도록 설계되어 있다. 적재 후 선로(track)를 따라 미끄러져 B에 있는 이동 벨트에 내려진다. 선로는 작고 기름을 잘 친 롤러를 가지고 있어, 짐과 선로 사이에 마찰은 무시할 수 있다. 상자를 하나의 질점이라고 생각할 때 짐을 B의 이동 벨트까지 통로와 분리 없이 보내기 위한 스프링의 최소 압축량과 B의 이동벨트에 도달할 때의 속도를 결정하라.

문제 3.68, 3.69

어떤 인공위성이 그림과 같은 궤도를 돌고 있다. 인공위성을 질점으로 모델링하고, 지구의 중심을 이 관성 시스템의 기준으로 가정하자.

문제 3.68 극좌표를 사용하고 지구의 질량이 M_e라 할 때, 인공위성의 운동방정식을 결정하라.

문제 3.69 지구의 중심으로부터 최소, 최대인 거리는 각각 $R_P = 4.5 \times 10^7$ m, $R_A = 6.163 \times 10^7$ m이며 하첨자 P와 A는 각각 근지점(perigee, 지구와 가장 가까운 궤도 위의 점), 원지점(apogee, 지구와 가장 먼 궤도 위의 점)이다. 근지점 P에서 인공위성의 속도가 $v_P = 3.2 \times 10^3$ m/s일 때, 원지점 A에서 인공위성의 속도를 결정하라.

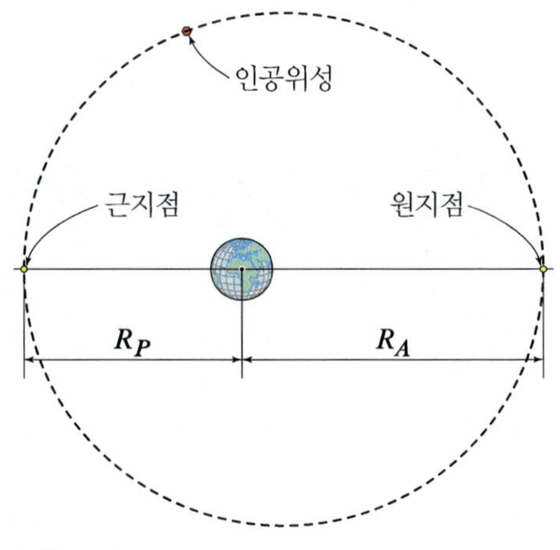

그림 P3.68, P3.69

문제 3.70

그림의 원판(m)은 질량이 1.4 kg이고, 그림과 같이 수평면 위에서 O에 대해 마찰 없는 미끄럼 회전운동을 한다. 스프링은 늘리지 않았을 때의 길이가 $L_O = 0.23$ m이고 스프링 상수가 k인 선형 스프링이다. 원판의 속도가 $v_0 = 6$ m/s일 때 O로부터의 거리가 $d_{max} = 0.56$ m로 최대 거리가 된다. O로부터 최소 거리가 $d_{min} = d_{max}/2$인 관계가 성립하도록 k의 값을 결정하라.

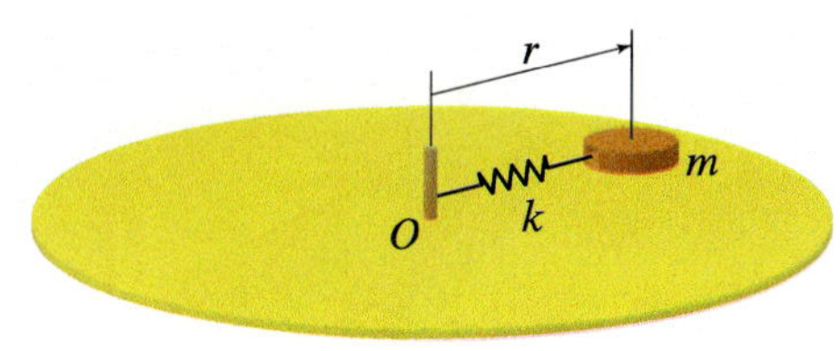

그림 P3.70

문제 3.71, 3.72

길이 $L = 1.8$ m이고 진자의 질량이 1.4 kg인 각 만큼 θ_i당겨진 단진자가 있다. 한번 단진자를 움직이면 수직 위치(즉, $\theta = 0$)에서 진자의 줄이 작은 고정된 장애물에 걸리게 된다. 이 문제를 풀기 위해서 장애물의 크기를 무시하고, 진자를 질점으로 모델링하고, 줄의 질량은 무시하고 늘어나지 않는다고 가정하자. 또한 중력과 끈의 장력만이 이 문제를 풀기위한 중요한 요소이다.

문제 3.71 $\theta_i = 20°$일 때, 단진자가 가장 낮은 점으로부터 도달 가능한 가장 높은 곳의 높이는 얼마인가?

문제 3.72 단진자가 $\theta_i = 90°$로부터 움직일 때, 끈이 꺾이는 각 ϕ의 값은 얼마인가?

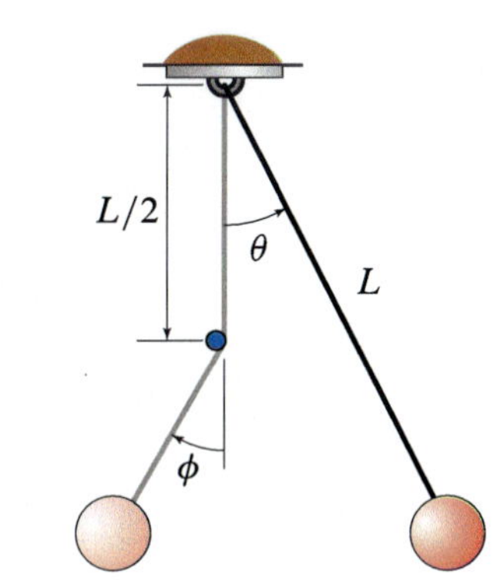

그림 P3.71, P3.72

문제 3.73-3.76

어떤 구면 진자가 점 O에 매달려 운동하고 있다.

문재 3.73 직교좌표를 사용하여 진자의 운동방정식을 유도하라.

문제 3.74 원통좌표를 사용하여 진자의 운동방정식을 유도하라.

문제 3.75 구좌표를 사용하여 진자의 운동방정식을 유도하라.

문제 3.76 궤적의 가장 낮은 점에서 그림의 진자는 $v_0 = 0.75$ m/s, $\phi_0 = 15°$을 가진다. 끈의 길이를 $L = 0.6$ m라 하고, 5초 동안의 진자의 궤적을 그려라.

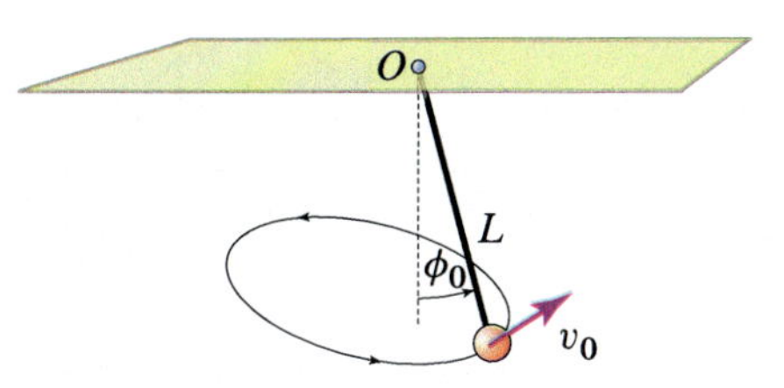

그림 P3.73-P3.76

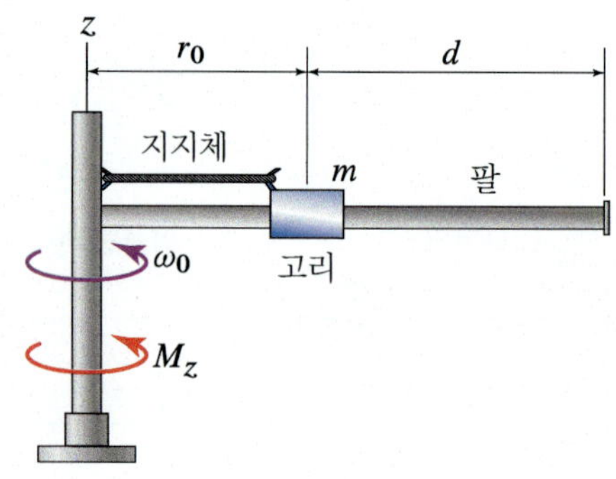

그림 P3.77-P3.80

문제 3.77-3.80

질량이 m인 고리(collar)를 고려하자. 이 고리가 질량을 무시할 수 있는 회전하는 외팔보를 따라 마찰 없이 미끄럼 운동을 한다. 이 시스템은 각속도 ω_0으로 회전하며 그 동안 고리는 z 축으로부터 r_0의 거리를 유지한다. 이 때, 고리가 거리를 유지할 수 있도록 하는 지지체(restraint)를 제어하면 고리의 미끄럼운동이 가능해진다.

문제 3.77 $M_z = 0$일 때, 고리의 운동방정식을 유도하라.

문제 3.78 외력과 외부 모멘트가 시스템에 가해지지 않았을 때 외팔보의 끝에 닿기 직전의 고리의 반경방향 속도와 전체 속도는 얼마인가? $m = 2$ kg, $\omega_0 = 1$ rad/s, $r_0 = 0.5$ m, $d = 1$ m의 값을 사용하여 계산하라.

문제 3.79 외팔보가 일정한 회전 각속도 ω_0로 운동하기 위한 외팔보에 적용해야할 모멘트 M_z를 r의 함수로 나타내어라. 추가로 고리가 외팔보의 끝에 닿기 직전의 전체 속도라 할 수 있는 반경방향 속도를 결정하라.

힌트: 질량을 무시할 수 있는 외팔보에 적용되는 모멘트 M_z는 외팔보와 수직하고 운동 평면에 있는 고리에 작용하는 힘 M_z/r과 동일하다.

문제 3.80 모멘트가 작용한 시점부터 고리가 외팔보의 끝에 닿기 직전까지의 고리의 궤적을 계산하고 그려라. 문제 3.78에 주어진 변수 값과 초기 조건을 사용하라.

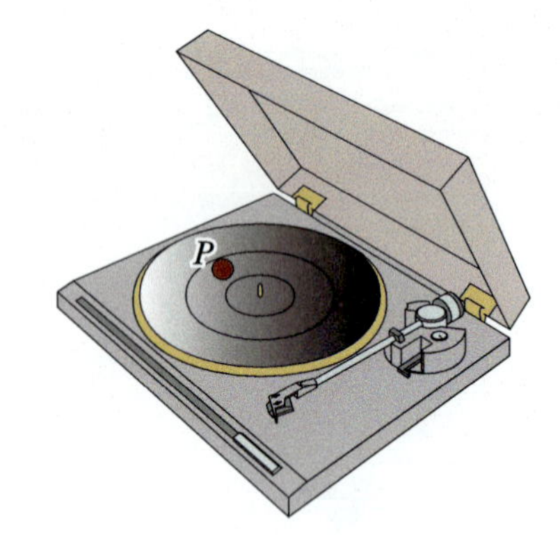

그림 P3.81

문제 3.81

먼지 P는 턴테이블 위에 위치하고 있으며 초기에는 먼지와 원판은 둘 다 정지상태이다. 턴테이블이 작동을 시작하여 원판이 회전을 시작한다. 턴테이블 원판과 먼지 사이에 마찰이 없다고 가정하면 원판이 회전을 시작한 후에 먼지의 운동은 어떻게 될 것인지 설명하라.

주의 개념 문제는 계산이 아닌 설명이 필요하다.

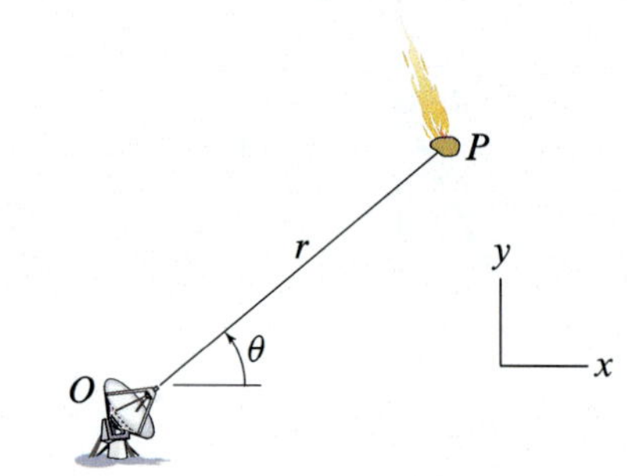

그림 P3.82

문제 3.82

점 O의 레이더 기지에서 운석 P의 궤적을 쫓고 있다. 운석은 대기를 통과한다. 레이더 기지에서 측정된 데이터는 P의 가속도 벡터는 거의 정확하게 속도벡터의 반대 방향이다. 왜 이렇게 추측할 수 있는지 설명하라.

주의 개념 문제는 계산이 아닌 설명이 필요하다.

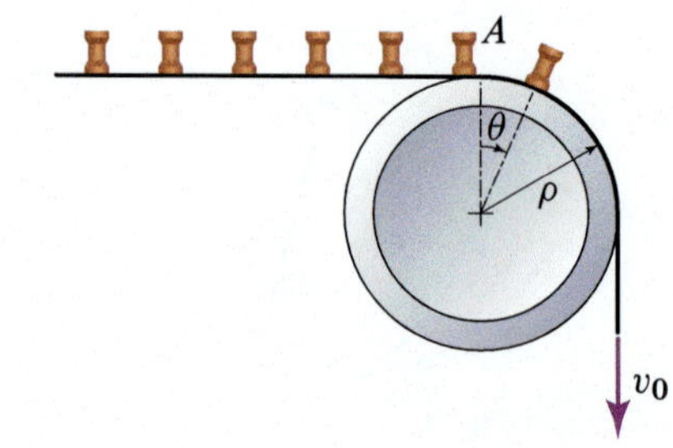

그림 P3.83

문제 3.83

컨베이어 벨트가 각각의 질량이 m인 부품을 일정한 속도 v_0로 이동시킨다. 부품이 점 A을 지날 때 벨트와 부품은 반경이 ρ인 원형 길을 따라 움직이게 된다. 만약 벨트와 부품 사이에 정지 마찰계수가 μ_s일 때 부품이 벨트에서 미끄러지기 시작하는 각도 θ를 결정하라. 부품의 크기는 무시할 수 있다. θ를 μ_0, v_0, ρ, g에 대해 유도하고 $\mu_0 = 0.6$, $v_0 = 4.8$ km/h, $\rho = 0.35$ m에 대해 각도 θ를 계산하라.

설계 문제

설계문제 3.1

그림에 표시된 기구는 A에서 소포를 포착하여 B까지 운반하도록 설계되어야 한다. B에서의 충돌 속도가 1.5 m/s를 초과하지 않아야 한다. 소포의 무게는 5-10 kg이며 속도는 3-6 m/s이다. 원하는 결과를 성공적으로 얻기 위해 허용 가능한 스프링 상수와 스프링의 자유 길이(free length), 미끄럼 표면과 받침대 사이의 운동 마찰계수를 결정하라.

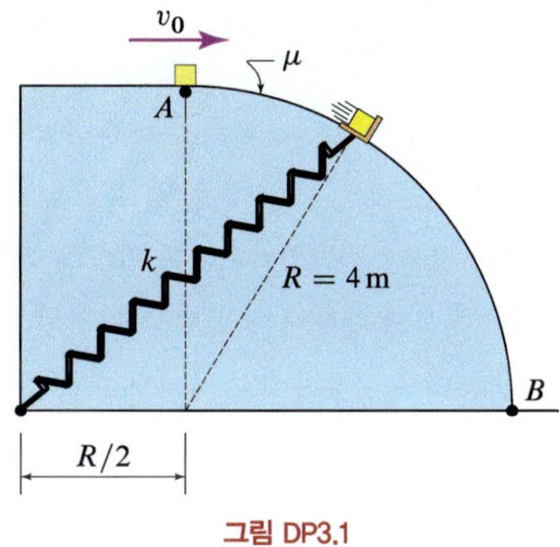

그림 DP3.1

설계문제 3.2

그림의 캠-추종기 시스템을 고려하자. 캠에 끼워진 축은 3000 rpm까지 회전한다. 캠의 형상은 함수 $\ell(\phi) = R_0(1 + 0.25\cos^3\phi)$으로 나타낼 수 있고, 각도 ϕ는 x 축으로부터 회전하는 캠의 $R_0 = 30$ mm인 부분인 점 A 사이의 각이다. 팔로워(follower)의 질량은 90 g이다. 캠과 팔로워 사이의 접촉이 마찰이 없는 운동이라고 가정하였을 때 팔로워가 캠으로부터 떨어지지 않고 그 동안의 캠과 팔로워 사이의 접촉력이 최소가 되는 적절한 스프링 상수 k의 값과 스프링의 늘어나지 않았을 때의 길이 L_0을 구하라.

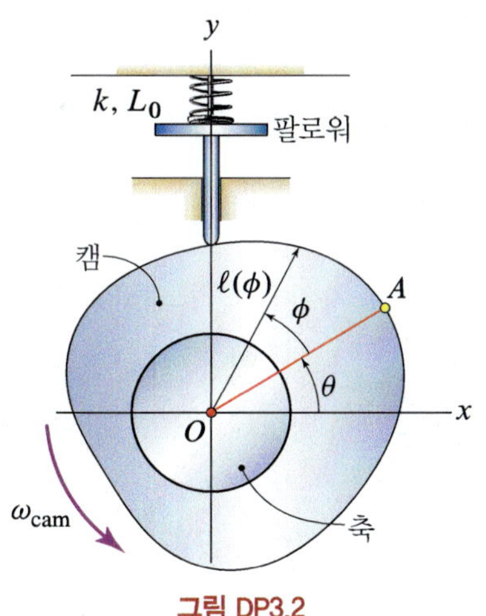

그림 DP3.2

3.3 질점계

한번에 공학 재료 한 원자씩

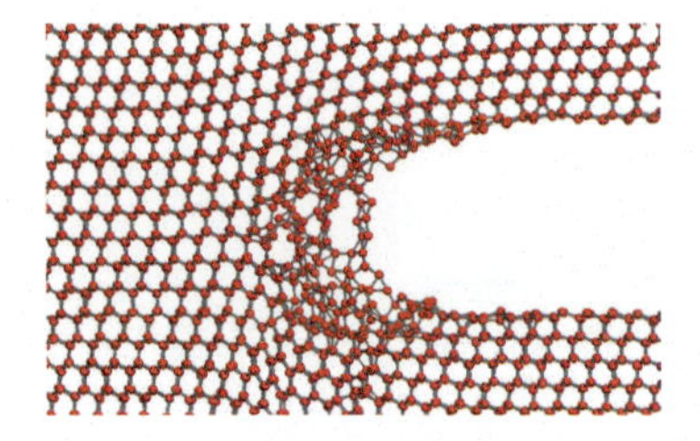

그림 3.23 실리콘 파괴의 분자 동력학 모의시험.

나노 기술[11]은 재료의 거동을 100 nm(1 nm = 10^{-9} m)보다 작은 크기로 처리하는 장비와 공정을 개발하는 것인데 이는 종종 개별 원자를 조절함으로써 이루어진다. 어떤 과학 기술 분야와 같이 물체의 거동을 예측하고 이해하기 위해 나노 전기 기계 시스템을 모델링하는 것이 필요하다. 이 책에서 배우는 질점의 동역학이 나노 기술에서 필요한 모델링 기술에서 매우 중요한 역할을 한다. 원자계의 운동을 연구하기 위해 뉴턴의 제2법칙과 함께, 원자간의 상호작용을 설명하는 힘의 법칙을 사용하는 **분자 동역학**분야에서 질점의 동역학은 나노 크기 모델링의 핵심적인 요소이다. 따라서 통계 역학의 개념과 계의 운동 지식을 통합하여 매우 다양한 물리 성질을 추정하고 예측할 수 있다. 그 예로 그림 3.23은 여러 조건에서 재료의 파괴 강도를 추정할 수 있는 파괴 분자 동역학 모의 시험의 한 예를 보여 준다. 재료 성질의 추정은 이 책의 범위에서 벗어나지만 세개의 니켈 원자 계의 운동을 예측하는 모의시험을 어떻게 수행하는지 보여줄 것이다. 이처럼 작은 시스템에 적용되는 과정은 자동화된 컴퓨터를 이용하여 수천에서 수만의 원자로 구성된 계에 적용하는 분자 동역학 해석 과정과 매우 유사하다. 계의 운동방정식을 세우기 위해 하나의 질점 운동의 학습에 필요한 것이 아닌 질점계의 학습에 중요한 몇몇 개념을 사용할 것이다.

세개의 니켈 원자들의 분자 동역학 모의시험 준비

세개의 니켈 원자들로 이루어진 계의 동역학 모의시험을 수행하는데 필요한 방정식의 유도는 원자 간에 작용하는 힘을 모델링하는 것부터 시작한다. 원자가 서로 가까워질수록 서로 매우 강력하게 밀어낸다. 원자가 서로 떨어져 있으면 원자 사이의 인력은 매우 약하다. 이러한 성질을 고려할 수 있는 정확한 관계를 유도하기 위해 일반적으로 양자역학의 응용이 필요하지만 이것은 이 책의 범위를 넘어선다. 따라서 물리학에서 사용하는 원자 간 힘의 기술을 빌려올 것이다. 니켈과 같은 분자에 대해서 대부분의 고체 물리학 책[12]에서 볼 수 있는 관계식이 있고, 이는 원자 j에 의해 원자 i에 작용하는 힘 $\vec{f}_{ij}$로 아래와 같이 근사할 수 있다.

$$\vec{f}_{ij} = 24\epsilon\left(\frac{\sigma^6}{r_{ij}^7} - \frac{2\sigma^{12}}{r_{ij}^{13}}\right)\hat{u}_{j/i} \tag{3.37}$$

여기서 r_{ij}는 원자 i와 j 간의 거리이며 $\hat{u}_{j/i}$는 원자 i에서 원자 j로 향하는 단위 벡터이고 ϵ와 σ는 재료의 특성 변수들로 그 차원은 각각 에너지와 길이이다. 니켈 원자는 그 변수 값이 $\epsilon = 0.74$ eV이고 $\sigma = 2.22$ Å[13]이다. 식 (3.37)의 표현은 유명한 레나드 존스(Lennard–Jones) 힘의 법칙이고 $\hat{u}_{j/i}$ 방향의 성분은 그림 3.24에 나타내었다.

흥미로운 사실

분자동역학 모의시험. 분자동역학 모의시험은 서로 접촉하고 있는 나노 크기의 재료의 마찰 특성(이 분야를 나노 트라이볼로지라고 부르고 점점 중요한 연구분야가 되고 있다. 다음 논문을 참조하라. J. Krim, "Friction at the Atomic Scale", *Scientific American*, **275**(4), pp. 74–88, October 1996)을 포함한 나노 재료의 기계적 전기적 화학적 성질을 예측할 수 있게 해 준다. 단지 1 g의 니켈이라도 약 10^{22}개의 원자(이는 우주 전체의 별의 수보다 많다)를 가지고 있기 때문에 의미 있는 큰 양의 재료에 대해 분자 동역학 모의시험을 수행하는 것은 엄청난 계산 양을 가진 일이다. 그러나 수치 계산 기법과 컴퓨터 하드웨어의 최근 발전으로 수많은 원자로 구성된 계의 분자 동역학 모의시험을 수행할 수 있게 되었다.

11) 예로 G. Stix, "Little Big Science," Scientific American, **285**(3), September 2001, pp. 32-37를 보라. The September 2001 issue of *Scientific American*는 나노 기술만으로 편집되었다.

12) 예로 C. Kittel, *Introduction to Solid State Physics*, 7th ed., Wiley, New York, 1995를 보라.

13) 기호 eV는 *electronvolt*, 에너지의 단위를 의미하고 여기서 1 eV = 1.6021892×10^{-9} J이다. 기호 Å는 옴스트롬(*angstrom*), 길이의 단위를 의미하며 여기서 1 Å = 10^{-10} m이다.

평형 원리 세개의 니켈 원자가 그림 3.25와 같은 위치에 정지 상태로 놓여졌다고 가정하자. 원자간 힘보다 중력에 의한 힘은 매우 작기 때문에 중력은 무시한다. 그림 3.25를 참조하면 원자간의 힘이 약 10^{-9} N의 크기를 가짐을 알 수 있다. 또한 니켈 한 원자의 질량이 9.479×10^{-26} kg이기 때문에 중력에 의한 한 원자의 무게는 9.564×10^{-25} N이다. 그러므로 원자 간의 힘이 중력보다 10^{15} 배나 크다(만류 인력으로 인한 원자간 힘은 원자와 지구 사이의 힘보다 더욱 작다).

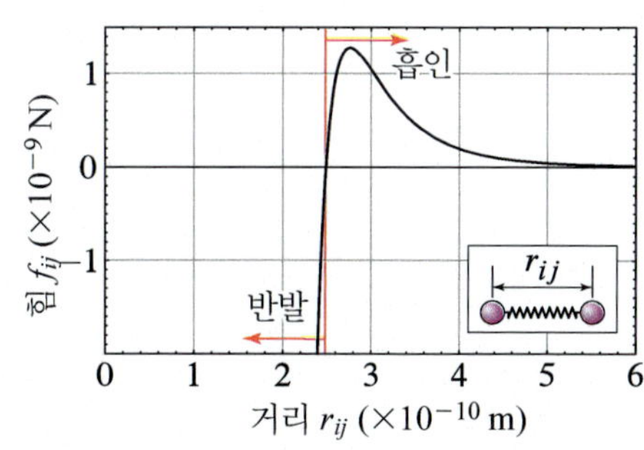

그림 3.24 레나드 존스 법칙으로 기술되는 두 니켈 질점 간의 힘. 여기서 니켈에 해당하는 값 사용.

어떤 상황에서도 유효한 운동 방정식을 유도하기 위해서 그림 3.26과 같은 계의 임의 위치를 고려해야한다. 그림 3.26의 자유물체도를 이용하여 뉴턴의 제2법칙을 각각의 질점에 적용하면 아래의 식을 얻는다.

$$\vec{f}_{12} + \vec{f}_{13} = m_1\vec{a}_1 \tag{3.38}$$

$$\vec{f}_{21} + \vec{f}_{23} = m_2\vec{a}_2 \tag{3.39}$$

$$\vec{f}_{31} + \vec{f}_{32} = m_3\vec{a}_3 \tag{3.40}$$

그림 3.26을 참조하면 식 (3.38)의 성분을 아래와 같이 쓸 수 있다.

$$f_{12}\cos\theta_{12} + f_{13}\cos\theta_{13} = m_1 a_{1x} \tag{3.41}$$

$$f_{12}\sin\theta_{12} + f_{13}\sin\theta_{13} = m_1 a_{1y} \tag{3.42}$$

여기서 $f_{ij} = |\vec{f}_{ij}|$. 비슷하게 식 (3.39)를 아래와 같이 다시 쓸 수 있다.

$$-f_{12}\cos\theta_{12} + f_{23}\cos\theta_{23} = m_2 a_{2x} \tag{3.43}$$

$$-f_{12}\sin\theta_{12} + f_{23}\sin\theta_{23} = m_2 a_{2y} \tag{3.44}$$

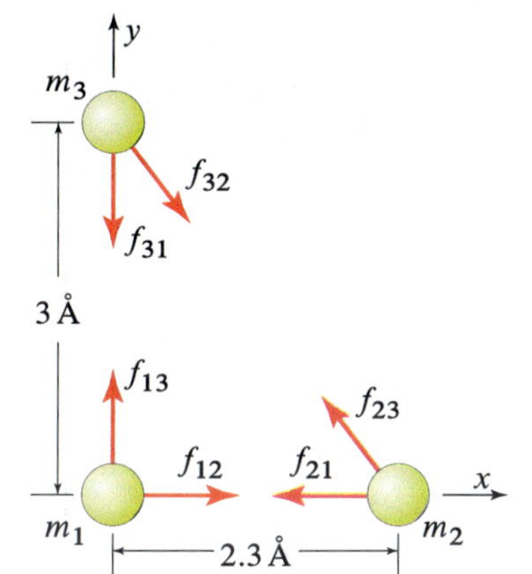

그림 3.25 세개의 니켈 원자의 초기 위치. 초기 속도는 0.

그리고 식 (3.40)은 아래와 같이 쓸 수 있다.

$$-f_{13}\cos\theta_{13} - f_{23}\cos\theta_{23} = m_3 a_{3x} \tag{3.45}$$

$$-f_{13}\sin\theta_{13} - f_{23}\sin\theta_{23} = m_3 a_{3y} \tag{3.46}$$

식 (3.41)-(3.46)을 쓸 때 뉴턴의 제3법칙, 즉 $\vec{f}_{ij} = -\vec{f}_{ji}$가 적용되었다.

힘의 법칙 힘 f_{12}, f_{13}, f_{23}에 대해서는 식 (3.37)을 이용하여 아래와 같이 쓸 수 있다.

$$f_{12} = 24\epsilon\left(\frac{\sigma^6}{r_{12}^7} - \frac{2\sigma^{12}}{r_{12}^{13}}\right) \tag{3.47}$$

$$f_{13} = 24\epsilon\left(\frac{\sigma^6}{r_{13}^7} - \frac{2\sigma^{12}}{r_{13}^{13}}\right) \tag{3.48}$$

$$f_{23} = 24\epsilon\left(\frac{\sigma^6}{r_{23}^7} - \frac{2\sigma^{12}}{r_{23}^{13}}\right) \tag{3.49}$$

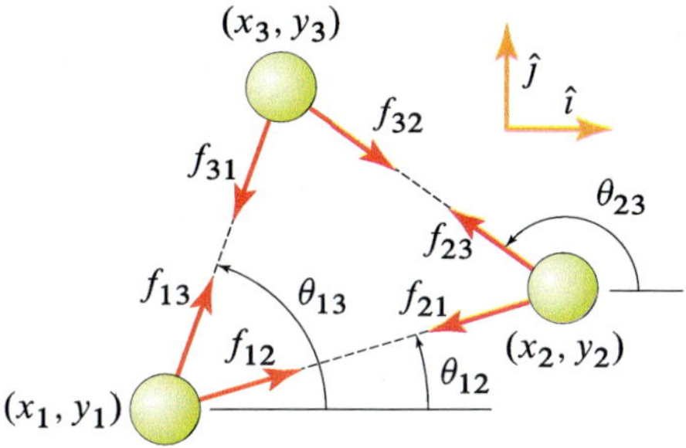

그림 3.26 임의 위치의 세개의 니켈 원자. m_1의 위치는 (x_1, y_1), m_2의 위치는 (x_2, y_2), m_3의 위치는 (x_3, y_3)이다.

운동학 방정식 직교성분계를 선택하였기 때문에 세 질점의 가속도 성분은 아래와 같이 주어진다.

$$a_{1x} = \ddot{x}_1, \qquad a_{1y} = \ddot{y}_1 \tag{3.50}$$

$$a_{2x} = \ddot{x}_2, \qquad a_{2y} = \ddot{y}_2 \tag{3.51}$$

$$a_{3x} = \ddot{x}_3, \qquad a_{3y} = \ddot{y}_3 \tag{3.52}$$

식 (3.47)-(3.52)를 식 (3.41)-(3.46)에 대입하면 다음의 미지수: $\ddot{x}_1$, $\ddot{y}_1$, $\ddot{x}_2$, $\ddot{y}_2$, $\ddot{x}_3$, $\ddot{y}_3$, θ_{12}, θ_{13}, θ_{23}, r_{12}, r_{13}, r_{23}을 가지는 6개 방정식을 얻는다. 이 미지수의 수를 6개로 줄여야 하고 이것은 θ_{12}, θ_{13}, θ_{23}, r_{12}, r_{13}, r_{23}을 질점의 위치로 표현할 수 있기 때문에 가능하다. 그림 3.26을 참조하여 추가로 필요한 운동학 방정식은 아래와 같다.

$$r_{12} = \sqrt{(x_2 - x_1)^2 + (y_2 - y_1)^2} \tag{3.53}$$

$$r_{13} = \sqrt{(x_3 - x_1)^2 + (y_3 - y_1)^2} \tag{3.54}$$

$$r_{23} = \sqrt{(x_3 - x_2)^2 + (y_3 - y_2)^2} \tag{3.55}$$

그리고

$$\cos\theta_{12} = \frac{x_2 - x_1}{r_{12}}, \qquad \sin\theta_{12} = \frac{y_2 - y_1}{r_{12}} \tag{3.56}$$

$$\cos\theta_{13} = \frac{x_3 - x_1}{r_{13}}, \qquad \sin\theta_{13} = \frac{y_3 - y_1}{r_{13}} \tag{3.57}$$

$$\cos\theta_{23} = \frac{x_3 - x_2}{r_{23}}, \qquad \sin\theta_{23} = \frac{y_3 - y_2}{r_{23}} \tag{3.58}$$

식 (3.41)-(3.58)은 시스템의 지배방정식이다. 우선 식 (3.53)-(3.55)를 식 (3.47)-(3.49), (3.56)-(3.58)에 대입하고 그 결과를 식 (3.41)-(3.46)에 대입하여 운동 방정식을 얻는다. 질점 1에 대해 아래의 두 방정식을 얻는다.

$$\begin{aligned}\frac{m_1}{24\epsilon\sigma^6}\ddot{x}_1 = {} & \frac{(x_2 - x_1)\left\{\left[(x_2 - x_1)^2 + (y_2 - y_1)^2\right]^3 - 2\sigma^6\right\}}{\left[(x_2 - x_1)^2 + (y_2 - y_1)^2\right]^7} \\ & + \frac{(x_3 - x_1)\left\{\left[(x_3 - x_1)^2 + (y_3 - y_1)^2\right]^3 - 2\sigma^6\right\}}{\left[(x_3 - x_1)^2 + (y_3 - y_1)^2\right]^7}\end{aligned} \tag{3.59}$$

$$\begin{aligned}\frac{m_1}{24\epsilon\sigma^6}\ddot{y}_1 = {} & \frac{(y_2 - y_1)\left\{\left[(x_2 - x_1)^2 + (y_2 - y_1)^2\right]^3 - 2\sigma^6\right\}}{\left[(x_2 - x_1)^2 + (y_2 - y_1)^2\right]^7} \\ & + \frac{(y_3 - y_1)\left\{\left[(x_3 - x_1)^2 + (y_3 - y_1)^2\right]^3 - 2\sigma^6\right\}}{\left[(x_3 - x_1)^2 + (y_3 - y_1)^2\right]^7}\end{aligned} \tag{3.60}$$

질점 2와 3의 운동방정식도 비슷하다.

유도한 방정식은 수치적으로 해를 구할 수 있는 비선형 미분 방정식이다. $m_1 = m_2 = m_3 = 9.749 \times 10^{-26}$ kg, $\epsilon = 1.1856 \times 10^{-19}$과 $\sigma = 2.22 \times 10^{-10}$ m라 하고 그림 3.25에서 표시된 초기 조건을 대입하여 수치적으로 방정식을 풀면 그림 3.27의 궤적을 얻는다. 이 궤적들은 운동 방정식을 2×10^{-12} s (2ps)동안 적분하여 얻는다.

세개의 니켈 원자 계의 운동 분석을 통해 다음 두 결론을 얻는다.

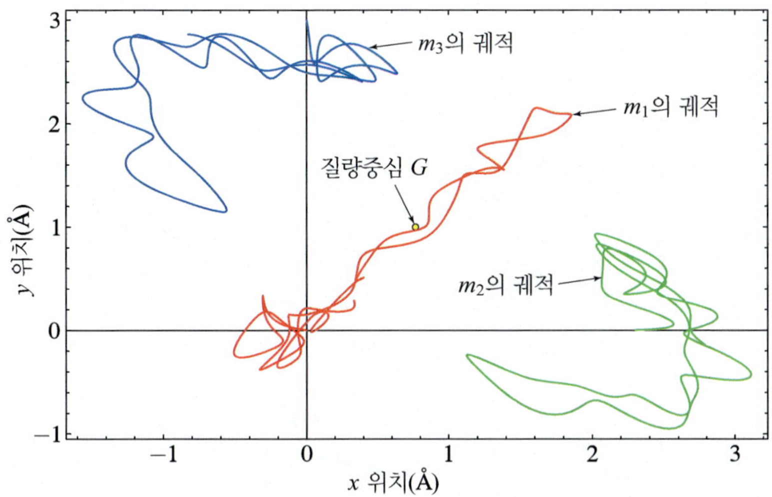

그림 3.27 2×10^{-12} s(2ps) 동안의 세 니켈 원자들의 궤적.

1. 위에서 구한 해는 평형 원리를 적용하고 힘의 법칙과 운동 방정식을 유도하는 3.1절의 문제 해결 기법이 한 개 이상의 질점을 포함하는 문제에 적용할 수 있음을 보여준다. 그러나 문제 해결과정에서 뉴턴 제2법칙과 함께 새로운 요소, 즉 제 3법칙을 적용해야 했다. 예제에서 보여주겠지만 뉴턴 제 3법칙을 적용한 특수한 방정식을 명시적으로 사용하지 않는다. 그보다 계에서 여러 물체의 자유물체도에 직접 뉴턴 제3법칙을 암시적으로 사용한다.
2. 그림 3.27에서 세 원자들의 궤적과 함께 계의 질량 중심의 궤적을 표시하였고 이는 다음과 같은 관계식을 이용하여 계산하였다.

$$x_G = \frac{m_1x_1 + m_2x_2 + m_3x_3}{m_1 + m_2 + m_3} \tag{3.61}$$

$$y_G = \frac{m_1y_1 + m_2y_2 + m_3y_3}{m_1 + m_2 + m_3} \tag{3.62}$$

위의 해를 이용해 계산한 질량 중심 G의 궤적을 그림 3.27의 중심 근처에 노란 점으로 표시했다. 이는 비록 세 원자 1, 2, 3은 계속 위치가 변하지만 질량 중심의 위치는 모의시험 동안 변하지 않는다는 것을 보여 준다. 이 거동을 설명하기 위해 뉴턴의 운동 법칙을 조금 더 주의깊게 질점계에 적용해야 하고 필요한 새로운 개념들을 도출할 것이다.

질점계의 뉴턴 제2법칙

그림 3.28과 같이 n개의 질점들의 집합을 고려하자. m_i와 $\vec{r}_i$는 각각 질점 i의 질량과 위치를 나타낸다. 계의 질점에 작용하는 힘 중에서 그 질점과 계의 다른 질점 사이에 작용하는 힘을 내력(*internal*)이라고 부른다. 그렇지 않으면 외력(*external*)이라고 한다.

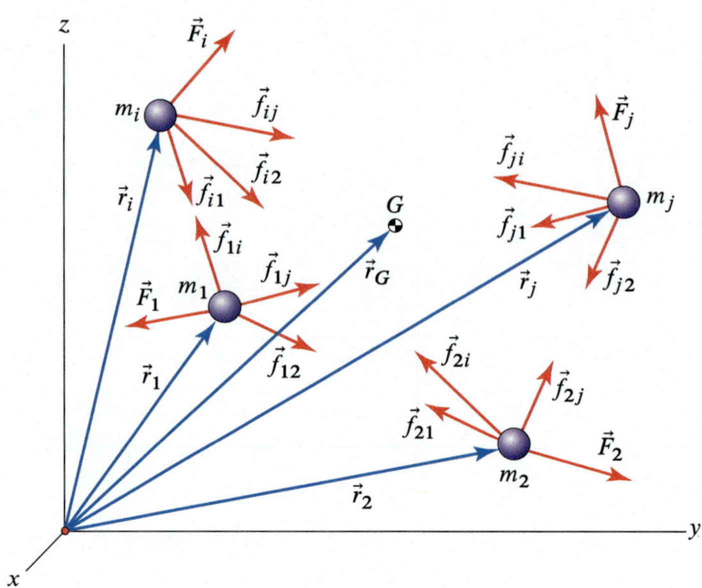

그림 3.28 3개 질점계의 위치벡터($\vec{r}_i$), 외력 ($\vec{F}_i$)과 내력($\vec{f}_{ij}$).

힘 $\vec{F}_i$는 질점 i에 작용하는 모든 외력(예를 들어 중력, 공기 항력 등)의 합을 나타내고 이는 나머지 질점들을 계에서 제거하여도 존재한다. 질점 j에 의해 질점 i에 작용하는 힘을 $\vec{f}_{ij}$로 나나태고 힘 $\vec{f}_{i1}, \vec{f}_{i2}, \ldots, \vec{f}_{in}$은 질점 i에 작용하는 내력이다.

뉴턴의 제2법칙을 계의 각각 질점에 적용하면 아래의 식을 얻는다.

$$\vec{F}_1 + \sum_{\substack{j=1 \\ j\neq 1}}^{n} \vec{f}_{1j} = m_1\vec{a}_1 \tag{3.63}$$

$$\vec{F}_2 + \sum_{\substack{j=1 \\ j\neq 2}}^{n} \vec{f}_{2j} = m_2\vec{a}_2 \tag{3.64}$$

$$\vdots$$

$$\vec{F}_n + \sum_{\substack{j=1 \\ j\neq n}}^{n} \vec{f}_{nj} = m_n\vec{a}_n \tag{3.65}$$

여기서 i번째 식에서 질점 자신이 자신과 상호작용할 수 없으므로 $j = i$가 될 수 없다.

계의 전체에 미치는 뉴턴의 제3법칙의 효과를 이해하기 위하여 식 (3.63)-(3.65)를 합하면 아래의 식을 얻는다.

$$\sum_{i=1}^{n} \vec{F}_i + \sum_{i=1}^{n} \sum_{\substack{j=1 \\ j \neq i}}^{n} \vec{f}_{ij} = \sum_{i=1}^{n} m_i \vec{a}_i \tag{3.66}$$

식 (3.66)의 첫째 항 $\sum_{i=1}^{n} \vec{F}_i$는 질점계에 작용하는 모든 외력의 합이고 이를 $\vec{F}$로 아래와 같이 나타낸다.

$$\vec{F} = \sum_{i=1}^{n} \vec{F}_i \tag{3.67}$$

두 번째 항은 모든 내력의 합이다. 그림 3.28을 참조하면 계의 모든 $\vec{f}_{ij}$에 해당하는 $\vec{f}_{ji}$가 반드시 존재해야 한다. 뉴턴의 제3법칙에서 이러한 힘은 크기는 같고 반대 방향이며 항상 서로 상쇄된다. 예를 들어 $n = 3$인 경우 식 (3.66)의 두 번째 항은 아래와 같다.

$$\sum_{i=1}^{3} \sum_{\substack{j=1 \\ j \neq i}}^{3} \vec{f}_{ij} = \vec{f}_{12} + \vec{f}_{13} + \vec{f}_{21} + \vec{f}_{23} + \vec{f}_{31} + \vec{f}_{32} = \vec{0} \tag{3.68}$$

여기서 $\vec{f}_{12} = -\vec{f}_{21}, \vec{f}_{13} = -\vec{f}_{31}, \vec{f}_{23} = -\vec{f}_{32}$이다. 따라서 뉴턴의 제3법칙에 식 (3.66)의 좌변의 두 번째 합은 아래와 같이 항상 사라지게 된다.

$$\sum_{i=1}^{n} \sum_{\substack{j=1 \\ j \neq i}}^{n} \vec{f}_{ij} = \vec{0} \tag{3.69}$$

마지막으로 식 (3.66)의 마지막 항 $\sum_{i=1}^{n} m_i \vec{a}_i$는 아래와 같이 쓸 수 있다.

$$\sum_{i=1}^{n} m_i \vec{a}_i = \sum_{i=1}^{n} m_i \frac{d^2 \vec{r}_i}{dt^2} = \frac{d^2}{dt^2} \sum_{i=1}^{n} m_i \vec{r}_i \tag{3.70}$$

여기서 각 질점의 질량이 일정하다는 사실을 이용하여 합의 바깥으로 d^2/dt^2을 옮겼다. 이제 $\sum_{i=1}^{n} m_i \vec{r}_i$은 계의 질량 중심의 위치이고 아래와 같이 정의되므로

$$m\vec{r}_G = \sum_{i=1}^{n} m_i \vec{r}_i \tag{3.71}$$

여기서 $m = \sum_{i=1}^{n} m_i$은 계의 전체 질량이고 $\vec{r}_G$는 질량 중심 G의 위치이다(그림 3.28을 보라). 식 (3.71)을 이용하면 식 (3.70)은 아래와 같이 된다.

$$\sum_{i=1}^{n} m_i \vec{a}_i = \frac{d^2}{dt^2}(m\vec{r}_G) = m \frac{d^2 \vec{r}_G}{dt^2} = m\vec{a}_G \tag{3.72}$$

여기서 각 질량 m_i는 상수이고 전체 질량 m도 역시 상수라는 사실이 이용되었다. 식 (3.67), (3.69), (3.72)를 식 (3.66)에 대입하면 아래의 식을 얻는다.

$$\boxed{\vec{F} = \sum_{i=1}^{n} m_i \vec{a}_i = m\vec{a}_G} \tag{3.73}$$

식 (3.73)은 질점계의 질량 중심이 전체 외력 $\vec{F}$가 작용하는 질량 m인 하나의 질점처럼 움직임을 보여준다. 따라서

- 만약 $\vec{F} = \vec{0}$이면 질량 중심은 일정한 속도로 움직인다. 따라서 $\vec{F} = \vec{0}$이고 질량 중심이 초기에 멈춰있다면 질량 중심은 계속 멈춰있을 것이다.
- $\vec{F} = \vec{0}$이면 $m\vec{a}_G = \vec{0}$이고 시간 적분은 아래와 같이 상수이다.

$$\int m\vec{a}_G\,dt = m\vec{v}_G = \text{상수} \tag{3.74}$$

위 식은 질점계에 대한 **선형운동량 보존 법칙**에 해당한다. 이 보존 법칙은 5.1절에서 다룰 예정이다.

위의 논의는 이 절에서 앞서 살펴 보았던(그림 3.27을 보라) 세개의 니켈 원자계의 질량 중심의 거동에 관한 것이다. 계는 정지해 있다가 놓여졌기 때문에 질량 중심 또한 초기의 정지 상태에 계속 있었다. 문제의 질점계에 외력이 작용하지 않다는 사실과 함께 이것은 계의 질량 중심도 정지상태에 있어야 함을 보여준다.

절 요약

실제로 뉴턴의 제2법칙을 질점계에 적용하는 것은 본질적으로 하나의 질점에 적용하는 것과 동일하다. 즉 각 계의 n 질점들의 각각에 대해 $(\vec{F}_i)_{\text{tot}} = m_i\vec{a}_i$, $i = 1, \ldots, n$이며, 여기서 $(\vec{F}_i)_{\text{tot}}$는 질점 i에 작용하는 전체 힘이고, 이는 그 질점에 작용하는 외력과 내력으로 구성된다. 뉴턴의 제2법칙과 함께 뉴턴의 제3법칙을 적용해야 하고, 이는 내력의 효과를 바르게 고려하기 위해 반드시 필요하다.

질량 중심의 운동 질점계의 질량 중심의 운동은 아래의 관계에 의해 지배된다.

식 (3.73) p. 237

$$\vec{F} = \sum_{i=1}^{n} m_i\vec{a}_i = m\vec{a}_G$$

여기서 $\vec{F}$는 시스템에 작용하는 전체 외력이고 m은 계의 전체 질량이고 $\vec{a}_G$는 계의 질량 중심의 가속도이다. 위의 방정식은 몇몇 중요한 의미를 내포하고 있다.

- 만약 $\vec{F} = \vec{0}$이면 질량 중심은 일정한 속도로 움직인다. 그리고 질량 중심이 초기에 멈춰있다면 질량 중심은 계속 멈춰있을 것이다.
- $\vec{F} = \vec{0}$이면 $m\vec{a}_G$는 반드시 0이어야 하고 그의 시간 적분은 반드시 상수라고 결론 내릴 수 있다.

예제 3.9 선형운동량이 보존되는 운동

카누이스트(카누 타는 사람) P가 그림 1과 같이 노를 저어 카누 D가 부두로 가고 있다. 카누의 앞 끝이 부두의 끝에 닿은 후, 카누의 뒤에서 앞으로 거리 L을 걸어서 부두로 나가기로 결정했다. 카누가 저항없이 물에서 미끄러진다고 가정 하에 젓지 않고 부두에 오를 수 있을지 없을지 결정하기 위해, 카누의 앞쪽 끝에 도달했을 때 사람과 부두 사이 거리를 결정하라. 사람의 질량은 80 kg, 카누의 질량은 15 kg, 그리고 길이는 $L = 3$ m이다.

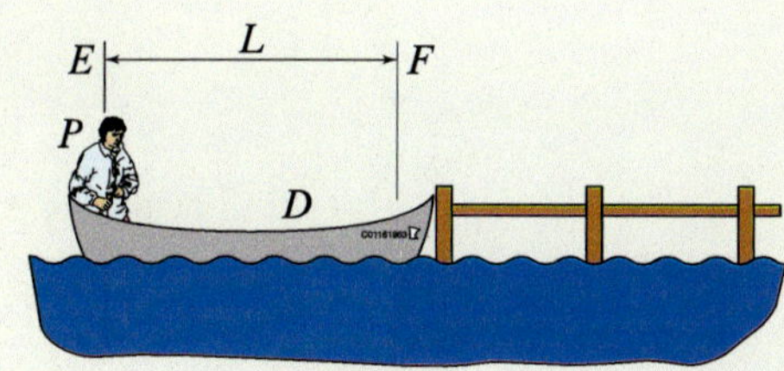

그림 1 막 도착한 카누이스트가 카누의 길이만큼 걸어서 부두로 나가려고 한다.

풀이 SOLUTION

로드맵과 모델링 사람과 카누를 "질점계"로 볼 것이다. 그림 2에서 전체 계의 자유물체도를 그렸고 계의 외부 힘만을 나타내었다. 이 모델은 사람과 카누의 무게와 함께 부력 F_B를 포함한다. 물과 공기에 의한 수평 저항은 무시하였다. 전체 수평 외력은 0이고 계는 초기에 정지해 있으므로 사람과 카누의 위치는 초기의 질량 중심의 위치가 유지되도록 변할 것이다. 문제를 풀기 위해 계 전체에 뉴턴의 제2법칙을 적용하고, 이를 시간에 따라 적분하여 계의 각 부분의 위치를 결정할 것이다.

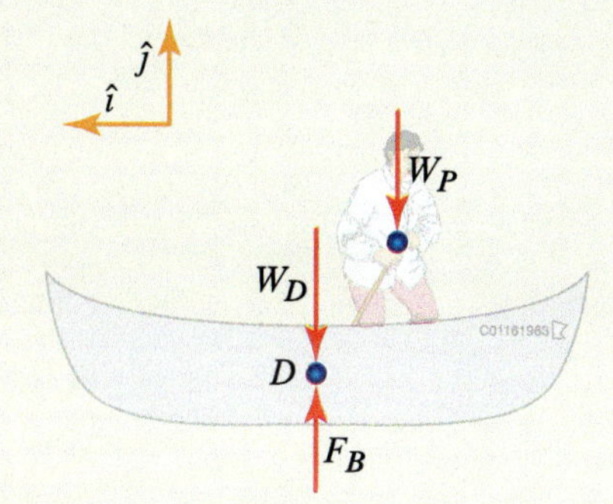

그림 2 카누와 카누이스트의 자유물체도. 카누와 카누이스트를 질점으로 모델링하였다.

지배방정식

평형 원리 그림 2의 자유물체도를 참고하여 식 (3.73)을 방향으로 적용하면 아래 식을 얻는다.

$$\sum F_x: \quad 0 = m_P a_{Px} + m_D a_{Dx} \tag{1}$$

여기서 a_{Px}와 a_{Dx}는 각각 P와 D의 가속도의 x 방향 성분이다.

힘의 법칙 모든 힘은 자유물체도에 나타내었다.

운동학 방정식 x 방향의 운동만 분석하므로 필요한 운동학 방정식은 아래와 같다.

$$a_{Px} = \dot{v}_{Px}, \quad v_{Px} = \dot{x}_P, \quad a_{Dx} = \dot{v}_{Dx}, \quad v_{Dx} = \dot{x}_D \tag{2}$$

여기서 그림 3을 참조하여 좌표 x는 부두의 끝으로부터 측정된다.

> **유용한 정보**
> **자유물체도와 외부힘.** 카누이스트와 카누 사이의 접촉력은 계의 내력이기 때문에 그림 2에 나타내지 않았다. 외력만 계의 자유물체도에 나타내는 힘이라는 것을 기억하는 것은 매우 중요하다.

계산 식 (1)을 시간에 대해 적분하면 아래 식과 같다.

$$m_P v_{Px} + m_D v_{Dx} = C_1 \tag{3}$$

여기서 C_1은 적분 상수이다. 이 방정식은 P와 D가 어떤 위치에 있던지 그들의 질량과 속도의 x 방향 성분의 곱을 합하면 일정하다는 것을 보여준다. 그러므로 카누이스트가 걷기 전과 부두에 도착했을 때 카누 D와 카누이스트 P의 속도가 모두 0임을 기억하면 아래 식과 같이 C_1을 계산할 수 있다.

$$m_P \cdot 0 + m_D \cdot 0 = C_1 \quad \Rightarrow \quad C_1 = 0 \tag{4}$$

다음으로 $C_1 = 0$을 식 (3)에 대입하고 시간에 대하여 적분하면 아래 식을 얻는다.

$$m_P x_P + m_D x_D = C_2 \tag{5}$$

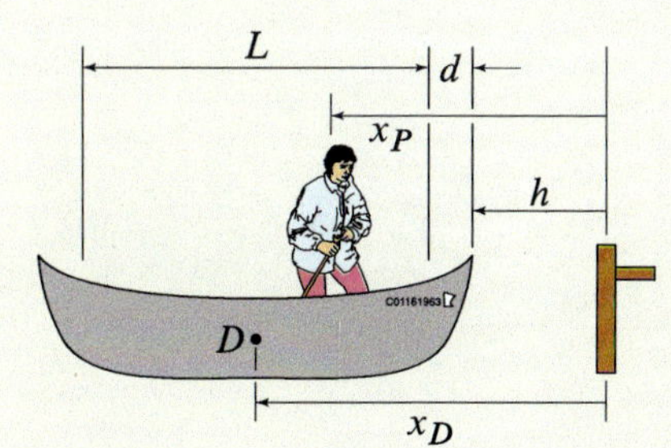

그림 3 예제 문제의 운동학을 위한 거리와 좌표 방향의 정의.

여기서 C_2는 두번째 적분 상수이다. 그림 3을 참조하여 카누가 부두에 닿고 카누이스트는 카누의 왼쪽 끝에 있을 때, 즉 $h = 0$일 때, 식 (5)를 계산하면 C_2를 계산할 수 있고 이는 아래의 식과 같다.

$$m_P(d+L)+m_D(d+L/2)=C_2 \tag{6}$$

여기서 d는 카누의 끝에서 카누이스트가 바깥으로 나가는 카누의 지점까지 거리이다. 식 (6)으로 주어지는 C_2의 표현을 식 (5)에 대입하면 카누이스트와 카누의 위치는 아래의 관계를 가진다.

$$m_P x_P + m_D x_D = m_P(d+L)+m_D(d+L/2) \tag{7}$$

이제 카누이스트가 앞쪽 끝으로 걸어갔을 때 카누 끝의 위치를 결정할 수 있다. 카누이스트가 카누의 앞쪽 끝에 있을 때 $x_{D/P}=x_D-x_P=L/2$가 된다. 그러므로 $x_D=x_P+L/2$이므로 식 (7)은 아래와 같이 쓸 수 있다.

$$m_P x_P + m_D(x_P+L/2) = m_P(d+L)+m_D(d+L/2) \tag{8}$$

x_P에 대해 풀면 아래 식을 얻는다.

$$x_P=\frac{m_P(d+L)+m_D d}{m_P+m_D} \tag{9}$$

마지막으로 카누이스트가 카누의 앞쪽 끝에 있을 때 $h=x_P-d$이므로, 이 경우 아래 식을 얻을 수 있다.

$$\boxed{h=\frac{m_P}{m_P+m_D}L=2.53\,\text{m}} \tag{10}$$

여기서 주어진 값을 이용하여 마지막 수치 해를 구하였다. 식 (10)의 결과는 불행하게도 카누이스트가 카누로부터 부두까지 젖지 않고는 갈 수 없음을 보여 준다.

논의 및 검증 식 (10)의 결과는 반드시 그래야 하듯이 길이의 차원을 가진다. 거리 h는 카누의 길이보다 작고, 따라서 타당한 결과이다.

심층분석 카누가 부두로부터 멀어지는 문제의 한 해결책은 부두에 있는 사람이 카누가 도착한 후 카누를 부두에 묶는 것이다. 예제 5.5에서 이 방법을 다룰 것이다.

식 (10)의 흥미로운 점은 사람이 카누의 한쪽 끝에서 다른 쪽 끝으로 가는 속도가 해에 나타나지 않는다는 것이다. 또한 카누가 줄로 부두에 묶여 있다면 카누이스트가 카누 길이만큼 걸었을 때 줄에 장력이 작용할 것이라고 예상된다. 줄의 장력을 결정하는 것은 사람의 속력이 아닌 가속도이다. 이 문제의 흥미로운 변형은 5장에서 질점계에 대한 운동량 방법을 학습하면서 살펴볼 것이다(예제 5.4, 5.5를 보라).

예제 3.10 도르래 장치의 분석

그림 1의 도르래 장치는 P에 질량을 부가하여 A에 있는 무거운 짐을 들어올리기 위해 설계되었다(또는 비록 동등하지는 않지만 어떤 힘으로 P의 줄은 당김으로). 적재하중 A는 질량 m_A를, 도르래 하우징 B (이는 도르래를 포함한다)는 질량 m_B를 가지고, 질량 m_P가 P에 부착되어 있을 때 A와 P의 가속도를 결정하라.

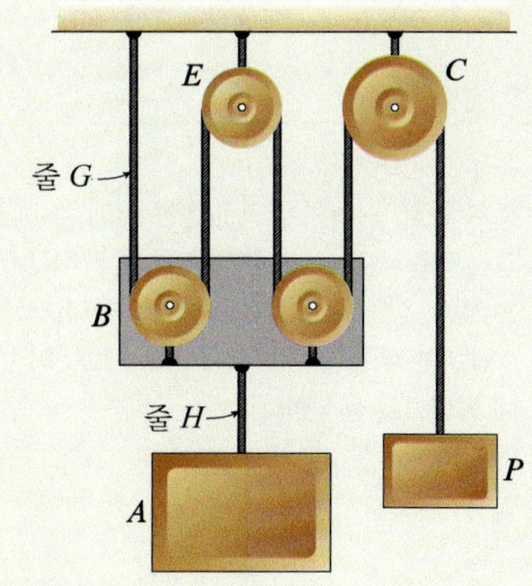

그림 1 큰 짐을 들어올리기 위해 설계된 도르래 시스템.

풀이 SOLUTION

로드맵과 모델링 도르래 장치의 특정한 부분의 가속도를 결정해야 하므로 그 부분을 분리시켜 각각의 자유물체도(예제 3.9에서 전체 시스템의 자유물체도를 그린 것과 반대로)를 그리는 것이 필요하다. 움직이는 각각의 부분을 질점으로 모델링하고 해당하는 무게 A와 P, 도르래 하우징 B의 자유물체도를 그린다. 도르래들은 마찰이 없고 질량은 무시한다. 또한 줄은 질량이 없고 늘어나지 않기 때문에 줄의 장력은 전체 줄에서 동일하다. 다음으로 중력과 줄의 장력만 작용한다고 가정하여 그린 자유물체도를 그림 2에 나타내었다. 그림 2에서 문제는 일자유도이고 아래 방향이 양의 방향(단위 벡터 $\hat{\jmath}$를 통해)이다.

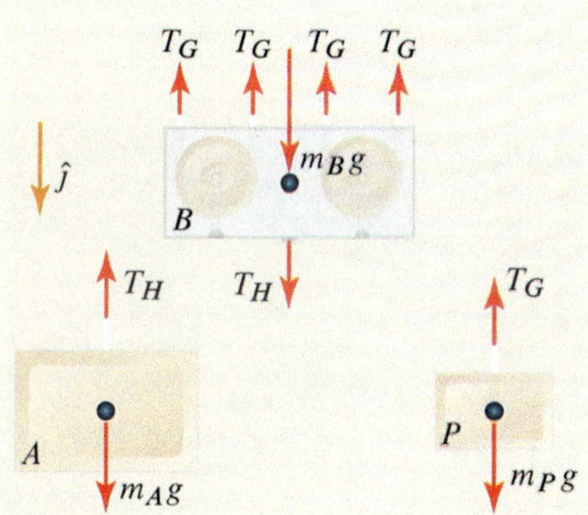

그림 2 질량 A, 질량 P, 도르래 하우징 B의 자유물체도.

지배방정식

평형 원리 그림 2의 자유물체도를 이용해 뉴턴의 제2법칙을 A, B, P에 적용하면 아래와 같다.

$$\left(\sum F_y\right)_A: \quad m_A g - T_H = m_A a_A \tag{1}$$

$$\left(\sum F_y\right)_B: \quad m_B g + T_H - 4T_G = m_B a_B \tag{2}$$

$$\left(\sum F_y\right)_P: \quad m_P g - T_G = m_P a_P \tag{3}$$

힘의 법칙 A, B, P의 무게는 이미 그림 2에서 고려되었다. 줄의 비신장성은 힘의 법칙 대신 운동학 방정식에서 고려한다.

운동학 방정식 줄이 늘어나지 않으므로 그림 3으로부터 아래 식을 가진다.

$$L_G = 4y_B + y_P \quad \Rightarrow \quad 4a_B + a_P = 0 \tag{4}$$

여기서 L_G는 줄 G의 길이이다. 또한 A와 B를 연결하는 줄이 늘어나지 않으므로 아래와 같이 쓸 수 있다.

$$a_A = a_B \tag{5}$$

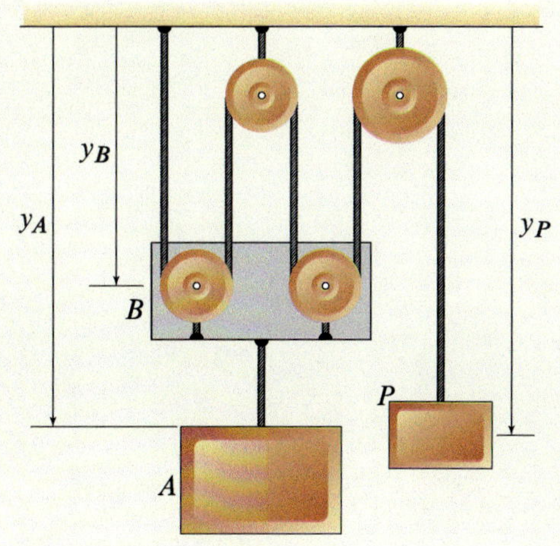

그림 3 A, B, P의 위치.

계산 식 (1)-(5)는 5개의 미지수 a_A, a_B, a_P, T_G, T_H를 가지는 5개의 시스템 방정식을 제공하고 이를 풀면 아래와 같다.

$$a_A = -\frac{4m_P - (m_A + m_B)}{16m_P + (m_A + m_B)} g = a_B \quad (6)$$

$$a_P = \frac{4[4m_P - (m_A + m_B)]}{16m_P + (m_A + m_B)} g \quad (7)$$

$$T_G = \frac{5m_P(m_A + m_B)}{16m_P + (m_A + m_B)} g \quad (8)$$

$$T_H = \frac{20m_A m_P}{16m_P + (m_A + m_B)} g \quad (9)$$

유용한 정보

부호 규약. y 축의 양의 방향은 아래 쪽이다. 그러므로 a_{Ay}, a_{Py}는 반대 부호를 가지고 이는 반대 방향으로 가속됨을 의미한다. 사실 A와 P는 시간에 대해 식 (4)에서 보듯이 반대 방향으로 움직인다.

논의 및 검증 식 (6), (7)의 분수는 차원이 없고 그 식의 결과는 당연히 g, 즉 가속도의 차원을 가진다. 식 (8), (9)의 분수는 질량의 차원을 가지고 그 식의 결과는 당연히 힘의 차원을 가진다. 식 (6), (7)은 A와 P의 가속도가 예상대로 반대 방향이라는 것을 보여준다. 마지막으로 줄의 장력 T_G는 항상 양이고 줄은 절대 느슨해지지 않는다. 그러므로 해는 바른 것으로 보인다.

심층분석 식 (6)이나 (7)에 집중하면 두 식의 분자가 $4m_P - (m_A + m_B)$의 항을 가지고 있으므로 P의 질량이 그 질량의 4배의 역할을 함을 알 수 있다. 이 항은 $m_P > \frac{1}{4}(m_A + m_B)$이면 양수이고, 더 나아가 $m_P > \frac{1}{4}(m_A + m_B)$이면 $a_P > 0$이다(그렇지 않으면 $a_P < 0$이다.). 따라서 P가 A를 들어 올리기 위해 m_P가 A와 B 두 질량의 합보다 커야 하는 것이 아니고, m_P가 단지 $\frac{1}{4}(m_A + m_B)$보다 크면 된다!

예제 3.11 마찰이 있는 미끄럼

질량 $m_1 = 1.5$ kg과 $m_2 = 1$ kg인 두 권의 책이 겹쳐져 탁자 위에 던져 졌다(그림 1). 책들은 탁자 위에 떨어질 때 본질적으로 수직 속력은 0이고 그들의 공통 수평 속력은 $v_0 = 0.75$ m/s이다. 밑의 책과 탁자 사이의 운동마찰계수 $\mu_{k1} = 0.45$이고 두 책 사이의 정지 및 운동 마찰 계수는 각각 $\mu_{s2} = 0.4$와 $\mu_{k2} = 0.3$이다. 책들의 최종 위치를 결정하라.

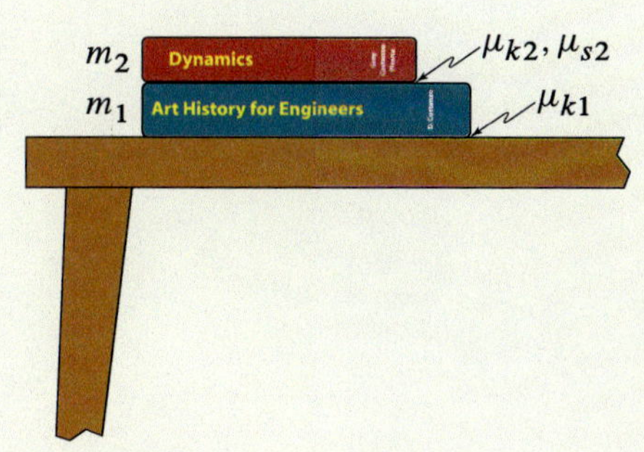

그림 1 거친 탁자에 수평 방향으로 겹쳐서 던져진 책 두 권.

풀이 SOLUTION

로드맵과 모델링 책들이 책상을 부딪칠 때 v_0부터 0까지 무한대의 감속도를 경험하게 되기 때문에 책은 책상 위에서 반드시 미끄러진다. 그러나 위 책이 아래 책에 대해 반드시 상대적으로 미끄러져야 하는 것은 아니다. 그러므로 우선 m_2는 m_1 위에서 움직이지 않는다고 가정하고 풀이를 계산한다. 해를 구한 후 풀이를 계산하기 위해, 세웠던 가정과 부합하는지 확인한다. 풀이의 가정과 부합하지 않으면 책들이 서로 미끄러진다는 것이고 이러한 가정 아래 새로운 풀이를 계산한다. 책을 질점으로 모델링하고 각각의 위치들을 결정하기 위해 그림 2와 같이 자유물체도를 그린다. 또한 그림 2는 사용되는 성분 계도 보여준다. x 축을 책의 궤적과 평행하도록 선택하였다. 또한 책이 처음 탁자와 부딪힌 지점을 성분계의 원점으로 선택한다. 자유물체도에 고려된 힘은 무게, 수직반력, 마찰 뿐이다.

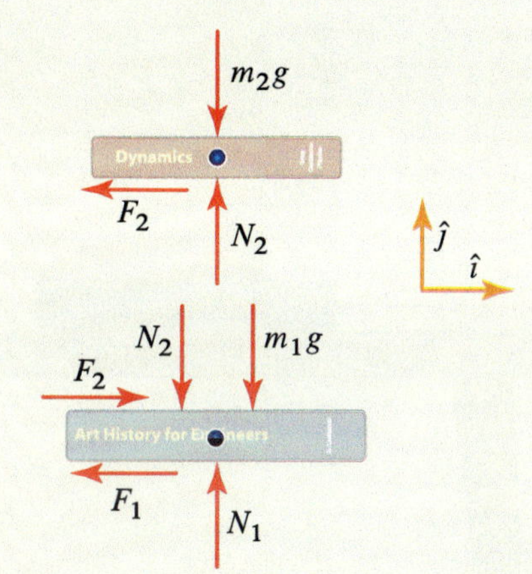

그림 2 질점으로 모델링된 두 책의 자유물체도.

지배방정식

평형 원리 그림 2를 참조하여 뉴턴의 제2법칙을 적용하면 아래와 같다.

$$\left(\sum F_x\right)_2: \qquad -F_2 = m_2 a_{2x} \tag{1}$$

$$\left(\sum F_y\right)_2: \qquad N_2 - m_2 g = m_2 a_{2y} \tag{2}$$

$$\left(\sum F_x\right)_1: \qquad F_2 - F_1 = m_1 a_{1x} \tag{3}$$

$$\left(\sum F_y\right)_1: \qquad N_1 - N_2 - m_1 g = m_1 a_{1y} \tag{4}$$

힘의 법칙 책 1과 2는 미끄러지지 않고 책 1은 탁자 위에서 미끄러진다는 가정을 이용하면 마찰 법칙은 아래와 같다.

$$F_1 = \mu_{k1} N_1, \qquad |F_2/N_2| < \mu_{s2} \tag{5}$$

운동학 방정식 a를 책의 공통 가속도라 하면 아래의 관계를 가진다.

$$a_{2x} = a, \quad a_{2y} = 0, \quad a_{1x} = a, \quad a_{1y} = 0 \tag{6}$$

계산 식 (5)의 첫째 식은 식 (6)을 식 (1)-(4)에 대입하여 얻은 결과와 함께 5개의 미지수 F_1, F_2, a, N_1, N_2를 가지는 계의 5개 방정식을 구성한다. 첫째 목표는 두 책들이 미끄러지지 않는 가정이 옳은지 확인하는 것이므로 F_1와 F_2만 풀면 아래와 같다.

$$F_2 = \mu_{k1} m_2 g = 4.414\,\text{N}, \qquad N_2 = m_2 g = 9.81\,\text{N} \tag{7}$$

논의 및 검증 식 (7)의 결과를 식 (5)의 부등식에 대입하면 아래의 식을 얻는다.

$$|F_2/N_2| = 0.45 \nless \mu_{s2} = 0.4 \tag{8}$$

이는 미끄러지지 않는다는 가정이 옳지 않다는 것을 보여주며 m_1은 m_2 위에서 미끄러진다.

유용한 정보

마찰 법칙의 검증. 두 물체가 미끄러지지 않는다는 가정을 이용해 해를 구했기 때문에 풀이로부터 계산한 힘들이 가정과 부합하는지 확인할 필요가 있음을 기억하는 것은 매우 중요하다. 그래서 F_2와 N_2를 구할 때 가정이 옳을 때만이 이들이 올바른 힘이 된다. 이것은 식 (8)에서 했던 것처럼 실제 가능한 마찰의 양과 $|F_2/N_2|$를 비교하여 가정의 유효성을 반드시 검증해야 하는 이유다.

$m2$가 $m1$ 위를 미끄러진다

이제 책들이 서로 미끄러진다는 가정 하에 문제를 다시 풀어야 한다. 식 (1)-(4)가 여전히 유효하므로 그림 2의 자유물체도를 그대로 적용한다. 그러나 힘의 법칙과 운동학 방정식은 새로운 사용(working) 가정을 반영해야 한다.

힘의 법칙 이제 힘의 법칙은 아래 식과 같다.

$$F_1 = \mu_{k1} N_1, \quad F_2 = \mu_{k2} N_2 \tag{9}$$

운동학 방정식 이제 m_1과 m_2의 x 방향 가속도 성분은 다르기 때문에 아래와 같은 운동학 방정식을 가진다.

$$a_{2x} = a_2, \quad a_{2y} = 0, \quad a_{1x} = a_1, \quad a_{1y} = 0 \tag{10}$$

계산 식 (10)을 식 (1)-(4)에 대입하면 식 (9)와 함께 6개의 미지수 a_1, a_2, F_1, F_2, N_1, N_2를 가지는 6개의 계의 방정식을 구성한다. 이 식을 풀면 아래의 식을 얻는다.

$$a_1 = -(g/m_1)[\mu_{k1}(m_1 + m_2) - \mu_{k2} m_2] = -5.396\,\text{m/s}^2 \tag{11}$$

$$a_2 = -\mu_{k2} g = -2.943\,\text{m/s}^2 \tag{12}$$

$$F_1 = \mu_{k1} g(m_1 + m_2) = 11.04\,\text{N} \tag{13}$$

$$F_2 = \mu_{k2} m_2 g = 2.943\,\text{N} \tag{14}$$

$$N_1 = g(m_1 + m_2) = 24.52\,\text{N} \tag{15}$$

$$N_2 = g m_2 = 9.81\,\text{N} \tag{16}$$

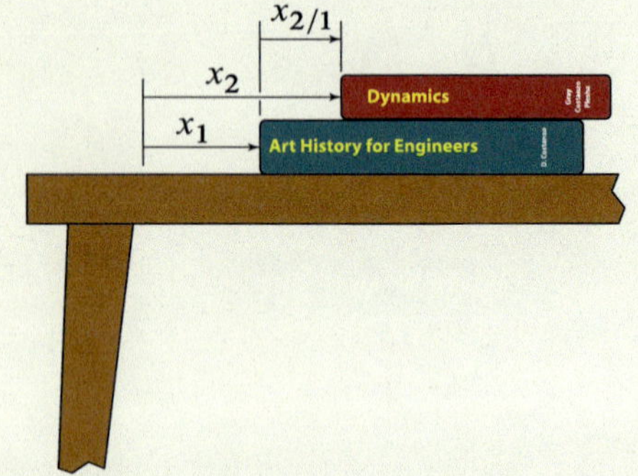

그림 3 두 책의 상대 위치 운동학.

a_1, a_2를 알고 v_0가 두 책의 초기 속도임을 알 때 2.2절 등가속도 운동학을 이용하여 이 책들이 얼마나 멀리 미끄러지는지 계산할 수 있고 아래의 식을 얻는다.

$$0 = v_0^2 + 2a_1 x_1 = v_0^2 - \frac{2g}{m_1}[\mu_{k1}(m_1 + m_2) - \mu_{k2} m_2] x_1 \tag{17}$$

$$0 = v_0^2 + 2a_2 x_2 = v_0^2 - 2\mu_{k2} g x_2 \tag{18}$$

주어진 변수를 이용하여 x_1과 x_2를 구하면 아래의 식을 얻는다.

$$x_1 = \frac{m_1 v_0^2}{2g[\mu_{k1}(m_1 + m_2) - \mu_{k2} m_2]} = 0.0521\,\text{m} \tag{19}$$

$$x_2 = \frac{v_0^2}{2g\mu_{k2}} = 0.0956\,\text{m} \tag{20}$$

그림 3을 참조하면 해는 책 2는 9.6 cm 미끄러지고 책 1에 대해서 상대적으로 아래 식만큼 미끄러진다는 것을 보여준다.

$$x_{\text{top/bottom}} = x_{2/1} = x_2 - x_1 = 0.0434\,\text{m} \tag{21}$$

논의 및 검증 식 (19)-(21)의 결과의 부호는 우리가 예상했던 대로 두 책 모두 오른쪽으로 움직이고, 책 2는 책 1의 오른쪽에 멈춘다. 또한 책이 미끄러진 거리는 cm 크기이므로 타당해 보인다. 가속도가 일정하고 두 책이 같은 위치에서 동일한 속도로 출발하기 때문에 $x_1 < x_2$는 시간적으로 책 1이 책 2보다 먼저 멈춘다는 것을 의미한다. 이는 이 문제에서 적용한 마찰의 법칙이 책이 움직이는 동안만 유효하다는 것을 보여준다. 상황이 반대면 비록 그런 상황은 쿨롱 마찰모델에서 절대 일어날 수 없지만 우리는 새로운 풀이를 계산해야 한다(여백 부분의 흥미로운 사실을 보라). 결론적으로 현재 답이 옳은 것으로 보인다.

흥미로운 사실

어떤 해는 가능하지 않은가? 흥미롭게 마찰에 대한 모델로 사용한 모델(185쪽 참조)은 비록 일반 경험에 의하면 물리적으로 가능한 것처럼 보이지만 어떤 운동은 허용하지 않는다. 예를 들어 수직력이 상수이므로 쿨롱 마찰 모델에 의하면 책이 미끄러지는 동안 마찰이 일정하다. 그러므로 아래 책이 바닥에 대해 미끄러지는 것을 멈추기 전에 위 책이 아래 책에 대해 미끄러지는 것을 멈추는 것을 허용하지 않는데 이는 일정하지 않은 가속도를 필요로 하기 때문이다. 이것은 어떻게 우리가 사용하는 모델의 한계를 반드시 알고 있어야 하는지 보여준다.

문제

문제 3.84

트럭의 운전사가 갑자기 브레이크를 작동시켰다. 그리고 트럭은 멈췄다. 제동되는 동안 나무상자 A는 미끄러지거나 혹은 정지해있다. 나무상자가 미끄러졌을 때와 미끄러지지 않은 두 가지 경우 중, 어느 경우가 더 트럭이 매우 짧은 거리(혹은 시간)에 멈추는지 설명하라.

주의 개념 문제는 계산이 아닌 설명이 필요하다.

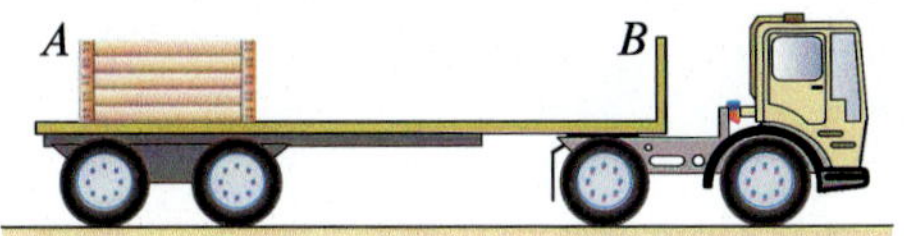

그림 P3.84

문제 3.85

자동차 한 대가 오른쪽의 그림에 보이는 것처럼 두 가지 방법으로 당겨지고 있다. 도르래와 줄의 관성과 도르래의 마찰을 무시할 수 있고 자동차가 자유롭게 구르는 것이 가능할 때, (a) 그림에 나온 차의 가속도가 (b)에 나온 차의 가속도와 비교했을 때 작은지 같은지 혹은 더 큰지 설명하라.

주의 개념 문제는 계산이 아닌 설명이 필요하다.

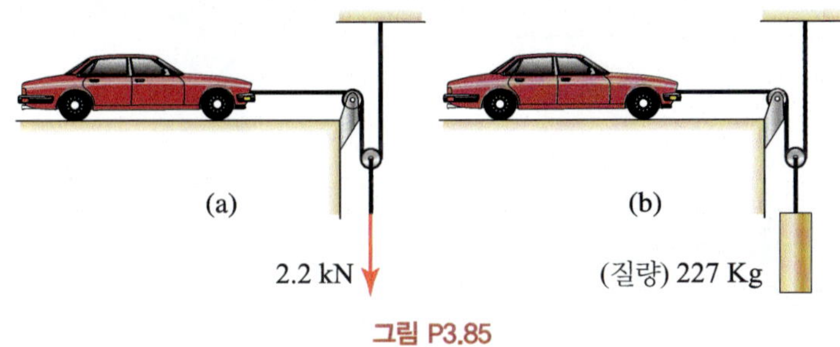

그림 P3.85

문제 3.86

질량이 없는 선형 특성의 스프링으로 서로 연결되어 있는 질점 A와 B는 공중에 던져진다. 그리고 스프링의 힘과 질점 자체의 무게로 발생하는 움직임에 따라 운동하고 있다. 질점의 운동에 어떤 다른 힘도 작용하지 않는다고 가정할 때, 질점 A와 B의 질량중심에서의 가속도는 어떻게 되겠는가?

주의 개념 문제는 계산이 아닌 설명이 필요하다.

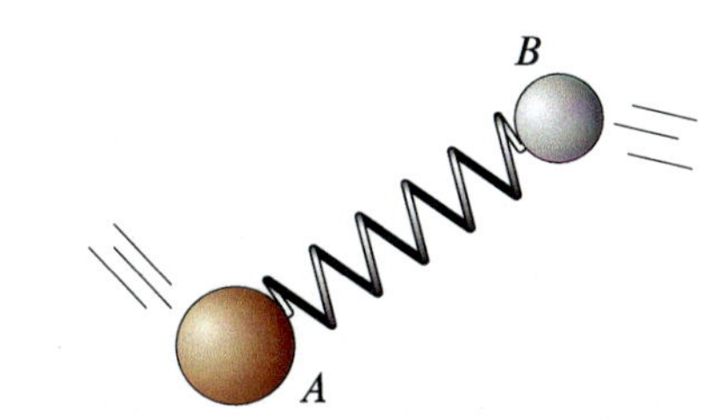

그림 P3.86

문제 3.87

그림과 같이 한 사람이 80 kg의 부하 A를 줄을 일정한 힘 F로 아래로 당겨서 들어올린다. 여러 마찰과 도르래와 줄의 관성을 무시할 때 A의 가속도가 올려지는 방향으로 0.5 m/s^{2}이 되는 F를 결정하라.

문제 3.88

부하 A의 질량은 84 kg이다. 여러 마찰과 도르래와 줄의 관성을 무시할 때 사람이 그림과 같이 아래로 줄을 일정한 힘 $F = 824$ N으로 당길 때 A의 가속도를 결정하라.

문제 3.89

그림과 같이 한 사람이 80 kg의 부하 A의 줄을 일정한 힘 F로 아래로 당겨서 들어올린다. 마찰과 도르래의 회전 관성, 줄의 관성은 무시하지만 도르래 D가 $m_D = 8$ kg의 질량을 가진다고 사실을 고려할 때 A의 가속도가 올려지는 방향으로 2.5 m/s^{2}가 되는 F를 결정하라.

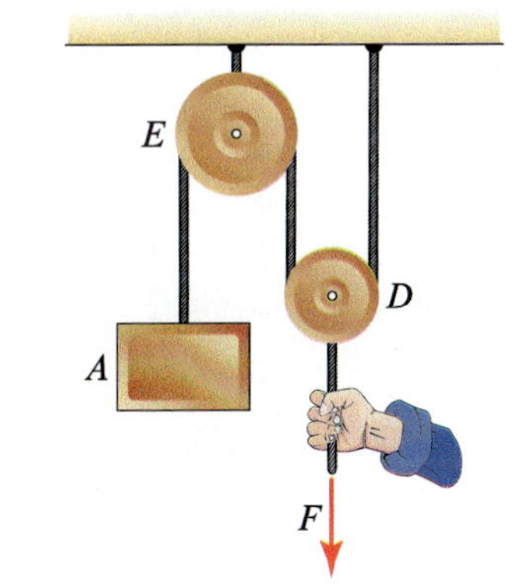

그림 P3.87-P3.89

문제 3.90

각각의 질량이 m_A, m_B인 두 질점 A와 B가 서로 r_0인 거리에 위치하고 있다. 질량에 작용하는 유일한 힘은 A와 B의 상호 중력에 의한 인력이라고 가정할 때 질점 A에서 관찰한 질점 B의 가속도를 결정하라.

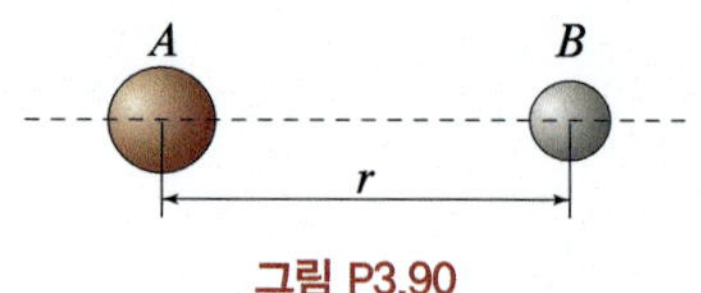

그림 P3.90

문제 3.91

예제 3.10을 다시 보자. 부하의 무게와 동일한 크기의 힘(즉, $F = m_P g$)에 의해 P에 작용하는 부하가 교체되었을 때 A의 가속도에 관한 식을 구하라.

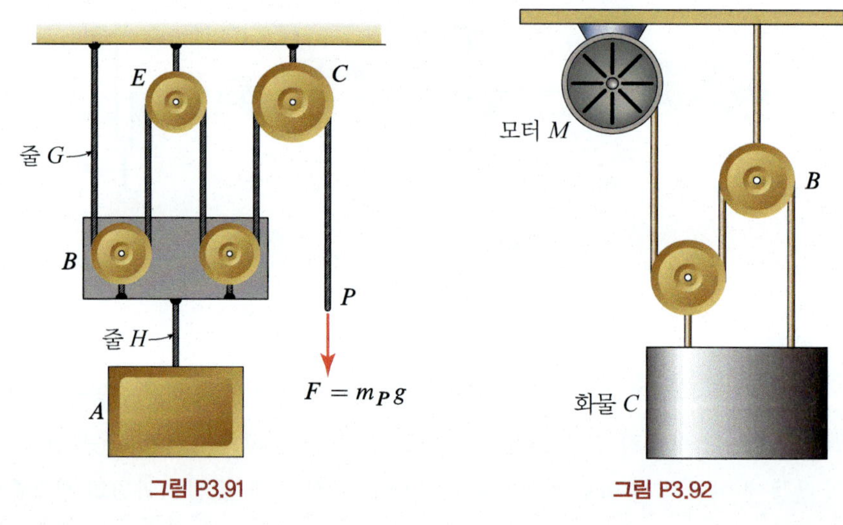

그림 P3.91 그림 P3.92

문제 3.92

모터 M이 멈춘 상태에서 어떤 사람이 스위치를 누르면 모터는 줄을 당기기 시작한다. 줄의 가속도는 일정하고 1.2 m/s의 감는 속도에 도달하기까지 1초가 걸린다. 1초 후엔 감는 속도가 일정해진다. 초기 1초가 지난 후의 케이블의 장력을 구하라. 화물 C의 질량은 60 kg이고 도르래 A와 B는 각각 5.45 kg의 질량을 가지며 줄의 질량은 무시할 수 있다. 또한 도르래에서 발생하는 마찰과 회전 관성은 무시하라.

문제 3.93

그림 P3.93(a)와 같이 창문을 닦기 위한 플랫폼은 두 도르래 시스템 AB와 CD에 의해 작동된다. 작업자 E와 F는 각각 케이블 H와 I를 당겨서 플랫폼 P를 올리거나 내릴 수 있다. 두 작업자의 몸무게는 각각 84 kg이고 플랫폼 P는 90 kg이다. 도르래 시스템의 개략도는 그림 P3.93(b)와 같다. 만일 작업자들이 정지 상태에서 1.5초 동안 케이블을 0.76 m/

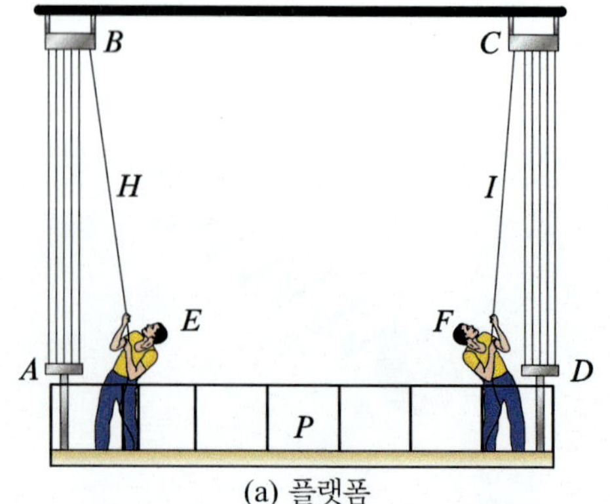

(a) 플랫폼

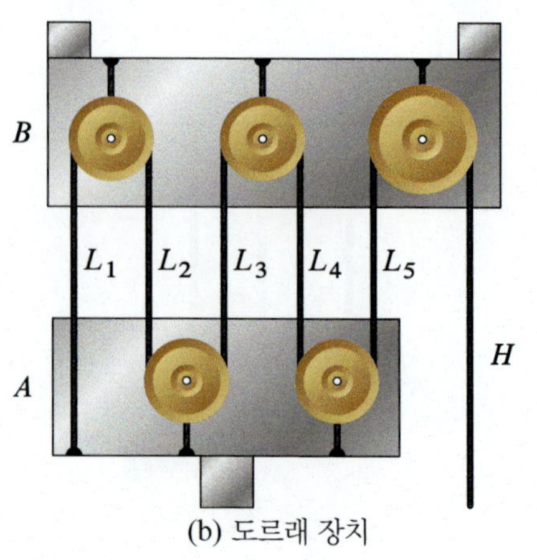

(b) 도르래 장치

그림 P3.93

s의 속도로 일정하게 당긴다고 할 때, 각각의 작업자가 1.5초 동안 케이블 H와 I에 가해야 하는 힘을 구하라. 도르래의 질량과 마찰, 줄의 질량은 무시할 수 있다.

문제 3.94

예제 3.11을 다시보자. 두 책 사이의 정지마찰계수가 $\mu_{s2} = 0.55$라고 가정하고 다른 모든 파라미터는 예제에 주어진 대로 사용할 때 두 책의 가속도를 각각 결정하라.

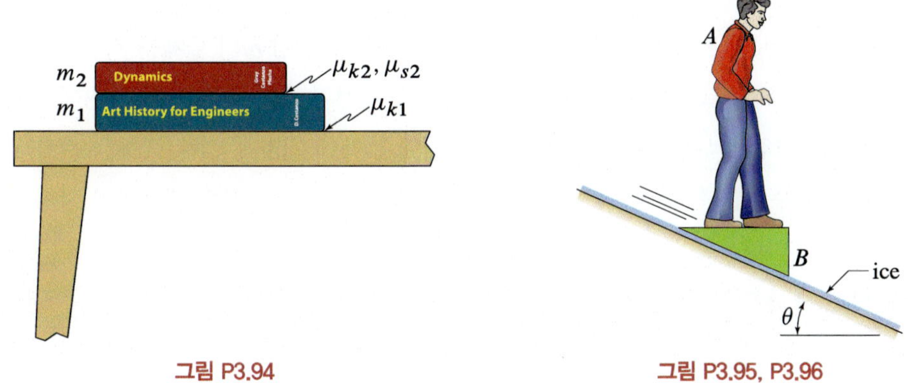

그림 P3.94

그림 P3.95, P3.96

문제 3.95

어떤 사람 A가 얼음이 덮인 경사면에서 썰매를 타고 내려오면서 균형을 유지하고 있다. A와 B 질량을 각각 $m_A = 78$ kg, $m_B = 25$ kg라 하고, A가 B에 대하여 미끄러지지 않기 위해 A와 B 사이에 충분한 마찰이 있다고 가정하자. A와 B 사이의 수직항력의 값과 $\theta = 20°$일 때 가속도의 크기를 결정하라. 썰매와 경사면 사이의 마찰은 무시할 수 있다.

문제 3.96

어떤 사람 A가 얼음이 덮인 경사면에서 썰매를 타고 내려오면서 균형을 유지하고 있다. A와 B의 질량은 각각 $m_A = 82$ kg, $m_B = 23$ kg이다. $\theta = 23°$일 때 A가 B에 대하여 미끄러지지 않기 위해 요구되는 A와 B 사이의 정지 마찰계수의 최소값을 결정하라. 썰매와 경사면 사이의 마찰은 무시할 수 있다.

문제 3.97

1.8 kN의 어떤 힘 F_0가 블록 A에 작용하고 있다. A와 B의 질량이 각각 25 kg, 34 kg라 하고 블록 A와 블록 B 사이 정지마찰계수와 운동마찰계수는 $\mu_1 = 0.25$이고 블록 B와 지면 사이 정지마찰계수와 운동마찰계수는 $\mu_2 = 0.45$일 때 두 블록의 가속도를 결정하라.

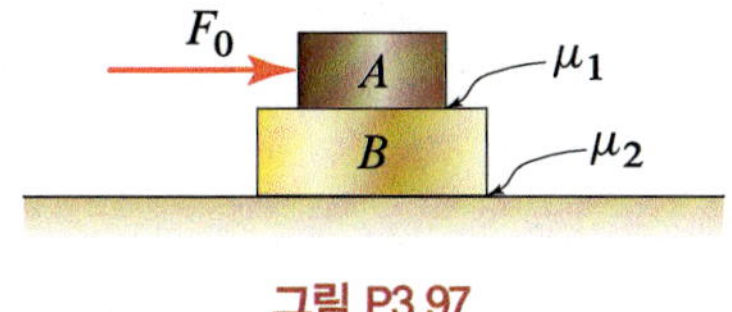

그림 P3.97

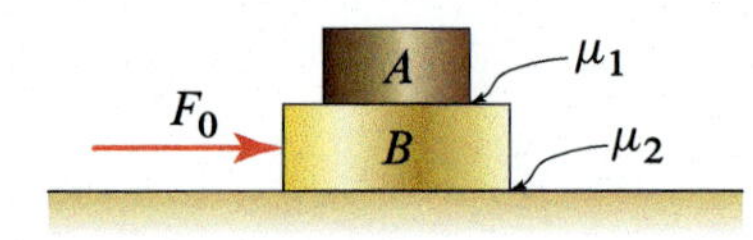

그림 P3.98

문제 3.98

1.8 kN의 어떤 힘 F_0가 블록 A에 작용하고 있다. A와 B의 질량이 각각 25 kg, 34 kg 라 하고 블록 A와 블록 B 사이의 정지마찰계수와 운동마찰계수는 $\mu_1 = 0.25$이고, 블록 B와 지면 사이의 정지마찰계수와 운동마찰계수는 $\mu_2 = 0.45$일 때 두 블록의 가속도를 결정하라.

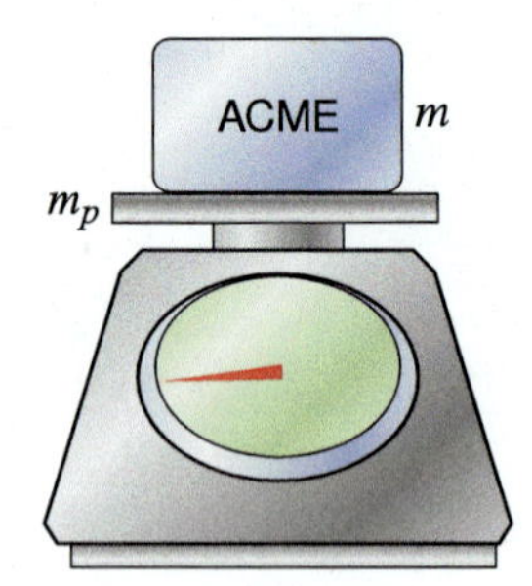

그림 P3.99, P3.100

문제 3.99, 3.100

스프링 저울은 m_p의 질량을 가진 받침대와 무게가 측정될 질량 m의 물체를 지지하고 있는 스프링의 변위를 측정하여 그 무게를 측정한다. 대부분의 저울은 받침대 위에 질량 m이 없을 때 영점이 된다. 이는 질량 m_p의 받침대 무게를 저울에 의해 측정된 값을 읽을 때 무시할 수 있도록 보정한다는 뜻이다. 스프링은 일정한 스프링 상수 k인 선형 스프링으로 가정하자.

문제 3.99 만약 질량 m이 조심스럽게 스프링 저울 위에 놓여졌을 때(이것은 저울 위의 0의 높이에서 떨어뜨려진 것으로 생각할 수 있다), 저울 위에 질량이 놓여진 후 저울 **표시의 최대값**을 결정하라.

문제 3.100 만약 질량 m이 조심스럽게 스프링 저울 위에 놓여졌을 때(이것은 저울 위의 0의 높이에서 떨어뜨려진 것으로 생각할 수 있다), 질량 m에 의해 스프링 압축으로 얻어진 **최대 속도**에 관한 식을 유도하라.

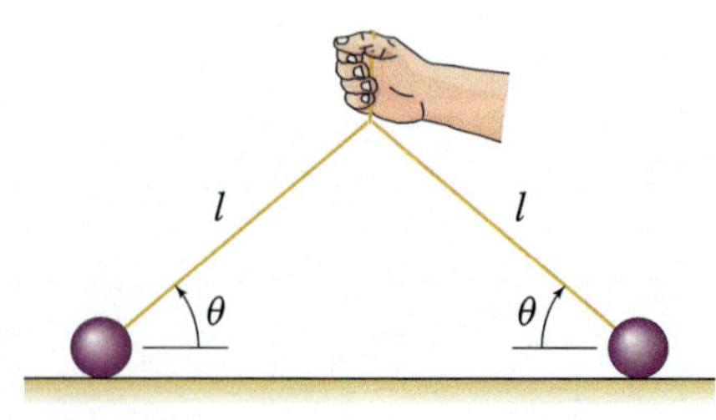

그림 P3.101

문제 3.101

각각의 질량이 m인 두 개의 다른 공이 질량을 무시할 수 있는 길이 2의 줄로 서로 연결되어 있다. 다른 짧은 줄 하나가 공을 연결한 줄 가운데에 연결되어 있고 이 짧은 줄이 일정한 힘 P로 수직방향으로 당겨지고 있다. 공은 수평방향으로만 움직인다고 가정하고, 시스템이 $\theta = \theta_0$인 정지 상태에서 움직이기 시작한다면 θ가 90°에 도달했을 때 두 공의 속력에 관한 식을 결정하라. 공의 크기와 공과 지면 사이의 마찰과 미끄럼을 무시한다.

문제 3.102

한 간단한 승강기가 15,000 kg의 차량(car) A와 12,000 kg의 균형추 B로 구성되어 있다. 완충장치 50 m 위의 정지 상태에서 사고가 발생하여 승강기가 추락하는 경우를 생각해보자. 차량과 균형추는 질점이며, 이를 연결하는 줄은 무게가 없고 늘어나지 않는다고 하자. 또 이 시스템은 응급상황 시 쿨롱 마찰을 이용한 제동장치가 작동되며 동마찰계수는 $\mu_k = 0.5$이고, 수직력은 차량의 질량의 35%와 같다. 차량이 완충장치에 충돌할 때의 속도를 결정하라.

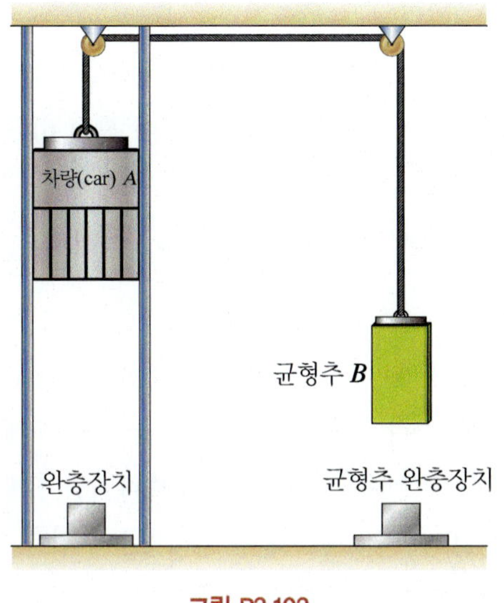

그림 P3.102

문제 3.103

이중 진자가 그림과 같이 질량이 $m_1 = 7.5$ kg과 $m_2 = 12$ kg인 질점이 질량을 무시할 수 있는 길이 $L_1 = 14$ m와 $L_2 = 2$ m의 늘어나지 않는 줄로 연결되어 구성된다. 이 시스템을 $\theta = 10°$와 $\phi = 20°$의 위치 정지 상태에서 낙하시킬 때 낙하 직후의 두 줄의 장력을 구하라.

그림 P3.103

그림 P3.104, P3.105

문제 3.104, 3.105

각각의 질량이 m인 두 개의 작은 구 A와 B가 길이 d인 막대 끝에 붙어있다. 이 시스템은 그림의 위치에서 정지 상태로 낙하된다. 구는 질점으로 볼 수 있고(이것들의 직경을 무시) 마찰은 무시한다. 막대의 질량을 무시할 수 있고 휘어지지 않는다고 하자. 또한 $d < R$이라고 하자.

힌트: 막대로부터 각각의 구에 작용하는 힘은 막대와 같은 방향이다.

문제 3.104 각도 θ가 종속 변수일 때, 이 질점 시스템이 놓여지는 순간부터 질점 B가 점 D에 닿을 때까지의 운동방정식을 유도하라.

문제 3.105 질점 B가 점 D에 닿기 직전의 속도 표현을 결정하라.

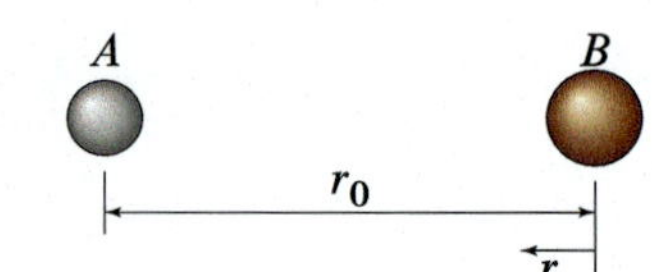

그림 P3.106

문제 3.106

질량이 각각 m_A, m_B인 질점 A, B가 서로에게 r_0만큼 떨어져 있고 초기에 정지 상태이다. 그리고 $m_A = 1$ kg, $m_B = 2$ kg, $r_0 = 1$ m일 때 식 (1.6)을 사용하여 두 질량이 접촉하는 데까지 걸리는 시간을 결정하라. 두 질량은 우주 밖에 있고, 이들을 제외한 다른 질량으로부터 무한히 멀리 떨어져 있다.

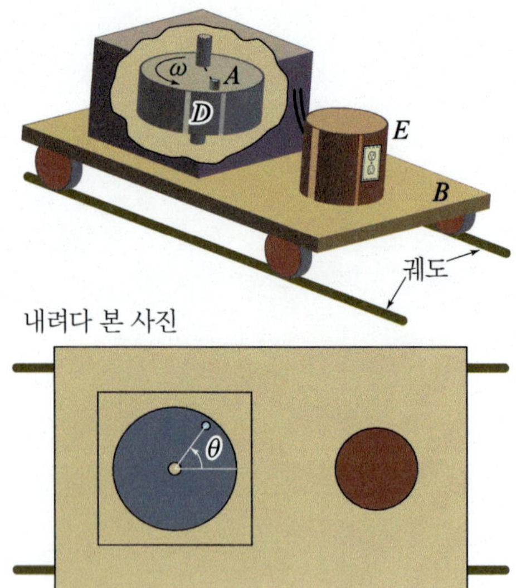

그림 P3.107

문제 3.107

회전하는 플라이휠을 이용한 에너지 저장 장치가 사용 가능하게 되었다.[14] 가능한 한 많은 에너지를 저장하기 위해 플라이휠의 회전량을 가능한 한 크게 하는 것이 중요하다. 안타깝게도 회전이 너무 빠르면 내부응력으로 인해 플라이휠이 파괴되는 원인이 된다. 그래서 플라이휠의 속도를 1000 m/s 아래로 유지 시켜주기 위한 장치가 필요하다. 덧붙여 플라이휠이 축에서 볼 때 가능한 한 균형이 잡혀 있어야 진동이나 다른 문제가 발생하는 것을 피할 수 있다. 이러한 점을 염두에 두고 플라이휠의 지름이 0.3 m, 회전속도 $\omega =$ 60,000 rpm이라 하자. 또 수레 B는 궤도에서 직선으로 움직이도록 구속되어 있다. 플라이휠이 불균형하고 그 불균형 질량 A의 질량이 m_A이며 플라이휠 D와 수레 B, 전자장치 F의 질량의 합이 m_B이다. 이 때 수레의 바퀴와 궤도 사이의 구속력을 θ와 질량, 반경, 플라이휠의 각속도의 함수로 결정하라. 수레의 바퀴와 궤도 사이의 최대 구속력은 얼마인가? 마지막으로 $m_A = 1$ g (종이 클립정도의 질량), $m_B = 70$ kg (플라이휠의 무게는 약 40 kg 정도)일 때 답을 확인하라. 불균형 질량이 플라이휠에 위치한다고 가정한다.

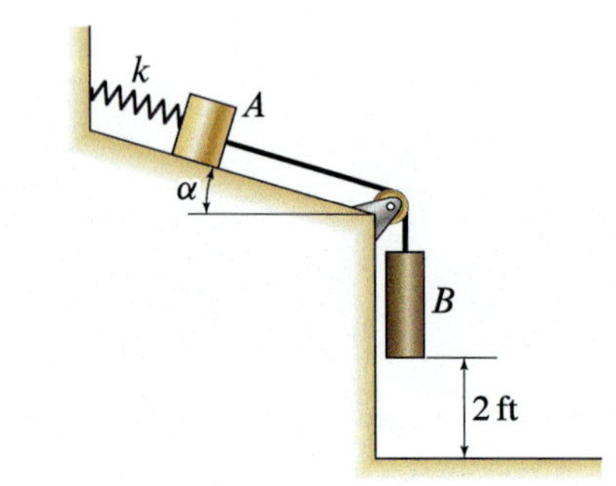

그림 P3.108-P3.111

문제 3.108-3.111

각각 질량이 56 kg, 106 kg인 두 블록 A, B가 그림에 보여지는 것과 같은 정지상태에서 놓여 졌다. 놓여진 순간의 스프링은 늘어나지 않은 상태이다. 또한 스프링이 당겨지는 순간 스프링은 늘어나지 않은 상태이다. 모델 A와 B는 질점이며 공기의 저항은 무시한다. 그리고 줄은 늘어나지 않는다.

힌트: B가 지면에 부딪칠 때 최대 변위는 B의 초기 위치와 지면의 거리와 같다.

문제 3.108 $\alpha = 0°$일 때, 블록 B의 최대 변위와 최대 속도를 결정하라. A와의 접촉면은 마찰이 없고 스프링 상수는 $k = 440$ N/m이다.

문제 3.109 $\alpha = 20°$일 때, 블록 B의 최대 변위와 최대 속도를 결정하라. A와의 접촉면은 마찰이 없고 스프링 상수는 $k = 440$ N/m이다.

문제 3.110 $\alpha = 20°$일 때, 블록 B의 최대 변위와 최대 속도를 결정하라. A와의 접촉면은 마찰이 없고 스프링 상수는 $k = 4.4$ kN/m이다.

문제 3.111 $\alpha = 35°$일 때, 블록 B의 최대 변위와 최대 속도를 결정하라. 정마찰계수 및 동마찰계수는 각각 $\mu_s = 0.25$, $\mu_k = 0.2$이고 스프링 상수는 $k =$ 360 N/m 이다.

---

14) 자세한 것은 8장에서 볼 수 있을 것이다. 하지만 지금은 이것을 원 안에서 움직이는 질점 다발로 생각할 수 있다. 각각은 $\frac{1}{2}mv^2$의 운동에너지를 저장한다.

문제 3.112

어떤 62 kg의 여자 A가 60 kg의 카트 B의 꼭대기에 앉아 있다. 둘 다 초기에는 정지상태이다. 길이가 $L = 3.5$ m인 마찰이 없는 경사를 여자가 미끄러져 내려 온다면 여자가 경사의 아래 부분에 도달했을 때, 여자와 카트의 속도를 결정하라. 카트 바퀴의 질량과 베어링의 마찰은 무시한다. 경사각은 $\theta = 26°$이다.

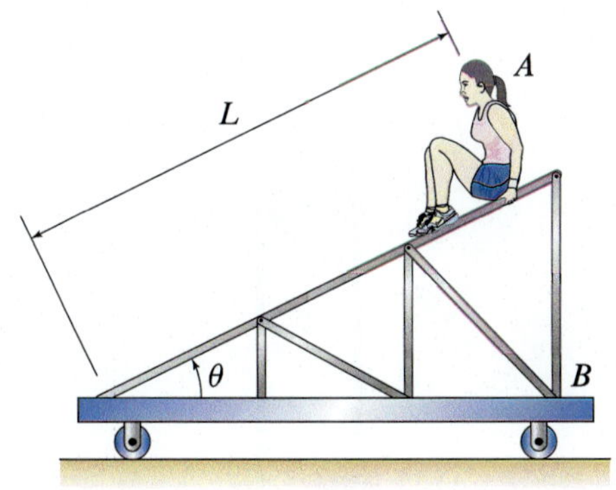

그림 P3.112

문제 3.113, 3.114

그림과 같이 어떤 사람 A가 자유롭게 움직이는 질량이 m_B인 카트 B에 길이 L인 줄로 연결된 의자에 앉아있다. 의자와 사람의 질량의 합은 m_A이다. 카트는 빔에 의해 수평 방향으로만 움직일 수 있게 구속 되어있다. 이 시스템은 $\theta = \theta_0$인 정지 상태에서 시작되고 수직면에서만 흔들린다. 줄의 질량을 무시하고 사람과 의자는 질점으로 생각하라.

문제 3.113 카트의 위치와 각 θ를 변수로 가지는 이 시스템의 운동 방정식을 유도하라.

문제 3.114 카트의 위치와 각 θ를 변수로 가지는 이 시스템의 운동 방정식을 유도하라. 그리고 컴퓨터를 사용하여 한 주기/사이클 동안의 운동의 방정식을 계산하라. $m_A = 45$ kg, $m_B = 10$ kg, $L = 3$ m, $\theta_0 = 70°$일 때 카트의 속도와 각 θ에 대한 사람의 속도를 그래프로 그려라.

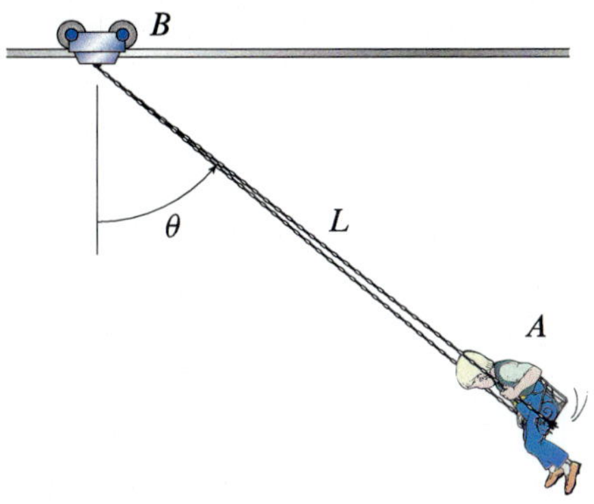

그림 P3.113, P3.114

설계 문제

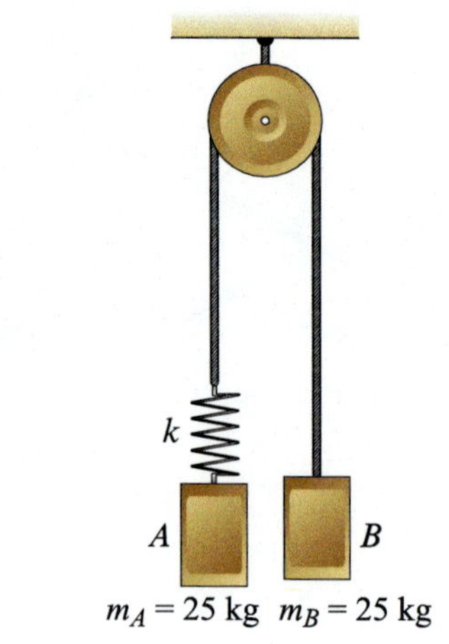

그림 DP3.3

설계문제 3.3 도르래 문제에서 우리는 줄이 늘어나지 않으며 질량이 없다고 가정했다. 하지만 이는 승강기의 설계 같은 몇몇의 공학적 문제에서는 설득력이 없는 가정이다. 우리는 설계 과정에서 고려해야 할 모델이 주는 여러 정보 중, 이전과는 다른 한 가지 추가사항을 고려한다. 이 문제에서 우리는 줄 변형의 효과를 고려할 것이다. 하지만 우리는 줄의 탄성이 한 쪽 끝에서 '집중되어 있는' 특성을 보인다고 모델링하여 문제를 단순화 할 것이다.

시스템은 정지상태에서 움직이고 A의 속도는 아랫방향으로 일정하며 1.2초 동안에 3 m/s가 되도록 제어된다. 이 시간이 지난 후 k 값의 변화, B의 위치에 대한 시간의 함수, 줄의 장력에 대한 시간의 함수를 결정하고 그래프로 그려라. 줄이 늘어나지 않는다고 모델링하는 것은 줄의 강성 k가 무한대라고 생각하는 특별한 경우임을 명심하라. 늘어나기 시작할 때는 매우 큰 값(마치 무한대 처럼), 점진적으로 작아지는 k 값의 변화를 고려하여 어떤 점이 두 모델의 해 차이를 만드는지 그 이유를 생각하라.

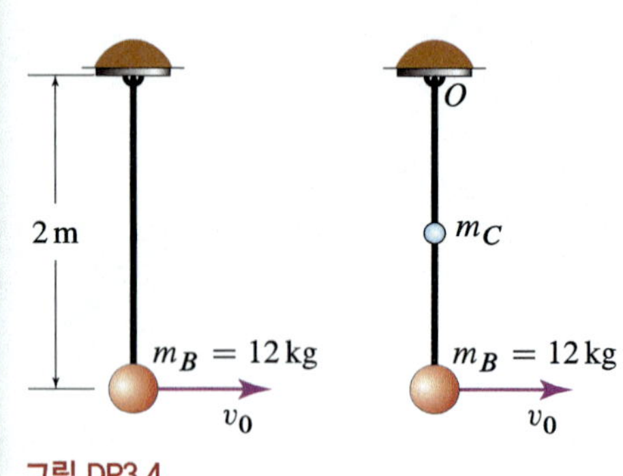

그림 DP3.4

설계문제 3.4 이 문제에서 우리는 도르래 시스템에서 케이블 혹은 줄의 질량을 무시한다고 했던 가정에 대해 살펴볼 것이다.

왼쪽 그림의 간단한 단진자 시스템을 고려하자. 그림에 보이는 운동 상태이고 같은 지점에서 속도가 $v_0 = 3$ m/s이다. 단진자를 질점으로 보았을 때, 흔들림에 대한 운동 방정식과 시작 위치로부터 그것의 최대 변위를 결정하라. 다음으로 줄의 질량이 m_C인 동일한 길이의 줄로 연결된 두 개의 진자 시스템을 고려하자. 진자의 운동에서 질량이 가지는 줄의 영향으로 발생하는 이득을 평가하기 위하여 줄의 주된 질량은 줄의 중간 지점에 집중질량으로 위치한다고 하자(O에서 m_C까지의 줄의 무게와 m_C부터 m_B까지의 줄의 무게는 무시한다). 다음 두 개의 진자는 이전의 경우와 동일한 운동을 한다. 다시 m_B의 질량으로 흔들리는 단진자의 운동을 결정하라. 또 시작 위치로부터 그것의 최대 변위가 10% 정도 차이를 발생시킬 수 있는 m_C 값을 결정하라.

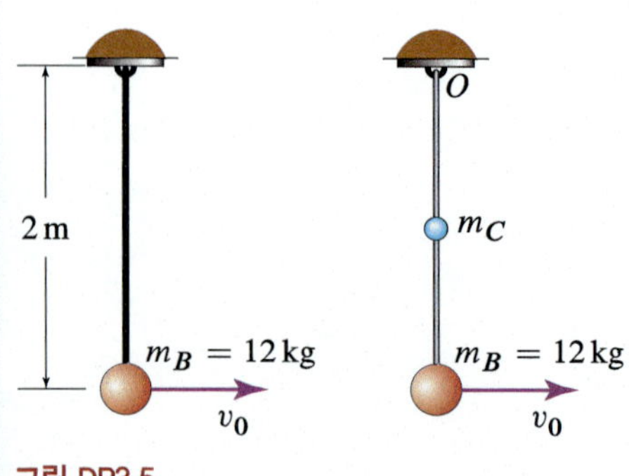

그림 DP3.5

설계문제 3.5 이 문제에서 우리는 도르래 시스템에서 케이블 혹은 줄의 질량을 무시한다고 했었던 가정에 대해 살펴볼 것이다.

왼쪽 그림의 간단한 단진자 시스템 고려하자. 그림에 보이는 운동 상태이고 같은 지점에서 속도가 $v_0 = 3$ m/s이다. 단진자를 질점으로 보았을 때, 흔들림에 대한 운동 방정식과 시작 위치로부터 그것의 최대 변위를 결정하라. 다음으로 줄의 질량이 m_C인 동일한 길이의 줄로 연결된 어떤 진자 시스템을 고려하자. 진자의 운동에서 질량이 가지는 줄의 영향으로 발생하는 이득을 평가하기 위하여 줄의 주된 질량은 줄의 중간 지점에 집중질량으로 위치한다고 하자(O에서 m_C까지의 강체 막대의 무게와 m_C부터 m_B까지의 강체 막대의 무게는 무시한다). 다음 강체 진자는 이전의 경우와 같이 동일한 운동을 한다. 다시 m_B의 질량으로 흔들리는 단진자의 운동을 결정하라. 또 시작 위치로부터 그것의 최대 변위가 10% 정도 차이를 발생시킬 수 있는 m_C 값을 결정하라.

힌트: 강체 막대는 단지 막대에 평행한 힘만 전달한다고 가정하라.

3.4 장 복습

이 장에서는 하나의 질점과 질점계의 운동과 관련된 동역학 문제를 해결하는 일반적인 방법을 학습하였다. 이제 이 장에서 다룬 내용을 짧게 요약하며 정리한다.

뉴턴의 제2법칙의 적용

뉴턴의 제2법칙 적용 이 장에서 우리는 뉴턴의 제2법칙을 기계시스템에 적용하는 문제해결 과정의 4가지 단계를 개발하였다. 이 과정의 중심 요소는 대부분 아래의 내용에서부터 시작하는 지배방정식의 유도이다.

1. 평형 원리
2. 힘의 법칙
3. 운동학 방정식

이 장에서 평형 원리는 뉴턴의 제2법칙이고 이는 아래와 같이 쓸 수 있다.

식 (3.15) p. 189

$$\vec{F} = m\vec{a}$$

뉴턴의 제2법칙을 성분 형태로 적용하면 아래와 같다.

식 (3.22) p. 193

$$\sum F_a = ma_a, \quad \sum F_b = ma_b, \quad \sum F_c = ma_c$$

여기서 a, b, c는 선택된 선택된 성분계의 직교 방향이고 평면 문제에서는 두 개의 방향만 필요하다. 뉴턴의 제2법칙을 적용하기 위해 제공하고 여백에 정리된 4단계 비법은 문제 해결을 위해 해야 할 일의 순서에 대한 안내이고 제공하는 각 예제에서 일관되게 적용될 것이다.

계의 방정식의 해결성 대수나 미분 방정식의 미지수만큼의 방정식을 필요로 한다. 미분 방정식의 경우 함수와 그 미분, 즉 $x(t)$와 $\dot{x}(t)$는 독립적이지 않기 때문에 $x(t)$와 $\dot{x}(t)$는 두 개의 다른 미지수가 아님을 명심하는 것은 중요하다.

관성 기준좌표계 관성 기준좌표계는 뉴턴의 운동 법칙이 실제 실험과 잘 부합되는 예측을 제공하는 좌표계이다. 대부분의 공학 문제에서 지구 표면에 부착된 좌표계는 관성좌표계로 생각할 수 있다. 주어진 관성 기준 좌표계에 대해 가속되지 않는 좌표계도 역시 관성좌표계이다.

지배방정식과 운동학 방정식 계의 지배방정식은 (1) 평형 원리 (2) 힘의 법칙 (3) 운동학 방정식으로 구성된다. 운동학 방정식은 운동을 결정하게 해주는 지배방정식으로부터 유도된 미분 방정식이다.

유용한 정보

다음의 네 단계를 이용하여 동역학문제의 풀이를 구조화하였다.

1. 로드맵과 모델링: 정보와 미지수 확인, 계의 확인, 가정 기술, 자유물체도 작도와 문제 해결 전략을 확인한다.
2. 지배방정식: 평형 원리, 힘의 법칙, 운동학 방정식
3. 계산: 조합된 계의 방정식을 푼다.
4. 논의 및 검증: 해답을 고찰하고 올바른지 확인한다.

자유도 계의 자유도는 계의 위치를 완전히 기술하기 위해 필요한 독립된 좌표이다. 자유도의 수는 계를 움직이지 않도록 고정하는데 필요한 계의 서로 다른 좌표의 수와 같다. 운동 방정식의 수는 계의 자유도의 수와 같다.

마찰 쿨롱 마찰 모델로 마찰을 고려할 것이고 이 모델에 따르면 미끄럼이 없는 경우 마찰력 F의 크기는 아래 부등식을 만족한다.

식 (3.8) p. 186

$$|F| \le \mu_s |N|$$

여기서 μ_s는 **정지마찰계수**이고 N은 표면에 수직한 힘이다. 아래 관계는 미끄럼이 임박한 경우이다.

식 (3.9) p. 186

$$F = \mu_s N$$

A와 B가 서로 미끄러진다면 A에 의한 B의 마찰력의 크기는 아래 식으로 주어진다.

식 (3.10) p. 186

$$F = \mu_k N$$

여기서 μ_k는 **운동마찰계수**이고 마찰력의 방향은 마찰이 A와 B의 상대 운동에 저항한다는 사실과 부합되어야 한다.

스프링 스프링은 스프링 내력이 스프링의 신장 또는 압축량에 비례하면 **선형 탄성**이라고 한다. 선형 탄성 스프링을 δ 만큼 늘리거나 압축하는 데 필요한 힘 F_s는 아래 식으로 주어진다.

식 (3.13) p.187

$$F_s = k\delta = k(L - L_0)$$

여기서 k는 스프링 상수이고 L과 L_0는 각각 현재와 변형 전의 스프링 길이이다. $\delta > 0$이면 스프링은 신장되었다고 하고 $\delta < 0$이면 압축되었다고 한다.

질점계

실제로 뉴턴의 제2법칙을 질점계에 적용하는 것은 본질상으로 하나의 질점에 적용하는 것과 동일하다. 즉 각 계의 n 질점들의 각각에 대해 $(\vec{F}_i)_{\text{tot}} = m_i\vec{a}_i$, $i = 1, \dots, n$이고 여기서 $(\vec{F}_i)_{\text{tot}}$는 질점 i에 작용하는 전체 힘이고 이는 그 질점에 작용하는 외력과 내력으로 구성된다. 뉴턴의 제2법칙과 함께 뉴턴의 제3법칙을 적용하는 것은 내력의 효과를 바르게 고려하기 위해 반드시 필요하다.

질량 중심의 운동 질점계의 질량 중심의 운동은 아래의 관계에 의해 지배된다.

식 (3.73) p. 237

$$\vec{F} = \sum_{i=1}^{n} m_i \vec{a}_i = m\vec{a}_G$$

여기서 $\vec{F}$는 시스템에 작용하는 총 외력이고, m은 계의 전체 질량이고 $\vec{a}_G$는 계의 질량 중심의 가속도이다. 위의 방정식은 몇몇 중요한 결론을 가진다.

- 만약 $\vec{F} = \vec{0}$이면 질량 중심은 일정한 속도로 움직인다. 그리고 질량 중심이 초기에 멈춰있다면 질량 중심은 계속 멈춰있을 것이다.
- $\vec{F} = \vec{0}$이면 $m\vec{a}_G$는 반드시 0이어야 하고 그의 시간에 대한 적분은 반드시 상수라고 결론을 내릴 수 있다.

복습 문제

그림 P3.115, P3.116

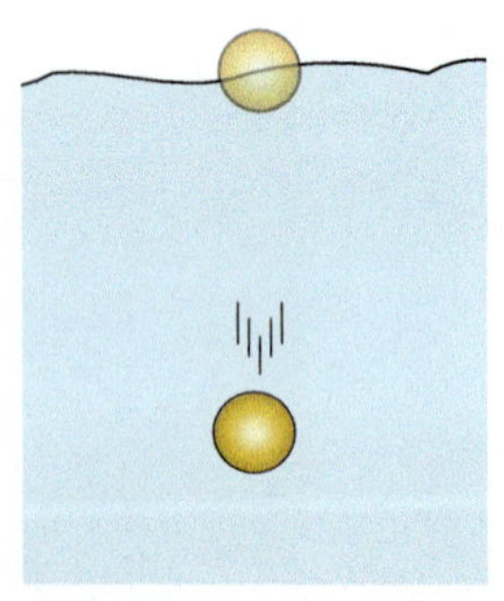

그림 P3.117, P3.118

문제 3.115

질량이 300 kg인 부하 G가 높이를 조절할 수 있는 줄에 연결되어 있고 줄의 한 부분인 A에 일정한 힘 P가 작용한다. 모든 도르래의 관성과 마찰을 무시한다고 가정할 때 G가 윗 방향으로 가속도 1 m/s^2로 움직이기 위한 힘 P를 결정하라.

문제 3.116

질량이 450 kg인 부하 G가 높이를 조절할 수 있는 줄에 연결되어 있고 일정한 힘 $P = 1300$ N이 A에 작용한다. 각 도르래가 3.2 kg의 질량을 가지고 있고 도르래의 회전관성과 마찰을 무시할 때 G의 가속도와 도르래 B와 C를 연결하는 줄의 장력을 결정하라.

문제 3.117

질량이 90 g인 어떤 금속 구가 유체 속의 정지상태에서 낙하한다. 유체의 저항의 크기는 $C_d v$이고 여기서 항력 계수는 $C_d = 7.3$ N · s/m이고 v는 공의 속도일 때 공의 속도가 0.09 m/s가 되었을 때의 공의 낙하 깊이를 결정하라.

문제 3.118

질량이 90 g인 어떤 금속 구가 유체 속의 정지상태에서 낙하한다. 0.3 m를 낙하한 후에 관측한 공의 속도는 0.7 m/s이다. 저항의 크기가 $C_d v$로 주어지고 C_d는 항력계수, v는 공의 속도일 때 항력계수 C_d의 값을 결정하라.

문제 3.119

두 질점 A와 B는 각각 질량이 m_A, m_B이고 서로 r_0만큼 떨어져 있다. 질점 B는 공간에 고정되어 있고 A는 초기에 정지 상태이다. 식 (1.6)을 사용하고 질량의 직경을 무시한다고 가정할 때 두 질점이 움직여서 접촉하는데 걸리는 시간을 결정하라. $m_A = 1$ kg, $m_B = 2$ kg, $r_0 = 1$ m이고 두 질량은 서로에게 충분히 멀리 떨어져있다.

그림 P3.119

그림 P3.120

문제 3.120

질량이 각각 $m_A = 1.36$ kg, $m_B = 3.2$ kg인 구 A와 B가 정지상태에서 움직이게 될 때의 중심거리가 $r_0 = 1.5$ m이다. 식 (1.6)을 사용하여 두 구가 충돌할 때의 속도를 결정하라. 구의 직경은 각각 $d_A = 64$ mm, $d_B = 100$ mm이다.

문제 3.121

어떤 롤러코스터가 그림에 보이는 것처럼 트랙의 꼭대기 A의 위를 $v = 135$ km/h의 속도로 지나고 있다. A에서의 곡률반경이 $\rho = 60$ m일 때 의자 위의 85 kg의 사람이 떨어지지 않도록 적용해 주어야 할 최소 힘을 결정하라.

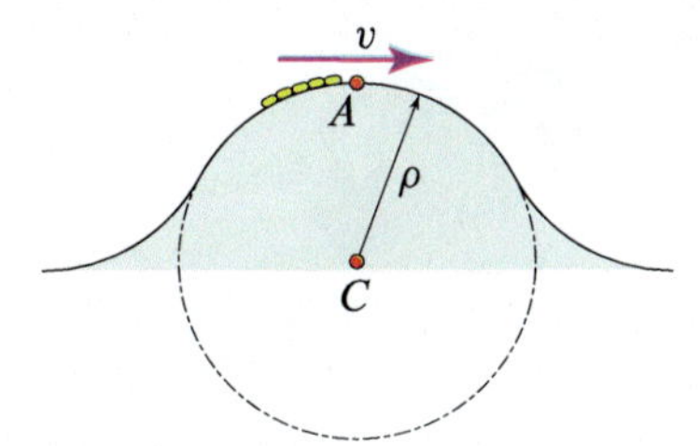

그림 P3.121

문제 3.122

어떤 22,500 kg의 비행기가 일정한 고도에서 $v = 1160$ km/h의 속도로 직선 경로를 따라 비행하고 있다. 그리고 이 비행기는 오른쪽으로 경사 20°만큼 회전하였다. 속도의 초기 변화율을 무시하고 조종사가 비행기의 고도를 조정하지 않아 비행기가 직선으로 날고 있을 때의 높이를 유지하고 있고 공기 역학적 저항력이 수평면에 있는 상태에서 막 회전을 시작할 때 비행기의 가속도 성분을 결정하라. 추가로 회전을 시작할 때의 곡률반경도 결정하라.

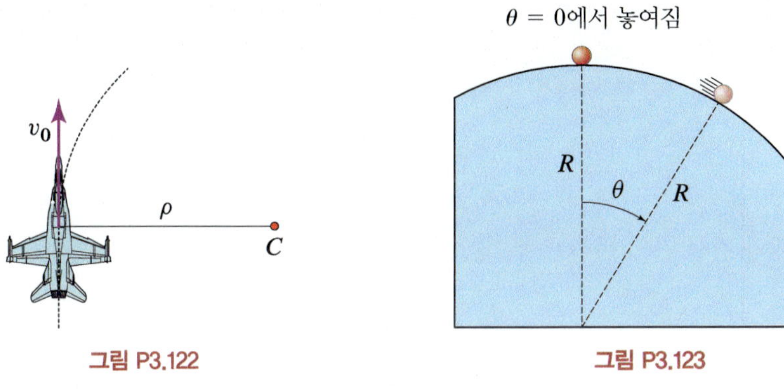

그림 P3.122 그림 P3.123

문제 3.123

예제 3.6을 다시 보자. $R = 0.4$ m이고 구가 실린더로부터 분리되는 각도를 $\theta_s = 34°$라 하자. 구가 실린더의 꼭대기를 지나는 운동을 할 때 구의 초기 속도를 결정하라.

문제 3.124

예제 3.4를 다시보자. 공에 작용하는 항력이 $\vec{F}_d = -\eta\vec{v}$의 형태이다. 여기서 $\vec{v}$는 공의 속도 이고 η은 항력 계수이다. $y = y(x)$로 표현되는 공의 궤적을 결정하라.

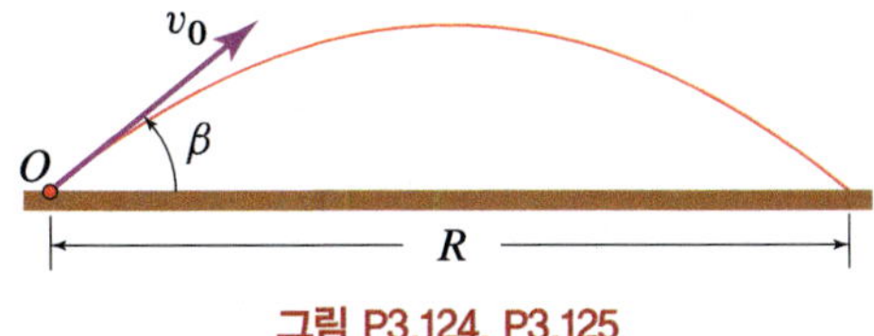

그림 P3.124, P3.125

문제 3.125

예제 3.4를 다시보자. 공에 작용하는 항력이 $\vec{F}_d = -\eta\vec{v}$의 형태이다. 여기서 $\vec{v}$는 공의 속도 이고 η은 항력 계수이다. 공의 무게가 45 g이고 공의 비행거리가 $R = 245$ m이고 운동을 시작하는 초기 속도의 크기가 $v_0 = 300$ km/h이며 초기 방향이 $\beta = 11.2°$일 때 η의 값을 결정하라.

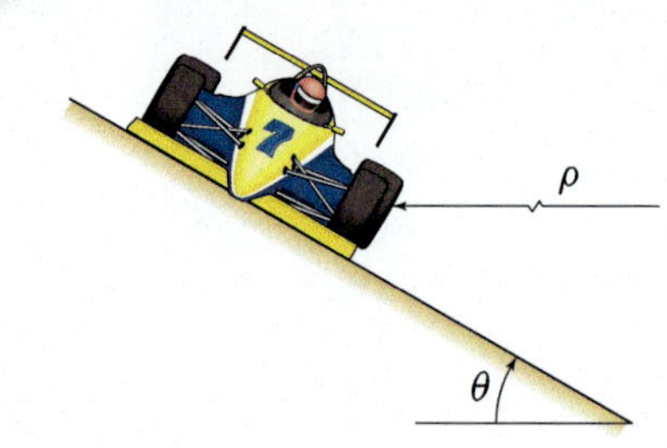

그림 P3.126

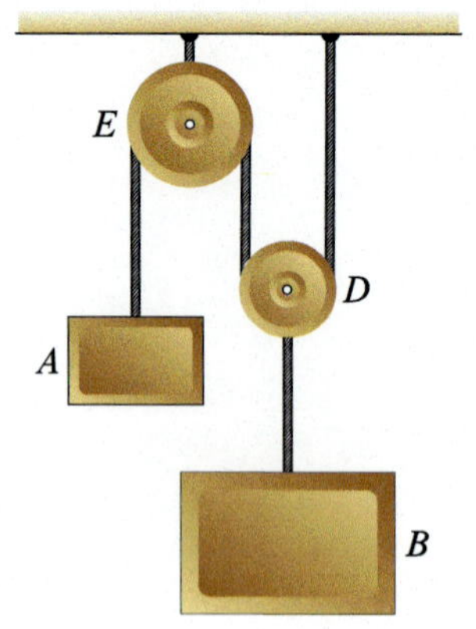

그림 P3.127, P3.128

문제 3.126

예제 3.5를 다시 보자. $\theta = 33°$이고 $\mu_s > 1/\tan\theta$라고 가정할 때 식(15), (16)이 어떤 속도에서도 미끄러지지 않는 경계조건인 $|F| \leq \mu_s|N|$을 만족하기 위한 해를 구하라.

문제 3.127

부하 B는 $m_B = 250$ kg의 질량을 갖는다. 그리고 부하 A는 $m_A = 120$ kg의 질량을 갖는다. 시스템이 정지상태에서 놓여진다고 할 때 A의 가속도와 A가 붙어있는 줄의 장력을 결정하라. 모든 마찰과 도르래와 줄의 관성은 무시할 수 있다.

문제 3.128

부하 B는 $m_B = 135$ kg의 질량을 갖는다. 시스템이 정지상태에서 놓여진 후 B가 윗 방향으로 $0.23\ \text{m/s}^2$의 가속도로 움직인다고 할 때 A의 질량을 결정하라. 모든 마찰과 도르래와 줄의 관성은 무시할 수 있다.

문제 3.129

어떤 사람 A가 얼음으로 뒤덮인 경사에서 썰매를 타고 내려오면서 균형을 유지하고 있다. A와 B의 질량은 각각 $m_A = 78$ kg, $m_B = 25$ kg이다. 추가로 A와 B 사이의 정마찰계수와 동마찰계수가 각각 $\mu_s = 0.4$, $\mu_k = 0.35$이고 $\theta = 23°$일 때 A의 가속도를 결정하라. 썰매와 경사 간의 마찰은 무시할 수 있다.

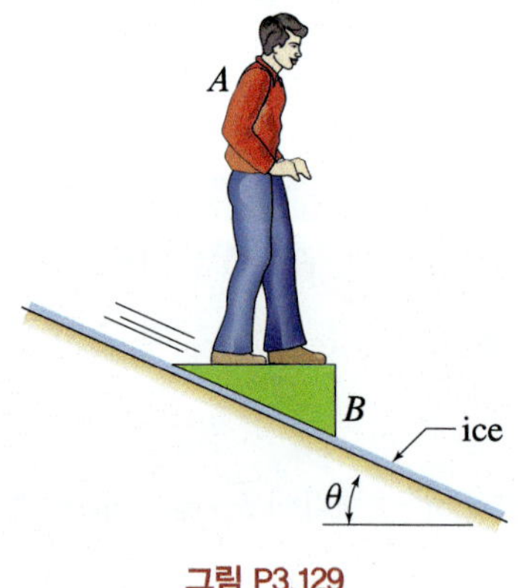

그림 P3.129

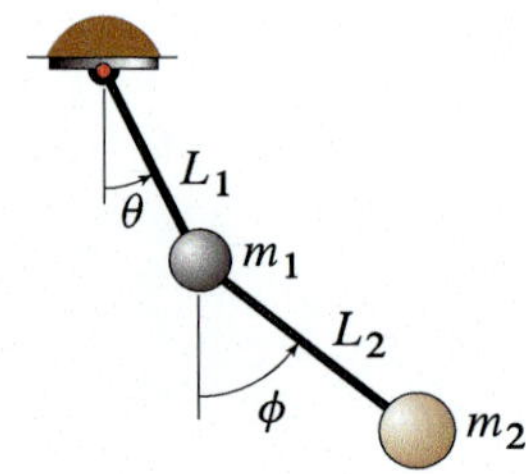

그림 P3.130, P3.131

문제 3.130

그림과 같은 이중 진자의 운동방정식을 유도하라.

문제 3.131

그림과 같은 이중 진자의 방정식을 유도하라. 그 다음 $L_1 = 1.4$ m, $L_2 = 2$ m, $m_1 = 7.5$ kg, $m_2 = 12$ kg이고 진자는 $\theta(0) = 25°$, $\phi(0) = -37°$인 정지상태로부터 놓아진다. 운동방정식을 만들고, 적어도 5초 간의 각 질점의 궤적을 그래프로 그려라.

Chapter 4

에너지법에 의한 질점 동역학

4장은 질점에 대하여, 힘에 의한 일(work)과 운동에너지(kinetic energy)의 개념을 제시한다. 일과 운동에너지는 일–에너지 원리(work-energy principle)라는 평형 원리에서 핵심적인 역할을 하며 뉴턴의 제2법칙과 밀접하게 관련되어 있다. 일–에너지 원리는 뉴턴의 제2법칙 $\vec{F} = m\vec{a}$를 위치에 관하여 적분하면 얻을 수 있다. 따라서 일–에너지 원리는 뉴턴의 제2법칙의 적분 전 형태(pre-integrated form)로 생각할 수 있다. 본 장의 마지막 부분에서 엔진과 기계의 성능과 관련된 일률(power)과 효율(efficiency)의 개념을 다룬다.

4.1 질점의 일–에너지 원리

속도 변화와 위치 변화와의 관계

예제 3.6에서, 그림 4.1과 같이 원통 표면 위를 미끄러지는 작은 구(sphere)가 원통 표면에서 분리되는 위치를 구하였으며 그 과정은 다음과 같다. (1) 구에 대하여 식 $\vec{F} = m\vec{a}$를 극좌표계로 표현한다. (2) 미분의 연쇄법칙(chain rule)을 적용하고, $\vec{F} = m\vec{a}$의 θ 방향 성분을 θ에 관하여 미분한다. (3) 구의 각속도를 θ의 함수로 구하고, (4) 이 관계식으로부터 구와 원통 표면사이의 수직반력이 영(0)이 되는 각 θ를 구한다.

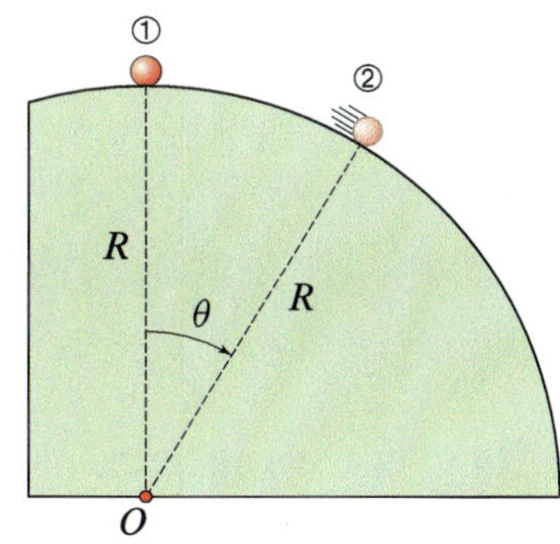

그림 4.1 마찰이 없는 원통 표면 위를 미끄러지는 질점. ①에서의 질점의 위치와 속도를 알고 있을 때 ②에서의 질점의 속도를 구한다.

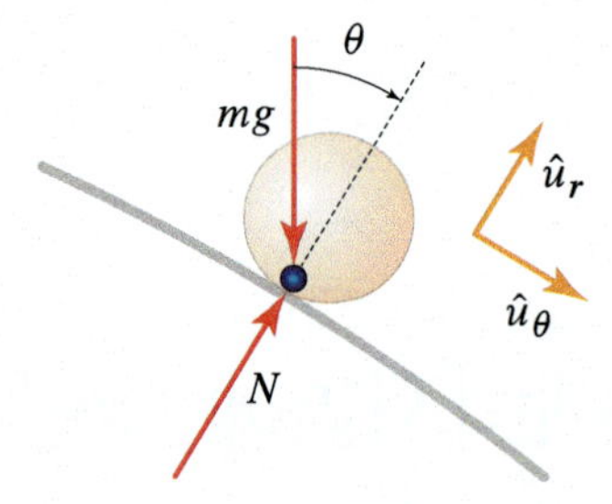

그림 4.2 그림 4.1의 ②에서의 질점의 자유물체도(FBD).

다행히 (1)−(3)의 세 과정을 하나로 줄이는 방법이 있으며, 이 방법을 이해하기 위하여 여기에서 예제 3.6을 다시 풀어보자.

위치 1, 2에서의 질점의 위치를 각각 ①, ②로 표시한다. 그림 4.1에서 질점을 ①에서 놓았을 때 ②에서의 속도를 구하고자 한다. ①에서의 각과 가속도를 $\theta = \theta_1, \dot{\theta} = \dot{\theta}_1$으로 표시하고, ②에서의 각과 각속도는 $\theta = \theta_2, \dot{\theta} = \dot{\theta}_2$으로 표시한다. 그림 4.2에서 r, θ 방향에 대하여 뉴턴의 제2법칙을 적용하면 다음 식이 얻어진다.

$$\sum F_r: \quad N - mg\cos\theta = ma_r = -mR\dot{\theta}^2 \tag{4.1}$$

$$\sum F_\theta: \quad mg\sin\theta = ma_\theta = mR\ddot{\theta} \tag{4.2}$$

여기에서 $a_r = \ddot{r} - r\dot{\theta}^2 = -R\dot{\theta}^2$, $a_\theta = r\ddot{\theta} + 2\dot{r}\dot{\theta} = R\ddot{\theta}$이다($r = R =$ 상수이므로). 일단 $\dot{\theta}$을 θ의 함수로 나타내면, 식 (4.1)에서 N을 θ의 함수로 구할 수 있다. 식 (4.2)로부터 $\dot{\theta}$을 θ의 함수로 나타낼 수 있다. 즉 $\ddot{\theta} = \dot{\theta}d\dot{\theta}/d\theta$인 관계를 이용하고 식 (4.2)를 ①과 ② 사이에서 적분하면 다음 식을 얻는다.

$$\int_{\dot{\theta}_1}^{\dot{\theta}_2} mR\dot{\theta}\, d\dot{\theta} = \int_{\theta_1}^{\theta_2} mg\sin\theta\, d\theta$$

$$\Rightarrow \quad \tfrac{1}{2}mR\left(\dot{\theta}_2^2 - \dot{\theta}_1^2\right) = -mg(\cos\theta_2 - \cos\theta_1) \tag{4.3}$$

식 (4.3)의 양변에 R을 곱해주고 정리하면 다음과 같다.

$$\tfrac{1}{2}mR^2\dot{\theta}_2^2 - \tfrac{1}{2}mR^2\dot{\theta}_1^2 = mg[R(\cos\theta_1 - \cos\theta_2)] \tag{4.4}$$

마지막으로, $\dot{r} = 0$이므로 구의 속도는 $\vec{v} = R\dot{\theta}\hat{u}_\theta$이 되고, 속력은 $v = |R\dot{\theta}|$이다. 따라서 식 (4.4)는 다음 식과 같이 나타낼 수 있다.

$$\tfrac{1}{2}mv_2^2 - \tfrac{1}{2}mv_1^2 = mg[R(\cos\theta_1 - \cos\theta_2)] \tag{4.5}$$

식 (4.5)는 다음과 같은 매우 중요한 의미를 가지고 있다.

- 기초물리학에서 배운 것처럼, 식 (4.5)의 왼쪽 항은 운동에너지를 나타낸다.
- 오른쪽의 $mg[R(\cos\theta_1 - \cos\theta_2)]$은 중력 mg와 질점이 ①에서 ②까지 움직인 수직 거리의 곱이며, 이는 무게(중력)가 ①에서 ②까지 움직이면서 한 일(work)이라는 것을 알 수 있다.
- 따라서 식 (4.5)는 ①과 ②사이의 운동에너지의 차이가 질점이 ①에서 ②까지 중력방향으로 $R(\cos\theta_1 - \cos\theta_2)$ 만큼 움직이는 동안에 중력 mg가 질점에 한 일과 같다는 사실을 나타낸다.

식 (4.5)는 우리가 일−에너지 원리(work−energy principle)라고 부르는 매우 중요한 평형법칙(balance law)이다. 이 법칙은 본 예제의 구 뿐만이 아니라 뉴턴의 법칙에 따라 운동하는 모든 물체에 적용된다. 따라서 식 $\vec{F} = m\vec{a}$를 적분하지 않고 식 (4.5)를 바로 이용하여 문제를 해결할 수 있다. 따라서 위에서 언급한 (1)–(3)의 세 단계를 하나로 줄인 일–에너지 원리를 처음부터 적용하여 문제를 풀 수 있다.

일–에너지 원리와 식 $\vec{F} = m\vec{a}$와의 관계

그림 4.3에서 질점 m이 힘 $\vec{F}$를 받으면서 경로 $\mathscr{L}_{1-2}$를 따라 점 P_1에서 P_2로 움직이고 있다. 뉴턴의 제2법칙 $\vec{F} = m\vec{a}$의 양변에 $d\vec{r}$을 내적(scalar product)하면 다음과 같다.

$$\vec{F}\cdot d\vec{r} = m\vec{a}\cdot d\vec{r} \tag{4.6}$$

$d\vec{r} = \vec{v}dt$이고 $\vec{a} = d\vec{v}/dt$이므로 식 (4.6)은 다음과 같이 쓸 수 있다.

$$\vec{F}\cdot d\vec{r} = m\frac{d\vec{v}}{dt}\cdot\vec{v}\,dt = m\vec{v}\cdot d\vec{v} \tag{4.7}$$

위 식에서 마지막 항은 두 번째 항에서 dt를 상쇄하면 얻을 수 있다. 아래 식 (4.8)에서 알 수 있듯이, 식 (4.7)의 마지막 항 $m\vec{v}\cdot d\vec{v}$는 $\frac{1}{2}m\vec{v}\cdot\vec{v}$의 미분인 $d(\frac{1}{2}m\vec{v}\cdot\vec{v})$와 같다.

$$d\left(\tfrac{1}{2}m\vec{v}\cdot\vec{v}\right) = \tfrac{1}{2}m\left(d\vec{v}\cdot\vec{v} + \vec{v}\cdot d\vec{v}\right) = \tfrac{1}{2}m\left(2\vec{v}\cdot d\vec{v}\right) = m\vec{v}\cdot d\vec{v} \tag{4.8}$$

여기에서 $d(\ )$는 ( )안에 있는 식에 대한 미분을 뜻한다. 식 (4.8)을 식 (4.7)에 대입하고 P_1에서 P_2 까지의 경로를 따라 적분하면 다음과 같다.

$$\int_{\mathscr{L}_{1\text{-}2}} \vec{F}\cdot d\vec{r} = \int_{\mathscr{L}_{1\text{-}2}} d\left(\tfrac{1}{2}m\vec{v}\cdot\vec{v}\right) \tag{4.9}$$

식 (4.9)의 양변의 적분은 모두 경로적분(선적분)이다. 식 (4.9)의 오른쪽 항은 아래 식과 같이 완전미분(exact differential)의 선적분을 나타내고 있다.

$$\int_{\mathscr{L}_{1\text{-}2}} d\left(\tfrac{1}{2}m\vec{v}\cdot\vec{v}\right) = \tfrac{1}{2}m\vec{v}_2\cdot\vec{v}_2 - \tfrac{1}{2}m\vec{v}_1\cdot\vec{v}_1 \tag{4.10}$$

여기에서 $\vec{v}_1$, $\vec{v}_2$는 질점의 P_1, P_2에서의 속도 벡터이다. $\vec{v}\cdot\vec{v} = v^2$이므로 식 (4.10)을 식 (4.9)에 대입하면 다음 식을 얻는다.

$$\boxed{\int_{\mathscr{L}_{1\text{-}2}} \vec{F}\cdot d\vec{r} = \tfrac{1}{2}mv_2^2 - \tfrac{1}{2}mv_1^2} \tag{4.11}$$

일과 운동에너지를 다음과 같이 정의한다.

$$U_{1\text{-}2} = \int_{\mathscr{L}_{1\text{-}2}} \vec{F}\cdot d\vec{r} = \text{질점이 경로 } \mathscr{L}_{1\text{-}2}\text{를 따라 } P_1\text{에서 } P_2\text{까지 움직이는 동안 } \vec{F}\text{가 질점에 한 일}, \tag{4.12}$$

$$T = \tfrac{1}{2}mv^2 = \text{질점의 운동에너지} \tag{4.13}$$

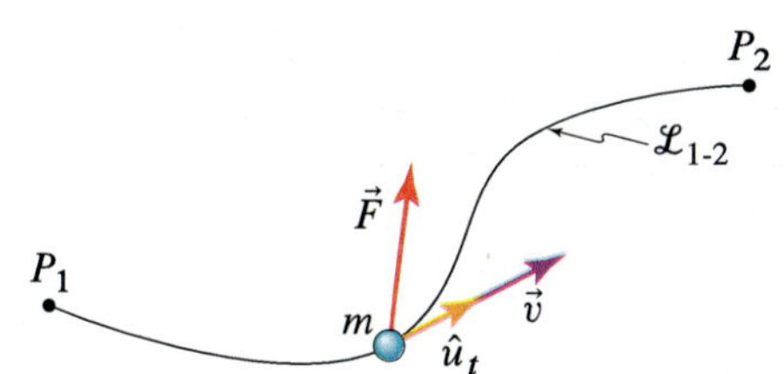

그림 4.3 힘 $\vec{F}$를 받으면서 경로 $\mathscr{L}_{1-2}$를 따라 점 P_1에서 P_2로 이동하는 질점 m.

유용한 정보

선적분과 완전미분 기초 미분적분학(calculus) 교재(G. B. Thomas, Jr., and R. L. Finney, *Calculus and Analytic Geometry*, 9th ed., Addison-Wesley, Boston, 1996)에서 $\varphi = \varphi(\vec{r})$일 때, 선적분에 대한 정리(theorem)는 다음과 같다.

$$\int_{\mathscr{L}_{1\text{-}2}} d\varphi = \varphi(\vec{r}_2) - \varphi(\vec{r}_1)$$

여기에서 $\vec{r}_1$, $\vec{r}_2$는 경로 $\mathscr{L}_{1-2}$의 시작점과 끝점의 위치 벡터를 나타낸다. 이 정리에 대한 유일한 제한조건은 $\phi(\vec{r})$이 연속적이고, 경로 $\mathscr{L}_{1-2}$상에서 일가함수(single-valued)이어야 한다는 것이다. 식 (4.10)은 이 정리를 적용하여 얻어진 것이다.

개념정리

일은 운동에너지의 차이와 같다. 어떤 물체 m이 한 일은 *물체의 질량과 무관하게* 물체의 운동에너지의 차이와 같다. 즉 같은 힘 F가 같은 거리만큼 작용하여 한 일은 질량과 관계없이(질량이 m, 4 m 또는 100 m이든지 무관하게) 동일하다. 이 말은 질량이 다른 물체들의 속도가 서로 같다는 것은 아니며, 다만 그들의 *운동에너지가 같다는 의미*이다.

빠지기 쉬운 함정

운동에너지는 음의 값을 가질 수 없다. 속도 성분이 음의 값을 가지더라도 운동에너지를 $T = -\frac{1}{2}mv^2$와 같이 계산해서는 안된다. 속도성분의 부호에 관계없이 제곱하면 양수가 되므로 운동에너지는 절대로 음의 값을 가질 수 없다.

위의 정의를 살펴보면 식 (4.12)를 일–에너지 원리(*work-energy principle*)라고 부르는 이유를 알 수 있다. 일–에너지 원리는 질점의 운동에너지의 변화가 질점에 해준 일과 같다는 것이다. 일과 에너지는 모두 스칼라이며 운동에너지는 결코 음의 값을 가질 수 없다. 식 (4.12)와 (4.13)의 정의에 따라 일–에너지 원리는 다음과 같이 쓸 수 있다.

$$T_1 + U_{1\text{-}2} = T_2 \tag{4.14}$$

일과 에너지의 단위

일과 에너지의 단위는 모두 (힘) × (길이) 또는 (질량) × (길이)^2 / (시간)^{2}이며 표 4.1은 에너지의 단위를 나타낸다.

표 4.1 일, 에너지, 모멘트의 단위

양	SI 단위
에너지 또는 일	J (joule)
모멘트	N·m

일, 에너지, 모멘트의 단위는 모두 같으며 SI 단위계에서 일의 단위는 joule (J = N · m)이다.

힘에 의한 일

이제 힘이 일을 한다는 의미에 대한 물리적 이해가 필요하다. 그림 4.4에서 힘 $\vec{F}$에 의한 일은 다음 식과 같다.

$$U_{1\text{-}2} = \int_{\mathscr{L}_{1\text{-}2}} \vec{F}\cdot d\vec{r} = \int_{t_1}^{t_2} \vec{F}\cdot\vec{v}\,dt = \int_{t_1}^{t_2} \vec{F}\cdot v\,\hat{u}_t\,dt \tag{4.15}$$

$$= \int_{t_1}^{t_2} \vec{F}\cdot\frac{ds}{dt}\,\hat{u}_t\,dt = \int_{s_1}^{s_2} \vec{F}\cdot\hat{u}_t\,ds \tag{4.16}$$

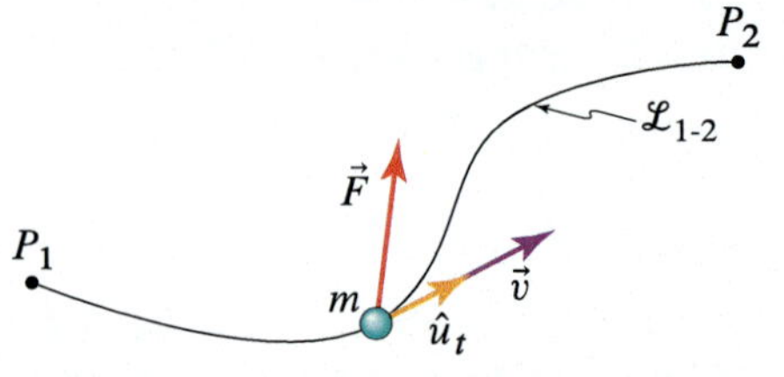

그림 4.4 힘 $\vec{F}$를 받으면서 경로 $\mathscr{L}_{1-2}$를 따라 이동하는 질점.

여기에서 t_1, t_2는 질점이 P_1과 P_2에 있을 때의 시간이다. 그리고 $d\vec{r} = \vec{v}dt$인 관계를 이용하였다. 식 (4.15)와 (4.16)에서 s_1, s_2는 질점이 P_1과 P_2에 있을 때의 호의 길이(위치)이다. $\hat{u}_t$는 접선방향(운동방향)의 단위벡터이며 $\vec{v} = v\hat{u}_t = (ds/dt)\hat{u}_t$이다.

식 (4.16)의 마지막 항에서, 경로 $\mathscr{L}_{1-2}$를 따라 움직이는 힘 $\vec{F}$가 한 일은 벡터 $\vec{F}$의 운동방향 성분(접선방향 성분), 즉 $\vec{F}\cdot\hat{u}_t$에 의해 결정된다는 것을 알 수 있다. 그리고 식 (4.15) 와 (4.16)에서 다음과 같은 사실을 알 수 있다.

- 일의 부호는 $\vec{F}\cdot\hat{u}_t$의 부호에 의해 결정된다. 만일 힘 $\vec{F}$가 운동을 촉진시키면, $\vec{F}\cdot\hat{u}_t$는 양수가 되고 힘 $\vec{F}$가 운동을 방해하면 $\vec{F}\cdot\hat{u}_t$는 음수가 된다(그림 4.5 참조).
- 식 (4.15)의 두 번째 적분은 시간에 관한 적분이므로 $\vec{F}\cdot\vec{v}$는 힘 $\vec{F}$에 의한 일률(rate of work)로 생각할 수 있다. 이 문제는 "4.4 일률과 효율"에서 다루기로 한다.
- 구속력(constraint force)과 같은 법선방향 힘은 언제나 경로에 수직이므로 일 U_{1-2}에 기여하지 못한다.[1)]

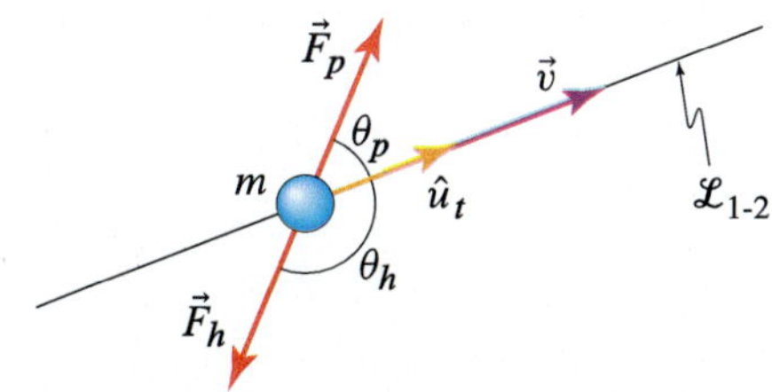

그림 4.5 힘 $\vec{F}_p$와 속도 벡터 $\vec{v}$ 사이의 각 θ_p는 예각이므로 $\cos\theta_p$는 양수이다. 반면에 힘 $\vec{F}_h$와 속도 벡터 $\vec{v}$사이의 각 θ_h는 둔각이므로 $\cos\theta_h$는 음수이며 따라서 힘 $\vec{F}_h$에 의한 일은 음(negative)이다.

일정한 힘에 의한 일

크기와 방향이 일정한 힘에 의한 일을 계산하는 2차원 문제를 다루어 보자. 이 문제를 이해하면 3차원 문제를 다루는 것도 어렵지 않게 된다. 4.2절에서 스프링의 힘과 뉴턴의 만유인력법칙에 의해 발생하는 중력이 한 일을 계산하는 좀 더 복잡한 문제를 다루게 될 것이다.

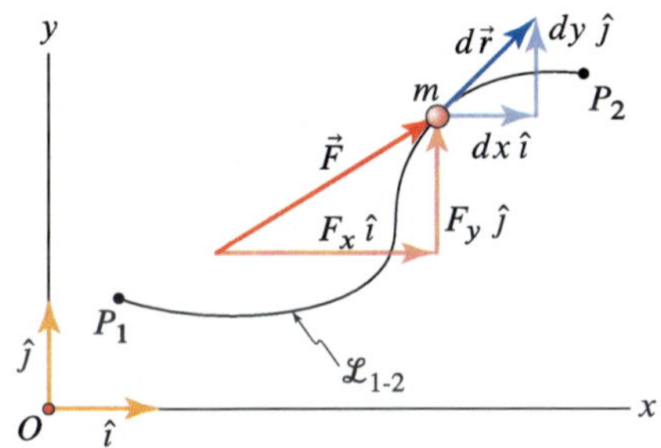

그림 4.6 질점에 작용하는 일정한 힘 $\vec{F}$.

그림 4.6과 같이 힘 $\vec{F}$를 2차원 직각좌표계에서 $\vec{F} = F_x\hat{\imath} + F_y\hat{\jmath}$ 와 같이 나타낼 수 있다. 여기에서 힘 $\vec{F}$는 크기와 방향이 일정하다고 가정한다. 힘 $\vec{F}$의 작용점에서의 미소 변위 $d\vec{r}$을 직각좌표계에서 $d\vec{r} = dx\hat{\imath} + dy\hat{\jmath}$와 같이 나타낼 수 있다. 따라서 힘 $\vec{F}$에 의한 일은 다음과 같다.

$$U_{1\text{-}2} = \int_{\mathscr{L}_{1\text{-}2}} \vec{F}\cdot d\vec{r} = \int_{\mathscr{L}_{1\text{-}2}} (F_x\,\hat{\imath} + F_y\,\hat{\jmath})\cdot(dx\,\hat{\imath} + dy\,\hat{\jmath})$$
$$= \int_{x_1}^{x_2} F_x\,dx + \int_{y_1}^{y_2} F_y\,dy = F_x\int_{x_1}^{x_2} dx + F_y\int_{y_1}^{y_2} dy$$
$$= F_x(x_2 - x_1) + F_y(y_2 - y_1) = \vec{F}\cdot(\vec{r}_2 - \vec{r}_1) \quad (4.17)$$

식 (4.17)에서 일정한 힘에 의한 일은 경로의 두 끝점의 위치에 의해서 결정되며, 경로 그 자체와는 무관함을 알 수 있다.

빠지기 쉬운 함정

적분한계와 적분변수. 식 (4.17)은 경로 $\mathscr{L}_{1-2}$에 걸친 선적분이 dx, dy에 관한 단순적분으로 변환된 것을 보여준다. 이 절에서 이와 같은 적분변수의 변화를 자주 보게 될 것이다. 이때 적분변수에 대응되는 적절한 적분한계(limits of integration)를 지정하여야 한다. 예를 들면 식 (4.15)와 (4.16)에서 적분변수가 dt일 때 그 적분한계는 t_1, t_2이고적분변수가 ds일 때 그 적분한계는 s_1, s_2이다.

1) 구속면(constraint)이 움직이며 그 속도가 구속면과 수직 방향 성분을 가지면 식 (4.15)에서 구속력(constraint force)도 일을 하게 된다는 사실을 알 수 있다. 그러나 본 교재에서 이러한 경우에 대해서는 다루지 않을 것이며 이러한 주제는 고등 동역학의 범위에 속한다.

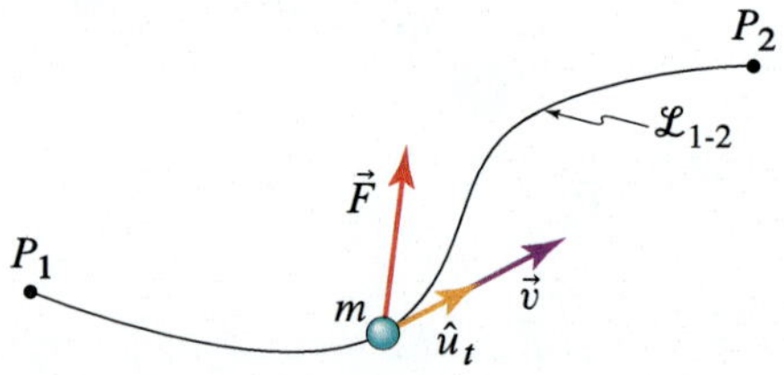

그림 4.7 힘 $\vec{F}$를 받으면서 경로 $\mathscr{L}_{1-2}$를 따라 이동하는 질점 m.

유용한 정보

일의 다른 형태. 위치와 속도는 $d\vec{r} = \vec{v}\,dt$인 관계가 있으므로 접선 – 법선좌표계에서 $\vec{v} = v\,\hat{u}_t$로 나타낼 수 있다. 따라서 일을 아래와 같은 형태로 표현할 수 있다.

$$U_{1\text{-}2} = \int_{t_1}^{t_2} \vec{F}\cdot\vec{v}\,dt = \int_{s_1}^{s_2} \vec{F}\cdot\hat{u}_t\,ds$$

여기에서 t는 시간, s는 경로의 원호의 길이(arc length), $\hat{u}_t$는 경로에 접하고 운동방향을 향하는 단위벡터이다.

절 요약

일–에너지 원리는 다음 식으로 표현된다.

식 (4.14) p. 262

$$T_1 + U_{1\text{-}2} = T_2$$

여기에서 U_{1-2}는 아래 식으로 정의된 일을 뜻한다(그림 4.7 참조).

식 (4.12) p. 261

$$U_{1\text{-}2} = \int_{\mathscr{L}_{1\text{-}2}} \vec{F}\cdot d\vec{r}$$

여기에서 T는 운동에너지로서 아래 식으로 정의된다.

식 (4.13) p. 261

$$T = \tfrac{1}{2}mv^2$$

일과 운동에너지는 다음과 같은 기본적 성질을 가진다.

- 일과 운동에너지는 스칼라이다.
- 일은 힘 $\vec{F}$의 운동방향 성분, 즉 $\vec{F}\cdot\hat{u}_t$에 의해서 결정되며 일의 부호는 $\vec{F}\cdot\hat{u}_t$의 부호와 같다.
- 운동에너지는 절대로 음의 값이 될 수 없다.

예제 4.1 운동에너지와 평균 힘

F/A−18 호넷 전폭기가 그림 1과 같이 항공모함에서 두 종류의 추진시스템을 이용하여 이륙하고 있다. 하나의 추진시스템은 비행기의 두 개의 엔진이고, 또 하나는 증기 압력으로 작동되는 사출장치(catapult)이다. 총중량이 22,000 kg인 호넷이 90 m 거리를 활주하는 동안 그 속도가 0 km/h(항모에 대한 상대속도)에서 265 km/h(지표면에 대한 상대속도)까지 증가하며, 이때 두 개의 엔진이 최대한 가동되어 100 kN의 추력을 발생시키며 동시에 사출장치도 작동된다. 공기저항을 무시하고 다음을 계산하라.

그림 1 F/A−18 호넷 전투기가 항공모함에서 이륙하고 있다.

(a) 이륙 시 비행기에 가해진 일의 총량.

(b) 이륙 시 사출장치에 의해서 비행기에 가해진 일.

(c) 사출장치에 의해 비행기에 가해진 평균 힘.

풀이 SOLUTION

로드맵과 모델링 그림 2의 자유물체도(FBD)와 같이, 비행기를 중력 mg, 엔진추력 F_T, 사출장치에 의한 힘 F_C, 갑판의 수직 반력 N을 받는 질점으로 모델링한다. 이 모델에 일−에너지 원리를 적용시켜 보면, 비행기에 한 일의 총량은 비행기의 운동에너지의 변화와 같다는 것을 알 수 있다. 비행기의 무게와 비행기의 속도 변화를 알고 있으므로 비행기의 운동에너지를 계산할 수 있다. 그리고 엔진추력(상수)과 비행기의 이륙 거리가 주어졌으므로 일의 정의에 의하여 엔진추력이 비행기에 한 일을 계산할 수 있다. 비행기에 한 일의 총량에서 엔진이 한 일을 빼면 사출장치에 의한 일을 구할 수 있다.

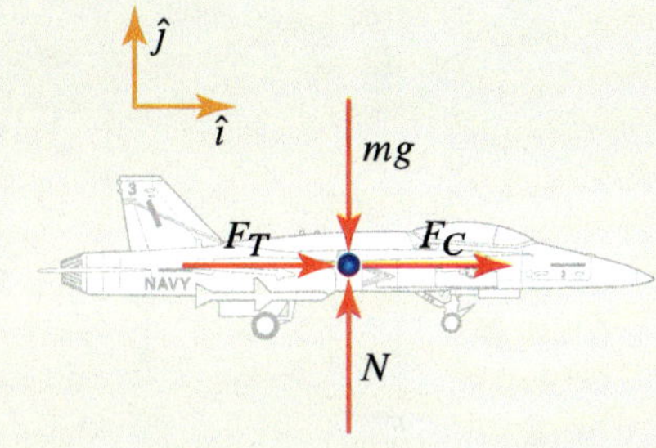

그림 2 제트 엔진과 사출장치에 의해 추진되는 비행기의 FBD.

지배방정식

평형 원리 일−에너지 원리는 다음과 같다.

$$T_1 + U_{1-2} = T_2 \tag{1}$$

여기에서 ①은 이륙 시작점, ②는 이륙 종료점을 뜻하며, U_{1-2}는 ①과 ② 사이에서 힘들이 비행기에 해준 일이다. T_1, T_2는 ①과 ②에서의 운동에너지이다.

$$T_1 = \tfrac{1}{2}mv_1^2, \quad T_2 = \tfrac{1}{2}mv_2^2 \tag{2}$$

여기에서 v_1, v_2는 ①과 ②에서의 비행기의 속도이다.

힘의 법칙 중력과 추력, 그리고 사출장치에 의한 힘(평균치)은 모두 일정하다고 가정하며, 따라서 엔진과 사출장치에 의한 일은 다음과 같다.

$$(U_{1\text{-}2})_{\text{엔진}} = \int_{\mathscr{L}_{1\text{-}2}} \vec{F}_T \cdot d\vec{r} = \int_{0\,\text{m}}^{90\,\text{m}} (200{,}000\,\text{N})\,dx = 18 \times 10^6\,\text{N}\cdot\text{m} \tag{3}$$

$$(U_{1\text{-}2})_{\text{사출장치}} = \int_{\mathscr{L}_{1\text{-}2}} \vec{F}_C \cdot d\vec{r} = \int_{0\,\text{m}}^{90\,\text{m}} F_C\,dx = (90\,\text{m})F_C \tag{4}$$

여기에서 $\mathscr{L}_{1-2}$는 ①과 ② 사이의 비행기의 이동 경로이다. 비행기의 중력과 갑판의 수직 반력은 모두 비행기의 운동방향(수평방향)과 수직이므로 비행기에 일을 해주지 못한다.

운동학 방정식 ①과 ②에서의 속도는 다음과 같다.

$$v_1 = 0, \quad v_2 = 265 \text{ km/h} = 73.6 \text{ m/s} \tag{5}$$

계산 식(2), (5)를 식(1)에 대입하고, U_{1-2}(비행기에 가해진 일의 총량)에 대하여 풀면 다음과 같다.

$$U_{1\text{-}2} = T_2 - T_1 = 59.58 \times 10^6 \text{ N} \cdot \text{m} \tag{6}$$

따라서 사출장치에 의한 일은 전체 일에서 엔진에 의한 일을 빼면 다음과 같다.

$$(U_{1\text{-}2})_{\text{catapult}} = U_{1\text{-}2} - (U_{1\text{-}2})_{\text{engines}} \tag{7}$$

식(3)과(6)을 식(7)에 대입하면 다음과 같다.

$$(U_{1\text{-}2})_{\text{catapult}} = 41.58 \times 10^6 \text{ N} \cdot \text{m} \tag{8}$$

마지막으로, 식(4)와 (8)에서 F_C를 구하면 다음과 같다.

$$F_C = \frac{(U_{1\text{-}2})_{\text{catapult}}}{90 \text{ m}} = 462 \text{ kN} \tag{9}$$

논의 및 검증 일–에너지 원리를 이용하여 비행기에 가해진 일의 총량과 사출장치에 의해서 비행기에 가해진 일을 계산하였다. 계산 결과의 검증을 위하여 식(9)의 단위를 검토해 보자. 식(9)의 분자의 단위는 일의 단위인 (힘 × 거리)이며 분모의 단위는 거리이므로 결과적으로 힘의 단위가 되는 것을 알 수 있다.

심층분석 어떤 종류의 힘들이 질점에 가해지더라도 그 힘들에 의한 일은 운동에너지의 차이로 나타난다. F/A–18에 가해진 일의 크기는 무게가 310 N인 통나무를 동마찰계수가 $\mu_k \approx 0.6$인 콘크리트 위를 일정 속도로 300 km 만큼 이동시키는 일과 같다. 그리고 사출장치에 의한 힘이 엔진추력보다 2배 이상 크기 때문에, 사출장치의 도움 없이 F/A–18은 이륙이 불가능하다.

예제 4.2 위치와 속도

질량이 20 kg인 블록 m이 풀리(pulley) D와 길이가 일정한 로프를 통하여 윈치(winch) E에 연결되어 있다. 윈치는 일정 크기의 힘 $P = 130$ N으로 로프를 잡아당기고 있다. 블록은 수평 바(bar) 위를 미끄러져 움직이며 블록과 수평 바 사이의 마찰은 무시한다. $h = 0.8$ m이고 블록이 그림의 위치에서 정지 상태에서 출발하였다. 블록이 $d = 1.15$ m 만큼 이동하여 풀리의 바로 아래 위치에 왔을 때 블록의 속도를 구하라.

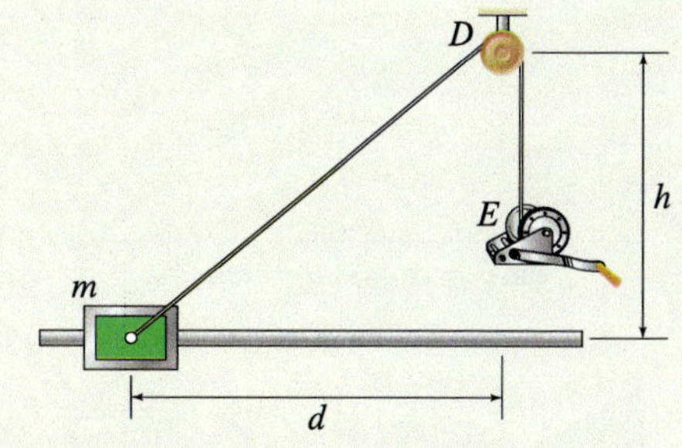

그림 1 윈치와 블록 시스템의 형상.

풀이 SOLUTION

로드맵과 모델링 속도와 위치 사이의 관계를 구하여야 하므로 일–에너지 원리를 적용하여 문제를 해결한다. 그림 2는 질점으로 모델링된 블록의 자유물체도(FBD)이다. 블록에 작용하는 중력 mg, 로프에 의한 힘 P, 수평 바로부터의 수직 반력 N이 나타나 있다. 중력 mg와 수직반력 N은 모두 블록의 운동방향과 수직이므로 블록에 일을 해주지 못한다.

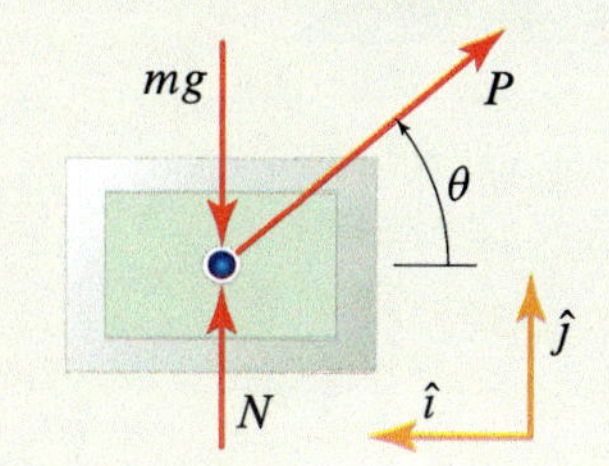

그림 2 초기위치와 최종위치 사이의 임의의 위치에서의 블록의 FBD.

지배방정식

평형 원리 그림 3에서 ①과 ②에 대하여 일–에너지 원리를 적용하면 다음과 같다.

$$T_1 + U_{1-2} = T_2 \tag{1}$$

①과 ②에서의 운동에너지 T_1, T_2는 다음과 같다.

$$T_1 = \tfrac{1}{2}mv_1^2, \qquad T_2 = \tfrac{1}{2}mv_2^2 \tag{2}$$

여기에서 v_1, v_2는 ①과 ②에서의 블록의 속도이다.

힘의 법칙 일을 할 수 있는 힘은 P뿐이며 그 크기는 일정하다. 예제 4.1에서와 같이, 일–에너지 원리를 적용하는 과정에서 힘의 법칙을 사용하여 FBD에 나타난 힘들이 한 일을 계산한다.

$$U_{1\text{-}2} = \int_{\mathcal{L}_{1\text{-}2}} \vec{F} \cdot d\vec{r} = \int_d^0 -P\cos\theta\, dx \tag{3}$$

여기에서 $\vec{F} = -P\cos\theta\ \hat{\imath} + P\sin\theta\ \hat{\jmath}$, $d\vec{r} = dx\ \hat{\imath}$이다.

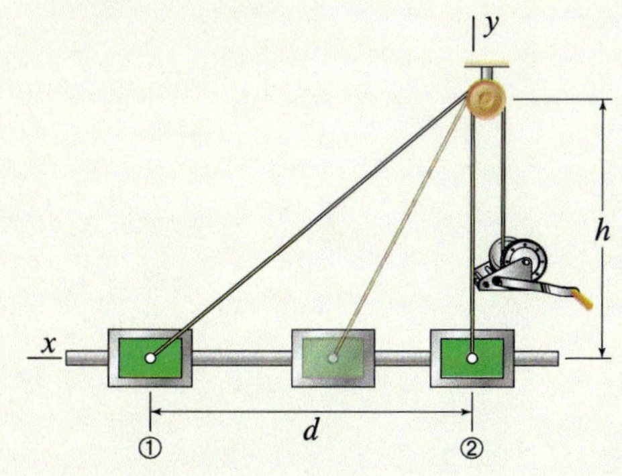

그림 3 윈치와 블록 시스템의 위치 ①과 ②, 직각좌표계.

운동학 방정식 블록은 정지 상태에서 출발하였으므로 ①에서의 속도는 다음과 같다.

$$v_1 = 0 \tag{4}$$

그리고 식 (3)에서 $\cos\theta$를 적분변수 x로 적분하므로 θ를 x의 함수로 나타내어야 적분이 가능하다. 운동학 구속조건 $x\tan\theta = h$의 양변을 미분하면(2.7절 참조) 다음과 같다.

$$\tan\theta\, dx + x\sec^2\theta\, d\theta = \tan\theta\, dx + \frac{h}{\tan\theta}\sec^2\theta\, d\theta = 0 \tag{5}$$

여기에서 h는 일정하므로 $dh = 0$, $x = h/\tan\theta$인 관계식을 이용하였다.

식 (5)에서 dx에 대하여 풀면 다음과 같다.

$$dx = \frac{-h}{\sin^2\theta}\,d\theta \tag{6}$$

계산 식 (6)을 식 (3)에 대입하면 다음과 같다.

$$U_{1\text{-}2} = \int_{\tan^{-1}(h/d)}^{\pi/2} P\left(\frac{h\cos\theta}{\sin^2\theta}\right)d\theta \tag{7}$$

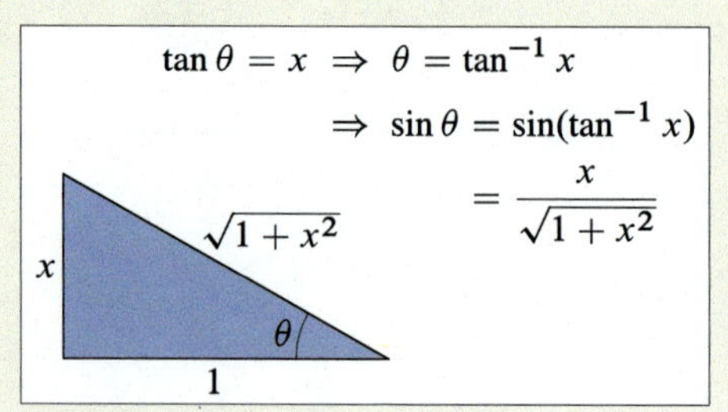

그림 4 식 (8)의 삼각함수 계산.

여기에서 $x = d$일 때 $\theta = \tan^{-1}(h/d)$이고, $x = 0$일 때 $\theta = \pi/2$인 관계를 이용하였다. 식 (7)의 적분을 수행하면 다음과 같다.

$$U_{1\text{-}2} = -P\frac{h}{\sin\theta}\bigg|_{\tan^{-1}(h/d)}^{\pi/2} = -P\left(h - \sqrt{d^2+h^2}\right) \tag{8}$$

여기에서 관계식 $\sin(\tan^{-1}x) = x/\sqrt{1+x^2}$ 을 이용하였다(그림 4 참조).

식 (2), (4), (8)을 식 (1)에 대입하면 다음과 같다.

$$-P\left(h - \sqrt{d^2+h^2}\right) = \tfrac{1}{2}mv_2^2 \tag{9}$$

위 식에서 v_2를 구하면 다음과 같다.

$$v_2 = \sqrt{\frac{2P}{m}\left(\sqrt{d^2+h^2} - h\right)} = 2.79\,\text{m/s} \tag{10}$$

논의 및 검증 식 (10)에서, P/m의 차원은 가속도이고, $\sqrt{d^2+h^2} - h$ 의 차원은 길이이므로, v_2의 차원은 길이/시간이 됨을 알 수 있다. 그리고 식 (10)에서 $P(\sqrt{d^2+h^2} - h)$는 크기와 방향이 일정한 힘 P가 거리 $\Delta = \sqrt{d^2+h^2} - h$ 만큼 움직이는 동안에 한 일이라는 것을 알 수 있다. 여기에서 Δ는 블록이 ①에서 ②까지 움직이는 동안 윈치가 감아 넣은 로프의 길이라는 흥미로운 사실을 발견할 수 있다. 따라서 $P(\sqrt{d^2+h^2} - h)$는 풀리와 윈치를 연결하는 수직 로프의 인장력이 한 일이다.

심층분석 식 (7), (8)에 있는 다소 어려운 적분을 통하여 식 (10)의 결과를 구하지 않고, 좀 더 물리적인 추론을 통하여 U_{1-2}를 계산하여 식 (10)의 결과를 구할 수 있을까? 예제 4.3에서 이러한 방법을 생각하여 보자.

예제 4.3 위치와 속도사이의 관계를 구하기 위한 적절한 자유물체도의 선택

예제 4.2에서는 블록만에 대한 자유물체도로부터 해를 구하였으나 여기서는 블록과 풀리를 포함하는 자유물체도를 통하여, 블록이 d 만큼 이동한 위치에서의 속도를 구하는 문제를 풀어보자 .

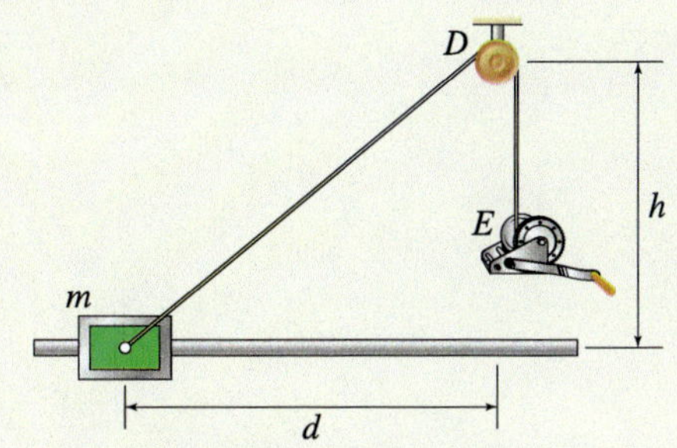

그림 1 윈치와 블록 시스템의 형상.

풀이 SOLUTION

로드맵과 모델링 예제 2와 같이 일−에너지 원리를 적용하여 문제를 해결한다. 그러나 예제 2와 달리 그림 2와 같은 자유물체도를 사용한다. 중력 mg와 수직반력 N은 모두 블록의 운동방향과 수직이므로 블록에 일을 하지 못한다. 또한 풀리가 D점에 고정되어 있으므로 풀리에 의한 반력 R_x, R_y도 일을 하지 못한다. 따라서 블록에 일을 하는 것은 로프 힘 P 뿐이다.

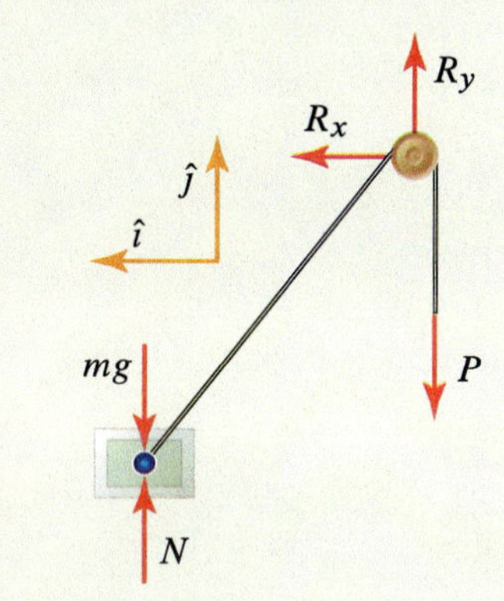

그림 2 블록이 ①에서 ②까지 움직일 때, 블록, 로프, 풀리의 자유물체도(FBD).

지배방정식

평형 원리 그림 3에서 ①과 ②에 대하여 일−에너지 원리를 적용하면 다음과 같다.

$$T_1 + U_{1\text{-}2} = T_2 \tag{1}$$

①과 ②에서의 운동에너지 T_1, T_2는 다음과 같다.

$$T_1 = \tfrac{1}{2}mv_1^2, \qquad T_2 = \tfrac{1}{2}mv_2^2 \tag{2}$$

여기에서 v_1, v_2는 ①과 ②에서의 블록의 속도이다.

힘의 법칙 U_{1-2}는 다음과 같이 단순하게 표현할 수 있다.

$$U_{1\text{-}2} = P\Delta \tag{3}$$

여기에서 Δ는 블록이 ①에서 ②까지 움직이는 동안 윈치가 감아 넣은 로프의 길이로서 다음과 같다.

$$\Delta = L_{①} - L_{②} = \left(\sqrt{d^2+h^2}+\ell\right) - (h+\ell) = \sqrt{d^2+h^2} - h \tag{4}$$

여기에서 L_1, L_2는 블록이 ①과 ②에 있을 때의 로프 길이이다.

운동학 방정식 블록은 정지 상태에서 출발하였으므로 ①에서의 속도는 영(0)이며 ②에서의 속도 v_2가 미지수이다.

$$v_1 = 0 \tag{5}$$

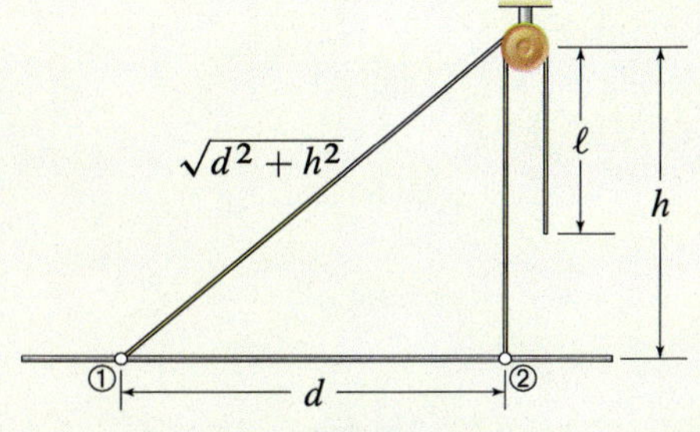

그림 3 ①과 ②에서의 로프의 길이.

계산 식 (2)−(5)를 식 (1)에 대입하면 다음과 같다.

$$P\left(\sqrt{d^2+h^2} - h\right) = \tfrac{1}{2}mv_2^2 \tag{6}$$

위 식에서 v_2를 구하면 다음과 같다.

$$\boxed{v_2 = \sqrt{\frac{2P}{m}\left(\sqrt{d^2+h^2} - h\right)}} \tag{7}$$

논의 및 검증 예상했던 대로 예제 2와 같은 결과를 얻었다.

심층분석 예제 4.3의 접근 방법이 예제 4.2보다 훨씬 더 명확한 것을 알 수 있다. 두 예제의 차이점은 단지 U_{1-2}를 구하는 방법이 다르다는 것이다. 본 예제에서 얻을 수 있는 교훈은, 시스템을 잘 선택하면 해를 구하는데 필요한 시간과 노력을 줄일 수 있다는 것이다.

문제

문제 4.1

가속도 a로 발사되는 로켓에서, 중력이 우주비행사에게 한 일의 크기와 우주비행사가 앉아있는 의자로부터의 반력이 한 일의 크기를 비교하라.

주의 개념 문제는 계산이 아닌 설명이 필요하다.

그림 P4.1

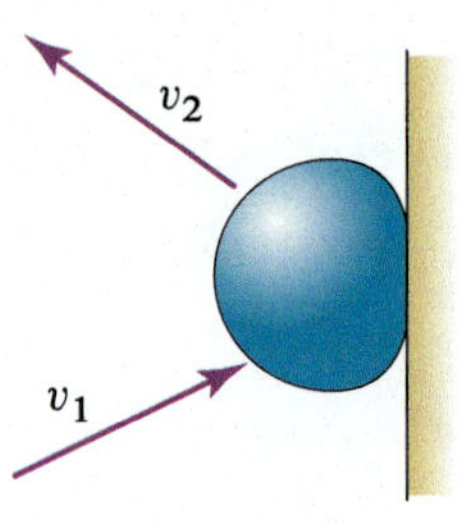

그림 P4.2

문제 4.2

부드러운 고무공이 벽과 충돌하여 튕겨져 나온다. 공의 충돌로 인한 벽의 변형을 무시할 때 벽과의 접촉력이 공에 한 일은 양(+), 음(−) 또는 영(0) 중에 어느 것인가?

주의 개념 문제는 계산이 아닌 설명이 필요하다.

문제 4.3

질점으로 간주하여, 다음 물체들의 운동에너지를 구하라.

(a) 질량이 100 g이고 속도가 915 m/s인 30−06 총알.

(b) 45 km/h의 속도로 주행 중인 자동차에 타고 있는 질량 25 kg인 어린이.

(c) 120 km/h의 속도로 움직이는 질량 180,000 kg인 기관차.

(d) 속도가 8,000 km/s이고 질량이 20 g인 우주선 금속 파편.

(e) 질량이 1,400 kg이고 속도가 100 km/h인 자동차.

그림 P4.4, P4.5

문제 4.4

질량이 1400 kg인 자동차가 직선 주행한다. 자동차가 정지 상태에서 출발하여 50 km/h까지 가속하는 동안 자동차가 받은 일을 계산하라. 자동차는 질점으로 모델링하였다.

문제 4.5

질량이 1400 kg인 자동차가 직선 주행한다. 자동차 속도가 70 km/h에서 120 km/h로 속도가 증가하는 동안 자동차가 받은 일을 계산하라. 자동차는 질점으로 모델링하였다.

문제 4.6

75 kg인 스카이다이버가 낙하산을 펴는 순간의 낙하속도는 250 km/h이었으며 착지하는 순간의 속도는 4 m/s이었다. 스카이다이버를 질점으로 보고 낙하산을 펴는 순간부터 착지할 때까지 스카이다이버에게 한 일을 계산하라.

그림 P4.6

문제 4.7, 4.8

질량이 1500 kg인 자동차가 15% 경사진 오르막길을 50 m 만큼 오르는 동안에 그 속도가 45 km/h 만큼 증가하였다.

그림 P4.7, P4.8

문제 4.7 자동차가 정지 상태에서 출발하였을 때 자동차가 받은 일을 계산하라. 자동차는 질점으로 모델링하였다.

문제 4.8 자동차가 출발점에서의 속도가 60 km/h이었을 때 자동차가 받은 일을 계산하라. 자동차는 질점으로 모델링하였다.

문제 4.9

질량이 350 kg인 통나무 상자가 일정속도 $v = 7$ m/s로 경사면을 따라 아래로 미끄러져 내려가고 있다. 경사면의 경사각은 $\theta = 33°$이고 통나무 상자에 작용하는 힘은 중력, 마찰력, 통나무 상자에 작용하는 경사면의 수직반력이다. 통나무 상자가 1 m 만큼 미끄러질 때마다 마찰력이 한 일을 계산하라.

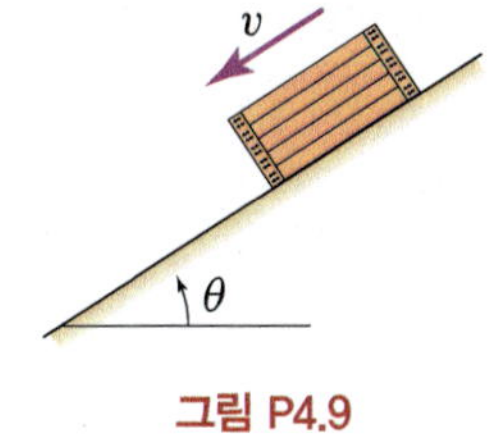

그림 P4.9

문제 4.10

120 km/h의 속도로 달리는 열차 B가 철로에 끼어 움직이지 못하는 자동차 A를 감지하고 즉시 비상 브레이크를 작동시킨 결과로 열차바퀴는 회전을 멈추고 철로 위를 미끄러진다. 열차바퀴와 철로 사이의 동마찰계수가 0.2일 때, 아래 경우들에 대하여, 브레이크를 작동시켜야 할 자동차와의 최소 거리 $d_{\min}$을 구하라.

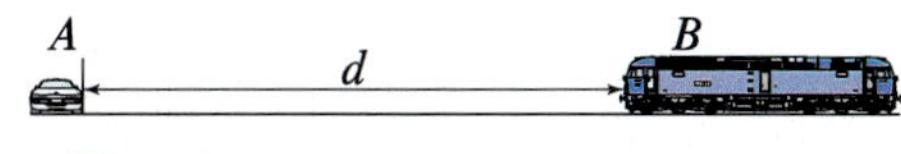

그림 P4.10

(a) 열차가 질량이 195,000 kg인 기관차일 때.

(b) 열차가 질량이 195,000 kg인 기관차와 전체질량이 10×10^6 kg인 차량들로 구성되어 있을 때. 각 차량들은 모두 브레이크 기능을 가지고 있다.

(c) 열차가 질량이 195,000 kg인 기관차와 전체질량이 10×10^6 kg인 차량들로 구성되어 있을 때. 기관차만이 브레이크 기능을 가지고 있다.

열차를 질점으로 모델링하며, 철로는 수평 직선으로 가정한다.

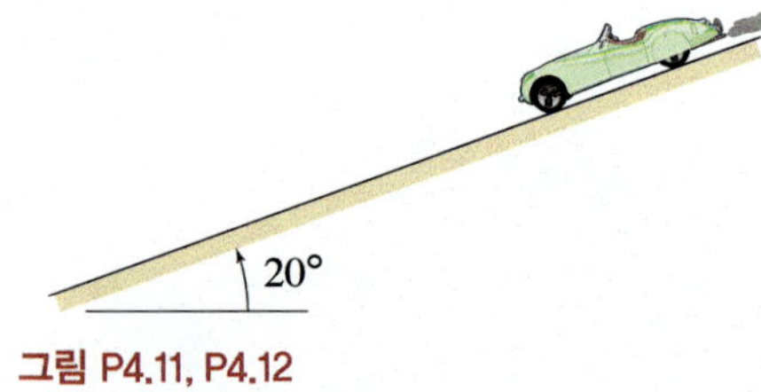

그림 P4.11, P4.12

문제 4.11, 4.12

자동차가 20° 경사진 도로를 내려가면서 브레이크를 밟았을 때 그 속도가 45 km/h이었다. 자동차를 질점으로 보고 자동차에는 중력과 마찰력만이 작용한다고 가정한다.

문제 4.11 타이어와 도로 사이의 동마찰계수가 0.7이고, 타이어가 지면과 미끄러질 때 자동차의 정지거리를 구하라.

문제 4.12 잠금방지 브레이크(antilock brake system)가 장착된 자동차의 경우 타이어는 미끄러지지 않고 회전한다. 타이어와 도로 사이의 정지마찰계수가 0.9일 때 자동차의 최소 정지거리를 구하라.

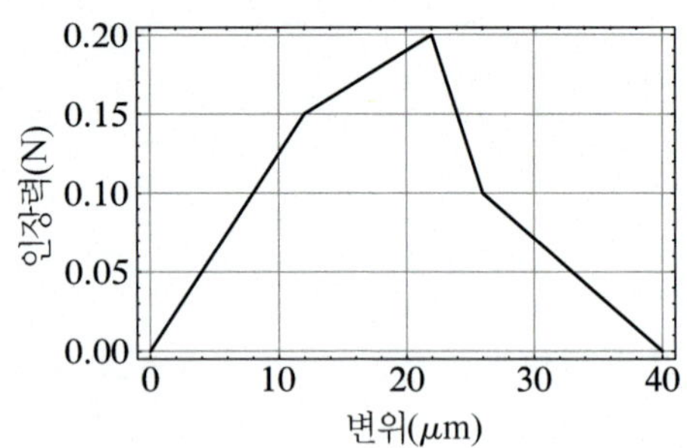

그림 P4.13

문제 4.13

기지(matrix, 재질; 에폭시, 티타늄합금 등)안에 섬유(fiber, 재질; 유리, 케블라, 탄소 등)가 삽입된 형태의 복합재료에서 기지와 섬유 사이의 접착강도가 매우 중요하며 인장시험을 통하여 이를 측정한다. 시편의 한 쪽 끝을 고정시키고 노출된 섬유의 끝을 잡아당겨 힘과 변위와의 관계를 그림 P4.13에 나타내었다. 이 그래프를 이용하여 섬유를 잡아당기는 힘이 한 일을 계산하라.

힌트: 섬유를 잡아당기는 힘이 한 일은 그래프에서 선의 아래 부분 면적의 합이다.

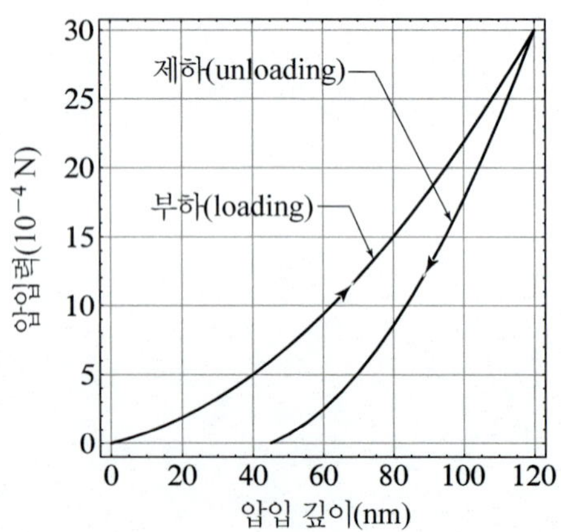

그림 P4.14

문제 4.14

큰 접촉력이 가해지는 구조재(예: 브레이크 디스크)는 다이아몬드와 같이 경도가 매우 높은 필름으로 코팅된 고장력강으로 만들어진다. 코팅의 경도, 탄성계수 등과 같은 기계적 성질을 측정하는 방법에는 못과 같이 생긴 압입기(indentor)로 정해진 절차에 따라 필름을 압입하는 나노압입법(nanoindentation)이 있다. 측정과정에서 압입기에 가하는 힘과 압입 깊이를 기록한다. 그림 P4.14에서 힘을 가하는 과정과 힘을 제거하는 과정에서의 힘과 압입 깊이 데이터를 보간법(interpolation)으로 나타낸 두 곡선을 나타내었다. 이 그래프에서 힘을 제거하여도 영구적인 압입이 남는 것을 알 수 있다. 압입기의 힘이 다음과 같을 때 필름의 영구변형에 의한 일의 손실을 구하라.

$$F_I = \begin{cases} \frac{25}{4}x + \frac{5}{32}x^2 & \text{하중을 가하는 과정} \\ 300 - \frac{145}{6}x + \frac{7}{18}x^2 & \text{하중을 제거하는 과정} \end{cases}$$

여기에서 F_I의 단위는 μN이고 압입 깊이 x의 단위는 nm이다.

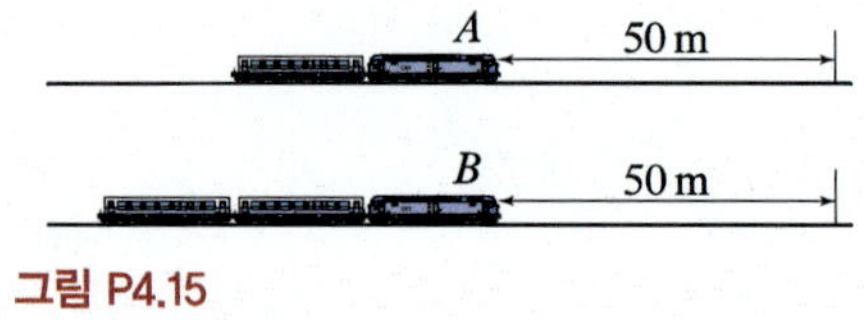

그림 P4.15

문제 4.15

동일한 기관차 A, B가 각각 1개와 2개의 동일한 객차와 연결되어 있다. 열차가 정지 상태에서 출발하여 최대의 견인력으로 직선 철로 위를 50 m 주행하였을 때, 어느 기관차가 더 큰 운동에너지를 가지고 있겠는가? 기관차에 작용하는 힘은 견인력과 중력뿐이라고 가정한다.

주의 개념 문제는 계산이 아닌 설명이 필요하다.

문제 4.16

F/A−18 호넷 전투기가 두 종류의 추진시스템을 이용하여 항공모함에서 이륙하고 있다. 하나는 두 개의 제트엔진이고 다른 하나는 증기 압력으로 작동되는 사출장치(catapult)이다. 총중량이 22,000 kg인 호넷이 90 m 거리를 활주하면서 속도가 0 km/h(항모에 대한 상대속도)에서 265 km/h(지표면에 대한 상대속도)까지 증가하며, 이때 두 개의 엔진이 최대한 가동되어 100 kN의 추력을 발생시키고 동시에 사출장치도 작동된다. 항공모함은 비행기의 이륙방향과 같은 방향으로 55 km/h의 속도로 항해하고 있다. 다음을 계산하라.

(a) 이륙하기 위해 활주하는 동안 비행기에 가해진 일의 총량.

(b) 이륙하기 위해 활주하는 동안 사출장치가 비행기에 가해준 일.

(c) 사출장치가 비행기에 가해준 힘.

비행기를 질점으로 간주하며, 공기저항 및 마찰은 무시한다. 비행기는 수평방향으로 활주하며 사출장치는 90 m의 활주거리 동안 일정한 힘을 발생시킨다.

그림 P4.16

문제 4.17

선박과 보트들이 부두 구조물(dock)과 충돌하여 손상되는 것을 막아주기 위해 고무 범퍼(bumper)가 많이 사용된다. 보트 C를 질점으로 보고, 범퍼의 압축변위가 최대 150 mm가 되기 위한 보트의 최대 충돌속도를 구하라. 보트의 상하운동과 물과 보트사이의 항력은 무시한다. 보트의 질량은 32,000 kg이고 범퍼에 가해지는 압축력 F_B와 범퍼의 압축변위 x 사이의 관계식은 $F_B = \beta x^3$, $\beta = 5.5 \times 10^8$ N/m^{3}이다.

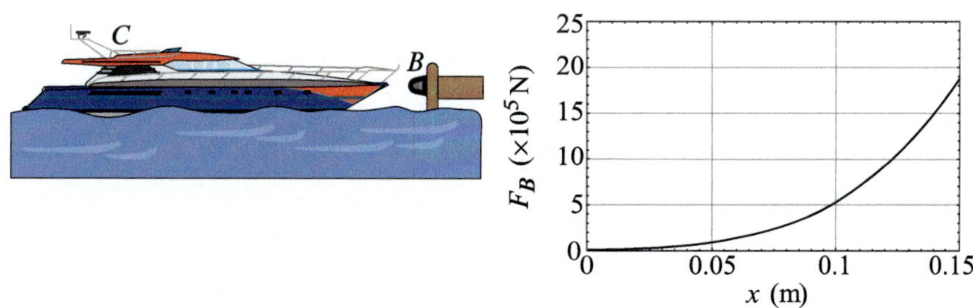

그림 P4.17

문제 4.18

두 대의 동일한 자동차가 100 km/h의 속도로 달리고 있다. 첫 번째 차는 새로 아스팔트 포장된 수평 직선도로 위를 달리고 두 번째 차는 비포장도로를 달린다. 브레이크를 작동시켰을 때 두 번째 차는 미끄러진다. 각각의 자동차를 멈추기 위해 필요한 일의 차이는 얼마인가?

주의 개념 문제는 계산이 아닌 설명이 필요하다.

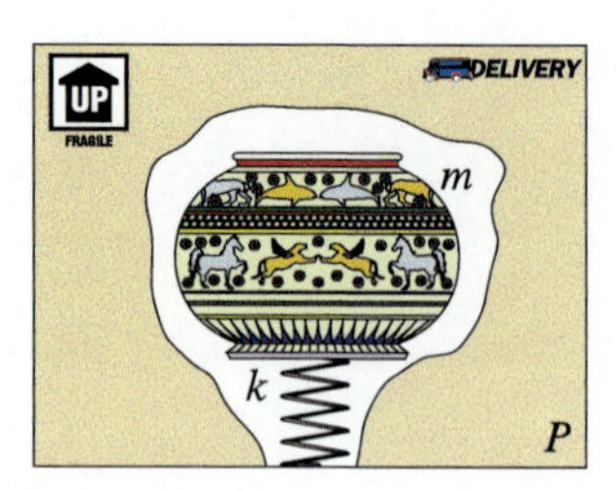

그림 P4.19, P4.20

문제 4.19, 4.20

민감한 제품(예: 노트북 또는 유리)을 운반하는 포장 용기는 그 내용물을 보호하기 위해 충격 에너지의 일부를 '흡수'하도록 설계되어 있다. 이러한 에너지 흡수장치는 매우 복잡하다(예: 스티로폼 용기의 역학적 거동은 매우 복잡하다). 내용물(질량 $m = 2.5$ kg인 고가의 꽃병)이 스프링 상수 k인 선형 탄성스프링으로 포장박스 P와 연결되어 있다고 모델링한다. 포장박스가 1.5 m 높이에서 정지 상태에서 떨어진다. 꽃병을 질점으로 보고, 중력과 스프링 힘을 제외한 모든 힘들을 무시한다.

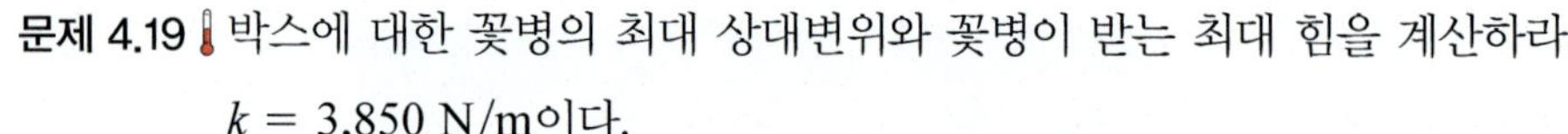

문제 4.19 박스에 대한 꽃병의 최대 상대변위와 꽃병이 받는 최대 힘을 계산하라. $k = 3{,}850$ N/m이다.

문제 4.20 박스에 대한 꽃병의 최대 상대변위와 꽃병이 받는 최대 힘을 스프링 상수 k의 함수로 그래프로 그려라. 이 그래프를 보고, 꽃병이 받는 힘을 최소화시키려 할 때, 어떤 문제가 발생할지 설명하라.

문제 4.21

블록 A에 수평방향의 힘 F가 작용하여 수평방향으로 움직인다. A의 운동에너지 T_A는 그림과 같이 위치 x의 함수로 주어져 있다. 구간 $x_0 < x < x_1$과 $x_1 < x < x_2$에서의 힘 F의 부호를 판별하라.

주의 개념 문제는 계산이 아닌 설명이 필요하다.

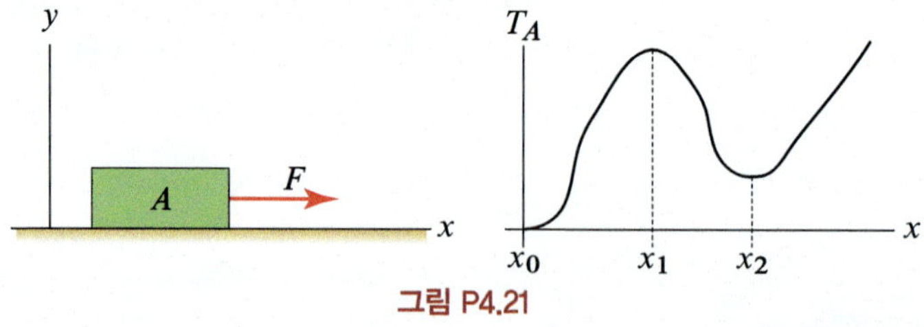

그림 P4.21

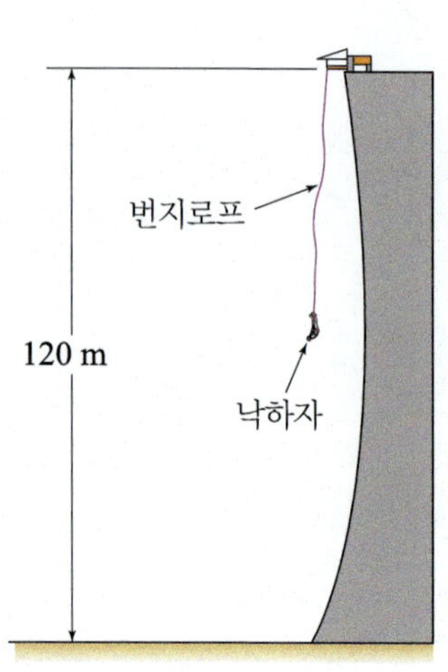

그림 P4.22

문제 4.22

일반적으로 탄성 로프의 강성(stiffness)은 넓은 범위의 변위 내에서 일정하다. 즉 힘과 변위와의 관계가 직선적이다. 그러나 번지점프 로프는 길이가 늘어나면 강성이 작아진다. 이러한 연화(softening)적인 힘–변위관계는 식 $f = k\delta - \beta\delta^3$으로 나타낼 수 있다. 여기에서 δ는 로프의 늘어난 길이(ft 단위)이다. 번지점프 로프의 원래길이가 45 m이고, $k = 38$ N/m이다. 질량이 78 kg인 사람이 120 m 높이에서 정지 상태에서 점프하여 바닥에 도달하였을 때의 속도가 영(0)이 되도록 β 값을 결정하라.

문제 4.23-4.25

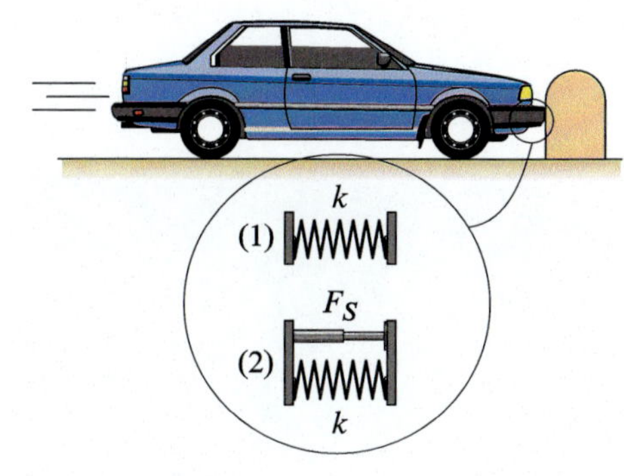

그림 P4.23-P4.25

자동차 범퍼는 저속충돌의 경우에 차체의 손상 범위를 최소화하도록 설계되어 있다. 질량이 1420 kg인 승용차가 5 km/h의 속도로 콘크리트 벽과 충돌한다. 자동차를 질점으로 보고 아래 두 가지 다른 종류의 범퍼를 생각한다. (1) 스프링상수 k인 한 개의 선형 스프링, (2) 스프링상수 k인 선형 스프링과 100 mm의 변위 내에서 일정한 힘 $F_s = 2000$ N을 발생시키는 충격흡수기(shock absorber)가 병렬로 연결된 경우.

문제 4.23 범퍼 (1)에서 $k = 9 \times 10^4$ N/m인 경우, 자동차가 멈추는 데 필요한 스프링의 압축 변위를 구하라.

문제 4.24 범퍼 (1)의 경우, 자동차가 멈출 때의 스프링의 압축변위가 100 mm가 되도록 k 값을 결정하라.

문제 4.25 범퍼 (2)의 경우, 자동차가 멈출 때의 스프링의 압축변위가 100 mm가 되도록 k 값을 결정하라.

4.2 보존력과 위치에너지

그림 4.8 곤돌라 로프 시스템.

그림 4.9 의자식 리프트.

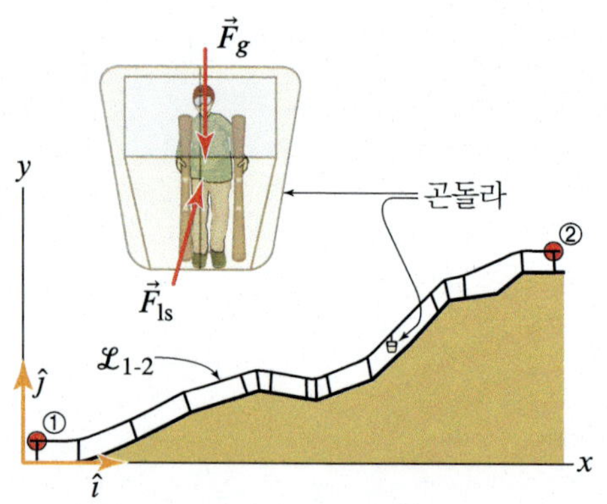

그림 4.10 곤돌라와 탑승자의 자유물체도(FBD). 리프트에 의해 탑승자에게 가해지는 힘 $\vec{F}_{ls}$.

리프트 시스템

그림 4.8, 4.9는 높은 고도로 사람들을 운송하는 리프트 시스템을 보여주고 있다. 그림 4.8과 같은 곤돌라 형태의 리프트는 캐빈(cabin)에 최대 15명까지 태우고 6 m/s의 속도로 수 km 거리를 움직여 시간 당 5,000명을 1,000 m의 높이까지 운송할 수 있다. 표 4.2는 3종류의 곤돌라 시스템의 기술적 데이터를 비교해 놓은 것이다. 이 데이터에 기초하여 다음과 같은 질문을 할 수 있다.

> 리프트를 작동시키는 에너지 중에 사람들을 수송하는데 실제로 소비되는 에너지의 비율은 얼마인가?

이 문제를 통하여 곤돌라 작동 시 손실되는(예: 마찰 손실) 에너지 비용을 알 수 있다.

표 4.2 곤돌라 시스템의 기술적 데이터(참조: `http://www.leitner-lifts.com`). 맨 오른쪽 열 은 매초 당 곤돌라 시스템에 공급되는 에너지 총량이다.

위치	길이 (m)	고도 (m)	운송능력 (사람수/h)	에너지/시간 (kJ/s)
Hochgurgl (AT)	2216	554	2489	980
Verbier (CH)	1826	264	2400	800
Bruneck (IT)	4060	1314	1700	1560

그림 4.10과 같이 곤돌라를 타고 경로 $\mathscr{L}_{1-2}$를 따라 ①에서 ②로 이동하는 사람을 생각해 보자. 사람을 질점으로 모델링하고 일–에너지 원리 $T_1 + U_{1-2} = T_2$를 적용한다. T_1, T_2는 각각 ①과 ②에서의 사람의 운동에너지이다. U_{1-2}는 사람에게 작용하는 모든 힘들이 한 일이다. 케이블은 일정속도로 움직이므로 $T_1 = T_2$이며, 따라서 $U_{1-2} = 0$이다. 그림 4.10의 사람의 자유물체도(FBD)를 보면 다음 관계를 알 수 있다.

$$U_{1\text{-}2} = (U_{1\text{-}2})_{ls} + (U_{1\text{-}2})_g \tag{4.18}$$

여기에서 $(U_{1-2})_{ls}$, $(U_{1-2})_g$는 각각 리프트 시스템과 중력이 한 일을 나타낸다. $U_{1-2} = 0$이므로 $(U_{1-2})_{ls}$는 다음과 같다.

$$(U_{1\text{-}2})_{ls} = -(U_{1\text{-}2})_g, \qquad (U_{1\text{-}2})_g = \int_{\mathscr{L}_{1\text{-}2}} \vec{F}_g \cdot d\vec{r} \tag{4.19}$$

표 4.2의 데이터에서 구체적인 경로 $\mathscr{L}_{1-2}$를 알 수는 없다. 우리의 계산에서 구체적인 경로를 알 필요가 없으며 그 이유는 중력은 경로와 무관하기 때문이다. 중력을 일정한 크기와 방향을 가진 벡터 $\vec{F}g = -mg\hat{\jmath}$로 나타내고, $d\vec{r} = dx\hat{\imath} + dy\hat{\jmath}$이므로 식 (4.19)의 두 번째 식에 이들을 대입하면 다음과 같다.

$$(U_{1\text{-}2})_g = \int_{\mathscr{L}_{1\text{-}2}} -mg\,\hat{\jmath}\cdot(dx\,\hat{\imath}+dy\,\hat{\jmath}) = -mg\int_{y_1}^{y_2} dy \tag{4.20}$$

또는

$$(U_{1\text{-}2})_g = -mg(y_2 - y_1) \tag{4.21}$$

식 (4.21)은 중력이 임의의 경로를 따라 움직이는 질점에 한 일은 질점의 무게에 높이차 $(y_1 - y_2)$를 곱한 것과 같다는 것을 보여주고 있다. 이 사실로부터 중력이 한 일은 질점이 ①에서 ②로 이동하는 경로와 무관함을 알 수 있다. 이는 매우 중요한 성질이며 이에 대하여 곧 상세히 다룰 것이다.

표 4.2에서 시간당 최대 2,489명을 $y_2 - y_1 = 554$ m 만큼 운송하는 Hochgurgl에 위치한 리프트를 생각해 보자. 이 데이터를 이용하고, 장비를 포함하여 한 사람의 질량을 $m = 95$ kg으로 잡으면, 식 (4.21), (4.19)의 첫 번째 식에서 시간당 리프트가 한 일은 다음과 같다.

$$(U_{1\text{-}2})_{\text{ls}} = 2489(95\,\text{kg})(9.81\,\text{m/s}^2)(554\,\text{m}) = 1.285\times 10^9\,\text{J} \tag{4.22}$$

리프트에 공급되는 에너지 중에 사람들을 실제로 운송하는데 소비되는 에너지의 비율은 식 (4.22)의 에너지를 리프트에 공급되는 시간당 에너지, 즉 (980 kJ/s)(3600s) = 3.528×10^9 J로 나누면 다음과 같다.

$$\frac{\text{운송에 필요한 에너지}}{\text{공급되는 에너지}} = \frac{1.285\times 10^9\,\text{J}}{3.528\times 10^9\,\text{J}} = 0.364 \tag{4.23}$$

Verbier와 Bruneck에 위치한 리프트에 대한 식 (4.23)의 비율은 각각 0.205와 0.371이다.

흥미로운 사실

사람의 체중. 사람의 체중 $m = 95$ kg은 1999–2002 사이에 NHANES (National Health and Nutrition Examination Survey)에 의한 조사 데이터에 근거하고 있다(http://www.cdc.gov/ 참조). 여기에서 미국인 남녀의 평균 체중은 각각 86 kg, 74 kg이었다. 여기에 스키의 무게 약 1.4 kg과 스키화 무게 약 3.6 kg 및 스키복 무게를 더한 것이다.

이 결과를 보면 리프트를 설계할 때 단순히 사람을 운송한다는 사실뿐만이 아니라 효율도 함께 고려해야 한다는 점을 깨닫게 된다. 리프트 시스템의 예제에서 보았듯이 중력이 한 일은 ①에서 ②로 이동하는 경로와 무관하며 오직 ①과 ②점의 높이 차이에 의해 결정됨을 알 수 있다. 이와 같이 어떤 힘이 한 일이 경로에 무관한 힘들이 있으며, 이러한 예로서 중심력(central force)을 들 수 있다. 중심력에는 스프링의 힘과 만유인력의 법칙에 의한 중력이 있다.

중심력이 한 일

질점 P에 작용하는 힘의 작용선이 언제나 같은 점 O를 지나고 그 힘의 크기가 O에서 P까지의 거리 r의 함수인 힘을 중심력 $\vec{F}_c(r)$이라 정의한다(그림 4.11 참조). 스프링의 힘과 만유인력의 법칙에 의한 중력을 중심력으로 생각할 수 있다. 중심력에 의한 일을 유도하고 이 결과를 스프링의 힘과 중력에 대하여 적용한다.

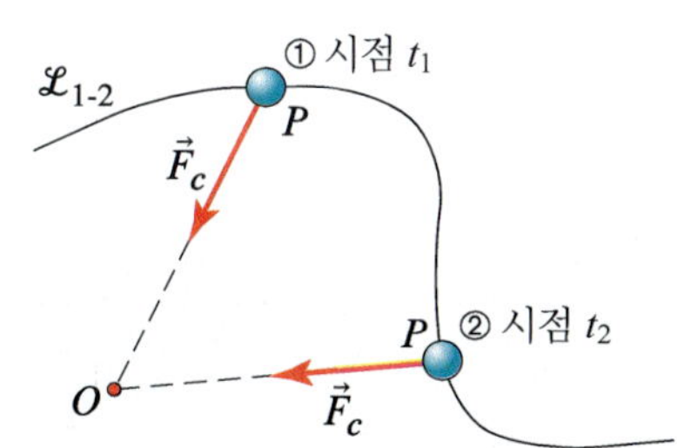

그림 4.11 중심력 $\vec{F}_c$를 받으면서 운동하는 질점 P.

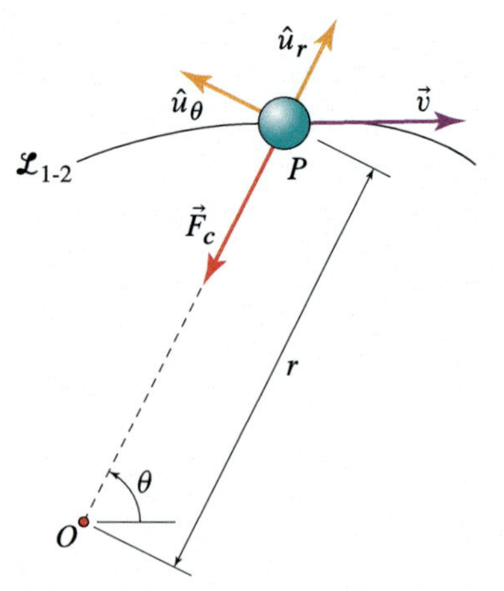

그림 4.12 중심력 $\vec{F}_c$를 받으면서 운동하는 질점 P. 본 그림은 P의 속도벡터, $\vec{F}_c$와 P의 운동을 나타내기 위한 극좌표계를 보여주고 있다.

그림 4.11에서 질점 P가 경로 $\mathscr{L}_{1-2}$를 따라 위치 ①(시점 t_1)에서 출발하여, 위치 ②(시점 t_2)까지 움직인다. 이때 중심력 $\vec{F}_c(r)$가 질점 P에 한 일을 구하고자 한다. 그림 4.12는 질점 P의 운동과 중심력 $\vec{F}_c$를 표현하기 위한 극좌표계(polar coordinate system)를 보여준다. 식 (4.15)의 성분 개념을 이용하여 $\vec{F}_c(r)$가 한 일을 구하면 다음과 같다.

$$(U_{1\text{-}2})_c = \int_{t_1}^{t_2} \vec{F}\cdot\vec{v}\,dt = \int_{t_1}^{t_2} F_c(r)\,\hat{u}_r\cdot\left(\dot{r}\,\hat{u}_r + r\dot{\theta}\,\hat{u}_\theta\right)dt \tag{4.24}$$

여기에서 $\vec{F}_c(r) = F_c(r)\hat{u}_r$인 관계와 속도 벡터를 극좌표계로 표현한 식 (2.85)을 이용하였다. 식 (4.24)의 마지막 내적을 전개하고 식 $\dot{r}\,dt = (dr/dt)dt = dr$을 이용하면 다음과 같은 결과를 얻는다.

$$(U_{1\text{-}2})_c = \int_{r_1}^{r_2} F_c(r)\,dr \tag{4.25}$$

스프링 힘에 의한 일 그림 4.13(a)에서 보면 질점 P는 스프링을 통하여 고정점 O에 연결되어 있으며, 질점 P는 임의의 경로 $\mathscr{L}_{1-2}$를 따라 위치 ①에서 위치 ②까지 움직인다.

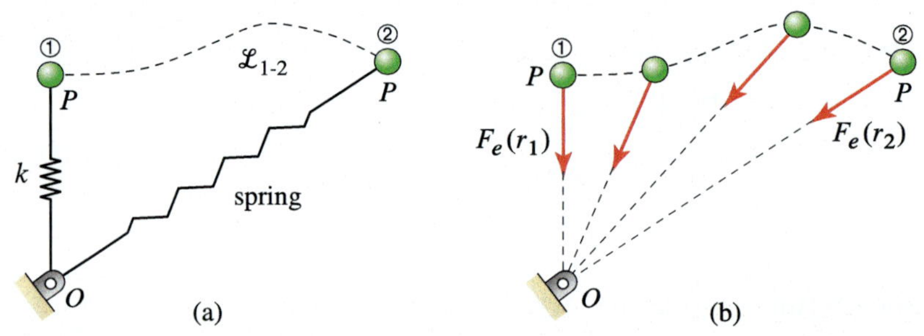

그림 4.13 (a) 경로 $\mathscr{L}_{1-2}$를 따라 위치 ①에서 위치 ②까지 움직이는 질점 P. 스프링의 한쪽 끝은 질점에, 다른 쪽은 고정점 O에 연결되어 있다. (b) P가 경로 $\mathscr{L}_{1-2}$를 따라 움직임에 따라 스프링 힘의 방향도 변한다.

그림 4.13(b)와 같이 스프링 힘은 언제나 고정점 O를 향하여 작용한다. 스프링의 현재 길이가 r이고 스프링의 원래 길이를 L_0라 하면 스프링의 늘어난 길이는 $\delta = r - L_0$이며, 이때 스프링의 힘은 $\vec{F}_e = -k(r - L_0)\hat{u}_r$이다(식 (3.13) 참조: 하첨자 e는 elastic(탄성)을 나타낸다). 따라서 식 (4.25)를 이용하면 다음과 같은 결과를 얻는다.

$$(U_{1\text{-}2})_e = \int_{r_1}^{r_2} -k(r - L_0)\,dr = -\tfrac{1}{2}k\left[(r_2 - L_0)^2 - (r_1 - L_0)^2\right] \tag{4.26}$$

또는

$$(U_{1\text{-}2})_e = -\tfrac{1}{2}k\left(\delta_2^2 - \delta_1^2\right) \tag{4.27}$$

여기에서 $\delta_1 = r_1 - L_0$, $\delta_2 = r_2 - L_0$이다. 크기와 방향이 일정한 힘이 한 일과 마찬가지로 질점에 작용하는 스프링 힘이 한 일도 질점의 경로의 두 끝점의 위치에 의해서 결정된다.

그림 4.14에서 스프링 힘이 어떤 경우에는 중심력이 아닐 수 있음을 보여준다. 그러나 이 경우에도 식 (4.27)에 의해 스프링힘에 의한 일을 계산할 수 있다.

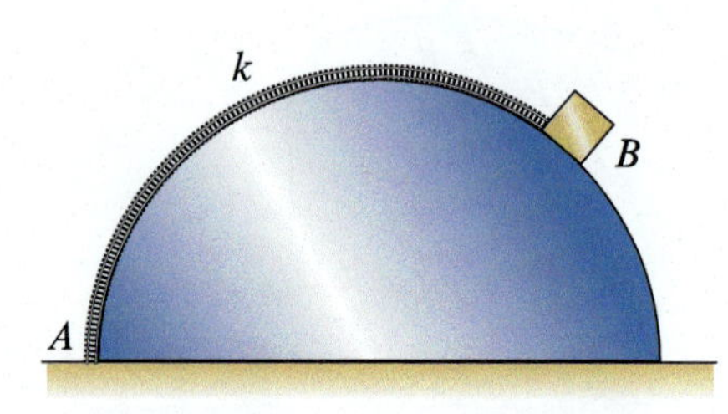

그림 4.14 반원 실린더 표면에 놓여 있는 블록 B가 점 A에서 고정된 스프링(스프링 상수 k)에 의해 연결되어 있다.

중력에 의한 일 그림 4.15에서 질량이 m_A이고 위치가 고정된 A의 인력에 의해 질량이 m_B인 B에 작용하는 중력 $\vec{F}_{BA}$를 생각해 보자. 뉴턴의 만유인력 법칙(식 (1.6) 참조)에 따라 중력 $\vec{F}_{BA}$는 다음과 같다.[2)]

$$\vec{F}_{BA} = -\frac{Gm_Am_B}{r^2}\,\hat{u}_r \tag{4.28}$$

식 (4.25)로부터 다음 결과를 얻는다.

$$(U_{1\text{-}2})_G = \int_{r_1}^{r_2} -\frac{Gm_Am_B}{r^2}\,dr = -Gm_Am_B\int_{r_1}^{r_2}\frac{dr}{r^2} \tag{4.29}$$

$$(U_{1\text{-}2})_G = -Gm_Am_B\left(-\frac{1}{r_2}+\frac{1}{r_1}\right) \tag{4.30}$$

여기서 중력이 한 일도 질점의 두 끝점의 위치에 의해서만 결정된다는 사실을 알 수 있다.

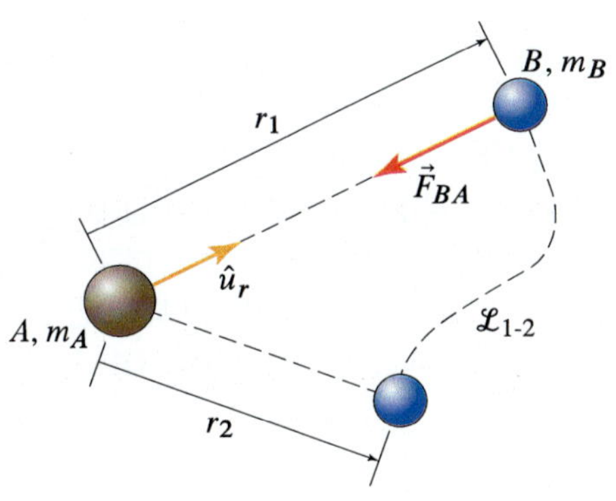

그림 4.15 $\vec{F}_{BA}$의 인력에 의해 A에 작용하는 중력.

보존력과 위치에너지

스프링 힘과 중력에 의한 일을 계산하는 과정을 통하여, 스프링 힘과 중력에 의한 일은 경로에 의존하지 않고 경로의 두 끝점의 위치에 의해서만 결정된다는 사실을 발견하였다. 261쪽의 유용한 정보 "선적분과 완전미분"에서 설명한 바와 같이 선적분이 적분 상한과 적분 하한 만에 의해 결정되면 피적분함수(integrand)는 완전미분 형태이어야 한다. 따라서 어느 특정한 형태의 힘이 한 일은 다음과 같이 나타낼 수 있다.

$$U_{1\text{-}2} = \int_{\mathscr{L}_{1\text{-}2}} \vec{F}\cdot d\vec{r} = \int_{\mathscr{L}_{1\text{-}2}} -(dV) = -\left[V(\vec{r}_2) - V(\vec{r}_1)\right] = -(V_2 - V_1) \tag{4.31}$$

여기에서 $\vec{r}_1$, $\vec{r}_2$는 각각 ①과 ②의 위치벡터이다. V는 위치의 스칼라 함수로서 힘 $\vec{F}$의 **위치에너지(*potential energy*)**라고 부른다. 식 (4.31)에 보인 관계가 성립하는 힘, 즉 힘에 대한 스칼라 위치에너지가 존재하는 힘을 **보존력(*conservative forces*)**이라고 부른다.

만일 어떤 시스템에 가해지는 모든 힘이 보존력인 경우에는 일-에너지 원리를 힘의 보존성을 보여주는 다른 형태로 표현할 수 있다. 식 (4.31)을 식 (4.14)에 대입하면 **기계적 에너지의 보존(*conservation of mechanical energy*)**이라고 부르는 다음 식을 얻는다.

$$T_1 + V_1 = T_2 + V_2. \tag{4.32}$$

식 (4.32)가 성립하는 시스템을 **보존계(*conservative system*)**라고 부른다. 식 (4.32)는 물체에 보존력만이 작용하면 경로의 양단의 전체 기계적 에너지(위치에너지와 운동에너지의 합)는 보존된다(일정하다)는 것이다.

흥미로운 사실

식 (4.31)의 부호가 왜 (−)인가? 위치에너지 V를 "위치에너지가 영인 상태로 돌아가면서 양(+)의 일을 할 수 있는 잠재능력"으로 보기 때문에 (−)부호가 필요하다. 식 (4.31)은 $U_{1-2} = V_1 - V_2$로 쓸 수 있으며, 여기에서 보면, V가 감소하면($V_1 > V_2$) 일 U_{1-2}는 양의 값을 가지게 되고, 반대로 V가 증가하면($V_1 < V_2$) 일 U_{1-2}는 음의 값을 가진다.

빠지기 쉬운 함정

일을 계산하는 과정에서 경로의 중요성. 식 (4.12)는 힘이 한 일은 일반적으로 그 경로에 따라 달라진다는 사실을 말해주고 있다. 그러나 크기와 방향이 일정한 힘과 중심력이 한 일은 경로의 두 끝단의 위치만의 함수이다.

2) 식 (4.28)의 부호는 식 (1.6)의 부호와 다르다. 그 이유는 식 (4.28)의 단위벡터 $\hat{u}_r$은 A에서 B로 향하는 방향이기 때문이다.

유용한 정보

기준선은 임의로 정할 수 있다. V_g를 계산하기 위한 기준선($y = 0$)은 임의로 정해도 된다. 다만 기준선은 고정좌표계에 대하여 고정된 위치이어야 한다. 질점이 여러 개인 경우에는 질점마다 기준선을 다르게 잡는 것이 편리할 수도 있다.

빠지기 쉬운 함정

탄성 위치에너지는 음(−)의 값을 가질 수 없다. δ가 음수일 때, 즉 스프링이 압축되는 경우에 $V_e = -\frac{1}{2}k\delta^2$와 같이 쓰고 싶은 유혹을 받을 수 있다. 그러나 탄성 스프링의 탄성 위치에너지는 결코 음의 값을 가질 수 없다. 그 이유는 스프링이 늘어나거나 줄어들거나 관계없이 원래 상태로 돌아가려는 양(+)의 일을 할 수 있는 상태가 되기 때문이다. 이러한 사실은 식 $V_e = \frac{1}{2}k\delta^2$에 반영되어 있다. 즉 δ^2은 δ의 부호에 관계없이 항상 양이다.

일정한 크기와 방향을 가진 중력의 위치에너지 식 (4.21)에서 일정한 크기와 방향을 가진 중력이 질량 m인 질점에 한 일은 $U_{1-2} = -mg(y_2 - y_1)$이다. 이를 식 (4.31)과 비교해 보면 다음 식을 얻는다.

$$V_g = mgy \tag{4.33}$$

여기에서 V_g는 일정한 중력 mg의 위치에너지이고, y는 기준선[3](*datum line*, $y = 0$)으로부터의 수직 거리이다. y 값은 중력과 반대방향으로 갈수록 커진다. 중력에 의한 일은 오직 높이의 차이에 의해 결정되므로 기준선의 위치는 임의로 정해도 된다.

스프링 힘의 위치에너지 스프링 힘이 한 일은 $U_{1\text{-}2} = -\frac{1}{2}k\left(\delta_2^2 - \delta_1^2\right)$이다. 이를 식 (4.31)과 비교하면 다음 식을 얻는다.

$$V_e = \frac{1}{2}k\delta^2 \tag{4.34}$$

여기에서 V_e는 선형적인 스프링 힘의 위치에너지이고 δ는 스프링의 원래 길이로부터 늘거나 줄어든 길이이다.

중력의 위치에너지 식 (4.30)에서 질점 A에 의해 질점 B에 작용하는 중력이 한 일은 $U_{1-2} = -Gm_Am_B\,(-1/r_2 + 1/r_1)$이다. 이 식을 식 (4.31)과 비교해 보면 A와 B 사이의 중력에 의한 위치에너지는 다음과 같다.

$$V_G = -\frac{Gm_Am_B}{r} \tag{4.35}$$

여기에서 r은 A와 B 사이의 거리이다.

■ **간단한 예제** 4.1절의 첫 부분에 있는 마찰이 없는 원통면 위를 미끄러지는 질점에 대한 예제에서 일–에너지 원리를 적용하여 식 (4.4)를 직접 유도하라.

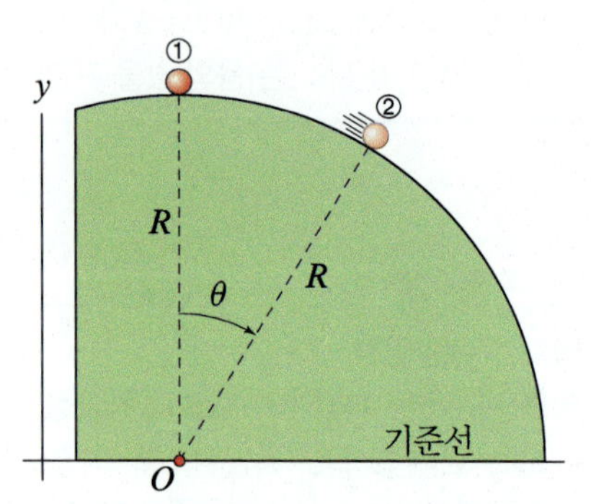

그림 4.16 마찰이 없는 원통면 위를 미끄러지는 질점.

풀이 이 문제를 풀기 위하여 그림 4.16에 보인 원점이 O인 극좌표계를 사용한다. 식 (4.32)를 적용하여 다음 식을 얻는다.

$$T_1 + V_1 = T_2 + V_2 \tag{4.36}$$

운동에너지 T_1, T_2와 위치에너지 V_1, V_2를 구한다. 질점이 원통의 표면과 접촉을 유지하고 있는 한 그 속도는 다음과 같다.

$$\vec{v} = R\dot{\theta}\,\hat{u}_\theta \quad \Rightarrow \quad T_1 = \frac{1}{2}m(R\dot{\theta}_1)^2, \qquad T_2 = \frac{1}{2}m(R\dot{\theta}_2)^2 \tag{4.37}$$

그림 4.17에서 질점의 FBD를 이용하여 V_1, V_2를 구한다. 무게가 한 일은 위치에너지 함수 $V_1 = mgy_1$, $V_2 = mgy_2$로 표현이 되며, 그림 4.16과 같이 원통의 바닥면을 위치에너지의 기준선으로 선정하였다. 수직반력 N은 일을 하지 못하므로 고려할 필요가 없다.

3) 기준선(*datum*)이라는 용어는 라틴어로 주다(give)라는 의미를 가진 *dare*에서 유래되었다. 이는 측량(surveying), 사상(mapping), 지질학(geology)에서 어떤 점이나 선, 표면을 기준으로 지정하는 것을 말한다.

식 (4.37)과 위의 V_1, V_2 식을 이용하면 식 (4.36)은 다음과 같이 변환된다.

$$\frac{1}{2}m(R\dot{\theta}_1)^2 + mgy_1 = \frac{1}{2}m(R\dot{\theta}_2)^2 + mgy_2 \tag{4.38}$$

$y_1 = R\cos\theta_1$, $y_2 = R\cos\theta_2$이므로 식 (4.38)은 다음과 같이 표현된다.

$$\frac{1}{2}m(R\dot{\theta}_1)^2 + mgR\cos\theta_1 = \frac{1}{2}m(R\dot{\theta}_2)^2 + mgR\cos\theta_2 \tag{4.39}$$

위 식은 식 (4.4)와 동일하다. 여기에서 뉴턴의 제2법칙을 나타내는 식을 적분하지 않고도 일–에너지 원리를 이용하여 식 (4.4)를 직접 유도하였다. ■

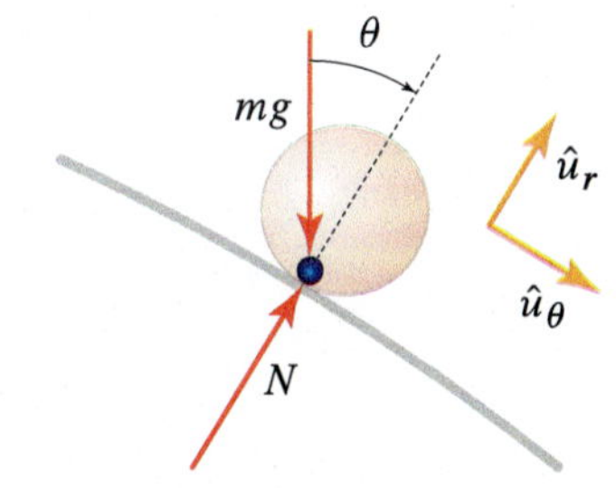

그림 4.17 그림 4.16의 위치 ②에서의 질점의 FBD.

고급 주제

힘의 보존성 판별

힘이 보존적인지 아닌지 구별하는 방법이 있는가? 즉 힘에 대한 위치에너지가 존재하는가? 위치에너지가 존재한다면 이를 구할 수 있는가? 위치에너지가 주어지면 이로부터 힘을 유도할 수 있는가?

식 (4.31)은 보존력 $\vec{F}$에 의한 미소일이 다음과 같다는 의미를 가지고 있다.

$$\vec{F}\cdot d\vec{r} = -dV \tag{4.40}$$

여기에서 보존력은 오직 위치의 함수라는 사실을 기억해야 한다. 직각좌표계에서의 미분은 다음과 같다.

$$dV = \frac{\partial V}{\partial x}dx + \frac{\partial V}{\partial y}dy + \frac{\partial V}{\partial z}dz \tag{4.41}$$

그리고 $\vec{F}\cdot d\vec{r}$은 다음과 같다.

$$\vec{F}\cdot d\vec{r} = \left(F_x\,\hat{\imath} + F_y\,\hat{\jmath} + F_z\,\hat{k}\right)\cdot\left(dx\,\hat{\imath} + dy\,\hat{\jmath} + dz\,\hat{k}\right) = F_x\,dx + F_y\,dy + F_z\,dz \tag{4.42}$$

식 (4.41), (4.42)를 식 (4.40)에 대입하면 다음과 같다.

$$F_x\,dx + F_y\,dy + F_z\,dz = -\frac{\partial V}{\partial x}dx - \frac{\partial V}{\partial y}dy - \frac{\partial V}{\partial z}dz \tag{4.43}$$

dx, dy, dz는 상호 독립적이므로 식 (4.43)이 성립하려면 아래 조건이 만족되어야 한다.

$$F_x = -\frac{\partial V}{\partial x},\quad F_y = -\frac{\partial V}{\partial y},\quad F_z = -\frac{\partial V}{\partial z} \tag{4.44}$$

식 (4.44)의 오른쪽 항은 − 부호를 제외하면 *gradient* V (∇V)의 성분임을 알 수 있다. 따라서 $\vec{F}$는 다음과 같이 나타낼 수 있다.

$$\vec{F} = -\left(\frac{\partial V}{\partial x}\,\hat{\imath} + \frac{\partial V}{\partial y}\,\hat{\jmath} + \frac{\partial V}{\partial z}\,\hat{k}\right) = -\nabla V \tag{4.45}$$

식 (4.45)에서, 위치에너지 V를 알면 $-\nabla V$를 계산하여 힘 $\vec{F}$를 구할 수 있다는 사실을 알 수 있다. 따라서 위치에너지가 주어지면 이로부터 힘을 유도할 수 있는가? 라는 질문에 대한 답을 구하였다.

그리고 힘 $\vec{F}$에 대하여 curl 연산, $\nabla\times\vec{F}$ (curl $\vec{F}$)을 수행하면 다음과 같다.

$$\begin{aligned}\nabla\times\vec{F} &= \left(\frac{\partial}{\partial x}\,\hat{\imath} + \frac{\partial}{\partial y}\,\hat{\jmath} + \frac{\partial}{\partial z}\,\hat{k}\right)\times\left(F_x\,\hat{\imath} + F_y\,\hat{\jmath} + F_z\,\hat{k}\right)\\ &= \left(\frac{\partial F_z}{\partial y} - \frac{\partial F_y}{\partial z}\right)\hat{\imath} + \left(\frac{\partial F_x}{\partial z} - \frac{\partial F_z}{\partial x}\right)\hat{\jmath} + \left(\frac{\partial F_y}{\partial x} - \frac{\partial F_x}{\partial y}\right)\hat{k}\end{aligned} \tag{4.46}$$

흥미로운 사실

gradient 연산. 벡터 미분인 ∇ 연산은 nabla 또는 *del*로 읽는다. 원통좌표계에서의 gradient 연산은 다음과 같다.

$$\nabla = \frac{\partial}{\partial r}\hat{u}_r + \frac{1}{r}\frac{\partial}{\partial \theta}\hat{u}_\theta + \frac{\partial}{\partial z}\hat{u}_z$$

식 (4.44)를 식 (4.46)에 대입하면 다음 식을 얻는다.

$$\nabla \times \vec{F} = \left(-\frac{\partial^2 V}{\partial z \partial y} + \frac{\partial^2 V}{\partial y \partial z}\right)\hat{\imath} + \left(-\frac{\partial^2 V}{\partial x \partial z} + \frac{\partial^2 V}{\partial z \partial x}\right)\hat{\jmath} + \left(-\frac{\partial^2 V}{\partial y \partial x} + \frac{\partial^2 V}{\partial x \partial y}\right)\hat{k} = \vec{0} \tag{4.47}$$

여기에서 식 (4.47)의 편미분이 연속적이어서 다음 관계가 성립한다면 식 (4.47)에서 $\nabla \times \vec{F}$는 영(0)이 된다.

$$\frac{\partial^2 V}{\partial z\, \partial y} = \frac{\partial^2 V}{\partial y\, \partial z}, \quad \frac{\partial^2 V}{\partial x\, \partial z} = \frac{\partial^2 V}{\partial z\, \partial x}, \quad \frac{\partial^2 V}{\partial y\, \partial x} = \frac{\partial^2 V}{\partial x\, \partial y} \tag{4.48}$$

식 (4.47)에서 힘이 보존적이면 $\nabla \times \vec{F} = 0$이라는 사실이 다른 질문들에 대한 답을 제공한다. 역으로 $\nabla \times \vec{F} = 0$이면 힘은 보존적이다.

일반적인 형태의 힘에 대한 일–에너지 원리

식 (4.14)는 어떤 시스템에도 적용할 수 있는 가장 일반적인 일–에너지 원리식이다. 그러나 시스템에서 일을 하는 모든 힘이 보존적인 경우에는 식 (4.12)의 적분을 수행하여 일을 계산하는 대신에 식 (4.31)에서 위치에너지의 차이를 계산하면 된다. 보존력과 비보존력이 작용하는 경우에도 보존력에 대해서는 식 (4.31)을 이용한다. 이러한 문제에 대해서 $U_{1-2} = (U_{1-2})_c + (U_{1-2})_{nc}$로 나누어 다음과 같이 일–에너지 원리를 적용한다.

$$T_1 + (U_{1\text{-}2})_\text{c} + (U_{1\text{-}2})_\text{nc} = T_2 \tag{4.49}$$

여기에서 $(U_{1-2})_c$, $(U_{1-2})_{nc}$는 각각 보존력과 비보존력이 한 일이며 하첨자 c, nc는 각각 보존(conservative)과 비보존(nonconservative)을 나타낸다. 식 (4.31)을 이용하여 $(U_{1-2})_c = -(V_2 - V_1)$로 쓸 수 있다. 따라서 식 (4.49)는 다음과 같이 변환된다.

$$\boxed{T_1 + V_1 + (U_{1\text{-}2})_\text{nc} = T_2 + V_2} \tag{4.50}$$

식 (4.50)은 식 (4.14)와 같이 일반적인 형태의 힘이 작용하는 경우에 적용할 수 있다. 그러나 식 (4.50)은 스프링 힘이나 중력과 같은 보존력이 한 일이 V_1, V_2에 포함되어 있으므로 좀 더 쉽게 적용이 가능하다.

중요한 사실 우리가 위치에너지 V에 포함시키는 보존력은 스프링 힘과 중력뿐이다. 크기와 방향이 일정한 다른 힘은 혼동을 피하기 위하여 여기에서 위치에너지 V에 포함시키지 않는다.

절 요약

4.2절에서 질점이 출발점에서 도착점까지 움직이는 동안에 보존력이 한 일은 두 위치 사이의 경로에 의존하지 않는다는 사실을 발견하였다.

일정한 크기와 방향을 가진 중력이 한 일 일정한 크기와 방향을 가진 중력장에서 질점 m이 ①에서 ②까지 움직이는 동안에 한 일은 다음과 같다.

식 (4.21) p. 277

$$(U_{1\text{-}2})_g = -mg(y_2 - y_1)$$

여기에서 중력은 $-y$ 방향으로 작용한다.

스프링 힘이 한 일 스프링 상수 k인 선형 스프링 힘이 질점에 한 일은 다음과 같다.

식 (4.27) p. 278

$$(U_{1\text{-}2})_e = -\tfrac{1}{2}k\left(\delta_2^2 - \delta_1^2\right)$$

여기에서 δ_1, δ_2는 각각 ①, ②에서의 스프링 변위이다.

보존계 어떤 힘이 한 일이 두 점의 경로에 의존하지 않고 시발점과 도착점의 위치에 의해서만 결정될 때 이 힘을 보존력이라 한다. 보존력이 한 일은 스칼라인 위치에너지 V로 나타낼 수 있다는 특징이 있다. 시스템 내에서 일을 하는 모든 힘이 보존적일 때 그 시스템을 보존계라 부른다. 보존계에서는 일–에너지 원리가 다음과 같은 기계적 에너지 보존 원리로 변환된다.

식 (4.32) p. 279

$$T_1 + V_1 = T_2 + V_2$$

중요한 보존력에는 스프링 힘과 중력이 있다. 선형 탄성스프링의 위치에너지는 다음과 같다.

식 (4.34) p. 280

$$V_e = \tfrac{1}{2}k\delta^2$$

일정한 크기와 방향을 가진 중력의 위치에너지는 다음과 같다.

식 (4.33) p. 280

$$V_g = mgy$$

일반적인 중력의 위치에너지는 다음과 같다.

식 (4.35) p. 280

$$V_G = -\frac{Gm_Am_B}{r}$$

개념정리

탄성에너지는 음의 값을 가질 수 없다. 스프링이 인장되거나 압축되어도, 즉 δ가 양수이든지 음수이든지 스프링의 탄성에너지는 결코 음의 값을 가질 수 없다.

흥미로운 사실

구의 중력 위치에너지. 식 (4.35)는 두 물체의 중심사이의 거리 r을 측정할 수 있고, 질량이 구의 중심에 대하여 대칭적으로 분포된 유한한 크기를 갖는 모든 물체(질점은 제외)에 적용된다. 따라서 이러한 특징을 갖는 천체의 거의 모든 별들에 적용될 수 있다.

보존력과 비보존력이 모두 작용하여 일을 하는 경우에도 식 (4.14) $T_1 + U_{1-2} = T_2$를 이용할 수 있다. 또는 $U_{1-2} = (U_{1-2})_c + (U_{1-2})_{nc}$로 나누어 다음과 같이 일-에너지 원리를 변형시켜 적용한다.

식 (4.50) p. 282

$$T_1 + V_1 + (U_{1\text{-}2})_{\text{nc}} = T_2 + V_2$$

여기에서 $(U_{1-2})_{nc}$는 비보존력이 한 일이다. 본 교재에서는 위치에너지에 포함시키는 보존력으로서 스프링 힘과 중력만을 고려한다.

예제 4.4 빌딩 해체에 쓰이는 강철 볼의 속도

질량이 1125 kg인 강철 볼 A가 그림 1과 같이 각 $\beta = 27°$인 위치에서 놓여진다. 강철 볼이 건물을 때릴 때의 케이블의 각도는 $\gamma = 11°$이고 케이블의 길이는 $L = 9$ m이다. 강철 볼이 건물을 때리는 순간의 속도를 구하라.

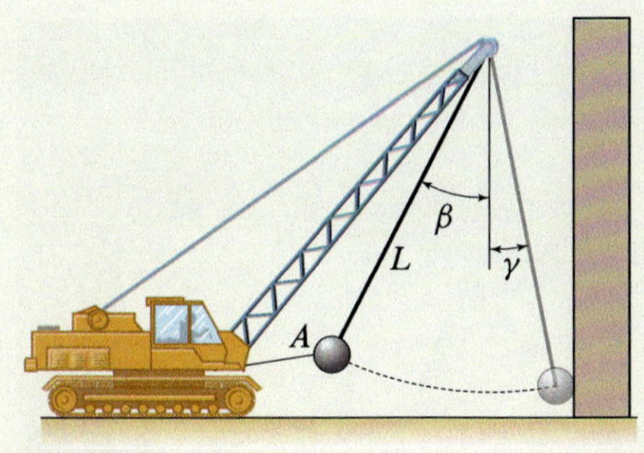

그림 1

풀이 SOLUTION

로드맵과 모델링 강철 볼의 위치 변화와 속도 변화와의 관계를 찾는 문제로서 일–에너지 원리를 적용하기에 적합한 문제이다. 그림 2의 FBD에서, 질점으로 모델링한 강철 볼에 작용하는 자중 mg와 볼이 연결된 케이블의 장력 P를 나타내었다. 케이블의 길이는 일정하고 O 점은 고정점으로 가정한다. 그림 3에서 볼이 놓이는 위치가 ①로, 타격지점이 ②로 표시되어 있다. 케이블의 장력 P는 언제나 볼의 운동궤적과 수직이므로 볼에 일을 하지 못하며 보존력인 중력만이 일을 하게 된다.

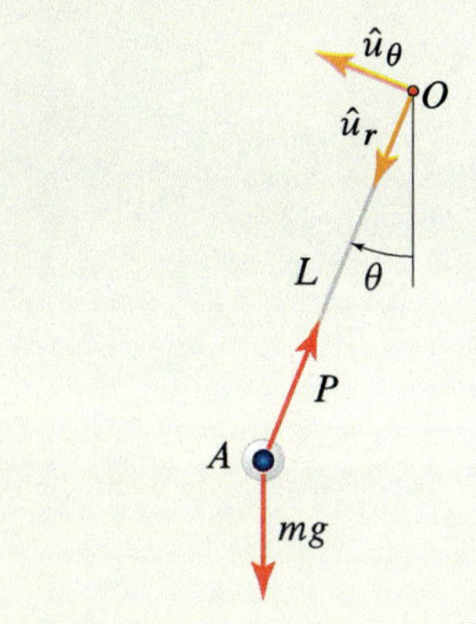

그림 2 강철 볼의 자유물체도(FBD).

지배방정식

평형 원리 위치 ①, ②에 대하여 기계적 에너지 보존의 원리를 적용하면 다음과 같다.

$$T_1 + V_1 = T_2 + V_2 \tag{1}$$

여기에서

$$T_1 = \tfrac{1}{2}mv_1^2, \quad T_2 = \tfrac{1}{2}mv_2^2 \tag{2}$$

여기에서 m은 강철 볼의 질량이고 v_1, v_2는 각각 위치 ①, ②에서의 강철볼의 속도이다.

힘의 법칙 보존력인 중력만이 일을 하며 그림 3과 같이 기준선을 잡으면 다음 관계식이 성립한다.

$$V_1 = -mgL\cos\beta, \quad V_2 = -mgL\cos\gamma \tag{3}$$

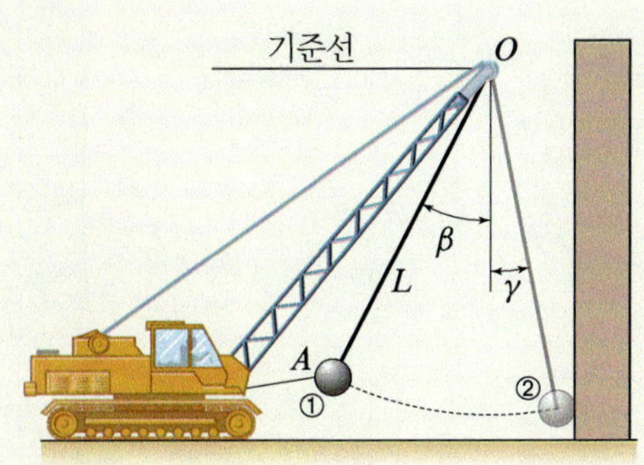

그림 3 위치에너지의 기준선과 위치 ①, ②의 정의.

운동학 방정식 강철 볼은 정지 상태에서 놓이므로

$$v_1 = 0 \tag{4}$$

이다.

계산 식 (2)–(4)를 식 (1)에 대입하면

$$-mgL\cos\beta = \tfrac{1}{2}mv_2^2 - mgL\cos\gamma \tag{5}$$

을 얻으며 여기에서 v_2에 대하여 풀면 다음과 같다.

$$\boxed{v_2 = \sqrt{2gL(\cos\gamma - \cos\beta)} = 4\ \text{m/s}} \tag{6}$$

논의 및 검증 식 (6)에서 제곱근 안에 있는 식의 단위는 (길이)^2/(시간)^{2}이다. 따라서 식 (6)은 정확한 단위를 가지고 있음을 알 수 있다.

심층분석 볼의 수직낙하 거리는 $L(\cos\gamma - \cos\beta)$이다. 따라서 볼의 속도는 볼이 높이 $L(\cos\gamma - \cos\beta)$에서 낙하할 때의 속도와 정확하게 일치한다.

예제 4.5 번지 점프: 기계적 에너지 보존의 원리

그림 1 남부 스위스의 Verzasca 댐. 1995년 제임스 본드의 영화 *GoldenEye*에서 번지 점프 장소로 사용됨.

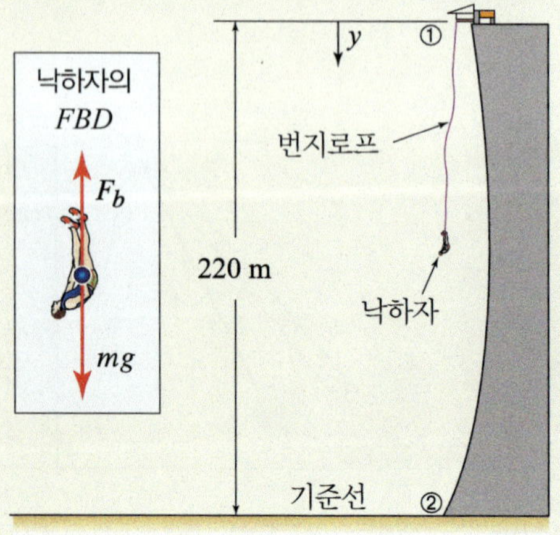

그림 2 번지 점프가 설치된 Verzasca 댐의 측면도로서 위치 ①, ②가 표기됨. FBD는 로프가 원래 길이보다 늘어난 이후의 상태이다.

번지 점프에 적용되는 역학은 비교적 단순하나 계산상의 오류는 심각한 결과를 초래할 수 있다. 세계에서 가장 높은 위치에 있는 번지 점프는 남부 스위스의 Verzasca 댐에 설치되어 있으며 점프의 높이는 220 m이다. 질량이 77 kg인 사람이 점프하여 댐의 밑바닥에 도달하였을 때의 속도가 영(0)이 되도록, 로프의 강성 k와 로프의 원래 길이 L_0와의 관계식을 구하라. 즉 k를 L_0의 함수로 나타내어라. 또한 낙하하는 동안에 가속도가 $4g$를 넘지 않도록 L_0를 결정하라.

풀이 SOLUTION

로드맵과 모델링 그림 2의 FBD에서, 질점에 작용하는 힘은 중력과 선형 탄성스프링으로 모델링한 로프의 장력 F_b이다. 낙하자(bunge jumper)는 정지 상태에서 ①에서 뛰어내려 ②에서 속도가 영(0)이 된다. ①, ②에서의 속도를 알고 낙하자에게 작용하는 힘들을 알고 있으므로 일-에너지 원리를 적용하여 로프의 강성과 원래 길이와의 관계를 구할 수 있다. 다음 단계로 뉴턴의 제2법칙을 적용하여 최대 가속도를 계산하고 로프의 k와 L_0 값을 구한다.

지배방정식

평형 원리 위치 ①, ②에 대하여 일-에너지 원리를 적용하면 다음과 같다.

$$T_1 + V_1 = T_2 + V_2 \tag{1}$$

여기에서 일을 하는 모든 힘은 보존적이라는 사실을 이용하였다. 운동에너지는 다음과 같다.

$$T_1 = \tfrac{1}{2}mv_1^2, \qquad T_2 = \tfrac{1}{2}mv_2^2 \tag{2}$$

여기에서 m은 낙하자의 질량이고 v_1, v_2는 각각 위치 ①, ②에서의 낙하자의 속도이다. 낙하자의 가속도도 구해야 하므로 낙하자의 y 방향 운동에 대하여 뉴턴의 제2법칙을 적용하면 다음과 같다.

$$\sum F_y:\quad mg - F_b = ma_y \tag{3}$$

여기에서 낙하한 후 번지 로프가 힘을 받기 전까지 $F_b = 0$이다.

힘의 법칙 기준선을 ②에 잡으면 ①, ②에서의 중력 위치에너지는 다음과 같다.

$$V_1 = mgh, \qquad V_2 = \tfrac{1}{2}k(h - L_0)^2 \tag{4}$$

여기에서 $h = 220$ m, $mg = 756$ N이고 로프의 탄성 위치에너지는 V_2이다. 로프의 힘-변형 관계는 다음과 같다.

$$F_b = k\delta = k(y - L_0) \tag{5}$$

여기에서 $y \le L_0$ 일 때 $F_b = 0$이다.

운동학 방정식 낙하자의 출발점과 바닥에서의 속도는 영이므로

$$v_1 = v_2 = 0 \tag{6}$$

이다.

계산 식 (2), (4), (6)을 식 (1)에 대입하고 k에 대하여 풀면 다음과 같다.

$$k = \frac{2mgh}{(h - L_0)^2} \tag{7}$$

식 (7)은 k를 L_0의 함수로 나타내고 있으며 이 관계를 그림 3에 나타내었다.

이제 질량이 77 kg인 낙하자의 최대 가속도가 $a_{max} = 4\ g$을 넘지 않도록 설계하여야 한다. ②에서 낙하자의 속도가 영이고 점프 중에 가속도가 4 g를 넘지 않는 제한조건을 만족시키는 해는 무수히 많이 존재한다. 그림 2의 FBD를 보면 로프에 힘이 걸리기 전까지 낙하자는 자유낙하운동을 하며, 이때의 가속도는 아래 방향으로 g(중력가속도)이다. 로프에 힘이 걸린 후에는 식 (3), (5)를 풀어 가속도 a_y를 다음과 같이 구한다.

$$a_y = g - \frac{k}{m}(y - L_0) \tag{8}$$

식 (7)에서, ②에서 낙하자의 속도가 영이 되는 k와 L_0 사이의 관계가 주어져 있으므로 식 (7)을 이용하면 식 (8)은 다음과 같이 변환된다.

$$a_y = g - \frac{2gh(y - L_0)}{(h - L_0)^2} \quad \text{또는} \quad \frac{a_y}{g} = 1 - \frac{2h(y - L_0)}{(h - L_0)^2}, \quad y > L_0 \tag{9}$$

번지 로프의 원래 길이를 다음과 같이 선택한다.

$$L_0 = h/2 = 110\,\text{m} \tag{10}$$

이제 제한조건 $a_y < 4g$ 가 만족되는지 확인하여야 한다. 선정한 L_0 값과 식 (9)에 따라 y에 대한 a_y/g의 변화를 그림 4와 같이 나타내었다. 그림을 보면 우리가 선정한 L_0 값이 설계조건을 만족시킴을 알 수 있다.

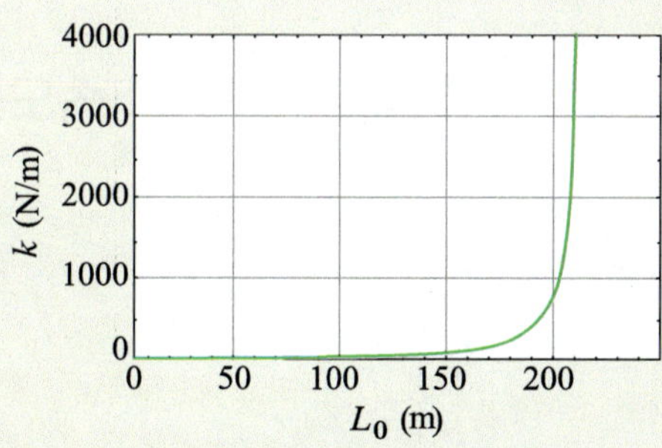

그림 3 밑바닥(위치 ②)에서 낙하자의 속도가 영이 되기 위한 k와 L_0사이의 관계(녹색 커브).

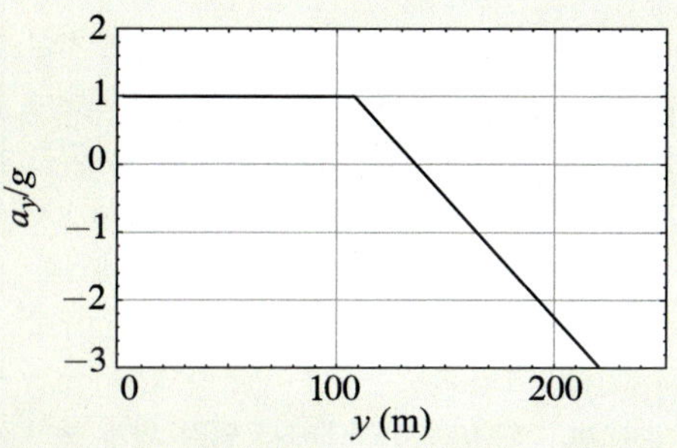

그림 4 y의 함수인 낙하자의 가속도. $L_0 = h/2 = 110$ m.

논의 및 검증 식 (7)의 오른쪽 항의 단위는 힘/길이이다. 따라서 식 (7)은 스프링 상수의 차원을 가지고 있다. 식 (7)에서, 로프의 강성(스프링 상수)은 낙하자의 체중에 비례해야 함을 나타내고 있다. 식 (7)과 이를 나타내는 그림 3은 강성 k에 대한 필요조건을 나타내고 있다. 만일 로프의 원래 길이가 매우 짧은 경우에는(즉, 식 (7)의 분모가 매우 큰 경우에는) 낙하자가 220 m를 낙하한 후에 낙하자를 정지시킬 수 있는 로프의 강성이 매우 작다. 강성 k는 $L_0 = 150$ m가 될 때까지 매우 느리게 증가한다. L_0가 점프 높이인 220 m에 가까워지면(즉 식 (7)의 분모가 매우 작은 경우에는) 낙하자를 빠른 시간 내에 정지시킬 수 있도록 로프의 강성이 매우 커야 한다. $L_0 = 220$ m이 되면 강성은 무한대가 된다. 따라서 적절한 설계가 이루어졌음을 확인할 수 있다.

심층분석 그림 4는 $L_0 = 110$ m일 때 댐의 꼭대기에서의 거리(y)의 함수로 낙하자의 가속도를 나타낸 것이다. 낙하자의 최대 가속도는 바닥에서($y = 220$ m에서) 3 g임을 알 수 있다. L_0가 증가할수록 낙하자의 최대가속도도 증가한다. $L_0 = 200$ m일 때 낙하자의 최대가속도는 무려 19 g이다.

흥미로운 사실

로프의 강성과 원래 길이. 본 예제에서는 실제 번지 로프가 늘어날 수 있는 길이에 한계가 있다는 사실을 무시하였다. 예를 들어 식 (7)에서 $L_0 = 1$ m, $h = 220$ m인 경우에 $k = 6.930$ N/m이다. 사실상, L_0를 120 m까지 늘리면 k는 단지 33.24 N/m 만큼 늘어난다. 1 m 길이의 번지 로프는 219 m 만큼, 즉 21,900% (219배) 늘어나야 하며, 120 m 길이의 로프는 100 m 만큼, 즉 83.3% 늘어나야 한다. 고무 밴드는 그 원래 길이의 2배 정도까지 늘어나며 원래 길이의 200배 정도 늘어나는 고무 밴드는 존재하지 않는다.

예제 4.6 장대높이뛰기 : 속도를 높이로 변환

그림 1 장대높이뛰기 선수의 위치 변화.

흥미로운 사실

인간의 최고속도. 인간에 의해 달성된 가장 빠른 달리기 기록은 캐나다의 도노반 베일리(Donovan Bailey)에 의해 달성되었다. 그는 1996년 7월 27일 애틀랜타 올림픽에서 100 m를 9.84초에 주파하여 세계 기록을 세웠다. 출발 후 60 m 지점을 달릴 때 레이더 건으로 측정한 그의 속도는 12.1 m/s, 즉 43.6 km/h 이었다. 1997년 아테네에서 열린 세계 챔피언 대회에서 모리스 그린(Maurice Greens)과 베일리는 11.87 m/s의 속도를 기록하였다(그린은 9.91초, 베일리는 9.86초에 100 m를 주파함). 4 × 100 m 릴레이 경기에서 베일리는 11.91 m/s의 속도를 기록하였다(참고 문헌: R. Mureika, "A Simple Model for Predicting Sprint-Race Times Accounting for Energy Loss on the Curve," *Canadian Journal of Physics*, 75(11), 1997, pp. 837-851).

장대높이뛰기 선수는 기록 달성을 위해 여러 가지 기술을 동원하지만, 가장 중요한 요소는 도약 전에 달리는 속도이다. 그 이유는 그림 1과 같이 A에서의 달리는 속도를(운동에너지를) B까지 도약하는 높이로(위치에너지로) 변환시키기 때문이다. 선수를 질점으로 보고 아래 데이터로부터 세계에서 가장 빠른 선수의 최대 도약 높이를 구하라.

1. 남자 100 m 달리기 세계기록은 2008년 5월 31일 자메이카 선수인 우사인 볼트가 달성한 9.72초이다. 200 m 달리기 기록은 1996년 8월 1일 미국 선수 마이클 존슨이 달성한 19.32초이다.
2. 선수의 키는 1.82 m이고 선수의 질량중심은 지면으로부터 위로 55% 지점에 있다.
3. 도약하는 동안 선수의 모든 운동에너지가 위치에너지로 변환되며 장대와 선수의 에너지 손실은 무시한다.
4. 선수는 도약하는 동안 일을 하지 않으며 선수가 정점(peak height)에 도달하였을 때 그 속도는 영이다.

풀이 SOLUTION

로드맵과 모델링 선수의 달리는 속도가 최대가 되었을 때 선수는 도약을 시작한다고 가정한다. 선수는 정지 상태에서 출발하여 100 m를 달리는 동안에 속도가 증가하며 100 m에서 200 m 사이에서는 그 속도를 유지한다고 가정한다. 따라서 선수의 최대속도는 다음과 같이 구할 수 있다.

$$v_{\max} = \frac{200 - 100}{19.32 - 9.72}\ \mathrm{m/s} = 10.42\ \mathrm{m/s} \tag{1}$$

이제 선수에게 작용하는 힘을 계산하여야 한다. 그림 2에서 선수를 질점으로 보고 공기저항을 무시하며 도약하는 동안에 장대의 바닥에 작용하는 모멘트 역시 무시한다.[4] 또한 장대의 질량도 무시한다. 그러나 4.3절의 문제 4.63에서는 장대의 무게를 고려하여 문제를 풀 것이다. 반력 R_x, R_y가 작용하는 점은 고정점이므로 이 힘은 일을 하지 않으며 일을 하는 힘은 오직 중력뿐이다. 중력은 보존력이므로 위치에너지로 표현이 가능하다. 결과적으로 일-에너지 원리를 적용하여 속도의 변화를 위치의 변화로 변환시켜 문제를 풀 수 있다.

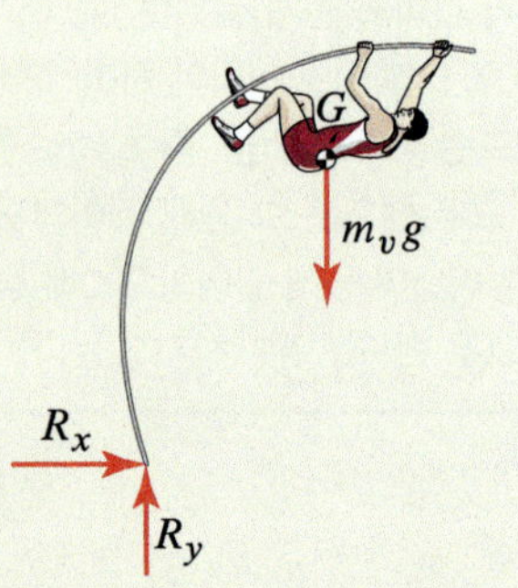

그림 2 도약 중인 장대높이뛰기 선수의 FBD. 중력이 선수의 무게 중심점에서 작용하고 있다.

지배방정식

평형 원리 일을 하는 모든 힘은 보존적이므로 일-에너지 원리를 적용하면 다음과 같다.

$$T_1 + V_1 = T_2 + V_2 \tag{2}$$

4) 높이뛰기 선수가 도약을 시작할 때 장대를 꽂는 박스는 20 cm 만큼 파여져 있다.

그림 3에서 ①은 선수가 장대를 땅에 꽂는 위치이고, ②는 선수가 최고점에 도달한 위치이다. ①, ②에서의 선수의 운동에너지는 다음과 같다.

$$T_1 = \tfrac{1}{2}m_v v_1^2, \quad T_2 = \tfrac{1}{2}m_v v_2^2 \tag{3}$$

여기에서 m_v는 선수의 질량이고 v_1, v_2는 각각 ①, ②에서의 선수의 속도이다.

힘의 법칙 선수의 체중만이 일을 하므로 그림 3에서 구한 위치에너지는 다음과 같다.

$$V_1 = m_v g d, \quad V_2 = m_v g(d+h) \tag{4}$$

위치에너지의 기준선은 지면으로 선택하였다.

운동학 방정식 ②에서의 속도의 수평방향 성분을 무시하고 로드맵과 모델링(road map & modeling)에서 제시한 방법에 따르면 v_1, v_2는 다음과 같다.

$$v_1 = v_{\max}, \quad v_2 = 0 \tag{5}$$

계산 식 (3)–(5)를 식 (2)에 대입하면 다음과 같다.

$$\tfrac{1}{2}v_{\max}^2 = gh \quad \Rightarrow \quad h = \frac{v_{\max}^2}{2g} = 5.534\,\text{m} \tag{6}$$

여기에서 식 (1)에서 구한 $v_{\max}$ 값을 이용하였다. ①에서, 선수의 지면으로부터의 무게중심 거리는 $d = 0.55\ (6)\ \text{ft} = 3.3\ \text{ft} = 1.006\ \text{m}$이므로 d와 h를 더하면 최대 높이는 다음과 같다.

$$\boxed{h_{\max} = 6.54\,\text{m}} \tag{7}$$

논의 및 검증 식 (6)의 오른쪽 항의 단위가 길이이므로 결과의 신뢰성을 확인할 수 있다. 여기에서 계산된 $h_{\max}$ 값은 현재 세계기록보다 높지만 크게 차이가 나지는 않는다.

심층분석 현재의 세계기록은 6.14 m이며 여기에서 계산된 값은 이보다 8% 더 크다. 여기에서 계산된 값이 크게 나온 이유는 다음과 같다.

- 선수는 장대를 지면에 꽂는 순간에 그가 가진 속도를 모두 다 이용할 수는 없다. 선수의 도약 각도는 약 15–20°이다.
- 남자 선수의 도약 전 5 m 거리에서의 속도는 9.0 m/s이다. 여기에서 사용한 속도 10.42 m/s는 너무 높게 잡은 것이다.
- 선수는 최고점에서 바를 통과하기 위하여 수평방향의 속도 성분을 가지기 때문에 최고점에서의 실제 선수의 속도는 영이 아니다.

또한 선수는 ①에서 ②까지 도약하는 동안 팔을 통하여 장대에 미는 힘을 가하므로 일을 하게 된다. 이러한 힘을 이용하여 선수는 약 0.8 m 만큼 더 높이 도약할 수 있다.

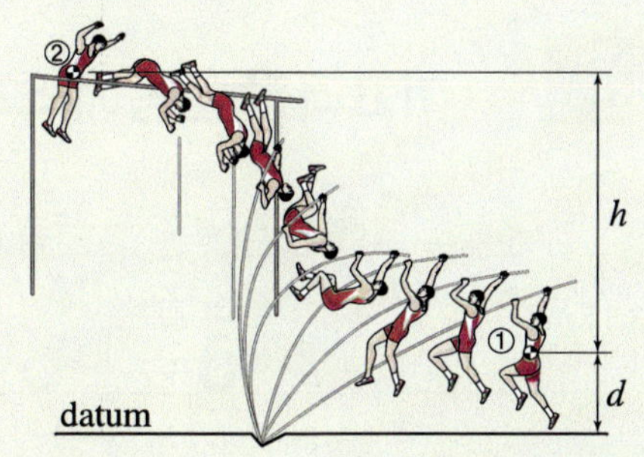

그림 3 ①에서 ②까지 도약하는 동안의 위치의 변화 순서.

흥미로운 사실

유리섬유 장대(Fiberglass poles). 유리섬유 장대는 1960년대 초반에 도입되었다. 그 전에는 알루미늄, 강철, 또는 대나무 장대를 사용하였다. 유리섬유 장대를 사용하면서 높이뛰기 기록이 크게 향상되었다. 1940년부터 1960년까지 세계기록은 4.7 m에서 4.8 m로 증가한 반면에 1960년부터 1963년까지 세계기록은 4.8 m에서 5.1 m로 증가했다. 따라서 유리섬유 장대가 선수에게 큰 추진력을 제공하는 것으로 생각했었지만 연구 결과 그것은 사실이 아니었다. 유리섬유 장대를 사용했을 때 좋은 기록이 나오는 것은 다음 두 가지 이유 때문이다. 첫째, 유리섬유 장대가 다른 장대보다 더 유연해서 선수가 장대의 더 높은 위치를 잡고 점프할 수 있게 해준다. 선수가 장대를 잡는 그립 위치는 도약 시 선수의 운동에너지에 의해 결정된다. 운동에너지가 클수록 선수가 다시 수직방향이 될 때까지 회전하는 길이가 길어진다. 둘째, 유연한 장대는 뻣뻣한 장대에 비해서 더 많은 운동에너지를 저장하고 이를 선수에게 되돌려주기 때문에, 장대가 유연할수록 선수의 도약 각도가 작아지기 때문이다.

흥미로운 사실

세계 기록. 이 책이 쓰일 당시에 장대높이뛰기 세계기록은 1994년 우크라이나의 Sergey Bubka가 달성한 6.14 m이었다. 단순한 높이뛰기 세계기록은 1993년 쿠바의 Javier Sotomayor가 달성한 2.45 m이었다. 운동에너지만이 높이를 결정하는 유일한 요소라면 이 두 기록이 같아야 할 것이다. 장대가 없으면 운동에너지가 선수의 위치를 높이는 데 사용되지 못하며, 수평속도가 높이뛰기에서 중요한 역할을 하지 못하는 이유가 이것이다.

예제 4.7 미끄러짐 운동에서의 마찰의 역할

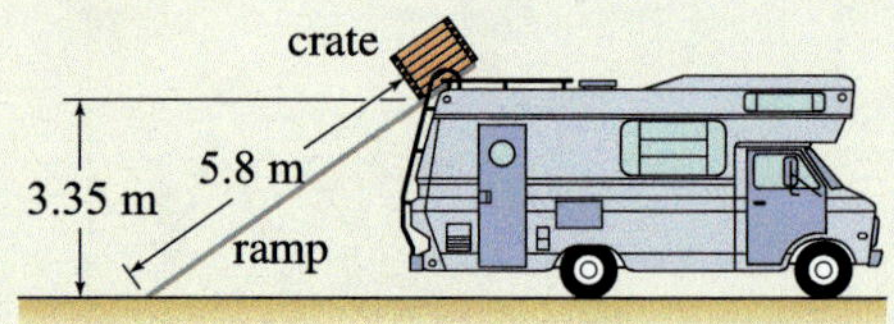

그림 1 RV와 램프의 치수.

그림 1과 같이 여가용 자동차(RV)의 지붕에서 상자(crate)가 램프(ramp)를 따라 미끄러져 내려온다. 다음 두 가지 경우에 대하여 상자가 땅에 닿을 때의 속도를 계산하라. 상자는 정지 상태에서 미끄러진다.

(a) 상자와 램프 사이의 마찰을 무시하는 경우.

(b) 상자와 램프 사이의 동마찰계수가 $\mu_k = 0.32$인 경우.

정지 마찰력은 상자가 미끄러지는 것을 방지하기에 충분하지 않다고 가정한다.

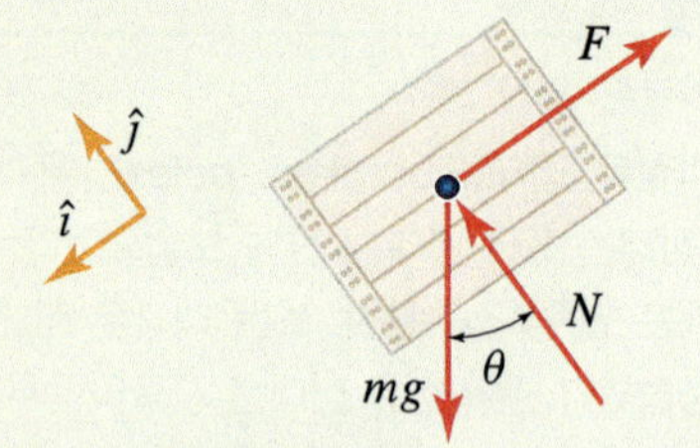

그림 2 램프 위를 미끄러져 내려오는 상자의 FBD.

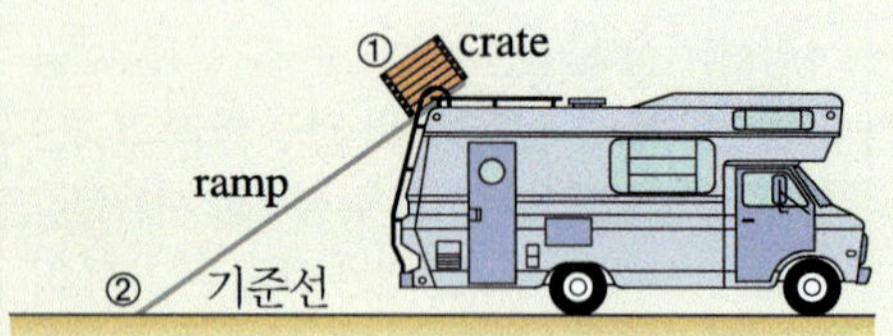

그림 3 일–에너지 원리를 적용하기 위한 위치 ①과 ②의 정의.

풀이 SOLUTION

로드맵과 모델링 그림 2와 같이 상자를 질점으로 모델링하였으며, 상자의 FBD에는 상자에 작용하는 힘들이 나타나 있다. 즉 상자의 자중 mg, 상자와 램프 사이의 반력 N, 마찰력 F가 나타나 있다. 일–에너지 원리를 적용하여 상자의 위치와 상자의 속도 사이의 관계를 도출한다. 또한 일을 하는 힘 중에 마찰력 F가 있기 때문에 뉴턴의 제2법칙을 적용하여 반력 N과 F 사이의 관계를 구한다. 상자가 놓이는 지점을 ①로, 상자가 땅에 닿기 직전의 위치를 ②로 나타낸다(그림 3 참조). 램프의 길이는 $l = 5.8$ m이며, ①, ②사이의 수직거리는 $h = 3.35$ m이다. (a)는 (b)의 특별한 경우에 지나지 않으므로 (a), (b) 두 문제를 한꺼번에 풀기로 한다. 그림 2의 FBD에서 각 θ는 다음과 같다.

$$\sin\theta = 3.35/5.8 \quad \Rightarrow \quad \theta = 35.28° \tag{1}$$

지배방정식

평형 원리 ①, ②에 관하여 일–에너지 원리를 적용하면 다음과 같다.

$$T_1 + V_1 + (U_{1\text{-}2})_{\text{nc}} = T_2 + V_2 \tag{2}$$

운동에너지는 다음과 같다.

$$T_1 = \tfrac{1}{2}mv_1^2, \quad T_2 = \tfrac{1}{2}mv_2^2 \tag{3}$$

여기에서 m은 상자의 질량이며 v_1, v_2는 각각 ①, ②에서의 상자의 속도이다. 그림 2의 FBD에서 y 방향으로 뉴턴의 제2법칙을 적용하면 다음과 같다.

$$\sum F_y: \quad N - mg\cos\theta = ma_y \tag{4}$$

힘의 법칙 ②를 기준선으로 설정하면, 식 (2)의 위치에너지는 다음과 같다.

$$V_1 = mgh, \; V_2 = 0 \tag{5}$$

마찰력 F에 의한 일은 다음과 같다.

$$(U_{1\text{-}2})_{\text{nc}} = \int_{\mathcal{L}_{1\text{-}2}} -F\,\hat{\imath}\cdot d\vec{r} = \int_0^l -F\,\hat{\imath}\cdot dx\,\hat{\imath} = \int_0^l -F\,dx \tag{6}$$

여기에서 쿨롱 마찰 법칙 (Coulomb friction law)에 의해서 F는 수직반력 N과 다음과 같은 관계를 갖는다.

$$F = \mu_k N \tag{7}$$

운동학 방정식 램프를 따라 상자가 미끄러지므로

$$a_y = 0 \tag{8}$$

이다.

①과 ②에서의 운동에너지를 계산하려면

$$v_1 = 0 \tag{9}$$

이므로 미지수 v_2를 구해야 한다.

계산 식 (4), (7), (8)을 이용하면 다음 식을 얻는다.

$$F = \mu kmg \cos\theta \tag{10}$$

식 (10)을 식 (6)에 대입하면 다음과 같다.

$$(U_{1-2})\text{nc} = -\mu_k mgl \cos\theta \tag{11}$$

마지막으로 식 (3), (5), (9), (11)을 식 (2)에 대입하면 다음 식을 얻는다.

$$mgh - \mu_k mgl \cos\theta = \tfrac{1}{2}mv_2^2 \tag{12}$$

(a)의 경우 $\mu_k = 0$ 이므로 식 (12)에서 다음 결과를 얻는다.

$$\boxed{v_2 = \sqrt{2gh} = 8.1\,\text{m/s}} \tag{13}$$

(b)의 경우, $\mu_k = 0.32$ 이므로 식 (12)에서 다음 결과를 얻는다.

$$\boxed{v_2 = \sqrt{2g(h - \mu_k l \cos\theta)} = 6\,\text{m/s}} \tag{14}$$

논의 및 검증 식 (13),(14)의 제곱근 안에 있는 항의 단위는 가속도 × 길이의 차원을 가지므로 차원 상으로 옳다는 것을 알 수 있다. 또한, 예상한 바와 같이 식 (13)의 결과가 식 (14)의 결과보다 큰 것을 알 수 있다. 이는 마찰이 운동을 방해하였기 때문이다.

심층분석 식 (13)의 속도는 상자가 RV의 위치 ①에서 수직으로 자유낙하 했을 때의 속도와 같다. 이 결과를 놀랍게 받아들일지 모르나 이는 매우 당연한 결과이다. (a) 경우에 상자에 작용하는 힘은 중력 mg와 수직반력 N 뿐이다. 수직반력 N은 상자의 운동 방향과 직각이므로 일을 하지 못한다. 중력이 한 일은 중력 × h (상자가 움직인 거리의 중력방향 성분, 즉 수직거리)이다. 따라서 중력 mg가 한 일은 mgh이다. 이 결과는 RV의 상단에서 상자를 떨어뜨리는 것과 정확히 똑 같다.

예제 4.8 그네의 스윙 진폭 키우기

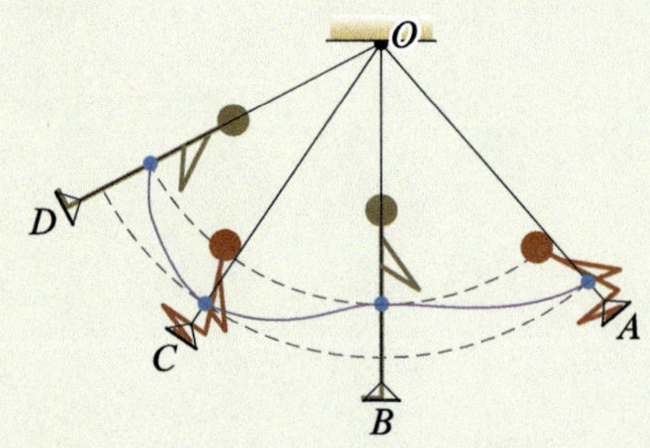

그림 1 스윙 과정에서 쪼그리고 일어서는 동작의 연속적인 위치. A에서 쪼그리고 B에서 일어서며 C에서 다시 쪼그려 앉았다가 D에서 다시 일어선다. 파란색 점은 무게중심을 나타내고 자주색 선은 무게중심의 궤적을 나타낸다. 두 개의 쇄선은 O 점과 무게중심점 사이의 가장 짧은 거리를 반지름으로 하는 원호와 가장 긴 경우의 원호를 나타낸다.

그림 1은 그네타기에서 서있는 위치와 쪼그려 앉는 위치를 보여주고 있다. 그네를 타는 동안 몸을 일으켜 세우거나 낮추는 동작을 하면 그 동작이 반복될 때마다 그네의 스윙 진폭을 증가시킬 수 있다. 그림 1에 나타난 운동을 분석하는 것[5]은 상당히 복잡한 작업이지만, 단순화된 모델을 만들어서 스윙 사이클의 진폭을 높일 수 있는 방법을 찾아낼 수 있다. 그림 2에 나타낸 그네 타는 사람의 펌핑(pumping) 동작을 분석해 보자.

이 운동은 다음과 같은 순서의 사건들로 구성되어 있다.

1. 위치 ①, 즉 백스윙의 상단에서, 속도가 영이며, 쪼그려 앉는 자세를 취하고 있다.
2. 위치 ②, 즉 스윙의 가장 낮은 지점에서 똑바로 일어서는 동작을 통하여 위치 ③으로 이동한다. 이 운동은 순간적으로 일어난다고 가정한다.
3. 똑바로 선 채로 위치 ③에서 위치 ④로 그리고 다시 위치 ⑤로 이동한다.
4. 위치 ⑤에서 즉시 쪼그려 앉는 동작을 하며 다시 위 과정을 반복한다.

우리의 목표는 위와 같은 연속적인 운동 과정에서 θ_1의 함수로 θ_5를 구하는 것이다. 서있는 자세에서는 무게중심이 고정점 O에서 거리 l 만큼 떨어져 있고, 쪼그려 앉아 있을 때의 그 거리는 $l + \delta l$이다.

풀이 SOLUTION

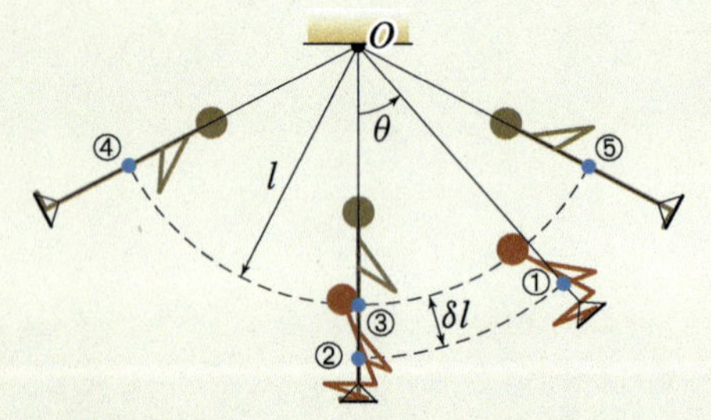

그림 2 펌핑 동작의 5가지 중요 위치와 질량 중심의 이동 궤적.

로드맵과 모델링 사람이 그네를 타면서 쪼그리고 일어서는 동작을 반복할 때 그네에게 일을 하게 되며, 이것이 그네의 스윙의 크기를 증가시키는 원인이다. 스윙을 하는 동안 한 일과 스윙의 시작과 끝점에서의 위치에너지가 상호 관련이 있으므로 일–에너지 원리를 적용한다. 사람은 그림 2와 같이 사람의 질량 중심에 위치한 질점으로 모델링한다. 위치 ①과 위치 ⑤ 사이에서 일–에너지 원리를 적용하려면, 쪼그린 자세 ②에서 일어선 자세 ③으로 이동할 때 한 일을 계산해야 한다. 위치 ①과 위치 ⑤에서의 속도는 영이며 공기저항과 감쇠력은 무시한다. 임의의 위치에서 사람의 FBD는 그림 3과 같다. 이 그림에서 체중 mg가 일을 한다는 것을 알 수 있다(그 일량은 위치에너지를 통하여 구한다). 또한 분명하지는 않지만 힘 R도 일을 한다. 그 이유는 ②에서 ③으로 이동할 때 사람의 무게중심이 $l + \delta l$에서 l로 위 방향으로 이동하기 때문이다.

지배방정식

평형 원리 ①, ⑤사이에 일–에너지 원리를 적용하면 다음과 같다.

$$T_1 + V_1 + (U_{1\text{-}5})_{\text{nc}} = T_5 + V_5 \tag{1}$$

운동에너지는 다음과 같다.

$$T_1 = \tfrac{1}{2}mv_1^2, \quad T_5 = \tfrac{1}{2}mv_5^2 \tag{2}$$

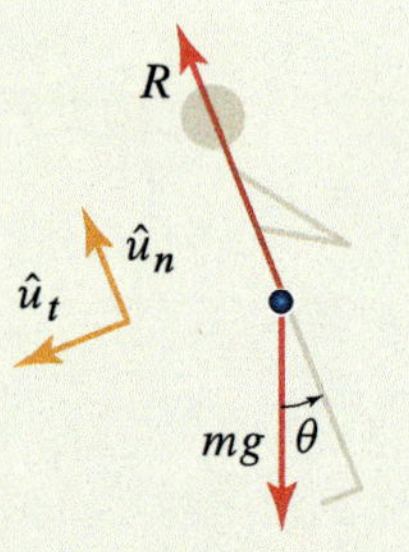

그림 3 임의의 스윙 위치에서 사람의 FBD.

여기에서 m은 사람의 질량이며 v_1, v_5는 각각 ①, ⑤에서의 사람의 속도이다. 그림 3의 FBD을 참조하여 위치② (즉 $\theta = 0$)에서 뉴턴의 제2법칙을 적용하면 다음과 같다.

$$\sum F_n\colon \quad R - mg = ma_n \tag{3}$$

5) 다음 저서를 참조할 것; W. B. Case and M. A. Swanson, "The Pumping of a Swing from the Seated Position," *American Journal of Physics*, **58**(5), 1990, pp. 463–467, 또는 W. B. Case, "The Pumping of a Swing from the Standing Position," *American Journal of Physics*, **64**(3), 1996, pp. 215–220.

힘의 법칙 ②를 위치에너지의 기준선으로 설정하면 다음 식을 얻는다.

$$V_1 = mg(l + \delta l)(1 - \cos\theta_1), \qquad V_5 = mgl(1 - \cos\theta_5) \tag{4}$$

또한 $(U_{1-5})_{nc}$는 다음과 같이 질량중심이 ②에서 ③으로 이동하는 동안 R이 한 일이다.

$$(U_{1-5})_{nc} = R\,\delta l \tag{5}$$

여기에서 R은 일정하다고 가정한다.

운동학 방정식 ①과 ⑤에서 속도는 다음과 같다.

$$v_1 = 0, \qquad v_5 = 0 \tag{6}$$

그리고 ②에서의 가속도는 다음과 같다.

$$a_n = \frac{v_2^2}{l + \delta l} \tag{7}$$

계산 식 (3)–(7)을 식 (1)에 대입하면 다음 식을 얻는다.

$$mg(l + \delta l)(1 - \cos\theta_1) + m\left(g + \frac{v_2^2}{l + \delta l}\right)\delta l = mgl(1 - \cos\theta_5) \tag{8}$$

①과 ② 사이에서 오직 중력만이 일을 하므로 일–에너지 원리를 적용하면 v_2와 θ_1 사이의 관계를 다음과 같이 구할 수 있다.

$$T_1 + V_1 = T_2 + V_2 \quad \Rightarrow \quad mg(l + \delta l)(1 - \cos\theta_1) = \tfrac{1}{2}mv_2^2 \tag{9}$$

여기에서 $v_2^2/(l + \delta l)$에 대하여 풀면 다음과 같다.

$$\frac{v_2^2}{l + \delta l} = 2g(1 - \cos\theta_1) \tag{10}$$

식 (10)을 식 (8)에 대입하면 다음 식을 얻는다.

$$\theta_5 = \cos^{-1}\left[\cos\theta_1 + \frac{\delta l}{l}(3\cos\theta_1 - 4)\right] \tag{11}$$

논의 및 검증 식 (11)의 [ ]안에 있는 항의 차원은 무차원이며 이는 타당한 결과이다. 또한, 코사인 함수는 −1과 1사이의 값을 가지므로 $(3\cos\theta_1 - 4)$는 항상 음수이다. 따라서 δl이 양수이면 θ_5는 언제나 θ_1 보다 크다는 사실을 알 수 있다. 이로부터 펌핑 동작이 그네의 스윙 크기를 증가시킨다는 사실을 확인할 수 있다.

심층분석 식 (11)에서 스윙이 끝나는 점의 위치 θ_5를 스윙 시작점의 위치 θ_1의 함수로 구하였다. 이제 실제 수치를 대입하여 예제를 풀어 보자. 식 (11)에서 $l = 1.8$ m, $\delta l = 0.2$ m, $\theta_1 = 40°$ 이면 $\theta_5 = 54.8°$이 된다. 따라서 매 사이클마다 스윙 각도의 증가를 확인할 수 있다(그림 4, 5 참조). 한 가지 주의할 것은 $\theta_1 = 0°$인 경우에, 속도가 영인 상태에서 단순히 일어서는 동작만으로 $\theta_5 \approx 27°$로 증가하였으며, 실제로 이런 일이 일어날 수 없다. $\delta l/l$이 매우 작은 경우에는, 우리가 여기에서 세운 모델은 정확한 결과를 예측하지 못한다. 모델을 세울 때는 모델이 가진 한계를 분명히 인식하여야 한다. 우리의 모델은 $\theta_1 \neq 0°$이라는 가정을 전제로 하고 있다. 즉 스윙 운동은 정적 평형상태에서 시작되지 않았다.

유용한 정보

R이 일정하다는 가정은 타당한가? 식 (3), (7)에서 보면, R은 a_n의 함수이므로 R은 ②, ③사이에서 일정하지 않다. 또한 a_n은 질점에서 O 점까지의 거리와 v_2의 함수이며, 이 두 값은 ②, ③사이에서 일정하지 않다. 즉 질점에서 O 점까지의 거리는 $l + \delta l$에서 l로 변한다. 또한, ②, ③에 관하여 일–에너지 원리를 적용하면 ②에서 ③으로 움직이는 동안에 R이 일을 하므로 두 점의 속도가 달라져야 함을 알 수 있다. 그러나 l에 비하여 δl이 작은 경우에는 R이 일정하다고 가정하여도 크게 무리가 되지 않는다.

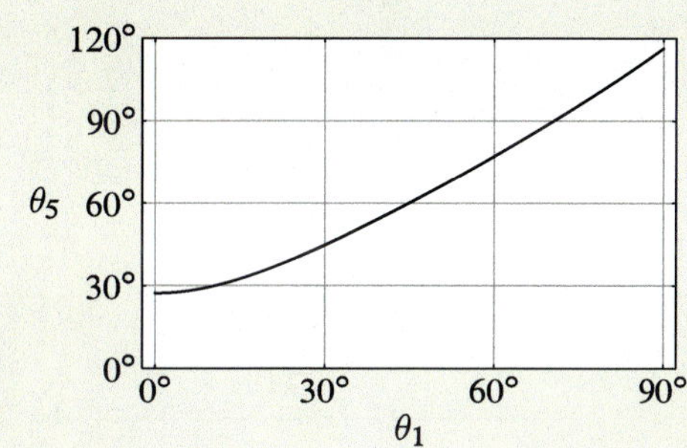

그림 4 θ_5와 θ_1 사이의 관계. θ_1이 작으면 비현실적인 결과를 보임.

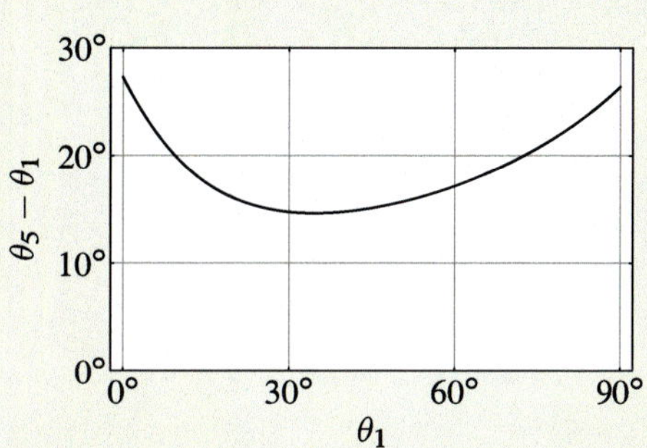

그림 5 스윙각의 증가 $\theta_5 - \theta_1$과 θ_1 사이의 관계. θ_1이 작으면 비현실적인 결과를 보임.

예제 4.9 보존력 장(Conservative Force Field)

그림 1에 보인 힘의 장(force field)은 수학적으로 다음과 같이 나타낼 수 있다.

$$\vec{F} = y^2\ \hat{\imath} + 2xy\ \hat{\jmath} \tag{1}$$

힘 $\vec{F}$의 위치에너지를 구하라.

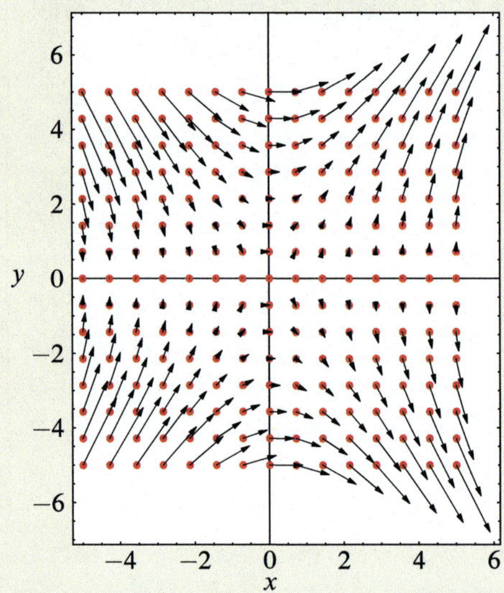

그림 1 식 (1)의 힘의 장을 그래프로 나타냄. 빨간색 점이 질점이라면 화살표는 질점에 작용하는 힘의 장을 나타낸다. 그리고 화살표의 길이는 힘의 크기와 비례한다.

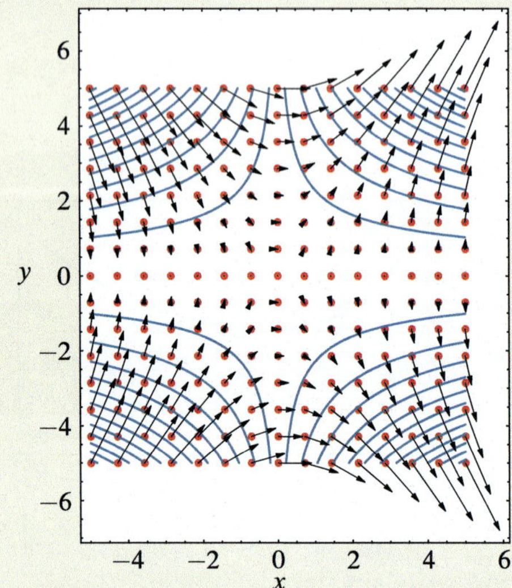

그림 2 그림 1과 V 값이 일정한 선분(파란색 선)을 결합한 그림.

풀이 SOLUTION

로드맵과 모델링 주어진 힘의 장의 curl $\vec{F} = \vec{0}$인 것을 확인할 수 있다. 따라서 그 gradient 가 $-\vec{F}$인 위치에너지 V가 존재한다는 것을 알 수 있다. 이를 염두에 두고, $\vec{F}$의 성분과 V 사이의 관계를 나타내는 식 (4.44)을 이용한다. 이 식들은 1계(first-order) 미분 방정식이며 적분하여 쉽게 V를 구할 수 있다.

지배방정식 식 (1)로부터 $\vec{F}$의 성분의 성분은 다음과 같다.

$$F_x = y^2, \quad F_y = 2xy \tag{2}$$

식 (4.44)을 이용하여 $\vec{F}$의 성분과 V 사이의 관계를 나타내면 다음과 같다.

$$F_x = -\frac{\partial V}{\partial x}, \quad F_y = -\frac{\partial V}{\partial y} \tag{3}$$

계산 식 (2)의 첫 번째 식과 식 (3)의 첫 번째 식을 같다고 놓으면

$$y^2 = -\frac{\partial V}{\partial x} \tag{4}$$

이며 이를 적분하면 다음 식을 얻는다.

$$V = -xy^2 + f(y) \tag{5}$$

여기에서 $f(y)$는 y의 임의의 함수이다. 이제 식 (2)의 두 번째 식과 식 (3)의 두 번째 식을 같다고 놓으면

$$2xy = -\frac{\partial V}{\partial y} \tag{6}$$

이 되며 이를 적분하면 다음 식을 얻는다.

$$V = -xy^2 + g(x) \tag{7}$$

여기에서 $g(x)$는 x의 임의의 함수이다. 식 (5), (7)을 비교하면 다음과 같다.

$$V = -xy^2 + f(y), \qquad V = -xy^2 + g(x) \tag{8}$$

위 식을 동시에 만족시키려면 $V = (-xy^2 + \text{상수})$ 이어야 한다. 위치에너지는 상대적인 차이만이 의미가 있으므로 아래와 같이 상수를 영으로 놓는다.

$$\boxed{V = -xy^2} \tag{9}$$

논의 및 검증 여러 다른 값을 갖는 V에 대하여 식 (9)를 그림 2에 나타내었다. 그림 2에서 파란색은 V가 일정한 값을 갖는 선을 뜻하며, 이 선들은 힘 벡터와 수직이며 이는 힘의 장 $\vec{F}$가 $-$gradient V이기 때문이다. 스칼라 함수의 구배(gradient)는 각 점에서 변화의 크기가 가장 큰 방향을 제시해 준다. 이는 V의 가장 큰 변화의 방향이 V가 일정한 선분과 직교한다는 사실과 일치한다.

문제

문제 4.26

그림의 진자는 $\theta = 0°$에서 v_0의 속도로 운동을 시작한다. $L = 0.6$ m이고 진자는 $\theta = 47°$까지 올라간 후에 정지하였다가 다시 내려온다. v_0를 구하라.

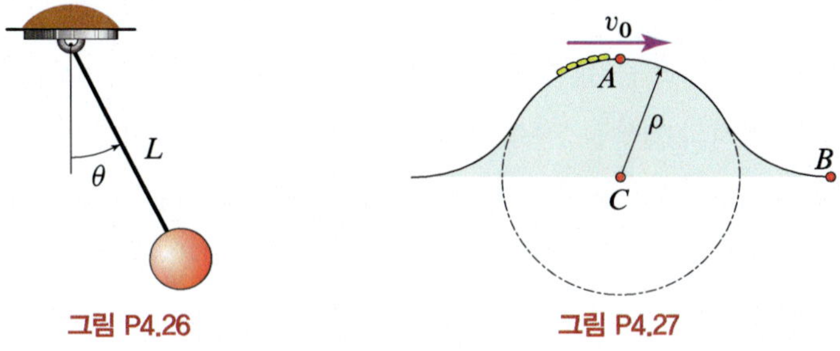

그림 P4.26 그림 P4.27

문제 4.27

A는 롤러코스터의 최고점이다. A를 지나는 내접원의 중심은 C 점이고 반지름 $\rho = 25$ m 이며, B 점은 C 점을 지나는 수평면 상에 있는 점이다. A에서의 속도가 $v_0 = 45$ km/h 일 때 공기저항과 마찰을 무시하고 B에서의 속도를 구하라.

문제 4.28

핀볼 기계(pinball machine)에서 그림과 같은 플런저(plunger)의 질량과 마찰을 무시한다. 정지 상태의 플런저(이때 스프링은 압축되지 않은 상태이다)를 50 mm 만큼 뒤로 잡아 당겼다 놓아서 질량 $m = 80$ g인 볼이 $v = 4.6$ km/h의 속도로 튕겨져 나간다. 스프링 상수 k를 구하라.

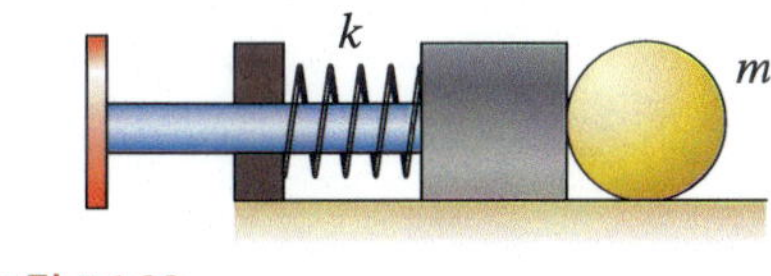

그림 P4.28

문제 4.29, 4.30

질량이 1400 kg인 자동차가 15%의 경사도를 갖는 직선도로 위를 60 m 만큼 달리는 동안에 속도가 56 km/h 만큼 증가하였다. 자동차를 질점으로 모델링하고, 타이어가 미끄러지지 않는다고 가정한다.

문제 4.29 자동차가 정지 상태에서 출발하였다. 엔진이 자동차에 한 일을 구하라.

문제 4.30 자동차의 초기속도가 48 km/h이었다. 엔진이 자동차에 한 일을 구하라.

그림 P4.29, P4.30

문제4.31

어느 클래식 자동차가 경사 길을 내려오다가 브레이크를 밟았으며 그 때의 속도가 60 km/h이었다. 자동차는 브레이크를 밟은 채로 55 m만큼 더 내려온 후에 멈춘다. 자동차를 질점으로 모델링하고, 중력과 마찰력만을 고려하며 타이어는 지면과 미끄러진다고 가정한다. 타이어와 지면의 동마찰계수를 구하라. 도로의 경사각 $\theta = 20°$이다.

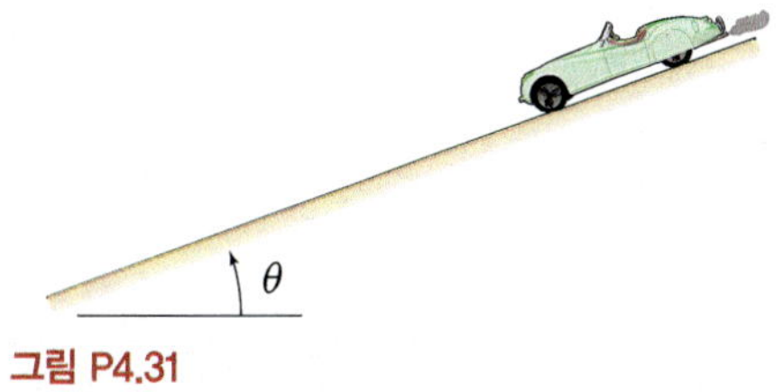

그림 P4.31

그림 P4.32

문제 4.32

체중이 75 kg인 스카이다이버가 낙하할 때 245 m의 높이에서 낙하산이 펴졌으며, 그 때의 속도는 250 km/h이었다. 스카이다이버가 4 m/s의 속도로 착지할 수 있도록 하기 위하여 낙하산이 제공해야 하는 평균 힘을 계산하라. 스카이다이버를 질점으로 모델링하고 낙하산은 수직으로 낙하한다고 가정한다.

문제 4.33

민감한 제품(예: 노트북 또는 유리)을 운반하는데 쓰이는 포장용기는 그 내용물을 보호하기 위해 충격에너지의 일부를 '흡수'하도록 설계되어 있다. 이러한 에너지 흡수장치는 매우 복잡하다(예: 스티로폼 용기의 역학적 거동은 매우 복잡하다). 내용물(질량 $m = 3$ kg인 고가의 꽃병)이 스프링 상수 k인 선형 탄성스프링으로 포장박스 P와 연결되어 있다고 모델링하였다. 포장박스가 1.5 m 높이에서 정지 상태에서 떨어진다. 꽃병을 질점으로 보고, 중력과 스프링 힘을 제외한 모든 힘들을 무시한다. 상자에 대한 꽃병의 상대적 최대 변위가 0.15 m가 되도록 스프링 상수 k를 결정하라. 상자가 떨어진 후에 스프링은 제자리로 돌아가며 진동하지 않는 것으로 가정한다.

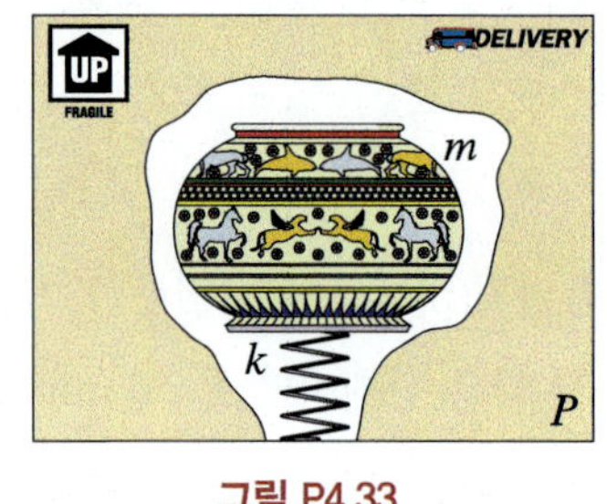

그림 P4.33

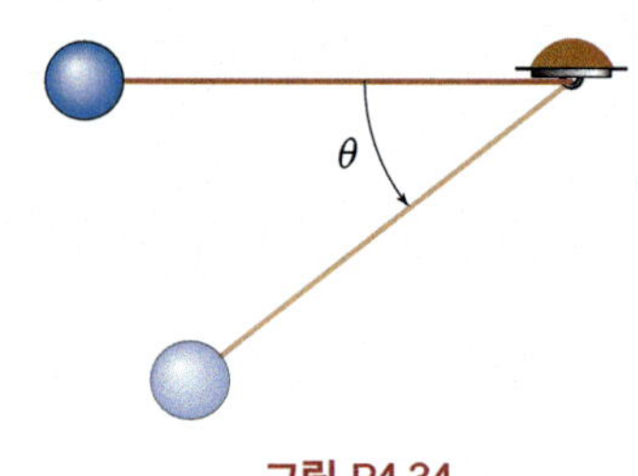

그림 P4.34

문제 4.34

진자는 그림과 같이 $\theta = 0°$인 위치에서 정지 상태에서 놓여진다. 진자의 추(bob)에 연결된 줄은 그 장력이 추의 무게의 두 배가 되면 끊어진다. 줄이 끊어지는 각 θ를 구하라. 추를 질점으로 모델링하고 공기저항을 무시하며 줄의 길이는 변하지 않는다고 가정한다.

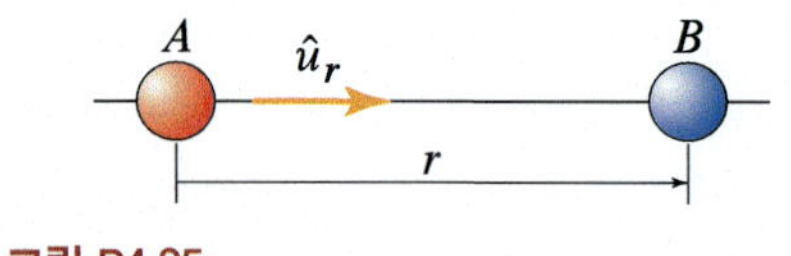

그림 P4.35

문제 4.35

두 개의 정전하 q_A와 q_B 사이에 작용하는 힘은 쿨롱의 법칙(Coulomb's law)에 따라 다음과 같다.

$$\vec{F} = k\frac{q_A q_B}{r^2}\hat{u}_r$$

여기에서 $k = 8.9875 \times 10^9\ \mathrm{N{\cdot}m^2}/C^2$ (C=Coulomb, 전하의 단위), r은 A와 B 사이의 거리이다. 이 힘은 수학적으로 뉴턴의 만유인력과 매우 비슷하다. 이 식을 이용하여 정전기적 위치에너지 식을 구하라. 두 전하가 무한대의 거리만큼 떨어져 있을 때 그 위치에너지가 영이 되도록 기준선(datum)을 무한대의 위치에 잡는다.

문제 4.36

고무 범퍼 B의 힘–압축변위 관계식은 $F_B = \beta x^3$이며 $\beta = 5.5 \times 10^8\ \mathrm{N/m^3}$이다. x는 범퍼의 수평방향 압축변위이다. 범퍼 B의 위치에너지 식을 유도하라. 그리고 질량이

31,000 kg인 크루즈선 C가 범퍼 B와 1.5 m/s의 속도로 충돌한 후 C가 정지하기까지 범퍼 B의 압축변위를 구하라. C를 질점으로 모델링하고, C의 수직방향 운동과 물에 의한 항력(drag)은 무시한다.

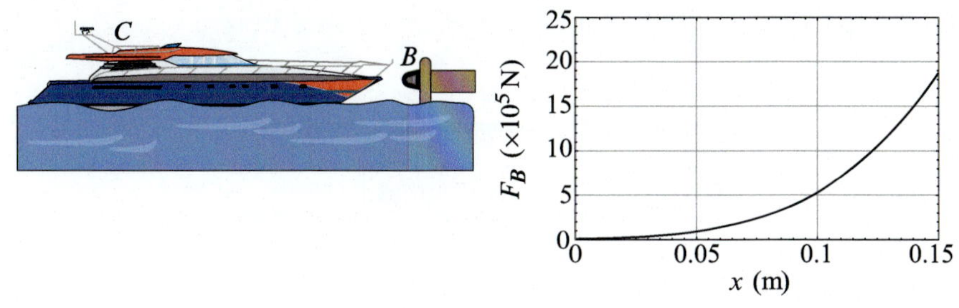

그림 P4.36

문제 4.37

두 개의 니켈 원자 사이의 힘은 식 (3.37)에 주어져 있다. 이 식을 이용하여 두 니켈 원자 사이의 위치에너지를 결정하라. 두 원자의 거리가 무한대일 때 위치에너지가 영이 된다고 가정한다.

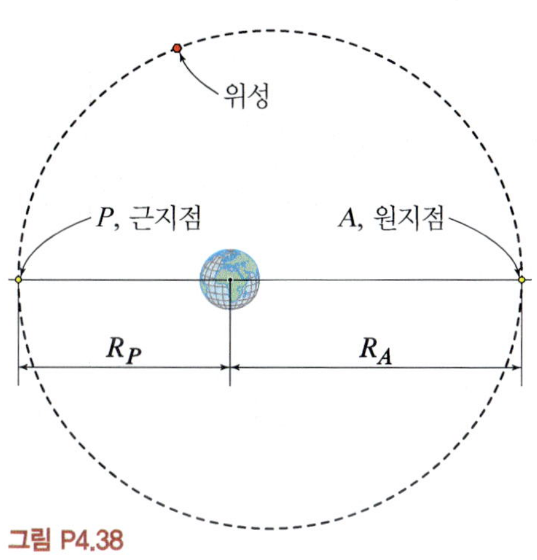

그림 P4.38

문제 4.38

위성이 그림의 궤도를 따라 지구 주위를 돌고 있다. 지구 중심으로부터 위성까지의 최소 및 최대 거리는 각각 $R_P = 4.5 \times 10^7$ m, $R_A = 6.163 \times 10^7$ m이다. 여기에서 하첨자 P는 근지점(perigee; 궤도 상에서 지구에 가장 가까운 점), A는 원지점(apogee; 궤도 상에서 지구와 가장 먼 점)을 나타낸다. 위성을 질점으로 모델링하고, 지구중심을 고정좌표계의 원점으로 하여, A 점에서의 위성의 속도를 구하라. P 점에서의 위성의 속도는 $|\vec{v}_P| = 3.2 \times 10^3$ m/s이다.

문제 4.39

그림과 같은 상자 운송시스템에서, 스프링상수 k인 선형스프링의 압축력을 사용하여 질량 m인 작은 상자를 발진시키도록 설계되어 있다. 상자가 발진된 후, 상자는 트랙을 따라 미끄러져 B에 있는 컨베이어 벨트에 도달한다. 트랙은 윤활유를 사용하여 마찰을 최소화시킨 작은 롤러로 구성되어 있으며 따라서 트랙 이동 중의 에너지 손실을 무시할 수 있다. 상자가 C점에서 트랙에서 분리되어 떨어지지 않고 무사히 B 점에 도달할 수 있도록 스프링의 최소 초기 압축량을 결정하라. 그리고 상자가 B 점에 도달하는 속도를 구하라.

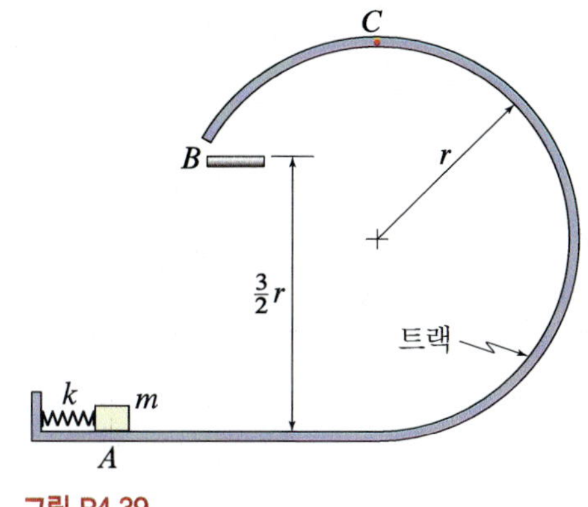

그림 P4.39

문제 4.40

압축가스는 튜브 내에서 어떤 물체를 이송시키기 위해 여러 현장에서 사용된다. 예를 들면, 은행에서 자동차에 탄 채로 은행 업무를 처리하는 드라이브 스루(drive–through) 현금지급 시스템에서 물체를 보내고 받는 목적으로 공기압 튜브를 사용하고 있다. 다른 예로서, 압축가스를 이용하여 총알이 추진력을 얻어 총구에서 발사된다. 튜브의 단면적을 A, 실린더의 위치를 s로 나타내고, 압축가스는 일정 온도에서 이상 기체라고 가정한다($P\Omega$ = 상수, P = 압력, Ω = 부피). 이 압축가스의 위치에너지 식 $V = -P_0 s_0 A\ln(s/s_0)$을 유도하라. P_0는 초기압력, s_0는 s의 초기값이다. 실린더를 질점으로 모델링하고 실린더의 운동을 방해하는 저항력들을 무시할 수 있다고 가정한다.

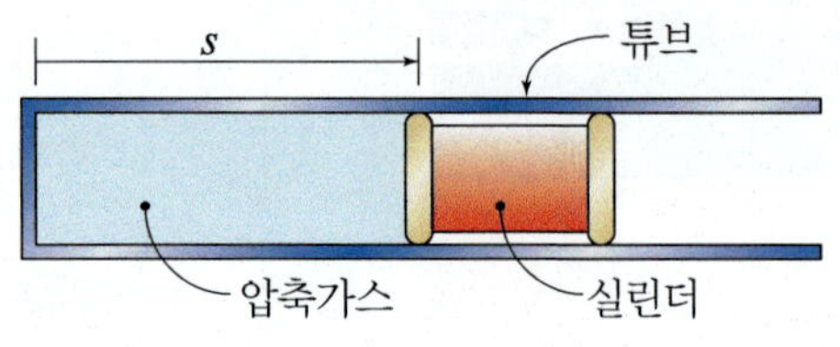

그림 P4.40, P4.41

문제 4.41

총알을 쏘면 총신은 튜브 역할을 하고 총알은 문제 4.40의 실린더와 같은 역할을 한다. 총신의 구경은 12 mm, 총신의 길이는 610 mm, 총알의 질량은 200 g, 초기 발사압력은 1.3 MPa이다. 총알의 맨 뒤와 발사실의 왼쪽 끝단 사이의 거리(즉 문제 4.40에서의 s_0)는 다음과 같다. 문제 4.40의 가정과 결과를 사용하여 아래 각 경우에 대하여 총알이 총신을 떠날 때의 속도를 구하라.

(a) 47 mm (이 거리가 현실적으로 정확한 거리이다)

(b) 38 mm

(c) (b)가 (a)의 경우에 비해 총알의 속도가 작은 이유를 설명하라.

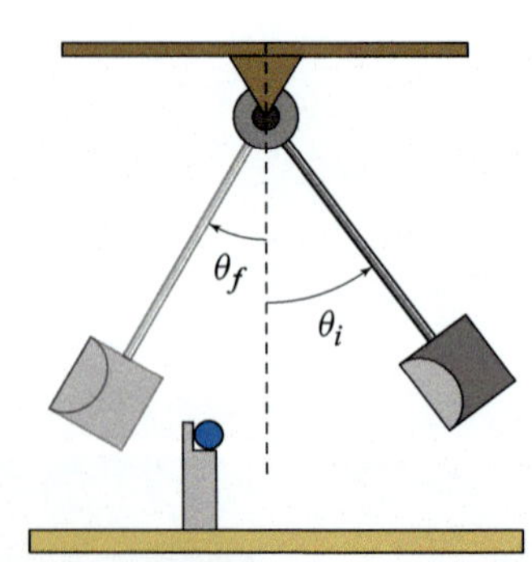

그림 P4.42

문제 4.42

재료의 파괴에 대한 저항은 파괴시험을 통해 측정되며 이러한 시험 중에 하나가 샤르피(Charpy) 충격시험이다. 이 시험에서 특정치수의 시편을 사용하여 이를 파괴시키는 데 필요한 에너지를 측정하여 파괴인성(fracture toughness)을 측정한다. 이 시험은 무거운 진자를 각도 θ_i의 위치에서 정지 상태에서 놓아주고, 진자에 의해 시편이 부서진 후에 진자가 반대쪽으로 올라가는 최대 스윙각도 θ_f를 측정하여 이루어진다. 실험 결과 θ_i = 45°, θ_f = 23°이고 진자의 질량은 1.4 kg, 진자의 길이는 0.9 m일 때, 시편이 파괴되는 데 필요한 파괴에너지를 구하라. 진자의 추(bob)를 질점으로 모델링하고, 진자의 회전중심점(pivot)의 마찰은 무시하며 또한 진자 외에 다른 시험장치들의 질량은 무시한다.

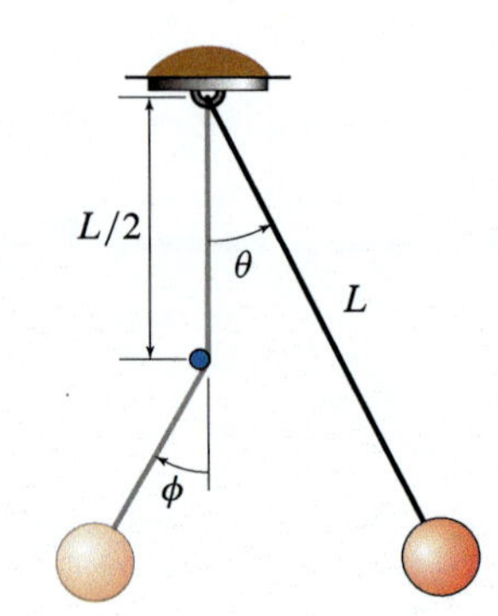

그림 P4.43, P4.44

문제 4.43, 4.44

질량이 m = 1.4 kg, 길이 L = 1.75 m인 진자가 θ_i = 20°에서 정지 상태에서 놓여진다.

6) 기송관(pneumatic tubes; 공기의 압력 차이를 이용하여 물체를 이송하는 장치)은 19세기 말에서 20세기 초에 걸쳐 우체국에서 널리 사용되었다. 20세기 초, 필라델피아, 뉴욕, 보스턴, 시카고는 파리, 베를린, 런던과 같이 기송관시스템을 가지고 있었다. 이 우체국의 기송관은 세계 제1차대전이 끝나던 해인 1918년까지만 사용되었다. 그러나 1920년대와 1930년대, 거의 모든 미국의 백화점에서 현금과 서류를 전달하는 용도로 기송관이 사용되었다. 기송관은 현재에도 병원에서 의약품과 기타 물건을 이송하는데 사용되고 있다. 참고문헌; Robin Pogrebin, "Underground Mail Road," *New York Times*, May 7, 2001.

진자가 수직 위치(즉 $\theta = 0$)에 도달하면 진자의 줄은 그림과 같이 작은 고정된 장애물을 만나게 된다. 장애물의 크기를 무시하고, 진자의 추를 질점으로 모델링하며, 줄의 질량을 무시하고 그 길이가 변하지 않는다고 가정한다. 그리고 진자에 작용하는 힘은 중력과 줄의 장력뿐이라고 가정한다.

문제 4.43 $\theta_i = 20°$일 때 진자의 추가 도달할 수 있는 최대높이(추의 가장 낮은 위치로부터 측정한)를 계산하라.

문제 4.44 $\theta_i = 90°$일 때 진자의 줄이 이루는 각 ϕ를 계산하라.

문제 4.45

탄성 로프의 강성은 일반적으로 넓은 범위의 변형 내에서도 거의 일정하나(즉, 힘과 변위와의 관계가 직선적이다), 번지 점프의 로프는 그 길이가 늘어나면 강성이 작아진다. 이 경우의 힘과 변위를 나타내는 관계식을 $f = k\delta - \beta\delta^3$, $k = 38$ N/m, $\beta = 0.002$ N/m^{3}로 가정하고 다음을 결정하라. δ (ft)는 번지 로프가 늘어난 길이이다.

(a) 로프의 탄성 위치에너지를 δ의 함수로 표현;

(b) 질량 78 kg인 낙하자(jumper)가 120 m 높이에서 점프하였다. 낙하자가 최저점에 도달하였을 때의 속도;

(c) 낙하자의 최대 가속도를 g로 표현;

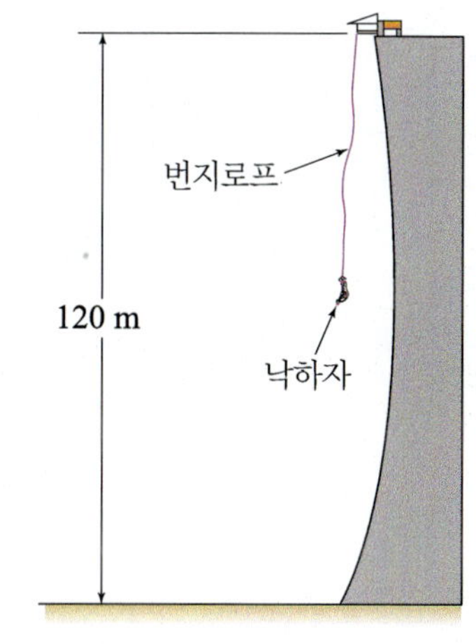

그림 P4.45

문제 4.46–4.48

수평방향으로 5.5 m/s의 속도로 움직이던 상자가 그림과 같이 4.3 m 길이의 35° 경사면을 내려온다. 경사면의 동마찰계수는 μ_k이고 경사면을 내려온 후에 만나게 되는 수평면의 동마찰계수는 μ_{k2}이다. 질점인 상자에 작용하는 힘은 중력과 마찰력뿐이라고 가정한다.

문제 4.46 $\mu_k = 0.35$인 경우, 상자가 경사면의 하단에 도달했을 때의 속도를 구하라.

문제 4.47 상자가 경사면의 하단에 도달했을 때의 속도가 4.6 m/s이었다. μ_k 값을 구하라.

문제 4.48 상자가 경사면을 내려온 후 1.5 m를 진행하여 범퍼와 충돌한다. 충돌 후 범퍼가 0.6 m 만큼 압축된 후에 상자는 정지하였다. 범퍼를 선형스프링(스프링 상수 k)으로 모델링하고 범퍼의 질량은 무시한다. 상자의 질량은 $m = 50$ kg이고, 동마찰계수 $\mu_k = 0.5$, $\mu_{k2} = 0.33$이다. 범퍼의 스

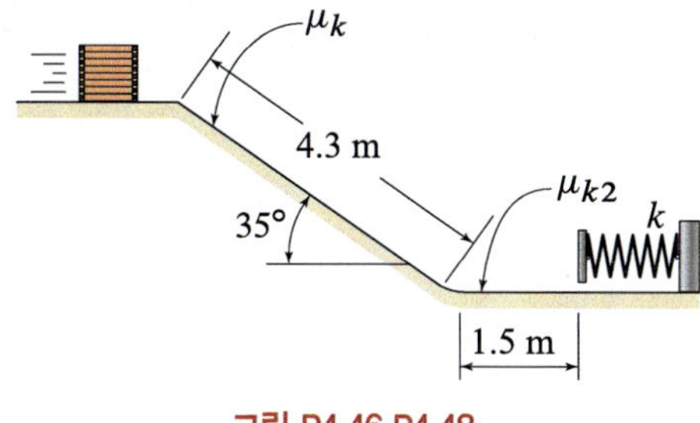

그림 P4.46-P4.48

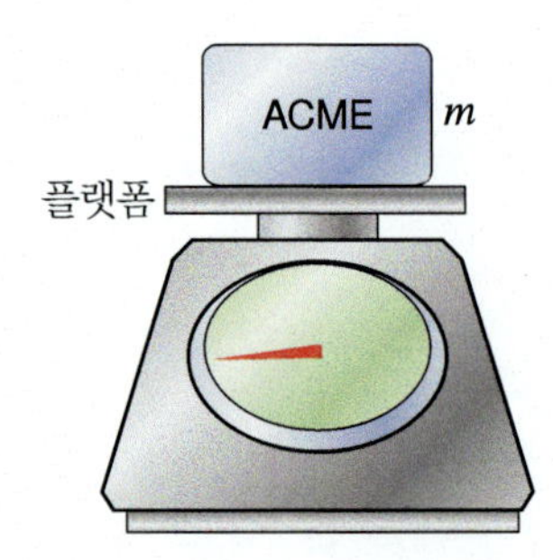

그림 P4.49,p4.50

프링상수 k 값을 구하라.

문제 4.49–4.50

스프링 저울은 스프링의 변위를 측정하여 물체의 무게를 측정한다. 물체 m과 물체를 올려놓는 플랫폼(platform)은 스프링에 의해 지지되고 있다. 플랫폼의 질량을 무시하며, 스프링은 물체를 올려놓기 전에는 변형되지 않은 원래 길이였다고 가정한다. 스프링은 선형 탄성적이며 스프링상수는 k이다. 문제 3.16, 3.17과 같이 뉴턴의 제2법칙이 아닌 일–에너지 원리를 이용하여 이 문제를 풀어보자.

문제 4.49 물체 m을 천천히(속도 영으로) 저울 위에 올려놓았다. 저울이 표시하는 물체의 최대 무게는 얼마인가?

문제 4.50 물체 m을 천천히(속도 영으로) 저울 위에 올려놓았다. 스프링이 압축되는 동안 물체의 최대 속도는 얼마인가?

문제 4.51

질량이 2.5 kg인 칼라(collar)가 길이 $L = 1.5$ m인 마찰이 없는 직선 바를 따라 직선 운동을 한다. 칼라에 부착된 두 개의 스프링은 동일하며 칼라가 위치 B에 있을 때 스프링들은 변형되지 않은 원래 길이였다. 칼라를 질점으로 보고 공기저항은 무시한다. 위치 A에서 칼라의 속도는 오른쪽 방향으로 3.3 m/s이다. 칼라가 D에 도달했을 때의 속도가 영이 되도록 스프링상수 k 값을 결정하라. E와 F 점은 고정점이다.

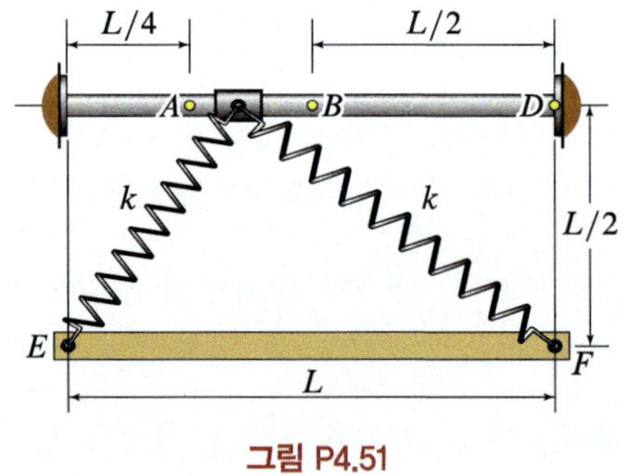

그림 P4.51

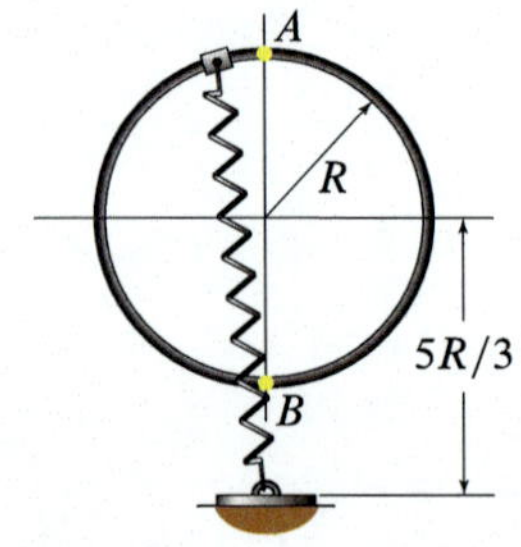

그림 P4.52

문제 4.52

질량 3 kg인 칼라(collar)가 반경 $R = 0.75$ m인 마찰이 없는 링을 따라 수평면 상에서 움직인다. 칼라에 부착된 스프링의 스프링상수 $k = 21$ N/m이다. 칼라를 질점으로 보고 공기저항은 무시한다. 위치 A에서 칼라의 속도는 영이고 칼라가 B를 지날 때의 속도는 2 m/s이다. 스프링의 변형되지 않은 원래 길이를 구하라.

설계 문제

설계문제 4.1

실제로 탄성 로프는 점프 도중에 원래 길이의 2~4배로 늘어난다. 그리고 낙하자의 가속도는 2.5 ~ 3.5 g 정도이다. 로프의 힘과 변위 사이의 관계식은 $f = k\delta - \beta\delta^3$ (k, β = 상수)로 가정한다. 여기에서 δ는 로프가 원래 길이보다 늘어난 길이이다. 로프가 원래 길이의 2.5배로 늘어나고 낙하자의 가속도는 $3g$를 넘지 않도록 로프를 설계하라. 즉 로프의 k, β의 값을 결정하라. 낙하자가 120 m 아래 최저점에 도달하였을 때 로프의 강성은 0이다.

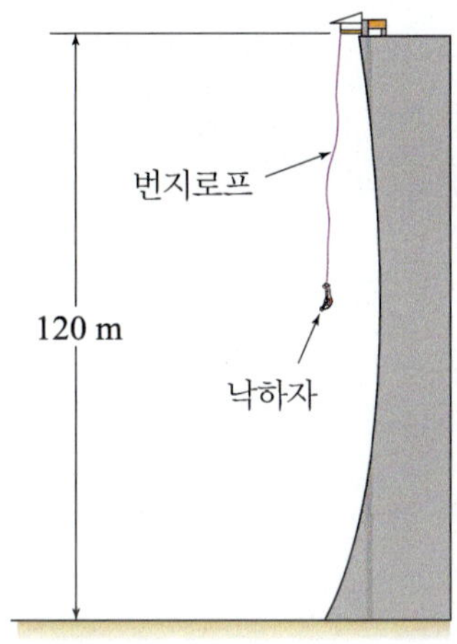

그림 DP4.1

4.3 질점계의 일–에너지 원리

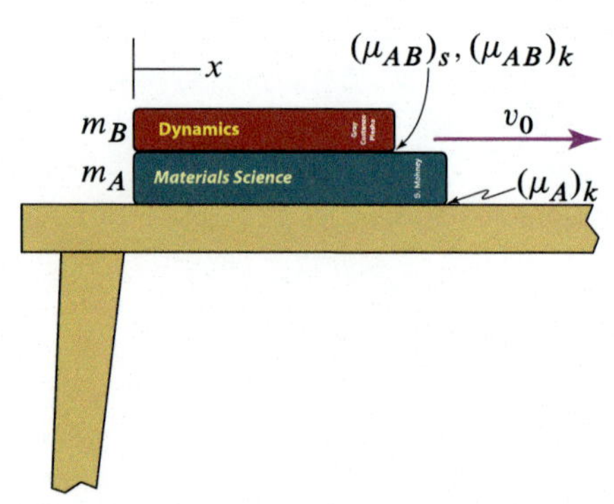

그림 4.18 예제 3.11의 그림 1을 수정한 그림. $m_A = 1.5$ kg, $m_B = 1.0$ kg, $(\mu_A)k = 0.45$, $(\mu_{AB})_k = 0.3$, $(\mu_{AB})_s = 0.4$

본 절에서 여러 개의 질점들로 이루어진 질점계(systems of particles)에 대하여 일–에너지 원리를 적용한다. 질점이 한 개인 경우와 달리, 질점계에서는 내부 일(internal work)이라는 새로운 개념이 존재한다.

유용한 정보

①과 ②의 의미는? 질점계에 대하여 우리가 "①(②, etc.)은 어떤 조건 X가 발생하는 위치"라고 말할 때 이는 "①(②, etc.)은 어떤 조건 X가 만족되는 각 질점들의 위치의 집합이다" 를 뜻한다. 그러나 이러한 조건들이 동시에 각 질점들에게 만족되어야 하는 것은 아니다. 예를 들면 책 A와 B가 동시에 조건 ② (정지 상태)를 만족시키지는 않는다.

테이블 위에 놓인 두 책 사이의 미끄러짐 운동

그림 4.18을 참조하여 예제 3.11을 다시 생각해 보자. 어떤 학생이 두 권의 책을 테이블 위에 수평방향 속도 $v_0 = 0.75$ m/s로 밀어낸다. 예제 3.11에서와 마찬가지로, 두 권의 책이 테이블의 $x = 0$인 위치(위치 ①)로 밀어낼 때 책들의 최종위치(위치 ②)를 결정하고자 한다. 여기에서 일–에너지 원리를 적용하여 문제를 해결해 보자(유용한 정보를 참조할 것). 책을 질점으로 모델링하고 그림 4.19의 FBD을 참조하여 책 B에 일–에너지 원리를 적용하면 다음과 같다.

$$T_{B1} + V_{B1} + (U_{1\text{-}2})^B_{\text{nc}} = T_{B2} + V_{B2} \tag{4.51}$$

마찰력 F_B만이 책 B에 일을 하는 힘이며 F_B는 비보존력이다. 식 (4.51)의 각 항들은 다음과 같다.

$$T_{B1} = \tfrac{1}{2} m_B v_0^2, \quad T_{B2} = 0, \quad V_{B1} = 0, \quad V_{B2} = 0 \tag{4.52}$$

$$(U_{1\text{-}2})^B_{\text{nc}} = \int_0^{x_{B2}} -F_B\, dx_B \tag{4.53}$$

마찬가지로 책 A에 일–에너지 원리를 적용하면 다음과 같다.

$$T_{A1} + V_{A1} + (U_{1\text{-}2})^A_{\text{nc}} = T_{A2} + V_{A2} \tag{4.54}$$

여기에서

$$T_{A1} = \tfrac{1}{2} m_A v_0^2, \quad T_{A2} = 0, \quad V_{A1} = 0, \quad V_{A2} = 0 \tag{4.55}$$

$$(U_{1\text{-}2})^A_{\text{nc}} = \int_0^{x_{A2}} (F_B - F_A)\, dx_A \tag{4.56}$$

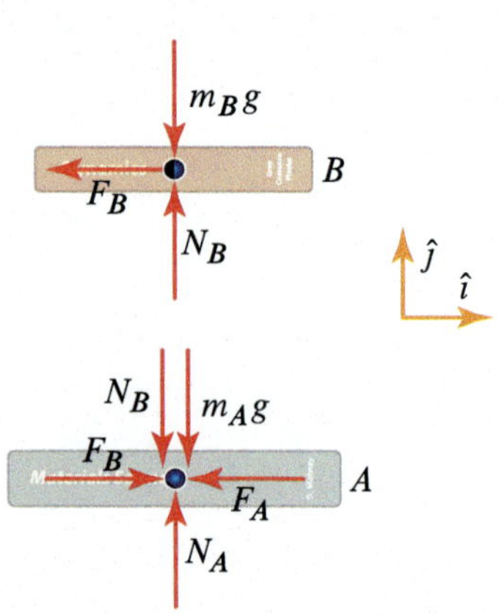

그림 4.19 그림 4.18에 보인 두 책에 대한 FBD.

예제 3.11에서 보았듯이 A는 테이블과 상대적으로 미끄러지며 B는 A와 상대적으로 미끄러진다. 그리고 A는 B보다 먼저 정지한다. 따라서 A, B의 마찰력은 다음과 같다.

$$F_A = (\mu_A)_k N_A = (\mu_A)_k (m_A + m_B) g \tag{4.57}$$

$$F_B = (\mu_{AB})_k N_B = (\mu_{AB})_k m_B g \tag{4.58}$$

식 (4.52), (4.53), (4.58)을 식 (4.51)에 대입하면 다음 식을 얻는다.

$$\tfrac{1}{2} m_B v_0^2 - (\mu_{AB})_k m_B g x_{B2} = 0 \tag{4.59}$$

그리고 식 (4.55)–(4.58)을 식 (4.54)에 대입하면 다음 식을 얻는다.

$$\tfrac{1}{2} m_A v_0^2 + [(\mu_{AB})_k m_B g - (\mu_A)_k (m_A + m_B) g] x_{A2} = 0 \tag{4.60}$$

식 (4.59), (4.60)에서 x_{B2}, x_{A2}에 대하여 풀면 $x_{B2} = 0.09557$ m, $x_{A2} = 0.05213$ m이다. 놀라운 일은 아니지만, 이 값은 예제 3.11에서 구한 결과와 똑같다.

A와 B에 개별적으로 일–에너지 원리를 적용하여 문제를 풀었다. 이제는 A와 B를 하나의 시스템으로 볼 때 어떻게 일–에너지 원리를 적용할지를 생각해 보자. 우선 식 (4.59), (4.60)을 더하면 다음과 같다.

$$\tfrac{1}{2}m_A v_0^2 + \tfrac{1}{2}m_B v_0^2 - (\mu_{AB})_k m_B g(x_{B2} - x_{A2}) - (\mu_A)_k(m_A + m_B)g x_{A2} = 0 \quad (4.61)$$

식 (4.61)의 처음 두 항은 A와 B의 각각의 운동에너지다. 각각의 운동에너지의 합을 시스템의 운동에너지로 보는 것은 타당하다('유용한 정보' 참조). 다음으로 $-(\mu_A)_k(m_A + m_B)gx_{A2}$는 힘 $F_A = (\mu_A)_k(m_A + m_B)g$가 x_{A2}만큼 이동하면서 한 일이다. 그림 4.20의 FBD에서 F_A는 외력이므로 $-F_A x_{A2}$는 외력이 한 일이다. 마지막으로 $-(\mu_{AB})_k m_B g(x_{B2} - x_{A2})$는 힘 $F_B = (\mu_{AB})_k m_B g$가 $x_{B2} - x_{A2}$ 만큼 이동하면서 한 일이다. 일 $-F_B(x_B - x_A)$에 대하여 다음과 같은 흥미로운 사실들을 발견할 수 있다.

1. F_B는 내력(internal force)이며 시스템 전체의 FBD에 나타나지 않는다.
2. 거리 $(x_B - x_A)$는 B가 실제로 이동한 절대거리가 아니라 B가 A에 대하여 상대적으로 움직인 거리이다.

이러한 사실로부터, 뉴턴의 법칙을 적용할 때와 달리, 내력은 시스템에 일–에너지 원리를 적용하는 데 있어서 매우 중요한 역할을 한다는 것을 알 수 있다. 또한 만일 A와 B가 같이 움직인다면, 즉 $x_{B2} - x_{A2}$이면 내력이 한 일은 영이 된다.

즉 내력이 일을 하려면 상대운동이 존재해야 한다. 많은 문제에서 내력이 한 일을 고려하여 일–에너지 원리를 적용하여야 하므로 이는 매우 중요한 사실이다.

유용한 정보

시스템의 운동에너지 m, v_G는 각각 시스템 전체의 질량과 시스템의 질량 중심의 속도이다. 시스템의 운동에너지 $\frac{1}{2}mv_G^2$를 계산하는 것이 의미가 있을까? 대답은 아니다. 그 이유를 이해하기 위하여 고정된 질량중심축을 중심으로 회전하는 물체를 생각해 보자. 이 경우에 $v_G = 0$ 이므로 $\frac{1}{2}mv_G^2 = 0$이 된다. 따라서 시스템의 운동에너지는 질량 중심만의 운동이 아니라 시스템을 구성하는 모든 요소들의 운동을 고려하여야 한다.

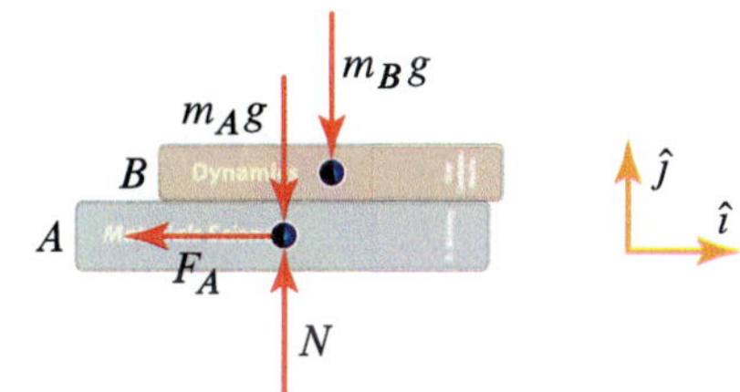

그림 4.20 테이블의 표면 위에서 미끄러지는 두 책의 FBD.

질점계의 내부 일과 일–에너지 원리

그림 4.21과 같이 n개의 질점으로 이루어진 질점계에서 질량이 m_i이고 위치가 $\vec{r}_i$인 i 번째 질점에 외력의 합력 $\vec{F}_i$가 작용하고, 나머지 $n-1$개의 질점과 사이에 내력 $\vec{f}_{ij}(j = 1, \ldots, n, i \neq j)$가 상호 작용한다. 이러한 i 번째 질점에 뉴턴의 제2법칙을 적용하면 다음과 같다.

$$\vec{F}_i + \sum_{j=1}^{n} \vec{f}_{ij} = m_i \vec{a}_i, \quad i \neq j \quad (4.62)$$

질점이 하나인 경우와 마찬가지로 위 식의 양변을 $d\vec{r}_i$로 내적하고 i번째 질점의 경로 $(\mathscr{L}_{1\text{-}2})_i$에 대하여 적분한다. 시스템을 구성하는 모든 n개의 질점에 대하여 이러한 식들을 유도하고 이들을 모두 더하면 다음과 같다.

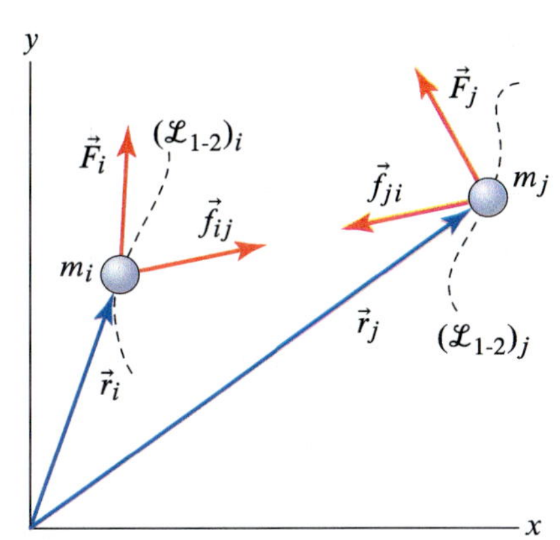

그림 4.21 n개의 질점으로 이루어진 질점계의 질점 i와 j 질점 .

$$\sum_{i=1}^{n}\int_{(\mathcal{L}_{1\text{-}2})_i}\left(\vec{F}_i+\sum_{j=1}^{n}\vec{f}_{ij}\right)\cdot d\vec{r}_i=\sum_{i=1}^{n}\int_{(\mathcal{L}_{1\text{-}2})_i} m_i\frac{d\dot{\vec{r}}_i}{dt}\cdot d\vec{r}_i \tag{4.63}$$

여기에서 관계식 $\vec{a}_i = d\dot{\vec{r}}_i/dt$을 이용하였다. 질점이 하나인 경우와 마찬가지로 식 (4.63)의 우변은 다음과 같이 쓸 수 있다.

$$\begin{aligned}\sum_{i=1}^{n}\int_{(\mathcal{L}_{1\text{-}2})_i} m_i\frac{d\dot{\vec{r}}_i}{dt}\cdot d\vec{r}_i &= \sum_{i=1}^{n}\int_{(\mathcal{L}_{1\text{-}2})_i} m_i\vec{v}_i\cdot d\vec{v}_i\\ &= \sum_{i=1}^{n}\tfrac{1}{2}m_i\vec{v}_i\cdot\vec{v}_i\Big|_1^2\\ &= \left(\sum_{i=1}^{n}\tfrac{1}{2}m_i v_i^2\right)_2-\left(\sum_{i=1}^{n}\tfrac{1}{2}m_i v_i^2\right)_1\end{aligned} \tag{4.64}$$

질점계의 운동에너지는 다음과 같이 각 질점의 운동에너지의 합으로 정의한다.

$$T=\sum_{i=1}^{n}\tfrac{1}{2}m_i v_i^2 \tag{4.65}$$

따라서 식 (4.64)는 다음과 같이 다시 쓸 수 있다.

$$\sum_{i=1}^{n}\int_{(\mathcal{L}_{1\text{-}2})_i} m_i\frac{d\dot{\vec{r}}_i}{dt}\cdot d\vec{r}_i = T_2 - T_1 \tag{4.66}$$

식 (4.63)으로 돌아가서 그 좌변은 다음과 같이 다시 쓸 수 있다.

$$\begin{aligned}\sum_{i=1}^{n}\int_{(\mathcal{L}_{1\text{-}2})_i}\left(\vec{F}_i+\sum_{j=1}^{n}\vec{f}_{ij}\right)\cdot d\vec{r}_i &= \overbrace{\sum_{i=1}^{n}\int_{(\mathcal{L}_{1\text{-}2})_i}\vec{F}_i\cdot d\vec{r}_i}^{(U_{1\text{-}2})_{\text{ext}}}\\ &\quad+\overbrace{\sum_{i=1}^{n}\sum_{\substack{j=1\\ j\neq i}}^{n}\int_{(\mathcal{L}_{1\text{-}2})_i}\vec{f}_{ij}\cdot d\vec{r}_i}^{(U_{1\text{-}2})_{\text{int}}}\end{aligned} \tag{4.67}$$

여기에서 $(U_{1-2})_{ext}$와 $(U_{1-2})_{int}$은 각각 외력과 내력이 시스템에 한 일이다. 뉴턴의 제2법칙에 대하여 논의할 때, 뉴턴의 제3법칙에 의하여 식 (4.67)에서 2개의 합기호($\sum\sum$)를 가진 항과 유사한 항이 사라짐을 알았다. 그러나 여기에서 이 항은 사라지지 않으며 일–에너지 원리를 적용하는 데 있어서 중요한 역할을 담당한다. 한 쌍의 질점 i, j에 대하여 식 (4.67)의 $(U_{1-2})_{int}$을 구성하는 항들은 다음과 같다.

$$\vec{f}_{ij}\cdot d\vec{r}_i+\vec{f}_{ji}\cdot d\vec{r}_j=\vec{f}_{ij}\cdot\left(d\vec{r}_i-d\vec{r}_j\right)=\vec{f}_{ij}\cdot d\vec{r}_{i/j} \tag{4.68}$$

여기에서 뉴턴의 제3법칙에 의하여 $\vec{f}_{ij} = -\vec{f}_{ji}$이며, $d\vec{r}_{i/j} = d\vec{r}_i - d\vec{r}_j$는 질점 i의 질점 j에 대한 미소 상대변위를 나타낸다. 식 (4.68)에서 알 수 있는 것은 모든 질점 쌍(particle pairs)들이 서로 상대운동이 없거나, 또는 $d\vec{r}_{i/j}$의 $\vec{f}_{ij}$ 방향 성분이 영이면 내력이 일을 하지 못한다는 것이다. 식 (4.66), (4.67)을 이용하여 일–에너지 원리 식을 쓰면 다음과 같다.

$$T_1 + (U_{1\text{-}2})_{\text{ext}} + (U_{1\text{-}2})_{\text{int}} = T_2 \tag{4.69}$$

또는

$$T_1 + V_1 + (U_{1\text{-}2})_{\text{nc}}^{\text{ext}} + (U_{1\text{-}2})_{\text{nc}}^{\text{int}} = T_2 + V_2 \tag{4.70}$$

식 (4.70)은 시스템에 일을 하는 보존력이 존재할 때 사용한다.

식 (4.69)이나 식 (4.70)은 앞에서 책의 상대운동에 대한 문제를 분석하는 과정에서 발견한 사실들을 식으로 나타낸 것이다. 일–에너지 원리를 질점계에 적용할 때 내력이 한 일을 고려하여야 한다. 그리고 식 (4.68)의 아래에서 설명한 내용을 살펴보면, 질점 사이에 상대운동이 있어도 내력이 한 일이 영인 경우가 있음을 알 수 있다. 본 절의 끝부분에서 이러한 사실을 보여줄 예제를 다루게 될 것이다.

흥미로운 사실

내력에 의한 일. 앞으로 예제 4.12에서 알 수 있듯이, 모든 내력이 일을 하는 것은 아니다. 내부 일을 하는 힘은 스프링 힘과 같은 변형을 일으키는 힘들과 마찰력들이다. 스프링 힘이 한 일은 일반적으로 위치에너지 형태로 바꾸어 고려한다. 아무리 매끈한 표면도 작은 크기의 표면거칠기를 갖는다. 아래 그림은 서

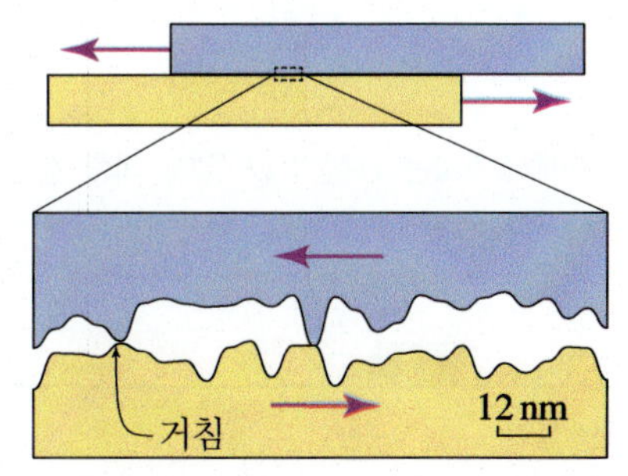

로 접촉하며 미끄러지고 있는 두 물체를 나타낸다. 그 표면이 매끄럽게 보이나 확대해 보면 그 표면이 거친 것을 알 수 있으며, 두 물체가 직접 접촉하는 면은 전체 표면적의 일부분이다. 그림에서 돌출부를 거침(asperity)이라고 부르며 서로 미끄러질 때 이것에 의해 표면이 파괴되고 변형된다.

질점계의 운동에너지

여기에서 질점계의 운동에너지를 표현하는 방법을 생각해보자. 이는 8장에서 강체의 운동에너지를 나타내는 방법을 이해하는 데 도움이 된다.

질점계의 운동에너지는 다음과 같이 정의된다.

$$T = \sum_{i=1}^{n} \tfrac{1}{2} m_i \vec{v}_i \cdot \vec{v}_i \tag{4.71}$$

그림 4.22를 보면 $\vec{r}_i = \vec{r}_G + \vec{r}_{i/G}$이고, $\vec{r}_G$는 질량중심의 위치벡터, $\vec{r}_{i/G}$는 G에 상대적인 질점 i의 위치벡터를 나타낸다. 이 $\vec{r}_i$ 식을 시간에 대하여 미분하면 $\vec{v}_i = \vec{v}_G + \vec{v}_{i/G}$이 된다. 따라서 식 (4.71)은 다음과 같이 쓸 수 있다.

$$\begin{aligned} T &= \sum_{i=1}^{n} \tfrac{1}{2} m_i (\vec{v}_G + \vec{v}_{i/G}) \cdot (\vec{v}_G + \vec{v}_{i/G}) \\ &= \sum_{i=1}^{n} \tfrac{1}{2} m_i (\vec{v}_G \cdot \vec{v}_G + 2\vec{v}_G \cdot \vec{v}_{i/G} + \vec{v}_{i/G} \cdot \vec{v}_{i/G}) \\ &= \tfrac{1}{2} m \underbrace{\vec{v}_G \cdot \vec{v}_G}_{v_G^2} + \underbrace{\left(\sum_{i=1}^{n} m_i \vec{v}_{i/G} \right)}_{\frac{d}{dt} \sum_{i=1}^{n} m_i \vec{r}_{i/G}} \cdot \vec{v}_G + \sum_{i=1}^{n} \tfrac{1}{2} m_i \underbrace{\vec{v}_{i/G} \cdot \vec{v}_{i/G}}_{v_{i/G}^2} \end{aligned} \tag{4.72}$$

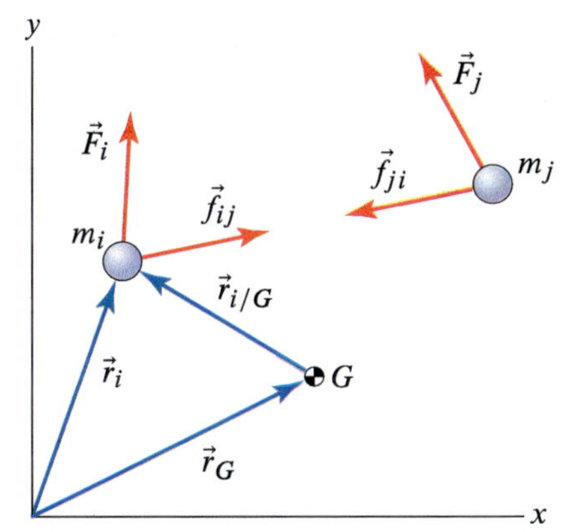

그림 4.22 n개의 질점으로 이루어진 질량중심이 G에 있는 질점계의 질점 i와 질점 j.

여기에서 m은 시스템의 전체 질량이다. 식 (3.71)의 정의에 의해서, 그리고 $\vec{r}_{i/G}$는 G에

유용한 정보

질량중심에 상대적인 위치벡터. 질량중심의 절대 위치 $\vec{r}_G$는 다음과 같이 정의된다.

$$\vec{r}_G = \frac{1}{m}\sum_{i=1}^{n} m_i \vec{r}_i$$

따라서, 어떤 기준점 Q의 위치벡터를 $\vec{r}_Q$라 하면 Q에 상대적인 G 점의 위치벡터 $\vec{r}_{G/Q}$는 다음과 같다.

$$\vec{r}_{G/Q} = \frac{1}{m}\sum_{i=1}^{n} m_i \vec{r}_{i/Q}$$

여기에서 $\vec{r}_{i/Q}$는 i 점의 Q 점에 대한 상대 위치이다.

개념정리

회전체의 운동에너지. 식 (4.74)는 질량중심의 속도가 영일지라도 시스템의 운동에너지가 영이 아닐 수 있다는 매우 중요한 사실을 말해 주고 있다. 이러한 좋은 예는 플라이휠(flywheel)이다. 플라이휠의 질량 중심은 움직이지 않으나 플라이휠은 회전운동을 통하여 많은 운동에너지를 저장할 수 있다.

빠지기 쉬운 함정

비보존력에 의한 내부 일. 비보존력에 의한 일은 일–에너지 원리 식에 있는 $(U_{1\text{-}2})^{\text{int}}_{\text{nc}}$ 항에서 고려되어야 한다. 비보존력에 의한 내부 일의 중요한 예는 내부 마찰에 의한 일이다.

빠지기 쉬운 함정

보존력에 의한 내부 일. 보존력(예: 스프링 힘)에 의한 일은 $(U_{1\text{-}2})^{\text{int}}_{\text{nc}}$ 항에 포함시키면 안 된다. 보존력에 의한 내부 일은 위치에너지 V에 포함되어야 한다. V는 보존적인 모든 외력과 내력의 위치에너지이다.

상대적인 각 질점 i의 위치벡터를 나타내므로('유용한 정보'를 참조할 것), 식 (4.72)의 마지막 줄의 두 번째 항은 다음과 같이 나타낼 수 있다.

$$\frac{d}{dt}\sum_{i=1}^{n} m_i \vec{r}_{i/G} = \frac{d}{dt}\left(m\,\vec{r}_{G/G}\right) \tag{4.73}$$

$\vec{r}_{G/G}$는 질량중심에 대한 질량중심의 위치벡터이므로 식 (4.73)의 우변은 언제나 영이다. 따라서 식 (4.72)는 다음과 같이 표현된다.

$$T = \tfrac{1}{2}mv_G^2 + \tfrac{1}{2}\sum_{i=1}^{n} m_i v_{i/G}^2 \tag{4.74}$$

그러므로 질점계의 운동에너지는 질점계의 질량중심의 운동(v_G)과 모든 질점들의 질점계의 질량중심에 대한 상대운동($v_{i/G}$)에 의해 결정된다는 사실을 알 수 있다.

절 요약

본 절에서 질점계에 대한 일–에너지 원리 식을 유도하였으며, 이 식에서 내부 일의 역할이 매우 중요하다는 사실을 발견하였다. 질점계의 운동에너지는 다음과 같다.

식 (4.65) p. 304

$$T = \sum_{i=1}^{n} \tfrac{1}{2}m_i v_i^2$$

여기에서 m_i, v_i는 질점계 내에 있는 i 번째 질점의 질량과 속도이다. 질점계에 대한 일–에너지 원리 식은 다음과 같다.

식 (4.70) p. 305

$$T_1 + V_1 + (U_{1\text{-}2})^{\text{ext}}_{\text{nc}} + (U_{1\text{-}2})^{\text{int}}_{\text{nc}} = T_2 + V_2$$

여기에서 V는 외력과 내력에 대한 시스템의 위치에너지다. 질점계의 운동에너지는 질점계의 질량중심의 속력과, 질점들의 질점계의 질량중심에 대한 상대속도의 함수로 다음과 같이 나타낼 수 있다.

식 (4.74) p. 306

$$T = \tfrac{1}{2}mv_G^2 + \tfrac{1}{2}\sum_{i=1}^{n} m_i v_{i/G}^2$$

예제 4.10 질점계에서의 에너지 보존

그림 1의 발사기(catapult)는 풀리 P와 블록 A, B로 구성되어 있다. 늘어나 있는 스프링이 B에 부착되어 있으며 B가 거리 h 만큼 낙하하면 A는 위로 발사된다. B의 질량은 $m_B = 8$ kg이고 B는 $h = 2$ m 높이에서 정지 상태에서 놓여진다. A의 질량은 $m_A = 1$ kg이고 B에 부착되어 있는 스프링의 스프링 상수는 $k = 40$ N/m이다. 스프링은 B가 바닥에 도달했을 때 원래 길이가 된다. B가 바닥에 도달하기 직전의 A, B의 속도를 구하라.

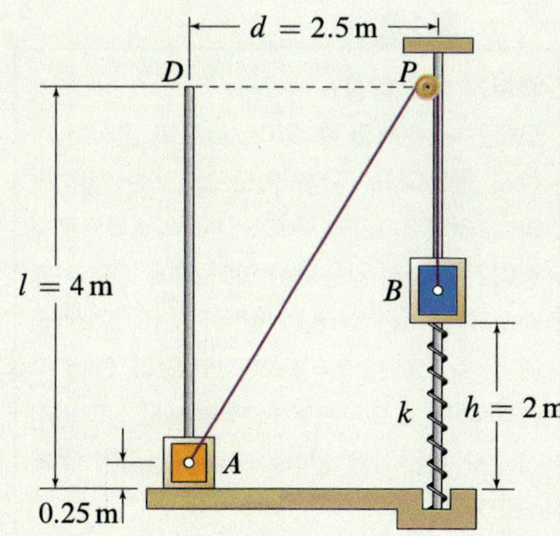

그림 1 풀리 P와 블록 A, B로 구성되어 있는 발사기(catapult). 그림의 치수는 B가 놓이는 순간의 치수이다.

풀이 SOLUTION

로드맵과 모델링 위치의 변화와 속도의 변화 사이의 관계를 나타내는 일–에너지 원리를 적용한다. 풀리의 관성과 크기를 무시하고, 시스템의 마찰을 무시한다. 로프의 질량은 영이고 길이가 변하지 않는다고 가정한다. 그림 2를 참조하고 A, B를 질점으로 모델링하여 다음과 같이 가정한다. 시스템에 작용하는 외력은 중력, 스프링 힘, P에서의 반력, A, B에 작용하는 수직반력이다. P에 작용하는 반력은 작용점이 고정점이므로 일을 하지 못하며 중력과 스프링 힘은 보존력이다. 로프에는 내력이 발생하나 로프가 일을 하기 위해서는 로프의 길이가 장력 방향으로 변해야 하나 로프의 길이가 변하지 않는다고 가정하였으므로 로프의 장력도 일을 하지 못한다(식 (4.68)에 대한 설명을 참조할 것). ①은 블록 B가 정지 상태에서 낙하를 시작하는 위치이며 ②는 블록이 바닥에 도달하는 위치이며 이때 스프링은 늘지도 줄지도 않은 원래 길이로 돌아간다.

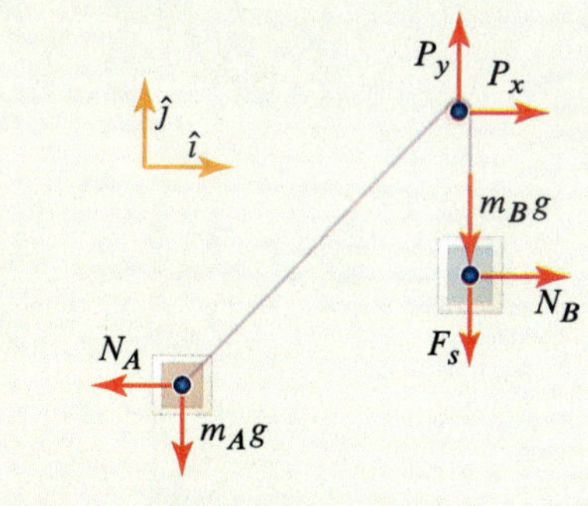

그림 2 그림 1의 FBD.

지배방정식

평형 원리 위에서 논한 바와 같이 식 (4.70)의 $(U_{1\text{-}2})_{\text{nc}}^{\text{ext}}$, $(U_{1\text{-}2})_{\text{nc}}^{\text{int}}$는 모두 영이다. 따라서 ①, ②에 일–에너지 원리를 적용하면 다음과 같다.

$$T_1 + V_1 = T_2 + V_2 \tag{1}$$

시스템의 운동에너지는 다음과 같다.

$$T_1 = \tfrac{1}{2}m_A v_{A1}^2 + \tfrac{1}{2}m_B v_{B1}^2, \quad T_2 = \tfrac{1}{2}m_A v_{A2}^2 + \tfrac{1}{2}m_B v_{B2}^2 \tag{2}$$

여기에서 v_{A1}, v_{B1}과 v_{A2}, v_{B2}는 각각 A, B의 ①, ②에서의 속력이다.

힘의 법칙 식 (1)의 위치에너지는 m_A와 m_B의 중력 위치에너지와 스프링의 탄성에너지로 구성되어 있다. 따라서 그림 1과 그림 3에서 다음 식을 유도할 수 있다.

$$V_1 = \tfrac{1}{2}kh^2 + m_A g y_{A1} + m_B g y_{B1}, \quad V_2 = m_A g y_{A2} + m_B g y_{B2} \tag{3}$$

스프링은 ②에서 늘지도 줄지도 않은 원래 길이가 된다.

운동학 방정식 ①에서 속도는 다음과 같다.

$$v_{A1} = 0, \quad v_{B1} = 0 \tag{4}$$

②에서의 속도 v_{A2}, v_{B2}가 본 문제의 미지수이다. 그리고 A의 위치와 속도는 B의 위치와 속도의 함수이다. 이 관계를 도출하기 위해 그림 3에서 로프의 길이에 대한 다음 식

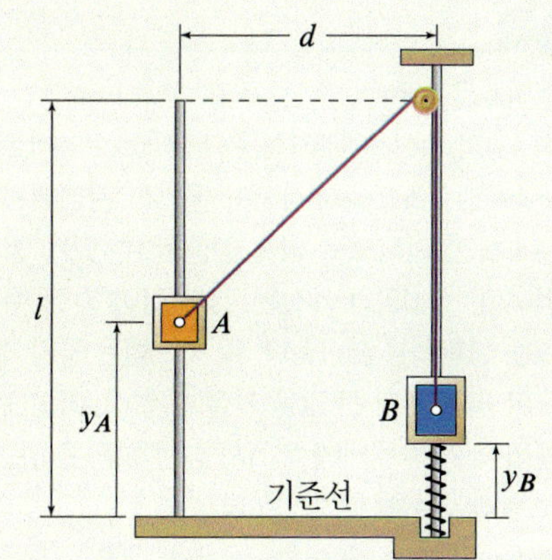

그림 3 y_A, y_B의 정의와 중력 위치에너지의 기준선.

을 유도한다.

$$L = \sqrt{(l - y_A)^2 + d^2} + (l - y_B) \tag{5}$$

로프의 길이는 변하지 않는다고 가정하였다. 따라서 식 (5)를 시간에 대하여 미분하면 다음과 같다.

$$0 = \frac{-(l - y_A)v_{Ay}}{\sqrt{(l - y_A)^2 + d^2}} - v_{By} \quad \Rightarrow \quad \left| -\frac{l - y_A}{\sqrt{(l - y_A)^2 + d^2}} \right| v_A = v_B \tag{6}$$

식 (6)의 두 번째 식에서 절대값을 사용했으므로 v_{Ay}, v_{By}를 속력 v_A, v_B로 표현할 수 있다. ①, ②에 대하여 식 (5)를 적용하여 A의 변위와 B의 변위 사이의 관계를 도출하면 다음과 같다.

$$L = \sqrt{(l - y_{A1})^2 + d^2} + (l - y_{B1}) = \sqrt{(l - y_{A2})^2 + d^2} + (l - y_{B2}) \tag{7}$$

식 (7)의 두 번째 등식은 다음 식을 의미한다.

$$y_{B1} - y_{B2} = \sqrt{(l - y_{A1})^2 + d^2} - \sqrt{(l - y_{A2})^2 + d^2} \tag{8}$$

$y_{B1} - y_{B2} = h$이고 y_{A1}은 알고 있는 값이므로 식 (8)에서 y_{A2}에 대하여 풀면 다음과 같다.

$$y_{A2} = l - \sqrt{h^2 + (l - y_{A1})^2 - 2h\sqrt{(l - y_{A1})^2 + d^2}} \tag{9}$$

계산 식 (2)−(4)를 식 (1)에 대입하면 다음 식을 얻는다.

$$\tfrac{1}{2}kh^2 + m_A g y_{A1} + m_B g y_{B1} = \tfrac{1}{2}m_A v_{A2}^2 + \tfrac{1}{2}m_B v_{B2}^2 + m_A g y_{A2} + m_B g y_{B2} \tag{10}$$

$y_{B1} - y_{B2} = h$이므로 식 (6)을 식 (10)에 대입하고 v_{A2}에 대하여 풀면 다음과 같다.

$$v_{A2} = \sqrt{\frac{kh^2 + 2m_A g(y_{A1} - y_{A2}) + 2m_B gh}{m_A + m_B(l - y_{A2})^2/[(l - y_{A2})^2 + d^2]}} \tag{11}$$

$l = 4$ m, $y_{A1} = 0.25$ m, $h = 2$ m, $d = 2.5$ m이므로 식 (9)에서 $y_{A2} = 3.814$ m이다. 이 결과와 주어진 데이터를 이용하여 식 (11)과 식 (6)으로부터 다음 결과를 얻는다.

$$\boxed{v_{A2} = 19.7\,\text{m/s}, \quad v_{B2} = 1.46\,\text{m/s}} \tag{12}$$

논의 및 검증 식 (6)에서 v_A로 곱해지는 항은 무차원 값이다. 따라서 식 (6)은 차원적으로 정확하다. 식 (11)의 제곱근 기호 안에 있는 식은 에너지를 질량으로 나눈 차원을 가지고 있으므로 식 (11)도 차원적으로 정확하다. 식 (12)의 v_{A2} 값 (또는 이에 대응되는 v_{B2} 값)은 B의 위치에너지가 모두 A의 운동에너지로 변환되었다고 가정하고 구한 아래 식의 v_{A2} 보다 작아야 한다.

$$\tfrac{1}{2}kh^2 + m_B gh = \tfrac{1}{2}m_A v_{A2}^2 \quad \Rightarrow \quad v_{A2} = 21.8\,\text{m/s} \tag{13}$$

식 (12)의 결과는 식 (13)의 값보다 작으므로 결과의 타당성이 확인되었다. 스프링이 없는 경우, 즉 $k = 0$인 경우에 $v_{A2} = 15.3$ m/s, $v_{B2} = 1.14$ m/s 이다. A가 끼워져 있는 봉을 수평방향으로 유지하면 A의 위치에너지는 증가하지 않으며 따라서 v_{A2} 값이 더 커진다.

빠지기 쉬운 함정

로프는 느슨해질 수 있다. 로프의 길이가 변하지 않는다고 가정하였으므로 L은 일정하다. 그러나 식 (5)의 구속조건을 적용함으로써 길이가 변하지 않는다는 의미 외에 로프가 팽팽하게 당겨진 상태 (인장력이 가해진 상태)가 될 수 있다는 의미도 가지고 있다. 해를 구한 후에는 로프가 느슨하게 늘어진 상태인지 아닌지 확인해야 한다. 이러한 검증은 문제 4.69에서 다룬다.

흥미로운 사실

식 (13)의 계산은 매우 쉬운 계산 (back-of-the envelope calculation)이며 물리적 관점에서 결과를 합리적으로 쉽게 검증할 수 있는 방법이다. 식 (13)의 계산은 결과 값이 가질 수 있는 상한치를 제공한다. 즉 시스템은 물리적으로 이 값보다 큰 값을 가질 수 없다. 이렇게 물리적 기초 원리에 의해서 상한치를 구하는 것은 매우 유용한 방법이다.

예제 4.11 타월 스냅(날카로운 소리를 내며 재빨리 움직이는 것)

그림 1과 같이 스냅되는 타월의 끝에 맞으면 통증을 느끼며 날카로운 소리를 듣게 된다. 이러한 타월 스냅 동작을 표현할 수 있는 간단한 모델을 그림 2에 제시하였다.

줄(string)의 한쪽 끝은 천정에 고정시키고 줄을 구부렸다가 그 자유단이 자유낙하하도록 놓아준다. 줄의 질량은 m이고 길이는 L이다. 줄의 자유단의 속도를 천정으로부터의 거리의 함수로 구하라.

그림 1 타월 스냅의 과정으로서 각 사진의 노출시간은 0.008초이었다. 상부 사진: 스냅을 준비하는 단계. 중간 사진: 타월의 중간부분이 구부러진 상태. 하부 사진: 타월이 다시 펴진 상태. 타월의 끝 부분의 속도가 매우 커서 끝 부분이 흐리게 보임.

풀이 SOLUTION

로드맵과 모델링 자유단의 위치에 따른 속도를 구하는 문제이므로 일-에너지 원리를 적용하기에 적합한 문제이다. 줄은 질점계가 아니라 질량이 연속적으로 분포된 연속체이지만 질점계에 적용한 개념을 그대로 적용한다. 줄의 질량 중심에 대하여 일-에너지 원리를 적용한다. 줄을 둘로 나누어 왼쪽과 오른쪽 절반을 각각 하나의 질점으로 모델링하여, 줄을 2개의 질점으로 이루어진 질점계로 본다. 각 질점은 줄의 왼쪽과 오른쪽 부분의 질량 중심에 위치한다. 그림 3은 각 질점이 임의의 위치를 지날 때를 나타내며 이 상태를 ②로 표시한다. ①은 줄이 낙하를 시작하는 상태를 나타낸다. 줄은 정지 상태에서 낙하를 시작한다. 줄에 작용하는 힘은 중력과 천정에서의 반력뿐이며, 따라서 줄에 일을 하는 힘은 줄의 왼쪽과 오른쪽 부분의 중력 $m_L g$와 $m_R g$이므로 이 시스템은 보존계이다.

지배방정식

평형 원리 이 시스템은 보존계이므로 일-에너지 원리는 다음과 같다.

$$T_1 + V_1 = T_2 + V_2 \tag{1}$$

운동에너지는 다음과 같다.

$$T_1 = \tfrac{1}{2}m_{L1}v_{L1}^2 + \tfrac{1}{2}m_{R1}v_{R1}^2, \qquad T_2 = \tfrac{1}{2}m_{L2}v_{L2}^2 + \tfrac{1}{2}m_{R2}v_{R2}^2 \tag{2}$$

여기에서 m_L, m_R, v_L, v_R은 각각 줄의 왼쪽과 오른쪽 부분의 질량과 질량중심점의 속력이다.

힘의 법칙 줄의 길이가 변하지 않으므로 에너지 소산(dissipation)은 없다. 줄의 단위 길이 당 질량을 $\rho = m/L$로 나타내고, ℓ_L, ℓ_R은 각각 왼쪽과 오른쪽 부분의 줄의 길이를 나타낸다. 위치에너지을 기준선을 천정의 고정점으로 할 때 ①과 ②의 위치에너지는 다음과 같다.

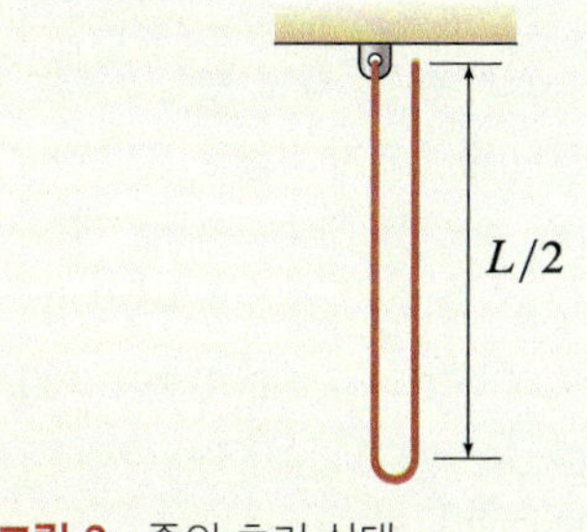

그림 2 줄의 초기 상태.

$$V_1 = -m_{L1}gL/4 - m_{R1}gL/4 = -(m_{L1} + m_{R1})gL/4 \tag{3}$$

$$V_2 = -m_{L2}g\ell_L/2 - m_{R2}g(y + \ell_R/2) \tag{4}$$

①과 ②에서의 왼쪽과 오른쪽 부분의 질량은 다음과 같다.

$$m_{L1} = \rho L/2, \qquad m_{R1} = \rho L/2, \qquad m_{L2} = \rho\ell_L, \qquad m_{R2} = \rho\ell_R, \tag{5}$$

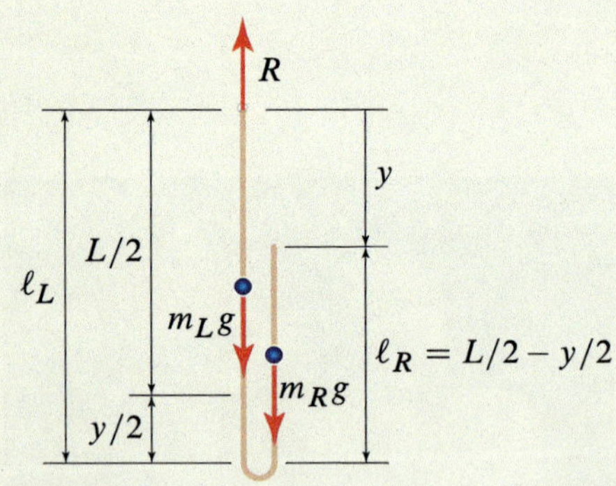

그림 3 줄이 낙하를 시작하여 y만큼 이동하였을 때의 FBD와 운동학. $m_L g$와 $m_R g$는 각각 줄의 왼쪽과 오른쪽 부분의 중력이며 이들은 보존력이다.

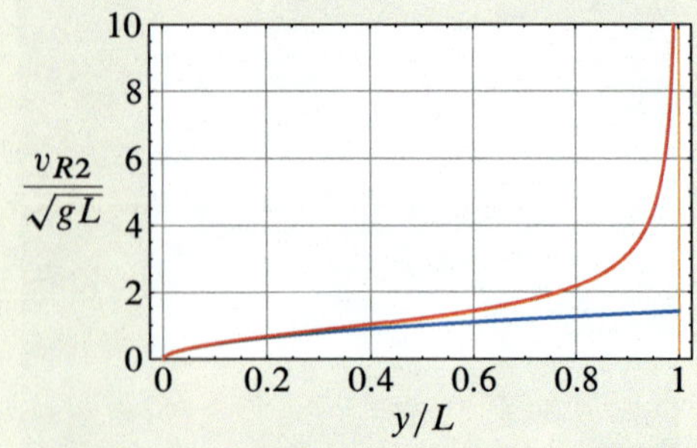

그림 4 낙하거리에 따른 줄의 무차원 속력(빨간 선)과 자유낙하 하는 질점의 속도(파란 선). 오렌지색 선은 $y = L$을 나타낸다.

흥미로운 사실

채찍의 균열. 채찍 끝의 속도가 1.2 ms 동안 초음속 상태가 되면 채찍에 균열이 발생한다. 45 cm의 스냅 거리에서 채찍은 M = 1에서 M = 2.2까지 가속된다. M은 마하수(Mach number = 물체의 속도/매질의 음속)를 뜻한다. 가속도가 일정하다고 가정하고 공기 중의 음속은 345 m/s라 하면, 채찍 끝의 가속도는 무려 51,000 g를 초과한다(참조: P. Krehl, S. Engemann, and D. Schwenkel, "The Puzzle of Whip Cracking—ncovered by a Correlation of Whip-Tip Kinematics with Shock Wave Emission," *Shock Waves*, **8**(1), 1998, pp.1–9).

따라서 V_1과 V_2는 다음과 같다.

$$V_1 = -\tfrac{1}{4}\rho g L^2, \quad V_2 = -\rho g \ell_L^2/2 - \rho g \ell_R(y + \ell_R/2) \tag{6}$$

운동학 방정식 그림 3에 따르면 줄의 전체 길이 L과 낙하길이 y, 줄의 왼쪽과 오른쪽 부분의 길이 사이에는 다음과 같은 관계가 있다.

$$L = \ell_L + \ell_R, \quad \ell_L = y + \ell_R \tag{7}$$

식 (7)에서 ℓ_L과 ℓ_R에 대하여 풀면 그림 3에 보인 바와 같이 다음 식을 얻는다.

$$\ell_L = L/2 + y/2, \quad \ell_R = L/2 - y/2 \tag{8}$$

줄은 ①의 정지 상태에서 낙하를 시작하였으므로

$$v_{L1} = 0, \quad v_{R1} = 0 \tag{9}$$

이다. 줄의 길이가 변하지 않으므로 줄의 왼쪽 부분의 모든 점의 속도는 같아야 한다. 따라서 줄의 왼쪽 부분이 천정에 부착되어 있으므로

$$v_{L2} = 0 \tag{10}$$

이어야 한다.

계산 식 (5), (8), (9), (10)을 식 (2)에 대입하여 정리하면 운동에너지는 다음과 같다.

$$T_1 = 0, \quad T_2 = \tfrac{1}{2}\rho \ell_R v_{R2}^2 = \tfrac{1}{4}\rho(L - y)v_{R2}^2 \tag{11}$$

식 (8)을 식 (6)의 두 번째 식에 대입하여 정리하면 V_2는 다음과 같다.

$$V_2 = -\frac{\rho g}{4}(L^2 + 2Ly - y^2) \tag{12}$$

식 (6), (11), (12)를 식 (1)에 대입하고 v_{R2}에 대하여 풀면 다음과 같다.

$$v_{R2} = \sqrt{gy\left(\frac{2L - y}{L - y}\right)} \tag{13}$$

논의 및 검증 식 (13)의 제곱근 기호 안에 있는 식은 가속도에 길이를 곱한 차원, 즉 속력의 제곱과 같은 차원을 가지고 있다. 식 (13)의 왼쪽이 속력이므로 식 (13)은 차원적으로 정확하다. 그리고 식 (13)에서 y가 증가하면 속력도 증가함을 알 수 있으며 이는 물리적으로 타당한 결과이다.

심층분석 식 (13)에서 y가 L로 접근하면, 즉 줄이 최저점에 접근하면 $v_{R2} \to \infty$이 된다(그림 4 참조). 줄을 구부렸다가 놓으면 자유단이 최저점에 도달했을 때 그 속도가 무한대가 된다는 것은 놀라운 사실이다. 속도가 무한대로 되는 것은 실제로 일어날 수 있는 일은 아니지만 줄의 끝단의 속도가 매우 커진다. 타월을 스냅하였을 때 큰 소리[7]가 나는 것은 타월의 끝단의 속도가 음속보다 커져서 충격파가 발생하기 때문이다.

7) 참고문헌; N. Lee, S. Allen, E. Smith, and L. M. Winters, "Does the Tip of a Snapped Towel Travel Faster Than Sound?" *The Physics Teacher*, **31**(6), 1993, pp. 376 – 377

예제 4.12 마찰에 의한 내부 일

그림 1의 블록 A와 B는 길이가 변하지 않는 로프와 풀리들로 연결되어 있다. A와 경사면 사이의 마찰은 무시할 수 있다. A와 B 사이의 정지마찰계수와 동마찰계수는 각각 μ_s, μ_k 이다. μ_s가 미끄러짐을 방지할 만큼 크지 않아서, 시스템은 정지 상태에서 미끄러지기 시작한다. B가 A에 상대적으로 거리 d 만큼 경사면 위 방향으로 이동했을 때 A와 B의 속도를 구하라. $m_A = 4$ kg, $m_B = 1$ kg, $\theta = 30°$, $d = 0.35$ m, $\mu_k = 0.1$이다.

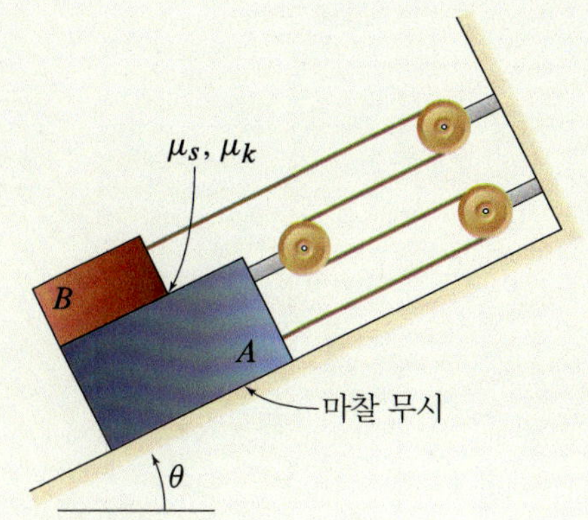

그림 1 풀리들을 통하여 연결된 두 개의 블록 시스템.

풀이 SOLUTION

로드맵과 모델링 위치의 변화와 속도의 변화 사이의 관계를 나타내어야 하므로 일–에너지 원리를 적용한다. 예제 4.3과 같이 로프의 장력(tension)을 고려하지 않아도 되도록 시스템을 모델링한다. 그림 2에서 질점으로 모델링한 A, B와 풀리, 그리고 로프를 포함하는 시스템의 FBD를 나타내었다. A와 B 사이의 접촉력은 내력이므로 FBD에 나타나지 않았다. 풀리의 마찰과 로프의 질량을 무시하며, 로프의 길이는 일정하다고 가정한다. 풀리에 작용하는 반력은 작용점이 고정점이므로 일을 하지 못하며 또한 로프의 길이가 일정하므로 로프의 장력도 일을 하지 못한다(문제 4.59 참조). A와 B는 상대적 미끄럼운동을 하므로 A와 B 사이에 작용하는 내부 마찰력이 한 일을 고려해야 한다. 그림 2에 이 마찰력이 나타나 있다. ①은 운동이 시작되는 상태이며, ②는 B가 A에 상대적으로 거리 d 만큼 경사면 위 방향으로 이동한 상태를 나타낸다.

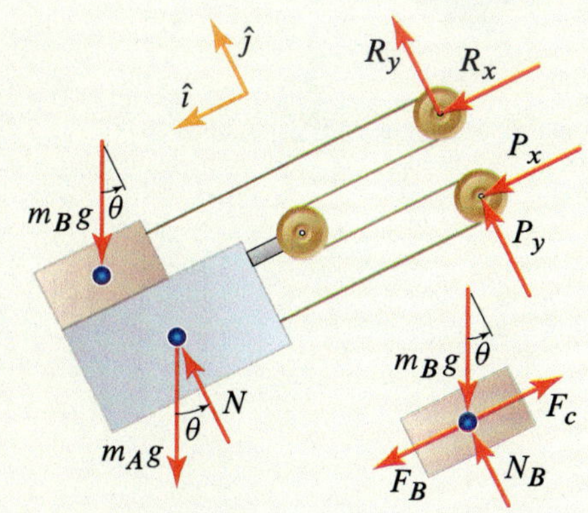

그림 2 시스템의 FBD와 블록 B만의 FBD.

지배방정식

평형 원리 그림 2에 보인 시스템에 일–에너지 원리를 적용하면 다음과 같다.

$$T_1 + V_1 + (U_{1\text{-}2})^{\text{int}}_{\text{nc}} = T_2 + V_2 \tag{1}$$

여기에서 $(U_{1\text{-}2})^{\text{int}}_{\text{nc}}$는 마찰력이 한 일이다. 시스템의 운동에너지는 다음과 같다.

$$T_1 = \tfrac{1}{2}m_A v_{A1}^2 + \tfrac{1}{2}m_B v_{B1}^2, \qquad T_2 = \tfrac{1}{2}m_A v_{A2}^2 + \tfrac{1}{2}m_B v_{B2}^2 \tag{2}$$

여기에서 v_A, v_B 각각 A와 B의 속력이다. 속력의 하첨자의 숫자는 위치를 나타낸다. 그림 2에서 B에 작용하는 y 방향의 힘의 합은 다음과 같다.

$$\sum F_y: \quad N_B - m_B g\cos\theta = 0 \tag{3}$$

y 방향의 운동이 없으므로 위 식에서 $a_{By} = 0$으로 놓았다.

힘의 법칙 시스템의 위치에너지는 다음과 같다.

$$V_1 = V_{A1} + V_{B1} = 0 \tag{4}$$

$$V_2 = V_{A2} + V_{B2} = -m_A g\,\Delta x_A\,\sin\theta - m_B g\,\Delta x_B\,\sin\theta \tag{5}$$

위치에너지의 기준선은 ①에 위치한다. Δx_A, Δx_B는 각각 A와 B의 ①과 ②사이의 경사면과 나란한 방향의 변위이다. Δx_A, Δx_B는 미지수이며 운동학 방정식을 이용하여 Δx_A, Δx_B와 d와의 관계를 구하여야 한다.

유용한 정보

B에 대한 FBD로부터 F_B를 구하는 이유는? A에 대한 FBD로부터 F_B를 구할 수는 없을까? A에 대한 FBD에는 미지수인 N_A, N_B가 나타나 있으며 이는 B에 대한 FBD를 그려야 구할 수 있다. 이와 달리 B에 대한 FBD로부터 유도한 식 (3)과 식 (7)로부터 F_B를 즉시 구할 수 있다.

> **유용한 정보**
> **마찰력이 한 일.** 미끄러지는 동안 마찰력은 운동을 방해한다. 따라서 힘이 일정하고 직선운동을 한다면 일은 힘 × 상대적으로 움직인 거리이다. 힘의 방향과 운동방향이 반대이므로 마찰력이 한 일의 부호는 음수이다.

내부 마찰력 F_B가 한 일은 다음과 같다.

$$(U_{1\text{-}2})_{\text{nc}}^{\text{int}} = -\int_0^d F_B\,dx \tag{6}$$

μ_s가 미끄러짐을 방지할 만큼 크지 않으므로 F_B는 다음과 같다.

$$F_B = \mu_k N_B \tag{7}$$

운동학 방정식 시스템은 정지 상태에서 출발하므로 ①에서 속도는 다음과 같다.

$$v_{A1} = 0, \quad v_{B1} = 0 \tag{8}$$

그리고 풀리의 운동학을 통하여 A와 B의 운동 사이의 관계를 알 수 있다(2.7절 참조). 그림 3에서 임의의 x_A, x_B에 대한 다음 관계를 알 수 있다.

$$3x_A + x_B = L \quad \Rightarrow \quad 3v_A = -v_B \tag{9}$$

여기에서 로프의 길이 L은 일정하며 v_A, v_B는 A와 B의 속력이다. 식 (9)에서 ②에 대하여 다음 식이 성립한다.

$$3v_{A2} = -v_{B2}, \qquad 3\Delta x_A = -\Delta x_B \tag{10}$$

마지막으로 A는 B에 대하여 상대적으로 d 만큼 이동하므로 다음과 같이 쓸 수 있다.

$$\Delta x_{A/B} = d = \Delta x_A - \Delta x_B \tag{11}$$

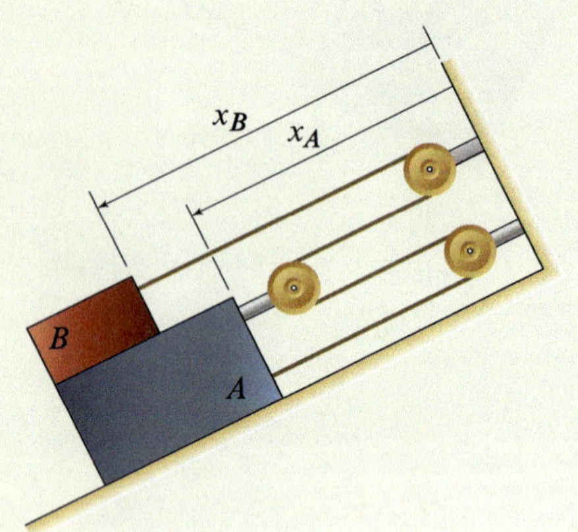

그림 3 두 블록에 대한 x_A, x_B의 정의.

식 (10), (11)에서 Δx_A, Δx_B에 대하여 풀면 다음과 같다.

$$\Delta x_A = \tfrac{1}{4}d, \qquad \Delta x_B = -\tfrac{3}{4}d \tag{12}$$

계산 식 (3), (7)을 식 (6)에 대입하면 다음 식을 얻는다.

$$(U_{1\text{-}2})_{\text{nc}}^{\text{int}} = -\mu_k m_B g d\cos\theta \tag{13}$$

식 (10)을 식 (2)에 대입하면 다음 식을 얻는다.

$$T_2 = \tfrac{1}{2}m_A v_{A2}^2 + \tfrac{1}{2}m_B(-3v_{A2})^2 = \tfrac{1}{2}(m_A + 9m_B)v_{A2}^2 \tag{14}$$

그리고 식 (12)를 식 (5)에 대입하면 다음 식을 얻는다.

$$V_2 = \tfrac{1}{4}(3m_B - m_A)gd\sin\theta \tag{15}$$

식 (4),(8),(13)−(15)를 식 (1)에 대입하면 v_{A2}에 관한 다음 식을 얻는다.

$$-\mu_k m_B g d\cos\theta = \tfrac{1}{2}(m_A + 9m_B)v_{A2}^2 + \tfrac{1}{4}(3m_B - m_A)gd\sin\theta \tag{16}$$

위 식에서 v_{A2}를 구하면 다음과 같다.

$$v_{A2} = \pm\sqrt{\frac{2gd}{m_A + 9m_B}\left[\tfrac{1}{4}(m_A - 3m_B)\sin\theta - \mu_k m_B\cos\theta\right]} \tag{17}$$

식 (17)과 식 (9)로부터, A가 위 방향으로 움직이면 B는 아래 방향으로 움직인다는 사실을 알 수 있으며 v_{A2}, v_{B2}는 다음과 같다.

$$\boxed{v_{A2} = 0.142\,\text{m/s}, \qquad v_{B2} = -0.427\,\text{m/s}} \tag{18}$$

> **유용한 정보**
> **식 (17)의 ± 부호가 의미하는 것은?** 이 예제에서 물체는 1차원 직선운동을 하므로 속도는 위와 아래 두 방향 중 어느 하나의 방향이다. 식 (17)의 ± 부호는 속도의 부호를 결정하여야 한다는 의미이다.

논의 및 검증 식 (17)의 제곱근 기호 안에 있는 식의 차원은 에너지를 질량으로 나눈 것이므로 속도의 제곱이다. 따라서 v_{A2}를 나타내는 식 (17)은 차원적으로 정확하다. 따라서 v_B를 나타내는 식 (9)도 차원적으로 정확하다. B는 A의 운동을 방해하는 역할을 한다.

따라서 A가 B와 단절되어 $d/4$ 만큼 마찰 없이 경사면을 내려갔을 때 그 속도는 $(v_{A2})_{\text{no friction}} = \sqrt{2(d/4)g\sin\theta} = 0.926\,\text{m/s}$이다. 이 값을 식 (18)의 결과와 비교하여 해의 타당성을 검증할 수 있다. 식 (18)의 0.142 m/s가 0.926 m/s보다 작으므로 해의 물리적 타당성이 입증된다.

심층분석 문제에 대한 해를 구하였으나 다음 두 가지 질문에 대한 답이 필요하다. 1) 블록이 정지 마찰력을 이기고 미끄러져 내려갈 것인가? 2) 미끄러져 내려간다면 블록 B는 경사면 위 방향으로 움직일 것인가?

그림 4를 참조하여 A에 뉴턴의 제2법칙을 적용하여 다음 식을 얻는다.

$$\sum F_x: \quad m_A g \sin\theta - F_B - 3F_c = m_A a_{Ax} = 0 \tag{19}$$

$$\sum F_y: \quad N - N_B - m_A g \cos\theta = m_A a_{Ay} = 0 \tag{20}$$

B에 뉴턴의 제2법칙을 적용하여 다음 식을 얻는다.

$$\sum F_x: \quad F_B - F_c + m_B g \sin\theta = m_B a_{Bx} = 0 \tag{21}$$

$$\sum F_y: \quad N_B - m_B g \cos\theta = m_B a_{By} = 0 \tag{22}$$

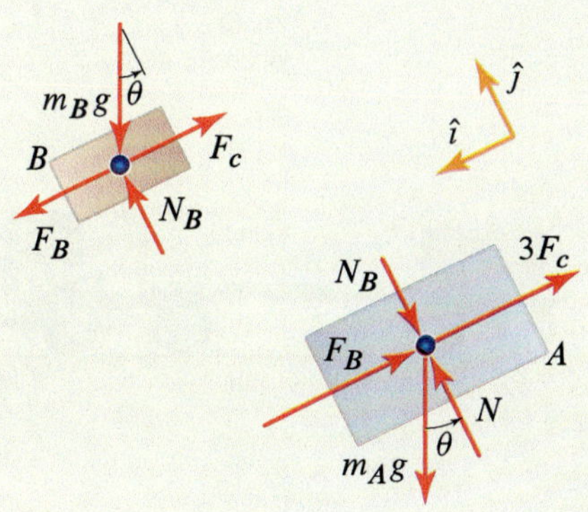

그림 4 미끄러짐 조건을 구하기 위한 A와 B의 FBD.

정적평형에 대한 해석이므로 가속도를 모두 영으로 놓았다. 식 (19)−(22)를 풀어 다음과 같이 N, N_B, F_B, F_C를 구한다.

$$N = (m_A + m_B)g\cos\theta, \qquad N_B = m_B g \cos\theta, \tag{23}$$

$$F_B = \tfrac{1}{4}(m_A - 3m_B)g\sin\theta, \qquad F_c = \tfrac{1}{4}(m_A + m_B)\sin\theta. \tag{24}$$

블록 시스템이 미끄러지기 위한 임계 μ_s 값은 F_B/N_B이며 이는 식 (23), (24)로부터 다음과 같이 구할 수 있다.

$$\frac{F_B}{N_B} = \frac{m_A - 3m_B}{4m_B}\tan\theta = \tfrac{1}{4}(\nu - 3)\tan\theta \tag{25}$$

여기에서 $\nu = m_A/m_B$이다. ➡ 식 (25)의 F_B/N_B의 윤곽선도를 그림 5에 나타내었다. 그림 5에서 다음과 같은 사실을 알 수 있다.

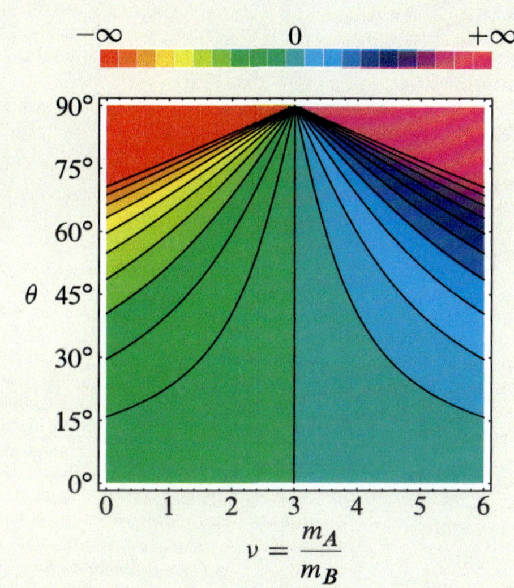

그림 5 경사각 θ의 함수인 $F_B/N_B = (\mu_s)_{\text{crit}}$의 윤곽선도(contour plot), $\nu = m_A/m_B$.

- $\nu > 3$이면 $F_B/N_B > 0$이다. 따라서 블록은 본 예제와 같이 미끄러져 내려가며 B는 A에 대하여 상대적으로 경사면 위 방향으로 움직인다. $F_B/N_B < 0$이면 반대방향으로 미끄러진다. 이는 $\nu < 3$인 그림 5의 좌평면에서 모든 θ에 대하여 언제나 성립한다. 어느 경우에도 미끄러짐은 μ_s 값에 의해 결정된다. $\mu_s > (\mu_s)_{crit}$이면 미끄러지지 않고 $\mu_s < (\mu_s)_{crit}$이면 미끄러진다. 이렇게 거동이 달라지는 경계치인 $\nu = 3$은 풀리의 배치에 의해 결정된다. $\nu = 3$은 A에 작용하는 힘이 B에 작용하는 힘보다 3배인 경우이다.
- 경사각 θ가 증가하면 블록이 미끄러지지 않는 μ_s 값이 크게 증가하여 $\theta = 90°$에서 무한대가 된다. 그림 5의 모든 커브는 $\nu = 3$, $\theta = 90°$인 점으로 수렴한다. 그 이유는 $m_A = 3\ m_B$이면 시스템은 완전히 평형을 이루게 되어 어떤 μ_s 값에서도 미끄러지지 않기 때문이다.

문제

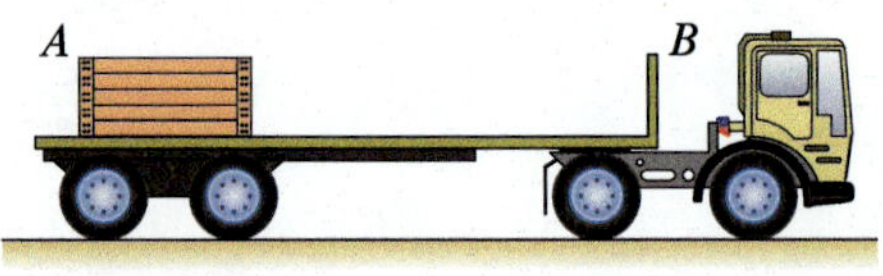

그림 P4.53

문제 4.53

트럭 운전기사가 갑자기 브레이크를 밟아서 일정한 제동력이 작용하여 트럭이 멈춘다. 브레이크가 작동하는 동안 나무 상자는 미끄러질 수도, 미끄러지지 않을 수도 있다. 브레이크가 작동하는 동안의 트럭에 대하여 일-에너지 원리를 적용하여, 상자가 미끄러지면 트럭의 정지거리가 짧아지는지, 아니면 상자가 미끄러지지 않으면 정지거리가 길어지는지 판단하라. 트럭의 베드가 충분히 길어서 상자가 트럭의 B점에 부딪칠 염려는 없다고 가정한다.

주의 개념 문제는 계산이 아닌 설명이 필요하다.

문제 4.54

질량이 $m_A = 2$ kg, $m_B = 10$ kg인 물체 A, B가 풀리 시스템에 의해 연결되어 있다. 두 물체가 정지 상태에서 놓인 후 B가 0.6 m 만큼 아래로 이동하였을 때 A와 B의 속도를 구하라. 모든 마찰과 풀리의 관성을 무시한다.

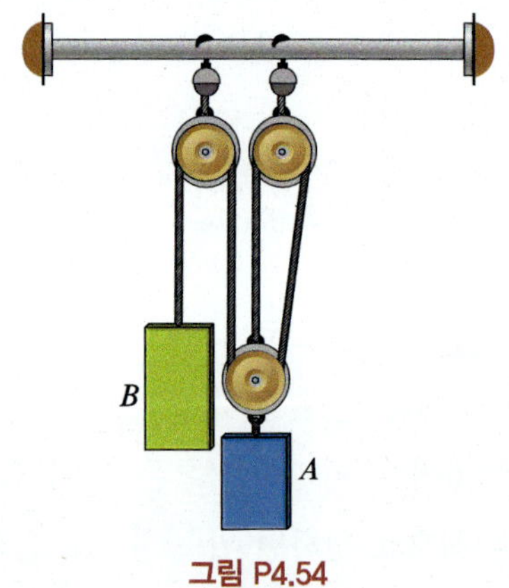

그림 P4.54

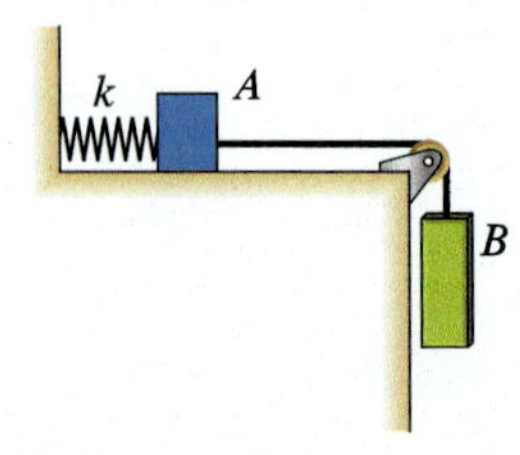

그림 P4.55, P4.56

문제 4.55

질량이 각각 3 kg, 6 kg인 블록 A, B가 정지 상태에서 놓이며 이때 스프링은 늘지도 줄지도 않은 원래 길이였다. 모든 종류의 마찰을 무시하고 스프링상수 $k = 175$ N/m일 때 물체 B의 최대 수직 낙하거리를 구하라. A는 수평면을 벗어나지 않으며, A와 B를 연결하는 로프는 길이가 변하지 않는다고 가정한다.

문제 4.56

블록 A, B가 정지 상태에서 놓이며 이때 스프링은 늘지도 줄지도 않은 원래 길이였다. A의 질량은 $m_A = 2$ kg이며, 스프링상수는 $k = 7$ N/m이고 모든 종류의 마찰을 무시한다. B가 1.2 m 거리만큼 낙하였을 때 그 속력이 $v_B = 1.5$ m이었다. B의 질량은 얼마인가? A는 수평면을 이탈하지 않으며 A, B를 연결하는 로프는 길이가 일정하다고 가정한다.

문제 4.57

질량이 300 kg인 부유식 플랫폼(flatform)이 정지 상태에 있을 때, 질량이 90 kg인 상자를 수평방향 속도 $v_0 = 3.6$ m/s로 플랫폼에 밀어낸다. 상자는 플랫폼 위에서 어느 정도 미끄러진 후에 미끄러짐을 멈춘다. 이때 플랫폼과 상자의 속도는 $v = 0.8$ m/s이다. 플랫폼의 상하운동과 플랫폼과 물의 상대운동에 의한 물의 저항력을 무시하고 플랫폼과 상자사이의 동마찰계수가 $\mu_k = 0.25$ 일 때, 상자가 플랫폼 위에서 플랫폼과 상대적으로 미끄러진 거리를 구하라.

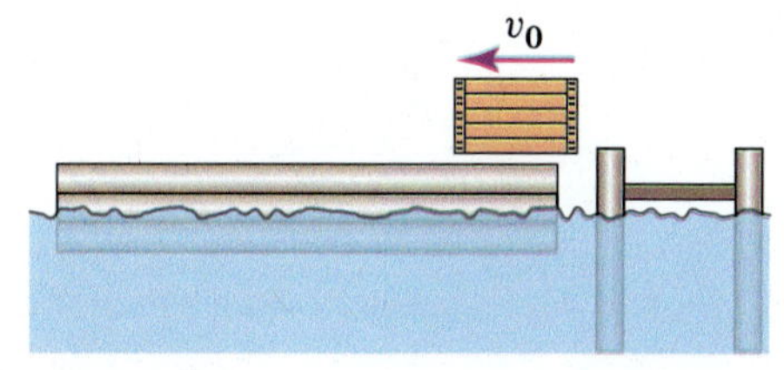

그림 P4.57

문제 4.58

질량이 m인 두 개의 작은 공이 길이가 d인 가벼운 강체 봉에 의해 연결되어 있다. 이 시스템은 그림의 위치에서 놓인다. 공 A가 위치 D에 도달하였을 때 A의 속도를 구하라. 그리고 공 A가 위치 D에 도달하기 직전에 A와 표면 사이에 작용하는 반력을 구하라. 마찰과 봉의 질량을 무시하고 공은 질점으로 본다.

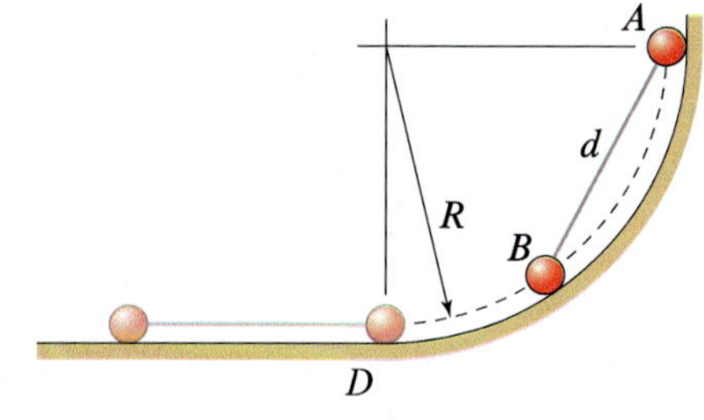

그림 P4.58

문제 4.59

블록마다 각각 일–에너지 원리를 적용하여 예제 4.12를 풀라. 로프가 두 블록에 한 정미일(net work)은 영이 됨을 보여라.

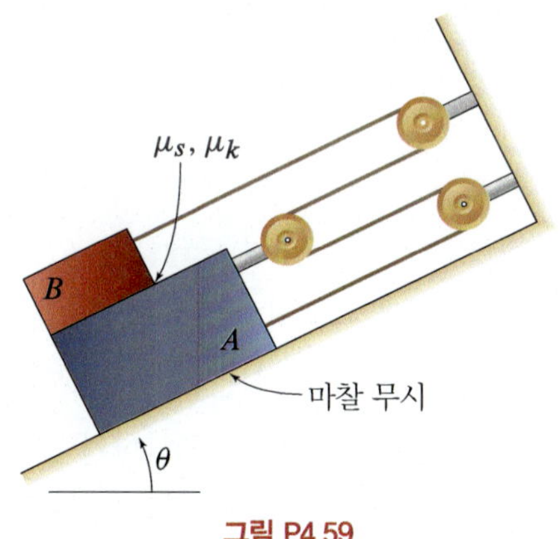

그림 P4.59

문제 4.60

그림과 같은 단순한 자동차 엘리베이터를 설계하고자 한다. 질량이 15,000 kg인 자동차 A가 질량이 12,000 kg인 평형추 B와 로프로 연결되어 있다. 시스템이 작동하지 않아서 자동차가 50 m 높이에서 정지 상태에서 추락한다. 자동차와 평형추를 질점으로 모델링하고, A와 B를 연결하는 로프는 길이가 일정하며 로프의 질량은 무시할 수 있을 만큼 작다고 가정한다. 자동차와 벽면 사이의 동마찰계수는 $\mu_k = 0.5$이고 벽면의 반력은 자동차 무게의 35%인 쿨롱 마찰 모델(Coulomb friction model)을 이용하여 자동차가 완충장치(buffer)와 충돌할 때의 속력을 구하라 .

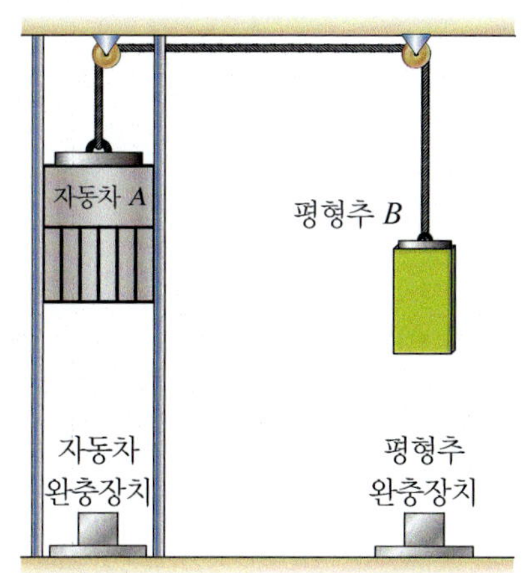

그림 P4.60

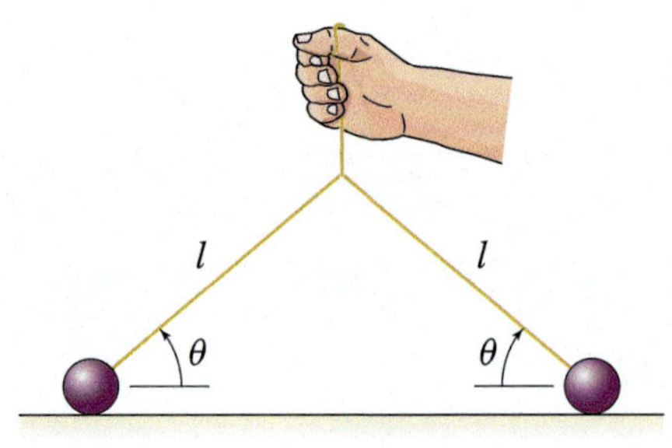

그림 P4.61

문제 4.61

두 개의 동일한 공(질량 m)이 길이가 2 l인 질량을 무시할 수 있는 끈에 의해 연결되어 있다. 다른 작은 끈을 이 끈의 중심에 걸어 손으로 일정한 힘 P를 가하여 위로 잡아당긴다. $\theta = \theta_0$인 정지 상태에서 운동이 시작되었다. θ가 90°에 접근할 때 공의 속도를 구하라. 공의 크기를 무시하며 또한 공과 표면 사이의 마찰을 무시한다.

문제 4.62

그림과 같은 단순한 발사기(catapult)는 질량이 350 kg인 평형추 A와 질량이 70 kg인 발사체(projectile) B로 구성되어 있다. 회전 팔(arm) AB는 그림의 위치에서 정지 상태에서 회전을 시작하여 시계반대방향으로 110°만큼 회전한다. 이때 발사체의 속력을 구하라. 회전하는 동안 발사체 B는 발사기와 분리되지 않으며 회전 팔의 무게와 마찰은 무시한다. 발사기 구조체(frame)는 지면에 고정되어 있다.

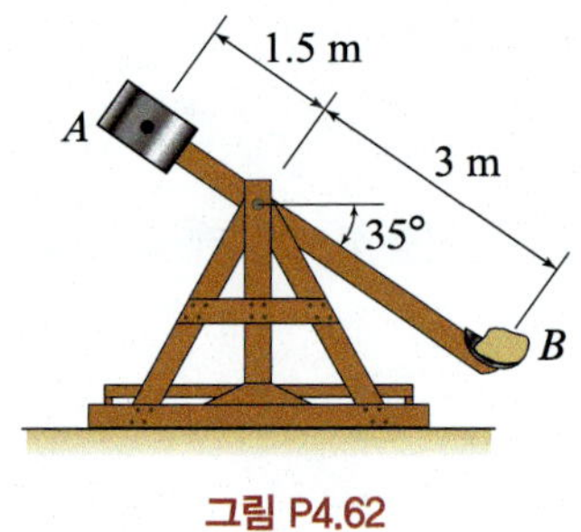

그림 P4.62

문제 4.63

예제 4.6에서 장대의 무게를 고려할 때 선수가 도달할 수 있는 최대 높이를 구하라. 도약이 시작되는 시점에서의 선수와 장대의 최대 속도는 v_{max} = 10 m/s이다. 선수의 키는 1.8 m, 체중은 86 kg이고 선수의 무게 중심은 지면으로부터 55% 지점에 있다. 장대의 질량은 2.5 kg이고 길이는 5.2 m이다. 선수는 도약하기 전에 전력 질주한다. 이때 선수는 자신의 무게 중심과 같은 위치에서 장대를 수평으로 잡고 달린다. 장대를 포함한 경우가 장대를 포함하지 않은 예제 4.6의 경우보다 선수가 도달할 수 있는 최대 높이가 큰 이유를 설명하라.

그림 P4.63

문제 4.64, 4.65

질량이 각각 56 kg, 106 kg인 블록 A, B가 정지 상태에서 그림의 위치에서 놓여진다. 이때 스프링은 늘지도 줄지도 않은 원래 길이였다. 공기저항을 무시하고 A와 B를 연결하는 로프는 길이가 변하지 않는다고 가정한다.

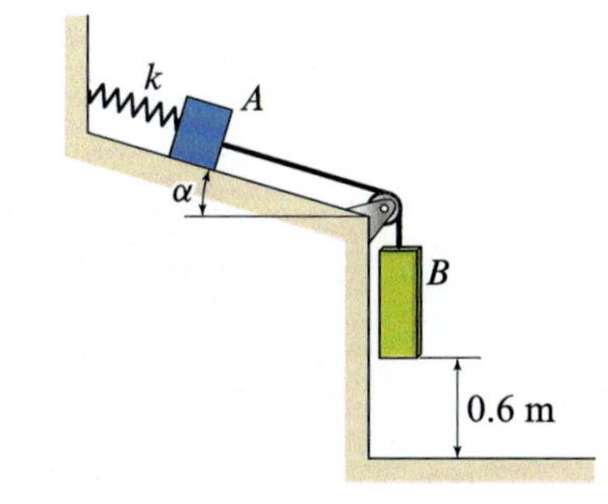

그림 P4.64, P4.65

문제 4.64 A와 경사면 사이의 마찰을 무시하며, 경사각 $\alpha = 20°$, 스프링 상수 $k = 438$ N/m이다. 블록 B가 도달할 수 있는 최대 속도와 이때의 블록 B의 바닥으로부터의 거리를 구하라.

문제 4.65 A와 경사면 사이의 마찰을 무시하며, 경사각 $\alpha = 20°$, 스프링 상수 $k = 400$ N/m이다. 블록 B의 최대 낙하거리를 구하라.

문제 4.66

스프링 저울에서 스프링은 그 무게를 측정하고자 하는 질량 m인 물체와 물체를 올려놓는 질량 m_P인 플랫폼(platform)을 지지하고 있으며 스프링의 변위를 측정하여 물체의 무게를 계측한다. 대부분의 저울은 물체를 올려놓지 않았을 때 그 눈금이 영을 가리킨다. 즉 플랫폼의 질량 m_P를 무시하도록 보정되어 있다. 스프링은 선형 탄성적이며 스프링상수는 k이다. 물체 m을 천천히(속도 영으로) 저울 위에 올려놓았을 때, 저울에 나타나는 물체의 최대 무게는 얼마인가?

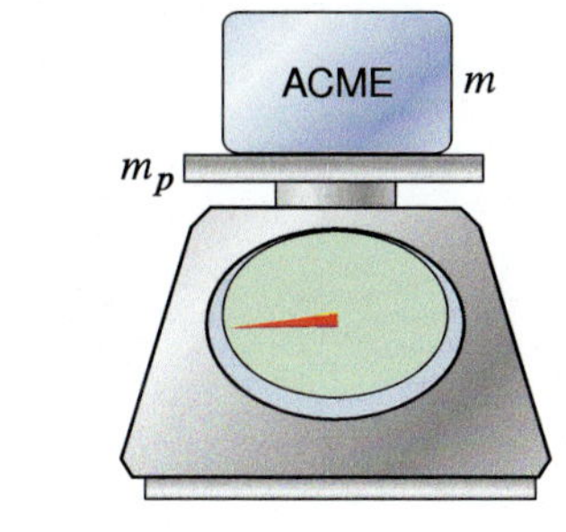

그림 P4.66

문제 4.67

질량이 m이고 길이가 l인 로프가 그림과 같은 위치에서 정지 상태에서 놓여진다. 로프가 늘어진 길이 s는 매우 짧다. 즉 $s > 0$, $s \approx 0$이다. 로프의 속력을 s의 함수로 유도하라. 표면은 매끄럽다고 가정한다.

그림 P4.67

문제 4.68

그림과 같이 질량이 2.3 kg인 동일한 4개의 질점 A, B, D, E가 휠에 부착되어 있으며, 휠은 허브 O점을 중심으로 시계반대방향으로 $\omega = 3$ rad/s의 일정 각속도로 회전하며, 휠의 반지름은 $R = 0.75$ m이다. 휠은 카트 H에 부착되어 있으며 카트는 $v_H = 11$ m/s의 속도로 오른쪽으로 움직인다. 시스템의 운동에너지를 구하라. 휠과 카트의 질량은 무시한다.

(a) 식 (4.71)을 이용.

(b) 식 (4.74)를 이용.

(a), (b) 두 결과가 동일함을 보여라.

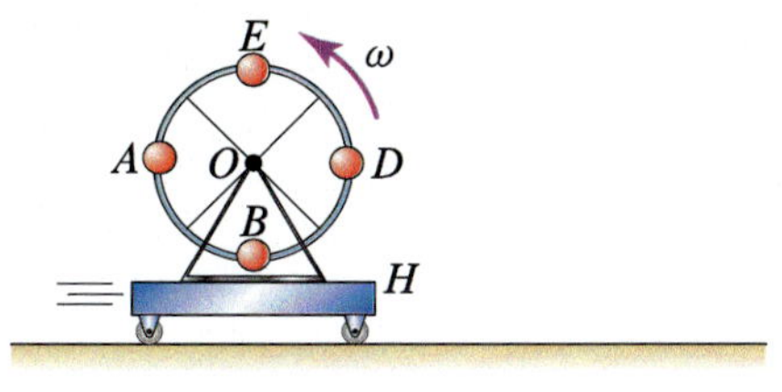

그림 P4.68

문제 4.69

예제 4.10과 같이 ①은 블록 B가 정지 상태에서 낙하를 시작하는 위치이며, ②는 낙하 후의 임의의 위치를 나타내기로 한다. 블록 A의 속력을 y_A의 함수로 구하고, 또한 블록 A의 운동에너지를 y_A의 함수로 구하여 그래프로 나타내어라. 이 결과로부터 ①에서 시작하여 B가 바닥에 도달하는 시점까지, A와 B를 연결하는 로프가 결코 느슨(장력이 영인 상태)해지지 않음을 보여라.

힌트: 로프가 두 시점 사이에서 언제나 팽팽하게 당겨진 상태임을 보이면 된다. 문제 4.21을 참조하라.

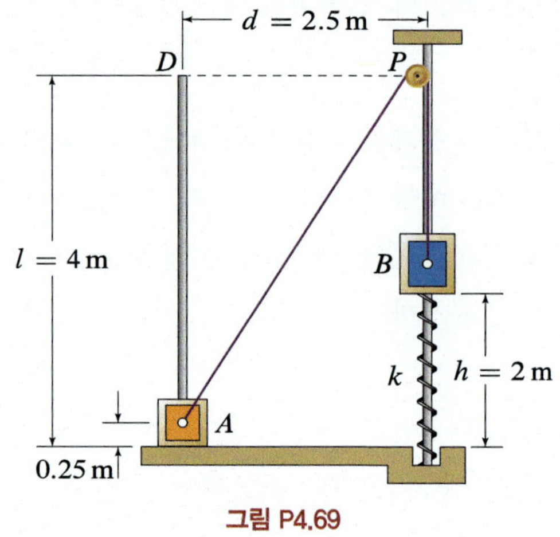

그림 P4.69

설계 문제

핀볼 기계에서 볼을 밀쳐내는 역할을 하는 플런저(plunger)는 그림과 같이 봉과 봉에 연결된 사각 블록으로 구성되어 있다. 플런저의 질량은 m_p = 140 g, 볼의 질량은 m_b = 80 g이고, 플런저는 θ = 8° 만큼 경사져 있다. 플런저를 뒤로 50 mm만큼 잡아당겼을 때 블록은 정지판(stop)과 최소한 12 mm 거리를 유지하여야 한다. 볼의 발사 속도는 v = 4.6 m/s이다. 스프링 상수 k_1, k_2와 스프링의 원래 길이 ℓ_1, ℓ_2를 결정하라.

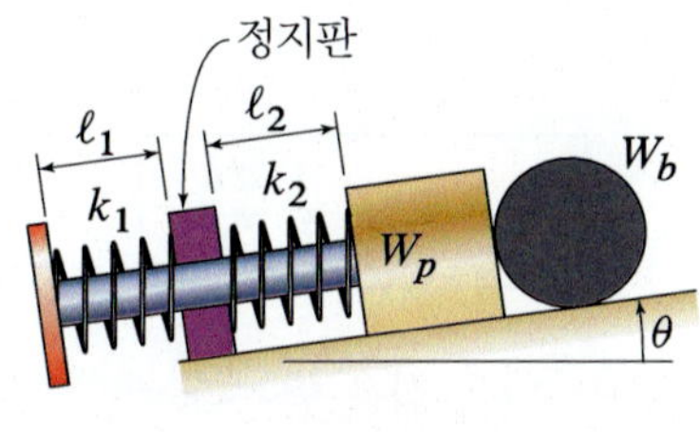

그림 DP4.2

4.4 동력과 효율

힘에 의해 발생하는 동력

그림 4.23 2009 페라리 경주용 자동차. 차량은 그 크기에 비하여 엄청난 크기의 동력을 생산한다.

기계적 동력은 일정 시간 동안 모터나 기계(그림 4.23)가 행한 기계적 일을 뜻한다. 그림 4.24는 미소시간 dt 동안 작용하는 힘 $\vec{F}$와 힘의 작용점의 미소변형 $d\vec{r}$을 나타내고 있다. $\vec{F}$가 dt 동안에 한 미소 일(infinitesimal work)은 다음과 같다.

$$dU = \vec{F} \cdot d\vec{r} \tag{4.75}$$

힘 $\vec{F}$에 의해 발생된 동력 P의 정의는 힘 $\vec{F}$가 단위 시간 당 하는 일이다.

$$\text{동력} = P = \frac{dU}{dt} \tag{4.76}$$

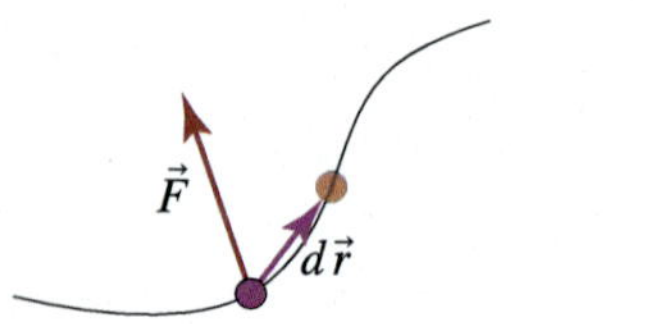

그림 4.24 경로를 따라 움직이는 점에 작용하는 힘.

식 (4.75)를 식 (4.76)에 대입하면 다음 식을 얻는다.

$$P = \frac{\vec{F} \cdot d\vec{r}}{dt} = \vec{F} \cdot \frac{d\vec{r}}{dt} \tag{4.77}$$

힘 $\vec{F}$의 작용점의 속도는 $\vec{v} = d\vec{r}/dt$이므로 식 (4.77)은 다음과 같이 쓸 수 있다.

$$P = \vec{F} \cdot \vec{v} \tag{4.78}$$

동력의 차원과 단위

힘에 의해 발생한 동력은 스칼라 양이며, 동력의 정의에 따르면 동력의 차원은 (힘) × (길이)/(시간) 또는 (질량) × (길이)^2/(시간)^{3}이다. SI 단위계에서 동력의 단위는 와트(*watt*)이며 W로 표기한다. W의 정의는 다음과 같다.

$$1\,\text{W} = 1\,\text{N} \cdot (1\,\text{m/s}) = 1\,\text{J/s}. \tag{4.79}$$

효율

모터나 기계가 일을 하려면 유기연료, 화학적 배터리, 전기 등과 같은 에너지 공급이 필요하다. 모터나 기계의 성능을 측정하는 중요한 척도는 다음 식으로 정의되는 효율(ϵ)이다.

$$\epsilon = \frac{\text{출력}}{\text{입력}}. \tag{4.80}$$

효율은 무차원 스칼라 양이다. 모터나 기계에 공급되는 동력은 모터나 기계의 내부 부품들을 작동시키는 데 사용되나 이 과정에서 내부 마찰 저항을 이겨야 한다. 따라서 모터나 기계의 출력(power output)은 언제나 입력(power input)보다 작게 되며 효율은 언제나 1보다 작다.

예제 4.13 동력 계산

예제 4.1에서와 같이(그림 1), 총중량이 22,000 kg인 F/A−18 호넷이 정지하고 있는 항공모함에서 이륙하고 있다. 호넷이 90 m 거리를 활주하는 동안 그 속력이 0 km/h에서 265 km/h로 증가하였다. 이때 두 개의 엔진은 100 kN의 추력을 발생시키며 동시에 사출장치(catapult)도 작동된다. 공기저항을 무시하며, 예제 4.1에서 이륙 시 사출장치에 의해서 비행기에 가해진 일은 $(U_{1-2})_{catapult} = 41.58 \times 10^6\ \text{N} \cdot \text{m}$이었다. 이륙의 시작점과 종료점에서의 엔진 추력에 의해 생성된 동력을 구하라, 그리고 사출장치에 의해 비행기에 가해진 평균 동력을 구하라. 이륙은 2초 만에 이루어진다.

그림 1 항공모함으로부터 이륙하는 F/A−18 전폭기.

풀이 SOLUTION

로드맵과 모델링 이륙의 시작점과 종료점을 각각 ①과 ②로 나타낸다. ①과 ②에서의 엔진 추력과 비행기의 속력을 알고 있으므로 엔진 추력에 의한 동력은 엔진 추력과 속도 벡터를 알면 구할 수 있다. 사출장치의 평균 동력은 사출장치가 비행기에 한 일을 시간으로 나누면 구해진다.

계산 힘 $\vec{F}$에 의해서 생성된 동력은 $\vec{F} \cdot \vec{v}$이다. 여기에서 $\vec{v}$는 $\vec{F}$의 작용점의 속도이다. 비행기는 $\vec{v}_1 = \vec{0}$인 상태에서 출발하므로 ①에서 추력에 의해 생산된 동력 P_{T1}은 다음과 같다.

$$\boxed{P_{T1} = 0} \tag{1}$$

그림 2와 같이 ②에서 비행기는 수평방향으로 운동하므로 $\vec{v}_2 = v_2\,\hat{\imath}$로, 나타낼 수 있으며 $v_2 = 265$ km/h이다. 또한 엔진 추력도 수평방향으로 작용하므로 $\vec{F}_T = F_T\,\hat{\imath}$와 같이 나타낼 수 있으며 $F_T = 200$ kN이다. P_{T2}를 힘 $\vec{F}_T$에 의해 생성된 ②에서의 동력이라 하면 다음 식을 얻는다.

$$\boxed{P_{T2} = F_T\ \hat{\imath} \cdot v_2\ \hat{\imath} = F_T v_2 = 14{,}720\,\text{kN}} \tag{2}$$

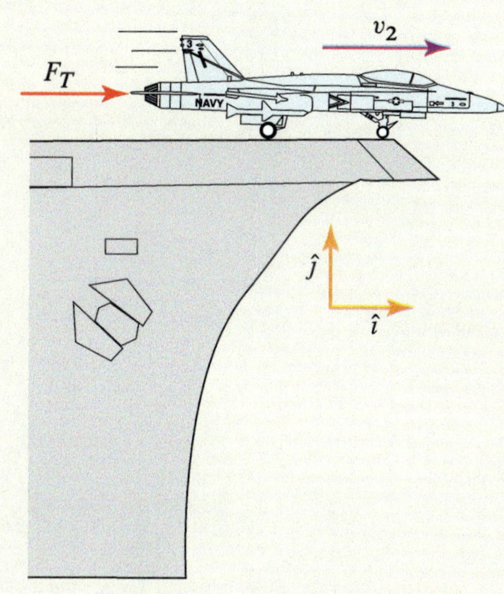

그림 2 항공기의 속도벡터 $\vec{v}_2$와 엔진추력벡터 $\vec{F}_T$.

마지막으로 ①과 ②사이에서 사출장치에 의해 공급된 순간동력과 평균동력 P_{cat}, $(P_{avg})_{cat}$은 다음과 같다.

$$(P_{\text{avg}})_{\text{cat}} = \frac{1}{t_2 - t_1}\int_{t_1}^{t_2} P_{\text{cat}}\,dt = \frac{1}{t_2 - t_1}\int_{t_1}^{t_2} \frac{dU_{\text{cat}}}{dt}\,dt = \frac{(U_{1\text{-}2})_{\text{cat}}}{t_2 - t_1} \tag{3}$$

$t_2 - t_1 = 2s$이고 $(U_{1-2})_{cat} = 41{,}580\ \text{kN} \cdot \text{m}$이므로 다음 식을 얻는다.

$$\boxed{(P_{\text{avg}})_{\text{cat}} = 20{,}790\,\text{kN}} \tag{4}$$

논의 및 검증 식 (1), (2)는 주어진 사실로부터 바로 구한 결과이다. 식 (3)의 결과는 시간에 대한 평균값을 구한 것이다.

예제 4.14 권양속도(lifting speed)와 효율

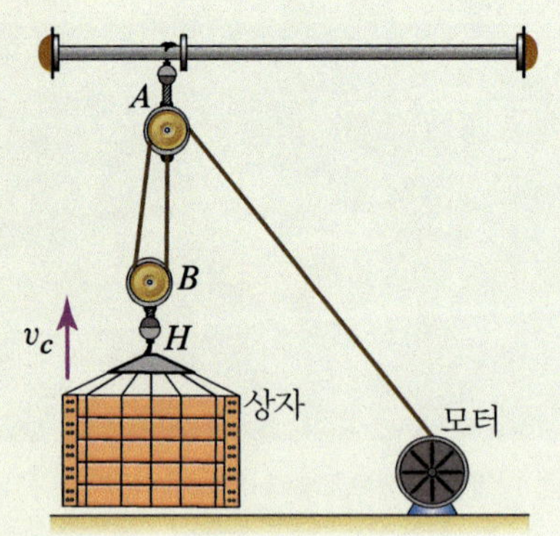

그림 1 속도 v_c로 상자를 올리고 있는 풀리 시스템.

85% 효율을 가진 전기모터가 풀리 시스템을 통하여 400 kg의 상자를 들어 올리고 있다. 모터가 작동을 시작하여 상자가 일정 속력이 되었을 때 모터의 동력은 15 kW이었다. 풀리 시스템의 마찰을 무시하고, 풀리 A, B의 무게와 크기도 무시한다. 다음 두 가지 방법으로 상자의 속도를 구하라.

(a) 상자와 풀리 A, B를 모두 포함하는 FBD를 통하여.

(b) 후크 H에서 분리된 상자만의 FBD를 통하여.

풀이 SOLUTION

로드맵과 모델링 입력(input power)과 효율을 알고 있으므로 모터의 출력(output power)을 구할 수 있다. 이 출력은 상자를 끌어올리기 위해 풀리 시스템에서 사용되는 동력과 같다. 풀리 시스템의 마찰을 무시하였으므로 출력은 풀리 A와 모터 사이의 케이블의 동력으로 보거나, 또는 상자에 부착된 후크 H에서 발생하는 장력에 의한 동력으로 볼 수 있다. 위의 두 관점은 문제를 푸는 두 가지 방법 (a), (b)와 직접적으로 관련이 있다. 따라서 뉴턴의 제2법칙을 이용하여 모터와 연결된 케이블의 장력을 구하고, 이 힘에 의해 발생된 동력을 힘의 크기로 나누면 상자의 속력을 구할 수 있다.

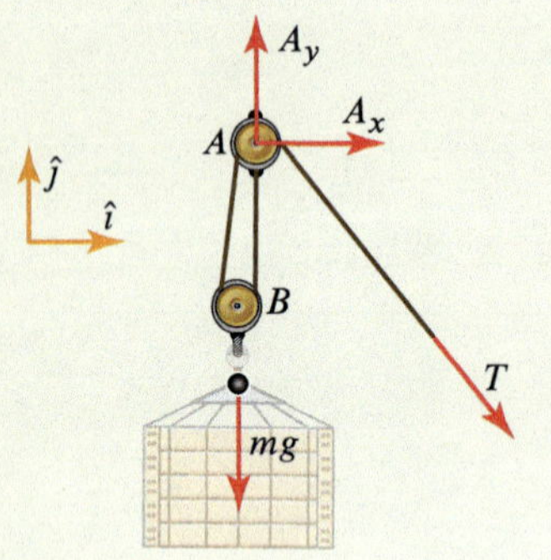

그림 2 풀리와 상자의 FBD.

(a) 부분

지배방정식

평형 원리 그림 2에 풀리와 상자의 FBD가 나타나 있다. 상자는 질점으로 보았으며 T는 모터가 잡아당기는 케이블에 발생하는 장력이다. T에 의해 발생하는 동력을 구하려 하지만 이 FBD에서 T를 구할 수 없다. 대신에 그림 3(a)에 뉴턴의 제2법칙을 적용하면 다음과 같다.

$$\sum F_y: \quad 2T - mg = ma_y \tag{1}$$

힘의 법칙 모든 힘이 FBD에 나타나 있다.

운동학 방정식 상자는 일정속도로 움직이고 있으므로 다음 식을 얻는다.

$$a_y = 0 \tag{2}$$

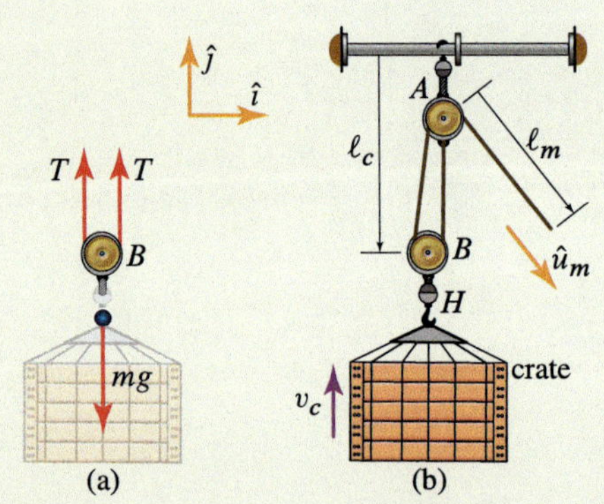

그림 3 (a) 상자와 풀리 B의 FBD. (b) 모터와 상자를 연결하는 풀리 시스템의 운동학.

모터와 풀리 A사이에 있는 케이블의 장력이 작용하는 점의 속도를 구하기 위해 그림 3(b)에서 풀리의 운동학을 고려해야 한다.

$$2\ell_c + \ell_m = \text{상수} \quad \Rightarrow \quad 2\dot{\ell}_c = -\dot{\ell}_m \quad \Rightarrow \quad 2v_c = \dot{\ell}_m \tag{3}$$

여기에서 $v_c = -\dot{\ell}_c$이고 $\dot{\ell}_m > 0$는 모터가 케이블을 감아 들이고 있음을 뜻한다.

계산 식 (2)를 식 (1)에 대입하면 다음과 같다.

$$T = mg/2 \tag{4}$$

모터에 의해 풀리 시스템에 공급되는 동력을 구하여야 한다. 모터의 입력과 출력 P_i, P_o는 다음과 같다.

$$P_i = 15\,\text{kW}, \qquad P_o = \epsilon P_i = 12.75\,\text{kW} \tag{5}$$

P_o는 장력 T에 의해 발생하는 동력이고 T의 방향은 케이블의 속도와 같은 방향이므로 다음 식이 성립한다.

$$P_o = T\,\hat{u}_m \cdot \dot{\ell}_m\,\hat{u}_m = T\dot{\ell}_m = \frac{mg}{2}(2v_c) = mgv_c \tag{6}$$

여기에서 식 (3), (4)가 이용되었다. 식 (6)에서 v_c에 대하여 풀면 다음과 같다.

$$\boxed{v_c = \frac{P_o}{mg} = 3.25\,\text{m/s}} \tag{7}$$

여기에서 식 (5)의 P_o 값을 사용하였다.

(b) 부분

지배방정식

평형 원리 그림 4에 상자의 FBD가 나타나 있으며 상자는 자중과 후크의 장력 F_H를 받는 질점으로 모델링하였다. 그림 4의 FBD에 뉴턴의 제2법칙을 적용하면 다음과 같다.

$$\sum F_y\!: \quad F_H - mg = ma_y \tag{8}$$

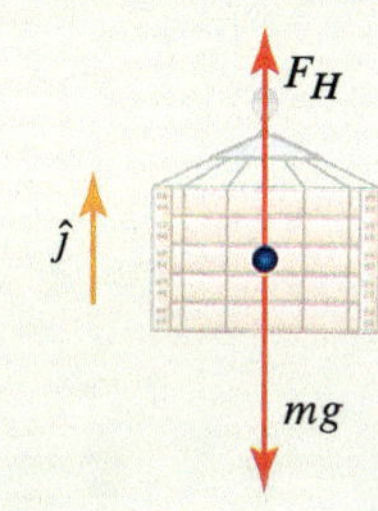

그림 4 상자의 FBD.

힘의 법칙 모든 힘이 FBD에 나타나 있다.

운동학 방정식 상자는 일정속도로 움직이고 있으므로 다음과 같이 가속도는 0이다.

$$a_y = 0 \tag{9}$$

계산 식 (9)를 식 (8)에 대입하여 F_H에 대하여 풀면 다음과 같다.

$$F_H = mg \tag{10}$$

이제 모터에 의해 풀리 시스템에 공급되는 동력을 계산하여야 한다. P_o는 F_H에 의해 발생하는 동력이며 F_H는 상자의 속도와 같은 방향이므로 다음 식이 성립한다.

$$P_o = F_H\,\hat{\jmath} \cdot v_c\,\hat{\jmath} = F_H v_c \tag{11}$$

여기에서 v_c는 상자의 속력이다. 식 (11)에서 v_c에 대하여 풀면 다음과 같다.

$$\boxed{v_c = \frac{P_o}{F_H} = \frac{P_o}{mg} = 3.25\,\text{m/s}} \tag{12}$$

여기에서 식 (5)의 P_o 값을 사용하였다.

논의 및 검증 (a), (b)에서 P_o의 차원은 힘 × 길이/시간이며, 식 (7), (12)의 차원은 길이/시간이므로 차원적으로 정확함을 알 수 있다. 여기에서 구한 v_c 값은 가능한 최대 상승속도 $P_i/mg = 3.82$ m/s 보다 작다. 따라서 전체적으로 해의 타당성이 검증되었다.

심층분석 (a)에서는 풀리 운동학에 대한 해석이 필요하지만 (b)에서는 그럴 필요가 없다. 풀리 시스템에서는 공급된 동력이 풀리의 배열과 상관없이 상자의 속도를 결정하기 때문이다. 즉 동력은 힘과 속도의 곱이며 풀리 시스템에서 이 값은 일정하게 유지된다.

그림 P4.70

문제

문제 4.70

200 W의 동력이 필요한 기계를 작동시키기 위해서 배터리가 8시간 동안 일정하게 기계에 동력을 공급하였다. 초기에 배터리에 저장되어 있던 에너지의 양을 계산하라.

문제 4.71

어떤 사람이 무게가 90 kg인 상자를 16초 동안에 걸쳐 9 m 높이만큼 끌어 올렸다. 사람에 의해 공급된 평균 동력을 구하라.

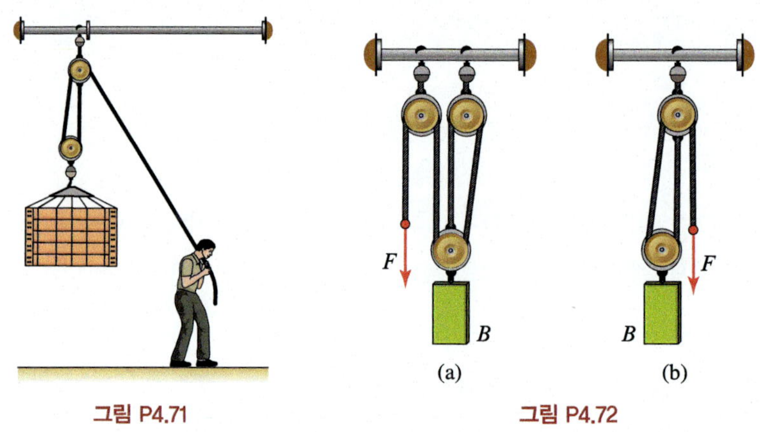

그림 P4.71　　그림 P4.72

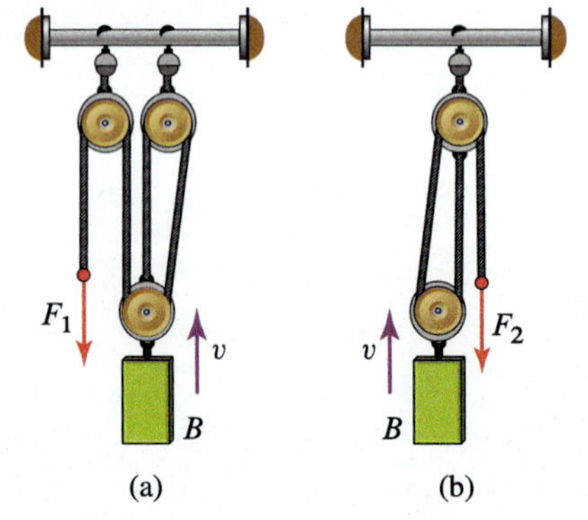

그림 P4.73, P4.74

문제 4.72

풀리시스템에 매달려 있는 동일한 물체 B가 정지 상태에서 놓인다. 두 풀리 시스템에 일정한 힘 F가 그림과 같이 작용한다. 풀리시스템에서의 에너지 손실은 없다고 가정한다. 1초 후에 힘 F에 의해 시스템에 발생되는 동력이 (a)의 경우가 (b)에 비하여 큰지, 작은지, 아니면 동일한지 판별하라.

주의 개념 문제는 계산이 아닌 설명이 필요하다.

문제 4.73

풀리시스템에 매달려 있는 동일한 물체 B가 같은 속도 $\boldsymbol{v}$로 상승하고 있다. (a)에서 작용하는 힘 F_1에 의해 발생하는 동력이 (b)에서 작용하는 힘 F_2에 의해 발생하는 동력보다 큰지, 작은지, 아니면 동일한지 판별하라. 풀리시스템의 에너지 손실은 없다고 가정한다.

주의 개념 문제는 계산이 아닌 설명이 필요하다.

문제 4.74

그림의 두 풀리시스템에서 블록 B의 질량은 $m_B = 254$ kg이고 일정속도 $\boldsymbol{v} = 3$ m/s로 상승하고 있다. 힘 F_1과 F_2에 의해 발생하는 동력을 계산하라.

그림 P4.75

문제 4.75

사이클 선수가 $\boldsymbol{v} = 30$ km/h의 속도로 경사각이 $\theta = 15°$인 경사길을 올라가고 있다. 만일 이 선수가 이러한 출력(power output)으로 $\theta = 20°$인 경사길을 올라간다면 속력은 얼마가 되겠는가? 공기저항은 무시한다.

문제 4.76

질량이 1500 kg인 자동차가 일정한 속력으로 기울기 15/100인 경사길을 올라가고 있다. 자동차의 최대출력이 160 hp이라면 자동차의 속력은 얼마인가? 공기저항은 무시한다. 그리고 1 *l*의 가솔린이 34.8 MJ의 에너지를 생산한다면 1시간 동안 몇 *l*의 가솔린이 필요하겠는가? 엔진의 효율은 $\epsilon = 0.2$이다.

15
100

그림 P4.76

문제 4.77

질량이 1200 kg인 자동차가 직선도로에서 7초 안에 속도가 영에서 100 km/h로 증가한다. 이러한 가속과정에서 자동차의 추진력이 일정하다고 가정하고 7초 동안 추진력에 의해 생성된 동력을 계산하라. 공기저항은 무시한다.

그림 P4.77 2006년형 마즈다 자동차.

문제 4.78

질량이 65 kg인 사람이 높이가 $h = 250$ mm인 에어로빅 스테퍼(stepper)에 매 2초마다 오르내리는 동작을 하고 있다. 스테퍼에 올라갈 때에만 일을 한다고 가정한다. 1시간 동안 몇 칼로리(C)가 소모되겠는가? 근육의 효율은 25%이며 (1 C = 4.184 kJ)이다.

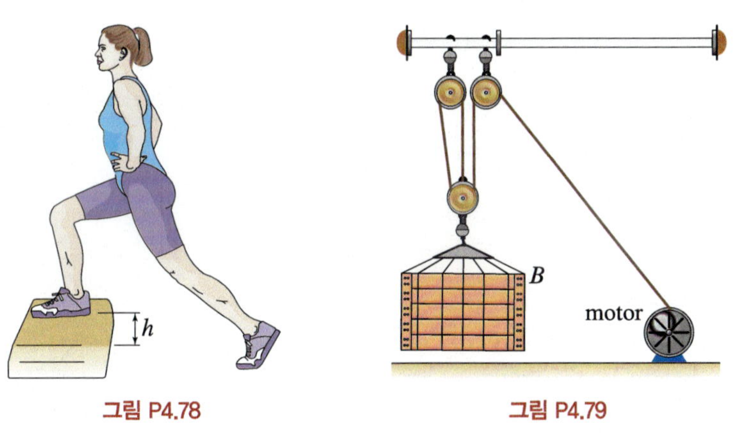

그림 P4.78 그림 P4.79

문제 4.79

그림과 같이 풀리 시스템을 작동시키는 모터는 6 kW의 동력을 발생시킨다. 상자가 일정한 속력으로 상승할 때, 그 속력을 구하라. 상자 *B*의 질량은 250 kg이고 모터의 효율은 $\epsilon = 0.87$이다.

문제 4.80

그림에 보인 모터의 효율은 $\epsilon = 0.80$이다. 이 시스템을 작동시키는 모터의 동력을 구하라. 이 모터는 질량이 110 kg인 상자를 $\theta = 28°$인 경사면을 따라 일정속력 $v = 2$ m/s로 끌어 올린다. 경사면과 상자 사이의 동마찰계수는 $\mu_k = 0.25$이다.

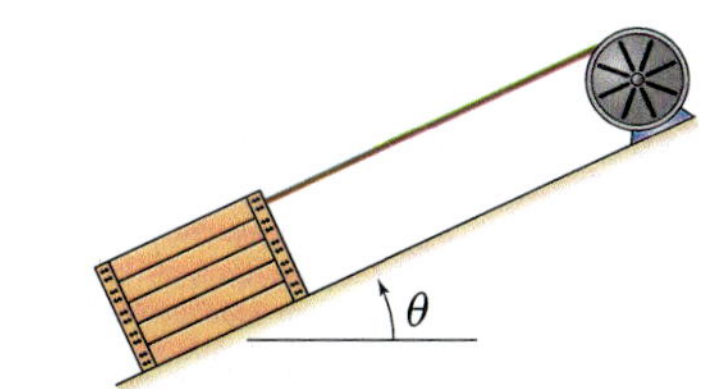

그림 P4.80, P4.81

문제 4.81

그림에 보인 모터의 효율은 $\epsilon = 0.82$이며 동력은 4.5 kW이다. 이 모터는 질량이 130 kg인 상자를 $\theta = 32°$인 경사면을 따라 일정한 속력으로 끌어 올린다. 경사면과 상자 사이의 동마찰계수는 $\mu_k = 0.45$이다. 상자의 속력을 구하라.

4.5 장 복습

이 장에서 힘에 의한 일, 질점의 운동에너지, 질점계의 운동에너지 등에 대한 개념을 소개하였다. 그리고 시스템에 한 일은 시스템의 운동에너지의 변화와 같다는 사실을 보였다. 이 관계를 일–에너지 원리라고 부르며 이는 뉴턴의 제2법칙에 따른 결과이다. 마지막으로 힘에 의해 발생하는 동력의 개념과 모터나 기계의 효율의 개념을 소개하였다.

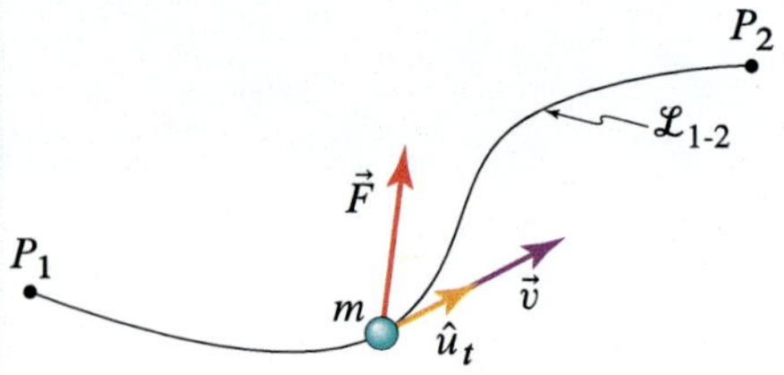

질점의 일–에너지 원리

일–에너지 원리는 다음 식으로 표현된다.

식 (4.14) p. 262

$$T_1 + U_{1\text{-}2} = T_2$$

여기에서 U_{1-2}는 힘 $\vec{F}$가 한 일로서 다음과 같이 정의된다.

식 (4.12) p. 261

$$U_{1\text{-}2} = \int_{\mathscr{L}_{1\text{-}2}} \vec{F} \cdot d\vec{r}$$

T는 질점의 운동에너지이며 다음과 같이 정의된다.

식 (4.13) p. 261

$$T = \tfrac{1}{2}mv^2$$

여기에서 m은 질점의 질량이고 v는 질점의 속력이다. 일과 운동에너지는 다음과 같은 기본적인 특성을 가지고 있다.

- 일과 운동에너지는 스칼라 양이다.
- 질점의 운동방향과 같은 힘의 성분, 즉 $\vec{F} \cdot \hat{u}_t$만이 일을 할 수 있다. 일의 부호는 $\vec{F} \cdot \hat{u}_t$의 부호에 의해 결정된다.
- 운동에너지는 결코 음의 값을 가질 수 없다.

그림 4.25 힘 $\vec{F}$를 받으면서 경로 $\mathscr{L}_{1\text{-}2}$를 따라 이동하는 질량이 m인 질점.

유용한 정보

일의 다른 표현. 위치벡터와 속도벡터 사이의 관계는 식 $d\vec{r} = \vec{v}\,dt$으로 표현된다. 법선–접선좌표계에서 속도는 $\vec{v} = v\,\hat{u}_t$와 같이 표현할 수 있다. 따라서 일은 다음 두 가지 형태로 표현될 수 있다.

$$U_{1\text{-}2} = \int_{t_1}^{t_2} \vec{F} \cdot \vec{v}\,dt = \int_{s_1}^{s_2} \vec{F} \cdot \hat{u}_t\,ds,$$

여기에서 t는 시간, s는 경로에 따른 원호의 길이, $\hat{u}_t$는 경로에 접선인(질점의 운동방향과 같은) 단위벡터이다.

보존력과 위치에너지

4.2절에서 질점이 한 위치에서 다른 위치로 움직일 때, 힘이 한 일이 경로에 무관한 그러한 힘들이 존재함을 알았다.

일정한 중력에 의한 위치에너지 질량 m이 일정한 중력장 하에서 ①에서 ②까지 움직일 때, 중력이 질점에 한 일은 다음과 같다.

식 (4.21) p. 277

$$(U_{1\text{-}2})_g = -mg(y_2 - y_1)$$

여기에서 중력은 $-y$ 방향으로 작용한다.

스프링 힘에 의한 일 스프링 상수 k인 선형 탄성스프링의 스프링 힘이 질점에 한 일은 다음과 같다.

식 (4.27) p. 278

$$(U_{1\text{-}2})_e = -\frac{1}{2}k\left(\delta_2^2 - \delta_1^2\right)$$

여기에서 δ_1, δ_2는 각각 ①과 ②에서의 스프링의 변형량(인장 또는 압축)이다.

보존계 어떤 힘이 한 일이 출발점과 종착점의 위치 만에 의해 결정되고 두 점사이의 경로와는 무관할 때 그러한 힘을 우리는 보존력이라 부른다. 보존력이 한 일은 위치에너지로 나타낼 수 있는 특징을 가지고 있다. 보존계는 일을 하는 모든 힘들이 보존적인 계(system)를 뜻한다. 보존계에서는 일-에너지 원리가 다음과 같은 기계적 에너지 보존의 원리가 된다.

식 (4.32) p. 279

$$T_1 + V_1 = T_2 + V_2$$

중요한 보존력은 중력과 스프링 힘이다. 선형 탄성스프링의 위치에너지는 다음과 같다.

식 (4.34) p. 280

$$V_e = \frac{1}{2}k\delta^2$$

크기와 방향이 일정한 중력의 위치에너지는 다음과 같다.

식 (4.33) p. 280

$$V_g = mgy$$

여기에서 y의 방향은 중력의 방향과 반대이다. 일반적인 중력의 위치에너지는 다음과 같다.

식 (4.35) p. 280

$$V_G = -\frac{Gm_A m_B}{r}$$

보존력과 비보존력이 일을 하는 시스템에서는 식 (4.14)를 사용할 수 있다. 또는 보존력을 위치에너지로 표현하여 일-에너지 원리를 다음과 같이 변형시킬 수 있다.

식 (4.50) p. 282

$$T_1 + V_1 + (U_{1\text{-}2})_{nc} = T_2 + V_2$$

여기에서$(U_{1-2})_{nc}$는 비보존력이 한 일이다.

개념정리

탄성에너지는 음수값을 가질 수 없다. 스프링이 인장되거나 압축되어도, 즉 δ가 양수이든지 음수이든지 스프링의 탄성에너지는 결코 음수가 될 수 없다.

흥미로운 사실

구의 중력 위치에너지. 식 (4.35)는 두 물체의 중심사이의 거리 r을 측정할 수 있고, 질량이 구의 중심에 대하여 대칭적으로 분포된 유한한 크기를 갖는 모든 물체(질점은 제외)에 적용된다. 따라서 이러한 특징을 갖는 천체의 거의 모든 물체에 적용될 수 있다.

질점계의 일-에너지 원리

4.3절에서 질점계의 일-에너지 원리를 유도하였으며, 이 원리를 적용함에 있어서 내력이 중요한 역할을 하는 것을 발견하였다. 질점계의 운동에너지는 각 질점의 운동에너지를 더한 것으로 정의한다.

식 (4.65) p. 304

$$T = \sum_{i=1}^{n} \tfrac{1}{2} m_i v_i^2$$

여기에서 m_i, v_i는 질점계 내의 i 번째 질점의 질량과 속력이다. 질점계의 일-에너지 원리는 다음과 같다.

식 (4.70) p. 305

$$T_1 + V_1 + (U_{1\text{-}2})_{\text{nc}}^{\text{ext}} + (U_{1\text{-}2})_{\text{nc}}^{\text{int}} = T_2 + V_2$$

빠지기 쉬운 함정

비보존력에 의한 내부 일. 비보존력에 의한 내부 일은 일-에너지 원리의 $(U_{1\text{-}2})_{\text{nc}}^{\text{int}}$ 항에서 계산되어야 한다. 이러한 형태의 일의 중요한 예는 내부 마찰에 의한 일이다.

여기에서 V는 내력과 외력에 관한 시스템의 위치에너지이다.

시스템의 운동에너지는 질량중심의 속력과 질량중심에 대한 각 질점의 상대속력의 함수로 다음과 같이 표현된다.

식 (4.74) p. 306

$$T = \tfrac{1}{2} m v_G^2 + \tfrac{1}{2} \sum_{i=1}^{n} m_i v_{i/G}^2$$

동력과 효율

빠지기 쉬운 함정

보존력에 의한 내부 일. 보존력에 의한 내부 일은 일-에너지 원리의 $(U_{1\text{-}2})_{\text{nc}}^{\text{int}}$ 항에 포함되어서는 안 되며 위치에너지 V에 포함되어야 한다. 보존적인 내력과 외력 모두를 포함하여 위치에너지를 구하여야 한다.

4.4절에서 힘 $\vec{F}$의 작용점의 속도가 $\vec{v}$일 때 힘 $\vec{F}$에 의해 발생하는 동력 P를 다음과 같이 정의하였다.

식 (4.78) p. 320

$$P = \vec{F} \cdot \vec{v}$$

동력의 단위는 단위시간 당 일이다.

4.4절에서 효율의 개념을 소개하였다. 효율은 모터나 기계의 성능을 평가하는 데 사용되는 중요한 개념이다. 효율 ϵ는 다음과 같이 정의된다.

식 (4.78) p. 320

$$\epsilon = \frac{\text{출력}}{\text{입력}}$$

여기에서 출력(power output)은 기계나 모터가 단위시간당 한 일이다.

복습 문제

문제 4.82

선박과 보트들이 부두 구조물(docks)과 충돌하여 손상되는 것을 막아주기 위해 고무 범퍼가 많이 사용된다. 보트의 질량은 35,000 kg이고 범퍼에 가해지는 압축력 F_B와 범퍼의 압축 변위 x 사이의 관계식은 $F_B = \beta x^3$ (β는 상수)이다. 보트 C를 질점으로 보고, 보트가 범퍼와 4 m/s의 속도로 충돌할 때 범퍼의 최대 압축량이 180 mm가 되도록 상수 β를 결정하라. 보트의 상하운동과 물과 보트 C 사이의 저항력은 무시한다.

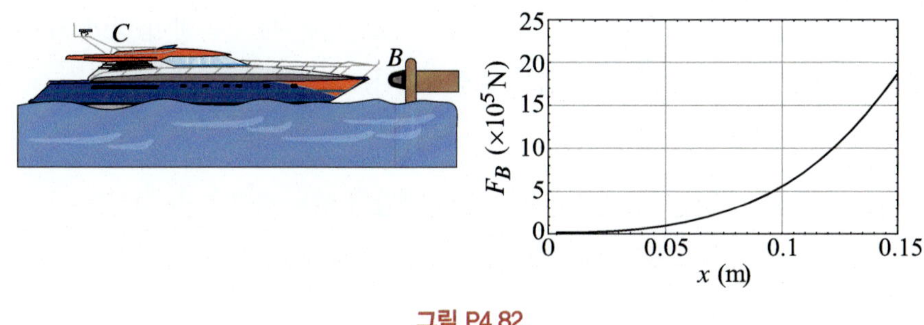

그림 P4.82

문제 4.83

그림의 위치에서 출발하여 말이 오른쪽으로 움직이며, 줄에 발생하는 장력은 (a), (b) 모두 같고 그 크기는 일정하다. $\beta > \gamma$이며, 말은 (a), (b) 모두 거리 L 만큼 이동하였다. 다음 설명이 옳은지 판단하라.

(1) 줄의 장력이 한 일이 (a)의 경우가 (b)의 경우보다 크다.

(2) 장력이 한 일은 (a), (b) 모두 같다.

(3) 줄의 장력이 한 일이 (a)의 경우가 (b)의 경우보다 작다.

주의 개념 문제는 계산이 아닌 설명이 필요하다.

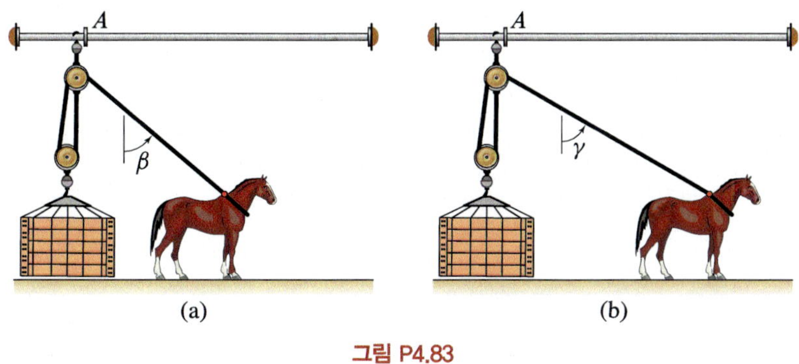

그림 P4.83

문제 4.84

질량이 $m = 0.15$ kg인 금속 공이 정지 상태에서 물속으로 떨어진다. 물의 항력의 크기는 $C_d v$이며 항력계수 $C_d = 2.1$ kg/s이고 v는 공의 속력이다. 공이 낙하를 시작하여 최종속력의 99%에 도달하기까지 공에 한 일을 구하라.

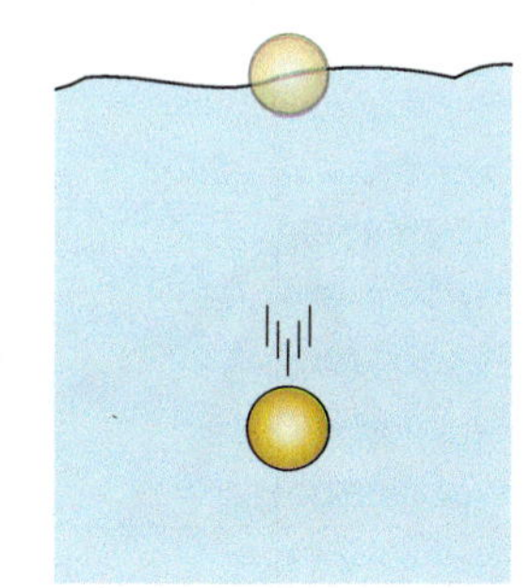

그림 P4.84, P4.85

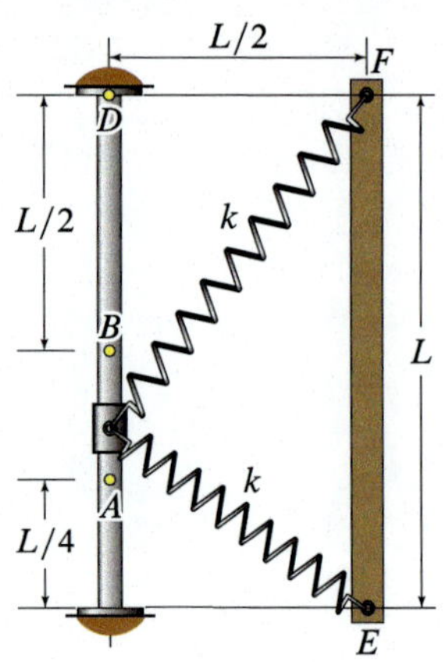

그림 P4.86

문제 4.85

질량이 90 g인 금속 공이 정지 상태에서 물 속으로 떨어진다. 물의 항력의 크기는 $C_d v$, 항력계수 C_d = 7.3 kg/s이고 v는 공의 속력이다. 공이 낙하를 시작하여 2초 동안에 항력이 공에 한 일을 구하라.

문제 4.86

질량 11 kg인 칼라(collar)가 길이 L = 2 m인 마찰이 없는 수직 직선 바를 따라 운동한다. 칼라에 부착된 두 개의 스프링은 동일하며 칼라가 위치 B에 있을 때 스프링은 변형되지 않은 원래 길이였다. 칼라를 질점으로 보고 공기저항은 무시한다. 위치 A에서 칼라는 속력 23 m/s로 위로 움직인다. 칼라가 D에 도달했을 때의 속력이 영이 되도록 스프링 상수 k 값을 결정하라. E와 F 점은 고정점이다.

문제 4.87

질량 3 kg인 칼라(collar)가 반경 R = 0.3 m인 마찰이 없는 링을 따라 수직면 상에서 움직인다. 칼라에 부착된 스프링의 스프링상수는 k = 300 N/m이다. 칼라를 질점으로 보고 공기저항은 무시하며 A에서 칼라는 정지 상태였다. 칼라를 약간 왼쪽으로 잡아 당김으로써 칼라는 운동을 시작하며 칼라가 B를 지날 때의 속도는 4.6 m/s이었다. 스프링의 변형되지 않은 원래 길이를 구하라.

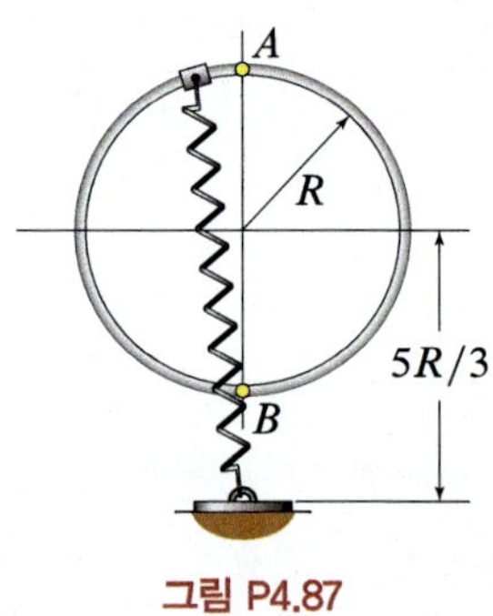

그림 P4.87

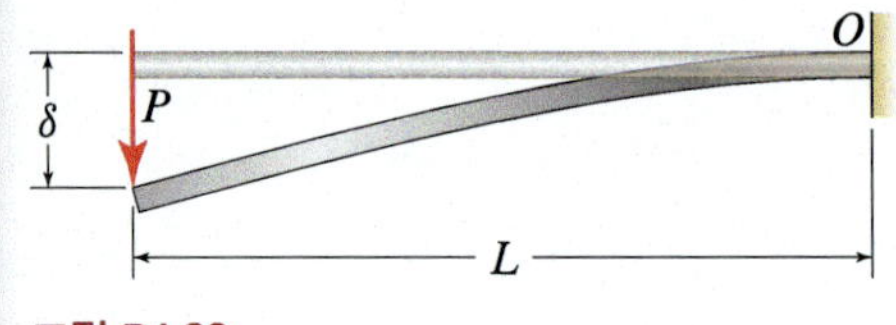

그림 P4.88

문제 4.88

재료역학에서 외팔보의 끝단에 힘 P가 작용하면 끝단의 변위는 $\delta = PL^3/(3\,EI_{cs})$이다. L은 보의 길이이고, E, I_{cs}는 재료와 단면의 형상에 따라 달라지는 상수이다. 그림과 같이 하중을 받는 외팔보의 위치에너지를 구하라.

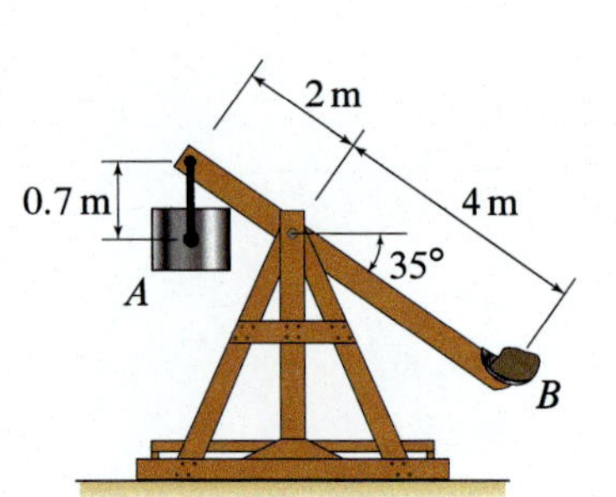

그림 P4.89

문제 4.89

그림과 같은 발사기(catapult)가 질량이 1200 kg인 평형추 A와 질량이 330 kg인 발사체 B로 구성되어 있다. 회전 팔(arm)이 그림의 위치에서 정지 상태에서 놓여 시계반대 방향으로 110° 만큼 회전한다. 이 위치에서의 발사체의 속도를 구하라. A와 B를 질점으로 모델링하고, 회전 팔의 무게와 마찰은 무시한다. 또한 평형추를 매달고 있는 줄의 무게를 무시하며 줄의 길이가 변하지 않는다고 가정한다. 발사기 구조체(frame)는 지면에 고정되어 있으며 회전하는 동안 발사체는 발사기에서 분리되지 않는다.

문제 4.90

질량이 각각 56 kg, 106 kg인 블록 A, B가 정지 상태에서 그림의 위치에서 놓여진다. 이때 스프링은 늘지도 줄지도 않은 원래 길이였다. 블록 A, B는 질점으로 모델링하고, 공기저항을 무시하며 A와 B를 연결하는 로프는 길이가 변하지 않는다고 가정한다. 블록 B의 최대속력을 구하고, 속력이 최대일 때 B와 바닥면과의 거리를 구하라. 경사각 $\alpha = 35°$, 정지마찰계수 $\mu_s = 0.25$, 동마찰계수 $\mu_k = 0.2$, 스프링 상수 $k = 365$ N/m 이다.

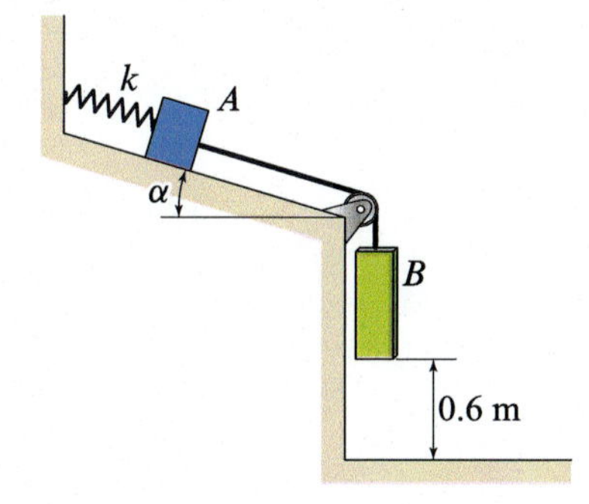

그림 P4.90

문제 4.91

스프링 저울은 물체 m과 물체를 올려놓는 플랫폼(platform) m_P를 지지하고 있는 스프링의 변위를 측정하여 물체의 무게를 계측한다. 스프링 저울은 물체를 올려놓기 전에는 플랫폼의 질량 m_P가 포함되지 않도록 보정되어 눈금이 영을 가리킨다. 스프링은 선형 탄성적이며 스프링상수는 k이다. 질량 m을 천천히(속도 영으로) 저울 위에 올려놓을 때 스프링이 압축되면서 질량 m은 아래로 움직인다. 질량 m의 최대 속력은 얼마인가?

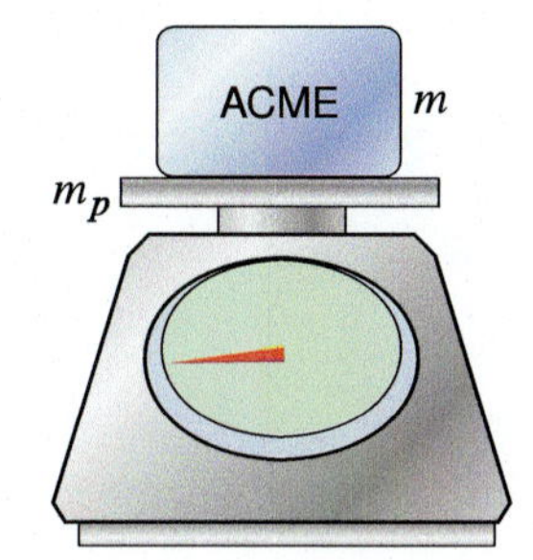

그림 P4.91

문제 4.92

사이클 선수가 $v = 25$ km/h의 일정한 속력으로 경사각이 $\theta = 15°$인 경사길을 올라가고 있다. 사이클과 선수의 질량을 합하면 85 kg이고, 공기저항을 무시하며, 선수의 근육의 효율은 25%이다. 이 선수가 15분 동안 경사길을 올라가면서 소비하는 칼로리(1 C = 4.184 kJ)는 얼마인가?

그림 P4.92

문제 4.93

두 개의 풀리 시스템 (a)와 (b)에서, 질량이 68 kg인 동일한 블록 B가 동일한 힘 F = 356 N에 의해 상승하고 있다. 정지 상태에서 운동이 시작되었다면 1초 후 힘 F에 의해 생성된 동력은 얼마인가?

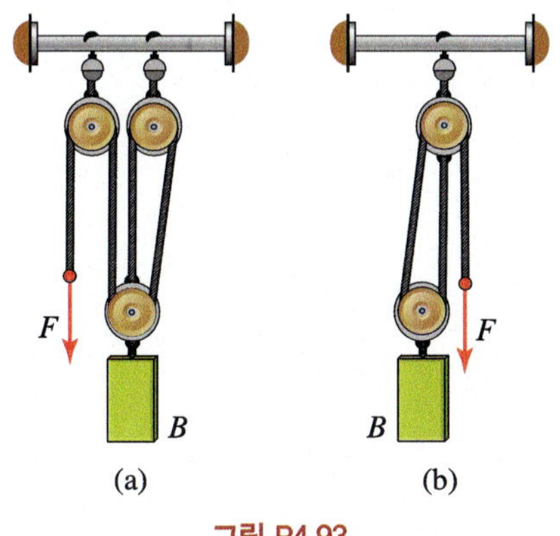

그림 P4.93

운동량 법을 이용한 질점 동역학

이 장은 운동량(momentum)과 충격량(impulse)에 대한 개념을 논의하는 것으로 시작한다. 우리는 하나의 질점에 대하여 시간에 대한 뉴턴의 제2법칙을 통합하는 충격량-운동량 원리라는 새로운 균형 법칙을 유도하게 된다. 이 균형 법칙은 충격에 대한 연구에 필수적인 것이 될 것이다. 다음으로 우리는 각 운동량의 개념이라는 역학의 기반이 되는 새로운 개념을 공부하게 된다. 또한 각운동량의 개념이 궤도 역학과 같은 문제를 푸는 데도 유용할 뿐 아니라 강체에 대한 뉴턴의 법칙 적용범위의 확장에도 필수적이라는 것을 알게 될 것이다. 마지막으로 운동량의 아이디어가 필수적인 주제인 질량유동에 대한 연구에 대하여 소개할 것이다.

5.1 운동량과 충격량

자동차 충돌 재구성

그림 5.1은 자동차 충돌사고의 현장을 보여 주고 있다. 예비 조사가 충돌의 원인을 밝히는 데 실패하게 되면, 충돌 전문가가 그 충돌을 재구성하기 위하여 고용되게 된다. 이를 위하여, 충돌 전문가는 스키드 마크의 길이와 각도에 대한 데이터를 수집하고, 관련 차량들의 대한 종류, 무게, 피해정도 및 도로의 거칠기도 조사하게 된다. 이 절에서는 충돌이 어떻게 일어났는지를 설명하기 위해 과학수사 엔지니어들이 사용하는 물리적인 법칙에 대하여 배우게 될 것이다.

일-에너지 법칙을 사용하여, 과학수사 엔지니어는 타이어와 도로의 특성값 및 그 차들이 충돌 후에 이동한 거리를 이용하여 관련 자동차들의 충돌 직후의 속도를 예측할 수 있다. 그러나 충돌의 책임정도를 이해하기 위해서는 충돌 직전의 관련 차량들의 속도를 결정하여야 한다. 우리가 3장에서 본 것처럼, 다른 두 시점에서의 한 물체의 속도변화를 결정하기 위해서는 그 물체에 가해지는 힘에 대한 자세한 지식과 그 힘들이 가해지는 시간에 대한 지식이 필요하다. 그러나 일반적인 충돌에서는 한 차량은 0.2초 이내의 시간에 70km/h 속도가 줄어든다. 실제로 충돌이 발생할 경우, 0.2초는 긴 시간이다. 야구공을 배트로 칠 경우나 골프공을 골프 클럽으로 치는 경우와 같이, 많은 충돌은 일반적

그림 5.1 자동차 충돌 후의 현장.

흥미로운 사실

충돌 재현 전문가는 실제로 존재하는가? 충돌 재현 전문가는 과학수사 엔지니어(forensic engineers)라고 불리는 것이 더 적절하다. 그리고 이들은 법정에서 전문가 증인으로 중요한 역할을 수행한다.

흥미로운 사실

충돌재현의 기술. 비행기는 블랙박스를 장착하고 있다. 이 장치는 많은 비행 매개변수를 시간에 따라 기록하는 장치이다. 이 장치는 추락이 발생했을 때 원인을 밝히는 데 도움을 받기 위하여 사용된다. 자동차 에어백의 출현(1970년대 초) 이후로, 비슷한 장치가 자동차에도 장착되고 있다. 에어백의 개발은 많은 수의 매개변수를 기반으로 하는 결정과정의 산물이다. 이 결정과정은 측정 진단 모듈(SDM)이라 불리는 장치에 의해 수행된다. 이 모듈과 함께 에어백 전개 시스템은 SDM에 의해 처리된 정보를 기록하는 장치를 함께 가지고 있다. 이 기록장치는 충돌 데이터 복구 시스템이라 불리며, 어떤 주어진 시간을 기준으로 지난 몇 초간(일반적으로 5초)의 차의 상태와 관련된 정보를 가지고 있다. 이 정보는, 다른 정보들도 있지만, 차량 속력, 엔진 속력, 좌석벨트의 상태, 브레이크에 대한 정보를 포함한다.

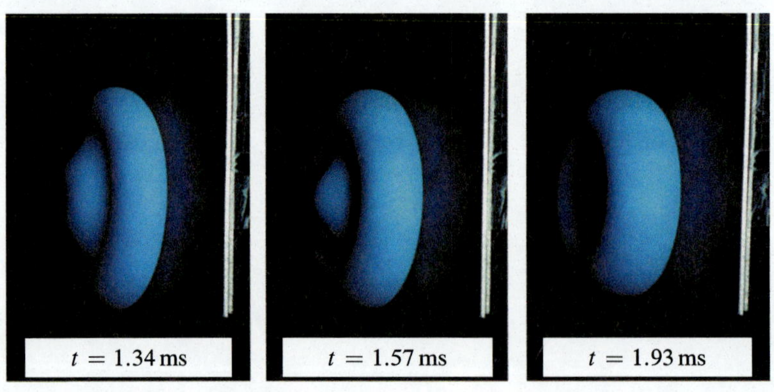

그림 5.2 라켓볼이 벽에 대해 되튈 때를 기록한 고속 사진 연속물.

으로 100ms 이하의 시간 이내에서 일어난다. 예를 들어 그림 5.2에서 보는 것처럼 라켓볼이 벽과 충돌하는 경우의 시간은 0.004초이다. 여기서 알 수 있는 메시지는 크든 작든 가해지는 힘은 움직이는 물체들의 속도와 방향을 변화시킨다는 것이다. 즉 힘은 물체의 속도를 변화시킨다. 우리는 본 장에서 이 개념에 대해 살펴볼 것이다.

충격량–운동량 법칙

이제 속도의 변화가 어떤 식으로 변화가 일어나는 시간 간격과 연관되는지 살펴보자. 이를 위하여, 질량 m을 가지는 질점에 대하여 뉴턴의 제2법칙을 시간에 대하여 시간 간격 $t_1 \leq t \leq t_2$ 사이에서 적분한다.

$$\int_{t_1}^{t_2} \vec{F}\,dt = \int_{t_1}^{t_2} m\vec{a}\,dt \tag{5.1}$$

여기에서 $\vec{a}dt = d\vec{v}$이기 때문에(여기에서 m은 하나의 질점에 대해 상수이다), 다음과 같은 식을 얻을 수 있다.

$$\int_{t_1}^{t_2} \vec{F}\,dt = m\vec{v}(t_2) - m\vec{v}(t_1) \tag{5.2}$$

식 (5.2)는 $m\vec{v}$ 값의 일정한 시간 사이에서의 변화가 그 시간 간격에서의 힘에 대한 적분값과 관련 된다는 것을 의미한다. 식 (5.2)의 의미를 더 잘 이해하기 위하여, 먼저 몇 가지 기본 개념을 여기에서 소개한다.

개념정리

운동량은 속도와 평행하다. 하나의 질점의 운동량은 벡터이다. 이것은 운동량이 속도벡터와 질점의 질량의 곱으로 주어지기 때문이다.

질점의 선형운동량

m$\vec{v}$ 값이 식 (5.2)에서 주도적인 역할을 가지기 때문에, 이 값에 대한 이름과 기호를 정하도록 한다. 벡터 값 $\vec{p}(t)$를 다음과 같이 정의하도록 하자.

$$\boxed{\vec{p}(t) = m\vec{v}(t)} \tag{5.3}$$

이 값 $\vec{p}(t)$는 질량 m을 가지는 하나의 질점의 **선형운동량(*linear momentum*)** 혹은 간단히 **운동량(*momentum*)**이라 불린다. 정의에 의하면 그 운동량은 질량에 길이를 곱한 값을 다시 시간으로 나눈 차원을 가진다.

$$[\vec{p}\,] = [M]\,[L]\,[T]^{-1} \tag{5.4}$$

결론적으로 SI 시스템에서의 단위는 kg · m/s가 된다.

유용한 정보

선형운동량 혹은 운동량, 어느 것이 옳은가? 이것은 실제사용에 대한 문제이다. 일반적으로 선형운동량은 단순히 운동량으로 불린다. 그러나 운동량과 5.3절에서 정의할 값인 각운동량(angular momentum)과의 구분은 중요하다.

힘의 선형 충격량

식 (5.2)의 좌변의 값, 즉

$$\int_{t_1}^{t_2} \vec{F}(t)\,dt \tag{5.5}$$

$\vec{F}$는 시점 t_1에서 t_2 사이에서의 힘 $\vec{F}(t)$의 선형 충격량(혹은 간단히 충격량)이라 불린다. 이 값은 시간에 따른 적분이기 때문에, 그림 5.3과 같이 충격량의 어떤 성분이든 시간에 따른 힘 곡선의 아래 부분으로 결정되는 면적과 같은 그래픽 표현으로 나타낼 수 있다.

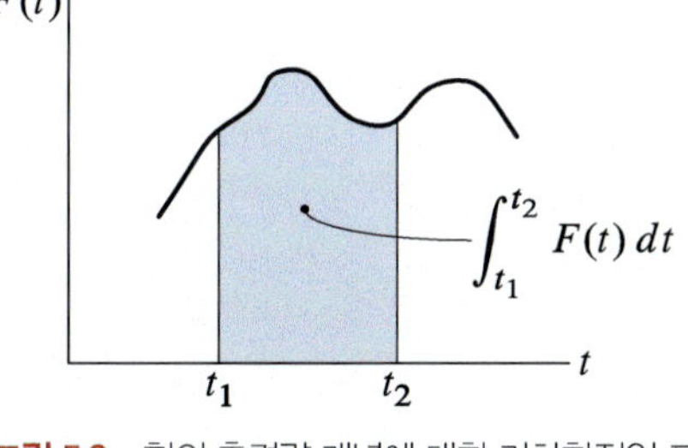

그림 5.3 힘의 충격량 개념에 대한 기하학적인 표현.

이 충격량은 힘과 시간의 곱, 혹은 질량과 길이의 곱을 시간으로 나눈 값과 같은 차원을 가진다. 따라서 충격량의 단위는 운동량의 단위와 같다. 그러나 SI 시스템에서는 충격량의 단위를 N · s로 나타내는 것이 일반적이다.

한 질점에 대한 충격량–운동량 법칙

운동량의 정의를 이용하면, 식 (5.2)를 다음과 같이 기술할 수 있다.

$$\int_{t_1}^{t_2} \vec{F}(t)\,dt = \vec{p}(t_2) - \vec{p}(t_1) \quad \text{or} \quad \vec{p}(t_1) + \int_{t_1}^{t_2} \vec{F}(t)\,dt = \vec{p}(t_2) \tag{5.6}$$

식 (5.6)은 하나의 질점의 일정한 시간 간격 사이의 운동량의 변화는 같은 시간 간격에서 연관된 그 질점의 충격량과 동일하다는 것을 의미한다. 이 장의 뒤에서 확인할 수 있듯이 식 (5.6)의 표현은 충격량–운동량 법칙(*impulse-momentum principle*)이라고 불리며, 충돌 문제들을 푸는데 사용된다.

식 (5.6)은 다른 형태로 다음과 같이 나타낼 수 있다.

$$\vec{F} = \dot{\vec{p}} \tag{5.7}$$

위 식은 뉴턴의 제2법칙의 다른 표현으로 볼 수 있다.

평균 힘

만약 미리 알려진 운동량의 변화를 일으키는 힘을 알고 싶다고 하자. 이 문제는 두 시점 t_1부터 t_2 사이의 운동량의 변화가 그 시간 t_1과 t_2 사이의 모든 시점에서의 힘 $\vec{F}(t)$를 재구성할 수 있을 만큼 충분하게 알려져 있지 않으면 문제의 해를 구하기 불가능할 수도 있다. 이것은 그림 5.4에서 나타나는 바와 같다. 이 그림에서 일정 시간 간격 내에서 시간에 따라 변화하는 힘과 같은 시간 간격 내의 평균 힘이 제시되어 있다. 시간에 따른 힘 곡선의 아래 면적을 구하기 위해서 매 순간에 대한 힘의 값을 알 필요가 있다. 그러나 여기에서 우리는 이 운동량의 변화를 발생시키는 특정한 평균 힘(*average force*)은 계산할 수 있다. 정의에 따라서, 일정 시간 간격에서의 평균 힘은 그 힘의 값이 상수라고 가정하였을 때의 힘의 값이다. 즉 다음과 같이 나타난다.

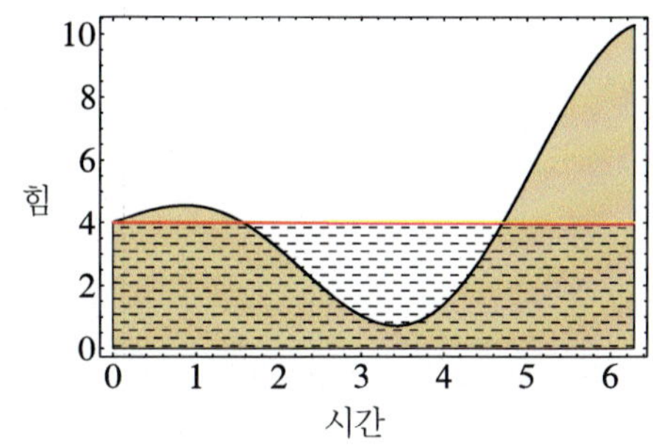

그림 5.4 어떤 시간 간격에서의 힘(검은선)과 그 평균값(붉은선). 힘곡선의 아래 면적(밝은 갈색)은 평균력 곡선의 아래 면적(빗금 부분)과 같다.

$$\vec{F}_{\text{avg}} = \frac{\int_{t_1}^{t_2} \vec{F}(t)\,dt}{t_2 - t_1} \tag{5.8}$$

따라서 식 (5.6)을 이용하여, 평균 힘을 다음과 같은 수식으로 계산할 수 있다.

$$\vec{F}_{\text{avg}} = \frac{\vec{p}(t_2) - \vec{p}(t_1)}{t_2 - t_1} \tag{5.9}$$

주어진 운동량의 변화를 일으키는 평균 힘을 계산할 수 있다는 것은 매우 유용하다. 이것은 그 운동량의 변화를 위하여 주어야 할 실제 힘의 크기가 최소한 어떤 시간 간격의 부분에서의 평균값보다 같거나 크면 된다는 것을 의미하기 때문이다.

질점계의 충격량–운동량 법칙

질점계에 대한 충격량– 운동량 법칙을 확장하기 위하여 3장에서 논의된 아이디어들을 다시 살펴볼 필요가 있으며, 또한 닫힌계와 열린계를 구분할 필요가 있다.

닫힌계(*closed systems*)는 주위와 질량을 교환하지 않는 계를 의미한다. 반면 열린계(*open systems*)는 그 주위와 질량을 교환한다. 하나의 닫힌계에서의 질량은 필수적으로 일정하며, 반면 열린계는 일정하거나 변화하는 질량을 가지게 된다. 이 두 종류의 시스템에 대한 구분은 우리가 질점계를 이야기 할때 중요하다. 특히 **질량유동** 및 **가변 질량계**에 대한 경우에 특히 더 중요하며, 이 경우 정의에 의하여 두 경우 모두 열린계이다(5.5절 참조).

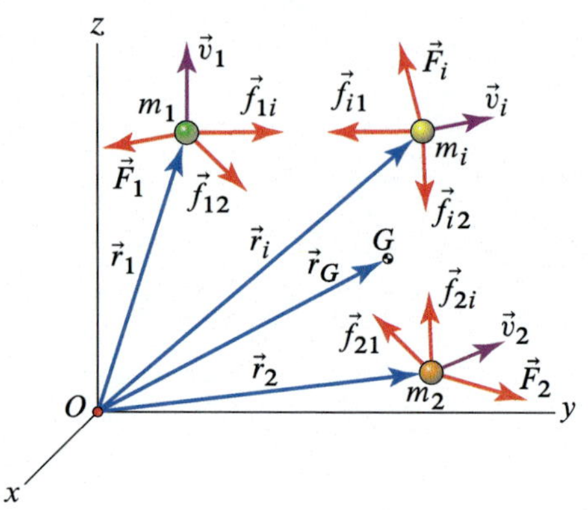

그림 5.5 내력과 외력의 작용하에 있는 질점계. 질량중심은 G에 있다.

*N*개의 질점이 있는 닫힌계를 생각해 볼 때(여기에서 *N*은 상수이다), 각 질점에 가해지는 모든 힘은 두 종류로 나눌 수 있다(그림 5.5 참조).

1. 고려되는 계에 속하지 않은 물리적 물체와 질점 *i*의 상호 작용에 의한 **외력** $\vec{F}_i$
2. 고려되고 있는 계에 속하는 다른 질점들과 질점 *i* 사이의 상호작용에 의한 **내력** $\sum_{j=1}^{N}\vec{f}_{ij}(\vec{f}_{ii}=\vec{0}$ 왜냐하면 하나의 질점은 자기자신에게 힘을 주지 않기 때문에).

식 (5.7)을 적용하면, 다음과 같은 관계가 성립한다.

$$\vec{F}_i+\sum_{j=1}^{N}\vec{f}_{ij}=\dot{\vec{p}}_i \tag{5.10}$$

여기에서 $\vec{p}_i=m_i\vec{v}_i$는 질점 *i*의 운동량이다. 식 (5.10)은 *N*개의 방정식을 의미하며 각 질점당 하나의 방정식을 나타낸다. 다음과 같은 관계가 성립한다고 하면

$$\vec{F}=\sum_{i=1}^{N}\vec{F}_i\ ,\qquad \vec{p}=\sum_{i=1}^{N}\vec{p}_i \tag{5.11}$$

여기에서 $\vec{F}$는 전체 질량계에 가해지는 전체 외력이며, $\vec{p}$는 그 질량계의 전체 운동량이다. 뉴턴의 제 3법칙이 다음 $\sum_{i=1}^{N}\left(\sum_{j=1}^{N}\vec{f}_{ij}\right)=\vec{0}$과 같은 관계를 만족시킨다고 한다면, 식 (5.10)에서 *i*가 1부터 *N*까지 변화할때의 합을 구하면(여기에서 식 (5.11)을 따라서) 다음과 같은 식을 구할 수 있다.

$$\boxed{\vec{F}=\dot{\vec{p}}} \tag{5.12}$$

여기에서 우리는 3장에서와는 조금 다른 모양의 관계식을 구할 수 있다(식 (3.73) 참조). 식 (5.12)는 내력이 하나의 질점계이 전체 운동량을 변화시키는데 아무 영향을 미치지 않는 다는 것을 의미한다. 더불어 닫힌 질점계의 질량중심에 대한 정의를 사용하면 다음과 같은 관계식을 얻을 수 있다.

$$\vec{p}=\sum_{i=1}^{N}\vec{p}_i=\sum_{i=1}^{N}m_i\vec{v}_i=m\vec{v}_G \tag{5.13}$$

개념정리

내력은 운동량을 변화시키지 않는다. 내력은 한 계의 운동량을 변화시킬 수 없다. 이 표현은 역학의 기본 공리중 하나이다.

유용한 정보

닫힌계 대 열린계. 식 (5.12)는 오직 닫힌계에 대해서만 적용한다. 열린계에 대해서는 N이 상수가 아니고 시간에 따른 미분 시에 이 값의 변화를 고려해주어야 하기 때문에 다음과 같은 관계가 항상 성립한다고 할 수 없다.

$$\frac{d}{dt}\sum_{i=1}^{N}\vec{p}_i=\sum_{i=1}^{N}\dot{\vec{p}}_i$$

여기에서 m은 그 시스템의 전체 질량이며, $\vec{v}_G$는 그 시스템의 질량중심의 속도이다. 식 (5.13)을 사용하면 식 (5.12)는 다음과 같이 기술할 수 있다.

$$\vec{F} = \frac{d}{dt}(m\vec{v}_G) = m\vec{a}_G \tag{5.14}$$

여기에서 우리는 닫힌 질점계에서의 질량은 일정하다는 사실을 사용하였다. 식 (5.14)는 하나의 질점계는 하나의 질점으로 볼 수 있다는 것을 의미하며, 이때 그 질점의 질량은 치환되는 질점계의 전체 질량을 가지며 그 질점계의 질량중심위치의 움직임과 동일한 움직임을 가지는 것으로 취급된다.

오일러(Euler)의 결과에 의하면, 식 (5.12)는 일반적으로 질량이 일정한 어떤 계이든지, 또 임의의 종류의 내력이 발생하는 어떤 계에서도 성립한다고 알려져 있다. 이런 이유로 식 (5.12)는 일반적으로 물체들의 운동을 지배하는 뉴턴의 제2법칙보다 더욱 기본적인 공리를 나타낸다고 알려져 있으며, 이를 오일러의 제1법칙(*Euler's first law*)이라 부른다.

이 절의 앞에서 살펴보았듯이 운동량의 변화와 가해지는 힘 사이의 관계를 직접적으로 살펴보기 위하여 식 (5.12)의 양변을 시간에 따라 적분해보면 다음과 같은 식을 얻는다.

$$\int_{t_1}^{t_2} \vec{F}(t)\,dt = \vec{p}(t_2) - \vec{p}(t_1) \tag{5.15}$$

여기에서 식 (5.15)의 좌변은 시간 t_1에서 t_2 사이에서 계에 가해지는 전체 외부 충격량이다. 여기에서 식 (5.6)과 (5.15)가 서로 비슷하게 보일지라도 $\vec{F}$와 $\vec{p}$의 정의가 두 식에서 서로 다르다는 것을 염두에 둘 필요가 있다.

흥미로운 사실

Leonard Euler의 기여. 식 (5.12)는 오일러의 이름을 따서 불린다. 이것은 그가 이 식이 어떤 종류의 계의 운동을 지배하는 근본 법칙 중 하나라는 것을 인식한 첫 번째 사람이기 때문이다. 식 (5.12)에 오일러의 이름을 붙인 것은 이 식이 모멘트 관련 식 (5.87)과 함께 뉴턴의 운동방정식의 중요한 일반화를 제공하는 것에 대한 인정이기도 하다.

유용한 정보

고립계. 하나의 고립계는 우주의 다른 어떤 물체와 상호작용하지 않는 하나의 물리계에 대한 추상적인 개념이다. 따라서 고립계의 질량은 항상 일정하여야 하며, 고립계에 가해지는 전체 외력의 합은 언제나 0이다.

선형운동량 보존

많은 수의 공학 문제들은 외력에 의해 영향을 받지 않는 고립계(*isolated system*)의 해석을 필요로 한다. 충돌문제를 포함하는 다른 응용들에서는 힘이 0이 되는 방향이 존재하는 상황이 자주 존재하게 된다. 이런 경우들에서 충격량–운동량 원리는 운동량이 보존되는 값인 경우에 보존 법칙(*conservation law*)의 형태로 사용된다(4.1절에서 에너지 보존을 확인하였다). 이것을 이해하기 위하여 그림 5.6을 고려해보자. 그림 5.6의 왼쪽 그림은 두 개의 당구공이 서로 부딪히는 것을 보여주고 있다. 이제 q를 충돌 면에 접선인 선이라고 하고, w를 그 충돌 면에 수직인 선이라고 하자. 만약 충돌 중에 이 두 면사이의 마찰력을 무시할 수 있다고 하면(이것은 당구공의 경우에는 합리적인 가정이 된다), 이 경우 qw 평면에서 5번 공에 가해지는 유일한 힘은 w 축을 따라서 방향이 정해지며, 두 공을 같이 고려할 경우 순외력은 존재하지 않는다(두 공은 고립계를 형성한다). 만약 충돌이 시간 t_1에서 시작하여 시간 t_2에서 끝난다면, 그리고 만약 우리 시스템이 두공으로 이루어져 있다고 가정하면, 시간 간격 $t_1 \le t \le t_2$에서 그림 5.6의 아래쪽 자유물체도에서 다음과 같은 관계가 성립하는 것을 알 수 있다.

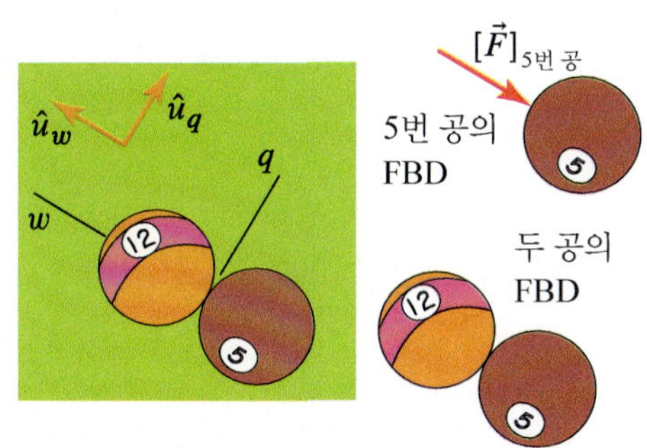

그림 5.6 서로 부딪히고 있는 두 당구공 및 충돌 동안의 5번공과 두 공 모두의 FBD.

$$\left[\vec{F}(t)\right]_{\text{두 당구공 계}} = \vec{0} \tag{5.16}$$

그러므로 식 (5.15)에 의하여 다음과 같은 관계가 성립한다.

$$\left[\vec{p}(t_1)\right]_{\text{두 당구공 계}} = \left[\vec{p}(t_2)\right]_{\text{두 당구공 계}} \tag{5.17}$$

즉 두 당구공 계의 전체 운동량은 상수로 남아있게 된다.
만약 이 문제에서의 5번 공 하나만으로 이루어지는 계를 정의한다면, $t_1 \le t \le t_2$에서 그림 5.6이 위쪽 자유물체도에서 다음과 같은 관계가 성립한다.

$$[\vec{F}(t)]_{5번\ 공} \cdot \hat{u}_q = 0 \tag{5.18}$$

식 (5.12)를 $\hat{u}_q$로 내적하고, $\hat{u}_q$를 $t_1 \le t \le t_2$에서 상수라고 가정한 후, 식 (5.18)을 사용하면 충돌 중에 다음과 같은 관계가 성립하게 된다.

$$[\dot{\vec{p}}]_{5번\ 공} \cdot \hat{u}_q = 0 \;\Rightarrow\; [\dot{p}_q]_{5번\ 공} = 0 \;\Rightarrow\; [p_q(t)]_{5번\ 공} = \text{상수} \tag{5.19}$$

식 (5.19)의 마지막 식은, 계에 가해지는 전체 외력의 한 성분이 고려되는 시간 간격에서 0이 되는 성분이 존재하기만 하면, 그 계의 해당 방향의 운동량의 성분은 일정하게 된다는 것을 의미한다. 이것은 그림 5.6의 당구공 충돌에서는, 5번 공의 운동량의 q 성분이 일정하게 남아있다는 것을 의미한다(비슷하게, 12번 공의 q 성분도 일정하게 남아있게 된다). 그리고 두 공으로 이루어진 계의 운동량 벡터도 상수로 남아있게 된다(즉, 이 두 공의 운동량은 어떤 방향에서도 상수이다). 이것은 이 두 공에 가해지는 외력이 0이기 때문이다. 하나의 고립계에 가해지는 전체 합력의 크기가 0과 같기 때문에 **고립계의 전체 운동량이 결코 변화하지 않는다**는 것을 알 수 있다. 또한 식 (5.13)을 이용하고, 고립계의 질량이 변화하지 않는다는 것을 고려하면, **고립계의 질량중심의 속도가 일정하다**는 것을 알 수 있다.

> **개념정리**
> **외력이 없는 경우의 계의 운동.** 하나의 계의 전체 운동량은 그 계의 전체 질량과 그 계의 질량중심의 속도의 곱으로 표현될 수 있다. 그러므로 외력이 없는 경우의 계의 질량중심은 정지해 있거나, 일정한 속도로 움직이고 있다.

절 요약

3장에서 힘이 가속도를 만들어내기 때문에 힘이 속도의 변화를 이끈다는 것을 배웠다. 우리는 이 절에서 시간에 걸쳐 가해지는 힘이(단지 속도뿐만이 아니라) 운동량을 변화시킨다는 것을 배웠다. 뉴턴의 제2법칙을 적분함으로써, 다음과 같은 **충격량–운동량 법칙**을 얻었다.

> **유용한 정보**
> **언제 충격량 운동량 법칙을 사용해야 하는가?** 충격량 운동량 법칙은 속도, 힘, 시간 사이의 관계를 구할 필요가 있는 문제를 풀기 위해 자연스럽게 사용할 수 있는 접근방법이다. 이것은 이 법칙이 시간에 따른 힘을 운동량의 변화와 관계짓기 때문이다.

식 (5.6) p. 335

$$\vec{p}(t_1) + \int_{t_1}^{t_2} \vec{F}(t)\,dt = \vec{p}(t_2)$$

여기에서 **선형운동량**(혹은 **운동량**)은 다음과 같이 정의된다.

식 (5.3) p. 334

$$\vec{p}(t) = m\vec{v}(t)$$

그리고 일정한 시간 간격에서 적용되는 힘은 **충격량**(혹은 **선형 충격량**)이라고 불리며, 다음과 같이 주어진다.

식 (5.5) p. 335

$$\int_{t_1}^{t_2} \vec{F}(t)\,dt$$

또한 시간 상의 모든 시점에서 하나의 질점에 가해지는 힘에 대한 자세한 정보를 모르는 상태에서는 운동량의 변화를 결정할 수 없다는 것을 알게 되었다. 반대로, 단지 운동량의 변화를 아는 경우에는 일정한 시간 간격에서 하나의 질점에 가해지는 **평균력**을 결정할 수 있다. 즉 다음과 같은 관계를 알 수 있다.

식 (5.9) p. 335

$$\vec{F}_{\text{avg}} = \frac{\vec{p}(t_2) - \vec{p}(t_1)}{t_2 - t_1}$$

질점계에 대한 충격량 운동량 법칙 질점들에 대한 닫힌계를 다루는 경우에, 충격량–운동량 법칙은 다음과 같이 나타낼 수 있다.

식 (5.12) p. 335, 식 (5.15) p.337

$$\vec{F} = \dot{\vec{p}} \quad , \quad \int_{t_1}^{t_2} \vec{F}(t)\,dt = \vec{p}(t_2) - \vec{p}(t_1)$$

여기에서 $\vec{F}$는 그 질점계에 가해지는 전체 외력이며, $\vec{p} = \sum_{i=1}^{N} m_i \vec{v}_i$는 그 질점계의 전체 운동량이다. 하나의 질점계의 질량중심의 정의에 따르면 충격량 운동량 법칙은 다음과 같이 나타낼 수 있다.

식 (5.14) p. 337

$$\vec{F} = \frac{d}{dt}(m\vec{v}_G) = m\vec{a}_G$$

여기에서 m은 그 질점계의 전체 질량이며, $\vec{v}_G$는 질량 중심의 속도이고, $\vec{a}_G$는 그 질량 중심의 가속도가 된다.

선형운동량 보존 하나의 질점계에 가해지는 외력이 0이 되는 방향이 존재하는 경우 그 방향의 운동량은 일정하며 이 경우 운동량은 보존된다고 한다. 만약 하나의 질점계에 가해지는 전체 외력이 0이라고 하면, 즉 $\vec{F} = 0$이면, 모든 방향에서의 운동량은 일정하며, 그 질점계의 질량중심은 일정한 속도로 움직이게 된다.

예제 5.1 구속케이블에 의해 비행기에 가해지는 평균 힘

항공 모함용 비행기를 항공모함에 성공적으로 착륙시키기 위하여 조종사는 비행기의 꼬리훅을 착륙상판에 설치된 구속 케이블 4개 중 하나에 걸어야 한다(그림 1 참조). 구속케이블의 운동을 동작시키는 유압시스템은 240 km/h의 속력으로 운동하는 24000kg의 비행기를 2초 안에 정지시킬 수 있다. 이 정보를 이용하여 구속 케이블이 비행기에 가하는 평균 정지력을 추정하라.

그림 1 구속장치의 자세한 모양과 함께 보이는 항공모함에 착륙하는 군사용 비행기.

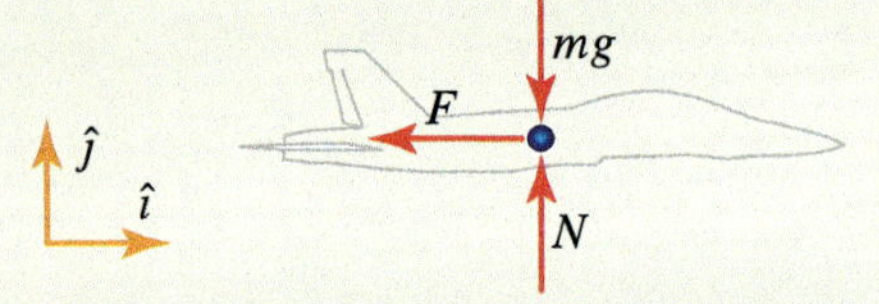

그림 2 항공모함에 착륙하는 비행기의 FBD. 힘 F는 꼬리 훅에 작용하는 힘이다.

풀이 SOLUTION

로드맵과 모델링 알려진 시간 간격 동안 속도의 변화에 따른 힘의 값을 구하기 위하여 힘, 속도, 시간 사이의 정보를 관계 짓는 충격량–운동량 원리를 적용한다. 전체 비행기를 질점으로 모델링하며, 일단 구속케이블 중 하나가 꼬리훅에 맞물리는 시간 t_e와 비행기가 정지하게 되는 시간 t_s 사이에 일어나는 일에 집중하기로 한다. 그림 2에서 볼 수 있듯이, 착륙 도중 비행기에는 여러 가지 힘(예를 들어 엔진 추진력, 상승력, 공기저항력)이 걸리게 되지만, 여기에서는 구속케이블, 중력, 비행기 착륙 갑판 사이의 접촉력에 의해 적용된 힘만을 고려한다. 또한 비행기에 가해지는 평균 제동력이 일정하다고 가정하고, 이 평균 제동력을 구한다. 비행기에 가해지는 힘이 일정하다는 가정 하에, 충격량–운동량 원리를 사용하여 문제를 해결한다.

지배 방정식

평형 원리 식 (5.6)을 성분별로 그림 2의 FBD에 적용하면 식 (1), (2)를 얻을 수 있다.

$$x\text{방향 운동량:}\quad \int_{t_e}^{t_s} F(t)\,dt = p_x(t_s) - p_x(t_e) \tag{1}$$

$$y\text{방향 운동량:}\quad \int_{t_e}^{t_s} (N - mg)\,dt = p_y(t_s) - p_y(t_e) \tag{2}$$

여기서 $P_x = mv_x$이고, $P_y = mv_y$이다.

힘의 법칙 모델링 되는 모든 힘은 FBD에 주어져 있다.

운동학 방정식 비행기는 그림 2와 같이 착륙상판에 평행한 직선으로 움직이며, x 축을 따라 240 km/h의 속도로 운동한다고 가정한다. t_s에서 정지하는데 까지 걸리는 시간은 식 (3)을 통해 구할 수 있다.

$$v_x(t_e) = 66.67\,\text{m/s},\quad v_x(t_s) = 0\,\text{m/s},\quad v_y(t_e) = 0\,\text{m/s},\quad v_y(t_s) = 0\,\text{m/s} \tag{3}$$

계산 식 (3) 의 마지막 두 식은 y 방향으로의 움직임이 없다는 것을 말하며, 식 (2)는 힘 N, mg가 해당 시간 간격에 따라 서로 상쇄시키는 것을 알려준다. 따라서 F가 일정하면, 식 (1)과 (3)을 통해 식 (4)를 구할 수 있다.

$$F(t_s - t_e) = mv_x(t_e) \quad\Rightarrow\quad \boxed{F = \frac{mv_x(t_e)}{t_s - t_e} = 800\,\text{kN}} \tag{4}$$

논의 및 검증 비행기의 가속도는 $a_x = F/m = 33.33\ \text{m/s}^2 = 3.39$ g이다. 항공사 착륙 시스템의 기동력은 약 3 g로 간주된다. 평균 힘 값을 계산했기 때문에, 비행기는 3.39 g를 초과한 가속도를 가지게 된다. 그러나 이와 같은 높은 가속도는 전체 작동시간(즉, 2초) 동안 계속 지속되지는 않을 것이다.

> **흥미로운 사실**
>
> **항공모함 착륙시스템.** 구속 케이블은 약 38 mm의 직경으로 착륙갑판 위에 10~12 m 간격으로 설치되어 있으며, 50~125 mm 정도 늘어난다. 하나의 케이블이 비행기의 꼬리 훅에 걸리면 케이블의 운동은 갑판의 아래에 설치되어 있는 유압시스템을 작동시키게 된다. 이 유압시스템은 비행기의 운동에너지를 소산시키기 위한 것이다. 항공모함은 비행기들이 200에서 240 km/h의 속도로 착륙하며 이 비행기들은 약 90 m 후에 정지하게 된다. 2초 이상의 시간에서 부가되는 가속도에 대한 한계는 약 8 g이다. 48 km/h 속도에서의 자동차 충돌에서 가슴에 걸리는 가속도의 한계는 60 g이다.

예제 5.2 벽에 충돌하는 라켓볼에 대한 충격량–운동량

그림 1에서와 같이 40 g의 라켓볼이 135 km/h의 속도로 벽에 $\theta_1 = 65°$의 각도로 부딪친다. 접촉시간은 2.5 ms이고 충돌 후에 속도는 117 km/h, $\theta_2 = 61.9°$의 각도로 튕겼다. 운동량, 충격량의 변화와 접촉시간 동안의 볼의 평균 힘을 구하라.

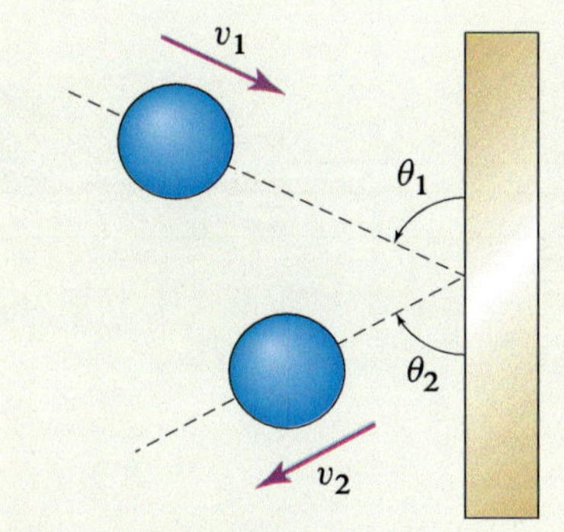

그림 1 속도 v_1으로 벽에 접근하고, 다시 v_2의 속도로 되튀는 라켓볼.

풀이 SOLUTION

로드맵과 모델링 우리는 공의 질량, 접촉 전, 접촉 시의 속도를 제공받아, 접촉 전, 접촉 시의 운동량들을 계산할 수 있다. 이것은 운동량, 충격량의 변화를 식 (5.6)에 따라 계산하여 얻는다. 또한 평균 힘은 식 (5.9)에 따라 계산할 수 있다. 2.5 ms의 충돌 동안 중력의 영향을 무시하고 이 공을 질점으로 모델링한다. 충돌 동안의 FBD를 그림 2와 같이 모델링한다. 접촉력을 수직항력 N과 마찰력 F로 나누었으며, 각 힘은 시간의 함수로 나타난다.

지배방정식

평형 원리 식 (5.6), 즉 충격량–운동량 원리를 충돌하는 공에 적용하면, 다음과 같은 관계식을 얻는다.

$$\Delta\vec{p} = \int_{t_1}^{t_2} \vec{F}(t)\,dt = \vec{p}_2 - \vec{p}_1 \tag{1}$$

여기에서 $\Delta\vec{p}$는 운동량 변화량이며, $\int_{t_1}^{t_2} \vec{F}(t)\,dt$는 라켓볼에 가해지는 충격량, $\vec{p}_1 = m\vec{v}_1$은 충돌 직전의 운동량, $\vec{p}_2 = m\vec{v}_2$는 충돌 직후의 운동량을 말한다.

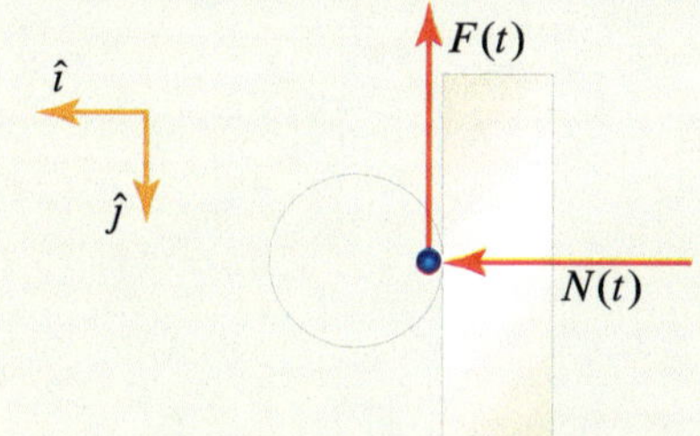

그림 2 벽과의 충돌 동안의 라켓볼의 FBD.

힘의 법칙 모든 힘은 FBD에 설명되어 있다.

운동학 방정식 그림 1로부터 충돌 전, 충돌 시 라켓볼의 속도를 구할 수 있다.

$$\vec{v}_1 = v_1(-\sin\theta_1\,\hat{\imath} + \cos\theta_1\,\hat{\jmath}) \tag{2}$$

$$\vec{v}_2 = v_2(\sin\theta_2\,\hat{\imath} + \cos\theta_2\,\hat{\jmath}) \tag{3}$$

계산 식 (2)와 (3)을 식 (1)에 대입하고, 주어진 값, 즉 $m = 40$ g, $v_1 = 37.5$ m/s, $v_2 = 32.5$ m/s을 이용하여 결과를 계산하면 충격량과 운동량의 변화량을 다음과 같이 얻을 수 있다.

$$\begin{aligned}\vec{p}_2 - \vec{p}_1 &= m\big[(v_2\sin\theta_2 + v_1\sin\theta_1)\,\hat{\imath} + (v_2\cos\theta_2 - v_1\cos\theta_1)\,\hat{\jmath}\big]\\ &= (2.5062\,\hat{\imath} - 0.02161\,\hat{\jmath})\,\text{N}\cdot\text{s}\end{aligned} \tag{4}$$

평균힘은 식 (5.9)로부터 다음과 같이 구할 수 있다.

$$\vec{F}_{\text{avg}} = \frac{\vec{p}_2 - \vec{p}_1}{t_2 - t_1} = \frac{(2.5062\,\hat{\imath} - 0.02161\,\hat{\jmath})\,\text{N}\cdot\text{s}}{(0.0025 - 0)\,\text{s}} = (1002.480\,\hat{\imath} - 8.645\,\hat{\jmath})\,\text{N} \tag{5}$$

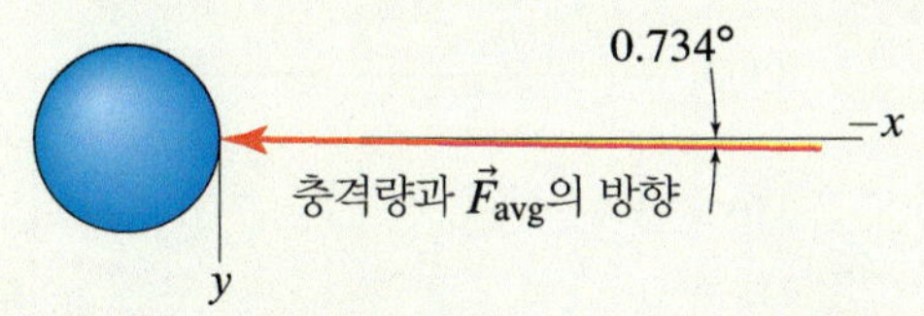

그림 3 벽과의 충돌 동안에 라켓볼에 작용하는 운동량, 충격량, 평균력의 변화의 방향을 보여주는 벡터 이 벡터는 x 축에서 약 1°보다 작게 변화한다.

논의 및 검증 그림 3은 공의 운동량 변화의 방향을 보여주고 있다. 이 방향은 또한 공에 가해지는 충격량의 방향이며 벽과의 충돌 동안 공에 가해지는 평균력의 방향이다. 식 (4)는 운동량의 변화의 대부분이 x 방향으로 일어난다는 것을 말한다. 운동량이 벽에 평행한 방향으로는 거의 변화하지 않기 때문에 우리가 흔히 사용하는 무마찰 충돌 가정은 자주 좋은 가정이 된다. 평균력의 크기는 1002.44 N이며, 당신이 라켓볼에 맞아보았다면 이 값이 옳은 값이라고 동의할 것이다.

예제 5.3 여객기를 끌어 당기는 사람

그림 1 Boeing 737 비행기를(로프 AB를 사용하여) 양손과 양다리로 끄는 한 사람.

세계 최강 남자 대회(WSM)에서 보잉 737 여객기를 25 m의 거리 너머에서 일정 시간 동안 끌어 당기는 행사를 했다. 보잉 737의 질량은 75톤이다. 참가자는 850 lb의 힘으로 앞에서 당기기 시작했고, 그의 힘은 일정 시간 중에 30%는 선형적으로 감소하며, 40초에서 끄는 것이 완료된다. 시간이 종료될 때까지 최대로 빨리 이동시킬 수 있는 방법을 결정하라.

풀이 SOLUTION

로드맵과 모델링 이 문제에서 참가자가 여객기를 끄는 시간 동안의 함수로 힘을 결정하기 위해 충분한 정보를 알 수 있다. 우리는 정지상태에서 시스템이 시작되었다는 것을 알고 있고, 주어진 시간이 지난 후의 최종 속도를 구하려고 한다. 이 문제는 충격량–운동량 원리를 적용하기에 알맞은 문제이다. 비행기의 회전 저항 및 참가자의 질량을 무시한다. 비행기는 질점으로 취급하며, 사람이 비행기를 끄는 힘은 움직임에 평행하다고 가정한다. 이와 같은 가정들을 사용한 비행기의 FBD를 그림 2에 제시하였다.

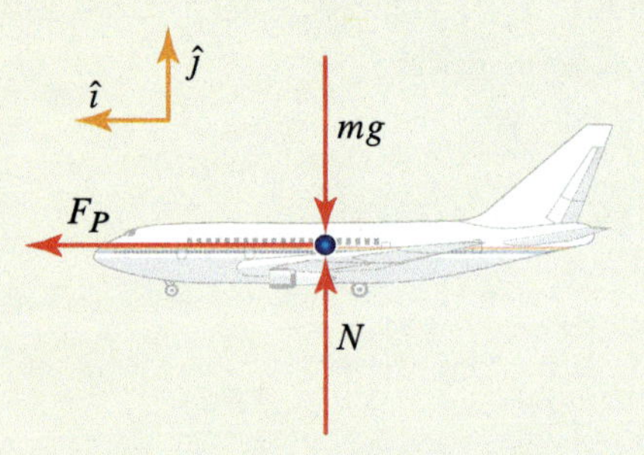

그림 2 737이 WSM 선수에 의해 당겨지고 있을 때의 FBD.

지배방정식

평형 원리 그림 2의 FBD에서 x 방향으로 사람이 비행기는 당기기 시작하는 순간부터 40초까지 충격량–운동량 원리를 적용한다. 이와 같은 관계는 다음과 같이 쓸 수 있다.

$$x \text{ 방향 운동량:} \qquad p_1 + \int_{t_1}^{t_2} F_P\, dt = p_2 \tag{1}$$

여기에서 당기기 시작하는 시간 $t_1 = 0$이고, 당기기는 멈추는 시간 $t_2 = 40$ s이다. t_1에서 비행기의 운동량은 $p_1 = mv_1$이고, t_2에서 비행기의 운동량은 $p_2 = mv_2$이다.

힘의 법칙 WSM 참가자의 힘법칙 $F_p(t)$를 도출하기 위해, 그가 당기기 시작하는 850 lb의 힘과 당기는 동안 30% 만큼 선형적으로 감소하는 힘에 대해 생각해보자. 힘과 시간의 곡선은 그림 3과 같이 나타나고, 다음과 같은 직선의 방정식이 된다.

$$F_P = -\frac{0.3(850)}{40}t + 850 = (-6.375t + 850)\,\text{lb} \tag{2}$$

운동학 방정식 이 문제에서 운동학 방정식은 참가자가 정지상태에서 시작하므로 다음과 같은 관계가 성립한다.

$$v_1 = 0 \tag{3}$$

계산 식 (2), (3)에서 식 (1)에 대입하고 적분한 후 $m = 4658$ slug를 사용하면, 최종 속도 v_2는 식 (4)와 같이 구할 수 있다.

$$\int_0^{40} (-6.375t + 850)\, dt = mv_2 \quad \Rightarrow \quad \boxed{v_2 = 6.204\,\text{ft/s} = 4.23\,\text{mph}} \tag{4}$$

논의 및 검증 참가자와 비행기 모두 82 ft 거리의 당기기 마지막에는 4 mph의 속력 이상으로 움직이고 있다. 이것은 전형적인 걷는 속도의 범위에 있기 때문에 불합리한 결과가 아니다. 따라서 F_p의 값은 적절하며, 앞에서 무시한 75 톤의 보잉 737에 대한 회전 저항이 상당한 값을 가진다는 것을 주의하라. 또한 실제로 한 WSM 도전자는 40초 동안 82 ft의 거리를 75톤의 보잉 737을 끌었던 적이 있다. 이 WSM 참가자의 초기 힘은 실제로 추정했던 850 lb보다 큰 것이 분명하다.

> **유용한 정보**
>
> **왜 선수의 질량은 무시되는가?** 이 문제의 해에 선수의 질량을 포함하기 위해서 선수가 비행기를 당기는데 드는 힘 F_P이 또한 그 선수를 당기고 있다는 것을 인식하여야 한다. 물론 135 kg의 선수를 더하는 것이 결과를 변화시키지는 않는데, 이것은 이 선수는 단지 비행기 무게의 0.2%일 뿐이기 때문이다.

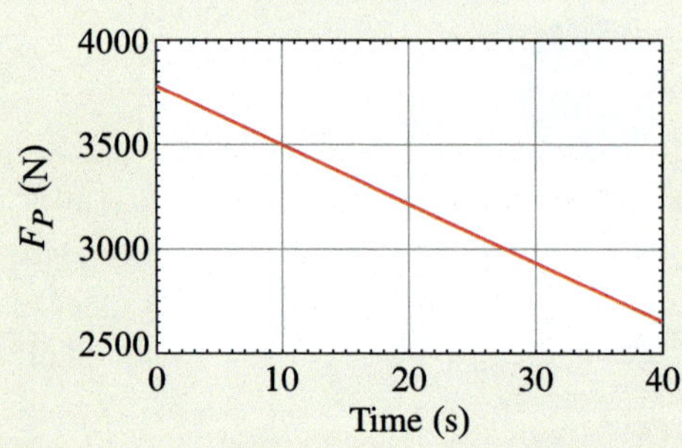

그림 3 WSM 선수의 힘 F_P대 시간의 곡선.

예제 5.4 떠있는 플랫폼 위를 걷기: 운동량 보존

질량 m_p인 사람이 질량 m_{fp}, 길이 L_{fp} A의 플랫폼 끝에 서 있다. 사람과 플랫폼은 초기 상태에서 정지해 있다. 플랫폼이 부두에 닿을 때, 사람이 B 쪽으로 플랫폼에 대한 상대 속도 v_0로 일정하게 이동한다. 사람이 플랫폼의 다른 쪽 끝에 도달할때, 플랫폼과 부두 사이의 거리를 결정하라.

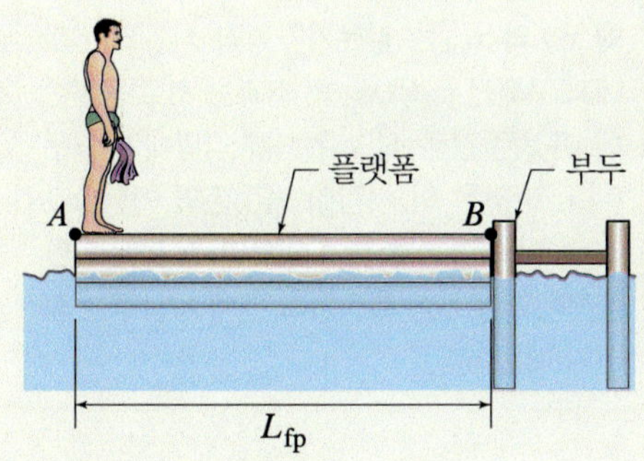

그림 1 떠있는 플랫폼 위의 사람.

풀이 SOLUTION

로드맵 사람과 플랫폼은 양쪽 모두 질점으로 모델링되며, 사람은 플랫폼의 길이방향을 따라 걷고 있으며, 플랫폼의 수직운동은 무시한다. 또한 플랫폼과 물 사이의 항력을 무시한다. 사람과 플랫폼 사이의 움직임에 대한 힘을 모르기 때문에, 이 문제의 풀이는 (사람 + 플랫폼)의 시스템으로 구성된 **외부** 힘의 분석에 기초한다. 이와 같은 가정은 그림 2의 FBD에서 적용되었으며, 이 그림에서 볼 수 있듯이, 수평 방향으로는 어떤 힘도 없다는 것을 알 수 있으므로 그 방향의 운동량은 보존되어야 한다.

유용한 정보

해를 구하는 다른 방법. 이 예제는 충격량-운동량 법칙을 사용하지 않고 해를 구했던 예제 3.9와 많은 면에서 비슷하다. 두 예제를 비교해보라.

지배방정식

평형 원리 그림 2의 FBD에서 x 방향으로 식 (5.15)의 질점 시스템을 위한 충격량-운동량 원리를 적용하면 식 (1)을 구할 수 있다.

$$\int_{t_1}^{t_2} F_x(t)\,dt = p_x(t_2) - p_x(t_1) \tag{1}$$

여기서 t_1은 A에 사람이 있을 때의 시간, t_2는 최종 시간, F_x는 시스템에 가해지는 x 방향으로의 총 힘, p_x는 시스템의 x 방향 운동량이다. 식 (5.11)을 사용하면, 식 (2)를 구할 수 있다.

$$p_x(t_1) = m_p\dot{x}_{p1} + m_{fp}\dot{x}_{fp1}\,, \quad p_x(t_2) = m_p\dot{x}_{p2} + m_{fp}\dot{x}_{fp2} \tag{2}$$

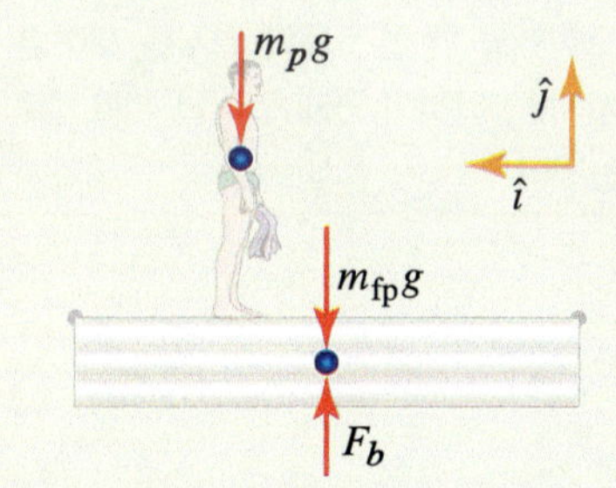

그림 2 이 계의 FBD, 즉 사람 + 플랫폼. 힘 F_b는 부력이다.

여기에서 x_p, x_{fp}가 그림 3에 정의되어 있다(아래첨자 p와 fp는 사람과 떠있는 플랫폼을 각각 나타낸다). 그림 2에서의 FBD는 $F_x = 0$임을 말해주며, 식 (1), (2)를 통해 식 (3)을 구할 수 있다.

$$m_p\dot{x}_{p1} + m_{fp}\dot{x}_{fp1} = m_p\dot{x}_{p2} + m_{fp}\dot{x}_{fp2} \tag{3}$$

이 식은 단순히 x 방향 운동량이 보존되는 것을 말한다.

힘의 법칙 모든 힘은 FBD에 설명되어 있다.

운동학 방정식 사람과 플랫폼 둘 다 정지상태에서 시작한다. 이 때 식 (4)의 관계를 만족한다.

$$\dot{x}_{p1} = \dot{x}_{fp1} = 0 \tag{4}$$

또한 그림 3을 참조하여 상대속도 방정식 $\vec{v}_p = \vec{v}_{p/fp} + \vec{v}_{fp}$을 적용하고 시스템의 수직 운동을 무시하면 식 (5)를 구할 수 있다.

$$\dot{x}_{p2} = -v_0 + \dot{x}_{fp2} \tag{5}$$

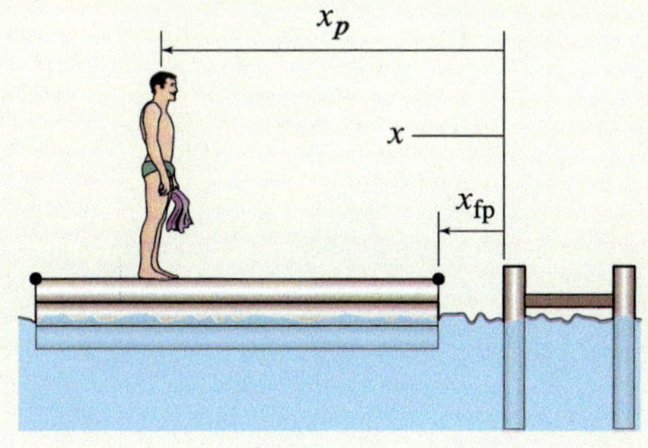

그림 3 x 축의 원점과 사람 및 플랫폼의 위치를 정한 운동학 선도.

플랫폼의 끝에 사람이 서 있을 때의 시간이 t_2이고, $t_2 = t_f$이다. 사람이 일정한 속도 v_0로 거리 L_{fp}을 걷고 있고, 플랫폼의 맨 끝에 도달하는 시간을 식 (6)을 통해 찾아야 한다.

$$t_f = \frac{L_{\text{fp}}}{v_0} \tag{6}$$

계산 식 (4)를 (3)에 대입하면 식 (7)을 구할 수 있다.

$$0 = m_p \dot{x}_{p2} + m_{\text{fp}} \dot{x}_{\text{fp}2} \tag{7}$$

식 (5), (7)은 두 미지수 $\dot{x}_{p2}$와 $\dot{x}_{\text{fp}2}$를 풀기 위한 방정식이다. 이 방정식을 풀면 식 (8)을 구할 수 있다.

$$\dot{x}_{p2} = \left(\frac{-m_{\text{fp}}}{m_p + m_{\text{fp}}}\right) v_0 \ , \quad \dot{x}_{\text{fp}2} = \left(\frac{m_p}{m_p + m_{\text{fp}}}\right) v_0 \tag{8}$$

v_0가 일정하다고 하면 식 (8)은 식 (9), (10)이 된다.

$$\int_{L_{\text{fp}}}^{x_{pf}} dx_{p2} = \int_0^{t_f} \frac{-m_{\text{fp}} v_0}{m_p + m_{\text{fp}}}\, dt \quad \Rightarrow \quad x_{pf} = \left(\frac{m_p}{m_p + m_{\text{fp}}}\right) L_{\text{fp}} \tag{9}$$

$$\int_0^{x_{\text{fp}f}} dx_{\text{fp}2} = \int_0^{t_f} \frac{m_p v_0}{m_p + m_{\text{fp}}}\, dt \quad \Rightarrow \quad \boxed{x_{\text{fp}f} = \left(\frac{m_p}{m_p + m_{\text{fp}}}\right) L_{\text{fp}}} \tag{10}$$

여기에서 식 (6)을 t_f에 대해서 대입하였으며, 아래첨자 2를 f로 대치하였다. 사람이 플랫폼을 걸을 때, 식 (10)을 통해 플랫폼과 부두 사이의 거리를 찾을 수 있는데, 이것은 $x_{\text{fp}f}$가 이 거리를 나타내기 때문이다.

논의 및 검증 식 (9), (10)은 길이의 차원을 가지는 최종 결과이다. 식 (10)은 플랫폼에 비하여 더 무게가 큰 사람이 걸을 때 플랫폼이 더 멀리 움직이고, m_p가 m_{fp}에 비하여 무한대로 커지면, $x_{\text{fp}f} = L_{\text{fp}}$의 관계를 가진다. 벼룩과 같이 매우 작은 질량을 가지는 것이 플랫폼을 걸을 경우, 플랫폼이 거의 움직이지 않을 것이다. 이와 같은 관찰들은 아마도 직관과 일치할 것이다.

심층분석 이 문제의 해답이 v_0에 독립적이라는 것에 유의하라. 즉 사람이 빨리 움직여도 플랫폼과 부두의 마지막 거리는 항상 같은 것이라는 것을 말한다. 이와 같은 문제들에서 완전히 동등하지만, 다른 방법으로 문제를 풀어볼 것이다.

유용한 정보

왜 x_{pf} 와 $x_{\text{fp}f}$는 같은가? 각각 식 (9)와 (10)에서 구해진 x_{pf}와 $x_{\text{fp}f}$의 결과는 서로 동일한데 이것은 같은 점의 위치를 나타내기 때문이다. 이것은 이 사람이 플랫폼의 방향으로 걷고, 이 사람이 B 점에 있으며, B 점은 또한 플랫폼의 위치를 측정하기 위해 사용하는 점이기 때문이다.

유용한 정보

v_0의 영향은 무엇인가? 식 (10)에서 v_0는 사람이 길이 방향으로 걷기 시작한 후에 플랫폼의 위치를 결정하는 것에는 아무런 역할을 하지 않는다는 것을 알 수 있다. v_0 값의 역할은 무엇인가? v_0 값의 역할은 무엇인가? v_0 값은 시간 t_f 값을 결정한다. 즉 플랫폼 위의 사람은 이 사람이 플랫폼의 다른 끝에 도착했을 때 플랫폼의 위치를 제어할 수는 없지만, 이것이 언제 일어날 지를 결정할 수는 있다.

예제 5.5 부두에 묶여 떠있는 플랫폼: 운동 모델링

질량 m_p인 사람이 질량 m_{fp}, 길이 L_{fp} A의 플랫폼 끝에 서 있다. 사람과 플랫폼은 초기 상태에서 정지해 있다. 플랫폼이 부두에 닿을 때, 사람이 B 쪽으로 플랫폼에 대한 상대 속도 v_0로 일정하게 이동한다. 예제 5.4와 달리 플랫폼은 로프를 통해 부두에 묶여져 있고, L은 늘어나지 않으며, 질량은 없다고 가정한다. 여기에서 다음을 구하라.

(a) 물에 대한 플랫폼의 상대 속도

(b) 로프가 팽팽해질 때의 시간

(c) 사람이 B에 도착하기 전에 로프가 팽팽하게 된다면, 시간의 함수로 로프의 장력을 구하라.

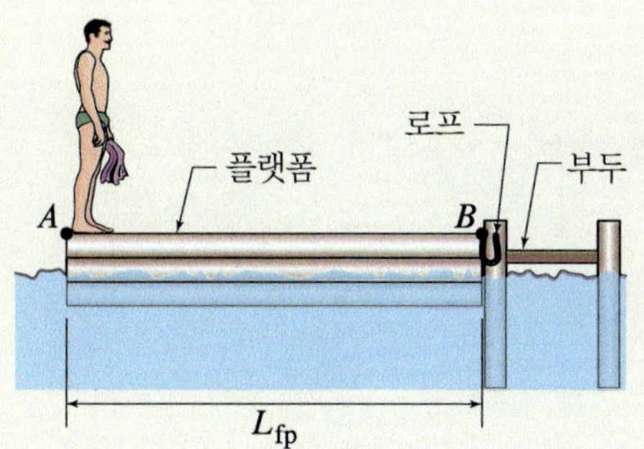

그림 1 고정된 부두에 묶여 있는 부상 플랫폼.

풀이 SOLUTION

로드맵 예제 5.4와 마찬가지로 사람과 플랫폼을 질점으로 모델링하고, 플랫폼과 물 사이의 항력, 수직 운동을 무시한다. 사람과 플랫폼 사이의 힘을 알 수 없기 때문에(사람 + 플랫폼)으로 구성된 시스템에 가해지는 외부 힘의 분석을 기초로 해석을 수행한다. 이 모델은 그림 2에 나타난 FBD에 적용되었다. 플랫폼이 밧줄에 의해 받는 힘은 F_r이며, 로프가 팽팽해질 때만 가해진다. 예제 5.4와 마찬가지로 충격량–운동량 원리를 이용한다.

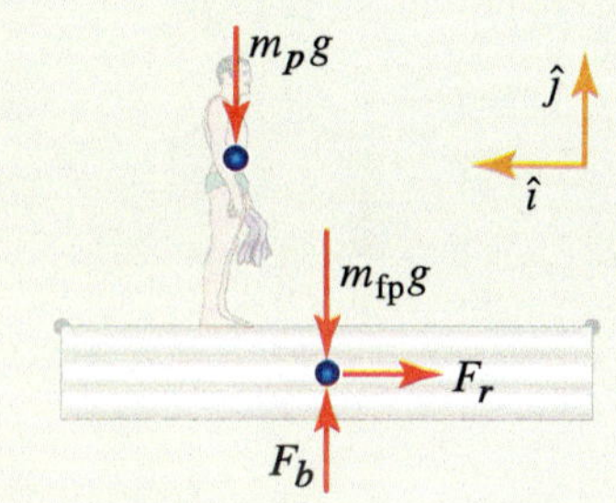

그림 2 이 계의 FBD, 즉 사람 + 플랫폼. 힘 F_b는 부력이며, F_r은 로프에 의한 힘이다.

지배방정식

평형 원리 그림 2의 FBD에서 x 방향으로 식 (5.15)의 질점 시스템을 위한 충격량–운동량 원리를 적용하면 식 (1)을 구할 수 있다.

$$\int_{t_1}^{t_2} -F_r\,dt = p_x(t_2) - p_x(t_1) \tag{1}$$

여기서 $t_1 = 0$이고, t_2는 사람이 걷기 시작한 후의 시간이다. p_x는 x 방향에서의 운동량이다. 식 (5.11)을 이용하여 식 (2)를 구할 수 있다.

$$p_x(t_1) = m_p\dot{x}_{p1} + m_{\text{fp}}\dot{x}_{\text{fp}1}, \qquad p_x(t_2) = m_p\dot{x}_{p2} + m_{\text{fp}}\dot{x}_{\text{fp}2} \tag{2}$$

여기서 x_p, x_{fp}는 그림 3에 정의되어 있다.

유용한 정보

플랫폼을 점질량으로 모델링 하기. 이 가정은 플랫폼이 유한한 길이인 L_{fp}를 가진다는 사실에 반대되는 것처럼 보인다. 이것은 플랫폼의 피칭 운동에 관심을 없다고만 한다면 합리적이다.

힘의 법칙 늘어나지 않는 로프의 장력을 기술하기 위해, 두 경우로 구분해야 할 필요가 있다. 로프의 길이가 양 로프끝이 묶여있는 점 사이의 거리보다 작은 경우, $F_r = 0$이다. 로프의 길이가 양 로프끝이 묶여있는 점 사이의 거리와 같은 경우, F_r은 로프가 늘어나는 것을 방지하기 위한 값을 가져야 한다. 수학적으로 식 (3)과 같다.

$$x_{\text{fp}} < L_r\text{에서 } F_r = 0, \qquad x_{\text{fp}} = L_r\text{에서 } F_r \le 0 \tag{3}$$

운동학 방정식 사람과 플랫폼은 정지상태에서 시작하기 때문에 식 (4)와 같이 나타낼 수 있다.

$$\dot{x}_{p1} = \dot{x}_{\text{fp}1} = 0 \tag{4}$$

또한, 그림 3을 참조하여 상대속도 방정식 $\vec{v}_p = \vec{v}_{p/\text{fp}} + \vec{v}_{\text{fp}}$를 적용하고, 수직운동을 무시하면 식 (5)를 구할 수 있다.

$$\dot{x}_{p2} = -v_0 + \dot{x}_{\text{fp}2} \tag{5}$$

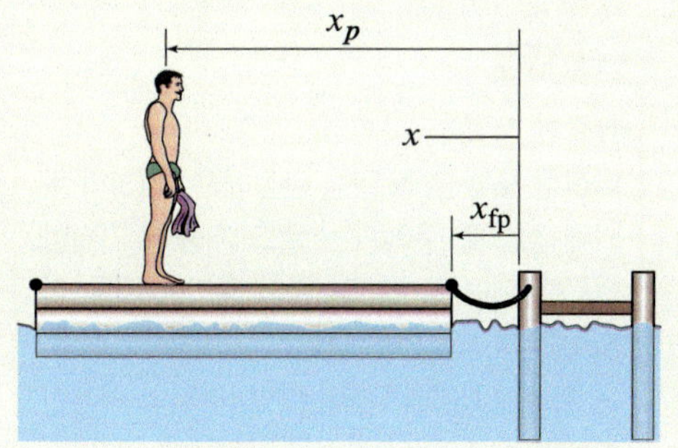

그림 3 x 축의 원점과 사람 및 플랫폼의 위치의 정의를 보여주는 운동학 선도.

계산 이제 몇 가지의 값을 얻기 위해 지배 방정식을 사용할 수 있다.

(a) 부분: 물에 대한 플랫폼의 속도

예제 5.4와 같이 식 (1)에 (3)의 첫 번째를 대입하면, 운동량이 보존되는 것을 알 수 있다. 또한 식 (2), (4), (5)를 식 (1)에 대입하면 $\dot{x}_{fp2}$를 구할 수 있고, 이것은 식 (6)과 같다.

$$\dot{x}_{fp2} = \frac{m_p v_0}{m_p + m_{fp}}, \text{단} \quad x_{fp} < L_r \text{ 또는 } 0 < t_2 < t_r \tag{6}$$

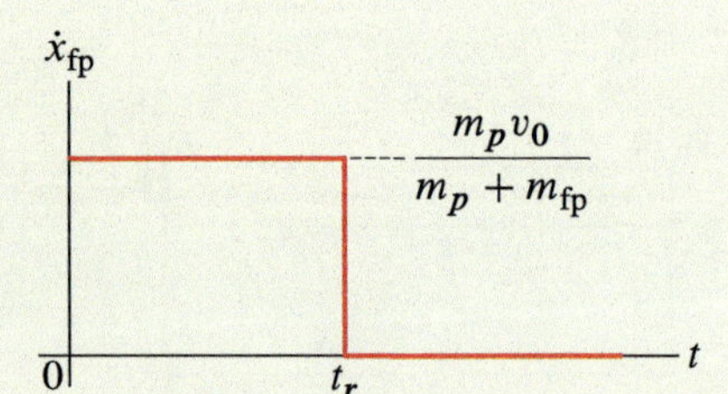

그림 4 플랫폼의 수평방향 속도 대 시간의 그림. $0 < t < t_r$ 동안에 $\dot{x}_{fp} > 0$은 사실 단순히 이 플랫폼이 로프가 팽팽해질 때까지 왼쪽으로 움직인다는 것을 의미한다. 로프가 팽팽해지는 시간 t_r은 식 (8)에서 주어진다.

여기서 t_r은 로프가 팽팽해지는 시간이다. 이 솔루션은 로프가 팽팽해지기 전까지만 유효하다. 그리고 $t > t_r$에 대해서는 플랫폼이 늘어나지 않는 로프에 의하여 강제적으로 구속되기 때문에 움직이지 않게 되고, 플랫폼의 속도가 0이 된다. 플랫폼의 속도는 시간의 함수로 그림 4의 그림에 설명되어 있다.

(b) 부분: 로프가 팽팽해지는 시간

로프가 팽팽해지는 시간을 결정하기 위하여 식 (6)을 적분하여 식 (7)을 구한다.

$$\int_0^{x_{fp}} dx_{fp} = \int_0^{t_r} \frac{m_p v_0}{m_p + m_{fp}}\, dt \quad \Rightarrow \quad x_{fp} = \left(\frac{m_p v_0}{m_p + m_{fp}}\right) t_r \tag{7}$$

식 (7)에서 $x_{fp} = L_r$이라고 하면, 로프가 팽팽해지는 시간은 다음 식과 같이 된다.

$$t_r = \left(\frac{m_p + m_{fp}}{m_p v_0}\right) L_r \tag{8}$$

(c) 부분: 시간에 대한 함수로써의 로프의 인장력

로프가 팽팽해진 후에 로프의 힘을 계산하기 위하여 식 (1)을 시간에 따라 미분하고, 식 (4)를 그 결과에 대입한다. 그 결과는 식 (9)와 같다.

$$-F_r = \frac{d}{dt}(m_p \dot{x}_{p2} + m_{fp}\dot{x}_{fp2}) \tag{9}$$

이미 $x_{fp} < L_r$일 때 로프의 힘이 0이라는 것을 알고 있다. $x_{fp} = L_r$이며, 플랫폼은 더 이상 움직이지 않으며, $\dot{x}_{fp2} = 0$이 된다. 따라서, 다음과 같은 관계를 얻는다.

$$-F_r = \frac{d}{dt}(m_p \dot{x}_{p2}) = \frac{d}{dt}(-m_p v_0) = 0 \quad \Rightarrow \quad \boxed{F_r = 0} \tag{10}$$

여기에서 식 (5)와 m_p와 v_0가 둘다 상수라는 사실을 사용하였다.

논의 및 검증 식 (6), (8), (10)의 우변의 차원은 당연히 각각 속도, 시간, 힘이다.

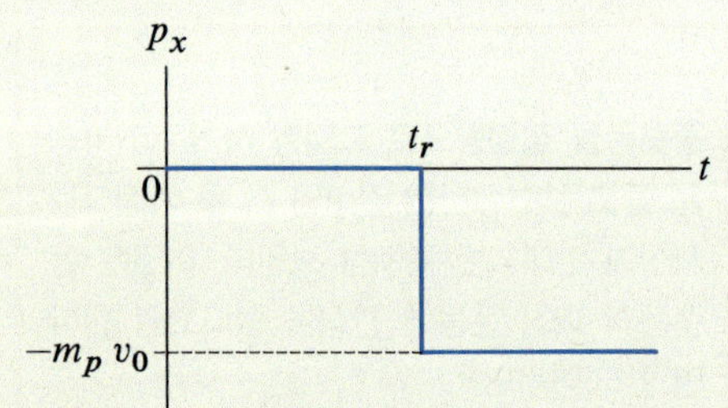

그림 5 이 계의 수평방향 운동량 대 시간의 그림. 로프가 팽팽해지는 시간 t_r은 식 (8)에서 주어진다.

심층분석 $t < t_r$일 때, 로프의 힘은 0이고, $t > t_r$일 때 로프의 힘은 식 (10)에 의해서 0으로 구해진다. 이 움직임을 이해하기 위해서 그림 5에 수평 운동량 대 시간의 그림을 고려해보자. $0 < t < t_r$일 때, 로프가 팽팽해질 때까지 수평 외부력은 적용되지 않으며, 시스템은 고립된 것처럼 거동한다. 결과적인 운동량은 그에 따라 일정하고, 초기 시스템이 정지해 있었기 때문에 운동량은 0이 된다. 로프가 팽팽해질 때, 일정한 운동량만큼의 힘이 적용된다. 그러나 선이 늘어나지 않고, 사람은 플랫폼에 대하여 일정한 상대속도를 유지하기 때문에 $t > t_r$에 대해서는 시스템의 운동량은 0이 아님에도 불구하고 일정하다. 운동량의 시간 미분이 시스템에 가해지는 힘을 된다는 것을 기억하라. 이것으로 인하여 유일하게 존재하는 y 방향 수평 외력 힘 F_r이 $t > t_r$에서 0이 되게 된다. 답해야할 남은 질문은 $t = t_r$일 때 무슨 일이 일어나는가 하는 것이다. $t = t_r$에서는 시스템은 수평 운동량의 순간 점프를 겪게 되고, 이는 $t = t_r$일 때, 로프가 무한한 힘을 시스템에 가하는 것을 의미한다. 실제적인 물리계에서는 분명히 가능하지 않은 이와 같은 거동은 로프가 늘어나지 않는다는 가정을 사용한 모델의 결과이다.

유용한 정보

비신장 모델링. 모델링 관점에서 식 (3)의 두 번째 식으로 주어지는 로프 거동의 기술방법은 로프에 무한대의 힘이 걸리는 것을 막지 않는다. 다시 말해서, 식 (3)의 두 번째 식은 로프가 0에서 양의 무한대까지의 어떠한 힘도 버틸 수 있다는 것을 나타내고 있다. 따라서 우리의 해는 우리의 모델과 일관된다고 할 수 있다.

문제

문제 5.1

주어진 식 (5.5)의 충격량의 정의를 이용하여 시간 간격 $0 < t < 2$ s 동안에 힘의 충격량을 계산하라.

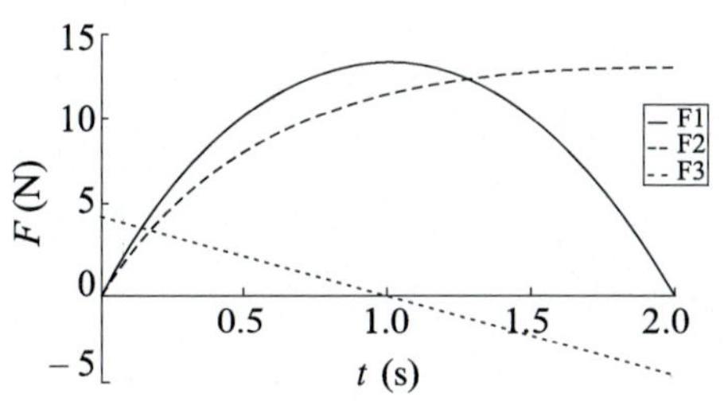

그림 P5.1

문제 5.2

지구의 총 질량은 $me = 5.9736 \times 10^{24}$ kg이다. 지구(지구 위와 지구 안의 모든 것)를 고립계로 모델링하고, 지구의 중심이 지구질량의 중심이라고 가정하라. 다음과 같은 조건에서 지구 중심의 변위를 결정하라.

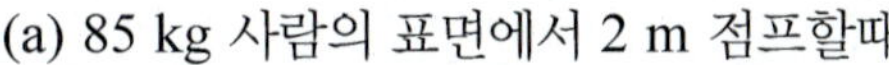

(a) 85 kg 사람의 표면에서 2 m 점프할때

(b) 질량 124,000 kg 우주 왕복선이 궤도 200 km의 도달할때

(c) 170,000 km^3의 물이 50 m 상승될 때(이 숫자는 이집트와 수단 사이의 국경에서 아스완 댐에 대한 공개된 정보를 토대로 한다). 물의 밀도는 1 g/cm^3를 사용한다.

문제 5.3

2.5 m/s의 작동속도로 움직이는 엘리베이터가 있다. 어떤 사람이 1층에서 타서 5층까지 올라간다고 가정하자. 엘리베이터는 2층을 통과할때 작동속도에 다다르고 이후 4층을 지날 때까지 그 작동속도로 움직인다고 가정한다. 각층의 높이는 4 m이며, 두 번째 및 네 번째 층 사이의 질량 80 kg을 가진 사람의 운동량의 변화를 구하라. 또한 같은 시간 간격 동안에 그 사람의 무게에 의한 충격량을 구하라.

그림 P5.3

문제 5.4

115 g 총알이 정지 상태로부터 0.0011 s의 시간 동안 3300 ft/s로 이동한다. 주어진 시간 동안 총알에 가해지는 충격량의 크기를 구하려라. 또한 총알에 가해지는 평균 힘의 크기를 구하라.

그림 P5.4　　그림 P5.5

문제 5.5

그림과 같이 1500 kg 차가 주차되어 있다. 만약 각도가 $\theta = 15°$라면, 1시간의 일정 시간 동안 자동차에 가해지는 수직반력의 충격량을 결정하라.

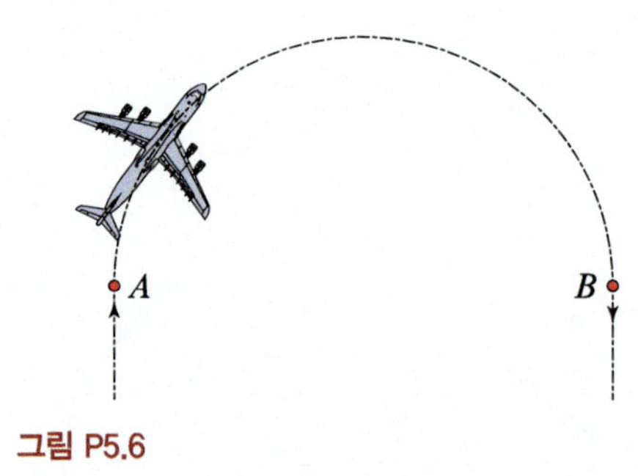

그림 P5.6

문제 5.6

한 대의 비행기가 180°로 진로를 바꿀 때까지 일정한 속도와 고도에서 회전을 한다. A와 B는 회전의 시작과 끝 지점이라고 하자. 연료 소비로 인해 비행기의 질량 변화는 무시할 수 있다고, 가정하면 A에서와 B에서의 비행기 운동량이 다른가? 또한 A와 B 사이의 질량의 변화를 다시 무시하고, A와 B 사이에서 비행기가 수행하는 전체 일은 양의 값, 음의 값 혹은 0의 값을 가지는가?

주의 개념 문제는 계산이 아닌 설명이 필요하다.

문제 5.7, 5.8

항공모함의 활주로는 현대 제트기가 자체 이륙하기에는 너무 짧다. 이런 이유로 항공모함의 비행기는 이륙을 도와주는 **유압식 발사기**의 도움을 받는다(그림 A). 발사 시스템은 활주로 중간의 레일을 따라 슬라이드 되는 상대적으로 작은 **셔틀**을 제외하고는, 갑판 아래쪽에 격납되어 있다(그림 B). 항공모함 비행기의 앞쪽 착륙장치는 비행기의 이륙시에 발사기 셔틀과 결합되는 **토우바**를 장착하고 있다(그림 C). 발사시스템이 작동되면, 이 셔틀이 활주로를 따라 비행기를 당기게 되며 비행기가 이륙 속도에 도달하는데 도움을 준다. 이륙 활주로는 약 300 ft이며, 다수의 현대 항공모함은 3~4개의 발사기를 가지고 있다.

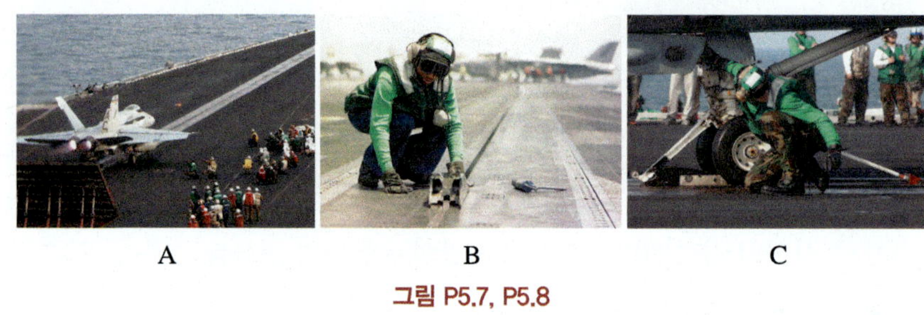

그림 P5.7, P5.8

문제 5.7 발사기를 이용한 이륙에서 20000 kg의 비행기가 0에서 2 s동안 0 km/h에서 265 km/h 속도로 직선 및 수평궤도를 따라 이동했다고 가정하자. 또한 비행기의 엔진 출력은 142 KN이라고 가정한다.

(a) 발사기가 비행기에 가한 평균력을 구하라.

(b) 지금 이륙순서가 바뀌어 작은 연습 항공기가 먼저 이륙해야 된다고 가정하자. 만약 연습기의 질량은 5800 kg, 출력은 26 KN이다. 만약 발사기 시스템이 이 작은 항공기 이륙 사양에 맞게 설정 되지 않았다고 하면, 연습기의 파일럿이 받게 되는 평균 가속도를 계산하라. 답을 g 단위로 표현하라. 이 때 파일럿이 어떻게 될 것이라고 생각하는가?

문제 5.8 엔진 142 KN 추력에 20,000 kg 비행기가 발사기의 도움받지 않은 경우, 비행기가 안전하게 이륙하려면, 즉 정지상태에서 265 km/h의 속도에 도달하려면 얼마의 시간이 걸릴것으로 예상하는가? 또 위와 같은 조건이라면, 어느정도 길이의 활주로가 필요한가?

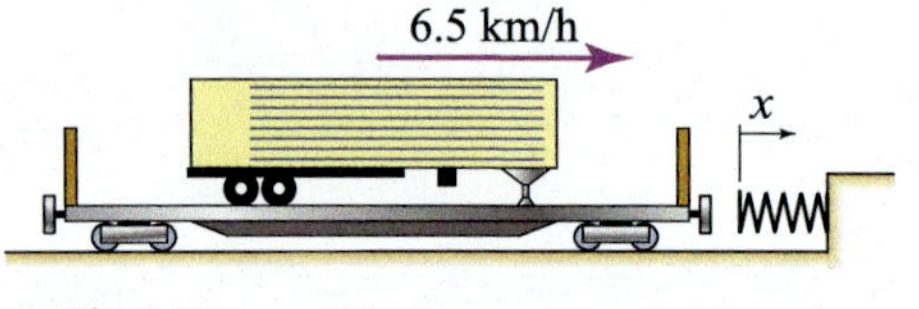

그림 P5.9

문제 5.9

60,000 kg 화물열차와, 그 화물인 27,000 kg 트레일러는 범퍼와 접촉했을때 6.5 km/h의 속도로 오른쪽으로 이동하였고, 0.78초 후에 정지하였다. 화물차가 범퍼에서 받은 평균력의 크기를 구하라.

문제 5.10

간단한 힘 제어 실험에서, 두 컬링 스톤(curling stone) A와 B를 얼음판 위에 미끄러지게 하였다. 초기상태에서는 A와 B는 시작 라인에서 정지해 있었다. 그리고 그 스톤들 A와 B는 일정하고 동일한 힘 $\vec{F}$를 받아 결승선까지 움직이고 있다. $\vec{p}_{A_{FL}}$와 $\vec{p}_{B_{FL}}$은 각각 결승선에서의 A와 B의 운동량이라고 하자. $\vec{F}$를 제외한 다른 힘들은 운동평면에서 무시한다고 가정한다. 만약 $m_A < m_B$이라면, 다음 문장 중 어떤 것이 사실인가?

(a) $|\vec{p}_{A_{FL}}| < |\vec{p}_{B_{FL}}|$

(b) $|\vec{p}_{A_{FL}}| = |\vec{p}_{B_{FL}}|$

(c) $|\vec{p}_{A_{FL}}| > |\vec{p}_{B_{FL}}|$

(d) $|\vec{p}_{A_{FL}}|$와 $|\vec{p}_{B_{FL}}|$의 비교를 하기위해 주어진 충분한 정보가 없다.

주의 개념 문제는 계산이 아닌 설명이 필요하다.

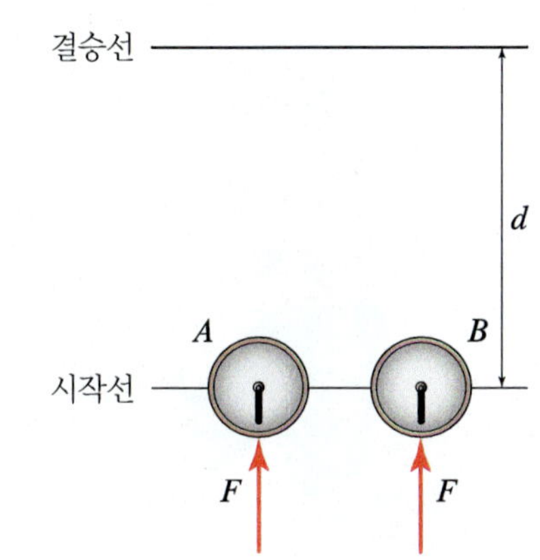

그림 P5.10

문제 5.11

13,500 kg 비행기가 $v_0 = 1{,}045$ km/h 속도로 수평궤도를 날고 있는 비행기가 점 A에서 조정을 시작하여, 점 B에서 상승 각도 40° 속도 965 km/h로 상승하게 한다. 점 A에서 점 B 사이의 비행기의 질량의 변화는 무시할 수 있다고 가정할때, 비행기가 A에서 B로 움직이기 위해 가해지는 충격량을 결정하라.

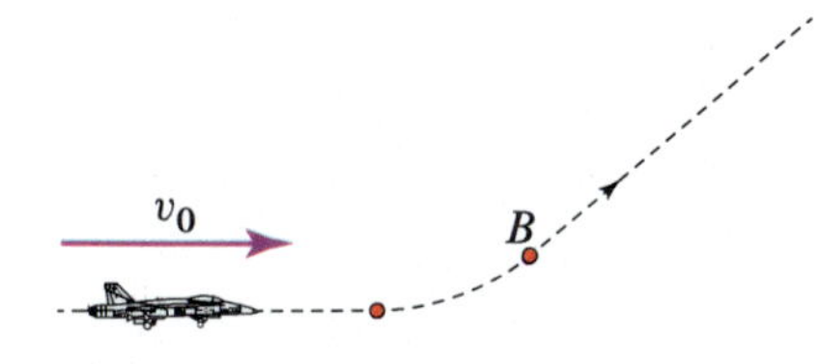

그림 P5.11

문제 5.12

1600 kg의 자동차가 직선과 수평한 도로를 5.5 s 동안 정지상태에서 100 km/h 속도로 이동한다.

(a) 자동차가 이와 같은 도로를 주어진 조건대로 이동한다고 가정하고, 차량에 대한 평균 힘을 추정하라.

(b) 자동차를 추진하는 힘은 자동차 바퀴와 도로 사이의 마찰에 의한 것이라는 것을 생각해보자. 다시 자동차가 직선과 수평한 도로를 이동한다고 했을 때, 자동차의 바퀴와 도로사이의 마찰이 발생한 마찰력의 평균값을 예측하라. 또한 이런 힘을 생성하는데 필요한 마찰 계수를 추정해 보아라.

그림 P5.12

문제 5.13

1,600 kg 자동차의 타이어가 슬립하지 않고 수직 수평한 도로를 5.5 s동안 100 km/h로 이동한다. 40%의 경사를 슬립이 발생하지 않으면서 이동한다고 할때, 만약 이 자동차가 수평인 경우와 같은 최대 평균력을 얻는다고 한다면, 속력 100 km/h를 얻는데 얼마의 시간이 걸리는지를 결정하라.

그림 P5.13

문제 5.14

130k m/h의 속도로 150 g의 야구공이 날아와 방망이에 맞고 260 km/h의 속도로 되튀었다.공은 대략 10^{-3}초 동안 배트와 접촉하였다. 공의 들어오는 속도는 수평이고, 나갈

그림 P5.14

때 궤도각도와 들어오는 궤적에 관하여 $\alpha = 31°$ 각도를 형성한다.

(a) 방망이가 야구공에 가한 충격량을 구하라.

(b) 공을 방망이로 친 평균 힘을 결정하라.

(c) 중력의 영향을 무시했을때, 각도($\alpha = 31°$에 비교하면) 변경이 얼마나 되는지 결정하라.

문제 5.15

불행하게도 2.75 kg 노트북 컴퓨터가 1 m의 높이에서 바닥으로 떨어진다. 노트북 컴퓨터가 정지 상태에서 떨어지기 시작하였다고 가정하고, 5 cm만큼 되튀었으며, 바닥과 10^{-3}초 동안 접촉하였다. 노트북이 바닥에서 받는 충격량과, 접촉할때 평균 가속도를 구하라(중력 가속도 g의 항으로 결과를 표현하라).

그림 P5.15

문제 5.16

열차가 일정한 속도 v_t로 이동한다. 처음에는 정지해있던 사람(열차와 상대적으로)이 달리기 시작하여 Δt 후에 v_0(열차와 상대적으로)의 속도로 달리게 된다. 만약 그 사람이 지면에서 정지상태에서 시작하였다고 하면(움직이는 열차의 경우와 대조적으로), Δt 동안 그 사람에게 가해지는 전체 충격량의 크기는 움직이는 열차에서 같은 시간 동안에 상대적인 속도의 같은 변화를 유발하는 충격량과 비교했을 때 더 작은가? 같은가? 혹은 더 큰가? 이 사람은 항상 열차가 움직이는 방향으로 움직이며 이 열차는 시간 간격 Δt 동안 운동을 바꾸지 않는다고 가정한다.

그림 P5.16, P5.17

주의 개념 문제는 계산이 아닌 설명이 필요하다.

문제 5.17

기차가 일정한 속도로 감속하고 있다. 처음에는 정지해있던 사람(열차와 상대적으로)이 달리기 시작하여 Δt 후에 v_0(열차와 상대적으로)의 속도로 달리게 된다. 만약 그 사람이 지면에서 정지상태에서 시작하였다고 하면(움직이는 열차의 경우와 대조적으로) Δt 동안 그 사람에게 가해지는 전체 충격량의 크기는 움직이는 열차에서 같은 시간 동안에 상대적인 속도의 같은 변화를 유발하는 충격량과 비교했을 때 더 작은가? 같은가? 혹은 더 큰가? 이 사람은 항상 열차가 움직이는 방향으로 움직이며 이 열차는 시간 간격 Δt 동안 운동을 바꾸지 않는다고 가정한다.

주의 개념 문제는 계산이 아닌 설명이 필요하다.

문제 5.18

질량 50 m의 트럭이 질량 m인 자동차와 정면충돌 하였다. 차와 트럭 사이의 충격량 비율과 충돌 시 트럭에 의해 차가 받는 충격량의 크기를 구하라.

주의 개념 문제는 계산이 아닌 설명이 필요하다.

문제 5.19–5.21

이 문제들은 완전 소성 충돌(5.2절에서 다룰 예정이다)에 대한 소개이다. 각 문제에서 자동차 A와 C를 질점들로 모델링하고, 차량에 부딪히는 벌레떼 B를 하나의 질점으로 취급한다. 이 벌레떼는 각 차량에 완전히 붙게 된다고 가정한다(이것이 **완전 소성 충돌**을 의미한다).

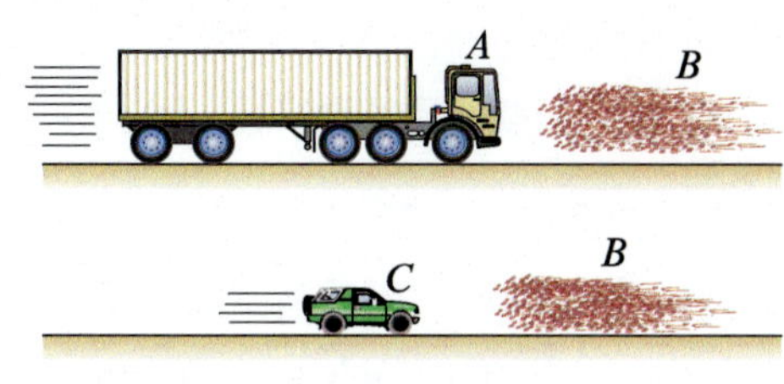

그림 P5.19-P5.21

문제 5.19 35,000 kg 무게의 트럭 A(많은 주에서 허용되는 최대 질량)가 110 km/h 속도로 이동 중에 모기떼 B를 발견하였다. 그것은 트럭의 반대 방향으로 1.6 km/h 속도로 이동하고 있다. 전제 모기떼가 트럭으로 달라 붙는다고 가정하자. 모기 한 마리의 질량은 2 mg이며, 그리고 모기떼들은 트럭을 심각하게 손상시키지 않는다고 가정하자. 이 충돌로 인하여 트럭에 속도가 3.2 km/h 만큼 느려졌다면, 얼마나 많은 모기들이 트럭과 충돌하였는가? 만약 위와 같은 모기 숫자가 1350 kg의 SUV 차량과 충돌한다면, SUV 속도는 얼마나 줄어들었는가?

문제 5.20 35,000 kg 무게의 트럭 A(많은 주에서 허용되는 최대 질량)가 110 km/h 속도로 이동 중에 벌떼 B를 발견하였다. 그것은 트럭의 반대 방향으로 20 km/h 속도로 이동하고 있다. 전체 벌떼가 트럭에 달라붙는다고 가정하자. 벌 한 마리의 질량은 0.1 g이며, 그리고 벌떼들은 트럭을 심각하게 손상시키지는 않는다고 가정하자. 트럭의 속도가 충돌로 인하여 3.2 km/h만큼 느려졌다면, 얼마나 많은 벌떼들이 트럭과 충돌하였는가? 만약 위와 같은 벌들의 숫자가 1350 kg의 SUV 차량과 충돌한다면, SUV 속도는 얼마나 줄어들었는가?

문제 5.21 35,000 kg 무게의 트럭 A(많은 주에서 허용되는 최대 질량)가 110 km/h 속도로 이동 중에 잠자리떼 B를 발견하였다. 전체 잠자리떼가 트럭에 달라붙는다고 가정하자. 잠자리 한 마리의 질량은 0.25 g이며, 그리고 잠자리떼는 충돌로 인하여 트럭을 심각하게 손상시키지 않는다. 트럭의 속도가 3.2 km/h만큼 느려졌다면, 얼마나 많은 잠자리들이 트럭과 충돌하였는가? 만약 위와 같은 잠자리 숫자가 1350 kg의 SUV 차량과 충돌한다면, SUV 속도는 얼마나 줄어들었는가?

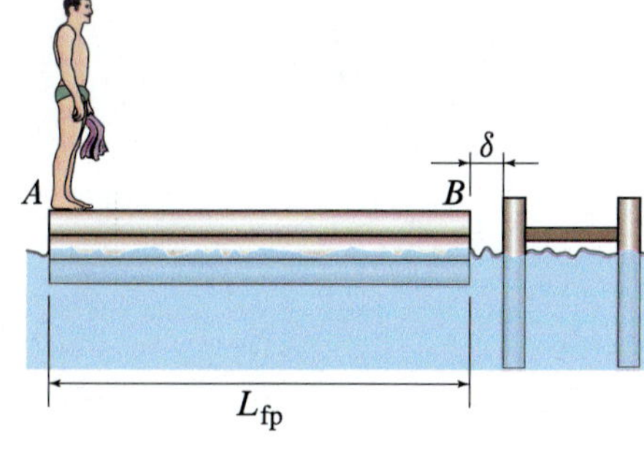

그림 P5.22

문제 5.22

예제 5.4의 해에서 만든 동일한 가정을 사용하고 식 (5.14)를 응용하여 예제 5.4를 풀어라. 참고, 예제 5.4와 달리 플랫폼으로부터의 사람의 상대적인 속도는 나타나지 않았다.

문제 5.23-5.25

각각 질량이 62 kg, 80 kg인 두사람 A와 B가 떠있는 플랫폼에서 같은 방향으로 뛰어 내린다. 이 때 플랫폼에 상대적인 속도는 방향은 수평방향이며 크기는 A, B 모두 v_0 = 1.8 m/s이다. 떠있는 플랫폼의 질량은 3500 kg이다. A, B 그리고 플랫폼은 초기상태에서는 정지해있다고 가정한다.

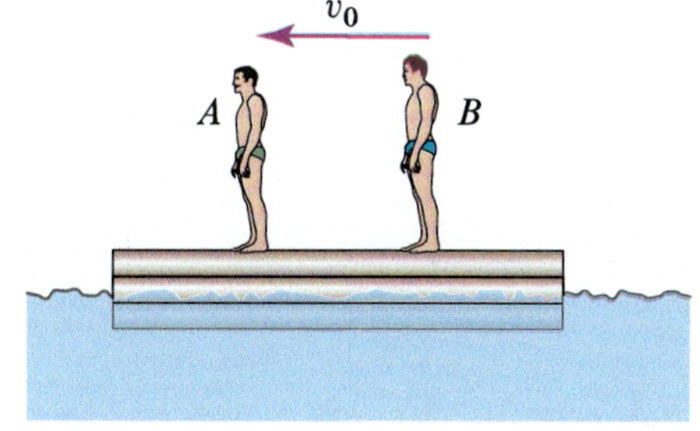

그림 P5.23-P5.25

문제 5.23 플랫폼이 물의 저항을 무시하고 수평운동을 할때, A와 B가 동시에 점프한 후 플랫폼의 속도를 구하라.

문제 5.24 플랫폼이 물의 저항을 무시하며 수평운동을 하고 B가 먼저 점프한 후, A와 B가 점프한 후 플랫폼의 속도를 구하라.

문제 5.25 플랫폼이 물의 저항을 무시하며 수평운동을 하고 A가 먼저 점프한 후, A와 B가 점프한 후 플랫폼의 속도를 구하라.

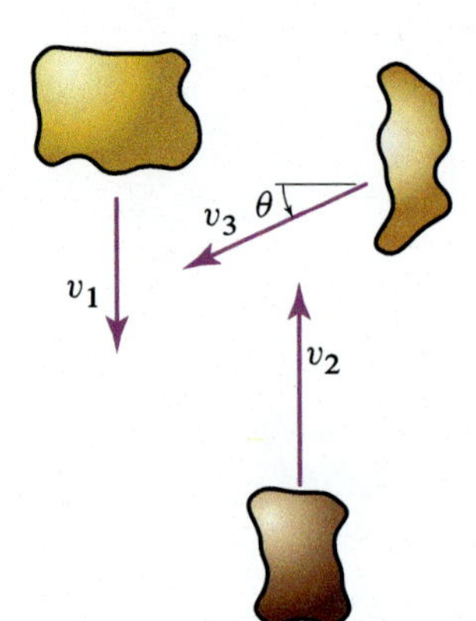

그림 P5.26

문제 5.26

그림에서 나타낸 어떤 순간에 질량이 $m_1 = 7.45$ kg, $m_2 = 3.22$ kg, $m_3 = 8.45$ kg인 세 개의 우주쓰레기 조각들이 각각 $v_1 = 7701$ m/s, $v_2 = 6996$ m/s, $v_3 = 6450$ m/s의 속도로 그림과 같이 이동하고 있다. 파편의 속도는 같은 평면 위에 있으며, $\vec{v}_1$과 $\vec{v}_2$가 평행하다. θ는 $\vec{v}_1$과 $\vec{v}_2$에 둘 다 수직인 직선을 기준으로 측정된다. 또한 이 시스템은 고립되어 있으며, 중력 때문에 조각들은 결국 하나의 물체를 이루게 될 것이다. 만약 $\theta = 25°$일 때 이 조각들이 모인 이후의 공통 속도를 결정하라.

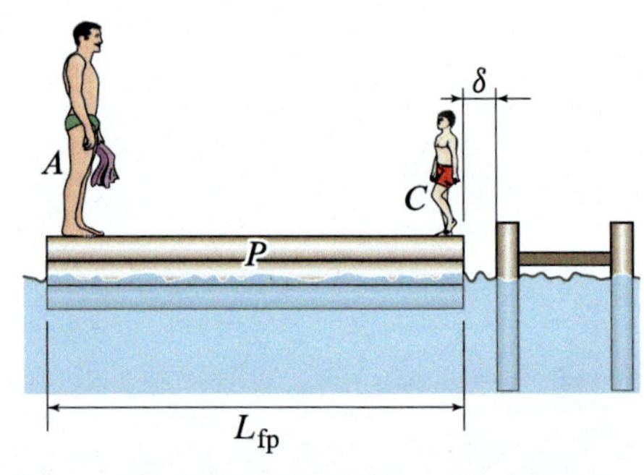

그림 P5.27, P5.28

문제 5.27

80 kg의 어른 A와 18 kg의 어린이 C는 질량 120 kg, 길이 $L_{fp} = 4.6$ m의 떠있는 플랫폼 P의 양 끝에 서 있다. 어른과 어린이, 플랫폼은 처음에는 정지상태에 있으며, 계류장에서 $\delta = 300$ mm 거리를 두고 정지해있다. 어린이와 어른은 플랫폼 위에서 v_0 속도로 서로를 향해 이동한다. 어린이와 어른이 만날 때, 계류장으로부터의 거리 d를 구하라. 플랫폼의 수평운동에 의한 물에 저항은 무시할 수 있다고 가정한다.

문제 5.28

$m_A = 85$ kg의 어른 A와 $m_c = 18$ kg의 어린이 C는 질량 $m_p = 150$ kg, 길이 $L_{fp} = 6$ m의 떠있는 플랫폼 P의 양 끝에 서 있다. 어른과 어린이, 플랫폼은 처음에는 정지상태에 있으며, 플랫폼의 수평운동에 의한 물에 저항은 무시할 수 있다고 가정한다. 어린이와 어른은 플랫폼 위에서 플랫폼이 물에 대해서 상대적으로 움직이지 않도록 움직이기 시작한다. 어린이가 어른을 만날 때까지의 거리를 구하라.

문제 5.29

질량 12,500 kg의 A-10 전폭기 비행기가 600 km/h의 일정한 속도로 이동하고 있다. 이 비행기가 앞으로 나와있는 7열 캐틀링(Gatling) 기관총에서 4초 동안 발사하고 있다. 이 총은 375 g의 탄환을 70 발/s의 속도로 발사한다. 각 총구에서의 탄환 속도는 990 m/s이다. 비행기의 두 제트 엔진의 추진력이 각각 40 KN을 유지한다고 가정하고, 또한 총이 발사된 후에도 총이 발사되기 전과 같은 공기저항을 받는다고 가정하자. 이 비행기는 직선으로 평행하게 날고 있다고 할때 4초 동안의 발사 후에 이 비행기의 속도변화를 구하라.

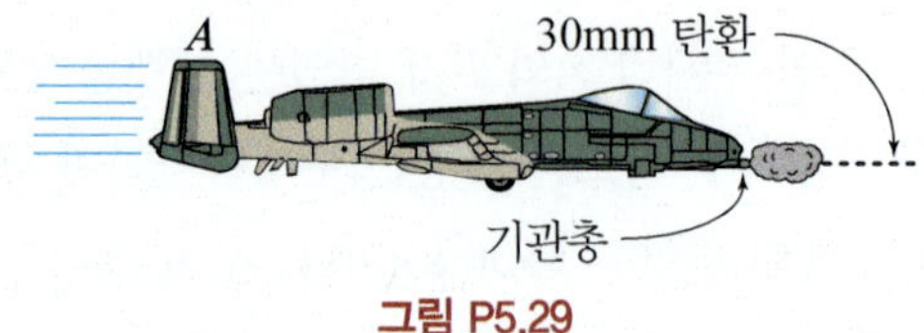

그림 P5.29

문제 5.30

레일 카트 위에 있는 사람 P는 고정된 플랫폼에 서있는 사람으로부터 소포를 받고 있다. 카트와 P의 질량을 합하면 160 kg이라고 가정하고, 정지된 상태에서 이동을 시작한다. 사람 P_A가 질량 26 kg의 패키지 A를 던지고, 수평방향 속도 v_A = 1.4 m/s인 사람 P가 받는다고 가정하자. 두 번째 사람 P_B가 질량 36 kg의 패키지 B를 던지고 사람 P가 수평으로 같은 방향의 속도 1.6 m/s로 소포를 받는다. 이 때 사람 P와 카트의 최종 속도를 구하라. 사람 P와 카트의 어떠한 마찰이나 공기저항은 무시한다.

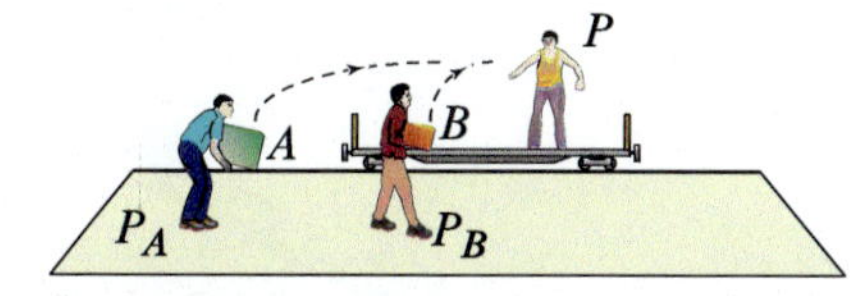

그림 P5.30

문제 5.31

그림의 우주선은 우주에 있고 그리고 다른 질량으로부터 충분히 멀리 있다(예 행성 등). 그래서 중력에 영향을 받지 않는다(로켓에 가해지는 순힘이 거의 0이다). 시스템 (즉, 로켓과 모든 연료)은 점 A에서 시작할때 정지상태에 있다. 점 B까지 그림과 같은 직선경로로 계속 추진을 내부 화학 로켓을 사용하였다(여기에서 로켓의 꼬리에서 매우 빠른 속도로 연료를 분출함으로써 작동한다). 점 A에서의 질량이 m이라고 하고 점 A에서 점 B까지 질량의 절반을 소모하였다고 한다. 우주선이 B에 도달하게 되었을때, 시스템의 질량 중심이 어느 위치에 있을까?

주의 개념 문제는 계산이 아닌 설명이 필요하다.

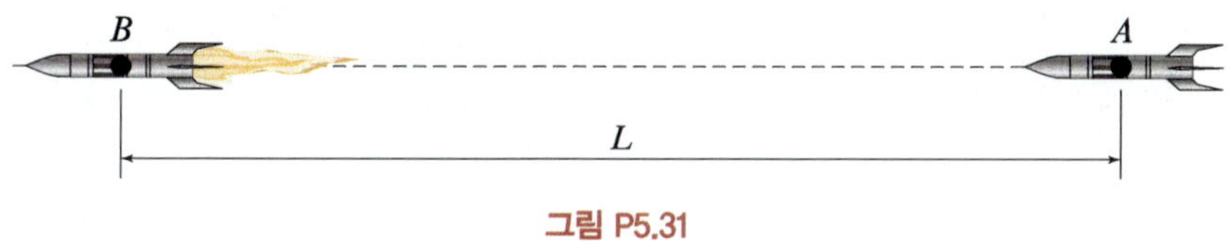

그림 P5.31

문제 5.32

회전 플라이 휠을 사용하여 에너지를 저장하는 에너지 저장 장치가 가능하기 시작하였다.[1] 가능한 많은 에너지로 저장하려면, 최대한 빨리 플라이 휠을 회전시키는게 중요하다. 하지만 너무 빨리 돌릴 경우 플라이 휠의 내부 응력이 플라이 휠을 급격하게 부서지게 만든다. 따라서 플라이 휠의 가장자리의 속도가 1000 m/s 아래의 속도를 유지하는 것이 중요하다. 또한 플라이 휠의 완변한 균형을 유지함으로써 그렇지 않았을 때 발생하는 진동을 피해야 한다. 이를 생각하면서, 지름은 0.3 m인 플라이 휠 D를 ω = 60,000rpm으로 회전한다. 또한 카트 B는 가이드 트랙을 따라 직선으로 움직이도록 제약이 있다고 가정한다. 플라이 휠이 완벽한 균형이 아니라고 할때, 불균일한 무게 A의 질량이 m_A라고 하고, 플라이 휠 D, 카트 B와 전기적 파트 E의 총질량을 m_B라 할때, 다음을 θ, 질량, 직경 및 플라이 휠의 각속도의 함수로 구하라.

(a) 카트 움직임의 진폭

(b) 카트에 의해 움직이는 최대 속도

바퀴에 질량 무시하고, 초기상태에서는 모든 것들이 정지해있다고 가정한다. 또한 불균형한 질량은 플라이휠의 가장자리에 있다고 가정한다. 마지막으로 부품 (a)와 (b)는 m_A = 1 g(종이 클립의 무게정도)이며, m_B = 70 kg(플라이휠의 질량은 40 kg)이다.

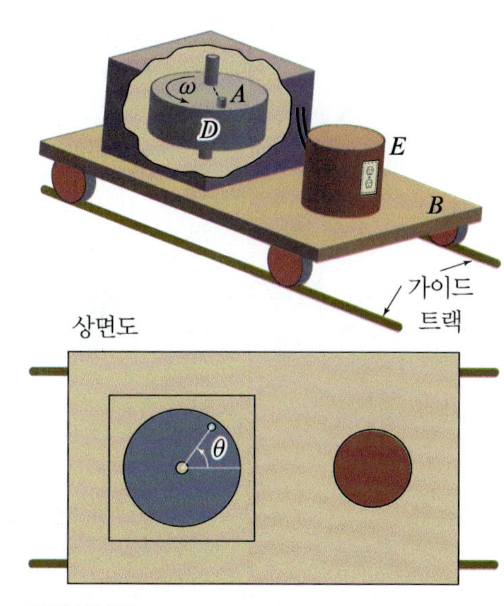

그림 P5.32

1) 자세한 내용은 8장에서 살펴볼 것이다. 지금은 원형 위를 움직이는 질점의 다발로 생각한다. 여기에서 각 질점이 $\frac{1}{2}mv^2$의 형태로 에너지를 저장한다고 생각한다.

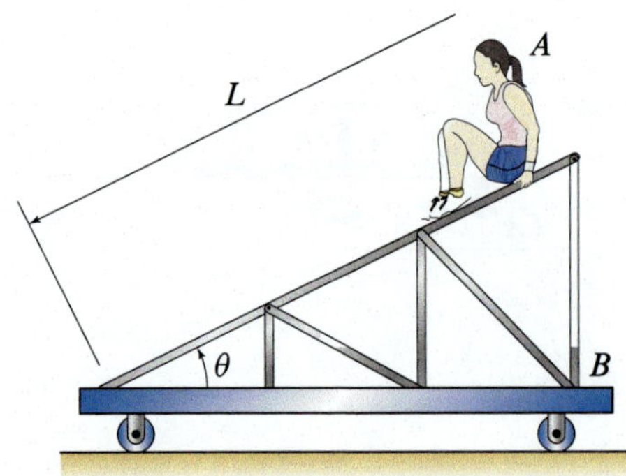

그림 P5.33

문제 5.33

60 kg 여자 A가 40 kg 카트 B 위에 앉아 있다. 둘 다 초기상태에는 정지해있다. 만약 여자가 마찰이 없는 길이 $L = 3.4$ m 경사면 아래로 미끄러져 내려간다면, 여자가 바닥에 도달할때의 여자와 카트의 속도를 구하라. 카트가 굴러가게 하는 바퀴의 무게는 무시하고, 이 바퀴 베어링의 마찰 또한 무시한다. 각도 $\theta = 26°$

문제 5.34

아폴로 달 탐사선 모듈 A와 사령선 및 서비스 모듈 B는 다른 물체에서 멀리 떨어진 공간을 이동한다(따라서 주위의 중력은 무시된다). 각도가 $\theta = 30°$일 때 두 우주선은 내부의 스프링을 이용하여 분리된다. 이때의 스프링 상수는 $k = 200{,}000$ N/m이며, 0.5 m만큼 압축되어 있다. 사령선 및 서비스 모듈의 질량은 29,000 kg이고, 달 탐사선의 질량은 15,100 kg이다. 만약 이들의 분리 전의 공통 속도가 11,000 m/s일 때 분리 직후 각 모듈의 속도를 구하라.

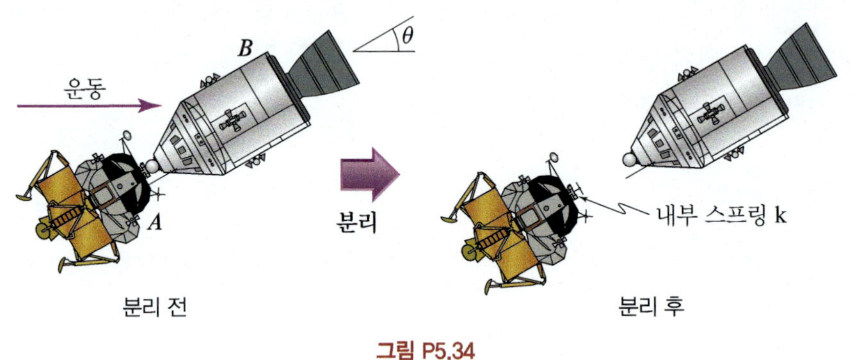

그림 P5.34

문제 5.35-5.38

그림에서 보이는 기구에서 사람 A가 자유롭게 움직이는 질량 m_B인 활차 B에 길이 L인 케이블로 연결되어 있는 좌석에 앉아있다. 사람과 좌석의 전체 질량은 m_A이다. 활차는 수평방향으로 움직이도록 보에 의해 구속되어 있다. 시스템이 각도 $\theta = \theta_0$의 정지상태에서 놓아져서 수직평면으로 흔들릴 수 있다. 케이블의 질량은 무시하고 사람과 좌석은 하나의 질점으로 취급한다.

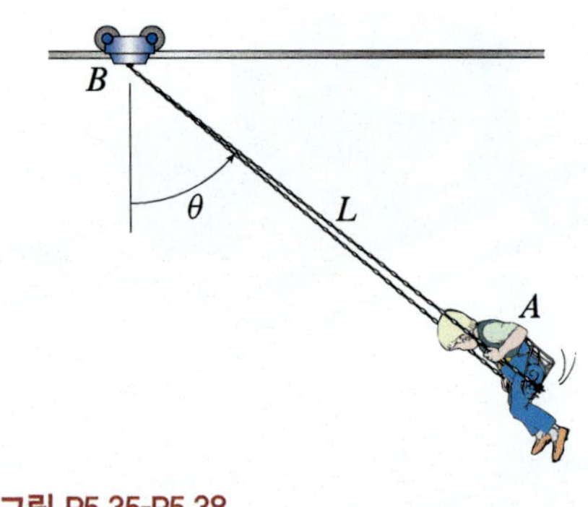

그림 P5.35-P5.38

문제 5.35 처음으로 $\theta = 0°$가 될 때 활차와 탑승자의 속도를 구하라. $W_A = 45$ kg, $W_B = 9$ kg, $L = 4.6$ m, $\theta_0 = 70°$로 두고 해를 구하라.

문제 5.36 문제 5.35에서처럼 처음으로 $\theta = 0°$가 될 때 활차와 탑승자의 속도를 구하라. 주어진 g, L, m_A, θ_0에 대해서 $\theta = 0°$가 될 때, 탑승자가 갖는 최대속도와 해당 m_B를 구하라. $W_A = 45$ kg, $L = 4.6$ m, $\theta_0 = 70°$로 두고 해를 구하라. m_B의 값에 대한 B의 운동은 어떠한가?

문제 5.37 임의의 θ 값에 따른 활차와 속도와 탑승자의 속력을 구하라.

문제 5.38 임의의 θ 값에 따른 활차와 속도와 탑승자의 속력을 구하기 위한 방정식을 구하라. 모든 방정식과 해당 미지수를 기술하라. 미지수 숫자 만큼의 방정식을 유도하라. 미지수에 대하여 방정식을 풀고, 활차와 탑승자의 속력을 탑승자의 전체 스윙의 양쪽 절반에 대한 각도 θ의 함수로 그려라. $W_A = 45$ kg, $W_B = 3$ kg, $L = 4.6$ m, $\theta_0 = 70°$로 두고 해를 구하라.

문제 5.39

일정한 회전속도 $\dot{\theta} = 0.15$ rad/s 갖는 타워 크레인이 2 m/s의 일정한 속도로 4,500 kg의 물체 B를 들어 올리고 있다. 또한 B는 0.5 m/s 반경방향 속도를 가지면서 바깥쪽으로 이동하고 있다. 물체 B가 크레인에 대해 상대적으로 흔들리지 않는다고 가정(즉, 항상 수직으로 달려있다)하고, 크레인은 바닥의 고정되어 있다고 가정한다.

(a) 시스템의 질량 중심의 수평 방향 움직임을 방지하기 위한 20,000 kg의 평형추 A의 반경방향 속도를 구하라.

(b) A와 B에 가해지는 합력을 찾아라.

(c) 소문제 (a)에서 결정된대로 A가 움직일 때 시스템의 질량 중심의 속도 및 가속도를 구하라.

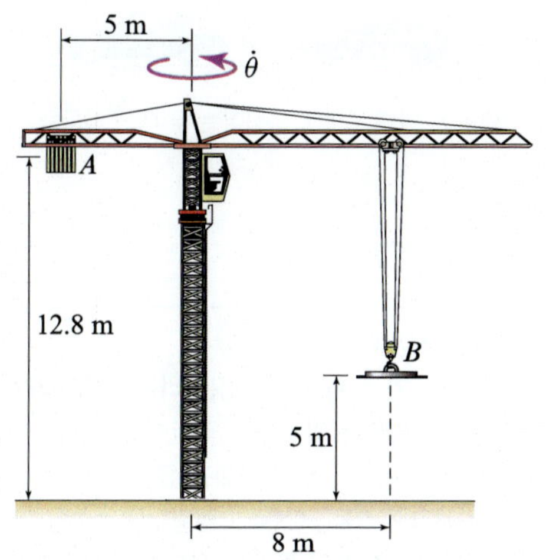

그림 P5.39

5.2 충돌

두 자동차 사이의 충돌

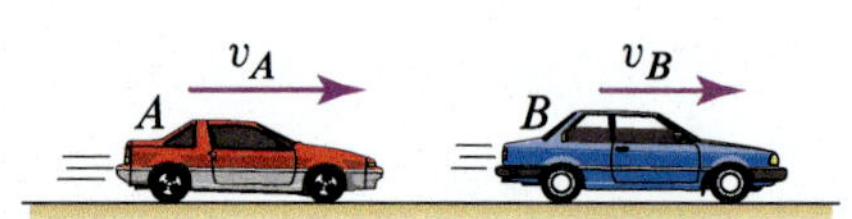

그림 5.7 수평도로를 움직이는 두 대의 자동차.

그림 5.7에서 각각 질량 m_A와 m_B, 일정속도 $\vec{v}_A$와 $\vec{v}_B$를 갖는 두 자동차 A, B가 같은 차선에서 수평방향의 직선 길로 이동하고 있는 것을 보여주고 있다. 자동차 A는 자동차 B를 따라잡게 되고, 충돌이 발생한다. 전통적인 충돌문제는 충돌 전의 속도를 이 자동차들의 충돌 후의 속도로부터 예측하는 것이다.[2]

우리는 이 충돌을 모델링하기 위하여 먼저 이 충돌이 특정한 순간 충돌시간 t_i 주위의 극소의 시간 간격에서 발생한다고 가정하였다. **충돌 전**, **충돌 후**라는 표현은 각각 충돌시간 t_i 전후의 극소한 시간 간격을 의미한다. 충돌 전, 충돌 후의 값은 위첨자 $-$와 $+$로 각각 표현될 것이다.

흥미로운 사실

+와 −가 실제로 의미하는 바는 무엇인가? 충돌은 대상체의 속도에 극한적으로 짧은 시간 간격 동안 상당한 변화를 유발할 수 있다. 이 시간 간격을 극소로 모델링할때 수학을 이용하면 속도값이 충돌의 직전부터 직후까지 갑자기 변화할 수 있음을 알 수 있다. 수학적으로 이 점프는 불연속이라 불리며, 이에 따라 충돌 전과 충돌 후의 속도는 다음 극한으로 이해할 수 있다.

$$\vec{v}^-(t_i) = \lim_{\varepsilon\to 0^+} \vec{v}(t_i - \varepsilon),$$

$$\vec{v}^+(t_i) = \lim_{\varepsilon\to 0^+} \vec{v}(t_i + \varepsilon).$$

다음으로 그림 5.8(a)에서 시간 t_i에서 두 자동차 시스템의 자유물체도를 고려해보자. 여기서는 어떤 수평방향의 외력이 중요하지 않기 때문에 이 자유물체도에서는 수평방향 외력이 무시되었다. 또한 이 자동차들의 수직방향 속도가 무시되었는데, 이것은 이 자동차들을 질점으로 모델링하였기 때문이다. 그림 5.8(b)와 같이, 이 자동차 사이의 접촉력 P를 순수하게 수평방향이라고 모델링하였다.

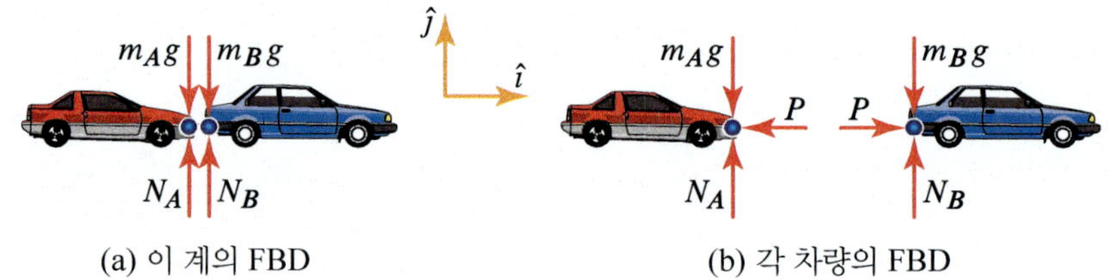

그림 5.8 (a) 자동차 A와 B로 이루어진 전체 계의 자유물체도 (b) 충돌도중의 각 차량의 자유물체도.

x 방향으로 작용하는 **외력**이 없기 때문에, 이 계의 운동량의 x 성분이 충돌 동안 보존된다고 결론내릴 수 있다. 즉 다음과 같은 관계가 성립한다.

$$m_A v_{Ax}^- + m_B v_{Bx}^- = m_A v_{Ax}^+ + m_B v_{Bx}^+ \tag{5.20}$$

모든 수직방향을 무시하고 있기 때문에 이 문제는 식 (5.20)에서 나타나 있는 두 개의 미지수 v_{Ax}^+와 v_{Bx}^+를 가지는 단방향 문제이다. 그러므로 해를 구하기 위하여 이 두 미지수 v_{Ax}^+와 v_{Bx}^+에 대한 또 하나의 방정식이 필요하다. 식 (5.20)이 뉴턴의 제2법칙의 결과이며 이 문제의 운동학(x 방향으로의 운동)이 알려져 있기 때문에, 우리가 필요한 두 번째 방정식은 충돌하는 물체들의 재료적 특성에 의한 역할을 하는 **힘의 법칙**으로부터 구해진다. 이 방정식은 매우 복잡할 수 있기 때문에 우선, A와 B가 서로 충돌 후 결합하는 경우(서로 들러붙는 경우)를 가정하자. 이것은 완전 소성 충돌(*perfectly plastic*)이라고 불리며, 다음과 같은 방정식으로 기술된다.

개념정리

완전 소성 충돌. 완전 소성 충돌에서 두 개의 서로 다른 물체는 서로 붙게 되며 하나의 물체를 이루게 된다. 그러므로 이 물체들의 충돌 후의 속도는 동일하게 된다.

$$v_{Ax}^+ = v_{Bx}^+ \tag{5.21}$$

식 (5.20)과 (5.21)을 이용하여 다음과 같은 식을 구할 수 있다.

$$v_{Ax}^+ = v_{Bx}^+ = \frac{m_A v_{Ax}^- + m_B v_{Bx}^-}{m_A + m_B} \tag{5.22}$$

2) 주어진 충돌 후 속도로부터 충돌 전 속도를 구하는 문제는 비슷하게 해를 구할 수 있으며, 이것은 본질적으로 사고를 재구성하는 문제이다.

하나의 충돌문제에서 중요한 것은 무엇인가?

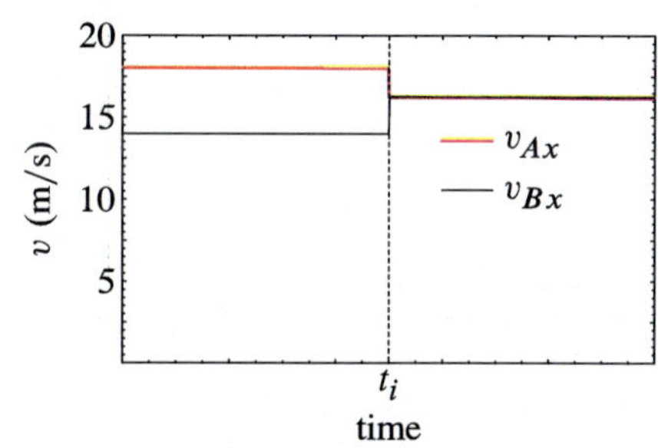

그림 5.9 자동차 A와 B의 충돌 전후의 속도 그림. 이 그림은 식(5.22)와 다음 매개 변수를 이용하여 얻어졌다. m_A = 1200 kg, m_B= 950 kg, v_{Ax}^- = 18.1 m/s, v_{Bx}^- = 14.0 m/s.

충돌에 대한 우리의 모델을 확장하는 방법을 이해하기 위하여 그림 5.9를 고려해보자. 이 그림에서는 다음과 같은 매개변수에 대한 해가 나타나 있다: m_A = 1200 kg, m_B = 950 kg, v_{Ax} = 18.1 m/s, v_{Bx}^- = 14.0 m/s. 어떤 식으로 충돌시간 $t = t_i$ 전후로 속도가 변화하는지를 확인하라. 이런 현상이 일어나기 위해서는 이 자동차들은 충돌 동안 엄청난 가속도를 겪어야 한다. 사실 우리의 수학적 모델에서는 가속도의 값이 무한대인 것처럼 보인다. 어떤 종류의 힘이 무한대의 가속도를 만들어낼 수 있을까? 이 문제에 대한 대답은 외력이 있는 경우와 충돌에 있어서 일반적인 힘법칙을 적용하는데 경우와 같은, 더 많은 일반적인 충돌 시나리오를 다루는데 도움을 줄 것이다.

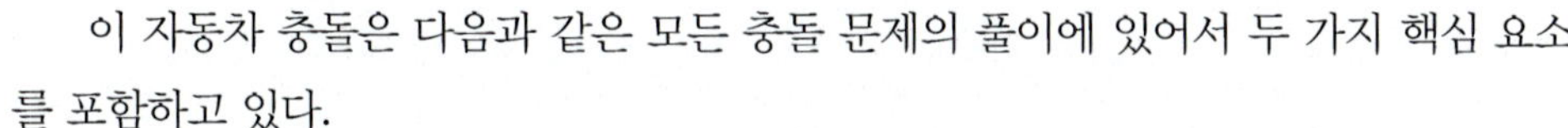

이 자동차 충돌은 다음과 같은 모든 충돌 문제의 풀이에 있어서 두 가지 핵심 요소를 포함하고 있다.

(1) 충돌하는 물체들로 이루어지는 계에 대한 충격량 운동량 법칙의 응용

(2) 충돌하는 물체가 어떤 식으로 반발하는 지에 대한 힘법칙

우리는 모든 충돌 문제에 대한 기본적인 해를 구하는 전략이 다음과 같은 것을 유지함을 알 수 있다: 운동량 보존과 충돌시 힘법칙의 결합

충격력

충돌 동안의 힘이 속도에서 점프를 일으킨다는 사실로부터, 우리는 식(5.6)으로 돌아가서 운동량의 변화를 살펴보도록 하자. 그림 5.10에서 시간 간격 $(t, t = \Delta t_1)$ 사이에서 일정한 힘 $\vec{F}_1$을 받는 질점을 고려해보자. 식(5.6)에 의하면, 관련되는 운동량의 변화 $\Delta\vec{p}_1$는 다음과 같다.

$$\Delta\vec{p}_1 = \int_t^{t+\Delta t_1} \vec{F}_1\, dt = \vec{F}_1 \Delta t_1 \tag{5.23}$$

그림 5.10 일정한 힘의 작용으로 직선 궤적을 따라 움직이는 질점.

힘이 적용되는 시간 Δt가 0으로 갈 때, 어떤 종류의 힘이 일정한 운동량 변화를 만들어낼 수 있을까? 이 질문에 대한 대답을 위하여, 시간 간격 $\Delta t_n = \Delta t_1/n$을 고려해 보자. 여기에서 n = 2, 3...이다. 먼저 $\Delta\vec{p}_n = \Delta\vec{p}_1$을 만족하는 일정한 힘 $\vec{F}_n$을 결정해보자. $\Delta\vec{p}_n = \Delta\vec{p}_1$과 식(5.23)을 이용하면, 다음과 같은 관계를 얻을 수 있다.

$$\vec{F}_n \Delta t_n = \vec{F}_1 \Delta t_1 \quad \Rightarrow \quad \vec{F}_n = n\vec{F}_1 \tag{5.24}$$

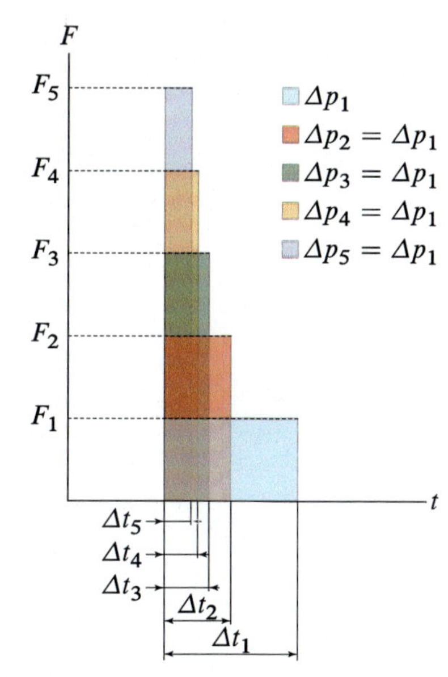

그림 5.11 운동량의 변화를 보존하는 시간 간격과 관련 힘들 사이의 관계.

그림 5.11에서와 같이 n을 증가시키는 것은(Δt_n을 감소시키는 것은) $|\vec{F}_n|$을 증가시키는 것을 의미한다. 그리고 $n \to \infty(\Delta t_n \to 0)$이 됨에 따라, $|\vec{F}_n| \to \infty$가 된다는 것을 알고 있다. 식(5.24)에서 $n \to \infty$로 보냄으로써, 우리는 극미소의 시간에서 운동량에서의 유한한 변화를 만들어내기 위해서는 무한대의 크기를 가지는 힘이 필요하다는 것을 알 수 있다. 이와 같은 힘을 충격력(*impulsive force*)이라 부른다. 하나의 힘이 무한대의 크기를 가지지 않은 한 그 힘은 충돌에서 역할을 하지 못한다는 것을 주의하라. 왜냐하면 그 힘이 극미소의 시간 간격에서 운동량 변화를 만들어 낼 수 없기 때문이다. 이것은 충돌 문

제에서 자유물체도를 그릴 때 우리가 모든 비충격력을 무시할 수 있다는 것을 의미하기 때문에 중요하다. 예를 들어 우리가 충돌상황에서 공기저항과 같은 힘을 고려하기를 원한다고 가정하더라도 이 힘의 크기가 무한대가 될 수 없기 때문에 충돌에서 아무 역할을 하지 못 할 것이다.

충격력 및 비충격력

어떤 종류의 공통적인 힘들을 조사해보고 각각을 충격력 혹은 비충격력으로 나누어 보자. 충격력은 무한대의 크기를 가져야 하기 때문에 **유한한 크기의 힘들은 충격력이 될 수 없다.** 또한 충격력과 비충격력을 구분하는데 있어서, 우리의 충돌 모델은 극미소의 시간 간격에서 충돌이 일어난다고 가정하고 있다는 것을 기억하여야 한다. 이것은 또한 물체들이 충돌 동안에는 움직이지 않는 다는 것을 의미한다. 이 아이디어들을 이용하여 우리는 다음과 같은 것들을 알 수 있다.

- **중력**은 유한하기 때문에 **비충격력**이다.
- **스프링 력**은(혹은 탄성체의 힘은) 스프링의 길이 변화에 비례하는 크기를 가지기 때문에 **비충격력**이다. 왜냐하면 일반적으로 스프링이 무한대의 길이로 늘어나지 않기 때문이다.
- 일반적으로 속도에 따라 증가하는 함수인 **저항력**은 **비충격력**이다. 왜냐하면 물체가 무한대의 속도를 가질 수 없기 때문이다.
- 예제 5.4에서 보았듯이 **늘어나지 않는 로프의 장력**은 **충격력**일 수 있다. 왜냐하면 장력에는 한계가 없기 때문이다.
- **강체 막대의 장력**이나 **압축력**은 **충격력**일 수 있다. 강체 막대가 견딜 수 있는 부하에는 한계가 없기 때문이다.
- 만약 두 충돌하는 물체가 깨어지지 않는다면 두 충돌하는 물체 사이의 **접촉력**은 **충격력**일 수 있다.

유용한 정보

충돌에 사용되는 충격력 모델. 충격력은 충돌에 사용되는 모델의 결과이다. 즉 이 힘은 국소의 시간 간격에서 발생한다. 물리적인 현상에 대한 많은 모델처럼 이 모델에 대해서도 의문을 가질 수 있다. 예를 들어 마찰이 없는 표면이나 질량을 무시하는 선들은 비현실적으로 보인다. 그러나 이 모델들은 교육적인 목적에 의해서 그리고, 모델들이 여러 상황에서 잘 들어 맞기 때문에 자주 사용된다. 예를 들어 어떤 표면은 매우 낮은 마찰을 가지며, 대부분의 도르래 시스템에서 줄의 질량은 도르래의 질량과 이 시스템에 의해 끌어지는 물체의 질량에 비해서는 무시할 만하다. 따라서 이 모델들은 매우 잘 작동한다. 비슷한 방법으로 충격력을 사용하는 우리의 충돌모델은 어떤 질점 충돌에 대해서는 매우 잘 작동한다.

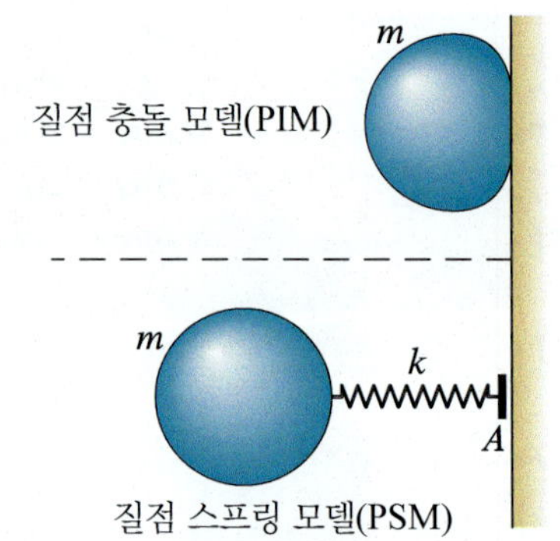

그림 5.12 같은 결과를 도출하는 질점 충돌의 다른 두 모델. 공의 탄성을 표현하기 위하여 PSM에는 스프링이 쓰였다. PIM에는 시각적 효과의 일부로 공이 변형하는 것이 보여지고 있다.

충돌력 구분하기: 동일 사건에 대한 두 가지 모델

우리의 충돌모델에 대한 통찰력을 얻기 위하여, 두 가지 다른 방법으로 모델링된 동일 사건에 대하여 살펴보자. 이 두 경우 모두 에너지가 보존된다면 같은 답을 얻을 수 있다.

그림 5.12와 같이, 하나의 고무공과 딱딱한 면 사이의 두 가지 다른 충돌 모델을 고려해보자. 각 경우에 질점은 v_0의 속도를 가지고 수직으로 벽과 부딪히게 되며, 다시 튀어 나오게 된다. 그림의 위쪽 부분은 우리가 이야기하고 있는 그 질점 충돌 모델(PIM)을 보여주고 있으며, 아래쪽 그림은 벽과 닿는 작은 범퍼 A가 달려있는 탄성 스프링이 질점에 달려있는 모델(질점 스프링 모델 혹은 PSM)을 보여주고 있다.

이 PIM(particle impact models)에서는 충돌은 **극미소 시간 간격 동안**에 일어나며, 질점은 충돌 동안 움직이지 않는다. 질점과 벽 사이에서 발생하는 법선력은 무한대가 되며, 질점의 운동량은 순간적으로 반대방향으로 된다. 만약 어떤 에너지도 충돌도중에 없어지지 않는다면 질점은 벽에 부딪히는 속도로 다시 튀어나오게 된다.

PSM(particle spring models)은 매우 다르다(예제 3.3 참고). 이 경우 질점과 점 A에서의 범퍼는 둘 다 속도 v_0의 속도로 벽을 치게 되고, 스프링은 질점이 벽에 접근하는 동안 변형하게 된다. 질점의 속도는 스프링이 압축되면서 줄어들게 되며, 질점이 속도 0

에 이르게 된 후 다시 튀어나오기 시작한다. 질점의 속도는 다시 증가하게 되며, 속도가 v_0에 도달하게 된다. 범퍼 A는 벽으로부터 분리되게 되고, 충돌은 완료된다. 이 PSM에서는 충돌은 **유한한 시간**이 걸리며, 질점은 충돌 동안 **움직이게 된다**(이 질점은 스프링의 전체 압축의 두 배 만큼 움직인다). 법선력은 스프링의 힘과 동일하며 무한대가 아니다. 운동량은 방향이 반대로 되지만, 순간적으로 변화하지는 않는다. PIM과 같이 충돌이 끝났을 때의 질점의 속도는 v_0가 된다. 표 5.1에 이 두 모델의 차이에 대하여 요약하였다.

이 두 모델에 대한 비교로부터 우리가 알 수 있는 메시지는 동일한 현상이 거의 항상 다른 방법으로 모델링 될 수 있다는 것이다. 종종 이 모델들은 다른 결과를 도출하지만, 이 문제와 같이 동일한 결과를 도출할 수도 있다. 표 5.1에서 보는 바와 같이 질점의 충돌 전 순간과 충돌 직후의 순간 사이에 질점에 어떤 일이 일어났는지에 대한 자세한 사항은 다르다 하더라도 말이다. 따라서 충돌에 대하여 PSM 모델을 사용하는 것은 가능하지만, 더 복잡한 충돌을 다루는 경우 PSM으로는 큰 어려움을 겪게 될 수도 있으며, 이 절의 후반부에서 보게 되겠지만, PIM을 사용해서 문제를 푸는 것이 더 쉽다.

표 5.1 PIM과 PSM충돌 모델의 차이의 요약

물리적 특성	PIM	PSM
시간	극소	유한
변위	0	유한[a]
수직력	무한대	유한[b]
Δ 운동량[c]	순간적	유한 시간

[a] 전체 스프링 압축의 두 배와 같다.
[b] 스프링력과 같다.
[c] 두 모델에서 반대이다.

흥미로운 사실
PSM을 이용하여 충돌문제를 풀기. PIM을 이용하면 에너지 손실이 있는 충돌과 직각이 아닌 충돌의 경우도 일률적으로 해를 구할 수 있다. PSM을 사용하면 PIM으로부터 쉽게 구할 수 있는 결과 와 같은 결과를 얻기 위해서 여러 스프링과 에너지 소산(예를 들어 마찰에 의한) 등을 고려해야 할지도 모른다.

■ **간단한 예제** 이제 충격력에 대하여 조금은 이해하게 되었다. 충돌 문제에 연관되는 이 힘들을 보여주고 있는 그림 5.8(a)에 있는 자유물체도를 다시 그려 보자. 다음과 같은 서로 다른 두 가지 가정을 사용하여 문제를 풀어보자. (1) 지면은 유연하다. (2) 지면은 단단하다.

풀이 두 경우 모두 차량의 중량이나 공기 저항과 같은 힘은 비충격력이다. 첫 번째 경우에서는 지면의 유연도를 고려하는 경우 지면과 자동차 사이의 반력을 지면의 변형에 비례하여 설정하여야 한다. 즉 지면은 하나의 스프링처럼 작용한다(그림 5.13). 이 반력은 비충격력이며 따라서 충돌에 관련된 자유물체도에는 나타나지 않는다. 반면에 두 번째 경우에서, 지면의 재료적 거동은 강체 막대와 물성과 비슷하며, 따라서 지면과의 접촉력은 충돌관련 자유물체도에 고려될 필요가 있을지도 모른다(그림 5.14). 여기에서 '~ 있을지도 모른다.'는 것은 충돌의 기하학적 형상으로 인하여 두 자동차들 중 하나가 지면으로 밀리게 되는지 아닌지에 달려 있다. 만약 어떤 차도 충돌에 의하여 지면으로 밀리지 않는다면, 접촉력은 충돌 전의 유한한 값을 넘어서지 않게 되며 따라서 비충격력이다. 이 경우 충격에 관련되는 자유물체도는 그림 5.13에 주어진 것과 같게 될 것이다. 반면에 만약 두 차 중 하나의 차가 지면으로 밀리게 되면 다른 차에 가해지는 접촉력을 제외 할 수 있다. 이것은 이 힘이 충돌 동안 줄어들기 때문이다.

그림 5.13 유연한 지면인 경우의 FBD.

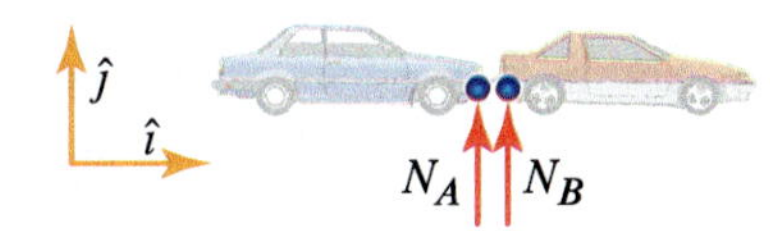

그림 5.14 강체 지면인 경우의 FBD.

그림 5.13의 자유물체도에 의해 모델링된 충돌에 대하여, 그 계는 고립되어 있고(즉, 외부의 충격력은 존재하지 않는다) **전체** 운동량은 충돌 동안 보존된다. 반면 그림 5.14의 계에서 접촉력에 수직인 운동량의 성분만이 보존된다. ■

구속 충돌 대 비구속 충돌

위의 간단한 예제에서 보았듯이 **외부**의 충격력이 없는 두 개의 부딪히는 물체는 고립된 계를 형성한다. 이 경우에, 그 계의 전체 선형운동량은 보존되며, 충돌은 **비구속 충돌** *(unconstrained impact)*이라 불린다. 반면에 외부의 충격력이 존재하는 경우의 충돌은 **구속충돌**(*constrained impact*)이라 불린다. 일반적으로 비구속충돌 문제는 구속충돌 문제보다 해를 구하기 쉽다.

개념정리
충격력의 개념을 사용하기. 실제 문제에서는 운동량이 보존되는 방향을 찾아내기 위하여 충격력을 사용한다. 즉 만약 하나의 질점이나 계가 어떤 방향으로의 전체 충격력을 받는 것을 찾는다고 한다면 이 질점이나 계에 대해서 충격력에 수직한 방향으로의 선형운동량의 성분은 보존된다.

> **개념정리**
> **상대속도와 충돌.** 직관적으로 한 자동차는 35 mph(약 56.3 km/h)의 속도로 움직이고, 다른 자동차는 40 mph가 넘는 속도로 움직인다고 할때, 두 자동차 사이의 정면 충돌은 한 자동차가 75 mph로 정지해 있는 다른 자동차와 충돌할때의 경우와 본질적으로 동등하다. 그러므로 정말 중요한 것은 개별적인 $\vec{v}_A^-$와 $\vec{v}_B^-$가 아니라 $\vec{v}_{A/B}^- = \vec{v}_A^- - \vec{v}_B^-$이다.

반발계수

이제 되튐을 다루기 위한 충돌의 힘법칙에 대하여 수식화를 할 것이다. 먼저 **실험 관찰**을 근거로 힘법칙을 살펴보는 것으로 시작하기로 한다. 그러므로 그림 5.15에 보이는 실험

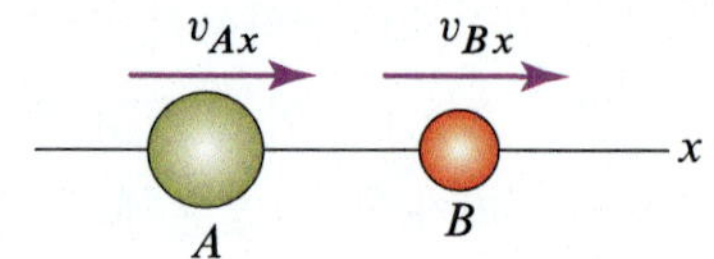

그림 5.15 충돌 전, 충돌 후 속도의 측정 실험의 기하학.

을 고려해보자. 이 실험에서 충돌 전후의 두 공 A와 B의 속도를 기록한다. 실험 데이터를 해석하기 전에 우리는 일상적인 경험에서 두 관찰결과를 얻을 수 있다:

(a) 하나의 충돌의 정도는 충돌 전 상대속도, 즉 접근속도(*approach velocity*)에 의해 결정된다.

(b) 반발의 질은 충돌 후 상대속도 즉, 분리속도(*separation velocity*)로 결정된다.

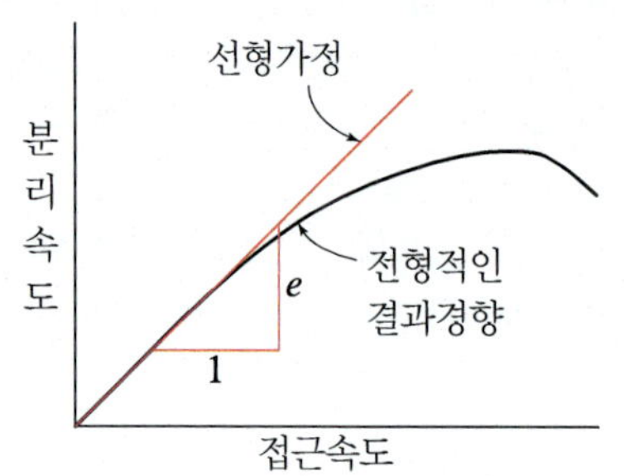

그림 5.16 충돌 후 대 충돌 전(검은색 곡선) 상대속도를 그렸을 때의 충돌 실험에서 흔히 볼 수 있는 질적인 경향.

그러므로 실험 데이터를 연구할때 그림 5.16에서와 같이 접근속도와 분리속도를 상호 비교하여야 한다. 이 그림은 분리속도가 접근속도에 종속되어 있으며, 더 높은 접근속도에 대해서는 충돌 전후의 상대속도에 비례관계가 부족하다는 것을 보여주고 있다. 이것은 전형적으로 더 큰 영구변형이 더 높은 접근속도의 충돌에 의한 것이라는 사실로부터 얻어진다. 그림 5.16은 또한 **원점 근처**의 접근 및 분리속도가 서로 선형적으로 비례하는 영역이 있음을 보여주고 있다. 이 실험 관찰을 통하여 우리는 선형 범위에서의 충돌에 대해 연구하기로 한다. 따라서 다음과 같은 충돌 힘법칙을 유도 할 수 있다.

$$e = \frac{\text{분리속도}}{\text{접근속도}} = \frac{v_{Bx}^+ - v_{Ax}^+}{v_{Ax}^- - v_{Bx}^-} \tag{5.25}$$

식 (5.25)는 반발계수 방정식이라 불리며, e는 실험적으로 측정되는 비례상수인 반발계수(*coefficient of restitution*, COR)로 불린다.

> **유용한 정보**
> 식 (5.25)를 사용할때는 주의하라. 식 (5.25)를 사용하기 위하여 e 값이 주어졌을 때 이 값은 주어진 조건(예를 들어 접근속도, 충돌물체의 재료조성 등)에 적절하다고 가정할 수 있다. 만약 다른 조건에서 이 값을 적용할 때는 주의하여야 한다.

충돌 힘법칙으로부터 우리는 다음과 같은 관찰결과를 얻을 수 있다.

1. 반발계수 e는 무차원이다.
2. 모든 충돌에 있어서 $e \geq 0$이다. 접근 및 분리속도는 $v_{A/Bx}^-$, $v_{B/Ax}^+$로 표시된다.
3. 수동적인 재료에 대해서 반발속도가 접근속도보다 클 수 없다는 것이 실험적인 사실이다. 따라서 1번과 결합하면 다음과 같은 관계가 성립한다.

$$0 \leq e \leq 1 \tag{5.26}$$

4. 반발계수 e는 두 부딪히는 물체의 재료물성에 의해 결정된다.

만약 $e = 0$ 이면 충돌은 소성(*plastic*)이라고 불리며, $0 < e < 1$이면 탄성(*elastic*), $e = 1$이면 완전 탄성(*perfextly elastic*)이라 불린다(표 5.2.)

표 5.2 COR 값을 함수로 하는 충돌 종류

COR 값	충돌 종류
$e = 0$[a]	소성 충돌
$0 < e < 1$	탄성 충돌
$e = 1$	완전 탄성 충돌

[a] 만약 $\vec{v}_A^+ = \vec{v}_B^+$이면 충돌은 소성 충돌이다. 즉 충돌 후에 물체들이 서로 붙어서 움직인다.

■ **간단한 예제** 이 절의 앞에서 소개한 자동차 충돌 예제에서 식 (5.21) 대신에 식 (5.25)를 이용하여 얻은 충돌 후 속도를 비교하라. 같은 질량과 같은 충돌 전 속도 그리고, $e = 0.5$를 사용하라. 그림 5.9에서와 같이 결과를 도시하라.

풀이 이 충돌 문제는 식 (5.20)과 식 (5.25)에 의해 결정되며, 이 식들은 두 미지수 v_{Ax}^{+}, v_{Bx}^{+}의 두 미지수를 가지는 이차 선형 방정식 계를 이룬다. 이 계의 풀이는 다음과 같은 결과를 도출한다.

$$v_{Ax}^{+} = \frac{v_{Ax}^{-}(m_A - m_B e) + m_B v_{Bx}^{-}(1+e)}{m_A + m_B} = 15.4\,\mathrm{m/s} \tag{5.27}$$

$$v_{Bx}^{+} = \frac{m_A v_{Ax}^{-}(1+e) + v_{Bx}^{-}(m_B - m_A e)}{m_A + m_B} = 17.4\,\mathrm{m/s} \tag{5.28}$$

$e = 0.5$와 그림 5.9를 만들어내는 매개 변수를 이용하면 식 (5.27)과 (5.28)로부터 그림 5.17을 얻을 수 있다. ■

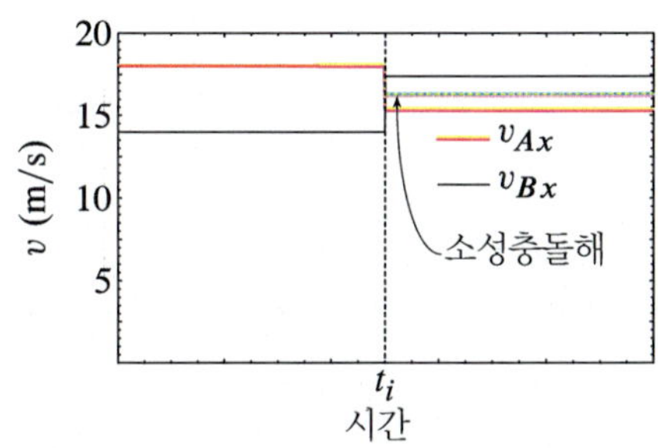

그림 5.17 $e = 0.5$인 경우의 충돌 전, 충돌 후의 속도(그림 5.9와 비교해보라).

충격량–운동량 법칙과 COR

앞에서 사용한 실험적인 접근과 함께 완전한 **이론적인** 방법을 통하여 식 (5.25)를 얻을 수도 있다. 이 다른 방법의 핵심은 부딪히는 물체들을 질점이 아니라 **변형체**로 보는 것이다.

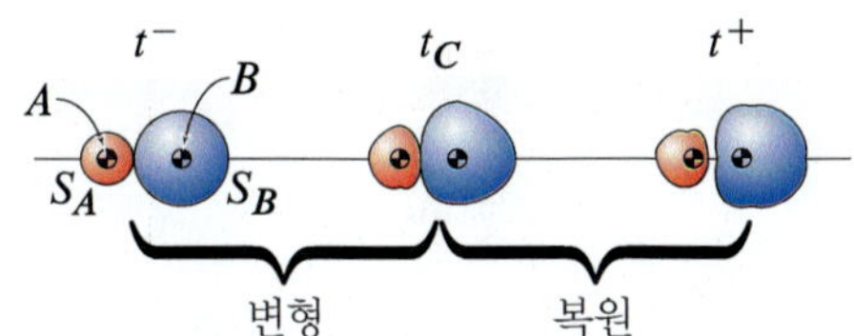

그림 5.18 질량중심을 각각 A와 B에 가지는 두 변형가능 물체 사이의 충돌. 복원 과정의 마지막에 영구변형이 있을 수도 있다는 것에 주의하라.

그림 5.18에서와 같이 시간 t^-에서 위치 A와 B에 질량 중심을 가지는 두 개의 **변형 물체** S_A와 S_B가 서로 충돌하기 시작한다고 하자. A와 B는 변형체이기 때문에 충돌이 시작된 후 이 공들은 서로 가까이로 움직이게 되어 시간 t_C에서 최대 변형에 다다르게 된다. 이 점에서 이 공들은 공통적인 속도 v_C를 가지게 된다. t_C 이후에는 A와 B가 t^+ 시간까지 서로를 밀어내게 되고 이때 S_A와 S_B는 분리된다. 시간 t^-에서 t_C까지의 과정을 변형(*deformation*)이라고 하며, t_C에서 t^+까지의 과정을 복원(*restitution*)이라고 한다.

만약 부딪히는 물체 사이의 접촉력을 시간에 따른 함수로 측정하면, 그림 5.19에 서 보이는 것과 같은 곡선을 얻을 수 있을 것이다. 이 곡선이 존재하는 것을 알고, 충격량 운동량 법칙을 사용하면, A와 B의 속도의 변화를 계산할 수 있다. 변형 과정 동안에 A에 대해서는 다음과 같은 관계를 얻을 수 있다.

$$m_A v_A^{-} - \int_{t^-}^{t_C} D(t)\,dt = m_A v_C \tag{5.29}$$

여기에서 m_A는 물체 S_A의 질량이며 v_A^{-}는 시간 t^-에서의 A의 속도이다. D는 변형력이다. 같은 작업을 B에 대해서 반복하면 다음과 같은 관계를 구할 수 있다.

$$m_B v_B^{-} + \int_{t^-}^{t_C} D(t)\,dt = m_B v_C \tag{5.30}$$

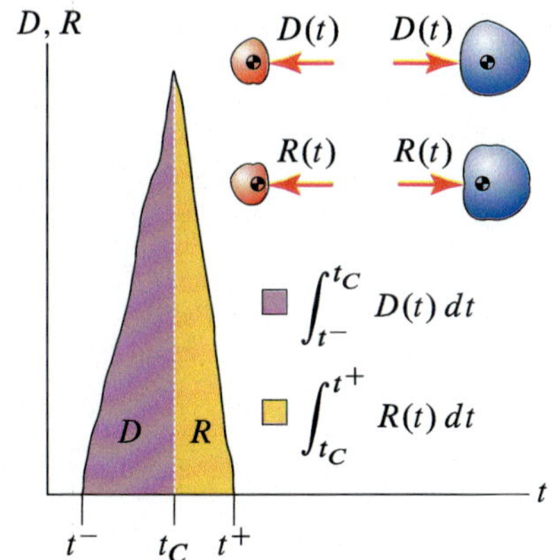

그림 5.19 두 물체 사이의 내부변형력 $D(t)$와 복원력 $R(t)$ 대 시간의 그래프.

여기에서 m_B는 물체 S_B의 질량이며 v_B^{-}는 시간 t^-에서의 B의 속도이다. 식 (5.29)와 (5.30)에서 공통속도 v_C를 제거하면, 상대적인 충돌 전 속도를 다음과 같이 구할 수 있다.

$$v_A^{-} - v_B^{-} = \left(\frac{1}{m_A} + \frac{1}{m_B}\right) \int_{t^-}^{t_C} D(t)\,dt \tag{5.31}$$

복원 과정에 대해서 위와 같은 방법을 사용하여 충격량 운동량 법칙을 A와 B에 적용하면 각각 다음과 같은 관계를 얻는다.

$$m_A v_C - \int_{t_C}^{t^+} R(t)\,dt = m_A v_A^+ \tag{5.32}$$

$$m_B v_C + \int_{t_C}^{t^+} R(t)\,dt = m_B v_B^+ \tag{5.33}$$

다시 공통 속도 v_C를 제거하면 충돌 후 속도에 대하여 다음과 같은 수식을 얻는다.

$$v_B^+ - v_A^+ = \left(\frac{1}{m_A} + \frac{1}{m_B}\right) \int_{t_C}^{t^+} R(t)\,dt \tag{5.34}$$

충돌 후 상대속도에 대한 충돌 전 상대속도의 비를 계산하면 다음과 같은 중요한 결과를 얻는다.

$$\frac{v_B^+ - v_A^+}{v_A^- - v_B^-} = \frac{\displaystyle\int_{t_C}^{t^+} R(t)\,dt}{\displaystyle\int_{t^-}^{t_C} D(t)\,dt} = e \tag{5.35}$$

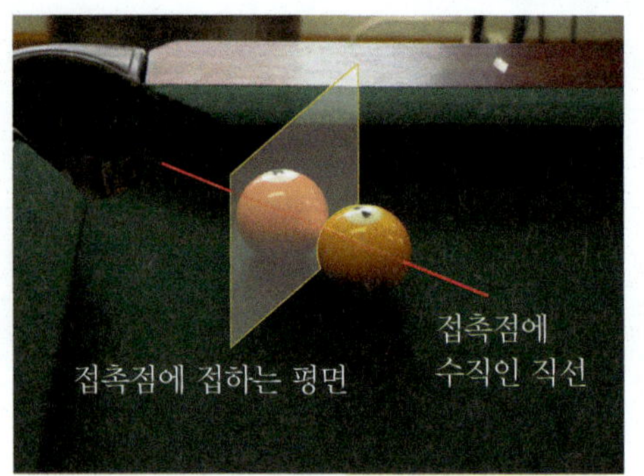

그림 5.20 두 당구공이 접촉할때의 사진.

이 반발계수(COR)에 대한 표현은 중요한데, 이것이 e 값이 복원 충격량과 변형 충격량의 비로 볼 수 있기 때문이다. 식 (5.35)의 또 다른 중요한 면은 부딪히는 물체의 질량이 아무 역할을 하지 않는다는 것이다. 앞에서 COR 식을 도입할때 명시적이지는 않지만 충돌에 관련된 질량의 효과를 무시하면서 결정하였다. 식 (5.35)는 부딪히는 물체들의 질량이 접근속도에 대한 분리속도의 비율을 제어하는 데 역할을 하지 않는다는 것을 보여주고 있다.

충돌선

이제 우리의 충돌 모델을 2차원에서의 충돌로 확장해 보자. 먼저 충돌에서 접촉력의 각도를 표현하는 성분계를 도입한다. 그림 5.20에서와 같이 두 당구공의 충돌을 고려해 보자 경험적으로 샷을 하는데 있어서의 핵심적인 요소 중의 하나는 **접촉에 대한 접평면의 각도**이다. 이 평면을 아는 것은 당구에서 뿐만이 아니라 모든 종류의 충돌에 대해서도 중요하다.

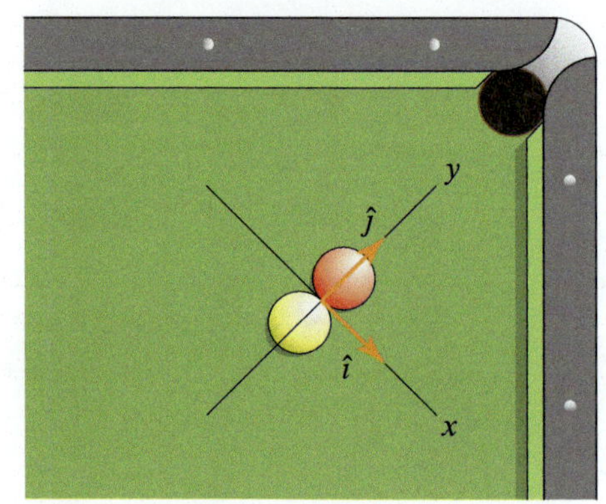

그림 5.21 충돌하는 두 당구공 사이의 접촉점에 수직하는 직선과 접하는 직선으로 이루어진 기준 좌표계

기하학으로부터 우리는 하나의 평면의 자세는 문제의 평면에 **수직하는** 방향을 결정함으로써 구할 수 있다는 것을 알고 있다. 충돌에 관한 연구에서는 **접촉평면을 접촉점에서 수직하는 선을 찾아냄으로써** 결정할 수 있다. 이 선은 충돌선(*line of impact*)이라 불린다(LOI). 그림 5.21에서는 그림에서 x, y로 표시된 기준 좌표계 중 y로 표시된 LOI를 쉽게 구할 수 있다. 이 경우 충돌하는 물체에 대해 내재적으로(그 자체로부터) 결정된다. 우리는 충돌이 극소의 시간 간격 사이에서 일어난다고 가정하였기 때문에 xy 기준 좌표계를 충돌 동안의 충돌 기하학을 결정한다고 가정할 수 있다.

충돌의 종류

충돌 문제를 푸는 전략은 충돌 전 속도가 어떻게 LOI와의 각도를 이루는지에 의존한다. 그러므로 충돌 전 속도의 각도에 따라 비구속 충돌을 분류할 것이다. 그런 다음 이 문제를 푸는 전략에 대해 살펴보도록 하자. 이 절의 마지막에서 구속충돌에 대한 접근방법을 논의할 것이다.

그림 5.22(a)에서, 두 질점 사이의 직접 충돌(*direct impact*)은 두 개의 질점의 충돌 전 속도가 LOI에 평행하게 일어나는 것이다. 그림 5.22(b)에서 만약 부딪히는 질점들의 충돌 전 속도가 LOI에 평행하지 않는다면, 그 충돌은 경사 충돌(*oblique impact*)이라 불린다. 하나의 충돌에서 LOI가 질량중심들을 지나갈 때 중심(*central*) 충돌이라 불린다. 그렇지 않은 경우 편심(*eccentric*) 충돌이라 불린다. 만약 하나의 질점이 그 자신의 질량중심에 부딪히는 경우 질점들이 중심 충돌을 일으킨다고 결론내릴 수 있다.

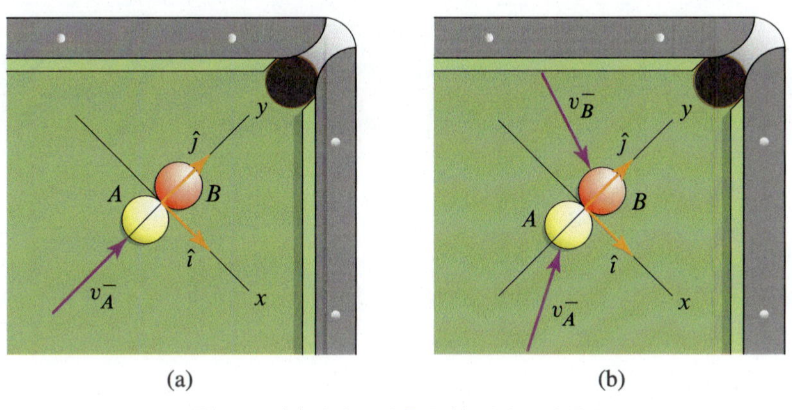

그림 5.22 (a) 직접 중심 충돌 (b) 경사 중심 충돌

이와 같은 충돌의 분류(즉, 직접 vs. 경사, 중심 vs. 편심)은 모든 충돌에 적용될 수 있다. 예를 들어 충돌 전 속도성분중 적어도 하나가 LOI와 평행하지 않는 두 질점 사이의 충돌은 **경사 중심 충돌**이라고 한다. 이와 같은 아이디어는 표 5.3에 요약되어 있으며, 8장에서 다시 살펴볼 것이다.

표 5.3 충돌의 종류

충돌 기하학 기준		
충돌 전 속도	**질량중심**	**충돌 종류**
LOI에 평행	LOI 상에 있음	직접 중심
LOI에 평행	LOI 상에 없음	직접 편향
LOI에 평행하지 않음	LOI 상에 있음	경사 중심
LOI에 평행하지 않음	LOI 상에 없음	경사 편향

직접 중심 충돌

그림 5.22(a)에서 당구공 A와 B의 충돌 전 속도와 LOI가 일치하는 충돌에 대해 생각해보자. 이것은 직접 중심 충돌(*direct central impact*)이라고 하며 이 종류의 충돌은 항

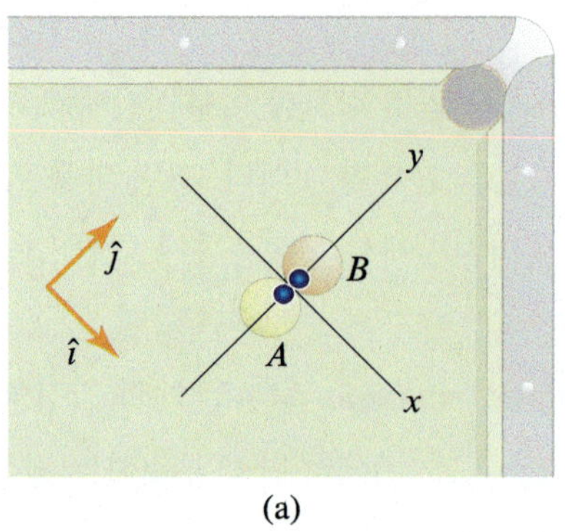

(a)

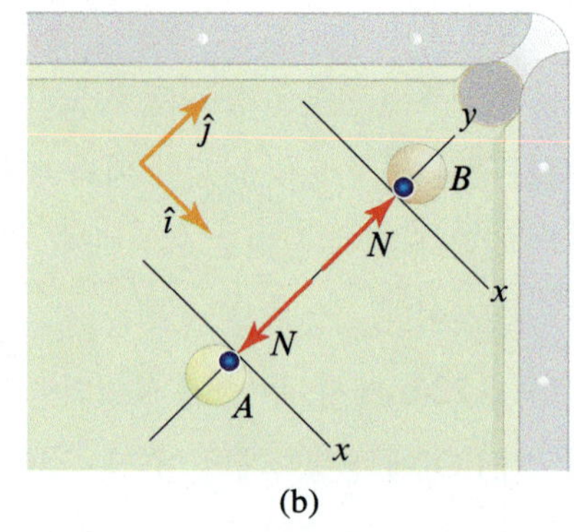

(b)

그림 5.23 (a) 질점으로 모델링 된 두 당구공의 충돌의 FBD (b) 당구공 A, B의 개별적인 FBD.

상 LOI 방향의 1차원으로 볼 수 있다. 그림 5.23(a)에서 질점 A와 B에 대한 충돌관련 자유물체도는 외부 충격력을 포함하지 않는다. 운동량 보존과 LOI를 따라서 COR 방정식을 적용하면 직접 중심충돌은 다음의 두 방정식에 의해 지배되는 것을 알 수 있다.

$$m_A v_{Ay}^- + m_B v_{By}^- = m_A v_{Ay}^+ + m_B v_{By}^+ \tag{5.36}$$

$$v_{By}^+ - v_{Ay}^+ = e\left(v_{Ay}^- - v_{By}^-\right) \tag{5.37}$$

여기에서 y 방향은 LOI에 의해 주어진다. 식 (5.36)은 충돌 중의 운동량 보존을 나타내며 식 (5.37)은 COR 방정식을 나타낸다. 식 (5.36)과 (5.37)은 두 질점의 직접 중심충돌을 완벽하게 기술하는 선형 연립방정식을 형성한다.

경사 중심 충돌

그림 5.22(b)에 LOI가 충돌 전 속도와 평행하지 않은 당구공 A와 B의 충돌을 보여 주고 있다. 이런 경우를 경사 중심 충돌(*oblique central impact*)이라고 한다. 충돌 전 속도를 알고 있다고 하고 우리는 충돌 후 속도를 찾아보도록 하자. 이 경우 각 당구공의 충돌 후 속도의 두 성분을 구하기 위해서는 4개의 방정식이 필요하다. 이 충돌에 대한 충돌관련 자유물체도는 그림 5.23(a), (b)에 제시되어 있다. 이 그림에서 A와 B의 운동량의 y 성분이 합쳐서 보존되는 것과 A와 B의 x 성분이 개별적으로 보존되는 것을 알 수 있다. 즉 다음과 같은 관계가 성립한다.

$$m_A v_{Ay}^- + m_B v_{By}^- = m_A v_{Ay}^+ + m_B v_{By}^+ \tag{5.38}$$

$$v_{Ax}^- = v_{Ax}^+ \tag{5.39}$$

$$v_{Bx}^- = v_{Bx}^+ \tag{5.40}$$

여기에서 식 (5.39)와 (5.40)의 양변의 질량 항을 제거하였으며, 충돌이 **무마찰**이라고 가정하였다. 미리 보았던 것처럼 최종식은 LOI를 따라서 적용된 COR 방정식에 의한 힘 법칙에 의해 구해진다. 이 경우에는 다음 식과 같이 나타난다.

$$v_{By}^+ - v_{Ay}^+ = e\left(v_{Ay}^- - v_{By}^-\right) \tag{5.41}$$

식 (5.38)-(5.41)은 네 방정식의 계를 나타내며 A와 B의 충돌 후 속도성분을 찾기 위해 사용될 수 있다.

흥미로운 사실

마찰이 없는 충돌 모델은 얼마나 유효한가? 두 당구공(각 당구공의 표면은 매끈하며 단단하다)의 충돌에서 이 마찰이 없는 모델은 매우 좋은 모델이며 합리적인 해를 제시한다. 라켓볼(표면이 부드럽고 마찰이 심하다)의 벽과의 충돌의 경우에서는 이 마찰이 없는 모델은 정확하다고 할 수 없다.

유용한 정보

식 (5.38)-(5.41)을 이용하여 4개의 미지수를 구할 수 있다. 당구공 예제에서 4개의 미지수는 충돌 후의 속도이지만, 반드시 위와 같은 미지수일 필요는 없다. 2차원에서의 비구속 충돌에서는, 항상 4개의 방정식을 쓸 수 있다. 그러므로 항상 4개의 미지수가 존재할 수 있지만, 이 미지수들이 충돌 후의 속도일 필요는 없다.

완전 소성 충돌 이것은 두 계의 부딪히는 질점이 서로 붙어서 하나의 물체로 되는 것을 의미하며 그림 5.23(a)의 자유물체도가 적용된다(이 경우 그림 5.23(b)의 자유물체도는 더이상 사실이 아님을 확인할 수 있는가?). 이것은 충돌 후에 다음과 같은 관계를 가진다는 것이다.

$$v_{Ay}^{+} = v_{By}^{+} \tag{5.42}$$

$$v_{Ax}^{+} = v_{Bx}^{+} \tag{5.43}$$

그리고 충돌 동안에 운동량은 x와 y 방향 모두에서 보존된다. 즉

$$m_A v_{Ax}^{-} + m_B v_{Bx}^{-} = m_A v_{Ax}^{+} + m_B v_{Bx}^{+} \tag{5.44}$$

$$m_A v_{Ay}^{-} + m_B v_{By}^{-} = m_A v_{Ay}^{+} + m_B v_{By}^{+} \tag{5.45}$$

식 (5.42)에서 (5.45)는 2차원 완전소성충돌을 지배하는 4개의 방정식이 된다.

개념정리

소성 충돌 대 완전 소성 충돌. 일반적인 잘못된 개념 중 하나는 $e = 0$인 충돌에서는(즉 소성 충돌) 충돌하는 물체가 충돌 후에 서로 붙어서 움직인다는 것이다. 만약 식 (5.41)에서 $e = 0$이면, 이것은 LOI 상에서의 분리속도의 성분이 0과 같다는 것을 의미한다. 그러나 LOI와 수직인 방향으로의 분리속도에 대해서는 어떤 것도 이야기되지 않았다. 그러므로, $e = 0$인 충돌은 일반적으로 완전 소성충돌과는 같지 않다.

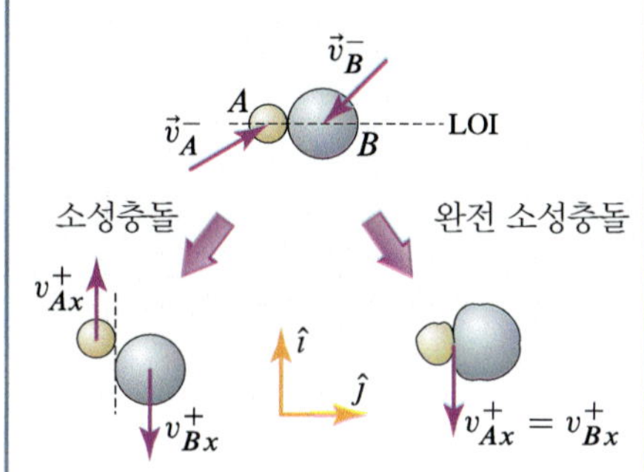

충돌과 에너지

충돌은 극소의 시간 사이에서 발생하며 충돌하는 물체는 충돌 동안 움직이지 않기 때문에 이 물체들은 충돌 동안 퍼텐셜에너지의 변화를 경험할 수 없다. 비슷하게 부딪히는 물체들의 유한한 변위와 힘에 의한 일도 존재할 수 없다. 따라서 충돌 동안 수행되는 충격력에 의한 일은 충돌 전후의 운동에너지를 비교함으로써만 측정될 수 있다.

경험적으로 충돌하는 물체로 이루어진 계의 **전체 운동에너지**는 오로지 줄어들기만 한다. 충돌하는 물체로 이루어진 계의 전체 운동에너지는 오직 충돌이 완전 탄성일 경우에만 일정한데, 이것은 이상적인 경우일 뿐이다. 이와 같은 이유로 충돌에서는 에너지 손실이 발생한다고 일반적으로 이야기 된다. 두 질점 A와 B 사이의 충돌에서 에너지 손실은 보통 충돌 전의 전체 운동에너지의 백분율로 나타난다. 즉 다음과 같다.

$$\text{에너지 손실 백분율} = \frac{T^{-} - T^{+}}{T^{-}} \times 100\% \tag{5.46}$$

여기에서

$$T^{-} = \tfrac{1}{2} m_A (v_A^{-})^2 + \tfrac{1}{2} m_B (v_B^{-})^2 \tag{5.47}$$

$$T^{+} = \tfrac{1}{2} m_A (v_A^{+})^2 + \tfrac{1}{2} m_B (v_B^{+})^2 \tag{5.48}$$

그리고 T^{-}와 T^{+}는 각각 충돌 전, 충돌 후 운동에너지이다.

흥미로운 사실

에너지를 정말로 잃어버렸는가? 열역학의 법칙에 의하면 에너지 손실과 같은 것은 없다. 에너지는 단지 다른 형태로 변환될 뿐이다. 특히 충돌에서는 손실된 것처럼 보이는 에너지가 열, 소리 에너지, 영구변형에 대한 에너지로 변환된다.

구속 충돌

그림 5.24에서 트럭 A와 자동차 B의 충돌에 대하여 고려해보자. 충돌 전 속도를 미리 안다고 하고, 충돌 후 속도를 계산해 보자. 여기에서 LOI는 그림에서 보듯이 트럭과 자동차의 접촉면에 수직이다. 우리는 이 충돌을 두 질점 사이의 2차원 경사 중심충돌로 모델링 할 것이며, 트럭과 자동차 사이의 접촉이 마찰이 없다고 가정할 것이다(이 가정은 항상 현실적이지만은 않다). 이것은 A와 B 사이의 접촉력이 LOI에 완전히 평행하다는 것을 의미한다. 또한 지면은 강체이며 마찰이 없다고 가정할 것이다. LOI의 각도에 의하

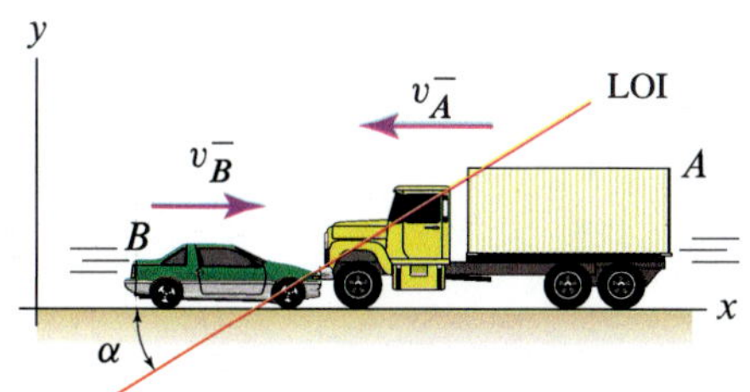

그림 5.24 한 트럭과 한 대의 승용차의 정면충돌. LOI의 자세는 승용차가 지면 쪽으로 밀어붙혀지고 트럭은 지면에서 들어올려지는 식으로 존재한다.

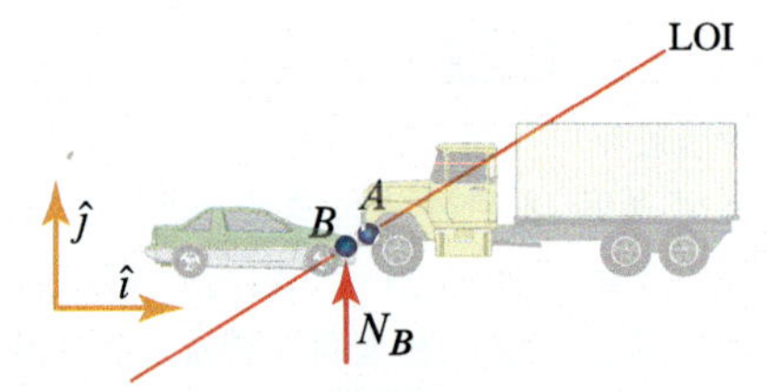

그림 5.25 지면이 강체이며 마찰이 존재하지 않는다는 가정에서 트럭과 승용차 시스템에 대한 충돌관련 FBD. 트럭과 지면 사이의 변력은 충격력이 아니기 때문에 무시되었다. 이것은 트럭이 지면으로부터 들어올려지려 하기 때문이다.

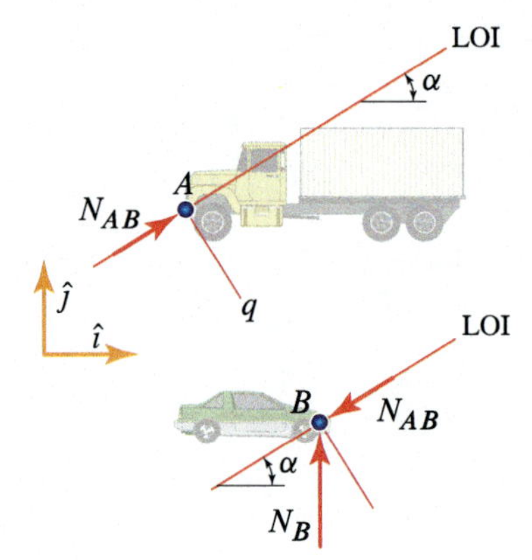

그림 5.26 A와 B의 충돌관련 FBD.

여 B는 충돌 동안에 지면으로 밀리게 된다. 그리고 지면의 강체성에 의하여 B와 지면사이의 반력은 충격력이 된다. 뉴턴의 제3법칙에 의하여 이 충격력이 A를 지면으로부터 들어 올리는 경향이 있으며, 따라서 A와 지면 사이의 반력은 비충격력이 된다. 이 A와 B에 대한 계의 충격관련 FBD는 그림 5.25에 제시되어 있다.

그림 5.25의 자유물체도에서 우리는 전체 운동량 중 오직 x 성분만이 보존된다는 결론을 내릴 수 있다. 즉 다음과 같은 관계가 성립한다.

$$\boxed{m_A v_{Ax}^- + m_B v_{Bx}^- = m_A v_{Ax}^+ + m_B v_{Bx}^+} \tag{5.49}$$

이 충돌은 2차원이기 때문에 우리는 4개의 미지수, 즉 충돌 후 속도의 각 성분을 구하여야 한다. 따라서 3개의 추가적인 방정식이 필요하다. 또 하나의 방정식은 강체 지면이 B가 수직방향으로 움직이는 것을 막는다는 데에서 구할 수 있다. 따라서

$$\boxed{v_{By}^+ = 0} \tag{5.50}$$

다른 두 식을 찾기 위해서 그림 5.26에서와 같이 A와 B의 개별적인 FBD를 고려할 필요가 있다. 접촉이 마찰이 없다고 가정하였기 때문에 q 방향으로 A에 가해지는 충격력이 없으며, 따라서 A의 선형운동량은 그 방향으로 보존된다. 즉 $m_A v_{Aq}^- = m_A v_{Aq}^+$ 혹은

$$\boxed{v_{Ax}^- \sin\alpha - v_{Ay}^- \cos\alpha = v_{Ax}^+ \sin\alpha - v_{Ay}^+ \cos\alpha} \tag{5.51}$$

마지막 식은 COR 식을 LOI를 따라 적용하면 구할 수 있다.

$$(v_B^+)_{\text{LOI}} - (v_A^+)_{\text{LOI}} = e\left[(v_A^-)_{\text{LOI}} - (v_B^-)_{\text{LOI}}\right] \tag{5.52}$$

구속 충돌에 대한 COR은 충돌이 비구속이었을 때 측정하는 것과 같을 것이라 예상할 수 없다. 왜냐하면 A에 대한 충격량이 B에 대한 충격량과 같지 않기 때문이다. 그러므로 식 (5.35)를 유도하기 위해 사용했든 명제들은 더 이상 적용할 수 없다. 그럼에도 불구하고 우리는 여전히 COR 식을 사용할 수 있다. 다만 이와 같은 환경에서 측정할 필요가 있다. 식 (5.52)를 x와 y 방향으로 다시 쓰면 다음과 같은 결과를 얻을 수 있다.

$$\boxed{\begin{aligned}&(v_{Bx}^+ - v_{Ax}^+)\cos\alpha + (v_{By}^+ - v_{Ay}^+)\sin\alpha\\ &= e\left[(v_{Ax}^- - v_{Bx}^-)\cos\alpha + (v_{Ay}^- - v_{By}^-)\sin\alpha\right]\end{aligned}} \tag{5.53}$$

이제 구해진 네 식 (5.49), (5.50), (5.51), (5.53)과 네 미지수 v_{Ax}^+, v_{Ay}^+, v_{Bx}^+, v_{By}^+를 구할 수 있다. 요약하면 제시된 문제를 푸는 전략은 다음과 같은 요소를 가지고 있다.

1. 식 (5.49)와 (5.51)에서 제시된 것처럼 충돌 동안에 하나 혹은 양쪽 물체에서 운동량이 보존되는 방향을 찾는다.
2. 식 (5.50)에서와 같이 운동학적 제한조건을 기술한다.
3. 식 (5.53)과 같이 LOI 방향의 COR식을 적용한다.

여기에서 보듯이, 구속의 확인(지면의 강체도)과 그 결과의 표현이 이 문제를 푸는 핵심이다.[3)]

표 5.4 충돌 모델에서 사용된 가정들

물리적 특성	충돌 가정
충돌의 지속기간	극소
질점의 변위	0
질점에 가해지는 힘	무한대
운동량의 변화	순간적

절 요약

우리는 이 절에서 질점 사이의 충돌에 대하여 논의하였다. 표 5.26에 요약된 가정을 기반으로 모델을 도출하였다. 모든 충돌 문제에서 두 가지 핵심 요소가 있다는 것을 확인하였다. 핵심요소는 (1) 충격량 운동량 법칙의 적용 (2) 부딪히는 물체가 어떻게 되튀는지를 알려주는 힘법칙이다.

충격력은 극소의 시간 간격에서 운동량에 있어서 유한한 변화를 만들어내는 힘을 말한다. 충돌 동안에 충격량 운동량 법칙을 적용할때 오직 충격력만이 역할을 하게 되고 이 충격력만이 FBD에 포함되게 된다. 두 질점 사이의 충돌에 관련되는 문제는 일반적으로 4개의 미지수를 포함하게 되며 따라서 4개의 식이 필요하게 된다. 두 질점 사이의 **비구속 충돌**(외부 충격력이 없는 경우)에 대한 기하학적 모양이 그림 5.27에 제시되어 있다. 충돌이 마찰이 없는 경우 4개의 식은 다음에서 각각 유도된다.

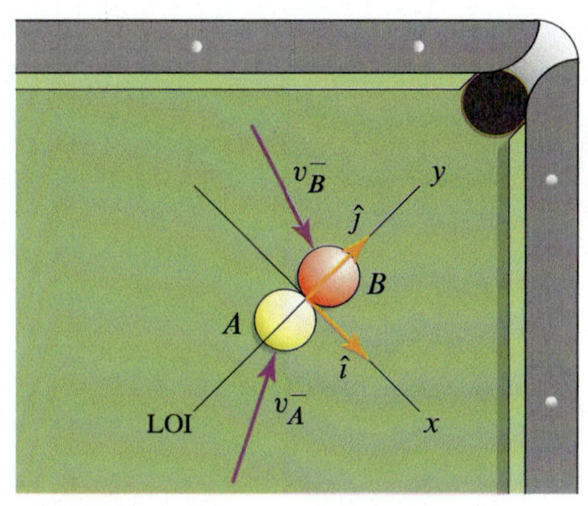

그림 5.27 두 충돌 질점 사이의 기하학.

1. LOI를 따라서(y 방향으로의) 두 개의 질점에 대한 충격량 운동량 법칙의 적용.

식 (5.38) p. 364

$$m_A v_{Ay}^- + m_B v_{By}^- = m_A v_{Ay}^+ + m_B v_{By}^+$$

2. x 방향으로의 질점 A의 충격량 운동량 법칙의 적용.

식 (5.39) p. 364

$$v_{Ax}^- = v_{Ax}^+$$

3. x 방향으로의 질점 B의 충격량 운동량 법칙의 적용.

식 (5.40) p. 364

$$v_{Bx}^- = v_{Bx}^+$$

4. LOI를 따라서 COR 식의 적용.

식 (5.25) p. 360

$$e = \frac{\text{분리속도}}{\text{접근속도}} = \frac{v_{Bx}^+ - v_{Ax}^+}{v_{Ax}^- - v_{Bx}^-}$$

3) 이 전략이 실패할 수 있는 문제들을 확인하는 것을 어렵지 않다. 예를 들어 만약 지면이 강체인 것과 동시에 마찰이 존재하는 경우라면, 운동량은 x 방향으로 보존되지 않을 것이다. 이것은 우리의 이론 혹은 모든 이론이 제한을 가지고 있다는 사실을 일깨운다.

반발계수 e는 두 질점 사이의 되튐(rebound)의 본질을 결정한다. $e = 0$일 때 이 충돌은 **소성**이라 불린다(물체들은 소성 충돌에서 반드시 들러붙을 필요는 없다). $0 < e < 1$일 때 충돌은 **탄성**이라 불린다. $e = 1$일 때 **완전탄성**이라고 불린다.

완전 소성 충돌에서 부딪히는 물체들은 충돌 후에 서로 들러붙게 된다. 따라서 완전 소성충돌에서 물체들이 들러붙게 되는 현상은 다음 방정식으로 표현된다.

식 (5.52), (5.43) p. 365

$$v_{Ay}^{+} = v_{By}^{+}, \quad v_{Ax}^{+} = v_{Bx}^{+}$$

덧붙여서 운동량은 충돌 동안 모든 방향에서 보존된다. 이것은 다음과 같은 수식으로 나타난다.

식 (5.44), (5.45) p. 365

$$m_A v_{Ax}^{-} + m_B v_{Bx}^{-} = m_A v_{Ax}^{+} + m_B v_{Bx}^{+},$$

$$m_A v_{Ay}^{-} + m_B v_{By}^{-} = m_A v_{Ay}^{+} + m_B v_{By}^{+}$$

충돌과 에너지 하나의 충돌이 완전한 탄성이 아니라면 기계적 에너지는 그 충돌 동안에 손실되는 것이 분명하다. 일반적으로 에너지 손실은 충돌 전 전체 운동에너지의 백분율로 계산되며 다음과 같이 표시할 수 있다.

식 (5.46) p. 365

$$\text{에너지 손실 백분율} = \frac{T^{-} - T^{+}}{T^{-}} \times 100\%$$

여기에서 T^{-}는 충돌 전 전체 운동에너지이며 T^{+}는 충돌 후 전체 운동에너지이다. 이 값들은 다음과 같이 나타난다.

식 (5.47), (5.48) p. 365

$$T^{-} = \tfrac{1}{2} m_A (v_A^{-})^2 + \tfrac{1}{2} m_B (v_B^{-})^2,$$

$$T^{+} = \tfrac{1}{2} m_A (v_A^{+})^2 + \tfrac{1}{2} m_B (v_B^{+})^2$$

구속 충돌 구속 충돌은 물체 중 하나가 어떤 방향으로 운동하는데 물리적으로 제한이 걸려있는 것을 말한다. 이와 같은 문제를 풀기 위한 전략은 다음과 같은 요소를 가진다.

1. 충돌 동안에 하나의 혹은 양쪽 물체의 운동량이 보존되는 방향들을 확인한다.
2. 구속의 운동학적 기술, 이것은 구속된 물체가 충돌 후 구속의 수직방향으로만 움직일 수 있다는 것을 의미한다.
3. LOI 방향을 따른 COR 식을 적용한다.

예제 5.6 두 볼링공의 중심 충돌

볼링공 A는 반송기에 의해 반송되어 1.8 m/s의 속도로 공 B를 향해 진행하고 있다. 공 B는 멈춰있는 상태이며, 각각의 질량은 $m_A = 6$ kg, $m_B = 7.5$ kg이다. 두 공의 직경은 동일하며 충돌에 대한 반발계수(COR)는 $e = 0.98$이다. 충돌 후 공 A와 B의 속도를 구하라.

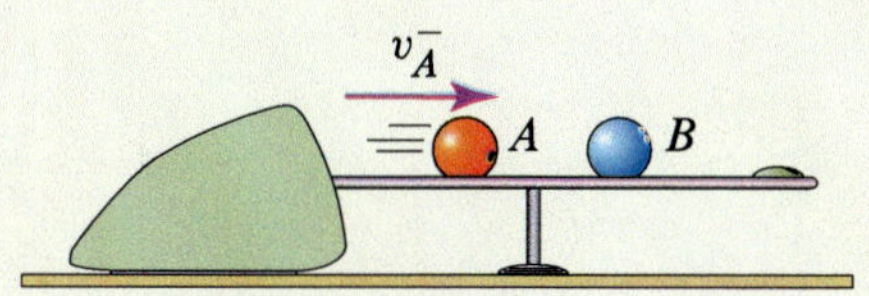

그림 1 볼링공 반환 스테이션에 도착하는 공.

풀이 SOLUTION

로드맵과 모델링 두 공은 수평한 선을 따라 움직이므로 충돌은 1차원에서 일어난다. 공의 직경이 동일하기 때문에, LOI도 수평이고 두 공 사이의 반력 역시 수평이 될 것이다. 이것은 두 공 사이에서 수직방향으로는 충격이 없다는 것을 의미한다. 그림 2에 두 공에 대한 충격을 FBD로 나타내었다. 입자로서 공 A와 B는 다루어지며, 중심부로의 직접적인 충격으로 모델링 할 수 있다.

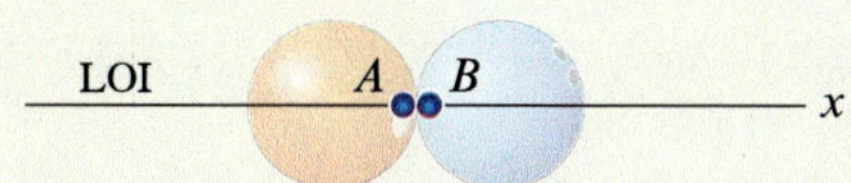

그림 2 충돌하는 질점들의 충돌관련 FBD.

지배방정식

평형 원리 그림 2를 보면 시스템 외부에서의 충격력은 존재하지 않는다. x 방향의 운동량 보존을 나타내면,

$$m_A v_{Ax}^- + m_B v_{Bx}^- = m_A v_{Ax}^+ + m_B v_{Bx}^+ \quad (1)$$

여기에서 m_A와 m_B는 공 A와 B 각각의 질량을 나타낸 것이다.

> **유용한 정보**
> **y 방향 운동량의 보존에 대해서는?** 물론 y 방향의 운동량은 보존되지만, 이 방정식은 0 = 0을 의미하게 된다.

힘의 법칙 우리가 보았던 것 처럼 충돌을 특성화하는 힘 법칙은 COR 방정식이다. 이 문제에 대해서는 다음과 같다.

$$v_{Bx}^+ - v_{Ax}^+ = e\left(v_{Ax}^- - v_{Bx}^-\right) \quad (2)$$

운동학 방정식 문제가 1차원이기 때문에 공식화 할 수 있는 유일한 역학 정보는 알려진 속도다. 이 정보는 다음과 같은 관계에 의해 주어진다.

$$v_{Ax}^- = 1.8\,\text{m/s}\;, \quad v_{Bx}^- = 0\,\text{m/s} \quad (3)$$

계산 식 (1)과 (2)에 (3)을 대입하면, 우리는 시스템의 두 방정식에서 v_{Ax}^+와 v_{Bx}^+의 확인되지 않은 정보만이 남아있다. 이는 아래의 식을 통해 구할 수 있다.

$$v_{Ax}^+ = \frac{m_A v_{Ax}^- + m_B\left[v_{Bx}^- + e\left(v_{Bx}^- - v_{Ax}^-\right)\right]}{m_A + m_B} = -0.18\,\text{m/s} \quad (4)$$

$$v_{Bx}^+ = \frac{m_B v_{Bx}^- + m_A\left[v_{Ax}^- + e\left(v_{Ax}^- - v_{Bx}^-\right)\right]}{m_A + m_B} = 1.584\,\text{m/s} \quad (5)$$

논의 및 검증 풀이는 공 B보다 가벼운 공 A가 반대방향(그림에서 왼쪽)으로의 되튀게 되는 일반적인 경험과 일치한다. 또한 COR에 의해 얻어지는 값은 1보다 작으며, 역학적 에너지의 손실이 예상된다. 주어진 데이터와 최종 결과에 따라 계산하면 시스템의 사전 및 사후 충돌의 운동에너지는 각각 $T^- = 9.72$ N · m와 $T^+ = 9.51$ N · m라는 것을 알 수 있다. $T^+ < T^-$에 따라 우리의 풀이대로 거동한다고 할 수 있다.

예제 5.7 낙하하는 공의 지면에 대한 수직 충돌

이 실험은 지상과 공의 충돌에 대한 반발계수(COR)를 측정하기 위해 수행된다. 실험에서 공의 움직임은 비디오로 녹화되며 초기에 공은 정지해있고, 일정 높이에서 바닥으로 떨어뜨리게 된다. 비디오 녹화를 통해 공이 지면과 충돌 후 튀어오르는 최대 리바운드 높이를 측정할 수 있다. 초기 높이와 최대 리바운드 높이를 통해 충격 반발계수를 측정한다.

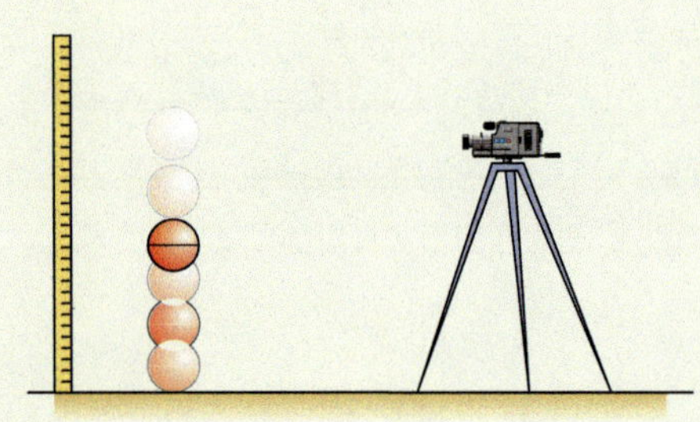

그림 1 지면으로 떨어지고 되튀는 공의 운동을 기록하기 위한 비디오 카메라.

풀이 SOLUTION

로드맵과 모델링 공기 저항은 무시되며, 지상과 충돌 전후 자유물체도는 그림 2에 표시된다. 공이 지면에 충돌하는 동안의 자유물체도는 그림 3에 표시된다. 그림 2를 참고하면, 일–에너지 원리를 이용해 공의 초기 높이와 지면과의 충돌 속도의 관계를 알 수 있다. 마찬가지로, 공이 리바운드 할때 초기속도와 최대 높이를 연관시킬 수 있다. 그림 3를 참고하여, 공과 지면 사이의 수직 충돌에 대한 방정식(식 (5.36), (5.37))을 적용할 수 있다.

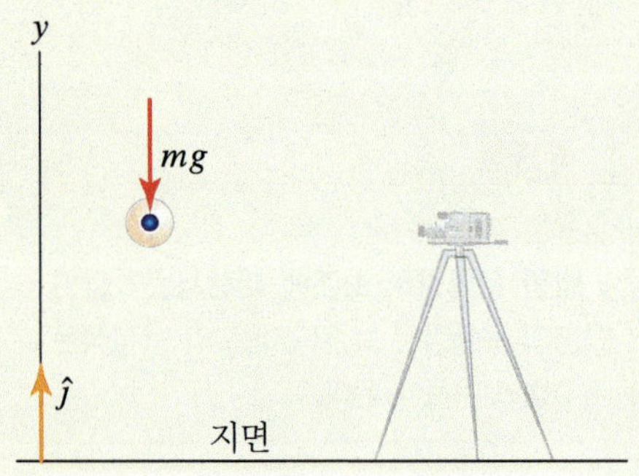

그림 2 지면과의 충돌 전후의 FBD.

일–에너지 원리 적용

지배방정식

평형 원리 ①은 공이 떨어지기 시작하는 순간의 상태를 나타내며, ②는 공이 지면과 충돌한 직전의 상태, ③은 충돌 직후의 상태, ④는 충돌 후 튀어올라 최대 높이에 다다랐을 때의 상태를 나타낸다. 따라서 모든 힘은 보존력이기 때문에 ①과 ②, ③과 ④ 사이에서 일–에너지 원리의 적용은 다음과 같은 형태를 취한다.

$$T_1 + V_1 = T_2 + V_2 \tag{1}$$

$$T_3 + V_3 = T_4 + V_4 \tag{2}$$

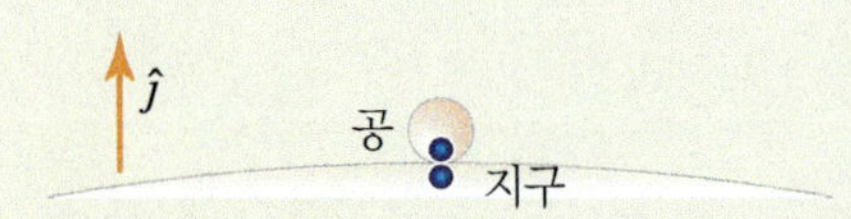

그림 3 지면/지구와의 충돌하는 동안의 공의 FBD.

운동에너지에 대한 표현은 다음과 같이 표현된다.

$$T_1 = \tfrac{1}{2}mv_1^2, \quad T_2 = \tfrac{1}{2}mv_2^2, \quad T_3 = \tfrac{1}{2}mv_3^2, \quad T_4 = \tfrac{1}{2}mv_4^2 \tag{3}$$

v_1은 초기 속도, v_2는 공이 지면과 충돌할때의 속도, v_3는 공이 지면과 충돌 후 솟아오르는 속도, v_4는 최대 리바운드 높이에서의 속도이다.

힘의 법칙 지면을 기준으로

$$V_1 = mgh_i, \quad V_2 = 0, \quad V_3 = 0, \quad V_4 = mgh_f \tag{4}$$

h_i는 초기 높이 h_f는 리바운드 높이(하첨자 i와 f는 초기시점(initial)과 최종시점(final)을 의미)이다.

운동학 방정식 운동학 방정식은 ①과 ④에서 공의 속도를 연관짓는다.

$$v_1 = 0 \;, \quad v_4 = 0 \tag{5}$$

식 (1)-(5)를 이용해 v_2와 v_3를 구한다.

> **유용한 정보**
>
> **충돌시간.** 우리는 4가지의 상태, 즉 ①-④의 상태를 정의하였다. 그러나 상태 ②와 ③은 본질적으로 같은 시간 즉 $t_2 \approx t_3 \approx t_i$에서 일어난다고 가정되었다는 것을 기억하는 것이 중요하다. 여기에서 t_i는 충돌시간이다. 이것은 충돌이 극소의 시간 동안 발생하는 사건이며 ②와 ③을 분리하는 사건이 공과 지면 사이의 충돌이기 때문이다.

충돌–운동량 원리 적용

지배방적식

평형 원리 그림 3에서 공과 지면의 충돌에 관련된 자유물체도를 나타내며, y 방향으로부터의 외부 힘이나 충돌이 없다는 것을 알 수 있다. 그러므로 예제5.6과 마찬가지로 문제를 해결할 것이다. 다만 이번에는 지구는 하나의 질점으로 나타낸다. y 방향으로의 운동량 보존이 적용되면 다음과 같은 관계를 얻는다.

$$mv_2 + m_e v_e^- = mv_3 + m_e v_e^+ \tag{6}$$

m_e는 지구의 질량이며 v_e^-와 v_e^+는 각각 충돌 전후 지구의 속도이다.

힘의 법칙 공과 지구에 대한 COR 방정식은 다음과 같다.

$$v_3 - v_e^+ = e(v_e^- - v_2) \tag{7}$$

운동학 방정식 이러한 상황에서 운동 방정식은 지구의 질량이 공의 질량보다 훨씬 크다는 것을 고려한다. m_e로 방정식 (6)의 양변을 나누면,

$$\frac{m}{m_e}v_2 + v_e^- = \frac{m}{m_e}v_3 + v_e^+ \quad \Rightarrow \quad v_e^- = v_e^+ = 0 \tag{8}$$

충돌 전 지구가 움직이지 않는다는 것과 $m/m_e \approx 0$이라는 사실은 $v_e^- = v_e^+ = 0$에 의해 포함되었다. 만약 지구가 충돌 전까지 움직이지 않는다면, 지구는 충돌 후에도 움직이지 않을 것이다.

흥미로운 사실

충돌에 의한(그리고 다른 것들에 의한) 지구의 운동. 지구는 하나의 물체가 지구에 충돌할때 매우 작은 양만큼 움직인다. 운동량 보존에 의하면 이와 같은 운동은 반드시 일어나게 된다. 식 (8)에서와 같이 이 경우의 질량비율은 매우 작아서 여기서 풀어본 것과 같은 일반적인 충돌에서의 지구의 운동은 측정할 수 없다. 지구에 대하여 움직이는 어떤 물체들은 지구의 운동에 영향을 미칠 수 있다. 예를 들어 지구 지각의 많은 부분의 운동과 관련되는 지진은 지구 운동에 측정이 가능할 정도의 변화를 일으킨다.

계산 식 (1)-(5)의 결합으로, 다음과 같은 관계를 구할 수 있다.

$$mgh_i = \tfrac{1}{2}mv_2^2 \quad , \quad \tfrac{1}{2}mv_3^2 = mgh_f \tag{9}$$

여기에서 v_2와 v_3를 구할 수 있으며, 다음과 같은 관계를 얻는다.

$$v_2 = -\sqrt{2gh_i} \quad , \quad v_3 = \sqrt{2gh_f} \tag{10}$$

다시 여기에서 좌표계 선택에 의해 우리는 v_2에 대한 음의 근과 v_3에 대한 양의 근을 선택했다.

방정식 (8)을 (7)에 대입하면 다음과 같은 관계를 얻는다.

$$v_3 = -ev_2 \quad \Rightarrow \quad \boxed{e = \sqrt{\frac{h_f}{h_i}}} \tag{11}$$

위 식에서 식 (10)이 사용되었다.

논의 및 검증 COR 수식이 올바른지 확인하기 위해서 우리의 일상의 경험과 수식의 결과를 비교할 수 있다. 우리가 높이 h_i에서 공을 떨어뜨릴 경우 최대 리바운드 높이 h_f는 h_i보다 낮다. 즉 $h_f < h_i$이다. 또한 일반적으로 $h_f \geq 0$이며, 따라서 방정 (11)에서 $0 \leq e \leq 1$이라는 결론을 내릴 수 있다. 이것은 e가 예상대로 작용한다는 것을 말한다. 또한 $e = 1$일 때 $h_f = h_i$라는 것을 알 수 있으며, 이는 완전탄성 충돌일 경우에만 리바운드 높이가 초기높이와 동일하다는 것을 나타내는 것이다.

심층분석 모든 질점과 움직이지 않는 면의 충돌 문제의 해결에서 식 (6)과 (7)을 쓸 필요가 없다는 것에 주목하라.

$$v_{\text{질점}}^+ - v_{\text{면}}^+ = e\left(v_{\text{면}}^- - v_{\text{질점}}^-\right) \tag{12}$$

LOI와 $v_{\text{면}}^- = v_{\text{면}}^+ = 0$에 의해 다음과 같은 결과를 얻을 수 있다.

$$v_{\text{질점}}^+ = -ev_{\text{질점}}^- \tag{13}$$

예제 5.8 입자간 충돌 순서

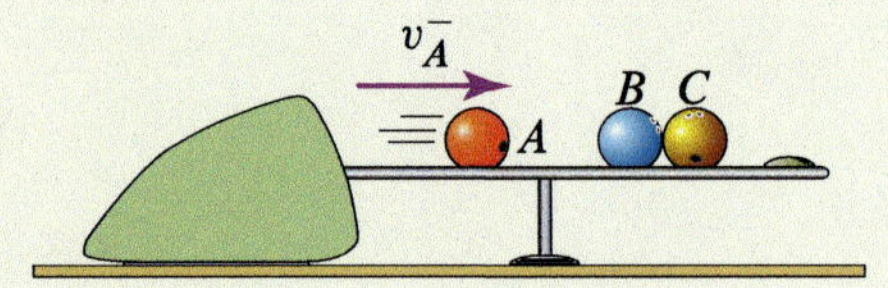

그림 1 볼링공 반환 스테이션에 도착하는 공.

볼링공 A는 반송기에 의해 반송되어 1.8 m/s의 속도로 공 B를 향해 진행하고 있다. 공 B는 공 C와 접촉해있고 B와 C 모두 멈춰있는 상태이다. 각각의 질량은 $m_A = 7.5$ kg, $m_B = 6$ kg, $m_C = 7$ kg이다. 또한 공 A와 B, 공 B와 C 사이의 각각의 충돌에서 COR은 $e_{AB} = 0.98$, $e_{BC} = 0.94$로 측정되었다. 주어진 정보를 이용해 충돌 후 세 공의 속도를 구하라.

흥미로운 사실

정보의 전파. 공 C는 어떻게 공 A와 B 사이의 충돌을 알 수 있을까? 정답은 일부는 B의 전체가 움직이기 때문이며 일부는 A-B 사이의 충돌이 B를 통과하여 C로 전달되는 소리파를 발생시키기 때문이다. 이와 같은 이중 정보전달 메커니즘 때문에 만약 소리정보가 B전체가 움직이는 것보다 더 빨리 움직인다면 B가 충분히 움직이지 않는다고 하더라도 C가 A-B의 충돌에 의해 영향을 받는다고 할 수 있다. 그러므로 이 문제를 푸는데 있어서 1.8 m/s의 속도 (즉 v_A^-)는 볼링공 내부에서의 소리의 속도보다 매우 작다고 가정하였다. 여기에서 볼링공 내부의 소리의 속도는 일반적인 나일론 제품내에서의 소리의 속도(즉 1800 m/s)를 넘는 것으로 추정하였다.

풀이 SOLUTION

로드맵과 모델링 이 절에서 이론은 순간적인 두 입자의 충돌에 대해서만 다루었다. 그러나 A, B, C가 직렬로 배열되어 있기 때문에, 공 B와 C가 접촉해 있지 않고 매우 얇은 틈을 두고 떨어져 있다고 가정하면, 이 문제를 다루는 것이 쉬워진다. 그러면 문제는 충돌의 순서로 보여지게 된다. 이 순서는 최소한 공 A와 B의 충돌과 B, C 사이의 충돌로 구성되어져 있으며, 추가적인 충돌이 발생할 수 있다. 최종적인 공의 움직임은 아래의 부등식을 만족할 것이다.

$$v_A^+ \le v_B^+ \le v_C^+ \tag{1}$$

우리는 모든 운동이 x 방향으로만 발생한다고 가정하며(그림 2 참고) 아래첨자는 생략한다.

모든 공은 동일한 지름을 갖고, LOI는 공의 반송 가이드와 평행하다. 이로 인하여 공과 가이드 사이의 충돌에 의한 반력은 고려되지 않는다. 공 A와 B, B와 C의 충돌과 관련된 자유물체도는 그림 2에 나타나 있다. 운동이 LOI와 평행일 때, 모든 충돌은 비구속 직접 중앙 충돌이다.

A-B 충돌의 FBD

B-C 충돌의 FBD

그림 2 A와 B, B와 C 사이의 충돌관련 FBD.

첫 번째 (A–B)와 두 번째 (B–C) 충돌

지배방정식

평형 원리 A-B와 B-C 충돌은 분리되어 있지만 순차적인 사건이다. 그림 2를 보면 충돌에서 x 방향의 운동량은 보존된다는 것을 알 수 있다.

$$m_A v_{A1}^- + m_B v_{B1}^- = m_A v_{A1}^+ + m_B v_{B1}^+ \tag{2}$$

$$m_B v_{B2}^- + m_C v_{C2}^- = m_B v_{B2}^+ + m_C v_{C2}^+ \tag{3}$$

v_{A1}^+와 v_{B1}^+는 첫 번째 충돌 직후 A와 B의 속도이고, v_{B2}^-와 v_{C2}^-는 두 번째 충돌 직전 B와 C의 속도이다. 그리고 v_{B2}^+와 v_{C2}^+는 두 번째 충돌 직후 B와 C의 속도를 나타낸다. 첫 번째 충돌 후 B의 속도가 두 번째 충돌 전 B의 속도와 같아야 한다는 것에 주목하자.

$$v_{B1}^+ = v_{B2}^- \tag{4}$$

힘의 법칙 첫 번째 충돌(A-B)와 두 번째 충돌(B-C)을 위해 두 개의 COR 방정식을 갖는다. 즉

$$v_{B1}^+ - v_{A1}^+ = e_{AB}(v_{A1}^- - v_{B1}^-) \tag{5}$$

$$v_{C2}^+ - v_{B2}^+ = e_{BC}(v_{B2}^- - v_{C2}^-) \tag{6}$$

운동학 방정식 공들의 속도에 대한 주어진 정보는 다음과 같다.

$$v_{A1}^- = 1.8\,\text{m/s}, \quad v_{B1}^- = 0\,\text{m/s}, \quad v_{C2}^- = 0\,\text{m/s} \tag{7}$$

계산 식 (4)와 (7)의 삽입 후 식 (2), (3), (5), (6)의 형태는 네 개의 방정식과 네 개의 미지수 v_{A1}^+, v_{B1}^+, v_{B2}^+, v_{C2}^+로 구성된다. 최초의 충돌에 대해서, 식 (2)와 (5)가 v_{A1}^+과 v_{B1}^+을 구하기 위해 풀어지고, 이것이 식 (3)과 (6)에 대입되어 v_{B2}^+와 v_{C2}^+를 구할 수 있다.

$$\begin{aligned} v_{A1}^+ &= 0.216\,\text{m/s}, \quad v_{B1}^+ = 1.980\,\text{m/s} \\ v_{B2}^+ &= -0.090\,\text{m/s}, v_{C2}^+ = 1.770\,\text{m/s} \end{aligned} \tag{8}$$

논의 및 검증 충돌 후 물체들의 속도는 v_{A1}^+, v_{B2}^+, v_{C2}^+이다. 식 (8)에 의해 주어지는 값은 식 (1)의 부등식을 만족하지 못한다. C에 대한 결과는 받아들일 수 있지만, v_{A1}^+, v_{B2}^+ 값은 공 A가 오른쪽으로 움직이고 공 B는 왼쪽으로 움직인다는 것을 나타낸다. 그러므로 A와 B는 다시 충돌할 것이다. 따라서 우리는 이 세 번째 충돌에 대해 연구할 필요가 있다.

세 번째 충돌 (A–B)

지배 방정식

평형 원리 그림 2의 위쪽 그림을 다시 참조, 우리는 세 번째 충돌하는 동안 A와 B의 운동량 보존 방정식을 세울 수 있다.

$$m_A v_{A3}^- + m_B v_{B3}^- = m_A v_{A3}^+ + m_B v_{B3}^+ \tag{9}$$

여기서 공 A가 두 번째 충돌에 관여하지 않기 때문에 첫 번째 충돌 후 A의 속도가 세 번째 충돌 전 A의 속도와 같다는 것을 알아야 한다. 또한 두 번째 충돌 직후 공 B의 속도가 세 번째 충돌 직전 B의 속도와 같으며 수학적으로 이 둘은 아래와 같이 나타낼 수 있다.

$$v_{A1}^+ = v_{A3}^-, \quad v_{B2}^+ = v_{B3}^- \tag{10}$$

힘의 법칙 세 번째 충돌의 COR은 아래와 같이 주어진다.

$$v_{B3}^+ - v_{A3}^+ = e_{AB}\left(v_{A3}^- - v_{B3}^-\right) \tag{11}$$

운동학 방정식 이 충돌에서 이미 알고 있는 속도는 아래와 같다.

$$v_{A3}^- = v_{A1}^+ = 0.216\,\text{m/s}, \quad v_{B3}^- = v_{B2}^+ = -0.090\,\text{m/s} \tag{12}$$

계산 식 (12)를 식 (9)와 (11)에 대입하면 우리는 두 개의 미지수 v_{A3}^+와 v_{B3}^+를 갖는 시스템을 갖는다. 이 두 방정식에 대한 풀이는 다음과 같은 결과를 얻는다.

$$v_{A3}^+ = -0.053\,\text{m/s}, \quad v_{B3}^+ = 0.247\,\text{m/s} \tag{13}$$

이 결과와 함께 식 (1)은 만족되며 답이 구해지게 된다.

$$\boxed{v_A^+ = -0.053\,\text{m/s}, \quad v_B^+ = 0.247\,\text{m/s}, \quad v_C^+ = 1.77\,\text{m/s}} \tag{14}$$

논의 및 검증 전체 순서에서 세 번째 충돌의 끝에서 우리는 공 B와 C가 오른쪽으로 운동하며 공 A는 왼쪽으로 운동한다는 것을 알 수 있다. 또한 공 C가 빠르게 B보다 오른쪽으로 이동하기 때문에 네 번째 충돌은 발생할 수 없다. 완전 탄성 충돌이 아닌 상황에서 운동 에너지가 감소할 것이라고 예상된다. 시스템의 최종 운동 에너지는 11.16 N · m이며, 초기 운동에너지는 12.15 N · m이었다.

예제 5.9 에어 하키에서 경사 중심 충돌

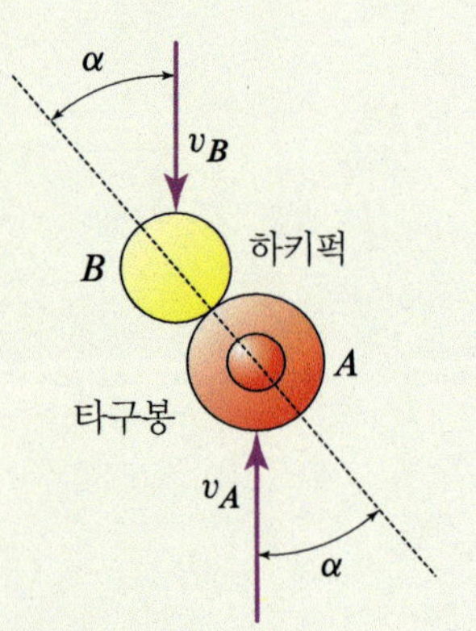

그림 1 에어하키 게임에서 타구봉 A (빨간색)과 부딪히는 하키퍽 B (노란색).

에어 하키 게임[4]에서 그림 1에 나타난 것처럼 170 g의 타구봉 A는 28 g의 하키퍽 B와 충돌하게 된다.[5] 충돌이 완전 탄성 충돌이라 가정하고, $\alpha = 40°$이고 타구봉과 하키퍽이 충돌 전 속도가 각각 2.8과 6 m/s라고 하자. 충돌 후 타구봉과 하키퍽의 속도를 구하라. 마지막으로 완전 탄성 충돌 상황에서 충돌 전후 운동에너지가 같은지 확인하라.

풀이 SOLUTION

로드맵과 모델링 하키퍽과 타구봉을 질점으로 모델링하면, 그림 1에서처럼 점선으로 나타나 있는 질점의 중심을 연결해 쉽게 LOI를 확인할 수 있다. 충돌 전 속도가 LOI에 평행하지 않기 때문에 이 충돌이 경사 중심 충돌이라는 것을 알 수 있다. 충돌상황에서 A와 B의 관계가 그림 2에 자유물체도로 표현되어 있다. A와 B의 각각의 자유물체도는 그림 3에 표시되었다. 충돌면은 마찰이 없으며, 내부에서의 힘은 LOI와 평행하다고 가정하였다.

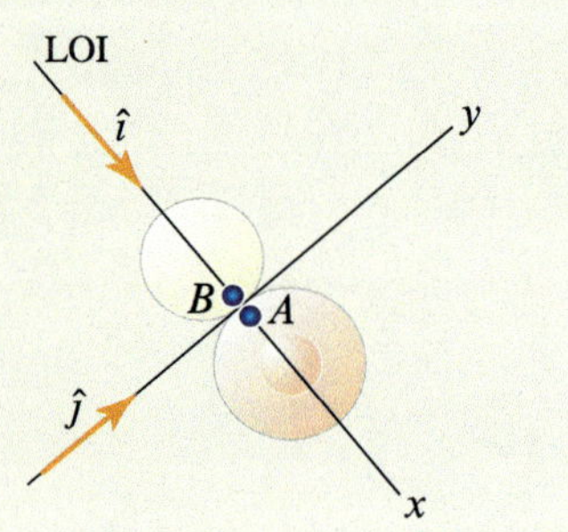

그림 2 A와 B가 결합된 FBD. x 축을 LOI와 일치하도록 선택하였다.

지배방정식

평형 원리 앞부분에 제시된 경사 중앙 충돌에 대한 논의에 이어, 마찰이 없는 두 물체의 충돌에서 접촉 때마다 이것은 식 (1)과 같이 LOI에 따라 운동량 보존 방정식을 작성하고, 충돌 방향의 직교방향에서 질점마다 하나씩 두 개의 운동량 방정식을 추가로 작성하는 것이 편리하다.

$$m_A v_{Ax}^- + m_B v_{Bx}^- = m_A v_{Ax}^+ + m_B v_{Bx}^+ \tag{1}$$

$$m_A v_{Ay}^- = m_A v_{Ay}^+ \quad \Rightarrow \quad v_{Ay}^- = v_{Ay}^+ \tag{2}$$

$$m_B v_{By}^- = m_B v_{By}^+ \quad \Rightarrow \quad v_{By}^- = v_{By}^+ \tag{3}$$

식 (2)와 (3)은 각각의 질점이 LOI의 수직방향에 충격력이 존재하지 않는 다는 것을 반영한다(그림 3 참조).

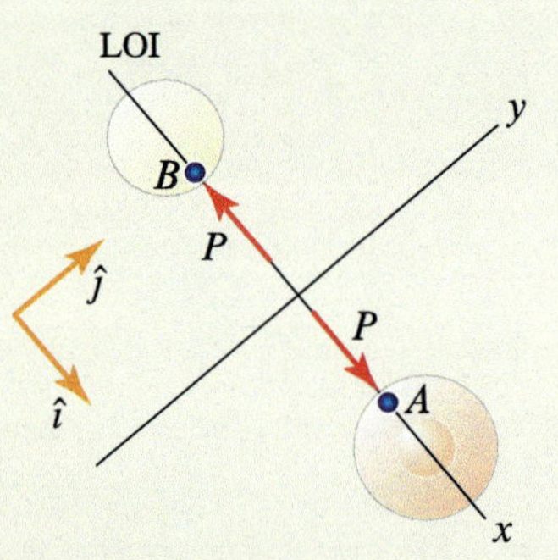

그림 3 A와 B를 개별적으로 그린 FBD. 힘 P는 A와 B의 충돌 동안의 충격 접촉력이다.

힘의 법칙 완전 탄성 충돌이기 때문에(즉 $e = 1$), 이 충돌에서 COR 방정식은 다음과 같다.

$$v_{Bx}^+ - v_{Ax}^+ = v_{Ax}^- - v_B^- \tag{4}$$

운동학 방정식 이 문제에서 운동 방정식은, 대부분의 충돌 문제이며, 알려진 속도 요소로 구성되었다. 두 입자 사이에 충돌 전 속도는 알려져 있으며, 그림 4를 참조한다.

4) 에어하키는 참가자가 딱딱한 플라스틱 타구봉을 이용하여 플라스틱 퍽(puck)을 치는 경기이다. 이 퍽은 수평 테이블 위를 미끄러지게 된다. 이 게임의 목적은 퍽을 쳐서 상대편의 골에 집어 넣는 것이다. 퍽의 미끄러지는 운동을 이용하기 위하여 게임에 사용되는 테이블은 작은 직경의 구멍이 뚫려있는 표면을 가지고 있으며 작은 압축기가 이 표면으로 공기를 불어낸다. 따라서 퍽은 기본적으로 얇은 공기쿠션 위를 미끄러지게 된다.

5) "퍽이 게임 중에 있을 때 타구봉을 제어하지 못하는 것"은 공식적인 에어하키 규칙에 의하면 반칙이다.

$$v_{Ax}^- = -v_A^- \cos\alpha \quad \Rightarrow \quad v_{Ax}^- = -2.145\,\text{m/s} \tag{5}$$

$$v_{Ay}^- = v_A^- \sin\alpha \quad \Rightarrow \quad v_{Ay}^- = 1.80\,\text{m/s} \tag{6}$$

$$v_{Bx}^- = v_B^- \cos\alpha \quad \Rightarrow \quad v_{Bx}^- = 4.596\,\text{m/s} \tag{7}$$

$$v_{By}^- = -v_B^- \sin\alpha \quad \Rightarrow \quad v_{By}^- = -3.857\,\text{m/s} \tag{8}$$

계산 식 (5)-(8)을 식 (1)-(4)에 대입하면, 시스템은 네 개의 미지수 v_{Ax}^+, v_{Ay}^+, v_{Bx}^+, v_{By}^+를 포함한 네 개의 식으로 나타낸다. 네 개의 방정식과 네 개의 미지수를 다루는 대신에, x 방향과 y 방향을 나누어 식을 세우는 것이 도움이 될 것이다. 이는 식 (1)과 식 (4)가 두 개의 미지수 v_{Ax}^+와 v_{Bx}^+를 포함하는 두 개의 방정식으로 시스템을 형성할 수 있다는 것을 의미한다. 두 개의 방정식은 아래와 같이 계산된다.

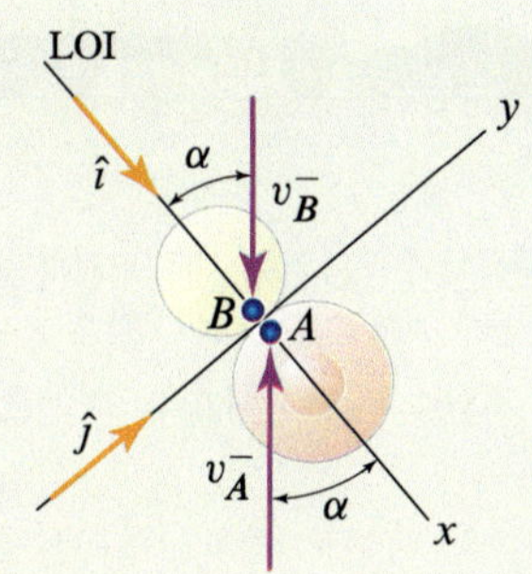

그림 4 하키퍽과 타구봉 사이의 충돌에 대한 기하학.

$$\boxed{v_{Ax}^+ = -0.239\,\text{m/s}, \quad v_{Bx}^+ = -6.98\,\text{m/s}} \tag{9}$$

마찬가지로 남아있는 두 미지수에 대해서, 각각 식 (6)과 (8)을 식 (2)와 (3)에 대입하여 구할 수 있다.

$$\boxed{v_{Ay}^+ = 1.80\,\text{m/s}, \quad v_{By}^+ = -3.857\,\text{m/s}} \tag{10}$$

탄성 충돌에서 충돌 전후의 운동에너지는 동일한 값을 가진다는 주장을 확인할 수 있다. 충돌 전 운동에너지는

$$\boxed{T^- = \tfrac{1}{2}m_A(v_A^-)^2 + \tfrac{1}{2}m_B(v_B^-)^2 = 1.170\,\text{Nm}} \tag{11}$$

이며, 충돌 후 운동에너지는

$$\boxed{T^+ = \tfrac{1}{2}m_A(v_A^+)^2 + \tfrac{1}{2}m_B(v_B^+)^2 = 1.170\,\text{Nm}} \tag{12}$$

따라서 완전 탄성충돌이 일어나는 동안 에너지는 변하지 않았다는 것을 확인했다.

논의 및 검증 이 문제는 전형적인 경사 중앙 충돌을 다루는 방법의 예를 보여준다. 여기서 설명하는 해결 방법은 충돌하는 개체 간에 마찰이 없다는 가정에 기반을 두고 있다. 또한 질점 간 충돌에서 A의 접근 속도와 LOI 사이의 각이 B의 접근 속도와 LOI 사이의 각도와 동일하다. 이것은 항상 동일하지는 않을 것이나, 서로 다른 접근 각도를 반영해 식 (5)-(8)을 수정하는 것은 간단하다.

이것은 또한 충돌 후에 속도를 시하학적으로 보는 것에 도움이 될 것이다. 그림 5를 참조하라.

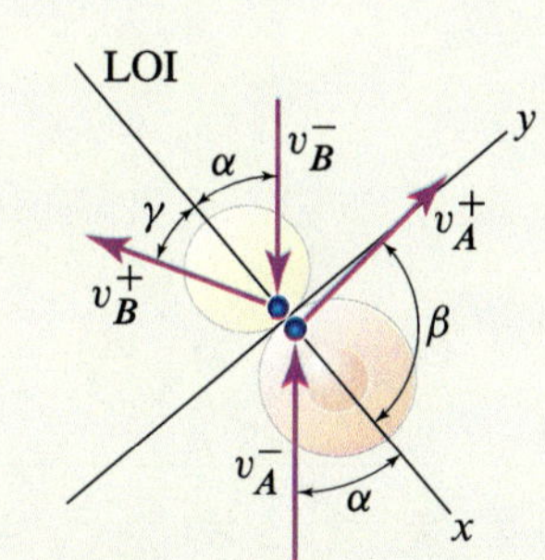

그림 5 충돌 후의 퍽과 타구봉 사이의 기하학.

$$\beta = 180° + \tan^{-1}\left[\frac{v_{Ay}^+}{v_{Ax}^+}\right] = 97.5°, \qquad \gamma = \tan^{-1}\left[\frac{v_{By}^+}{v_{Bx}^+}\right] = 28.9° \tag{13}$$

이 각도는 합리적이다. 만약 $\beta = -80°$라고 했다면, 우리는 무언가 잘못 알고 있었던 것이다.

예제 5.10 승용차와 트럭사이의 구속 충돌

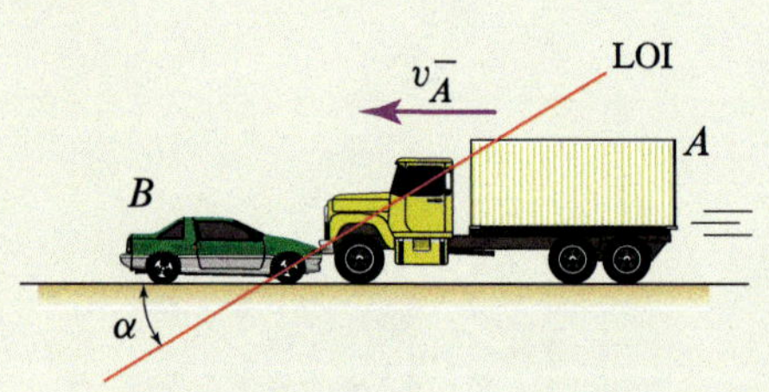

그림 1 승용차와 중형 트럭 사이의 저속 충돌. 각 $\alpha = 25°$, 충돌에 대한 COR은 $e = 0.1$, $m_A = 15{,}000$ kg, $m_B = 1100$kg, $v_A^- = 7.3$ km/h.

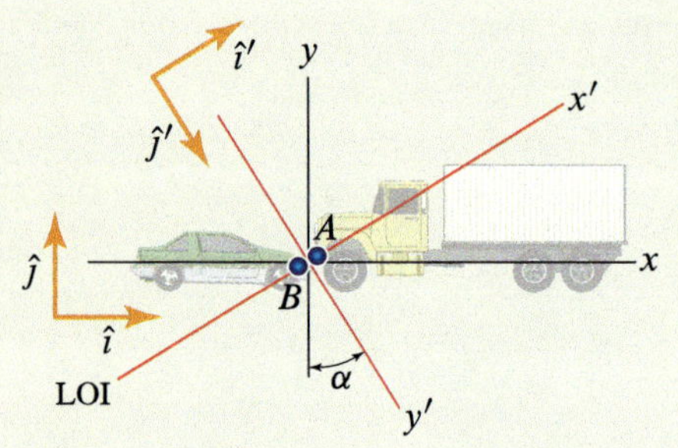

그림 2 도로가 유연하다는 가정 하에서의 A-B 충돌의 충돌관련 FBD.

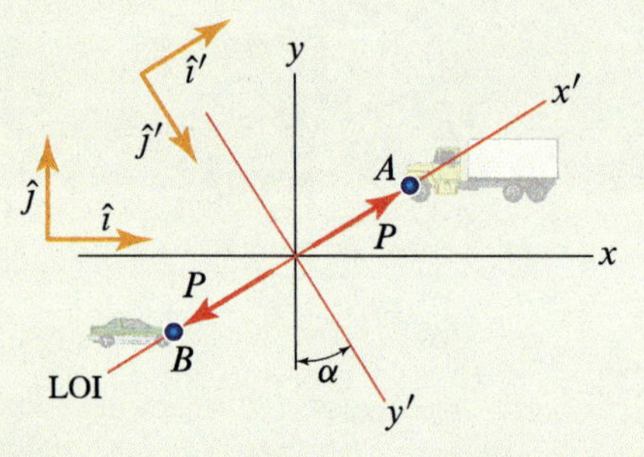

그림 3 도로가 유연하다는 가정 하에서의 A-B 충돌의 개별적인 충돌관련 FBD.

주차된 승용차 B와 트럭 A 사이의 충돌(그림 1). A와 B, B와 지면 사이의 마찰이 무시할 수 있다고 가정하고, (a) 도로 포장이 무를 때, (b) 도로 포장이 단단할때의 충돌 후 속도를 비교하라.

풀이 SOLUTION

로드맵 이 예제는 구속받지 않는 상황과 구속 상황에서 충돌의 차이를 보여준다. (a)에서 문제는 예제 5.9와 근본적으로 동일하다. 반대로 (b)에서 충돌은 구속충돌이며 365쪽에서 논의된 아이디어를 사용하여 다루어져야 한다.

(a) 부분: 도로 포장이 무를 때

모델링 A와 B 모두 질점으로 모델링하고, 마찰과 중력을 무시한다. LOI 방향으로 인해 A는 B를 도로를 향해 밀게 될 것이다. 이는 스프링과 같은 거동을 보여준다. 따라서 B와 도로 사이의 반응은 충격이 아닌 힘으로 다루어져야 한다(365쪽의 논의를 참조). 따라서 이러한 가정 하에서 A-B 사이의 충돌에 관한 자유물체도가 그림 2에 나타나 있다. 그리고 충돌은 강제가 제한되지 않은 경사 중심 충돌로 다루어질 것이다(v_A^-가 LOI와 평행하지 않기 때문). A와 B 각각에 해당하는 자유물체도가 그림 3에 나타나 있다.

지배방정식

평형 원리 예제 5.9에서 언급했던 것처럼 그림 2와 그림 3의 자유물체도에 의해 선형 운동량 보존 상태를 나타낼 수 있다.

$$m_A v_{Ax'}^- + m_B v_{Bx'}^- = m_A v_{Ax'}^+ + m_B v_{Bx'}^+ \tag{1}$$

$$m_A v_{Ay'}^- = m_A v_{Ay'}^+ \quad \Rightarrow \quad v_{Ay'}^- = v_{Ay'}^+ \tag{2}$$

$$m_B v_{By'}^- = m_B v_{By'}^+ \quad \Rightarrow \quad v_{By'}^- = v_{By'}^+ \tag{3}$$

힘의 법칙 LOI에 따라 COR 방정식이 적용된다.

$$v_{Bx'}^+ - v_{Ax'}^+ = e\left(v_{Ax'}^- - v_{Bx'}^-\right) \tag{4}$$

운동학 방정식 충돌 전 속도는 아래와 같다.

$$v_{Ax}^- = -2.028\,\text{m/s}, \quad v_{Ay}^- = 0.0\,\text{m/s}, \quad v_{Bx}^- = 0.0\,\text{m/s}, \quad v_{By}^- = 0.0\,\text{m/s} \tag{5}$$

xy에서 $x'y'$로의 좌표 변환 방정식은 다음과 같이 주어진다.

$$\hat{\imath}' = \cos\alpha\,\hat{\imath} + \sin\alpha\,\hat{\jmath}, \qquad \hat{\jmath}' = \sin\alpha\,\hat{\imath} - \cos\alpha\,\hat{\jmath} \tag{6}$$

계산 이 문제의 해결책은 예제 5.9에서 설명한 것과 매우 비슷하다. 따라서 우리는 xy 좌표계에 대한 최종 답변만을 제시할 것이다.

$$v_{Ax}^+ = -1.90\,\text{m/s}, \qquad v_{Ay}^+ = 0.0584\,\text{m/s} \tag{7}$$

$$v_{Bx}^+ = -1.71\,\text{m/s}, \qquad v_{By}^+ = -0.796\,\text{m/s} \tag{8}$$

(b) 부분: 도로 포장이 단단할때

모델링 포장이 딱딱한 것으로 가정된다면, 그것은 충격으로 나타나는 반발력을 제공할 수 있다. B가 도로로 밀려들어가면서 반발 충격력이 도로로부터 B에 전해진다. 그리고 A에 대한 충격력은 존재하지 않는다. 따라서 A와 B 각각에 해당하는 자유물체도가 그림 5처럼 주어진 반면, A와 B의 충돌에 관련된 자유물체도가 그림 4에서처럼 표현된다. 이것은 구속된 경사 중앙 충돌이다.

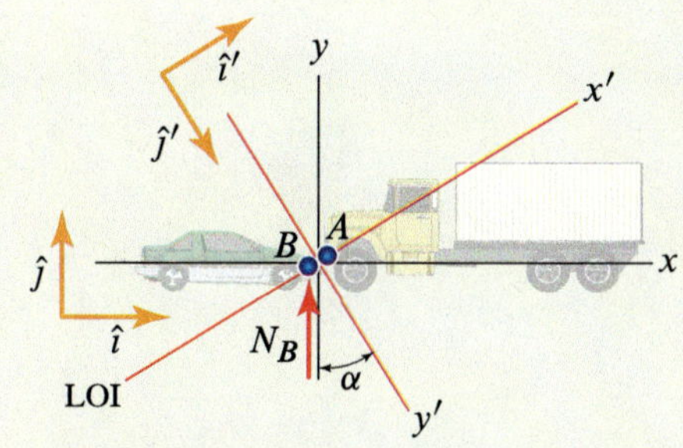

그림 4 도로가 강체라는 가정 하에서의 A-B 충돌의 충돌관련 FBD. 힘 N_B는 도로에 의해서 B에 가해지는 충격반력이다.

지배방정식

평형 원리 그림 4의 자유물체도에서 x 방향에는 외부의 충격력이 없다. 따라서 A-B 시스템에 대한 선형운동량은 그 방향으로 보존되어 있다. 유사한 논증을 이용하여, A의 선형운동량이 y 방향을 따라 보존된다는 것을 알 수 있다(그림 5 참조). 그러나 B와 같다고 할 수는 없다. 따라서 충돌-운동량 원리의 적용에 의해 다음의 두 방정식을 얻을 수 있다.

$$m_A v_{Ax}^- + m_B v_{Bx}^- = m_A v_{Ax}^+ + m_B v_{Bx}^+ \tag{9}$$

$$m_A v_{Ay'}^- = m_A v_{Ay'}^+ \quad \Rightarrow \quad v_{Ay'}^- = v_{Ay'}^+ \tag{10}$$

힘의 법칙 366쪽에서 논의한 것처럼, 이 충격에 대한 COR방정식은 구속되지 않은 경우와 동일할 것이다. 따라서 식 (4)는 계속 적용한다.

$$v_{Bx'}^+ - v_{Ax'}^+ = e\left(v_{Ax'}^- - v_{Bx'}^-\right) \tag{11}$$

운동학 방정식 역학적으로, 현재와 이전 경우의 문제 사이에 중요한 차이점은 B의 운동이 x 방향에서 발생한다는 것이다. 즉

$$v_{By}^+ = 0 \tag{12}$$

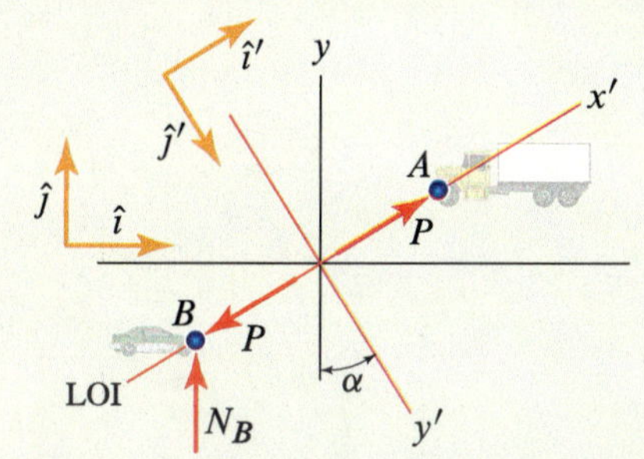

그림 5 도로가 강체라는 가정 하에서의 A-B 충돌의 개별적인 충돌관련 FBD. 충격력 P는 일반적으로 그림 3과는 다른 정도의 강도를 가진다는 것을 주의하라.

식 (5)의 표현대로, 이 방정식은 우리가 이미 가지고 있는 운동학적 정보의 나머지 부분에 추가되어야 한다.

계산 좌표 시스템에 대한 마지막 답변의 선택과 v_{By}^+가 이미 알려져 있기 때문에, 우리는 이 문제에서 세 가지 미지수를 갖고 있다: v_{Ax}^+, v_{Ay}^+, v_{Bx}^+. 따라서 우리는 세 가지 방정식이 필요하며, 이 중 하나는 식 (9)이다. 나머지 두 방정식은 xy 구성요소에서 식 (10)과 (11)을 다시 작성하여 얻을 수 있다. 식 (6)과 (12)를 이용하면,

$$\left(v_{Bx}^+ - v_{Ax}^+\right)\cos\alpha - v_{Ay}^+ \sin\alpha = e v_{Ax}^- \cos\alpha \tag{13}$$

$$v_{Ax}^- \sin\alpha = v_{Ax}^+ \sin\alpha - v_{Ay}^+ \cos\alpha \tag{14}$$

식 (9), (13), (14)를 v_{Ax}^+, v_{Ay}^+, v_{Bx}^+에 대해 풀이하면,

$$\boxed{v_{Ax}^+ = -1.88\,\text{m/s}, \quad v_{Ay}^+ = 0.0700\,\text{m/s}, \quad v_{Bx}^+ = -2.05\,\text{m/s}} \tag{15}$$

논의 및 검증 두 풀이 간의 여러 가지 차이점이 있다. 첫째, 승용차 B가 도로로 가라앉지 않는다면 y 방향의 구속된 충격에서 충돌 후 트럭 A의 속도는 구속되지 않은 충돌 상황보다 높다. 구속된 충격상황의 경우, 구속되지 않는 충격이 일어났을 때와 반대로 충격 직후 승용차 B는 왼쪽으로 트럭 A보다 빠르게 운동한다. 따라서 구속된 경우 B는 A에서 멀어지는 움직임을 보일 것이라 예측된다. 반대로 구속되지 않는 해결안의 예측에 의하면 A가 B를 넘어설 것이다. 두 풀이 중 어느 것이 맞고 틀리다고 말할 수 없다. 두 풀이는 차량과 도로의 기계적 성질에 따라 옳을 수도 있다. 분명 여기에 언급된 고려사항은 A와 B 모두 질점으로 모델링하고 있다는 사실과 물체의 유한한 크기에 관한 무수히 많은 부가적인 효과를 무시한다(예를 들어, 회전)는 사실에 제한된다.

예제 5.11 경사 중심 충돌 : 사고의 재구성

자동차 A의 운전자는 빨간불에서 멈추지 못하여 사고를 일으켰다. 운전자 A의 과실을 규명하기 위해 다음과 같은 데이터가 기록되었다(그림 1 참조). $m_A = 2400$ kg, $m_B = 2000$ kg, $\alpha = 67°$, $\beta = 70°$, $d_A = 18.5$ m, $d_B = 21.3$ m, $\mu_k = 0.8$이다. m_A와 m_B는 각각 A와 B의 무게이며, d_A와 d_B는 A와 B가 점 C로부터 떨어진 거리이다. 그리고 μ_k는 운동 마찰계수이다. 수집된 증거는 충돌이 다른 차에 대한 수직 운동을 일으키지 않았다는 것과 충돌 전에 차의 속도는 서로 수직해 있었으며 그림 1과 같다는 것을 나타낸다. 교차로가 수평이라고 가정하고, 충돌 전 자동차 A와 B의 속도와 충돌에 대한 COR, LOI 방향을 구하라.

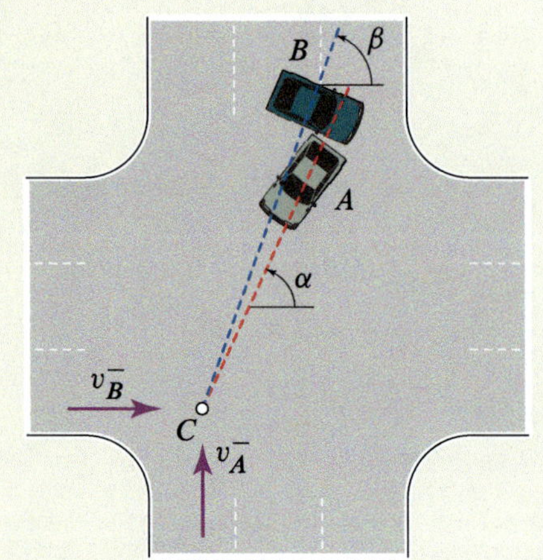

그림 1 사고 현장.

풀이 SOLUTION

로드맵 우선 자동차의 최종 위치를 이용해 충돌 전 속도를 구해야 할 필요가 있다. 이는 일-에너지 원리를 적용해 구할 수 있다. 우선 충돌 후 속도를 알고, 우리가 원하는 네 개의 미지수 즉, 충돌 전 속도 성분을 찾기 위해 C에서 충돌 문제를 풀이한다.

충돌 후 문제 : 일-에너지 원리 적용

모델링 충돌 후 α와 β 방향의 두 직선방향에 따라 각각 A와 B가 미끄러졌으며, C가 원점이라고 가정하자(그림 2). ①은 충돌 직후이고, ②는 A와 B의 최종 위치라고 하자. 그림 3의 자유물체도에서처럼 A와 B가 받는 힘은 ①에서 ②의 방향으로 작용하고 있다.

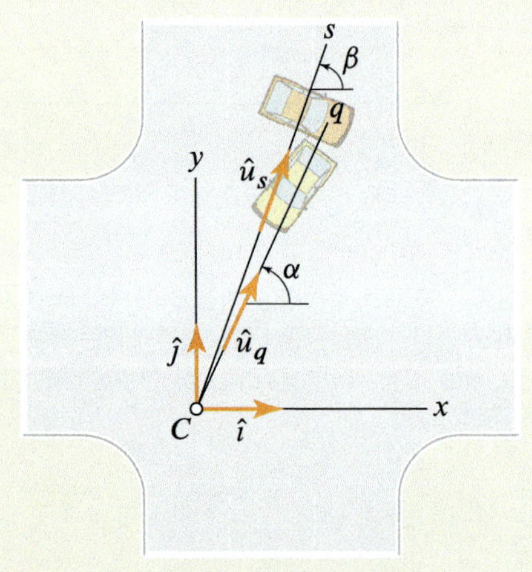

그림 2 사고의 재구성에 대한 좌표축. 차량 A는 충돌 후에 q 방향으로 미끄러지며 차량 B는 s 방향으로 미끌어진다.

지배방정식

평형 원리 각 자동차의 ①과 ② 사이의 일-에너지 원리는 아래와 같다.

$$T_{A1} + V_{A1} + 12^A = T_{A2} + V_{A2} \quad (1)$$

$$T_{B1} + V_{B1} + 12^B = T_{B2} + V_{B2} \quad (2)$$

①의 운동에너지는 충돌 이후 속도에 대응하고, 자동차들이 정지한 후 ②의 운동에너지는 자동차의 속도에 대응한다.

$$T_{A1} = \tfrac{1}{2}m_A(v_A^+)^2,\ T_{A2} = \tfrac{1}{2}m_A v_{As}^2,\ T_{B1} = \tfrac{1}{2}m_B(v_B^+)^2,\ T_{B2} = \tfrac{1}{2}m_B v_{Bs}^2 \quad (3)$$

힘의 법칙 수평 표면에서 발생한 ①에서 ②까지의 운동 이후 모든 위치 에너지 조건은 0과 같다.

$$V_{A1} = V_{A2} = 0, \qquad V_{B1} = V_{B2} = 0 \quad (4)$$

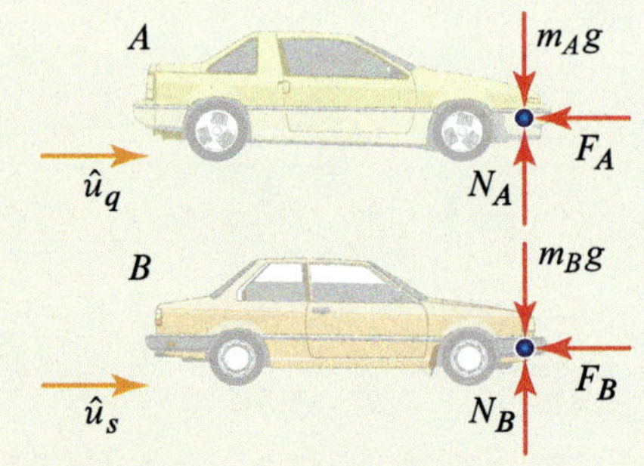

그림 3 차량 A와 B의 충돌 후의 FBD.

$N_A = m_A g$와 $N_B = m_B g$는 운동의 수평 요소를 의미한다. 쿨롱마찰을 가정하고, $F_A = \mu_k m_A g$와 $F_B = \mu_k m_B g$를 적용한다. F_A와 F_B가 ①와 ② 사이의 상수이기 때문에 마찰은,

$$12^A = -\mu_k m_A g d_A, \qquad 12^B = -\mu_k m_B g d_B \quad (5)$$

운동학 방정식 두 차량의 최종 속도는 0이다. 따라서,

$$v_{As} = 0, \qquad v_{Bs} = 0 \quad (6)$$

계산 식 (3)-(6)을 식 (1)과 (2)에 대입하면,

$$\tfrac{1}{2}m_A(v_A^+)^2 - \mu_k m_A g d_A = 0, \qquad \tfrac{1}{2}m_B(v_B^+)^2 - \mu_k m_B g d_B = 0 \quad (7)$$

식 (7)을 풀어 다음을 얻을 수 있다.

$$v_A^+ = \sqrt{2\mu_k g d_A} = 17.04\,\text{m/s}, \qquad v_B^+ = \sqrt{2\mu_k g d_B} = 18.28\,\text{m/s} \tag{8}$$

식 (8)을 통해 충돌 후 속력을 알 수 있다. A와 B의 충돌 후 경로와 속도가 그림 2에 나타나 있다. 또한 이 두 차량의 충돌 후 속도 또한 알고 있다.

$$\vec{v}_A^+ = v_A^+\,\hat{u}_q \quad\Rightarrow\quad \vec{v}_A^+ = v_A^+(\cos\alpha\,\hat{\imath} + \sin\alpha\,\hat{\jmath}) = (6.66\,\hat{\imath} + 15.69\,\hat{\jmath})\,\text{m/s} \tag{9}$$

$$\vec{v}_B^+ = v_B^+\,\hat{u}_s \quad\Rightarrow\quad \vec{v}_B^+ = v_A^+(\cos\beta\,\hat{\imath} + \sin\beta\,\hat{\jmath}) = (5.83\,\hat{\imath} + 16.01\,\hat{\jmath})\,\text{m/s} \tag{10}$$

이제 충돌 후 속도를 알고 있다면, 우리는 계속해서 충돌 문제를 풀어 충돌 전 속도를 계산 할 수 있다.

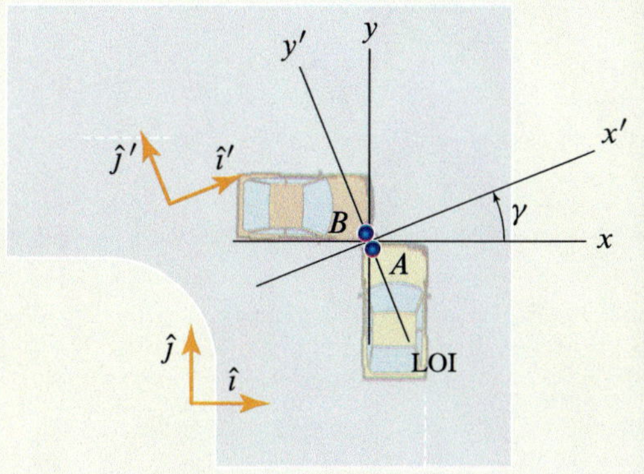

그림 4 충돌순간의 계의 좌표계와 FBD. y' 축은 LOI와 일치하며 각도 γ는 미지수의 하나이다.

충돌 문제 : 충격-운동량 원리 적용

모델링 충격에 관련된 FBD를 그림 4에서 참고한다. 우리는 A와 B 사이의 충돌이 구속되지 않는 다는 것을 알 수 있다. 그림 1을 참고하면 이 충돌은 **경사 중앙 충돌**이다. 마지막으로 A와 B의 접촉은 마찰이 없다고 가정한다.

지배방정식

평형 원리 이 경사 중앙 충돌이 고립계이기 때문에, LOI의 방향에 대한 운동량 보존 방정식을 먼저 세운다.

$$m_A v_{Ay'}^- + m_B v_{By'}^- = m_A v_{Ay'}^+ + m_B v_{By}^+ \tag{11}$$

충돌에서 마찰이 없다고 가정하였기 때문에 A와 B 각각의 FBD는 그림 5와 같이 나타낼 수 있다. 이것은 A와 B의 LOI의 수직방향에서 각각의 운동량이 보존된다는 것을 의미한다.

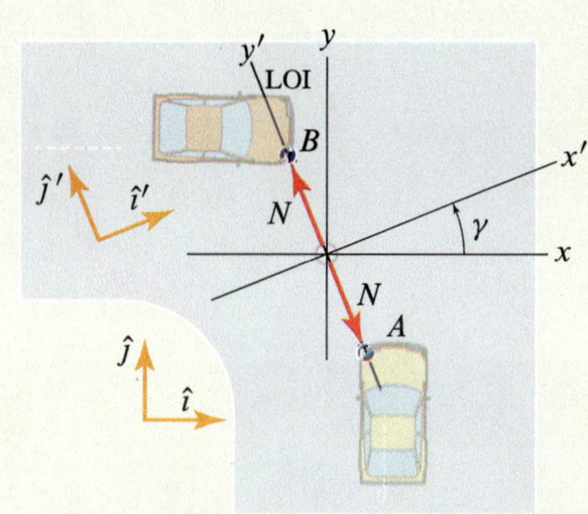

그림 5 A와 B의 개별적인 FBD. A와 B 사이의 마찰이 없는 접촉은 x' 방향으로 충격력이 존재하지 않는다는 것을 의미한다.

$$v_{Ax'}^- = v_{Ax'}^+, \qquad v_{Bx'}^- = v_{Bx'}^+ \tag{12}$$

힘의법칙 LOI을 따라 적용된 반발계수 방정식은 다음과 같이 나타낼 수 있다.

$$e\left(v_{Ay'}^- - v_{By'}^-\right) = v_{By'}^+ - v_{Ay}^+ \tag{13}$$

운동학 방정식 그림 1을 참고하면, 충돌 전 A와 B의 속도는 다음과 같다.

$$v_{Ax}^- = 0, \quad v_{By}^- = 0 \tag{14}$$

계산 우리의 방정식이 두 개의 다른 성분계(xy와 $x'y'$시스템)에서 만들어졌기 때문에 방정식을 한가지 구성을 갖는 시스템으로 다시 만드는 것이 필요하다. 우리가 이미 xy 좌표계 시스템에서 충돌 후 속도를 계산하였기 때문에(식 (9), (10)), 식 (11)-(13)을 xy 좌표계 시스템으로 다시 작성한다. 또한 식 (14)를 고려하면,

$$\begin{aligned} m_A v_{Ay}^- \cos\gamma - m_B v_{Bx}^- \sin\gamma &= m_A\left(v_{Ay}^+ \cos\gamma - v_{Ax}^+ \sin\gamma\right) \\ &\quad + m_B\left(v_{By}^+ \cos\gamma - v_{Bx}^+ \sin\gamma\right) \end{aligned} \tag{15}$$

$$v_{Ay}^- \sin\gamma = v_{Ax}^+ \cos\gamma + v_{Ay}^+ \sin\gamma \tag{16}$$

$$v_{Bx}^- \cos\gamma = v_{Bx}^+ \cos\gamma + v_{By}^+ \sin\gamma \tag{17}$$

$$e\left(v_{Ay}^- \cos\gamma + v_{Bx}^- \sin\gamma\right) = \left(v_{By}^+ - v_{Ay}^+\right)\cos\gamma - \left(v_{Bx}^+ - v_{Ax}^+\right)\sin\gamma \tag{18}$$

이제 식 (15)-(18)은 알려지지 않은 4개의 미지수 $v_{Ay}^-, v_{Bx}^-, e, \gamma$에 대한 4개의 방정식으로 이루어진 시스템을 형성하고 있다(여기에서 모든 충돌 후 속도 성분은 결정되었고, 질량들 또한 이미 구해져 있다). 이 방정식을 풀면 다음과 같은 결과를 얻을 수 있다.

> **유용한 정보**
>
> **하나의 성분계를 다른 성분계로 변환하기.** $x'y'$ 성분계를 기준으로 쓰여진 방정식을 xy 성분계로 변화하기 위하여, 다음과 같은 두 계의 기저벡터 사이의 관계를 사용한다.
>
> $$\hat{\imath}' = \cos\gamma\,\hat{\imath} + \sin\gamma\,\hat{\jmath},$$
> $$\hat{\jmath}' = -\sin\gamma\,\hat{\imath} + \cos\gamma\,\hat{\jmath}.$$

$$\boxed{v_{Ay}^{-} = 29.03\,\text{m/s},\ v_{Bx}^{-} = 13.82\,\text{m/s},\ e = 0.0204,\ \gamma = 26.53°} \tag{19}$$

m/s에서 km/h로 변환하면 다음과 같은 결과를 얻는다.

$$\boxed{v_{Ay}^{-} = 104.5\,\text{km/h}, \quad v_{Bx}^{-} = 49.8\,\text{km/h}} \tag{20}$$

논의 및 검증 식 (14) 를 보면, 우리가 구한 속도 성분 v_{Ay}^{-}와 v_{Bx}^{-} 값이 차량들의 속력과 일치한다는 것을 알 수 있다. 따라서 아마도 자동차 A의 운전자가 빨간불에 정지 못하였고, 오히려 가속하였을 것이라 결론을 내릴 수 있다. 우리가 COR에 대해 얻은 값은 충돌이 거의 소성 충돌이었다는 것을 나타낸다. 얼마만큼 소성 충돌이었는지를 더 잘 이해하기 위해 우리는 충돌하는 동안 손실 되었던 에너지의 비율을 계산할 수 있다. 이 계산은 다음과 같은 결과는 얻는다:

$$\text{에너지 손실 백분율} = \frac{T^{-} - T^{+}}{T^{-}} \times 100\% = 43.2\% \tag{21}$$

위에서 T는 시스템의 운동 에너지를 나타낸다. 충돌 전 운동에너지는 자동차를 영구변형 시키는데 대략 절반이 손실되었다.

문제

문제 5.40

$v_A = 88$ km/h로 주행 중인 3800 kg의 A 차량은 $v_B = 56$ km/h로 반대방향으로 주행하는 900 kg의 B 차량과 정면충돌 한다. 충돌은 완전 소성이라 가정하면, 두 차량의 충돌 직후의 속도를 결정하라.

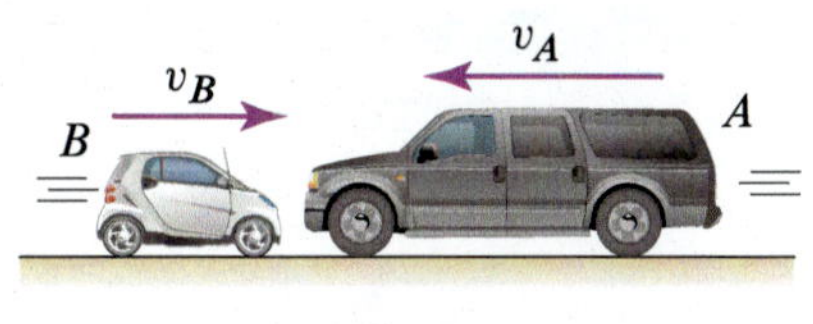

그림 P5.40

문제 5.41-5.43

탄도 진자는 총기와 탄약의 성능의 척도로서 총탄의 총구 속도 결정을 위한 공통 도구로 사용된다(요즘에는 탄도진자가 전자장치인 탄도 크로노그래프로 대체되었다). 탄도 진자는 진자추(bob)에 총알의 발사로 인한 진자팔의 최대스윙각도를 기록할 수 있는 간단한 장치이다.

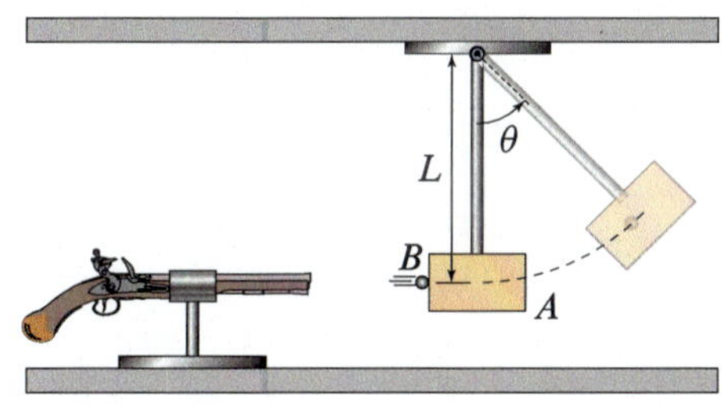

그림 P5.41-P5.43

문제 5.41 진자 팔의 길이를 L이라 할때(진자의 팔 무게 무시), m_A는 진자추의 무게이고, m_B는 총알의 무게이다. 진자가 정지해 있을 경우 무기가 발사되어서 총알의 충돌 속도를 알기 위한 진자의 최대 스윙각도에 관한 공식을 도출하라.

문제 5.42 $L = 1.5$ m, $m_A = 6$ kg이다. 조지워싱턴 0.58 켈리버 피스톨은 $m_B =$ 87 g짜리의 원형 공을 발사한다. 진자의 최대 회전 각도는 46°일 때, 총알 B의 충돌 직전 속도를 결정하라.

문제 5.43 총알 한 발에 약 95 g 무게이며 총구 속도는 일반적으로 840 m/s이다. 표준 나토 7.62 mm 탄약을 사용하는 소총을 테스트하는 탄도 진자를 구축하고자 한다. 진자의 팔은 1.5 m이며, 총알이 진자에 도달하기 전에 속도감소를 무시할 경우, 진자 회전 각도가 90° 이상이 되지않게 하기 위해 필요로 하는 최소 무게는 얼마인가?

문제 5.44

200 g 총알이 2 kg 블록을 향해 발사된다. 충돌 후, 총알은 블록에 박혀서 함께 0.31 m의 거리를 미끄러진다. 지면과 블록의 마찰계수가 $\mu_k = 0.7$일 때, 총알의 충돌 직전 속도를 결정하라 "그레인"단위는 파운드로 되어있지만, 단위는 SI단위로 답하라.

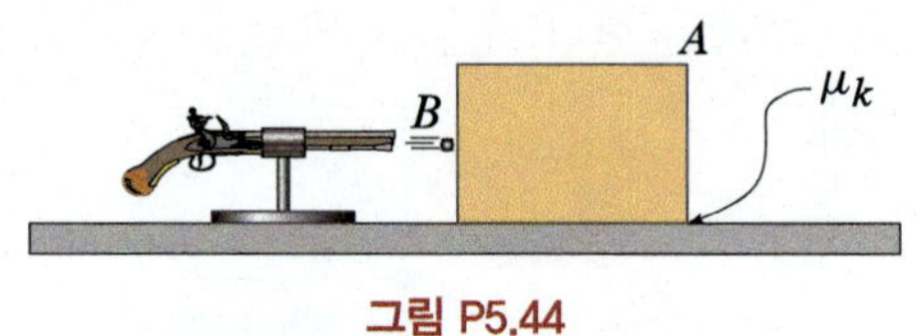

그림 P5.44

문제 5.45

테니스의 공식적인 규칙은 "콘크리트 위에서 2.54 m 떨어뜨렸을 때 공이 1.346 m 이상, 1.473 m 이하의 바운드를 가져야 한다"고 명시되었다. '떨어뜨렸을 때'라는 표현을 '정지상태에서 떨어뜨렸을 때'의 표현이라고 이해한다고 할때, 콘크리트와 테니스 공의 충돌에 대해 허용 COR의 범위를 결정하라.

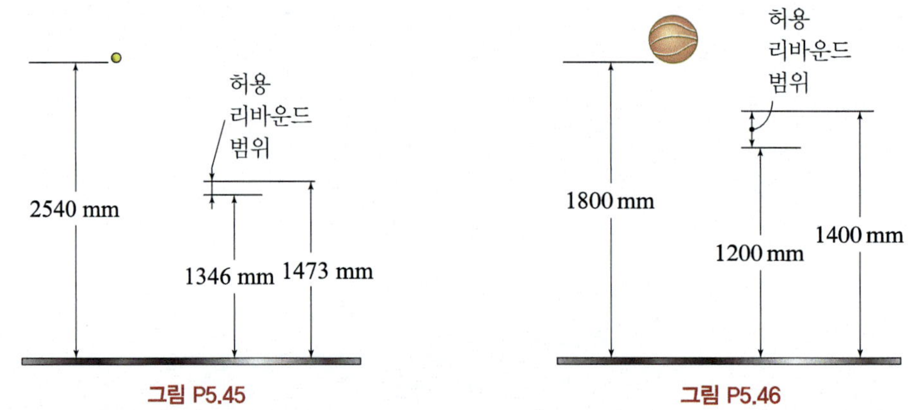

그림 P5.45

그림 P5.46

문제 5.46

농구의 공식적인 규칙은 농구공이 "1800 mm의 높이에서 떨어질 경우, 1200 mm 이상 1400 mm 이하로 공의 최상단이 측정되어야 한다"고 명시되었다. 규칙을 근거로 '떨어뜨렸을 때'를 '정지상태에서 떨어뜨렸을때'로 표현을 이해한다고 했을 때, 코트 바닥과 공의 충돌에 관한 COR의 허용 범위를 결정하라.

문제 5.47

두 개의 원형 구의 충돌을 고려해보자. m_A, m_B, e는 각각 A 구의 질량, B 구의 질량, COR을 나타낸다. B가 충돌 전에 정지해있었다고 가정하면, 충돌 후에 A가 완전히 정지하게 되기 위한 m_A, m_B, e의 관계를 결정하라.

A B

그림 P5.47

문제 5.48, 5.49

$m_A = 1550$ kg인 차량 A는 빨간불에 정지해있다. $m_B = 1865$ kg인 차량 B는 40 km/h의 속도로 충돌 전 제동하지 못하였다. 충돌 후, 차량 A와 차량 B는 마찰계수 $\mu_k = 0.65$의 포장도로를 미끄러진다.

문제 5.48 만약 차량들이 붙은 상태로 움직인다고 하면 얼마나 미끄러지겠는가?

문제 5.49 충돌에 관한 COR이 ($e = 0.2$)일 때 얼마나 미끄러지겠는가?

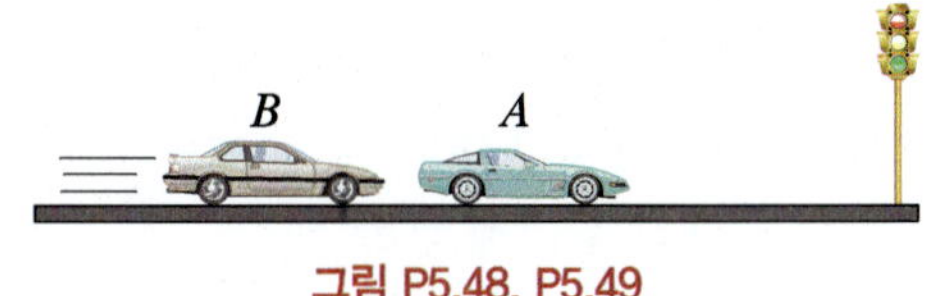

그림 P5.48, P5.49

문제 5.50, 5.51

무게 저울은 54 kg의 판이 선형 복합 탄성스프링 ($k = 72$ kN/m)의 위에 설치되어 있다. $W = k(\delta - \delta_0)$가 저울에 의해 실제적으로 제공되는 무게 측정값이라고 하자(즉 판 위에 아무것도 올라가 있지 않을 때의 저울의 값은 0이다). 저울판의 중량에 따라 스프링이 압축된 길이는 δ_0이다.

문제 5.50 20 kg 시멘트를 저울 위로부터 높이 1.2 m에서 떨어뜨릴 경우, 저울이 나타나는 최대 중량을 결정하라.

문제 5.51 문제 5.50을 $h = 0$ m일 때 반복하라.

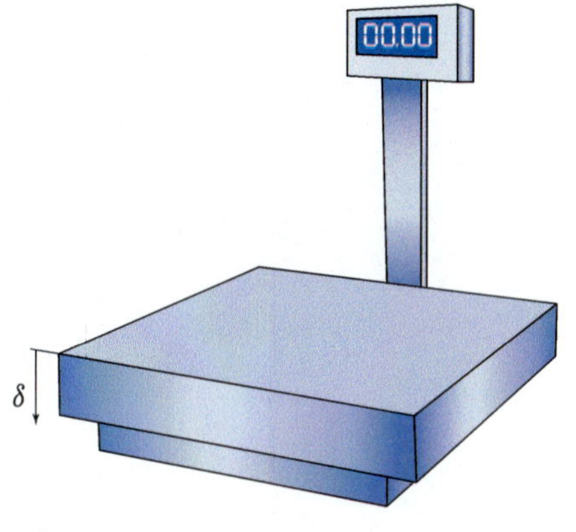

그림 P5.50, P5.51

문제 5.52-5.54

14,000 kg인 트럭 A와 1800 kg인 스포츠카 B가 교차로에서 충돌한다. 충돌 바로 전 트럭과 스포츠카의 각각의 속도는 $v_A^- = 96$ km/h, $v_B^- = 80$ km/h이다. 교차로가 수평 표면이라고 가정한다.

문제 5.52 충돌선은 트럭의 속도와 지면에 평행하다고 한다. A, B가 충돌 후 서로 붙은 상태의 차량 A, B의 충돌 후 속도를 결정하라. 그리고 충돌 후 트럭과 차량은 동적 마찰계수 $\mu_k = 0.7$로 미끄러진다고 한다. 이때 충돌이 발생한 위치를 기준으로 A와 B가 정지하게 되는 최종 정지위치를 결정하라.

문제 5.53 충돌선은 트럭의 속도와 지면에 평행하다고 한다. 만약 A와 B의 접촉 시 마찰이 없고 COR $e = 0$일 때의 차량 A, B의 충돌 후 속도를 결정하라. 그리고 충돌 후 트럭과 차량은 동적 마찰계수 $\mu_k = 0.7$로 미끄러진다고 한다. 이때 충돌이 발생한 위치를 기준으로 A와 B가 정지하게 되는 최종 정지위치를 결정하라.

문제 5.54 충돌선은 트럭의 속도와 지면에 평행하다고 한다. 만약 A와 B의 접촉 시 마찰이 없고 COR $e = 0.1$일 때의 차량 A, B의 충돌 후 속도를 결정하라. 그리고 충돌 후 트럭과 차량은 동적 마찰계수 $\mu_k = 0.7$로 미끄러진다고 한다. 이때 충돌이 발생한 위치를 기준으로 A와 B가 정지하게 되는 최종 정지위치를 결정하라.

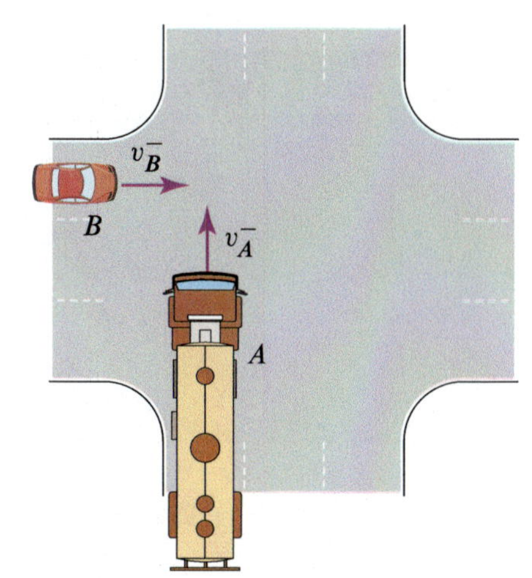

그림 P5.52-P5.54

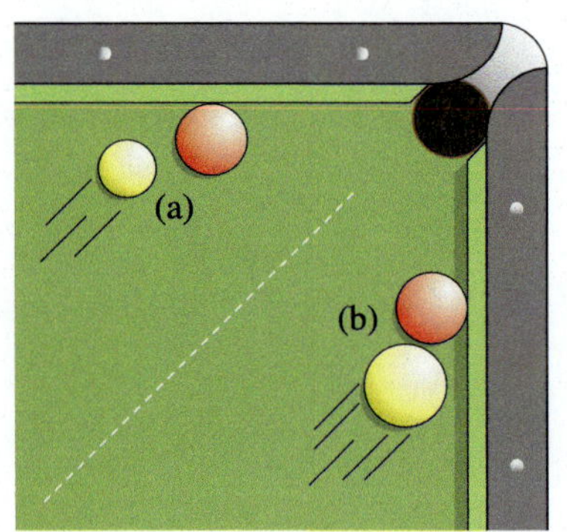

그림 P5.55

문제 5.55

경기 규칙에서 심각한 크기 차이를 금지하지만, 전형적인 동전투입형 당구 테이블은 일반적인 목적구(컬러볼)과 큐볼(흰공) 사이의 직경이 서로 꽤 크게 다른 공을 사용한다. 사실 목적구가 포켓으로 들어간 경우 테이블에 의해 잡혀 있어야 하지만, 큐볼은 항상 플레이어에게 반환하여야 한다. 그리고 큐볼과 다른 공들을 분리하기 위하여 공을 회수하는 메카니즘에서 공 직경의 차이를 쓰는 것은 흔하지 않은 일이 아니다. 이와 같은 조건에서, 우리는 범퍼에 기대여 있는 목적구가 흰공과의 충돌 후에 범퍼를 따라 이동하도록 공을 치기를 원한다고 하자. 방법처럼 범퍼 충돌 후에 공이 맞는 상황을 가정해보자. 공 사이의 접촉이 마찰이 없다고 가정하고 (a) 흰공이 더 작을 때, (b) 흰공이 더 클 때의 문제에서의 샷이 가능한지에 대해서 고려해 보라.

주의 개념 문제는 계산이 아닌 설명이 필요하다.

문제 5.56, 5.57

경기용 당구대와 공은 엄격한 규격이 필요하다(미국 내의 규격은 북미 당구협회 참조할 것). 특히, 당구공은 156 g와 170 g 사이의 무게이어야 하며, 직경은 57.15 ± 0.127 mm 이어야 한다.

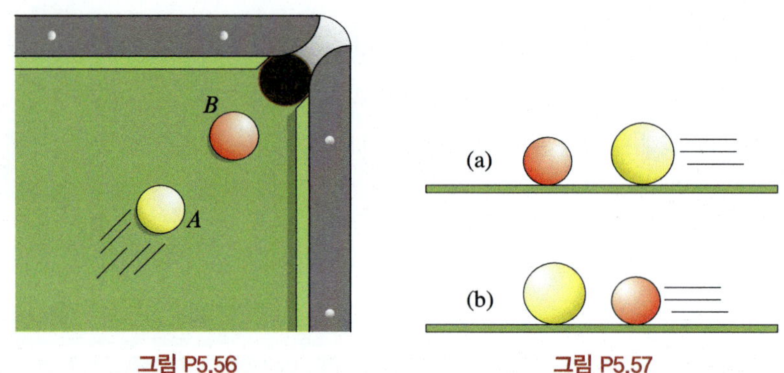

그림 P5.56 그림 P5.57

문제 5.56 이 절에서 제시된 이론을 사용하고, A와 B는 직경이 같으나 무게가 서로 다른 경우라 가정하면(규정내에 15 g 이내에 차이는 가능), 움직이는 공 A가 정지해있는 공 B를 치게 되었을 때, 충돌 직후 공 A가 정지하는 것이 가능한지 여부를 검토하라. COR $e = 1$이라 추정한다.

문제 5.57 전문 당구 선수는 손쉽게 32 km/h의 공 속도를 낼 수 있다. 0.127 mm 대신에 0.254 mm의 볼 직경 허용오차를 고려하여, 다음의 충돌 결과를 예측하라. (a) 57.4 mm 직경의 공이 32 km/h로 이동하여 정지한 공 56.9 mm의 공과 충돌하는 경우(즉, 각 공은 기준 직경에 비해서 공차한계 에 있다) (b) 56.9 mm 직경의 공이 32 km/h로 이동하여 정지한 공 57.4 mm의 공이 충돌하는 경우. COR $e = 1$이고 두 공의 무게가 동일한 경우라 가정한다. 더욱이 당구공과 테이블과의 접촉 마찰력은 존재하지 않는다고도 가정한다.

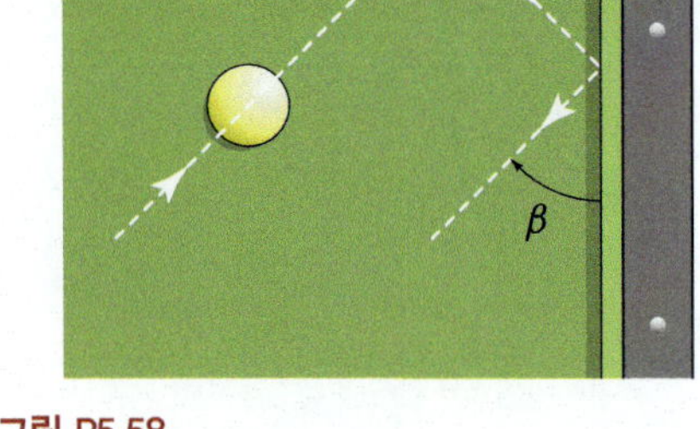

그림 P5.58

문제 5.58

당구대는 공과 네 모서리 범퍼와의 충격 COR은 같다. 이런 경우 초기 진입각 α에 대해서 두 번 충돌 후에 각도 β를 결정하라.

문제 5.59-5.61

뉴턴의 요람은 여러 철공이 추로 달려있는 동일한 진자들로 구성된 일반적인 책상 위의 장식이다. 이 진자는 1열로 배열되어 있으며, 각 공들끼리 모두 접해있다. 이때 이 진자들은 줄에 수직으로 걸려있다. 공의 충격 COR을 $e = 1$이라 가정한다.

문제 5.59 왼쪽의 특정 각도에서 하나의 공을 놓으면, 오른쪽 끝의 하나의 공을 제외한 다른 모든 공이 움직이지 않는 것처럼 보이고, 문제의 공 또한 충돌 후에 멈추게 되는지를 설명하라. 여기에서 여기에서 오른쪽 끝의 공은 왼쪽 끝의 공을 놓았을 때의 초기 각도와 동일한 최대 스윙각도를 가지며, 위쪽으로 흔들리게 된다.

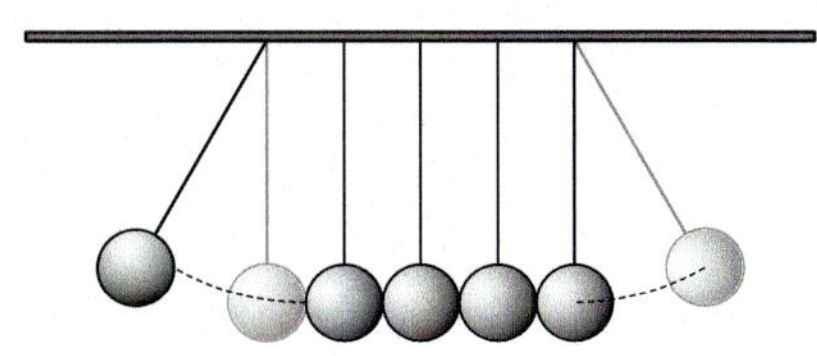
그림 P5.59

문제 5.60 왼쪽의 특정 각도에서 두 개의 공을 놓으면, 오른쪽 끝의 두개의 공을 제외한 다른 모든 공이 움직이지 않는 것처럼 보이고, 문제의 두 개의 공 또한 충돌 후에 멈추게 되는지를 설명하라. 여기에서 여기에서 오른쪽 끝의 두 공은 왼쪽 끝의 두 공을 놓았을 때의 초기 각도와 동일한 최대 스윙각도를 가지며, 위쪽으로 흔들리게 된다.

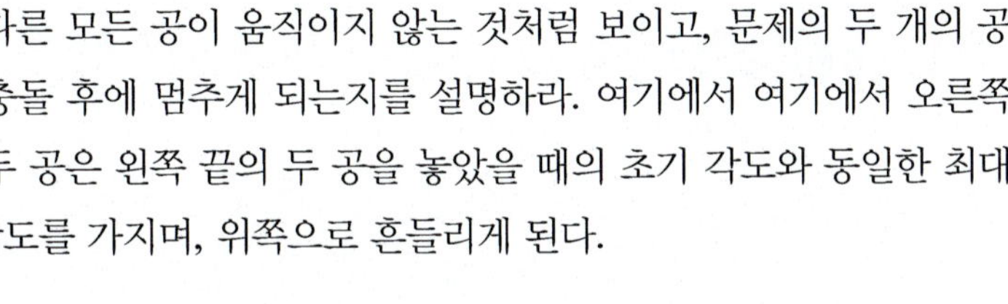
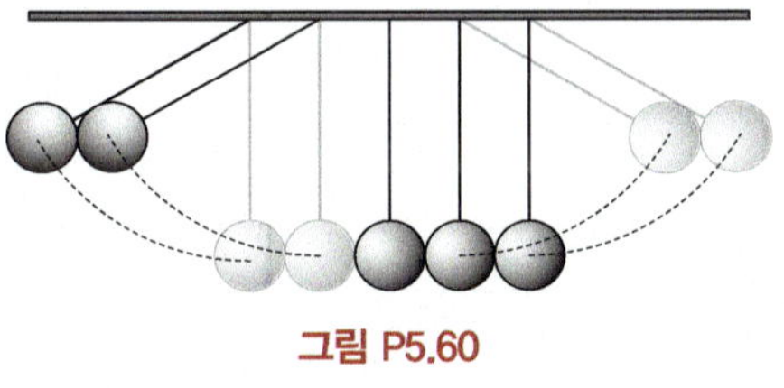
그림 P5.60

문제 5.61 5개 중에 3개의 공에 초기 각도를 주는 것에 대한 그림에 나타난 시스템의 회전 패턴을 예측하라.

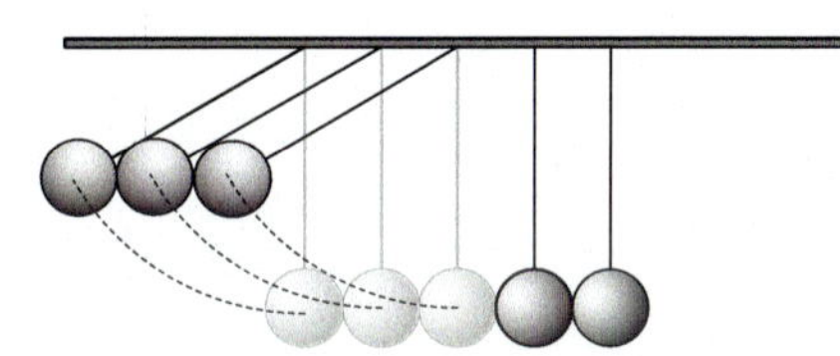
그림 P5.61

문제 5.62

무한히 작은 시간의 간격으로 충격이 발생된다고 가정할때, 충격으로부터 전체 위치 에너지는 보존되는가? 각각의 위치에너지는 어떻게 변화하는가?

주의 개념 문제는 계산이 아닌 설명이 필요하다.

문제 5.63

무한히 작은 시간의 간격으로 충격이 발생된다고 가정할때, 충격으로부터 전체 운동 에너지는 보존되는가? 각각의 운동 에너지는 어떻게 변화하는가?

주의 개념 문제는 계산이 아닌 설명이 필요하다.

문제 5.64, 5.65

두 개의 구(A와 B)가 존재한다. 각 무게는 $m_A = 1.35$ kg, $m_B = 2.72$ kg이고 충돌 시 속도는 $v_A^- = 26.2$ m/s, $v_B^- = 22.5$ m/s이다.

문제 5.64 A와 B의 충돌 후 속도를 계산하라. $\alpha = 45°$, $\beta = 16°$, COR $e = 0.57$이며, A와 B에 접촉조건으로 마찰력은 존재하지 않는다.

문제 5.65 A와 B의 충돌 후 속도를 계산하라. $\alpha = 45°$, $\beta = 16°$, COR $e = 0$이며, A와 B에 접촉조건으로 마찰력은 존재하지 않는다.

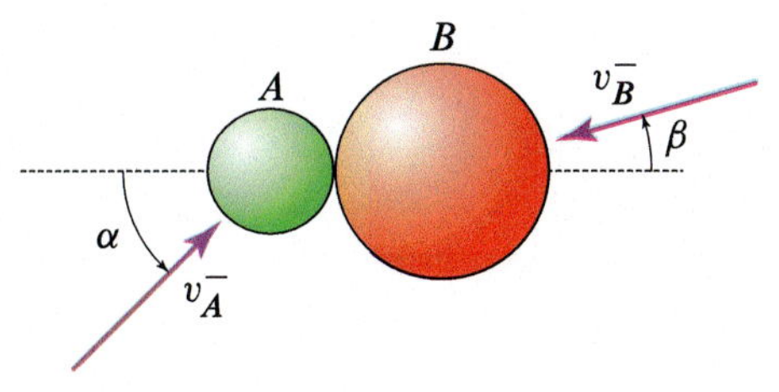

그림 P5.64, P5.65

문제 5.66, 5.67

하나의 600 g짜리 공이 $\alpha = 33°$이며 4.5 kg인 경사면에 떨어진다. 공의 방출 높이는 $h_1 = 1.5$ m이고, 충격 위치는 지면으로부터 $h_2 = 90$ mm이다. 공과 경사면 사이의 마찰이 존재하지 않는다고 가정하고, 충격 COR $e = 0.88$이다.

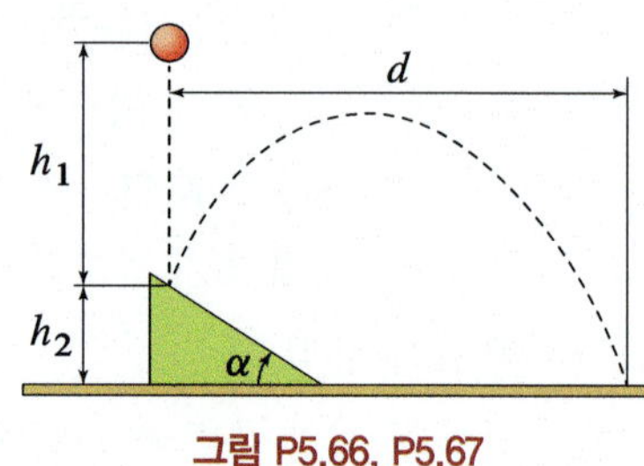

그림 P5.66, P5.67

문제 5.66 경사면이 바닥으로부터 미끄러지지 않는다는 가정 하에, 공이 첫 번째로 지면에 닿는 거리 d를 계산하라.

문제 5.67 경사면이 바닥과의 마찰력이 존재하지 않아 미끄러진다는 가정 하에, 공이 첫 번째로 지면에 닿는 거리 d를 계산하라.

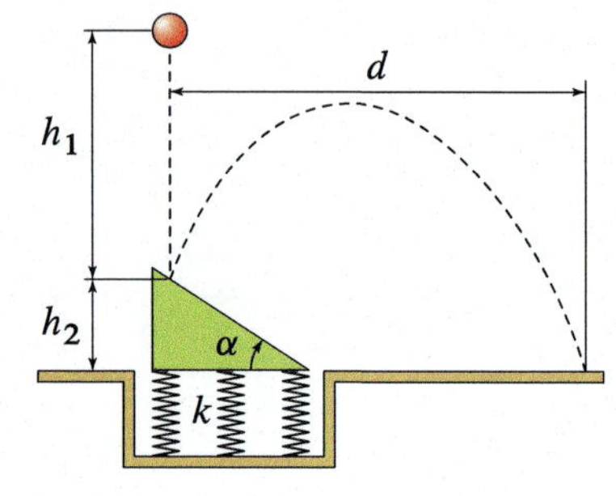

그림 P5.68

문제 5.68

하나의 600 g짜리 공이 기울기 $\alpha = 33°$이며 무게 4.5 kg인 경사면에 떨어진다. 공의 높이는 $h_1 = 1.5$ m이고, 충격 위치는 지면으로부터 $h_2 = 90$ mm이다. 공과 경사면 사이의 마찰력이 존재하지 않는다는 가정 하에 COR은 $e = 0.88$이다. 지지해주는 복합 스프링의 강성 $k = 9$ kN/m일 경우에 공이 첫 번째로 지면에 닿는 거리 d를 계산하라. 경사면을 가진 쐐기는 오직 수직으로만 이동된다.

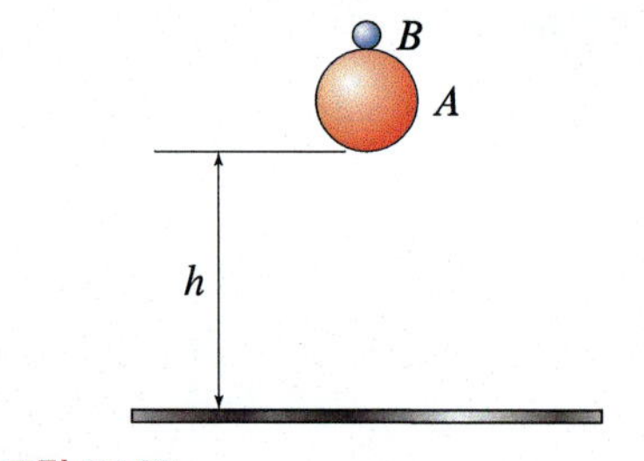

그림 P5.69

문제 5.69

두 개의 공 A와 B는 서로 접해 있고 높이 h에서 떨어지게 된다. 지면과 공 A와의 COR은 $e_{AG} = 1$이고, 공 A와 공 B의 COR은 $e_{AB} = 1$이다. 공은 수직으로만 움직이며 $m_A \gg m_B$, $m_B/m_A \approx 0$이다. 이 복합 충돌 모델에 대해서 공 B의 리바운드 속도를 예측하라. 높이 h와 중력가속도 g로써 나타내라.

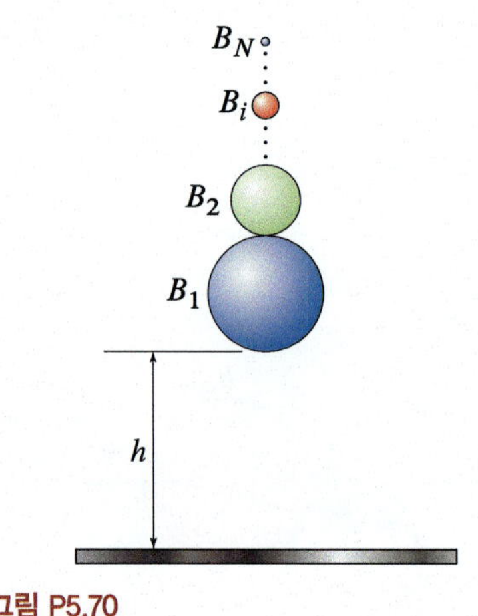

그림 P5.70

문제 5.70

N 개의 볼이 서로 접해있는 상태로 붙어있으며 높이 h에 존재한다. 모두 완전 탄성체이며, $m_i \gg m_{i+1}$이고, $m_{i+1}/m_i \approx 0$이다($i = 1, ...N - 1$). 복합 충돌 모델에 대해서 최상단 공의 리바운드 속도를 구하라. 볼은 오로지 수직으로만 이동한다고 가정하라.

문제 5.71

하나의 공이 $h_0 = 1.5$ m에서 떨어진다. 이때 공과 지면의 충돌에서의 COR은 $e = 0.92$이다. I 번째 리바운드 높이 h_i를 계산하라. 거기다가 I 리바운드되는 전체 시간을 수식화하라. 공이 리바운드를 멈추는 t_{stop}을 계산하라.

힌트: 다음 수식은 이 문제의 해를 구하는 데 유용하며 기하학적 수열의 극한값에 대한 수식이다. $\sum_{i=0}^{N-1} e^i = (e^N - 1)/(e - 1), \quad |e| < 1$

설계 문제

설계문제 5.1

볼베어링으로 사용되는 강철 공을 가공할때, 이 공들의 재료 물성치가 충분히 균일하게 되는 것이 중요하다. 전반적인 재료 물성치의 차이를 찾아내는 방법은 단단한 충격면에 떨어졌을 때의 어떻게 되튀는지를 관찰하는 것이다. 각각의 볼 지름은 $R = 8$ mm로 가정하고, $0.900 < \text{COR} < 0.925$ 사이의 값으로 볼을 선별할 수 있도록 선별기를 설계하라. 장치는 각도 θ와 길이 L의 기울어진 경사면으로 구성된다. 충격면은 경사면의 하단에 위치하며 기울기 끝단으로부터 높이 h, 넓이 w를 가진다. 마지막으로 경사면의 끝단에서의 길이 ℓ에는 직경 d로 구멍이 존재한다. 경사면 위에 공을 놓고 마찰력을 무시한 채 미끄러뜨리면 경사면의 끝단에서 속도 v_0에 도달하고, 충격면으로 떨어지게 되면서 바로 구멍으로 떨어지게 된다(단순히 공이 굴러서 구멍으로 떨어지는 것을 막기 위한 설계 요소를 추가하는 것도 가능하다). 당신의 설계에서 적당한 L과 $\theta < 45°$, h, w, d, ℓ을 선정하고 수평, 수직으로의 장치의 크기가 1.2 m를 초과하지 않으면서 설계 목적을 달성할 수 있도록 각 크기들을 추정하라.

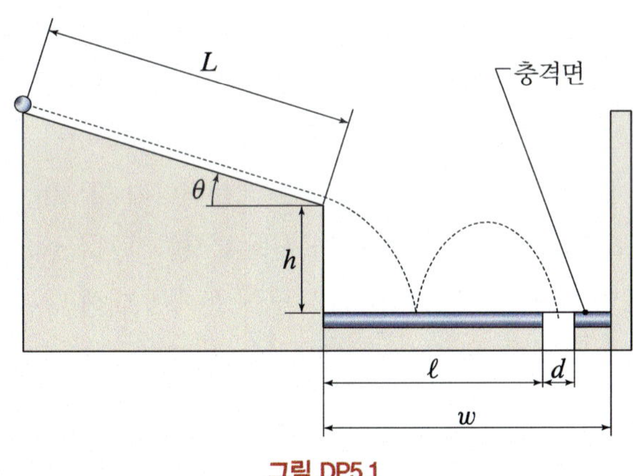

그림 DP5.1

5.3 회전 운동량

회전운동량의 개념은 행성의 위성에 대한 궤도 운동의 연구로부터 만들어졌다. 회전 운동량은 질점에서부터 더 복잡한 강체에 대한 모델까지 뉴턴의 법칙의 적용을 일반화하는 핵심 개념이 된다. 이 일반화에서 **회전충격량–운동량 법칙**이라 불리는 근본적인 법칙이 만들어진다.

스케이터의 스핀

그림 5.28 전방 스핀의 3장의 스냅사진. 왼쪽에서 오른쪽으로, 어떤 식으로 처음에는 다리가 끌어당겨지고 이후 양팔이 끌어당겨지는지 주의하라. 이렇게 함으로써 스케이터는 스핀속도를 극적으로 올릴 수 있다.

아이스 스케이팅 연기에서는 스핀은 일반적이다. 스핀에서, 스케이터는 스케이터의 몸을 통과하는 수직축을 기준으로 회전하게 된다. 그 스케이터는 그 혹은 그녀의 스핀속도를 팔이나 다리를 뻗거나 끌어당김으로써 조절한다. **외부의 도움 없이** 스핀속도를 조절하는 것이 어떻게 가능한가?

직관적으로 알 수 있듯이 스핀 속도는 스케이터의 질량을 스핀 축에 대하여 어떻게 분포시키는지에 따라 조절할 수 있다. 특히 팔이나 다리가 스핀 축에 가까워지면 몸의 질량이 스핀 축에 가까워지게 되고 스핀속도는 올라간다. 반대로 스핀 축으로부터 질량이 멀리 분산되면 즉 팔이나 다리를 바깥쪽으로 뻗으면 스핀 속도가 줄어들게 된다.

이와 같은 직관적 설명을 확인하기 위하여 그림 5.29에 제시된 간단한 모델을 사용하자. 여기에서 질량 m의 디스크 D는 고정점 O를 따라서 돌게 된다. 디스크 D는 점 O에 줄로써 연결되어 있고, 이 줄은 점 O에서 당겨지거나 늘어뜨릴 수 있다. 이와 같은 장치는 이 디스크와 스핀 축 z 사이의 거리를 가변적으로 정할 수 있다. 단순화를 위하여 우리는 D와 테이블 사이의 접촉은 마찰이 없고 줄은 늘어나지 않으며, 질량은 무시할만하다고 가정한다. 그림 5.29의 계는 예제 3.7과 거의 유사하기 때문에 즉각적으로 이 문제의 해를 얻을 수 있다. 특히 예제 3.7의 식 (2)를 이 문제에 대해 다시 쓰면 다음과 같다.

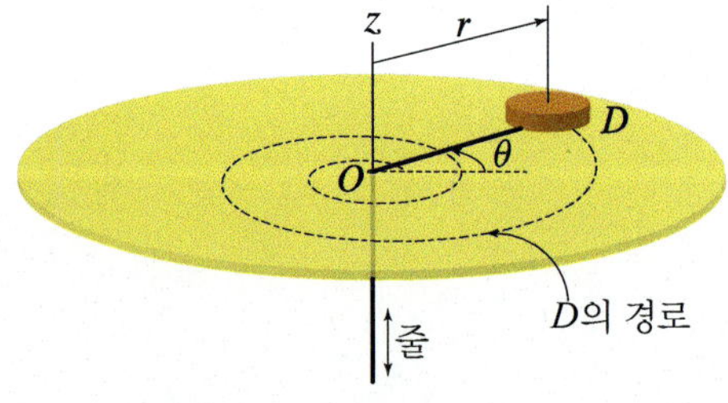

그림 5.29 선으로 구속되어있을 때 점 O 주위 궤도를 움직이는 디스크 디스크와 수평표면 사이의 접촉은 마찰이 없다.

$$ma_\theta = m\left(r\ddot{\theta} + 2\dot{r}\dot{\theta}\right) = 0 \tag{5.54}$$

그림 5.30의 FBD에서 식 (5.54)는 $F_\theta = 0$, 즉 디스크의 점 O 기준으로 회전을 도와주는 가로방향의 힘이 없다는 것을 말한다. 이 모델에서 이것은 스케이터의 회전을 돕는 어떤 것도 존재하지 않는다는 것을 의미한다. 미적분학의 곱셈법칙을 사용하고, $r \neq 0$을 사용하면 식 (5.54)는 다음과 같이 쓸 수 있다.

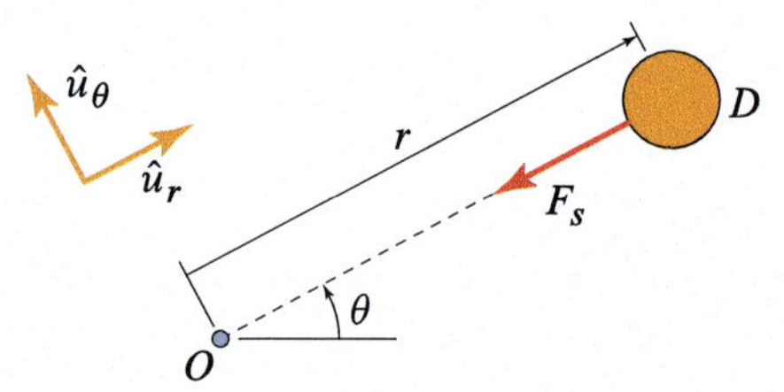

그림 5.30 디스크 D의 FBD.

$$\frac{1}{r}\frac{d}{dt}\left[m\left(r^2\dot{\theta}\right)\right] = 0 \quad \Rightarrow \quad mr^2\dot{\theta} = \text{상수} \tag{5.55}$$

$mr^2\dot{\theta}$의 상수 값은 D가 초기 시간 t_i에서 어떻게 운동이 주어지느냐에 따라 결정된다. 따라서 D의 O에 대한 회전 운동은 다음 보존 조건에 따라 결정된다.

$$mr^2\dot{\theta} = mr^2(t_i)\dot{\theta}(t_i) \tag{5.56}$$

이 결과는 스케이터의 스핀을 이해하는 데 도움을 준다. 사실 r이 D와 스핀 축 사이의 거리를 측정한 값이고 스핀속도 $\dot{\theta}$에 대하여 식 (5.56)을 풀면 다음과 같은 관계식을 얻는다.

$$\dot{\theta} = \left(\frac{r_i}{r}\right)^2\dot{\theta}_i \tag{5.57}$$

여기에서 $r_i = r(t_i)$이고, $\theta_i = \theta(t_i)$이다. 이제 만약 D와 O 사이의 거리 r이 줄어든다면, 비율 r_i/r은 커지게 되고 $\dot{\theta}$ 또한 증가하게 된다. 이것은 스케이터의 팔이나 다리가 스핀 축과 가까워 졌을 때 스케이터에게 어떤 일이 일어나는지와 동일하다. 비슷한 방법을 통하여 만약 r이 커지면 $\dot{\theta}$이 작아진다.

이 해는 스핀속도를 조절할 수 있는 스케이터의 능력이 식 (5.55)의 값이 일정하게 유지된다는 것에 따른다는 것을 보여주고 있다. 이제 이 상수 값이 나타내는 것을 좀 더 잘 이해해보자. 극좌표 $r\dot{\theta} = v_\theta$를 다시 살펴보면 식 (5.55)는 다음 모양으로 다시 쓸 수 있다.

$$r(mv_\theta) = \text{상수} \tag{5.58}$$

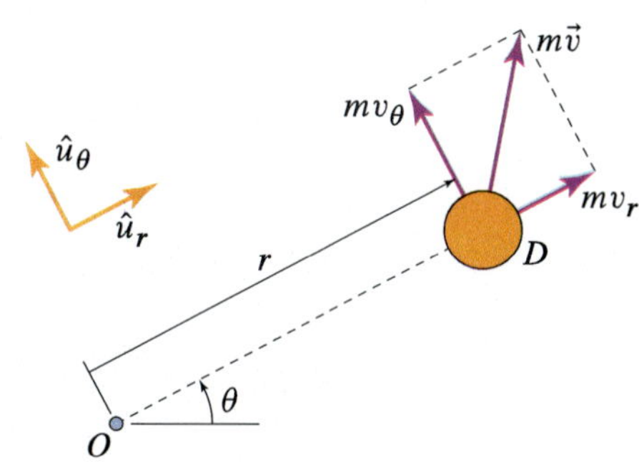

그림 5.31 $r(mv_\theta)$의 값은 O 점을 기준으로 한 D의 운동량의 모멘트이다.

식 (5.58)은 보존되는 값이 모멘트와 비슷한 값이라는 것을 말하고 있다. 왜냐하면 거리 $\overline{OD} = r$은 모멘트팔로 해석될 수 있고, $m\,v_\theta$는 $\overline{OD}$에 수직인 D의 운동량 성분이기 때문이다. $r(mv_\theta)$는 D의 운동량에 대한 점 O을 기준으로 한 모멘트임을 어렵지 않게 알 수 있다. 이제 이 내용을 회전 운동량의 개념을 통하여 수식화할 것이며, 이것은 운동량 벡터에 대한 모멘트로 정의될 것이다.

하나의 질점에 대한 회전 운동량의 정의

식 (5.32)를 보면 주어진 질점 Q이 질량이 m이고, 운동량 $\vec{p}_Q = m\vec{v}_Q$이라고 할때 그 질점의 **점 P에 대한 회전 운동량**은 $\vec{h}_P$로 표시되며, $\vec{p}_Q$의 점 P에 대한 모멘트로 정의된다. 즉

$$\boxed{\vec{h}_P = \vec{r}_{Q/P} \times \vec{p}_Q = \vec{r}_{Q/P} \times m\vec{v}_Q} \tag{5.59}$$

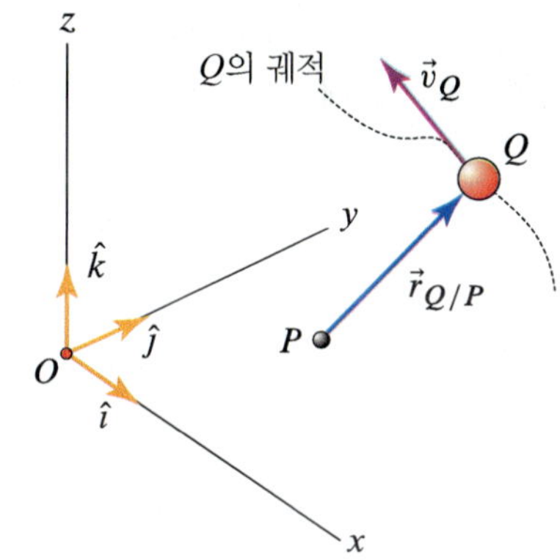

그림 5.32 P 점을 기준으로 하는 움직이는 질점 Q. 점 P가 정지점일 필요는 없다.

여기에서 $\vec{r}_{Q/P}$는 P에 대한 Q의 위치를 나타내며, 점 P는 **모멘트 중심(*moment center*)**이라고 불린다. 이 정의의 하나의 중요한 관점은 모멘트 중심 P를 결정하는 데 있어서 제한이 없다는 것이다. 즉 P는 다른 질점이 될 수도 있고 편리한 기하학적 기준점이 될 수도 있다. 또한 이 점은 움직일 수도 있고 정지해 있을 수도 있다. 회전 운동량은 일반적으로 SI 단위계에서 kg · m^2, U.S 단위계에서 slug ft^2/s 로 각각 표시된다.

스케이터 스핀 문제에 대한 최종 언급 스케이터의 스핀 문제에서 우리는 그림 5.29의 점 O를 모멘트 중심으로 선택하였다. 이 선택으로 인해서, $\vec{r}_{D/O} = r\,\hat{u}_r$이며 원통 좌표계에서 선형운동량이 다음 식 $\vec{p} = (mv_r\,\hat{u}_r + mv_\theta\,\hat{u}_r + mv_z\,\hat{k})$와 같이 주어지기 때문에 다음 식을 얻을 수 있다.

$$\vec{h}_O = -rmv_z\,\hat{u}_\theta + rmv_\theta\,\hat{k} \tag{5.60}$$

그러므로 이 스핀 축 z 축을 다시 살펴보면 보존되는 값 $r(m\,v_\theta)$가 각 운동량 $\vec{h}_O$의 z 축을 따른 성분이라는 것을 알 수 있다. 이 관찰결과를 충분히 확인하기 위하여 뉴턴의 제2법칙과 회전운동량 개념 사이의 연결을 설정하여야 한다.

> **개념정리**
>
> **각 운동량은 운동량의 모멘트이다.** 각 운동량이 말이 개념적으로 계산적으로 주로 사용되기는 하지만, 운동량의 모멘트라고 기억하는 것도 유용하다. 이것은 식 (5.59)의 $\vec{h}_P$가 나타내는 것이기 때문이다. 운동량의 모멘트를 계산할 수 있는 모멘트 중심이 정확하게 주어지지 않는 한 각운동량은 의미가 없다.

하나의 질점의 회전 충격량 운동량 법칙

뉴턴의 제2법칙과 회전운동량 사이의 관계는 식 (5.59)를 시간에 대한 미분을 수행함으로써 구할 수 있다. 이 식은 다음과 같이 나타난다.

$$\dot{\vec{h}}_P = \dot{\vec{r}}_{Q/P} \times m\vec{v}_Q + \vec{r}_{Q/P} \times m\dot{\vec{v}}_Q \tag{5.61}$$

다음과 같은 내용을 다시 확인하자.

1. $\dot{\vec{r}}_{Q/P} = \vec{v}_Q - \vec{v}_P$이고, 여기에서 $\vec{v}_Q$와 $\vec{v}_P$는 Q와 P의 속도라고 한다.
2. 뉴턴의 제2법칙에서 $m\dot{\vec{v}}_Q = \vec{F}$이며, 여기에서 $\vec{F}$는 Q에 가해지는 합력이다. 여기에서 식 (5.61)을 다음과 같이 다시 쓸 수 있다.

$$\dot{\vec{h}}_P = (\vec{v}_Q - \vec{v}_P) \times m\vec{v}_Q + \vec{r}_{Q/P} \times \vec{F} \tag{5.62}$$

항

$$\vec{r}_{Q/P} \times \vec{F} \tag{5.63}$$

은 모든 힘이 Q에 가해질 때 P에 대한 모멘트이며, 여기에서 $\vec{M}_P$로 표시한다. 식 (5.62)에서 식 (5.63)을 사용하고, $\vec{v}_Q \times m\vec{v}_Q = \vec{0}$이므로, 다음과 같은 중요한 결과를 얻는다.

$$\vec{M}_P = \dot{\vec{h}}_P + \vec{v}_P \times m\vec{v}_Q \tag{5.64}$$

흥미로운 사실

식 (5.64)는 새로운 법칙인가? 식 (5.64)는 운동에 대한 연구에서 매우 유용한 관계이다. 특히 중심력의 작용 하에 있는 운동에 대해서는 더욱 유용하다. 식 (5.64)는 충격량 운동량 법칙의 결과로써 얻어졌다. 이와 같은 이유로, 식 (5.64)는 새로운 운동 법칙이다. 이것은 단순히 어떤 문제의 연구에서 편하게 사용할 수 있는 물리적으로 의미있는 관계식일 뿐이다.

식 (5.64)는 회전 충격량-운동량 법칙(*angular impulse-momentum principle*)이라 불리며, Q에 가해지는 합력의 모멘트와 Q의 회전 운동량 사이의 관계를 나타낸다. 여기에서 두 항 모두 모멘트 중심 P에 대한 값이다. 식 (5.64)는 다음 경우들에 단순화할 수 있다.

1. 기준점 P가 고정되어 있는 경우, 즉 $\vec{v}_P = \vec{0}$ 혹은
2. $\vec{v}_P$가 $\vec{v}_Q$에 평행한 경우, 즉 $\vec{v}_P \times m\vec{v}_Q = \vec{0}$

위 두 경우에 모두

$$\vec{M}_P = \dot{\vec{h}}_P \tag{5.65}$$

이다. 즉 회전운동량의 변화의 시간 속도(P에 대한)은 완전하게 $\vec{M}_P$와 같고, Q에 가해지는 힘(점 P에 대한)의 모멘트이다. 식 (5.65)가 성립하는 모든 경우에 이 방정식을 시간 간격 $t_1 \le t \le t_2$에 구간에서 시간에 따라 적분하면 다음과 같은 식을 얻는다.

$$\vec{h}_{P1} + \int_{t_1}^{t_2} \vec{M}_P \, dt = \vec{h}_{P2} \tag{5.66}$$

유용한 정보

식 (5.66)의 실제적인 사용 식 (5.66)은 어떤 고정점에 대한 합이 0인 외력의 모멘트 문제에 대하여 매우 유용하다. 이 경우에 주어진 고정점에 대한 각 운동량이 일정하다는 것을 즉시 알 수 있다. 이 전략은 본질적으로 중심력, 즉 항상 고정점을 향하여 작용하는 힘, 의 작용하에 있는 질점의 움직임에 대한 문제의 해를 구하는 데 특히 유용하다.

여기에서 $\vec{h}_{P1} = \vec{h}_P(t_1)$, $\vec{h}_{P2} = \vec{h}_P(t_2)$이며, 식 (5.66)의 적분항은 합력의 Q에 대한 P에 대한 회전 충격량이라 불린다.

■ **간단한 예제** 회전 충격량 운동량 법칙을 앞에서 논의된 스케이터의 문제에 적용하라. 스케이터의 회전운동량은 일정하다는 것을 보여라.

풀이 그림 5.32에서 점 O를 우리의 모멘트 중심으로 놓으면 $\vec{M}_O = \vec{0}$을 얻는다. 왜냐하면 $\vec{F}_S$의 작용선은 점 O을 지나기 때문이다. 또한 점 O는 고정점이기 때문에 식 (5.66)을 적용하면 $\vec{h}_O(t_2) = \vec{h}_O(t_1)$이 된다. 디스크 D의 점 O에 대한 회전운동량은 일정하게 유지된다. 식 (5.64)와 (5.66)은 중심력의 작용을 받는, 즉 항상 고정점을 향하여 힘이 작용하는 하나의 질점문제의 연구에 있어서 매우 유용하다. 이 문제의 고전적인 적용사례는 태양 주위를 도는 행성의 운동문제이다. ■

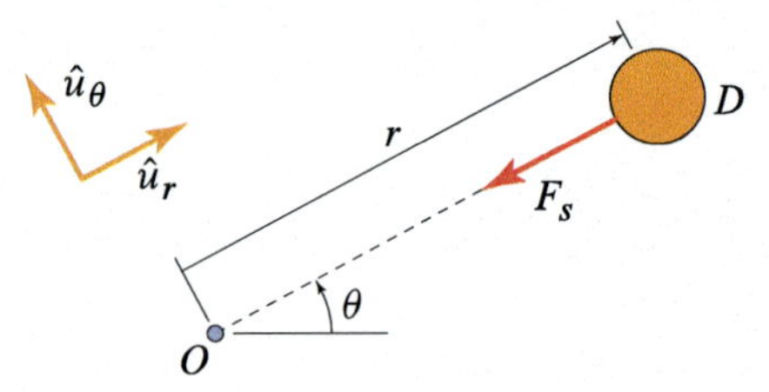

그림 5.33 *그림 5.30의 반복. 디스크 D의 FBD.*

질점계에 대한 회전 충격량–운동량

회전 충격량 운동량 법칙을 질점계에 대하여 확장해보자. 선형 충격량 운동량 법칙의 질점계 확장에서처럼 N개의 질점이 있는 시스템을 고려해보자. 이 시스템은 외력과 쌍으로의 상호작용이 존재한다(그림 5.34 참조). 여기에 고려되고 있는 시스템은 닫혀있다고 가정한다. 즉 질량을 주위와 서로 교환하지 않는다(5.1절 참조). 속도 $\vec{v}_P$를 가진 점 P를 모멘트 중심으로 선택한다. 식 (5.64)를 이 질점계의 i 번째 질점에 적용하면 다음과 같은 식을 얻는다.

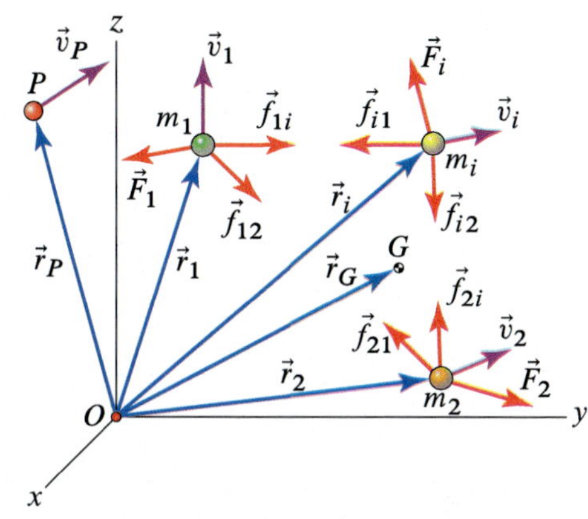

그림 5.34 내력과 외력의 작용을 받는 질점계. 점 P는 일반적으로 이동하는 점이다.

$$\vec{M}_{Pi} = \dot{\vec{h}}_{Pi} + \vec{v}_P \times m_i \vec{v}_i \tag{5.67}$$

여기에서

$$\vec{M}_{Pi} = \vec{r}_{i/P} \times \left(\vec{F}_i + \sum_{\substack{j=1 \\ j \neq i}}^{N} \vec{f}_{ij} \right) \tag{5.68}$$

위 식에서

- $\vec{r}_{i/P}$는 점 P에 대한 질점 i의 위치를 표시한다.
- $\vec{F}_i$는 질점 i에 가해지는 외력이다.
- $\vec{f}_{ij}$는 질점 i에 대하여 질점 j와의 상호작용에 의해 가해지는 내력이다.

따라서 식 (5.68)의 괄호 안의 항 $\left(\vec{F}_i + \sum_{\substack{j=1 \\ j\neq i}}^{N} \vec{f}_{ij}\right)$은 질점 i에 가해지는 전체 힘을 의미한다. 식 (5.67)에서 시스템의 모든 질점에 대하여 작용들을 더하면 다음과 같은 식을 얻을 수 있다.

$$\sum_{i=1}^{N} \vec{M}_{Pi} = \sum_{i=1}^{N} \dot{\vec{h}}_{Pi} + \sum_{i=1}^{N} \vec{v}_P \times m_i \vec{v}_i \tag{5.69}$$

식 (5.69)를 단순화하기 위하여, 좌변의 합을 고려하면 다음과 같이 나타난다.

$$\sum_{i=1}^{N} \vec{M}_{P_i} = \sum_{i=1}^{N} \left(\vec{r}_{i/P} \times \vec{F}_i \right) + \sum_{i=1}^{N} \left(\vec{r}_{i/P} \times \sum_{\substack{j=1 \\ j \neq i}}^{N} \vec{f}_{ij} \right) \tag{5.70}$$

식 (5.70)의 마지막 항을 다시 쓰고, 뉴턴의 제3법칙이 다음의 두 식으로 나타난다는 것을 기억하면,[6]

$$\vec{f}_{ij} = -\vec{f}_{ji}, \quad \vec{f}_{ij} \times (\vec{r}_i - \vec{r}_j) = \vec{0} \tag{5.71}$$

다음으로 주어진 질점 d와 e가 어떻게 식 (5.70)의 마지막 항에 영향을 미치는지 살펴보자. 그림 5.35를 다시 참조하고, 합에서의 항을 살펴보자.

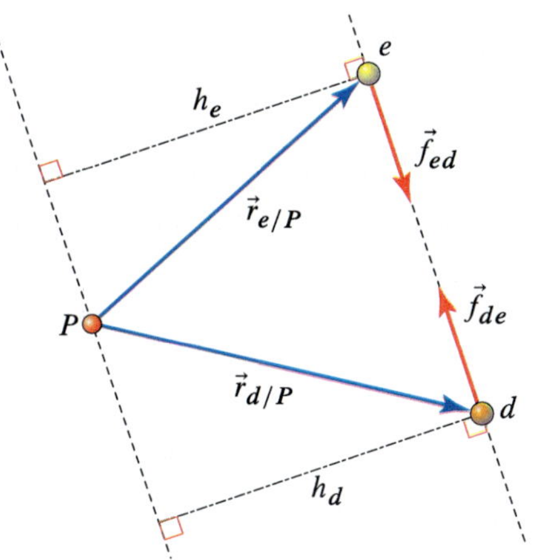

그림 5.35 뉴턴의 제3법칙에 의하여 크기는 같고 방향은 반대이며 같은 선상에 있는 내력 쌍의 모멘트. 내력 $\vec{f}_{ed}$와 $\vec{f}_{de}$는 점 P를 통과하고 $\vec{f}_{ed}$와 $\vec{f}_{de}$에 평행한 즉, $h_e = h_d$인 선을 기준으로 동등한 모멘트 팔을 가진다. 그러므로 P를 기준으로 하는 $\vec{f}_{ed}$와 $\vec{f}_{de}$의 전체 모멘트는 0과 같다.

$$\vec{r}_{e/P} \times \vec{f}_{ed} + \vec{r}_{d/P} \times \vec{f}_{de} \tag{5.72}$$

6) 이 두 관계식은 식 (1.4)와 (1.5)에서 먼저 주어져있다. 여기서는 편의상 반복하였다.

여기에서 식 (5.71)의 첫 번째를 사용하면 다음과 같이 다시 쓸 수 있다.

$$\vec{r}_{e/P} \times \vec{f}_{ed} + \vec{r}_{d/P} \times (-\vec{f}_{ed}) = (\vec{r}_{e/P} - \vec{r}_{d/P}) \times \vec{f}_{ed} \tag{5.73}$$

다음 $\vec{r}_{e/P} - \vec{r}_{d/P} = (\vec{r}_e - \vec{r}_P) - (\vec{r}_d - \vec{r}_P) = \vec{r}_e - \vec{r}_d$과 식 (5.71)의 두 번째 식을 사용하면, 식 (5.73)은 다음과 같이 나타난다.

$$(\vec{r}_e - \vec{r}_d) \times \vec{f}_{ed} = \vec{0} \tag{5.74}$$

식 (5.74)는 질점의 모든 쌍에 대해서 성립하며, 따라서 식 (5.70)의 마지막 항은 0이 된다. 또한 식 (5.70)은 다음과 같이 단순화할 수 있다.

$$\vec{M}_P = \sum_{i=1}^{N} \vec{r}_{i/P} \times \vec{F}_i \tag{5.75}$$

여기에서 $\vec{M}_P$는 오직 외력에 의한 점 P에 대한 전체 모멘트이다.

식 (5.69)의 마지막 합에서 이제 회전 운동량 항을 살펴보자. 항 $\vec{v}_P$는 첨자 i가 붙어 있지 않다는 것을 확인하라. 이것은 문제에서의 항이 포함된 합을 다음과 같이 다시 쓸 수 있다는 것을 의미한다.

$$\sum_{i=1}^{N} \vec{v}_P \times m_i \vec{v}_i = \vec{v}_P \times \sum_{i=1}^{N} m_i \vec{v}_i = \vec{v}_P \times m\vec{v}_G \tag{5.76}$$

여기에서 식 (5.13)을 모든 운동량에 의한 영향을 다음 항 $m\vec{v}_G$로 나타내기 위하여 사용하였다(좌측 빈칸의 유용한 정보를 참조하라). 또한 이 식에서 G는 계의 질량중심이다. 다음으로 계의 모멘트 중심 P를 기준으로 계산한 전체 회전 운동량을 정의한다. 이 값은 계의 모든 질점에 대한 P를 중심으로 한 회전운동량의 합이다. 즉 다음과 같다.

$$\vec{h}_P = \sum_{i=1}^{N} \vec{h}_{Pi} \tag{5.77}$$

식 (5.75)-(5.77)을 사용하여 식 (5.69)를 다시 쓰면, 닫힌계에 대한 회전 충격량 운동량 법칙을 다음 식과 같이 얻는다.

$$\vec{M}_P = \dot{\vec{h}}_P + \vec{v}_P \times m\vec{v}_G \tag{5.78}$$

유용한 정보

닫힌계와 열린계. 질점계에 대하여 질량중심은 다음과 같은 관계를 만족하는 위치 백터가 나타내는 점이다. $\vec{r}_G = \frac{1}{m}\sum_{i=1}^{N} m_i \vec{r}_i$. 만약 이 계가 닫혀있다면, N과 m은 상수이며 따라서 다음 $m\vec{r}_G$의 시간 미분은 다음과 같은 관계를 만족한다. $m\vec{v}_G = \sum_{i=1}^{N} m_i \vec{v}_i$. 이 식은 식 (5.76)에서 사용된 관계이다. 만약 이 계가 열려있다면 질량중심의 속도는 N이 시간에 따라 어떻게 변화하는지 관련되는 계의 질량이 어떻게 변화하는지에 의해 결정된다. 비슷하게, $\vec{h}_P = \sum_{i=1}^{N} \vec{h}_{Pi}$로 정의하였기 때문에, $\dot{\vec{h}}_P = \frac{d\vec{h}_P}{dt} = \sum_{i=1}^{N} \dot{\vec{h}}_{Pi}$으로 말할 수 있다. 단 이것은 이 계가 질점을 얻거나 잃어버리지 않을 때 성립한다. 즉 이 계가 닫힌계일 때 성립한다.

질점계의 회전 운동량 : 중요 특별 경우

식 (5.78)에서 주어지는 것과 같이 $\vec{v}_P \times m\vec{v}_G = \vec{0}$ 를 만족하기 때문에 단순화되는 특수하지만 중요한 경우들을 살펴보자. 이 경우들은 다음과 같은 경우에 성립한다.

1. P는 고정점이다. 즉 $\vec{v}_P = \vec{0}$
2. G는 고정점이다. 즉 $\vec{v}_G = \vec{0}$
3. P가 질량 중심과 일치한다. 따라서 $\vec{v}_P = \vec{v}_G$이다. 혹은
4. $\vec{v}_P$와 $\vec{v}_G$ 벡터가 서로 평행하다.

이 모든 경우에 있어서, 식 (5.78) 은 다음과 같이 간단한 모양으로 나타난다.

$$\vec{M}_P = \dot{\vec{h}}_P \tag{5.79}$$

이와 더불어, 만약 위에서 말한 조건 중 어떤 것이라도 시간 간격 $t_1 \le t \le t_2$ 사이에서 성립한다고 하면, 식 (5.79)를 시간에 대하여 적분하여 다음과 같은 식을 얻을 수 있다.

$$\vec{h}_{P1} + \int_{t_1}^{t_2} \vec{M}_P\, dt = \vec{h}_{P2} \tag{5.80}$$

여기에서 $\vec{h}_{P1} = \vec{h}_P(t_1)$이며, $\vec{h}_{P2} = \vec{h}_P(t_2)$이다.

빠지기 쉬운 함정

같은 모습, 다른 의미. 식 (5.79)와 (5.80)은 각각 식 (5.65)와 식(5.66)과 외면 상으로는 동등하다. 그러나 식 (5.79)와 (5.80)의 $\vec{h}_P$ 값은 하나의 계의 전체 각운동량이며 그러므로 하나의 단일 질점의 각운동량을 나타내는 식 (5.65)와 (5.66)의 $\vec{h}_P$ 값과는 매우 다르다. 이 식들이 같게 보이는 이유는 단일 물리법칙이 두 가지 경우 모두 적용된다는 사실을 강조하기 위해서이다.

회전 운동량 보존

식 (5.80)에서, 만약 $t_1 \le t \le t_2$에서 $\vec{M}_P = \vec{0}$이면 다음과 같은 관계를 얻을 수 있다.

$$\vec{h}_{P1} = \vec{h}_{P2} \tag{5.81}$$

그리고 이 경우를 회전운동량 보존(*conservation of angular momentum*)이라 한다.

몇몇 경우에 회전운동량 전체대신에 회전운동량의 일정 성분이 보존되는 경우도 가능하다. 이것은 $\vec{M}_P$가 0이 아니지만, $\vec{M}_P$의 **고정 축을 따른 성분이 0인** 경우에 발생한다. 예를 들어 그림 5.36을 고려해보자. 이 그림에서는 수평 평면을 회전하는 물체 Q를 가지고 있는 원뿔형태의 진자에 대한 자유물체도가 제시되어 있다. 점 O를 위한 모든 힘의 모멘트는 다음과 같다.

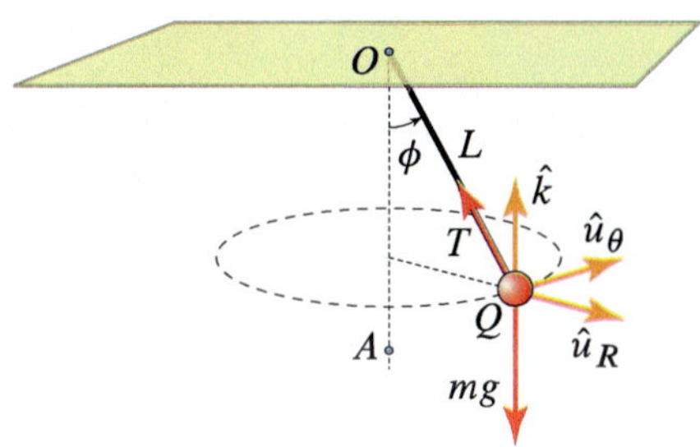

그림 5.36 수평평면을 스윙하는 원뿔 진자의 FBD.

$$\begin{aligned}\vec{M}_O &= \vec{r}_{Q/O} \times \vec{F}_Q \\ &= L\left(\sin\phi\, \hat{u}_R - \cos\phi\, \hat{k}\right) \times \left[-mg\,\hat{k} + T(\cos\phi\,\hat{k} - \sin\phi\,\hat{u}_r)\right] \\ &= mgL\sin\phi\,\hat{u}_\theta\end{aligned} \tag{5.82}$$

여기에서 $\vec{F}_Q$는 Q에 가해지는 전체 힘이다. 이제 식 (5.79)에 의하여 $\vec{M}_O = \dot{\vec{h}}_O$ 임을 상기하자. $\vec{h}O = h_{OR}\,\hat{u}_R + h_{O\theta}\,\hat{u}_\theta + h_{Oz}\,\hat{k}$임으로 다음과 같은 관계가 성립한다.

$$\dot{\vec{h}}_O = \dot{h}_{Or}\,\hat{u}_R + h_{Or}\,\dot{\hat{u}}_R + \dot{h}_{O\theta}\,\hat{u}_\theta + h_{O\theta}\,\dot{\hat{u}}_\theta + \dot{h}_{Oz}\,\hat{k} + h_{Oz}\,\dot{\hat{k}} \tag{5.83}$$

원통 좌표계에서는 $\dot{\hat{k}} = 0$이 되는데 이것은 z축이 고정되어 있기 때문이다. 또 $\dot{\hat{u}}_R = \dot{\theta}\,\hat{u}_\theta$ 그리고 $\dot{\hat{u}}_\theta = -\dot{\theta}\,\hat{u}_R$을 얻을 수 있는데 이것은 R과 θ가 진자운동에 따라 회전하기 때문이다. 따라서 식 (5.83)은 다음과 같이 단순화 된다.

$$\dot{\vec{h}}_O = (\dot{h}_{Or} - \dot{\theta}h_{O\theta})\,\hat{u}_R + (\dot{h}_{O\theta} + \dot{\theta}h_{OR})\,\hat{u}_\theta + \dot{h}_{Oz}\,\hat{k} \tag{5.84}$$

식 (5.82)와 (5.84)를 요소별로 등식화하면 $M_{Oz} = 0$이 $\dot{h}_{Oz} = 0$이 되는 것을 알 수 있다. 따라서 h_{Oz} = 상수가 성립한다. 반면에 예를 들어 $M_{Oz} = 0$은 $\dot{h}_{Or} - \dot{\theta}h_{O\theta} = 0$만을 만족시킨다. 다시 말해, z **방향이 고정되어 있기 때문에** $M_{Oz} = 0$이 h_{Oz} = 상수를 만족시킨다는 것을 기억하는 것이 중요하다.

유용한 정보

오일러의 제1법칙과 뉴턴의 제2법칙을 비교하기. 이 두 법칙이 매우 비슷함에도 불구하고, 오일러의 제1법칙과 뉴턴의 제2법칙은 같지않다. 식 (5.86)에서 주어진 오일러의 제1법칙은 질점이나 질점계, 강체 그리고/혹은 임의의 미세구조를 가지는 변형체에 대해서 적용된다. 반면 식에서 주어진 뉴턴의 제2법칙은 오직 하나의 질점에 대해서만 적용된다. 이와 같은 사소하지만 중요한 차이가 오일러의 기여를 중요하게 한다.

오일러의 제1, 제2운동법칙

뉴턴의 운동법칙은 하나의 단일 질점의 운동을 결정하는 것으로 하나의 질점은 유한한 질량과 부피 0(혹은 정의되지 않는)의 추상적인 값을 가진다. 뉴턴의 법칙을 이용하여 쌍으로 작용하는 내력이 존재하는 어떤 닫힌 질점계의 운동을 만족시키는 관계를 유도하였다. 이 관계는 다음과 같다.

$$\vec{F} = m\vec{a}_G, \qquad \vec{M}_P = \dot{\vec{h}}_P + \vec{v}_P \times m\vec{v}_G \tag{5.85}$$

이 식은 식 (5.14)와 식 (5.78)에 각각 주어져 있다.

물리적인 세계에 대한 많은 일반적인 모델은 물체들을 질점들로 이루어져 있다고 보지 않는다. 예를 들어 보, 막대 케이블 등등은 연속체 개념을 기반으로 하고 있는데, 이 개념은 질점들의 결합이 아니다. 강체인 경우라도, 이 책의 뒤에서 공부하겠지만, 질점의 결합으로 볼 필요는 없다. 따라서 우리는 다음의 중요한 질문을 대면할 필요가 있다.

> 질점개념을 기반으로 하지 않는 모델에서는
> 어떤 운동법칙을 사용하여야 하는가?

이 질문에 대한 대답이 오일러[7]에 의해서 처음으로 주어졌다. 그는 식 (5.85)가 단순히 특별한 질점계에 적용 가능한 뉴턴의 법칙의 부산물이 아니라, 어떤 물리계에서도 사용할 수 있는 운동 연구의 기초가 될 수 있다는 것을 깨달았다. 그러므로 오일러는 어떤 물리계의 관성 운동에서 질량을 주위와 교환하지 않는 어떤 물리적 물체의 운동은 다음의 두 법칙을 만족한다고 가정하였다.

$$\text{오일러의 제1법칙:} \quad \vec{F} = m\vec{a}_G, \tag{5.86}$$

$$\text{오일러의 제2법칙:} \quad \vec{M}_P = \dot{\vec{h}}_P + \vec{v}_P \times m\vec{v}_G \tag{5.87}$$

여기에서 일정한 질량 m과 질량 중심 G를 가지는 하나의 물리계에 있어서

- $\vec{F}$는 모든 외력의 합력이다.
- $\vec{v}_G$와 $\vec{a}_G$는 각각 G의 속도와 가속도이다.
- P는 임의로 결정된 모멘트 중심이다.
- $\vec{M}_P$는 점 P에서 계산된 모든 외력과 토크의 모멘트에 대한 합력이다.
- $\vec{h}_P$는 점 P에서 계산된 회전 운동량이다.

식 (5.86)과 (5.87)을 가정하는데 있어서, 오일러는 뉴턴의 제3법칙의 기준을 적용할 필요를 느끼지 않았다. 이것은 식 (5.86)과 (5.87)에 내재되어 있으며, 일반화되어 있음을 보일 수 있다.

이 책의 남은 부분에서 우리는 식 (5.86)과 (5.87)을 물체의 운동의 기본 법칙으로 고려할 것이다. 뉴턴이 뉴턴역학의 법칙을 찾아낸 것을 고려함과 동시에 오일러가 역학의 기본 법칙을 수식화한 것에 대한 기여를 인정하기 위해 이 법칙을 앞으로는 **뉴턴-오일러 방정식**이라고 부를 것이다.

흥미로운 사실

재료거동의 일반이론. 동역학 개론 수업의 범위를 벗어나기는 하지만 오일러의 법칙이 재료거동에 대한 이론에 근간을 제공한다는 사실을 인식하는 것은 중요하다. 사실 예를 들어 유체의 점도, 고무의 탄성, 혹은 폴리머의 열전도도와 같은 하나의 재료의 거동을 특성화하기 위해서, 우리가 실제로 해야하는 일은 하나의 매체내에서의 내력계의 전체 특성을 기술하는 것이다. 그렇게 하기 위하여, 물리적으로 가능한 내력계의 성질을 기술하는 일반적인 법칙을 알고 있는 것은 매우 유용하다. 오일러의 법칙들은 이 법칙들이 하나의 계의 운동량이 오직 계에 가해지는 외력에 의해서만 영향을 받는다는 것을 가정하기 때문에 재료를 연구하는 기반을 제공한다. 다시 말해 이것은 내력에 대한 중요한 성질을 의미하고 있다. 즉 가능한 어떤 내력계는 0의 합력과 0의 모멘트합을 가진다는 것이다.

7) 1.1절에 있는 오일러에 대한 역사적 소고 참조.

절 요약

이 절에서 우리는 하나의 단일 질점과 질점계들을 위하여 회전 운동량의 개념을 개발하였다. 덧붙여서, **회전 충격량 운동량 법칙**을 제시하였다.

그림 5.37을 참조하면, **모멘트 중심 P를 기준으로 하는 질점 Q의 회전운동량**은 다음과 같이 주어진다.

식 (5.59) p. 389

$$\vec{h}_P = \vec{r}_{Q/P} \times \vec{p}_Q = \vec{r}_{Q/P} \times m\vec{v}_Q$$

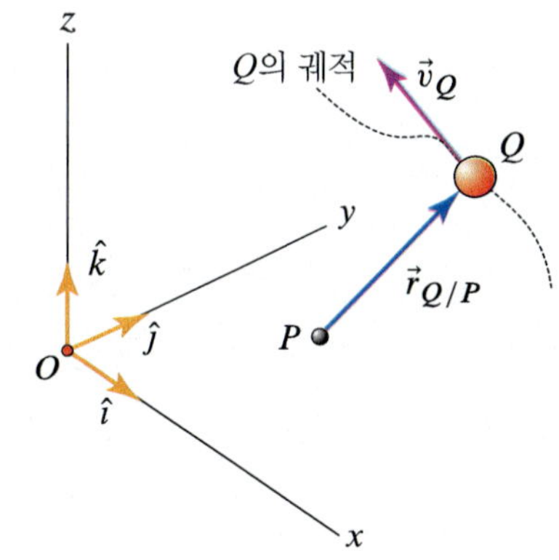

그림 5.37 *그림 5.32의 반복. P 점을 기준으로 하는 움직이는 질점 Q. 점 P가 정지점일 필요는 없다.*

여기에서 P는 고정되어 있거나 움직일 수 있다. 즉 $\vec{r}_{Q/P}$는 P에 대한 Q의 위치이다. m과 $\vec{v}_Q$는 각각 Q의 질량과 속도이다. 그리고 $\vec{p}_Q = m\vec{v}_Q$는 Q의 선형운동량이다.

하나의 다닐 질점에 대한 **회전 충격량–운동량 법칙**은 다음과 같이 나타난다.

식 (5.64) p. 390

$$\vec{M}_P = \dot{\vec{h}}_P + \vec{v}_P \times m\vec{v}_Q$$

여기에서 $\vec{M}_P$는 점 Q에 가해지는 모든 힘에 의한 점 P에 대한 모멘트이다. 만약 다음의 조건이 만족한다면,

1. 기준점 P는 고정되어 있다. 즉 만약 $\vec{v}_P = \vec{0}$
2. $\vec{v}_P$가 $\vec{v}_Q$와 평행하다. 즉 $\vec{v}_P \times m\vec{v}_Q = \vec{0}$

이 경우 하나의 단일 질점에 대한 회전 충격량–운동량 법칙은 다음과 같이 단순화 할 수 있다.

식 (5.65) p. 390

$$\vec{M}_P = \dot{\vec{h}}_P$$

만약 조건 1, 2가 $t_1 \le t \le t_2$에서 만족한다면 단일 질점에 대한 회전 충격량–운동량 법칙은 시간에 따라 적분이 가능하며 다음과 같이 쓸 수 있다.

식 (5.66) p. 390

$$\vec{h}_{P1} + \int_{t_1}^{t_2} \vec{M}_P\, dt = \vec{h}_{P2}$$

여기에서 $\vec{h}_{P1} = \vec{h}_P(t_1)$, $\vec{h}_{P2} = \vec{h}_P(t_2)$이다.

하나의 닫힌 질점계에 대하여 회전 충격량–운동량 법칙은 다음과 같은 모양으로 나타낸다.

식 (5.78) p. 392

$$\vec{M}_P = \dot{\vec{h}}_P + \vec{v}_P \times m\vec{v}_G$$

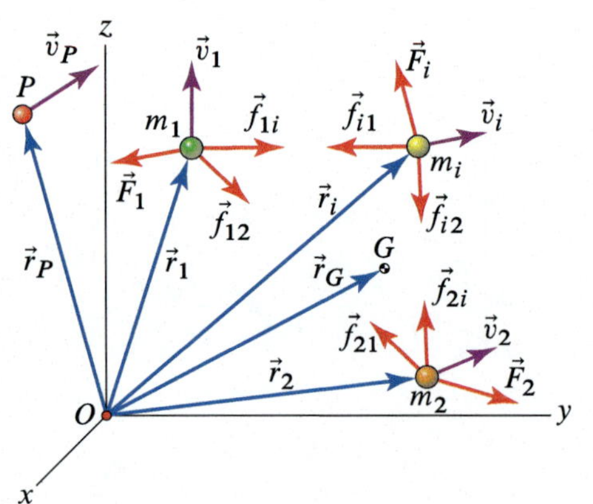

그림 5.38 *그림 5.34의 반복.* 내력과 외력의 작용을 받는 질점계. 점 P는 일반적으로 이동하는 점이다.

여기에서 그림 5.38를 기준으로, $\vec{M}_P$는 시스템에 가해지는 외력만의 점 P을 기준으로 한 모멘트이다. $m = \sum_{i=1}^{N} m_i$는 계의 전체 질량이다. G는 계의 질량중심이며, $\vec{v}_G$는 G의 속도이다. $\vec{h}_P$는 전체 회전 운동량이며, 다음과 같이 정의된다.

식 (5.77) p. 392

$$\vec{h}_P = \sum_{i=1}^{N} \vec{h}_{Pi}$$

앞에서 보았듯이 회전 충격량 운동량 법칙은 어떤 조건들이 만족하면 간단한 모양으로 쓸 수 있다. 하나의 닫힌 질점계에 대하여 다음 조건들을 고려해보자.

1. P가 고정점 일 때 즉 $\vec{v}_P = \vec{0}$
2. G가 고정점 일 때 즉 $\vec{v}_G = \vec{0}$
3. P가 질량중심과 일치할때 $\vec{v}_P = \vec{v}_G$
4. $\vec{v}_P$와 $\vec{v}_G$ 벡터가 서로 평행하다.

이 조건들 중 어떤 것이라도 성립하면, 하나의 닫힌 질점계에 대한 회전 충격량 운동량 법칙은 다음과 같이 단순화 된다.

식 (5.79) p. 393

$$\vec{M}_P = \dot{\vec{h}}_P$$

이와 더불어, 만약 위에서 말한 조건 중 어떤 것이라도 시간 간격 $t_1 \le t \le t_2$ 사이에서 성립한다고 하면, 시간에 대하여 적분하여 다음과 같은 식을 얻을 수 있다.

식 (5.80) p. 393

$$\vec{h}_{P1} + \int_{t_1}^{t_2} \vec{M}_P \, dt = \vec{h}_{P2}$$

예제 5.12 인공위성의 속력을 찾기위한 회전 운동량

인공위성이 지구를 도는 궤도는 그림 1과 같다. 최대, 최소 거리는 지구의 중심으로부터 각각 $R_p = 4.5 \times 10^7$ m이고, $R_A = 6.163 \times 10^7$이다. P와 A는 근지점(지구에 가장 가까운 궤도에 있는 지점)과 최고점(지구에서 가장 먼 궤도에 지점)을 나타낸다. 점 P에서의 인공위성의 속도는 $v_p = 3.2 \times 10^3$ m/s일 때, A에서의 인공위성 속도를 결정하라.

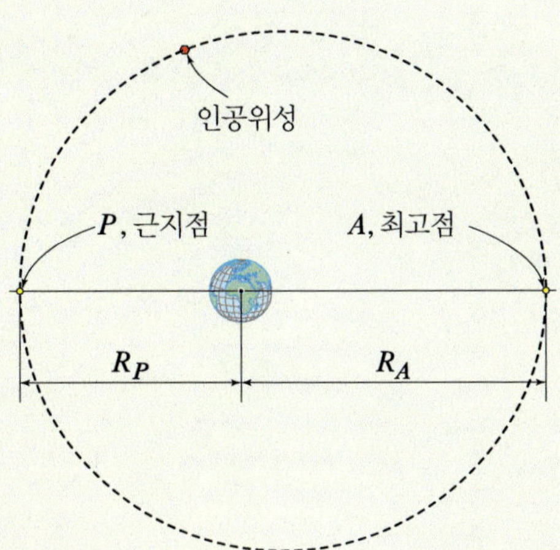

그림 1 지구를 도는 타원궤도 상의 인공위성. 이 궤도는 지구를 기준으로 비례하여 그려졌다.

풀이 SOLUTION

로드맵과 모델링 그림 2에서와 같이 우리는 지구와 인공위성을 질점으로 모델링하였다. 이 모델에서 지구는 고정되어 있다고 가정하며, 우리는 지구의 중심점 E를 기준 관성좌표계의 원점으로 고려한다. 인공위성에 가해지는 유일한 힘은 F_G이며, 이 힘은 지구의 중력에 의한 인력이다. 마지막으로 인공위성의 궤도는 2차원 평면 위에 있다고 가정하며, 점 E에 대한 극좌표계를 사용하여 인공위성의 움직임을 연구한다. 이와 같은 가정들에 의하여 인공위성에 가해지는 힘은 중심에 작용한다고 할 수 있으며(항상 고정점 E를 향한다), 점 E에 대한 모멘트는 항상 0이다. 그러므로 점 E에 대한 인공위성의 각운동량은 운동전반에서 보존된다. 이 조건들이 이 문제를 푸는 열쇠가 될 것이다.

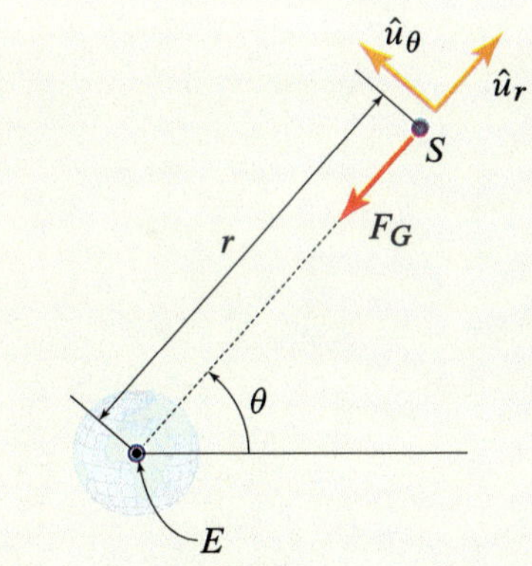

그림 2 주어진 좌표계를 따른 위성의 FBD.

지배방정식

평형 원리 고정점 E를 모멘트 중심으로 택하면, 식 (5.64)에 있는 각 충격량의 원리를 사용할 수 있다.

$$\vec{M}_E = \dot{\vec{h}}_E \tag{1}$$

여기에서

$$\vec{M}_E = \vec{r} \times \vec{F}_G \ , \quad \vec{h}_E = \vec{r} \times m\vec{v} \tag{2}$$

다시 여기에서 $\vec{r}$, m, $\vec{v}$는 각각 이 위성의 위치, 질량, 속도이다.

힘의 법칙 $\vec{F}_G$는 다음 식과 같이 주어진다(식 (1.6) 참조)

$$\vec{F}_G = -G\frac{m_e m}{r^2}\hat{u}_r \tag{3}$$

여기서 G는 만유인력상수이며, m_e는 지구의 질량, r은 지구 중심과 이 위성 사이의 거리이다. $\hat{u}_r$은 지구에서 인공위성을 가르키는 단위 벡터이다.

운동학 방정식 식 (2)를 사용하기 위하여 극좌표계에서 $\vec{r}$과 $\vec{v}$의 값이 필요하다.

$$\vec{r} = r\,\hat{u}_r \ , \quad \vec{v} = v_r\,\hat{u}_r + v_\theta\,\hat{u}_\theta \tag{4}$$

A와 P에서의 속도사이의 관계를 구하는 것이 필요하기 때문에 식 (4)의 두 번째 식을 사용하면, 그 속도 요소와 속력이 다음 식과 같은 관계를 가지는 것을 알 수 있다.

$$v = \sqrt{v_r^2 + v_\theta^2} \tag{5}$$

여기에서 다음과 같은 관계가 성립하는 것을 유의하라.

$$v_{rP} = \dot{r}_P = 0 \ , \quad v_{rA} = \dot{r}_A = 0 \tag{6}$$

정의에 따르면 P와 A는 각각 인공위성과 지구의 거리가 최대, 최소가 되는 점이 되기 때문이다. 그러므로 식 (5)와 식 (6)을 연결하면 다음과 같은 관계를 얻는다.

> **흥미로운 사실**
>
> **지구를 하나의 질점으로 취급할 수 있는가?**
> 정답은 위성과 지구가 지구의 질량이(그리고 인공위성의 질량이 또한) 공간상에서 분포되어 있는 방법이 중력을 계산하는데 영향을 미치지 않을 만큼 "충분히" 멀리 떨어져 있는 한 그렇다이다. 지구 질량의 분포의 효과를 고려하려면, p. 5의 식 (1.6)은 그대로 적용될 수 없고, 질량이 분포된 범위에 대한 적분 이용하여 재 수식화하는 것이 필요하다.

$$v_P = \sqrt{v_{\theta P}^2} = |v_{\theta P}|, \qquad v_A = \sqrt{v_{\theta A}^2} = |v_{\theta A}| \tag{7}$$

계산 식 (2)의 첫 번째 식에, 식 (3)과 식 (4)를 대입하면 다음과 같은 관계를 얻을 수 있다.

$$\vec{M}_E = r\,\hat{u}_r \times \left(-\frac{Gm_e m}{r^2}\right)\hat{u}_r = \vec{0} \tag{8}$$

왜냐하면 $\vec{F}_G$의 작용 방향은 모멘트 중심 E를 통과하기 때문에(E는 $\vec{M} = \vec{0}$가 되기 때문에 E를 모멘트 중심으로 선택하였다) 식 (1)로부터 다음과 같은 관계가 성립한다.

$$\dot{\vec{h}}_E = \vec{0} \quad \Rightarrow \quad \vec{h}_E = \text{운동 도중에는 상수이다.} \tag{9}$$

따라서 다음과 같은 관계를 얻는다.

$$\vec{h}_{EP} = \vec{h}_{EA} \quad \Rightarrow \quad mR_P v_{\theta P}\,\hat{k} = mR_A v_{\theta A}\,\hat{k} \tag{10}$$

여기에서 점 P과 점 A에서의 $\vec{h}_E$ 값은 각각 $\vec{h}_{EP}$와 $\vec{h}_{EA}$이다. 또한 여기에서 식 (2)의 두 번째 식과 식 (4)를 이용하였다. 식 (10)의 양변의 크기를 계산하고 식 (7)을 이용하면 다음과 같은 관계를 얻을 수 있다.

$$mR_P v_P = mR_A v_A \tag{11}$$

여기에서 v_A에 관하여 해를 구하면 다음 식을 얻을 수 있다.

$$\boxed{v_A = \frac{R_P}{R_A} v_P = 2340\,\text{m/s}} \tag{12}$$

논의 및 검증 R_P/R_A의 비율은 무차원이기 때문에 식 (12)의 결과는 차원적으로 옳다. 또한 이 문제의 풀이는 이 절의 처음에서 다루었던 스케이터의 회전 문제의 분석에서 배웠던 내용을 다시 한번 확인한다. 각운동량이 보존되는 경우에는, 회전중심으로부터의 질량의 거리를 증가시키게 되면 회전축에서의 거리의 값의 비율에 비례하는 속력의 감소를 일으키게 된다. 그러므로 식 (12)의 결과는 예상하듯이 $v_A < v_P$가 된다.

예제 5.13 인공위성의 궤도: 각 운동량과 일–에너지

근지점에서 지구 궤도에 있는 인공 위성이 $v_P = 3.2 \times 10^3$ m/s 속도로 지구 중심으로부터 $R_P = 4.5 \times 10^7$ m의 거리에 있다. 지구는 움직이지 않는다고 할때, (a) 위성의 궤도가 원형인지의 여부 (b) 최고점, 즉 지구에서 가장 먼 궤도에 있는 시점에서 R_A와 위성의 속도를 결정하라.

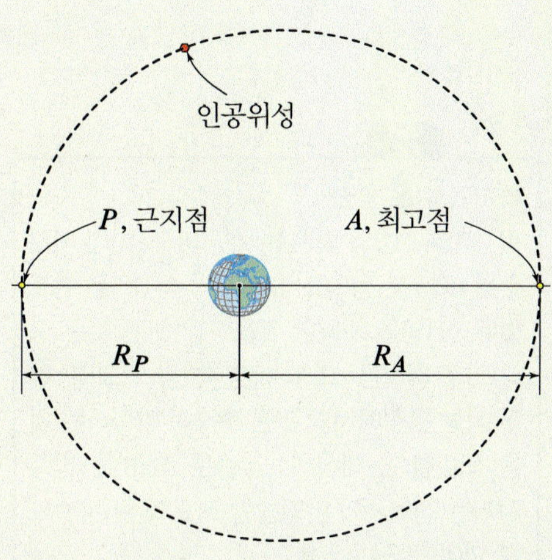

그림 1 지구를 도는 궤도 상의 인공위성.

풀이 SOLUTION

로드맵과 모델링 지구와 위성은 질점으로 모델되어 있고, 지구는 E점을 관성표계의 원점으로 삼아 고정되어 있다(그림 2). 위성은 지구의 중력만을 받는다고 가정한다. 마지막으로 위성의 움직임은 원점 E와 극좌표계를 사용하고 위성의 궤도가 평면임을 가정한다. 궤도가 원형이라면 $R_A = R_P$, $v_A = v_P$이다. 이 문제가 중심력 문제이므로 우리는 각 운동량 보존을 통해 R과 v에 관한 관계를 얻을 수 있다. 중력의 힘은 보존력이라는 사실로부터 일과 에너지 원리를 이용하여 R과 v 사이의 두 번째 관계를 얻을 수 있다. 우리는 질문 (a), (b)에 대한 해답을 구할 수 있다.

지배방정식

평형 원리 식 (5.66)을 적용하면 다음과 같은 관계를 얻는다.

$$\vec{h}_{EP} = 상수 \ = \vec{h}_E \tag{1}$$

$\vec{h}_{EP}$는 위성의 궤도를 따라 일반적인 위치에서 E에 대한 P에서의 계산된 위성의 각 운동량이다. $\vec{r}$, m, $\vec{v}$는 각각 위성의 질량, 위치, 속도이다.

$$\vec{h}_E = \vec{r} \times m\vec{v} \tag{2}$$

P점과 궤도상의 일반적인 점 사이에 적용된 일–에너지 원리는 다음과 같이 쓸 수 있다.

$$T_P + V_P = T + V \tag{3}$$

여기에서

$$T_P = \tfrac{1}{2}mv_P^2, \qquad T = \tfrac{1}{2}mv^2 \tag{4}$$

또, 위 식에서 v_P 및 v는 P에서 각각 궤도에 일반 지점에서 인공 위성의 속도이다.

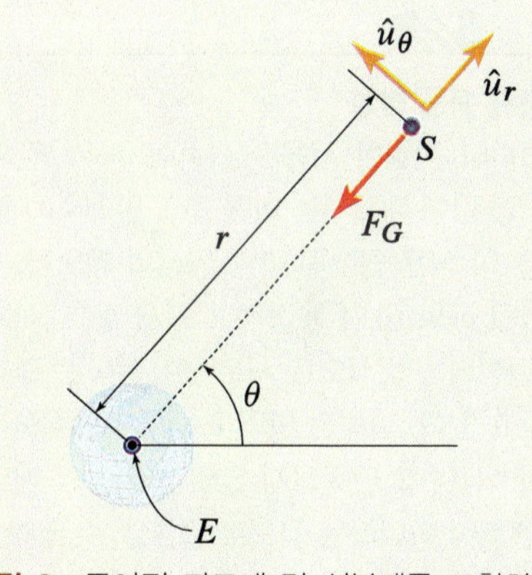

그림 2 주어진 좌표계 및 성분계를 포함하는 인공위성의 FBD.

힘의 법칙 힘 $\vec{F}_G$의 위치 에너지는 다음과 같이 구할 수 있고(식 (4.35) 참조),

$$V = -G\frac{m_e m}{r} \tag{5}$$

$G = 6.674 \times 10^{-11}$ m^3/(kg · s^2)는 중력 상수이고, $m_e = 5.9736 \times 10^{24}$ kg은 지구의 질량임을 기억하자.

운동학 방정식 우리가 가진 극좌표에서 아래의 식을 (6)을 이용하면 식 (2)는 (7)과 같이 단순화된다.

$$\vec{r} = r\,\hat{u}_r, \quad \vec{v} = v_r\,\hat{u}_r + v_\theta\,\hat{u}_\theta, \quad v = \sqrt{v_r^2 + v_\theta^2} \tag{6}$$

$$\vec{h}_E = mrv_\theta\,\hat{k} \tag{7}$$

또한 근지점과 최고점에 대해 다음이 성립한다(예제 5.12 참조).

$$v = |v_\theta| \tag{8}$$

계산 식 (7)에서 식 (1)을 대입하고 $r_P = R_P$임을 상기시킨다. 이때 궤도상의 어떤 지점에서도 다음과 같은 관계가 성립한다.

$$mR_P v_{\theta P} = mrv_\theta \tag{9}$$

식 (9)의 절대값을 계산하고 식 (8)이 성립하는 궤도를 따른 지점(즉, 근지점 혹은 최원점)에서 값을 계산하면 다음식을 얻을 수 있다.

$$R_P v_P = rv \tag{10}$$

다음으로 식 (4), (5)를 식 (4)에 대입하면 다음식을 얻을 수 있다.

$$\tfrac{1}{2}mv_P^2 - G\frac{m_e m}{R_P} = \tfrac{1}{2}mv^2 - G\frac{m_e m}{r} \tag{11}$$

식 (10)과 (11)은 미지수 r과 v를 가지는 두 방정식으로 이루어진 계가 된다. 이계의 풀이는 다음과 같다.

$$\text{풀이 } 1{:}v_1 = v_P,\ r_1 = R_P \tag{12}$$

$$\text{풀이 } 2{:}v_2 = \frac{2Gm_e - R_P v_P^2}{R_P v_P},\ r_2 = \frac{R_P^2 v_P^2}{2Gm_e - R_P v_P^2} \tag{13}$$

빠지기 쉬운 함정
식 (10)과 (11)의 미지수. 식 (10)과 (11)의 미지수를 r과 v로 정의했다. 그러나 식 (10)을 유도할때 식 (8)을 사용한 것을 기억하는 것은 중요하다. 이것은 r과 v가 반경방향 좌표 및 아무 가능한 점에서의 관련 속력이 아니라는 것을 의미한다. 대신 이 값들은 식 (8)을 만족시키는 점에서의 반경방향 좌표와 관련 속도를 의미한다.

풀이 (1)은 P는 궤도에 있는 한 점으로 식 (8)을 만족한다는 것을 의미한다. 풀이 (2)는 식 (8)을 만족하는 궤도의 점이 다른 곳에 있다는 것을 말해준다.

(a) 부분: 궤도는 원형인가?

궤도가 원형이라면 $r = R_P$, $v = v_P$이므로 $v_1 = v_2$, $r_1 = r_2$이다. 이 때 다음 식이 성립한다.

$$v_1 = v_2 \quad \Rightarrow \quad v_P = \sqrt{Gm_e/R_P} \tag{14}$$

v_P, R_P, m_e, G의 값은 미리 주어졌기 때문에 이 값들을 식 (14)에 대입하면, 궤도의 원형 여부를 확인할 수 있다.

$$(v_P)_{\text{원형궤도}} = \sqrt{\frac{[6.6732\times10^{-11}\,\text{m}^3/(\text{kg}\cdot\text{s}^2)]\,5.9736\times10^{24}\,\text{kg}}{4.5\times10^7\,\text{m}}} = 2976\,\text{m/s} \neq (v_P)_{\text{given}} = 3200\,\text{m/s} \tag{15}$$

빠지기 쉬운 함정
식 (14)의 적절한 사용. 식 (14)는 v_P와 R_P의 주어진 값에 대해서는 어떤 것도 말해주지 않는다. 이 식은 단순히 만약 위성의 궤도가 원형이면 v_P와 R_P가 독립적이 되지 않고, 식에서 결정되는 방식으로 서로 연관된다는 것을 말하고 있다. 반대로 만약 v_P와 R_P의 주어진 값이 식 (14)를 만족하지 않으면 위성의 궤도가 원형이 아니라는 것으로 결론낼 수 있다.

따라서, (a)의 대답은 위성의 궤도는 원형이 아니다.

(b) 부분: 최원점에서의 조건

위성의 궤도가 원형이 아니므로, 하나의 최고점이 솔루션 2로 주어진 v_A 및 R_A의 값에 해당한다. 주어진 수치 데이터를 식 (13)에 대입하면,

$$v_2 = v_A = 2340\,\text{m/s}, \qquad r_2 = R_A = 6.160\times10^7\,\text{m} \tag{16}$$

논의 및 검증 식 (16)의 해는 식 (13)으로부터 얻어졌고, 차원적으로 옳다. $v_A < v_P$임을 주의하라. 이것은 각 운동량의 보존으로부터 예측했던 결과이다. 따라서 전반적인 해는 올바르다.

심층분석 식 (12), (13)으로 이 솔루션을 끝마칠 수 있었다. 즉 우리는 그 방정식으로 알려진 모든 수치를 대체할 수 있었고, 식 (16)으로부터 주어진 결과를 얻을 수 있었다. 그렇게 함으로써 궤도가 원형이 아니라는 것을 명확하게 할 수 있었다. 반면 식 (14)를 통하여 원형궤도가 되는 v_P와 R_P의 관계 조건을 통하여 다른 상황에서 유용할 수 있는 결과를 만들었고 그것은 원형이 될 수 있는 궤도에 대한 몇 가지의 통찰을 얻을 수 있다.

예제 5.14 인공위성의 회전 속도 제어하기

그림 1은 인공위성이 z 축을 중심으로 각 속도 $\omega_s(t_d)$로 회전하고 있는 것을 보여주고 있다. 여기에서 t_d는 배치시간을 의미한다. 이 위성의 자세(방향) 및 전반적인 회전 속도를 제어하기 위하여 위성은 내부 질량을 가속하거나 감속할 수 있는 내부 모터를 장착하고 있다. 이 문제에서 우리는 두 개의 구로 이루어진 단순화된 장치를 고려한다. 각 질량은 m_{int}이고 내부의 스핀 축에서 거리 R_{int} 만큼의 거리를 유지한다(여기에서 int는 내부를 의미하는 첨자이다). 이 위성의 배치 시에 이 구들과 위성은 각속도 ω_s의 속도로 회전하고 있다고 가정할때, 인공위성의 몸체가 $\omega_s(t_d)$ 속도의 반이 되게 하는 두 내부 질량의 회전 속도를 찾아라.

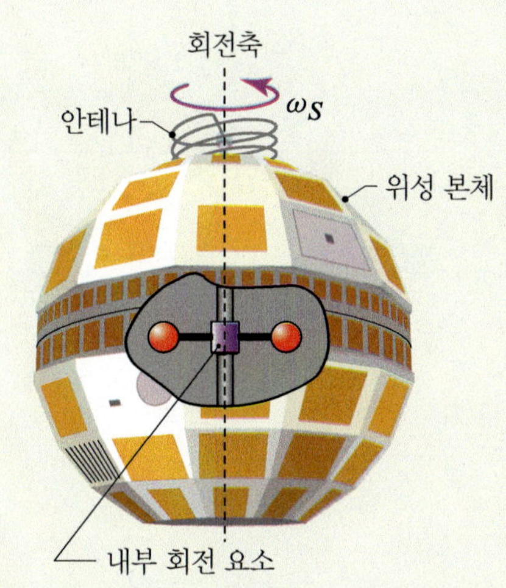

그림 1 하나의 축에 대해 회전하는 위성. 내부 회전 요소가 있는 것을 주의하라.

풀이 SOLUTION

로드맵과 모델링 우리는 이 인공위성을 질점계로 모델링 한 후 이 일부 질점들의 운동을 제어함으로써 이 계의 다른 점들의 운동을 제어할 수 있다는 것을 살펴볼 것이다. 그림 2를 참조하면 다음과 같이 가정할 수 있다.

1. 위성은 외력을 받지 않는다.
2. 위성의 움직임은 고정되었다고 가정한 회전축 z 축에 대한 회전뿐이며, 이 가정으로 기반으로 위성 중앙의 질량 중심 G에 원점을 두고 회전축 z 축을 축 중에 하나로 하는 관성좌표계를 선택할 수 있다.
3. 위성의 질량은 $m_B = m_3 + m_4 + m_5$이다(아래 첨자 B는 물체를 나타낸다). 질량 m_B는 그림 2에서와 같이 회전축으로부터의 거리 R_{ext}에 같은 질량의 질점 m_3, m_4, m_5로 동일한 각도 120°로 나누어 배치된다. 이 계의 대칭은 위성의 질량 중심 G가 회전축에 있도록 한 것이다.

내부와 외부 질량의 위치는 그림 2에 나타난 대로 각각 각좌표 θ_{int}와 θ_B에 의해 결정된다. 이 계는 고립되어 있기 때문에 회전축에 대한 각운동량이 보존된다. 이러한 관찰 결과는 이 문제의 해의 핵심적인 역할을 한다.

흥미로운 사실

텔스타 위성. 그림 1의 위성은 텔스타 위성이다. 최초로 작동된 통신 위성이며 벨 연구소에 의해 만들어졌고 나사에 의해 1962년 7월 10일에 궤도에 올려졌다. 텔스타 이전에는 대서양 횡단 전화통신은 미국과 프랑스를 연결하는 케이블에 의해 이루어졌다.

지배방정식

평형 원리 질량 중심 G를 모멘트 중심으로 선택하고 이 계가 고립되어 있다는 것을 고려하면, 이 계의 각 운동량은 일정하며, 따라서 위성의 배치 시의 값과 동일하다.

$$\vec{h}_G = \text{상수} = \vec{h}_G(t_d) \tag{1}$$

$$\vec{h}_G = \sum_{i=1}^{5} \vec{r}_i \times m_i \vec{v}_i \tag{2}$$

아래첨자 i는 이 계의 i 번째 질점을 나타낸다.

힘의 법칙 모든 힘(이 경우에는 없다)은 FBD에 제시되어있다.

운동학 방정식 그림 3, 4를 참조하면 위치벡터는 다음과 같이 표시할 수 있다.

$$\vec{r}_i = R_i \hat{u}_{ri} \tag{3}$$

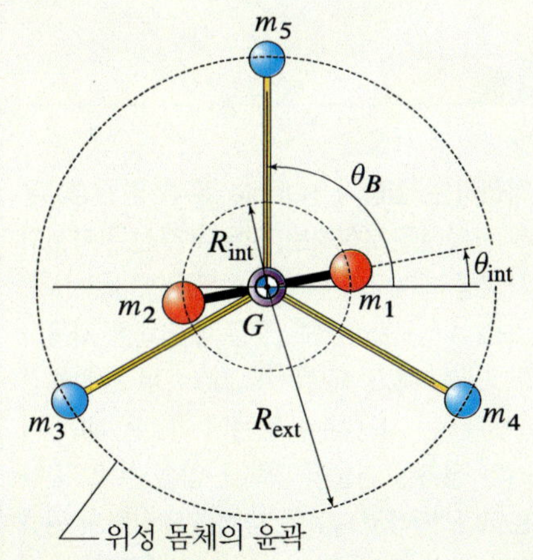

그림 2 집중질량 모델의 z 축 방향 형상. 질량 m_3, m_4, m_5는 함께 회전한다. m_1과 m_2가 서로 함께 회전한다. 그러나 이 가두 그룹은 서로 다른 속도로 회전할 수 있다. 이 선도는 또한 이 계의 FBD이다. 외력은 존재하지 않으며 이 계는 고립되어 있다.

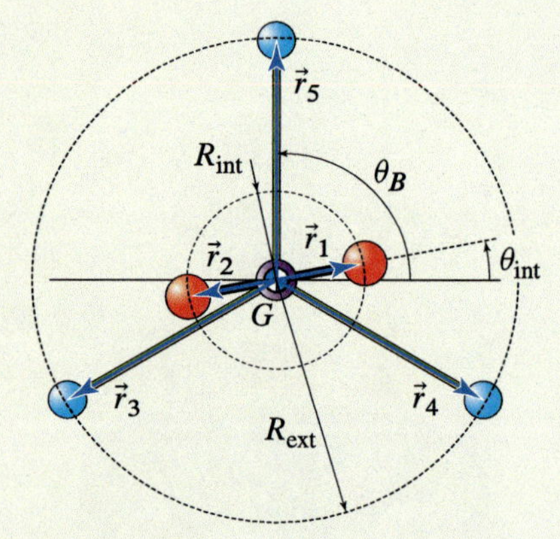

그림 3 주어진 질점에 대한 위치 벡터.

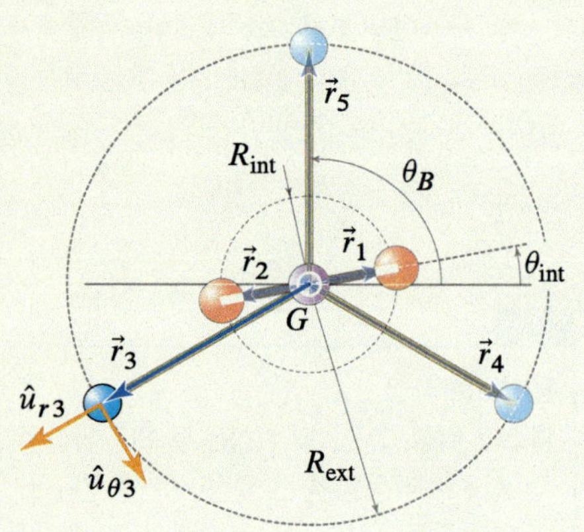

그림 4 극 좌표계를 사용할때, 이 계의 각 점에 대한 반경방향 및 횡단방향 단위 벡터의 집합이 존재한다. 일례로 이 그림은 m_3가 특정 순간일 때 반경방향 및 횡단방향 단위벡터를 보이고 있다.

여기에서 $\hat{u}_{ri}$는 G에서 질점 i를 향하는 단위 벡터이다. 또 다음과 같은 관계가 성립한다.

$$R_i = \begin{cases} R_{\text{int}} & \text{for } i = 1, 2 \\ R_{\text{ext}} & \text{for } i = 3, 4, 5 \end{cases} \tag{4}$$

속도 벡터에 대해서는 다음과 같은 관계가 만족한다.

$$\vec{v}_i = R_i \dot{\theta}_i \hat{u}_{\theta i} \tag{5}$$

여기에서 $\hat{u}_{\theta i}$는 $\hat{u}_{ri}$에 수직인 단위 벡터이며 θ가 커지는 방향을 향한다. 또한 다음과 같은 관계를 가진다.

$$\dot{\theta}_i = \begin{cases} \dot{\theta}_{\text{int}} & \text{for } i = 1, 2 \\ \dot{\theta}_{\text{ext}} & \text{for } i = 3, 4, 5 \end{cases} \tag{6}$$

계산 운동학적 관계를 식 (1), (2)에 대입하면, 각운동량의 z 방향 성분을 다음과 같이 얻을 수 있다.

$$3m_{\text{ext}} R_{\text{ext}}^2 \dot{\theta}_{\text{ext}} + 2m_{\text{int}} R_{\text{int}}^2 \dot{\theta}_{\text{int}} = \left(3m_{\text{ext}} R_{\text{ext}}^2 + 2m_{\text{int}} R_{\text{int}}^2\right)\dot{\theta}(t_d) \tag{7}$$

여기에서

$$m_{\text{int}} = m_1 = m_2, \quad \dot{\theta}(t_d) = \omega_S(t_d), \quad m_{\text{ext}} = m_3 = m_4 = m_5 = \frac{m_B}{3} \tag{8}$$

결국, 다음과 같은 식 (9)의 결과를 얻을 수 있다.

$$\dot{\theta}_{\text{ext}} = \tfrac{1}{2}\omega_S(t_d) \tag{9}$$

따라서 식 (7)에 회전율의 원하는 값을 대입하고 $\dot{\theta}_{\text{int}}$에 대해 풀면 다음과 같은 관계를 얻는다.

$$\dot{\theta}_{\text{int}} = \frac{2m_{\text{int}} R_{\text{int}}^2 + m_B R_{\text{ext}}^2/2}{2m_{\text{int}} R_{\text{int}}^2}\,\omega_S(t_d) \tag{10}$$

논의 및 검증 식 (10)의 우변의 분수는 무차원이기 때문에, 최종 결과는 차원적으로 옳다. 식 (10)은 다음과 같이 쓸 수 있다는 것에 주의한다.

$$\dot{\theta}_{\text{int}} = \left(1 + \frac{m_B R_{\text{ext}}^2}{4m_{\text{int}} R_{\text{int}}^2}\right)\omega_S(t_d) \tag{11}$$

여기에서 $\dot{\theta}_{\text{int}}$은 $\omega_s(t_d)$와 같은 부호를 가지며 항상 $\omega_s(t_d)$보다 클 수밖에 없다. 즉 내부 질량은 이 물체의 초기 각속도와 같은 방향으로 $\omega_s(t_d)$보다 더 높은 속도로 회전하여야 한다. 이것은 만약 우리가 전체 시스템이 총 각운동량을 일정하게 두면서 외부 시스템을 감속시키려고 한다면 내부 질량이 가속해야한다는 점에서 물리적으로 이치에 맞다. 따라서 이 풀이는 옳은 것처럼 보인다.

흥미로운 사실

회전하는 질량과 Hubble 우주 망원경. 우주 왕복선을 포함하는, 많은 우주선은 자신의 자세를 제어하기 위하여 작은 RCS (reaction control system) 제트 혹은 추진체를 사용하고 있다. RCS 제트는 Hubble 우주 망원경(HST)에는 사용할 수 없는데 이것은 배기 가스가 정교한 거울에 피해를 입힐 수 있기 때문이다. 따라서 HST는 자세를 제어하기 위하여 반력 바퀴로 불리는 네 개의 회전하는 바퀴를 사용한다. 이 바퀴들의 회전축의 자세를 다른 방향으로 조정함으로써 엔지니어는 HST가 높은 정밀도를 가지면서 어떤 방향으로도 바라볼 수 있도록 만들 수 있다.

예제 5.15 각운동량 보존: 심화 예제

시간 t_0에 진자 B는 꼭지점 O로부터 직원뿔 형태를 만들며 수평원을 따라 움직인다. 초기 측면의 길이 $L_0 = 1$ m이며, 초기 각도는 $\phi_0 = 20°$이다. $t_1 > t_0$인 시간 간격 $t_1 \leq t \leq t_2$ 동안 L이 감소하게 되며, $t \geq t_2$인 시간에는 L이 일정하게 유지된다. L이 $t \geq t_2$에서 매우 천천히 감소하며, B의 궤적은 평면에 놓여있는 원처럼 보인다. 즉 진자의 초기 궤적에 평행한 원처럼 보인다. 각충격량–운동량 원리를 사용하여 진자의 초기 속도 v_0를 결정하라. 또한 $t = t_2$에서 속도 v_2와 각도 $\phi_2 = 50°$일 때의 길이 L_2를 결정하라.

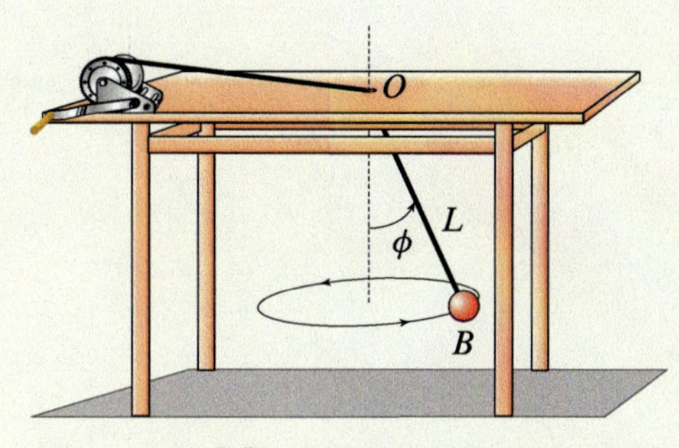

그림 1 수평 원을 그리면서 서서히 감기는 추 B를 가지는 진자.

풀이 SOLUTION

로드맵과 모델링 그림 1의 FBD를 고려하면 B는 오직 자체 중량 mg를 받고 줄의 장력이 F_c인 질점으로 모델링 하였다. 여기에서 줄은 늘어나지 않는 것으로 모델링하였으며, O 점을 원점으로 가지는 원통좌표계를 기준으로 B의 운동을 기술한다. 문제에서 기술한대로 각 충격량–운동량의 원리를 통해 문제의 해결책을 얻을 것이다. 이렇게 하여 우리는 다음과 같은 목표를 달성할 수 있다. (1) B의 궤도가 수평일 때, L, v, ϕ 사이의 관계를 결정하라. (2) $t < t_1$ 및 $t > t_2$의 기간에 대한 운동이 어떤 관계를 가지는지를 결정하라. 즉 진자가 초기상태에서 운동을 시작할때의 어떤 조건이 진자 코드의 길이가 감소한 후에 움직임의 영향을 미치는지를 결정하라.

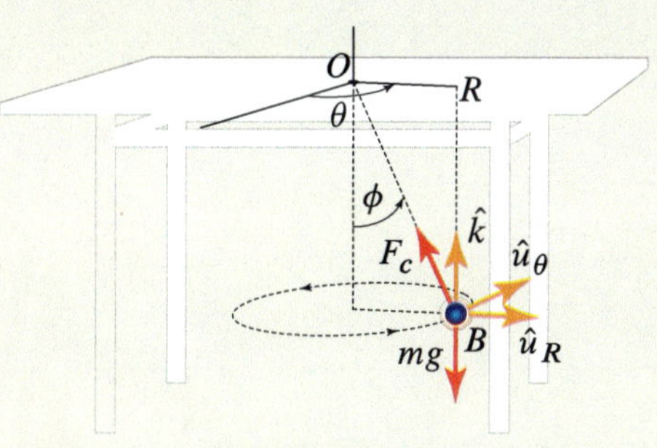

그림 2 주어진 좌표계와 성분계 표시한 B에 대한 FBD.

지배방정식

평형 원리 모멘트 중심을 고정점 O로 선택하고, 식 (5.65)에 주어진 각충격량–운동량의 원리를 적용한다.

$$\vec{M}_O = \dot{\vec{h}}_O \tag{1}$$

여기에서

$$\vec{M}_O = \vec{r}_{B/O} \times (\vec{F}_c - mg\,\hat{k}), \qquad \vec{h}_O = \vec{r}_{B/O} \times m\vec{v} \tag{2}$$

다시 위식에서 $\vec{r}_{B/O}$는 O에 대한 B의 상대 위치이며, $\vec{v}$는 B의 속도이다.

힘의 법칙 $\vec{F}_c$는 B에서 O를 향하기 때문에, 다음과 같은 관계를 얻을 수 있다.

$$\vec{F}_c = -F_c \frac{\vec{r}_{B/O}}{|\vec{r}_{B/O}|} \tag{3}$$

운동학 방정식 그림 3을 참조하면, $\vec{r}_{B/O}$에 대하여 다음과 같은 관계를 얻는다.

$$\vec{r}_{B/O} = L(\sin\phi\,\hat{u}_R - \cos\phi\,\hat{k}) \tag{4}$$

$t_1 < t < t^2$에 대한 토의는 이후로 미뤄두고, $t \leq t_1$ 및 $t \geq t_2$ 양 경우에 대하여, L는 상수이고 B의 속도의 수직 성분은 0과 같다. 그래서 이 시간 간격 동안 우리는 다음과 같은 관계식을 얻을 수 있다.

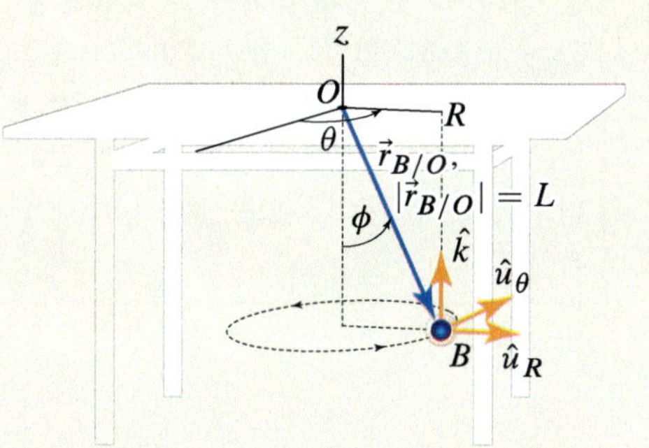

그림 3 위치 벡터 $\vec{r}_{B/O}$에 대한 기술. $\vec{r}_{B/O}$는 횡단 방향으로는 성분이 존재하지 않는다. $|\vec{r}_{B/O}| = L$이다.

$$\vec{v} = v_\theta\,\hat{u}_\theta \quad \text{with} \quad v_\theta = L\dot{\theta}\sin\phi \tag{5}$$

식 (1)로부터 $\dot{\vec{h}}_O$를 계산하기 위하여, 단위 벡터의 $\hat{u}_R$, $\hat{u}_\theta$, $\hat{k}$의 시간 미분이 필요하다(2.6, 2.8절 참조). 이것은 다음과 같이 쓸 수 있다.

$$\dot{\hat{u}}_R = \dot{\theta}\,\hat{u}_\theta, \quad \dot{\hat{u}}_\theta = -\dot{\theta}\,\hat{u}_R, \quad \dot{\hat{k}} = \vec{0} \tag{6}$$

계산 점 O가 $\vec{F}_c$의 작용선 위에 존재하기 때문에 식 (4)의 첫 번째 식과 식 (2)의 첫 번째 식을 이용하면 다음과 같은 관계를 구할 수 있다.

$$\vec{M}_O = mgL\sin\phi\,\hat{u}_\theta \tag{7}$$

식 (4)와 (5)를 식 (2)의 두 번째 식에 대입하면 다음 관계를 얻는다.

$$\vec{h}_O = mv_\theta L \cos\phi \, \hat{u}_R + mv_\theta L \sin\phi \, \hat{k} \tag{8}$$

식 (8)을 시간에 대하여 미분하고 식 (6)을 사용하면 다음 관계를 얻는다.

$$\dot{\vec{h}}_O = \frac{d}{dt}(mv_\theta L\cos\phi)\,\hat{u}_R + (mv_\theta L\cos\phi)\dot{\theta}\,\hat{u}_\theta + \frac{d}{dt}(mv_\theta L\sin\phi)\hat{k} \tag{9}$$

식 (1)을 적용하면, 즉 식 (7)과 (9)를 성분끼리 등식화하면 다음과 같은 관계를 얻는다.

$$0 = \frac{d}{dt}(mv_\theta L\cos\phi) \quad \Rightarrow \quad v_\theta L\cos\phi = K_R \tag{10}$$

$$mgL\sin\phi = (mv_\theta L\cos\phi)\dot{\theta} \quad \Rightarrow \quad gL\sin\phi = v_\theta^2 \frac{\cos\phi}{\sin\phi} \tag{11}$$

$$0 = \frac{d}{dt}(mv_\theta L\sin\phi) \quad \Rightarrow \quad v_\theta L\sin\phi = K_z \tag{12}$$

여기에서 K_R과 K_z는 적분상수이고 또, 식 (11)에서 식 (5)의 두 번째 식을 사용하여 $\dot{\theta} = v_\theta/(L\ \sin_\theta)$로 나타낼 수 있다. 식 (10)-(12)은 시간 $t_0 \le t \le t_1$과 $t \ge t_2$에서의 이 계의 운동상태를 나타낸다. $L_0 = 1$ m이고 $\phi_0 = 20°$이므로 식 (11)을 사용하면 초기값 v_0에 대해서 다음과같은 해를 구할 수 있다.

$$v_0 = |v_{\theta 0}| = \sqrt{gL_0 \frac{\sin^2\phi_0}{\cos\phi_0}} = 1.105\ \text{m/s}, \tag{13}$$

여기에서 $|v_\theta| = v$로 주어졌으며 시간 $t_0 \le t \le t_1$에서 B의 운동은 원형이 된다.

$t \ge t_2$인 경우에 우리는 각도 ϕ_2의 값만을 알고 있고, 이 문제의 미지수들(여기서는 L_2, v_1, K_{R2} 및 K_{z2}이다.)을 풀 수 있는 충분한 방정식이 없다고 보일 것이다. 그러나 그림 2를 참조하면 $t \ge t_0$의 어떤 시간에서도 B에 가해지는 어떤 힘도 z 축에 대한 모멘트를 주지 않는다는 것을 알 수 있다. 393쪽에서 알 수 있듯이 이 축은 고정되어 있기 때문에, z 축에 대한 각 운동량이 보존된다. 식 (12)는 이와 같은 보존에 대한 필요조건을 나타내고 있으며 이것은 먼저 논의한 시간 간격에서만 성립하는 것이 아니라 어떤 가능한 시간(이것은 식 (10)과 (11)에 대해서는 성립하지 않는다)에도 성립한다. 이것은 식 (12)의 우변의 값이 시간 t_0에서 시간 t_2에서의 값과 같아야 한다는 것을 의미한다. 따라서 $t = t_2$일 때, 식 (11)과 (1)을 사용하여 다음과 같은 관계를 구할 수 있다.

$$gL_2\ \sin\phi_2 = v_2^2 \frac{\cos\phi_2}{\sin\phi_2}, \quad v_2 L_2\ \sin\phi_2 = v_0 L_0\ \sin\phi_0 \tag{14}$$

여기에서 $v_{\theta 2} > 0$이며 따라서 $v_{\theta 2} = v_2$가 된다(여백 참조). 식 (14)는 미지수 L_2와 v_2를 가지는 2개의 방정식의 계를 형성한다.

$$v_2 = \sqrt[3]{g\tan\phi_2 v_0 L_0 \sin\phi_0} = 1.64\ \text{m/s} \tag{15}$$

$$L_2 = \sqrt[3]{(v_0 L_0 \sin\phi_0)^2 \cos\phi_2/(g\sin^4\phi_2)} = 0.301\ \text{m} \tag{16}$$

유용한 정보

식 (11)과 (12)에서 식 (14). 식 (14)는 이 식으로 되는 논의와 완전히 일치한다. 이것은 식 (14)의 첫 번째 식이 식 (11)로부터 시간 t_2에 대해서만 계산되어 주어지기 때문이다. 대조적으로 식 (14)의 두 번째 식의 좌변은 식 (12)를 시간 t_2에 대해 계산한 값이다. 반면에 식 (12)의 우변은 시간 t_0에 대해 계산되었다.

논의 및 검증 식 (15)와 (16)이 차원적으로 옳다는 것은 이책의 독자들의 몫으로 남겨둔다. 진자의 줄이 줄어들 때 B와 z 축 사이의 거리 또한 줄어들게 된다. 결론적으로 각 운동량 보존의 요구에 따라서 $v_2 > v_0$를 기대할 수 있으며 실제로 그러하게 된다. 따라서 우리가 구한 해는 전체적으로 옳은 것처럼 보인다.

심층분석 이 예제는 해의 일부분이 즉, 식 (12)가 해의 다른 부분에서는 기반이 되는 가정에서 벗어난다는 것을 알아야 하기 때문에 심화문제라고 생각된다. 이 결과가 명시적으로 t_1에서 t_2 사이의 계의 운동을 계산하지 않고 초기조건이 시간 t_2에서의 운동에 영향을 미치는지를 결정할 수 있게 해주는 것이다.

문제

문제 5.72-5.74

트럭 A의 질량은 $m_A = 14000$ kg이고, 자동차 B의 질량은 $m_B = 1800$ kg이다. 그림에서 제시된 순간에 각 차량이 $v_A = 56$ km/h, $v_B = 55$ km/h의 속도로 움직이고 있다.

문제 5.72 모멘트 중심을 점 O로 선택했을 때, 이 순간 A와 B의 각운동량을 각각 결정하라.

문제 5.73 모멘트 중심을 점 O로 선택했을 때, A와 B에 의해 형성된 질점 시스템의 각운동량을 결정하라.

문제 5.74 모멘트 중심을 점 Q로 선택했을 때, A와 B에 의해 형성된 질점 시스템의 각운동량을 결정하라.

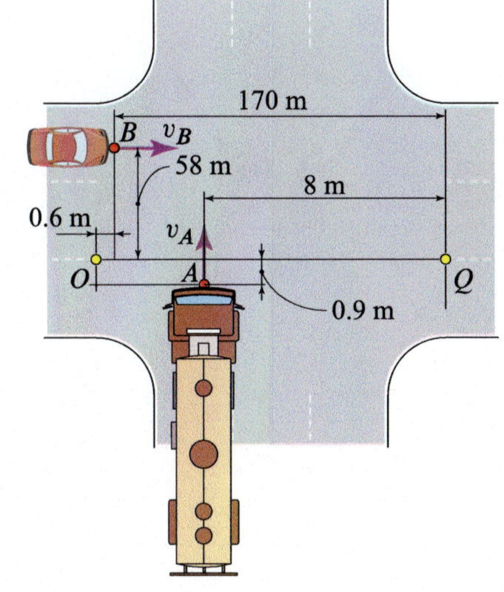

그림 P5.72-P5.74

문제 5.75

그림에 묘사된 상황을 고려하라. 그림에서 주어진 순간에 O와 Q에 대하여 질점 P의 각운동량이 어떻게 되는가?

주의 개념 문제는 계산이 아닌 설명이 필요하다.

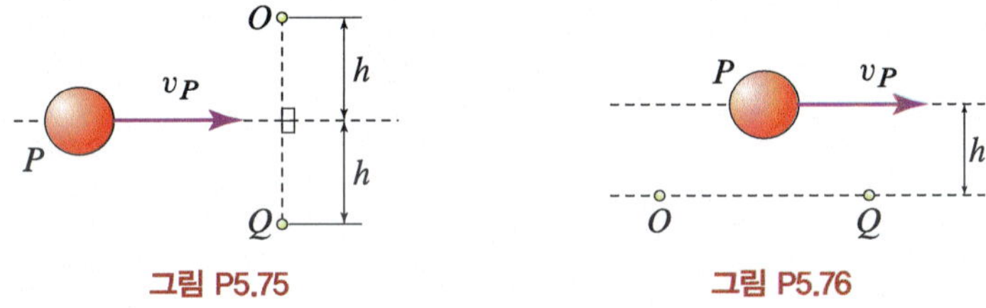

그림 P5.75 그림 P5.76

문제 5.76

그림에 묘사된 상황을 고려하라. 그림에서 주어진 순간에 O와 Q에 대하여 질점 P의 각운동량이 어떻게 되는가?

주의 개념 문제는 계산이 아닌 설명이 필요하다.

문제 5.77

하나의 로터는 4개의 수평 날개로 이루어져 있다. 각 날개의 길이는 $L = 4$ m이며 질량은 $m = 90$ kg이다. 이 날개들은 하나의 수직축에 단일 지지되어 있으며 각 날개의 질량은 중간점에 집중되어 있다고 가정하자. 로터의 초기에 정지해있으며 $M = \beta t$의 모멘트를 받기 시작한다. 여기에서 $\beta = 60$ N · m/s이다. 10초 후 로터의 각속도를 구하라.

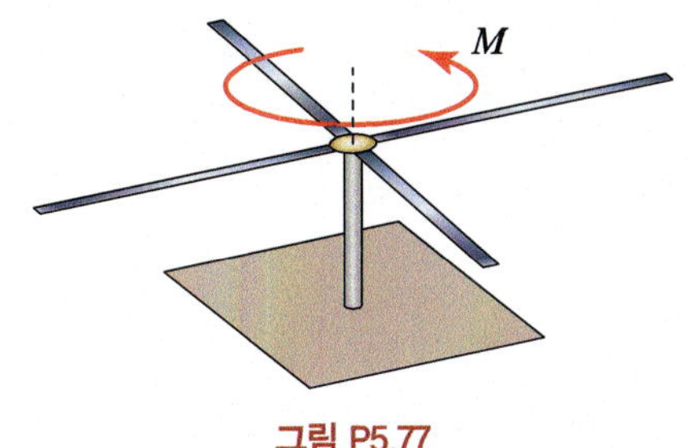

그림 P5.77

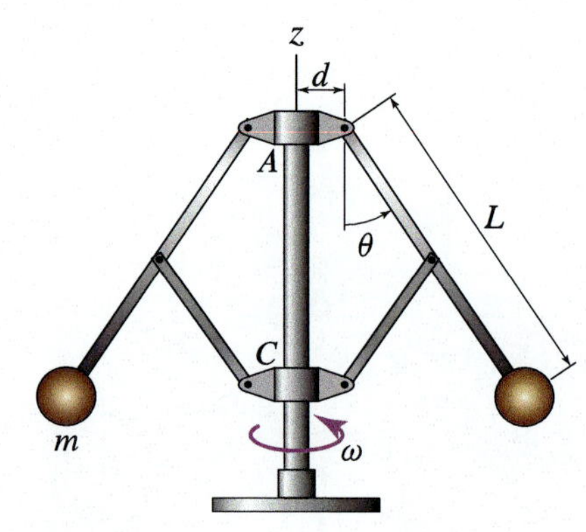

그림 P5.78

문제 5.78

그림은 조속기(*speed governor*)이고, 메커니즘의 속도 조절 및 제어를 위한 기계장치이다. 이 시스템은 무시해도 될 정도의 질량을 가진 팔의 끝에 질량 M인 두 개의 구가 붙어 있다. 각 팔은 윗 부분이 고정고리 A에 고정되어 있다. 이 시스템은 ω_0의 각속도를 가지고 회전하며 시작 열림 각도는 θ_0로 정해져 있다. 운동 중에는 조속기의 열림각도는 고정고리 C의 위치를 조정함으로서 변할 수 있다(어떤 힘을 가하여). 시작 각도의 일반적인 값을 θ라 하자. 만약 팔이 회전하는데 자유롭다면, 즉 시스템이 움직이고 있을 때 회전축에 대하여 시스템에 가해지는 모멘트가 없다고 하면, ω_0, θ_0, M, D, L의 함수로 시스템의 각속도 ω의 관계식을 결정하라. 여기에서 L은 팔의 길이 이고, D는 회전축으로부터 각각의 팔의 상부힌지 점까지의 거리이다. A와 C에서는 어떠한 마찰도 없다.

문제 5.79-5.81

그림에서처럼 질량 $m_P = 18.5$ KG의 발사체 P가 초기 속도 $v_P = 1675$ m/s로 발사되었다. 공기역학적 항력은 무시한다.

문제 5.79 발사체가 총구를 떠날 때부터 땅에 닿을 때까지의 각운동량을 점 O에 대해 시간의 함수로 구하라.

문제 5.80 모멘트중심을 점 O로 선택한다. 각 운동량의 시간에 대한 미분값이 실제 모멘트와 같음을 보여서 식 (5.56)에서 주어진 각충격량–운동량 원리의 유효성을 확인하라.

문제 5.81 발사체가 대포끝을 떠나 일정한 속력 $v_E = 15$ m/s로 움직일 때, 헬리콥터 E가 발사체와 우연히 같은 수평좌표를 가진다는 것을 안다고 하자. E가 모멘트중심이라고 하면 식 (5.64)에서 주어진 각충격량–운동량 법칙의 유효성을 검증하라.

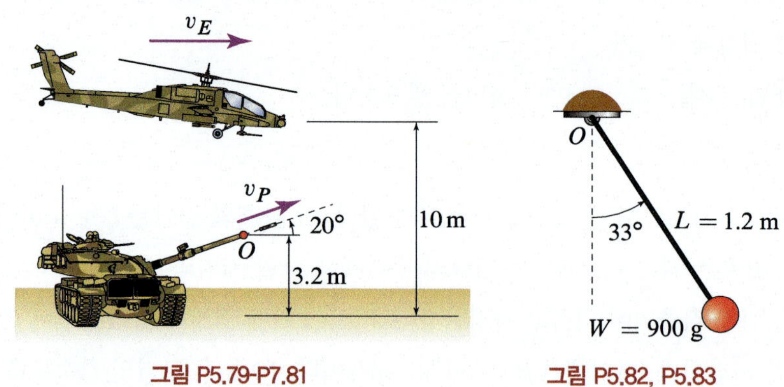

그림 P5.79-P7.81　　　그림 P5.82, P5.83

문제 5.82–5.83

그림에서처럼 단순진자가 정지상태에서 놓여졌다.

문제 5.82 추의 무게가 $m = 900$ g일 때, O에 대한 추의 각운동량을 각도 θ의 함수로 계산하라.

문제 5.83 식 (5.65)의 각충격량–운동량 원리를 이용하여 진자 추의 운동방정식을 결정하라.

문제 5.84

추의 궤도의 최저점과 최고점, 길이 $L = 0.6$ m를 가지는 진자의 줄은 수직 방향과 각각 $\phi_1 = 15°$와 $\phi_2 = 50°$의 각도를 이룬다. 각도 ϕ_1과 ϕ_2와 관련되는 진자 추의 속력을 결정하라.

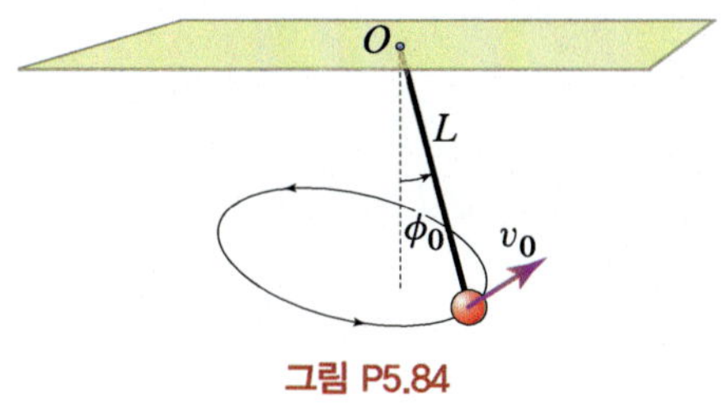

그림 P5.84

문제 5.85, 5.86

질량이 2 kg인 고리 A는 무시할 만큼의 질량을 가진 회전팔에 연결되어 있으며 이 회전팔은 초기 회전 각속도 $\omega_0 = 1$ rad/s의 속도로 회전하고 있다. z 축으로부터 이 고리의 초기 거리는 $r_0 = 0.5$ m이고, $d = 1$ m이다. 어떤 점에서는 그 위치에서 고리를 움직이지 못하게 하는 제한이 제거되어 고리가 미끄러질 수 있게 된다. 회전 팔과 고리 사이의 마찰은 무시할 수 있다고 가정한다.

문제 5.85 외부힘과 외부 모멘트가 시스템에 작용되지 않는다고 할 때, 이 고리가 팔 끝에 닿게 될 때의 속도를 구하라.

문제 5.86 고리가 팔의 끝을 향하여 움직일 때, 팔에 따른 위치의 함수로서 팔을 일정한 각 속도로 회전시키는 데 필요한 팔에 가해져야 하는 모멘트를 계산하라.

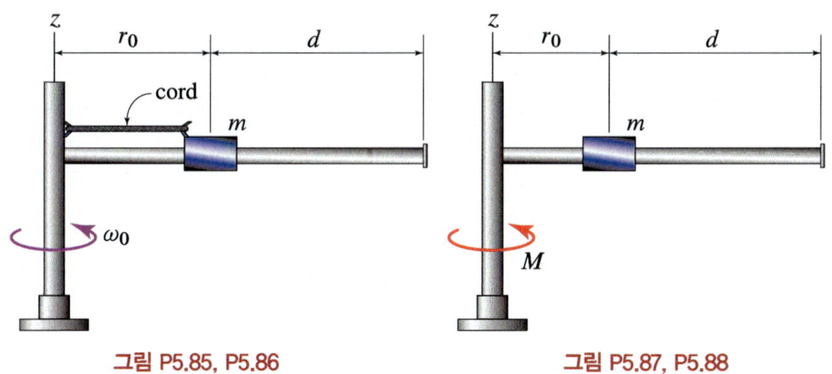

그림 P5.85, P5.86　　　그림 P5.87, P5.88

문제 5.87, 5.88

질량 m인 고리는 초기상태에는 수평 팔에 정지되어 있으며, 일정한 모멘트 M이 시스템에 가해져 회전하게 된다. 수평 팔의 질량은 무시할 수 있고 고리는 마찰력 없이 미끄러진다고 가정한다.

문제 5.87 각 충격량–운동량 법칙을 사용하여, 이 시스템의 운동방정식을 유도하라.

힌트 각충격량–운동량 법칙은 필요한 운동방정식 중 하나만 제공한다.

문제 5.88 고리의 운동방정식을 적분하여 문제 5.87을 계속 진행하라. 고리가 팔의 끝에 닿을 때의 시간을 결정하라. 고리의 질량은 0.5 kg이고 $M =$ 27 Nm라 가정한다. 초기시간에서 $r_0 = 0.3$ m, $d = 0.9$ m로 가정한다

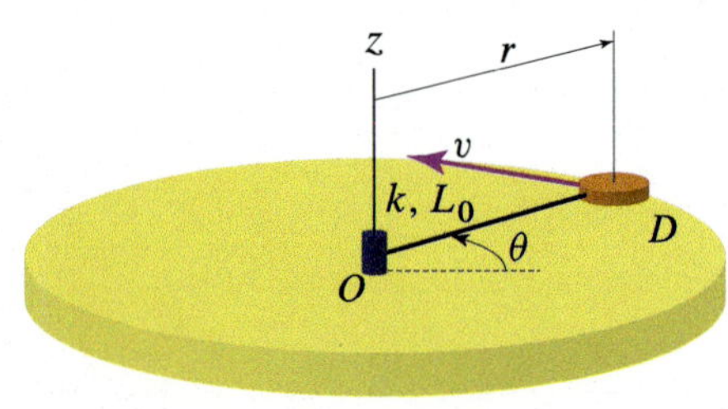

그림 P5.89

문제 5.89

중심력을 받는 궤도 운동에 대한 간단한 모델은 마찰이 없는 상태에서 수평면 위를 미끌어지는 디스크 D의 운동을 고려함으로써 만들 수 있다. 단, 디스크 D는 늘어나지 않았을때의 거리가 L_0이고 탄성계수가 k인 선형탄성줄로 고정점 O에 연결되어 있다. D의 질량은 $m = 0.45$ kg이며 기본거리 $L_0 = 1$ m이다. 만약 D가 O 점에서 최대거리를 가질 때 이 거리가 $r_0 = 1.75$ m라고 하자. 이때의 D의 속력은 $v_0 = 4$ m/s이다. 이 탄성줄의 탄성계수 k의 값을 결정하라. 단 D와 O 사이의 최소 거리는 늘어나지 않았을 때의 길이 L_0와 같다.

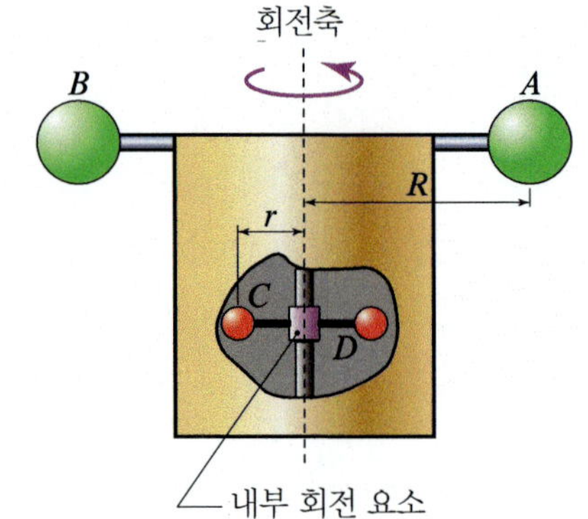

그림 P5.90

문제 5.90

그림에서 나타낸 인공위성의 몸체는 몸체에 단단히 붙어있는 질량 68 kg의 두 구체 A와 B에 비해서 무시할만한 질량을 가지고 있다. 인공위성의 회전축으로부터 A와 B 사이의 거리는 $R = 1$ m이다. 인공위성의 내부에는 질량 1.8 kg인 두 개의 구체 C와 D가 존재하며 이 구체들은 모터에 연결되어 회전축으로부터 거리 $r = 0.23$ m를 가지면서 실린더 축을 중심으로 회전하게 된다. 이 인공위성이 정지 상태에서 시작하여 내부 모터가 내부 질량을 일정한 시간 각가속도 5.0 rad/s^{2}로 10초 동안 회전하도록 가속하였다고 하자. 이 계를 고립되었다고 하고, 가속이 끝날 때의 인공위성의 각속도를 구하라.

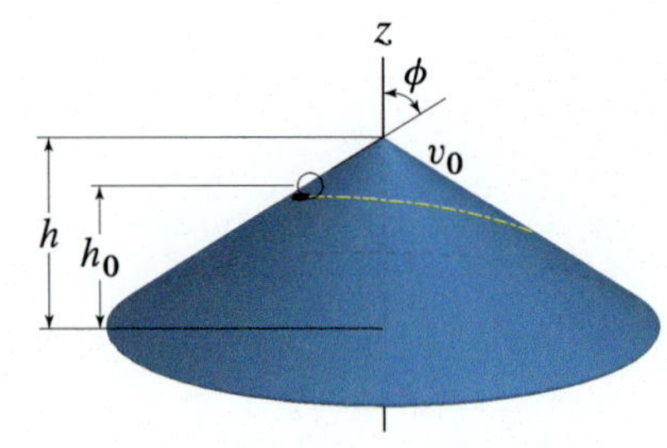

그림 P5.91

문제 5.91

질량 m인 구가 각도 ϕ 및 높이 h를 가지는 원뿔의 외표면을 미끄러진다. 이 구는 높이 h_0에서 크기는 v_0이고 방향은 완전한 수평방향의 속도를 가지고 움직이기 시작하였다. 원뿔의 열림각도와 v_0의 값이 구가 운동을 시작했을 때 원뿔의 표면에서 떨어지지 않게 한다고 가정하자. 또 구와 원뿔사이의 마찰력은 무시할만 하다고 하자. 구의 속도의 수직방향 성분을 수직위치(원뿔의 바닥으로부터 측정하는) z, v_0, h, h_0, ϕ의 함수로 나타내어라.

문제 5.92

태양을 공전하는 행성을 고려하자. P_1, P_2, P_3, P_4는 4가지 시간 t_1, t_2, t_3, t_4에서의 행성의 위치라고 하자. 여기에서 $(t_2 - t_1) = (t_4 - t_3)$를 만족한다고 한다. O는 태양의 위치를 나타낸다고 할때, 궤도의 면적 P_1OP_2과 P_3OP_4 사이의 비를 구하라.

힌트 (1) 그림에서 보여지듯 벡터 $\vec{c}$와 $\vec{d}$와 의해 결정되는 삼각형 OAB의 면적은 면적$(ABC) = |\vec{c} \times \vec{d}|$로 주어진다. (2) 이 문제의 해는 케플러의 두번째 법칙 예이다(1.1절 참조).

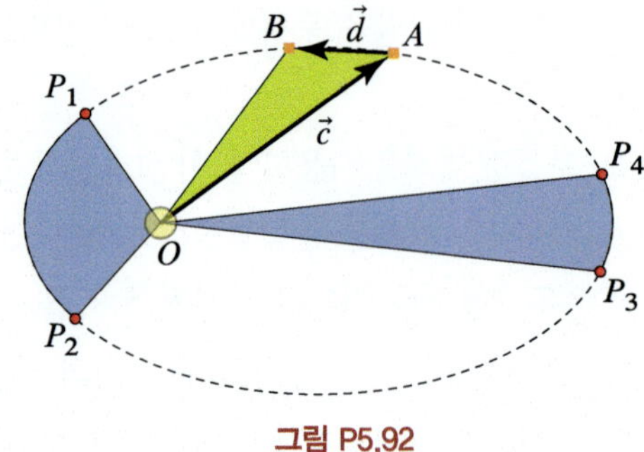

그림 P5.92

설계 문제

설계 문제 5.2

그림에서 제시된 장치는 두 개의 질량과 카메라를 연결하는 내부 모터를 통하여 동등 질량 m을 반대방향으로 회전시킴으로써 비디오 카메라 C를 원격적으로 회전시키기 위하여 설계되었다. 이 시스템이 반대방향 회전 질량과 카메라가 수직 기둥에서 자유롭게 회전할 수 있도록 베어링을 이용하여 고정되었다고 가정하자. 비디오 카메라는 질량이 각각 1.4 kg이며, 회전축으로부터의 거리는 100 mm인 두 개의 질점으로 모델링한다. 카메라의 각속도가 10 rpm을 넘지 않도록 하고 또한 질량이 360°를 회전시, 카메라가 90° 만큼 회전하도록 할때, 반대회전 질량의 반지름, 이들 질량, 그리고 이 질량의 최대각속도를 설계하라. 반대 회전 질량은 질점으로 취급하고 설치된 고정막대의 질량은 무시한다.

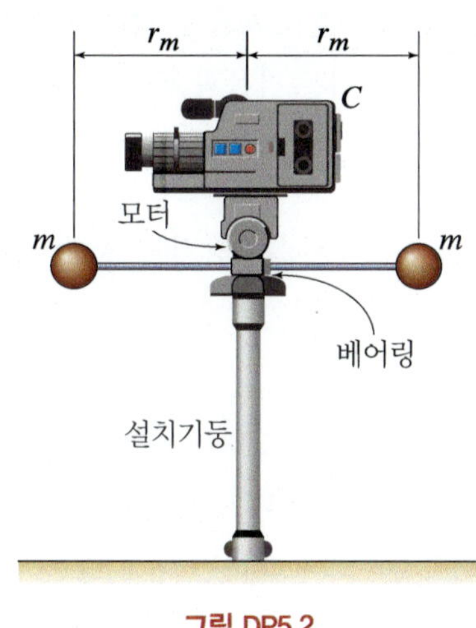

그림 DP5.2

5.4 궤도 역학

그림 5.39 2008년 6월의 국제 우주정거장(ISS). 이 절에서 유도되는 두 물체에 대한 궤도 운동 방정식은 지구에 대한 ISS의 궤도를 정확하게 예측하는 기반으로 사용된다.

중심력은 동역학에서 특별한 역할을 가지고 있다. 예제 3.7에서 우리는 중심력 운동이 일정한 운동의 측면과 관련되어 있다는 것을 보았다. 그리고 4.2절에서 이 상수 값이 **회전 운동량**이라 불린다는 것을 발견하였다. 4.2절에서 스프링 력이나 중력과 같이 우리는 중심력에 의하여 수행된 일은 오직 힘이 가해지는 점의 초기위치와 최종위치에 의존한다는 것을 보았다. 그러므로 이와 같은 힘들은 보존력이다. 이제 우리는 하나의 특별한 중심력, 즉 뉴턴의 만유인력법칙으로부터 발생하는 중심력을 공부할 것이다. 이 해는 행성, 지구 위성들(그림 5.39)과 고고도 로켓, 행성 간 탐사선의 운동을 예측할 수 있게 해주는 기초가 될 것이다.

궤도의 결정

뉴턴의 만유인력의 법칙이 적용되는 질량 m을 가지는 위성 S의 운동에 대해 관심이 있다고 하자. 여기에서 만유인력의 법칙은 다음과 같이 쓸 수 있다.

$$F = \frac{Gm_B m}{r^2} \tag{5.88}$$

여기에서 m_B는 주물체, 중심물체, 혹은 끌어당기는 물체의 질량을 의미하며, G는 만유인력 상수[6], r은 두 물체의 질량 중심 사이의 거리이다(그림 5.40 참조). 여기에서 중요한 3가지 가정을 세운다.

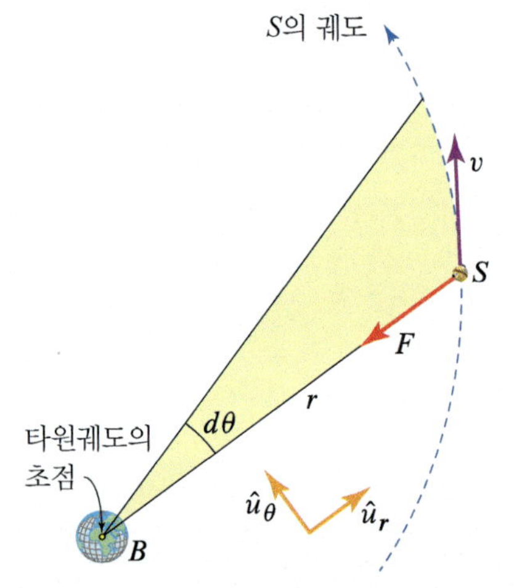

그림 5.40 뉴턴의 만유인력의 법칙의 작용하에서 질량 m_B를 가지는 주물체 B를 공전하는 질량 m의 위성 S.

1. 끌어당기는 물체 B와 S는 질점들로 다루어진다. 이 가정은 만약 각 물체가 구형적으로 대칭적인 분포를 가지고 있다고 하면 정확하게 옳다. 만약 두 물체 사이의 거리가 그들의 크기에 비해 크다고 하면 이 가정은 좋은 가정이 된다. 고궤도에 존재하는 많은 행성이나 인공위성에 대한 경우에 적용할 수 있다. 지구는 타원형이며 질량 분포가 일정하지 않기 때문에 이 가정은 저지구궤도에 있는 인공위성에서는 맞지 않는 경우도 있다.
2. 위성 S에 작용하는 유일한 힘은 중력 F이다.
3. 주물체 B는 공간상에서 고정되어 있다. 이 가정은 m_B가 m에 비하여 매우 클 때 잘 맞는다.

그림 5.40에서와 같이 극좌표 성분계를 사용하여 뉴턴의 제2법칙을 S에 적용하면 다음과 같은 식을 얻을 수 있다.

$$\sum F_r: \quad -\frac{Gm_B m}{r^2} = m(\ddot{r} - r\dot{\theta}^2) \tag{5.89}$$

$$\sum F_\theta: \quad 0 = m(r\ddot{\theta} + 2\dot{r}\dot{\theta}) \tag{5.90}$$

여기에서 운동학방정식을 극좌표성분으로 대치하였으며, 식 (5.88)을 사용하였다. 5.3절에서 식 (5.90)이 B 점에 대한 S의 회전 운동량의 보존과 동등하다는 것을 보았다. 즉

$$h_B = mr^2\dot{\theta} = \text{상수} \tag{5.91}$$

유용한 정보

지구에 대하여 Gm_B 계산하기. 만약 주물체 B가 지구라고 한다면 식 (1.11)로부터 다음과 같은 관계가 성립한다.

$$Gm_B = Gm_e = gr_e^2$$

여기에서 m_e는 지구의 질량이며 g는 중력에 의한 가속도 그리고 r_e는 지구의 반경이며 이 값은 6371 km이다.

7) 일반적으로 받아들여지는 이 상수의 값은 $G = 6.674 \times 10^{-11}$ m³/(kg · s²)

식 (5.91)은 또한 케플러(케플러)의 행성운동의 제2법칙의 반영이다. 이것을 확인하기 위하여, 그림 5.40을 참조하라. 반경방향 길이 r인 직선이 시간 dt 동안에 거치는 면적 dA가 $\frac{1}{2}(r\,d\theta)r$과 같다는 것을 확인하라. 따라서 면속도(*areal velocity*), 즉 반경방향 직선 r에 의해 거치는 면적에 대한 시간율은 식 (5.91)에 의하면 일정하며, 이것은 다음과 같이 나타난다.

$$\frac{dA}{dt} = \tfrac{1}{2}r^2\dot{\theta} = \text{상수} \tag{5.92}$$

이것이 케플러의 제2법칙이다(1.1절 참조).

지배 방정식의 해

S의 궤적을 찾기 위하여 식 (5.89), (5.90)을 풀 필요가 있다. 이것은 전통적으로 t를 소거하고 $r(\theta)$를 구함으로써 얻어진다.

먼저 식 (5.89), (5.90)을 다음과 같이 다시 쓴다.

$$\ddot{r} - r\dot{\theta}^2 = -\frac{Gm_B}{r^2} \tag{5.93}$$

$$r^2\dot{\theta} = \kappa \tag{5.94}$$

여기에서 κ(그리스 문자로 카파)는 위성 S의 단위 질량당 회전 운동량이다. 이것은 식 (5.91)의 h_B/m과 같다. 연쇄법칙을 이용하면 $\dot{r}$과 $\ddot{r}$은 다음과 같이 쓸 수 있다.

$$\dot{r} = \frac{dr}{d\theta}\frac{d\theta}{dt} = \frac{dr}{d\theta}\frac{\kappa}{r^2} = -\kappa\frac{d}{d\theta}\left(\frac{1}{r}\right) \tag{5.95}$$

$$\ddot{r} = \frac{d\dot{r}}{d\theta}\frac{d\theta}{dt} = \frac{d\dot{r}}{d\theta}\frac{\kappa}{r^2} = \frac{\kappa}{r^2}\frac{d}{d\theta}\left[-\kappa\frac{d}{d\theta}\left(\frac{1}{r}\right)\right] = -\frac{\kappa^2}{r^2}\frac{d^2}{d\theta^2}\left(\frac{1}{r}\right) \tag{5.96}$$

식 (5.94), (5.96)을 사용하면, 식 (5.93)은 다음과 같이 쓸 수 있다.

$$-\frac{\kappa^2}{r^2}\frac{d^2}{d\theta^2}\left(\frac{1}{r}\right) - r\left(\frac{\kappa}{r^2}\right)^2 = -\frac{Gm_B}{r^2} \tag{5.97}$$

여기에서 $u = 1/r$로 두면 식 (5.97)은 다음과 같이 쓸 수 있다.

$$-\kappa^2u^2\frac{d^2u}{d\theta^2} - \kappa^2u^3 = -Gm_Bu^2 \tag{5.98}$$

여기에서 u^2을 소거하고 재배치하면 다음 식과 같이 쓸 수 있다.

$$\frac{d^2u}{d\theta^2} + u = \frac{Gm_B}{\kappa^2} \tag{5.99}$$

9.2절에서 다시 보겠지만, 이것은 2차 상수 계수 비제차 미분방정식이다. 이 방정식의 해는 직접 대입법으로 풀 수 있으며, 그 해는 다음과 같다.

$$u = \frac{1}{r} = C\cos(\theta - \beta) + \frac{Gm_B}{\kappa^2} \tag{5.100}$$

여기에서 C와 β는 적분 상수이다.

식 (5.100)은 위성의 무동력 혹은 자유비행 궤적을 결정한다. 이것은 원뿔 단면(*conic section*)의 극좌표 표현이며 다음과 같이 정의된다. 초점(*focus*)이라 불리는 주어진

흥미로운 사실

주질량은 실제로 움직인다. 실제로, 위성 S와 주물체 B는 이들의 질량중심에 대하여 공전한다. 만약 B의 이 운동을 고려하면, 식 (5.89)와 (5.90)은 더 이상 적절하지 않으며, 지배방정식은 다음과 같이 쓸 수 있다.

$$-\frac{Gm_Bm}{r^2} = \frac{m_Bm}{m_B+m}(\ddot{r} - r\dot{\theta}^2)$$

$$0 = \frac{m_Bm}{m_B+m}(r\ddot{\theta} + 2\dot{r}\dot{\theta})$$

여기에서 r은 B와 S의 질량중심 사이의 거리이다. 만약 $m_B \gg m$이면 이 두 식은 식 (5.89)와 (5.90)에 가깝게 된다. 위 두 식의 1차원 버전에 대해서는 문제 2.63과 2.64를 보라.

유용한 정보

최근점과 최원점. 장축단은 타원 궤도에서 인력의 중심을 포함하는 초점으로부터 최대 혹은 최소거리점을 말한다. 궤도 반경이 최소가 되는 점은 최근점이라 불리며 궤도반경이 최대가 되는 점은 최원점이라 불린다. 특정한 천체에 대해서는 최원점 혹은 최근점으로 불리는 대신에 특별한 이름으로 불린다. 다음 표에 그 중 일부가 제시되었다.

천체	최소 r	최대 r
지구	perigee	apogee
태양	perihelion	aphelion
화성	periareion	apoareion
목성	perijove	apojove

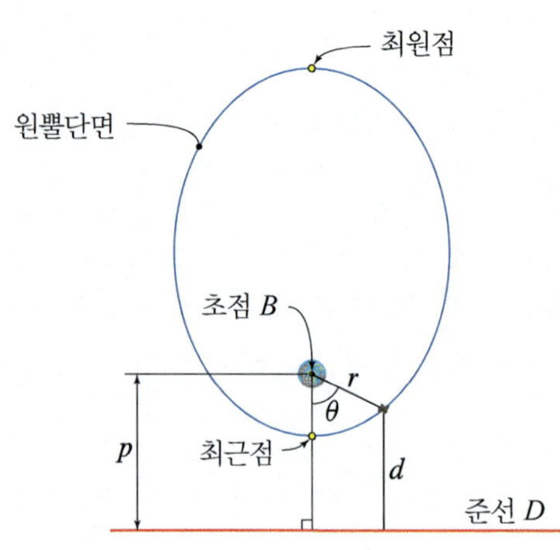

그림 5.41 원뿔단면을 정의하기 위한 기하. 이 경우의 원뿔단면은 이심도 $e = 0.661$을 가지는 타원이다.

점 B와 준선(*directrix*)이라 불리는 하나의 선 D에서 원뿔단면은 다음의 비율이 일정해지는 점의 궤적으로 정의된다.

$$e = \frac{B\text{의 거리}}{D\text{의 거리}} = \frac{r}{d} \tag{5.101}$$

곧 살펴보겠지만, 원, 타원, 포물선, 쌍곡선은 모두 원뿔 단면이다. 식 (5.100)의 비율은 원뿔단면의 이심률(*eccentricity*)이라 한다. 이제 식 (5.100)의 적분상수를 구해볼 필요가 있다.

식 (5.100)의 상수 β는 $\theta = 0$ 축을 최근점, 즉 궤적반경이 최소가 되는 점에 둠으로써 소거할 수 있다. 최근점에서, $\dot{r} = 0$이 되며, 식 (5.95)에서 $du/d\theta = 0$이 된다. 이 조건을 적용하면, $\beta = 0$이라는 것을 알 수 있으며, 이 결과로부터 식 (5.100)은 다음과 같이 단순화 된다.

$$\frac{1}{r} = C\cos\theta + \frac{Gm_B}{\kappa^2} \tag{5.102}$$

식 (5.101)과 그림 (5.41)로부터 이심률 e의 정의를 다음과 같이 쓸 수 있다.

$$r = ed = e(p - r\cos\theta) \tag{5.103}$$

여기에서 p는 초점매개변수(*focal parameter*)이다. 이 방정식을 재배치하면 다음과 같은 식을 얻는다.

$$\frac{1}{r} = \frac{1}{p}\cos\theta + \frac{1}{ep} \tag{5.104}$$

식 (5.102), (5.104)를 비교하면 다음과 같은 관계를 얻을 수 있다.

$$p = \frac{1}{C} \tag{5.105}$$

그리고 다음과 같은 관계를 구할 수 있다.

$$e = \frac{C\kappa^2}{Gm_B} \tag{5.106}$$

식 (5.106)을 사용하여 식 (5.102)를 다음과 같이 쓸 수 있다.

$$\frac{1}{r} = \frac{Gm_B}{\kappa^2}(1 + e\cos\theta) \tag{5.107}$$

식 (5.102), (5.107)은 서로 동등하다. 전자에서는, 상수 C와 κ를 구할 필요가 있고, 후자에서는 상수 e와 κ를 구할 필요가 있다(식 (5.106)은 이 세 상수 사이의 관계를 제시하고 있다). 두 경우 모두 이 상수들은 위성의 궤적위의 어떤 점에서의 위치와 속도를 알면 결정할 수 있다.

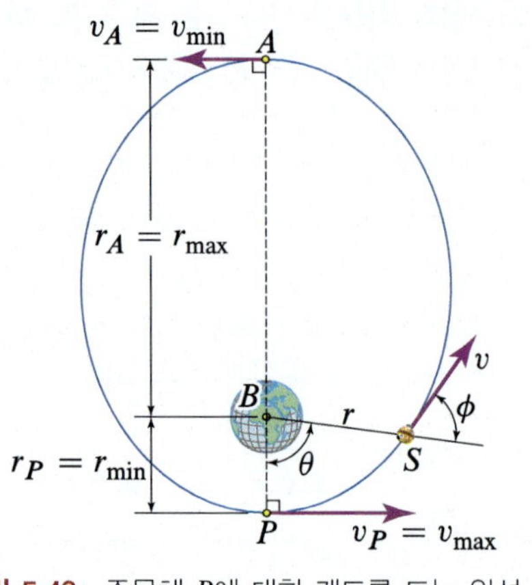

그림 5.42 주물체 B에 대한 궤도를 도는 위성 S. 최근점 P에서의 발사 조건은 r_P와 v_P이다.

최근점에서의 발사조건 그림 5.42에서와 같이 주물체 궤도에 있는 하나의 위성에 대하여 고려해 보자. 만약 임의의 위치 S에서의 발사조건을 아는 대신에 최근점(점 P)에서의 발사조건을 안다고 하면, $\phi_P = 90°$, $\theta_P = 0°$이다. 이 조건 하에서 식 (5.94)는 단위 질량에 대한 회전 운동량 κ는 다음 식과 같다.

$$\kappa = r_P^2\dot{\theta}_P = r_P v_P \tag{5.108}$$

C를 결정하기 위하여 우리는 식 (5.102)를 P 점에 대하여 계산하였다. 이 결과로 다음과 같은 식을 구하였다.

$$\boxed{C = \frac{1}{r_P}\left(1 - \frac{Gm_B}{r_P v_P^2}\right)} \tag{5.109}$$

여기에서 식 (5.108)로부터 κ를 사용하였다. 식 (5.108), (5.109)를 식 (5.102)에 대입하면, 위성의 궤적에 대하여 다음 방정식을 얻는다.

$$\boxed{\frac{1}{r} = \frac{1}{r_P}\left(1 - \frac{Gm_B}{r_P v_P^2}\right)\cos\theta + \frac{Gm_B}{r_P^2 v_P^2}} \tag{5.110}$$

원뿔 단면

궤도 지배방정식의 해 $r(\theta)$는 하나의 원뿔 단면이 된다는 것은 이미 언급했다. 원뿔 단면의 종류는 그 해당 궤도의 이심률 e에 의해서 결정되며(그림 5.43 참조) 다시 이 값은 식 (5.106)의 C와 κ에 의해 결정된다. 이제 다음의 4가지 가능한 경우에 각각에 대하여 살펴보기로 한다. $e = 0$, $0 < e < 1$, $e = 1$, $e > 1$.

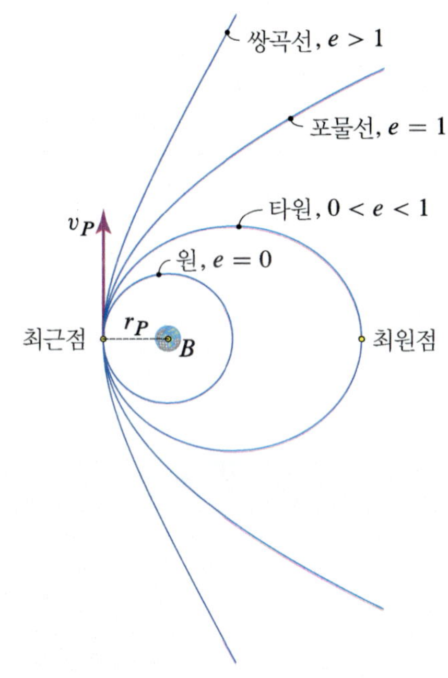

그림 5.43 r_P와 v_P를 나타내는 네 개의 원뿔 단면.

원형 궤도($e = 0$) 만약 r_P와 v_P가 $e = 0$이 되도록 정해졌다면, 이 경우 식 (5.106)은 $C\kappa^2 = 0$이 되고, κ가 영이 될 수 없기 때문에 $C = 0$이 된다는 것을 의미한다. 만약 $C = 0$이 되면 식 (5.109)에서 반경 r_P의 원형궤도에서의 속도는 다음과 같이 주어진다.

$$\frac{1}{r_P}\left(1 - \frac{Gm_B}{r_P v_c^2}\right) = 0 \quad\Rightarrow\quad 1 = \frac{Gm_B}{r_P v_c^2} \quad\Rightarrow\quad \boxed{v_c = \sqrt{\frac{Gm_B}{r_P}}} \tag{5.111}$$

타원형 궤도($0 < e < 1$) 타원형 궤도에 대하여, $0 < e < 1$, 최근점에서의 계산이 되었을 때 식 (5.110)은 기대하였듯이 $r = r_P$가 된다. 왜냐하면 r_P는 $\theta = 0°$에서 결정되었기 때문이다. 만약 식 (5.110)을 $\theta = 180°$에서 계산하면 r 값은 최원점 즉 r_A 값을 얻는다. 이것은 다음과 같은 관계를 만족한다.

$$\frac{1}{r_A} = \frac{-1}{r_P}\left(1 - \frac{Gm_B}{r_P v_P^2}\right) + \frac{Gm_B}{r_P^2 v_P^2} = \frac{2Gm_B - r_P v_P^2}{r_P^2 v_P^2} \tag{5.112}$$

혹은 식을 단순화하고 재배치하면 다음과 같은 관계를 만족한다.

$$\boxed{r_A = \frac{r_P}{2Gm_B/(r_P v_P^2) - 1}} \tag{5.113}$$

여기에서 발사조건이 최근점에서의 조건이라는 것을 기억해야 한다. r_A는 e에 대한 항으로 다음과 같이 쓸 수 있다. 이문제의 증명은 연습문제로 남기도록 한다(문제 2.63 참조).

$$r_A = r_P\left(\frac{1+e}{1-e}\right) \tag{5.114}$$

타원형 궤도에 대한 부가적인 관계식은 식 (5.104)를 최근점($\theta = 0°$)와 최원점($\theta = 180°$)에 대해서 계산하면 각각 다음과 같이 구할 수 있다.

$$\frac{1}{r_P} = \frac{1}{p} + \frac{1}{ep} \quad\Rightarrow\quad r_P = \frac{pe}{1+e} \tag{5.115}$$

그리고

$$\frac{1}{r_A} = \frac{-1}{p} + \frac{1}{ep} \quad \Rightarrow \quad r_A = \frac{pe}{1-e} \tag{5.116}$$

여기에서 p는 그림 5.41에서 보이는 것과 같이 초점 매개변수이다. 그림 5.44를 기준으로 식 (5.115), (5.116)을 사용하면 다음과 같은 식을 얻을 수 있다.

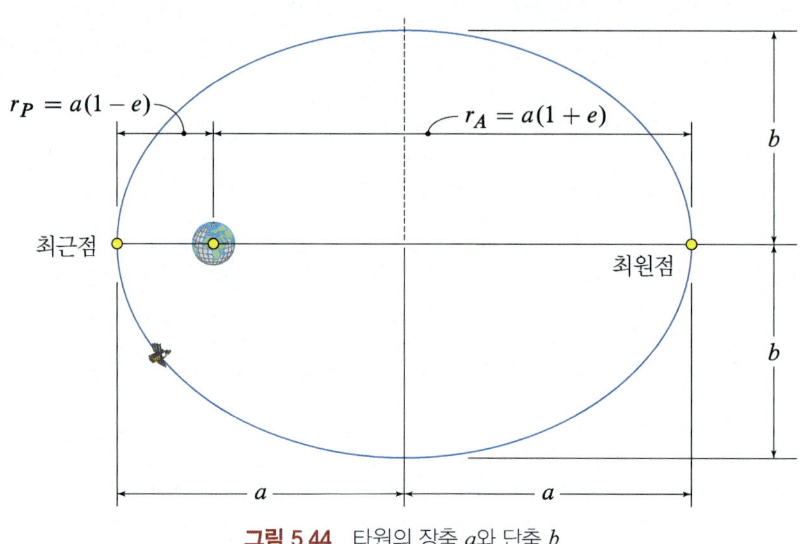

그림 5.44 타원의 장축 a와 단축 b

$$2a = r_P + r_A = pe\left(\frac{1}{1+e} + \frac{1}{1-e}\right) \quad \Rightarrow \quad a = \frac{pe}{1-e^2} \tag{5.117}$$

여기에서 a는 타원의 반장축(*semimajor axis*)이다. 식 (5.117)을 p에 대해서 풀고, 결과를 식 (5.104)에 대입하면 다음과 같은 식을 얻는다.

$$\frac{1}{r} = \frac{1 + e\cos\theta}{a(1-e^2)} \tag{5.118}$$

여기에서 최근점과 최원점에서 계산된 결과를 쓰면 다음과 같이 쓸 수 있다.

$$\boxed{r_P = a(1-e), \quad r_A = a(1+e)} \tag{5.119}$$

그림 5.45 1610년에 그려진 Johannes 케플러의 초상.

식 (5.118)은 케플러의 제1법칙의 명제이다. 이 법칙은 행성의 궤도는 태양을 하나의 초점에 둔 타원형이라는 것을 말한다.

타원궤도의 주기를 찾기 위하여 식 (5.92)의 면속도의 정의를 참고해보자. 전체 타원에 대하여 그 방정식을 적분하면 다음과 같은 관계를 구할 수 있다.

$$\frac{dA}{dt} = \tfrac{1}{2}r^2\dot{\theta} = \frac{\kappa}{2} \quad \Rightarrow \quad \int_0^A dA = \int_0^\tau \frac{\kappa}{2}\,dt \quad \Rightarrow \quad A = \frac{\kappa}{2}\tau \tag{5.120}$$

여기에서 τ는 궤도 주기(*orbital period*)이다. 상수인 값 $\kappa = r^2\dot{\theta}$를 구하기 위하여 식 (5.94)를 사용하였다. 하나의 타원에 대하여 해석 기하학을 이용하면 해당 면적은 πab가 된다는 것을 알 수 있다. 여기에서 b는 타원의 반단축(semiminor axis)이다(그림 5.44 참조). 그리고 식 (5.120)은 다음과 같이 쓸 수 있다.

$$\pi ab = \frac{\kappa}{2}\tau \quad \Rightarrow \quad \boxed{\tau = \frac{2\pi ab}{\kappa}} \tag{5.121}$$

이제 다음과 같은 관계를 구할 수 있다(문제 5.94 참조).

$$b = \sqrt{r_P r_A} \tag{5.122}$$

그리고 식 (5.117)에서 $a = (r_P + r_A)/2$ 이므로 식 (5.121)는 다음과 같이 쓸 수 있다.

$$\boxed{\tau = \frac{\pi}{\kappa}(r_P + r_A)\sqrt{r_P r_A}} \tag{5.123}$$

여기에서 κ는 식 (5.108)을 이용해서 구할 수 있다.

케플러 제3법칙은 궤도 주기의 자승값이 그 궤도의 타원의 긴반지름의 세제곱에 비례한다는 것을 뜻한다. 이것을 보이기 위해 식 (5.123)으로부터 시작하여 식 (5.119)의 식을 대치하면 다음 식을 얻을 수 있다.

$$\tau = \frac{\pi}{\kappa}\left[a(1-e) + a(1+e)\right]\sqrt{a(1-e)a(1+e)} = \frac{2\pi}{\kappa}a^2\sqrt{1-e^2} \tag{5.124}$$

양변을 제곱하고 식 (5.117)에서 $a(1 - e^2) = pe$임을 주의하면 다음과 같은 관계식을 얻는다.

$$\tau^2 = \frac{4\pi^2}{\kappa^2}a^3 pe \tag{5.125}$$

식 (5.105), (5.106)을 이용하면 pe를 $\kappa^2/(Gm_B)$로 쓸 수 있고, 이를 이용하면 식 (5.125)는 다음과 같이 쓸 수 있다.

$$\boxed{\tau^2 = \frac{4\pi^2}{Gm_B}a^3} \tag{5.126}$$

이식이 케플러 제3법칙이다.

포물선 궤도($e = 1$) 만약 r_P와 v_P를 궤도가 포물선이 되도록 선택한다면, $e = 1$이 된다. 그림 5.43은 포물선 궤도가 주기적인 궤도와 그렇지 않은 궤도를 나누는 기준이 된다는 것을 보여주고 있다. 즉 이 포물선 궤도는 초기 시작점으로 돌아오는 궤도와 그렇지 않은 궤도를 나눈다. 주어진 r_P에서 포물선 궤도를 만드는 발사속도 v_{par}는 식 (5.106)에서 $e = 1$로 둠으로써 구할 수 있다. 여기에서 $Gm_B = C\kappa^2$이 된다. 여기에서 식 (5.109)에서 C를 대입하면 다음 식을 얻는다.

$$Gm_B = \frac{1}{r_P}\left(1 - \frac{Gm_B}{r_P v_{\text{par}}^2}\right)(r_P v_{\text{par}})^2 \tag{5.127}$$

여기에서 v_{par}를 기준으로 풀면 다음 식을 얻는다.

$$\boxed{v_{\text{par}} = v_{\text{esc}} = \sqrt{\frac{2Gm_B}{r_P}}} \tag{5.128}$$

식 (5.128)에서 주어진 속도는 탈출속도(*escape velocity*)라고 불린다. 이것은 주물체 B의 영향에서 완전히 탈출하는 데 필요한 속도이기 때문이다.

쌍곡선 궤도($e > 1$) 쌍곡선궤도는 $e > 1$인 값에 대하여 식 (5.106)-(5.110)까지의 식에서 주어진 지배방정식이 사용된다.

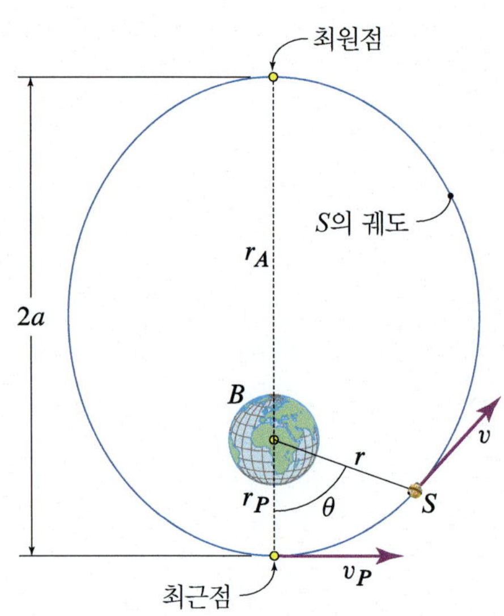

그림 5.46 주물체 B에 대한 타원 궤도를 도는 위성 S. 궤도 매개변수 a, r_P, r_A, r, θ가 나타나 있다.

에너지 보존

식 (5.93), (5.94)에 의해 지배되는 하나의 위성 S의 운동은 주물체 B에 대한 회전운동량만을 보존하는 것이 아니라 전체 기계적 에너지 또한 보존한다. 이것은 우리가 모델링한 힘이 오직 중력뿐이며, 식 (5.43)에 따라 이 힘은 보존력이기 때문이다. 따라서 일-에너지 법칙은 다음을 만족시킨다(그림 5.46 참조).

$$T_P + V_P = \frac{1}{2}mv_P^2 - \frac{Gm_B m}{r_P} = \text{상수} \tag{5.129}$$

여기에서 m으로 전체 식을 나누면 다음과 같은 식을 얻을 수 있다.

$$\frac{1}{2}v_P^2 - \frac{Gm_B}{r_P} = E, \qquad \frac{\kappa^2}{2r_P^2} - \frac{Gm_B}{r_P} = E \tag{5.130}$$

여기에서 E는 그 위성의 단위질량당 기계적 에너지이다(가끔은 비에너지(*specific energy*)라고 불리기도 한다). 여기에서 κ를 도입하기 위해 식 (5.108)를 사용하였다. 다음으로 식 (5.107)을 최근점(즉, $\theta = 0$)에서 계산하였으며, 이 식을 κ에 대해 풀면 다음과 같은 식을 얻을 수 있다.

$$\kappa^2 = Gm_B(1+e)r_P = Gm_B(1+e)a(1-e) = Gm_B a(1-e^2) \tag{5.131}$$

여기에서 r_P를 구하기 위해 식 (5.119)의 첫 번째 식을 사용하였다. 식 (5.131), (5.119)의 첫 번째 식을 식 (5.130)에 대입하면 다음 식을 구할 수 있다.

$$E = \frac{Gm_B a(1-e^2)}{2a^2(1-e)^2} - \frac{Gm_B}{a(1-e)} \quad \Rightarrow \quad \boxed{E = -\frac{Gm_B}{2a}} \tag{5.132}$$

여기에서 이 위성의 전체 에너지는 오직 궤도의 긴반지름 a에 달려있다는 것을 알 수 있다.

이제 식 (5.132)에서 궤도상의 임의의 위치에서 일-에너지 법칙을 적용할 수 있으며 다음과 같은 결과를 얻는다.

$$E = -\frac{Gm_B}{2a} = \frac{1}{2}v^2 - \frac{Gm_B}{r} \tag{5.133}$$

이 방정식을 v에 대해서 풀면 다음과 같다.

$$\boxed{v = \sqrt{Gm_B\left(\frac{2}{r} - \frac{1}{a}\right)}} \tag{5.134}$$

이 식은 궤도 전달문제를 푸는데 매우 유용하다.

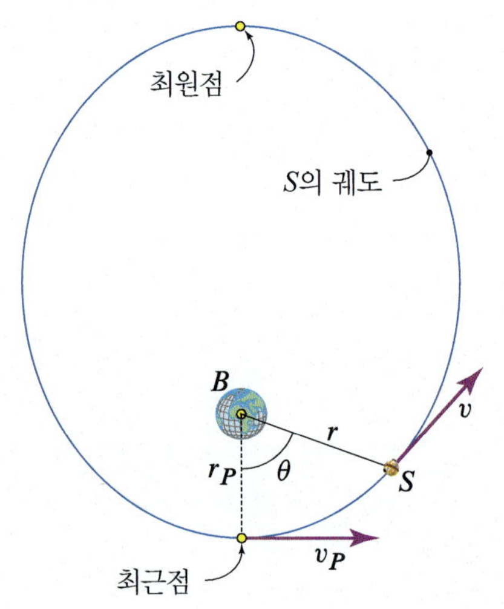

그림 5.47 원뿔 단면 위에서 질량 m_B인 주물체 B에 대한 궤도를 도는 질량 m인 위성 S. 이 경우 궤도는 타원이다. 각도 θ와 발사조건 r_P와 v_P가 최근점에서 정의되어 있다.

절 요약

이 절에서는 질량 m_B를 가지는 물체 B로 인하여 뉴턴의 만유인력의 법칙이 적용되는 질량 m을 가지는 위성 S의 운동을 공부하였다. 이 물체 B는 주물체 혹은 끌어당기는 물체이다(그림 5.47 참조). 여기에서 중요한 3가지 가정을 세웠다.

1. 끌어당기는 물체 B와 S는 질점들로 다루어진다.
2. 위성 S에 작용하는 유일한 힘은 B와 S 사이의 인력이다.
3. 주물체 B는 공간상에서 고정되어 있다.

궤도의 결정

궤도의 결정 극좌표에서 지배방정식을 풀어서, 이 세 가정에 따른 위성 S의 궤도는 원뿔 단면이라는 것을 알게 되었다. 이 방정식은 다음과 같이 쓸 수 있다.

식 (5.102), (5.107) p. 412

$$\frac{1}{r} = C\cos\theta + \frac{Gm_B}{\kappa^2}$$

$$\frac{1}{r} = \frac{Gm_B}{\kappa^2}(1 + e\cos\theta)$$

여기에서 r은 S와 B의 질량중심 사이의 거리이다. θ는 궤도 각도이며 최근점에서 상대적으로 측정된다. G는 만유인력 상수이다. κ는 위성 S의 단위질량 당 회전 운동량이며 B에 대해서 측정된다. 그리고 e는 궤도의 이심률이며 다음과 같이 쓸 수 있다.

식 (5.106) p. 412

$$e = \frac{C\kappa^2}{Gm_B}$$

만약 이 경우처럼 일반적으로 궤도 조건이 최근점에서 알려져 있다면, κ는 다음과 같이 쓸 수 있다.

식 (5.108) p. 412

$$\kappa = r_P v_P$$

상수 C는 다음과 같이 결정된다.

식 (5.109) p. 413

$$C = \frac{1}{r_P}\left(1 - \frac{Gm_B}{r_P v_P^2}\right)$$

그리고 궤도를 나타내는 방정식은 다음과 같이 쓸 수 있다.

식 (5.110) p. 413

$$\frac{1}{r} = \frac{1}{r_P}\left(1 - \frac{Gm_B}{r_P v_P^2}\right)\cos\theta + \frac{Gm_B}{r_P^2 v_P^2}$$

원뿔 단면 식 (5.102), (5.107) 그리고 식 (5.110)은 극좌표에서의 동등한 원뿔 단면을 나타내고 있다. 원뿔단면의 종류는 궤도 이심률 e에 따라 결정된다(그림 5.48 참조). 다시 이 값은 식 (5.106)의 C와 κ에 의해 결정된다. 이제 다음의 4가지 가능한 경우에 각각에 대하여 살펴보기로 한다. $e = 0$, $0 < e < 1$, $e = 1$, $e > 1$.

원형궤도($e = 0$)에 대하여 반경은 r_P이고 궤도에서의 속도는 다음과 같다.

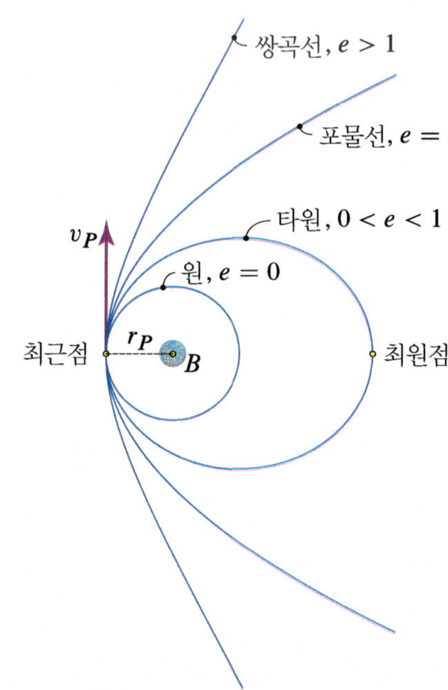

그림 5.48 그림 5.43의 반복. r_P와 v_P를 나타내는 네 개의 원뿔 단면.

식 (5.111) p. 413

$$v_c = \sqrt{\frac{Gm_B}{r_P}}$$

타원 궤도($0 < e < 1$)에 대해서는 예측한대로 최근점에서의 반지름이 r_P이며 최원점에서의 반지름은 다음과 같이 정해진다.

식 (5.113) p. 413

$$r_A = \frac{r_P}{2Gm_B/(r_P v_P^2) - 1}$$

그림 5.49를 참조하면 타원궤도의 반장축 a와 궤도의 이심률, 그리고 최근점 및 최원점

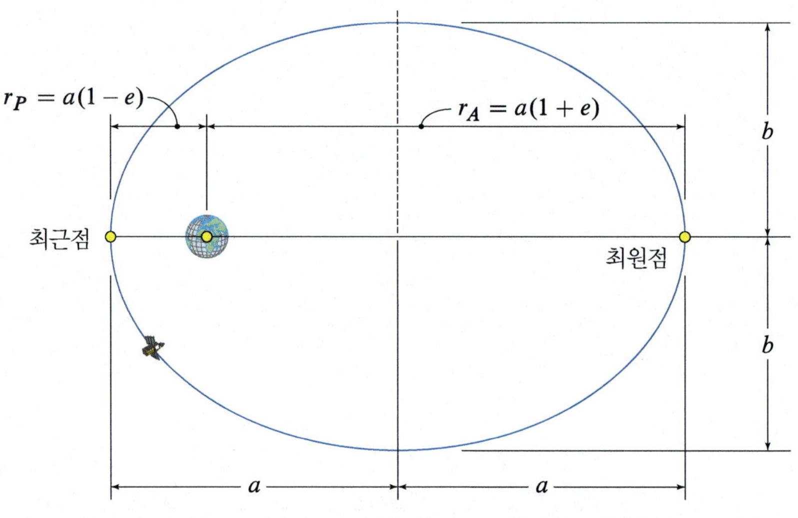

그림 5.49 *그림 5.44의 반복. 타원의 장축 a와 단축 b*

에서의 반장축은 각각 다음과 같은 관계를 만족한다.

식 (5.119) p. 414

$$r_P = a(1-e), \qquad r_A = a(1+e)$$

타원 궤도의 주기 τ는 다음과 같이 두 가지 방법으로 쓸 수 있다.

식 (5.121), (5.123) p. 415

$$\tau = \frac{2\pi ab}{\kappa} = \frac{\pi}{\kappa}(r_P + r_A)\sqrt{r_P r_A}$$

혹은 케플러 제3법칙을 반영하면 궤도 주기는 다음과 같이 쓸 수 있다.

식 (5.126) p. 415

$$\tau^2 = \frac{4\pi^2}{Gm_B}a^3$$

포물선 궤도($e = 1$)는 초기 시작점으로 돌아오는 주기성 궤도와 그렇지 않은 비주기 궤도를 나눈다. 주어진 r_P에서 포물선 궤도를 만드는 발사속도 v_{par}는 다음과 같이 주어진다.

식 (5.128) p. 415

$$v_{\text{par}} = v_{\text{esc}} = \sqrt{\frac{2Gm_B}{r_P}}$$

여기에서 이 속도는 **탈출속도**라고도 불리는데, 이것은 주물체 B의 영향에서 완전히 탈출하는 데 필요한 속도이기 때문이다.

쌍곡선 궤도($e > 1$)에 대해서는, $e > 1$인 값에 대하여 식 (5.106)-(5.110)까지의 식에서 주어진 지배방정식이 사용된다.

에너지 보존

일-에너지 법칙을 사용하면, 이 위성의 전체 에너지는 오직 궤도의 긴 반지름 a에 달려 있다는 것을 알 수 있으며, 이것은 다음과 같이 주어진다.

식 (5.132) p. 416

$$E = -\frac{Gm_B}{2a}$$

여기에서 E는 그 위성의 **단위질량**당 기계적 에너지이다. 궤도상의 임의의 위치에서 일 에너지 법칙을 적용하면, 속도를 다음과 같이 구할 수 있다.

식 (5.134) p. 416

$$v = \sqrt{Gm_B\left(\frac{2}{r} - \frac{1}{a}\right)}$$

예제 5.16 특정궤도에 대한 원지점 및 근지점 속도

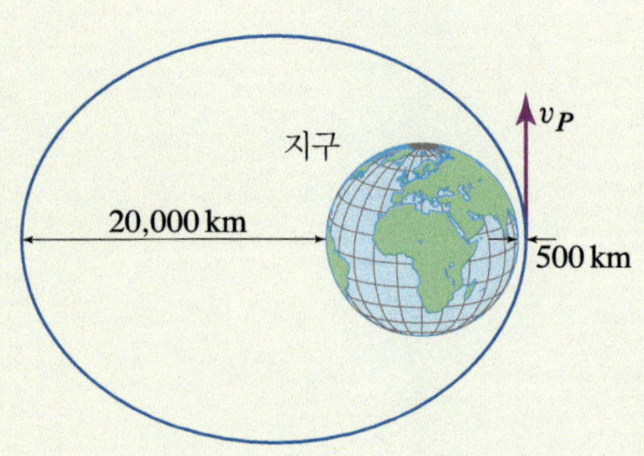

그림 1 발사 고도가 500 km이고 최원점의 고도가 20,000 km인 지구에 대한 타원궤도. 이 궤도는 0.587의 이심률 e를 가진다. 이 그림은 일정한 비율로 그려졌다.

인공위성은 지구표면에 평행하여 속도 v_P로 고도 500 km에서 발진된다(그림 1). 원지점에서의 최고 고도는 20,000 km이고, 지구 반경에 대하여는 6,371 km를 이용하여 다음 사항을 결정하라.

(a) 원지점 v_P에서 요구되는 속도

(b) 근지점 v_A에서의 속도

(c) 궤도의 주기

풀이 SOLUTION

로드맵과 모델링 이것은 지구의 궤도이며 주어진 r_P로 r_A를 구하고, 식 (5.113)에 따라 v_P 지점의 속도를 구한다. 식 (5.108)을 참고하여 우리는 r_P와 v_P를 알 수 있다. 그럼 우리는 κ를 찾을 수 있으며, κ로서 v_A를 찾을 수 있다. 그리고 식 (5.123)를 참조하여 궤도 τ를 찾을 수 있다. 그림 1의 캡션에 언급된 궤도 편심은 식 (5.119)를 통해 찾을 수 있다.

계산 그림 1을 참고하여 500 km의 궤도에서 근지점이 다음과 같음을 볼 수 있다.

$$r_P = (500 + 6371)\,\text{km} = 6871 \times 10^3\,\text{m} \tag{1}$$

마찬가지로, 원지점 고도 20,000 km는 다음과 같음을 알 수 있다.

$$r_A = (20{,}000 + 6371)\,\text{km} = 26{,}370 \times 10^3\,\text{m} \tag{2}$$

식 (5.113)에서 식 (1.11)을 사용하고, v_P를 해결하면 식 (3), (4)를 구할 수 있다.

$$r_A = \frac{r_P^2 v_P^2}{2gr_e^2 - r_P v_P^2} \quad \Rightarrow \quad v_P = \sqrt{\frac{2gr_A r_e^2}{(r_A + r_P)r_P}} \tag{3}$$

$$\Rightarrow \quad \boxed{v_P = 9589\,\text{m/s} = 34{,}500\,\text{km/h}} \tag{4}$$

여기서 r_e는 지구의 반경이다.

원지점에서 속도를 찾으려면, 식 (5.108)에서 단위질량 각운동량 κ가 일정하므로 식 (5), (6)을 구할 수 있다.

$$\kappa = r_P v_P = r_A v_A \quad \Rightarrow \quad v_A = \frac{r_P}{r_A} v_P \tag{5}$$

$$\Rightarrow \quad \boxed{v_A = 2499\,\text{m/s} = 9000\,\text{km/h}} \tag{6}$$

궤도의 주기는 식 (5)로부터 구해진 κ를 식 (5.123)에 대입하여 식 (7)을 구한다.

$$\boxed{\tau = \frac{\pi}{r_P v_P}(r_P + r_A)\sqrt{r_P r_A} = 21{,}340\,\text{s} = 5.93\,\text{h}} \tag{7}$$

논의 및 검증 식 (3), (5)는 모두 속도의 차원을 갖는다. 식 (7)은 시간의 차원을 갖는다. κ는 일정하기 때문에 원지점에서의 속도는 근지점에서의 속도보다 느리다.

문제

이 절의 문제에 대해서 지구반경은 6371 km를 사용한다. 모든 궤도 및 물체가 축척에 맞게 그려진 것은 아니다.

문제 5.93

식 (5.113)에서 시작하고, 식 (5.106), (5.108), (5.109)을 사용하여 궤도 원지점에서의 반경 r_A가 식 (5. 114)에서 보이는 바와 같이 설명될 수 있음을 증명하라.

그림 P5.94

문제 5.94

표시된 길이 및 타원 상의 각각의 초점에서 어떤 점까지 거리의 합이 일정함(상수)을 나타내는 타원의 특징을 이용하여, 식 (5.122)를 증명하라. 즉 $b = \sqrt{r_P r_A}$에 의하여 반장축의 길이가 근점 및 최원점 반경과의 관계가 있음을 증명하라.

문제 5.95

인공위성은 지구표면에 평행한 속도 v_P로 고도 500 km에서 발진된다. 원지점에서의 고도가 20,000 km인 경우의 속도가 발진속도와 처음으로 직교하는 궤도 상에서의 위치 B에서의 속도를 결정하라.

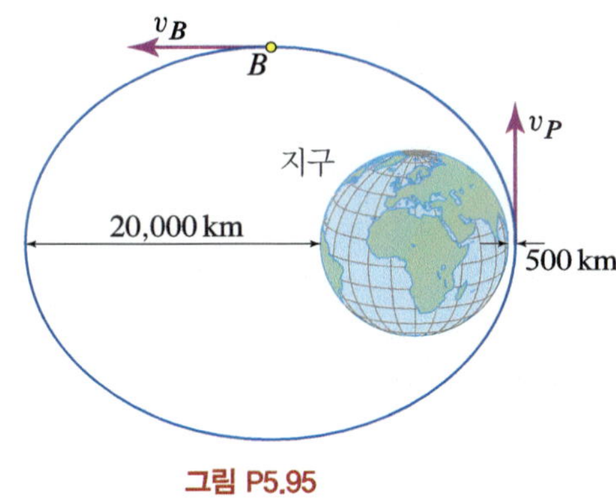

그림 P5.95

문제 5.96

아폴로 우주선의 임무에 사용된 새턴 V 로켓의 3단추진체 S−IVB는 비행체의 "대기궤도"(parking orbit)[8] 진입을 위하여 2.5분 동안 연소하며 또한 여러 차례의 궤도 회전 후 비행체를 달로 보내기 위한 탈출속도로 가속시키기 위하여 약 6분간 연소한다. 고도 170 km의 원형 대기궤도를 가정하여, 대기고도에서 탈출속도로 출발하기 위하여 필요한 속도변화를 구하라. 엔진 추진 중 궤도 상 위치변화를 우려할 필요가 없도록 속도변화가 즉시 발생한다고 가정하라.

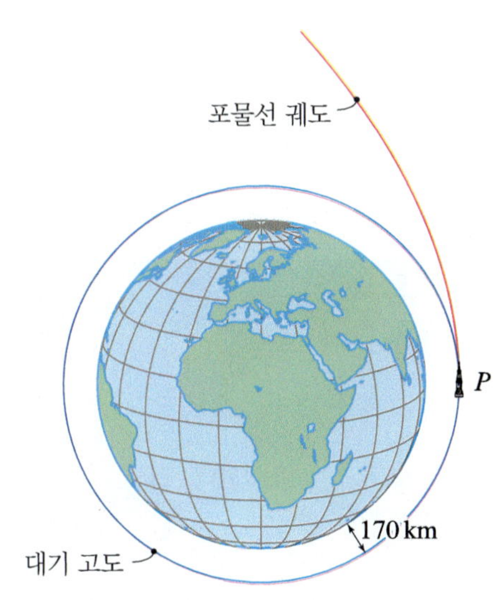

그림 P5.96

문제 5.97

식 (5.132)와 식 (5. 131)의 마지막 식을 사용하여 함수 E, κ 및 Gm_B의 함수로서 이심율 e를 풀어라.

8) 대기궤도는 인공위성이나 우주선이 다른 궤도나 궤적으로 가기 위한 준비과정의 임시 궤도이다.

(a) $e \geq 0$인 사실과 함께, 그 결과를 사용하여 $E < 0$은 타원궤도에 상응하고 $E = 0$는 포물선 궤도에 상응하며, $E > 0$ 쌍곡선 궤도에 상응함을 증명하라.

(b) $e = 0$이므로, e에 대하여 발견한 식은 식 (5.111)으로 유도됨을 증명하라.

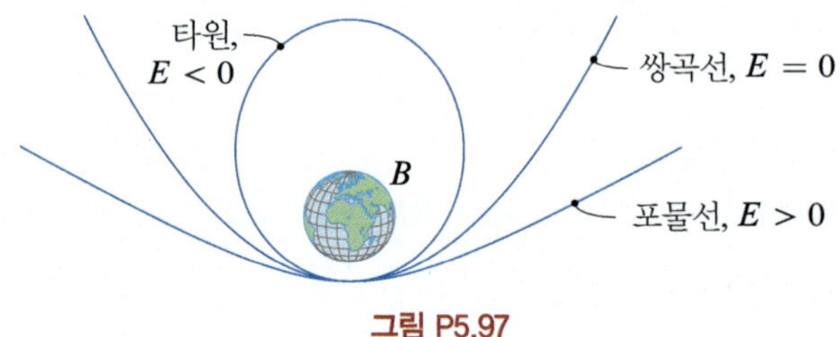

그림 P5.97

문제 5.98

태양은 태양계에서 유일한 천체(태양 질량이 태양계 질량의 99.8 %를 차지한다)라고 가정하여 중심부에서의 거리 r의 함수로서 태양으로부터 탈출속도를 결정하라. r이 지구의 반경과 동일할 경우의 탈출속도(km/h) 값은? 태양의 질량은 1.989×10^{30} kg, 지구 궤도 반경은 150×10^6 km를 이용하라.

문제 5.99

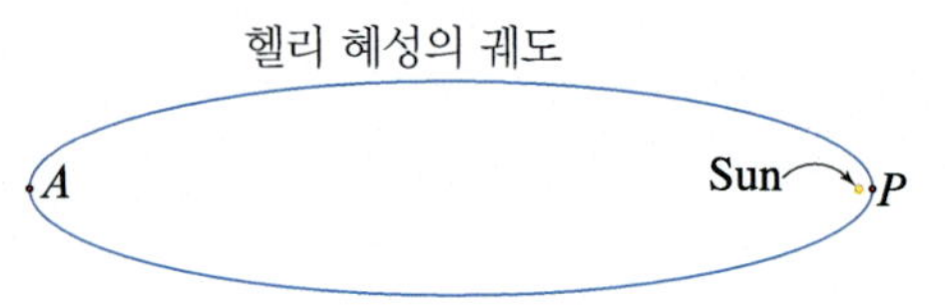

그림 P5.99

1705년 영국 천문학자 에드먼드 헬리(1656−1742)는 1531년, 1607년, 1682년도의 혜성관측은 모두 동일한 혜성이며 더 큰 행성의 영향에 대하여 설명하는 대략적인 계산 후에 이 혜성은 1758년 다시 돌아온다고 주장했다. 헬리 자신은 살아서 그 혜성의 회귀를 보지 못했지만, 1758년 회귀하여 1759년 3월에 근일점까지 도달했다. 그의 예견을 존중하여 이 혜성은 '헬리혜성'이라 명명되었다.

헬리혜성의 타원궤도는 매번 약간씩 다르지만 궤도의 가장 긴 반지름의 평균 수치는 대략 17.95 AU* 이다.[9] 궤도 이심률 0.967 (궤도는 축척비례로 그려졌으나 태양은 실제보다 몇 배 크다) 및 상기 수치를 사용하여 다음 사항을 결정하라.

(a) 헬리혜성의 궤도주기

(b) 근일점 P 및 원일점 A에서 태양까지 AU 단위의 거리

인터넷에서 태양계 행성들의 궤도를 찾아볼 것. 근일점 및 원일점에 가까운 행성은 무엇인가? 태양 질량은 1.989×10^{30} kg를 사용할 것

문제 5.100, 5.101

그림 P5.100, P5.101

익스플로어 7호는 1959년 10월 13일 발사되어 지상 1073 km의 원지점 및 573 km의 근지점으로 궤도를 돌았으며 궤도 주기는 101.4분이었다.

문제 5.100 이 정보를 이용하여 지구에 대한 Gm_e을 계산하고 그것을 gr_e^2와 비교하라.

문제 5.101 근일점 및 원일점에서의 속도 뿐만 아니라 탐사선 익스플로어 7호의 궤도상 이심률을 결정하라.

9) 1 천문단위(AU)는 지구의 질량중심과 태양의 질량중심 사이의 거리이다. 이 값은 약 1.496×10^8 km = 9.296×10^7 mi이다.

문제 5.102

지구 적도 상의 정지궤도는 하루 주기를 갖는 지구 적도 상의 **원형궤도**이다(때때로 **정지궤도**라고 통칭된다). 이 정지궤도는 통신위성에 매우 중요하며 그 이유는 지구의 자전율과 동일한 각속도로 궤도를 회전하는 인공위성이 지면에 서 있는 사람이 관측할 경우 하늘의 동일 지점에 떠있는 것처럼 보이기 때문이다. 이러한 정보를 이용하여 정지궤도(마일 단위) 고도 h_g와 반경 r_g를 결정하라. 또한 그러한 궤도에서 인공위성의 속도 v_g를 결정하라(시간당 마일로).

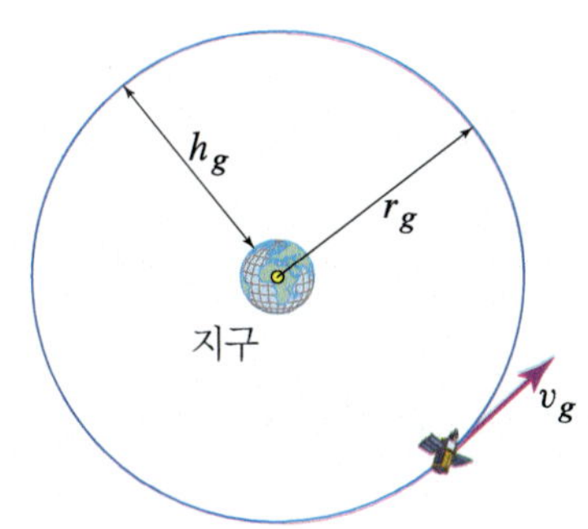

그림 P5.102

문제 5.103

목성의 질량은 지구의 318배이며 적도반경은 71,500 km이다. 만약 우주탐사선이 갈릴레이 위성 중 하나인 칼리스토의 고도(궤도의 고도는 1.812×10^6 km)에서 목성의 원형궤도상에 있다. 탐사선이 갈릴레이 위성 중 하나인 이오(IO, 궤도고도 3.502×10^5 km)의 궤도반경에서 최소고도에 도달하도록 외부궤도에서 필요한 속도변화 Δv를 결정하라. 속도변화가 일어나고 속도변화가 충격력적일 때, 즉 그것이 순간적으로 일어날 때 탐사선이 (우주선의) 전이궤도 상의 최대고도에 있다고 가정하라.

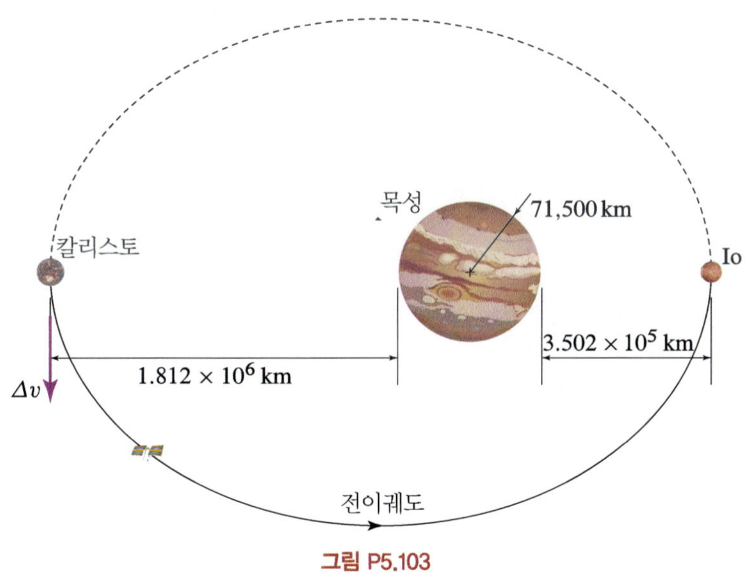

그림 P5.103

문제 5.104

국제우주정거장(ISS)궤도 상 조립작업은 1998년 시작되어 현재까지 계속되고 있다. 국제우주정거장(ISS)은 지상 341.9 km 상공의 원지점 고도 및 331.0 km의 근지점 고도 상에서 운용되고 있다. 궤도상의 최대 및 최소속도, 궤도 이심률을 결정하라. 그의 실제 궤도주기 및 그 주기를 연구하고 구해진 수치 값과 비교하라.

그림 P5.104

문제 5.105-5.107

기본체 B에 대한 원형궤도에서 다른 원형궤도로 이행하기 위한 최적방안(에너지 관점에서)은 소위 **호만전이**(*Hohmann transfer*)**궤도**라고 통칭되며 이는 타원의 근점 및 최원점 양쪽에 접하는 타원궤도를 이용한 하나의 원형궤도에서 다른 원형궤도로의 이전됨을 의미한다. 이 타원은 독특하게 정의되는데 그 이유는 우리가 r_P(내부 원형궤도의 반경)

및 r_A(외부 원형궤도의 반경)를 알고 식 (5.117)을 통하여 긴 쪽 반지름 a 및 식 (5.114), 식 (5.119)를 통하여 이심률 e를 알기 때문이다. 호만전이궤도 실행은 두 가지 방향조정을 요구하는데, 하나는 내부(외부) 원형궤도를 이탈하여 전이타원(transfer ellipse)으로 진입하는 방식이며, 두 번째 방식은 전이타원에서 외부(내부) 원형궤도로 진입하는 방식이다.

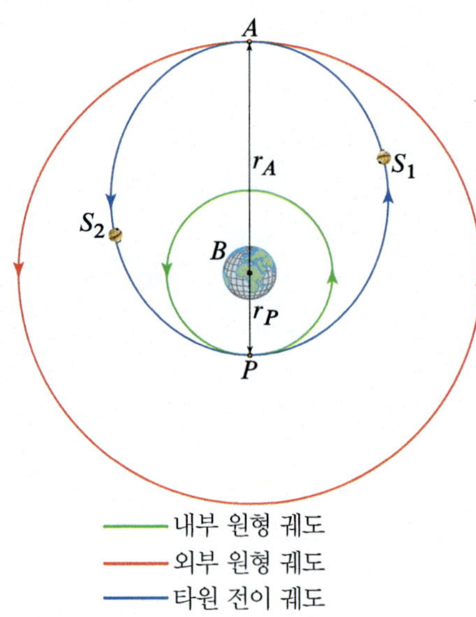

그림 P5.105, P5.109

문제 5.105 우주선 S_1은 지상 200 km의 저고도 대기궤도에서 고도 35,000 km의 정지궤도로 이동한다. 타원형 전이궤도의 근지점 P에서 요구되는 속도변화와 원지점 A에서 요구되는 속도변화를 결정하라. 또한 궤도전이에 필요한 시간을 계산하라. 속도변화는 즉시 일어난다고 가정하라.

문제 5.106 우주선 S_2는 궤도주기가 12 시간인 지구원형궤도에서 고도 177 km의 저고도 궤도로 이동한다. 타원 전이의 원지점에서 요구되는 속도변화 $\Delta \boldsymbol{v}_A$, 근지점 P에서 요구되는 속도변화 $\Delta \boldsymbol{v}_A$를 결정하라. 궤도전이에 필요한 시간을 계산하라. 속도변화는 순간적으로 일어난다고 가정하라.

문제 5.107 비행체 S_1는 지상 100 mi의 저고도 대기궤도에서 반경 r_A의 원형궤도로 이동하고 있다. $r_P \le r_A \le 100\ r_P$에 대한 r_A의 함수로서, 원지점에서 요구되는 속도변화 $\Delta \boldsymbol{v}_P$와 타원전이궤도 $\Delta \boldsymbol{v}_A$의 근지점에서 요구되는 속도변화를 계산하고 그려라. 또한 다시 $r_P \le r_A \le 100\ r_P$에 대한 r_A의 함수로서 궤도전이에 필요한 시간을 계산하고 그려라. 속도변화는 순간적으로 일어난다고 가정하라.

문제 5.108

내부 원형궤도에서 외부 원형궤도로 호만전이에 대한 문제이다. 문제 5.105-5.107에서 주어진 설명을 참고하여 근지점 및 원지점에서의 속도변화에 대한 표시는 무엇인지 예상하는가?

주의 개념 문제는 계산이 아닌 설명이 필요하다.

문제 5.109

외부궤도에서 내부궤도로의 호만전이에 대한 문제 5.105-5.107에서 주어진 설명을 참고할때 근지점 및 원지점에서의 속도변화로 예상되는 것은 무엇인가?

주의 개념 문제는 계산이 아닌 설명이 필요하다.

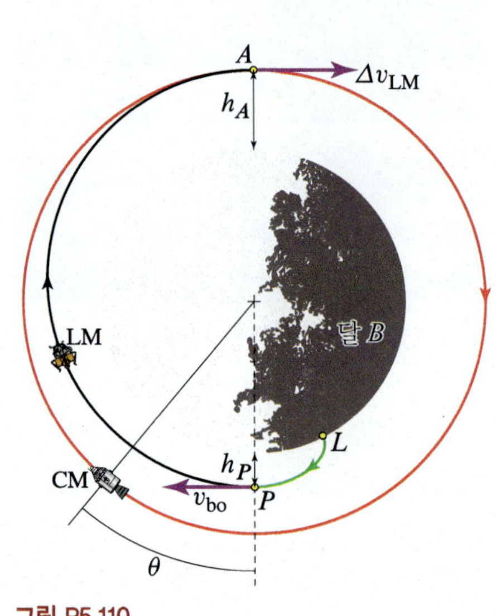

그림 P5.110

문제 5.110

아폴로 우주선의 임무 기간 중, 달착륙선(lunar module, LM)으로 달에 체류하는 동안 사령선(command module, CM)은 달 주위의 원형궤도를 96 km 고도로 비행하였다. 우주인들이 달 탐사를 마친 후, 착륙선은 달표면(L 위치에서)을 이륙, 달(근지점에서) 표면에 평행하게 속도 $\boldsymbol{v}_{bo}$로 P 지점까지 연료 소진 시까지 로켓추진 비행을 수행하였다. 탐사선은 달의 궤도상 원지점 A에 도달 시까지 달의 중력의 영향 아래에서 비행하였는데 그 지점 A에서 CM과 만난다. 달의 반경은 1750 km이며 질량은 지구의 0.0123배이다.

(a) 연료소진점 P에서의 속도 $\boldsymbol{v}_{bo}$를 구하라.

(b) 만나는 지점 A에서 필요한 착륙선의 속도변화 Δv_{LM} 값은 무엇인가?

(c) LM이 P 지점에서 A 지점까지 소요되는 시간을 구하라.

(d) 각도 θ 항으로 나타낼 때 착륙선과 CM이 A 지점에서 만나기 위하여 착륙선이 P 지점에 도착 할 때 CM은 어디에 위치하여야 하는가? 속도변화는 즉시 일어난다고 가정하라.

문제 5.111

화성까지 움직일 때 문제 5.105-5.109에서 설명된 호만전이 궤도방식을 사용하는 것은 하나의 선택안이 될 수 있다. 태양이 기본 중력 영향력이며 지구 및 화성의 중력은 무시하는 조건을 가정하여(태양은 태양계 질량의 99.8를 차지하므로) 호만전이 궤도 방식을 이용하여 화성까지의 비행임무수행을 위하여 지구에서 요구되는 속도변화 Δv_e (전이궤도에서의 근일점) 및 화성에서 요구되는 속도변화 Δv_m (전이궤도에서 요구되는 원일점)를 결정하라. 또한 궤도전이에 필요한 시간량 τ을 결정하라. 태양 질량은 1.989×10^{30} kg로 계산하고 지구 및 화성의 궤도는 원형이며 속도변화는 즉시 일어나는 것으로 가정한다. 또한 지구반경은 150×10^6 km로, 화성 궤도의 반경은 228×10^6 km로 계산한다.

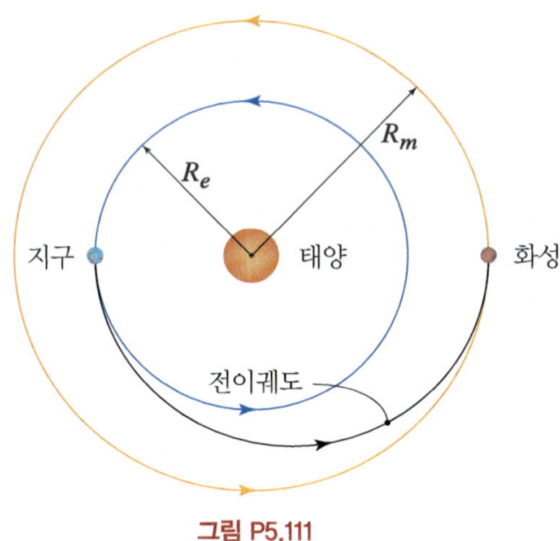

그림 P5.111

문제 5 .112

식 (4.35) 에서 주어진 중력의 포텐셜 에너지와 함께 근점 P 및 $r = \infty$ 사이에 적용된 일–에너지 원리(work–energy principle)를 사용하라.

(a) 쌍곡선상의 위성이 아래의 속도공식으로서 $r = \infty$에 도달함을 증명하라.

$$v_\infty = \sqrt{\frac{r_P v_P^2 - 2Gm_B}{r_P}}$$

(b) 또한 식 (5.106) 및 (5.109)을 이용하여, 쌍곡선 궤도에서, $r_P v_P^2 > 2Gm_B$임을 증명하라. 즉 상기 방정식의 제곱근은 항상 실수값이 산출돼야 함을 의미함을 증명하라.

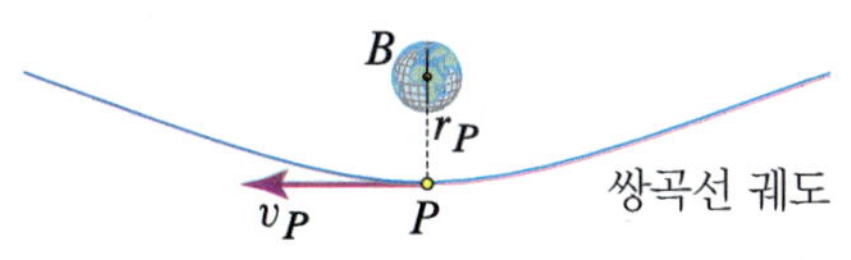

그림 P5.112

5.5 질량 유동

이 절에서는 충격량 운동량 법칙을 주위 환경과 질량을 교환하는 물리 시스템에 적용해 본다. 여기에서는 정유플랜트와 로켓 추진에서 찾을 수 있는 유체의 운동을 포함하는 문제에 대하여 집중할 것이다. 또한 유체는 아니지만 유체와 같은 방식으로 운동하는 다른 시스템에도 적용할 수 있는 문제들을 다룰 것이다. 예를 들면 어떤 경우들에서는 그림 5.50처럼 인입선상에 있는 병들의 정상상태 운동에 대해서 질량의 연속유동이라고 모델링할 수 있다. 충격량 운동량 법칙이 간단한 유체 운동에서 보이는 관련 힘들을 계산하는 직접적인 방법으로 쓰일 수 있다는 것을 보일 것이다.

그림 5.50 병 채우기 라인을 따라 움직이는 병들. 이 병들은 개별적인 질점/물체 혹은 연속 질량유동의 질량요소로 모델링이 가능하다.

열린계와 닫힌계

논의를 시작하기 전에 **열린계**와 **닫힌계** 사이의 차이에 대하여 살펴보는 것이 중요하다. 왜냐하면 이것은 이 절에서 제시되는 결과물의 핵심이기 때문이다. 닫힌계는 그 주위 환경과 질량을 교환하지 않는다. 반면에 열린계는 주위 환경과 질량을 교환한다. 닫힌계의 질량은 일정하다. 열린계는 일정하거나 변화하는 질량을 가질 수 있다. 만약 하나의 물리계가 질량변화계로 불린다면, 이와 같은 계는 필수적으로 열린계이다. **본 장의 앞에서 제시된 충격량 운동량 법칙은 오직 닫힌계에 대해서만 적용할 수 있다는 것을 반드시 기억하여야 한다.**

정상 유동

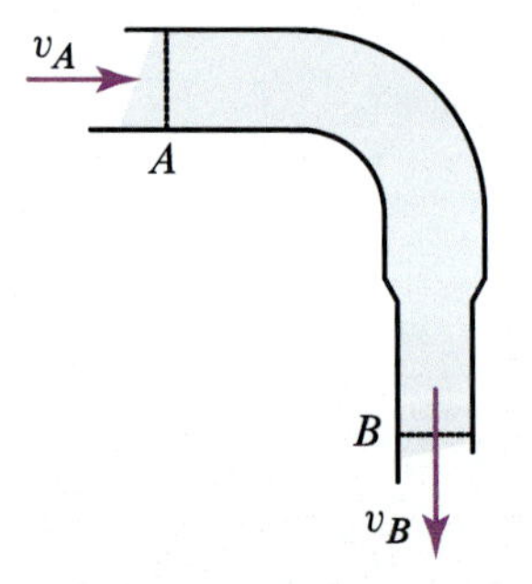

그림 5.51 여러 단면을 가진 곡선 파이프를 따라 흐르는 유체.

그림 5.51에서 운동하고 있는 유체가 채워진 파이프의 일부가 제시되어 있다. 해석을 간단하게 하기 위해, 이 유체 유동이 정상(*steady*)이라고 가정한다. 여기에서 정상이라는 정의에 의해 파이프의 어떤 위치를 통과하는 유체 입자의 속도는 오직 그 위치에만 의존하며 시간에 따라서는 변화하지 않는다는 것을 의미한다. 반면에 하나의 질점의 속도는 그 질점이 그 파이프 내에서 하나의 점에서 다른 점으로 운동할때 변화할 수 있다. 이 해석에서 주어진 단면에서 질점들의 속도는 문제가 되는 모든 질점들에 대하여 같다.

만약 이 유체질점들의 속도가 변화한다면 이 질점들은 뉴턴의 제2법칙에 따라서 가속도를 가진다. 즉 유체는 우리가 지금부터 구하려고 하는 힘을 받는다. 파이프는 큰 구조이기 때문에 오직 파이프의 주어진 **부분**에 담겨있는 유체에 가해지는 힘만 결정한다. 그림 5.52에서, 면 두 개의 단면 A와 B로 정의되는 검사체적(*control volume*) CV를 고려한다. 유체는 A를 $\vec{v}_A$의 속도로 CV로 들어가게 되고, B에서 $\vec{v}_B$의 속도로 나오게 된다고 가정한다. 또한, 단면 A, B에 수직으로 각각 $\vec{v}_A$, $\vec{v}_B$의 속도로 흐르는 유동이 존재한다고 가정한다.

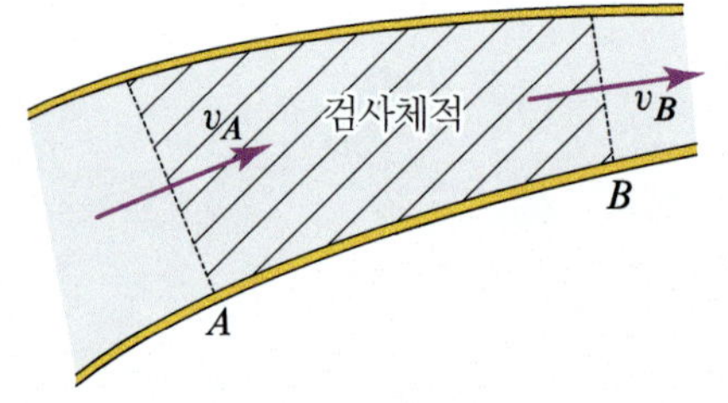

그림 5.52 단면 A와 B 사이의 파이프의 부분에 관련되는 CV.

질량유동이 CV로 들어가고 나가기 때문에 CV는 **열린계**이다. 유동이 정상상태이면, CV안의 유체의 질량은 일정하게 유지된다. 이것은 만약 Δm_f(여기에서 아래첨자 f는 플럭스를 뜻한다.) 는 어떤 시간 간격 Δt 동안 A에서 CV로 들어가는 질량을 뜻한다. Δm_f는 또한 같은 시간간격 동안 B에서 CV로 빠져나가는 유체의 질량을 뜻한다.

힘과 운동 사이의 관계를 만들어낼 도구는 충격량–운동량법칙이다. 이것은 오직 닫한계에 대해서만 적용된다. 우리는 먼저 관련되는 열린계를 포함하는 닫힌계에 대하여 충격량–운동량 법칙을 적용한 후, 이 닫힌계를 순간–순간을 기준으로 열린계와 일치하도록 축소시킬 것이다. 먼저, 그림 5.53에서 시간 t에서 주어진 CV를 채우면서, 작은 질량 요소 Δm_f가 A에서 CV로 들어가기 직전인 유체 물체를 선택한다. CV로 막 들어가려고 하는 유체 요소는 시간 t에서 $\vec{v}_A$가 모든 그 질점들의 속도라고 가정할 수 있을 만큼 충분히 작게 선택되었다. 두 번째 Δt는 이 유체 요소가 A에서 CV로 흘러들어가는 데 걸리는 시간이라고 한다. 이 유동이 정상상태이기 때문에 시간 $t + \Delta t$에서 물체는 완전히 A와 B 사이의 CV를 채우게 된다. 또한 B에서 CV를 나가는 요소 Δm_f를 포함한다(그림 5.53 참조). Δm_f가 작기 때문에 B의 오른쪽에 있는 모든 질점들은 같은 속도 $\vec{v}_B$를 가진다고 가정한다. 주어진 물체는 닫힌계이므로, 이것을 식 (5.15)에 적용시킬 수 있으며 다음과 같이 나타난다.

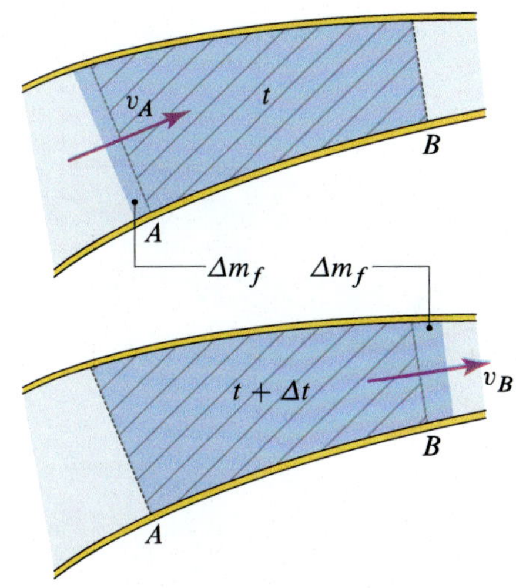

그림 5.53 단면 A와 B로 정의되는 CV를 따라 흐르며, 닫힌계처럼 거동하는 유동 물체.

$$\int_t^{t+\Delta t} \vec{F}\,dt = \vec{p}(t+\Delta t) - \vec{p}(t) \tag{5.135}$$

여기에서 $\vec{F}$는 계에 가해지는 전체 외력이며 언급된 가정들을 이용하면, 선형운동량 $\vec{p}(t)$와 $\vec{p}(t+\Delta t)$는 다음과 같이 기술할 수 있다.

$$\vec{p}(t) = \Delta m_f\, \vec{v}_A + \vec{p}_{\rm cv}(t) \tag{5.136}$$

$$\vec{p}(t+\Delta t) = \vec{p}_{\rm cv}(t+\Delta t) + \Delta m_f\, \vec{v}_B \tag{5.137}$$

값 $\vec{p}_{\rm cv}$는 이 CV내부의 유체의 운동량을 나타낸다. 유동이 정상상태이기 때문에 다음과 같은 식이 성립한다.

$$\vec{p}_{\rm cv}(t) = \vec{p}_{\rm cv}(t+\Delta t) \tag{5.238}$$

식 (5.136)-(5.138)을 식 (5.135)에 대입하고 단순화한 다음 모든 항을 Δt로 나누면 다음과 같은 관계를 얻을 수 있다.

$$\frac{1}{\Delta t}\int_t^{t+\Delta t} \vec{F}\,dt = \frac{\Delta m_f}{\Delta t}(\vec{v}_B - \vec{v}_A) \tag{5.139}$$

식 (5.139)는 주어진 CV보다 더 큰 부피를 가지는 닫힌계에 대해서 성립한다. Δt가 Δm_f가 CV내부와 외부로 흐르는데 걸리는 시간이기 때문에, 시간 Δt를 0으로 보내면 Δm_f 또한 0으로 가게 된다. 이 경우 시간 t에서 닫힌계에서의 유체는 CV를 정확하게 채울 것이다. 따라서 Δt를 0으로 보냄으로써 식 (5.139)는 다음과 같은 결과를 도출한다(유용한 정보를 참조하라).

$$\boxed{\vec{F} = \dot{m}_f(\vec{v}_B - \vec{v}_A)} \tag{5.140}$$

여기에서 값

$$\boxed{\dot{m}_f = \lim_{\Delta t\to 0}\frac{\Delta m_f}{\Delta t}} \tag{5.141}$$

은 질량유동률(*mass flow rate*) 혹은 질량 플럭스(*mass flux*)라 불리며, 단위시간 동안 주어진 CV의 안과 밖으로 흐르는 질량의 양으로 측정된다. 식 (5.140)의 결과는 열린계들에게 적용되며, 식 (5.139)-(5.140)로의 변화는 시간 t에서의 특성화를 원하는 열린계와 동일한 닫힌계를 강제적으로 만든다는 한계를 가지고 있기 때문에 가능하다.

유용한 정보

식 (5.139)의 좌변의 한계. 식 (5.139)의 좌변의 $\Delta t \to 0$ 일 때 극한값을 계산하기 위하여, 우리는 다음과 같은 미적분학의 기본 정리를 사용하였다.

$$\lim_{\Delta x\to 0}\frac{1}{\Delta x}\int_{x_0}^{x_0+\Delta x} f(x)\,dx = f(x_0)$$

빠지기 쉬운 함정

CV 내의 질량은 일정하다. $\dot{m}_f$은 종종 CV내에 있는 질량에 대한 시간에 대한 변화율로 잘못 이해된다. 그러나 CV 내의 유체의 질량은 유동이 정상상태이기 때문에 일정하다. $\dot{m}_f$의 양은 질량이 단순히 CV의 안쪽과 바깥쪽으로 흐르는 비율이다.

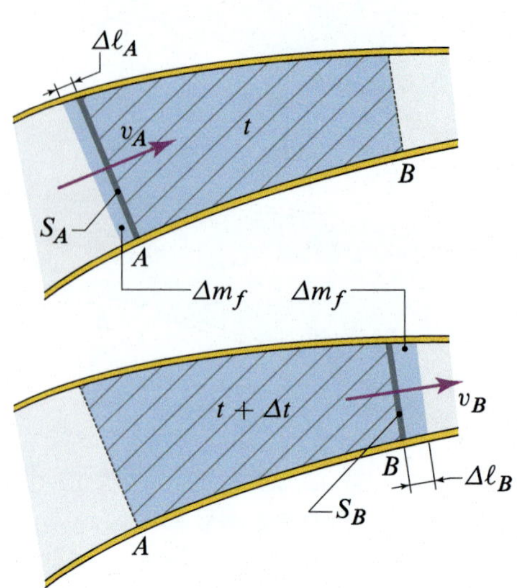

그림 5.54 주어진 CV를 들어가고(윗그림) 나가는(아래그림) 질량 Δm_f를 가지는 유체 요소에 의해 차지하는 부피.

부피 유동률

질량 플럭스와 함께, 또 하나의 CV를 통과해서 움직이는 유체의 양을 측정하는 일반적인 단위가 존재한다. 이것은 **부피유동률**(*volumetric flow rate*)이라 불린다. 그림 5.54에서, 시간 t에서 유체 요소 Δm_f가 차지하는 부피는 대체로 $\Delta\ell_A\, S_A$이다. 여기에서 $\Delta\ell_A$는 Δm_f가 차지하는 파이프의 길이이며, S_A는 A 점에서의 단면을 의미한다. 비슷하게 시간 $t + \Delta t$에서 유체 요소 Δm_f가 차지하는 부피는 대체로 $\Delta\ell_B\, S_B$이다. 유체의 운동은 정상적이기 때문에 Δm_f의 값은 A와 B가 동일하다. 따라서 ρ_A와 ρ_B를 각각 A와 B에서의 유체의 밀도라고 하면 다음과 같은 관계를 얻을 수 있다.

$$\Delta m_f = \rho_A\, \Delta\ell_A\, S_A = \rho_B\, \Delta\ell_B\, S_B \tag{5.142}$$

v_A와 v_B가 각각 단면 A와 B에 대하여 수직이라고 가정하였기 때문에 다음과 같은 관계가 성립한다.

$$\lim_{\Delta t\to 0} \frac{\Delta\ell_A}{\Delta t} = v_A, \qquad \lim_{\Delta t\to 0} \frac{\Delta\ell_B}{\Delta t} = v_B \tag{5.143}$$

여기에서 v_A와 v_B는 각각 A와 B 점에서 유체의 속도 값이다. 만약 S가 파이프를 따로 정의할 수 있는 일반적인 단면이고, v가 그 단면에서의 유체 속도라고 한다면, 다음 값과 같이 **부피유동률**을 정의할 수 있다.

$$\boxed{Q = vS} \tag{5.144}$$

식 (5.142)를 Δt로 나누고 Δt를 0으로 보내면 식 (5.144)의 정의에 의하여 다음과 같은 관계를 얻을 수 있다.

$$\boxed{\dot{m}_f = \rho_A Q_A = \rho_B Q_B} \tag{5.145}$$

여기에서 Q_A와 Q_B는 각각 A 점과 B 점에서의 부피 유동률이다.

유체에 작용하는 모멘트

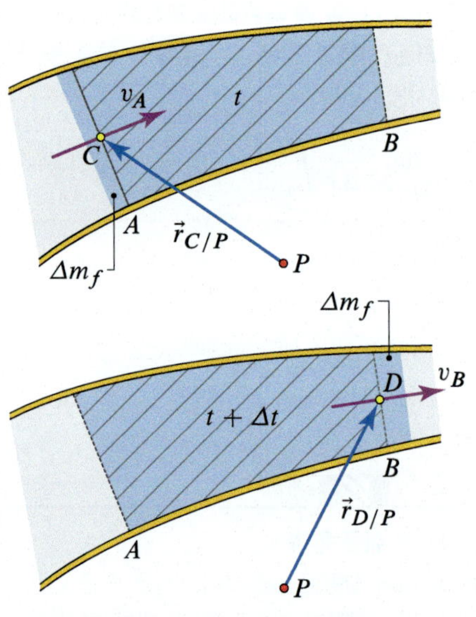

그림 5.55 CV 내(진하게 표시된 영역)에 포함되는 유체에 작용되는 모멘트를 결정하기 위한 모멘트 중심 P의 선택.

가끔씩 선택된 모멘트 중심을 기준으로 계산된 유체의 각운동량의 변화를 그 유체에 작용하는 해당 모멘트에 관계짓는 것은 유용하다. 그림 5.55에서 이 모멘트를 구하기 위해, 모멘트 중심을 고정점 P로 정하고, 힘계산에서 사용했던 것처럼 유체 물체를 선택하였다. 식 (5.80)에서 주어진 것처럼 시간 t에서 $t + \Delta t$ 사이에서 각충격량–운동량 법칙을 적용하였다. 이것은 다음과 같이 나타난다.

$$\vec{h}_P(t) + \int_t^{t+\Delta t} \vec{M}_P\, dt = \vec{h}_P(t + \Delta t) \tag{5.146}$$

여기에서 $\vec{h}_P$는 선정된 유체 물체의 각운동량이다. $\vec{M}_P$는 계산하여야 하는 모멘트이다. 질량 Δm_f의 부피요소에 포함되는 모든 질점은 시간 t에서는 $\vec{v}_A$로 이동하며, 시간 $t + \Delta t$에서는 $\vec{v}_B$로 움직인다고 가정하였기 때문에 다음과 같은 관계를 구할 수 있다.

$$\vec{h}_P(t) = \vec{r}_{C/P} \times \Delta m_f\, \vec{v}_A + \left(\vec{h}_P\right)_{\text{cv}} \tag{5.147}$$

$$\vec{h}_P(t + \Delta t) = \left(\vec{h}_P\right)_{\text{cv}} + \vec{r}_{D/P} \times \Delta m_f\, \vec{v}_B \tag{5.148}$$

여기에서 C와 D는 각각 단면 A와 B의 중심이다. $\vec{r}_{C/P}$와 $\vec{r}_{D/P}$는 각각 P 점을 기준으로 하는 C와 D 점의 위치이다. $\left(\vec{h}_P\right)_{\text{cv}}$는 CV에 포함되는 유체의 P에 대한 각 운동량이다.

이 유동은 정상적이기 때문에 $(\vec{h}_P)_{cv}$ 값은 상수이다. 식 (5.147), (5.148)을 식 (5.146)에 대입 후, 단순화하고 재배치하면 다음과 같은 관계를 얻는다.

$$\frac{1}{\Delta t}\int_t^{t+\Delta t}\vec{M}_P\,dt = \frac{\Delta m_f}{\Delta t}(\vec{r}_{D/P}\times\vec{v}_B - \vec{r}_{C/P}\times\vec{v}_A) \tag{5.149}$$

여기에서 모든 항을 Δt로 나누었다. 힘계산에서 사용한 것처럼 $\Delta t \to 0$이면 식 (5.149)는 다음과 같이 표시된다.

$$\vec{M}_P = \dot{m}_f(\vec{r}_{D/P}\times\vec{v}_B - \vec{r}_{C/P}\times\vec{v}_A) \tag{5.150}$$

가변 질량 유동과 추진

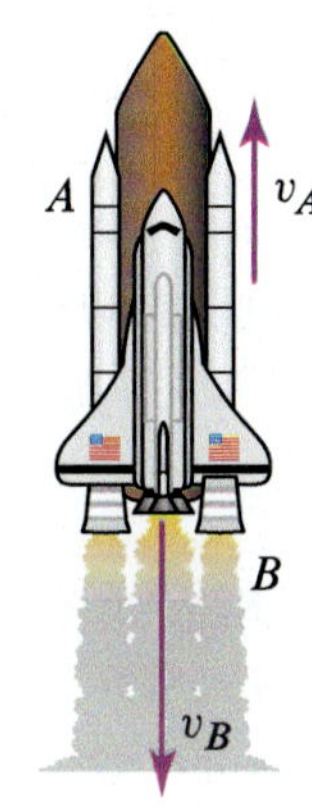

그림 5.56 B로 표시된 연소가스의 분출에 의해 추진되고 있는 로켓 A.

그림 5.56에서 어떤 물질 B를(연소 가스) 분출하여 추진하는 물체 A(로켓)를 고려해보자. 분출 전에는 B는 A의 부분이었기 때문에 A의 질량은 시간에 따라 변화하게 되고, 따라서 A는 **가변질량계**[10)]가 된다. A에 가해지는 힘을 결정하기 위하여 CV의 경우와 같은 방식을 적용하기로 한다. 즉 먼저 충격량–운동량 원리를 관심 있는 열린계를 포함하는 닫힌계에 대하여 적용하고 여기에서 순간순간을 기준으로 이 닫힌계를 축소시켜 열린계와 일치하도록 한다.

그림 5.57에서 거의 모든 질점이 속도 $\vec{v}(t)$로 운동하면서, 시간 t에서 질량 $m(t)$를 가지는 물체를 고려해보자. 시간 t에서 전체 질량 $m(t)$에 비하여 무시할만한 질량을 가지는 어떤 질점들이 물체로부터 분출되고 있다. 일정시간 Δt가 지난 후에, 물체는 어떤 질량 Δm_o를 잃게 될 것이다(아래 첨자 O는 출력 유동을 나타낸다). 이 경우 다음과 같은 관계식을 쓸 수 있다.

$$m(t+\Delta t) = m(t) - \Delta m_o \tag{5.151}$$

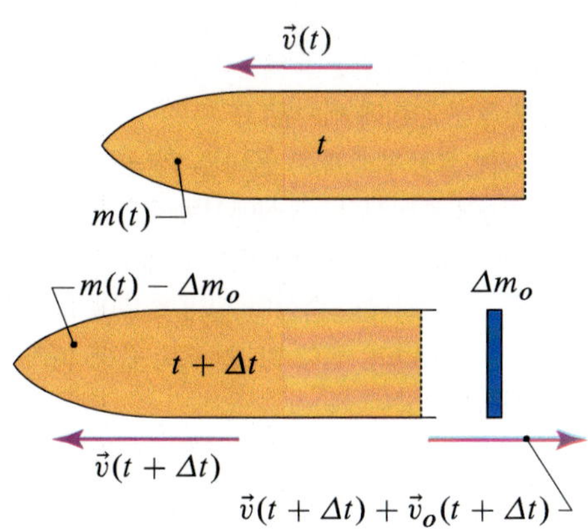

그림 5.57 시간 간격 Δt 동안 질량 Δm_o의 재료 요소를 분출하는 가변 질량계.

우리는 Δm_o에 포함되는 모든 질점들이 같은 관성 속도 $\vec{v}+\vec{v}_o$를 가진다고 가정하였다. 여기에서 $\vec{v}_o$는 주물체를 기준으로 문제의 질점의 상대 속도를 의미한다.

해석대상 물리계가 질량 Δm_o의 질점들과 질량 m인 주물체로 구성되어 있다고 한다면, 이 계는 닫힌계이다. 이 계에 식 (5.15)에서 주어진 충격량 운동량 법칙을 시간 t에서 $t+\Delta t$ 사이에서 적용하면, 다음과 같은 관계를 얻는다.

$$\int_t^{t+\Delta t}\vec{F}\,dt = \vec{p}(t+\Delta t) - \vec{p}(t) \tag{5.152}$$

여기에서 $F(t)$는 계에 가해지는 전체 외력이며, $\vec{p}(t)$는 계의 전체 운동량이다. 언급된 가정들을 사용하면 다음과 같은 관계를 구할 수 있다.

$$\vec{p}(t) = m(t)\vec{v}(t) \tag{5.153}$$

$$\begin{aligned}\vec{p}(t+\Delta t) = {} & m(t+\Delta t)\vec{v}(t+\Delta t)\\ & + \Delta m_o[\vec{v}(t+\Delta t) + \vec{v}_o(t+\Delta t)]\end{aligned} \tag{5.154}$$

식 (5.151)을 식 (5.154)에 대입하면, 다음과 같은 관계를 얻는다.

10) 5.5절의 첫 부분에서 언급했듯이 가변질량계는 필연적으로 열려있다.

$$\vec{p}(t + \Delta t) = [m(t) - \Delta m_o]\vec{v}(t + \Delta t) + \Delta m_o[\vec{v}(t + \Delta t) + \vec{v}_o(t + \Delta t)]$$
$$= m(t)\vec{v}(t + \Delta t) + \Delta m_o\, \vec{v}_o(t + \Delta t) \tag{5.155}$$

식 (5.153), (5.155)를 식 (5.152)에 대입하고 $m(t)$ 항을 모으면, 다음과 같은 관계를 얻는다.

$$\int_t^{t+\Delta t} \vec{F}\, dt = m(t)\big[\vec{v}(t + \Delta t) - \vec{v}(t)\big] + \Delta m_o\, \vec{v}_o(t + \Delta t) \tag{5.156}$$

식 (5.156)을 Δt에 대하여 나누면 다음과 같은 식을 얻는다.

$$\frac{1}{\Delta t}\int_t^{t+\Delta t} \vec{F}\, dt = m(t)\frac{\vec{v}(t + \Delta t) - \vec{v}(t)}{\Delta t} + \frac{\Delta m_o}{\Delta t}\vec{v}_o(t + \Delta t) \tag{5.157}$$

시간 미분에 대한 정의로부터 다음과 같이 쓸 수 있다.

$$\lim_{\Delta t \to 0} \frac{\vec{v}(t + \Delta t) - \vec{v}(t)}{\Delta t} = \vec{a}(t), \qquad \lim_{\Delta t \to 0} \frac{\Delta m_o}{\Delta t} = \dot{m}_o(t) \tag{5.158}$$

여기에서 $\vec{a}(t)$는 주물체의 시간 t에서의 가속도이며, $\dot{m}_o(t)$ ($\dot{m}_o \geq 0$)은 주물체 밖으로 분출되는 질량 유동의 속도이다. 여기에서 미적분학의 기본 정리를 이용하면 다음과 같은 식을 얻는다.

$$\lim_{\Delta t \to 0} \frac{1}{\Delta t}\int_t^{t+\Delta t} \vec{F}\, dt = \vec{F} \tag{5.159}$$

따라서 식 (5.157)의 $\Delta t \to 0$의 극한으로 놓고, 식 (5.158), (5.159)를 사용하면 다음과 같은 관계를 얻는다.

$$\vec{F} = m\vec{a} + \dot{m}_o\vec{v}_o \tag{5.160}$$

여기에서 식 (5.160)의 모든 항은 시간에 따라 계산된다. 식 (5.160)은 질량을 잃어버리는 계들에 대해서만 적용된다. 그러나 식 (5.160)과 그림 5.58에서 주어지는 것과 비슷한 다음의 과정을 통하여 질량 $\dot{m}_i$를 동시에 얻는 계에 대한 계산은 어렵지 않게 구할 수 있다(여기에서 아래 첨자 i는 입력유동을 나타낸다). $\dot{m}_i > 0$에 대해서 입력 유동 질량이 주물체에 상대 속도 $\vec{v}_i$를 가진다고 하면, 식 (5.160)은 다음과 같이 일반화 될 수 있다.

$$\boxed{\vec{F} = m\vec{a} + \dot{m}_o\vec{v}_o - \dot{m}_i\vec{v}_i} \tag{5.161}$$

여기에서 입력 유동 질량은 출력유동 질량의 부호와 반대부호를 가진다는 것을 유의해야 한다.

식 (5.161)은 가변 질량을 가지는 열린계에 대해서 뉴턴의 제2법칙의 일반화로 볼 수 있는 중요한 결과이다. 우리는 질량이 일정한 닫힌계에서의 균형 원리로부터 시작하여 식 (5.161)에 도달하였다. 이것은 식 (5.157)-(5.160)까지 진행하는데 있어서 선택된 닫힌계를 우리가 시간 t에서 기술하기 원하는 가변 질량 계와 일치할때까지 강제적으로 극한을 취하여 얻을 수 있다.

로켓 추진에서는 $\dot{m}_i = 0$이며, 식 (5.161)의 $\dot{m}_o\vec{v}_o$ 항을 방정식의 좌변으로 이동 시키는 것이 일반적이다. 또한 $-\dot{m}\vec{v}_o$는 추진 계에서 얻어지는 추진력이라고 불린다. 제트 추진에서는 질량의 출력유동과 입력 유동이 둘 다 있으며, 추진력은 다음 식 $\dot{m}_i\vec{v}_i - \dot{m}_o\vec{v}_o$과 같이 주어진다.

빠지기 쉬운 함정

충격량–운동량 법칙은 닫힌계에 대해서만 적용된다. 충격량–운동량 법칙은 다음과 같이 쓸 수 있다. $\vec{F} = \dot{\vec{p}}$, 여기에서 $\vec{p} = m\vec{v}_G$이다. 여기에서 G는 이 계의 질량중심이다. 이 절에서 반복적으로 언급했듯이 이 법칙은 오직 닫힌계에 대해서만 적용된다. 이 계는 일정한 질량을 가져야 하기 때문에 $\vec{F} = \dot{\vec{p}}$은 $\dot{m} = 0$을 고려하면 $\vec{F} = m\vec{a}_G + \dot{m}\vec{v}_G = m\vec{a}_G$를 의미한다.

불행하게도, 가끔씩 충격량–운동량 법칙은 $\vec{F} = m\vec{a}_G + \dot{m}\vec{v}_G$로 쓰고 $\dot{m}\vec{v}_G$ 항이(이 값은 가변 질량계에 대해서는 0이 아니다)질량 변화를 기술한다고 주장함으로써 잘못 적용된다. 이 결론이 잘못되었다는 것을 보기 위해서 시험 장치에 고정되어 있으면서 로켓엔진이 점화된 경우를 살펴보자. $\vec{a}_G = \vec{0}$이고 $\vec{v}_G = \vec{0}$인 경우에, 만약 $\vec{F} = m\vec{a}_G + \dot{m}\vec{v}_G$이 가변질량계에 적용가능하다고 가정하면 우리는 어떤 힘도 로켓 발사를 고정하기 위해 필요하지 않다는 결론을 얻는다. 따라서 이것은 일반적인 경험에 배치된다.

가변질량계에 대한 올바른 힘 평형은 식 (5.161)에 주어진다. 이 식에서는 질량의 변화가 $\dot{m}_o\vec{v}_o$와 $-\dot{m}_i\vec{v}_i$의 항으로 고려된다. 이 항들은 이 계의 질량중심의 절대 속도에 따르는 것이 아니라, 상대속도인 $\vec{v}_o$와 $\vec{v}_i$에 따라 결정된다.

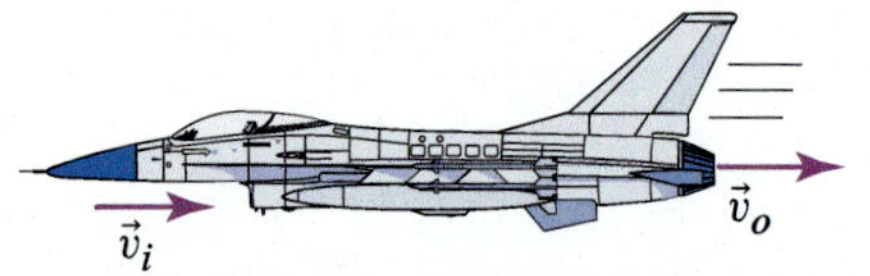

그림 5.58 제트엔진을 가진 비행기 이 비행기는 질량 유동률 $\dot{m}_i$으로 공기를 흡입하며, 연소 가스를 질량유동률 $\dot{m}_o$으로 토출한다. 벡터 $\vec{v}_i$는 비행기에 대해 상대적인 흡입공기의 속도이다. 벡터 $\vec{v}_o$은 비행기에 대해 상대적은 토출 연소가스의 속도이다.

절 요약

이 절에서는 질량유동을 고려하였다. 특히 유체가 도관을 도관 내의 위치만 의존하는 정상 질량 유동과 로켓 밖으로 분출하는 연소 가스의 흐름과 같은 가변질량 유동에 대하여 고려하였다.

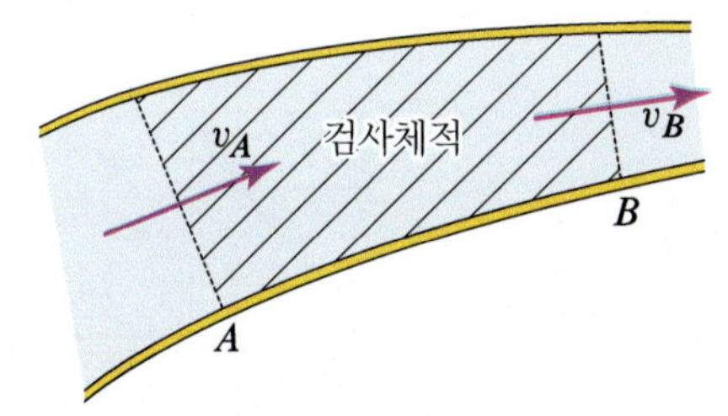

그림 5.59 *그림 5.52의 반복.* 단면 A와 B 사이의 파이프의 부분에 관련되는 CV.

정상 유동 그림 5.59에서 주어진 검사체적에서(여기에서 검사체적은 두 단면에 의해 제한되는 도관의 일정 부분을 뜻한다). 정상유동의 경우라고 하면, CV내부의 유체에 가해지는 외력 F은 다음과 같다.

식 (5.140) p. 427

$$\vec{F} = \dot{m}_f(\vec{v}_B - \vec{v}_A)$$

여기에서 단면이 유동 속도에 수직이기만 하면 $\dot{m}_f$는 질량유동률, 즉 단위시간동안 단면을 통과하여 흐르는 질량의 양이 된다. 또한 여기에서 $\vec{v}_A$와 $\vec{v}_B$는 각각 단면 A와 B에서의 유동속도이다. 질량유동률과 더불어 체적 유동률을 정의하였으며, 값은 다음과 같다.

식 (5.144) p. 428

$$Q = vS$$

여기에서 v는 주어진 단면에서의 유체의 속력이며, S는 문제의 단면 면적이다. 이것은 다음과 같이 표시할 수 있다.

식 (5.145) p. 428

$$\dot{m}_f = \rho_A Q_A = \rho_B Q_B$$

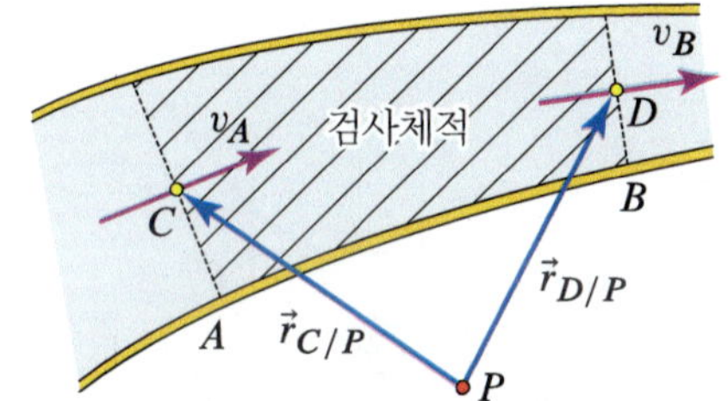

그림 5.60 각 운동량과 모멘트의 계산을 위한 모멘트 중심 P의 선택 및 CV를 통과하는 유체 유동.

여기에서 ρ_A와 ρ_B는 각각 A와 B의 유체의 질량 밀도 값이다. 그림 5.60에서 주어진 고정점 P에 대해서 CV내부의 유체에 가해지는 전체 모멘트 $\vec{M}_P$는 다음과 같다.

식 (5.150) p. 429

$$\vec{M}_P = \dot{m}_f(\vec{r}_{D/P} \times \vec{v}_B - \vec{r}_{C/P} \times \vec{v}_A)$$

여기에서 C와 D는 각각 A와 B 단면의 중심이다.

가변 질량 유동 그림 5.61을 기준으로 질량의 입력 유동 $\dot{m}_i$와 질량의 출력유동 $\dot{m}_o$에 의하여 시간에 따라 변화하는 질량 $m(t)$를 가지는 하나의 물체에서 그 물체에 가해지는 전체 외력은 다음과 같이 주어진다.

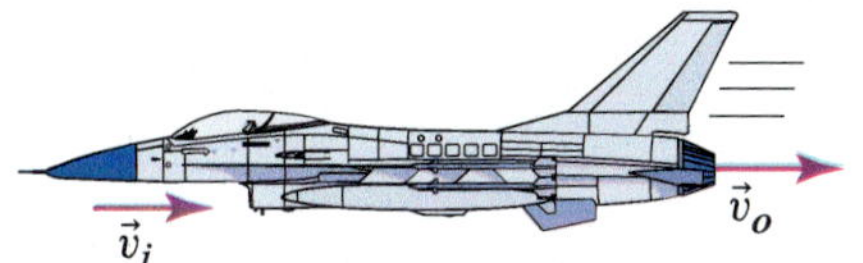

그림 5.61 제트엔진을 가진 비행기 이 비행기는 질량 유동률 $\dot{m}_i$으로 공기를 흡입하며, 연소 가스를 질량유동률 $\dot{m}_o$으로 토출한다. 벡터 $\vec{v}_i$는 비행기에 대해 상대적인 흡입공기의 속도이다. 벡터 $\vec{v}_o$는 비행기에 대해 상대적은 토출 연소가스의 속도이다.

식 (5.161) p. 430

$$\vec{F} = m\vec{a} + \dot{m}_o\vec{v}_o - \dot{m}_i\vec{v}_i$$

여기에서 $\vec{a}$는 주물체의 가속도이며, $\vec{v}_o$는 출력유동 질량의 주물체에 대한 상대속도이다. $\vec{v}_i$는 입력유동 질량의 주물체에 대한 상대 속도이다.

예제 5.17 열린 워터제트의 힘

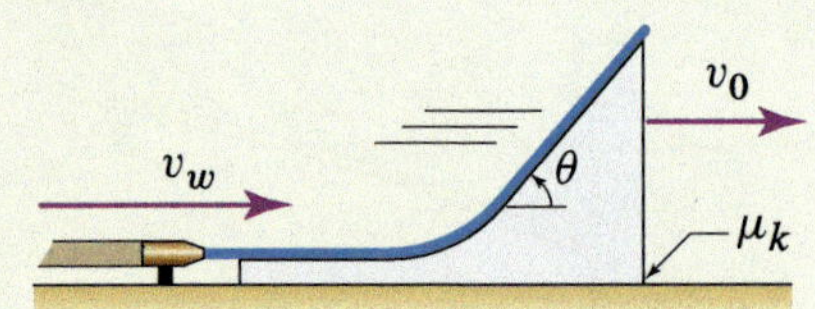

그림 1

워터제트는 지면에 연결된 노즐에서 분사된다. 제트분사는 일정한 질량유속비(constant mass flow rate) 및 노즐과 관련하여 속도 $v_w = 20$ m/s를 가진다. 제트는 11 kg의 경사면에 충돌하여, 그것을 $v_0 = 1.6$ m/s의 일정속도로 미끄러지게 한다. 경사면과 지면 사이의 운동마찰계수는 $\mu_k = 0.43$이다. 워터제트분사와 경사면 사이의 마찰 뿐 아니라 물 흐름에서의 중력효과 및 공기저항을 무시하고, $\theta = 50°$일 경우 노즐에서의 워터제트의 질량 유속비를 결정하라.

풀이 SOLUTION

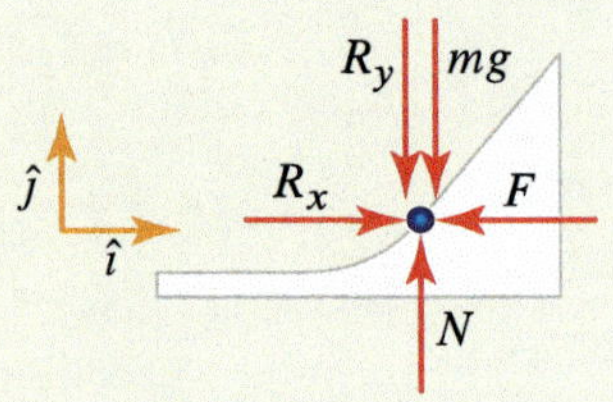

그림 2 경사면의 FBD. 힘 F는 지면에 상대적으로 슬라이딩으로 인한 마찰력이다.

로드맵과 모델링 그림 2의 FBD를 참조하여 경사로를 질점으로 모델링한다. R_x와 R_y의 반력을 통하여 경사에서 워터 제트의 효과를 나타낸다. 문제를 해결하기 위하여, 뉴턴의 제2법칙을 적용하여 노즐 밖 질량 유량률과 R_x와 R_y를 관계를 구할 필요가 있다. 이러한 방법으로 우리는 경사면의 움직임에 대한 반대 방향인 마찰력과 질량유량을 연관시킬 수 있다. R_x와 R_y를 결정하는 것이 핵심이다. 또한 워터 제트와 경사면 사이의 마찰을 무시할 수 있다면, 경사 위에 물이 흐름이 느려지게 하는 힘이 존재하지 않는다. 이는 경사로가 일정한 속도로 이동한다는 것과 함께, 상대적으로 일정한 속도로 이동하는 경사로에 대한 물의 흐름을 모델링할 수 있게 해준다.

질량유동률 항으로 R_x와 R_y 값 구하기

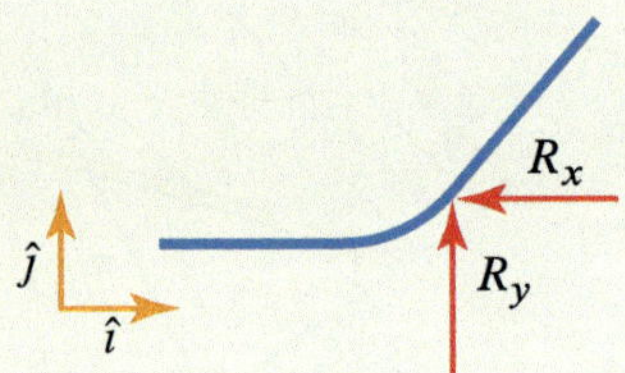

그림 3 워터제트의 FBD. 힘 R_x와 R_y는 뉴턴의 제3법칙에 따르면 그림 2에서 주어진 크기는 같고 방향은 반대이다.

지배방정식

평형 원리 여기에서 식 (5.140)에 CV에 대한 힘 평형 관계를 적용한다. 이 방정식의 항들은 **관성 좌표계**를 기준으로 측정되어야 한다. 경사로가 일정한 속도로 이동하기 때문에 참조좌표계는 관성좌표계이다.[11] 좌표계를 선택하고 그림3의 워터제트 FBD를 참조하라. 우리는 경사면 상단 표면의 흐르는 물의 부피 CV를 선택한다. CV는 지면에 대하여 움직이고 있지만, 이러한 CV는 선택된 관성 좌표계에서는 고정되어 있다. 즉 경사로에 대해서는 워터제트가 정상적이다. 식 (5.140)을 이용하여 식 (1), (2)를 구한다(그림 4 참조).

$$\sum F_x: \quad -R_x = \dot{m}_f(v_{Bx} - v_{Ax}) \tag{1}$$

$$\sum F_y: \quad R_y = \dot{m}_f(v_{By} - v_{Ay}) \tag{2}$$

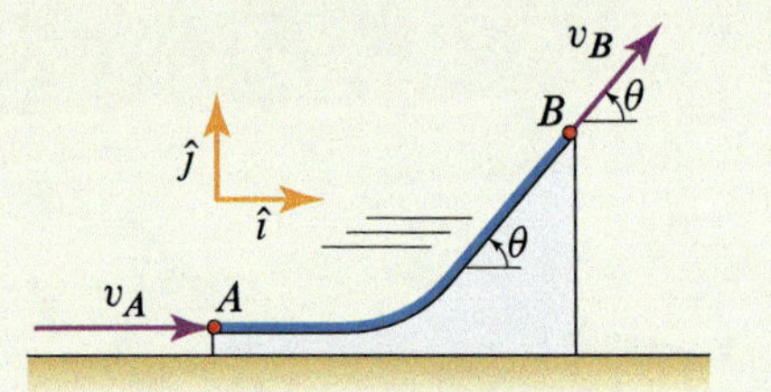

그림 4 경사면과 함께 움직이는 관찰자로부터 인지되는 A와 B에서의 정상 유동의 속도.

$\dot{m}_f$는 A 횡단면에서의 질량유동률이고, $\vec{v}_A$와 $\vec{v}_B$는 각각 A와 B에서 물의 유동 속도이다. $\dot{m}_f$, $\vec{v}_A$, $\vec{v}_B$는 경사면과 함께 움직이는 관성 관측기에 의해 측정된다.

힘의 법칙 모든 힘은 FBD에 주어져 있다.

운동학 방정식 경사면에서 관측기의 움직임은 상대운동학을 사용하여 식 (3)으로 구할 수 있다.

$$v_{Ax} = v_w - v_0 \quad , \qquad v_{Ay} = 0 \tag{3}$$

여기서 v_w와 v_0는 그라운드에 상대적인 워터제트와 경사면의 속도이다. 물과 경사면 사이의 마찰을 무시하기 때문에, $|\vec{v}_A| = |\vec{v}_B|$이다. 따라서 B에서 물의 속도의 성분은 식 (4)로 나타낼 수 있다.

11) 이 언급은 경사로가 미끄러지는 지면도 관성 좌표계로 선택될 수 있다는 암시적인 가정하에 예측된다.

$$v_{Bx} = (v_w - v_0)\cos\theta \ , \quad v_{By} = (v_w - v_0)\sin\theta \tag{4}$$

노즐에서 질량유량비 $(\dot{m}_f)_{nz}$라고 하자. 이 수치는 우리가 결정하고자 하는 미지수이다. 경사면에 접촉할 때라도, 워터제트가 일정한 단면적을 가지고 있다고 가정한다. S는 유동 횡단면의 면적을 나타내고, 식 (5.144)로부터 노즐에서의 체적유량비가 $Q_{nz} = v_w S$, 노즐에서의 질량유량비는 다음과 같다.

$$(\dot{m}_f)_{nz} = \rho S v_w \tag{5}$$

여기에서 ρ는 물의 질량밀도를 나타내고, 경사로와 함께 움직이는 관측기에 의해 측정된 질량유량은 $\dot{m}_f$이며, 식 (6)으로 나타낼 수 있다.

$$\dot{m}_f = \rho S v_A = \rho S(v_w - v_0) \quad \Rightarrow \quad \dot{m}_f = (\dot{m}_f)_{nz}(v_w - v_0)/v_w \tag{6}$$

여기서 식 (6)의 첫번째 식에 식 (5)를 사용한다.

계산 식 (3), (4)와 식 (6)의 마지막 식을 식 (1)과 (2)에 대입하면 식 (7)을 구할 수 있다.

$$R_x = \frac{(\dot{m}_f)_{nz}}{v_w}(1 - \cos\theta)(v_w - v_0)^2 \quad , \quad R_y = \frac{(\dot{m}_f)_{nz}}{v_w}\sin\theta\,(v_w - v_0)^2 \tag{7}$$

논의 및 검증 질량유량비는 m/s의 차원을 갖기 때문에, 식 (7)은 차원이 옳다. 또한 주어진 식 (7)의 우변은 모든 상황에서 양의 부호를 가지므로 R_x와 R_y의 방향이 예상한 대로 되었다는 것을 알 수 있다.

경사로에 대한 $\vec{F} = m\vec{a}$와 $(\dot{m}_f)_{nz}$의 결정

지배방정식

평형 원리 그림 2의 FBD에 뉴턴의 제2법칙을 적용하면 식 (8), (9)를 얻을 수 있다.

$$\sum F_x: \qquad R_x - F = ma_x \tag{8}$$

$$\sum F_y: \quad -R_y - mg + N = ma_y \tag{9}$$

힘의 법칙 경사로는 미끄러지기 때문에 식 (10)을 얻을 수 있다.

$$F = \mu_k N \tag{10}$$

운동학 방정식 경사에서 일정한 속도로 움직이기 때문에 식 (11)을 얻을 수 있다.

$$a_x = 0 \quad , \quad a_y = 0 \tag{11}$$

계산 식 (8), (9)에 식 (11)을 대입하고, F와 N을 계산하여 식 (10)의 결과에 대입하면 식 (12)로 표현된다.

$$R_x = \mu_k(R_y + mg) \tag{12}$$

식 (12)에 식 (7)을 대입하고, $(\dot{m}_f)_{nz}$를 구하면 식 (13)이 된다.

$$\boxed{(\dot{m}_f)_{nz} = \frac{\mu_k m g v_w}{(v_w - v_0)^2(1 - \cos\theta - \mu_k\sin\theta)} = 98.55\ \text{kg/s}} \tag{13}$$

논의 및 검증 식 (13)에서 μ_k과 $1 - \cos\theta - \mu_k \sin\theta$ 항은 무차원이고, $gv_w/(v_w - v_0)^2$ 항은 1/시간의 차원이므로 결과의 차원은 옳다. 또한 결과는 경사면의 무게 뿐만 아니라 마찰 계수에 비례한다. v_w, v_0가 고정되어 있는 경우 더 많은 단위시간당 물의 질량은 더 거친 지표면 위에서 더 무거운 경사로를 이동시키기 위해 필요하기 때문이다. 따라서 이 결과는 합리적이다.

예제 5.18 유체운동과 구조부하의 기하학

그림 1 정유 플랜트에서 복잡한 파이프라인 형상의 예.

파이프라인 구조는 아주 복잡할 수 있다(그림 1). 굴절부 또는 교차부를 통과하는 액체는 파이프 라인 상에 상당한 구조적 부하를 줄 수 있다. 그림 2를 참고하여 두 개의 직선 파이프를 길이 $\ell = 2.25$ m, 높이 $h = 1.6$ m의 플랜지 전환장치/감소장치(diverter/reducer)로 연결된 직선 파이프를 고려하자. 유속은 일정하며 액체의 비중량은 $\gamma = 66.75\ \text{N/m}^3$이다(이는 일반 가솔린이다). A와 B에서 단면부는 각각의 반경 $R_A = 0.33$ m 및 $R_B = 0.23$ m을 가진 원형이다. A와 B 사이의 액체량 중심부는 $d = \ell/2$ 및 $q = 0.84$ m로 그림에서 보는 바와 같이 위치한다. 또한 $p_A = 9652$ kPa 및 $p_B = 9583$ kPa는 A 및 B 각각의 정압(static pressure) 측정치이다. 만약 A 점에서의 유속이 $v_A = 1.8$ m/s인 경우, 유체가 전환장치/감소장치에 가하는 압력을 결정하라. 마지막으로 전환장치/감소장치 무게를 무시하고 A 및 B에서의 내부압력을 보여주는 FBD를 스케치하라.

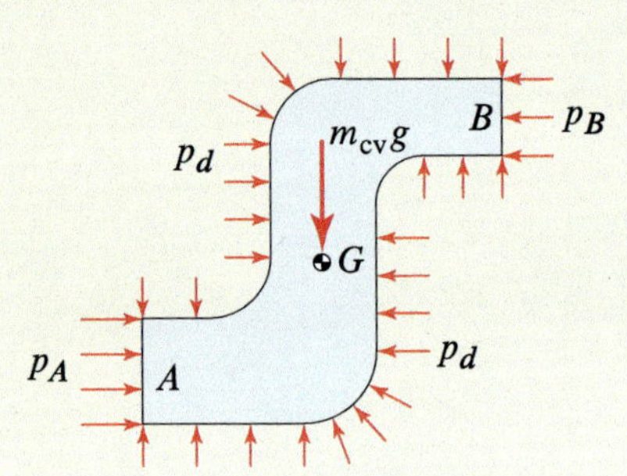

그림 3 선택된 CV를 따라 이동하는 유체의 FBD. 여기에서 CV는 전환정치의 내부 부피로 설정되었다.

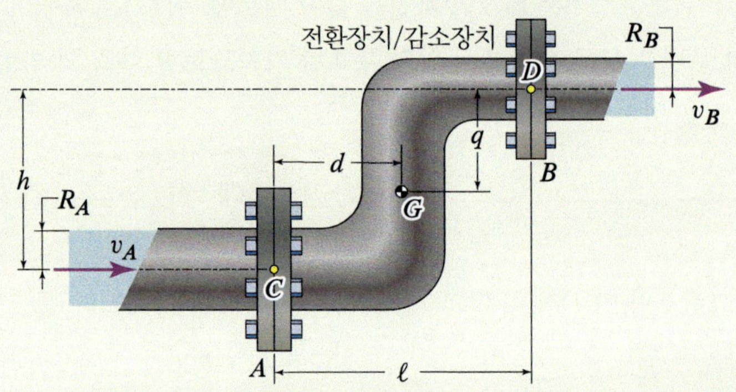

그림 2 두 직선 파이프 부분을 수직평면에서 연결하는 전환/감소장치. 점 C와 D는 각각 단면 A와 B의 의 중심을 나타낸다.

풀이 SOLUTION

로드맵과 모델링 CV는 횡단면 A와 B 사이에 유체가 차지하는 부분이다. 그림 3을 참조하면, 이 문제의 유체는 CV는 유체 바깥쪽으로부터 p_A와 p_B의 압력분포를 갖게 된다. 우리는 A와 B를 통해, p_A와 p_B가 각각 균일하다고 가정한다. CV에서 유체는 분배기의 내부벽과 접촉하기 때문에 p_d의 압력분포를 갖게 된다. 마지막으로, CV에서 유체는 중력이 적용되고, 유체의 무게 G의 중심을 적용하여 $m_{cv}g$로 표시한다. p_d에 대한 상세한 정보를 가지고 있지 않지만, 등가력계의 개념을 통해 p_d의 전반적인 효과를 설명할 수 있다.[12)] 이 개념을 사용하여 CV에서의 유체의 움직임에 대한 힘 시스템을 그림 4에서 표현했다. 그림과 같이 힘 F_A와 F_B는 p_A와 p_B의 압력 분포와 대등하다. 압력분포 p_d와 동일한 힘 시스템은 R_x, R_y, 모멘트 $(M_C)_{p_d}$로 구성되어 있고, C는 주어진 위치의 모멘트 중심이다. 이 힘 시스템에서는 계산을 필요로 하고, 정상유동에서의 힘과 모멘트의 균형을 적용해야한다. R_x, R_y, $(M_C)_{p_d}$는 분배기의 FBD 그림에서 CV 내 유체에서 분배기의 움직임을 설명하고, 이는 뉴턴의 제3법칙을 통한 힘과 모멘트를 포함한다.

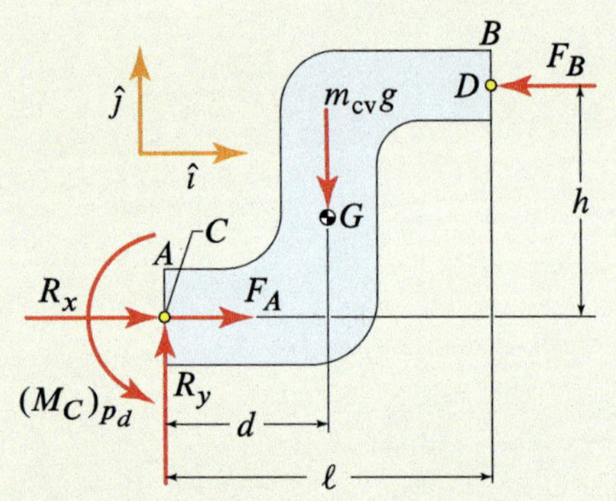

그림 4 동등력계의 개념을 이용하여 얻어진 CV 내의 유체의 FBD.

12) 등가력계의 개념에 대해서는 정역학 교과서를 참조하라.

지배방정식

평형 원리 그림 4의 FBD를 참고하여, 모멘트 중심으로 C를 선택하고, $m_{vc}g = \gamma V$이라 하자. 힘과 충동 운동량의 원리를 이용해 식 (5.140), (5.150)의 좌표요소를 표현하면 식 (1), (2), (3)을 구할 수 있다.

$$\sum F_x: \quad R_x + F_A - F_B = \dot{m}_f(v_{Bx} - v_{Ax}) \tag{1}$$

$$\sum F_y: \quad R_y - \gamma V = \dot{m}_f(v_{By} - v_{Ay}) \tag{2}$$

$$\sum M_C: \quad (M_C)_{p_d} - \gamma V d + F_B h = \dot{m}_f(v_{By}\ell - v_{Bx}h) \tag{3}$$

힘의 법칙 A와 B의 횡단면은 각각 원의 반지름 R_A와 R_B이고, A와 B에서 압력분포는 균일하다고 가정하면 식 (4)를 얻을 수 있다.

$$F_A = \pi R_A^2 p_A\,, \quad F_B = \pi R_B^2 p_B \tag{4}$$

운동학 방정식 그림 2에 표시된 유동을 바탕으로 식 (5)를 구할 수 있다.

$$v_{Ax} = v_A, \quad v_{Ay} = 0 \qquad v_{Bx} = v_B, \quad v_{By} = 0 \tag{5}$$

또한 식 (5.144)와 (5.145)를 적용하여 식 (6)을 구할 수 있다.

$$\dot{m}_f = (\gamma/g)\pi R_A^2 v_A = (\gamma/g)\pi R_B^2 v_B \quad \Rightarrow \quad v_B = v_A R_A^2/R_B^2 \tag{6}$$

계산 식 (1)-(3)에 식 (4)-(6)을 대입하고, 힘 시스템에서 p_d 압력분포와 동일하다는 것이 주어지면 식 (7)-(9)를 얻을 수 있다.

$$R_x = \pi\left(p_B R_B^2 - p_A R_A^2\right) + \frac{\gamma \pi v_A^2 R_A^2 (R_A^2 - R_B^2)}{g R_B^2} = -1708.7\,\text{kN}, \tag{7}$$

$$R_y = \gamma V = 6675\,\text{N}, \tag{8}$$

$$(M_C)_{p_d} = \gamma V d - \pi p_B R_B^2 h - \frac{\gamma \pi v_A^2 R_A^4 h}{g R_B^2} = -2543.1\,\text{kNm}. \tag{9}$$

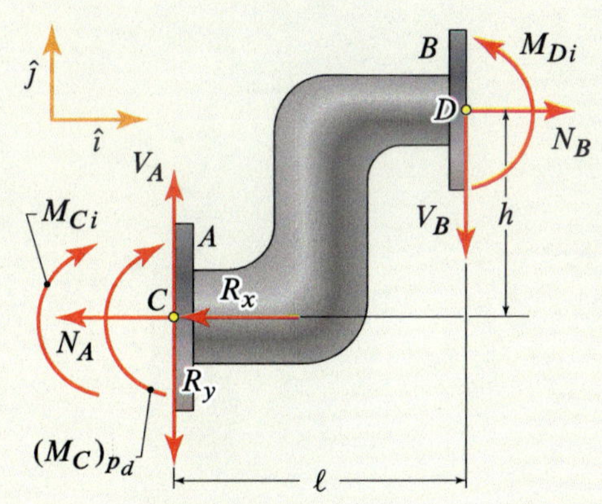

그림 5 전환장치/감소장치의 FBD.

R_x, R_y, $(M_C)_{p_d}$는 뉴턴의 제3법칙을 적용하여 그림 5에 주어진 분배기의 FBD를 볼 수 있고, A 단면을 통해 내부 힘 시스템은 N_A(장력), V_A(전단힘), M_{Ci}(휨 모멘트)로 구성되어 있음을 알 수 있다. 마찬가지로 B에서 내부 힘 시스템은 N_B, V_B, M_{Di}에 의해 주어진다.

논의 및 검증 압력, 질량 밀도의 차원은 각각 단위면적당 힘, 질량/ 길이의 세 제곱이다. 따라서 결과의 차원은 정확하다. 식 (7)의 결과에서 R_x는 x 방향으로의 굽힘에 의해 유체의 움직임이 방해가 되기 때문에 음의 값을 가지며 이것은 합리적이다. 식 (8)의 결과에서 분배기는 CV에서 유체의 무게를 지탱한다는 것을 확인할 수 있다. 식 (9)의 결과는 어떠한 유동도 없을 경우 분배기는 무게 균형 모멘트를 제공한다. 그러나 $v_A \neq 0$이고 무게가 없다면, 시스템은 반시계방향으로 회전을 하게 되고, 분배기는 회전을 방지하기 위해 시계방향으로 모멘트가 발생한다. 이것은 양의, 음의 모멘트를 모두 고려해야 하며, 이는 식 (9)의 결과에서 알 수 있고, 이는 모멘트는 유체 움직임에 큰 영향을 미치는 것을 말해준다.

심층분석 그림 5를 참조하여 분배기 B의 끝이 자유롭다면, 그때 B에서 내부 움직임은 제로이고, 요소평형 계산은 $N_A = -R_x$, $V_A = R_y$, $(M_{C_A})i = -(M_{C_A})p_d$임을 알려준다. 한쪽 끝이 자유롭다면, CVs의 힘 균형으로부터 분배기 다른 끝의 내부 움직임과 힘을 계산할 수 있다.

예제 5.19 제트팩으로 떠있기

그림 1 제트팩과 파일럿.

제트팩(jet pack)은 사람의 등에 부착한 로켓추진장치로 공중비행을 가능케 한다(그림 1). 제트팩이 34 kg의 연료를 보유한다고 가정하라. 제트팩에 연료가 없을 경우 비행사와 제트팩의 총량은 8.2kg로 가정하라. 일단 비행이 시작되면 제트팩에서 사출되는 물질의 유출속도는 일정하다고 가정된다. 비행사가 지상 몇 피트 높이로 비행하는데 소요되는 시간량을 무시하고 제트분사가 중력방향으로 지향된다고 가정하면서, 비행사가 45초 동안 비행후 연료를 완전히 소진하기 위한 v_o를 결정하라.

풀이 SOLUTION

로드맵과 모델링 조종사와 팩은 간단한 가변 질량 시스템이다. 이 시스템은 식 (5.161)에서 주어진 힘 균형을 적용한다. 질량이 유출되는 비율은 시스템의 질량이 감소하는 시간의 비율과 같다. 이렇게 함으로써 연료를 모두 소진하는데 걸리는 시간과 속도 v_o를 연관시킬 수 있다. 이 때 식 (5.161)을 사용하고, 팩에서 물질의 방출로 인해 발생하는 추력은 외력으로 간주되지 않는다. 따라서 조종사는 공중에 정지하고 있고, 시스템의 FBD는 그림 2에 보여주고, 시스템의 무게를 포함시켰다. 문제 해결 후, FBD에 표시되는 것과 달리 추진 문제의 해결책에 대한 다른 접근 방법에 대해 설명하고 동시에, 힘 균형 법칙을 $\vec{F} = m\vec{a}$에 따라 만든다.

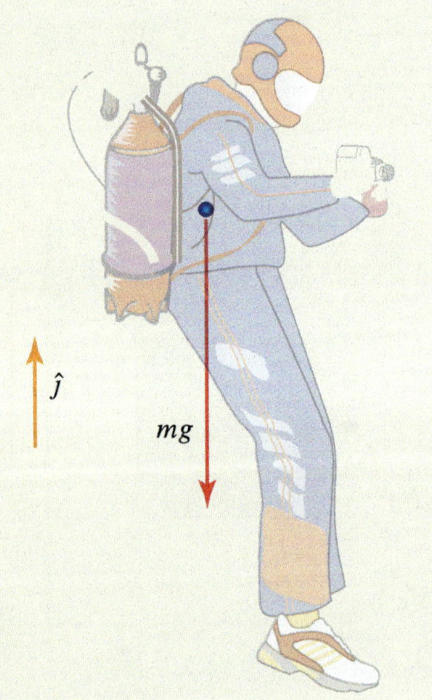

그림 2 파일럿과 제트백으로 이루어진 계의 FBD.

지배방정식

평형 원리 수평으로 어떠한 힘도 없고, y 방향으로 힘 균형 법칙의 유일한 중요 구성요소가 있다. 따라서 식 (1)을 구할 수 있고,

$$-mg = ma_y + \dot{m}_o \vec{v}_o \cdot \hat{\jmath} \tag{1}$$

여기서 m은 조종사와 팩이 시간이 변함에 따라 결합되는 질량이고, $\dot{m}_o$는 팩으로부터 방출되는 질량의 시간 비율, $\vec{v}_o \cdot \hat{\jmath}$는 메인 시스템에서 방출되는 속도의 y 구성요소이다.

힘의 법칙 모든 힘은 FBD에 제시되었다.

운동학 방정식 조종사는 공중에 정지하고 있고, 이 시스템은 관성 좌표계를 참조하므로 정지되어 있다. 이에 따라 식 (1)을 구할 수 있다.

$$a_y = 0\,, \quad \vec{v}_o = -v_o\,\hat{\jmath} \tag{2}$$

시스템에서 질량은 동일한 비율로 감소하고 이 질량은 팩으로부터 유출된다. 따라서 식 (2)를 구할 수 있다.

$$\dot{m} = -\dot{m}_o \tag{3}$$

계산 식 (1)에 식 (2)와 (3)을 대입하면 다음 식을 얻는다.

$$-mg = v_o \dot{m} \tag{4}$$

$\dot{m} = dm/dt$이므로 식 (4)는 다음과 같이 쓸 수 있다.

$$-\frac{g}{v_o}\,dt = \frac{dm}{m} \tag{5}$$

$t = 0$에서 $t_f = 45$s까지 이 방정식을 적분하면 식 (6)을 구할 수 있다.

$$-\int_0^{t_f} \frac{g}{v_o}\,dt = \int_{m(0)}^{m(t_f)} \frac{dm}{m} \quad \Rightarrow \quad -\frac{g}{v_o} t_f = \ln \frac{m(t_f)}{m(0)} \tag{6}$$

조종사와 팩과 연료 34 kg의 질량의 합은 $m(0) = 82 + 34$ kg이고, $m(t_f)$는 연로가 82 kg으로 비워지기 때문에 팩은 비게 된다. 여기서 식 (6)을 v_0에 대해 풀면 식 (7)이 된다.

$$v_o = -\frac{g t_f}{\ln[m(t_f)/m(0)]} = \frac{g t_f}{\ln[m(0)/m(t_f)]} = 1272.7\,\text{m/s}. \tag{7}$$

논의 및 검증 식 (7)에서 자연 로그 인수는 무차원이며, 가속도와 시간의 곱은 길이/시간의 차원을 가지고 있기 때문에 식 (7)의 결과는 올바른 차원이다. v_0에 대해 얻은 수치에 관한 한 이 결과는 배기 속도 1700 m/s의 일반적으로 간단한 일원추진제 로켓 엔진에서 기대할 수 있는 것으로부터 멀지 않다(일반적으로 3000 m/s까지 사용할 수 있다).

심층분석 이 문제는 $\vec{F} = m\vec{a}$의 힘 균형 법칙을 써서 쓴 예제이고 이는 뉴턴의 제2법칙과 비슷하다는 것을 의미한다.[13] 만약 가변 질량 시스템을 위한 힘 균형에 $\vec{F} = m\vec{a}$를 사용한다면 $\vec{F}$는 충격력 운동량 원리의 엄격한 해석에 따라 외부의 힘을 포함하고, 질량의 유입과 방출로부터의 힘과 같은 항을 포함한다. 따라서 FBD는 그림 3과 같고, $-m_o\vec{v}_o$는 로켓 엔진으로부터 제공되는 추력이다.

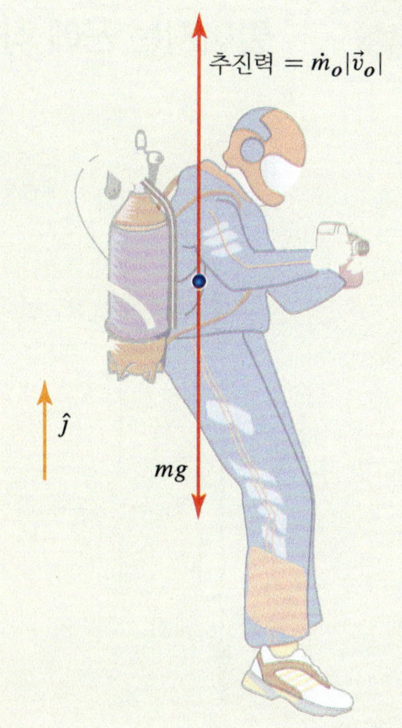

그림 3 이 계의 다른 FBD. 이 시스템에 대해 반드시 사용되어야 할 힘평형 법칙은 $\vec{F} = m\vec{a}$이다. 여기에서 $\vec{F} = -mg\,\hat{\jmath} - \dot{m}_o\vec{v}_o$이다.

13) $\vec{F} = m\vec{a}$를 가변질량계에 대해 쓰는 것은 뉴턴의 제2법칙을 적용하는 것이라고 할 수 없다. 이것은 뉴턴의 제2법칙이 가변질량계에 대해서는 적용될 수 없기 때문이다. 만약 $\vec{F} = m\vec{a}$가 가변질량계에 대해 적용된다면 오직 하나의 줄 수 있는 옳은 해석은 적용되고 있는 것이 다음 식 $\vec{F} = \vec{F}_{\text{ext}} - \dot{m}_o\vec{v}_o + \dot{m}_i\vec{v}_i$와 더불어 실제로는 식 (5.161)이라는 것이다. 여기에서 $\vec{F}_{\text{ext}}$는 엄격한 충격량 운동량 법칙에 따라 계에 가해지는 전체 외력이다.

예제 5.20 떨어지는 끈에 작용하는 힘

예제 4.11에서 늘어나지 않는 길이 L의 줄에서 떨어지는 끝 점의 속도를 구할 수 있었다. 식 (1)에 식 (2), (3)을 대입하면, 식 (4)를 구할 수 있고, 식 (4)를 이용하여

$$\dot{y} = \sqrt{gy\frac{2L-y}{L-y}} \tag{1}$$

여기에서 g는 중력가속도이고, y는 줄의 끝의 위치이다. ρ는 단위 길이당 줄의 질량 밀도이고, 식 (1)을 사용하여 천장에서의 반력 R을 y에 대한 함수로 구하라. 먼저 전체 끈을 닫힌계로 모델링하고, 다음으로 굽힌 부분이 오른쪽과 왼쪽의 양 부분을 가변 질량계로 모델링 하라.

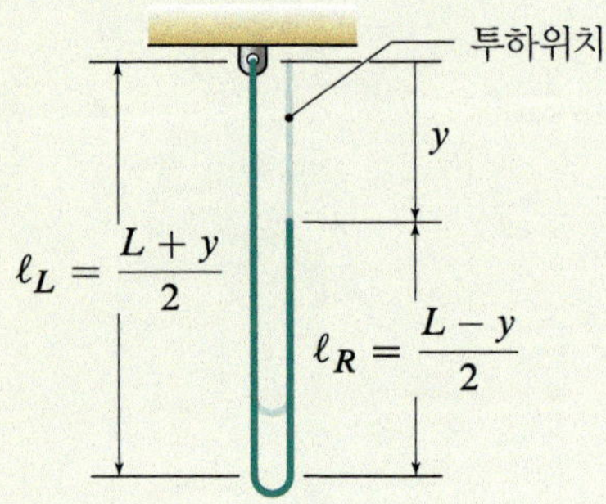

그림 1 수직으로 낙하하는 줄.

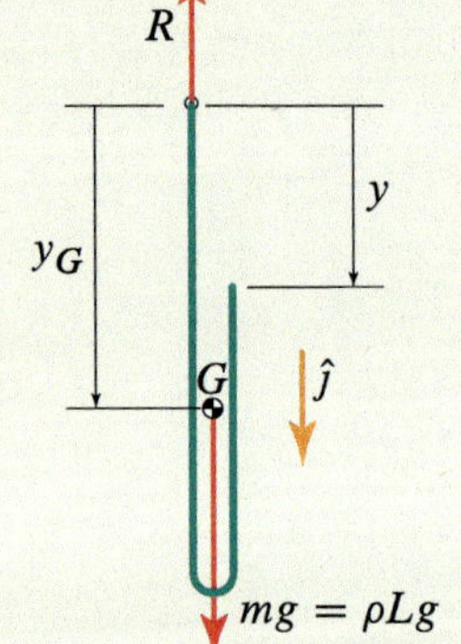

그림 2 전체 줄에 대한 FBD. 줄의 무게는 줄의 질량중심에 위치한다. 이 점은 G로 표시되었다.

풀이 SOLUTION

닫힌 시스템에서 전체 줄의 모델링

로드맵과 모델링 닫힌 시스템으로 전체 줄을 모델링할때 줄의 FDB를 그림 2에서 보여준다. 여기서 R 이외의 유일한 힘은 줄의 무게이다. 시스템이 닫혀있기 때문에, 식 (5.14)에서 주어진 대로 충격력–운동량 원리를 적용할 수 있다.

지배방정식

평형 원리 그림 2의 FBD와 식 (5.14)를 사용하여 식 (2)를 구할 수 있다.

$$\sum F_y: \quad \rho Lg - R = \rho L a_G \tag{2}$$

여기서 a_G는 줄의 질량 중심의 가속도이고, ρL은 줄의 질량이다.

힘의 법칙 모든 힘은 FBD를 따른다.

운동학 방정식 $a_G = \ddot{y}_G$이고, p. 548의 식 (7.17)을 통해 y_G를 찾는다. ρL은 줄의 질량이고, 그림 1을 참조한다. 우리는 식 (3)을 얻을 수 있다.

$$\rho L y_G = \rho\ell_L(\ell_L/2) + \rho\ell_R(y+\ell_R/2) \quad \Rightarrow \quad y_G = \frac{1}{4L}\left(L^2+2Ly-y^2\right) \tag{3}$$

여기서 $\rho\ell_L$과 $\rho\ell_R$은 각각 줄의 왼쪽과 오른쪽의 질량 위치이다. 식 (3)을 시간에 대해 2번 미분하여 최종 결과 식 (4)를 얻을 수 있다.

$$a_G = \frac{1}{2L}\left[\ddot{y}(L-y) - \dot{y}^2\right] \tag{4}$$

식 (1)을 연쇄법칙을 사용하면 식 (5)를 얻을 수 있다.

$$\ddot{y} = \frac{d\dot{y}}{dy}\dot{y} = \frac{\sqrt{g}\left(2L^2-2Ly+y^2\right)}{2(L-y)^{3/2}\sqrt{y(2L-y)}}\dot{y} \quad \Rightarrow \quad \ddot{y} = \frac{g}{2}\left[1+\frac{L^2}{(L-y)^2}\right] \tag{5}$$

식 (4)로부터 식 (5)의 결과를 식 (1)에 대입하면 다음과 같은 단순화된 식 (6)을 얻을 수 있다.

$$a_G = \frac{g}{4}\left(3-3\frac{y}{L}-\frac{L}{L-y}\right) \tag{6}$$

계산 R을 해결하기 위해 식 (2)를 식 (6)에 대입하여 식 (7)을 구한다.

$$\boxed{R = \frac{\rho Lg}{4}\left(1+3\frac{y}{L}+\frac{L}{L-y}\right)} \tag{7}$$

가변 질량 시스템 모델링

로드맵과 모델링 줄의 왼쪽과 오른쪽 부분이 서로 질량을 교환하는 가변 질량 시스템으로 모델링할 수 있다. 특히 오른쪽 부분으로부터 왼쪽 지점의 질량을 얻을 수 있다. 이 경우, 굽어진 곳에서 잘라 시스템을 분리하면, FBD는 그림 3과 같이 얻을 수 있다(이 FBD에 대한 더 이상의 언급은 여백의 유용한 정보를 참조). 그런 다음 식 (5.161)에서와 같이 양쪽 부분에 대한 가변 질량계의 힘 평형을 적용할 수 있다

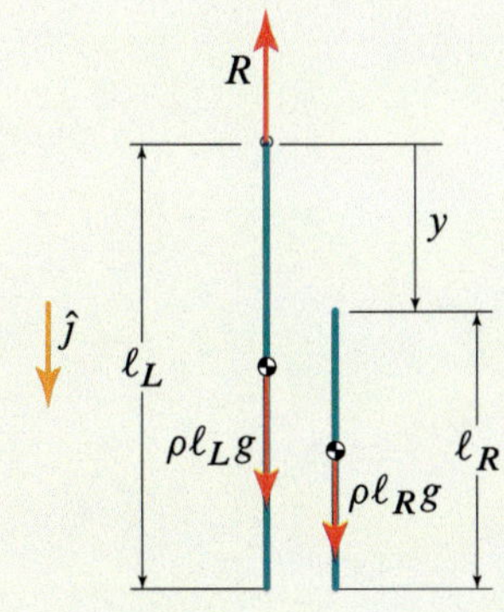

그림 3 가변질량계로 모델링 된 낙하하는 줄의 왼쪽과 오른쪽 부분의 FBD(이 FBD에 대한 부가적인 언급은 여백부분의 유용한 정보를 참조하라).

지배방정식

평형 원리 가변 질량 시스템의 힘의 균형과 함께 그림 3의 FBD를 사용하여 줄의 왼쪽과 오른쪽 지점을 식 (8), (9)와 같이 각각 구할 수 있다.

$$\sum F_{yL}: \quad \rho\ell_L g - R = \rho\ell_L a_{yL} - \dot{m}_i \vec{v}_i \cdot \hat{\jmath} \tag{8}$$

$$\sum F_{yR}: \quad \rho\ell_R g = \rho\ell_R a_{yR} + \dot{m}_o \vec{v}_o \cdot \hat{\jmath} \tag{9}$$

여기서 $\dot{m}_i$는 왼쪽의 질량을 얻기 위한 시간의 비이고, $\vec{v}_i$는 왼쪽 지점의 자체 속도에 상대적으로 왼쪽 지점에 합쳐지는 질량의 속도이다. $\dot{m}_o$는 오른쪽 지점의 질량 손실의 시간 비율이고, $\vec{v}_o$는 오른쪽 지점에서 떠나는 질량의 속도이다.

힘의 법칙 모든 힘은 FBD를 따른다.

운동학 방정식 늘어나지 않기 때문에 왼쪽 지점의 모든 질량 요소는 같은 속도로 움직인다. 이는 오른쪽 지점의 질량 요소도 마찬가지이다. 왼쪽 지점의 한 점이 천장에 고정되어 있는지를 관찰하고 오른쪽 지점의 맨 끝 부분의 가속도는 $\ddot{y}$임을 관찰하면, 여기서 식 (10)을 구할 수 있다.

$$a_{yL} = 0 \ , \quad a_{yR} = \ddot{y} \tag{10}$$

그림 1을 참조하면, 양 부분의 길이에 대하여 시간 미분을 각각 $\dot{\ell}_L = \dot{y}/2$이고 $\dot{\ell}_R = -\dot{y}/2$이다. 그러므로 $m_L = \rho\ell_L$, $m_R = \rho\ell_R$이므로 다음 식을 얻는다.

$$\dot{m}_i = \dot{m}_L = \rho\dot{\ell}_L = \rho\dot{y}/2 \ , \quad \dot{m}_o = -\dot{m}_R = -\rho\dot{\ell}_R = \rho\dot{y}/2 \tag{11}$$

왼쪽 지점에서 합쳐지고, 오른쪽 지점에서 떠나는 질량 요소의 속도는 이 지점의 짧아지고 길어지는 것의 시간 비율과 일치한다.

$$\vec{v}_i = \dot{\ell}_L \hat{\jmath} = \tfrac{1}{2}\dot{y}\,\hat{\jmath} \ , \quad \vec{v}_o = \dot{\ell}_R \hat{\jmath} = -\tfrac{1}{2}\dot{y}\,\hat{\jmath} \tag{12}$$

계산 R과 식 (10)-(12)을 식 (8)에 대입하면 식 (13)을 구할 수 있다.

$$R = \rho\ell_L g + \tfrac{1}{4}\rho\dot{y}^2 \tag{13}$$

식 (1)에 주어진 $\dot{y}$와 $\ell_L = (L+y)/2$을 단순화하여 식 (14)를 구할 수 있다.

$$R = \frac{\rho L g}{4}\left(1 + 3\frac{y}{L} + \frac{L}{L-y}\right) \tag{14}$$

논의 및 검증 두 개의 다른 방법을 통해 동일한 결과를 얻고, 우리의 최종 결과가 정확한지를 확인하였다.

유용한 정보

그림 3의 FBD에서 어떤 것이 없는가? 어떤 구조를 자르고 그 잘린 구조의 FBD를 그릴 때, 우리는 FBD에 내부적으로 절단면의 위치에서 구조에 가해지는 힘을 배치한다. 그러나 여기서는 우리는 가변질량계의 두 부분을 모델링 하고 있으며, 이 경우 절단면에서의 힘을 포함하지 않는다. 왜냐하면 식 (5.161)을 유도하는 방법 때문이다. 특별히 식 (5.161)에서 보이는 외력은 질량의 교환에 의한 어떤 효과도 포함하지 않는다.

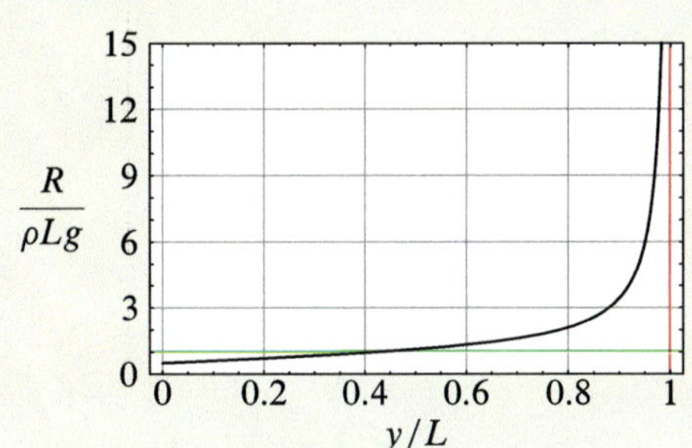

그림 4 줄의 상부에서 무차원화된 낙하거리 (y/L)의 함수로써의(줄의 무게 ρLg를 기준으로 무차원화된) 반력 R. 수직의 적색선은 낙하의 끝을 나타내고 수평의 녹색선은 줄의 질량을 나타낸다.

심층분석 우리는 그림 4에서 y의 함수와 R의 지점을 제시한다. 줄이 직각이 되면, 즉 $y \to L$이면 R이 무한대로 가는 것을 확인할 수 있다. 줄이 수직인 경우, 줄의 끝이 무한 속도로 이동하기 때문이고, R은 줄이 수직일 때, 완전한 정지상태가 된다.

마지막으로 식 (9)를 사용하지 않았다. 이에 대한 이유는 식 (9)에 식 (10)-(12)를 대입하여 식 (1)과 같은 일치 방정식을 얻었기 때문이다(문제 5.149 참조). 만약 식 (1)이 주어지지 않았다면, 우리는 식 (9)를 사용하여 끝점의 속도의 y의 함수를 구해야 한다.

문제

문제 5.113

그림의 도관에서 보여지듯이 유체가 정상상태로 흐르고 있다. 도관에 그려진 선들은 유체 입자의 속도에 접해 있다(이것을 층류라고 한다). 그림에서 정의된 단면 A와 B의 영역에서 이번 장에서 설명된 가정 내에서 일정한 상태를 가지는 것을 설명하라.

주의 개념 문제는 계산이 아닌 설명이 필요하다.

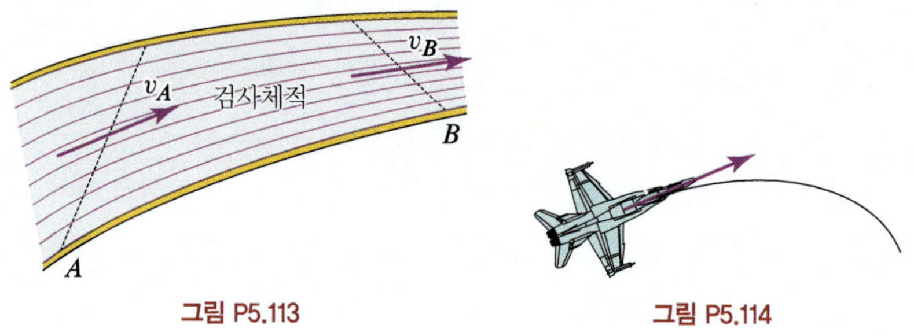

그림 P5.113

그림 P5.114

문제 5.114

유압시스템은 비행기의 제어표면을 작동시키는데 이용되고 있다. (a) 특정 선을 따라 유압 유체의 속도가 상대적으로 일정하고 (b) 비행기가 선회하고 있을 때 그 사이에 시간 간격이 존재한다고 가정하라. 이번 장에서 설명된 검사체적의 힘의 균형이 이 문제의 유체해석에 적용가능한지 설명하라.

주의 개념 문제는 계산이 아닌 설명이 필요하다.

문제 5.115

그림 (a)에서의 단면 A, B와 그림 (b)에서의 단면 A, B는 같다. (a)와 (b)에서 안정된 유체흐름이 단면 A로 v_1의 속도로 들어가고 단면 B에서 v_2의 속도로 시스템을 나간다고 가정하라. 파이프의 단면이 변하지 않고 두 가지 경우에 동일한 질량유량을 가진다고 할 때, 물의 흐름 때문에 파이프에 작용하는 수직의 힘이 (a)가 (b)보다 작은지, 같은지, 아니면 큰지를 결정하라. 추가로 (a)와 (b)에 대하여 힘의 방향도 정의하라.

주의 개념 문제는 계산이 아닌 설명이 필요하다.

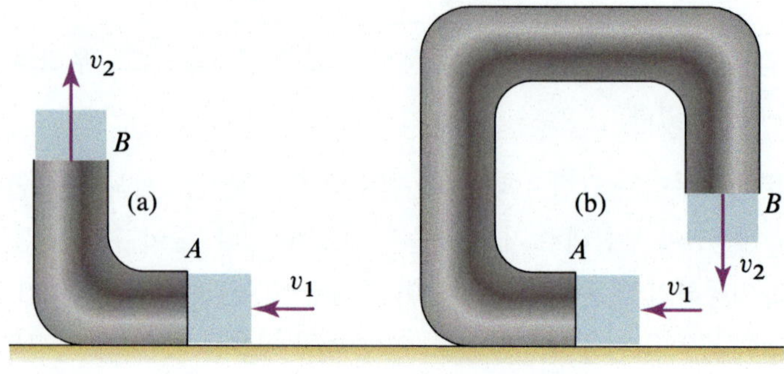

그림 P5.115

문제 5.116

경험적으로 안정된 워터제트(water jet) 노즐 밖으로 나올 때, 노즐에 붙어있는 선은 장력상태에 놓이게 되는데, 이는 노즐이 유체가 흐르는 방향으로 선에 힘을 가하기 때문이다. 만약 노즐 끝의 B에 덮개를 씌워 유체의 흐름을 막게 된다면, 노즐에 의해 선에 작용하는 힘이 줄어드는가, 동일한가, 아니면 늘어나는가?

주의 개념 문제는 계산이 아닌 설명이 필요하다.

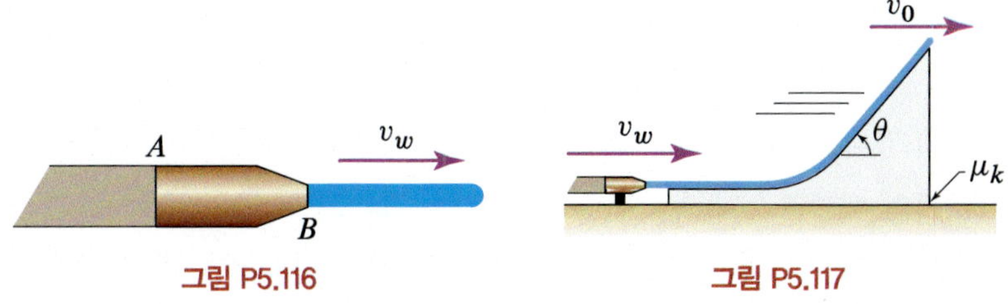

그림 P5.116 그림 P5.117

문제 5.117

예제 5.17을 다시 보고 숫자로 된 식 (13)을 사용하라. 물의 비중량은 9800 N/m^{3}이고, 이 때의 노즐에서의 체적유량과 노즐의 지름을 구하라.

문제 5.118

노즐 끝 B의 지름은 38 mm이고 A의 지름은 76 mm이며 이때 물은 6×10^{-3} m^3/s의 속도로 흐른다. 유체의 정압은 2.0 MPa이라고 한다면, 노즐을 동일한 상태로 유지하기 위해 필요한 힘을 구하라. 물의 비중량 $\gamma = 9.8$ kN/m^{3}이며, B에서의 대기압은 무시한다.

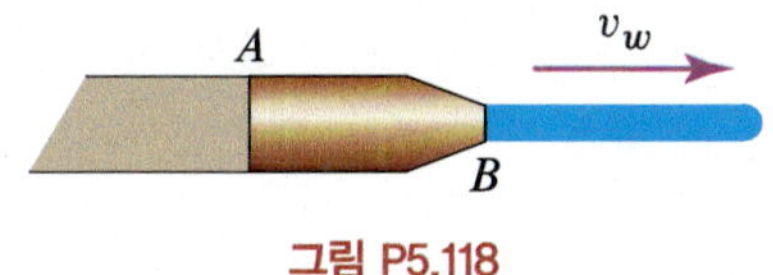

그림 P5.118

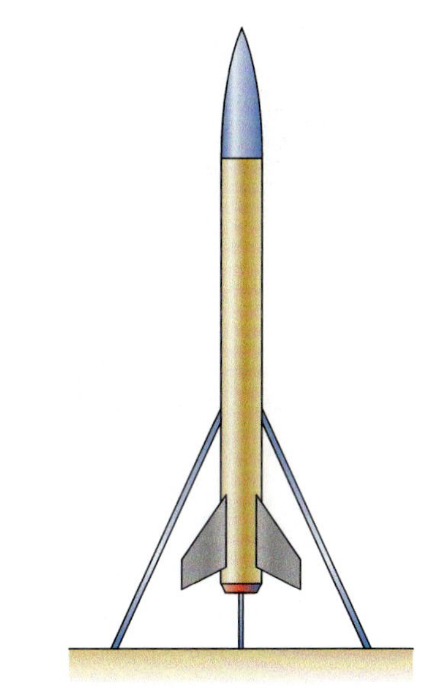

그림 P5.119

문제 5.119

그림의 로켓은 3 kg의 압축가스를 가지고 있고 연료소진시간(모든 연료를 태우는데 걸리는 시간)은 7 s이다. 질량유량이 일정하고 로켓에서 배출되는 가스의 속도도 2000 m/s로 일정하다고 가정하라. 로켓이 발사대에서 발사된다고 하면, 로켓의 초기 가속도가 6 g일 때의 로켓의 초기 중량을 결정하라.

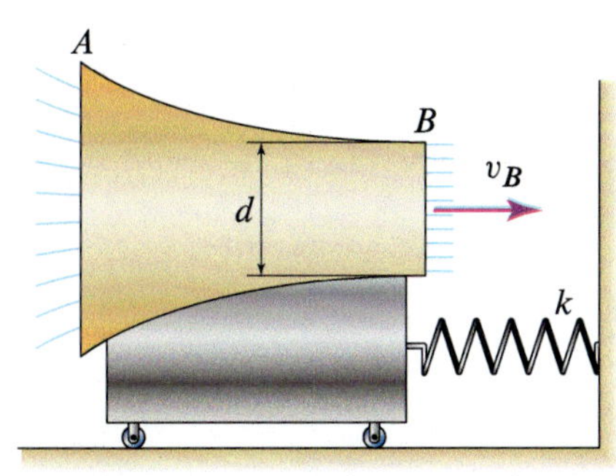

그림 P5.120

문제 5.120

튜브형상의 팬이 $k = 730$ N/m의 탄성계수를 가지는 선형스프링을 통해 고정된 벽과 연결된 수레위에 올려져 있다. 실험에서 팬은 A 면에서 공기를 0의 속도로 끌어당기고 배출공기는 스프링을 기준위치에서 0.15 m만큼 왼쪽으로 늘어나게 했다고 가정하라. 공기의 비중량이 $\gamma = 11.8$ N/m^{3}으로 일정하고, 튜브의 단면 B의 지름이 $d = 1.2$ m(단면의 형상은 원형이다)라고 할때 단면 B에서의 공기 속도를 결정하라.

그림 P5.121

문제 5.121

이 실험은 80 kg의 운전자가 앉아있는 15 kg의 카트가 총 18 kg인 두 개의 가정용 소화기의 결합에서 나오는 배출가스에 의해 추진력을 얻는 조건에서 수행되어졌다. 배출 구멍의 단면적의 지름은 3 cm이고 배출가스의 밀도는 $\rho = 1.98\ \text{kg/m}^3$이다. 차량은 정지상태에서 출발하고, 제트카트의 초기 가속도는 $1.8\ \text{m/s}^2$로 결정되었다. 배출가스의 질량유량은 $\dot{m}_o = \rho S v_o$이며, 이때 S는 노즐 단면적의 넓이이고, v_o는 배출가스의 속도이다. 초기의 v_o를 구하라. 카트의 수평방향 운동은 무시하라.

문제 5.122

로켓이 우주에 있다고 하면 로켓에 작용하는 외부의 힘이 전혀 없다고 가정할 수 있다. 로켓의 상대적인 배출가스의 속도를 v_0라고 한다. 그리고 $m_b + mf$, m_b를 각각 로켓의 총무게, 초기상태의 연료의 무게, 그리고 연료가 모두 소진되었을 때 로켓의 무게이다. 로켓이 발사대에서 발사된다면 로켓이 도달할 수 있는 최대 속도를 계산하라.

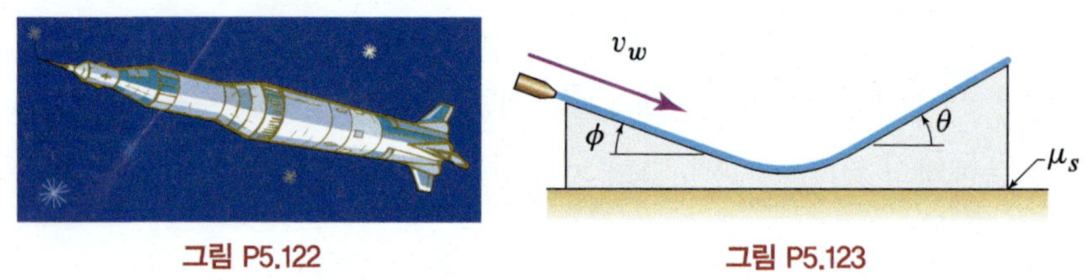

그림 P5.122 그림 P5.123

문제 5.123

고정된 4 cm 지름을 가지는 노즐에서 워터제트가 30 m/s의 속도로 나온다. 물줄기는 15 kg의 무게로 날개에 영향을 주고 있다. 물의 밀도가 $1000\ \text{kg/m}^3$일 때 표면의 정지마찰계수의 최소값을 구하라. 이 때 날개는 움직이지 않으며, $\phi = 20°$, 그리고 $\theta = 30°$이다. 날개 표면에 있는 유체 층의 무게와 날개와 물 사이의 마찰력은 무시한다.

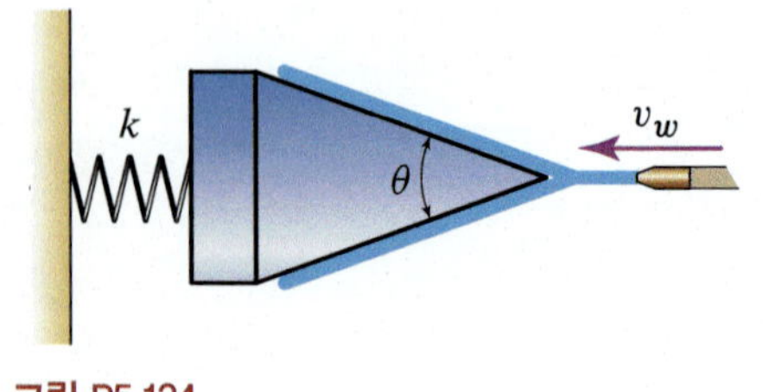

그림 P5.124

문제 5.124

가로방향으로 구속되어있는 벽에 확산기(diffuser)가 고정되어있는 것은 고정된 k 값을 가지는 선형 스프링으로 나타낼 수 있다. 50 mm의 지름을 가지는 노즐에서 물줄기가 $v_w = 16$ m/s로 확산기에 부딪힌다. 물줄기와 확산기 사이의 마찰력과 확산기의 수직방향 움직임은 무시할 수 있다고 가정한다. 물의 비체중은 $\gamma = 9.8$ kN/m 이고 확산기의 각도가 $\theta = 40°$일 때, 확산기의 움직임이 6.35 mm가 넘지 않는 k 값을 결정하라. 물줄기는 대칭적으로 나눠진다고 가정하라.

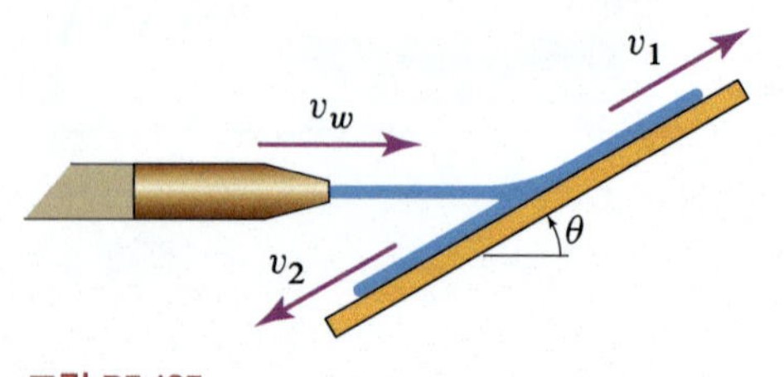

그림 P5.125

문제 5.125

물줄기는 $\dot{m}_f$의 질량유량을 가지고 v_w의 속도를 가지고 θ의 각도를 가지는 평판에 부딪히고 있다. 물줄기와 평판의 사이의 마찰력은 없으며 물줄기는 $\dot{m}_{f1}$과 $\dot{m}_{f2}$의 질량유량을 가지는 물줄기로 나눠진다고 가정하라. 물의 무게는 무시할때 $\dot{m}_{f1}$과 $\dot{m}_{f2}$이 $\dot{m}_f$, v_w, θ에 어떻게 영향을 받는지 결정하라.

힌트 마찰이 없다는 가정은 평판의 접선방향으로의 힘이 없다는 것이고 이는 그 방향으로의 운동량이 보존된다는 의미이다.

문제 5.126

제트팩(jet pack)을 입고 있는 사람이 정지상태에서 출발해서 수직방향을 따라 상승한다. M을 초기의 조종사와 장비, 연료의 무게를 포함한 제트팩의 총무게로 설정한다. 질량유량은 m_o, 배출가스의 속도는 v_o로 알고 있는 일정한 값이고 조종사는 로켓엔진이 시작되면 바로 이륙할 수 있다고 가정한다. 만약 엔진의 배출구가 정확하게 중력방향과 일치한다고 할때, 제트의 추진력을 받는 동안의 조종사의 속도를 시간, M, m_o, v_o, g(중력가속도)로 표현하라. 공기저항은 무시하고 중력가속도는 일정하다고 가정하라.

그림 P5.126

문제 5.127

12500 kg의 A-10 전폭기가 600 km/h의 일정한 속도로 날고 있으며 그 때 비행기 앞쪽에 있는 일곱 개의 총열에서 기관총이 4초 동안 발사된다. 기관총은 374 g의 총알들을 4200 발/분의 속도로 발사한다. 총구에서 각 총알의 속도는 990 m/s이다. 비행기의 두 개의 엔진은 각각 40 kN의 일정한 추진력을 내고, 기관총이 발사되는 동안 이전과 같은 공기저항을 가진다. 그리고 직선으로 고도 변화 없이 비행한다고 가정하라. 발사하는 동안의 비행기의 무게 감소가 연속적으로 일어나게 모델링하여 4초 후 발사가 끝났을 때 비행기의 속도 변화를 계산하라.

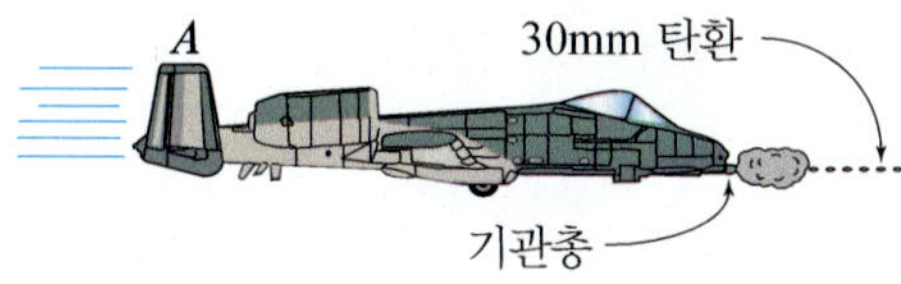

그림 P5.127

문제 5.128

수도꼭지가 15 L/min의 물이 나가도록 열려 있다. 수도꼭지의 내경은 15 mm로 균일하고 길이는 길이 $\ell = 200$ mm이고, 벽면에서 물의 정압은 0.30 MPa이다. 수도꼭지 안에 있는 물의 무게와 수도꼭지 자체의 무게는 무시하고, 벽에 작용하는 힘과 모멘트를 구하라. 물의 밀도는 $\rho = 1000$ kg/m^{3}이고 분출구의 대기압은 무시한다.

힌트 벽면을 따라 검사체적을 결정하라.

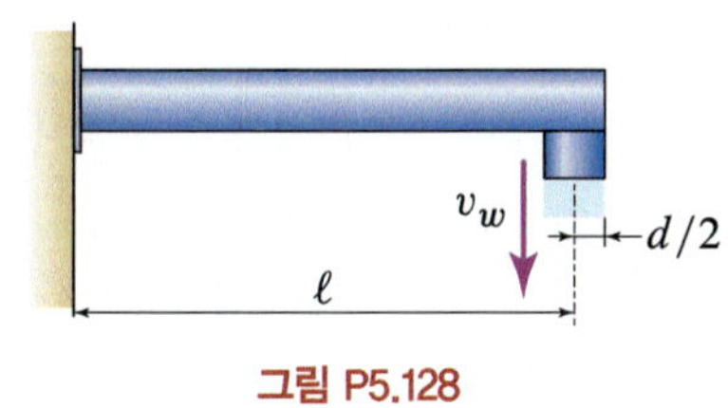

그림 P5.128

문제 5.129

지름이 $d = 110$ m인 풍력발전용 터빈과 터빈의 중심에서 그림처럼 표현된 대칭으로 움직이는 공기의 흐름이 있다. 공기의 흐름이 유선에 접하여 흐르면 이선들은 검사체적의 상부와 하부를 나타낼 수 있다. 그림과 같이 A와 B(검사체적의 바깥쪽) 면에서 압력이 측정되고 이때 각각의 유체 속도는 $v_A = 7$ m/s와 $v_B = 2.5$ m/s이다. 그리고 검사체적 안의 평균 압력은 대기압과 동일하다고 가정한다. 마지막으로 공기가 흐르는 A 면의 지름은 터빈 날개 지름의 85%이고 지면으로부터 터빈 중심의 높이는 75 m이다. 만약 공기의 밀도가 $\rho = 1.25$ kg/m^{3}으로 일정할때, 터빈이 바람으로 인해 받는 힘과 지면에서 반력으로 생기는 모멘트를 계산하라.

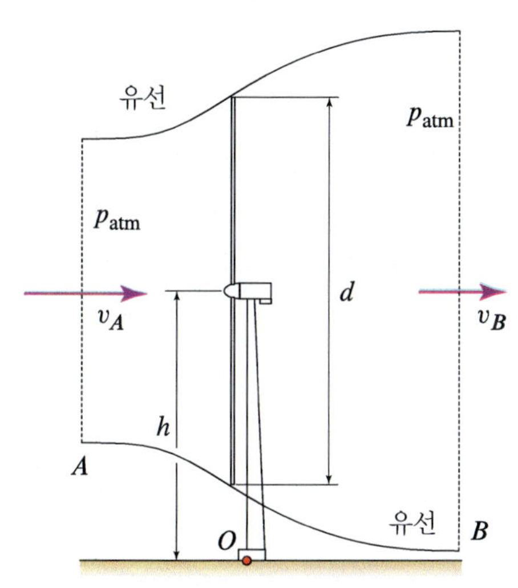

그림 P5.129

그림 P5.130-P5.132

문제 5.130

길이당 0.15 kg/m의 무게를 가지는 로프가 동일한 속도 $v_0 = 2.4$ m/s로 들어올려진다. 로프의 길이는 변하지 않는다고 할때 로프의 위쪽 끝이 2.8 m 들어올려졌을 때의 걸리는 힘을 계산하라. 로프의 끝은 처음에 지면에 있었다고 가정하라. 그리고 로프가 풀리면서 생기는 가로방향의 움직임은 무시하라.

문제 5.131

길이당 0.05 kg/m의 무게를 가지는 로프가 동일한 가속도 $a_0 = 6$ m/s²로 들어올려진다. 로프의 길이는 변하지 않는다고 할때 로프의 위쪽 끝이 3 m 들어올려졌을 때의 걸리는 힘을 계산하라. 로프의 끝은 처음에 지면에 있었다고 가정하라. 그리고 로프가 풀리면서 생기는 가로방향의 움직임은 무시하라.

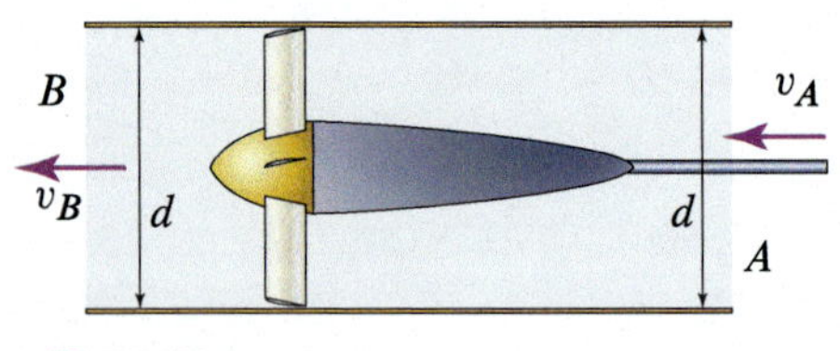

그림 P5.133

문제 5.132

길이당 0.05 kg/m의 무게를 가지는 로프가 동일한 수직방향의 힘 $F = 10$ N로 들어올려진다. 로프의 길이는 변하지 않는다고 할때 시간이 $0 \le t \le 3$s일 때의 로프의 위쪽 끝의 속도와 위치를 그래프로 그려라. 로프의 끝은 처음에 지면에서 1 mm 위에 있었다고 가정하라. 그리고 로프가 풀리면서 생기는 가로방향의 움직임은 무시하라.

문제 5.133

p_A와 p_B를 그림으로 표현된 공기관의 단면 A와 B에서 측정되는 정해진 정압이라고 한다. A와 B 사이의 모든 단면은 지름이 d인 원형이다. 공기의 흐름은 안정되어 있고 A에서의 공기의 밀도는 ρ_A로 속도는 v_A로 B에서의 속도는 v_B로 정해져 있다. B에서의 밀도를 구하고 팬에 작용하는 힘 F도 구하라.

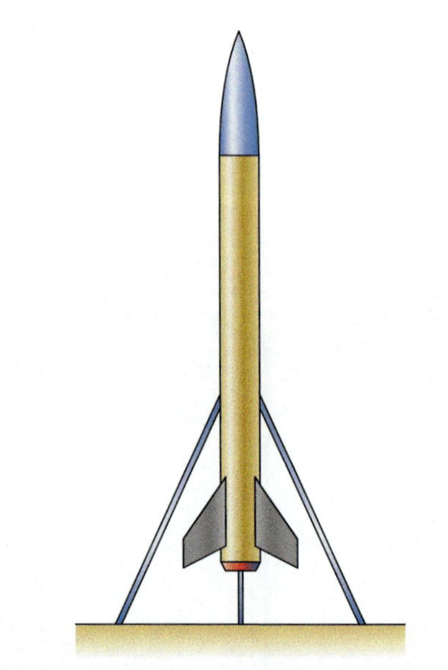
그림 P5.134, P5.135

문제 5.134

3 kg의 무게를 가지는 아마츄어 로켓은 1.25 kg의 로켓엔진이 부착되어 있으며 연료소진시간(연료가 모두 연소되어 소진되는 시간)이 5.25 s(이는 아마츄어 로켓 엔진 제작자의 표준데이터이다)이다. 초기 추진력은 300 N이다. 배출가스의 질량유량과 로켓에 상대적인 속도는 일정하다고 가정하고 배출가스의 질량유량 m_o와 상대속도 v_o를 구하라. 그리고 로켓이 도달할 수 있는 최고 속도 v_{max}를 구하라. 이 때 로켓은 발사대에서 출발하며 중력방향과 반대로 진행한다고 가정하며 공기저항은 무시하고 중력가속도 고도변화에 관계없이 일정하다고 가정한다.

문제 5.135

문제 5.134의 연속으로 로켓의 최고 도달 높이를 계산하라. 공기저항과 고도변화에 따른 중력가속도의 변화는 무시한다.

힌트 수식 $$\int \ln\left(1 - \frac{t}{t_0}\right) dt = (t_0 - t)\left[1 - \ln\left(1 - \frac{t}{t_0}\right)\right] + C \ (0 < t < t_0)$$

문제 5.136

그림 P5.125(a)처럼 수력발전소에서 볼 수 있는 펠턴(Pelton) 충격 수차는 중앙의 바퀴 주위에 많은 양동이가 달려있다. 그림 P5.125(b)에서 보듯이 물줄기가 양동이에 부딪혀 바퀴중심(라벨 O)으로 회전시킨다. v_w와 $(\dot{m}_f)_{nz}$를 각각 노즐에서 나오는 물줄기의 속도와 질량유량으로 정의한다(노즐은 일정하다). 수차가 회전하면서, 물줄기는 단지 수차 궤적의 매우 적은 부분에만 영향을 준다. 이러한 사실은 예제 5.17과 같이 주어진 물줄기와 연관된 양동이(양동이와 물줄기가 만나는 기간 동안)는 근본적으로 직선과 일정한 속도로 모델링 될 수 있다는 것을 보여준다. 각 양동이들이 물줄기로부터 멀어지지만, 양동이들이 수차에 배열되어 있다는 사실은 줄어든 질량유량식인 식 (6)에 대신에 $(\dot{m}_f)_{nz}$의 유효 질량유량을 사용하게 한다. 이것을 염두하여 두고, 그림 P5.125(c)처럼 양동이는 v_0의 속도로 고정된 노즐에서 수평방향으로 멀어지고 질량유량은 $(\dot{m}_f)_{nz}$인 것으로 간주하라. 양동이의 안쪽은 물줄기가 바로 양쪽 밖으로 배출되도록 형성된다(수차 외부로 배출). 각도 θ는 양동이의 진행방향과 배출되는 물줄기 사이의 방향을 나타내며 물줄기가 양동이를 떠나는 B 점에서의 각도를 나타낸다. 물줄기에서 수차에 전달되는 힘이 최대가 되도록 θ와 v_0를 결정하라. v_0는 v_w의 항으로 표현하라.

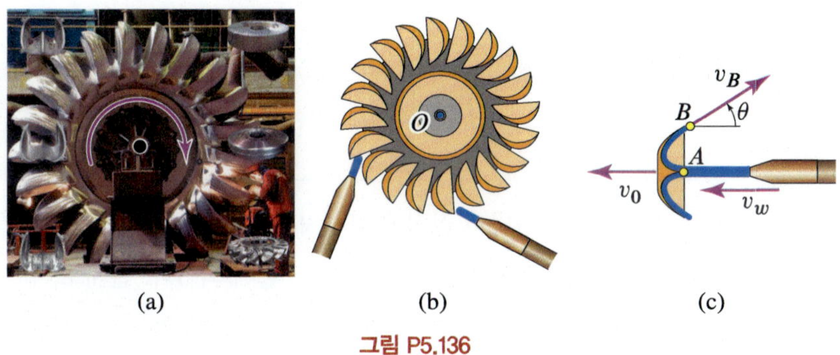

그림 P5.136

5.6 장 복습

충격량과 운동량

3장에서 힘이 가속도를 만들어내기 때문에 힘이 속도의 변화를 이끈다는 것을 배웠다. 우리는 이절에서 시간에 걸쳐 가해지는 힘이(단지 속도뿐만이 아니라) 운동량을 변화시킨다는 것을 배웠다. 뉴턴의 제2법칙을 적분함으로써, 다음과 같은 **충격량-운동량 법칙**을 얻었다.

유용한 정보

언제 충격량 운동량 법칙을 사용해야 하는가? 충격량 운동량 법칙은 속도, 힘, 시간 사이의 관계를 구할 필요가 있는 문제를 풀기 위해 자연스럽게 사용할 수 있는 접근방법이다. 이것은 이 법칙이 시간에 따른 힘을 운동량의 변화와 관계짓기 때문이다.

식 (5.6) p. 335

$$\vec{p}(t_1) + \int_{t_1}^{t_2} \vec{F}(t)\,dt = \vec{p}(t_2)$$

여기에서 **선형운동량** 혹은 **운동량**은 다음과 같이 정의된다.

식 (5.3) p. 334

$$\vec{p}(t) = m\vec{v}(t)$$

그리고 일정한 시간 간격에서 적용되는 힘은 **충격량**(혹은 **선형 충격량**)이라고 불리며, 다음과 같이 주어진다.

식 (5.5) p. 335

$$\int_{t_1}^{t_2} \vec{F}(t)\,dt$$

또한, 시간상의 모든 시점에서의 하나의 질점에 가해지는 힘에 대한 자세한 정보를 모르는 상태에서는 운동량의 변화를 결정할 수 없다는 것을 알게 되었다. 반대로, 단지 운동량의 변화를 아는 경우에는 일정한 시간간격에서 하나의 질점에 가해지는 **평균력**을 결정할 수 있다. 즉 다음과 같은 관계를 알 수 있다.

식 (5.9) p. 335

$$\vec{F}_{\text{avg}} = \frac{\vec{p}(t_2) - \vec{p}(t_1)}{t_2 - t_1}$$

질점계에 대한 충격량 운동량 법칙 질점들에 대한 닫힌계를 다루는 경우에, 충격량-운동량 법칙은 다음과 같이 나타낼 수 있다.

식 (5.12) p. 335, 식 (5.15) p. 337

$$\vec{F} = \dot{\vec{p}}, \qquad \int_{t_1}^{t_2} \vec{F}(t)\,dt = \vec{p}(t_2) - \vec{p}(t_1)$$

여기에서 $\vec{F}$는 그 질점계에 가해지는 전체 외력이며, $\vec{p} = \sum_{i=1}^{N} m_i \vec{v}_i$는 그 질점계의 전체 운동량이다. 하나의 질점계의 질량중심의 정의에 따르면 충격량-운동량 법칙은 다음과 같이 나타낼 수 있다.

식 (5.14) p. 337

$$\vec{F} = \frac{d}{dt}(m\vec{v}_G) = m\vec{a}_G$$

여기에서 m은 그 질점계의 전체 질량이며, $\vec{v}_G$는 질량 중심의 속도이고, $\vec{a}_G$는 그 질량 중심의 가속도가 된다.

선형운동량 보존 하나의 질점계에 가해지는 외력이 0이 되는 방향이 존재하는 경우 그 방향의 운동량은 일정하며 이 경우 운동량은 보존된다고 한다. 만약 하나의 질점계에 가해지는 전체 외력이 0이라고 하면, 즉 $\vec{F} = 0$이면, 모든 방향에서의 운동량은 일정하며, 그 질점계의 질량중심은 일정한 속도로 움직이게 된다.

표 5.4 충돌 모델에서 사용된 가정들

물리적 특성	충돌 가정
충돌의 지속기간	극소
질점의 변위	영
질점에 가해지는 힘	무한대
운동량의 변화	순간적

충돌

이 절에서 질점사이의 충돌에 대하여 논의하였다. 표 5.6에 요약된 가정을 기반으로 모델을 도출하였다. 모든 충돌 문제에서 두 가지 핵심 요소가 있다는 것을 확인하였다. 핵심요소는 (1) 충격량 운동량 법칙의 적용 (2) 부딪히는 물체가 어떻게 되튀는지를 알려주는 힘법칙이다.

충격력은 극소의 시간간격에서 운동량에 있어서 유한한 변화를 만들어내는 힘을 말한다. 충돌 동안에 충격량 운동량 법칙을 적용할때 오직 충격력만이 역할을 하게 되고 이 충격력만이 FBD에 포함되게 된다. 두 질점 사이의 충돌에 관련되는 문제는 일반적으로 4개의 미지수를 포함하게 되며 따라서 4개의 식이 필요하게 된다. 두 질점 사이의 **비구속 충돌**(외부 충격력이 없는 경우)에 대한 기하학적 모양이 그림 5.62에 제시되어 있다. 충돌이 마찰이 없는 경우 4개의 식은 다음에서 각각 유도된다.

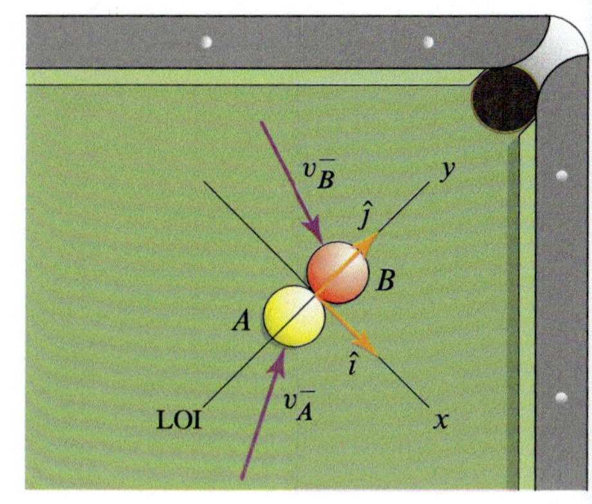

그림 5.62 두 충돌하는 질점의 기하학.

1. LOI를 따라서 (y 방향으로의) 두 개의 질점에 대한 충격량 운동량 법칙의 적용.

식 (5.38) p. 364

$$m_A v_{Ay}^- + m_B v_{By}^- = m_A v_{Ay}^+ + m_B v_{By}^+$$

2. x 방향으로의 질점 A의 충격량 운동량 법칙의 적용.

식 (5.39) p. 364

$$v_{Ax}^- = v_{Ax}^+$$

3. x 방향으로의 질점 B의 충격량 운동량 법칙의 적용.

식 (5.40) p. 364

$$v_{Bx}^- = v_{Bx}^+$$

4. LOI를 따라서 COR식의 적용.

식 (5.25) p. 360

$$e = \frac{\text{분리속도}}{\text{접근속도}} = \frac{v_{Bx}^{+} - v_{Ax}^{+}}{v_{Ax}^{-} - v_{Bx}^{-}}$$

반발계수 e는 두 질점 사이의 되튐의 본질을 결정한다. $e = 0$일 때 이 충돌은 **소성**이라 불린다(물체들은 소성 충돌에서 반드시 들러붙을 필요는 없다). $0 < e < 1$일 때 충돌은 **탄성**이라 불린다. $e = 1$일 때 **완전탄성**이라고 불린다.

완전 소성 충돌에서 부딪히는 물체들은 충돌 후에 서로 들러붙게 된다. 따라서 완전 소성출돌에서 물체들이 들러붙게 되는 현상은 다음 방정식으로 표현된다.

식 (5.42), (5.43) p. 365

$$v_{Ay}^{+} = v_{By}^{+}, \quad v_{Ax}^{+} = v_{Bx}^{+}$$

덧붙여서 운동량은 충돌 동안 모든 방향에서 보존된다. 이것은 다음과 같은 수식으로 나타난다.

식 (5.44), (5.45) p. 365

$$m_A v_{Ax}^{-} + m_B v_{Bx}^{-} = m_A v_{Ax}^{+} + m_B v_{Bx}^{+}$$
$$m_A v_{Ay}^{-} + m_B v_{By}^{-} = m_A v_{Ay}^{+} + m_B v_{By}^{+}$$

충돌과 에너지 하나의 충돌이 완전한 탄성이 아니라면 기계적 에너지는 그 충돌 동안에 손실되는 것이 분명하다. 일반적으로 에너지 손실은 충돌 전 전체 운동에너지의 백분율로 계산되며 다음과 같이 표시할 수 있다.

식 (5.46) p. 365

$$\text{에너지 손실 백분율} = \frac{T^{-} - T^{+}}{T^{-}} \times 100\%$$

여기에서 T^{-}는 충돌 전 전체 운동에너지 이며 T^{+}는 충돌 후 전체 운동에너지이다. 이 값들은 다음과 같이 나타난다.

식 (5.47), (5.48) p. 365

$$T^{-} = \tfrac{1}{2} m_A (v_A^{-})^2 + \tfrac{1}{2} m_B (v_B^{-})^2$$
$$T^{+} = \tfrac{1}{2} m_A (v_A^{+})^2 + \tfrac{1}{2} m_B (v_B^{+})^2$$

구속 충돌 구속 충돌은 물체 중 하나가 어떤 방향으로 운동하는데 물리적으로 제한이 걸려있는 것을 말한다. 이와 같은 문제를 풀기 위한 전략은 다음과 같은 요소를 가진다.

1. 충돌 동안에 하나의 혹은 양쪽 물체의 운동량이 보존되는 방향들의 확인
2. 구속의 운동학적 기술, 이것은 구속된 물체가 충돌 후 구속의 수직방향으로만 움직일 수 있다는 것을 의미한다.
3. LOI방향을 따른 COR 식의 적용

각 운동량

이 절에서 우리는 하나의 단일 질점과 질점계들을 위하여 회전 운동량의 개념을 개발하였다. 덧붙여서, 회전 충격량 운동량 법칙을 제시하였다. 그림 5.63을 참조하면, 모멘트 중심 P를 기준으로 하는 질점 Q의 회전운동량은 다음과 같이 주어진다.

식 (5.59) p. 389

$$\vec{h}_P = \vec{r}_{Q/P} \times \vec{p}_Q = \vec{r}_{Q/P} \times m\vec{v}_Q$$

여기에서 P는 고정되어 있거나 움직일 수 있다. 즉 $\vec{r}_{Q/P}$는 P에 대한 Q의 위치이다. m과 $\vec{v}_Q$는 각각 Q의 질량과 속도이다. 그리고 $\vec{p}_Q = m\vec{v}_Q$는 Q의 선형운동량이다.

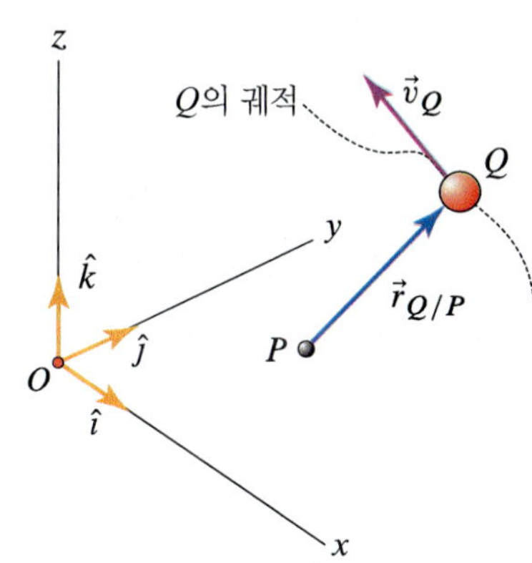

그림 5.63 그림 5.32 의 반복. P 점을 기준으로 하는 움직이는 질점 Q. 점 P가 정지점일 필요는 없다.

하나의 단일 질점에 대한 회전 충격량–운동량 법칙은 다음과 같이 나타난다 뉴턴의 제2법칙으로부터 하나의 질점에 대한 각운동량의 변화에 대한 시간 변화는 주어진 모멘트 중심에서 계산했을 때 그 질점에 가해지는 모든 힘을 같은 모멘트 중심을 이용하여 모멘트를 구한 것과 관계가 있다. 단일 질점에 대한 각충격량–운동량 법칙은 다음과 같다.

식 (5.64) p. 390

$$\vec{M}_P = \dot{\vec{h}}_P + \vec{v}_P \times m\vec{v}_Q$$

여기에서 $\vec{M}_P$는 Q 점에 가해지는 모든 힘에 의한 P 점에 대한 모멘트이다. 만약 다음의 조건이 만족한다면,

1. 기준점 P는 고정되어 있다. 즉 만약 $\vec{v}_P = \vec{0}$이면
2. $\vec{v}_P$가 $\vec{v}_Q$와 평행하다. 즉 $\vec{v}_P \times m\vec{v}_Q = \vec{0}$

이 경우 하나의 단일 질점에 대한 회전 충격량–운동량 법칙은 다음과 같이 단순화 할 수 있다.

식 (5.65) p. 390

$$\vec{M}_P = \dot{\vec{h}}_P$$

만약 조건 1, 2가 $t_1 \le t \le t_2$에서 만족한다면 단일 질점에 대한 회전 충격량–운동량 법칙은 시간에 따라 적분이 가능하며 다음과 같이 쓸 수 있다.

식 (5.66) p. 390

$$\vec{h}_{P1} + \int_{t_1}^{t_2} \vec{M}_P \, dt = \vec{h}_{P2}$$

여기에서 $\vec{h}_{P1} = \vec{h}_P(t_1)$, $\vec{h}_{P2} = \vec{h}_P(t_2)$이다.

질점계에 대한 회전 충격량–운동량 법칙 하나의 닫힌질점계에 대한 회전충격량–운동량 법칙은 다음과 같다.

식 (5.78) p. 392

$$\vec{M}_P = \dot{\vec{h}}_P + \vec{v}_P \times m\vec{v}_G$$

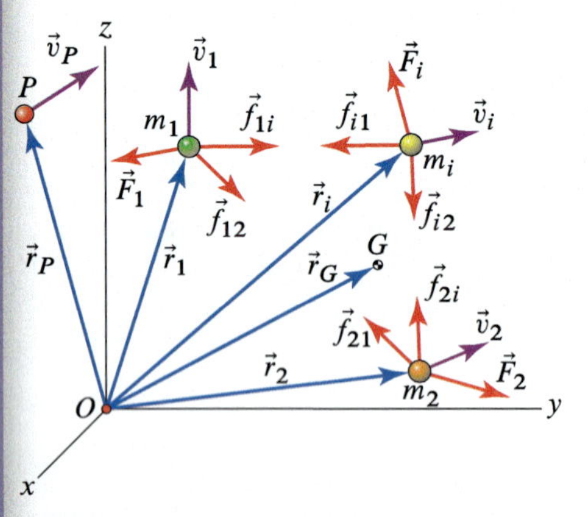

그림 5.64 *그림 5.34의 반복.* 내력과 외력의 작용을 받는 질점계. 점 P는 일반적으로 이동하는 점이다.

여기에서 그림 5.64를 기준으로, $\vec{M}_P$는 시스템에 가해지는 **외력들만**의 P 점을 기준으로 한 모멘트이다. $m = \sum_{i=1}^{N} m_i$는 계의 전체 질량이다. G는 계의 질량중심이며, $\vec{v}_G$는 G의 속도이다. $\vec{h}_P$는 전체 회전 운동량이며, 다음과 같이 정의된다.

식 (5.77) p. 392

$$\vec{h}_P = \sum_{i=1}^{N} \vec{h}_{Pi}$$

앞에서 보았듯이 회전 충격량 운동량 법칙은 어떤 조건들이 만족하면 간단한 모양으로 쓸 수 있다. 하나의 닫힌 질점계에 대하여 다음 조건들을 고려해보자.

1. P가 고정점 일 때, 즉 $\vec{v}_P = \vec{0}$
2. G가 고정점 일 때, 즉 $\vec{v}_G = \vec{0}$
3. P가 질량중심과 일치할때 $\vec{v}_P = \vec{v}_G$
4. $\vec{v}_P$와 $\vec{v}_G$ 벡터가 서로 평행하다.

이 조건들 중 어떤 것이라도 성립하면, 하나의 닫힌 질점계에 대한 회전 충격량 운동량 법칙은 다음과 같이 단순화된다.

식 (5.79) p. 393

$$\vec{M}_P = \dot{\vec{h}}_P$$

이와 더불어, 만약 위에서 말한 조건 중 어떤 것이라도 시간 간격 $t_1 \le t \le t_2$ 사이에서 성립한다고 하면, 시간에 대하여 적분하여 다음과 같은 식을 얻을 수 있다.

식 (5.80) p. 393

$$\vec{h}_{P1} + \int_{t_1}^{t_2} \vec{M}_P \, dt = \vec{h}_{P2}$$

궤도 역학

이 절에서는 질량 m_B를 가지는 물체 B로 인하여 뉴턴의 만유인력의 법칙이 적용되는 질량 m을 가지는 위성 S의 운동을 공부하였다. 이 물체 B는 주물체 혹은 끌어당기는 물체이다(그림 5.65 참조). 여기에서 중요한 3가지 가정을 세웠다.

1. 끌어당기는 물체 B와 S는 질점들로 다루어진다.
2. 위성 S에 작용하는 유일한 힘은 B와 S 사이의 인력이다.
3. 주물체 B는 공간상에서 고정되어 있다.

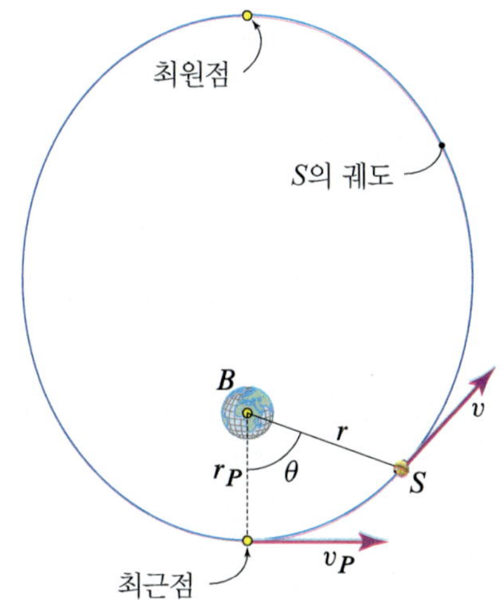

그림 5.65 *그림 5.47의 반복.* 원뿔 단면 위에서 질량 m_B인 주물체 B에 대한 궤도를 도는 질량 m인 위성 S. 이 경우 궤도는 타원이다. 각도 θ와 발사조건 r_P와 v_P가 최근점에서 정의되어 있다.

궤도의 결정 극좌표에서 지배방정식을 풀어서, 이 세 가정에 따른 위성 S의 궤도는 원뿔 단면이라는 것을 알게 되었다. 이 방정식은 다음과 같이 쓸 수 있다.

식 (5.102), (5.107) p. 412

$$\frac{1}{r} = C\cos\theta + \frac{Gm_B}{\kappa^2}$$

$$\frac{1}{r} = \frac{Gm_B}{\kappa^2}(1 + e\cos\theta)$$

여기에서 r은 S와 B의 질량중심 사이의 거리이다. θ는 궤도 각도이며 최근점에서 상대적으로 측정된다. G는 만유인력 상수이다. κ는 위성 S의 단위질량 당 회전 운동량이며 B에 대해서 측정된다. 그리고 e는 궤도의 이심률이며 다음과 같이 쓸 수 있다.

식 (5.106) p. 412

$$e = \frac{C\kappa^2}{Gm_B}$$

만약 이 경우처럼 일반적으로 궤도 조건이 최근점에서 알려져 있다면, κ는 다음과 같이 쓸 수 있다.

식 (5.108) p. 412

$$\kappa = r_P v_P$$

상수 C는 다음과 같이 결정된다.

식 (5.109) p. 413

$$C = \frac{1}{r_P}\left(1 - \frac{Gm_B}{r_P v_P^2}\right)$$

그리고 궤도를 나타내는 방정식은 다음과 같이 쓸 수 있다.

식 (5.110) p. 413

$$\frac{1}{r} = \frac{1}{r_P}\left(1 - \frac{Gm_B}{r_P v_P^2}\right)\cos\theta + \frac{Gm_B}{r_P^2 v_P^2}$$

원뿔 단면 식 (5.102), (5.107), (5.110)은 극좌표에서의 동등한 원뿔 단면을 나타내고 있다. 원뿔단면의 종류는 궤도 이심률 e에 따라 결정된다(그림 5.66 참조). 다시 이 값은 식 (5.106)의 C와 κ에 의해 결정된다. 이제 다음의 4가지 가능한 경우에 각각에 대하여 살펴보기로 한다. $e = 0$, $0 < e < 1$, $e = 1$, $e > 1$.

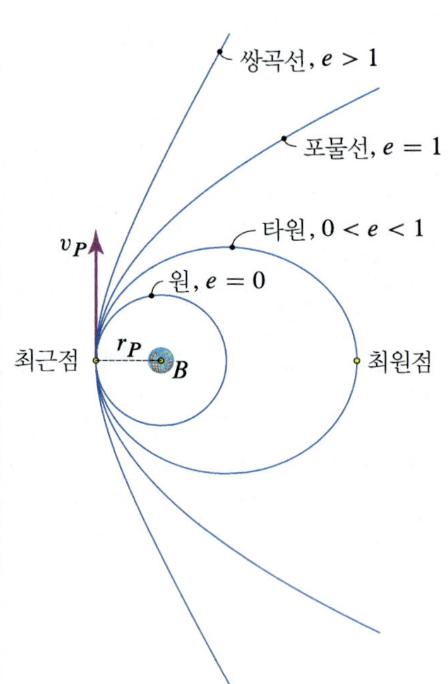

그림 5.66 *그림 5.43의 반복. r_P와 v_P를 나타내는 네 개의 원뿔 단면.*

원형궤도($e = 0$)에 대하여 반경은 r_P이고 궤도에서의 속도는 다음과 같다.

식 (5.111) p. 413

$$v_c = \sqrt{\frac{Gm_B}{r_P}}$$

타원 궤도에 대해서는($0 < e < 1$)은 예측한대로 최근점에서의 반지름이 r_P이며 최원점에서의 반지름은 다음과 같이 정해진다.

식 (5.113) p. 413

$$r_A = \frac{r_P}{2Gm_B/(r_P v_P^2) - 1}$$

그림 5.67를 참조하면 타원궤도의 긴반지름 a와 궤도의 이심률, 그리고 최근점 및

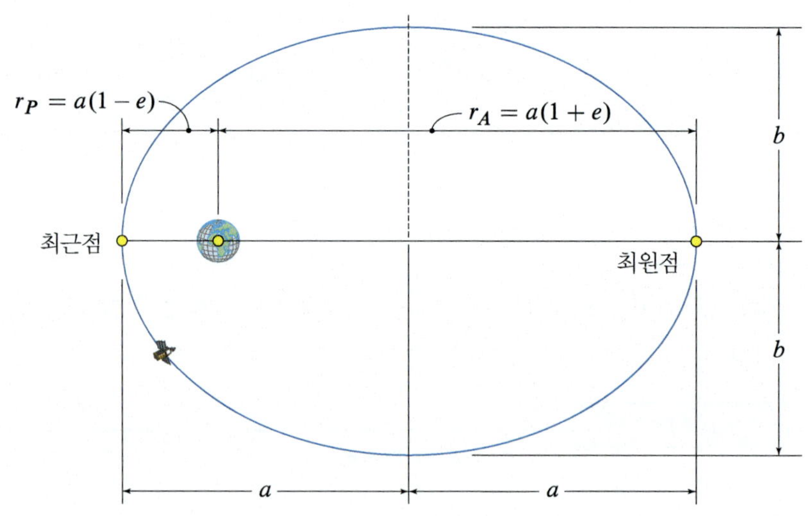

그림 5.67 *그림 5.44의 반복.* 타원의 장축 a와 단축 b.

최원점에서의 반지름은 각각 다음과 같은 관계를 만족한다.

식 (5.119) p. 414

$$r_P = a(1 - e), \quad r_A = a(1 + e)$$

타원 궤도의 주기 τ는 다음과 같이 두 가지 방법으로 쓸 수 있다.

식 (5.121), (5.123) p. 415

$$\tau = \frac{2\pi ab}{\kappa} = \frac{\pi}{\kappa}(r_P + r_A)\sqrt{r_P r_A}$$

혹은 케플러 제3법칙을 반영하면 궤도 주기는 다음과 같이 쓸 수 있다.

식 (5.126) p. 415

$$\tau^2 = \frac{4\pi^2}{Gm_B}a^3$$

포물선 궤도($e = 1$)는 초기 시작점으로 돌아오는 주기성 궤도와 그렇지 않은 비주기 궤도를 나눈다. 주어진 r_P에서 포물선 궤도를 만드는 발사속도 v_{par}는 다음과 같이 주어진다.

식 (5.128) p. 415

$$v_{\text{par}} = v_{\text{esc}} = \sqrt{\frac{2Gm_B}{r_P}}$$

여기에서 이 속도는 탈출속도라고도 불리는데, 이것은 주물체 B의 영향에서 완전히 탈출하는 데 필요한 속도이기 때문이다.

쌍곡선 궤도($e > 1$)에 대해서는, $e > 1$인 값에 대하여 식 (5.106)-(5.110)까지의 식에서 주어진 지배방정식이 사용된다.

에너지 보존 일 에너지 법칙을 사용하면, 이 위성의 전체 에너지는 오직 궤도의 긴반지름 a에 달려있다는 것을 알 수 있으며, 이것은 다음과 같이 주어진다.

식 (5.132) p. 416

$$E = -\frac{Gm_B}{2a}$$

여기에서 E는 그 위성의 단위질량당 기계적 에너지이다. 궤도상의 임의의 위치에서 일 에너지 법칙을 적용하면, 속도를 다음과 같이 구할 수 있다.

식 (5.134) p. 416

$$v = \sqrt{Gm_B\left(\frac{2}{r} - \frac{1}{a}\right)}$$

질량 유동

이 절에서는 질량유동을 고려하였다. 특히, 유체가 도관을 도관내의 위치만 의존하는 정상 질량 유동과 로켓 밖으로 분출하는 연소 가스의 흐름과 같은 가변질량 유동에 대하여 고려하였다.

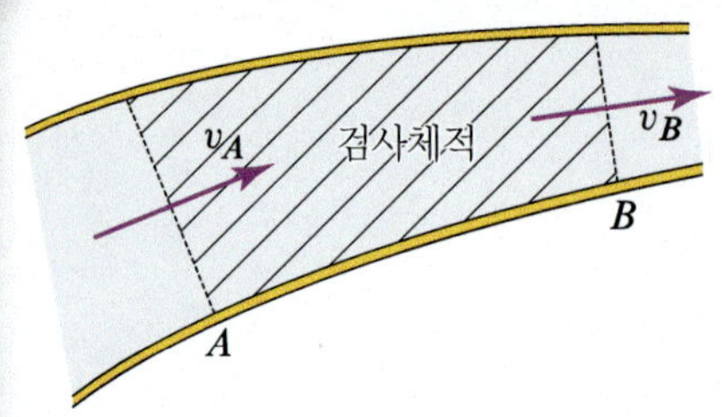

그림 5.68 *그림 5.52의 반복.* 단면 A와 B 사이의 파이프의 부분에 관련되는 CV.

정상 유동 그림 5.68에서 주어진 검사체적에서(여기에서 검사체적은 두 단면에 의해 제한되는 도관의 일정 부분을 뜻한다) 정상유동의 경우라고 하면, CV 내부의 유체에 가해지는 외력 $\vec{F}$은 다음과 같다.

식 (5.140) p. 427

$$\vec{F} = \dot{m}_f(\vec{v}_B - \vec{v}_A)$$

여기에서 단면이 유동 속도 에 수직이기만 하면 $\dot{m}_f$는 질량유동률 즉 단위시간 동안 단면을 통과하여 흐르는 질량의 양이 된다. 또한 여기에서 $\vec{v}_A$와 $\vec{v}_B$는 각각 단면 A와 B에서의 유동속도이다. 질량유동률과 더불어 체적 유동률을 정의하였으며, 값은 다음과 같다.

식 (5.144) p. 428

$$Q = vS$$

여기에서 v는 주어진 단면에서의 유체의 속력이며, S는 문제의 단면 면적이다. 이것은 다음과 같이 표시할 수 있다.

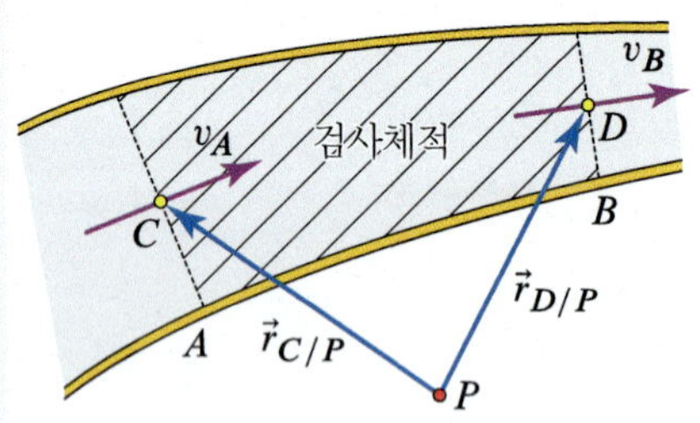

그림 5.69 *그림 5.60의 반복.* 각 운동량과 모멘트의 계산을 위한 모멘트 중심 P의 선택 및 CV를 통과하는 유체 유동.

식 (5.145) p. 428

$$\dot{m}_f = \rho_A Q_A = \rho_B Q_B$$

여기에서 ρ_A와 ρ_B는 각각 A와 B의 유체의 질량 밀도 값이다. 그림 5.69에서 주어진 고정점 P에 대해서 CV 내부의 유체에 가해지는 전체 모멘트 $\vec{M}_P$는 다음과 같다.

식 (5.150) p. 429

$$\vec{M}_P = \dot{m}_f(\vec{r}_{D/P} \times \vec{v}_B - \vec{r}_{C/P} \times \vec{v}_A)$$

여기에서 C와 D는 각각 A와 B 단면의 중심이다.

가변 질량 유동 그림 5.70을 기준으로 질량의 입력 유동 $\dot{m}_i$와 질량의 출력유동 $\dot{m}_o$에 의하여 시간에 따라 변화하는 질량 $m(t)$를 가지는 하나의 물체에서 그 물체에 가해지는 전체 외력은 다음과 같이 주어진다.

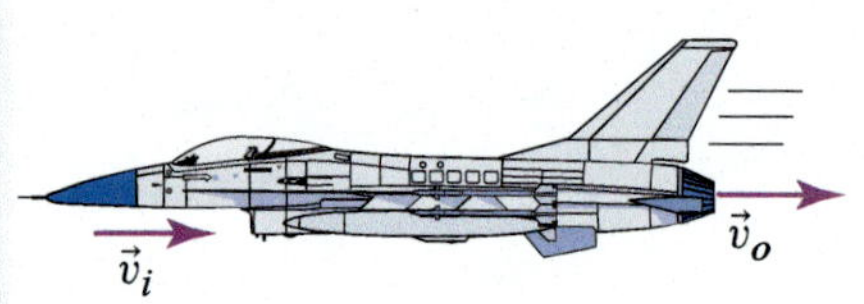

그림 5.70 제트엔진을 가진 비행기 이 비행기는 질량 유동률 $\dot{m}_i$으로 공기를 흡입하며, 연소 계스를 질량유동률 $\dot{m}_o$으로 토출한다. 벡터 $\vec{v}_i$는 비행기에 대해 상대적인 흡입공기의 속도이다. 벡터 $\vec{v}_o$는 비행기에 대해 상대적은 토출 연소가스의 속도이다.

식 (5.161) p. 430

$$\vec{F} = m\vec{a} + \dot{m}_o\vec{v}_o - \dot{m}_i\vec{v}_i$$

여기에서 $\vec{a}$는 주물체의 가속도이며, $\vec{v}_o$는 출력유동 질량의 주물체에 대한 상대속도이다. $\vec{v}_i$는 입력유동 질량의 주물체에 대한 상대 속도이다.

복습 문제

문제 5.137

메이저리그 야구경기에서 투구된 야구공이 타자의 머리에 맞는 경우가 있다. 예를 들어, Nolan Ryan 투수가 0.150 kg의 야구공을 160 km/h로 던진다고 생각하자.[14] 연구결과는 야구공과 타자의 머리가 충돌하는 시간은 1 ms임을 보여주고 있다. 식 (5.9)을 이용하고 충돌 후 튕겨져 나오는 야구공의 속도는 무시할만하다고 가정하고, 충돌 순간에 타자의 머리에 가해지는 힘을 계산하라.

문제 5.138

0.6 kg의 공이 1.8 m의 높이에서 정지상태에서 떨어지고 튕겨져 올라간 높이가 1.25 m이다. 만약 공과 지면이 접촉한 시간이 0.01 s라고 하면 튕겨질 때 지면이 공에 가한 평균 힘을 구하라. 그리고 지면과 공이 접촉한 시간 동안 지면이 공에 가한 충격량과 중력이 공에 가한 충격량 사이의 비율을 구하라. 공기저항은 무시한다.

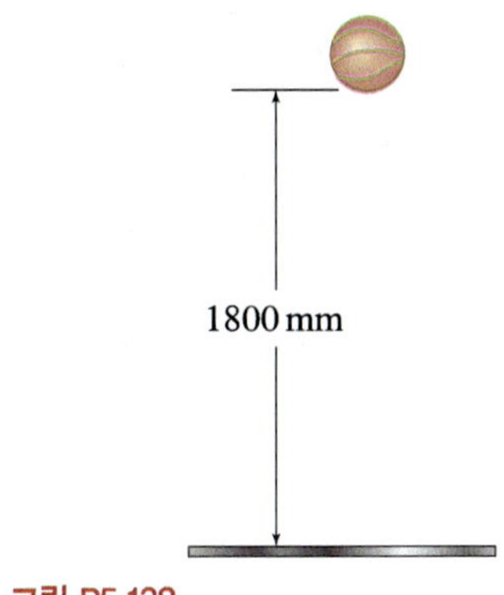

그림 P5.138

문제 5.139

처음에 사람 P가 $v_0 = 2$ m/s의 속도로 오른쪽으로 움직이는 카트 위에 서 있다. 카트는 전혀 힘을 받지 않고 있다. 사람 P와 카트와 카트에 실려 있는 모든 짐들의 전체 무게는 270 kg이다. 어떤 지점에 고정된 플랫폼에 서있는 P_A라는 사람이 $m_A = 50$ kg의 A 짐을 P에게 던진다. 짐 A는 P에게 가로방향 속도가 $v_{A/P} = 1.5$ m/s로 도착한다. 짐 A를 받은 후에 P는 $m_B = 45$ kg의 짐 B를 두 번째 사람인 P_B에게 던진다. 짐 B는 P_B 쪽을 향하여 오른쪽으로 $v_{B/P} = 4$ m/s의 속도로 던져진다. 사람 P의 최종속도를 계산하라. 카트와 사람에게 작용하는 모든 마찰저항과 공기저항은 무시한다.

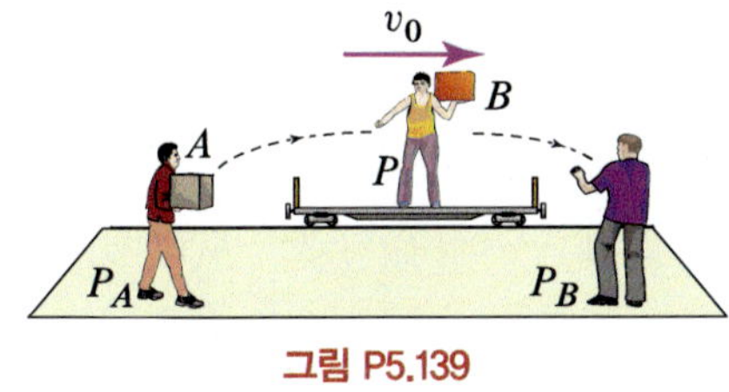

그림 P5.139

문제 5.140

포드 익스커젼 A(무게 $m_A = 3900$ kg, 속도 $v_A = 85$ km/h)가 앞서 오는 미니 쿠퍼 B(무게 $m_B = 1{,}200$ kg, 반대 방향 속도 $v_B = 40$ km/h)와 충돌한다. 충돌 반발 계수가 $e = 0.22$라고 할때 각 차량의 충돌 후 속도를 계산하라. 그리고 운동에 의한 에너지 손실률을 계산하라.

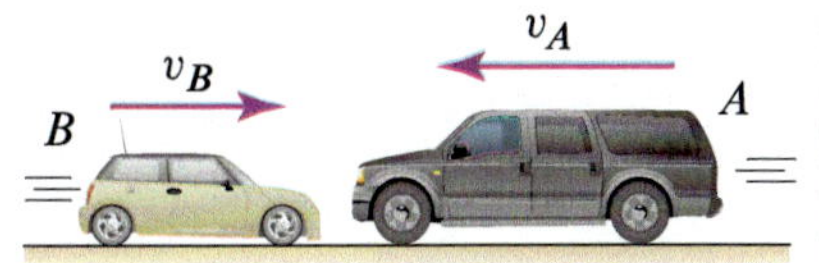

그림 P5.140

14) 이것은 그가 야구공을 173 km/h로 던져야 한다는 것을 의미한다. 왜냐하면 그 공은 매 2 m의 이동마다 1.6 km/h의 비율로 속도가 줄어들기 때문이다.

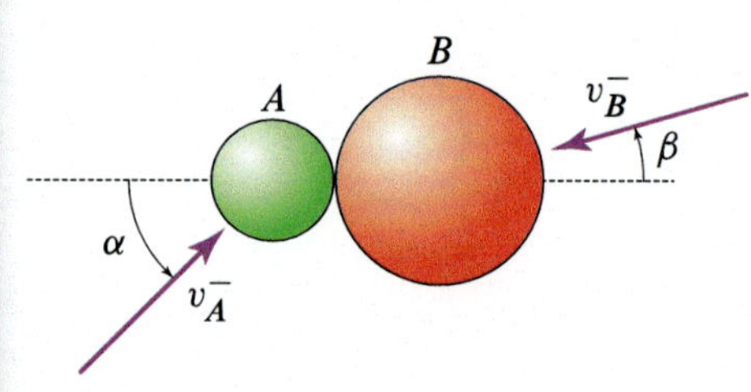

그림 P5.141

문제 5.141

두 개의 구 A, B가 각각 $m_A = 1.35$ kg, $m_B = 2.72$ kg의 무게를 가지고 $v_A^- = 26.2$ m/s, $v_B^- = 22.5$ m/s의 속도로 충돌한다. $\alpha = 45°$라고 하고 B의 충돌 후 속도 LOI가 0이며 COR이 $e = 0.63$이라고 할때 β 값을 구하라.

문제 5.142

13800 kg의 트럭 A와 1750 kg의 스포츠카 B가 교차로에서 충돌한다. 충돌 순간 트럭과 스포츠카의 속도는 각각 $v_A^- = 96$ km/h, $v_B^- = 80$ km/h이다. 전체 교차로는 평면이라고 가정한다. 충돌 선이 지면과 평행하고 트럭의 진행방향과 반시계방향으로 $\alpha = 20°$의 각도로 기울어져 있다고 할때 A와 B의 충돌 후 속도를 결정하라. A와 B 사이의 마찰은 없으며 COR은 $e = 0.1$이다. 그리고 트럭과 자동차는 충돌 후 미끄러지고 지면과의 마찰력은 $\mu_k = 0.7$로 가정하고 A와 B가 충돌 후 충돌지점에서 어떤 위치에 정지하는지 계산하라.

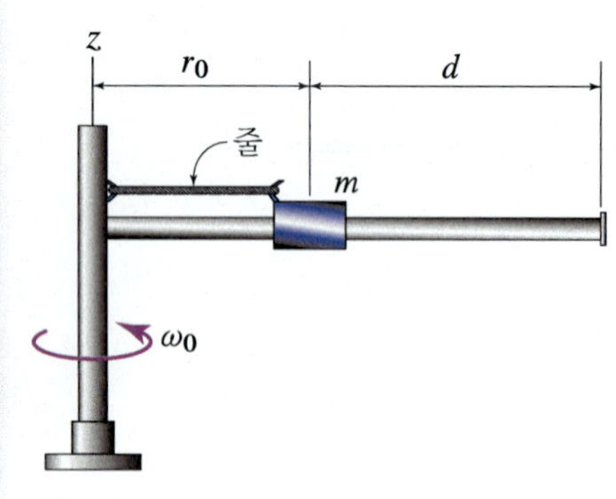

그림 P5.143

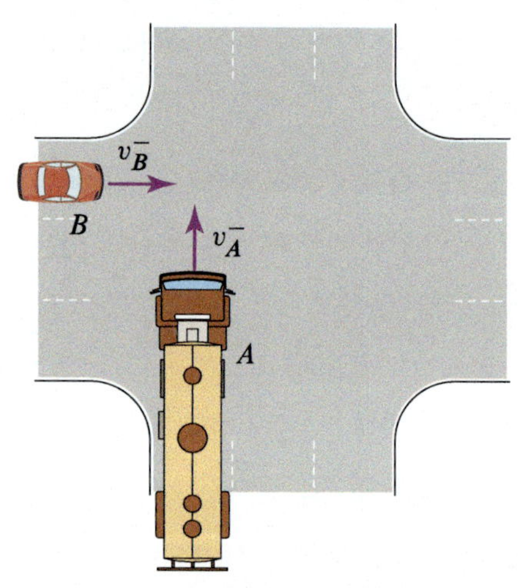

그림 P5.142

문제 5.143

매우 가벼운 회전 바에 m의 무게를 가지고 마찰이 없는 상태로 고리가 자유롭게 움직이고 있다. 이 시스템은 초기에 일정한 각속도 ω_0로 움직이고 있고 고리는 z 축으로부터 r_0만큼의 거리를 유지하고 있다. 어느 한 순간 연결관의 구속이 풀리고 자유롭게 움직이게 된다. 이때 고리가 회전바의 끝에 도달할 동안 시간에 따라 회전바를 일정한 각속도로 유지하는 데에 필요한 모멘트를 계산하라.

힌트
$$\int \frac{1}{\sqrt{x^2-1}}\,dx = \ln\left(x + \sqrt{x^2-1}\right) + C$$

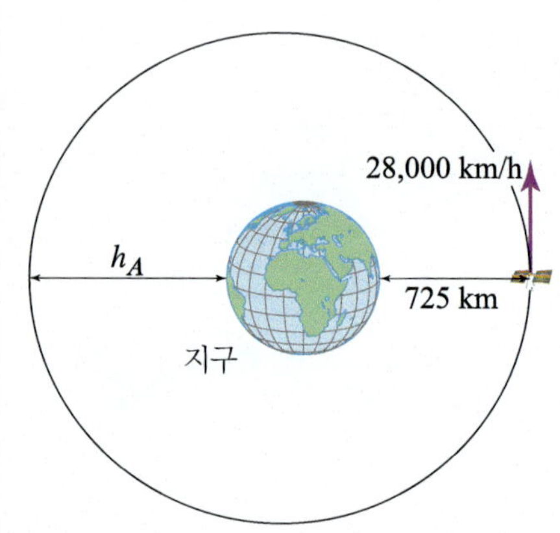

그림 P5.144

문제 5.144

위성이 고도 725 km 상공에서 28,000 km/h의 속도로 지구표면과 평행하게 움직이고 있다. 위성이 도는 동안 지구 표면에서 최고 도달 고도 h_A를 결정하라.

문제 5.145

우주선이 400 km의 상공에서 30,000 km/h의 속도로 지면과 평행하게 운행하고 있다. 이때 다른 궤도로 진입하기 위하여 역추진 로켓이 발사되었다. 175 km의 궤도에 도달하기 위한 속도변화 Δv를 구하라. 속도변화는 갑작스럽게 일어난다고 가정하라.

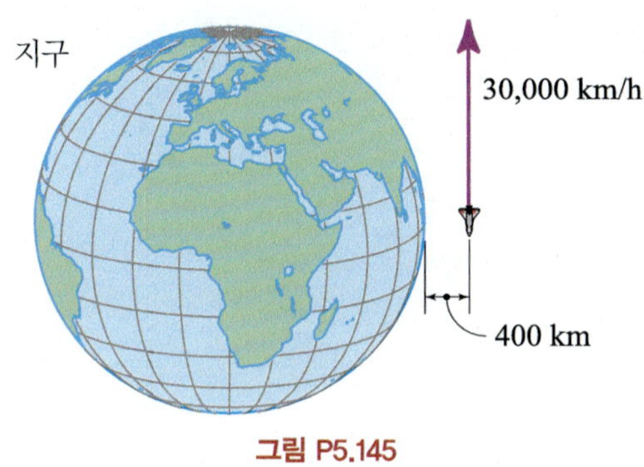

그림 P5.145

문제 5.146, 147

기본체(여기서는 태양)에서 하나의 궤도에서 다른 궤도로 이동하는 최적의 방법(에너지 관점에서)은 두 개의 궤도의 근점과 최원점에 접하는 타원을 이용하는 방법인 **호만전이**(*Hohmann transfer*)이다. 이 타원은 우리가 근점의 반경 r_e(안쪽에 위치한 궤도의 반경)와 최원점의 반경 r_j(바깥쪽 궤도의 반경)을 알고 있기 때문에 유일하게 정의되고 그래서 우리는 식 (5.117) 통하여 반장축을 알 수 있고, 식 (114) 또는 식 (119)를 통하여 편심 e를 알 수 있다. 호만전이를 수행하기 위해서는 두 가지 행동이 필요하다. 첫째는 안쪽(바깥쪽) 궤도를 떠나는 것 다음은 바깥쪽(안쪽) 궤도로 진입하는 것이다. 지구와 목성의 궤도는 원형이며 지구는 150×10^6 km의 반경을 목성은 779×10^6 km의 궤도반경을 가진다고 가정하고 태양은 지구 무게의 333,000배이다.

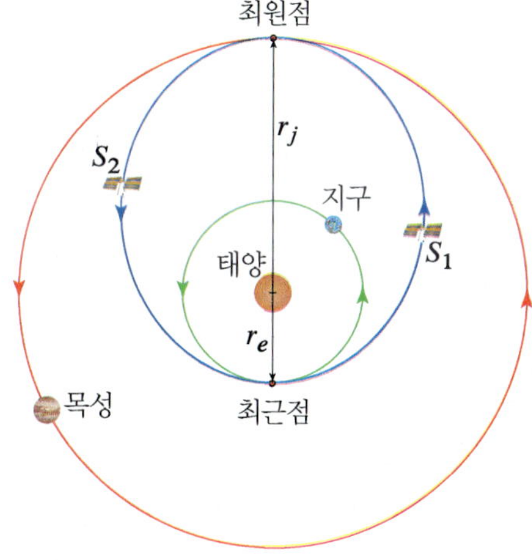

그림 P5.146

문제 5.146 우주탐사선 S1이 지구에서 목성으로 호만전이 궤도를 따라 발사되었다. 지구궤도에서 타원궤도로 진입하기 위해 필요한 속도변화 Δv_e와 타원궤도에서 목석궤도로 진입하기 위해 필요한 속도변화 Δv_j를 계산하라. 그리고 궤도를 움직이는데 필요한 시간을 계산하라. 속도변화는 갑작스럽게 일어난다고 가정하라.

문제 5.147 목성에 있는 우주탐사선 S2는 태양주위를 돌고 있는 지구의 궤도로 돌아와야 하고 그것은 목성의 위성을 표본으로 가능하다. 탐사선이 722 kg일 때 최원점을 위한 목성에서 필요한 탐사선의 운동에너지 변화 ΔT_j를 계산하라. 그리고 최근점을 위한 지구에서 필요한 탐사선의 운동에너지 변화 ΔT_e를 결정하라. 그리고 최종적으로 우주선이 목성에서 지구로 오는 동안 전체 에너지 변화량 ΔV를 계산하라.

문제 5.148

바닥에 붙어있는 노즐에서 워터제트가 나온다. 물줄기(jet)는 일정한 질량유량 $(\dot{m}_f)_{nz}$ = 15 kg/s과 속도 v_w를 가지고 있다. 물줄기는 12 kg의 경사면에 부딪혀서 경사면을 일정한 속도 v_0 = 2 m/s로 미끄러지게 하고 있다. 경사면과 바닥의 동마찰계수는 μ_k = 0.25이다. 물줄기의 중력에 대한 영향과 공기저항은 무시하며 물과 경사면 사이의 마찰력도 무시한다. θ = 47°일 때 물줄기의 속도를 구하라.

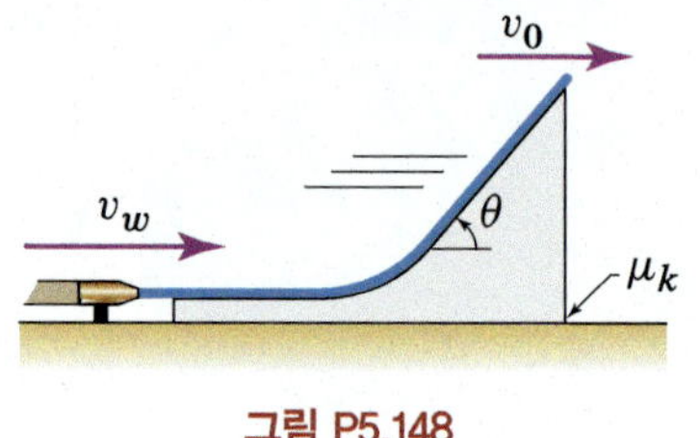

그림 P5.148

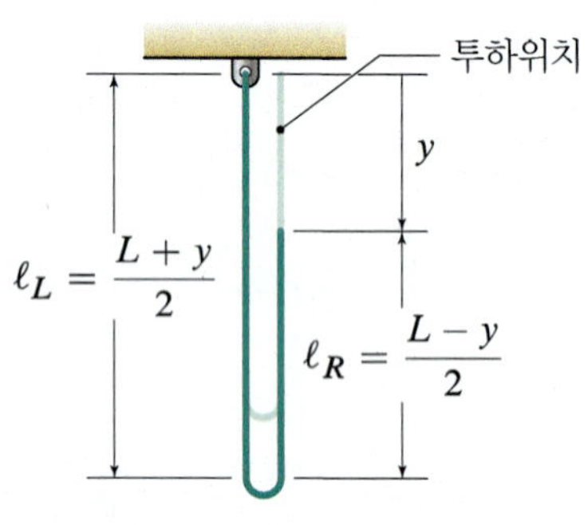

그림 P5.149

문제 5.149

예제 5.20을 다시 보고 로프의 고정되지 않은 끝의 움직임의 식을 유도하라. 로프는 힘의 균형 상태에서 시작하였고 이는 가변 질량 시스템으로 모델링 되었다.

문제 5.150

튜브형태의 팬(튜브나 다른 관안에서 팬이 회전한다)이 k = 70 N/m의 탄성계수를 가지는 선형스프링으로 고정된 벽과 연결된 수레 위에 올려져 있다. 실험에서 팬은 A 면에서 공기를 v_A의 속도로 끌어당긴다. 배출공기는 B에서 속도 v_B를 가진다. 배출공기는 스프링을 기준위치에서 0.25 m만큼 왼쪽으로 늘어나게 했다고 가정하라. 공기의 밀도가 ρ = 1.25 kg/m^{3}으로 일정하다고 가정하라. 튜브의 단면은 원형이며 단면은 A와 B에서 d_A = 3 m와 d_B = 1.5 m를 각각 가진다. 단면 A와 B에서의 공기 속도를 결정하라.

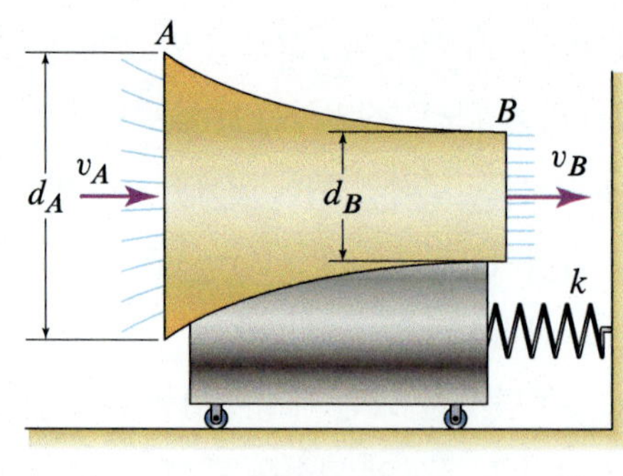

그림 P5.150

평면 강체 운동학

이 장은 강체의 평면 운동학(planar kinematics of a rigid body)을 살펴봄으로써 강체운동(rigid body motion)에 대한 연구를 시작한다. 2장에서와 같이 무엇이 운동을 발생시키는지에 대한 언급 없이 운동을 기술할 것이다. 우리는 (1) 물체는 강체이고 질량은 공간 영역(region of space)(1.2절 참조)에 걸쳐 분포되어 있고 (2) 물체의 각 점의 속도는 공통 평면에 평행하다고 가정한다. 물체의 운동을 나타낸다는 것은 물체 내의 각 점의 운동을 안다는 것을 요구하기 때문에 이것이 힘들어 보일 수도 있다. 그러나 강체 가정이 이 어려움을 완화해 주며, 세 시간함수만을 이용하여 강체의 평면운동을 완전히 나타내는 것이 가능함을 알 수 있을 것이다. 강성(rigidity)이 운동학을 전개하는데 어떤 도움이 되는지를 이해하기 위해, 먼저 강체운동을 정성적으로 살펴본 다음 정량적 해석을 한다. 일반적인 3차원 강체운동은 10장에서 다룬다.

6.1 기본 방정식, 병진운동과 고정축에 대한 회전운동

크랭크, 커넥팅 로드, 피스톤 운동

전형적인 자동차 엔진은 공기와 연료의 연소에 의한 화학적 에너지를 기계적 에너지, 즉 운동으로 변환시킨다. 그림 6.1과 같이 전형적인 내연기관에서 피스톤은 실린더 내에서 상하로 움직인다. 각 피스톤은 커넥팅 로드에 의해 크랭크축(혹은 크랭크)이라 불리는 축에 연결되어 있다. 커넥팅 로드는 피스톤과 크랭크에 모두 핀으로 연결되어 있다. 그림 6.2는 크랭크축에서 본(즉 크랭크축은 지면에 수직) 실린더 내부의 연속적인 그림을 보여 준다. A 표시가 된 점은 크랭크축을 나타내며 B와 C 표시가 된 점들은 각각 커넥팅 로드와 크랭크간의 핀 연결, 커넥팅 로드와 피스톤간의 핀 연결을 나타낸다. 이 연결점 때문에 피스톤의 운동이 크랭크를 회전시킨다. 크랭크축이 회전하면 피스톤은 실린더 벽을 따라 위로 움직이면서 전체 운동이 반복된다. 이것이 슬라이더-크랭크 기구의 예이다.[1)]

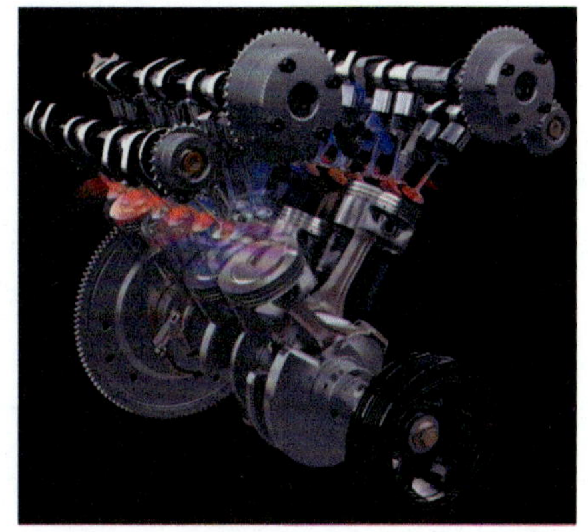

그림 6.1 포드(Ford)의 EcoBoost 엔진의 내부 모습. 피스톤과 크랭크축을 볼 수 있다.

1) 기구는 "미리 정해진 형태에 따라 운동을 전달하도록 배열된 요소들의 시스템"이다. R. L. Norton *Design of Machinery*, 4th ed., McGraw-Hill, New York, 2008.

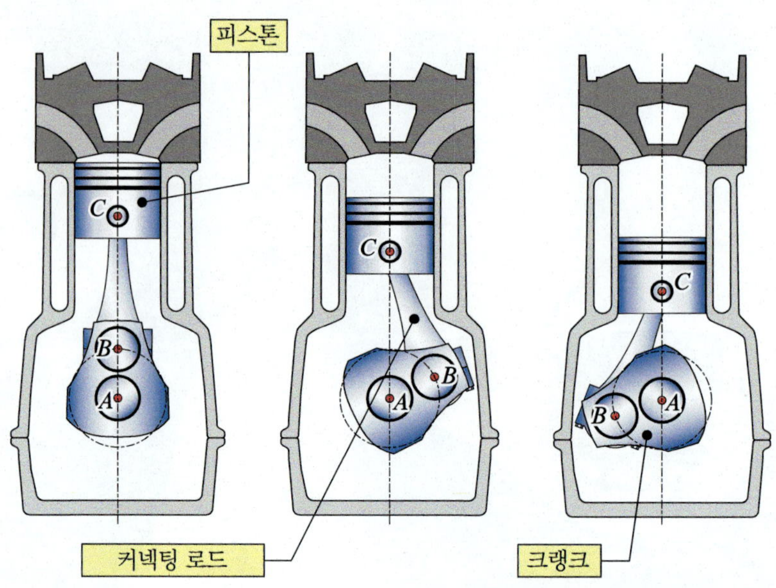

그림 6.2 전형적인 내연기관 엔진에 있는 피스톤, 커넥팅 로드, 크랭크로 구성된 기계 시스템의 세 가지 다른 위치. 크랭크축의 축은 페이지 면에 수직이고, A로 표기되어 있다.

흥미로운 사실

물체가 변형할 수 있다면? 3장에서 평면운동의 경우, 질점의 운동방정식은 자유도의 수와 같은 두 개의 2차 상미분방정식으로 구성되어 있다는 것을 알았다. 7장에서 평면운동의 경우, 강체의 운동방정식은 평면운동을 하는 강체의 자유도의 수인 세 개의 2차 상미분방정식으로 이루어진다는 것을 알 수 있을 것이다. 물체가 변형할 수 있다면 물체의 자유도는 무한대이다. 그러한 경우 운동방정식은 무한 개의 상미분방정식 대신 편미분방정식이 된다.

그림 6.2의 시스템의 형상은 피스톤, 커넥팅 로드, 크랭크축의 운동과 전반적인 엔진 성능에 영향을 준다. 이 형상이 운동에 어떻게 영향을 주는지 살펴보기 전에, 여러 특정 운동을 살펴보는 것이 도움이 된다. 강체운동을 분류하는 것이 물리적인 직관력을 형성하고, 유도하려는 방정식을 이해하는데 도움이 될 것이다. 이 예를 이용하여 이 장에서 제시하는 운동학의 대부분을 설명할 것이다.

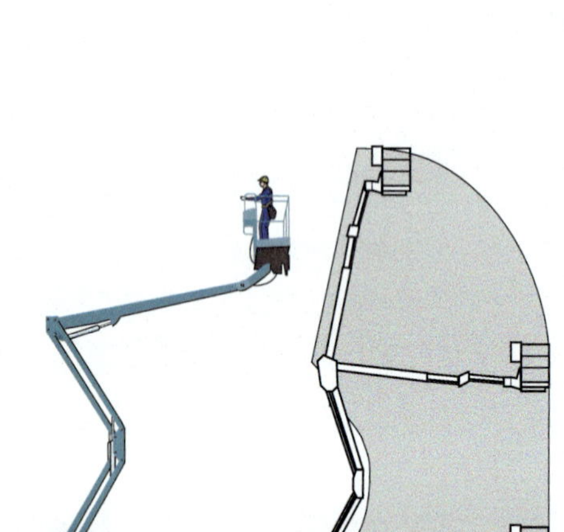
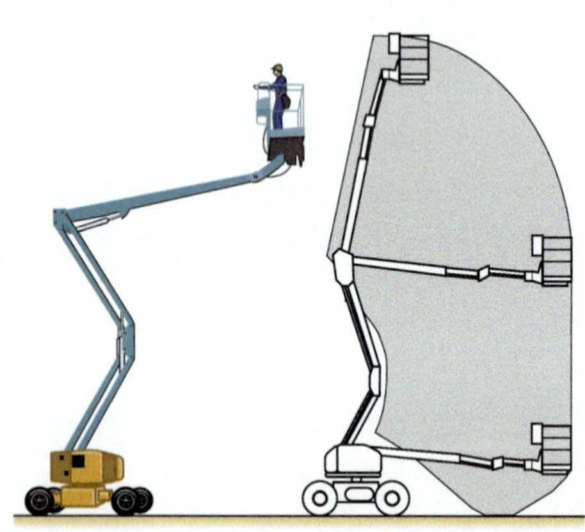

그림 6.3 왼쪽: 관절로 연결된 팔을 가진 리프트와 작업자가 탄 플랫폼. 오른쪽: 곡선 경로로 움직여도 플랫폼은 지면과 수평을 유지하는 것을 보여주는 리프트의 운동 범위(회색 영역)를 나타낸 개략적인 그림.

강체운동의 정성적 기술

병진운동

그림 6.2에서, 내부에서 피스톤이 움직이고 있는 실린더는 정지 상태라고 가정한다. 피스톤을 강체로 모델링하면, 피스톤이 움직일 때 피스톤링(피스톤 상부에 수평의 선으로 표시)은 항상 수평을 유지한다. 따라서 점 C의 속도는 피스톤의 어느 점의 속도와도 같다고 결론지을 수 있다. 이러한 운동 형태를 병진운동(*translation*)이라 하고, 병진운동은 **물체 내의 두 점을 연결하는 임의의 선분은 운동 내내 원래의 방향을 유지한다**라고 정의된다. 병진운동을 하는 물체가 그림 6.3과 같이 직선으로 움직일 필요는 없다는 것을 이해하는 것이 중요하다. 따라서 통상적으로 병진운동을 각 점의 궤적이 직선인지 아닌지에 의해 두 범주, 직선 병진운동(*rectilinear translation*)과 곡선 병진운동(*curvilinear translation*)으로 분류한다. 그림 6.2의 피스톤의 운동은 직선 병진운동이고, 그림 6.3의 플랫폼의 운동은 곡선 병진운동이다.

빠지기 쉬운 함정

병진운동은 직선운동일 필요가 없다. 일반적으로 물체가 병진운동을 한다는 것이 물체의 궤적이 직선이라는 의미는 아니다.

고정축에 대한 회전운동

그림 6.2에 있는 크랭크의 운동을 강조한 그림 6.4는 샤프트의 축 위의 점 A는 움직이지 않는 것을 보여준다. 그림이 존재하는 평면에 수직하고 점 A를 통과하는 축 위에 있는 크랭크 상의 어느 점도 움직이지 않는다.

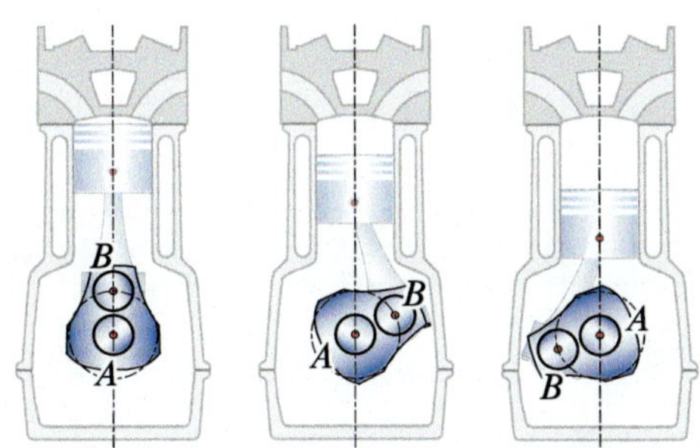

그림 6.4 크랭크의 운동을 강조한 그림 6.2의 변형.

크랭크가 강체이기 때문에, 크랭크에는 있으나 축에 있지 않는 점들(예, 점 B)은 점 A를 중심으로 원운동을 한다. 점들을 샤프트 축에 연결하는 모든 선분은 동일한 각속도로 회전한다. 회전축 기능을 하는 속도가 0인 점들의 선이 존재하는 이런 형태의 운동은 고정축에 대한 회전운동(*rotation about a fixed axis*)이다.

일반적인 평면운동

그림 6.5의 커넥팅 로드를 보면 (1) 운동 내내 고정된 축을 발견할 수 없고 (2) 어느 두 점도 방향이 바뀌지 않는 선분을 정의할 수 없기 때문에, 이 운동은 위에서 논의한 두 경우에 해당되지 않는다는 것을 알 수 있다. 커넥팅 로드 운동의 단 하나의 특징은 운동 평면(*plane of motion*)이라 하는 페이지 면에 수직한 속도성분을 갖는 점이 존재하지 않는다는 것이다. 이런 운동을 일반적인 평면운동(*general plane motion* 혹은 *general planar motion*)이라 한다. 이 운동은 병진운동과 운동평면에 수직한 축에 대한 회전운동의 조합으로 볼 수 있다. 피스톤의 병진운동과 크랭크축의 회전운동도 평면운동임을 유의하라.

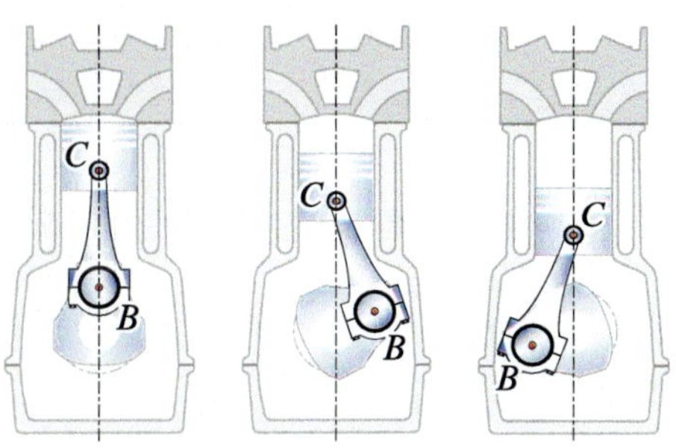

그림 6.5 커넥팅 로드의 운동을 강조한 그림 6.2의 변형.

강체의 일반적인 운동

물체의 운동을 나타내기 위해서는 물체 내의 모든 점의 운동을 나타낼 필요가 있다. 그러나 강체에 대해서는 (1) 한 점의 운동과 (2) 물체 방향의 변화율을 나타냄으로써 모든 점의 운동을 나타낼 수 있다. 왜 그런지 알아보자.

다른 점 A의 속도에 관련하여 점 B의 속도를 표시하기 위해서 식 (2.106)을 사용할 수 있다. 즉

$$\vec{v}_B = \vec{v}_A + \vec{v}_{B/A} \tag{6.1}$$

이제 $\vec{v}_{B/A} = \dot{\vec{r}}_{B/A}$이고, 그림 6.6을 참조하면 $\vec{r}_{B/A}$는 $|\vec{r}_{B/A}|\,\hat{u}_{B/A}$이므로, 벡터의 시간미분은 크기 변화의 시간 변화율에 벡터의 각속도와 벡터 자체의 외적인 방향의 변화를 더한 것과 같다는 식 (2.62)를 사용하여 다음과 같이 쓸 수 있다.

$$\vec{v}_{B/A} = \frac{d|\vec{r}_{B/A}|}{dt}\hat{u}_{B/A} + \vec{\omega}_{AB} \times \vec{r}_{B/A} = \vec{\omega}_{AB} \times \vec{r}_{B/A} \tag{6.2}$$

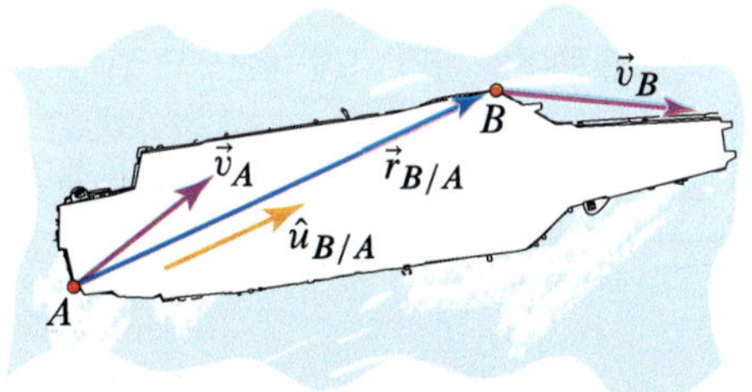

그림 6.6 기동 연습을 하고 있는 항공모함을 하늘에서 본 광경. 우리는 항공모함의 운동을 평면운동으로 모델링한다.

여기서 A와 B 사이의 거리는 두 점이 모두 항공모함 위에 있을 때에는 일정하므로 $d|\vec{r}_{B/A}|/dt = 0$이다. 식 (6.2)를 식 (6.1)에 대입하면

$$\vec{v}_B = \vec{v}_A + \vec{\omega}_{AB} \times \vec{r}_{B/A} = \vec{v}_A + \vec{v}_{B/A} \tag{6.3}$$

여기서 A와 B가 강체 상의 두 점일 때 $\vec{v}_{B/A} = \vec{\omega}_{AB} \times \vec{r}_{B/A}$임을 유의하라. 점 A와 B의 운동을 관련시키는 이 식은 선분 $\overline{AB}$의 각속도에 좌우된다. 항공모함이 위치 1에서 위치 2로 움직이면(그림 6.7), 선분 $\overline{AB}$, $\overline{BC}$, $\overline{CA}$는 모두 같은 양만큼 회전한다. 이것은 항공모함 상의 어느 선분도 다른 선분처럼 동일한 회전속도를 갖는다는 것을 의미하고 따라서 모두 동일한 속도로 회전해야 한다. 그러므로 물체의 각속도(*the angular velocity of the body*) $\vec{\omega}_{AB}$는 물체 일부가 아닌 물체 전부의 특성이다. 이것은 식 (6.3)이 같은 강체 상에 있는 임의의 두 점 A와 B에 적용된다는 것을 의미한다. 각속도(그리고 각가속도)의 아래첨자는 특정한 물체를 나타내는 표시로 보아야 한다. 예를 들면 식 (6.3)에서 $\vec{\omega}$의 아래첨자 AB는 점 A와 B를 포함하는 물체의 각속도를 의미한다.

개념정리

무슨 $\vec{\omega}$를 사용해야 하나? 각속도는 물체의 특성이므로 그림 6.7을 살펴보면 다음의 식을 쓸 수 있다.

$$\vec{v}_A = \vec{v}_B + \vec{\omega}_{\text{body}} \times \vec{r}_{A/B}$$
$$\vec{v}_B = \vec{v}_C + \vec{\omega}_{\text{body}} \times \vec{r}_{B/C}$$
$$\vec{v}_C = \vec{v}_A + \vec{\omega}_{\text{body}} \times \vec{r}_{C/A}$$

여기서 이 식의 $\vec{\omega}_{\text{body}}$는 물체의 각속도다.

그림 6.7 위치 1에서 위치 2로 움직이는 항공모함을 하늘에서 본 광경으로 강체가 움직이면 모든 선분이 같은 양만큼 회전하는 것을 보여준다.

개념정리

강체 상의 임의의 점의 운동 기술. 식 (6.3)과 (6.5)는 한 점의 운동과 물체의 회전을 알면 강체 상의 모든 점의 운동을 알 수 있다는 것을 의미한다. 이 식들은 점 A의 운동($\vec{v}_A$와 $\vec{a}_A$로 표현된다)과 물체의 회전 변화율($\vec{\omega}_{AB}$와 $\vec{\alpha}_{AB}$로 표현된다)을 알면, A에 대한 B의 위치 즉 $\vec{r}_{B/A}$를 알기만 하면 물체의 다른 점 B의 속도와 가속도를 계산할 수 있다는 것을 나타낸다.

동일 강체 상의 두 점의 가속도를 관련짓는 식은 식 (6.3)을 시간으로 미분하면 얻을 수 있다.

$$\vec{a}_B = \vec{a}_A + \dot{\vec{\omega}}_{AB} \times \vec{r}_{B/A} + \vec{\omega}_{AB} \times \dot{\vec{r}}_{B/A} \tag{6.4}$$

$\dot{\vec{\omega}}_{AB}$는 물체의 각가속도(*angular acceleration of the body*)이고 $\vec{\alpha}_{AB}$로 표기한다. 관계식 $\dot{\vec{r}}_{B/A} = \vec{v}_{B/A} = \vec{\omega}_{AB} \times \vec{r}_{B/A}$을 상기하면, 식 (6.4)는 다음과 같이 쓸 수 있다.

$$\vec{a}_B = \vec{a}_A + \vec{\alpha}_{AB} \times \vec{r}_{B/A} + \vec{\omega}_{AB} \times (\vec{\omega}_{AB} \times \vec{r}_{B/A}) = \vec{a}_A + \vec{a}_{B/A} \tag{6.5}$$

여기서 점 A와 B는 강체 상의 두 점이고, $\vec{a}_{B/A} = \vec{\alpha}_{AB} \times \vec{r}_{B/A} + \vec{\omega}_{AB} \times (\vec{\omega}_{AB} \times \vec{r}_{B/A})$이다.

식 (6.3)과 (6.5)의 적용

식 (6.3)과 (6.5)는 여러 물체로 구성된 기구를 해석하는데 적용될 것이다. 이 식들을 사용할 때는 점 A와 B가 동일한 강체에 있는 점들이어야 하며 $\vec{\omega}_{\text{body}}$와 $\vec{\alpha}_{\text{body}}$는 그 강체의 각속도와 각가속도여야 한다. 예를 들면 그림 6.8에서, 점 A와 B가 모두 크랭크에 있는 점이기 때문에, 두 점의 속도와 가속도 관계식을 구하기 위해 식 (6.3)과 (6.5)를 사용할 수 있다. 점 B와 C도 모두 커넥팅 로드에 있는 점이기 때문에, 식 (6.3)과 (6.5)를 사용하여 관계식을 구할 수 있다. B는 크랭크 상의 점인 동시에 커넥팅 로드 상의 점이기 때문에, 커넥팅 로드의 운동을 크랭크의 운동에 연관시킬 수 있다는 것을 주목하라. 강체의 운동을 분석할 때 연결된 물체들의 공유점들을 종종 이용할 것이다.

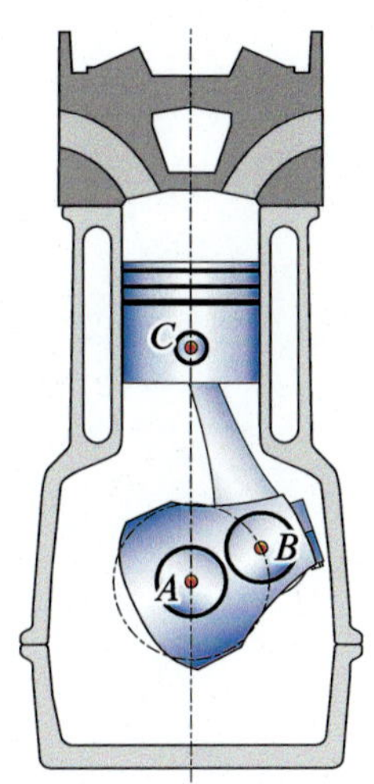

그림 6.8 슬라이더-크랭크 기구.

확장강체의 개념

그림 6.9에서 망치의 손잡이 D는 망치 머리 H에 부착되어 있다. 두 물체를 강체로 모델링하고, 두 물체가 **견고하게 연결되어** 있다면 D와 H는 단일 복합 강체인 망치의 부분으로 볼 수 있다. 이 경우 D와 H에 대해서 하나의 $\vec{\omega}_{\text{ham}}$과 하나의 $\vec{\alpha}_{\text{ham}}$이 존재하고, 복합 물체 상의 점들 간의 속도와 가속도 관계식을 구하기 위해 식 (6.3)과 (6.5)를 사용할 수 있다.

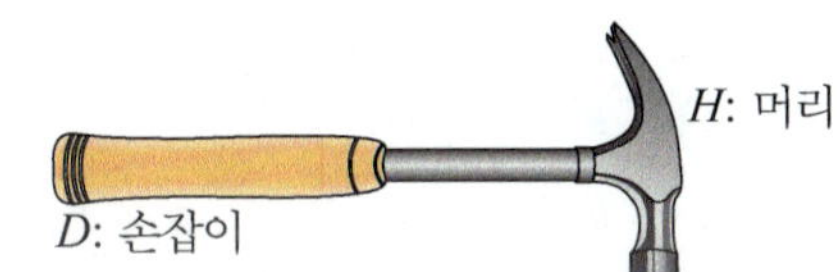

그림 6.9 두 강체인 머리와 손잡이로 구성된 장도리.

물리적 물체 D를, D를 둘러싼 모든 공간을 차지하는 가상의 더 큰 강체 H의 부분으로 생각함으로써(그림 6.10 참조) 이 개념을 일반화할 수 있다. 이 가상의 강체를 원래 물체의 확장강체(*extended rigid body*)라 하고, 확장강체나 물리적 물체 상의 점들 간의 속도와 가속도 관계식을 구하기 위해 식 (6.3)과 (6.5)를 사용할 수 있다.

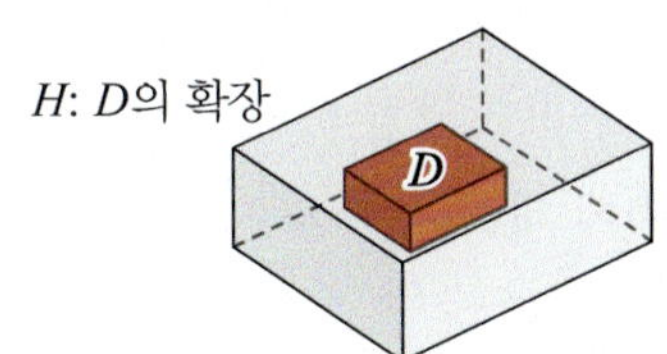

그림 6.10 확장강체의 개념.

개념정리

그림 6.8의 점 A와 C의 관계. 점 A와 C의 운동 관계식을 구하기 위해서 식 (6.3)나 (6.5)를 사용할 수 없다. 왜냐하면 이 점들이 다른 물체, 각각 크랭크와 피스톤에 있는 점들이기 때문이다.

기본 강체 운동: 병진운동

그림 6.11은 이동 농구대의 전개를 보여 준다. 백보드 AB와 골대는 암(arm)에 부착되어 있고, 암은 두 평행한 봉 CD와 EF에 힌지로 연결되어 있다. 이 디자인의 목적은 골대가 플로어와 평행을 유지하는데 있다. 따라서 정의에 의해 백보드, 골대, 지지암은 병진운동, 즉 물체가 방향을 바꾸지 않는 운동을 한다. 이것은 병진운동을 하는 강체의 각속도와 각가속도가 0임을 의미한다. 즉

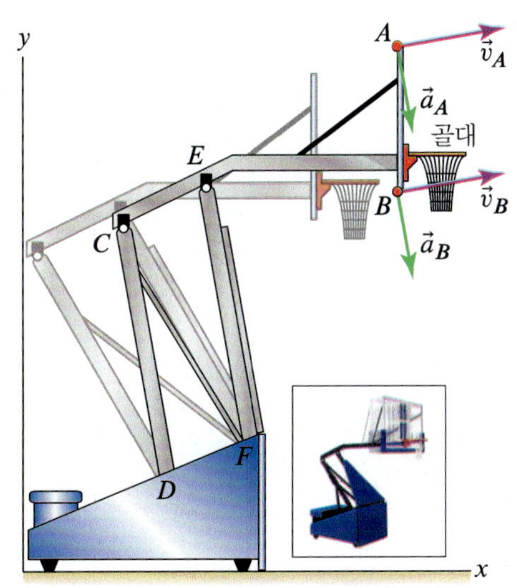

그림 6.11 이동 농구대의 전개(삽화 참조).

$$\boxed{\vec{\omega}_{AB} = \vec{\omega}_{\text{body}} = \vec{0}\ ,\quad \vec{\alpha}_{AB} = \vec{\alpha}_{\text{body}} = \vec{0}} \tag{6.6}$$

식 (6.6)을 식 (6.3)과 (6.5)에 대입하면

$$\boxed{\vec{v}_B = \vec{v}_A\ ,\quad \vec{a}_B = \vec{a}_A} \tag{6.7}$$

여기서 A와 B는 그림 6.11에서와 같이 동일 물체 상의 임의의 두 점이다. 식 (6.7)은 병진운동을 하는 강체의 운동은 하나의 속도 값과, 하나의 가속도 값으로 특정 지을 수 있다는 의미이다.

기본 강체운동: 고정축에 대한 회전

이전에 했던 질문으로 돌아가 보자: 슬라이더–크랭크 기구의 형상이 기구의 운동에 영향을 주는가? 크랭크 상의 B 점의 운동을 먼저 해석한다(그림 6.12 참조). 그리고 6.2절의 슬라이더–크랭크 기구의 다른 부분의 해석을 계속한다.

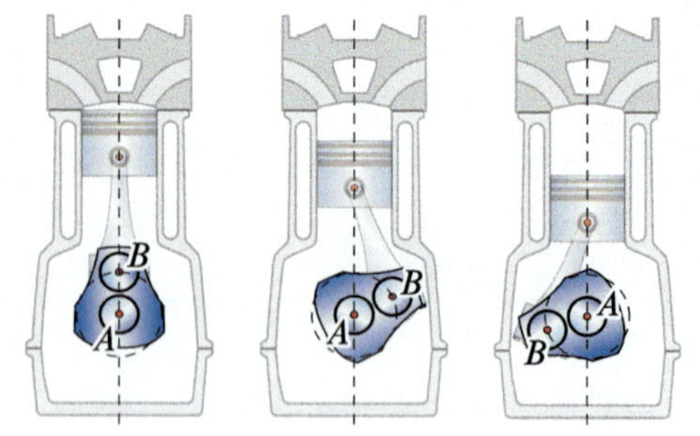

그림 6.12 슬라이더–크랭크 기구의 크랭크 운동.

크랭크는 **고정축**에 대해 회전하고 있다는 것을 알았다. 그림 6.13에서 회전축은 운동평면에 수직이고 고정된, 즉 $\vec{v}_A = \vec{0}$, $\vec{a}_A = \vec{0}$인 점 A를 통과한다. 따라서 식 (6.3)과 (6.5)은

$$\boxed{\begin{aligned} \vec{v}_B &= \vec{\omega}_{AB} \times \vec{r}_{B/A}, \\ \vec{a}_B &= \vec{\alpha}_{AB} \times \vec{r}_{B/A} + \vec{\omega}_{AB} \times (\vec{\omega}_{AB} \times \vec{r}_{B/A}) \end{aligned}} \qquad \begin{aligned} (6.8) \\ (6.9) \end{aligned}$$

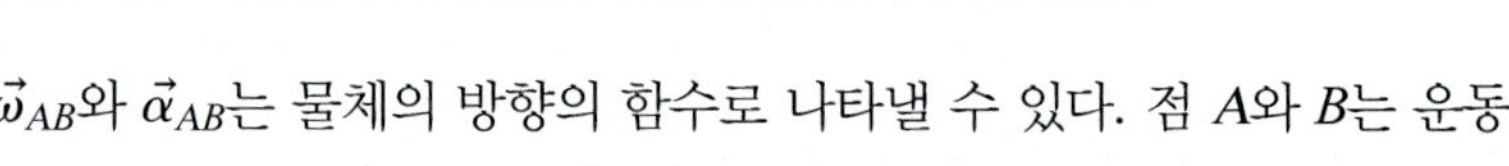

평면운동이므로 $\vec{\omega}_{AB}$와 $\vec{\alpha}_{AB}$는 물체의 방향의 함수로 나타낼 수 있다. 점 A와 B는 운동평면 내에 있으므로 물체의 방향 θ는 A와 B를 연결하는 선을 이용하여 정의할 수 있다(그림 6.13). 따라서 $\vec{\omega}_{AB}$와 $\vec{\alpha}_{AB}$는 다음과 같이 쓸 수 있다:

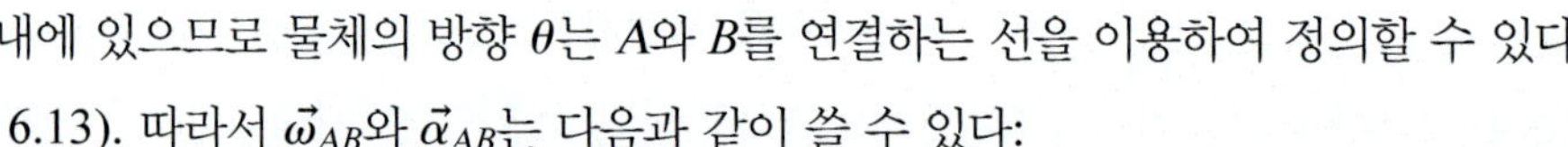

$$\vec{\omega}_{AB} = \omega_{AB}\,\hat{k} = \dot{\theta}\,\hat{k}\ ,\quad \vec{\alpha}_{AB} = \alpha_{AB}\,\hat{k} = \ddot{\theta}\,\hat{k} \tag{6.10}$$

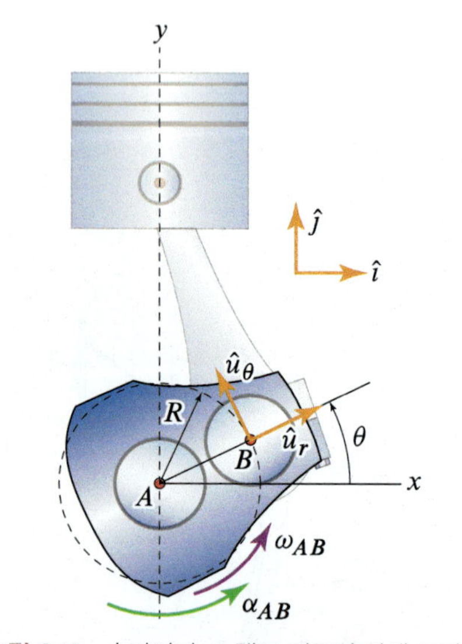

그림 6.13 슬라이더–크랭크 기구의 상세 그림.

여기서 $\hat{k} = \hat{u}_r \times \hat{u}_\theta = \hat{\imath} \times \hat{\jmath}$는 운동평면에 수직이고, ω_{AB}와 α_{AB}는 각각 $\hat{k}$ 방향의 각속도와 각가속도 성분을 나타낸다. 그림 6.13에서 극좌표를 사용하면 $\vec{r}_{B/A} = R\hat{u}_r$이고, 식 (6.10)을 식 (6.8)과 (6.9)에 대입하면

$$\vec{v}_B = R\dot{\theta}\,\hat{u}_\theta\ ,\quad \vec{a}_B = R\ddot{\theta}\,\hat{u}_\theta - R\dot{\theta}^2\,\hat{u}_r \tag{6.11}$$

이 결과는 B가 A를 중심으로 원운동을 하기 때문에 당연하다.

가속도의 $\vec{\omega}_{AB} \times (\vec{\omega}_{AB} \times \vec{r}_{B/A})$항은 $-R\dot{\theta}^2\,\hat{u}_r$과 같다. $\dot{\theta}^2 = \omega_{AB}^2$이고 $-R\hat{u}_R = -\vec{r}_{B/A}$이므로 평면운동에 대해서 다음과 같이 쓸 수 있다.

$$\vec{\omega}_{AB} \times (\vec{\omega}_{AB} \times \vec{r}_{B/A}) = -R\dot{\theta}^2\,\hat{u}_r = -\omega_{AB}^2\vec{r}_{B/A} \tag{6.12}$$

$\vec{r}_{B/A}$는 항상 운동평면 내에 있고, $\vec{\omega}_{AB}$는 항상 운동평면에 수직임을 주목하면, 이 식을 기하학적으로 이해할 수 있다(그림 6.14). 두 항의 외적 $\vec{\omega}_{AB} \times \vec{r}_{B/A}$은 운동평면 내에 있고 $\vec{\omega}_{AB}$와 $\vec{r}_{B/A}$에 수직인 벡터가 된다.

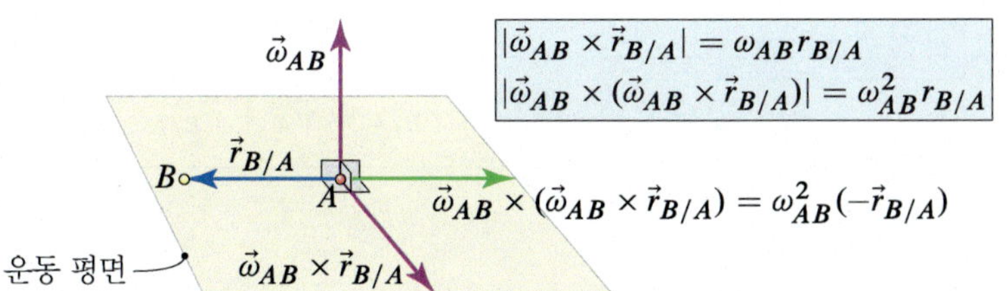

그림 6.14 평면운동에서 $\vec{\omega}_{AB} \times (\vec{\omega}_{AB} \times \vec{r}_{B/A})$와 $-\omega_{AB}^2\vec{r}_{B/A}$가 같음을 보여주는 기하학적 증명.

마지막으로 외적 $\vec{\omega}_{AB} \times (\vec{\omega}_{AB} \times \vec{r}_{B/A})$(그림 6.14의 보라색 벡터간의 외적)는 벡터 $-\omega_{AB}^2\vec{r}_{B/A}$가 된다. 식 (6.12)를 사용하여 식 (6.9)를 다음과 같이 쓸 수 있다.

$$\vec{a}_B = \vec{\alpha}_{AB} \times \vec{r}_{B/A} - \omega_{AB}^2\vec{r}_{B/A} \tag{6.13}$$

이 식은 평면 문제에서 가속도를 계산할 때 계산 시간을 크게 줄여줄 수 있다.

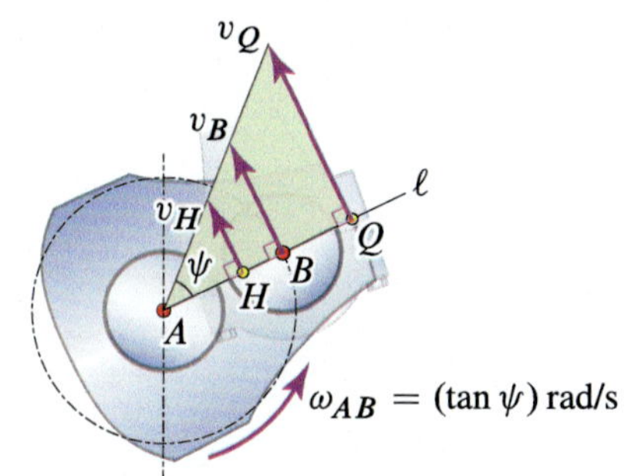

그림 6.15 회전중심에서 시작하는 사선 위에 있는 점들의 속도의 그래프 표현.

식 (6.8)의 도식적 해석 그림 6.15의 크랭크에서 원점이 회전중심에 있는 사선 ℓ 위에 있는 점 H, B, Q의 속도를 생각해 보자. 식 (6.8)이나 (6.11)의 첫 번째 식은 $\vec{v}_H$, $\vec{v}_B$, $\vec{v}_Q$가 모두 ℓ과 평행하고(그리고 서로 평행하다), A부터의 거리에 비례하는 크기를 갖는다는 것을 의미한다. 비례상수는 ω_{AB}인데 그림 6.15에서의 $\tan\psi$와 같다. 따라서 사선의 점들의 속도 분포는 그림 6.15와 같이 삼각형을 이용하여 도식적으로 나타낼 수 있다.

실제 평면운동

평면운동에서는 $\vec{\omega}_{AB} \times (\vec{\omega}_{AB} \times \vec{r}_{B/A})$ 항을 항상 $-\omega_{AB}^2\vec{r}_{B/A}$으로 나타낼 수 있다는 것을 알았다. 따라서 식 (6.5)는 다음과 같이 쓸 수 있다.

$$\vec{a}_B = \vec{a}_A + \vec{\alpha}_{AB} \times \vec{r}_{B/A} - \omega_{AB}^2\vec{r}_{B/A} \tag{6.14}$$

같은 강체 상의 두 점 A와 B의 운동 관계식을 구할 때, 일반적으로 이 가속도 식을 사용할 것이다.

절 요약

강체의 동역학을 먼저 살펴봄으로써 이 절을 시작하였다. 질점에 대해서 이 장의 초점인 운동학을 먼저 살펴본다. 주요 운동학적 개념은 강체는 오직 하나의 각속도와 하나의 각가속도만 갖는다는 것이다. 즉 각속도와 각가속도는 물체 전체로서의 특성이다. 상대속도 방정식(식 2.106)과 벡터의 시간미분 관계식(식 2.62)을 이용하면 같은 강체에 있는 두 점 A와 B의 속도 관계는 다음 식을 이용하여 구할 수 있고(그림 6.16 참조)

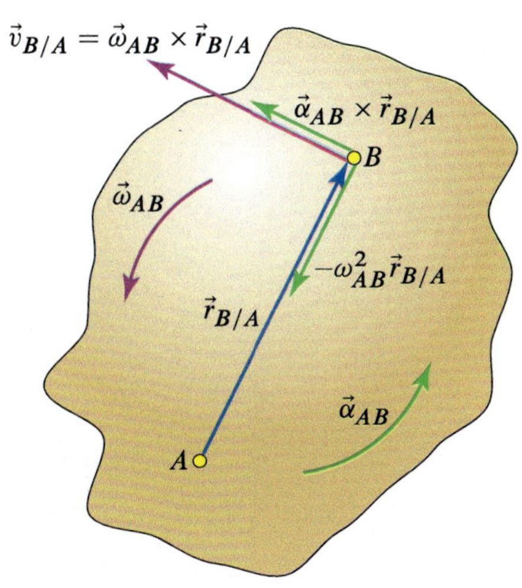

그림 6.16 식 (6.3), (6.5), (6.14)에서 사용되는 양들을 보여주는 그림.

식 (6.3) p. 462

$$\vec{v}_B = \vec{v}_A + \vec{\omega}_{AB} \times \vec{r}_{B/A} = \vec{v}_A + \vec{v}_{B/A}$$

가속도 관계식은

식 (6.5) p. 462

$$\vec{a}_B = \vec{a}_A + \vec{\alpha}_{AB} \times \vec{r}_{B/A} + \vec{\omega}_{AB} \times (\vec{\omega}_{AB} \times \vec{r}_{B/A}) = \vec{a}_A + \vec{a}_{B/A}$$

평면운동의 경우는

식 (6.14) p. 465

$$\vec{a}_B = \vec{a}_A + \vec{\alpha}_{AB} \times \vec{r}_{B/A} - \omega_{AB}^2 \vec{r}_{B/A}$$

병진운동 병진운동에서 물체의 각속도와 각가속도는 0이다. 즉

식 (6.6) p. 464

$$\vec{\omega}_{\text{body}} = \vec{0}, \ \vec{\alpha}_{\text{body}} = \vec{0}$$

따라서 물체의 속도와 가속도 관계식은

식 (6.7) p. 464

$$\vec{v}_B = \vec{v}_A, \ \vec{a}_B = \vec{a}_A$$

여기서 A와 B는 물체 상의 임의의 두 점이다.

고정점에 대한 회전운동 이 특별한 운동에서는 운동평면에 수직인 움직이지 않는 회전축이 있다. 회전축 상에 있지 않은 모든 점들은 축 주위로 원운동을 한다. 회전축이 A점에 있다면 B의 속도는 다음과 같다.

식 (6.8) p. 464

$$\vec{v}_B = \vec{\omega}_{AB} \times \vec{r}_{B/A}$$

가속도는

식 (6.9) p. 464, 식 (6.13) p. 465

$$\vec{a}_B = \vec{\alpha}_{AB} \times \vec{r}_{B/A} + \vec{\omega}_{AB} \times (\vec{\omega}_{AB} \times \vec{r}_{B/A}),$$

$$\vec{a}_B = \vec{\alpha}_{AB} \times \vec{r}_{B/A} - \omega_{AB}^2 \vec{r}_{B/A}$$

여기서 $\vec{\omega}_{AB}$와 $\vec{\alpha}_{AB}$는 각각 물체의 각속도와 각가속도이고, $\vec{r}_{B/A}$는 A에 대한 B의 위치를 나타내는 벡터이다.

예제 6.1 엔진 풀리: 고정축에 대한 회전운동

대부분의 자동차 엔진은 엔진의 풀리들을 연결하는 다수의 벨트를 갖고 있다(그림 1). 벨트들은 연결된 풀리에 대해 미끄러지지 않는다고 가정한다. 벨트는 엔진 부품 간에 운동을 전달하고 동조시키기 위해 사용된다. 크랭크축과 같이 회전하는 풀리 A를 발전기(alternator)를 구동시키는 풀리 B에 연결하는 벨트에 대해서, 크랭크축이 2550 rpm으로 회전하고 풀리 A, B의 반지름이 각각 $R_A = 110$ mm, $R_B = 65$ mm인 경우, 풀리 B의 회전속력을 구하라.

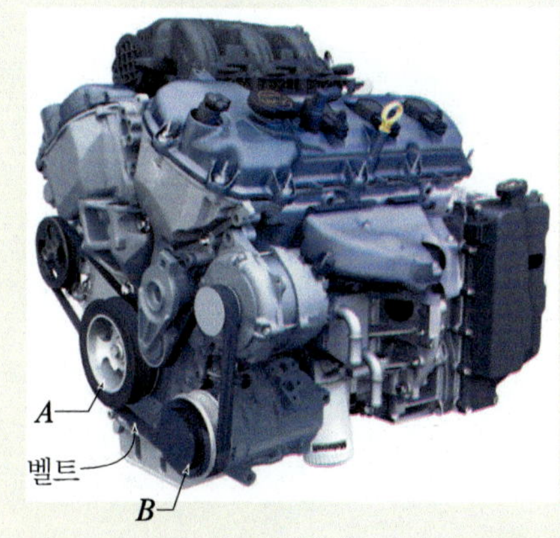

그림 1 여러 벨트가 있는 전형적인 자동차 엔진.

풀이 SOLUTION

로드맵 그림 2를 참조하면 벨트와 풀리 간에 미끄럼이 없는 조건은 특정 시점에 접촉하고 있는 벨트와 풀리에 있는 임의의 두 점, 예를 들어 C와 D 혹은 P와 Q가 같은 속도(즉 $\vec{v}_{C/D} = \vec{v}_{P/Q} = \vec{0}$)를 가져야 한다는 것을 의미한다. 이 관찰과 풀리 A, B가 고정축을 중심으로 회전한다는 사실, 그리고 벨트는 늘어나지 않는다는 가정(벨트 상의 모든 점은 같은 속력을 가져야 한다)으로부터 문제를 풀 수 있다.

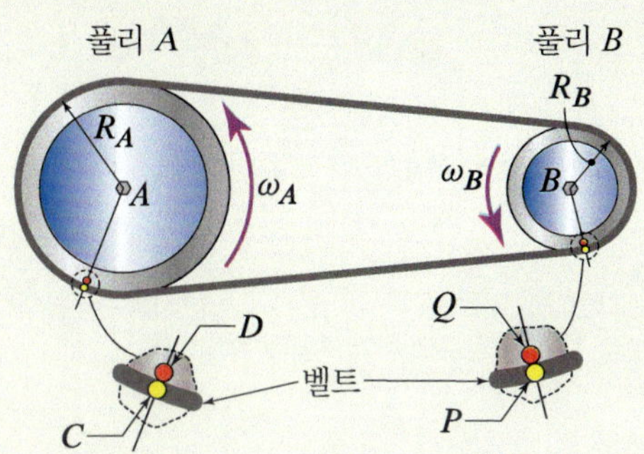

그림 2 풀리 A, B와 그들을 연결하는 벨트로 구성된 시스템의 개략도. 풀리는 정지한 엔진에 부착되어 있다.

계산 그림 2에서 벨트가 늘어나지 않는다는 것은 다음을 의미한다.

$$|\vec{v}_C| = |\vec{v}_P| \tag{1}$$

이 결과와 미끄럼이 없다는 조건으로부터

$$\vec{v}_C = \vec{v}_D, \quad \vec{v}_P = \vec{v}_Q \quad \Rightarrow \quad |\vec{v}_D| = |\vec{v}_Q| \tag{2}$$

그림 2에서 풀리 A, B는 고정축을 중심으로 회전을 한다. 각 풀리에 식 (6.8)을 적용하여 $\vec{v}_D$와 $\vec{v}_Q$를 구하면

$$\vec{v}_D = \vec{\omega}_A \times \vec{r}_{D/A}, \quad \vec{v}_Q = \vec{\omega}_B \times \vec{r}_{Q/B} \tag{3}$$

$\vec{\omega}$와 $\vec{r}$은 서로 수직이므로 각각의 속력은

$$|\vec{v}_D| = |\vec{\omega}_A|R_A, \ |\vec{v}_Q| = |\vec{\omega}_B|R_B \tag{4}$$

식 (4)를 식 (2)의 마지막 식에 대입하면

$$|\vec{\omega}_A|R_A = |\vec{\omega}_B|R_B \quad \Rightarrow \quad |\vec{\omega}_B| = \frac{R_A}{R_B}|\vec{\omega}_A| = 4315\,\text{rpm} \tag{5}$$

여기서 $|\vec{\omega}_A| = 2550$ rpm, R_A, R_B 값을 대입했다.

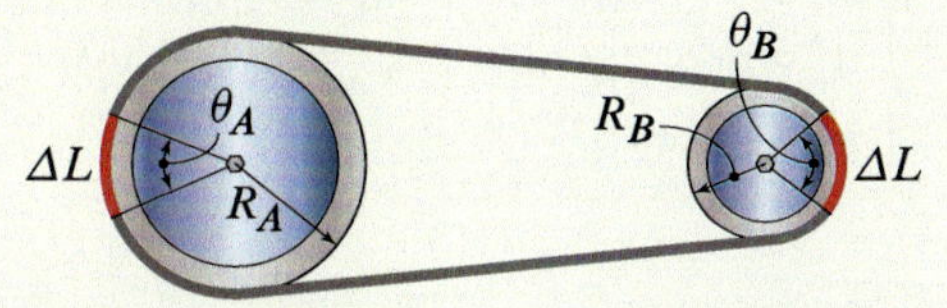

그림 3 미끄럼이 없는 조건에서 풀리 주위의 벨트의 길이.

논의 및 검증 식 (5)의 결과를 확인하기 위해 그림 3을 보자. 풀리와 벨트 A 간에 미끄럼 없는 조건이면 풀리 A가 θ_A 만큼 회전하면 벨트는 $\Delta L = \theta_A R_A$ 만큼 풀리 A 주위를 움직인다. 벨트가 풀리 B에 대해 미끄러지지 않으므로 θ_B가 풀리 B의 회전각이라면 $\Delta L = \theta_B R_B$이어야 한다. 따라서 $\theta_B = (R_A/R_B)\theta_A$. 이 관계식은 각 θ_B의 변화율은 θ_A의 변화율에 풀리의 반지름 비율 R_A/R_B를 곱한다는 것을 의미하고 이것이 식 (5)의 결과이다.

예제 6.2 기어: 고정축에 대한 회전운동

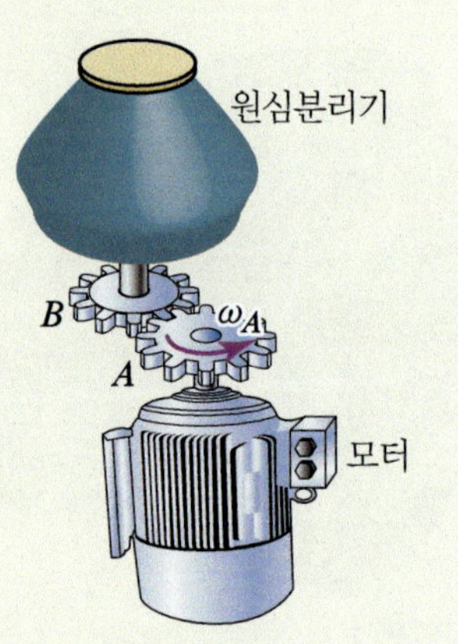

그림 1 기어 시스템을 통한 전기모터에 의해 구동되는 원심분리기.

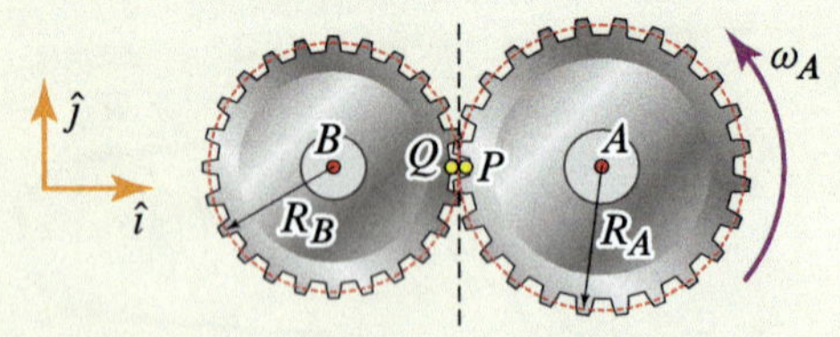

그림 2 맞물린 두 기어. 기어의 반지름은 점선으로 표시된 원주의 반지름임을 유의하라.

유용한 정보

식 (3)으로부터 식 (5)를 구하기. 식 (3)의 마지막 식을 미분하여 식 (5)를 구할 때, 운동학 방정식을 구하기 위해 구속조건을 미분한다. 이것은 운동학에서 자주 이용하는 도구로, 언제 이것을 이용할 수 있는지 항상 세심히 살펴야 한다.

흥미로운 사실

왜 기어를 사용하나? 기어는 벨트와 같이 회전운동을 전달하는데 사용된다. 회전운동이 미끄럼 없이 전달되어야 하는 경우(예, 시계의 경우), 기어가 필수적이다. 기어는 한 각속력을 갖는 축과 다른 각속력을 갖는 축을 연결하는 기어 감속을 위해서도 종종 사용된다.

최대 각속력이 3450 rpm인 전기모터가 원심분리기를 회전시키는데 사용된다. 모터의 운동은 반지름이 각각 R_A와 R_B인 두 기어 A와 B를 통해 원심분리기로 전달된다(그림 1 참조). 원심분리기의 최대 각속력이 6000 rpm이 되기 위한 반지름 비 R_A/R_B를 구하고, 가속 시 B에 대한 A의 각가속도 크기의 비를 구하라.

풀이 SOLUTION

로드맵 기어 이(teeth)는 두 기어가 미끄럼 없이 구르도록 설계된다. 기어의 반지름은 이(teeth)의 안 반지름이나 바깥 반지름이 아닌 기어가 대표하는 휠의 반지름(그림 2의 빨간 점선 참조)이다. 따라서 그림 2에서 두 기어 간의 미끄럼 없는 조건으로부터, 점 P와 Q가 접촉하고 있을 때, 두 점의 속도는 같아야 한다. 그리고 기어 A와 B는 각각 고정축인 모터축과 원심분리기축을 중심으로 회전하고 있다.

계산 각각 A와 B를 중심으로 회전하고 있는 점 P와 Q의 속도는 식 (6.8)을 적용하여 다음과 같이 구할 수 있다.

$$\vec{v}_P = \vec{\omega}_A \times \vec{r}_{P/A} = \omega_A \hat{k} \times (-R_A)\hat{\imath} = -\omega_A R_A \hat{\jmath}, \tag{1}$$

$$\vec{v}_Q = \vec{\omega}_B \times \vec{r}_{Q/B} = \omega_B \hat{k} \times R_B \hat{\imath} = \omega_B R_B \hat{\jmath}, \tag{2}$$

여기서 A와 B의 각속도는 모두 양의 $\hat{k}$ 방향이라고 가정했다. 기어 간의 미끄럼 없는 조건을 적용하면

$$\vec{v}_P = \vec{v}_Q \quad \Rightarrow \quad -R_A\omega_A \hat{\jmath} = R_B\omega_B \hat{\jmath} \quad \Rightarrow \quad -R_A\omega_A = R_B\omega_B, \tag{3}$$

여기서 R_A와 R_B는 모두 플러스 값이므로, 마이너스 부호는 두 기어가 반대 방향으로 회전한다는 것을 의미한다. $|\omega_A| = 3450$ rpm이고 $|\omega_B| = 6000$ rpm이므로 식 (3)을 R_A/R_B에 대해 풀면

$$\boxed{\frac{R_A}{R_B} = \left|\frac{\omega_B}{\omega_A}\right| = \frac{6000\,\text{rpm}}{3450\,\text{rpm}} = 1.739} \tag{4}$$

기어 B에 대한 기어 A의 각가속도의 비를 구하기 위해 식 (3)을 시간 미분하면

$$-R_A\alpha_A = R_B\alpha_B \quad \Rightarrow \quad \boxed{\left|-\frac{\alpha_A}{\alpha_B}\right| = \frac{R_B}{R_A} = \frac{1}{1.739} = 0.575} \tag{5}$$

논의 및 검증 결과들의 차원이 맞고 예제 6.1의 결과와도 모순되지 않는다. 즉 식 (5)는 두 기어의 각속력과 각가속도의 크기가 기어 반지름의 비와 비례한다는 것을 의미한다.

심층분석 식 (4)의 결과는 2장에서 논의한 개념(예를 들면 식 (2.64)나 식 (2.93))과 기어 회전에 대한 지식을 이용하여 구할 수 있다. 원운동의 경우, 속력은 경로의 반지름에 각속도를 곱한 것과 같고 방향은 관심 점에서 경로에 접선 방향임을 2장에서 살펴보았다. 따라서 그림 2에서 $\vec{v}_P = R_A|\omega_A|(-\hat{\jmath}) = -R_A|\omega_A|\hat{\jmath}$이고 $\vec{v}_Q = R_B|\omega_B|\hat{\jmath}$이다 ($Q$는 양의 $\hat{\jmath}$ 방향으로 움직인다고 가정). 기어 비 R_A/R_B는 식 (3)과 (4)와 같이 $\vec{v}_P = \vec{v}_Q$를 이용하여 구할 수 있다.

예제 6.3 카니발 놀이기구: 병진운동

많은 놀이 공원에 있는 **운동플랫폼**은 좌석이 있는 플랫폼이 지면과 항상 평행하게 움직이는 카니발(이동 유원지) 놀이기구의 일종이다. 그림 1은 큰 놀이 공원보다 이동 카니발에서 더 쉽게 발견할 수 있는 기본적인 형태의 운동플랫폼을 보여준다. 그림의 운동플랫폼(그림 2도 참조)의 회전암(rotating arm) AB, CD는 길이가 $L = 10$ ft로 같고 항상 평행하게 움직인다. ω_{AB}가 일정하고 1.25 rad/s일 때, 놀이 기구에 탄 사람 P의 속도와 가속도를 구하라.

그림 1 운동플랫폼으로 구성된 카니발 놀이기구.

풀이 SOLUTION

로드맵 문제를 간단히 하기 위해 플랫폼과 타고 있는 사람을 하나의 강체로 가정한다. 이것은 두 회전암과 플랫폼은 4절 링크를 형성한다는 것을 의미한다.[2] 암 AB, CD는 크기가 같고 항상 평행하기 때문에 4절 링크 $ABCD$는 항상 평형사변형을 형성하고 플랫폼 BC는 방향이 바뀌지 않고 각속도가 0이다. 이 사실과 고정축에 대한 회전운동의 운동학을 적용하면 $\vec{v}_P$와 $\vec{a}_P$를 계산할 수 있을 것이다.

계산 그림 2로부터 암 AB, CD는 항상 평행하고, 플랫폼 BC는 방향이 바뀌지 않는다는 것을 알 수 있다. 463쪽의 토론에 의하면 이 사실은 플랫폼의 각속도가 0임을 의미한다. 즉

$$\omega_{BC} = 0 \tag{1}$$

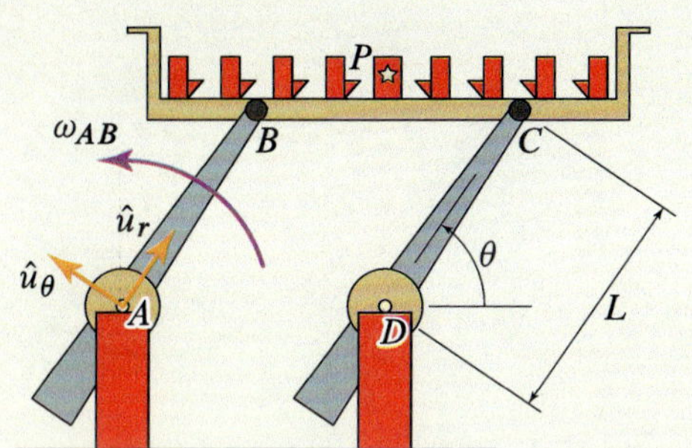

그림 2 좌표계 정의와 카니발 놀이기구의 형상.

또한 점 B와 C는 각각 고정점 A와 D를 중심으로 회전운동을 한다는 것을 알 수 있다. BC 위에 있는 점들의 궤적은 직선이 아니므로 BC의 운동은 **곡선 병진운동**이다. 결과적으로 BC 위에 있는 모든 점들이나 탑승자들도 같은 속도와 가속도를 갖는다. 따라서

$$\vec{v}_P = \vec{v}_B = \omega_{AB} L\, \hat{u}_\theta = 12.5\,\text{ft/s}\,\hat{u}_\theta \tag{2}$$

$$\vec{a}_P = \vec{a}_B = -\omega_{AB}^2 L\, \hat{u}_r = -15.6\,\text{ft/s}^2\,\hat{u}_r \tag{3}$$

여기서 B의 속도와 가속도는 식 (6.11)의 원운동 공식을 이용하여 계산했다.

논의 및 검증 식 (2)와 (3)의 차원과 단위는 정확하고 P의 속도와 가속도의 크기는 합리적이다. 특히 가속도는 일반적인(익스트림이 아닌) 카니발 놀이 기구에서 경험하는 가속도와 차이가 없고 중력가속도의 50% 보다 조금 작다.

심층분석 식 (2)의 $\vec{v}_P$의 방향과 식 (3)의 $\vec{a}_P$의 방향은 그림 2의 점 A에서 표시한 방향임을 잊지 않는 것이 중요하다. 즉 P는 고정점 A에 대한 회전이 아니기 때문에, 식 (2)와 (3)의 $\hat{u}_r$과 $\hat{u}_\theta$는 A에 대한 P의 방향의 단위벡터가 아니다.

2) 4절 링크(*four-bar linkage*)는 한 링크는 고정되고(이 예제에서는 링크 AD) 다른 세 링크는 미리 결정된 방법으로 움직이는(이 예제에서는 링크 AB, BC, CD) 네 부재 혹은 네 링크로 구성된 기구이다.

문제

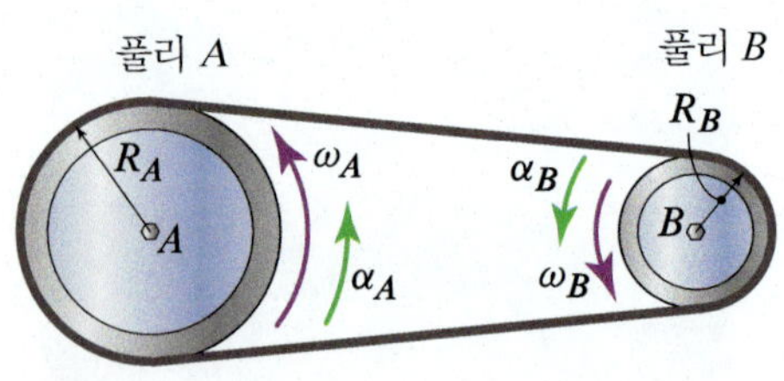

그림 P6.1

문제 6.1

$R_A = 180$ mm, $R_B = 120$ mm이고 벨트와 풀리 A, B 간의 미끄럼이 없다고 가정한다. 풀리 A의 각속도와 각가속도가 각각 340 rad/s와 120 rad/s^2일 때, 풀리 B의 각속도와 각가속도를 구하라.

문제 6.2

$R_A = 0.2$ mm, $R_B = 0.1$ mm, $R_C = 0.16$ mm이다. 기어 A의 각속력이 그림의 방향으로 $|\omega_A| = 945$ rpm일 때, 기어 B, C의 각속도를 구하라.

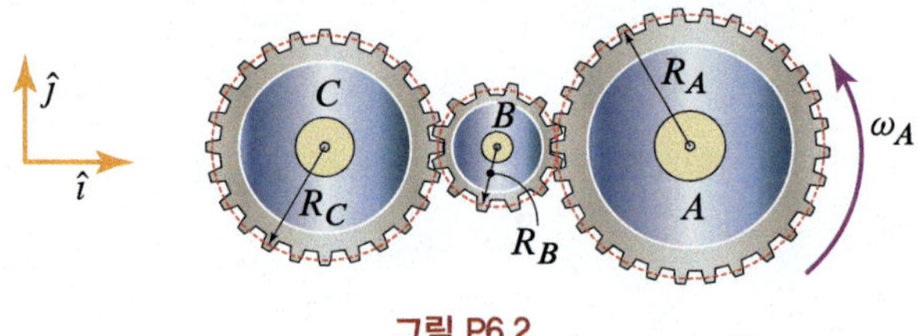

그림 P6.2

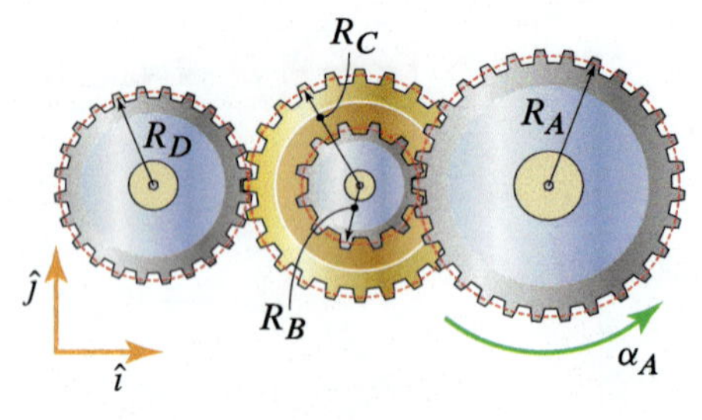

그림 P6.3

문제 6.3

$R_A = 203$ mm, $R_B = 107$ mm, $R_C = 165$ mm, $R_D = 140$ mm이다. 기어 A의 각가속도의 크기가 그림의 방향으로 $|\alpha_A| = 47$ rad/s^2일 때, 기어 B, C, D의 각가속도를 구하라. 기어 B, C는 같은 축에 장착되어 있어 같이 회전한다는 것을 유의하라.

문제 6.4

베벨기어 A, B의 공칭 반지름은 각각 $R_A = 20$ mm, $R_B = 5$ mm이고 회전축은 서로 직각이다. 기어 A의 각속력이 $\omega_A = 150$ rad/s일 때, 기어 B의 각속력을 구하라.

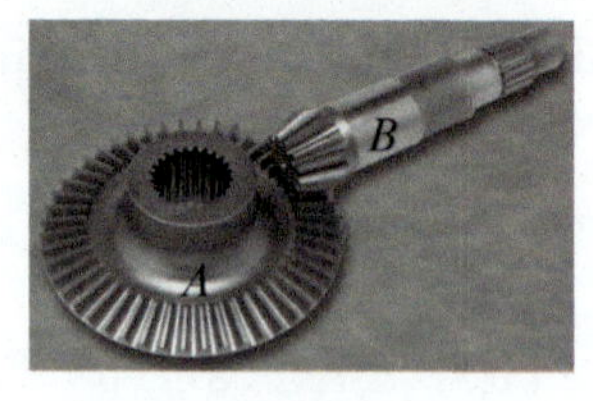

그림 P6.4

그림 P6.5

문제 6.5

점 O의 고정축을 가진 로터가 정지 상태에서 각가속도 $\alpha_O = 0.5$ rad/s^2로 가속된다. 로터의 지름이 $d = 4.5$ mm일 때, 로터의 바깥 가장자리가 속도 $v_0 = 91$ m/s에 도달하는 시간을 구하라. 마지막으로 속도 v_0에 도달할 때, 이 점의 가속도의 크기를 구하라.

문제 6.6

각속도 ω_{bg}로 회전하는 베벨기어(bg)의 표면에 있는 점 A와 B는 상대운동을 하는가? A와 B 사이의 거리는 어떠한 속도로 변하는가?

주의 개념 문제는 계산이 아닌 설명이 필요하다.

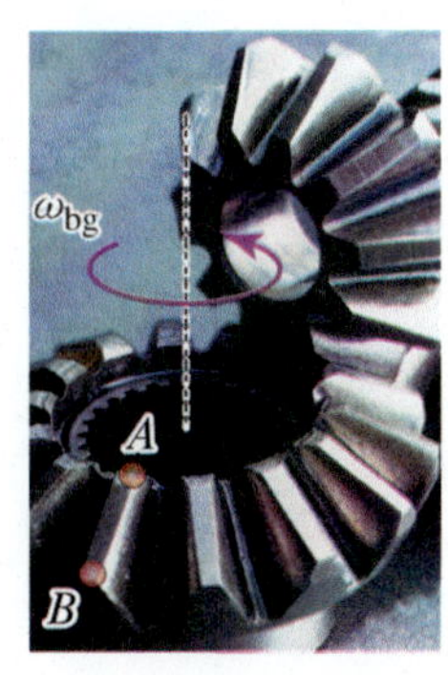

그림 P6.6

문제 6.7

펠톤 터빈(수력 발전에 사용되는 터빈 형식)이 1100 rpm으로 회전하고 있을 때 터빈에 작용하는 초고압수가 차단되어 속도가 감소된다. 각감속도가 1.31 rad/s^{2}로 일정할 때 터빈이 완전히 정지할 때까지 걸리는 시간을 구하라. 그리고 그때까지 터빈의 총 회전수를 구하라.

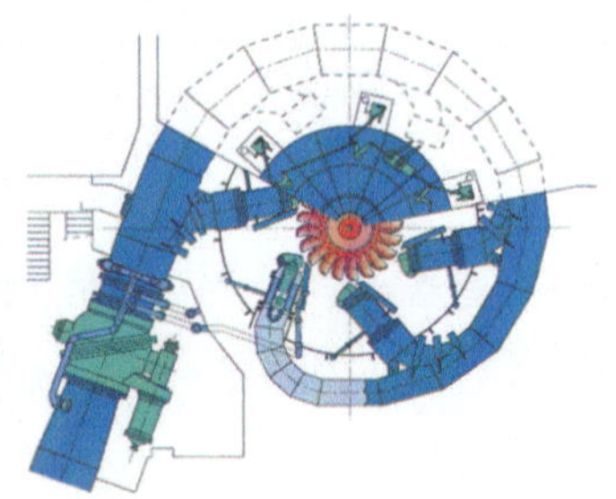

그림 P6.7

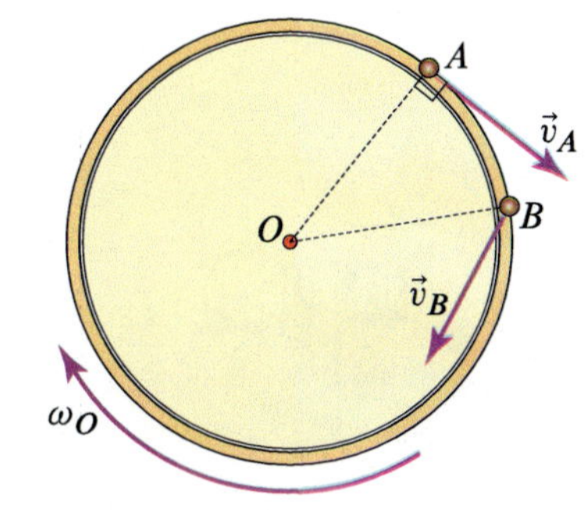

그림 P6.8

문제 6.8

평면운동을 하는 디스크 상의 두 점 A와 B의 속도는 $|\vec{v}_A| = |\vec{v}_B|$이다. 디스크가 중심 O를 지나는 고정축에 대해 회전하는 것이 가능한가? 설명하라.

주의 개념 문제는 계산이 아닌 설명이 필요하다.

문제 6.9

평면운동을 하는 디스크 상의 점 A의 속도와 B의 가속도는 그림과 같다. 디스크가 중심 O를 지나는 고정축에 대해 회전하는 것이 가능한가? 설명하라.

주의 개념 문제는 계산이 아닌 설명이 필요하다.

그림 P6.9, P6.10

문제 6.10

그림의 디스크가 중심 O를 지나는 고정축에 대해 회전하고 있다고 가정하고 디스크의 각속도가 일정한지, 증가하고 있는지, 감소하고 있는지 결정하라.

주의 개념 문제는 계산이 아닌 설명이 필요하다.

문제 6.11

그림의 스프링클러는 속이 빈 수직축에 장착된 파이프 AB로 구성되어 있다. 물은 O에 있는 수평 파이프로 들어와 A와 B에 있는 노즐로 나감으로써 파이프가 회전한다. d = 180 mm이고 B가 일정한 속력 v_B = 6 m/s로 움직일 때, 스프링클러의 각속도 ω_s와 B의 가속도의 크기 $|\vec{a}_B|$를 구하라. 스프링클러는 땅에서 구르지 않는다고 가정하라.

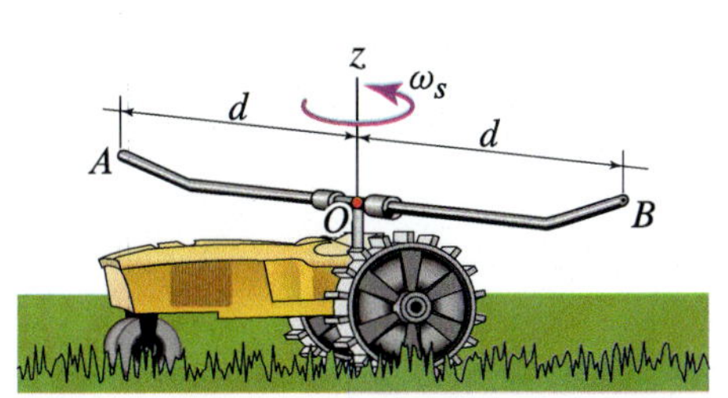

그림 P6.11

문제 6.12

카니발 놀이 기구에서 두 곤돌라가 서로 반대 방향으로 돌고 있다. $\ell = 4$ m이고 점 A의 가속도의 크기가 2.5 g를 넘지 않는다면, 곤돌라의 최대 일정 각속력을 구하라.

그림 P6.12

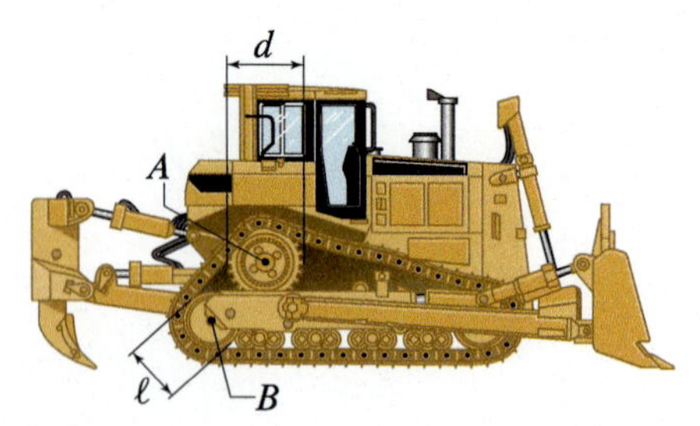

그림 P6.13

문제 6.13

그림의 트랙터의 오른쪽 트랙이 지면에서 들려 트랙터가 움직이지 않아도 트랙이 움직일 수 있다. 스프로켓 A의 지름 $d = 0.8$ m이고 스프로켓 B의 지름 $\ell = 0.6$ m이다. 스프로켓 A가 1 rpm으로 회전할 때 스프로켓 B의 각속력을 구하라.

문제 6.14

공성 망치(battering ram)가 끝점에서 핀으로 연결된 길이가 같은 봉 AD와 BC에 의해 프레임에 매달려 있다. 그림의 위치에서 망치의 점 E는 $v_0 = 15$ m/s의 속도로 움직인다. $H = 1.75$ m이고 $\theta = 20°$일 때, 망치의 각속도의 크기를 구하라.

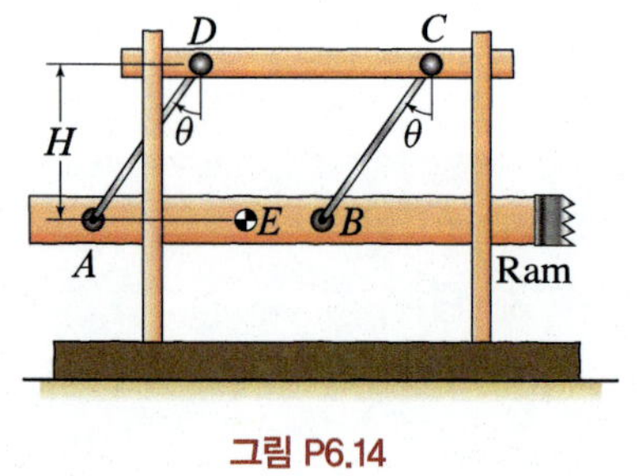

그림 P6.14

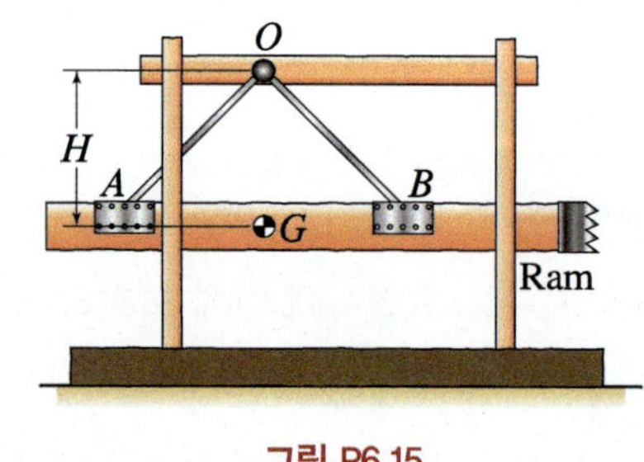

그림 P6.15

문제 6.15

공성 망치가 O에서 핀으로 연결된 봉 OA와 OB에 의해 프레임에 매달려 있다. 그림의 위치에서 망치의 점 G는 오른쪽으로 $v_0 = 15$ m/s의 속도로 움직인다. $H = 1.75$ m일 때, 망치의 각속도를 구하라.

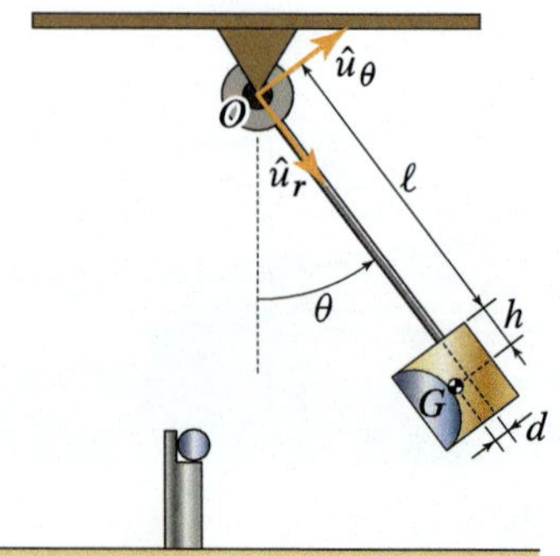

그림 P6.16, P6.17

문제 6.16, 6.17

샤르피 충격경도시험기의 해머는 그림의 형상을 갖고 있다. 여기서 G는 해머 머리의 질량중심이다. 식 (6.8)과 (6.13)을 이용하고 답을 그림의 좌표계를 사용하여 나타내라.

문제 6.16 $\ell = 500$ mm, $h = 65$ mm, $d = 25$ mm, $\dot{\theta} = -5.98$ rad/s, $\ddot{\theta} = -8.06$ rad/s^{2}일 때, G의 속도와 가속도를 구하라.

문제 6.17 G의 속도와 가속도를 그림의 형상 변수, $\dot{\theta}$, $\ddot{\theta}$를 이용하여 나타내라.

문제 6.18

그림과 같이 $v_p = 7.5$ m/s, $a_p = 1$ m/s^{2}으로 종이가 풀리고 있다. 종이의 반지름 $r = 0.75$ m일 때, 종이의 각속도 ω_s와 각가속도 α_s를 구하라.

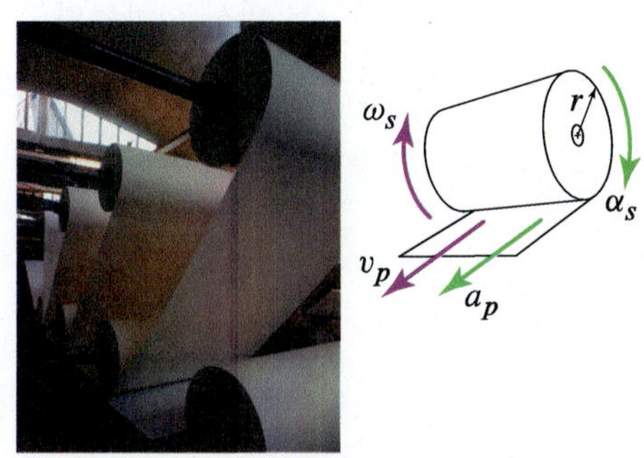

그림 P6.18

문제 6.19

그림에서 프로펠러의 각속도는 양의 z 방향으로 $\omega_p = 400$ rpm, 각가속도는 음의 z 방향으로 $\alpha_p = -2$ rad/s^{2}이다. 여기서 z 축은 프로펠러의 회전축이다. 그림과 같이 원점이 z 축 상의 O에 있고 단위벡터 $\hat{u}_R$이 회전축에서 14 ft 떨어진 점 Q를 향하는 원통좌표계를 고려하라. Q의 속도와 가속도를 구하라. 답을 그림의 좌표계를 사용하여 나타내라.

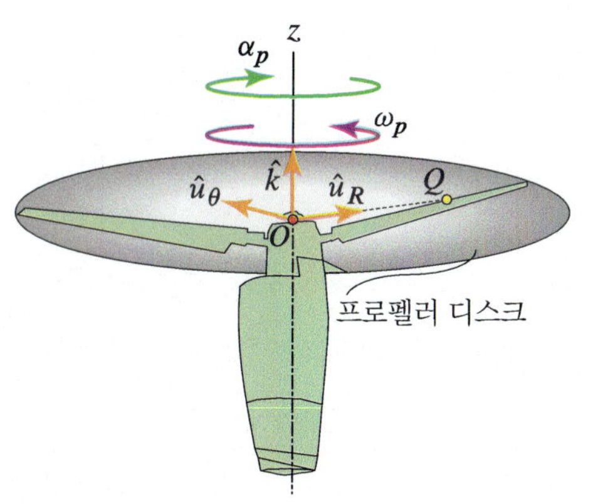

그림 P6.19

문제 6.20

그림과 같이 모터 축에 장착되어 있는 지름 $d = 50$ mm인 휠 A가 일정한 각속도 $\omega_A = 250$ rpm으로 회전하고 있다. 중심이 고정점 O인 휠 B는 A에 벨트로 연결되어 있고 벨트는 A나 B에 대해 미끄럼이 없다. B의 반지름은 $R = 125$ mm이다. 점 C에서 휠 B는 톱에 연결되어 있다. 점 C는 O에서의 거리 $\ell = 100$ mm, $\theta = 20°$일 때, C의 속도와 가속도를 구하라. 답을 그림의 좌표계를 사용하여 나타내라.

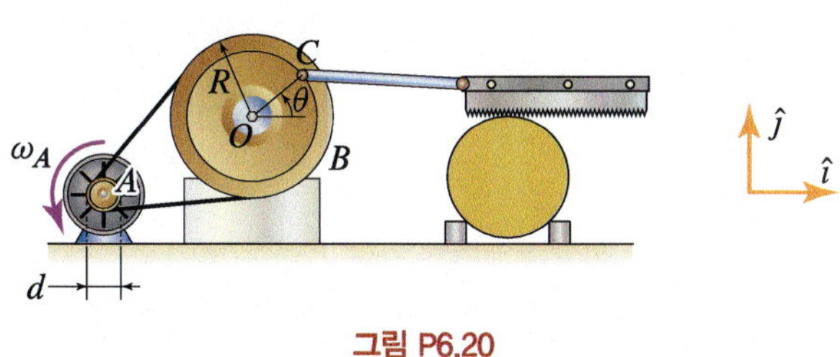

그림 P6.20

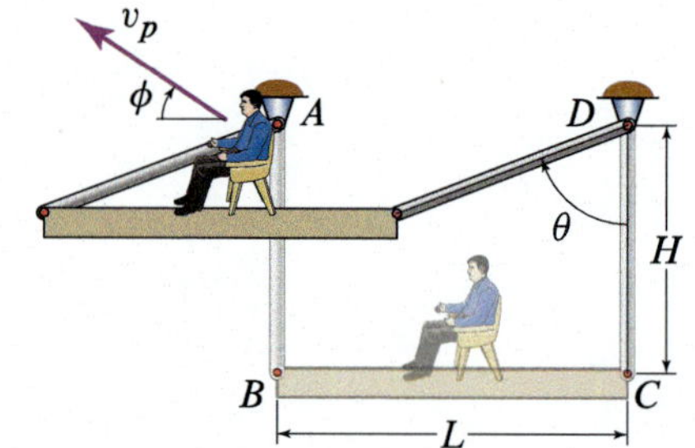

그림 P6.21

문제 6.21

사람이 그림과 같은 기계장치의 흔들리는 플랫폼 중앙에 앉아 있다. 길이 $L = 3.5$ m인 플랫폼은 길이 $H = 3$ m인 두 개의 동일한 암에 의해 매달려 있다. 사람이 왼쪽 위로 각도 $\phi = 33°$, 속력 $v_p = 7.6$ m/s로 움직이고 있을 때, 암의 각도 θ와 각속력을 구하라.

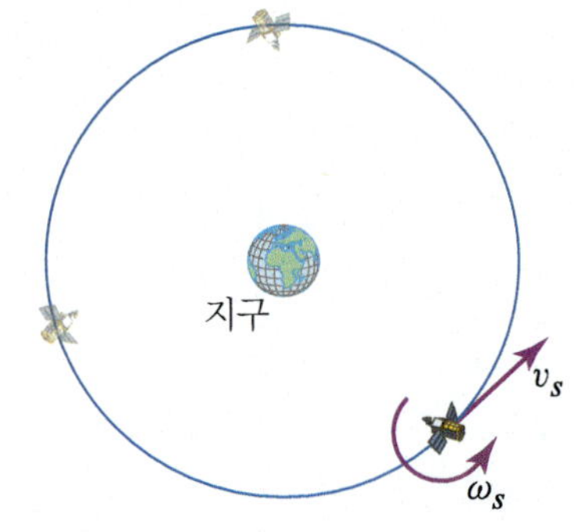

그림 P6.22

문제 6.22

정지궤도는 주기가 하루인 지구의 적도 상의 원 궤도이다. 지구 표면에 있는 사람이 볼 때, 지구의 자전속도와 같은 속도로 돌고 있는 위성은 하늘의 같은 위치에 떠있는 것처럼 보이기 때문에, 통신위성의 경우 이 정지궤도는 매우 중요하다. 이 정보와 위성은 항상 같은 면이 지구를 향한다는 것을 염두에 두고, 정지위성을 강체로 모델링하여 위성의 각속력 ω_s를 구하라.

문제 6.23

암 OA가 고정된 상태에서 굴착기의 버킷이 작동된다. 그림의 위치에서 점 B가 수평성분 속도 $v_0 = 0.08$ m/s를 갖고 있으며 AB는 수직이다. $\ell = 0.3$ m, $w = 0.8$ m, $h = 0.6$ m 일 때, 점 C의 속도를 구하라. 그리고, 점 B는 수평방향으로 가속상태가 아니라고 가정하고 점 C의 가속도를 구하라. 그림의 좌표계를 사용하여 답을 구하라.

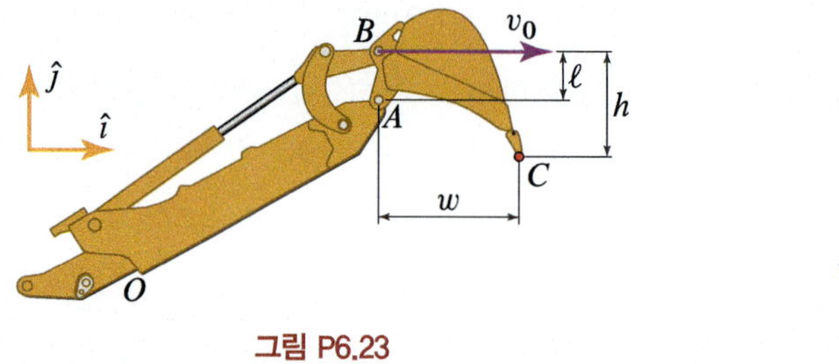

그림 P6.23

그림 P6.24

문제 6.24

휠 A와 C는 같은 축에 장착되어 있고 같이 회전한다. 휠 A와 B는 벨트로 연결되어 있고 휠 C와 D도 벨트로 연결되어 있다. 모드 휠의 회전축은 고정되어 있고 모든 벨트에서 미끄럼은 발생하지 않는다. 그림의 위치에서 휠 A는 각속도 $\omega_A = 2$ rad/s와 각가속도 $\alpha_A = 0.5$ rsd/s^{2}를 갖고 있다면 휠 B와 D의 각속도와 각가속도를 구하라. 휠의 반지름은 $R_A = 0.3$ m, $R_B = 0.08$ m, $R_C = 0.2$ m, $R_D = 0.2$ m이다.

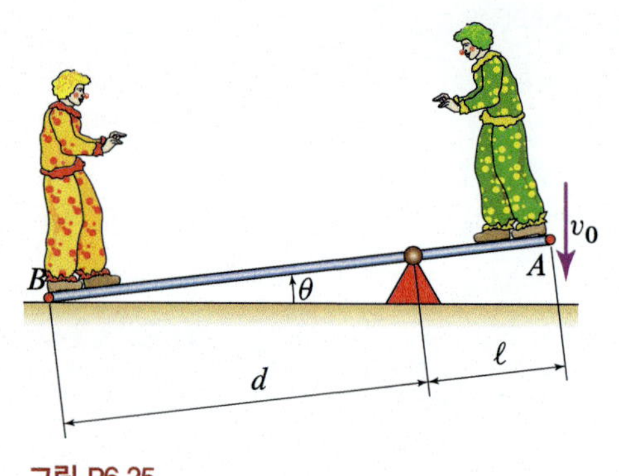

그림 P6.25

문제 6.25

곡예사가 그림과 같이 보드의 끝 A에 착륙한다. A의 수직성분 속도는 $v_0 = 5.5$ m/s이다. $\theta = 15°$, $\ell = 1$ m, $d = 2.5$ m이고 보드를 강체로 모델링할 때, 점 B의 수직성분 속도를 구하라.

문제 6.26

그림에서 A는 속도 $v_0 = 1.5$ m/s와 가속도 $a_0 = 0.2$ m/s^{2}로 위로 움직이고 있다. 풀리를 연결하는 로프는 풀리에 대해 미끄러지지 않는다고 가정하고 $\ell = 150$ mm, $d = 100$ mm일 때, 풀리 C의 각속도와 각가속도를 구하라.

그림 P6.26

문제 6.27

그림에서 각 $\phi = 30°$, $|\vec{v}_A| = 90$ m/s이고, 터빈은 시계방향으로 회전하고 있다. $\overline{OA} = R$, $\overline{OB} = R/2$, $R = 55$ m이고 날개의 간격은 일정하다고 할 때, 점 B의 속도를 그림의 좌표계를 이용하여 구하라.

문제 6.28

그림에서 각 $\phi = 30°$, 터빈은 시계방향으로 회전하고 있고 $\vec{a}_B = (70.8\hat{\imath} - 12.8\hat{\jmath})$m/s^{2}이다. $\overline{OA} = R$, $\overline{OB} = R/2$, $R = 55.5$ m이고 날개의 간격은 일정하다고 할 때, 터빈 날개의 각속도와 각가속도, 점 A의 가속도를 구하라.

그림 P6.27, P6.28

문제 6.29-6.31

자전거 휠의 지름은 700 mm이고 기어 세트의 수치는 아래 표에 주어져 있다.

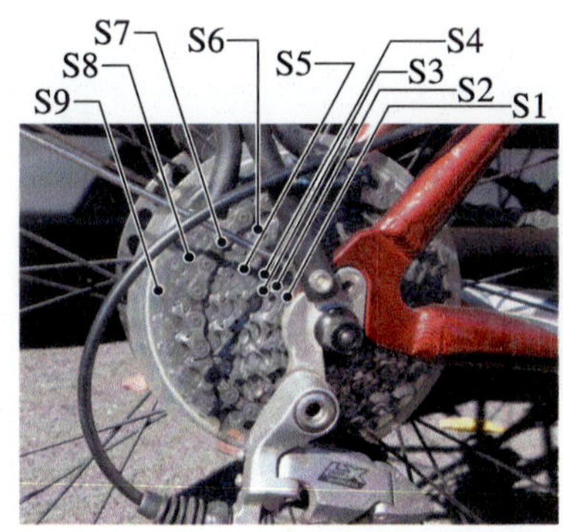

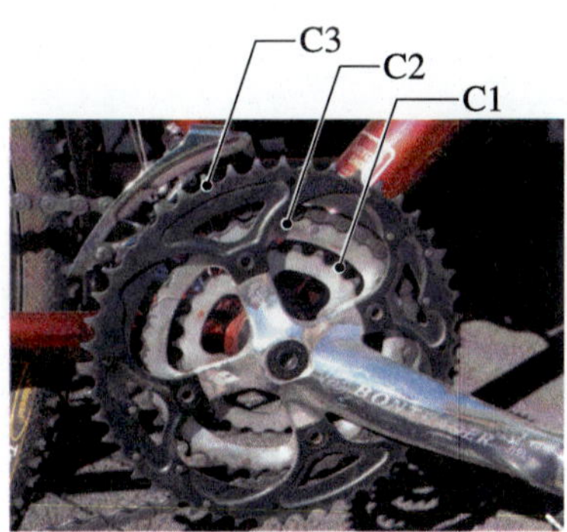

그림 P6.29-P6.31

크랭크			
스프로켓	C1	C2	C3
톱니 수	26	36	48
반지름 (mm)	52.6	72.8	97.0

카세트(9속)									
스프로켓	S1	S2	S3	S4	S5	S6	S7	S8	S9
톱니 수	11	12	14	16	18	21	24	28	34
반지름 (mm)	22.2	24.3	28.3	32.3	36.4	42.4	48.5	56.6	68.7

문제 6.29 자전거를 탄 사람의 케이던스(cadence)가 1 Hz이라면, C3와 S2 조합을 사용할 때 뒷바퀴의 각속력을 구하라. 그리고 자전거를 탄 사람의 속력은 바퀴의 중심에 대한 타이어 위의 점의 속력과 같을 때 자전거를 탄 사람의 속력을 m/s로 나타내라.

문제 6.30 자전거를 탄 사람의 케이던스가 68 rpm이라면, 체인링(크랭크의 스프로켓)과 (뒤)스프로켓을 어떻게 조합할 때 뒷바퀴의 각속력이 127 rpm에 가장 근접하게 되는가? 체인링과 스프로켓의 조합을 찾은 후, 주어진 체인링과 스프로켓의 조합과 케이던스에 해당하는 휠의 정확한 각속력을 구하라.

문제 6.31 자전거를 탄 사람이 뒷바퀴의 각속력이 16 rad/s가 되도록 페달을 밟을 때, 1.00–1.25 Hz 영역의 케이던스에서 모든 가능한 체인링과 스프로켓의 조합을 찾아라.

6.2 평면운동: 속도해석

6.1절에서 시작했던 슬라이더-크랭크 기구(그림 6.17 참조)의 해석을 계속한다. 그림 6.17과 6.18에서 크랭크 각 θ와 크랭크 각속도 $\dot{\theta}$가 주어졌을 때, 커넥팅 로드의 각속도인 $\vec{\omega}_{BC}$와 피스톤의 속도 $\vec{v}_C$를 구하려고 한다. 우리는 어떠한 평면 강체운동의 속도분석에도 적용할 수 있는 세 가지의 방법(벡터 해석, 구속조건의 미분, 순간회전중심)을 살펴볼 것이다. 절의 본문에서 세 방법의 기초가 되는 기본개념을 제시하고 예제에서 그 방법들을 적용하여 문제를 풀어볼 것이다.

유용한 정보

강체의 속도해석. 강체 동역학에서 운동학적 해석의 첫 단계는 거의 대부분 속도해석이라는 것을 곧 알게 될 것이다. 7장에서 강체에 $\vec{F} = m\vec{a}$를 적용할 때 물체의 질량중심의 가속도를 계산할 필요가 있을 것이다. 강체에 있는 점의 가속도를 나타낼 때 각속도가 필요하기 때문에 보통 가속도 계산에는 물체의 각속도의 계산이 필요하다.

벡터 해석

슬라이더-크랭크 기구(그림 6.17)의 커넥팅 로드는 평면운동을 한다. 따라서 커넥팅 로드 상의 한 점의 속도와 커넥팅 로드의 각속도를 알면 커넥팅 로드의 임의의 점에서의 속도를 알 수 있다(462쪽의 방주 참조). 464쪽에서 고정축인 크랭크의 중심 A에 대한 회전운동을 하는 점 B의 속도를 구했다(그림 6.18 참조). 점 B와 C는 같은 강체 위에 있기 때문에 식 (6.3)을 사용하여 C의 속도를 B의 속도를 이용하여 다음과 같이 나타낼 수 있다.

$$\vec{v}_C = \vec{v}_B + \vec{\omega}_{BC} \times \vec{r}_{C/B} \tag{6.15}$$

평면운동에서 식 (6.15)는 두 개의 스칼라 식을 나타내는 벡터식이다. 이 두 스칼라 식은 $\vec{v}_C$와 $\vec{\omega}_{BC}$를 구하는 열쇠다. 왜냐하면 $\vec{v}_B$는 알고 있고 $\vec{v}_C$의 방향을 알고 있으며(피스톤 C의 운동은 y 축 방향의 직선운동이다), $\vec{r}_{C/B}$는 크랭크 각 θ의 함수로 구할 수 있고(그림 6.18 참조), $\vec{\omega}_{BC}$의 회전 방향도 알고 있기 때문이다(운동평면에 수직방향이다). 따라서 이 두 스칼라 식에서의 미지수는 우리가 찾는 답인 v_C와 ω_{BC} 뿐이다. 이 과정을 예제 6.5에서 볼 수 있을 것이다.

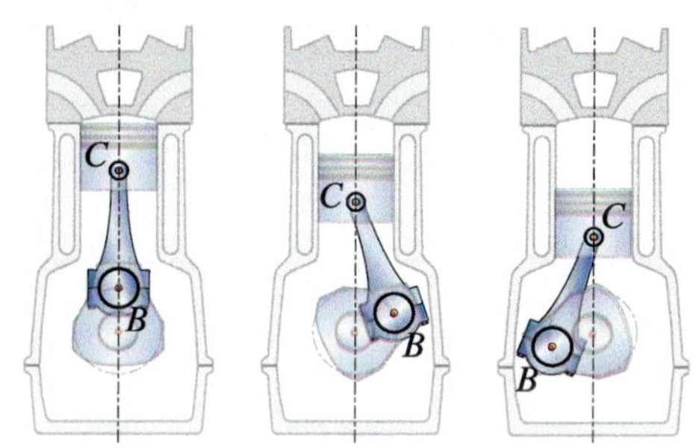

그림 6.17 커넥팅 로드의 운동을 강조한 슬라이더-크랭크 기구의 개략도.

미끄럼 없는 구름: 벡터 해석

많은 동역학 응용문제가 표면을 굴러가는 디스크나 바퀴의 운동, 예를 들면 도로 위를 굴러가는 차바퀴나 철도 위를 굴러가는 기차 바퀴나 서로에 대해 굴러가는 맞물린 기어 쌍의 운동 등을 포함하고 있다. 구름운동의 중요하고 특별한 경우가 **미끄럼 없는 구름**이다.

그림 6.19와 같이 표면 S (S는 움직일 수 있다) 위를 구르는 바퀴 W를 고려해보자. 움직이는 동안 바퀴와 표면이 **접촉을 유지**하고 있고 접촉점 P와 Q (각각 W와 S에 있는 점)가 상대운동을 한다면, 상대운동은 W와 S의 공통 접선인 직선 ℓ의 방향으로만 발생한다(바퀴는 지면에서 분리되지 않는다고 가정하면). W가 S 위를 **미끄럼 없이 구른다** (*rolling without slip*)는 것은 점 P와 Q가 상대운동을 하지 않음을 의미한다. 이것을 속도로 나타내면

$$\vec{v}_{P/Q} \cdot \hat{u}_t = 0, \quad \vec{v}_{P/Q} \cdot \hat{u}_n = 0 \tag{6.16}$$

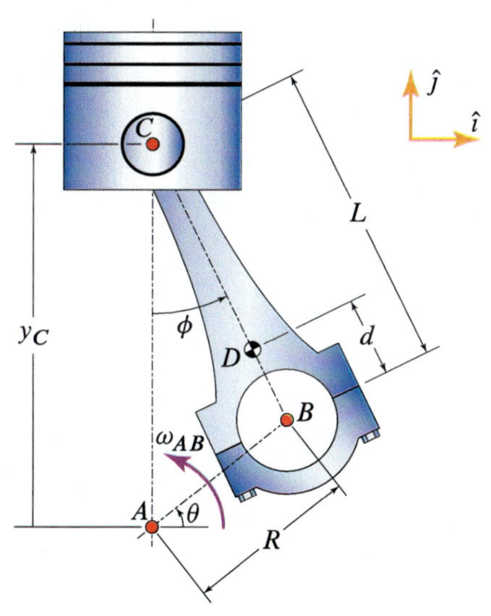

그림 6.18 슬라이더-크랭크 해석에 사용되는 형상변수의 정의.

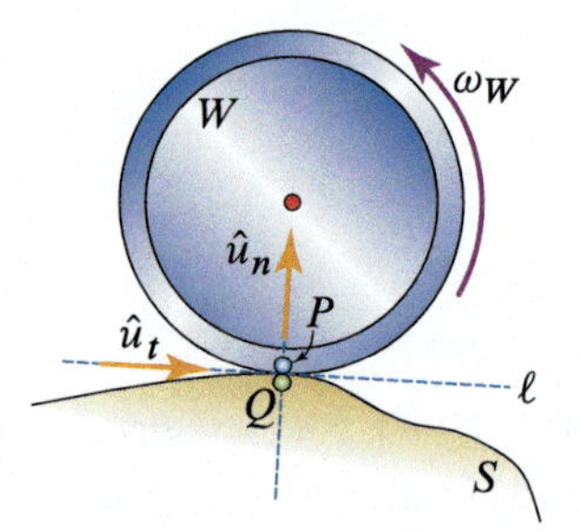

그림 6.19 표면 S를 구르는 바퀴 W. 선 ℓ은 점 P와 Q의 경로에 접하는 선이다.

여기서 $\hat{u}_t$는 ℓ과 평행인 단위벡터이고 $\hat{u}_n$은 ℓ에 수직인 단위벡터이다. 혹은

$$\boxed{\vec{v}_{P/Q} = \vec{0} \quad \Rightarrow \quad \vec{v}_P = \vec{v}_Q} \tag{6.17}$$

식 (6.17)의 응용으로서 평탄한 정지표면 위를 미끄럼 없이 구르는 반지름 R인 바퀴를 고려해 보자. 중심이 속력 v_O로 움직이는 바퀴의 각속도를 구하려고 한다(그림 6.20). P와 O는 같은 강체에 있는 두 점이므로

$$\vec{v}_P = \vec{v}_O + \vec{\omega}_O \times \vec{r}_{P/O} \tag{6.18}$$

여기서 P는 지면과 접촉하는 바퀴 위의 점이고, $\vec{v}_O = v_O\hat{\imath}$, $\vec{\omega}_O = \omega_O\hat{k}$는 바퀴의 각속도이고, $\vec{r}_{P/O} = -R\hat{\jmath}$이다. 식 (6.17)로 주어진 미끄럼 없는 조건을 대입하면

$$\vec{v}_P = \vec{v}_Q = \vec{0} \tag{6.19}$$

여기서 Q는 이 순간 P와 접촉하고 있는 지면의 점이고 지면은 정지해 있기 때문에 $\vec{v}_Q = \vec{0}$이다. 식 (6.19)를 식 (6.18)에 대입하고 정리하면

$$\vec{0} = v_O\,\hat{\imath} + \omega_O\,\hat{k} \times (-R\,\hat{\jmath}) = v_O\,\hat{\imath} + \omega_O R\,\hat{\imath} \quad \Rightarrow \quad \boxed{\omega_O = -\frac{v_O}{R}} \tag{6.20}$$

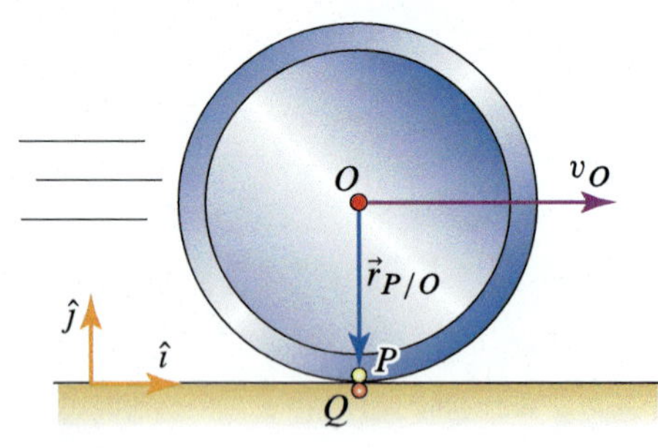

그림 6.20 수평의 고정 표면 위에서 미끄럼 없이 구르는 바퀴.

바퀴의 중심 O는 바퀴의 순간중심이 아님을 주의하라($\vec{v}_O \neq \vec{0}$이기 때문에). 사실 매 순간 지면과 접촉하는 점이 속도가 0이므로 순간중심이다.

빠지기 쉬운 함정

***P*는 고정점이 아니다.** 식 (6.19)는 $\vec{v}_P$가 0이므로 P가 고정점이라는 의미는 아니다. 식 (6.19)는 P가 지면과 접촉하고 있는 순간에만 적용된다. 6.3절에서 P가 지면과 접촉하고 있는 순간에도 $\vec{v}_P = \vec{0}$이지만 $\vec{a}_P \neq \vec{0}$이라는 것을 발견할 것이다. 즉 P는 순간적으로 0의 속도를 갖지만 현재의 위치에서 가속하여 멀어지고 바퀴의 다른 점이 지면과 접촉하는 부분이 된다.

구속조건의 미분

그림 6.18에서 적절한 구속방정식을 세워 시간에 대해 미분하면 $\vec{\omega}_{BC}$와 $\vec{v}_C$를 θ의 함수로 구할 수 있다. 이 개념은 2.7절에서 소개되었으나 이 개념은 질점은 물론 강체에도 적용된다.

피스톤 C의 운동을 알기 위해서 C의 y 좌표에 대한 구속방정식을 다음과 같이 세울 수 있다.

$$y_C = R\sin\theta + L\cos\phi \tag{6.21}$$

이 식은 C의 속도를 구하기 위해 다음과 같이 시간에 대해 미분할 수 있다.

$$\dot{y}_C = v_C = R\dot{\theta}\cos\theta - L\dot{\phi}\sin\phi \tag{6.22}$$

R, L, θ의 값은 알고 있다고 하면 v_C는 ϕ, $\dot{\theta}$, $\dot{\phi}$의 함수이다. 크랭크 각 θ는 선 AB의 방향을 나타내므로 다음과 같이 쓸 수 있다.

$$\dot{\theta} = \omega_{AB} \tag{6.23}$$

여기서 ω_{AB}는 알고 있는 크랭크의 각속도이다. ϕ와 $\dot{\phi}$를 알고 있는 양으로 나타내기 위해 커넥팅 로드의 방향 ϕ와 크랭크의 방향 θ 사이에는 관계식 $R\cos\theta = L\sin\theta$이 성립함을 주목한다. 즉

$$\sin\phi = \frac{R}{L}\cos\theta \tag{6.24}$$

식 (6.24)을 시간에 대해 미분하면 $\dot{\phi}$를 θ와 $\dot{\theta}$의 함수로 구할 수 있다. 여기서 $\dot{\phi}\,\hat{k} = \vec{\omega}_{BC}$이다(문제 6.73 참조). 이것으로 해석이 완료된다. 예제 6.6에서 이 방법을 문제 풀이에 적용해 보겠다.

순간회전중심

강체가 고정점 Q (Q는 물체 상의 점이거나 물체의 확장강체 상의 점)에 대해 회전할 때 강체 상의 임의의 점 C의 속도는

$$\vec{v}_C = \vec{\omega}_{\text{body}} \times \vec{r}_{C/Q} \tag{6.25}$$

왜냐하면 $\vec{v}_Q = \vec{0}$이기 때문이다. 항상 $\vec{v}_Q = \vec{0}$이면 Q는 회전중심이라 불린다. 특정한 순간에만 $\vec{v}_Q = \vec{0}$이면 Q는 순간회전중심(*instantaneous center of rotation*) 혹은 회전중심(*instantaneous center*, IC)[3)]이라 불린다. 평면운동이면 $\vec{\omega}_{\text{body}}$와 $\vec{r}_{C/Q}$는 서로 수직이고 식 (6.25)는 다음과 같이 된다.

$$|\vec{v}_C| = |\vec{\omega}_{\text{body}}||\vec{r}_{C/Q}| = |\vec{\omega}_{\text{body}}||\vec{r}_{C/\text{IC}}| \tag{6.26}$$

즉 C의 속력은 IC부터의 거리에 비례한다. 이 공식은 IC를 찾을 수 있다면 평면운동의 연구에 유용한 도구를 제공한다. 평면운동의 경우 IC는 항상 찾을 수 있다는 것이 밝혀졌다. 이제 세 가지 가능성에 대해 살펴본다.

개념정리

IC와 일반적인 평면운동. 강체의 평면운동의 속도분석에서 비록 IC가 매순간 변한다고 해도 물체의 운동을 항상 IC 주위의 회전운동으로 볼 수 있다. 병진운동은 IC가 무한대에 위치한다.

물체에서 평행하지 않은 두 속도가 주어진 경우

그림 6.21의 커넥팅 로드에 IC 개념을 적용할 때 식 (6.25)는 $\vec{v}_C$가 $\vec{\omega}_{BC}$와 $\vec{r}_{C/Q}$에 수직임을 의미한다. 이것은 커넥팅 로드의 IC가 운동평면에 있어야 하고, 점 C를 지나고 $\vec{v}_C$와 수직인 선(선 ℓ_C)과 점 B를 지나고 $\vec{v}_B$와 수직인 선(선 ℓ_B)과의 교차점에 있어야 한다는 것을 의미한다. 따라서 그림에서 커넥팅 로드의 IC는 ℓ_C와 ℓ_B의 교차점인 점 Q에 있어야 한다.

빠지기 쉬운 함정

가속도분석에서는 IC를 사용하지 마라. IC의 속도는 0이지만, 가속도는 일반적으로 0이 아니다. 따라서 가속도분석에서 IC 개념을 사용하면 안된다.

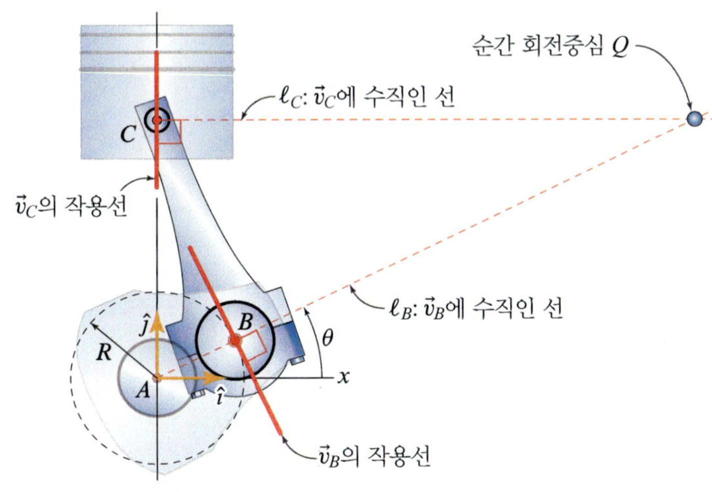

그림 6.21 IC를 구하는 도식적 방법.

물체에서 평행한 두 속도가 주어진 경우

위에서 설명한 도식적 방법은 선 ℓ_B와 ℓ_C가 평행하면 적용할 수 없다. 두 경우를 고려해 보자: (1) ℓ_B와 ℓ_C는 평행하고 떨어져 있다. (2) ℓ_B와 ℓ_C는 평행하고 일치한다.

유용한 정보

IC가 물체 상에 있지 않다면? 그림 6.21에서 찾은 커넥팅 로드의 IC가 커넥팅 로드 상에 있지 않아도 *확장강체*의 개념을 생각하면 식 (6.25)를 이용할 수 있다.

3) 순간중심을 때로는 속도가 0인 순간중심(*instantaneous center of zero velocity*)이라 한다.

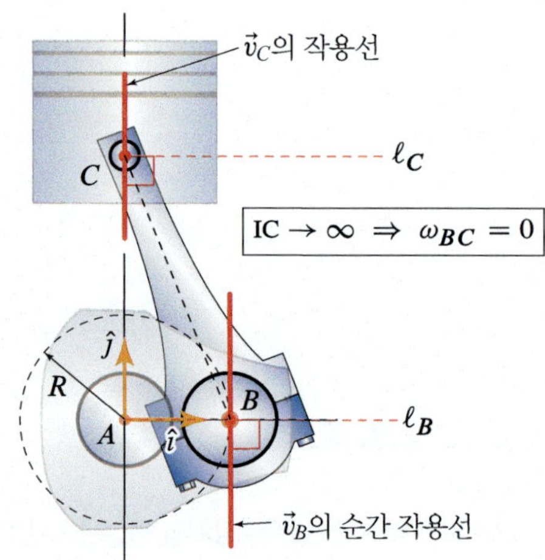

그림 6.22 이 순간 $\vec{v}_B$와 $\vec{v}_C$는 평행하고 ℓ_B와 ℓ_C는 평행하고 떨어져 있다. BC의 IC는 무한대에 있고 $\omega_{BC} = 0$이다.

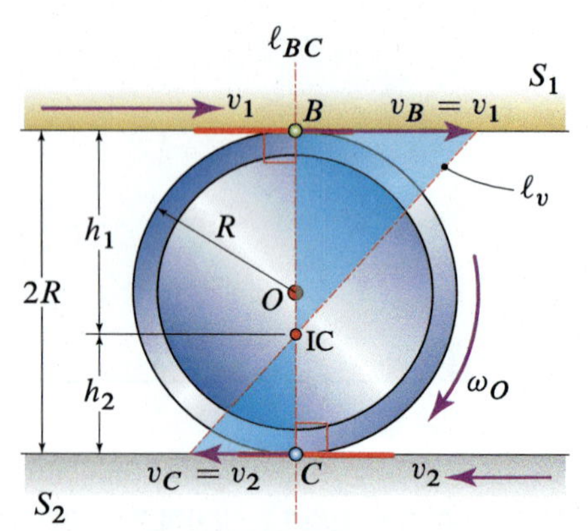

그림 6.24 두 평행한 표면 사이에서 미끄럼 없이 구르는 바퀴의 IC 결정. 위 표면은 오른쪽으로, 아래 표면은 왼쪽으로 움직이고 있다.

경우 1: ℓ_B와 ℓ_C는 평행하고 떨어져 있다 그림 6.22에서 점 B가 선 AC와 수직선 상에 있을 때 $\vec{v}_B$와 $\vec{v}_C$는 평행하고 ℓ_B와 ℓ_C는 평행하고 떨어져 있다. 이 경우 ℓ_B와 ℓ_C는 무한대에서 교차하고 IC는 무한대만큼 멀리 떨어져 있다. 식 (6.26)에서 IC로부터 무한대만큼 멀리 떨어져 있는 B와 C가 유한한 속도를 갖기 위해서는 물체의 각속도가 0이어야 한다! 즉 ℓ_B와 ℓ_C가 평행하고 떨어져 있다면 그 순간 $\vec{\omega}_{BC} = \vec{0}$이고 $\vec{v}_B = \vec{v}_C$라고 결론지을 수 있다.

경우 2: ℓ_B와 ℓ_C는 일치한다 바퀴가 반대방향으로 v_1과 v_2의 속력으로 움직이는 두 수평면 S_1과 S_2와 접촉하면서 미끄럼 없이 구르는 경우를 고려해 보자(그림 6.23). B와 C에서 미끄러지지 않아 표면 S_1과 S_2의 속도와 같아야 하기 때문에 $\vec{v}_B$와 $\vec{v}_C$는 평행해야 한다.

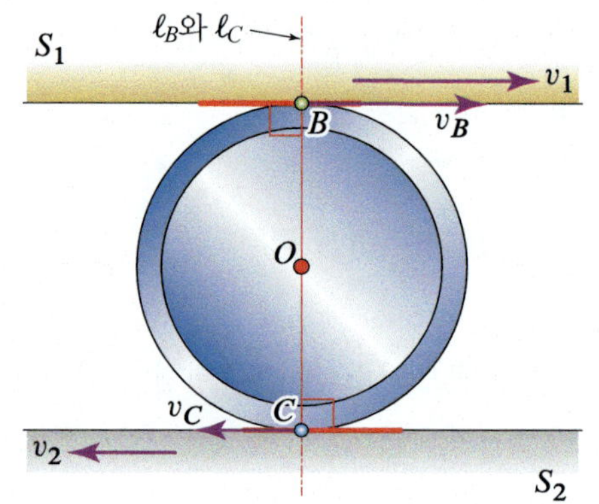

그림 6.23 두 표면 모두와 미끄럼 없이 구르는 바퀴.

IC를 구하는 도식적 방법에 따르면 ℓ_B와 ℓ_C는 일치한다. 알고 있는 것이 $\vec{v}_B$와 $\vec{v}_C$의 방향뿐이라면 ℓ_B와 ℓ_C 위의 모든 점이 이 선들의 교차점이기 때문에 IC를 구할 수 없다. 그러나 v_1과 v_2의 값을 알고 있다면 IC와 물체의 각속도를 구할 수 있다. 그림 6.15를 상기하면 그림 6.24의 선 ℓ_{BC} 위의 점의 속력은 회전중심에 꼭짓점이 있는 직각삼각형으로 나타낼 수 있다는 것을 알 수 있다. 따라서 B와 C를 잇는 선 ℓ_{BC}와 ℓ_{BC} 위의 점들의 속도 분포를 나타내는 선 ℓ_v의 교차점에 IC가 있어야 한다. ℓ_{BC} 위의 점들의 속도는 IC부터의 거리에 비례하기 때문에 식 (6.11)과 닮은꼴 삼각형을 이용하여 각속력을 다음과 같이 계산할 수 있다(그림 6.24 참조).

$$\frac{v_B}{h_1} = \frac{v_C}{h_2} = \omega_O \tag{6.27}$$

$h_1 + h_2 = 2R$이므로 식 (6.27)은

$$\frac{v_B}{\omega_O} + \frac{v_C}{\omega_O} = 2R \quad \Rightarrow \quad \omega_O = \frac{v_B + v_C}{2R} \tag{6.28}$$

평면운동이므로 ω_O의 방향을 알 수 있고(그림 6.24에서 바퀴의 윗부분은 오른쪽으로, 아랫부분은 왼쪽으로 움직이고 있기 때문에 ω_O는 시계방향이다), 따라서 닮은꼴 삼각형을 이용한 도식적 계산으로 물체의 각속도를 계산할 수 있다.

두 평면이 알고 있는 속도로 같은 방향으로 움직일 때, $\vec{v}_B$와 $\vec{v}_C$는 평행하고 B와 C를 지나고 속도에 수직인 선들은 하나의 선 ℓ_{BC}와 일치한다(그림 6.25에서 두 평면은 오른쪽으로 움직이며 위 평면이 아래 평면 보다 빠르게 움직인다). 그림 6.24에서 사용했던 닮은꼴 삼각형 원리를 적용하면

$$\frac{v_B}{2R+h} = \frac{v_C}{h} = \omega_O \tag{6.29}$$

첫 번째 등식을 h에 대해 풀고 두 번째 등식에 대입하면

$$h = \frac{2Rv_C}{v_B - v_C} \quad \Rightarrow \quad \omega_O = \frac{v_B - v_C}{2R} \tag{6.30}$$

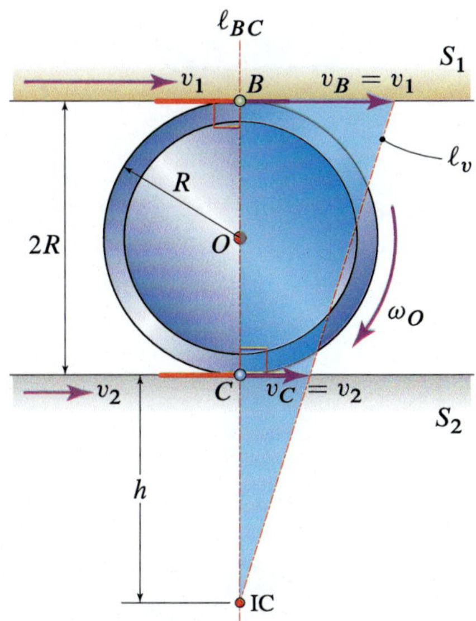

그림 6.25 두 평행한 평면 위를 미끄럼 없이 구르는 바퀴의 IC 결정. 두 평면 모두 오른쪽으로 움직이나 위가 아래 보다 빠르게 움직이고 있다.

물체 상의 한 점의 속도와 물체의 각속도가 주어졌을 경우

이 경우가 그림 6.26에 내연기관의 크랭크에 대해 나타나 있는데 여기서 점 B의 속도와 크랭크의 각속도 ω_O를 알고 있다. 이 경우 IC는 B로부터 거리 $R = v_B/\omega_O$만큼 떨어진 선 ℓ_B 상의 점에 위치한다. IC가 v_B의 어느 쪽에 위치하는지는 강체의 회전방향을 고려하면 알 수 있다. 이 경우 회전은 반시계방향이므로 v_B의 왼쪽에 IC가 존재한다.

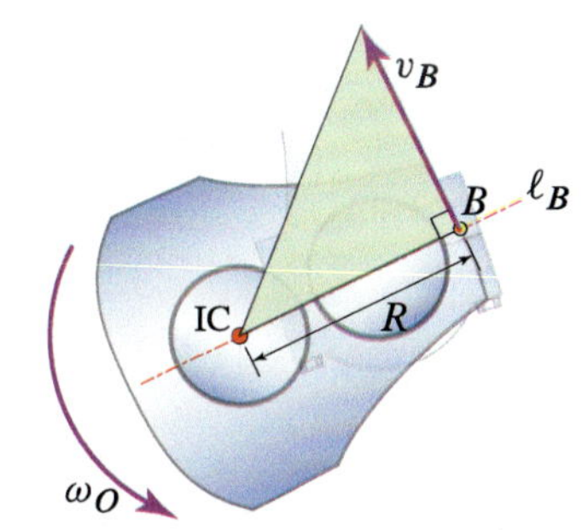

그림 6.26 물체 상의 한 점의 속도와 물체의 각속도가 주어졌을 경우의 IC의 결정.

절 요약

이 절에서 평면운동을 하는 강체의 속도를 분석하는 세 가지 방법(벡터 접근법, 구속조건의 미분, 순간회전중심)을 살펴본다.

벡터 접근법 6.1절에서 방정식은

식 (6.15) p. 477

$$\vec{v}_C = \vec{v}_B + \vec{\omega}_{BC} \times \vec{r}_{C/B}$$

두 점의 상대 위치 $\vec{r}_{C/B}$와 물체의 각속도 $\vec{\omega}_{BC}$를 이용하여 강체 상의 두 점의 속도 $\vec{v}_B$와 $\vec{v}_C$를 관련지을 수 있음을 살펴보았다(그림 6.27 참조).

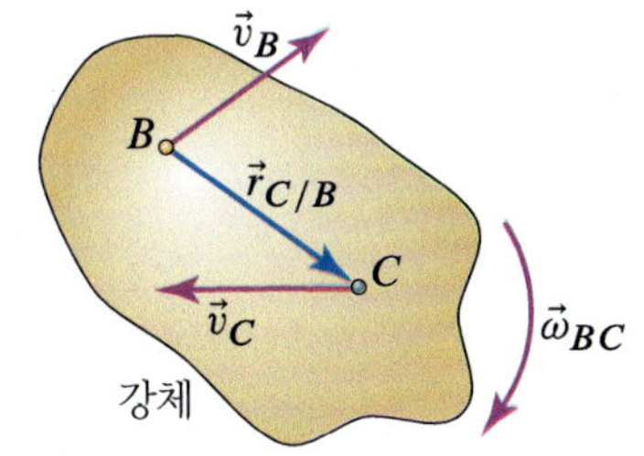

그림 6.27 강체 상의 두 점 B와 C의 속도 관계.

미끄럼 없는 구름 물체가 다른 물체 위를 미끄럼 없이 구를 때(예를 들면, 그림 6.28에서 표면 S 위를 구르는 바퀴 W), 어느 순간 접촉하는 강체 상의 두 점(점 P와 Q)은 같은 속도를 가져야 한다. 수학적으로 표현하면

식 (6.17) p. 478

$$\vec{v}_{P/Q} = \vec{0} \quad \Rightarrow \quad \vec{v}_P = \vec{v}_Q$$

반지름 R인 바퀴가 평평하고 움직이지 않는 표면 위를 굴러가면 표면과 접촉하는 바퀴

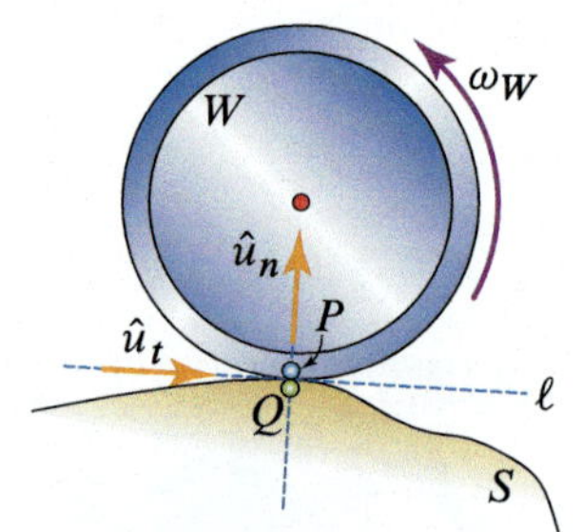

그림 6.28 *그림 6.19의 반복.* 표면 S 위를 구르는 바퀴 W. 이 순간 선 ℓ은 점 P와 Q의 경로의 접선이다.

의 점 P는 속도가 0이어야 한다(그림 6.29 참조). 결과적으로 바퀴의 각속도 ω_O는 중심의 속도 v_O와 바퀴의 반지름 R과 다음의 관계식이 성립한다.

식 (6.20) p. 478

$$\omega_O = -\frac{v_O}{R}$$

여기서 ω_O의 플러스 방향은 오른손 법칙을 이용한 플러스 z 방향을 취한다.

구속조건의 미분 2.7절에서 논의한 것처럼 관심 점의 위치를 나타내는 식을 세워 시간에 대해 미분함으로써 그 점의 속도를 구하는 것이 편리한 경우가 종종 있다. 강체의 평면운동에 대해 이 개념을 적용하여 강체 상의 점의 위치와 속도를 구할 수 있고 강체의 방향을 구해 시간 미분을 하여 각속도도 구할 수 있다.

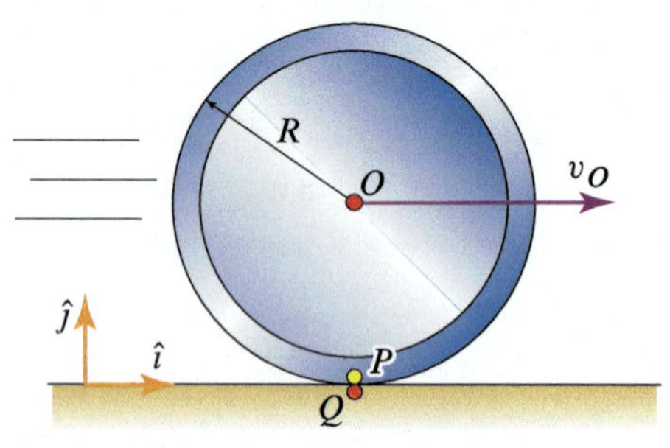

그림 6.29 수평의 고정된 표면 위를 미끄럼 없이 구르는 바퀴.

순간회전중심 특정한 순간에 속도가 0인 물체(또는 물체의 확장) 상의 점을 순간회전중심 또는 순간중심이라 한다. 물체 상의 두 점의 속도를 알거나 물체 상의 한 점의 속도와 물체의 각속도를 알면 IC를 도식적으로 구할 수 있다. 세 가지 가능한 방법이 그림 6.30에 나와 있다.

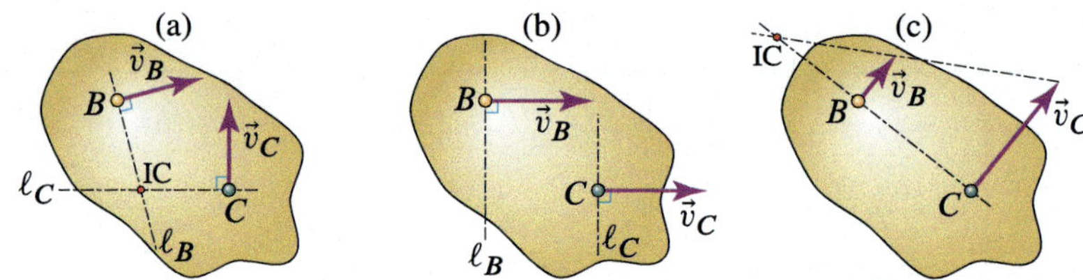

그림 6.30 IC를 구하는 세 가지 가능한 방법. (a) 평행하지 않은 두 속도를 알고 있다. (b) 두 속도의 작용선이 평행하고 떨어져 있다. 이 경우 IC는 무한대에 있고 물체는 병진운동을 한다. (c) 두 평행한 속도의 작용선이 일치한다.

예제 6.4 미끄럼 없이 구르는 유성기어: 벡터 해석

유성기어 시스템(그림 1)은 두 축 간의 동력 전달을 위하여 사용된다(자동차의 트랜스미션에 많이 사용된다). 중앙 기어는 선기어(*sun gears*), 외부의 기어는 링기어(*ring gears*), 내부의 기어는 유성기어라고 한다. 유성기어는 유성캐리어(그림 1에는 나와 있지 않다)에 장착되어 있다. 그림 2에서 $R_S = 50$ mm, $R_P = 17$ mm이고 링기어는 고정되어 있으며 선기어의 각속도는 $\omega_S = 1500$ rpm이다. 유성기어 P의 각속도 $\vec{\omega}_P$와 유성캐리어 PC의 각속도 $\vec{\omega}_{PC}$를 구하라.

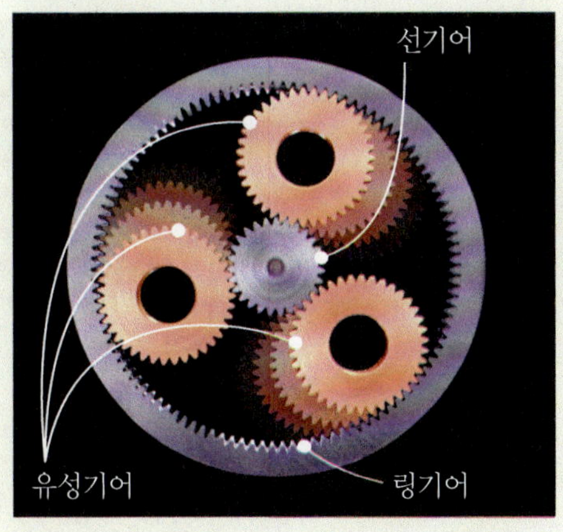

그림 1 유성기어 시스템의 사진.

풀이 SOLUTION

로드맵 $\vec{\omega}_P$를 계산하기 위해 P 상의 두 점의 속도를 계산할 필요가 있다. 가장 적절한 점은 점 A'와 Q'이다. 왜냐하면 $\vec{v}_A$와 $\vec{v}_Q$는 A-A'와 Q-Q' 접촉의 미끄럼 없는 구름 조건에 의해 쉽게 구할 수 있기 때문이다. $\vec{\omega}_P$가 구해지면 $\vec{\omega}_{PC}$는 유성캐리어 상의 두 점의 속도를 구해 계산할 수 있다. 속도가 0이기 때문에 O를, 유성기어 P와 공유하는 점이기 때문에 C를 선택할 것이다.

계산 A-A'와 Q-Q' 접촉의 미끄럼 없는 구름 조건을 적용하면

$$\vec{v}_{Q'} = \vec{v}_Q, \;\; \vec{v}_{A'} = \vec{v}_A = \vec{0} \tag{1}$$

여기서 링기어가 고정되어 있으므로 $\vec{v}_A = \vec{0}$이다. 그리고 선기어는 고정점 O를 중심으로 회전하기 때문에 다음과 같이 쓸 수 있다.

$$\vec{v}_Q = \vec{\omega}_S \times \vec{r}_{Q/O} = -\omega_S R_S \,\hat{\imath} \tag{2}$$

여기서 $\vec{\omega}_S = \omega_S \,\hat{k}$와 $\vec{r}_{Q/O} = R_S \,\hat{\jmath}$를 사용했다. 그리고 A'를 기준점으로 하여 $\vec{v}_{Q'}$를 구하면

$$\vec{v}_{Q'} = \vec{v}_{A'} + \vec{\omega}_P \times \vec{r}_{Q'/A'} = 2\omega_P R_P \,\hat{\imath} \tag{3}$$

여기서 $\vec{\omega}_P = \omega_P \,\hat{k}$와 $\vec{r}_{Q'/A'} = -2R_P \,\hat{\jmath}$를 사용했고 식 (1)로부터 $v_{A'} = 0$이다. 식 (2)와 (3)을 식 (1)에 대입하면

$$-\omega_S R_S = 2\omega_P R_P \quad \Rightarrow \quad \omega_P = -\frac{R_S}{2R_P}\omega_S = -2206 \text{ rpm}. \tag{4}$$

C는 유성기어 P와 유성캐리어의 공유점이다. 따라서

$$\vec{v}_C = \vec{v}_{A'} + \omega_P \,\hat{k} \times \vec{r}_{C/A'} = \omega_P R_P \,\hat{\imath} \tag{5}$$

$$\vec{v}_C = \vec{\omega}_{PC} \times \vec{r}_{C/O} = -\omega_{PC} R_{PC} \,\hat{\imath} \tag{6}$$

여기서 $R_{PC} = R_P + R_S$, $\vec{\omega}_{PC} = \omega_{PC}\,\hat{k}$, 그리고 식 (1)의 두 번째 식을 적용했다. $\vec{v}_Q$에 대한 두 식은 같아야 하므로

$$\omega_{PC} = -\frac{R_P}{R_{PC}}\omega_P = \frac{R_S}{2R_{PC}}\omega_S = 560 \text{ rpm}, \tag{7}$$

여기서 식 (4)의 ω_P 값을 대입했다.

논의 및 검증 풀이 결과의 정확성을 확인하기 위해서 점 A'를 살펴보자. $\vec{v}_A = \vec{0}$이므로 점 A'는 유성기어 P의 IC이다. 따라서 점 C와 Q'의 속력은 각각 $|\omega_P|R_P$, $|\omega_P|2R_P$이다. 이 결과는 식 (4)와 (7)과 일치한다.

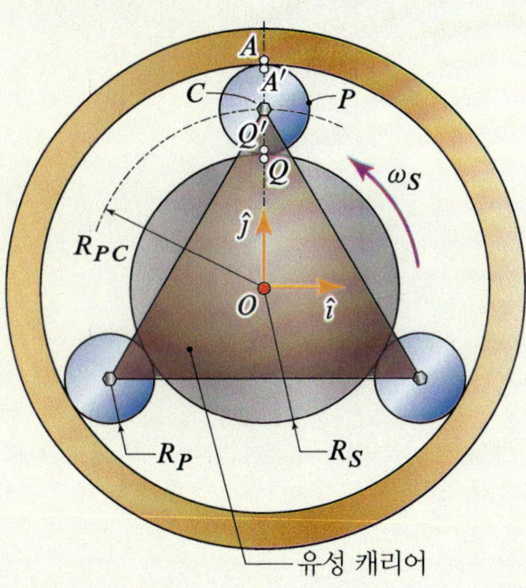

그림 2 세 유성기어와 고정 링기어를 가진 유성기어 시스템의 개략도.

예제 6.5 커넥팅 로드의 속도해석 마무리

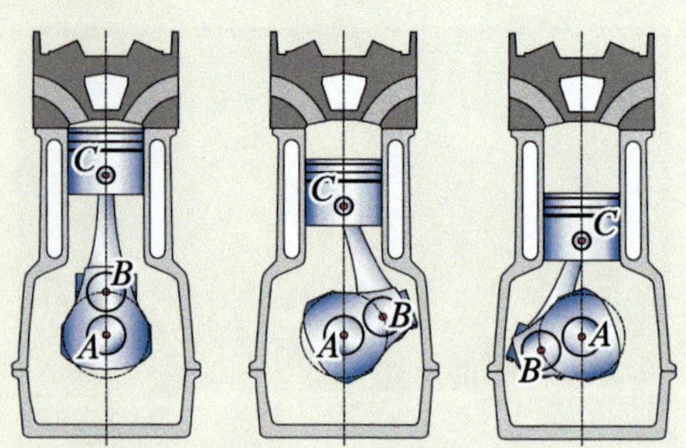

그림 1

6.2절에서 그림 1에 있는 슬라이더–크랭크 기구의 커넥팅 로드(CR)와 피스톤의 속도분석을 위한 벡터 해석을 살펴보았다. 여기서 속도해석을 마무리하겠다.

그림 2에 크랭크의 반지름 R, CR의 길이 L, CR의 질량중심의 위치 H, 크랭크의 각속도 ω_{AB}, 크랭크 각 θ가 주어졌다. CR의 각속도 $\vec{\omega}_{BC}$, 피스톤의 속도 $\vec{v}_C$, CR의 질량중심의 속도 $\vec{v}_D$를 구하라.

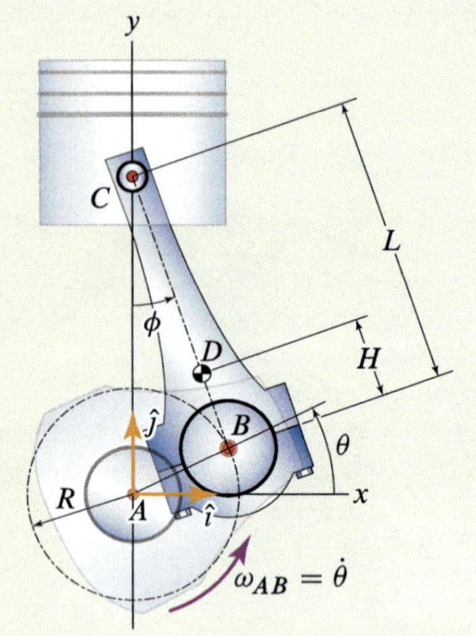

그림 2 슬라이더–크랭크 기구의 커넥팅 로드의 상세 그림.

풀이 SOLUTION

로드맵 이 문제의 로드맵은 477쪽에 나와 있다.

계산 6.1절에서 $\vec{v}_B$는(식 (6.11)과 그림 2 참조)

$$\vec{v}_B = R\dot{\theta}\,\hat{u}_\theta = R\omega_{AB}(-\sin\theta\,\hat{\imath} + \cos\theta\,\hat{\jmath}) \tag{1}$$

여기서 $\dot{\theta} = \omega_{AB}$와 $\hat{u}_\theta = -\sin\theta\,\hat{\imath} + \cos\theta\,\hat{\jmath}$를 사용하였다. B와 C는 모두 CR 상의 점이므로 식 (6.3)을 이용하여 이들의 속도 관계식을 다음과 같이 쓸 수 있다.

$$\vec{v}_C = \vec{v}_B + \vec{\omega}_{BC} \times \vec{r}_{C/B} \tag{2}$$

477쪽에서 논의한 바와 같이 식 (2)는 두 미지수 v_C와 ω_{BC}가 있는 두 스칼라 식을 나타낸다. 상세히 살펴보기로 하자.

$\vec{\omega}_{BC}$는 다음과 같이 쓸 수 있다.

$$\vec{\omega}_{BC} = \omega_{BC}\,\hat{k} \tag{3}$$

식 (2)의 오른쪽을 계산하기 위해서 $\vec{r}_{C/B}$를 다음과 같이 쓸 수 있다.

$$\vec{r}_{C/B} = L(-\sin\phi\,\hat{\imath} + \cos\phi\,\hat{\jmath}) \tag{4}$$

여기서 CR의 방향 ϕ 와 크랭크의 θ 방향 간에는 관계식 $R\cos\theta = L\sin\phi$이 성립한다. 즉

$$\sin\phi = \frac{R}{L}\cos\theta, \quad \cos\phi = \frac{\sqrt{L^2 - R^2\cos^2\theta}}{L} \tag{5}$$

마지막으로 조건 $v_{Cx} = 0$ 를 대입하면 $\vec{v}_C$는

$$\vec{v}_C = v_{Cy}\,\hat{\jmath} \tag{6}$$

식 (1), (3)-(6)을 식 (2)에 대입하고 외적을 수행하면

$$v_{Cy}\,\hat{\jmath} = -\left(R\omega_{AB}\sin\theta + \omega_{BC}\sqrt{L^2 - R^2\cos^2\theta}\right)\hat{\imath} + R\left(\omega_{AB} - \omega_{BC}\right)\cos\theta\,\hat{\jmath} \tag{7}$$

식 (7)은 두 스칼라 식을 나타낸다.

$$R\omega_{AB}\sin\theta + \omega_{BC}\sqrt{L^2 - R^2\cos^2\theta} = 0 \tag{8}$$

$$R\left(\omega_{AB} - \omega_{BC}\right)\cos\theta = v_{Cy} \tag{9}$$

여기서 v_{Cy}와 ω_{BC}는 미지수이다. 연립방정식을 풀면

$$\omega_{BC} = -\frac{\omega_{AB}\sin\theta}{\sqrt{(L/R)^2 - \cos^2\theta}}, \tag{10}$$

$$v_{Cy} = R\omega_{AB}\cos\theta\left[1 + \frac{\sin\theta}{\sqrt{(L/R)^2 - \cos^2\theta}}\right] \tag{11}$$

여기서 결과 값이, 적어도 ω_{BC}는, 기구의 형상 중 비 L/R 만의 영향을 받는다는 것을 강조하여 나타냈다. 그리고 벡터 $\vec{\omega}_{BC}$와 $\vec{v}_C$는 각각 식 (3)과 (6)에 주어져 있다.

이제 $\vec{v}_B$와 $\vec{\omega}_{BC}$를 알기 때문에 $\vec{v}_D$는 식 (6.3)을 이용하여 다음과 같이 D의 운동과 B의 운동 간의 관계식을 세워 쉽게 구할 수 있다.

$$\vec{v}_D = \vec{v}_B + \vec{\omega}_{BC} \times \vec{r}_{D/B} \tag{12}$$

$\vec{r}_{D/B} = H(-\sin\phi\,\hat{\imath} + \cos\phi\,\hat{\jmath})$이고, 식 (1), (3), (5), (10)을 식 (12)에 대입하여 외적을 수행하면 다음 식을 얻는다.

$$\vec{v}_D = R\omega_{AB}\left\{\sin\theta\left(\frac{H}{L}-1\right)\hat{\imath}\right. \tag{13}$$

$$\left. + \cos\theta\left[1+\frac{H\sin\theta}{L\sqrt{(L/R)^2-\cos^2\theta}}\right]\hat{\jmath}\right\} \tag{14}$$

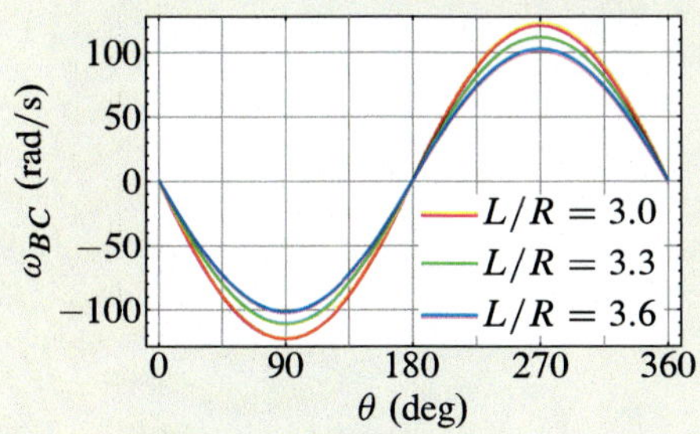

그림 3 ω_{AB} = 3500 rpm, L = 150 mm, 그리고 많이 사용되는 L/R의 세 값에 대한 커넥팅 로드 각속도의 그래프.

논의 및 검증 식 (10), (11), (13)의 답은 약간 복잡하지만 예상했던 형태를 갖고 있다는 것을 알 수 있다. 예를 들어 $\theta = 90°$와 $\theta = 270°$일 때(피스톤이 y축 상의 최대, 최소위치에 다다를 때) 피스톤의 속도가 0일 것을 예상하는데 식 (11)은 이 예상과 일치한다. 그리고 $\theta = 0°$와 $\theta = 180°$에서 CR의 회전 방향이 바뀌므로 각속도가 0일 것을 예상하는데 식 (10)은 이것이 사실임을 증명한다. 마지막으로 식 (10), (11), (13)의 답은 모두 차원적으로 정확하다.

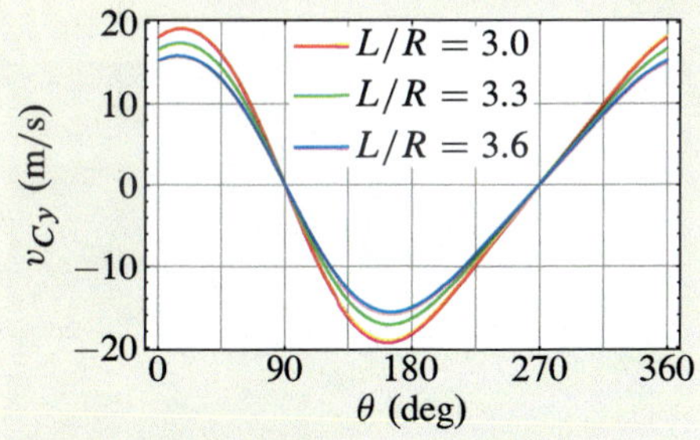

그림 4 ω_{AB} = 3500 rpm, L = 150 mm, 그리고 많이 사용되는 L/R의 세 값에 대한 피스톤 속도의 그래프.

심층분석 결과 식들은 θ, ω_{AB}, R, L, H 값에 상관없이, 즉 기구의 형상에 관계없이 적용 가능하다. 이러한 기계 부품들을 설계할 때 모든 변수 θ, ω_{AB}, R, L, H에 대한 ω_{BC}, v_{Cy}, $\vec{v}_D$를 알 수 있게 해주므로 이러한 일반적인 관계식들은 매우 유용하다. 변수 변화에 따른 값의 변화를 보여주는 것을 변수분석(*parametric analysis*)이라 한다. 전형적인 자동차 엔진의 작동 조건에서의 ω_{BC}와 v_{Cy}의 그래프를 살펴보자.

ω_{BC}와 v_{Cy}는 θ의 주기함수이므로 크랭크의 일회전, 즉 $0 < \theta < 360°$에 대한 그래프만 필요하다. 그리고 ω_{BC}와 v_{Cy}는 ω_{AB}에 직접 비례하기 때문에 ω_{AB}의 한 값에 대한 그래프의 수치를 바꿔 다른 값에 대한 그래프를 얻을 수 있다. 마지막으로 기구의 형상은 주로 비 L/R을 통하여 식에 반영된다. 자동차 엔진의 성능 해석에서 일반적으로 발견되는 것은 이 비다. ω_{AB} = 3500 rpm(고속도로 정속 주행), L = 150 mm(전형적인 소형 엔진의 치수는 140 mm에서 155 mm 사이), 그리고 많이 사용되는 L/R의 세 값에 대한 식 (10), (11)의 함수 그래프가 각각 그림 3과 4에 나와 있다. L/R 값이 작아질수록 ω_{BC}와 v_{Cy}가 커지는 것을 볼 수 있다. 그리고 위에서 논의한 바와 같이 피스톤의 속도는 θ = 90°와 θ = 270°일 때 0이다. 마지막으로 v_{Cy}는 $0° < \theta < 180°$ 구간과 $180° < \theta < 360°$ 구간의 형상이 다르다는 것을 주목하라. 6.3절의 피스톤 가속도의 거동에서는 이 차이가 더 두드러진다. 이 대칭성 부족은 L/R 값이 증가하면 사라지는 경향이 있다.

예제 6.6 슬라이더가 있는 기구: 제한조건의 미분

그림 1 요동 슬라이더 크랭크 기구의 부품들을 보여주는 모델.

그림 1은 요동 슬라이더 크랭크라 하는 슬라이더 크랭크 기구의 변형을 보여준다. 1800년대 여러 증기 기차 엔진에 처음 사용되었던 이 기구는 도어 개폐장치(그림 2 참조)에서 종종 발견된다. 그림 3에서 슬라이더 S는 크랭크에 직접 연결되어 있고 O의 피봇 주위로 자유롭게 흔들리는 스윙 블록 안에서 미끄러진다. 이 기구에 대해 슬라이더의 각속도와 크랭크의 각속도 간의 관계식을 유도하려고 한다. $R = 200$ mm, $H = 635$ mm, $\theta = 20°$, $\dot{\theta} = 265$ rad/s인 경우, 이 순간 O 바로 안에 있는 슬라이더 피스톤 P의 속도를 구하려 한다.

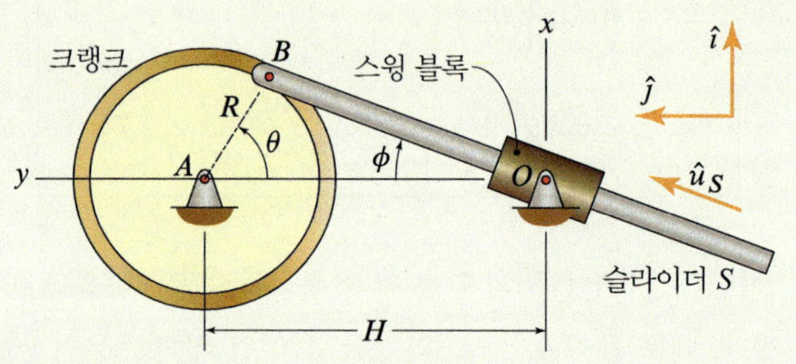

그림 3 O에 미끄럼 접촉이 있는 요동 슬라이더 크랭크 기구.

풀이 SOLUTION

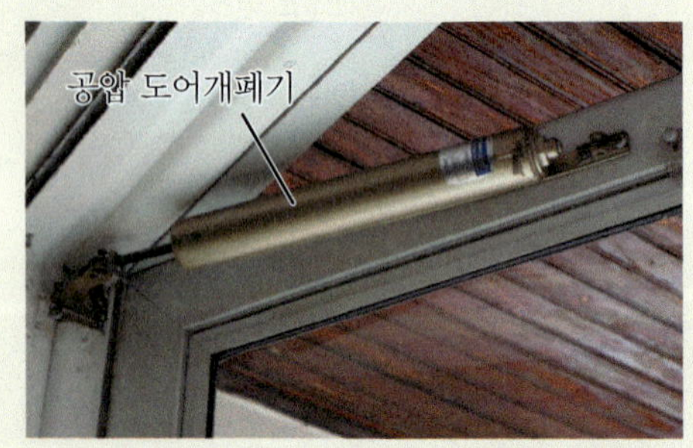

그림 2 전형적인 방풍문이나 스크린도어에서 발견할 수 있는 공압 도어개폐기는 그림 1의 기구와 동등하다.

로드맵 θ가 크랭크의 방향을 나타내므로 크랭크의 각속도는 $\vec{\omega}_{AB} = \dot{\theta}\,\hat{k}$로 주어진다. 마찬가지로 슬라이더의 각속도는 $\vec{\omega}_S = -\dot{\phi}\,\hat{k}$이다. 여기서 마이너스 부호는 $\dot{\phi} > 0$이면 슬라이더는 시계방향으로 회전한다는 것을 의미한다. $\dot{\phi}$는 ϕ와 θ의 관계식을 구하고 그 식을 시간에 대해 미분하여 구할 수 있다. 이것이 구속조건의 미분 방법이다. 일단 $\vec{\omega}_S$가 구해지면 슬라이더 위의 점 P의 속도는 관계식 $\vec{v}_P = \vec{v}_B + \vec{\omega}_S \times \vec{r}_{P/B}$를 이용하여 구할 수 있다. 여기서 점 B는 크랭크와 슬라이더가 공유하는 점이다.

계산 삼각형 AOB를 살펴보면, 운동하는 동안에는 다음 식이 성립해야 한다.

$$R\sin\theta = (H - R\cos\theta)\tan\phi \tag{1}$$

식 (1)을 시간에 대해 미분하면

$$R\dot{\theta}\cos\theta = R\dot{\theta}\sin\theta\tan\phi + (H - R\cos\theta)\dot{\phi}\sec^2\phi \tag{2}$$

식 (2)를 $\dot{\phi}$에 대해 풀면

$$\dot{\phi} = \frac{\cos\theta - \sin\theta\tan\phi}{(H - R\cos\theta)\sec^2\phi}R\theta \tag{3}$$

이 식을 정리하면

$$\dot{\phi} = \frac{R(H\cos\theta - R)\dot{\theta}}{H^2 + R^2 - 2HR\cos\theta} \quad \Rightarrow \quad \vec{\omega}_S = \frac{R(R - H\cos\theta)\dot{\theta}}{H^2 + R^2 - 2HR\cos\theta}\,\hat{k} \tag{4}$$

여기서 식 (1)을 변형한 식 $\tan\phi = R\sin\theta/(H - R\cos\theta)$과 항등식 $\sec^2\phi = 1 + \tan^2\phi$를 이용하였다.

$\vec{v}_P$를 계산하기 위해 $\theta = 20°$일 때의 시간을 t_0라 하면

$$\vec{v}_P(t_0) = \vec{v}_B(t_0) + \vec{\omega}_S(t_0) \times \vec{r}_{P/B}(t_0) \tag{5}$$

여기서 P는 $t = t_0$일 때 점 O와 일치하는 슬라이더 상의 점이다. B는 고정점 A에 대해 회전하므로

$$\vec{v}_B = \vec{\omega}_{AB} \times \vec{r}_{B/A} = \dot{\theta}\,\hat{k} \times R(\sin\theta\,\hat{\imath} - \cos\theta\,\hat{\jmath}) = R\dot{\theta}(\cos\theta\,\hat{\imath} + \sin\theta\,\hat{\jmath})$$

$$\Rightarrow \quad \vec{v}_B(t_0) = (49.8\,\hat{\imath} + 18.13\,\hat{\jmath})\,\text{m/s} \tag{6}$$

식 (6)에 주어진 θ, $\dot{\theta}$, R 값을 대입하였다. P는 원점과 일치하므로 $\vec{r}_P(t_0) = \vec{0}$이다. 따라서 $\vec{r}_{P/B}(t_0) = \vec{r}_P(t_0) - \vec{r}_B(t_0) = -\vec{r}_B(t_0)$이다. 그리고 $\vec{r}_B = R\sin\theta\,\hat{\imath} + (H - R\cos\theta)\,\hat{\jmath}$이므로

$$\vec{r}_{P/B}(t_0) = -\vec{r}_B(t_0) = (-0.0684\,\hat{\imath} - 0.447\,\hat{\jmath})\,\text{m} \tag{7}$$

이제 식 (4)를 이용하면

$$\vec{\omega}_S(t_0) = (-102.79\,\hat{k})\,\text{rad/s} \tag{8}$$

마지막으로 식 (6), (7), (8)의 결과를 식 (5)에 대입하면

$$\boxed{\vec{v}_P(t_0) = (3.85\,\hat{\imath} + 25.16\,\hat{\jmath})\,\text{m/s}} \tag{9}$$

> **유용한 정보**
> **그림 3에서 점 P가 보이지 않는 이유는?** 점 P가 O를 중심으로 회전하는 스윙 블록 안에 있고, 동시에 점 O와 겹쳐있기 때문에 그림 3에 점 P가 보이지 않는다.

논의 및 검증 직관적으로 모든 θ에 대해 $|\omega_S|$가 $|\dot{\theta}|$ 보다 작을 것이라고 예상할 수 있다. ➡ 식 (8)의 결과는 이와 일치한다. 함수 $\omega_S/\dot{\theta}$의 그래프를 그려보면(그림 4 참조) 모든 θ에 대해 $|\omega_S/\dot{\theta}| < 1$임을 알 수 있다. 즉 $|\omega_S|$는 예상한 대로 거동한다. ⬅

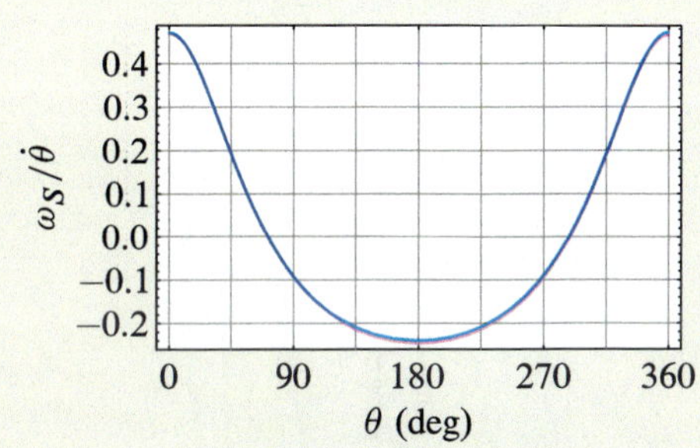

그림 4 한 사이클 동안 θ에 대한 함수 $\omega_S/\dot{\theta}$의 그래프. ω_S가 $\dot{\theta}$ 보다 작을 것이라고 예상할 수 있다.

심층분석 그림 3에서 슬라이더의 축과 스윙 블록의 축이 항상 일치함을 유의하라. 그렇지 않으면 기구는 작동하지지 못할 것이다. 이 상태를 다음과 같이 나타낼 수 있다: 매 순간 스윙 블록 상의 점 Q'와 동일한 x, y 좌표를 갖는 슬라이더 상의 점 Q는 다음 식을 만족해야 한다.

$$\vec{v}_{Q/Q'} = v_{Q/Q'}\,\hat{u}_S \quad \text{여기서} \quad \hat{u}_S = \sin\phi\,\hat{\imath} + \cos\phi\,\hat{\jmath} \tag{10}$$

여기서 $\hat{u}_S$는 슬라이더 축 방향의 단위벡터(그림 3 참조)이다. 시간 t_0에서 P는 고정점 O와 동일한 x, y 좌표를 갖는다는 것을 기억하라. 따라서 식 (10)을 점 P와 O에 대해 다시 쓰면

$$\vec{v}_{P/O}(t_0) = \vec{v}_P(t_0) - \vec{0} = v_P(t_0)\,\hat{u}_S(t_0) \tag{11}$$

식 (11)은 벡터 $\hat{u}_S(t_0)$와 $\vec{v}_P(t_0)$는 평행해야 한다는 것을 의미한다. 두 벡터의 방향을 비교함으로써 계산 결과를 검토할 수 있다. 식 (10)의 두 번째 식으로부터 $\hat{u}_S$의 방향을 계산하면

$$\frac{(\hat{u}_S(t_0))_x}{(\hat{u}_S(t_0))_y} = \frac{\sin\phi(t_0)}{\cos\phi(t_0)} = \tan\phi_0 = 0.153 \tag{12}$$

여기서 $\tan\phi$를 계산하기 위해 식 (1)을 사용하여 $t = t_0$를 대입했다. 식 (9)를 이용하여 $\vec{v}_P(t_0)$를 계산하면

$$\frac{(v_P(t_0))_x}{(v_P(t_0))_y} = \frac{3.85}{25.16} = 0.153 \tag{13}$$

이 식은 $\vec{v}_P$가 예상했던 방향을 갖는다는 의미이다.

예제 6.7 4절 링크의 속도분석: 벡터 해석

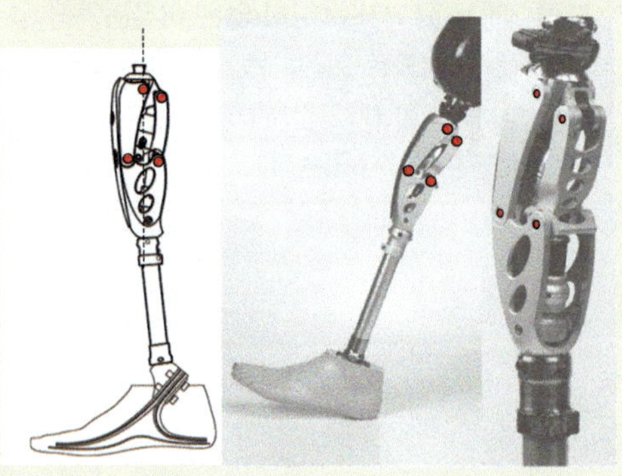

그림 1

그림 1은 인공 무릎관절이 있는 의족을 보여준다. 이 인공 무릎관절의 주요 운동 부품은 4절 링크(그림 1의 오른쪽 그림과 그림 2의 시스템 $ABCD$ 참조)이다. 4절 링크는 핀 결합으로 서로에 대해 자유롭게 회전할 수 있는 네 링크 AB, BC, CD, DA로 구성된다. 기구의 두 링크의 운동을 알면 나머지 두 링크의 운동을 알 수 있게 조립된다. 4절 링크는 요소들의 상대적인 크기를 변경함으로써 매우 다양한 운동을 할 수 있으므로 엔진, 스포츠 기계, 인공 보철 부품, 제도 용구, 카니발 놀이기구 등 수 많은 응용 사례에서 사용된다. 그림 2의 기구에서 AD 부분이 고정되어 있다고 가정하고 표 6.1의 데이터를 이용하여 앞으로 걷는 것처럼(마이너스 x 방향) AB가 반시계방향으로 $|\vec{\omega}_{AB}| = 1.5$ rad/s로 회전할 때 BC의 각속도를 구하라. 가속도분석은 예제 6.12에 나와 있다.

표 6.1 그림 2의 시스템에서 핀 중심 A, B, C, D의 개략적인 현재 좌표 값

점	A	B	C	D
좌표(mm)	(0.0, 0.0)	(−27.0, 120)	(26.0, 124)	(30.0, 15.0)

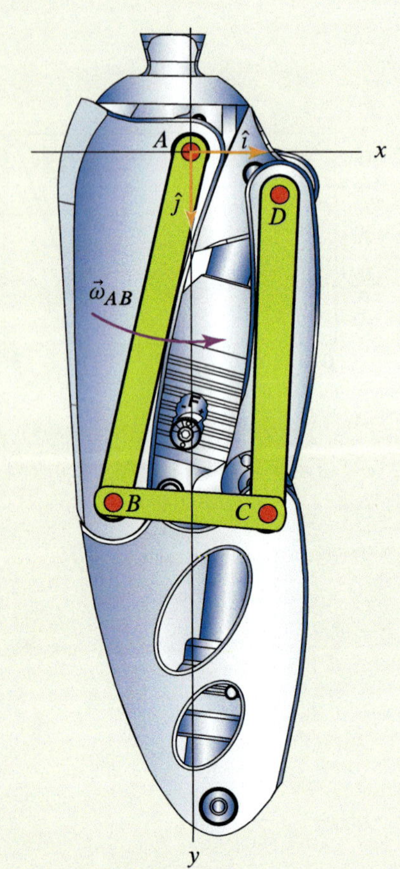

그림 2 의족에 있는 4절 링크의 형상.

풀이 SOLUTION

로드맵 이 링크 시스템은 연쇄시스템, 즉 운동 정보가 한 부품에서 이웃하는 부품으로 연쇄적으로 전달되는 시스템이다. 먼저 운동을 알고 있는 점 여기서는 고정점 A부터 시작하여 이웃하는 점 B의 속도를 $\vec{v}_B = \vec{\omega}_{AB} \times \vec{r}_{B/A}$를 이용하여 계산한다. 이 과정을 BC와 CD에 대해 반복한다. 이렇게 함으로써 각 요소의 각속도를 계산하기 위한 충분한 방정식을 얻을 수 있다. 이 예제에서 수행하는 계산은 주어진 시점에만 적용된다는 것을 명심해야 한다.

계산 B의 속도에 대해

$$\vec{v}_B = \vec{v}_A + \omega_{AB}\,\hat{k} \times \vec{r}_{B/A} \tag{1}$$

$\omega_{AB} = -1.5$ rad/s, $\vec{r}_{B/A} = \vec{r}_B = (-27\hat{\imath} + 120\hat{\jmath})$ mm, $\vec{v}_A = \vec{0}$이므로 식 (1)은

$$\vec{v}_B = (180\,\hat{\imath} + 40.5\,\hat{\jmath})\,\text{mm/s} \tag{2}$$

점 C는 BC와 CD의 공유점이므로 C의 속도는 다음과 같은 두 독립적인 식으로 나타낼 수 있다.

$$\vec{v}_C = \vec{v}_B + \omega_{BC}\,\hat{k} \times \vec{r}_{C/B} \tag{3}$$

$$\vec{v}_C = \vec{v}_D + \omega_{CD}\,\hat{k} \times \vec{r}_{C/D} \tag{4}$$

변위벡터는

$$\vec{r}_{C/B} = \vec{r}_C - \vec{r}_B = (53\,\hat{\imath} + 4\,\hat{\jmath})\,\text{mm} \tag{5}$$

$$\vec{r}_{C/D} = \vec{r}_C - \vec{r}_D = (-4\,\hat{\imath} + 109\,\hat{\jmath})\,\text{mm} \tag{6}$$

$\vec{v}_D = \vec{0}$이고 식 (3)에서 구한 $\vec{v}_C$는 식 (4)에서 구한 값과 같아야 하므로

$$[(180\ \tfrac{\text{mm}}{\text{s}}) - (4\,\text{mm})\omega_{BC}]\,\hat{\imath} + [(40.5\ \tfrac{\text{mm}}{\text{s}}) + (53\,\text{mm})\omega_{BC}]\,\hat{\jmath} = -(109\,\text{mm})\omega_{CD}\,\hat{\imath} - (4\,\text{mm})\omega_{CD}\,\hat{\jmath} \quad (7)$$

식 (7)은 미지수가 ω_{BC}, ω_{CD}인 두 스칼라 식에 상당하는 벡터 식이다. 이 스칼라 식은

$$(180\ \tfrac{\text{mm}}{\text{s}}) - (4\,\text{mm})\omega_{BC} = -(109\,\text{mm})\omega_{CD} \quad (8)$$

$$(40.5\ \tfrac{\text{mm}}{\text{s}}) + (53\,\text{mm})\omega_{BC} = -(4\,\text{mm})\omega_{CD} \quad (9)$$

이 식들을 풀면

$$\omega_{BC} = -0.638\,\text{rad/s}\,, \quad \omega_{CD} = -1.67\,\text{rad/s} \quad (10)$$

논의 및 검증 링크 BC와 CD가 반시계방향으로 회전하는 계산 결과는 앞으로 걸어가려고 할 때의 예상 방향과 일치하므로 적절하게 보인다. 흥미 있는 사항은 기구의 링크 크기의 비율이 주어진 바와 같을 때, 점 B가 오른쪽 아래로 움직이는데 이는 정지 위치에서부터 걸어가기 시작할 때 발생하는 운동 방향과 일치한다. 우리가 사용한 풀이 기법 결과는 연쇄 시스템의 해석 시 한 점의 속도가 독립적인 두 방식으로 표현된다. 두 방식을 동시에 만족시키는 조건을 적용하면 미지수를 해결할 수 있는 유용한 방정식을 얻을 수 있다.

예제 6.8 카니발 놀이기구: 순간중심 해석

그림 1

오늘날의 놀이 공원에서 많이 사용되는 운동플랫폼은 좌석이 있는 플랫폼이 지면과 항상 평행하게 움직이는 카니발(이동 유원지) 놀이기구의 일종이다. 그림 1은 큰 놀이 공원보다 이동 카니발에서 더 쉽게 발견할 수 있는 기본적인 형태의 운동플랫폼을 보여준다. 그림의 운동플랫폼(그림 2도 참조)의 회전암(rotating arm) AB, CD는 길이가 $L = 3$ m로 같고 항상 평행하게 움직인다. ω_{AB}가 일정하고 1.25 rad/s일 때, 놀이 기구에 탄 사람 P의 속도와 가속도를 구하라.

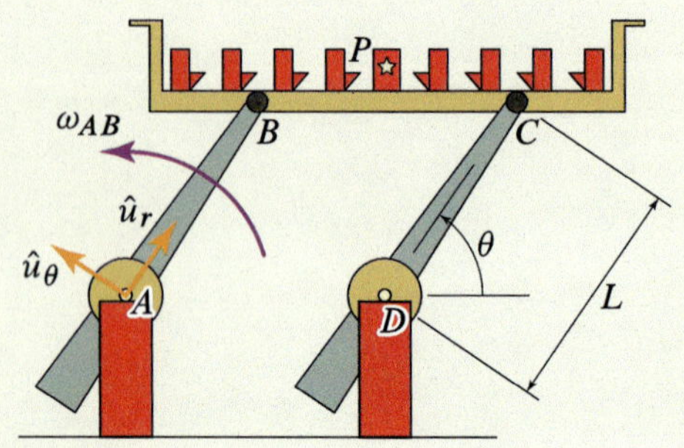

그림 2 좌표계 정의와 카니발 놀이기구의 형상.

풀이 SOLUTION

로드맵 문제를 간단히 하기 위해 플랫폼과 타고 있는 사람을 하나의 강체로 가정한다. 이것은 두 회전 암과 플랫폼은 4절 링크를 형성한다는 것을 의미한다. 암 AB, CD는 크기가 같고 항상 평행하기 때문에 4절 링크 $ABCD$는 항상 평형사변형을 형성한다. 이 사실과 순간회전중심의 개념을 적용하여 플랫폼의 각속도를 구할 것이다. 이것을 구한 다음 고정축 주위의 운동학을 적용하면 $\vec{v}_P$와 $\vec{a}_P$를 계산할 수 있을 것이다.

계산 그림 2에서 암 AB, CD는 항상 평행하다는 것을 알 수 있다. 또한 점 B와 C는 각각 고정점 A와 D를 중심으로 원운동을 한다는 것도 알 수 있다. 이제 요소 BC의 IC를 도식적으로 구하려고 한다. 각각 $\vec{v}_B$와 $\vec{v}_C$에 수직인 선 ℓ_{AB}와 ℓ_{CD}는 평행하고 떨어져 있다. 따라서 BC의 IC는 무한대에 있다. 그러므로,

$$\omega_{BC} = 0 \tag{1}$$

식 (1)의 결과는 암 AB와 CD의 각도 θ와 관련이 없으므로 요소 BC는 병진운동을 한다. BC 상의 점들의 궤적이 직선이 아니므로 BC의 운동은 곡선 병진운동이다. 결과적으로 BC 상의 모든 점들과 BC의 강체 연장 즉 탑승자들도 같은 속도와 가속도를 갖는다. 따라서

$$\vec{v}_P = \vec{v}_B = \vec{v}_C = \omega_{AB} L\, \hat{u}_\theta = (3.75\,\text{m/s})\,\hat{u}_\theta, \tag{2}$$

$$\vec{a}_P = \vec{a}_B = \vec{a}_C = -\omega_{AB}^2 L\, \hat{u}_r = (-4.7\,\text{m/s}^2)\,\hat{u}_r \tag{3}$$

논의 및 검증 식 (2)와 (3)의 차원과 단위는 정확하다. 이 문제의 풀이는 매우 기본적이고 곡선 병진운동의 개념과 IC의 개념을 보여주기 위해 개념적인 방법으로 풀었다. 계산된 가속도 값은 일반적인(익스트림이 아닌) 카니발 놀이기구에서 경험하는 가속도와 차이가 없고 중력가속도의 50% 보다 조금 작다.

문제

문제 6.32

항공모함이 $|\vec{v}_A| = 25$ knot(1 knot는 정확히 1.852 km/h이다), $\phi = 33°$로 움직이고 있다. A와 B 사이의 거리는 220 m, $\theta = 22°$, 배의 회전속도는 시계방향으로 $\dot{\theta} = 2°/\text{s}$일 때 $\vec{v}_B$를 구하라.

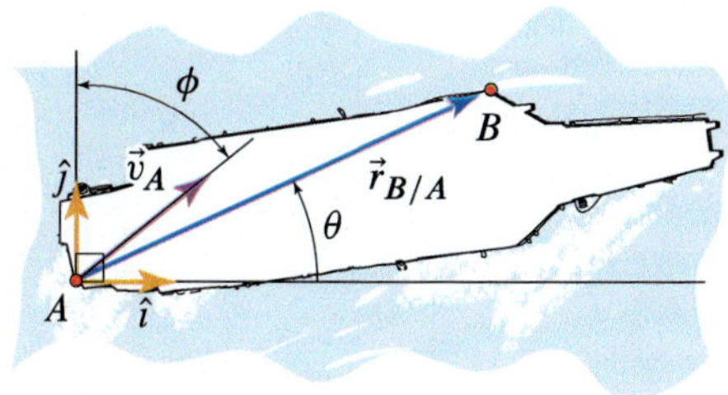

그림 P6.32

문제 6.33

피니언이 두 랙 사이에서 각속도 $\omega_P = 55$ rad/s 로 회전하고 있다. 피니언의 공칭 반지름이 $R = 40$ mm이고, 아래 랙이 $v_L = 1.2$ m/s의 속력으로 오른쪽으로 움직일 때 위의 랙의 속도를 구하라.

문제 6.34

아래 랙이 $v_L = 1.2$ m/s의 속력으로 오른쪽으로 움직이고 위의 랙은 고정되어 있다. 피니언의 공칭 반지름이 $R = 64$ mm일 때 피니언의 각속도 ω_P와 점 O, 즉 피니언 중심의 속도를 구하라.

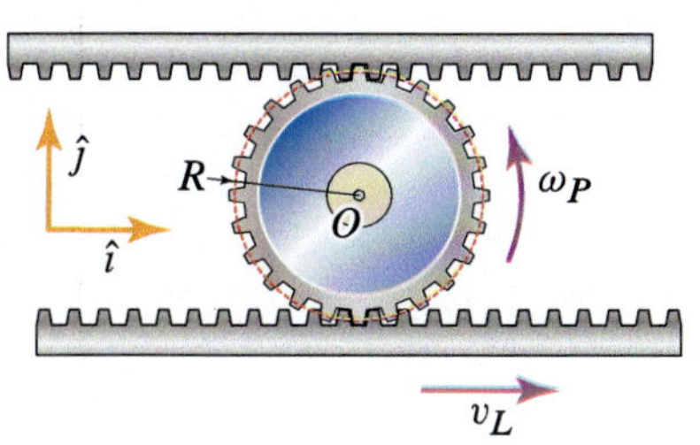

그림 P6.33, P6.34

문제 6.35

길이 $L = 2.5$ m인 봉에 있는 롤러에 핀으로 연결되어 있다. 롤러는 그림과 같이 수평 레일을 따라 $v_A = 5$m/s로 움직이고 있다. $\theta = 33°$이고 $\dot{\theta} = 0.4$ rad/s일 때 봉의 중심점 C의 속도를 구하라.

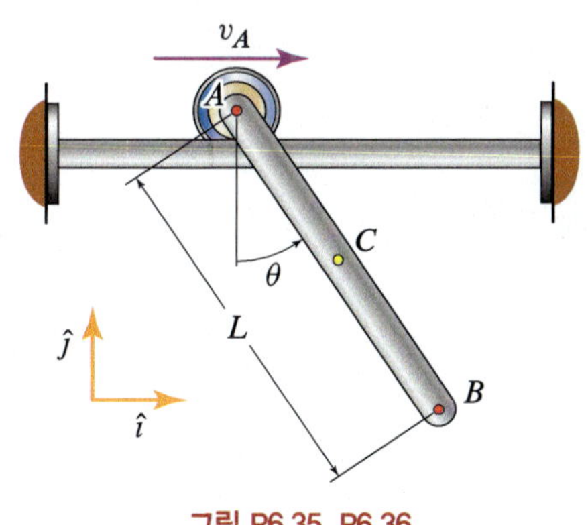

그림 P6.35, P6.36

문제 6.36

봉이 평면운동을 한다면 $\vec{v}_C$가 봉 AB에 수직방향이 되기 위해서 A의 속력은 얼마가 되어야 하나, 이유는?

주의 개념 문제는 계산이 아닌 설명이 필요하다.

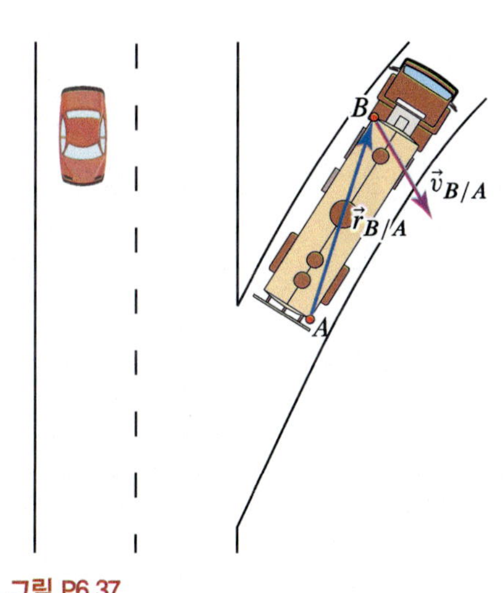

그림 P6.37

문제 6.37

점 A와 B는 트럭의 트레일러 상의 점이다. 점 A에 대한 B의 상대속도가 그림과 같다면 물체는 평면 강체운동을 하고 있는가?

주의 개념 문제는 계산이 아닌 설명이 필요하다.

문제 6.38

중심 C, 반지름 $R = 1.25$ m인 파이프가 트럭의 적재함에서 미끄럼 없이 구르고 있고 트럭은 오른쪽으로 $v_0 = 12$ km/h의 속력으로 움직이고 있다. 파이프의 중심 C는 트럭에 대해 2 m/s로 오른쪽으로 움직이고 있다. 파이프의 각속도와 C의 절대속도를 구하라.

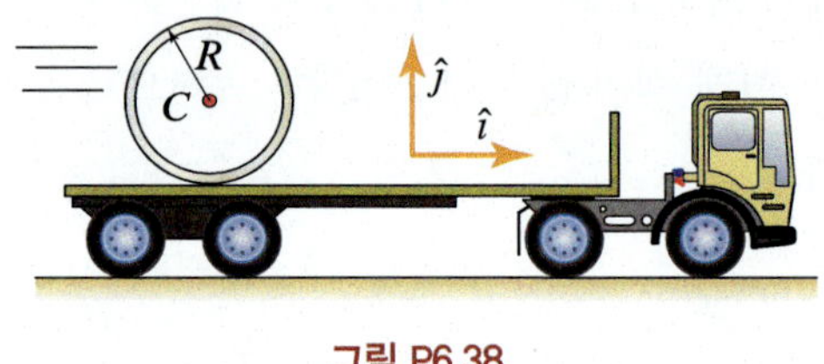

그림 P6.38

문제 6.39

반지름 $R_W = 7$ mm인 휠 W가 회전하는 암 OC에 의해 점 O에 연결되어 있고 반지름 $R_S = 15$ mm인 움직이지 않는 실린더 S 위를 미끄럼 없이 구른다. $\theta = 47°$, $\omega_{OC} = 3.5$ rad/s일 때 휠의 각속도와 선 OC의 연장선을 따라 W의 끝부분에 있는 점 Q의 속도를 구하라.

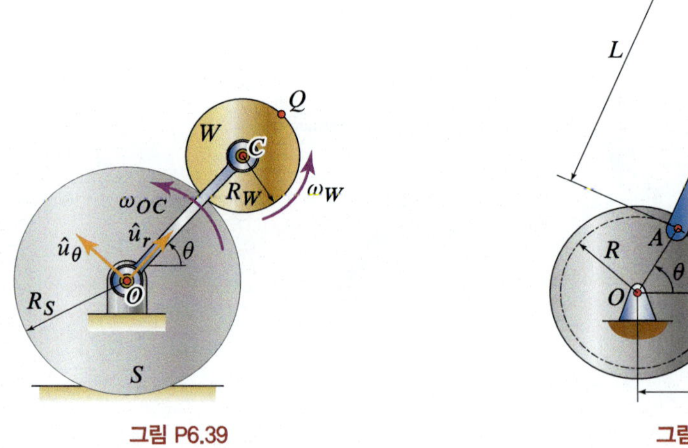

그림 P6.39

그림 P6.40

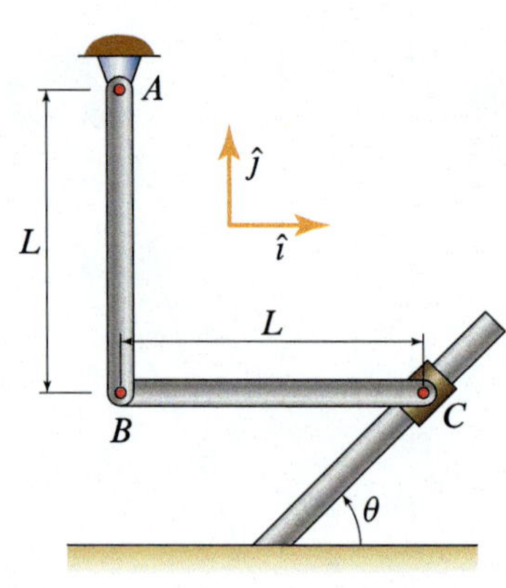

그림 P6.41

문제 6.40

그림의 슬라이더 크랭크 기구에서 $R = 20$ mm, $L = 80$ mm, $H = 38$ mm이다. 순간 회전중심의 개념을 이용하여 $0° \le \theta \le 360°$ 영역에서 $v_B = 0$인 θ의 값들을 구하라. 그리고 이 θ의 값에서 커넥팅 로드의 각속도를 구하라.

문제 6.41

그림에서 봉 AB와 BC는 서로 수직이고 봉 BC는 20 rad/s로 반시계방향으로 회전하고 있다. $L = 0.76$ m, $\theta = 45°$일 때 봉 AB의 각속도와 슬라이더 C의 속도를 구하라.

문제 6.42, 6.43

반지름 $R_A = 75$ mm인 공이 반지름 $R_B = 200$ mm인 정지한 구형 통 안에서 미끄럼 없이 구르고 있다. 공의 운동은 평면운동으로 가정하라.

문제 6.42 🌡 공의 중심의 속력이 $v_A = 0.5$ m/s이고 공이 오른쪽 아래로 움직이고 있을 때 공의 각속도를 구하라.

문제 6.43 🌡 공의 각속력이 반시계방향으로 $|\omega_A| = 4$ rad/s일 때 공의 중심의 속도를 구하라.

그림 P6.42, P6.43

문제 6.44 🌡

회전운동을 병진운동으로, 병진운동을 회전운동으로 바꾸는 방법은 핀 A에 의해 슬라이더 B에 연결된 크랭크 C로 구성된 스카치 요크(Scotch yoke) 기구를 사용하는 것이다. 핀은 요크 안에서 미끄러지며 크랭크와 함께 회전하며 요크는 슬라이더와 함께 병진운동을 한다. 예를 들면 이 기구는 파이프라인의 밸브 개폐를 조절하는데 사용된다. 크랭크의 반지름이 $R = 0.46$ m일 때 슬라이더의 최대 속력이 $v_B = 28$ m/s이 되기 위한 크랭크의 각속도 ω_C를 구하라.

그림 P6.44

문제 6.45-6.47

그림의 시스템은 수평면을 미끄럼 없이 구르는 반지름 $R = 350$ mm인 휠로 구성되어 있다. 길이 $L = 1.0$ mm인 봉 AB는 휠의 중심과 수직 가이드를 따라 움직이는 슬라이더에 핀으로 연결되어 있다. 점 C는 봉의 중간점이다.

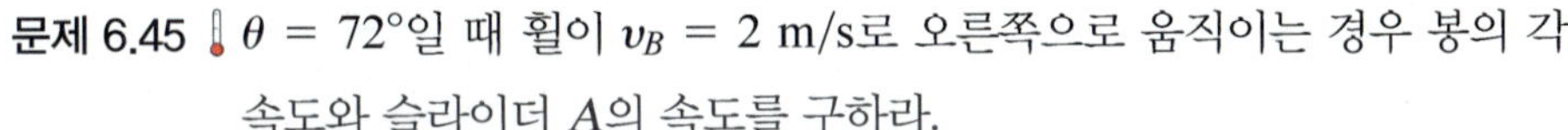
문제 6.45 🌡 $\theta = 72°$일 때 휠이 $v_B = 2$ m/s로 오른쪽으로 움직이는 경우 봉의 각속도와 슬라이더 A의 속도를 구하라.

문제 6.46 🌡 $\theta = 53°$일 때 슬라이더가 $v_A = 2.4$ m/s로 아래쪽으로 움직일 때 점 B와 C의 속도를 구하라.

문제 6.47 🌡 휠이 일정한 각속도 10 rad/s로 반시계방향으로 미끄럼 없이 구르는 경우 $\theta = 45°$일 때 슬라이더 A의 속도를 구하라.

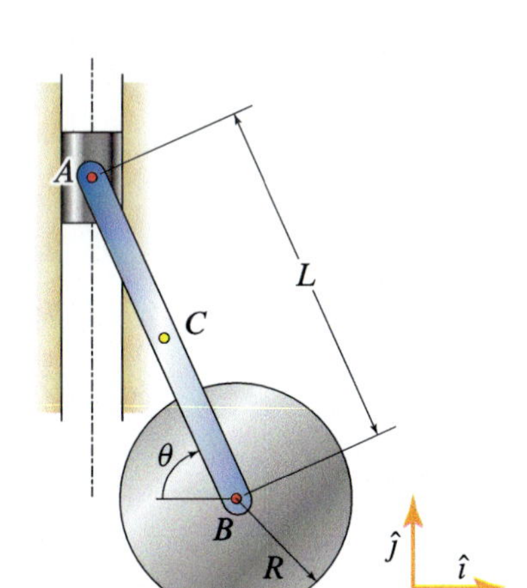

그림 P6.45-P6.47

문제 6.48 🌡

그림에서 아래의 랙은 2.7 m/s의 속력으로 오른쪽으로 움직이고 위의 랙은 1.7m/s의 속력으로 왼쪽으로 움직인다. 피니언 O의 공칭 반지름이 $R = 0.25$ m일 때 피니언의 각속도와 점 O에 대한 피니언의 순간회전중심의 상대위치를 구하라.

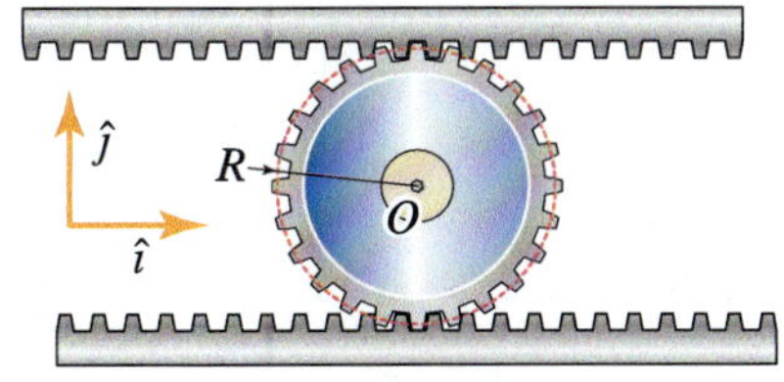

그림 P6.48

문제 6.49 🌡

그림의 항공모함이 $|\vec{v}_A| = 22$ kn, $\phi = 35°$, $|\vec{v}_B| = 24$ kn (1 kn은 1.852 km/h와 같다)로 움직이고 있다. $\theta = 19°$, A와 B 사이의 거리는 220 m이고 항공모함이 시계방향으로 돌고 있을 때 항공모함의 선회속도(turning rate)를 구하라.

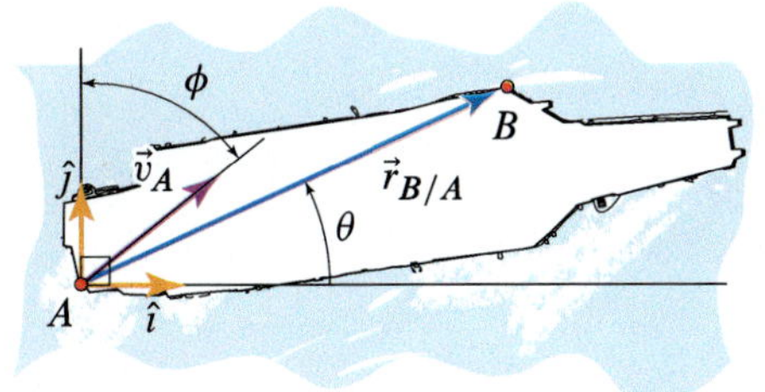

그림 P6.49

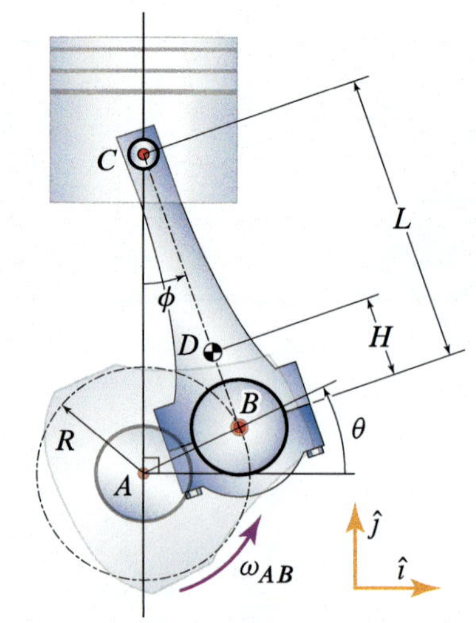

그림 P6.50, P6.51

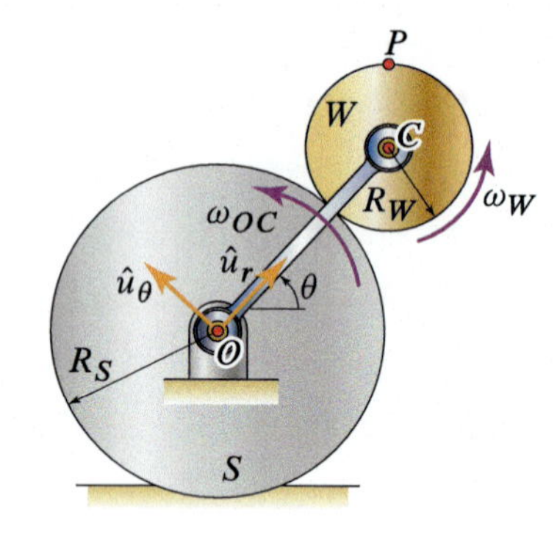

그림 P6.52

문제 6.50, 6.51

그림의 슬라이더 크랭크 기구에서 $R = 4.8$ mm, $L = 155$ mm, $H = 30$ mm, $\theta = 27°$, $\omega_{AB} = 4850$ rpm이다.

문제 6.50 피스톤의 속도를 구하라.

문제 6.51 $\dot{\phi}$와 D의 속도를 구하라.

문제 6.52

반지름 $R_W = 7$ mm인 휠 W가 암 OC에 의해 점 O에 연결되어 있고 반지름 $R_S = 15$ mm인 정지된 실린더 S 위를 미끄럼 없이 구르고 있다. $\theta = 63°$, $\omega_W = 9$ rad/s일 때 암 OC의 각속도와 점 P의 속도를 구하라. 점 P는 W의 가장자리에 있고 점 C와 수직의 위치에 있다.

문제 6.53

안쪽 반지름과 바깥 반지름이 각각 $r = 1$ m, $R = 2.2$ m인 스풀의 중심 O가 $v_O = 3$ m/s의 속력으로 경사면을 올라가고 있다. 스풀이 지면이나 케이블 C에 대해 미끄럼이 없다면 케이블이 감기거나 풀리는 속도, 즉 단위 시간당 케이블의 감기거나 풀리는 길이를 구하라.

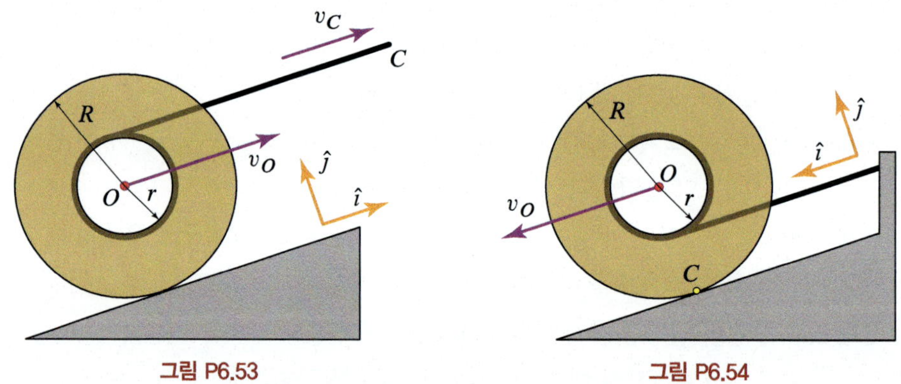

그림 P6.53　　그림 P6.54

문제 6.54

안쪽 반지름과 바깥 반지름이 각각 $r = 0.9$ m, $R = 2$ m인 스풀의 중심 O가 $v_O = 3.7$ m/s의 속력으로 경사면을 내려가고 있다. 스풀이 로프에 대해 미끄럼이 없고 로프의 한쪽 끝이 고정되었다면 점 C의 속도(경사면과 접촉하고 있는 스풀 상의 점)와 로프가 감기는 속도, 즉 단위 시간당 로프의 감기는 길이를 구하라.

문제 6.55

굴착기의 버킷은 4절 링크 $ABCD$의 요소 AB이다. 그림에서 점 A와 D는 고정되어 있고 AB는 수직이고 BC는 수평이며 점 B는 $v_B = 0.36$ m/s의 속력으로 오른쪽으로 움직이고 있다. 점 C의 속도와 요소 BC와 CD의 각속도를 구하라. $h = 0.2$ m, $e = 0.14$ m, $l = 0.27$ m, $w = 0.3$ m이다.

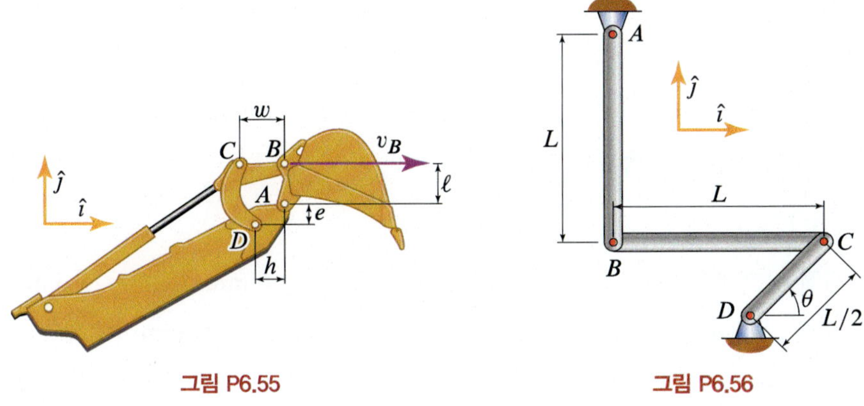

그림 P6.55

그림 P6.56

문제 6.56

봉 AB가 반시계방향으로 15 rad/s의 각속도로 회전하고 있다. $L = 1.25$ m, $\theta = 45°$일 때 봉 CD의 각속도를 구하라.

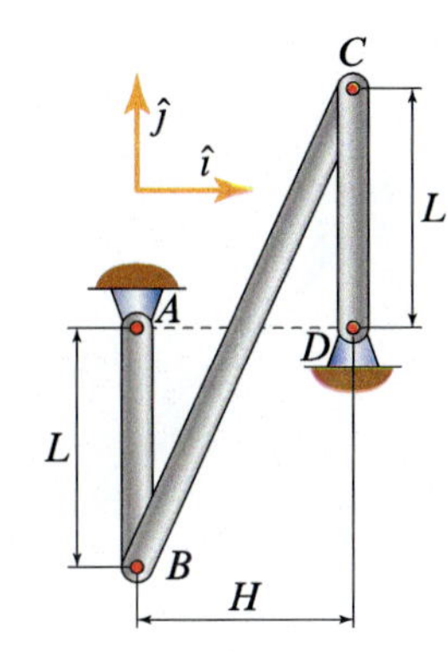

그림 P6.57

문제 6.57

그림에서 봉 AB와 CD는 수직이고 점 C는 10 m/s의 속력으로 왼쪽으로 움직이고 있다. $L = 0.46$ m, $H = 0.18$ m일 때 점 B의 속도를 구하라.

문제 6.58

칼라 A와 B는 가이드를 따라 움직이며 길이 $L = 0.75$ m인 봉으로 연결되어 있다. $\theta = 45°$이고 $v_B = 2.7$ m/s일 때 봉 AB의 각속도를 구하라.

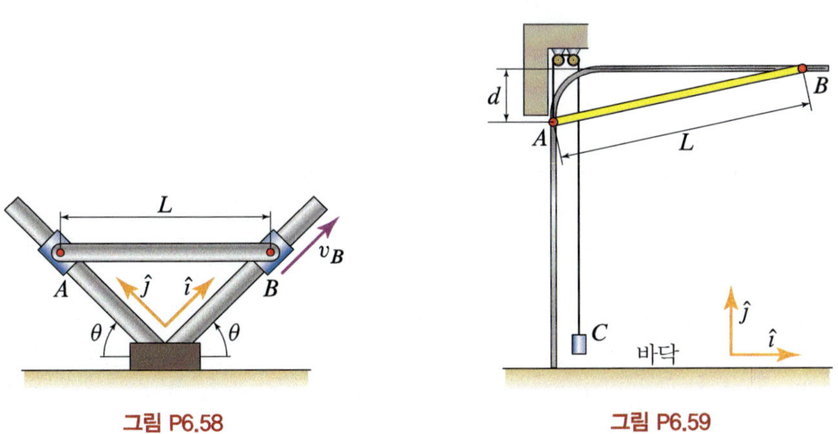

그림 P6.58

그림 P6.59

문제 6.59

그림의 차고 문이 닫히고 있다. 점 B는 도어 가이드를 따라 왼쪽으로 1.5 m/s의 속력으로 움직이며 점 A는 수직으로 움직이고 있다. $L = 1.8$ m, $d = 0.46$ m일 때, 문의 각속도와 균형추 C의 속도를 구하라.

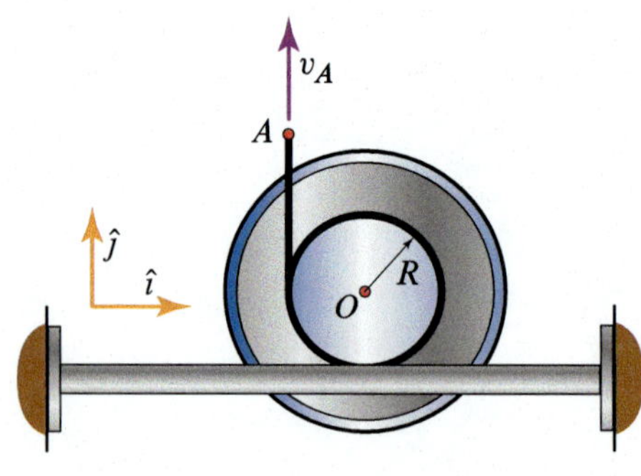

그림 P6.60

문제 6.60

안쪽 반지름 $R = 1.5$ m인 스풀(spool)이 그림과 같이 레일 위를 미끄럼 없이 구르고 있다. 스풀의 케이블이 레일과 수직을 유지하며 $v_A = 5$ m/s의 속력으로 풀린다면 스풀의 각속도와 스풀 중심 O의 속도를 구하라.

문제 6.61

그림의 4절 링크에서 봉 AB와 CD의 길이는 각각 $L_{AB} = 46$ mm, $L_{CD} = 25$ mm이고 각도는 $\theta = 132°$, $\phi = 69°$이다. 또한 A와 D 사이 거리는 $d_{AD} = 43$ mm이다. $\theta = 132°$이고 $\dot{\theta} = 27$ rad/s일 때 봉 BC와 CD의 각속도와 봉 BC의 중앙 점 E의 속도를 구하라. 그림은 동일한 비율로 그려졌으며 봉 BC와 CD는 동일 직선상에 있지 않다는 것에 유의하라.

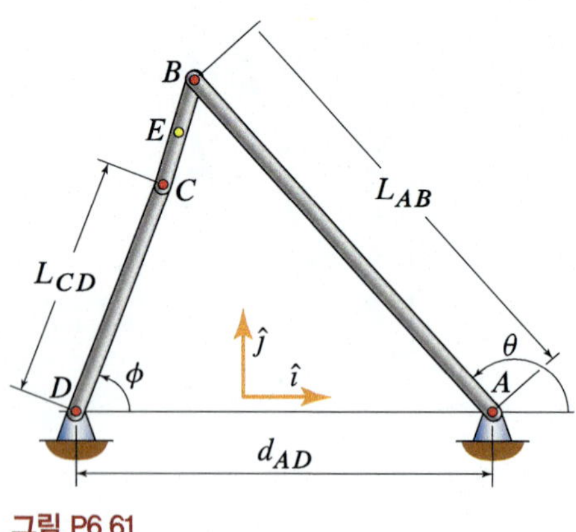

그림 P6.61

문제 6.62

사람이 녹슨 힌지를 가진 무거운 대문을 차 A로 밀고 있다. $w = 24$ m, $v_A = 1.2$ m/s, $\theta = 15°$일 때 대문의 각속도를 구하라.

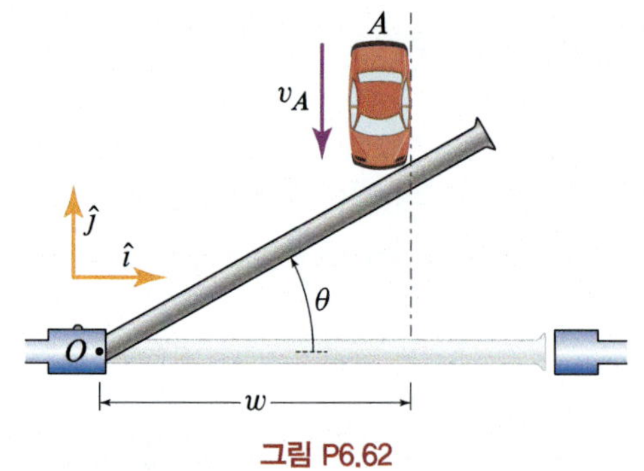

그림 P6.62

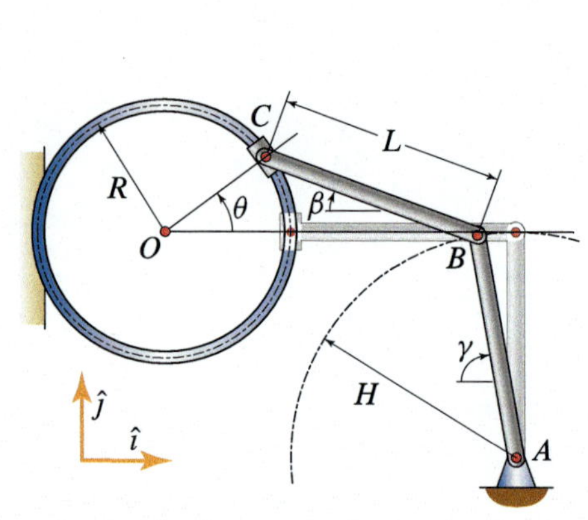

그림 P6.63-P6.65

문제 6.63-6.65

그림의 4절 링크에서 중심이 O인 원형 가이드는 고정되어 있고 $\theta = 0°$일 때 봉 AB와 BC는 각각 수직과 수평 위치이다. 그리고 $R = 0.6$ m, $L = 0.9$ m, $H = 1.0$ m이다.

문제 6.63 $\theta = 0°$일 때 칼라 C는 아래 방향으로 7 m/s의 속력으로 미끄러지고 있다. AB와 BC의 각속도를 구하라.

문제 6.64 $\theta = 37°$, $\beta = 25.07°$, $\gamma = 78.71°$일 때 칼라는 시계 방향으로 $v_C = 7$ m/s의 속력으로 미끄러지고 있다. AB와 BC의 각속도를 구하라.

문제 6.65 봉 AB와 BC의 각속도를 θ, β, γ, R, L, H, $\dot{\theta}$의 함수로 나타내라.

문제 6.66

그림에서 암 OC는 35 rpm의 각속도로 반지름 $R_S = 90$ mm인 선기어 S 주위를 반시계 방향으로 회전한다. 반지름 $R_P = 30$ mm인 유성기어 P는 고정된 선기어와 링기어 위를 미끄럼 없이 회전한다. 링기어는 고정되어 있지 않고 선기어 주위를 미끄럼 없이 회전한다는 것을 유의하라. 링기어의 각속도와 링기어 중심의 속도를 구하라.

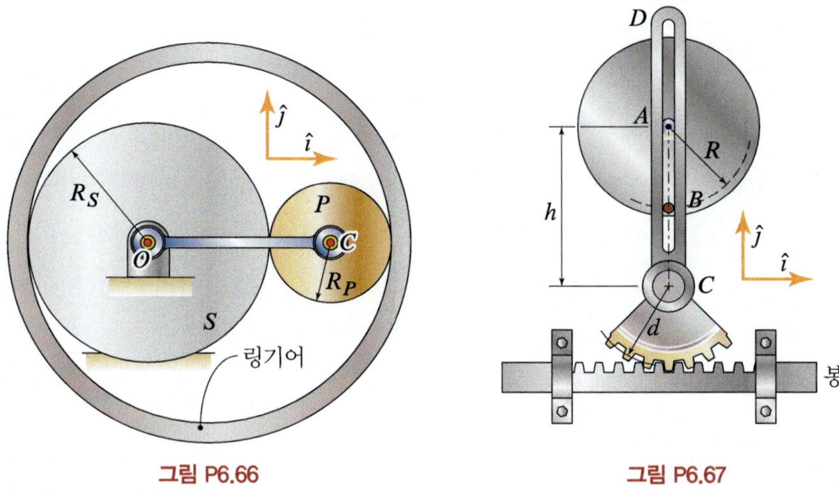

그림 P6.66

그림 P6.67

문제 6.67

크랭크 AB가 일정한 각속도 12 rad/s로 반시계방향으로 회전하고 있고, 핀 B는 C에 핀으로 고정된 봉 CD의 슬롯 안에서 미끄러진다. $R = 0.5$ m, $h = 1$ m, $d = 0.25$ m이다. 점 A, B, C가 수직선 상에 있을 때 CD의 각속도와 봉 CD가 연결된 수평 봉의 속도를 구하라.

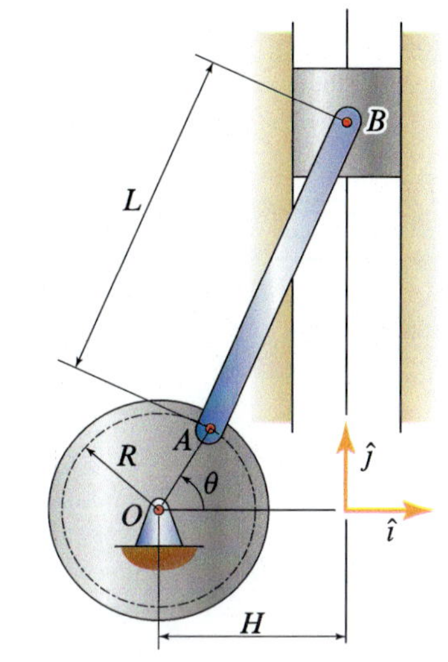

그림 P6.68-P6.72

문제 6.68-6.72

그림의 슬라이더 크랭크 기구에서 $R = 20$ mm, $L = 80$ mm, $H = 38$ mm이다.

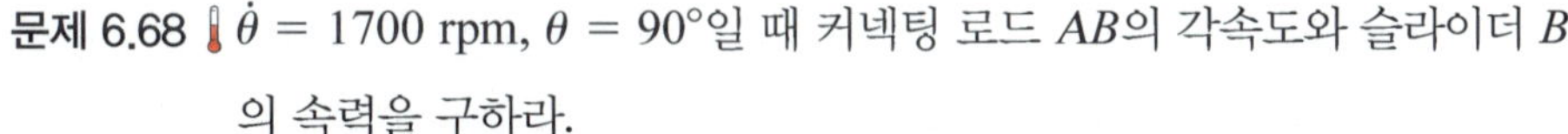

문제 6.68 $\dot{\theta} = 1700$ rpm, $\theta = 90°$일 때 커넥팅 로드 AB의 각속도와 슬라이더 B의 속력을 구하라.

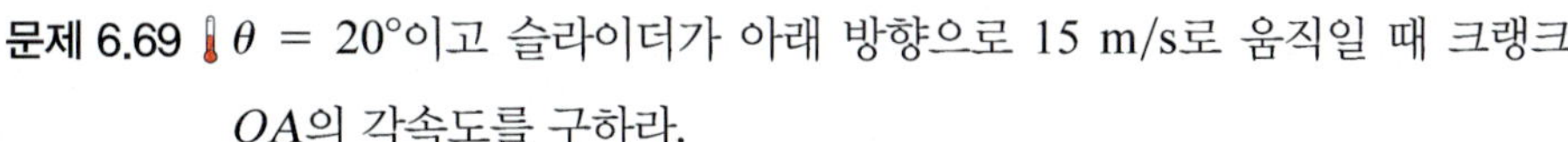

문제 6.69 $\theta = 20°$이고 슬라이더가 아래 방향으로 15 m/s로 움직일 때 크랭크 OA의 각속도를 구하라.

문제 6.70 벡터 해석법을 이용하여 슬라이더 B의 속도를 θ, $\dot{\theta}$와 형상 변수 R, H, L의 함수로 나타내라.

문제 6.71 구속조건의 미분을 이용하여 슬라이더 B의 속도를 θ, $\dot{\theta}$와 형상 변수 R, H, L의 함수로 나타내라.

문제 6.72 $\dot{\theta} = 1000$ rpm, $\dot{\theta} = 3000$ rpm, $\dot{\theta} = 5000$ rpm에 대해 슬라이더 B의 속도를 $0 \le \theta \le 360°$영역에서 θ의 함수로 그려라.

문제 6.73

478쪽에서 시작한 구속조건의 미분을 이용하여 슬라이더 크랭크 기구의 속도분석을 완성하라. 즉 피스톤 C의 속도와 커넥팅 로드의 각속도를 θ, ω_{AB}, R, L의 함수로 나타내라. 그림의 좌표계를 사용하라.

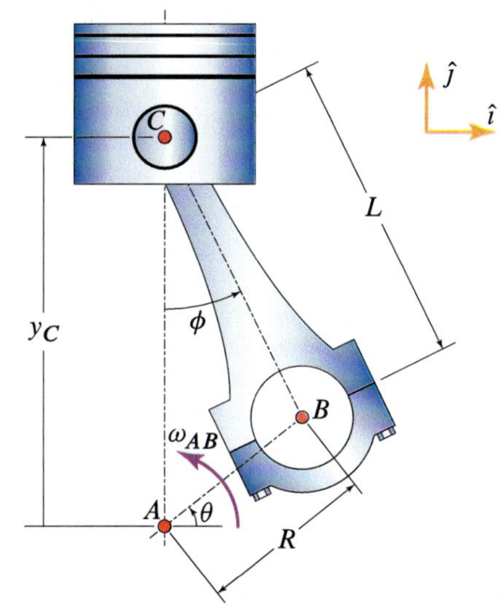

그림 P6.73

6.3 평면운동: 가속도해석

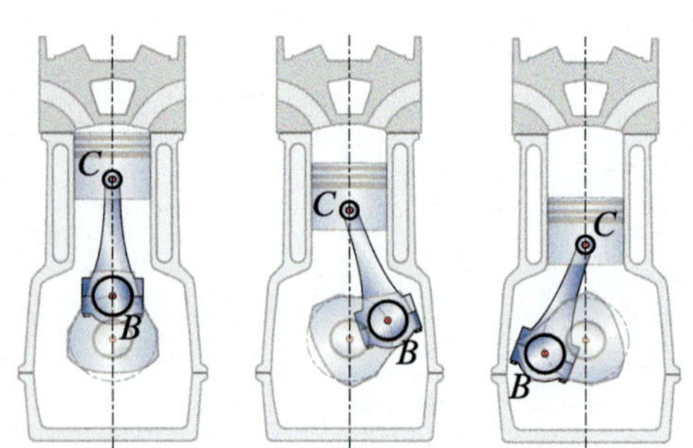

그림 6.31 커넥팅 로드의 운동을 강조한 슬라이더 크랭크 기구.

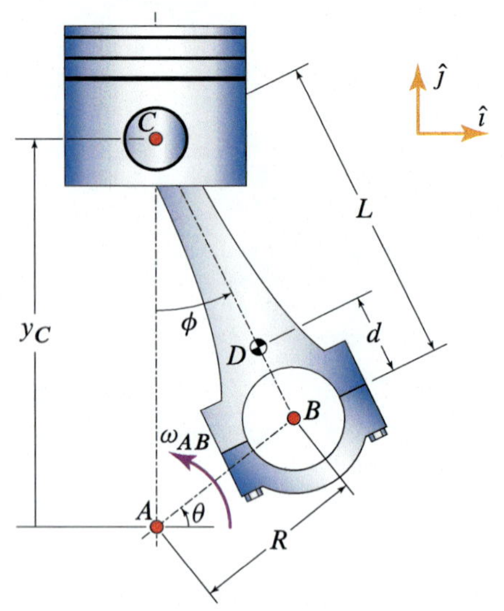

그림 6.32 슬라이더 크랭크 해석에 사용되는 형상 변수.

6.1절에서 시작하고 6.2절에서 발전시킨 슬라이더 크랭크 기구(그림 6.32 참조)의 해석을 이 절에서 계속한다. 6.2절에서 커넥팅 로드의 각속도 $\vec{\omega}_{BC}$와 피스톤의 속도 $\vec{v}_C$를 구했다. 그림 6.31과 6.32에서 크랭크 각 θ, 크랭크의 각속도 $\dot{\theta}$, 크랭크의 각가속도 $\ddot{\theta}$가 주어졌을 때 커넥팅 로드의 각가속도 $\vec{\alpha}_{BC}$와 피스톤의 가속도 $\vec{a}_C$를 구하려고 한다. 어떠한 평면 강체운동의 가속도분석에도 적용할 수 있는 두 방법(벡터 해석과 구속조건의 미분)을 살펴볼 것이다. 절의 본문에서 두 방법의 기본개념을 살펴보고 예제에서 그 방법들을 이용하여 문제를 풀어본다.

아래의 논의에서 크랭크의 각속도 $\dot{\theta} = \omega_{AB}$는 일정하다고 가정할 것이다. 적용하려는 풀이 방법은 ω_{AB}가 일정하거나 일정하지 않더라도 유효하다.

벡터 접근법

슬라이더 크랭크 기구의 커넥팅 로드(그림 6.31 참조)는 일반적인 평면운동을 한다. 따라서 커넥팅 로드 상의 한 점의 가속도와 커넥팅 로드의 회전운동(즉 각속도와 각가속도)을 알면 커넥팅 로드에 있는 임의의 점의 가속도를 구할 수 있다.[4] 예제 6.5에서 속도분석을 했기 때문에 로드의 각속도 $\vec{\omega}_{BC}$를 알고 있다. 가속도분석도 거의 같은 방법으로 진행된다.

크랭크 A의 중심선을 중심으로 고정점에 대한 회전운동을 하는 점 B (그림 6.32 참조)의 가속도를 464쪽에서 구했다. 점 B와 C는 같은 강체 상에 있기 때문에 6.1절의 식 (6.5)나 식 (6.14)를 이용하여 C의 가속도를 B의 가속도의 항으로 다음과 같이 나타낼 수 있다.

$$\vec{a}_C = \vec{a}_B + \vec{\alpha}_{BC} \times \vec{r}_{C/B} + \vec{\omega}_{BC} \times (\vec{\omega}_{BC} \times \vec{r}_{C/B}), \tag{6.31}$$

또는

$$\vec{a}_C = \vec{a}_B + \vec{\alpha}_{BC} \times \vec{r}_{C/B} - \omega_{BC}^2 \vec{r}_{C/B} \tag{6.32}$$

여기서 $\vec{\alpha}_{BC}$는 봉 BC의 각가속도이고 $\vec{\omega}_{BC}$는 알고 있다. 평면운동에서 위의 각 식은 두 스칼라 식을 나타내는 벡터 식이다. 이 두 스칼라 식은 $\vec{a}_C$와 $\vec{\alpha}_{BC}$를 구하는 열쇠이다. 왜냐하면 $\vec{a}_B$는 알고 있고, $\vec{a}_C$의 방향을 알고 있고(피스톤 C의 운동은 y 축 방향의 직선운동이다), $\vec{r}_{C/B}$는 크랭크 각 θ의 함수로 구할 수 있고(그림 6.32 참조), $\vec{\alpha}_{BC}$의 회전축은 알고 있기 때문이다(운동 평면에 수직이다). 따라서 이 두 스칼라 식에서 a_C와 α_{BC}만이 미지수이다. 이것에 대해서는 예제 6.10에서 살펴볼 것이다.

4) 462쪽의 방주를 참조하라.

구속조건의 미분

그림 6.32에서 적절한 구속조건을 세우고 시간에 대해 미분하면 $\vec{\alpha}_{BC}$와 $\vec{a}_C$를 θ의 함수로 구할 수 있다. 6.2절에서 슬라이더 크랭크의 속도분석에 이 개념을 사용했고 이제 가속도분석에 적용한다.

식 (6.21)에서와 같이 C의 y 좌표에 대한 구속조건을 다음과 같이 쓸 수 있다.

$$y_C = R\sin\theta + L\cos\phi \tag{6.33}$$

이 식을 시간에 대해 두 번 미분하면 C의 가속도를 구할 수 있다.

$$\ddot{y}_C = a_C = R\ddot{\theta}\cos\theta - R\dot{\theta}^2\sin\theta - L\ddot{\phi}\sin\phi - L\dot{\phi}^2\cos\phi \tag{6.34}$$

속도분석 시와 마찬가지로 R, L, $\theta(t)$는 알고 있다고 가정하는데 이것은 $\dot{\theta} = \omega_{AB}$와 $\ddot{\theta} = \alpha_{AB}$도 알고 있음을 의미한다. 그리고 a_C는 ϕ, $\dot{\phi}$, $\ddot{\phi}$의 함수임을 알고 있다. 구속조건을 미분하여 속도분석을 할 때 커넥팅 로드의 방향 ϕ와 크랭크의 방향 θ 간의 관계식 $\sin\phi = (R/L)\cos\theta$를 이용하여 ϕ와 $\dot{\phi}$를 구할 수 있다고 설명했다. 이 식을 시간으로 한 번 미분하여 $\dot{\phi}$를 θ와 $\dot{\theta}$의 함수로 나타낼 수 있었다. 이 식을 시간으로 두 번미분하면 $\ddot{\phi}$를 θ, $\dot{\theta}$, $\ddot{\theta}$의 함수로 나타낼 수 있다(문제 6.109 참조). 여기서 $\ddot{\phi}\,\hat{k} = \vec{\alpha}_{BC}$이다. 예제 6.11에서 이 방법을 적용하여 문제를 풀어 보기로 한다.

빠지기 쉬운 함정

가속도분석에서 왜 순간중심(IC)을 사용하지 않는가? 앞서 설명했듯이 IC는 속도가 0이지만 일반적으로 가속도는 0이 아니다. 따라서 가속도분석에서 IC 개념을 사용하면 안 된다.

미끄럼 없는 구름: 가속도해석

표면과 접촉하고 있는 물체 상의 점의 가속도를 고려해 보자. 그림 6.33을 살펴보자. 477쪽에서 물체 W가 표면 S 위를 미끄럼 없이 구른다면 접촉점 P와 Q (각각 W와 S 상의 점)의 상대속도가 0이라고 미끄럼 없는 구름의 정의를 내렸다(식 (6.17) 참조). P와 Q의 상대가속도로 표현하면, 이 조건은 접촉점에서 $\vec{a}_{P/Q}$의 접선 성분은 0이어야 한다는 의미이다. 즉

$$\vec{a}_{P/Q} \cdot \hat{u}_t = 0 \tag{6.35}$$

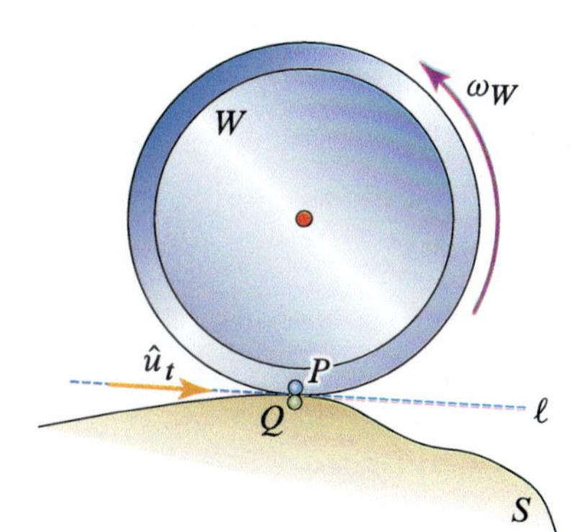

그림 6.33 표면 S 위를 구르는 휠 W. 선 ℓ은 P와 Q의 경로에 접선이다.

여기서 $\hat{u}_t$는 접촉점에서 W와 S의 접선인 ℓ과 평행인 단위벡터이다. 성분 표현으로 식 (6.35)를 다시 쓰면

$$(a_{P/Q})_t = 0 \quad \Rightarrow \quad a_{Pt} = a_{Qt} \tag{6.36}$$

식 (6.36)의 응용으로 움직이지 않는 평평한 표면 위를 미끄럼 없이 구르는 휠의 접촉점의 가속도를 계산해 보자. 휠의 중심이 그림 6.34와 같이 움직이면

$$\vec{v}_O = v_O\,\hat{\imath},\ \vec{a}_O = a_O\,\hat{\imath} \tag{6.37}$$

$\vec{v}_P = \vec{0}$이고 $\vec{\omega}_O = -(v_O/R)\,\hat{k}$이므로 점 P의 가속도는

$$\vec{a}_P = \vec{a}_O + \alpha_O\,\hat{k} \times \vec{r}_{P/O} - \omega_O^2\vec{r}_{P/O} \tag{6.38}$$

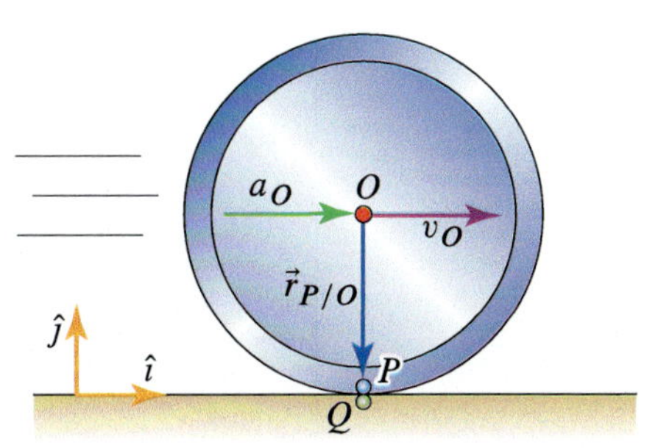

그림 6.34 수평 고정 평면 위를 미끄럼 없이 구르는 휠.

여기서 $\vec{r}_{P/O} = -R\,\hat{\jmath}$이므로 다음과 같이 다시 쓸 수 있다.

$$\begin{aligned}\vec{a}_P &= a_O\,\hat{\imath} + \alpha_O\,\hat{k} \times (-R)\,\hat{\jmath} - \left(-\frac{v_O}{R}\right)^2(-R\,\hat{\jmath})\\ &= (a_O + \alpha_O R)\,\hat{\imath} + \left(\frac{v_O^2}{R}\right)\hat{\jmath}.\end{aligned} \tag{6.39}$$

접촉점 P에서 휠에 접선 방향은 x 방향이다. 따라서 식 (6.36)을 적용하면

$$a_{Px} = a_{Qx} = 0 \quad \Rightarrow \quad \boxed{\alpha_O = -\frac{a_O}{R}} \tag{6.40}$$

왜냐하면 지면의 점 Q는 정지해 있기 때문이다. 식 (6.40)은 휠의 점 P는 y 축 방향으로 다음과 같이 가속하고 있다는 의미이다.

$$\boxed{\vec{a}_P = \frac{v_O^2}{R}\,\hat{\jmath}} \tag{6.41}$$

이 결과는 P의 현재 속도는 0이지만 가속 중이다. 즉 속도가 증가하고 있다는 의미이다. 따라서 P는 지금의 위치에서 움직이고 다른 점이 다음 접촉점이 된다.

절 요약

이 절에서는 평면운동을 하는 강체의 가속도분석 방법 두 가지(벡터 해석과 구속조건의 미분)를 제시한다.

벡터 접근법 6.1절에서 평면운동의 경우 다음 중 하나의 식은

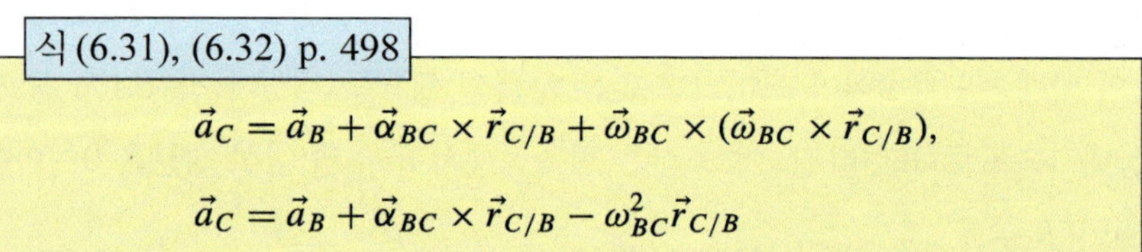

식 (6.31), (6.32) p. 498

$$\vec{a}_C = \vec{a}_B + \vec{\alpha}_{BC} \times \vec{r}_{C/B} + \vec{\omega}_{BC} \times (\vec{\omega}_{BC} \times \vec{r}_{C/B}),$$

$$\vec{a}_C = \vec{a}_B + \vec{\alpha}_{BC} \times \vec{r}_{C/B} - \omega_{BC}^2 \vec{r}_{C/B}$$

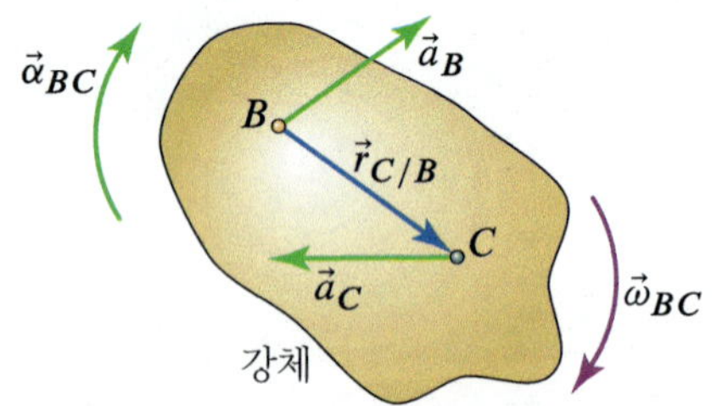

그림 6.35 두 점 B와 C의 가속도 관계를 나타내는 강체.

이 강체 상의 두 점의 가속도 $\vec{a}_B$, $\vec{a}_C$와 상대위치 $\vec{r}_{C/B}$, 물체의 각가속도 $\vec{\alpha}_{BC}$, 물체의 각속도 $\vec{\omega}_{BC}$ 사이의 관계를 나타낸다(그림 6.35 참조).

구속조건의 미분 2.7절에서 논의한 것과 같이 관심 있는 점의 위치를 나타내는 식을 세우면 편리할 경우가 많다. 그 식을 시간에 대해 한 번 미분하면 그 점의 속도를 구할 수 있고, 시간에 대해 두 번 미분하면 그 점의 가속도를 구할 수 있다. 강체의 평면운동의 경우 이 개념이 강체 상의 한 점의 위치, 속도, 가속도를 나타내는데 적용할 수 있다. 그리고, 강체의 방향을 나타내는 식을 세우면 한 번 미분하여 각속도, 두 번 미분하여 각가속도를 구할 수 있다(6.2절에서 속도분석에도 사용하였다).

미끄럼 없는 구름 물체가 다른 물체 위를 미끄럼 없이 구를 때(그림 6.36 참조), 어느 순간 접촉하는 물체 상의 두 점 P와 Q는 속도가 같아야 한다. 가속도의 경우는 $\vec{a}_{P/Q}$의 접촉점에서의 접선방향 성분이 0이어야 한다. 즉

식 (6.36) p. 499

$$(a_{P/Q})_t = 0 \quad \Rightarrow \quad a_{Pt} = a_{Qt}$$

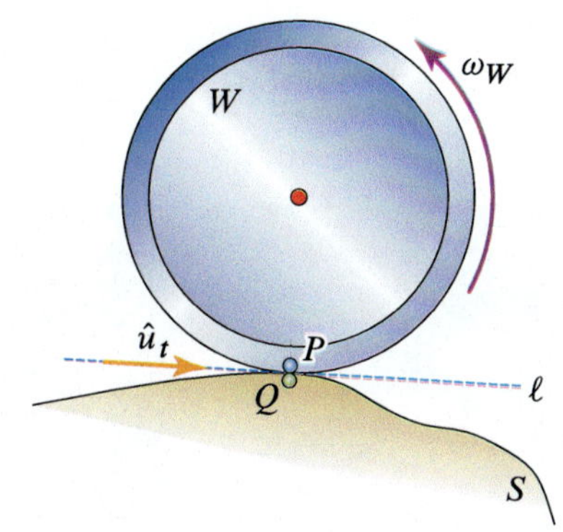

그림 6.36 *그림 6.33 반복.* 표면 S 위를 구르는 휠 W. 선 ℓ은 P와 Q의 경로에 접선이다.

반지름 R인 휠이 움직이지 않는 평평한 표면 위를 미끄럼 없이 구르면 표면과 접촉하는 휠의 점 P는 속도가 0이어야 한다(그림 6.37 참조). 따라서 휠의 각가속도 α_O, 중심의 가속도 a_O, 휠의 반지름 R 사이에는 다음 식이 성립한다.

식 (6.20) p. 478

$$\alpha_O = -\frac{a_O}{R}$$

여기서 α_O의 플러스 방향은 플러스 z 방향으로 잡는다. 지면과 접촉한 휠의 점 P는 y 축을 따라 다음과 같이 가속한다.

식 (6.41) p. 500

$$\vec{a}_P = \frac{v_O^2}{R}\,\hat{\jmath}$$

P의 속도는 0이지만 가속을 하고 있다.

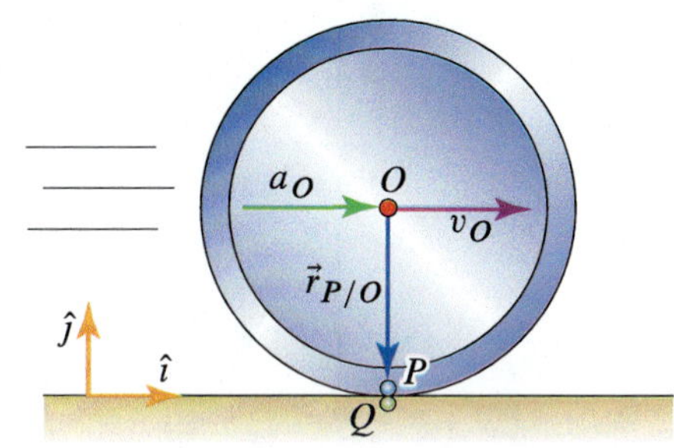

그림 6.37 *그림 6.34 반복.* 수평 고정 평면 위를 미끄럼 없이 구르는 휠.

예제 6.9 미끄럼 없이 구르는 유성기어: 벡터 해석

그림 1 유성기어 시스템의 사진.

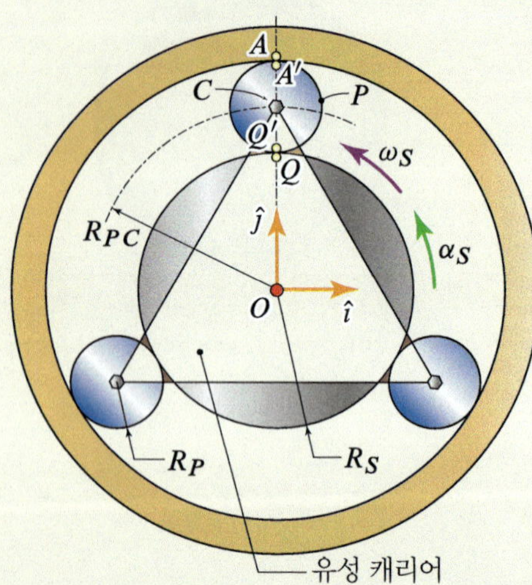

그림 2 세 유성기어와 고정 링기어를 가진 유성기어 시스템의 개략도.

예제 6.4에서 두 축 사이의 동력 전달에 사용되는 유성기어 시스템(그림 1 참조)을 다루었다. 중앙 기어는 선기어, 외부의 기어는 링기어, 내부의 기어는 유성기어라고 한다. 유성기어는 유성캐리어(그림 1에는 나와 있지 않다)에 장착되어 있다. 그림 2에서 R_S = 50 mm, R_P = 17 mm, 링기어는 고정되어 있으며 선기어의 각속도는 ω_S = 1500 rpm이고(예제 6.4와 동일), α_S = 2.7 rad/s^{2}이다. 유성기어 P의 각가속도 $\vec{\alpha}_P$와 유성캐리어의 각속도 $\vec{\alpha}_{PS}$, 그리고 점 A'와 Q'의 가속도를 구하라.

풀이 SOLUTION

로드맵 이 문제의 풀이에는 중요한 두 요소가 있다: (1) A-A'와 Q-Q'의 접촉에 대한 미끄럼 없는 구름 조건의 적용과 (2) 유성기어 P의 점 C는 반지름 $R_{PC} = R_S + R_P$인 원을 따라 움직여야 한다는 구속조건의 적용이다. 먼저 점 A, A', Q, Q'의 가속도를 살펴봄으로써 요소 1을 적용한다. 요소 2를 적용하기 위해서 가속도 $\vec{a}_C$를 두 식으로 표현한다. 첫 번째는 C를 유성 캐리어의 한 부분으로 고려하고 두 번째는 C를 P의 일부로 고려한다. 그런 다음 두 식을 같다고 하여 관계식을 구한다. 일반적으로 가속도분석을 하기 전에 시스템의 모든 부품의 각속도를 알아야 한다. 예제 6.4에서 각속도를 다음과 같이 구했다. $\omega_P = -(R_S/2R_P)\omega_S = -2206$ rpm, $\omega_{PC} = (R_S/2R_{PC})\omega_S = 560$ rpm.

계산 고정점인 A와 A'의 가속도는 다음과 같이 표현될 수 있다.

$$\vec{a}_A = \vec{0}, \quad \vec{a}_{A'} = a_{A'x}\,\hat{\imath} + a_{A'y}\,\hat{\jmath} \tag{1}$$

A-A' 접촉의 접선은 x 축에 평행하기 때문에 P와 링기어 간의 미끄럼 없는 구름 조건은

$$a_{Ax} = a_{A'x} \quad \Rightarrow \quad a_{A'x} = 0 \tag{2}$$

이제 Q와 Q'의 가속도를 구한다. 선기어는 고정축 z 를 중심으로 회전하므로 $\vec{a}_Q$는 다음과 같이 나타낼 수 있다

$$\vec{a}_Q = \vec{\alpha}_S \times \vec{r}_{Q/O} - \omega_S^2 \vec{r}_{Q/O} = -\alpha_S R_S\,\hat{\imath} - \omega_S^2 R_S\,\hat{\jmath} \tag{3}$$

여기서 $\vec{\alpha}_S = \alpha_S\,\hat{k}$, $\vec{r}_{Q/O} = R_S\,\hat{\jmath}$이다. Q'의 가속도는 A'를 기준점으로 하여 계산하면

$$\begin{aligned}\vec{a}_{Q'} &= \vec{a}_{A'} + \vec{\alpha}_P \times \vec{r}_{Q'/A'} - \omega_P^2 \vec{r}_{Q'/A'} \\ &= a_{A'y}\,\hat{\jmath} + \alpha_P\,\hat{k} \times (-2R_P)\,\hat{\jmath} - \omega_P^2(-2R_P)\,\hat{\jmath} \\ &= 2R_P\alpha_P\,\hat{\imath} + \left(a_{A'y} + 2R_P\omega_P^2\right)\hat{\jmath}\end{aligned} \tag{4}$$

Q-Q' 접촉의 접선은 x 축에 평행하다는 것을 염두에 두고 Q-Q' 접촉에서 미끄럼 없는 구름 조건을 적용한다. 식 (3), (4)로부터

$$a_{Qx} = a_{Q'x} \quad \Rightarrow \quad -\alpha_S R_S = 2R_P\alpha_P \tag{5}$$

즉

$$\alpha_P = -\frac{R_S}{2R_P}\alpha_S = -3.97\ \text{rad/s}^2 \quad \Rightarrow \quad \boxed{\vec{\alpha}_P = \left(-3.97\ \text{rad/s}^2\right)\hat{k}} \tag{6}$$

점 C를 유성 캐리어의 일부로 보면 C는 점 O를 중심으로 회전하므로 $\vec{a}_C$는 다음과 같이 쓸 수 있다.

$$\begin{aligned}\vec{a}_C &= \vec{\alpha}_{PC} \times \vec{r}_{C/O} - \omega_{PC}^2 \vec{r}_{C/O} \\ &= -\alpha_{PC} R_{PC}\,\hat{\imath} - \omega_{PC}^2 R_{PC}\,\hat{\jmath} \end{aligned} \tag{7}$$

여기서 $\vec{r}_{C/O} = R_{PC}\hat{\jmath}$, $\vec{\alpha}_{PC} = \alpha_{PC}\hat{k}$이고, $R_{PC} = R_S + R_P$이다. 점 C를 유성기어 P의 일부로 보고 A'와의 가속도 관계를 살펴보면

$$\begin{aligned}\vec{a}_C &= \vec{a}_{A'} + \vec{\alpha}_P \times \vec{r}_{C/A'} - \omega_P^2 \vec{r}_{C/A'} \\ &= a_{A'y}\,\hat{\jmath} + \alpha_P\,\hat{k} \times \vec{r}_{C/A'} - \omega_P^2 \vec{r}_{C/A'} \\ &= \alpha_P R_P\,\hat{\imath} + \left(a_{A'y} + \omega_P^2 R_P\right)\hat{\jmath} \end{aligned} \tag{8}$$

식 (7)과 (8)의 $\vec{a}_C$는 같아야 한다. 그러므로

$$-\alpha_{PC} R_{PC} = \alpha_P R_P, \quad -\omega_{PC}^2 R_{PC} = a_{A'y} + \omega_P^2 R_P \tag{9}$$

식 (9)를 미지수 α_{PC}와 $a_{A'y}$에 대해 풀면

$$\alpha_{PC} = -\frac{R_P}{R_{PC}}\alpha_P, \quad a_{A'y} = -\omega_P^2 R_P - \omega_{PC}^2 R_{PC} \tag{10}$$

α_P에 대한 식 (6), 로드맵의 ω_P와 ω_{PC}에 대한 식, 그리고 $a_{A'y}$에 대한 식 (2)를 사용하면 식 (10)은

$$\vec{\alpha}_{PC} = \frac{R_S}{2R_{PC}}\alpha_S\,\hat{k} = \left(1.007\,\mathrm{rad/s^2}\right)\hat{k}, \tag{11}$$

$$\vec{a}_{A'} = -\frac{R_S^2}{4R_P}\left(1 + \frac{R_P}{R_{PC}}\right)\omega_S^2\,\hat{\jmath} = \left(-1136\,\mathrm{m/s^2}\right)\hat{\jmath} \tag{12}$$

마지막으로 식 (6)과 (12)의 결과, 그리고 로드맵의 ω_P를 식 (4)에 대입하면

$$\vec{a}_{Q'} = -\alpha_S R_S\,\hat{\imath} + \frac{R_S^2}{4R_P}\left(1 - \frac{R_P}{R_{PC}}\right)\omega_S^2\,\hat{\jmath} = (-0.135\,\hat{\imath} + 676.3\,\hat{\jmath})\,\mathrm{m/s^2} \tag{13}$$

논의 및 검증 기호로 표시된 답들의 차원이 맞고 수치화된 답들의 단위도 정확하다. 식 (6)과 (11)의 결과는 관련된 각속도 식을 미분하면 어렵지 않게 확인할 수 있다(이에 대해서는 예제 6.11에서 확인할 수 있다). 풀이에서 사용한 절차는 일반적으로 적용될 수 있지만, 단순히 관련된 각속도 성분을 미분하여 각가속도 성분을 구하는 것은 고정축(이 예제에서는 z 축)에 대한 성분일 때와 같이 특수한 경우에서만 사용될 수 있다. 이 절 초반에 미끄럼 없는 구름 조건에서 논의한 바에 의하면, A'가 고정된 표면과 접촉하고 하고 있으므로 $\vec{a}_{A'}$는 마이너스 y 축 방향이고 ω_P^2에 비례해야 한다고 예상할 수 있다. ω_P가 ω_S에 비례하므로 이는 계산 결과와 일치한다. $\vec{a}_{Q'}$에 대해서는, x 성분은 선기어의 운동과 일치하고(따라서 마이너스 x 방향), y 성분은 플러스 방향이고 ω_P^2에, 즉 ω_S^2에 비례한다고 예상된다. 이 예상도 계산 결과와 일치한다.

예제 6.10 커넥팅 로드의 가속도해석 마무리

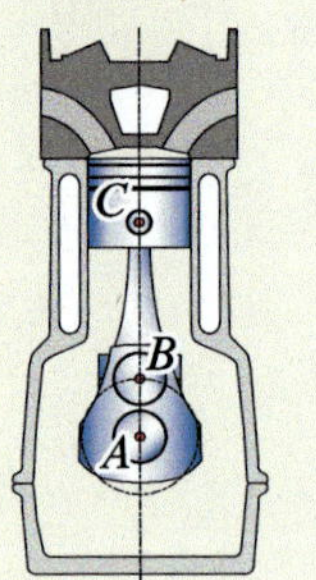

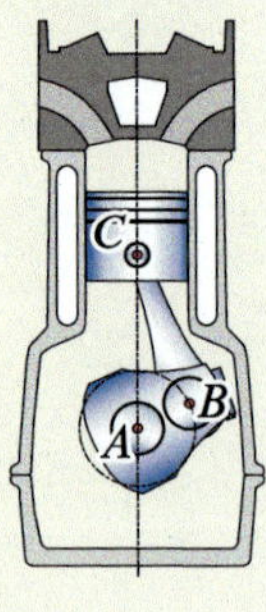

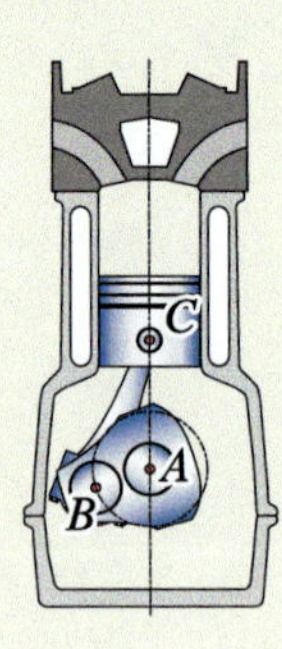

그림 1

6.3절에서 그림 1에 있는 슬라이더 크랭크 기구의 커넥팅 로드(connecting rod, CR)와 피스톤의 가속도분석에 대한 백터 접근법을 살펴보았다. 여기에서 그 해석을 마무리할 것이다.

그림 2에서 크랭크의 반지름 R, CR의 길이 L, CR의 질량중심 위치 H, 크랭크의 일정한 각속도 $\omega_{AB} = \dot{\theta}$, 크랭크 각 θ가 주어졌다. CR의 각가속도 $\vec{\alpha}_{BC}$와 피스톤의 가속도 $\vec{a}_C$를 구하라.

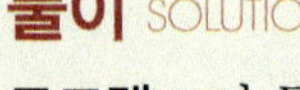

풀이 SOLUTION

로드맵 이 문제의 로드맵은 498쪽에 제시되어 있다.

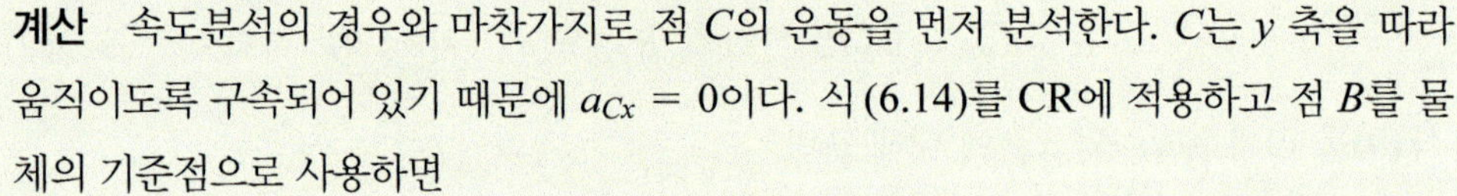

계산 속도분석의 경우와 마찬가지로 점 C의 운동을 먼저 분석한다. C는 y 축을 따라 움직이도록 구속되어 있기 때문에 $a_{Cx} = 0$이다. 식 (6.14)를 CR에 적용하고 점 B를 물체의 기준점으로 사용하면

$$\vec{a}_C = \vec{a}_B + \vec{\alpha}_{BC} \times \vec{r}_{C/B} - \omega_{BC}^2 \vec{r}_{C/B} \tag{1}$$

여기서 $\vec{\alpha}_{BC} = \alpha_{BC}\hat{k}$는 CR의 각가속도이다. 예제 6.5에서 구한 CR의 각속도는

$$\omega_{BC} = -\frac{\omega_{AB}\sin\theta}{\sqrt{(L/R)^2 - \cos^2\theta}} \tag{2}$$

그리고 B에 대한 C의 위치벡터는

$$\vec{r}_{C/B} = -L\sin\phi\,\hat{\imath} + L\cos\phi\,\hat{\jmath} \tag{3}$$

여기서 $\sin\phi$와 $\cos\phi$는 다음 식으로부터 구해진다.

$$\sin\phi = \frac{R}{L}\cos\theta, \quad \cos\phi = \frac{\sqrt{L^2 - R^2\cos^2\theta}}{L} \tag{4}$$

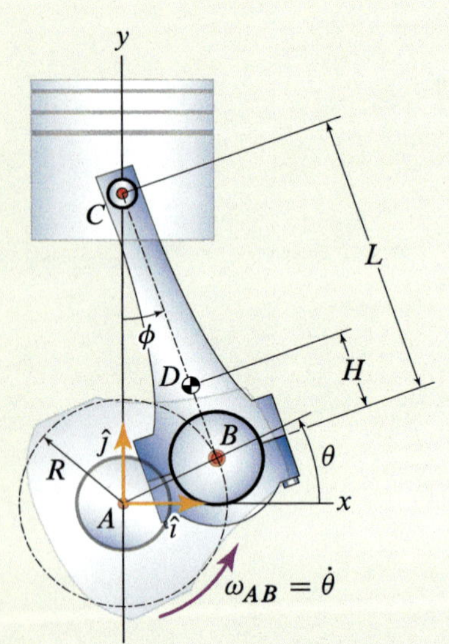

그림 2 관련된 치수를 보여주는 슬라이더 크랭크 기구.

B는 고정점 A 주위로 일정한 각속도 $\omega_{AB} = \dot{\theta}$로 회전운동을 하므로 가속도는 다음과 같이 구해진다(6.1절 참조).

$$\vec{a}_B = \vec{\alpha}_{AB} \times \vec{r}_{B/A} - \omega_{AB}^2 \vec{r}_{B/A} = -R\omega_{AB}^2(\cos\theta\,\hat{\imath} + \sin\theta\,\hat{\jmath}) \tag{5}$$

여기서 $\alpha_{AB} = \ddot{\theta} = 0$을 사용했다. 식 (3)-(5)를 식 (1)에 대입하여 정리하면

$$\begin{aligned}\vec{a}_C = {} & R\left[\cos\theta\left(\omega_{BC}^2 - \omega_{AB}^2\right) - \alpha_{BC}\sqrt{(L/R)^2 - \cos^2\theta}\right]\hat{\imath} \\ & - R\left[\alpha_{BC}\cos\theta + \omega_{BC}^2\sqrt{(L/R)^2 - \cos^2\theta} + \omega_{AB}^2\sin\theta\right]\hat{\jmath}\end{aligned} \tag{6}$$

조건 $a_{Cx} = 0$을 식 (6)에 대입하고 α_{BC}에 대해 풀면

$$\alpha_{BC} = \frac{\cos\theta\left(\omega_{BC}^2 - \omega_{AB}^2\right)}{\sqrt{(L/R)^2 - \cos^2\theta}} \tag{7}$$

식 (2)를 식 (7)에 대입하고 정리하면

$$\alpha_{BC} = \frac{\left[1 - (L/R)^2\right]\cos\theta}{\left[(L/R)^2 - \cos^2\theta\right]^{3/2}}\omega_{AB}^2 \Rightarrow \boxed{\vec{\alpha}_{BC} = \frac{\left[1 - (L/R)^2\right]\cos\theta}{\left[(L/R)^2 - \cos^2\theta\right]^{3/2}}\omega_{AB}^2\,\hat{k}} \tag{8}$$

유용한 정보

α_{BC}를 계산하는 다른 방법. 식 (8)을 구하는 데 사용한 방법은 많은 시간을 요하지만 여러 단계의 계산만 수행하면 된다. 미적분학의 곱셈과 연쇄법칙을 정확하게 적용하여 식 (2)의 ω_{BC}를 시간으로 미분하면 α_{BC}를 구할 수 있다(운동이 평면운동이기 때문에 이런 계산이 가능하다).

여기서 $\vec{\alpha}_{BC} = \alpha_{BC}\hat{k}$를 사용했다. 식 (2)와 (8)을 (6)에 대입하면

$$\vec{a}_C = -R\omega_{AB}^2\left\{\frac{\left[1-(L/R)^2\right]\cos^2\theta}{\left[(L/R)^2-\cos^2\theta\right]^{3/2}} + \frac{\sin^2\theta}{\sqrt{(L/R)^2-\cos^2\theta}} + \sin\theta\right\}\hat{\jmath} \quad (9)$$

여기서 $a_{Cx} = 0$를 사용했다.

논의 및 검증 시간 미분을 하여 가속도를 계산하는 방법과는 달리 여기에서 살펴보았던 방법, 즉 일반적인 식 $\vec{a}_B = \vec{a}_A + \vec{\alpha}_{AB} \times \vec{r}_{B/A} + \vec{\omega}_{AB} \times (\vec{\omega}_{AB} \times \vec{r}_{B/A})$의 체계적인 적용은 때때로 시간이 많이 걸리지만 여러 단계의 계산만 하면 되는 직접적인 방법이다. 강체의 가속도 공식을 적용하는 것보다는 시간으로 미분하는 방법이 더 간단한 경우가 많이 있다. 이렇게 가속도를 구하는 방법에 대해서는 예제 6.11에서 살펴볼 것이다.

빠지기 쉬운 함정

미분에 의한 속도와 가속도 구하기. 식 (2)를 미분하여 식 (8)을 구할 수 있다고 하였다. 이때 흔히 하는 실수는 일반적인 시간의 함수가 아닌 특정한 시점에서 미분을 하는 것이다. 예를 들면 특정한 시점 t_0에서 ω_{BC}를 계산하여 $\omega_{BC}(t_0) = 1234$ rad/s를 구했다고 하자. 숫자 1234 rad/s의 시간미분이 0이기 때문에 $\alpha_{BC}(t_0) = 0$이라고 할 수는 없다. 상수의 시간 미분은 0이지만 먼저 함수 $\omega_{BC}(t)$의 시간 미분을 하고 원하는 시점 t_0에서의 값을 계산해야 한다. 이 개념은 예제 6.11에서 다룰 것이다.

심층분석 이제 예제 6.5에서 시작한 변수 해석을 마무리할 수 있다.

예제 6.11과 동일한 조건에서 CR의 각가속도 α_{BC}와 피스톤의 가속도 a_{Cy}에 대한 그래프를 그린다. 놀라운 것은 CR이 받는 가속도의 크기이다. 그림 3과 4를 보면 $\dot{\theta}$ = 3500 rpm의 값(자동차 엔진은 2200–2500 rpm에서 가장 효율적이지만 쉽게 7000 rpm에 도달할 수 있다)에서 각가속도가 40,000 rad/s^2 이상의 값에 도달하며, 피스톤의 가속도는 중력가속도 g의 900배에 도달한다!

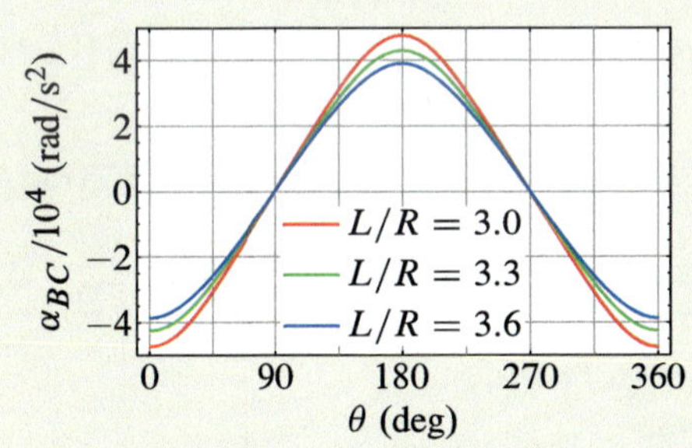

그림 3 $\dot{\theta}$ = 3500 rpm, L = 150 mm, 세 가지 L/R 값에 대한 CR의 각가속도.

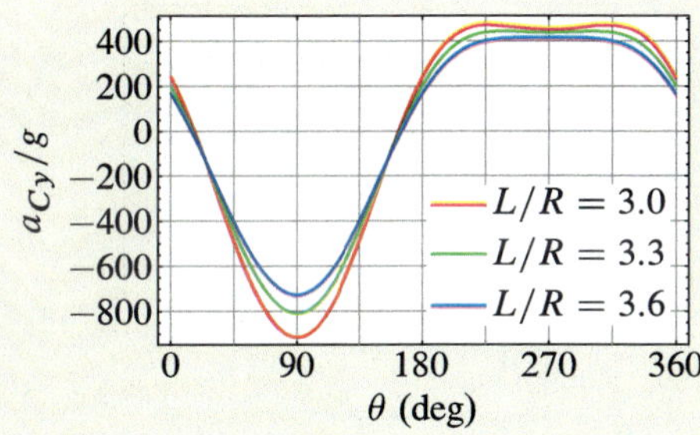

그림 4 $\dot{\theta}$ = 3500 rpm, L = 150 mm, 세 가지 L/R에 대한 피스톤의 가속도.

논의 중인 가속도는 $\dot{\theta}^2$에 비례하기 때문에 엔진의 각가속도가 2배가 되면 가속도는 4배가 된다! 따라서 7000 rpm으로 가동하는 엔진에서는 피스톤의 가속도가 쉽게 3600g에 도달한다. 7장에서 이러한 정보를 이용하여 슬라이더 크랭크 같은 기구가 지지해야하는 힘과 모멘트를 계산하는 방법을 배울 것이다. 이 결과가 왜 엔진의 CR 같은 부품이 고품질의 강으로 만들어졌는지 이해하는데 도움이 될 것이다. 그림 4에 대한 마지막 언급은 피스톤의 가속도가 $0° \le \theta \le 180°$ 구간에서와 $180° \le \theta \le 360°$ 구간에서의 거동이 다르다는 것이다. 속도분석을 하면서 이미 이러한 대칭성 결여를 보았고 가속도에서는 이 현상이 보다 뚜렷해진다는 것을 알 수 있다. 이러한 대칭성 결여를 발생시키는 것은 기구의 형상이며 비 L/R이 증가하면 좀 더 대칭적이 된다.

예제 6.11 버팀 사다리의 운동: 구속조건의 미분

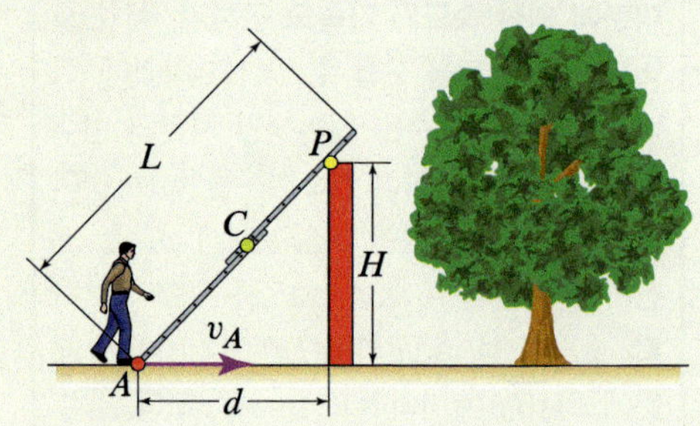

그림 1

사람이 끝 부분 A를 지면을 따라 오른쪽으로 밀어 사다리를 벽에 받치고 있다(그림 1 참조). A의 속력이 일정하고 $v_A = 0.8$ m/s, 길이 $L = 6$ m, 높이 $H = 4$ m, 거리 $d = 1.57$ m일 때 사다리의 각속도와 각가속도를 구하라. 그리고 사다리 중앙부 C의 가속도와 벽과 접촉하고 있는 사다리 상의 점 P의 가속도를 구하라.

풀이 SOLUTION

로드맵 그림 2에서 사다리의 방향을 나타내기 위한 θ를 사용하여 $\vec{\omega}_L = -\dot{\theta}\,\hat{k}, \vec{\alpha}_L = -\ddot{\theta}\,\hat{k}$ (마이너스 부호는 사용된 좌표계에서 θ의 플러스 방향을 고려할 때 필요하다)로 표현할 수 있다. 따라서 $\dot{\theta}, \ddot{\theta}$와 주어진 데이터($v_A$, H, d) 간의 관계식이 필요하다. 이 관계식은 A의 위치에 대한 구속조건을 시간으로 미분하여 얻을 수 있다. $\vec{a}_C$는 구속조건을 미분하여 계산하고 $\vec{a}_P$는 사다리에서 가속도를 알고 있는 점과 $\vec{a}_C$의 가속도를 관련짓는 벡터 해석을 이용하여 구하려고 한다.

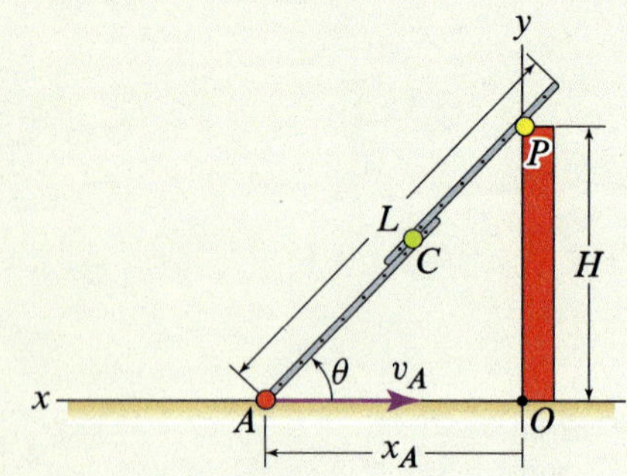

그림 2 사다리 운동학의 좌표계.

계산 사다리가 운동하는 동안 그림 2의 삼각형 AOP는 항상 다음 식을 만족해야 한다.

$$x_A \tan\theta = H \quad \Rightarrow \quad \dot{x}_A \tan\theta + x_A\dot{\theta}\sec^2\theta = 0 \tag{1}$$

여기서 두 번째 식은 첫 번째 식을 시간에 대해 미분하여 얻어졌다. sec2θ = 1 + tan2θ, $\tan\theta = H/x_A$, $\dot{x}_A = -v_A$를 이용하여 식 (1)의 두 번째 식을 $\dot{\theta}$에 대해 풀면

$$\dot{\theta} = \frac{v_A H}{x_A^2 + H^2} \quad \Rightarrow \quad \dot{\theta}(t_0) = 0.1733\,\text{rad/s} \tag{2}$$

여기서 t_0는 $x_A = d = 1.57$ m일 때의 시간이다. $\dot{\theta}$를 구했으므로 식 (2)의 두 번째 식을 시간으로 미분하여 $\ddot{\theta}$를 얻을 수 있다.

$$\ddot{\theta} = \frac{2x_A v_A^2 H}{\left(x_A^2 + H^2\right)^2} \quad \Rightarrow \quad \ddot{\theta}(t_0) = 0.02358\,\text{rad/s}^2 \tag{3}$$

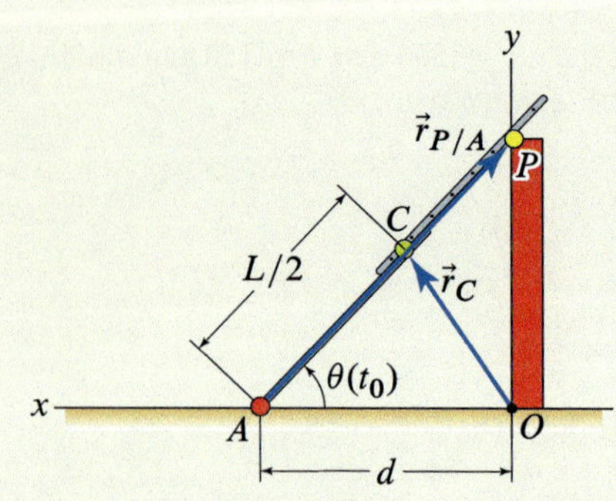

그림 3 $\vec{r}_C$와 $\vec{r}_{P/A}$의 정의.

여기서 v_A가 일정하다는 것을 이용했다. $\vec{\omega}_L = -\dot{\theta}\,\hat{k}$, $\vec{\alpha}_L = -\ddot{\theta}\,\hat{k}$이므로 식 (2)와 (3)은 다음을 의미한다.

$$\vec{\omega}_L(t_0) = -0.173\,\hat{k}\,\text{rad/s} \tag{4}$$
$$\vec{\alpha}_L(t_0) = -0.0236\,\hat{k}\,\text{rad/s}^2 \tag{5}$$

이제 구속조건을 미분하여 $\vec{a}_C(t0)$를 계산한다. 이것은 위치 C에 대한 구속조건을 두 번 시간 미분해야 한다는 것을 의미한다. 그림 3으로부터

$$\vec{r}_C = \left(x_A - \frac{L}{2}\cos\theta\right)\hat{\imath} + \frac{L}{2}\sin\theta\,\hat{\jmath} \tag{6}$$

식 (6)을 한 번 시간 미분하고 두 번 시간 미분하면

$$\vec{v}_C = \left(-v_A + \frac{L}{2}\dot{\theta}\sin\theta\right)\hat{\imath} + \frac{L}{2}\dot{\theta}\cos\theta\,\hat{\jmath} \tag{7}$$

그리고

$$\vec{a}_C = \frac{L}{2}\left[\left(\ddot{\theta}\sin\theta + \dot{\theta}^2\cos\theta\right)\hat{\imath} + \left(\ddot{\theta}\cos\theta - \dot{\theta}^2\sin\theta\right)\hat{\jmath}\right] \tag{8}$$

여기서 v_A가 일정하다는 것을 이용했다. 식 (1)의 첫 번째 식에 $x_A(t_0) = d = 1.57$ m , $H = 4$ m를 대입하면 $\theta(t_0)$를 구할 수 있다.

$$\theta(t_0) = \tan^{-1}(4/1.57) = 68.57° \tag{9}$$

식 (2), (3), (9)를 식 (8)에 대입하면

$$\boxed{\vec{a}_C(t_0) = \left(98.8\times10^{-3}\,\hat{\imath} - 58.0\times10^{-3}\,\hat{\jmath}\right)\,\text{m/s}^2} \tag{10}$$

이제 P의 가속도를 A의 가속도와 관련지어 $\vec{a}_P$를 계산한다(A는 일정한 속도로 움직인다). $\vec{a}_A = \vec{0}$이므로 A를 기준점으로 선정하면 편리하다. 그림의 위치일 때의 $\vec{a}_P$를 계산해야 하므로

$$\vec{a}_P(t_0) = \vec{\alpha}_L(t_0)\times\vec{r}_{P/A}(t_0) - \omega_L^2(t_0)\vec{r}_{P/A}(t_0) \tag{11}$$

그림 3으로부터 t_0 시점에서

$$\vec{r}_{P/A}(t_0) = -d\,\hat{\imath} + d\tan\theta(t_0)\,\hat{\jmath} \tag{12}$$

식 (12)와 식 (4), (5), (9)의 결과를 식 (11)에 대입하면

$$\boxed{\vec{a}_P(t_0) = \left(141\times10^{-3}\,\hat{\imath} - 83.1\times10^{-3}\,\hat{\jmath}\right)\,\text{m/s}^2} \tag{13}$$

논의 및 검증 계산 결과의 차원과 단위들은 모두 올바르다. 사다리가 반시계방향으로 회전하고 $\hat{k}$의 방향이 지면으로 향하기 때문에, 각속도와 각가속도의 부호는 예상과 일치한다. 가속도의 값들은 다른 풀이 방법을 쓰지 않는 한 확인하기 어렵다.

심층분석 실제로 계산을 하지 않고 공식 $\vec{a}_C = \vec{\alpha}_L\times\vec{r}_{C/A} - \omega_L^2\vec{r}_{C/A}$을 사용하면 벡터 $\vec{\alpha}_L\times\vec{r}_{C/A}$와 $-\omega_L^2\vec{r}_{C/A}$가 플러스 x 성분을 갖기 때문에 $a_{Cx}(t_0)$ 값이 플러스인 계산 결과와 일치한다는 것을 쉽게 알 수 있다. y 성분에 대해서는 $\vec{\alpha}_L\times\vec{r}_{C/A}$와 $-\omega_L^2\vec{r}_{C/A}$는 각각 플러스와 마이너스 y 성분을 갖는다는 것을 알 수 있을 것이다. 그러나 ω_L의 절대값이 α_L의 절대값 보다 크기 때문에 α_L 보다 ω_L^2을 포함한 항이 더 크리라 예상한다. 따라서 전체적으로 $a_{Cy}(t_0)$는 마이너스라고 예상하고 이는 계산 결과와 일치한다. 비슷한 논리를 $\vec{a}_P$의 결과에 적용할 수 있다.

이 예제는 2장에서 배웠던 기법이 강체에도 적용된다는 것과 이 장에서 논의한 벡터 방법과 함께 사용될 수 있다는 것을 보여주기 위한 예제이다.

예제 6.12 4절 링크의 가속도분석: 벡터 해석

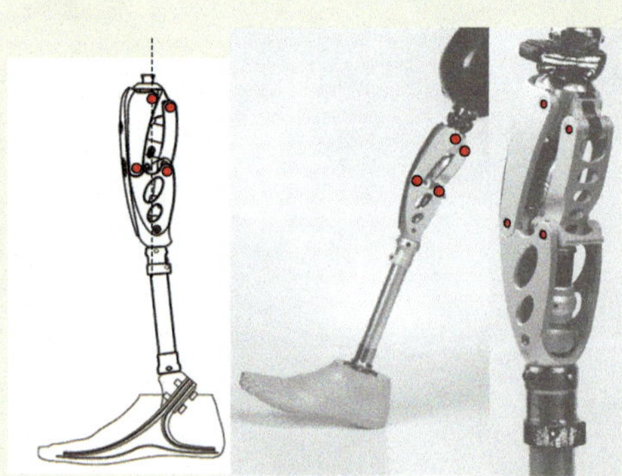

그림 1

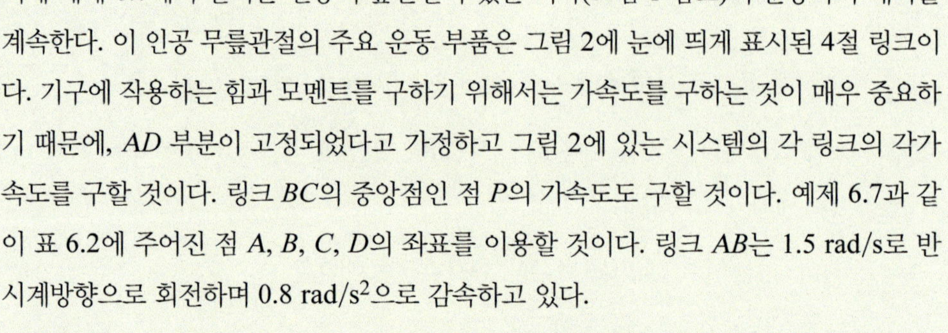

이제 예제 6.7에서 살펴본 인공 무릎관절이 있는 의족(그림 1 참조)의 운동학적 해석을 계속한다. 이 인공 무릎관절의 주요 운동 부품은 그림 2에 눈에 띄게 표시된 4절 링크이다. 기구에 작용하는 힘과 모멘트를 구하기 위해서는 가속도를 구하는 것이 매우 중요하기 때문에, *AD* 부분이 고정되었다고 가정하고 그림 2에 있는 시스템의 각 링크의 각가속도를 구할 것이다. 링크 *BC*의 중앙점인 점 *P*의 가속도도 구할 것이다. 예제 6.7과 같이 표 6.2에 주어진 점 *A*, *B*, *C*, *D*의 좌표를 이용할 것이다. 링크 *AB*는 1.5 rad/s로 반시계방향으로 회전하며 0.8 rad/s²으로 감속하고 있다.

표 6.2 그림 2의 시스템에서 핀 중심 *A*, *B*, *C*, *D*의 개략적인 현재 좌표 값

점	*A*	*B*	*C*	*D*
좌표(mm)	(0.0, 0.0)	(−27.0,120)	(26.0,124)	(30.0, 15.0)

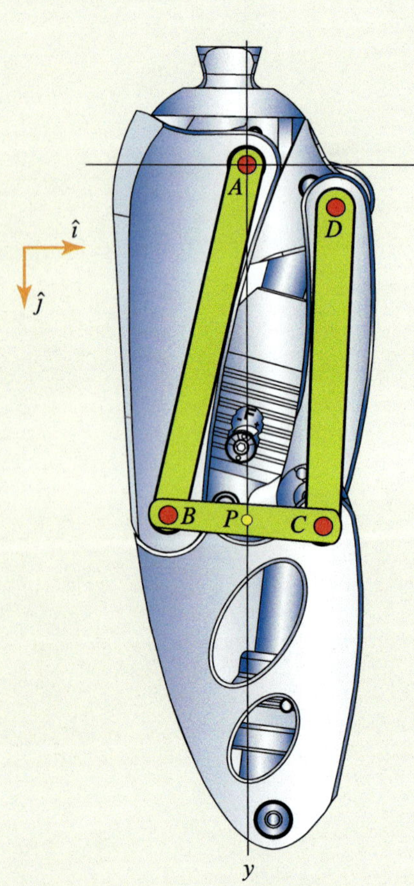

그림 2 의족에 있는 4절 링크의 형상.

풀이 SOLUTION

로드맵 아는 바와 같이 가속도분석은 일반적으로 속도분석이 선행된다. 예제 6.7에서 이 기구의 속도분석을 했고 구한 각가속도 $\omega_{BC} = -637.8 \times 10^{-3}$ rad/s, $\omega_{CD} = -1.675$ rad/s를 사용할 것이다.[5)] 가속도도 속도와 같은 방법으로 계산한다. 즉 *B*의 가속도를 계산한 다음 *C*의 가속도를 계산한다. 점 *C*는 링크 *BC*와 *CD*가 공유하는 점이기 때문에 $\vec{a}_C$에 대해 두 식을 얻을 수 있고 두 식은 같아야 한다. 이 조건으로부터 링크 *BC*와 *CD*의 각가속도를 구하는 두 식을 얻을 수 있다. 각가속도가 구해지면 점 *P*의 가속도를 계산할 것이다.

계산 *A*는 고정되어 있으므로 $\vec{a}_B$는

$$\vec{a}_B = \alpha_{AB}\,\hat{k} \times \vec{r}_{B/A} - \omega_{AB}^2 \vec{r}_{B/A} = -(35.25\,\hat{\imath} + 291.6\,\hat{\jmath})\,\text{mm/s}^2 \tag{1}$$

여기서 $\alpha_{AB} = +0.8$ rad/s²이고 표 6.2로부터 $\vec{r}_{B/A} = (-27\,\hat{\imath} + 120\,\hat{\jmath})$이다. 다음으로 *C*는 링크 *BC*와 *CD*가 공유하는 점이기 때문에, $\vec{a}_C$는 다음의 독립적인 두 식으로 표현할 수 있다.

$$\vec{a}_C = \vec{a}_B + \alpha_{BC}\,\hat{k} \times \vec{r}_{C/B} - \omega_{BC}^2 \vec{r}_{C/B} \tag{2}$$

그리고

$$\vec{a}_C = \vec{a}_D + \alpha_{CD}\,\hat{k} \times \vec{r}_{C/D} - \omega_{CD}^2 \vec{r}_{C/D} \tag{3}$$

여기서

$$\vec{r}_{C/B} = \vec{r}_C - \vec{r}_B = (53\,\hat{\imath} + 4\,\hat{\jmath})\,\text{mm} \tag{4}$$

$$\vec{r}_{C/D} = \vec{r}_C - \vec{r}_D = (-4\,\hat{\imath} + 109\,\hat{\jmath})\,\text{mm} \tag{5}$$

5) 여기서 각가속도는 중간 결과이기 때문에 유효숫자 4자리로 나타냈다.

그리고 $\vec{a}_D = \vec{0}$이다. 식 (1), (4), (5)와 알고 있는 각속도를 식 (2), (3)에 대입하고 $\vec{a}_C$의 두 식을 같게 놓으면 다음과 같은 벡터 식을 얻는다.

$$-\left[56.81\,\tfrac{\text{mm}}{\text{s}^2} + (4\,\text{mm})\alpha_{BC}\right]\hat{\imath} + \left[-293.2\,\tfrac{\text{mm}}{\text{s}^2} + (53\,\text{mm})\alpha_{BC}\right]\hat{\jmath}$$
$$= \left[11.22\,\tfrac{\text{mm}}{\text{s}^2} - (109\,\text{mm})\alpha_{CD}\right]\hat{\imath} - \left[305.7\,\tfrac{\text{mm}}{\text{s}^2} + (4\,\text{mm})\alpha_{CD}\right]\hat{\jmath} \quad (6)$$

$\hat{\imath}$ 성분과 $\hat{\jmath}$ 성분을 같게 놓으면 두 식을 얻는다.

$$-56.81\,\tfrac{\text{mm}}{\text{s}^2} - (4\,\text{mm})\alpha_{BC} = 11.22\,\tfrac{\text{mm}}{\text{s}^2} - (109\,\text{mm})\alpha_{CD} \quad (7)$$

$$-293.2\,\tfrac{\text{mm}}{\text{s}^2} + (53\,\text{mm})\alpha_{BC} = 305.7\,\tfrac{\text{mm}}{\text{s}^2} + (4\,\text{mm})\alpha_{CD} \quad (8)$$

미지수 α_{BC}와 α_{CD}에 대해 풀면

$$\boxed{\alpha_{BC} = -0.282\,\text{rad/s}^2 \quad \text{and} \quad \alpha_{CD} = 0.614\,\text{rad/s}^2} \quad (9)$$

이제 각가속도를 구했으므로 다음 식을 이용하여 $\vec{a}_P$를 구할 수 있다.

$$\vec{a}_P = \vec{a}_B + \alpha_{BC}\,\hat{k} \times \vec{r}_{P/B} - \omega_{BC}^2 \vec{r}_{P/B} \quad (10)$$

P는 B와 C 사이의 중심점이므로

$$\vec{r}_P = \frac{\vec{r}_B + \vec{r}_C}{2} \quad \Rightarrow \quad \vec{r}_{P/B} = \vec{r}_P - \vec{r}_B = \frac{\vec{r}_C - \vec{r}_B}{2} = (26.5\,\hat{\imath} + 2\,\hat{\jmath})\,\text{mm} \quad (11)$$

식 (1), (9), (11)과 전에 계산한 ω_{BC} 값을 사용하여 식 (10)으로부터 $\vec{a}_P$를 구하면

$$\boxed{\vec{a}_P = -(45.5\,\hat{\imath} + 300\,\hat{\jmath})\,\text{mm/s}^2} \quad (12)$$

논의 및 검증 첫 번째 점검으로, 모든 결과의 차원과 단위가 정확하다는 것을 알 수 있다.

얻은 결과들이 합리적이라고 주장할 수 있는 또 하나의 방법은 현재 위치에서 링크 AB와 BC가 거의 평행하고 링크 BC의 방향은 점 C의 y 좌표가 점 B의 좌표 값보다 크게 위치하고 있는 것을 관찰하는 것이다. 따라서 4절 링크의 거동은 크기가 비슷한 평행사변형의 거동과 다르지 않다. 그러므로 CD의 각속도는 α_{AB}와 같은 부호를 가져야 한다고 예상할 수 있다. 마찬가지로 BC의 각가속도는 AB의 각가속도와 반대 부호를 가져야 한다고 예상할 수 있다. 이것은 구한 결과와 일치한다. 그러나 가속도의 부호와 크기를 예상하는 것은 속도에 대한 예상처럼 쉽지는 않다는 것을 언급해야 하겠다. 그러므로 가속도의 경우에는 계산 결과를 재확인하는 것이 기구의 운동을 직감적으로 이해하는 것보다 더 중요하다.

문제

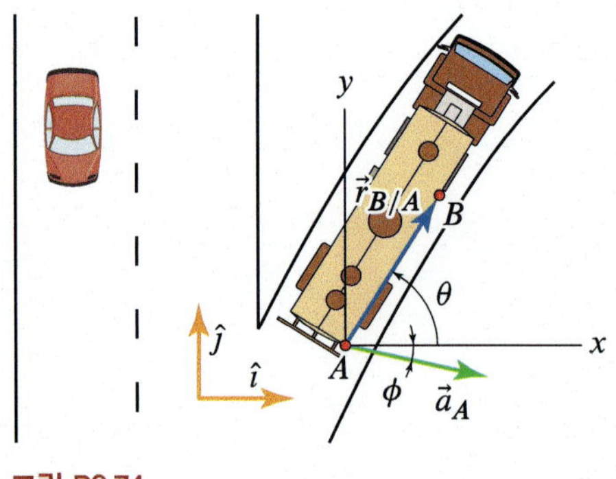

그림 P6.74

문제 6.74

나들목에 있는 트럭이 $|\vec{a}_A| = 5\ \text{m/s}^2$, $\dot{\theta} = -0.3\ \text{rad/s}$, $\ddot{\theta} = -0.1\ \text{rad/s}^2$으로 움직이고 있다. A와 B 사이의 거리 $d_{AB} = 3.6\ \text{m}$, $\theta = 57°$, $\phi = 13°$일 때 $\vec{a}_B$를 구하라.

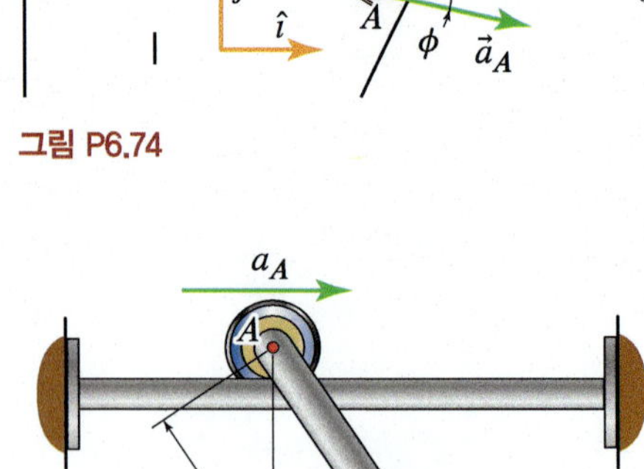

그림 P6.7-P6.77

문제 6.75-6.77

$L = 1.2\ \text{m}$이고, 점 A는 그림과 같이 가이드와 평행하게 움직이며, C는 봉의 중심점이다.

문제 6.75 점 A가 오른쪽으로 $\dot{\theta} = 7\ \text{rad/s}$ = 일정, $a_A = 8\ \text{m/s}^2$으로 가속하고 있다. $\theta = 24°$일 때 중심점 C의 가속도를 구하라.

문제 6.76 점 A가 오른쪽으로 $a_A = 8\ \text{m/s}^2$, $\dot{\theta} = 7\ \text{rad/s}$, $\ddot{\theta} = -0.45\ \text{rad/s}^2$으로 가속하고 있다. $\theta = 26°$일 때 중심점 C의 가속도를 구하라.

문제 6.77 $\theta = 0°$일 때 A가 오른쪽으로 $a_A = 8\ \text{m/s}^2$, $\vec{a}_C = \vec{0}$으로 가속하고 있다. $\dot{\theta}$와 $\ddot{\theta}$를 구하라.

문제 6.78

반지름 $R_W = 5\ \text{cm}$인 휠 W가 반지름 $R_S = 12\ \text{cm}$인 정지한 실린더 위를 미끄러지지 않고 구르며 휠은 암 OC에 의해 점 O에 연결되어 있다. ω_{OC} = 일정 = $3.5\ \text{rad/s}$일 때, W의 가장자리에 있고 선 OC의 연장선 위에 있는 점 Q의 가속도를 구하라.

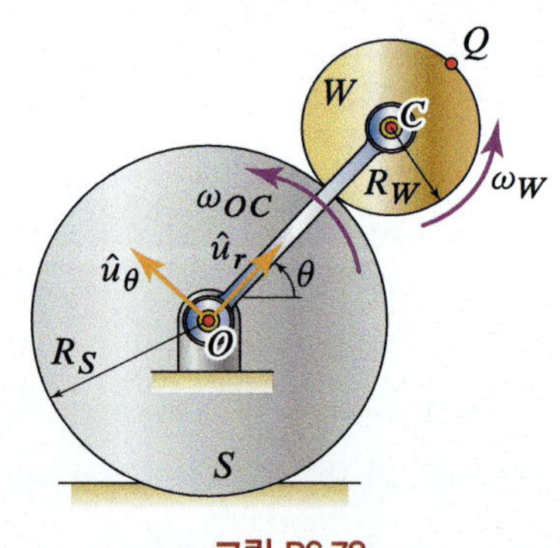

그림 P6.78

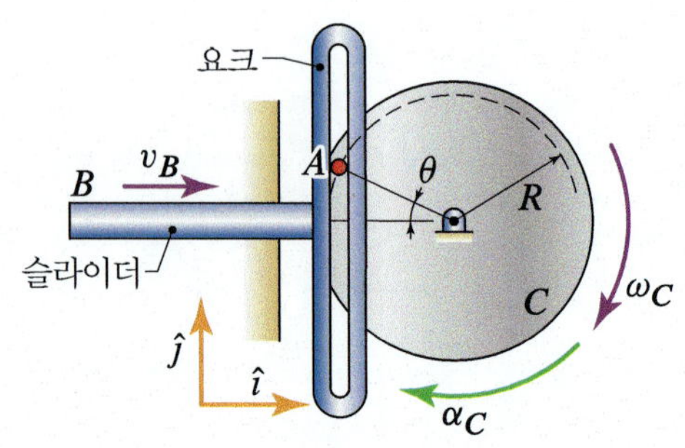

그림 P6.79

문제 6.79

회전운동을 선형운동으로, 선형운동을 회전운동으로 바꾸는 한 가지 방법은 스카치 요크라고 불리는 기구를 사용하는 것이다. 스카치 요크는 핀 A를 통해 슬라이더 B에 연결된 크랭크 C로 구성되어 있다. 핀은 요크 안에서 미끄러지며 크랭크와 같이 회전한다. 요크는 슬라이더와 함께 병진운동을 한다. 파이프라인 내의 밸브를 열고 닫는데 이 기구를 종종 사용해 왔다. 크랭크의 반지름 $R = 25\ \text{cm}$, $\theta = 25°$이고 슬라이더가 오른쪽으로 $v_B = 40\ \text{m/s}$로 일정하게 움직일 때, 크랭크의 각속도 ω_C와 각가속도 α_C를 구하라.

문제 6.80

칼라 C는 일정한 속도 $v_C = 5.5$ m/s로 반지름 $R = 0.6$ m인 원형 가이드를 따라 움직인다. 그림에서 봉 AB와 BC는 각각 수평과 수직상태이다. $L = 1.2$ m, $H = 1.5$ m일 때 봉 AB와 BC의 각가속도를 구하라.

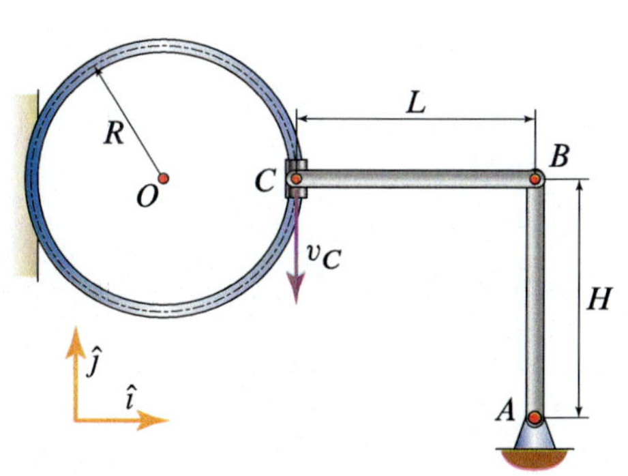

그림 P6.80

문제 6.81, 6.82

반지름 $R_A = 125$ mm인 공이 정지한 구형(spherical) 통 안에서 미끄러지지 않고 구른다. 공은 평면운동을 한다고 가정한다.

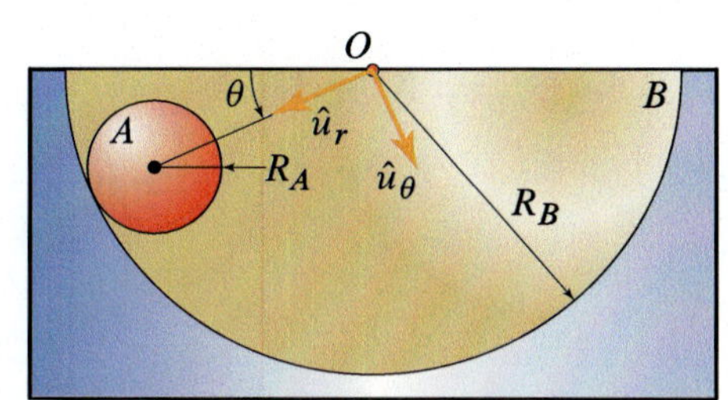

그림 P6.81, P6.82

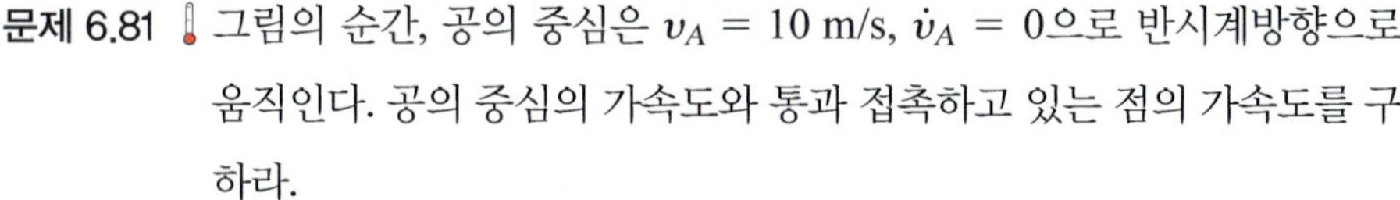

문제 6.81 그림의 순간, 공의 중심은 $v_A = 10$ m/s, $\dot{v}_A = 0$으로 반시계방향으로 움직인다. 공의 중심의 가속도와 통과 접촉하고 있는 점의 가속도를 구하라.

문제 6.82 그림의 순간, 공의 중심은 $v_A = 10$ m/s, $\dot{v}_A = 7.5$ m/s^{2}으로 반시계방향으로 움직인다. 공의 중심의 가속도와 통과 접촉하고 있는 점의 가속도를 구하라.

문제 6.83

길이 $L = 2.5$ m인 봉이 $\theta = 34°$일 때, $v_A = 3$ m/s, $a_A = 8.7$ m/s^{2}로 떨어지고 있다. 이 순간 봉 AB의 각가속도와 봉의 중심점 D의 가속도를 구하라.

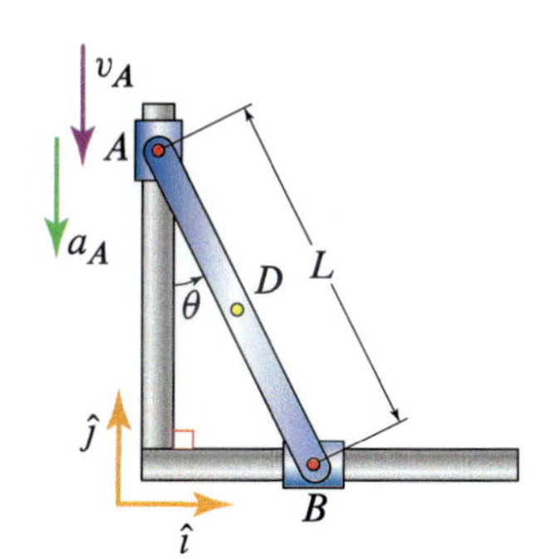

그림 P6.83-P6.85

문제 6.84

길이 $L = 2.4$ m인 봉이 $\theta = 27°$일 때, 중심점 D가 $|\vec{v}_D| = 5.4$ m/s, D의 수직방향 가속도는 아래 방향으로 7 m/s^{2}이다. 이 순간 봉 AB의 각가속도와 점 B의 가속도를 구하라.

문제 6.85

v_A가 일정하다고 가정하고, $0° \leq \theta \leq 90°$일 때 봉의 중심점 D의 가속도를 θ와 v_A의 함수로 나타내라.

문제 6.86

나들목에 있는 트럭이 $|\vec{a}_A| = 6$ m/s^2, $\phi = 13°$로 움직이고 있다. A와 B 사이의 거리 $d_{AB} = 4$ m이다. 그림의 순간 트럭은 시계방향으로 회전하고 있으며 $\theta = 59°$, $a_{Bx} = 6.3$ m/s^2, $a_{By} = -2.6$ m/s^{2}일 때 트럭의 각속도와 각가속도를 구하라.

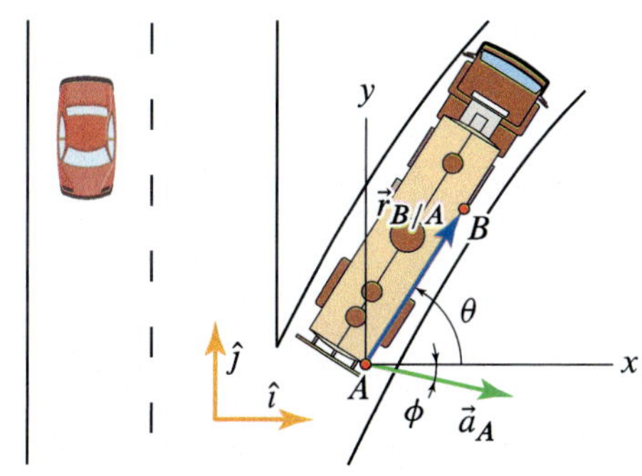

그림 P6.86

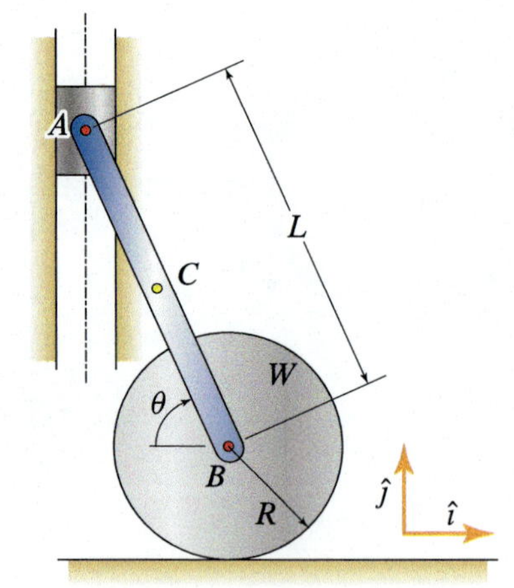

그림 P6.87-P6.89

문제 6.87-6.89

그림의 시스템은 수평면을 미끄러지지 않고 구르는 반지름 $R = 1.4$ m인 휠로 구성되어 있다. 길이 $L = 3.7$ m인 봉 AB는 휠의 중심과 수직 가이드를 따라 움직이도록 구속된 슬라이더 A에 핀으로 연결되어 있다. 점 C는 봉의 중심점이다.

문제 6.87 휠이 일정한 각속력 2 rad/s로 시계방향으로 구르고 있다면 $\theta = 72°$일 때 봉의 각가속도를 구하라.

문제 6.88 슬라이더 A가 일정한 속력 3 m/s로 아래로 움직이고 있다면 $\theta = 53°$일 때 휠의 각가속도를 구하라.

문제 6.89 슬라이더 A의 가속도를 θ, L, R, 휠의 각속도 ω_W, 휠의 각가속도 α_W의 함수로 나타내라.

문제 6.90-6.93

그림의 슬라이더 크랭크 기구에서 $R = 0.75$ m, $H = 2$ m, 봉 BC의 길이 $L_{BC} = 3.25$ m이다.

문제 6.90 $\dot{\theta} = 50$rad/s가 일정하다고 가정하고, $\theta = 27°$일 때 슬라이더의 각가속도를 구하라.

문제 6.91 $\theta = 27°$, $\dot{\theta} = 50$ rad/s, $\ddot{\theta} = 15$rad/s^{2}이라고 가정하라. 슬라이더의 각가속도와 점 C의 가속도를 구하라.

문제 6.92 $\dot{\theta}$가 일정할 때 슬라이더의 각가속도를 θ와 $\dot{\theta}$(그리고 관련된 형상 변수)의 함수로 나타내라.

문제 6.93 $\dot{\theta} = 300$ rpm이 일정할 때 $0° \leq \theta \leq 360°$에서 슬라이더의 각가속도와 점 C의 속력을 θ의 함수로 도시하라.

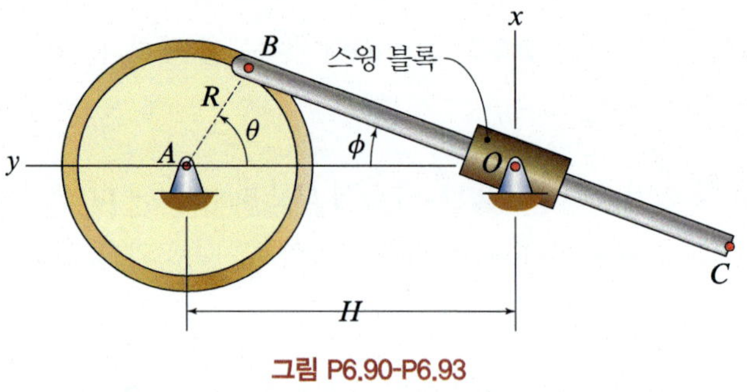

그림 P6.90-P6.93

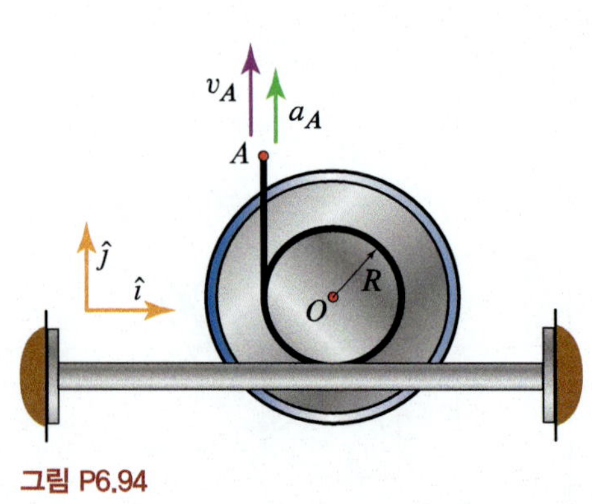

그림 P6.94

문제 6.94

내부 반지름 $R = 1.5$ m인 스풀이 그림과 같이 수평 레일 위를 미끄러지지 않고 구른다. 스풀의 케이블이 수직 부분이 레일과 직각을 유지하며 풀릴 때 스풀의 각가속도와 스풀의 중심 O의 가속도를 구하라. 점 A의 속도의 수직성분은 $v_A = 3.6$ m/s이고 가속도의 수직성분은 $a_A = 0.6$ m/s^{2}이다.

문제 6.95

그림에서 봉 AB와 BC는 수직이고 슬라이더 C의 속도는 그림의 방향으로 $v_C = 24\ \text{m/s}$, 가속도는 그림의 방향으로 $a_C = 2.5\ \text{m/s}^2$이다. $L = 1.75\ \text{m}$, $\theta = 45°$일 때 봉 AB와 BC의 각가속도를 구하라.

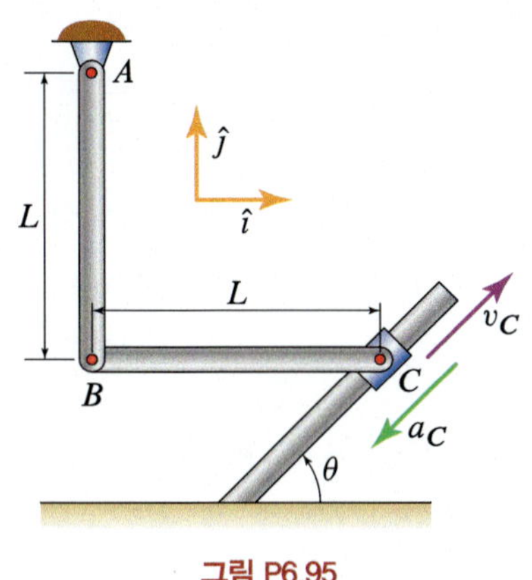

그림 P6.95

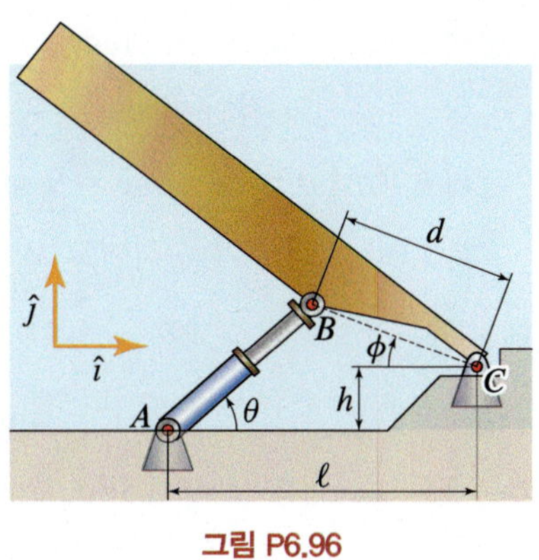

그림 P6.96

문제 6.96

수문이 유압실린더 AB에 의해 조절된다. 실린더의 길이가 0.76 m/s의 비율로 일정하게 증가한다면 $\phi = 0°$, $\ell = 3\ \text{m}$, $h = 7.6\ \text{m}$, $d = 1.5\ \text{m}$일 때 수문의 각가속도를 구하라.

문제 6.97

굴착기의 버킷은 4절 링크 $ABCD$의 요소 AB이다. 점 A와 D는 고정되어 있고 버킷은 일정한 각속도 $\omega_{AB} = 0.25\ \text{rad/s}$로 회전한다. AB는 수직이고 BC는 수평이다. 점 C의 가속도와 요소 BC와 CD의 각가속도를 구하라. $h = 0.2\ \text{m}$, $e = 0.14\ \text{m}$, $l = 0.27\ \text{m}$, $w = 0.3\ \text{m}$이다.

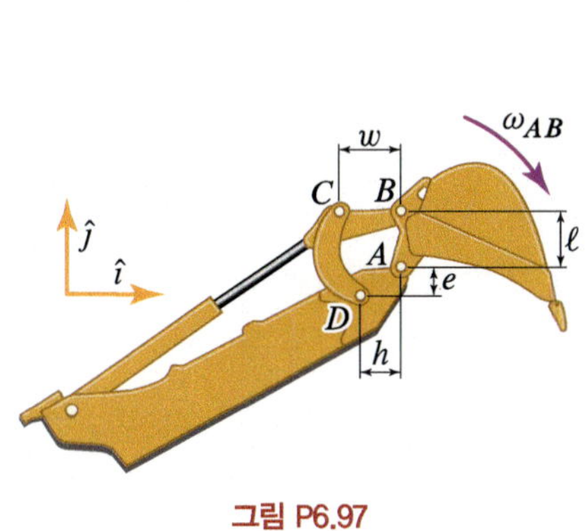

그림 P6.97

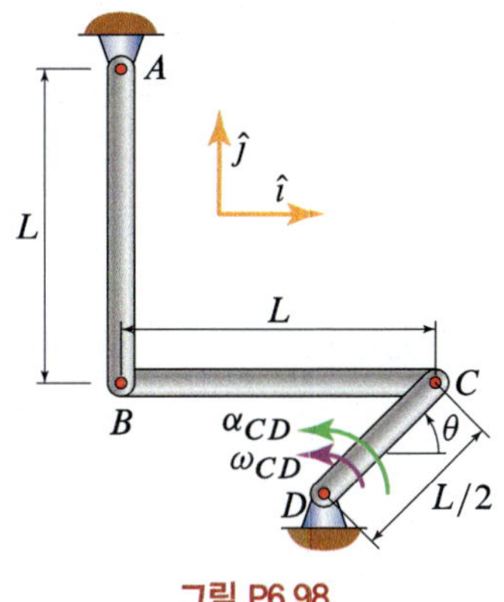

그림 P6.98

문제 6.98

봉 CD는 각속도 20 rad/s, 각가속도 2 rad/s²로 그림과 같이 회전하고 있다. $\theta = 45°$, $L = 0.7\ \text{m}$일 때 봉 AB와 BC의 각가속도를 구하라.

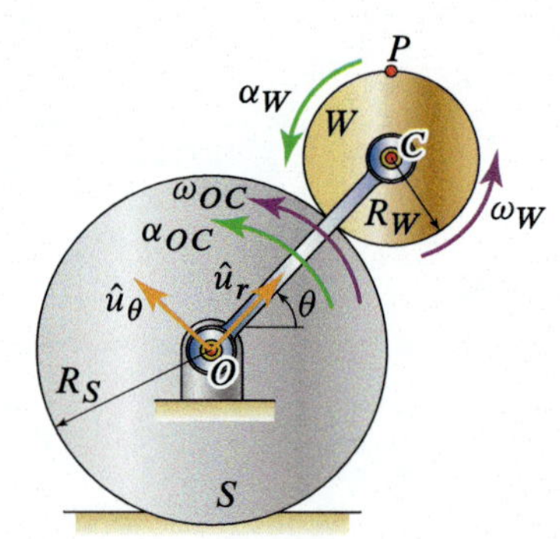

그림 P6.99-P6.101

문제 6.99-6.101

반지름 $R_W = 50$ mm인 휠 W가 반지름 $R_S = 125$ mm인 정지한 실린더 S 위를 미끄러지지 않고 구르고 휠은 암 OC에 의해 점 O에 연결되어 있다.

문제 6.99 $\omega_{OC} = 7.5$ rad/s가 일정할 때 S와 접촉하고 있는 휠 W 상의 점의 가속도를 구하라.

문제 6.100 $\omega_{OC} = 7.5$ rad/s, $\alpha_{OC} = 2$ rad/s^{2}일 때 S와 접촉하고 있는 휠 W 상의 점의 가속도를 구하라.

문제 6.101 $\theta = 63°$, $\omega_W = 9$ rad/s, $\alpha_W = -1.3$ rad/s^{2}일 때 암 OC의 각가속도, 점 C와 수직이고 W의 가장자리에 있는 점 P의 가속도를 구하라.

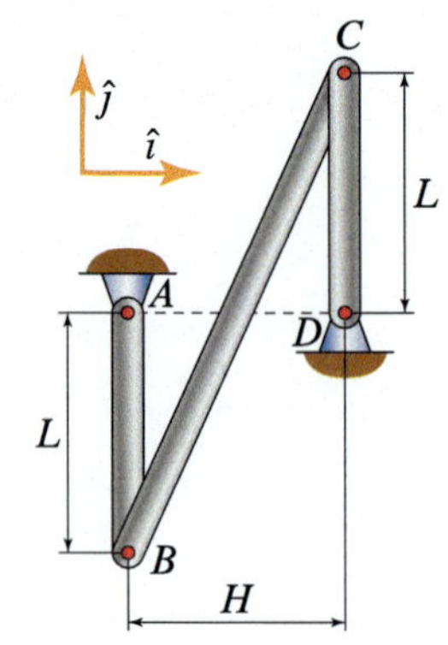

그림 P6.102

문제 6.102

봉 AB와 CD는 수직이다. 점 C는 4 m/s의 속력으로 왼쪽으로 움직이고 C의 가속도의 크기는 55 m/s^{2}이다. $L = 0.5$ m, $H = 0.2$ m일 때 봉 AB와 CD의 각가속도를 구하라.

문제 6.103-6.106

그림의 슬라이더 크랭크 기구에서 $R = 48$ mm, $L = 155$ mm, $H = 30$ mm이다.

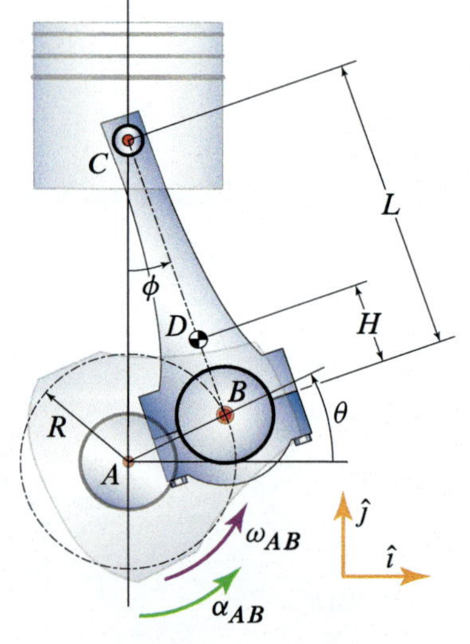

그림 P6.103-P6.106

문제 6.103 $\omega_{AB} = 4850$ rpm이 일정하고 $\theta = 27°$일 때 커넥팅 로드 BC의 각가속도와 점 C의 가속도를 구하라.

문제 6.104 $\omega_{AB} = 4850$ rpm이 일정하고 $\phi = 10°$일 때 점 D의 가속도를 구하라.

문제 6.105 $\theta = 31°$, $\omega_{AB} = 4850$ rpm, $\alpha_{AB} = \dot{w}_{AB} = -280$ rad/s^{2}일 때 커넥팅 로드의 각가속도와 점 C의 가속도를 구하라.

문제 6.106 피스톤 C의 가속도를 L, R, θ, $\omega_{AB} = \dot{\theta}$, $\alpha_{AB} = \ddot{\theta}$의 함수로 나타내라.

문제 6.107, 6.108

그림의 4절 링크에서 중심이 O인 원형 가이드는 고정되어 있고 $\theta = 0°$일 때 봉 AB와 BC는 각각 수직과 수평이다. 그리고 $R = 0.6$ m, $L = 1$ m, $H = 1.25$ m이다.

문제 6.107 $\theta = 37°$, $\beta = 25.07°$, $\gamma = 78.71°$일 때 칼라 C는 7 m/s의 속력으로 시계방향으로 미끄러진다. 속력이 $|\vec{a}_C| = 93$ m/s^{2}으로 증가하고 있을 때 봉 AB와 BC의 각가속도를 구하라.

문제 6.108 구속조건의 미분방법으로 봉 AB와 BC의 각가속도를 $\theta, \dot{\theta}, \ddot{\theta}$의 함수로 나타내라. 마지막으로 $\theta = (0.3\ \text{rad/s}^2)t^2$일 때 $0 \leq t \leq 1$ s 영역에서 AB와 BC의 각가속도의 그래프를 그려라.

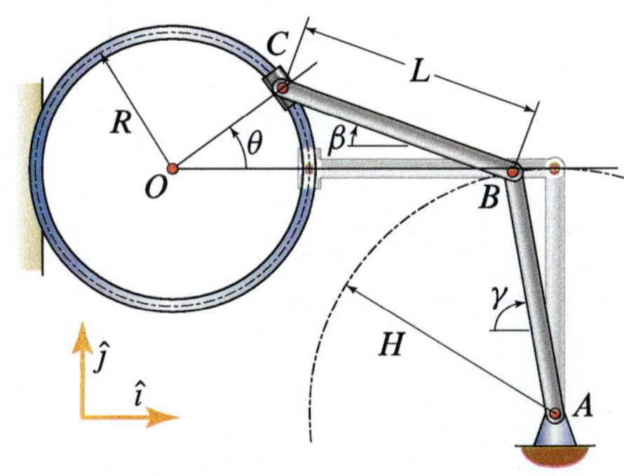

그림 P6.107, P6.108

문제 6.109

499쪽에서 시작한 구속조건의 미분을 이용하여 슬라이더 크랭크 기구의 가속도분석을 마무리하라. 즉 피스톤 C의 가속도와 커넥팅 로드의 각가속도를 θ, ω_{AB}, R, L의 함수로 나타내라. ω_{AB}가 일정하다고 가정하고 그림의 좌표계를 이용하라.

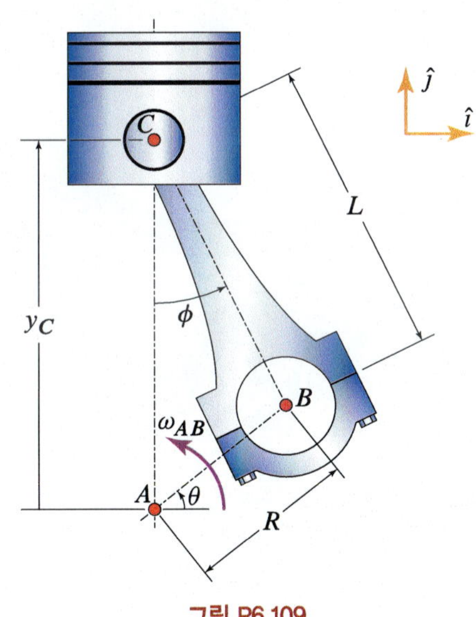

그림 P6.109

설계 문제

설계문제 6.1

일부 고성능 산악용 자전거에서는 프레임의 한 요소가 4절 링크 시스템에 의해 나머지 부분에 부착된다. 그림 DP6.1에서 4절 링크 시스템은 점 A, B, C, D에 의해 정의된다. 이 시스템은 점 E, F에서 충격 흡수 장치와 핀으로 연결되어 있다. 구할 수 있는 문헌(이 정보는 웹 상에서 쉽게 구할 수 있다)을 조사하여 아래 그림과 같은 4절 링크 시스템이 있는 자전거 프레임을 선정하라. 선정한 프레임의 필요한 형상 정보를 구하고(이 정보도 제작사의 웹에서 구할 수 있다), 프레임의 앞 부분에 부착된 점들(그림 DP6.1의 A와 D)은 고정되어 있다고 가정하라. 충격 흡수 장치의 길이(그림 DP6.1에서는 E와 F 사이의 거리)를 ℓ이라 하고 링크 시스템의 운동학을 분석하여 $\dot{\ell}$과 $\ddot{\ell}$를 바퀴가 부착되어 있는 프레임 부품(그림 DP6.1에서는 점 B와 C의 왼쪽 부분)의 각속도와 각가속도의 함수로 나타내라.

그림 DP6.1

6.4 회전 기준좌표계

지금까지 식(6.3)과 (6.5)를 이용한 동일 강체 상의 점들 간의 관계식이나 구속조건을 미분(예제 6.6 참조)함으로써 강체 운동학을 적용하였다. 이 두 개념은 운동을 기술하되 사용한 기준좌표계는 회전하지 않는다는 사실에 기반을 둔다(시간에 대해 미분할 때마다 이를 가정했다). 주좌표계(종종 관성좌표계)와 회전하는(그리고 병진운동을 하는) 부좌표계를 모두 사용한 벡터 해석을 이용하여 예제 6.6이나 그와 유사한 문제를 풀 수 있다. 이 방법은 관성좌표계에 대해 병진과 회전운동을 하는 좌표계를 사용하여 임의의 점의 운동을 기술할 수 있기 때문에 광범위하게 이용할 수 있을 것이다.

비행기 프로펠러 날개의 운동

그림 6.38의 비행기 P가 어느 경로를 따라 비행하면서 롤링(rolling), 피칭(pitching), 요잉(yawing)운동을 하고 있고, 프로펠러 날개 중 하나의 질량중심인 점 Q의 XYZ 기준좌표계(주좌표계)에 대한 운동에 관심이 있다고 하자.[6] 이 목표를 염두에 두고 그림 6.38과 같이 비행기의 중심 C에 xyz 좌표계를 부착한다. 이 좌표계는 비행기와 함께 이동해야 한다. C와 같은 점들의 운동을 많이 기술했기 때문에 여기서 다시 기술하는 것은 어렵지 않다. C에 대한 Q의 운동을 다음과 같이 나타낸다면

$$\vec{a}_Q = \vec{a}_C + \vec{a}_{Q/C} \tag{6.42}$$

$\vec{a}_Q$를 구할 수 있다. 주좌표계인 XYZ 좌표계에서 볼 때 C에 대한 Q의 운동은 비행기의 세 회전운동 ω_x, ω_y, ω_z와 프로펠러의 회전운동 ω_{prop}을 포함하기 때문에 쉽지 않으며, 매우 복잡하다. 반면에 비행기에 타고 있는 사람이 볼 때, 즉 xyz 좌표계에서 볼 때 Q의 운동은 매우 간단하다. 단순히 x 축 주위의 원운동이다! 비행기에 부착된 좌표계에 대한 운동이 매우 간단하다는 사실을 이용하여 $\vec{a}_{Q/C}$를 나타내는 방법을 찾아내는 것이 목표처럼 보인다. 유도할 방정식이 3차원 운동에도 적용되지만 10장에서 3차원 강체운동을 다루기 전까지는 비행기의 운동을 분석하지는 않을 것이고 이 장의 초기에 풀었던 평면 기구의 운동에 적용할 것이다.

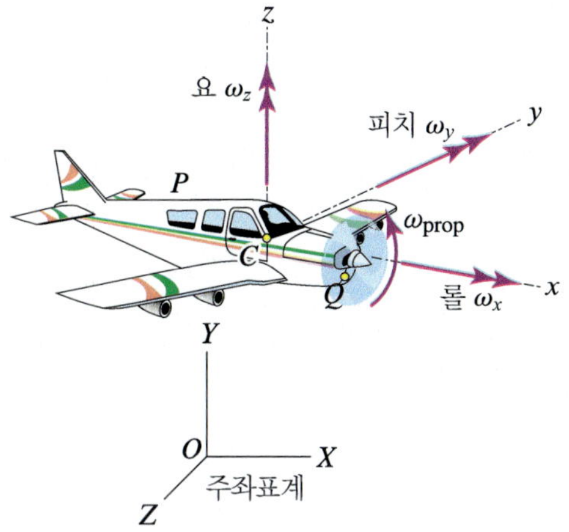

그림 6.38 주좌표계 혹은 관성 XYZ 좌표계에 대해 이동하는 비행기에 부착된 부좌표계 혹은 이동 xyz 좌표계.

미끄럼 접촉

미끄럼 접촉은 링크 시스템에서 종종 발생하며 예제 6.6에서 미끄럼 접촉을 가진 기구의 운동학을 분석했다. 그림 6.39에 요동 슬라이더 크랭크 기구의 사진이 나와 있고 관련 치수가 모두 정의되어 있는 기구의 개략도가 그림 6.40에 나와 있다. 예제 6.6에서 슬라이더의 각속도와 크랭크의 각속도의 관계식을 구했는데 여기서 이 관계식을 다시 구하려고 한다.

그림 6.39 요동 슬라이더 크랭크의 사진. 코넬대학(Cornell University)의 KMODDL(Kinematic Models for Design Digital Library)에서. http://kmoddl.library.cornell.edu/index.php

6) 프로펠러가 계속 축에 부착되어 있게 하는 힘과 모멘트를 구하기 위해서는 프로펠러 날개의 질량중심을 알 필요가 있다는 것을 7장과 10장에서 보게 될 것이다.

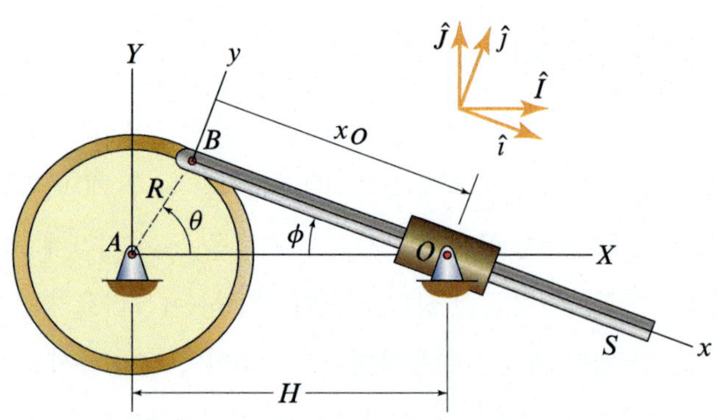

그림 6.40 주좌표계와 부좌표계(이동좌표계)를 보여주는 요동 슬라이더 크랭크의 개략도. 이 기구는 19세기에 여러 스팀 엔진(기차의 엔진을 포함한)에 사용되었다. 오늘날에는 도어 개폐 기구의 연동장치에도 사용되는데, 연동장치에서 O에 있는 실린더는 수동 댐퍼이다.

예제 6.6에서 $\dot{\phi}(\theta, \dot{\theta})$를 구하기 위해 구속조건을 미분하였다. 여기서 다음의 관계식을 이용하려고 한다.

$$\vec{r}_O = \vec{r}_B + \vec{r}_{O/B} = \vec{r}_B + x_O\,\hat{\imath} \tag{6.43}$$

여기서 점 O는 스윙블록의 핀 결합에 위치하고 $\hat{\imath}$와 $\hat{\jmath}$는 슬라이더 S에 부착되어 있는 xyz 좌표계의 단위벡터이다. 이 관계식을 미분하면

$$\vec{v}_O = \vec{0} = \vec{v}_B + \dot{x}_O\,\hat{\imath} + x_O\dot{\hat{\imath}} \tag{6.44}$$

> **개념정리**
> **식 (6.44)는 두 강체 상에 있는 점들의 관계식이다.** 지금까지는 동일 강체 상의 점들의 운동만을 관련지을 수 있었다. 이제는 더이상 그렇지 않다. 식 (6.44)는 공유점을 갖지 않는 두 강체 상의 점들의 운동을 관련짓는다. 이 경우 점 O(칼라 상의 점)와 B(슬라이더 상의 점)이다. 회전좌표계 운동학을 이용하여 다른 두 강체 상에 있는 점들의 운동을 관련짓는데 활용할 수 있다.

여기서 O에 있는 핀은 고정되어 있고 $\dot{x}_O\,\hat{\imath}$는 xyz 좌표계에 있는 사람이 본 점 O의 속도이다. 식 (2.60)에 의하면 $\dot{\hat{\imath}}$는 다음과 같다.

$$\dot{\hat{\imath}} = \vec{\omega}_{\hat{\imath}} \times \hat{\imath} = \omega_S\,\hat{k} \times \hat{\imath} = \omega_S\,\hat{\jmath} \tag{6.45}$$

왜냐하면 xyz 좌표계의 각속도는 슬라이더의 각속도와 같기 때문이다. $\vec{v}_B$는 다음과 같이 쓸 수 있다.

$$\vec{v}_B = \vec{\omega}_{AB} \times \vec{r}_{B/A} = \dot{\theta}\,\hat{K} \times R\big(\cos\theta\,\hat{I} + \sin\theta\,\hat{J}\big)$$
$$= R\dot{\theta}\big(-\sin\theta\,\hat{I} + \cos\theta\,\hat{J}\big) \tag{6.46}$$

여기서 $\hat{I}$, $\hat{J}$, $\hat{K}$는 주좌표계인 XYZ 좌표계의 단위벡터이다. 식 (6.45)와 (6.46)을 식 (6.44)에 대입하면

$$\vec{0} = R\dot{\theta}\big(-\sin\theta\,\hat{I} + \cos\theta\,\hat{J}\big) + \dot{x}_O\,\hat{\imath} + x_O\omega_S\,\hat{\jmath} \tag{6.47}$$

여기에 두 좌표계의 단위벡터가 존재한다. 주좌표계를 부좌표계로 변환하면

$$\hat{I} = \cos\phi\,\hat{\imath} + \sin\phi\,\hat{\jmath}, \quad \hat{J} = -\sin\phi\,\hat{\imath} + \cos\phi\,\hat{\jmath} \tag{6.48}$$

식 (6.48)을 (6.47)에 대입하면

$$\vec{0} = -R\dot{\theta}\sin\theta(\cos\phi\,\hat{\imath} + \sin\phi\,\hat{\jmath}) + R\dot{\theta}\cos\theta(-\sin\phi\,\hat{\imath} + \cos\phi\,\hat{\jmath})$$
$$+ \dot{x}_O\,\hat{\imath} + x_O\omega_S\,\hat{\jmath} \tag{6.49}$$

$\phi(\theta)$를 알 수 있으므로 식 (6.49)는 두 미지수 $\dot{x}_O$, ω_S를 가진 두 스칼라 식이 된다. 먼저 $\sin\phi$와 $\cos\phi$를 θ의 함수로 구해보자.

그림 6.40에 사인법칙을 적용하면

$$\frac{x_O}{\sin\theta} = \frac{R}{\sin\phi}, \text{ 그러므로 } \quad \sin\phi = \frac{R}{x_O}\sin\theta \tag{6.50}$$

그리고

$$\cos\phi = \sqrt{1 - \left(\frac{R}{x_O}\sin\theta\right)^2} = \frac{H - R\cos\theta}{x_O} \tag{6.51}$$

여기서 x_O는 코사인 법칙을 이용하여 다음과 같이 구해진다.

$$x_O^2 = R^2 + H^2 - 2HR\cos\theta \quad \Rightarrow \quad x_O = \sqrt{R^2 + H^2 - 2HR\cos\theta} \tag{6.52}$$

식 (6.52)를 식 (6.51)에 대입하고 그 결과를 식 (6.49)에 대입한 후 두 스칼라 식을 $\dot{x}_O$와 ω_S에 대해 풀면

$$\omega_S = \frac{R\dot{\theta}(R - H\cos\theta)}{H^2 + R^2 - 2HR\cos\theta} \tag{6.53}$$

$$\dot{x}_O = \frac{HR\theta\sin\dot{\theta}}{\sqrt{H^2 + R^2 - 2HR\cos\theta}} \tag{6.54}$$

식 (6.53)의 ω_S에 대한 결과는 예제 6.6의 식 (4)에서 구한 것과 똑같다. 그리고 예제 6.6에서 O 바로 밑에 있는 슬라이더 S 상의 점의 속도가 $\vec{v}_P = (13.2\,\hat{\imath} + 84.3\,\hat{\jmath})$ m/s임을 알았다(예제 6.6의 형상에서). $\vec{v}_P$의 크기를 구해보면 $|\vec{v}_P| = 85.4$ m/s이고, 식 (6.54)에서 $\dot{x}_O$를 계산하면 $\dot{x}_O = 85.4$ m/s이다. 두 결과는 예제 6.6의 결과와 같다(방주 참조).

유용한 정보

예제 6.6에서 $\dot{x}_O$로부터 속도벡터 $\vec{v}_P$를 구할 수 있는가? $|\vec{v}_P| = \dot{x}_O$임을 알고 있다. 그러나 속도벡터는 어떤가? $\dot{x}_O$의 방향은 슬라이더 S의 방향이다. 따라서 점 O 바로 밑의 슬라이더의 점의 속도 $\vec{v}_Q$를 다음과 같이 쓸 수 있다.

$$\vec{v}_Q = \dot{x}_O(\cos\phi\,\hat{\imath} - \sin\phi\,\hat{\jmath})$$

이것은 예제 6.6의 변수를 고려할 때 $\vec{v}_P$와 같다.

회전좌표계에 대한 한 점의 운동의 운동학 방정식

그림 6.41에서 점 P의 운동을 구하기 위해 다른 두 좌표계를 사용할 것이다: (1) 병진운동과 회전운동을 하는 xyz 좌표계, 이 좌표계를 회전좌표계(*rotating reference frame*)[7]라 부를 것이다. 그리고 (2) P의 운동을 측정하는 기준이 되는 XYZ 좌표계, 이 좌표계를 주좌표계(*primary reference frame*)라 부를 것이다. 주좌표계는 보통 관성좌표계이다. 그리고 회전좌표계는(그림 6.41과 같이) 대부분 움직이는 물체에 부착되어 있기 때문에 종종 물체고정좌표계(*body-fixed frame*)라 부를 것이다. 이러한 배경을 가지고 점 P의 운동을 다음을 이용하여 기술할 것이다.

1. 회전좌표계의 원점(점 A)의 운동.
2. 회전좌표계의 각속도 $\vec{\Omega}$와 각가속도 $\dot{\vec{\Omega}}$[8]
3. 회전좌표계와 함께 움직이는 관찰자가 보는 P의 운동.

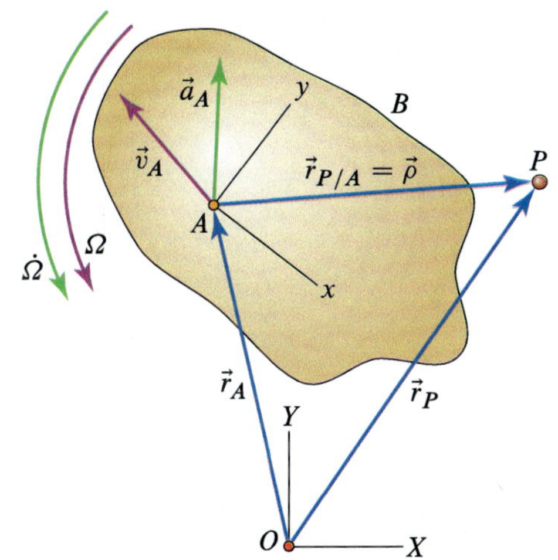

그림 6.41 강체 B에 대한 점 P의 운동을 기술하는 데 사용된 좌표계, 위치벡터, 속도, 가속도의 정의.

---

7) 이 좌표계를 부좌표계(*secondary reference frame*)나 이동좌표계(*moving reference frame*)로도 부른다.

8) 기호 Ω는 그리스문자 오메가의 대문자이다.

먼저 그림 6.41에서 P의 위치는 다음과 같이 쓸 수 있다.

$$\vec{r}_P = \vec{r}_A + \vec{r}_{P/A} = \vec{r}_A + \vec{\rho} \tag{6.55}$$

여기서 $\vec{r}_A$는 회전좌표계의 원점의 위치이고 $\vec{r}_{P/A} = \vec{\rho}$는 회전좌표계에 대한 P의 위치이다. $\vec{\rho}$를 xyz 좌표계를 이용하여 $\vec{\rho} = \rho_x\hat{\imath} + \rho_y\hat{\jmath}$로 나타내면 식 (6.55)는[9)]

$$\vec{r}_P = \vec{r}_A + \rho_x\,\hat{\imath} + \rho_y\,\hat{\jmath} \tag{6.56}$$

속도와 가속도를 구하기 위해서는 식 (6.56)을 시간으로 미분할 필요가 있다. 미분을 할 때, xyz 좌표계가 물체 B에 부착되어 있어 $\hat{\imath}$와 $\hat{\jmath}$는 B같이 회전하므로 상수가 아니라는 것을 명심해야 한다.

회전좌표계를 사용한 속도

식 (6.56)을 시간으로 미분하면

$$\vec{v}_P = \vec{v}_A + \dot{\rho}_x\,\hat{\imath} + \rho_x\dot{\hat{\imath}} + \dot{\rho}_y\,\hat{\jmath} + \rho_y\dot{\hat{\jmath}} \tag{6.57}$$

여기서 $\vec{v}_P$는 P의 속도이고 $\vec{v}_A$는 회전좌표계의 원점 A의 속도이다. 식 (2.60)의 단위벡터의 시간미분을 이용하여 이 식을 다시 쓸 수 있다.

$$\dot{\hat{\imath}} = \vec{\omega}_{\hat{\imath}} \times \hat{\imath}\,, \quad \dot{\hat{\jmath}} = \vec{\omega}_{\hat{\jmath}} \times \hat{\jmath} \tag{6.58}$$

여기서 $\vec{\omega}_{\hat{\imath}}$ 와 $\vec{\omega}_{\hat{\jmath}}$ 는 각각 $\hat{\imath}$와 $\hat{\jmath}$의 각속도이다. xyz 좌표계는 물체에 부착되어 있으므로 모든 단위벡터들은 물체와 같이 각속도 $\vec{\Omega}$로 회전한다. 그러므로

$$\begin{aligned}\vec{v}_P &= \vec{v}_A + \dot{\rho}_x\,\hat{\imath} + \dot{\rho}_y\,\hat{\jmath} + \rho_x\vec{\Omega}\times\hat{\imath} + \rho_y\vec{\Omega}\times\hat{\jmath}\\ &= \vec{v}_A + \dot{\rho}_x\,\hat{\imath} + \dot{\rho}_y\,\hat{\jmath} + \vec{\Omega}\times(\rho_x\,\hat{\imath} + \rho_y\,\hat{\jmath})\\ &= \vec{v}_A + \underbrace{\underbrace{\dot{\rho}_x\,\hat{\imath} + \dot{\rho}_y\,\hat{\jmath}}_{\vec{v}_{P\text{rel}}} + \vec{\Omega}\times\vec{\rho}}_{\dot{\vec{\rho}}},\end{aligned} \tag{6.59}$$

또는

$$\boxed{\vec{v}_P = \vec{v}_A + \vec{v}_{P\text{rel}} + \vec{\Omega}\times\vec{r}_{P/A}} \tag{6.60}$$

여기서

$$\vec{v}_{P\text{rel}} = \dot{\rho}_x\,\hat{\imath} + \dot{\rho}_y\,\hat{\jmath} \tag{6.61}$$

는 **회전좌표계 혹은 물체 고정좌표계에 대한(즉 물체 B와 같이 움직이는 관찰자가 본) P**의 속도이고 $\vec{\rho}$를 $\vec{r}_{P/A}$ 로 대체했다. 식 (6.60)은 같은 강체에 있지 않은 두 점(이 경우 P와 A)의 속도를 관련짓게 해주기 때문에 중요한 진전이다. 다시 말하자면 식 (6.60)은 P의 속도를 다음을 이용하여 구할 수 있다는 것을 의미한다(그림 6.42 참조).

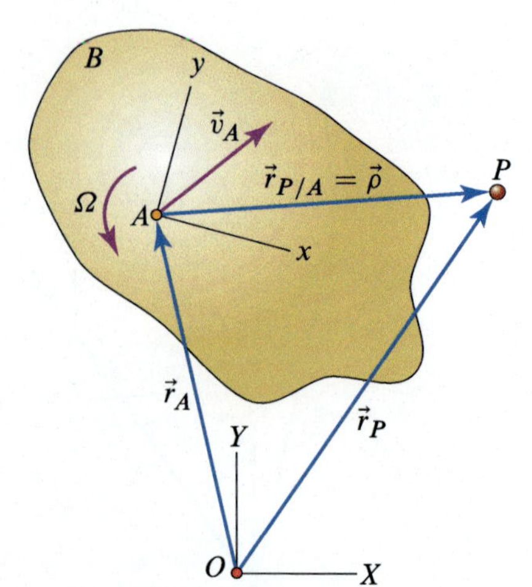

그림 6.42 회전좌표계에서 속도를 구하기 위한 필수 요소를 보여주는 그림 6.41를 단순화한 그림.

9) 평면운동은 운동평면이 $z = 0$인 평면이라고 생각할 수 있다.

$\vec{v}_A$ = 회전좌표계 혹은 물체 고정좌표계의 원점(그림 6.42의 점 A)의 속도

$\vec{v}_{P\text{rel}}$ = 회전좌표계 xyz와 같이 이동하는 관찰자가 본 P의 속도

$\vec{\Omega}$ = 회전좌표계 xyz의 각속도

$\vec{r}_{P/A}$ = 회전좌표계의 원점부터 점 P까지의 벡터

가속도를 살펴보기 전에 간단한 예제를 통해 어떻게 식 (6.60)이 적용되는지 알아보자.

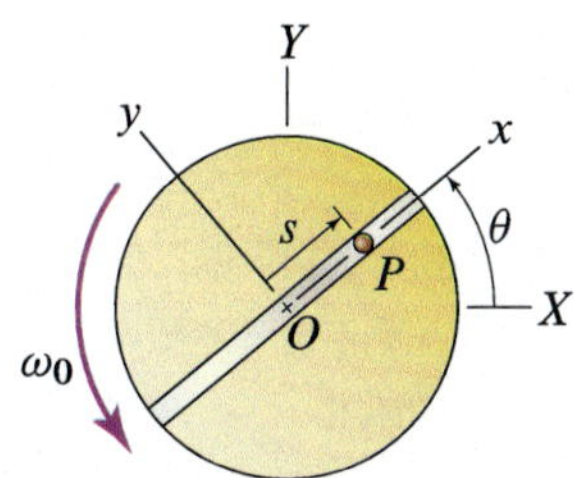

그림 6.43 회전하는 디스크의 반지름 방향의 슬롯 안에서 움직이는 질점.

■ 간단한 예제 어떻게 식 (6.60)이 적용되는지 알아보기 위해 그림 6.43의 디스크의 슬롯 안에서 움직이는 점 P의 속도를 구해보자. 디스크는 일정한 각속도 ω_0로 회전하고 있고 $s(t)$는 알고 있다고 가정한다.

풀이 6.1절에서 전개한 운동학 방정식은 적용할 수 없기 때문에(P는 디스크 상의 고정점이 아니다), 식 (6.60)을 적용하면

$$\vec{v}_P = \vec{v}_O + \vec{v}_{P\text{rel}} + \vec{\Omega} \times \vec{r}_{P/O} \tag{6.62}$$

여기서 그림 6.43과 같이 디스크의 중심 O에 원점이 있는 회전좌표계 xy를 부착했다. 이제 각 항을 살펴보자. 첫째, 회전좌표계 xy의 원점의 속도이기 때문에 $\vec{v}_O = \vec{0}$이다. 둘째, $\vec{v}_{P\text{rel}}$은 디스크와 같이 회전하는 관찰자가 본 P의 속도이다. 디스크 위에 앉아 있다면 P는 x 방향으로 움직이고 있으므로 $\vec{v}_{P\text{rel}} = \dot{s}\,\hat{\imath}$이다. 마지막으로 $\vec{\Omega}$는 회전좌표계의 각속도로 $\omega_0\,\hat{k}$이고, $\vec{r}_{P/O}$는 회전좌표계의 원점부터 점 P까지의 벡터로 $\vec{\rho} = s\,\hat{\imath}$이다. 이를 모두 식 (6.62)에 대입하면

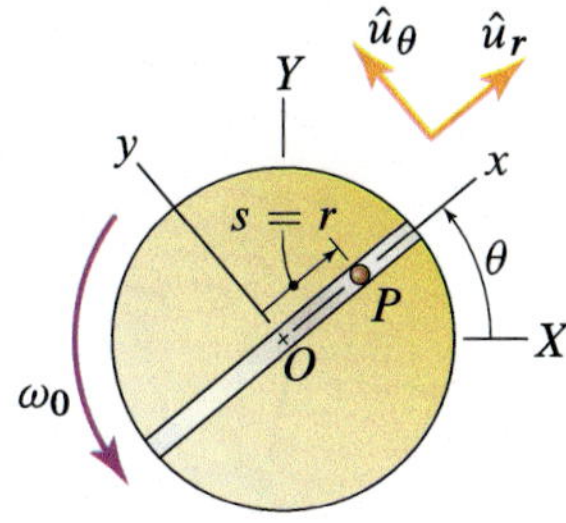

그림 6.44 극좌표를 사용한 그림 6.43의 회전하는 디스크.

$$\vec{v}_P = \dot{s}\,\hat{\imath} + \omega_0\,\hat{k} \times s\,\hat{\imath} = \dot{s}\,\hat{\imath} + s\omega_0\,\hat{\jmath} \tag{6.63}$$

2장을 회고하면 이 문제는 극좌표를 사용하여 풀 수 있다는 것을 알 수 있다. 이유를 살펴보자. 그림 6.44에서 극좌표를 이용하여 $\vec{v}_P$를 나타내면

$$\vec{v}_P = \dot{r}\,\hat{u}_r + r\dot{\theta}\,\hat{u}_\theta \tag{6.64}$$

$r = s$, $\dot{r} = \dot{s}$, $\dot{\theta} = \omega_0$이고 $\hat{\imath}$와 $\hat{\jmath}$는 각각 $\hat{u}_r$과 $\hat{u}_\theta$와 같은 방향이다. 따라서 식 (6.63)과 (6.64)는 같은 식이다. ■

> **빠지기 쉬운 함정**
>
> **속도와 가속도를 주좌표계나 회전좌표계로 나타낼 수 있다.** 최종 답을 회전좌표계 혹은 물체 고정좌표계의 성분으로 나타내었다. 어느 벡터도 회전좌표계나 주좌표계 성분으로 나타낼 수 있다. 예를 들면 간단한 예제에서 P의 속도를 XY 좌표계를 이용하여 나타내면
>
> $$\begin{aligned}\vec{v}_P &= \dot{s}\left(\cos\theta\,\hat{I} + \sin\theta\,\hat{J}\right)\\ &\quad + s\omega_0\left(-\sin\theta\,\hat{I} + \cos\theta\,\hat{J}\right)\\ &= (\dot{s}\cos\theta - s\omega_0\sin\theta)\,\hat{I}\\ &\quad + (\dot{s}\sin\theta + s\omega_0\cos\theta)\,\hat{J}\end{aligned}$$
>
> 여기서 $\hat{I}$와 $\hat{J}$는 XY 좌표계와 관련된 단위벡터이다.

회전좌표계를 사용한 가속도

P의 속도를 구했으므로 가속도를 구하려 한다. 식 (6.59)를 시간으로 미분하면($\vec{v}_{P\text{rel}}$의 성분을 알기 위해 식 (6.60) 대신 식 (6.59)를 사용한다)

유용한 정보

***P*가 강체 *B* 위의 점이라면?** P가 아래 그림과 같이 물체 B에 부착되어 있다면 식 (6.60)에서 $\vec{v}_{P\text{rel}} = \vec{0}$이다.

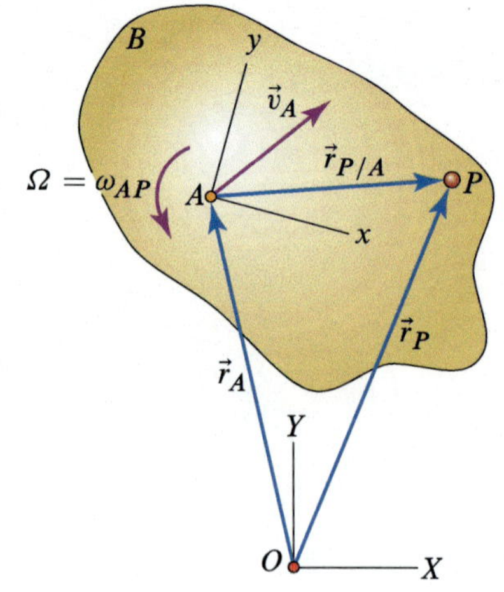

따라서

$\vec{v}_P = \vec{v}_A + \vec{\Omega} \times \vec{r}_{P/A} = \vec{v}_A + \vec{\omega}_{AP} \times \vec{r}_{P/A}$

이 식은 바로 식 (6.3)이다. 가속도를 고려하면 식 (6.68)은 식 (6.5)로 단순화된다.

$$\vec{a}_P = \vec{a}_A + \ddot{\rho}_x \hat{\imath} + \dot{\rho}_x \dot{\hat{\imath}} + \ddot{\rho}_y \hat{\jmath} + \dot{\rho}_y \dot{\hat{\jmath}} + \dot{\vec{\Omega}} \times \vec{\rho} + \vec{\Omega} \times \dot{\vec{\rho}} \tag{6.65}$$

$$= \vec{a}_A + \ddot{\rho}_x \hat{\imath} + \ddot{\rho}_y \hat{\jmath} + \dot{\rho}_x \vec{\Omega} \times \hat{\imath} + \dot{\rho}_y \vec{\Omega} \times \hat{\jmath} + \dot{\vec{\Omega}} \times \vec{\rho} + \vec{\Omega} \times \left(\vec{v}_{P\text{rel}} + \vec{\Omega} \times \vec{\rho}\right) \tag{6.66}$$

$$= \vec{a}_A + \underbrace{\ddot{\rho}_x \hat{\imath} + \ddot{\rho}_y \hat{\jmath}}_{\vec{a}_{P\text{rel}}} + \vec{\Omega} \times (\underbrace{\dot{\rho}_x \hat{\imath} + \dot{\rho}_y \hat{\jmath}}_{\vec{v}_{P\text{rel}}}) + \dot{\vec{\Omega}} \times \vec{\rho} + \vec{\Omega} \times \left(\vec{v}_{P\text{rel}} + \vec{\Omega} \times \vec{\rho}\right)$$

$$= \vec{a}_A + \vec{a}_{P\text{rel}} + 2\vec{\Omega} \times \vec{v}_{P\text{rel}} + \dot{\vec{\Omega}} \times \vec{\rho} + \vec{\Omega} \times \left(\vec{\Omega} \times \vec{\rho}\right) \tag{6.67}$$

여기서 식 (6.58)의 단위벡터의 시간미분을 사용했고 식 (6.65)에서 식 (6.66)으로 갈 때 $\dot{\vec{\rho}} = \vec{v}_{P\text{rel}} + \vec{\Omega} \times \vec{\rho}$를 사용했다. $\vec{\Omega} \times \vec{v}_{P\text{rel}}$ 항이 두 개가 있다는 것을 명심하면

$$\vec{a}_P = \vec{a}_A + \vec{a}_{P\text{rel}} + 2\vec{\Omega} \times \vec{v}_{P\text{rel}} + \dot{\vec{\Omega}} \times \vec{r}_{P/A} + \vec{\Omega} \times \left(\vec{\Omega} \times \vec{r}_{P/A}\right) \tag{6.68}$$

여기서 $\vec{\rho}$를 $\vec{r}_{P/A}$로 대체했고

$$\vec{a}_{P\text{rel}} = \ddot{\rho}_x \hat{\imath} + \ddot{\rho}_y \hat{\jmath} \tag{6.69}$$

는 회전좌표계에 대한(즉 물체 B와 같이 움직이는 관찰자가 본) P의 가속도이다. 전체적으로 볼 때는 식 (6.68)이 복잡해 보이지만 각 항을 개별적으로 고려하면 복잡하지 않다. 식 (6.68)의 각 항을 살펴보고 단어로 정의한 다음 회전하는 디스크 예제를 다시 살펴볼 것이다.

그림 6.45를 참조하면 식 (6.68)로 주어진 점 P의 가속도는 다음의 항들로 구성된다.

$\vec{a}_A$ = 회전좌표계 혹은 물체 고정좌표계의 원점의 가속도

$\vec{a}_{P\text{rel}}$ = 회전좌표계와 함께 움직이는 관찰자가 본 P의 가속도

$2\vec{\Omega} \times \vec{v}_{P\text{rel}}$ = P의 코리올리(Coriolis) 가속도; 이 항은 두 개의 다른 효과에 의해 발생한다: (1) $\vec{\Omega}$에 의한 $\vec{v}_{P\text{rel}}$의 방향 변화와 (2) 회전좌표계에 대한 $\vec{r}_{P/A}$의 크기의 변화에 대한 $\vec{\Omega}$의 효과

$\dot{\vec{\Omega}} \times \vec{r}_{P/A}$ = 회전좌표계에 부착되어 있고 시간 t일 때 P와 일치하는 점이 점 A를 중심으로 반지름 $|\vec{r}_{P/A}|$인 구 위를 움직일 때의 접선방향 가속도, 여기서 $\dot{\vec{\Omega}}$는 회전좌표계의 각가속도이다.

$\vec{\Omega} \times (\vec{\Omega} \times \vec{r}_{P/A})$ = 회전좌표계에 부착되어 있고 시간 t일 때 P와 일치하는 점이 점 A를 중심으로 반지름 $|\vec{r}_{P/A}|$인 구 위를 움직일 때의 법선방향 가속도

마지막 두 항의 설명을 고려할 때 합 $\vec{a}_A + \dot{\vec{\Omega}} \times \vec{r}_{P/A} + \vec{\Omega} \times \left(\vec{\Omega} \times \vec{r}_{P/A}\right)$는 회전좌표계에 부착되어 있고 시간 t일 때 P와 일치하는 점의 가속도를 나타낸다. 이제 521쪽의 간단한 예제를 다시 살펴보고 P의 가속도를 구해보자.

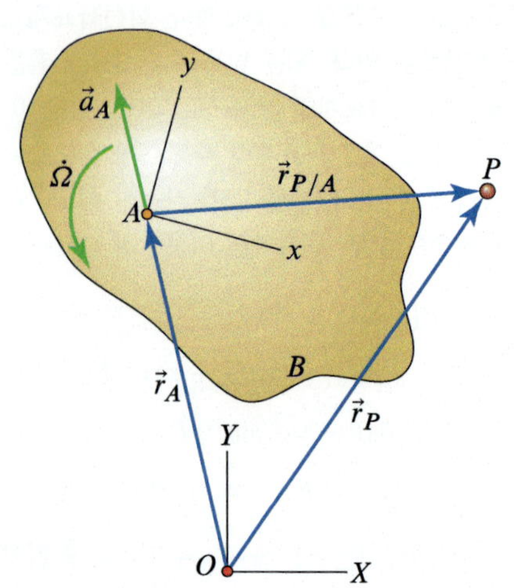

그림 6.45 회전좌표계에서 가속도를 구하기 위한 필수 요소를 보여주는 그림 6.41를 단순화한 그림.

■ **간단한 예제** 식 (6.68)의 적용 방법을 살펴보기 위해 그림 6.46과 같이 디스크의 슬롯 안에서 움직이는 점 P의 가속도를 구해보자. 디스크는 각속도 ω_0와 각가속도 α_0로 회전하고 있고, $s(t)$는 알고 있다고 가정한다.

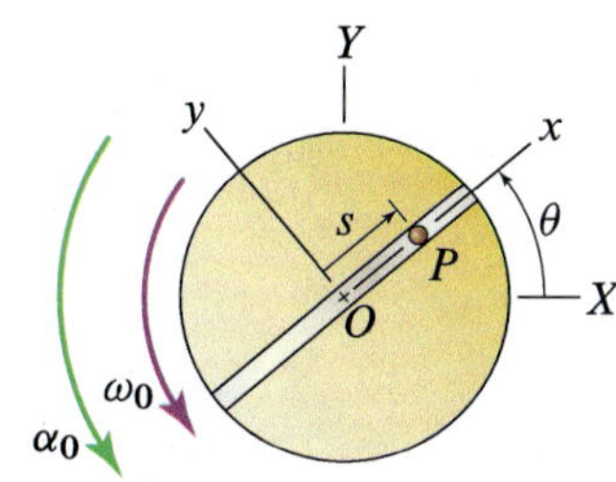

그림 6.46 회전하는 강체 디스크의 반지름 방향 슬롯 안에서 움직이는 질점.

풀이 디스크에 대해 P가 움직이고 있기 때문에 6.1절에서 전개한 운동학 방정식들은 적용할 수 없다. 그래서 식 (6.68)을 다음과 같이 적용할 것이다.

$$\vec{a}_P = \vec{a}_O + \vec{a}_{P\text{rel}} + 2\vec{\Omega} \times \vec{v}_{P\text{rel}} + \dot{\vec{\Omega}} \times \vec{r}_{P/O} + \vec{\Omega} \times \left(\vec{\Omega} \times \vec{r}_{P/O}\right) \tag{6.70}$$

여기서 그림 6.46과 같이 중심 O에 원점을 둔 회전 xy 좌표계를 디스크에 부착하였다. 첫째로, 먼저 회전 xy 좌표계의 원점이 움직이지 않기 때문에 $\vec{a}_O = \vec{0}$이다. 둘째로 $\vec{a}_{P\text{rel}}$은 디스크와 같이 회전하는 관찰자가 본 P의 가속도이므로 $\vec{a}_{P\text{rel}} = \ddot{s}\,\hat{\imath}$이다. 비슷한 이유로 $\vec{v}_{P\text{rel}} = \dot{s}\,\hat{\imath}$이다. 마지막으로 $\vec{\Omega}$은 회전좌표계의 각속도로 $\omega_0\,\hat{k}$이다. $\dot{\vec{\Omega}}$은 회전좌표계의 각가속도로 $\alpha_0\,\hat{k}$이다; 그리고 $\vec{r}_{P/O}$는 회전좌표계의 원점부터 P까지의 벡터로 $s\,\hat{\imath}$이다. 이 모든 것을 식 (6.70)에 대입하면

$$\begin{aligned}\vec{a}_P &= \ddot{s}\,\hat{\imath} + 2\omega_0\,\hat{k} \times \dot{s}\,\hat{\imath} + \alpha_0\,\hat{k} \times s\,\hat{\imath} + \omega_0\,\hat{k} \times \left(\omega_0\,\hat{k} \times s\,\hat{\imath}\right) \\ &= \left(\ddot{s} - s\omega_0^2\right)\hat{\imath} + \left(s\alpha_0 + 2\dot{s}\omega_0\right)\hat{\jmath}\end{aligned} \tag{6.71}$$

극좌표를 사용하여도 같은 결과를 얻을 수 있다(문제 6.110 참조). ■

개념정리

회전좌표계, 물체 고정좌표계, 강체 B, 이동좌표계, 부좌표계. 회전좌표계나 물체 고정좌표계를 지칭할 때 이러한 용어를 사용할 것이고 이 모든 용어들은 같은 것을 의미한다. 즉 모두 주좌표계 혹은 관성좌표계에 대해 병진과 회전운동을 하는 좌표계를 지칭한다.

이 절을 끝내기 전에 유의할 사항이 몇 가지 있다.

- 이 절에서 집중적으로 다루는 운동 형태인 평면운동에서 식 (6.68)로 주어진 가속도는 다음과 같이 나타낼 수도 있다.

$$\vec{a}_P = \vec{a}_A + \vec{a}_{P\text{rel}} + 2\vec{\Omega} \times \vec{v}_{P\text{rel}} + \dot{\vec{\Omega}} \times \vec{r}_{P/A} - \Omega^2\vec{r}_{P/A} \tag{6.72}$$

  여기서 $\Omega = |\vec{\Omega}|$이다.

- 식 (6.60)과 (6.68)의 $\vec{v}_{P\text{rel}}$와 $\vec{a}_{P\text{rel}}$ 항은 점들의 운동에 대해 지금까지 보지 않았던 새로운 시각을 제공한다. 즉 움직이는 관찰자가 본 물체의 겉보기 운동을 의미한다. 예를 들어 그림 6.47에서 A에 있는 사람은 일정한 속도 ω_m으로 돌고 있는 회전목마에 서 있고(회전목마에 대해 움직이지 않고 있고), B에 있는 사람은 일정한 속도로 보도 위를 그림과 같이 걸어가고 있다. 이 때 A가 본 B의 속도와 가속도는 $\vec{v}_{B/A}$나 $\vec{a}_{B/A}$가 아니고 각각 다음과 같다.

$$\vec{v}_{B\text{rel}} = \vec{v}_B - \vec{v}_A - \vec{\omega}_m \times \vec{r}_{B/A} \tag{6.73}$$

$$\vec{a}_{B\text{rel}} = \vec{a}_B - \vec{a}_A - 2\vec{\omega}_m \times \vec{v}_{P\text{rel}} - \vec{\alpha}_m \times \vec{r}_{B/A} + \omega_m^2\vec{r}_{B/A} \tag{6.74}$$

  주어진 상황에서 $\vec{\alpha}_m$과 $\vec{a}_B$는 모두 0이다. 예제 6.15에서 원점이 A에 있는 회전좌표계를 회전목마에 부착할 것이다.

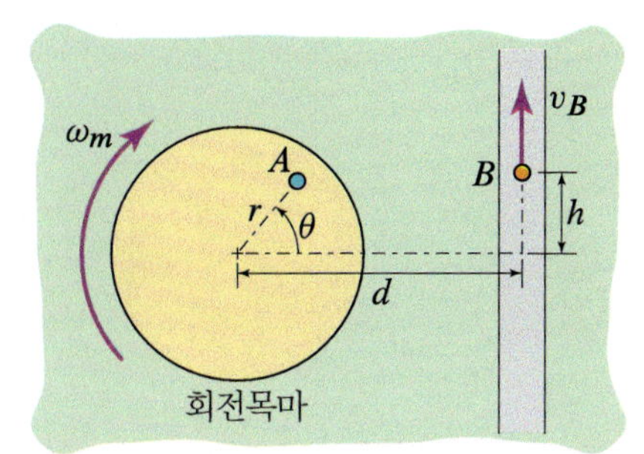

그림 6.47 사람 B가 보도 위를 그림과 같이 걸어가는 동안 사람 A는 돌고 있는 회전목마에 서 있다.

- 어디에 회전좌표계를 부착할지를 결정할 때 식 (6.60)과 (6.68)의 각 항이 쉽게 계산되도록 좌표계를 선정하는 것이 중요하다. 예를 들어 그림 6.40의 기구에서

슬라이더의 각속도와 크랭크의 각속도를 관련지을 때, 회전좌표계를 슬라이더에 부착하면 회전좌표계에 대한 점 O의 운동(식 (6.60)에서 $\vec{v}_{B\text{rel}}$ 항)을 기술하기 쉽기 때문에 회전좌표계를 슬라이더 S에 부착하였다. 회전좌표계를 중심이 A인 디스크에 부착하였다면 회전좌표계에 대한 점 O의 운동의 기술이 아주 어려웠을 것이다.

절 요약

이 절에서 동일 강체에 있지 않은 두 점의 운동을 관련지을 수 있는 운동학 방정식을 살펴보았다. 그림 6.48에 적용하면 점 P의 속도를 A의 속도와 다음과 같이 관련지을 수 있다.

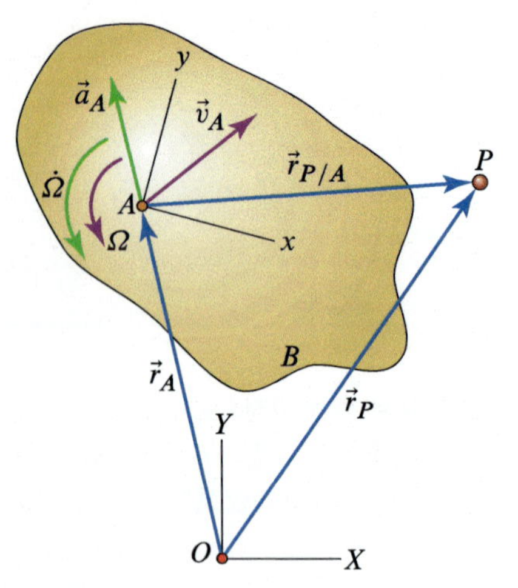

그림 6.48 회전좌표계를 이용하여 속도와 가속도를 구하기 위한 필수적인 요소.

식 (6.60) p. 520

$$\vec{v}_P = \vec{v}_A + \vec{v}_{P\text{rel}} + \vec{\Omega} \times \vec{r}_{P/A}$$

여기서

$\vec{v}_A$ = 회전이나 물체고정좌표계 원점의 속도 (그림 6.48의 점 A)

$\vec{v}_{P\text{rel}}$ = 회전좌표계와 함께 움직이는 관찰자가 본 P의 속도

$\vec{\Omega}$ = 회전좌표계의 각속도

$\vec{r}_{P/A}$ = A에 대한 점 P의 위치

또한 점 P의 가속도를 A의 가속도와 다음과 같이 관련지을 수 있다.

식 (6.68) p. 522

$$\vec{a}_P = \vec{a}_A + \vec{a}_{P\text{rel}} + 2\vec{\Omega} \times \vec{v}_{P\text{rel}} + \dot{\vec{\Omega}} \times \vec{r}_{P/A} + \vec{\Omega} \times \left(\vec{\Omega} \times \vec{r}_{P/A}\right)$$

$\vec{v}_P$를 위해 정의한 항 이외에

$\vec{a}_A$ = 회전이나 물체고정좌표계 원점의 가속도 (그림 6.48의 점 A)

$\vec{a}_{P\text{rel}}$ = 회전좌표계와 함께 움직이는 관찰자가 본 P의 가속도

$2\vec{\Omega} \times \vec{v}_{P\text{rel}}$ = P의 코리올리 가속도

$\dot{\vec{\Omega}}$ = 회전좌표계의 각가속도

예제 6.13 회전하는 슬롯 안의 질점: 운동방정식과 힘

그림 1에 회전하는 물체에 대해 미끄러지는 물체가 있다. 디스크가 수평면에서 각속도 ω_0, 각가속도 α_0로 회전한다고 가정한다. 질점 P는 디스크의 중심부터 거리 d만큼 떨어져 있는 슬롯 안에서 움직이도록 구속되어 있다. 그리고 스프링상수 k인 탄성 스프링이 질점에 부착되어 있다. 질점이 $s = 0$에 있을 때 스프링은 변형되지 않은 상태이다. 이 시스템에서 질점의 운동방정식과 질점과 슬롯 사이의 수직력을 구하라.

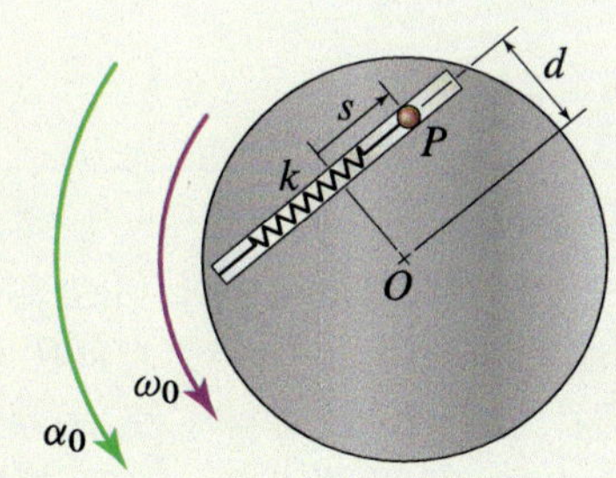

그림 1

풀이 SOLUTION

로드맵과 모델링 질점의 운동방정식과 질점과 슬롯 사이의 법선방향 힘을 구하기 위해 뉴턴의 제2법칙을 적용할 것이다. 그러기 위해서는 질점의 가속도가 필요할 것이다. 질점이 디스크에 대해 미끄러지고 있기 때문에 디스크에 회전좌표계를 부착할 것이다. 왜냐하면 디스크와 같이 회전하는 관찰자에 대한 질점의 운동을 기술하기 쉽기 때문이다.

임의의 위치 s에서의 질점의 FBD가 그림 2에 나와 있다. 여기서 F_s는 질점에 작용하는 스프링력이고 N은 슬롯이 질점에 작용하는 수직력이다. 질점과 슬롯 사이의 마찰은 무시한다. 그리고 원점이 디스크의 중심인 점 O인 회전 xy 좌표계를 디스크에 부착한다. 이 시스템은 일자유도이기 때문에 하나의 운동방정식이 구해진다.

유용한 정보

왜 1자유도인가? 디스크의 운동이 완전히 명시되어 있기 때문에 디스크 안의 슬롯의 방향을 항상 알 수 있을 것이다. 따라서 유일한 자유도는 슬롯 안의 질점의 운동이다. 그래서 그림 1의 시스템의 자유도는 1이다.

지배방정식

평형 원리 그림 2의 질점에 뉴턴의 제2법칙을 적용하면

$$\sum F_x: \quad -F_s = ma_{Px} \tag{1}$$

$$\sum F_y: \quad N = ma_{Py} \tag{2}$$

여기서 a_{px}와 a_{py}는 각각 질점의 가속도 $\vec{a}_p$의 x와 y 성분이다.

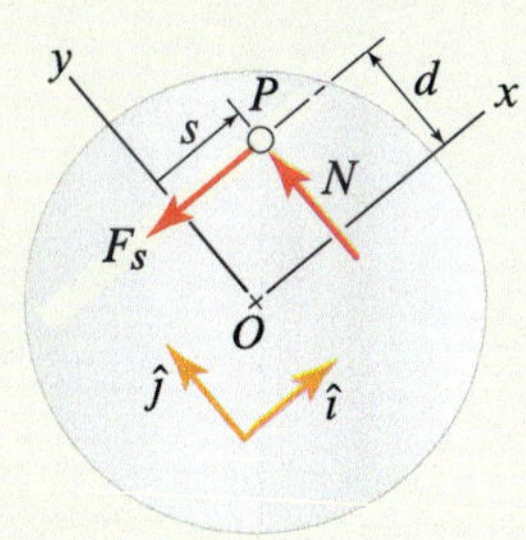

그림 2 질점의 FBD와 회전좌표계의 정의. 단위 벡터 $\hat{\imath}$와 $\hat{\jmath}$는 디스크와 같이 회전한다.

힘의 법칙 $s = 0$에서 스프링의 변형은 없으므로 스프링력은

$$F_s = ks \tag{3}$$

운동학 방정식 a_{px}와 a_{py}를 구하기 위해 다음과 같이 식 (6.72)를 사용한다.

$$\vec{a}_P = a_{Px}\,\hat{\imath} + a_{Py}\,\hat{\jmath} = \vec{a}_O + \vec{a}_{P\text{rel}} + 2\vec{\Omega} \times \vec{v}_{P\text{rel}} + \dot{\vec{\Omega}} \times \vec{r}_{P/O} - \Omega^2 \vec{r}_{P/O} \tag{4}$$

여기서 그림 2를 살펴보면 점 O는 움직이지 않으므로 $\vec{a}_O = \vec{0}$이고, $\vec{a}_{P\text{rel}} = \ddot{s}\,\hat{\imath}$, $\vec{v}_{P\text{rel}} = \dot{s}\,\hat{\imath}$, $\vec{\Omega} = \omega_0\,\hat{k}$, $\dot{\vec{\Omega}} = \alpha_0\,\hat{k}$, $\vec{r}_{P/O} = s\,\hat{\imath} + d\,\hat{\jmath}$이다. 이 항들을 식 (4)에 대입하면

$$\begin{aligned}\vec{a}_P &= \ddot{s}\,\hat{\imath} + 2\omega_0\,\hat{k} \times \dot{s}\,\hat{\imath} + \alpha_0\,\hat{k} \times (s\,\hat{\imath} + d\,\hat{\jmath}) - \omega_0^2(s\,\hat{\imath} + d\,\hat{\jmath}) \\ &= \left(\ddot{s} - d\alpha_0 - s\omega_0^2\right)\hat{\imath} + \left(2\dot{s}\omega_0 + s\alpha_0 - d\omega_0^2\right)\hat{\jmath}\end{aligned} \tag{5}$$

따라서

$$a_{Px} = \ddot{s} - d\alpha_0 - s\omega_0^2, \quad a_{Py} = 2\dot{s}\omega_0 + s\alpha_0 - d\omega_0^2 \tag{6}$$

계산 식 (3)과 (6)을 식 (1)과 (2)에 대입하면

$$-ks = m(\ddot{s} - d\alpha_0 - s\omega_0^2), \qquad N = m(2\dot{s}\omega_0 + s\alpha_0 - d\omega_0^2) \qquad \text{식 (7)}$$

식 (7)의 첫 번째 식을 정리하면 질점의 운동방정식을 다음과 같이 구할 수 있다.

$$\ddot{s} + \left(\frac{k}{m} - \omega_0^2\right)s = d\alpha_0 \qquad \text{식 (8)}$$

식 (8)에서 $s(t)$를 구하면 식 (7)의 두 번째 식으로부터 질점과 슬롯 사이의 수직력을 다음과 같이 구할 수 있다.

$$N = m(2\dot{s}\omega_0 + s\alpha_0 - d\omega_0^2) \qquad \text{식 (9)}$$

논의 및 검증 식 (8)의 각 항의 차원은 가속도의 차원이고, 식 (9)의 각 항의 차원은 힘의 차원이다. 따라서 두 결과는 차원적으로 모순이 없다.

심층분석 이 문제에서의 유일한 강체(즉 디스크)의 운동을 알고 있는 경우, 이 절에서 논의한 운동학의 위력에 대한 예제이다. 질점 P의 운동은 사실 아주 복잡하지만 그것의 가속도를 쉽게 구할 수 있다. 논의된 운동학의 위력은 **디스크와 같이 회전하는** 좌표계에 대한 운동이 아주 간단하여 직선운동이라는 데 있다. 그 운동과 회전좌표계의 운동을 이용하여 가속도를 쉽게 구할 수 있다. 나머지 예제와 연습 문제에서 이것을 알 수 있을 것이다.

흥미로운 사실

$\alpha_0 = 0$인 경우 식 (8)의 해석. 미분방정식 수업을 들었다면 $\alpha_0 = 0$이면 식 (8)은 이차 동차 선형 상미분방정식이 된다는 것을 알 수 있을 것이다. $k/m > \omega_0^2$이면 식 (8)의 해는 조화 함수(사인과 코사인함수)이고, $k/m < \omega_0^2$이면 해는 증가하는 지수함수이다. 이 특성이, 언제 디스크가 위험속도 보다 빠르게 돌기 시작하는지를 감시하는데 이러한 시스템을 사용할 수 있게 해 준다. 왜냐하면 그때 질점이 슬롯의 끝부분을 치게 되기 때문이다.

예제 6.14 왕복 직선운동 기구의 해석

그림 1의 왕복 직선운동 기구는 중심 A가 핀으로 고정되어 일정한 각속도 ω_{AB}로 회전하는 디스크, C에서 핀으로 고정된 긴 구멍이 있는 암 CD, E, F에 있는 가이드 안에서 진동할 수 있는 막대로 구성되어 있다. 디스크가 회전하면 B에 있는 핀은 구멍이 있는 암 안에서 움직여 암을 앞뒤로 흔들리게 한다. 암이 흔들리면 왕복 운동하는 막대는 C와 B 사이의 거리 변화 때문에 서서히 전진하고 빨리 돌아오는 운동을 하게 된다. 그림의 위치($\theta = 30°$)에서 다음을 구하라.

(a) 구멍이 있는 암 CD의 각속도와 각가속도

(b) 막대의 속도와 가속도

$\omega_{AB} = 60$ rpm, $R = 0.1$ m, $h = 0.2$ m, $d = 0.12$ m일 때의 값을 계산할 것이다.

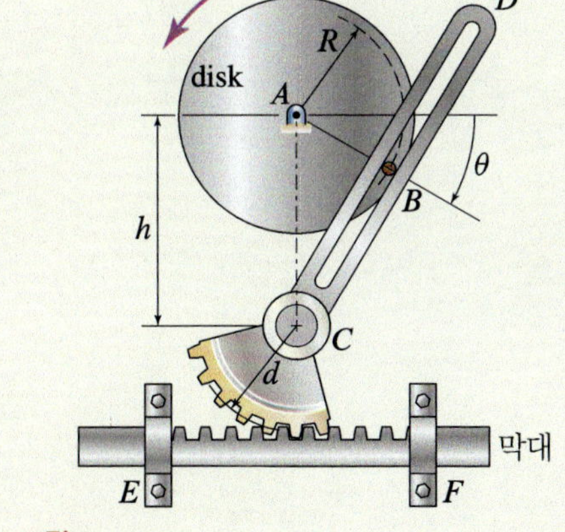

그림 1

풀이 SOLUTION

로드맵 이 기구는 미끄럼 접촉을 갖기 때문에 디스크의 운동과 구멍이 있는 암 CD의 운동을 관련짓기 위해 식 (6.3)과 (6.5)를 사용할 수 없다. 따라서 B의 핀의 운동과 C의 피봇 점의 운동을 관련짓기 위해 회전좌표계를 사용하고 그림 2에 있는 기구의 개략도와 같이 좌표계를 암 CD에 부착할 것이다.

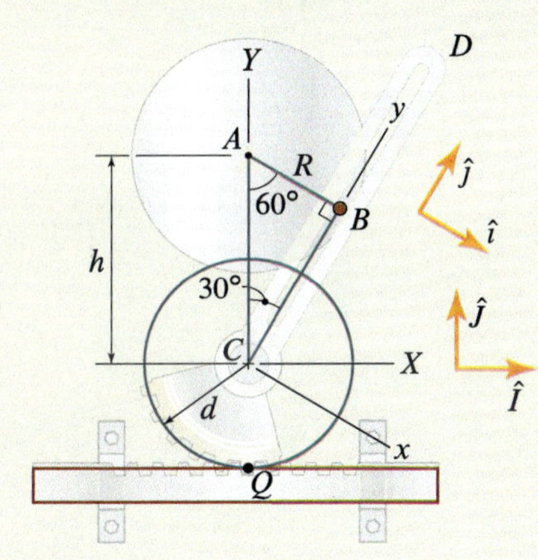

그림 2 왕복 직선운동 기구를 위한 주좌표계와 회전좌표계.

계산 B와 C의 속도 관계식은

$$\vec{v}_B = \vec{v}_C + \vec{v}_{B\text{rel}} + \vec{\Omega}_{CD} \times \vec{r}_{B/C} \tag{1}$$

여기서 $\vec{v}_{B\text{rel}}$은 회전좌표계에 있는 관찰자가 본 B의 속도이고 $\vec{\Omega}_{CD} = \vec{\omega}_{CD}$는 회전좌표계의 각속도인 동시에 암 CD의 각속도이다. B가 A를 중심으로 원운동을 하므로 $\vec{v}_B$는 식 (6.8)을 이용하여 구할 수 있다.

$$\vec{v}_B = \vec{\omega}_{AB} \times \vec{r}_{B/A} = \omega_{AB}\,\hat{k} \times R\,\hat{\imath} = R\omega_{AB}\,\hat{\jmath} \tag{2}$$

그리고

$$\vec{v}_C = \vec{0}, \quad \vec{v}_{B\text{rel}} = \dot{r}_{B/C}\,\hat{\jmath}, \quad \vec{\Omega}_{CD} = \Omega_{CD}\,\hat{k}, \quad \vec{r}_{B/C} = r_{B/C}\,\hat{\jmath} \tag{3}$$

여기서 $r_{B/C} = \sqrt{h^2 - R^2} = 0.1732$ m이다. 식 (2)와 (3)을 식 (1)에 대입하면

$$R\omega_{AB}\,\hat{\jmath} = \dot{r}_{B/C}\,\hat{\jmath} + \Omega_{CD}\,\hat{k} \times r_{B/C}\,\hat{\jmath} \tag{4}$$

이 식은 Ω_{CD}와 $\dot{r}_{B/C}$에 대한 두 스칼라식과 동등하다. 식을 풀면 $\dot{r}_{B/C} = R\omega_{AB} = 0.628$ m/s임을 알 수 있고

$$\Omega_{CD} = 0\,\text{rad/s} \quad \Rightarrow \quad \boxed{\vec{\Omega}_{CD} = \vec{\omega}_{CD} = \vec{0}\,\text{rad/s}} \tag{5}$$

가속도분석을 위해 식 (6.68)을 적용하면

$$\vec{a}_B = \vec{a}_C + \vec{a}_{B\text{rel}} + 2\vec{\Omega}_{CD} \times \vec{v}_{B\text{rel}} + \dot{\vec{\Omega}}_{CD} \times \vec{r}_{B/C} - \Omega_{CD}^2 \vec{r}_{B/C} \tag{6}$$

$$= \vec{a}_C + \vec{a}_{B\text{rel}} + \dot{\vec{\Omega}}_{CD} \times \vec{r}_{B/C} \tag{7}$$

식 (6)에서 (7)로 넘어가기 위해 식 (5)를 사용했다. B는 A를 중심으로 원운동을 하므로 식 (6.13)을 이용하여 $\vec{a}_B$를 구할 수 있다.

$$\vec{a}_B = -\omega_{AB}^2 \vec{r}_{B/A} = -\omega_{AB}^2 R\,\hat{\imath} \tag{8}$$

그리고 식 (7)의 $\vec{a}_{B\text{rel}}$와 $\dot{\vec{\Omega}}_{CD}$는

$$\vec{a}_{B\text{rel}} = \ddot{r}_{B/C}\,\hat{\jmath} \text{ 와 } \quad \dot{\vec{\Omega}}_{CD} = \dot{\Omega}_{CD}\,\hat{k} \tag{9}$$

마지막으로 $\vec{a}_C = \vec{0}$과 식 (3)의 마지막, 식 (8), (9)를 식 (7)에 대입하면

$$-\omega_{AB}^2 R\,\hat{\imath} = \ddot{r}_{B/C}\,\hat{\jmath} + \dot{\Omega}_{CD}\,\hat{k} \times r_{B/C}\,\hat{\jmath} \tag{10}$$

이 식은 $\ddot{r}_{B/C}$와 $\dot{\Omega}_{CD}$에 대한 두 스칼라식과 동등하다. 식을 풀면 $\ddot{r}_{B/C} = 0$이고

$$\dot{\Omega}_{CD} = \frac{R}{r_{B/C}}\omega_{AB}^2 = 22.8\,\text{rad/s}^2 \quad \Rightarrow \quad \boxed{\dot{\vec{\Omega}}_{CD} = \vec{\alpha}_{CD} = \left(22.8\,\text{rad/s}^2\right)\hat{k}} \tag{11}$$

그림 2에서 구멍이 있는 암 CD의 각속도와 각가속도를 구했기 때문에 막대의 속도는

$$\boxed{\vec{v}_{\text{bar}} = \vec{v}_Q = \vec{\omega}_{CD} \times \vec{r}_{Q/C} = \vec{0}} \tag{12}$$

왜냐하면 $\vec{\omega}_{CD} = \vec{0}$이기 때문이다. 그리고 막대의 가속도는

$$\vec{a}_{\text{bar}} = \vec{a}_Q \cdot \hat{I} = \vec{\alpha}_{CD} \times \vec{r}_{Q/C} = \alpha_{CD}\,\hat{K} \times \left(-d\hat{J}\right) = d\alpha_{CD}\,\hat{I} \tag{13}$$

즉 $\vec{a}_{\text{bar}}$는 Q의 가속도의 접선 성분이다. 그러므로 지금 순간의 막대의 가속도는

$$\boxed{\vec{a}_{\text{bar}} = d\alpha_{CD}\,\hat{I} = \left(2.74\,\text{m/s}^2\right)\hat{I}} \tag{14}$$

논의 및 검증 마지막 결과들의 차원과 단위는 정확하다.

좀 더 자세히 보면 구멍이 있는 암 CD의 각속도는 이 순간은 0이다. 회전하는 디스크상의 선 AB는 이 순간 암의 구멍과 수직이기 때문에 이것은 이치에 맞다. 그러므로 B의 속도는 구멍과 평행하고 구멍이 있는 암의 각속도는 0이 된다. 따라서 막대에 속도를 발생시키는 것은 구멍 있는 암의 각속도이기 때문에 막대의 속도는 0이 되어야 한다.

반면에 구멍이 있는 암은 각가속도를 가지고 있다. 암이 이 위치에 있기 바로 전과 바로 다음에 구멍이 있는 암은 각속도를 가져야 하고 따라서 이 각속도 변화를 일으키는 각가속도를 가져야 한다.

문제 6.115, 6.116에서 왜 이 기구가 때로 **급속귀환기구**라 불리는지 알아볼 것이다.

예제 6.15 실제 운동과 겉보기 운동: $\vec{v}_{B\text{rel}}$과 $\vec{a}_{B\text{rel}}$구하기

사람 A는 일정한 속도 ω_m으로 돌고 있는 회전목마에 서 있고(즉 회전목마에 대해 움직이지 않고), 사람 B는 보도 위를 똑바로 일정 속력 v_B로 걸어가고 있다(그림 1 참조). 관찰자 A가 본 B의 속도와 가속도를 구하라.[10] 다음의 값을 이용하여 계산하라. $v_B = 6.4$ km/h, ωm $= 3$ rad/s, $\theta = 45°$, $d = 9$ m, $h = 3$ m.

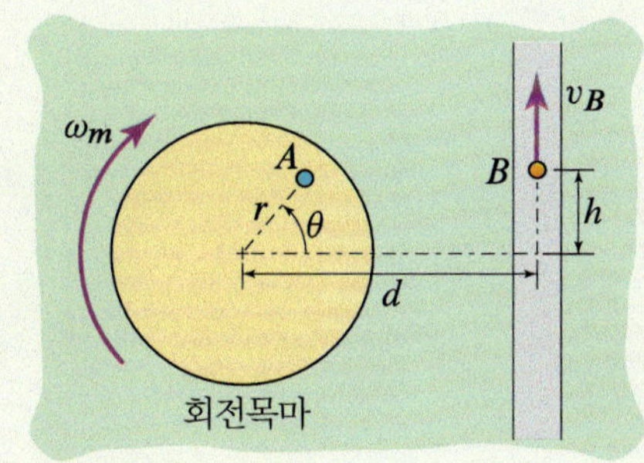

그림 1

풀이 SOLUTION

로드맵 A가 회전목마에 대해 움직이지 않으므로 A가 본 B의 운동은 회전목마와 함께 회전하는 관찰자가 본 B의 운동과 같다. 523쪽에서 설명한 바와 같이 A가 본 B의 속도는 $\vec{v}_{B/A}$가 아니다. 왜냐하면 그 양은 A가 회전하지 않을 때에 A가 본 B의 속도이기 때문이다. 따라서 식 (6.60)의 항 $\vec{v}_{B\text{rel}}$이 회전좌표축과 함께 움직이는 관찰자가 본 P의 속도임을 기억하면 이것이 우리가 원하는 값이라는 것을 알 수 있다($\vec{a}_{B\text{rel}}$은 A가 본 B의 가속도이다).

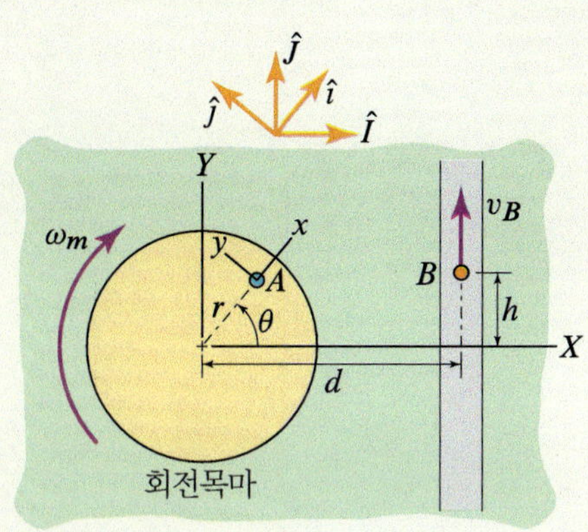

그림 2 주좌표계와 회전좌표계의 정의.

계산 주 XY 좌표계는 그림 2와 같고 회전 xy 좌표계는 원점이 A에 있고 회전목마에 부착되어 있다. 구하고자 하는 $\vec{v}_{B\text{rel}}$은 식 (6.60)에 의해

$$\vec{v}_{B\text{rel}} = \vec{v}_B - \vec{v}_A - \vec{\omega}_m \times \vec{r}_{B/A}, \tag{1}$$

여기서 좌표계가 회전목마에 부착되어 있기 때문에 $\vec{\omega}_m$은 회전 xy좌표계의 각속도이기도 하다. 위 식의 세 항을 계산하면

$$\vec{v}_B = v_B\,\hat{J} = v_B(\sin\theta\,\hat{\imath} + \cos\theta\,\hat{\jmath}), \tag{2}$$

$$\vec{v}_A = -r\omega_m\,\hat{\jmath}, \tag{3}$$

$$\begin{aligned}\vec{\omega}_m \times \vec{r}_{B/A} &= -\omega_m\,\hat{k} \times \left(-r\,\hat{\imath} + d\,\hat{I} + h\,\hat{J}\right)\\ &= -\omega_m\,\hat{k} \times [-r\,\hat{\imath} + d(\cos\theta\,\hat{\imath} - \sin\theta\,\hat{\jmath}) + h(\sin\theta\,\hat{\imath} + \cos\theta\,\hat{\jmath})]\\ &= \omega_m(h\cos\theta - d\sin\theta)\,\hat{\imath} - \omega_m(d\cos\theta + h\sin\theta - r)\,\hat{\jmath}\end{aligned} \tag{4}$$

식 (2)-(4)를 식 (1)에 대입하면

$$\begin{aligned}\vec{v}_{B\text{rel}} &= (v_B\sin\theta - h\omega_m\cos\theta + d\omega_m\sin\theta)\,\hat{\imath}\\ &\quad + (v_B\cos\theta + h\omega_m\sin\theta + d\omega_m\cos\theta)\,\hat{\jmath} \qquad (5)\\ &= (14\,\hat{\imath} + 26.7\,\hat{\jmath})\,\text{m/s} \qquad (6)\end{aligned}$$

여기서 수치 결과는 주어진 값들을 이용하여 구했다. 그림 3에서 B의 실제 속도 $\vec{v}_B$와 A가 본 B의 속도 $\vec{v}_{B\text{rel}}$를 볼 수 있다.

이제 식 (6.72)를 이용하여 $\vec{a}_{B\text{rel}}$을 계산한다.

$$\vec{a}_{B\text{rel}} = \vec{a}_B - \vec{a}_A - 2\vec{\omega}_m \times \vec{v}_{B\text{rel}} - \vec{\alpha}_m \times \vec{r}_{B/A} + \omega_m^2\vec{r}_{B/A} \tag{7}$$

주어진 조건에서 $\vec{a}_m$과 $\vec{a}_B$는 모두 0이다. 식 (7)의 다른 항들을 계산하면

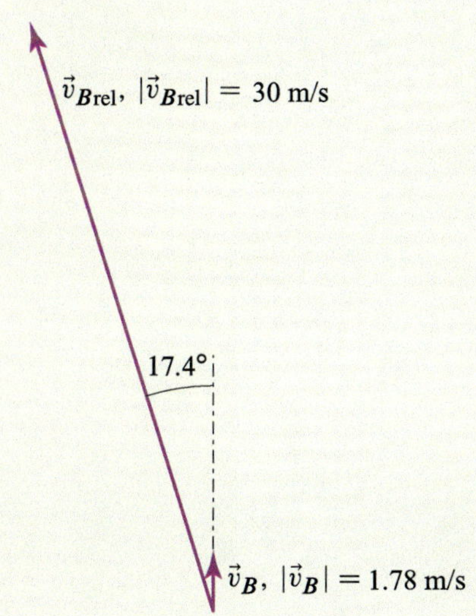

그림 3 정지좌표계에서의 B의 속도 $\vec{v}_B$와 A가 본 $\vec{v}_{B\text{rel}}$의 속도.

10) 관찰자 A는 회전목마가 회전할 때 B를 보기 위해 머리를 돌릴 수 없다. 그렇지 않으면 또 다른 회전운동을 고려해야 한다.

$$\vec{a}_A = -r\omega_m^2\,\hat{\imath} \tag{8}$$

$$2\vec{\omega}_m \times \vec{v}_{B\mathrm{rel}} = 2\omega_m\,[h\omega_m \sin\theta + (v_B + d\omega_m)\cos\theta]\,\hat{\imath} + 2\omega_m\,[h\omega_m \cos\theta - (v_B + d\omega_m)\sin\theta]\,\hat{\jmath} \tag{9}$$

$$\omega_m^2\vec{r}_{B/A} = \omega_m^2\,[(h\sin\theta + d\cos\theta - r)\,\hat{\imath} + (h\cos\theta - d\sin\theta)\,\hat{\jmath}] \tag{10}$$

식 (8)-(10)과 $\vec{a}_m = \vec{0}$, $\vec{a}_B = \vec{0}$를 식 (7)에 대입하면

$$\vec{a}_{B\mathrm{rel}} = -\omega_m\,[(2v_B + d\omega_m)\cos\theta + h\omega_m\sin\theta]\,\hat{\imath} + \omega_m\,[(2v_B + d\omega_m)\sin\theta - h\omega_m\cos\theta]\,\hat{\jmath} \tag{11}$$

$$= (-83.9\,\hat{\imath} + 45.73\,\hat{\jmath})\,\mathrm{m/s^2} \tag{12}$$

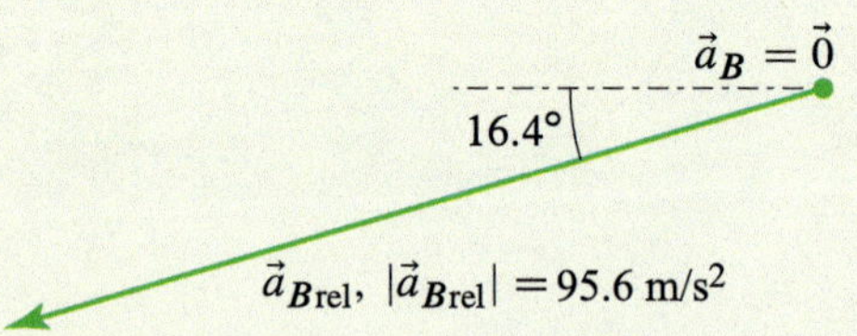

그림 4 A가 본 B의 가속도 $\vec{a}_{B\mathrm{rel}}$과 값이 0이기 때문에 점으로 표시된 B의 실제 가속도.

여기서 수치 결과는 주어진 값들을 이용하여 구했다. 그림 4에서, 값이 0이기 때문에 점으로 표시된 B의 실제 가속도와 A가 본 B의 가속도 $\vec{a}_{B\mathrm{rel}}$를 볼 수 있다.

논의 및 검증 $\vec{v}_{B\mathrm{rel}}$과 $\vec{a}_{B\mathrm{rel}}$의 차원은 각각 속도와 가속도로 모두 정확하다. 더 중요한 것은 이 예제가 중요한 개념(회전좌표계에서 본 물체의 운동(즉 속도와 가속도)은 물체의 실제 운동과 매우 다르다)을 보여준다. 그림 3은 B의 실제 속도 벡터와 회전목마와 같이 회전하는 A가 본 B의 속도의 큰 차이를 보여준다. 사람 B는 6.4 km/h로 걷지만 A는 B가 108 km/h로 움직이는 것을 본다. 가속도의 면에서는, B의 가속도는 0이지만 A는 B가 $95.6\ \mathrm{m/s^2} = 9.75g$로 가속하고 있는 것을 본다!

심층분석 A가 본 상대속도 $\vec{v}_{B\mathrm{rel}}$과 상대가속도 $\vec{a}_{B\mathrm{rel}}$은 A의 원운동의 반지름 r과 관련이 없는 것을 유의하라. 그 이유는 상대적인 양 $\vec{v}_{B\mathrm{rel}}$과 $\vec{a}_{B\mathrm{rel}}$을 보는 사람 A가 회전좌표계에 대해 움직이지 않기 때문이다. 즉 A와 회전좌표계가 하나의 강체이다. 이 때문에 A의 운동은 A가 보는 B의 운동의 부분과 항상 상쇄된다. 예를 들면 속도의 경우, $\vec{v}_A = -r\omega_m\,\hat{\jmath}$이고 $\vec{\omega}_m \times \vec{r}_{B/A}$부분은 $r\omega_m\,\hat{\jmath}$로 주어진다. 따라서 식 (1)에서 두 항은 서로 상쇄된다. 상대가속도의 경우도 비슷한 상쇄가 발생한다.

문제

문제 6.110

523쪽의 간단한 예제의 정보를 이용하여 점 P의 가속도를 구하라. 즉 극좌표를 사용하여 식 (6.71)을 구하라.

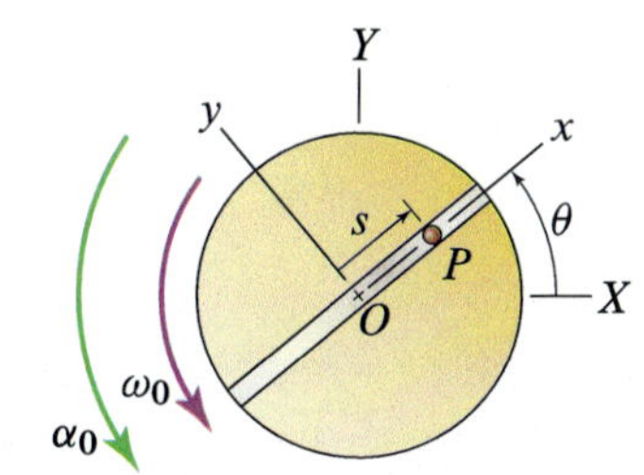

그림 P6.110

문제 6.111-6.115

왕복 직선운동 기구는 중심 A가 핀으로 고정되어 일정한 각속도 ω_{AB}로 회전하는 디스크, C에서 핀으로 고정된 긴 구멍이 있는 암 CD, E와 F에 있는 가이드 안에서 진동할 수 있는 막대로 구성되어 있다. 디스크가 회전하면 B에 있는 핀은 구멍이 있는 암 안에서 움직여 암을 앞뒤로 흔들리게 한다. 암이 흔들리면 왕복 운동하는 막대는 C와 B 사이의 거리 변화 때문에 서서히 전진하고 빨리 돌아오는 운동을 하게 된다.

문제 6.111 $\omega_{AB} = 120$ rpm, $R/h = 0.5$, $d = 0.12$ m일 때, 그림의 위치에서 다음을 구하라.

(a) 구멍이 있는 암 CD의 각속도와 막대의 속도

(b) 구멍이 있는 암 CD의 각가속도와 막대의 가속도

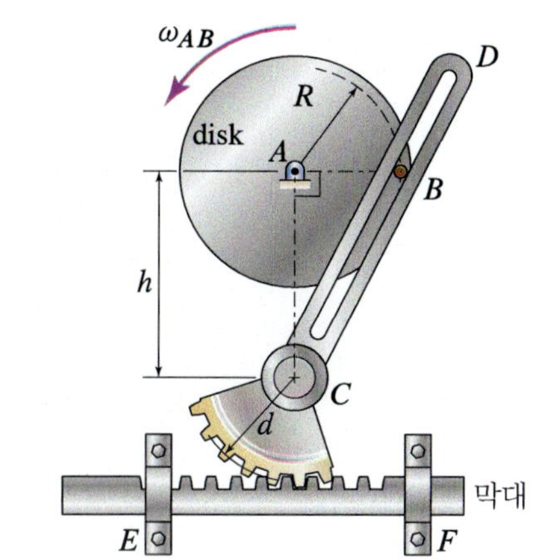

그림 P6.111

문제 6.112 $\omega_{AB} = 90$ rpm, $R/h = 0.5$, $d = 0.12$ m 일 때, 그림의 위치에서 다음을 구하라.

(a) 구멍이 있는 암 CD의 각속도와 막대의 속도

(b) 구멍이 있는 암 CD의 각가속도와 막대의 가속도

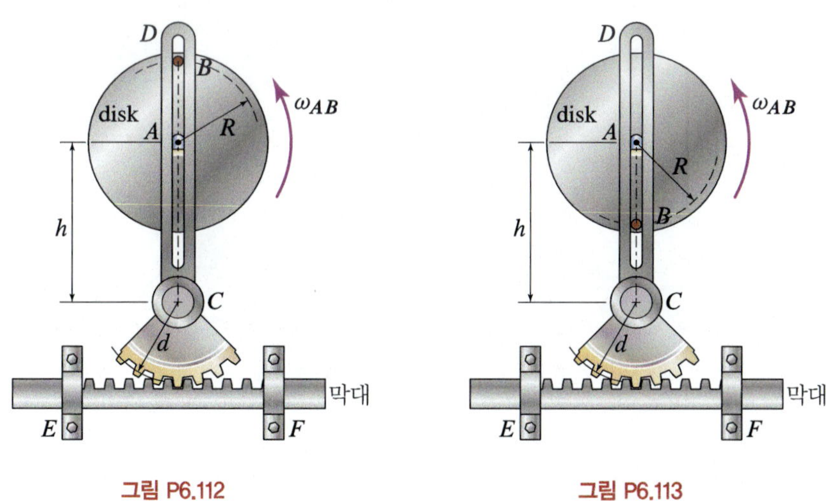

그림 P6.112 그림 P6.113

문제 6.113 $\omega_{AB} = 60$ rpm, $R/h = 0.5$, $d = 0.12$ m일 때, 그림의 위치에서 다음을 구하라.

(a) 구멍이 있는 암 CD의 각속도와 막대의 속도

(b) 구멍이 있는 암 CD의 각가속도와 막대의 가속도

문제 6.114 그림의 위치에서 다음을 θ, $\delta = R/h$, d, ω_{AB}의 함수로 구하라.

(a) 구멍이 있는 암 CD의 각속도와 막대의 속도

(b) 구멍이 있는 암 CD의 각가속도와 막대의 가속도

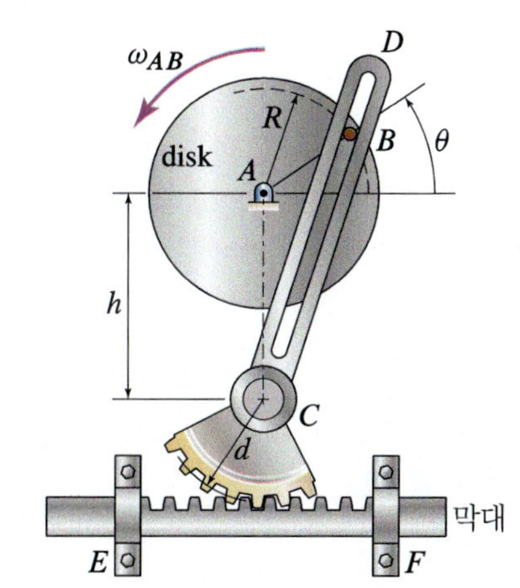

그림 P6.114, P6.115

문제 6.115 구멍이 있는 암 CD의 각속도와 각가속도를 θ, $\delta = R/h$, d, ω_{AB}의 함수로 구하라. 그리고 $\omega_{AB} = 90$ rpm, $d = 0.12$ m이고 $\delta = R/h$ 이 다음 값을 가질 때, 디스크가 1회전할 동안 막대의 속도와 가속도그래프를 디스크 각 θ의 함수로 그려라.

(a) $\delta = R/h = 0.1$

(b) $\delta = R/h = 0.3$

(c) $\delta = R/h = 0.6$

(d) $\delta = R/h = 0.9$

왜 이 기구를 종종 **급속귀환기구**라 하는지 이유를 설명하라.

문제 6.116

문제 6.111-6.115의 **왕복 직선운동** 기구는 한 방향보다 다른 방향으로 더 빨리 움직이기 때문에 종종 **급속귀환기구**라 부른다. 이것을 보기 위해 중심이 A에 있는 디스크가 일정한 각속도 $\omega_{AB} = 120$ rpm로 회전한다고 가정하고 그림의 두 위치(위치 1은 B가 C에서 가장 멀리 있을 때이고, 위치 2는 B가 C에서 가장 가까이 있을 때)에서 막대의 속도를 계산할 것이다. $d = 0.12$ m이고 R/h이 다음과 같을 때 막대의 속도를 구하라.

(a) $R/h = 0.3$

(b) $R/h = 0.8$

두 R/h 값 중 어느 것이 더 빨리 귀환하는가, 그리고 그 이유를 설명하라.

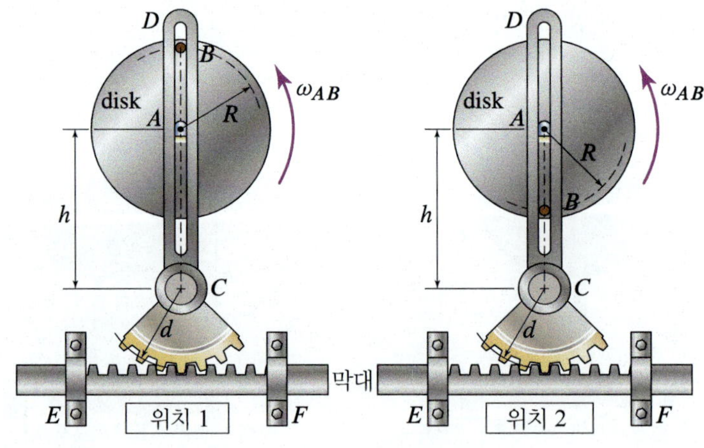

그림 P6.116

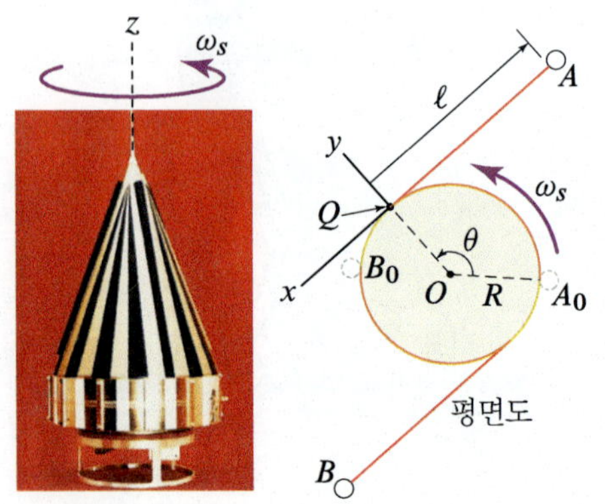

그림 P6.117

문제 6.117

파이오니어3 우주선은 1958년 12월 미 육군 탄도미사일 개발국과 나사(NASA)가 공동으로 발사한 스핀 안정화 우주선이었다. 우주선에는 유압 타이머에 의해 작동되면 가변길이 $\ell(t)$인 두 와이어 끝으로 풀려나오는 두 질량 A와 B로 구성된 스핀 방지 기구가 설계되어 있다.[11] 문제 7.64, 7.65, 8.77의 준비로서 두 질량의 속도와 가속도를 계산할

11) 이 우주선은 달 탐사선이었는데 계획했던 대로 달을 지나 태양 중심 궤도에 진입하는데에는 실패했으나 지구로 떨어지기 전에 고도 107,400 km에 도달했다. 우주선은 높이 58 cm , 밑면의 지름 25 cm인 원추형 탐사선이었고, 발사 후 10시간이 지나 유압 타이머가 작동하면 길이가 150 cm가 되는 두 와이어 끝으로 풀려나오는 두 개의 7 g 추로 구성된 스핀 방지 기구가 설계되어 있다. 추는 우주선의 회전속도를 400 rpm에서 6 rpm으로 감소시킨 후 추와 와이어가 분리된다.

것이다. 값을 구하기 위해 질량 A와 B는 각각 초기에 A_0와 B_0의 위치에 있다고 가정한다. 질량이 풀려나면 질량은 대칭적으로 풀리고 질량을 반지름 R인 우주선에 부착하는 줄의 길이는 $\ell(t)$이다. 우주선의 각속도가 $\omega_s(t)$일 때 중심이 Q에 있는 회전좌표계 성분, R, $\ell(t)$, $\omega_s(t)$를 이용하여 다음을 구하라.

(a) 질량 A의 속도

(b) 질량 A의 가속도

회전좌표계는 풀리는 줄과 항상 일치한다는 것과, Q는 시간 t일 때 풀리려는 줄 위의 점임을 명심하라.

문제 6.118

좌표계 A와 B는 각각 원점이 A와 B에 있는 좌표계라 하자. 점 B는 점 A에 대해 움직이지 않는다. 좌표계 B에 대한 점 P의 속도와 가속도는

$$\vec{v}_{P\text{rel}} = (-1.87\,\hat{\imath}_B + 7.22\,\hat{\jmath}_B)\,\text{m/s}, \qquad \vec{a}_{P\text{rel}} = (1.21\,\hat{\imath}_B + 1.46\,\hat{\jmath}_B)\,\text{m/s}^2$$

좌표계 B는 좌표계 A에 대해 일정한 각속도 $\omega_B = 1.2$ rad/s로 회전하고, 좌표계 B에 대한 점 P의 위치는 $\vec{r}_{P/B} = (2.4\,\hat{\imath}_B + 1.4\,\hat{\jmath}_B)$이며 좌표계 A는 고정되어 있다. 현재 위치에서 P의 속도와 가속도를 구하고, 결과를 좌표계 A의 성분으로 나타내라.

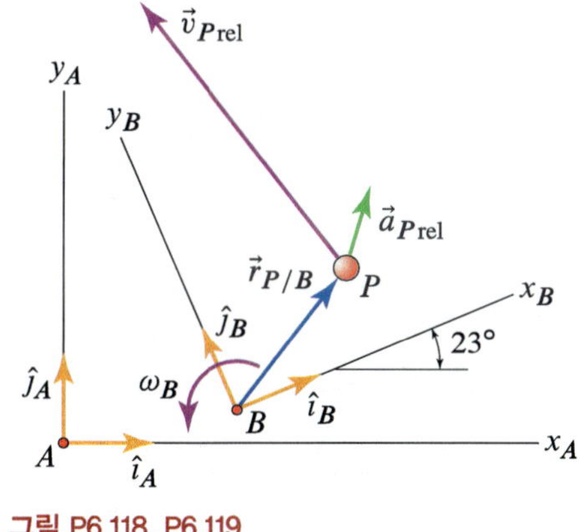

그림 P6.118, P6.119

문제 6.119

문제 6.118을 다시 풀되, 결과를 좌표계 B의 성분으로 나타내라.

문제 6.120

수직기둥(vertical shaft)의 기초 B는 수직축(vertical axis)이 Z인 관성좌표계에 대해 정지해 있다. 암 OA는 수직축에 부착되어 있고 Z 축 주위를 각속도 $\omega_{OA} = 1.5$ rad/s, 각가속도 $\alpha_{OA} = 1.5$ rad/s^{2}로 회전하고 있다. z 축은 Z 축과 일치하지만 암 OA와 같이 회전하는 좌표계의 일부이다. 회전좌표계의 x 축은 암 OA의 축과 일치한다. 현재 y 축은

그림 P6.120

with a despin mechanism consisting of two 7 g weights that could be spooled out to the end of two 150 cm wires when triggered by a hydraulic timer 10 h after launch. The weights would slow the spacecraft spin from 400 to 6 rpm, and then the weights and wires would be released.

지면과 수직이며 지면 안쪽을 향한다. 이 순간 칼라 C는 OA를 따라 일정한 속도 v_C = 1.5 m/s로 미끄러지고 있으며 z축으로부터 거리 d = 0.36 m만큼 떨어져 있다. 칼라의 관성 가속도를 계산하고 회전좌표계에 대해 나타내라.

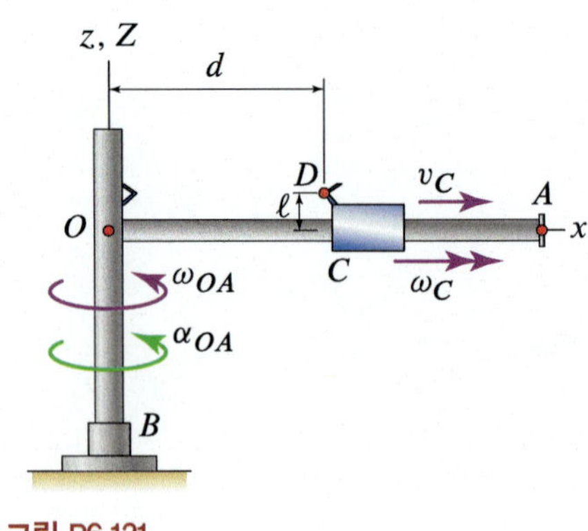

그림 P6.121

문제 6.121

수직기둥(vertical shaft)의 기초 B는 수직축(vertical axis)이 Z인 관성좌표계에 대해 정지해 있다. 암 OA는 수직축에 부착되어 있고 Z 축 주위를 각속도 ω_{OA} = 5 rad/s, 각가속도 α_{OA} = 1.5 rad/s^{2}로 회전하고 있다. z 축은 Z 축과 일치하지만 암 OA와 같이 회전하는 좌표계의 일부이다. 회전좌표계의 x축은 암 OA의 축과 일치한다. 현재 y 축은 지면과 수직이며 지면 안쪽을 향한다. 이 순간 칼라 C는 OA를 따라 일정한 속도 v_C = 3.32 m/s로 미끄러지고 있으며 암 OA에 대해 일정한 각속도 ω_C = 2.3 rad/s로 회전하고 있다. 점 D는 xz 평면에 있으며 x 축으로부터 거리 ℓ = 0.05 m 만큼 떨어져 있고 z 축으로부터 거리 d = 0.75 m 만큼 떨어져 있다. 점 D의 관성 가속도를 계산하고 회전좌표계에 대해 나타내라.

문제 6.122

휠 D는 일정한 각속도 ω_D = 14 rad/s로 관성좌표계에 대해 움직이지 않는 고정점 O를 중심으로 회전한다. xy 좌표계는 휠과 같이 회전한다. 칼라 C는 xy 좌표계에 대해 일정한 속도 v_C = 1.2 m/s로 막대 AB를 따라 미끄러진다. ℓ = 76 mm라 하고 θ = 25°일 때 C의 관성 속도와 가속도를 구하라. 결과를 xy 좌표계에 대해 나타내라.

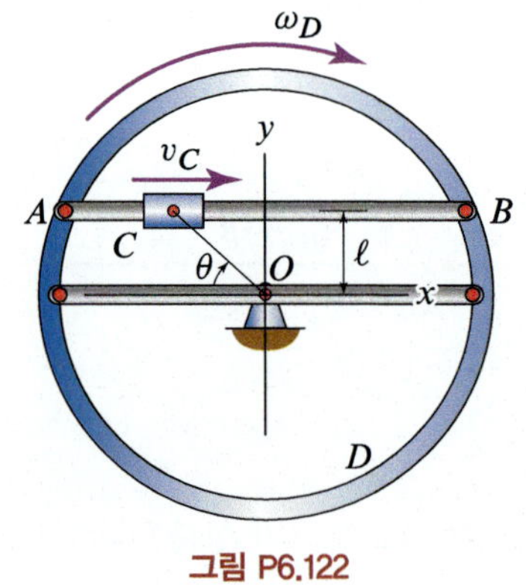

그림 P6.122

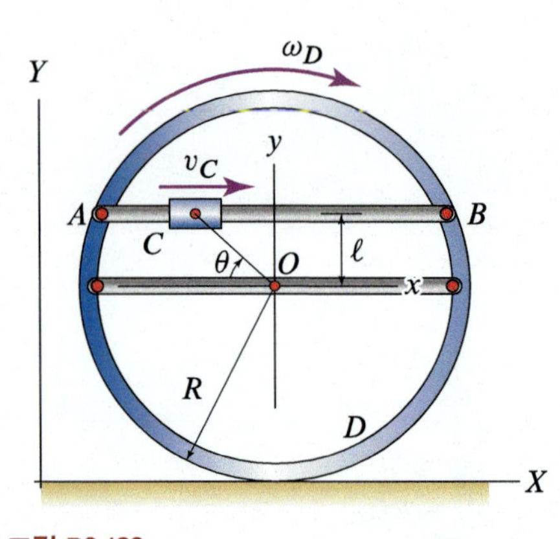

그림 P6.123

문제 6.123

휠 D는 평평한 면 위를 미끄러지지 않고 구른다. 그림의 XY 좌표계는 관성좌표계이고 xy 좌표계는 O에서 D에 부착되어 있고 휠과 함께 일정한 각속도 ω_D = 14 rad/s로 회전하고 있다. 칼라 C는 xy 좌표계에 대해 일정한 속도 v_C = 1.2 m/s로 막대 AB를 따라 미끄러진다. ℓ = 0.25 m, R = 0.3 m라 하고 θ = 25°일 때 C의 관성 속도와 가속도를 구하라. 그림에서 xy 좌표계는 XY 좌표계와 평행하다. 결과를 XY 좌표계와 xy 좌표계에 대해 나타내라.

문제 6.124

휠 D는 평평한 면 위를 미끄러지지 않고 구른다. 그림의 XY 좌표계는 관성좌표계이고 xy 좌표계는 D에 부착되어 있고 휠과 함께 일정한 각속도 ω_D로 회전하고 있다. 칼라 C는 xy 좌표계에 대해 일정한 속도 v_C로 막대 AB를 따라 미끄러진다. ℓ, θ, R은 주어졌다고 하고 xy 좌표계가 그림과 같이 XY 좌표계와 평행할 때 C의 관성 속도와 가속도를 구하고 싶다. 두 좌표계에서 칼라의 관성 가속도의 표현은 같은가 혹은 다른가?

주의 개념 문제는 계산이 아닌 설명이 필요하다.

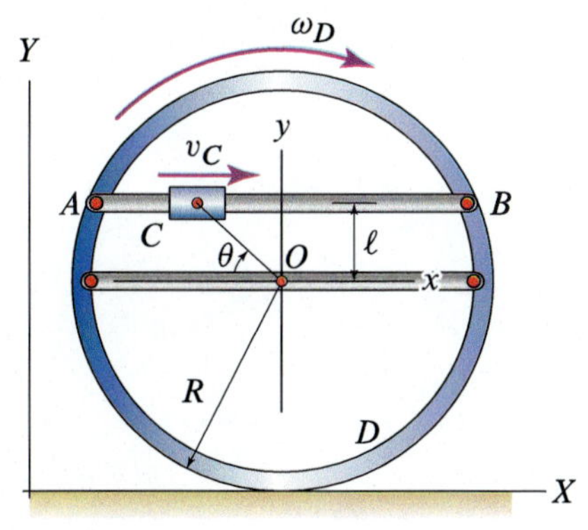

그림 P6.124

문제 6.125

휠 D는 평평한 면 위를 각속도 $\omega_D = 14$ rad/s, 각가속도 $\alpha_D = 1.1$ rad/s^{2}로 미끄러지지 않고 구른다. 그림의 XY 좌표계는 관성좌표계이고 xy 좌표계는 D에 부착되어 있다. 칼라 C는 xy 좌표계에 대해 속도 $v_C = 1.2$ m/s, 가속도 $\alpha_C = 2$ m/s^{2}로 막대 AB를 따라 미끄러진다. $\ell = 76$ mm, $R = 0.3$ m라 하고 $\theta = 25°$일 때 C의 관성 속도와 가속도를 구하라. 그림에서 xy 좌표계는 XY 좌표계와 평행하다. 결과를 XY 좌표계와 xy 좌표계에 대해 나타내라.

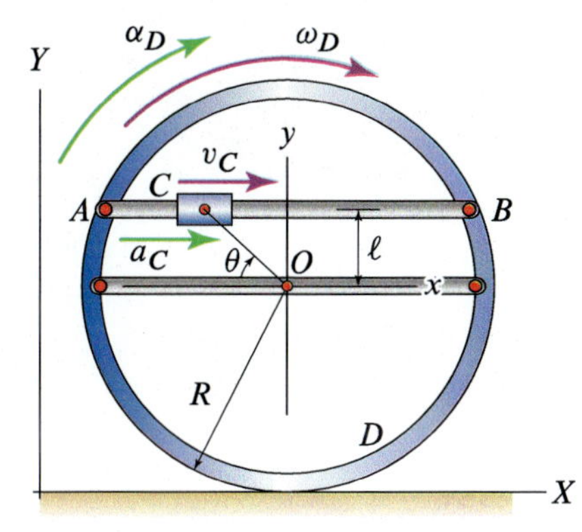

그림 P6.125

문제 6.126

수문이 유압실린더 AB의 운동에 의해 제어된다. 수문 BC가 일정한 각속도 $\omega_{BC} = 0.5$ rad/s로 들릴 때 $\dot{d}_{AB}$와 $\ddot{d}_{AB}$를 구하라. 여기서 d_{AB}는 $\phi = 0$일 때 점 A와 B 사이의 거리이다. $\ell = 3$ m, $h = 0.76$ m, $d = 1.5$ m이다.

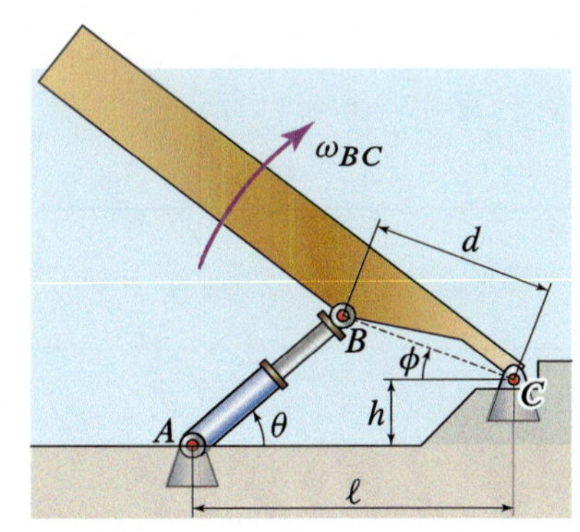

그림 P6.126

6.5 장 복습

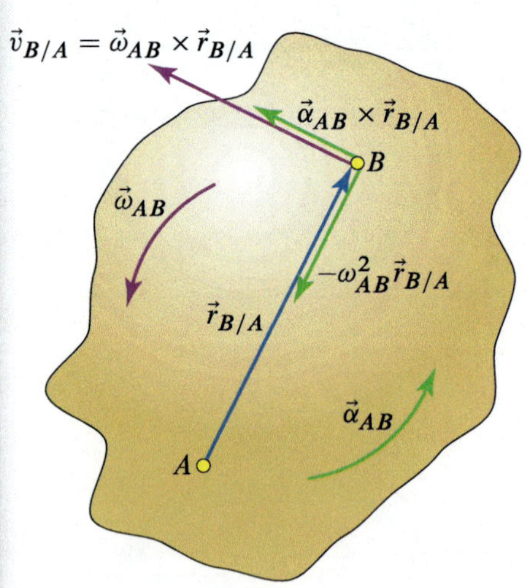

그림 6.49 *그림 6.16 반복.* 식 (6.3), (6.5), (6.14)에서 사용된 양들을 보여주는 강체.

기본방정식, 병진운동, 고정축에 대한 회전운동

이 절은 강체의 동역학에 대한 연구로 시작했다. 질점의 경우처럼 운동학에 대해 먼저 살펴보았는데 이는 6장의 초점이다. 가장 중요한 운동학 개념은 강체는 오직 하나의 각속도와 각가속도만 가진다는 것이다. 즉 각속도와 각가속도는 물체의 특성이다. 이 특성 때문에 상대속도식(식 (2.106))과 벡터의 시간 미분 관계식(식 (2.62))을 이용하여 다음 식과 같이 **동일 강체 상의 두 점** A와 B의 속도를 관련지을 수 있다.

식 (6.3), p. 462

$$\vec{v}_B = \vec{v}_A + \vec{\omega}_{AB} \times \vec{r}_{B/A} = \vec{v}_A + \vec{v}_{B/A}$$

가속도 관계식은

식 (6.5), p. 462

$$\vec{a}_B = \vec{a}_A + \vec{\alpha}_{AB} \times \vec{r}_{B/A} + \vec{\omega}_{AB} \times (\vec{\omega}_{AB} \times \vec{r}_{B/A}) = \vec{a}_A + \vec{a}_{B/A}$$

평면운동의 경우

식 (6.14), p. 465

$$\vec{a}_B = \vec{a}_A + \vec{\alpha}_{AB} \times \vec{r}_{B/A} - \omega_{AB}^2 \vec{r}_{B/A}$$

병진운동 병진운동의 경우 물체의 속도와 가속도는 0이다. 즉

식 (6.6), p. 464

$$\vec{\omega}_{\text{body}} = \vec{0}\,, \qquad \vec{\alpha}_{\text{body}} = \vec{0}$$

따라서 물체의 속도와 가속도 관계식은

식 (6.7), p. 464

$$\vec{v}_B = \vec{v}_A\,, \qquad \vec{a}_B = \vec{a}_A$$

여기서 A와 B는 물체 상의 두 점이다.

고정축에 대한 회전운동 이 특별한 운동에서는 운동 평면에 수직인 움직이지 않는 회전축이 존재한다. 회전축 상에 있지 않은 모든 점들은 그 축을 중심으로 원운동을 한다.

회전축이 점 A에 있다면 B의 속도는

식 (6.8), p. 464

$$\vec{v}_B = \vec{\omega}_{AB} \times \vec{r}_{B/A}$$

그리고 가속도는

식 (6.9), p. 464, 식 (6.13), p. 465

$$\vec{a}_B = \vec{\alpha}_{AB} \times \vec{r}_{B/A} + \vec{\omega}_{AB} \times (\vec{\omega}_{AB} \times \vec{r}_{B/A}),$$

$$\vec{a}_B = \vec{\alpha}_{AB} \times \vec{r}_{B/A} - \omega_{AB}^2 \vec{r}_{B/A}$$

여기서 벡터 $\vec{\omega}_{AB}$와 $\vec{\alpha}_{AB}$는 각각 물체의 각속도와 각가속도이고, $\vec{r}_{B/A}$는 A에 대한 B의 위치 벡터이다.

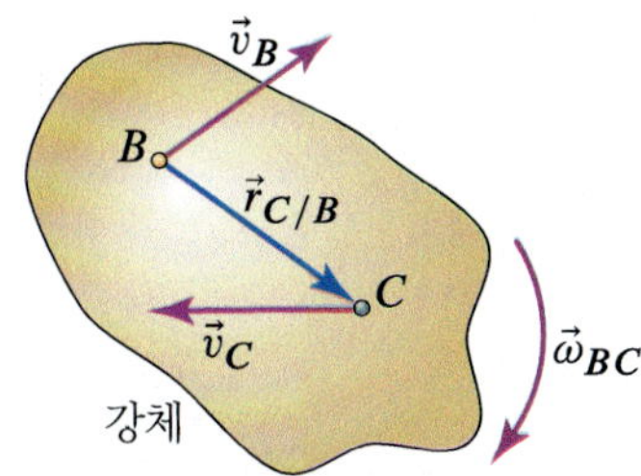

그림 6.50 *그림 6.27 반복.* 강체 상의 두 점 B와 C의 속도의 관계.

평면운동: 속도분석

이 절은 평면운동에서 강체의 속도를 분석하는 세 가지 방법(벡터 접근법, 구속조건의 미분, 순간회전중심)을 제시했다.

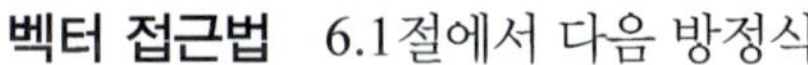

벡터 접근법 6.1절에서 다음 방정식

식 (6.15), p. 477

$$\vec{v}_C = \vec{v}_B + \vec{\omega}_{BC} \times \vec{r}_{C/B}$$

은 상대 위치 $\vec{r}_{C/B}$와 물체의 각속도 $\vec{\omega}_{BC}$를 이용하여 강체 상의 두 점의 속도 $\vec{v}_B$와 $\vec{v}_C$를 관련짓는다는 것을 알았다(그림 6.50 참조).

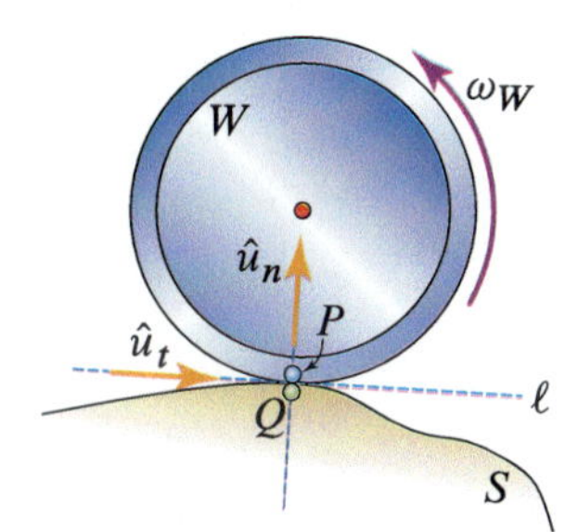

그림 6.51 *그림 6.19 반복.* 표면 S 위를 구르는 휠 W. 선 ℓ은 점 P와 Q의 경로에 접선방향이다.

미끄럼 없는 구름 물체가 다른 물체 위를 미끄러지지 않고 구를 때(예를 들면 그림 6.51에서 휠 W는 표면 S 위를 구른다), 어느 순간 접촉하는 물체 위의 점들 P와 Q는 같은 속도를 가져야 한다. 수학적으로는

식 (6.17), p. 478

$$\vec{v}_{P/Q} = \vec{0} \quad \Rightarrow \quad \vec{v}_P = \vec{v}_Q$$

반지름 R인 휠이 평탄한 정지면 위를 미끄러지지 않고 구른다면 표면과 접촉하고 있는 휠의 점 P는 속도가 0이어야 한다(그림 6.52 참조). 따라서 휠의 각속도 ω_O와 중심의 속도 v_O, 휠의 반지름 R 사이에는 다음의 관계식이 성립한다.

식 (6.20), p. 478

$$\omega_O = -\frac{v_O}{R}$$

여기서 오른손 법칙을 이용한 플러스 z방향을 ω_O의 플러스 방향으로 정의한다.

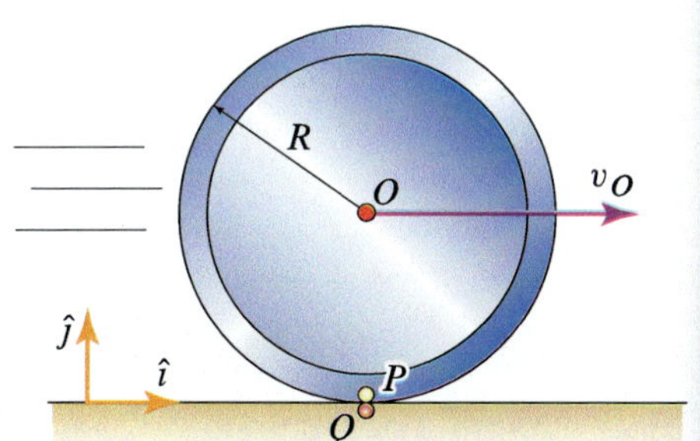

그림 6.52 *그림 6.29 반복.* 고정된 수평면 위를 미끄러지지 않고 구르는 휠.

구속조건의 미분 2.7절에서 살펴본 것처럼 관심 있는 점의 위치를 나타내는 식을 세우면 편리한 경우가 많은데, 그 식을 시간에 대해 미분하면 그 점의 속도를 구할 수 있다. 강체의 평면운동의 경우 이 개념을 적용하여 강체 상의 점의 위치와 강체의 방향에 대한 식을 세우고 그것들을 시간으로 미분하면 각각 그 점의 속도와 강체의 각속도를 구할 수 있다.

순간회전중심 특정한 순간 속도가 0인 물체(또는 물체의 가상적 연장) 상의 점을 순간회전중심 또는 순간중심(IC)이라 한다. 물체 상의 두 점에서의 속도를 알고 있거나 물체 상의 한 점의 속도와 물체의 각속도를 알고 있다면 기하학적으로 IC를 구할 수 있다. 세 가지 가능한 기하학적 구성이 그림 6.53에 나와 있다.

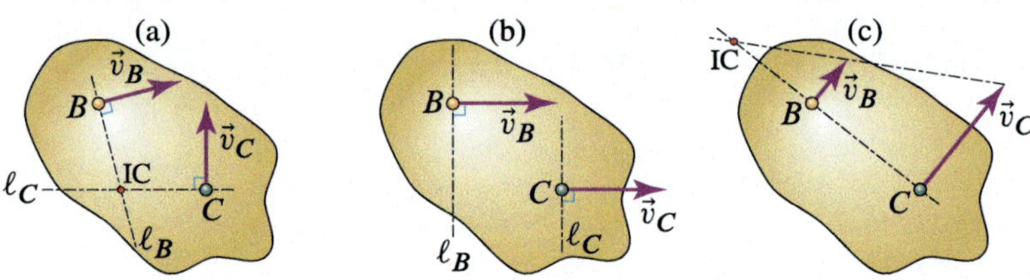

그림 6.53 *그림 6.30 반복.* IC를 구하기 위한 세 가지 가능한 운동. (a) 평행하지 않은 두 속도를 알고 있다. (b) 두 속도의 작용선이 평행하고 일치하지 않는다; 이 경우 IC는 무한대에 있고 물체는 병진운동을 한다. (c) 두 평행한 속도의 작용선이 일치한다.

평면운동: 가속도분석

이 절은 평면운동을 하는 강체의 가속도를 분석하는 두 가지 방법(벡터 접근법과 구속조건의 미분)을 제시했다.

벡터 접근법 평면운동의 경우 6.1절에서 다음 방정식

식 (6.31), (6.32) p. 498

$$\vec{a}_C = \vec{a}_B + \vec{\alpha}_{BC} \times \vec{r}_{C/B} + \vec{\omega}_{BC} \times (\vec{\omega}_{BC} \times \vec{r}_{C/B}),$$

$$\vec{a}_C = \vec{a}_B + \vec{\alpha}_{BC} \times \vec{r}_{C/B} - \omega_{BC}^2 \vec{r}_{C/B}$$

이 상대 위치 $\vec{r}_{C/B}$, 물체의 각가속도 $\vec{\alpha}_{BC}$, 그리고 물체의 각속도 $\vec{\omega}_{BC}$를 이용하여 강체 상의 두 점의 가속도 $\vec{a}_B$와 $\vec{a}_C$를 관련지을 수 있다는 것을 살펴 보았다(그림 6.54 참조).

구속조건의 미분 2.7절에서 살펴본 것처럼 관심 있는 점의 위치를 나타내는 식을 세우면 편리한 경우가 많은데, 그 식을 시간에 대해 한번 미분하면 그 점의 속도를, 두 번 미분하면 가속도를 구할 수 있다. 강체의 평면운동의 경우 이 개념을 적용하여 강체 상의 점의 위치와 강체의 방향에 대한 식을 세우고 그것들을 시간으로 미분하면 각각 그 점의

속도와 강체의 각속도를, 두 번 미분하면 각각 가속도와 각가속도를 구할 수 있다(속도에 대해서는 6.2절에서 살펴보았다).

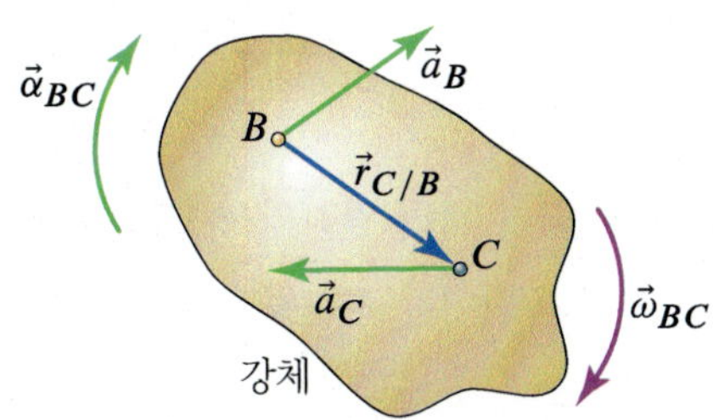

그림 P6.54 *그림 6.35 반복.* 강체 상의 두 점 B와 C 의 가속도의 관계.

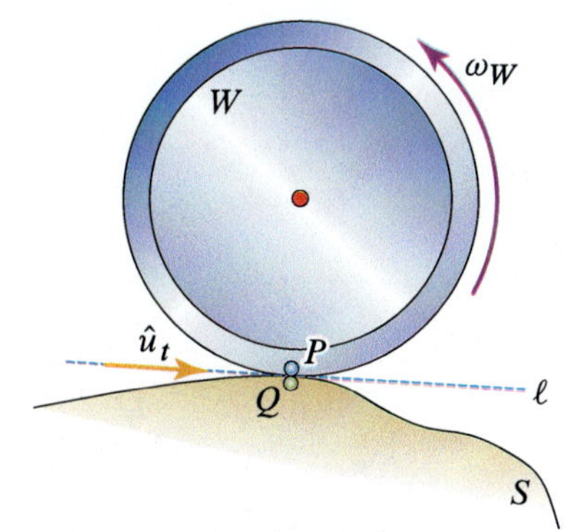

그림 6.55 *그림 6.33 반복.* 표면 S 위를 구르는 휠 W. 이 순간 선 ℓ은 P와 Q의 경로에 접선방향이다.

미끄럼 없는 구름 물체가 다른 물체 위를 미끄러지지 않고 구를 때(그림 6.55 참조), 임의의 순간 접촉하고 있는 물체 상의 두 점, 점 P와 Q는 같은 속도를 가져야 한다. 가속도의 경우 $\vec{a}_{P/Q}$의 접촉에 접선방향 성분은 0이어야 한다. 즉

식 (6.36), p. 499

$$(a_{P/Q})_t = 0 \quad \Rightarrow \quad a_{Pt} = a_{Qt}$$

반지름 R인 휠이 평탄한 정지면 위를 미끄러지지 않고 구른다면 표면과 접촉하고 있는 휠의 점 P는 속도가 0이어야 한다(그림 6.56 참조). 따라서 휠의 각속도 α_O와 중심의 속도 a_O, 휠의 반지름 R 사이에는 다음의 관계식이 성립한다.

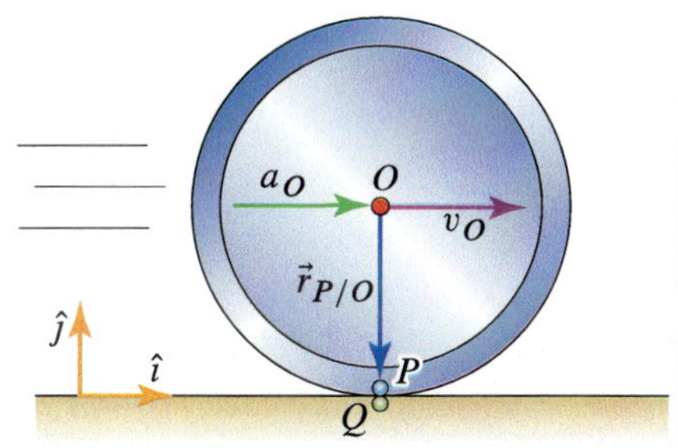

그림 6.56 *그림 6.34 반복.* 고정된 수평면 위를 미끄러지지 않고 구르는 휠.

식 (6.20), p. 478

$$\alpha_O = -\frac{a_O}{R}$$

여기서 오른손 법칙을 이용한 플러스 z 방향을 α_O의 플러스 방향으로 정의한다. 이 순간 지면과 접촉하고 있는 휠의 점 P는 y축을 따라 다음과 같이 가속하고 있다.

식 (6.41), p. 500

$$\vec{a}_P = \frac{v_O^2}{R}\,\hat{\jmath}$$

이 순간 P의 속도는 0이지만 그 점은 가속상태이다.

회전좌표계

이 절에서 동일한 강체에 있지 않은 두 점의 운동을 관련짓는 운동학 방정식을 살펴보았다. 그림 6.57에서 다음 식을 이용하여 P의 속도를 A의 속도와 관련지을 수 있다.

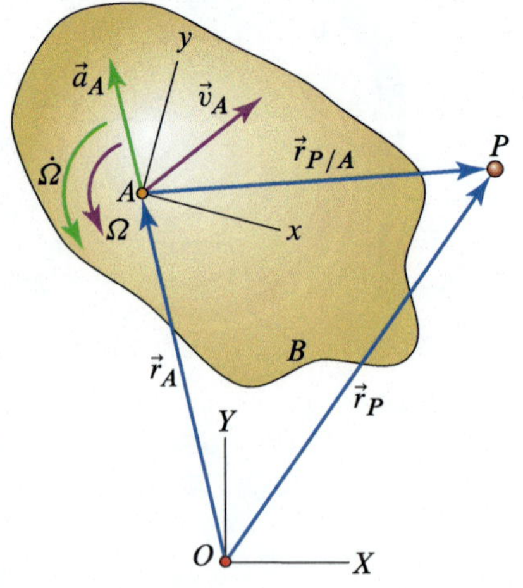

그림 6.57 *그림 6.48 반복.* 회전좌표계를 사용하여 속도와 가속도를 구하기 위한 필수 요소.

식 (6.60), p. 520

$$\vec{v}_P = \vec{v}_A + \vec{v}_{P\text{rel}} + \vec{\Omega} \times \vec{r}_{P/A}$$

여기서

$\vec{v}_A$ = 회전 혹은 물체고정좌표계의 원점의 속도(그림 6.57의 점 A)

$\vec{v}_{P\text{rel}}$ = 회전좌표계와 함께 움직이는 관찰자가 본 P의 속도

$\dot{\Omega}$ = 회전좌표계의 각속도

$\vec{r}_{P/A}$ = A에 대한 P의 위치

다음 식을 이용하여 P의 가속도를 A의 가속도와 관련지을 수 있다는 것도 살펴보았다.

식 (6.68), p. 522

$$\vec{a}_P = \vec{a}_A + \vec{a}_{P\text{rel}} + 2\vec{\Omega} \times \vec{v}_{P\text{rel}} + \dot{\vec{\Omega}} \times \vec{r}_{P/A} + \vec{\Omega} \times \left(\vec{\Omega} \times \vec{r}_{P/A}\right)$$

여기서 $\vec{v}_P$를 위해 정의한 항들 이외에

$\vec{a}_A$ = 회전 혹은 물체 고정좌표계의 원점의 가속도(그림 6.57의 점 A)

$\vec{a}_{P\text{rel}}$ = 회전좌표계와 함께 움직이는 관찰자가 본 P의 가속도

$2\vec{\Omega} \times \vec{v}_{P\text{rel}}$ = P의 코리올리 가속도

$\dot{\vec{\Omega}}$ = 회전좌표계의 각가속도

장 복습 문제

문제 6.127

그림의 수동 도로차단기는 길이가 $l = 4.8$ m이고, 위치 $d = 0.8$ m, $\delta = 0.4$ m에 균형추 C가 있다. 차단기는 O에서 핀으로 연결되어 있고 수직평면 내에서 움직일 수 있다. 올라간 차단기가 내려와 끝부분 B가 지지대에 속력 $v_B = 0.46$m/s로 부딪친다. B가 A와 부딪칠 때 균형추 C의 속력을 구하라.

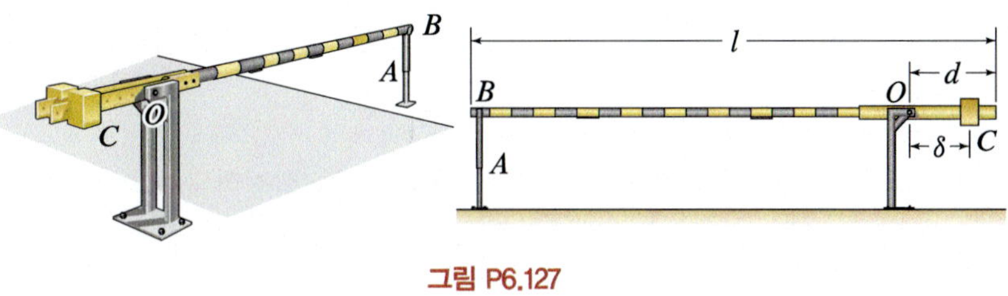

그림 P6.127

문제 6.128

길이 $L = 0.4$ m인 가는 막대 AB가 반지름 $r = 38$ mm인 동일한 디스크 D와 E에 그림과 같이 핀으로 장착되어 있다. 막대는 중심이 O이고 지름이 $d = 0.6$ m인 실린더 통 안에서 움직인다. 이 순간 막대의 중심 G는 속력 $v = 2$m/s로 움직이고 있다. 막대의 각속도를 구하라.

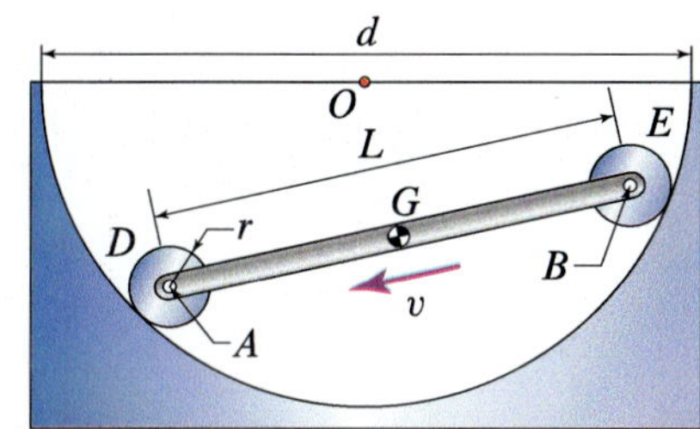

그림 P6.128

문제 6.129

풀리 B의 각속도와 각가속도가 각각 $\omega_B = 7$ rad/s, $\alpha_B = 3$ rad/s^2 이다. 로프는 시스템의 어느 풀리에 대해서도 미끄러지지 않는다고 가정하고 A와 D의 속도와 가속도를 구하라. 풀리 B와 C의 지름은 각각 $d = 250$ m, $\ell = 340$ m이다.

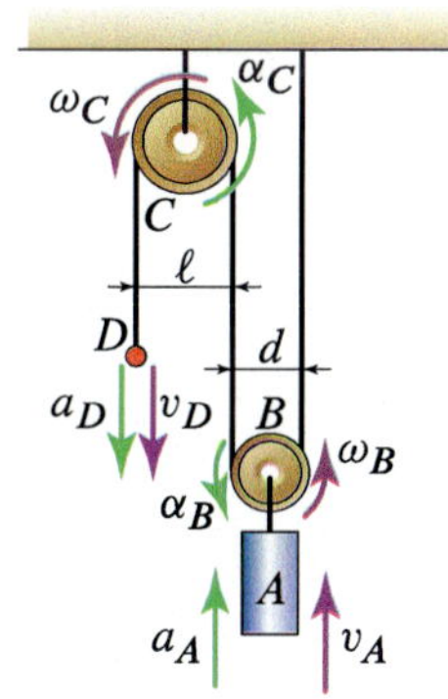

그림 P6.129

문제 6.130

그림의 순간 해머 헤드는 속력 $v_H = 14$ m/s, 각도 $\theta = 20°$로 오른쪽으로 움직이고 있다. 벨트는 휠 A와 B에 대해 미끄러지지 않으며 휠 A는 모터 축에 장착되어 있다고 가정하고 그림의 순간 모터의 각속도를 구하라. 휠 A의 지름은 $d = 76$ mm, 휠 B의 반지름은 $R = 230$ mm, 점 C는 휠 A의 중심 O로부터 거리 $\ell = 230$ mm 떨어져 있다. 마지막으로 CD의 길이는 $L = 0.6$ m이고 $\phi = 25°$라고 가정한다.

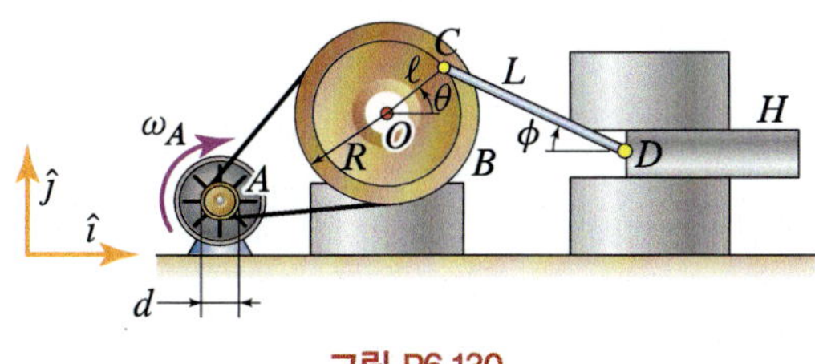

그림 P6.130

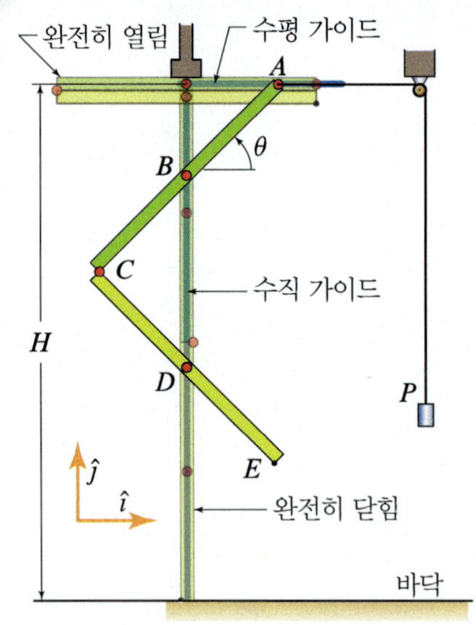

그림 P6.131, P6.132

문제 6.131, 6.132

높이 $H = 9$ m인 오버헤드 폴드업 도어(overhead fold-up door)는 C에 힌지가 있는 동일한 두 부품으로 구성되어 있다. A에 있는 롤러는 수평 가이드를 따라 움직이고 부품 AC와 CE의 중앙점인 B와 D의 롤러는 수직 가이드를 따라 움직인다. 도어 작동은 균형추 P의 도움을 받는다. 주어진 좌표계를 사용하여 답은 구하라.

문제 6.131 그림에서 각 $\theta = 55°$이고 P는 $v_P = 4.6$ m/s의 속력으로 위로 움직일 때 점 E의 속도와 부품 AC와 CE의 각속도를 구하라.

문제 6.132 그림에서 각 $\theta = 45°$이고 A는 0.46 m/s^{2}으로 감속하면서 $v_A = 0.6$ m/s의 속력으로 오른쪽으로 움직일 때 점 E의 가속도를 구하라.

문제 6.133

그림에서 막대 AB는 일정한 각속도 $\omega_{AB} = 24$ rad/s로 회전한다. $L = 0.75$ m, $H = 0.85$ m라 하고 막대 AB와 CD가 그림과 같이 평행하고 수평일 때 막대 BC의 각가속도를 구하라.

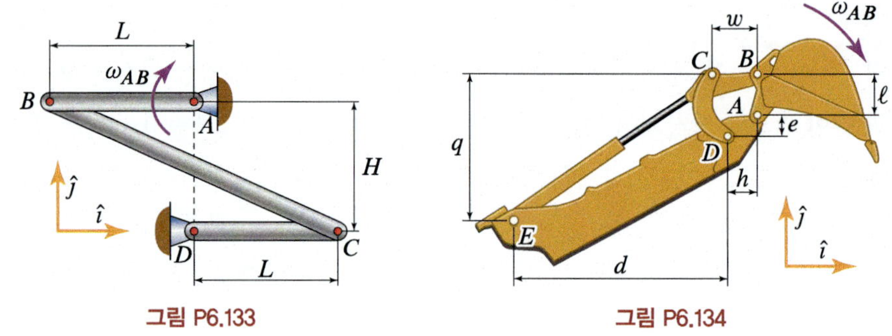

그림 P6.133

그림 P6.134

문제 6.134

굴착기의 버킷은 4절 링크 시스템 $ABCD$의 AB요소이다. 버킷의 운동은 유압 암 EC가 늘어나고 줄어듦으로써 제어된다. 점 A, D, E는 고정되어 있고 버킷은 일정한 각속도 $\omega_{AB} = 0.25$ rad/s로 회전한다고 가정한다. 그리고 그림에서 AB는 수직이고, BC는 수평이라고 가정한다. d_{EC}는 점 E와 C 사이의 거리를 나타낸다고 하고 $\dot{d}_{EC}$와 $\ddot{d}_{EC}$를 구하라. $h = 0.2$ m, e $= 0.14$ m, $l = 0.27$ m, $\omega = 0.3$ m, $d = 1.4$ m, $q = 0.97$ m이다.

문제 6.135

좌표계 A와 B는 각각 점 A와 B에 원점이 있다고 하자. 점 A는 점 B에 대해 움직이지 않는다. 정지된 좌표계 A에 대한 P의 속도와 가속도는

$$\vec{v}_P = (-4.54\,\hat{\imath}_A + 5.91\,\hat{\jmath}_A)\,\text{m/s}\,, \qquad \vec{a}_P = (0.54\,\hat{\imath}_A + 1.82\,\hat{\jmath}_A)\,\text{m/s}^2$$

좌표계 B는 좌표계 A에 대해 일정한 각속도 $\omega_B = 1.2$ rad/s로 회전하고 있고 좌표계 B에 대한 점 P의 위치는 $\vec{r}_{P/B} = (2.44\,\hat{\imath}_B + 1.37\,\hat{\jmath}_B)$ m이다. 좌표계 B에 대한 속도와 가속도를 구하라. 결과를 좌표계 A의 성분을 이용하여 나타내라.

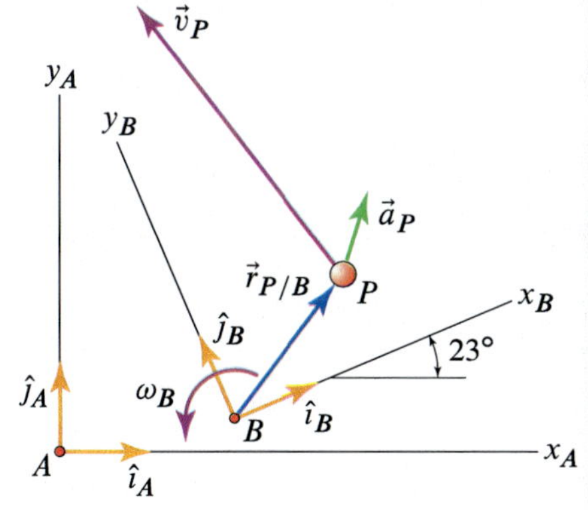

그림 P6.135

문제 6.136

수직기둥(vertical shaft)의 기초 B는 수직축(vertical axis)이 Z인 관성좌표계에 대해 정지해 있다. 암 OA는 수직축에 부착되어 있고 Z 축 주위를 각속도 ω_{OA}, 각가속도 α_{OA}로 회전하고 있다. z 축은 Z 축과 일치하지만 암 OA와 같이 회전하는 좌표계의 일부이다. 회전좌표계의 x 축은 암 OA의 축과 일치한다. 현재 y 축은 지면과 수직이며 지면 안쪽을 향한다. 이 순간 칼라 C는 Z 축으로부터 거리 d만큼 떨어져 있고, OA를 따라 일정한 속력 v_C (암 OA에 대해)로 미끄러지고 있으며, 일정한 각속도 ω_C (xyz 좌표계에 대해)로 회전하고 있다. 점 D는 칼라에 부착되어 있고 x 축으로부터 거리 ℓ만큼 떨어져 있다. 점 D는 xz 평면에서 각 ϕ 만큼 회전한 평면 내에 있다. 점 D의 관성 속도와 가속도를 주어진 변수를 이용하여 회전좌표계에 대해 나타내라.

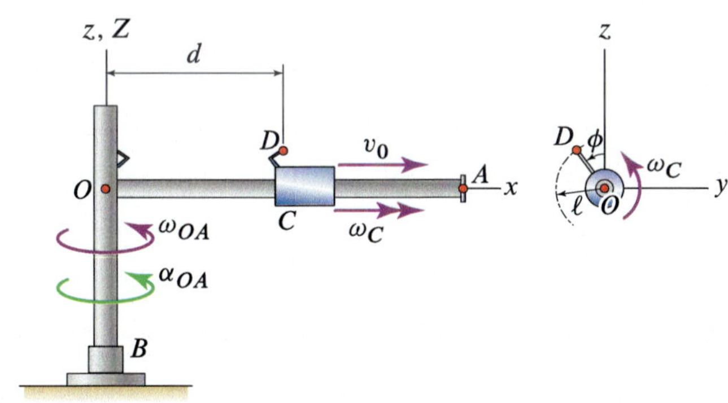

그림 P6.136

문제 6.137

휠 D가 중심이 고정점 E에 있고 곡률반지름이 $L = 0.5$ m로 일정한 원통형 표면 위를 미끄러지지 않고 회전한다. 관성좌표계인 XY 좌표계는 구르는 표면에 부착되어 있다. xy 좌표계는 O에서 휠 D에 부착되어 있고 휠과 같이 일정한 각속도 $\omega_D = 14$ rad/s로 회전한다. 칼라 C는 xy 좌표계에 대해 일정한 속도 $v_C = 1.2$ m/s로 막대 AB를 따라 미끄러지고 있다. 그림의 순간 EO는 수직이다. $\ell = 76$ mm, $R = 0.3$ m라 하고 $\theta = 25°$이고 xy 좌표계와 XY 좌표계가 평행할 때 C의 관성 속도와 가속도를 구하라. 답을 xy 좌표계와 XY 좌표계로 나타내라.

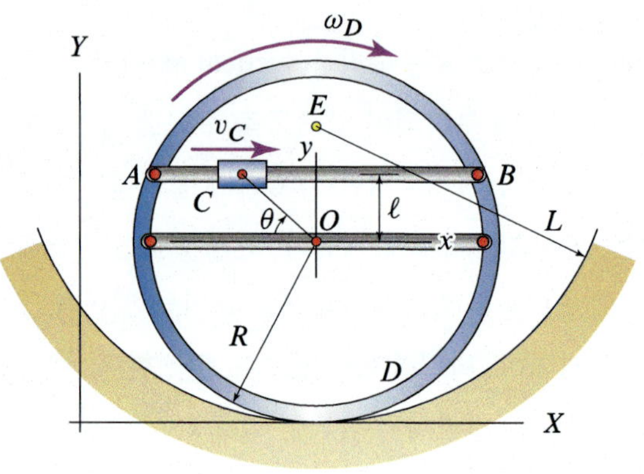

그림 P6.137

문제 6.138

휠 D가 중심이 고정점 E에 있고 곡률반지름이 $L = 0.5$ m로 일정한 원통형 표면 위를 미끄러지지 않고 회전한다. 관성좌표계인 XY 좌표계는 구르는 표면에 부착되어 있다. xy 좌표계는 O에서 휠 D에 부착되어 있고 휠과 같이 각속도 $\omega_D = 14$ rad/s, 각가속도 $\alpha_D = 1.3$ rad/s^{2}로 회전한다. 칼라 C는 xy 좌표계에 대해 일정한 속도 $v_C = 1.2$ m/s 로 막대 AB를 따라 미끄러지고 있다. 그림의 순간 EO는 수직이다. $\ell = 0.076$ m, $R = 0.3$ m라 하고 $\theta = 25°$이고 xy 좌표계와 XY 좌표계가 평행할 때 C의 관성 속도와 가속도를 구하라. 답을 xy 좌표계와 XY 좌표계로 나타내라.

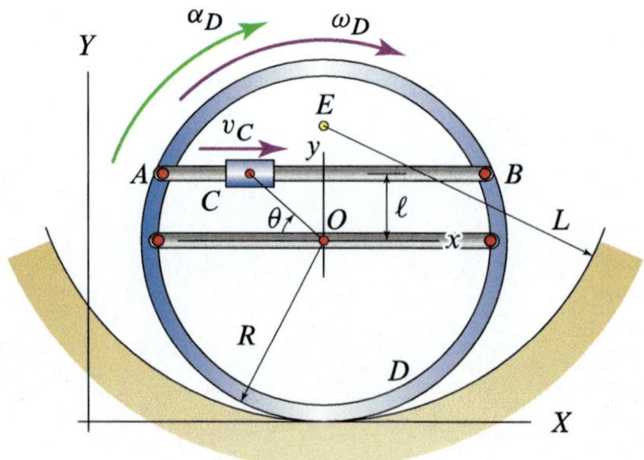

그림 P6.138

C h a p t e r

7 평면 강체운동의 뉴턴-오일러 운동방정식

우리는 이제 강체운동역학을 학습할 것이다. 본 장에서는 강체에 작용하는 힘과 모멘트의 균형을 다루게 된다. 8장에서는 강체에 작용하는 에너지와 운동량을 공부할 것이며, 9장에서는 질점과 강체의 진동을 학습할 것이다. 본 장이 끝날 때에는 우리는 물체 운동의 지배방정식을 수립하기 위해 강체의 뉴턴-오일러방정식을 힘의 법칙 및 운동학 방정식과 결합시키는 법을 알게 될 것이다. 강체의 운동역학에서 우리는 힘과 모멘트 방정식을 세우게 될 것이다. 그러므로 5.3절에서 논한 바와 같이, 강체의 힘과 모멘트 방정식을 언급할 때에는 뉴턴의 제2법칙이 아니라 *뉴턴-오일러방정식*을 언급하게 될 것이다.

독자에게 본 장은 강체의 운동역학에 관한 주제들을 하나로 통합하여, 독자들이 직접 동역학 문제들을 해결할 수 있도록 한 절로 구성되어 있다. 강체운동의 지배방정식의 통합화에는 강체운동의 전통적 영역(병진운동, 고정축에 대한 회전운동과 일반적인 평면운동)을 반영하였으며, 설명보다는 예제와 문제를 통하여 접근하였다. 이를 위하여 이 절에 본 책의 다른 절보다 많은 지면이 할애되었다. 본 장은 한 절로 구성되었으므로 별도의 복습은 생략되었다.

7.1 운동면에 대한 물체의 대칭성

오토바이 주행

그림 7.1 가와사키 닌자® ZX™-14 오토바이.

그림 7.1은 본 교재 집필시 가장 강력하고 빠른 오토바이였던 가와사키 닌자 ZX-14 스포츠 오토바이이다. 이 오토바이는 정지상태에서 출발하여 100 km/h 도달시간이 2.5

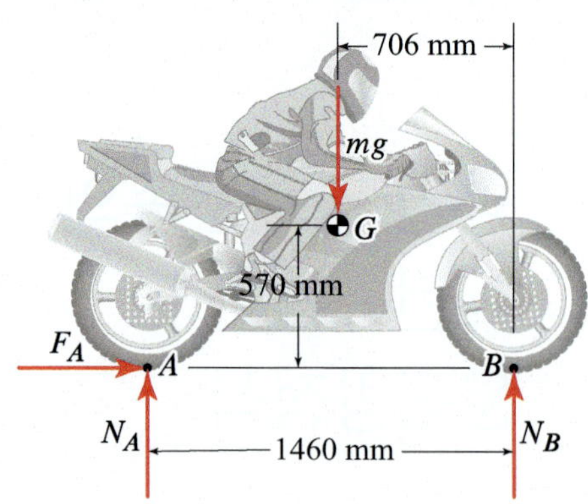

그림 7.2 그림 7.1의 오토바이와 운전자의 자유물체도.

초이며, 최고속도는 300 km/h이다.[1)] 이러한 성능을 보건대, 가속시에 앞 바퀴가 들리면 쉽게 조종성을 상실할 수 있으리라 추정할 수 있을 것이다. 문제는 어느 정도의 가속도면 적절한가 하는 것이다. 즉 앞바퀴를 지면과 접촉을 유지하며 오토바이와 운전자가 주행할 수 있는 최대 가속도가 얼마인가 하는 것이다. 이 문제를 해결하기 위해 우리는 더 이상 이 시스템을 질점으로 모델링 할 수가 없는데 그 이유는 회전운동(혹은 회전하려는 경향)이 오토바이의 운동에 중요한 역할을 하기 때문이다.

오토바이와 운전자 결합체의 질량을 300 kg, 타이어와 지면과의 μ_s 및 μ_k를 각각 0.9 및 0.75로 가정하자. 그림 7.2는 다음의 가정 하에서 세운 그림 7.1의 오토바이와 운전자에 대한 자유물체도이다:

1. 운전자와 오토바이는 모두 강체로 본다.
2. 운전자는 오토바이에 대한 상대운동을 하지 않으며, 공통의 질량중심을 사용한다.
3. 전륜의 회전관성은 무시한다(이 가정에 대한 검증은 문제 7.38에서 다룬다).
4. 오토바이는 후륜구동이다(지면에 의해 후륜에 가해지는 마찰력은 진행방향으로 작용함에 유의할 것-이는 오토바이는 지면을 뒤로 밀치려하며, 뉴턴의 제3법칙에 따라 지면은 오토바이를 전진방향으로 밀치려 하기 때문이다).

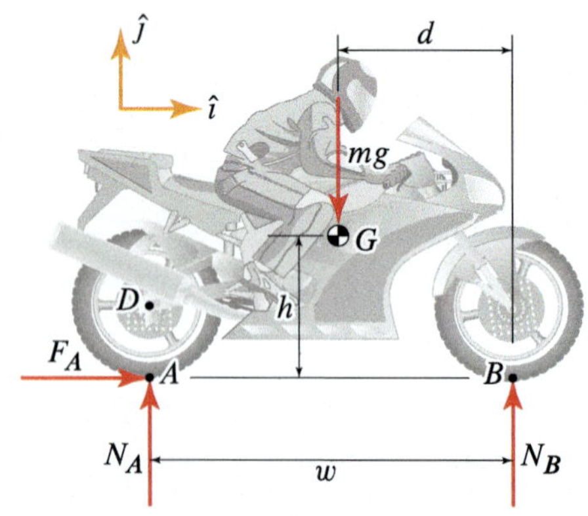

그림 7.3 좌표계를 포함한 가와사키 닌자 오토바이의 자유물체도. $\omega = 1.46$ m, $d = 0.706$ m, $h = 0.570$ m의 치수 추가.

가정 1은 우리가 다룰 강체 동역학 모두에 적용된다. 가정 2에 따라 우리는 운전자와 오토바이를 단일 물체로 다룰 수 있게 되었으며, 이 둘의 가속도와 무게를 분리할 필요가 없게 되었다. 가정 3은 전륜 타이어에 마찰력이 작용하지 않는 이유를 제공하며, 이의 타당성은 바퀴의 관성특성에 좌우된다. 가정 4는 후륜에 마찰력을 제공하는 근거가 된다. 이러한 가정을 세우고 자유물체도를 작성하는 데는 약간의 경험을 필요로 한다. 예를 들어, 전륜 타이어에 마찰력이 작용하지 않는 이유는 현 시점에서는 명확하지 않을 수도 있으나 곧 명확해 질 것이다.

이제 모델을 세우고 자유물체도를 작성하였으므로, 균형원리로부터 지배방정식을 작성할 수 있는데, 이 경우 균형원리는 뉴턴-오일러방정식이다.[2)] 6장에서 일반적으로 평면운동하는 강체는 3자유도(직교하는 두 방향으로의 질량중심의 병진운동과 회전운동)를 가짐을 살펴보았다. 그러므로 3개의 뉴턴-오일러방정식을 작성해야 한다. 우리는 5.3절에서 이미 이 방정식에 대하여 살펴보았다. 즉 물체의 질량중심의 운동을 설명하는 식 (5.86)과 물체의 회전운동을 설명하는 식 (5.87)이다. 그림 7.3을 참조하면 x 축과 y 축 방향의 합력을 구하여 다음 식을 세울 수 있다.

$$\sum F_x : \qquad F_A = ma_{Gx} \tag{7.1}$$

$$\sum F_y : N_A + N_B - mg = ma_{Gy} \tag{7.2}$$

1) 최고속도는 이보다 더 높을 수 있다. 이 값은 제작사에 의해 제시된 전자장치의 제한에 따른 값이다.

2) 뉴턴의 운동법칙 대신 뉴턴-오일러방정식을 사용한 이유는 5장에 제시되어 있다.

이 식에서 $m = 300$ kg은 운전자와 오토바이의 질량의 합이고 $\vec{a}_G$는 질량중심의 가속도이다. 질량중심 G를 모멘트중심으로 취하면 모멘트 식은 다음과 같이 된다.

$$\sum \vec{M}_G: \quad [N_B d - N_A(w - d) + F_A h]\hat{k} = \dot{\vec{h}}_G \tag{7.3}$$

식 (7.3)에서 우리가 $\dot{\vec{h}}_G$ 값을 어떻게 다뤄야 하는지 모르고 있음을 유의하라. 그러므로 강체에서 $\dot{\vec{h}}_G$ 값이 무엇인가가 문제이다. 우리는 곧 $\dot{\vec{h}}_G = I_G\alpha_{\text{mot}}\hat{k}$임을 배우게 될 것이다. 이 식에서 I_G는 G를 통과하며 종이면에 수직한 축에 대한 운전자와 오토바이의 **질량관성모멘트**이며(부록 A 참조), α_{mot}는 운전자와 오토바이의 각가속도이다. 식 (7.3)을 스칼라 식으로 표현하면 다음과 같이 된다.

$$\sum M_G: \quad N_B d - N_A(w - d) + F_A h = I_G\alpha_{\text{mot}} \tag{7.4}$$

뉴턴-오일러방정식을 구했으므로 다음 차례는 힘의 법칙이다. 전륜이 지면과 접촉을 유지하며 주행할 수 있는 최대가속도를 구하는 것이 우리의 목표임을 상기하자. F_A와 N_A를 결정하고 나면, 다음 식을 사용하여

$$|F_A| \le \mu_s|N_A| \tag{7.5}$$

부과된 조건 하에서 후륜이 미끄러지는지 아닌지를 확인할 것이다. 전륜이 지면에서 들리는 순간은 다음을 의미한다.

$$N_B = 0 \tag{7.6}$$

힘의 법칙을 적용하였으므로 지배방정식을 구하는 마지막 단계는 운동학 방정식을 기술하는 것이다. 우리의 목표는 전륜이 지면에서 들리지 않는 최대가속도를 구하는 것이다. 그러므로 오토바이는 회전운동을 하지 않아야 하며, 따라서 $\omega_{\text{mot}} = 0$과 $\alpha_{\text{mot}} = 0$이어야 한다. 한편 우리는 다음 식을 알고 있다.

$$\vec{a}_G = \vec{a}_D + \vec{\alpha}_{\text{mot}} \times \vec{r}_{G/D} - \omega_{\text{mot}}^2\vec{r}_{G/D} \tag{7.7}$$

G와 D는 같은 강체에 있는 두 점이어야 하며, 이 식에서 강체는 모터와 운전자 결합체이다. ω_{mot}와 α_{mot} 모두 0이므로 $\vec{a}_G = \vec{a}_D$가 된다. D가 지면에 수평으로 움직여야 함을 고려하면, G도 역시 같아야 하며, 따라서 $a_{Gy} = 0$이다. 운동학 방정식을 종합하면 다음과 같다.

$$\omega_{\text{mot}} = 0, \qquad \alpha_{\text{mot}} = 0, \qquad a_{Gy} = 0 \tag{7.8}$$

이제 우리는 세 종류의 방정식을 작성하였다. 즉 뉴턴-오일러방정식, 힘의 법칙, 운동학 방정식을 작성하였으므로, 이를 풀 차례이다. 식 (7.6)과 (7.8)을 식 (7.1), (7.2), (7.4)에 대입하면 다음 식들을 얻을 수 있다.

$$F_A = ma_{Gx} \tag{7.9}$$

$$N_A - mg = 0 \tag{7.10}$$

$$-N_A(w - d) + F_A h = 0 \tag{7.11}$$

식 (7.9)-(7.11)은 세 개의 미지수 N_A, F_A, a_{Gx}를 풀기 위한 세 개의 식인데, 이를 풀면

$$N_A = mg = 2.94\,\text{kN} \tag{7.12}$$

유용한 정보

질량관성모멘트. 물체의 질량관성모멘트는 물체의 질량과 유사한 방법으로 이해될 수 있다. 즉 물체의 질량은 힘이 작용할 때 가속도에 대한 저항의 크기이다. 마찬가지로 물체의 질량관성모멘트는 모멘트가 작용할 때 각가속도에 대한 저항의 크기이다.

$$F_A = \left(\frac{w-d}{h}\right)mg = 3893\,\text{N} \tag{7.13}$$

$$a_{Gx} = \left(\frac{w-d}{h}\right)g = 12.98\,\text{m/s}^2 = 1.32g \tag{7.14}$$

을 얻을 수 있는데, 여기에서 식 (7.14)에 있는 가속도가 우리가 구하는 값으로, 앞바퀴가 들리지 않게 질주할 수 있는 최대가속도이다. 마지막으로 식 (7.5)의 마찰력 부등식을 확인하도록 하자. $\mu_s = 0.9$가 주어졌으므로 최대마찰력은 $\mu_s N_A = 2646$ N이다. 그런데 이 값은 필요로 하는 마찰력 $F_A = 3893$ N보다 작다. 그러므로 우리는 후륜 타이어가 미끄러질 것이며, 전륜을 들리게 하는 가속도 12.98 m/s^{2}은 마찰력의 증가 없이는 얻을 수 없다고 결론지을 수 있다. 전륜을 들리게 하는 가속도는 중력가속도의 1.32배로 이러한 가속도에서는 핸들 조작에 특별한 노력이 필요하다!

이제 강체운동의 지배방정식을 수립하고 이를 예제에 적용시키는 방법을 살펴볼 것이다.

선형운동량: 병진운동방정식

병진운동방정식을 구하기 위해서는 식 (5.86)으로 주어져 일정한 질량을 갖는 물체 혹은 물체계에 적용되는 오일러 1법칙만을 필요로 한다:

$$\boxed{\vec{F} = m\vec{a}_G} \tag{7.15}$$

이 식에서 $\vec{F}$는 외력의 합력이고, m은 계의 전체 질량이며, $\vec{a}_G$는 질량중심의 가속도이다. 질량중심의 가속도는

$$\vec{a}_G = \frac{d^2\vec{r}_G}{dt^2} \tag{7.16}$$

으로 주어지는데, 여기에서 그림 7.4를 참고하면 질량중심(*mass center*)은 다음의 식으로 구해지는 위치의 점이다.

$$\vec{r}_G = \frac{1}{m}\int_B \vec{r}_{dm}\,dm \tag{7.17}$$

여기에서 적분은 물체 B에 대해 수행되며 $\vec{r}_{dm}$은 미소질량 dm의 위치이다.

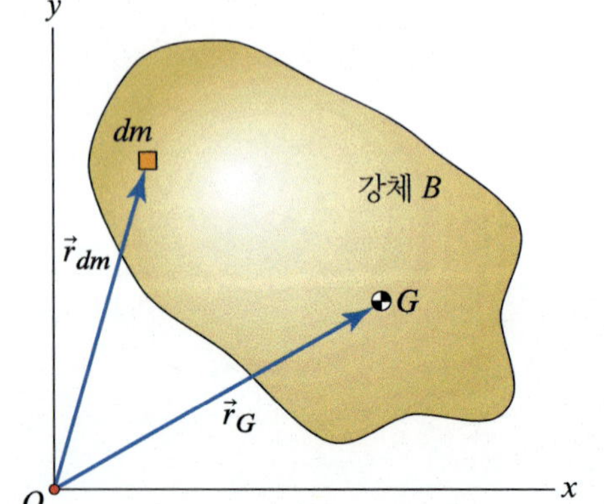

그림 7.4 강체의 질량중심 $\vec{r}_G$를 구하기 위한 벡터들.

유용한 정보

***P*에 어떤 제한이 있는가?** 없다. 점 P는 공간상 어느 점이라도 무방하다. P가 물체상의 한 점(혹은 물체에 속한 확장점)으로 제한될 때 식이 어떻게 될 지를 보일 것이다.

각운동량: 회전운동방정식

오일러 2법칙은 운동량을 각운동량에 관계시키므로, 우리에게 회전운동방정식을 제공할 것이다. 식 (5.87)에 제시된 운동량-각운동량 관계식으로부터 시작한다.

$$\vec{M}_P = \dot{\vec{h}}_P + \vec{v}_P \times m\vec{v}_G \tag{7.18}$$

여기에서,

- $\vec{M}_P$는 공간상 임의의 점 P에 대한 모든 외력에 의한 모멘트
- $\vec{h}_P$는 점 P에 대한 전체 계의 각운동량(혹은 운동량의 모멘트)

- $\vec{v}_P$는 임의의 점 P의 속도
- $\vec{v}_G$는 계의 질량중심의 속도
- m은 계의 전체 질량이다.

식 (7.18)을 그림 7.4의 강체에 적용시킬 때 $\dot{\vec{h}}_P$를 제외한 모든 항들은 질점계에서 적용되었던 대로 설명이 가능하다. 질점계에서 $\vec{h}_p$는 식 (5.59)와 (5.77)을 사용하여 다음과 같이 계산할 수 있다.

$$\vec{h}_P = \sum_{i=1}^{N} \vec{r}_{i/P} \times m_i \vec{v}_i \tag{7.19}$$

이 식에서 N은 계의 질점의 수, $\vec{r}_{i/P}$는 모멘트 중심 P에 대한 질점 i의 위치이며, $m_i\vec{v}_i$는 질점 i의 선형운동량이다. 질량이 고르게 분포된 강체에 대해서는 질점들에 대한 합을 적분으로 대치함으로써 식 (7.19)를 일반화할 수 있다. 이 과정에서 질점의 질량 m_i는 미소질량요소(infinitesimal element of mass) dm이 되며, 식 (7.19)는

$$\vec{h}_P = \int_B \vec{r}_{dm/P} \times \vec{v}_{dm}\, dm \tag{7.20}$$

이 된다. 이 식에서 $\vec{v}_{dm}$은 미소질량 요소 dm의 속도이다(그림 7.5 참조).

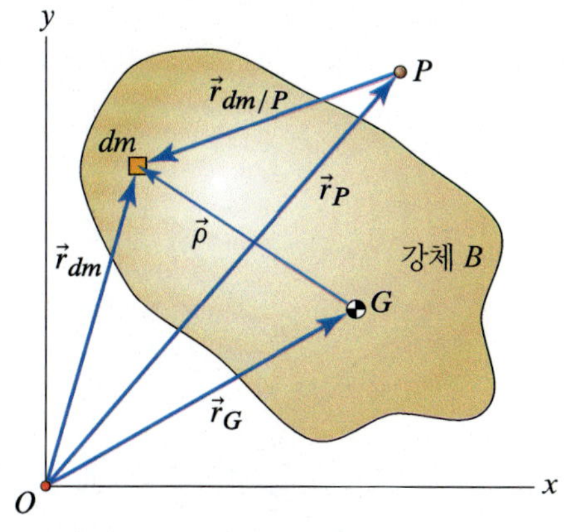

그림 7.5 강체의 운동량–각운동량 관계를 설명하는데 필요한 점 및 이들의 위치벡터.

우리가 필요로 하는 값은 $\dot{\vec{h}}_P$인데, 식 (7.20)을 시간에 대하여 미분함으로써 구할 수 있다.

$$\dot{\vec{h}}_P = \int_B \vec{v}_{dm/P} \times \vec{v}_{dm}\, dm + \int_B \vec{r}_{dm/P} \times \vec{a}_{dm}\, dm \tag{7.21}$$

$\vec{v}_{dm/P} = \vec{v}_{dm} - \vec{v}_P$를 이용하면 식 (7.21)은 다음과 같이 된다.

$$\begin{aligned}\dot{\vec{h}}_P &= \int_B (\vec{v}_{dm} - \vec{v}_P) \times \vec{v}_{dm}\, dm + \int_B \vec{r}_{d/P} \times \vec{a}_{dm}\, dm \\ &= \underbrace{-\int_B \vec{v}_P \times \vec{v}_{dm}\, dm}_{\text{integral } A} + \underbrace{\int_B \vec{r}_{d/P} \times \vec{a}_{dm}\, dm}_{\text{integral } B}\end{aligned} \tag{7.22}$$

$\vec{v}_P$는 dm에 따라 변하지 않기 때문에 적분 A는 다음과 같이 쓰일 수 있다.

$$\begin{aligned}-\int_B \vec{v}_P \times \vec{v}_{dm}\, dm &= -\vec{v}_P \times \int_B \vec{v}_{dm}\, dm = -\vec{v}_P \times \frac{d}{dt}\int_B \vec{r}_{dm}\, dm \\ &= -\vec{v}_P \times \frac{d}{dt}(m\vec{r}_G) = -\vec{v}_P \times m\vec{v}_G\end{aligned} \tag{7.23}$$

이 식에서 식 (7.17)로 주어진 강체의 질량중심의 정의를 사용하였다. 식 (7.23)을 식 (7.22)에 대입하면

$$\dot{\vec{h}}_P = -\vec{v}_P \times m\vec{v}_G + \underbrace{\int_B \vec{r}_{dm/P} \times \vec{a}_{dm}\, dm}_{\text{integral } B} \tag{7.24}$$

유용한 정보

어느 항을 적분 기호 밖으로 보낼 수 있는가? 식 (7.22)에서 식 (7.23)으로 전개되는 과정에서 $\vec{v}_P$가 적분 밖으로 보내졌다. 이는 $\vec{v}_P$가 한 점의 성질이며 dm에 따라 변하지 않기 때문이다. 식 (7.35)에서 또 보게 될 것인데, a_{Gy}는 질점에 대한 값이고 α_B는 물체 전체에 일정한 값을 갖는다.

이 되고, 식 (7.24)를 식 (7.18)에 대입하면 식 (7.24)의 $-\vec{v}_P \times m\vec{v}_G$가 식 (7.18)의 $\vec{v}_P \times m\vec{v}_G$를 상쇄시키므로 물체 B에 대한 체적 적분만 남게 된다.

$$\vec{M}_P = \int_B \vec{r}_{dm/P} \times \vec{a}_{dm}\, dm \qquad (7.25)$$

식 (7.25)의 적분을 설명하는 마지막 작업이 남았다. 우리는 이 작업을 운동면에 대하여 대칭인 강체에 대하여 설명할 것이다.

운동면에 대칭인 물체

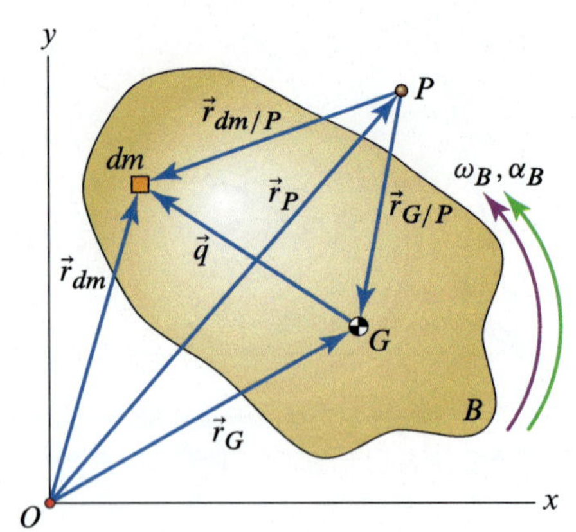

그림 7.6 평면운동 중인 강체의 운동학 및 운동역학에 필요한 정의들.

그림 7.6에서 물체 B가 강체이므로 식 (6.13)으로 $\vec{a}_{dm}$을 $\vec{a}_G$에 다음과 같이 관계시킬 수 있다.

$$\vec{a}_{dm} = \vec{a}_G + \vec{\alpha}_B \times \vec{q} - \omega_B^2 \vec{q} \qquad (7.26)$$

이 식에서 $\vec{q}$는 G에 대한 dm의 위치이다. 계속하여, 다음과 같이 모든 벡터를 직각좌표 성분으로 표시하는 것이 편리하다:

$$\vec{M}_P = M_{Px}\,\hat{\imath} + M_{Py}\,\hat{\jmath} + M_{Pz}\,\hat{k} \qquad (7.27)$$

$$\vec{a}_G = a_{Gx}\,\hat{\imath} + a_{Gy}\,\hat{\jmath} \qquad (7.28)$$

$$\vec{q} = q_x\,\hat{\imath} + q_y\,\hat{\jmath} \qquad (7.29)$$

$$\vec{r}_{dm/P} = \vec{r}_{G/P} + \vec{q} = (x_{G/P} + q_x)\,\hat{\imath} + (y_{G/P} + q_y)\,\hat{\jmath} \qquad (7.30)$$

$$\vec{\omega}_B = \omega_B\,\hat{k}, \quad \vec{\alpha}_B = \alpha_B\,\hat{k} \qquad (7.31)$$

여기에서 식 (7.28)과 (7.31)은 물체의 운동을 평면운동으로 제한하며, 식 (7.29)와 (7.30)은 물체가 운동면에 대칭이라는 가정을 반영한다. 식 (7.28), (7.29), (7.31)을 식 (7.26)에 대입하여 $\vec{a}_{dm}$을 성분별로 구한다.

$$\vec{a}_{dm} = \left(a_{Gx} - \alpha_B q_y - \omega_B^2 q_x\right)\hat{\imath} + \left(a_{Gy} + \alpha_B q_x - \omega_B^2 q_y\right)\hat{\jmath} \qquad (7.32)$$

식 (7.27), (7.30), (7.32)를 식 (7.25)에 대입하고, 벡터 외적을 수행하여 성분별로 정리하면 다음 세 개의 회전운동방정식을 얻을 수 있다.

$$M_{Px} = 0 \qquad (7.33)$$

$$M_{Py} = 0 \qquad (7.34)$$

$$\begin{aligned} M_{Pz} = \alpha_B \int_B \left(q_x^2 + q_y^2\right) dm &+ \left(x_{G/P} a_{Gy} - y_{G/P} a_{Gx}\right) \int_B dm \\ &+ \left(a_{Gy} + \alpha_B x_{G/P} + \omega_B^2 y_{G/P}\right) \int_B q_x\, dm \\ &+ \left(-a_{Gx} + \alpha_B y_{G/P} - \omega_B^2 x_{G/P}\right) \int_B q_y\, dm \end{aligned} \qquad (7.35)$$

여기에서 미소질량 dm에 따라 변하지 않는 항은 모두 적분 밖으로 보냈다. 물체가 운동면에 대칭인 경우 x 축 혹은 y 축에 대한 모멘트가 작용하지 않음을 유의하라. 이제 우리는 식 (7.35)의 모든 적분항을 설명할 수 있게 되었다.

식 (7.35)에서 설명하기가 가장 쉬운 적분은 두 번째 항으로,

$$\int_B dm = m \tag{7.36}$$

이 적분은 바로 물체의 전체 질량이다. 식 (7.17)이 점 O에 대한 질량중심의 위치(그림 7.4 참조)를 정의한 것을 상기하여 식 (7.17)을 성분별로 정리하면 다음과 같다.

$$\vec{r}_G = x_{G/O}\,\hat{\imath} + y_{G/O}\,\hat{\jmath} = \frac{1}{m}\int_B (x_{dm/O}\,\hat{\imath} + y_{dm/O}\,\hat{\jmath})\,dm \tag{7.37}$$

혹은

$$mx_{G/O} = \int_B x_{dm/O}\,dm, \quad my_{G/O} = \int_B y_{dm/O}\,dm \tag{7.38}$$

$\vec{q} = q_x\hat{\imath} + q_y\hat{\jmath}$가 질량중심 G에 대한 미소질량 dm의 위치를 정의하므로, 식 (7.38)의 강체의 질량중심의 직각좌표성분들로부터 다음의 사실을 알 수 있다(그림 7.6 참조).

$$\int_B q_x\,dm = \int_B x_{dm/G}\,dm = mx_{G/G} = 0 \tag{7.39}$$

$$\int_B q_y\,dm = \int_B y_{dm/G}\,dm = my_{G/G} = 0 \tag{7.40}$$

여기에서 이 식들은 단지 질량중심에 대한 질량중심의 위치를 정의할 뿐임을 알 수 있다. 이제 설명할 적분은 다음의 한 항만 남았다.

$$\int_B \left(q_x^2 + q_y^2\right) dm = I_G \tag{7.41}$$

이 적분은 운동면에 수직하며 질량중심 G를 지나는 축에 대한 강체의 질량관성모멘트를 정의한다. 식 (7.41)에서 볼 수 있듯이 이 값은 I_G로 표기하기로 한다. 물체의 운동이 평면운동이므로 이 항을 단순히 질량관성모멘트(*mass moment of inertia*)로 칭하기로 한다. 또한 I의 아래 첨자는 I 값을 계산하는 축을 지칭하는데 사용된다(부록 A 참조).

식 (7.36)-(7.41)을 사용하면 식 (7.35)는 다음과 같이 된다.

$$M_P = I_G\alpha_B + m\left(x_{G/P}a_{Gy} - y_{G/P}a_{Gx}\right) \tag{7.42}$$

이 식에서 $M_{Pz} = M_P$는 대칭 평면운동의 경우에 적용한 단순화한 표기이다. 식 (7.42)는 강체의 일반적인 평면운동의 회전운동방정식이다. 식 (7.42)와 식 (7.15)의 두 개의 방정식은 운동면에 대하여 대칭인 강체의 평면운동을 묘사하는데 필요한 세 개의 방정식을 제공해 준다.

이제 회전운동방정식을 유도했는데, 다음의 사항에 유의하자.

- 물체가 운동면인 xy 평면에 대칭이 아닌 경우에는 평면운동을 유지하기 위하여 x 축과 y 축 방향의 모멘트가 작용하게 된다.
- 식 (7.42)를 벡터식으로 변환하면 다음과 같다.

$$\vec{M}_P = I_G\vec{\alpha}_B + \vec{r}_{G/P} \times m\vec{a}_G \tag{7.43}$$

개념정리

질량관성모멘트에 대한 직관적 통찰. 질량이 물체의 저항의 척도인 것과 마찬가지로 식 (7.41)의 질량관성모멘트는 회전축에 대한 물체의 질량의 분포가 고려된 각가속도에 대한 저항의 척도이다. 예를 들면 막대의 장축(y–축)에 대한 회전보다 장축에 직각인 축(x–축)에 대한 회전이 더 어렵다.

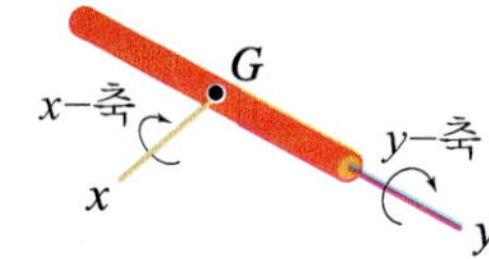

이는 질량이 m, 길이가 l인 가는 막대의 질량관성모멘트 $I_{Gx} = \frac{1}{12}ml^2$, $I_{Gy} \approx 0$과 관련된다.

개념정리

어떻게 완전히 다르게 생긴 물체가 같은 질량관성모멘트 값을 가질 수 있는가? 이 책의 뒤표지 안쪽 페이지의 표와 아래 그림을 참조하면, 얇은 평판의 질량관성모멘트는 $(I_x)_{\text{plate}} = \frac{1}{12}mb^2$인데 이는 가는 봉의 질량관성모멘트 $(I_x)_{\text{rod}} = \frac{1}{12}ml^2$과 같다(만일 길이가 같다면, 즉 $l = b$).

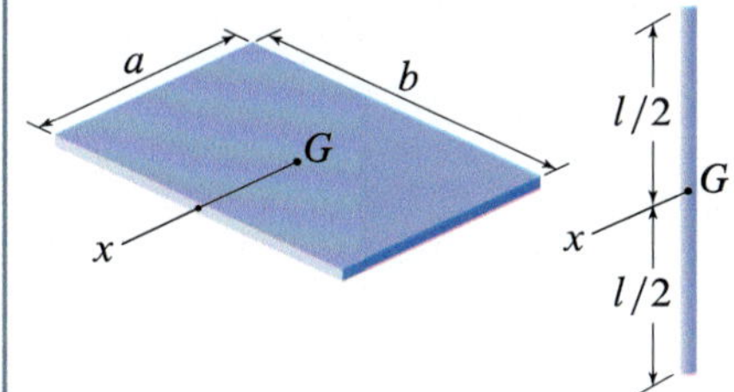

왜 그럴까? x 축에서 보면 얇은 평판이 가는 봉과 같아 보인다. 평판이 일정한 두께를 유지하고(테이퍼 져 있지 않고) 질량이 봉과 같다면 봉과 같은 질량관성모멘트 I_G를 가질 것이다. 그런데 평판의 길이 b와 봉의 길이 l이 같고($l = b$) 질량이 같다면 평판의 밀도는 봉의 밀도보다 작다는 사실에 주의할 것.

평면운동을 하므로 $\vec{M}_P = M_P\hat{k}$, $\vec{\alpha}_B = \alpha_B\hat{k}$, $\vec{r}_{G/P} = x_{G/P}\hat{\imath} + y_{G/P}\hat{\jmath}$, $\vec{a}_G = a_{Gx}\hat{\imath} + a_{Gy}\hat{\jmath}$ 이다. 식 (7.42)와 (7.43)이 공간상 임의의 점 P에 적용됨을 즉 P가 물체 B에 속하지 않아도 됨을 다시 한번 강조하고자 한다.

- 다음의 한 조건만 맞으면
  1. 점 P가 질량중심 G, 즉 $\vec{r}_{G/P} = \vec{0}$이다.
  2. $\vec{a}_G = \vec{0}$(G가 고정되어 있거나 등속도로 운동)
  3. $\vec{r}_{G/P}$가 $\vec{a}_G$에 평행

  식 (7.42)는 다음의 식으로 축소된다.

$$\boxed{M_P = I_G\alpha_B} \tag{7.44}$$

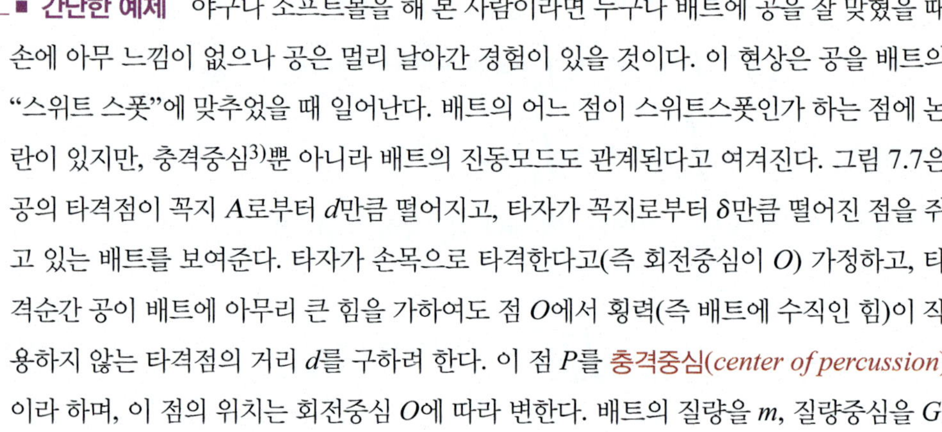

■ **간단한 예제** 야구나 소프트볼을 해 본 사람이라면 누구나 배트에 공을 잘 맞혔을 때 손에 아무 느낌이 없으나 공은 멀리 날아간 경험이 있을 것이다. 이 현상은 공을 배트의 "스위트 스폿"에 맞추었을 때 일어난다. 배트의 어느 점이 스위트스폿인가 하는 점에 논란이 있지만, 충격중심[3)]뿐 아니라 배트의 진동모드도 관계된다고 여겨진다. 그림 7.7은 공의 타격점이 꼭지 A로부터 d만큼 떨어지고, 타자가 꼭지로부터 δ만큼 떨어진 점을 쥐고 있는 배트를 보여준다. 타자가 손목으로 타격한다고(즉 회전중심이 O) 가정하고, 타격순간 공이 배트에 아무리 큰 힘을 가하여도 점 O에서 횡력(즉 배트에 수직인 힘)이 작용하지 않는 타격점의 거리 d를 구하려 한다. 이 점 P를 충격중심(*center of percussion*)이라 하며, 이 점의 위치는 회전중심 O에 따라 변한다. 배트의 질량을 m, 질량중심을 G, 질량관성모멘트를 I_G라 가정한다.

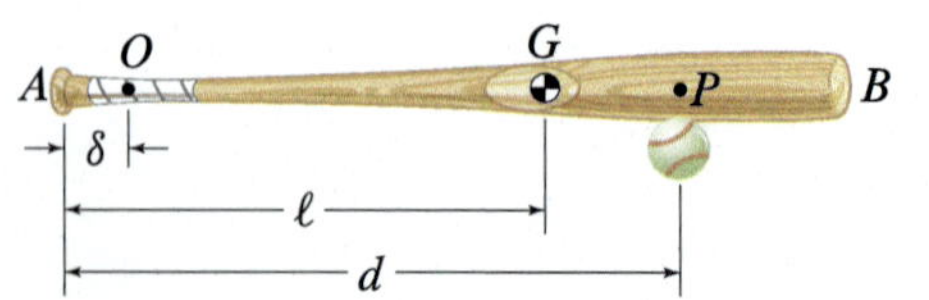

그림 7.7 질량중심 G, 회전중심 P, 야구공의 타격점이 P인 야구 배트.

풀이 타격순간의 배트의 자유물체도를 그림 7.8에 도시하였다. 타격순간 공이 배트에 가하는 힘에 의한 모멘트에 비하여 타자가 가하는 모멘트는 미미하므로 이는 무시하기로 한다. 같은 이유로 배트의 무게도 무시하기로 한다. 식 (7.15)와 (7.44)를 자유물체도에 적용하면 다음과 같은 뉴턴-오일러방정식을 얻을 수 있다.

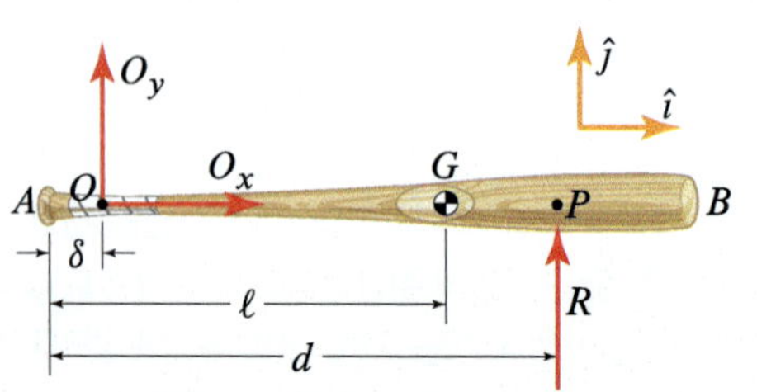

그림 7.8 타격순간의 자유물체도. 타자가 손목으로 타격하므로 점 O가 고정된 것으로 본다.

$$\sum F_x: \quad O_x = ma_{Gx} \tag{7.45}$$

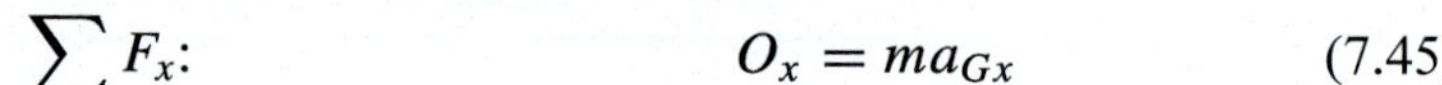

$$\sum F_y: \quad O_y + R = ma_{Gy} \tag{7.46}$$

$$\sum M_G: \quad R(d-\ell) - O_y(\ell-\delta) = I_G\alpha_{\text{bat}} \tag{7.47}$$

모든 힘이 자유물체도에 반영되었으므로, 더 이상 기술할 힘 법칙이 없다. 배트가 각속도 ω_{bat}, 각가속도 α_{bat}로 회전한다고 가정하고, 배트가 xy 평면에서 고정점 O를 중심으로 회전하고 있음을 상기하면 다음의 운동학 방정식을 구할 수 있다:

$$a_{Gx} = -(\ell-\delta)\omega_{\text{bat}}^2, \quad a_{Gy} = (\ell-\delta)\alpha_{\text{bat}} \tag{7.48}$$

식 (7.48)을 식 (7.45)-(7.47)에 대입하면

3) R. Cross, "The Sweet Spot of a Baseball Bat," *American Journal of Physics*, 66(9), 1998, pp. 772 – 79 참조.

$$O_x = -m(\ell - \delta)\omega_{\text{bat}}^2 \tag{7.49}$$

$$O_y + R = m(\ell - \delta)\alpha_{\text{bat}} \tag{7.50}$$

$$R(d - \ell) - O_y(\ell - \delta) = I_G \alpha_{\text{bat}} \tag{7.51}$$

을 얻을 수 있는데, 식 (7.50)과 (7.51)에서 α_{bat}를 소거하여 O_y를 다음과 같이 구한다.

$$O_y = \frac{mR(d - \ell)(\ell - \delta) - RI_G}{I_G + m(\ell - \delta)^2} = 0 \tag{7.52}$$

이 식을 0으로 만드는 d를 다음과 같이 구한다.

$$d = \frac{I_G + m\ell(\ell - \delta)}{m(\ell - \delta)} = 680\,\text{mm} \tag{7.53}$$

이 식에서 우리는 메이저리그에서 사용되는 질량 1 kg, 길이 850 mm의 배트에 $\delta = 50$ mm, $\ell = 575$ mm, $I_G = 0.056$ kg · m²을 사용하였다. 문제 7.13에서 볼 수 있듯이, 배트의 충격중심은 회전중심점에 따라 변하며 배트의 고유한 값이 아니다. ■

흥미로운 사실

충격중심이 유용한 곳은? 충격력에 대한 재료의 파단저항을 측정하는 진자형 충격실험 기구에서 충격중심의 위치를 아는 것이 매우 중요하다. 이 파단저항은 시편이 파괴되며 흡수되는 충격에너지를 측정함으로 구한다. 진자의 팔이 충격중심에서 시편을 타격한다면 시험하는 동안 시험기의 프레임에 전달되는 힘을 최소화할 수 있을 것이다.

모멘트 중심이 강체 상에 있다면 어떻게 될까? 식 (7.43)은 어떤 모멘트 중심점 P에 대해서도 성립한다. 이제 마지막으로 식 (7.43)으로부터 점 P가 강체상 혹은 임의의 강체의 확장점 상에 있을 경우에 대하여 회전운동방정식을 유도하려 한다.

그림 7.9에서 점 P와 G가 강체 상에 있는 점이라면 G의 가속도를 다음과 같이 쓸 수 있으며

$$\vec{a}_G = \vec{a}_P + \vec{\alpha}_B \times \vec{r}_{G/P} - \omega_B^2 \vec{r}_{G/P} \tag{7.54}$$

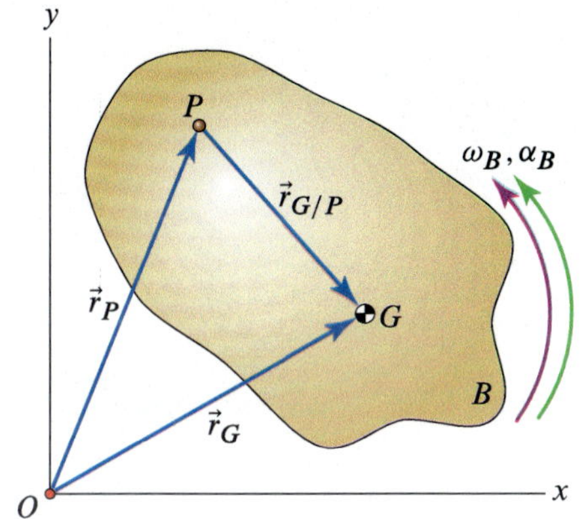

그림 7.9 점 P가 강체 상의 한 점인 임의의 강체.

평행축 정리(부록 A 참조)를 사용하면 I_G는 다음과 같이 된다.

$$I_G = I_P - mr_{G/P}^2 \tag{7.55}$$

이 식에서 I_P는 점 P를 관통하고 운동면에 수직인 축에 대한 질량관성모멘트이다. 식 (7.54)와 (7.55)를 식 (7.43)에 대입하면

$$\vec{M}_P = (I_P - mr_{G/P}^2)\vec{\alpha}_B + \vec{r}_{G/P} \times m(\vec{a}_P + \vec{\alpha}_B \times \vec{r}_{G/P} - \omega_B^2 \vec{r}_{G/P}) \tag{7.56}$$

$$= (I_P - mr_{G/P}^2)\vec{\alpha}_B + \vec{r}_{G/P} \times m\vec{a}_P + m(\vec{r}_{G/P} \cdot \vec{r}_{G/P})\vec{\alpha}_B - m(\vec{r}_{G/P} \cdot \vec{\alpha}_B)\vec{r}_{G/P} \tag{7.57}$$

$$= (I_P - mr_{G/P}^2)\vec{\alpha}_B + \vec{r}_{G/P} \times m\vec{a}_P + mr_{G/P}^2 \vec{\alpha}_B \tag{7.58}$$

을 얻을 수 있는데, 벡터식 $\vec{a} \times (\vec{b} \times \vec{c}) = (\vec{a} \cdot \vec{c})\vec{b} - (\vec{a} \cdot \vec{b})\vec{c}$, $\vec{r}_{G/P} \times \vec{r}_{G/P} = \vec{0}$, $\vec{r}_{G/P} \cdot \vec{r}_{G/P} = r_{G/P}^2$와 $\vec{r}_{G/P}$가 $\vec{\alpha}_B$에 수직(즉 $\vec{r}_{G/P} \cdot \vec{\alpha}_B = 0$)이라는 점을 이용하였다. 마지막으로 $mr_{G/P}^2 \vec{\alpha}_B$를 포함하는 두 항을 소거하면 식 (7.58)은 다음과 같이 간단해진다.

$$\boxed{\vec{M}_P = I_P \vec{\alpha}_B + \vec{r}_{G/P} \times m\vec{a}_P} \tag{7.59}$$

식 (7.43)에서 식 (7.59)로 유도하는 과정의 가정으로 인하여 식 (7.59)는 점 P가 강체 또는 확장 강체 상의 한 점으로 제한되는 경우에만 적용된다. 마지막으로 다음 중 한 가지 조건만 만족하면,

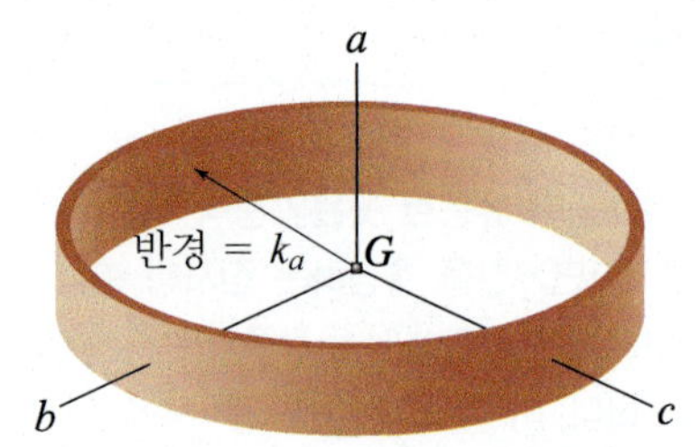

그림 7.10 모든 질량이 a 축으로부터 κ_α 거리에 분포되어 있는 가는 링. 이 물체의 질량관성모멘트가 $I_a = mk_a^2$이므로 이 물체의 a 축에 대한 회전반경은 k_a이다.

1. 점 P가 질량중심 G와 일치, 즉 $\vec{r}_{G/P} = \vec{0}$
2. $\vec{a}_P = \vec{0}$(즉 P가 고정되었거나 등속도로 운동)
3. $\vec{r}_{G/P}$가 $\vec{a}_P$와 평행

식 (7.59)는 다음과 같이 된다.

$$M_P = I_P \alpha_B \tag{7.60}$$

이 식은 평면운동임을 감안하여 스칼라 식으로 작성하였다.

회전반경

몇몇 핸드북과 참고문헌에서 질량관성모멘트의 특성을 회전반경(*radius of gyration*)으로 설명한다. 축 a에 대한 회전반경 k_a는 이 축에 대한 질량관성모멘트로 다음과 같이 정의된다.

$$k_a = \sqrt{\frac{I_a}{m}} \tag{7.61}$$

이 식에서 m은 물체의 질량이다. 따라서 질량이 m인 물체의 모든 질량이 축 a로부터 k_a의 거리에 집중되어 있다면, 이 물체의 질량관성모멘트는 I_a이다(그림 7.10 참조).[4)]

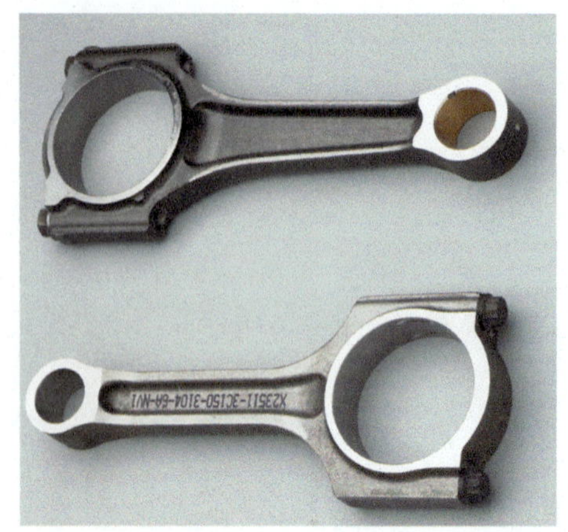

그림 7.11 Metaldyne(미시건주 플리머스시 소재)이 생산한 두 개의 커넥팅 로드 사진. Metaldyne은 가솔린엔진 및 디젤엔진용 분말금속 커넥팅 로드를 제조하기 위해 소결을 사용했다.

동역학적 등가 질량 시스템

기구와 기계의 동역학 해석 중에 공학자는 종종 부품의 강체 모델을 등가의 질점계로 대체하고자 한다. 이러한 동역학적 등가성(*dynamical equivalency*) 혹은 동역학적으로 등가인 질량계(*dynamically equivalent mass system*)의 개념은 여러 분야의 공학 교육에 중요하다. 두 시스템이 동역학적으로 등가이기 위해서는 두 시스템이 다음을 만족해야 한다.

1. 동일한 전체 질량
2. 동일한 질량중심의 위치
3. 동일한 질량관성모멘트 I_G

이 작업은 일반적으로 강체를 질량이 없는 로드로 연결된 두 개의 질점으로 대체하는 것으로 진행된다. 이 아이디어를 그림 7.11의 커넥팅 로드에 적용시켜 보자.

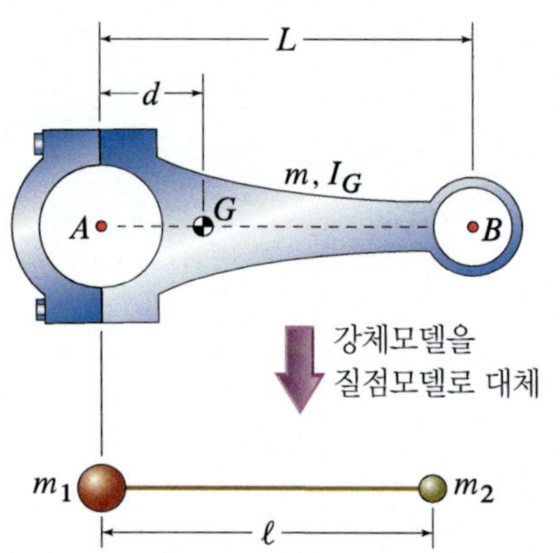

그림 7.12 동역학적으로 등가인 2-질점으로 모델링된 커넥팅 로드의 강체 모델.

그림 7.12를 보면, 우리의 목표는 질량 m, 질량관성모멘트 I_G, 질량중심이 크랭크 연결점에서 d만큼 떨어져 있는 커넥팅 로드(그림의 상부)를 질량이 각각 m_1과 m_2이고 거리 ℓ만큼 떨어진 두 개의 질점(그림의 하부)으로 대체하는 것이다. 상기된 세 개의 기준이 세 개의 방정식을 만들어줌으로 우리는 세 개의 미지의 값을 풀 수 있는데, 이 값은 질량 m_1, 질량 m_2 및 두 질점간의 거리 ℓ이다. m_1의 위치를 점 A로 잡고 세 방정식을 세우면

4) 회전반경은 **표준편차**로 알려진 통계치로도 설명될 수 있다. 사실 회전반경은 "질량분포의 표준편차"로 이해될 수 있다.

$$m_1 + m_2 = m \qquad (\text{동일한 질량}) \tag{7.62}$$

$$m_2\ell = md \qquad (\text{동일한 } G\text{의 위치}) \tag{7.63}$$

$$m_1d^2 + m_2(\ell - d)^2 = I_G \qquad (\text{동일한 } I_G) \tag{7.64}$$

이 식들을 풀어 m_1, m_2, ℓ를 구하면 다음과 같다.

$$m_1 = \frac{m}{1 + md^2/I_G} = 0.313\,\text{kg} \tag{7.65}$$

$$m_2 = \frac{m}{1 + I_G/(md^2)} = 0.126\,\text{kg} \tag{7.66}$$

$$\ell = d + \frac{I_G}{md} = 127\,\text{mm} \tag{7.67}$$

식 (7.53)을 참조하면, 커넥팅 로드가 크랭크축(점 A)을 중심으로 회전할 경우 m_2의 위치가 커넥팅 로드의 충격중심임에 유의하자.

식 (7.62)-(7.64)로 동역학적 등가 시스템을 구성하는 방법이 유일한 방법이 아니라는 사실을 명심해야 한다. 예를 들면 링크의 두 연결점(그림 7.12의 커넥팅 로드에서 점 A와 점 B)[5)]에 두 질량을 위치시킬 수도 있다. 그러나 불행하게도 이 경우에는 동일한 질량관성모멘트 I_G를 얻기 위하여 등가의 2-질점 시스템에 질량은 가지지 않으며 음의 **질량관성모멘트**를 갖는 물체를 추가해야 하는 경우가 발생할 수도 있다.

운동방정식의 도해적 설명

식 (7.43)은 식이 가지고 있는 의미를 기억하고 이해하기 쉽게 해주는 도해적 의미를 가지고 있다. 그러나 불행하게도 이 도해적 의미는 이를 잘못 적용하기도 쉬우므로 주의를 기울여야 한다. 식 (7.43)을 적용하고 기억하기 편한 방법을 제시하고자 한다.

그림 7.13으로부터 시작한다. 그림의 좌측은 다수의 외력과 모멘트를 받는 강체를 보여주고 있다−이는 강체의 자유물체도(FBD)이다. 그림의 우측은 운동역학선도(*kinetic diagram*, KD)라 불리는 새로운 선도를 소개하고 있다. 운동역학선도는 늘 $I_G\vec{\alpha}_B$ 벡터와 $m\vec{a}_G$ 벡터를 포함하고 있는데, 이 벡터가 힘의 단위를 가지고 있지만(가속도의 경우와 같이) 녹색으로 표기할 것이다. 이유는 이 벡터들이 가속도에서 연유했기 때문이다. 우리가 항상 이러한 방법으로 KD를 그린다면 자유물체도를 운동역학선도와 같게 놓음으로써 강체의 뉴턴−오일러방정식인 식 (7.15)와 (7.43)을 재현할 수 있다. 우리는 이 사실을 식 (7.15)의 좌변(즉 $\vec{F}_R$)과 식 (7.43)의 좌변(즉 $\vec{M}_P$)을 그림 7.13의 자유물체도로부터 이미 구했음을 상기함으로 확인할 수 있을 것이다. 식 (7.15)의 우변은 $m\vec{a}_G$인데, 이 값은 KD에서 구할 수 있다. 식 (7.43)의 우변은 그림 7.13의 KD에서 P에 대한 모멘트를 구함으로써 얻을 수 있다. 그러므로 $m\vec{a}_G$ 벡터(좌표 성분으로 표기)와 $I_G\alpha_B$ 벡터를 포함한 KD를 그리고 자유물체도의 힘과 모멘트를 KD의 힘과 모멘트와 같게 함으로써 강체의 뉴턴−오일러방정식에 도달하게 될 것이다.

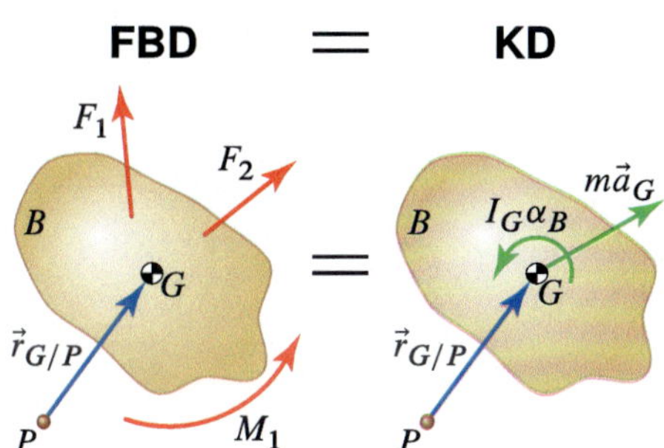

그림 7.13 일반적인 강체의 자유물체도와 운동역학선도. 이 둘을 등가로 놓고 방정식을 세우면 식 (7.15)와 (7.43)과 같은 정확한 운동방정식을 얻을 수 있다.

빠지기 쉬운 함정

KD는 반드시 운동역학과 일치해야 한다. KD에서 $I_G\alpha_B$와 $m\vec{a}_G$의 양의 방향이 운동학 방정식의 α_B와 $\vec{a}_G$의 양의 방향과 반드시 일치해야 한다. 그렇지 않다면 부호의 불일치로 인하여 엉뚱한 답을 얻게 될 것이다.

---

5) B. Paul, *Kinematics and Dynamics of Planar Machinery*, Prentice-Hall, Englewood Cliffs, N.J., 1979, pp. 439–442 참조.

절 요약

본 절에서 우리는 강체의 뉴턴–오일러방정식(운동방정식)을 유도하였다. **오일러 1법칙**으로부터 주어진 병진운동방정식부터 시작하였다.

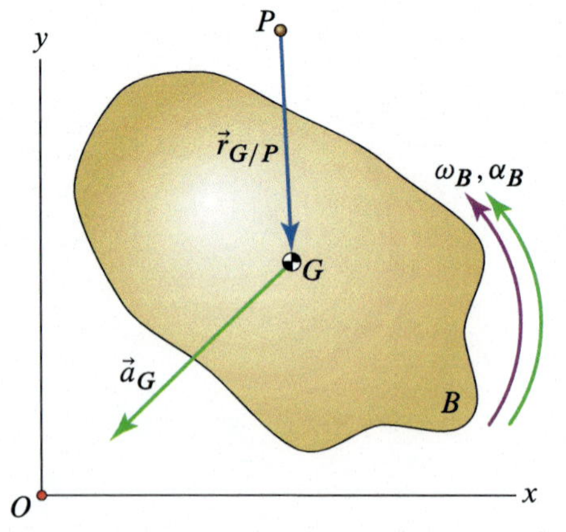

그림 7.14 강체의 뉴턴–오일러방정식과 관계된 운동학적 양들.

식 (7.15), p. 548

$$\vec{F} = m\vec{a}_G$$

이 식에서 $\vec{F}$는 모든 외력의 합력, m은 강체의 질량, $\vec{a}_G$는 질량중심의 관성 가속도이다(그림 7.14 참조).

운동면에 대칭인 물체 강체에는 회전운동방정식도 필요하다. 질점계의 모멘트–각운동량 관계를 설명하는 **오일러 2법칙**을 적용하면 **운동면에 대칭인 강체**의 가장 일반적인 회전운동방정식이 다음과 같음을 보일 수 있다(그림 7.14 참조).

식 (7.42)과 (7.43), p. 551

$$M_P = I_G\alpha_B + m\left(x_{G/P}a_{Gy} - y_{G/P}a_{Gx}\right)$$

$$\vec{M}_P = I_G\vec{\alpha}_B + \vec{r}_{G/P} \times m\vec{a}_G$$

이 식들에서

- M_P는 P에 대한 z 방향의 모멘트의 합
- I_G는 질량중심 G에 대한 물체의 질량관성모멘트
- α_B는 물체의 각가속도
- m은 물체의 질량
- $\vec{a}_G = a_{Gx}\hat{\imath} + a_{Gy}\hat{\jmath}$는 질량중심의 가속도
- $\vec{r}_{G/P} = x_{G/P}\hat{\imath} + y_{G/P}\hat{\jmath}$는 모멘트중심 P에 대한 질량중심 G의 위치
- 두 번째 식은 첫 번째 식의 벡터식이다.

이제 다음의 조건 중 한 가지만 만족하면:

1. 점 P가 질량중심 G와 일치, 즉 $\vec{r}_{G/P} = \vec{0}$이다.
2. $\vec{a}_G = \vec{0}$(즉 G가 등속도로 운동)
3. $\vec{r}_{G/P}$가 $\vec{a}_G$에 평행

식 (7.42)와 (7.43)은 다음과 같이 간단해진다.

식 (7.44), p. 552

$$M_P = I_G\alpha_B$$

마지막으로, 점 P가 강체 상에 있던지 혹은 임의의 강체의 확장점이라면 식 (7.43)은 다음과 같이 쓸 수 있다(그림 7.15 참조).

식 (7.59), p. 553

$$\vec{M}_P = I_P \vec{\alpha}_B + \vec{r}_{G/P} \times m\vec{a}_P$$

이 식에서 I_P는 점 P를 지나고 운동면에 수직인 축에 대한 물체의 질량관성모멘트이고 $\vec{a}_P$는 점 P의 가속도이다.

다음의 조건 중 한 가지만 만족하면:

1. 점 P가 질량중심 G와 일치, 즉 $\vec{r}_{G/P} = \vec{0}$
2. $\vec{a}_P = \vec{0}$(즉 P가 등속도로 운동)
3. $\vec{r}_{G/P}$가 $\vec{a}_P$와 평행

식 (7.59)는 다음과 같이 된다.

식 (7.60), p. 554

$$M_P = I_P \alpha_B$$

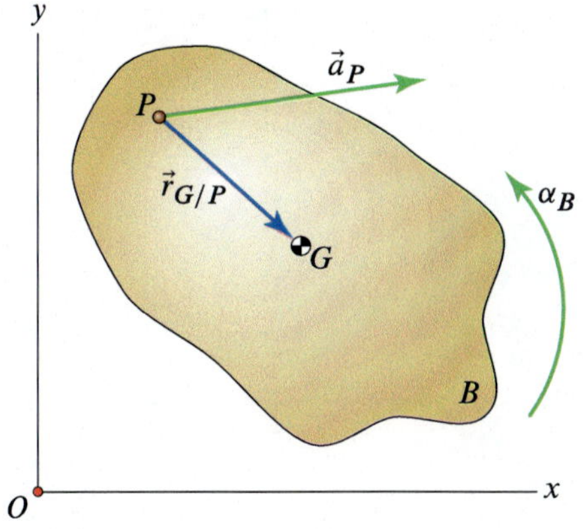

그림 7.15 모멘트중심 P가 강체상의 한 점일 경우의 강체의 회전운동방정식과 관계된 운동학적 양들.

운동방정식의 도해적 설명 식 (7.15)와 (7.43)을 구하는데 도해적인 방법이 있다. 그림 7.16과 같이 모든 힘과 모멘트를 포함하는 강체의 자유물체도를 그린 후, 벡터 $I_G\alpha_B$와 $m\vec{a}_G$를 포함하는 KD(운동역학선도)를 그린다. 그림 7.16과 같이 두 선도를 같게 하여 방정식을 작성한다. 이렇게 하면 자연스럽게 식 (7.15)와 (7.43)을 얻게 된다.

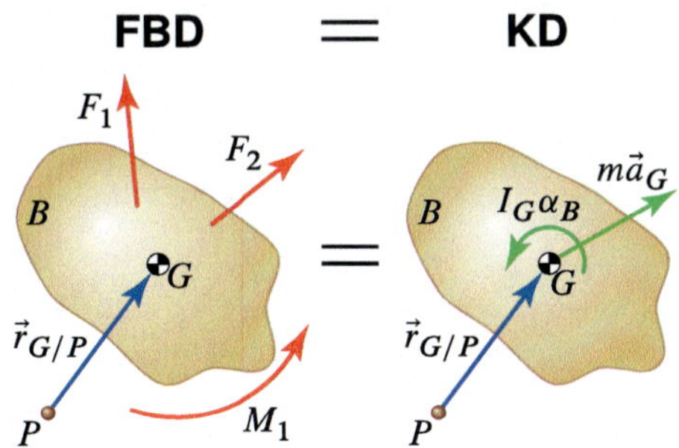

그림 7.16 *그림 7.13의 반복.* 일반적인 강체의 자유물체도와 운동역학선도. 이 둘을 등가로 놓고 방정식을 세우면 식 (7.15)와 (7.43)과 같은 정확한 운동방정식을 얻을 수 있다.

예제 7.1 일반적인 평면운동: 낙하하는 강체 해석

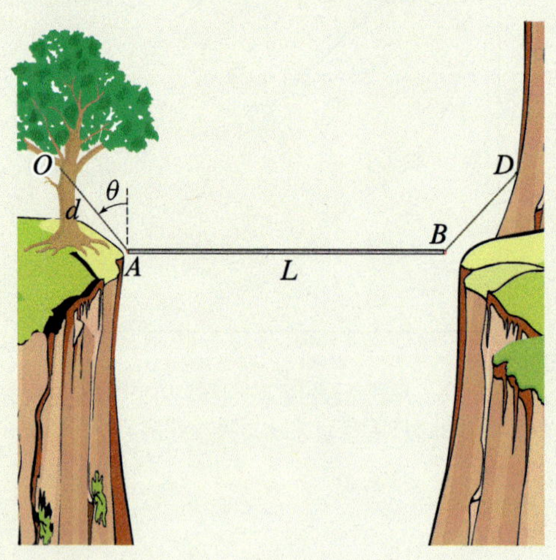

그림 1

영화 촬영 중 스턴트 장면을 위하여 질량 175 kg, 길이 $L = 12$ m인 가늘고 긴 플랫폼을 계곡을 가로질러 두 개의 로프 OA와 BD를 이용하여 임시가설 하였다. 길이 4 m의 로프 OA는 확실하게 나무에 묶여 있으나, 로프 BD는 D에서 카라비너(carabiner)에 묶여 있는데 이 카라비너는 바위 표면에 적절하지 않게 고정되어 있다. 그림 1과 같이 설치된 후에 D에 있는 카라비너가 풀려서 플랫폼이 추락하기 시작하였다. 로프 BD가 풀린 순간 플랫폼의 각가속도와 로프 OA에 걸리는 장력을 구하라. θ의 초기값은 39°이다.

풀이 SOLUTION

로드맵과 모델링 카라비너가 풀린 순간의 플랫폼의 FBD를 그림 2에 도시하였다. 플랫폼을 가는 봉으로 모델링하였으며, 우리의 중요한 가정은 로프 BD가 풀린 직후에 모든 속도는 0이라는 점이다. 추가적으로 로프의 질량은 무시하고 늘어나지 않는다고 가정한다. 로프의 질량이 없다면 중력이나 가속도가 로프의 거동에 영향을 미치지 않는다. 따라서 로프 OA가 인장을 받는다고 가정하면, 로프는 일정한 길이를 유지하는 직선요소와 같이 거동할 것이다. 즉 문제에서 고려하여야 하는 순간에 OA는 질량이 없는 강체처럼 취급해도 된다. 물론 우리는 로프가 느슨해지지 않을 것이라는 점을 밝혀야 할 필요가 있다.

이 모델을 이용하여 플랫폼에 뉴턴-오일러방정식을 적용하면 로프 BD가 풀린 순간 플랫폼의 운동학적 거동을 정의하여 힘과 가속도를 구할 수 있을 것이다.

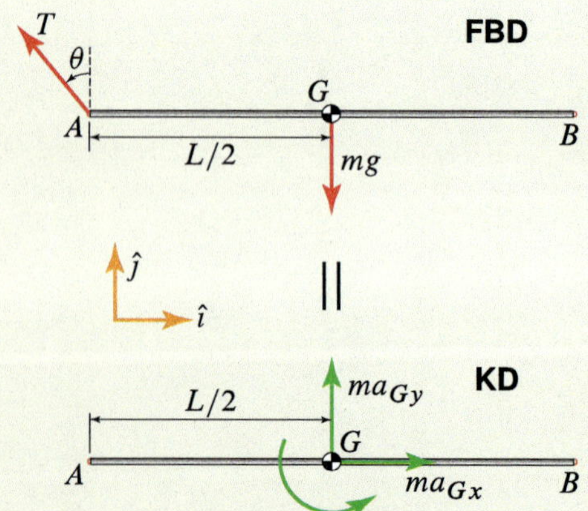

그림 2 그림 1의 플랫폼의 FBD(상부)와 KD(하부).

지배방정식

평형 원리 그림 2에 있는 FBD와 KD를 같게 놓음으로써(이는 식 (7.15)와 (7.43)을 적용시키는 것과 동등함) 뉴턴-오일러방정식을 구한다.

$$\sum F_x: \quad -T\sin\theta = ma_{Gx} \tag{1}$$

$$\sum F_y: \quad T\cos\theta - mg = ma_{Gy} \tag{2}$$

$$\sum M_G: \quad -\frac{L}{2}T\cos\theta = I_G\alpha_{AB} \tag{3}$$

이 식들에서 T는 로프에 걸리는 인장력이고 I_G는 다음 식으로 주어지는 플랫폼의 질량 관성모멘트이다.

$$I_G = \tfrac{1}{12}mL^2 \tag{4}$$

힘의 법칙 로프가 느슨해지지 않기 위해서는 $T > 0$임을 보여야 하는 일이 남았지만, FBD에 모든 힘을 도시하였다. 로프가 느슨해진다면, $T = 0$임을 알고 있으므로 문제를 해결할 수 있다.

운동학 방정식 식 (1)-(3)을 보면, 점 A가 O를 중심으로 원운동 한다는 구속조건과 카라비너가 풀린 직후 모든 속도가 0이라는 사실을 이용하여 $\vec{a}_G$로부터 플랫폼의 각가속도를 구해야 함을 알 수 있다. $\vec{a}_O = 0$이고 모든 속도가 0이므로 A와 O의 관계로부터 다음을 얻을 수 있다.

유용한 정보

식 (5)와 로프 모델. 우리의 로프 모델을 반영한 식 (5)는 로프 OA를 강체로 봄을 의미한다.

$$\begin{aligned}\vec{a}_A &= \vec{a}_O + \vec{\alpha}_{OA} \times \vec{r}_{A/O} - \omega_{OA}^2 \vec{r}_{A/O} \\ &= \alpha_{OA}\hat{k} \times d(\sin\theta\,\hat{\imath} - \cos\theta\,\hat{\jmath}) = d\alpha_{OA}\cos\theta\,\hat{\imath} + d\alpha_{OA}\sin\theta\,\hat{\jmath}\end{aligned} \tag{5}$$

G와 A의 관계는

$$\begin{aligned}\vec{a}_G &= \vec{a}_A + \vec{\alpha}_{AB} \times \vec{r}_{G/A} - \omega_{AB}^2 \vec{r}_{G/A} \\ &= d\alpha_{OA}(\cos\theta\,\hat{\imath} + \sin\theta\,\hat{\jmath}) + \alpha_{AB}\hat{k} \times (L/2)\,\hat{\imath} \\ &= d\alpha_{OA}\cos\theta\,\hat{\imath} + (d\alpha_{OA}\sin\theta + L\alpha_{AB}/2)\,\hat{\jmath}\end{aligned} \tag{6}$$

인데, 이 식에서 식 (5)의 $\vec{a}_A$를 사용했고 모든 속도는 0으로 놓았다.

계산 식 (4)와 (6)을 식 (1)-(3)에 대입하면 세 개의 미지수 T, α_{AB}와 α_{OA}에 관한 식을 다음과 같이 구할 수 있다.

$$-T\sin\theta = md\alpha_{OA}\cos\theta \tag{7}$$

$$T\cos\theta - mg = m\left(d\alpha_{OA}\sin\theta + \frac{L}{2}\alpha_{AB}\right) \tag{8}$$

$$-\frac{L}{2}T\cos\theta = \tfrac{1}{12}mL^2\alpha_{AB} \tag{9}$$

이 식들을 풀면 다음과 같은 답을 구할 수 있다.

$$T = \frac{2mg\cos\theta}{5 + 3\cos(2\theta)} = 474.5\,\text{N} \tag{10}$$

$$\alpha_{AB} = -\frac{12g\cos^2\theta}{L[5 + 3\cos(2\theta)]} = -1.05\,\text{rad/s}^2 \tag{11}$$

$$\alpha_{OA} = -\frac{2g\sin\theta}{d[5 + 3\cos(2\theta)]} = -0.549\,\text{rad/s}^2 \tag{12}$$

숫자로 된 답을 구하기 위해 제시된 모든 값들을 사용하였다.

논의 및 검증

- 식 (10)-(12)에 있는 최종 답의 차원과 단위는 모두 적확하다.
- 예상대로 로프 OA와 봉 AB의 초기 각가속도는 모두 음수인데, 이는 둘 다 초기에 시계방향으로 회전하기 때문이다.
- 로프 OA에 걸리는 인장력의 크기에 대한 의미를 이해하기는 쉽지 않지만 값이 양인 것은 확실하다. $T > 0$이란 사실은 식 (5)의 가정이 정확했음을 의미한다. 식 (5)에서 로프를 질량이 없는 강체로 취급하였는데 이는 로프가 느슨해지지 않는 경우에만 성립한다.
- 그림 2를 보면 카라비너가 풀린 직후 G가 아랫방향으로 가속 받을 것으로, 즉 $a_{Gy} < 0$으로 예측했었다. 식 (2)로부터 $T = m(g + a_{Gy})/\cos\theta$를 얻을 수 있으므로, $a_{Gy} < 0$의 예측은 $T < mg/\cos\theta = 2209$ N이 될 것임을 의미한다. 식 (10)의 결과는 이 예측과 일치한다.

예제 7.2 고정축에 대한 회전운동: 고정점에 대한 모멘트

그림 1(a)와 같은 원심분리기는 백만 g 이상의 가속도를 만들 수 있다. 그림 1(b)와 같은 날개회전자를 장착하고 원심분리기를 60,000 rpm으로 회전시키면 시험관 끝의 가속도가 485,000 g에 이른다. 로터가 회전하면 로터의 바닥에 걸려있는 시험관이 위로 들려 궁극적으로는 그림 2와 같이 수평의 상태까지 이른다.

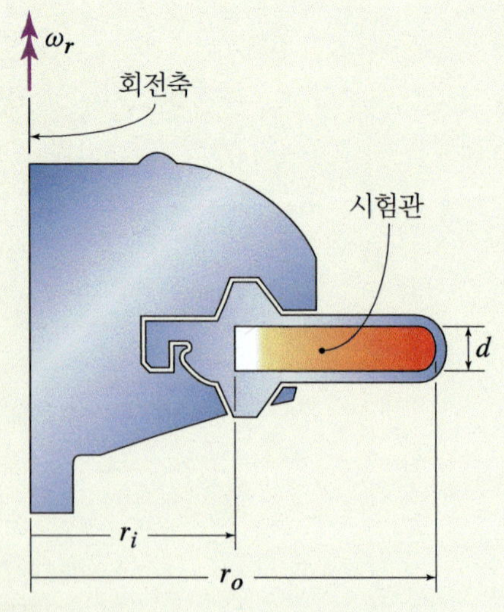

그림 2 그림 1(b)의 원심분리기의 반 단면도. $r = 63.1$ mm, $r_o = 120.5$ mm, $d = 11.0$ mm, $\omega_r = 60{,}000$ rpm. 각속도를 나타내는 이중화살표는 오른손법칙에 따른 각속도의 방향을 나타낸다.

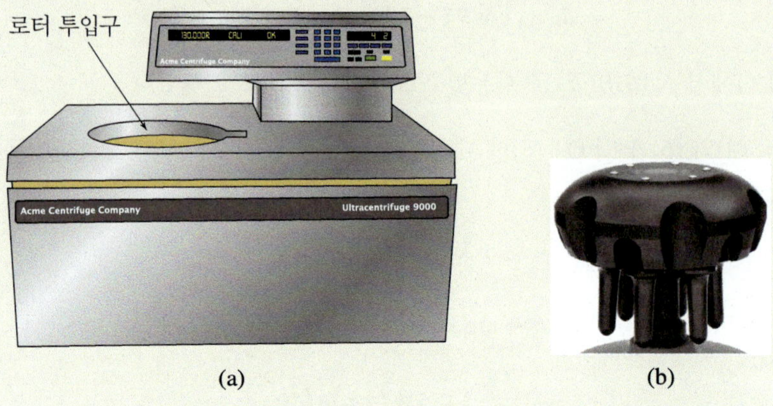

그림 1 (a) 초강력원심분리기 외관 (b) 6개의 시험관을 장착한 날개형 원심분리기.

(a) 로터가 최고정격속도 60,000 rpm으로 회전할 때 시험관의 자세를 유지하기 위한 반경방향의 힘과 회전축 방향의 모멘트를 구하라.

(b) 로터 베어링에 가해지는 이 하중들이 의미하는 바는 무엇인가?

시험관과 그 안의 내용물(예, 혈액)은 질량 10 g의 균질의 원통으로 모델링 되며 무게는 무시할 수 있다고 가정한다.

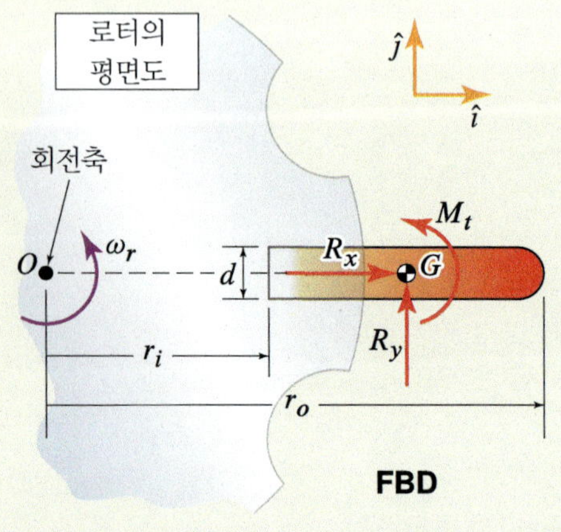

그림 3 그림 2의 시험관의 FBD의 평면도. 시험관의 질량중심은 G에 위치.

풀이 SOLUTION

로드맵과 모델링 그림 3에 도시된 시험관의 FBD에 그려진 힘들은 실제로 시험관에 작용하는 힘에 대한 등가의 힘-우력 시스템을 나타낸다. FBD에는 x와 y 방향의 모멘트 M_{Ox}와 M_{Oy} 뿐만 아니라 z 방향의 힘 R_z도 포함되어 있어야 한다. 그런데 z 방향의 합력을 구하면 이는 단순히 $R_z = mg$가 될 뿐이다. 시험관이 운동면에 대하여 대칭이므로 $M_{Ox} = M_{Oy} = 0$ 이며, 따라서 이 모멘트방정식들은 정역학 문제가 된다. 이 문제에서 우리의 관심은 오직 R_x와 M_t(아래 첨자 t는 튜브를 의미함)이므로 그림 3과 같은 FBD를 작성하였다. 시험관을 균일한 원통으로 보았으므로, 시험관 내의 유체유동과 시험관의 불균일성은 무시한다. 시험관의 운동을 알고 있으므로, 식 (7.15)와 우리가 유도한 모멘트방정식에서 필요로 하는 모든 속도와 가속도를 구할 수 있다. 그러므로 운동학 문제를 해결하면 뉴턴-오일러방정식의 힘과 모멘트를 구할 수 있다.

지배방정식

평형 원리 그림 3과 4에 있는 시험관의 FBD와 KD를 같게 하면(이는 식 (7.15)와 (7.43)을 그림 3의 FBD에 적용시키는 것과 같음) 시험관의 뉴턴-오일러방정식은 다음과 같다.

$$\sum F_x: \qquad R_x = ma_{Gx} \tag{1}$$

$$\sum F_y: \qquad R_y = ma_{Gy} \tag{2}$$

$$\sum M_O: \quad M_t + R_y\left(\frac{r_o + r_i}{2}\right) = I_G\alpha_r + m\left[x_{G/O}a_{Gy} - y_{G/O}a_{Gx}\right] \tag{3}$$

여기에서 I_G는 시험관의 질량관성모멘트, a_{Gx}와 a_{Gy}는 각각 질량중심 G의 x 및 y 방향의 가속도이다. 시험관을 균일한 원통으로 모델링하고, 질량관성모멘트를 구하면

$$I_G = \tfrac{1}{12}m\left(3r^2 + h^2\right) = \tfrac{1}{12}(0.01\,\text{kg})\left[3(0.0055\,\text{m})^2 + (0.0574\,\text{m})^2\right]$$

$$= 2.821\times10^{-6}\,\text{kg}\cdot\text{m}^2 \tag{4}$$

가 되는데, 이 식에서 $m = 0.01$ kg, $r = d/2 = 0.0055$ m, $h = r_o - r_i = 0.0574$ m를 사용하였다.

힘의 법칙 FBD에 모든 힘이 반영되었다.

운동학 방정식 식 (1)-(3)의 우변에 있는 가속도들에 관해서는, 우리가 로터의 운동을 알고 있으므로 $\vec{a}_G$를 $\vec{a}_O$에 관계시킴으로 구할 수 있다. 여기에서 점 O는 시험관의 임의의 확장점이다.

$$\vec{a}_G = \vec{a}_O + \vec{\alpha}_r \times \vec{r}_{G/O} - \omega_r^2\vec{r}_{G/O} \tag{5}$$

여기에서는 O가 회전축에 있으므로 $\vec{a}_O = \vec{0}$이고, 로터가 최종속도에 도달했으므로 $\vec{\alpha}_r = \vec{0}$임을 유의하자. $\omega_r = 60{,}000$ rpm $= 6238$ rad/s, $\vec{r}_{G/O} = (r_o + r_i)/2\hat{\imath} = 0.0918\,\text{m}\hat{\imath}$를 대입하면 다음과 같다.

$$\vec{a}_G = -(6283\,\text{rad/s})^2(0.0918\,\text{m}\,\hat{\imath}) = (-3.624\times10^6\,\text{m/s}^2)\,\hat{\imath} \tag{6}$$

마지막으로, $\vec{r}_{G/O}$를 구할 때 $x_{G/O}$와 $y_{G/O}$를 계산하였음을 상기하자. 즉

$$x_{G/O} = 0.0918\,\text{m}, \quad y_{G/O} = 0.0\,\text{m} \tag{7}$$

계산 식 (4), (6), (7)과 $\alpha_r = 0$을 식 (1)-(3)에 대입하여 다음을 구한다.

$$R_x = -(0.01\,\text{kg})(3.624\times10^6\,\text{m/s}^2) = -36{,}200\,\text{N} \tag{8}$$

$$R_y = 0\,\text{N} \tag{9}$$

$$M_t + R_y\left(\frac{0.1205\,\text{m} + 0.0631\,\text{m}}{2}\right) = 0 \quad\Rightarrow\quad M_t = 0\,\text{N}\cdot\text{m} \tag{10}$$

이 과정에서 최종 결과인 식 (10)을 얻기 위하여 식 (9)의 $R_y = 0$을 대입하였다.

논의 및 검증 시험관의 질량이 10 g(일반적으로 종이 클립의 질량이 1 g 정도임)에 불과하지만, 시험관의 위치를 유지하는데 36,200 N의 힘을 필요로 한다. 크기가 같고 방향이 반대인 힘이 로터 베어링에 작용하며, 이 힘이 1분에 60,000회 혹은 1초에 1000회 회전하고 있음에 유의하자! 그러므로 로터가 아주 큰 힘의 불균형으로 인하여 파괴될 수 있을 뿐 아니라, 피로하중(옆의 흥미로운 사실 참조)에 의하여 파괴될 수도 있다. 이는 원심분리기의 안전한 작동을 위하여 로터의 균형잡기가 필수적임을 의미한다.

심층분석 시험관의 회전운동방정식을 구하기 위해 식 (3)을 사용하지 않고 식 (7.44), (7.59)나 (7.60) 중 하나를 사용할 수도 있다. 사실은 대부분의 경우 이 방법을 사용한다. 즉 어떤 모멘트 방정식을 적용해야 하는가에 대하여 대부분의 경우 한 가지 이상의 선택의 여지가 있게 될 것이다. 이 점에 대하여 앞으로 예제와 문제에서 충분히 다룰 것이다.

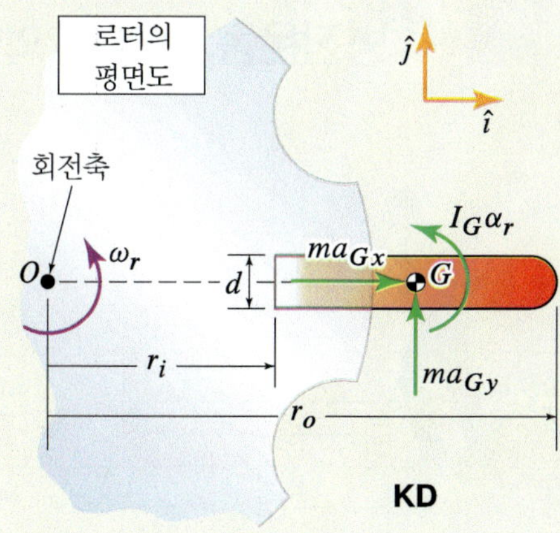

그림 4 그림 2의 시험관의 KD의 평면도. KD와 그림 3의 FBD를 같게 함으로써 시험관의 뉴턴-오일러방정식을 구할 수 있다.

흥미로운 사실

반복 하중과 피로. 로터 베어링이 이 문제와 같이 1초에 1000회의 반복하중을 받는다는 사실은 로터 베어링이 아주 다양한 반복 하중을 받을 수 있음을 뜻한다. 아주 작은 응력이라도 수백만 번의 반복하중을 받게 되면 대상물이 파괴될 수 있다는 것은 잘 알려진 사실이다. 응력이 커질수록 파괴에 필요한 횟수가 줄어든다. 이런 파괴의 과정을 *피로*라 한다. 원심분리기의 로터 베어링에 반복하중이 작용하므로 아주 작은 불균형이라도 피로를 유발할 수 있다. 피로에 대한 더욱 자세한 사항은 W. D. Callister, Jr., *Materials Science and Engineering*: An Introduction, 7th ed., John Wiley & Sons, 2006 참조할 것.

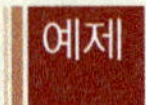

예제 7.3 병진운동: 마찰에 의한 미끄러짐과 기울어짐

균일하고 평평한 상자가 거친 표면 위에서 420 N의 수평력을 받아 밀려 가고 있다(그림 1). 이 힘은 바닥에서 0.9 m 높이에 작용하고 있으며, 상자의 길이는 1.5 m, 높이는 1 m, 질량은 55 kg이다. 상자와 바닥면 사이의 정지마찰계수와 운동마찰계수는 각각 $\mu_s = 0.4$와 $\mu_k = 0.35$이다. 상자가 기울어지지 않고 미끄러질 것임을 증명하고, 상자의 가속도를 구하라.

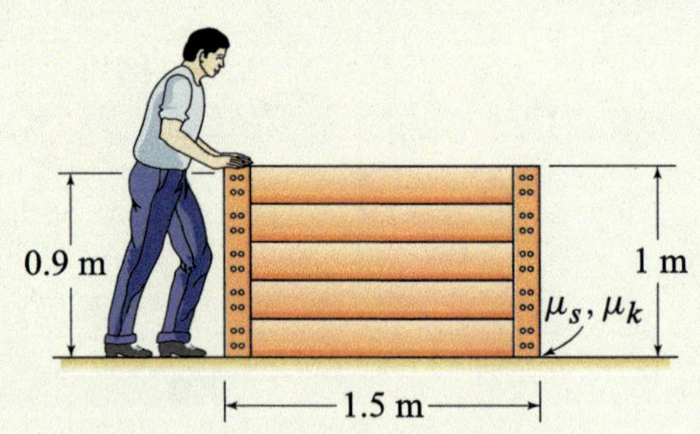

그림 1 평지에서 상자를 밀고 있는 사람.

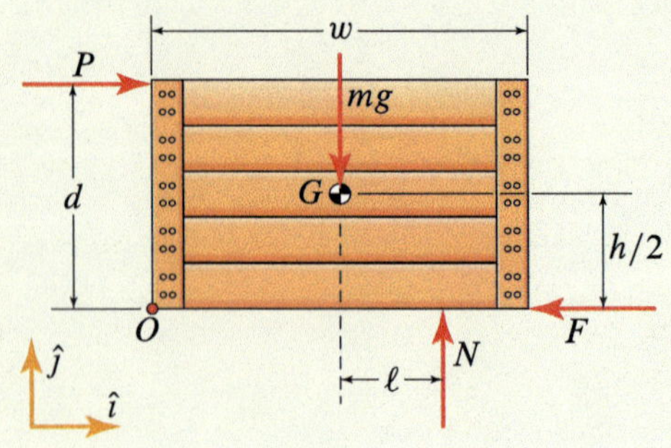

그림 2 그림 1의 상자의 FBD. 질량중심은 G.

풀이 SOLUTION

로드맵과 모델링 그림 2는 상자의 자유물체도이다. 여기에서 P는 바닥면으로부터 높이 d에 가해지는 힘, F는 마찰력이며, N은 지면에서 상자에 가해지는 수직력이다. 한편, w, h, mg는 각각 상자의 폭, 높이와 무게이다. 우리는 이 사람이 상자에 가하는 힘의 크기와 위치를 알고 있으며, 상자에 가해지는 다른 힘들은 지배방정식으로부터 구해야 한다. 상자가 기울어지지 않음을 증명해야 하므로 우선 상자가 기울어지지 않을 것이라고 가정하고 문제를 풀어야 한다. 증명하는 과정에서 상자가 기울어지게 되면 어떻게 될 것인가를 논할 것이다. 그림 2에서 수직력 N은 상자 밑면의 임의의 위치에 작용하는 것으로 하였다. 우리는 정확한 위치 ℓ을 구할 것이다.[6]

지배방정식

평형 원리 식 (7.15)와 (7.44)를 적용하면 그림 2의 FBD에 대한 뉴턴-오일러방정식은 다음과 같다.

$$\sum F_x: \quad P - F = m a_{Gx} \tag{1}$$

$$\sum F_y: \quad N - mg = m a_{Gy} \tag{2}$$

$$\sum M_G: \quad N\ell - P(d - h/2) - Fh/2 = I_G \alpha_c \tag{3}$$

여기에서 a_{Gx}와 a_{Gy}는 각각 질량중심 G의 가속도의 x와 y 성분이고, α_c는 상자의 각가속도, I_G는 다음 식으로 주어지는 상자의 질량관성모멘트이다.

$$I_G = \tfrac{1}{12} m \left(w^2 + h^2\right) \tag{4}$$

힘의 법칙 미끄럼마찰에 대한 쿨롱 법칙(Coulomb law)을 이용하면 마찰력은 다음 식과 같이 N에 관계된다.

$$F = \mu_k N \tag{5}$$

운동학 방정식 상자의 각속도를 ω_c라 하면 $\vec{a}_G = \vec{a}_O + \vec{\alpha}_c \times \vec{r}_{G/O} - \omega_c^2 \vec{r}_{G/O}$를 이용하여 G의 가속도를 O에 관계시킬 수 있다. 상자가 미끄러지고 기울어지지 않을 것이라 가정했으므로 $\vec{a}_O$는 x 방향이어야 한다. 그러므로 다음과 같이 쓸 수 있다.

$$\omega_c = 0, \quad \alpha_c = 0, \quad a_{Gy} = 0 \tag{6}$$

계산 식 (4)-(6)을 식 (1)-(3)에 대입하여 미지수 N, a_{Gx}, ℓ에 대한 세 개의 식을 다음과 같이 얻을 수 있다.

유용한 정보

상자가 미끄러짐을 어떻게 알 수 있을까? 이 질문에 대한 답은 그림 2의 FBD에 대한 정역학 문제를 풂으로써 구할 수 있다. 평형방정식을 세우면 식 (1)-(3)에서 모든 가속도가 0이라는 점만 제외하면 아직도 성립함을 알 수 있다. 이 수정된 식 (1)-(3)을 풀면 다음을 얻을 수 있다.

$$N = mg = 539.6\ \text{N}$$

$$F = P = 420\ \text{N}$$

$$\ell = \frac{dP}{mg} = 0.7\ \text{m}$$

$F \geq \mu_s N$ 즉 $F = 420\ \text{N} \overset{?}{\geq} (0.4)(539.6\ \text{N}) = 215.8\ N = \mu_s N$인 경우 상자가 미끄러진다. 이 문제에서 F가 $\mu_s N$보다 크므로 상자가 미끄러짐을 알 수 있다.

6) 이 아이디어를 알아보려면 M. E. Plesha, G. L. Gray, and F. Costanzo, *Engineering Mechanics: Statics*, McGraw-Hill Publishing, Chicago, 2010의 5.2절과 9.1절 참조할 것.

$$P - \mu_k N = ma_{Gx} \tag{7}$$

$$N - mg = 0 \tag{8}$$

$$N\ell - P(d - h/2) - h\mu_k N/2 = 0 \tag{9}$$

식 (7)-(9)를 풀면

$$N = mg = 539.6\,\text{N} \tag{10}$$

$$a_{Gx} = P/m - \mu_k g = 4.2\,\text{m/s}^2 \tag{11}$$

$$\ell = \tfrac{1}{2}h\mu_k + \frac{P}{mg}(d - h/2) = 0.49\,\text{m} \tag{12}$$

을 구할 수 있는데, 여기에서 수치로 된 답을 구하기 위해 주어진 값들을 사용하였다.

상자의 가속도를 구하였으나 상자가 기울어지지 않음을 보여야 한다. 핵심은 수직력이 상자 내부에 작용해야 한다는 점이다. 즉 수직력이 상자의 우측이나 좌측 모서리 외부에 작용할 수 없다는 것이다. 이 기준의 근거는 우리가 상자는 기울어지지 않을 것이라 가정했으며, 계산 결과가 이 가정과 일치해야 한다는 것이다. 수직력이 상자의 외부에 작용한다는 것은 상자가 기울어지지 않기 위하여 상자의 바닥이 더 넓어야 함(다른 모든 값들은 동일)을 의미한다. $\ell < w/2$(즉 0.49 m ≤ 0.75 m)이므로 상자는 기울어지지 않는다.

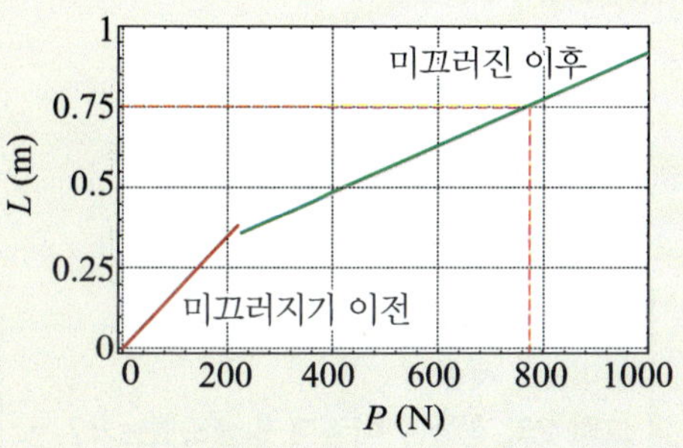

그림 3 작용력 P에 따른 수직력의 오프셋(offset) ℓ.

논의 및 검증

- 식 (10)-(12)에 있는 답의 차원은 모두 정확하다.
- 주어진 크기의 상자가 주어진 조건 하에서 기울어지지 않음은 타당하다.
- 0.43 g인 a_{Gx}의 크기가 타당한 것인가는 판단하기가 쉽지 않지만 방향이 예측했던 방향임은 확실한 사실이다.

심층분석

- 그림 3의 그래프는 P(작용력)가 0에서 1000 N까지 증가함에 따라 ℓ(상자의 중심선으로부터 N까지의 거리)이 어떻게 변하는지를 보여주고 있다. 정역학 해가 설명하는 바와 같이 P가 $\mu_s N$이 될 때까지 상자는 움직이지 않으며, 짙은 적색의 움직이기 전 그래프를 그릴 수 있다. 상자가 미끄러지기 시작하면 마찰력이 $\mu_s N$에서 $\mu_k N$으로 갑자기 줄게 되므로 ℓ이 갑자기 줄어든다. 그리고 녹색의 미끄러지고 난 이후의 그래프를 그릴 수 있다. 적색선은 ℓ과 P가 상자의 모서리에 작용하고 있음을 나타내며 이 점부터 상자가 기울어지기 시작한다.
- 우리는 상자가 미끄러지고 기울어지지 않는다고 가정하였다. 그리고 이 가정이 타당함을 증명하였다. 중요한 것은 우리가 어떤 형태의 운동이라도 가정할 수 있으며, 이를 결과를 통하여 증명해야 한다는 점이다. 예를 들면, 주어진 조건에서 상자가 기울어지며 미끄러진다고 가정한다면 발생 불가능한 운동을 결과로 얻을 것이며 따라서 이 가능성은 제거할 수 있게 된다. 이러한 가능성과 또 다른 경우를 문제에서 다룰 것이다.

예제 7.4 일반적인 평면운동: 미끄러짐 없는 구름운동

그림 1 Mazda Miata, ⓒ2006 Mazda Motor of America, Inc. 제작, 게재허가.

그림 1의 무개차량을 0에서 96 km/h까지 가속할 때 1250 kg인 차량의 차축에 의해 각각의 후륜에 가해지는 하중을 그림 2에 도시하였다. 각 바퀴의 질량이 20 kg, 질량관성모멘트 I_G가 1.3 kg · m^2, 지름이 0.6 m일 때 다음을 구하라.

(a) 바퀴와 지면 사이의 수직력과 마찰력

(b) 바퀴가 미끄러짐 없이 구를 수 있는 정지마찰계수의 최소값

(c) 차량이 96 km/h에 도달하는 시간

차가 평탄한 수평면에서 일정하게 가속한다고 가정하라.

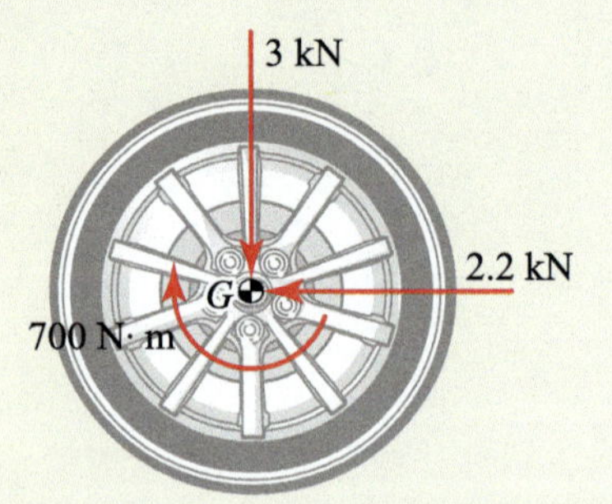

그림 2 차축에 의해 그림 1의 무개차량의 후륜 1개에 가해지는 하중들.

풀이 SOLUTION

로드맵과 모델링 바퀴에 수직력 V, 수평력 H, 모멘트 M_a가 작용하는 그림 2에 대한 FBD를 그림 3에 도시하였다. 바퀴를 움직이게 하는 모든 힘과 바퀴의 관성 성질들을 알고 있으므로 뉴턴-오일러방정식을 통하여 바퀴가 어떻게 움직이는지를 결정할 수가 있다. 수직력과 마찰력을 이용하여 바퀴가 미끄러지지 않고 구를 수 있는 최소마찰계수를 구할 것이다.

지배방정식

평형 원리 그림 3의 FBD에 따라 뉴턴-오일러방정식을 세우면 다음과 같다.

$$\sum F_x: \quad F - H = ma_{Gx} \tag{1}$$

$$\sum F_y: \quad N - V - mg = ma_{Gy} \tag{2}$$

$$\sum M_G: \quad Fr - M_a = I_G\alpha_w \tag{3}$$

흥미로운 사실

그림 2의 힘들은 어떻게 발생하였는가? 문제 7.50을 보면 차축이 후륜에 가하는 힘은 전체 차량을 해석하여 후륜에 작용하는 마찰력과 수직력을 구한 후 후륜 중 하나를 분리하여 해석함으로써 구할 수 있다.

여기에서 a_{Gx}와 a_{Gy}는 질량중심 G의 x 방향과 y 방향 가속도 성분, F는 바퀴의 바닥에 작용하는 마찰력, N은 지면과 바퀴 사이에 작용하는 수직력, 타이어의 반경은 $r = (0.6/2)\text{ m} = 0.3\text{ m}$이고 α_w는 바퀴의 각가속도이다. 또한 바퀴의 관성 성질은 질량 m, 질량관성모멘트 I_G인데, 이 경우에는 다음과 같다.

$$m = 20\text{ kg}, \quad I_G = 1.3\text{ kg}\cdot\text{m}^2 \tag{4}$$

힘의 법칙 바퀴가 미끄러지지 않고 구를 수 있는 조건을 만족하는 부등식은

$$|F| \le \mu_s|N| \tag{5}$$

인데, 이 식에서 μ_s는 바퀴와 지면 간의 정지마찰계수이다.

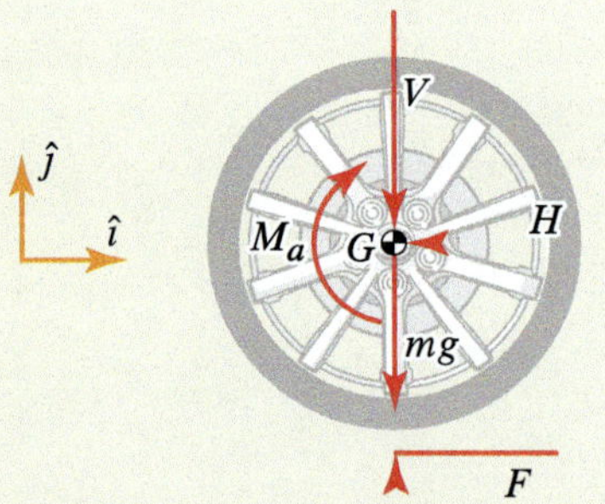

그림 3 그림 1 차량의 후륜 1개의 FBD.

운동학 방정식 차량이 수평면 위에 있으므로 바퀴의 중심은 수직운동을 할 수가 없으며, 바퀴가 미끄러짐 없이 구른다고 가정했으므로 다음 두 개의 운동학적 구속조건식을 세울 수 있다.

$$a_{Gy} = 0, \quad a_{Gx} = -r\alpha_w \tag{6}$$

이 식에서 음수 부호는 α_ω가 양의 z 방향일 때 양수로 가정했으므로 붙인 것이다.

계산 식 (6)을 식 (1)-(3)에 대입하면 미지수 N, F, α_w에 대한 세 개의 식을 세울 수 있다.

$$F - H = -mr\alpha_w \tag{7}$$

$$N - V - mg = 0 \tag{8}$$

$$Fr - M_a = I_G\alpha_w \tag{9}$$

이를 풀어 다음과 같은 결과를 구할 수 있다.

$$N = V + mg = 3196\,\text{N} \tag{10}$$

$$F = \frac{I_G H + mrM_a}{I_G + mr^2} = 2277\,\text{N} \tag{11}$$

$$\alpha_w = \frac{rH - M_a}{I_G + mr^2} = -12.9\,\text{rad/s}^2 \tag{12}$$

수치로 된 답을 구하기 위하여 이 식들에 주어진 모든 값들을 사용하였다. 이제 N과 F를 구했으므로 식 (5)를 이용하여 미끄러지지 않는 가정을 만족하는 μ_s의 최소값을 구할 수 있다.

$$\mu_s \geq \left|\frac{F}{N}\right| \quad \Rightarrow \quad \boxed{(\mu_s)_{\min} = 0.712} \tag{13}$$

마지막으로 차량이 96 km/h에 도달하는 시간을 구하기 위하여 우선 식 (6)으로부터 a_{Gx}를 구해야 한다.

$$a_{Gx} = -(0.3\,\text{m})\big(-12.9\,\text{rad/s}^2\big) = 3.87\,\text{m/s}^2 \tag{14}$$

다음으로 가속도가 일정하다고 가정했으므로 식 (2.41)을 적용하여 다음과 같은 결과를 구할 수 있다.

$$v = v_0 + a_{Gx}t \quad \Rightarrow \quad 26.67\,\text{m/s} = \big(3.87\,\text{m/s}^2\big)t \quad \Rightarrow \quad \boxed{t = 6.89\,\text{s}} \tag{15}$$

논의 및 검증

- 식 (10)-(12)에 있는 답의 차원은 모두 적확하다.
- 식 (13)의 정지마찰계수는 아스팔트 상의 타이어에 대해 적절한 값이다.
- 식 (15)의 시속 60마일 도달시간은 해석대상인 무개차량에 대한 제품보고서와 일치한다.

심층분석 바퀴에 작용하는 모든 비구속력들을 알고 있으므로 이를 이용하여 바퀴의 운동과 미끄러짐의 여부를 판단할 수 있다. 이 문제에서 우리가 결정해야 할 것 중의 하나가 미끄러지지 않고 구를 수 있는 μ_s의 최소값이므로, 미끄러지지 않는 것으로 가정하고 이 가정에 맞는 μ_s를 구하였다. 만일 미끄러짐의 조건이 주어지지 않았다면 미끄러지지 않는 것으로 가정하고 마찰력을 비교하여(정지마찰계수를 필요로 함) 이 가정의 적정성을 검증하면 된다. 바퀴가 미끄러지는 것으로 판명되면 식 (5)는 $F = \mu_k N$이 되고 식 (6)의 두 번째 식은 더 이상 성립하지 않는다.

예제 7.5 일반적인 평면운동: 예제 3.6 재구성

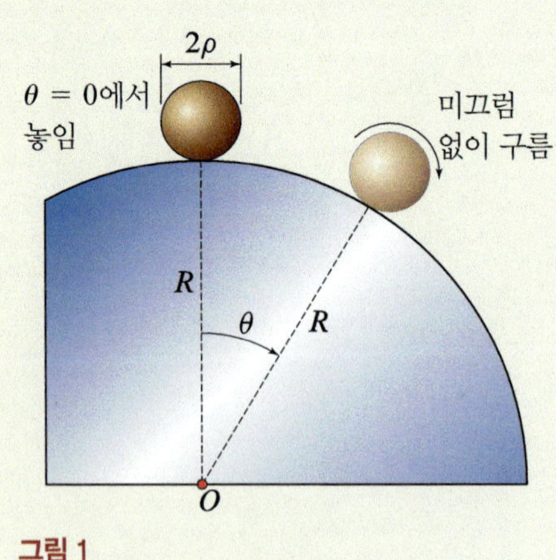

그림 1

예제 3.6에서 작은 구를 반원통 위에서 놓았다. 구를 질점으로 모델링하여 구가 $\theta = 48.2°$(그림 1 참조)에서 반원통으로부터 이탈함을 보였다. 이제 작은 구를 반지름 ρ, 질량 m인 균일한 구로 보고 이 작은 구가 반원통으로부터 분리되는 각도 θ를 구하고자 한다. 이 구를 반원통의 꼭대기에서 오른쪽으로 살짝 밀어 놓았으며, 반원통과 구 사이에는 구가 미끄러지지 않고 구를 수 있는 충분한 마찰력이 작용한다고 가정한다.

풀이 SOLUTION

로드맵과 모델링 예제 3.6에서처럼 이 문제의 핵심은 구와 반원통 사이의 수직력을 θ의 함수로 구한 후 이 수직력이 0이 되는 지점에서 분리된다고 판단하는 것이다.

구가 반원통을 타고 내려올 때 구의 FBD를 그림 2에 도시하였다. N이 0이 되는 각도를 알아내야 하기 때문에 모든 θ에서의 N을 구해야 하므로 임의의 각도 θ에서의 FBD를 그렸다. 구가 표면에서 분리될 때까지는 구의 질량중심은 원을 따라 운동하므로 극좌표를 사용하기로 한다. 구가 반원통 위를 수동적으로 구르고 있으므로, 즉 잡아 당겨지는 것이 아니므로 마찰력의 방향은 그림과 같이 도시하였다.

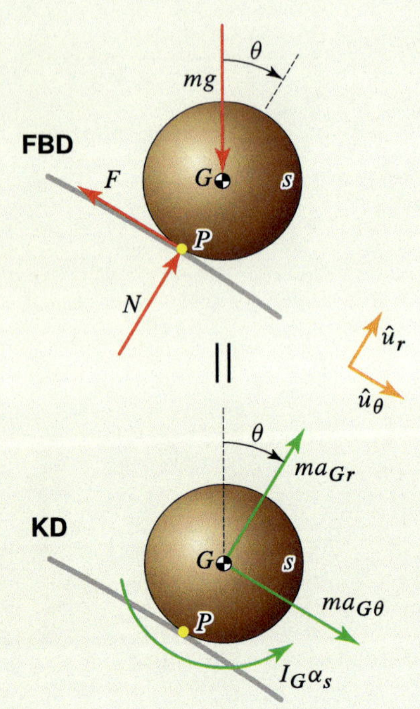

그림 2 구 s의 FBD와 임의의 각도 θ에 대한 극좌표계.

지배방정식

평형 원리 그림 2에 있는 구의 FBD와 KD를 같게 하면(이는 식 (7.15), (7.43)을 그림 2의 FBD에 적용시키는 것과 같음) 구의 뉴턴-오일러방정식은 다음과 같다.

$$\sum F_r: \quad N - mg\cos\theta = ma_{Gr} \tag{1}$$

$$\sum F_\theta: \quad -F + mg\sin\theta = ma_{G\theta} \tag{2}$$

$$\sum M_P: \quad mg\rho\sin\theta = I_G\alpha_s + \rho m a_{G\theta} \tag{3}$$

이 식들에서 m은 구의 질량, F는 구와 반원통 사이의 마찰력이고, 구의 질량관성모멘트 I_G는 다음과 같다.

$$I_G = \tfrac{2}{5}m\rho^2 \tag{4}$$

힘의 법칙 구가 미끄러지지 않고 구르고 있으므로 다음 식이 성립해야 한다.

$$|F| \le \mu_s|N| \tag{5}$$

운동학 방정식 N을 θ의 함수로 구해야 하므로, 가속도들을 θ의 함수로 구해야 한다. 우선 극좌표를 이용하여 $\vec{a}_G$를 구하면, G는 O가 중심인 원을 따라 움직이므로, 다음과 같다.

$$\vec{a}_G = -\dot{\theta}^2(R+\rho)\,\hat{u}_r + \ddot{\theta}(R+\rho)\,\hat{u}_\theta \tag{6}$$

식 (6)은 다음을 의미한다.

$$a_{Gr} = -\dot{\theta}^2(R+\rho) \tag{7}$$

$$a_{G\theta} = \ddot{\theta}(R+\rho) \tag{8}$$

이제 a_{Gr}과 $a_{G\theta}$를 θ의 함수로 구했으므로, $\alpha_s(\theta)$를 구해야 한다. 구의 각속도 $\omega_s(\theta)$를 구하고 이를 시간에 대하여 미분함으로써 이 값을 구할 수 있다.

$$\vec{v}_G = \vec{v}_P + \vec{\omega}_s \times \vec{r}_{G/P} \quad \Rightarrow \quad \dot{\theta}(R+\rho)\,\hat{u}_\theta = \vec{v}_P + \vec{\omega}_s \times \vec{r}_{G/P} \tag{9}$$

이 식에서 v_G를 극좌표를 이용하여 표기하였다. $\vec{v}_P = \vec{0}$임을 알고 있으므로 식 (9)를 성분값을 이용하여 정리하면

$$\dot{\theta}(R+\rho)\,\hat{u}_\theta = \omega_s\,\hat{u}_z \times \rho\,\hat{u}_r \quad \Rightarrow \quad \omega_s = \left(\frac{R+\rho}{\rho}\right)\dot{\theta} \tag{10}$$

이 된다. 이 식에서 $\hat{u}_z \times \hat{u}_r = \hat{u}_\theta$를 사용하였다. 식 (10)을 미분하여 다음을 얻는다.

$$\alpha_s = \left(\frac{R+\rho}{\rho}\right)\ddot{\theta} \tag{11}$$

계산 식 (4), (7), (8), (11)을 식 (1)-(3)에 대입하여 다음과 같은 운동방정식을 구할 수 있다.

$$N - mg\cos\theta = -m\dot{\theta}^2(R+\rho) \tag{12}$$

$$-F + mg\sin\theta = m\ddot{\theta}(R+\rho) \tag{13}$$

$$g\sin\theta = \tfrac{7}{5}(R+\rho)\ddot{\theta} \tag{14}$$

이 세 식들을 미지수 N, F, θ(θ를 구하기 위해서는 미분방정식을 풀어야 함)에 대하여 풀어야 한다. 그런데 우리가 원하는 값은 $N(\theta)$이다. $N(\theta)$를 구하기 위해서는, 식 (12)를 보면 $\dot{\theta}$를 θ의 함수로 구해야 함을 알 수 있다. 이 작업은 연쇄법칙을 이용하여, 즉 $\ddot{\theta} = \dot{\theta}\, d\dot{\theta}/d\theta$, 수행할 수 있다. 식 (14)를 적분하면 다음과 같다.

$$\int_0^{\dot{\theta}} \dot{\theta}\, d\dot{\theta} = \frac{5g}{7(R+\rho)} \int_0^{\theta} \sin\theta\, d\theta \quad \Rightarrow \quad \dot{\theta}^2 = \frac{10g}{7(R+\rho)}(1-\cos\theta) \tag{15}$$

식 (15)를 식 (12)에 대입하여 N을 θ의 함수로 구하면 다음과 같다.

$$N = \tfrac{1}{7}mg(17\cos\theta - 10) \tag{16}$$

$\theta_{\rm sep}$를 분리각이라 하면, 구는 다음의 각도에서 표면에서 분리된다. 즉 N이 0이 된다.

$$17\cos\theta_{\rm sep} - 10 = 0 \quad \Rightarrow \quad \theta_{\rm sep} = \pm 54.0^\circ + n360^\circ,\ n = 0, \pm 1, \ldots, \pm\infty \tag{17}$$

우리가 관심있는 영역은 $0^\circ \le \theta \le 90^\circ$이므로 의미있는 답은 오직

$$\boxed{\theta_{\rm sep} = 54.0^\circ} \tag{18}$$

이다.

논의 및 검증 이 예제를 예제 3.6과 비교해 보면, 이 예제에서처럼 물체의 운동에서 회전관성이 역할을 하는 경우 R, ρ, g, m에 관계없이 원통을 따라 6° 더 내려가서 분리되었다. 질점이 48.2°에서 분리된 것과 같은 범주에서 보면 구에 대한 결과가 정확하다는 확신을 갖게 한다.

심층분석 예제 3.6에서 원통을 타고 내려오는 물체를 질점으로 취급하였다. 접촉면에 마찰이 없다면 제한된 크기의 구는 질점과 같이 거동한다. 그러므로 이 예제에서 다음의 조건을 만족한다면 예제 3.6의 결과와 같이 될 것이다. (1) 마찰력을 0으로 계산 (2) 질량중심이 반원통의 중심 O로부터 $R+\rho$의 거리에 위치한 것으로 계산. 이 내용을 문제 7.36에서 다룰 것이다.

빠지기 쉬운 함정

식 (5)는 항상 만족하는가? 처음에 구와 표면 사이에 구가 표면에서 미끄러지지 않을 정도로 충분한 마찰력이 작용한다고 가정하였다. 그렇지 않다. 왜 그런지 간단히 살펴보기로 하자. $F(\theta)$를 구하기 위하여 식 (14)를 $\ddot{\theta}$에 대하여 풀고, 이를 식 (13)에 대입하여 F를 구하였다. $N(\theta)$는 식 (16)에서 구할 수 있다. 이 두 값의 비를 구하여 식 (5)와 비교하면 다음을 알 수 있다.

$$\mu_s = \left|\frac{F}{N}\right| = \left|\frac{2\sin\theta}{17\cos\theta - 10}\right|$$

구가 반원통을 따라 내려가 θ가 분리점에 접근하게 되면 17cosθ − 10은 0이 되며(식 (17) 참조) μ_s는 ∞가 된다. *무한대의 마찰력이 요구되므로 이 결과는 구가 분리될 때까지 미끄러지지 않고 구르는 것은 불가능함을 말해준다.*

유용한 정보

왜 구는 질점보다 6° 더 가는가? 그 해답은 물체가 원통을 따라 내려갈 때의 속도에 있다. 아직 강체의 일–에너지원리를 다루지 않았지만, 위치에너지의 감소는 같은 양의 운동에너지를 증가시킨다는 에너지보존법칙을 알고 있다. 질점과 구가 원통을 따라 내려오면 높이의 차이만큼 이 둘은 같은 양의 운동에너지가 증가한다. 질점에서는 모든 운동에너지가 속력으로 변환된다. 구에서는 일정량은 속력으로 변환되지만 나머지는 회전운동에너지로 변환된다. 구와 질점 모두 v^2/ρ가 속도가 mg의 수직성분 보다 커질 때 원통으로부터 분리된다. 구는 에너지가 일부 회전운동으로 전환되기 때문에 속력을 얻는데 좀 더 내려가야 하고, 따라서 좀 더 큰 각도에서 분리된다.

예제 7.6 일반적인 평면운동: 여러 개의 강체로 구성된 시스템

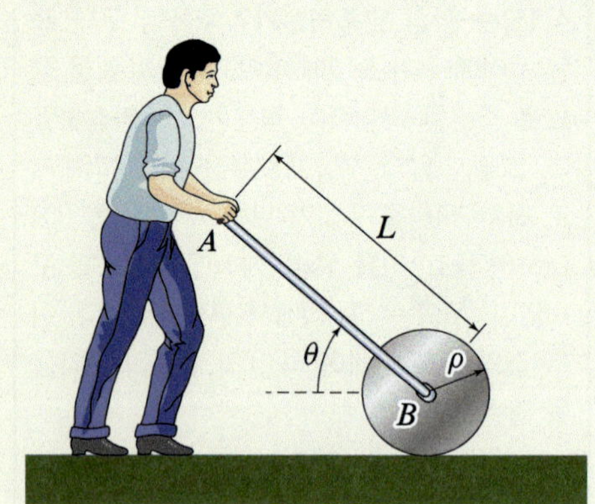

그림 1

그림 1에서 어떤 사람이 잔디깎기 핸들의 각도 θ를 40°로 유지하며 롤러의 중심 B가 오른쪽으로 일정한 가속도 0.45 m/s²으로 움직이도록 잔디깎기를 밀기 시작하였다. 롤러의 질량이 100 kg, 핸들의 질량이 4 kg, $\rho = 250$ mm, $L = 1.1$ m로 주어졌다. 이 운동을 만들 수 있도록 사람이 핸들 A에 가해야 하는 힘과 롤러가 미끄러지지 않고 구를 수 있기 위한 롤러와 지면 사이의 최소 정지마찰계수를 구하라. 롤러는 균일한 원통으로, 핸들은 가는 봉으로 보라.

풀이 SOLUTION

로드맵과 모델링 핸들의 FBD가 그림 2에, 롤러의 FBD가 그림 3에 도시되어 있다. 롤러의 질량을 m_r, 핸들의 질량을 m_h, F와 N을 각각 롤러와 지면 사이의 마찰력과 수직력으로 놓는다. 핸들과 롤러를 균일하게 보기로 하였으므로 이들의 질량중심을 각각의 도심에 위치시킨다. 두 개의 자유물체도는 이 문제에서 우리가 두 개의 강체를 해석해야 함을 의미한다. 이를 위해서 우리는 각각의 물체에 대한 뉴턴-오일러방정식을 작성하여 6개의 방정식을 세우게 될 것이다. 운동학 특성을 완전히 알고 있으므로, 미지수는 계에 작용하는 6개의 힘임을 알게 될 것이다.

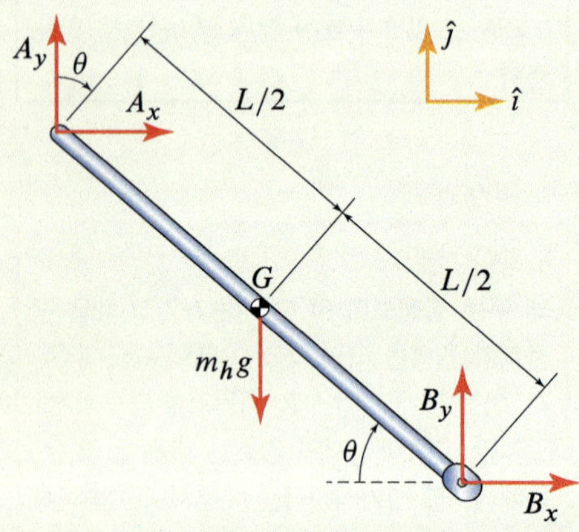

그림 2 그림 1의 잔디깎기 롤러에서 핸들의 FBD.

지배방정식

평형 원리 그림 2의 핸들의 자유물체도에 대응되는 뉴턴-오일러방정식은 다음과 같다.

$$\sum F_x: \quad A_x + B_x = m_h a_{Gx} \tag{1}$$

$$\sum F_y: \quad A_x + B_x - m_h g = m_h a_{Gy} \tag{2}$$

$$\sum M_G: \quad B_x \frac{L}{2}\sin\theta + B_y \frac{L}{2}\cos\theta - A_x \frac{L}{2}\sin\theta - A_y \frac{L}{2}\cos\theta = I_G \alpha_{AB} \tag{3}$$

이 식에서 $I_G = \frac{1}{12} m_h L^2$이다. 그림 3의 롤러의 자유물체도에 대응되는 뉴턴-오일러방정식은 다음과 같다.

$$\sum F_x: \quad -B_x - F = m_r a_{Bx} \tag{4}$$

$$\sum F_y: N - B_y - m_r g = m_r a_{By} \tag{5}$$

$$\sum M_B: \quad -F\rho = I_B \alpha_r \tag{6}$$

이 식에서 $I_B = \frac{1}{2} m_r \rho^2$이고, α_r은 롤러의 각가속도이다.

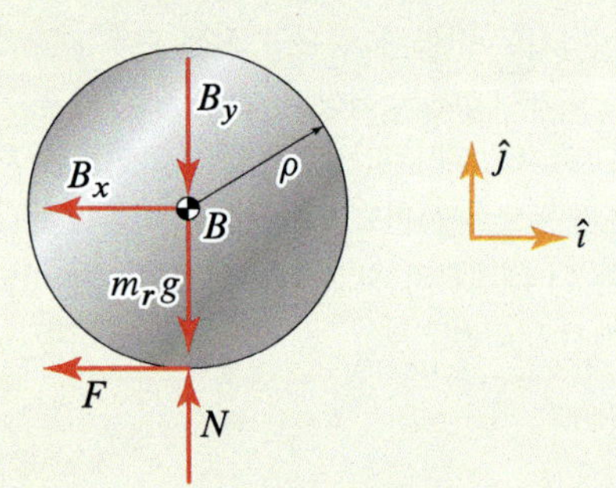

그림 3 그림 1의 잔디깎기 롤러에서 롤러의 FBD.

힘의 법칙 이 계에서 힘의 법칙은 롤러가 미끄러지지 않고 구를 수 있는 조건을 만족하는 마찰력의 부등식인데, 이는 다음과 같다.

$$|F| \le \mu_s |N| \tag{7}$$

다른 모든 힘들은 FBD에 반영되었다.

운동학 방정식 운동학적으로 θ가 일정하므로 봉 AB는 순수 병진운동을 한다. 이를 식으로 나타내면 다음과 같다.

$$\omega_{AB} = \alpha_{AB} = 0 \quad \Rightarrow \quad \vec{a}_G = \vec{a}_B \tag{8}$$

한편 롤러가 평지에서 미끄러짐 없이 굴러가고 있으므로 a_{Bx}를 알고 있으며 그 값은 주어진 가속도 0.45 m/s²이며, 또한

$$a_{By} = 0 \quad \text{and} \quad \alpha_r = -\frac{a_{Bx}}{\rho} \tag{9}$$

이다.

계산 식 (7)-(9)를 식 (1)-(6)에 대입하면 다음의 6개의 식을 얻을 수 있다.

$$A_x + B_x = m_h a_{Bx} \tag{10}$$

$$A_y + B_y - m_h g = 0 \tag{11}$$

$$\frac{L}{2}\left[(B_x - A_x)\sin\theta + (B_y - A_y)\cos\theta\right] = 0 \tag{12}$$

$$-B_x - F = m_r a_{Bx} \tag{13}$$

$$N - B_y - m_r g = 0 \tag{14}$$

$$F\rho = \tfrac{1}{2} m_r \rho a_{Bx} \tag{15}$$

이 식들을 미지수 A_x, A_y, B_x, B_y, F, N에 대하여 풀어 다음을 구할 수 있다.

$$A_x = \left(m_h + \tfrac{3}{2} m_r\right) a_{Bx} = 69.3\,\text{N} \tag{16}$$

$$A_y = \tfrac{1}{2}\left[m_h g - (m_h + 3m_r) a_{Bx} \tan\theta\right] = -37.8\,\text{N} \tag{17}$$

$$B_x = -\tfrac{3}{2} m_r a_{Bx} = -67.5\,\text{N} \tag{18}$$

$$B_y = \tfrac{1}{2}\left[m_h g + (m_h + 3m_r) a_{Bx} \tan\theta\right] = 77.0\,\text{N} \tag{19}$$

$$F = \tfrac{1}{2} m_r a_{Bx} = 22.5\,\text{N} \tag{20}$$

$$N = \tfrac{1}{2}\left[(m_h + 2m_r) g + (m_h + 3m_r) a_{Bx} \tan\theta\right] = 1060\,\text{N} \tag{21}$$

그러므로 A에 가해야 하는 힘은

$$\boxed{\vec{A} = (69.3\,\hat{\imath} - 37.8\,\hat{\jmath})\,\text{N}} \tag{22}$$

혹은 그림 4의 각도로 $|\vec{A}| = \sqrt{A_x^2 + A_y^2} = 78.9\,\text{N}$이다.

마찰력과 수직력을 구했으므로 마찰력 부등식 (7)을 이용하여 롤러가 미끄러지지 않고 구르기 위한 마찰계수를 구할 수 있다.

$$\boxed{\mu_s \geq \left|\frac{F}{N}\right| = 0.0213} \tag{23}$$

논의 및 검증 식 (16)-(21)의 최종 결과의 차원은 모두 정확하며, A에 가해지는 힘의 크기도 타당하다. 식 (23)에 따르면 롤러가 미끄러지지 않고 구르기 위해서는 그리 크지 않은 마찰력이 필요함에 유의하라. 이는 사람에 의해 롤러에 가해지는 작은 가속도에 비해 롤러의 큰 무게 때문이다.

심층분석 사람이 잔디깎기의 핸들에 가해야 하는 힘은 식 (16), (17) 또는 식 (22)로 주어진다. A에 가해져야 하는 힘이 핸들에 평행하지 않음에 주의하라. 그 이유는 핸들이 질량을 가지고 있기 때문이다. 만일 이 모델에서 m_h가 0이라면 식 (22)에서의 각도는 $-40°$가 되었을 것이며 A에서의 힘은 봉의 방향과 일치했을 것이다.

B에 작용하는 힘의 크기를 계산하면

$$|\vec{B}| = \sqrt{B_x^2 + B_y^2} = 102\,\text{N} \tag{24}$$

을 얻을 수 있는데, 이 힘은 그림 4의 B에서 핸들에 작용하는 힘이다. 봉은 양 끝에서 핀으로 연결되어 있지만 이력부재는 아님에 주의하자. 이는 두 가지 다른 이유에 기인한다. 첫째 봉의 무게를 무시하지 않았기 때문이며, 둘째 봉의 질량중심이 가속되고 있기 때문이다.

유용한 정보

6개의 연립방정식 풀기. 이 방정식들이 손계산으로 풀기에 어려운 것은 아니지만 매우 지루한 작업이다. 이러한 연립방정식은 Mathematica, Maple, MATHCAD, 또는 MATLAB과 같은 수학용 소프트웨어를 사용해도 무방하다.

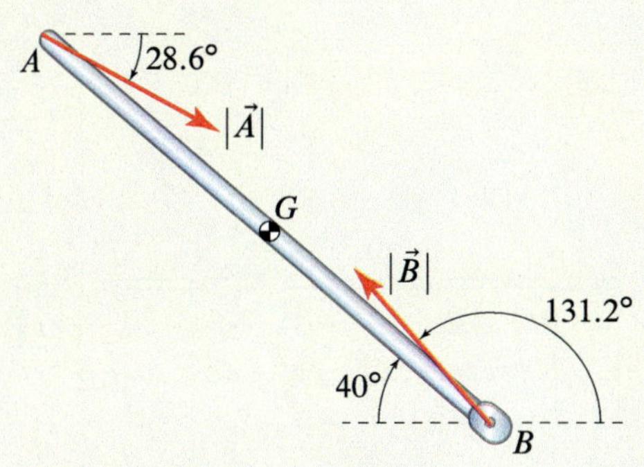

그림 4 잔디깎기 롤러 핸들의 양 끝에 작용하는 힘.

예제 7.7 일반적인 평면운동: 운동방정식의 유도

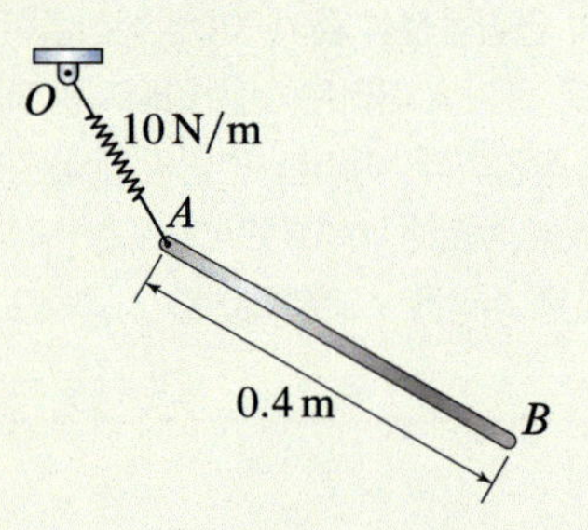

그림 1

가는 막대를 스프링이나 고무줄에 연결하고 이 스프링을 천장에 매단 후 막대를 흔들었더니 막대의 운동이 매우 복잡하게 보였다. 이 시스템의 운동방정식을 세우고, 두 가지 초기조건에 대하여 컴퓨터 시뮬레이션을 통해 막대의 운동을 분석하라. 그림 1처럼 막대의 길이 0.4 m, 질량 0.1 kg을 사용하라. 스프링은 자유길이 0.2 m, 스프링상수 10 N/m인 선형탄성으로 가정하라. 첫 번째 시뮬레이션에서는 초기조건 $\theta(0) = 30°$, $\phi(0) = 60°$, $r(0) = 0.2$ m, $\dot{\theta}(0) = \dot{\phi} = \dot{r} = 0$을 사용하고, 두 번째 시뮬레이션에서는 나머지 조건은 그대로 둔 채 $r(0) = 0.4$ m를 사용하라.

풀이 SOLUTION

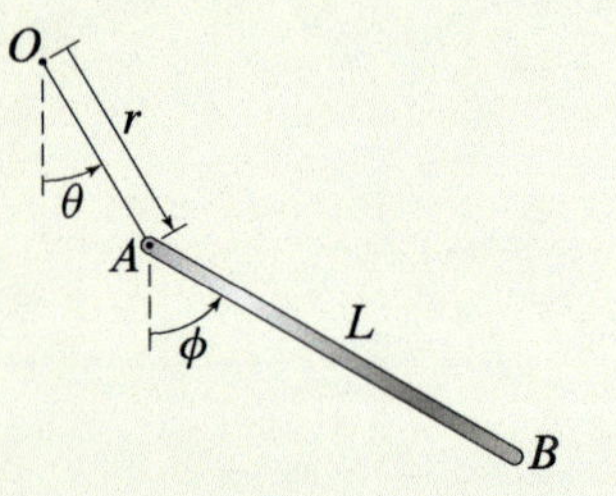

그림 2 막대의 위치를 결정하는데 필요한 좌표 r, θ, ϕ의 정의.

로드맵과 모델링 그림 2에 막대의 위치를 결정하는데 사용될 좌표 r, θ, ϕ를 도시하였다. 여기에서 r은 스프링의 길이, L은 막대의 길이이고, θ와 ϕ는 각각 수직선에 대한 스프링과 막대의 회전각을 정의한다. 스프링의 질량을 무시하면, 매달린 막대는 3자유도(점 A의 위치에 두 좌표를 부여하고, 막대의 방향에 한 좌표를 부여)를 갖는다. 그러므로 우리는 세 개의 운동방정식을 유도해야 한다. 이를 위해 그림 3에 도시된 자유물체도를 이용하여 막대에 대한 뉴턴–오일러방정식을 구하려 한다. 여기에서 F_s는 스프링이 막대에 가하는 힘이다. 자유물체도에서 두 가지 좌표계를 사용했음에 주의하라. 고정 직각좌표계와 스프링(즉 스프링의 힘)과 나란한 극좌표인데, 이는 점 A의 운동을 기술하는데 사용된다.

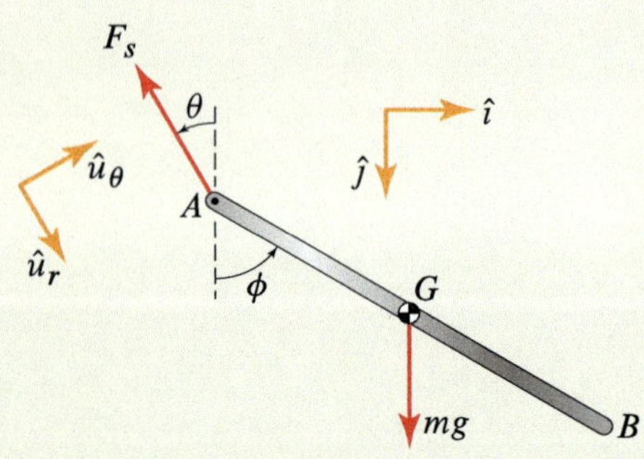

그림 3 그림 1의 가는 막대의 FBD.

지배방정식

평형 원리 그림 3의 자유물체도에 대응되는 뉴턴–오일러방정식은 다음과 같다.

$$\sum F_x: \quad -F_s \sin\theta = m a_{Gx} \tag{1}$$

$$\sum F_y: \quad mg - F_s \cos\theta = m a_{Gy} \tag{2}$$

$$\sum M_G: \quad \vec{r}_{A/G} \times \vec{F}_s = I_G \alpha_{AB}\,\hat{k} \tag{3}$$

이 식에서 $I_G = \frac{1}{12} mL^2$,

$$\vec{r}_{A/G} = \tfrac{L}{2}(-\sin\phi\,\hat{\imath} - \cos\phi\,\hat{\jmath}), \quad \vec{F}_s = F_s(-\sin\theta\,\hat{\imath} - \cos\theta\,\hat{\jmath}) \tag{4}$$

이며, α_{AB}는 막대의 각가속도이다. 식 (4)를 식 (3)에 대입하고 삼각함수의 덧셈공식 $\sin\phi\cos\theta - \sin\theta\cos\phi = \sin(\phi - \theta)$를 적용하면 식 (3)은 다음과 같이 된다.

$$\tfrac{1}{2} L F_s \sin(\phi - \theta) = I_G \alpha_{AB} \tag{5}$$

힘의 법칙 그림 3에서 계산되지 않은 힘은 다음 식으로 주어지는 선형 탄성 스프링의 작용력으로 다음과 같다.

$$F_s = k(r - r_0) \tag{6}$$

이 식에서 r_0는 스프링의 자유길이이다.

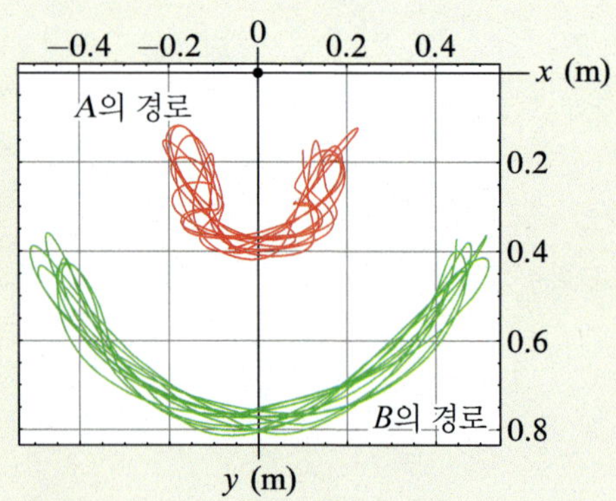

그림 4 첫 번째 초기조건에 대한 양 끝점 A와 B의 궤적.

운동학 방정식 막대의 위치를 정하기 위하여 세 개의 좌표 r, θ, ϕ를 사용하였으므로, $\vec{a}_G$와 α_{AB}를 이 좌표값들과 그 미분값으로 표시하여야 한다. 다음 식과 같이 $\vec{a}_G$를 $\vec{a}_A$에 관계시킴으로써 이 작업을 수행한다.

$$\vec{a}_G = \vec{a}_A + \vec{\alpha}_{AB} \times \vec{r}_{G/A} - \omega_{AB}^2 \vec{r}_{G/A} \tag{7}$$

이 식에서 ω_{AB}는 막대의 각속도로 다음과 같이 쓸 수 있다.

$$\vec{\alpha}_{AB} = -\ddot{\phi}\,\hat{k}, \quad \omega_{AB} = -\dot{\phi}, \quad \vec{r}_{G/A} = -\vec{r}_{A/G} = \tfrac{L}{2}(\sin\phi\,\hat{\imath} + \cos\phi\,\hat{\jmath}) \tag{8}$$

그림 3에서 정의된 극좌표를 사용하면 $\vec{a}_A$는 다음과 같이 쓸 수 있다.

$$\vec{a}_A = (\ddot{r} - r\dot{\theta}^2)\,\hat{u}_r + (r\ddot{\theta} + 2\dot{r}\dot{\theta})\,\hat{u}_\theta \tag{9}$$

이 식에서

$$\hat{u}_r = \sin\theta\,\hat{\imath} + \cos\theta\,\hat{\jmath} \quad \text{and} \quad \hat{u}_\theta = \cos\theta\,\hat{\imath} - \sin\theta\,\hat{\jmath} \tag{10}$$

식 (8)-(10)을 식 (7)에 대입하면 $\vec{a}_G$의 성분들은 다음과 같이 된다.

$$a_{Gx} = (\ddot{r} - r\dot{\theta}^2)\sin\theta + (r\ddot{\theta} + 2\dot{r}\dot{\theta})\cos\theta + \tfrac{L}{2}\ddot{\phi}\cos\phi - \tfrac{L}{2}\dot{\phi}^2\sin\phi \tag{11}$$

$$a_{Gy} = (\ddot{r} - r\dot{\theta}^2)\cos\theta - (r\ddot{\theta} + 2\dot{r}\dot{\theta})\sin\theta - \tfrac{L}{2}\ddot{\phi}\sin\phi - \tfrac{L}{2}\dot{\phi}^2\cos\phi \tag{12}$$

계산 모든 것을 종합하였으므로 운동방정식은 식 (6), (8), (11), (12)를 식 (1), (2), (5)에 대입하여 세 개의 운동방정식을 구한다.

$$(\ddot{r} - r\dot{\theta}^2)\sin\theta + (r\ddot{\theta} + 2\dot{r}\dot{\theta})\cos\theta + \tfrac{L}{2}\ddot{\phi}\cos\phi - \tfrac{L}{2}\dot{\phi}^2\sin\phi + \frac{k}{m}(r - r_0)\sin\theta = 0 \tag{13}$$

$$(\ddot{r} - r\dot{\theta}^2)\cos\theta - (r\ddot{\theta} + 2\dot{r}\dot{\theta})\sin\theta - \tfrac{L}{2}\ddot{\phi}\sin\phi - \tfrac{L}{2}\dot{\phi}^2\cos\phi + \frac{k}{m}(r - r_0)\cos\theta = g \tag{14}$$

$$\frac{L}{6}\ddot{\phi} + \frac{k}{m}(r - r_0)\sin(\phi - \theta) = 0 \tag{15}$$

➡ 막대의 운동을 컴퓨터 시뮬레이션한 결과를 그림 4~7에 도시하였다. ⬅

논의 및 검증

- 식 (13), (14)의 모든 항들은 m으로 나누어져 있다. 따라서 가속도의 단위를 가져야 하며, 실제로 그렇다.
- 식 (15)의 모든 항들은 mL로 나누어져 있다. 따라서 가속도의 단위를 가져야 하며, 실제로 그렇다.

심층분석 그림 4, 5는 각각 첫 번째와 두 번째 초기조건으로 놓여진 후 10초 동안 막대의 양 끝점의 궤적을 보여준다. 첫 번째 초기조건은 스프링이 자유길이 상태에서 막대를 놓았으며, 두 번째 초기조건은 스프링이 자유길이의 2배 만큼 늘어난 상태에서 (나머지 모든 조건은 동일) 막대를 놓은 것이다. 두 번째의 경우 시스템에 추가적인 초기 에너지를 가함으로써 급격한 운동의 지속적 발생을 초래하였다. 즉 막대의 운동을 매우 불규칙하게 만들었다.

그림 6, 7은 처음 10초 동안 가는 막대의 움직임에 대한 스트로보스코프 영상들을 보여준다. 두 그림 모두 처음 영상은 옅은 회색("initial"이라고 표시)이고 운동이 진행될수록 점점 짙은 보라색(최종 영상은 "final"이라고 표시)으로 변해간다. 영상들 간의 시간은 0.5초이다. 이 영상들은 첫 번째 초기조건의 규칙적인 운동과 두 번째 초기조건의 불규칙적인 운동을 보여준다. 이 문제와 같이 운동이 비선형 미분방정식으로 표현되는 시스템은 어떻게 운동이 시작되는가에 매우 민감할 수 있다. 이것이 카오스 이론의 주제 중 하나이다.[7]

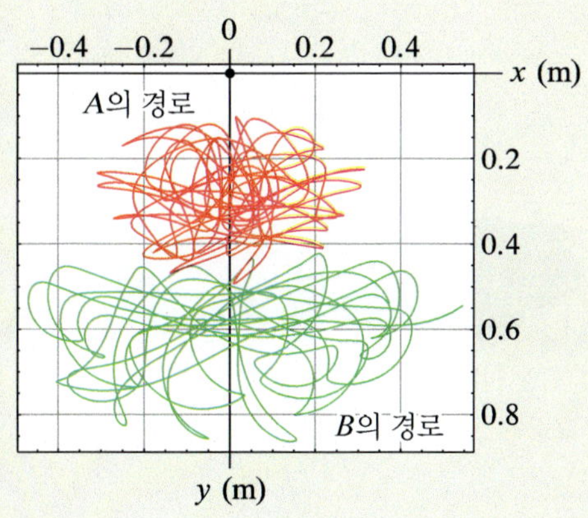

그림 5 두 번째 초기조건에 대한 양 끝점 A와 B의 궤적.

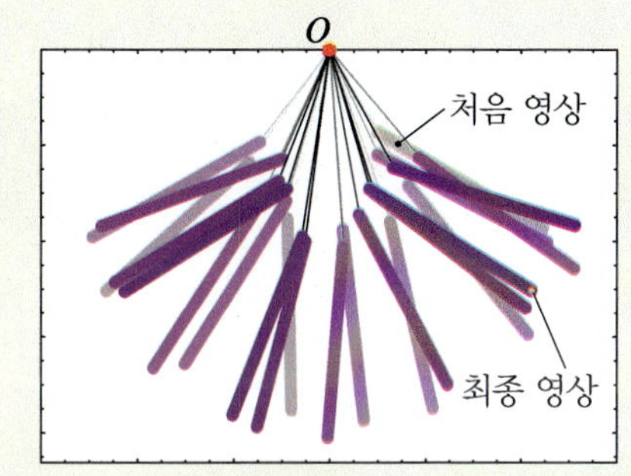

그림 6 첫 번째 초기조건에 대한 연속 스트로보스코프 영상.

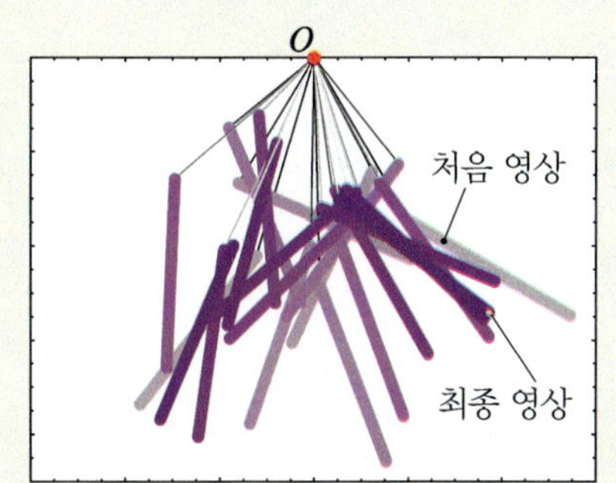

그림 7 두 번째 초기조건에 대한 연속 스트로보스코프 영상.

7) S. H. Strogatz, *Nonlinear Dynamics and Chaos: With Applications to Physics, Biology, Chemistry and Engineering*, Perseus Books, Reading, Mass., 1994 참조.

문제

병진운동

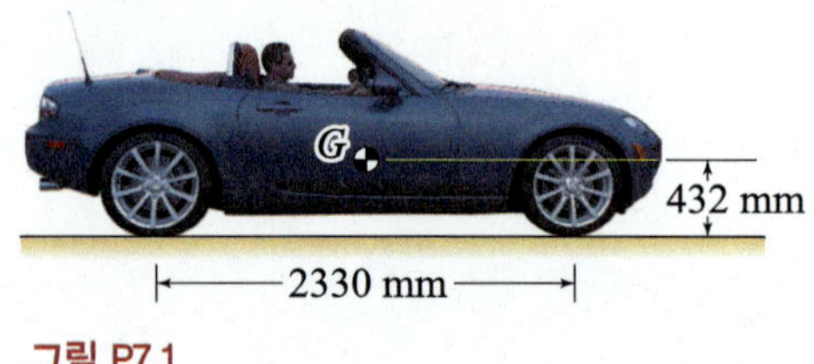

그림 P7.1

문제 7.1

1250 kg인 무개차량의 질량이 전륜과 후륜에 균등하게 배분되어 있으며, 이 차량이 정지상태에서 100 km/h까지 가속하는데 7.0초 걸린다. 가속도가 일정하고, 후륜이 미끄러지지 않는다면 지면에서 전륜과 후륜의 각 바퀴에 가해지는 힘을 구하라. 그리고 이 운동을 가능하게 하는 정지마찰계수의 최소값을 구하라. 질량이 왼쪽과 오른쪽에 균등하게 배분되었다고 가정하고, 전륜의 회전관성은 무시하라. 전륜은 자유롭게 구른다고 가정하라.

문제 7.2

컨베이어가 일정한 속력 $v_0 = 5.5$ m/s로 캔을 운반하고 있다. 포장을 위한 다음 단계로 넘어 갈 때에는 A에서 정지된 평면으로 옮겨진다. 캔의 질량이 0.432 kg이고 $w = 69$ mm, $h = 127$ mm, 캔과 정지된 평면 사이의 운동마찰계수가 $\mu_k = 0.3$일 때 각 캔이 정지하는데 걸리는 시간과 거리를 구하라. 캔이 넘어지지 않음을 보이라. 캔은 균일한 원통으로 보라.

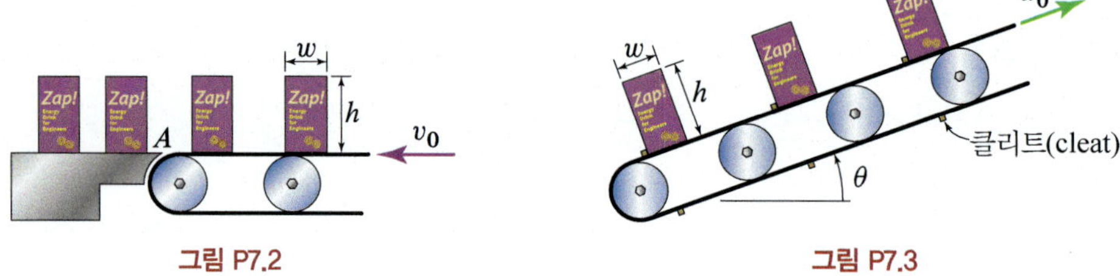

그림 P7.2

그림 P7.3

문제 7.3

캔이 받침목 위로 넘어지지 않는 컨베이어의 최대가속도 a_0를 구하라. 받침목은 캔의 미끄러짐을 방지하며 캔의 넘어짐을 좌우할 정도로 높지 않다. 캔은 질량 m의 균일한 원통으로 보라.

그림 P7.4, P7.5

문제 7.4

어떤 사람이 질량 $m = 38$ kg, $h = 0.75$ m, $d = 0.25$m, $\ell_A = 0.28$ m, $\ell_B = 0.36$ m인 잔디깎기를 밀고 있다. 이 사람이 잔디깎기를 미는 힘은 수평방향이고 잔디깎기의 질량중심은 G로 가정하고, 바퀴의 회전관성을 무시했을 때 후륜(A로 표시)이 지면에서 들리는 최소의 힘을 구하라. 이때 잔디깎기의 가속도를 구하라.

문제7.5

그림의 잔디깎기가 자주식, 즉 후륜이 바퀴와 지면 사이의 마찰력으로 잔디깎기를 전진시킨다. 사람이 수평력을 가할 때, 이 힘이 후륜의 추진력을 돕는가 혹은 방해하는가? 즉 후륜이 미끄러지기가 쉬워지는가 혹은 어려워지는가?

주의 개념 문제는 계산이 아닌 설명이 필요하다.

문제 7.6, 7.7

균일한 가는 봉 AB의 질량이 $m_{AB} = 68$ kg, 상자의 질량이 $m_c = 227$ kg이다. 봉 AB는 상자를 담고 있는 격자창에 고정되어 있다. 격자창의 질량을 무시하고, 상자의 질량은 고르게 분포되어 있다고 가정하라. 한편, $L = 2.6$ m, $d = 0.76$ m, $h = 1.2$ m, $w = 1.8$ m이다.

문제 7.6 활차(trolley)의 가속도가 $a_0 = 3.35\ \text{m/s}^2$이고, 봉–상자계가 활차와 같이 움직일 때 θ를 구하라.

문제 7.7 봉–상자계가 활차와 같이 움직이고, $\theta = 26°$일 때 활차의 가속도 a_0를 구하라.

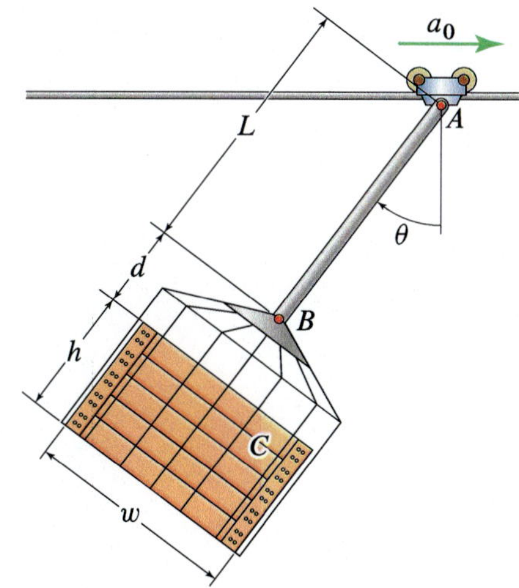

그림 P7.6, P7.7

문제 7.8

컨베이어 벨트가 정지해 있는 캔들을 $v = 5.5$ m/s까지 가능한 빨리 가속해야 한다. 모든 캔을 질량 0.5 kg의 균일한 원통으로 보고, 캔이 쓰러지거나 미끄러지지 않고 v에 도달할 수 있는 최소 시간을 구하라. 가속도는 일정하다고 가정하고, $w = 69$ mm, $h = 127$ mm, $\mu_s = 0.5$를 사용하라.

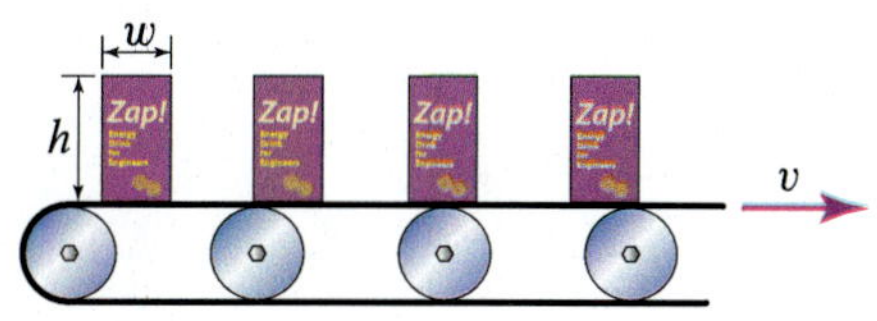

그림 P7.8

문제 7.9

질량 $m_{AB} = 75$ kg, 길이 $L = 4.5$ m인 균일한 가는 봉 AB가 수평한 레일 위를 가속도 $a_0 = 3\ \text{m/s}^2$으로 움직이는 활차에 A에서 핀으로 연결되어 있다. 균일하게 분포된 질량 $m_c = 250$ kg, 높이 $h = 1.5$ m, 폭 $w = 2$ m의 상자는 질량을 무시할 수 있는 격자창에 담겨 있고, 격자창은 B에서 AB와 핀으로 연결되어 있다. B와 상자 윗면의 거리는 $d = 0.75$ m이다. 봉과 상자가 활차와 같이 병진운동 할 때 각도 ϕ와 θ를 구하라.

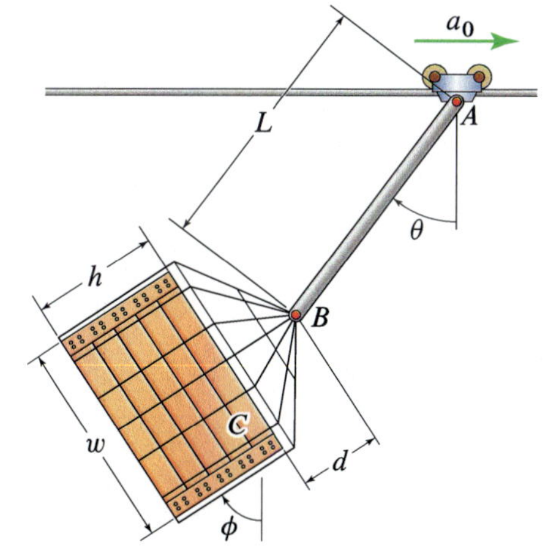

그림 P7.9

문제 7.10

질량중심이 A인 1500 kg의 전륜구동차가 질량중심이 B인 1950 kg의 트레일러를 견인하고 있다. 차와 트레일러는 정지상태에서 출발하여 18초 만에 100 km/h 도달하도록 균일하게 가속되고 있다. 모든 바퀴에 작용하는 힘과 트레일러가 차에 가하는 힘을 구하라. 또한 차의 바퀴가 미끄러지지 않을 마찰계수의 최소값을 구하라. 차와 트레일러는 횡방향으로 대칭이고 바퀴의 회전관성은 무시할 수 있다고 가정한다. 트레일러의 질량중심은 차축의 바로 위에 위치한다.

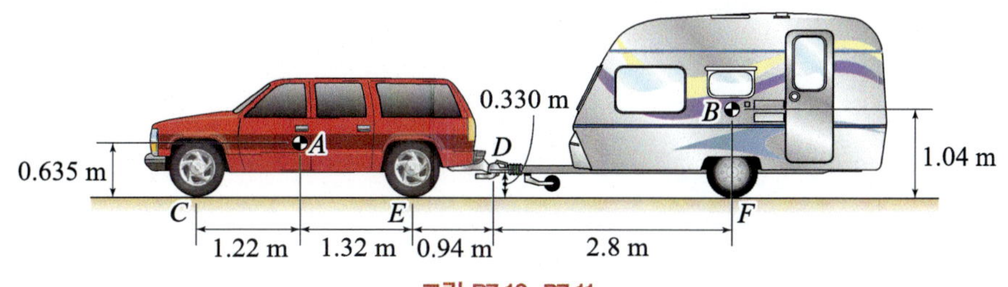

그림 P7.10, P7.11

문제 7.11

1950 kg의 트레일러를 견인하고 있는 1500 kg의 전륜구동차가 100 km/h로 주행하다가 정지하기 위하여 브레이크를 작동시켰다. 자동차의 네 바퀴 모두에 브레이크가 작동하고 $\mu_s = 0.85$로 가정했을 때, 제동거리, 네 바퀴에 걸리는 힘, 트레일러가 차량에 가하는 힘을 구하라. 차와 트레일러는 횡방향으로 대칭이고, 트레일러의 질량중심은 차축의 바로 위에 위치한다.

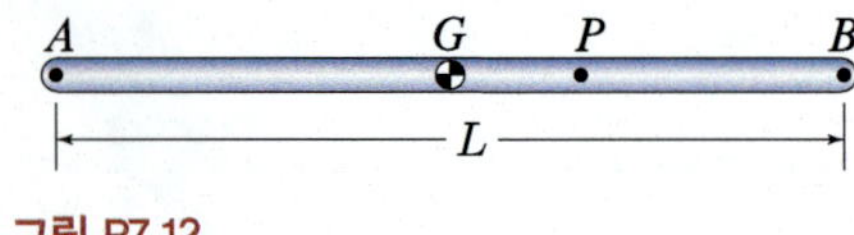

그림 P7.12

고정축에 대한 회전운동

문제 7.12

질량 m, 길이 L이고 양단이 핀으로 고정된 가는 막대의 동역학적 등가 질량계를 구하라. 이때 554쪽에 있는 등가계의 세 가지 조건을 이용하라.

1. 질량 m_1을 A에 놓았을 때, m_1의 크기와 질량 m_2의 위치 P와 크기를 구하라.
2. 질량 m_1을 점 A에, 질량 m_2를 점 B에 놓았을 때, m_1과 m_2의 크기 및 추가적으로 필요한 질량관성모멘트 $(I_G)_{extra}$를 구하라.

힌트: 동역학적 등가 질량계에 질량이 없고 음의 질량관성모멘트 $(I_G)_{extra}$를 갖는 물체를 필요로 한다.

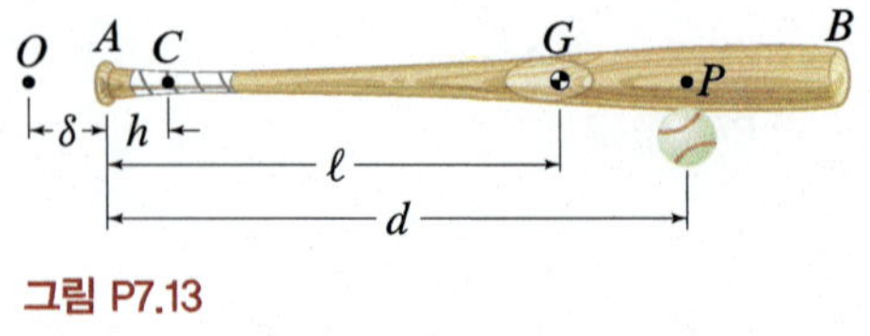

그림 P7.13

문제 7.13

552쪽의 간단한 예제의 충격중심에 계속하여 회전중심 O가 타자의 질량중심에 가까이 있어 배트의 꼭지 A로부터 $\delta = 0.075$ mm의 거리에 있다고 가정한다. 꼭지 A에 대한 충격중심 P의 위치를 구하고, P의 위치는 타자가 배트를 쥐고 있는 점 C의 위치와 관계가 없음을 보이라. P는 타격시 이 점에 공을 맞혔을 때, 공이 아무리 큰 힘을 배트에 가한다 하더라도 C에서 배트를 잡고 있는 타자가 아무런 횡력(즉 배트에 수직한 힘)을 느끼지 못하는 점임을 상기하라. 배트의 질량은 m, 질량중심은 G, 질량관성모멘트는 I_G로 가정하라. 답을 메이저리그에서 사용하는 질량 1 kg, 길이 0.85 m, $\ell = 0.57$m, $I_G = 0.056$ kg · m^{2}의 배트에 대하여 계산하라. 배트의 무게는 무시하라.

문제7.14

예제 7.2의 원심분리기 로터와 시험관에 대하여 모든 시험관이 수평의 위치에 고정되어 있고, 로터는 정지상태에서 60,000 rpm까지 9.5분 동안 일정하게 가속된다고 가정한다. 회전하는 동안 시험관에 가해지는 힘과 모멘트를 시간의 함수로 구하라. 시험관과 그 내용물은 질량 10 g의 균일한 원통으로 가정하고, 중력은 무시하라.

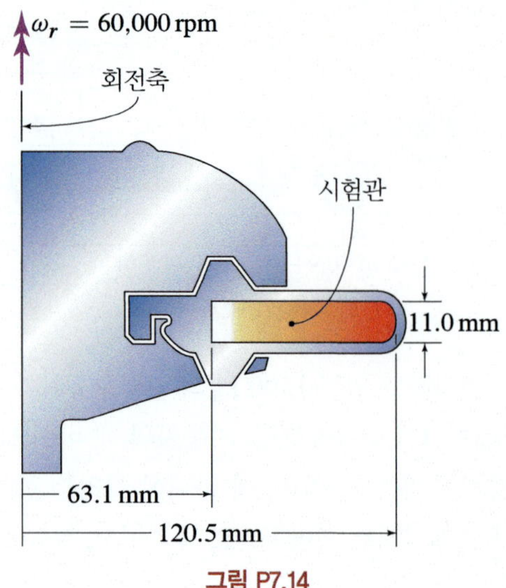

그림 P7.14

문제 7.15

대문이 오른쪽 끝 점에서 힌지되어, 힘 P에 의해 열린다. 문이 열릴 때 어느 점에 힘 P가 가해져야(즉, A가 어디에 위치해야) 문이 힌지에 가하는 힘이 늘 문과 평행할 수 있는가? 대문의 중력은 무시하고, 사진의 아래 그림과 같이 대문을 균일한 가는 막대로 모델링 하라.

주의 개념 문제는 계산이 아닌 설명이 필요하다.

그림 P7.15-P7.17

문제 7.16, 7.17

대문이 오른쪽 끝 점에서 힌지되어 수평면에서 자유롭게 회전하고 있다. 대문은 힌지로부터 d의 거리에 있는 점 A에서 늘 대문에 수직한 힘 P를 받고 있다. 대문의 질량은 $m = 100$ kg, 질량중심은 대문의 양 끝점에서 $w/2$에 위치한 G에 위치하며, $w = 4.8$ m이다. 초기에 대문은 정지해 있다고 가정하고, 사진의 아래 그림과 같이 대문을 균일한 가는 막대로 모델링 하라.

문제 7.16 힘 $P = 88$ N이 문의 질량중심에 가해진다(즉 $d = w/2$). 힘 P가 2초 동안 작용하였을 때 힌지 O의 반력을 구하라.

문제 7.17 힘 $P = 88$ N이 문의 충격중심에 가해진다. 힘 P가 2초 동안 작용하였을 때 힌지 O의 반력을 구하라.

문제 7.18

길이 L, 질량 m인 가는 막대가 정지상태에서 그림과 같이 수평 상태에서 놓여진다. 막대의 끝에서 d의 거리에서 핀으로 연결했을 때 최대의 각가속도 α_{max}를 얻을 수 있는 d를 구하라. 또한 α_{max}의 값을 구하라.

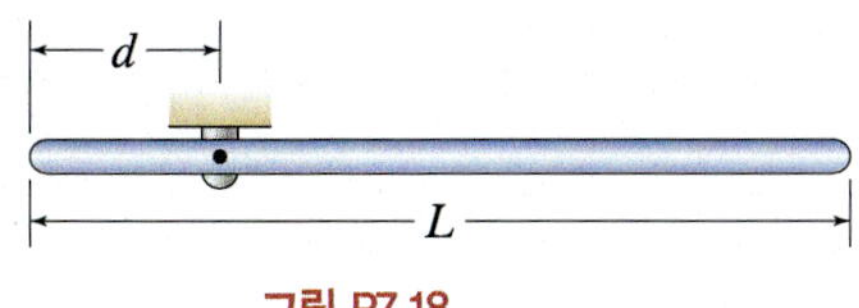

그림 P7.18

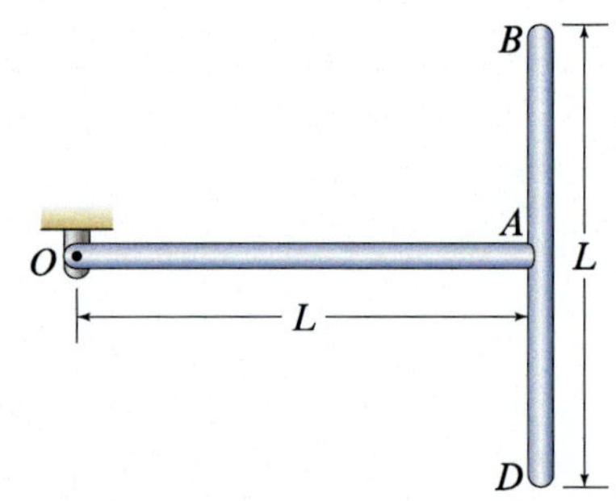

그림 P7.19, P7.20

문제 7.19, 7.20

길이 $L = 1.5$ m, 질량 $m = 12$ kg인 두 개의 봉 OA와 BD로 구성된 T형 봉이 O에서 마찰이 없는 핀으로 연결되어 있다. 봉은 A에서 용접되었으며 수직면 상에 있다.

문제 7.19 봉이 그림과 같은 위치에서 정지상태에서 놓여질 때, 놓여진 직후에 핀 O에 가해지는 힘과 봉의 각가속도를 구하라.

문제 7.20 그림과 같은 위치에서 봉이 시계방향의 각속도 $\omega_0 = 7$ rad/s로 회전할 때, 핀 O에 가해지는 힘과 봉의 각가속도를 구하라.

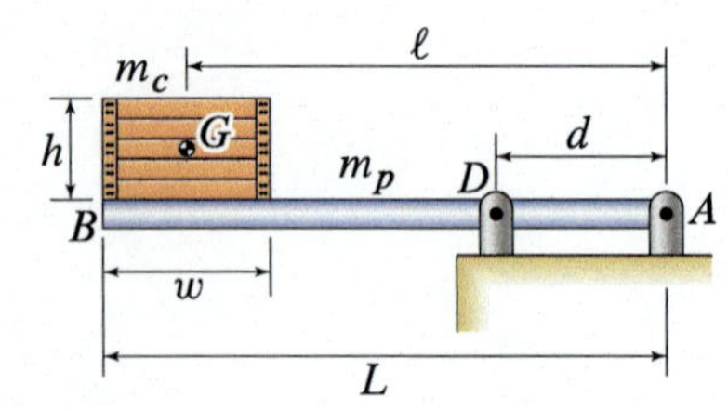

그림 P7.21

문제 7.21

길이 L, 질량 m_p인 균일한 얇은 평판 AB가 A와 D에서 핀으로 고정되어 있다. 높이 h, 폭 w, 질량 m_c인 상자가 핀 A로부터 ℓ의 위치에 놓여 있다. 핀 A가 부러질 때 시스템은 정지해 있었다. 핀 A가 부러진 직후에 평판과 상자의 각가속도와 핀 D가 평판에 가하는 힘을 구하라. 핀이 부러진 직후 상자와 평판은 분리되지 않는다고 가정하라.

일반적인 평면운동

문제 7.22

각각의 질량이 m, 반경이 r인 구, 원통, 가는 링이 똑같은 경사면에서 놓여졌다. 셋 모두가 미끄러짐 없이 구른다고 가정할 때, 어느 것이 가장 큰 초기 가속도를 가지겠는가? 또한 어느 것이 가장 빨리 경사면의 바닥에 도달하겠는가?

주의 개념 문제는 계산이 아닌 설명이 필요하다.

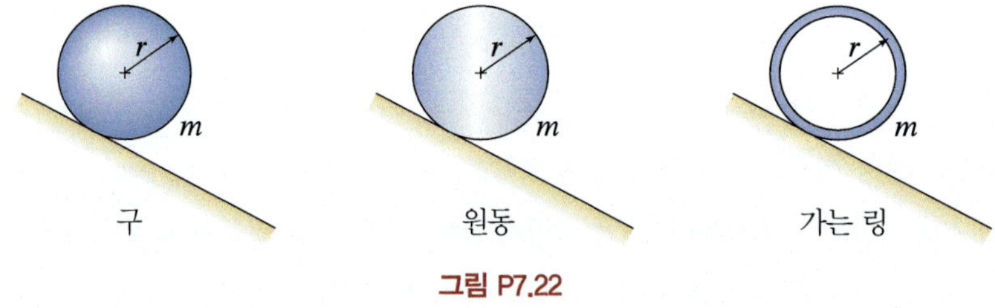

그림 P7.22

문제 7.23, 7.24

반경 r, 질량 m, 회전반경 k_G인 볼링공이 정지상태에서 수평면에서 경사각 θ인 표면이 거친 경사면에 놓여졌다. 공과 경사면 사이의 정지마찰계수와 운동마찰계수는 각각 μ_s와 μ_k이다. 질량중심 G는 도심과 일치한다고 가정한다.

문제 7.23 공이 미끄러짐 없이 구른다고 가정하고 공의 각가속도와 경사면과 공 사이에 작용하는 마찰력과 수직력을 구하라. 또한 이 운동이 가능한 μ_s의 최소값을 구하라.

문제 7.24 공의 질량을 6.4 kg, 반경을 108 mm, 회전반경을 $k_G = 66$ mm로 주고, 경사면의 길이가 3 m일 때, 공이 경사면의 바닥에 도달하는 시간과 공이 바닥에 도달했을 때 점 G의 속도를 구하라. $\theta = 40°$, $\mu_s = 0.2$, $\mu_k = 0.15$를 사용하라.

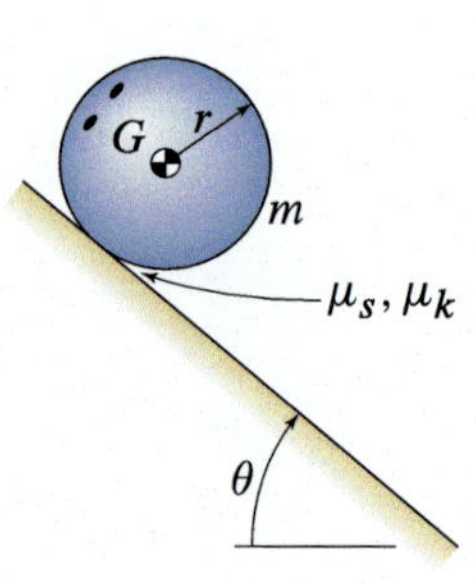

그림 P7.23, P7.24

문제 7.25, 7.26

볼링공이 역회전 각속도 ω_0와 전진속도 v_0로 레인에 던져졌다. 공의 질량이 m, 반경이 r, 회전반경이 k_G이며, 공과 레인 사이의 운동마찰계수는 μ_k이다. 질량중심 G는 도심과 일치한다고 가정한다.

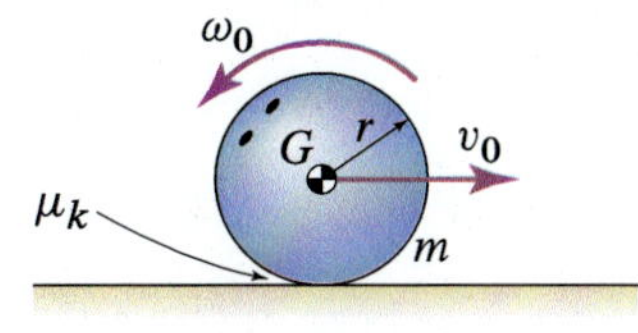

그림 P7.25, P7.26

문제 7.25 공이 미끄러지는 동안 G의 가속도와 공의 각가속도를 구하라.

문제 7.26 공의 질량이 6.4 kg, r = 108 mm, k_G = 66mm, ω_0 = 10 rad/s, v_0 = 27 km/h일 때, 공이 미끄러지지 않고 구를 때까지 걸리는 시간과 그때까지 공이 이동한 거리를 구하라. μ_k = 0.10을 사용하라.

문제 7.27, 7.28

볼링공이 전진회전 각속도 ω_0와 전진속도 v_0로 레인에 던져졌다. 공의 질량이 m, 반경이 r, 회전반경이 k_G이며, 공과 레인 사이의 운동마찰계수는 μ_k이다. 질량중심 G는 도심과 일치한다고 가정한다.

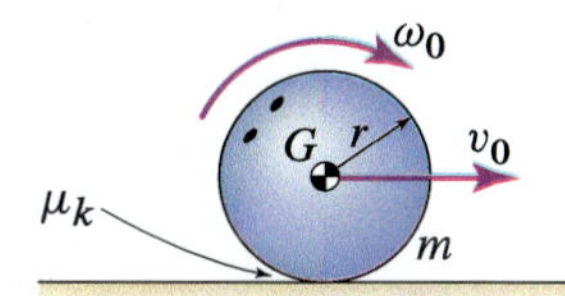

그림 P7.27, P7.28

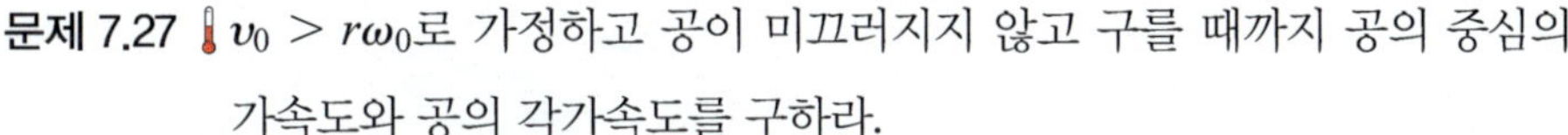

문제 7.27 $v_0 > r\omega_0$로 가정하고 공이 미끄러지지 않고 구를 때까지 공의 중심의 가속도와 공의 각가속도를 구하라.

문제 7.28 $v_0 < r\omega_0$로 가정하고 공이 미끄러지지 않고 구를 때까지 공의 중심의 가속도와 공의 각가속도를 구하라.

문제 7.29

상자가 미끄러지며 기울어진다고 가정하고 예제 7.3을 풀어라. 이 과정에서 답의 일부가 물리적으로 타당하지 않기 때문에 주어진 조건에서 이 운동이 가능하지 않음을 보여라.

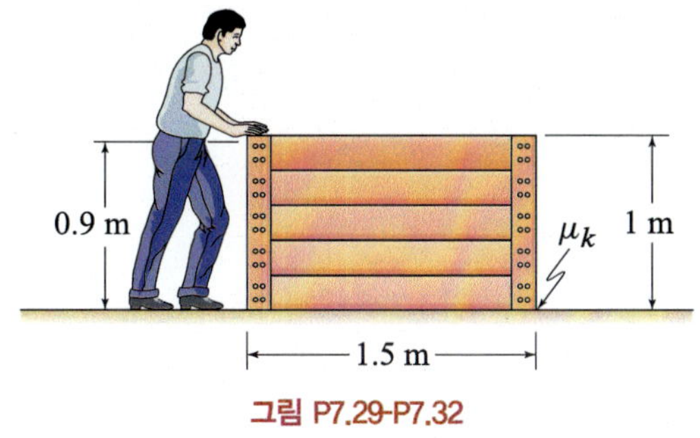

그림 P7.29-P7.32

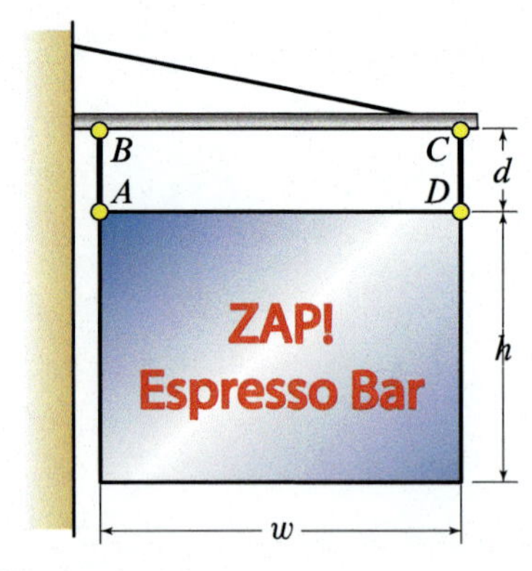

그림 P7.30, P7.31

문제 7.30, 7.31

질량이 균일하게 분포된 $m = 30$ kg, $h = 1.5$ m, $w = 2$ m, $d = 0.6$ m인 간판이 줄 AB가 끊어지는 순간 정지해 있었다.

문제 7.30 줄 AB와 CD가 늘어나지 않고 질량을 무시할 수 있을 때, AB가 끊어진 직후 줄 CD의 장력과 간판의 질량중심의 가속도를 구하라.

문제 7.31 줄 AB와 CD가 질량은 무시할 수 있고 탄성계수가 $k = 8000$ N/m인 고무줄일 때, AB가 끊어진 직후 줄 CD의 장력과 간판의 질량중심의 가속도를 구하라.

문제 7.32

상자가 이제 막 기울어진다고 가정하고 예제 7.3을 풀어라. 이 과정에서 답의 일부가 물리적으로 타당하지 않기 때문에 주어진 조건에서 이 운동이 가능하지 않음을 보여라.

문제 7.33

예제 7.5를 참고하여(물체가 미끄러짐 없이 구른다고 가정할 수 있도록 예제 7.5의 빠지기 쉬운 함정은 무시한다) 공 대신 질량 m, 반경 ρ인 균일한 원통을 굴렸을 때 결과가 어떻게 달라지는가?

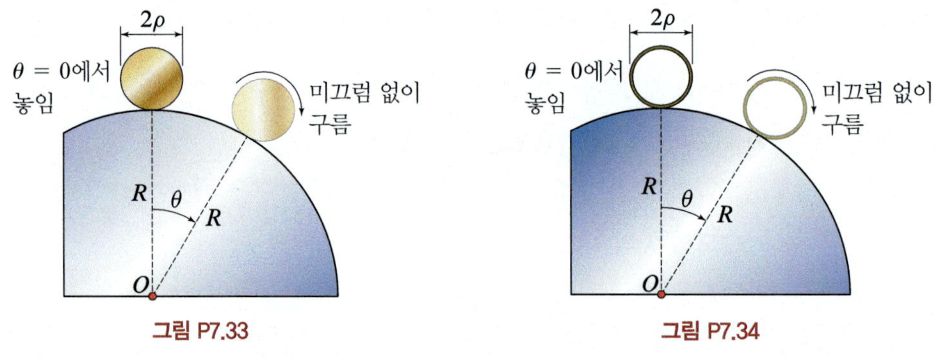

그림 P7.33

그림 P7.34

문제 7.34

예제 7.5를 참고하여(물체가 미끄러짐 없이 구른다고 가정할 수 있도록 예제 7.5의 빠지기 쉬운 함정은 무시한다.) 공 대신 질량 m, 반경 ρ인 균일한 가는 링을 굴렸을 때 결과가 어떻게 달라지는가?

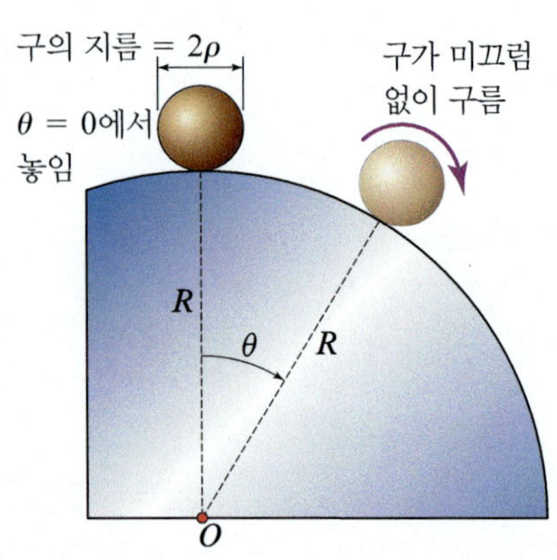

그림 P7.35

문제 7.35

예제 3.6(반원통으로부터 분리되는 질점)과 예제 7.5(반원통으로부터 분리되는 구)를 참고하여 다음에 대하여 답하라.

(a) 질점과 구가 각각 반원통으로부터 분리되는 순간 각각의 속도를 구하라.

(b) 이 결과의 차이를 설명하라.

(c) 구와 질점이 같은 속도에서 분리될 수 있는 구의 반경 ρ를 구하라.

문제 7.36

예제 3.6과 예제 7.5를 참고하여 구와 반원통 사이에 마찰이 없다면 구가 동역학적으로 질점과 같이 거동함을 보이라. 이는 구가 질점과 같은 위치에서 반원통으로부터 분리됨을 의미한다.

문제 7.37

질량 m인 스풀의 안쪽 바퀴에 감겨있는 줄이 A에서 일정한 힘 P로 수직으로 당겨져 스풀을 수평한 봉 BD 위를 구르게 하고 있다. 줄은 늘어나지 않고 질량을 무시할 수 있으며, 스풀은 미끄러짐 없이 구르고 회전반경을 k_G로 가정한다. 스풀의 각가속도와 스풀과 봉 사이에 작용하는 모든 힘을 구하라.

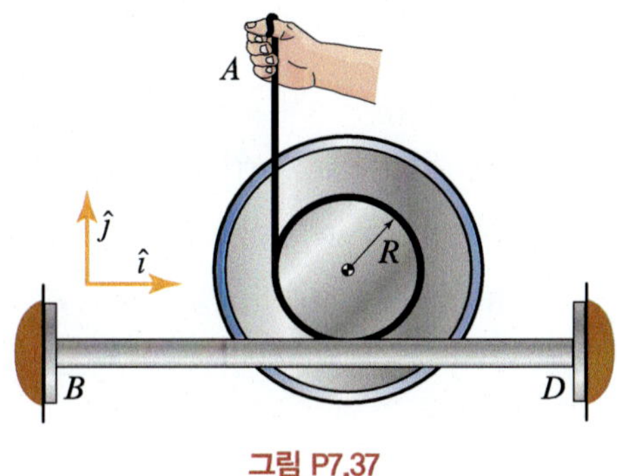

그림 P7.37

문제 7.38

문제 7.1은 전륜의 회전관성을 무시하였다. 회전관성을 포함하면 달라지는지 확인해 보자.

어떤 무개차가 정지상태에서 100 km/h까지 7초 만에 가속할 수 있다. 이 차의 질량(두 전륜 포함)은 1250 kg, 각 전륜의 질량은 21.4 kg, 질량관성모멘트 I_G는 1.34 kg · m^{2}이다. 전륜의 회전관성의 효과를 확인하기 위하여 다음의 해석을 수행하라.

(a) 한 개의 전륜을 분리하여, 주어진 가속도를 얻기 위하여 이 바퀴에 가해지는 마찰력을 구하라.

힌트: 전륜에 가해지는 차의 무게는 주어지지 않았으나, 바퀴가 미끄러지지 않을 만큼 충분한 마찰력이 작용한다고 가정하였으므로 마찰력을 구하는데 전륜에 가해지는 차의 무게는 필요하지 않다.

(b) 다음으로, 전륜에 회전운동을 가능케 하는 것이 마찰력인 것과 전륜의 질량관성모멘트 I_G가 0이라면 마찰력이 0이라는 사실에 유의하라. 그러므로 전륜의 회전관성을 무시하면 (a)에서 구한 마찰력으로 이 차를 감속시킬 수 없게 된다. 다시 말하면 전륜의 회전관성을 고려하면 차를 감속시키는 마찰력의 2배의 힘이 작용하고 있음을 알게 된다. 이 사실과 (a)의 결과를 이용하여 회전관성이 없는 전륜을 가진 무개차의 0에서 100 km/h 도달시간을 구하라.

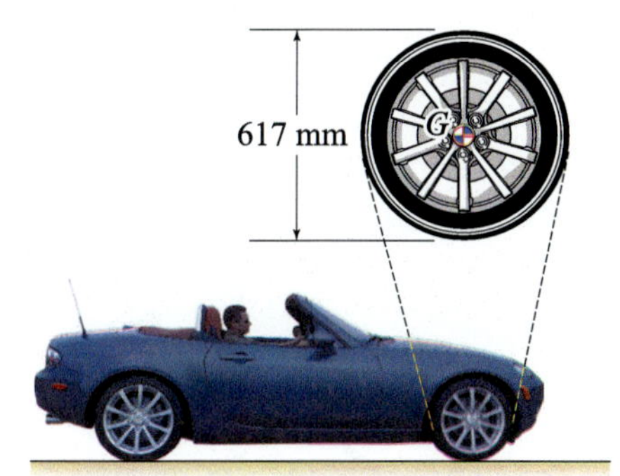

그림 P7.38

문제 7.39-7.42

가는 봉 AB가 마찰 없는 가이드를 따라 움직이는 슬라이더 A와 수평면 위에서 미끄러짐 없이 구르는 휠 B를 연결하고 있다.

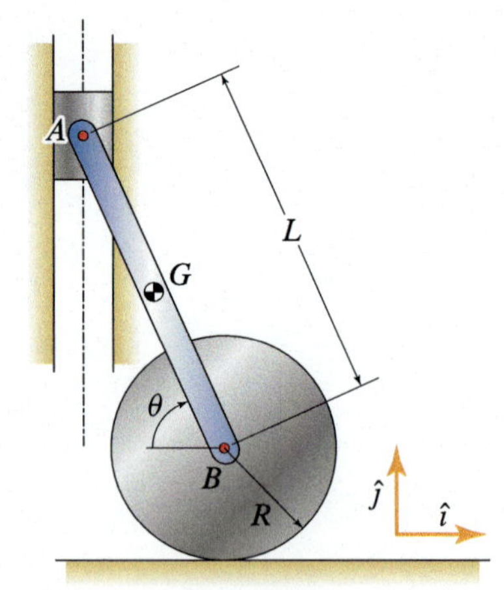

그림 P7.39-P7.42

문제 7.39 A와 B의 질량을 무시할 수 있고, AB의 질량을 m_{AB}라 하고, 시스템이 각도 θ에서 정지상태로부터 놓여졌다고 가정하라. 놓여진 직후 봉 AB의 각가속도, 휠의 중심 B의 가속도, 휠의 각가속도를 구하라.

문제 7.40 A의 질량을 무시할 수 있고, B는 질량 m_B인 균일한 원판이며, AB의 질량을 m_{AB}라 하고, 시스템이 각도 θ에서 정지상태로부터 놓여졌다고 가정하라. 놓여진 직후 봉 AB의 각가속도, 휠의 중심 B의 가속도, 휠의 각가속도를 구하라.

문제 7.41 AB의 질량을 무시할 수 있고, A의 질량을 m_A, B는 질량 m_B인 균일한 원판이며, 시스템이 각도 θ에서 정지상태로부터 놓여졌다고 가정하라. 놓여진 직후 봉 AB의 각가속도, 휠의 중심 B의 가속도, 휠의 각가속도를 구하라.

문제 7.42 A의 질량을 m_A, B는 질량 m_B인 균일한 원판이며, AB의 질량을 m_{AB}라 하고, 시스템이 각도 θ에서 정지상태로부터 놓여졌다고 가정하라. 놓여진 직후 봉 AB의 각가속도, 휠의 중심 B의 가속도, 휠의 각가속도를 구하라.

문제 7.43

질량이 220 kg, 안쪽 반지름과 바깥쪽 반지름이 각각 $\rho = 1.75$ m, $R = 2.25$ m, 회전반경이 $k_G = 1.9$ m인 스풀이 경사각 $\theta = 29°$인 경사면에서 내려가고 있다. 경사면과 스풀 사이의 정지마찰계수와 운동마찰계수가 각각 $\mu_s = 0.4$, $\mu_k = 0.35$ 일 때, G의 가속도, 스풀의 각가속도, 케이블의 장력을 구하라.

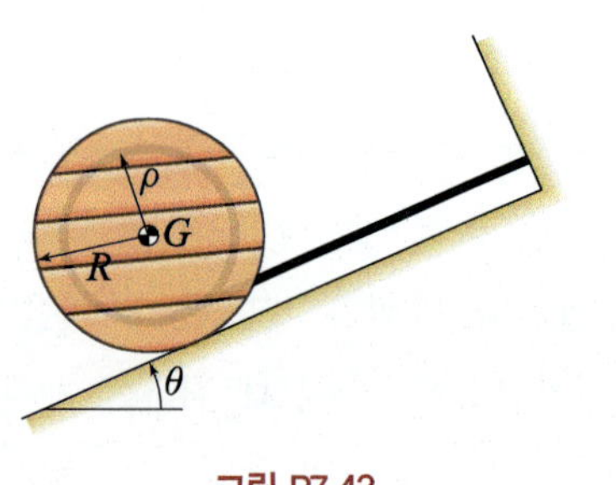

그림 P7.43

그림 P7.44

문제 7.44

질량을 무시할 수 있는 늘어나지 않는 줄이 균일한 원통형의 물체를 감싸고 있다. 줄이 수평한 오른쪽 방향으로 당겨지고 있을 때 줄에 아무리 큰 장력이 작용하여도 물체가 미끄러지지 않고 구를 수 있는 물체의 질량관성모멘트 I_G를 구하라. 이러한 물체는 어떤 형태인가?

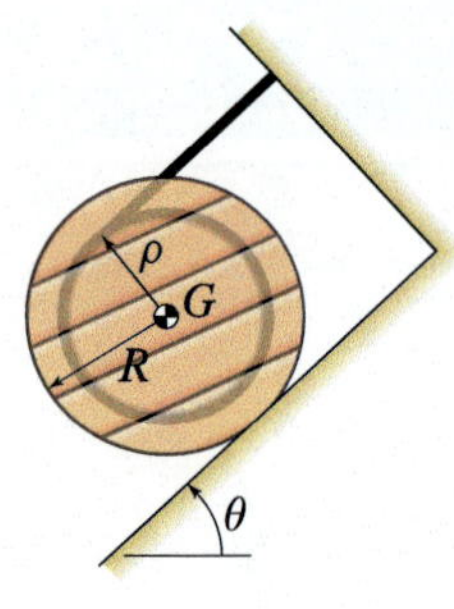

그림 P7.45

문제 7.45

질량이 300 kg, 안쪽 반지름과 바깥쪽 반지름이 각각 $\rho = 1.5$ m, $R = 2$ m, 회전반경이 $k_G = 1.8$ m인 스풀이 경사각 $\theta = 43°$인 경사면에 놓여 있다. 스풀에 감겨 벽에 부착된 케이블은 초기에 팽팽하게 당겨져 있다. $R = 1.25$ m, 회전반경이 $k_G = 1.9$ m인 스풀이 경사각 $\theta = 29°$인 경사면에서 내려가고 있다. 경사면과 스풀 사이의 정지마찰계수와 운동마찰계수가 각각 $\mu_s = 0.35$, $\mu_k = 0.3$ 일 때, 스풀이 정지상태에서 놓여진 직후 G의 가속도, 스풀의 각가속도, 케이블의 장력을 구하라.

그림 P7.46

문제 7.46

질량이 m, 질량관성모멘트가 k_G, 안쪽 반지름이 r_i, 바깥쪽 반지름이 r_o인 스풀이 수평 컨베이어 벨트에 놓여 있다. 스풀에 감겨 벽에 부착된 케이블은 초기에 팽팽하게 당겨져 있다. 스풀과 컨베이어 벨트가 정지한 상태에서 컨베이어 벨트가 가속도 a_c로 움직이기 시작한다. 컨베이어 벨트와 스풀 사이의 정지마찰계수가 μ_s일 때 다음을 구하라.

(a) 스풀이 벨트 위에서 미끄러지지 않고 구를 수 있는 컨베이어 벨트의 최대가속도

(b) 벽에 고정되어 스풀에 감겨있는 케이블에 작용하는 초기 장력

(c) 스풀의 각가속도

여기서 $m = 500$ kg, $k_G = 1.3$ m, $\mu_s = 0.5$, $r_i = 0.8$ m, $r_o = 1.6$ m인 경우에 대하여 답을 계산하라.

문제 7.47-7.49

질량 m, 길이 L인 균일한 가는 봉 AB가 수평인 막대 DE 위를 자유롭게 구르는 바퀴에 A에서 걸려있다. 다음의 문제에서 바퀴의 질량을 무시하고, 바퀴는 수평 막대에서 분리되지 않는다고 가정하라.

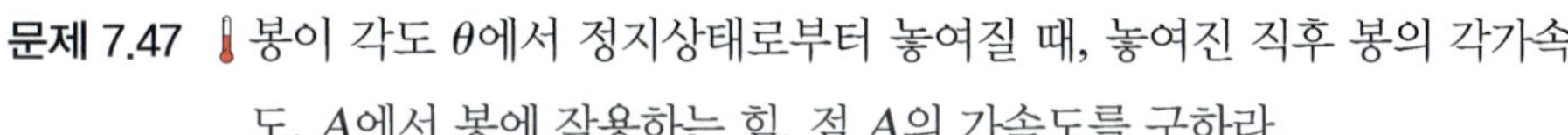

문제 7.47 봉이 각도 θ에서 정지상태로부터 놓여질 때, 놓여진 직후 봉의 각가속도, A에서 봉에 작용하는 힘, 점 A의 가속도를 구하라.

문제 7.48 그림에 보이는 좌표 x와 θ를 이용하여 운동방정식을 구하라.

문제 7.49 그림에 보이는 좌표 x와 θ를 이용하여 운동방정식을 구하고, $m = 2$ kg, $L = 0.6$ m, $x(0) = 0$ m, $\dot{x}(0) = 0$ m/s, $\theta(0) = 60°$, $\dot{\theta}(0) = 0$ rad/s를 이용하여 5초 동안의 수치해를 구하고, 시스템의 거동을 시뮬레이션 하라. $0 \le t \le 5$초 사이에서 x와 θ의 그래프를 그리라.

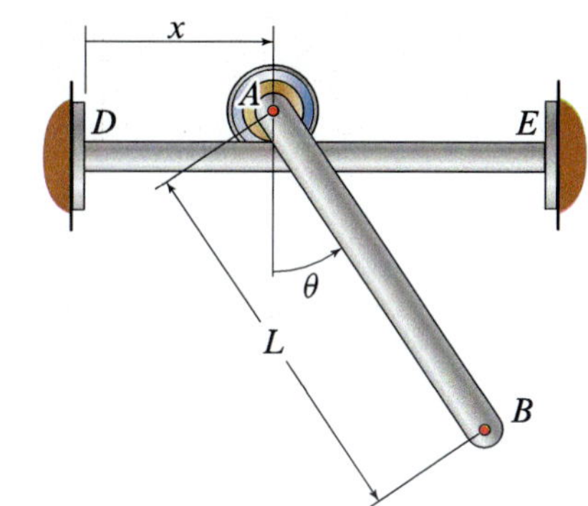

그림 P7.47-P7.49

문제 7.50

무개차의 질량 1250 kg은 전륜과 후륜에 동일하게 분배된다. 이 차량은 7초 만에 정지상태에서 100 km/h까지 가속할 수 있다. 그림에서 무개차 위로 크게 확대된 후륜의 질량은 20 kg이고, 질량중심은 도심에 위치하며, 질량관성모멘트 I_B는 1.30 kg · m^{2}이다. 이로부터 예제 7.4의 그림 2에 도시된 후륜에 작용하는 힘을 구하려 한다.

(a) 가속도가 일정하다고 가정하고, 도로로부터 전륜과 후륜에 가해지는 힘을 구하라.

(b) 후륜과 도로 사이에 작용하는 수직력과 마찰력을 구했으므로, 후륜 중 하나를 분리하여 차축이 후륜에 가하는 힘과 모멘트를 구하라.

질량은 우측과 좌측에 똑같이 분배되며 마찰력은 바퀴가 미끄러지지 않을 만큼 충분히 크다고 가정하라.

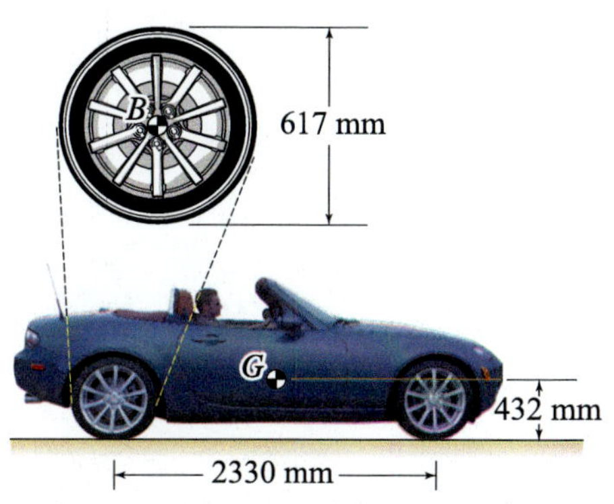

그림 P7.50

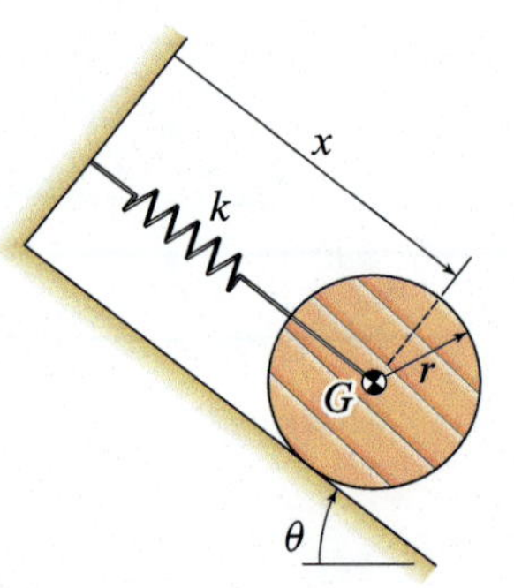

그림 P7.51, P7.52

문제 7.51

질량 m, 반경 r, 회전반경이 k_G인 스풀이 수평면에 대하여 경사각 θ인 경사면 위에서 미끄럼 없이 구르고 있다. 스프링상수 k, 자유길이 L_0인 선형 탄성 스프링이 스풀의 중심을 벽에 연결하고 있다. 그림의 x 좌표를 이용하여 스풀의 운동방정식을 구하라.

문제 7.52

질량 $m = 200$ kg, 반경 $r = 0.8$ m, 회전반경 $k_G = 0.65$ m인 스풀이 수평면에 대하여 경사각 $\theta = 38°$인 경사면 위에서 미끄럼 없이 구르고 있다. 스프링상수 $k = 500$ N/m, 자유길이 $L_0 = 1.5$ m인 선형 탄성 스프링이 스풀의 중심을 벽에 연결하고 있다. 그림의 x 좌표를 이용하여 스풀의 운동방정식을 구하라. $x(0) = 2.5$ m, $\dot{x}(0) = 0$ m/s의 초기 조건을 이용하여 15초 동안 운동방정식을 풀고, t에 대한 x의 그래프를 그려라. 스풀의 진동주기는 대략 얼마인가?

문제 7.53

질량 m,길이 L인 균일한 막대 AB가 $\theta \approx 0$로 모서리에 기대어져 있다. 끝점 B가 살짝 밀려 끝점 A가 벽면을 타고 미끄러지고 A도 바닥에서 미끄러진다. 막대와 두 면 사이의 마찰을 무시할 수 있다고 가정하고, 끝점 A가 수직면에서 떨어지는 각도 θ를 구하라.

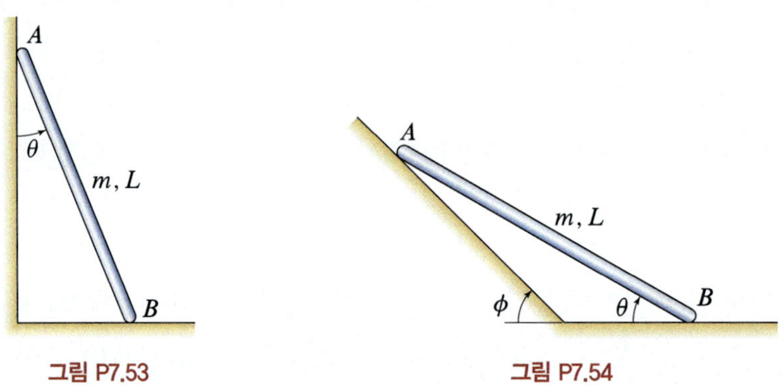

그림 P7.53　　그림 P7.54

문제 7.54

경사면에 기대고 선 균일한 가는 막대가 그림과 같은 위치에서 정지상태에서 놓여 수직면 상에서 미끄러지기 시작한다. 막대와 평면 사이의 접촉점 A와 B에서의 마찰은 무시할 수 있다. 놓여진 직후의 막대의 각가속도를 구하라. $m = 3$ kg, $L = 0.75$ m, $\phi = 45°$, $\theta = 30°$인 경우에 대하여 답을 계산하라.

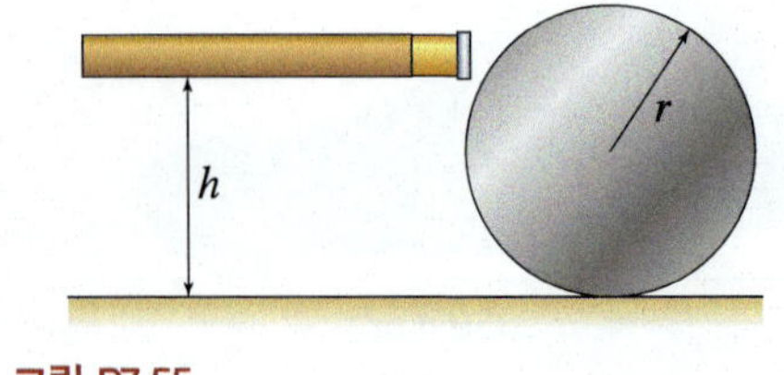

그림 P7.55

문제 7.55

당구칠 때 중요한 것은 역회전, 정회전 혹은 무회전을 주기 위하여 큐볼의 어느 점을 치느냐 하는 것이다. 이것을 염두에 두고 공을 타격하는 힘과 마찰력의 크기에 상관없이 당구공이 미끄러지지 않고 구르려면 큐로 공을 치는 높이 h는 얼마여야 하는가? 당구공은 균일하며 질량 m, 반경 r로 가정하라. 높이 h에서 임의의 수평력을 가함으로써 큐와 공 사이에 작용하는 충격을 고려하지 않고도 이 문제를 해결할 수 있다.

문제 7.56, 7.57

원판 A가 수평면 위를 미끄럼 없이 구르고 있다. 봉 BC의 끝점 B는 원판 A의 테두리에 핀으로 연결되어 있고, 봉 BC의 끝점 C는 수평면 위를 자유로이 미끄러지고 있다. 또한 봉 BC는 왼쪽 끝에서 힘 $P = mg$를 받아 밀리고 있다. 봉 BC의 질량은 m_{BC}, 원판 A의 질량은 m_A이다. 시스템은 초기에 정지해 있다.

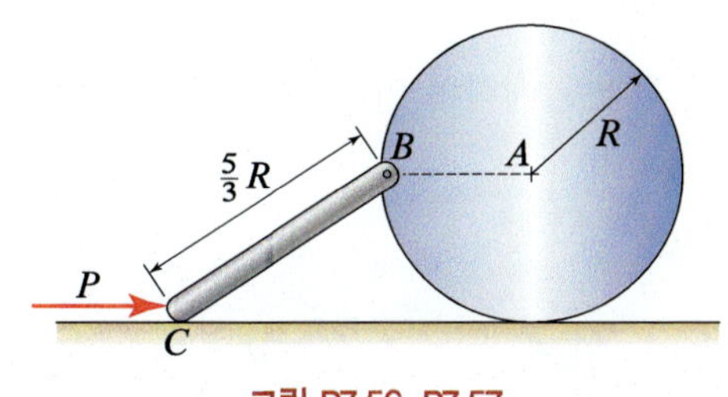

그림 P7.56, P7.57

문제 7.56 $m_A = \mathrm{m}_{BC} = \mathrm{m}$일 때, 힘 P가 가해진 직후 원판 A의 중심의 가속도와 봉 BC의 각가속도를 구하라.

문제 7.57 $\mathrm{m}_{BC} = m$이고 원판 A의 질량 m_A를 무시할 수 있을 때, 힘 P가 가해진 직후 원판 A의 중심의 가속도와 봉 BC의 각가속도를 구하라.

문제 7.58-7.61

반경 ρ, 질량 m인 균일한 공이 안쪽 반경 R인 원통 B에 가만히 놓여진다. 각도 ϕ는 수직선에 대한 공의 중심 G의 위치이며, 각도 θ는 수직선에 대한 공의 회전각이다. 시스템은 수직면에 있다고 가정한다.

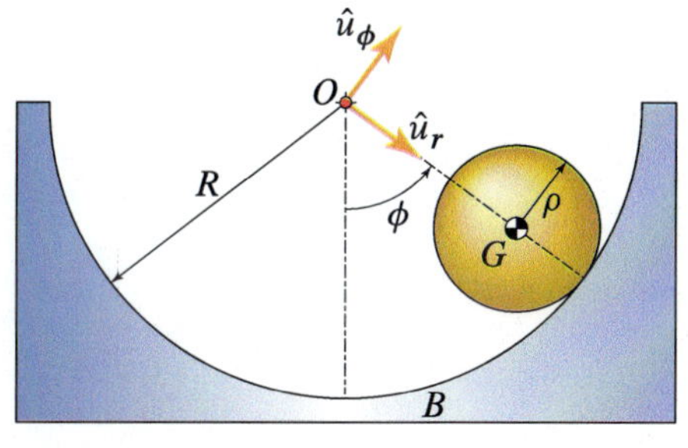

그림 P7.58-P7.61

힌트: 다음의 문제를 풀 때 그림에 있는 $r\phi$ 좌표계를 사용할 것을 권장한다.

문제 7.58 공이 미끄럼 없이 구른다고 가정하고 공의 중심 G의 가속도, 공의 각가속도, 공이 놓인 직후 원통이 공에 가하는 힘을 구하라.

문제 7.59 질량 1.36 kg의 공이 $\phi = 40°$에서 미끄럼 없이 구르고 시계방향으로 3 m/s로 움직이고 있다. 공의 중심 G의 가속도, 공과 원통사이의 수직력과 마찰력을 구하라. $R = 1.2$ m, $\rho = 0.365$ m를 사용하라.

문제 7.60 마찰력이 미끄럼을 방지할 수 있을 정도로 충분히 크다고 가정하고 각도 ϕ를 변수로 하여 공의 운동방정식을 구하라.

문제 7.61 마찰력이 미끄럼을 방지할 수 있을 정도로 충분히 크다고 가정하고 다음을 구하라.

(a) 각도 ϕ를 변수로 공의 운동방정식을 구하라.

(b) ϕ의 함수로 마찰력을 구하라.

(c) $\phi(0) = \phi_0$, $\dot{\phi}(0) = 0$일 때, $0° < \phi_0 < 90°$에서 운동방정식을 적분하여 ϕ의 함수로 수직력을 구하라.

(d) (b)와 (c)의 결과와 주어진 μ_s를 이용하여 공이 미끄러지지 않는 $\phi(0) = \phi_0$의 최대값을 구하라.

문제 7.62

SUV 차량이 앞 범퍼를 이용하여 힘 P로 큰 드럼을 오른쪽으로 밀고 있다. 드럼의 질량은 m, 회전반경은 k_G이다. 드럼과 지면 사이와 드럼과 SUV 사이의 정지마찰계수와 운동마찰계수는 각각 μ_s와 μ_k이다.

(a) 드럼과 지면 사이에 미끄럼이 없을 때 드럼의 가속도와 이 운동을 가능케 하는 μ_s의 최소값을 구하라.

(b) P가 증가하여 드럼이 지면에 대하여 미끄러 질 때 점 G의 가속도와 드럼의 각가속도를 구하라.

그림 P7.62

문제 7.63

슬라이더–크랭크 기구의 크랭크 AB가 등각속도 ω_{AB}로 반시계방향으로 회전하고 있다. 크랭크축의 반경이 R, 커넥팅 로드 BC의 길이가 L, 커넥팅 로드의 질량중심 D로부터 크랭크의 끝점 B까지의 거리가 d이다. 커넥팅 로드의 질량이 m_D, 커넥팅 로드의 질량관성모멘트가 I_D, 피스톤의 질량이 m_C이다.

(a) 그림의 좌표계를 사용하여 커넥팅 로드의 B와 C에 작용하는 힘의 x와 y 성분을 크랭크 각 θ의 함수로 구하라.

(b) $\omega_{AB} = 5700$ rpm, $R = 48.5$ mm, $L = 141$ mm, $d = 36.4$ mm, $m_D = 0.439$ kg, $I_D = 0.00144$ kg · m^2, $m_C = 0.434$ kg을 사용하여, 크랭크가 일회전하는 동안 θ의 함수로 네 힘 성분, B와 C에 작용하는 힘의 크기 및 점 D에 대하여 커넥팅 로드에 작용하는 모멘트의 그래프를 그리라.

힌트: 이 문제의 운동학은 예제 6.10에서 다루었음.

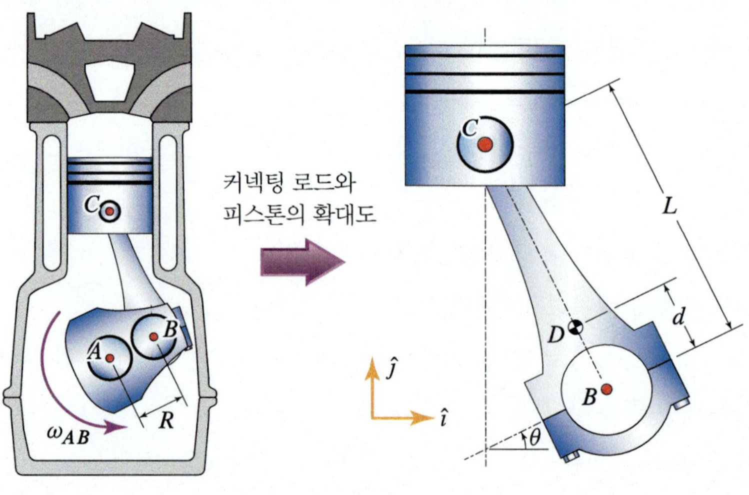

그림 P7.63

문제 7.64, 7.65

파이어니어 3호 인공위성은 1958년 12월 6일 미 육군 탄도미사일국이 NASA와 공동으로 발사한 회전안정화 인공위성이다. 이 위성은 질량이 m인 두 개의 동일한 질량 A와 B로 구성된 스핀방지장치를 갖추고 있다. 이 질량들은 유압 타이머로 구동되어 가변 길이 $\ell(t)$의 두 강선의 끝까지 풀릴 수 있다. 두 질량이 풀려감에 따라 우주선의 회전이 초기각속도 $\omega_s(0)$에서 최종각속도 $(\omega_s)_{\text{final}}$까지 각속도가 줄어들게 된다. 이후 질량들과 강선은 버려진다. 강선이 풀리기 전에 질량 A와 B의 초기 위치가 각각 A_0와 B_0라 하고, 우주선의 질량관성모멘트를 I_O(여기에는 두 질량 A와 B가 포함되지 않음)라 하고, 중력과 강선의 질량은 무시할 수 있다고 가정하라.

힌트: 운동학이 필요할 경우, 문제 6.117을 참고하라.

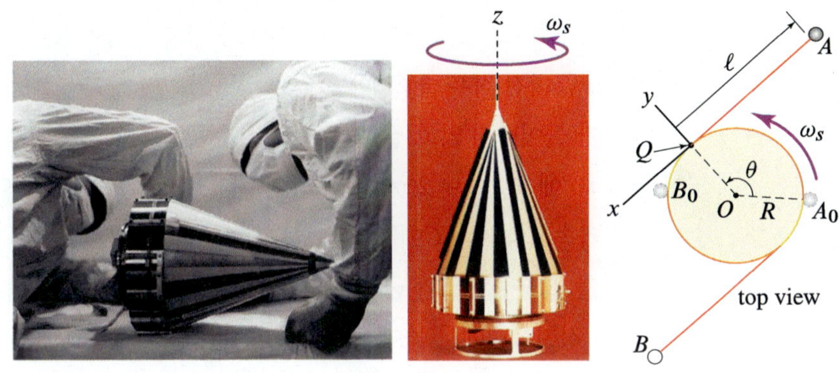

그림 P7.64, P7.65

문제 7.64 $\ell(t)$와 $\omega_s(t)$를 변수로 시스템의 운동방정식을 유도하라.

문제 7.65 $\ell(t)$와 $\omega_s(t)$를 변수로 시스템의 운동방정식을 유도하고 다음의 작업을 수행하라.

(a) $R = 12.5$ cm, $m = 7$ g, $I_O = 0.0277\ \text{kg} \cdot \text{m}^2$과 초기조건 $\omega_s(0) = 400$ rpm, $\ell(0) = 0.01$ m, $\dot{\ell}(0) = 0$ m/s를 이용하고, 컴퓨터를 이용하여 $0 \leq t \leq 4$초 동안 운동방정식을 풀라.

(b) 우주선의 각속도가 0이 되는 시간을 구하라(이는 ω_s의 그래프를 그린 후 0이 되는 값을 찾거나 $\omega_s = 0$을 찾는 수치해를 구하면 된다).

(c) 우주선의 각속도가 0이 되는 순간의 강선의 길이 ℓ을 구하라.

복습문제

문제 7.66

두 개의 동일한 막대가 한쪽 끝에서 핀으로 연결되어 있고 다른 쪽 끝은 롤러에 연결되어 있다. 롤러는 그림과 같이 수평면 위에서 자유로이 구른다. 각 막대의 질량은 m, 길이는 L이고, 막대 BC의 B에서 수평력 P가 작용하고 있다. 막대가 서로 상대 회전이 가능하지만 주어진 값 P에 대하여 일정한 각 θ를 유지하며 운동하는 대응각 θ가 있다.

(a) A와 B에서 막대에 가해지는 힘을 구하고 이 힘들은 P와 무관함을 보이라.

(b) θ를 P의 함수로 구하고 $P \rightarrow 0$일 때의 θ_0와 $P \rightarrow \infty$일 때의 θ_∞를 구하라.

롤러의 질량과 롤러 베어링에서의 모든 마찰을 무시하라.

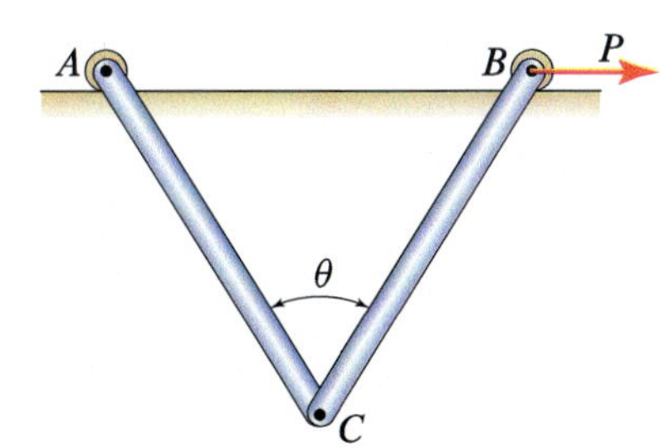

그림 P7.66

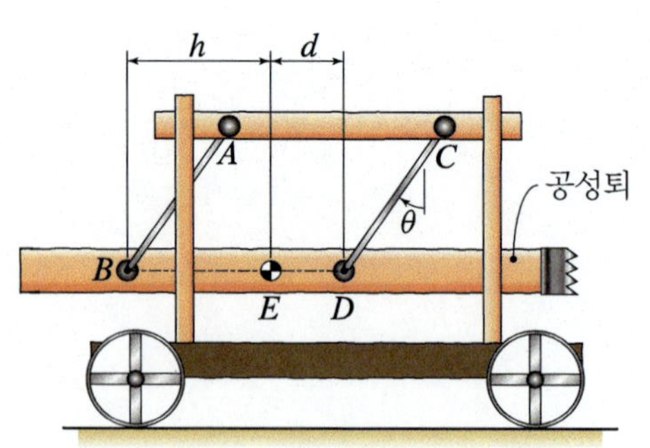

그림 P7.67-P7.72

문제 7.67-7.72

그림은 공성퇴(현대의 대형 공성퇴는 무장차량에 탑재되어 있음)를 보여주고 있다. 공성퇴(battering ram)의 질량은 $m_r = 1150$ kg, 질량중심은 E, 회전반경은 $k_E = 2$ m이다. 또한 점 A와 B, C와 D 사이의 거리는 1.8 m이고, $h = 1.4$ m, $d = 0.9$ m이다. A, B, C, D에서 핀으로 연결되어 있고, 공성퇴가 휘둘리는 동안 수레는 움직이지 않는다고 가정한다.

문제 7.67 공성퇴가 늘어나지 않고 질량을 무시할 수 있는 줄에 달려있다고 가정하고, $\theta = 75°$에서 공성퇴가 놓인 직후에 줄에 걸리는 장력과 E의 가속도를 구하라.

문제 7.68 공성퇴가 $\theta = 0°$에서 정지해 있다. 줄 AB와 CD는 늘어나지 않고 질량은 무시할 수 있다고 가정하라. 또한 줄 AB가 갑자기 끊어졌다고 가정하라. AB가 끊어진 직후 줄 CD에 걸리는 장력과 E의 가속도를 구하라.

문제 7.69 AB와 CD가 늘어나지 않고 질량을 무시할 수 있는 줄이라고 가정하라. 또한 $\theta = 10°$에서 $|\vec{v}_E| = 2$ m/s로 공성퇴가 앞으로 휘둘리고 있다. 이 순간 E의 가속도와 A와 C에서의 반력을 구하라.

문제 7.70 AB와 CD를 질량 45 kg의 균일한 가는 봉으로 가정하라. 공성퇴가 $\theta = 63°$에서 정지상태에서 놓여질 때 놓여진 직후 E의 가속도와 A와 C에서의 반력을 구하라.

문제 7.71 AB와 CD는 질량 45 kg의 균일한 가는 봉이며 공성퇴가 $\theta = 0°$에서 정지해 있다고 가정하라. CD가 갑자기 부러졌다고 가정하고 CD가 부러진 직후 E의 가속도와 A에서의 반력을 구하라.

문제 7.72 AB와 CD를 질량 45 kg의 균일한 가는 봉으로 가정하라. $\theta = 10°$에서 $|\vec{v}_E| = 2$ m/s로 공성퇴가 앞으로 휘둘리고 있다고 가정하라. 이 순간 공성퇴의 가속도와 A와 C에서의 반력을 구하라.

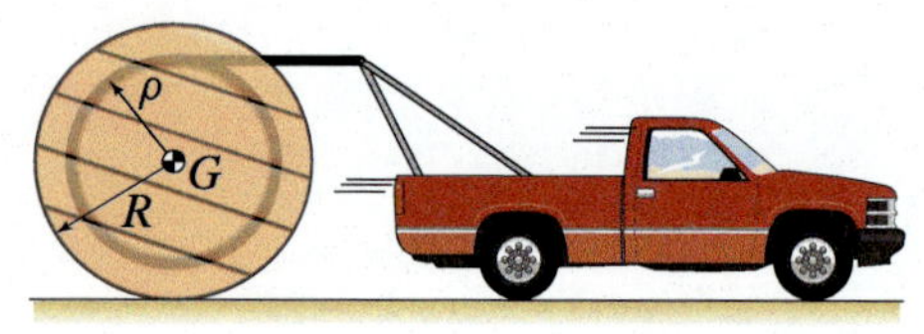

그림 P7.73-P7.75

문제 7.73-7.75

스풀의 질량이 $m = 200$ kg, 바깥쪽 반경과 안쪽 반경이 각각 $R = 1.8$m, $\rho = 1.4$m, 회전반경이 $k_E = 1.2$m, 질량중심이 G이다. 그림과 같이 스풀이 오른쪽으로 당겨지고 있으며, 스풀을 감고 있는 케이블은 늘어나지 않고 질량을 무시할 수 있다.

문제 7.73 스풀이 케이블과 지면에 대해 미끄러짐 없이 구른다고 가정하라. 픽업트럭이 $P = 556$ N의 힘으로 케이블을 당길 때, 스풀의 중심의 가속도와 스풀과 지면 사이의 정지마찰계수의 최소값을 구하라.

문제 7.74 스풀과 지면 사이의 정지마찰계수가 $\mu_s = 0.75$라고 가정하고, 스풀이 지면에 대해 미끄러지지 않도록 트럭이 케이블에 가할 수 있는 힘의 최대값을 구하라.

문제 7.75 스풀과 지면 사이의 정지마찰계수와 운동마찰계수가 $\mu_s = 0.25$, $\mu_k = 0.2$라고 가정하라. 또한 스풀은 초기에 정지해 있고 픽업트럭이 스풀을 2.5 kN의 힘으로 당기고 있다고 가정하고, 초기에 스풀의 중심의 가속도를 구하라.

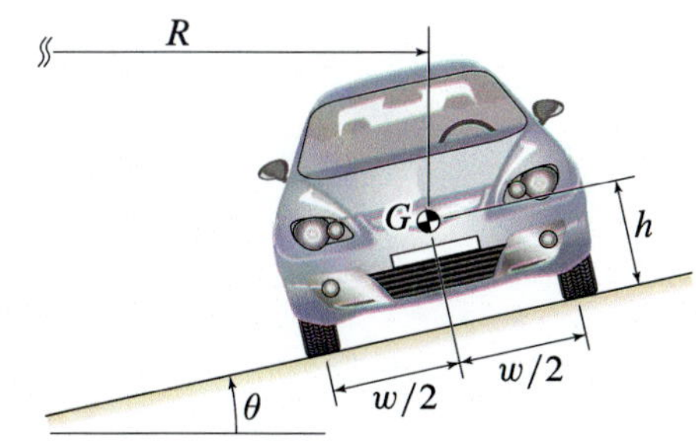

그림 P7.76, P7.77

문제 7.76, 7.77

그림에서 전방에서 보이는 자동차가 수평면에 대해 경사각(bank angle) θ의 일정한 반경 R의 회전로에서 일정한 속력 v_c로 주행하고 있다. 타이어와 도로 사이의 정지마찰계수는 μ_s이며, 차의 질량중심은 G이다.

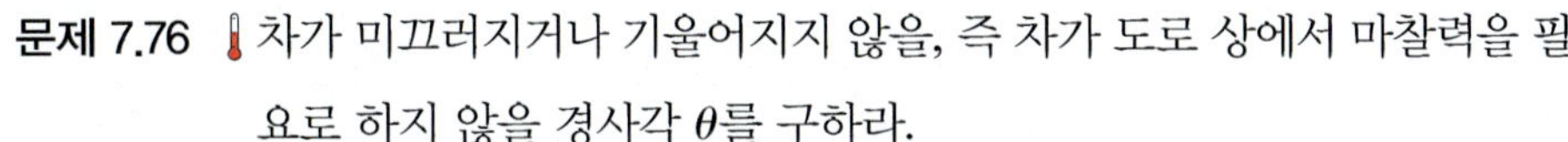

문제 7.76 차가 미끄러지거나 기울어지지 않을, 즉 차가 도로 상에서 마찰력을 필요로 하지 않을 경사각 θ를 구하라.

문제 7.77 주어진 경사각 θ에 대하여 차가 기울어지지 않을 때 차가 미끄러지지 않고 주행할 수 있는 최대속력 v_m을 구하라.

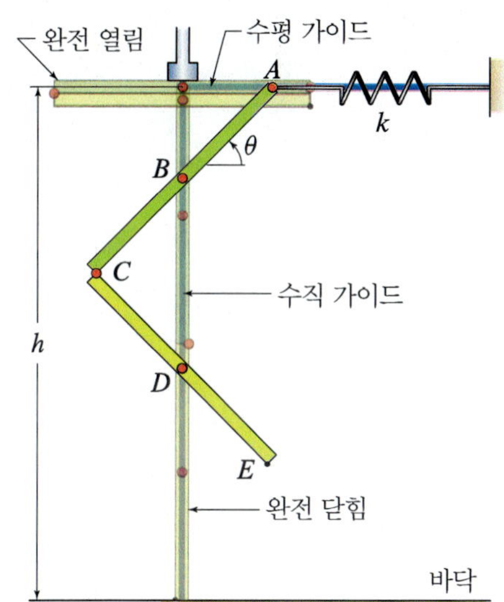

그림 P7.78-P7.80

문제 7.78-7.80

높이 h, 질량 m의 상부 접이식 문은 C에서 힌지된 동일한 두 부분으로 구성되어 있다. A에 있는 롤러는 수평 가이드를 따라 움직이고, AC와 CE의 중간점 B와 D에 있는 롤러는 수직 가이드를 따라 움직인다. 문은 수평으로 움직이는 롤러에 부착된 동일한 두 개의 스프링(그림에서는 스프링 하나만 표시)으로 작동된다. 문이 완전히 열렸을 때 스프링은 δ_0 만큼 늘어난다.

문제 7.78 $h = 10$ m, $m = 380$ kg, $k = 2400$ N/m, $\delta_0 = 0.15$ m이다. 문이 $\theta = 10°$일 때 정지상태에서 놓이며 모든 마찰력은 무시한다고 가정한다. 문이 놓인 직후 문의 각 부분의 각가속도를 구하라.

문제 7.79 롤러와 가이드 사이의 마찰을 무시할 수 있을 때 시스템의 운동방정식을 구하라.

문제 7.80 $h = 10$ m, $m = 320$ kg, $k = 2400$ N/m, $\delta_0 = 0.15$ m이다. 문이 $\theta = 5°$일 때 정지상태에서 놓인다. 문이 닫힐 때까지 걸리는 시간과 닫힐 때 E의 속력을 구하라.

문제 7.81-7.83

중심이 O, 반경 R, 무게 W, 회전반경 k_G, O로부터 ρ의 거리에 있는 질량중심 G인 바퀴가 거친 경사면 위에서 정지상태에서 놓인다. 각 ϕ는 선분 OG(바퀴와 함께 움직이는)와 수평과의 각도이다.

문제 7.81 $R = 0.46$ m, $\rho = 0.25$ m, $k_G = 0.2$ m, $m = 1.8$ kg, $\theta = 25°$이고, 바퀴가 놓이는 순간 $\phi = 35°$이다. 바퀴가 움직이기 시작할 때 미끄러지지 않고 구를 수 있는 정지마찰계수의 최소값과 이때 각가속도를 구하라.

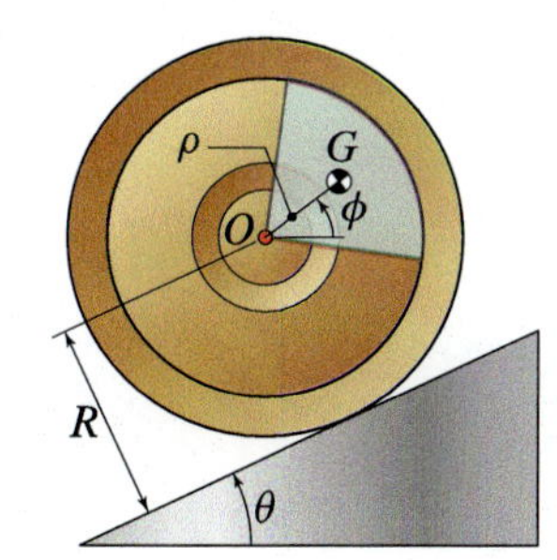

그림 P7.81-P7.83

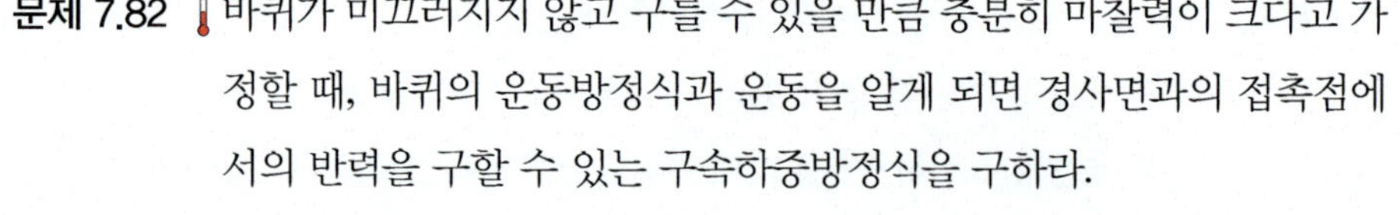

문제 7.82 바퀴가 미끄러지지 않고 구를 수 있을 만큼 충분히 마찰력이 크다고 가정할 때, 바퀴의 운동방정식과 운동을 알게 되면 경사면과의 접촉점에서의 반력을 구할 수 있는 구속하중방정식을 구하라.

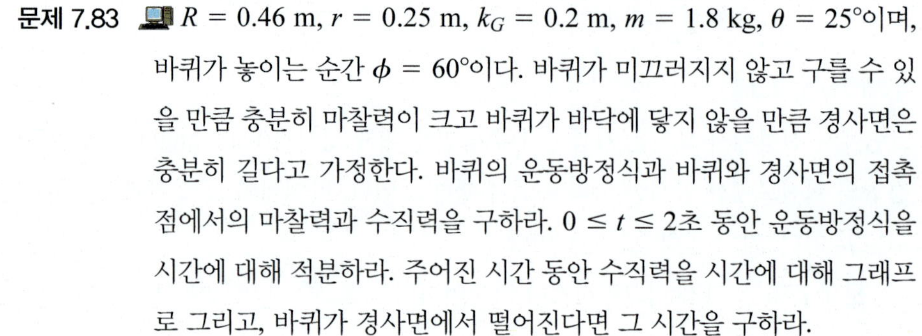

문제 7.83 $R = 0.46$ m, $r = 0.25$ m, $k_G = 0.2$ m, $m = 1.8$ kg, $\theta = 25°$이며, 바퀴가 놓이는 순간 $\phi = 60°$이다. 바퀴가 미끄러지지 않고 구를 수 있을 만큼 충분히 마찰력이 크고 바퀴가 바닥에 닿지 않을 만큼 경사면은 충분히 길다고 가정한다. 바퀴의 운동방정식과 바퀴와 경사면의 접촉점에서의 마찰력과 수직력을 구하라. $0 \le t \le 2$초 동안 운동방정식을 시간에 대해 적분하라. 주어진 시간 동안 수직력을 시간에 대해 그래프로 그리고, 바퀴가 경사면에서 떨어진다면 그 시간을 구하라.

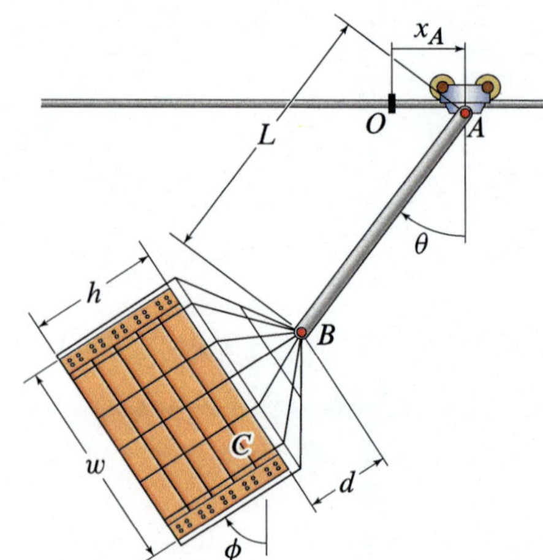

그림 P7.84, P7.85

문제 7.84, 7.85

균일한 가는 봉 AB의 질량이 m_{AB}, 길이가 L이다. 상자는 고르게 분포된 질량 m_C, 폭 w, 높이 h의 크기를 갖는다. 봉 AB는 A에서 활차와 B에서 상자와 핀으로 연결되어 있다. 활차는 그림의 수평 가이드를 따라 움직이도록 구속되어 있다. 점 O는 활차 가이드에 고정된 기준점이다.

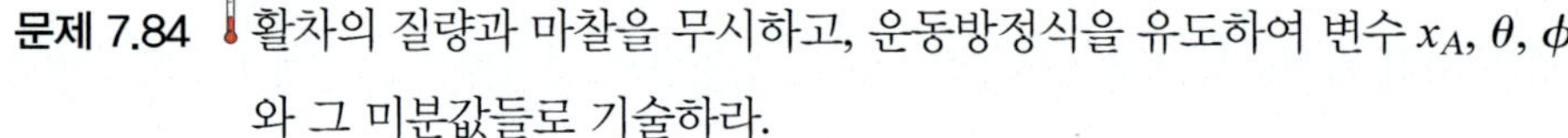

문제 7.84 활차의 질량과 마찰을 무시하고, 운동방정식을 유도하여 변수 x_A, θ, ϕ와 그 미분값들로 기술하라.

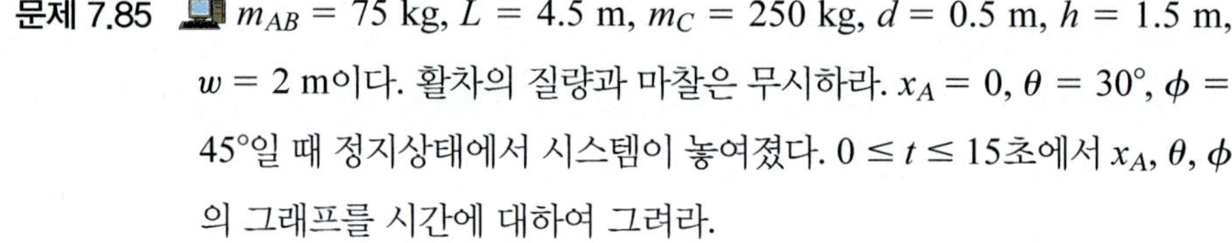

문제 7.85 $m_{AB} = 75$ kg, $L = 4.5$ m, $m_C = 250$ kg, $d = 0.5$ m, $h = 1.5$ m, $w = 2$ m이다. 활차의 질량과 마찰은 무시하라. $x_A = 0$, $\theta = 30°$, $\phi = 45°$일 때 정지상태에서 시스템이 놓여졌다. $0 \le t \le 15$초에서 x_A, θ, ϕ의 그래프를 시간에 대하여 그려라.

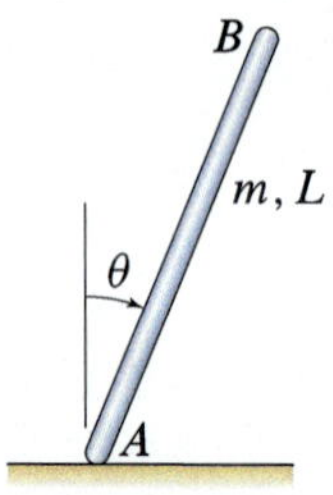

그림 P7.86, P7.87

문제 7.86, 7.87

균일한 가는 봉이 $\theta = 0$ 위치에서 가볍게 밀려 오른쪽으로 넘어지고 있다. 봉과 바닥 사이의 정지마찰계수는 μ_s이다.

문제 7.86 (a) 봉이 넘어질 때 바닥이 봉에 가하는 수직력(N)과 마찰력(F)을 θ의 함수로 구하라.

(b) $|F/N|$이 μ_s보다 크면 봉이 미끄러진다는 사실을 알고 있으므로, 봉이 넘어질 때 미끄러지는지 여부를 결정하라.

문제 7.87 (a) 봉이 넘어질 때 바닥이 봉에 가하는 수직력(N)과 마찰력(F)을 θ의 함수로 구하라.

(b) $|F/N|$이 μ_s보다 크면 봉이 미끄러진다는 사실을 알고 있으므로, 봉이 넘어질 때 미끄러지는지 여부를 결정하라.

(c) $0 \le \theta \le 2$ rad에서 θ의 함수로 $F/(mg)$, $N/(mg)$, $|F/N|$의 그래프를 그리라. 이 그래프를 이용하여 μ_s가 작으면 끝점 A가 왼쪽으로 미끄러지고, μ_s가 크면 끝점 A가 오른쪽으로 미끄러짐을 보여라.

문제 7.88

질량 m_d, 반경 R, 회전반경 k_G, 질량중심 G인 드럼이 질량 m_c의 수레에 놓여 이송되고 있다. 시스템은 정지상태에서 수레가 힘 P를 받아 우측으로 밀린다. 수레와 드럼 사이의 정지마찰계수는 μ_s이다. 바퀴의 질량은 무시하고, 드럼이 수레에서 미끄러지게 하지 않을 수레에 가하는 힘 P의 최대값과 수레 및 점 G의 가속도를 구하라.

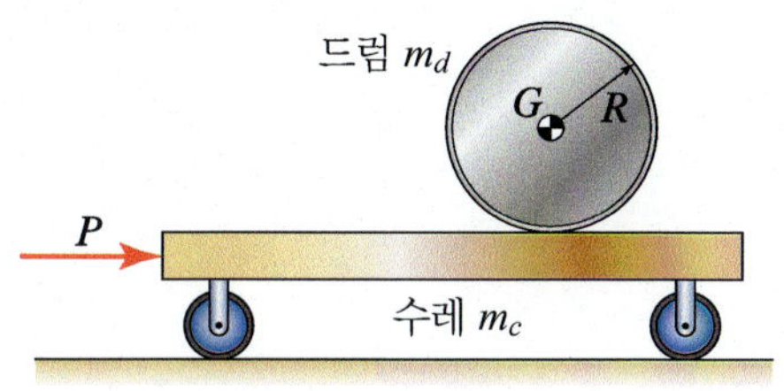

그림 P7.88

문제 7.89

질량 m, 길이 L인 균일한 막대 AB가 $\theta \approx 0$로 모서리에 기대어져 있다. 조그만 상자가 A에서 막대 위에 놓여 있다. 막대의 끝점 B에 살짝 힘이 가해져 B가 바닥에서 미끄러짐에 따라 A도 벽을 따라 미끄러져 내려온다. 막대와 두 벽면 사이의 마찰과 상자의 무게를 무시하고 상자가 벽면에서 떨어지는 각도 θ를 구하라.

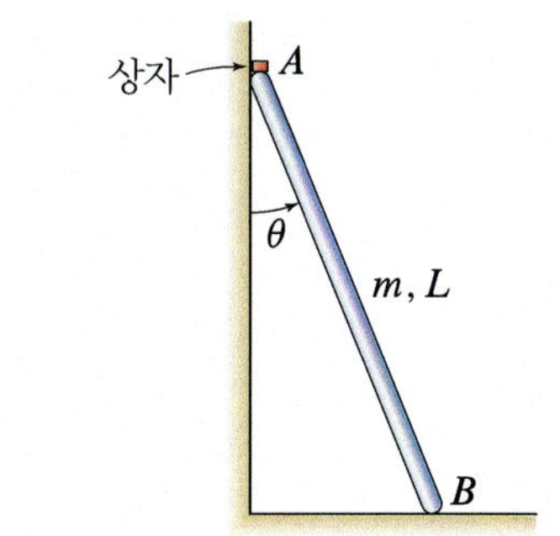

그림 P7.89

문제 7.90

봉 AB와 BC는 균일하고 질량이 각각 $m_{AB} = 2$ kg, $m_{BC} = 1$ kg이고 길이는 $L = 1.25$ m, $H = 0.75$ m이다. 봉 BC는 지면에서 $d = 0.2$ 위치의 C에서 고정지지대에 핀으로 연결되어 있다. 봉 AB는 A에서 반경 $R = 0.60$ m, 질량 $m_{OA} = 5$ kg인 균일한 바퀴에 핀으로 연결되어 있다. A는 바퀴의 중심으로부터 ρ의 거리에 있다. 그림의 위치에서 A는 O의 수직 상방에 있고, AB와 BC는 지면에 대해 각각 수평과 수직을 유지하고 있다. 이 순간 봉 BC가 시계방향으로 2 rad/s의 각속도와 1.2 rad/s^{2}의 각가속도로 회전한다. 바퀴가 미끄러짐 없이 구른다고 가정하고, 그림에 보이는 순간 바퀴에 가해지는 힘 P를 구하라. 또한 바퀴가 미끄러지지 않기에 충분한 정지마찰계수의 최소값을 구하라.

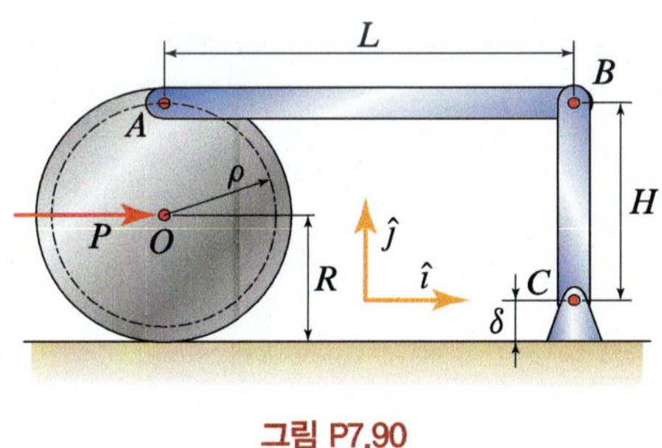

그림 P7.90

설계 문제

설계문제 7.1

오토바이의 앞바퀴가 지면에서 들리지 않고 주행할 수 있는 최대가속도를 구하였던 본 장의 맨 처음 문제로 돌아가 보자. 특별히 실제 오토바이를 하나 선택하여 기하학적 배열과 바퀴를 포함한 관성특성을 조사하여 새로운 오토바이 모델을 구축하라. 그리고 지면과 바퀴들의 접촉점에 대한 질량중심의 수평 및 수직 위치에 따른 최대가속도를 분석하라. 이 해석에서 전륜의 관성을 포함한 결과와 무시한 결과를 비교하라.

그림 DP7.1

설계문제 7.2

승용차 안전벨트의 한 끝은 차가 설정치 이상으로 감속하게 되면 잠기는 래칫 휠(ratchet wheel)에 감겨있다. 그림에서 래칫 휠은 고정점 A에 대하여 회전한다. 래칫 휠에는 이빨이 달려 있으며, 추 위에 놓여 있다. 이 추는 B 점을 중심으로 회전할 수 있으며 회전이 커지게 되면 래칫 휠을 잠기게 하는 톱니멈춤쇠에 연결되어 있다. 래칫 휠의 실제 크기를 조사하고, 수평 감속도가 0.5 g를 초과하면 벨트의 운동을 정지시키는 잠금장치를 설계하라. 여기에서 g는 중력가속도이다. 설계시 추의 움직임을 제한하는 스프링을 사용할 수도 있다.

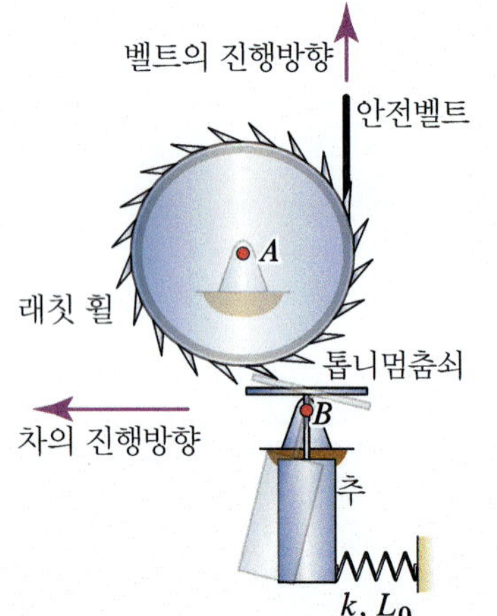

그림 DP7.2

강체의 에너지와 운동량 방법

이 장에서 우리는 강체에서의 기본적인 세 가지 평형 법칙인 일–에너지의 원리, 선형 충격량–운동량의 원리 및 각 충격량–운동량의 원리를 공부하려고 한다. 각 원리는 7장에서 공부한 뉴턴–오일러 방정식으로부터 유도할 수 있으며 이 방정식을 직접 적용하여 풀 경우에는 매우 복잡할 수 있는 문제들을 훨씬 쉽게 풀 수 있도록 한다.

8.1 강체에 대한 일–에너지 원리

에너지 저장 장치로서의 플라이휠

우리가 전기장치를 사용할 때는 필요한 전력을 공급받기 위해 외부의 전력망에 접속해야 한다. 이렇게 사용하는 전력은 우리가 접속하는 시점으로부터 불과 수백 분의 일초 전에 만들어진 것으로 이러한 전력공급이 가능한 기술은 놀랍지만, 동시에 이러한 전력 관리체계가 안고 있는 근본적인 문제점도 쉽게 예측할 수 있다. 즉 전력 수요가 전력 공급량을 초과할 경우 우리의 일부는 부분적 또는 완전 정전 사태를 겪을 수 있다! 이러한 사태를 방지하기 위해서 다량의 전기를 저장하고 전력 생산과 수요를 관리하기 위한 새로운 기술들이 등장하고 있다.

전기에너지 저장장치의 하나로 고려되고 있는 것이 **플라이휠**로서 개략도가 그림 8.1에 있으며 첨단 모델에 대한 상세도가 그림 8.2에 있다. 개념적으로 플라이휠은 고정축에 대해 회전하는 로터가 있는 단순한 구조로서, 플라이휠에 저장되는 에너지는 로터의 운동에너지이며 마찰이나 공기 저항에 의해 빠져나가는 에너지 소모를 줄이기 위해서 자기부상 베어링으로 지지하거나 진공 챔버 내에 설치하기도 한다. 플라이휠에 저장되는 에너지량을 알기 위해 그림 8.1을 보면 z 축(고정된)에 대해 각속도 ω_B로 회전하는 로터 B에서 z 축으로부터 거리 r만큼 떨어진 질량 요소를 dm이라 할 때 dm의 속도는 $v_{dm} = \omega_B r$이고 dm의 운동에너지는

$$dT = \tfrac{1}{2}(dm)v_{dm}^2 = \tfrac{1}{2}(dm)\omega_B^2 r^2 \tag{8.1}$$

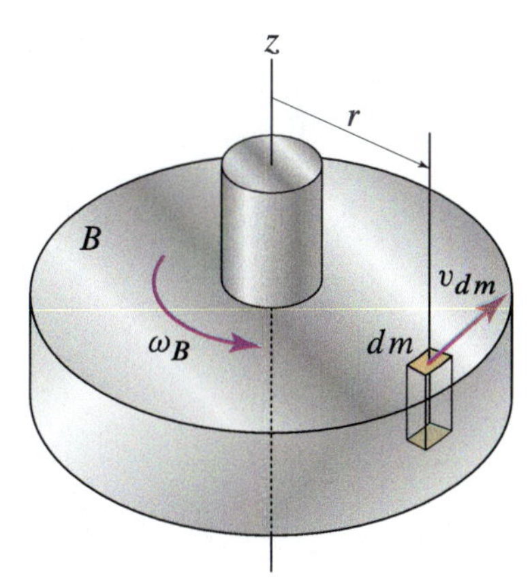

그림 8.1 고정된 z 축에 대해 회전하는 로터 B의 개략도.

흥미로운 사실

캘리포니아 위기. 1990년대 후반과 2000년대 초반 캘리포니아는 전력 생산에 대한 규제 완화와 지속되는 가뭄 등의 여러 요인으로 인하여 전력 공급의 위기를 겪었다. 2000년 5월 22일, 극심한 더위로 인한 전력 수요의 증가로 전력예비율이 5% 이하로 떨어지면서 캘리포니아의 전력망을 관리하는 캘리포니아 전력관리본부(indepenent system operator: ISO)는 2단계 전력 경고(일부 사용자들의 자발적인 전력 차단 수준)를 최초로 발효하였다. 2000년 6월 14일, 샌프란시스코의 기온이 39.4℃까지 달했을 때 순차적인 정전사태는 베이 지역에 사는 97,000명에 영향을 미쳤다. 캘리포니아 ISO는 주 전체가 통제 불가능한 정전 사태를 맞는 것을 막기 위해 순차적 정전 명령을 내렸으며 2차대전 이후 캘리포니아 주에서 발생한 최대 규모의 정전사태였다(출처: <http://www.pbs.org/webh/pages/frontline/shows/blackout/california/>).

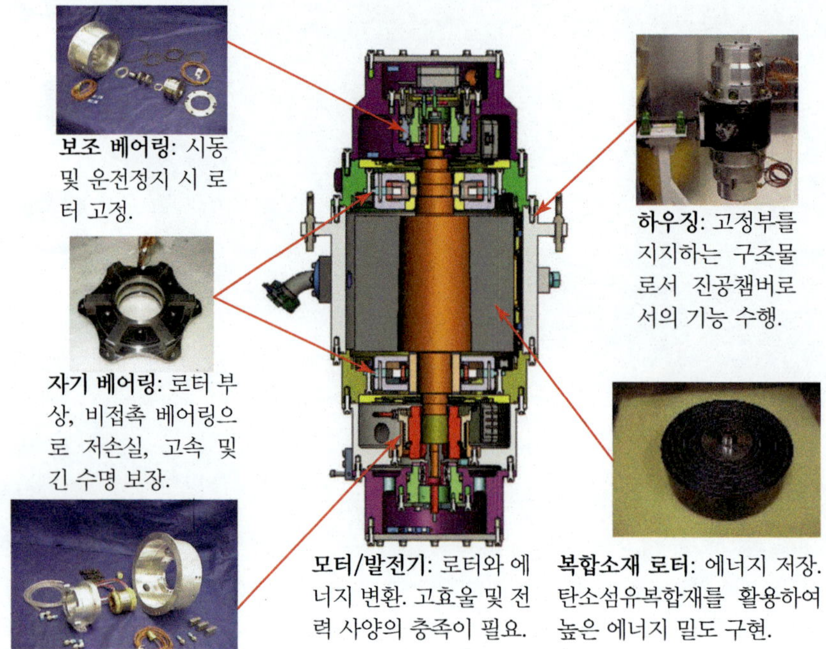

그림 8.2 NASA의 에너지 저장용 플라이휠.

이다. 그러면 고정축 회전을 하는 로터의 운동에너지는

$$T = \int_B dT = \int_B \tfrac{1}{2}\omega_B^2 r^2\, dm = \tfrac{1}{2}\omega_B^2 \int_B r^2\, dm = \tfrac{1}{2}\omega_B^2 I_z \tag{8.2}$$

로 주어지며 여기서 I_z는 z 축에 대한 로터의 질량관성모멘트(이에 대한 내용은 부록 A 참조)[1)]이다. 식 (8.2)를 보면 T는 회전축에 대한 질량관성모멘트와 회전속도의 제곱에 직접 비례하는 것을 알 수 있다. 플라이휠의 에너지가 I_z 에 관련된다는 것은 로터의 단순 질량이 아닌 회전축에 대한 상대적인 질량 분포에 따라 결정됨을 의미한다. 또한 식 (8.2)는 $T = \frac{1}{2}$(질량 파라미터)(속도)^{2}의 형태가 질점의 운동에너지인 $\frac{1}{2}mv^2$와 유사하다는 점에서 흥미롭다. 하지만 식 (8.2)의 운동에너지에 대한 표현은 고정축에 대한 회전인 경우에만 적용된다. 우리는 지금부터 강체의 운동에너지에 대한 일반적 표현을 유도하려고 하며 추가적인 전개과정이 필요하다.

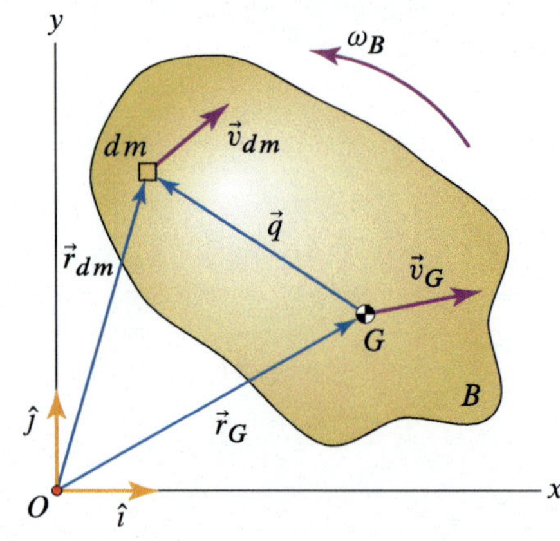

그림 8.3 평면 운동을 하는 강체.

평면 운동을 하는 강체의 운동에너지

그림 8.3에서 미소질량요소 dm이 속도 $\vec{v}_{dm}$과 운동에너지 $dT_{dm} = \frac{1}{2}(dm)v_{dm}^2$을 갖고 있다고 하면 dm을 포함하는 강체 B의 운동에너지는 아래와 같다.

$$T = \int_B \tfrac{1}{2} v_{dm}^2\, dm \tag{8.3}$$

1) 7장에서 언급한 바와 같이 I의 아래 첨자는 항상 I가 계산되는 축을 나타내기 위하여 사용된다. 따라서 I_A 는 A 점을 통과하면서 운동 평면에 수직한 축에 대한 강체의 질량관성모멘트를 의미한다.

G, dm은 같은 강체 상의 두 점이므로

$$\vec{v}_{dm} = \vec{v}_G + \vec{\omega}_B \times \vec{q} \tag{8.4}$$

여기서 G, $\vec{\omega}_B$는 질량중심과 B의 각속도를 각각 의미하고 $\vec{q}$는 G에 대한 dm의 위치이다. 평면 운동에서는 $\vec{\omega}_B = \omega_B\,\hat{k}$이고 $\vec{q} = q_x\,\hat{\imath} + q_y\,\hat{\jmath}$이므로 $\vec{\omega}_B \times \vec{q} = \omega_B(-q_y\,\hat{\imath} + q_x\,\hat{\jmath})$이며 식 (8.4)로부터

$$\begin{aligned} v_{dm}^2 &= \vec{v}_{dm} \cdot \vec{v}_{dm} \\ &= \vec{v}_G \cdot \vec{v}_G + 2\vec{v}_G \cdot \omega_B(-q_y\,\hat{\imath} + q_x\,\hat{\jmath}) + \omega_B^2\left(q_x^2 + q_y^2\right) \\ &= v_G^2 + 2\omega_B(-v_{Gx}q_y + v_{Gy}q_x) + \omega_B^2\left(q_x^2 + q_y^2\right) \end{aligned} \tag{8.5}$$

여기서 $\vec{v}_G = v_{Gx}\,\hat{\imath} + v_{Gy}\,\hat{\jmath}$이다. 식 (8.5)를 식 (8.3)에 대입하면

$$T = \int_B \left[\tfrac{1}{2}v_G^2 + \omega_B(-v_{Gx}q_y + v_{Gy}q_x) + \tfrac{1}{2}\omega_B^2\left(q_x^2 + q_y^2\right)\right] dm \tag{8.6}$$

식 (8.6)을 정리하면, 우선 적분항 $\frac{1}{2}v_G^2$은

$$\int_B \tfrac{1}{2}v_G^2\, dm = \tfrac{1}{2}v_G^2 \int_B dm = \tfrac{1}{2}mv_G^2 \tag{8.7}$$

여기서 $m = \int_B dm$은 B의 전체 질량이다. 식 (8.6)의 마지막 항은

$$\int_B \tfrac{1}{2}\omega_B^2\left(q_x^2 + q_y^2\right) dm = \tfrac{1}{2}\omega_B^2 \int_B \left(q_x^2 + q_y^2\right) dm = \tfrac{1}{2}I_{Gz}\omega_B^2 \tag{8.8}$$

위 식에서는 식 (7.41)의 $\int_B \left(q_x^2 + q_y^2\right) dm = I_{Gz}$이 적용되었다. 식 (8.6)의 두 번째 항은 아래와 같이 정리할 수 있다.

$$\begin{aligned} \int_B \omega_B(-v_{Gx}q_y + v_{Gy}q_x)\, dm = -\omega_B v_{Gx} \int_B q_y\, dm \\ + \omega_B v_{Gy} \int_B q_x\, dm = 0 \end{aligned} \tag{8.9}$$

여기서 $\int_B q_x\, dm$과 $\int_B q_y\, dm$은 G에 대해 위치가 정의되었으므로 0이 된다는 사실이 적용되었다. (식 (7.39), (7.40) 참조). 식 (8.7)-(8.9)를 식 (8.6)에 대입하면

$$T = \tfrac{1}{2}mv_G^2 + \tfrac{1}{2}I_G\omega_B^2 \tag{8.10}$$

여기서 I_G는 7장에서 한 바와 같이 I_{GZ}를 줄여서 나타낸 것이다. 식 (8.10)으로부터 평면 운동을 하는 강체의 운동에너지는 다음과 같이 구성된다.

1. **병진**하는 물체의 운동에너지에 해당하는 $\frac{1}{2}mv_G^2$ 항
2. 질량중심 G를 통과하고 운동 평면에 수직한 고정 축에 대해 **회전**하는 물체의 운동에너지에 해당하는 $\frac{1}{2}I_G\omega_B^2$ 항

식 (8.10)을 보면 강체의 운동에너지의 형태가 $\frac{1}{2}$(질량 파라미터)(속도)^{2}으로 주어지기 때문에 질점의 운동에너지와 크게 다르지 않다는 것을 알 수 있다.

유용한 정보

3차원 물체의 평면 운동. 평면 운동에서 아래 관계가 성립할 때

$$\vec{\omega}_B \times \vec{q} = \omega_B(-q_y\,\hat{\imath} + q_x\,\hat{\jmath})$$

우리가 2차원 물체라고 가정하는 것은 아니다. 3차원 물체에서 $\vec{q} = q_x\,\hat{\imath} + q_y\,\hat{\jmath} + q_z\,\hat{k}$인 경우에도

$$\omega_B\,\hat{k} \times (q_x\,\hat{\imath} + q_y\,\hat{\jmath} + q_z\,\hat{k})$$

$\vec{q}$의 z 성분은 평면 운동인 경우 최종 결과에 영향을 주지 않는다.

개념정리

강체의 운동에너지. 강체의 운동에너지는 두 항으로 구성된다. 첫 번째 항인 $\frac{1}{2}mv_G^2$은 병진 운동에너지라 불리며 질량중심의 운동에 의해 발생하며 두 번째 항인 $\frac{1}{2}I_G\omega_B^2$는 회전 운동에너지라 불리며 질량중심으로부터 떨어진 점들의 회전 운동에 의해 발생한다. 강체는 질량중심이 움직이지 않을 때도 운동에너지를 가질 수 있다.

유용한 정보

강체의 운동에너지 대 질점계의 운동에너지. 4.3절에서 질점계의 운동에너지는 식 (4.74)에 의해 주어진다.

$$T = \tfrac{1}{2}mv_G^2 + \tfrac{1}{2}\sum_{i=1}^{n} m_i v_{i/G}^2.$$

첫 번째 항은 식 (8.10)과 동일하다. 두 번째 항인 $\frac{1}{2}\sum_{i=1}^{n} m_i v_{i/G}^2$은 식 (8.10)에서 $\frac{1}{2}I_G\omega_B^2$과 같이 질량중심으로부터 떨어진 물체들의 운동에 의한 에너지를 대변한다.

운동에너지: 고정 축에 대한 회전

그림 8.4에서 O에 핀으로 고정된 두 개의 봉에 연결되어 지지되는 물체 B를 보자. 물체 B는 O 점을 통과하면서 평면에 수직한 축에 대해 회전한다. B의 각속도가 ω_B일 때 강체 운동학에 의하면 B의 질량중심에서의 속도는 $v_G = \omega_B h$이며 여기서 h는 G와 O 사이의 거리이다. 식 (8.10)에 의하면 B의 운동에너지는

$$T = \tfrac{1}{2}mv_G^2 + \tfrac{1}{2}I_G\omega_B^2 = \tfrac{1}{2}m\omega_B^2 h^2 + \tfrac{1}{2}I_G\omega_B^2 \tag{8.11}$$

이를 단순화하면

$$T = \tfrac{1}{2}\left(mh^2 + I_G\right)\omega_B^2 = \tfrac{1}{2}I_O\omega_B^2 \tag{8.12}$$

여기서 $I_O = mh^2 + I_G$는 평행이동법칙을 이용하여 B의 회전축에 대한 질량관성모멘트를 나타낸 것이다. (부록 A 참조) 윗식을 보면 고정 축에 대한 회전을 하는 강체 B의 운동에너지는 항상 아래와 같이 나타낼 수 있다는 것을 알 수 있다.

$$\boxed{T = \tfrac{1}{2}I_O\omega_B^2} \tag{8.13}$$

여기서 I_O는 회전축에 대한 질량관성모멘트이다. 고정 축에 대한 회전은 실제 많이 일어나기 때문에 위 결과는 매우 유용하다.

그림 8.4 O의 핀에 대해 회전하는 지지판 B.

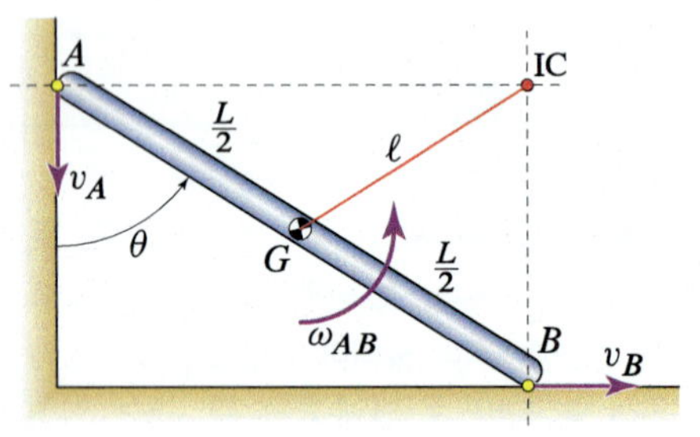

그림 8.5 구석으로 미끄러져 내리는 봉. 순간중심을 이용하여 운동에너지를 계산하기 위해 필요한 운동학적 파라미터 표시.

순간중심을 이용한 운동에너지 계산. 운동에너지는 속도에만 관련되기 때문에 순간중심을 O 점으로 하여 식 (8.13)을 이용하면 강체의 운동에너지를 구할 수 있다. 그림 8.5에서 질량이 m이고 길이가 L인 균일하고 가는 봉이 구석으로 미끄러져 내려올 때 순간중심은 봉의 질량중심 G로부터 $\ell = L/2$의 거리에 놓인다는 것을 쉽게 알 수 있다. 우리가 봉의 경사각 θ와 v_A 또는 v_B를 안다면 아래의 관계식으로부터 ω_{AB}를 구할 수 있다.

$$\omega_{AB} = \frac{v_A}{L\sin\theta}, \qquad \omega_{AB} = \frac{v_B}{L\cos\theta} \tag{8.14}$$

ω_{AB}를 안다면 봉 AB의 운동에너지를 다음과 같이 계산할 수 있다.

$$T = \tfrac{1}{2}I_{IC}\omega_{AB}^2 = \tfrac{1}{2}\left(I_G + m\ell^2\right)\omega_{AB}^2 \tag{8.15}$$

여기서 I_G는 봉의 질량관성모멘트이다. 예제 8.1에서는 순간중심을 이용하여 자전거의 운동에너지를 구한다.

강체의 일–에너지 원리

강체는 일련의 질량 요소들이 결합되어 있는 것으로 볼 수 있다. 따라서 강체에 대한 일–에너지 원리는 질점의 집합체에 대해 구한 식 (4.69)와 동일한 형태로 주어진다.

$$T_1 + (U_{1\text{-}2})_{\text{ext}} + (U_{1\text{-}2})_{\text{int}} = T_2 \tag{8.16}$$

여기서 T는 계의 운동에너지이고 $(U_{1\text{-}2})_{\text{ext}}$와 $(U_{1\text{-}2})_{\text{int}}$는 계에 작용하는 외력과 내력에 의해서 ①로부터 ②로 행해진 일이다. 운동에너지에 대해서는 이미 많이 논의했기 때문에 여기서는 $(U_{1\text{-}2})_{\text{int}}$에 대해서 논하려고 하며 $(U_{1\text{-}2})_{\text{ext}}$은 나중에 이야기하기로 한다. 4.3절

> **유용한 정보**
>
> **일과 에너지원리의 표기.** 여기서는 4장에서 소개한 표기 방식을 동일하게 사용한다. ① (또는 ②)는 "위치 1" (또는 "위치 2)를 의미한다.

에서 논의됐던 것과 같이 내력은 계가 변형될 때만 작용한다. 강체의 경우, 내력의 존재 유무에 상관없이 변형하지 않기 때문에 내력에 의해 행해진 일은 없다. 즉

$$(U_{1\text{-}2})_{\text{int}} = 0 \tag{8.17}$$

식 (8.17)을 식 (8.16)에 대입하면 강체에 대한 일–에너지 원리를 유도할 수 있다.

$$T_1 + U_{1\text{-}2} = T_2 \tag{8.18}$$

여기서 $U_{1\text{-}2}$는 외력 및 외부 커플에 의해서 행해진 일을 의미한다. 식 (8.18)을 보면 강체에 대한 일–에너지 원리가 질점에 대한 원리와 동일하게 표현된다는 것을 알 수 있다(강체에 대한 운동에너지는 질점에 대한 운동에너지와 동일하게 주어지지 않는다). 다음은 식 (8.18)의 $U_{1\text{-}2}$항을 계산하는 방법에 대해 알아본다.

유용한 정보

강체에서의 내력에 의한 일.

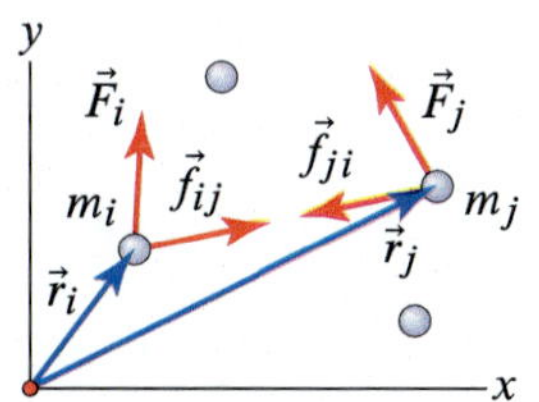

질점 i, j사이에 작용하는 내력에 의한 미소 일은 $dU = \vec{f}_{ij} \cdot d\vec{r}_{i/j}$이며 $\vec{f}_{ij}$는 $\vec{r}_{i/j}$와 평행이다. 일반적으로 상대 운동이 존재하여 $d\vec{r}_{i/j} \neq \vec{0}$인 경우 $dU \neq 0$이다. 강체 운동인 경우 $d\vec{r}_{i/j} \neq \vec{0}$이라도 $d\vec{r}_{i/j}$는 항상 $\vec{r}_{i/j}$에 수직하고 따라서 $\vec{f}_{ij}$에도 수직하며 $dU = 0$이 됨을 의미한다. 강체에서 두 점 사이의 상대 운동인 경우에도 내력에 의한 일은 발생하지 않는다.

강체에 행해진 일

정역학에서 우리는 일반적으로 시스템에 작용하는 힘과 커플(couple)에 대해 공부하였다. 여기서는 힘에 의한 일을 계산하는 방법에 대해 먼저 간단하게 살펴보고 커플에 의한 일을 계산하는 법에 대해서도 알아보려고 한다.

그림 8.6에 $\vec{F}_1(i = 1,..., n)$로 표기한 n개의 힘이 작용하는 강체가 있다. 이들 힘에 의한 일은

$$U_{1\text{-}2} = \sum_{i=1}^{n} \int_{(\mathscr{L}_{1\text{-}2})_i} \vec{F}_i \cdot d\vec{r}_i \tag{8.19}$$

여기서 $(\mathscr{L}_{1\text{-}2})_i$는 힘 $\vec{F}_i$가 작용하는 점의 경로이고 $\vec{r}_i$는 힘 $\vec{F}$가 작용하는 점의 위치이다. 식 (8.19)는 다수의 힘에 의해 행해진 일은 각 힘에 의한 일의 합으로 주어진다는 것을 의미하며 각 힘에 의한 일의 계산은 4장에서 배웠던 방법으로 할 수 있다.

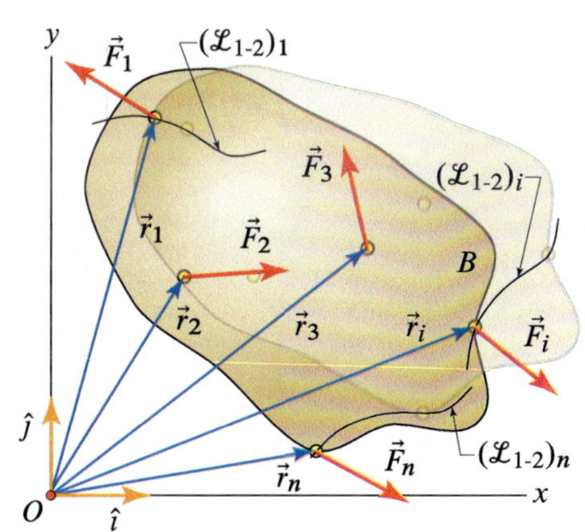

그림 8.6 힘 시스템의 작용을 받는 강체.

그림 8.7에 크기가 같고 방향이 반대인 두 힘 $\vec{F}_A$, $\vec{F}_B$가 h만큼 떨어져 작용할 때 발생하는 커플을 받는 강체가 있다. 여기서 커플에 의한 모멘트는

$$\vec{M} = \vec{r}_{A/B} \times \vec{F}_A = \vec{r}_{B/A} \times \vec{F}_B \tag{8.20}$$

여기서 A와 B는 $\vec{F}_A$, $\vec{F}_B$가 작용하는 선 상의 임의의 점이다. 식 (8.19)를 $\vec{F}_A$, $\vec{F}_B$에 대해 적용하면

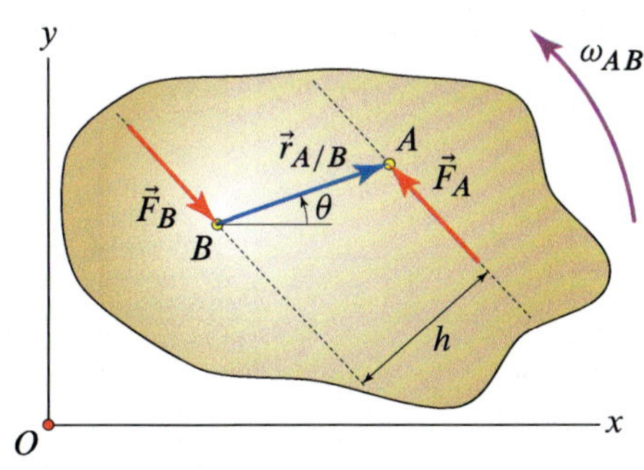

그림 8.7 커플의 작용을 받는 강체.

$$U_{1\text{-}2} = \int_{(\mathscr{L}_{1\text{-}2})_A} \vec{F}_A \cdot d\vec{r}_A + \int_{(\mathscr{L}_{1\text{-}2})_B} \vec{F}_B \cdot d\vec{r}_B \tag{8.21}$$

$d\vec{r}_A = \vec{v}_A\,dt$이고 $d\vec{r}_B = \vec{v}_B\,dt$이므로 식 (8.21)은 아래와 같이 다시 쓸 수 있다.

$$U_{1\text{-}2} = \int_{t_1}^{t_2} \left(\vec{F}_A \cdot \vec{v}_A + \vec{F}_B \cdot \vec{v}_B\right) dt = \int_{t_1}^{t_2} \vec{F}_A \cdot (\vec{v}_A - \vec{v}_B)\,dt \tag{8.22}$$

여기서 $\vec{F}_B = -\vec{F}_A$를 이용하였다. 강체이기 때문에 $\vec{v}_A - \vec{v}_B = \vec{\omega}_{AB} \times \vec{r}_{A/B}$이 성립하므로 식 (8.22)는

$$U_{1\text{-}2} = \int_{t_1}^{t_2} \vec{F}_A \cdot \left(\vec{\omega}_{AB} \times \vec{r}_{A/B}\right) dt = \int_{t_1}^{t_2} \vec{\omega}_{AB} \cdot \left(\vec{r}_{A/B} \times \vec{F}_A\right) dt \tag{8.23}$$

위에서 $\vec{a} \cdot (\vec{b} \times \vec{c}) = \vec{b} \cdot (\vec{c} \times \vec{a})$의 등식이 이용되었다. 항 $\vec{r}_{A/B} \times \vec{F}_A$는 식 (8.20)의 $\vec{M}$과 같으며 평면 운동이기 때문에 벡터 $\vec{\omega}_{AB}$, $\vec{M}$는 $\vec{\omega}_{AB} = \omega_{AB}\,\hat{k}$와 $\vec{M} = M\,\hat{k}$로 각각 나타낼 수 있다. 따라서 식 (8.23)은 아래와 같이 다시 쓸 수 있다.

$$\boxed{U_{1\text{-}2} = \int_{t_1}^{t_2} M\omega_{AB}\,dt = \int_{\theta_1}^{\theta_2} M\,d\theta} \tag{8.24}$$

위에서 $d\theta$가 강체의 미소 각변위라 할 때 $d\theta = \omega_{AB}\,dt$의 관계를 이용하였다. 만약 M이 일정하다면 식 (8.24)는 $U_{1\text{-}2} = M(\theta_2 - \theta_1)$으로 단순화할 수 있으며 여기서 $\theta_2 - \theta_1$는 ①과 ② 사이의 각변위이다.

위치에너지와 에너지 보존

강체에 작용하는 힘이 보존력인 경우, 보존력에 의한 일은 위치에너지로 나타낼 수 있다.[2)] 따라서 일반적인 힘이 작용하여 ①과 ② 사이를 움직이는 강체에서의 일–에너지 원리는 아래의 형태로 주어진다.

$$\boxed{T_1 + V_1 + (U_{1\text{-}2})_{\text{nc}} = T_2 + V_2} \tag{8.25}$$

여기서 V는 물체의 위치에너지의 합이고 $(U_{1-2})_{\text{nc}}$는 위치에너지 함수로 나타낼 수 없는 비보존력에 의한 일이다. 식 (8.25)는 질점에 대한 일–에너지 원리의 일반식인 (4.50)과 같다. 만약 작용하는 모든 힘이 보존력이라면 식 (8.25)는 기계적 에너지 보존 법칙으로 다음과 같이 나타낼 수 있다.

$$\boxed{T_1 + V_1 = T_2 + V_2} \tag{8.26}$$

2) 보존력과 위치에너지에 대한 복습은 4.2절을 참조.

비틀림 스프링의 위치에너지

그림 8.8에는 다양한 비틀림 스프링이 있는데 이러한 스프링은 각변위에 대해서 모멘트가 발생하도록 설계되어 있다. 비틀림 스프링의 대표적인 응용 사례로서 그림 8.9(a)에 나타낸 바와 같이 한쪽 끝단이 스프링에 연결되어 핀으로 지지된 봉을 들 수 있다.

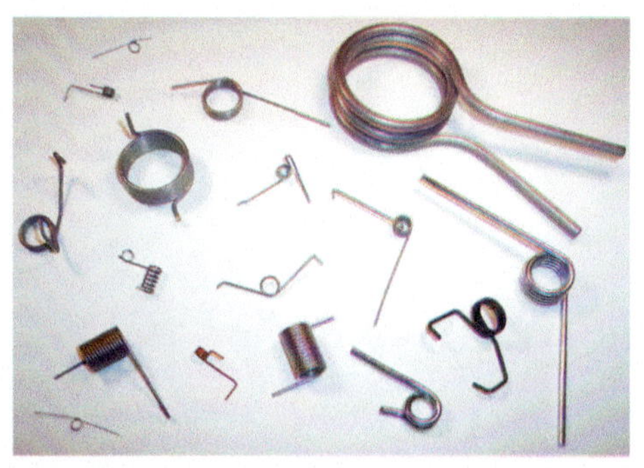

그림 8.8 여러가지 비틀림 스프링.

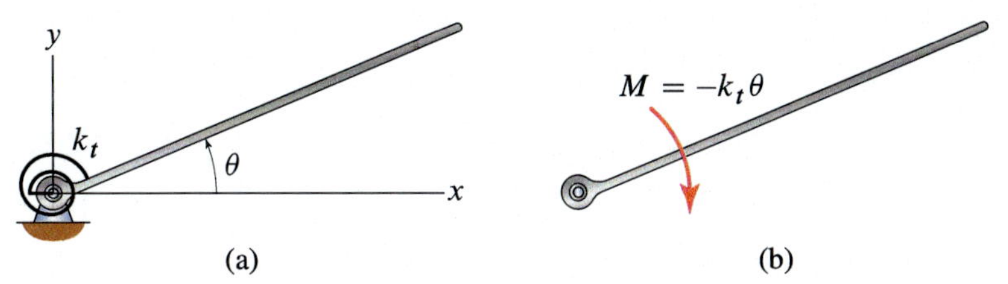

그림 8.9 선형 비틀림스프링을 갖는 봉 (a)와 스프링의 반력모멘트 (b).

만약 봉에 θ의 각변위가 발생하면 비틀림 스프링이 변형되어 그림 8.9(b)에 보이는 바와 같이 각변위와 반대 방향으로 봉에 모멘트가 작용하며 그 크기는 각변위의 함수로 주어진다. 예를 들어 선형 비틀림 스프링인 경우 모멘트와 각변위 사이의 관계는

$$M = -k_t\theta \tag{8.27}$$

여기서 k_t는 비틀림 스프링 상수(*torsional spring constant*)로서 힘×거리/각도의 단위를 갖는다. 따라서 SI단위계에서는 N · m/rad이고 미국 상용단위계에서는 ft · lb/rad이다.

식 (8.24)를 적용하여 비틀림 스프링에 의한 일을 계산하면,

$$(U_{1\text{-}2})_{\text{torsional spring}} = -\int_{\theta_1}^{\theta_2} k_t\theta\, d\theta = -\left(\tfrac{1}{2}k_t\theta_2^2 - \tfrac{1}{2}k_t\theta_1^2\right) \tag{8.28}$$

식 (8.28)을 보면 비틀림 스프링에 의한 일은 스프링의 초기 및 최종 위치 만의 함수로 주어진다는 것을 알 수 있으며 위치에너지 함수로 나타낼 수 있음을 의미한다. 일과 위치에너지 사이의 관계는 $U_{1\text{-}2} = -(V_2 - V_1)$이므로 선형 비틀림 스프링의 위치에너지는

$$V_{\text{torsional spring}} = \tfrac{1}{2}k_t\theta^2 \tag{8.29}$$

중력의 위치에너지

질점의 경우 하나의 점으로 볼 수 있으므로 중력에 의한 일을 계산하기 위해 높이의 변화를 알아보는 것은 쉽지만 강체의 경우 어느 점을 기준으로 높이 변화를 계산해야 할지 쉽지 않다. 예를 들어 그림 8.10의 왼쪽에서 강체가 ①로부터 ②로 이동하였을 때 A점이 A'으로 이동하지만 중력의 합이 작용하는 점은 A가 아니라 G이다. 따라서 중력 위치에너지를 계산하기 위하여 강체의 위치 변화를 계산할 때 우리는 식 (4.33)을 그대로 사용할 수 있다.

$$V_g = mgy \tag{8.30}$$

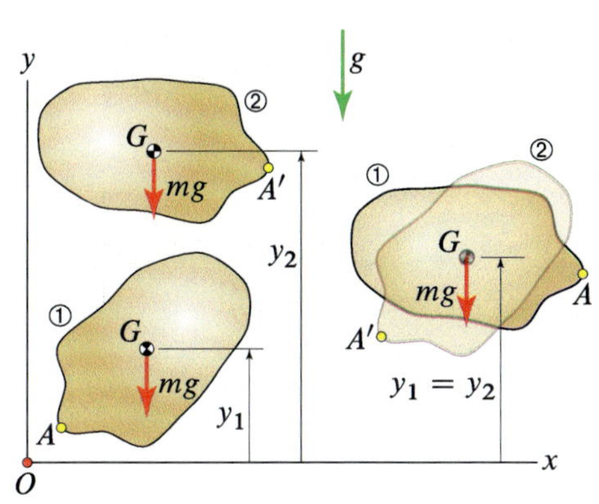

그림 8.10 왼쪽: 회전하면서 질량중심 G의 높이가 변한 강체. 오른쪽: 회전하면서 질량중심 G의 높이가 변하지 않은 강체.

여기서 y는 임의로 정의된 기준선으로부터 **측정된 질량중심의 높이**이다. 그림 8.10의 오른쪽을 보면 강체 상의 무수히 많은 점들이 높이가 변하지만 질량중심 G를 중심으로 회전하는 경우 중력 위치에너지의 변화는 없다.

시스템에서의 일–에너지 원리

우리의 시스템이 질점, 강체 또는 질점과 강체의 조합으로 구성될 수 있으나 모든 경우에 대한 일–에너지 원리는 항상 같은 형태로 나타낼 수 있다. 따라서 어떠한 물리적 시스템에 대해서도 일–에너지 원리는 불필요한 재유도 과정 없이 다음과 같이 나타낼 수 있다.

$$T_1 + V_1 + (U_{1\text{-}2})^{\text{ext}}_{\text{nc}} + (U_{1\text{-}2})^{\text{int}}_{\text{nc}} = T_2 + V_2 \tag{8.31}$$

여기서

- T는 각 독립 구성요소의 운동에너지의 합으로 주어지는 전체 운동에너지;
- V는 시스템의 외부 또는 내부에서 작용하는 모든 보존력에 의한 전체 위치에너지;
- $(U_{1\text{-}2})^{\text{ext}}_{\text{nc}}$는 외부의 비보존력에 의한 일;
- $(U_{1\text{-}2})^{\text{int}}_{\text{nc}}$는 내부의 비보존력에 의한 일이다.

빠지기 쉬운 함정
강체의 내력에 의한 일. 식 (8.31)에서 내부 일의 항 $(U_{1\text{-}2})^{\text{int}}_{\text{nc}}$는 하나의 강체에서 행해진 일은 아니며 두 개 이상의 강체에서 행해진 일을 의미한다.

식 (8.31)은 식 (4.30)과 동일한 형태이다.

동력

우리는 4.4절에서 힘에 의해 전달하는 동력에 대해 살펴보았다. 강체인 경우에도 힘 $\vec{F}$가 작용하여 $\vec{v}$의 속도로 이동한다면 그 때 전달하는 동력은 단위 시간 당 힘에 의한 일이다.

$$\text{힘에 의해 전달하는 동력 } \vec{F} = \frac{dU}{dt} = \vec{F}\cdot\vec{v} \tag{8.32}$$

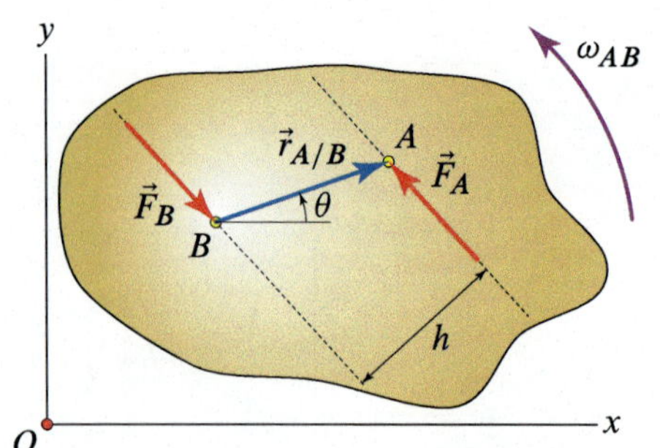

그림 8.11 *그림 8.7 반복.* 커플이 작용하는 강체.

그림 8.11을 보면 커플에 의해 전달하는 동력은 식 (8.23)의 커플에 의한 일로부터 연산의 기본 법칙을 적용하면 바로 구할 수 있다.

$$\text{커플에 의한 동력} = \frac{dU}{dt} = \vec{\omega}_{AB}\cdot(\vec{r}_{A/B}\times\vec{F}_A) = \vec{M}\cdot\vec{\omega}_{AB} \tag{8.33}$$

여기서 $\vec{M}$은 커플에 의한 모멘트이다.

절 요약

평면 운동을 하는 강체의 운동에너지

식 (8.10) p 593

$$T = \tfrac{1}{2}mv_G^2 + \tfrac{1}{2}I_G\omega_B^2$$

또는

식 (8.13) p. 594

$$T = \frac{1}{2} I_O \omega_B^2$$

식 (8.10)에서 m, G, I는 각각 강체의 질량, 질량중심 및 질량관성모멘트이고 식 (8.13)은 고정축에 대한 회전에서의 운동에너지로서 I_O는 회전축에 대한 질량관성모멘트이다. 강체에 대한 일–에너지 원리는

식 (8.18) p. 595

$$T_1 + U_{1\text{-}2} = T_2$$

여기서 U_{1-2}는 강체가 외력에 의해 ①에서 ②로 이동할 때 행해진 일이다. 만약 보존력에 의한 위치에너지로 나타내면

식 (8.25), 식(8. 26) p. 596

$$T_1 + V_1 + (U_{1\text{-}2})_{\text{nc}} = T_2 + V_2 \quad \text{(일반계)}$$

$$T_1 + V_1 = T_2 + V_2 \quad \text{(보존계)}$$

식 (8.26)은 보존계에만 적용할 수 있으며 계의 전체 기계적 에너지가 보존된다. 강체 또는 강체와 질점의 조합으로 구성된 시스템에서 일–에너지 원리는

식 (8.31) p. 598

$$T_1 + V_1 + (U_{1\text{-}2})_{\text{nc}}^{\text{ext}} + (U_{1\text{-}2})_{\text{nc}}^{\text{int}} = T_2 + V_2$$

여기서 V는 외부 또는 내부 보존력에 의한 전체 위치에너지이고 $(U_{1\text{-}2})_{\text{nc}}^{\text{ext}}$, $(U_{1\text{-}2})_{\text{nc}}^{\text{int}}$는 위치에너지로 나타낼 수 없는 외부 및 내부의 비보존력에 의한 일이다. 그림 8.12의 평면 강체 운동에서 커플에 의한 일은

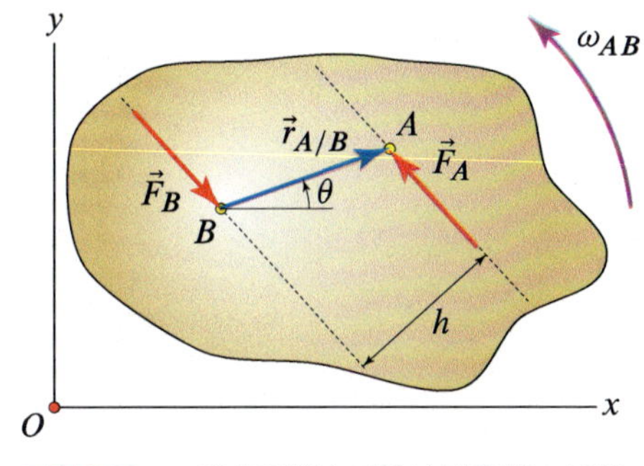

그림 8.12 *그림 8.7 반복. 커플이 작용하는 강체.*

식 (8.24) p. 596

$$U_{1\text{-}2} = \int_{t_1}^{t_2} M\omega_{AB}\, dt = \int_{\theta_1}^{\theta_2} M\, d\theta$$

여기서 $d\theta$는 강체의 미소 각변위이고 M은 운동 평면에 수직한 방향으로 작용하는 커플의 모멘트 성분으로 양의 θ 방향을 (+)로 정의한다. 또한 모멘트 $\vec{M}$의 커플에 의해 전달하는 동력은

식 (8.33) p. 598

$$\text{커플에 의한 동력} = \frac{dU}{dt} = \vec{M} \cdot \vec{\omega}_{AB}$$

여기서 $\vec{\omega}_{AB}$는 물체의 각속도이다.

예제 8.1 미끄럼없는 구름에서의 운동에너지 계산

그림 1 평지주행하는 사이클 선수.

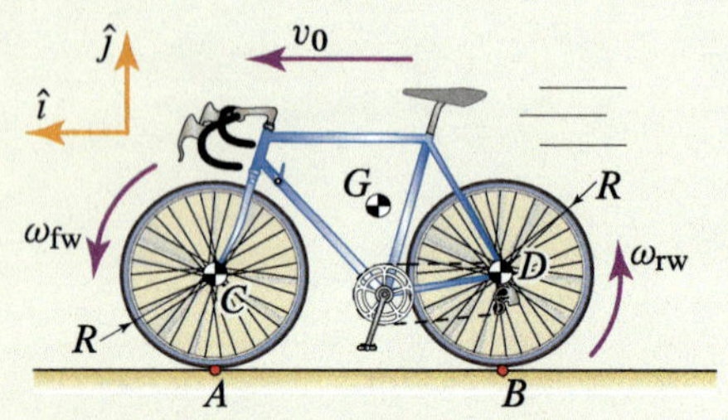

그림 2 일정 속도 v_0로 달리는 자전거. 점 G, C, D는 각각 프레임과 전후륜의 질량중심.

사이클 선수가 평지를 $v_0 = 35$ km/h의 일정한 속도로 달리고 있다. 자전거 프레임(바퀴를 제외한 자전거)은 $m_f = 2.25$ kg의 질량을 갖고 있다. 전륜 및 후륜의 지름은 $d = 0.7$ m로 같고 질량은 각각 $m_{f\omega} = 0.737$ kg과 $m_{r\omega} = 0.933$ kg이며 질량관성모멘트는 각각 $I_C = 0.0510$ kg · m^{2}와 $I_D = 0.0501$ kg · m^{2}이다(그림 2 참조). 바퀴가 미끄럼 없이 구른다고 가정하고 자전거의 운동에너지를 계산하라. 단, 페달, 체인 및 언급되지 않은 부품들의 운동에너지는 무시하라.

풀이 SOLUTION

로드맵 자전거 프레임과 바퀴로 구성된 시스템의 운동이 주어진 상태에서 운동에너지를 계산하려고 한다. 자전거의 운동에너지는 각 요소의 운동에너지를 먼저 구하고 이를 더하면 구할 수 있다. 작용하는 힘에 대해서는 고려할 필요가 없으며 운동학 문제에서처럼 계산만 수행하면 된다.

계산 T를 시스템의 운동에너지라 하면

$$T = T_f + T_{\text{fw}} + T_{\text{rw}} \tag{1}$$

여기서 T_f, T_{fw}, T_{rw}는 각각 프레임, 전륜 및 후륜의 운동에너지이다. 시스템이 평지 주행을 하기 때문에 프레임은 x 방향으로 v_0의 속도를 갖고 있다(그림 2 참조). 또한 프레임은 각속도가 없기 때문에 식 (8.10)을 적용하면,

$$T_f = \tfrac{1}{2} m_f v_0^2 = 106.3\,\text{J} \tag{2}$$

식 (8.10)을 전륜에 적용하면,

$$T_{\text{fw}} = \tfrac{1}{2} m_{\text{fw}} v_C^2 + \tfrac{1}{2} I_C \omega_{\text{fw}}^2 \tag{3}$$

여기서 ω_0, ω_{rw}는 각각 질량중심에서의 속도와 전륜의 각속도이다. 바퀴가 미끄럼없이 구르기 때문에 다음 관계가 성립한다.

$$v_C = v_0 = R\omega_{\text{fw}} \quad \Rightarrow \quad \omega_{\text{fw}} = \omega_0 = \frac{v_0}{R} = 27.78\,\text{rad/s} \tag{4}$$

위에서 ω_0 는 반경 $R = d/2 = 0.35$ m인 바퀴의 각속도이다. 식 (4)를 식 (3)에 대입하면,

$$T_{\text{fw}} = \tfrac{1}{2} m_{\text{fw}} R^2 \omega_0^2 + \tfrac{1}{2} I_C \omega_0^2 = \tfrac{1}{2}\left(I_C + m_{\text{fw}} R^2\right)\omega_0^2 = 54.52\,\text{J} \tag{5}$$

후륜은 전륜과 같은 운동을 하기 때문에 T_{rw}는 식 (5)와 같이 표현할 수 있다. 따라서,

$$T_{\text{rw}} = \tfrac{1}{2}\left(I_D + m_{\text{rw}} R^2\right)\omega_0^2 = 63.43\,\text{J} \tag{6}$$

식 (2), (5), (6)의 결과를 식 (1)에 대입해서 자전거의 전체 운동에너지를 구하면,

$$\boxed{T = 224\,\text{J}} \tag{7}$$

논의 및 검증 답을 구하기 위해 서로 같은 단위를 갖는 식 (2), (5), (6)을 더했으며 모든 파라미터가 SI 단위로 주어졌기 때문에 최종 답의 단위도 적절하다.

결과가 타당한지를 확인하는 방법 중 하나는 시스템이 직선 운동만 할 때의 운동에너지보다 더 큰지를 검증하는 것이다. 바퀴가 회전하지 않는다면 회전 운동에너지가 없기 때문에 계의 전체 운동에너지는 식 (7)로 구한 것보다 적어야 한다. 이를 구해 보면 $T_{\text{translation}} = \frac{1}{2}(m_f + m_{\text{fw}} + m_{\text{rw}})v_0^2 = 185$ J로 예상대로 위에서 구한 것보다 적다.

심층분석 풀이 과정에서 중요한 사실은 평면 운동을 하는 강체의 운동에너지에 대한 일반해인 식 (8.30)을 적용했다는 점이다. 따라서 바퀴의 운동에너지는 아래의 두 식으로 유도하였다.

$$T_{\text{fw}} = \frac{1}{2}\left(I_C + m_{\text{fw}}R^2\right)\omega_0^2, \qquad T_{\text{rw}} = \frac{1}{2}\left(I_D + m_{\text{rw}}R^2\right)\omega_0^2 \tag{8}$$

첫 번째 식의 괄호 안은 전륜의 A에 대한 질량관성모멘트를 평행이동법칙을 적용하여 구한 것과 같다. 즉

$$I_A = I_C + m_{\text{fw}}R^2 \tag{9}$$

여기서 A는 그림 2에 도시한 바와 같이 바퀴와 지면의 접촉점이다. A 점이 특별한 것은 앞바퀴의 순간 회전 중심이라는 점이다. 마찬가지로 후륜의 경우 $I_D + m_{\text{rw}}R^2 = I_B$가 성립하며 후륜의 순간 회전 중심인 B에 대한 질량관성모멘트이다. 이러한 관찰로부터 바퀴의 운동에너지는 식 (8.13)을 이용하여 아래와 같이 구할 수도 있다.

$$T_{\text{fw}} = \frac{1}{2}I_A\omega_0^2, \qquad T_{\text{rw}} = \frac{1}{2}I_B\omega_0^2 \tag{10}$$

예제 8.2 고정축에 대한 회전 시 일–에너지 원리

그림 1의 수동식도로 차단기는 평형 질량이 있기 때문에 손으로 쉽게 개폐할 수 있다. 그림 2와 같이 차단기 팔은 균일하고 가는 막대기로서 질량은 m_a이고 O에 핀으로 고정되며 질량중심이 A이다. 또한 평형 질량은 하나의 질점으로서 크기는 m_c이다. 수직 상태에서 정지해 있다가 서서히 낙하하여 수평 지점에 도달할 때 차단기 팔의 각속도와 끝단 B의 속도를 결정하라. 단, $\ell = 4.8$ m, $d = 0.8$ m, $\delta = 0.4$ m, $m_a = 20$ kg, $m_c = 42$ kg이다.

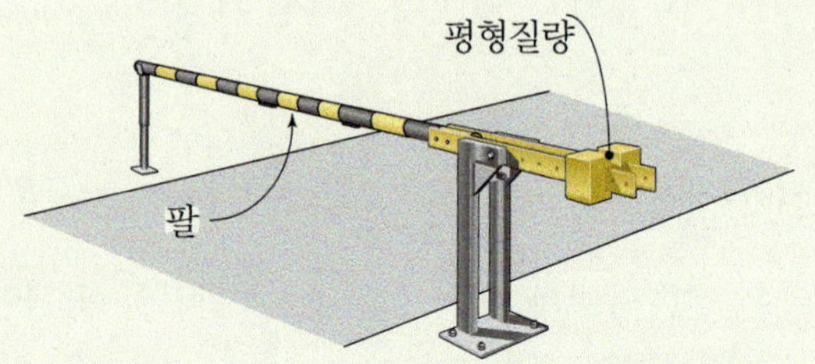

그림 1 수동식 도로차단기. 우측 끝단에 평형질량.

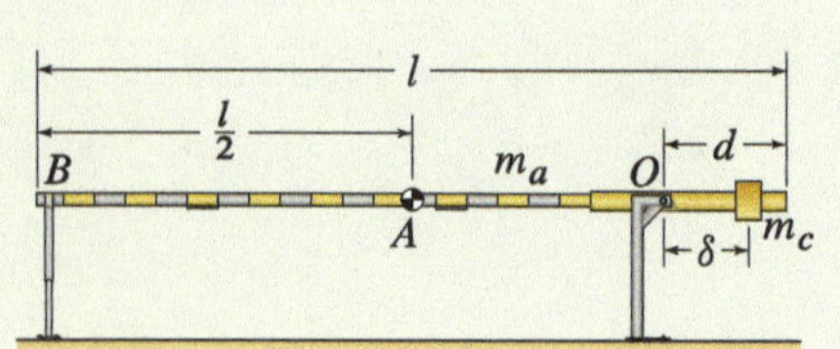

그림 2 도로차단기의 관련치수. 팔의 질량은 m_a, 평형질량은 m_c.

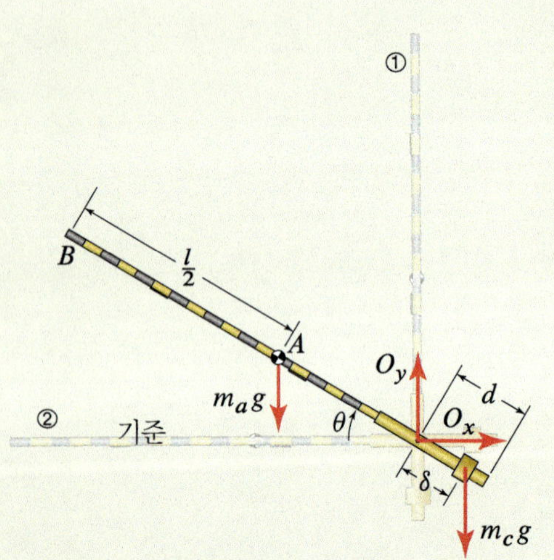

그림 3 수직위치에서 하강하는 도로차단기 자유물체도.

풀이 SOLUTION

로드맵과 모델링 팔의 속도 변화와 변위 사이의 관계를 활용하기 위해서 일–에너지 원리를 적용한다. 그림 3의 자유물체도로부터 자중만이 일을 하며 마찰이나 공기 저항에 의한 손실은 없다고 보고 보존계로 가정한다.

지배방정식

평형 원리 보존계이므로 일–에너지 원리는 아래 식으로 주어진다.

$$T_1 + V_1 = T_2 + V_2 \tag{1}$$

여기서 ①은 팔이 수직($\theta = \pi/2$ rad)한 상태이고 ②는 팔이 수평($\theta = 0$)인 상태이다. ①에서는 운동에너지가 0이며 ②에서는 팔과 평형 질량의 운동에너지가 다음과 같이 주어진다.

$$T_1 = 0, \qquad T_2 = \underbrace{\tfrac{1}{2} m_c v_{c2}^2}_{\text{counterweight}} + \underbrace{\tfrac{1}{2} I_O \omega_{a2}^2}_{\text{arm}} \tag{2}$$

여기서 v_{c2}는 ②에서의 평형 질량의 속도이고 I_O는 O 점에 대한 팔의 질량관성모멘트이며 ω_{a2}는 ②에서의 팔의 각속도이다. 식 (8.13)을 적용하여 운동에너지를 구하는데 평행이동 법칙에 의하면 I_O는 다음과 같다.

$$I_O = \tfrac{1}{12} m_a l^2 + m_a \left(\tfrac{1}{2} l - d\right)^2 \tag{3}$$

힘의 법칙 ①, ②에서의 위치에너지는

$$V_1 = m_a g \left(\tfrac{1}{2} l - d\right) - m_c g \delta, \qquad V_2 = 0 \tag{4}$$

운동학 방정식 여기서 ω_{a2}를 구해야 하기 때문에 v_{c2}는 ω_{a2}로 나타내야 하는데 이는 쉽게 아래와 같이 주어진다.

$$v_{c2} = \delta \omega_{a2} \tag{5}$$

계산 식 (2)-(5)를 식 (1)에 대입하면,

$$m_a g\left(\tfrac{1}{2}l - d\right) - m_c g\delta = \tfrac{1}{2}m_c(\delta\omega_{a2})^2 + \tfrac{1}{2}\left[\tfrac{1}{12}m_a l^2 + m_a\left(\tfrac{1}{2}l - d\right)^2\right]\omega_{a2}^2 \qquad (6)$$

이를 풀어 ω_{a2}를 구하면,

$$\boxed{\omega_{a2} = \sqrt{\frac{2g\left[m_a(l/2 - d) - m_c\delta\right]}{m_c\delta^2 + m_a\left[l^2/12 + (l/2 - d)^2\right]}} = 0.788\,\text{rad/s}} \qquad (7)$$

그리고 B에서의 속도는

$$\boxed{v_{B2} = (l - d)\omega_{a2} = 3.152\,\text{m/s}} \qquad (8)$$

논의 및 검증 식 (7), (8)의 결과는 타당하다. 만약 $m_c\delta$가 커져서 근 안의 값이 음이 되면 위에서 구한 해는 더 이상 의미가 없는데, $m_c\delta$가 어느 값 이상이 되면 차단기 팔은 수평 상태에 도달할 수 없다는 점에서 물리적으로도 무의미하다. 팔 설계의 다양한 경우에 대해서는 연습 문제와 설계 문제를 통해서 살펴볼 수 있다.

심층분석 문제 8.33과 8.34에서는 본 예제에서 다룬 시스템에 대해 평형 질량의 회전 관성(즉 회전 운동에너지)을 고려하여 심층적으로 분석한다. 문제를 풀기 전이지만 우리는 회전 관성이 식 (7), (8)에 어떤 영향을 미칠지 예측할 수 있다.

회전 관성은 평형 질량의 위치에너지와는 무관하지만 식 (6) 우변의 운동에너지는 증가시킨다. 운동에너지가 ω_{a2}의 항으로 주어지므로 식 (7)에서 분모 항이 증가하게 되고 분자 항은 같기 때문에 결과적으로 ω_{a2}는 감소한다.

예제 8.3 일–에너지 원리 및 미끄럼없는 구름 운동

그림 1 평지 직선주로의 로드스터. 마쯔다 미아타 *CR* 2006. 마쯔다 자동차 미국법인, 사용승인.

후륜 구동 자동차가 정지 상태에서 가속하여 평지 구간 L을 주행한 후 속도 v_f에 도달하였다. 전륜이 미끄러지지 않고 구름 저항과 베어링 마찰 및 공기 저항을 무시할 수 있고 각 바퀴의 기하중심이 질량중심과 일치한다는 가정 하에 전륜에 작용하는 힘을 구하고, 그 힘에 의해 행해진 일을 주어진 속도 v_f, 바퀴의 반경 r, 질량 m_ω, 질량중심에서의 질량관성모멘트 I_G의 함수로 구하고자 한다. 일로부터 바퀴에 작용하는 평균 마찰력을 구할 수 있는가?

풀이 SOLUTION

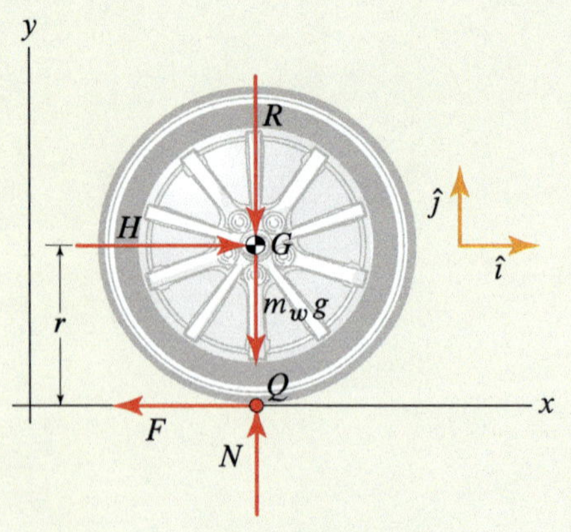

그림 2 바퀴에 대한 자유물체도. G는 바퀴의 기하학적 중심이고 또한 질량중심이다.

로드맵과 모델링 일–에너지 원리에 의하면 바퀴의 운동에너지의 차이는 바퀴에 행해진 일과 같다. 주어진 조건으로부터 운동에너지를 결정할 수 있고 그 차이로부터 이 문제를 풀 수 있다. 지면으로부터 바퀴에 작용하는 평균 마찰력을 구하기 위해서는 우선적으로 바퀴에 행해진 일에 마찰력이 어떤 형태로 포함되는지 여부를 알아야 한다. 일–에너지 원리는 바퀴에 작용하는 모든 힘들을 고려하기 때문에 그림 2에서 바퀴의 자유물체도를 나타내는 것이 중요하다. 고려해야 할 유일한 마찰력은 지면에서 작용하며 전륜 구동이 아니므로 바퀴에 작용하는 커플은 없다. 힘 H는 전륜 축이 전륜을 앞으로 밀기 때문에 작용하며 힘 R은 자동차의 무게가 타이어에 작용하는 힘이다.

지배방정식

평형 원리 하나의 전륜에 대한 일–에너지 원리로부터

$$T_1 + U_{1\text{-}2} = T_2 \tag{1}$$

자동차 속도가 ①에서는 0이고 ②에서는 v_0라면 운동에너지는 다음과 같다.

$$T_1 = 0, \qquad T_2 = \frac{1}{2}m_w v_{G2}^2 + \frac{1}{2}I_G\omega_{w2}^2 \tag{2}$$

여기서 v_{G2}는 ②에서의 G의 속도이고 $\omega_{\omega 2}$는 ②에서의 바퀴의 각속도이다.

힘의 법칙 자유물체도에 표시한 각각의 힘에 의한 일을 구하기 위해 힘 $\vec{P}$가 작용하여 $d\vec{r}$의 변위가 발생할 때 행해진 일 dU를 구하는 식을 이용한다.

$$dU = \vec{P}\cdot d\vec{r}\,, \qquad d\vec{r} = \vec{v}\,dt \tag{3}$$

여기서 $\vec{v}$는 $\vec{P}$가 작용하는 점의 속도이다. 그림 2에 의하면

1. 수직 방향의 힘 R과 $m_\omega g$가 작용하는 점은 수평으로 이동하기 때문에 일은 발생하지 않으며
2. F, N이 작용하는 Q는 미끄럼없는 구름 운동을 하기 때문에 속도 $\vec{v}_Q = 0$이고 일은 발생하지 않는다.

따라서 유일하게 힘 H에 의해 일이 발생한다.

$$U_{1\text{-}2} = \int_{(\mathcal{L}_{1\text{-}2})_G} H\,\hat{\imath}\cdot d\vec{r}_G = \int_{x_{G1}}^{x_{G2}} H\,dx_G \tag{4}$$

여기서 G는 힘이 작용하는 점이고 x_G는 G의 수평 위치이다.

운동학 방정식 ②에서

$$v_{G2} = v_f \tag{5}$$

$\omega_{\omega 2}$를 구하기 위해 미끄럼없는 구름 조건을 이용한다.

$$\vec{v}_G = \vec{v}_Q + \omega_w \hat{k} \times r\,\hat{\jmath}\ , \quad \vec{v}_Q = \vec{0} \tag{6}$$

따라서 ②에서는

$$\vec{v}_{G2} = v_f\,\hat{\imath} = \omega_{w2}\,\hat{k} \times r\,\hat{\jmath} \quad \Rightarrow \quad \omega_{w2} = -\frac{v_f}{r} \tag{7}$$

계산 식 (5)와 (7)를 식 (1)과 조합하면,

$$T_1 = 0\ , \quad T_2 = \frac{1}{2}m_w v_f^2 + \frac{1}{2}I_G\left(-\frac{v_f}{r}\right)^2 \tag{8}$$

식 (8)을 식 (1)에 대입하고 식 (4)의 조건을 고려하여 U_{1-2}에 대해 풀면,

$$U_{1\text{-}2} = \int_{x_{G1}}^{x_{G2}} H\,dx_G = \frac{1}{2}m_w v_f^2 + \frac{1}{2}I_G\left(-\frac{v_f}{r}\right)^2 \tag{9}$$

또한 식 (9)는 아래와 같이 단순화시킬 수 있다.

$$U_{1\text{-}2} = \int_{x_{G1}}^{x_{G2}} H\,dx_G = \frac{1}{2}\left(I_G + m_w r^2\right)\left(\frac{v_f}{r}\right)^2 \tag{10}$$

위에서 구한 U_{1-2}에 마찰력은 포함되지 않으며 결과적으로 식 (10)으로부터 바퀴에 작용하는 마찰력을 직접 구할 수는 없다.

논의 및 검증 식 (10)의 v_f/r항은 1/시간의 단위를 갖는다. I_G는 질량관성모멘트이므로 질량 × 거리^{2}의 단위를 갖는다. 따라서 식 (10)의 전체 단위는 (질량×길이/시간^2) × 길이가 되며 곧 일의 단위이다.

심층분석 일반적으로 미끄럼없이 구를 때 마찰력은 물체와 지면 사이의 접촉점에서 구르는 물체에 작용한다. 하지만 이 마찰력은 어떤 에너지도 방출하지 않는데 그 이유는 미끄럼이 없기 때문에 어떤 일도 하지 않기 때문이다(즉 마찰력은 순간적으로 움직이지 않는 점에 작용한다). 따라서 강체가 변형이 없는 지면에서 미끄럼없이 구를 경우 계의 기계적 에너지는 보존된다. 이러한 결과는 매우 중요한데 그 이유는 미끄럼이 없는 구름 운동이 있는 많은 문제에서 자유물체도에 마찰력이 나타나더라도 에너지 보존 법칙을 적용할 수 있기 때문이다.

흥미로운 사실

마찰력이 일을 하지 않는다면 "구름 저항"은 무엇인가? 구름 저항은 한 물체가 미끄럼없이 다른 물체 위를 구르면서 어느 하나의 물체 또는 두 물체에서 변형이 일어날 때 발생한다. 변형 그 자체가 에너지를 방출할 뿐 아니라 물체와 지면 사이의 등가 수직 반력이 운동을 지연시킨다.

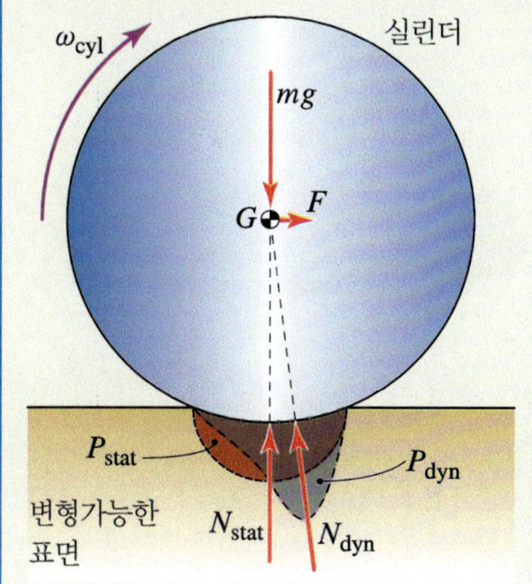

위 그림은 변형 가능한 표면 위에 놓인 강체 실린더를 나타낸다. $F = 0$이고 물체가 정지해 있으면 지면 변형에 의해 물체에 작용하는 압력 분포는 P_{stat}으로 주어지고 등가 수직 반력은 수직력 N_{stat}으로 주어진다. 반면, 힘 F가 실린더에 작용하여 일정 각속도 ω_{cyl}로 구를 때 압력 분포는 P_{dyn}이고 등가 수직 반력은 N_{dyn}이다. N_{dyn}의 수평 성분이 존재하고 이로 인하여 실린더의 전진 운동이 지연된다는 점에 주목할 필요가 있다. 실린더가 등속 운동을 하므로 N_{dyn}의 수평 성분은 힘 F와 크기는 같고 방향은 반대이다.

예제 8.4 엔진 출력과 바퀴 토크의 계산

그림 1 평지 직선주로의 로드스터. 마쯔다 미아타 *CR* 2006, 마쯔다 자동차 미국법인, 사용승인.

그림 1에 보이는 1200 kg의[3] 후륜 구동 자동차가 정지 상태에서 가속하여 7초 후에 100 km/h의 속도에 도달하였다. 각 바퀴는 $d = 0.6m$의 지름과 20 kg의 질량을 갖고 있으며 질량중심에 대해서 $I_G = 1.3\ \mathrm{kg \cdot m^2}$의 질량관성모멘트를 갖고 있다. 자동차가 일정하게 가속하고 구름 저항, 베어링 마찰 및 공기 저항을 무시할 수 있으며 바퀴와 지면 사이에는 미끄럼이 없다고 가정할 때 엔진 출력과 후륜에 전달되는 토크를 계산하라.

풀이 SOLUTION

로드맵과 모델링 일–에너지 원리를 이용하여 차에 행해진 일은 운동에너지의 차이로 써 계산할 수 있다. 그림 2의 자유물체도에서 바퀴가 미끄러지지 않고 차는 수평 궤적을 갖는 점을 고려하면 어떤 외력도 일을 하지 않는다는 것을 알 수 있다. 즉 차에 행해진 일은 내력인 엔진에서 공급되는 토크에 의한 것이다. 또한 이에 대응하는 평균 출력은 일을 주어진 시간으로 나누면 구할 수 있다. 엔진에서 공급하는 평균 토크를 산출하기 위해서 그림 3에 나타낸 바와 같이 차에 작용하는 내력을 고려해야 한다. 후륜의 G에 작용하는 힘 R_x, R_y가 하는 일은 차축의 D에 작용하는 힘 R_x, R_y가 하는 일과 크기는 같고 방향이 반대이다. 왜냐하면 G와 D는 서로 간의 상대 운동이 없기 때문이다. 반면에 후륜은 회전하고 차의 다른 부분은 회전하지 않기 때문에 토크 M은 일을 한다. 따라서 차가 주행하는 동안 하는 일을 바퀴의 회전각으로 나누면 M을 구할 수 있다.

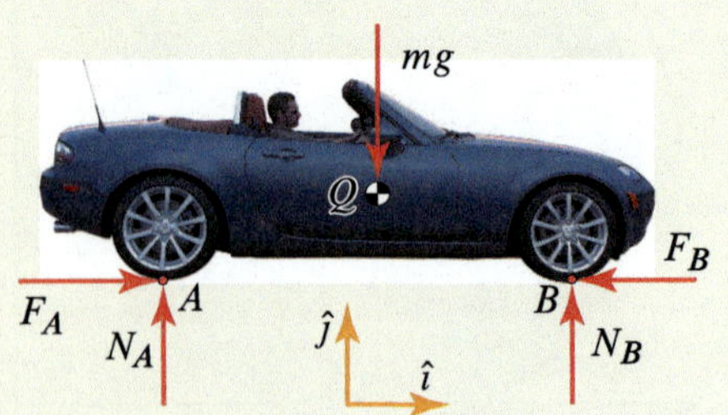

그림 2 차 전체에 대한 자유물체도. Q는 전체 차의 질량중심, B, A는 각각 지면과 전후륜의 접촉점.

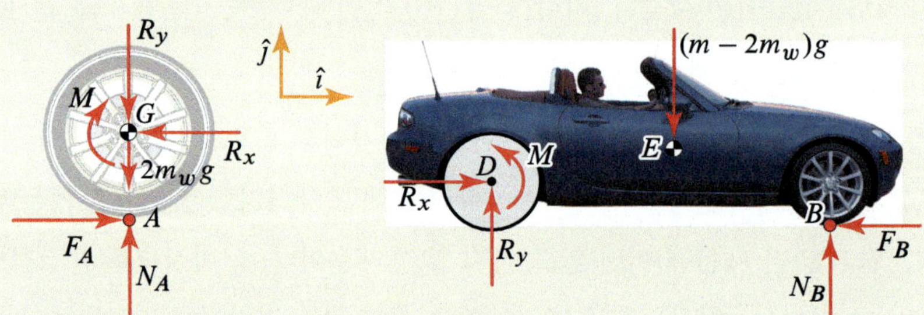

그림 3 후륜과 차의 기타 부분에 대한 자유물체도. E는 후륜을 제외한 자동차의 질량중심임. G와 D는 일치함: G는 바퀴 상에 있고 D는 차축 상의 점임.

지배방정식

평형 원리 시스템에 대한 일–에너지 원리는

$$T_1 + V_1 + (U_{1\text{-}2})^{\text{ext}}_{\text{nc}} + (U_{1\text{-}2})^{\text{int}}_{\text{nc}} = T_2 + V_2 \tag{1}$$

여기서 차의 속도는 ①에서 0이고 ②에서 100 km/h = 27.75 m/s이다. 따라서 ①, ②에서의 운동에너지는 다음과 같다.

$$T_1 = 0,\ \ T_2 = \underbrace{\tfrac{1}{2}mv_2^2}_{\text{tr KE}} + \underbrace{4\left(\tfrac{1}{2}I_G\omega_{w2}^2\right)}_{\text{rot KE}} = \tfrac{1}{2}mv_2^2 + 2I_G\omega_{w2}^2 \tag{2}$$

3) 이 무게는 바퀴, 연료, 탑승자를 포함한다.

여기서 tr KE는 차의 병진 운동에너지, rot KE는 네 바퀴의 회전 운동에너지, v_2는 차와 바퀴의 주행 속도, $\omega_{\omega 2}$는 바퀴의 각속도이다.

힘의 법칙 외력에 의한 일은 없으므로 다음이 성립한다.

$$(U_{1\text{-}2})_{\text{nc}}^{\text{ext}} = 0, \quad V_1 = 0, \qquad V_2 = 0 \tag{3}$$

$(U_{1\text{-}2})_{\text{nc}}^{\text{int}}$의 경우 그림 3을 보면 G와 D 사이에 상대 운동은 없기 때문에 R_x, R_y에 의한 일은 없으며 내력에 의한 일은 토크 M에 의한 일이다.

$$(U_{1\text{-}2})_{\text{nc}}^{\text{int}} = \int_{\theta_1}^{\theta_2} M\, d\theta = M(\theta_2 - \theta_1) \tag{4}$$

여기서 θ는 후륜의 회전각(그림 4 참조)이며 ①에서 ② 사이에 M은 일정하다고 가정한다.

운동학 방정식 ②에서 주행 속도 v_2는 주어져 있으므로 이에 대응하는 $\omega_{\omega 2}$는 미끄럼 없이 구른다는 조건으로부터 구할 수 있다.

$$v_2 = 27.78\,\text{m/s}, \qquad \omega_{w2} = \frac{v_2}{d/2} = 92.6\,\text{rad/s} \tag{5}$$

M을 계산하기 위해서는 $\theta_2 - \theta_1$을 알아야 하는데 이것은 ①과 ② 사이에 차가 주행한 거리 L을 알면 구할 수 있으며 차가 일정하게 가속한다는 가정으로부터 L을 계산할 수 있다. $\Delta t = 7\text{s}$라 하면 차의 등가속도 크기는 $a = v_2/\Delta t = 3.97\ \text{m/s}^2$이며 등가속도 운동 조건으로부터

$$L = \frac{1}{2}a\Delta t^2 = 97.3\,\text{m} \quad\Rightarrow\quad \theta_2 - \theta_1 = \frac{L}{d/2} = 324.3\,\text{rad} \tag{6}$$

계산 식 (5)와 (2)에 주어진 값을 대입하면,

$$T_1 = 0, \qquad T_2 = 485.331\,\text{kN}\cdot\text{m} \tag{7}$$

식 (7)을 식 (1)에 대입하고 식 (3)을 적용하면 평균 동력 P_{avg}는

$$(U_{1\text{-}2})_{\text{nc}}^{\text{int}} = 485.331\,\text{kN}\cdot\text{m} \;\Rightarrow\; P_{\text{avg}} = \frac{(U_{1\text{-}2})_{\text{nc}}^{\text{int}}}{\Delta t} = 69.333\,\frac{\text{kN}\cdot\text{m}}{\text{s}} = 69.3\,\text{kW}. \tag{8}$$

또한 식 (4)와 식 (8)의 첫 번째 조건, 식 (6)의 결과로부터

$$M(\theta_2 - \theta_1) = (U_{1\text{-}2})_{\text{nc}}^{\text{int}} \quad\Rightarrow\quad M = \frac{(U_{1\text{-}2})_{\text{nc}}^{\text{int}}}{\theta_2 - \theta_1} = 1496.6\,\text{N}\cdot\text{m}. \tag{9}$$

논의 및 검증 모든 결과는 타당한데 각 계산값을 보면 우선 출력의 경우 대표적인 경주용 차(예를 들어 엔진 속도 6000 rpm에서 125 kW 출력)과 비교하여 낮아 보인다. 하지만 이는 대외적인 홍보 자료에 있는 크랭크 축의 특정 속도에서의 최대값이며 우리가 구한 것은 **평균** 출력으로서 이것이 낮은 것은 당연하다고 볼 수 있다. 토크의 경우도 구동 바퀴에 전달되는 값임을 고려하면 타당하다고 할 수 있는데 차량 제원에 나와 있는 변속기를 거치기 이전 단계인 크랭크 축에서의 적은 토크 값과는 다르다는 점을 유념해야 한다.

유용한 정보

내력에 의한 일. R_x, R_y가 후륜에 한 일은 이들 힘이 후륜을 제외한 차에 대해서 한 일과 크기는 같고 방향은 반대이다. 왜냐하면 점 G, D(그림 3 참조) 사이의 상대 변위는 없기 때문이다. 따라서 내력 R_x, R_y가 한 일의 합은 0 이다. 만약 D에 대한 G의 상대 변위가 있다면 차는 두 부분으로 부서지게 될 것이다. 반면에 후륜은 차에 대해 회전 운동을 하며 바퀴와 차 사이에 상대 회전 변위가 발생한다. 따라서 토크 M은 일을 한다.

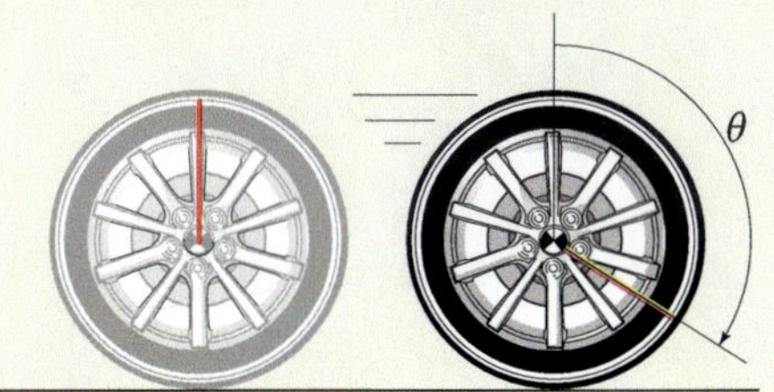

그림 4 후륜 회전을 측정하기 위한 각의 정의. 적색선은 바퀴와 같이 회전하는 임의로 설정한 기준선임.

예제 8.5 오버헤드 접이식 문: 에너지 보존

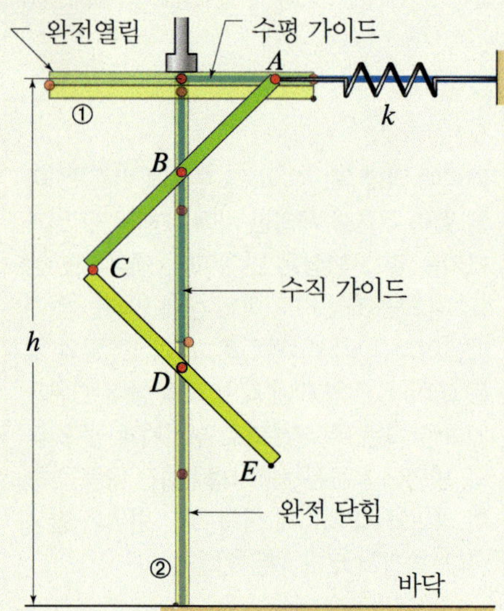

그림 1 작동 시 다양한 위치에서의 오버헤드 문에 대한 측면도.

높이 $h = 9$ m이고 질량 $m = 364$ kg인 오버헤드 문은 동일 요소 두 개가 C에서 핀으로 연결된 구조이다. A의 롤러는 수평 가이드를 따라 움직이는 반면 AC 요소와 CE 요소의 중심인 B, D에서의 롤러는 수직 가이드를 따라 움직인다. 문의 작동은 수평으로 이동하는 롤러에 연결된 두 개의 스프링(그림에는 하나의 스프링만 보임)에 의해 도움을 받는다. 스프링은 문이 완전히 열린 상태에서 0.075 m만큼 늘어난다. 문이 완전히 열린 상태에서 정지해 있다가 문이 완전히 닫히는 상태에서 롤러 A의 최대 속도가 0.45 m/s가 되기 위한 스프링 상수 k의 최소값을 결정하라.

풀이 SOLUTION

로드맵과 모델링 구하고자 하는 k 값은 속도 변화와 위치 변화 사이의 관계로부터 계산할 수 있기 때문에 일−에너지 원리를 이용한다. 동일 요소 AC, CE는 균일하고 얇은 강체로 보고 롤러의 관성과 스프링 질량 및 마찰은 무시한다. 위치 ①, ②를 문이 완전히 열린 상태와 닫힌 상태라 할 때, ①, ② 사이의 임의의 상태에서 계의 자유물체도가 그림 2이다. 두 개의 스프링 각각에 작용하는 힘을 F_S라 하고 롤러 A, B, D에 작용하는 반력을 각각 N_A, N_B, N_D 라 한다. 롤러의 반력에 의한 일은 없는데, 그 이유는 롤러가 반력에 수직한 방향으로 움직이기 때문이다. 또 다른 힘 W와 F_S는 보존력이므로 기계적 에너지는 보존된다. 여기서는 먼저 A의 속도가 $v_{max} = 0.45$ m/s가 되는 k를 찾고 k가 더 커지면 ②에서 A의 속도가 v_{max}보다 작아지는 것을 보이고자 한다.

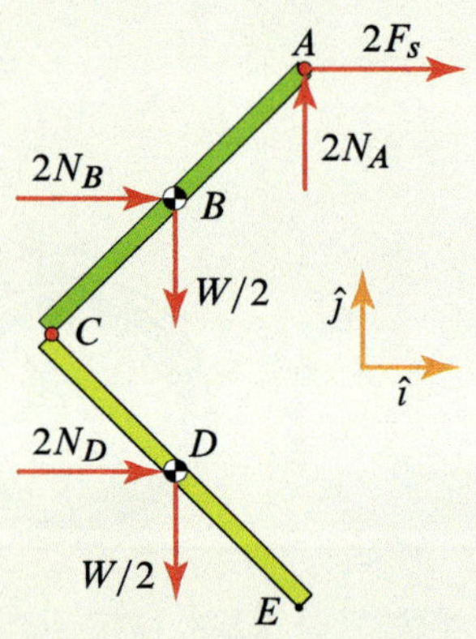

그림 2 ①과 ② 사이의 일반 위치에서 계의 자유물체도의 측면도. F_s, N_A, N_B, N_D 앞의 상수 2는 스프링과 문의 롤러가 2개이기 때문이다(그림에는 하나씩만 보임). AC와 CE의 질량중심은 각각 B와 D이다.

지배방정식

평형 원리 기계적 에너지가 보존되므로

$$T_1 + V_1 = T_2 + V_2 \tag{1}$$

①에서는 정지해 있으므로 T_1, T_2는 다음과 같다.

$$T_1 = 0 \quad , \quad T_2 = \tfrac{1}{2}m_{AC}v_{B2}^2 + \tfrac{1}{2}I_B\omega_{AC2}^2 + \tfrac{1}{2}m_{CE}v_{D2}^2 + \tfrac{1}{2}I_D\omega_{CE2}^2 \tag{2}$$

여기서 m_{ac}와 I_B는 각각 AC의 질량 및 질량관성모멘트이고, m_{ce}, I_D는 CE의 질량 및 질량관성모멘트이다. AC, CE는 동일하므로

$$m_{AC} = m_{CE} = \frac{W/2}{g}, \qquad I_B = I_D = \frac{1}{12}\left(\frac{W}{2g}\right)\left(\frac{h}{2}\right)^2 = \frac{Wh^2}{96g} \tag{3}$$

힘의 법칙 중력 위치에너지의 기준을 그림 3과 같이 정하고 스프링이 두 개임을 고려하면

$$V_1 = 2\left(\tfrac{1}{2}k\delta_1^2\right), \qquad V_2 = \frac{W}{2}y_{B2} + \frac{W}{2}y_{D2} + 2\left(\tfrac{1}{2}k\delta_2^2\right) \tag{4}$$

여기서 $\delta_1 = 0.075$ m이고

$$y_{B2} = -h/4, \quad y_{D2} = -3h/4, \qquad \delta_2 = \delta_1 + h/4 \tag{5}$$

운동학 방정식 ②에서 B, D는 운동의 최저점이 되며 방향으로 움지일 수 없다는 점을 고려하면 $\vec{v}_{B2} = \vec{0} = \vec{v}_{D2}$가 성립하며 따라서

$$v_{B2} = 0, \qquad v_{D2} = 0 \tag{6}$$

그림 3을 보면, AC, CE는 각 ACE를 등분하는 선에 대칭인 상태를 유지하면서 서로 반대 방향으로 회전한다. 따라서

$$\omega_{AC} = -\omega_{CE} \quad \Rightarrow \quad \omega_{AC2} = -\omega_{CE2} \tag{7}$$

또한 $\vec{v}_B = \vec{v}_A + \omega_{AC}\,\hat{k} \times \vec{r}_{B/A}$이고 ②에서 $\vec{v}_{B2} = \vec{0}$이고 A는 수평 방향으로만 운동한다는 사실을 적용하면

$$\vec{v}_{B2} = \vec{0} = (v_{Ax})_2\,\hat{\imath} + \omega_{AC2}\,\hat{k} \times (-h/4)\,\hat{\jmath} = \left[(v_{Ax})_2 + h\omega_{AC2}/4\right]\hat{\imath} \tag{8}$$

식 (8)을 풀어 ω_{AC2}를 구하고 식 (7)을 이용하면

$$\omega_{AC2} = -4(v_{Ax})_2/h, \qquad \omega_{CE2} = 4(v_{Ax})_2/h \tag{9}$$

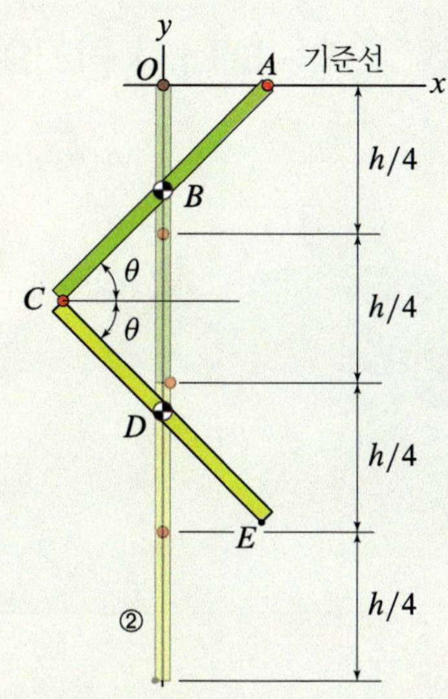

그림 3 좌표계와 기준선. 편의상 상태 ②만 표시한다. 상태 ①에서는 AC, CE는 x 축 상에 놓인다(두께는 무시).

계산 식 (2), (3), (6), (9)를 이용하면

$$T_1 = 0, \qquad T_2 = \frac{Wh^2}{96g}\frac{16(v_{Ax})_2^2}{h^2} = \frac{W(v_{Ax})_2^2}{6g} \tag{10}$$

식 (7)을 식 (4)에 대입하고 단순화시키면

$$V_1 = k\delta_1^2, \qquad V_2 = k\left(\delta_1^2 + \frac{\delta_1 h}{2} + \frac{h^2}{16}\right) - \frac{Wh}{2} \tag{11}$$

식 (10), (11)을 식 (1)에 대입하고 단순화시키면

$$0 = \frac{W(v_{Ax})_2^2}{6g} + k\left(\frac{\delta_1 h}{2} + \frac{h^2}{16}\right) - \frac{Wh}{2} \tag{12}$$

식 (12)를 풀어 k를 구하면

$$k = 8\frac{W}{g}\frac{3hg - (v_{Ax})_2^2}{24\delta_1 h + 3h^2} = 2973.4\,\text{N/m} \tag{13}$$

여기서 $(v_{Ax})_2 = v_{max} = 0.45$ m/s이다.

논의 및 검증 식 (13)의 결과는 k의 단위가 단위 길이 당 작용하는 힘으로 표시되었으므로 타당하며 수치 계산에 사용된 단위도 적절하다. 또한 결과도 스프링 강성이 커질수록 $(v_{Ax})_2$가 낮아지기 때문에 예측한 바와 같다. 따라서 $k = 2973.4$ N/m가 문제에서 요구하는 값이다.

심층분석 식 (13)의 k를 가지고 ②에서의 각 스프링에 작용하는 힘을 구하면 $F_{s2} = k\delta_2 = 6913.2$ N이다. 이 값은 너무 크다고 판단되면 강성이 작은 스프링과 문의 개폐에 따라 아래위로 이동하는 평형 질량을 사용하여 문을 설계할 수 있다. 평형 질량을 적절하게 설계하면 스프링은 필요하지 않다.

예제 8.6 일–에너지 원리와 $\vec{F} = m\vec{a}$의 응용

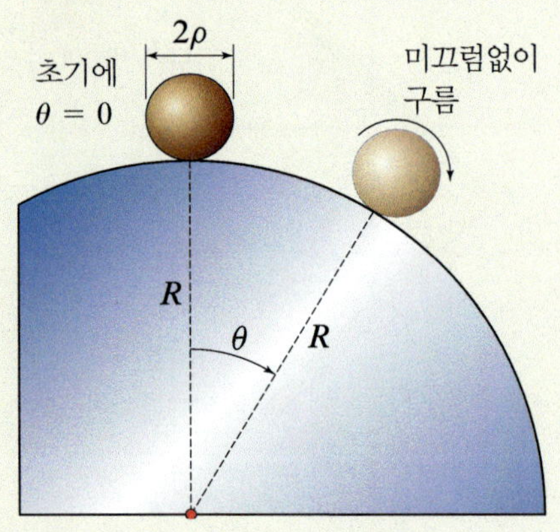

그림 1

예제 7.5에서는 속이 차있는 균일한 구가 반원통의 꼭대기로부터 미끄럼 없이 굴러 내려올 때 구가 반원통의 어느 위치에서 분리되는지를 구했다. 예제 7.5와 동일하게 질량이 m, 반경이 ρ인 균일한 구가 정지 상태에서 서서히 오른쪽 표면을 따라 구르기 시작하며 구와 반원통 사이의 마찰력은 미끄럼을 방지하기에 충분하다고 할 때 구가 분리되는 원통상의 각도 θ를 결정하려고 한다. 본 예제의 목적은 일–에너지 원리를 7장의 방법과 어떻게 조합하여 계의 운동방정식을 적분하지 않고 해를 구할 수 있는지를 알아보는데 있다.

풀이 SOLUTION

로드맵과 모델링 그림 2는 구의 자유물체도이다. 구는 반력 N이 0이 될 때 원통으로부터 분리된다. 따라서 $\vec{F} = m\vec{a}_G$의 N의 방향(즉 반경 방향)에 대한 식을 풀어서 $N = 0$이 되는 θ를 구해야 한다. 구가 분리되기 전까지는 G는 원통을 따라 움직이며 a_{Gr}은 $\ddot{\theta}$이 아닌 $\dot{\theta}$의 함수가 된다. 이 사실은 중요한데 그 이유는 $N = 0$이 되는 θ를 구하기 위해서는 $\dot{\theta}$과 θ의 관계를 찾아야 하고 이는 바로 일–에너지 원리를 적용하기에 이상적이기 때문이다.

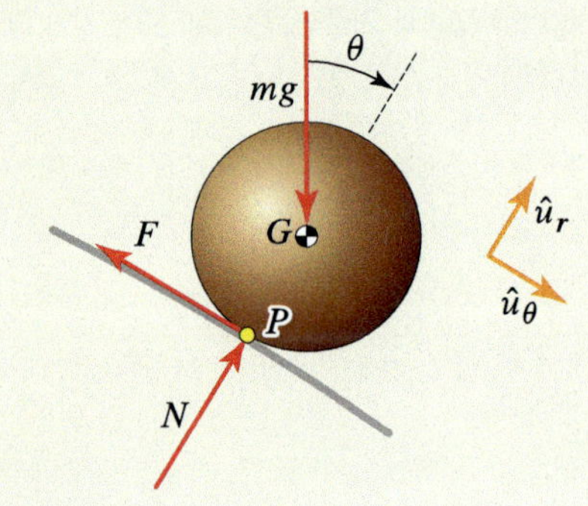

그림 2 ②에서 임의의 각 $\theta = \theta_2$에 대한 자유물체도.

지배방정식

평형 원리 상태 ①을 $\theta = 0$이라 하고 ②를 임의의 각 $\theta = \theta$라 하면, 반경 방향에 대한 뉴턴–오일러 방정식과 ①, ② 사이에 구에 대한 일–에너지 원리는 각각 아래와 같다.

$$\sum F_r: \quad N_2 - mg\cos\theta_2 = m(a_{Gr})_2 \tag{1}$$

$$T_1 + V_1 + (U_{1\text{-}2})_{\text{nc}} = T_2 + V_2 \tag{2}$$

여기서 T_1, T_2는 다음과 같다.

$$T_1 = 0, \qquad T_2 = \tfrac{1}{2}mv_{G2}^2 + \tfrac{1}{2}I_G\omega_{s2}^2 \tag{3}$$

여기서 v_{G2}, ω_{s2}는 각각 ②에서 구의 질량중심에서의 속도 및 구의 각속도이다. 구의 질량관성모멘트는 다음과 같다.

$$I_G = \tfrac{2}{5}m\rho^2 \tag{4}$$

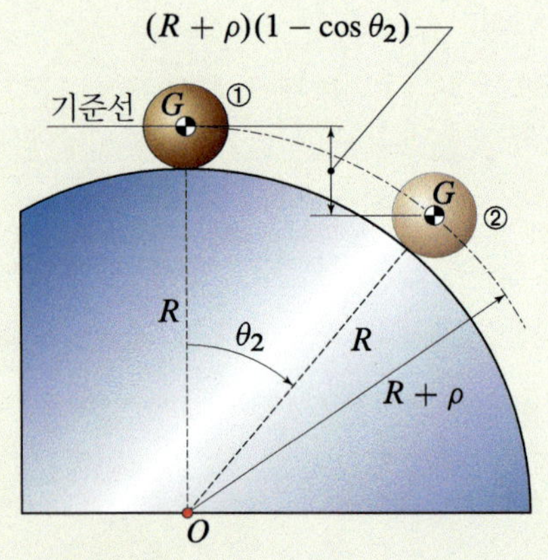

그림 3 ①에서 기준선과 구의 중심이 일치.

힘의 법칙 그림 2에서 구가 미끄럼없이 구르기 때문에 F, N은 아무 일도 하지 않으며 구의 자중만이 유일하게 일을 하는데 그림 3의 기준선으로부터

$$(U_{1\text{-}2})_{\text{nc}} = 0, \quad V_1 = 0, \qquad V_2 = -mg(R+\rho)(1-\cos\theta_2) \tag{5}$$

운동학 방정식 여기서 극좌표계를 사용하며 G는 반경 $R + \rho$인 원통을 따라 움직이므로

$$(a_{Gr})_2 = -(R+\rho)\dot{\theta}_2^2 \tag{6}$$

다음 단계는 운동에너지를 구하는 것인데 G가 반경 $R + \rho$인 원통의 θ방향으로 운동하므로

$$v_{G2} = (R+\rho)\dot{\theta}_2 \tag{7}$$

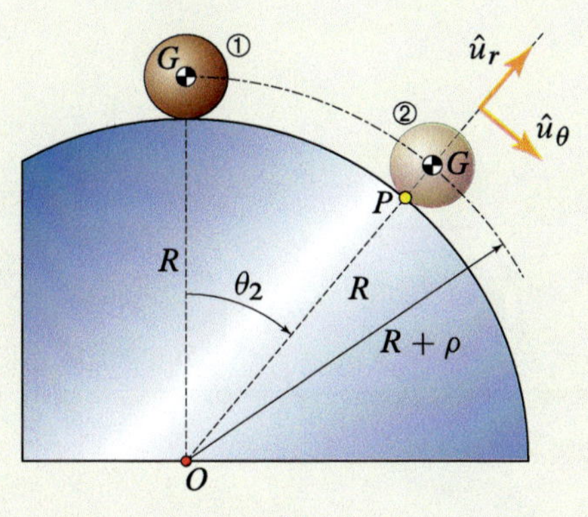

그림 4 ②에서 요소 시스템.

ω_{s2}를 구하기 위해서 미끄럼없이 구를 때의 운동학 조건인 $\vec{v}_{P2} = \vec{0}$(그림 4 참조)을 적용한다.

$$\vec{v}_{P2} = \vec{0} = \vec{v}_{G2} + \omega_{s2}\,\hat{k} \times (-\rho\,\hat{u}_r) \tag{8}$$

식 (7)로부터 $\vec{v}_{G2} = (R+\rho)\dot{\theta}_2\,\hat{u}_\theta$가 성립되므로 이를 식 (8)에 적용하면

$$(R+\rho)\dot{\theta}_2\,\hat{u}_\theta - \rho\omega_{s2}\,\hat{u}_\theta = \vec{0} \quad\Rightarrow\quad \omega_{s2} = \frac{R+\rho}{\rho}\dot{\theta}_2 \tag{9}$$

여기서 $\hat{k}$는 $\hat{u}_r \times \hat{u}_\theta = \hat{k}$로 정의된다.

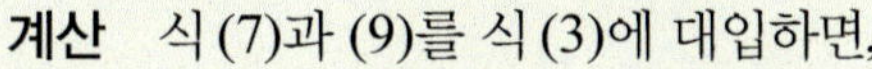

계산 식 (7)과 (9)를 식 (3)에 대입하면,

$$T_1 = 0\ , \qquad T_2 = \frac{1}{2}m(R+\rho)^2\dot{\theta}_2^2 + \frac{1}{2}I_G\left(\frac{R+\rho}{\rho}\right)^2\dot{\theta}_2^2 \tag{10}$$

그리고 식 (4)를 적용하여 단순화시키면

$$T_1 = 0\ , \qquad T_2 = \tfrac{7}{10}m(R+\rho)^2\dot{\theta}_2^2 \tag{11}$$

식 (5), (11)을 식 (2)에 대입하면

$$0 = -mg(R+\rho)(1-\cos\theta_2) + \tfrac{7}{10}m(R+\rho)^2\dot{\theta}_2^2 \tag{12}$$

식 (12)를 풀어 $\dot{\theta}_2^2$를 구하면

$$\dot{\theta}_2^2 = \frac{10g(1-\cos\theta_2)}{7(R+\rho)} \tag{13}$$

식 (6)을 식 (1)에 대입하고 N_2에 대해 풀면

$$N_2 = mg\cos\theta_2 - m(R+\rho)\dot{\theta}_2^2 \tag{14}$$

위 결과에 식 (13)을 대입하면

$$N_2 = \tfrac{1}{7}mg(17\cos\theta_2 - 10) \tag{15}$$

$N = 0$일 때의 θ를 찾는 것이 문제이므로 식 (15)에 $N_2 = 0$ 의 조건을 대입하면

$$\boxed{\theta_2 = \cos^{-1}\left(\tfrac{10}{17}\right) = 54.0^\circ} \tag{16}$$

여기서는 $\cos^{-1}(10/17) = \pm 54.0^\circ + n360^\circ,\ n = 0, \pm 1, \ldots, \pm\infty$의 다수 해 중에서 물리적으로 의미가 있는 θ_2만을 구했다.

논의 및 검증 위 결과는 예제 7.5의 결과와 일치한다. 여기서 중요한 사실은 같은 문제를 $\vec{F} = m\vec{a}_G$와 일–에너지 원리를 조합함으로써 θ 방향에 대한 운동 방정식의 유도 및 적분 과정을 거치지 않고 풀었다는 점이다.

문제

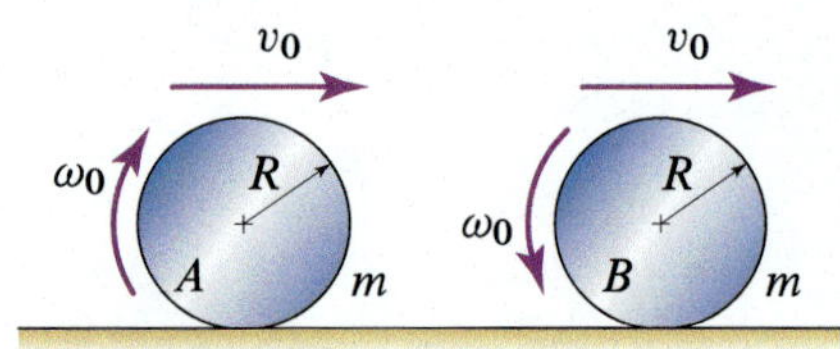

그림 P8.1, P8.2

문제 8.1

그림에서 두 개의 동일한 균일 원판 A, B가 중심 속도 v_0로 오른쪽으로 움직인다. 추가하여, 원판 A는 시계방향으로 각속도 ω_0로 구르는 반면 원판 B는 같은 각속도 ω_0로 반시계방향으로 회전한다. T_A, T_B를 각각 원판 A, B의 운동에너지라 할 때 다음 어느 것이 맞는지 고르고 그 이유를 설명하라: (a) $T_A < T_B$; (b) $T_A = T_B$; (c) $T_A > T_B$

주의 개념 문제는 계산이 아닌 설명이 필요하다.

문제 8.2

그림에서 질량이 m이고 반경이 R인 균일 원판 A와 B의 중심이 $v_0 = 4$ m/s의 같은 속도로 오른쪽으로 움직인다. 추가하여, 원판 A는 $\omega_0 = 5$ rad/s의 각속도로 시계방향으로 구르는 반면 원판 B는 같은 각속도 ω_0로 반시계방향으로 회전한다. $m = 45$ kg이고 $R = 0.75$ m일 때 각 원판의 운동에너지를 구하라.

문제 8.3

동일한 공성망치(battering raw)가 그림에 보이는 바와 같이 프레임에 놓여 있다. 막대기 BC와 AD는 동일하며 각각 B와 C, A와 D에 핀으로 연결되어 있는 반면 막대기 FO와 HO는 망치에 고정되어 있고 O 점에서는 핀으로 연결되어 있다. 그림에서 망치 1과 2의 질량중심 E와 G가 수평으로 v_0의 속도로 움직이고 있다. T_1, T_2를 각각 망치 1과 2의 운동에너지라 할 때 다음 어느 것이 맞는지 고르고 그 이유를 설명하라: (a) $T_1 < T_2$; (b) $T_1 = T_2$; (c) $T_1 > T_2$

주의 개념 문제는 계산이 아닌 설명이 필요하다.

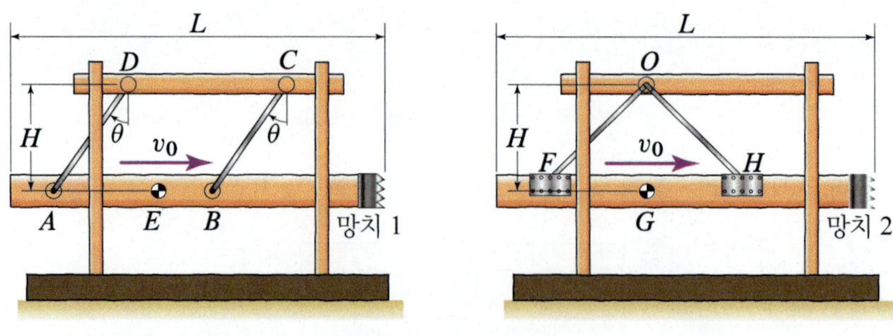

그림 P8.3과 P8.4

문제 8.4

동일한 공성망치가 그림에 보이는 바와 같이 프레임에 놓여 있다. 막대기 BC와 AD는 동일하며 각각 B와 C, A와 D에 핀으로 연결되어 있는 반면, 막대기 FO와 HO는 망치에 고정되어 있고 O점에서는 핀으로 연결되어 있다. 그림에서 해머 1과 2의 질량중심 E와 G가 수평으로 $v_0 = 6$ m/s의 속도로 움직이고 있다. $L = 3$ m의 길이와 $m = 570$

kg의 질량을 갖는 망치를 가느다란 막대기로 보고, $H = 1$ m일 때 두 망치의 운동에너지를 구하라.

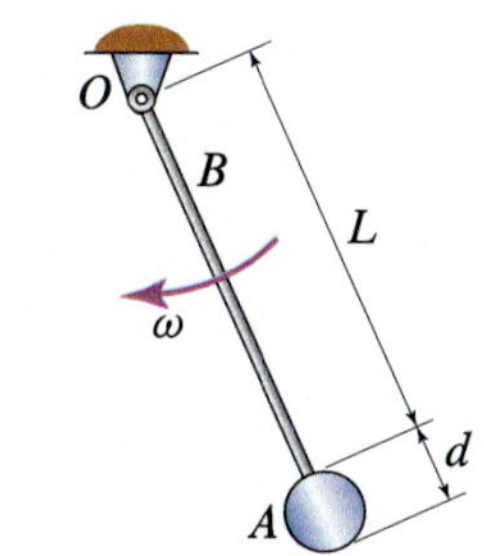

그림 P8.5

문제 8.5

$d = 0.15$ m의 지름과 $m_A = 0.35$ kg의 질량을 갖는 균일 원판 A와 $L = 0.75$ m의 길이와 $m_B = 0.8$ kg의 질량을 갖는 균일한 막대기로 구성된 진자가 있다. 그림에서 진자가 시계 방향으로 $\omega = 0.24$ rad/s의 각속도로 회전하고 있다. 식 (8.10)을 이용하여 진자의 운동에너지를 구하라.

문제 8.6

1165 kg인 자동차(바퀴 질량 포함)가 평지를 96 km/h의 속도로 주행하고 있다. 바퀴의 지름이 0.6 m이고 질량중심에 대한 질량관성모멘트가 1.3 kg · m^{2}일 때 차의 운동에너지를 구하라. 단 바퀴를 제외한 차의 다른 요소의 회전 에너지는 무시하라.

그림 P8.6

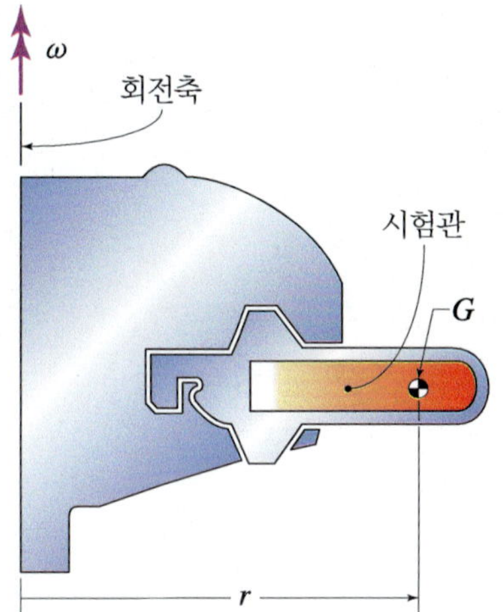

그림 P8.7

문제 8.7

예제 7.2에서 초원심분리기 안에 있는 시험관에 작용하는 힘을 분석하였다. 시험관은 질량중심이 원심분리기의 회전축으로부터 $r = 0.0918$ m의 거리만큼 떨어져 있고 $m = 0.01$ kg의 질량과 $I_G = 2.821 \times 10^{-6} \cdot$ m^{2}의 질량관성모멘트를 가질 때, $\omega = 60{,}000$ rpm의 각속도로 회전하는 시험관의 운동에너지를 구하라. 또한 이 운동에너지를 위치에너지로 변환한다면 10 kg의 질량을 지상으로부터 얼마의 높이로 올릴 수 있는가?

문제 8.8

균일하고 가는 막대기 AB, BC, CD의 질량은 각각 $m_{AB} = 2.3$ kg, $m_{BC} = 3.2$ kg, $m_{CD} = 5.0$ kg이며 A, B, C, D에서 핀으로 연결되어 있다. $R = 230$ mm, $L = 1.2$ m, $H = 1.55$ m이고 그림에 보이는 위치를 지나는 시점에서 막대기 AB가 $\omega_{AB} = 4$ rad/s의 각속도로 회전할 때 계의 운동에너지 T를 계산하라.

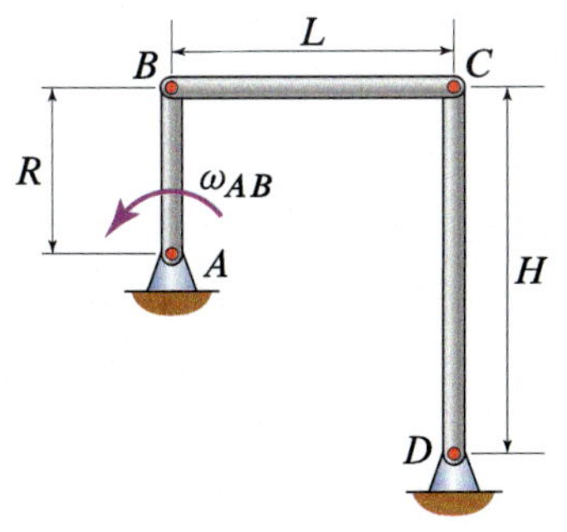

그림 P8.8

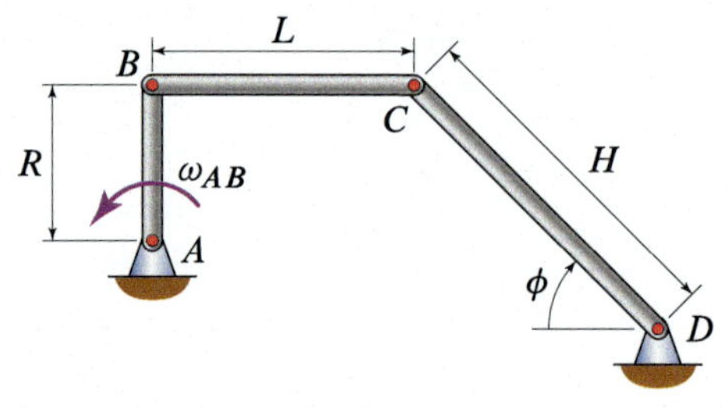

그림 P8.9

문제 8.9

핀으로 연결된 균일하고 가는 막대기 AB, BC, CD의 질량은 각각 m_{AB} = 1.8 kg, m_{BC} = 2.95 kg, m_{CD} = 4.5 kg이다. R = 0.6 m, L = 1 m, H = 1.4 m이고, 그림에 보이는 위치를 지나는 시점에서 막대기 AB가 ω_{AB} = 4 rad/s의 각속도로 회전할 때 계의 운동에너지 T를 계산하라.

문제 8.10

길이 L = 0.44 m와 질량 m_{AB} = 9 kg인 균일하고 가는 막대기 AB가 있다. 롤러 D, E는 각각 A와 B에 핀으로 연결되어 있는 두 개의 동일한 원판으로 각각 r = 38 mm의 반경과 m_r = 0.16 kg의 질량을 갖고 있다. 롤러 D와 E는 중심이 O이고 R = 0.3 m의 반경을 갖는 원통형 곡면 안에서 미끄럼없이 구른다. G(막대기 AB의 질량중심)가 v = 2.13 m/s의 속도로 움직일 때 계의 운동에너지를 구하라.

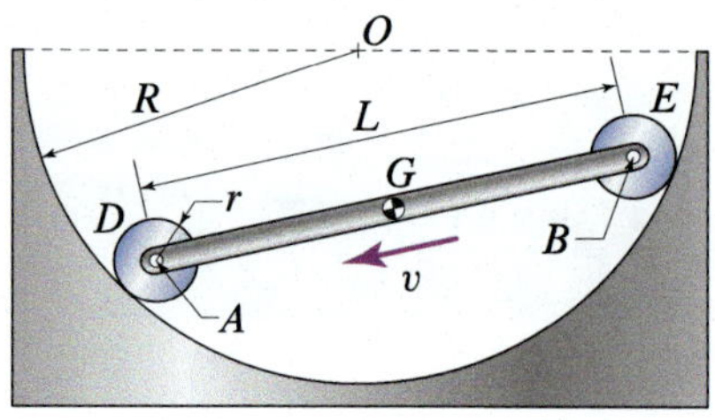

그림 P8.10

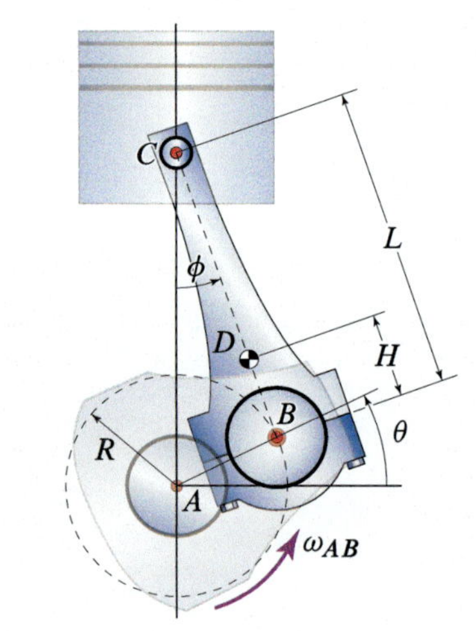

그림 P8.11, P8.12

문제 8.11, 8.12

그림의 슬라이더–크랭크 기구에서 L = 141 mm, R = 48.5 mm, H = 36.4 mm이다. 또한 커넥팅 로드는 m = 0.439 kg의 질량과 질량중심 D에 대한 I_D = 0.00144 kg · m^{2}의 질량관성모멘트를 갖고 있다.

문제 8.11 ω_{AB} = 2,500 rpm일 때 θ = 90°와 θ = 180°에서 커넥팅 로드의 운동에너지를 구하라.

문제 8.12 ω_{AB} = 2,500 rpm, 5,000 rpm, 7,500 rpm의 속도로 회전하는 크랭크축의 한 주기 동안 커넥팅 로드의 운동에너지를 크랭크 각 θ의 함수로 각각 도시하라.

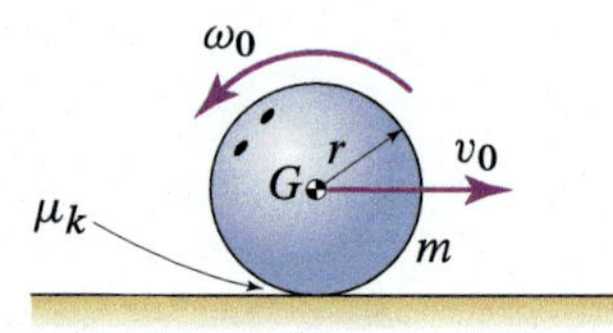

그림 P8.13-P8.15

문제 8.13, 8.14

6.36 kg의 볼링공을 ω_0 = 10rad/s의 역회전 각속도와 v_0 = 27 km/h의 전진 속도로 레인에 던진 후 수 초가 지난 후에 공은 미끄럼 없이 v_f = 5.2 m/s의 속도로 앞으로 구르기 시작한다. 공의 반경은 r = 108 mm이고 회전반경은 k_G = 66 mm라 하자.

문제 8.13 공이 초기 상태에서 미끄럼 없이 구를 때까지 마찰력이 공에 행한 일을 구하라.

문제 8.14 공과 레인 사이의 운동 마찰 계수가 μ_k = 0.1일 때 공의 속도를 v_0에서 v_f로 낮추기 위해 마찰력이 작용해야 하는 거리 L_f를 결정하라. 또한 L_f는 공 중심의 이동 거리와 같은가? 설명하라.

문제 8.15

볼링공을 회전 없이($\omega_0 = 0$) v_0의 속도로 레인에 던진다. 레인과 공 사이의 마찰력 때문에 곧 공은 미끄럼 없이 v_f의 속도로 앞으로 구르기 시작한다. L_G를 v_0에서 v_f로 속도를 낮추는 동안 공 중심이 이동한 거리라 하고 L_f를 그동안에 마찰력이 작용한 거리라 할 때, 다음 어느 것이 맞는지 고르고 그 이유를 설명하라: (a) $L_G < L_F$; (b) $L_G = L_F$; (c) $L_G > L_F$

주의 개념 문제는 계산이 아닌 설명이 필요하다.

문제 8.16

컨베이어가 통조림통을 일정한 속도 v_0로 이송하고 있는데, 포장의 다음 단계로 진행하기 위해 통조림통은 A에서 정지 구역으로 전달된다. 통조림통은 m의 질량, ω의 폭, h의 높이를 갖고 있다. 통조림통과 정지면 사이에 마찰력은 없다고 가정할 때 질점에 대한 일-에너지 원리를 적용할 경우, 어떤 조건 하에서 통조림통의 정지 거리를 계산할 수 있는가?

주의 개념 문제는 계산이 아닌 설명이 필요하다.

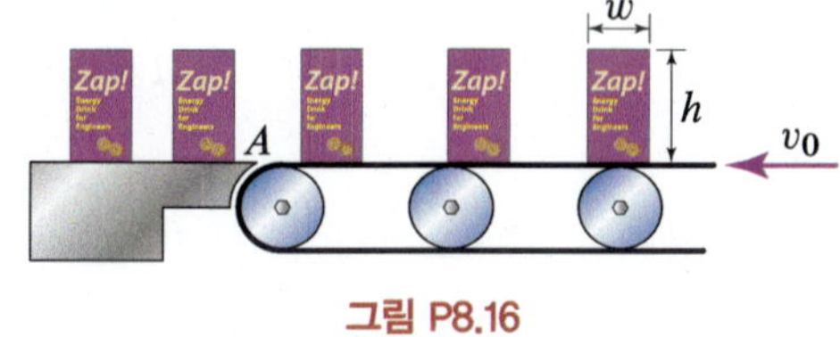

그림 P8.16

문제 8.17

지하실 문의 한쪽이 수직하게 열려있는 상태로 정지해 있다가 서서히 운동을 시작하여 닫히는 상태로 부드럽게 낙하한다. 문의 질량이 m이고 있고 ω의 폭과 d의 길이를 갖는 균일한 박판일 때 문이 닫히는 순간의 각속도를 구하라.

힌트: 시스템이 운동 평면에 대해 대칭이라고 보고 중력 가속도를 g 대신 g cos θ로 나타내라.

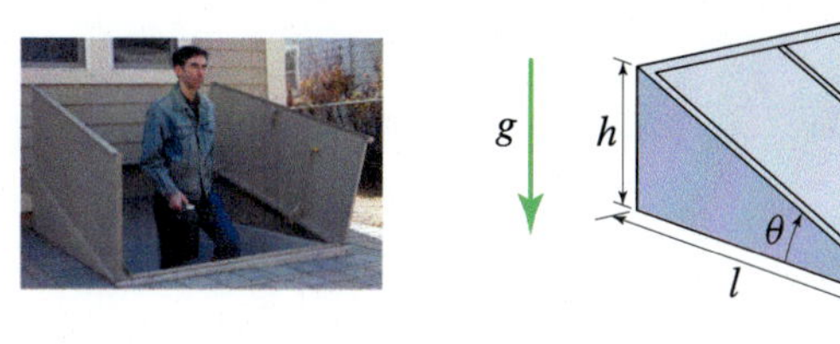

그림 P8.17

문제 8.18

수평면에 정지해 있는 원판 D는 질량이 m, 질량중심이 G, 회전반경이 k_G인데 일정한 모멘트 M이 작용한다. 원판 중심은 상수가 k인 선형 스프링에 의해 수직 벽과 연결되어 있으며 정지 상태에서 스프링의 변형량은 없다. 중심 G가 d만큼 이동 한 후 원판이 미끄럼 없이 구른다는 가정 하에 원판의 각속도를 구하라. 또한 원판이 정지할 때까지 움직인 거리 d를 계산하라.

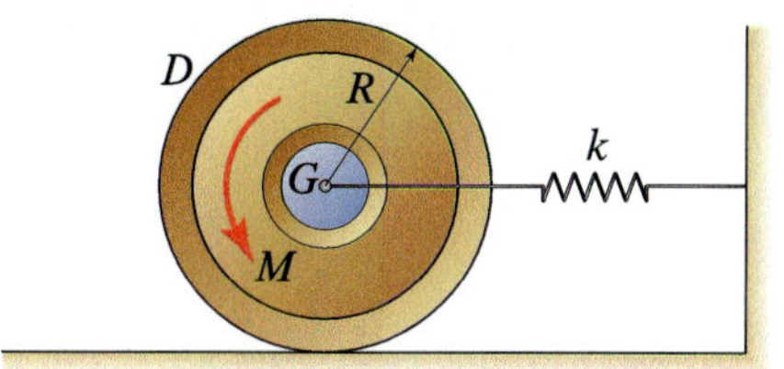

그림 P8.17

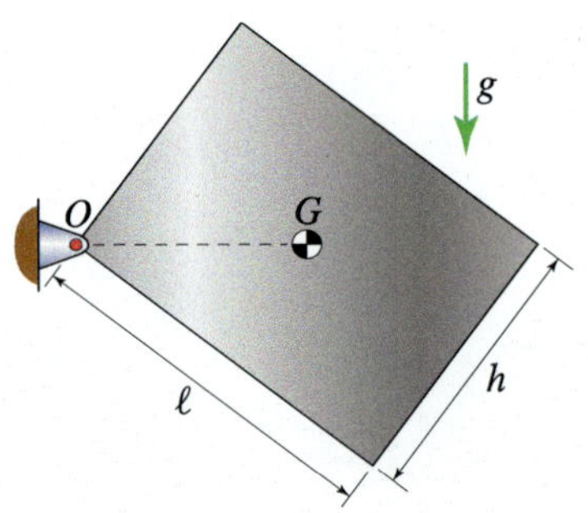

그림 P8.19

문제 8.19

길이가 ℓ, 높이가 h, 질량이 m인 균일한 직사각형 판이 한 모서리가 핀으로 연결된 상태로 수직 평면에 놓여 있다. 그림에 보이는 위치에서 정지해 있다가 운동을 시작한다고 가정할 때, 질량중심 G가 회전 중심 O의 바로 아래에 도달할 때의 각속도를 구하라. O에서의 마찰력은 무시하라.

문제 8.20

질량이 m = 1360 kg이고 질량중심 G는 고정되어 있으며 k_G = 4.57 m의 회전 반경을 갖는 터빈 로터가 정지해 있다가 일정한 토크 M이 작용하여 20 회전 후, ω = 1500 rpm의 각속도에 도달할 때 M의 크기를 구하라. 단 마찰을 무시할 수 있다.

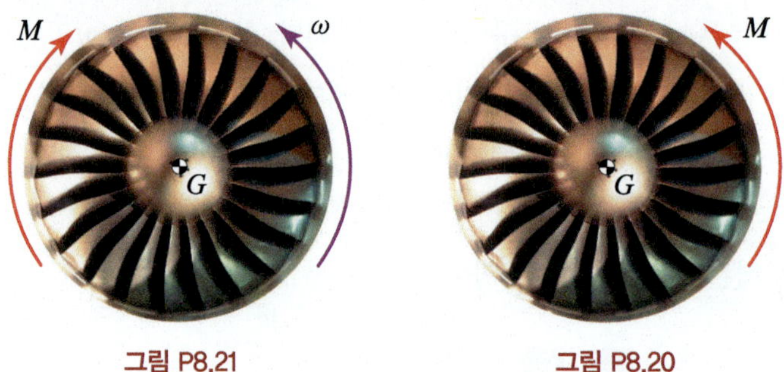

그림 P8.21 그림 P8.20

문제 8.21

질량이 m = 1360 kg이고 질량중심 G는 고정되어 있으며 k_G = 4.57 m의 회전 반경을 갖는 터빈 로터가 ω = 1200 rpm의 각속도로 회전하며 M = 4067 N · m의 일정한 제동 토크가 작용한다. 로터가 정지할 때까지의 회전수를 계산하라.

문제 8.22, 8.23

남학생 모임에서 만든 기구의 스윙 지지판에 사람이 앉아 있다. 회전 지지판은 m = 400 kg의 질량과 L = 4 m의 길이를 갖고 있으며 H = 3 m이고 서로 같은 두 개의 회전팔로 지지되어 있다.

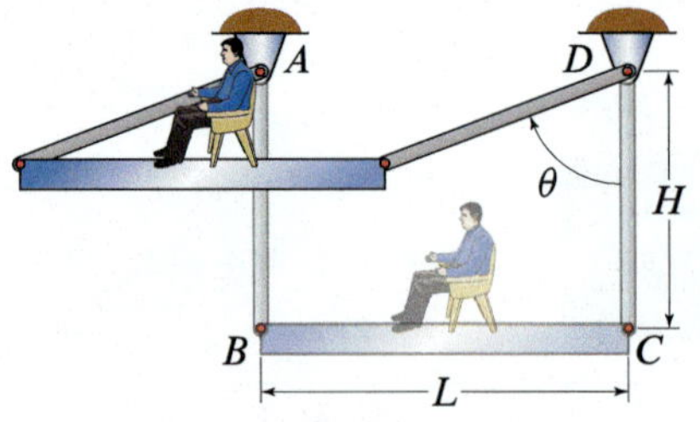

그림 P8.22, P8.23

문제 8.22 회전팔과 사람의 질량을 무시하고 마찰도 무시하며 지지판이 θ = 180°에서 정지해있다가 운동을 시작한다고 가정할 때, 0° ≤ θ ≤ 180°의 구간에서 사람의 속도를 θ의 함수로 구하고 θ = 0°일 때 사람의 속도를 계산하라.

문제 8.23 사람의 질량을 무시하고 마찰도 무시하며 각 회전팔은 m_A = 150 kg의 질량을 갖고 있다고 하자. 지지판이 θ에서 정지해있다가 운동을 시작한다고 가정할 때, $0° \le \theta \le 180°$의 구간에서 사람의 속도를 θ의 함수로 구하고 $\theta = 0°$일 때 사람의 속도를 계산하라.

문제 8.24

질량이 $m = 150$ kg이고 질량중심이 G이며 회전 반경이 $k_G = 0.4$ m인 편심이 있는 바퀴가 그림에서의 위치에 정지해 있다. $R = 0.55$ m이고 $h = 0.25$ m이며 바퀴가 서서히 오른쪽으로 미끄럼 없이 구른다고 가정할 때 G가 지면에 가장 근접했을 때 O의 속도를 구하라.

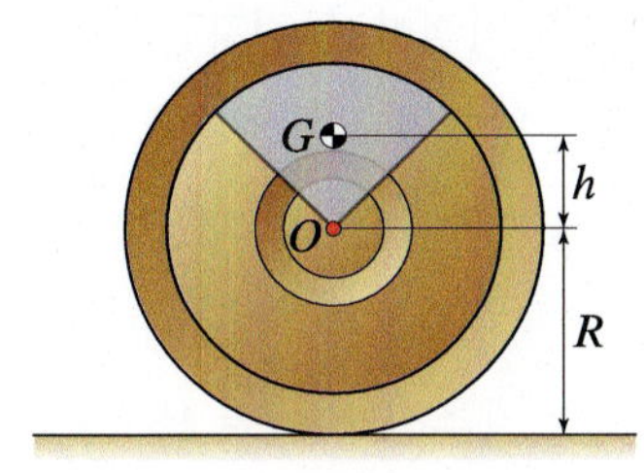

그림 P8.24

문제 8.25

질량이 $m = 150$ kg이고 질량중심이 G이며 회전 반경이 $k_G = 0.4$ m인 편심이 있는 바퀴가 그림에 보이는 경사면에 놓여 있다. 바퀴의 질량중심 G는 경사면에서의 접점 P와 수직 선 상에 정렬되어 있다. 바퀴가 미끄럼 없이 경사면 위로 구른다고 가정하고 $R = 0.55$ m, $h = 0.25$ m, $d = 0.5$ m일 때 바퀴가 B에 도달할 수 있는지를 결정하고, 만약 그럴 경우 O의 속도를 구하라. 단, 초기 상태에서 $P\ O\ G$는 90°와 같지 않다.

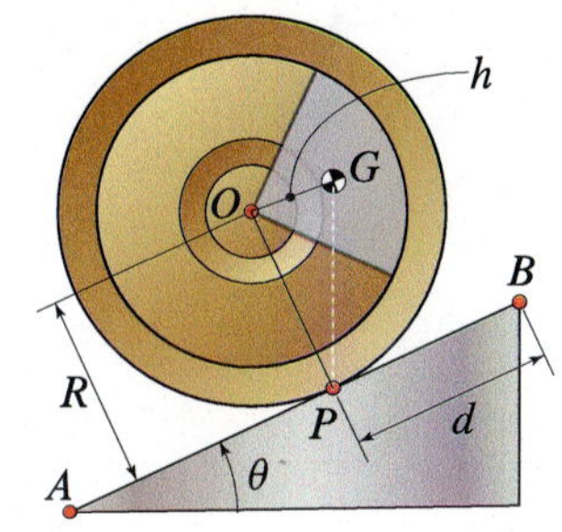

그림 P8.25

문제 8.26, 8.27

남학생 모임에서 만든 기구의 회전 지지판에 사람이 앉아 있다. 회전 지지판은 $m = 365$ kg의 질량과 $L = 3.66$ m의 길이를 갖고 있으며, $H = 3$ m이고 $m_a = 90$ kg의 질량을 갖는 서로 같은 두 개의 회전팔로 지지되어 있다. 지지판은 $\theta = 0$일 때 정지해 있다가 $0 \le \theta \le \theta_p$의 구간에서 모터로부터 시계 방향의 일정한 모멘트 M을 받아 운동하기 시작한다. 단 θ가 구간을 벗어나면 모터 모멘트는 작용하지 않는다.

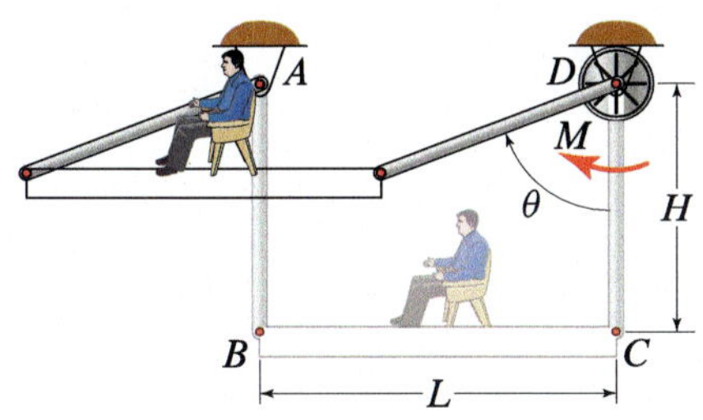

그림 P8.26, P8.27

문제 8.26 사람의 질량을 무시하고 마찰도 무시하며 $M = 1220\ N \cdot m$이고 $\theta_p = 25°$라고 할 때, $\theta > 90°$가 되기 위한 지지판의 최소 왕복 횟수를 구하고 이 때 최저점에서 사람의 속도를 구하라. 회전팔 AB와 CD는 균일하고 가는 막대기로 가정하라.

문제 8.27 사람의 질량을 무시하고 마찰도 무시하며 $\theta_p = 20°$라고 할 때, 6회 왕복 후에 최대값이 90°가 되기 위한 M의 값을 구하라. 회전팔 AB와 CD는 균일하고 가는 막대기로 가정하라.

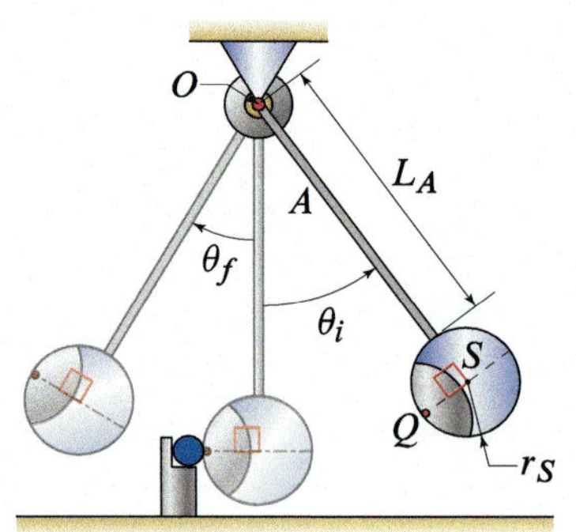

그림 P8.28, P8.29

문제 8.28, 8.29

샤르피 충격 시험은 파괴에 대한 재료의 저항을 측정하는 시험으로서 파괴 인성은 특정 형상의 시편을 파괴하는데 소요되는 에너지를 측정하여 구한다. 시험 방법은 무거운 진자가 θ_i의 각도에서 정지해 있다가 하강하여 시편에 충격을 가하고 시편이 파괴된 후 진자가 되올라간 각도 θ_f를 측정한다.

문제 8.28 시험 장치에서 진자추 S는 $m_s = 19.5$ kg의 질량과 $r_s = 150$ mm의 반경을 갖는 원판으로 가정하고, 진자팔은 $m_A = 2.5$ kg의 질량과 $L_A = 0.8$ m의 길이를 갖는 막대기로 가정한다. 마찰은 무시할 수 있고 진자추와 진자팔은 견고하게 연결되었다고 가정할 때 $\theta_i = 158°$이고 $\theta_f = 43°$인 실험에서 파괴 에너지(시편을 파괴하는데 소요된 운동에너지)를 구하라.

문제 8.29 시험 장치에서 진자추 S는 $m_s = 18.2$ kg의 질량과 $r_s = 150$ mm의 반경을 갖는 원판으로 가정하고, 진자팔은 $m_A = 2.5$ kg의 질량과 $L_A = 0.84$ m의 길이를 갖는 가는 막대기로 가정한다. 진자추의 초기각이 $\theta_i = 158°$이고 진자팔이 수직한 상태에서 진자추가 시편을 가격할 때 그 직후의 Q 점의 속도를 구하라. 단, 마찰은 무시할 수 있고 진자추와 진자팔은 견고하게 연결되어 있다.

문제 8.30

질량이 $m = 70$ kg이고 질량중심이 G인 상자가 그림에 보이는 바와 같이 미끄럼판에 정지해 있다가 운동을 시작한다. 미끄럼틀의 하단은 $R = 1.8$ m의 반경을 가진 원형이다. 상자를 $b = 1$ m이고 $h = 0.6$ m인 균일한 물체로 보고 상자가 최저 위치에 도달했을 때 상자와 미끄럼틀 사이의 간격을 고려한다. 상자가 최저 위치에 도달했을 때 질량중심에서의 속도가 왼쪽 방향으로 $v_G = 3.66$ m/s라면 상자가 운동을 시작해서 최저점에 도달할 때까지 마찰력이 상자에 행한 일이 얼마인지 구하라.

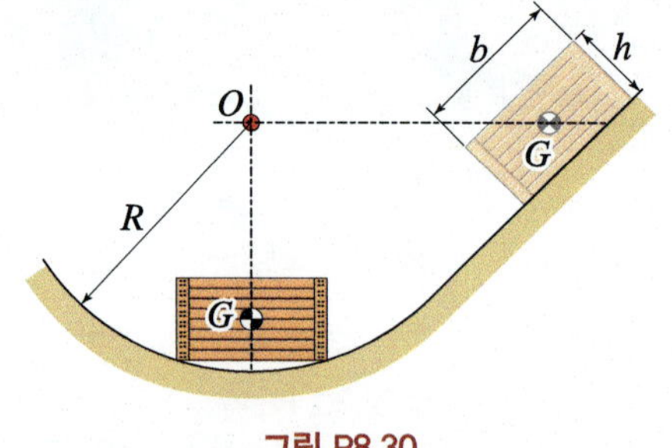

그림 P8.30

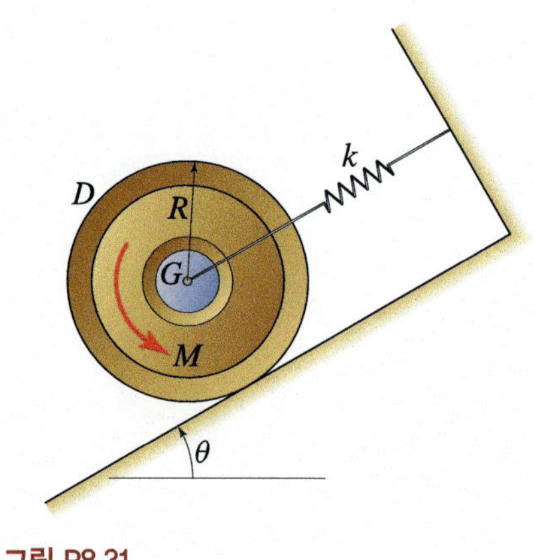

그림 P8.31

문제 8.31

질량이 m이고 질량중심 G가 기하중심과 일치하며 회전반경이 k_G인 원판 D가 경사면에 정지해 있을 때 일정한 모멘트 M을 가한다. 원판 중심은 상수가 k인 선형 스프링에 의해 벽과 연결되어 있으며 정지 상태에서 스프링의 변형량은 없다. 원판이 경사면을 따라 미끄럼 없이 굴러 중심 G가 d만큼 이동했을 때 원판의 각속도를 구하라. 또한 $k = 73$ N/m, $R = 0.45$ m, $m = 4.5$ kg, $\theta = 30°$일 때 원판이 $d_s = 1.5$ m의 거리를 미끄럼 없이 굴러 내려온 후 정지한다면 모멘트 M의 크기는 얼마인지를 계산하라.

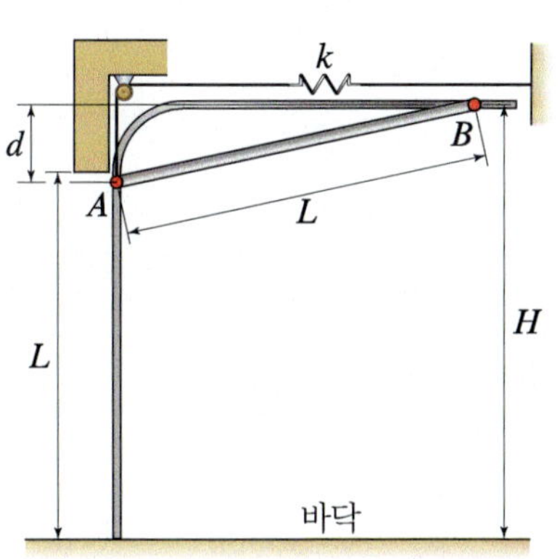

그림 P8.32

문제 8.32

그림은 길이가 $L = 2.7$ m이고 질량이 $m = 80$ kg인 차고 문의 단면이다. A, B에는 질량을 무시할 수 있는 롤러가 가이드를 따라 움직이며 가이드의 수평 부분은 바닥에서 $H = 3.4$ m의 거리에 있다. 문의 운동은 상수 k를 갖는 두 개의 스프링(그림에는 하나의 스프링만 표시)에 의해 보조된다. $d = 660$ mm이고 스프링이 100 mm만큼 늘어나 있을 때 문이 정지 상태로부터 운동을 시작한다. 마찰은 무시하고 A가 바닥에 닿았을 때 B는 가이드의 수직 부분에 도달한다고 할 때, A가 바닥을 치는 속도가 0.3 m/s보다 크기 위한 k의 최소값을 구하라. 단, 문은 균일하고 얇은 판으로 가정하라.

문제 8.33

예제 8.2에서 우리는 평형 질량의 회전 관성을 무시하였는데 이 문제에서는 이런 가정 없이 다시 풀기로 한다. 팔 AD는 $L = 4.8$ m의 길이와 20 kg의 질량을 갖는 균일하고 가는 막대기로 가정하고 힌지 O는 오른쪽 끝으로부터 $d = 0.8$ m의 거리만큼 떨어져 있으며 72 kg의 평형 질량은 O로부터 $\delta = 0.4$ m에 놓여 있다. 이제 평형 질량을 $h = 0.35$ m의 높이와 $\omega = 0.23$ m의 폭을 갖는 균일한 사각형으로 모델링하고 팔이 수직 위치에 정지해 있다가 서서히 운동을 시작하여 수평 위치에 도달할 때의 각속도를 구하라. 예제 8.2와 비교하여 각속도의 변화를 몇 %인지 구하라.

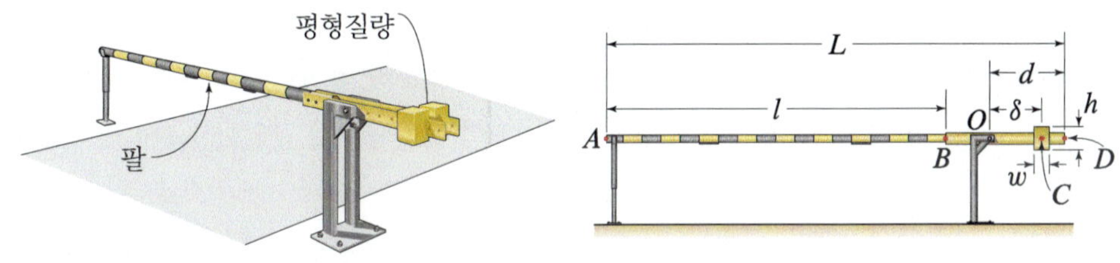

그림 P8.33, P8.34

문제 8.34

그림의 차단기는 A에서 B까지는 길이가 $\ell = 3.5$ m이고 질량이 9 kg인 알루미늄 관으로 되어 있고 B에서 D까지는 질량이 18 kg인 강철 지지부로 구성되어 있으며 팔의 전체 길이는 $L = 4.8$ m이다. 또한 55 kg의 평형 질량이 힌지 O로부터 δ의 거리에 놓여 있으며 O는 BD의 오른쪽 끝으로부터 $d = 0.8$ m에 위치한다. AB와 BD는 균일하고 가는 막대기로 모델링하고 평형 질량은 $h = 0.35$ m의 높이와 $\omega = 0.23$ m의 폭을 갖는 균일한 사각형으로 모델링한다. 이 경우 팔이 수직 위치에 정지해 있다가 서서히 운동을 시작하여 수평 위치에 도달할 때의 각속도가 0.25 rad/s가 되도록 거리 δ를 구하라.

문제 8.35

그림은 길이가 $L = 2.5$ m이고 질량이 $m = 90$ kg인 차고 문의 단면이다. A와 B에 질량을 무시할 수 있는 롤러가 가이드를 따라 움직이며 가이드의 수평 부분은 바닥에서 $H = 3.4$ m의 거리에 있다. 문의 운동은 각각의 질량이 m_c인 두 개의 평형 질량(그림에는 하나의 평형 질량만 표시)에 의해 보조된다. 문이 $d = 530$ mm에서 정지해 있다가 운동을 시작한다. 마찰은 무시하고 문은 균일하고 얇은 판으로 가정할 때 A가 바닥을 치는 속도가 0.25 m/s보다 크기 위한 m_c의 최소값을 구하라.

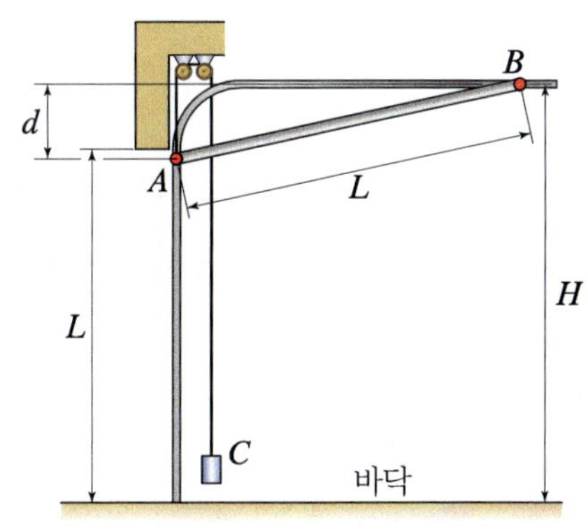

그림 P8.35

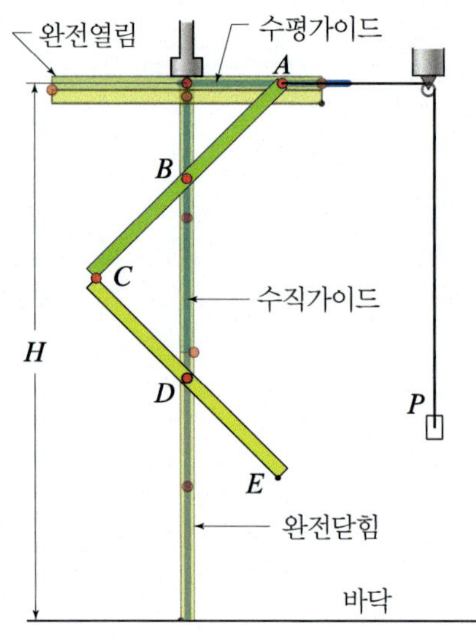

그림 P8.36

문제 8.36

예제 8.5에서 두 개의 스프링을 각각의 질량이 m_P인 평형 질량 두 개(그림에는 한 개만 표시)로 대체한다. 문의 질량은 $m = 364$ kg이고 문의 전체 높이가 $H = 9$ m이고 마찰은 무시할 수 있다고 할 때, 문이 완전히 열린 상태에서 정지해 있다가 문이 완전히 닫히는 상태에서 롤러 A의 속도가 0.15 m/s를 넘지 않기 위한 평형 질량 m_P의 최소값을 결정하라.

문제 8.37-8.39

비틀림 스프링을 장난감 자동차의 추진 장치로 활용하려 한다. 차의 후진 방향으로 후륜을 회전시키면 비틀림 스프링(한쪽은 차축에 연결하고 다른 한쪽은 차체에 연결)이 감겨지면서 에너지를 저장한다. 따라서 스프링에 에너지를 저장시키는 쉬운 방법은 차를 평면에 놓고 미끄럼 없이 차를 후진시키는 것이다. 비틀림 스프링은 차를 후진시킬 때만 감기고 차를 전진시키면 풀리게 된다.

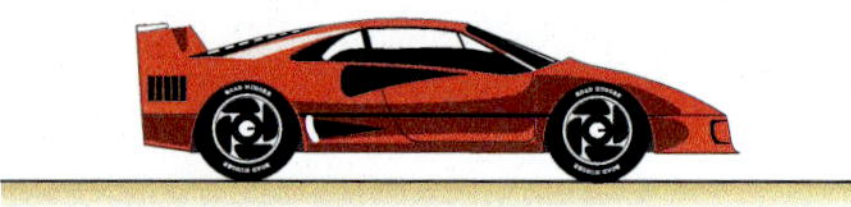

그림 P8.37, P8.38

문제 8.37 차(차체와 바퀴)의 질량이 $m = 140$ g이고 각 바퀴의 질량은 $m_\omega = 4.25$ g, 반경은 $r = 6$ mm이다. 바퀴를 미끄럼 없이 구르는 균일한 원판이라 가정하고 차 내부의 마찰력은 무시할 수 있으며 비틀림 스프링은 상수 $k_t = 0.00027$ N · m/rad을 갖는 선형 스프링이라 할 때, 스프링 변형이 없는 상태로부터 차를 $L = 230$ mm만큼 후진시켰다가 놓았을 때, 차가 도달할 수 있는 최대 속도를 구하라.

문제 8.38 차(차체와 바퀴)의 질량이 $m = 140$ g이고 각 바퀴의 질량은 $m_w = 4.25$ g, 반경은 $r = 6$ mm이며 바퀴는 미끄럼 없이 구르는 균일한 원판이라 가정한다. 또한 비선형 비틀림 스프링에 의한 토크는 $M = -\beta\theta^3$으로 주어지는데 여기서 $\beta = 0.678 \times 10^{-6}$ N · m/rad^{3}이고 θ는 후륜 차축의 각변위이며 음의 부호는 M의 θ의 반대 방향으로 작용함을 나타낸다. 차 내부의 마찰력은 무시할 수 있다는 가정 하에 스프링 변형이 없는 상태로부터 차를 $L = 230$ mm만큼 후진시켰다가 놓았을 때, 차가 도달할 수 있는 최대 속도를 구하라.

그림 P8.39

문제 8.39 차(차체와 바퀴)의 질량이 $m = 120$ g이고 각 바퀴의 질량은 $m_w = 5$ g, 반경은 $r = 6$ mm이며 바퀴는 미끄럼 없이 구르는 균일한 원판이라 가정한다. 또한 비틀림 스프링은 상수 $k_t = 0.00025$ N · m/rad을 갖는 선형 스프링이다. 차 내부의 마찰력은 무시할 수 있다는 가정 하에 $\phi = 25°$의 경사면 상에서 스프링 변형이 없는 상태로부터 차를 $L = 250$ mm만큼 후진시켰다가 놓았을 때, 차가 경사면을 따라 올라갈 수 있는 최대 거리 d_{max}(출발 위치 기준)를 구하고 차의 최대 속도 v_{max} 및 그 때까지의 주행 거리 d_{max}를 구하라.

문제 8.40, 8.41

이중 풀리 D는 질량이 15 kg이고 질량중심 G가 기하중심과 일치하며 $k_G = 100$ mm의 회전반경과 $r_0 = 150$ mm의 바깥 반지름 및 $r_i = 75$ mm의 안쪽 반지름을 갖고 있다. D는 반경이 R인 풀리 P와 줄로 연결되어 있는데 이 줄은 질량을 무시할 수 있으며 이중 풀리

D의 내외 스풀로부터 풀리게 된다. 상자 C는 20 kg의 질량을 갖고 있으며 정지 상태로부터 운동을 시작한다.

문제 8.40 풀리 P의 질량을 무시할 때 상자가 2 m 낙하했을 때 상자의 속도와 풀리 D의 각속도를 구하라.

문제 8.41 풀리 P의 질량이 1.5 kg이고 회전 반경이 $K_A = 35$ mm라는 가정 하에 상자가 2 m 낙하했을 때 상자의 속도와 풀리 D의 각속도를 구하라.

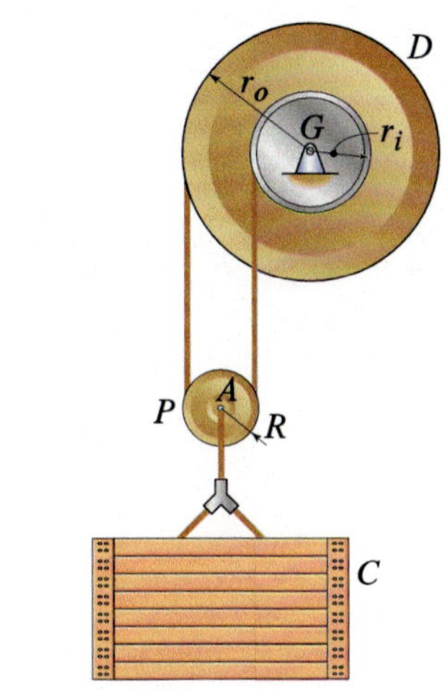

그림 P8.40, P8.41

문제 8.42–8.44

균일하고 가는 막대기 AB가 마찰이 없는 가이드를 따라 움직이는 슬라이더 S와 수평면에서 미끄럼 없이 구르는 원판 D에 핀으로 연결되어 있다. A, B의 핀에서는 마찰이 없으며 정지 상태에서 움직이기 시작한다. S의 높이는 무시할 수 있다.

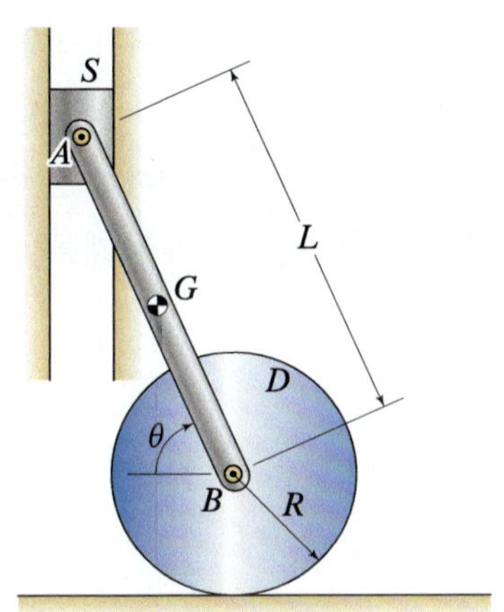

그림 P8.42-P8.44

문제 8.42 $L = 1.75$ m, $R = 0.6$ m이고 S와 D의 질량은 무시할 수 있으며 AB의 질량은 $m_{AB} = 7$ kg이다. $\theta_0 = 65°$에서 움직이기 시작할 때 슬라이더 S가 지면에 도달하는 순간의 속도를 구하라.

문제8 .43 $L = 1.4$ m, $R = 0.6$ m이고 AB의 질량은 무시할 수 있으나 S의 질량은 $m_s = 1.4$ kg이며 균일 원판 D의 질량은 $m_D = 4$ kg이다. $\theta_0 = 67°$에서 움직이기 시작할 때 슬라이더 S가 지면에 도달하는 순간의 속도를 구하라.

문제 8.44 $L = 1.75$ m, $R = 0.6$ m이고 S의 질량은 $m_s = 4.2$ kg, 균일 원판 D의 질량은 $m_D = 12$ kg, AB의 질량은 $m_{AB} = 7$kg이다. $\theta_0 = 69°$에서 움직이기 시작할 때 슬라이더 S가 지면에 도달하는 순간 B의 속도 및 운동 방향을 구하라.

문제 8.45

그림은 길이가 $L = 2.5$ m이고 질량이 $m = 90$ kg인 차고 문의 단면이다. A, B에는 질량을 무시할 수 있는 롤러가 수직 및 수평 가이드를 따라 움직인다. 문의 운동은 각각의 질량이 $m_c = 42.5$ kg인 두 개의 평형 질량(그림에는 하나의 평형 질량만 표시)에 의해 보조된다. 문이 수평 상태에서 정지해 있다가 운동을 시작한다. 마찰은 무시하고 문

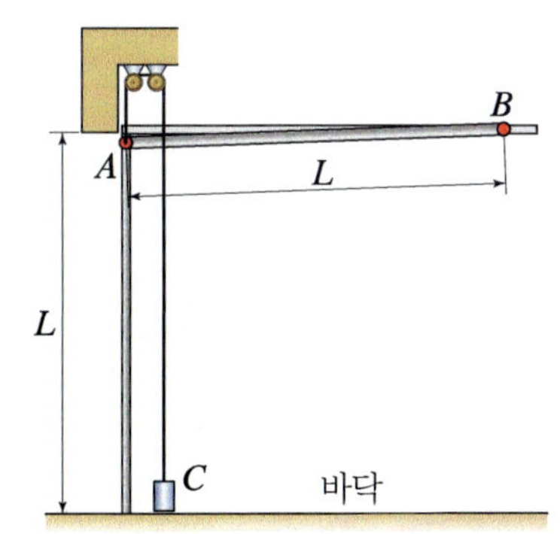

그림 P8.45

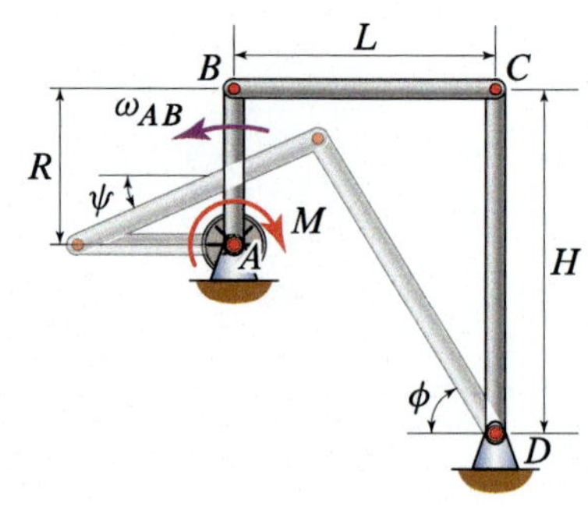

그림 P8.46

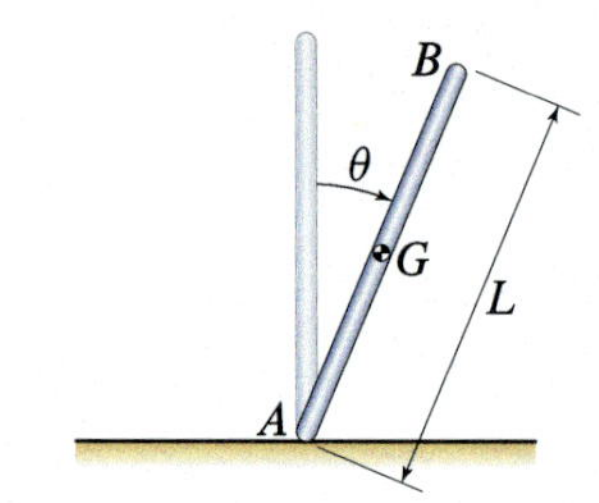

그림 P8.47

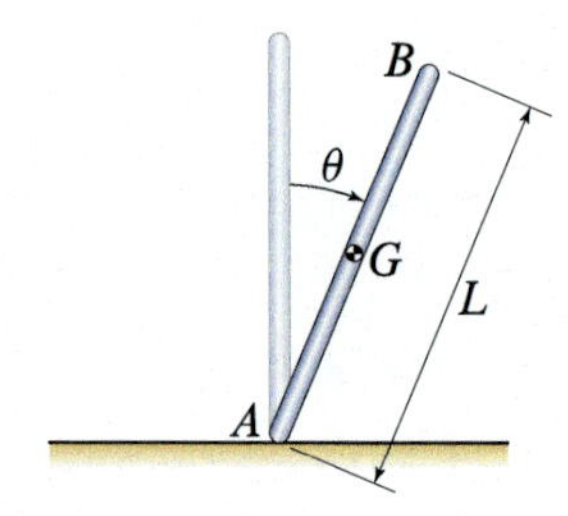

그림 P8.48

은 균일하고 얇은 판으로 가정 하에 B가 수평 가이드의 왼쪽 끝단에 도달했을 때의 속도를 구하라.

문제 8.46

핀으로 연결되어 있는 균일한 링크 AB, BC, CD는 각각 $m_{AB} = 2.3$ kg, $m_{BC} = 3.2$ kg, $m_{CD} = 5.0$ kg의 질량을 갖고 있으며 $R = 0.75$ m이고 $L = 1.2$ m이다. 링크 AB와 CD가 수직한 상태일 때 AB는 $\omega_{AB} = 4$ rad/s의 시계 방향 각속도로 회전하고 있다. 이 시점에서 AB에 연결된 모터가 ω_{AB}의 반대 방향으로 일정한 토크 M을 가하기 시작한다. AB가 반시계 방향으로 90° 회전하고 정지할 경우 M과 제동 시의 모터 최대 출력을 구하라. 최종 상태에서 $\phi = 64.36°$이고 $\psi = 29.85°$이다.

문제 8.47

질량이 m이고 길이가 L인 스틱이 끝단 A로 지지되어 평형을 이룬 상태에서 다른 끝단 B가 서서히 오른쪽으로 움직이면서 쓰러지게 된다. 균일하고 가는 막대기로 모델링하고 막대기와 지면 사이의 마찰이 존재한다고 가정하고 정적마찰계수를 μ라 할 때, 막대기가 미끄러지기 시작하는 각도의 최대값 $\theta_{\max}$가 존재하는데 이를 구하기 위해서는 다음의 절차를 따라야 한다.

(a) F와 N을 막대기와 지면 사이의 마찰력과 수직 반력이라 할 때 막대기가 쓰러지는 과정에서의 자유물체도를 그리고 수평 및 수직 방향에 대한 힘의 합이. $m\vec{a}_G$의 각 성분과 같도록 한다. $\vec{a}_G$의 성분을 θ, $\dot{\theta}$, $\ddot{\theta}$의 함수로 나타내고 F와 N을 θ, $\dot{\theta}$, $\ddot{\theta}$의 함수로 나타내라.

(b) 일-에너지 원리를 사용하여 $\dot{\theta}^2(\theta)$의 표현을 구하고 이를 시간에 대해 미분하여 $\ddot{\theta}(\theta)$의 표현을 구하라.

(c) $\dot{\theta}^2(\theta)$과 $\ddot{\theta}(\theta)$의 표현을 F와 N에 대입하여 F와 N을 θ의 함수로 나타내라. 미끄럼에 가까워짐에 따라 $|F/N|$은 정적마찰계수와 같아야 하고 이를 이용하여 $\theta_{\max}$를 구하라.

문제 8.48

질량이 m이고 길이가 L인 스틱이 끝단 A로 지지되어 평형을 이룬 상태에서 다른 끝단 B가 서서히 오른쪽으로 움직이면서 쓰러지게 된다. 균일하고 가는 막대기로 모델링하고 막대기와 지면 사이의 정적마찰계수를 μ_s라 할 때 막대기가 왼쪽으로 미끄러질 수 있는 μ_s의 최대값과 그 때의 θ 값을 구하라. 이 문제를 풀기 위해서는 다음의 절차를 따라야 한다.

(a) F와 N을 막대기와 지면 사이의 마찰력과 수직 반력으로 정의하고 F는 오른쪽을 양의 부호로 하고 N은 윗방향을 양의 부호로 한다. 막대기가 쓰러지는 과정에서의 자유물체도를 그리고 수평 및 수직 방향에 대한 힘의 합이 $m\vec{a}_G$의 각 성분과 같도록 한다. $\vec{a}_G$의 성분을 θ, $\dot{\theta}$, $\ddot{\theta}$의 함수로 나타내고 F와 N을 θ, $\dot{\theta}$, $\ddot{\theta}$의 함수로 나타내라.

(b) 일-에너지 원리를 사용하여 $\dot{\theta}^2(\theta)$의 표현을 구하고 이를 시간에 대해 미분하여 $\ddot{\theta}(\theta)$의 표현을 구하라.

(c) $\dot{\theta}^2(\theta)$과 $\ddot{\theta}(\theta)$의 표현을 F와 N에 대입하여 F와 N을 θ의 함수로 나타내라. 미끄럼에 가까워짐에 따라($|F| = \mu_s|N|$일 때) $|F/N|$은 정적마찰계수와 같아야 한다. 따라서 $|F/N|$를 θ에 대해 미분하고 미분값이 0이 되는 조건으로부터 $|F/N|$의 최대값을 계산하라.

그림 P8.48

문제 8.49

질량이 m이고 길이가 L인 스틱이 끝단 A로 지지되어 평형을 이룬 상태에서 다른 끝단 B가 서서히 오른쪽으로 움직이면서 쓰러지게 된다. 균일하고 가는 막대기로 모델링하고 막대기와 지면 사이의 정지마찰계수가 $\mu_s = 0.7$일 때 막대기가 미끄러지기 시작하는 θ 값과 그 때의 미끄러지는 방향을 구하라. 또한 풀이 과정에서 마찰력과 수직 반력의 비의 절대값을 θ의 함수로 그려라. 이 문제를 풀기 위해서는 다음의 절차를 따라야 한다.

(a) F와 N을 막대기와 지면 사이의 마찰력과 수직 반력으로 정의하고 막대기가 쓰러지는 과정에서의 자유물체도를 그려라. 수평 및 수직 방향에 대한 힘의 합이 $m\vec{a}_G$의 각 성분과 같도록 한다. $\vec{a}_G$의 성분을 θ, $\dot{\theta}$과 $\ddot{\theta}$의 함수로 나타내고 F와 N을 θ, $\dot{\theta}$과 $\ddot{\theta}$의 함수로 나타내라.

(b) 일–에너지 원리를 사용하여 $\dot{\theta}^2(\theta)$의 표현을 구하고 이를 시간에 대해 미분하여 $\ddot{\theta}(\theta)$의 표현을 구하라.

(c) $\dot{\theta}^2(\theta)$과 $\ddot{\theta}(\theta)$의 표현을 F와 N에 대입하여 $|F/N|$를 θ의 함수로 그려라. 미끄럼에 가까워짐에 따라 $|F/N|$는 μ_s와 같아야 한다. 따라서 구하려는 θ값은 $|F/N|$과 수직축의 0.7에 해당하는 수평방향 직선이 교차하는 점에 해당한다. θ를 구한 후 그 때의 F 값의 부호를 구하면 미끄러지는 방향을 알 수 있다. ($|F| = \mu_s|N|$일 때)$|F/N|$은 정지마찰계수와 같아야 한다. 따라서 $|F/N|$를 θ에 대해 미분하고 미분값이 0이 되는 조건으로부터 $|F/N|$의 최대값을 계산하라.

설계 문제

설계문제 8.1

수동식도로 차단기의 개폐를 보조하기 위해 평형 질량 C, O 점에 설치된 상수 k_t의 선형 탄성 비틀림 스프링이 있다. 길이가 $L = 4.8$ m인 팔은 A에서 B까지는 질량이 9 kg이고 길이가 $\ell = 3.5$ m인 알루미늄 관이고 B에서 D까지는 질량이 18 kg 강철 지지부이다. 두 부분을 모두 균일하고 가는 봉으로 모델링하고 평형 질량은 질량이 m_c, 높이가 h, 폭이 w인 균일한 사각형 강체로 모델링한다. 힌지 O는 BD의 오른쪽 끝단으로부터 $d = 0.78$ m의 거리에 있다.

위 가정 하에 수직하게 정지한 상태에서 서서히 움직이기 시작하여 닫히는 순간의 속도가 0.25 rad/s보다 낮도록 설계 변수 δ, h, ω, W_C와 비틀림 스프링(상수 k_t, 변형되지 않았을 때의 위치)를 결정하라. 또한 차단기가 쉽게 닫힐 수 있다는 것을 확인하라.

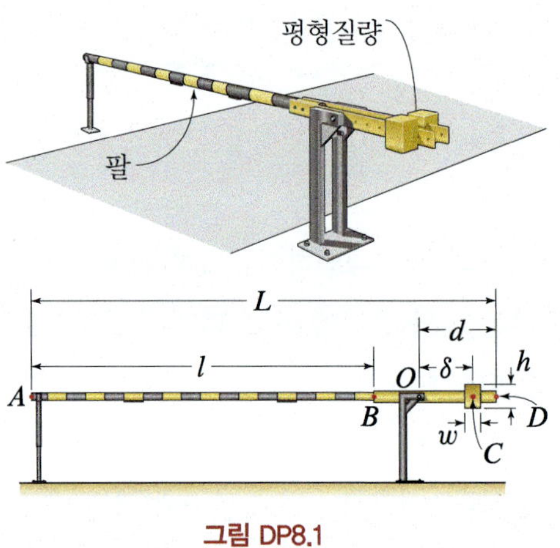

그림 DP8.1

8.2 강체의 운동량 방법

이 절에서 우리는 강체에 대한 선형 충격량–운동량 원리와 각 충격량–각운동량 원리를 유도하고자 한다. 여기서는 두 원리를 각각 별도로 유도했던 5장과는 다른 방식으로 접근하려고 한다. 그 이유는 강체의 경우 선형 및 각 충격량–운동량 원리를 같이 적용해야만 물체의 운동을 완전하게 이해할 수 있는 경우가 많기 때문이며 다음은 그 일례이다.

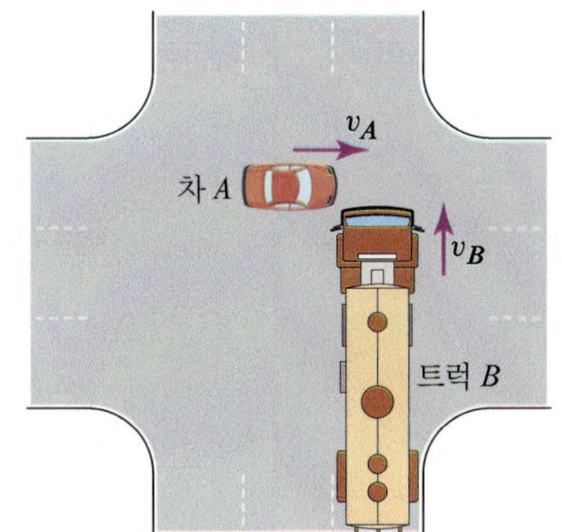

그림 8.13 충돌 직전의 차와 트럭.

충돌 재구성 시 강체 모델링

그림 8.13에서 충돌이 임박한 상황을 고려해 보자. 충돌 전에 각 자동차는 직선 주행을 하고 있다. 그림 8.14를 보면 충돌 후 두 차 모두 충돌이 발생한 지점에서 떨어져 회전되어 있다. 우리가 충돌 전의 운동을 안다면 충돌 후 각속도를 포함하여 속도를 알 수 있는가? 5.2절에서 우리는 충돌 전 속도로부터 충돌 후 속도를 구하는 방법을 배웠지만 각속도를 고려하지는 않았다(각속도는 질점에 적용되지 않는다). 충돌 후 거동을 결정하기 위해서 우리가 충돌을 2차원으로 모델링하고 자동차를 강체로 본다면 6개의 방정식을 풀어야만 한다! 그림 8.15를 참조하면 이것을 알 수 있는데 C, D는 각각 자동차 A, B의 질량중심이다. v_{Cx}^+, v_{Cy}^+, v_{Dx}^+, v_{Dy}^+ (+는 충돌 후를 의미)를 구하기 위해 4개의 방정식이 필요하고 충돌 후 A와 B의 각속도인 ω_A^+와 ω_B^+를 구하기 위해 2개의 방정식이 필요하다. 5.2절에서 배운 충돌 이론은 우리에게 필요한 4개의 방정식만을 제공한다:

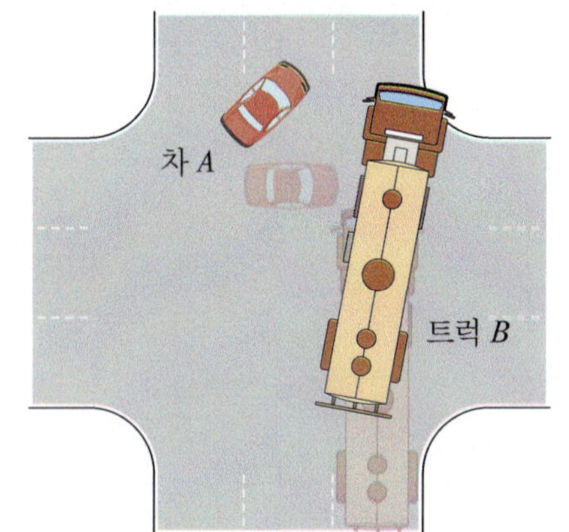

그림 8.14 충돌 전(투영)과 후의 차량.

1. 충돌 방향에서의 시스템 운동량 보존
2. 충돌과 수직한 방향에 대해 A의 운동량 보존
3. 충돌과 수직한 방향에 대해 B의 운동량 보존
4. 충돌 방향에서의 반발계수 방정식

어떤 물리적 원리를 적용하여 우리에게 필요한 2개의 방정식을 찾아낼 것인가? 그 해답은 1~4에 열거한 관계식들이 선형 충격량–운동량 원리에 기초한 것이며 회전 운동에 관해서는 아무런 설명도 하지 않는다는 것에서 찾을 수 있다. 강체 운동은 힘과 모멘트의 관계식에 의해 결정된다. 따라서 우리는 물체 A와 B에 대한 모멘트 방정식을 활용하여 2개의 방정식을 구해야 한다. 구체적으로 우리는 선형 충격량–운동량 원리를 모멘트 관계식으로부터 유도되는 각 충격량–운동량 원리로 보완해야 한다. 이 절에서 그것을 하고자하며 우리가 두 가지 평형 원리를 유도한 후 8.3절에서 다시 강체 충돌 문제를 다루기로 한다.

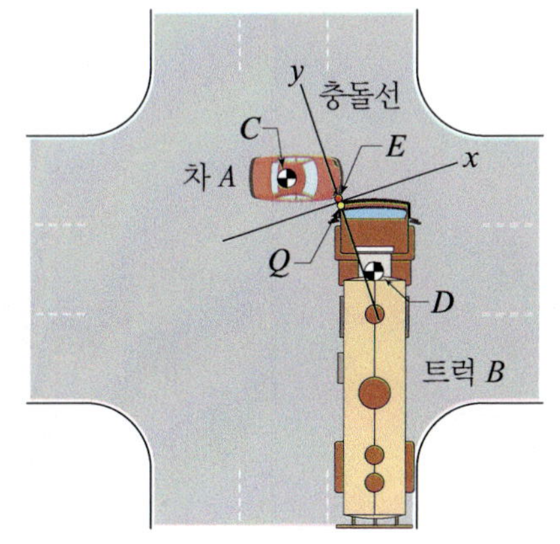

그림 8.15 충돌 순간의 차량과 충돌선.

강체에서의 충격량–운동량 원리

강체의 질량중심은 식 (7.15)에 따라 움직인다(식 (5.86)에서 일반 시스템에 대해 최초로 언급).

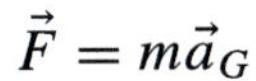

$$\vec{F} = m\vec{a}_G \tag{8.34}$$

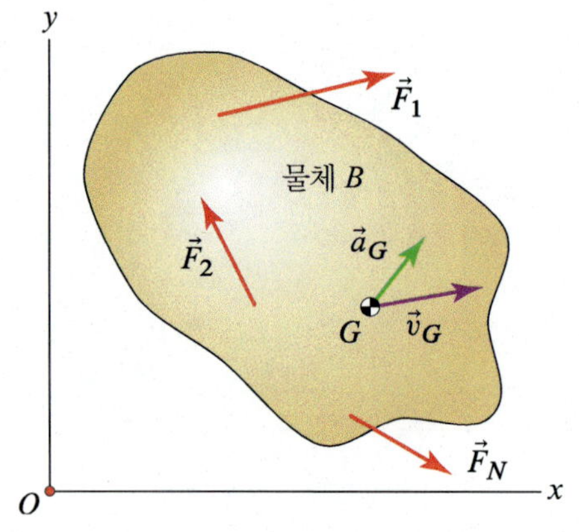

그림 8.16 힘 시스템의 작용을 받는 강체.

여기서 그림 8.16을 참조하면 $\vec{F} = \vec{F}_1 + \vec{F}_2 + \cdots + \vec{F}_N$은 물체에 작용하는 합력이고 m과 $\vec{a}_G$는 각각 물체의 질량과 질량중심에서의 가속도이다. 식 (8.34)를 $t_1 \le t \le t_2$의 시간에 대해 적분하면

$$\int_{t_1}^{t_2} \vec{F}\,dt = \int_{t_1}^{t_2} m\vec{a}_G\,dt = m\vec{v}_G(t_2) - m\vec{v}_G(t_1) \tag{8.35}$$

여기서 5.1절에서 소개했던 개념을 적용하면 식 (8.35)의 첫 번째 항은 물체에 작용하는 선형충격량(*linear impulse*)의 합이고 $m\vec{v}_G$는 물체의 선형운동량(*linear momentum*)으로서 $\vec{p}$로 나타낸다. 질점에 대해 한 것처럼(식 (5.6) 참조), 식 (8.35)는 다음과 같이 다시 쓸 수 있다.

$$m\vec{v}_{G1} + \int_{t_1}^{t_2} \vec{F}\,dt = m\vec{v}_{G2}, \qquad \vec{p}_1 + \int_{t_1}^{t_2} \vec{F}\,dt = \vec{p}_2 \tag{8.36}$$

여기서 아래첨자 1과 2는 각각 t_1과 t_2일 때의 변수값을 의미한다. 식 (8.36)은 강체에 대한 선형 충격량–운동량 원리이다.

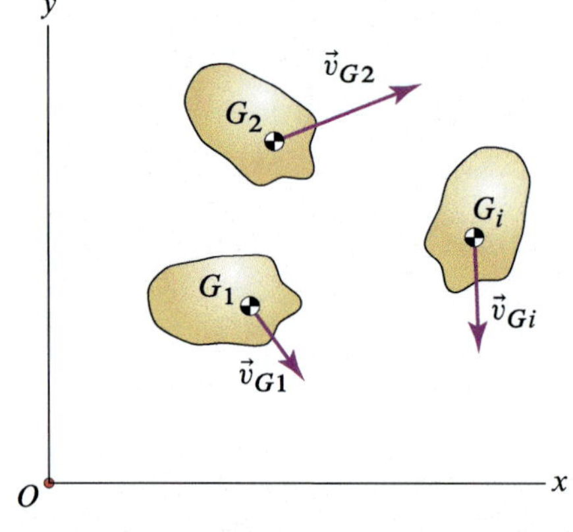

그림 8.17 강체 시스템.

시스템에 대한 식 (8.36)의 확장

$\vec{F}$가 외력만의 합이라는 점을 고려하면 식 (8.36)은 $\vec{p}$를 제대로 계산할 수 있다는 전제하에 다수의 강체에 대해서도 적용할 수 있다. N개의 강체로 구성된 시스템(그림 8.17 참조)에서 전체 운동량은

$$\vec{p} = \sum_{i=1}^{N} m_i \vec{v}_{Gi}(t) \tag{8.37}$$

여기서 m_i와 $\vec{v}_{Gi}(i = 1,..., N)$은 각각 강체 i의 질량과 질량중심의 속도이다.

선형운동량 보존

만약 $t_1 \le t \le t_2$에서 $\vec{F} = \vec{0}$이면 식 (8.36)은

$$m\vec{v}_{G1} = m\vec{v}_{G2}, \qquad \vec{p}_1 = \vec{p}_2 \tag{8.38}$$

위 식은 $t_1 \le t \le t_2$에서 시스템의 운동량이 보존됨을 의미한다. 많은 응용 사례에서 외력의 합 $\vec{F}$가 주어진 시간 동안 0이 아니지만 $t_1 \le t \le t_2$에서 $F_q = 0$이 되는 q의 방향은 존재하며 이 경우

$$m(v_{Gq})_1 = m(v_{Gq})_2, \qquad p_{q1} = p_{q2} \tag{8.39}$$

즉 운동량이 q 방향에 대해서는 보존된다. 식 (8.39)는 많은 경우에 유용하며 특히 충돌 문제에서 매우 유용하다.

강체에서의 각 충격량–운동량 원리

강체의 운동을 지배하는 모멘트 방정식은 식 (7.18)이다(일반 시스템에 대해서는 식 (5.87)에 최초로 언급).

$$\vec{M}_P = \dot{\vec{h}}_P + \vec{v}_P \times m\vec{v}_G \tag{8.40}$$

여기서 P는 임의로 선정한 모멘트중심(그림 8.18 참조)이고 $\vec{v}_P$는 P의 속도이며 $\vec{M}_p$는 물체에 작용하는 외력에 의해 P 점에 대해 발생하는 모멘트의 합이다. 물리량 $\vec{h}_p$는 P에 대한 각운동량으로서 식 (7.20)에 다음과 같이 정의되었다.

$$\vec{h}_P = \int_B \vec{r}_{dm/P} \times \vec{v}_{dm}\, dm \tag{8.41}$$

식 (8.40)과 (8.41)은 어떤 형태의 물체와 어떤 운동에도 적용할 수 있지만 여기서는 평면운동을 하는 강체로서 운동에 수직한 방향에 대해 대칭성을 갖고 있는 경우에 대해서 살펴보려 한다. 이 경우 부록 B의 식 (B.25)에 있는 바와 같이 $\vec{h}_p$는 다음과 같은 간결한 형태로 주어진다.

$$\boxed{\vec{h}_P = I_G\vec{\omega}_B + \vec{r}_{G/P} \times m\vec{v}_G} \tag{8.42}$$

여기서 I_G와 $\vec{\omega}_B$는 각각 물체의 질량관성모멘트와 각속도이다.[4] 또한 P를 G와 같은 평면상의 점이면서 아래 조건을 만족하면

1. P가 고정점이거나 ($\vec{v}_P = \vec{0}$);
2. P가 G와 일치하거나 ($\vec{v}_P = \vec{v}_G \Rightarrow \vec{v}_P \times \vec{v}_G = \vec{0}$);
3. P와 G가 서로 평행하게 이동 ($\vec{v}_P \times \vec{v}_G = \vec{0}$);

식 (8.40)은 다음과 같이 단순화된다.

$$\boxed{\vec{M}_P = \dot{\vec{h}}_P} \tag{8.43}$$

위의 가정 하에 식 (8.41)로부터 식 (8.42)를 구하는 과정은 부록 B에 나와 있다.

식 (8.43)의 가정이 $t_1 \le t \le t_2$ 동안 성립하고 식 (8.43)을 이 구간에 대해 적분하면 우리는 각 충격량–운동량 원리의 표준 형태를 구할 수 있다. 즉

$$\boxed{\vec{h}_{P1} + \int_{t_1}^{t_2} \vec{M}_P\, dt = \vec{h}_{P2}} \tag{8.44}$$

여기서 $\vec{h}_{p1}$와 $\vec{h}_{p2}$는 각각 시간 t_1과 t_2에서 $\vec{h}_p$의 값이다. 식 (8.44)는 질점계에 대해 다루면서 식 (5.80)에서 최초로 구한 것과 같다. 만약 모멘트중심이 질량중심 G와 일치한다면 $\vec{r}_{G/P}$이 되며 이 경우 식 (8.44)와 (8.42)를 조합하여 각 충격량–운동량 원리를 아래의 형태로 나타낼 수 있다.

$$\boxed{I_{G1}\omega_{B1} + \int_{t_1}^{t_2} M_{Gz}\, dt = I_{G2}\omega_{B2}} \tag{8.45}$$

여기서 M_{Gz}는 G에 대한 모멘트의 z 성분이고 아래 첨자 1과 2는 각각 시간 t_1과 t_2에서 물리량의 값을 의미한다. 또한 식 (8.45)는 스칼라 형태로 쓰여 있는데 여기서의 가정 하에서는 식 (8.44)에서 유일하게 0이 아닌 항은 운동 평면에 수직하기 때문이다. 식 (8.45)는 I_G가 시간에 따라 변할 때도 성립한다(예제 8.9 참조).

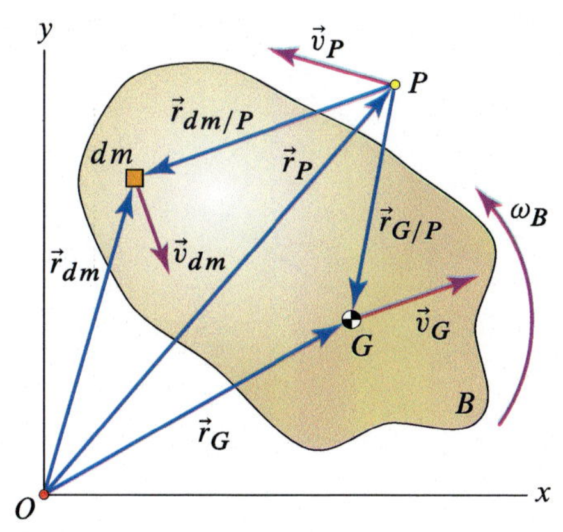

그림 8.18 강체의 각운동량을 구하기 위한 파라미터.

4) 7장에서 설명한 바와 같이 I의 아래첨자는 I를 계산한 축을 나타내기 위한 것이다. 따라서 I_A는 A를 지나면서 운동 평면에 수직한 축에 대해 구한 강체의 질량관성모멘트를 의미한다.

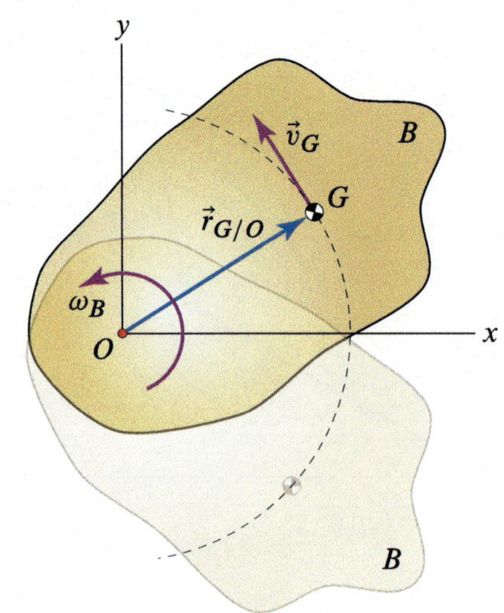
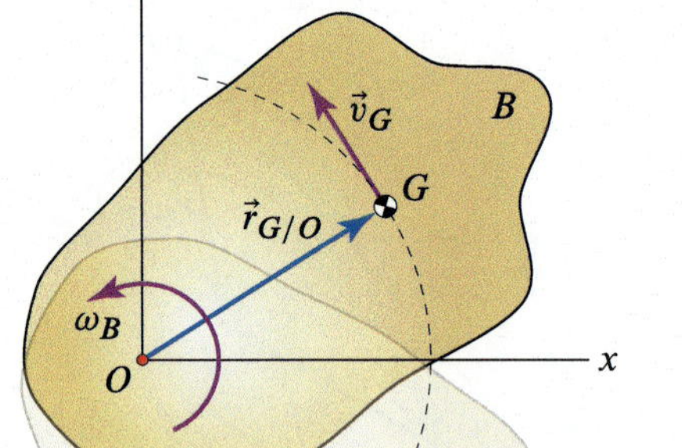

그림 8.19 고정된 축에 대해 회전하는 강체.

식 (8.44)의 변형된 형태는 그림 8.19에 경우에서처럼 물체가 O 점을 중심으로 고정축에 대한 회전을 할 때 유도할 수 있다. 이 경우 $\vec{v}_G = \vec{\omega}_B \times \vec{r}_{G/O}$이고 회전중심 O를 모멘트중심으로 정하면 식 (8.42)는 다음과 같이 변형된다.

$$\begin{aligned}\vec{h}_O &= I_G\vec{\omega}_B + \vec{r}_{G/O} \times m(\vec{\omega}_B \times \vec{r}_{G/O}) \\ &= \left(I_G + m|\vec{r}_{G/O}|^2\right)\vec{\omega}_B = I_O\vec{\omega}_B \end{aligned} \tag{8.46}$$

여기서 $I_O = I_G + m|\vec{r}_{G/O}|^2$는 평행이동법칙에 의해 구한 회전축에 대한 물체의 질량관성모멘트이다. 식 (8.46)을 이용하여 운동 평면에 대해 대칭이고 고정된 축에 대한 회전을 하는 강체의 각 충격량–운동량 원리는 다음과 같이 주어진다.

$$I_{O1}\omega_{B1} + \int_{t_1}^{t_2} M_{Oz}\,dt = I_{O2}\omega_{B2} \tag{8.47}$$

여기서 O는 회전중심이고 M_{OZ}는 $\vec{M}_O$의 z성분이다. 식 (8.47)는 스칼라 형태로 쓰여 있는데 여기서의 가정 하에서는 식 (8.44)에서 유일하게 0이 아닌 항은 운동 평면에 수직하기 때문이다.

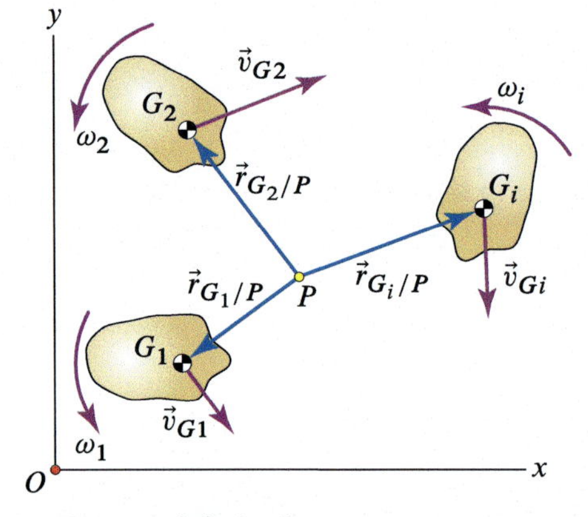

그림 8.20 강체 시스템.

시스템에서의 각 충격량–운동량 원리

식 (8.44)와 (8.45)는 이들 식에 적용된 가정이 다수의 강체로 구성된 시스템의 각 강체에 대해서 만족하는 경우 시스템에 적용할 수 있다. N개의 강체로 구성된 그림 8.20에서 강체 i가 각속도 $\vec{\omega}_i$, 질량중심 G_i, 질량관성모멘트 I_{Gi}를 갖고 있을 때 $\vec{h}_p$는

$$\vec{h}_P = \sum_{i=1}^{N}\left(I_{Gi}\vec{\omega}_i + \vec{r}_{Gi/P} \times m_i\vec{v}_{Gi}\right) \tag{8.48}$$

여기서 $\vec{v}_{Gi}$는 G_i의 속도이고 $\vec{r}_{Gi/p}$는 P에 대한 G_i의 상대위치이다.

각운동량 보존

$t_1 \le t \le t_2$에서 $\vec{M}_p = \vec{0}$이면 식 (8.44)는 다음을 의미한다.

$$\vec{h}_{P1} = \vec{h}_{P2} = \text{상수} \tag{8.49}$$

즉 P에 대한 물체의 각운동량은 보존된다. 또한 $\vec{M}_p \neq \vec{0}$지만 $M_{Pq} = 0$가 성립되는 방향 q가 존재한다면 다음과 같이 쓸 수 있다.

$$(h_{Pq})_1 = (h_{Pq})_2 = \text{상수} \tag{8.50}$$

즉 방향 q에 대해 각운동량이 보존된다.

빠지기 쉬운 함정

각운동량 보존의 가정. $\vec{M}_p = \vec{0}$이라는 사실만으로 $\vec{h}_p$가 보존된다고 할 수는 없다. 식 (8.49)를 적용하려면 식 (8.43)에 있는 세 가정 중 하나가 만족되는지를 먼저 검증해야 한다.

절 요약

강체에 대한 선형 충격량–운동량 원리는(그림 8.21 참조)

식 (8.36) p. 626

$$m\vec{v}_{G1} + \int_{t_1}^{t_2} \vec{F}\,dt = m\vec{v}_{G2}, \qquad \vec{p}_1 + \int_{t_1}^{t_2} \vec{F}\,dt = \vec{p}_2$$

여기서 $\vec{F}$는 B에 작용하는 외력의 합이고 $\vec{p} = m\vec{v}_G$는 B의 선형운동량이며 $\vec{v}_G$는 B의 질량중심의 속도이다. 만약 $\vec{F} = \vec{0}$이면

식 (8.38) p. 626

$$m\vec{v}_{G1} = m\vec{v}_{G2}, \qquad \vec{p}_1 = \vec{p}_2$$

즉 물체의 운동량은 보존된다. 만약 그림 8.22의 P가 G와 동일 평면상의 모멘트중심이라면 P에 대한 B의 각운동량은

식 (8.42) p. 627

$$\vec{h}_P = I_G\vec{\omega}_B + \vec{r}_{G/P} \times m\vec{v}_G$$

여기서 I_G는 B의 질량관성모멘트이고, $\vec{\omega}_B$는 B의 각속도이며 $\vec{r}_{G/p}$는 P에 대한 Gi의 상대위치이다. P가 (1) 고정되거나 (2) G와 같거나 (3) P와 G가 평행하게 움직이면 $\vec{M}_p = \dot{\vec{h}}_p$이고 여기서 $\vec{M}_p$는 B에 작용하는 외력의 P에 대한 모멘트이다. 이 관계가 성립할 경우 이를 시간 $t_1 \leq t \leq t_2$ 구간에 대해 적분하면

식 (8.44) p. 627

$$\vec{h}_{P1} + \int_{t_1}^{t_2} \vec{M}_P\,dt = \vec{h}_{P2}$$

P가 G와 일치하거나 물체가 그림 8.23과 같이 O 점에 고정된 축에 대해 회전하는 경우 위 식은 각각 다음과 같이 정리된다.

식 (8.45) p. 627, 식 (8.47) p. 628

$$I_{G1}\omega_{B1} + \int_{t_1}^{t_2} M_{Gz}\,dt = I_{G2}\omega_{B2}$$

$$I_{O1}\omega_{B1} + \int_{t_1}^{t_2} M_{Oz}\,dt = I_{O2}\omega_{B2}$$

여기서 I_O는 고정된 회전축에 대한 질량관성모멘트이다.

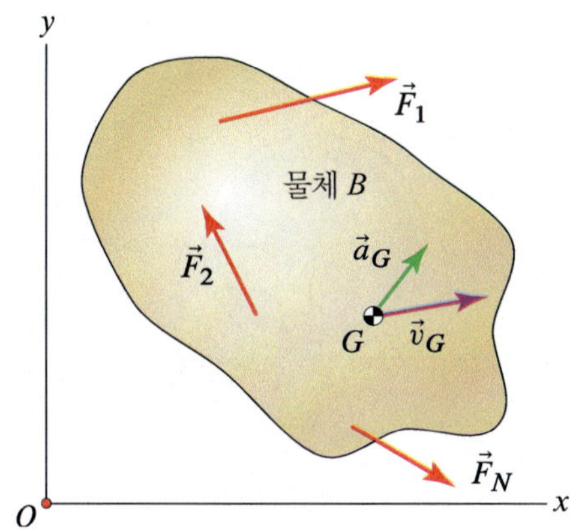

그림 8.21 *그림 8.16 반복.* 힘 시스템의 작용을 받는 강체.

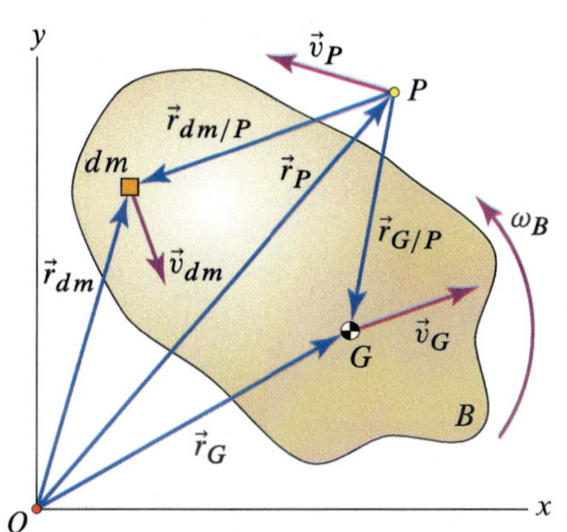

그림 8.22 *그림 8.18 반복.* 강체의 각운동량을 구하기 위한 파라미터.

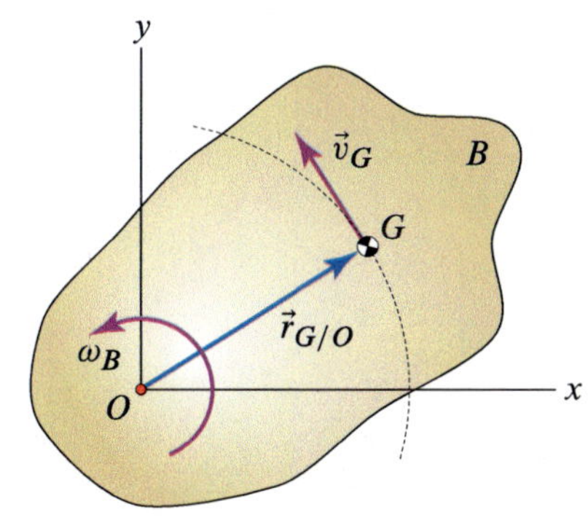

그림 8.23 고정된 축에 대해 회전하는 강체.

예제 8.7 구르는 바퀴: 각운동량 계산

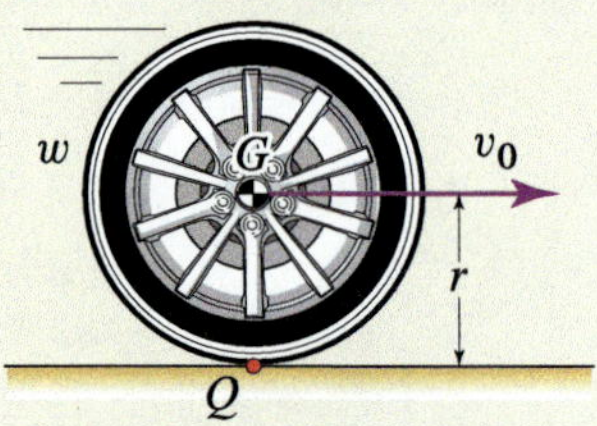

그림 1

그림 1에 보이는 바퀴의 반경은 r이고 질량은 m이다. G 점은 질량중심이면서 기하중심이고 회전반경은 k_G이다. 바퀴는 미끄럼 없이 구르면서 G가 오른쪽으로 v_0의 속도로 운동한다. G와 Q에 대한 각운동량(angular momentum)을 계산하라. 여기서 Q는 바퀴가 지면과 접하는 점이다.

풀이 SOLUTION

로드맵 이 문제는 식 (8.42)의 강체에 대한 각운동량 식을 바로 적용하면 풀 수 있다.

계산 그림 2에 식 (8.42)를 적용하면 질량중심에 대한 물체의 각운동량은

$$\vec{h}_G = I_G\vec{\omega}_w + \vec{r}_{G/G} \times m\vec{v}_G \tag{1}$$

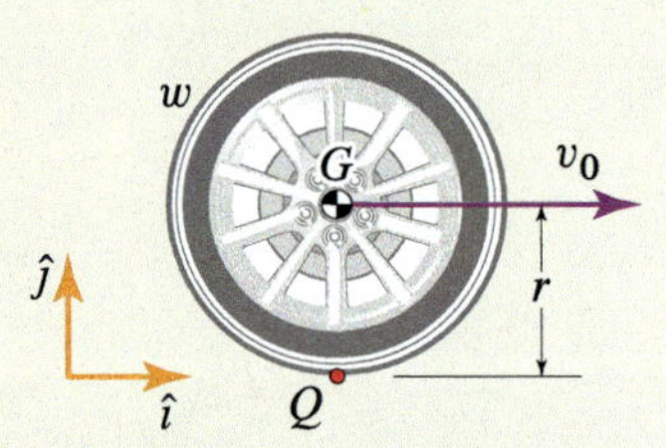

그림 2 미끄럼 없이 구르는 바퀴.

여기서 $\vec{r}_{G/G} = \vec{0}$이고 I_G 5 $mk^2{}_G$이다. 미끄럼 없이 구르기 때문에 $\vec{\omega}_\omega = -(v_0/r)\hat{k}$가 성립하며 식 (1)은 아래와 같이 다시 쓸 수 있다.

$$\boxed{\vec{h}_G = -mk_G^2\left(\frac{v_0}{r}\right)\hat{k}} \tag{2}$$

다시 그림 2에서 식 (8.42)를 적용하면 Q에 대한 바퀴의 각운동량은

$$\vec{h}_Q = I_G\vec{\omega}_w + \vec{r}_{G/Q} \times m\vec{v}_G \tag{3}$$

이 경우

$$\vec{r}_{G/Q} = r\,\hat{\jmath},\ \vec{v}_G = v_0\,\hat{\imath} \quad \Rightarrow \quad \vec{r}_{G/Q} \times m\vec{v}_G = -mrv_0\,\hat{k} \tag{4}$$

식 (4)를 식 (3)에 대입하고 $I_G\vec{\omega}_w = -mk_G^2(v_0/r)\,\hat{k}$를 적용하면

$$\boxed{\vec{h}_Q = -mrv_0\,\hat{k} - mk_G^2\frac{v_0}{r}\,\hat{k} = -mv_0\left(r + \frac{k_G^2}{r}\right)\hat{k}} \tag{5}$$

논의 및 검증 식 (2)와 (5)의 결과의 차원이 맞는지를 검증하기 위해 각운동량은 선형운동량의 모멘트와 같은 차원, 즉 질량 × 속도 × 거리의 차원을 갖는다는 점을 이용하면 식 (2), (5)의 결과가 일치한다.

심층분석 평행이동법칙을 이용하면 식 (5)는 훨씬 간결하게 나타낼 수 있다. I_Q를 Q에 대한 바퀴의 질량관성모멘트라 하자. 평행이동법칙을 이용하면

$$I_Q = I_G + mr^2 = m\left(k_G^2 + r^2\right) \tag{6}$$

식 (5)에서 $1/r$을 괄호 밖으로 정리하고 식 (6)과 $\vec{\omega}_\omega = -(v_0/r)\hat{k}$을 이용하면 다음과 같이 쓸 수 있다.

$$\vec{h}_Q = -m\frac{v_0}{r}\left(r^2 + k_G^2\right)\hat{k} = I_Q\vec{\omega}_w \tag{7}$$

식 (7)과 식 (8.46)을 비교하면 바퀴가 Q에 고정되어 있는 것으로 취급할 수 있다는 것을 알 수 있으며 Q가 바퀴의 순간중심이라는 점을 고려하면 이는 타당하다.

예제 8.8 구르는 관: 충격량과 운동량의 적용

그림 1에서 반경이 r, 질량중심이 G, 질량이 m인 파이프 A가 일정한 속도 v_0로 이송하는 컨베이어 벨트에 가만히(속도가 0) 놓인다. 벨트와 파이프 사이의 마찰력에 의해 관은 미끄러지면서 오른쪽으로 이동하다가 어느 순간 이후부터 미끄럼 없이 구르게 된다. 미끄럼 없이 구르게 되는 순간에 G의 속도와 관의 각속도를 구하라.

그림 1 컨베이어 벨트에 가만히 놓인 반경 r인 파이프.

풀이 SOLUTION

로드맵과 모델링 관이 벨트에 놓이는 순간, 파이프 A는 정지해 있기 때문에 A는 움직이는 벨트에 대해 미끄러질 수밖에 없다. A를 균일한 강체로 모델링하고 미끄럼 없이 구르기 전까지의 자유물체도를 그리면 그림 2와 같다. G가 수직방향으로는 움직이지 않기 때문에 물체의 운동은 수평방향으로 작용하는 유일한 힘인 마찰력에 의한 충격량에 의해 결정된다. 따라서 우리는 선형 및 각 충격량–운동량 원리를 움직이는 표면에서 미끄럼 없이 구르는 경우의 운동학 방정식과 함께 적용하여 이 문제를 풀 수 있다.

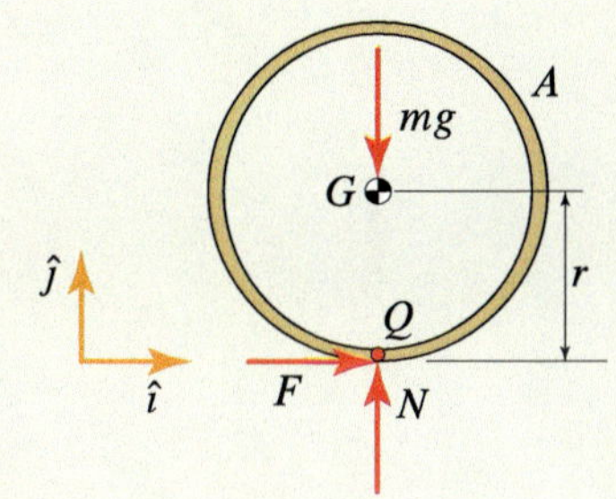

그림 2 컨베이어 벨트에 놓여서 미끄럼 없이 구를 때까지 파이프의 자유물체도.

지배방정식

평형 원리 t_1을 관이 컨베이어에 놓이는 순간이라 하고 t_2를 관이 미끄럼 없이 구르기 시작하는 순간이라 하자. x 방향에 대한 충격량–운동량 원리는

$$m(v_{Gx})_1 + \int_{t_1}^{t_2} F\,dt = m(v_{Gx})_2 \tag{1}$$

질량중심을 모멘트중심으로 하고 t_1에서 t_2 사이에 각 충격량–운동량 원리를 적용하면

$$\vec{h}_{G1} + \int_{t_1}^{t_2} \left(\vec{r}_{Q/G} \times F\,\hat{\imath}\right) dt = \vec{h}_{G2} \tag{2}$$

관을 얇은 링으로 하고 식 (8.42)를 적용하면

$$\vec{h}_{G1} = I_G\vec{\omega}_{A1} = mr^2\omega_{A1}\,\hat{k}, \qquad \vec{h}_{G2} = I_G\vec{\omega}_{A2} = mr^2\omega_{A2}\,\hat{k} \tag{3}$$

힘의 법칙 모든 힘이 자유물체도에 명시되어 있다.

운동학 방정식 시간 t_1일 때 A는 정지해 있으므로

$$(v_{Gx})_1 = 0, \qquad \omega_{A1} = 0 \tag{4}$$

시간 t_2부터 A가 움직이는 벨트 상에서 미끄럼 없이 구르므로 $\vec{v}_{Q2} = v_0\,\hat{\imath}$. G에 대해서는

$$\vec{v}_{G2} = \vec{v}_{Q2} + \omega_{A2}\,\hat{k} \times \vec{r}_{G/Q} \quad \Rightarrow \quad \vec{v}_{G2} = (v_0 - r\omega_{A2})\,\hat{\imath} \tag{5}$$

계산 식 (2)의 괄호 안 벡터 연산을 하고나면 두 번째 항은,

$$\vec{r}_{Q/G} \times F\,\hat{\imath} = -r\,\hat{\jmath} \times F\,\hat{\imath} = Fr\,\hat{k} \tag{6}$$

식 (3)을 식 (4)의 두 번째에 대입하고 식 (6)을 식 (3)에 대입하면

$$r\int_{t_1}^{t_2} F\,dt = mr^2\omega_{A2} \tag{7}$$

여기서 r은 상수이므로 적분 밖으로 나올 수 있다. 식 (4)의 첫 번째를 식 (5)의 최종식에 대입하면

> **유용한 정보**
>
> **마찰력 F는 일정한가?** 식 (7)의 적분에서 마찰력 F는 적분기호 안에 있는데 F를 시간의 함수로 알지 못했기 때문이다. 여기서 중요하게 이해할 점은 F가 시간의 함수로 정의되지 않아도 이 문제를 풀어서 최종 결과를 구할 수 있다는 점이다. 이러한 사실과 시스템의 자유물체도, 그리고 7장에서 배운 것을 가지고 우리는 이 문제에서의 F가 시간이 $t_1 < t < t_2$일 때는 일정한 크기를 갖고 미끄럼 없이 구르기 시작하는 순간부터 0이 된다는 것을 증명할 수 있다.

$$\int_{t_1}^{t_2} F\,dt = m(v_0 - r\omega_{A2}) \tag{8}$$

식 (8)을 식 (7)에 대입하면

$$mr(v_0 - r\omega_{A2}) = mr^2\omega_{A2} \quad \Rightarrow \quad \boxed{\omega_{A2} = \frac{v_0}{2r}} \tag{9}$$

식 (9)의 ω_2를 식 (5)의 최종식에 대입하면

$$\boxed{\vec{v}_{G2} = \tfrac{1}{2} v_0\,\hat{\imath}} \tag{10}$$

논의 및 검증 위에서 얻은 결과는 차원이 맞고 마찰력이 관을 오른쪽으로 움직이게 하면서 반시계방향으로 회전시킨다는 점에서 자유물체도와도 일치한다.

심층분석 결과를 보면 물체의 질량에는 영향을 받지 않고 오직 형태에만 관련된다는 것을 알 수 있다. 만약 관을 원통으로 모델링했다면 다른 결과를 얻었을 것이다.

선형 충격량–운동량 원리를 이용하지 않고 Q 점에 대한 각충격량–운동량 보존을 적용했어도 문제를 풀 수 있었다는 점을 주목할 필요가 있다. 그림 2의 자유물체도에서 Q에 대한 외부모멘트는 0이다. 일반적으로는 Q가 고정되지도 않았고 계의 질량중심도 아니기 때문에 큰 도움이 되지않는다. 하지만 식 (8.43)에 의하면 Q 점이 질량중심 G와 평행하게 움직이고 때문에 이를 $\vec{M}_Q = \vec{0}$과 함께 적용하면 $\vec{h}_{Q1} = \vec{h}_{Q2}$이다. 또한 관은 컨베이어 벨트에 놓이는 순간은 정지해 있기 때문에 $\vec{h}_{Q1} = \vec{0}$이다. 따라서 이 결과와 식 (8.42)로부터

$$I_G\omega_{A2}\,\hat{k} + \vec{r}_{G/Q} \times m\vec{v}_{G2} = \vec{0} \quad \Rightarrow \quad mr^2\omega_{A2} - r(v_{Gx})_2 = 0 \tag{11}$$

식 (11)의 결과는 식 (5)의 미끄럼 없이 구른다는 조건과 함께 식 (9)와 (10)에서 유도한 결과와 같다.

예제 8.9 회전하는 스케이트 선수: 각운동량 보존

그림 1의 스케이트 선수가 팔을 완전히 편 상태에서 회전을 시작하여 회전속도를 높이기 위해 팔을 몸에 밀착시킨다. 5.3절에서는 스케이트 선수를 질점으로 모델링하였는데 여기서는 그림 2의 강체 시스템으로 모델링하려고 한다. 팔[5]을 제외한 몸체는 반경이 $r_b = 0.16$ m이고 질량이 $m_b = 46$ kg이며 질량중심 G에 대한 회전반경이 $k_g = 0.09$ m인 원통으로 모델링한다. 팔은 질량이 $m_a = 3.36$ kg이고 길이가 $\ell = 0.67$ m인데 이를 상하부로 나눠서 각 부분을 질량이 $m_a/2$이고 길이가 $\ell/2$인 균일하고 가는 봉으로 모델링한다. 스케이트 선수가 팔을 완전히 편 상태에서 $\omega_0 = 1$ rev/s의 속도로 회전하기 시작할 때 회전속도를 결정하라. (a) 위팔은 펴고 아래팔을 접어서 위팔과 겹치게 하는 경우; (b) 전체 팔을 내려서 몸에 밀착한 경우.

그림 1 전진 스핀의 스냅사진. 팔다리를 펴고 접음으로써 스핀속도 제어.

풀이 SOLUTION

로드맵과 모델링 스케이트 선수와 빙판 사이의 마찰을 무시할 경우, 회전을 시작하는 시점을 t_1으로부터 (a) 또는 (b)의 상태가 되는 시점 t_2까지 스케이트 선수에 대한 자유물체도는 그림 3과 같다. 자유물체도에서 어떤 외력도 z 축의 모멘트에 영향을 주지 않는다. $t_1 \le t \le t_2$의 구간에서 회전축이 z 축과 일치한다고 가정하면 $M_z = 0$이 성립하여 z 축에 대한 각운동량은 보존된다. 여기서는 t_2에서의 회전속도를 구하면 되므로 보존이 되는 조건을 찾으면 문제를 풀 수 있다.

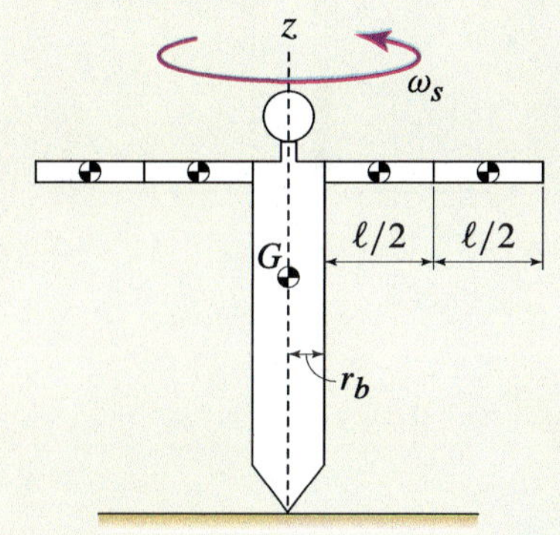

그림 2 스케이트 선수의 강체계 모델.

지배방정식

평형 원리 그림 3에서 스케이트 선수가 고정된 z 축에 대해 회전을 하고 $M_z = 0$을 만족하므로 식 (8.47)은

$$I_{O1}\omega_{s1} = I_{O2}\omega_{s2} \tag{1}$$

여기서 ω_s와 I_O는 각각 스케이트 선수의 각속도와 O(z 축 방향의 임의의 점)에 대한 질량관성모멘트이다.

이 문제에서 질량관성모멘트는 스케이트 선수가 팔을 움직이는 것에 따라 변한다! 그림 2에서 완전히 편 경우 위팔과 아래팔은 질량이 m_a이고 길이가 ℓ이며 질량중심이 z 축에서 $r_b + \ell/2$만큼 떨어진 하나의 균일한 봉으로 볼 수 있으며 평행이동법칙을 적용하면

$$I_{O1} = \underbrace{m_b k_G^2}_{\text{body}} + 2\underbrace{\left[\tfrac{1}{12}m_a\ell^2 + m_a\left(r_b + \tfrac{1}{2}\ell\right)^2\right]}_{\text{each arm}} \tag{2}$$

여기서 m_b는 몸체의 질량이다. 식 (2)는 다음과 같이 단순화시킬 수 있다.

$$I_{O1} = m_b k_G^2 + 2m_a\left(r_b^2 + r_b\ell + \tfrac{1}{3}\ell^2\right) \tag{3}$$

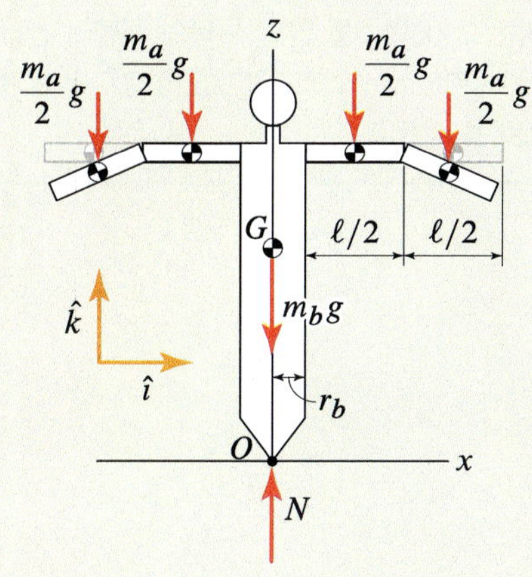

그림 3 스핀하는 스케이트 선수의 자유물체도.

그림 4(a)와 같이 스케이트 선수가 수평 방향으로 팔을 접은 (a)의 경우 평행이동법칙을 t_2 시점에 대해 적용하면

$$(I_{O2})_{\text{out}} = \underbrace{m_b k_G^2}_{\text{body}} + 4\underbrace{\left[\frac{1}{12}\frac{m_a}{2}\left(\frac{\ell}{2}\right)^2 + \frac{m_a}{2}\left(r_b + \frac{\ell}{4}\right)^2\right]}_{\text{each upper arm, each forearm}} \tag{4}$$

5) 여기서 팔이란 일상적으로 지칭하는 어깨로부터 손끝까지의 전 부위를 의미한다. 하지만 해부학적으로 팔은 어깨부터 팔꿈치까지를 말한다.

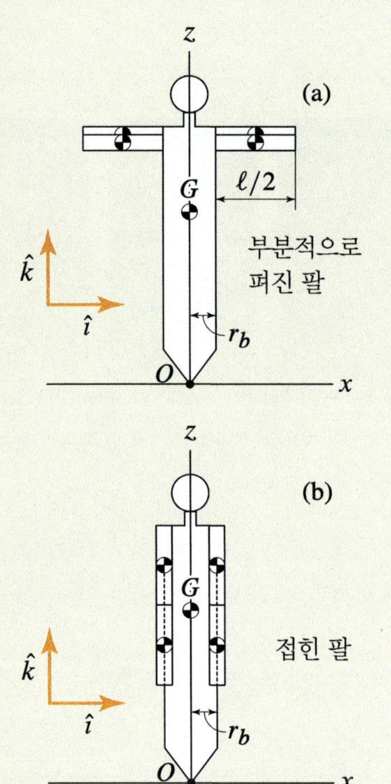

그림 4 우리가 고려하는 두 경우에 있어 스케이트 선수의 팔의 형태.

여기서 아래첨자 *out*은 팔을 부분적으로 펼친 상태를 의미한다. 식 (4)는 다음과 같이 단순화시킬 수 있다.

$$(I_{O2})_{\text{out}} = m_b k_G^2 + m_a\left(2r_b^2 + r_b\ell + \frac{\ell^2}{6}\right) \tag{5}$$

그림 4(b)와 같이 팔을 아래로 완전히 내리면

$$(I_{O2})_{\text{in}} = \underbrace{m_b k_G^2}_{\text{body}} + \underbrace{2m_a r_b^2}_{\text{each arm}} \tag{6}$$

여기서 아래첨자 *in*은 팔을 완전히 아래로 내린 상태를 의미한다.

힘의 법칙 모든 힘이 자유물체도에 명시되어 있다.

운동학 방정식 스케이트 선수가 초기에 ω_0의 각속도로 회전하는 것을 알기 때문에

$$\omega_{s1} = \omega_0 \tag{7}$$

계산 식 (7)을 식 (1)에 대입하여 ω_{s2}에 대해 풀면 $\omega_{s2} = (I_{O1}/I_{O2})\omega_0$이고 두 경우에 대해서

$$(\omega_{s2})_{\text{out}} = \frac{m_b k_G^2 + 2m_a\left(r_b^2 + r_b\ell + \frac{\ell^2}{3}\right)}{m_b k_G^2 + m_a\left(2r_b^2 + r_b\ell + \frac{\ell^2}{6}\right)}\omega_0 = 117.8\ \text{rpm} \tag{8}$$

$$(\omega_{s2})_{\text{in}} = \frac{m_b k_G^2 + 2m_a\left(r_b^2 + r_b\ell + \frac{\ell^2}{3}\right)}{m_b k_G^2 + 2m_a r_b^2}\omega_0 = 250.1\ \text{rpm} \tag{9}$$

위 결과는 식 (3), (5), (6)을 사용하여 주어진 수치를 대입하여 얻었다.

논의 및 검증 식 (8), (9)에 의하면 최종 회전속도는 예상대로 초기 회전속도 ω_0보다 크다. 또한 식 (9)의 결과는 식 (8)의 결과보다 크다. 즉 스케이트 선수가 팔을 완전히 몸에 밀착한 경우의 회전속도가 아래팔만을 접은 경우의 회전속도보다 크다. 마지막으로 여기서 얻은 결과는 프로 스케이터 선수가 충분히 가능한 회전속도이다(여백의 흥미로운 사실 참조). 위에서 얻은 결과는 차원이 맞고 마찰력이 관을 오른쪽으로 움직이게 하면서 반시계방향으로 회전시킨다는 점에서 자유물체도와도 일치한다.

흥미로운 사실

스케이터 선수는 얼마나 빠르게 회전할 수 있는가? 러시아 태생의 나탈리아 카누니커바는 2006년 3월 27일 뉴욕의 록펠러 센터에서 308 rpm의 속도로 회전함으로써 세계 기록을 세웠다.

심층분석 이 문제를 질점에 대해 풀이한 결과는 식 (5.57)에 주어져 있는데 여기서와 동일한 변수로 나타내면

$$\omega_{s2} = (r_1^2/r_2^2)\omega_0 \tag{10}$$

여기서 r_1과 r_2는 각각 시간 t_1과 t_2에서 팔과 회전축 사이의 거리이다. 식 (10)의 단순화는 몸을 구성하는 강체의 크기를 무시하고 오직 질량만을 고려했기 때문에 가능하다. 하지만 질점과 강체의 풀이 결과의 차이가 크지 않다는 점을 이해하는 것이 중요하다. 식 (10)을 다시 쓰면

$$\omega_{s2} = \frac{2m_a}{2m_a}\frac{r_1^2}{r_2^2}\omega_0 = \frac{2m_a r_1^2}{2m_a r_2^2}\omega_0 = \frac{(I_{O1})_p}{(I_{O2})_p}\omega_0 \Rightarrow (I_{O1})_p\omega_0 = (I_{O2})_p\omega_{s2} \tag{11}$$

여기서 $(I_{O1})_p$와 $(I_{O2})_p$는 질점 모델에서 회전축에 대한 질량관성모멘트이다. $\omega_0 = \omega_{s1}$이고 식 (11)의 최종 결과를 식 (1)과 비교하면 두 모델에서의 차이는 질량관성모멘트의 계산 방법이 유일하다는 것을 알 수 있다.

예제 8.10 우주왕복선의 ISS에서의 결합: 운동량 보존

국제우주정거장(International Space Station: ISS)에 도킹한 우주왕복선이 그림 1에 있다. 도킹에 필요한 것들을 분석하기 위해 그림 2와 같이 왕복선 A가 ISS B에 $v_0 = 0.03$ m/s의 속도로 도킹하는 단순화시킨 2D 시나리오를 고려하고자 한다. 도킹 직후의 A와 B의 속도를 결정하기 위해 A와 B에 대한 자세 제어는 하지 않으며 도킹 후 A와 B는 하나의 강체가 된다고 가정한다. 그림 2에 대한 수치값은 다음과 같다: A의 질량과 질량관성모멘트는 각각 $m_A = 120 \times 10^3$ kg과 $I_C = 14 \times 10^6$ kg · m^{2}이다; B의 질량과 질량관성모멘트는 각각 $m_B = 180 \times 10^3$ kg과 $I_D = 34 \times 10^6$ kg · m^{2}이다. 크기는 $\ell = 24$ m, $h = 8$ m. 그림 2에서 A, B를 사각형이라고 가정한 것은 아님을 주목할 필요가 있다. 물체의 질량과 질량관성멘트가 주어져 있기 때문에 그림은 오직 C, D의 상대 위치를 나타내기 위해서만 사용된다.

그림 1 국제우주정거장(ISS)에 도킹된 우주왕복선 디스커버리호의 조감도.

풀이 SOLUTION

로드맵과 모델링 A, B가 결합하여 하나의 강체가 되므로 그림 2에서 C, D의 상대 위치를 안다는 가정 하에 강체 운동학을 적용하여 이들 두 점의 운동을 통해서 A-B 물체의 운동을 나타낼 수 있다. 중력의 영향은 무시하고 초기 상태에서 B는 관성좌표계에 대해서 정지해 있다고 가정한다. 또한 도킹 직후의 A, B의 위치는 도킹하는 순간 A, B의 위치와 같다고 가정하면 도킹 직전과 직후의 위치에는 차이가 없다. 마지막으로 자세 제어를 하지 않기 때문에 그림 3의 시스템에 대한 자유물체도에 의하면 도킹 직전과 도킹 직후의 선형 및 각운동량은 보존되며 이로부터 세 가지 조건을 얻을 수 있으며 A, B가 하나의 강체가 된다는 조건을 추가하면 이 문제를 풀 수 있다.

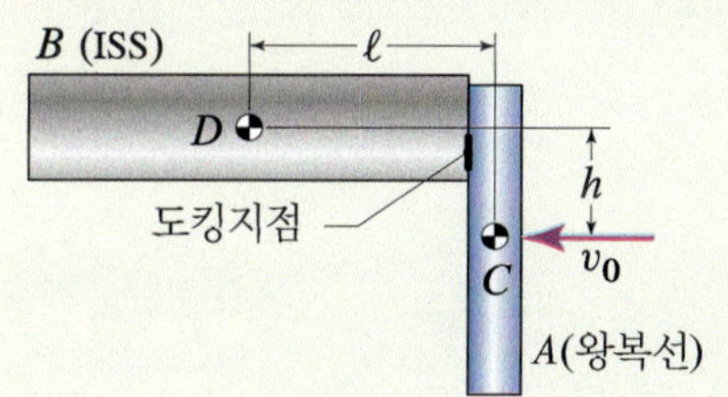

그림 2 도킹 시 A, B의 질량중심 C, D의 상대위치. 사각형의 물리적 의미는 없다.

그림 3 도킹 전후 A, B의 자유물체도. A, B는 고정된 좌표계에 대해 상대 운동.

지배방정식

평형 원리 각 성분별로 전체 선형운동량 보존을 나타내면

$$m_A(v_{Cx})_1 + m_B(v_{Dx})_1 = m_A(v_{Cx})_2 + m_B(v_{Dx})_2 \quad (1)$$

$$m_A(v_{Cy})_1 + m_B(v_{Dy})_1 = m_A(v_{Cy})_2 + m_B(v_{Dy})_2 \quad (2)$$

여기서 아래첨자 1과 2는 도킹 직전 및 직후를 각각 의미한다.

고정점 O를 모멘트중심으로 정하면, 전체 각운동량 보존은

$$(\vec{h}_O)_{A1} + (\vec{h}_O)_{B1} = (\vec{h}_O)_{A2} + (\vec{h}_O)_{B2} \quad (3)$$

A, B는 시간 t_1과 t_2 사이에 거의 운동이 일어나지 않기 때문에

$$(\vec{h}_O)_{A1} = I_C\vec{\omega}_{A1} + \vec{r}_{C/O} \times m_A\vec{v}_{C1}, \quad (\vec{h}_O)_{B1} = I_D\vec{\omega}_{B1} + \vec{r}_{D/O} \times m_B\vec{v}_{D1} \quad (4)$$

$$(\vec{h}_O)_{A2} = I_C\vec{\omega}_{A2} + \vec{r}_{C/O} \times m_A\vec{v}_{C2}, \quad (\vec{h}_O)_{B2} = I_D\vec{\omega}_{B2} + \vec{r}_{D/O} \times m_B\vec{v}_{D2} \quad (5)$$

힘의 법칙 모든 힘이 자유물체도에 명시되어 있다.

운동학 방정식 도킹 전에는

$$(v_{Cx})_1 = -v_0, \quad (v_{Cy})_1 = 0, \quad \omega_{A1} = 0 \quad (6)$$

$$(v_{Dx})_1 = 0, \quad (v_{Dy})_1 = 0, \quad \omega_{B1} = 0 \quad (7)$$

도킹 후에는 A, B가 하나의 강체가 되므로

$$\omega_{A2} = \omega_{B2} = \omega_{AB}, \qquad \vec{v}_{C2} = \vec{v}_{D2} + \omega_{AB}\,\hat{k} \times \vec{r}_{C/D} \tag{8}$$

여기서 ω_{AB}는 도킹 직후 A, B의 각속도이다. 식 (4)와 (5)에서 상대 위치 벡터는

$$\vec{r}_{C/O} = -h\,\hat{\jmath}, \quad \vec{r}_{D/O} = -\ell\,\hat{\imath}, \quad \vec{r}_{C/D} = \ell\,\hat{\imath} - h\,\hat{\jmath} \tag{9}$$

계산 식 (6), (7)의 첫 번째 조건을 식 (1), (2)에 대입하면

$$-m_A v_0 = m_A(v_{Cx})_2 + m_B(v_{Dx})_2 \tag{10}$$

$$0 = m_A(v_{Cy})_2 + m_B(v_{Dy})_2 \tag{11}$$

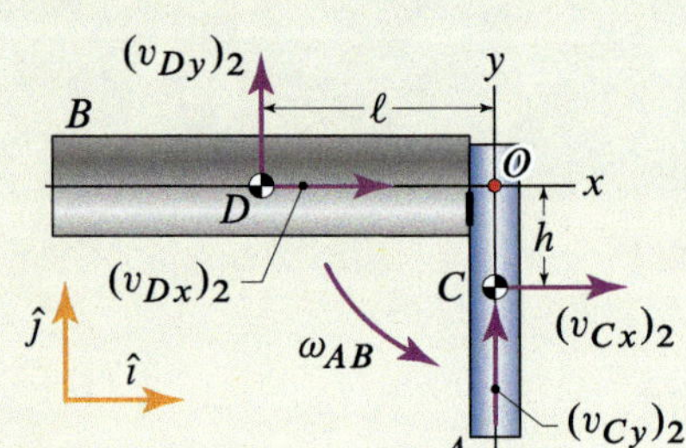

그림 4 도킹 전후 시스템의 속도 성분.

그림 4를 참조하고 식 (6)과 (7), 식 (8)의 첫 번째 조건, 식 (9)의 첫 번째 및 두 번째 조건을 식 (3), (4)에 대입하면

$$(\vec{h}_O)_{A1} = -m_A h v_0\,\hat{k}, \quad (\vec{h}_O)_{A2} = [I_C\omega_{AB} + m_A h(v_{Cx})_2]\,\hat{k} \tag{12}$$

$$(\vec{h}_O)_{B1} = \vec{0}, \qquad (\vec{h}_O)_{B2} = [I_D\omega_{AB} - m_A\ell(v_{Dy})_2]\,\hat{k} \tag{13}$$

식 (12), (13)을 식 (3)에 대입하면

$$-m_A h v_0 = (I_C + I_D)\omega_{AB} + m_A h(v_{Cx})_2 - m_B\ell(v_{Dy})_2 \tag{14}$$

식 (14)는 스칼라 형태인데 식 (3)에서 유일하게 0이 아닌 성분이 z 성분이기 때문이다. 식 (9)의 마지막 조건을 식 (8)의 두 번째 조건에 대입하고 외적을 전개하여 결과를 성분별로 정리하면

$$(v_{Cx})_2 = (v_{Dx})_2 + \omega_{AB}h, \qquad (v_{Cy})_2 = (v_{Dy})_2 + \omega_{AB}\ell \tag{15}$$

식 (10), (11), (14), (15)는 다섯 개의 미지수 $(v_{Cx})_2$, $(v_{Cy})_2$, $(v_{Dx})_2$, $(v_{Dx})_2$, ω_{AB}에 대한 다섯 개의 연립방정식으로서 이를 풀면

$$(v_{Cx})_2 = \frac{-m_A\left(I + m_B h^2 + \frac{m_A m_B}{m}\ell^2\right)v_0}{m_A m_B d^2 + mI} = -0.0129\ \text{m/s} \tag{16}$$

$$(v_{Cy})_2 = \frac{-m_B\frac{m_A m_B}{m}h\ell v_0}{m_A m_B d^2 + mI} = -0.002\,64\ \text{m/s} \tag{17}$$

$$(v_{Dx})_2 = \frac{-m_A\left(I + \frac{m_A m_B}{m}\ell^2\right)v_0}{m_A m_B d^2 + mI} = -0.0114\ \text{m/s} \tag{18}$$

$$(v_{Dy})_2 = \frac{m_A\frac{m_A m_B}{m}h\ell v_0}{m_A m_B d^2 + mI} = 0.001\,76\ \text{m/s} \tag{19}$$

$$\omega_{AB} = \frac{-m_A m_B h v_0}{m_A m_B d^2 + mI} = -0.000\,184\ \text{rad/s} \tag{20}$$

여기서 $m = m_A + m_B$, $d = \sqrt{h^2 + \ell^2}$이고 $I = I_C + I_D$이다.

논의 및 검증 계산된 속도가 v_0와 비교 가능하다는 점에서 결과가 타당한 것으로 보이며 결과의 부호가 도킹 직후 A, B는 왼쪽으로 움직이고 AB 강체는 시계 방향으로 회전할 것이라는 예측과 일치한다. 이 회전은 C를 약간 하강시키고 D를 약간 상승시킨다.

심층분석 우리는 A, B가 도킹 직후 하나의 강체가 된다고 가정하였는데 그 이유는 정확한 도킹 위치를 알지 못하기 때문이다. 도킹 직후 A, B가 핀으로 연결된다고 가정하면 더 바람직한데 이 경우 도킹 지점의 연성 효과를 보다 잘 이해할 수 있다. 이 점은 문제 8.94에서 고려될 것이다.

흥미로운 사실

ISS의 질량. ISS의 건설은 1998년에 시작됐는데 전체 질량은 대략 472000 kg 정도이다. 이 문제에서 주어진 질량과 질량관성모멘트의 값은 ISS 건설 과정의 9A.1단계에 기초하여 대략 추산한 것이다(워토비츠, "ISS의 조립 과정에서의 동적 물리량," 보고서 N. A282843, 공군기술연구소, 라이트-패터슨 공군기지, 오하이오, 1998).

문제

문제 8.50

원판 A, B는 같은 질량과 질량중심에 대해 같은 질량관성모멘트를 갖고 있다. C 점은 원판 A의 기학학적 중심이면서 질량중심이다. O 점과 D 점은 원판 B의 기하중심과 질량중심이다. 그림에 보이는 순간에 두 원판이 같은 각속도 ω_0로 중심에 대해 회전하고 있다. 다음 어느 것이 맞는지 고르고 그 이유를 설명하라: (a) $|(\vec{h}_C)_A| < |(\vec{h}_O)_B|$, (b) $|(\vec{h}_C)_A| = |(\vec{h}_O)_B|$, (c) $|(\vec{h}_C)_A| > |(\vec{h}_O)_B|$

주의 개념 문제는 계산이 아닌 설명이 필요하다.

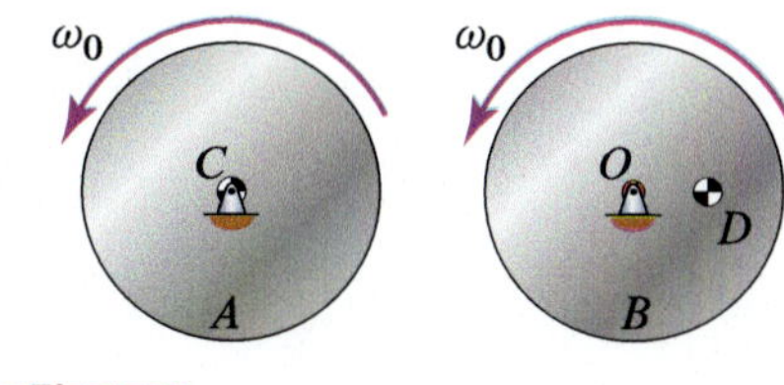

그림 P8.50

문제 8.51

물체 B는 질량이 m이고 질량중심에 대한 질량관성모멘트가 I_G이다. B가 그림과 같이 직선운동을 할 때 다음 중 어느 것이 맞는지 고르고 그 이유를 설명하라: (a) $|(\vec{h}_E)_B| < |(\vec{h}_P)_B|$, (b) $|(\vec{h}_E)_B| = |(\vec{h}_P)_B|$, (c) $|(\vec{h}_E)_B| > |(\vec{h}_P)_B|$

주의 개념 문제는 계산이 아닌 설명이 필요하다.

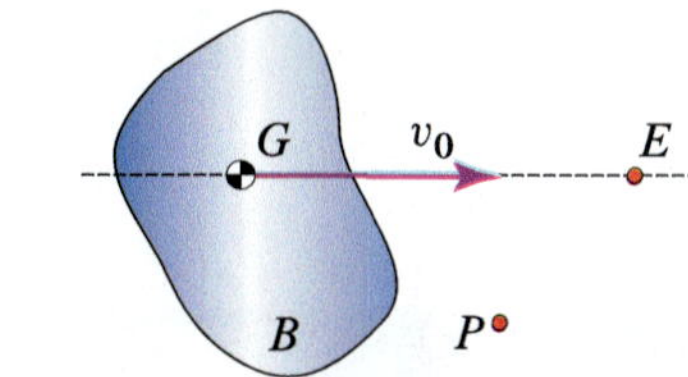

그림 P8.51

문제 8.52

핀으로 연결되어 있는 균일한 링크 AB, BC, CD는 각각 $m_{AB} = 2.3$ kg, $m_{BC} = 3.2$ kg, $m_{CD} = 5.0$ kg의 질량을 갖고 있으며 $R = 0.75$ m이고 $L = 1.2$ m이며 $H = 1.55$ m이다. 링크 AB가 $\omega_{AB} = 4$ rad/s의 일정한 각속도로 회전하고 있을 때 링크 AB의 A에 대한 각운동량, 링크 BC의 A에 대한 각운동량, 링크 CD의 D에 대한 각운동량을 구하라.

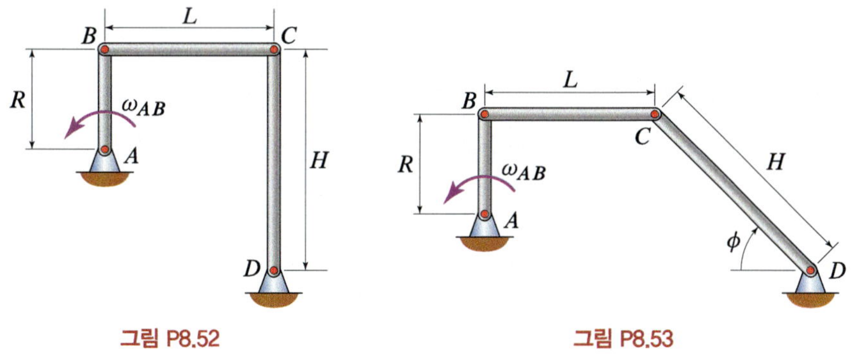

그림 P8.52 그림 P8.53

문제 8.53

핀으로 연결되어 있는 균일한 링크 AB, BC, CD의 질량은 각각 $m_{AB} = 1.8$ kg, $m_{BC} = 3$ kg, $m_{CD} = 4.5$ kg이며 $\phi = 47°$, $R = 0.6$ m, $L = 1$ m이며 $H = 1.4$ m이다. 링크 AB가 $\omega_{AB} = 4$ rad/s의 일정한 각속도로 회전하고 있을 때 시스템의 선형운동량의 크기을 구하라.

문제 8.54

반경이 $R_w = 7$ mm이고 질량이 $m_w = 0.15$ kg인 균일 원판 W가 회전하는 팔 OC를 의해 O점에 연결되어 있다. 원판 W는 반경이 $R_s = 15$ mm인 정지된 원통 S의 표면을 미끄럼 없이 구른다. $\omega_w = 25$ rad/s 라 할 때 W의 각운동량을 질량중심 C와 O에 대해 구하라.

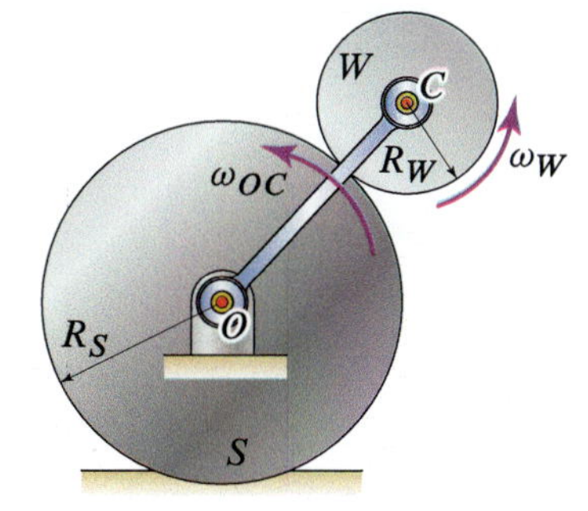

그림 P8.54

문제 8.55

질량이 68 kg인 편심 바퀴는 중심 O로부터 d = 100 mm의 거리에 질량 중심을 갖고 있다. 바퀴가 수평면에 정지해 있다가 일정한 크기의 토크 M = 44 N · m가 작용하여 회전한다. 140 rpm에 도달하는데 2초가 걸릴 때 바퀴의 회전반경 k_G를 구하라. 모든 마찰은 무시하라.

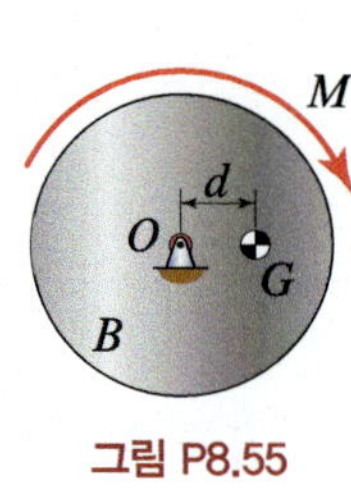

그림 P8.55

그림 P8.56

문제 8.56

균일한 막대기 AB는 길이가 ℓ = 1.4 m이고 질량이 m_{AB} = 6.4 kg이다. 그림에 보이는 순간에 θ = 67°이고 v_A = 1.8 m/s이다. 이때 AB의 선형운동량과 질량중심 G에 대한 각운동량을 구하라.

그림 P8.57

문제 8.57

워싱턴 주의 시애틀에 있는 Space Needle의 전망대에는 1 kW 출력의 모터에 의해 47분마다 한 바퀴를 회전하는 식당이 있다. 식당에서 돌아가는 구역은 안쪽 반지름이 r_i = 10 m이고 바깥 반지름이 r_o = 14 m이며, 대략적인 질량이 m = 125,000 kg인 환형 회전판이다. 주어진 출력과 속도로부터 모터 토크 M을 계산하라. 그리고 나서 모터가 일정한 토크 M을 공급하고 모든 마찰은 무시할 수 있으며 회전판은 균일하다는 가정 하에 회전 식당이 정지 상태에서 출발하여 정상 운행속도에 도달하는데 소요되는 시간을 구하라.

그림 P8.58

문제 8.58

그림의 후륜구동 차는 평지 직선도로의 주행 시 정지 상태에서 Δt = 8 s만에 96 km/h의 속도에 도달한다. 자동차의 질량(바퀴 포함)은 1170 kg이고 각 바퀴는 지름이 d = 615 mm, 질량중심에 대한 질량관성모멘트 I_G = 1.3 kg · m^{2}이며 질량중심은 기하중심과 일치한다. Δt 동안 차에 작용하는 평균 마찰력과 미끄럼 없이 구른다고 할 때, 바퀴의 중심에 작용하는 평균모멘트를 구하라.

문제 8.59

후륜구동 차가 정지 상태에서 $\Delta t = 8$ s만에 96 km/h의 속도에 도달한다. 모든 바퀴는 동일하고 질량중심과 기하중심은 일치한다. M_{rear}는 Δt 동안 한쪽 후륜의 중심에 작용하는 평균 모멘트이고 M_{front}는 Δt 동안 한쪽 전륜의 중심에 작용하는 평균 모멘트이다. 바퀴를 강체로 모델링할 때 다음 어느 것이 맞는지 고르고 그 이유를 설명하라: (a) $|M_{rear}| < |M_{front}|$, (b) $|M_{rear}| = |M_{front}|$, (c) $|M_{rear}| > |M_{front}|$

주의 개념 문제는 계산이 아닌 설명이 필요하다.

그림 P8.59, P8.60

문제 8.60

후륜구동 차가 정지 상태에서 $\Delta t = 8$ s만에 96 km/h의 속도에 도달한다. 모든 바퀴는 동일하고 질량중심과 기하중심은 일치한다. F_{avg}는 Δt 동안 지면과의 접촉으로 바퀴에 작용하는 평균마찰력이다. 바퀴를 강체로 모델링할 때 바퀴의 회전관성을 고려하는 경우와 고려하지 않는 경우에 F_{avg}가 달라지는가? 그 이유는 무엇인가?

주의 개념 문제는 계산이 아닌 설명이 필요하다.

문제 8.61

질량이 $m = 1365$ kg이고 질량중심 G에 대한 회전반경이 $k_G = 4.5$ m인 로터 B가 각속도 $\omega_B = 1200$ rpm의 속도로 회전하고 있을 때 제동장치가 작동하여 시간에 따라 변하는 토크 $M = M_0(1 + ct)$, 여기서 $M_0 = 4$ kN · m, $c = 0.01\text{s}^{-1}$가 가해진다. G는 기하중심이면서 고정되어 있다고 할 때 로터가 정지할 때까지 걸리는 시간을 구하라.

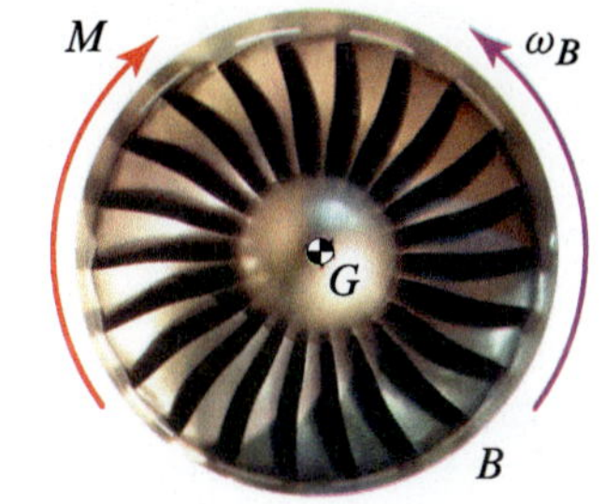

그림 P8.61

문제 8.62

반경이 r, 질량중심이 G, 질량이 m인 파이프 A가 일정한 속도 v_0로 이송하는 컨베이어 벨트에 가만히(속도가 0) 놓인다. 벨트와 파이프 사이의 마찰력에 의해 관은 미끄러지면서 오른쪽으로 이동하다가 어느 순간 이후부터 미끄럼 없이 구르게 된다. μ_k를 관과 컨베이어 벨트 사이의 운동마찰계수라 할 때 A가 미끄럼 없이 구르기 시작하는 시간 t_r을 구하라.

힌트: 7장의 방법을 사용하여 관과 벨트 사이에 작용하는 마찰력은 일정하다는 것을 증명할 수 있다.

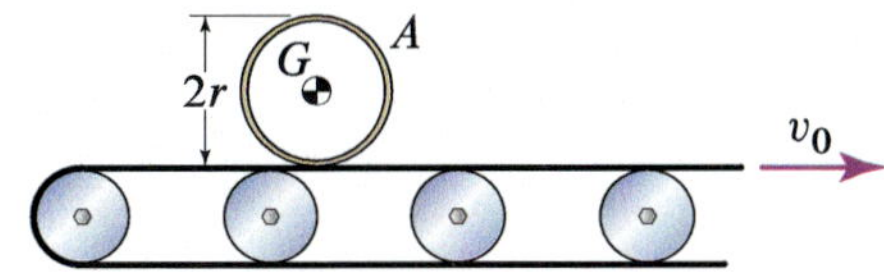

그림 P8.62

문제 8.63

6.4 kg의 볼링공이 $\omega_0 = 9$rad/s의 역회전 각속도와 $v_0 = 30$ km/h의 전진 속도로 레인에 던져진 후 수 초가 지난 후에 공은 미끄럼 없이 구르기 시작한다. G 점은 공의 기하중심이면서 질량중심으로 공의 반경은 $r = 108$ mm이고 회전반경은 $k_G = 66$ mm이다. 공과 레인 사이의 운동마찰계수가 $\mu_k = 0.1$일 때 공이 미끄럼 없이 구르기 시작할 때의 속도 v_f를 구하라. 또한 공이 v_f에 도달할 때까지 걸리는 시간 t_r을 구하라.

힌트: 7장의 방법을 사용하여 관과 벨트 사이에 작용하는 마찰력은 일정하다는 것을 증명할 수 있다.

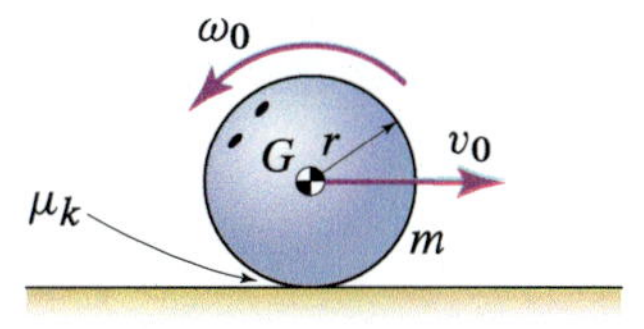

그림 P8.63

문제 8.64

질량이 $m_A = 1.2$ kg이고 반경이 $r_A = 0.25$ m인 균일 원판 A가 수평 가이드 C를 따라 직선운동을 하는 수직축에 놓여 있으며, 질량이 $m_B = 0.85$ kg이고 반경이 $r_B = 0.38$ m인 균일 원판 B는 고정된 수직축에 놓여 있다. 원판 A, B는 각각의 축 ℓ_A와 ℓ_B에 대해 회전하는데 초기에 원판 A는 $\omega_A = 1000$ rpm으로 회전하고 원판 B는 정지한 상태에서 만나 스프링에 의해 접촉이 유지되면서 A, B의 마찰에 의해 원판 B가 회전하기 시작하여 궁극적으로는 A, B 사이에 미끄럼 없이 회전한다. 두 원판 사이의 접촉점을 제외한 다른 마찰은 무시할 때 미끄럼이 멈추는 순간에 A, B의 각속도를 구하라.

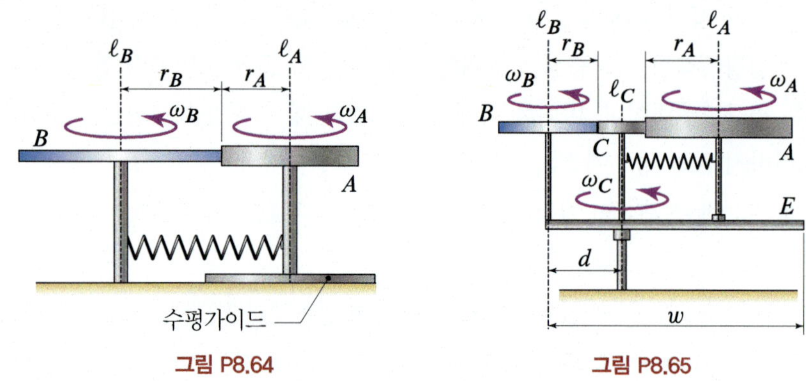

그림 P8.64

그림 P8.65

문제 8.65

질량이 $m_A = 1.2$ kg이고 반경이 $r_A = 0.25$ m인 균일 원판 A가 수평 팔 E를 따라 직선운동을 하는 수직축에 놓여 있으며 질량이 $m_B = 0.85$ kg이고 반경이 $r_B = 0.38$ m인 균일 원판 B는 E에 고정된 수직축에 놓여 있다. 원판 A는 축 ℓ_A에 대해 회전할 수 없는 반면 원판 B는 축 ℓ_B에 대해 회전할 수 있으며 팔 E도 원판 C와 함께 고정축 ℓ_C에 대해 회전할 수 있다. 원판 C는 질량을 무시할 수 있으며 E에 고정되어 있어 함께 회전한다. B, C는 정지해 있고 A는 $\omega_A = 1200$ rpm의 속도로 회전하는 상태에서 C와 만나면(스프링에 의해 유지됨) B, C(그리고 E)는 회전하게 된다. A, C 사이의 마찰에 의해 원판 C(그리고 팔 E)와 B가 회전하기 시작하고 궁극적으로는 서로 미끄럼 없이 회전한다. 반면 원판 B는 C와 항상 미끄럼 없이 회전한다. $d = 0.27$ m라 하고 $\omega = 0.95$m라 하자. 원판 A와 B만이 질량이 있고 마찰은 A, C 사이와 B, C 사이에만 작용한다고 할 때 미끄럼이 멈추는 순간에 A와 C의 각속도를 구하라.

문제 8.66

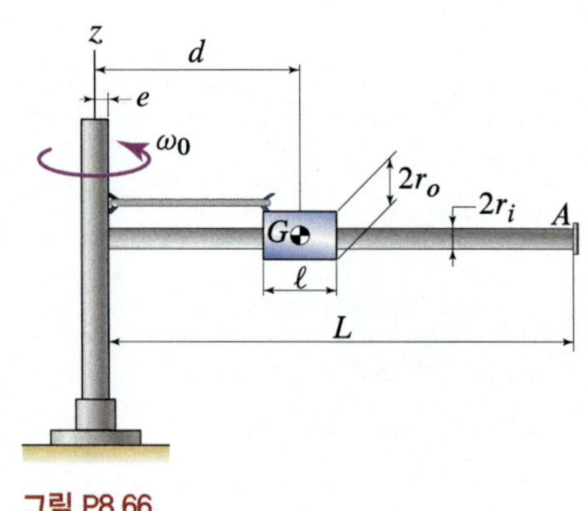

그림 P8.66

질량이 0.36 kg이고 질량중심이 G인 커플링과 길이가 $L = 300$ mm이고 반경이 $r_i = 6.7$ mm이며 질량이 $m_A = 0.68$ kg인 균일한 원통형 수평팔 A가 $\omega_0 = 1.5$ rad/s로 회전하고 있으며 이때 커플링의 질량중심은 회전축 z로부터 $d = 130$ mm의 거리에 위치해 있다. 수직축은 반경이 $e = 9$ mm이고 질량은 무시할 수 있다. 커플링을 고정하고 있는 줄을 자른 후 커플링은 팔에 대해 마찰이 없는 상태에서 미끄러진다. 외력 및 외부모멘트가 작용하지 않는다고 할 때 커플링이 A의 끝단에 도달했을 때의 속도를 구하라 (a) 커플링을 질량중심에서의 질점으로 모델링하는 경우(커플링의 크기는 무시) (b) 커플링을 길이가 $\ell = 45$ mm이고 안쪽 반지름이 r_i, 바깥 반지름이 $r_0 = 15$ mm인 중공 원통으로 모델링하는 경우.

문제 8.67

질량이 $m_A = 114$ kg인 상자 A가 지름이 $r = 0.36$ m이고 질량이 $W_D = 56.8$ kg이며 중심이 C인 균일한 드럼 D에 감겨져 있는 로프에 매달려 있다. 시스템은 초기에는 정지해 있다가 드럼을 고정하는 장치에 문제가 생겨 드럼이 회전하기 시작하고 로프는 풀리면서 상자가 하강하게 된다. 로프는 드럼에 대해 길이가 늘어나거나 미끄러지지 않으며 로프의 관성은 무시할 때 운동을 시작하여 1.5 s 경과한 후 상자의 속도를 구하라.

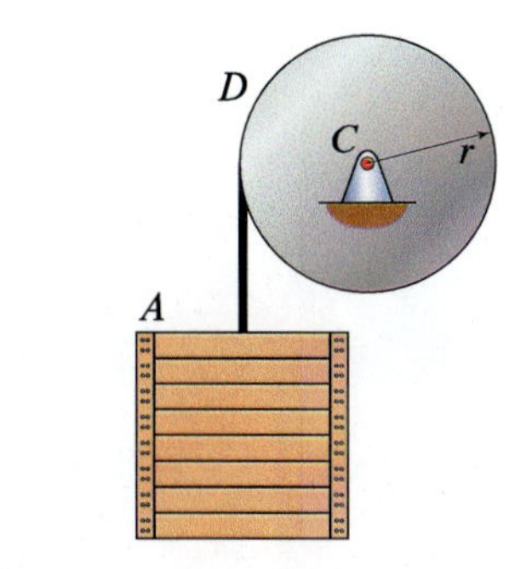

그림 P8.67

문제 8.68

반경이 r이고 질량이 m인 관을 하역하여 벽에 일렬로 쌓는다. 첫 번째 파이프 A가 각속도 ω_0로 미끄럼 없이 구석으로 굴러가서 벽에 닿는 순간 튕겨나가지 않고 지면과 벽 사이에서 미끄러진다. A를 중심이 G인 균일하고 얇은 링으로 모델링하고 μ_g와 μ_ω를 A와 지면 사이 및 A와 벽 사이의 운동마찰계수라 할 때 A의 각속도를 A가 벽에 도달했을 때부터 운동이 멈출 때까지의 시간의 함수로 나타내라.

힌트: 7장의 방법을 사용하여 지면과 벽에서 작용하는 마찰력은 일정하다는 것을 증명할 수 있다.

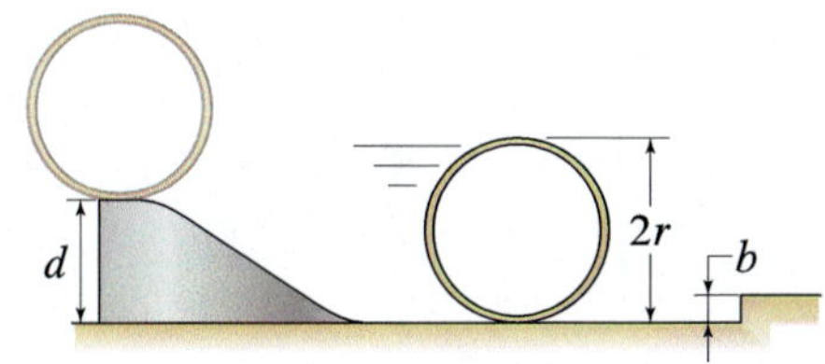

그림 P8.68

문제 8.69

질량이 $m = 35$ kg인 스풀의 안쪽 반지름에 관성 및 탄성을 무시할 수 있는 줄이 감겨 있다. 일정한 힘 $P = 120$ N으로 A에서 수직으로 줄을 잡아당기면 스풀은 수평 봉 BD 상에서 구르게 된다. 스풀의 안쪽 반지름은 $R = 0.3$ m이고 질량중심 G는 기하중심과 일치하며 회전반경은 $k_G = 0.18$ m이다. 스풀이 정지해 있다가 운동을 시작하여 미끄럼 없이 구른다고 할 때 힘이 작용한 후 3 s 후에 스풀 중심에서의 속도를 구하라. 또한 주어진 시간 동안 미끄럼이 발생하지 않기 위한 정지마찰계수의 최소값을 구하라.

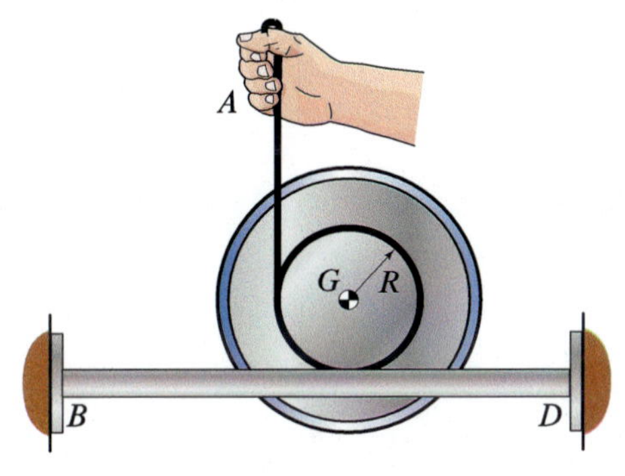

그림 P8.69

문제 8.70

질량이 $m = 205$ kg이고 안쪽과 바깥 반지름이 $\rho = 1.4$ m와 $R = 1.8$ m이며 질량중심과 기하중심이 일치하면서 회전반경이 $k_G = 1.2$ m인 스풀이 있다. 그림과 같이 스풀이 오른쪽으로 당겨질 때 스풀에 감긴 케이블은 길이변화가 없고 질량은 무시할 수 있으며 스풀은 케이블과 지면에 대해 미끄럼이 없다고 가정할 수 있다. 케이블이 $P = 556$ N의 힘으로 당겨질 때 후에 스풀 중심의 속도를 구하고 미끄럼 없이 구르기 위한 스풀과 지면 사이의 최소 정지마찰계수를 구하라.

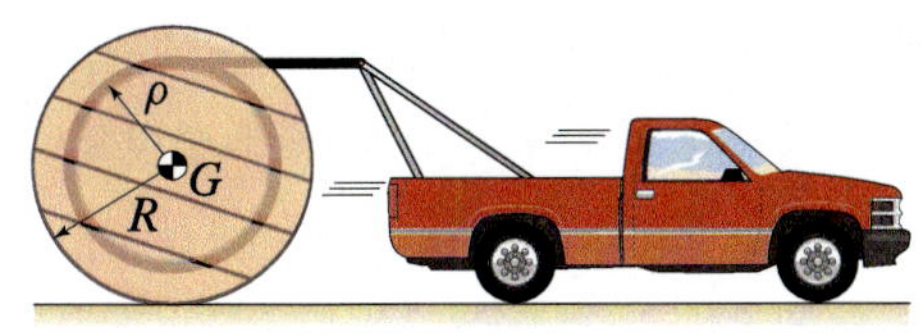

그림 P8.70

그림 P8.71

문제 8.71

그림의 풍력발전용 터빈은 균등하게 분할된 세 개의 블레이드(blade)로 구성되는데 고정점 O를 중심으로 $\omega_0 = 30$ rpm의 각속도로 회전하고 있다. 각 날개는 17,200 kg의 질량을 갖고 길이가 $b = 55$ m이고 폭이 $a = 3.6$ m이며 두께는 무시할 수 있는 얇은 직사각형으로 모델링할 수 있으며 한쪽 끝단이 회전중심 O에 고정되어 있다. 각 블레이드 중심 O와 앞쪽 모서리를 통과하는 축에 대한 회전을 통해서 방향을 제어할 수 있다. 공기저항과 모든 마찰은 무시하고 터빈이 회전한다고 가정할 때 각 블레이드가 자신의 앞쪽 모서리에 대해 90° 회전한 후의 터빈각속도 ω_f를 구하라.

문제 8.72

완구용 헬리콥터가 로터 A, 몸체 B 및 작은 균형추 C로 구성되어 있다. 회전축은 몸체 B와 균형추 C의 질량중심 G를 통과한다. 그림과 같이 몸체 B와 균형추 C를 고정한 상태에서 로터가 각속도 ω_0로 회전한다. 헬리콥터 몸체와 로터 축 사이에 마찰이 없다고 하면 헬리콥터 몸체를 놓으면 회전할 것인가?

주의 개념 문제는 계산이 아닌 설명이 필요하다.

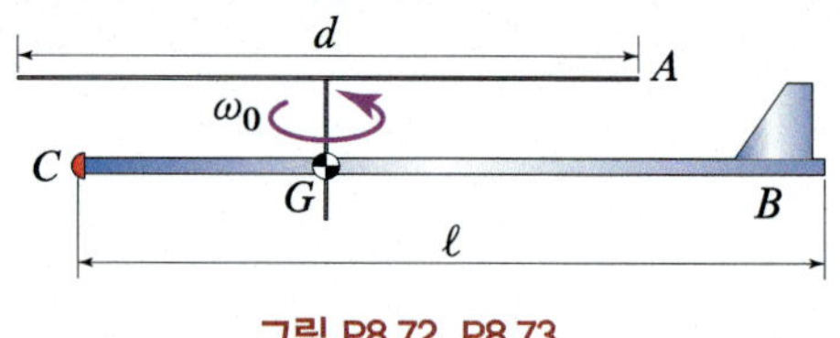

그림 P8.72, P8.73

문제 8.73

완구용 헬리콥터가 지름이 $d = 250$ mm이고 질량이 $m_r = 0.0026$ g의 로터 A와 길이가 $\ell = 300$ mm이고 질량이 $m_B = 0.004$ g인 얇은 몸체 B, 그리고 몸체 앞에 위치하고 질량이 $m_c = 0.002$ g인 작은 균형추 C로 구성되어 있다. 균형추의 질량은 회전축이 몸체 B와 균형추 C의 질량중심 G를 통과하도록 정한다. 그림과 같이 몸체 B와 균형추 C를 고정한 상태에서 로터가 $\omega_0 = 150$ rpm으로 회전한다. 공기저항을 무시하고 로터축 및 꼬리날개의 질량은 없다고 가정하며 헬리콥터 몸체와 로터 축 사이에는 마찰이 존재한다고 가정할 때 몸체를 놓은 후 로터의 각속도가 120 rpm으로 감소했을 때 몸체의 각속도를 구하라. 몸체를 균일하고 얇은 봉으로 모델링하고 균형추는 질점으로 가정하며 로터와 몸체는 수평 상태를 유지한다고 가정하라.

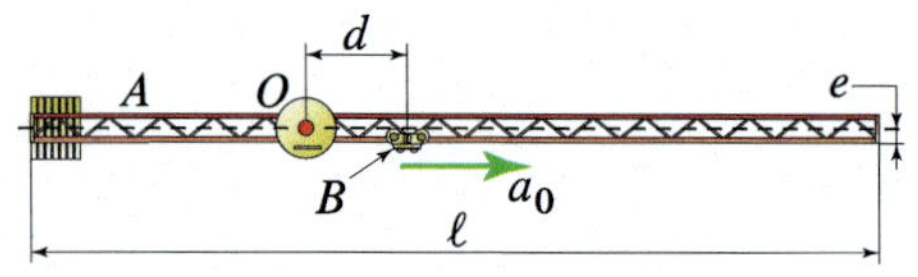

그림 P8.71

문제 8.74

크레인의 팔 A는 질량이 m_A이고 길이가 ℓ인데 고정점 O를 중심으로 수평면에서 회전할 수 있다. 질량이 m_B인 바퀴 B는 A의 한쪽 측면에 설치되어 있으며 항상 질량중심이 A의 종축으로부터 e의 거리를 유지하며 B의 위치는 케이블과 풀리에 의해 제어된다. A, B는 초기에는 그림에 보이는 바와 같이 정지해 있으며 d는 A의 종축 방향으로 O로부터 측정된 B의 거리이다. 팔 A는 O를 중심으로 자유롭게 회전할 수 있는데 $0 \le t \le t_f$의 짧은 시간동안에 B가 일정한 가속도 a_0로 움직이되 A의 끝까지 도달하지는 않는다. A의 질량관성모멘트를 I_O라 하고 B는 질점으로 모델링하며 A와 B만이 관성을 갖는다고 가정할 때 A의 회전 방향과 $t = 0$으로부터 $t = t_f$까지 회전한 각도 θ를 구하라. 케이블과 풀리의 질량은 무시하라.

문제 8.75

차 A와 B가 그림에서처럼 충돌한다. 마찰을 무시할 때 A, B가 충돌 후 하나의 강체처럼 움직일 경우 A, B의 각속도는 얼마인가? C, D를 각각 A, B의 질량중심이라 하고 문제와 관련한 수치값은 다음과 같다: A의 질량은 $m_A = 1420$ kg, A의 회전반경은 $k_C = 0.88$ m, 충돌 직전 A의 속도는 $v_A = 20$ km/h, B의 질량은 $m_B = 1600$ kg, B의 회전반경은 $k_D = 1$ m, 충돌 직전 B의 속도는 $v_B = 24$ km/h이고 $d = 0.48$ m, $\ell = 3.65$ m이다. 충돌 직후 A, B가 하나의 강체로 움직일 때의 질량중심은 충돌 직전에 A, B를 합한 시스템에 대한 질량중심과 같다고 가정하라.

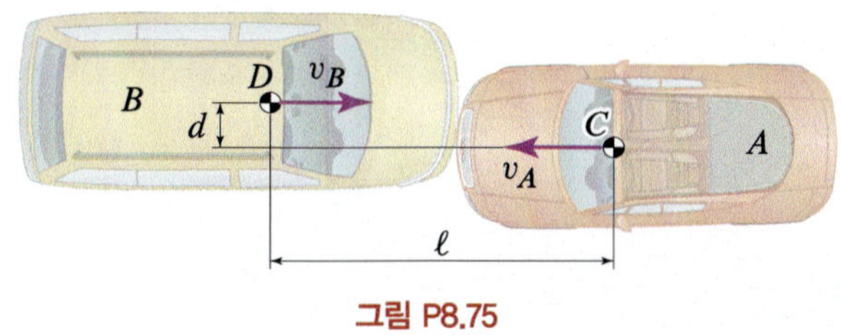

그림 P8.75

문제 8.76

도관이 정지 상태에서 경사면을 따라 서서히 미끄럼 없이 굴러서 그림과 같이 높이가 b인 계단을 만난다. 관은 계단에서 미끄러지거나 튕겨나가지 않고 계단 모서리에 힌지된 것처럼 운동한다. 관을 질량이 m이고 반경이 r인 균일하고 얇은 링으로 모델링하고 d를 관이 초기에 놓여있는 경사면의 높이라 할 때 관이 계단을 굴러 올라가기 위한 d의 최소값을 구하라.
힌트: 관이 계단 모서리를 만날 때 거의 순간적으로 지면에서의 미끄럼 없는 구름운동 상태에서 계단의 모서리를 고정으로 하는 회전운동으로 변환되는데 이를 5.2절에 소개된 개념을 적용하여 모델링하라. 즉 관과 계단 사이의 충돌 직후 아주 짧은 시간 동안에 관의 위치가 거의 변하지 않는 상태에서 관은 지면에서 떨어지며 관의 무게는 관과 계단 사이의 충격력에 비해 무시할 수 있다고 가정하라.

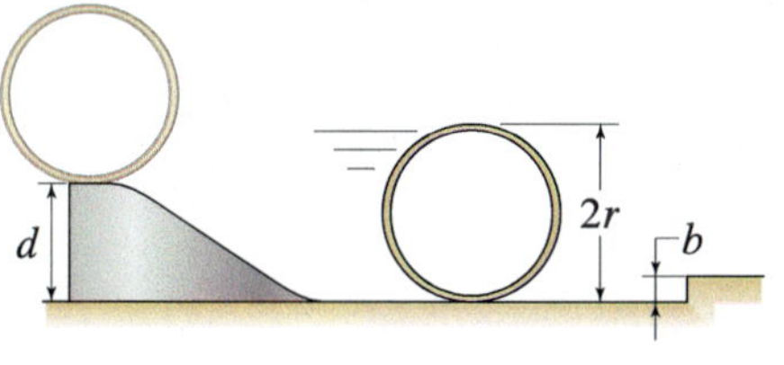

그림 P8.76

문제 8.77

Pioneer 위성의 감속에 관한 문제 7.65의 (b)와 (c)에 연속하여, 다음과 같은 사실이 알려져 있다. 원하는 값의 ω_s를 얻기 위해 풀어야 하는 와이어의 길이를 에너지 보존과 각운동량 보존을 적용하여 해석적으로 계산하는 것이 가능하다. 이를 위하여 A, B의 질량을 각각 m이라 하고 우주선 몸체의 질량관성모멘트를 I_O라고 하자. 시스템의 초기 조건으로 $\omega_s(0) = \omega_0$, $\ell(0) = 0$, $\dot{\ell}(0) = 0$라 하고 중력과 와이어의 질량은 무시할 수 있다고 하자.

(a) 질량 A와 B의 속도를 와이어 길이 $\ell(t)$와 우주선의 각속도 $\omega_s(t)$ 및 우주선 반경 R의 함수로 나타내라.

힌트: 운동학에만 관련된 문제이다. 필요하다면 문제 6.117을 참조하라.

(b) 와이어가 풀리는 순간부터 그 후 임의의 시각까지의 구간에 대해 일–에너지 원리를 우주선 시스템에 적용하여 ℓ, $\dot{\ell}$, ω_s 및 상수에 관한 관계식을 유도하라.

힌트: 시스템에 행해지는 외부 일은 없다.

(c) 시스템에 작용하는 외력이 없기 때문에 전체 각운동량은 O 점에 대해 보존된다. 따라서 와이어가 풀리는 순간의 각운동량과 그 후 임의의 시각의 각운동량을 ℓ, $\dot{\ell}$, ω_s 및 상수에 관한 관계식으로 구하여 비교하라.

(d) (b)와 (c)에서 유도한 에너지 및 각운동량 방정식을 풀어 $\dot{\ell}$과 ω_s를 구하라. 그리고 나서 $\omega_s = 0$의 조건을 적용하여 우주선의 각속도가 0이 될 때까지 와이어가 풀린 길이는 $\ell_{\omega s = 0} = \sqrt{(I_O + 2mR^2)/(2m)}$임을 보여라.

(e) (d)에서의 $\dot{\ell}$과 ω_s의 답으로부터 $\ell(t)$와 $\omega_s(t)$에 관한 방정식을 유도하라. 문제 7.64에 비선형 운동방정식에 관한 일반해가 제시되어 있다.

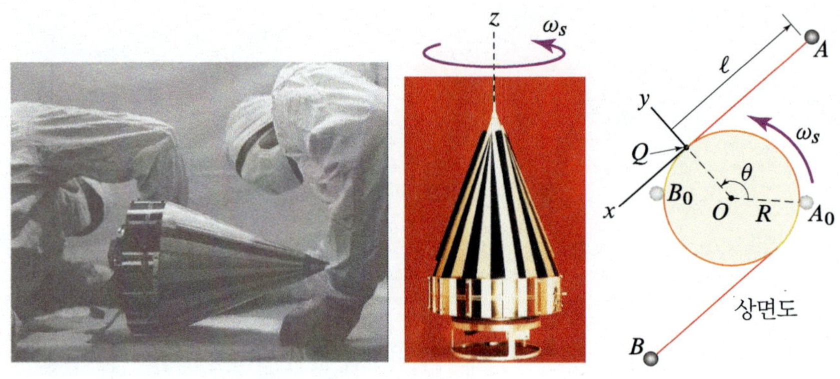

그림 P8.77

설계 문제

설계문제 8.2

Pioneer 3 우주선은 1958년 12월 6일 미육군 탄도미사일 개발국(U.S. Army Ballistic Missile Agency)이 NASA와 공동으로 발사한 회전안정화 시스템을 갖춘 우주선으로, 유압 타이머에 의해 두 개의 와이어가 풀리면 와이어 길이 $\ell(t)$가 늘어나면서 각 와이어의 끝에 연결된 질량이 m인 물체에 의해 감속이 일어나서 우주선의 각속도가 초기의 $\omega_s(0)$로부터 감속되어 $(\omega_s)_{\text{final}}$가 되고, 그 이후 와이어와 물체는 우주선으로부터 분리된다. 물체 A, B는 와이어가 풀리기 전인 초기 상태에는 A_0와 B_0에 위치한다. 우주선(A, B는 제외)의 질량관성모멘트는 I_0이며 중력과 와이어 질량은 무시할 수 있다고 가정하고 우주선의 각속도를 400 rpm으로부터 $-400\text{ rpm} < \omega_s < 400\text{ rpm}$ 사이의 임의의 각속도로 감속시킬 수 있도록 설계하려고 한다. 이를 위하여 각 순간마다 와이어 장력을 측정할 수 있는 센서를 사용한다. 원하는 속도를 얻기 위해 필요한 와이어의 길이를 결정하고 와이어의 장력을 각속도의 함수로 나타냄으로써 센서가 언제 우주선이 원하는 속도에 도달했으며 와이어와 감속질량을 언제 분리해야 하는지를 감지할 수 있도록 설계하라. 그림의 감속장치에 대한 수치 값: $R = 125$ mm, $m = 7$ g, $I_0 = 0.0277\text{ kg}\cdot\text{m}^2$, 초기 조건 $\ell(0) = 0.01$ m, $\dot{\ell}(0) = 0$ m/s.

힌트: 운동학 방정식은 문제 6.117을 참조.

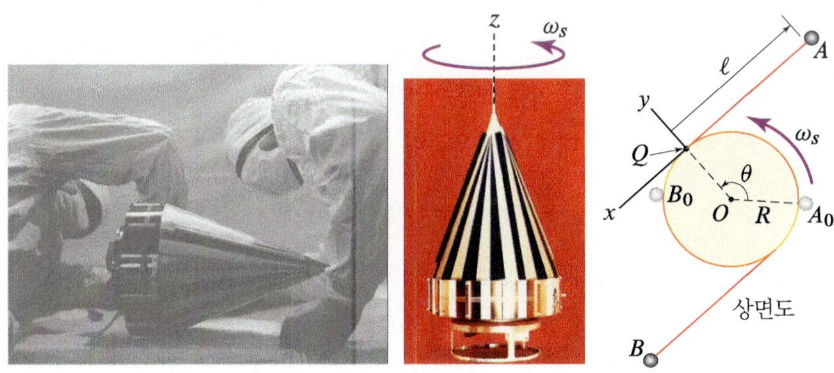

그림 DP8.2

8.3 강체의 충돌

이 절에서 우리는 5.2절에서 다뤘던 충돌 문제를 확장하여 강체 사이의 충격을 공부하고자 한다. 5.2절에서 사용했던 표기 방식과 개념을 사용할 것이며 이를 요약하면 다음과 같다.

- 충돌 직전과 직후의 물리량은 위첨자 −와 +를 각각 사용한다(예를 들면 v_A^+는 충돌 직후 A의 속도이다).
- 충돌의 모델링은 충격력 개념에 근거하고 있으며 이는 5.2절에 있는 충격력만을 포함하는 자유물체도에 잘 나타나 있다.

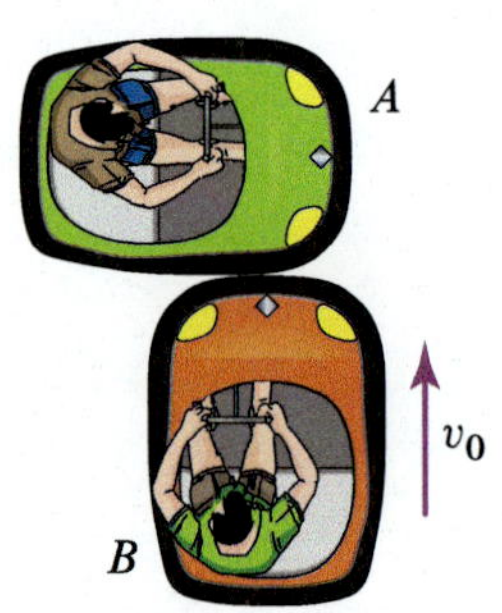

그림 8.24 두 범퍼차의 충돌.

범퍼차의 충돌

그림 8.24의 범퍼차 A는 잠시 정지해 있는 사이에 $v_0 = 2.7$ m/s의 속도로 움직이는 차 B가 와서 충돌한다. A, B를 강체로 모델링할 경우 충돌 후 A와 B의 속도는 얼마인가? 우리는 이 질문에 대해 5.2절에서 배운 것과 8.2절에서 배운 운동량 원리를 적용하여 대답하려고 한다.

우선 우리는 이 문제에서 무엇을 결정해야 하는지를 알아야 한다. 여기서 충돌에 대한 반발계수, A, B의 질량, 질량중심의 위치, 충돌 전 속도, 질량중심에 대한 질량관성모멘트를 안다고 가정하자. 평면 운동이므로 충돌 후 A, B의 속도는 6개의 파라미터로 나타낼 수 있다: A, B의 질량중심에서의 속도 성분(4개의 미지수)과 A, B의 각속도(2개의 미지수). 결과적으로 6개의 미지수를 구하기 위해 6개의 스칼라 방정식을 필요로 한다.

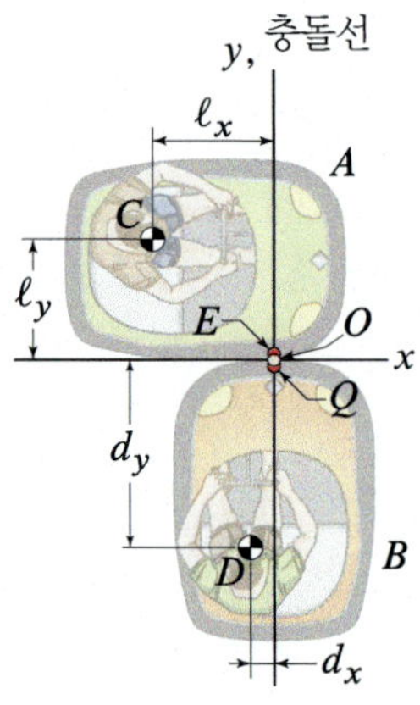

그림 8.25 시스템으로서 A와 B의 충돌 관련 자유물체도. A와 B에 각각 속한 접촉점 E와 Q는 O와 일치.

그림 8.25는 계의 자유물체도로서 모델링 방법에 기초하여 충격력이 아닌 힘들은 모두 무시하였다. 또한 그림 8.25에는 충돌선(line of impact, LOI)이 정의되어 있고 y축이 충돌선과 일치하도록 설정한 좌표계가 있다. 외부 충격력이 없기 때문에 시스템의 선형 및 각운동량은 보존된다. 이들 보존에 대한 모든 관계식을 고려하는 대신 5.2절에서의 배운 바에 따라 LOI에 대한 선형운동량 보존만을 고려한다.

$$m_A v_{Cy}^- + m_B v_{Dy}^- = m_A v_{Cy}^+ + m_B v_{Dy}^+ \tag{8.51}$$

여기서 A는 충돌 전에 정지해 있으므로 $v_{Cy}^- = 0$이다.

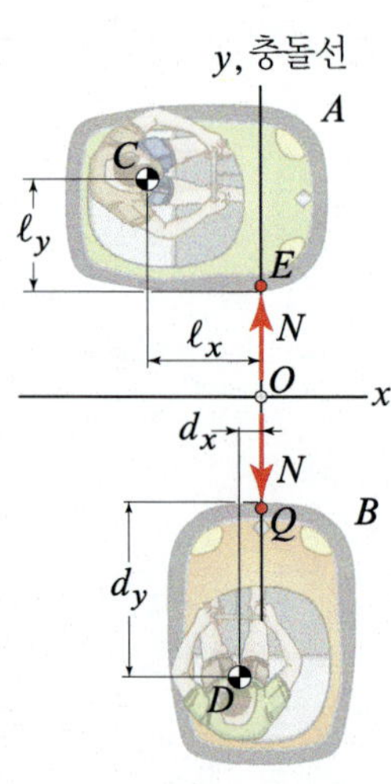

그림 8.26 A와 B 각각의 자유물체도.

5.2절에서 했던 것처럼 A, B 사이의 접촉에 의한 마찰은 무시할 수 있다고 가정하면 그림 8.26에서 충돌선에 수직하게 작용하는 충격력은 없다. 따라서 A, B의 각각에 대한 x 방향의 선형운동량은 보존된다.

$$m_A v_{Cx}^- = m_A v_{Cx}^+, \qquad m_B v_{Dx}^- = m_B v_{Dx}^+ \tag{8.52}$$

다음에는 반발계수 관계식을 유도해야 하는데 이것은 충돌선 방향으로의 접근 속도에 대한 분리 속도의 관계이다. 반발계수는 충돌하는 두 물체의 **접촉 지점**에서의 재료 특성에 따라 결정된다. 따라서 그림 8.25에서 점 E와 Q의 y 속도 성분을 이용하여 반발계수 관계식을 나타낼 수 있다.

$$v_{Ey}^+ - v_{Qy}^+ = e\left(v_{Qy}^- - v_{Ey}^-\right) \tag{8.53}$$

식 (8.53)이 여기서 구하고자 하는 미지수의 항으로 표현되지는 않았지만 강체 운동학을 적용하면

$$\vec{v}_E = \vec{v}_C + \omega_A \hat{k} \times \vec{r}_{E/C}, \qquad \vec{v}_Q = \vec{v}_D + \omega_B \hat{k} \times \vec{r}_{Q/D} \tag{8.54}$$

여기서 A, B의 위치는 충격에 의해 변하지 않는다.

$$\vec{r}_{E/C} = \vec{r}^{-}_{E/C} = \vec{r}^{+}_{E/C}, \qquad \vec{r}_{Q/D} = \vec{r}^{-}_{Q/D} = \vec{r}^{+}_{Q/D} \tag{8.55}$$

식 $\vec{v}_E = v_{Ex}\,\hat{\imath} + v_{Ey}\,\hat{\jmath}$, $\vec{v}_C = v_{Cx}\,\hat{\imath} + v_{Cy}\,\hat{\jmath}$ 및 $\vec{r}_{E/C} = \ell_x\,\hat{\imath} - \ell_y\,\hat{\jmath}$에서 y 성분만을 보면

$$v^{\pm}_{Ey} = v^{\pm}_{Cy} + \omega^{\pm}_A \ell_x \tag{8.56}$$

여기서 위첨자 ±는 식 (8.56)이 충돌 전후에 모두 성립한다는 것을 의미한다. 마찬가지로 식 $\vec{v}_Q = v_{Qx}\,\hat{\imath} + v_{Qy}\,\hat{\jmath}$, $\vec{v}_D = v_{Dx}\,\hat{\imath} + v_{Dy}\,\hat{\jmath}$ 및 $\vec{r}_{Q/D} = d_x\,\hat{\imath} + d_y\,\hat{\jmath}$에서 y 성분만을 보면

$$v^{\pm}_{Qy} = v^{\pm}_{Dy} + \omega^{\pm}_B d_x \tag{8.57}$$

$v^{-}_{Cy} = 0$, $\omega^{-}_A = 0$, $\omega^{-}_B = 0$이므로 식 (8.56)과 (8.57)은

$$v^{-}_{Ey} = 0, \qquad v^{+}_{Ey} = v^{+}_{Cy} + \omega^{+}_A \ell_x \tag{8.58}$$

$$v^{-}_{Qy} = v^{-}_{Dy}, \qquad v^{+}_{Qy} = v^{+}_{Dy} + \omega^{+}_B d_x \tag{8.59}$$

식 (8.58)과 (8.59)를 식 (8.53)에 대입하면

$$v^{+}_{Cy} + \omega^{+}_A \ell_x - v^{+}_{Dy} - \omega^{+}_B d_x = e v^{-}_{Dy} \tag{8.60}$$

우리는 질점 충격 이론으로부터 식 (8.51), (8.52) 및 (8.60)의 4개의 방정식을 6개의 미지수를 포함해서 유도했다. 나머지 두 개의 방정식은 범퍼차를 강체로 모델링한다는 점에서 찾아야 한다. 위 4개의 방정식은 강체의 회전운동을 지배하는 모멘트 방정식과는 무관하다. 따라서 지금부터는 각 충격량–운동량 원리를 적용한다.

그림 8.26에서 O 점은 각 충격량–운동량 원리를 적용하기 위한 모멘트 중심으로 잡으면 편리한데 그 이유는 충격 순간 O는 E 및 Q와 일치하므로 충격력 N의 O에 대한 모멘트는 없기 때문이다. 또한 E 및 Q와 달리 O는 고정점이다. 따라서 O에 대한 A와 B의 각각에 대한 각운동량은 보존된다.

$$\left(\vec{h}^{-}_O\right)_A = \left(\vec{h}^{+}_O\right)_A, \qquad \left(\vec{h}^{-}_O\right)_B = \left(\vec{h}^{+}_O\right)_B \tag{8.61}$$

여기서 식 (8.42)를 적용하면

$$\left(\vec{h}^{\pm}_O\right)_A = I_C \vec{\omega}^{\pm}_A + \vec{r}_{C/O} \times m_A \vec{v}^{\pm}_C \tag{8.62}$$

$$\left(\vec{h}^{\pm}_O\right)_B = I_D \vec{\omega}^{\pm}_B + \vec{r}_{D/O} \times m_B \vec{v}^{\pm}_D \tag{8.63}$$

윗 식에서 I_C와 I_D는 A, B에 대한 질량관성모멘트이다.[6)]

여기서 주목할 점은 식 (8.62)와 (8.63)에서 상대위치 벡터인 $\vec{r}_{C/D}$와 $\vec{r}_{D/O}$는 충격 전후에 바뀌지 않기 때문에 위첨자 ±가 필요없다. 식 (8.62), (8.63)을 식 (8.61)에 대입하여

6) 7장에서 언급한 바와 같이 I의 아래 첨자는 항상 I가 계산되는 축을 나타내기 위하여 사용된다. 따라서 I_A는 A 점을 통과하면서 운동 평면에 수직한 축에 대한 강체의 질량관성모멘트를 의미한다.

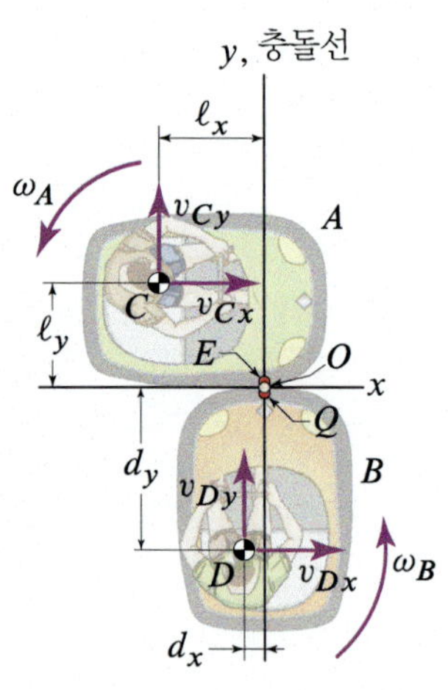

그림 8.27 C,D의 속도 및 A, B의 각속도.

외적을 계산하고 식 (8.61)에서 유일하게 0이 아닌 항은 z 성분이라는 점을 이용하면 다음과 같은 2개의 스칼라 방정식을 얻을 수 있다(그림 8.27 참조).

$$0 = I_C\omega_A^+ - m_A v_{Cx}^+ \ell_y - m_A v_{Cy}^+ \ell_x \tag{8.64}$$

$$-m_B v_0 d_x = I_D\omega_B^+ + m_B v_{Dx}^+ d_y - m_B v_{Dy}^+ d_x \tag{8.65}$$

여기서는 A, B의 충돌 전 운동을 고려하였다. 식 (8.51), (8.52), (8.60), (8.64), (8.65)의 6개 방정식이 우리가 유도하고자 했던 것으로 이 식들을 풀면

$$v_{Cx}^+ = 0\,\text{m/s} \tag{8.66}$$

$$v_{Cy}^+ = \frac{I_C I_D m_B v_0(1+e)}{I_C I_D(m_A+m_B) + m_A m_B(d_x^2 I_C + \ell_x^2 I_D)} = 0.47\,\text{m/s} \tag{8.67}$$

$$\omega_A^+ = \frac{\ell_x I_D m_A m_B v_0(1+e)}{I_C I_D(m_A+m_B) + m_A m_B(d_x^2 I_C + \ell_x^2 I_D)} = 5.0\,\text{rad/s} \tag{8.68}$$

$$v_{Dx}^+ = 0\,\text{m/s} \tag{8.69}$$

$$v_{Dy}^+ = \frac{\left[m_A m_B(I_C d_x^2 + I_D \ell_x^2) + I_C I_D(m_B - e m_A)\right]v_0}{I_C I_D(m_A+m_B) + m_A m_B(d_x^2 I_C + \ell_x^2 I_D)} = 2.24\,\text{m/s} \tag{8.70}$$

$$\omega_B^+ = \frac{-d_x I_C m_A m_B v_0(1+e)}{I_C I_D(m_A+m_B) + m_A m_B(d_x^2 I_C + \ell_x^2 I_D)} = -0.915\,\text{rad/s} \tag{8.71}$$

수치 결과를 얻기위해 다음의 수치값을 사용한다: $m_A = 285$ kg (운전자를 포함한 A의 질량), $m_B = 294$ kg (운전자를 포함한 B의 질량), $I_C = 20.46\ \text{kg}\cdot\text{m}^2$, $I_D = 20.6\ \text{kg}\cdot\text{m}^2$, $e = 0.8$, $\ell_x = 0.76$ m, $\ell_y = 0.76$ m, $d_x = 0.14$ m 그리고 $d_y = 1.2$ m. 식 (8.66)-(8.71)의 결과는 예상했던 것과 잘 일치하는데 차 A는 반시계방향으로 회전하는 반면 차 B는 시계방향으로 회전한다. 또한 T를 시스템 운동에너지라 하면, $T^+ = 1033\ \text{N}\cdot\text{m} < T^- = 1071.63\ \text{N}\cdot\text{m}$로서 완전 탄성 충돌이 아님을 알 수 있다.

여기서 우리는 강체 충돌 문제를 새로운 방법을 사용하지 않고 풀었다. 따라서 이 절에서는 새로운 이론을 전개하지 않는 대신 우리가 이미 알고 있는 이론 범위 내에서 강체에서의 충돌 문제를 풀기 위해 필요한 가정들을 주의깊게 살펴볼 것이며 질점 충돌과 비교하여 강체 충돌의 차이점이 무엇인지를 중점적으로 보려 한다.

강체 충돌: 기본 용어 정의와 가정

질점 충돌의 경우처럼(5.2절 참조), 강체 충돌에서도 반발계수가 0이면 **소성**이라 하고 충돌하는 강체가 충돌 후 하나의 강체를 이루면 **완전 소성**이라 한다. 반면 반발계수가 $0 < e < 1$이면 **탄성 충돌**이라 하고 $e = 1$인 경우 **완전 탄성 충돌**이라 한다. 또한 충돌하는 물체가 어떤 외부 충격력도 받지 않으면 **불구속 충돌**이라 하고 반대의 경우 **구속 충돌**이라 한다.

강체 충돌은 매우 복잡할 수 있으며 여기서는 범퍼차 충돌 문제와 같이 다음의 가정이 성립하는 경우만을 다루려고 한다:

1. 평면운동을 하는 두 강체의 충돌로서 운동 평면에 수직하게 작용하는 충격력 성분은 없는 경우
2. 두 강체의 한 점에서 충돌이 일어나고 그 점에서 충돌선을 분명하게 정의할 수 있는 경우
3. 접촉점에서 강체 사이의 마찰을 무시할 수 있는 경우

충돌의 분류

5.2절에서는 (1) 충돌선 기준으로 충돌하는 물체의 질량중심의 상대 위치와 (2) 충돌선 기준으로 충돌 전 속도의 방향에 따라 충돌을 분류하였으며, 편의상 표 5.3을 아래의 표 8.1에 다시 사용하였다. 여기서 충돌전 속도는 충돌하는 물체의 질량중심의 속도를 의미하는 것으로 각속도(운동 평면에 수직)는 포함하지 않는다.

표 8.1 충돌의 분류(표 5.3과 동일)

충돌의 기하 조건		
충돌 전 속도	질량 중심	**충돌 형태**
충돌선에 평행	충돌선 상	직접 중심
충돌선에 평행	충돌선 벗어남	직접 편심
충돌선에 평행하지 않음	충돌선 상	경사 중심
충돌선에 평행하지 않음	충돌선 벗어남	경사 편심

표 8.1에 따르면 범퍼차 충돌은 직접 편심 충돌로 분류되며 그 이유는 차의 질량중심이 충돌선을 벗어나 있기 때문이고 또한 충돌 전 A의 속도는 0인 상태에서 B의 질량중심에서의 속도는 충돌선과 평행하게 주어지기 때문이다. 만약 충돌 직전 A가 그림 8.28과 같이 움직인다면 충돌 전에 어느 하나의 질량중심은 충돌선과 평행하지 않은 방향의 속도를 갖으며 이 경우는 경사편심 충돌로 분류한다.

충돌에 대한 분류는 풀이 과정의 난이도를 예측하는데 도움이 된다. 일반적으로 직접중심 충돌이 가장 간단하고 경사편심 충돌이 가장 복잡하다.

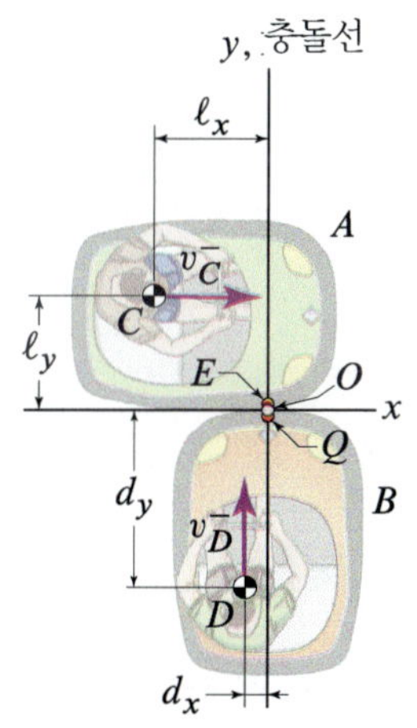

그림 8.28 경사편심 충격의 충돌 전 상태.

중심 충돌

중심 충돌은 충돌하는 순간에 두 강체의 질량중심이 충돌선 상에 위치하는 경우로서 두 형태가 있다: 직접중심 충돌과 경사중심 충돌(표 8.1 참조). 형태에 상관없이 위에 언급한 세 가지 가정에 의해 중심 충돌은 두 가지의 중요한 특성이 있다.

1. 충돌 시 각속도가 보존된다.
2. 반발계수 관계식은 충돌선 상에 있는 질량중심의 속도 성분으로 주어진다.

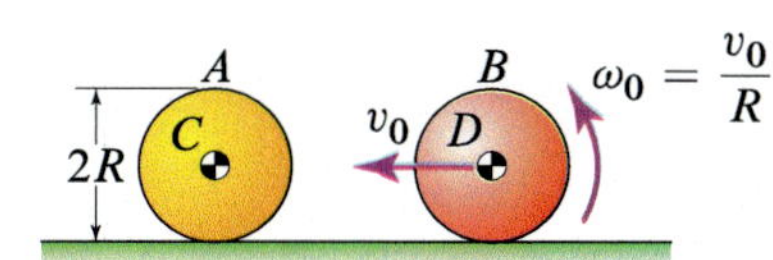

그림 8.29 직접중심 충격 예.

그림 8.29에 있는 두 개의 동일한 당구공 A와 B의 충돌을 위의 특성과 연관하여 살펴보려고 한다. 충돌 전에 A는 정지해 있고 B는 왼쪽으로 v_0의 속도로 미끄럼 없이 구른다

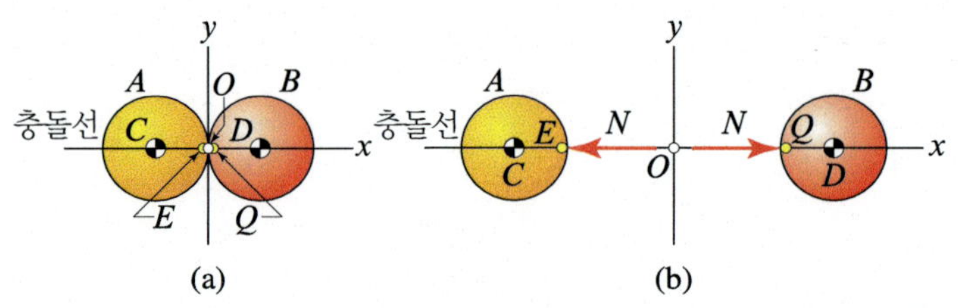

그림 8.30 충돌 관련 자유물체도 (a) 시스템 (b) 개별.

고 가정한다. 완전 탄성 충돌이라 모델링하고 충돌 후 두 공의 속도를 구하려고 한다. 항상 그랬듯이 그림 8.30(a)에 나타낸 시스템의 (충돌) 자유물체도와 그림 8.30(b)와 같이 충돌하는 물체의 각각에 대한 (충돌) 자유물체도를 그린다. 모든 충돌 문제의 자유물체도에는 충돌선이 표시되어야 하고 적절한 좌표계(전형적으로 충돌선과 일치하는)가 정의되어야 한다. 점 E, Q는 각각 A, B에 속한 점이고 설정한 좌표계의 원점 O는 고정점이면서 충돌 순간에 E, Q와 일치한다. 그림 8.30을 보면 공과 테이블 사이의 반력은 나타나있지 않은데 그 이유는 그러한 반력은 위에서 언급한 가정 3에 근거하여 고려하지 않았기 때문이다. 두 공의 접촉점에서 마찰이 없다는 가정은 Q가 E에 대해 미끄럼이 생겨도 y방향으로 마찰충격력이 발생하지는 않는다는 것을 의미한다(충돌 전에 공 B는 미끄럼 없이 구르기 때문에 Q는 충돌하는 순간에 수직속도성분이 있다). 따라서 충돌이 일어나는 접촉점에서 수직충격력이 없기 때문에 그에 해당하는 지면 반력도 존재하지 않는다. 만약 그러한 힘이 있다면 외부 충격력이 되고 충돌은 구속 충돌로 보아야 한다.

중심 충돌이므로 충격력 N은 C, D에 대해 모멘트를 발생시키지 않는다. 각 공의 질량중심에 대한 모멘트를 식 (8.45)를 적용하여 더하면 $I_C\omega_A^- = I_C\omega_A^+$와 $I_D\omega_B^- = I_D\omega_B^+$를 얻을 수 있는데 여기서 I_C와 I_D는 각각 A, B에 대한 질량관성모멘트이다. 따라서 결론적으로

$$\omega_A^- = \omega_A^+, \quad \omega_B^- = \omega_B^+ \tag{8.72}$$

즉 충돌 과정에서 A와 B의 각속도는 보존된다.

> **개념정리**
> **중심 충돌과 각속도.** 충돌하는 두 물체의 접촉이 마찰이 없다고 가정하고 (가정 3 참조) 중심 충돌인 경우 충돌하는 두 강체의 각속도는 충격에 전혀 영향받지 않는다.

충돌선에 수직한 방향에 대한 충격력은 없기 때문에 그 방향으로의 속도 성분은 충돌 과정에서 변하지 않는다. 따라서 $v_{Cy}^- = v_{Cy}^+ = 0$과 $v_{Dy}^- = v_{Dy}^+ = 0$이 성립하는데 여기서는 v_{Cx}^+와 v_{Dx}^+만이 미지수로서 이를 구하기 위해 충돌선 방향에 대해 시스템의 선형운동량 보존을 적용한다.

$$m_A v_{Cx}^- + m_B v_{Dx}^- = m_A v_{Cx}^+ + m_B v_{Dx}^+ \tag{8.73}$$

또한 점 E, Q에 대한 반발계수 관계식은

$$v_{Ex}^+ - v_{Qx}^+ = e\left(v_{Qx}^- - v_{Ex}^-\right) \tag{8.74}$$

강체 운동학을 이용하면

$$\vec{v}_E^{\pm} = \vec{v}_C^{\pm} + \omega_A^{\pm}\,\hat{k} \times \vec{r}_{E/C}, \qquad \vec{v}_Q^{\pm} = \vec{v}_D^{\pm} + \omega_B^{\pm}\,\hat{k} \times \vec{r}_{Q/D} \tag{8.75}$$

여기서는 충돌 시 $\vec{r}_{E/C}$와 $\vec{r}_{Q/D}$는 변하지 않는다는 점이 고려되었는데 그림 8.31을 참조하면 $\vec{r}_{E/C} = R\hat{\imath}$이고 $\vec{r}_{Q/D} = -R\hat{\imath}$ 이므로

$$\omega_A^{\pm}\,\hat{k} \times \vec{r}_{E/C} = \omega_A^{\pm} R\,\hat{\jmath}, \qquad \omega_B^{\pm}\,\hat{k} \times \vec{r}_{Q/D} = -\omega_B^{\pm} R\,\hat{\jmath} \tag{8.76}$$

식 (8.75)와 (8.76)으로부터 $\vec{v}_E^{\pm}$와 $\vec{v}_Q^{\pm}$의 (충돌선 방향의) x 성분은 각각 $\vec{v}_C^{\pm}$와 $\vec{v}_D^{\pm}$의 (충돌선 방향의) x 성분과 같아야 함을 알 수 있다. 즉

$$v_{Ex}^{\pm} = v_{Cx}^{\pm}, \qquad v_{Qx}^{\pm} = v_{Dx}^{\pm} \tag{8.77}$$

식 (8.77)을 이용하면 반발계수 관계식을 질량중심에서의 속도 항으로 바로 나타낼 수 있다.

$$\boxed{v_{Cx}^{+} - v_{Dx}^{+} = e\left(v_{Dx}^{-} - v_{Cx}^{-}\right)} \tag{8.78}$$

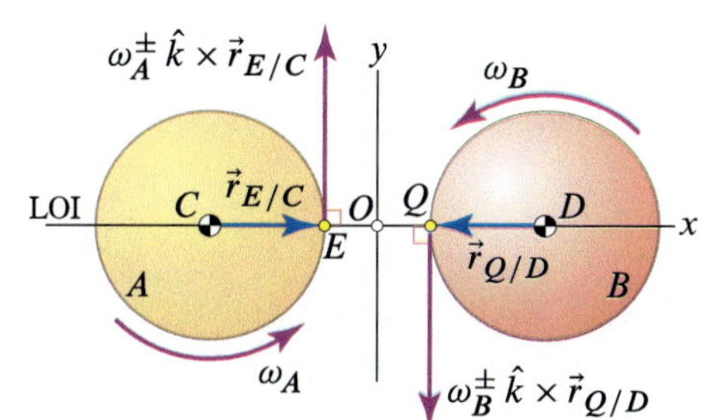

그림 8.31 중심충격의 운동학.

개념정리

중심 충돌과 반발계수 관계식. 위에 언급한 가정 하에서 중심 충돌인 경우의 반발계수 관계식은 질량중심의 속도 성분으로 바로 표시할 수 있다.

다시 당구공의 충돌 문제로 돌아가서 충돌 전의 조건이 주어져 있고 $e = 1$이므로 다음을 구할 수 있다:

$$v_{Cx}^{+} = -v_0, \quad \omega_A^{+} = 0, \quad v_{Dx}^{+} = 0, \qquad \omega_B^{+} = v_0/R \tag{8.79}$$

여기서 흥미로운 것은 $v_{Dx}^{+} = 0$이지만 $\omega_B^{+} = v_0/R$이 있기 때문에 충돌 후 당구공은 멈추지 않는다. $v_{Dx}^{+} = 0$과 $\omega_B^{+} = v_0/R$을 동시에 고려해 보면 충돌 직후 공 B의 질량중심에서는 속도가 0이지만 테이블에 대해서는 미끄러진다는 것을 알 수 있다. 만약 공과 테이블 표면 사이에 마찰이 존재한다면 미끄럼에 의해 발생하는 마찰력에 의해 B의 질량중심은 다시 왼쪽으로 움직이면서 마치 A를 따라가는 것처럼 보일 것이다. 이러한 결과는 공을 질점으로 가정한 경우에는 결코 얻을 수 없다는 점에서 중요한 의미를 갖는다(그 경우, 충돌 후 B는 그대로 정지한다고 결론지었을 것이다). 따라서 강체의 중심충돌은 질점의 경우처럼 간단하게 풀 수 있지만 두 모델링으로부터의 결과는 서로 다르다.

편심 충돌

그림 8.32에 나타난 바와 같이 편심(*ecentric*)충돌이 되기 위해서는 충돌하는 물체의 질량중심의 최소한 하나는 충돌선으로부터 벗어나 있어야 한다. 편심 충돌의 중요한 특징은 충돌로 인하여 질량중심의 속도뿐 아니라 강체의 각속도까지 영향을 받는다는 점이다.

이 절의 앞부분에서 살펴본 범퍼차 충돌이 편심 충돌의 예라 할 수 있다. 앞에서 자세하게 다뤘기 때문에 여기서는 불구속된 강체의 편심 충돌 문제를 푸는데 필요한 방정식을 정리하고 물리적 의미를 알아보기로 한다.

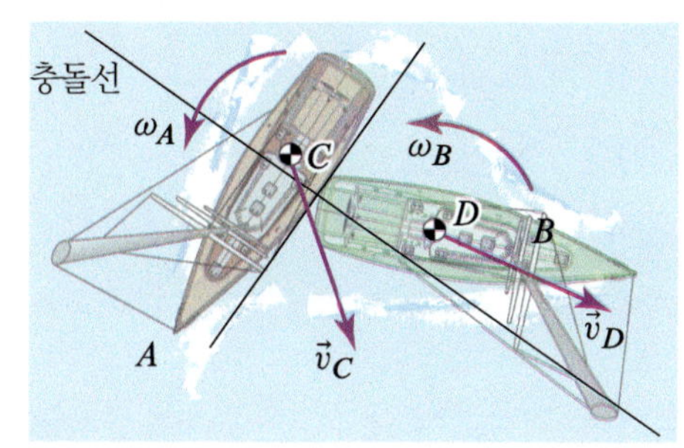

그림 8.32 배의 충돌.

그림 8.32에 있는 바와 같이 평면상에서 움직이는 두 강체가 충돌하는 경우를 보자. 항상 그랬던 것처럼 그림 8.33(a)와 (b)와 같이 충돌 순간의 충돌선과 적절한 좌표계가 정의된 시스템 자유물체도와 각 강체의 자유물체도로부터 문제 풀이를 시작한다. 추가로 충돌 시 두 물체 사이의 접촉점 E 및 Q와 좌표계의 원점 O가 일치하도록 정한다. 여

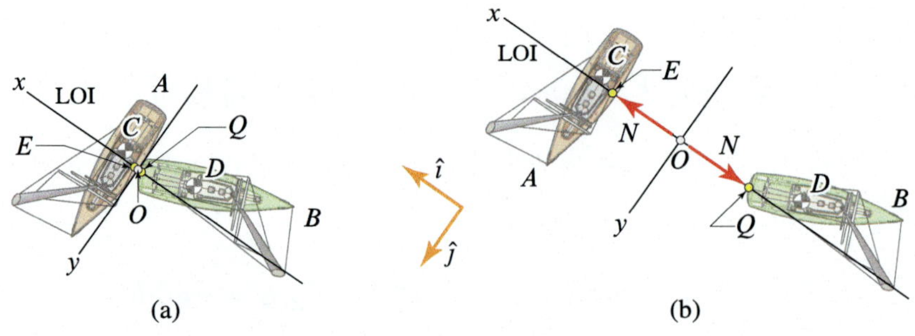

그림 8.33 충돌하는 물체의 자유물체도 (a) 시스템 (b) 개별.

기서 O는 고정된 점으로서 각 충격량–운동량 원리를 적용할 때 모멘트중심으로 편리하게 이용할 수 있다.

불구속 강체의 편심충돌 문제는 6개의 스칼라 방정식으로 나타낼 수 있다. 첫 번째 방정식은 충돌선에 대한 선운동량 보존을 적용하면 유도할 수 있다.

$$m_A v_{Cx}^- + m_B v_{Dx}^- = m_A v_{Cx}^+ + m_B v_{Dx}^+ \tag{8.80}$$

두 번째 및 세 번째 방정식은 접촉점에서 마찰력이 없다는 사실로부터(가정 3)

$$v_{Cy}^- = v_{Cy}^+, \qquad v_{Dy}^- = v_{Dy}^+ \tag{8.81}$$

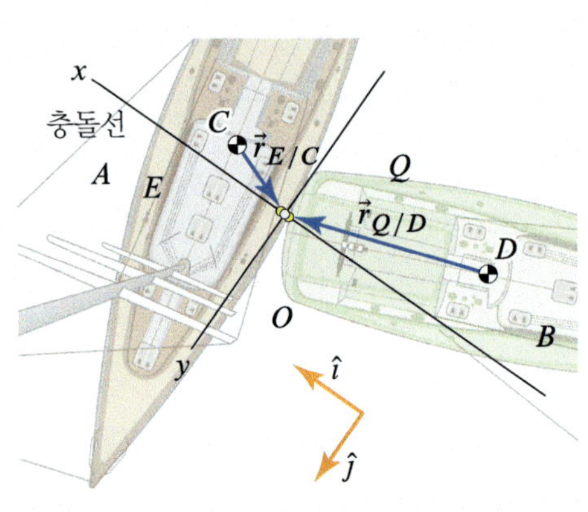

그림 8.33 C, D에 대한 E, Q의 상대위치 벡터.

네 번째 방정식은 반발계수 관계식으로서 우선 충돌선 상의 접촉점의 속도 성분으로 나타내면

$$v_{Ex}^+ - v_{Qx}^+ = e\left(v_{Qx}^- - v_{Ex}^-\right) \tag{8.82}$$

이를 다시 질량중심에서의 속도 성분으로 표현하기 위해 강체 운동학의 조건을 아래와 같이 적용하면

$$\vec{v}_E^\pm = \vec{v}_C^\pm + \omega_A^\pm \hat{k} \times \vec{r}_{E/C}, \qquad \vec{v}_Q^\pm = \vec{v}_D^\pm + \omega_B^\pm \hat{k} \times \vec{r}_{Q/D} \tag{8.83}$$

그림 8.34에서 E, Q, O는 충돌 순간에는 서로 일치한 점이므로

$$\vec{r}_{E/C} = -\vec{r}_C = -x_C\,\hat{\imath} - y_C\,\hat{\jmath}, \qquad \vec{r}_{Q/D} = -\vec{r}_D = -x_D\,\hat{\imath} - y_D\,\hat{\jmath} \tag{8.84}$$

식 (8.84)를 식 (8.83)에 대입하고 외적 계산을 한 후 다시 정리하면

$$\vec{v}_E^\pm = \left(v_{Cx}^\pm + \omega_A^\pm y_C\right)\hat{\imath} + \left(v_{Cy}^\pm - \omega_A^\pm x_C\right)\hat{\jmath} \tag{8.85}$$

$$\vec{v}_Q^\pm = \left(v_{Dx}^\pm + \omega_B^\pm y_D\right)\hat{\imath} + \left(v_{Dy}^\pm - \omega_B^\pm x_D\right)\hat{\jmath} \tag{8.86}$$

식 (8.85)와 (8.86)을 식 (8.82)에 대입하면

$$\begin{aligned} v_{Cx}^+ + \omega_A^+ y_C - v_{Dx}^+ - \omega_B^+ y_D \\ = e\left(v_{Dx}^- + \omega_B^- y_D - v_{Cx}^- - \omega_A^- y_C\right) \end{aligned} \tag{8.87}$$

나머지 두 개의 방정식은 O에 대해서 A, B의 각운동량이 각각 보존된다는 점으로부터 유도할 수 있다. 즉

$$\left(\vec{h}_O^-\right)_A = \left(\vec{h}_O^+\right)_A, \quad \left(\vec{h}_O^-\right)_B = \left(\vec{h}_O^+\right)_B \tag{8.88}$$

여기서 $\left(\vec{h}_O\right)_A$와 $\left(\vec{h}_O\right)_B$는 각각 O에 대해서 구한 A, B의 각운동량으로서 식 (8.42)를 적용하면

$$\left(\vec{h}_O^\pm\right)_A = I_C\vec{\omega}_A^\pm + \vec{r}_{C/O} \times m_A\vec{v}_C^\pm \tag{8.89}$$

$$\left(\vec{h}_O^\pm\right)_B = I_D\vec{\omega}_B^\pm + \vec{r}_{D/O} \times m_B\vec{v}_D^\pm \tag{8.90}$$

여기서 I_C와 I_D는 각각 A, B에 대한 질량관성모멘트이다. 식 (8.89)와 (8.90)에서 위치벡터 $\vec{r}_{C/O}$와 $\vec{r}_{D/O}$는 충돌 순간 변하지 않는다고 가정하기 때문에 위첨자 ±는 필요없다. 그림 8.33(b)를 보면 A와 B에 작용하는 충격력은 고정점 O에 대해 아무런 모멘트도 발생시키지 않기 때문에 식 (8.89)는 물리적으로 정당성하다고 할 수 있다. 식 (8.88)은 운동 평면에 수직하게 작용하는 0이 아닌 성분이 없기 때문에 오직 두 개의 스칼라 방정식으로만 주어진다.

식 (8.80), (8.81), (8.87), (8.88)이 두 개의 불구속 강체가 경사편심 충돌하는 일반적인 경우, 위에 언급한 가정 하에 문제를 풀기 위한 방정식이다. 문제를 풀기 위한 방정식이다.

개념정리

각운동량 보존이 각속도 보존을 의미하는 것은 아니다. 식 (8.89)와 (8.90)으로부터 각운동량 보존이 각속도 보존을 의미하는 것이 아니라는 것을 분명히 것을 알 수 있다. 식 (8.88)은 식 (8.89)와 (8.90)의 좌변이 충돌 순간에 변하지 않아야 한다는 것인데 식 (8.89)와 (8.90)의 우변을 보면 해당 각속도와 질량중심 속도가 적절하게 바뀔 경우 이것이 가능하다.

구속 편심 충돌

구속 충돌(*constrained impact*)의 경우 충돌하는 물체 중 하나 또는 모두가 외부의 충격력을 받는다. 이러한 충격력을 모델링하는 것은 쉽지 않으며 여기서는 충돌하는 물체 중 하나가 고정된 회전축에 의해 구속되는 단순한 경우만을 다루고자 한다.

그림 8.35에 있는 탄도진자는 질량이 m_r이고 길이가 L인 균일하고 가는 봉과 질량이 m_t, 폭이 w, 높이가 h인 표적 블록으로 구성된다. 질량이 m_r인 총알이 v_0의 속도로 발사된다고 가정하자. 총알이 블록에 박힌다고 하면 진자–총알 시스템의 충돌 후 속도는 얼마가 될 것인가?

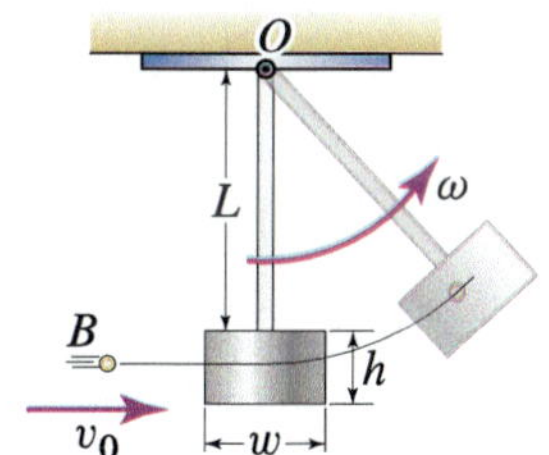

그림 8.35 탄도 진자.

이 문제를 풀기 위한 열쇠는 진자의 가능한 운동은 O 점을 중심으로 한 회전이 유일하다는 점이다. 따라서 시스템의 충돌 후 거동을 나타내는 데 필요한 것은 진자의 충돌 후 각속도 ω_p^+가 유일하다. 항상 해왔듯이 그림 8.36과 같이 충돌 순간 충돌력을 나타내는 시스템의 자유물체도를 먼저 그린다. 자유물체도에 나타나 있는 핀의 반력 R_x와 R_y는 O점을 지지하기 위해 어떤 힘이라도 견뎌내야 하는 충격력으로서 이는 곧 **구속 충돌**을 의미한다. 하지만 R_x 와 R_y는 O 점에 대한 모멘트를 발생시키지 않기 때문에 시스템의 O에 대한 전체 각운동량은 충돌 과정에서 보존된다. $\left(\vec{h}_O\right)_b$와 $\left(\vec{h}_O\right)_p$를 각각 O에 대한 총알과 진자의 각운동량이라 할 때,

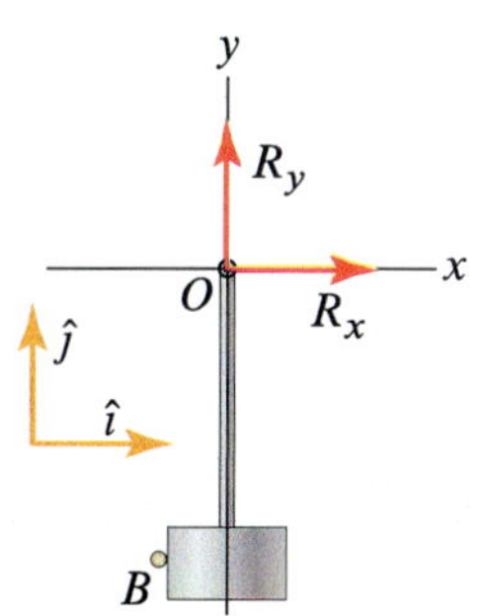

그림 8.36 충돌 순간의 탄도진자와 총알의 자유물체도.

$$(\vec{h}_O^-)_b + (\vec{h}_O^-)_p = (\vec{h}_O^+)_b + (\vec{h}_O^+)_p \tag{8.91}$$

여기서 총알은 질점으로 모델링하며 진자는 O에 대한 고정축 회전을 한다(식 (8.46) 참조).

$$(\vec{h}_O^\pm)_b = \vec{r}_{B/O} \times m_b \vec{v}_B^\pm, \qquad (\vec{h}_O^\pm)_p = (I_O)_p \vec{\omega}_p^\pm \tag{8.92}$$

여기서 $(I_O)_p$는 O에 대한 진자의 질량관성모멘트이고 상대위치 벡터 $\vec{r}_{B/O}$는 충돌 전후에 변화가 없기 때문에 위첨자 ±가 필요 없다. 진자는 초기에 정지해 있고 총알은 충돌 후 블록에 박히기 때문에 식 (8.92)를 식 (8.91)에 대입하고 외적 계산을 수행한 후 정리하면

$$m_b v_0 H = \left[(I_O)_p + m_b H^2\right]\omega_p^+ \tag{8.93}$$

식 (8.93)을 풀어 충돌 후 진자–총알 시스템의 속도를 구하면

$$\omega_p^+ = \frac{m_b v_0 H}{(I_O)_p + m_b H^2} \tag{8.94}$$

이 문제는 대부분의 구속 충돌 문제를 푸는데 가장 중요한 점인 고정 점에 대한 각운동량 보존을 잘 보여준다. 예제 8.12와 8.13은 더 복잡한 물리적 문제에 이러한 방법을 적용하는 것에 대해 소개한다.

절 요약

이 절에서 우리는 평면 강체 충돌에 대해 공부하였다. 질점 충돌과 비교하여 강체 충돌은 편심 충돌이 있다는 것을 알았다. 이것은 충돌하는 물체의 질량중심 중 최소한 하나는 충돌선을 벗어나 있는 경우이다. 또한 우리는 질점 충돌에서 적용되는 기본 개면들이 모두 강체 충돌에 대해서도 적용된다는 것을 배웠으며 다양한 경우의 해법에 대해 살펴보았다.

질점 충돌에서처럼 강체 충돌에서 반발계수가 $e = 0$이면 소성 충돌이라 하고 충돌하는 두 물체가 충돌 후 하나의 강체가 되면 완전 소성 충돌이라 한다. 또한 $e = 1$인 이상적인 경우를 완전 탄성 충돌이라 한다. 추가하여 두 개의 충돌하는 물체로 구성된 시스템에 작용하는 외부 충격력이 없으면 불구속 충돌이라 하고 그 반대의 경우 구속 충돌이라 한다.

본 절에서 다음의 가정이 성립하는 충돌만을 고려하였다:

1. 평면운동을 하는 두 강체의 충돌로서 운동 평면에 수직하게 작용하는 충격력 성분은 없는 경우
2. 두 강체의 한 점에서 충돌이 일어나고 그 점에서 충돌선을 분명하게 정의할 수 있는 경우
3. 접촉점에서 강체 사이의 마찰을 무시할 수 있는 경우

다양한 충돌 문제의 해법은 다음의 절차를 제시한다.

- 충돌하는 물체로 구성된 시스템에 대한 자유물체도와 각 물체에 대한 자유물체도를 먼저 그려라. 단, 비충격력은 무시하라.
- 충돌 순간의 접촉점과 일치하는 점을 원점으로 하는 좌표계를 설정하라. 여기서 좌표계의 원점은 고정되었다는 점을 명심하라.
- 선형 및 각 충격량–운동량 원리를 시스템과 각 물체에 적용하라. 각 충격량–운동량 원리를 전체 시스템에 적용할 때는 모멘트중심이 고정점이어야 하며 반면에 각 물체에 적용할 경우 고정점이거나 질량중심이어야 한다.
- 소성, 탄성 및 완전 탄성 충돌에서 반발계수 관계식은 우선적으로 충돌선 상에서 실제 접촉이 발생하는 점에 대한 속도 성분으로 유도한다. 예를 들면 그림 8.37의 충돌에서 반발계수 관계식은 먼저 다음과 같이 유도된다.

식 (8.82) p. 652

$$v_{Ex}^{+} - v_{Qx}^{+} = e\left(v_{Qx}^{-} - v_{Ex}^{-}\right)$$

여기서 반발계수는 $0 \le e \le 1$이다. 그리고 나서 반발계수 관계식은 강체 운동학을 이용하여 충돌하는 물체의 각속도와 질량중심에서의 속도의 항으로 다시 나타내야 한다. 그림 8.17의 경우 반발계수 관계식을 $\vec{v}_E^{\pm} = \vec{v}_C^{\pm} + \omega_A^{\pm}\hat{k} \times \vec{r}_{E/C}$와 $\vec{v}_Q^{\pm} = \vec{v}_D^{\pm} + \omega_B^{\pm}\hat{k} \times \vec{r}_{Q/D}$를 이용하여 다시 쓰는 것을 의미한다. 상대위치 벡터 $\vec{r}_{E/C}$와 $\vec{r}_{Q/D}$는 충돌 전후에 같다고 가정하기 때문에 위첨자 ±가 필요 없다는 점을 주목하라.

- 완전 소성 충돌의 경우 두 물체가 충돌 후 하나의 강체가 된다는 운동학적 구속 조건이 적용되어야 한다.

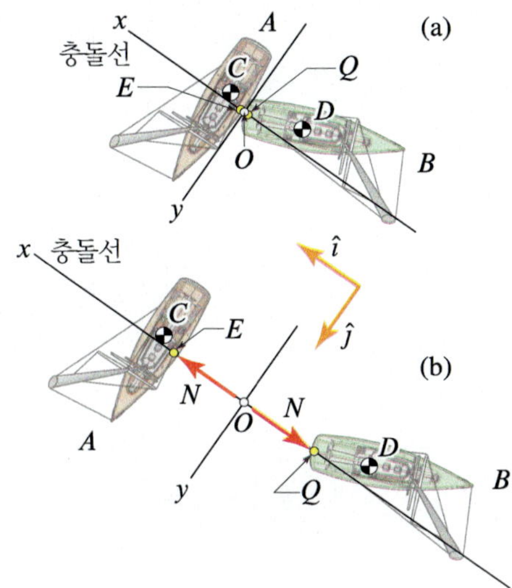

그림 8.37 충돌하는 물체의 자유물체도 (a) 시스템 (b) 개별.

예제 8.11 강체 중심 충돌

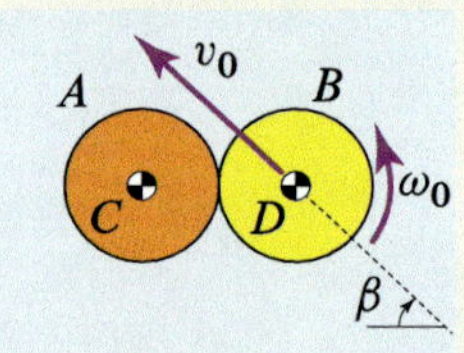

그림 1 충돌하는 하키 공.

얼음 위에서 미끄러지는 두 개의 같은 하키공이 그림 1과 같이 충돌한다. $\beta = 43°$이고 반발계수가 $e = 0.95$이며 초기에 A는 정지해 있고 B는 그림과 같이 $v_0 = 30$ m/s의 속도와 $\omega_0 = 4$ rad/s의 각속도로 운동한다면 충돌 후 A와 B의 속도를 구하라.

풀이 SOLUTION

로드맵과 모델링 그림 2와 3과 같이 충돌선과 적절한 좌표계가 정의된 시스템 자유물체도와 각 강체의 자유물체도로부터 문제 풀이를 시작한다. C, D가 충돌선 상에 있기 때문에 중심 충돌이다. 이 절의 앞부분에서 논의된 바와 같이 공 사이의 마찰은 없다는 가정과 중심 충돌이라는 사실로부터 물체의 각속도는 충격의 영향을 받지 않으며 반발계수 관계식은 질량중심의 속도 성분으로 바로 나타낼 수 있으며 결과적으로 이러한 단순화를 통해 질점 충돌 문제와 매우 유사한 결과를 얻게 된다.

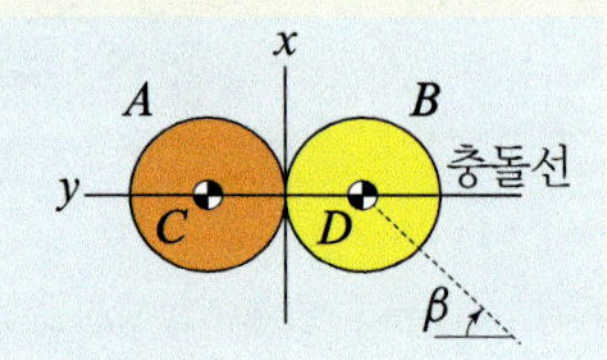

그림 2 시스템으로서 두 공의 충돌관련 자유물체도.

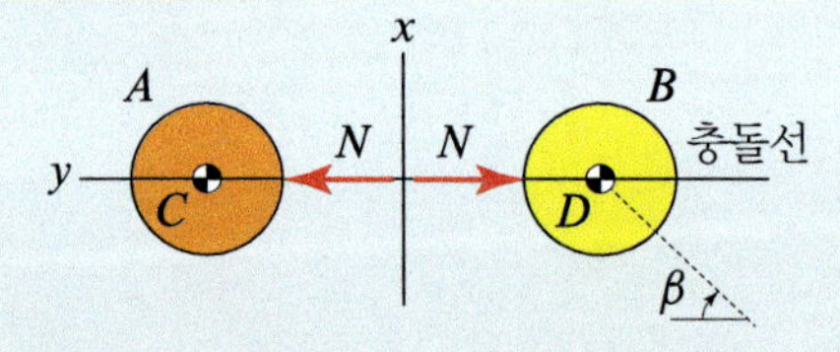

그림 3 두 공의 충돌관련 개별적 자유물체도.

지배방정식

평형 원리 시스템에 작용하는 외부충격력은 없으므로(그림 2) 시스템의 충돌선에 대한 선형운동량은 보존된다.

$$m_A v_{Cy}^- + m_B v_{Dy}^- = m_A v_{Cy}^+ + m_B v_{Dy}^+ \tag{1}$$

충돌선 방향으로 A, B에 작용하는 충격력은 없으므로 (그림 3)

$$v_{Cx}^- = v_{Cx}^+, \qquad v_{Dx}^- = v_{Dx}^+ \tag{2}$$

중심 충돌이므로(그리고 공 사이의 접촉점에서 마찰은 없으므로) A와 B의 각각에 대해 각 충격량–운동량 원리를 적용하면 다음 두식을 얻는다

$$\omega_A^+ = \omega_A^-, \qquad \omega_B^+ = \omega_B^- \tag{3}$$

힘의 법칙 반발계수 관계식은 충돌선에 위치한 질량중심의 속도 성분으로 바로 나타낼 수 있다.

$$v_{Cy}^+ - v_{Dy}^+ = e\left(v_{Dy}^- - v_{Cy}^-\right) \tag{4}$$

운동학 방정식 A, B의 충돌 전 속도는

$$\omega_A^- = 0, \qquad v_{Cx}^- = 0, \qquad v_{Cy}^- = 0 \tag{5}$$

$$\omega_B^- = \omega_0, \qquad v_{Dx}^- = v_0 \sin\beta, \qquad v_{Dy}^- = v_0 \cos\beta \tag{6}$$

계산 식 (1)-(4)는 6개의 미지.수 ω_A^+, v_{Cx}^+, v_{Cy}^+, ω_B^+, v_{Dx}^+, v_{Dy}^+에 대한 6개의 연립방정식이다. $m_A = m_b$를 적용하고 위 방정식을 풀면

$$\omega_A^+ = 0, \qquad v_{Cx}^+ = 0, \qquad v_{Cy}^+ = \frac{1+e}{2} v_0 \cos\beta \tag{7}$$

$$\omega_B^+ = \omega_0, \qquad v_{Dx}^+ = v_0 \sin\beta, \qquad v_{Dy}^+ = \frac{1-e}{2} v_0 \cos\beta \tag{8}$$

주어진 수치를 대입하여 다음과 같은 수치 결과를 얻을 수 있다:

$$\omega_A^+ = 0\,\text{rad/s}, \quad v_{Cx}^+ = 0\,\text{m/s}, \quad v_{Cy}^+ = 21.4\,\text{m/s} \tag{9}$$

$$\omega_B^+ = 4\,\text{rad/s}, \quad v_{Dx}^+ = 20.5\,\text{m/s}, \quad v_{Dy}^+ = 0.549\,\text{m/s} \tag{10}$$

논의 및 검증 구한 결과를 보면 A의 질량중심은 충돌선을 따라서만 운동하는 것으로 나타나는데 이는 충돌하는 물체 사이에 마찰이 없는 경우에 있어 예상되는 거동이라는 점에서 타당하다. 중심 충돌이므로(그리고 공 사이의 접촉점에서 마찰은 없으므로) A, B의 각운동량은 보존된다. 이에 추가하여 반발계수가 1보다 작기 때문에 충돌 후 시스템의 운동에너지가 충돌 전 운동에너지보다 적다는 것을 확인해야 하는데 이 문제에서는 A, B의 질량이나 질량관성모멘트 I_C 및 I_D가 주어지지 않았기 때문에 검증하는 것이 간단하지 않다. 식 (5)와 (6)을 사용하여 충돌 전 운동에너지를 구하면

$$\begin{aligned} T^- &= \tfrac{1}{2}m_A\left(v_C^-\right)^2 + \tfrac{1}{2}I_C\omega_A^- + \tfrac{1}{2}m_B\left(v_D^-\right)^2 + \tfrac{1}{2}I_D\omega_B^- \\ &= \tfrac{1}{2}m_B v_0^2 + \tfrac{1}{2}I_D\omega_0^2 \end{aligned} \tag{11}$$

또한 식 (7)과 (8)을 사용하여 충돌 후의 운동에너지를 구하면

$$\begin{aligned} T^+ &= \tfrac{1}{2}m_A\left(v_C^+\right)^2 + \tfrac{1}{2}I_C\omega_A^+ + \tfrac{1}{2}m_B\left(v_D^+\right)^2 + \tfrac{1}{2}I_D\omega_B^+ \\ &= \tfrac{1}{8}m_A(1+e)^2 v_0^2\cos^2\beta \\ &\quad + \tfrac{1}{8}m_B\left[4\sin^2\beta + (1-e)^2\cos^2\beta\right]v_0^2 + \tfrac{1}{2}I_D\omega_0^2 \end{aligned} \tag{12}$$

두 공은 서로 같으므로 $m_A = m_B$와 $I_C = I_D$가 성립하며 식 (12)를 식 (11)에 대입하여 정리하면

$$T^- - T^+ = \tfrac{1}{4}\left(1-e^2\right)m v_0^2\cos^2\beta \tag{13}$$

이 과정에서 $\frac{1}{2}m_B v_0^2 - \frac{1}{2}m_B v_0^2\sin^2\beta = \frac{1}{2}m v_0^2\cos^2\beta$의 관계를 사용하였다. 마지막으로 $e < 1$이므로 $1 - e^2 > 0$이 성립하고 결과적으로 식 (13)의 우변은 예상한대로 양이다.

$$T^- - T^+ > 0 \quad \Rightarrow \quad T^+ < T^- \tag{14}$$

예제 8.12 두 강체의 구속 충돌

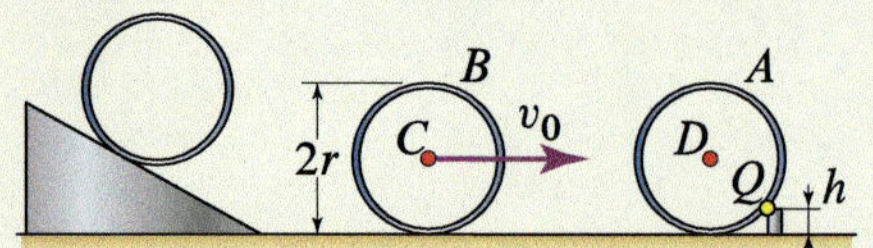

그림 1 수평 정렬되는 파이프. C, D는 각각 B, A의 중심이다. Q는 높이가 h인 계단과 접촉하는 A 상의 점이다.

반경이 $r = 0.46$ m이고 질량이 $m = 90$ kg인 파이프를 차례로 내려 지면에 수평하게 정렬되하 있는데 높이가 $h = 0.15$ m이고 지면에 고정된 블록이 그림 1과 같이 첫 번째 파이프를 제자리에 지지하고 있다. 다음 차례의 파이프 B가 v_0의 속도로 미끄럼 없이 오른쪽으로 굴러와 A에 충돌하는데 A, B의 충돌 시 반발계수가 $e = 0.85$이고 A가 블록으로부터 튀어 나가거나 미끄러지지 않을 때, A가 블록을 타고 굴러 넘어가게 하는 v_0의 최소값을 구하라.

풀이 SOLUTION

로드맵 풀이 과정을 두 단계로 나눠 첫 단계에서는 A, B의 충돌을 분석하여 충돌 후 거동을 결정하여 A의 운동을 v_0의 함수로 나타낸다. 다음 단계에서는 충돌 후 운동에너지와 A가 수직 높이 h인 블록을 타고 넘어가기 위해 중력에 대해 해야하는 일과의 관계를 이용하여 v_0의 최소값을 구한다.

A와 B의 충돌

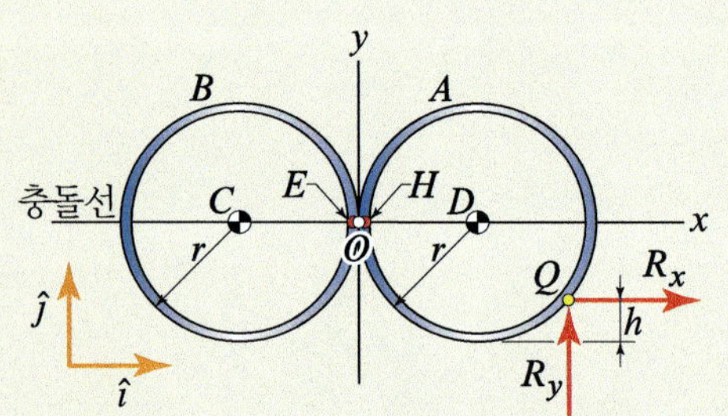

그림 2 A, B의 충돌 순간의 시스템 관련 자유물체도.

모델링 그림 2의 시스템에 대한 자유물체도와 그림 3의 각 충돌하는 물체에 대한 자유물체도에서, 충돌하는 순간 고정되어 있는 좌표계의 원점 O와 각각 A, B에 속한 접촉점 E, H가 서로 일치한다. Q에 외부 충격력이 작용하므로 구속 충돌이며 이러한 힘이 존재하는 이유는 A가 충돌 전에 고정된 블록과 접하고 있으면서 상대적으로 미끄러지지 않기 때문인데 A는 Q를 고정점으로 한 회전처럼 운동한다.

지배방정식

평형 원리 그림 2에서 시스템에 작용하는 외부충격력은 고정점 O에 대한 모멘트를 발생시키지 않으므로 시스템의 Q에 대한 각운동량은 보존된다.

$$(\vec{h}_Q^-)_A + (\vec{h}_Q^-)_B = (\vec{h}_Q^+)_A + (\vec{h}_Q^+)_B \tag{1}$$

여기서 각 파이프를 반경이 r인 균일하고 얇은 링으로 보면

$$(\vec{h}_Q^\pm)_A = I_Q \vec{\omega}_A^\pm, \qquad I_Q = mr^2 + mr^2 = 2mr^2 \tag{2}$$

$$(\vec{h}_Q^\pm)_B = I_C \vec{\omega}_B^\pm + \vec{r}_{C/Q} \times m\vec{v}_C^\pm, \qquad I_C = mr^2 \tag{3}$$

여기서 I_Q와 I_C는 각각 A의 Q에 대한 질량관성모멘트와 B의 C에 대한 질량관성모멘트이다. I_Q를 계산하는데 평행이동법칙을 사용하였으며 A가 Q에 고정된 것처럼 거동하므로 식 (2)의 첫 부분이 성립한다.

B에 작용하는 충격력 N은 C를 향하는 방향으로 작용하고 B의 질량 m과 I_C가 일정하므로 B의 C에 대한 각운동량과 선형운동량의 y 성분은 보존된다.

$$v_{Cy}^- = v_{Cy}^+, \qquad \omega_B^- = \omega_B^+ \tag{4}$$

B에 관한 식 (4)에서처럼 A에 작용하는 충격력은 A에 관한 관계식에 나타나지 않는다.

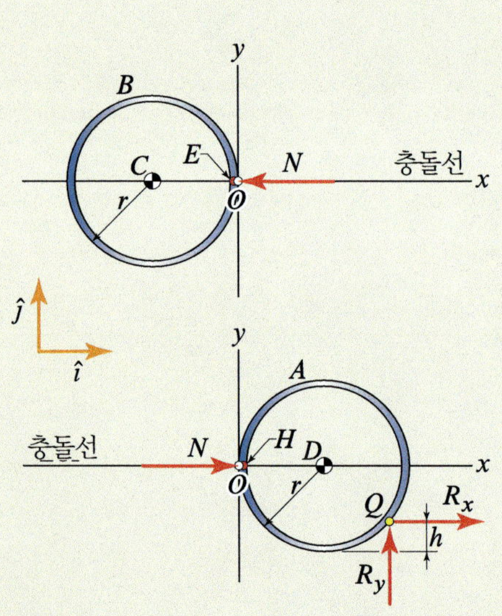

그림 3 A, B의 충돌 순간의 개별적 충돌관련 자유물체도.

힘의 법칙 A, B 사이의 접촉점이 E, H이므로 반발계수 관계식은

$$v_{Hx}^+ - v_{Ex}^+ = e(v_{Ex}^- - v_{Hx}^-) \tag{5}$$

운동학 방정식 충돌 전 A는 정지해 있고 B는 미끄럼 없이 구른다.

$$v_{Hx}^- = 0, \quad \omega_A^- = 0, \quad v_{Cy}^- = 0, \qquad \omega_B^- = -v_0/r \tag{6}$$

식 (5)의 v_{Ex}^{+}와 v_{Hx}^{+}를 $\vec{v}_C^{+}$, ω_B^{+}, ω_A^{+}의 함수로 나타내기 위해 $\vec{v}_E = \vec{v}_C + \vec{\omega}_B \times \vec{r}_{E/C}$와 $\vec{v}_H = \vec{\omega}_A \times \vec{r}_{H/Q}$($A$는 Q에 대해 회전)를 이용하면

$$v_{Ex}^{-} = v_0 \qquad v_{Ex}^{+} = v_{Cx}^{+}, \qquad v_{Hx}^{+} = -\omega_A^{+}(r-h) \tag{7}$$

계산 식 (2), (3)을 식 (1)에 대입하고 식 (4)와 식 (6)의 마지막 두 관계식을 적용하여 외적을 계산하고 정리하면

$$-v_0(r-h) = -v_{Cx}^{+}(r-h) + 2r^2\omega_A^{+} \tag{8}$$

위 식은 스칼라 형태인데 그 이유는 식 (1)에서 유일하게 0이 아닌 항이 z 방향이기 때문이다. 식 (6)의 첫 부분과 식 (7)을 식 (5)에 대입하면

$$-\omega_A^{+}(r-h) - v_{Cx}^{+} = ev_0 \tag{9}$$

식 (8)과 (9)는 v_{Cx}^{+}와 ω_A^{+}에 관한 연립 방정식으로서 이를 풀면

$$\omega_A^{+} = -\frac{(1+e)(r-h)v_0}{h^2 - 2hr + 3r^2}, \qquad v_{Cx}^{+} = \frac{h^2 - 2hr + (1-2e)r^2}{h^2 - 2hr + 3r^2}v_0 \tag{10}$$

A에 대한 일–에너지 원리

모델링 충돌 후 A는 Q에 핀으로 연결된 것처럼 블록을 타고 굴러 넘어간다. 그림 4는 A가 블록의 정상에 도달하기 전의 자유물체도이다. Q가 고정되어 있으므로 Q에서의 반력은 아무 일도 하지 않으며 따라서 A의 충돌 후 운동에서의 에너지는 보존된다.

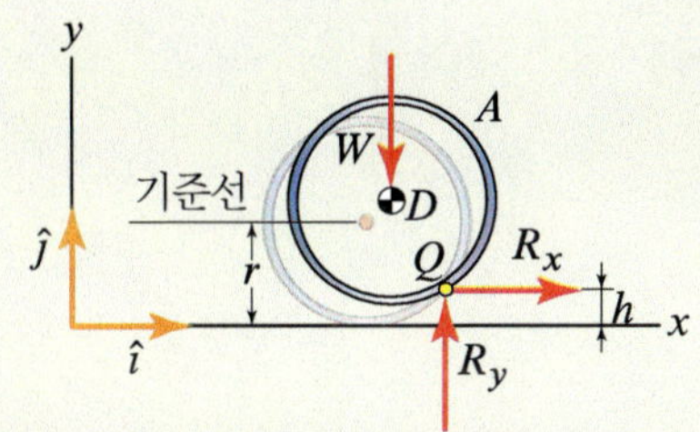

그림 4 B와 충돌 후 A의 자유물체도.

지배방정식

평형 원리 ①를 충돌 직후라 하고 ②를 A가 플록의 정상에 속도가 0인 상태로 도달했을 때라 하면(여기서는 v_0의 최소값을 구해야 하므로)

$$T_{A1} + V_{A1} = T_{A2} + V_{A2}, \quad \text{여기서} \quad T_{A1} = \tfrac{1}{2}I_Q\omega_{A1}^2, \quad T_{A2} = \tfrac{1}{2}I_Q\omega_{A2}^2 \tag{11}$$

여기서 $I_Q = 2(W/g)r^2$이다.

힘의 법칙 그림 4와 같이 기준선을 잡으면

$$V_{A1} = 0, \qquad V_{A2} = Wh \tag{12}$$

운동학 방정식 모델링 과정에서의 가정에 의하여

$$\omega_{A1} = \omega_A^{+}, \qquad \omega_{A2} = 0 \tag{13}$$

계산 식 (11)-(13)을 조합하고 ω_A^{+}는 식 (10)의 첫 관계식을 이용하여 v_0에 대해 풀면

$$v_0 = \frac{\sqrt{gh}(h^2 - 2hr + 3r^2)}{r(1+e)(r-h)} = 2.39\ \text{m/s} \tag{14}$$

논의 및 검증 계산된 v_0와 식 (10)으로부터 $\omega_A^{+} = -2.64$ rad/s와 $v_{Cx}^{+} = -1.21$ m/s를 얻을 수 있는데 이를 분석해보면 충돌 후 A는 시계방향으로 회전하고 B는 왼쪽으로 이동함을 나타내는 것으로 예상한 거동과 같다는 점에서 위에서 구한 결과는 타당하다. 또한 v_0는 충돌없이 단순히 평지를 미끄럼 없이 구르는 B가 지면으로부터 h의 높이에 도달하는데 필요한 속도인 $\sqrt{gh} = 1.21$ m/s보다 커야 한다는 예상과도 일치한다. 마지막으로 구한 v_0로부터 충돌 전후의 운동에너지를 구하면 $T^{-} = 514\ \text{N}\cdot\text{m} > T^{+} = 455\ \text{N}\cdot\text{m}$ 의 조건을 만족한다.

예제 8.13 강체 충돌로서 잡기 동작 모델링

그림 1 공중 잡기. 공중그네에 무릎으로 매달려 있는 곡예사가 잡는 사람이고 다른 곡예사가 나는 사람.

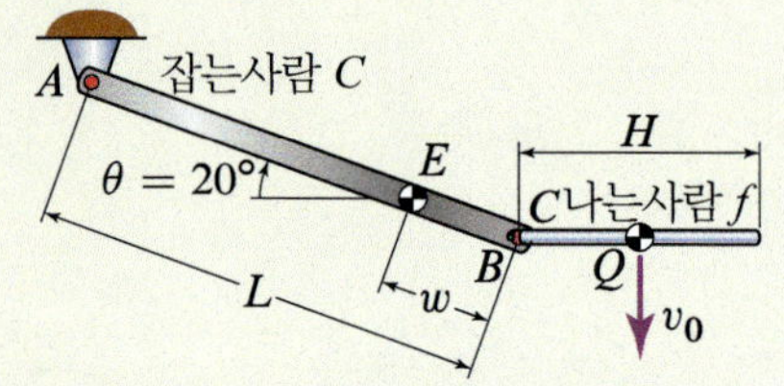

그림 2 잡는 순간 곡예사의 모델.

완벽한 잡기 동작에서는(그림 1의 곡예사 참조), 잡는 사람과 나는 사람이 서로 속도가 0인 상태에서 잡는다. 만약 이런 이상적인 상태가 아니라면 어떻게 될 것인가? 예를 들어 잡는 사람은 이상적인 상태이지만(즉 속도가 0이지만) 나는 사람은 자유낙하 하는 속도인 v_0 = 2m/s일 때(약 낙하한 속도), 잡는 사람이 나는 사람을 잡기위해 필요한 평균 힘은 얼마인가? 그림 2에서 잡는 사람과 공중그네는 균일하지 않은 가는 막대기로 모델링하였으며[7] 질량은 m_c = 90 kg, 길이는 ℓ = 4 m, 질량중심 E에서의 질량관성모멘트는 I_E = 30 kg · m²이고 ω = 1 m이다. 또한 나는 사람은 길이가 H = 2 m이고 질량이 m_f = 70 kg인 균일한 가는 막대기로 모델링하였다. 잡는 사람과 나는 사람의 잡는 동작을 핀으로 연결된 것으로 모델링하고 잡는 순간에 둘 다 각속도는 없다고 가정한다. 마지막으로 잡는 사람과 나는 사람은 0.15 s 동안(최고 운동 선수의 반응 시간이 120-160 ms임) 꽉 잡고 있다는 가정 하에 잡는 동작이 충분히 짧은 시간 내에 일어나므로 충돌 현상으로 모델링한다.

풀이 SOLUTION

로드맵과 모델링 잡는 동작을 충돌로 모델링하는 것은 매우 유용한데 그 이유는 (1) 충돌 전후의 속도 관계를 선형 충격량–운동량 원리로부터 유도함으로써 c가 f에 가하는 충격력을 계산할 수 있으며 (2) 이러한 충격력을 반응시간으로 나누면 원하는 평균 힘을 계산할 수 있다. 여기서 모델링하는 충돌은 소성도 아니고 탄성도 아닌데 그 이유는 c, f가 연결되기 때문이다. 동시에 완전 소성도 아닌데 c, f가 서로에 대해 회전할 수 있기 때문이다. 따라서 우리가 알고 있는 강체 충돌에 관한 지식을 주어진 상황에 맞게 변형하여 새로운 전략을 세울 필요가 있다. 우선 전형적인 강체충돌 문제처럼 시스템의 자유물체도와 c, f의 각각에 대한 자유물체도를 그림 3과 4처럼 그린다. 잡는 순간, 좌표계의 원점 O는 고정되어 있고 c, f가 서로 잡는 지점인 B, C와 일치하도록 선정한다. c는 A에 대한 고정축 회전만이 가능하므로 잡은 후의 속도는 다음 4개의 물리량에 따라 결정된다: c, f의 각속도와 $\vec{v}$의 두 성분.

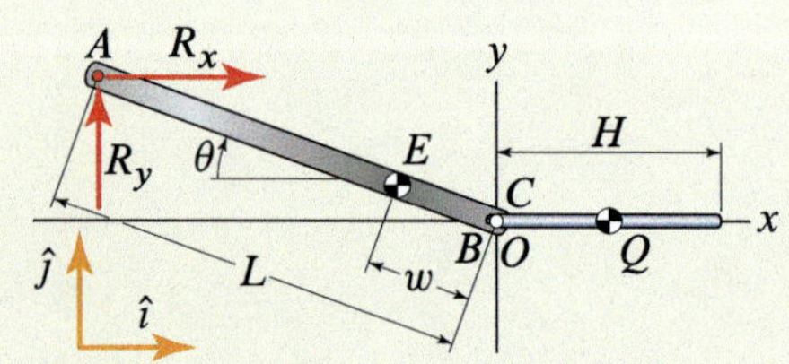

그림 3 c, f의 개별적 충돌관련 자유물체도.

지배방정식

평형 원리 그림 4와 식 (8.36)을 참조하여 선형 충격량–운동량 원리를 적용하면

$$m_f \vec{v}_Q^- + \int_{t^-}^{t^+} (N_x \hat{\imath} + N_y \hat{\jmath})\, dt = m_f \vec{v}_Q^+ \tag{1}$$

힘 R_x와 R_y는 고정점 A에 대해 모멘트가 없으므로(그림 3 참조) A에 대한 시스템의 각운동량은 보존된다.

$$(\vec{h}_A^-)_c + (\vec{h}_A^-)_f = (\vec{h}_A^+)_c + (\vec{h}_A^+)_f \tag{2}$$

여기서,

$$(\vec{h}_A^\pm)_c = \left[I_E + m_c(L-w)^2\right]\vec{\omega}_c^\pm, \qquad (\vec{h}_A^\pm)_f = I_Q\vec{\omega}_f^\pm + \vec{r}_{Q/A} \times m_f \vec{v}_Q^\pm \tag{3}$$

식 (3)의 첫 부분은 A에 대한 c의 고정축 회전을 나타낸다. 그리고 C, O는 잡는 순간에 서로 일치하므로(그림 4 참조) N_x와 N_y가 O에 대해 발생시키는 모멘트는 없고 따라서 O에 대한 f의 모멘트 $(\vec{h}_O)_f$는 보존되어야 한다. 즉

$$(\vec{h}_O^-)_f = (\vec{h}_O^+)_f \quad \text{where} \quad (\vec{h}_O^\pm)_f = I_Q\vec{\omega}_f^\pm + \vec{r}_{Q/O} \times m_f \vec{v}_Q^\pm \tag{4}$$

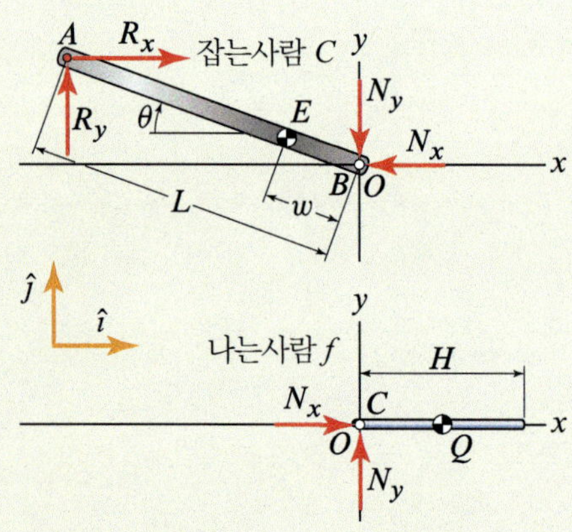

그림 4 잡는 사람과 나는 사람의 시스템으로서 충돌관련 자유물체도.

7) 공중그네를 별도로 고려하고 인체의 유연성을 고려하면 더 좋은 모델이다.

힘의 법칙 모든 힘을 고려하여 자유물체도에 나타냈으며 반발계수 관계식은 고려하지 않는다.

운동학 방정식 잡은 후에는 $\vec{v}_B^+ = \vec{v}_C^+$ 이므로

$$\vec{\omega}_c^+ \times \vec{r}_{B/A} = \vec{v}_Q^+ + \vec{\omega}_f^+ \times \vec{r}_{C/Q} \tag{5}$$

계산 식 (3)을 식 (2)에 대입하면

$$-m_f v_0[L\cos\theta + (H/2)] = \left[I_E + m_c(L-w)^2\right]\omega_c^+ + I_Q\omega_f^+ + m_f v_{Qx}^+ L\sin\theta + m_f v_{Qy}^+[L\cos\theta + (H/2)] \tag{6}$$

여기서 식 (6)은 스칼라 형태인데 그 이유는 식 (2)에서 유일하게 0이 아닌 항이 z 방향이기 때문이다. 식 (4)에 대해서도 마찬가지로 전개하면

$$-m_f v_0(H/2) = I_Q\omega_f^+ + m_f v_{Qy}^+(H/2). \tag{7}$$

식 (5)의 곱을 전개하고 그 결과를 성분별로 정리하면

$$\omega_c^+ L\sin\theta = v_{Qx}^+, \qquad \omega_c^+ L\cos\theta = v_{Qy}^+ - \omega_f^+(H/2) \tag{8}$$

식 (6)-(8)은 4개의 미지수 ω_c^+, ω_f^+, v_{Qx}^+, v_{Qy}^+에 대한 4개의 연립방정식이다. $I_Q = m_f H^2/12$를 적용하고 위 방정식을 풀면

$$\omega_c^+ = -\frac{Lm_f v_0\cos\theta}{4[I_E + m_c(L-w)^2] + L^2 m_f(1+3\sin^2\theta)} = -0.1080\,\text{rad/s} \tag{9}$$

$$\omega_f^+ = -\frac{3v_0}{H}\frac{2I_E + 2m_f L^2\sin^2\theta + 2m_c(L-w)^2}{4[I_E + m_c(L-w)^2] + L^2 m_f(1+3\sin^2\theta)} = -1.196\,\text{rad/s} \tag{10}$$

$$v_{Qx}^+ = -\frac{L^2 m_f v_0\cos\theta\sin\theta}{4[I_E + m_c(L-w)^2] + L^2 m_f(1+3\sin^2\theta)} = -0.1477\,\text{m/s} \tag{11}$$

$$v_{Qy}^+ = -v_0\frac{3I_E + m_f L^2(1+2\sin^2\theta) + 3m_c(L-w)^2}{4[I_E + m_c(L-w)^2] + L^2 m_f(1+3\sin^2\theta)} = -1.601\,\text{m/s} \tag{12}$$

$t^+ - t^- = 0.15$ s이고 이 시간동안의 평균 힘의 정의와 식 (1)의 전개로부터 $\vec{N}_{\text{avg}} = \frac{1}{t^+ - t^-}\int_{t^-}^{t^+}(N_x\hat{\imath} + N_y\hat{\jmath})\,dt = \frac{m_f}{t^+ - t^-}(\vec{v}_Q^+ - \vec{v}_Q^-)$를 얻을 수 있고 최종적으로

$$(N_x)_{\text{avg}} = -68.9\,\text{N},\ (N_y)_{\text{avg}} = 186\,\text{N} \quad\Rightarrow\quad |\vec{N}_{\text{avg}}| = 198\,\text{N} \tag{13}$$

논의 및 검증 계산 결과 모든 속도의 부호는 예측한 바와 같다. 또한 $v_{Qy}^+ < v_0$도 잡는 사람이 나는 사람의 낙하를 늦춘다는 점에서 예측과 같다. 힘에 방향도 예측한 것과 일치하며 크기도 속도 결과 및 주어진 반응 속도와 경향이 잘 맞는다.

심층분석 위의 모델에 의하면 잡는 사람은 20 cm 정도 자유 낙하한 687 N(이는 사람의 체중에 해당)의 나는 사람을 잡기 위해 대략 200 N의 힘을 써야 한다. 그러한 힘의 크기는 건강한 사람이라면 충분히 가능한 수치이며 따라서 이러한 힘의 결과를 기준으로 볼때 이상적으로 잡는 동작에서 몇 cm 벗어난 것은 크게 나쁜 상황은 아니라고 결론내릴 수 있다. 하지만 이상적인 조건을 맞추지 못한 결과를 보다 완전하게 예측하기 위해서는 잡은 이후 스윙의 전 구간을 통해 써야 하는 최대 힘과 같이 다른 중요한 인자들을 고려해야 할 것이다.

문제

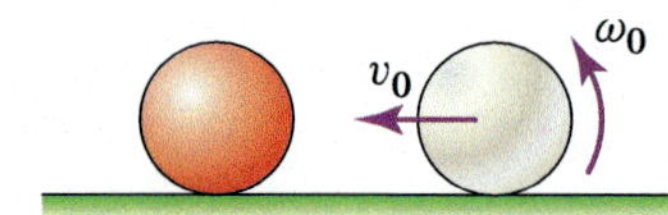

그림 P8.78

문제 8.78

스톱샷(stop shot)이란 당구에서 수구(백색)가 적구(적색)를 친 후 멈추는 경우를 말한다. 여기서 두 공의 충돌을 마찰이 없는 접촉에 의한 두 강체의 완전 탄성 충돌로 모델링할 때, 스톱샷을 잘 조절하기 위해서 수구의 충돌 전 각속도에 대한 조건으로 다음 어느 것이 맞는지 결정하라: (a) $\omega_0 < 0$; (b) $\omega_0 = 0$; (c) $\omega_0 > 0$

주의 개념 문제는 계산이 아닌 설명이 필요하다.

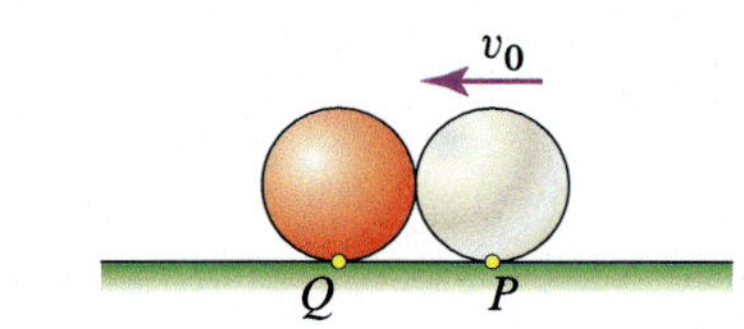

그림 P8.79

문제 8.79

수구(백색)가 미끄럼 없이 왼쪽으로 구르면서 질량중심은 $v_o = 1.8$ m/s의 속도로 움직이고 적구(적색)는 정지해 있다. 두 공의 지름 d는 57 mm로 같고 충돌 반발계수는 $e = 0.98$이며 수구와 적구의 질량은 각각 $m_c = 170$ g과 $m_o = 156$ g이다. P, Q를 충돌이 발생하는 순간 각각 수구와 적구가 테이블과 접촉하는 점이라 하자. 두 공 사이의 접촉점에서 마찰이 없다고 가정하고 공을 균일한 구로 모델링할 때 P, Q의 충돌 후 속도를 계산하라.

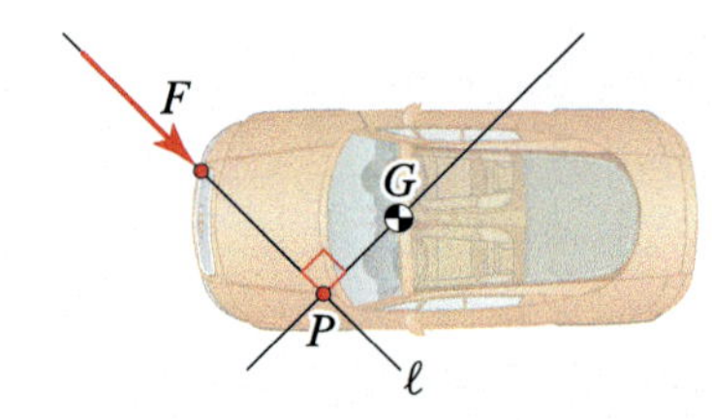

그림 P8.80

문제 8.80

충돌이 발생한 차에 적합한 자유물체도를 고려하자. 충돌 시점에 차는 정지해 있었다고 가정하자. 또한 작용선 ℓ을 따라 가해지는 힘 F가 그 시점에 차에 작용하는 유일한 충격력이라 가정하자. ℓ에 수직하면서 질량중심 G를 통과하는 선과 ℓ이 만나는 교점 P를 충격중심이라 한다(충격중심의 다른 정의는 522쪽의 간단한 예제를 참조). 그렇다면 충돌 시점에 차이 속도순간중심이 P, G와 같은 직선 상에 놓이는가?

주의 개념 문제는 계산이 아닌 설명이 필요하다.

문제 8.81

질량이 $m = 0.6$ kg인 농구공이 미끄럼 없이 구르다가 보이는 바와 같이 $\ell = 70$ m인 작은 계단과 충돌한다. 공의 반경을 $r = 120$ mm라 하고 얇은 구면 쉘이라 모델링하며(구면 쉘의 질량중심에 대한 질량관성모멘트는 $\frac{2}{3}mr^2$이다) 공이 계단으로부터 튀어나가거나 미끄러지지 않는다고 가정할 때, 공이 계단을 타고 넘어갈 수 있는 v_0의 최소값을 구하라.

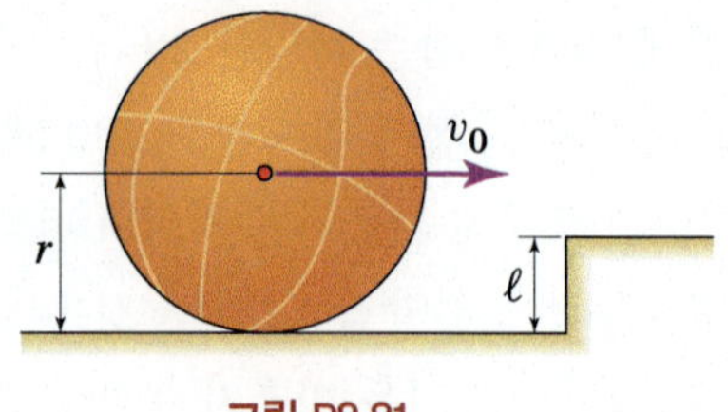

그림 P8.81

문제 8.82

그림과 같이 질량이 m_b인 총알이 v_0의 속도로 길이가 ℓ이고 질량이 m_r이며 O에 핀으로 연결된 균일한 봉 A에 발사된다. 총알이 봉을 치는 순간에 수평 반력이 0이 되는 거리 d를 구하라.

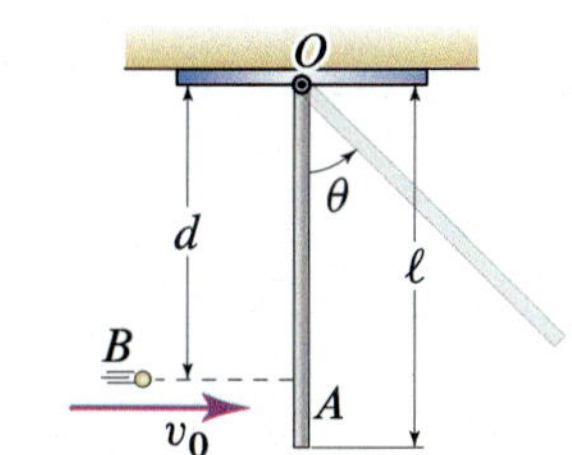

그림 P8.82

문제 8.83

552쪽의 간단한 예제를 운동량 방법과 충격력 개념을 이용하여 풀어라. 구체적으로, 타자가 방망이 끝단으로부터 δ만큼 떨어진 곳을 잡고 있을 때 방망이의 d 지점을 공이 때린다. O에서의 횡방향 (방망이에 수직한 방향) 반력이 0이 되도록 하는 공의 타격 위치 d를 결정함으로써 "스위트 스폿" P (보다 정확하게는 타격중심이라 불린다[8])를 구하라. 방망이는 O에 핀으로 연결되어 있고 질량이 m, 질량중심이 G, 질량관성모멘트가 I_G라 가정하라.

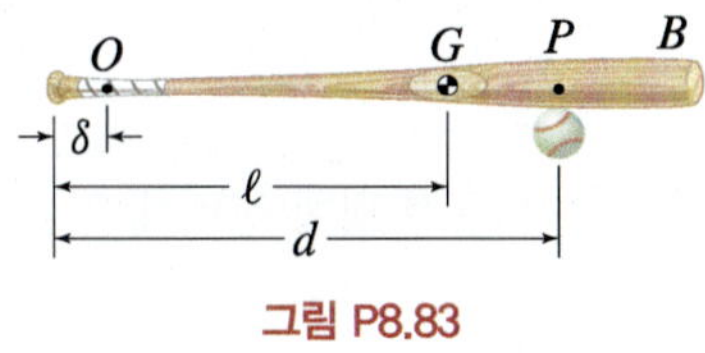

그림 P8.83

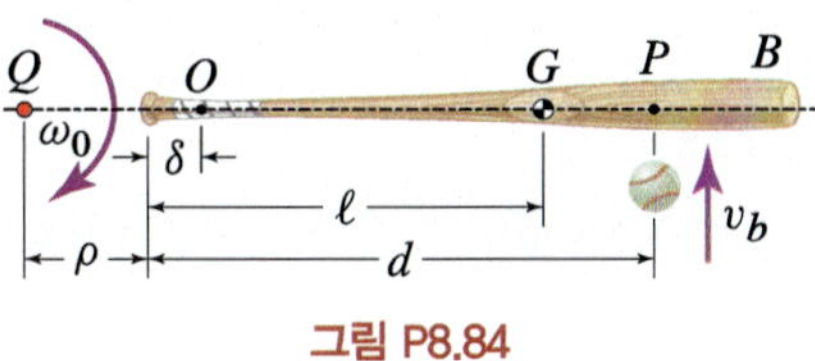

그림 P8.84

문제 8.84

타자가 길이가 860 mm, 질량이 m_B, 질량중심이 G이고 질량관성모멘트가 $I_G = 0.056$ kg · m^{2}인 방망이를 휘두른다. 방망이의 회전중심은 Q이다. 타자가 방망이를 쥔 O에서 아무런 충격력도 느끼지 않는 방망이의 "스위트스폿" 또는 타격중심인 P의 위치를 정의하는 거리 d를 계산하라. 또한 질량이 140 g이고 $v_b = 140$ km/h의 속도로 날아오는 공을 타자가 $\omega_0 = 45$ rad/s의 각속도로 방망이를 휘둘러 맞춘다고 할 때 충돌 직후 공의 속도와 방망이의 각속도를 계산하라. 문제에서 수치 값은 다음을 사용하라: $\delta = 150$ mm, $\rho = 350$ mm, $\ell = 570$ mm, 반발계수 $e = 0.5$

문제 8.85

그림과 같이 질량이 9.6 g인 총알이 v_0의 속도로 발사되어 높이가 $h = 114$ mm이고 폭이 $\omega = 152$ mm이며 질량이 $m_{rb} = 0.9$ kg인 고무 블록의 중심에 박힌다. 고무 블록은 길이가 $L = 0.46$ m이고 질량이 $W_r = 2.27$ kg이며 O에 핀으로 연결된 균일하고 가는 봉 A의 끝단에 부착되어 있다. 충돌 후 봉은 (블록과 그 안의 총알과 함께) 위로 60° 회전한다. 충돌 직전의 총알의 속도를 구하라.

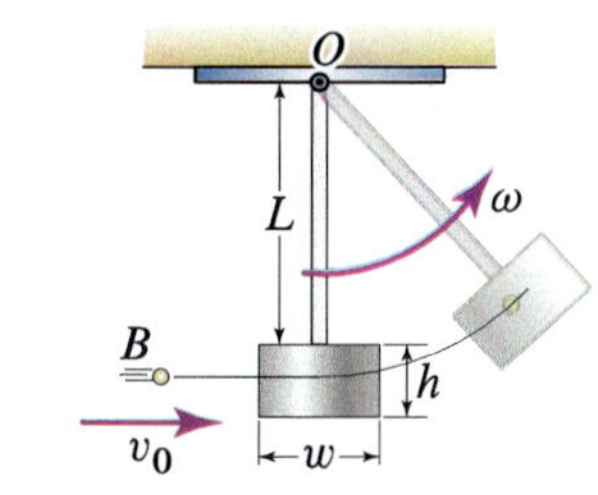

그림 P8.85

문제 8.86

길이가 $\ell = 1.75$ m이고 질량이 $m = 23$ kg인 균일하고 가는 막대기가 그림과 같이 $v_0 = 12$ m/s의 속도로 직선운동을 하다가 정지해 있는 장애물 B와 충돌한다. 막대기와 장애물 사이의 접촉은 마찰이 없다고 모델링하고 $\beta = 32°$, $d = 0.46$ m그리고 충돌 반발계수 $e = 0.74$라 할 때 충돌 직후 막대기의 각속도를 결정하라.

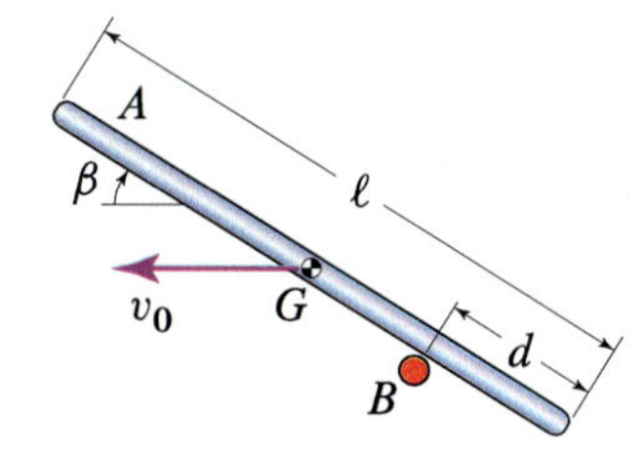

그림 P8.86

8) R. Cross, "The Sweet Spot of a Baseball Bat," American Journal of Physics, 66(9), 1998, pp. 772 – 779. 참조.

문제 8.87

길이가 $\ell = 9$ m이고 질량이 $m = 273$ kg인 도개교(들어 올릴 수 있는 다리, 역자 주)가 그림에 보이는 위치에서 움직이기 시작하여 못의 오른쪽 끝에 닿을 때까지 마찰 없이 시계방향으로 회전한다. 다리와 지면 사이의 반발계수가 $e = 0.45$이고 접촉하는 지점이 다리의 회전 중심으로부터 ℓ 만큼 떨어져 있다고 할 때 충돌 후 다리가 반등하는 각도를 구하라. 모든 마찰은 무시하라.

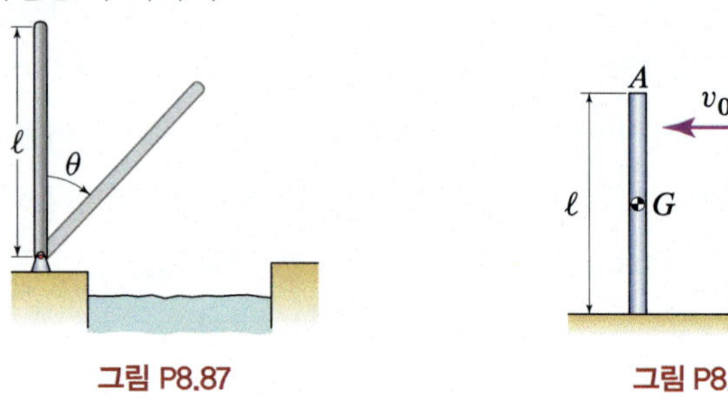

그림 P8.87

그림 P8.88

문제 8.88

길이가 $\ell = 1.55$ m이고 질량이 $m_A = 6$ kg인 막대기 A가 정적 평형 상태에 있을 때 질량이 $m_B = 0.15$ kg인 공 B가 $v_0 = 30$ m/s의 속도로 막대기의 아래쪽 끝단으로부터 $d = 1.3$ m의 지점에 충돌한다. 충돌 반발계수가 $e = 0.85$일 때 충돌 직후 막대기의 질량 중심 G에서의 속도와 막대기의 각속도를 구하라.

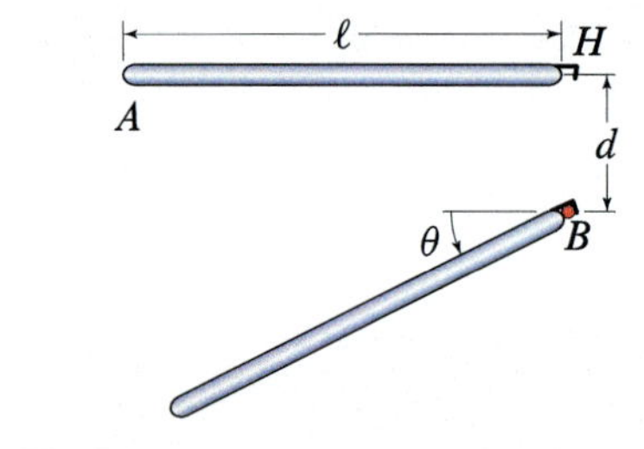

그림 P8.89

문제 8.89

끝단에 고리가 있는 균일한 막대기 A가 그림과 같이 $d = 0.9$ m의 높이로부터 고정된 핀 B로 떨어진다. A의 질량과 길이가 각각 $m = 45$ kg과 $\ell = 2.1$ m일 때, 막대기가 B에 걸린 상태에서 반발되지 않고 회전하는 각도를 구하라. 막대기 A가 고리 B에 걸리지만 고리와 핀 사이의 마찰은 없다고 가정하라.

문제 8.90

이단평행봉을 하는 체조 선수가 수직 속도 v_0와 각속도는 없는 상태로 상단 봉을 잡는다. 체조 선수를 질량이 $m = 42$ kg이고 길이가 $\ell = 1.8$ m인 균일한 강체의 봉으로 모델링하라. 모든 마찰은 무시하고 $\beta = 12°$이라 하며 체조선수가 잡았을 때 상단 봉 B가 움직이지 않는다고 할 때 체조 선수가 수평 상태가 되기 위해 (반시계방향으로) 회전하기 위한 속도 v_0를 구하라. 체조선수의 손과 봉 사이의 마찰은 무시하라.

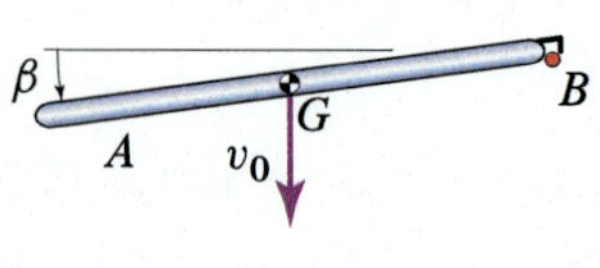

그림 P8.90

문제 8.91

질량이 $m = 7$ kg 이고 반경이 $r = 0.5$ m인 균일하고 얇은 링 A가 그림과 같이 정지 상태에서 서서히 움직이기 시작하여 미끄럼 없이 구르다가 높이가 $\ell = 0.45$ m인 계단을 만난다. $\beta = 12°$ 라 하고 링이 계단으로부터 반발되거나 미끄러지지 않는다고 가정할 때 링이 계단을 타고 넘을 수 있는 거리 d의 최소값을 구하라.

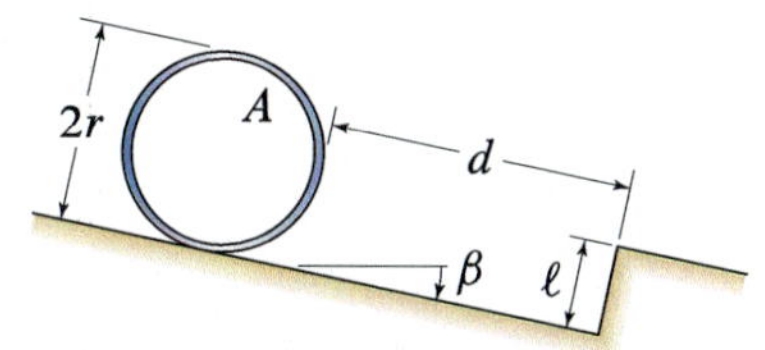

그림 P8.91

문제 8.92

서로 같은 균일한 막대기 AB와 BD가 B에서 핀으로 연결되어 있으며 막대기 BD의 자유단에는 고리가 있다. 그림과 같이 (단면이 보이는) 고정 핀 E로부터 $d = 0.9$ m 높이에서 막대기 두 개가 낙하한다. 각 막대기의 질량과 길이가 각각 $m = 45.4$ kg과 $\ell = 2.1$ m일 때 막대기 BD가 E에 충돌한 직후의 AB와 BD의 각속도를 구하라. 단 BD는 반발되지 않는다.

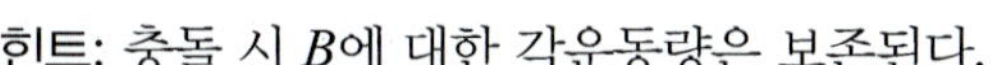
힌트: 충돌 시 B에 대한 각운동량은 보존된다.

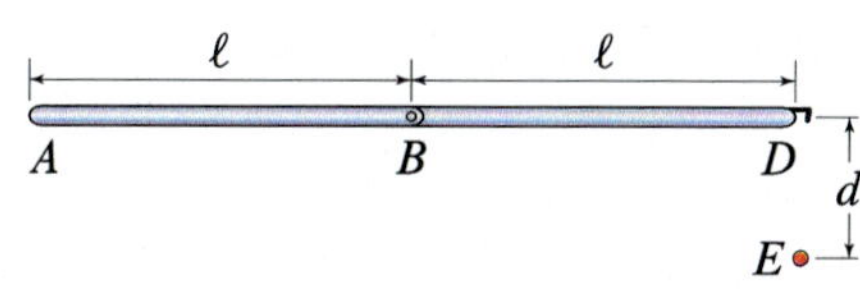

그림 P8.92

문제 8.93

차 A, B가 그림과 같이 충돌한다. 반발계수가 $e = 0.35$일 때 충돌 직후 A와 B의 각속도를 결정하라. 여기서 C, D는 각각 A, B의 질량중심이며 649쪽의 가정 3을 적용하고 다음의 수치를 사용하여 문제를 풀어라: (A의 질량) $m_A = 1420$ kg, $k_C = 875$ mm (A의 자이로반경), $v_C = 20$ km/h (A의 질량중심 속도), (B의 질량) $m_B = 1600$ kg, (B의 회전반경) $k_D = 1$ m, (B의 질량중심 속도) $v_D = 24$ km/h, $d = 0.480$ m, $\ell = 2$ m, $\delta = 0.180$ m, $\rho = 1.65$ m, $\beta = 12°$.

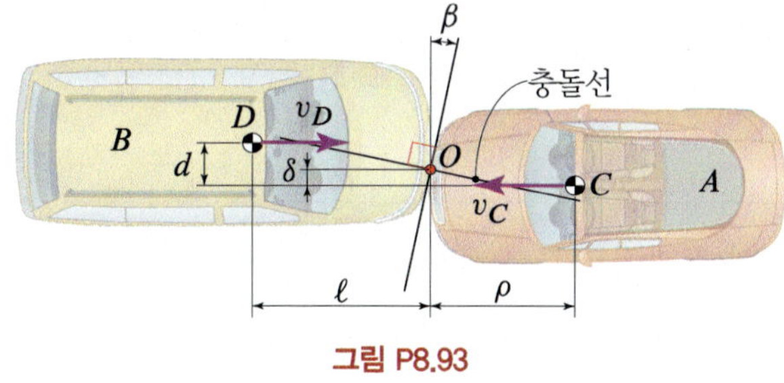

그림 P8.93

문제 8.94

예제 8.10을 참조하여 우주왕복선(물체 A)을 국제우주정거장(물체 B)에 도킹하는 것을 모델링한 두 강체의 충돌을 고려하자. 예제 8.10과 같이 B는 관성좌표계에 대해 정지해 있고 A는 그림과 같이 직선으로 이동한다. A, B는 Q 점에서 만나지만 예제 8.10과 비교하여 도킹 시스템의 연성으로 인하여 서로 회전할 수 있다고 가정한다. $v_0 = 0.03$ m/s일 때 도킹 직후의 A, B의 각속도를 구하라. 여기서 C, D는 각각 A, B의 질량중심이며 관련 수치값은 다음과 같다: A의 질량과 질량관성모멘트는 각각 $m_A = 120 \times 10^3$ kg과 $I_C = 14 \times 10^6$ kg · m²이다; B의 질량과 질량관성모멘트는 각각 $m_B = 180 \times 10^3$ kg과 $I_D = 34 \times 10^6$ kg · m²이다; 크기는 $\ell = 24$ m, $d = 8$ m, $\rho = 2.6$ m 및 $\delta = 2.4$ m.

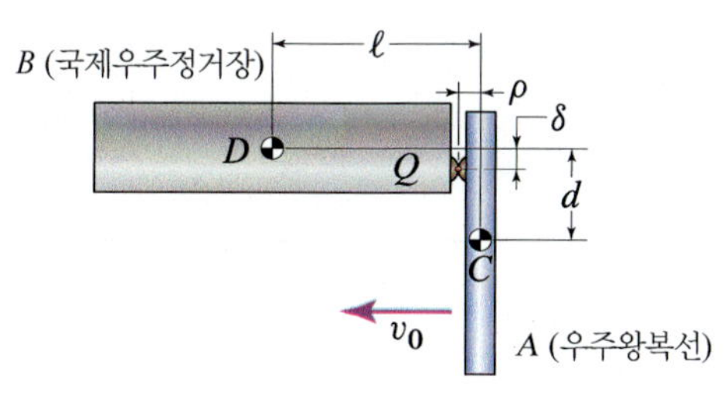

그림 P8.94

8.4 장 복습

강체에 대한 일-에너지 원리

이 절에서 우리는 평면운동을 하는 강체에 대한 운동에너지 T가 다음과 같이 주어진다는 것을 유도하였다.

식 (8.10) p. 593

$$T = \frac{1}{2}mv_G^2 + \frac{1}{2}I_G\omega_B^2$$

또는

식 (8.13) p. 594

$$T = \frac{1}{2}I_O\omega_B^2$$

여기서 m, G, I_G는 각각 물체의 질량, 질량중심 및 질량관성모멘트이고 두 번째 방정식은 고정된 축에 대한 회전에 적용되며 I_O는 회전축에 대한 질량관성모멘트이다. 강체에 대한 일-에너지 원리는

식 (8.18) p. 595

$$T_1 + U_{1\text{-}2} = T_2$$

여기서 U_{1-2}는 강체가 외력에 의해 ①에서 ②로 이동할 때 행해진 일이다. 보존력의 위치에너지를 이용하면 일-에너지 원리는 다음과 같이 쓰인다.

식 (8.25), 식(8. 26) p. 596

$$T_1 + V_1 + (U_{1\text{-}2})_{\text{nc}} = T_2 + V_2 \quad \text{(일반계)}$$

$$T_1 + V_1 = T_2 + V_2 \quad \text{(보존계)}$$

두 번째 식은 보존계에 대해서만 성립하며 계의 기계적 에너지가 보존된다는 것을 의미한다. 강체 시스템 또는 강체와 질점의 조합된 시스템에 대한 일-에너지 원리는 다음과 같다.

식 (8.31) p. 598

$$T_1 + V_1 + (U_{1\text{-}2})_{\text{nc}}^{\text{ext}} + (U_{1\text{-}2})_{\text{nc}}^{\text{int}} = T_2 + V_2$$

여기서 V는 (외부와 내부 보존력의) 위치에너지이고 $(U_{1\text{-}2})_{\text{nc}}^{\text{ext}}$과 $(U_{1\text{-}2})_{\text{nc}}^{\text{int}}$는 위치에너지를 갖지 않는 외부와 내부의 비보존력에 의한 일이다.

그림 8.38의 강체 평면운동에서 커플에 의한 일은

식 (8.24) p. 596

$$U_{1\text{-}2} = \int_{t_1}^{t_2} M\omega_{AB}\,dt = \int_{\theta_1}^{\theta_2} M\,d\theta$$

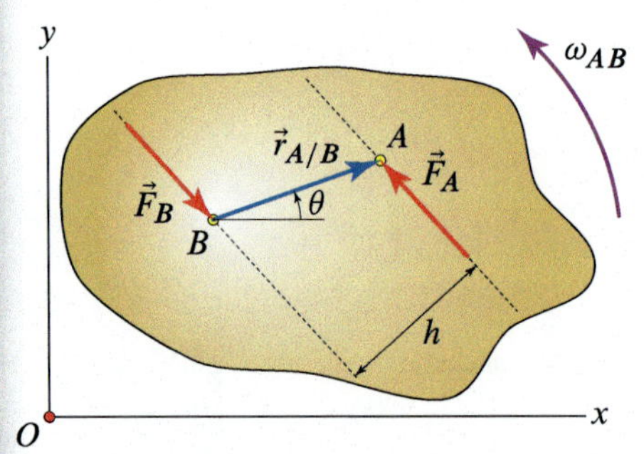

그림 8.38 *그림 8.7 반복. 커플의 작용을 받는 강체.*

여기서 $\delta\theta$는 물체의 미소 각변위이고 M은 운동 평면에 수직한 방향으로 작용하는 커플 모멘트의 성분으로 양의 θ 방향에 대해 양으로 정의된다. 추가하여 모멘트 $\vec{M}$의 커플에 의해 발생하는 동력은

식 (8.33) p. 598

$$\text{커플에 의한 동력} = \frac{dU}{dt} = \vec{M} \cdot \vec{\omega}_{AB}$$

여기서 $\vec{\omega}_{AB}$는 물체의 각속도이다.

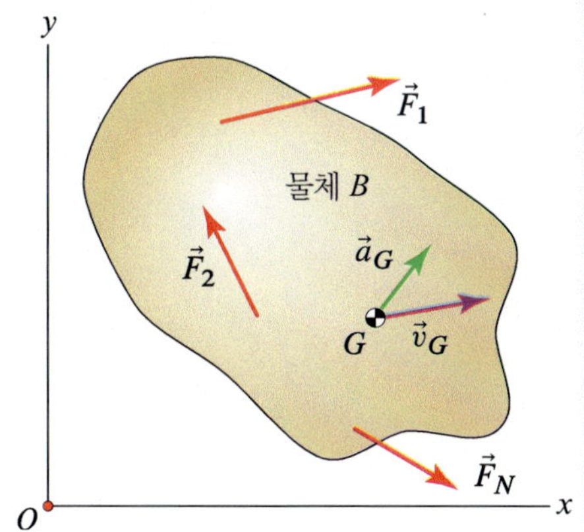

그림 8.39 *그림 8.16 반복.* 힘 시스템의 작용을 받는 강체.

강체에 대한 운동량 방법

이절에서 우리는 강체에 대한 선형 및 각 충격량–운동량 원리를 유도하였다. 그림 8.39에서 강체에 대한 선형 충격량–운동량 원리는

식 (8.36) p. 626

$$m\vec{v}_{G1} + \int_{t_1}^{t_2} \vec{F}\,dt = m\vec{v}_{G2} \quad \text{또는} \quad \vec{p}_1 + \int_{t_1}^{t_2} \vec{F}\,dt = \vec{p}_2$$

여기서 $\vec{F}$는 B에 작용하는 전체 외력이고 $\vec{p} = m\vec{v}_G$는 B의 선형운동량이며 $\vec{v}_G$는 B의 질량중심에서 속도이다. $\vec{F} = 0$이면

식 (8.38) p. 626

$$m\vec{v}_{G1} = m\vec{v}_{G2} \quad \text{또는} \quad \vec{p}_1 = \vec{p}_2$$

즉 물체의 운동량이 보존된다. 그림 8.40의 P가 G와 같은 평면상에 있고 B가 운동 평면에 대칭이라면 P에 대한 각운동량은

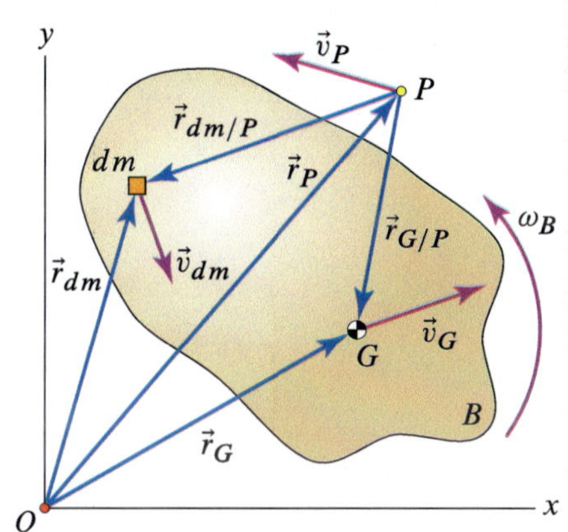

그림 8.40 *그림 8.18 반복.* 강체의 각운동량을 구하기 위한 파라미터.

식 (8.42) p. 627

$$\vec{h}_P = I_G\vec{\omega}_B + \vec{r}_{G/P} \times m\vec{v}_G$$

여기서 I_G는 B의 질량관성모멘트, $\vec{\omega}_G$는 B의 각속도, $\vec{r}_{G/P}$는 P에 대한 G의 상대위치이다. 만약 (1) P가 고정점이거나 (2) P가 G와 일치하거나 (3) P와 G가 서로 평행하게 이동한다면 $\vec{M} = \dot{\vec{h}}_p$이 성립하며 여기서 $\vec{M}_p$는 B에 작용하는 외력이 P에 대해 발생시키는 모멘트이다. 이 식이 성립할 때 구간 $t_1 \le t \le t_2$에서 시간에 대해 적분함으로써

식 (8.44) p. 627

$$\vec{h}_{P1} + \int_{t_1}^{t_2} \vec{M}_P\,dt = \vec{h}_{P2}$$

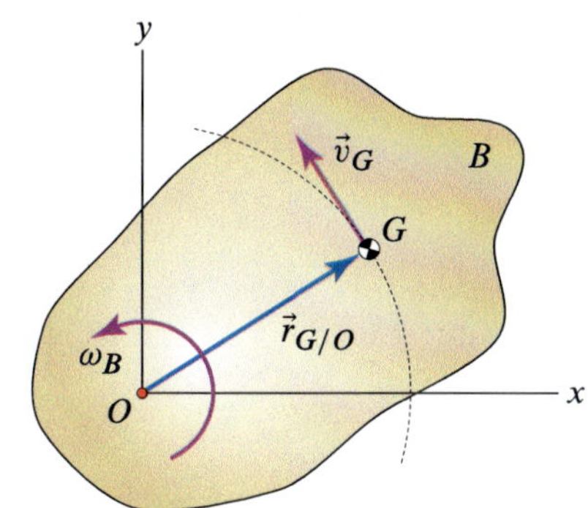

그림 8.41 *그림 8.23 반복.* 고정된 축에 대해 회전하는 강체.

P가 G와 일치하거나 그림 8.41과 같이 물체가 고정점 O에 대해 회전하는 경우 위 식은 각각 다음과 같이 정리된다.

식 (8.45) p. 627, 식 (8.47) p. 628

$$I_{G1}\omega_{B1} + \int_{t_1}^{t_2} M_{Gz}\,dt = I_{G2}\omega_{B2}$$

$$I_{O1}\omega_{B1} + \int_{t_1}^{t_2} M_{Oz}\,dt = I_{O2}\omega_{B2}$$

여기서 I_O는 고정된 회전축에 대한 질량관성모멘트이다.

강체 충돌

이 절에서 우리는 평면 강체 충돌에 대해 공부하였다. 질점 충돌과 비교하여 강체 충돌은 편심 충돌이 있다는 것을 알았다. 이것은 충돌하는 물체의 질량중심 중 최소한 하나는 충돌선을 벗어나 있는 경우이다. 또한 우리는 질점 충돌에서 적용되는 기본 개면들이 모두 강체 충돌에 대해서도 적용된다는 것을 배웠으며 다양한 경우의 해법에 대해 살펴보았다.

질점 충돌에서처럼 강체 충돌에서 반발계수가 $e = 0$이면 소성 충돌이라 하고 충돌하는 두 물체가 충돌 후 하나의 강체가 되면 완전 소성 충돌이라 한다. 또한 $e = 1$인 이상적인 경우를 완전 탄성 충돌이라 한다. 추가하여 두 개의 충돌하는 물체로 구성된 시스템에 작용하는 외부 충격력이 없으면 불구속 충돌이라 하고 그 반대의 경우 구속 충돌이라 한다.

본 절에서 다음의 가정이 성립하는 충돌만을 고려하였다:

1. 평면운동을 하는 두 강체의 충돌로서 운동 평면에 수직하게 작용하는 충격력 성분은 없는 경우
2. 두 강체의 한 점에서 충돌이 일어나고 그 점에서 충돌선을 분명하게 정의할 수 있는 경우
3. 접촉점에서 강체 사이의 마찰을 무시할 수 있는 경우

다양한 충돌 문제의 해법은 다음의 절차를 제시한다.

- 충돌하는 물체로 구성된 시스템에 대한 자유물체도와 각 물체에 대한 자유물체도를 먼저 그려라. 단, 비충격력은 무시하라.
- 충돌 순간의 접촉점과 일치하는 점을 원점으로 하는 좌표계를 설정하라. 여기서 좌표계의 원점은 고정되었다는 점을 명심하라.
- 선형 및 각 충격량–운동량 원리를 시스템과 각 물체에 적용하라. 각 충격량–운동량 원리를 전체 시스템에 적용할 때는 모멘트중심이 고정점이어야 하며 반면에 각 물체에 적용할 경우 고정점이거나 질량중심이어야 한다.
- 소성, 탄성 및 완전 탄성 충돌에서 반발계수 관계식은 우선적으로 충돌선 상에서

실제 접촉이 발생하는 점에 대한 속도 성분으로 유도한다. 예를 들면 그림 8.42의 충돌에서 반발계수 관계식은 먼저 다음과 같이 유도된다.

식 (8.82) p. 652

$$v_{Ex}^{+} - v_{Qx}^{+} = e\left(v_{Qx}^{-} - v_{Ex}^{-}\right)$$

여기서 반발계수는 $0 \le e \le 1$이다. 그리고 나서 반발계수 관계식은 강체 운동학을 이용하여 충돌하는 물체의 각속도와 질량중심에서의 속도의 항으로 다시 나타내야 한다. 그림 8.17의 경우 반발계수 관계식을 $\vec{v}_E^{\pm} = \vec{v}_C^{\pm} + \omega_A^{\pm}\hat{k} \times \vec{r}_{E/C}$와 $\vec{v}_Q^{\pm} = \vec{v}_D^{\pm} + \omega_B^{\pm}\hat{k} \times \vec{r}_{Q/D}$를 이용하여 다시 쓰는 것을 의미한다. 상대위치 벡터 $\vec{r}_{E/C}$와 $\vec{r}_{Q/D}$는 충돌 전후에 같다고 가정하기 때문에 위첨자 ±가 필요 없다는 점을 주목하라.

- 완전 소성 충돌의 경우 두 물체가 충돌 후 하나의 강체가 된다는 운동학적 구속조건이 적용되어야 한다.

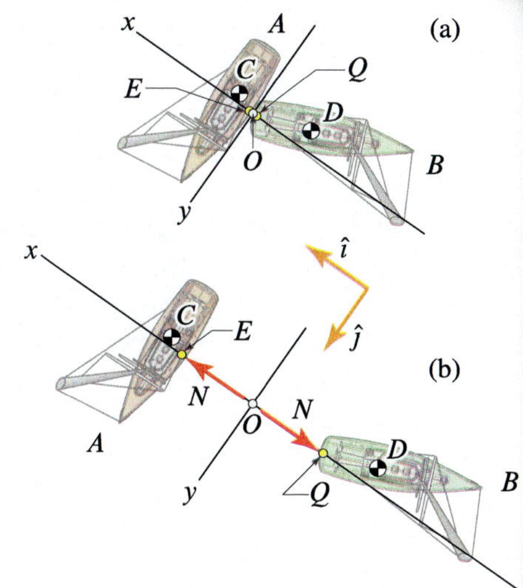

그림 8.42 *그림 8.37 반복.* 충돌하는 물체의 자유물체도 (a) 시스템 (b) 개별.

복습 문제

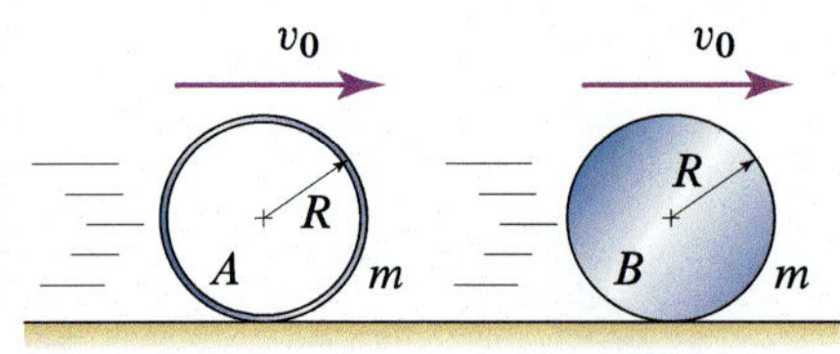

그림 P8.95

문제 8.95

균일하고 얇은 링 A와 균일한 원판 B가 그림과 같이 미끄럼 없이 구른다. T_A와 T_B를 각각 A, B의 운동에너지라 하고 두 물체가 같은 질량과 반경을 갖고 있고 중심에서의 속도가 v_0로 같다면 다음 어느 것이 맞는지 고르고 그 이유를 설명하라: (a) $T_A < T_B$; (b) $T_A = T_B$; (c) $T_A > T_B$

주의 개념 문제는 계산이 아닌 설명이 필요하다.

문제 8.96

지름이 $d = 127$ mm이고 질량이 $m_A = 114$ g인 균일 원판 A가 길이가 $L = 838$ mm이고 질량이 $m_B = 590$ g인 균일한 막대기 B의 끝단에 부착되어 있는 진자가 있다. 그림과 같이 진자는 $\omega = 0.55$ rad/s의 각속도로 시계 방향으로 회전하고 있다. 식 (8.13)을 이용하여 이 시점에서 진자의 운동에너지를 결정하라.

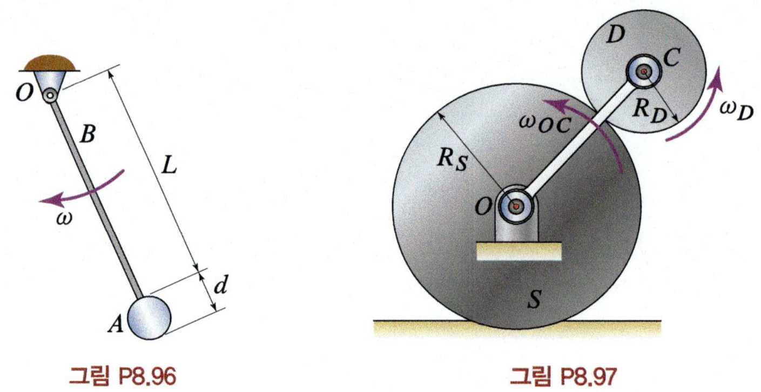

그림 P8.96

그림 P8.97

문제 8.97

반경이 $R_D = 7$ mm이고 질량이 $m_D = 0.15$ kg인 균일 원판 D가 회전하는 팔 OC를 통해서 O에 연결되어 있으며 반경이 $R_S = 15$ mm인 정지해있는 원통 S 상에서 미끄럼 없이 구르고 있다. $\omega_S = 25$ rad/s이고 팔 OC를 길이가 $L = R_D + R_S$이고 질량이 $m_{OC} = 0.08$ kg인 균일하고 가느다란 봉이라 할 때 계의 운동에너지를 구하라.

문제 8.98

그림에서 질량이 m이고 회전반경이 k_g인 원판 D가 미끄럼 없이 평평한 경사면을 ω_0의 각속도로 굴러 내려오고 있다. 원판은 상수 k의 선형탄성스프링에 의해 중심이 벽에 연결되어 있다. 그림에 보이는 순간에 스프링의 길이가 변형되지 않은 상태라 할 때 원판이 정지할 때까지 굴러내려오는 거리 d를 구하라. 수치값으로 $k = 65$ N/m, $R = 0.3$ m, $m = 10$ kg, $k_G = 0.25$ m, $\omega_0 = 60$ rpm, $\theta = 30°$

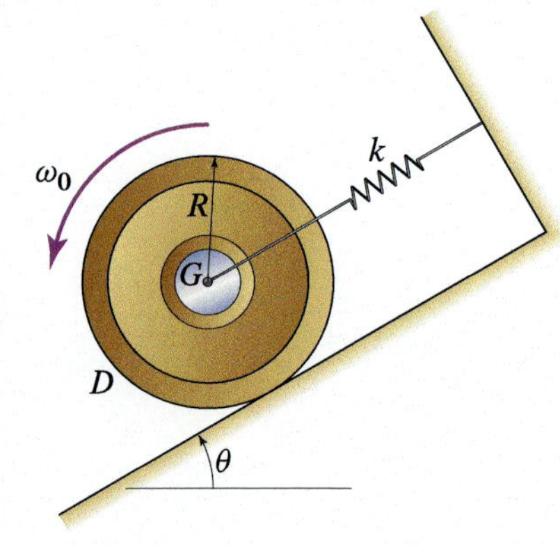

그림 P8.98

문제 8.99

그림은 길이가 $L = 2.7$ m이고 질량이 $m = 79.5$ kg인 차고 문의 단면이다. A, B에는 질량을 무시할 수 있는 롤러가 설치되어 각각 수직과 수평 가이드를 따라 움직인다. 문의 운동은 상수 $k = 132$ N/m를 갖는 두 개의 스프링(그림에는 하나의 스프링만 표시)

에 의해 보조된다. 문이 수평으로 놓여 있고 스프링은 10 cm만큼 늘어나 있는 상태에서 정지해 있다가 서서히 운동을 시작한다. 마찰을 무시하고 문을 균일하고 얇은 판으로 모델링할 때 B가 수평 가이드의 왼쪽 끝단을 칠 때의 속도를 구하라.

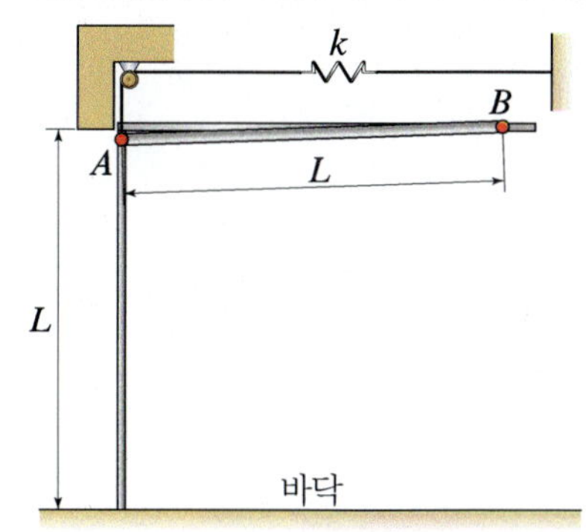

그림 P8.99

문제 8.100

질량이 m이고 질량중심 G에 대한 질량관성모멘트가 I_G인 물체 B가 있다. B가 질량중심 G에 대해 고정 축 회전을 할 경우 다음의 무엇이 맞는지 고르고 그 이유를 설명하라: (a) $|(\vec{h}_E)_B| < |(\vec{h}_P)_B|$, (b) $|(\vec{h}_E)_B| = |(\vec{h}_P)_B|$, (c) $|(\vec{h}_E)_B| > |(\vec{h}_P)_B|$

주의 개념 문제는 계산이 아닌 설명이 필요하다.

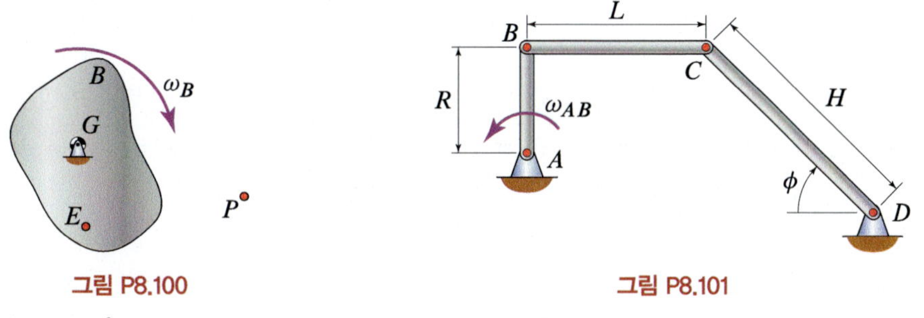

그림 P8.100 그림 P8.101

문제 8.101

핀으로 연결되어 있는 균일한 링크 AB, BC, CD는 각각 $m_{AB} = 1.8$ kg, $m_{BC} = 2.95$ kg, $m_{CD} = 4.5$ kg의 질량을 갖고 있다. $\phi = 47°$, $R = 0.6$ m, $L = 1$ m라 하고 링크 AB가 일정한 각속도 $\omega_{AB} = 4$ rad/s로 시계 방향으로 회전할 때 그림과 같은 순간에 D에 대한 시스템의 각운동량을 계산하라.

문제 8.102

편심 바퀴 B가 정지해 있다가 크기를 아는 토크 M이 가해져서 회전하는 문제 8.55는 바퀴가 수평 평면에 놓여있는 경우였다. 만약 바퀴가 수직 평면에 놓여있다면 식 (8.44)를 적용하여 문제를 풀 수 있는가? 그 이유를 설명하라.

주의 개념 문제는 계산이 아닌 설명이 필요하다.

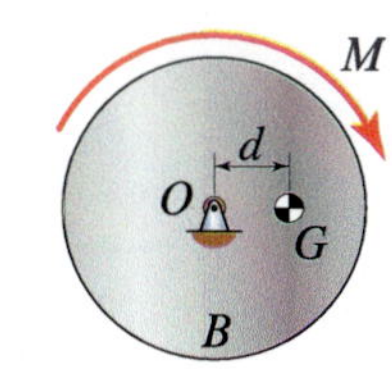

그림 P8.102

문제 8.103

질량이 $m_A = 1.2$ kg이고 반경이 $r_A = 0.25$ m인 균일 원판 A가 수평 팔 E를 따라 직선운동을 하는 수직축에 놓여있으며 질량이 $m_B = 0.85$ kg이고 반경이 $r_B = 0.38$ m인 균일 원판 B는 질량이 $m_E = 0.3$ kg인 E에 고정된 수직축에 놓여있다. 원판 C는 질량을 무시할 수 있으며 E에 고정되어 E, C는 하나의 강체를 형성한다. 원판 A는 축 ℓ_A에 대해 회전할 수 있고 원판 B는 축 ℓ_B에 대해 회전할 수 있으며 팔 E도 원판 C와 함께 고정 축 ℓ_C에 대해 회전할 수 있다. B, C는 정지해 있고 A는 $\omega_A = 1200$ rpm의 속도로 회전하는 상태에서 C와 만나면(스프링에 의해 접촉이 유지됨) B, C(그리고 E)는 자유롭게 회전하게 된다. A, C 사이의 마찰에 의해 C(그리고 팔 E), B가 회전하기 시작하고 궁극적으로는 서로 사이에 미끄럼 없이 회전한다. 반면 원판 B는 C와 항상 미끄럼 없이 회전한다. $d = 0.27$ m라 하고 $\omega = 0.95$ m라 하자. 마찰은 A, C 사이와 B, C 사이에만 작용한다고 할 때 A, C 사이의 미끄럼이 멈추는 순간에 원판 A, B, C의 각속도를 구하라(C의 각속도는 E와 하나의 강체이므로 E의 각속도와 같다).

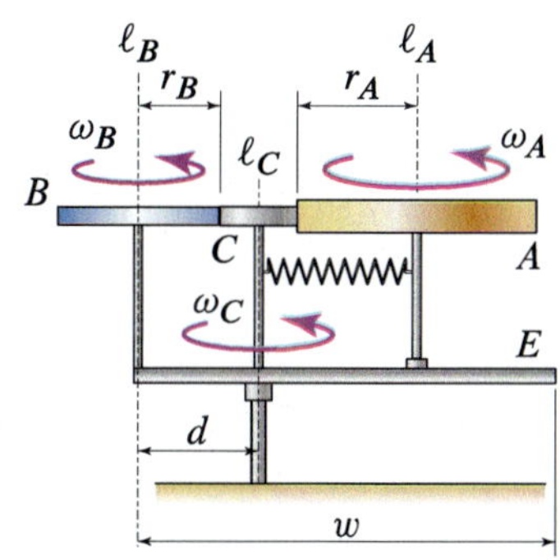

그림 P8.103

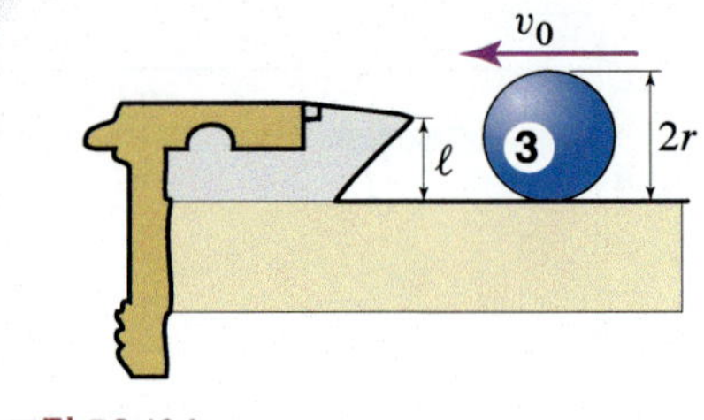

그림 P8.104

문제 8.104

그림과 같이 당구공이 미끄럼 없이 $v_0 = 1.8$ m/s의 속도로 구르다가 테이블 테두리와 충돌한다. 법규에 따르면 테이블로부터 테두리 앞부분의 높이는 공의 지름의 63.5% ($\ell/(2r) = 0.635$)이다. 테두리와의 충돌을 완전 탄성이라 보고 공과 테두리 및 공과 바닥의 마찰을 무시하며 공의 수직 운동은 없다고 가정할 때 충돌 직후 공과 테이블 사이의 접촉점에서의 속도를 구하라. 공의 지름은 $2r = 57$ mm이고 질량은 $W = 156$ g이다.

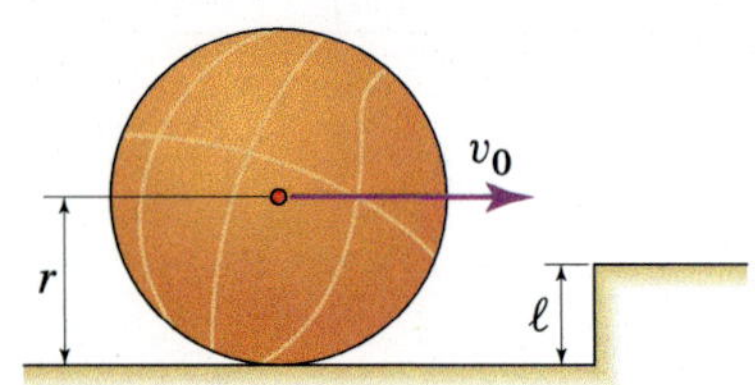

그림 P8.105

문제 8.105

질량이 $m = 0.6$ kg인 농구공이 미끄럼 없이 구르다가 보이는 바와 같이 $\ell = 7$ cm인 작은 계단과 충돌한다. 공의 반경을 $r = 12$ cm라 하고 얇은 구면 쉘이라 모델링하며(구면 쉘의 질량중심에 대한 질량관성모멘트는 $\frac{2}{3}mr^2$이다.) 공이 계단으로부터 반발되거나 미끄러지지 않는다고 가정할 때 공이 계단으로부터 떨어지지 않으면서 타고 넘어갈 수 있는 v_0의 최대값을 구하라.

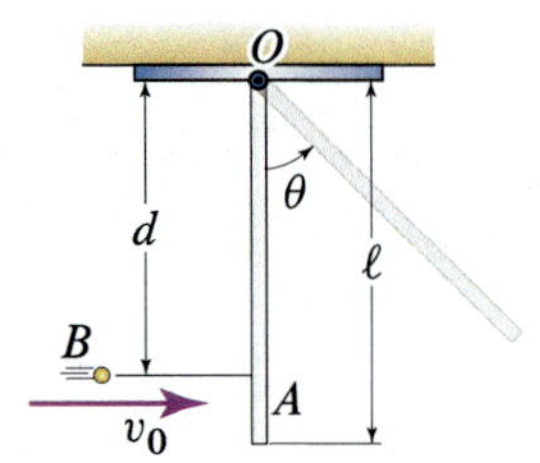

그림 P8.106

문제 8.106

그림과 같이 질량이 10 g인 총알 B가 $v_0 = 838$ m/s의 속도로 길이가 $\ell = 0.9$ m이고 질량이 $m_r = 16$ kg이며 O에 핀으로 연결된 균일한 봉 A에 발사된다. $d = 0.46$ m이고 반발계수가 $e = 0.25$일 때 충돌 직후의 봉의 각속도를 결정하라.

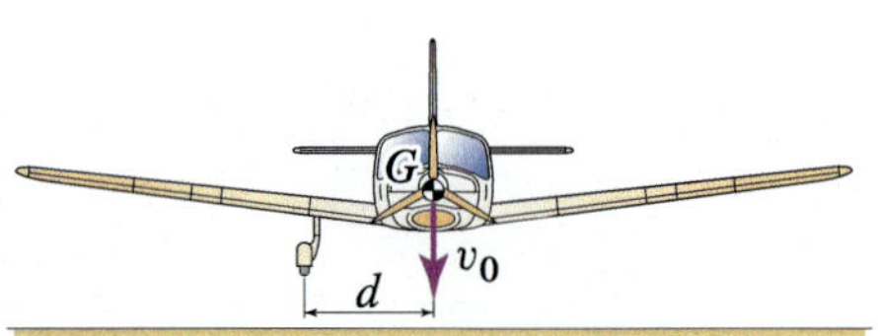

그림 P8.107

문제 8.107

비행기가 정면 수평 비행 상태의 자세와 $v_0 = 0.6$ m/s의 수직 속도로 불시착하기 직전이다. 착륙 직후 비행기 질량중심 G의 수직 속도 성분과 각속도를 다음 가정 하에 구하라: (1) 남아있는 하나의 착륙기어는 강체이고 비행기에 단단하게 부착되어 있다 (2) 착륙기어와 지면 사이의 반발계수는 $e = 0.1$이다 (3) 비행기는 강체로 모델링할 수 있다 (4) 질량중심 G와 착륙기어와 지면의 최초 접촉점은 비행기의 종축에 수직한 같은 평면 상에 있다 (5) 착륙기어와 지면 사이의 마찰은 무시한다. 이 문제의 수치값은 다음과 같다: (비행기 질량) $m = 1136$ kg, (비행기 회전 반경) $k_G = 0.9$ m 그리고 $d = 1.5$ m.

9 기계진동

진동은 시스템이나 부품계가 평형 위치를 중심으로 요동하는 동역학적 현상이다. 진동은 기계, 전기, 열, 유체 시스템에서 발생한다. 그러나 우리는 오직 기계 시스템에서 발생하는 진동만을 다룰 것이다. 기계 시스템에서 발생하는 진동은 바람직하지 않거나(예를 들면 구조물의 진동은 파손을 유발하며 의도하지 않은 소음을 유발한다) 혹은 바람직 할 수도 있다(예를 들면 유체 시스템의 진동은 필요하지 않은 에너지를 발산시키며 음악은 진동 없이는 존재할 수 없다).

9.1 비감쇠 자유진동

궤도차의 진동

예제 3.3에서 궤도차가 이를 정지시키기 위해 설계된 큰 스프링으로 돌진한 것을 상기하라(그림 9.1 참조). 그 예제에서 우리는 스프링의 최대 압축과 스프링이 궤도차를 정지시키는데 걸린 시간에 관심이 있었다. 스프링이 최대로 압축된 후 스프링은 궤도차를 뒤로 밀어내게 되며, 궤도차가 스프링과 결합되면 스프링의 평형위치 이상으로 밀리게 되고 이후 궤도차는 앞뒤로 진동하게 된다. 이 운동을 알아보도록 하자.

이 예제에서 궤도차의 운동방정식은 다음과 같다.

$$\ddot{x} + \frac{k}{m}x = 0 \tag{9.1}$$

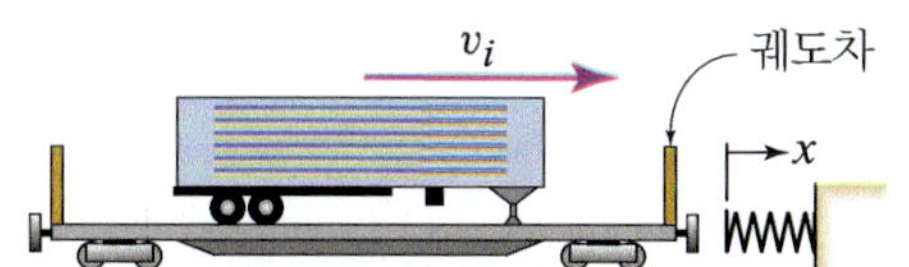

그림 9.1 스프링과 충돌하는 궤도차. 좌표 x는 평형상태로부터 스프링의 변위이다. 예제 3.3에서 질량 87,000 kg인 궤도차가 6 km/h의 속력으로 충돌하고 있음을 기억하라. 또한 스프링상수가 k = 29,6237 N/m임을 기억하라. 트레일러는 궤도차에 대하여 상대적인 움직임이 없다고 가정한다.

이 식에서 k는 스프링상수, m은 궤도차와 화물의 질량, x는 스프링의 평형위치로부터의 거리이다(그림 9.1 참조). 초기조건으로 $x(0) = x_i$, $\dot{x}(0) = v_i$를 사용하여 운동방정식을 적분하면 위치의 함수(예제 3.3의 식 (11) 참조)로 시간을 구할 수 있다. 이를 변환하여 다음을 구할 수 있다.

$$x(t) = \frac{\sqrt{v_i^2 + \frac{k}{m}x_i^2}}{\sqrt{k/m}} \sin\left[\sqrt{\frac{k}{m}}\, t + \tan^{-1}\left(\frac{x_i\sqrt{k/m}}{v_i}\right)\right] \tag{9.2}$$

이 식에서 x_i와 v_i는 양수로 취급했고 삼각함수 공식 $\sin^{-1}\left(1/\sqrt{z^2+1}\right) = \tan^{-1}(1/z)$을 이용하였다. 식 (9.2)는 복잡해 보이나 다음의 형태이다.

$$x(t) = C \sin(\omega_n t + \phi) \tag{9.3}$$

이 식에서

$$\omega_n = \sqrt{\frac{k}{m}} \tag{9.4}$$

$$C = \sqrt{\frac{v_i^2}{\omega_n^2} + x_i^2} \tag{9.5}$$

$$\tan\phi = \frac{x_i \omega_n}{v_i} \tag{9.6}$$

ω_n은 고유진동수(*natural frequency*)[1]라 불리는 상수이며 rad/s의 단위를 갖는다. C와 ϕ는 각각 진폭(*amplitude*)과 위상각(*phase angle*)이라 불리며 초기조건과 ω_n에 따라 결정되는 상수이다. 식 (9.5)에 따르면 진폭 C는 양수이어야 한다. $v_i \neq 0$인 경우에는 각 ϕ는 식 (9.6) 으로 결정되며, $v_i = 0$인 경우 $x_i < 0$ 혹은 $x_i > 0$에 따라 각각 $-\pi/2$ 또는 $\pi/2$로 결정된다.

식 (9.1)의 해인 식 (9.3)은 고유진동수 ω_n의 조화운동(*harmonic motion*)을 나타낸다. 이런 이유로 식 (9.1)로 모델된 물리계를 **조화진동자**라고 부른다. 식 (9.1)은 점성감쇠 또는 공기저항에서 나타나는 $\dot{x}$에 관한 항을 포함하지 않는 **비감쇠진동**을 나타낸다. 또한 식 (9.1)은 동차적이므로 자유진동을 표시한다. 즉 변수 x를 포함한 항만 있을 뿐 시간의 함수인 항이나 상수항이 없다.[2]

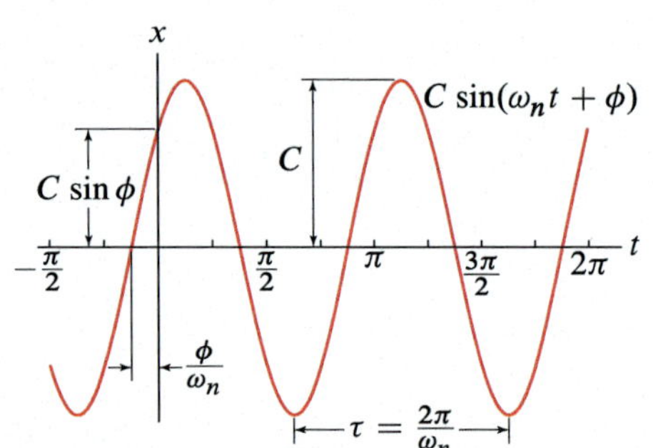

그림 9.2 식 (9.3)의 $x(t)$의 그래프, 진폭 C, 위상각 ϕ, 주기 τ인 조화진동자.

식 (9.3)에 나타낸 진동자는 다음의 시간에 한 주기를 마친다.

$$\tau = \frac{2\pi}{\omega_n} \tag{9.7}$$

τ는 진동의 주기(*period*)(그림 9.2 참조)라고 불린다. 끝으로, 단위시간 당 진동의 수를 주파수(*frequency*)라고 하며, 다음의 식으로 정의된다.

$$f = \frac{1}{\tau} = \frac{\omega_n}{2\pi} \tag{9.8}$$

1) 고유진동수는 때로는 원 진동수(*circular frequency*)라고 불리기도 한다.

2) 9.2절에서 이는 식 (9.1)에 힘에 관한 항이 없음과 같은 것임을 알게 될 것이다.

일반적으로 주파수 f는 초당 진동수 혹은 헤르츠(*Hertz*)(Hz)로 표시한다.

이 개념을 궤도차에 적용하면, 궤도차가 스프링과 결합하게 되면 고유진동수는 $\omega_n = 1.845$ rad/s, 주기는 τ = (2p rad)/(1.845 rad/s) = 3.405 s, 주파수는 $f = 0.2963$ Hz이다. 여기에서 k = 296,237 N/m, m = 87,000 kg을 이용하였다. $x_i = 0$ m, $v_i = 1.667$ m/s를 이용하면, 진폭은 $C = 0.903$ m, 위상각은 $\phi = 0$이다.

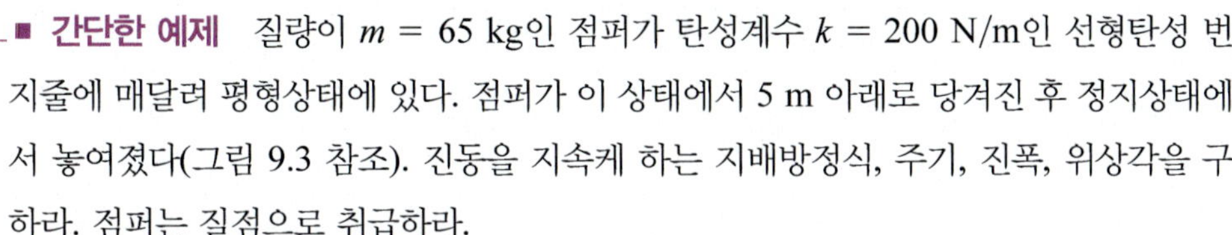

■ **간단한 예제** 질량이 m = 65 kg인 점퍼가 탄성계수 k = 200 N/m인 선형탄성 번지줄에 매달려 평형상태에 있다. 점퍼가 이 상태에서 5 m 아래로 당겨진 후 정지상태에서 놓여졌다(그림 9.3 참조). 진동을 지속케 하는 지배방정식, 주기, 진폭, 위상각을 구하라. 점퍼는 질점으로 취급하라.

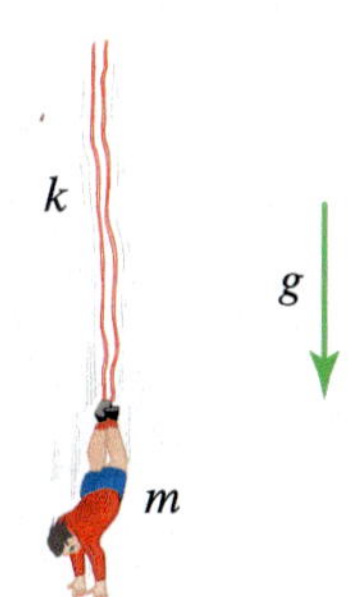

그림 9.3 탄성계수 k의 번지줄에 매달린 질량 m의 번지점퍼.

풀이 정적평형위치 $y = 0$로부터 y만큼 아래로 당겨진 점퍼의 자유물체도를 그림 9.4에 도시하였다. y 방향의 힘을 합산하면 다음과 같다.

$$\sum F_y: \quad mg - F_s = ma_y \tag{9.9}$$

이 식에서 F_s는 번지줄의 작용력이고, $a_y = \ddot{y}$이다. y는 정적평형위치로부터 측정되는 값이므로 번지줄의 작용력은 다음 식과 같아야 한다(그림 9.5 참조).

$$F_s = mg + ky \tag{9.10}$$

식 (9.10)을 식 (9.9)에 대입하면 다음 식을 얻을 수 있다.

$$mg - (mg + ky) = m\ddot{y} \qquad \Rightarrow \qquad \ddot{y} + \frac{k}{m}y = 0 \tag{9.11}$$

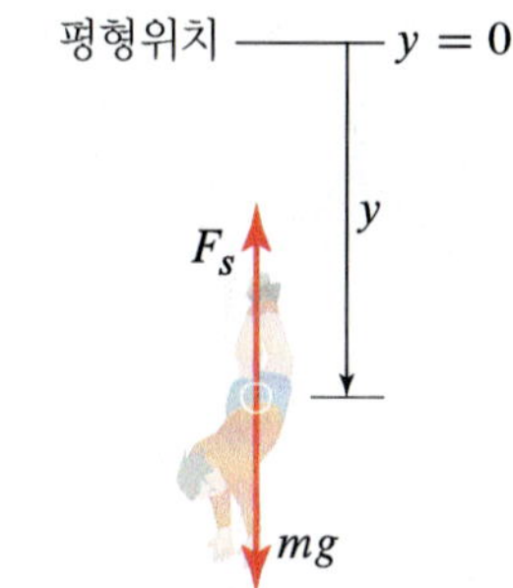

그림 9.4 소예제에서 사용된 좌표계에 따른 번지점퍼의 FBD.

식 (9.11)은 식 (9.1)과 동일한 형태의 식이므로, 점퍼의 고유진동수는 $\omega_n = \sqrt{k/m}$ = 1.75 rad/s이고 진동의 주기는 $\tau = 2\pi/\omega_n$ = 3.58 s이다. $v_i = 0$이고 $x_i = 5$ m이므로 식 (9.5)에 따르면 점퍼의 진동 진폭은 5 m이다. 예상했던 바와 같이 점퍼는 정적평형위치를 중심으로 진동하고 있다. 마지막으로, $v_i = 0$이고 $x_i > 0$이므로 위상각은 $\phi = \pi/2$이다. ■

이 간단한 예제에서 배울 것 중의 하나는 **변위의 영점을 스프링 변형이 0인 점보다 정적평형위치로 잡는 것이 편리하다는 점**이다. 이렇게 하면 평형상태에서의 서로 상반된 힘들을 상쇄시킬 수 있다.

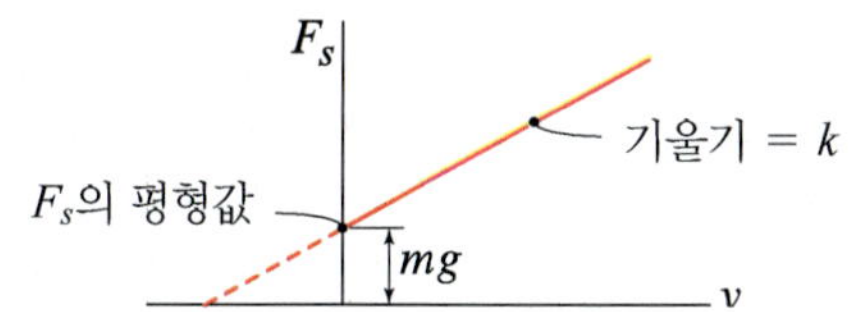

그림 9.5 y에 따른 번지줄에 걸리는 힘. $y = 0$인 위치는 정적평형상태이다.

조화진동자의 표준형식

이전의 전개과정에 기초하여 조화진동자(*harmonic oscillator*)를 운동방정식이 다음의 식으로 주어지는 1 자유도계(DOF, 3.1절의 정의 참조)로 정의한다.

$$\boxed{\ddot{x} + \omega_n^2 x = 0} \tag{9.12}$$

이 식에서 ω_n은 진동자의 고유진동수[3]이며 x는 1 자유도계의 좌표이다. 식 (9.12)는 조화진동방정식의 표준형식(*standard form*)이다.

3) 스프링-질량계에서 ω_n은 식 (9.4)와 같다.

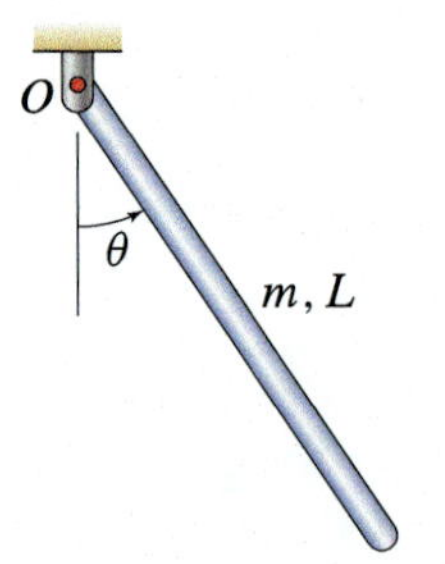

그림 9.6 고정축을 중심으로 회전하는 봉.

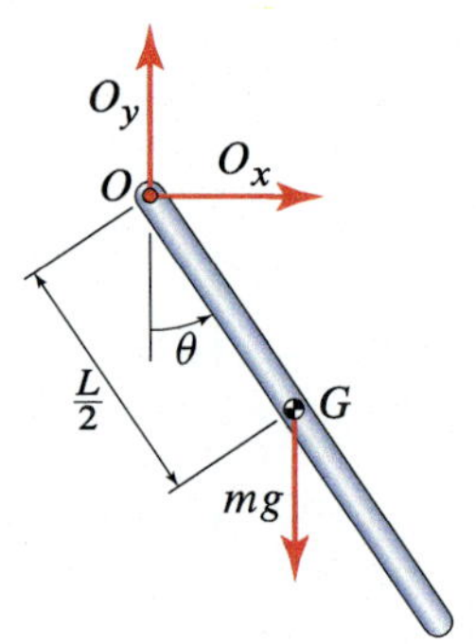

그림 9.7 그림 9.6에 있는 봉의 FBD.

식 (9.3)에서 살펴본 바와 같이 운동방정식이 식 (9.12)의 형태로 주어지는 모든 시스템의 완전한 진동해를 알고 있다. 식 (9.12)의 해의 다른 형태는 다음과 같다.

$$x(t) = A\cos\omega_n t + B\sin\omega_n t \tag{9.13}$$

이 식이 다음 식을 만족하면 식 (9.13)은 식 (9.3)의 해와 같게 된다.

$$C = \sqrt{A^2 + B^2}\ , \qquad \tan\phi = \frac{A}{B} \tag{9.14}$$

그리고 $x(0) = x_i$, $\dot{x}(0) = v_i$이면, $A = x_i$, $B = v_i/\omega_n$이 되어 식 (9.13)은 다음과 같이 된다.

$$x(t) = x_i\cos\omega_n t + \frac{v_i}{\omega_n}\sin\omega_n t \tag{9.15}$$

비선형계의 선형화

모든 1 자유도 진동계가 식 (9.12)와 같은 조화진동자는 아니다. 그러나 많은 시스템을 조화진동자로 근사화 할 수는 있다. 예를 들면, 한 끝이 핀으로 연결되어 매달린 가는 봉을 생각해 보자(그림 9.6). 그림 9.7의 자유물체도와 7장의 해석법을 이용하면 이 봉의 운동방정식은 다음 식과 같다.

$$\ddot{\theta} + \frac{3g}{2L}\sin\theta = 0 \tag{9.16}$$

이 식은 θ에 대한 비선형 함수인 sinθ를 포함하고 있으므로 비선형이다(일반적으로 비선형 방정식은 선형방정식 보다 풀기가 어렵다). 비록 근사한 시스템에 불과하지만, θ 값이 작은 범위에서의 진동만을 고려한다면 식 (9.16)은 표준형식인 $\ddot{\theta} + \omega_n^2\theta = 0$으로 쓸 수 있다. 그림 9.8에서 볼 수 있는 바와 같이 θ가 작을 때는 sinθ는 θ와 유사하고, 식 (9.16)은 다음과 같이 된다.

$$\ddot{\theta} + \frac{3g}{2L}\theta = 0 \tag{9.17}$$

이 식은 $\omega_n = \sqrt{3g/(2L)}$인 표준형식이다. 비선형 미분방정식을 선형 미분방정식으로 근사화하는 이런 과정을 선형화(*linearization*)라 한다. 예제를 통하여 선형화를 더욱 자세히 다룰 것이다.

유용한 정보

미소각 근사화의 수학적 타당성. 그림 9.8은 x 값이 작을 때 sin$x$가 x와 유사하게 거동함을 보여 준다. 이를 테일러급수를 통해서도 확인할 수 있다. $x = 0$ 부근에서 sin$x$를 테일러급수 전개하면

$$\sin x = x - \frac{x^3}{3!} + \frac{x^5}{5!} - \cdots,$$

이 식에서 x가 작을 때 x^3, x^5 및 고차항이 매우 작으므로 $\sin x \approx x$가 된다. 마찬가지로 $x = 0$ 부근에서 cos$x$를 테일러급수 전개하면

$$\cos x = 1 - \frac{x^2}{2!} + \frac{x^4}{4!} - \cdots,$$

이 식에서 x가 작을 때 x^2, x^4 및 고차항이 매우 작으므로 $\cos x \approx 1$이 된다.

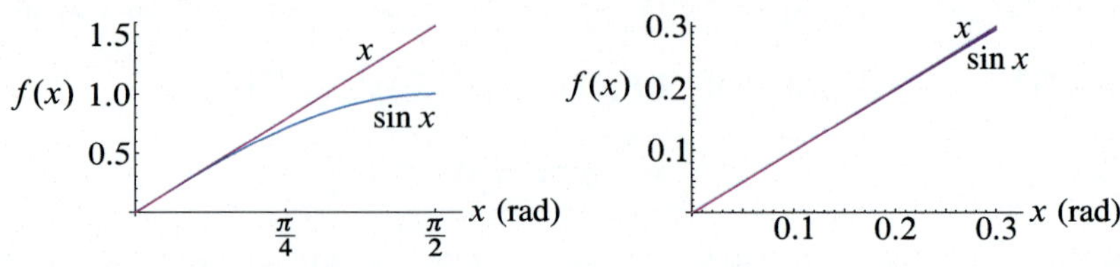

그림 9.8 두 개의 서로 다른 x 값 범위에 대한 $f(x)$ = sin$x$ 그래프. 좌측 그래프는 큰 x 범위의 그래프인데 두 곡선은 발산하고 있다. 우측 그래프는 $x \lesssim 0.3$ rad에 대한 것으로 두 곡선은 거의 일치하고 있다.

에너지법

본 절에서 다룬 3개 시스템의 운동방정식은 뉴턴-오일러방정식을 관심의 대상인 질점 또는 물체의 자유물체도에 적용하여 유도되었다. 또한 이 세 시스템은 모두 보존적이다. 즉, 일을 하고 있는 모든 힘들이 보존적이다(궤도차의 스프링, 번지 점퍼의 번지줄과 중력, 회전 봉의 중력). 이러한 시스템에서 에너지가 보존된다는 사실은 운동방정식을 유도하는 또 다른 방법을 가능케 한다.

운동방정식 유도

기계적 에너지보존을 이용하여 운동방정식을 유도하는 방법을 설명하기 위하여, 675쪽 간단한 예제의 번지 점퍼를 고려해 보자. 번지 점퍼는 보존계이므로, 일-에너지원리는 다음과 같다.

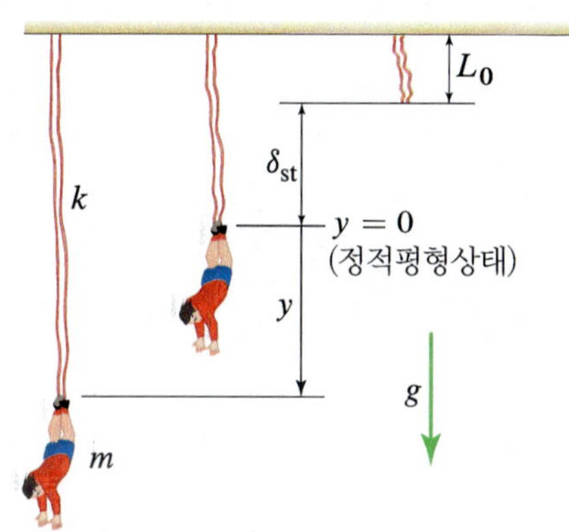

그림 9.9 번지줄의 자유 길이 L_0, 점퍼의 정적평형상태($y = 0$), 임의의 위치 y에 있는 점퍼.

$$T_1 + V_1 = T_2 + V_2 \tag{9.18}$$

이 식에서 ①은 초기, ②는 이후의 어떤 위치이다. 위 식은 다음을 뜻한다.

$$\boxed{T + V = \text{상수} \quad \Rightarrow \quad \frac{d}{dt}(T + V) = 0} \tag{9.19}$$

이 식에서는 ②는 ① 이후의 어떤 위치도 가능하다는 아이디어를 강조하기 위하여 아래 첨자 2의 사용을 배제하였다. 번지 점퍼의 임의의 위치에서의 T와 V를 계산하려면 다음 식으로 주어지는 위치에너지를 구해야 한다(그림 9.9 참조).

$$V = V_e + V_g = \tfrac{1}{2}k(y + \delta_{st})^2 - mgy \tag{9.20}$$

이 식에서 y는 점퍼의 정적평형상태로부터 측정한 위치이며 δ_{st}는 정적평형상태일 때 번지줄의 늘어난 길이이다. 운동에너지는 다음과 같다.

$$T = \tfrac{1}{2}m\dot{y}^2 \tag{9.21}$$

식 (9.20), (9.21)을 식 (9.19)에 대입하고 시간 미분을 구하면 다음 식을 얻을 수 있다.

$$\frac{d}{dt}(T + V) = k(y + \delta_{st})\dot{y} - mg\dot{y} + m\dot{y}\ddot{y} = 0 \tag{9.22}$$

식 (9.22)를 $[k(y + \delta_{st}) - mg + m\ddot{y}]\dot{y} = 0$으로 고쳐 쓸 수 있다. 이 식이 어떤 $\dot{y}$에 대해서도 성립하려면 다음 식을 만족해야만 한다.

$$k(y + \delta_{st}) - mg + m\ddot{y} = 0 \tag{9.23}$$

$k\delta_{st} = mg$이므로 번지 점퍼에 대하여 식 (9.11)과 동일한 조화진동자방정식을 얻게 된다.

$$m\ddot{y} + ky = 0 \tag{9.24}$$

> **유용한 정보**
> **일-에너지 법칙 표기법.** 4장에서 소개된 표기법과 동일한 방법을 사용한다. ①(또는 ②)는 "위치 1"(또는 "위치 2")을 의미한다.

에너지법과 선형화

기계 시스템의 선형화된 운동방정식을 얻기 위하여 에너지법을 활용할 때, 운동에너지와 위치에너지의 시간미분을 구하기 전에 이들을 위치와 속도의 2차 함수로 근사화하여야 한다. 다음으로 2차로 근사화된 에너지의 시간미분을 구하면 자동적으로 선형화된 운동방정식을 얻게 된다. 에너지의 2차 근사화로 시작하는 것의 이론적 타당성은 여러 경우에 근사화되지 않은 에너지로부터 구한 운동방정식을 선형화시키는 것이 에너지를 2차 근사화시켜 운동방정식을 구하는 것 보다 훨씬 복잡하다는데 있다.

"운동에너지와 위치에너지를 위치와 속도의 2차 함수로 근사화"한다는 의미를 확인하기 위하여 그림 9.6의 균일한 가는 봉을 다시 생각해 보자. 임의의 각 θ에서 운동에너지와 위치에너지를 구하면 다음과 같다.

$$T = \tfrac{1}{2}I_O\dot{\theta}^2 = \tfrac{1}{6}mL^2\dot{\theta}^2 \tag{9.25}$$

$$V = -\tfrac{1}{2}mgL\cos\theta \approx -\tfrac{1}{2}mgL\left(1 - \tfrac{1}{2}\theta^2\right) \tag{9.26}$$

식 (9.25)의 운동에너지는 각속도 $\dot{\theta}$의 2차 함수이므로 근사화할 필요가 없다. 이와는 달리 위치에너지 $V = -\frac{1}{2}mgL\cos\theta$는 θ의 2차 함수가 아니다. 그러나 $\cos\theta$의 테일러급수의 첫 두 항을 사용함으로써(676쪽의 유용한 정보 참조) 위치에너지를 근사화할 수 있다. 식 (9.25), (9.26)을 이용하여 $\frac{d}{dt}(T+V)=0$을 구하면

$$\tfrac{1}{3}mL^2\dot{\theta}\ddot{\theta} + \tfrac{1}{2}mgL\theta\dot{\theta} = 0 \quad \Rightarrow \quad \ddot{\theta} + \frac{3g}{2L}\theta = 0 \tag{9.27}$$

이 되는데 이 식은 식 (9.17)과 완전히 일치한다. 이 과정이 시사하는 바는 운동방정식을 유도하기 위하여 에너지법을 사용할 때 중요한 점은 운동에너지와 위치에너지의 시간미분을 구하기 전에 먼저 운동에너지와 위치에너지를 위치와 속도의 2차 함수로 근사화해야 한다는 점이다.

앞으로 계속 참고해야할 것은 사인 함수를 선형화하고 코사인 함수를 인수의 2차 함수로 근사화할 때 각각 다음 관계식을 이용해야 한다는 점이다.

$$\sin\theta \approx \theta\ , \quad \cos\theta \approx 1 - \theta^2/2 \tag{9.28}$$

또한 사인 함수의 다항식 전개의 2차 항이 0이기 때문에(676쪽의 유용한 정보 참조) 사인 함수를 선형화한 형식은 사인 함수를 2차 근사화한 것과 같아 보인다.

유용한 정보

고유진동수, 강성, 질량. 운동방정식이 $m\ddot{x} - kx = 0$인 단순 스프링-질량계의 고유진동수는 $\sqrt{k/m}$이다(x는 스프링이 변형되지 않았을 때 질량 m의 위치로부터 측정된다).

식 (9.27)에서는 'm'이 $\frac{1}{3}mL^2$로 'k'가 $\frac{1}{2}mgL$로 대치되었음에 유의하라. 이는 조화진동자에서 흔한 일이며 유효 질량과 유효 강성의 개념을 도입하는 것이 필요하다–유효 질량은 위치의 2차 시간 미분항의 계수로 관성치이지만 항상 m인 것은 아니다. 유효 강성은 위치의 계수로 복원성을 의미하지만 항상 k인 것은 아니다.

절 요약

운동방정식이 다음의 형식으로 표현되는 1 자유도계를 조화진동자라 한다.

식 (9.12) p.675

$$\ddot{x} + \omega_n^2 x = 0$$

위 식은 조화진동자 방정식의 표준형식이다. 이 식의 해는 다음과 같다(그림 9.10 참조).

식 (9.3) p. 674

$$x(t) = C\sin(\omega_n t + \phi)$$

여기에서 ω_n은 고유진동수, C는 진폭, ϕ는 위상각이다.

조화진동자의 간단한 예는 한쪽은 고정되고 다른 한쪽은 자유롭게 움직이는 스프링 상수 k의 스프링의 자유단에 부착된 질량 m으로 구성된 계(그림 9.11 참조)이다. 이 계의 고유진동수는 다음과 같다.

식 (9.4) p. 674

$$\omega_n = \sqrt{\frac{k}{m}}$$

또한 진폭 C와 위상각 ϕ는 각각 다음과 같다.

식 (9.5), (9.6) p. 674

$$C = \sqrt{\frac{v_i^2}{\omega_n^2} + x_i^2}\ , \qquad \tan\phi = \frac{x_i\omega_n}{v_i}$$

여기에서, $t = 0$를 초기 시간으로 놓음으로써 $x_i = x(0)$(즉, x_i는 초기 위치)이고 $v_i = \dot{x}(0)$(즉, v_i는 초기 속도)이다. $v_i = 0$이면 ϕ는 $x_i < 0$과 $x_i > 0$인 경우 각각 $-\pi/2$ 또는 $\pi/2$가 된다. 식 (9.12)의 해는 다음의 형식으로도 쓸 수 있다.

식 (9.15) p. 676

$$x(t) = x_i\cos\omega_n t + \frac{v_i}{\omega_n}\sin\omega_n t$$

진동의 주기는 다음과 같이 주어지고

식 (9.7) p. 694

$$\text{주기} = \tau = \frac{2\pi}{\omega_n}$$

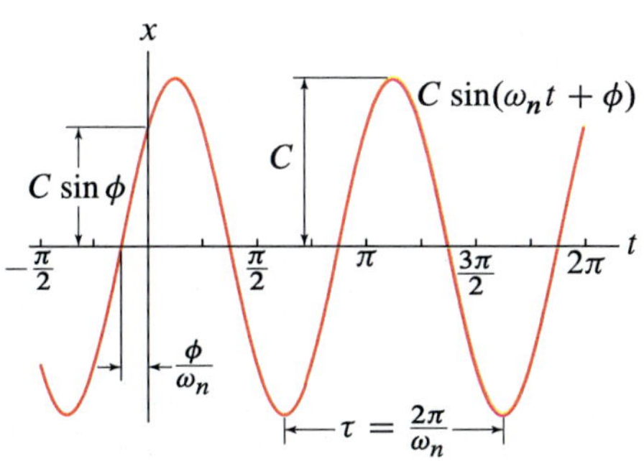

그림 9.10 *그림 9.2의 반복.* 진폭 C, 위상각 ϕ, 주기 τ의 조화진동자의 그래프.

그림 9.11 운동방정식이 $m\ddot{x} + kx = 0$, 고유진동수가 $\omega_n = \sqrt{k/m}$인 단순 스프링–질량 조화진동자. 위치 x는 스프링이 변형되지 않았을 때 질량 m의 위치로부터 측정된다.

개념정리

고유진동수는 강성을 질량으로 나눈 값의 제곱근에 비례한다. 조화진동자의 고유진동수는 계의 강성을 질량으로 나눈 값의 제곱근에 비례한다. 678쪽의 유용한 정보에 기술된 내용을 명심하라. 질량은 단순히 m이 아니고 강성도 그저 k가 아니다. 물론 고유진동수의 차원은 시간 분의 1임을 명심해야 한다.

주파수는 다음과 같다.

식 (9.8) p. 674

$$\text{주파수} = f = \frac{1}{\tau} = \frac{\omega_n}{2\pi}$$

에너지법 보존계에서 일–에너지원리에 따르면 $T + V$는 일정해야 한다. 따라서 이 값의 시간미분은 0이어야 한다. 이로부터 운동방정식을 다음과 같이 편리하게 구할 수 있다.

식 (9.19) p.677

$$\frac{d}{dt}(T + V) = 0 \quad \Rightarrow \quad \text{운동방정식}$$

에너지법을 적용하여 선형화된 운동방정식을 구할 때에는 먼저 운동에너지와 위치에너지를 위치와 속도의 2차 함수로 근사화한 다음 시간에 대하여 미분을 취하는 것이 편리하다. 이 과정으로 선형화 운동방정식을 유도할 수 있다.

사인과 코사인 함수를 그 변수의 2차 함수로 근사화시킬 때 다음의 관계식을 이용한다.

식 (9.28) p. 678

$$\sin\theta \approx \theta, \quad \cos\theta \approx 1 - \theta^2/2$$

사인 함수를 다항식 급수 전개할 때 2차 항은 0이므로, 사인 함수를 선형화한 형식은 사인 함수를 2차식으로 근사화한 것과 동일하게 보인다.

예제 9.1 강체의 관성모멘트 구하기

그림 1에 보이는 커넥팅 로드가 점 O에 매달려 진자처럼 흔들리도록 살짝 놓여져 진동 주기 0.77초로 진동한다. 질량중심 G는 O 점으로부터 $L = 110$ mm 떨어져 있고, 커넥팅 로드의 질량은 661 g이다. 이 사실을 이용하여 G에 대한 질량관성모멘트를 구하라.

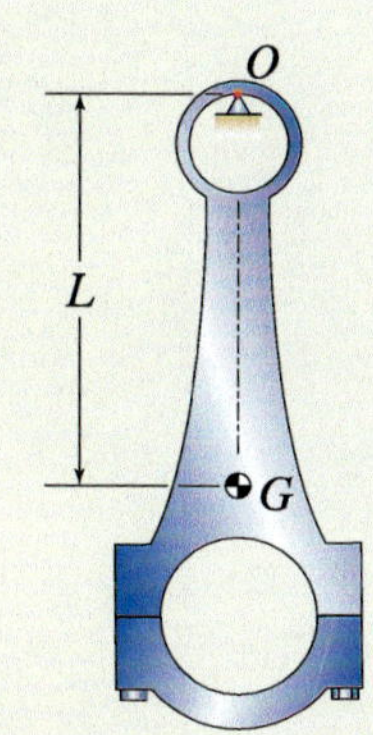

그림 1 O에서 힌지되어 자유롭게 진동할 수 있는 커넥팅 로드. 점 G는 질량중심.

풀이 SOLUTION

로드맵과 모델링 진자와 같이 미소각에 대한 커넥팅 로드의 운동방정식을 작성할 수 있다면 이를 표준형식으로 만들어 고유진동수를 계산할 수 있다. 고유진동수는 질량관성모멘트에 따라 결정되므로 우리는 관성모멘트를 구할 수 있게 된다. 커넥팅 로드의 자유물체도가 그림 2에 도시되어 있다.

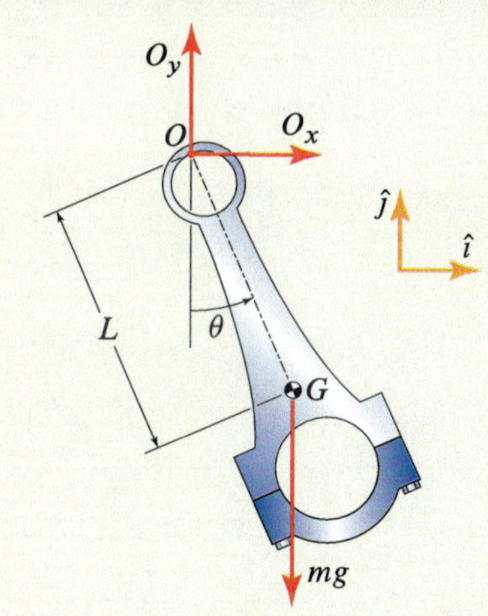

그림 2 진동 중인 커넥팅 로드의 자유물체도.

지배방정식

평형 원리 고정점 O에 대한 모멘트 합을 구하여(그림 2 참조) 다음 식을 얻는다.

$$\sum M_O: \quad -mgL\sin\theta = I_O\alpha_{\text{cr}} \tag{1}$$

이 식에서 I_O는 점 O에 대한 커넥팅 로드의 질량관성모멘트이고 α_{cr}은 커넥팅 로드의 각가속도이다.

힘의 법칙 모든 힘이 FBD에 나타냈다.

운동학 방정식 이 문제에서 유일한 운동학 방정식은 $\alpha_{\text{cr}} = \ddot{\theta}$이다.

계산 운동학 방정식을 식 (1)에 대입하여 정리하면 다음과 같다.

$$\ddot{\theta} + \frac{mgL}{I_O}\sin\theta = 0 \tag{2}$$

미소각 θ에 대하여 $\sin\theta \approx \theta$ 이므로 식 (2)는 다음과 같이 된다.

$$\ddot{\theta} + \frac{mgL}{I_O}\theta = 0 \tag{3}$$

식 (3)은 표준형식이므로 다음을 알 수 있다.

$$\omega_n^2 = \frac{mgL}{I_O} \quad \Rightarrow \quad I_O = \frac{mgL}{\omega_n^2} \quad \Rightarrow \quad I_O = \frac{mgL\tau^2}{4\pi^2} \tag{4}$$

이 식에서 식 (9.7)로부터 $\omega_n^2 = 4\pi^2/\tau^2$을 이용하였다. 평행축 정리 $I_G = I_O - mL^2$을 알고 있으므로 다음을 구할 수 있다.

$$I_G = I_O - mL^2 = \frac{mgL\tau^2}{4\pi^2} - mL^2 \quad \Rightarrow \quad I_G = mL^2\left(\frac{g\tau^2}{4\pi^2 L} - 1\right) \tag{5}$$

이 식에 주어진 값들을 사용하면 다음을 얻을 수 있다.

$$\boxed{I_G = 0.00271\ \text{kg}\cdot\text{m}^2} \tag{6}$$

논의 및 검증 식 (5)의 차원은 질량 곱하기 거리의 제곱인데 그대로 되었다. 식 (4)의 첫 번째 식에 의하면 고유진동수는 질량관성모멘트의 제곱근에 반비례하는데 이는 우리의 직관과 일치한다.

예제 9.2 강체로 모델링 된 실리콘나노와이어의 진동

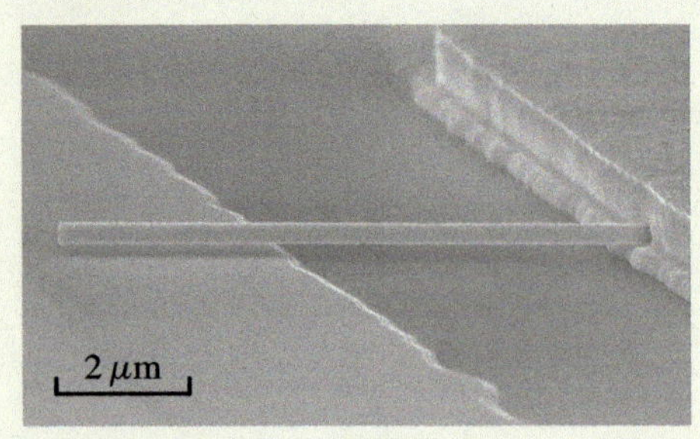

그림 1 실리콘(Si) 나노와이어의 (field–emission scanning) 전자현미경 영상. Mingwei Li et al., "Bottom–up Assembly of Large–Area Nanowire Resonator Arrays," *Nature Nanotechnology*, 3(2), 2008, pp. 88 – 92 참조.

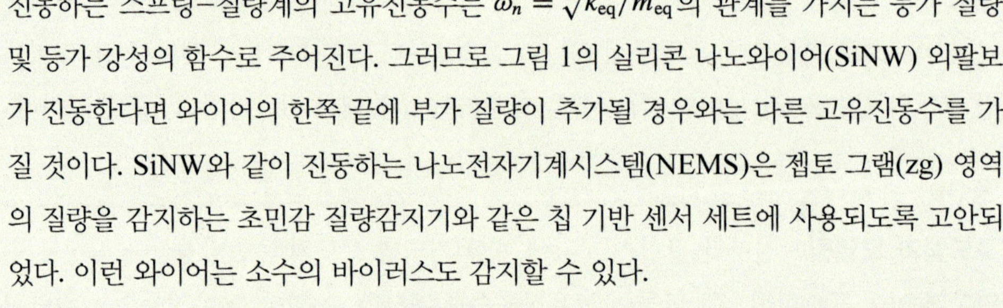

진동하는 스프링–질량계의 고유진동수는 $\omega_n = \sqrt{k_{eq}/m_{eq}}$의 관계를 가지는 등가 질량 및 등가 강성의 함수로 주어진다. 그러므로 그림 1의 실리콘 나노와이어(SiNW) 외팔보가 진동한다면 와이어의 한쪽 끝에 부가 질량이 추가될 경우와는 다른 고유진동수를 가질 것이다. SiNW와 같이 진동하는 나노전자기계시스템(NEMS)은 젭토 그램(zg) 영역의 질량을 감지하는 초민감 질량감지기와 같은 칩 기반 센서 세트에 사용되도록 고안되었다. 이런 와이어는 소수의 바이러스도 감지할 수 있다.

길이 9.8 μm, 지름 330 nm의 원형 단면의 균일한 Si 나노와이어의 고유진동수를 구하라. 모든 탄성변형은 와이어의 받침에 탄성 비틀림 스프링에 집중된 강체 봉 모델(그림 2 참조)을 사용하라.

실리콘의 밀도 $\rho = 2330\ \mathrm{kg/m^3}$, 탄성계수 $E = 152$ GPa를 사용하라.

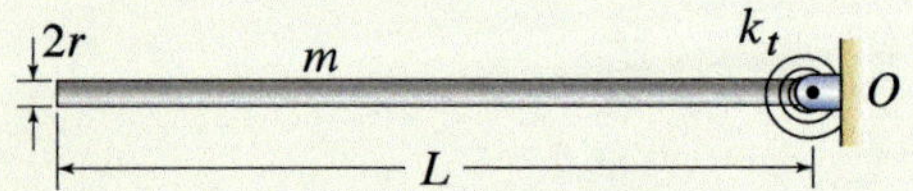

그림 2 탄성 나노와이어의 강체 봉과 비틀림 스프링 모델.

풀이 SOLUTION

로드맵과 모델링 선형 비틀림 스프링상수 k_t를 구하기 위해 재료역학의 결과를 인용하고자 한다. 끝단에 하중 P를 받는 외팔보의 처짐(그림 3 참조)은

$$P = \frac{3EI_{cs}}{L^3}\delta \tag{1}$$

이다. 이 식에서 E는 탄성계수, $I_{cs} = \frac{1}{4}\pi r^4$는 보의 단면의 면적관성모멘트이다. 식 (1)을 이용하여 하중 P에 의한 처짐과 같게 만드는 그림 2의 비틀림 스프링 상수를 구하려 한다. 일단 k_t를 구하면 이를 뉴턴–오일러방정식에 적용하여 식 (9.12) 형식의 운동방정식을 구할 수 있다.

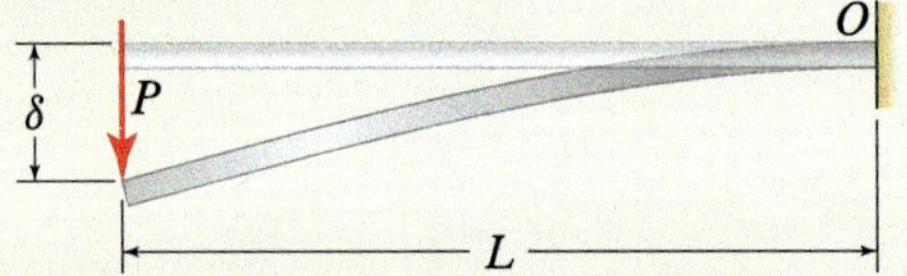

그림 3 끝단에서 하중 P를 받는 탄성 외팔보. 처짐은 식 (1)로 주어진다.

비틀림 스프링상수 구하기

지배방정식

평형 원리 그림 4의 자유물체도를 참고하여 점 O에 대한 모멘트를 구하고 k_t를 구하기 위하여 정역학 문제를 풀면 다음을 얻을 수 있다.

$$\sum M_O: \quad PL - M_t = 0 \tag{2}$$

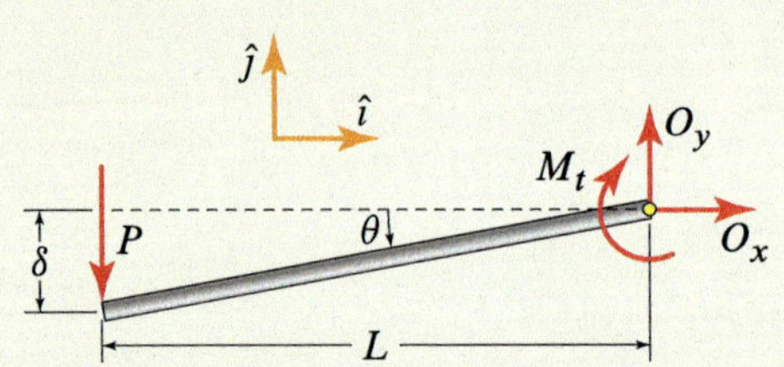

그림 4 등가 비틀림 스프링 상수 k_t를 구하기 위한 강체 봉의 자유물체도.

이 식에서 M_t는 비틀림 스프링에 의한 모멘트이고, 미소각 θ에 대해 하중 P의 모멘트 팔 길이는 L이다.

힘의 법칙 비틀림 스프링에서 $M_t = k_t\theta$이다.

운동학 방정식 미소각 θ에 대해 δ와 θ의 관계는 $\delta = L\theta$이다.

계산 힘의 법칙과 운동학 방정식을 식 (2)에 대입하고 k_t에 대하여 풀면 다음과 같다.

$$k_t = \frac{PL^2}{\delta} \quad \Rightarrow \quad k_t = \frac{3EI_{cs}}{L} \tag{3}$$

k_t에 대한 첫 번째 식에서 두 번째 식으로 전개할 때 식 (1)을 사용하였다.

강체 봉의 운동방정식

지배방정식

평형 원리 그림 2의 봉에 대한 k_t를 구했으므로 그림 5의 자유물체도를 그려 점 O에 대한 모멘트의 합을 구하면 다음과 같다.

$$\sum M_O: \quad -M_t = I_O \alpha_{\text{bar}} \tag{4}$$

이 식에서 O에 대한 질량관성모멘트는 $I_O = \frac{1}{3}mL^2$이다.

힘의 법칙 M_t에 대한 식은 변함없어 $M_t = k_t\theta$이다.

운동학 방정식 α_{bar}와 θ의 관계를 나타내는 운동학 방정식은 다음과 같다.

$$\alpha_{\text{bar}} = \ddot{\theta} \tag{5}$$

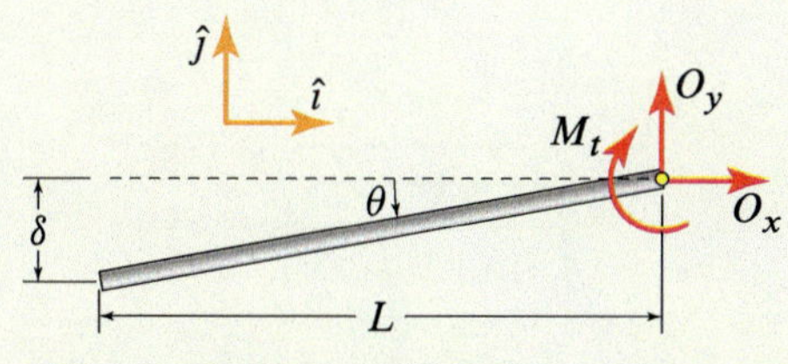

그림 5 진동하는 봉의 자유물체도.

계산 식 (3), 힘의 법칙, 식 (5)를 식 (4)에 대입하면 다음과 같은 운동방정식을 얻을 수 있다.

$$-\frac{3EI_{\text{cs}}}{L}\theta = \frac{1}{3}mL^2\ddot{\theta} \qquad \Rightarrow \qquad \ddot{\theta} + \frac{9EI_{\text{cs}}}{mL^3}\theta = 0 \tag{6}$$

이 식에서 $I_{\text{cs}} = \frac{1}{4}\pi r^4$이다. 식 (6)과 식 (9.12)를 비교하면 고유진동수는 다음과 같음을 알 수 있다.

$$\omega_n = 3\sqrt{\frac{EI_{\text{cs}}}{mL^3}} \tag{7}$$

ω_n의 값을 구하려면 나노와이어의 부피 $\pi r^2 L$과 질량 $m = \rho\pi r^2 L = 1.953 \times 10^{-15}$ kg을 구해야 한다. 면적관성모멘트는 $I_{\text{cs}} = \frac{1}{4}\pi r^4 = 5.821 \times 10^{-28}\ \text{m}^4$이다. 이 결과와 $L = 9.8 \times 10^{-6}$ m, $E = 152 \times 10^9\ \text{N/m}^2$을 이용하여 다음을 구한다.[4)]

$$\omega_n = 2.08 \times 10^7\ \text{rad/s}, \quad f = 3.31\ \text{MHz} \tag{8}$$

논의 및 검증 식 (7)을 자세히 보면 제곱근 기호 안의 값의 차원이 시간의 제곱 분의 1임을 알 수 있다. 그러므로 ω_n의 차원은 이 값이 가져야 하는 것과 같이 시간 분의 1이다. 이 사이즈의 외팔보의 진동주기를 알아내는 것이 쉽지 않지만, 아래의 심층분석에서 우리의 모델이 타당한 것임을 알 수 있다.

심층분석 연속계의 진동 이론으로부터 나노와이어와 같은 연속계는 무한대의 많은 고유진동수를 갖고 있음을 알 수 있다. 이 진동수 중 첫 번째(즉, 가장 작은) 진동수는 다음과 같이 주어진다.

$$(\omega_n)_{\text{exact}} = 3.516\sqrt{\frac{EI_{\text{cs}}}{mL^3}} \tag{9}$$

이 값을 식 (7)과 비교해 보면 우리의 모델이 약 15%의 오차가 있을 뿐이다. 식 (9)의 값을 구하면 다음과 같다.

$$(\omega_n)_{\text{exact}} = 2.44 \times 10^7\ \text{rad/s}, \quad f_{\text{exact}} = 3.88\ \text{MHz} \tag{10}$$

문제 9.17에서 이 예제와 같은 외팔보 와이어의 다른 모델을 다루어 와이어의 끝에 젭토 그램의(zeptogram) 바이러스가 추가될 경우 고유진동수의 변화를 알아 볼 것이다.

> **흥미로운 사실**
>
> **나무 야드 자의 고유진동수.** 결과의 비교를 위하여 식 (9)를 이용하여 나무 야드 자의 고유진동수를 구하는 것도 흥미롭다. 나무 야드 자에 많이 이용되는 값 E = 12 GPa, m = 0.0614 kg, 28 mm × 4 mm의 단면(I_{cs} = 1.49 × 10^{-10} m^4), L = 0.914 m를 사용하면 ω_n = 21.7 rad/s를 얻을 수 있다. 이는 f = 3.45 Hz에 해당한다. 나노와이어의 고유진동수는 이보다 110만배 높다.

4) 1 Pa = 1 N/m^{2}임을 기억하라.

예제 9.3 에너지법: 다이빙 보드의 운동방정식

다이버가 그림 1에 보이는 다이빙 보드의 끝단의 진동을 유발하고 있다. 그림 2를 참고하여 보드를 질량 m_b, 길이 L의 얇고 균일한 강체 평판으로 모델링하고 보드는 O에서 핀으로 연결되어 있다고 가정한다. 보드의 탄성변형을 모델링하기 위하여 보드는 A에서 지지대에 연결된 강성 k의 스프링에 의하여 진동하는 것으로 가정한다. 또한 다이버를 보드의 끝단에 있는 질량 m_d의 질점으로 가정한다. 에너지법을 이용하여 보드의 미소각 진동에 대한 운동방정식을 유도하라.

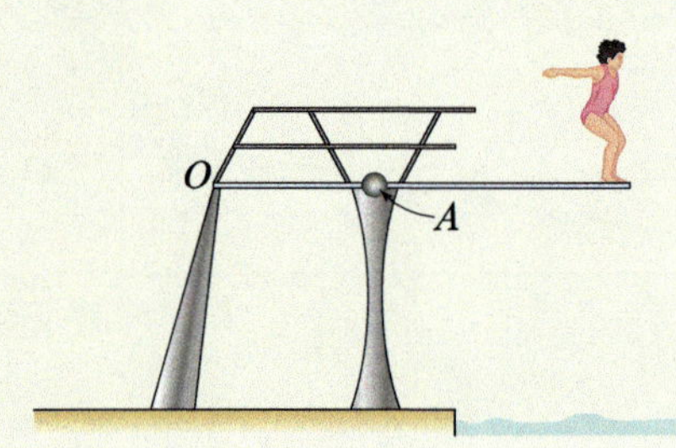

그림 1

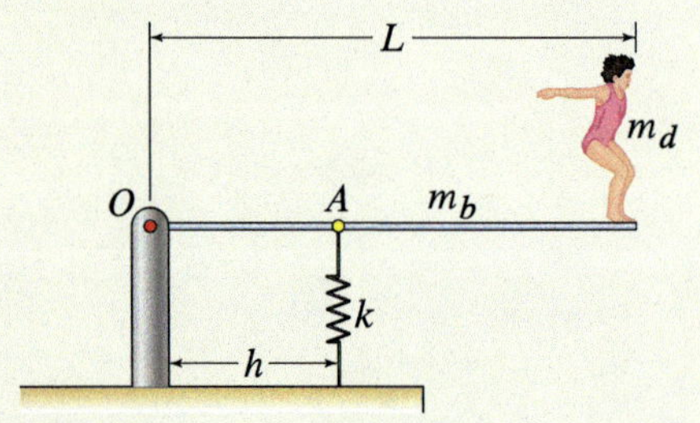

그림 2 다이빙 보드와 다이버의 진동을 해석하기 위한 모델.

풀이 SOLUTION

로드맵과 모델링 시스템이 진동할 때 스프링과 두 개의 무게만이 일을 하므로 시스템은 보존적이다. 따라서 임의의 위치에서 시스템의 운동에너지와 위치에너지의 합을 구하고 이를 시간에 대하여 미분함으로써 운동방정식을 구할 수 있다.

지배방정식

평형 원리 에너지가 보존되므로 운동에너지와 위치에너지의 합은 일정하여 다음과 같이 쓸 수 있다.

$$T + V = \text{상수} \quad \Rightarrow \quad \frac{d}{dt}(T+V) = 0 \tag{1}$$

운동에너지는 다음과 같이 주어진다.

$$T = \tfrac{1}{2}I_O\dot{\theta}^2 + \tfrac{1}{2}m_d v_d^2 \tag{2}$$

이 식에서 $I_O = \frac{1}{3}m_bL^2$은 점 O에 대한 다이빙 보드의 질량관성모멘트이며 v_d는 다이버의 속력이다.

힘의 법칙 임의의 각도 θ에서(그림 4 참조) 위치에너지는

$$V = \tfrac{1}{2}k(\delta_{st} + h\sin\theta)^2 - m_bg\tfrac{L}{2}\sin\theta - m_dgL\sin\theta \tag{3}$$

$$\approx \tfrac{1}{2}k(\delta_{st} + h\theta)^2 - m_bg\tfrac{L}{2}\theta - m_dgL\theta \tag{4}$$

이며 δ_{st}는 다이버가 보드에 선 상태에서의 평형상태 즉, $\theta = 0$에서 스프링의 압축량이다. 위치에너지 V를 θ(즉, 위치)의 2차 함수로 근사화하여 식 (3)을 식 (4)로 근사화하였다.

운동학 방정식 다이버가 고정점 O를 중심으로 원운동을 하므로 다이버의 속력은 $v_d = L\dot{\theta}$이다.

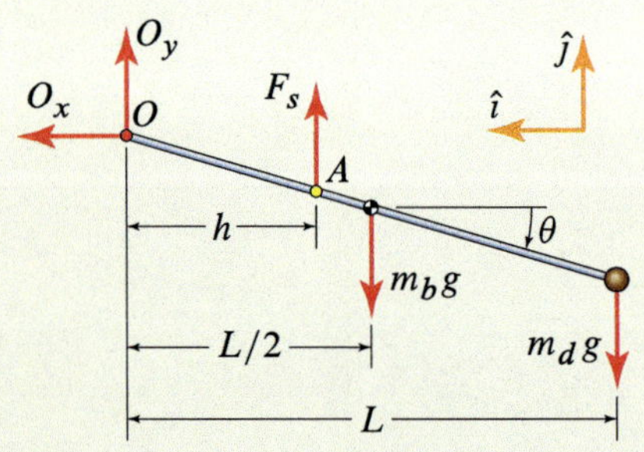

그림 3 진동하는 보드와 다이버의 FBD. 그림의 치수는 $\cos\theta \approx 1$가 성립하는 미소각 θ에만 적용할 수 있음을 유의하라.

계산 식 (4)의 위치에너지, 식 (2)의 운동에너지와 운동학 방정식을 식 (1)에 대입하고 시간미분을 구하면 다음과 같다.

$$(I_O + m_dL^2)\dot{\theta}\ddot{\theta} + k(\delta_{st} + h\theta)h\dot{\theta} - \tfrac{1}{2}m_bgL\dot{\theta} - m_dgL\dot{\theta} = 0 \tag{5}$$

$\dot{\theta}$를 소거하면 $kh\delta_{st}$는 시스템의 평형상태(즉, $\theta = 0$)를 유지하기 위해 필요한 스프링의 힘에 의한 O에 대한 모멘트이다. 이 모멘트는 두 무게에 의해 생성되는 O에 대한 모멘트 $-\frac{1}{2}m_bgL - m_dgL$과 크기는 같고 방향은 반대이다. 그러므로 식 (5)는 최종적인 운동방정식으로 정리된다($I_O = \frac{1}{3}m_bL^2$을 이용하였다).

$$\ddot{\theta} + \frac{kh^2}{\left(\frac{1}{3}m_b + m_d\right)L^2}\theta = 0 \tag{6}$$

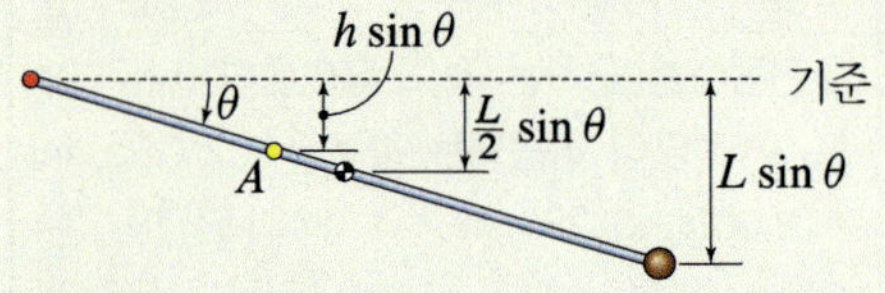

그림 4 다이빙 보드가 회전할 때 문제의 풀이와 연관된 점들의 수직 변위.

논의 및 검증 식 (6)의 θ의 계수의 차원은 이 값이 가져야 하는 대로 시간의 제곱 분의 1이다.

문제

문제 9.1

$C = \sqrt{A^2 + B^2}$ 이고 $\tan\phi = A/B$이면 식 (9.15)가 식 (9.3)과 동등함을 보여라.

문제 9.2

진자처럼 매달려 주기 τ로 진동하는 임의의 형상의 강체의 질량중심에 대한 질량관성모멘트를 구하는 공식을 유도하라. 물체의 질량 m과 회전중심 O에 대한 질량중심 G의 상대위치를 알고 있다고 가정하라.

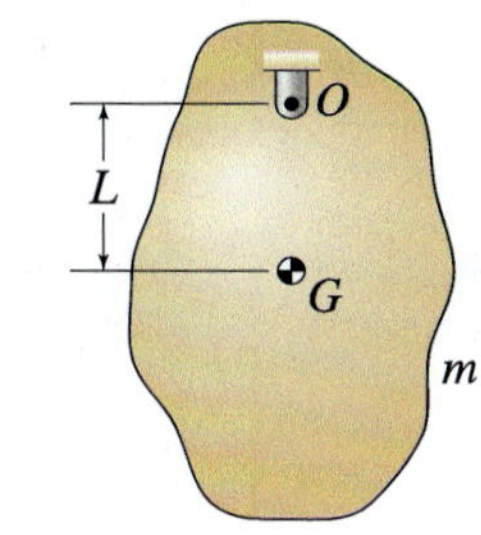

그림 P9.2

문제 9.3

반경 R, 질량 m의 가는 링이 점 O에서 핀으로 매달려 있다. 이 링이 약간 당겨졌다가 놓일 때 진동의 주기를 구하라.

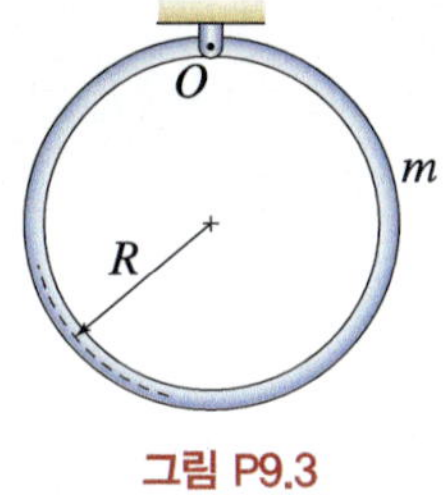

그림 P9.3

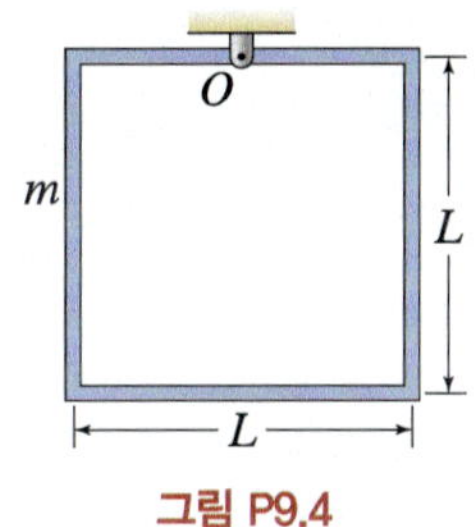

그림 P9.4

문제 9.4

질량 m의 가는 사각테가 점 O에서 핀으로 매달려 있다. 이 테가 약간 당겨졌다가 놓일 때 진동의 주기를 구하라.

문제 9.5

스윙 바와 진동하는 질량이 각각의 고유진동수로 지구상에서 진동하도록 제작되어 각각의 고유진동수가 측정되었다. 두 시스템을 달로 옮겨 각각의 고유진동수로 진동하도록 한다. 지구상에서 비교하여 각각의 시스템의 고유진동수가 어떻게 변하겠는가? 두 시스템 중 고유진동수가 더 많이 변하는 시스템은 어느 것인가?

주의 개념 문제는 계산이 아닌 설명이 필요하다.

그림 P9.5

문제 9.6, 9.7

질량 m, 질량중심 G, 질량관성모멘트 I_G인 강체가 임의의 점 O에서 핀으로 연결되어 진자처럼 진동할 수 있게 되어 있다.

문제 9.6 뉴턴–오일러방정식을 세워 진자가 가장 높은 고유진동수를 가질 수 있도록 G와 회전중심 점 O 사이의 거리 ℓ을 구하라.

문제 9.7 에너지법을 사용하여 진자가 가장 높은 고유진동수를 가질 수 있도록 G와 회전중심 점 O 사이의 거리 ℓ을 구하라.

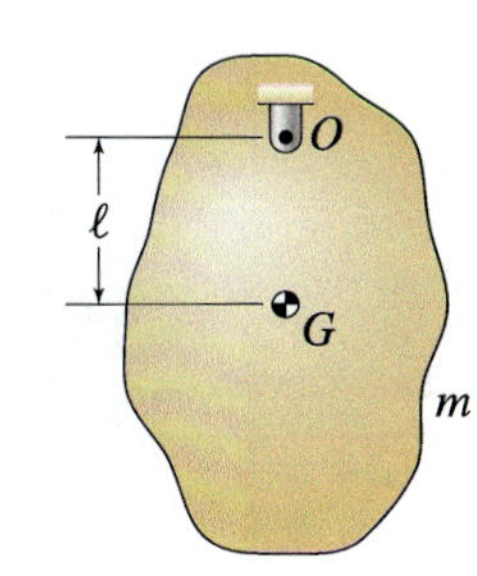

그림 P9.6-P9.7

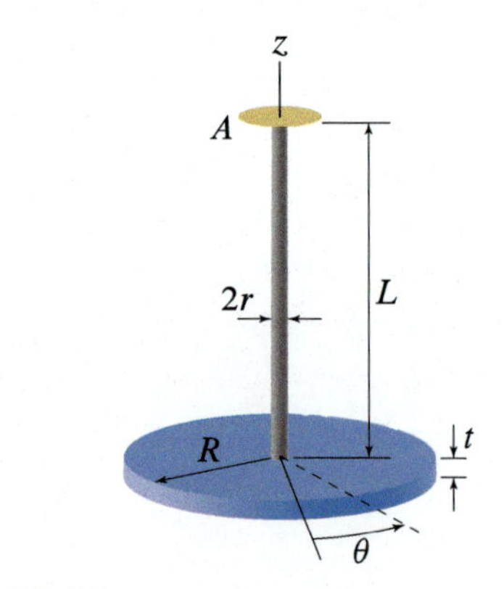

그림 P9.8

문제 9.8

반경 R, 두께 t의 균일한 원판이 반경 r, 길이 L의 질량을 무시할 수 있는 가는 축에 부착되어 있다. 축의 끝 점 A는 고정되어 있다. 재료역학에 따르면 축의 자유단에 토크 M_z가 작용하면 비틀림각 θ와의 관계는 다음과 같다.

$$\theta = \frac{M_z L}{GJ}$$

이 식에서 G는 축의 전단탄성계수, $J = \frac{\pi}{2}r^4$는 축의 단면의 극관성모멘트이다. ρ가 원판의 밀도일 때 M_z와 θ의 관계식을 이용하여, 원판의 면에 대해 미소각 진동을 하는 원판의 고유진동수를 구하라.

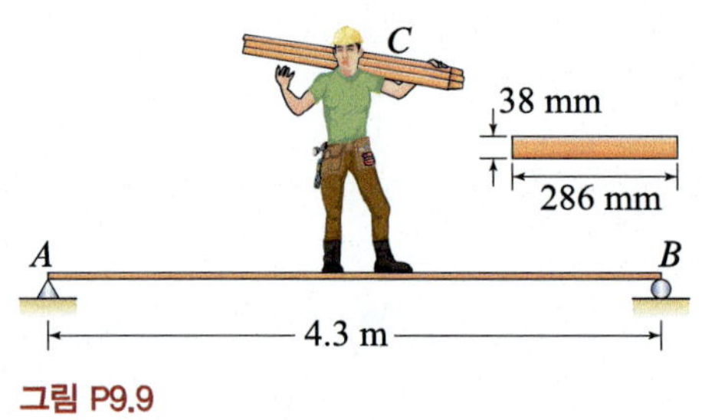

그림 P9.9

문제 9.9

건설노동자 C가 양단 단순지지된 4.3 m 길이의 소나무 보드의 중간 지점에 서 있다. 보드는 40 × 300 mm 표준형으로 단면의 크기는 그림과 같다. 노동자의 체중은 82 kg이며, 무릎을 한번 굽혀 보드를 진동시켰다. 그의 진동 주파수를 구하라. 보드의 무게는 무시하고, 단순지지보의 중앙에 하중 P가 가해지면 처짐이 $PL^3/(48EI_{cs})$가 됨을 이용하라. 이 식에서 L은 보의 길이, E는 탄성계수, I_{cs}는 보의 단면의 면적관성모멘트이다. 소나무의 탄성계수는 12.4 GPa이다.

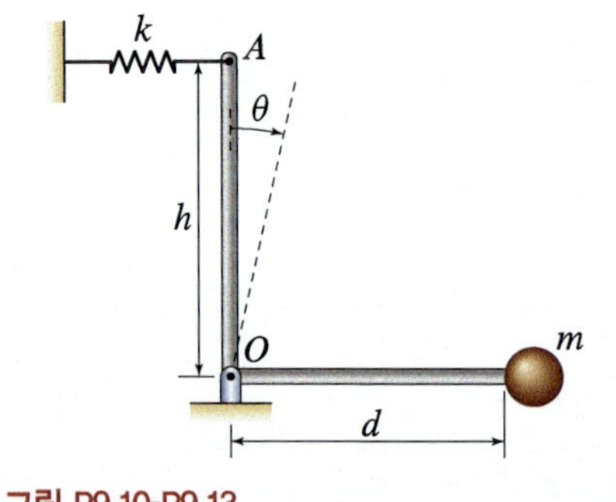

그림 P9.10-P9.13

문제 9.10-9.13

L형 봉이 수직면에서 점 O에서 핀으로 연결되어 있다. 봉의 한쪽 끝에는 상수 k의 선형 스프링이 부착되어 있고, 다른 끝에는 크기를 무시할 수 있는 질량 m이 달려 있다. θ는 평형상태로부터 측정되며 크기는 작다고 가정한다.

문제 9.10 L형 봉의 질량을 무시할 수 있을 때, 뉴턴-오일러방정식을 세워 시스템의 진동주기를 구하라.

문제 9.11 L형 봉의 질량을 무시할 수 있을 때, 에너지법으로 시스템의 진동주기를 구하라.

문제 9.12 L형 봉의 단위 길이당 질량이 ρ일 때, 뉴턴-오일러방정식을 세워 시스템의 진동주기를 구하라.

문제 9.13 L형 봉의 단위 길이당 질량이 ρ일 때, 에너지법으로 시스템의 진동주기를 구하라.

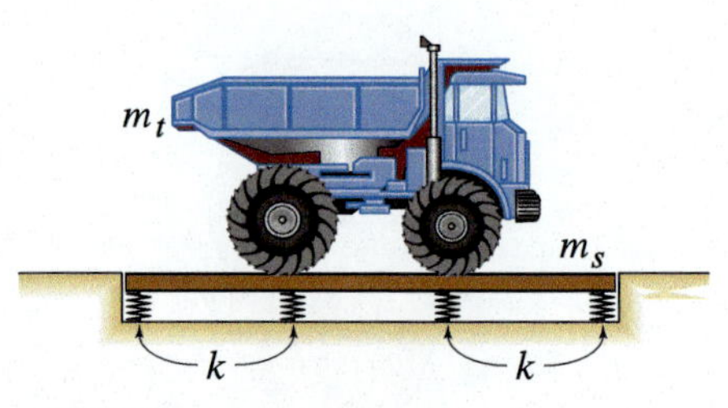

그림 P9.14

문제 9.14

비포장 도로용 트럭이 중량을 측정하기 위해 콘크리트 갑판의 저울에 들어서면, 트럭과 저울이 계의 고유진동수로 수직방향으로 진동하게 되었다. 빈 트럭의 무게는 33,500 kg, 저울 갑판의 무게는 23,100 kg이며, 갑판은 동일한 8개의 스프링으로 지지되어 있다(이 중 4개가 그림에 도시되어 있음). 각각의 스프링상수는 $k = 5.25 \times 10^6$ N/m이다. 트럭과 화물 및 콘크리트 갑판을 하나의 질점으로 모델링하고, 진동주파수가 3.3 Hz로 측정되었다면, 트럭 화물의 질량은 얼마인가?

문제 9.15

평형상태에 있는 3 kg의 질량 m을 망치로 쳐서 2 m/s의 속도 v_0를 갖게 하였다. k가 120 N/m라면 발생한 진동의 진폭과 질량의 최대가속도를 구하라.

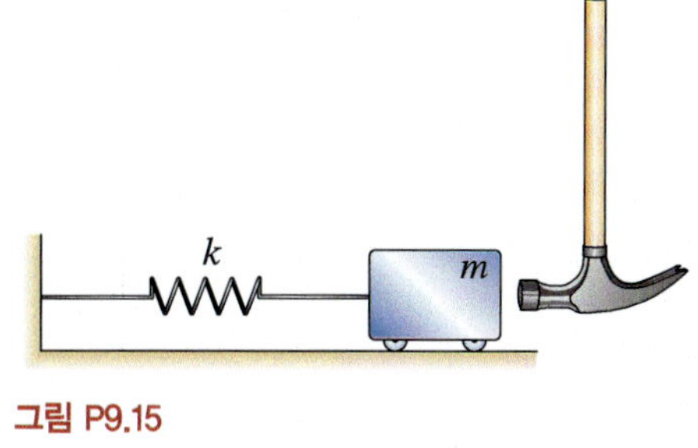

그림 P9.15

문제 9.16

사진의 부표를 지름 d, 질량 m의 원통으로 모델링할 수 있다. 부표를 밀도 ρ의 물 밑으로 밀면 수직방향으로 진동하게 된다. 진동의 주기를 구하라. $d = 1.2$ m, $m = 900$ kg, 해수표면의 밀도 $\rho = 1027$ kg/m^{3}을 이용하여 계산하라.

힌트: 물체의 전부 혹은 일부가 유체에 잠기면 밀어낸 유체의 무게에 해당하는 부력을 받게 된다는 아르키메데스의 법칙을 이용하라.

그림 P9.16

문제 9.17

예제 9.2의 나노와이어에 대해서 그림과 같이 집중질량모델을 이용하라. 이 모델에서 질량 m의 질점이 질량을 무시할 수 있는 길이 L의 봉에 부착되어 있고, 이 봉은 O에서 핀으로 고정되어 있다. 나노와이어의 고유진동수 ω_n과 주파수 f를 구하라. 집중질량, 봉의 길이, 스프링상수 $k = 3\ EI_{cs}/L^3$의 계수 등을 구하기 위해 예제 9.2에서 주어진 값을 사용하라. 해에서 위치 값으로 δ 또는 θ 어느 것을 써도 무방하다. 질량 m의 변위가 작아 수직으로 움직인다고 가정하라.

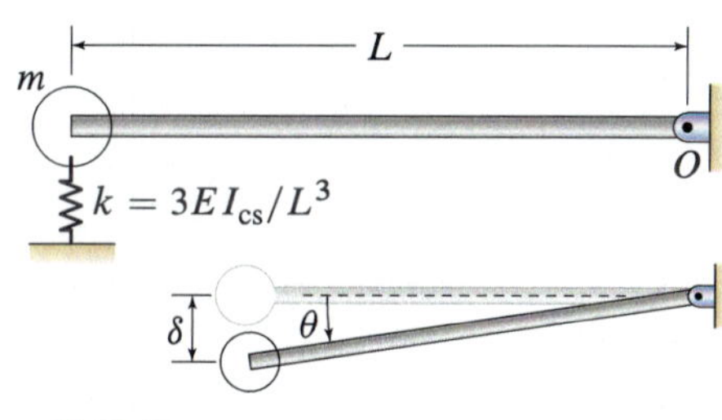

그림 P9.17

문제 9.18

질량 m의 작은 구 A가 O에서 핀으로 연결된 질량을 무시할 수 있는 봉 OA에 부착되어 있다. 선형탄성스프링의 스프링상수가 k일 때, 미소진동에 대한 운동방정식을 다음을 이용하여 구하라.

(a) 위치좌표로 질량 A의 수직 위치를 사용

(b) 위치좌표로 봉 OA가 수평과 이루는 각도를 사용

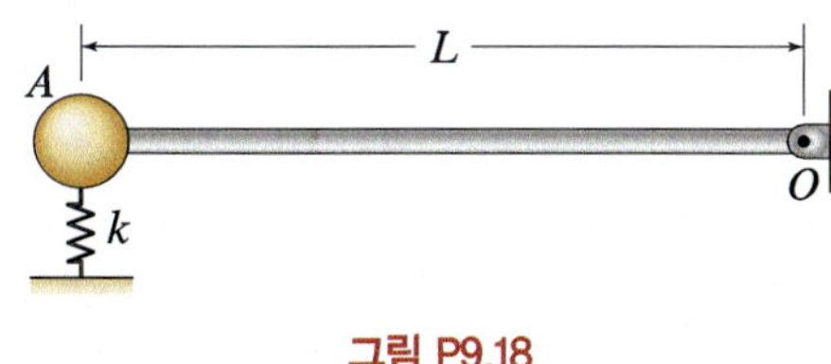

그림 P9.18

문제 9.19, 9.20

괘종시계는 진자가 한번 진동할 때 정해진 양만큼 시계 바늘이 움직임으로써 시간을 나타낸다. 따라서 시계가 정확한 시간을 나타내기 위해서 진자의 주기가 매우 정확하여야

한다. 진자의 주기를 세밀히 조정하기 위해 대부분의 괘종시계는 진자 원판 밑에 조절나사를 가지고 있다. 나사를 안으로 혹은 밖으로 돌리면 진자의 질량분포가 변해 주기가 조절된다. 다음의 문제에서 반경 r, 질량 m_p의 균일한 원판인 진자가 길이 $L - r$의 질량을 무시할 수 있는 막대에 부착된 것으로 모델링 하라. 조절나사는 질량 m_n의 질점으로 모델링 한다. 진자 원판의 바닥과 나사 사이의 거리는 d이다.

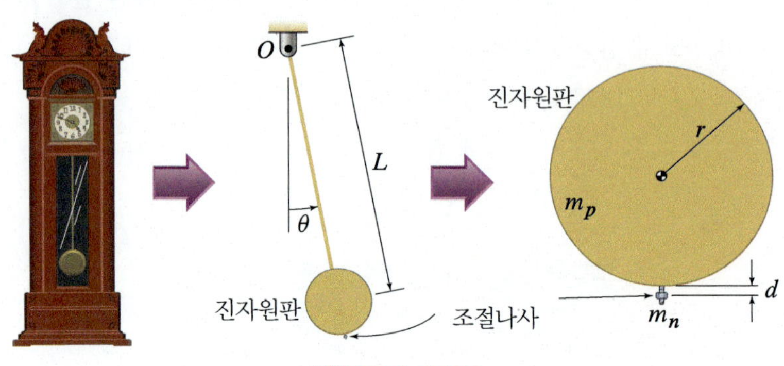

그림 P9.19, P9.20

문제 9.19 조절나사가 초기에 원판의 바닥으로부터 $d = 9$ mm 거리에 있다. 조절나사를 돌려 원판 쪽으로 4 mm 접근시키면 진자의 주기는 얼마나 변하는가? 이렇게 된다면 24시간 동안 시계의 시간은 얼마나 빨라지거나 혹은 늦어지게 되는가? $m_p = 0.7$ kg, $r = 0.1$ m, $m_n = 8$ g, $L = 0.85$ m이다.

문제 9.20 시계가 늦게 가 24시간에 1분씩 늦어지고 있다. 현재 조절 나사가 $d =$ 20 mm에 위치하고 있다. 나사를 $d = 0$ mm로 이동시킨다면 정확한 진자의 주기를 얻기 위한 조절 나사의 질량은 얼마인가? $m_p = 0.7$ kg, $r = 0.1$ m, $L = 0.85$ m이다.

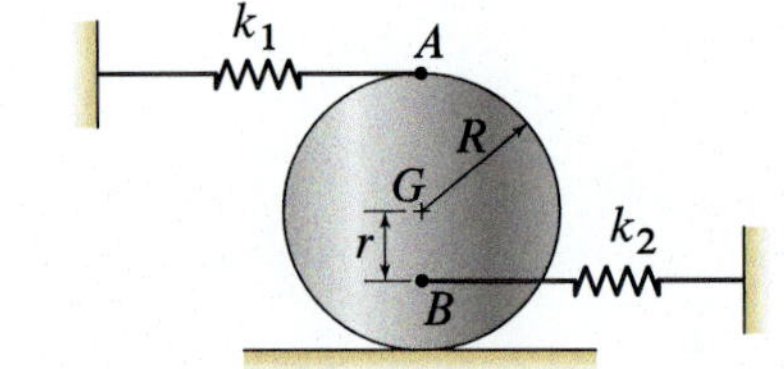

그림 P9.21, P9.22

문제 9.21, 9.22

균일한 원통이 평면 위에서 미끄러짐 없이 구르고 있다. $k_1 = k_2 = k$, $r=R/2$이다. 점 G가 수평방향 미소 진동한다고 가정한다.

문제 9.21 뉴턴-오일러방정식을 세워 원통의 운동방정식을 유도하라. 질량중심 G의 수평방향 위치를 변수로 사용하라.

문제 9.22 에너지법을 이용하여 원통의 운동방정식을 유도하라. 질량중심 G의 수평방향 위치를 변수로 사용하라.

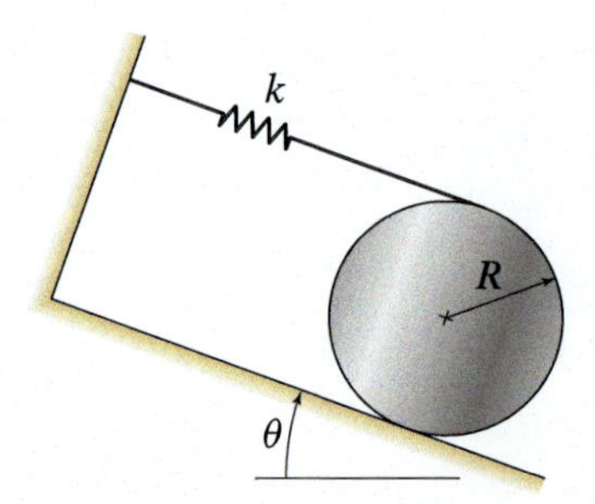

그림 P9.23, P9.24

문제 9.23, 9.24

질량 m, 반경 R인 균일한 원통이 경사면 위에서 미끄러짐 없이 구르고 있다. 스프링상수 k인 스프링이 원통을 감싸고 있다.

문제 9.23 뉴턴-오일러방정식을 세워 원통의 운동방정식을 유도하라. $k = 30$ N/m, $m = 10$ kg, $R = 300$ mm, $\theta = 20°$를 사용하여 원판의 진동 주기를 구하라.

문제 9.24 에너지법을 이용하여 원통의 운동방정식을 유도하라. $k = 30$ N/m, $m = 10$ kg, $R = 300$ mm, $\theta = 20°$를 사용하여 원판의 진동 주기를 구하라.

문제 9.25

질량 m의 균일한 봉이 반대방향으로 회전하는 드럼 A와 B 위에 놓여 있다. 두 드럼은 등각속도 ω_0로 회전하고 있으며, 드럼과 봉 사이의 운동마찰계수는 μ_k이다. 드럼 위에 있는 봉의 진동의 고유진동수를 구하라.

힌트: 두 드럼 사이의 중간점에 대한 G의 상대위치를 구하고, 드럼이 충분히 빠르게 회전하여 드럼이 봉에 대해 늘 미끄러진다고 가정하라.

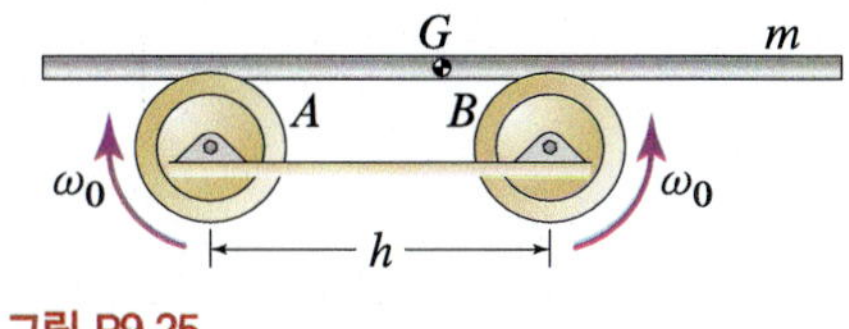

그림 P9.25

문제 9.26

반경 r, 질량 m의 균일한 원통 A가 반경 R인 큰 원통 내부에서 미소각 θ에서 놓여진다. 원통이 미끄러짐 없이 구른다고 가정하고 A의 진동의 고유진동수와 주기를 구하라.

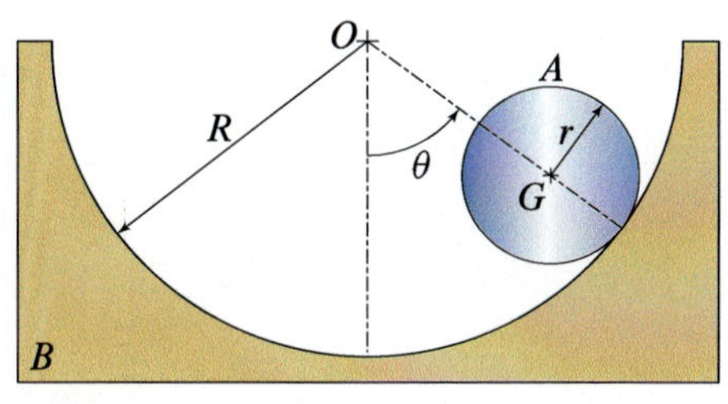

그림 P9.26

문제 9.27

반경 r, 질량 m의 균일한 구 A가 반경 R인 큰 원통 내부에서 미소각 θ에서 놓여진다. 구가 미끄러짐 없이 구른다고 가정하고 구의 진동의 고유진동수와 주기를 구하라.

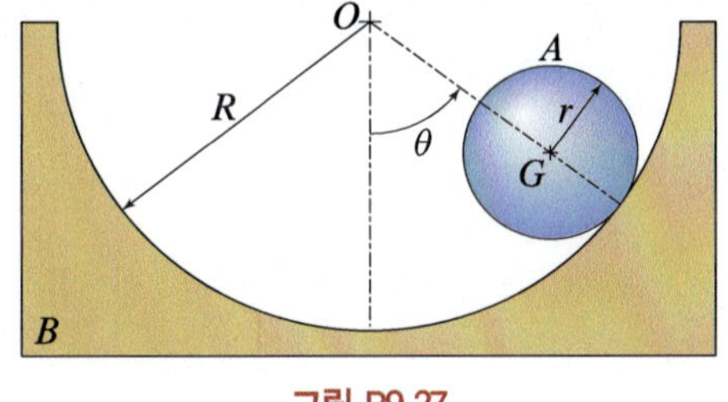

그림 P9.27

문제 9.28

U-튜브 기압계가 수직면 상에 있다. 밀도 ρ의 유체가 담겨 y만큼 이동하여 튜브 안에서 진동하고 있다. 튜브의 단면적이 A, 유체의 총 길이가 L일 때, 에너지법을 이용하여 유체의 진동 주기를 구하라.

힌트: 튜브의 곡선부에는 항상 유체가 차 있으므로(유체의 진동이 곡선부를 비울만큼 크지 않음) 곡선부 내의 유체의 위치에너지는 항상 일정하다.

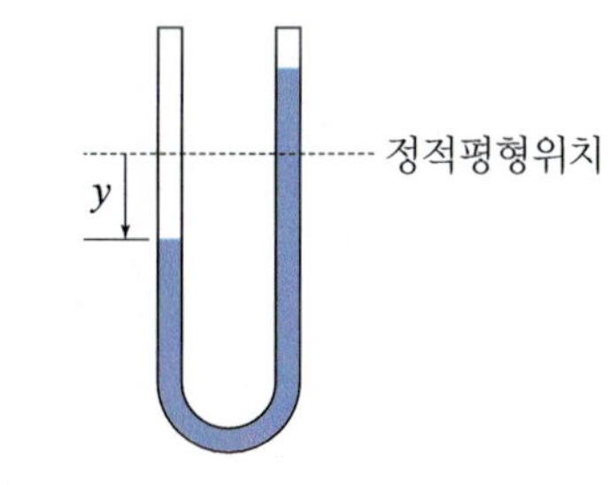

그림 P9.28

문제 9.29

반경 R, 질량 m의 균일한 반원통이 수평면 위에서 미끄러짐 없이 구르고 있다. 에너지법을 이용하여 미소각 θ에 대한 진동의 주기를 구하라.

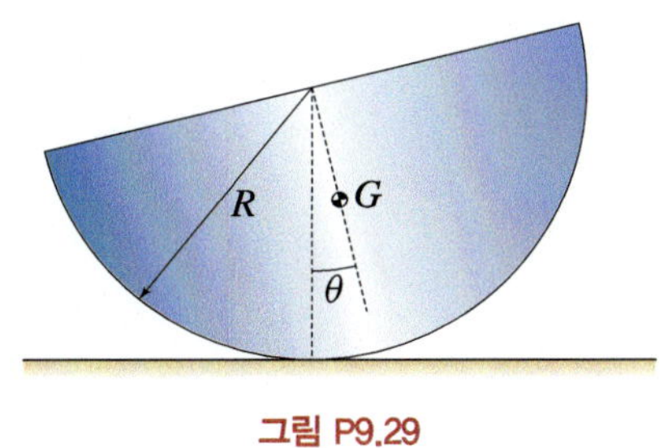

그림 P9.29

문제 9.30

반경 R, 질량 m의 균일한 얇은 셸 반원통이 수평면 위에서 미끄러짐 없이 구르고 있다. 에너지법을 이용하여 미소각 θ에 대한 진동의 주기를 구하라.

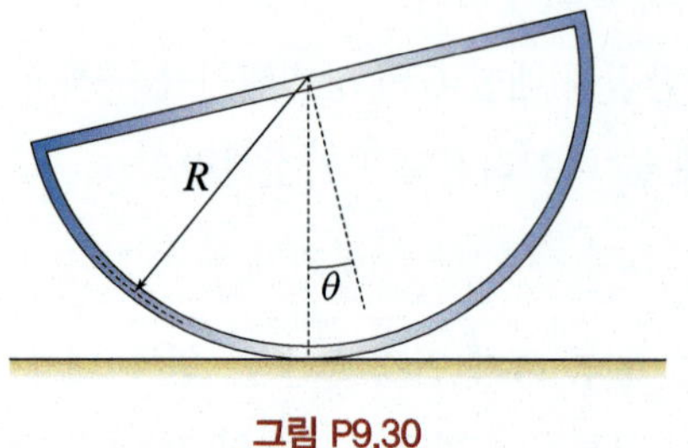

그림 P9.30

설계 문제

설계문제 9.1

생산 공정의 일부로 균일한 봉이 두 개의 반대 방향으로 회전하는 드럼 A, B와 약한 감쇠를 발생시키는 마찰 슬라이더 C로 구성된 복원장치(centering device) 위에 놓여 있다. 봉이 반대 방향으로 회전하는 두 드럼 사이의 중심에서 어긋나게 되면 두 드럼과 봉 사이의 미끄럼마찰로 인하여 봉은 앞뒤로 진동하게 되며, 궁극적으로 감쇠기 C로 인하여 봉은 중심을 맞추게 된다. 봉이 중심을 맞추게 되면 생산 공정의 다음 단계가 시작된다.

강봉의 길이는 $L = 1.2$ m, 반경은 $r = 22.5$ mm, 밀도는 $\rho = 7850$ kg/m^{3}으로 가정하라. 봉의 초기 비정렬(즉, 초기 G와 C 사이의 거리)이 0.25 m까지 가능하며 드럼과 봉 사이의 미끄럼이 계속 발생한다고 가정하고, 드럼을 설계하고(드럼의 반경과 재질) 봉의 운동의 전체 영역에서 미끄러짐이 발생할 수 있도록 드럼을 배치하라. 감쇠가 작으므로 무시할 수도 있다. 또한, 드럼은 등각속도 ω_0로 회전하고 있다고 가정하라.

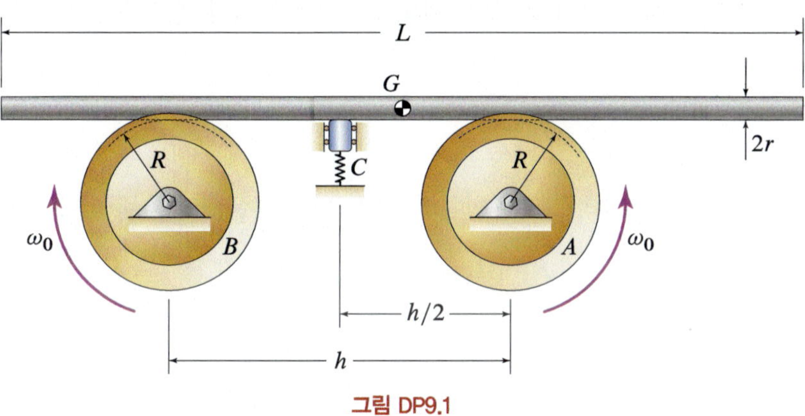

그림 DP9.1

9.2 비감쇠 강제진동

모든 진동이 앞 절에서 다룬 것과 같은 형식은 아니다. 많은 시스템이 시스템의 진동을 유발하는 하는 외력에 의하여 진동한다. 이 절은 기계시스템의 강제진동을 다룬다.

그림 9.12 6개의 스프링으로 지지되는 받침대에 설치된 편심 모터. 그림에는 3개의 스프링만 도시.

편심 모터의 진동

로터의 질량중심이 회전축과 일치하지 않으면 모터는 완벽한 균형을 이루지 못한다. 이런 현상이 발생하면 로터가 회전할 때 모터 덮개에 시간에 따라 변하는 힘이 전달된다. 이 힘은 모터와 받침대의 진동을 유발한다. 그림 9.12에 질량 m_p인 받침대에 설치된 질량 m_m인 모터가 도시되어 있다. 받침대는 스프링상수 k_s인 6개의 스프링으로 지지되어 등가 스프링상수가 $k_{eq} = 6\ k_s$이다. 로터는 모터 내부에서 등각속도 ω_r로 회전하며, 불균형 효과는 회전축으로부터 ε 거리에 있는 편심질량 m_u에 상당한다. 이러한 사실에 근거한 편심질량과 모터/받침대 결합체의 자유물체도가 각각 그림 9.13, 9.14에 도시되어 있다. 모터와 받침대는 y 방향으로만 움직이므로 뉴턴의 제2법칙을 y 방향으로 그림 9.13의 편심질량에 적용하면 다음을 얻을 수 있다.

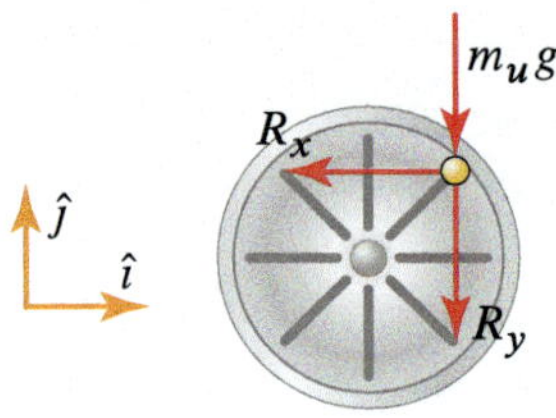

그림 9.13 편심 질량 m_u의 FBD. 힘 R_x와 R_y는 모터에 의해 질점에 가해지는 힘들이다.

$$\left(\sum F_y\right)_{\text{ecc. mass}}: \quad -R_y - m_u g = m_u a_{uy} \tag{9.29}$$

같은 작업을 그림 9.14의 모터와 받침대에 적용하면 다음을 얻을 수 있다.

$$\left(\sum F_y\right)_{\text{motor}}: \quad R_y - (m_m - m_u)g - m_p g - F_s$$
$$= (m_m - m_u + m_p)a_{my} \tag{9.30}$$

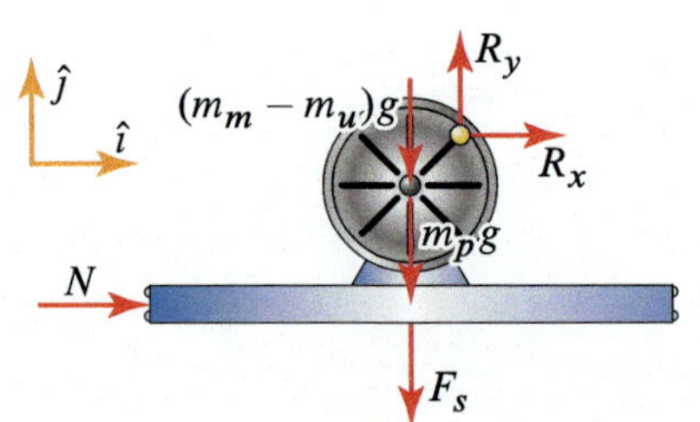

그림 9.14 모터와 받침대의 FBD. 힘 R_x와 R_y는 질점에 의해 모터에 가해지는 힘들이다. 뉴턴의 제3법칙에 의해 그림 9.13의 힘과 크기는 같고 방향은 반대이다.

이 식에서 a_{uy}와 a_{my}는 각각 편심질량과 모터/받침대의 가속도의 y 성분이며 F_s는 스프링에 의해 모터/받침대에 가해지는 힘이다. 그림 9.15에 의하면 y_m은 정적평형상태로부터 측정되므로 다음을 얻는다.

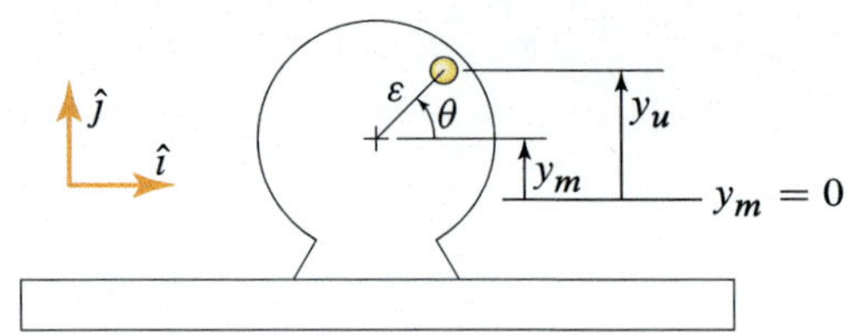

그림 9.15 모터/받침대와 편심질량의 운동학.

$$F_s = k_{eq}(y_m - \delta_s) \tag{9.31}$$

이 식에서 δ_s는 정적평형에서 스프링의 변위이다. 그림 9.15를 참고하면 편심질량의 운동학 방정식은 다음과 같다.

$$y_u = y_m + \varepsilon \sin\theta \quad \Rightarrow \quad \dot{y}_u = \dot{y}_m + \varepsilon\dot{\theta}\cos\theta$$
$$\Rightarrow \quad \ddot{y}_u = \ddot{y}_m - \varepsilon\dot{\theta}^2 \sin\theta \quad \Rightarrow \quad a_{uy} = \ddot{y}_m - \varepsilon\omega_r^2 \sin\theta \tag{9.32}$$

이 식에서 $\dot{\theta} = \omega_r$, $\ddot{y}_u = a_{uy}$이고, ω_r이 일정하므로 $\ddot{\theta} = 0$이다. 모터/받침대의 운동학은 다음과 같다.

$$a_{my} = \ddot{y}_m \tag{9.33}$$

식 (9.31)-(9.33)을 식 (9.29)와 (9.30)에 대입하고 R_y를 소거하면 다음을 얻는다.

$$-m_u g - m_u(\ddot{y}_m - \varepsilon\omega_r^2 \sin\theta) - (m_m - m_u)g - m_p g - k_{\text{eq}}(y_m - \delta_s) = (m_m - m_u + m_p)\ddot{y}_m \tag{9.34}$$

이 식을 정리하면

$$(m_m + m_p)\ddot{y}_m + k_{\text{eq}} y_m + (m_m + m_p)g - k_{\text{eq}}\delta_s = m_u \varepsilon\omega_r^2 \sin\theta \tag{9.35}$$

이 되는데 $(m_m + m_p)g = k_{\text{eq}}\delta_s$와 $\theta = \omega_r t$ [5])를 알고 있으므로 다음과 같이 된다.

$$\ddot{y}_m + \frac{k_{\text{eq}}}{m_m + m_p} y_m = \frac{m_u \varepsilon\omega_r^2}{m_m + m_p} \sin\omega_r t \tag{9.36}$$

이 식의 좌변은 9.1절에서 배운 조화진동자 방정식과 같은 형식이다. 그러나 우변에 편심 질량으로 인하여 진동자를 가진하는 시간에 따라 변하는 항이 있다. 이 절에서 식 (9.36)과 같은 방정식을 푸는 방법을 다룰 것이다. 예제 9.4에서 이런 시스템을 해석할 것이다.

유용한 정보

계의 질량중심을 이용한 운동방정식 구하기. 식 (9.36)은 뉴턴의 제2법칙을 그림 9.12에 도시된 계의 질량중심에 직접 적용함으로써 구할 수 있다(문제 9.33 참조).

외력을 받는 조화진동자의 표준형식

식 (9.36)은 다음의 형식이다.

$$\ddot{x} + \omega_n^2 x = \frac{F_0}{m} \sin\omega_0 t \tag{9.37}$$

식 (9.37)은 강제 조화진동자 방정식의 표준형식이며, $\frac{F_0}{m}\sin\omega_0 t$ 항으로 인하여 식 (9.12)의 비제차식(*nonhomogeneous*)이 된다. 운동방정식이 식 (9.37)로 주어지는 간단한 시스템을 그림 9.16에 도시하였다. 식 (9.37)의 우변은 시간 t의 함수이며, 시스템의 진동을 유발하므로 가진함수(*forcing function*)라고 불린다. 이 특별한 형식의 가진은 시간의 조화함수이므로 조화적이다.

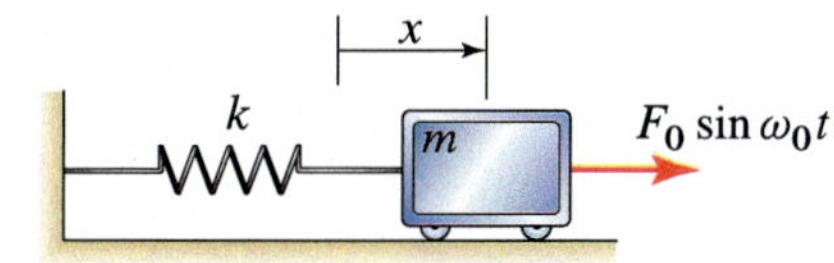

그림 9.16 운동방정식이 식 (9.37)이며 $\omega_n = \sqrt{k/m}$인 강제조화진동자. 위치 x는 $F_0 = 0$일 때 평형상태로부터 측정.

미분방정식의 이론에 따르면 식 (9.37)의 일반해(*general solution*)는 보완해와 특수해의 합이다. 보완해(*complementary solution*)[6])는 해당 제차방정식(식 (9.12))의 해로 식 (9.3)(또는 식 (9.13))으로 주어진다. 특수해(*particular solution*)는 식 (9.37)을 만족하는 **특정한** 해이다. 특수해를 구하는 방법은 해의 형식을 추정하고 이 추정이 정확한지 아닌지 확인하는 것이다. 조화적으로 가진 받는 조화진동자의 거동이 가진과 유사할 것이라는 추정이 타당해 보이므로 특수해 x_p가 다음의 형식으로 추정한다.

$$x_p = D\sin\omega_0 t \tag{9.38}$$

5) $\theta = 0$을 가정하였다.

6) 보완해는 종종 제차해라고도 불린다.

이 식에서 D는 결정해야 할 상수이다. 식 (9.38)을 식 (9.37)에 대입하여 추정이 정확한지를 확인할 수 있다. 이렇게 하면 다음을 얻는다.

$$-D\omega_0^2 \sin \omega_0 t + \omega_n^2 D \sin \omega_0 t = \frac{F_0}{m} \sin \omega_0 t \tag{9.39}$$

$\sin\omega_0 t$를 소거하고 D에 대하여 풀면 다음을 얻는다.

$$D = \frac{F_0/m}{\omega_n^2 - \omega_0^2} = \frac{F_0/k}{1-(\omega_0/\omega_n)^2} \tag{9.40}$$

이 식에서 $\omega_0 \neq \omega_n$이라 가정하였고 $\omega_n^2 = k/m$을 사용하였다. 식 (9.40)과 같이 D를 선택하면 식 (9.38)의 추정이 정확했음을 확인할 수 있으며 이에 상응하는 특수해는 다음과 같다.

$$x_p = \frac{F_0/k}{1-(\omega_0/\omega_n)^2} \sin \omega_0 t \tag{9.41}$$

흥미로운 사실

조화가진의 현실성? 이 문제에 대한 답은 Jean Baptiste Joseph Fourier(1768–1830)와 후계자들에게 있다. 모든 구분적 주기함수는 사인과 코사인의 무한급수(푸리에 급수)로 표현할 수 있다고 하였다. 이는 모든 주기적 힘은 조화함수의 합으로 취급할 수 있음을 의미한다. 또한 식 (9.37)의 좌변의 성질(선형적)로부터 조화가진의 합에 대한 전체 특수해는 각각의 조화가진 항에 대한 특수해의 합이라는 사실을 알 수 있다. 이 사실로부터 공학도는 어떤 주기적 가진도 조화가진의 합으로 쉽게 해결할 수 있게 되었다. 주기적 가진은 공학 시스템에서 자주 발생하기 때문에 이는 응용 수학에서 매우 중요한 결과물이다.

x_c로 표기한 식 (9.13)의 보완해를 식 (9.41)의 특수해와 결합하면 식 (9.37)의 일반해는 다음과 같다.

$$x = x_c + x_p = A \sin \omega_n t + B \cos \omega_n t + \frac{F_0/k}{1-(\omega_0/\omega_n)^2} \sin \omega_0 t \tag{9.42}$$

이 식에서 A와 B는 초기조건으로부터 구해야 하는 상수이다.

식 (9.42)를 보면 강제조화진동자의 진동은 두 부분으로 구성되어 있음을 알 수 있다: 시스템의 **자유진동**을 나타내는 보완해 x_c와 $F_0\sin\omega_0 t$에 의한 **강제진동**을 나타내는 특수해 x_p. 9.3절에서 볼 수 있듯이 x_c에 상응하는 자유진동은 실제 물리계에 늘 존재하는 약간의 감쇠 또는 에너지 발산으로 소멸하게 된다. 이러한 이유로 자유진동은 과도진동(*transient vibration*)이라고 불린다. 반면에 x_p에 상응하는 강제진동은 외력이 작용하는 한 진동이 유지된다. 따라서 이는 정상상태진동(*steady-state vibration*)[7]이라고 불린다.

강제진동이 발생하게 되면 시스템이 견뎌야 하는 변형과 변형에 연계된 힘에 영향을 미치는 진폭을 아는 것이 중요하다. 식 (9.41)에 따르면 정상상태진동의 진폭은 주파수비(*frequency ratio*) ω_0/ω_n에 따라 다음과 같이 주어진다.

$$x_{\text{amp}} = \frac{F_0/k}{1-(\omega_0/\omega_n)^2} \tag{9.43}$$

확대계수(*magnification factor*) MF를 정상상태진동의 진폭 x_{amp}의 힘 F_0에 의한 정적 처짐 F_0/k에 대한 비율로 정의하면 다음과 같다.

$$\text{MF} = \frac{x_{\text{amp}}}{F_0/k} = \frac{1}{1-(\omega_0/\omega_n)^2} \tag{9.44}$$

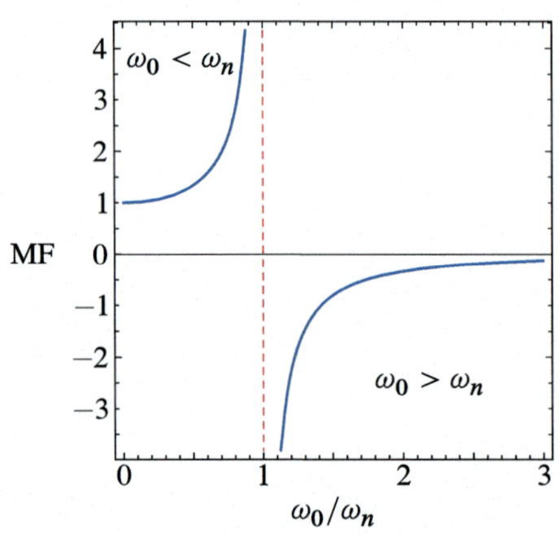

그림 9.17 주파수비 ω_0/ω_n의 함수로 나타낸 MF.

그림 9.17에 이의 그래프를 도시하였다. ω_0가 작아지면 $\text{MF} \to 1$이 됨을 알 수 있다.

7) $\omega_0 = \omega_n$인 경우에 대한 식 (9.37)의 해에 대하여는 논의하지 않았다. 이유는 이 해가 정상상태진동을 묘사하는 것이 아니기 때문이다.

즉 저주파 가진에서는 블록의 운동은 힘의 방향과 같다(동상진동). 가진주파수 ω_0가 계의 고유진동수 ω_n에 가까워질수록 즉, $\omega_0/\omega_n \to 1$에 따라 MF는 급격히 증가한다. $\omega_0 \approx \omega_n$일 경우 발생하는 이런 현상을 공진(*resonance*)이라 하며 매우 큰 진폭을 유발한다. 공진이 아주 큰 변위와 변형을 유발하고 때로는 파괴를 유발하기 때문에 많은 공학시스템에서 일반적으로 바람직하지 않다. 그러나 일부 공학시스템에서 예를 들면 앰프 또는 호흡기 환자의 침 제거기구[8] 등의 시스템에서는 공진효과를 이용하기도 한다. 9.3절에서 보게 되겠지만 약간의 에너지 발산 또는 감쇠로써 무한대의 진폭을 방지할 수는 있지만 여전히 큰 진폭은 피할 수 없다.

그림 9.16의 시스템을 다시 살펴보면, $\omega_0 > \omega_n$인 경우 MF는 음수이고, 힘의 방향은 블록의 운동의 방향과 역상이다. $\omega_0 \gg \omega_n$인 경우 힘의 방향이 고유진동수에 비하여 매우 빠르게 바뀌기 때문에 시스템은 거의 정적상태를 유지하게 되고 MF $\to$ 0이 된다.

지지대의 조화가진

진동을 측정하는 장치는 일반적으로 가진으로 작용하는 지지 구조물의 운동에 영향을 받는다. 예를 들면, 애플사®의 맥북® 시리즈 노트북은 컴퓨터의 큰 가속도(노트북이 떨어지거나 심하게 진동하는 물체 위에 놓여 있는 경우)를 감지하기 위한 3-축 가속도계를 장착하고 있다.[9] 이러한 가속도가 발생하게 되면 컴퓨터는 손상을 줄이기 위하여 하드 디스크 드라이버의 구동을 정지시킨다. 이런 시나리오는 맥북이 책상 위에 있고 같은 방에 큰 편심 모터가 작동하는 경우 발생할 수 있다(그림 9.18 참조).

그림 9.18 편심 모터에 의해 지지대를 통하여 진동하고 있는 운동감지 센서를 장착한 노트북 컴퓨터.

모터가 바닥과 책상에 큰 횡진동을 유발할 것이라고 가정한다.[10] 편심 모터가 조화진동할 것을 알고 있으므로, 바닥의 횡변위를 $x_f = X\sin\omega_f t$로 주기로 한다. 이 식에서 X는 횡방향 운동의 진폭이다. 또한 바닥과 노트북 컴퓨터 사이의 연결을 그림 9.19와 같이 스프링상수 k의 선형스프링으로 모델링 한다. 컴퓨터를 질점으로 보고, 자유물체도를 그림 9.20과 같이 작성하였다. 여기에서 F_s는 스프링의 작용력이다. x 방향의 힘의 합을 구하면

$$\sum F_x: \quad -F_s = m\ddot{x}_c \tag{9.45}$$

이 되는데, 스프링의 양단이 모두 움직이므로 스프링의 작용력은 $F_s = k(x_c - x_f) = k(x_c - X\sin\omega_f t)$으로 주어져 식 (9.45)는 다음과 같이 된다.

$$-k(x_c - X\sin\omega_f t) = m\ddot{x}_c \tag{9.46}$$

이 식을 정리하면 다음과 같다.

$$\ddot{x}_c + \omega_n^2 x_c = \frac{kX}{m}\sin\omega_f t \tag{9.47}$$

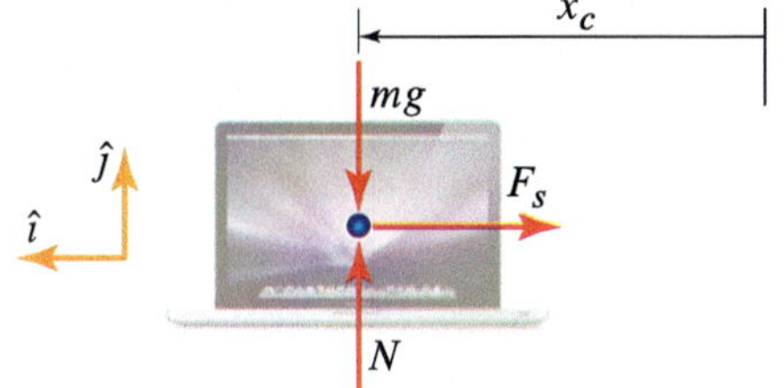

그림 9.20 책상 위에 있는 노트북 컴퓨터의 자유물체도.

8) L. C. de Lima et al., "Mechanical Evaluation of a Respiratory Device," *Medical Engineering & Physics*, 27, 2005, pp. 181-187 참조.

9) 이는 이 책이 집필될 당시 기준이다.

10) 수직 진동을 공부할 때 횡진동에서 구한 식과 같은 식을 얻었다. 다만 유효질량과 유효스프링상수 만이 다를 뿐이다.

그림 9.19 책상 위에 있는 노트북의 횡진동 모델.

이 식에서 $\omega_n^2 = k/m$이다. 식 (9.47)의 F_0를 kX로 대치하면 식 (9.37)과 같은 형식임을 유의하라. 식 (9.41)-(9.44)의 결과는 같은 대치를 행하면 성립된다.

절 요약

조화진동자가 조화가진을 받게 되면 운동방정식의 표준형식은 다음과 같다.

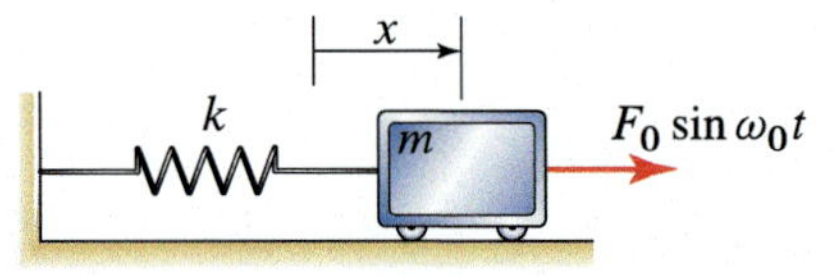

그림 9.21 그림 9.16의 반복. $\omega_n = \sqrt{k/m}$이고 운동방정식이 식 (9.37)로 주어지는 강제조화진동자. 위치 x는 질량의 평형상태로부터 측정된다.

식 (9.37) p. 693

$$\ddot{x} + \omega_n^2 x = \frac{F_0}{m} \sin \omega_0 t$$

이 식에서 F_0는 가진력의 진폭이며 ω_0는 외력의 주파수이다(그림 9.21 참조). 이 식에 대한 일반해는 보완해와 특수해의 합으로 구성된다. 보완해 x_c는 운동방정식에 상응하는 제차방정식의 해로서 식 (9.13)의 형식으로 주어진다. $\omega_0 \neq \omega_n$일 때 특수해는 다음과 같이 주어지고

식 (9.41) p. 694

$$x_p = \frac{F_0/k}{1 - (\omega_0/\omega_n)^2} \sin \omega_0 t$$

일반해는 다음과 같다.

식 (9.42) p. 694

$$x = x_c + x_p = A \sin \omega_n t + B \cos \omega_n t + \frac{F_0/k}{1 - (\omega_0/\omega_n)^2} \sin \omega_0 t$$

이 식에서 A와 B는 초기조건으로부터 구해야 하는 상수이다. 정상상태진동의 진폭은 다음과 같은데

식 (9.43) p. 964

$$x_{\text{amp}} = \frac{F_0/k}{1 - (\omega_0/\omega_n)^2}$$

이는 확대계수 MF가 다음과 같음을 의미한다.

식 (9.44) p. 694

$$\mathrm{MF} = \frac{x_{\mathrm{amp}}}{F_0/k} = \frac{1}{1-(\omega_0/\omega_n)^2}$$

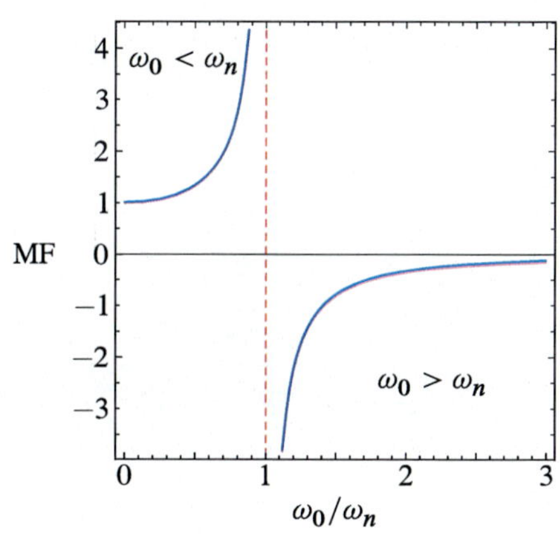

그림 9.22 *그림 9.17의 반복.* 주파수비 ω_0/ω_s의 함수로 나타낸 MF.

그림 9.22에 있는 MF의 그래프는 $\omega_0 \approx \omega_n$일 때 발생하여 아주 큰 진폭의 진동을 유발하는 공진현상을 보여준다.

지지대의 조화가진 구조물 자체가 아니라 구조물의 지지대가 조화가진을 받을 때(그림 9.23 참조) F_0가 스프링상수 k 곱하기 지지대 진동의 진폭 X로 대치된 점을 제외하면 식 (9.37)은 여전히 지배방정식으로 유효하며, 위에서 유도된 모든 해도 동일한 대치를 행하면 유효하다.

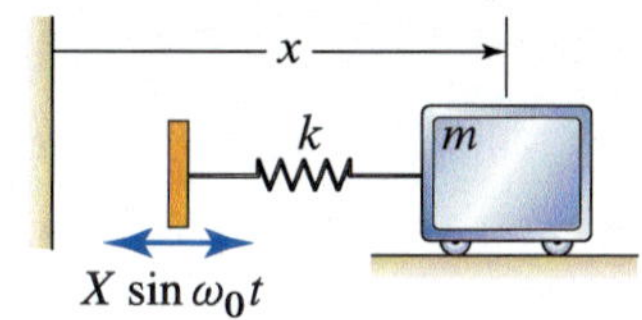

그림 9.23 지지대가 조화진동하는 조화진동자.

예제 9.4 편심 모터에 대한 응답과 확대계수(MF)

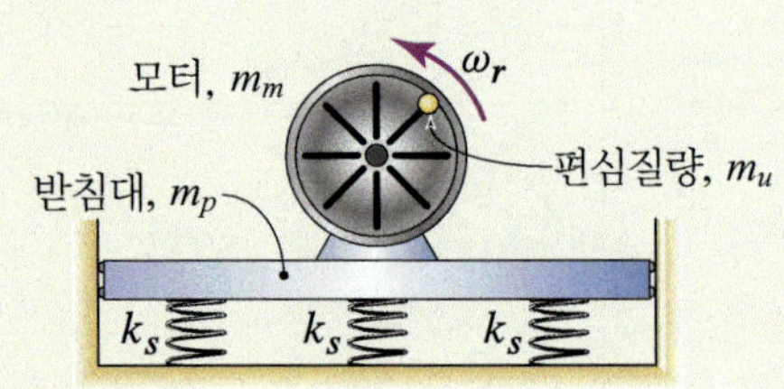

그림 1

초기조건이 $y_m(0) = 0$, $\dot{y}_m(0) = v_{m0}$인 편심 모터(그림 1)의 변위 $y_m(t)$에 대한 일반해를 구하라. $m_m = 40$ kg, $m_p = 15$ kg, $k_{eq} = 6\,k_s = 420{,}000$ N/m, $\varepsilon = 150$ mm, $\omega_r = 1200$ rpm, $y_m(0) = 0$ m, $\dot{y}_m = 0.4$ m/s를 사용하고 세 개의 다른 값 m_u: 10 g, 100 g, 1000 g에 대하여 $0 < t < 1$ s에서 위에 구한 답의 그래프를 그려라. 그래프로부터 진동의 최대 진폭을 구하라. 편심 로터의 MF를 구하고 그래프를 그려라.

풀이 SOLUTION

로드맵과 모델링 편심 모터와 받침대 모델의 운동방정식은 식 (9.36)으로 유도하였다. 우리가 해야 할 일은 식 (9.42)의 일반해를 적용하여 응답을 구하고 그래프를 그리는 것이다. MF는 식 (9.44)에서 구한 MF와 마찬가지로 ω_r/ω_n의 함수로 구해야 한다. 여기에서 ω_r은 모터 안에 있는 편심 로터의 각속도이다.

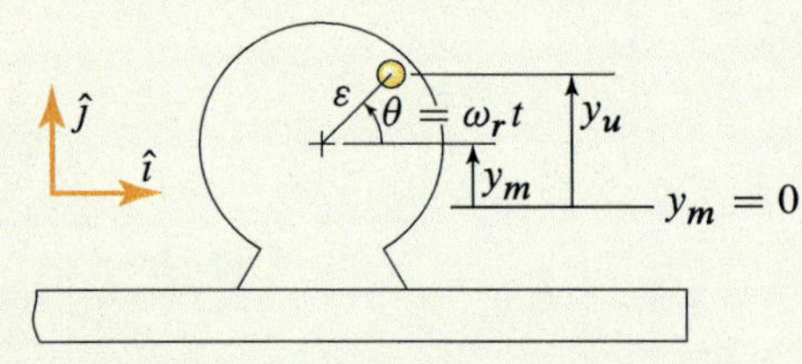

그림 2 편심 모터와 받침대의 운동학적 정의.

지배방정식 편의상 식 (9.36)에서 구한 편심 모터와 받침대의 운동방정식을 다시 사용하기로 한다.

$$\ddot{y}_m + \frac{k_{eq}}{m_m + m_p} y_m = \frac{m_u \varepsilon \omega_r^2}{m_m + m_p} \sin \omega_r t \tag{1}$$

이 식에서 y_m은 그림 2와 같이 계의 평형상태로부터 측정된 값이다.

계산 식 (1)은 식 (9.37)과 같은 형식이다. 편의상 아래 다시 기술한다.

$$\ddot{x} + \omega_n^2 x = \frac{F_0}{m} \sin \omega_0 t \tag{2}$$

식 (1)과 (2)를 비교하면 다음을 얻을 수 있다.

$$\omega_n^2 = \frac{k_{eq}}{m_m + m_p}, \qquad \frac{F_0}{m} = \frac{m_u \varepsilon \omega_r^2}{m_m + m_p}, \qquad \omega_0 = \omega_r \tag{3}$$

그러므로 식 (1)의 일반해는 식 (9.42)를 이용하여 다음과 같이 구할 수 있다.

$$y_m = A \sin \omega_n t + B \cos \omega_n t + \frac{m_u \varepsilon \omega_r^2 / k_{eq}}{1 - (\omega_r/\omega_n)^2} \sin \omega_r t \tag{4}$$

$t = 0$에서 식 (4)는 $y_m(0) = B$가 된다. $y_m(0) = 0$을 상기하면 다음을 얻는다.

$$B = 0 \tag{5}$$

식 (4)를 시간에 대해 미분하면 다음을 얻을 수 있다.

$$\dot{y}_m = A\omega_n \cos \omega_n t - B\omega_n \sin \omega_n t + \frac{m_u \varepsilon \omega_r^3 / k_{eq}}{1 - (\omega_r/\omega_n)^2} \cos \omega_r t \tag{6}$$

초기조건 $\dot{y}_m(0) = v_{m0}$를 적용하면 다음을 얻을 수 있다.

$$A\omega_n + \frac{m_u \varepsilon \omega_r^3 / k_{eq}}{1 - (\omega_r/\omega_n)^2} = v_{m0} \qquad \Rightarrow \qquad A = \frac{v_{m0}}{\omega_n} - \frac{\omega_r}{\omega_n} \frac{m_u \varepsilon \omega_r^2 / k_{eq}}{1 - (\omega_r/\omega_n)^2} \tag{7}$$

식 (4), (5), (7)을 결합하면 일반해는 다음과 같고 그래프는 그림 3에 도시하였다.

$$y_m = \left[\frac{v_{m0}}{\omega_n} - \frac{\omega_r}{\omega_n} \frac{m_u \varepsilon \omega_r^2 / k_{eq}}{1 - (\omega_r/\omega_n)^2} \right] \sin \omega_n t + \frac{m_u \varepsilon \omega_r^2 / k_{eq}}{1 - (\omega_r/\omega_n)^2} \sin \omega_r t \tag{8}$$

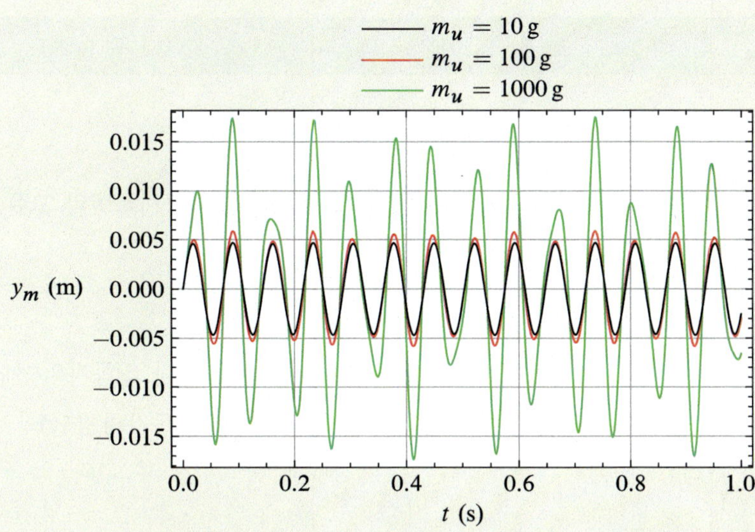

그림 3 편심 질량 m_u의 증가에 따른 모터와 받침대의 응답 y_m.

그래프로부터 진동의 최대 진폭은 $m_u = 10$ g일 때 5 mm, $m_u = 100$ g일 때 6 mm, $m_u = 1$ kg일 때 17 mm정도임을 알 수 있다.

MF를 구하기 위하여 특수해의 진폭을 구하고 이 값을 ω_r과 ω_n의 비로 정리하면 다음과 같다.

$$|y_{mp}| = \frac{m_u \varepsilon \omega_r^2 / k_{eq}}{1 - (\omega_r/\omega_n)^2} \quad \Rightarrow \quad |y_{mp}| = \frac{\frac{m_u \varepsilon}{m_m + m_p}(\omega_r/\omega_n)^2}{1 - (\omega_r/\omega_n)^2} \tag{9}$$

그러므로 MF는 다음과 같이 주어지며

$$\mathrm{MF} = \frac{|y_{mp}|(m_m + m_p)}{m_u \varepsilon} = \frac{(\omega_r/\omega_n)^2}{1 - (\omega_r/\omega_n)^2} \tag{10}$$

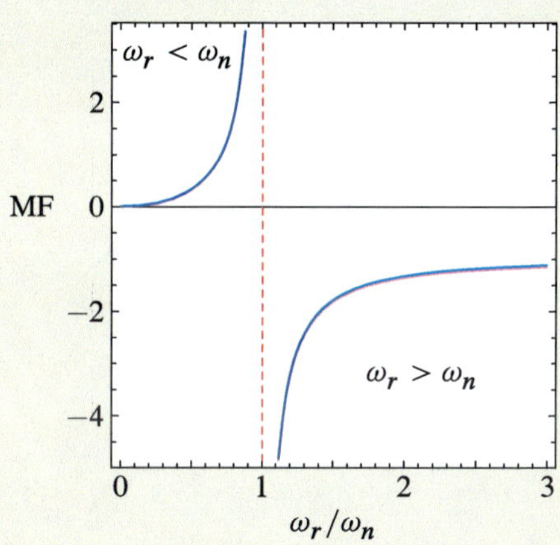

그림 4 식 (10)으로 주어진 편심 모터의 응답에 대한 MF.

그래프는 그림 4와 같다. 이 문제의 경우 $\omega_r = 1200$ rpm $= 125.7$ rad/s, $\omega_n = 87.39$ rad/s이므로 다음을 얻을 수 있다.

$$\mathrm{MF} = -1.94 \tag{11}$$

논의 및 검증 식 (8)의 일반해의 모든 항의 차원은 이 값이 가져야하는 대로 길이이다. 그림 3에서 관찰한 진동의 진폭은 모든 경우에 수 밀리미터이며 이는 주어진 질량과 강성을 감안하면 타당한 것으로 보인다. 마지막으로 MF는 무차원이며 이 값이 가져야하는 차원과 일치한다.

심층분석 그림 4의 편심 모터의 MF와 질량에 힘이 직접 가해지는(그림 9.16 참조) 그림 9.17의 MF를 비교하면 흥미롭다. ω_r이 작을 때 그림 4의 MF는 그림 9.17의 1이 아닌 0에 수렴한다. 이는 모터 안에 있는 로터가 매우 천천히 회전할 때에는 모터와 받침대를 사람이 감지할 수 있을 정도로 흔들지 못함을 의미한다. 이는 우리의 직관과 일치한다. 반면에 질량이 그림 9.16처럼 직접적으로 조화가진력을 받으며 가진 주파수가 매우 낮을 경우에는 질량이 가진력과 같이 움직이게 되므로 MF는 1이 된다.

문제

문제 9.31

비감쇠 강제 조화진동자의 확대계수(MF)가 5로 측정되었다. 시스템의 고유진동수가 100 rad/s일 때, 가진 주파수를 구하라.

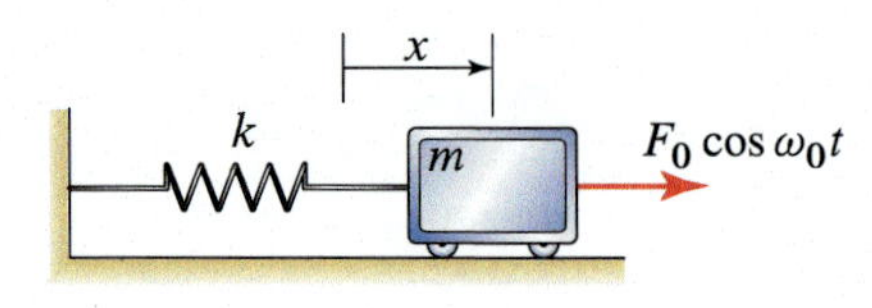

그림 P9.32

문제 9.32

강제 조화진동자의 운동방정식이 $\ddot{x} + \omega_n^2 x = (F_0/m)\cos\omega_0 t$ 이다. 진동자의 응답을 구하라. 그리고 이를 식 (9.42)(운동방정식이 식 (9.37)인 강제 조화진동자의 응답)와 비교하라.

문제 9.33

뉴턴의 제2법칙을 그림 9.12의 시스템의 질량중심에 적용해 편심 모터의 운동방정식을 유도하라.

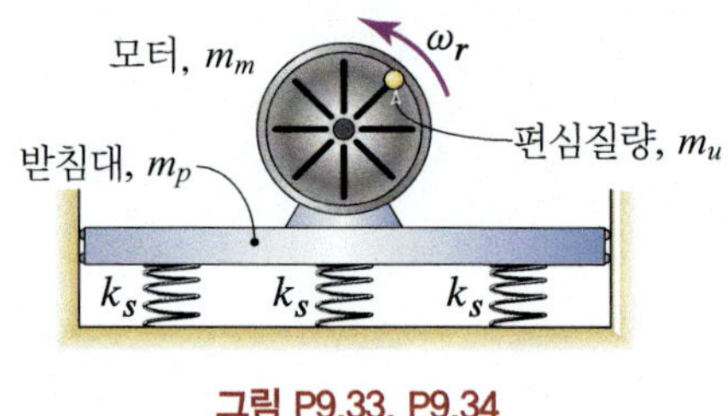

그림 P9.33, P9.34

문제 9.34

예제 9.4의 편심 모터의 가진 주파수가 $0.95\omega_n$일 때 편심 모터의 진동 진폭을 구하라.

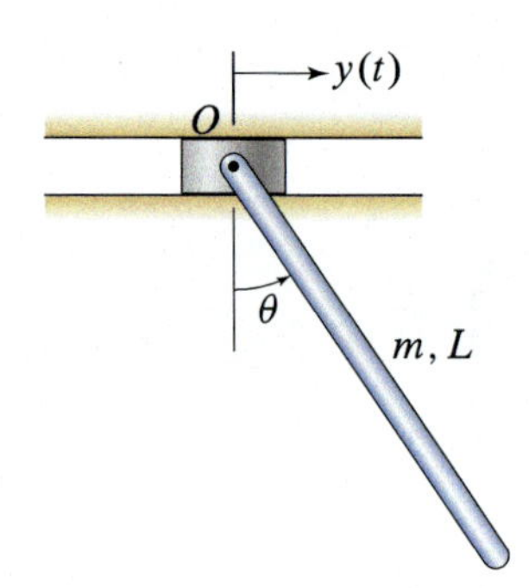

그림 P9.35

문제 9.35

질량 m, 길이 L의 균일한 봉이 O에서 핀으로 슬라이더에 연결되어 있다. 슬라이더는 수평방향으로 $y(t)=Y\sin\omega_s t$를 따라 진동하고 있다. 시스템은 수직면 상에 있다.

(a) 미소각 θ에 대해 봉의 운동방정식을 유도하라.

(b) 봉의 정상상태 진동의 진폭을 구하라.

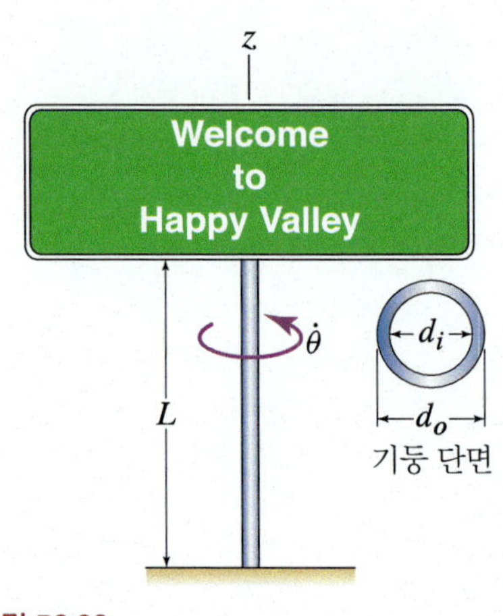

그림 P9.36

문제 9.36

길이 $L = 5$ m, 바깥 반지름 $d_O = 50$ mm, 안쪽 반지름 $d_i = 40$ mm인 원형 중공 철강 기둥에 설치된 표지판을 생각하자. 바람에 의한 공력이 주파수 $f_0 = 3$ Hz, 진폭 $M_0 = 10$ N · m로 기둥의 z 축 방향의 비틀림 조화가진을 유발하고 있다. 표지판의 질량중심은 기둥의 z 축 상에 있다. 표지판의 질량관성모멘트는 $I_z = 0.1$ kg · m^{2}이다. 기둥의 비틀림강성은 $k_t = \pi G_{st}(d_o^4 - d_i^4)/(32\,L)$로 추정된다. 이 식에서 G_{st}는 강의 전단탄성계수로 79 GPa이다. 기둥의 관성을 무시하고, 표지판의 진동의 진폭을 구하라.

문제 9.37, 9.38

비치 킹 에어 200 경량항공기의 프로펠러 중 하나에 불균형이 발생해 편심 질량 m_u가 프로펠러의 회전축으로부터 R의 거리에 위치한 것과 같다. 프로펠러는 등각속도 ω_r로 회전하며 각 엔진의 질량은 m_e(프로펠러의 질량 포함)이다. 날개는 A에 고정된 균일한 외팔보로 질량 m_w, 굽힘강성 EI, 질량중심이 G에 위치한 것으로 가정한다. 다음의 두 문제에서 $m_u = 85$ g, $m_e = 200$ kg, $R = 1.5$ m, $\omega_r = 2000$ rpm, $EI = 324.3 \times 10^6$ N · m^2, $d = 2.65$ m, $h = 3.3$ m를 사용하라.

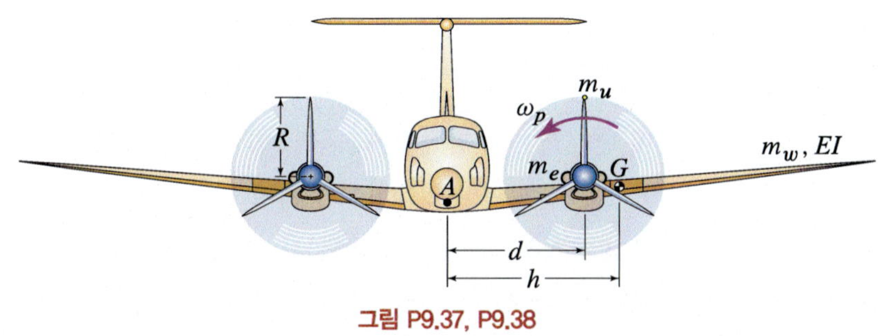

그림 P9.37, P9.38

문제 9.37 날개의 질량을 무시하고 날개를 예제 9.2와 같이 모델링 하라. 주어진 값을 이용하여 시스템의 공진 주파수와 MF를 구하라.

문제 9.38 날개의 질량을 $m_w = 160$ kg으로 하고 날개를 예제 9.2와 같이 모델링 하라. 주어진 값을 이용하여 시스템의 공진 주파수와 MF를 구하라.

문제 9.39

편심 모터가 질량 m_b, 길이 L의 강체 보의 끝에 장착되어 있다. 보는 강성 k_t의 비틀림 스프링과 보의 중앙에서 강성 k의 스프링으로 지지되어 있다. 평형상태에서 보는 수평을 유지하며 비틀림 스프링은 보에 모멘트를 작용하지 않고 있다. 모터의 질량은 m_m이고, 질량의 불균형으로 인하여 $F(t) = F \sin \omega_0 t$ 의 수직방향 조화가진이 발생한다. θ가 작다고 가정하고 시스템의 운동방정식을 구하라.

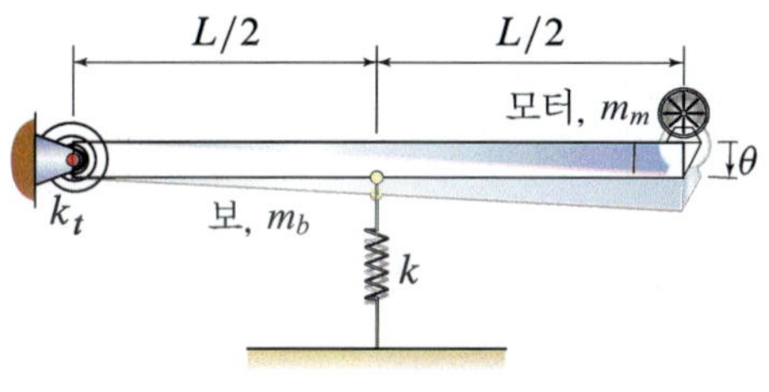

그림 P9.39

문제 9.40

에너지법으로 예제 9.4의 시스템의 운동방정식을 수립할 수 있는지 논하라.

주의 개념 문제는 설명을 요하지 계산을 요하지 않는다.

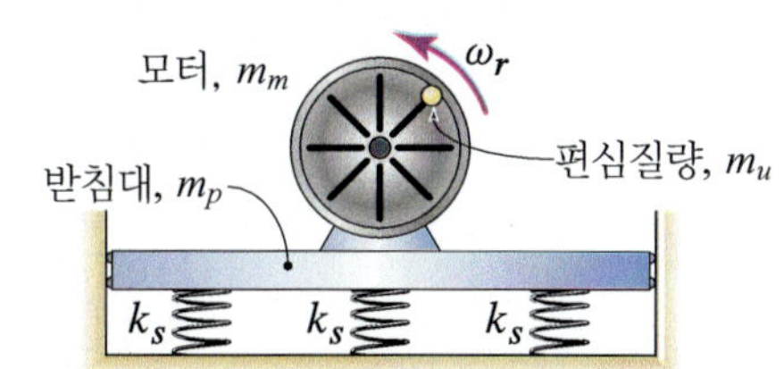

그림 P9.40

문제 9.41

전자부품의 피로시험기는 편심 모터가 장착된 받침대로 구성되어 있다. 모터의 로터는 $\omega_0 = 3000$ rpm으로 회전하며, 받침대의 질량은 $m_p = 20$ kg, 모터의 질량은 $m_m = 15$ kg, 편심질량은 $m_u = 0.5$ kg, 받침대의 현가장치의 등가 강성은 $k = 5 \times 10^6$ N/m이다. 이 시험기에서 로터의 회전축과 편심질량 m_u 사이의 거리 ε은 원하는 수준의 진동을 얻을 수 있도록 가변적이다. 특수해의 진폭이 0.1 mm에서 2 mm를 유지할 수 있도록 하는 ε의 범위를 구하라.

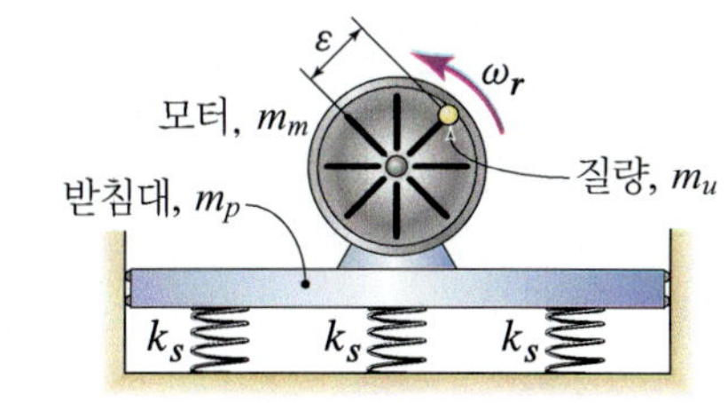

그림 P9.41

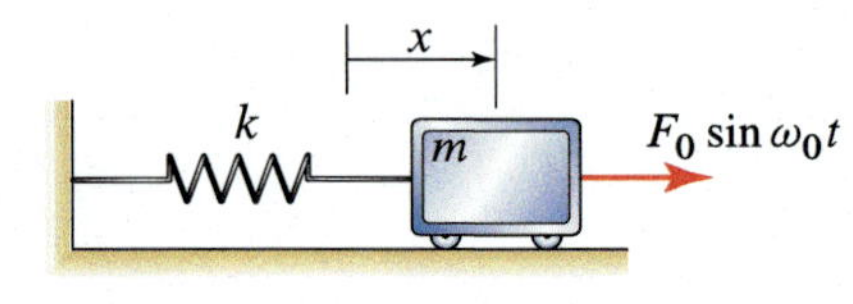

그림 P9.42

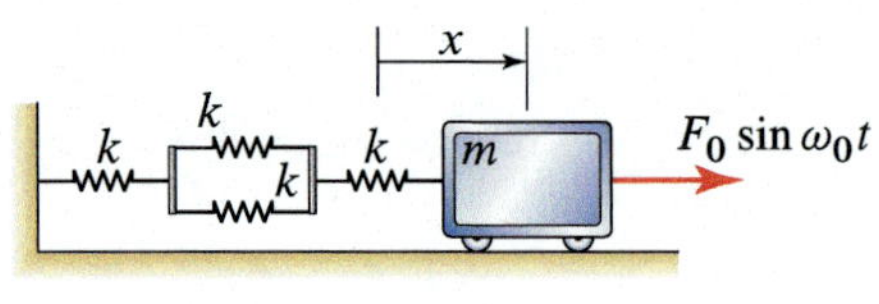

그림 P9.43

그림 P9.44, P9.45

문제 9.42

$t = 0$에서 강제 조화진동자의 위치는 $x(0) = 0.1$ m, 속도는 $\dot{x}(0) = 0$이다. 진동자의 질량은 $m = 10$ kg, 스프링의 강성은 $k = 1000$ N/m이다. 가진함수가 $F(t) = F_0 \sin \omega_0 t$로 주어질 때 시스템의 운동을 구하라. $F_0 = 10$ N, $\omega_0 = 200$ rad/s이다.

문제 9.43

그림에 있는 강제 조화진동자의 질량은 $m = 10$ kg이다. $F_0 = 150$ N, $\omega_0 = 200$ rad/s의 조화가진을 받는다. 모든 마찰은 무시하고 확대계수 MF = 5가 되도록 스프링상수 k를 정하라.

문제 9.44

질량 m인 링이 그림과 같이 탄성계수 k, 자유길이 $L_0 < L$인 두 개의 선형 탄성 코드를 통하여 지지대에 연결되어 있다. 코드의 프리텐션이 충분히 커서 링의 무게에 의한 코드의 변형을 무시할 수 있다고 가정하고 $F(t) = F_0 \sin \omega_0 t$와 $\omega(t) = 0$(즉, 지지대는 정지해 있음)인 경우에 선형화 운동방정식을 구하라. 또한, $y(0)=0$, $\dot{y}(0) = 0$일 때 시스템의 응답을 구하라.

문제 9.45

질량 m인 링이 그림과 같이 탄성계수 k, 자유길이 $L_0 < L$인 두 개의 선형 탄성 코드를 통하여 지지대에 연결되어 있다. 코드의 프리텐션이 충분히 커서 링의 무게에 의한 코드의 변형을 무시할 수 있다고 가정하고 $F(t) = 0$과 $\omega(t) = \omega_0 \sin \omega t$인 경우에 선형화 운동방정식을 구하라. 또한, $y(0)=0$, $\dot{y}(0) = 0$일 때 시스템의 응답을 구하라.

문제 9.46

보를 강체의 균일하고 가는 봉으로 모델링하고, 풀리의 관성을 무시하라. 봉이 수평일 때 시스템이 정적평형상태이며 코드는 늘어나지도 않고 느슨해지지도 않는다고 가정한다. A의 위치 x를 변수로 선형화 운동방정식을 구하고, 블록 A의 정상상태 진동의 진폭을 구하라.

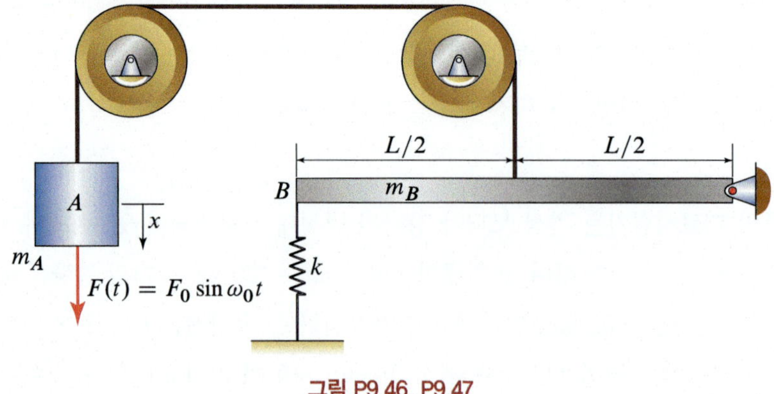

그림 P9.46, P9.47

문제 9.47

문제 9.46의 시스템에서 코드가 느슨해지지 않을 수 있는 최대 가진주파수 ω_0를 구하라.

설계 문제

설계문제 9.2

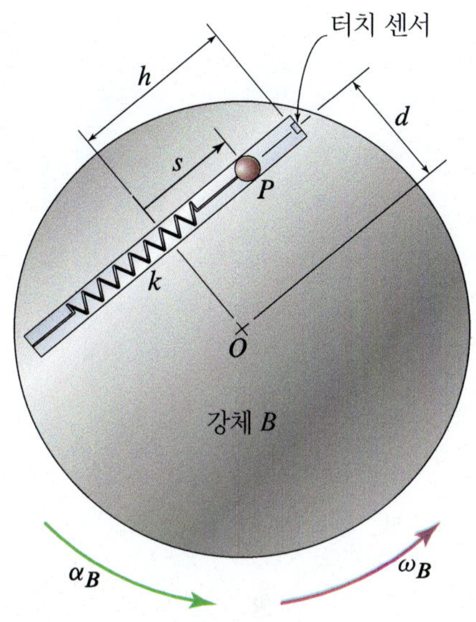

그림 DP9.2

그림에 나타낸 장치는 강체 B의 각속도와 각가속도가 특정한 조합의 값에 도달했는지를 감지하는 장치이다. 이 장치는 질량 P의 진동의 진폭은 강체의 각속도와 각가속도에 의해 결정된다는 원리를 이용하였다. 각속도 ω_B와 각가속도 α_B가 적합한 조합에 도달하게 되면 질량 P가 터치 센서와 접촉하게 되어, 특정한 값에 도달했다는 신호를 보내게 된다. 강체가 수평면에서 각속도 ω_B와 각가속도 α_B로 회전하며, 질량 P는 원판의 중심으로부터 d의 거리에 있는 슬롯 안에서만 운동한다고 가정한다. 스프링상수 k의 선형 탄성 스프링이 질량에 부착되어 있으며, 이 스프링은 질량이 $s = 0$에 위치할 때 변형되지 않은 상태에 있다.

(a) s를 변수로 질량 P의 운동방정식을 유도하라.

(b) 질량 P가 정지한 상태에서 $s = 0$에서 놓여졌다고 가정하고 (a)에서 구한 운동방정식의 해를 구하라. $\ddot{s} + \omega_n^2 s = D$ 형식의 상미분방정식의 해가 $s(t) = \dfrac{D}{\omega_n^2} + C_1\cos\omega_n t + C_2\sin\omega_n t$로 주어진다. 이 식에서 C_1과 C_2는 초기조건으로부터 구해야 하는 상수이며 D는 알고 있는 상수이다.

(c) 위에서 구한 $s(t)$를 이용하여, 주어진 d, k, m, ω_B, α_B에 대하여 1 주기 동안 질량 P가 $s = 0$부터 도달할 수 있는 최대 거리를 구하라.

(d) 지름 1.5 m의 원판인 강체 B가 각속도 $\omega_{crit} = 100$ rpm, 등각가속도 α_B=1 rad/s^{2}으로 회전할 때 터치 센서가 감지할 수 있도록 P의 질량(질점으로 취급하라), 스프링상수 k, 길이 h, 거리 d를 정하라.

9.3 점성감쇠 진동

모든 기계 시스템은 공기저항, 점성유체, 마찰 및 기타 요인으로 에너지 발산 또는 감쇠를 보인다. 감쇠가 충분히 작다면 9.1 및 9.2절에서 구한 비감쇠해가 짧은 시간 동안은 감쇠해와 거의 일치한다. 반면 긴 시간 동안의 해가 필요하거나 또는 감쇠가 크다면 감쇠 기계 시스템 모델의 운동방정식에 대한 해를 다시 구해야 한다.

이 절에서는 선형 점성감쇠(*linear viscous damping*)를 다룰 것이다. 이는 감쇠력이 물체의 속도에 비례하며 방향이 반대인 감쇠를 말한다. 이 형태의 감쇠는 그림 9.24의 충격흡수기와 같이 유체(예, 기름, 물, 기체)에 의해 에너지가 발산할 때 발생한다. 또한, 다른 물리적 현상으로 감쇠가 발생할 때에도 선형 점성감쇠는 여전히 유효한 모델이 된다.

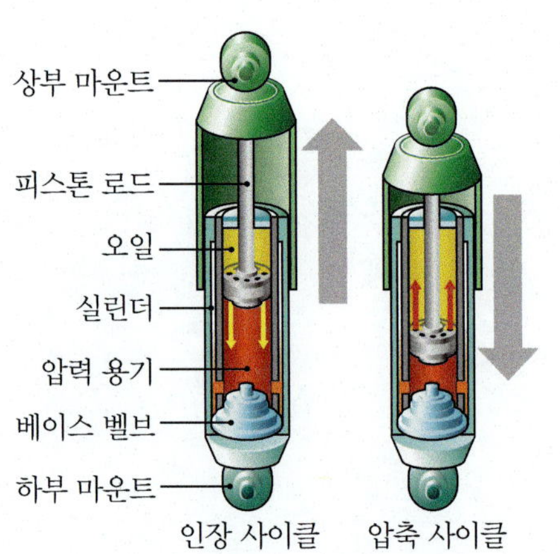

그림 9.24 현가장치에 사용되는 일반적인 충격흡수기의 절단면도.

점성감쇠 자유진동

점성감쇠의 효과는 종종 그림 9.25의 개념도와 같은 감쇠기(*dashpot*)로 모델링된다. 감쇠기에서 피스톤이 유체로 가득찬 실린더 내부에서 움직여 유체가 피스톤 주위나 피스톤에 있는 구멍을 통과할 때 감쇠가 발생한다.

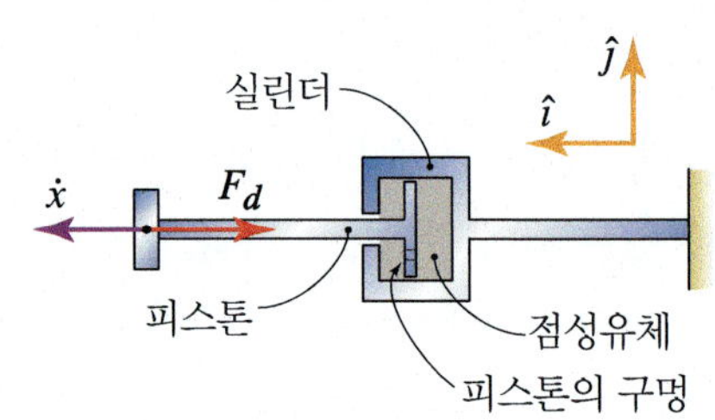

그림 9.25 감쇠기의 작동원리를 설명하는 개념도.

이러한 유체의 운동은 에너지 발산을 초래한다. 그림 9.25를 참고하면, 피스톤이 $\dot{x}$의 속도로 움직일 때 피스톤에 발생하는 감쇠력 F_d는 다음과 같다.

$$F_d = c\dot{x} \tag{9.48}$$

이 식에서 c는 점성감쇠계수(*coefficient of viscous damping*)라고 불리는 상수이다. 이 계수는 유체의 물리적 성질과 감쇠기의 형상에 따라 결정된다. 점성감쇠계수의 단위는 영미단위계로는 lb · s/ft이고 SI 단위계로는 N · s/m이다.

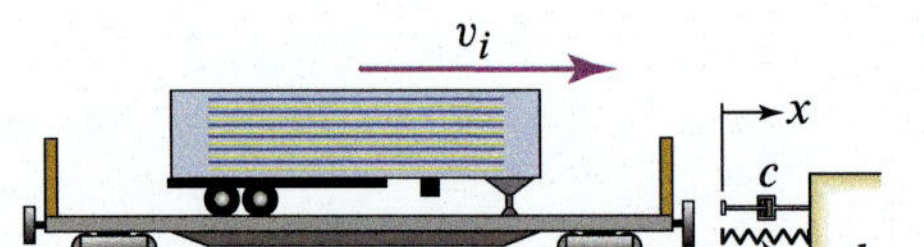

그림 9.26 스프링과 감쇠기에 충돌하는 궤도차. 예제 3.3을 보면 질량 87,000 kg의 궤도차가 6 km/h의 속력으로 k = 296,237 N/m의 스프링에 충돌한다.

궤도차가 이를 정지시키도록 고안된 스프링을 향해 돌진하는 문제인 예제 3.3을 다시 다루어보자. 이번에는 스프링과 병렬로 감쇠기를 추가한다(그림 9.26 참조). 궤도차가 스프링과 감쇠기와 충돌 후 이들과 결합된다고 가정한다. 이렇게 되면 궤도차의 자유물체도는 그림 9.27과 같이 된다. x 방향의 힘을 더하면

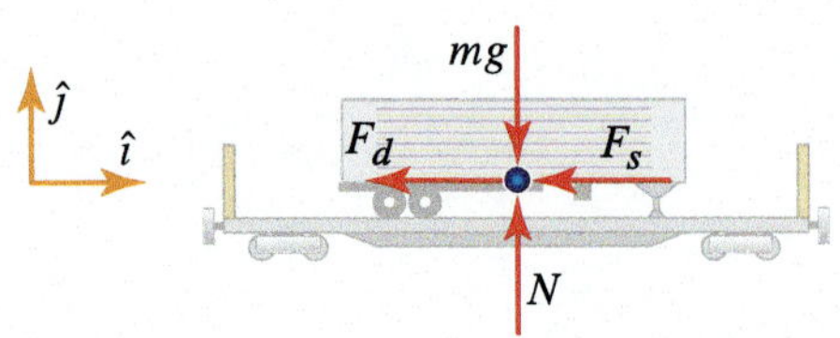

그림 9.27 충돌 후 스프링과 감쇠기와 결합한 궤도차의 FBD.

$$\sum F_x\!: \; -F_d - F_s = m\ddot{x} \tag{9.49}$$

가 되며, 이 식에서 F_d는 감쇠기에서, F_s는 스프링에서 발생한 힘이며 x는 평형상태로부터 측정된 스프링의 변위이다. 힘 F_d와 F_s는 다음과 같이,

$$F_d = c\dot{x}\ , \qquad F_s = kx \tag{9.50}$$

식 (9.49)를 다음과 같이 쓸 수 있다.

$$\boxed{m\ddot{x} + c\dot{x} + kx = 0} \tag{9.51}$$

이 식은 **점성감쇠 조화진동방정식의 표준형식**이다. 미분방정식의 이론에 의하면 식 (9.51)은 선형 2차 제차 상미분방정식으로 해는 다음의 형식이다.

$$x = e^{\lambda t} \tag{9.52}$$

이 식에서 λ는 결정해야 하는 상수이다. 식 (9.52)를 식 (9.51)에 대입하면 다음을 얻는다.

$$m\lambda^2 e^{\lambda t} + c\lambda e^{\lambda t} + ke^{\lambda t} = 0 \tag{9.53}$$

식 (9.53)에서 $e^{\lambda t}$를 인수분해하면 다음과 같다.

$$e^{\lambda t}(m\lambda^2 + c\lambda + k) = 0 \tag{9.54}$$

$e^{\lambda t}$는 0이 될 수 없으므로 식 (9.51)의 해를 얻기 위해서는 다음을 만족해야 한다.

$$m\lambda^2 + c\lambda + k = 0 \tag{9.55}$$

λ가 특성방정식 (*characteristic equation*)이라 불리는 2차 방정식의 근이라면, $e^{\lambda t}$는 식 (9.51)의 해이다. 식 (9.55)의 두 개의 근은 다음과 같다.

$$\lambda_1 = -\frac{c}{2m} + \sqrt{\left(\frac{c}{2m}\right)^2 - \frac{k}{m}}, \qquad \lambda_2 = -\frac{c}{2m} - \sqrt{\left(\frac{c}{2m}\right)^2 - \frac{k}{m}} \tag{9.56}$$

미분방정식의 이론에 따르면 식 (9.51)의 일반해는 식 (9.56)의 λ_1과 λ_2에 따라 세 가지의 형식을 취할 수 있다. λ_1과 λ_2의 특성은 $(c/2m)^2 - k/m$이 양수, 0 또는 음수인가에 따라 결정된다. 따라서 감쇠계수의 특별한 값인 임계감쇠계수(*critical damping coefficient*)를 도입하려 한다. 이 값은 c_c로 표기되며, $(c/2m)^2 - k/m$을 0으로 만드는 c 값으로 정의된다. 즉

$$\left(\frac{c_c}{2m}\right)^2 - \frac{k}{m} = 0 \qquad \Rightarrow \qquad c_c = 2m\sqrt{\frac{k}{m}} = 2m\omega_n \tag{9.57}$$

인데, 이 식에서 $\omega_n = \sqrt{k/m}$이다. $c > c_c$, $c = c_c$ 또는 $c < c_c$에 따라 세 경우로 구분한다.

과감쇠계($c > c_c$)

$c > c_c$인 경우 $(c/2m)^2 - k/m$은 양수이다. 그러므로 λ_1과 λ_2는 실수이며 서로 다른 음수이다. 이 경우, 식 (9.51)의 일반해는 다음과 같다.

$$\boxed{x = e^{-(c/2m)t}\left(Ae^{t\sqrt{(c/2m)^2 - k/m}} + Be^{-t\sqrt{(c/2m)^2 - k/m}}\right)} \tag{9.58}$$

이 식에서 A와 B는 계의 초기조건으로부터 구해야 하는 상수이다. 식 (9.58)로 표현되는 운동은 소멸해 가는 지수함수로 특징지어지며 진동하지 않아 진동의 주기도 없다(그림 9.28 참조). 이러한 형태의 시스템을 과감쇠(*overdamped*)라 한다.

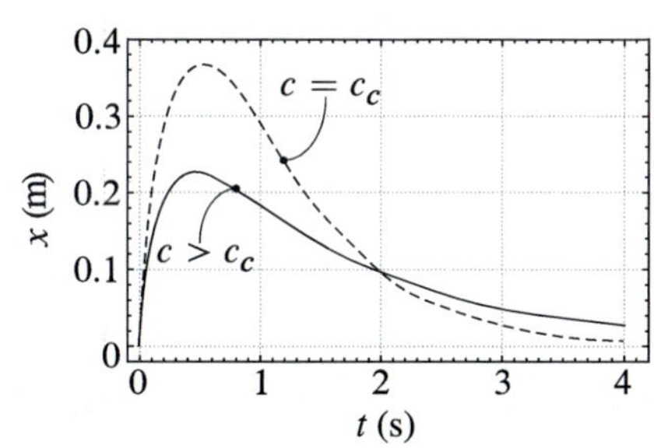

그림 9.28 스프링과 감쇠기에 충돌 후 시간의 함수로 구한 궤도차의 위치. 청색 선은 c = 510,000 N · s/m로 과감쇠이며, 적색 선은 $c = c_c \approx$ 321,077 N · s/m로 임계감쇠이다.

임계감쇠계($c = c_c$)

$c = c_c$인 경우 $(c/2m)^2 - k/m$은 0이다. 그러므로 $\lambda_1 = \lambda_2 = -c_c/2m$이다. 이 경우 식 (9.51)의 일반해는 다음과 같다.

$$x = (A + Bt)e^{-\omega_n t} \tag{9.59}$$

이 식에서 마찬가지로 A와 B는 계의 초기조건으로부터 구해야 하는 상수이다. $c = c_c$일 경우 c는 진동이 발생하지 않는 가장 작은 값이며 이러한 시스템을 임계감쇠(*critically damped*)라 한다. 그림 9.28을 보면 임계감쇠계는 과감쇠계보다 빨리 평형상태에 도달한다. 임계감쇠계는 가장 빠른 시간에 평형상태에 도달하기 때문에 공학적 이용에 많은 관심을 불러일으킨다.

흥미로운 사실

항공모함에 착륙. 항공모함 함재기는 테일후크를 장착하고 있다. 이는 비행기의 꼬리에 연장하여 부착한 2.4 m 길이의 바(bar)이다. 비행기가 항공모함의 갑판에 착륙할 때, 테일후크는 갑판을 가로지르는 4개의 제동장치 중 하나를 잡게 되어 있다.

35 mm 두께의 제동장치는 각각 거대한 감쇠기의 역할을 하는 갑판 밑에 있는 유압 실린더에 연결되어 있다. 테일후크가 강선 중의 하나를 잡으면, 강선은 유체로 가득찬 유압실린더에 있는 피스톤을 당긴다. 피스톤이 실린더를 따라 움직이면 유압 유체는 실린더 끝에 있는 작은 구멍을 통과하게 되며 이는 항공기의 운동에너지를 발산시킨다. 이 시스템은 240 km/h의 속도로 움직이는 24,545 kg의 비행기를 106 m 내에서 정지시킨다. 이 시스템은 매 45초마다 비행기를 착륙시킬 수 있다.

부족감쇠계($c < c_c$)

$c < c_c$인 경우 $(c/2m)^2 - k/m$은 음수이다. 그러므로 λ_1과 λ_2는 음수의 제곱근을 갖게 되므로 복소수이다. 이 경우 식 (9.51)의 일반해는 다음과 같다.

$$x = e^{-(c/2m)t}(A \sin \omega_d t + B \cos \omega_d t) \tag{9.60}$$

이 식에서 A와 B는 계의 초기조건으로부터 구해야 하는 상수이며 ω_d는 감쇠고유진동수(*damped natural frequency*)이고 다음 식으로 주어진다.

$$\omega_d = \sqrt{\frac{k}{m} - \left(\frac{c}{2m}\right)^2} = \omega_n\sqrt{1 - (c/c_c)^2} \tag{9.61}$$

$\omega_n = \sqrt{k/m}$임을 상기하면 $c_c = 2m\omega_n$임을 알 수 있다. $c < c_c$인 시스템을 부족감쇠(*underdamped*)라 하고, 모든 부족감쇠계에서 식 (9.61)에 따르면 ω_d는 늘 ω_n보다 작다. 식 (9.61)에 있는 ω_d의 정의를 사용하면 감쇠진동의 주기(*period of damped vibration*)는 다음과 같다.

$$\tau_d = 2\pi/\omega_d \tag{9.62}$$

식 (9.60)의 해는 다음 식과 같이 쓸 수도 있음에 유의하라.

$$x = De^{-(c/2m)t}\sin(\omega_d t + \phi) \tag{9.63}$$

이 식에서 D와 ϕ는 초기조건으로부터 구해야 하는 상수이다. 식 (9.63)의 해의 그래프를 그림 9.26의 데이터와 시스템을 부족감쇠로 만드는 c 값을 이용하여 그림 9.29에 도시하였다.

감쇠비

위에서 다룬 세 경우는 감쇠비(*damping ratio*) 또는 감쇠율(*damping factor*)로 불리는 무차원수로 구분한다. 이 값은 통상 ζ로 표기되며 다음과 같이 정의된다.

$$\zeta = c/c_c \tag{9.64}$$

ζ를 사용하여 식 (9.51)으로 표현된 점성감쇠 조화진동자방정식의 표준형식을 다음과 같이 고쳐 쓸 수 있다.

$$\ddot{x} + 2\zeta\omega_n x + \omega_n^2 x = 0 \tag{9.65}$$

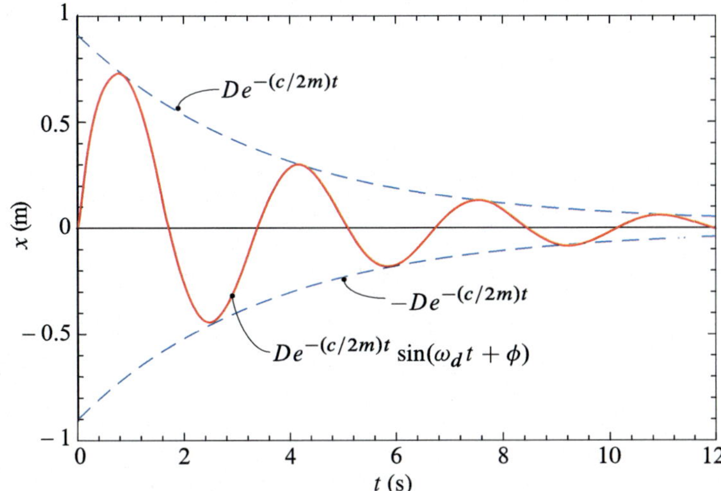

그림 9.29 스프링 및 감쇠기와 충돌 후 시간의 함수로 계산한 궤도차의 위치. 적색선은 c = 44,000 N · s/m의 부족감쇠 해이다.

과감쇠계 ($\zeta > 1$) ζ의 항으로 보면, 과감쇠계는 $\zeta > 1$로 특징지어지며, 식 (9.58)의 일반해는 다음과 같이 고쳐 쓸 수 있다.

$$x = e^{-\zeta\omega_n t}\left(Ae^{\sqrt{\zeta^2-1}\,\omega_n t} + Be^{-\sqrt{\zeta^2-1}\,\omega_n t}\right) \tag{9.66}$$

임계감쇠계 ($\zeta = 1$) ζ의 항으로 보면, 임계감쇠계는 $\zeta = 1$로 특징지어지며, 식 (9.59)의 일반해는 변함없다.

부족감쇠계 ($\zeta < 1$) ζ의 항으로 보면, 부족감쇠계는 $\zeta < 1$로 특징지어지며, 식 (9.60)과 (9.63)의 일반해는 각각 다음과 같이 고쳐 쓸 수 있다.

$$x = e^{-\zeta\omega_n t}(A\sin\omega_d t + B\cos\omega_d t) = De^{-\zeta\omega_n t}\sin(\omega_d t+\phi) \tag{9.67}$$

식 (9.61)을 참고하여 ω_d를 ζ의 항으로 표현하면 다음과 같다.

$$\boxed{\omega_d = \omega_n\sqrt{1-\zeta^2}} \tag{9.68}$$

점성감쇠 강제진동

감쇠되고 가진을 받는 1 자유도계의 진동을 다루기로 한다. 그림 9.16의 시스템에 감쇠기를 추가한 그림 9.30의 시스템을 생각하기로 하자. 이 시스템의 운동방정식은 다음과 같다.

$$\boxed{m\ddot{x} + c\dot{x} + kx = F_0\sin\omega_0 t} \tag{9.69}$$

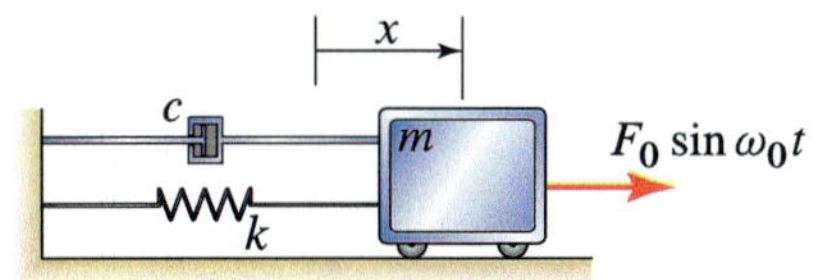

그림 9.30 조화 가진을 받는 간단한 감쇠 조화 진동자.

이 식에서 x는 질량의 평형상태로부터 측정한 값이다. 감쇠비 ζ를 사용하면 식 (9.69)를 다음과 같이 고쳐 쓸 수 있다.

$$\boxed{\ddot{x} + 2\zeta\omega_n\dot{x} + \omega_n^2 x = \frac{F_0}{m}\sin\omega_0 t} \tag{9.70}$$

m에 직접 조화가진력을 가하는 대신에 그림 9.30의 지지대에 $Y\sin\omega_0 t$에 따라 조화운동을 주면, 9.2절의 식 (9.47)에서와 같이, 단순히 F_0를 kY로 치환할 수는 없다(이 상

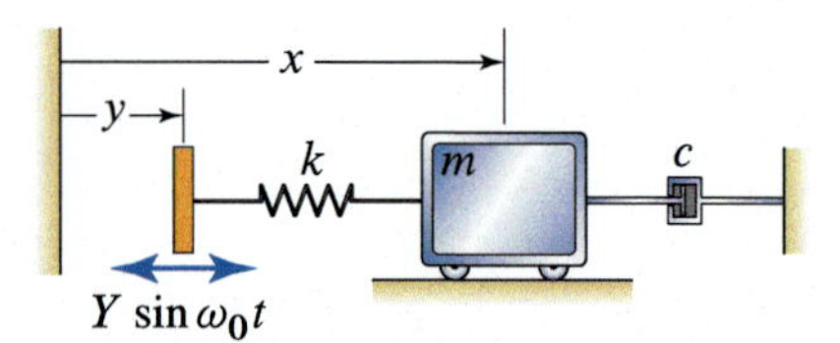

그림 9.31 지지대가 조화운동을 하는 점성감쇠 조화진동자.

황을 다루는 방법은 문제 9.55를 참조할 것). 반면에 감쇠기가 고정지지대에 장착되어 있고 스프링이 장착되어 있는 지지대에 조화변위를 주면(그림 9.31 참조) 운동방정식은 다음과 같은 형식이 되며,

$$m\ddot{x} + c\dot{x} + kx = kY \sin \omega_0 t \tag{9.71}$$

해당하는 모든 해에서 F_0를 kY로 치환할 수 있게 된다.

9.2절에서 다룬 비감쇠 강제진동의 경우와 같이 식 (9.69) 또는 (9.70)의 해는 보완해와 특수해의 합이다. 보완해 x_c는 식 (9.51)과 같은 제차방정식의 해인데, 이 해는 감쇠의 크기(즉, c가 임계감쇠 c_c보다 큰가, 같은가 혹은 작은가)에 따라 달라진다. 감쇠의 크기에 상관없이 보완해는 시간이 흐르면서 소멸하며, 따라서 이 해는 과도적으로만 기여한다. 9.2절에서 논한 바와 같이 특수해 x_p와 관련된 강제진동은 외력이 작용하는 한 지속되므로 정상상태진동이다. 보완해를 이미 구했으므로 이제부터는 특수해를 구하는 데 중점을 둘 것이다.

비감쇠 강제진동과 마찬가지로 감쇠 강제진동의 응답도 가진함수와 유사할 것이다. 그러므로 특수해를 다음의 두 형식 중 하나로 취한다.

$$x_p = A \sin \omega_0 t + B \cos \omega_0 t = D \sin(\omega_0 t - \phi) \tag{9.72}$$

첫 번째 식에서 A와 B는 구해야 하는 상수이며, 두 번째 식에서 D와 ϕ는 구해야 하는 상수이고 D는 양수로 가정한다.[11)] 둘 중 어떤 형식을 취하더라도 가능하지만 D와 ϕ의 의미가 명확하므로 후자의 결과를 쉽게 해석할 수가 있다. 식 (9.72)의 두 번째 식의 x_p를 식 (9.69)에 대입하면 다음을 구할 수 있다.

$$-Dm\omega_0^2 \sin(\omega_0 t - \phi) + Dc\omega_0 \cos(\omega_0 t - \phi) + Dk \sin(\omega_0 t - \phi) = F_0 \sin \omega_0 t \tag{9.73}$$

삼각함수의 덧셈공식 $\sin(\alpha - \beta) = (\sin \alpha \cos \beta - \cos \alpha \sin \beta)$와 $\cos(\alpha - \beta) = (\cos \alpha \cos \beta + \sin \alpha \cos \beta)$를 이용하여 정리하면 다음과 같이 된다.

$$D(-m\omega_0^2 \cos \phi + c\omega_0 \sin \phi + k \cos \phi) \sin \omega_0 t + D(m\omega_0^2 \sin \phi + c\omega_0 \cos \phi - k \sin \phi) \cos \omega_0 t = F_0 \sin \omega_0 t \tag{9.74}$$

이 식이 모든 시간에 대해 성립해야 하므로 양 변의 $\sin \omega_0 t$와 $\cos \omega_0 t$의 계수를 각각 같게 하는 두 개의 식으로 D와 ϕ를 구할 수 있다. $\cos \omega_0 t$에 대하여 이 작업을 수행하여 $\tan \phi$를 구하면

$$\tan \phi = \frac{c\omega_0}{k - m\omega_0^2} = \frac{2(c/c_c)(\omega_0/\omega_n)}{1 - (\omega_0/\omega_n)^2} = \frac{2\zeta \omega_0/\omega_n}{1 - (\omega_0/\omega_n)^2} \tag{9.75}$$

11) 식 (9.72)에서 $\sin(\omega_0 t + \phi)$가 아닌 $\sin(\omega_0 t - \phi)$를 사용하였다. 이는 $\tan \phi$에 대한 이 식이 보다 편리하기 때문이다.

가 되는데 ω_n, c_c, ζ의 정의는 각각 식 (9.4), (9.57), (9.64)와 같다. 그림 9.32에 도시된 주파수비 ω_0/ω_n으로 나타낸 다양한 ζ 값에 대한 위상각 ϕ의 그래프는 가진력에 대한 시스템의 응답의 지연의 크기를 나타낸다. $\sin\omega_0 t$의 계수를 같게 하여 다음을 구할 수 있다.

$$D = \frac{F_0/\cos\phi}{k - m\omega_0^2 + c\omega_0 \tan\phi} = \frac{F_0/\cos\phi}{c\omega_0/\tan\phi + c\omega_0\tan\phi} \tag{9.76}$$

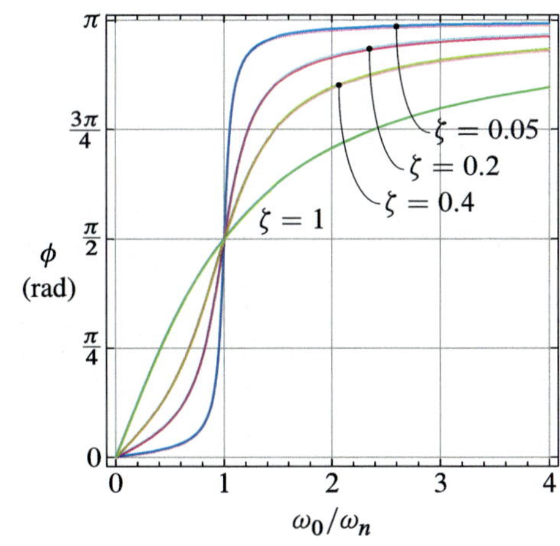

그림 9.32 주파수비 ω_0/ω_n으로 나타낸 위상각 ϕ.

이 식에서 D에 대한 두 번째 식을 구하기 위하여 식 (9.75)를 이용하였다. 분모와 분자에 $\tan\phi$를 곱하고 $1 + \tan^2\phi = 1/\cos^2\phi$를 이용하면 다음과 같이 된다.

$$D = \frac{F_0 \sin\phi}{c\omega_0} = \frac{F_0}{c\omega_0}\left\{\frac{2\zeta\omega_0/\omega_n}{\sqrt{[1-(\omega_0/\omega_n)^2]^2 + (2\zeta\omega_0/\omega_n)^2}}\right\} \tag{9.77}$$

이 식에서 삼각함수 관계식 $\alpha = \tan^{-1}x$이면 $\sin\alpha = x/\sqrt{1+x^2}$을 이용하였다. 위에서 사용한 ω_n, c_c, ζ의 정의를 다시 적용하면 D는 다음과 같이 단순화된다.

$$\boxed{D = \frac{F_0/k}{\sqrt{[1-(\omega_0/\omega_n)^2]^2 + (2\zeta\omega_0/\omega_n)^2}}} \tag{9.78}$$

특수해를 구했으므로 이제 9.2절에서와 같이 정적 변형 F_0/k에 대한 정상상태진동의 진폭 D의 비로 감쇠강제진동의 **확대계수**를 정의하면 다음을 구할 수 있다.

$$\boxed{\text{MF} = \frac{D}{F_0/k} = \frac{1}{\sqrt{[1-(\omega_0/\omega_n)^2]^2 + (2\zeta\omega_0/\omega_n)^2}}} \tag{9.79}$$

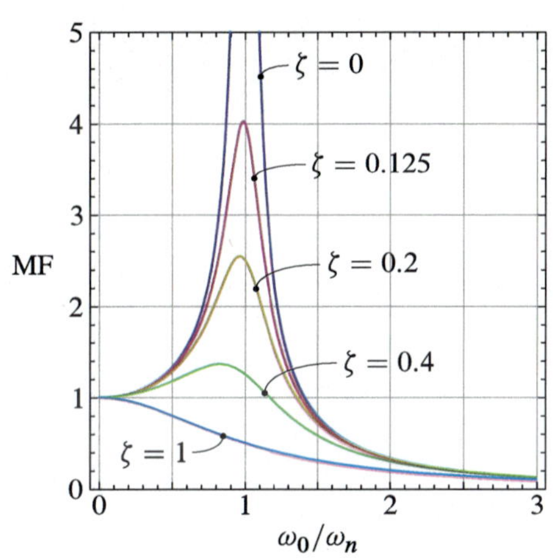

그림 9.33 다양한 ζ에 대하여 주파수비 ω_0/ω_n으로 나타낸 MF.

다양한 감쇠비 ζ에 대한 MF의 그래프를 그림 9.33에 도시하였다. 그림 9.33은 감쇠강제조화진동자의 거동에 대한 몇 가지 중요한 사실을 보여 준다.

- 진폭은 다음의 두 가지 방법으로 줄일 수 있다: 가진주파수 ω_0를 고유진동수와 차이가 나게 유지하거나 감쇠의 크기, 즉 ζ를 크게 함으로써 진폭을 줄일 수 있다.
- 감쇠가 커짐에 따라 MF의 최대값의 발생은 $\omega_0/\omega_n = 1$로부터 왼쪽으로 이동한다. 주어진 ζ에 대한 MF의 최대값은 최대값을 구하는 수학적 기법을 이용하여 구할 수 있다(문제 9.52 참조).
- 그림 9.33과 그림 9.17을 비교하면 감쇠의 효과는 공진주파수 부근에서 뚜렷하며 $\omega_0/\omega_n = 1$로부터 멀어질수록 작아짐을 알 수 있다.

절 요약

점성감쇠 자유진동 1 자유도 점성감쇠 조화진동자의 운동방정식의 표준형식은 다음과 같다.

식 (9.51) p. 705

$$m\ddot{x} + c\dot{x} + kx = 0$$

이 식에서 m은 질량, c는 점성감쇠계수, k는 선형 스프링상수이다. 이 방정식의 해의 특성은 다음의 식으로 정의된 임계감쇠계수로 불리는 특별한 감쇠의 크기에 대한 상대적인 감쇠의 크기로 결정된다.

식 (9.57) p. 705

$$c_c = 2m\sqrt{\frac{k}{m}} = 2m\omega_n$$

이 식에서 $\omega_n = \sqrt{k/m}$ 이다. $c \geq c_c$이면 진동하지 않고, $c < c_c$이면 진동하게 된다. $c > c_c$인 시스템을 과감쇠라 하며 해는 다음과 같다.

식 (9.58) p. 705

$$x = e^{-(c/2m)t}\left(Ae^{t\sqrt{(c/2m)^2 - k/m}} + Be^{-t\sqrt{(c/2m)^2 - k/m}}\right)$$

이 식에서 A와 B는 초기조건으로부터 구해야 하는 상수이다. $c = c_c$인 시스템을 임계감쇠라 하며 해는 다음과 같다.

식 (9.59) p. 706

$$x = (A + Bt)e^{-\omega_n t}$$

이 식에서도 A와 B는 초기조건으로부터 구해야 하는 상수이다. 마지막으로, $c < c_c$인 시스템을 부족감쇠라 하며 해는 다음과 같다.

식 (9.60) p. 706

$$x = e^{-(c/2m)t}(A \sin \omega_d t + B \cos \omega_d t)$$

또는 다음과 같이 쓸 수도 있다.

식 (9.63) p. 706

$$x = De^{-(c/2m)t} \sin(\omega_d t + \phi)$$

첫 번째 해에서 A와 B는 초기조건으로부터 구해야 하는 상수이며 두 번째 해에서 D와 ϕ도 마찬가지로 구해야 하는 상수이다. ω_d는 감쇠고유진동수이며 다음의 식으로 주어진다.

식 (9.61) p. 706, 식 (9.68) p. 707

$$\omega_d = \sqrt{\frac{k}{m} - \left(\frac{c}{2m}\right)^2} = \omega_n\sqrt{1-(c/c_c)^2} = \omega_n\sqrt{1-\zeta^2}$$

이 식에서 $\zeta = c/c_c$는 감쇠비이다.

점성감쇠 강제진동 점성감쇠 강제조화진동자의 표준형식은 다음과 같다.

식 (9.69) p. 707

$$m\ddot{x} + c\dot{x} + kx = F_0 \sin\omega_0 t$$

이 식에서 F_0는 가진함수의 진폭이며 ω_0는 가진함수의 주파수이다. 감쇠비 ζ를 이용하여 표현하면 위 식은 다음과 같은 형식이 된다.

식 (9.70) p. 707

$$\ddot{x} + 2\zeta\omega_n\dot{x} + \omega_n^2 x = \frac{F_0}{m}\sin\omega_0 t$$

이 두 방정식의 일반해는 보완해와 특수해의 합이다. 보완해는 과도적이다. 즉 시간이 흐르면 소멸한다. 특수해 또는 정상상태 해는 다음의 형식이다.

식 (9.72) p. 708

$$x_p = D\sin(\omega_0 t - \phi)$$

이 식에서 ϕ와 D는 다음과 같이 주어진다.

식 (9.75) p. 708, 식 (9.78) p. 709

$$\tan\phi = \frac{c\omega_0}{k - m\omega_0^2} = \frac{2(c/c_c)(\omega_0/\omega_n)}{1-(\omega_0/\omega_n)^2} = \frac{2\zeta\omega_0/\omega_n}{1-(\omega_0/\omega_n)^2}$$

$$D = \frac{F_0/k}{\sqrt{[1-(\omega_0/\omega_n)^2]^2 + (2\zeta\omega_0/\omega_n)^2}}$$

감쇠 강제조화진동자의 확대계수는 다음과 같다.

식 (9.79) p. 709

$$\mathrm{MF} = \frac{D}{F_0/k} = \frac{1}{\sqrt{[1-(\omega_0/\omega_n)^2]^2 + (2\zeta\omega_0/\omega_n)^2}}$$

그림 9.34에 다양한 값의 감쇠비 ζ에 대한 확대계수의 그래프가 도시되어 있다.

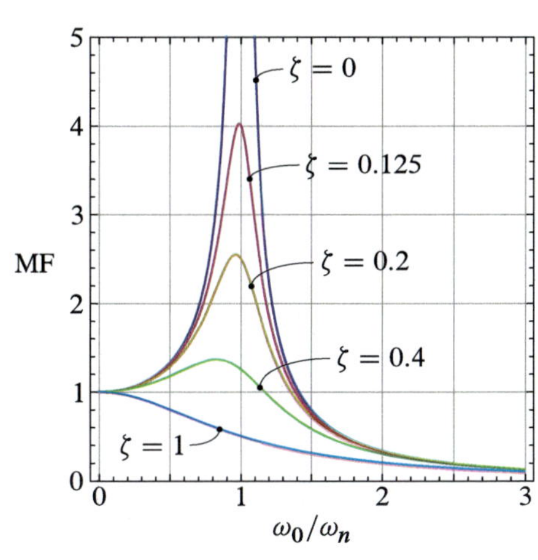

그림 9.34 *그림 9.33의 반복.* 다양한 ζ에 대하여 주파수비 ω_0/ω_n으로 나타낸 MF.

예제 9.5 개찰구의 임계감쇠 자유진동

그림 1 탑승자 수를 세는 개찰구가 있는 놀이기구.

그림 1의 놀이기구에는 그림 2에 도시된 것과 같은 개찰구가 있어, 입장하는 탑승객의 수를 세는데 사용된다. 개찰구에는 스프링상수 k의 선형탄성 비틀림 스프링과 감쇠계수 c의 비틀림 감쇠기가 핀 O에 장착되어 개방 후 폐쇄위치로 닫히는 것을 조절한다. 개찰구가 임계감쇠로 $\theta = 80°$에서 닫히기 시작하여 2.5초 내에 $\theta = 4°$ 이하로 닫히게 하는 k와 c를 구하라. 개찰구를 끝에 질점 m이 달린 질량 m_b, 길이 L의 가는 봉으로 모델링하라. 공기저항과 핀 O에서의 마찰은 무시하라.

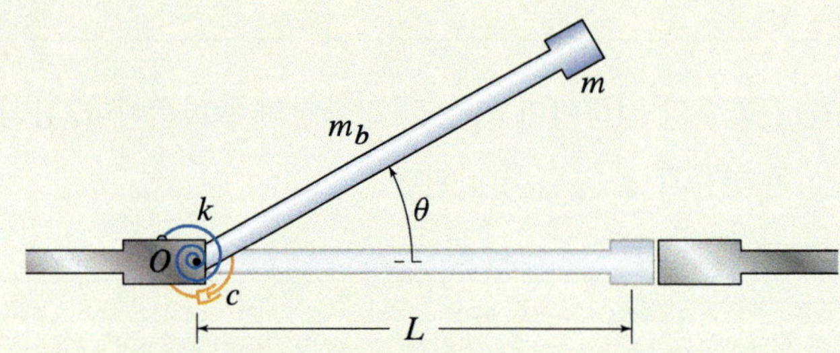

그림 2 $L = 1$ m, 가는 봉의 질량 1.8 kg, 질점의 질량 1.36 kg인 놀이기구의 개찰구.

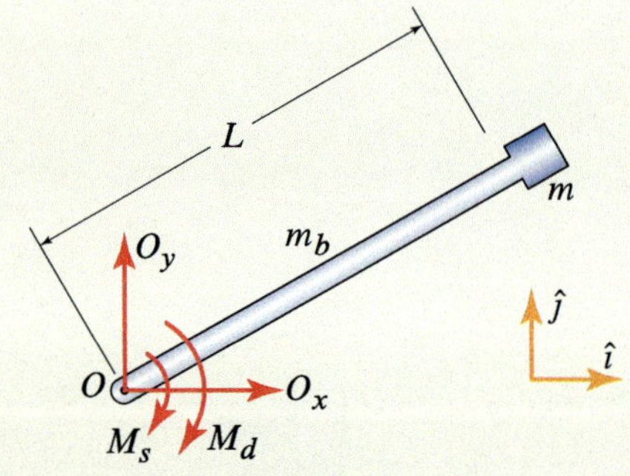

그림 3 그림 2의 놀이기구 개찰구의 FBD.

풀이 SOLUTION

로드맵과 모델링 우선 그림 3의 자유물체도를 이용하여 개찰구의 운동방정식을 식 (9.51)과 같은 표준형식으로 유도하여야 한다. 운동방정식을 알게 되면 시스템이 임계감쇠 되도록 해야 하며 시스템의 초기조건을 알고 있으므로, 식 (9.59)에 따라 시스템의 거동을 구할 수 있다. 이 거동으로부터 요구되는 시간 내에 개찰구가 닫히게 하는 k 값을 구할 수 있으며 이로부터 임계감쇠를 위한 c를 구할 수 있다.

지배방정식

평형 원리 점 O에 대한 모멘트 합은 다음과 같다.

$$\sum M_O: -M_s - M_d = I_O\alpha_{\text{gate}} \tag{1}$$

이 식에서 M_s는 스프링에 의한 복원 모멘트, M_d는 감쇠기에 의한 감쇠 모멘트, α_{gate}는 개찰구의 각가속도이다. O에 대한 개찰구의 질량관성모멘트는 다음과 같다.

$$I_O = mL^2 + \tfrac{1}{12}m_bL^2 + m_b(L/2)^2 = (\tfrac{1}{3}m_b - m)L^2 \tag{2}$$

힘의 법칙 스프링과 감쇠기의 모멘트 법칙은 다음과 같다.

$$M_s = k\theta, \qquad M_d = c\dot{\theta} \tag{3}$$

운동학 방정식 개찰구의 각가속도를 θ에 대해 기술하면 $\alpha_{\text{gate}} = \ddot{\theta}$이다.

계산 운동학 방정식과 식 (2), (3)을 식 (1)에 대입하여 정리하면 개찰구의 운동방정식을 다음과 같이 구할 수 있다.

$$(\tfrac{1}{3}m_b + m)L^2\ddot{\theta} + c\dot{\theta} + k\theta = 0 \tag{4}$$

이 식으로부터 ω_n을 다음과 같이 구할 수 있다.

$$\omega_n = \sqrt{\frac{k}{\left(\frac{1}{3}m_b + m\right)L^2}} = 0.7143\sqrt{k}\ \text{rad/s} \tag{5}$$

k를 구하기 위해서는 개찰구가 2.5초 이내에 4° 이하로 닫겨야 하는 조건을 식 (4)의 해 $\theta = (A + Bt)e^{-\omega_n t}$에 적용하여야 한다. 그러나 이 보다 앞서 A와 B를 구해야 한다. 초기조건 $\theta(0) = 80° = 1.396$ rad를 적용하면 다음을 얻을 수 있다.

$$\theta(0) = A = 1.396\,\text{rad} \tag{6}$$

다음으로 $\dot{\theta}(0) = 0$ rad/s를 적용하면 다음과 같다.

$$\dot{\theta} = Be^{-\omega_n t} + (A + Bt)\left(-\omega_n e^{-\omega_n t}\right) \quad \Rightarrow \quad \dot{\theta}(0) = B - A\omega_n = 0$$
$$\Rightarrow \quad B = 1.396\omega_n \tag{7}$$

식 (5)-(7)을 θ에 대한 임계감쇠 해에 대입하면 다음을 얻는다.

$$\theta = \left(1.396 + 0.9972t\sqrt{k}\right)e^{-0.7143t\sqrt{k}} \tag{8}$$

k를 구하기 위해 $\theta(2.5) = 4° = 0.06981$ rad를 적용하면

$$0.06981 = \left(1.396 + 2.493\sqrt{k}\right)e^{-1.7858\sqrt{k}} \tag{9}$$

이 되는데 이 식은 k에 대한 초월함수이다. 이 식은 대부분의 수학적 소프트웨어를 이용하여 풀 수 있다. 식 (9)를 풀면 다음을 얻을 수 있다.

$$\boxed{k = 7.06\,\text{N}\cdot\text{m/rad}} \tag{10}$$

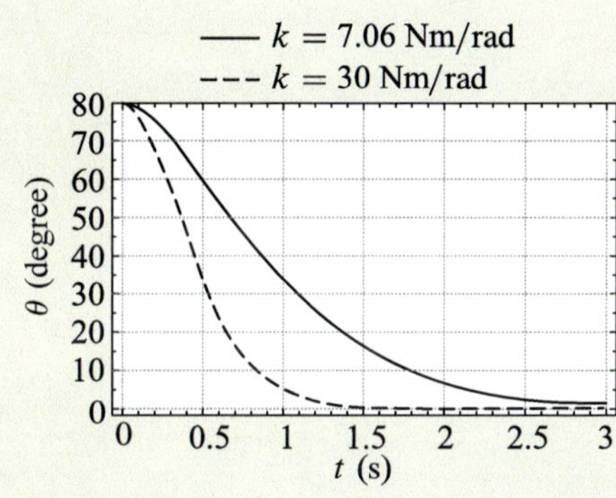

그림 4 두 서로 다른 비틀림 스프링상수에 대한 개찰구의 응답 그래프.

k를 구했으므로, 식 (9.57)의 임계감쇠 식으로부터 임계감쇠계수를 구하면 다음과 같다.

$$c_c = 2\left(\tfrac{1}{3}m_b + m\right)L^2\omega_n \quad \Rightarrow \quad \boxed{c_c = 7.44\,\text{N}\cdot\text{m}\cdot\text{s}} \tag{11}$$

식 (8)에 있는 해의 그래프(식 (10)의 k 값 사용)를 그림 4에 도시하였다.

논의 및 검증 식 (10), (11)에서 구한 두 비틀림 상수들의 차원은 정확하다.

심층분석 k 값을 증가시킴으로 개찰구를 보다 빨리 닫히게 할 수 있음에 유의하라(그림 4의 서로 다른 두 k 값에 대한 그래프를 비교할 것). 그러나 불행하게도 바람직하지 않은 결과를 초래할 수도 있다. 그림 5를 보면 k 값이 커지면 모든 θ 값에서 개찰구의 각속도가 커지게 된다. 이는 개찰구가 닫히기 전에 사람이 개찰구에 접근하면 강한 충격을 받을 수 있음을 의미한다. 게다가 식 (11)에 따르면 k 값이 커지면 임계감쇠를 구현하기 위하여 감쇠계수도 커져야 한다. 이로 인하여 감쇠기의 크기가 커지고 가격도 비싸지게 된다.

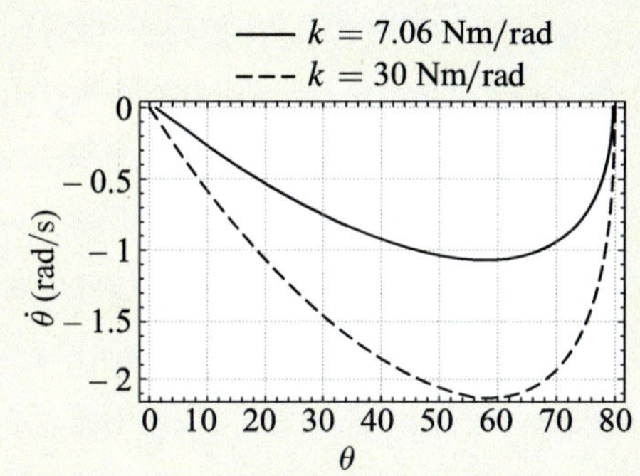

그림 5 두 서로 다른 비틀림 스프링상수에 대하여 개찰구의 위치 θ의 함수로 구한 개찰구의 각속도 $\dot{\theta}$의 그래프.

예제 9.6 편심 질량의 회전에 의한 거동 및 MF

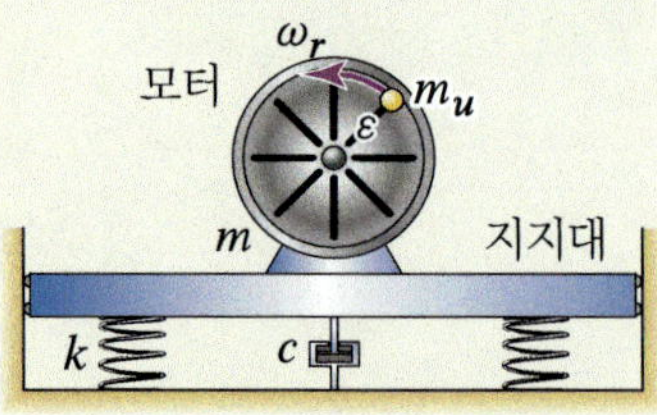

그림 1 수직 방향 운동이 감쇠기에 의하여 감쇠되는 탄성 지지대 위에 있는 편심 모터. 시스템 변수의 값들은 m = 55 kg, k = 420,000 N/m, c = 4000 N · s/m, ε = 150 mm, ω_r = 1200 rpm, m_u는 10 g, 100 g, 1000 g이다.

9.2절에서 다룬 편심모터를 지지하는 지지대에 스프링과 병렬로 감쇠기를 추가하면 그림 1과 같은 시스템이 된다. 스프링은 합계 스프링상수 k를 제공하고, 감쇠기는 합계 감쇠계수 c를 제공한다고 가정한다. 이 값들을 사용하고 9.2절을 참고하면 편심모터의 운동방정식은 다음과 같음을 보일 수 있다(문제 9.54 참조).

$$\ddot{y} + 2\zeta\omega_n\dot{y} + \omega_n^2 y = \frac{m_u\varepsilon\omega_r^2}{m}\sin\omega_r t \qquad (1)$$

이 식에서 y는 평형상태로부터 측정한 편심모터의 수직 위치, m_u는 편심질량(m에 m_u 포함), ε은 로터 축으로부터 편심질량까지의 거리, ω_r은 로터의 각속도이다. 예제 9.4의 변수 값들과 c = 4000 N · s/m을 이용하여 정상상태 해를 구하고 그래프를 그리라. 또한 편심모터의 MF를 구하고 그래프를 그려 식 (9.70)으로부터 구한 그림 9.33의 MF와 비교하라.

풀이 SOLUTION

로드맵과 모델링 식 (1)과 같은 형식의 방정식의 정상상태 해는 식 (9.72), (9.75), (9.78)로 주어짐을 알고 있다. 그러므로 식 (1)의 우변의 가진 진폭을 분석하여 정상상태 해를 구해야 한다. MF는 정상상태 해의 진폭으로부터 구해야 하므로 식 (1)의 우변을 분석하여 식 (9.78)에서 구한 D를 다룰 것이다. ω_r/ω_n과 ζ의 함수로 진폭을 구하면 원하는 MF를 구할 수 있다.

지배방정식 위에서 논한 바와 같이 정상상태 해는 식 (9.72)로 주어진다.

$$y_{ss} = D\sin(\omega_r t - \phi) \qquad (2)$$

이 식에서 D는 식 (9.78)로 주어진다.

$$D = \frac{F_0/k}{\sqrt{[1-(\omega_0/\omega_n)^2]^2 + (2\zeta\omega_0/\omega_n)^2}} \qquad (3)$$

ϕ는 식 (9.75)와 같다.

$$\tan\phi = \frac{c\omega_0}{k - m\omega_0^2} = \frac{2\zeta\omega_0/\omega_n}{1-(\omega_0/\omega_n)^2} \qquad (4)$$

이 식에서 $\omega_n = \sqrt{k/m}$ = 87.39 rad/s, $\zeta = c/(2m\omega_n)$ = 0.4161이다. 식 (1)과 식 (9.70)을 비교하면 다음을 알 수 있다.

$$\omega_0 = \omega_r, \quad F_0 = m_u\varepsilon\omega_r^2 \qquad (5)$$

계산 식 (3)-(5)를 식 (1)에 대입하여 정상상태 해를 구할 수 있다. 이 작업을 수행하고 모든 변수 값을 대입하면 다음을 구할 수 있다.

$$y_{ss} = 0.00352 m_u \sin(125.7t + 0.842) \text{ m} \qquad (6)$$

이를 주어진 세 가지 m_u에 대하여 그림 2와 같이 그래프를 그렸다.

MF를 구하기 위하여 식 (5)를 식 (3)에 대입하여 다음을 구하였다.

$$D = \frac{m_u\varepsilon\omega_r^2/k}{\sqrt{[1-(\omega_r/\omega_n)^2]^2 + (2\zeta\omega_r/\omega_n)^2}} \qquad (7)$$

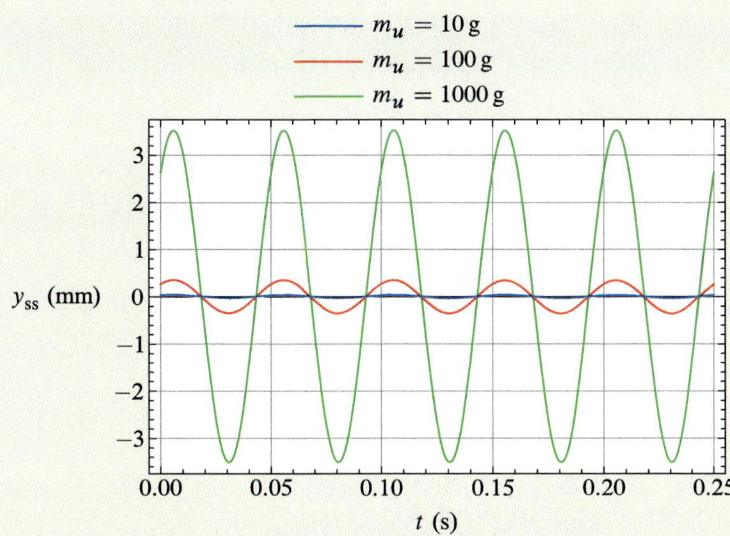

그림 2 세 가지 편심질량 m_u에 대한 정상상태 해.

이 식의 분자를 분석하면, 다음과 같이 쓸 수 있다.

$$\frac{m_u \varepsilon \omega_r^2}{k} = \frac{m_u \varepsilon \omega_r^2}{k}\frac{m}{m} = \frac{m_u \varepsilon}{m}\frac{m}{k}\omega_r^2 = \frac{m_u \varepsilon}{m}\frac{\omega_r^2}{\omega_n^2} \tag{8}$$

이 식에서 마지막 등식을 구하기 위해 $m/k = 1/\omega_n^2$을 이용하였다. 식 (8)을 식 (7)에 대입하고 $m_u\varepsilon/m$을 좌변으로 이항시키면 다음과 같이 MF를 구할 수 있다.

$$\text{MF} = \frac{mD}{m_u \varepsilon} = \frac{(\omega_r/\omega_n)^2}{\sqrt{[1-(\omega_r/\omega_n)^2]^2 + (2\zeta\omega_r/\omega_n)^2}} \tag{9}$$

다양한 ζ에 대한 그래프를 그림 3에 도시하였다.

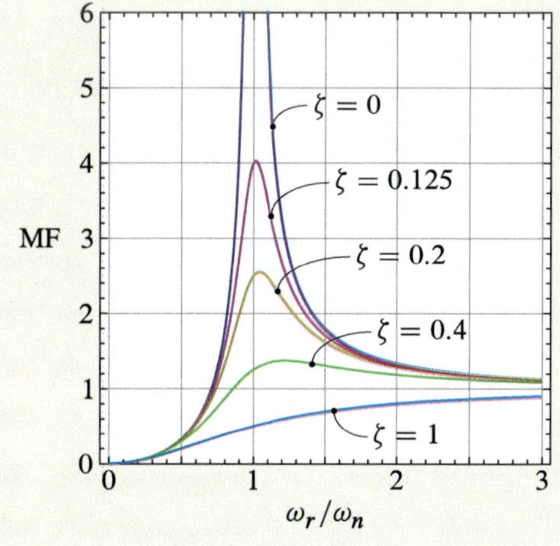

그림 3 다양한 감쇠비 ζ에 대하여 주파수비 ω_r/ω_n의 함수로 구한 편심 모터의 MF.

논의 및 검증 식 (3)-(5)를 식 (2)에 대입하여 정상상태 거동을 자세히 관찰해 보면 정상상태 해가 예상했던 바와 같이 길이의 차원을 가지고 있음을 알 수 있다. 게다가 그림 2를 보면 편심질량 m_u를 크게 할수록 예상했던 대로 진폭이 커짐을 알 수 있다. 식 (9)의 MF는 이 값이 가져야 하는 대로 무차원이다.

심층분석 그림 3을 그림 9.33과 비교하면 저주파 가진의 경우 다음을 확인할 수 있다:

- 조화진동자가 질량에 직접 가진력을 받을 경우, 질량은 가진력을 따라 움직인다(그림 9.33에서 MF → 1).
- 조화진동자가 내부의 편심질량의 회전에 의해 가진 받을 경우, 질량은 거의 움직이지 않는다(그림 3에서 MF → 0).

고주파 가진의 경우:

- 조화진동자가 질량에 직접 가진력을 받을 경우, 질량은 거의 움직이지 않는다(그림 9.33에서 MF → 0).
- 조화진동자가 내부의 편심질량의 회전에 의해 가진 받을 경우, 질량은 가진력을 따라 움직인다(그림 3에서 MF → 1).

이 현상은 이러한 시스템의 거동에 대한 우리의 직관과 일치한다.

문제

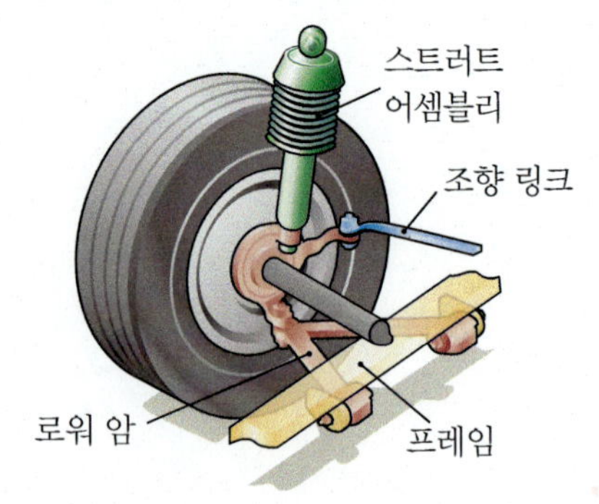

그림 P9.48

문제 9.48

맥퍼슨 스트러트 현가장치를 설계할 때, 감쇠비 ζ를 얼마로 할 것인가? 답을 자동차의 승차감과 안락성의 관점에서 설명하라.

주의 개념 문제는 계산이 아닌 설명이 필요하다.

문제 9.49

동일한 두 시스템에서 하나는 감쇠가 있고 다른 하나는 감쇠가 없다. 감쇠진동의 주기가 비감쇠진동의 주기와 비교하여 클까, 작을까 혹은 같을 것인가?

주의 개념 문제는 계산이 아닌 설명이 필요하다.

문제 9.50

구조물에 진동실험을 하고 있다. 확대계수 MF와 위상각 ϕ를 가진주파수 ω_0의 함수로 기록한다. 실험 후 데이터를 살펴보니 확대계수 데이터가 손상되어 위상각 데이터만을 해석에 활용할 수 있게 되었다. 이 데이터로부터 공진주파수를 결정할 수 있는가? 위상각 데이터로부터 시스템의 감쇠의 크기에 대하여 무엇을 유추할 수 있는가?

주의 개념 문제는 계산이 아닌 설명이 필요하다.

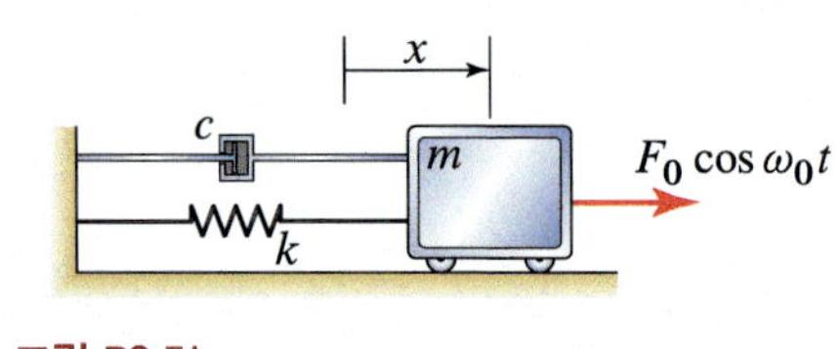

그림 P9.51

문제 9.51

감쇠 강제 조화진동자의 운동방정식이 $\ddot{x} + 2\zeta\omega_n\dot{x} + \omega_n^2 x = (F_0/m)\cos\omega_0 t$로 주어졌다. 이 식에서 x는 계의 평형상태로부터 측정된 값이다. 진동자의 정상상태응답의 진폭을 구하고, 이를 식 (9.78)(이 식은 운동방정식이 $\ddot{x} + 2\zeta\omega_n\dot{x} + \omega_n^2 x = (F_0/m)\sin\omega_0 t$로 주어진 계의 진폭임)과 비교하라.

문제 9.52

식 (9.79)를 ω_0/ω_n에 대해 미분하고 이 값을 0으로 놓아 MF의 피크치가 발생하는 ω_0를 ζ와 ω_n의 함수로 구하라. 이 결과로부터 $\omega_0/\omega_n \leq 1$인 경우에는 늘 피크치가 발생함을 보이라. MF의 피크치가 없는 경우 ζ의 값을 구하라.

문제 9.53

아래 방정식의 응답을 구하라. x의 단위는 mm, 시간은 초이다.

(a) $75\ddot{x} + 150\dot{x} + 1500x = 0$, 초기조건 $x(0) = 30$, $\dot{x}(0) = -30$

(b) $40\ddot{x} + 200\dot{x} + 160x = 0$, 초기조건 $x(0) = 0$, $\dot{x}(0) = 150$

(c) $15\ddot{x} + 150\dot{x} + 375x = 0$, 초기조건 $x(0) = 45$, $\dot{x}(0) = 0$

(d) $350\ddot{x} + 2800\dot{x} + 21000x = 0$, 초기조건 $x(0) = 3$, $\dot{x}(0) = 0$

문제 9.54

예제 9.6에 제시된 시스템의 운동방정식 식 (1)을 유도하라. 독립변수 y는 계의 평형상태로부터 측정된 값이고 m은 모터와 지지대의 질량, c는 감쇠기의 합계 감쇠계수, k는 선형탄성스프링의 합계 스프링상수, ω_r은 편심 로터의 각속도, ε은 로터 회전축으로부터 편심 질량까지의 거리, m_u는 편심 질량이다. m에는 편심 질량이 포함되어 비회전 질량은 $m - m_u$이다.

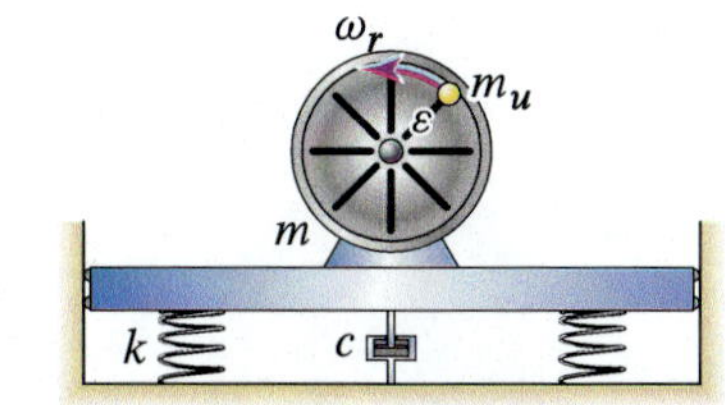

그림 P9.54

문제 9.55

질량 m이 $y = Y \sin \omega_0 t$에 따라 조화진동하는 지지대 A에 스프링상수 k의 선형탄성스프링과 감쇠계수 c의 감쇠기로 연결되어 있다.

(a) x를 독립변수로 하는 운동방정식을 유도하고, 운동방정식이 식 (9.71)과 다른 형식이 된 이유를 설명하라.

(b) $z = x - y$라 하고, 이를 (a)에서 구한 운동방정식에 대입하라. 이렇게 하여 구한 z에 대한 운동방정식이 식 (9.71)과 같은 형식이 됨을 보여라.

(c) (b)에서 구한 운동방정식의 정상상태 해를 구하고, 이를 이용하여 x에 대한 정상상태 해를 구하라.

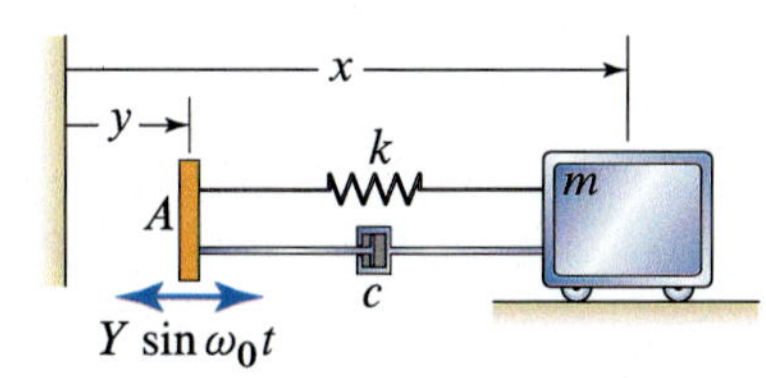

그림 P9.55

문제 9.56

민감한 전자부품을 탑재한 모듈이 근처에 있는 디젤 엔진에 의해 진동하는 받침대 위에 장착되어 있다. 피로파괴를 예방하기 위해 모듈은 진동흡수 마운트 위에 놓여 있다. 받침대의 변위는 $y_p(t) = y_0 \sin \omega_0 t$로 측정되었다. $y_0 = 0.001$ m, $\omega_0 = 300$ rad/s이고 시간 t는 초로 계측되었다. 전자부품 모듈의 질량이 $m = 0.5$ kg이고, 탑재장치의 등가 스프링상수와 등가 감쇠계수가 각각 $k = 10{,}000$ N/m, $c = 40$ N · s/m일 때 모듈의 진동의 진폭을 구하라.

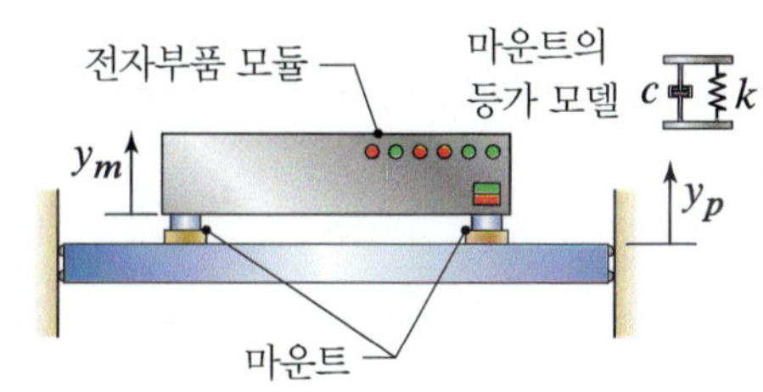

그림 P9.56

문제 9.57

하드 디스크 드라이브의 암이 $\omega_0 = 10{,}000$ rpm으로 회전하는 디스크에 의해 유발되는 공기의 와류로 인하여 진동하고 있다. 암은 길이 $L = 0.037$ m, 질량 $m = 0.00075$ kg이며, 탄성계수가 $E = 70$ GPa인 알루미늄으로 만들어졌다. 암의 단면의 면적관성모멘트는 $I_{cs} = 8.5 \times 10^{-14}$ m^{4}이다. 예제 9.2의 풀이과정을 따라 암을 한쪽 끝이 핀과 등가 스프링상수 $k_t = 3EI_{cs}/L$인 비틀림 스프링과에 연결되어 있는 강체 봉으로 모델링한다. 또한 암의 운동은 비틀림 감쇠계수 c_t인 비틀림 감쇠기에도 영향을 받는다. 감쇠비가 $\zeta = 0.02$이고 와류는 디스크의 회전주기와 동일한 주기의 공력을 발생시킨다고 가정하고, 암의 끝에서의 정상상태 진동의 진폭이 0.0001 m가 되는데 필요한 공력의 진폭을 구하라. 공력은 하드 드라이브 암의 중간점 B에 작용한다고 가정하라. 같은 가진이 감쇠비가 0.05인 하드 디스크 드라이브 암에 가해지면 진동의 진폭은 얼마인가?

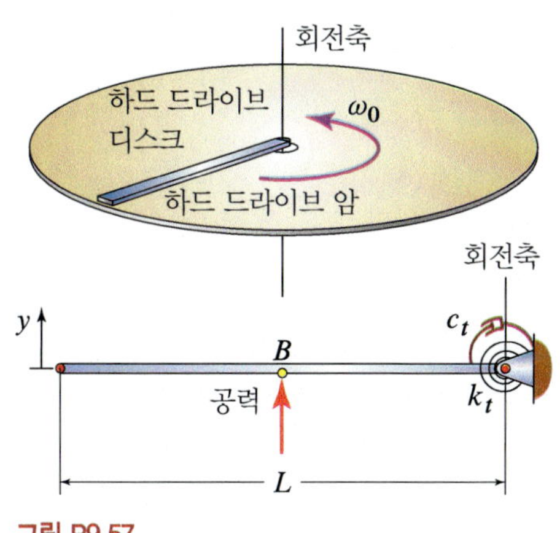

그림 P9.57

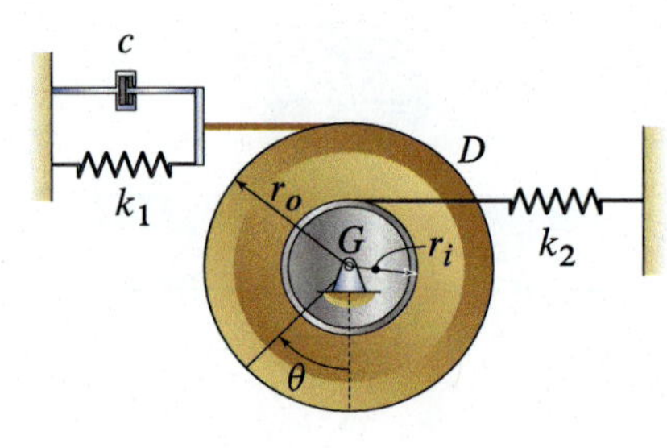

그림 P9.58

문제 9.58

도심이자 질량중심인 G에서 핀으로 연결된 디스크로 구성된 기구가 있다. 반경 $r_o = 0.1$ m인 디스크의 바깥 원주에 스프링상수 $k_1 = 100$ N/m인 선형스프링과 이에 병렬로 연결된 감쇠계수 $c = 50$ N · s/m인 감쇠기가 연결되어 있다. 디스크에는 반경 $r_i = 0.05$ m인 중심축이 있어 스프링상수 $k_2 = 350$ N/m인 선형스프링에 연결되어 있다. $\theta = 0$에서 디스크는 정적평형상태에 있고 디스크의 질량관성모멘트가 $I_G = 0.001$ kg · m^{2}임을 알 때 디스크의 선형화 운동방정식을 θ의 항으로 유도하라. 또한 초기 변위 $\theta_i = 0.05$ rad에서 디스크가 정지상태에서 놓였을 때 디스크의 진동을 구하라.

문제 9.59

0.75 kg의 상자가 저울에 던져져 저울과 상자가 함께 0.5 m/s의 초기속도로 아래로 움직이고 있다. 상자가 저울에 닿기 전에 저울은 평형상태에 있었다. 저울의 움직이는 받침대 부분과 상자의 질량의 합은 $m = 1.25$ kg이다. 받침대의 지지부를 스프링상수 $k = 1000$ N/m와 감쇠계수 $c = 70.7$ N · s/m인 스프링과 감쇠기로 모델링하여, 저울의 응답을 구하라.

힌트: y의 원점을 받침대와 상자가 결합되었을 때의 받침대의 평형상태의 위치에 두라.

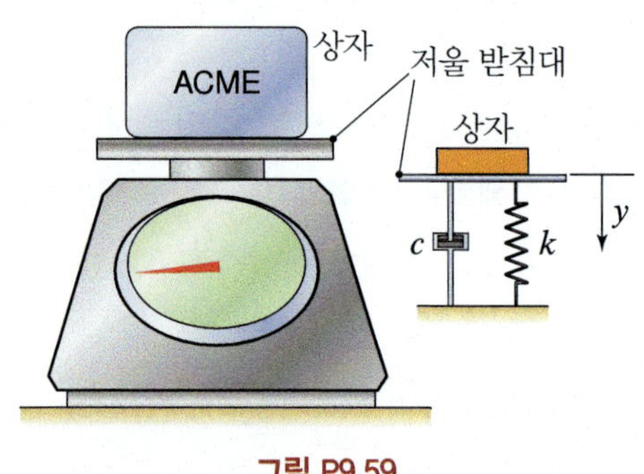

그림 P9.59

문제 9.60

지배방정식이 식 (9.51)인 점성감쇠 조화진동자를 생각하자. 이 시스템에서 감쇠계수 c가 음수인 경우를 해석해 보자. $m = 1$ kg, $c = -1$ N · s/m, $k = 10$ N/m를 사용하여 응답을 구하라(초기조건은 고려하지 말 것).

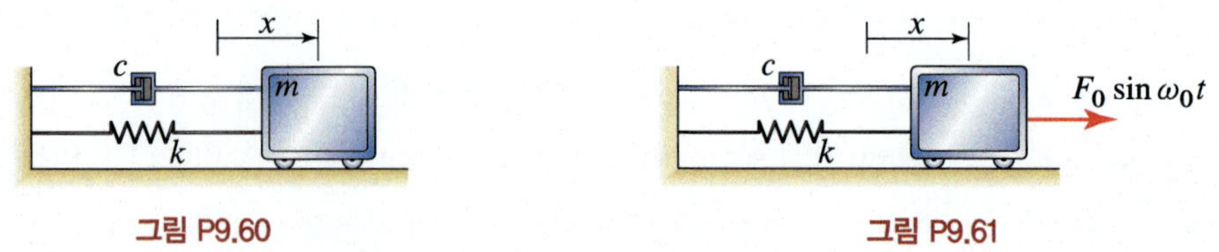

그림 P9.60 그림 P9.61

문제 9.61

$\omega_0/\omega_n \approx 1$로 조화가진 받는 스프링–질량–감쇠기 시스템의 MF가 5이다. 이 시스템의 감쇠비를 구하라. MF가 10이라면 감쇠비는 얼마인가? $\omega_0/\omega_n \approx 1$에서 감쇠비의 함수로 확대계수의 그래프를 그리라.

문제 9.62

슬라이더가 조화력 $F(t) = F_0 \sin \omega_0 t$를 받으며 수평면에서 운동하고 있다. 슬라이더는 스프링상수 k인 두 개의 동일한 스프링에 연결되어 있다. $t = 0$일 때, $x(0) = 0$이며, 두 스프링은 변형이 없고, $\theta = 45°$, $L = L_0$이다. 슬라이더는 감쇠계수 c인 감쇠기에도 연결되어 있다. F_0, k, c, L_0를 알고, 마찰은 무시하고, $\dot{x}(0) = v_i$라 하고 (a) 시스템의 운동방정식을 유도하라. (b) 초기 위치에서의 선형화 운동방정식을 유도하라. (c) 선형화 운동방정식의 정상상태 진동의 진폭을 구하라.

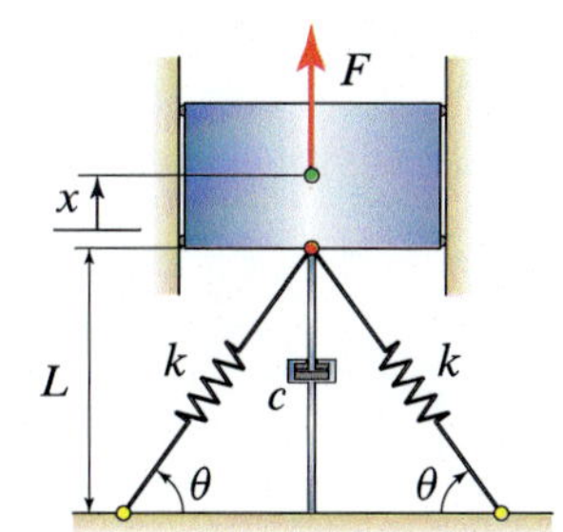

그림 P9.62

문제 9.63

그림에 있는 기구는 질량 m의 진자 추 B와 O에서 핀으로 연결된 질량을 무시할 수 있는 T형 봉으로 구성된 진자이다. T형 봉의 수평 부분은 각각 동일한 스프링상수 k인 스프링과 감쇠계수 c인 감쇠기로 구성된 두 개의 지지장치에 연결되어 있다. 두 스프링은 B가 O에서 수직의 위치에 있을 때 변형이 없다. B를 질점으로 모델링하고 시스템의 선형화 운동방정식을 유도하라. 또한 시스템이 부족감쇠라고 가정하고 시스템의 감쇠 고유진동수를 유도하라.

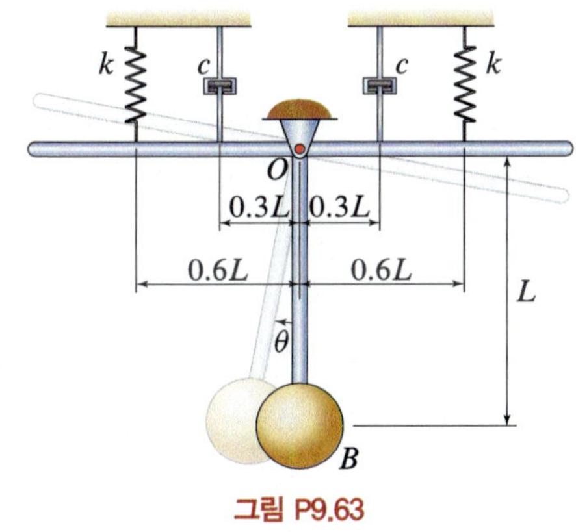

그림 P9.63

문제 9.64

그림에 있는 로켓의 엔진의 정격 추력은 5000 kN이다. 엔진 내의 터보펌프는 정격 회전수 7000 rpm으로 작동하며, 엔진에서 만들어지는 추력은 터보펌프의 회전과 같은 주파수와 10 kN의 진폭으로 조화진동 한다. 엔진의 질량은 $m = 5000$ kg이다. 로켓의 나머지 부분은 엔진과 비교하여 충분히 무거워 고정되어 있다고 봐도 무방하다. 엔진은 두 구조물을 통하여 로켓에 장착되어 있다. 이 장치는 스프링상수 k의 선형 스프링과 이와 병렬로 연결된 선형 점성감쇠계수 c의 감쇠기로 구성된 것으로 모델링 할 수 있다. 정격 추력에 의한 정적 변형이 0.01 m 보다 작고 정격 작동속도에서의 진동 진폭이 0.001 m 보다 작게 하는 k와 c의 최소값을 구하라. 파이프에 의한 강성과 감쇠는 무시하라.

힌트: 추력과 중력 하에서의 평형 위치로부터 x를 측정하면 엔진은 $(10 \text{ kN}) \sin \omega_0 t$ 의 외력을 받게 된다. 이 식에서 ω_0는 터보펌프의 회전 주파수이다.

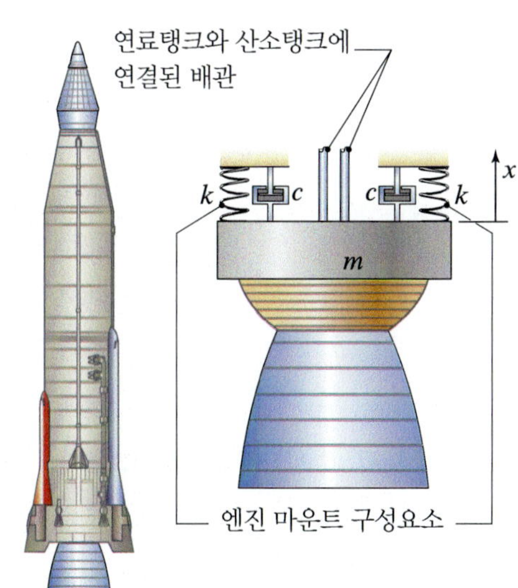

그림 P9.64

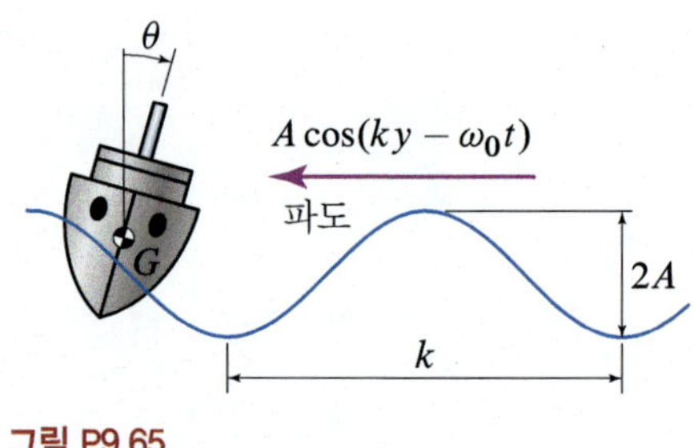

그림 P9.65

문제 9.65

파도[12] 위에서 롤링하는 배에 대한 간단한 모델은 파도를 사인 함수로 다루는 것이다. 이 모델을 이용하면 롤 각 θ에 대한 선형 모델은 다음 식으로 주어진다.

$$I_G\ddot{\theta} + c\dot{\theta} + mg\theta = -I_G k\omega_0^2 \sin\omega_0 t$$

이 식에서 G는 배의 질량중심, I_G는 배의 질량관성모멘트, c는 회전 점성 감쇠계수, m은 배의 질량, A는 파도의 진폭, k는 파도의 파장이다.

(a) 시스템의 고유진동수는 얼마인가?

(b) 시스템의 확대계수를 구하라.

(c) 감쇠를 무시할 수 있다고 가정하고(즉, $c \approx 0$), 배가 전복하지 않고 견딜 수 있는 진동의 최대 진폭이 $\theta_{max} = 1$ rad이라면 승무원들이 안전하게 있을 수 있는 A의 최대값을 구하라.

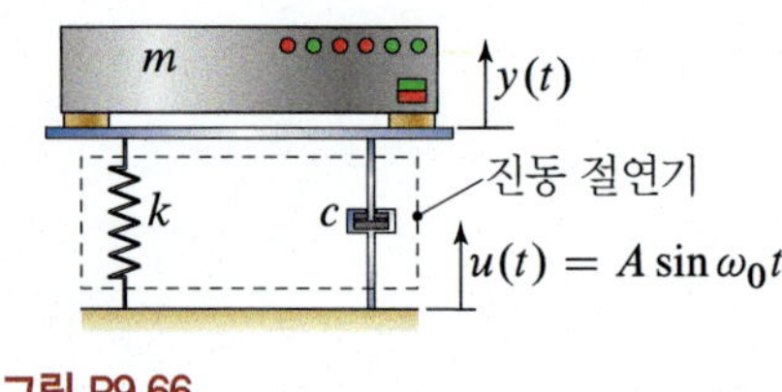

그림 P9.66

문제 9.66

질량 m의 민감한 계기를 $u(t) = A \sin \omega_0 t$로 표현되는 지면의 진동으로부터 차단시켜야 한다. 이를 위하여 그림과 같이 스프링과 감쇠기로 모델링된 진동절연 장치를 갖추어야 한다.

(a) 계측기의 운동방정식을 구하고 이를 표준형식으로 작성하라.

(b) 정상상태 응답 $y(t)$를 구하라.

(c) 변위전달률(displacement transmissibility), 즉 응답 진폭 D를 지면 진동의 진폭 A로 나눈 값을 구하라.

12) J. M. T. Thompson, R. C. T. Rainey, and M. S. Soliman, "Mechanics of Ship Capsize under Direct and Parametric Wave Excitation," *Philosophical Transactions of the Royal Society of London A*, 338(1651), 1992, pp. 471–90 참조.

설계 문제

설계문제 9.3

함포를 발사한 결과로 300 kg의 함포가 x 방향의 운동량을 갖게 되었다. 함포는 평형상태인 $x(0) = 0$에서 $\dot{x}(0) = 50$ m/s의 초기속도로 운동하기 시작하였다. 함포가 진동하지 않고 가장 빨리 평형상태로 돌아올 수 있도록 스프링상수 k와 감쇠계수 c를 설정하라. 함포의 최대 변위가 0.1 m를 초과하지 않도록 하라. 함포가 최대변위의 1% 이내로 돌아오는 시간을 구하라.

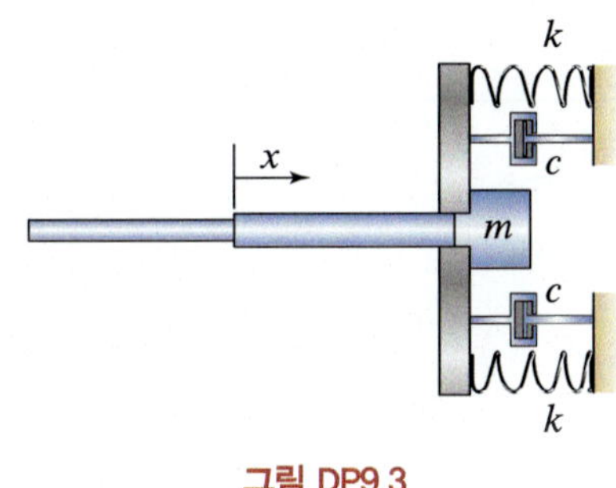

그림 DP9.3

9.4 장 복습

본 장에서는 기계시스템의 평형상태 부근에서의 진동을 다루었다. 점성감쇠의 효과와 조화진동자의 거동에 가해진 조화가진을 다루는 등 조화진동자만을 다루었다.

비감쇠 자유진동

운동방정식이 다음의 형식으로 주어지는 모든 1 자유도계를 조화진동자라 한다.

식 (9.12) p. 675

$$\ddot{x} + \omega_n^2 x = 0$$

위 식은 조화진동자방정식의 표준형식이다. 이 방정식의 해는 다음과 같이 쓸 수 있다(그림 9.35 참조).

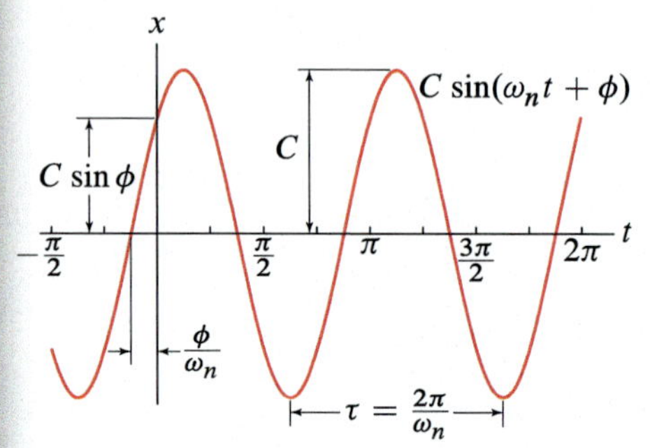

그림 9.35 *그림 9.2의 반복.* 식 (9.3)의 $x(t)$의 그래프, 진폭 C, 위상각 ϕ, 주기 τ의 조화진동자.

식 (9.3) p. 674

$$x(t) = C\sin(\omega_n t + \phi)$$

이 식에서 ω_n은 고유진동수, C는 진폭, ϕ는 위상각이다.

조화진동자의 간단한 예는 스프링상수 k인 스프링의 한쪽 끝에 질량 m이 부착되고 다른 한 끝은 고정되어 있는 시스템이다(그림 9.36 참조). 이런 시스템의 고유진동수는 다음과 같이 주어진다.

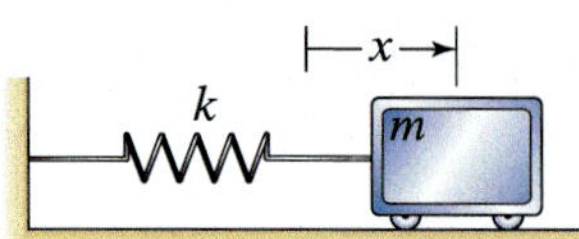

그림 9.36 *그림 9.11의 반복.* 운동방정식이 $m\ddot{x} + kx = 0$ 고유진동수가 $\omega_n = \sqrt{k/m}$인 단순 스프링–질량 조화진동자.

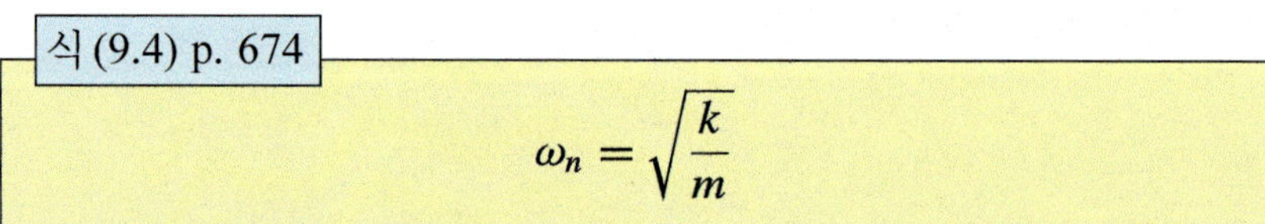

식 (9.4) p. 674

$$\omega_n = \sqrt{\frac{k}{m}}$$

한편 진폭 C와 위상각 ϕ는 각각 다음과 같다.

식 (9.5), (9.6) p. 674

$$C = \sqrt{\frac{v_i^2}{\omega_n^2} + x_i^2}, \qquad \tan\phi = \frac{x_i \omega_n}{v_i}$$

이 식에서 $t = 0$은 초기시간, $x_i = x(0)$(x_i는 초기위치), $v_i = \dot{x}(0)$(v_i는 초기속도)이다. $v_i = 0$이면, ϕ는 $x_i < 0$ 또는 $x_i > 0$에 따라 각각 $-\pi/2$ 또는 $\pi/2$이다. 식(9.12)의 해의 다른 형식은 다음과 같다.

식 (9.15) p. 676

$$x(t) = x_i \cos\omega_n t + \frac{v_i}{\omega_n}\sin\omega_n t$$

진동의 주기는 다음과 같이 주어지며,

식 (9.7) p. 674

$$\text{주기} = \tau = \frac{2\pi}{\omega_n}$$

진동의 주파수는 다음과 같다.

식 (9.8) p. 674

$$\text{주파수} = f = \frac{1}{\tau} = \frac{\omega_n}{2\pi}$$

에너지법 보존계에서 일-에너지원리에 따르면 $T+V$는 일정해야 한다. 따라서 이 값의 시간미분은 0이다. 이로부터 운동방정식을 다음과 같이 편리하게 구할 수 있다.

식 (9.19) p. 677

$$\frac{d}{dt}(T+V) = 0 \quad \Rightarrow \quad \text{운동방정식}$$

에너지법을 적용하여 선형화된 운동방정식을 구할 때에는 먼저 운동에너지와 위치에너지를 위치와 속도의 2차 함수로 근사화한 다음 시간에 대하여 미분을 취하는 것이 편리하다. 이 과정으로 선형화 운동방정식을 유도할 수 있다.

사인과 코사인 함수를 그 변수의 2차 함수로 근사화시킬 때 다음의 관계식을 이용한다.

식 (9.28) p. 678

$$\sin\theta \approx \theta, \qquad \cos\theta \approx 1 - \theta^2/2$$

사인 함수를 다항식 급수 전개할 때 2차 항은 0이므로, 사인 함수를 선형화한 형식은 사인 함수를 2차식으로 근사화한 것과 동일하게 보인다.

비감쇠 강제진동

조화진동자가 조화가진력을 받을 때 운동방정식의 표준형식은 다음과 같다.

식 (9.37) p. 693

$$\ddot{x} + \omega_n^2 x = \frac{F_0}{m}\sin\omega_0 t$$

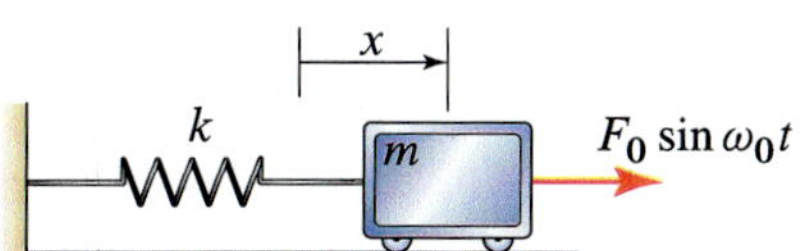

그림 9.37 *그림 9.16의 반복.* 운동방정식이 식 (9.37)이며 $\omega_n = \sqrt{k/m}$ 인 강제조화진동자. 위치 x는 질량의 평형상태로부터 측정.

이 식에서 F_0는 가진력의 진폭이며 ω_0는 외력의 주파수이다(그림 9.21 참조). 이 식에 대한 일반해는 보완해와 특수해의 합으로 구성된다. 보완해 x_c는 운동방정식에 상응하는 제차방정식의 해로서 식 (9.13)의 형식으로 주어진다. $\omega_0 \neq \omega_n$일 때 특수해는 다음

과 같이 주어지고

식 (9.41) p. 694

$$x_p = \frac{F_0/k}{1-(\omega_0/\omega_n)^2}\sin\omega_0 t$$

일반해는 다음과 같다.

식 (9.42) p. 694

$$x = x_c + x_p = A\sin\omega_n t + B\cos\omega_n t + \frac{F_0/k}{1-(\omega_0/\omega_n)^2}\sin\omega_0 t$$

이 식에서 A와 B는 초기조건으로부터 구해야 하는 상수이다. 정상상태 진동의 진폭은 다음과 같은데

식 (9.43) p. 694

$$x_{amp} = \frac{F_0/k}{1-(\omega_0/\omega_n)^2}$$

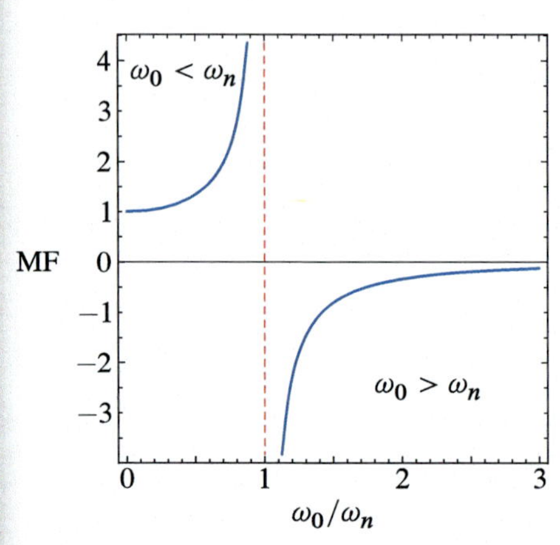

그림 9.38 그림 9.17의 반복. 주파수비 ω_0/ω_n의 함수로 나타낸 MF.

이는 확대계수 MF가 다음과 같음을 의미한다.

식 (9.44) p. 694

$$\text{MF} = \frac{x_{amp}}{F_0/k} = \frac{1}{1-(\omega_0/\omega_n)^2}$$

그림 9.38에 있는 MF의 그래프는 $\omega_0 \approx \omega_n$일 때 발생하여 아주 큰 진폭의 진동을 유발하는 공진현상을 보여준다.

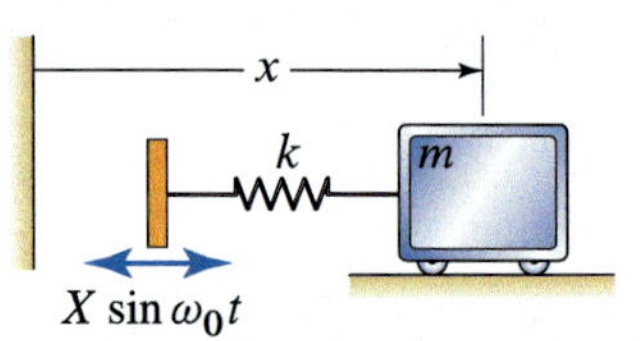

그림 9.39 그림 9.23의 반복. 지지대가 조화진동하는 조화진동자.

지지대의 조화가진 구조물 자체가 아니라 구조물의 지지대가 조화가진을 받을 때(그림 9.39 참조) F_0가 스프링상수 k 곱하기 지지대 진동의 진폭 X로 대치된 점을 제외하면 식 (9.37)은 여전히 지배방정식으로 유효하며, 위에서 유도된 모든 해도 동일한 대치를 행하면 유효하다.

점성감쇠 진동

점성감쇠 자유진동 1 자유도 점성감쇠 조화진동자의 운동방정식의 표준형식은 다음과 같다.

식 (9.51) p. 705

$$m\ddot{x} + c\dot{x} + kx = 0$$

이 식에서 m은 질량, c는 점성감쇠계수, k는 선형스프링상수이다. 이 방정식의 해의 특성은 다음의 식으로 정의된 임계감쇠계수로 불리는 특별한 감쇠의 크기에 대한 상대적인 감쇠의 크기로 결정된다.

식 (9.57) p. 705

$$c_c = 2m\sqrt{\frac{k}{m}} = 2m\omega_n$$

이 식에서 $\omega_n = \sqrt{k/m}$ 이다. $c \geq c_c$이면 진동하지 않고, $c < c_c$이면 진동하게 된다. $c > c_c$일 때 시스템을 과감쇠라 하며 해는 다음과 같다.

식 (9.58) p. 705

$$x = e^{-(c/2m)t}\left(Ae^{t\sqrt{(c/2m)^2-k/m}} + Be^{-t\sqrt{(c/2m)^2-k/m}}\right)$$

이 식에서 A와 B는 초기조건으로부터 구해야 하는 상수이다. $c = c_c$인 시스템을 임계감쇠라 하며 해는 다음과 같다.

식 (9.59) p. 706

$$x = (A + Bt)e^{-\omega_n t}$$

이 식에서도 A와 B는 초기조건으로부터 구해야 하는 상수이다. 마지막으로, $c < c_c$인 시스템을 부족감쇠라 하며 해는 다음과 같다.

식 (9.60) p. 706

$$x = e^{-(c/2m)t}(A \sin \omega_d t + B \cos \omega_d t)$$

또는 다음과 같이 쓸 수도 있다.

식 (9.63) p. 706

$$x = De^{-(c/2m)t} \sin(\omega_d t + \phi)$$

첫 번째 해에서 A와 B는 초기조건으로부터 구해야 하는 상수이며 두 번째 해에서 D와 ϕ도 마찬가지로 구해야 하는 상수이다. ω_d는 감쇠고유진동수이며 다음의 식으로 주어진다.

식 (9.61) p. 706, 식 (9.68) p.707

$$\omega_d = \sqrt{\frac{k}{m} - \left(\frac{c}{2m}\right)^2} = \omega_n\sqrt{1 - (c/c_c)^2} = \omega_n\sqrt{1 - \zeta^2}$$

이 식에서 $\zeta = c/c_c$는 감쇠비이다.

점성감쇠 강제진동 점성감쇠 강제조화진동자의 표준형식은 다음과 같다.

식 (9.69) p. 707

$$m\ddot{x} + c\dot{x} + kx = F_0 \sin \omega_0 t$$

이 식에서 F_0는 가진함수의 진폭이며 ω_0는 가진함수의 주파수이다. 감쇠비 ζ를 이용하여 표현하면 위 식은 다음과 같은 형식이 된다.

식 (9.70) p. 707

$$\ddot{x} + 2\zeta\omega_n\dot{x} + \omega_n^2 x = \frac{F_0}{m}\sin\omega_0 t$$

이 두 방정식의 일반해는 보완해와 특수해의 합이다. 보완해는 과도적이다. 즉 시간이 흐르면 소멸한다. 특수해 또는 정상상태 해는 다음의 형식이다.

식 (9.72) p. 708

$$x_p = D\sin(\omega_0 t - \phi)$$

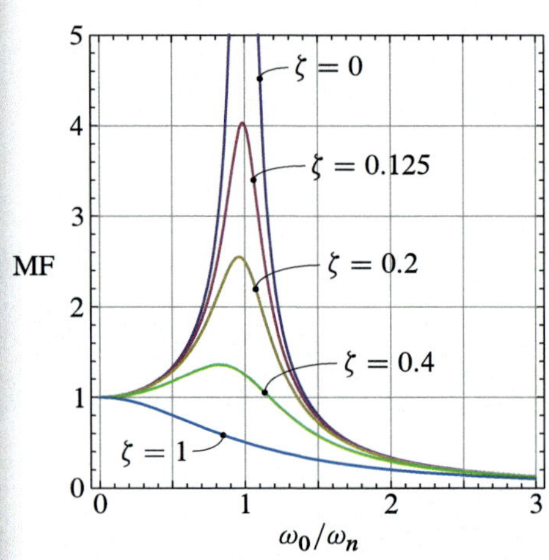

그림 9.40 *그림 9.33의 반복.* 다양한 ζ에 대하여 주파수비 ω_0/ω_n으로 나타낸 MF.

이 식에서 ϕ와 D는 다음과 같다.

식 (9.75) p. 708, 식 (9.78) p. 709

$$\tan\phi = \frac{c\omega_0}{k - m\omega_0^2} = \frac{2(c/c_c)(\omega_0/\omega_n)}{1-(\omega_0/\omega_n)^2} = \frac{2\zeta\omega_0/\omega_n}{1-(\omega_0/\omega_n)^2}$$

$$D = \frac{F_0/k}{\sqrt{[1-(\omega_0/\omega_n)^2]^2 + (2\zeta\omega_0/\omega_n)^2}}$$

감쇠 강제 조화진동자의 확대계수는 다음과 같다.

식 (9.79) p. 709

$$\text{MF} = \frac{D}{F_0/k} = \frac{1}{\sqrt{[1-(\omega_0/\omega_n)^2]^2 + (2\zeta\omega_0/\omega_n)^2}}$$

그림 9.40에 다양한 값의 감쇠비 ζ에 대한 확대계수의 그래프가 도시되어 있다.

복습 문제

문제 9.67

그림에 보이는 커넥팅 로드가 점 O에 매달려 진자처럼 흔들리도록 살짝 놓여져 진동 주기 0.77초로 진동한다. 질량중심 G는 O 점으로부터 $L = 110$ mm 떨어져 있고, 커넥팅 로드의 질량은 661 g이다. 에너지법을 이용하여 커넥팅 로드의 질량관성모멘트 I_G를 구하라.

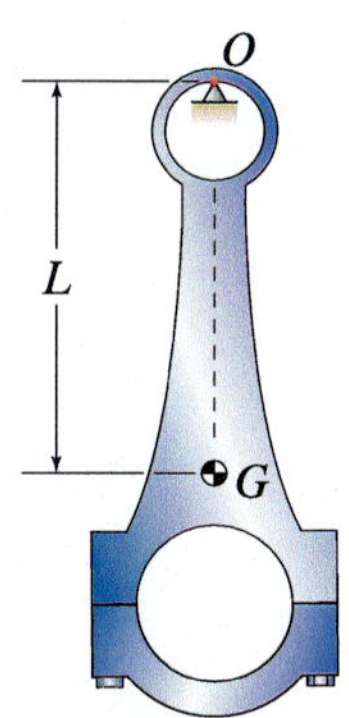

그림 P9.67

문제 9.68

스프링상수 k_1과 k_2의 스프링이 직렬연결 되어 질량 m을 벽과 연결하는 시스템의 운동 방정식을 유도하라. 작은 바퀴와 두 스프링의 연결점 A의 질량은 무시할 수 있다.
힌트: 두 스프링에서 발생하는 힘이 같아야 한다는 사실과 질량의 변위와 두 스프링의 변위의 합은 같아야 한다는 사실로부터 두 스프링의 등가 스프링상수 k_{eq}를 구하라.

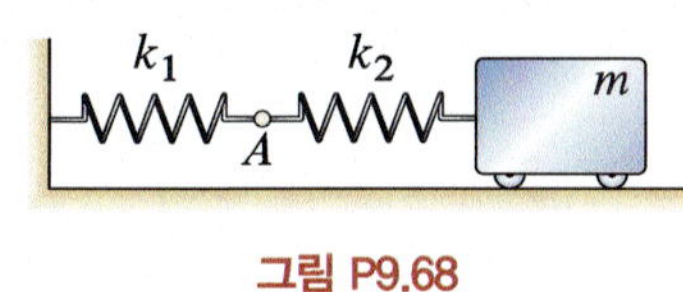

그림 P9.68

문제 9.69

에너지법을 이용하여 예제 9.2의 나노와이어의 고유진동수를 구하라. 길이 9.8 μm, 지름 330 nm로 강성이 와이어의 기초부에 비틀림 스프링으로 집중된 균일한 실리콘 나노와이어로 모델링한다. 실리콘의 밀도로 $\rho = 2330$ kg/m^3, 탄성계수로 $E = 152$ GPa를 사용하라.

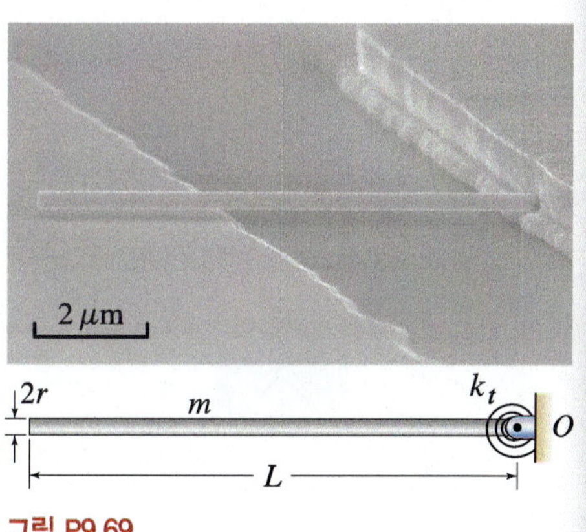

그림 P9.69

문제 9.70

구조안전 진단기술은 토목, 항공 및 기타 구조물의 손상을 검출해 내는 기술이다. 구조적 손상은 보통 크랙, 갈라짐, 분리 등을 동반하여 강성의 감소를 유발한다. 많은 구조안전 진단기법은 고유진동수의 변화를 관찰하는데 기초하고 있다. 구조물을 1 자유도 조화진동자로 모델링하고 구조물의 고유진동수 3% 감소를 유발하는 강성의 변화를 계산하라.

문제 9.71

그림의 조화진동자는 질량 $m = 5$ kg, 스프링상수 $k = 4000$ N/m의 스프링, 감쇠계수 $c = 20$ N · s/m의 감쇠기로 구성되어 있다. 공진주파수에서 속도의 진폭이 10 m/s인 정상상태 진동에 필요한 정현파 가진력의 진폭 F_0를 구하라. 이에 대응하는 가속도의 진폭은 얼마인가?

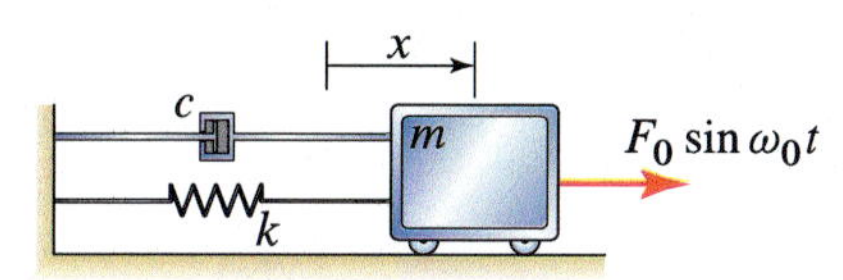

그림 P9.71

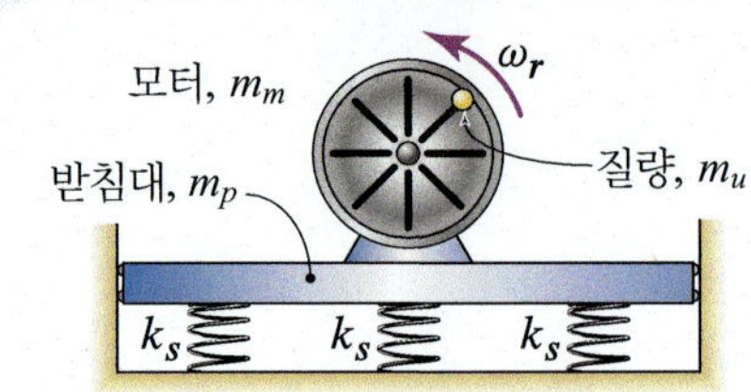

그림 P9.72

문제 9.72

예제 9.4에서 다음의 라그랑지 방정식(Lagrange's equation)을 이용하여 모터의 운동 방정식을 유도하라.

$$\frac{d}{dt}\left(\frac{\partial T}{\partial \dot{y}_m}\right) - \frac{\partial T}{\partial y_m} + \frac{\partial V}{\partial y_m} = 0$$

이 식에서 T와 V는 각각 계의 운동에너지와 위치에너지이다.

문제 9.73

보를 균일한 봉으로 모델링하고, 풀리의 관성을 무시하고, 봉이 수평일 때 계가 정적평형상태에 있고, 코드는 늘어나지 않고 느슨해지지도 않는다고 가정하라. 계의 선형화 운동방정식을 구하고, 계의 고유진동수를 구하라. 그림에 표시된 모든 변수들은 아는 것으로 취급하라.

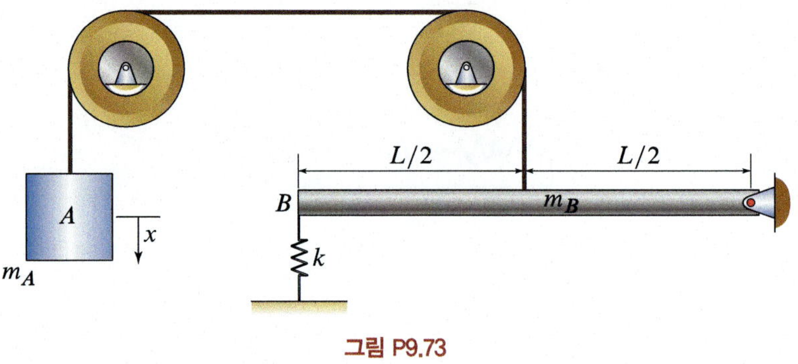

그림 P9.73

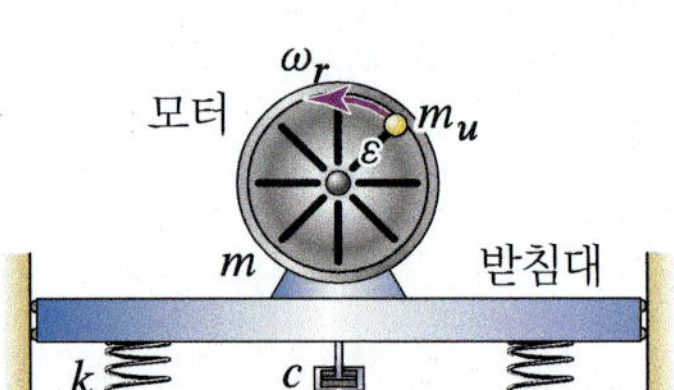

그림 P9.74

문제 9.74

예제 9.6에서 편심모터의 장상상태 응답을 이용하여 바닥에 전달되는 힘을 구하라.

문제 9.75

그림의 시스템이 정지상태에서 놓여진다. 이 때 스프링은 변형되지 않았으며 $x = 0$이다. 풀리 P의 관성을 무시하며 디스크는 미끄러짐 없이 구른다고 가정하고, x의 항으로 시스템의 운동방정식을 유도하라. 점 G는 디스크의 질량중심이자 도심이라고 가정하라. k_1, k_2, c, m_1, m_2, I_G의 값을 알고 있다고 가정한다. I_G는 디스크의 질량관성모멘트이다. 시스템이 부족감쇠라고 가정하고 시스템의 감쇠고유진동수를 구하라.

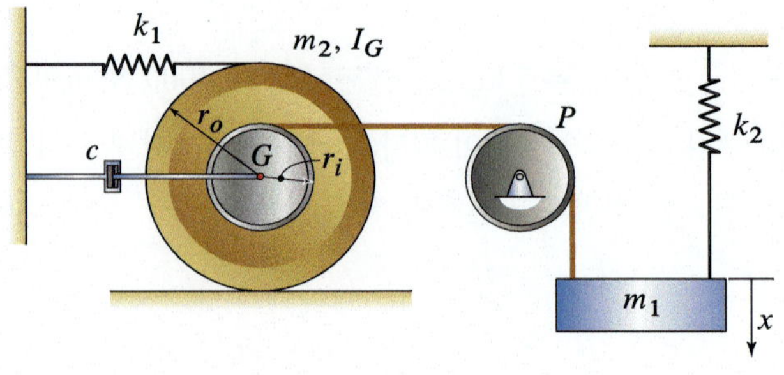

그림 P9.75

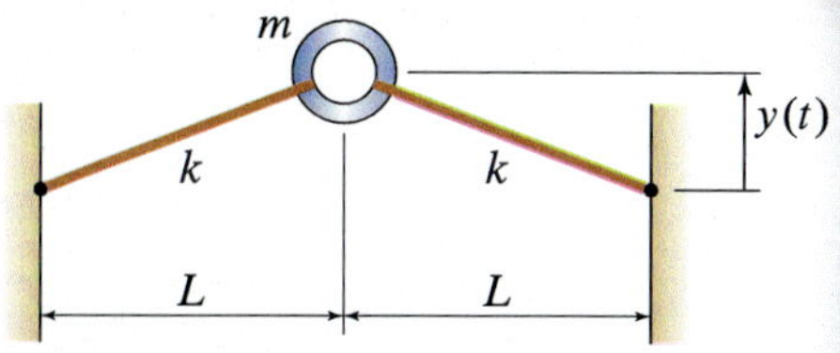

문제 9.76

질량 m의 링이 그림과 같이 두 탄성 코드를 통하여 수직 벽에 연결되어 있다. 코드의 탄성계수는 k, 자유길이는 $L_0 < L$이다. 코드에 가해진 프리텐션(pretension)이 충분히 커서 링의 무게에 의한 코드의 변형을 무시할 수 있다고 가정하고, 질량 m의 비선형 운동방정식을 구하라.

그림 P9.76-P9.78

문제 9.77

질량 m의 링이 그림과 같이 두 탄성 코드를 통하여 수직 벽에 연결되어 있다. 코드의 탄성계수는 k, 자유길이는 $L_0 < L$이다. 코드에 가해진 프리텐션이 충분히 커서 링의 무게에 의한 코드의 변형을 무시할 수 있다고 가정하고, 뉴턴의 제2법칙을 이용하여 $y = 0$ 부근에서 질량 m의 선형화 운동방정식을 구하라. 또한 링의 진동의 고유진동수를 구하라.

문제 9.78

에너지법을 이용하여 문제 9.77의 선형화 운동방정식을 구하라.

질량관성모멘트

질량관성모멘트와 질량관성곱은 물체 내에 질량이 어떻게 분포하는지에 관한 측정수단이다. 물체의 질량관성모멘트와 질량관성곱은 기하학적 조건(크기와 형태), 물체 내 각 점에서의 밀도와 측정하기 위한 좌표에 따라 달라진다.

질량관성모멘트(*mass moments of inertia*)와 질량관성곱(*mass products of inertia*)은 물체 내에 질량이 어떻게 분포하는지에 관한 측정수단이다. 질량관성모멘트와 질량관성곱은 강체의 회전운동 방정식(7장), 강체의 운동에너지(8장), 강체의 각운동량(8장과 부록 B), 그리고 강체의 3차원 동역학에 나타난다.

질량관성모멘트와 질량관성곱의 정의

그림 A.1의 물체 B에 대한 질량관성모멘트는 다음과 같이 정의된다.

$$I_x = \int_B r_x^2\, dm = \int_B \left(y^2 + z^2\right) dm \tag{A.1}$$

$$I_y = \int_B r_y^2\, dm = \int_B \left(x^2 + z^2\right) dm \tag{A.2}$$

$$I_z = \int_B r_z^2\, dm = \int_B \left(x^2 + y^2\right) dm \tag{A.3}$$

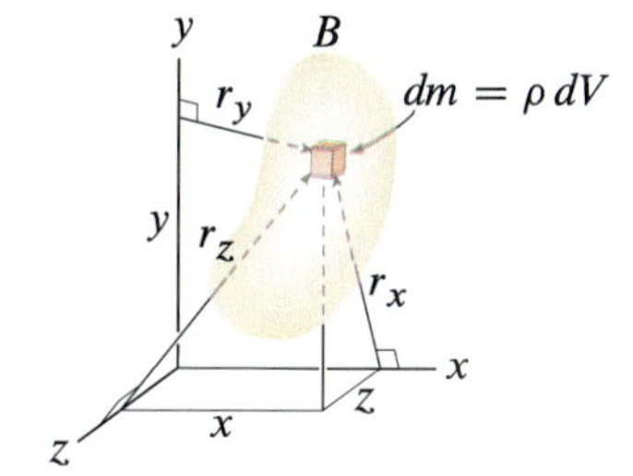

그림 A.1 질량 m, 밀도 ρ, 체적 V인 물체. r_x, r_y, r_z는 각각 x, y, z축으로부터 질량요소 dm까지 거리.

여기서,

r_x, r_y, r_z는 그림 A.1의 각각 x, y, z 축으로부터 미소질량 dm의 질량중심까지의 반경방향 거리이다.

x, y, z는 그림 A.1의 미소질량 dm의 질량중심의 좌표이다.

I_x, I_y, I_z 는 각각 x, y, z 축에 대한 물체 B의 질량관성모멘트이다.

그림 A.1의 물체 B에 대한 질량관성곱은 다음과 같이 정의된다.

$$I_{xy} = I_{yx} = \int_B xy\, dm \tag{A.4}$$

$$I_{yz} = I_{zy} = \int_B yz\, dm \tag{A.5}$$

$$I_{xz} = I_{zx} = \int_B xz\, dm \tag{A.6}$$

여기서,

I_{xy}, I_{yz}, I_{xz}는 각각 xy, yz, xz 축에 대한 질량관성곱이다.

주석

- 질량관성모멘트를 언급할 때 문맥상 단면관성모멘트가 아니라 질량관성모멘트라는 것이 분명한 경우 흔히 "질량"이란 단어는 생략한다.
- 식 (A.1)-(A.3)의 각 식에는 등가적으로 같은 두 개의 적분이 제시되어 있으며 각 적분은대상 물체의 기하학적 특성에 따라 유용하게 사용할 수 있다.
- 식 (A.1)-(A.6)의 관성모멘트는 질량 분포에 관한 2차 모멘트이다. 즉 식 (A.1)-(A.3)에서 I_x, I_y, I_z를 결정하기 위해 모멘트 거리 r_x, r_y, r_z를 제곱해야 한다. 각 식의 두 번째 표현은 $r_x^2 = y^2 + z^2$과 r_y^2, r_z^2에 대해서도 유사한 관계식을 적용하여 구한 것이다. 식 (A.4)-(A.6)의 질량관성곱 I_{xy}, I_{yz}, I_{xz}의 경우 서로 다른 두 개의 모멘트 거리가 사용된다.
- 식 (A.1)-(A.6)에서 x, y, z는 거리의 차원을 가지며 dm은 질량의 차원을 갖는다. 따라서 모든 질량관성모멘트는 (질량)(거리)^{2}의 차원을 가지며 미국상용단위계와 SI 단위계에서 각각 slug · ft^{2}이나 kg · m^{2}로 나타낸다.
- x, y, z축이 물체의 질량중심을 통과하는 경우x', y', z'으로 표기하며 이들 축에 대한 질량관성모멘트를 질량중심에 대한 질량관성모멘트 $I_{x'}, I_{y'}, I_{z'}$라 한다.
- I_x, I_y, I_z는 0보다 작을 수 없다.[1)] 질량관성곱 I_{xy}, I_{yz}, I_{xz}는 아래 설명한 바와 같이 0보다 크거나 같거나 작을 수 있다.
- 복합 형상에 대한 관성모멘트의 계산은 부록에 있는 바와 같이 평행축법칙을 적용하여 할 수 있다.

1) 책 뒤표지의 안쪽에 있는 고체 특성표에서 가는 봉의 경우 I_x는 0보다 크지만 I_y와 I_z에 비해 훨씬 작기 때문에 일반적으로 0으로 가정한다.

질량관성모멘트는 어떻게 활용되는가?

질량관성모멘트가 왜 여섯 개이고 어떻게 다르고 어디에 활용되는지를 살펴볼 필요가 있다.

그림 A.2 우주왕복선이 도킹된 국제우주정거장.

질량관성모멘트 I_x, I_y, I_z. 그림 A.2는 우주왕복선이 도킹해 있는 국제우주정거장이다. x 축에 대한 모멘트 M_x가 우주정거장에 가해지는 것을 상상해 보자. 우주정거장이 강체라고 가정하면[2)] x 축 방향으로 각가속도를 받을 것이고 각가속도의 크기는 x 축에 대한 질량관성모멘트 I_x에 직접 비례한다. 따라서 M_x의 크기가 주어지면 I_x가 클수록 각가속도는 작아진다. y, z 축에 대해 작용하는 모멘트와 I_y, I_z가 이들 축방향으로의 각가속도에 미치는 영향에 대해서도 똑같이 설명할 수 있다.

질량관성곱 I_{xy}, I_{yz}, I_{xz}. 관성곱은 xy, yz, xz 평면에 대해 물체의 질량 분포가 대칭성을 갖고 있는지를 측정하는 수단이다. 관성곱은 물체의 형상, 질량분포, xyz−좌표계에서 x, y, z 방향 및 원점의 설정에 따라 0보다 크거나 같거나 작을 수 있다. 그림 A.3은 균일한 물체에서 임의의 z 좌표에 해당하는 단면이다. 오렌지색으로 표시된 영역은 y 축에 대해

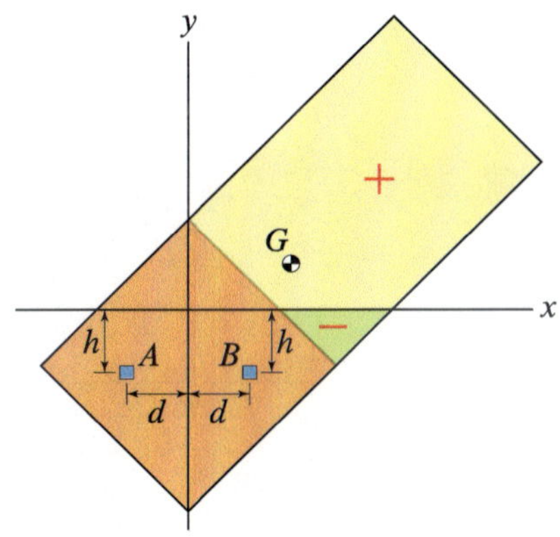

그림 A.3 균일 물체의 질량관성곱 계산을 위한 좌표계. 물체의 단면적은 어느 z좌표에서도 같다고 가정.

대칭이다. 두 질량 요소 A와 B(푸른색으로 표시된)는 yz 평면으로부터 같은 거리 d 만큼 떨어져있고 ($y = -h$의) 같은 y 좌표 값을 갖는다. 식 (A.4)와 (A.6)의 I_{xy}, I_{xz}의 적분항을 보면 좌측 요소 A에 대한 $xy\,dm$과 $xz\,dm$은 우측 요소 B에 대한 동일 항과 반대 부호를 갖게 되고 결과적으로 오렌지색 영역은 관성곱 I_{xy}와 I_{xz}에 아무런 기여를 하지 않는다. 반면에 노란색 영역의 질량은 yz 평면에 대해 대칭인 영역이 없으며 영역 내의 모든 점에서 xy의 곱은 0보다 크므로 I_{xy}가 양의 큰 값이 되도록 기여한다. 마찬가지로 녹색 영역은 I_{xy}가 음의 큰 값이 되도록 기여한다. 그림 A.3의 물체가 균일한 질량분포를 갖는다면 노란색 영역이 녹색 영역보다 크기 때문에 $I_{xy} > 0$이 될 것이다. I_{xz}의 부호에 대해서는 그림 A.3의 단면에 해당하는 z 좌표 값을 주어지지 않았기 때문에 알 수 없다.

2) 국제우주정거장은 다른 대부분의 우주 구조물이 그런 것처럼 연성이 매우 높다. 그림 A.2에서 x 축에 대해 모멘트가 작용하면 위에 언급된 운동에 추가하여 구조물이 진동할 것이다. 우주 구조물에서 진동 제어는 매우 중요하며 많은 주목을 받고 있다.

위의 논의로부터 그림 A.3의 물체가 오렌지 영역으로만 구성된다면 I_{xy}와 I_{xz}는 모두 0이 된다고 결론내릴 수 있으며 아래와 같이 정리할 수 있다:

> 어떤 물체의 대칭면에 수직한 좌표를 포함하는 모든 관성곱은 좌표계의 원점이 대칭면에 위치한다면 0이 된다.

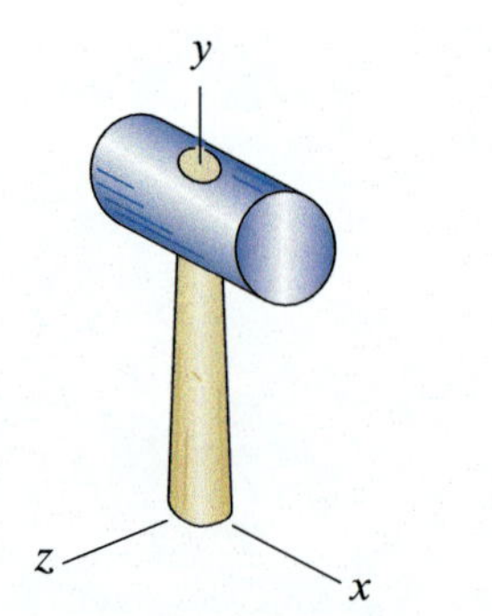

그림 A.4 고무망치의 형상과 질량분포가 xy 평면에 대해 대칭이면 망치는 대칭물체(*symmetric obiect*)이다. 또한 yz 평면에 대해서도 대칭이라면 이중대칭물체(*doubly symmetric obiect*)이다.

예를 들어 그림 A.4의 나무망치가 xy평면에 대해 수직하다면 $I_{xz} = I_{tz} = 0$이 성립하고 I_{xy}는 0보다 크거나 같거나 작을 수 있다. 어떤 물체가 xy, yz, xz평면 중 최소한 두 개의 평면에 대해 대칭이면 모든 관성곱은 0이 된다. 예를 들어 균일한 회전체의 경우 한 축이 회전축 방향과 일치한다면 모든 관성곱은 0이 된다.

하나 이상의 0이 아닌 관성곱을 갖는 물체는 3차원 운동에서 복잡한 역학관계를 나타낸다. 또한 그런 물체가 평면운동만을 하기 위해서는 운동 평면에 위치하는 축 방향으로 모멘트를 가해야만 한다. 예를 들어 그림 A.2의 우주정거장은 x, y, z 축에 대해 비대칭이므로 0이 아닌 관성곱 항이 있다. 따라서 x 축 방향으로 M_x의 모멘트가 작용한다면 우주정거장은 x 축에 대한 회전뿐 아니라 y 축 또는 z 축에 대한 회전도 발생할 수 있다(즉 이들 축에 대해 모멘트를 가해야만 이러한 회전이 일어나지 않는다).

회전반경

물체의 질량분포를 알기 위해 질량관성모멘트를 사용하는 대신에 회전반경을 사용하기도 한다. 회전반경(*radii of gyration*)은 질량관성모멘트와 직접 연관되며 다음과 같이 정의된다.

$$k_x = \sqrt{\frac{I_x}{m}}, \qquad k_y = \sqrt{\frac{I_y}{m}}, \qquad k_z = \sqrt{\frac{I_z}{m}} \tag{A.7}$$

여기서,

k_x, k_y, k_z는 각각 x, y, z 축에 대한 회전반경이다.

m은 물체의 질량이다.

회전반경은 길이의 단위를 갖는다.

평행축법칙

평행축법칙은 질량관성모멘트 및 관성곱 I_x, I_y, I_z, I_{xy}, I_{yz}, I_{xz} 질량중심에서의 질량관성모멘트 및 관성곱 $I_{x'}$, $I_{y'}$, $I_{z'}$, $I_{x'y'}$, $I_{y'z'}$, $I_{x'z'}$과의 관계를 나타낸다. 여기서 x와 x'이 평행하고 y와 y' 그리고 z와 z'이 서로 평행하다고 가정하고 xyz축의 원점은 임의의 P에 위치하고 $x'y'z'$–좌표계의 원점은 질량중심 G에 위치한다고 가정한다. 7장~9장의 본문과 3차원 동역학에서 언급한 바와 같이 평행축법칙은 강체 동역학에서 중요하다.

관성모멘트에 대한 평행축법칙

그림 A.5에 질량이 m이고 질량중심이 G인 물체가 있다. 원점이 물체의 질량중심 G에 있는 $x'y'z'$-좌표계가 정의되어 있으며 x, y, z 축은 각각 x', y', z'축에 평행하다. 먼저 x 축에 대한 물체 B의 질량관성모멘트가 식 (A.1)으로 주어진다는 것에서부터 시작한다.

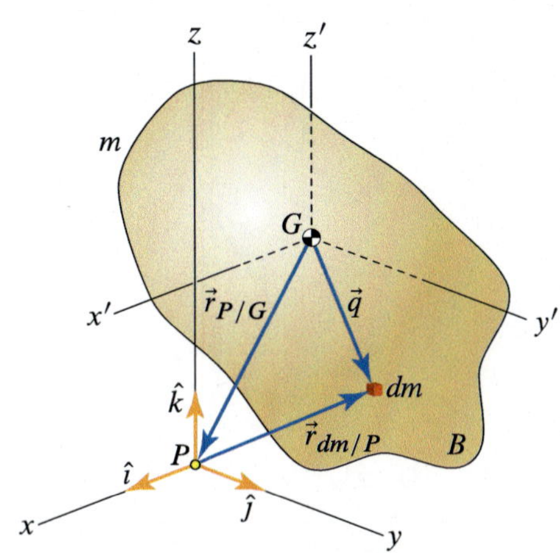

그림 A.5 질량이 m이고 질량중심이 G인 물체. x, y, z 축은 각각 x', y', z' 축에 평행.

식을 다시 쓰면

$$I_x = \int_B (y^2 + z^2)\, dm \tag{A.8}$$

추가하여 G에 대한 질량요소 dm의 위치를 아래와 같이 표시할 수 있다

$$\vec{q} = \vec{r}_{P/G} + \vec{r}_{dm/P} \tag{A.9}$$

식 (A.9)를 성분 별로 쓰면

$$x'\hat{\imath} + y'\hat{\jmath} + z'\hat{k} = \left[(r_{P/G})_x\hat{\imath} + (r_{P/G})_y\hat{\jmath} + (r_{P/G})_z\hat{k}\right] + \left(x\hat{\imath} + y\hat{\jmath} + z\hat{k}\right) \qquad \text{식 (A.10)}$$

식 (A.10)을 식 (A.8)에 대입하면

$$I_x = \int_B \left[(y' - (r_{P/G})_y)^2 + (z' - (r_{P/G})_z)^2\right] dm \tag{A.11}$$

$$= \int_B \left(y'^2 + z'^2\right) dm + \left[(r_{P/G})_y^2 + (r_{P/G})_z^2\right] \int_B dm - 2(r_{P/G})_y \int_B y'\, dm - 2(r_{P/G})_z \int_B z'\, dm \tag{A.12}$$

식 (A.12)의 첫 번째 항은 x' 축에 대한 질량관성모멘트 $I_{x'}$이고(식 (A.1) 참조) 식 (A.12)의 두 번째 적분항은 물체 B의 질량이다. 또한 x', y', z'은 G에 대한 위치이므로 식 (E.12)의 마지막 두 적분항은 G에 대한 질량요소 dm의 위치를 측정하는 것으로 두 항 모두 0이 된다. 따라서 식 (A.13)은

$$I_x = I_{x'} + m\left[(r_{P/G})_y^2 + (r_{P/G})_z^2\right] \tag{A.13}$$

그림 A.6을 참조하여 $(r_{P/G})_y^2 + (r_{P/G})_z^2$는 x 축과 x' 축 사이의 수직 거리 d_x의 제곱이다.

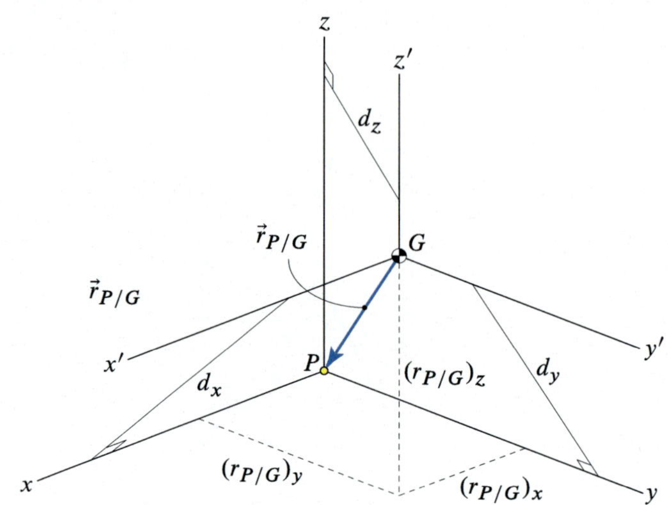

그림 A.6 x, y, z 축은 x', y', z' 축과 각각 거리 d_x, d_y, d_z를 두고 평행.

즉,

$$d_x^2 = (r_{P/G})_y^2 + (r_{P/G})_z^2 \tag{A.14}$$

따라서 식 (A.13)은

$$I_x = I_{x'} + md_x^2 \tag{A.15}$$

마찬가지로 식 (A.10)을 식 (A.2)와 (A.3)에 대입하면 다음 두 식을 얻는다.

$$I_y = I_{y'} + m\left[(r_{P/G})_x^2 + (r_{P/G})_z^2\right] = I_{y'} + md_y^2 \tag{A.16}$$

$$I_z = I_{z'} + m\left[(r_{P/G})_x^2 + (r_{P/G})_y^2\right] = I_{z'} + md_z^2 \tag{A.17}$$

여기서 그림 A.6을 참조하여 다음 관계를 적용하였다.

$$d_y^2 = (r_{P/G})_x^2 + (r_{P/G})_z^2 \tag{A.18}$$

$$d_z^2 = (r_{P/G})_x^2 + (r_{P/G})_y^2 \tag{A.19}$$

이 결과를 정리하면 관성모멘트에 대한 평행축법칙(*parallel axis theorem for moments of inertia*)을 가지고 x, y, z 축에 대한 질량관성모멘트와 질량중심에 대한 질량관성모멘트의 관계를 다음과 같이 나타낼 수 있다.

$$I_x = I_{x'} + md_x^2 = I_{x'} + m\left[(r_{P/G})_y^2 + (r_{P/G})_z^2\right] \tag{A.20}$$

$$I_y = I_{y'} + md_y^2 = I_{y'} + m\left[(r_{P/G})_x^2 + (r_{P/G})_z^2\right] \tag{A.21}$$

$$I_z = I_{z'} + md_z^2 = I_{z'} + m\left[(r_{P/G})_x^2 + (r_{P/G})_y^2\right] \tag{A.22}$$

빠지기 쉬운 함정

평행축법칙. 질량중심이 G이고 G를 통과하는 x' 축과 이에 평행한 x_1, x_2 축을 가진 물체를 보자.

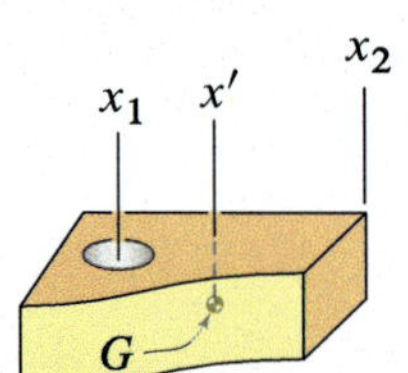

I_{x1}을 알고 있을 때 흔하게 하는 실수는 평행축법칙을 써서 *바로* I_{x2}를 구하는 것이다. 평행축법칙에서 반드시 하나의 축은 질량중심 축이다. 따라서 I_{x1}을 알고 있을 때 평행축법칙을 *두 번* 적용하여 먼저 $I_{x'}$을 구하고 그다음에 I_{x2}를 구해야 한다.

관성곱에 대한 평행축법칙

그림 A.7에 질량이 m이고 질량중심이 G인 물체가 있다. 원점이 물체의 질량중심 G에 있는 x', y', z'–좌표계가 정의되어 있으며 x, y, z 축은 각각 x', y', z' 축에 평행하다. 먼저 x, y 축에 대한 물체 B의 관성곱은 식 (A.4)으로 주어진다는 것에서부터 시작한다. 식을 다시 쓰면

$$I_{xy} = \int_B xy\, dm \tag{A.23}$$

식 (A.10)의 x, y의 관계식을 대입하면 식 (A.23)은

$$I_{xy} = \int_B [x' - (r_{P/G})_x][y' - (r_{P/G})_y]\, dm \tag{A.24}$$

$$= \int_B x'y'\, dm + (r_{P/G})_x (r_{P/G})_y \int_B dm - (r_{P/G})_y \int_B x'\, dm - (r_{P/G})_x \int_B y'\, dm \tag{A.25}$$

여기서도 식 (A.25)의 마지막 두 적분항은 정의에 의해 0이 된다. 첫 번째 적분항은 x', y' 축에 대한 질량관성곱이고 두 번째 적분항은 물체 B의 질량이다. 따라서 식 (A.25)는

$$I_{xy} = I_{x'y'} + m(r_{P/G})_x (r_{P/G})_y \tag{A.26}$$

마찬가지로 I_{yz}, I_{xz}도 질량중심에 대한 질량관성곱의 항으로 쉽게 나타낼 수 있다. 정리하면 **관성모멘트에 대한 평행축법칙**(*parallel axis theorem for products of inertia*)은 다음과 같다.

$$I_{xy} = I_{x'y'} + m(r_{P/G})_x (r_{P/G})_y \tag{A.27}$$

$$I_{xz} = I_{x'z'} + m(r_{P/G})_x (r_{P/G})_z \tag{A.28}$$

$$I_{yz} = I_{y'z'} + m(r_{P/G})_y (r_{P/G})_z \tag{A.29}$$

여기서 $I_{x'y'}$, $I_{x'z'}$, $I_{y'z'}$은 질량중심에 대한 관성곱이고 $(r_{p/g})_x$, $(r_{p/g})_y$, $(r_{p/g})_z$는 식 (A.13)과 그림 A.6에 나타나 있다.

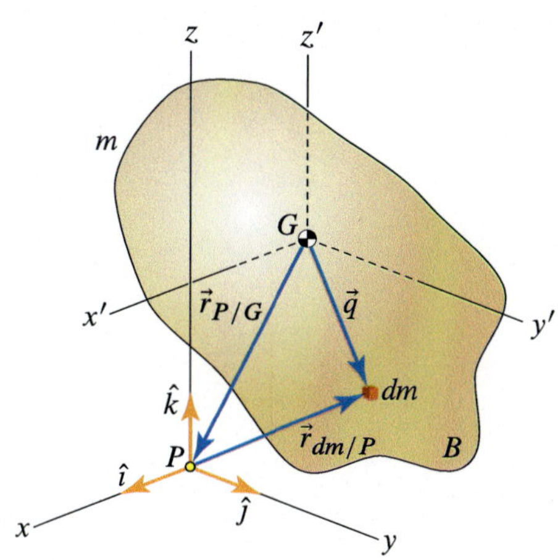

그림 A.7 그림 A5 반복. 질량이 m이고 질량중심이 G인 물체. x, y, z 축은 각각 x', y', z' 축에 평행.

주관성모멘트

우리는 강체 B의 관성모멘트 및 상승이 좌표계의 원점과 방향에 따라 정해진다는 것을 알았다. 원점이 주어지면 우리는 항상 관성곱의 모든 항이 0이 되는 좌표축의 방향을 유일하게 찾아낼 수 있는데 이를 **주관성좌표계**(*principal axes of inertia*)라 하고 그에 대응하는 관성모멘트를 **주관성모멘트**(*principal moments of inertia*) $\bar{I}_x$, $\bar{I}_y$, $\bar{I}_z$라 한다. 이러한 좌표축과 그에 대응하는 관성모멘트를 어떻게 찾아내는 가에 대해 살펴보기로 한다.

부록 B의 식 (B.16)에 의하면 질량중심 G에 대한 강체의 각운동량 $\vec{h}_G$는 다음과 같다.

$$\vec{h}_G = (I_x\omega_{Bx} - I_{xy}\omega_{By} - I_{xz}\omega_{Bz})\,\hat{\imath} + (-I_{xy}\omega_{Bx} + I_y\omega_{By} - I_{yz}\omega_{Bz})\,\hat{\jmath}$$

$$+\left(-I_{xz}\omega_{Bx} - I_{yz}\omega_{By} + I_z\omega_{Bz}\right)\hat{k} \tag{A.30}$$

$$= \{h_G\} = [I_G]\{\omega_B\} \tag{A.31}$$

여기서 $\vec{\omega}_B = \{\omega_B\}$는 강체 B의 각속도 벡터이고 $[I_G]$는 다음과 같이 정의되는 관성 행렬이다.

$$[I_G] = \begin{bmatrix} I_x & -I_{xy} & -I_{xz} \\ -I_{xy} & I_y & -I_{yz} \\ -I_{xz} & -I_{yz} & I_z \end{bmatrix} \tag{식 (A.32)}$$

이제 강체가 주관성축 중에서 관성모멘트가 $\bar{I}$인 어느 하나에 축에 대해 회전하고 있다고 가정한다. 그 경우 각운동량은 다음과 같이 나타낼 수 있다.

$$\vec{h}_G = \bar{I}\vec{\omega}_B = \bar{I}\omega_{Bx}\,\hat{\imath} + \bar{I}\omega_{By}\,\hat{\jmath} + \bar{I}\omega_{Bz}\,\hat{k} \tag{A.33}$$

식 (A.30)과 (A.33)에 주어진 $\vec{h}_G$에 대한 표현은 서로 같아야 하고 직교좌표계에 대해 정의된 벡터는 선형적인 독립관계가 성립되므로 위 두 방정식에서 $\hat{\imath}, \hat{\jmath}, \hat{k}$성분을 비교하여 정리하면 미지수 $\omega_{Bx}, \omega_{By}, \omega_{Bz}$에 관한 선형 연립방정식을 다음과 같이 얻을 수 있다.

$$\begin{bmatrix} I_x - \bar{I} & -I_{xy} & -I_{xz} \\ -I_{xy} & I_y - \bar{I} & -I_{yz} \\ -I_{xz} & -I_{yz} & I_z - \bar{I} \end{bmatrix} \begin{Bmatrix} \omega_{Bx} \\ \omega_{By} \\ \omega_{Bz} \end{Bmatrix} = \begin{Bmatrix} 0 \\ 0 \\ 0 \end{Bmatrix} \tag{A.34}$$

이 방정식은 계수 행렬의 결정식이 0인 경우에만 유일하게 해를 가질 수 있으며 이로부터 다음 관계식을 얻는다.

$$\bar{I}^3 - (I_x + I_y + I_z)\bar{I}^2 - (I_{xy}^2 + I_{xz}^2 + I_{yz}^2 - I_xI_y - I_xI_z - I_yI_z)\bar{I}$$
$$+ (I_xI_{yz}^2 + I_yI_{xz}^2 + I_zI_{xy}^2 - I_xI_yI_z + 2I_{xy}I_{yz}I_{xz}) = 0 \tag{A.35}$$

위 방정식의 세 개의 해는 주관성모멘트 $\bar{I}_x, \bar{I}_y, \bar{I}_z$에 해당하고 각 해를 식 (A.34)에 대입하여 얻는 벡터가 이에 대응하는 방향은 주관성좌표계이다.

임의의 축에 대한 관성모멘트

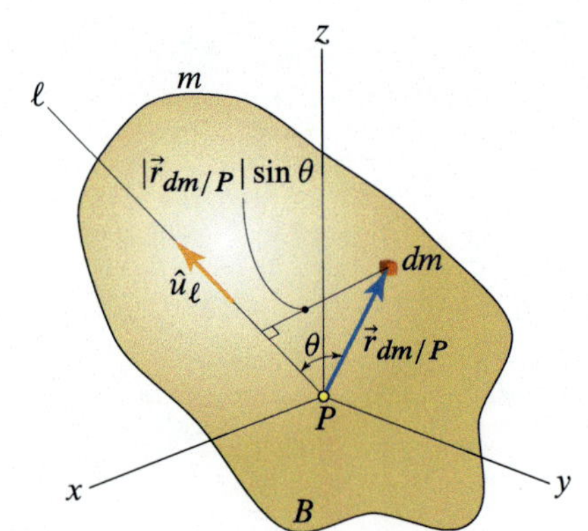

그림 A.8 물체 B의 질량관성모멘트를 임의의 방향에 대한 축 ℓ에 대해 계산하기 위한 파라미터.

그림 A.8에서 xyz−좌표계에 대한 관성행렬의 모든 성분을 안다고 가정하고 임의의 방향의 축 에 대해 물체의 관성모멘트를 구하려고 한다. ℓ의 방향은 단위벡터 $\hat{u}_l$로 정의된다. 질량관성모멘트의 정의로부터 ℓ에 대한 질량관성모멘트는 다음과 같이 주어진다.

$$I_\ell = \int_B |\vec{r}_{dm/P}\sin\theta|^2\,dm \tag{A.36}$$

여기서 θ는 벡터 $\vec{r}_{dm/P}$와 $\hat{u}_l$가 양의 방향으로 이루는 각도이고 $|\vec{r}_{dm/P}\sin\theta|$는 ℓ로부터 dm까지의 수직 거리이다. 다음 관계식을 이용하여

$$|\vec{r}_{dm/P} \times \hat{u}_\ell| = |\vec{r}_{dm/P}||\hat{u}_\ell|\sin\theta = |\vec{r}_{dm/P}|\sin\theta \tag{A.37}$$

또한

$$|\vec{r}_{dm/P}\sin\theta|^2 = (\vec{r}_{dm/P}\times\hat{u}_\ell)\cdot(\vec{r}_{dm/P}\times\hat{u}_\ell) \tag{A.38}$$

따라서 식 (A.36)의 적분은

$$I_\ell = \int_B (\vec{r}_{dm/P}\times\hat{u}_\ell)\cdot(\vec{r}_{dm/P}\times\hat{u}_\ell)\,dm \tag{A.39}$$

$\vec{r}_{dm/P}$와 $\hat{u}_l$을 성분별로 나타내면

$$\vec{r}_{dm/P} = x\,\hat{\imath} + y\,\hat{\jmath} + z\,\hat{k} \tag{A.40}$$

$$\hat{u}_\ell = u_{\ell x}\,\hat{\imath} + u_{\ell y}\,\hat{\jmath} + u_{\ell z}\,\hat{k} \tag{A.41}$$

따라서

$$\vec{r}_{dm/P}\times\hat{u}_\ell = (u_{\ell z}y - u_{\ell y}z)\,\hat{\imath} + (u_{\ell x}z - u_{\ell z}x)\,\hat{\jmath} + (u_{\ell y}x - u_{\ell x}y)\,\hat{k} \tag{A.42}$$

식 (A.39)는 다음과 같이 전개할 수 있다.

$$I_\ell = \int_B \Big[(u_{\ell z}y - u_{\ell y}z)^2 + (u_{\ell x}z - u_{\ell z}x)^2 + (u_{\ell y}x - u_{\ell x}y)^2\Big]\,dm \tag{A.43}$$

$$\begin{aligned} &= u_{\ell x}^2\int_B (y^2+z^2)\,dm + u_{\ell y}^2\int_B (x^2+z^2)\,dm \\ &\quad + u_{\ell z}^2\int_B (x^2+y^2)\,dm - 2u_{\ell x}u_{\ell y}\int_B xy\,dm \\ &\quad - 2u_{\ell x}u_{\ell z}\int_B xz\,dm - 2u_{\ell y}u_{\ell z}\int_B yz\,dm \end{aligned} \tag{A.44}$$

식 (A.44)의 적분은 xyz−좌표계에 대한 관성행렬의 성분으로서 식 (A.44)는 다음과 같이 다시 쓸 수 있다.

$$\begin{aligned} I_\ell &= u_{\ell x}^2 I_x + u_{\ell y}^2 I_y + u_{\ell z}^2 I_z \\ &\quad - 2u_{\ell x}u_{\ell y}I_{xy} - 2u_{\ell x}u_{\ell z}I_{xz} - 2u_{\ell y}u_{\ell z}I_{yz} \end{aligned} \tag{A.45}$$

따라서 물체 B의 xyz−좌표계에 대한 질량관성모멘트 및 상승을 알면(즉 이들 축에 대한 관성 행렬을 알면 식 (A.45)를 이용하여 임의의 축 ℓ에 대한 물체의 관성모멘트를 구할 수 있으며 여기서 $u_{\ell x}$, $u_{\ell y}$, $u_{\ell z}$는 $\hat{u}_\ell$의 x, y, z 축의 양방향에 대한 성분이다.

복합 형상에 대한 관성모멘트의 계산

복합 형상에 대한 평행축법칙은

$$I_x = \sum_{i=1}^{n}\left(I_{x'} + d_x^2\,m\right)_i \tag{A.46}$$

여기서 n은 형상 개수, $I_{x'}$은 형상 i의 질량중심 x' 축에 대한 질량관성모멘트, d_x는 형상 i의 원점 거리(x 축과 x' 축 사이의 거리), 그리고 m은 형상 i의 질량이며 I_y와 I_z에 대해서도 유사한 표현을 유도할 수 있다. 식 (A.46)을 사용하기 위해서는 복합 형상의 각 요

소마다 질량중심에 대한 질량관성모멘트를 알아야 한다. 일반적으로 이들 값들은 적분을 하거나 대표적 형상에 대한 표를 이용하여(예를 들면 뒤 표지의 안쪽에 있는 고체특성표로부터) 구할 수 있다. 흔하게 범하는 실수는 질량중심을 통과하는 축을 포함하지 않는 두 축에 대한 관성모멘트의 관계에 평행축법칙을 적용하는 것이다.

강체의 각운동량

8.2절에서 우리는 강체의 각운동량을 각 충격량–운동량 원리를 유도하는 데 이용하였다. 여기서는 강체의 각운동량에 관한 식 (8.42)를 유도하는 것에 대해 다루고자 한다. 그 과정에서 유용하게 사용될 3차원 운동을 하는 강체의 각운동량을 유도한다.

여기서 우리는 식 (8.42)로 주어지는 강체에 대한 각운동량 $\vec{h}_p$를 얻는 방법에 대해 살펴보려고 한다. 식을 다시 쓰면,

$$\vec{h}_P = I_G\vec{\omega}_B + \vec{r}_{G/P} \times m\vec{v}_G \tag{B.1}$$

여기서 I_G와 $\vec{\omega}_p$는 각각 물체의 질량관성모멘트와 각속도이다(그림 B.1 참조). 8장에서 우리는 위 식이 운동 평면에 대해 대칭인 강체가 평면 운동을 할 때 적용될 수 있다고 하였다. 식 (B.1)을 바로 유도할 수도 있지만 여기서는 강체의 각운동량을 일반적인 3차원 형태로 먼저 유도하고 운동 평면에 대해 대칭인 강체가 평면 운동을 하는 경우에 대해 단순화시키고자 한다. 3차원 운동을 하는 강체에 대한 $\vec{h}_p$의 관계식은 유용하게 활용될 수 있다.

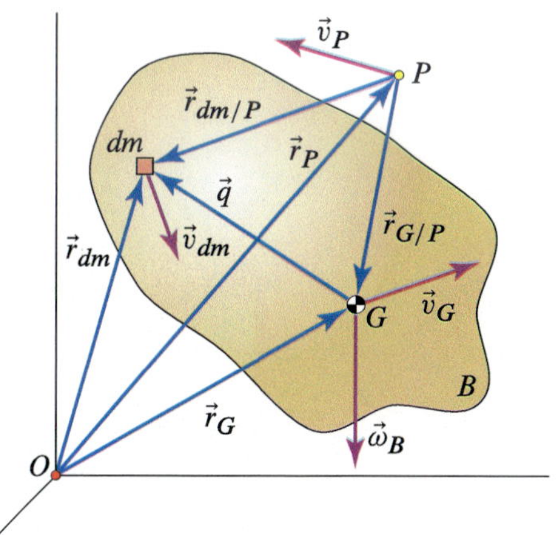

그림 B.1 운동하는 강체의 각운동량을 계산하기 위한 벡터의 정의.

3차원 운동을 하는 강체의 각운동량

그림 B.1에서 임의의 점 P에 대한 강체 B의 각운동량은 식 (7.20)에 다음과 같이 정의된다.

$$\vec{h}_P = \int_B \vec{r}_{dm/P} \times \vec{v}_{dm}\, dm \tag{B.2}$$

벡터 $\vec{r}_{dm/P}$과 $\vec{v}_{dm}$은 미소질량요소 dm의 P에 대한 상대 위치와 속도를 각각 나타낸다. $\vec{q}$가 질량중심 G에 대한 dm의 상대 위치이고 G와 dm이 강체 상의 두 점이라는 점으로

부터

$$\vec{r}_{dm/P} = \vec{q} + \vec{r}_{G/P}, \qquad \vec{v}_{dm} = \vec{v}_G + \vec{\omega}_B \times \vec{q} \tag{B.3}$$

식 (B.3)을 식 (B.2)에 대입하고 외적을 전개하면

$$\vec{h}_P = \int_B \vec{q} \times (\vec{\omega}_B \times \vec{q})\, dm + \int_B \vec{q} \times \vec{v}_G\, dm + \int_B \vec{r}_{G/P} \times (\vec{\omega}_B \times \vec{q})\, dm + \int_B \vec{r}_{G/P} \times \vec{v}_G\, dm \tag{B.4}$$

식 (B.4)를 단순화시키기 위해 $\vec{q}$와 질량중심의 정의를 활용히면

$$\int_B \vec{q}\, dm = m\vec{r}_{G/G} = \vec{0} \tag{B.5}$$

$\vec{v}_G$, $\vec{r}_{G/P}$, $\vec{\omega}_B$는 B 내의 위치의 함수가 아니므로 식 (B.4)의 우변의 마지막 세 항은

$$\int_B \vec{q} \times \vec{v}_G\, dm = \left(\int_B \vec{q}\, dm\right) \times \vec{v}_G = \vec{0} \tag{B.6}$$

$$\int_B \vec{r}_{G/P} \times (\vec{\omega}_B \times \vec{q})\, dm = \vec{r}_{G/P} \times \left[\vec{\omega}_B \times \left(\int_B \vec{q}\, dm\right)\right] = \vec{0} \tag{B.7}$$

그리고

$$\int_B \vec{r}_{G/P} \times \vec{v}_G\, dm = (\vec{r}_{G/P} \times \vec{v}_G) \int_B dm = \vec{r}_{G/P} \times m\vec{v}_G \tag{B.8}$$

식 (B.6)-(B.8)을 식 (B.4)에 대입하면

$$\vec{h}_P = \int_B \vec{q} \times (\vec{\omega}_B \times \vec{q})\, dm + \vec{r}_{G/P} \times m\vec{v}_G \tag{B.9}$$

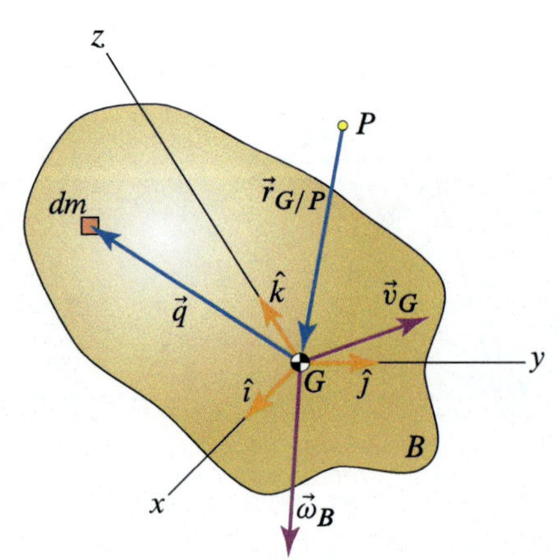

그림 B.2

식 (B.9)의 우변의 두 번째 항은 $\vec{r}_{G/P}$가 기준점 P에 대한 강체의 질량중심 G의 위치이고 $\vec{v}_G$가 강체의 질량중심의 속도이므로 그 물리적 의미가 명확하다. 식 (B.9)의 우변의 첫 번째 적분항에서 $\vec{q}$와 $\vec{\omega}_B$를 직교좌표계의 성분으로 다시 쓰면

$$\vec{q} = q_x\,\hat{\imath} + q_y\,\hat{\jmath} + q_z\,\hat{k}, \qquad \vec{\omega}_B = \omega_{Bx}\,\hat{\imath} + \omega_{By}\,\hat{\jmath} + \omega_{Bz}\,\hat{k} \tag{B.10}$$

식 (B.10)을 식 (B.9)의 우변에 대입하면

$$\begin{aligned}\int_B \vec{q} \times (\vec{\omega}_B \times \vec{q})\, dm &= \left\{\int_B \left[(q_y^2 + q_z^2)\,\omega_{Bx} - q_x q_y \omega_{By} - q_x q_z \omega_{Bz}\right] dm\right\}\hat{\imath} \\ &+ \left\{\int_B \left[-q_x q_y \omega_{Bx} + (q_x^2 + q_z^2)\,\omega_{By} - q_y q_z \omega_{Bz}\right] dm\right\}\hat{\jmath} \\ &+ \left\{\int_B \left[-q_x q_z \omega_{Bx} - q_y q_z \omega_{By} + (q_x^2 + q_y^2)\,\omega_{Bz}\right] dm\right\}\hat{k}\end{aligned} \tag{B.11}$$

$\vec{\omega}_B$의 성분은 B의 내부 위치에 따른 함수가 아니므로 적분 밖으로 나올 수 있으며 식 (A.1)-(A.6)에 주어진 질량관성모멘트 및 질량관성곱의 정의를 이용하면

$$\begin{aligned}\int_B \vec{q} \times (\vec{\omega}_B \times \vec{q})\, dm = {}& (I_x\omega_{Bx} - I_{xy}\omega_{By} - I_{xz}\omega_{Bz})\,\hat{\imath} \\ &+ (-I_{xy}\omega_{Bx} + I_y\omega_{By} - I_{yz}\omega_{Bz})\,\hat{\jmath} \\ &+ (-I_{xz}\omega_{Bx} - I_{yz}\omega_{By} + I_z\omega_{Bz})\,\hat{k}\end{aligned} \tag{B.12}$$

$\vec{q}$가 질량중심 G에 대해 정의된 것이기 때문에 식 (B.12)의 질량관성모멘트 및 질량관성곱도 G에 관한 결과이다. $\vec{r}_{G/P}$와 $\vec{v}_G$를 직교좌표계의 성분으로 다시 쓰면 각각

$$\vec{r}_{G/P} = x_{G/P}\,\hat{\imath} + y_{G/P}\,\hat{\jmath} + z_{G/P}\,\hat{k} \tag{B.13}$$

$$\vec{v}_G = v_{Gx}\,\hat{\imath} + v_{Gy}\,\hat{\jmath} + v_{Gz}\,\hat{k} \tag{B.14}$$

식 (B.12)-(B.14)를 식 (B.9)에 대입하면 강체에 대한 각운동량(*angular momentum of a rigid body*)이 다음과 같이 주어진다.

$$\begin{aligned}\vec{h}_P = {}& \big[I_x\omega_{Bx} - I_{xy}\omega_{By} - I_{xz}\omega_{Bz} \\ &\quad + m(y_{G/P}v_{Gz} - z_{G/P}v_{Gy})\big]\,\hat{\imath} \\ &+ \big[-I_{xy}\omega_{Bx} + I_y\omega_{By} - I_{yz}\omega_{Bz} \\ &\quad + m(z_{G/P}v_{Gx} - x_{G/P}v_{Gz})\big]\,\hat{\jmath} \\ &+ \big[-I_{xz}\omega_{Bx} - I_{yz}\omega_{By} + I_z\omega_{Bz} \\ &\quad + m(x_{G/P}v_{Gy} - y_{G/P}v_{Gx})\big]\,\hat{k}\end{aligned} \tag{B.15}$$

다음 조건 중 어느 하나가 성립하면:

1. 기준점 P가 질량중심 G가 되어 $\vec{r}_{G/P} = 0$
2. 강체의 질량중심이 고정되어 $\vec{v}_G = 0$
3. 질량중심 G의 속도 $\vec{v}_G$가 P에 대한 G의 상대위치 $\vec{r}_{G/P}$와 평행한 경우

식 (B.15)는 다음과 같이 단순화시킬 수 있다.

$$\begin{aligned}\vec{h}_P = {}& (I_x\omega_{Bx} - I_{xy}\omega_{By} - I_{xz}\omega_{Bz})\,\hat{\imath} \\ &+ (-I_{xy}\omega_{Bx} + I_y\omega_{By} - I_{yz}\omega_{Bz})\,\hat{\jmath} \\ &+ (-I_{xz}\omega_{Bx} - I_{yz}\omega_{By} + I_z\omega_{Bz})\,\hat{k}\end{aligned} \tag{B.16}$$

$$= h_{Px}\,\hat{\imath} + h_{Py}\,\hat{\jmath} + h_{Pz}\,\hat{k}. \tag{B.17}$$

조건 1과 2는 실제로 매우 흔한 경우로서 식 (B.16)은 많이 이용된다.

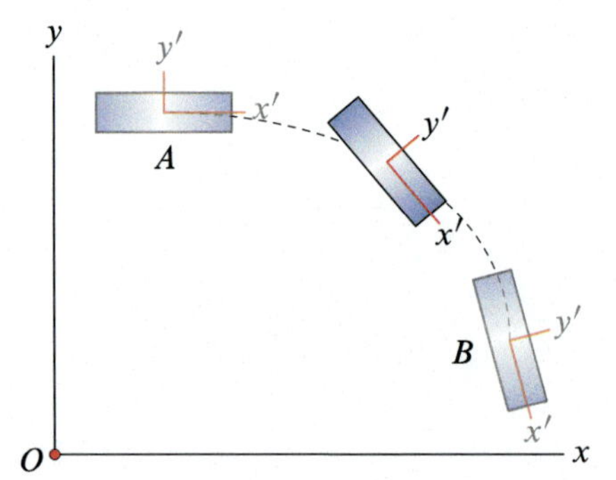

그림 B.3 고정된 xy좌표계에 대해 상대 회전하는 직사각형 강체. $x'y'$좌표계는 강체에 고정.

식 (B.15), (B.16)의 실제 활용

식 (B.15), (B.16)에서 사용된 xyz–좌표계는 속도 및 각속도 성분이 관성좌표계에 대해 계산될 수만 있다면 어떤 좌표계도 될 수 있다(관성좌표계 여부에 상관없이). 만약 물체가 xyz–좌표계에 대해서 회전한다면 식 (B.15), (B.16)의 질량관성모멘트 및 상승은 시간 함수로 주어질 것이다. 예를 들어 그림 8.3에서 직사각형 물체가 xy 평면 상에서 운동한다면 고정된 xyz–좌표계에 대한 질량분포는 변하며 질량관성모멘트 및 질량관성곱도(시간의 함수로) 변한다. 반면에 물체에 고정된 $x'y'z'$–좌표계에 대한 질량관성모멘트 및 질량관성곱은 일정할 것이다. 3차원 운동을 하는 강체를 다루는 경우 물체에 고정하는 좌표계를 선호하며, 이 좌표계를 물체고정좌표계라 한다.

식 (B.15)와 (B.16)의 간결한 유도

행렬과 벡터의 표기 방식을 조합하면 식 (B.15)는 다음과 같이 다시 쓸 수 있다.

$$\{h_P\} = [I_G]\{\omega_B\} + \vec{r}_{G/P} \times m\vec{v}_G \tag{B.18}$$

여기서 $\{h_p\}$는 물체 B의 P에 대한 각운동량 벡터이고 $\{\omega_B\}$는 B의 각속도 벡터이며 $[I_G]$는 xyz–좌표계에 대한 B의 관성 행렬(*inertia matrix*) 또는 관성 텐서(*inertia tensor*)이다. 이들 물리량의 행렬과 벡터의 형태는 다음과 같다.

$$\{h_P\} = \begin{Bmatrix} h_{Px} \\ h_{Py} \\ h_{Pz} \end{Bmatrix} = \vec{h}_P = h_{Px}\,\hat{\imath} + h_{Py}\,\hat{\jmath} + h_{Pz}\,\hat{k} \tag{B.19}$$

$$\{\omega_B\} = \begin{Bmatrix} \omega_{Bx} \\ \omega_{By} \\ \omega_{Bz} \end{Bmatrix} = \vec{\omega}_B = \omega_{Bx}\,\hat{\imath} + \omega_{By}\,\hat{\jmath} + \omega_{Bz}\,\hat{k} \tag{B.20}$$

그리고

$$[I_G] = \begin{bmatrix} I_x & -I_{xy} & -I_{xz} \\ -I_{xy} & I_y & -I_{yz} \\ -I_{xz} & -I_{yz} & I_z \end{bmatrix}$$

$[I_G]$와 $\{\omega_B\}$의 행렬 연산과 벡터 외적 $\vec{r}_{G/P} = m\vec{v}_G$을 수행하면 식 (B.15) 또는 식 (B.18)로 주어지는 $\{h_p\}$를 얻을 수 있다. 이를 바탕으로 식 (B.16)은 훨씬 간결한 형태로 다음과 같이 쓸 수 있다.

$$\{h_P\} = [I_G]\{\omega_B\} \tag{B.21}$$

유용한 정보

벡터의 행렬 표현. 벡터 $\vec{h}_P$를

$$\{h_P\} = \begin{Bmatrix} h_{Px} \\ h_{Py} \\ h_{Pz} \end{Bmatrix}$$

로 나타낼 때, 첫 번째 행은 x 성분, 두 번째 행은 y 성분, 세 번째 행은 z 성분이다. 이는 $\{\omega_B\}$에 대해서도 동일하다. 마찬가지로 $[I_G]$에 $\{\omega_B\}$를 곱하면, 첫 번째, 두 번째, 세 번째 행이 각각 x, y, z 성분인 벡터를 얻는다.

평면 운동을 하는 강체의 각운동량

이제 운동 평면에 대해 대칭인 강체가 평면 운동을 하는 경우에 대해 식 (B.1)에 주어진 형태로 각운동량을 유도하려고 한다. 강체 B가 평면상에 있고 운동이 xy 평면에서 일어난다면

$$\omega_{Bx} = \omega_{By} = 0, \quad v_{Gz} = 0, \qquad z_{G/P} = 0 \tag{B.22}$$

이를 식 (B.15)에 대입하면

$$\vec{h}_P = -I_{xz}\omega_{Bz}\,\hat{\imath} - I_{yz}\omega_{Bz}\,\hat{\jmath} \tag{B.23}$$

$$+\left[I_z\omega_{Bz} + m\left(x_{G/P}v_{Gy} - y_{G/P}v_{Gx}\right)\right]\hat{k} \tag{B.24}$$

여기서 질량관성모멘트와 질량관성곱은 강체의 질량중심 G에 대해 계산된다.

최종적으로 xy 평면에 대해 물체가 대칭이면 $I_{xz} = 0$, $I_{zy} = 0$이 되고 식 (B.23)은 다음과 같이 다시 쓸 수 있다.

$$\vec{h}_P = \left[I_z\omega_{Bz} + m\left(x_{G/P}v_{Gy} - y_{G/P}v_{Gx}\right)\right]\hat{k} \tag{B.25}$$

평면 운동인 경우, $I_z = I_G$, $\omega_{Bz}\hat{k} = \vec{\omega}_B$이고 $\vec{r}_{G/P} \times m\vec{v}_G = m(x_{G/p}v_{Gy} - y_{G/p}v_{Gx})$가 성립하며 이를 식 (B.25)에 적용하면 식 (8.42)의 $\vec{h}$와 같은 형태를 얻는다

$$\vec{h}_P = I_G\vec{\omega}_B + \vec{r}_{G/P} \times m\vec{v}_G \tag{B.26}$$

A P P E N D I X

선택 문제 해답

대부분의 짝수 번호 문제에 대한 해답이 PDF파일의 형태로 무료 다운로드할 수 있다:

www.mhhe.com/plesha/em/dynamics

이러한 방식으로 해답을 제공하는 것은 다른 방식에 비해 보다 복합적인 정보를 줄 수 있기 때문이다. 최종적인 수치 또는 기호 형태의 답에 추가하여 선택된 문제에 대해서는 자유물체도와 컴퓨터 문제에서의 그래프와 같은 다양한 정보를 제공한다. 예를 들어 문제 7.52와 (온라인상으로 주어지는) 관련 해답은 아래와 같다.

문제 7.52

질량이 $m = 200$ kg, 반경이 $r = 0.8$ m, 회전반경이 $k_G = 0.65$ m인 스풀이 수평선에 대해 38°의 경사를 갖는 면에서 미끄럼 없이 구른다. 스프링 상수 $k = 500$ N/m과 자유길이 $L_0 = 1.5$ m인 선형탄성스프링이 스풀 중심과 고정된 벽에 연결되어 있다. 스풀의 운동방정식을 그림의 x좌표를 사용하여 나타내라; 15s일 때 방정식을 풀어라. 단, 초기 조건은 $x(0) = 2.5$ m 및 $\dot{x}(0) = 0$ m/s; x를 t의 함수로 그려라. 스풀의 근사적인 진동 주기는 얼마인가?

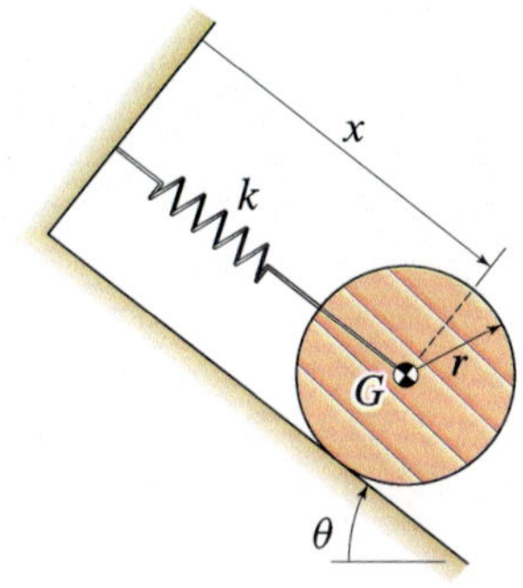

그림 P7.52

문제 7.52 운동방정식은

$$m\left(1+\frac{k_G^2}{r^2}\right)\ddot{x}+kx=mg\sin\theta+kL_0 \tag{C.1}$$

운동방정식을 유도하기 위해 사용한 자유물체도와 결과 그림은 아래와 같다.

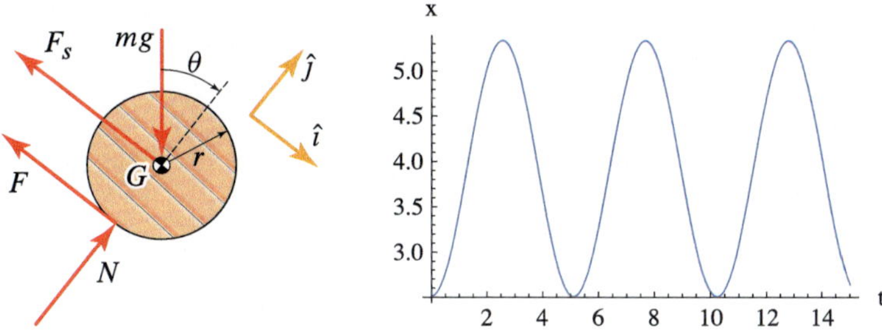

근사적인 진동 주기는 5.1–5.2s이다.

여기서의 특징은 선택 문제에 대해 보다 완벽한 해답을 제시할 뿐 아니라 과제물을 신속하게 시작할 수 있는 계기를 마련할 수 있다. 또한 시험 준비를 할 때 추가적으로 공부할 수 있는 기회를 줄 수 있다.

찾아보기

Q

R

S